中国高等植物

·修订版·

HIGHER PLANTS OF CHINA

·Revised Edition·

主 编

EDITORS-IN-CHIEF

傅立国　陈潭清　郎楷永　洪　涛　林　祁　李　勇

FU LIKUO, CHEN TANQING, LANG KAIYUNG, HONG TAO, LIN QI AND LI YONG

第六卷

VOLUME

06

编 辑

EDITORS

傅立国　洪　涛

FU LIKUO AND HONG TAO

青岛出版社

QINGDAO PUBLISHING HOUSE

中国高等植物（修订版）

主编单位　中国科学院植物研究所

深圳仙湖植物园

主　　编　傅立国　陈潭清　郎楷永　洪　涛　林　祁　李　勇

副 主 编　傅德志　李沛琼　覃海宁　张宪春　张明理　贾　渝

杨亲二　李　楠

编　　委　(按姓氏笔画排列)　王文采　王印政　包伯坚　石　铸

朱格麟　吉占和　向巧萍　邢公侠　林　祁　林尤兴

陈心启　陈艺林　陈书坤　陈守良　陈伟球　陈潭清

应俊生　李沛琼　李秉滔　李　楠　李　勇　李锡文

吴珍兰　吴德邻　吴鹏程　何廷农　谷粹芝　张永田

张宏达　张宪春　张明理　陆玲娣　杨汉碧　杨亲二

郎楷永　胡启明　罗献瑞　洪　涛　洪德元　高继民

梁松筠　贾　渝　黄普华　覃海宁　傅立国　傅德志

鲁德全　潘开玉　黎兴江

责任编辑　高继民　张　潇

中国高等植物（修订版）第六卷

编　　辑　傅立国　洪　涛

编 著 者　卫兆芬　林　祁　谷粹芝　陈　介　李志敏　陆玲娣

张宏达　张继敏　吴容芬　黄淑美　郭丽秀　靳淑英

傅坤俊　傅晓平　潘锦堂　胡启明

责任编辑　高继民　张　潇

HIGHER PLANTS OF CHINA **REVISED EDITION**

Principal Responsible Institutions

Institute of Botany, Chinese Academy of Sciences

Shenzhen Fairy Lake Botanical Garden

Editors-in-Chief Fu Likuo, Chen Tanqing, Lang Kaiyung, Hong Tao, Lin Qi and Li Yong

Vice Editors-in-Chief Fu Dezhi, Li Peichun, Qin Haining, Zhang Xianchun, Zhang Mingli, Jia Yu, Yang Qiner and Li Nan

Editorial Board (alphabetically arranged) Bao Bojian, Chang Hungta, Chang Yongtian, Chen Shouling, Chen Shukun, Chen Singchi, Chen Tanqing, Chen Weichiu, Chen Yiling, Chu Gelin, Fu Dezhi, Fu Likuo, Gao Jimin, He Tingnung, Hong Deyuang, Hong Tao, Hu Chiming, Huang Puhwa, Jia Yu, Ku Tsuechih, Lang Kaiyung, Lee Shinchiang, Li Hsiwen, Li Nan, Li Peichun, Li Pingtao, Li Yong, Liang Songjun, Lin Qi, Lin Youxing, Lo Hsienshui, Lu Dequan, Lu Lingti, Pan Kaiyu, Qin Haining, Shih Chu, Shing Kunghsia, Tsi Zhanhuo, Wang Wentsai, Wang Yingzheng, Wu Pancheng, Wu Telin, Wu Zhenlan, Xiang Qiaoping, Yang Hanpi, Yang Qiner, Ying Tsunshen, Zhang Mingli and Zhang Xianchun

Responsible Editors Gao Jimin and Zhang Xiao

HIGHER PLANTS OF CHINA **REVISED EDITION Volume 6**

Editors Fu Likuo and Hong Tao

Authors Chang Hungta, Chen Cheih, Fu Kuntsun, Fu Xiaoping, Guo Lixiu, Hu Chiming, Hwang Shumei, Jin Shuying, Ku Tsuechih, Li Zhimin, Lu Lingti, Lin Qi, Pan Jintang, Wei Chaofen, Wu Rongfen and Zhang Jimin

Responsible Editors Gao Jimin and Zhang Xiao

第 六 卷　被子植物门
Volume 6 ANGIOSPERMAE

科　次

96. 山榄科 SAPOTACEAE

（林 祁）

乔木或灌木；有时具乳液，幼嫩部分常被毛。单叶，常革质，全缘；托叶早落或无。花多单生或簇生，有时成总状、聚伞或圆锥花序。花两性，稀单性或杂性，辐射对称，具小苞片；花萼裂片4-6，覆瓦状排列，基部连合；花冠合瓣，具短筒，花冠裂片与花萼裂片同数或为其2倍，覆瓦状排列；能育雄蕊着生花冠裂片基部或花冠筒喉部，与花冠裂片同数且对生，或多数成2-3轮，分离，花药2室，外向纵裂，退化雄蕊有或无；心皮常4-5，合生，雌蕊1，子房上位，中轴胎座，每室1胚珠。浆果，有时为核果状。种子1至数枚，具疤痕。

35-75属，约800种，主要分布于东半球和美洲热带地区。我国14属，28种。

1. 花萼2轮排列。
  2. 花萼6裂。
    3. 花冠裂片两侧具附属物；能育雄蕊6，具退化雄蕊 ………… 1. **铁线子属 Manilkara**
    3. 花冠裂片两侧无附属物；能育雄蕊12-18，无退化雄蕊 ………… 2. **胶木属 Palaquium**
  2. 花萼4或8裂。
    4. 花萼4裂；能育雄蕊16枚以上，无退化雄蕊 ………… 3. **紫荆木属 Madhuca**
    4. 花萼8裂；能育雄蕊8，具退化雄蕊 ………… 4. **牛油果属 Butyrospermum**
1. 花萼1轮排列。
  5. 花瓣具附属物 ………… 5. **梭子果属 Eberhardtia**
  5. 花瓣无附属物。
    6. 无退化雄蕊。
      7. 无托叶；能育雄蕊5-10 ………… 6. **金叶树属 Chrysophyllum**
      7. 有托叶；能育雄蕊16-80 ………… 7. **藏榄属 Diploknema**
    6. 具退化雄蕊。
      8. 植株具刺；花丝基部两侧各有1束长毛或1条刚毛，退化雄蕊顶端芒状 ………… 8. **刺榄属 Xantolis**
      8. 植株无刺；花丝基部无毛，退化雄蕊顶端非芒状。
        9. 种子疤痕侧生。
          10. 果长约8厘米 ………… 9. **蛋黄果属 Lucuma**
          10. 果长不及5厘米。
            11. 种子疤痕长圆形或宽卵形；果长2.5-4.5厘米 ………… 10. **桃榄属 Pouteria**
            11. 种子疤痕窄长；果长不及2.5厘米 ………… 11. **山榄属 Planchonella**
        9. 种子疤痕基生。
          12. 植株无乳液；叶互生，无托叶；子房5室；浆果卵圆形或球形，果皮厚 ………… 12. **铁榄属 Sinosideroxylon**
          12. 植株有乳液；叶对生，稀互生，有托叶；子房1-2室；果核果状，椭圆形，果皮极薄 ………… 13. **肉实树属 Sarcosperma**

1. 铁线子属 Manilkara Adans.

乔木或灌木。叶革质或近革质，侧脉密；托叶早落。花数朵簇生于叶腋。花萼6裂，2轮；花冠裂片6，每裂片的背部有2枚等大的花瓣状附属物；能育雄蕊6，着生花冠裂片基部或花冠筒喉部，退化雄蕊6，与花冠裂片互生，卵形，顶端渐尖或钻形，不规则齿裂、流苏状或分裂，有时鳞片状；子房6-14室，每室1胚珠。浆果。种子1-6，侧扁，种脐长，侧生，种皮脆壳质，胚乳少，子叶薄，叶状。

约70种，分布于热带地区。我国1种，引入栽培1种。

1. 叶倒卵形或倒卵状椭圆形，先端微缺 ………………………………………… 1. 铁线子 **M. hexandra**
1. 叶长圆形或卵状椭圆形，先端尖或钝 ………………………………………… 2. 人心果 **M. zapota**

1. 铁线子 图 1

Manilkara hexandra (Roxb.) Dubard in Ann. Mus. Colon. Marseille 23: 9. f. 2. 1915.

Mimusops hexandra Roxb. Pl. Coromamdel 1: 16. f. 15. 1795.

灌木或乔木，高达12米。小枝粗短，叶痕明显。叶互生，密聚枝顶，叶革质，倒卵形或倒卵状椭圆形，长5-10厘米，先端微缺，基部宽楔形或微钝，上面中脉凹下，侧脉细，平行，网脉细密；叶柄长0.8-2厘米。花数朵簇生叶腋，花梗长1-1.8厘米；花萼6裂，裂片长3-4毫米；花冠白色，长约4毫米，花冠裂片6，背部具2附属物；能育雄蕊6，长约5毫米，退化雄蕊深裂为2条形裂片，长约3毫米；子房卵圆状，长约2毫米，6室，被微毛，花柱钻形，柱头小。浆果倒卵状长圆形或椭圆状球形，长1-1.5厘米。种子1-2，长0.8-1厘米。花期8-12月，果期4-5月。

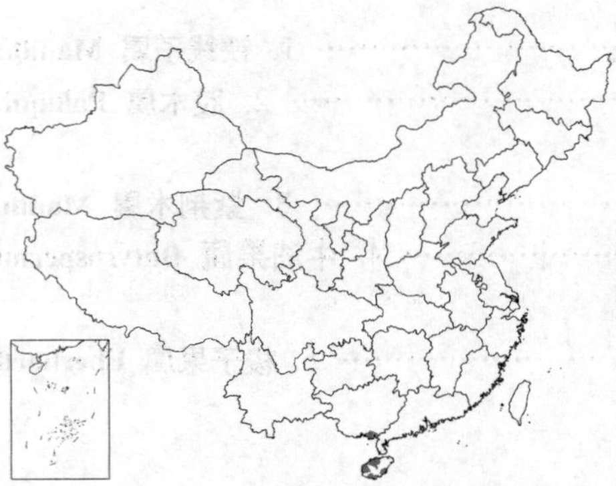

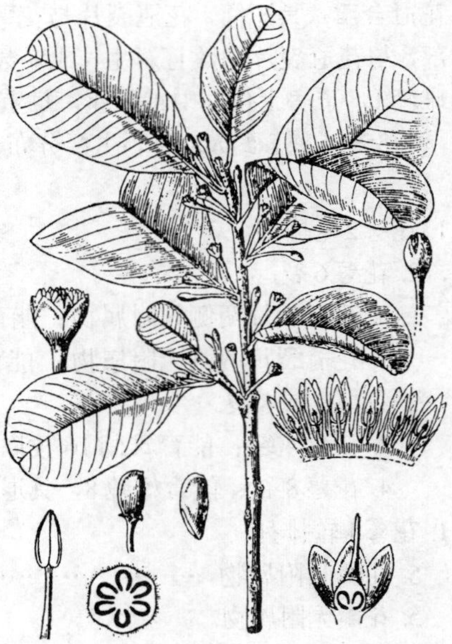

图 1 铁线子 （引自《海南植物志》）

产广西南部及海南，生于海拔400米以下旷野或海边林中。印度、斯里兰卡及中南半岛有分布。种仁含油量约47%，可供食用和药用。

2. 人心果 图 2 图 8：5-7 彩片 1

Manilkara zapota (Linn.) van Royen in Blumea 7: 410. f. l-q. 1953.

Achras zapota Linn. Sp. Pl. App. 1190. 1753.

乔木，高达20米。小枝叶痕明显。叶互生，密聚枝顶，革质，长圆形或卵状椭圆形，长6-19厘米，先端尖或钝，基部楔形，全缘或微波状，上面中脉凹下，侧脉纤细，平行，网脉细密；叶柄长1.5-3厘米。花1-2生于枝顶叶腋，花梗长2-2.5厘米，密被毛；花萼裂片外轮3枚长6-7毫米，内轮3枚稍短，背面密被毛；花冠白色，长6-8毫米，花冠裂片先端具不规则细齿，背面两侧具2枚花瓣状附属物；能育雄蕊着生花冠筒喉部，退化雄蕊花瓣状；子房圆锥状，长约4毫米，密被毛。浆果纺锤形、卵圆形或球形，长4厘米以上，褐色，果肉黄褐色。种子扁。花期4-9月，果期11月至翌年5月。

原产美洲热带地区。台湾、福建、广东、海南、广西、四川及云南有栽培。果可食，味甜可口；树液为口香糖原料；树皮可治热症。

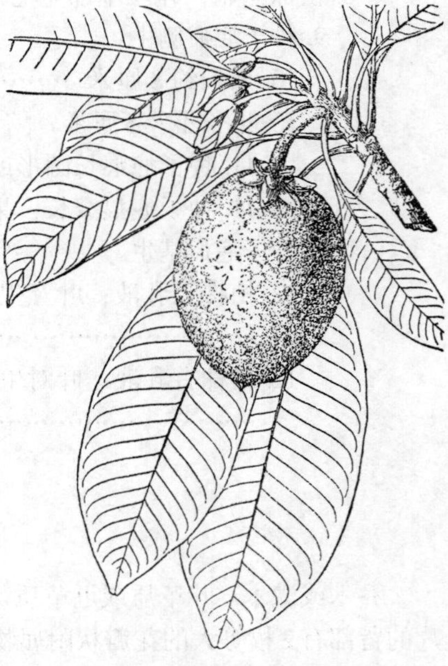

图 2 人心果 （引自《广州植物志》）

2. 胶木属 **Palaquium** Blanco

乔木，有乳液。小枝顶端具球果状鳞苞。叶簇生，革质；有托叶，常早落。花单生或簇生叶腋，有时成短花序生于小枝先端，花梗基部具苞片；花萼常6裂；2轮；花冠裂片4-6；雄蕊通常12-18，2-3轮，生于花冠喉部，花丝长，花药披针形；子房被长柔毛，常6室，每室1胚珠。浆果，长球形或椭圆状球形，果皮肉质。种子1-3，疤痕宽，常长为种子1/2，子叶肥厚，肉质，具胚乳。

约110余种，分布于亚洲东南部和太平洋岛屿。我国1种。

台湾胶木 图 3

Palaquium formosanum Hayata in Journ. Coll. Sci. Univ. Tokyo 30: 184. 1911.

乔木，高达10米。幼枝被毛，后渐脱落，小枝叶痕明显。叶互生，密聚枝顶，叶厚革质，倒卵状长圆形、倒卵形或匙形，长10-17厘米，先端圆或微心形，基部宽楔形，幼时被毛，后渐脱落无毛，侧脉10-12对；叶柄长0.7-1.2厘米，被毛，托叶披针形，长约3毫米，背面有毛，早落。花单生或3-6簇生叶腋。花梗长0.7-1.2厘米，果时增粗并延长，被毛；花萼裂片宽卵形，长4-4.5毫米，背面有毛；花冠淡黄白色，6裂，被微毛；雄蕊12-15，着生花冠；子房6室，每室1胚珠。浆果椭圆状球形，常偏斜，长4-5厘米，花柱宿存，果皮肉质。种子1-4，纺锤状，两侧扁，长约3.5厘米，疤痕长为种子1/2。花期11-12月。

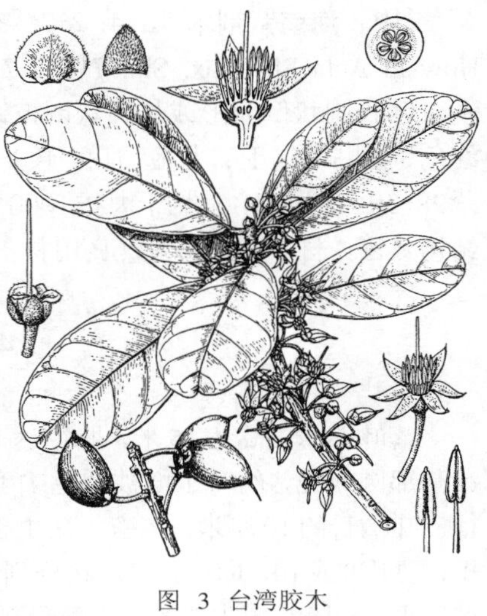

图 3 台湾胶木

（引自《Woody Fl. Taiwan》）

产台湾北部，生于低海拔林中。菲律宾有分布。果可食。材质良好。

3. 紫荆木属 **Madhuca** J. F. Gmel.

乔木；有乳液。单叶互生，常聚生枝顶，叶革质或近革质，全缘；有托叶，常早落。花单生或簇生，多腋生，有时顶生。花萼裂片常4，成互生2轮；花冠筒圆筒状，喉部常有粗环毛，花冠裂片常8；雄蕊1-3 轮，着生于花冠筒喉部，与花冠裂片互生，常为花冠裂片2-3倍；子房常被毛，6-8室，每室1胚珠。浆果球形或椭圆状球形，具宿存增大花萼；果柄长约3厘米。种子1-4，疤痕线形或长圆形，子叶肥厚。

80余种，分布于中南半岛及斯里兰卡、印度、印度尼西亚、马来西亚和澳大利亚。我国2种。

紫荆木 图 4：1

Madhuca pasquieri （Dubard） Lam in Bull. Jard. Bot. Buitenzorg 3 (7)： 182. 1925.

Dasillipe pasquieri Dubard in Ann. Mus. Colon Marseille 21： 92. pl. 47. 1913.

乔木，高达30米，胸径60厘米；具乳液。幼枝被毛，后渐脱落无毛。叶互生，革质，倒卵形或倒卵状长圆形，长6-16厘米，先端宽渐钝尖，基部宽楔形或楔形，上面中脉稍凸起，侧脉13-26对；叶柄长1.5-3.5厘米，

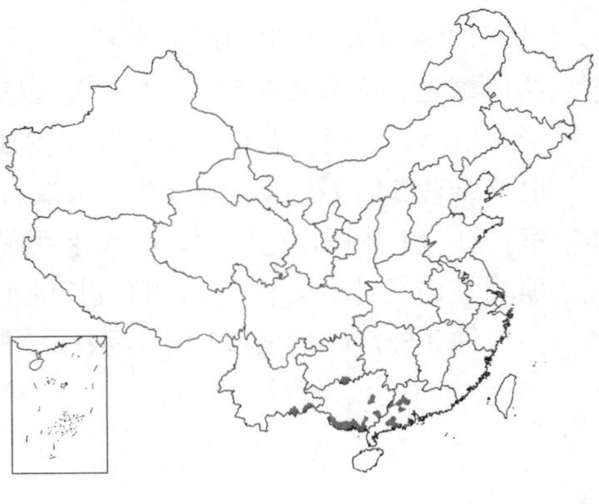

被毛，托叶披针状线形，长3毫米，早落。花数朵簇生叶腋，花梗长1.5-3.5厘米，被毛；花萼4裂，长3-6毫米，被毛；花冠黄绿色，长5-7.5毫米，无毛，裂片6-11；雄蕊16-24；子房卵圆形，密被毛。果椭圆状球形或球形，长2-3厘米，具宿存花萼和花柱，果皮肥厚，初被锈色绒毛，后渐脱落无毛。种子1-5，椭圆状球形，长1.8-2.7厘米，疤痕长圆形，无胚乳，子叶扁平，油质。花期7-9月，果期10-12月。

产广东、广西、贵州南部及云南东南部，生于海拔1100米以下山地林中。越南北部有分布。种子含油30%，可食；木材供建筑用。

［附］**海南紫荆木** 图 4：2-7 彩片 2 **Madhuca hainanensis** Chun et How in Acta Phytotax. Sin. 7(1)：71. pl. 22：2. 1958. 本种与紫荆木的区别：叶长圆状倒卵形或长圆状倒披针形，先端圆而常微凹，下面幼时被锈红色、紧贴的绢毛；花冠白色，长1-1.2厘米；花萼裂片长6.5-8毫米；雄蕊28-30。产海南，常见于海拔1000米以下山地常绿林中。木材暗红褐色，结构致密，材质坚韧，为优良用材；种子含油达55%，可食用。

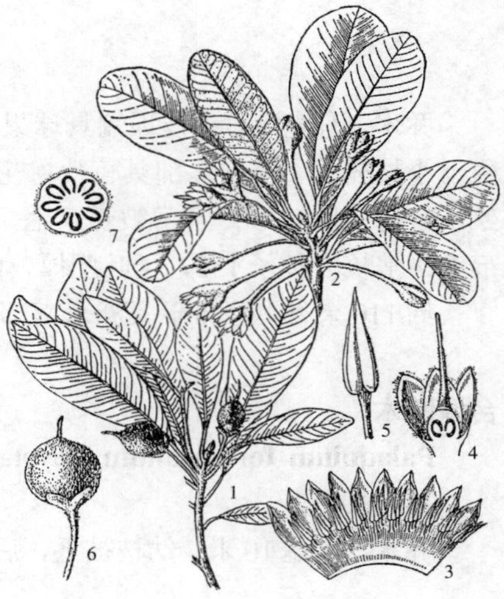

图 4：1. 紫荆木 2-7. 海南紫荆木
（引自《图鉴》《海南植物志》）

4. 牛油果属 Butyrospermum Kotschy

落叶乔木，高达15米，胸径达1.5米；具乳液。叶簇生枝顶，叶薄革质，长圆形，长15-30厘米，全缘，先端和基部圆或钝，幼时上面被锈色柔毛，后两面无毛，中脉在上面呈凹槽，下面明显凸起，侧脉30对以上，相互平行；叶柄长约10厘米。花密集簇生于粗壮分枝顶端的叶腋；花萼裂片8，2轮排列，裂片披针形；花冠白色，冠管短，裂片8或10，卵形，覆瓦状排列；能育雄蕊较花冠裂片短，着生于其基部，且与之对生，花丝丝状，花药线状披针形，药隔具短尖头，药室侧向开裂；退化雄蕊与雄蕊互生，花瓣状，较能育雄蕊短；子房8-10室，具长硬毛，花柱肥厚，钻形。浆果圆球形，径3-4厘米，果皮肥厚，肉质；种子1-4，通常仅1枚成熟，卵圆形，长约2-3厘米，疤痕侧生，无胚乳，子叶肥厚，肉质，胚根极短。

本属仅1种，广布非洲热带。云南有引种。

牛油果 图 5：1-2

Butyrospermum parkii Kotschy in Anz. Akad. Wiss. Wien, Math.-Nat. 1. Abth. 1：359. 1865.

形态特征同属。花期6月，果期10月。

本种广布非洲热带。云南元江有大面积栽培。种仁富含脂肪，为重要食用油及重要的工矿用油，又可制人造黄油及肥皂。

5. 梭子果属 Eberhardtia Lecomte

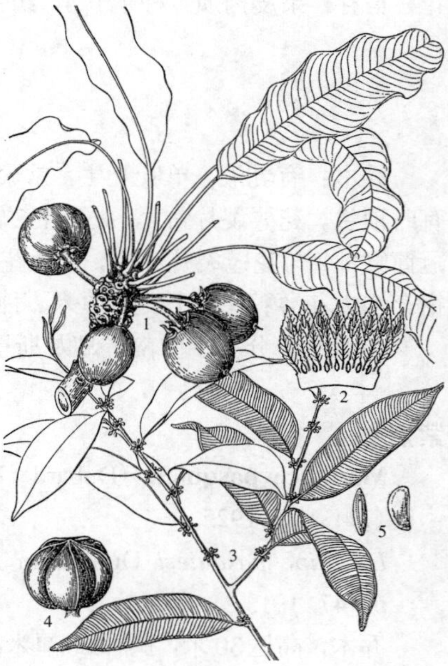

图 5：1-2. 牛油果 3-5. 金叶树
（引自《中国植物志》）

常绿乔木。单叶互生；有托叶，早落。小枝有托叶痕。花簇生叶腋，被锈色绒毛。花萼常4-5裂，裂片覆瓦状排列；花冠筒近圆筒状，裂片5，线形，粗厚，每裂片背面有2个膜质附属物；能育雄蕊5，与花冠裂片对生，退化雄蕊5，与花冠裂片互生，末端有未发育的箭头状花药；子房上位，5室，每室1胚珠，花柱短，柱头不明显。果核果状，球形，近无毛或被毛，顶端具宿存花柱。种子5，疤痕长圆形，具油质胚乳。

约3种，产越南及中国。我国2种。

锈毛梭子果 图 6 彩片 3

Eberhardtia aurata (Pierre ex Dubard) Lecomte in Bull. Mus. Hist. Nat. Paris 26: 348. 1920.

Planchonella aurata Pierre ex Dubard in Lecomte, Not. Syst. 2: 134. 1913.

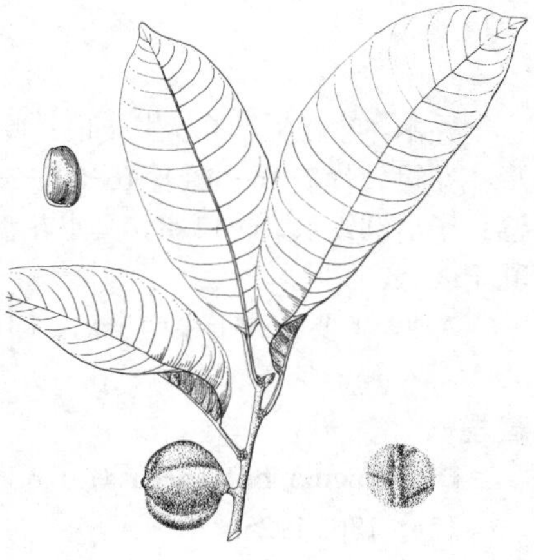

图 6 锈毛梭子果 （孙英宝绘）

乔木，高达15米；具乳液。幼枝、叶下面、叶柄、花梗和果均被锈色绒毛。叶近革质，长圆形、倒卵状长圆形或椭圆形，长12-24厘米，先端骤短尖，基部楔形或近圆，侧脉16-23对；叶柄长2-3.5厘米，托叶早落。花芳香，数朵簇生叶腋，花梗长约2毫米；花萼裂片2-4，被毛；花冠乳白色，花冠裂片5，长2-3毫米，两侧为膜质、花瓣状附属物，长4-5毫米；能育雄蕊5，长约1毫米，退化雄蕊5，长约3毫米，先端有箭头状、边缘撕裂的未发育花药；子房被毛；果核果状，近球形，长2.5-3.5厘米，具宿存花萼和花柱；果柄长约1厘米。种子3-5，扁平，栗色，长2-2.3厘米，径1-1.5厘米，疤痕长圆形，从腹面延至种子一端。花期3-5月，果期9-12月。

产广西西南部及南部、云南东南部，生于海拔750-1350米山地林中。越南北部有分布。种子油供食用或制皂；木材结构致密，材质坚韧，为优良建筑用材。

6. 金叶树属 **Chrysophyllum** Linn.

灌木或乔木。叶互生；无托叶。花小，2至数朵簇生叶腋，具花梗或无；花萼裂片5-6；花冠筒状钟形，常伸展，花冠裂片4-11，花冠筒长于或短于花冠裂片；雄蕊4-10，1轮，着生花冠喉部，与花瓣对生，无退化雄蕊；子房被毛或无，1-10室，每室1胚珠。果肉质或革质。种子1-8，种皮厚，脆壳质，疤痕窄或宽，侧生或几覆盖种子表面，胚乳无或丰富。

约150种，分布于美洲热带至亚热带和亚洲热带地区。我国1变种，栽培1种。

金叶树 图 5：3-5

Chrysophyllum lanceolatum (Bl.) A. DC. var. **stellatocarpon** van Royen ex Vink in Blumea 9:32. 1958.

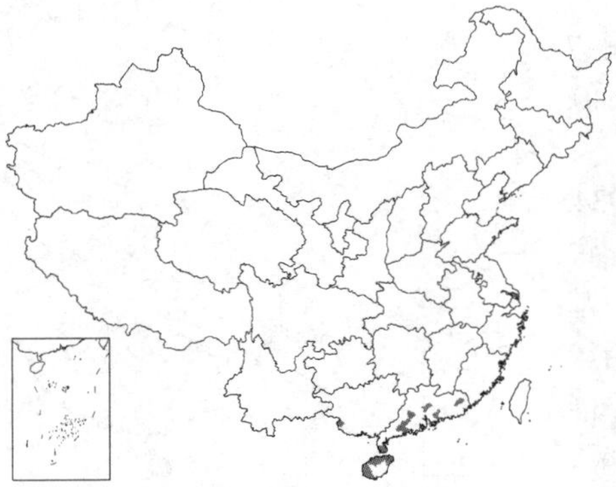

乔木，高达20米。幼枝被毛，后渐脱落。叶互生，坚纸质，长圆形或长圆状披针形，长5-12厘米，先端渐尖或尾尖，尖头钝，基部钝至楔形，常稍偏斜，幼叶两面均被毛，后渐脱落，上面中脉稍凸起，侧脉12-37对；叶柄长2-7毫米，多少被毛。花数朵簇生于叶腋；小苞片卵形，长约1毫米；花梗长3-6毫米；花萼裂片5，长0.7-1.5毫米，边缘具流苏；花冠宽钟形，长1.8-3毫米，花冠裂片5，边缘具流苏；雄蕊5，着生花冠筒中部以下；子房被毛；果近球状，径1.5-4厘米，幼时被毛，具5条粗肋。种子5-4，倒卵状，侧扁，长1.1-1.3厘米，疤痕窄长圆形或倒披针形，子叶扁平，胚乳丰富。花期5-8月，果期10-12月。

产广东、海南及广西西南部，生于海拔600米以下山谷、溪边林中。中南半岛、斯里兰卡、印度尼西亚、马来西亚和新加坡有分布。根、叶入药，活血去瘀、消肿止痛，治跌打瘀肿、风湿关节痛、骨折、脱臼。果可食。

7. 藏榄属 Diploknema Pierre

乔木。叶互生，常簇生枝顶；叶柄常基部增粗，有托叶，宿存或早落。花序簇生老枝叶腋。花萼裂片4-6，卵形；花冠裂片7-16；雄蕊16-80，2-4列，着生花冠喉部，有时雄蕊群退化（仅国外种类），成多数花瓣状退化雄蕊；子房圆锥状，5-14室，具小花盘或无，花柱短，每室1胚珠。浆果。种子1-5，疤痕宽，种皮木质或壳质，胚乳无或有，子叶厚。

7种，主要分布于中南半岛、印巴次大陆、印度尼西亚和菲律宾。我国1种。

藏榄

Diploknema butyracea（Roxb.）Lam in Bull. Jard. Bot. Buitenzorg 3（7）：186. 1925.

Bassia butyracea Roxb. Asiat. Res. 8：499. 1808.

乔木，高达25米。幼枝被毛，后渐脱落。叶常密聚小枝顶端，叶革质，椭圆状长圆形、倒卵形或倒卵状长圆形，长17-35厘米，先端钝或渐钝尖，基部楔形，边缘细圆齿状，幼时两面被毛，后渐脱落，上面中脉略凹下，侧脉14-21对；叶柄长1.4-1.8厘米，被毛，托叶披针形，长约5毫米，被毛，早落。花单生或数朵簇生叶腋，密聚小枝顶端，花梗长2-4.5厘米，被毛；花萼裂片4-6，长0.9-1.5厘米，背面具毛；花冠淡黄色，长1.5-2厘米，花冠裂片8-10；雄蕊18-40，着生花冠裂片基部，长0.9-1.2厘米；子房圆锥状，被毛，7-12室。果卵球形或长圆状球形，长2-2.5厘米，径1-1.5厘米，果皮肉质。种子1-5，长圆状倒卵形，长1.3厘米，疤痕披针形。

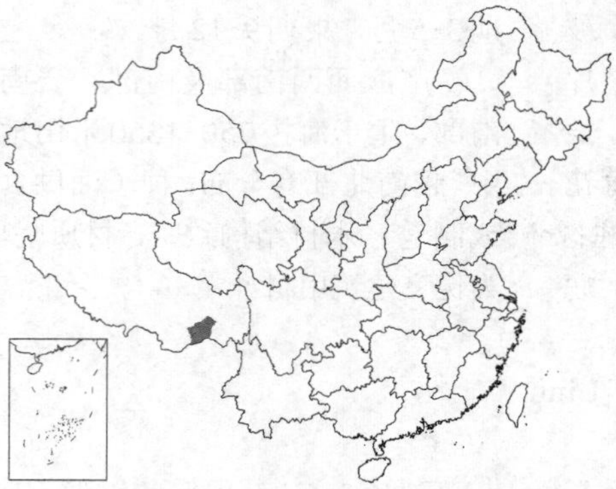

产西藏东南部，生于海拔约1800米山地林中。印度、不丹、尼泊尔有分布。

8. 刺榄属 Xantolis Raf.

乔木或灌木；常具刺。叶互生或聚生短枝顶部，全缘，侧脉羽状，具边脉；无托叶。花两性，5数，单生或簇生叶腋，具小苞片。花萼具短筒，裂片披针形，宿存；花冠裂片长于花冠筒，内面被毛；能育雄蕊常着生花冠裂片基部，花丝基部常有毛，花药箭头状，具延长的药隔，退化雄蕊花瓣状，常具长芒，边缘常流苏状；子房5室，密被毛。果核果状。种子1-2，椭圆状球形，侧扁，种皮壳质、坚脆，疤痕卵形或线形，胚乳丰富，子叶叶状。

约14种，产亚洲东南部及菲律宾吕宋岛。我国4种。

琼刺榄 图 7

Xantolis longispinosa（Merr.）H. S. Lo, Fl. Hainan. 3：157. f. 640. 1974.

Sideroxylon longispinosa Merr. in Lingnan Sci. Journ. 13：66. 1934.

乔木，高达13米。小枝疏生长刺，刺长1.5-3.5厘米，直伸，坚硬，锐尖。叶互生，革质，常倒卵形，长2-8厘米，宽1-2厘米，先端圆或钝，基部楔形，上面中脉微凹，侧脉约10对；叶柄长1-3毫米。花单生或数朵簇生叶腋，花梗长3-8毫米，被毛；花萼裂片5；花冠白色，花冠裂片5；能育雄蕊5，长约3毫米，基部两侧各具一簇毛，花药卵圆形，具延长的药隔，

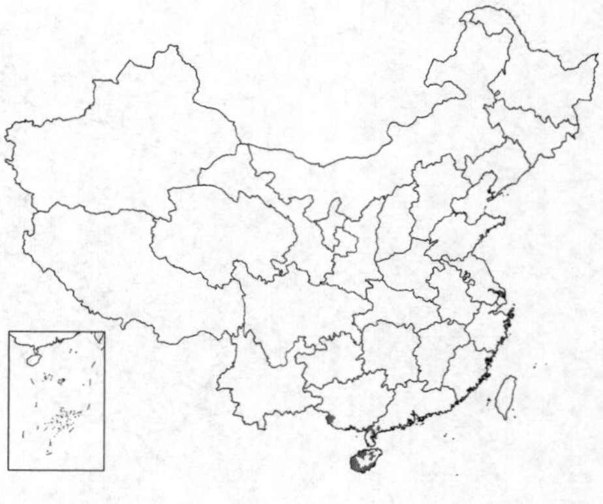

退化雄蕊5，长1.5-2毫米，先端渐尖成芒状；子房近球状，密被毛。浆果近球形或椭圆状球形，长约1.2厘米，被毛，顶端具宿存花柱，长约1.2厘米，基部具宿存增大的花萼；果柄长0.8-1厘米。花期10月至翌年2月，果期6-10月。

产海南，生于海拔400米以下常绿阔叶林中。

图 7 琼刺榄 （引自《海南植物志》）

9. 蛋黄果属 **Lucuma** Molina

乔木或灌木，具乳汁。叶互生，通常革质，全缘，羽状脉。花通常着生叶腋，无柄或具柄；花萼裂片4-5，稀7-8，覆瓦状排列，等大或里面的较大；花冠近钟形，冠筒短，圆柱形，裂片4或5，覆瓦状排列，较冠筒长；能育雄蕊4或5，着生冠筒顶部，且与花冠裂片对生，花丝极短、宽或延长，花药披针形，较花丝长，或卵形而较花丝短，基部心形，药室分离或先端汇合，通常侧向或内向（稀外向）开裂；退化雄蕊通常5，小，线形或鳞片状，着生冠筒顶部，且与花冠裂片互生；子房2-5室，密被长柔毛，稀无毛，花柱圆锥形或钻形，无毛，柱头钝或具疣状凸起，胚珠单生，长圆形。浆果近球形或卵圆形，果皮肉质、肥厚可食或薄。种子少数或仅1枚，球形或卵圆形，两侧压扁；种皮光滑，疤痕侧生，长圆形或线形，无胚乳，子叶肥厚，胚根极短，向下。

约100种，产马来西亚、澳大利亚、太平洋岛屿及美洲热带。我国引种栽培1种。

蛋黄果 图 8：1-4 彩片 4

Lucuma nervosa A. DC. in DC. Prodr. 8: 169. 1864.

小乔木，高约6米。小枝嫩枝被褐色短绒毛。叶坚纸质，窄椭圆形，长10-15（20）厘米，先端渐尖，基部楔形，两面无毛，中脉在上面微凸，下面凸起，侧脉13-16对，斜上升至叶缘弧曲上升；叶柄长1-2厘米。花1（2）朵生于叶腋，花梗圆柱形，长1.2-1.7厘米，被褐色细绒毛；花萼裂片通常5，稀6-7，卵形或宽卵形，长约7毫米，外面被黄白色细绒毛，内面无毛；花冠较萼长，长约1厘米，外面被黄白色细绒毛，内面无毛，冠筒圆筒形，长约5毫米，花冠裂片（4）6，窄卵形，长约5毫米；能育雄蕊通常5，花丝钻形，长约2毫米，被白色极细绒毛；子房圆形，长3-4毫米，被黄褐色绒毛，5室，花柱无毛，柱头头状。果倒卵圆形，长约8厘米，绿色转蛋黄色，无毛，外果皮极薄，中果皮肉质，肥厚，蛋黄色，可食，味如鸡蛋黄，故名蛋黄果。种子2-4，椭圆形，压扁，长4-5厘米，黄褐色，具光泽，疤痕侧生，长圆形，几与种子等长。花期春季，果期秋季。

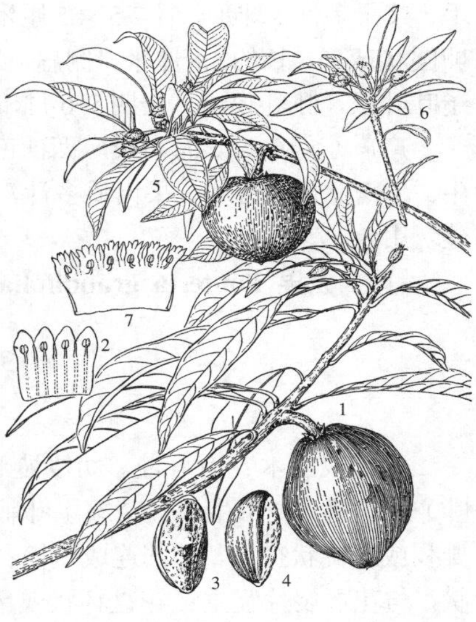

图 8：1-4. 蛋黄果 5-7. 人心果
（引自《中国植物志》）

广东、广西、云南西双版纳有栽培。

10. 桃榄属 **Pouteria** Aublet

乔木或灌木；有乳液。嫩枝被毛，后渐脱落。叶纸质或厚革质，互生，有时近对生或聚生小枝顶端，幼叶常被毛，后渐脱落，侧脉明显；具叶柄，无托叶。花簇生叶腋，有时生于短枝上；有时具2-4枚小苞片；花萼裂片4-6，背面有毛，早落或果时宿存；花冠裂片4-8；能育雄蕊4-8，着生花冠筒喉部，退化雄蕊常5，披针形或钻形，有时鳞片状或花瓣状；子房圆锥状，向上渐窄成花柱，有时基部具杯状花盘，5-6室，常被毛。果球形，被毛或无毛。种子1-5，疤痕侧生，长圆形或宽卵形，占种子表面1/2或全表面，胚乳无或膜质，子叶厚。

约50种，分布于热带地区。我国2种。

桃榄 图 9

Pouteria annamensis（Pierre ex Dubard）Baehni in Candollea 9: 311. 1942.

Planchonella annamensis Pierre ex Dubard in Lecomte, Not. Syst. 2: 83. 1911.

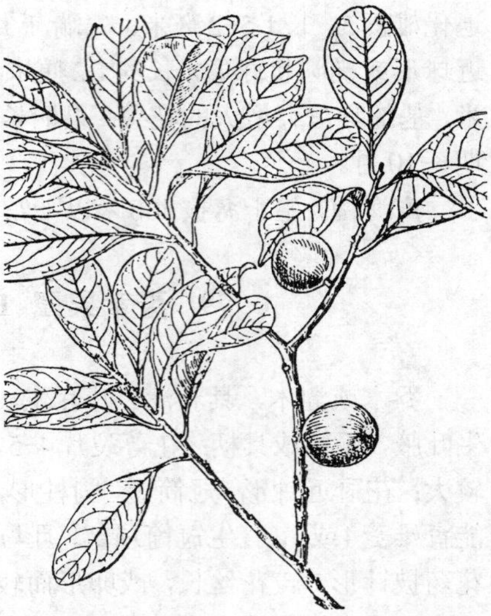

图 9 桃榄 （引自《图鉴》）

乔木，高达20米。叶互生，纸质或近革质，长圆状倒卵形或长椭圆状披针形，长6-17厘米，先端圆或钝，基部楔形，幼时两面被毛，后渐脱落，侧脉5-11对；叶柄长1.5-4.5厘米。花单生或2-3簇生叶腋。花梗长1-3毫米，被毛；花萼裂片长2-2.5毫米，背面有毛；花冠白色，花冠裂片长约1毫米；能育雄蕊着生花冠筒喉部，退化雄蕊较短小；子房具杯状花盘，密被毛。浆果多汁，球形，径2.5-4.5厘米，成熟时紫红色，果皮厚。种子2-5，卵圆状球形，长约1.8厘米，侧扁，疤痕侧生，窄长圆形，与种子近等长，子叶叶状，胚乳膜质。花期5-6月，果期8-11月。

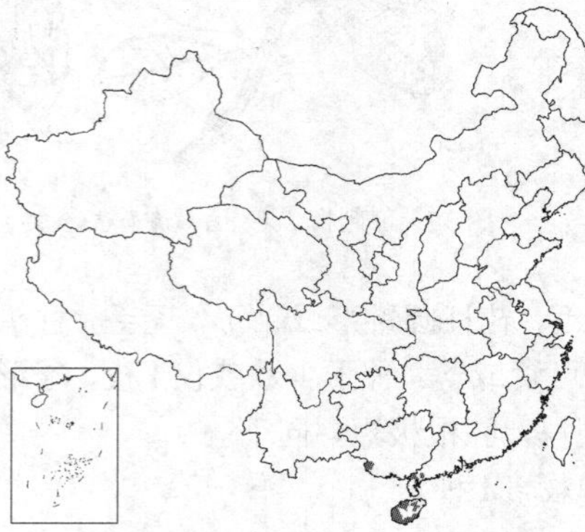

产广东西南部、海南及广西西南部，生于海拔800米以下常绿阔叶林中。越南北部有分布。果肉质多汁，香甜，可食；树皮可治蛇伤；木材供建筑用。

［附］**龙果 Pouteria grandifolia**（Wall.）Baehni in Candollea 9: 332. 1942. —— *Sideroxylon grandifolium* Wall. in Roxb. Fl. Ind. ed. Carey 2: 348. 1842. 本种与桃榄的区别：叶较大，长17-30厘米，宽6-10厘米，幼时两面无毛；花3-10簇生叶腋，花梗、花萼裂片外面被淡黄色柔毛，内面的裂片边缘流苏状；子房圆柱形，被浅黄色长柔毛；果成熟时黄色。产云南南部西双版纳，生于海拔500-1180米雨林或灌丛中。印度东北部、缅甸北部及泰国有分布。

11. 山榄属 Planchonella Pierre

乔木或灌木；有乳液。幼枝被毛。叶互生、近对生或对生，有时聚生枝顶或短枝；托叶无（国产种类均无托叶）或早落。花单生或数朵簇生叶腋，有时簇生腋生短枝，常具苞片。花4-6基数，常两性；花萼裂片5，覆瓦状排列或螺旋状排列，基部连成短筒；花冠裂片常5；能育雄蕊5，着生花冠喉部，与花冠裂片对生，退化雄蕊花瓣状，与花冠裂片互生；花盘杯状或环状，有时无，常被毛；子房4-6室。浆果，有时木质。种子1-6，扁椭圆状球形，疤痕侧生，窄长圆形，胚乳丰富，子叶叶状。

约100种，主产亚洲南部至澳大利亚。我国2种。

山榄 图 10

Planchonella obovata（R. Br.）Pierre, Not. Bot. Sapot. 36. 1890.

Sersalisia obovata R. Br. Prodr. Fl. Nov. Holl. 530. 1810.

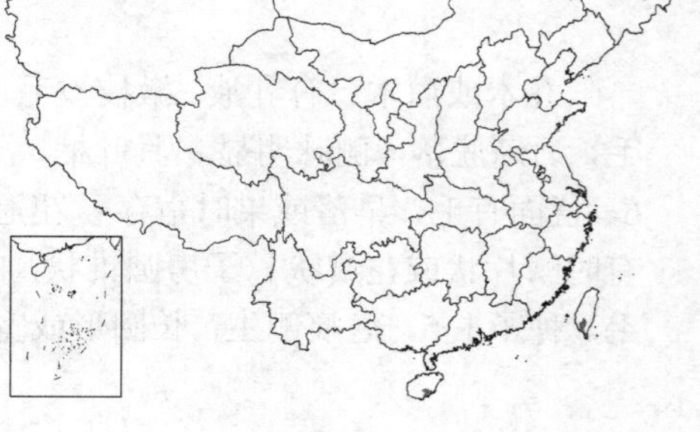

乔木或灌木。幼枝被毛，后渐脱落无毛。叶互生，圆形、倒卵形、倒卵状长圆形、卵形、披针形或线形，长6-24厘米，先端圆或渐尖，基部窄或宽楔形，幼叶下面有毛，后脱落无毛，上面中脉凸起，侧脉7-18对；叶柄长0.5-5厘米。花雌性及两性，绿或白色，数朵成簇腋生，花梗长0.2-1

厘米，被毛；花萼裂片5-6，长2-3毫米，背面有毛，边缘具缘毛或流苏；花冠钟状，长3-5毫米，花冠裂片5；能育雄蕊长2.5-3.5毫米，着生花冠筒中部稍下，退化雄蕊披针形或三角形；子房圆锥状或倒卵状球形，被毛。果白、黄、红或天蓝色，倒卵状球形或球形，长1-1.5厘米。种子1-5，斜纺锤状，长0.8-1.2厘米，疤痕窄椭圆形。花期7-8月，果期10-12月。

产海南南部及台湾南部，生于海拔300米以下林中。日本琉球群岛、中南半岛、菲律宾、印度、巴基斯坦和澳大利亚北部有分布。木材红褐色，质地坚硬而致密，供建筑、工具等用材；叶入药，可止腹痛。

图 10 山榄 （引自《Woody Fl. Taiwan》）

12. 铁榄属 Sinosideroxylon （Engl.） Aubr.

乔木，稀灌木，无乳液。叶互生，革质；无托叶。花簇生叶腋，有时成总状花序。花萼5-6裂，裂片覆瓦状排列；花冠筒短，花冠裂片5-6，芽时覆瓦状排列；能育雄蕊5-6，着生花冠筒喉部，与花冠裂片互生；子房5室，每室1胚珠。浆果卵圆状球形或球形，果皮厚，有时肉质，基部具宿存花萼。种子常1，有时2-5，种皮坚脆，疤痕基生，胚乳肉质，子叶扁平而宽，叶状。

4种，分布于越南北部至我国。

1. 花单生或2-5簇生叶腋；果椭圆形 ………………………………………… 1. **革叶铁榄 S. wightianum**

1. 总状花序；果卵球形 ………………………………………………………… 2. **铁榄 S. pedundulatum**

1. 革叶铁榄 图 11

Sinosideroxylon wightianum （Hook. et Arn.） Aubr. Fl. Camb. Laos et Vietn. 3：68. pl. 12：1-4. 1963.

Sideroxylon wightianum Hook. et Arn. Bot. Beech. Voy. 5：196. t. 141. 1841.

Mastichodendron wightianum （Hook. et Arn.） van. Royen；中国高等植物图鉴 3：301. 1974.

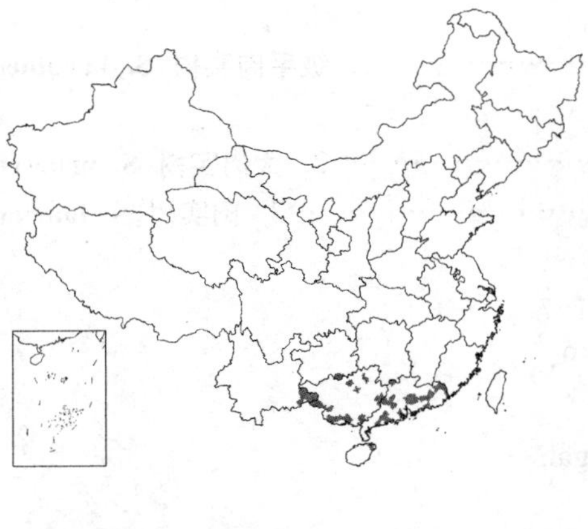

乔木，稀灌木，高达15米。幼枝、幼叶被锈色绒毛，后渐脱落。叶互生，革质，椭圆形、披针形或倒披针形，长5-17厘米，先端稍尾尖，基部窄楔形，上面中脉稍凸起，侧脉12-17对；叶柄长0.7-2厘米。花绿白色，芳香，单生或2-3簇生于叶腋，花梗长0.4-1厘米，被毛；花萼裂片5，长2-4毫米，背面有毛；花冠白绿色，长4-5毫米，花冠裂片5；能育雄蕊5，花药卵状，退化雄蕊披针形或三角形，近花瓣状；子房卵圆状，长约2毫米，5室。果熟后深紫色，椭圆状球形，长1-1.8厘米，果皮薄。种子1，椭圆状球形，疤痕近圆形，子叶薄，胚乳丰富。花期10月至翌年3月，果期4-9月。

图 11 革叶铁榄 （引自《中国植物志》）

产广东、香港、海南东北部、广西、贵州南部及云南东南部，生于海拔200-1500米山地灌丛或混交林中。越南北部有分布。

2. 铁榄 图 12

Sinosideroxylon pedunculatum（Hemsl.）H. Chuang in Guihaia 3(4)：312. 1983.

Sarcosperma pedunculata Hemsl. in Journ. Linn. Soc. Bot. 26：68. 1889.

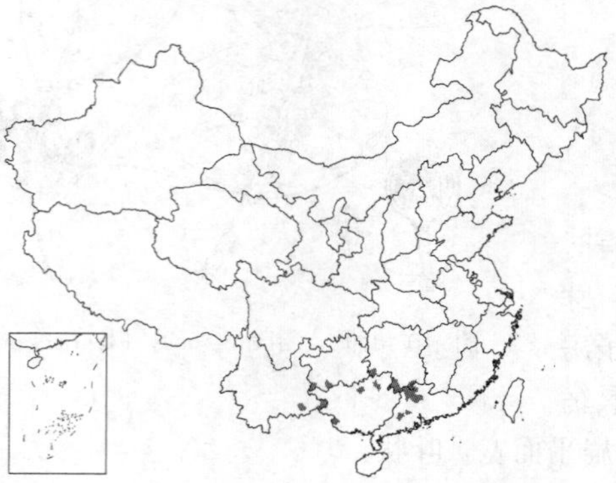

乔木，高达12米。幼枝被毛，后渐脱落。叶互生或聚生小枝顶端，叶革质，卵形或卵状披针形，长5-15厘米，先端渐尖，基部楔形，上面中脉稍凸起，侧脉8-12对；叶柄长0.7-1.5厘米，被毛。花淡黄色，1-3簇生于腋生的花序梗，组成总状花序，花序梗长1-3厘米，被微毛。花梗长2-4毫米，被毛；花萼裂片5，长2-3毫米，背面有毛；花冠长4-5毫米，4-5裂；能育雄蕊4-5，与花冠裂片对生，长2-2.5毫米，退化雄蕊4-5，花瓣状，与花冠裂片互生；子房近球状，4-5室。浆果卵圆形，长约2.5厘米。种子1，椭圆状球形，两侧扁，长约1.6厘米，疤痕近圆形，近基生。花期4-7月，果期9-11月。

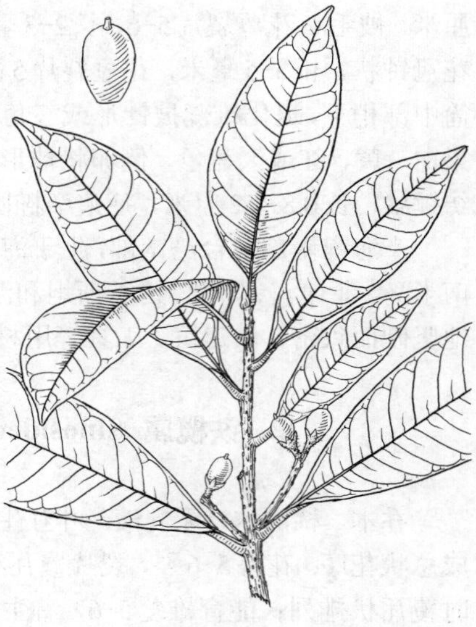

图 12 铁榄 （余汉平绘）

产湖南南部及西南部、广东、广西、贵州西南部及云南东南部，生于海拔700-1100米山地林中。越南有分布。木材可制农具、器具等用。

13. 肉实树属 Sarcosperma Hook.

常绿乔木；有乳液。单叶对生或近对生，稀互生，近革质，全缘；托叶小，早落，有时半宿存，叶柄有托叶痕。花小，单生或成簇组成腋生总状花序或圆锥花序；苞片小，三角形。花萼裂片5，覆瓦状排列；花冠宽钟形，花冠裂片5；能育雄蕊5，着生花冠筒，与花冠裂片对生，退化雄蕊5，较小，着生花冠筒喉部与花冠裂片互生；子房1-2室，花柱短，柱头2浅裂，胚珠1。果核果状，椭圆状球形，常具白粉，果皮极薄。种子1-2，种皮薄，坚脆，疤痕基生，无胚乳。

8-9种，分布于印度、马来西亚、印度尼西亚、菲律宾、中南半岛至我国。我国4种。

1. 叶柄顶端具叶耳 …………………………………………………… 1. **绒毛肉实树 S. kachinense**
1. 叶柄顶端无叶耳。
   2. 叶下面侧脉腋内具腺槽；花序被毛 ………………………………… 2. **大肉实树 S. arboreum**
   2. 叶下面侧脉腋内无腺槽；花序无毛 ……………………………………… 3. **肉实树 S. laurinum**

1. 绒毛肉实树 图 13：1-7

Sarcosperma kachinense（King et Prain）Exell. in Journ. Bot. 69：100. 1931.

Combretum kachinense King et Prain in Journ. Asiat. Soc. Bengal. 69：169. 1900.

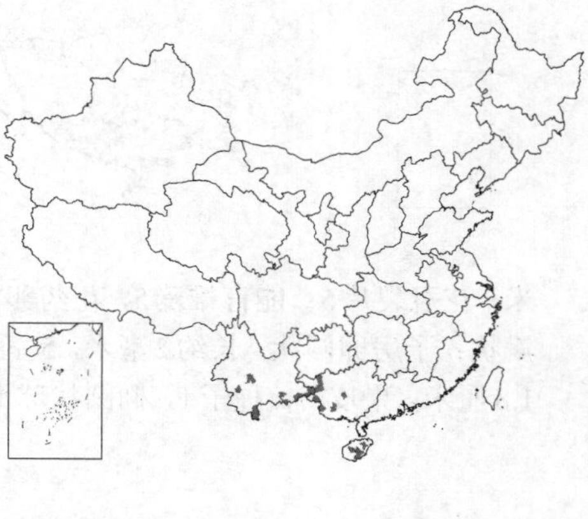

乔木，高达15米。幼枝、叶下面、叶柄、托叶和花序均密被锈色绒毛。叶近对生，坚纸质，长圆形、椭圆形或倒卵状椭圆形，长10-26厘米，先端渐尖，基部楔形，有时钝或圆，侧脉6-11对；叶柄长0.5-1.5厘米，顶端具2枚钻形叶耳，长2-3毫米，托叶2，钻形，长4-7毫米，早落。总状花序腋生，单生或组成圆锥花序，长4-10厘米；花2至数朵簇生于花序轴节上，芳香；小苞片2-4枚；花梗长3-5毫米；花萼长2-3毫米，花萼裂片宽卵形；花冠黄白色，长3.5-5毫米，花冠裂片卵形或近圆形；能育雄蕊着生花冠筒喉部，与花冠裂片对生，退化雄蕊与花冠裂片互生；子房卵形，长1-2毫米，2室，每室1胚珠。核果长圆状球形，长2-2.8厘米，成熟时红色。种子1。花期9-12月，果期4-6月。

产海南、广西及云南，生于海拔120-1500米山地林中。中南半岛有分布。木材供建筑、家具等用；果可作染料。

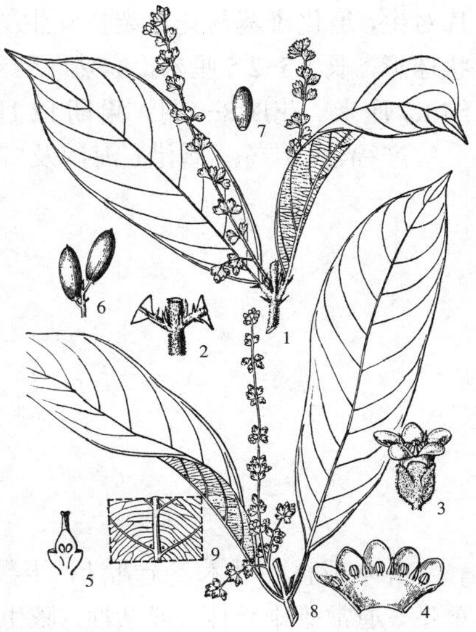

图 13：1-7. 绒毛肉实树 8-9. 大肉实树
（引自《中国植物志》）

2.　大肉实树　　图 13：8-9

Sarcosperma arboreum Hook. f. in Benth. et Hook. f. Gen. Pl. 2: 655. 1876.

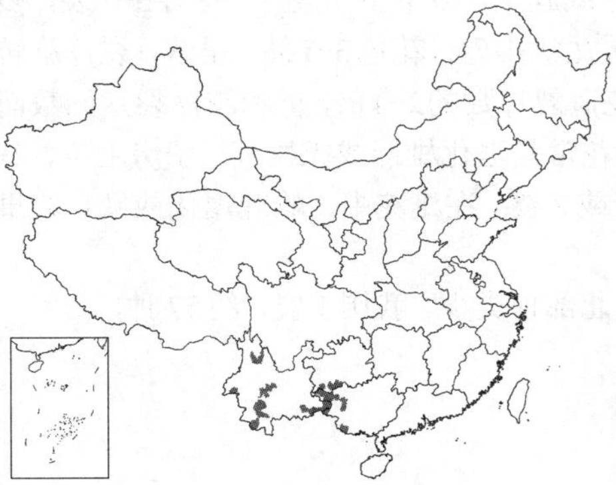

乔木，高达28米。幼枝被疏毛。叶对生或近对生，有时互生，长圆形或椭圆形，长10-35厘米，先端渐尖或稍骤尖，基部楔形，常两侧不对称，上面中脉凸起，侧脉7-13对，下面侧脉腋内具腺槽；叶柄长1-3厘米，无叶耳，托叶钻形，长3-4毫米，早落。圆锥花序，稀总状花序，长5-18厘米，被毛；每花具2-4小苞片；花梗长约1毫米或更短；花萼裂片长2-3毫米，背面有毛；花冠绿白色，长4-5毫米，花冠裂片倒卵形或长圆形；能育雄蕊着生花冠筒喉部，退化雄蕊三角形或钻形；子房近球形，柱头3裂。核果长圆状球形，长1.5-2.5厘米，成熟时紫色。种子1。花期9月至翌年4月，果期3-6月。

产广西西部及西南部、贵州西南部及云南，生于海拔500-2500米山地林中。锡金、印度、缅甸和泰国有分布。木材可作家具、农具、器具等用。

3.　肉实树　　图 14

Sarcosperma laurinum (Benth.) Hook. f. in Benth. et Hook. f. Gen. Pl. 2: 655. 1876.

Reptonia laurina Benth. Fl. Hongkong. 208. 1861.

乔木，高达26米；板根显著。叶互生、对生或在枝顶成轮生状，革质，倒卵形或倒披针形，稀窄椭圆形，长7-19厘米，先端骤尖，有时钝或渐钝尖，基部楔形，侧脉6-9对；叶柄长1-2厘米，无叶耳，托叶钻形，长2-3毫米，早落。总状花序或圆锥花序，腋生，长2-13厘米；花芳香，单生或2-3簇生花序轴上；每花具小苞片1-3，被毛；花梗长1-5毫米，被毛；花萼长2-3毫米，花萼裂片宽卵形或近圆形，背面有毛；花冠淡

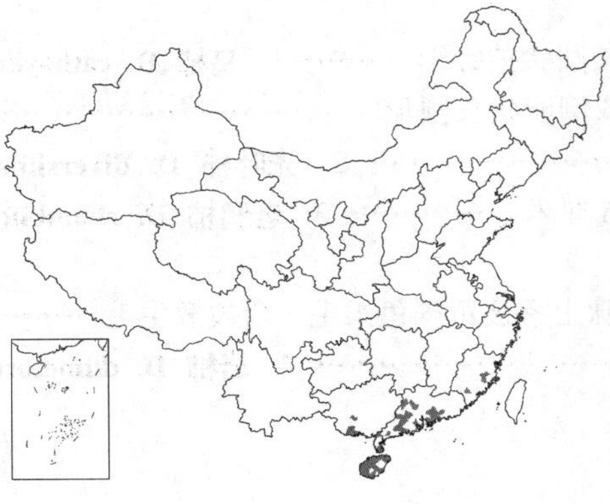

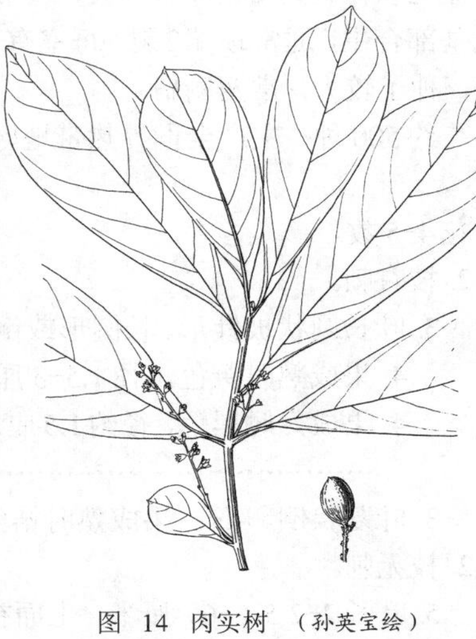
图 14　肉实树　（孙英宝绘）

黄绿色，花冠裂片宽卵形或近圆形；能育雄蕊着生花冠筒喉部，与花冠裂

片对生，退化雄蕊与花冠裂片互生；子房卵球状，长1-1.5毫米。核果长圆状球形，长1.5-2.5厘米，成熟时紫红至紫黑色，基部具宿萼。种子1，长约1.7厘米。花期8-9月，果期12月至翌年4月。

产福建、广东、香港、海南及广西南部，生于海拔300-600 米山谷或溪边林中。越南北部有分布。木材可供家具、农具及建筑等用。

97. 柿科 EBENACEAE

（傅晓平）

乔木或直立灌木，无乳汁，少数有枝刺。单叶，互生，稀对生，排成2列，全缘，无托叶，具羽状叶脉。花多单生，通常雌雄异株，或杂性，腋生；雌花单生；雄花常成小聚伞花序或簇生，或单生，整齐。花萼3-7裂，多少深裂，在雌花或两性花中宿存，果时常增大，裂片在花蕾中镊合状或覆瓦状排列；花冠3-7裂，早落，裂片旋转排列，稀覆瓦状排列或镊合状排列；雄蕊离生或着生花冠管基部，常为花冠裂片数的2-4倍，稀和花冠裂片同数而与之互生，花丝分离或两枚连生成对，花药基着，2室，内向，纵裂；雌花常具退化雄蕊或无雄蕊，子房上位，2-16室，每室具1-2悬垂胚珠，花柱2-8，分离或基部合生，柱头小，全缘或2裂；在雄花中，雌蕊退化或缺。浆果多肉质。种子有胚乳，胚乳有时嚼烂状，胚小，子叶大，叶状；种脐小。

3属，500余种，主要分布于两半球热带地区，在亚洲温带和美洲北部种类少。我国1属，约57种。

柿属 **Diospyros** Linn.

落叶或常绿乔木或灌木。无顶芽。叶互生，稀有微小透明斑点。花单性，雌雄异株或杂性，雄花常较雌花小，雄花组成聚伞花序，腋生当年生枝上，稀在较老的枝上侧生。雌花常单朵腋生；花萼通常深裂，（3）4（-7）裂，有时顶端平截，绿色，结果时常增大；花冠壶形、钟形或管状，浅裂或深裂，（3）4-5（-7）裂，裂片向右旋转排列，稀覆瓦状排列；雄蕊4至多数，通常16，着生花冠基部，常2枚连生成对形成2列；子房2-16室，花柱2-5，分离或基部合生，通常顶端2裂，每室有1-2胚珠；雌花有退化雄蕊1-16或无雄蕊。浆果肉质，基部常有增大的宿存花萼。种子较大，常两侧扁。

约500种，主产全世界热带地区。我国57种、6变种、1变型，1栽培种。

1. 花4-5数。
  2. 枝有刺。
    3. 叶长圆状披针形、长圆形或倒卵状长圆形。
      4. 果成熟时黄色，径1.5-3厘米，果柄长3-4（-6）厘米；叶长圆状披针形 ……… 1. **乌柿 D. cathayensis**
      4 果成熟时黑色，径约1.5厘米，果柄长0.5-1厘米；叶长圆形或倒卵状长圆形 …………………………………………………………………… 2. **光叶柿 D. diversilimba**
    3. 叶菱状倒卵形；果成熟时桔红色，径约2厘米，果柄长1.5-2.5厘米 ………… 3. **老鸦柿 D. rhombifolia**
  2. 枝无刺。
    5. 叶长2-2.5（-6）厘米，上面初被柔毛，后变无毛，下面中、侧脉上密被黄褐色柔毛，余被散生毛 …………………………………………………………………… 4. **岩柿 D. dumetorum**
    5. 叶长7厘米以上。
      6. 小枝无毛，稀被微毛。

7. 叶下面或两面被毛（粉叶柿有时两面无毛）。
8. 果柄长2-3毫米，果球形或扁球形，径1.5-2（-3）厘米；叶宽椭圆形、卵形或卵状披针形，长7.5-17.5厘米，下面粉绿色，叶柄长1.5-2.5厘米 ………………………………………………… 5. **粉叶柿 D. glaucifolia**
8. 果无柄或几无柄。
9. 果无毛。
10. 果成熟时蓝黑色，常被白色薄蜡层，径1-2厘米，宿存萼片卵形，长约6毫米；小枝褐或棕色；叶长5-13厘米，宽2.5-6厘米，侧脉7-10对，叶柄长0.7-1.5（-1.8）厘米。
11. 小枝平滑或被黄灰色柔毛；叶上面光滑，有时初被柔毛，下面被毛或无毛 … 6. **君迁子 D. lotus**
11. 小枝和叶两面密被长柔毛 ………………………… 6(附). **多毛君迁子 D. lotus** var. **mollissima**
10. 果成熟时非蓝黑色，无蜡层，宿存萼片三角形，长约4毫米；叶长10-15厘米，宽5-6厘米，侧脉5-7对，叶柄长1-3厘米 ………………………………………………………………… 7. **红柿 D. oldhami**
9. 果密被棕色硬毛，成熟时棕褐色，径2-2.8厘米，宿存萼片卵状三角形，长约8毫米；叶长6.5-20厘米 ………………………………………………………………………………… 8. **山橄叶柿 D. siderophylla**
7. 叶无毛，或下面脉上有毛或嫩叶下面被毛。
12. 宿存花萼4浅裂，果成熟时黄色，径约1.8厘米；叶长5-10厘米，侧脉4-6对，叶柄长约1厘米，上端有窄翅 ……………………………………………………………………………… 9. **罗浮柿 D. morrisiana**
12. 宿存花萼4深裂。
13. 果无毛，径1-1.2厘米，成熟时黑色，宿存萼片椭圆状卵形，果柄长约3毫米；叶披针形或披针状椭圆形，长5-9厘米，干后常黑色，叶柄长约5毫米 ………………………………… 10. **黑柿 D. nitida**
13. 果密被毛，或初时被毛，后变无毛。
14. 果几无柄，球形，径1-1.5厘米，成熟时橙红色，初被硬伏毛，后无毛，宿存萼片三角形，先端反曲，两面被棕色绒毛；叶椭圆形或长椭圆形，长10-14厘米，干时下面常浅棕色，叶柄长0.6-1.5厘米 ……………………………………………………………………………… 11. **青茶柿 D. rubra**
14. 果柄长5毫米或更长。
15. 果柄长约5毫米，果扁球形，径2-3.5厘米，初密被伏柔毛，成熟时无毛；叶长圆形或长圆状椭圆形，长4-9厘米，侧脉3-4对 ……………………………………………… 12. **延平柿 D. tsangii**
15. 果柄长1-2.5厘米。
16. 果球形，果柄长1-1.8（-2.2）厘米；叶具5-6对侧脉 ……………… 13. **岭南柿 D. tutcheri**
16. 果卵圆形，果柄长1.8-2.5厘米；叶具7-11对侧脉 ……………… 14. **保亭柿 D. potingensis**
6. 小枝或嫩枝常明显被毛。
17. 果径达2厘米；嫩枝被锈色糙伏毛或黄棕色绒毛；叶下面无透明腺体。
18. 叶具4-6对侧脉。
19. 嫩枝、冬芽、叶下面脉上、幼叶叶柄、花序和幼果均被锈色粗伏毛；叶长圆状披针形，基部楔形或圆；果卵圆形或长圆形，径长1.2-1.8厘米，近无果柄 ……………………………… 15. **乌材 P. eriantha**
19. 嫩枝、叶柄、花序、花和果柄均被黄棕色绒毛，嫩叶两面和幼果密被黄棕色伏柔毛；叶椭圆形或卵状椭圆形，基部宽楔形；果球形，径1.8厘米，果柄长约6毫米 ………… 16. **湘桂柿 D. xiangguiensis**
18. 叶具7-10对侧脉，长圆形、长圆状披针形或卵状披针形，基部近心形，稀圆，下面密被锈色粗伏毛 …… ……………………………………………………………………………………… 17. **毛柿 D. strigosa**
17. 果径2.5厘米以上。
20. 叶下面有微小腺体和细密斑点，腺体常在中脉两侧稍成1行排列，叶长7.5-30厘米；果扁球形，径约8厘米，密被锈色或带黄、灰色皱曲长柔毛，无柄 ……………………… 18. **异色柿 D. phillippensis**
21. 果柄长约5毫米，果球形，径3-3.5厘米；叶椭圆形，长8-20厘米，无毛，常有小泡状突起；冬芽、小枝、花序、幼果及果柄均被褐色绒毛 ……………………………… 19. **红枝柿 D. ehretioides**

21. 果柄长6毫米以上。
22. 果无毛；叶卵状椭圆形、倒卵形或近圆形，长5–18厘米，宽3–9厘米，叶柄长0.6–1.2厘米。
23. 小枝和叶柄初被毛，后脱落无毛；叶较大，下面被柔毛或无毛；果径3.5–8（–10）厘米 ………………………………………… 20. **柿 D. kaki**
23. 小枝和叶柄密被黄褐色绒毛；叶较小，下面毛较密；果径2–5厘米 ………………………………………… 20(附). **野柿 D. kaki** var. **silvestris**
22. 果被柔毛、粗伏毛或绒毛，或脱落无毛。
24. 叶两面被黄色柔毛，老叶上面脱落无毛，宽3.5–10（–12）厘米；果径5–8厘米，宿存萼片近圆形或宽卵形，长1.2–1.5厘米 ………………………………………… 21. **油柿 D. oleifera**
24. 叶除初时上面中脉密被微柔毛和下面中、侧脉上疏被长伏毛外，余无毛，宽3–5.3厘米；果径2.8–3.5厘米，宿存萼片卵形，长约1.8厘米，果柄纤细，长3.2–4厘米；种子三棱形，长约1.5厘米 ………………………………………… 22. **苗山柿 D. miaoshanica**
1. 花3数，如为4数则叶下面近基部有2明显而微凹的小腺。
25. 花4数，子房8室，每室1胚珠；叶长7–17厘米，先端圆或钝，下面近基部有2明显而微凹的小腺；果初卵圆形，后扁球形，径1.5–3厘米，宿存花萼近方形，径约2厘米 ………………………… 23. **海边柿 D. maritima**
25. 花3数，子房3室，每室2胚珠；叶长2–4厘米，先端常微凹；果椭圆形，径约8毫米，宿存花萼杯状或钟状，径约6毫米 ………………………………………… 24. **象牙柿 D. ferrea**

1. 乌柿 图 15

Diospyros cathayensis Steward in Journ. Arn. Arb. 35: 86. 1954.

常绿或半常绿小乔木，高约10米；有枝刺。小枝被柔毛。冬芽被微柔毛。叶薄革质，长圆状披针形，长4–9厘米，上面亮绿色，下面淡绿色，嫩时被柔毛，中脉在上面稍凸起，有微柔毛，侧脉5–8对；叶柄长2–4毫米，被微柔毛。雄花成聚伞花序，花序梗长0.7–1.2厘米，密生粗毛，稀单生；花梗长3–6毫米，密生粗毛；花萼4深裂，裂片三角形，长2–3毫米，两面密被柔毛；花冠壶状，长5–7毫米，两面有柔毛，4裂，裂片宽卵形，反曲；雄蕊16，花丝有长粗毛，花药线形；退化子房有粗伏毛。雌花单朵腋外生，白色，芳香；花梗纤细，长2–4厘米；花萼4深裂，裂片卵形，长约1厘米，被短柔毛；花冠较花萼短，壶状，有柔毛，冠管长约5毫米，4裂，裂片覆瓦排列，近三角形，反曲，退化雄蕊6，花丝有柔毛；子房球形，被长柔毛，6室，每室1胚珠，花柱无毛，柱头6浅裂，突出花冠外。果球形，径1.5–3厘米，成熟时黄色，无毛；宿存花萼4深裂，裂片卵形，长1.2–1.8厘米，有纵脉9；果柄长3–4（–6）厘米。种子褐色，长椭圆形，长约2厘米，侧扁。花期4–5月，果期8–10月。

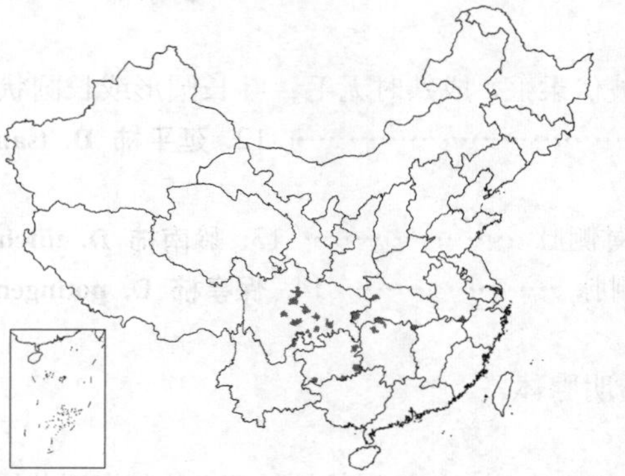

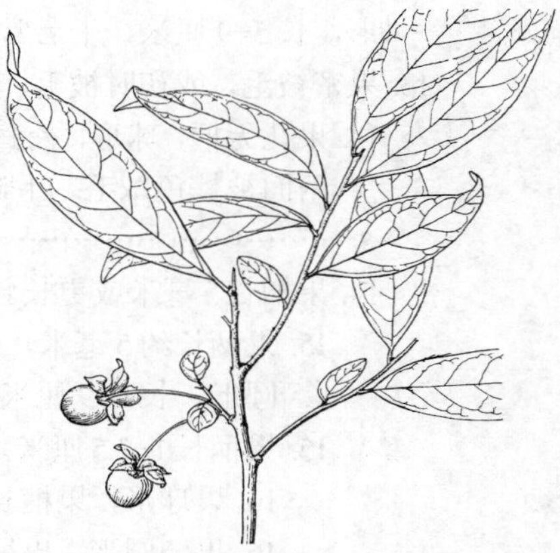

图 15 乌柿 （刘宗汉绘）

产安徽南部、湖北西部、湖南北部、贵州、云南东北部及四川，生于海拔600–1500河谷、山地或山谷林中。

2. 光叶柿 图 16

Diospyros diversilimba Merr. et Chun in Sunyatsenia 2: 300. t. 38. 1935.

灌木或乔木，高达15米；有浅枝刺。小枝被灰白色柔毛。叶长圆形或倒卵状长圆形，长3–9厘米，先端钝尖或凹缺，基部圆、钝或浅心形，上面深绿色，下面浅绿色，干时两面橄榄绿或黑橄榄绿色，中脉在上面凹陷，初时被微柔毛，侧脉4–6对；叶

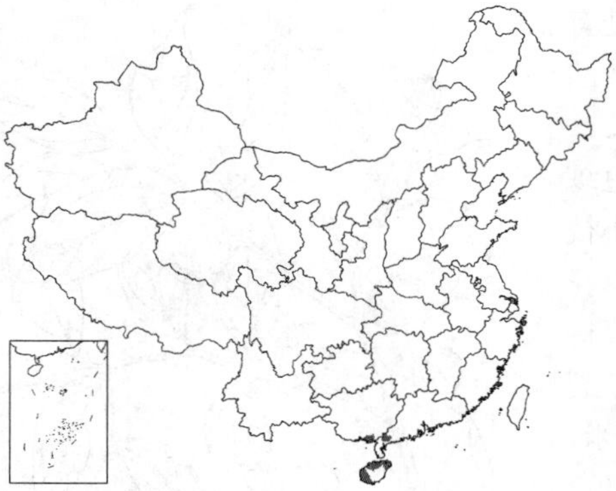

柄长4-5毫米。雌花单生当年生枝下部，腋生，芳香，浅黄色；花梗长0.5-1厘米，被柔毛；花萼绿色，4深裂，裂片长圆形，长约8毫米，有睫毛，两面微被柔毛；花冠壶状，径4-5毫米，无毛，4裂，裂片宽卵形，长5-6毫米；退化雄蕊8；子房无毛，6室，花柱3。果球形，径约1.5厘米，成熟时黑色，无毛；宿存花萼增厚，径约1厘米，4裂，裂片长圆形，反曲；果柄长0.5-1厘米，无毛。种子扁，近长圆形，长约1厘米，黑褐色。花期4-5月，果期8-12月。

产广东西南部、海南及广西南部，生于丘陵疏林中、河畔林中或路旁灌丛中。

图 16 光叶柿 （引自《图鉴》）

3. 老鸦柿 图 17

Diospyros rhombifolia Hemsl. in Journ. Linn. Soc. Bot. 26: 70. 1889.

落叶小乔木，高达8米；多枝，有刺。小枝被柔毛。叶菱状倒卵形，长4-8.8厘米，上面沿脉有黄褐色毛，后无毛，下面疏被伏柔毛，脉上较多，侧脉5-6对，中、侧脉在上面凹陷；叶柄长2-4毫米，被微柔毛。雄花序生当年生枝下部；花梗长约7毫米；花萼4深裂，裂片三角形，长约3毫米，被柔毛；花冠壶形，长约4毫米，疏被柔毛，5裂，裂片长约2毫米；雄蕊16；退化子房小。雌花散生当年生枝下部，花梗长约1.8厘米，被柔毛；花萼4深裂，裂片披针形，长约1厘米，被柔毛；花冠壶形，冠管长约3.5毫米，四棱形，棱上疏生白色柔毛，4裂，裂片长圆形，约与冠管等长，反曲，被柔毛；子房密被长柔毛，4室，花柱2，下部有长柔毛，柱头2浅裂。果单生，球形，径约2厘米，嫩时有柔毛，熟时桔红色，有光泽，无毛，顶端有小突尖，有2-4种子；宿存裂片革质，长圆状披针形，长1.6-2厘米，有纵脉；果柄长1.5-2.5厘米。种子褐色，半球形或近三棱形，长约1厘米。花期4-5月，果期9-10月。

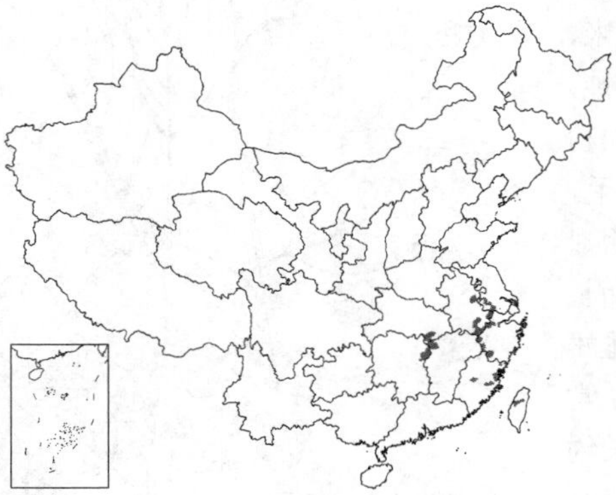

图 17 老鸦柿 （刘宗汉绘）

产江苏、安徽、浙江、台湾、福建、江西、湖北东南部及湖南东北部，生于山坡灌丛或山谷沟畔林中。果可取柿漆，供涂漆鱼网、雨具等用。实生苗可作柿树砧木。

4. 岩柿 小叶柿 图 18 彩片 5

Diospyros dumetorum W. W. Smith in Notes Roy. Bot. Gard. Edinb. 9: 104. 1916.

Diospyros mollifolia Rehd. et Wils.; 中国高等植物图鉴 3: 303. 1974.

小乔木或乔木，高达14米。小枝纤细，幼时密被灰褐或黄褐色绒毛，二年生小枝无毛。冬芽被绒毛。叶薄革质，披针形、卵状披针形或倒披针形，长2-3.5（-6）厘米，边缘微背卷，上面初被柔毛，后无毛，下面中、侧

脉密被黄褐色柔毛，余处有散生毛，中脉在上面微凸起，侧脉3-4对；叶柄长2-3（-5）毫米，密被黄褐色绒毛。雄花序单生当年生小枝叶腋，有1-4花，被绒毛，花序被黄褐色柔毛；花萼钟形，长约3毫米，4深裂，裂片卵状三角形，长约2毫米，密被紧贴柔毛；花冠白色，壶形，长约5毫米，4脊有白色柔毛，裂片4，卵形，长约1.5毫米；雄蕊16，花药长圆形，花丝疏生长毛。雌花单生，白色；花萼长约5毫米，被伏柔毛，4深裂，裂片卵状披针形，长约4毫米；花冠壶形，长约5毫米，4脊有白色柔毛，4裂，裂片近卵形，长约2毫米，先端有髯毛；子房和花柱有粗伏毛，花柱4，柱头2浅裂。果卵圆形，长1.2-1.4厘米，成熟时黄变红色至紫黑色，无毛，顶端有小尖头，有1-4种子；宿存花萼被伏柔毛，4深裂，裂片长约5毫米；几无果柄。种子卵圆形，黑褐色，长约9毫米，径约5毫米。花期4-5月，果期10月至翌年2月。

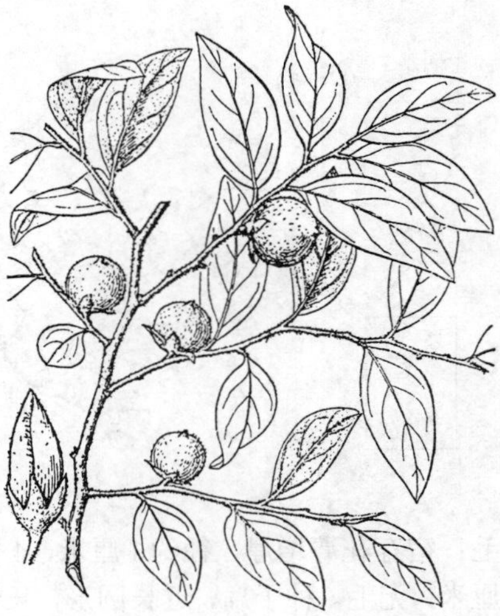

图 18 岩柿 （引自《图鉴》）

产云南、四川及贵州，生于海拔700-1700米山地灌丛、林中、山谷、河边或石灰岩石山上。

5. 粉叶柿 图 19：1

Diospyros glaucifolia Metc. in Lingnan Sci. Journ. 11: 22. 1932.

落叶乔木，高达17米。小枝无毛。冬芽除最外面的两片鳞片外，均密被黄褐色绢毛。叶革质，宽椭圆形、卵形或卵状披针形，长7.5-17.5厘米，基部圆、平截、浅心形或钝，上面深绿色，无毛，下面粉绿色，无毛或疏生贴伏柔毛，中脉在上面凹下，下面明显凸起，侧脉7-9对；叶柄长1.5-2.5厘米，无毛。花雌雄异株；雄花成聚伞花序，常有3花，有硬毛；花梗长约1毫米，有硬毛；花萼4浅裂，外面被伏硬毛，内面被绢毛，裂片宽三角形，长约1.5毫米；花冠壶形，4浅裂，裂片近圆形，长约2毫米，有硬毛；雄蕊16，花药近长圆形，长约4毫米，腹背两面中央有绢毛；退化子房细小。雌花单生或2-3花丛生叶腋，长约7毫米；近无花梗；花萼4浅裂，裂片三角形，长约1.5毫米，疏生柔毛；花冠带黄色，壶形，4裂，冠管长约5毫米，裂片长约1.5毫米，有睫毛；子房8室，花柱4深裂，柱头2浅裂。果球形或扁球形，径1.5-2（-3）厘米，成熟时红色，被白霜；宿存花萼裂片长5-8毫米，两侧稍背卷；果柄长2-3毫米，有硬毛。种子近长圆形，长约1.2厘米，侧扁，稍有光泽。花期4-5（7）月，果期9-10月。

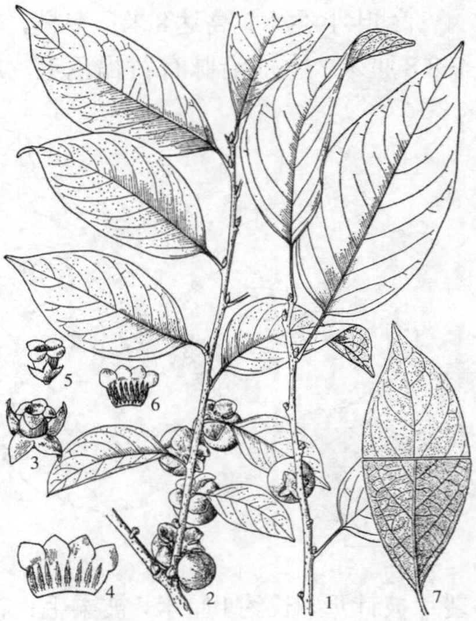

图 19：1. 粉叶柿 2-6. 君迁子 7. 多毛君迁子 （何顺清绘）

产浙江、江苏、安徽、福建、江西、湖南及贵州东南部，生于山坡、山谷林中或山谷涧畔。可用作栽培柿树的砧木。未熟果可提取柿漆，用途和柿树相同。果蒂亦入药。木材可作家具等用。

6.　君迁子　黑枣　　图 19：2-6

Diospyros lotus Linn. Sp. Pl. 1057. 1753.

落叶乔木，高达30米。小枝褐或棕色，平滑或有黄灰色柔毛。冬芽窄卵圆形，叶近膜质，椭圆形或长椭圆形，长5-13厘米，宽2.5-6厘米，先端渐尖或尖，基部宽楔形或近圆，上面深绿色，有光泽，初被柔毛，后渐脱落，下面绿或粉绿色，被柔毛，脉上较多或无毛，侧脉7-10对；叶柄长0.7-1.5（1.8）厘米。雄花腋生、单生或2-3花簇生，长约6毫米，近无梗；花萼钟形，4裂，稀5裂，裂片卵形，内面有绢毛，有睫毛；花冠壶形，带红色或淡黄色，长约4毫米，4裂，裂片近圆形，有睫毛；雄蕊16，花药披针形，药隔两面有长毛；子房退化。雌花单生，淡绿色或带红色，几无梗；花萼4深裂至中部，外面下部有伏粗毛，内面基部有棕色绢毛，裂片卵形，有睫毛；花冠壶形，长约6毫米，4（5）裂，裂片近圆形，反曲；退化雄蕊8，有白色粗毛；子房顶端有毛，8室，花柱4，有时基部有白色长粗毛。果近球形或椭圆形，径1-2厘米，成熟时蓝黑色，常被白色薄蜡层；宿萼片卵形，长约6毫米。种子长圆形，长约1厘米，褐色，侧扁。花期5-6月，果期10-11月。

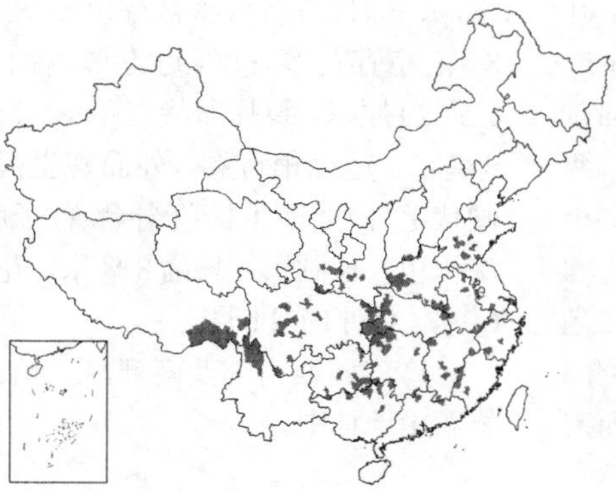

产山东、山西南部、河南、安徽、江苏、浙江、福建、广东北部、广西、江西、湖北、湖南、贵州、云南西北部、西藏东南部、四川、甘肃南部及陕西南部，生于海拔500-2300米山坡、山谷灌丛中或林缘。亚洲西部、小亚细亚、欧洲南部有分布。果供食用，亦可制成柿饼，入药可消渴，去烦热；又供制糖，酿酒，制醋；果、嫩叶均可供提取丙种维生素；未熟果实可提取柿漆，供医药和涂料用。木材质地坚硬，耐磨损，可作纺织木梭、雕刻、家具和文具。树皮可供提取单宁和制人造棉。实生苗常用作柿树砧木。

［附］**多毛君迁子**　图 19：7　**Diospyros lotus** var. **mollissima** C. Y. Wu，云南热带亚热带植物区系研究报告1：21. 1965. 本变种与模式变种的区别：枝条和叶两面均密生长柔毛。产云南西北及中部、四川中部、甘肃南部及陕西南部，生于海拔1050-2500米山区。

7.　红柿　　图 20：1

Diospyros oldhami Maxim. in Bull. Acad. Sci. St. Pétersb. 31：67. 1886.

落叶小乔木。小枝无毛。叶纸质，椭圆形或卵状长圆形，长10-15厘米，宽5-6厘米，上面深绿色，下面淡绿色，无毛或两面有极疏柔毛，中脉在上面下陷，有微柔毛，侧脉5-7对；叶柄长1-3厘米，上面有浅槽。果单个，腋生，扁球形，径2-2.8厘米，无毛，顶端有小突尖，8室，无柄；宿存花萼近方形，宽约1.4厘米，4浅裂，外面疏生白色伏柔毛，内面密生栗色绢毛，基部毛较密，裂片三角形，长约4毫米，宽约7毫米。种子褐色，长圆形，长约1.1厘米，侧扁。果期10月。

产台湾中部及东部，生于海拔约1000米阔叶林中。

图 20：1. 红柿　2-3. 山榄叶柿
（刘宗汉绘）

8. 山榄叶柿 图 20：2-3

Diospyros siderophylla H. L. Li in Journ. Arn. Arb. 24: 450. 1943.

乔木，高达15米。冬芽密被棕黄色紧贴柔毛。叶近革质，长圆形，长6.5-20厘米，先端短渐钝尖，基部楔形，上面深绿色，下面浅绿色或灰绿色，中脉在上面凹陷，下面明显突起，侧脉10-13对；叶柄长0.5-1厘米；雄花腋生或2至数朵簇生，无梗，基部苞片2枚，对生，近卵形，两面被绒毛；花萼钟状，多少四棱形，两面被棕色绒毛，4裂至中部，裂片卵形，长3毫米；花冠肥厚，冠管长约8毫米，多少四棱形，外面密被棕色绢毛，4裂，裂片卵形，长约5毫米；雄蕊16，花药线形，顶端有小尖头，花丝有棕色毛。果单生叶腋或叶痕腋，无梗，球形，径2-2.8厘米，成熟时棕褐色，密被棕色硬伏毛，8室；宿存花萼开展，近方形，径1.2-1.5（2）厘米，裂片卵状三角形，长约8毫米，边缘稍背卷，外面密生褐色硬伏毛，内面密生棕色绢毛。种子扁，深褐色，长圆形，长约8毫米。花期6月，果期10-11月。

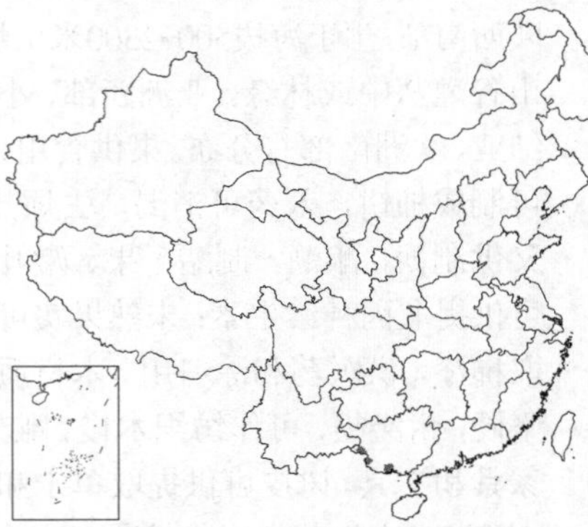

产广西西南部及南部，生于石灰岩石山地林中。

9. 罗浮柿 图 21 彩片 6

Diospyros morrisiana Hance in Walp. Ann. 3: 14. 1852-1853.

乔木，高达20米。嫩枝疏被柔毛。冬芽被短柔毛。叶薄革质，长椭圆形或卵形，长5-10厘米，先端短渐尖或钝，基部楔形，边缘微背卷，上面有光泽，深绿色，下面绿色，中脉在上面平，侧脉4-6对；叶柄长约1厘米，上端有窄翅。雄花序短小，腋生，下弯，成聚伞花序，被锈色绒毛。雄花带白色，花梗长约2毫米，密生伏柔毛；花萼钟状，有绒毛，4裂，裂片三角形，花冠近壶形，长约7毫米，4裂，裂片卵形，长约2.5毫米，反曲；雄蕊16-20，花药有毛；雌花单个腋生，花梗长约2毫米；花萼浅杯状，外面有伏柔毛，内面密生棕色绢毛，4裂，裂片三角形，长约5毫米；花冠近壶形，长约7毫米，外面无毛，内面有浅棕色绒毛，裂片4，长约3毫米；退化雄蕊6；子房球形；花柱4，通常合生至中部，有白毛；果球形，径约1.8厘米，黄色，有光泽，4室，每室1种子；宿存花萼近平展，近方形，径约8毫米，外面近秃净，内面被棕色绢毛，4浅裂；果柄长约2毫米。种子近长圆形，栗色，侧扁，长约1.2厘米。花期5-6月，果期11月。

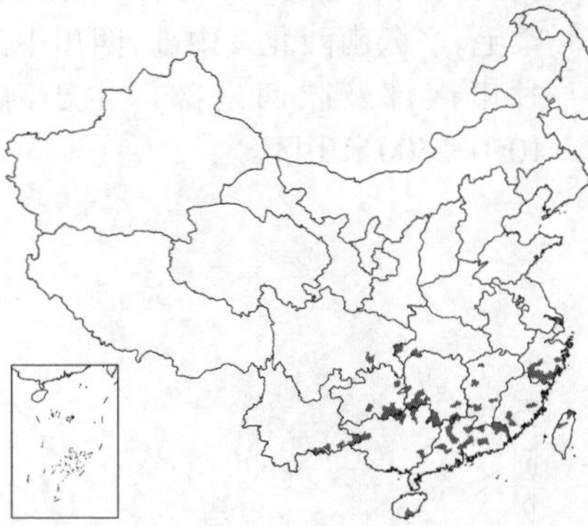

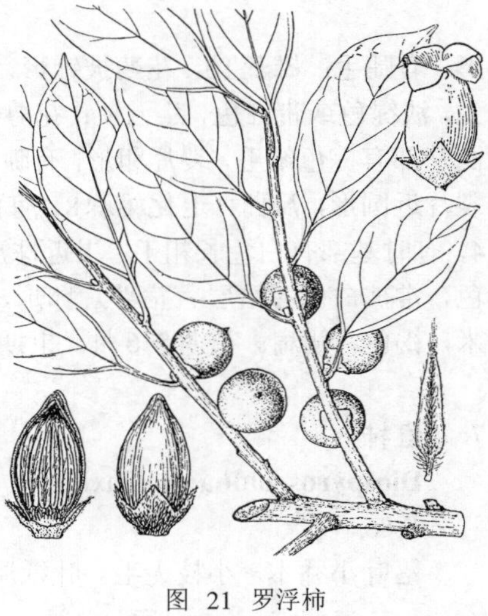

图 21 罗浮柿
（引自《Formos. Trees》）

产浙江、福建、台湾、江西、湖北、湖南、广东、香港、海南、广西、贵州、云南东南部及四川东南部，生于海拔1100-1450米山坡、山谷林中或灌丛中，或近溪畔、水边。越南北部有分布。茎皮、叶、果入药，有解毒消炎之效。

10. 黑柿 图 22

Diospyros nitida Merr. in Phil. Gov. Lab. Publ. 35: 57. 1905.

乔木，高达20米。冬芽密被紧贴黄色柔毛。叶薄革质或纸质，披针形或披针状椭圆形，长5-9厘米，先端渐钝尖，基部下延，在叶柄上端1/3成窄翅，上面深绿色，有光泽，干后黑色，下面绿色，嫩时薄被柔毛，中脉在上面凹下；叶柄长约5毫米，有柔毛。雄花簇生或集成紧密聚伞花序，有柔毛，花4数，花梗长约1.5毫米。雌花单生，花梗长2-3毫米；花萼裂

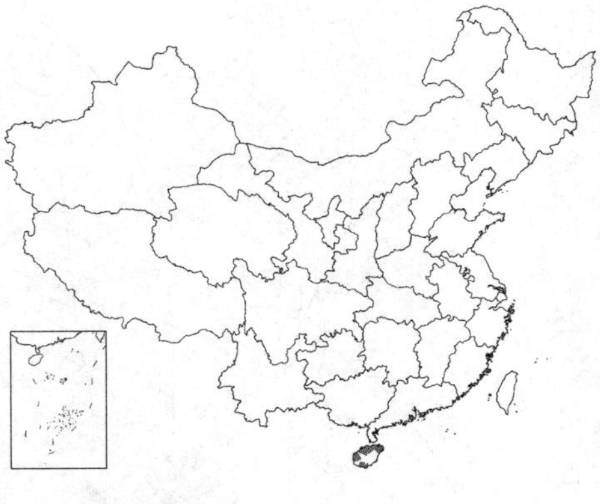

片近卵形，宽约2.2毫米；花冠壶形，长约3毫米，裂片近卵形，长约3毫米；子房无毛。果球形，径1–1.2厘米，干时黑色，4室，每室有1种子；宿存花萼径约1.4厘米，无毛，4深裂，裂片开展，椭圆状卵形，长约5毫米；果柄长约3毫米。种子三棱形，长约6毫米，褐色。花期7–12月，果期9–12月。

产海南，生于海拔400米以下低谷地、平地较湿润阔叶林中。越南、菲律宾有分布。木材质硬重，结构细致，颇耐腐，供建筑、机械器具和家具等用。

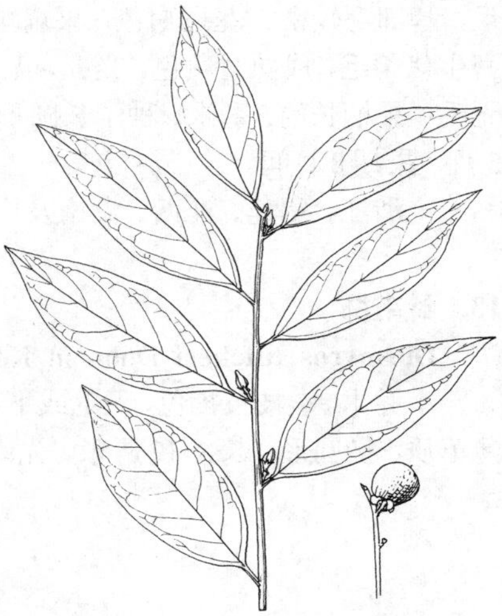

图 22 黑柿 （孙英宝绘）

11. 青茶柿

图 23

Diospyros rubra Lecomte, Bois L' Indoch. 188. 1925.

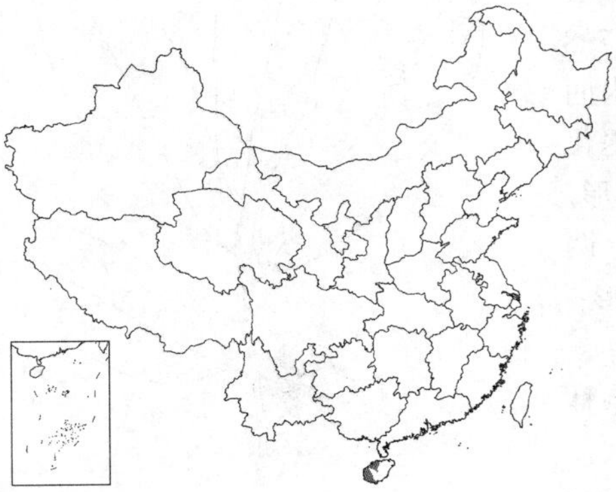

乔木，高约7米。冬芽被棕色伏柔毛。叶厚纸质，椭圆形或长椭圆形，长10–14厘米，先端钝，基部宽楔形或近圆，上面有光泽，绿色，下面淡绿色，干时下面常浅棕色，中脉在上面凹下，侧脉6–8对；叶柄长0.6–1.5厘米，先端近叶基部微具翅。果单生，球形，径1–1.5厘米，成熟时橙红色，初被硬伏毛，后无毛，仅顶端细尖周围有毛；宿存花萼4裂，两面密被棕色绒毛，裂片三角形，长3.5–5毫米，反曲；几无柄。种子1，近球形或椭圆形，长约1厘米。果期9–12月。

图 23 青茶柿 （孙英宝绘）

产海南，生于山地阔叶林中或丛林中。越南及柬埔寨有分布。

12. 延平柿

图 24：1–3

Diospyros tsangii Merr. in Lingnan Sci. Journ. 13: 43. 1934.

灌木或小乔木。小枝幼时被柔毛，后变无毛。冬芽被柔毛。叶纸质，长圆形或长圆状椭圆形，长4–9厘米，先端短渐钝尖，基部楔形，嫩叶有睫毛，下面被伏柔毛，老叶下面中脉疏生长伏毛，中脉在上面稍凹陷，侧脉3–4对；叶柄长3–6毫米，下面有长伏毛。聚伞花序短小，生于当年生枝下部。雄花长约8毫米，花梗极短或几近无梗；花萼4深裂，裂片披针形，长5–7毫米，被短柔毛；花冠白色，4裂，冠管长约7毫米，宽约5毫米，裂片卵形，长约2毫米，被伏柔毛；雄蕊16，有柔毛，长约4毫米。雌花单生叶腋，大于雄花；花梗长4–6毫米；花萼萼管近钟形，长约5毫米，外面密生伏柔毛，内面有绢毛，4裂，裂片宽卵形，长约1厘米，两面疏生伏柔

毛，基部毛较密；花冠白色。果扁球形，径2–3.5厘米，嫩时为萼管所包，密生伏柔毛，成熟时黄色，光亮，无毛，8室；宿存萼片卵形，长约1厘米，无毛；果柄长约5毫米。种子长圆形，长约1.4厘米，褐色，侧扁。花期2–5月，果期8月间。

产浙江、福建、江西、湖南及广东，生于灌丛中或阔叶混交林中。

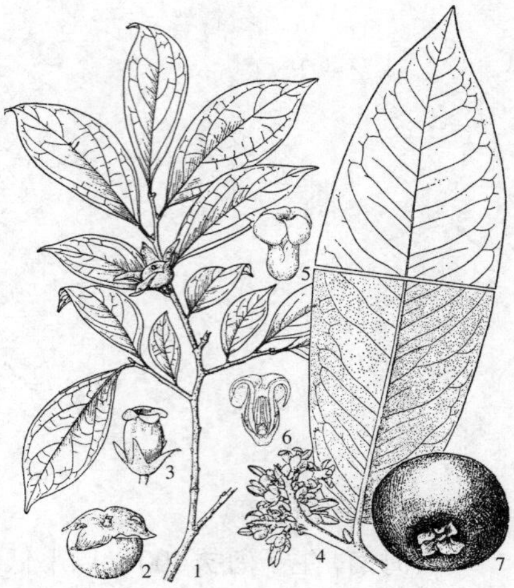

图 24：1–3. 延平柿 4–7. 异色柿
（何顺清绘）

13. 岭南柿 图 25

Diospyros tutcheri Dunn in Kew Bull. 9: 354. 1912–1913.

小乔木。嫩枝黄褐色，无毛或下部稍被毛。冬芽鳞片密被紧贴柔毛。叶薄革质，椭圆形，长8–12厘米，先端渐尖，基部钝或近圆，微背卷，上面深绿色，有光泽，下面淡绿色，两面叶脉明显，中脉在上面凹陷，侧脉5–6对；叶柄长0.5–1厘米。雄聚伞花序具3花，生于当年生枝下部，长1–2厘米，被长柔毛，花序梗长约5毫米。雄花花梗长6–8毫米；花萼长1–2毫米，4深裂，裂片三角形，疏被柔毛；花冠壶状，长7–8毫米，外面密被绢毛，内面有柔毛，裂片4，长约2毫米；雄蕊16，花药长圆形，花丝有柔毛；退化子房小，密被柔毛。雌花单生当年生枝下部叶腋；花萼4深裂，裂片卵形，长4–8毫米；花冠宽壶状，长5毫米，口部收窄，4裂，裂片短于冠管，两面均被毛；退化雄蕊4，线形，长约1.1厘米，有纵脉7–11及网脉。果球形；果柄长1–1.8（–2.2）厘米，被柔毛。花期4–5月，果期8–10月。

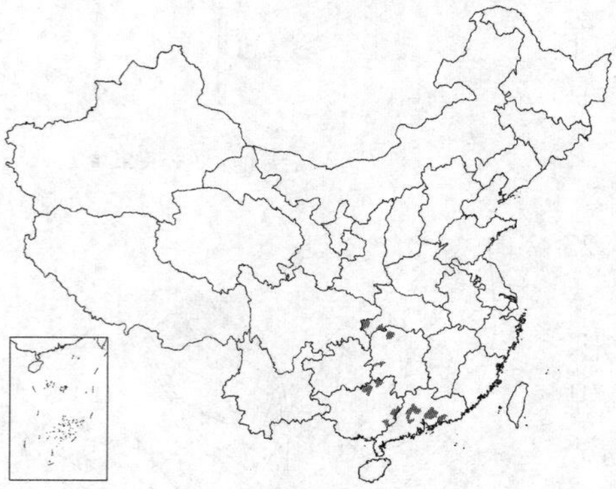

产广东、香港、广西、湖南及湖北西南部，生于山谷水边、山坡密林中或疏荫湿润地。

图 25 岭南柿 （孙英宝绘）

14. 保亭柿 图 26

Diospyros potingensis Merr. et Chun in Sunyatsenia 5: 164. 1940.

小乔木。嫩枝无毛或疏被硬毛。冬芽鳞片背面有伏柔毛，有睫毛。叶硬纸质，长圆形或长圆状椭圆形，长7–14厘米，先端短渐尖，钝，基部常近圆，上面深绿色，下面浅绿色，无毛或下面中脉散生长伏毛，中脉在上面下陷，侧脉7–11对；叶柄长5–8毫米，无毛或疏被长硬毛。单果腋生或生在叶痕腋内，卵圆形，长2.5–3厘米，密被硬伏毛，成熟时无毛，8室，种子1至数颗；宿存花萼4深裂，稍开展，裂片卵形，长约1.5–

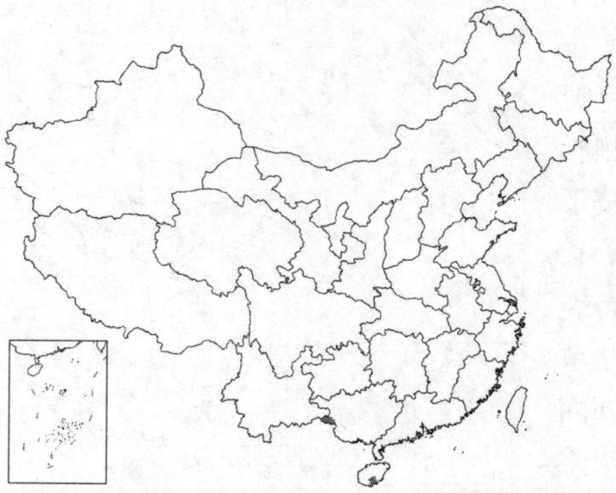

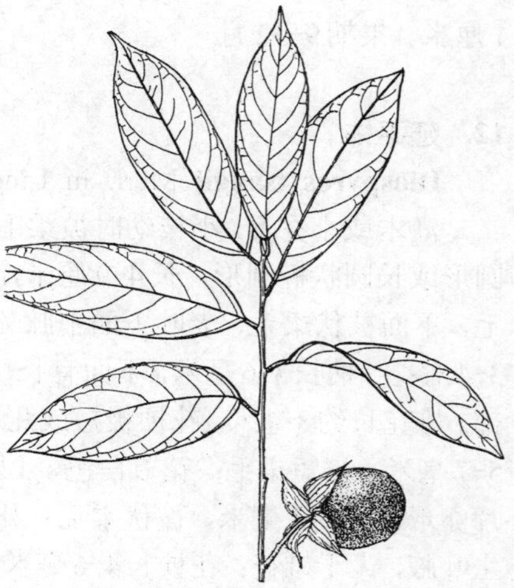

图 26 保亭柿 （刘宗汉绘）

2厘米，微被硬伏毛，有纵脉7（9）及网脉；果柄长（1.5）1.8-2.5厘米，微被柔毛，近顶端稍膨大。种子近长圆形，长约1.5厘米，侧扁。果期7-8月。

产海南南部及广西西部，生于山谷或灌丛中。越南有分布。

15. 乌材 图 27 彩片 7

Diospyros eriantha Champ. ex Benth. in Kew Journ. Bot. 4: 302. 1852.

常绿乔木或灌木，高达16米。幼枝、冬芽、叶下面脉上、幼叶叶柄和花序均被锈色粗伏毛。叶纸质，长圆状披针形，长5-12厘米，先端短渐尖，基部楔形或近圆，稍背卷，有时带红色或浅棕色，中脉在上面微凸起，侧脉4-6对；叶柄长5-6毫米。聚伞花序腋生，基部有数枚卵形苞片；花序梗极短或几无；雄花1-3朵簇生，几无梗；花萼4深裂，两面被粗伏毛，裂片披针形；花冠白色，高脚碟状，外面密被粗伏毛，内面无毛，4裂，冠管长约7毫米，裂片卵状长圆形或披针形，长约4毫米；雄蕊14-16，花药线形；退化子房小。雌花单生，花梗极短，基部有数枚小苞片；花萼4深裂，裂片卵形，两面被粗伏毛；花冠淡黄色，4裂，外面被粗伏毛，内面无毛；退化雄蕊8；子房密被粗伏毛，4室，每室1胚珠，花柱2裂，基部有粗伏毛，柱头2浅裂。果卵圆形或长圆形，长1.2-1.8厘米，顶端有小尖头，初被粗伏毛，成熟时黑紫色，顶端有毛，有1-4种子；宿存花萼4裂，裂片平而略开展，卵形，长约8毫米，疏被粗伏毛，近基部被毛较密。种子椭圆形或近三棱形，长约1.2厘米。花期7-8月，果期10月至翌年1-2月。

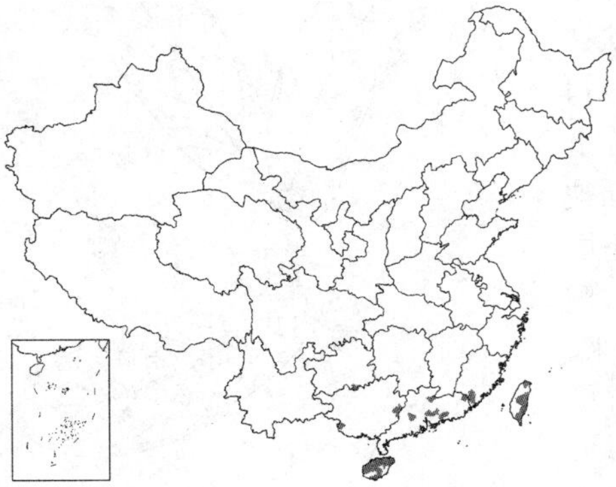

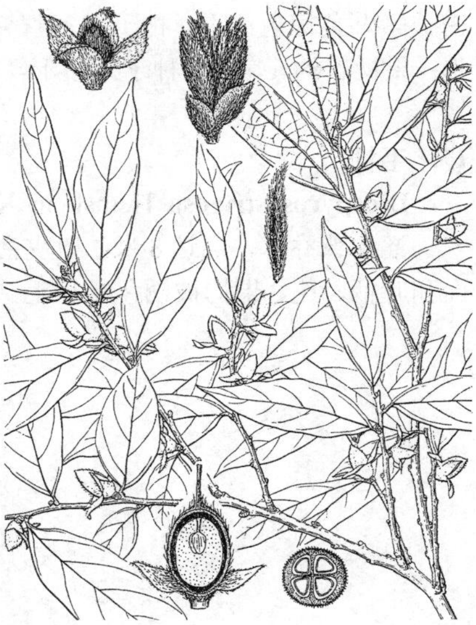

图 27 乌材 （引自《Formos. Trees》）

产台湾、福建南部、广东、香港、海南、广西及贵州南部，生于海拔500米以下山地疏林、密林、灌丛中或山谷溪畔林中。越南、老挝、马来西亚及印度尼西亚有分布。

16. 湘桂柿 图 28

Diospyros xiangguiensis S. Lee in Guihaia 3(4): 287. 1983.

灌木或小乔木，高达8米。嫩枝被黄棕绒毛，老枝无毛。冬芽密被稍紧贴黄棕色毛。叶厚纸质，椭圆形或卵状椭圆形，长5-10厘米，先端短渐尖，基部宽楔形，嫩叶两面密被贴伏黄棕色柔毛，老叶上面深绿色，无毛，下面多少被黄褐色柔毛，中脉上面稍凹陷，下端有黄棕色毛，下面明显凸起，被毛较密，侧脉4-6对；叶柄长约5毫米。雄花成短小聚伞花序，有3-5花，生于嫩枝下端；花序梗长约3毫米；花萼4深裂，裂片宽卵形，长约3毫米；花冠钟状，冠管长约5毫米，裂片4，宽卵形，长约2毫米；雄蕊14-16。雌花单生嫩枝下部，腋生，花梗长约5-6毫米；花萼4深裂，裂片宽卵形，长

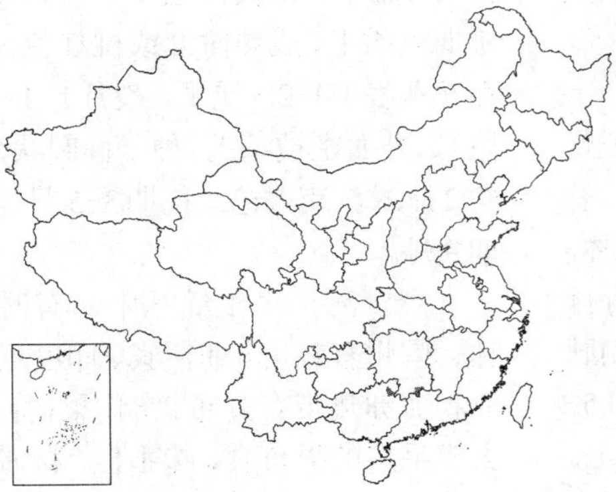

图 28 湘桂柿 （何顺清绘）

宽均3毫米；花冠近钟状，长约1厘米，4裂，裂片宽卵形，长宽均约3毫米；退化雄蕊约10；子房和花柱密被黄棕色、稍紧贴柔毛，花柱下部合生，上端2裂。果近球形，径约1.8厘米，初密被伏毛，后渐脱落，顶端小尖头密被紧贴黄棕色柔毛，种子4；宿存花萼径约1.4厘米，被伏毛，裂片宽卵形；果柄长约6毫米。种子三棱形，长1厘米，宽约5毫米，胚乳均匀，不皱折。花期6月，果期11月。

产广西东北部及湖南南部（宜章），生于石灰岩石山疏林下、溪畔或潭边。

17. 毛柿 图 29

Diospyros strigosa Hemsl. in Kew Bull. 1910: 193. 1910.

灌木或乔木，高达8米；树皮密布小而凸起皮孔。幼枝、嫩叶、叶下面和叶柄、花、果均被锈色粗伏毛。叶革质或厚革质，长圆形、长圆状披针形或卵状披针形，长5-14厘米，基部稍心形，稀圆，上面深绿色，有光泽，下面被粗伏毛，淡绿色，干时下面常红色，中脉在上面稍凹，侧脉7-10对；叶柄长2-4毫米。花单个腋生，花梗短，有6-8小苞片；小苞片先端近圆，长1.5-6毫米，被粗伏毛或脊部有粗伏毛；花萼4深裂至基部，裂片披针形，长约6毫米；花冠高脚碟状，长0.7-1厘米，内面无毛，冠管顶端稍窄缩，裂片4，披针形，长约3毫米；雄花有雄蕊12；退化雄蕊丝状；雌花子房有粗伏毛，4室，花柱2，短，无退化雄蕊。果卵圆形，长1-1.5厘米，成熟时黑色，顶端有小尖头，有1-4种子；宿存萼片长约7毫米，宽约4毫米；果几无柄。种子卵圆形或近三棱形，长约8毫米。花期6-8月，果期冬季。

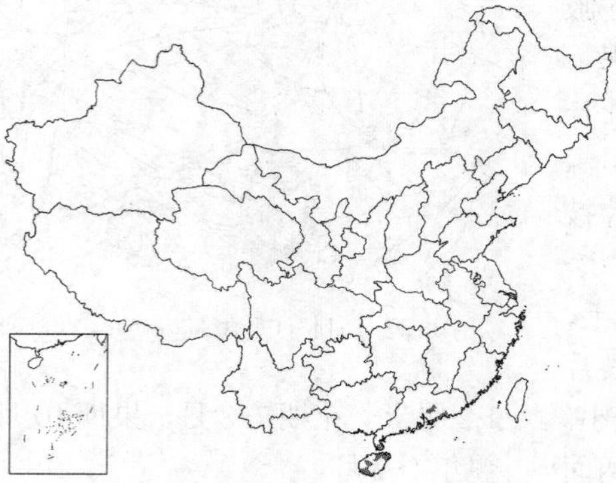

产广东及海南，生于疏林、密林或灌丛中。

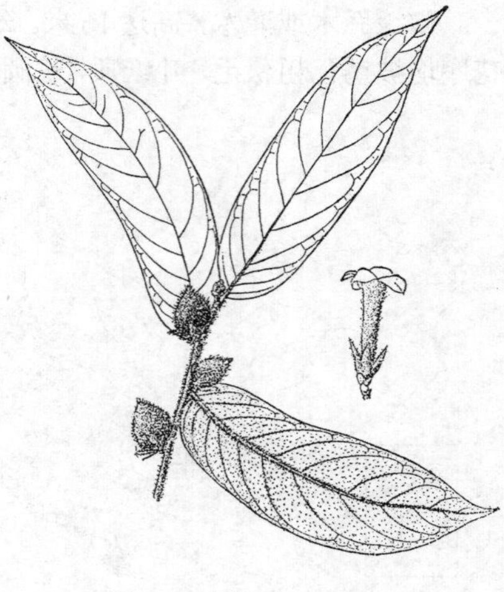

图 29 毛柿 （刘宗汉绘）

18. 异色柿 图 24：4-7

Diospyros philippensis A. DC. in DC. Prod. 8: 231. 1844.

常绿乔木。小枝嫩时绿色，有绢毛，后灰色，无毛。芽被绢毛。叶革质，长圆形或椭圆状长圆形，长7.5-3厘米，基部钝，圆或近心形，边缘波状，稍背卷，上面深绿色，光亮，无毛，下面淡绿色，幼时被绢毛或伏柔毛，后粉绿色，无毛，有腺体和细密斑点，微小腺体，主要在中脉两侧稍成1行排列，中脉在上面凹陷，侧脉14对或更多；叶柄长约0.5-1.7厘米，初有长毛，后无毛。花雌雄异株，黄白色，芳香，常4数，花序腋生，密被绢毛，有苞片；雄花序有短梗，聚伞花序式或近总状花序式，有3-7花，稀单生；雄花约有24雄蕊。雌花单生，近无梗；子房被绢状粗毛，8-10室。果无柄，扁球形，径约8厘米，密被锈色或带黄、灰色皱曲长柔毛，成熟时红或桃红色；宿存花萼径1.4-2.8厘米，裂片长1-1.5厘米，外面密被绢毛。种子椭圆状，长约2厘米，淡褐色。花期3-5月，果期9月。

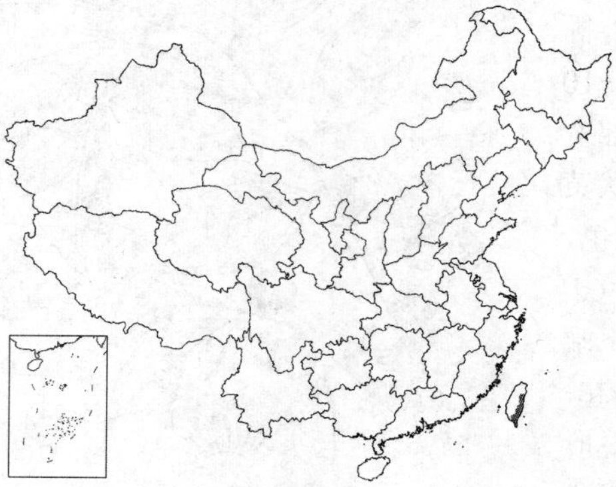

产台湾，生于灌丛中，有时成林；广州有栽培。菲律宾、印度尼西亚和亚洲热带有分布。常作果树；除去皮毛后的果可食，味不佳。材质细致，坚重，难加工，宜作细木工、家具和装饰用材。

19. 红枝柿 图 30

Diospyros ehretioides Wall. ex A. DC. in DC. Prodr. 8: 231. 1844.

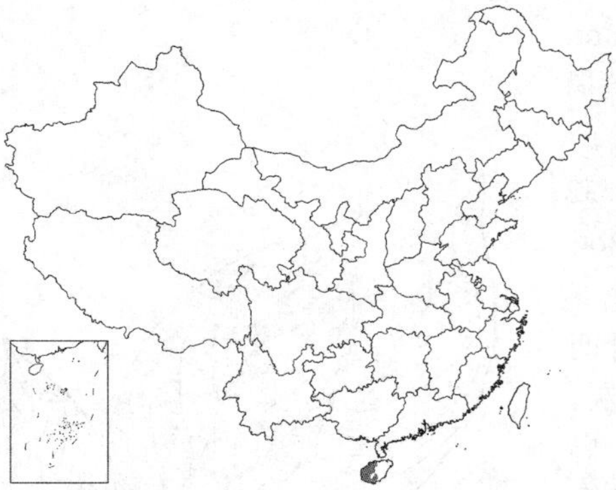

乔木，高达16米；幼枝、冬芽、叶柄、花序和幼果均被褐色绒毛。叶革质，椭圆形，长8-20厘米，先端具小钝尖头，基部宽楔形或圆，上面初被柔毛，后脱落无毛，仅脉上有毛，下面初被柔毛，中脉上较密，常有微小泡状凸起，中脉在上面凹下，侧脉8-11对；叶柄长约1厘米。雄花序多生于当年生枝，单序腋生，成短小三歧聚伞花序；雄花小，花梗短；花萼4裂，裂片近三角形，有淡棕色绒毛；花冠钟状，为花萼长的2倍，4裂，裂片背面密被柔毛，有睫毛，先端有一撮绒毛；雄蕊无毛，近等长，花丝短；退化子房有柔毛。雌花单朵腋生，或2-4花簇生，花梗长3-4毫米，密被绒毛；花萼密被褐色柔毛，内面基部密被淡棕色绢毛，4裂，裂片两侧微反卷；子房密被淡棕色柔毛。果球形，径3-3.5厘米，无毛；宿存花萼被柔毛，径1.5-1.8厘米，4裂；果柄长约5毫米，密被绒毛。种子扁，长约1.5厘米，胚乳嚼烂状。花期4-5月，果期翌年1月。

产海南，生于山坡林中或林谷溪边。柬埔寨、缅甸及印度有分布。

图 30 红枝柿 （刘宗汉绘）

20. 柿 图 31

Diospyros kaki Thunb. in Nova Acta Soc. Sc. Upsal. 3: 208. 1780.

落叶乔木，高达14（-27）米。冬芽卵圆形，先端钝。叶纸质，卵状椭圆形、倒卵形或近圆形，长5-18厘米，宽3-9厘米，新叶疏被柔毛，老叶上面深绿色，有光泽，无毛，下面绿色，有柔毛或无毛，中脉在上面凹下，有微柔毛，侧脉5-7对；叶柄长0.8-2厘米。花雌雄异株，稀雄株有少数雌花，雌株有少数雄花；聚伞花序腋生。雄花序长1-1.5厘米，弯垂，被柔毛或绒毛，有3（-5）花；花序梗长约5毫米，有微小苞片；雄花长0.5-1厘米，花梗长约3毫米；花萼钟状，两面有毛，4深裂，裂片卵形，长约7毫米，有睫毛；花冠钟形，不长过花萼2倍，黄白色，被毛，4裂，裂片卵形或心形，开展；雄蕊16-24；退化子房微小。雌花单生叶腋，长约2厘米，花萼绿色，径约3厘米或更大，4深裂，萼管近球状钟形，肉质，径0.7-1厘米，裂片开展，宽卵形或半圆形，长约1.5厘米；花冠淡黄白色或带紫红色，壶形或近钟形，较花萼短小，长和径均1.2-1.5厘米，4裂，冠管近四棱形，径0.6-1厘米，裂片卵形，长0.5-1厘米；退化雄蕊8，有长柔毛。果球形、扁球形、方球形或卵圆形，径3.5-8.5（-10）厘米，基部常有棱，成熟后黄或橙黄色，果肉柔软多汁，橙红或大红色，有数粒种子，栽培品种常无种子或有少数种子；宿存花萼方形或近圆形，宽3-4厘米，裂片宽1.5-2厘米，无毛，有光泽；果柄长0.6-1.2厘米。种子褐色，椭圆状，长约2厘米，侧扁，花期5-6月，果9-10月。

原产长江流域，现辽宁西部、长城一线经甘肃南部至四川、云南，在此线以南，东至台湾各省区多有栽培。朝鲜半岛、日本、东南亚、大洋洲、阿尔及利亚、法国、俄罗斯、美国均有栽培。柿树主要用嫁接法繁殖。通常用栽培的柿子或野柿作砧木。我国柿树的优良品种有：河北、河南、山东、山西的大磨盘柿，陕西临潼的火晶柿，三原的鸡心柿，浙江的石荡柿，广东的大红柿，广西恭城的水柿，阳朔、临桂的牛心柿等。柿子可提取柿

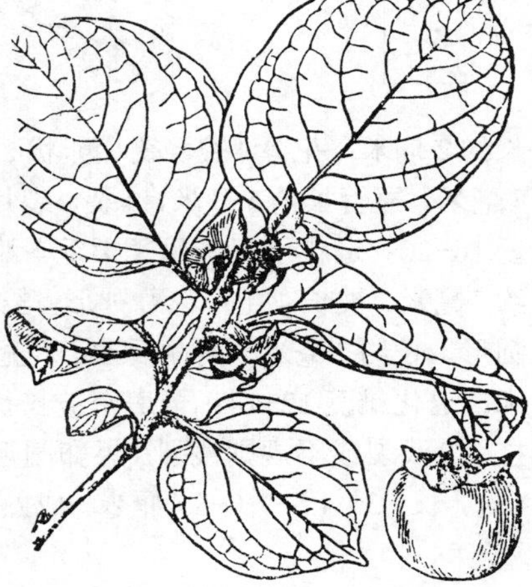

图 31 柿 （引自《图鉴》）

漆，用于涂鱼网、雨具，填补船缝和作建筑材料的防腐剂等。柿子药用，能止血润便、缓和痔疾肿痛、降血压；柿饼可润脾补胃、润肺止血；柿霜饼和柿霜能润肺生津、祛痰镇咳；柿蒂下气止呃，治呃逆和夜尿症。木材耐磨损，可作纺织木梭、线轴、家具、装饰用材、提琴指板和弦轴等。柿树寿命长，叶大荫浓，秋末冬初，霜叶红色，落叶后，柿果不落，供观赏。

［附］**野柿 Diospyros kaki** var. **silvestris** Makino in Tokyo Bot. Mag. 22：159. 1908. 本变种与模式变种的区别：小枝及叶柄常密被黄褐色柔毛；叶较小，下面毛较密，花较小，果径2-5厘米。产云南、广东、广西北部、贵州、湖南、湖北、江西、福建等省区，生于山地林中或山坡灌丛中，垂直分布达1600米。

21. 油柿 图 32

Diospyros oleifera Cheng in Contr. Biol. Lab. Sci. Soc. China Bot. 10：80. 1935.

落叶乔木，高达14米；树皮成薄片状剥落，内皮白色。嫩枝、叶两面、叶柄、雄花花萼和花冠裂片上部、雌花花萼、花冠裂片及果柄均被灰、灰黄、黄或灰褐色柔毛。叶纸质，长圆形、长圆状倒卵形或倒卵形，稀椭圆形，长6.5-17（20）厘米，宽3.5-10（-12）厘米，边缘稍背卷，无毛，侧脉7-9对；叶柄长0.6-1厘米。花雌雄异株或杂性，雄聚伞花序生于当年生枝下部，腋生，有3-5花，有时更多，或中央1朵为雌花；雄花长约8毫米，花梗长约2毫米；花萼4裂，裂片卵状三角形，长约2毫米；花冠壶形，长约7毫米，冠管长约5毫米，4裂，裂片近半圆形，宽约3毫米，有睫毛；雄蕊16-20；退化子房密生长柔毛。雌花单生叶腋，长约1.5厘米，花梗长约7毫米，被长柔毛；花萼钟形，长约1.2厘米，4裂，裂片宽卵形或近半圆形，长约7毫米，两侧反曲；花冠壶形或近钟形，多少4棱，长约8毫米；退化雄蕊12-14；子房密被长伏毛，8（10）室，花柱4，基部合生，柱头2浅裂或不规则浅裂。果卵圆形、卵状长圆形、球形或扁球形，稍具4棱，长（3）4.5-7（-8）厘米，成熟时暗黄色，有易脱落的软毛，种子3-8；宿存花萼径约4厘米，褐色，裂片近圆形或宽卵形，长1.2-1.5厘米，两侧反曲；果柄长0.8-1厘米。种子近长圆形，长约2.5厘米，棕色，侧扁。花期4-5月，果期8-10月。

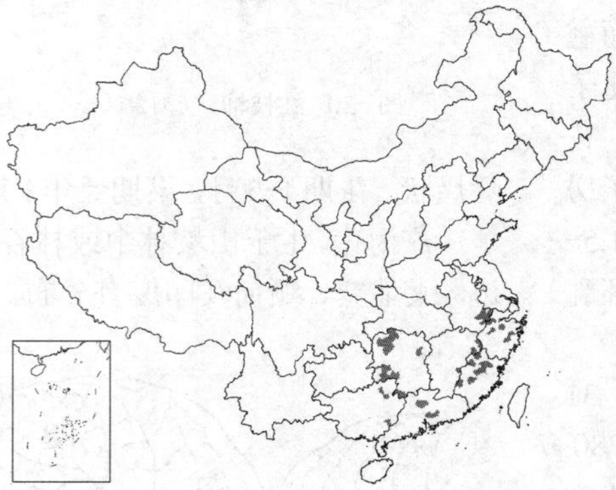

产浙江、安徽东南部、江西东部、福建、湖南、广东及广西，在村中、果园、路边、河畔湿润肥沃地有野生或栽培。果供食用。

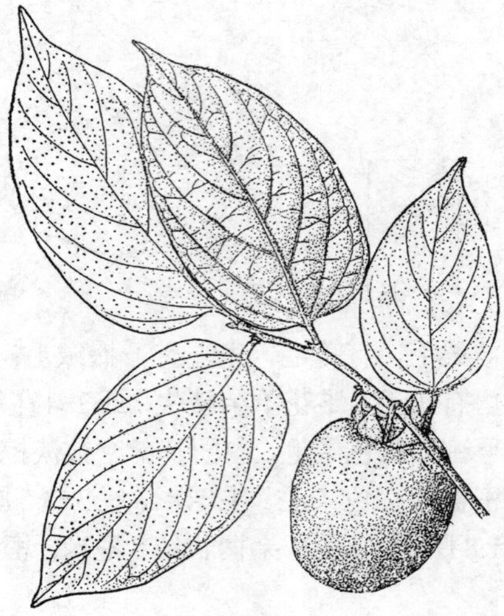

图 32 油柿 （刘宗汉绘）

22. 苗山柿 图 33

Diospyros miaoshanica S. Lee in Guihaia 3(4)：288. 1983.

灌木或小乔木。嫩枝被灰黄色绒毛。叶革质，长圆形或长椭圆形，长7-17厘米，宽3-5.3厘米，先端渐尖，头钝或急尖，基部宽楔形或近圆，上面深绿色，有光泽，下面淡绿色，除初时上面中脉密被微柔毛，和下面中脉和侧脉上疏生长伏毛外，余无毛，侧脉7-8对；叶柄长0.8-1.2厘米，有绒毛，后渐脱落。嫩果生于当年生枝基部或下部，果序聚伞式，仅顶端1花发育成果；果球形，径2.8-3.5厘米，成熟时橙黄色，初密被伏柔毛，后毛渐脱落；宿存花萼4深裂，裂片卵形，长约1.8厘米，两面均有纵脉和网脉，外面被伏柔毛，内面的毛较稀疏；果柄长约3.2-4厘米，初被灰黄色绒毛，

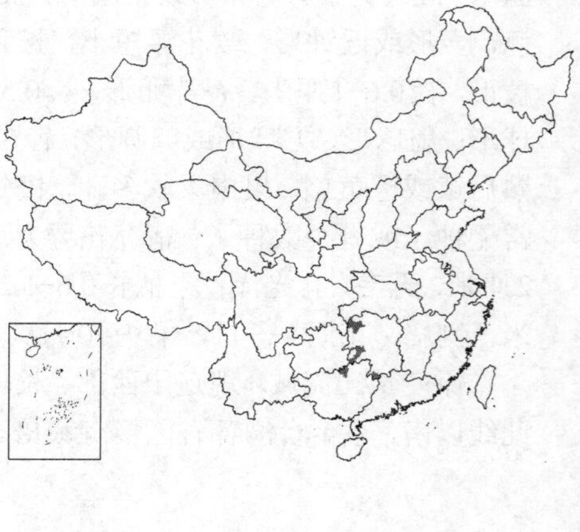

后无毛。种子三棱形，长约1.5厘米，褐色；胚乳均匀，不皱折。果期10月。

产广西北部及湖南，生于山地或山谷疏林中，在九万大山见于海拔约900米。

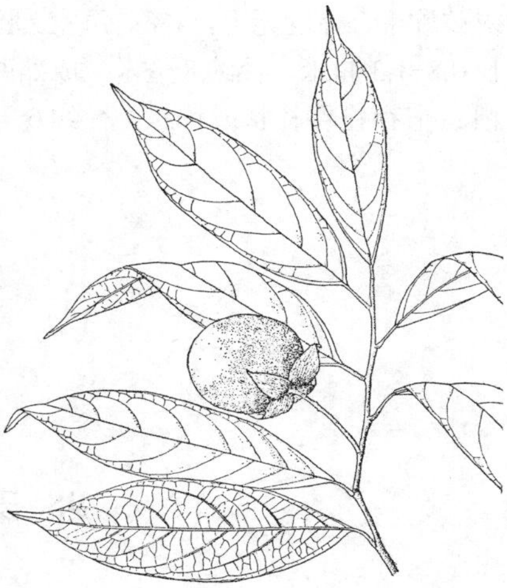

图 33 苗山柿 （刘宗汉绘）

23. 海边柿 图 34

Diospyros maritima Bl. Bijdr. 1825.

常绿小乔木。除芽和花序外，各部无毛。叶革质，椭圆形或倒卵状长圆形，长7-17厘米，先端圆或钝，基部近叶柄有2腺体，两面无毛，上面中脉凹陷；叶柄长0.8-1厘米。花雌雄异株；聚伞花序腋生，几无花序梗，基部有苞片。雄花序有2-3花；雄花基部和子房有粗毛。雌花单生，无梗；花萼4裂，两面有绢毛；花冠外面有绢毛，内面无毛，冠管卵状，4裂；有退化雄蕊；子房被锈色毛，8室，每室1胚珠。果初为卵圆形，后呈扁球形，径1.5-3厘米，顶端有小突尖，有毛，成熟时橙红色，光亮，种子4-8；宿存花萼近方形，径约2厘米，不明显4-5裂，内面被栗色绢毛，裂片宽三角形，长约4毫米，宽约1厘米，反曲。种子扁，椭圆形，长约1厘米，褐色，光亮。

产台湾，散生海岸灌丛中。日本琉球岛、中南半岛、菲律宾、印度尼西亚，南至澳大利亚北部，东至波利尼西亚有分布。木材带黄或褐色。

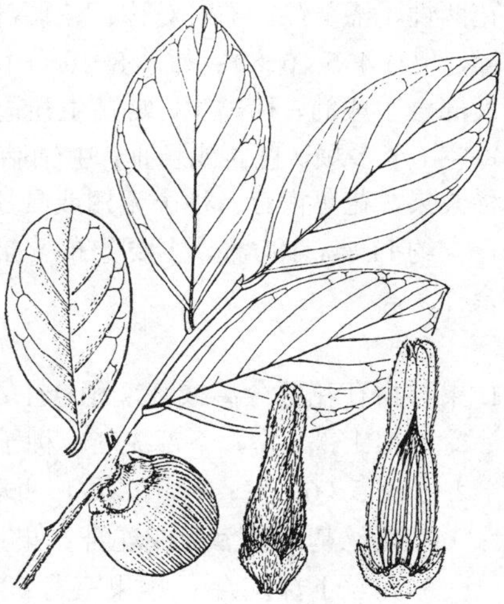

图 34 海边柿 （引自《Formos. Trees》）

24. 象牙树 图 35

Diospyros ferrea（Willd.）Bakh. in Gard. Bull. Str. Settlem. 7: 162. 1933.

Ehretia ferrea Willd. in Phytogr. 1: 4. t. 2. f. 2. 1794.

常绿乔木。小枝初被柔毛或硬毛，后脱落无毛。芽被棕色伏柔毛或粗毛。叶革质，倒卵形，长2-4厘米，先端常微缺，边缘微背卷，上面深绿色，有光泽，下面绿色；侧脉5-7对，细弱；叶柄长约2毫米。花雌雄异株；雄花序有1-3花，密被伏柔毛；雄花小，近无梗，花萼、花冠均3裂；花萼密被毛；花冠带白或淡黄色，有毛；雄蕊6-12；退化子房密被硬毛；雌花无梗或近无梗；花萼3-5裂，外面薄被绒毛，裂片有睫毛；花冠管状钟形，有柔毛；无退化雄蕊；子房卵圆形，

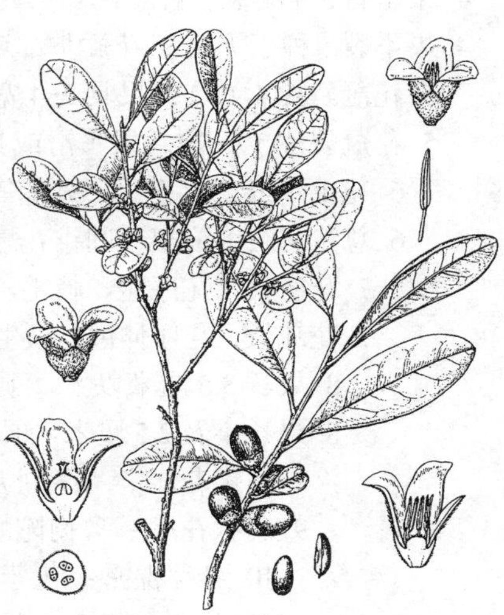

图 35 象牙树 （引自《Woody Fl. Taiwan》）

密被硬毛，稀近无毛，3室，每室2胚珠，花柱短，顶端微3裂。果椭圆形，长0.8-1.3厘米，径约8毫米，成熟时秃净，顶端有短尖头，有黑色种子1颗；宿存花萼杯状或钟状，径约6毫米。

产台湾南部及东南部，生于海岸阔叶常绿林中。印度、斯里兰卡、缅甸、马来西亚及印度尼西亚有分布。

98. 安息香科（野茉莉科）STYRACACEAE

（黄淑美）

乔木或灌木，常被星状毛或鳞片。单叶互生；无托叶。总状、聚伞或圆锥花序，稀簇生或单生；小苞片有或无。花两性，稀杂性，辐射对称；花萼部分至全部与子房贴生或离生，（2-）4-5（6）齿裂或近全缘；花冠合瓣，稀离瓣，裂片4-5（6-8）；雄蕊8-10（-16-20）或与花冠裂片同数与其互生；花药内向，纵裂，花丝基部常扁，部分或大部合生成筒，稀离生，常贴生花冠筒；子房上位、半下位或下位，3-5室或上部1室，稀不完全5室；胚珠倒生，每室1至多颗，直立或悬垂，中轴胎座，珠被1或2层，花柱丝状或钻状，柱头头状或不明显3-5裂。核果或蒴果，稀浆果，花萼宿存。种子无翅或具翅，胚乳丰富，胚直或稍弯；子叶大，略扁或近圆形。

约11属，180种，主要分布于亚洲东南部至马来西亚和美洲东南部，少数分布至地中海沿岸。我国11属，50余种。

1. 果与宿存花萼分离或基部稍合生；子房上位。
  2. 子房上部1室，下部3室；种子1-2，无翅，两端圆；花梗与花萼间无关节 ……………… 1. **安息香属 Styrax**
  2. 子房5（6）室；种子多数，两端具翅或尖；花梗与花萼间具关节。
    3. 花丝基部稍靠合或连合；果核果状，不裂；种子两端尖 ……………………… 2. **歧序安息香属 Bruinsmia**
    3. 花丝下部连合；蒴果室背5瓣裂；种子两端具翅 ……………………………… 3. **赤杨叶属 Alniphyllum**
1. 果与宿存花萼几完全贴生；子房下位或半下位。
  4. 果室背3-4瓣裂；种子两端具翅；花瓣分离，药隔突出，具2-3齿 ……………………… 4. **山茉莉属 Huodendron**
  4. 果不裂；种子无翅；花瓣基部连合成短筒，药隔不突出或突出，无齿。
    5. 花冠裂片4（5）；果具2-4宽翅 ……………………………………………………… 5. **银钟花属 Halesia**
    5. 花冠裂片5（-7）；果平滑或具5-12棱或翅。
      6. 花单生或2朵并生；雄蕊等长，子房不完全5室 …………………………… 6. **陀螺果属 Melliodendron**
      6. 总状、圆锥或聚伞圆锥花序；雄蕊5长5短或近等长，子房3（4-5）室。
        7. 花密集，花序短，腋生，较叶短；果无棱，顶端脐状凸起 ……………………… 7. **茉莉果属 Parastyrax**
        7. 花疏散，花序伸展，顶生或腋生，较叶长；果具棱或翅，顶端具短尖头或长喙。
          8. 果长3.5厘米以上，顶端具短尖头；冬芽有芽鳞；柱头全缘 ………… 8. **木瓜红属 Rehderodendron**
          8. 果长不及2.5厘米，顶端具长喙；冬芽有芽鳞或无；柱头3-5浅裂，稀不裂。
            9. 圆锥花序；萼筒钟形，花梗短；外果皮薄，脆壳质 ……………………… 9. **白辛树属 Peterostyrax**
            9. 总状花序；萼筒陀螺形或倒圆锥形，花梗细长；外果皮厚，木质或肉质。
              10. 冬芽裸露；花萼顶端5-6齿，雄蕊5长5短，柱头不明显3裂 ……… 10. **秤锤树属 Sinojackia**
              10. 冬芽有芽鳞；花萼顶端平截，雄蕊近等长，柱头不裂 ……… 11. **长果安息香属 Changiostyrax**

1. 安息香属 Styrax Linn.

乔木或灌木。单叶互生，多少被星状毛或鳞片，稀无毛。花序总状、圆锥状或聚伞状，稀单花或数花聚生，小苞片小。花萼杯状、钟状或倒圆锥状，与子房基部分离或稍合生，顶端（2）5（6）齿或波状；花冠（4）5（6-7）深裂；雄蕊（8-9）10（11-13），等长或5长5短；花丝基部连合成筒，多贴生于花冠筒，花药长圆形，药室内向，纵裂；子房上位，上部1室，下部3室，每室具倒生胚珠1-4，直立或悬垂，花柱钻形，柱头3浅裂或头状。核果肉质，干燥，不裂或不规则3瓣裂，与宿存花萼分离或基部合生。种子1-2，无翅，两端圆，种皮坚硬；胚乳肉质或近角质，胚直立，中轴着生。

约100余种，分布于东亚至马来西亚和北美洲东南部经墨西哥至安第斯山，地中海沿岸。我国30余种。

1. 花冠裂片平，花蕾时覆瓦状排列。
  2. 叶下面密被星状绒毛，有时叶脉兼被星状柔毛。
    3. 总状花序，有时基部2-3分枝；叶互生或小枝基部2叶近对生，互生叶的叶柄基部膨大包冬芽 ………………………………………………………… 1. **玉铃花 S. obassia**
    3. 圆锥花序，如为总状花序，则长不及6厘米；叶全互生，叶柄基部不膨大。
      4. 种子密被小瘤状突起和星状毛 ………………………… 2. **越南安息香 S. tonkinensis**
      4. 种子无毛。
        5. 小苞片线形，长0.6-1.2厘米；萼齿披针形，长1.5-3毫米；叶上面叶脉凹下，具皱纹；果径约8毫米 ………………………………………………………… 3. **皱叶安息香 S. rugosus**
        5. 小苞片钻形，长3-4毫米；萼齿钻形或三角形，长1-1.5毫米；叶无皱纹；果径1-1.5厘米。
          6. 叶下面密被黄褐、灰黄色星状绒毛和星状柔毛；叶宽椭圆形或倒卵形 ………………………………………………………… 4. **楚雄安息香 S. limprichtii**
          6. 叶下面密被灰白色星状绒毛；叶卵形、卵状椭圆形或椭圆状披针形 … 5. **瓦山安息香 S. perkinsiae**
  2. 叶下面无毛或疏被星状柔毛。
    7. 花梗较长或等长于花。
      8. 花梗、花萼均无毛 ………………………………………………………… 6. **野茉莉 S. japonicus**
      8. 花梗、花萼均密被星状绒毛和黄褐色星状柔毛 ……………………… 7. **大花野茉莉 S. grandiflorus**
    7. 花梗较短于花。
      9. 小枝基部2叶近对生。
        10. 叶上部有粗齿或近顶端有3-7个锯齿或裂片；萼齿披针形，长4-5毫米，雄蕊5长5短 ………………………………………………………… 8. **裂叶安息香 S. supaii**
        10. 叶近全缘或上部具锯齿；萼齿三角形或钻形，长3毫米以下，雄蕊近等长。
          11. 叶柄长0.7-1.5厘米；总状花序 ……………………………… 9. **老鸹铃 S. hemsleyanus**
          11. 叶近无柄或具短柄；花单生。
            12. 叶椭圆形或倒卵状椭圆形；果径2-2.5厘米；种子无毛 …… 10. **大果安息香 S. macrocarpus**
            12. 叶宽椭圆形或卵状长圆形；果径1-1.2厘米；种子疏被星状长柔毛 ………………………………………………………… 10(附). **浙江安息香 S. zhejiangensis**
      9. 叶全为互生。
        13. 种子有鳞片状毛；花丝中部弯曲；叶干后常黄绿色 ……………… 11. **芬芳安息香 S. odoratissimus**
        13. 种子无毛；花丝不弯曲；叶干后暗绿或褐色。
          14. 叶卵状披针形或长卵形，叶柄长0.5-1厘米；花萼密被星状绒毛，花梗长0.8-1.5厘米；果倒卵状长圆形 ………………………………………… 12. **禄春安息香 S. macranthus**

14. 叶椭圆形或卵椭圆形，叶柄长3-5毫米；花萼密被星状绒毛和星状长柔毛，花梗长2-8毫米；果近球形 ………………………………………………………………………… 13. **粉花安息香 S. roseus**

1. 花冠裂片边缘常稍内卷，花蕾时镊合状排列，有时为内向覆瓦状排列。

15. 花萼和花梗无毛 ………………………………………………… 14. **婺源安息香 S. wuyuanensis**

15. 花萼和花梗密被星状柔毛和星状绒毛或鳞片状毛。

16. 叶下面密被银灰或浅棕色鳞片状毛 ………………………………… 15. **银叶安息香 S. argentifolius**

16. 叶下面无毛或被星状柔毛或星状绒毛。

17. 叶下面密被星状绒毛。

18. 叶下面被灰色毛，叶柄长1-3毫米，第三级小脉网状；果倒卵形，径约6毫米；花丝分离部分下部被星状长柔毛 ………………………………………… 16. **灰叶安息香 S. calvescens**

18. 叶下面被褐色或灰黄色毛，叶柄长1-2.2厘米；花丝分离部分全被星状柔毛。

19. 花萼钟形，萼齿卵状三角形，长约2毫米；叶下面被星状绒毛，沿叶脉兼被星状柔毛 ………………………………………………………… 17. **中华安息香 S. chinensis**

19. 花萼杯状，顶端平截、波状或具钝圆齿；叶下面和叶脉均被星状绒毛。

20. 叶椭圆形或椭圆状披针形，长为宽2倍以上，基部楔形，叶柄长1-2厘米；果卵状球形 ………………………………………………… 18. **栓叶安息香 S. suberifolius**

20. 叶卵形、宽卵形或宽椭圆形，长不及宽2倍，基部圆或宽楔形，叶柄长2-3厘米；果球形或扁球形 ……………………………………… 18(附). **厚叶安息香 S. hainanensis**

17. 叶下面无毛或疏被星状柔毛。

21. 果椭圆形、长圆形、斜卵形或椭圆状卵形；种子被鳞片状毛或无毛；花丝中部弯曲。

22. 果长圆形或斜卵形，径0.8-1.6厘米，有喙；叶椭圆形、长椭圆形或椭圆状披针形，叶缘锯齿常不明显或近全缘 ……………………………………… 19. **喙果安息香 S. agrestis**

22. 果椭圆形或椭圆状卵形，径6-8毫米，顶端钝或具短尖头；叶卵形、长卵形或卵状披针形，具细锯齿 ……………………………………………… 20. **齿叶安息香 S. serrulatus**

21. 果球形、卵形或倒卵形；种子无毛；花丝直。

23. 小乔木；总状花序或圆锥花序，多花，下部常2至多花聚生叶腋；叶革质或近革质。

24. 总状花序；花长1.3-2.2厘米；果径0.8-1.5厘米 ………………… 21. **赛山梅 S. confusus**

24. 圆锥花序；花长0.9-1.6厘米；果径5-7毫米 ………………… 22. **垂珠花 S. dasyanthus**

23. 灌木；总状花序，有3-5花，下部常单花腋生；叶纸质。

25. 花萼浅杯状，长2.5-3毫米；果顶端具短而稍弯的喙，具不规则皱纹 ……………………………………………………………… 23. **台湾安息香 S. formosanus**

25. 花萼杯状，长4-5毫米；果顶端圆或具短尖头，无皱纹 ……………… 24. **白花龙 S. faberi**

1. 玉铃花 图 36

Styrax obassia Sieb. et Zucc. Fl. Jap. 1: 93. t. 46. 1835.

乔木或灌木，高达14米。幼枝常被星状毛。叶纸质，互生，宽椭圆形或近圆形，长5-15厘米，先端尖或渐尖，基部近圆或宽楔形，具粗锯齿，下面被灰白色星状绒毛；叶柄长1-1.5厘米，基部膨大成鞘状包芽；生于小枝基部的2叶近对生，椭圆形或卵形，长4.5-10厘米，先端尖，基部圆；叶柄长3-5毫米，基部不膨大。总状花序顶生或腋生，长6-15厘米，有10-20花，基部常2-3分枝。花白或粉红色，芳香，长1.5-2厘米；花萼杯状，长5-6毫米；花冠裂片膜质，椭圆形，长1.3-1.6厘米，覆瓦状排列；花丝扁平。果卵形或近卵形，径1-1.5厘米，顶端具短尖头。种子近平滑，暗褐色。花期5-7月，果期8-9月。

产辽宁东南部、山东东部、安徽、浙江、江西东北部及西北部、河南、湖北西南部、四川南部、广西东部，生于海拔700-1500米林中。朝鲜及日本有分布。木材富弹性，纹理致密，供制器具、雕刻及细木工用；花美丽、芳香，可提取芳香油。

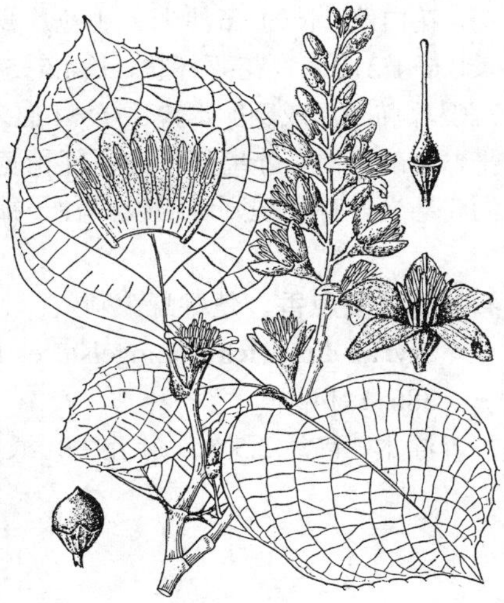

图 36 玉铃花 （黄少容 邓晶发绘）

2. 越南安息香 白花树 图 37

Styrax tonkinensis (Pierre) Craib ex Hartw. in Apoth. Zeit. 28: 698. 1913.

Antostyrax tonkinensis Pierre. Fl. For. Cochinch. 4: sub. pl. 260. 1892.

Styrax hypogiauca Perk.；中国高等植物图鉴 3：338. 1974.

乔木，高达30米。叶互生，纸质或薄革质，椭圆形、椭圆状卵形或卵形，长5-18厘米，先端短渐尖，基部圆或楔形，全缘或有2-3齿，下面密被灰色或粉绿色星状绒毛；叶柄长0.8-1.5厘米。圆锥或总状花序，长3-10厘米。花白色，长1.2-2.5厘米；花萼杯状，长3-5毫米；花冠裂片膜质，卵状披针形或椭圆状长圆形，长1-1.6厘米，覆瓦状排列，花冠筒长3-4毫米；花丝扁平，上部分离，疏被星状毛，下部连合成筒，花药窄长圆形，长0.4-1厘米；花柱无毛。果近球形，径1-1.1.2厘米，密被灰色星状绒毛。种子卵形，栗褐色，密被小瘤状突起和星状毛。花期4-6月，果期8-10月。

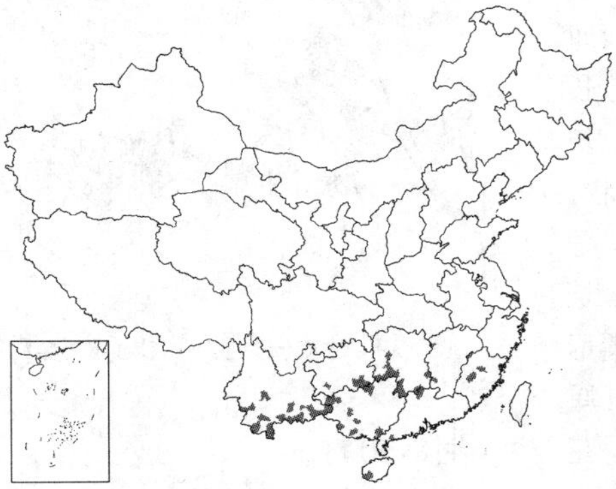

产福建、江西、湖南、广东、海南、广西、贵州及云南，生于海拔100-2000米疏林中或林缘。越南有分布。散孔材，结构密，可作家具及板材；种子油称“白花油”，供药用；树脂称“安息香”含香脂酸，为贵重药材，亦可制高级香料。

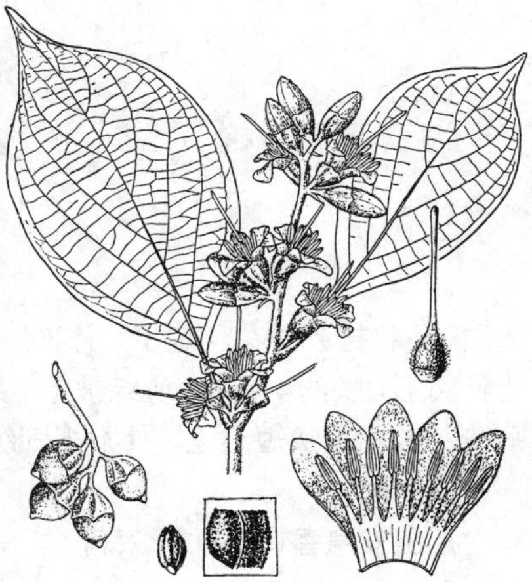

图 37 越南安息香 （黄少容 邓晶发绘）

3. 皱叶安息香 皱叶野茉莉 图 38

Styrax rugosus Kurz in Journ. Asiat. Soc. Bengal. 40(2): 51. 1871.

灌木或小乔木。叶纸质，互生，卵状长圆形、卵形或椭圆形，长4-8.5厘米，宽3-4.5厘米，先端渐尖或尾尖，常稍弯，基部圆或宽楔形，上部具锯齿或不规则粗齿，下面密被灰黄色星状绒毛，上面叶脉凹下具皱纹；叶柄长2-3毫米。总状花序顶生，长5-6厘米，有3-6

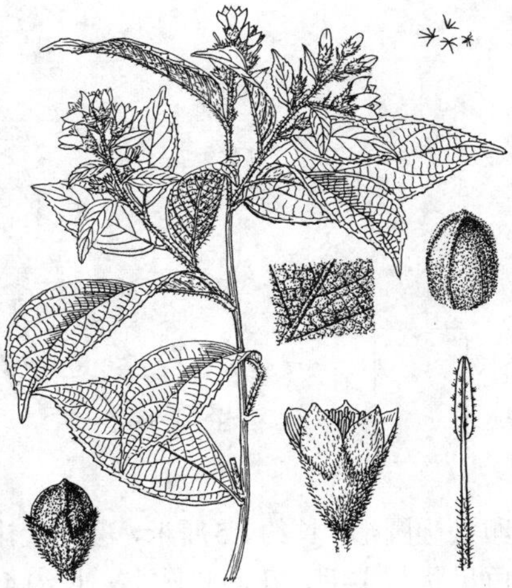

图 38 皱叶安息香 （黄少容绘）

花，花白色，长约1.6厘米；小苞片线形，常着生花梗基部和中部及花萼上，长0.6-1.2厘米；花萼杯状，长4.5-5毫米，萼齿披针形，长1.5-3毫米；花冠裂片椭圆形或倒卵形，长0.8-1厘米，宽4-5毫米，覆瓦状排列；花丝扁平，上部分离，分离部分的下部稍宽并密被毛，花药长圆形。果卵形，径约8毫米，有不规则纵皱纹。种子褐色，无毛，具纵棱。花期5-6月，果期9-11月。

产贵州东南部及云南，生于海拔1000-1500米林中。印度及缅甸有分布。

4. 楚雄安息香 楚雄野茉莉 图 39

Styrax limprichtii Lingelsh. et Borza in Fedde, Repert. Sp. Nov. 13: 386. 1914.

灌木，高达2.5米。叶互生，纸质，宽椭圆形或倒卵形，长4-7厘米，先端骤尖或短尖，基部圆或宽楔形，上部具锯齿，下面密被黄褐或灰褐色星状绒毛和星状柔毛；叶柄长1-3毫米。总状花序顶生，长3-4厘米，有3-6花。花白色，长约1.5厘米；小苞片钻形，长3-4毫米，早落；花萼杯状，长约5毫米，径约7毫米，萼齿钻形或三角形，不等长，长1-1.5毫米；花冠裂片椭圆形或卵状椭圆形，长0.9-1.1厘米，覆瓦状排列；花丝扁平，上部分离，分离部分的下部密被星状柔毛，花药长圆形，长约4毫米，边缘被毛。果球形，径1-1.5厘米，顶端具短尖头，密被灰白色星状短柔毛，具不规则纵皱纹。种子卵形，无毛。花期3-4月，果期8-10月。

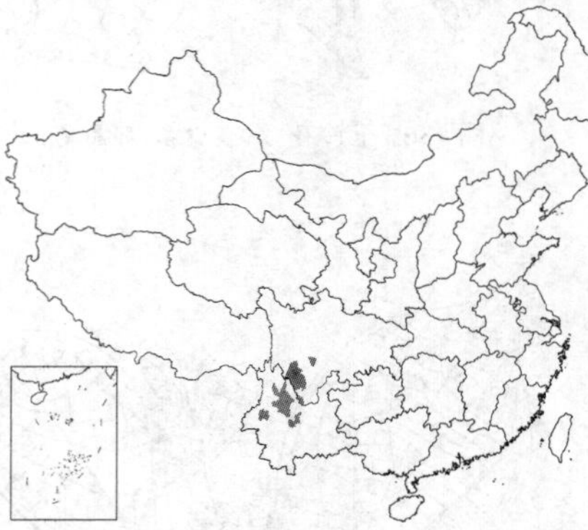

产云南及四川西南部，生于海拔1700-2400米干旱山坡及稀树草原。

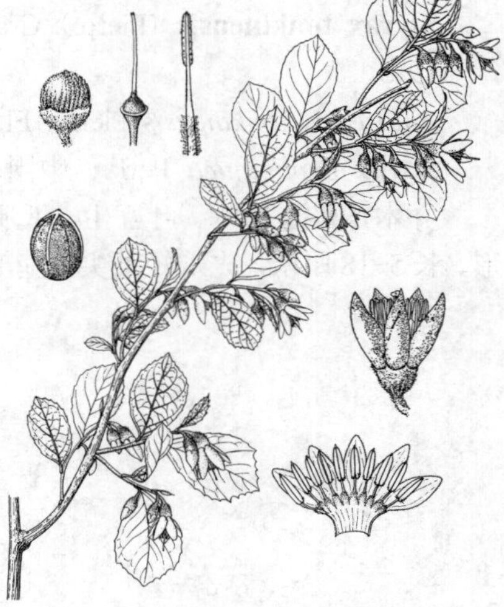

图 39 楚雄安息香 （引自《图鉴》）

5. 瓦山安息香 瑞丽野茉莉 图 40

Styrax perkinsiae Rehd. in Sarg. Pl. Wilson. 1: 292. 1912.

灌木或小乔木。叶互生，纸质，卵形、卵状椭圆形或椭圆状披针形，长5-8厘米，先端骤尖或短渐尖，基部圆或宽楔形，全缘或具细锯齿，下面叶脉疏被黄褐色星状柔毛，余密被灰白色星状绒毛；叶柄长3-5毫米。总状花序长4-6厘米，有3-4花。花白色，长约2厘米；小苞片钻形，长3-4毫米，早落；花萼杯状，长约5毫米，萼齿钻形，长不及1.5毫米；花冠裂片椭圆形或倒卵状椭圆形，长约1.5厘米，覆瓦状排列；花丝扁平，分离部分的下部被白色星状长柔毛，花药长圆形，长约4毫米，边缘被毛，花柱长约1.3厘米，疏被星状粗毛。果卵形，长1.2-1.8厘米，径约1厘米，具短尖头。种子平滑，褐色。花期3-4月，果期7-8月。

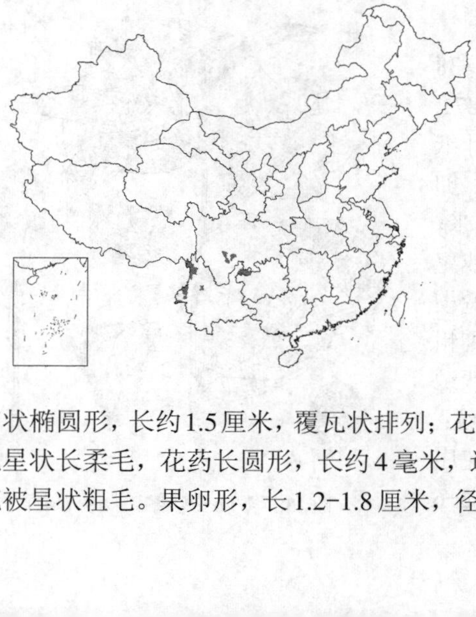

产云南及四川，生于海拔500-2500米山坡或湿润常绿阔叶林中。

图 40 瓦山安息香 （黄少容 邓晶发绘）

6. 野茉莉 图 41 彩片 8

Styrax japonicus Sieb. et Zucc. Fl. Jap. 1: 53. 1836.

灌木或小乔木，高达8（-10）米。叶互生，纸质或近革质，椭圆形或卵状椭圆形，长4-10厘米，先端尖或渐尖，常稍弯，基部楔形或宽楔形，近全缘或上部疏生锯齿，下面脉腋有长髯毛，余无毛；叶柄长0.5-1厘米。总状花序顶生，长5-8厘米，有5-8花，无花序梗。花白色，长2-2.8(-3)厘米；花梗长2.5-3.5厘米，无毛，花时下垂：小苞片线形，长4-5毫米；花萼漏斗状，膜质，长4-5毫米，无毛，萼齿短，不规则；花冠裂片卵形、倒卵形或椭圆形，长1.5-2.5毫米，覆瓦状排列；花丝扁平，分离部分的下部被长柔毛。果卵形，长0.8-1.4厘米，径0.8-1厘米，顶端具短尖头，具不规则皱纹。种子褐色，有深皱纹。花期4-7月，果期9-11月。

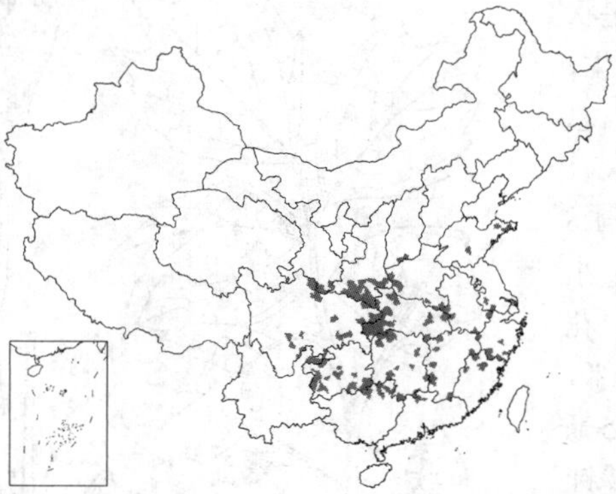

产山西南部、河南、山东、江苏南部、安徽、浙江、福建、江西、湖北、湖南、广东北部、广西北部、贵州、云南东北部、四川、甘肃南部及陕西南部，生于海拔400-1800米林中。日本及朝鲜有分布。材质稍硬，可作器具、雕刻等细木工用材；种子油供机械润滑油。

图 41 野茉莉 （引自《图鉴》）

7. 大花安息香 大花野茉莉 图 42

Styrax grandiflorus Griff. Notul. Plant. Asiat. 4: 287. t. 423. f. 1. 1854.

灌木或小乔木，高达7米。叶椭圆形、长椭圆形或卵状长圆形，长3-7（-9）厘米，先端尖，基部楔形或宽楔形，近全缘或上部疏生锯齿，两面疏被星状柔毛，下面脉腋被白色长柔毛，老叶仅叶脉被毛，余无毛；叶柄长3-7毫米。总状花序长3-4厘米，有3-9花；花序梗极短。花白色，长1.5-2.5(-3)厘米；花梗长2.5-5厘米，被毛；小苞片线形，长约3毫米；花萼杯状，长约7毫米，膜质，具不明显5齿或平截，密被灰黄色星状绒毛和黄褐色星状柔毛；花冠裂片卵状长圆形或椭圆形，长1.2-2米，覆瓦状排列；花丝扁平，分离部分的下部被长柔毛。果卵形，长1-1.5厘米，径0.8-1厘米，顶端具短尖头，干时具皱纹，3瓣裂。种子卵形，有深皱纹。花期4-6月，果期8-10月。

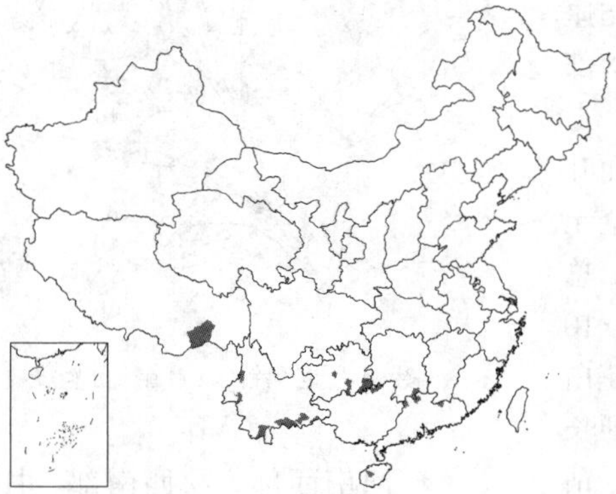

产西藏东南部、云南、贵州、、湖南南部及西南部、广西北部、广东北部、海南，生于海拔1000-2100米疏林中。锡金、不丹、印度、缅甸和菲律宾有分布。

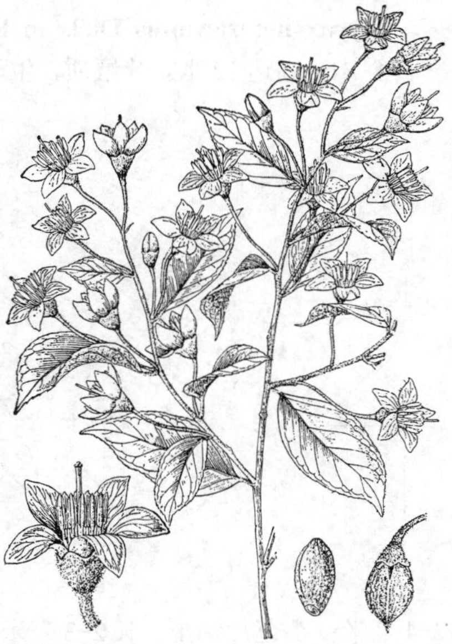

图 42 大花安息香 （黄少容 邓晶发绘）

8. 裂叶安息香 图 43

Styrax supaii Chun et F. Chun in Sunyatsenia 3(1): 34. pl. 3. 1935.

小乔木或灌木。叶互生，纸质或薄革质，卵形或倒卵形，长4-8厘米，宽2-5厘米，先端尖或渐尖，基部圆或宽楔形，上部具粗齿或近顶端具3-7锯齿或裂片，上面被单毛或2-3歧长柔毛，下面疏被星状柔毛，小枝基部2叶近对生，常不裂；叶柄长2-3毫米。总状花序顶生，长3-4厘米，有3-9花。花白色，长1.5-1.8厘米；花梗长1-1.5厘米；小苞片线形，长约4毫米；花萼倒圆锥形，长约1.2厘米，膜质；萼齿披针形，长4-5毫米；花冠裂片椭圆状披针形，长1.4-1.5厘米，宽4-5毫米，覆瓦状排列；雄蕊10，5长5短，长短相间，花丝扁平，分裂部分下部密被绵毛。果卵形，长1-1.2厘米，径7-9毫米，顶端具短喙或短尖头，具皱纹。种子卵形，平滑。花期4-5月，果期6-9月。

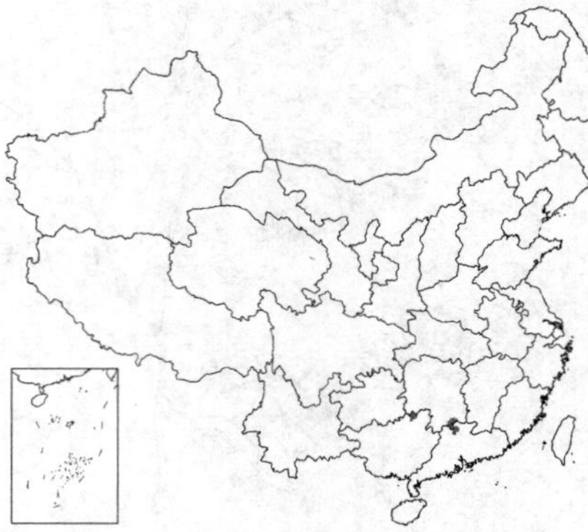

产广东北部、广西东北部及湖南南部，生于海拔300-900米疏林下或林缘。

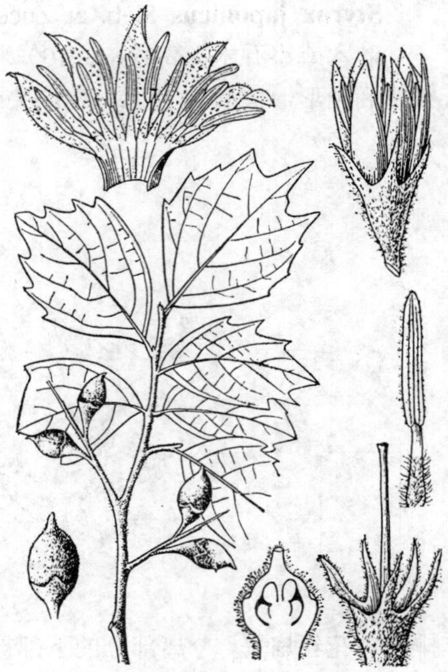

图 43 裂叶安息香 （邓晶发绘）

9. 老鸹铃 图 44

Styrax hemsleyanus Diels in Engl. Bot. Jahrb. 29: 530. 1900.

乔木，高达12米。叶纸质，生于小枝基部，2叶近对生，长圆形或卵状长圆形，长8-12厘米，先端尖，基部近圆或宽楔形，生于小枝上部叶互生，椭圆形或卵状椭圆形，长7-15厘米，先端尖，稀渐尖，基部楔形，两侧有时稍不等，上部具锯齿或近全缘，两面叶脉被灰褐色星状柔毛，全无毛；叶柄长0.7-1.5厘米。总状花序长9-15厘米，有8-10花，基部常2-3分枝。花白色，长1.8-2.7厘米；花梗长2-4毫米；小苞片钻形，长2-3毫米；花萼杯状，长4-8毫米，萼齿5，钻形或三角形，长2-3毫米，边缘和顶端常具褐色腺体；花冠裂片椭圆形，长约1.5厘米，覆瓦状排列；雄蕊等长；花丝扁平，分离部分被星状毛。果球形或卵形，长0.8-1.3厘米，径1-1.5厘米，顶端具短尖头，稍具皱纹。花期5-6月，果期7-9月。

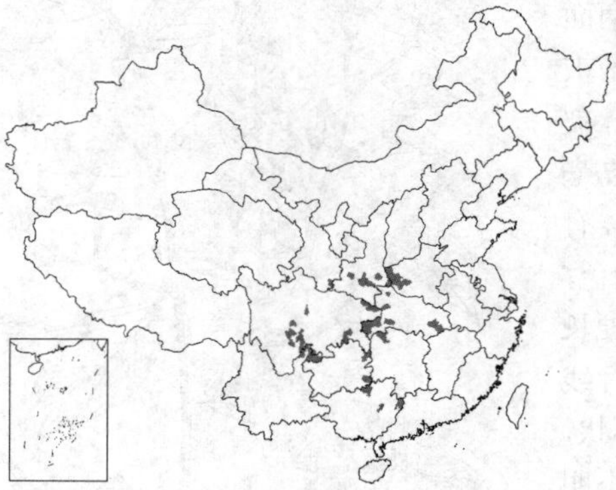

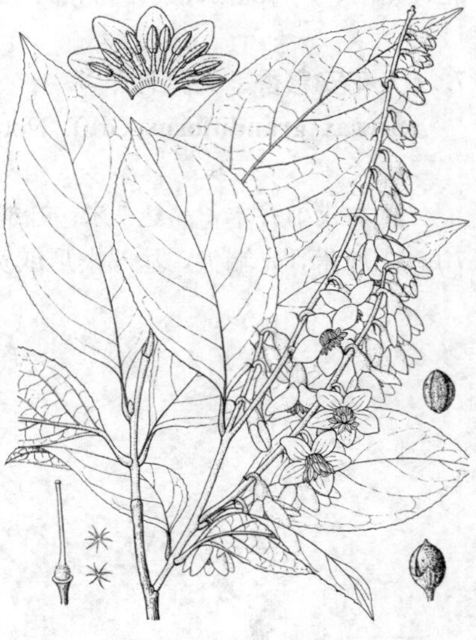

图 44 老鸹铃 （引自《图鉴》）

产河南西部、陕西南部、甘肃南部、四川、云南东北部、贵州、广西、湖南西北部及湖北，生于海拔1000-2000米阳坡、疏林中、林缘或灌丛中。

10. 大果安息香 图 45

Styrax macrocarpus Cheng in Contr. Biol. Lab. Sci. China Bot. 10(3): 242. f. 25. 1938.

落叶乔木，高达9米。叶互生，纸质，椭圆形或倒卵状椭圆形，长7-17厘米，先端尖，基部楔形，近全缘或上部稍具齿，幼叶叶脉被星状毛，老叶两面无毛，生于小枝基部2叶近对生，较小，近无柄。花单生叶腋，先叶开花，芳香。花长达3.3厘米；花梗长约1厘米；小苞片叶状，披针形，长3-5毫米；花萼杯状，长5-7毫米，膜质，密被星状绒毛和柔毛，5-6齿，萼齿三角形，近无毛；花冠白色，裂片5-7，长椭圆形或椭圆形，长约2.2厘米，覆瓦状排列；雄蕊10-12，花丝扁平，分离部分下部宽，被长柔毛。果卵形或梨形，长2-3厘米，径2-2.5厘米，顶端具短尖头。种子无毛，有不整齐深皱纹。花期5-6月，果期9-10月。

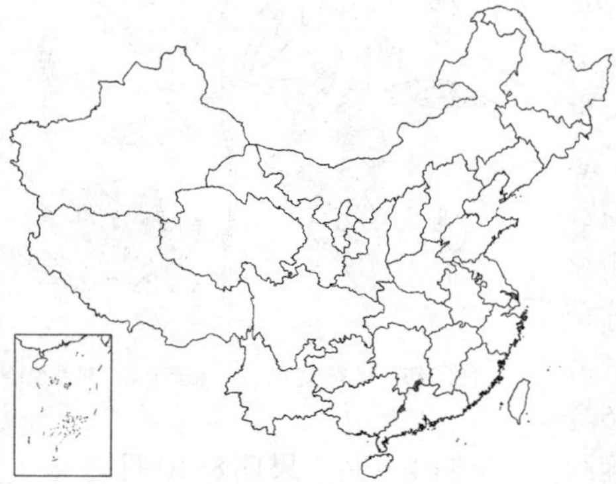

图 45 大果安息香 （黄少容绘）

产湖南南部及广东西部，生于海拔500-850米山谷密林中。

［附］**浙江安息香 Styrax zhejiangensis** S. M. Hwang et L. L. Yu in Acta Bot. Austr. Sin. 1: 75. 1983. 本种与大果安息香的区别：叶宽椭圆形或卵状长圆形，长5-8厘米；果长1.8-2厘米，径1-1.2厘米；种子疏被白色星状长柔毛，具不规则瘤状突起。果期6月。产浙江，生于溪边。

11. 芬芳安息香 郁香野茉莉 图 46

Styrax odoratissimus Champ. in Kew Journ. Bot. 1852(4): 304. 1852.

小乔木，高达10米。叶互生，卵形或卵状椭圆形，长4-15厘米，先端渐尖或尾尖，基部宽楔形或圆，全缘或上部有疏齿，幼叶两面无毛或疏被星状柔毛，老叶下面脉腋被白色星状长柔毛，余无毛或有时密被黄色星状柔毛；叶柄长0.5-1厘米。总状或圆锥花序长5-8厘米。花白色，长1.2-1.5厘米；花梗长1.5-1.8厘米；小苞片钻形，长约3毫米；花萼杯状，长宽均约5毫米，膜质，顶端平截、波状或齿裂；花冠裂片椭圆形或倒卵状椭圆形，长0.9-1.1厘米，覆瓦状排列；雄蕊较花冠短，花丝扁平，中部弯曲，全部密被星状柔毛。果近球形，径0.8-1厘米，顶端具弯喙。种子卵形，密被褐色鳞片状毛和瘤状突起，稍具皱纹。花期3-4月，果期6-9月。

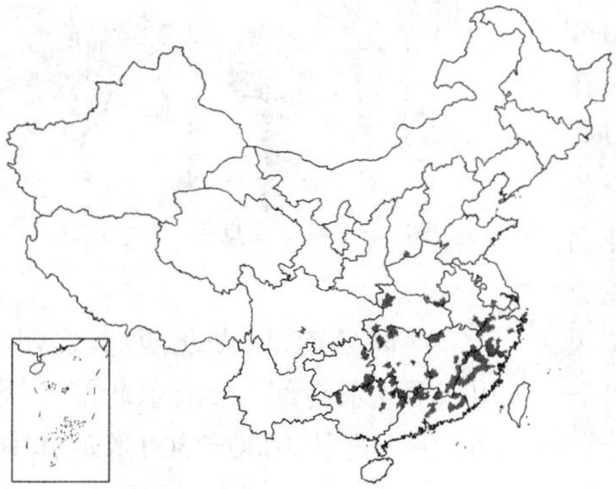

图 46 芬芳安息香 （引自《图鉴》）

产山西南部、河南南部、江苏南部、安徽南部、浙江、福建、江西、湖北、湖南、广东、广西、贵州及四川中南部，生于海拔600-1600米阴湿山谷或山坡疏林中。

12. 禄春安息香 图 47

Styrax macranthus Perk. in Engl. Bot. Jahrb. 31: 487. 1902.

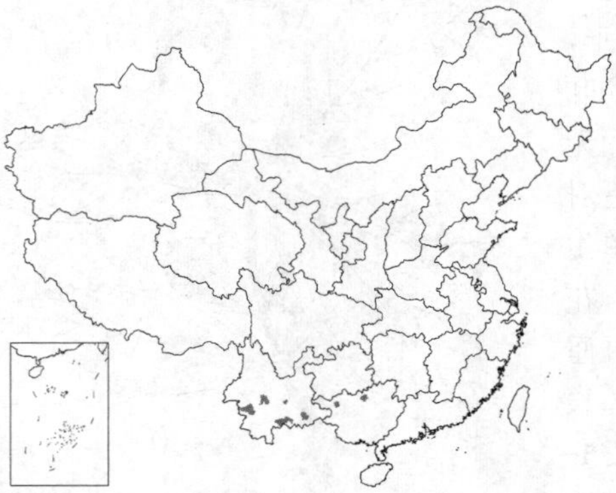

乔木。叶互生，纸质或近革质，长卵形或卵状披针形，长8-12厘米，宽3-4厘米，先端尾尖，尖头稍弯，基部圆或宽楔形，两侧常不对称，具稍内弯腺齿，两面叶脉疏被黄褐色星状柔毛，下面脉腋被星状长髯毛；叶柄长0.5-1厘米。总状花序长4-6厘米，有3-4花。花白色，长1.2-2.5厘米；花梗长0.8-1.5厘米；小苞片钻形，长约3毫米；花萼密被星状绒毛，杯状，长3.5-6毫米，膜质，顶端平截，波状或不规则齿裂；花冠裂片倒卵形或倒卵状椭圆形，长0.8-1.6厘米，覆瓦状排列；花丝扁平，分离部分的下部密被长绒毛。果倒卵状长圆形，长1.5-2厘米，径约1厘米，顶端具短尖头，具纵皱纹。花期4-6月，果期8-10月。

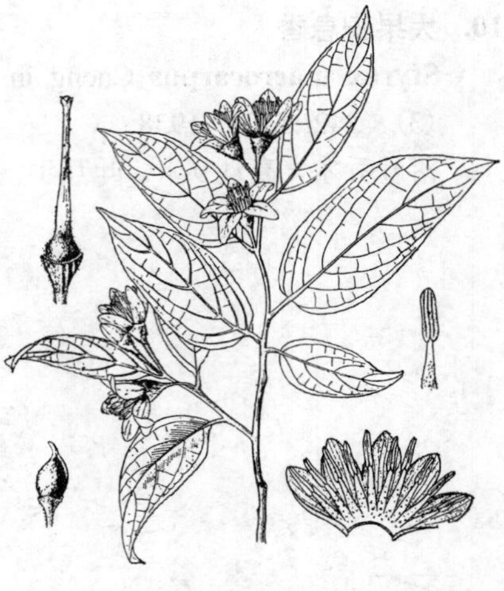

图 47 禄春安息香 （黄少容 邓晶发绘）

产云南及广西，生于海拔2000-2500米山坡和山谷林中。

13. 粉花安息香 粉花野茉莉 图 48

Styrax roseus Dunn in Kew Bull. Misc. Inform. 1911(6): 273. 1911.

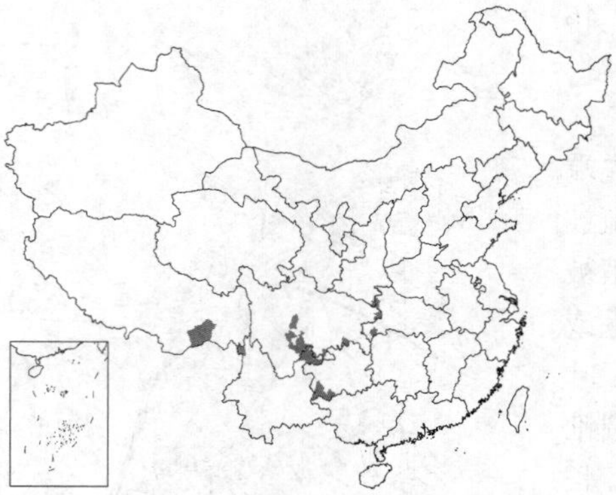

小乔木。叶互生，纸质，椭圆形或卵状椭圆形，长6-12厘米，先端渐尖，尖头稍弯，基部宽楔形，两侧常不对称，具腺齿，两面叶脉被灰白色星状柔毛，余疏被单毛或2歧白色柔毛，后渐无毛，下面脉腋被星状长柔毛；叶柄长3-5毫米。总状花序长3-5厘米，有2-3(4)花，下部花常腋生。花白或粉红色，长1.5-2.5厘米；花梗长2-8毫米；小苞片线形，长3-5毫米；花萼杯状，长5-8毫米，萼齿不明显，花后2-3深裂成圆齿，密被黄褐色星状绒毛和疏生星状长柔毛；花冠裂片倒卵状椭圆形，长1.2-1.5厘米，覆瓦状排列；花丝扁平，下部被星状柔毛。果近球形，径1.2-1.4厘米，顶端具短尖头，干后有皱纹。种子平滑。花期7-9月，果期9-12月。

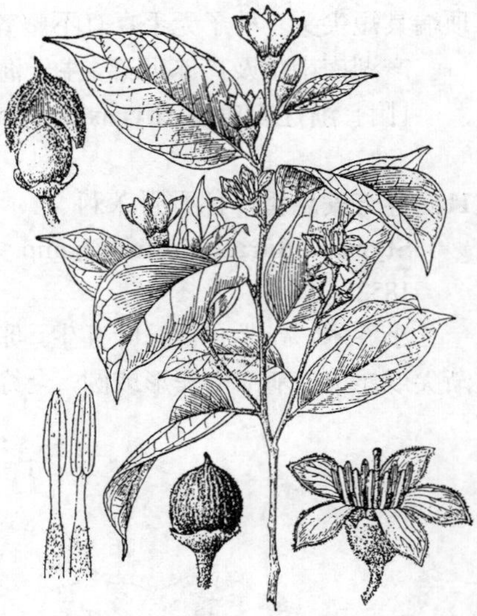

图 48 粉花安息香 （黄少容绘）

产陕西南部、湖北西部、贵州、四川、西藏东南部、云南东北部及西北部，生于海拔1000-2300米疏林中。

14. 婺源安息香 图 49

Styrax wuyuanensis S. M. Hwang in Acta Phytotax. Sin. 18(2): 160. t. 3. 1980.

灌木，高达3米。叶互生，小枝基部2叶近对生，纸质，椭圆形或椭圆状菱形，长3.5-6厘米，先端尾尖或长尾尖，基部宽楔形，中上部疏生锯齿，近基部全缘，两面叶脉疏被褐色星状柔毛，余无毛，后脱落无毛；叶柄长2-5毫米。总状花序有(1-2)3花，顶生，长3-5厘米。花白色，长1.3-1.5

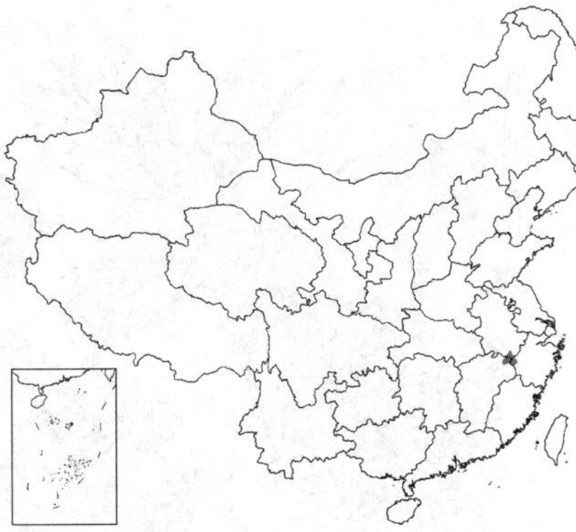

厘米；花梗纤细，长1.5-2厘米，无毛；小苞片线状披针形，长约1厘米；花萼杯状，长约3毫米，褐色，无毛，具5-6钻形小齿；花冠裂片披针形或卵状披针形，长1-1.2厘米，宽3-4毫米，镊合状排列，边缘稍内卷；花丝扁平，分离部分下部被星状长柔毛。果卵形，径约1厘米，顶端具短尖头，3瓣裂。种子卵形，无毛。花期4月，果期8月。

产浙江西部、江西东北部及安徽南部，生于山谷或水边。

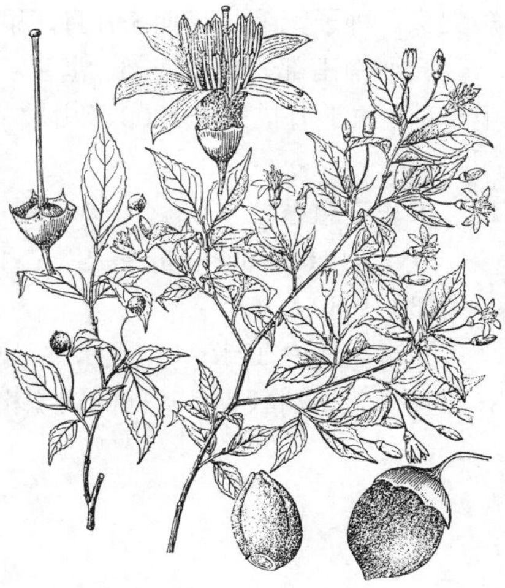

图 49 婺源安息香 （黄少容绘）

15. 银叶安息香 图 50

Styrax argentifolius Li in Journ. Arn. Arb. 24: 371. 1943.

乔木，高达15米，胸径约40厘米。叶互生，革质，椭圆形、卵状披针形或椭圆状披针形，长5-15厘米，宽2.5-6厘米，先端尾尖，基部宽楔形或圆，全缘，上面无毛，下面密被银灰或浅棕色鳞片状毛，有光泽；叶柄长0.3-1厘米。总状花序顶生或腋生，长1.2-1.6厘米，有3-6花，花序梗、花梗、小苞片和花萼均被鳞片状毛。花白色，长1.2-1.6厘米；花梗长1-2毫米；花萼杯状，长约3毫米，顶端不明显5齿；花冠裂片4-5，披针形，长8-9毫米，宽约2毫米，边缘稍内折，镊合状排列；雄蕊8-10，花丝扁平，分离部分下部被星状毛。果近球形，径约2.5厘米，顶端具短喙，密被鳞片状毛和金黄色星状柔毛。种子无毛。花果期4-9月。

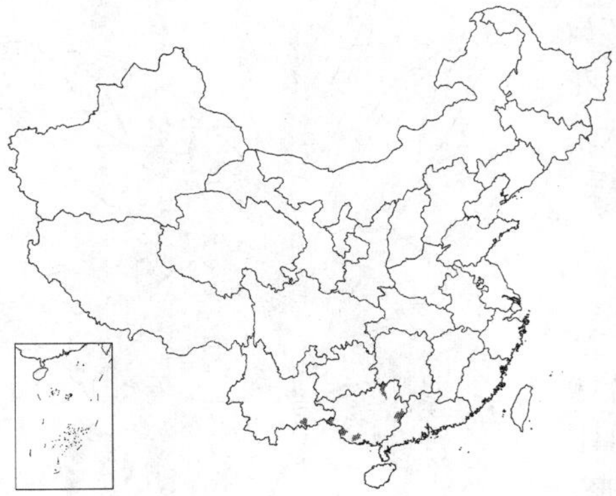

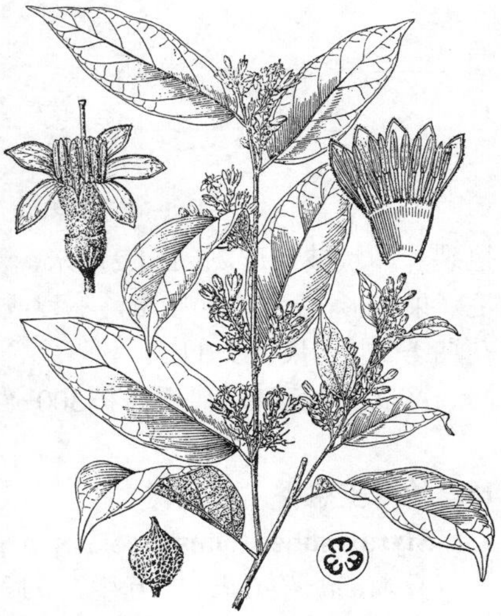

图 50 银叶安息香 （黄少容绘）

产广西及云南东南部，生于海拔500-1500米河谷密林中。越南有分布。

16. 灰叶安息香 灰叶野茉莉 图 51

Styrax calvescens Perk. in Engl. Pflanzenr. 30(Ⅳ-241): 32. 1907.

小乔木或灌木状，高达15米。叶互生，近革质，椭圆形、倒卵形或椭圆状倒卵形，长3-8厘米，先端渐尖或骤短尖，基部近圆，中部以上具锯齿，上面疏被星状柔毛或无毛，下面密被灰色星状绒毛和星状柔毛，第三级小脉网状；叶柄长1-3毫米。总状或圆锥花序，顶生或腋生，长3.5-9厘米，多花。花白色，长1-1.5厘米；花梗长0.5-1厘米；花萼杯状，长3-5毫米，宽3-4毫米，革质，被星状绒毛和柔毛；萼齿三角形，长不及1毫米；花冠裂片长圆形，长0.8-1厘米，宽2-2.5毫米，边缘稍内折，镊合状排列；花丝分离部分下部被星状长柔毛。果倒卵形，长约8毫米，顶端具

短尖头。种子无毛。花期5-6月，果期7-8月。

产河南南部、安徽南部、浙江、福建、江西北部、湖北、湖南及广西中东部，生于海拔500-1200米山坡、河谷林中或林缘灌丛中。

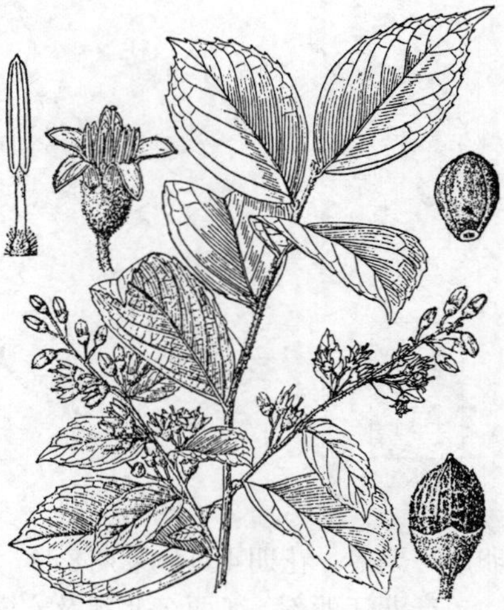

图 51 灰叶安息香 （黄少容绘）

17. 中华安息香 图 52

Styrax chinensis Hu et S. Y. Liang in Acta Phytotax. Sin. 18(2): 230. 1980.

乔木，高达20米。叶互生，革质，长圆状椭圆形或倒卵状椭圆形，长8-23厘米，先端骤尖，基部圆或宽楔形，近全缘，上面中脉被柔毛，余无毛，下面密被灰黄色星状绒毛，沿中脉被褐色星状柔毛；叶柄长1-1.5厘米，四棱形，密被星状绒毛和柔毛。圆锥花序或总状花序，长4-12厘米。花白色，长1.2-1.5厘米；花梗长1-3毫米，和花萼均密被灰黄色星状绒毛和柔毛；小苞片钻形；花萼钟形，长宽均6-7毫米，萼齿卵状三角形，长约2毫米；花冠裂片卵状披针形，长1-1.2厘米，镊合状排列；花丝分离部分全被星状柔毛。果球形，径约1.8厘米，不裂或3瓣裂。种子球形，稍具皱纹，无毛。花期4-5月，果期9-11月。

产广西及云南，生于海拔300-1200米密林中。

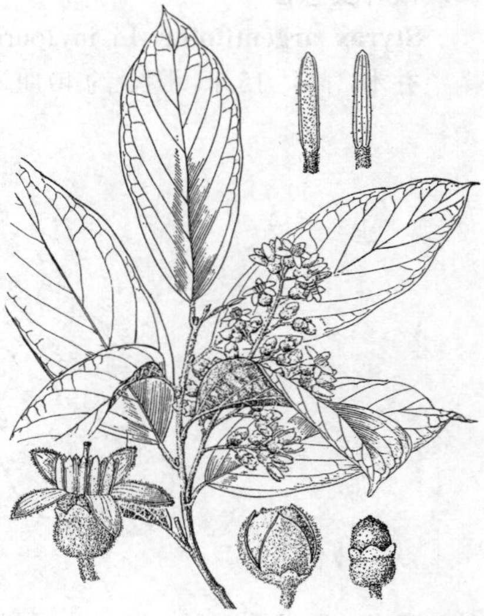

图 52 中华安息香 （黄少容绘）

18. 栓叶安息香 红皮树 图 53 彩片 9

Styrax suberifolius Hook. et Arn. Bot. Beech. Voy. 5: 196. t. 40. 1841.

乔木，高达20米。叶互生，革质，椭圆形、长椭圆形或椭圆状披针形，长5-15（-18）厘米，先端渐尖，尖头稍弯，基部楔形，全缘，上面中脉被毛，下面密被黄褐或灰褐色星状绒毛；叶柄长1-1.5（-2）厘米，密被星状绒毛。总状或圆锥花序，长6-12厘米；花序梗和花梗均密被星状柔毛。花白色，长1-1.5厘米；花梗长1-3毫米；小苞片钻形；花萼杯状，长3-5（-7）毫米，萼齿三角形或波状，密被灰黄色星状绒毛和散生星状毛；花冠裂片4（5），披针形或长圆形，长0.8-1厘米，镊合状排列；雄蕊8-10，花丝分离部分全被星状柔毛。果卵状球形，径1-1.8厘米，3瓣裂；宿萼包果基部1/2。花期3-5月，果期9-11月。

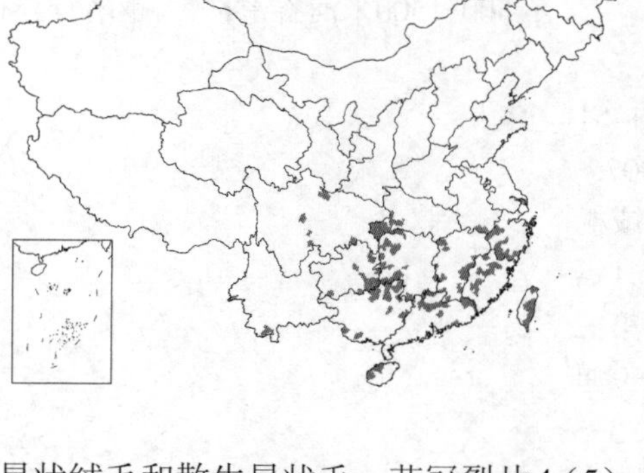

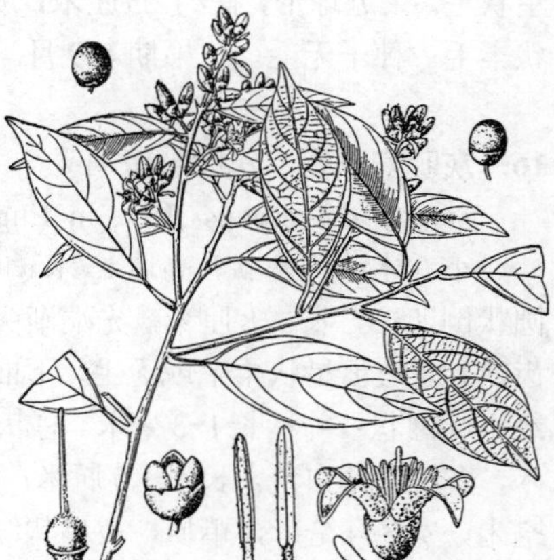

图 53 栓叶安息香 （黄少容 邓晶发绘）

产安徽南部、浙江、福建、台湾、江西、湖北西南部、湖南、广东、海南、广西、贵州、四川、云南西南部及西部，生于海拔100-3000米山坡、山谷林中或林缘。阳性树种，速生。越南有分布。

［附］**厚叶安息香 Styrax hainanensis** How in Fl. Hainan 3：181（Addenda）576. 1974. 本种与栓叶安息香的区别：叶卵形、宽卵形或宽卵圆形，长7-13厘米，宽4-9厘米，基部圆或宽楔形，叶柄长2-3厘米；果近球形或扁球形，径2-2.2厘米。产海南（崖县、陵水），生于山地林中。

19. 喙果安息香 南粤野茉莉 图 54

Styrax agrestis（Lour.）G. Don, Gen. Hist. 4：5. 1837.

Cyrta agrestis Lour. Fl. Cochinch. 1：287. 1790.

乔木，高达15米。叶互生，椭圆形、长椭圆形或椭圆状披针形，长5-15厘米，先端尾尖或渐尖稍弯，基部楔形，全缘或锯齿不明显，幼叶下面疏被星状柔毛，老叶两面无毛；叶柄长0.8-1.5厘米。总状花序顶生，长6-12厘米，有5-10花。花白色，长1.5-2.2厘米；花梗长0.8-1.5厘米；小苞片钻形或披针形；花萼杯状，长约7毫米；花冠裂片披针形，长1.2厘米，宽约4毫米，镊合状排列；花丝中部弯曲，被长柔毛，分离部分无毛；花药药隔被白色星状柔毛。果长圆形或斜卵形，长1.2-3厘米，顶端具短喙，密被黄褐色星状绒毛。种子椭圆形，密被鳞片状毛或无毛。花期9-12月，果期翌年3-5月。

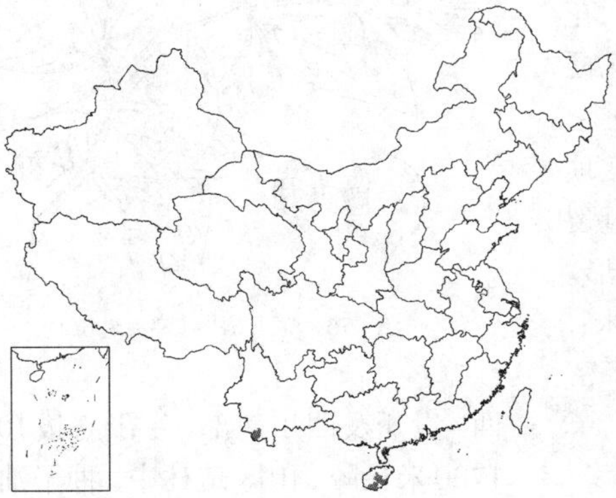

产福建西北部、广东西南部、海南及云南南部，生于海拔700米以下密林中。越南至加里曼丹、苏拉威西、马六甲和伊里安岛有分布。

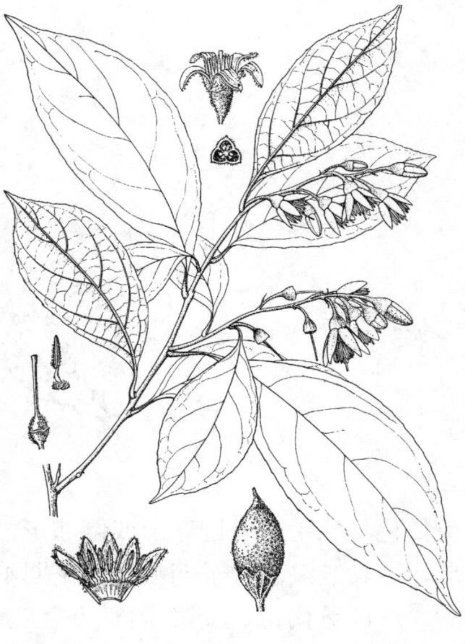

图 54 喙果安息香 （引自《图鉴》）

20. 齿叶安息香 图 55

Styrax serrulatus Roxb. Fl. Ind. 2：415. 1832.

乔木，高达12米。叶互生，纸质，卵形、长卵形或卵状披针形，长5-14厘米，宽2-4（-5.5）厘米，先端渐尖或尾尖，基部宽楔形或圆，具细锯齿，幼叶两面疏被星状柔毛，老叶无毛或上面中脉被毛；叶柄长3-5毫米。总状或圆锥花序顶生，多花，下部常有1-4花聚生叶腋，长3-10厘米。花白色，长1-1.3厘米；花梗长3-8毫米；小苞片钻形；花萼杯状，长宽均3-4毫米，顶端5齿；花冠裂片长圆状披针形，长7-9毫米，宽2-3毫米，镊合状排列，花丝分离部分稍弯曲，无毛，下部被白色长柔毛。果椭圆形或椭圆状卵形，长0.5-1.5厘米，径6-8毫米，顶端钝或具短尖头，稍歪，密被灰褐

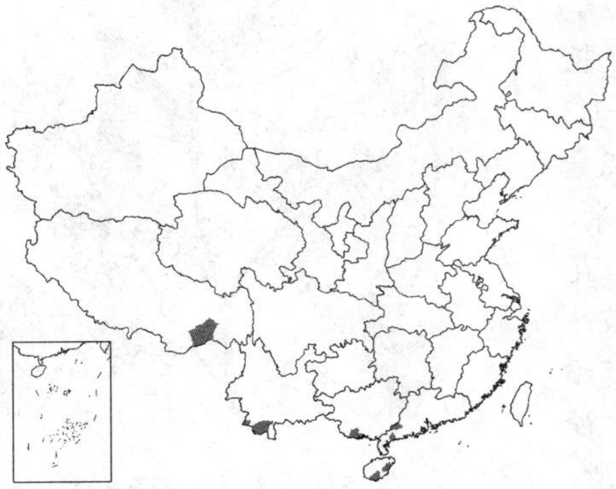

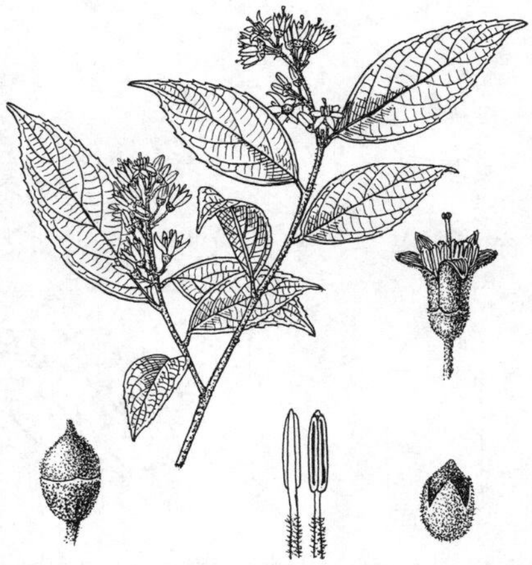

图 55 齿叶安息香 （黄少容 邓晶发绘）

色星状绒毛。花期3-5月，果期7-9月。

产西藏东南部、云南南部、广西南部、广东西南部及海南，生于500-1700米疏林下或林缘。锡金、缅甸、越南及印度有分布。

21. 赛山梅 白花龙 图 56

Styrax confusus Hemsl. in Kew Bull. Misc. Inform. 1906: 162. 1906.

小乔木。叶互生，近革质，椭圆形、长圆状椭圆形或倒卵状椭圆形，长4-14厘米，具细锯齿，幼叶两面均疏被星状柔毛，后脱落仅叶脉被毛。总状花序顶生，长4-10厘米，有3-8花，下部常有2-3花聚生叶腋。花白色，长1.3-2.2厘米；花梗长1-1.5厘米；小苞片线形；花萼杯状，长5-8毫米，顶端5齿，齿三角形；花冠裂片披针形或长圆状披针形，长1.2-2厘米，宽3-4毫米；花丝分离部分的下部宽，密被白色长柔毛。果近球形或倒卵形，径0.8-1.5厘米，果皮厚1-2毫米，革质，常具皱纹。种子倒卵形。花期4-6月，果9-11月。

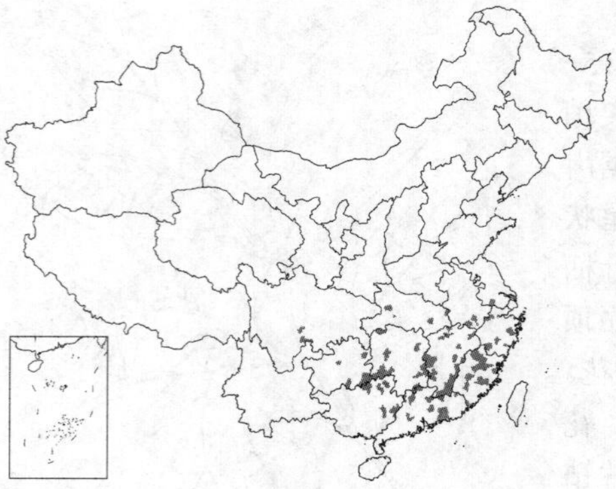

产江苏南部、安徽南部、浙江、福建、江西、湖北、湖南、广东、广西、贵州及四川南部，生于海拔100-1700米丘陵、山区疏林中。种子油供制肥皂、润滑油和油墨。

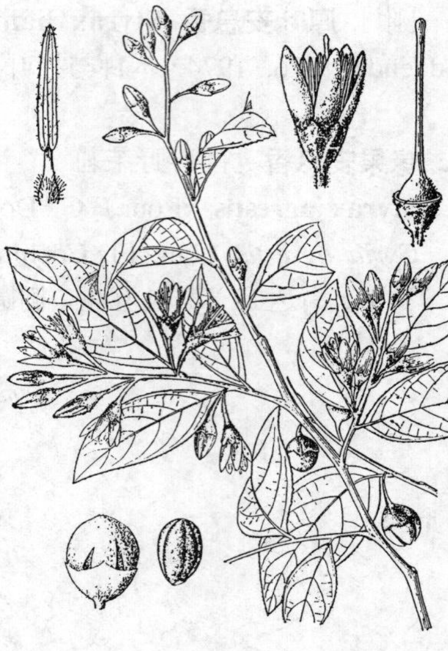

图 56 赛山梅 （邓晶发绘）

22. 垂珠花 图 57

Styrax dasyanthus Perk. in Engl. Bot. Jahrb. 31: 485. 1902.

乔木，高达10米。叶互生，近革质，倒卵形、倒卵状椭圆形或椭圆形，长7-16厘米，先端骤短尖，尖头稍弯，基部楔形，中上部具细齿，幼叶两面疏被星状柔毛，后渐脱落，仅叶脉被毛；叶柄长3-7毫米。圆锥花序或总状花序，长4-8厘米，多花，下部有2至多花聚生叶腋。花白色，长0.9-1.6厘米；花梗长0.6-1.2厘米；小苞片钻形，长约2毫米；花萼杯状，长4-5毫米，具5个钻形或三角形齿；花冠裂片长圆形或长圆状披针形，长6-8.5毫米，宽1.5-3毫米；花丝分离部分下部密被长柔毛。果卵形或球形，长0.9-1.3厘米，径5-7毫米，顶端具短尖头，平滑或稍具皱纹，果皮厚不及1毫米。种子平滑。花期3-5月，果期9-12月。

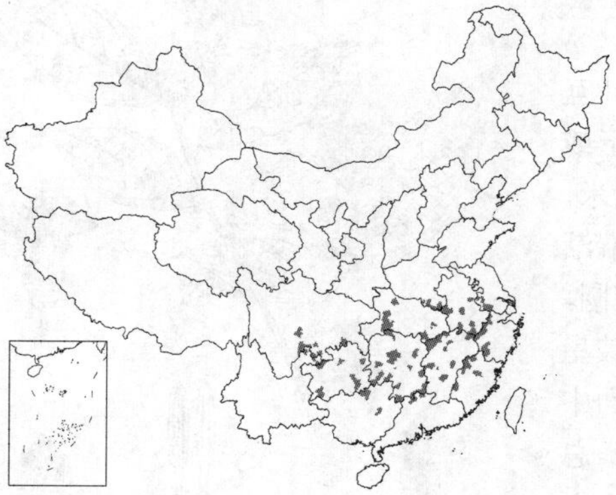

产山东东南部、河南南部、安徽、江苏西南部、浙江、福建、江西、湖北、湖南、广东北部、广西、贵州、云南东北部及四川南部，生于海拔100-1700米山坡、山谷或溪边林中。

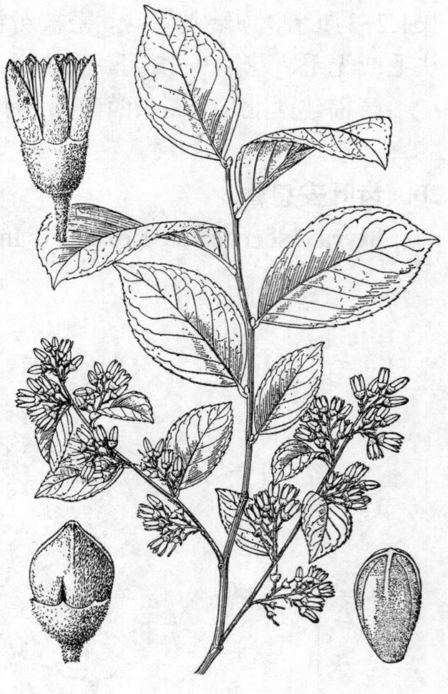

图 57 垂珠花 （邓晶发绘）

23. 台湾安息香 图 58

Styrax formosanus Matsum. in Bot. Mag. Tokyo 15: 75. 1901.

灌木。幼枝密被黄褐色星状毛。叶互生，纸质，倒卵形、椭圆状菱形或椭圆形，长2-7厘米，先端短尾尖，基部楔形，中部以上具粗锯齿，幼叶两面均疏被星状柔毛，老叶上面中脉被毛，余无毛，下面疏被星状柔毛；叶柄长3-4毫米。总状花序顶生，长2.5-4厘米，有3-5花，下部常单花腋生。花白色，长1.2-1.4厘米；花梗长0.8-1.2厘米，常下弯；小苞片钻形；花萼浅杯状，长2.5-3毫米，宽3-4毫米，膜质，顶端平截或具齿；花冠裂片5（6），披针形或长圆状披针形，长0.8-1.1厘米；花丝分离部分的下部密被柔毛。果卵形，长约1厘米，顶端具喙或短尖头，具不规则皱纹。种子长卵形，长约6毫米，无毛，具3浅沟。花期3-4月，果期5-6月。

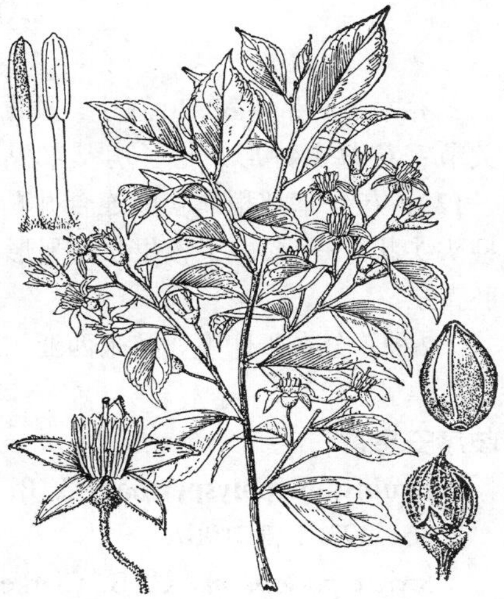

图 58 台湾安息香 （黄少容 邓晶发绘）

产安徽西部、浙江南部、福建、台湾、江西东南部、湖南南部、广东北部及广西北部，生于海拔500-1300米丘陵山地灌丛中。

24. 白花龙 图 59 彩片 10

Styrax faberi Perk. in Engl. Pflanzenr. 30(IV.-241): 33. 1907.

灌木。幼枝密被星状毛。叶互生，纸质，倒卵形、椭圆状菱形或椭圆形，长2-5（-7）厘米，有时侧枝基部叶近对生，椭圆形、倒卵形或长圆状披针形，长4-11厘米，宽3-3.5厘米，先端尖，基部宽楔形，具细锯齿，当年生小枝幼叶两面密被褐色或灰色星状柔毛至无毛，老叶两面无毛；叶柄长1-2毫米。总状花序长3-4厘米，有3-5花，下部常单花腋生。花白色，长1.2-1.5（-2）厘米；花梗长0.8-1.5厘米，花后常下弯；小苞片钻形；花萼杯状，长4-5（-8）毫米，宽3-4（-6）毫米，萼齿钻形或三角形；花冠裂片膜质，披针形或长圆形，长0.5-1.5厘米，宽2.5-3毫米；花丝分离部分下部被长柔毛。果倒卵形或近球形，长6-8毫米，果皮厚约0.5毫米。种子卵形，长约5.5毫米，具3浅沟纹。花期4-6月，果期8-10月。

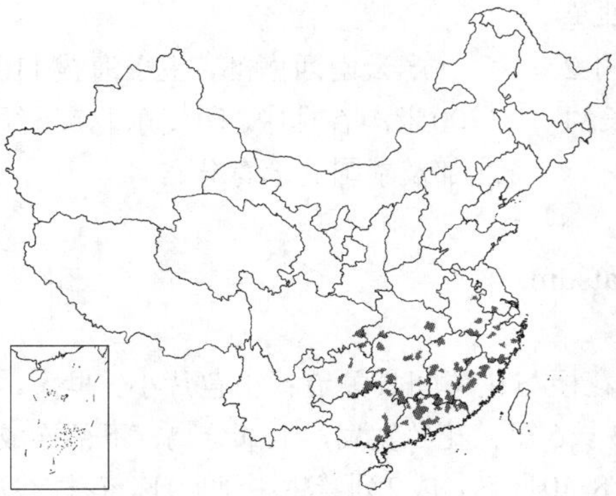

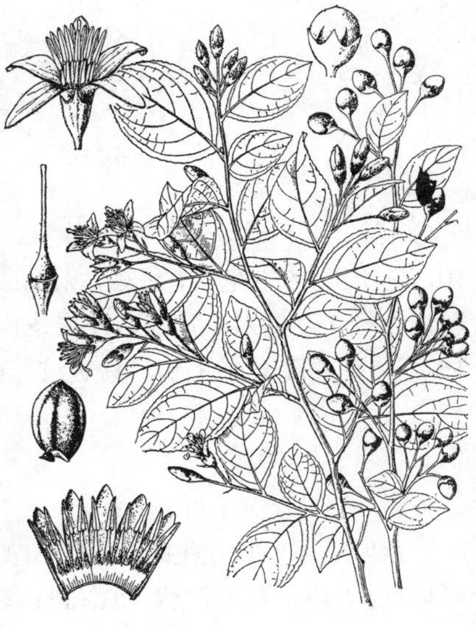

图 59 白花龙 （黄少容 邓晶发绘）

产江苏南部、安徽、浙江、福建、江西、湖北、湖南、广东、广西、贵州及四川东南部，生于海拔100-600米低山或丘陵灌丛中。

2. 岐序安息香 Bruinsmia Boerl. et Koord.

乔木。冬芽裸露。叶互生，具锯齿；无托叶。复聚伞花序；小苞片小。花两性或杂性异株；花梗与花萼间具关节；花萼宽钟形，与子房基部贴生，顶端平截或5齿，果时宿存而增大；花冠裂片5，覆瓦状排列；雄蕊10（-12）；花丝基部稍靠合或连合并贴生花瓣；子房上位，宽圆锥形，5室，每室具胚珠多颗，中轴胎座，花柱5棱，柱头头状，5-6裂。果核果状，梨形，具宿存花柱，不裂。种子多数，两端尖，种皮具蜂窝状皱纹；内胚乳肉质，胚直立。

2种，分布于印度、马来西亚、新几内亚。我国1种。

岐序安息香 图 60

Bruinsmia polysperma（C. B. Clarke）Steenis in Bot. Jahrb. Syst. 86: 393. f. 3. 1967.

Styrax polysperma C. B. Clarke in Hook. Fl. Br. Ind. 3: 590. 1907.

小乔木，高达15米。小枝无毛。冬芽裸露，被星状毛。叶薄革质，长圆状椭圆形，长14-17厘米，先端渐尖，基部楔形，疏生锯齿或近全缘，两面近无毛，侧脉5-8对，第三级小脉网状；叶柄长约1.3厘米。复聚伞花序顶生，长5-10厘米，径4-8厘米；小苞片披针形，长1-2毫米。花白色；花梗长1-2毫米；花萼宽钟形，长1.5-2毫米，径5-6.5毫米，密被星状柔毛；花冠裂片卵状长圆形，长约1.5毫米；雄蕊10，花丝长1.5-3毫米，稍扁，无毛或边缘被毛。果长圆状椭圆形，长1-1.2厘米，径7-9毫米，具喙，外果皮肉质，内果皮骨质。种子长圆形，长约1.5毫米，两端具小尖头，具皱纹。花果期5-12月。

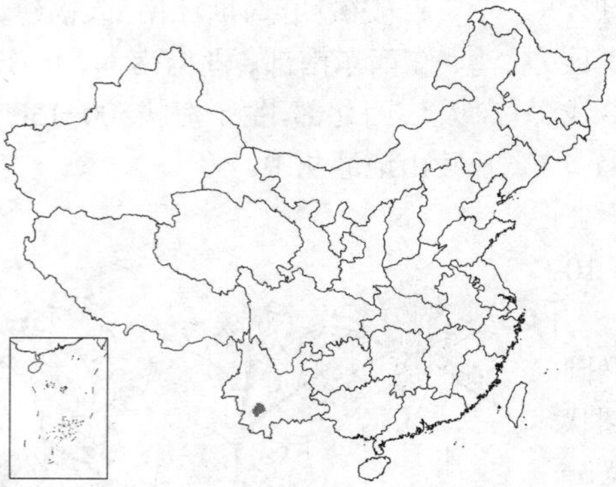

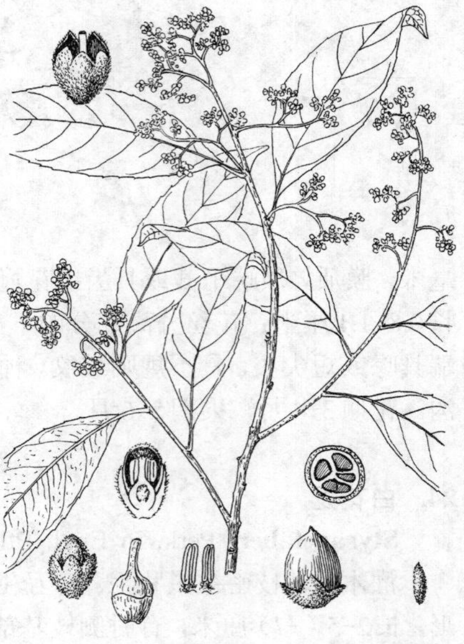

图 60 岐序安息香 （引自《植物研究》）

产云南西南部，生于海拔1100-1300米沟谷林中。印度东北部、缅甸北部及泰国北部有分布。

3. 赤杨叶属 Alniphyllum Matsum.

落叶乔木。叶互生；无托叶。总状或圆锥花序。花两性，具长梗；花梗与花萼间具关节；小苞片小，早落；花萼杯状，5齿；花冠钟状，5深裂；裂片花蕾时覆瓦状排列；雄蕊10，5长5短；花丝宽扁，上部分离，下部连成膜质筒与花冠筒贴生；花药卵形，药室内向，纵裂；子房上位，5室，每室8-10胚珠，成2列着生中轴胎座，花柱线形，柱头微5裂。蒴果室背5瓣裂，外果皮肉质，内果皮木质。种子多数，两端具膜翅，种皮硬角质；胚乳肉质，胚直。

3种，我国均产。越南和印度有分布。

1. 叶两面近无毛或疏被星状柔毛，稀被星状绒毛；花序长8-15厘米。
  2. 叶椭圆形、宽椭圆形或倒卵状椭圆形 ………………………………………… 1. **赤杨叶 A. fortunei**
  2. 叶卵形或卵状披针形，稀椭圆状披针形 ……………………… 1(附). **台湾赤杨叶 A. pterospermum**
1. 叶下面密被星状绒毛；花序长3-5厘米 ……………………………………… 2. **滇赤杨叶 A. eberhardtii**

1. 赤杨叶 图 61

Alniphyllum fortunei (Hemsl.) Makino in Bot. Mag. Tokyo 20: 93. 1906.

Halesia fortunei Hemsl. in Journ. Linn. Soc. Bot. 26: 75. 1889.

乔木，高达20米。叶纸质，椭圆形或倒卵状椭圆形，长8-20厘米，宽4-11厘米，先端尖或渐尖，基部楔形，具锯齿，两面疏被星状柔毛，稀被星状绒毛，有时无毛，具白粉；叶柄长1-2厘米。总状花序或圆锥花序，顶生或腋生，长8-15（-20）厘米，有10-20花。花长1.5-2厘米；花萼长4-5毫米，萼齿卵状披针形，较萼筒长；花冠裂片长椭圆形，长1-1.5厘米；花丝筒长约8毫米。果长圆形或长椭圆形，长0.8-2.5厘米，径0.6-1厘米，成熟时黑色，5瓣裂。种子多数，长4-7毫米，两端有不等大膜质翅。花期4-7月，果8-10月。

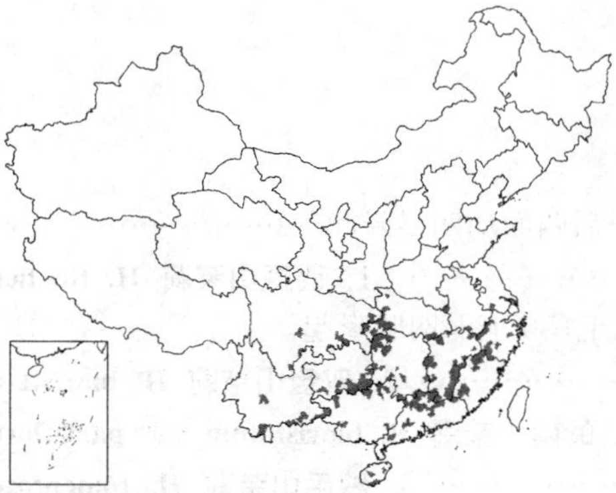

产江苏南部、安徽南部、浙江、福建、江西、湖北、湖南、广东、海南、广西、贵州、云南及四川，生于海拔200-2000米疏林下或林缘。印度、越南及缅甸有分布。木材致密、轻软，易加工，供制火柴、雕刻图章、上等家具、板料、模型用材。为放养白木耳的优良树种。

图 61 赤杨叶 （黄少容 邓晶发绘）

［附］台湾赤杨叶 **Alniphyllum pterospermum** Matsum. in Bot. Mag. Tokyo 15: 67. 1901. pro part. 本种与赤杨叶的区别：叶卵形或卵状披针形，稀椭圆状披针形。产台湾，生于山地疏林中。

2. 滇赤杨叶 图 62

Alniphyllum eberhardtii Guill. in Bull. Soc. Bot. France 70: 885. 1923.

乔木，高达30米。叶厚纸质，长圆形或披针状长圆形，长10-18厘米，宽5-8厘米，先端尾尖而稍弯，基部楔形或宽楔形，具锯齿，上面疏被星状柔毛或无毛，下面密被灰白或浅黄色星状绒毛；叶柄长1-1.5厘米。圆锥花序顶生和腋生，长3-5厘米，有10-30花。花长约1.5厘米；花萼长约4毫米，萼齿卵状披针形，与萼筒近等长；花冠裂片长圆形或长椭圆形，长1-1.3厘米；花丝筒长约1厘米。果长圆形，长0.7-1.2厘米，成熟时黑色，5瓣裂。种子长约3.5毫米，两端有不等长膜质翅。花期3-4月，果期7-9月。

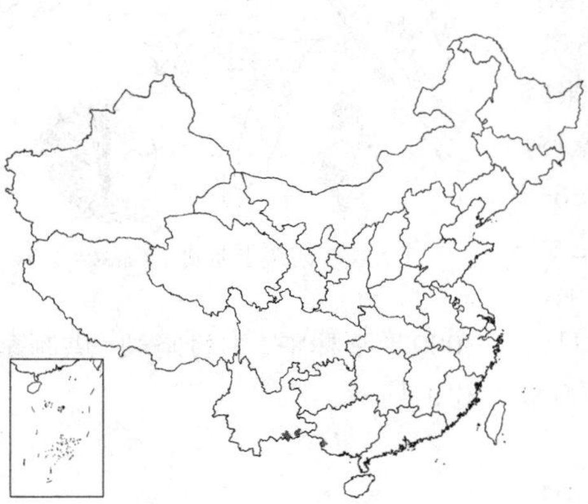

图 62 滇赤杨叶 （黄少容 邓晶发绘）

产云南东南部及广西西南部，生于海拔600-1800米疏林或密林中。越南北部及泰国有分布。

4. 山茉莉属 Huodendron Rehd.

乔木或灌木。冬芽裸露。叶互生；无托叶。伞房状圆锥花序，顶生或腋生。花两性，具长梗，辐射对称；苞片和小苞片小，早落；萼筒与子房合生，萼齿5，长约为萼筒之半；花瓣5，基部初靠合，后分离，花后常反卷，花蕾时镊合状排列；雄蕊8–10，1列，花丝分离，花药内向，药隔突出成2–3齿；花柱不裂或裂达中部，柱头头状，子房半下位，3–4室，每室胚珠多颗，直生，中轴胎座。蒴果下部约2/3与萼筒合生，室背3–4瓣裂，外果皮较厚而坚硬。种子小，多数，种皮薄，两端具流苏状翅，有胚乳，胚直立。

约4种。产我国和中南半岛。我国3种、2变种。

1. 叶两面无毛或叶脉疏被柔毛。
  2. 花序和蒴果无毛；花柱3–5深裂几达中部；叶两面均无毛，网脉干后两面均明显隆起 ………………………………………… 1. **西藏山茉莉 H. tibeticum**
  2. 花序和蒴果密被灰色星状绒毛；花柱不裂或稍裂；叶中脉被星状毛，叶下面网脉隆起。
    3. 幼枝和叶柄均被星状毛；叶长8–17厘米，侧脉5–11对 ……………………… 2. **双齿山茉莉 H. biaristatum**
    3. 幼枝和叶柄均无毛；叶长5–10厘米，侧脉4–6对 …… 2(附). **岭南山茉莉 H. biaristatum** var. **parviflorum**
1. 叶上面无毛，下面密被灰色星状绒毛 ……………………………………… 3. **绒毛山茉莉 H. tomentosum**

1. 西藏山茉莉 图 63

Huodendron tibeticum (Anthony) Rehd. in Journ. Arn. Arb. 16: 342. 1935.

Styrax tibeticus Anthony in Notes Roy. Bot. Gard. Edinb. 15: 245. 1927.

乔木或灌木。叶纸质，披针形或椭圆状披针形，稀卵状披针形，长6–11厘米，宽2.5–4厘米，先端长渐尖，基部宽楔形，全缘，稀具齿，两面无毛，侧脉5–9对，网脉干后两面均隆起；叶柄长0.5–1厘米。伞房状圆锥花序顶生，长4–8厘米，无毛。花白色，花梗长3–5毫米；萼筒杯状，长约2厘米，萼齿卵状三角形，边缘被毛；花瓣线状长圆形，长6–7毫米，宽1–1.5毫米；花丝长4–5毫米，无毛；花柱3–5深裂近中部。蒴果卵形，长约3毫米，无毛，成熟时褐棕色。种子棕色，长约1毫米，具网纹。花期3–5月，果期8–9月。

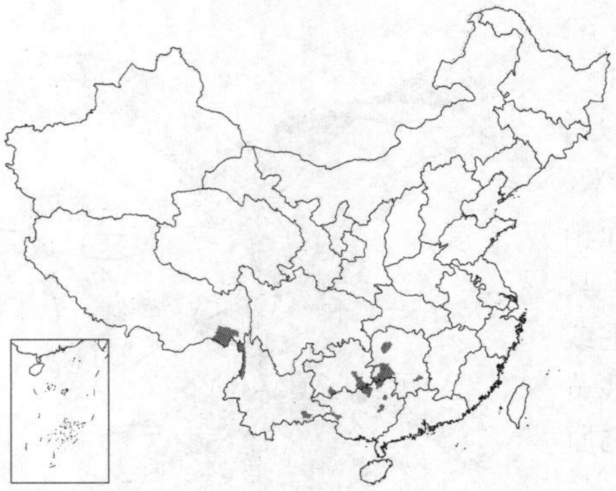

图 63 西藏山茉莉 （余汉平绘）

产西藏东南部、云南西北及东南部、广西、贵州及湖南，生于海拔1000–3000米密林中。木材坚硬，供制家具和工具。

2. 双齿山茉莉 图 64

Huodendron biaristatum (W. W. Smith) Rehd. in Journ Arn. Arb. 16: 345. 1936.

Styrax biaristatum W. W. Smith in Notes Roy. Bot. Gard. Edinb. 12: 233. 1920.

灌木或小乔木，高达12米。叶椭圆状披针形或倒卵状长圆形，长8–17厘米，先端尖或骤渐尖，基部楔形，全缘或疏生锯齿，上面中脉被星状柔

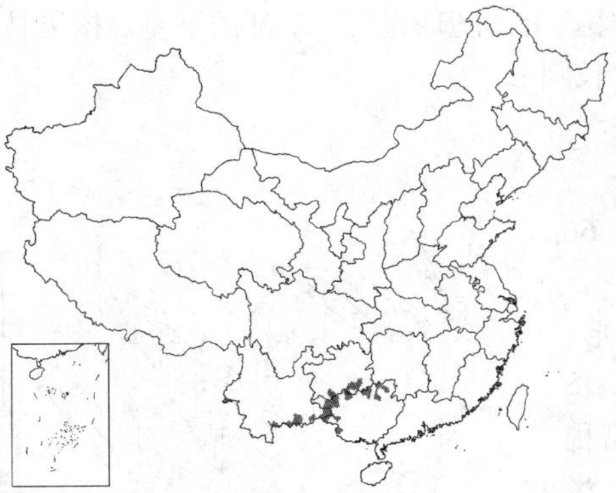

毛，余无毛，下面脉腋被长髯毛，余无毛，侧脉5-11对，网脉在下面隆起；叶柄长0.6-1.5厘米，密被灰色星状柔毛。伞房状圆锥花序，顶生或腋生，长3-10厘米。花淡黄色；花梗长约1厘米；花萼杯状，长约2毫米，被绒毛，萼齿三角形，较萼筒短；花瓣窄长圆形，长6-9毫米；药隔背面被柔毛，顶端（2）3齿，居中者较两侧的短；花柱顶端3浅裂或不裂。蒴果卵形，长4-5毫米，密被灰色柔毛，下部2/3与萼筒合生，成熟时3-4瓣裂。种子长1-1.3毫米。花期4-5月，果期6-9月。

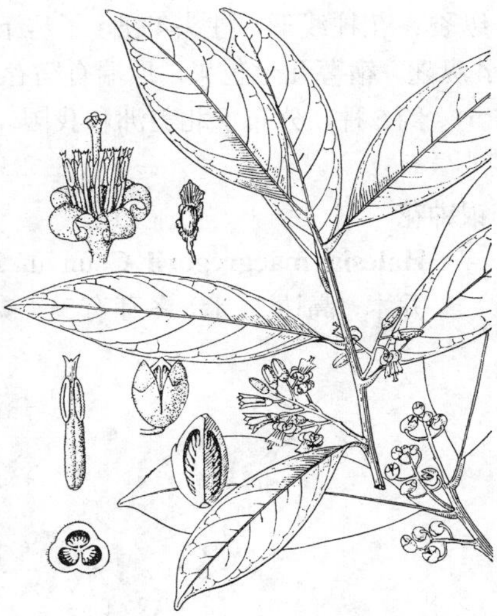

图 64 双齿山茉莉 （余汉平绘）

产云南南部及西部、贵州南部及广西，生于海拔200-500米山谷林中。越南、泰国及缅甸有分布。

［附］**岭南山茉莉 Huodendron biaristatum** var. **parviflorum**（Merr.）Rehd. in Journ. Arn. Arb. 16：346. 1935. ——*Styrax parviflorum* Merr. in Journ. Arn. Arb. 8：15. 1927. 本变种和模式变种的区别：小枝和叶柄均无毛；叶长5-10厘米，宽2.5-4.5厘米，侧脉4-6对，中脉和侧脉干后上面隆起，无毛。产云南东南部、广西东部、广东北部、香港、湖南南部及西南部、江西西南部，生于海拔300-600米山谷密林中。

3. 绒毛山茉莉 图 65

Huodendron tomentosum Y. C. Tang ex S. M. Hwang in Acta Phytotax. Sin. 18(2)：165. t. 4. 1980.

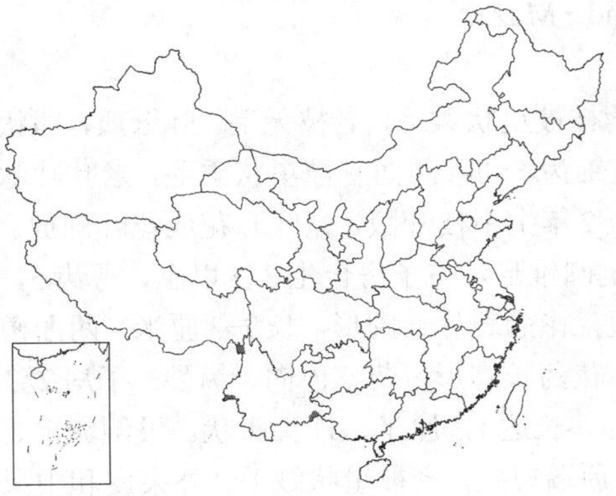

乔木，高达20米。叶近革质，长圆形、长圆状披针形或倒卵状长圆形，长6-9.5厘米，宽1.5-3.5厘米，先端短尾尖，基部楔形，全缘，上面无毛，下面密被灰色星状绒毛，侧脉7-9对；叶柄长1.5-2厘米。圆锥花序顶生，长4-8厘米，径3-5厘米。花淡黄色，长约7毫米；花梗长5-8毫米；花萼杯状，长约2毫米，萼齿卵状三角形；花瓣长圆形，长约6毫米，宽约2毫米，覆瓦状排列，花后反卷；花丝下部被长柔毛，花药披针形，长约3毫米，药隔宽扁，顶端3裂；花柱顶端3浅裂，被柔毛，长约6毫米，子房4室，被长柔毛。花期5-7月。

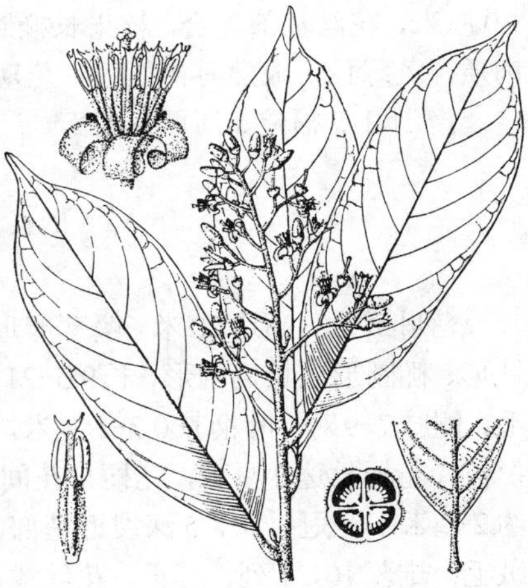

图 65 绒毛山茉莉 （余汉平绘）

产云南，生于海拔1900米林中。

5. 银钟花属 **Halesia** J. Ellis ex Linn.

灌木或小乔木。鳞芽单生或几个叠生。单叶互生，具锯齿，无托叶。花生于去年小枝叶腋，数花簇生或成总状花序，先叶开花或花叶同放。花梗细长，与花萼间具关节；萼筒倒圆锥形，贴生于子房，4棱，顶端具4小齿；花冠钟状，裂片4（5），花蕾时覆瓦状排列；雄蕊8-16，1列，花丝近分离或有时基部合生，花药长圆形，药室内向，纵裂；花柱线形，柱头4裂，子房下位，2–4室，每室4胚珠，中轴胎座，上部胚珠直立，下部的下垂。核果具2–4纵翅，宿萼几全包果，顶端有宿存花柱和萼齿。种子长椭圆形；子叶长圆形。

约5种，分布于北美洲和我国。我国1种。

银钟花 图 66

Halesia macgregorii Chun in Journ. Arn. Arb. 6：144. 1925.

乔木，高达24米。冬芽有3–4鳞片，褐色，有光泽。叶纸质，椭圆形、长椭圆形或卵状椭圆形，长5–13厘米，先端尾尖，常稍弯，基部楔形，具锯齿，齿端角质红褐色，幼叶叶脉常紫红色，侧脉10–24对，纤细，网脉细密，幼时两面疏被星状毛，老叶无毛；叶柄长5–10厘米。花2–7朵簇生去年小枝叶腋，先叶开花或花叶同放。花常下垂，径约1.5厘米；花梗长5–8毫米，萼筒长约3毫米；花冠4深裂，冠筒长1–1.5厘米，裂片倒卵形，长1–1.2厘米；雄蕊4长4短，长1.2–1.9厘米，花丝基部连合。核果长椭圆形或倒卵形，长2.5–4厘米，具4翅，肉质，黄绿色，成熟时褐红色。花期4月，果期7–10月。

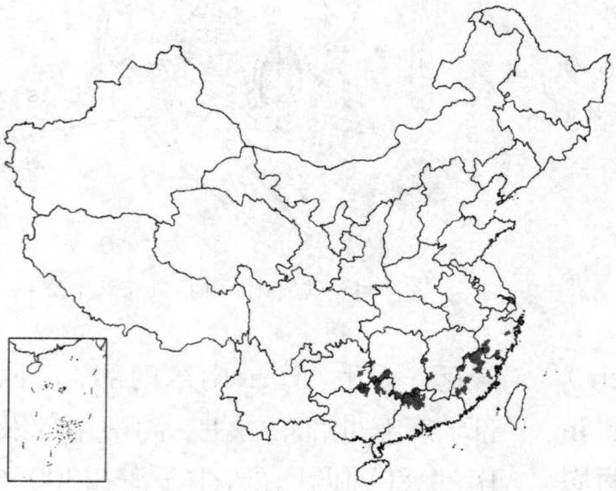

图 66 银钟花 （余汉平绘）

产浙江、福建、江西、湖南、广东北部、广西东北部及贵州东南部，生于海拔700–1200米山坡、山谷密林中。

6. 陀螺果属 Melliodendron Hand.-Mazz.

落叶乔木，高达20米。鳞芽卵形，长达1厘米，密被星状柔毛。幼枝被星状柔毛，老枝无毛。叶纸质，卵状披针形、椭圆形或长椭圆形，长9.5–21厘米，先端稍尾尖，基部楔形，有细齿，幼叶两面密被星状柔毛，老叶叶脉被毛，侧脉7–9对；叶柄长0.3–1厘米，无托叶。花单生或2朵并生，生于2年生小枝叶腋，先叶开花或花叶同放。花白色，花梗长达2厘米，花梗与花间具关节；花萼长3–4毫米，萼筒倒圆锥形，与子房合生2/3以上，萼齿5，长约2毫米；花冠钟状，5深裂近基部，裂片花蕾时覆瓦状，花冠筒极短，花冠裂片长圆形，长2–3厘米，两面密被绒毛；雄蕊10，1列，等长，花丝线形，基部连合成筒，贴生花冠筒，花药长圆形，药室内向，纵裂；子房2/3下位，不完全5室，每室4胚珠，中轴胎座，胚珠直立或悬垂，花柱线形，长达1.3厘米，柱头头状。果倒卵形、倒圆锥形或倒卵状梨形，长（2–）4–7厘米，木质，不裂，稍具5–10棱，顶端短尖，密被星状绒毛，外果皮和中果皮木栓质，内果皮木质。种子椭圆形，扁平，种皮膜质，胚乳肉质。

我国特有单种属。

陀螺果 鸦头梨 图 67 彩图 11

Melliodendron xylocarpum Hand.-Mazz. in Anz. Akad. Wiss. Wien, Math.-Nat. 59：109. 1922.

形态特征同属。花期4–5月，果期7–10月。

产浙江南部、福建、江西、湖南、广东、广西、贵州、云南东南部、四川东南部及南部，生于海拔1000–1500米山谷或山坡林中。木材坚韧。树姿

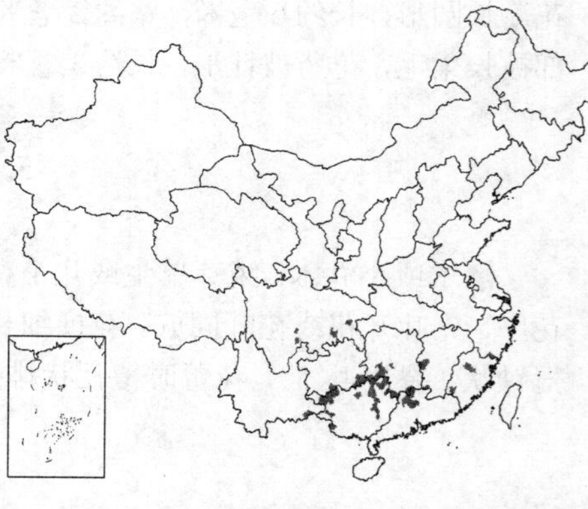

优美，可栽培供观赏。

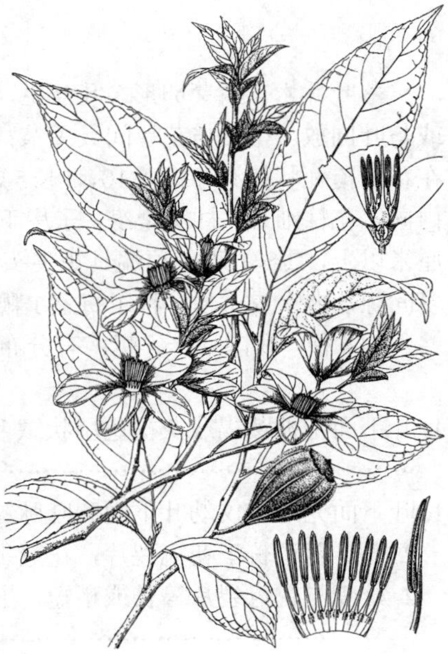

图 67 陀螺果 （蔡淑琴绘）

7. 茉莉果属 **Parastyrax** W. W. Smith

乔木。冬芽裸露。叶互生，近革质；具叶柄，无托叶。总状花序或聚伞花序，花密集，腋生。花具短梗或近无梗，花梗与花萼间具关节；花萼杯状，几全部与子房贴生，顶端平截或稍具齿；花冠5（-8）深裂，裂片基部稍合生，花蕾时覆瓦状排列；雄蕊10-16，内藏，5长5短或近等长，花丝下部连合成筒，基部不与花冠贴生，花药长圆形，药室内向，纵裂，药隔稍突出；花柱钻形，柱头头状，子房近下位，3（4-5）室，每室8-10胚珠。核果不裂，外果皮肉质，无毛，顶端具脐状突起及宿存的花萼裂片和环纹，种子4-8。

2种，产我国及缅甸。

1. 萼筒长2-3毫米，花丝下部合生成筒，分离部分较花药长 ……………………………………………………………… 大叶茉莉果 **P. macrophynus**
1. 萼筒长约1毫米，药丝几全部合生成筒，分离部分较花药短 ……………………………………………………………………（附） 茉莉果 **P. lacei**

大叶茉莉果 图 68

Parastyrax macrophyllus C. Y. Wu et K. M. Feng, Rep. stud. Pl. Trop. subtrop. Yunnan 1: 38. 图7（果除外）1965.

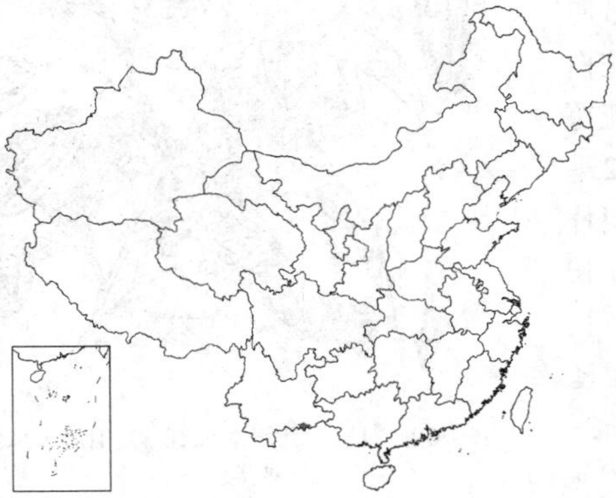

图 68 大叶茉莉果 （引自《图鉴》）

乔木，高达20米。冬芽被星状毛。叶椭圆形或长椭圆形，长11-15（-27）厘米，先端骤短尖，基部宽楔形，近全缘，叶脉被星状毛，余无毛，侧脉10-14对；叶柄长1-1.5厘米，密被星状柔毛。花序腋生，长1-2厘米，有5-6花；花序梗短，被星状绒毛。花白或淡黄色，长约1.2厘米，花梗长约3毫米；花萼杯状，长宽均约3毫米，顶端平截或波状，花冠5（-8）深裂，冠筒长约2.5毫米，裂片长圆形，长约8毫米；花丝长约9毫米，上部分离部分较花药长，花丝筒长约3毫米；花柱长约8毫米，疏被柔毛，子房4室。花期10-12月。

产云南东南部，生于海拔120-240米沟谷林中。

［附］**茉莉果 Parastyrax lacei**（W. W. Smith）W. W. Smith in Notes Roy. Bot. Gard. Edinb. 12: 232. 1920. ——*Styrax lacei* W. W. Smith in Kew Bull. Misc. Inform. 1911(8): 344. 1911. 本种与大叶茉莉果的区别：叶侧脉5-8对，下面疏星状柔毛；萼筒长约1毫米，花丝几全部合生成筒，分离部分较花药短；核果椭圆形或倒卵形，长约3厘米，果皮有白色粗大皮孔，肉质，内果皮木质。花期1-3月，果期6-8月。产云南西南部，生于海拔800-1500米林中。缅甸有分布。

8. 木瓜红属 Rehderodendron Hu

落叶乔木。鳞芽卵形。叶互生，具锯齿；具叶柄。总状花序或圆锥花序，腋生，有花数至10余朵，先叶开花或与叶同放。花梗与花萼间具关节；萼筒倒圆锥形，与子房几全贴生，5齿，有5-10棱；花冠钟形，5深裂，裂片在花蕾覆瓦状排列；雄蕊10，5长5短，花丝扁平，基部合生成筒，贴生于花冠筒；花药卵形或长圆形，药室纵裂，内向；花柱细长，柱头全缘，子房下位，3-4室，每室4-6胚珠，中轴胎座，上部胚珠直立，下部的悬垂。果长3.5厘米以上，具5-10棱，顶端具短尖头，宿存花萼几全包果，具宿存萼檐和花柱基部，外果皮薄而硬，中果皮纤维状，多间隙，内果皮木质。种子每室1颗，种皮革质，胚乳肉质。

约4种，我国均产。越南有分布。

1. 叶下面密被黄褐或灰褐色星状绒毛；果密被黄褐色星状绒毛，棱间具不规则粗皱纹 …………………………………………………… 1. **贵州木瓜红 R. kweichowense**
1. 叶下面无毛或仅幼叶下面和叶脉被星状柔毛，余无毛；果无毛或疏被星状柔毛，棱间平滑。
   2. 长雄蕊稍长于花冠裂片，花冠裂片长1.5-1.8厘米，宽5-8毫米；花叶同放 …… 2. **木瓜红 R. macrocarpum**
   2. 雄蕊与花冠裂片等长或稍短，花冠裂片长2-2.5厘米，宽1-1.4厘米；先叶开花 …………………………………………………… 3. **广东木瓜红 R. kwangtungense**

1. 贵州木瓜红 图 69：1-6

Rehderodendron kweichowense Hu in Sinensia 2: 109. f. 1-5. 1932.

乔木，高达15米。鳞芽长5-6毫米。叶膜质或纸质，椭圆形或卵状椭圆形，长12-20厘米，先端短渐尖或骤尖，基部圆或宽楔形，疏生锯齿，下面密被黄褐或灰褐色星状绒毛，侧脉8-12对；叶柄长6-10厘米。花序长6-10厘米。花白色；花梗长3-6毫米；花萼杯状，长约3毫米，径约2毫米，萼齿三角形；花冠裂片倒卵状椭圆形或长圆形，长约1.3厘米，宽约5毫米；长雄蕊较花冠长。果长圆形或长圆状椭圆形，长5-7.5厘米，径3-4.5厘米，密被黄褐色星状绒毛，具10-12棱，棱间具不规则粗皱纹，顶端凸尖。种子2-4，圆柱形，长约2厘米。花期3-5月，果8-9月。

产云南东南部、贵州、广西及广东，生于海拔500-1500米密林中。越南北部有分布。

图 69：1-6. 贵州木瓜红 7-10. 木瓜红
（邓晶发绘）

2. 木瓜红 图 69：7-10

Rehderodendron macrocarpum Hu in Bull. Fam. Mem. Inst. Biol. Bot. 3: 78. 321. pl. 1. 1932.

小乔木，高达10米。鳞芽被柔毛。叶长卵形、椭圆形或长圆状椭圆形，长9-13厘米，先端骤尖或短渐尖，基部楔形或宽楔形，疏生锯齿，下面仅幼叶叶脉被星状毛，余无毛，侧脉7-13对；叶柄长1-1.5厘米。总状花序

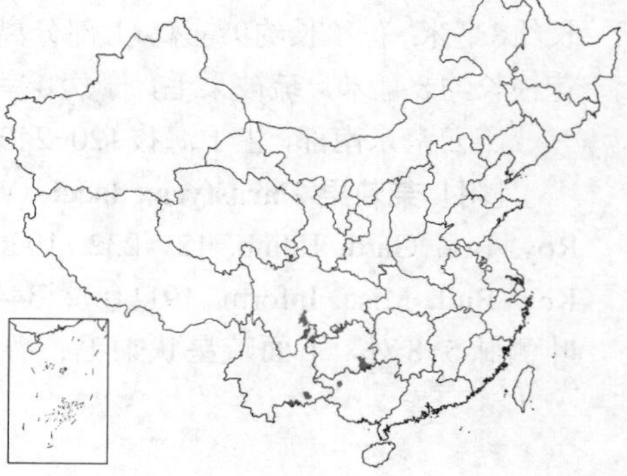

长4-5厘米，有6-8花。花白色，花叶同放。花梗长0.3-1厘米；花萼杯状，长约4毫米，径约3毫米；花冠裂片椭圆形或倒卵形，长1.5-1.8厘米，宽5-8毫米；长雄蕊较花冠稍长。果长圆形或长卵形，长3.5-9厘米，径2.5-3.5厘米，具8-10棱，棱间平滑，无毛，熟时红褐色，顶端脐状凸起。种子长圆状棒形，长2-2.5厘米。花期3-4月，果期7-9月。

产四川南部及中南部、云南东南部及东北部、广西西北部、贵州东南部及北部，生于海拔1000-1500米密林中。越南有分布。木材致密，供制家具；花芳香、果艳丽，可供观赏。

3. 广东木瓜红 图 70

Rhederodendron kwangtungense Chun in Sunyatsenia 1(4): 290. pl. 38. f. 1-3. 1934.

乔木，高达15米。小枝褐或红褐色，有光泽。叶长圆状椭圆形或椭圆形，长7-16厘米，先端短渐尖或稍尾尖，基部楔形，疏生细尖齿，两面无毛，侧脉7-11对，和网脉在两面均隆起，紫红色；叶柄长1-1.5厘米。总状花序长约7厘米，有6-8花；花序梗、花梗、小苞片和花萼均密被灰黄色星状柔毛；先叶开花。花白色，花梗长约1厘米；花萼钟状，有5棱，萼齿披针形；花冠裂片卵形，长2-2.5厘米，宽1-1.4厘米，两面密被星状柔毛；雄蕊与花冠裂片等长或稍短。果单生，倒卵形或椭圆形，长4.5-8厘米，径2.5-4厘米，成熟时褐或灰褐色，无毛或稍被柔毛，有5-10棱，棱间平滑。花期3-4月，果期7-9月。

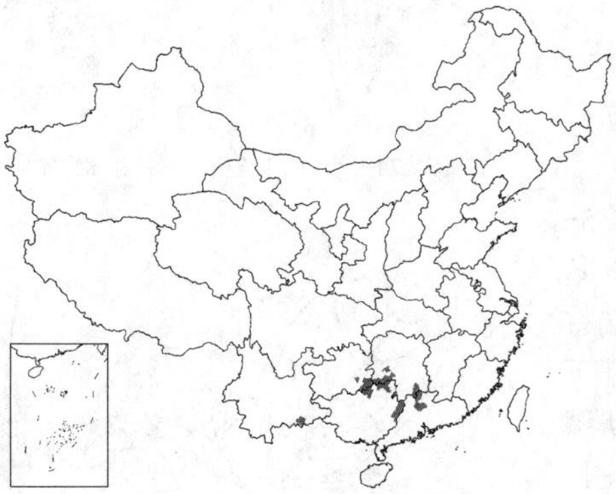

图 70 广东木瓜红 （邓晶发绘）

产湖南南部及西南部、广东、广西东部及东北部、云南东南部、贵州东南部，生于海拔100-1300米密林中。

9. 白辛树属 **Pterostyrax** Sieb. et Zucc.

小乔木或灌木。具裸芽。叶互生，具锯齿；具叶柄。伞房状圆锥花序，顶生或腋生。花具短梗，花梗与花萼间具关节；花萼钟状，具5齿，萼筒全部贴生于子房；花冠5裂，裂片花蕾时覆瓦状排列；雄蕊10，5长5短或近等长，伸出，1列，花丝扁平，上部分离，下部连合成筒，药室内向，纵裂；花柱棒状，柱头3微裂，子房下位，3（4-5）室，每室4胚珠，中轴胎座。果长不及2.5厘米，顶端具长喙，外果皮薄，脆壳质，几全部为宿萼所包，不裂，具翅或棱，内果皮近木质，种子1-2。

约4种，产我国、日本和缅甸。我国2种。

1. 叶下面淡绿色，老叶下面疏被星状柔毛；果有5窄翅，疏被星状绒毛 …………… 1. **小叶白辛树 P. corymbosus**
1. 叶下面灰白色，老叶下面密被灰色星状绒毛；果有5或10棱，密被灰黄色长硬毛 … 2. **白辛树 P. psilophyllus**

1. 小叶白辛树 图 71

Pterostyrax corymbosus Sieb. et Zucc. Fl. Jap. 1: 96. t. 47. 1835.

乔木，高达15米。幼枝密被星状柔毛。叶纸质，倒卵形、宽倒卵形或椭圆形，长6-14厘米，先端渐尖或尾尖，基部楔形，具锐锯齿，老叶下面绿色，疏被星状柔毛，侧脉7-9对；叶柄长1-2厘米。花序长3-8厘米。花白色；花梗长1-2毫米；花萼钟状，长约3毫米，具5脉，萼齿披针形，长约2毫米；花冠裂片长圆形，长约1厘米，基部稍合生；雄蕊较花冠稍长，花

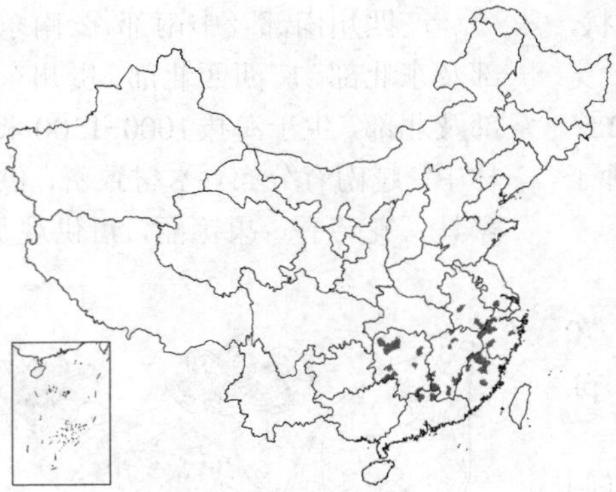

丝宽扁，膜质，中部以下连合成筒，膜质，内面被星状柔毛。果倒卵形，长1.2–2.2厘米，具5窄翅，密被星状绒毛，具圆锥状喙，长2–4毫米。花期3–4月，果期5–9月。

产江苏南部、安徽、浙江、福建、江西、湖南及广东北部，生于海拔400–1600米山区河边和山坡低凹湿润地方。日本有分布。

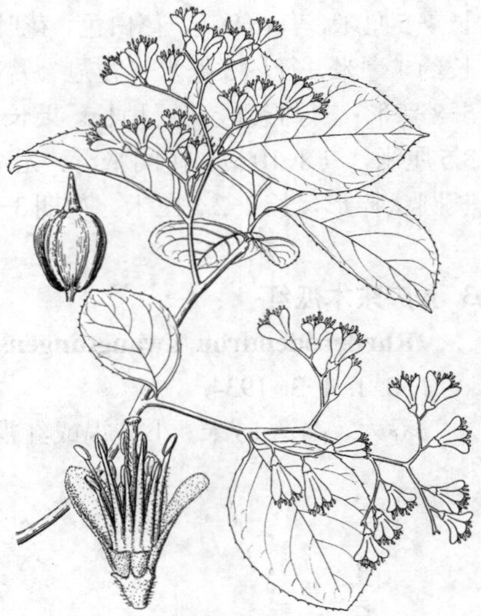

图 71 小叶白辛树 （引自《图鉴》）

2. 白辛树 图 72

Pterostyrax psilophyllus Diels ex Perk. in Engl. Pflanzenr. 30(Ⅳ-241): 103. 1907.

乔木，高达15米。叶纸质，长椭圆形、倒卵形或倒卵状长圆形，长5–15厘米，先端尖或渐尖，基部楔形，具细齿，近顶端有时具粗齿或3深裂，老叶下面灰白色，密被灰色星状绒毛，侧脉6–11对；叶柄长1–2厘米。圆锥花序顶生或腋生，二次分枝近穗状，长10–15厘米。花长1–2厘米；花梗长约2毫米；花萼钟状，长约2毫米，具5脉，萼齿披针形，长约1毫米；花冠裂片长椭圆形或椭圆状匙形，长约6毫米；雄蕊较花冠长，花丝宽扁，两面被疏柔毛；柱头稍3裂。果近纺缍形，连喙长约2.5厘米，5或10棱，密被灰黄色丝质长硬毛。花期4–5月，果期8–10月。

产安徽西部、湖北、湖南、广东北部、广西东北部及西北部、贵州、云南东北部、四川、陕西西南部，生于海拔600–2500米林中。

图 72 白辛树 （刘林翰绘）

10. 秤锤树属 Sinojackia Hu

落叶乔木或灌木。具裸芽。叶互生，具锯齿；近无叶柄或具短柄，无托叶。总状聚伞花序，生于侧生小枝顶端。花白色；花梗纤细，与花萼间具关节；萼筒倒圆锥状或倒长圆锥状，几全部与子房合生，萼齿（4）5–6（7），宿存；花冠（4）5–7裂，裂片花蕾时覆瓦状排列；雄蕊10–14，1列，着生花冠筒基部，花丝5长5短，下部连合成短筒，花药长圆形，药室内向，纵裂，药隔稍突出；子房下位，3–4室，每室6–8胚珠，2列，柱头不明显3裂。外果皮肉质，不裂，中果皮木栓质，内果皮木质。种子1，长圆状棒形，种皮硬壳质，胚乳肉质。

3种，我国特产。

1. 果无棱，无毛；萼筒倒圆锥形，长4–5毫米。

2. 果卵形，具圆锥状喙；萼筒长约 4 毫米 ……………………………………………………… 1. **秤锤树 S. xylocarpa**
2. 果椭圆状圆柱形，具长渐尖的喙；萼筒长约 5 毫米 ………………………………… 2. **狭果秤锤树 S. rehderiana**
1. 果具 8-12 棱，疏被紧贴星状毛；萼筒长倒锥形，长约 6 毫米 ………………………… 3. **棱果秤锤树 S. henryi**

1. 秤锤树 图 73 彩图 12

Sinojackia xylocarpa Hu in Journ. Arn. Arb. 9: 130. 1928.

乔木，高达7米。叶纸质，倒卵形或椭圆形，长3-9厘米，宽2-5厘米，先端尖，基部宽楔形，具锯齿，生于花枝基部的叶卵形，长2-5厘米，宽1.5-2厘米，基部圆或稍心形，两面叶脉被星状毛，余无毛，侧脉5-7对；叶柄长约5毫米。花序有3-5花。花梗纤细，长达3厘米；萼筒倒圆锥形，长约4毫米，萼齿5（-7）；花冠裂片5，长圆状椭圆形，长0.8-1.2厘米，宽约6毫米；雄蕊10-14，花丝长约4毫米，花药长约3毫米；花柱线形，长约8毫米。果卵形，连喙长2-2.5厘米，径1-1.3厘米，红褐色，具皮孔，无毛，喙圆锥状。种子长圆状线形，长约1厘米，栗褐色。花期3-4月，果期7-9月。

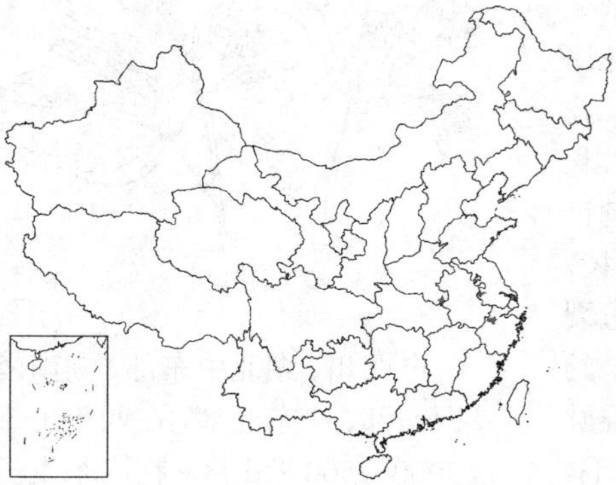

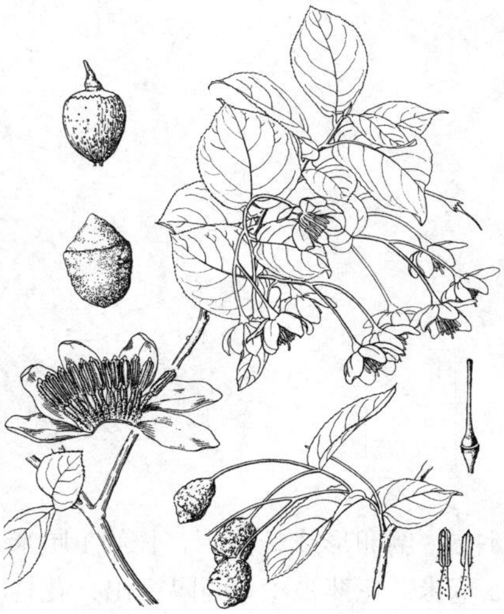

图 73 秤锤树 （引自《图鉴》）

产河南东南部、江苏西南部及浙江西北部，生于海拔500-800米林缘或疏林中。

2. 狭果秤锤树 图 74 彩图 13

Sinojackia rehderiana Hu in Journ. Arn. Arb. 11: 227. 1930.

小乔木或灌木状，高达5米。叶纸质，倒卵状椭圆形或椭圆形，长5-9厘米，宽3-4厘米，先端尖或钝，基部楔形，具硬质锯齿，生于花枝基部的叶卵形，长2-3.5厘米，宽1.5-2厘米，基部圆或稍心形，老叶叶脉被星状毛，余无毛，侧脉5-7对；叶柄长1-4毫米。花序顶生，有4-6花。花白色；花梗长达2厘米；萼筒倒圆锥形，长约5毫米，萼齿5-6，三角形，长约1毫米；花冠5-6裂，裂片卵状椭圆形，长约1.2厘米，宽约4毫米；雄蕊10-13，近等长或稍不等，长约1厘米；花柱线形，长约6毫米，柱头不明显3裂。果椭圆状圆柱形，具长渐尖的喙，连喙长2-2.5厘米，径1-1.2厘米，皮孔浅棕色。种子褐色。花期4-5月，果期7-9月。

产于江西中北部、广东北部、湖南南部及西北部，生于海拔600-800米林中或林缘灌丛中。

图 74 狭果秤锤树 （引自《Icon Pl. Sin.》）

3. 棱果秤锤树 图 75

Sinojackia henryi（Dummer）Merr. in Sunyatsenia 3(4)：257. 1937. *Pterostyrax henryi* Dummer in Gard. Chron. n. 3. 53：1913.

灌木或小乔木。叶纸质，椭圆形或倒卵状椭圆形，长4.5-10厘米，宽1.5-5厘米，先端骤短尖，基部楔形或宽楔形，具锯齿，花枝基部的叶卵形或长卵形，长3-5.5厘米，宽1.5-3厘米，叶脉被灰黄色星状毛，余无毛；叶柄长5-8毫米。花序长3-5厘米，有3-6花。花白色，常下垂；花梗纤细，长1.2-1.5厘米；萼筒长倒圆锥形，连齿长约6毫米，具棱，萼齿三角状披针形；花冠裂片5，倒卵形或长圆形，长约1厘米，宽约5毫米；雄蕊10-13，花丝长约5毫米；花药被毛，药隔突出；花柱长约1厘米。果长椭圆形，稍弯，连圆锥状喙长3-4厘米，径4-6毫米，具8-12棱，有浅褐色皮孔和稀疏星状毛。种子1，褐色。花期3-4月，果期6-7月。

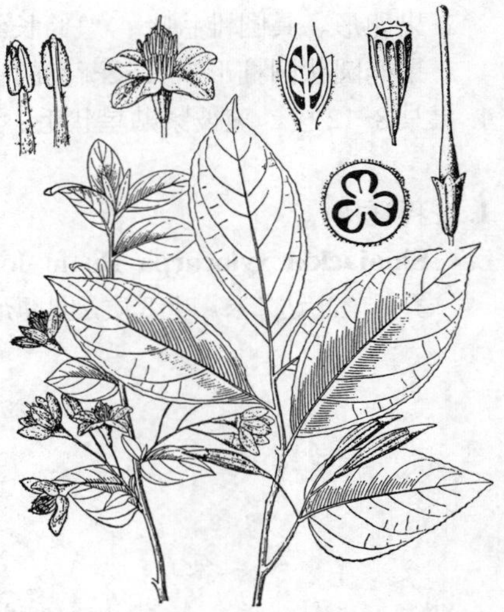

图 75 棱果秤锤树 （邓晶发绘）

产四川、湖北中东部、湖南南部及西南部、广东北部，在四川生于海拔2000-3500米山区，在广东生于低山丘陵河边林中或林缘。

11. 长果安息香属 Changiostyrax C. T. Chen

落叶乔木，高达12米。鳞芽圆锥状卵形，被星状柔毛。叶薄纸质，卵状长圆形、椭圆形或卵状披针形，长8-13厘米，先端渐尖，基部宽楔形或圆，具锯齿，上面叶脉被星状毛，余无毛，下面疏被星状长柔毛，侧脉8-10对；叶柄长4-7毫米。总状聚伞花序生于侧枝顶端，具5-6花。花白色；花梗长1.4-2.5厘米，花梗与花萼间具关节；萼筒陀螺形，与子房合生，顶端平截；花冠4深裂，裂片在花蕾中覆瓦状，裂片椭圆形，长0.9-1.4厘米；雄蕊8，着生花冠筒基部，花丝线形，等长，下部连合成筒，花药长圆形，药室内向，纵裂，药隔不突出；子房半下位，4室，每室8胚珠，2列，斜向上，花柱钻形，长6-8毫米，柱头不裂。果长纺锤形或倒圆锥形，连喙长4.2-8.5厘米，喙长2-4厘米，径0.8-1.1厘米，不裂，近基部渐窄成柄状，长2-3.5厘米，具8棱，密被灰褐色长柔毛及星状毛，外果皮薄，中果皮木栓质，内果皮木质；果柄长2-3.5厘米。

我国特有单种属。

长果秤锤树 图 76 彩图 14

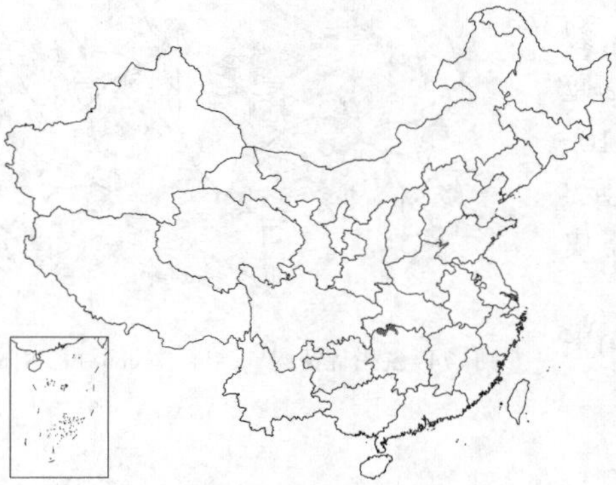

Changiostyrax dolichocarpus（C. J. Qi）T. Chen in Guihaia 15 (4)：289. 1995.

Sinojackia dolichocarpus C. J. Qi in Acta Phytotax. Sin. 19(4)：526. 1981.

图 76 长果秤锤树 （刘林翰绘）

形态特征同属。花期4月，果期6月。

产湖南西北部，生于海拔400-560米山谷、溪边林中。

99. 山矾科 SYMPLOCACEAE

（吴容芬 郭丽秀）

灌木或乔木。单叶，互生，常有锯齿、腺质锯齿或全缘；无托叶。穗状花序、总状花序、圆锥花序或团伞花序，稀单生。花辐射对称，两性，稀杂性，常为1枚苞片和2枚小苞片所承托；花萼3-5深裂或浅裂，通常5裂，裂片镊合状排列或覆瓦状排列，常宿存；花冠裂片分裂至近基部或中部，裂片3-11，通常5，覆瓦状排列；雄蕊着生于花冠筒，多数，稀4-5，花丝呈各式连生或分离，排成1-5列，花药近球形，2室，纵裂；子房下位或半下位，顶端常具花盘和腺点，2-5室，通常3室，花柱1，柱头小，头状或2-5裂，每室2-4胚珠，下垂。核果顶端冠以宿萼裂片，通常具薄的中果皮和坚硬木质的核(内果皮)；核光滑或具棱，1-5室，每室有种子1颗。种子具丰富的胚乳，胚直或弯曲，子叶线形。

1属。

山矾属 Symplocos Jacq.

属的形态特征同科。

约300种，广布于亚洲、大洋洲和美洲的热带和亚热带。我国77种。

1. 花冠深裂至近基部或有极短的花冠筒；花萼裂片与萼筒等长、稍长、稍短或2倍于萼筒；花丝丝状，基部稍连生或连生成5体雄蕊。
 2. 叶中脉在上面凸起或微凸起；子房顶端花盘有毛。
  3. 嫩枝无毛，具棱；叶革质，稀纸质。
   4. 穗状花序；核果长圆形或椭圆状球形。
    5. 穗状花序缩短呈团伞状或长于叶柄；核的骨质部分分开成3分核；花丝基部连成5体雄蕊。
     6. 穗状花序缩短呈团伞状；雄蕊约30 ………………………………………… 1. **四川山矾 S. setchuensis**
     6. 穗状花序长于叶柄，基部有分枝；雄蕊20-25 ……………………………… 2. **茶叶山矾 S. theaefoila**
    5. 穗状花序与叶柄等长或稍短；核的骨质部分不分开成3分核；花丝基部不连成五体雄蕊 ……………………………………………………………………………… 3. **叶萼山矾 S. phyllocalyx**
   4. 总状花序；核果长圆状卵形或球形。
    7. 叶边缘有尖锯齿；雄蕊25；核果长圆状球形，近基部稍窄尖，长5-6毫米 ……………………………………………………………………………… 4. **枝穗山矾 S. multipes**
    7. 叶全缘或有疏锯齿；雄蕊60-80；核果长圆状卵形，长1-1.5厘米 ……………………………………………………………………………… 5. **厚皮灰木 S. crassifolia**
  3. 嫩枝被短柔毛、紧贴细毛或灰褐色长硬毛，无棱；叶纸质或薄革质。
   8. 嫩枝被短柔毛或紧贴细毛；叶上面中脉无毛，叶下面无毛或被紧贴细毛；总状花序。
    9. 嫩枝被短柔毛；叶下面无毛；雄蕊30；核果长圆形，有纵棱 ……………… 6. **薄叶山矾 S. anomala**

9. 嫩枝和叶下面被紧贴细毛；雄蕊 15-20；核果卵形，无纵棱 ………………… 7. **微毛山矾 S. wikstroemiifolia**
8. 嫩枝被长硬毛；叶上面中脉和叶下面均被褐色或灰褐色长硬毛；穗状花序 ………………… 8. **毛山矾 S. groffii**
2. 叶中脉在上面凹下或平；花盘无毛，稀有柔毛。
10. 常绿；花单生或集成总状花序、穗状花序和团伞花序；子房常3室。
11. 花单生，花萼裂片长为萼筒的2倍 ………………… 9. **柃叶山矾 S. euryoides**
11. 花排成总状花序、穗状花序和团伞花序；花萼裂片长不为萼筒的2倍。
12. 总状花序，稀穗状花序；核果坛形、长卵圆形、窄卵圆形、卵圆形或近圆形。
13. 核果坛形。
14. 嫩枝带黄绿色，稍具棱。
15. 叶纸质，椭圆状卵形，具尖锯齿，侧脉及网脉在两面均凸起；花萼裂片与萼筒等长；雄蕊约 40 ………………… 10. **坛果山矾 S. urceolaris**
15. 叶厚革质，长圆状椭圆形、卵形或倒卵形，具波状齿，侧脉及网脉不明显；花萼裂片短于萼筒；雄蕊 24-30 ………………… 11. **总状山矾 S. butryantha**
14. 嫩枝褐色，不具棱。
16. 花序较短，长 2.5-4 厘米 ………………… 12. **山矾 S. sumuntia**
16. 花序较长，长 3-7 厘米。
17. 嫩枝被白蜡层，呈灰白色，旋即脱落呈紫黑色 ………………… 13. **美山矾 S. decora**
17. 嫩枝无白蜡层，被展开长柔毛，老枝黑或紫黑色。
18. 叶侧脉和网脉在上面均凸起，叶柄长0.5-0.7 厘米；花序长5-7 厘米，花序轴被展开长柔毛 ………………… 14. **银色山矾 S. subconnata**
18. 叶侧脉和网脉在上面均凹下，叶柄长 1-1.5 厘米；花序长 7-10 厘米，花序轴粗，无毛 ………………… 15. **长花柱山矾 S. dollchostylosa**
13. 核果非坛形。
19. 花萼裂片3；叶卵形或窄卵形，先端长尾状渐尖，基部心形，边缘具尖锯齿；几无叶柄 ………………… 16. **三裂山矾 S. fordii**
19. 花萼裂片5。
20. 核果窄卵形、圆柱形、圆柱状窄卵形或长圆状卵形。
21. 核果窄卵形、圆柱形或卵形；穗状花序。
22. 小枝褐或黑褐色，被短绒毛；叶革质或薄革质，干后通常褐色。
23. 叶柄较短，长 3-8 毫米；萼裂片长于萼筒；核果圆柱形，顶端宿萼裂片在果熟时易脱落 ………………… 17. **十棱山矾 S. chunii**
23. 叶柄较长，长 1.5-4 厘米；萼裂片与萼筒等长；核果窄卵形，顶端宿萼裂片直立 ………………… 18. **羊舌树 S. glauca**
22. 小枝淡绿色，通常有平伏毛；叶膜质，干后淡黄绿色，长圆状椭圆形，长 7-10 厘米，宽 2.5-3 厘米 ………………… 19. **绿枝山矾 S. viridissima**
21. 核果长圆状卵形或圆柱状窄卵形；总状花序。
24. 嫩枝绿或黄绿色；总状花序较短，长 1.5-3 厘米。
25. 总状花序无毛；萼裂片短于萼筒，雄蕊 30-40 … 20. **铁山矾 S. pseudobarberina**
25. 总状花序密被长柔毛；萼裂片稍长于萼筒，雄蕊 20 ………………… 21. **毛轴山矾 S. rachitricha**
24. 嫩枝红褐或深褐色；总状花序较长，长 3-6 厘米；叶革质 ………………… 22. **海桐山矾 S. heishanemis**
20. 核果椭圆形、长圆形、卵球形、长圆状椭圆形。

26. 叶边缘和叶柄两侧具椭圆形半透明腺点；嫩枝和花序均被红褐色微柔毛 …… 23. **腺叶山矾 S. adenophyila**
26. 叶边缘和叶柄两侧无半透明腺点。
27. 叶革质、厚革质或膜质；核果长圆形或卵球形。
28. 叶膜质；核果长圆形；总状花序长1.5–4厘米 ……………………………… 24. **多花山矾 S. ramosissima**
28. 叶革质或厚革质；核果椭圆形或卵球形；总状花序长4–9厘米。
29. 叶革质，椭圆状倒卵形，先端渐尖，基部楔形；核果卵球形，长5–7毫米 ………………………………………………………………………………………… 25. **坚木山矾 S. dryophfia**
29. 叶革质或厚革质，卵形、长圆状卵形、椭圆形或长圆状椭圆形，先端急尖、急短尖或圆，基部宽楔形或圆；核果长圆形或椭圆形，长0.8–2厘米。
30. 嫩枝、叶柄、花序均被褐色柔毛；核果较小，长圆形，长0.8–1.1厘米 ………………………………………………………………………………………… 26. **珠仔树 S. racemosa**
30. 嫩枝、叶柄、花序均无毛；核果较大，椭圆形，长1.6–2厘米 … 27. **厚叶山矾 S. crassilimba**
27. 嫩枝、果序、叶背脉上、叶柄不被褐色绒毛；叶纸质；核果椭圆形、长圆状椭圆形 ………………………………………………………………………………………… 28. **滇南山矾 S. hookeri**
12. 穗状花序或团伞花序；核果球形或圆柱形。
31. 穗状花序；核果球形。
32. 叶中脉在上面平。
33. 嫩枝、花序、叶柄均被褐色长硬毛；叶上面中脉被短柔毛，嫩叶下面被疏长毛 ………………………………………………………………………………………… 29. **潮州山矾 S. mollifolia**
33. 嫩枝、花序均被短柔毛；叶上面中脉无毛，嫩叶下面及叶柄均无毛 …… 30. **光叶山矾 S. lancifolia**
32. 叶中脉在上面凹下。
34. 穗状花序基部有分枝；叶片较大，长达20厘米。
35. 嫩枝、叶柄、叶下面中脉及花序均被毛。
36. 小枝、叶下面中脉、花序和花萼均被红褐色毛 ……………… 31. **越南山矾 S. cochinchinensis**
36. 小枝和叶下面脉上被微柔毛或无毛。
37. 小枝和叶下面脉上被微柔毛 …… 31(附). **微毛越南山矾 S. cochinchinensis** var. **puberula**
37. 小枝和叶两面均无毛 ……………… 31(附). **兰屿山矾 S. cochinchinensis** var. **phillppinensis**
35. 嫩枝、叶柄、叶下面中脉无毛；花序轴通常被柔毛，结果时毛渐脱落 … 32. **黄牛奶树 S. laurina**
38. 嫩枝、花序和花萼均被黄褐色柔毛 ……………………………………… 33. **台东山矾 S. koshisidi**
38. 嫩枝、叶柄、叶背中脉和花萼无毛或仅花序被柔毛，或嫩枝、花序和花萼被柔毛。
34. 穗状花序基部不分枝；叶较小，长不及13厘米。
39. 叶倒卵形或窄倒卵形，长4–9厘米，宽1.5–4厘米 ………………………… 34. **火灰山矾 S. dung**
39. 叶窄椭圆状披针形或线状披针形，长5–12厘米，宽0.8–5厘米 …… 35. **狭叶山矾 S. angusfifolia**
31. 团伞花序；核果圆柱形，稀近球形或椭圆状卵形。
40. 叶边缘及叶柄两侧均具半透明腺锯齿或仅叶边缘具腺锯齿，具腺点或腺体。
41. 叶革质，干后上面铜绿色，下面赤褐色，侧脉11–20对，在离叶缘3–8毫米处分叉网结 ………………………………………………………………………………………… 36. **铜绿山矾 S. aenea**
41. 叶薄革质或纸质，干后灰绿色或褐色，侧脉6–10对，在近叶缘处向上弯拱环结。
42. 叶薄革质，干后灰绿色，窄椭圆状披针形或窄椭圆形，边缘内有椭圆形腺点或腺点稍突出成腺锯齿；花盘被柔毛；核果椭圆状卵形，有纵条纹，被柔毛 …………… 37. **腺缘山矾 S. glaudulifera**
42. 叶纸质，干后褐色，边缘和叶柄两侧均具腺齿或仅边缘有腺齿；花盘无毛；核果圆柱形。
43. 叶椭圆状卵形或卵形，长8–16厘米，宽2–6厘米，先端急尖或急渐尖，边缘及叶柄两侧均具大小相间的半透明腺锯齿；苞片边缘有大而透明的腺体 ……………… 38. **腺柄山矾 S. adenopus**

43. 叶倒披针形、窄椭圆形、椭圆状披针形或窄长圆状椭圆形，先端长渐尖或渐尖，边缘及叶柄两侧均具腺齿或仅边缘具腺齿；苞片边缘无大而透明的腺体。

44. 叶倒披针形或窄椭圆形，边缘和叶柄两侧均具腺齿；苞片和小苞片边缘具腺齿；花萼筒外有腺点 …… 39. **团花山矾 S. glomerata**

44. 叶披针形或窄长圆状椭圆形，叶柄两侧无腺齿；苞片和小苞片边缘无腺齿；花萼筒外无腺点 …… 40. **宜章山矾 S. yizhangensis**

40. 叶全缘、有浅圆齿或有稀疏细锯齿。

45. 嫩枝有红褐色绒毛，小枝较粗，髓心具横隔；叶厚革质或革质。

46. 叶厚革质，干后褐或榴红色。

47. 萼裂片长不及1毫米，有长缘毛，花冠裂片顶端有缘毛；核果顶端宿萼裂片较短，长不及1毫米 …… 41. **老鼠矢 S. stellaris**

47. 萼裂片长2.5-3毫米，无缘毛，花冠裂片顶端无缘毛；核果顶端宿萼裂片长2.5-3毫米 …… 42. **卷毛山矾 S. ulotricha**

46. 叶革质，干后绿或黄褐色，椭圆形或卵状椭圆形，长10-25厘米，宽3.5-5厘米 …… 43. **大叶山矾 S. grandis**

45. 嫩枝被展开长毛（长3-4毫米）或柔毛，有的无毛；小枝较细，髓心无横隔；叶纸质或革质。

48. 嫩枝、叶两面均被展开褐色长毛（长3-4毫米）；核果近球形 …… 44. **长毛山矾 S. dolichotricha**

48. 嫩枝被柔毛或无毛；叶两面均无毛；核果圆柱形。

49. 嫩枝被紧贴柔毛；叶披针形，有时近窄椭圆形，长4-10厘米，宽1.5-3厘米，先端有镰状尾尖 …… 45. **南国山矾 S. austrosinensis**

49. 嫩枝被皱曲柔毛或无毛；叶椭圆形、倒卵形或卵形，长6-12厘米，宽2-6厘米，先端无镰状尾尖。

50. 嫩枝被皱曲柔毛；叶侧脉在上面凹下；雄蕊约50 …… 46. **密花山矾 S. congesta**

50. 嫩枝无毛；叶侧脉在上面微凸起；雄蕊约30 …… 47. **丛花山矾 S. poilanei**

10. 落叶，圆锥花序；子房2室。

51. 嫩枝、叶下面及花序密被皱曲柔毛；花排成窄长圆锥花序；核果被紧贴柔毛 …… 48. **华山矾 S. chinensis**

51. 嫩枝、叶下面及花序疏被柔毛；花排成散开圆锥花序；核果无毛 …… 49. **白檀 S. paniculata**

1. 花冠分裂至中部；花萼裂片呈浅圆齿状；花丝扁平，基部连生成筒状 …… 50. **南岭山矾 S. confusa**

1. 四川山矾 波缘山矾 图 77 彩片 15

Symplocos setchuensis Brand in Engl. Bot. Jahrb. 29: 528. 1900.

Symplocos sinuata Brand；中国高等植物图鉴 3：308.1974.

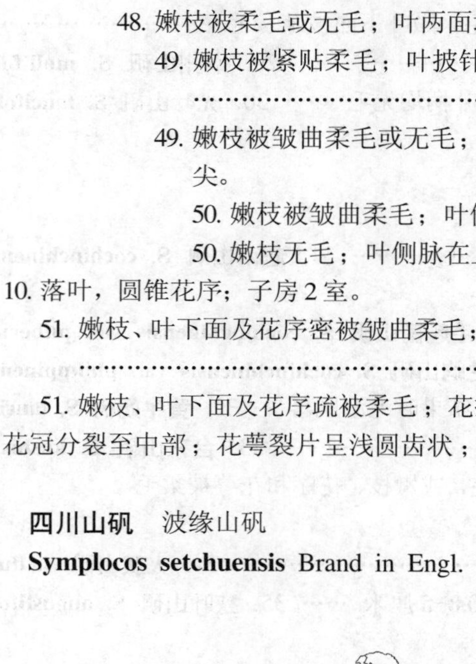

小乔木。叶薄革质，长圆形或窄椭圆形，长7-13厘米，先端渐尖或长渐尖，基部楔形，具尖锯齿，中脉在上面凸起。穗状花序缩短呈团伞状；苞片宽倒卵形，宽约2毫米，背面有白色长柔毛或柔毛。花萼长约3毫米，

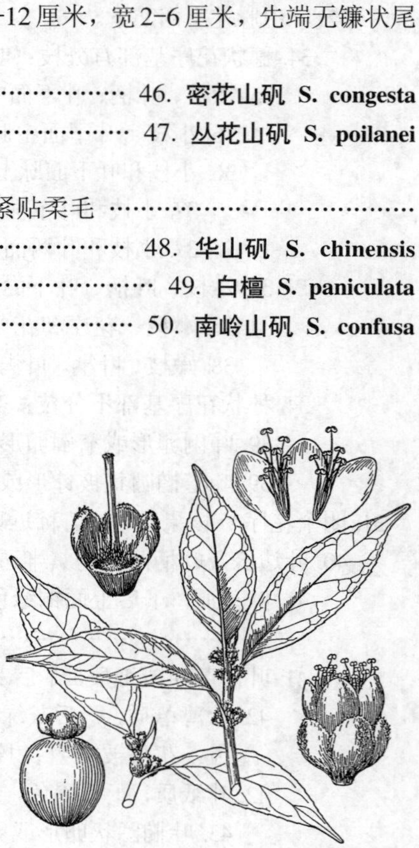

图 77 四川山矾 （余 峰绘）

裂片长圆形，背面有白色长柔毛或微柔毛，萼筒短，长约1毫米；花冠长3-4毫米，5深裂几达基部；雄蕊30-40，花丝长短不一，伸出花冠外，基部稍联合成5体雄蕊；花盘有白色长柔毛或微柔毛，子房3室。核果卵圆形或长圆形，长5-8毫米，顶端具直立宿萼裂片，基部有宿存苞片；核骨质，分开成3分核。花期3-4月，果期5-6月。

产江苏南部、安徽、浙江、福建、台湾、江西、湖北、湖南、广东北部、广西东北部、云南、贵州及四川，生于海拔1800米以下山坡林中。

2. 茶叶山矾 图 78

Symplocos theaefolia D. Don, Prod. Fl. Nepal. 145. 1825.

灌木或乔木，高约15米。小枝具棱。叶革质，长圆形或披针形，长8-12厘米，宽2-3厘米，先端长渐尖，基部楔形，近全缘或具细齿，中脉和侧脉在上面均凸起，侧脉11-12对；叶柄长约6毫米。穗状花序长1.5-2.5厘米，被微柔毛，基部通常3分枝，分枝很短，苞片长约2毫米，小苞片长约1.5毫米。花萼长约3毫米，裂片圆形，与萼筒等长，有缘毛；花冠长3-4毫米；雄蕊20-25；花盘有白色长毛。核果椭圆形，长6.5毫米，径4.2毫米，顶端具宿萼裂片。

产云南西北部及西藏东南部，生于海拔2200-2300米林中。尼泊尔、锡金及不丹有分布。

图 78 茶叶山矾 （余 峰绘）

3. 叶萼山矾 茶条果 图 79

Symplocos phyliocalyx Clarke in Hook. f. Fl. Brit. Ind. 3: 575. 1882.

Symplocos ernestii Dunn；中国高等植物图鉴 3：308. 1974.

常绿小乔木。小枝粗壮，黄绿色，稍具棱。叶革质，窄椭圆形、椭圆形或长圆状倒卵形，长6-9(13)厘米，先端急尖或短渐尖，基部楔形，具波状浅锯齿，中脉和侧脉在上面均凸起，侧脉8-12对，直向上，在近叶缘处分叉网结；叶柄长0.8-1.5厘米。穗状花序与叶柄等长或稍短，通常基部分枝，花序轴具短柔毛；苞片宽卵形，长约2毫米。花萼长约4毫米，裂片长圆形；花冠长约4毫米，5深裂几达基部；雄蕊40-50；花盘有毛；子房3室。核果椭圆形，长1-1.5厘米，径约6毫米，宿萼裂片直立，核骨质，不分开成3分核。花期3-4月，果期6-8月。

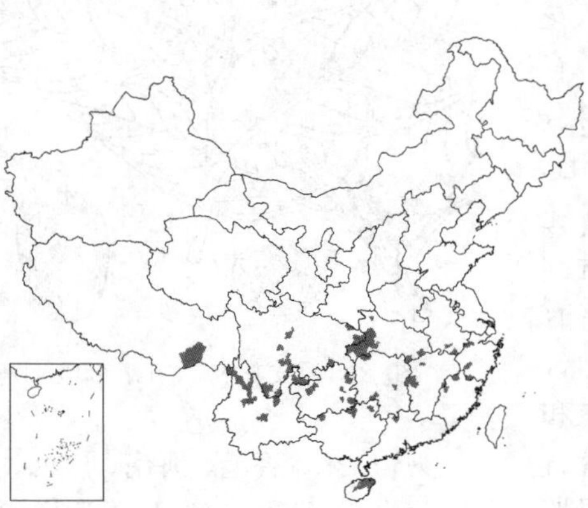

图 79 叶萼山矾 （引自《图鉴》）

产安徽南部、浙江、福建、江西、湖北、湖南、广东北部、海南、广西北部、贵州、云南、西藏东南部、四川及陕西南部，生于海拔2600米以下山地林中。锡金及不丹有分布。茎皮纤维可代麻；种子油可制肥皂。

4.　枝穗山矾　　　　图 80

Symplocos multipes Brand in Fedde, Repert. Sp. Nov, 3：216. 1906.

灌木。小枝粗壮，径3-5毫米，有角棱，呈黄色。叶革质，干后黄褐色，卵形或椭圆形，长5-8.5厘米，先端渐尖或尾尖，基部楔形，具尖锯齿，中脉和侧脉在上面凸起，侧脉4-6对。总状花序长1-3厘米，基部多分枝，密生花（有时在上部的花无柄）；苞片宽卵形，长约1毫米，小苞片比萼筒长而覆盖萼筒。花萼长约2.5毫米，裂片圆形，与萼筒等长，有缘毛；花冠长3.5-4毫米，5深裂几达基部；雄蕊约25枚，花丝基部联生成5束，每束4-6枚；柱头头状，花盘圆锥形，被白色长柔毛。核果长圆状球形，近基部稍窄尖，长5-6毫米，径约6毫米，顶端宿萼裂片直立。花期7月，果期8月。

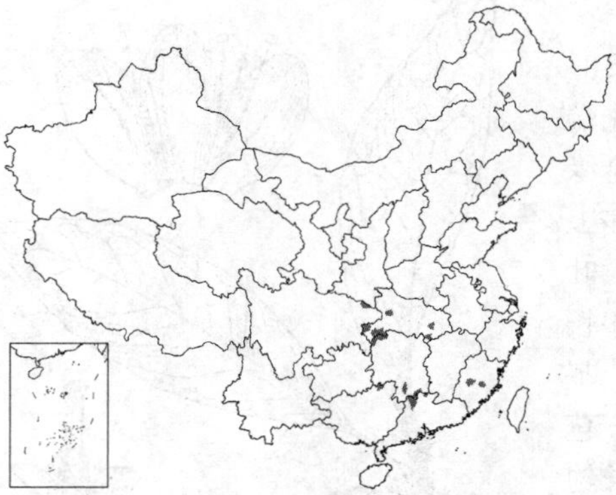

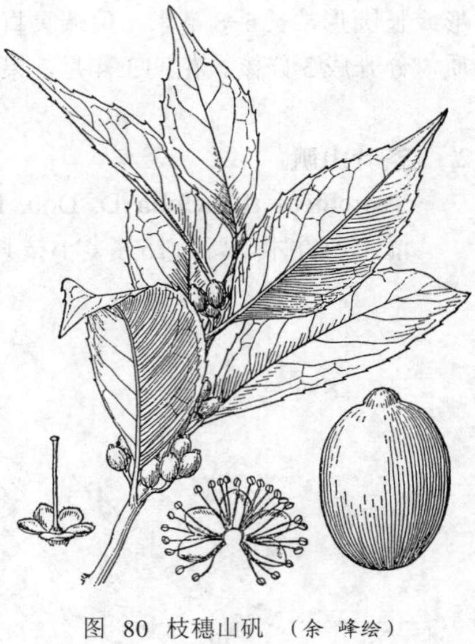

图 80　枝穗山矾　（余　峰绘）

产四川东部、湖北、湖南、广西东北部、广东北部及福建，生于海拔500-1500米灌木丛中。

5.　厚皮灰木　厚叶灰木　　　　图 81　彩片 16

Symplocos crassifolia Benth. Fl. Hongkong. 212. 1861.

常绿小乔木或乔木。小枝粗壮，有角棱，有时呈黄色。叶革质或厚革质，卵状椭圆形、椭圆形或窄椭圆形，长6.5-10厘米，先端渐尖，基部楔形，全缘或有疏锯齿，中脉在上面凸起，侧脉6-10对，纤细。总状花序被柔毛，中下部有分枝，有花4-7朵，最下部的花有梗，上部的花近无梗，苞片被毛，小苞片质较薄，有中肋。花萼长约3毫米，5裂，裂片圆形或宽卵形，背面及边缘有毛；花冠白色，长约4毫米，5深裂几达基部；雄蕊60-80，花丝基部联生成5体雄蕊；花盘有5腺点和长柔毛；子房3室。核果长圆状卵形或倒卵形，长约1厘米，宿萼裂片直立稍内弯；核骨质，分开成3分分核，具8-12条纵棱。花期6-11月，果期12月至翌年5月。

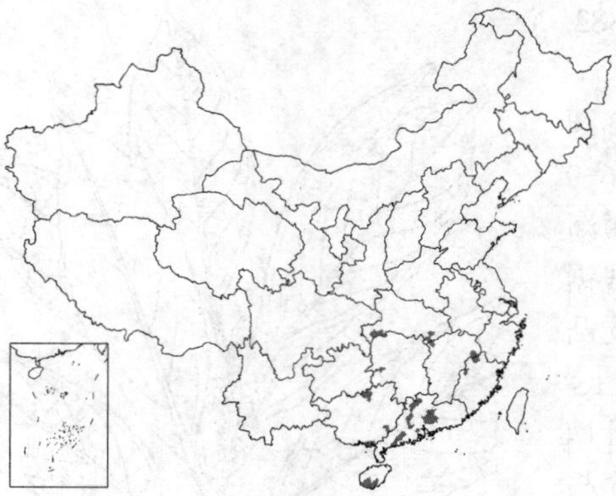

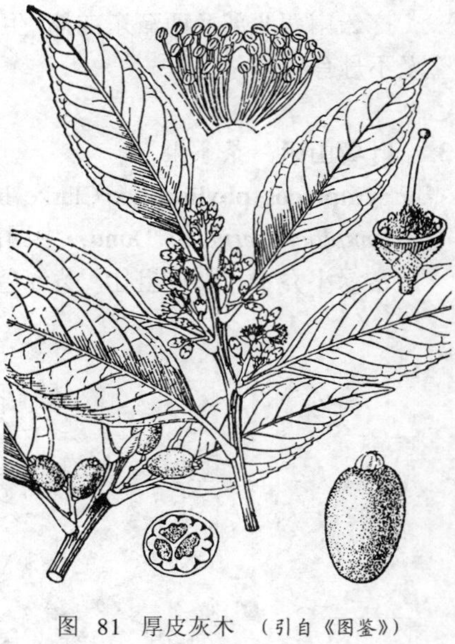

图 81　厚皮灰木　（引自《图鉴》）

产广东、香港、海南、广西、湖南、湖北、江西及福建，生于海拔1800米以下阔叶林中。

6. 薄叶山矾 图 82

Symplocos anomala Brand in Engl. Bot. Jahrb. 29: 529. 1900.

小乔木或灌木。顶芽、嫩枝被褐色柔毛。叶薄革质，窄椭圆形、椭圆形或卵形，长5–7(11)厘米，先端渐尖，基部楔形，全缘或具锐锯齿，中脉和侧脉在上面凸起，侧脉7–10对。总状花序腋生，长0.8–1.5厘米，有时基部有1–3分枝，被柔毛，苞片与小苞片先端尖，有缘毛。花萼长2–2.3毫米，被微柔毛；5裂，裂片半圆形，与萼筒等长，有缘毛；花冠白色，有桂花香，长4–5毫米，5深裂近基部；雄蕊约30，花丝基部稍合生；花盘环状，被柔毛；子房3室。核果褐色，长圆形，长0.7–1厘米，被柔毛，有纵棱，宿萼裂片直立或向内伏。花果期4–12月。边开花边结果。

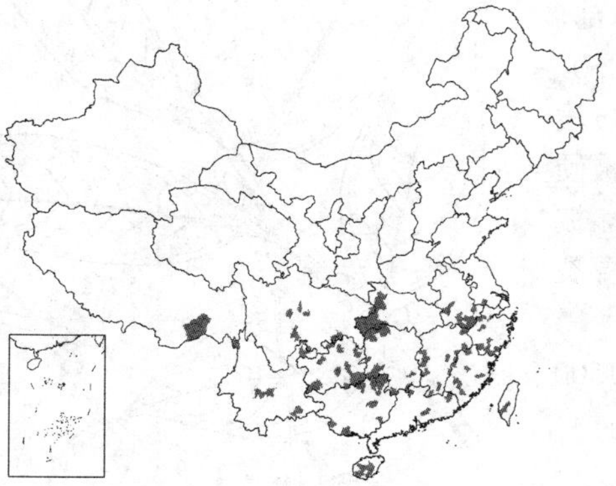

图 82 薄叶山矾 （余 峰绘）

产江苏南部、安徽南部、浙江、福建、台湾、江西、湖北、湖南、广东、海南、广西、贵州、四川、云南及西藏东南部，生于海拔1000–1700米山地林中。越南有分布。

7. 微毛山矾 图 83

Symoplocos wikstroemilfolia Hayata, Ic. P1. Formos. 5: 119. t. 25b. 1915.

灌木或乔木，嫩叶、叶背和叶柄均被紧贴细毛。叶纸质或薄革质，椭圆形，宽倒披针形或倒卵形，长4–12厘米，先端短渐尖、急尖或圆钝，基部窄楔形，下延至叶柄，全缘或有不明显波状浅锯齿，中脉在上面微凸起或平，侧脉6–10对；叶柄长4–7毫米。总状花序长1–2厘米，有分枝，上部的花无梗，花序轴、苞片和小苞片均被短柔毛；苞片长1.2–2毫米，有缘毛。花萼长约2毫米，有缘毛，与萼筒等长或稍长于萼筒；花冠长约3毫米，5深裂几达基部；雄蕊15–20；花盘环状，被柔毛或近无毛，花柱短于花冠。核果卵圆形，长0.5–1厘米，熟时黑或紫色，宿萼裂片直立。

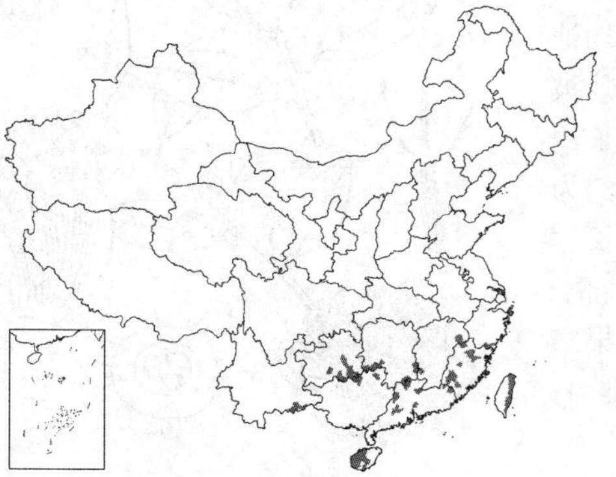

图 83 微毛山矾 （引自《图鉴》）

产浙江南部、福建、台湾、江西、湖南、广东、海南、广西、贵州及云南东南部，生于海拔900–2500米密林中。

8. 毛山矾 图 84

Symplocos groffii Merr. in Philipp. Joum. Sci. Bot. 12: 107. 1917.

小乔木或乔木。嫩枝、叶柄、叶上面中脉、叶下面脉上和叶缘均被展开灰褐色长硬毛。叶纸质，椭圆形、卵形或倒卵状椭圆形，长5–8(12)厘米，先端渐尖，基部宽楔形或圆，两面被柔毛，全缘或具疏离尖锯齿，中脉和侧脉在上面均凸起，侧脉7–9对。穗

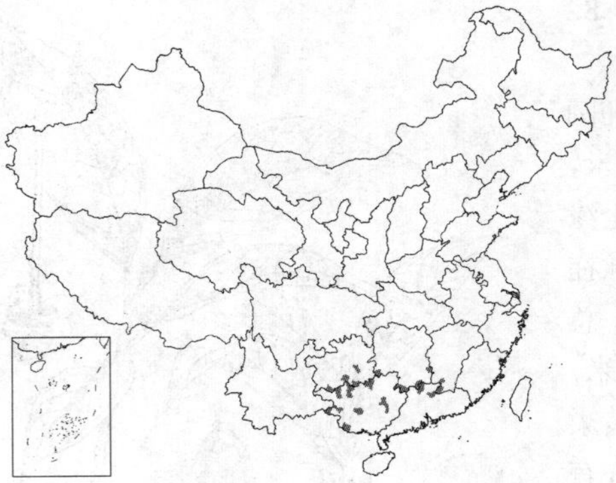

状花序长约1厘米或有时呈团伞状，苞片和小苞片均被柔毛且有缘毛。花萼长约3毫米，被硬毛，5裂，裂片短于萼筒；花冠5深裂近基部，裂片长5-6毫米；雄蕊约50，花丝基部稍联生；花盘5浅裂，被毛；子房3室，被硬毛。核果长圆状椭圆形，被柔毛，长6-8毫米，宿萼裂片直立，核有7-9纵棱。花期4月，果期6-7月。

产江西南部、湖南、广东北部、广西及贵州南部，过于海拔500-1500米山坡、坑边湿润地或密林中。

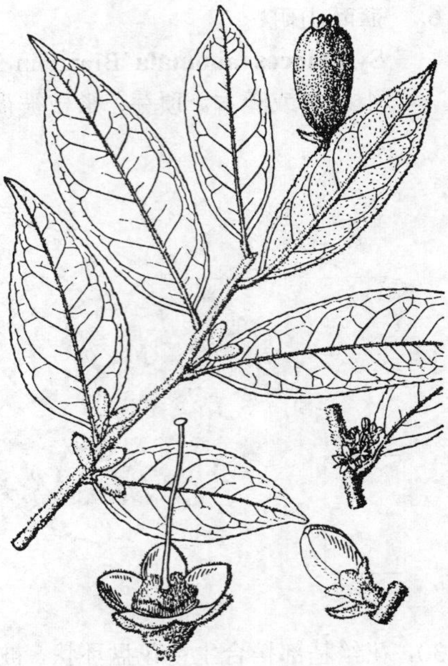

图 84 毛山矾 （引自《图鉴》）

9. 柃叶山矾 图 85

Symplocos euryoides Hand.-Mazz. in Beih. Bot. Centralbl. 62(B): 27. 1943.

灌木，高约2米。小枝纤细，红褐或黑褐色。嫩枝，芽、嫩叶下面均被红褐色绒毛。叶革质，卵形、窄卵形或窄椭圆形，长1.2-3（3.5）厘米，先端急尖或短渐尖，具大小相间细尖腺齿，叶上面干后黄绿色，有横皱纹，中脉在上面凹下，两面侧脉均不明显；叶柄长3-5毫米，有与叶缘相同的腺齿。花单生叶腋。花梗、苞片、萼均被褐色柔毛；苞片及小苞片披针形，先端渐尖；花萼长约3毫米，裂片披针形，长约为萼筒2倍；花冠白色，长约4毫米，5深裂几达基部；雄蕊25-35，花丝稍长于花冠，基部稍联生；花盘环状；子房3室。核果窄卵形，长0.8-1厘米，顶端缢缩，宿萼裂片近直立。花期7-8月，果期9-12月。

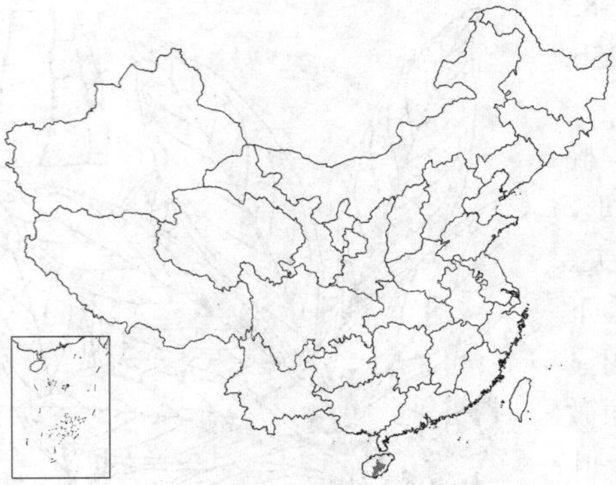

产海南，生于海拔600-800米路旁、溪边或山谷密林中。

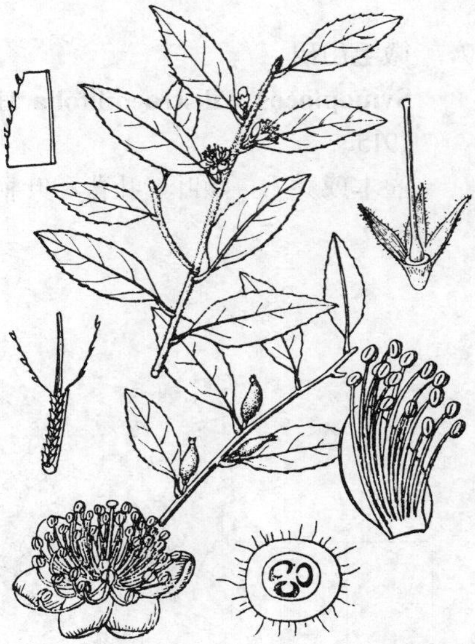

图 85 柃叶山矾 （引自《图鉴》）

10. 坛果山矾 图 86

Symplocos urceolaris Hance in Journ. Bot. 14: 307. 1876.

小乔木，高4-8米；嫩枝带黄绿色。叶纸质，椭圆状卵形，长4-9厘米，宽2-3.5厘米，先端急渐尖，基部楔形，边缘具尖锯齿；中脉在叶上面凹下，侧脉和网脉在两面均凸起，侧脉细，4-6对，在离叶缘0.5-1厘米外分叉网结；叶柄长5-8毫米。总状花序长2-4厘米，有6-12花，花序轴被展开灰黄色柔毛；苞片和小苞片下面均被柔毛，早落；苞片宽卵形，长2毫米，小苞片披针形，长约1毫米；花萼长约3毫米，裂片卵形或三角形，约

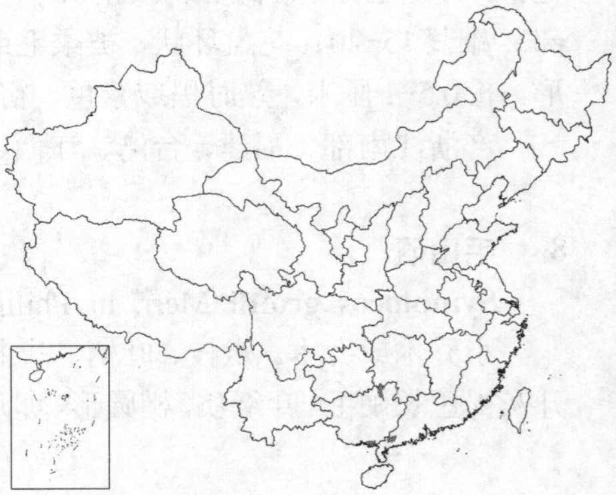

与萼筒等长，有纵脉纹；花冠长约4.5毫米，5深裂几达基部，裂片椭圆形或倒卵形；雄蕊约40，花丝基部稍联合；花盘环状；花柱无毛；子房3室。核果绿色，坛形，长5-6毫米，外果皮薄而脆。花期10-11月，果期翌年4-6月。

产广东东南部、香港及广西，生于海拔约85米的路旁、山间平原或山坡疏林下。

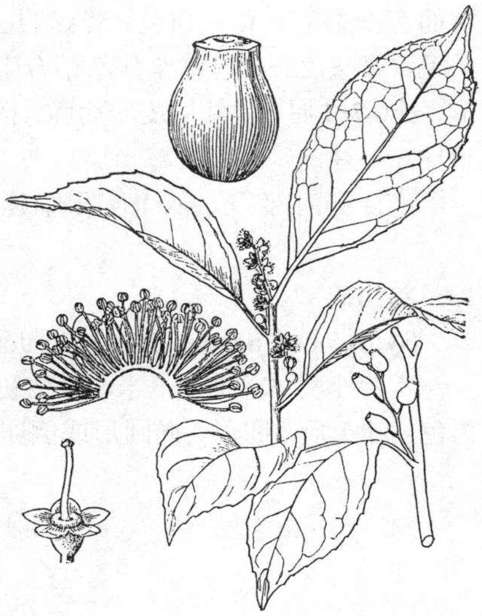

图 86 坛果山矾 （余 峰绘）

11. 总状山矾 图 87

Symplocos botryantha Franch. in Nouv. Arch. Mus. Paris sér. 2, 10：60. 1888.

常绿乔木。嫩枝黄绿色，老枝褐色。叶厚革质，长圆状椭圆形，卵形或倒卵形，长6-9厘米，先端尾状渐尖，基部楔形或宽楔形，具波状齿，中脉在上面凹下，侧脉不明显；叶柄长0.8-1厘米，总状花序长2-4厘米，被展开长柔毛；小苞片条状披针形，长约5毫米，被绢状长毛和缘毛。花萼长2-3毫米，裂片三角状卵形，短于萼筒，长0.5-0.7毫米；花冠长5-6毫米，5深裂几达基部；雄蕊24-30，花丝扁平，基部稍联合；花盘无毛。核果坛形，长7-8毫米，宿萼裂片直立或稍内弯。

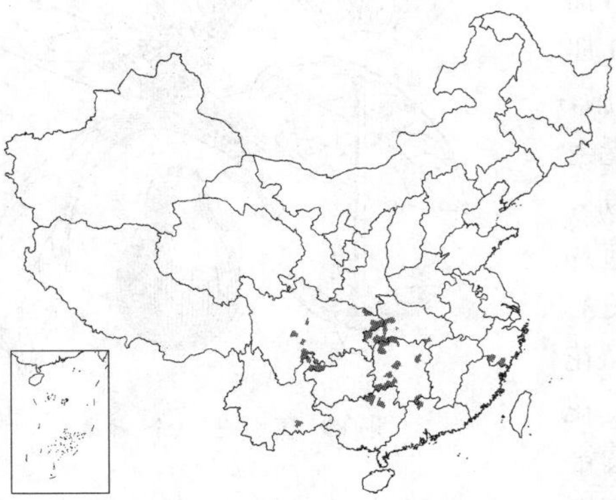

产浙江南部、湖北、湖南、广东北部、广西东北部、贵州、四川及云南，生于海拔1700米以下山林间。

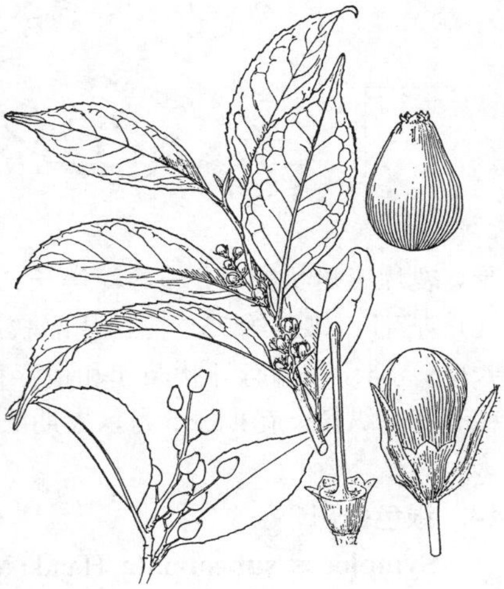

图 87 总状山矾 （余 峰绘）

12. 山矾 图 88 彩片 17

Symplocos sumuntia Buch.-Ham. ex D. Don, Prod. Fl. Nepal. 145. 1825.

Symplocos caudata Wall. ex DC.；中国高等植物图鉴 3：311. 1974.

乔木。嫩枝褐色。叶薄革质，卵形、窄倒卵形、倒披针状椭圆形，长3.5-8厘米，宽1.5-3厘米，先端尾尖，基部楔形或圆，具浅锯齿或波状齿，有时近全缘，上面中脉凹下，侧脉和网脉在两面均凸起，侧脉4-6对；叶柄长0.5-1厘米。总状花序长2.5-4厘米，被展开柔毛；苞片早落，宽卵形或倒卵形，长约1毫米，密被柔毛，小苞片与苞片同形。花萼长2-2.5毫米，萼筒倒圆锥形，裂片三角状卵形，与萼筒等长或稍短于萼筒，

图 88 山矾 （引自《图鉴》）

背面有微柔毛；花冠白色，5深裂几达基部，长4-4.5毫米，裂片背面有微柔毛；雄蕊25-35，花丝基部稍合生；花盘环状；子房3室。核果卵状坛形，长0.7-1厘米，外果皮薄而脆，宿萼裂片直立，有时脱落。花期2-3月，果期6-7月。

产江苏南部、安徽、浙江、福建、台湾、江西、湖南东南部、湖北、广东、海南、广西、贵州、云南及四川，生于海拔200-1500米山林间。尼泊丹及印度有分布。

13. 美山矾 图 89

Symplocos decora Hance in Joum. Bot. 12: 369. 1874.

常绿小乔木，高4-6米。嫩枝初被白蜡层，呈灰白色，旋即脱落呈紫黑色。叶革质，卵形、椭圆形或倒卵状椭圆形，长4-11厘米，先端具短突钝尖，基部宽楔形或圆，具浅锯齿，中脉在上面凹下，侧脉不明显；叶柄长0.5-1厘米。总状花序生于枝端叶腋，不分枝，长3-6厘米，无毛或稍被柔毛；苞片近圆形，径约5毫米，早落，小苞片早落，长圆状披针形，长3-5毫米，有中肋，有缘毛。花梗长0.8-5毫米，有关节；花萼长3-4毫米，萼筒倒圆锥形，裂片三角状卵形，与萼筒等长；花冠白色，芳香，长5-7毫米，5深裂几达基部；雄蕊约25，花丝基部联生；花盘环状；子房3室。核果坛形，长6-9毫米，顶端有环状凸起和宿存花柱基部，宿萼裂片直立或稍向内状；核有3-8纵棱。花期3-5月，果期7-10月。

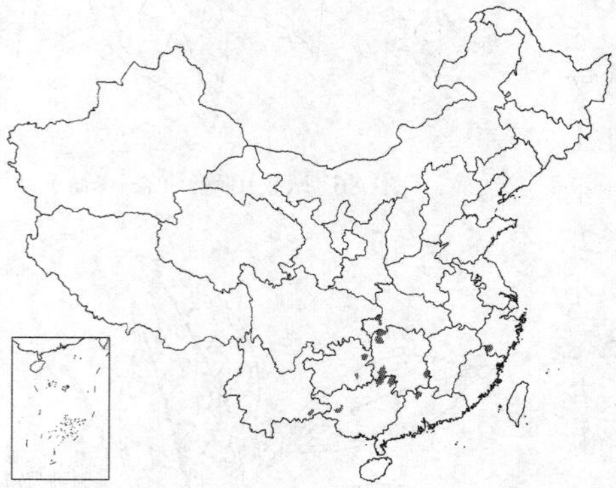

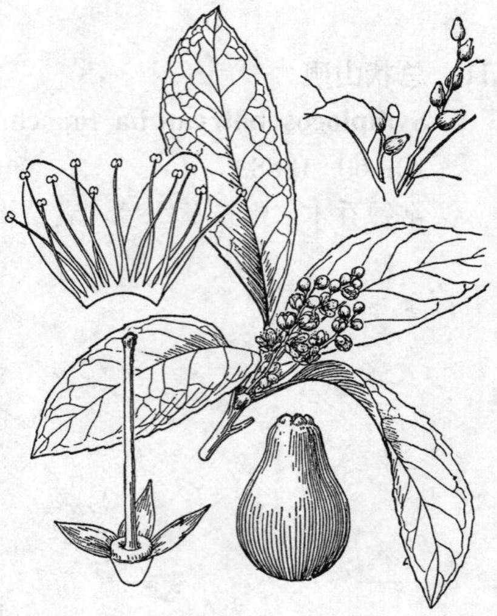

图 89 美山矾 （余 峰绘）

产浙江南部、台湾、湖北西部、湖南、广东北部、广西东北部及西部、贵州东部及云南东南部，生于海拔500-1800米林中或谷。

14. 银色山矾 图 90

Symplocos subconnata Hand.-Mazz. in Beih. Bot. Centralbl. 62(B): 23. 1943.

常绿小乔木。嫩枝被展开长柔毛，后脱落无毛，老枝圆柱形，黑或紫黑色。叶近革质，干后绿或淡黄色，椭圆形、窄椭圆形、椭圆状披针形或倒披针形，长7-11厘米，宽1.5-3.5厘米，先端尾尖，基部楔形，具波状齿或尖锯齿，中脉在上面凹下，侧脉和网脉在两面均凸起，侧脉5-9对，纤细；叶柄有时被展开柔毛。总状花序长5-7厘米，花序轴被展开长柔毛；苞片和小苞片均早落。花萼长约3毫米，被柔毛，裂片具长缘毛，与萼筒等长或稍长于萼筒；花冠白色，有芳香，长7-8毫米，5深裂几达基部；雄蕊约30，花丝基部合生部分高达1-2毫米；

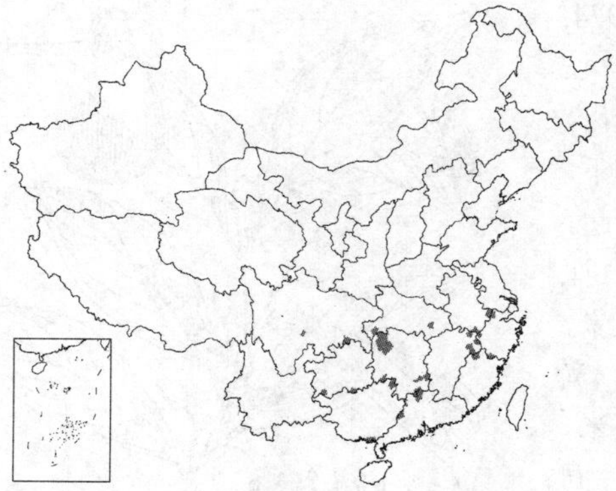

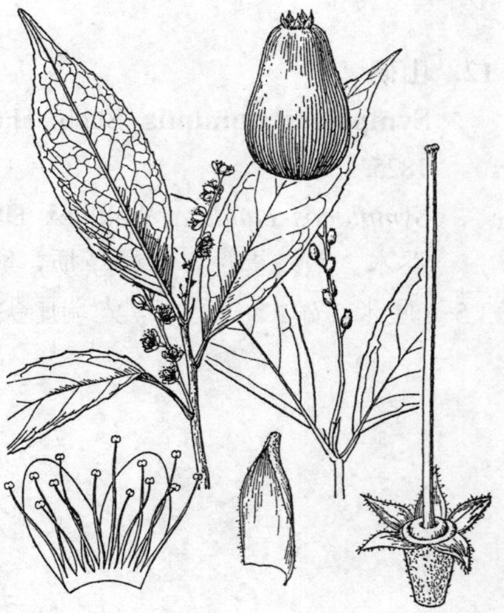

图 90 银色山矾 （余 峰绘）

花盘环状。核果卵状坛形，长6-9毫米，稍被柔毛，宿萼裂片直立，常折断；核具5-7纵棱。

产安徽南部及东南部、浙江西北部、福建北部、江西东北部、湖北、湖南、广东北部、广西、贵州及四川，生于海拔130-800米山坡林中。

15. 长花柱山矾 图 91

Symplocos dolichostylosa Y. F. Wu in Acta Phytotax Sin. 24(3): 195. 1986.

小乔木，高3-5米。芽密被灰黄色柔毛。嫩枝黄褐色，老枝褐色，均无毛。叶革质，干时黄褐或褐色，窄椭圆形或椭圆形，长7-13厘米，宽2.3-3厘米，先端渐尖，基部宽楔形，中脉和侧脉在上面凹下，侧脉5-10对，不明显；叶柄长1-1.5厘米。总状花序粗壮，长7-10厘米。花梗较长，苞片早落；花萼长约3.2毫米，裂片卵形，短于萼筒；花冠5深裂几达基部，长约6毫米，裂片长圆形，有脉纹；雄蕊约20，花丝长约6毫米，基部稍联合；花盘圆柱状，有腺点；花柱宿存，长7-8毫米。核果卵形，长约1毫米，宿萼裂片直立，花期5-6月，果期6-7月。

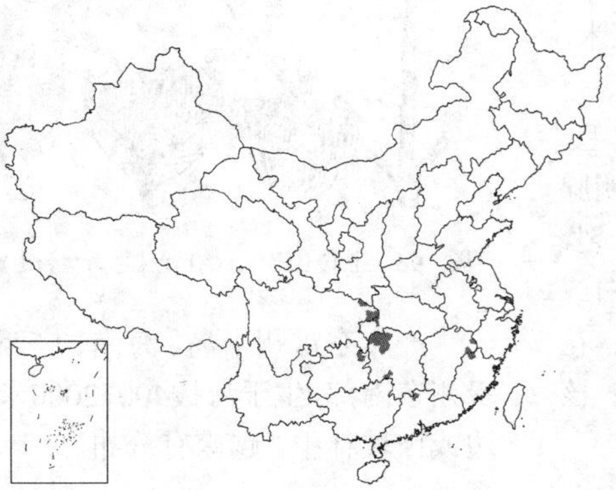

产福建西北部、江西东北部、湖北西部、湖南、广东北部、贵州东部及四川东部，生于海拔800-1500米山地疏林中。

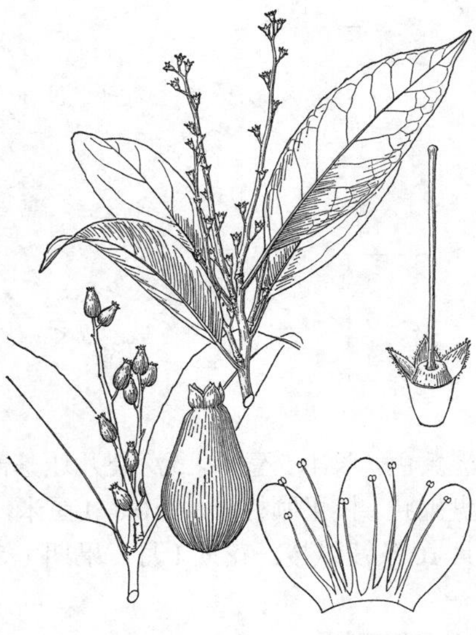

图 91 长花柱山矾 （余 峰绘）

16. 三裂山矾 图 92

Symplocos fordii Hance in Joum. Bot. 20; 78. 1882.

灌木，高约2米；小枝黑褐色，圆柱形，细长；幼枝、叶下面、叶柄均被展开灰黄色长柔毛。叶薄革质，干后黄绿色，卵形或窄卵形，长5-9厘米，宽2-3.5厘米，先端长尾状渐尖，基部心形，稍偏斜，边缘具尖锯齿；中脉在叶面1/3以上凸起，2/3以下凹下，侧脉和网脉在两面均明显凸起，侧脉4-6对；几无叶柄。穗状花序短，有5-10花，花序轴长约1厘米，被柔毛；苞片宽卵形，长约1毫米，小苞片卵形，顶端尖；花萼长约2毫米，无毛，裂片3，宽卵形，稍长于萼筒；花冠白色，长约3.5毫米，5深裂几达基部，裂片长圆形；雄蕊15-20，花丝基部稍合生；花盘平坦，有柔毛；子房3室。核果窄卵形，长约1厘米，近顶端渐窄，宿萼裂片直立；核具不规则浅纵棱。花果期5-11月，边开花边结果。

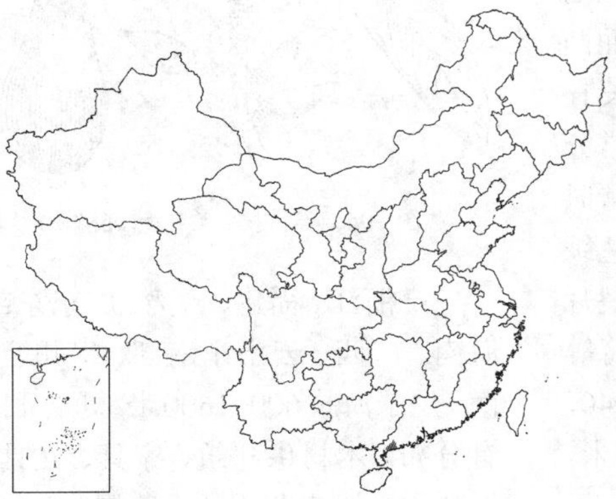

产广东东南部及香港，生于低海拔林中。

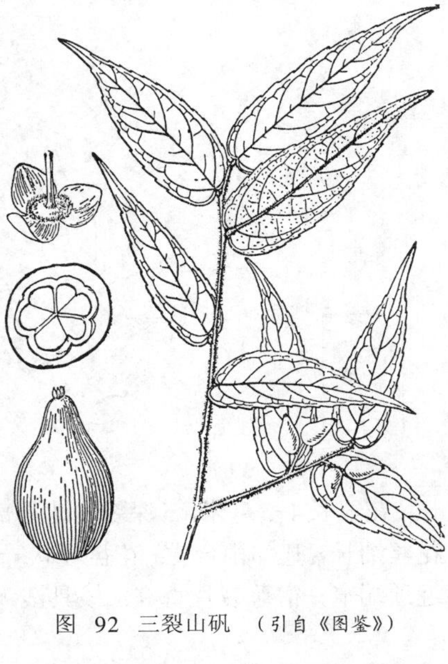

图 92 三裂山矾 （引自《图鉴》）

17. 十棱山矾 鸟脚木 图 93

Symplocos chunii Merr. In Journ. Arn. Arb. 6: 138. 1925.

乔木。小枝褐色。芽被褐色绒毛。叶薄革质，长圆状倒卵形、倒披针形或窄椭圆形，长5-10(17)厘米，宽2-5厘米，先端急尖或渐尖，有时钝圆，基部楔形，全缘或有浅波状圆齿，上面中脉凹下，侧脉8-10对；叶柄长3-8毫米。穗状花序腋生，长0.8-1.5厘米，有时呈团伞状，花序轴、苞片和小苞片均被褐色绒毛，苞片顶端边缘有褐色透明腺点。花萼长约3毫米，5裂，裂片长约2毫米；花冠白或淡黄色，长4-5毫米，5深裂几达基部；雄蕊50-70，花丝基部稍合生；花盘碟状。核果圆柱形，长0.8-1厘米，宿萼裂片果熟时脱落，顶端平截；核具10条浅纵棱。花期1月，果期4-5月。

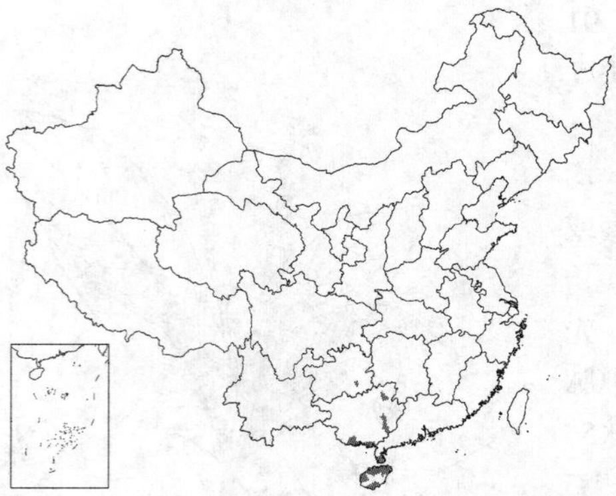

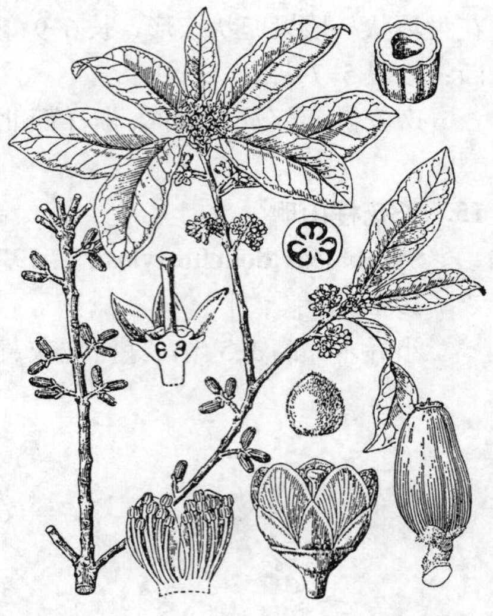

图 93 十棱山矾 （引自《海南植物志》）

产广东雷州半岛、海南、广西及贵州东南部，生于海拔400-2000米溪边或山坡林中。越南有分布。

18. 羊舌树 图 94

Symplocos glauca (Thunb.) Koidz. in Bot. Mag. Tokyo 39: 313. 1925.

Laurus glauca Thunb. Fl. Jap. 173. 1784.

乔木。芽、嫩枝、花序均密被褐色绒毛。小枝褐色。叶常簇生小枝上端，叶窄椭圆形或倒披针形，长6-15厘米，宽2-4厘米，先端急尖或短渐尖，基部楔形，全缘，叶下面通常苍白色，干后褐色，中脉在上面凹下，侧脉和网脉在叶面凸起，侧脉5-12对；叶柄长1-3厘米。穗状花序基部通常分枝，长1-1.5厘米，在花蕾时常呈团伞状；苞片被褐色绒毛。花萼长约3毫米，裂片被褐色绒毛，约与萼筒等长；花冠长4-5毫米，5深裂几达基部，裂片椭圆形，先端圆；雄蕊30-40，花丝细长，基部稍合生；花盘环状；子房3室。核果窄卵形，长1.5-2厘米，近顶端窄，宿萼裂片直立；核具浅纵棱。花期4-8月，果期8-10月。

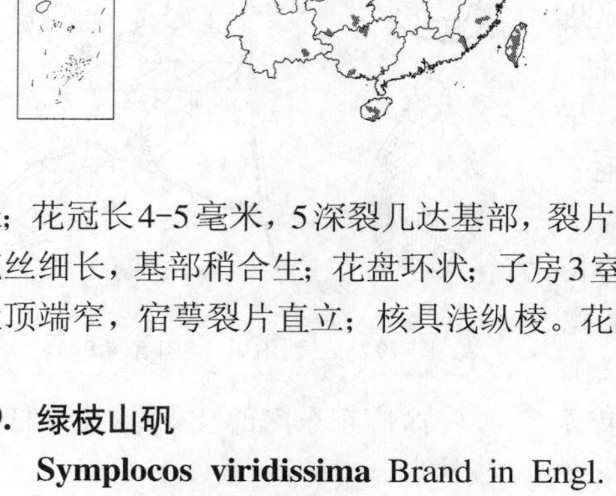

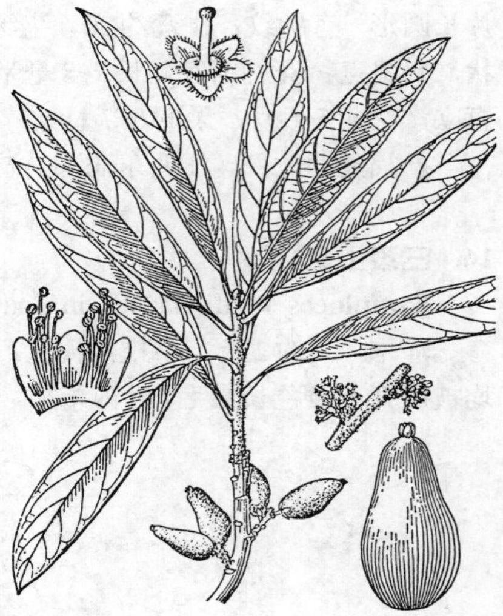

图 94 羊舌树 （引自《图鉴》）

产浙江、福建、台湾、广东东部、海南、广西、云南东南部、贵州及湖南，生于海拔600-1600米林间。日本有分布。木材供建筑、家具、文具及板料用；树皮药用，治感冒。

19. 绿枝山矾 图 95

Symplocos viridissima Brand in Engl. Pflanzenr. 6(Ⅳ. 242): 41. 1901.

灌木或小乔木。嫩枝淡绿色，通常有平伏毛。叶膜质，干后两面均淡

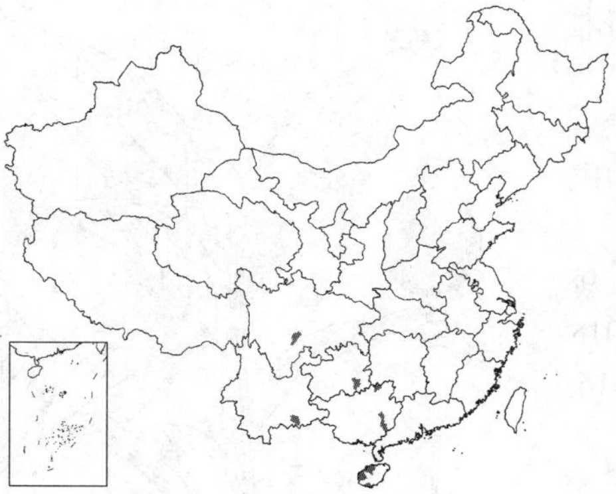

黄绿色，长圆状椭圆形，长7-10厘米，宽2.5-3厘米，先端尾状长渐尖，尾尖长1.5-2厘米，基部楔形，有疏离细腺齿，中脉在上面凹下，侧脉4-5对；叶柄长2-4毫米。总状花序长0.8-1.2厘米，被平伏细毛，有5-8花，有时1朵。花梗长1-2毫米；苞片和小苞片膜质，被微柔毛；花萼长2-2.5毫米，被平伏毛，裂片膜质，短于萼筒：花冠长约4毫米，5深裂几达基部；雄蕊30-40，花丝基部连生；花柱长约5毫米，柱头扁圆形；花盘杯状，有微柔毛。核果瓶形，长0.7-1厘米，径3-5毫米，有微柔毛，宿萼裂片直立。花期3-5月，果期7月。

产广西、海南、贵州东南部、四川南部及云南东南部，生于海拔600-1500米密林中。缅甸、印度北部及中南半岛有分布。

图 95 绿枝山矾 （余 峰绘）

20. 铁山矾 图 96

Symplocos pseudobarberina Gontsch. in Syst. Ross. 5: 133. 1924.

乔木，全株无毛。幼枝黄绿色，径约2毫米，老枝灰黑色，被白蜡层。

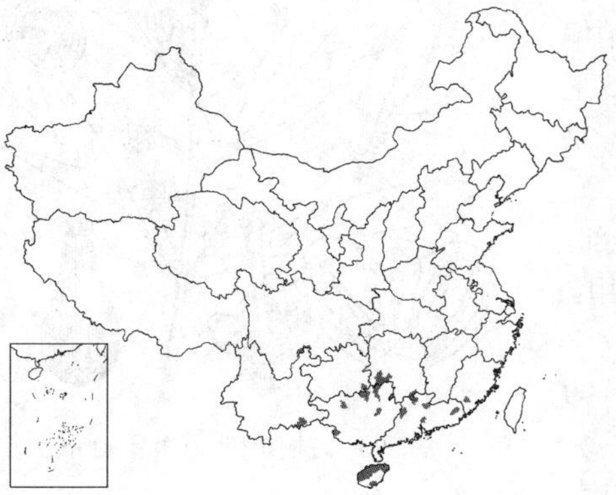

叶纸质，卵形或卵状椭圆形，长5-8(10)厘米，先端渐尖或尾尖，基部楔形或稍圆，疏生浅波状齿或全缘，中脉在上面凹下，侧脉3-5对；叶柄长0.5-1厘米。总状花序基部常分枝，长约3厘米，花梗粗长；苞片与小苞片有缘毛；苞片长卵形，长1.2-2毫米，小苞片三角状卵形，背面有中肋；花萼长约2毫米，裂片卵形，短于萼筒；花冠白色，长约4毫米，5深裂几达基部；雄蕊30-40；花盘5裂；子房3室。核果绿或黄色，长圆状卵形，长6-8毫米，顶端宿萼裂片向内倾斜或直立。

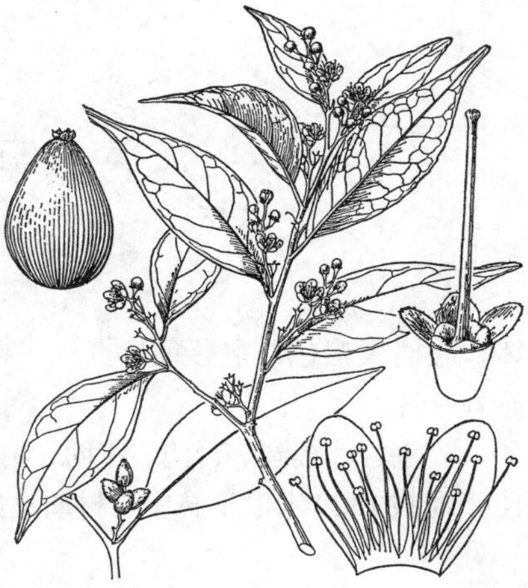

图 96 铁山矾 （余 峰绘）

产福建南部、湖南南部及西南部、广东、海南、广西、贵州东南部、云南东南部及四川南部，生于海拔1000米密林中，越南有分布。

21. 毛轴山矾 图 97

Symplocos rachitricha Y. F. Wu in Acta Phytotax. Sin.24(3): 196. 1986.

灌木，高4-7米。小枝细，黄绿色。叶近膜质，千后黄绿或绿色，窄椭圆形或椭圆形，长6-10厘米，先端尾尖，基部楔形，具粗齿，中脉在上面凹下?侧脉纤细，每边4-6条；叶柄长0.8-1厘米。总状花序长1.5-2厘米，花序轴及花梗密被长柔毛；苞片早落。花梗长约2毫米；花萼5裂，长约3毫米，无毛，裂片三角形，稍长于萼筒，有纵纹；花冠白色，长约5毫米，

5深裂几达基部；雄蕊约20，花丝基部联合成短筒；花盘环状，有毛；花柱长6-7毫米。核果绿色，窄卵形，长约1.2厘米，宿萼裂片直立。花期3月，果期6-7月。

产贵州东南部、湖南及广西，生于海拔约1000米路旁、山谷或密林中。

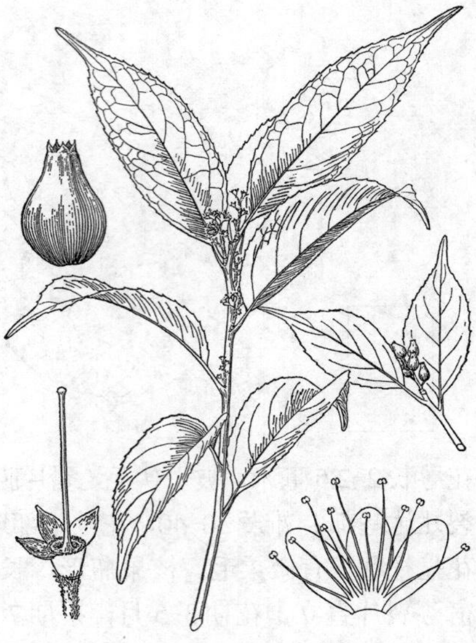

图 97 毛轴山矾 （余 峰绘）

22. 海桐山矾 图 98

Symplocos heishanensis Hayata, Ic. Pl. Formos. 5: 101. f. 28. 1915.

Symplocos pittosporifolia Hand.-Mazz.; 中国高等植物图鉴 3: 316. 1974.

乔木。嫩枝深褐色，小枝黑色。芽被柔毛。叶革质，干后榄绿色，窄椭圆形或倒披针状椭圆形，长6-12厘米，先端尾尖，基部楔形，全缘或有波状齿，中脉在上面凹下，侧脉8-14对；叶柄长0.5-1.5厘米。总状花序单生叶腋，长3-6厘米，被柔毛；苞片和小苞片背面被微柔毛，宿存；花萼长约1.5毫米，片有微柔毛和缘毛，稍长于萼筒；花冠白色，长约3毫米，5深裂近基部；雄蕊25-35枚，花丝基部稍联生；花盘环状。核果圆柱状窄卵形，基部稍偏斜，长6-7毫米，宽2-3毫米，熟时紫黑色，宿萼裂片直立；果柄粗，长1-2毫米。花期2-5月，果期6-9月。

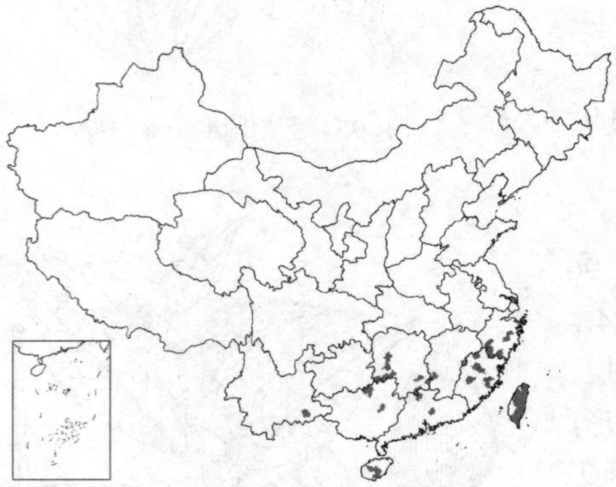

产浙江、福建、台湾、江西、湖南、广东、海南、广西及云南东南部，生于海拔1300米以下林中。材质良好，供车、船、家具及建筑板料等用。

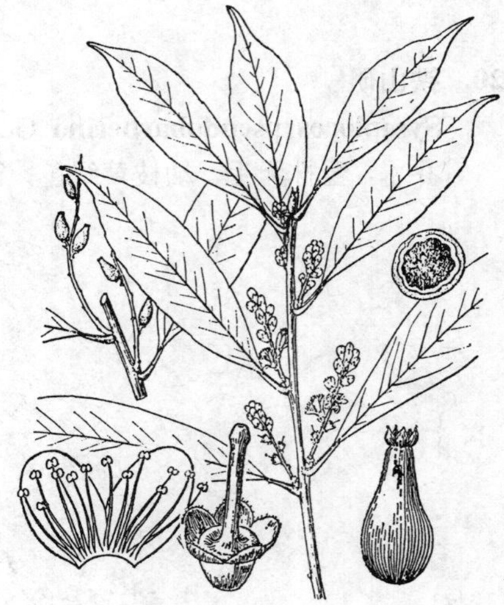

图 98 海桐山矾 （引自《图鉴》）

23. 腺叶山矾 图 99

Symplocos adenophylla Wall. in DC. Prodr. 8: 257. 1844.

乔木。嫩枝、芽、花序、苞片及花萼均被有红褐色秕糠状微柔毛。叶硬纸质，干后褐紫色，窄椭圆状披针形、窄椭圆形或椭圆形，长6-11厘米，宽1.8-3厘米，先端镰状尾状尖，基部楔形，具浅圆锯齿，齿缝有椭圆形半透明腺点，中脉在上面凹下，侧脉在叶面微凹下或平，4-6对；叶柄长0.5-1厘米，两侧有腺点或腺点不明显。总状花序有1-3分枝，长2-4厘米。花萼5裂；花冠白色，长约3毫米，5深裂几达基部；雄蕊30-35，花丝基部稍联合；花

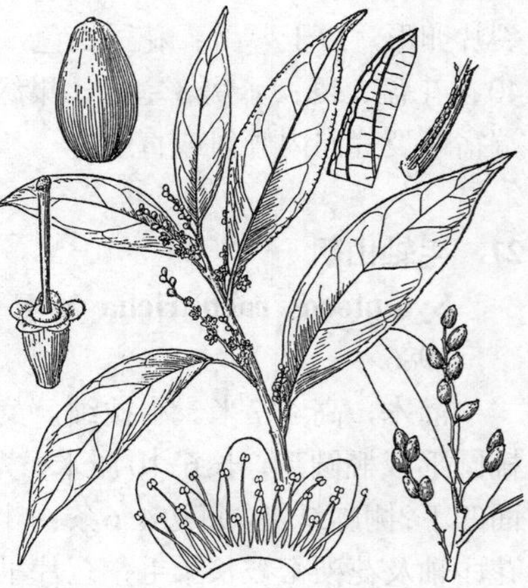

图 99 腺叶山矾 （余 峰绘）

盘环状；花柱粗，子房3室。核果椭圆形，栗褐色，长0.6-1.2厘米，宿萼裂片合成圆锥状。花果期7-8月。

产福建南部、广东、海南、广西、湖南西南部及云南东南部，生于海拔200-800米路边、水旁、山谷或疏林中。越南、印度、马来西亚、新加坡、印度尼西亚有分布。

24. 多花山矾 图 100

Symplocos ramosissima Wall. ex G. Don, Gen. Syst. 4: 3. 1837.

Symplocos stapfiana Lévl.；中国高等植物图鉴 3：317. 1974.

灌木或小乔木。嫩枝紫色，被平伏柔毛，老枝紫褐色。叶膜质，椭圆状披针形或卵状椭圆形，长6-12厘米，宽2-4厘米，先端尾尖，基部楔形或圆，有腺齿，中脉在上面凹下，侧脉4-9对；叶柄长约1厘米。总状花序长1.5-3厘米，基部分枝，被柔毛。花梗长约2毫米，苞片近基部边缘有2腺点；花萼长约3毫米，被柔毛，裂片宽卵形，稍短于萼筒；花冠白色，长4-5毫米，5深裂几达基部；雄蕊30-40长短不一，稍伸出花冠，花丝基部稍合生；花盘有5枚腺点；子房3室。核果长圆形，长0.9-1.2厘米，宽4-5毫米，有微柔毛，嫩时绿色，成熟时黄褐色至蓝黑色，宿萼裂片张开，花期4-5月，果期5-6月。

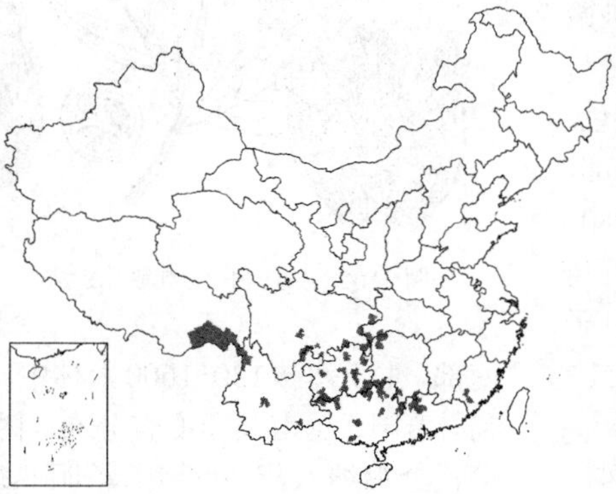

图 100 多花山矾 （余 峰绘）

产福建南部、湖南、广东北部、广西、贵州、云南、西藏、四川及湖北西南部，生于海拔1000-2600米溪边、岩壁及阴湿密林中。尼泊尔、不丹、锡金有分布。

25. 坚木山矾 图 101

Symplocos dryophila Clarke in Hook. f. Fl. Brit. Ind. 3: 578. 1882.

乔木，高8米。小枝髓心横隔状。嫩叶下面有长柔毛，旋脱落。叶革质，椭圆形或椭圆状倒卵形，长7-12（16）厘米，先端渐尖，基部楔形，全缘或上部有不明显尖齿，中脉和侧脉在上面均凹下，侧脉9-12对；叶柄长1-2厘米。总状花序长6-9厘米，有散开黄褐色长柔毛；苞片早落，圆形，径5-6毫米，小苞片披针形，长2.5-3毫米，有长柔毛。花萼长2-2.5毫米，近无毛，裂片三角状卵形，短于萼筒；花冠白色，长4-6毫米，5深裂近基部；雄蕊40-50，花丝基部稍合生；花盘有微柔毛；子房3室。核果卵球形，长5-7毫米，顶端宿萼裂片直立，或稍内弯。花期3-5月，果期7月。

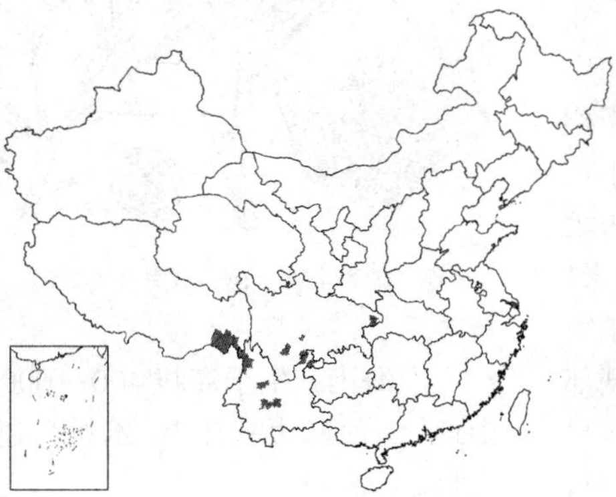

图 101 坚木山矾 （余 峰绘）

产四川、云南及西藏东南部，生于海拔2100-3200米山坡林中。尼泊尔、锡金、缅甸及印度有分布。

26. 珠仔树 图 102

Symplocos racemosa Roxb. Fl. Ind. ed. 2, 2: 539. 1832.

灌木或小乔木。芽、嫩枝、嫩叶下面、叶柄均被褐色柔毛。叶革质，卵形或长圆状卵形，长7-9（11）厘米，先端圆或急尖，基部圆或宽楔形，全缘或疏生浅锯齿，中脉在上面凹下，侧脉4-6对；叶柄长0.3-1厘米。总状花序长4-8厘米，密被黄褐色柔毛，不分枝，稀基部有1-2分枝；苞片密被柔毛，早落，小苞片被微柔毛。萼长3-4毫米，裂片与萼筒等长，有缘毛；花冠白色，长4-6毫米，5深裂几达基部，裂片长圆状卵形；雄蕊约80，花丝基部稍合生；花盘五角形隆起，有5腺点和柔毛；子房3室。核果长圆形，长0.8-1.1厘米，径4-5毫米，宿萼裂片黄色，直立；核具3深纵棱和9浅棱。花期冬末春初，果期6月。

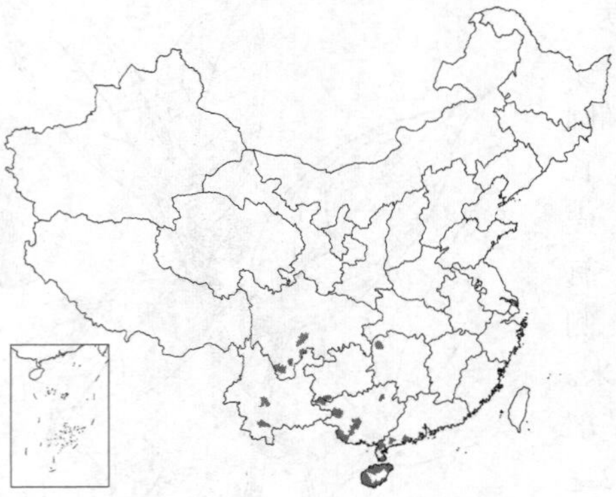

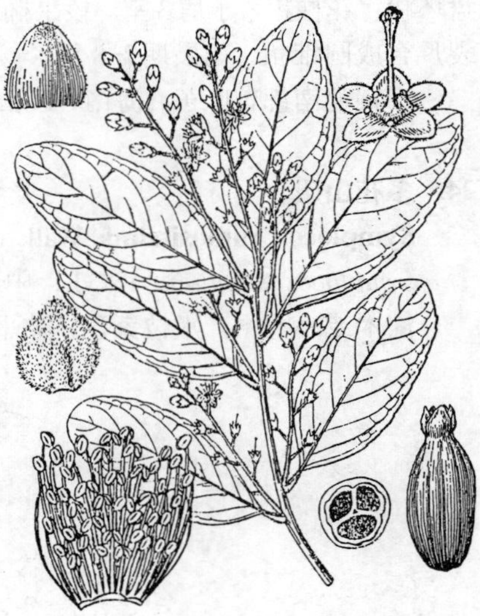

图 102 珠仔树 （引自《图鉴》）

产湖南西北部、广东东南部、海南、广西、贵州西南部、云南及四川南部，生于海拔130-1600米林中。缅甸、泰国、越南及印度有分布。树皮可代金鸡纳入药。叶药用，治眼热症。

27. 厚叶山矾 图 103

Symplocos crassilimba Merr. in Lingnan Sci. Journ. 14: 47. f. 15. 1935.

常绿灌木。腋芽半球形，外芽鳞有微柔毛及缘毛。幼枝灰白色。叶厚革质，干后榄绿色，椭圆形或长圆状椭圆形，7-12(16)厘米，先端急短尖，基部宽楔形或圆，全缘或疏生浅锯齿，中脉在上面凹下，侧脉6-8对；叶柄长1.5-2.5厘米。总状花序不分枝，长4-5厘米。花无梗或有很短的梗；苞片和小苞片均早落，苞片背面有微柔毛，有缘毛；萼长4-5毫米，5裂，裂片三角状卵形，稍短于萼筒；花冠白色，长6-7毫米，5深裂几达基部；雄蕊80-100，花丝基部稍合生；花盘五角形，子房3室。核果黄白色，椭圆形，长1.6-2厘米，径6-8毫米，宿萼裂片直立；核具4-5纵棱。花期10-12月，果期翌年6-7月。

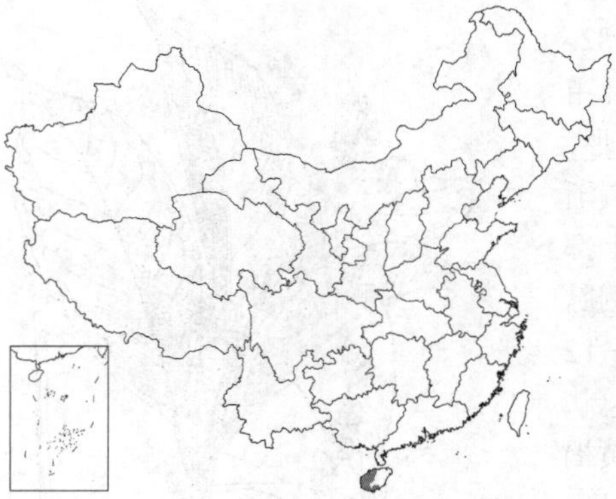

图 103 厚叶山矾 （引自《图鉴》）

产海南，生于海拔400-1000米山地、山顶溪边密林中。木材为建筑良材。

28. 滇南山矾 图 104

Symplocos hookeri Clarke in Hook. f. Fl. Brit. Ind. 3: 578. 1882.

乔木。小枝无毛，稍有棱。腋芽球形，被微柔毛。叶纸质，倒卵形或倒卵状长圆形，长15-25厘米，先端短急尖，基部宽楔形，两面均无毛，有浅锯齿，中脉和侧脉在上面均凹下，网脉在叶面凸起，侧脉6-8对；叶柄长1-2厘米。总状花序腋生，长3-4

厘米，被褐色柔毛。花梗粗，长约3毫米；苞片和小苞片早落；花萼无毛，裂片近圆形。核果椭圆形或长圆状椭圆形，长1.4-2厘米，宿萼裂片直立或内伏，易断折；核具浅纵棱。果期5-8月。

产云南南部西双版纳地区，生于海拔1700米山地或林间。缅甸、泰国及印度东北部有分布。

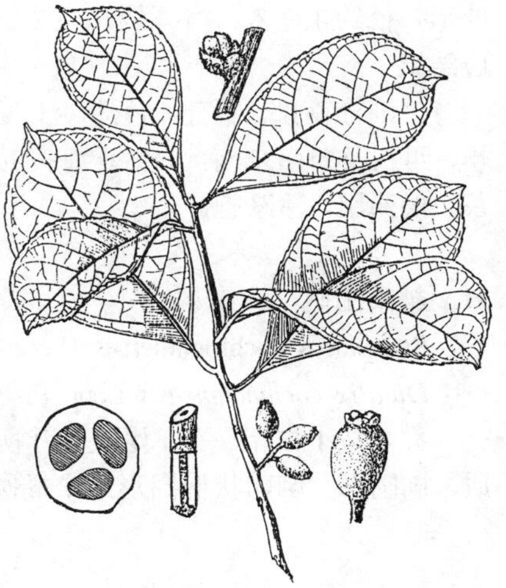

图 104 滇南山矾 （引自《图鉴》）

29. 潮州山矾 图 105

Symplocos mollifolia Dunn in Kew Bull. Misc. Inform. add. ser. 10, 1912: 163. 1912.

灌木或小乔木。嫩枝和嫩叶下面均被黄褐色长硬毛。老枝紫褐或黑褐色，无毛或有长硬毛。叶革质，椭圆形、长圆状卵形或窄椭圆形，长5.5-11厘米，先端急尖或渐尖，基部楔形或宽楔形，具浅圆锯齿，中脉和侧脉在上面均微凸起，上面中脉有柔毛，侧脉6-8对；叶柄长2-4毫米，被长硬毛。总状花序长3-5厘米，花序轴、苞片均被黄褐色长硬毛。花梗长1-2毫米；苞片长约2毫米，小苞片长约1.5毫米；花萼长约2.1毫米，5裂，裂片近圆形，与萼筒等长，有缘毛；花冠长约4毫米，5深裂几达基部，雄蕊约20，花丝基部稍合生，花盘圆锥状。核果卵球形，径4-5毫米，宿萼裂片直立。

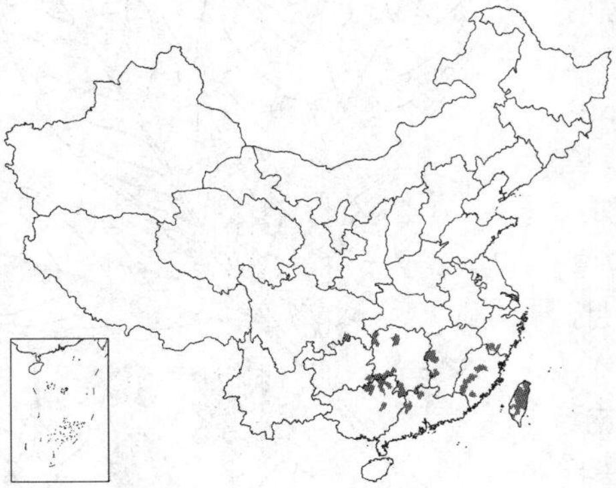

图 105 潮州山矾 （余 峰绘）

产浙江南部、福建、台湾、江西西部、湖南、广东北部、广西、贵州东南部及四川东南部，生于海拔850-1400米山坡林中。

30. 光叶山矾 图 106

Symplocos lancifolia Sieb. et Zucc. in Abh. Akad. Wiss. Witn, Math.-Phys. 4(3)：133. 1846.

小乔木。芽、嫩枝、嫩叶下面脉上、花序均被黄褐色柔毛。小枝细长，黑褐色。叶纸质或近膜质，干后有时呈红褐色，卵形或宽披针形，长3-6（9）厘米，宽1.5-2.5（3.5）厘米，先端尾尖，基部宽楔形或稍圆形，疏生浅钝锯齿，中脉在上面平，侧脉纤细，6-9对；叶柄长约5毫米。穗状花序长1-4厘米；苞片长约2毫米，小苞片长1.5毫米，宽2毫米，背面均被柔毛，有缘毛。花萼长1.6-2毫米，5裂，裂片卵形，先端圆，背面被微柔毛，与萼筒等长或稍长于萼筒，花冠淡黄色，5深裂几达基部，裂片椭圆形，长2.5-4毫米；雄蕊约25，花丝基部稍合生；子房3室。核果近

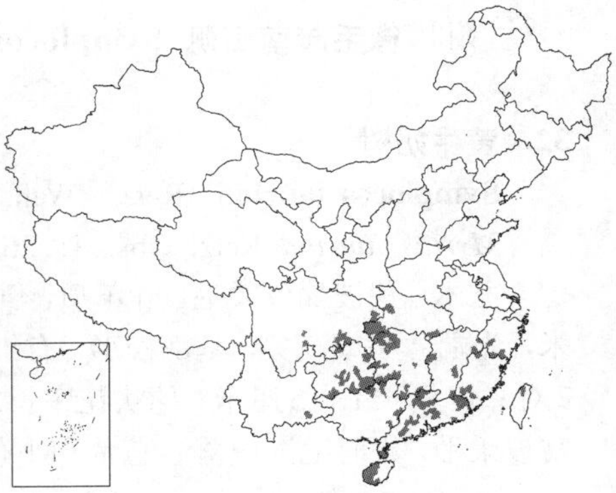

球形，径约4毫米，宿萼裂片直立。花期3-11月，果期6-12月，边开花边结果。

产浙江南部、福建、台湾、江西、湖北、湖南、广东、海南、广西、贵州、四川及云南东南部，生于海拔1200米以下林中。日本有分布。叶可代茶；根药用，治跌打。

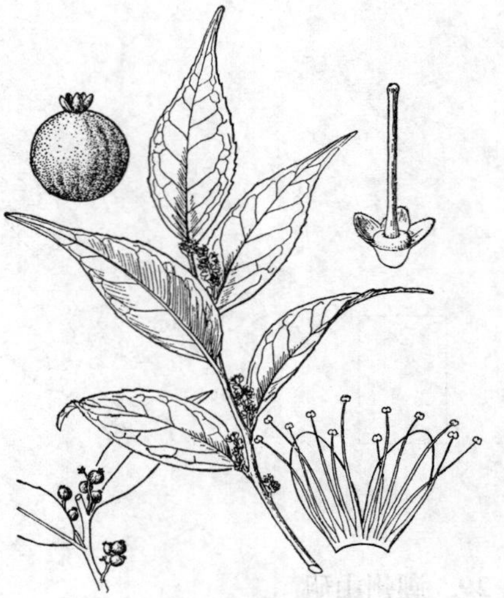

图 106 光叶山矾 （余 峰绘）

31. 越南山矾 火灰树 图 107

Symplocos cochinchinensis (Lour.) S. Moore in Journ. Bot. 52: 148. 1914.

Dicalix cochinchinensis Lour. Fl. Cochinch. 663. 1790.

乔木。小枝粗。芽、嫩枝、叶柄、叶下面中脉均被红褐色绒毛。叶纸质，椭圆形、倒卵状椭圆形或窄椭圆形，长9-27厘米，先端急尖或渐尖，基部宽楔形或近圆，叶下面被柔毛，毛基部有褐色腺状斑点，有细锯齿或近全缘，中脉在上面凹下，侧脉7-13对；叶柄长1-2厘米。穗状花序长6-11厘米，近基部3-5分枝，花序轴、苞片、萼均被红褐色绒毛。花萼长2-3毫米，5裂，裂片与萼筒等长；花冠有芳香，白或淡黄色，长约5毫米，5深裂几达基部；雄蕊60-80，花丝基部联合；花盘圆柱状；子房3室。核果球形，径5-7毫米，宿萼裂片合成圆锥状，基部有宿存苞片，核具5-8浅纵棱。花期5-8月，果期10-11月。

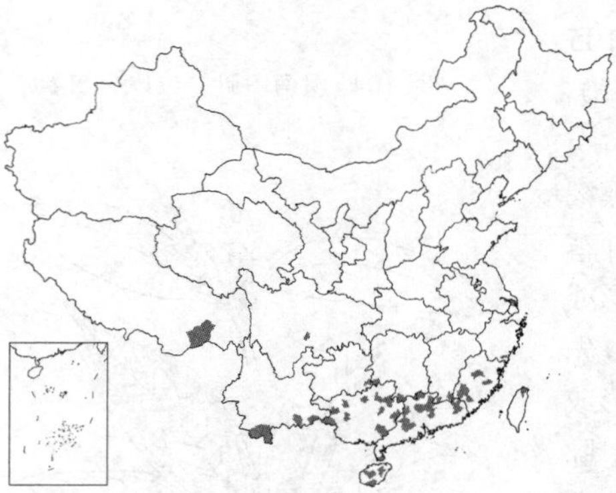

图 107 越南山矾 （引自《图鉴》）

产浙江东南部、福建、台湾北部、江西南部、湖南南部、广东、海南、广西、贵州东南部、云南东南部及南部、四川中南部及西藏东南部，生于海拔1500米以下溪边、路旁或阔叶林中。中南半岛、印度尼西亚爪哇及印度有分布。

［附］**兰屿山矾 Symplocos cochinchinensis** var. **phiilippinensis** (Brand) Noot. Rev. Symplocac. 154. 1975. —— *Symplocos ferruginea* Roxb. var. *phiilippinensis* Brand in Philipp. Journ. Sci. Bot. 3: 6. 1908. 本变种与模式变种的区别：小枝和叶两面均无毛。产台湾（兰屿）。菲律宾及印度尼西亚爪哇有分布。

［附］**微毛越南山矾 Symplocos cochinchinensis** var. **puberula** Huang et Y. F. Wu in Acta Phytotax. Sin. 24(3): 202. 1986. 本变种与模式变种的区别：小枝和叶下面脉上有微柔毛。产四川、云南、广西、广东、海南、江西及浙江，生于海拔1100米林中。

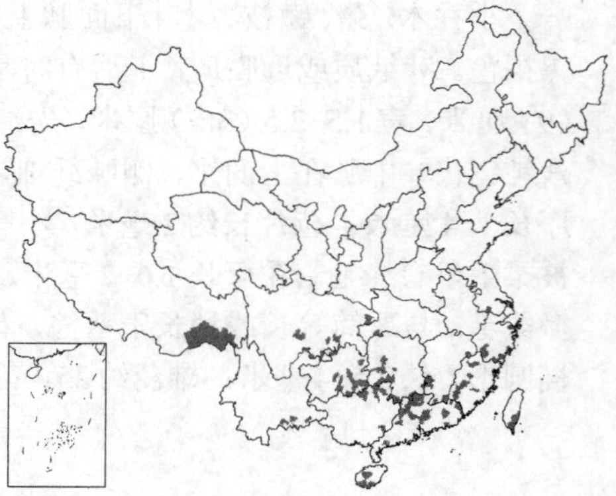

32. 黄牛奶树 图 108

Symplocos laurina (Retz.) Wall. Num. List no. 4416. 1830.

Myrtus laurina Retz. Obs. 4: 26.1786.

乔木。芽被褐色柔毛。叶革质，倒卵状椭圆形或窄椭圆形，长7-14厘米，先端急尖或渐尖，基部楔形，有细小锯齿，中脉在上面凹下，侧脉5-7对；叶柄长1-1.5厘米。穗状花序长3-6厘米，基部通常分枝，花序轴通常被柔毛，果时毛渐脱落；苞片和小苞片外面均被柔毛，边缘有腺点，苞片宽卵形，长约2毫米，小苞片长约1毫米。花萼长约2毫米，裂片半圆形，短于萼筒；花冠白色，长约4毫米，5深裂几达基部；雄蕊约30，花丝长3-5毫米，基部稍合生；子房3室；花盘环状。核果球形，径4-6毫米，宿萼裂片直立。花期8-12月，果期翌年3-6月。

产江苏南部、浙江、福建、台湾、江西、湖北西南部、湖南、广东、海南、广西、贵州、云南东南部、四川及西藏东南部，生于海拔1600-3000米村边石山上或密林中。印度及斯里兰卡有分布。木材作板料、木尺；树皮药用，治感冒。

图 108 黄牛奶树 （引自《图鉴》）

33. 台东山矾 图 109

Symplocos konishii Hayata, Ic. P1. Formos. 5: 105. f. 25a. 1915.

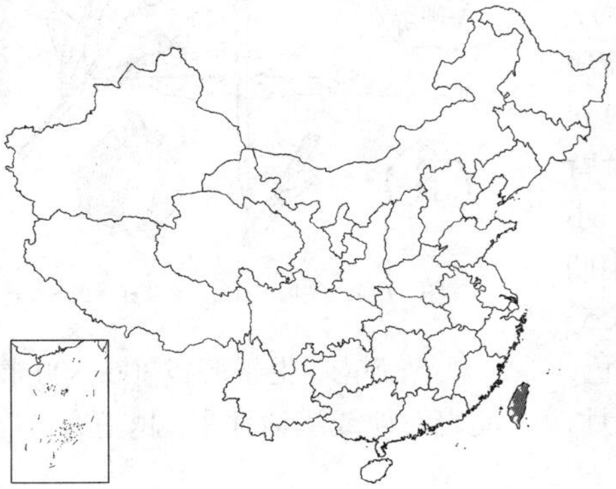

常绿小乔木；树皮具纵皱纹；嫩枝和花序均被黄褐色柔毛。叶革质，椭圆状倒披针形，长11-20厘米，宽3.5-6.5厘米，顶端急尖。基部楔形，边缘具粗锯齿，中脉在叶面凹下，侧脉和网脉在叶面微凸起。穗状花序腋生，长2.5-4厘米，基部分枝；苞片和小苞片均宽卵形，被柔毛；花萼长约1.5毫米，被黄褐色柔毛，裂片半圆形；花冠长约5毫米，5深裂几达基部；雄蕊约35，花盘无毛。核果球形，径约4.5毫米；宿萼裂片合成圆锥状。

产台湾，生于海拔2000-3000米林中。

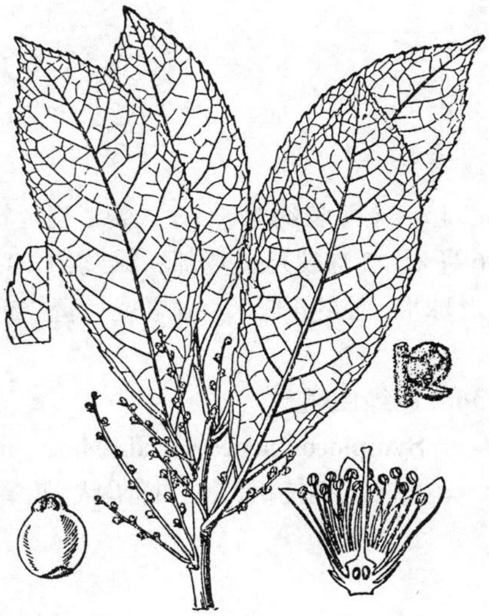

图 109 台东山矾 （引自《图鉴》）

34. 火灰山矾 图 110

Symplocos dung Eberh. et Dub. in Agron. Colon. 1: 79. t. 3. 1913.

常绿小乔木。小枝紫色。芽、嫩枝被平伏柔毛。叶革质，干后黄绿色，

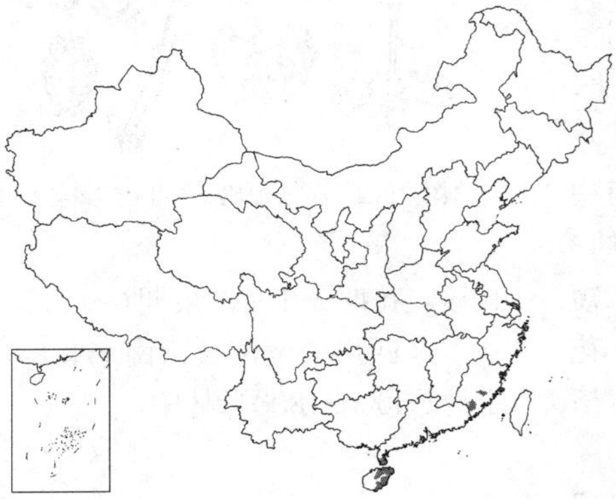

倒卵形或窄倒卵形，长4-9（13）厘米，先端圆或有短急尖，中部以下窄楔形，具细弯圆锯齿，齿端具黑色腺齿，中脉在上面凹下，侧脉和网脉在两面均凸起，侧脉4-8对；叶柄长5-8毫米。穗状花序长3.5-7.5厘米，有时近基部有分枝，花序轴、苞片均被褐色柔毛；苞片边缘有腺点，小苞片长1-2毫米。萼长2.3-2.8毫米，5裂，裂片长约2毫米，萼筒很短；花冠白色，长约4毫米，5深裂几达基部；雄蕊30-40，花丝基部稍合生；子房3室。核果近球形，径

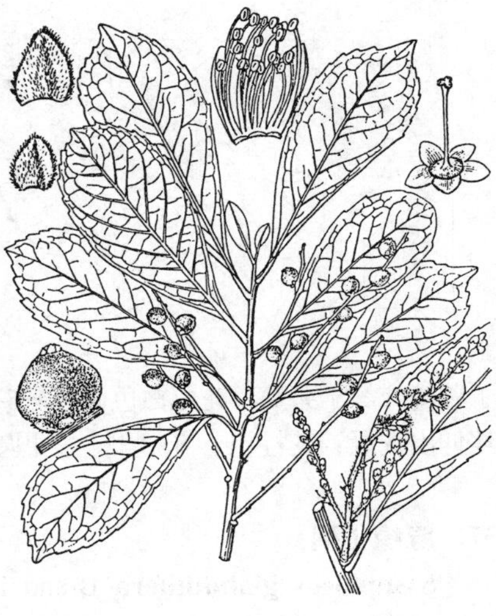

图 110 火灰山矾 （引自《图鉴》）

4-5毫米，宿萼裂片稍张开或合成圆锥状；核无棱。花期6-12月，果期9月至翌年3月。

产福建南部、广东雷州半岛及海南，生于海拔200-700米林中。越南、柬埔寨及印度有分布。木材供制农具。

35. 狭叶山矾 图 111

Symplocos angustffoila Guill. in Bull. Soc. Bot. France 71: 275. 1924.

灌木，高约2米。嫩枝绿色，具棱，老枝褐色，被白蜡层。侧芽芽鳞有腺齿。叶近革质，窄椭圆状披针形或线状披针形，长5-12(16)厘米，先端渐尖，基部窄楔形，疏生浅锯齿，齿端有褐色腺质齿尖，中脉在上面微凹下，侧脉6-10对；叶柄长4-8毫米。穗状花序常簇生枝顶，长6-9(11)厘米，花序轴和苞片、小苞片背面均被柔毛；苞片卵形，小苞片三角状卵形，背面中肋凸起。花萼长约2毫米，5裂，裂片宽卵形，与萼筒等长；花冠白色，长5-6毫米，5深裂几达基部；雄蕊约40；花盘环状；子房3室。核果灰绿色，近球形，径约4毫米，宿萼裂片直立或合成圆锥状。花期5月，果期7-11月。

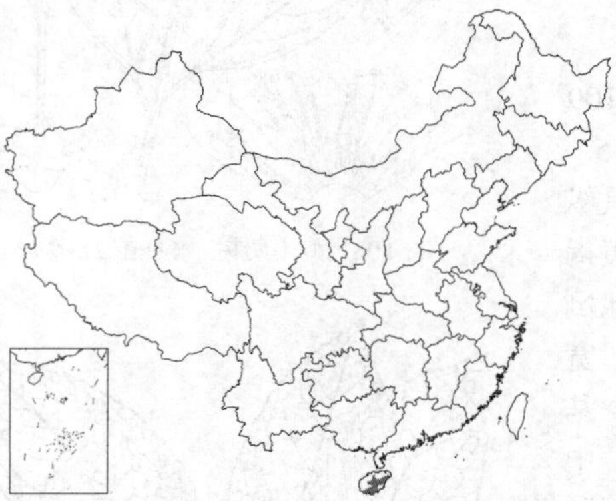

产海南，生于海拔300-500米湿润岩石地或溪边林中。越南有分布。

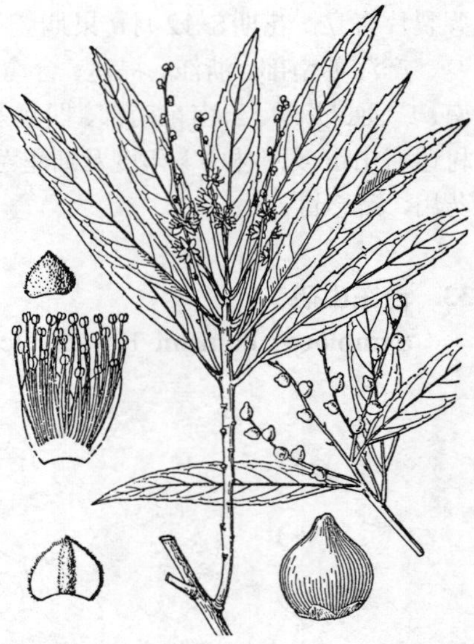

图 111 狭叶山矾 （引自《图鉴》）

36. 铜绿山矾 图 112

Symplocos aenea Hand.-Mazz. in Beih. Bot. Centralbl. 62(B): 30. 1943.

乔木。小枝粗，髓心横隔状。叶革质，干后上面铜绿色，叶下面赤褐色，窄椭圆形或倒披针形，长10-15厘米，宽3-5厘米，先端具骤窄而短的尾尖，基部楔形或近钝圆，疏生腺齿，中脉在上面凹下，侧脉11-20对，网脉不明显；叶柄粗，具沟，长1.5-2厘米。团伞花序，腋生；苞片质厚，褐色，长3-4毫米，边缘有大而透明的腺体；小苞片长1.5-2毫米，背面有中肋，被柔毛和缘毛。萼长约3毫米，5裂，裂片有缘毛，短于萼筒或等于萼筒；花冠白色，长4-6毫米，5深裂几达基部；雄蕊20-50，花丝伸出花冠；花柱粗；花盘平。核果圆柱形，长0.8-1厘米，径约3毫米，核具棱。花期2-5月，果期6-9月。

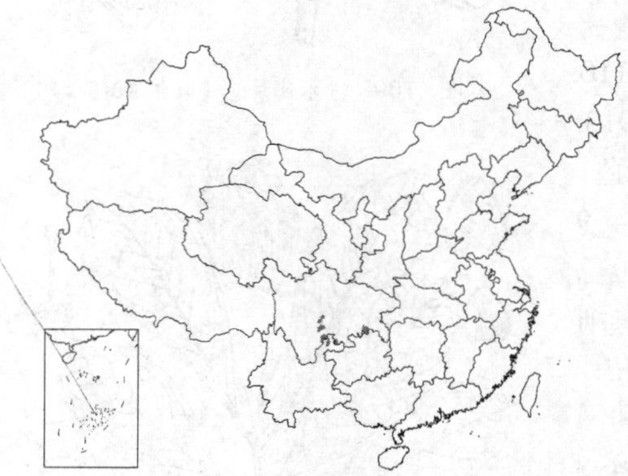

产四川中南部及云南东北部，生于海拔1000-1800米林中。

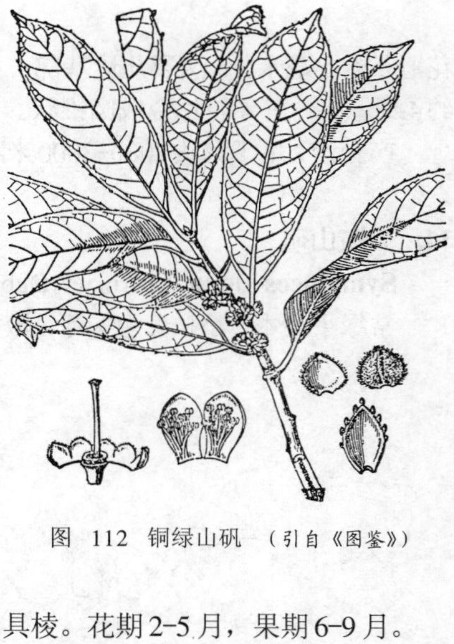

图 112 铜绿山矾 （引自《图鉴》）

37. 腺缘山矾 图 113

Symplocos glandulifera Brand in Engl. Pflanzenr. 6(IV. 242): 68. f. 7. 1901.

乔木；芽、嫩枝、嫩叶下面、叶柄和苞片、萼均被皱曲褐色长柔毛。

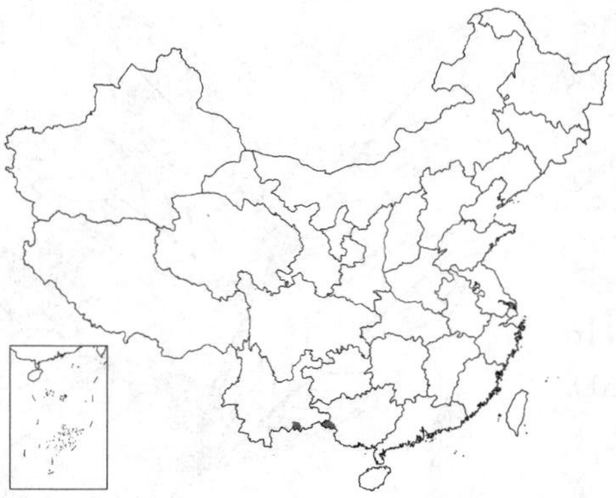

叶薄革质，干后灰绿色，窄椭圆状披针形或窄椭圆形，长10-20厘米，宽2.5-5.5厘米，先端渐尖，基部楔形，边缘内有椭圆状腺点或腺点稍突出成腺锯齿；中脉和侧脉在叶面均凹下，侧脉8-10对，斜直向上，在叶缘5-7毫米处环结；叶柄粗，呈四棱形。团伞花序腋生；苞片圆形，径2.5-3毫米；花萼长约4毫米，5裂，裂片长圆形，稍短于萼筒；花冠白色，长约6毫米，5深裂几达基部，裂片椭圆形；雄蕊约40，花丝稍长于花冠，基部稍合生；花盘杯状，被柔毛；子房3室。核果椭圆状卵形，长约1.2厘米，有纵条纹，被柔毛，宿萼裂片直立；核质厚，约有13条纵棱。花果期2-10月。

产云南东南部及广西西南部，生于海拔1400-2000米山坡林中。

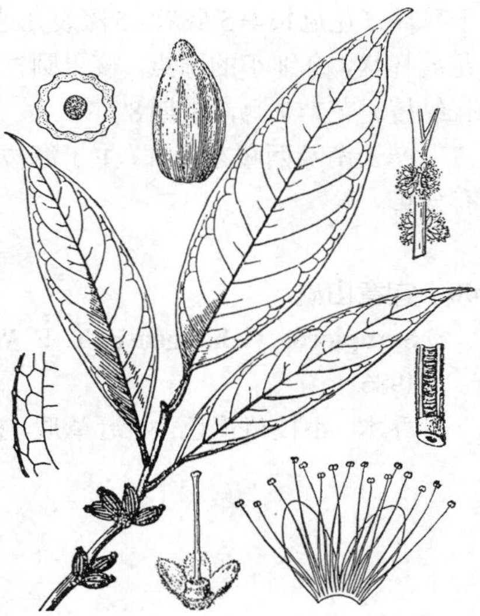

图 113 腺缘山矾 （引自《图鉴》）

38. 腺柄山矾 图 114

Symplocos adenopus Hance in Journ. Bot. 21: 322. 1883.

灌木或小乔木。小枝稍具棱。芽、嫩枝、嫩叶下面、叶脉、叶柄均被褐色柔毛。叶纸质，干后褐色，椭圆状卵形或卵形，长8-16厘米，宽2-6厘米，先端急尖或急渐尖，基部圆或宽楔形，边缘及叶柄两侧有大小相间的半透明腺齿，中脉及侧脉在上面凹下，侧脉6-10对，网脉稀疏而明显；叶柄长0.5-1.5厘米。团伞花序腋生；苞片和小苞片均密被褐色长毛，苞片边缘有大而透明的腺体，小苞片边缘有较小而透明的腺体。花萼5裂，裂片膜质，有褐色条纹，与萼筒等长或稍短于萼筒；花冠白色，长约5毫米，5深裂几达基部；雄蕊20-30；子房3室；花盘环状。核果圆柱形，长0.7-1厘米，宿萼裂片直立。花期11-12月，果期翌年7-8月。

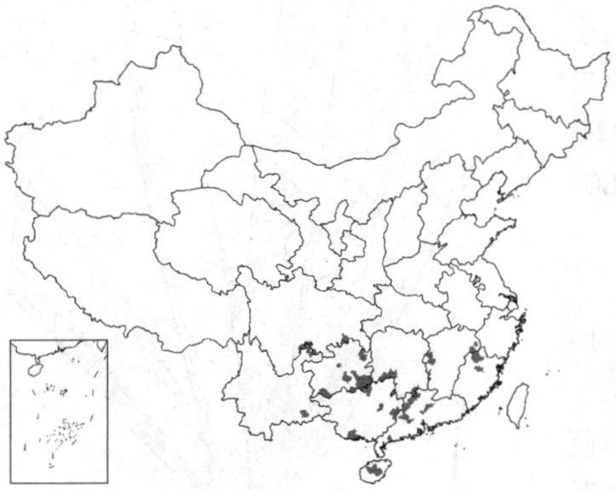

图 114 腺柄山矾 （引自《图鉴》）

产福建、江西、湖南、广东、海南、广西、贵州、四川南部及云南，生于海拔460-1800米山地、山谷或疏林中。

39. 团花山矾 图 115

Symplocos glomerata King ex Gamble. Darjeel. List 54. 1878.

乔木或灌木。小枝深褐色，叶纸质，倒披针形或窄椭圆形，长9-18厘米，宽2-4厘米，先端长渐尖，基部楔形，具腺齿，中脉和侧脉在上面均凹下，侧脉7-11对；叶柄长约1.2厘米，通常具腺齿。团伞花序有花5至多朵，苞片和小苞片宽卵形或近圆形，长约2毫米，背面稍有软毛，边缘有腺齿。花萼长约3毫米，萼筒有腺体，裂片近圆形，与萼筒等长或稍短

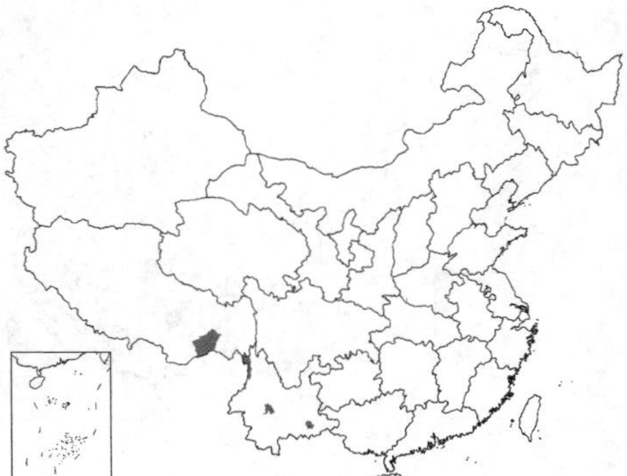

于萼筒；花冠长4-5毫米，5深裂几达基部；雄蕊约25，花丝基部稍联合；花盘杯状，有细小的腺点。核果圆柱形，长0.6-1厘米，宿萼裂片直立，核有纵棱。花期7月，果期8月。

产云南及西藏东南部，生于海拔1700-2700米林中。印度、锡金及不丹有分布。

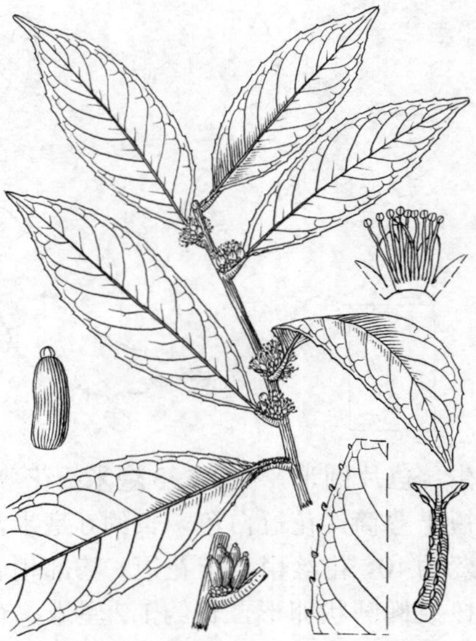

图 115 团花山矾 （余汉平绘）

40. 宜章山矾 图 116

Symplocos yizhangensis Y. F. Wu in Acta Phytotax. Sin. 24(3): 200. 1986.

乔木。小枝黄褐色。叶近革质，披针形或窄椭圆形，长14-19厘米，宽2.5-5厘米，先端渐尖，基部楔形或宽楔形，有腺齿，中脉和侧脉在上面凹下，侧脉15-17对；叶柄长2-2.5厘米。团伞花序腋生；苞片和小苞片背面均有微柔毛，边缘有长软毛，苞片卵状圆形，长约3.2毫米，有脉纹，小苞片卵状三角形，先端尖，长约2毫米。花萼长约4毫米，裂片长圆形，背面有微柔毛和纵纹，与萼筒等长或稍长于萼筒；花冠长4-5毫米，5深裂几达基部；雄蕊约30；花盘浅杯状。核果圆柱形，长约7毫米。花期7-10月，果期11-12月。

产浙江南部、福建、江西、广东北部、湖南南部及四川，生于海拔1200-1400米山地、路旁、水边、山谷或密林中。

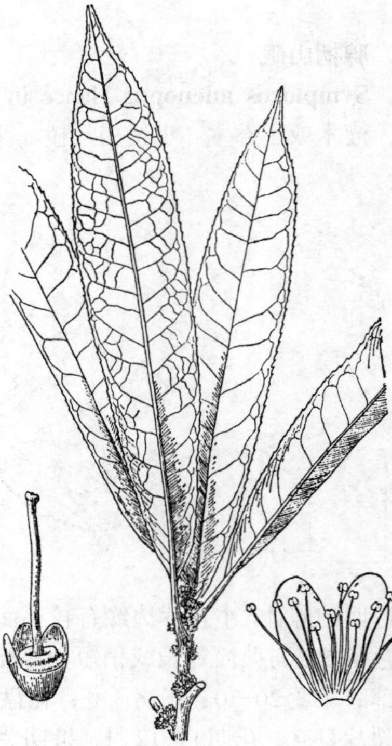

图 116 宜章山矾 （余 峰绘）

41. 老鼠矢 图 117

Symplocos stellaris Brand in Engdl. Bot. Jahrb. 29: 528. 1900.

常绿乔木。小枝粗，髓心中空，具横隔。芽、嫩枝、嫩叶柄、苞片和小苞片均被红褐色绒毛。叶厚革质；上面有光泽；叶下面粉褐色；披针状椭圆形或窄长圆状椭圆形；长6-20厘米；宽2-5厘米，先端急尖或短渐尖，基部宽楔形或圆，通常全缘，稀有细齿，中脉在上面凹下，侧脉9-15对；叶柄有纵沟，长1.5-2.5厘米。团伞花序着生于二年生枝的叶痕之上；苞片有缘毛。花萼长约3毫米，裂片长不及1毫米，有长缘毛；花冠白色，长7-8毫米，5深裂几达基部，裂片椭圆形，先端有缘毛，雄蕊18-25，花丝基部合生成5束；花盘圆柱形；子房3室。核果窄卵状圆柱形，长约1厘米，宿萼裂片直立；核具6-8纵棱。花期4-5月，果期6月。

产安徽南部、浙江、台湾、福建、江西、湖北、湖南、广东、海南、广西、贵州、四川及云南，生于海拔1100米山地、路旁、疏林中。

42. 卷毛山矾 图 118

Symplocos ulotricha Ling in Acta Phytotax. Sin. 1: 216. 1951.

乔木。嫩枝粗，径4.5毫米，密被锈色卷曲柔毛，老枝无毛。芽、嫩叶下面、嫩叶柄均被红褐色绒毛。叶厚革质，干时榴红色，长圆形或长圆状卵形，长7-15厘米，先端急尖、渐尖或钝圆，基部圆或宽楔形，全缘，背卷，中脉和侧脉在上面均凹下，侧脉8-13对；叶柄粗，有纵沟，长1-1.8厘米。团伞花序生于叶痕上方；苞片密被长柔毛。花萼长约5毫米，裂片长2.5-3毫米；花冠白色，长约6毫米，5深裂几达基部；雄蕊35-50，花丝基部合生；花盘环形；子房3室。核果圆柱形，长约1厘米，宿萼裂片长2.5-3毫米，直立；核有5-6浅纵棱。花果期4-11月，边开花边结果。

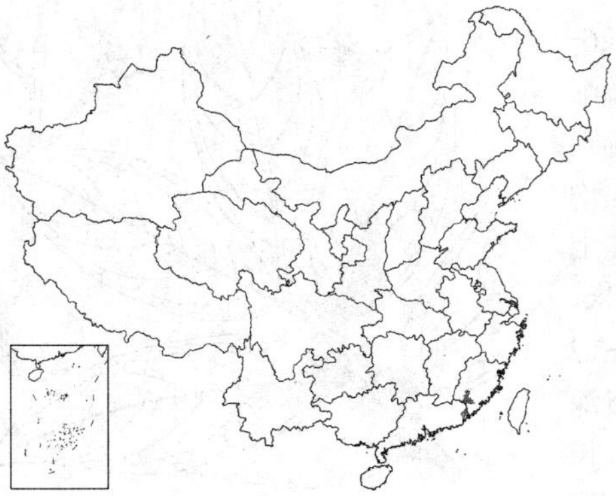

产福建南部及广东东部，生于海拔900-1100米山地、路边或密林中。

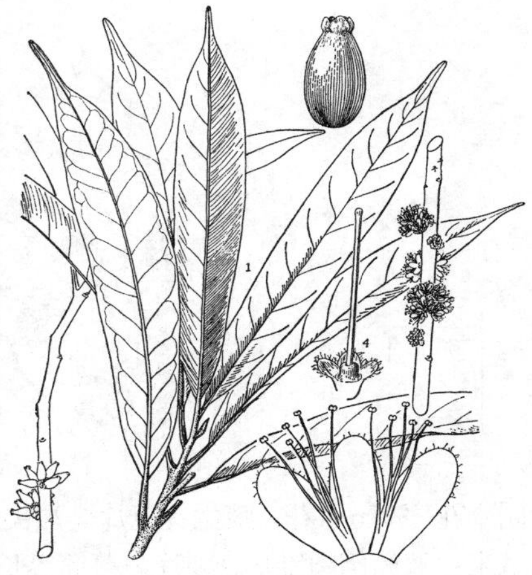

图 117 老鼠矢 （余 峰绘）

图 118 卷毛山矾 （余 峰绘）

43. 大叶山矾 大山矾 图 119

Symplocos grandis Hand.-Mazz. in Beih. Bot. Centralbl. 62(B): 15. 1943.

乔木。幼枝、嫩叶下面、叶柄、苞片、萼裂片均被褐色皱曲绒毛。老枝黑褐色，髓心横隔状。叶革质，干后绿或黄褐色，椭圆形或卵状椭圆形，长10-25厘米，宽3.5-5（9）厘米，先端渐尖或急尖，基部钝圆或宽楔形，全缘或上部具细尖齿，中脉在上面凹下，嫩时有柔毛，侧脉9-14对；叶柄有沟，长2-3.5厘米。团伞花序腋生或生于老枝叶痕上方；苞片径3-3.5毫米。花萼5裂，长2.5-3.8毫米；花冠白或浅黄色，长3-5毫米，5深裂，裂片长2.7-4毫米；雄蕊30-40，花丝基部联合成5体雄蕊；花盘环形，被毛；花柱顶端肥厚。核果绿或浅褐色，圆柱形，长7-8毫米；宿萼裂片直立；核质坚硬，具9纵棱。花期6-7月。

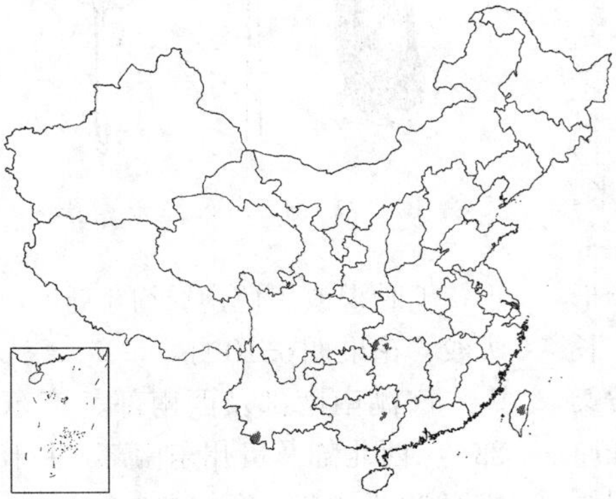

产台湾、湖南西北部、广西中东部及云南南部，生于海拔1000-3000米林中。

图 119 大叶山矾 （引自《图鉴》）

44. 长毛山矾 图 120

Symplocos dolichotricha Merr. in Lingnan Sci. Journ. 7: 320. 1931.

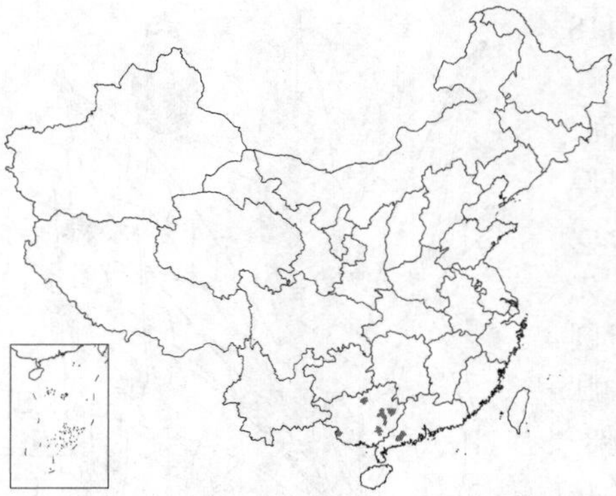

乔木。枝细长。幼枝、叶上面或叶上面脉上、叶下面、叶柄均被展开淡褐色长毛。叶纸质，榄绿色，椭圆形、长圆状椭圆形或卵状椭圆形，长6–13厘米，宽2–5厘米，先端渐尖，基部钝圆，全缘或有稀疏细锯齿，中脉及侧脉在上面均凹下，侧脉4–7对，网脉在上面微凸起；叶柄长4–6毫米。团伞花序有6–8花，腋生；苞片先端尖，被柔毛，小苞片较窄。花萼长2.8–3.2毫米；萼筒倒圆锥形，裂片与萼筒等长或稍长于萼筒；花冠长约4毫米，5深裂几达基部；雄蕊约30，花丝细长；花盘有灰色柔毛；子房3室，花柱粗，长4–6毫米。核果绿色，近球形，径约6毫米，宿萼裂片直立。花果期7–11月，边开花边结果。

产广东西南部及广西，生于低海拔路旁、山谷密林中。越南有分布。

图 120 长毛山矾 （引自《图鉴》）

45. 南国山矾 图 121

Symplocos austrosinensis Hand.-Mazz. in Beih. Bot. Centmlbl. 62 (B): 29. 1943.

乔木。小枝细，嫩枝具棱，灰黄或淡褐色，被紧贴柔毛；老枝黑褐色，无毛或稍有毛。叶纸质，干后绿或榄绿色，披针形，有时近窄椭圆形，长4–10厘米，宽1.5–3厘米，先端镰状尾尖，基部楔形或宽楔形，疏生细齿，稀全缘，中脉在上面凹下，侧脉5–8对，斜向上；叶柄细，长1–1.5厘米。团伞花序有花约10朵，腋生；苞片和小苞片均宿存，卵形或宽卵形，先端尖或钝，长约1毫米，有缘毛，密被柔毛。花萼长约2毫米，裂片长圆形，先端钝，长约1毫米；花冠长约4厘米，5深裂几达基部；雄蕊约30，花丝伸出花冠外；花盘环状。核果圆柱形，干时褐或黑色，长约8毫米，有纵纹。花果期6–10月。

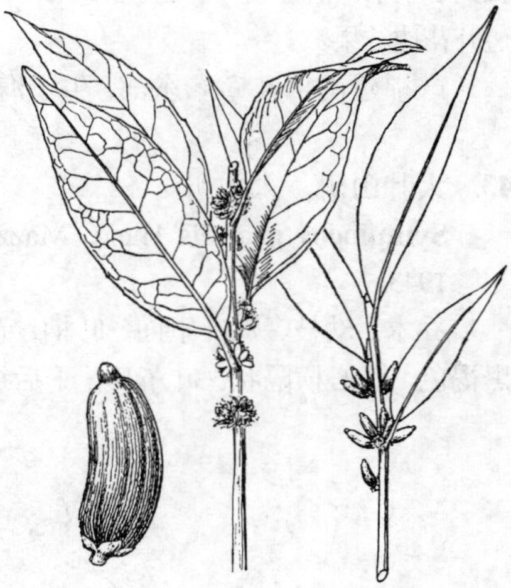

图 121 南国山矾 （余 峰绘）

产湖南南部及西南部、广东北部、广西北部及贵州东南部，生于海拔1000米山谷、密林中。

46. 密花山矾 图 122 彩片 18

Symplocos congesta Benth. Fl. Hongkong. 211. 1861.

常绿乔木或灌木。幼枝、芽均被褐色皱曲柔毛。叶纸质，椭圆形或倒卵形，长8–10（17）厘米，宽2–6厘米，先端渐尖或急尖，基部楔形或宽楔形，通常全缘，稀疏生细尖锯齿，中脉和侧脉在上面均凹下，侧脉5–10对；叶柄长1–1.5厘米。团伞花序腋生；苞片和小苞片均被褐色柔毛，边缘有4–5枚长圆形、透明腺点。花萼有时红褐色，长3–4毫米，有纵纹，裂片卵形

或宽卵形，覆瓦状排列；花冠白色，长5-6毫米，5深裂几达基部，裂片椭圆形；雄蕊约50，花丝基部稍联合；子房3室。核果熟时紫蓝色，多汁，圆柱形，长0.8-1.3厘米，宿萼裂片直立；核约有10纵棱。花期8-11月，果期翌年1-2月。

产浙江南部、福建、台湾、江西、湖南、广东、香港、海南、广西、贵州东南部及云南东南部，生于海拔200-1500米密林中。根药用，治跌打。

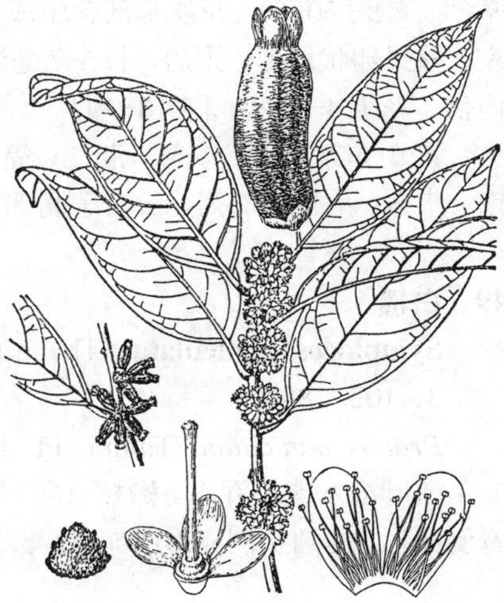

图 122 密花山矾 （引自《图鉴》）

47. 丛花山矾 图 123

Symplocos poilanei Guill. in Bull. Soc. Bot. France 71: 282. 1924.

灌木或小乔木。嫩枝通常无毛。叶革质，干后黄绿色，椭圆形、倒卵状椭圆形或卵形，长6-12厘米，宽2-3.5（6）厘米，先端急尖、钝圆或短渐尖，基部楔形，通常全缘或有细齿，中脉在上面凹下，侧脉6-10对；叶柄长0.8-1.5厘米。团伞花序腋生于枝端或生于叶痕上方；花白色，有臭味；苞片卵形或近圆形，背面中脉有龙骨状凸起和褐色腺点，边缘有缘毛和褐色腺点。萼长2.5-3毫米，裂片稍长于萼筒；花冠长约4毫米，5深裂几达基部，有短花冠筒；雄蕊约30，花丝基部联合成短筒；子房3室；花盘环状；花柱粗。核果圆柱形或长圆形，长6-8毫米，宿萼裂片直立，核具10纵棱。花期6-9月，果细10月至翌年2月。

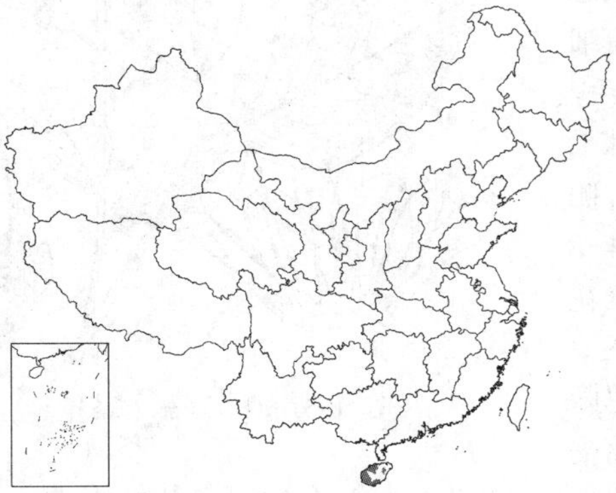

产海南，生于海拔300-1800米林中。越南有分布。木材抗白蚁，供制家具及工艺品。叶药用，治癣疥。

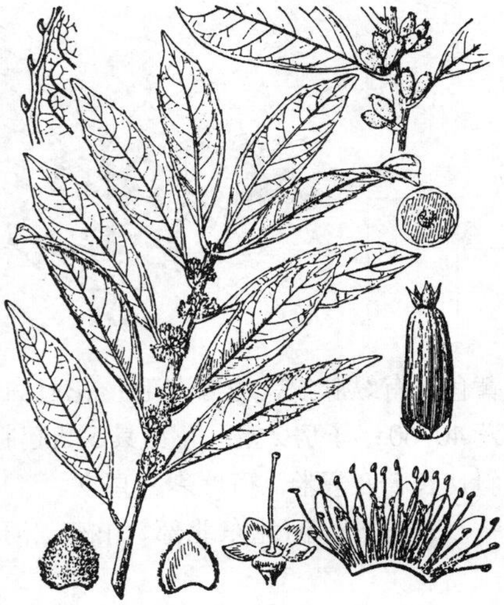

图 123 丛花山矾 （引自《图鉴》）

48. 华山矾 土常山 图 124 彩片 19

Symplocos chinensis (Lour.) Druce in Rep. Bot. Exch. Club. Brit. Isles 4: 650. 1917.

Myrtus chinensis Lour. Fl. Cochinch. 1: 313. 1790.

灌木。嫩叶、叶柄、叶下面均被灰黄色皱曲柔毛。叶纸质，椭圆形或倒卵形，长4-7(10)厘米，先端急尖或短尖，有时圆，基部楔形或圆，有细尖锯齿，上面有柔毛；上面中脉凹下，侧脉4-7对。圆锥花序长4-7厘米，花序轴、苞片、萼外面均被灰黄色皱曲柔毛；苞片早落。花萼长约2-3毫米，裂片长圆形，长于萼筒；花冠白色，芳香，长约4毫米，5深裂几达

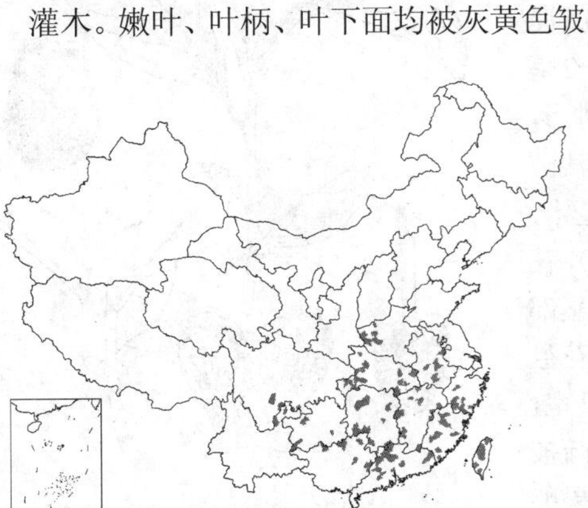

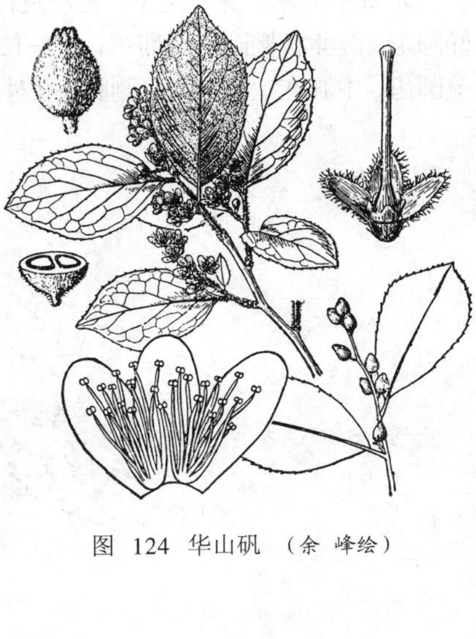

图 124 华山矾 （余 峰绘）

基部；雄蕊50–60，花丝基部合生成5体雄蕊；花盘具5凸起腺点；子房2室。核果卵状球形，歪斜，长5–7毫米，被紧贴柔毛，熟时蓝色，宿萼裂片内伏。花期4–5月，果期8–9月。

产山东东南部、安徽、浙江、福建、台湾、江西、河南西部、湖北、湖南、广东、广西、贵州、云南东北部及四川南部，生于海拔1000米以下丘陵、山坡或林中。根药用，治疟疾、急性肾炎；叶捣烂，外敷治疮疡、跌打；叶研成末，治烧伤烫伤及外伤出血；取叶鲜汁，冲酒内服治蛇伤。

49. 白檀 图 125 彩片 20

Symplocos panlculata (Thunb.) Miq. in Ann. Mus. Bot. Lugd. Bat. 3: 102. 1867.

Prunus paniculata Thunb. Fl. Jap. 200. 1784.

落叶灌木或小乔木。嫩枝有灰白色柔毛，老枝无毛。叶膜质或薄纸质，宽倒卵形、椭圆状倒卵形或卵形，长3–11厘米，宽2–4厘米，先端渐尖或急尖，基部宽楔形或近圆，有细尖锯齿，上面无毛或有柔毛，叶下面通常有柔毛或仅脉上有柔毛，中脉在上面凹下，侧脉在上面平或微凸起，4–8对；叶柄长3–5毫米。圆锥花序长5–8厘米，通常有柔毛；苞片早落，条形，有褐色腺点。花萼长2–3毫米，萼筒褐色，无毛或有疏柔毛，裂片半圆形或卵形，稍长于萼筒，淡黄色，有纵脉纹，边缘有毛；花冠白色，长4–5毫米，5深裂几达基部；雄蕊40–60；子房2室；花盘具5凸起腺点。核果熟时蓝色，卵状球形，稍偏斜，长5–8毫米，宿萼裂片直立。

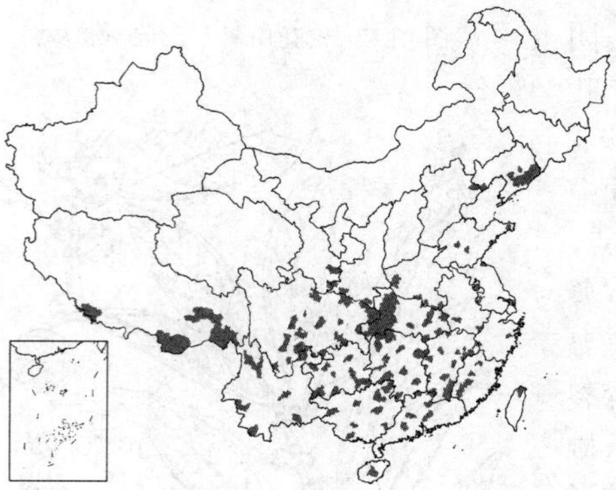

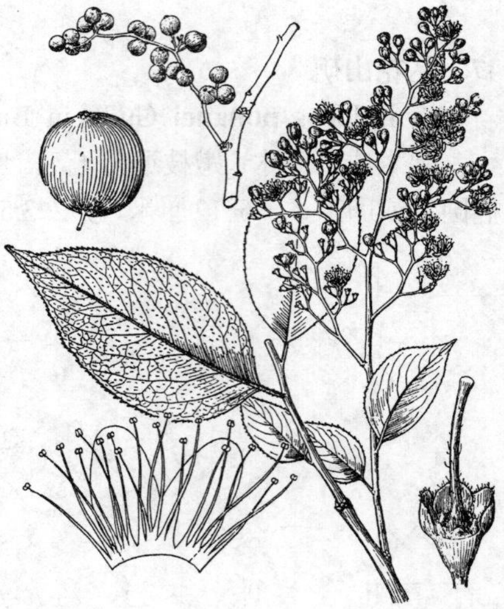

图 125 白檀 （余 峰绘）

产辽宁、河北东北部、山东、河南、安徽、江苏、浙江、福建、台湾、湖北、湖南、广东、海南、广西、贵州、云南、西藏、四川、甘肃东南部及陕西南部，生于海拔760–2500米山坡、路旁、疏林或密林中。朝鲜、日本及印度有分布。叶药用；根皮与叶作农药用。

50. 南岭山矾 图 126

Symplocos confusa Brand in Engl. Pflanzenr. 6(1V. 242): 88. 1901.

常绿小乔木。芽、花序、苞片及花萼均被灰色或灰黄色柔毛。叶近革质，椭圆形、倒卵状椭圆形或卵形，长5–12厘米，先端急尖或短渐钝尖，全缘或具疏圆齿，中脉在上面凹下，侧脉5–9对；叶柄长1–2厘米。总状花序长1–4.5厘米；苞片先端圆，长1.5–2毫米，小苞片先端尖。花萼钟形，长2.2–3.2毫米，顶端有5浅圆齿；花冠白色，长4.5–7毫米，5深裂至中部，雄蕊40–50，花丝粗而扁平，有细锯齿，基部联合，着生于花冠喉部；花盘环状，有细柔毛；子房2室，花柱长约5毫米，粗壮，疏被细柔毛，柱头半球形。核果卵

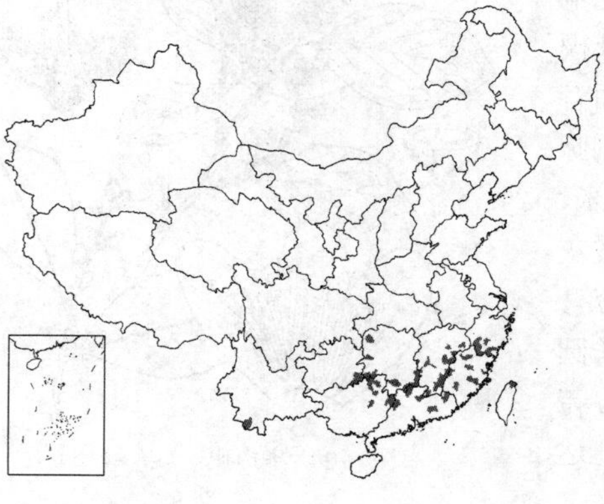

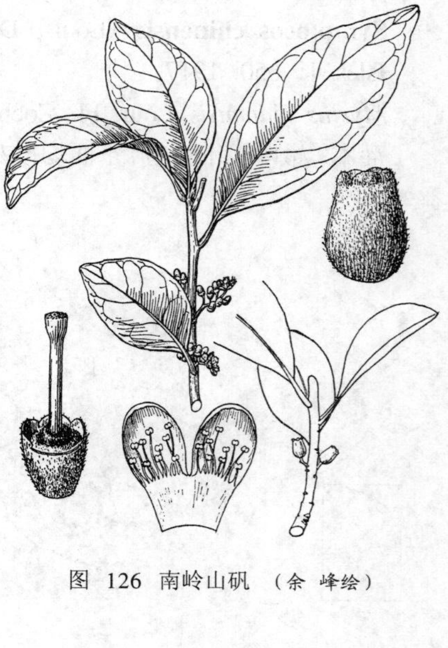

图 126 南岭山矾 （余 峰绘）

形，顶端圆，长4-5毫米，被柔毛，宿萼裂片直立或内倾。花期6-8月，果期9-11月。

产浙江南部、福建、台湾、江西、湖南、广东、广西、贵州及云南南部，生于海拔500-1600米溪边、路旁、石山或山坡阔叶林中。越南有分布。

100. 紫金牛科 MYRSINACEAE

（陈 介 李志敏）

灌木、乔木或攀援灌木。单叶互生，稀对生或轮生，常具腺点或脉状腺纹，全缘或具齿，齿间有时具腺点；无托叶。总状花序、伞房花序、伞形花序、聚伞花序及上述花序组成的圆锥花序或花簇生、腋生、侧生、顶生或生于侧生花枝顶端，或生于具覆瓦状排列的苞片的短枝顶端；具苞片或小苞片。花两性或杂性，辐射对称，4-5（6）数；花萼基部连合或近分离，常具腺点，宿存；花冠常基部连合成筒，裂片常具腺点或脉状腺纹；雄蕊与花冠裂片同数，对生，着生于花冠；花药2室，多纵裂，在雌花中退化；子房上位，稀半下位或下位，1室，中轴座或特立中央胎座；胚珠多数，1或多轮，倒生或半弯生，常1枚发育；花柱1，柱头点尖或分裂，扁平、腊肠形或流苏状。浆果、核果或蒴果，有种子1枚或多数。种子富含胚乳；胚圆柱形，常横生。

32-35属，1000余种，主要分布于热带和亚热带地区，南非及新西兰亦有。我国6属，129种；18变种。

本科植物多作药用，有些种的树皮和叶可提取栲胶，果可食用，种子可榨油；有些是南方观赏植物。

1. 子房半下位或下位；花萼基部或花梗具1对小苞片；种子多数，有棱角 ………… 1. **杜茎山属 Maesa**
1. 子房上位；花萼基部或花梗无小苞片；种子1枚，球形或新月状圆柱形。
  2. 蒴果，新月状圆柱形；花药具横隔 ………… 2. **蜡烛果属 Aegiceras**
  2. 果核果状，常球形；花药无横隔。
    3. 伞房、伞形、聚伞花序，或成圆锥花序，花序梗长或着生侧生花枝顶端；花冠裂片螺旋状排列，柱头点尖；花两性 ………… 3. **紫金牛属 Ardisia**
    3. 总状、伞形花序或花簇生，后二者常无花序梗；花冠裂片覆瓦状或镊合状排列；花杂性。
      4. 总状花序；攀援灌木或藤本 ………… 4. **酸藤子属 Embelia**
      4. 伞形花序或花簇生；灌木或小乔木。
        5. 花常簇生，基部具1轮苞片；花丝较长，柱头流苏状或扁平，稀点尖；叶缘常具齿 ………… 5. **铁仔属 Myrsine**
        5. 伞形花序或花簇生，着生于具覆瓦状排列的苞片的小枝顶端；花丝极短或无，柱头腊肠形、圆柱形或中部以上扁平成舌状；叶缘常无齿 ………… 6. **密花树属 Rapanea**

1. 杜茎山属 Maesa Forsk.

灌木，稀小乔木；直立或外倾，分枝多。叶全缘或具齿，常具脉状腺纹或腺点。总状花序或成圆锥花序。花5数，两性或杂性；花萼基部或花梗常具1对小苞片；花萼漏斗形，萼筒包子房下半部或更多，萼片镊合状排列，常卵形，具脉状腺纹或腺点，宿存；花冠白或浅黄色，钟形或筒状钟形，常具脉状腺纹，裂片卵圆形；雄蕊着生花冠筒，与裂片对生，内藏，花丝分离，与花药等长或略短；子房半下位或下位，花柱圆柱形，常不超过雄蕊，柱头点尖，微裂或3-

5浅裂，胚珠多数，着生于中央特立胎座。肉质浆果或干果，中果皮坚脆(干果)，宿萼包果一半以上，常具脉状腺纹或纵肋纹。种子细小，多数，具棱角，镶于空心胎座内。

约200种，主要分布于东半球热带地区。我国29种，1变种。

本属植物果味甜可食，有的叶可毒鱼，作染料或代茶。

1. 花冠裂片与花冠筒等长或略长。
  2. 小枝无毛或幼嫩部分被鳞片。
    3. 叶全缘或疏生不明显齿。
      4. 叶无脉状腺纹；圆锥花序，分枝多。
        5. 叶膜质或略厚；花梗长4-5毫米 …………………… 1.米珍果 **M. acuminatissima**
        5. 叶坚纸质或近革质；花梗长1-1.5毫米 …………………… 1(附). **秤杆树 M. ramentacea**
      4. 叶具脉腺纹；总状花序或基部具1-2分枝 …………………… 2. **湖北杜茎山 M. hupehensis**
    3. 叶缘具齿。
      6. 植株幼嫩部分无鳞片。
        7. 花序长7-17厘米，上下均有分枝；叶具6-8对侧脉 …………………… 3. **顶花杜茎山 M. balansae**
        7. 花序长3-5厘米，仅基部分枝；叶具12对侧脉 …………………… 4. **包疮叶 M. indica**
          8. 叶下面无毛，上面叶脉平，不凹下，侧脉在中上部分枝，脉端直达齿尖；果柄无毛 …………………… 6. **灰叶杜茎山 M. chisia**
          8. 叶下面被毛。
      6. 植株幼嫩部分被鳞片；花序长3-4厘米，叶宽倒卵形，先端平截或微凹，具骤尖或渐尖 …………………… 5. **皱叶杜茎山 M. rugosa**
  2. 小枝被毛。
    9. 叶上面无毛或微被疏柔毛；小枝被微柔毛、疏长硬毛、柔毛或几无毛。
      10. 叶椭圆状、长圆状披针形或卵形，宽3-7(-9)厘米 …………………… 7. **金珠柳 M. montana**
      10. 叶椭圆状卵形或披针形，宽1-1.8(-4)厘米。
        11. 圆锥花序长3-7厘米；叶长2.5-6(-10)厘米 …………………… 8. **小叶杜茎山 M. parvifolia**
        11. 圆锥花序长5-8毫米；叶长7-10厘米 …………………… 8(附). **短序杜茎山 M. brevipaniculata**
    9. 叶上面无毛；小枝被密长硬毛或柔毛。
      12. 老叶两面被糙伏毛；果被长硬毛 …………………… 9. **毛穗杜茎山 M. insignis**
      12. 老叶叶面仅脉上被毛；果无毛 …………………… 10. **鲫鱼胆 M. perlarius**
1. 花冠裂片较花冠筒短。
  13. 叶革质，长约10厘米；小枝无毛 …………………… 11. **杜茎山 M. japonica**
  13. 叶纸质，长12-17(-22)厘米；小枝密被柔毛 …………………… 12. **银叶杜茎山 M. argentea**

1. 米珍果 图 127：1

Maesa acuminatissima Merr. in Philipp. Joum. Sci. Bot. 23: 257. 1923.

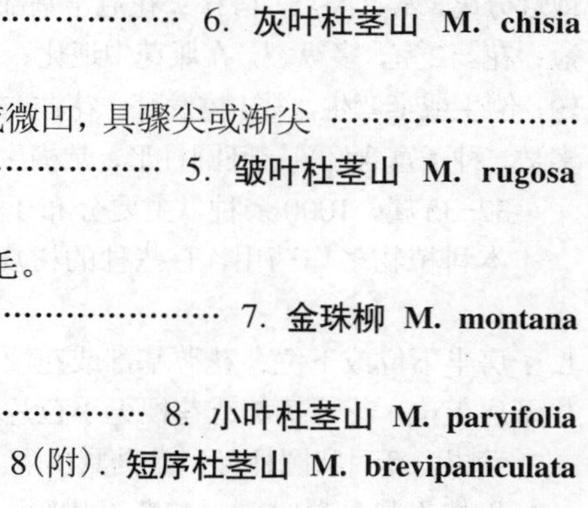

灌木。小枝纤细，无毛。叶膜质，披针形或宽披针形，先端渐尖，常镰状，基部钝或近圆，长9-17厘米，宽2-5厘米，全缘或具浅波齿，两面无毛，无脉状腺纹，侧脉4-6对；叶柄长约1厘米。金字塔状圆锥花序，顶生及腋生，长5-8厘米；苞片钻形，长不及1毫米。花梗长4-5毫米；花萼钟形，萼片卵形；花冠白色，钟状，长约2毫米，裂片与花冠筒等长，具不整齐细波状齿，无腺点；雄蕊在雌花中退化；雌花具短花柱，柱头微裂。果球形或近卵圆形，径约3毫米，绿白色，无腺点，无毛，宿萼几全包果或果顶端微露；果柄长3-6毫米，与轴垂直。花期1-2月，果期11-12月。

产云南东南部、广西南部及海南，生于海拔100-620米山间密林下、溪边或湿润地方。越南有分布。

［附］**秤杆树** 图127：2 **Maesa ramentacea**（Roxb.）A. DC. in DC. Prodr. 8：77. 1844. —— *Baeobotrys ramentacea* Roxb. F1. Ind. ed. Carey 2：231. 1824. 本种与米珍果的区别：叶坚纸质或近革质，卵形或椭圆状披针形；苞片卵形；花梗长1-1.5毫米；果柄长2-3毫米。花期1-3月，果期8-10月。产广西、云南，生于海拔300-1650米疏林下、坡边、沟底、溪边荫处灌丛中。印度、马来半岛、印度尼西亚至菲律宾有分布。

图 127：1. 米珍果 2. 秤杆树（李锡畴绘）

2. 湖北杜茎山 图 128

Maesa hupehends Rehd. in Sarg. P1. Wilson.2：583. 1916.

灌木。小枝无毛。叶坚纸质，披针形，先端渐尖，基部圆钝，长10-15厘米，宽2-4厘米，全缘或疏生浅齿，两面无毛，具脉状腺纹，侧脉8-10对；叶柄长0.5-1厘米，无毛。总状花序，腋生，长4-8厘米，无毛；苞片披针形，全缘，无毛。花梗长3-4毫米，无毛；萼片宽卵形，较萼筒长，边缘薄，具微齿和脉状腺纹，无毛；花冠白色，钟形，长3-4毫米，具密脉腺纹，裂片宽卵形，与花冠筒等长；雄蕊短，内藏，花丝与花药等长；雌蕊不超过花冠，子房与花柱等长。果球形或近卵圆形，白或白黄色，具脉状腺纹及纵肋纹，宿萼包果达顶部，花柱宿存，花期5-6月，果期10-12月。

产湖北西部、湖南西北部、贵州东南部及四川，生于海拔500-1700米山间密林中、溪边林下或林缘灌丛中湿润地方。

图 128 湖北杜茎山 （引自《图鉴》）

3. 顶花杜茎山 图 129

Measa balansae Mez in Engl. Pflanzenr. 9(1V.236)：41. 1902.

灌木，分枝多；小枝红褐色，无毛，常具皮孔。叶坚纸质，宽椭圆形或椭圆状卵形，先端尖或钝，基部宽楔形或圆钝，长10-16厘米，近全缘或具细齿，两面无毛，上面中脉微凹，侧脉微隆起，侧脉6-8对，尾端达齿尖；叶柄长2-3厘米，无毛。圆锥花序顶生或腋生，长7-17厘米；苞片全缘，无毛。花梗长卵形，顶端圆，与花冠筒等长；雄蕊短，内藏，着生花冠筒喉部，花丝略长于花药；雌蕊较雄蕊短，花柱与子房等长，柱头微4裂。果球形，具肋纹；宿萼包果顶端，具宿存花柱。花期1-2月，果期8-11月。

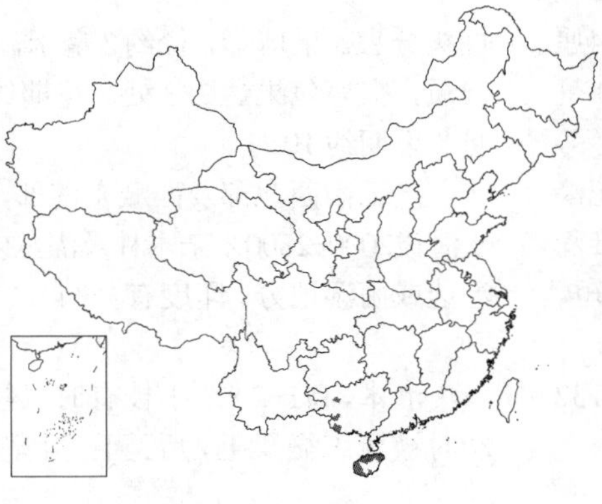

产海南、广西西部及西南部，生于坡地、海边空旷灌丛中、林缘、疏林下或溪边。越南北部有分布。

4. 包疮叶 图 130

Measa indica（Roxb.）A. DC. in Trans. Linn. Soc. 17：134. 1834.

Baeobotrys indica Roxb. Fl. Ind. ed. Carey 2：230. 1824.

大灌木，高达3（-5）米。幼枝具深沟槽，后变圆柱形，具纵条纹。叶坚纸质或近革质，卵形、宽卵形或长圆状卵形，先端急尖或渐尖，基部楔形或近圆，长8-17(-21)厘米，边缘具波状齿或疏细齿或粗齿，两面无毛，侧脉12对，具明显脉状腺条纹；叶柄长1-2.5(-4)厘米。总状花序或圆锥花序，常仅于基部分枝，腋生及近顶生，长3-5厘米；苞片三角状卵形或近披针形，无毛；花梗长1-2毫米，无毛；小苞片宽卵形，紧贴花萼基部；花长约2毫米；萼片宽卵形，较萼管长或近等长；花冠白或淡黄绿色，钟状，长约2毫米，具不明显脉状腺条纹，裂片与花冠管等长或稍长，宽卵形，雄蕊生于花冠管中部，内藏；花丝较花药稍长或近等长；雌蕊不超过雄蕊，柱头微裂。果卵圆形或近球形，径约3毫米，具纵行肋纹；宿存萼包果顶部。花期4-5月，果期9-11月或4-7月。

产云南，生于海拔500-2000米山间林下、山坡、沟底荫湿处，有时亦见于阳处。印度及越南有分布。

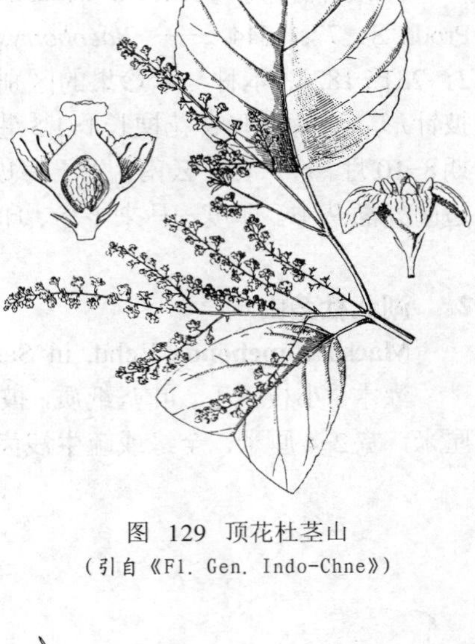

图 129 顶花杜茎山
（引自《Fl. Gen. Indo-Chne》）

5. 皱叶杜茎山 图 131

Measa rugosa C. B. Clarke in Hook. f. Fl. Brit. Ind. 3：508. 1882.

灌木。幼枝幼叶密被锈色鳞片，旋脱落；小枝无毛。叶坚纸质或近革质，宽倒卵形，长6-16厘米，宽5-12.5厘米，先端平截或微凹，具骤尖或渐尖头，基部宽楔形或钝，两面无毛，上面脉凹下，粗糙，具皱纹，侧脉8-10对，细脉几平行与侧脉成直角；叶柄长1-2厘米。圆锥花序腋生，长3-4厘米；苞片卵形，长不及1毫米。花梗长1-1.5毫米；萼片与萼筒等长或略长；花淡黄色；花冠淡黄色，钟状，长约2毫米，无毛，裂片与花冠筒等长；雄蕊着生花冠筒中部，花丝极短，与花药等长，花药卵形；雌蕊较花冠略短，柱头分裂。果球形，径约3毫米，稍肉质，宿萼包果达2/3处。花期约7月，果期约10月。

产云南西北部及西藏东南部，生于海拔2000-2800米杂木林及灌丛中，沟边或荫湿地方。印度有分布。

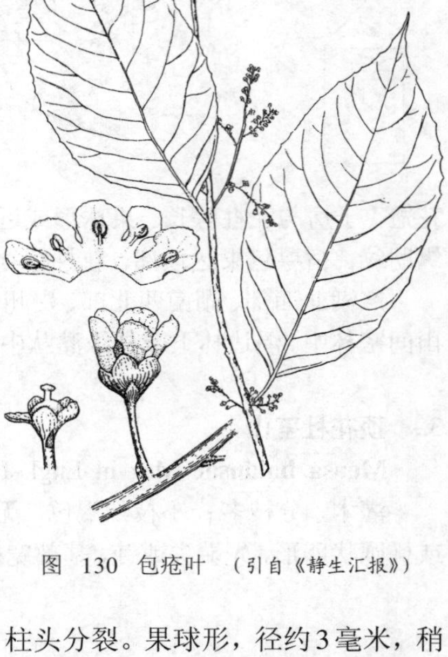

图 130 包疮叶 （引自《静生汇报》）

6. 灰叶杜茎山 图 132

Measa chisia D. Don, Prodr. Fl. Nepal. 148. 1825.

灌木，高1-2米；小枝有时具棱，幼时被疏细微柔毛，后无毛。叶坚纸

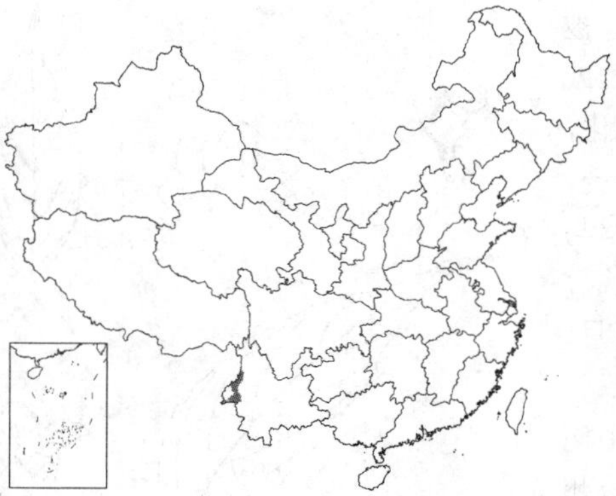

质，长圆形、椭圆状披针形或倒披针形，顶端急尖或突然渐尖，基部楔形，长8.5-14厘米，宽2.5-5.5厘米，边缘具锯齿，两面无毛，中、侧脉明显隆起，以背面尤甚，侧脉约10对；尾端分枝，直达齿尖，密生细脉状条纹；叶柄长约1.5厘米。圆锥花序，腋生，花未详；果序着生于二年生枝叶痕上，长1.5-4厘米，分枝多，无毛；苞片披针形，长约0.5毫米；果柄长1-2毫米，无毛；小苞片卵形，无毛，宿存萼片卵状三角形，无毛，边缘多少具疏缘毛，顶端具腺点。果球形，径3-4毫米，略肉质，无毛，无腺点。花期未详，果期约12月。

产云南西部，生于海拔约1800米山坡疏林下或向阳灌丛中。尼泊尔、不丹、印度及缅甸有分布。

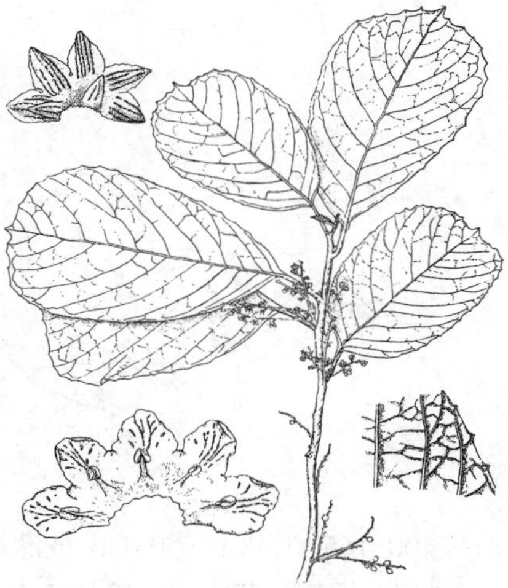

图 131 皱叶杜茎山 （引自《静生汇报》）

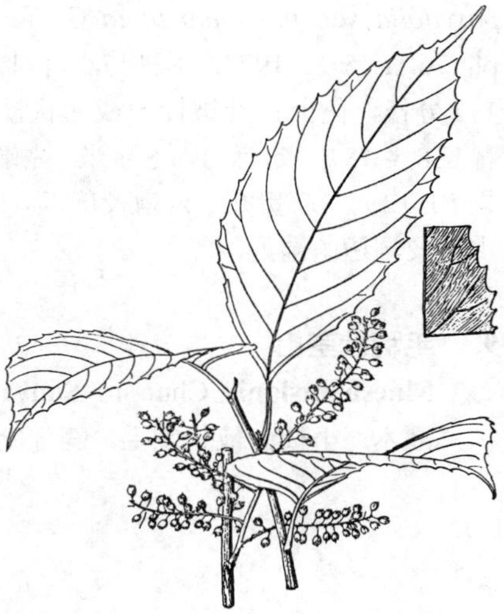

图 132 灰叶杜茎山 （李锡畴绘）

7. 金珠柳 山地杜茎山 图 133

Measa montana A. DC. in DC. Prodr. 8: 79. 1844.

灌木或小乔木，叶坚纸质，椭圆形、长圆状披针形或卵形，先端尖或渐尖，基部楔形或钝，长7-14厘米，宽3-7厘米，具粗齿或波状齿，上面无毛，下面具不甚明显脉状腺纹，侧脉8-12对；叶柄长1-1.5厘米。总状花序或圆锥花序，基部分枝，腋生，长2-7厘米，被疏硬毛；苞片披针形。花梗长1-2毫米，具脉状腺纹，裂片与花冠筒等长或略长，雄蕊着生花冠筒中部，内藏，花丝与花药等长；雌蕊不超过雄蕊，柱头微裂或半裂。果球形或近椭圆形，幼时褐红色，熟后白色，宿萼包果达中部略上。花期2-4月，果期10-12月。

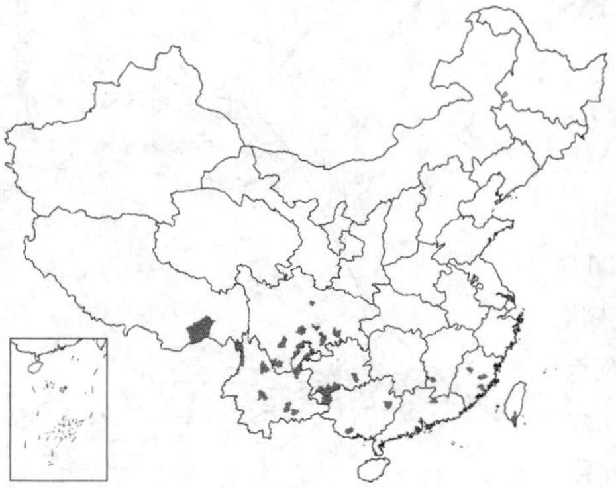

产台湾、福建、江西西南部、广东东北部、广西、贵州、四川、云南及西藏东南部，生于海拔400-2800米山间林下或疏林下。印度、缅甸及泰国有分布。

图 133 金珠柳 （引自《图鉴》）

8. 小叶杜茎山 图 134：1

Maesa parvifolia A. DC. in Fedde, Repert. Sp. Nov. 8: 353. 1910.

灌木；分枝多。小枝纤细。叶膜质或近坚纸质，椭圆状卵形或披针形，先端渐尖，稀尖，基部楔形，长2.5-6厘米，宽1-1.8厘米，下面被微柔毛，脉上尤多，侧脉8对；叶柄长3-6毫米。圆锥花序腋生，一次分枝，长3-

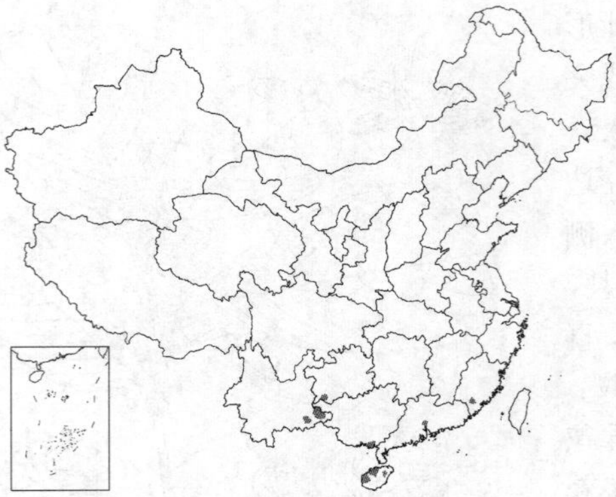

7厘米；苞片小，披针形，被硬毛。花梗与花冠筒等长或略短；雄蕊在雌花中退化，较花冠筒短，花丝短于花药，花药在雌花中略大，花丝与花药等长；雌蕊短于花冠，柱头扁平微裂。花期2-4月，有时12月。

产福建南部、广东中南部、海南、广西南部、贵州西南部及云南东北部，生于海拔400-1650米林下或开旷山坡灌丛中。越南北部有分布。

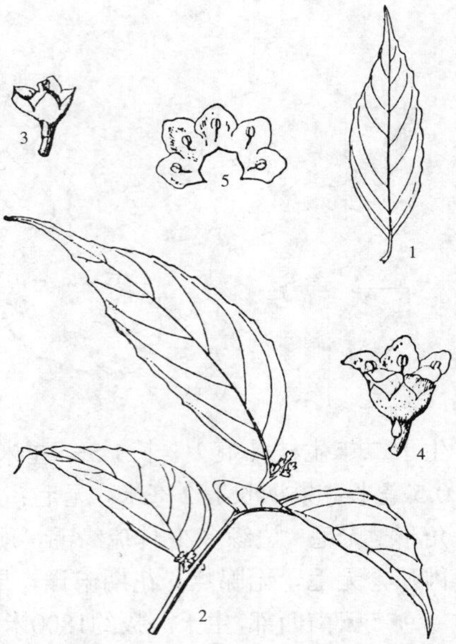

图 134：1. 小叶杜茎山 2-5. 短序杜茎山（李锡畴绘）

［附］**短序杜茎山** 图 134：2-5 **Maesa brevipaniculata**（C. Y. Wu et C. Chen）Pipoly et C. Chen in Novon 5：357. 1996. —— *Maesa parvifolia* var. *brevipaniculata* C. Y. Wu et C. Chen, Fl. Yunnan. 1：324. pl. 76. f. 5-8. 1977. 本种与小叶杜茎山的区别：花序长5-8毫米，基部具1-2分枝，花少；叶鈹针形或卵状披针形，长7-10厘米，宽1.5-2.3厘米，稀长8.5-13厘米，宽3-4.5厘米，先端镰形或尾尖，基部近圆。花期4-6月，果10-12月。产贵州、云南及广西，生于海拔1300-1800米常绿阔叶林下、山坡及沟边荫湿处。

9. 毛穗杜茎山 图 135

Maesa insignis Chun in Sunyatsenia 2：81. f. 20. 1934.

灌木。小枝密被长硬毛，髓部空心。叶纸质，椭圆形，长12-16厘米，先端渐尖，基部圆钝，具锯齿，两面被糙伏毛，下面中、侧脉被密长毛，侧脉约10对；叶柄密被长硬毛。总状花序，腋生，长6厘米，被长硬毛；苞片披针形或钻形。花梗长约5毫米；小苞片常生于花梗上部；萼片卵形或三角状卵形，较萼筒略长，具脉状腺纹和缘毛；花冠黄白色，长2毫米，钟形，裂片长为花冠筒1/2或略短，无毛；雄蕊在雄花中内藏，着生花冠筒中部，花丝与花药等长；雌蕊长不超过雄蕊，柱头微裂或4裂。果球形，径5毫米，白色，被长硬毛，宿萼包果顶端，花柱宿存。花期1-2月，果期11月。

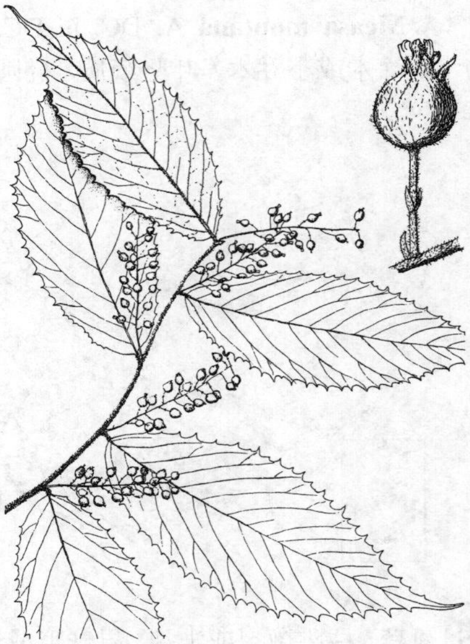

图 135 毛穗杜茎山 （引自《静生汇报》）

产湖南西北部、四川东南部、贵州、广西及广东西部，生于山坡、丘陵地疏林下。

10. 鲫鱼胆 图 136

Maesa perlarius（Lour.）Merr. in Amer. Philos. Soc. n. ser. 24：298. 1935.

Dartus perlarius Lour. Fl. Cochinch. 1：124. 1790.

小灌木；分枝多。叶纸质，宽椭圆状卵形或椭圆形，先端尖，基部楔形，长7-11厘米，中下部以上具粗齿，

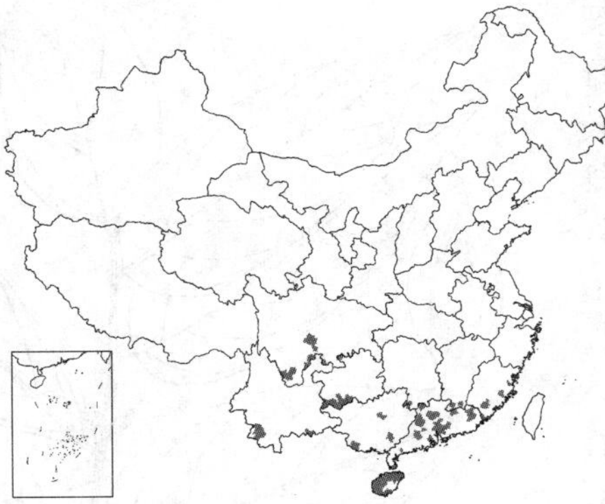

幼时两面被密长硬毛，侧脉7-9对；叶柄长0.7-1厘米，被毛。总状或圆锥花序，腋生，长2-4厘米，被长硬毛或柔毛；苞片及小苞片均被毛。萼片宽卵形，较萼筒长或几等长，具脉状线纹；花冠白色，钟形，较花萼长1倍，无毛，裂片与花冠筒等长，宽卵形，具波状细齿；雄蕊在雄花中着生花冠筒上部，内藏，花丝较花药略长；雌蕊较雄蕊略短，花柱短厚，柱头4裂。果球形，无毛，宿萼达果中部略上，花柱宿存。花期3-4月，果期12月至翌年5月。

产福建、江西南部、湖南南部、广东、海南、广西、贵州、云南及四川，生于海拔150-1350米山坡、疏林或灌丛中湿润地方。越南、泰国有分布。全株药用，可消肿去腐、生肌接骨。

图 136 鲫鱼胆 （引自《海南植物志》）

11. 杜茎山 图 137

Maesa japonica（Thunb.）Moritzi. ex Zoll. in Syst Verz. Ind. Archip. 3：61. 1855.

Doraena japonica Thunb. Nov. Gen. P1. 3：59. 1783.

灌木。小枝无毛。叶革质，椭圆形、披针状椭圆形、倒卵形或披针形，长(5-)10(-15)厘米，宽(2)3(-5)厘米，两面无毛，侧脉5-8对，叶柄无毛，总状或圆锥花序，无毛；苞片卵形。花梗长2-3毫米；小苞片紧贴花萼基部；花萼长2毫米；花冠白色，长钟形，花冠筒具脉状腺纹，裂片卵形或肾形，略具细齿；雄蕊生于冠筒中部，内藏，花丝与花药等长；柱头分裂。果球形，径4-6毫米，肉质，具脉状腺纹，宿萼包果顶端，花柱宿存。花期1-3月，果期10月或5月。

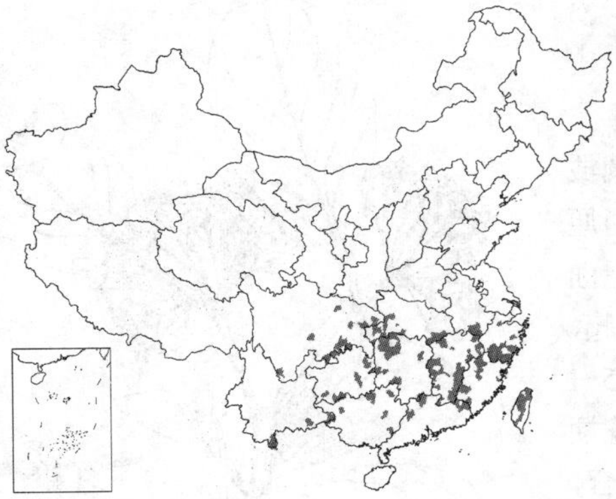

产安徽南部、浙江、台湾、福建、江西、湖北、湖南、广东、广西、贵州、云南及四川，生于海拔300-2000米石灰岩山地林下或灌丛中。日本及越南北部有分布。果微甜可食；全株药用，可祛风寒及消肿；茎叶外敷，治跌打损伤，止血。

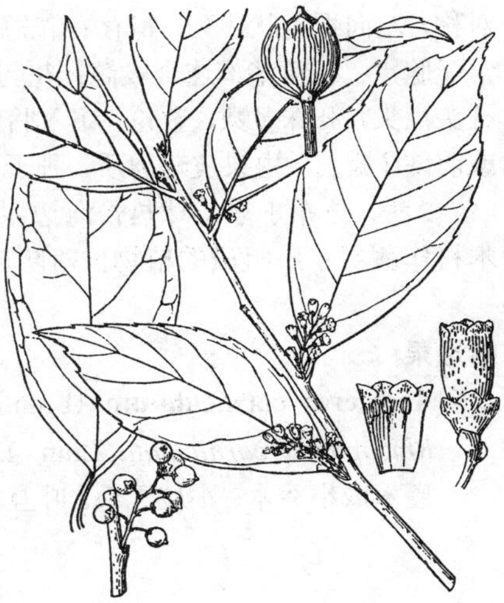

图 137 杜茎山 （引自《图鉴》）

12. 银叶杜茎山 图 138

Maesa argentea（Wall.）A. DC. in Ann. Sci. Nat. ser. 2, 16：96. pl. 5. 1841.

Baeobotrys argentea Wall. in Roxb. Fl. Ind. ed. Carey 2：233. 1824.

灌木，稀小乔木。分枝多，小枝被密柔毛。叶纸质，卵形或椭圆状宽卵形；长12-17厘米，宽5-9厘米，先端渐尖，基部楔形下延达柄，具粗齿，上面几无毛，中脉侧脉平，侧脉约8对；叶柄长2厘米。圆锥花序腋生，长1-4厘米；苞片披针形或钻形。花梗长约1毫米，被柔毛；萼片卵形，全缘，无毛；花冠白色，长钟形，长约

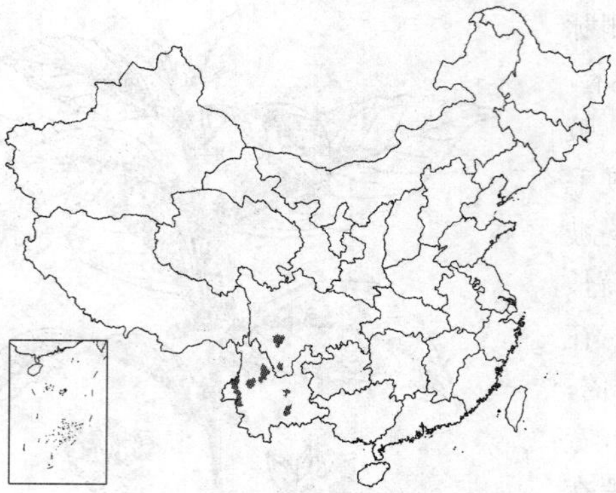

3毫米，花冠筒长2毫米，裂片半圆形，具脉状腺纹；雄蕊着生花冠筒中部，花丝较花药长1倍；雌蕊不超过雄蕊。果球形或近宽卵圆形，肉质，具脉状腺纹，无毛；宿萼包果顶端。花期3-4月，果期9-10月。

产四川西南部及云南，生于海拔1500-2900米林中、沟谷、山坡或水边。尼泊尔、印度有分布。

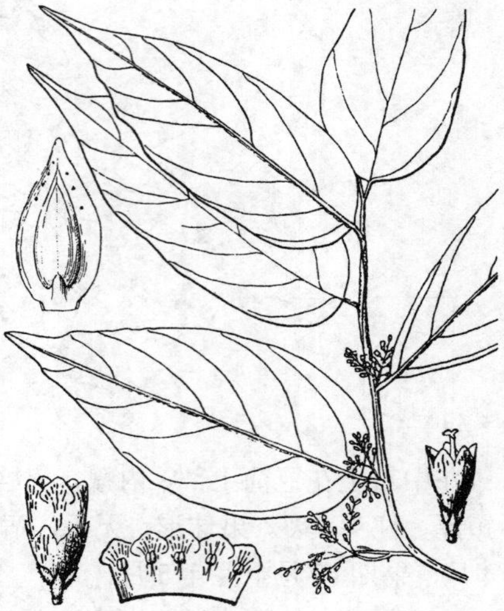

图 138 银叶杜茎山 （引自《静生汇报》）

2. 蜡烛果属 Aegiceras Gaertn.

灌木或小乔木；分枝多。叶互生或于枝条顶端近对生，全缘，腺点不明显，伞形花序顶生。花两性，5数；花萼基部稀连合，萼片革质，斜菱形，不对称，左向螺旋状排列，宿存；花冠钟形，基部连合成筒，裂片卵形或卵状披针形，覆瓦状排列，花时外反或反折，常无腺点；花丝基部连合成筒；花药卵形，2室，纵裂，每室具数横隔，花药具数小室；子房上位，向上渐窄成花柱，柱头点尖，胚珠多数，数轮，镶入胎座内。蒴果圆柱形，新月状弯曲，宿萼包果基部，外果皮干脆，纵行龟裂、背部或前部2瓣裂，内果皮略肉质，种子1。种子及胚均圆柱形，弯曲。

2种，分布于东半球热带海边泥滩地带，常与红树种植物组成群落。我国1种。本属植物的树皮可提取栲胶；木材作薪炭；所组成的植物群落防风、防浪。

蜡烛果 图 139 彩片 21

Aegiceras corniculatum (Linn.) Blanco, Fl. Filip. 79. 1837.

Rhizophora corniculata Linn. Diss. Herb. Amboin. 1754.

灌木或小乔木。小枝无毛。叶互生，革质，倒卵形或椭圆形，先端圆或微凹，基部楔形，长3-10厘米，两面密布小窝点，上面无毛，中脉平，侧脉微隆起，侧脉7-11对；叶柄长0.5-1厘米。花序有10余花。花梗长约1厘米；花萼基部连合，无毛，萼片斜菱形，不对称；花冠白色，钟形，长约9毫米；雄蕊较花略短，花丝基部连合成筒，与花冠筒等长或略长，花药与花丝近丁字形；雌蕊与花冠等长，子房卵形，与花柱无明显界限，连成圆锥体。蒴果圆柱形，弯如新月，长6-8厘米，径5毫米；宿萼紧包基部。花期12月至翌年1-2月，果期10-12月，有时花期4月，果期2月。

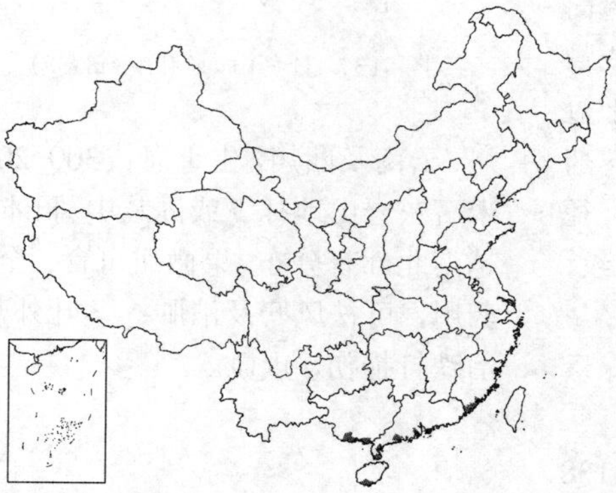

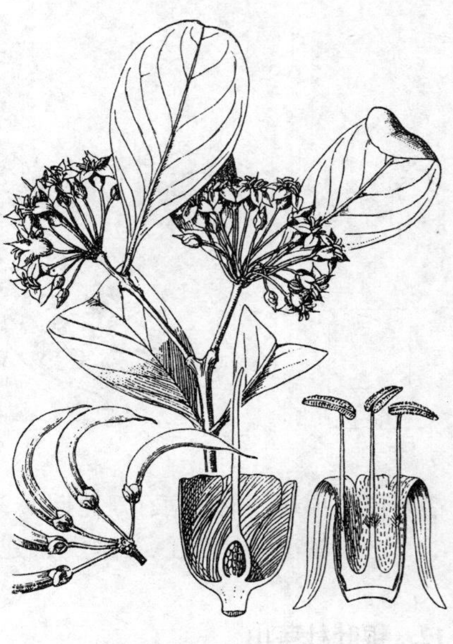

图 139 蜡烛果
（引自《Fl. Gen. Indo-Chne》）

产福建东南部、广东东南部、香港、海南南部及广西南部沿海地带，生于海边潮水涨落的泥滩，为红树林组成树种之一，有时成钝林。印度、中南半岛至菲律宾及澳大利亚有分布。

3. 紫金牛属 Ardisia Swadz

常绿灌木、亚灌木或小乔木。叶互生，常具不透明腺点，具边缘腺点或无。聚伞、伞形或伞房花序或成圆锥花序。两性花，常5数；花萼基部连合，萼片常具腺点；花瓣基部微连合，右旋螺旋状排列，花时外反或开展，稀直立，无毛，常具腺点；雄蕊生于花瓣基部，花丝短，基部宽，向上渐窄，花药几与花瓣等长或较小，2室，纵裂；雌蕊与花瓣等长或略长，子房上位，花柱丝状，柱头点尖，胚珠3-12或更多，1轮或数轮。核果球形，常红色，具腺点，内果皮坚脆或近骨质。种子1枚，球形或扁球形，基部内凹；胚乳丰富；胚圆柱形，横生或直立。

约300种，分布于热带美洲、太平洋诸岛，印度半岛东部、亚洲东部及南部，少数产大洋洲，非洲不产。我国68种，12变种。

本属植物多供药用，对跌打，风湿，痨咳及各种炎症有良效；有的果可食用，种子可榨油，叶作野菜；有的作花卉。

1. 叶全缘、近全缘或具微波状齿，叶缘无腺点，有微波状齿时，齿间具极不明显腺点。
2. 叶全缘，无腺点；圆锥花序长6厘米以上，分枝多，有花50朵以上。
3. 萼片宽卵形或圆形，如卵形，则花瓣连合达1/2以上。
4. 枝条、花枝及花梗粗，花梗径约2毫米，花序梗更粗；花长约1厘米 …………… 1. **酸苔菜 A. solanacea**
4. 枝条、花枝及花梗较细，花梗及花序梗径约1毫米，花长5-7毫米 … 1(附). **小乔木紫金牛 A. garrettii**
3. 萼片窄，卵状或三角状披针形。
5. 叶倒卵形、椭圆状卵形或宽倒披针形；萼片内面无毛，花瓣白色 …………… 2. **多枝紫金牛 A. sieboldii**
5. 叶窄长圆状披针形或倒披针形；萼片内面被柔毛，花瓣粉红或紫红色 …… 3. **南方紫金牛 A. neriifolia**
2. 叶全缘或具微波状边缘，边缘微波状时，具不明显边缘腺点；聚伞、伞形或亚伞形花序长6厘米以下，分枝少，花少于20朵。
6. 侧脉20对以上；小枝被鳞片或微柔毛。
7. 果球形；叶干后黄褐色。
8. 萼片三角状卵形，无腺点；花序常生于侧生花枝顶端；叶细脉间无腺点 ……………………………………………………………………………………………… 4. **圆果紫金牛 A. depressa**
8. 萼片卵状长圆形或宽卵形，具腺点；花序腋生或侧生；叶细脉间疏生腺点 ……………………………………………………………………………………… 4(附). **越南紫金牛 A. waitaku**
7. 果扁球形；叶干后灰蓝色。
9. 花序长3-5厘米，多少被鳞片 ………………………………………………… 5. **罗伞树 A. quinquegona**
9. 花序长1-1.5厘米，被微柔毛 ……………………… 5(附). **海南罗伞树 A.quinquegona var. hainanensis**
6. 侧脉8-15对或不明显；小枝无鳞片或无毛。
10. 叶窄披针形或线形，长6-12(-20)厘米，宽1-1.2(-2.5)厘米。
11. 叶下面被锈色鳞片；萼片三角状卵形，先端尖，具缘毛，长约1毫米 ……………………………………………………………………………………………… 6. **柳叶紫金牛 A. hypargyrea**
11. 叶下面无鳞片；萼片宽卵形，先端钝，无缘毛，长3-4毫米 ……… 6(附). **剑叶紫金牛 A. ensifolia**
10. 叶椭圆状卵形或椭圆形，长8-14厘米，宽3.5-6厘米 …………………… 7. **凹脉紫金牛 A. brunnescens**
1. 叶缘具各式圆齿，齿间具边缘腺点，边缘具锯齿或啮蚀状细齿。
12. 叶缘具各式圆齿或极浅牙齿或锯齿，齿间或齿尖具边缘腺点。
13. 花萼短，不超过花瓣长1/2，常达花瓣长1/3，萼片非披针形；植株被短毛、柔毛或无毛。
14. 叶革质或坚纸质，坚纸质者叶长3.5厘米以上，宽1.5厘米以上。
15. 齿间具边缘腺点。
16. 花梗无毛，萼片卵形或圆形。

17. 叶下面具密腺点，侧脉15-30对；花枝无毛；花瓣初白或淡黄色，后粉红色；子房具密腺点 ……………………………………………… 8. **纽子果 A. virens**

17. 叶下面被疏微柔毛或小鳞片，侧脉不明显；花序密被微柔毛；花瓣白色，子房无密腺点 ……………………………………………… 9. **少年红 A. alyxiaefolia**

16. 花梗被柔毛，萼片长圆状卵形，稀卵形或披针形。

18. 叶椭圆形或倒卵状披针形，具浅圆齿，叶下面常被疏鳞片或细微柔毛。

19. 植株高10-15厘米，幼茎被微柔毛；侧生花枝长2-5厘米；叶近全缘，具不明显边缘腺点，鲜根横断面有数点血红色液汁渗出 ……………………… 15. **九管血 A. brevicaulis**

19. 植株高1-2米以上，茎无毛；侧生花枝长4-16厘米；叶皱波状或具波状齿，具明显边缘腺点；鲜根横断面有淡橙红色环。

20. 叶下面、花梗、花萼均绿色，花瓣白色，稀略粉红色 ……………… 12. **硃砂根 A. crenata**

20. 叶下面、花梗、花萼及花瓣均带紫红色 ………… 12(附). **红凉伞 A. crenata** var. **bicolor**

18. 叶椭圆状披针形、长圆状倒披针形或倒披针形，具粗圆齿，若为细齿则叶下面被微柔毛。

21. 叶具粗圆齿，叶下面无毛，先端尖；萼片、花瓣无腺点 ……………… 9. **郎伞木 A. elegans**

21. 叶具细圆齿，下面被微柔毛，先端渐尖或尾尖；萼片、花瓣具腺点或腺点不明显。

22. 复伞形花序的每个伞形花序梗长1-2厘米；花瓣具密腺点 ……………………………………………… 10. **伞形紫金牛 A. corymbifera**

22. 复伞房状圆锥花序的每个伞房花序梗长2.5-5厘米；花瓣腺点疏，不明显 ……………………………………………… 11. **散花紫金牛 A. conspersa**

15. 齿尖具边缘腺点，突出或略突出。

23. 叶缘脉靠边缘，叶下面无毛 ……………………………… 13. **大罗伞树 A. hanceana**

23. 叶边缘脉远离边缘，叶下面被细微柔毛 ……………………… 14. **山血丹 A. punctata**

14. 叶膜质或坚纸质，若坚纸质，叶长不及3.5厘米；宽不及1.5厘米。

24. 叶坚纸质或较薄，长1.5-3.5厘米，宽1-1.5厘米；侧生花枝长2-4厘米 … 16. **细罗伞 A. sino-australis**

24. 叶膜质，长3.5厘米以上；侧生花枝或花序长5厘米以上。

25. 叶窄长，长较宽大4倍以上，常为窄长圆状披针形。

26. 叶椭圆状披针形或窄长圆状披针形，长为宽的5倍以下。

27. 叶长7-12（-15）厘米，宽1.5-3（-4）厘米；侧生花枝长5-10厘米者，常无叶，长13-18厘米者，具少数叶 ……………………………………… 17. **百两金 A. crispa**

27. 叶长15-25厘米，宽4-5.8厘米；侧生花枝无叶，稀有叶，长5-7厘米，稀达9厘米 ……………………………… 16(附). **大叶百两金 A. crispa** var. **amplifolia**

26. 叶窄披针形，长较宽大10倍以上 ………… 16(附). **细柄百两金 A. crispa** var. **dielsii**

25. 叶较宽，长不及宽的3倍，长圆状披针形至椭圆形，或倒披针形至长圆状倒披针形 ……………………………………………… 18. **尾叶紫金牛 A. caudata**

13. 花萼长，常与花瓣近等长或较花瓣长1/2，萼片常披针形；植株无毛。

28. 灌木，高20厘米至1米；叶互生，分散着生于茎上。

29. 植株高0.5-1米；叶长7-13厘米，宽2.5-4厘米，叶上面除中脉外，余被微柔毛；子房与果被毛。

30. 植株高0.5-1米；叶上面除中脉被毛外，余几无毛；花序常具1-2叶或退化叶 ……………………………………………… 20. **雪下红 A. villosa**

30. 植株高50厘米以下；叶两面被长柔毛；花序常无叶或退化叶 ……………………………… 20(附). **毛叶雪下红 A. villosa** var. **ambovestita**

29. 植株高15-30厘米；叶长12-15(-22)厘米，宽5-8(-10)厘米，两面被锈色长柔毛；子房与果无毛 ……………………………………………… 21. **长毛紫金牛 A. vilcosoides**

28. 矮小灌木或近草本，高不及15厘米；叶常簇生茎顶或呈莲座状。
31. 叶两面密被锈色糙伏毛，毛基部隆起如瘤，侧脉6-8对，不明显 ……………… 22. **虎舌红 A. mamillata**
31. 叶两面被卷曲长柔毛，毛基部不隆起，侧脉约6对，明显 …………… 23. **莲座紫金牛 A. primulaefolia**
12. 叶具锯齿或密啮蚀状细齿，齿间或齿尖均无边缘腺点。
32. 叶具锯齿，齿尖无边缘腺点。
33. 萼片披针形或线形，被长柔毛；叶被柔毛或长柔毛。
34. 叶长15-22厘米，宽3.8-5(6)厘米或更大；灌木，高0.5-1米 …………… 24. **紫脉紫金牛 A. velutina**
34. 叶长10厘米以下，宽4厘米以下；具匍匐生根的根茎，高40厘米以上。
35. 叶基部楔形或近圆。
36. 叶长5-10厘米，老叶上面仅中、侧脉被毛；花长4-5(6)毫米 …………… 25. **月月红 A. faberi**
36. 叶长2.5-6毫米，上面被糙伏毛，毛基部常隆起；花长(3)4毫米 ……… 26. **九节龙 A. pusilla**
35. 叶基部心形 …………………………………………………………… 26(附). **心叶紫金牛 A. maclurei**
33. 萼卵形或三角状卵形；花梗被微柔毛或鳞片；叶下面无毛、被微柔毛或鳞片。
37. 叶无毛或下面被微柔毛；萼片卵形；幼茎被细微柔毛 ……………………… 27. **紫金牛 A. japonica**
37. 叶下面被鳞片；萼片三角状卵形；幼茎被锈色细微柔毛及褐色鳞片。
38. 花序梗通常长不及1厘米，有3-5花；花瓣无腺点 …………………… 28. **小紫金牛 A. chinensis**
38. 花序梗长2-4厘米，常有花5朵以上；花瓣具疏腺点 ………………… 29. **五花紫金牛 A. triflora**
32. 叶具密啮蚀状细齿，无边缘腺点。
39. 叶长25-48厘米，宽9-17厘米；植株直立，茎下部及匍匐根茎粗，径0.6-1厘米 ………………………………………………………………………………………………… 30. **走马胎 A. gigantifolia**
39. 叶长5-11厘米，宽3-7.5厘米；植株细小，茎下部及匍匐根茎粗，径不及7毫米 ………………………………………………………………………………………… 30(附). **毛脉紫金牛 A. pubivenula**

1. 酸苔菜 图 140

Ardisia solanacea Roxb. Pl. Coromand 1: 27. 1795.

灌木或乔木，高6米以上。小枝粗，无毛。叶坚纸质，椭圆状披针形或倒披针形，长12-20厘米，宽4-7厘米，基部楔形，两面无毛；叶柄长1-2厘米。宽卵形或肾形，长约3毫米，先端圆，基部略耳形，重叠，具密腺点；花瓣粉红色，宽卵形，长约9毫米，具密腺点；花药背部密被腺点；子房球形，具密腺点，无毛。果紫红或带黑色。花期2-3月，果期8-11月。

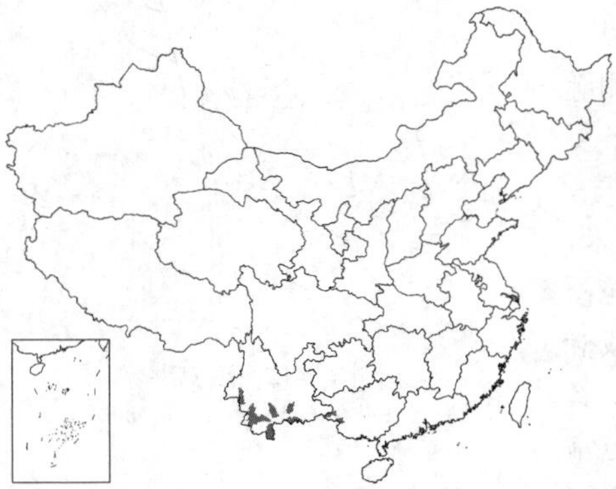

产云南及广西西南部，生于海拔400-1550米林中或林缘灌丛中。斯里兰卡及新加坡有分布。幼嫩枝叶烫软、漂洗后可食用。

图 140 酸苔菜 （陈莳香绘）

［附］**小乔木紫金牛 Ardisia garrettii** H. R. Eletcher in Kew Bull. Misc. Inform. 1937: 30. 1937. —— *Ardisia arborescens* Wall. ex A. DC.; 中国植物志 58: 43. 1979. 本种与酸苔菜的区别：枝条、花枝、花梗均较细；花较小，常白色。幼嫩枝叶不作蔬菜食用。产贵州、云南及西藏，生于海拔350-1400米石灰岩山地林中。越南、缅甸及泰国有分布。

2. 多枝紫金牛 图 141

Ardisia sieboldii Miq. in Ann. Mus. Bot. Lugd.-Bot. 3: 190. 1867.

灌木，高达6米或更多。小枝粗。叶坚纸质或革质，倒卵形、椭圆状卵形或宽倒披针形，先端尖或钝，基部窄楔形或楔形，长7-14厘米，宽2-4厘米，全缘，无毛。复亚伞形花序或复聚伞花序，常腋生于小枝近顶端叶腋；花序梗多花；亚伞形花序梗均被锈色鳞片和微柔毛。花萼基部连合达1/3，萼片卵形，内面无毛；花瓣长约3毫米，白色，宽卵形，先端尖；雄蕊达花瓣长3/4，花丝明显，与花药几等长，花药卵形；子房卵球形，无毛，具腺点，胚珠多数，数轮。果径7毫米，红至黑色。花期5-6月，果期翌年1月。

产浙江东南部、福建东部及台湾，生于山间林中。日本琉球群岛至小笠原群岛均有分布。

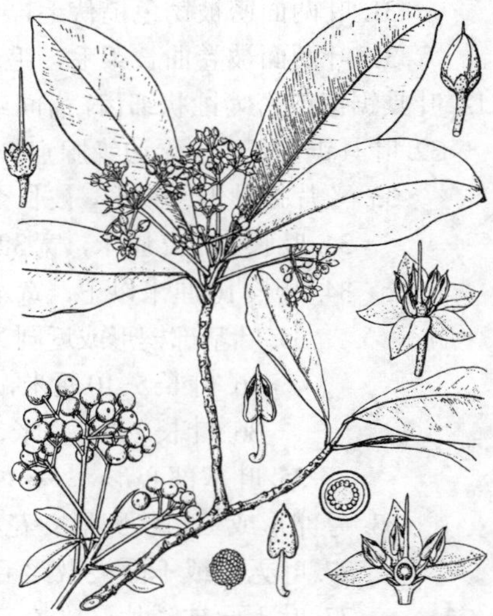

图 141 多枝紫金牛

（引自《Woody Fl. Taiwan》）

3. 南方紫金牛 滇紫金牛 图 142

Ardisia neriifolia Wall. ex A. DC. in Trans. Linn. Soc. 17: 118. t. 8. 1834.

Ardisia yunnanensis Merr.; 中国高等植物图鉴 3: 216. 1974; 中国植物志 58: 52. 1979.

灌木或小乔木。幼枝、花序、花梗和叶柄均密被锈色微毛。叶坚纸质，窄长圆状披针形或倒披针形，基部楔形或下延，长12-20厘米，宽2-6厘米，全缘，两面无毛，幼叶下面被鳞片，后渐疏，腺点不明显，侧脉多数；叶柄长约1厘米。复亚伞形花序组成圆锥花序，侧生或顶生，长10-20厘米，被锈色微柔毛和鳞片。花梗长约5毫米；萼片卵形或椭圆状卵形，内面被柔毛，具缘毛及腺点；花瓣粉红或紫红色，卵形，长约4毫米，两面无毛，腺点常聚于顶端；花药背部腺点不明显。果球形，径约4毫米，紫红色，具小腺点，有时具纵肋。花期3-5月，果期10-12月。

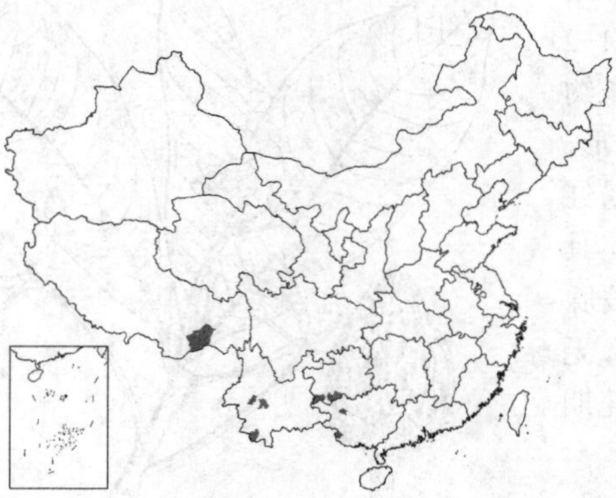

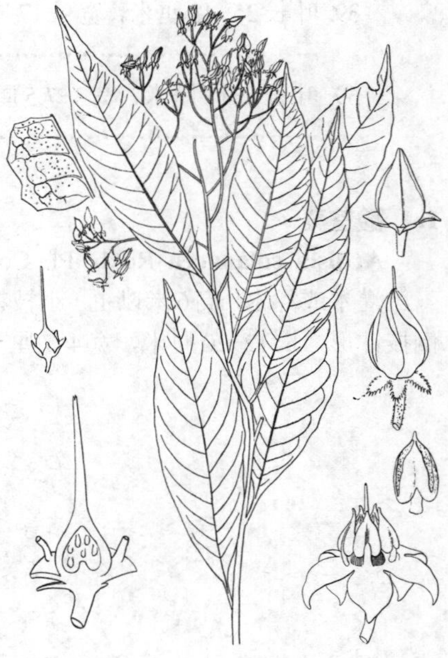

图 142 南方紫金牛

（引自《Trans. Linn. Soc》）

产广西西部、贵州西南部、云南及西藏东南部，生于海拔600-1800米山谷，山坡林中或林缘荫湿地方。印度、尼泊尔、缅甸及越南有分布。嫩叶可代茶。

4. 圆果紫金牛 拟罗伞树 圆果罗伞 图 143

Ardisia depressa C. B. Clarke in Hook. f. F. Brit. Ind. 3: 522. 1882.

多枝灌木。幼枝被锈色鳞片和微柔毛。叶坚纸质，椭圆状披针形或近

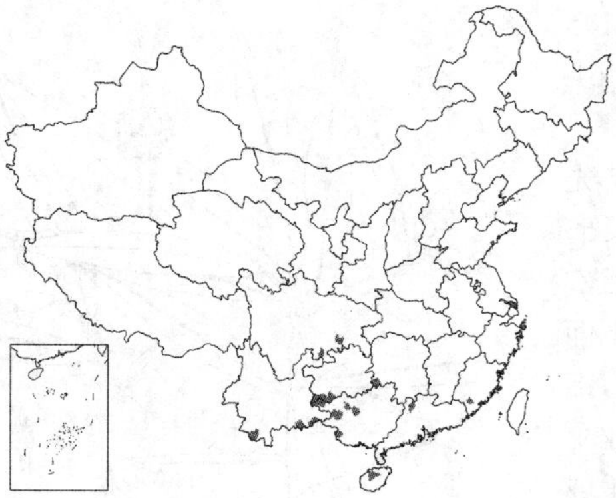

倒披针形，长8-12厘米，宽2-3.5（-5.5）厘米，全缘或具微波状齿，下面具鳞片；叶柄长约1厘米。聚伞或复伞形花序，腋生或着生侧生花枝顶端，长2-4厘米，被锈色鳞片。花梗长约5毫米；萼片三角状卵形，具缘毛，无腺点；花瓣长约3毫米，白或粉红色，卵形，无腺点；花药背部无腺点或具少数腺点。果球形，径5（-7）毫米，暗红色，具纵肋和不明显腺点，有时具疏鳞片。花期3-5月，果期8-11月。

产福建南部、广东北部、海南、广西、湖南西南部、贵州西南部、云南南部及四川东南部，生于海拔300-1300米山坡密林中荫湿处或沟谷林中。日本、印度、越南有分布。

［附］**越南紫金牛 Ardisia waitaku** C. M. Hu in Bot. Journ. South China 1: 2. 1992. —— *Ardisia oyxphylla* Wall. var. *cochinchinensis* Pitard; 中国植物志 58: 54. 1979. 本种与圆果紫金牛的区别：叶长圆形、长圆状披针形或椭圆形，细脉间疏生腺点；花序腋生或侧生；萼片卵状长圆形或宽卵形；果扁球形。产海南、广西及广东，生于海拔800米山涧密林下、荫湿处或水边。越南有分布。

图 143 圆果紫金牛 （引自《图鉴》）

5. 罗伞树 图 144

Ardisia quinquegona Bl. Bijdr. 689. 1825.

灌木或灌木状小乔木。幼枝被锈色鳞片。叶长圆状披针形、椭圆状披针形或倒披针形，长8-16厘米，宽2-4厘米，全缘，下面稍被鳞片；叶柄长0.5-1厘米，幼时被鳞片。聚伞花序或亚伞形花序，腋生，稀着生于侧生花枝顶端，长3-5厘米。花梗长5-8毫米，稍被鳞片；萼片三角状卵形，具稀疏缘毛及腺点；花瓣白色，宽椭圆状卵形，内面近基部被细柔毛；花药背部稍具腺点。果扁球形，具5钝棱，径5-7毫米，无腺点。花期5-6月，果期12月或翌年2-4月。

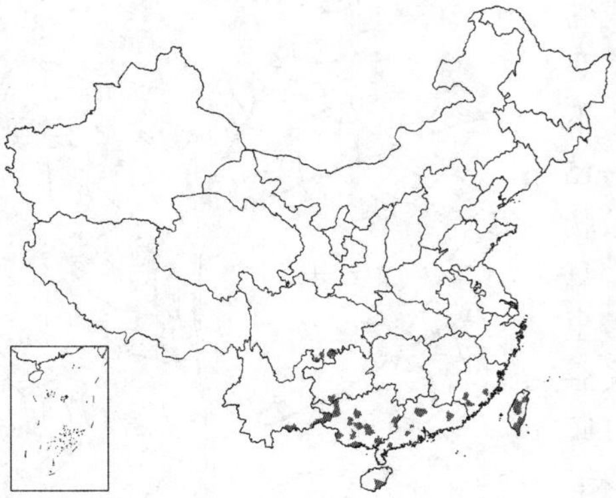

产浙江西南部、福建南部、台湾、广东、海南、广西、贵州、云南东南部及四川南部，生于海拔200-1000米山坡林中或林中溪边荫湿处。马来半岛至日本琉球群岛在分布。全株入药，可消肿，清热解毒，治跌打损伤；亦作兽药。

［附］**海南罗伞树 Ardisia quinquegona** var. **hainanensis** Walk. in Philipp. Joum. Sci. Bot. 73: 76. f. 12: d. 1940. 本变种与罗伞树的区别：花序长1-1.5厘米，被锈色微柔毛；萼片长1.5毫米，三角状披针形，先端渐尖，具腺状缘毛。花期约5月，幼果期7月。产广西及海南，生于密林下荫蔽地方。越南北部有分布。

图 144 罗伞树 （引自《图鉴》）

6. 柳叶紫金牛 图 145

Ardisia hypargyrea C. Y. Wu et C. Chen, Fl. Yunnan. 1: 340. p1. 79. f. 6-7. 1977.

灌木，高约1米。幼枝被鳞片，无毛。叶坚纸质或略厚，窄披针形，先端长渐尖，基部楔形，长6-8厘米，宽约1.2厘米，全缘，边缘外卷，两面无毛，下面稍具锈色鳞片，侧脉多数，细密；叶柄长约5毫米。亚伞形花序或聚伞花序，腋生或近顶生，着生于侧生花枝顶端，花枝长4-13厘米，常中部以上有叶；花序梗及花梗细，长约1厘米，被微柔毛或鳞片。萼片三角状卵形或近三角形，具缘毛；花瓣长约3毫米，粉红或紫红色，卵形，腺点不明显，无毛；花药卵形，背部无腺点。果球形，径4毫米，红色，腺点与纵肋不明显。花期5月，果期11-12.月。

产云南东南部及广西，生于海拔700-1550米山谷、山坡疏密林下，荫处或沟边。

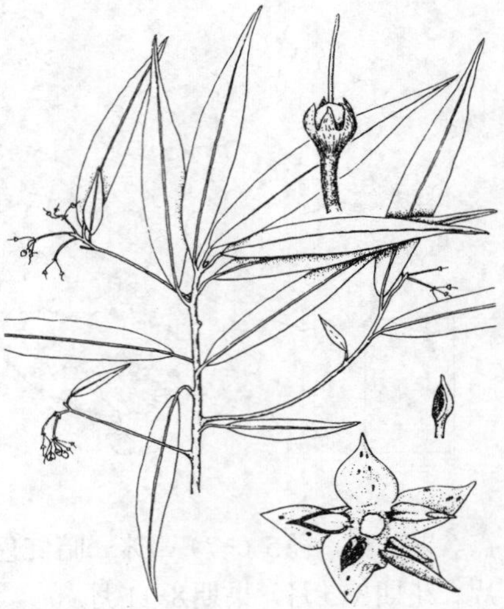

图 145 柳叶紫金牛 （引自《静生汇报》）

［附］**剑叶紫金牛 Ardisia ensifolia** Walk. in Philipp. Joum. Sci. Bot. 73: 124. f. 23. 1940. 本种与柳叶紫金牛的区别：叶长7-12(-20)厘米，下面无鳞片；萼片宽卵形，先端钝，无缘毛，长3-4毫米；果径6毫米，具腺点。产云南及广西，生于海拔约700米密林下、荫湿处或石缝间。根与其它草药配合治鹅喉。

7. 凹脉紫金牛 图 146

Ardisia brunnescens Walk. in Joum. Wash. Acad. Sci. 27: 198. f. 1. 1937.

灌木，高达1米。小枝略肉质，具皱纹。叶坚纸质，椭圆状卵形或椭圆形，先端尖或宽渐尖，基部楔形，长8-14厘米，宽3.5-6厘米，全缘，两面无毛，上面侧脉凹下，下面中侧脉明显，侧脉10-15对，常连成断续边脉或波状脉；叶柄长0.7-1.2厘米。复伞形或圆锥聚伞花序，着生于侧生花枝顶端，花枝长5-9厘米，无毛。花梗长约1厘米，微弯；花长约4毫米；萼片宽卵形，长约1.5毫米，具腺点缘毛；花瓣粉红色，基部连合，卵形，无毛，内面近基部具细乳头状突起。果球形，径6-7毫米，深红色，多少具不明显腺点。果期10月至翌年1月。

产广西及广东西部，生于灌丛中或石灰岩山坡林下。根药用，妇女产后炖猪肉吃可增强体质。

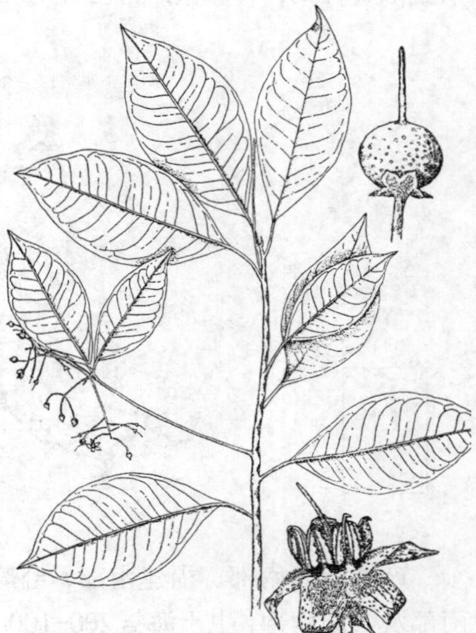

图 146 凹脉紫金牛
（引自《Journ. Wash.》）

8. 纽子果 绿叶紫金牛 长叶纽子果 图 147

Ardisia virens Kurz For. Fl. Brit. Burma 2: 575. 1877.

Ardisia virens var. *annamensis* Pitard.; 中国植物志 58: 62. 1979.

灌木，高达3米。茎粗，除侧生花枝外，无分枝，无毛。叶坚纸质或厚，长圆状披针形，或窄倒卵形，先端渐尖，基部楔形，长9-17厘米，宽3-5厘米，边缘皱波状或具细圆齿，齿间具边缘腺点，两面无毛，下面具密腺点，叶缘为多，侧脉15-30对，近叶缘连成边脉；叶柄长1厘米。复伞房花序或伞形花序，着生于侧生花枝顶端，花枝长30-50厘米，无毛，每个花序梗长3-7厘米。花梗长1.5-3厘米；萼长圆状卵形或几圆形，具密腺点；花药披针形或近卵形，背部具腺点；子房具密腺点。果径7-9毫米，红色，具密腺点。花期6-7月，果期10-12月或至翌年1月。

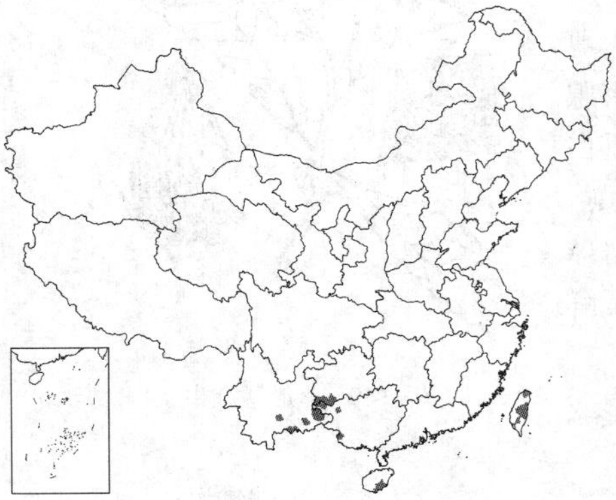

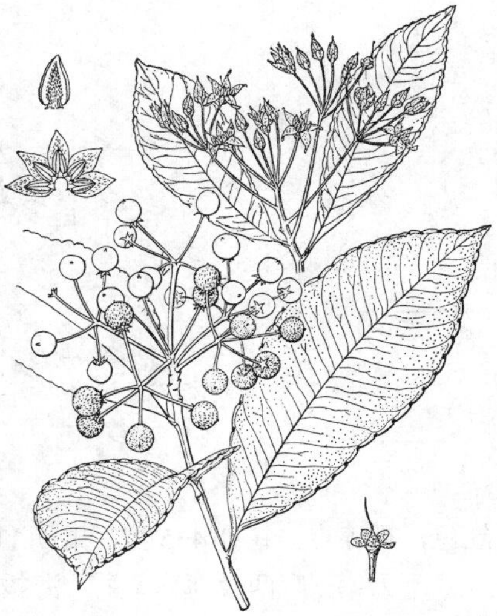

图 147 纽子果 （李锡畴绘）

产云南东南部、贵州西南部、广西西部、海南及台湾，生于海拔300-2700米密林下、荫湿土壤肥厚的地方，常见。越南、印度至印度尼西亚有分布。

9. 郎伞木 美丽紫金牛 图 148

Ardisia elegans Andr. Bot. Repos. 10: pl. 623. 1810.

灌木。茎无毛。叶椭圆状披针形或倒披针形，稀窄卵形，长9-12厘米，宽2.5-4厘米，具粗圆齿，齿间具边缘腺点，或皱波状近全缘，两面无毛，无腺点，中脉微凹，侧脉12-15对，连成不明显边脉；叶柄长0.8-1.5厘米，具沟和窄翅。复伞形花序或由伞房花序组成圆锥花序，着生于侧生花枝顶端，花梗长30-50厘米，顶端常下弯，小花序梗长2-4厘米。花梗长1-2厘米；萼片卵形或长圆状卵形，无腺点；花瓣长6-7毫米，粉红色，稀红或白色，无腺点，无毛；花药无腺点。果径0.8-1厘米，深红色，腺点明显。花期6-7月，果期12月至翌年3-4月。

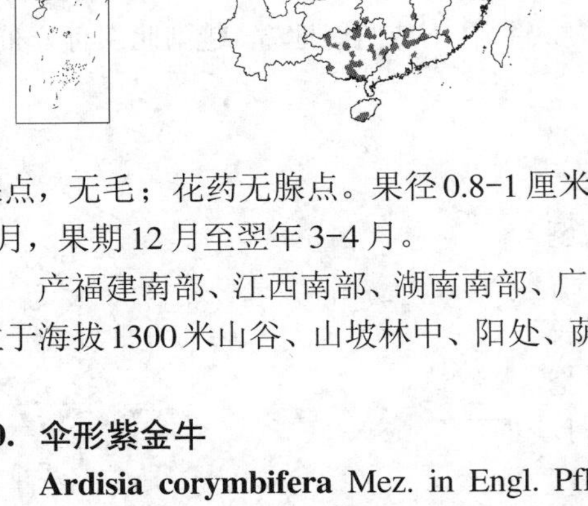

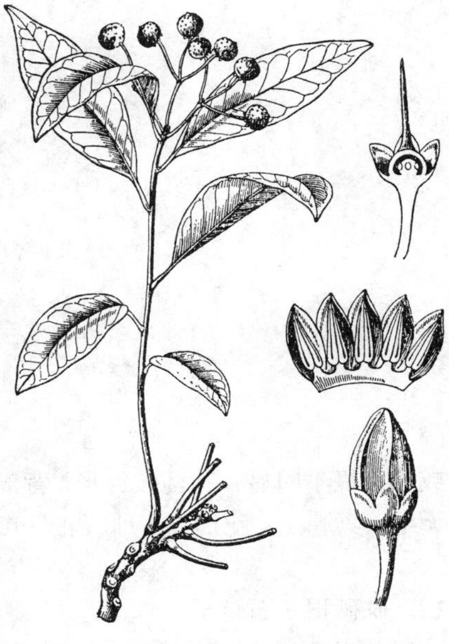

图 148 郎伞木 （引自《海南植物志》）

产福建南部、江西南部、湖南南部、广东、海南、广西及贵州东南部，生于海拔1300米山谷、山坡林中、阳处、荫湿处或溪边。越南有分布。药用，治腰骨疼痛、跌打等症；叶可拔疮毒。

10. 伞形紫金牛 图 149

Ardisia corymbifera Mez. in Engl. Pflanzenr. 9(1V.236): 149. 1902.

灌木，高达3(-5)米。幼枝被微柔毛。叶坚纸质，窄长圆状倒披针形或倒披针形，长11-13厘米，宽2-3厘米，先端渐尖，基部楔形，上面无

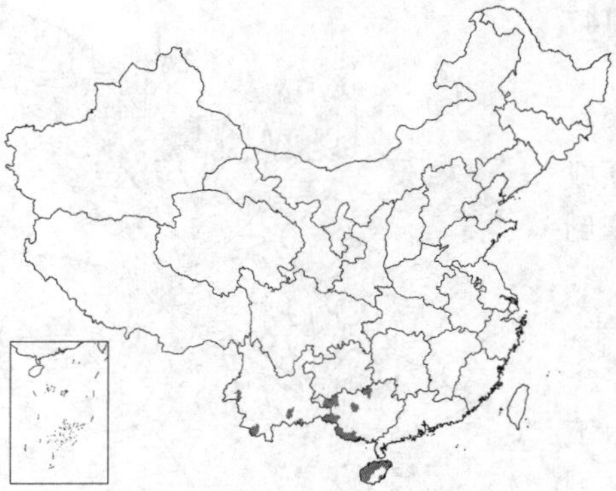

毛，下面被卷曲疏柔毛或稍被疏柔毛，具密腺点；叶柄长5-8毫米，常被疏柔毛。复伞形花序的伞形花序梗长1-2厘米，花枝长20-40(-50)厘米。花梗长1-1.5厘米；萼片卵形或近长圆形，具密腺点；花瓣长6-8毫米，近白色、粉红或红色，具密腺点；花药背部具密腺点；子房球形，具腺点。果径8毫米，鲜红色，具腺点。花期4-5月，果期11-12月。

产云南、广西及海南，生于海拔700-1500（-1800）米密林下、潮湿或略干燥地方。越南有分布。

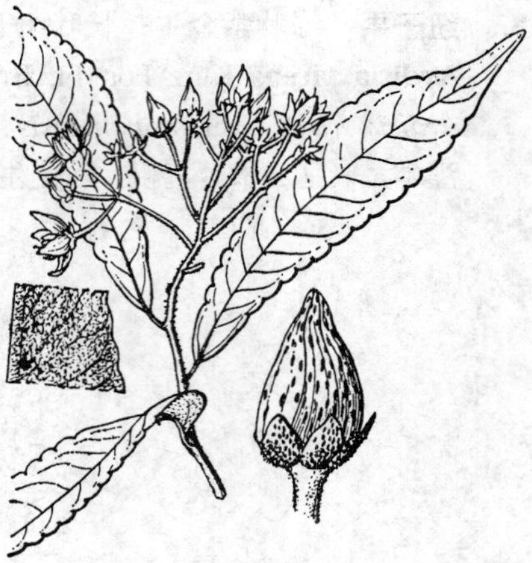

图 149 伞形紫金牛 （陈莳香绘）

11. 散花紫金牛 图 150 彩片 22

Ardisia conspersa Walk. in Bull. Fan. Mem. Inst. Biol. Bot. 9: 160. f. 19. 1939.

灌木，高2米，稀达5米；无分枝。叶膜质或近坚纸质，倒披针形、窄长圆状倒披针形或椭圆状披针形，先端骤尖或近尾状渐尖，基部楔形或较窄，长7-11厘米，宽2-3厘米，下面被疏柔毛，有时毛卷曲，中脉为多，具疏腺点。圆锥状复伞房花序的每个伞房花序梗长2.5-5厘米，花枝长30-50厘米。花梗长1-1.5厘米；花长约6毫米，萼片长圆状卵形，无腺点或腺点不明显且疏；花瓣粉红色，无腺点或腺点极不明显；花药披针形，背部具腺点。果球形，径约6毫米，红色，无毛，具腺点。花期5-6月，果期10-12月。

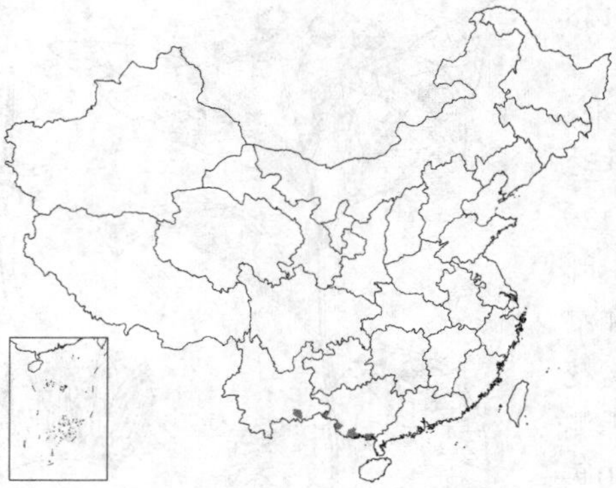

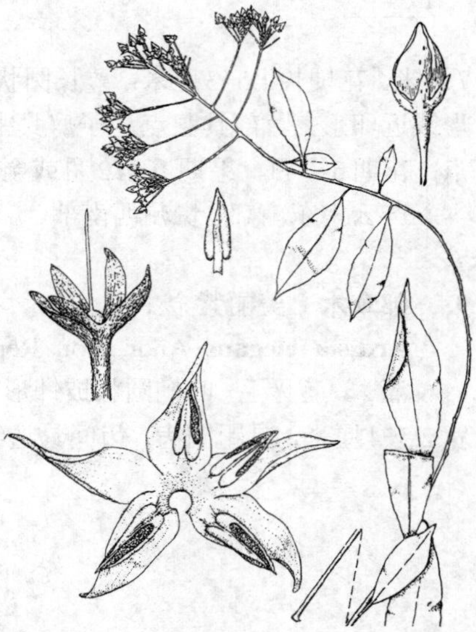

图 150 散花紫金牛 （引自《静生汇报》）

产云南东南部、广西西南部及台湾，生于海拔370-1400米山谷、疏、密林下或荫湿地方。越南北部有分布。

12. 硃砂根 石膏子 图 151 彩片 23

Ardisia crenata Sims in Curtis's Bot. Mag. 45: t. 1950. 1818.

灌木。茎无毛，无分枝。叶革质或坚纸质，椭圆形、椭圆状披针形或倒披针形，长7-15厘米，宽2-4厘米，具边缘腺点，下面绿色，有时具鳞片；叶柄长约1厘米。伞形或聚伞花序，花枝近顶端常具2-3片叶，或无叶，长4-16厘米。花梗绿色，长0.7-1厘米；花长4-6毫米，萼片绿色，长约1.5毫米，具腺点。果径6-8毫米，鲜红色，具腺点。花期5-6月，果期10-12月。

产江苏南部、安徽、浙江、台湾、福建、江西、河南、湖北、湖南、广东、香港、海南、广西、贵州、云南、西藏东南部、四川及陕西南部，生

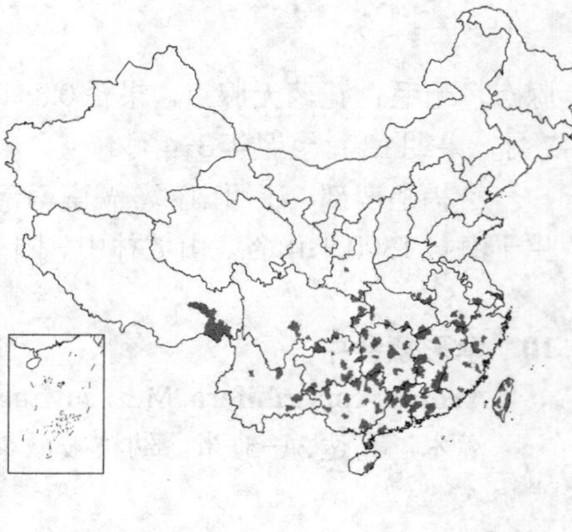

于海拔90-2499米林下荫湿灌丛中。印度、缅甸经马来半岛、印度尼西亚至日本有分布。药用，根叶可祛风除湿，散瘀止痛，通经活络，治跌打风湿、消化不良、咽喉炎及月经不调。果可食，亦可榨油，可供制肥皂。可观赏。

［附］**红凉伞** 铁伞 **Ardisia crenata** var. **bicolor**（Walk.）C. Y. Wu et C. Chen, Fl. Yunnan. 1: 348. 1977. —— *Ardisia bicolor* Walk. in Philipp. Joum. Soc. Bot. 73: 115. f. 20. 1940. 本变种与模式变种的主要区别：叶下面、花梗、花萼及花瓣均带紫红色，有的植株叶两面均为紫红色。产地与前者大致相同。药性亦与前者一致。

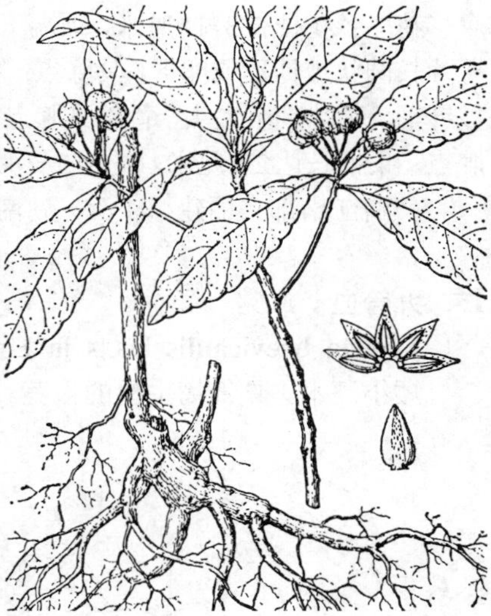

图 151 硃砂根 （引自《图鉴》）

13. 大罗伞树 图 152

Ardisia hanceana Mez in Engl. Pflanzenr. 9(1V. 236.): 149. 1902.

灌木，高达1.5（-6）米。茎粗，除侧生花枝外，无分枝。叶坚纸质或略厚，椭圆状或长圆状披针形，先端长骤尖或渐尖，基部楔形，长10-17厘米，宽1.5-3.5厘米，近全缘或具边缘反卷的疏突尖锯齿，齿间具边缘腺点，两面无毛，下面近边缘常具隆起疏腺点，其余部分腺点极疏或无，被鳞片，侧脉12-18对，隆起，近边缘连成边脉，边缘常反卷；叶柄长1厘米或更长。复伞房状伞形花序，花枝长8-24厘米。花梗长1.1-1.7厘米；花长6-7毫米；萼片卵形，具腺点或腺点不明显；花瓣白或带紫色，具腺点；花药箭状披针形，背部具疏大腺点。果球形，径9毫米，深红色，腺点不明显。花期5-6月，果期11-12月。

产浙江、安徽南部、福建、江西、湖南、广东及广西东北部，生于海拔430-1500米山谷、山坡林下。

图 152 大罗伞树 （孙英宝绘）

14. 山血丹 沿海紫金牛 图 153

Ardisia punctata Lindl. in Bot. Reg. 10: p1. 827. 1824.

灌木。幼茎被微柔毛。叶革质或近坚纸质，长圆形或椭圆状披针形，基部楔形，长10-15厘米，宽2-3.5厘米，近全缘或具微波状齿，齿间具边缘腺点，边缘反卷，上面无毛，下面被微柔毛，除边缘外余无腺点或腺点极疏，侧脉8-12对；叶柄长1-1.5厘米。亚伞形花序，单生或稀为复

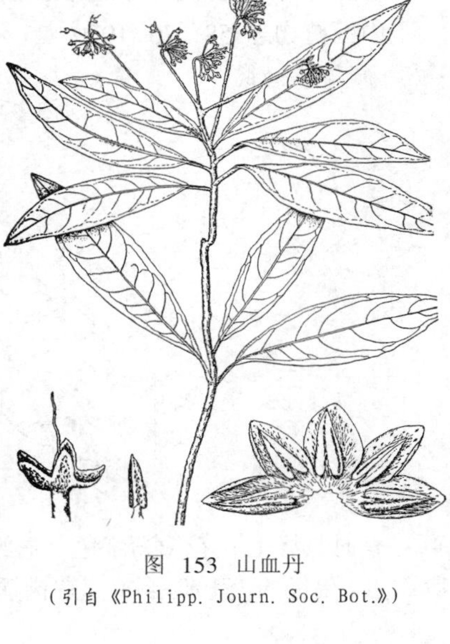

图 153 山血丹
（引自《Philipp. Journ. Soc. Bot.》）

伞形花序；花枝长3-11厘米，顶端下弯。花梗长0.8-1.2厘米，花长5毫米；萼片长圆状披针形或卵形，具腺点；花瓣白色，椭圆状卵形，具腺点；花药披针形，顶端具小尖头，背部具腺点。果径6毫米，深红色，微肉质，具疏腺点。果柄长达2.5厘米。花期5-7月，果期10-12月。

产浙江南部、福建、江西、湖南南部、广东、香港及广西，生于海拔270-1150米密林下或水边。根可调经、通经、活血、止痛，可作洗药，治无名肿痛，亦用于妇女不孕症。

15. 九管血　血党　图 154　彩片 24

Ardisia brevicaulis Diels in Engl. Bot. Jahrb. 29：519. 1900.

矮小灌木。具匍匐生根的根茎。茎高10-15厘米，幼茎被微柔毛，侧生花枝长2-5厘米，无分枝。叶坚纸质，窄卵形、卵状披针形或椭圆形，长7-14(-18)厘米，宽2.5-4.8（-6）厘米，近全缘，具不明显边缘腺点，上面无毛，下面被微柔毛，中脉毛多，具疏腺点，侧脉(7-)10-13对，与中脉几成直角；叶柄长1-1.5（-2）厘米。伞形花序，花枝长2-5厘米。花梗长1-1.5厘米，花长4-5毫米；萼片披针形或卵形，具腺点；花药披针形，背部具腺点。果径6毫米，鲜红色，具腺点，宿萼与果柄常紫红色。花期6-7月，果期10-12月。

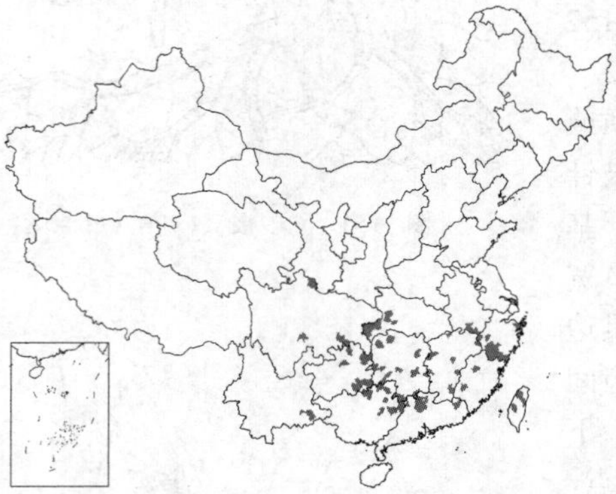

产安徽南部、浙江、福建、台湾、江西、湖北、湖南、广东、广西、贵州、四川及云南东南部，生于海拔400-1260米密林下及荫湿地方。全株入药，治风湿筋骨痛、痨伤咳嗽、喉蛾、蛇咬伤和无名肿毒；根可代当归，根横断面有血红色液汁渗出，称血党。

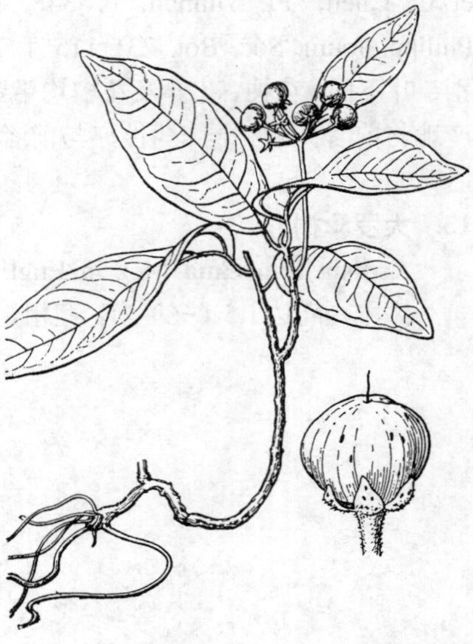

图 154　九管血　（陈莳香绘）

16. 细罗伞　波叶紫金牛　图 155

Ardisia sino-australis C. Chen in Guihai 13：202. 1993.

Ardisia affinis auct. non Hemsl.：中国高等植物图鉴 3：220. 1974；中国植物志 58：76. 1979.

小灌木。幼茎密被锈色微柔毛，后渐疏。叶椭圆状卵形或长圆状披针形，长1.5-3.5厘米，宽1-1.5厘米，具浅波状齿或近圆齿，下面被腺状微柔毛，侧脉4-5对；叶柄长2-5毫米。伞形花序，下弯，花枝长2-4厘米。花梗长约8毫米，被锈色微柔毛；花长约4毫米，萼片卵形，仅连合部分被微柔毛，具腺点；有时具缘毛；花瓣粉红色，基部连合，具疏腺点；花药披针形，背部具腺点，果径约7毫米，红色，略肉质，无腺点。花期5-7月，果期10-12月。

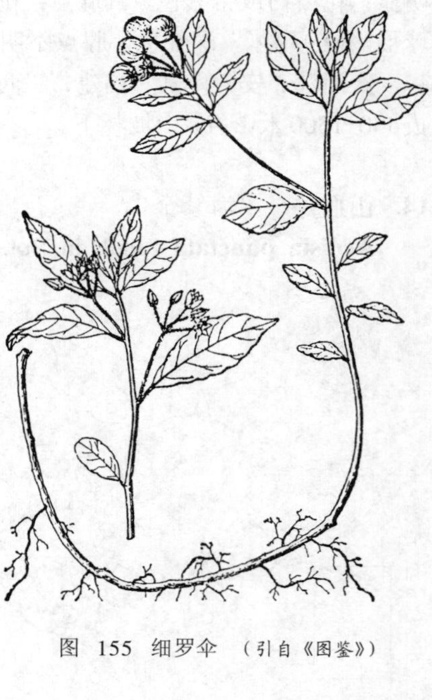

图 155　细罗伞　（引自《图鉴》）

产江西南部、湖南南部及西南部、广东北部、广西及云南东南部，生于海拔100-600米石灰岩山地林下、溪边及石缝荫湿处。根药用，可散瘀活血，用于跌打损伤，亦可治蛾喉。

17. 百两金 地杨梅 图 156

Ardisia crispa（Thunb.）A. DC. in Trans. Linn. Soc. 124. 1834.

Bladhia crispa Thunb. Fl. Jap. 97. 1784.

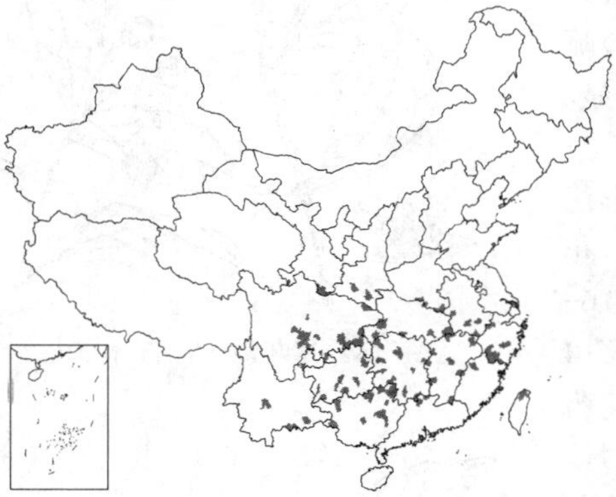

灌木，高达1米。幼枝具微柔毛或疏鳞片。叶椭圆状披针形或窄长圆状披针形，长7-12（-15）厘米，宽1.5-3（4）厘米，具边缘腺点，两面无毛，侧脉8对；叶柄长5-8毫米。亚伞形花序，花枝长5-10厘米，常无叶，长13-18厘米者，则中部以上或近顶端具叶。花梗长1-1.5厘米；花长4-5毫米，萼片长圆状卵形或披针形，稍具腺点；花瓣白或粉红色，具腺点；花药窄长圆状披针形。果球形，径5-6毫米，鲜红色，具腺点。花期5-6月，果期10-12月。

产安徽、浙江、福建、台湾、江西、河南、湖北、湖南、广东北部、广西、贵州、云南、四川、甘肃南部及陕西南部，生于海拔100-2400米山谷、山坡、疏、密林中或竹林下。日本、印度尼西亚有分布。根叶可清热毒、舒筋活血，治咽喉痛、扁桃腺炎、肾炎水肿及跌打风湿，还可治白浊、骨结核、痨伤咳血、痈伤咳血、痈疔、蛇咬伤。果可食；种子可榨油。

［附］**大叶百两金 Ardisia crispa** var. **amplifolia** Walk. in Journ. Washington Acad. Sci. 29: 259. 1939. 本变种与模式变种的主要区别：植株粗壮；叶长15-25厘米，宽4-5.8厘米；花枝常无叶，稀有叶，长5-7（-9）厘米。产四川、贵州、云南、广西及广东，生于海拔1000-2450米密林下或苔藓林下。日本有分布。根治风湿跌打、喉症及健脑。

［附］**细柄百两金 Ardisia crispa** var. **dielsii**（Lévl.）Walk. in Journ. Wash. Acad. Sci. 29: 260. 1939. —— *Ardisia dielsii* Lévl. in Fedde, Repert. Sp. Nov. 9: 461. 1915. 本变种与模式变种的主要区别：植株高1米以下；叶窄披针形，长12-21厘米，宽1-2（-3.5）厘米，侧脉极弯曲上升。产四川、贵州、云南，广西，广东及台湾，生于海拔900-2120米山坡疏、密林下、荫湿地方及苔藓林下。日本有分布。全株可止血消炎，治刀伤、喉痛。

图 156 百两金 （引自《图鉴》）

18. 尾叶紫金牛 峨嵋紫金牛 图 157

Ardisia caudata Hemsl. in Journ. Linn. Soc. Bot. 26: 63. 1889.

多枝灌木。枝被微柔毛，后无毛，除侧生花枝外，无分枝或基部分枝。叶膜质，长圆状或椭圆状披针形，稀椭圆形，先端长而细渐尖或尾尖，基部楔形或近圆，长6-13厘米，宽2-3厘米，具皱波状浅圆齿或圆齿，具边缘腺点，侧脉约8对，不连成边脉；叶柄长5-8毫米。复亚聚伞花序或伞形花序，被微柔毛；花枝长5-20厘米，近顶端具3-4叶。花梗长0.7-1.2厘米，花长6（-8）毫米，萼片卵形，具腺点；花瓣粉红色，宽卵形，先端尖，具腺点；花药卵形，背部具疏腺点。果径6毫米，红色，具腺点，果柄有时长达2厘米。花期5-7月，果期11-12月。

产湖北西南部、四川、贵州西南部、云南东南部、广西、湖南、广东及海南，生于海拔1000-2200米林下、溪边或荫湿地方。

19. 少年红 图 158

Ardisia alyxiaefolia Tsiang ex C. Chen in Acta Phytotax. Sin. 16(3): 80. 1978.

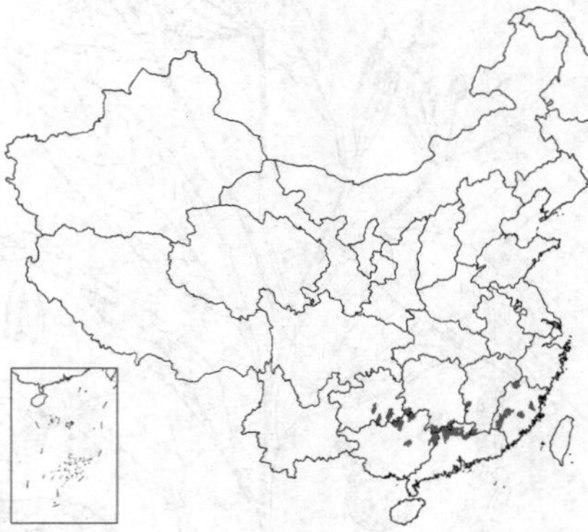

小灌木。具匍匐茎。幼茎密被锈色微柔毛，后无毛。叶厚坚纸质至革质，卵形、披针形或长圆状披针形，先端渐尖，基部钝或圆，长3.5-6(-9.5)厘米，宽1.5-2.3(-3.2)厘米，具浅圆齿，齿间具边缘腺点，两面被疏微柔毛或鳞片，侧脉不明显，连成不明显边脉；叶柄长5-8毫米。亚伞形花序或伞形花序，侧生，密被微柔毛；花序梗长1-3厘米。花梗长0.6-1厘米，常带红色；花长约4毫米，萼片三角状卵形，具腺点；花瓣白色，稀粉红色，具疏腺点；花药披针形，具疏腺点。果径5毫米，红色，具腺点。花期6-7月，果期10-12月。

产福建、江西、湖南、贵州、广西及广东，生于海拔600-1200米林下。全株可平喘止咳，治跌打损伤。

20. 雪下红 卷毛紫金牛 图 159

Ardisia villosa Roxb. Fl. Ind. ed. Carey 2: 274. 1824.

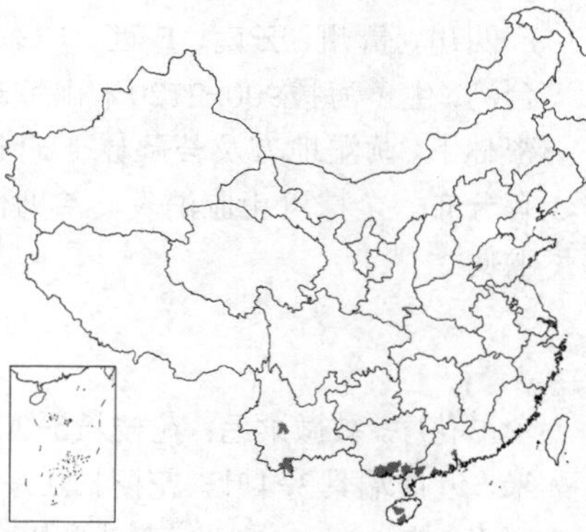

灌木，高达1(2-3)米。具匍匐根茎。幼时几全株被灰褐色或锈色长柔毛或长硬毛，毛常卷曲，后渐无毛。叶坚纸质，椭圆状披针形或卵形，先端尖或渐尖，基部楔形，长7-15厘米，近全缘或具波状腺齿或圆齿，常不明显，上面除中脉外，几无毛，下面密被长硬毛或长柔毛，具腺点，侧脉15对，多少连成边脉；叶柄长0.5-1厘米；花长5-8毫米，萼片长圆状披针形或舌形，两面被毛，具密腺点；花瓣淡紫或粉红色，稀白色，卵形或宽披针形，具腺点，无毛；花药披针形，背部具腺点。果径5-7毫米，深红或带黑色，具腺点，被毛。花期5-7月，果期翌年2-5月。

产广东、香港、海南、广西南部及云南，生于海拔500-1540米林下石缝间及荫蔽潮湿地方。越南至印度半岛东部有分布。全株药用，可消肿、活血散瘀，治风湿骨痛、跌打损伤、吐血、红白痢、疮疥。

[附] **毛叶雪下红 Ardisia villosa** var. **ambovestita** Walk. in Philipp. Joum. Sci. Bot. 73: 91. 1940. 本变种与雪下红的主要区别：植株高50厘米以下；叶两面被长柔毛；花序常无退化叶。产云南、广西及广东，生于

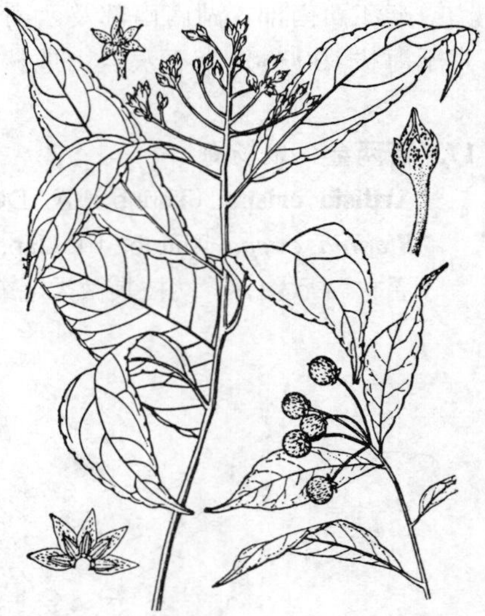

图 157 尾叶紫金牛 （肖 溶绘）

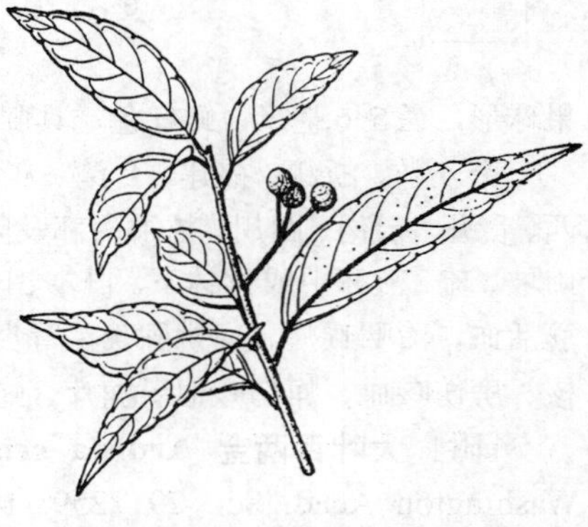

图 158 少年红 （李锡畴绘）

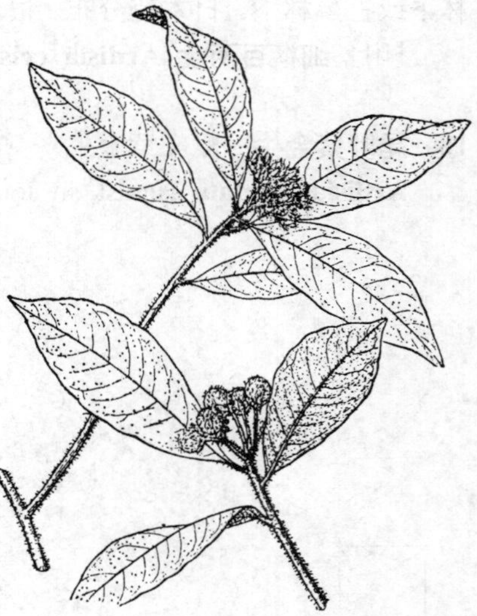

图 159 雪下红 （引自《图鉴》）

林下较干旱地方及荫湿地方。

21. 长毛紫金牛

图 160

Ardisia verbascifolia Mez. in Engl. Pflanzenr. 9(Ⅳ. 236): 153. 1902.

Ardisia villosoides Walker in Philipp. Journ. Sci. Bot. 73: 93. f. 17. 1940.

亚灌木状小灌木。具匍匐茎。直立茎高15-30厘米，幼茎密被长柔毛或绒毛。叶坚纸质，宽椭圆形、椭圆形或宽椭圆状卵形，基部钝或圆，长12-15（-22）厘米，宽5-8（-10）厘米，具圆齿或圆波状齿，齿间具边缘腺点，两面被长柔毛和腺点，下面中脉毛多，侧脉15对；叶柄长1.5-3.5厘米，密被长柔毛及绒毛。复亚伞形花序或聚伞花序，着生于茎上部，密被长柔毛及绒毛，花序梗长约1厘米。花梗长0.6-1厘米，被长柔毛；花长约6毫米，萼片长圆状披针形或舌形，两面被长柔毛和腺点；花瓣粉红色，卵形，先端尖，具腺点；花药窄披针形，背部具腺点。果径6毫米，红色，无毛，具腺点。花期6-7月，果期12月至翌年2月。

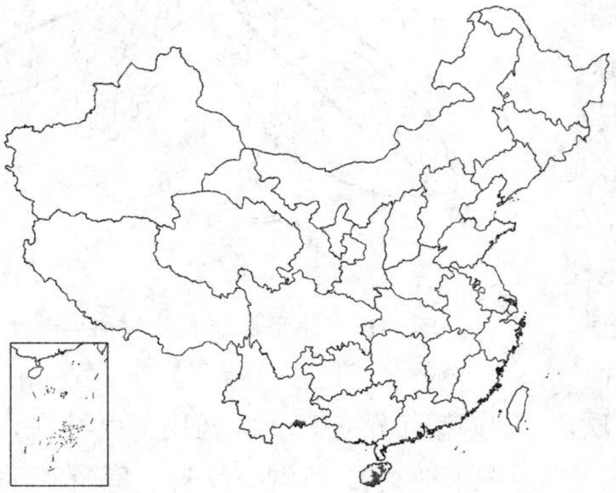

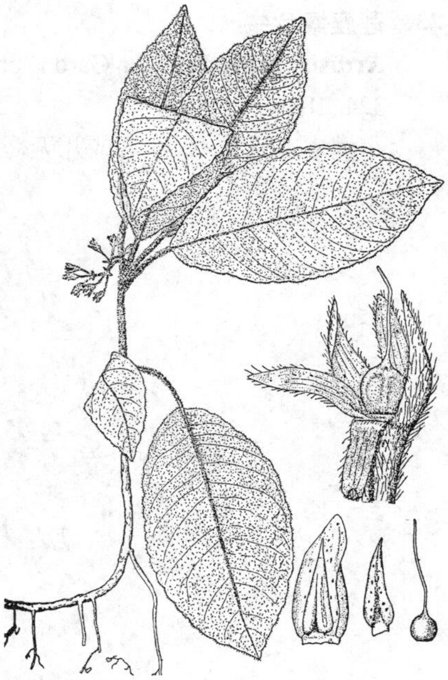

图 160 长毛紫金牛 （李锡畴绘）

产海南及云南东南部，生于山谷密林下、林缘、溪旁及荫湿地方。越南有分布。

22. 虎舌红

图 161 彩片 25

Ardisia mamillata Hance in Joum. Bot. Bfit. et For. 22: 290. 1884.

矮小灌木。幼枝密被锈色卷曲长柔毛，后无毛。叶互生或簇生茎顶，叶坚纸质，倒卵形或长圆状倒披针形，长7-14厘米，宽3-4(-5)厘米，边缘有腺点，两面绿或暗紫红色，被锈色或紫红色糙伏毛，毛基部隆起如小瘤，具腺点，侧脉6-8对；叶柄长0.5-1.5厘米或几无柄，被毛。伞形花序，单一，着生于腋生花枝顶端，花枝1-2(3)个，长3-9厘米，有10花。花梗长4-8毫米，被毛；花长5-7毫米，萼片被针形或窄长圆状披针形，具腺点；花瓣粉红色；花药披针形，背部具腺点。果径约6毫米，鲜红色，稍具腺点。花期6-7月，果期11月至翌年1（-6）月。

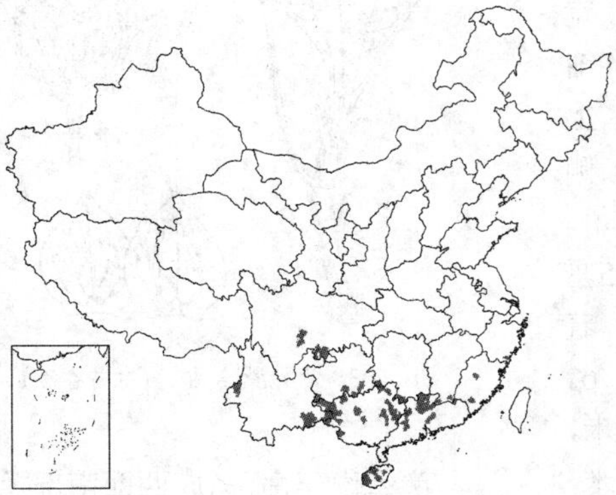

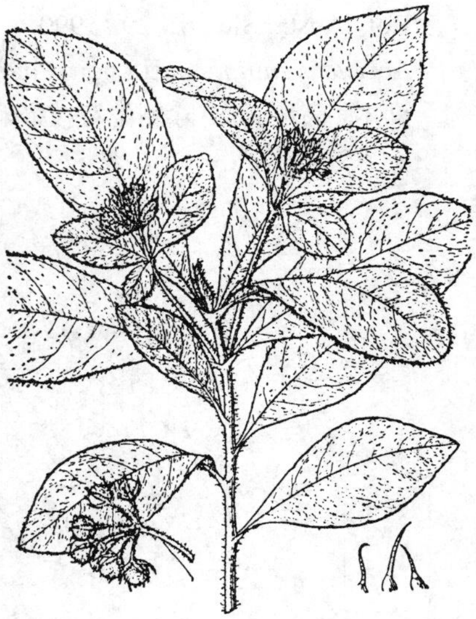

图 161 虎舌红 （引自《图鉴》）

产浙江东南部、福建、江西南部、湖南南部、广东、海南、广西、贵州、云南及四川中南部，生于海拔500-1200（1600）米山谷密林下及荫湿地方。越南有分布。全株药用，可清热利湿、活血止血、去腐生肌，治风湿跌打、外伤出血、小儿疳积、产后虚弱、月经不调、肺结核咳血、肝炎、胆囊炎；叶外敷可拔刺拔针、去疮毒。

23. 莲座紫金牛 图 162 彩片 26

Ardisia primulaefolia Gardn. et Champ. in Journ. Bot. Kew Miss. 1: 324. 1849.

小灌木或近草本。茎短或几无，常被锈色长柔毛。叶互生或基生呈莲座状，叶坚纸质或近膜质，椭圆形或长圆状倒卵形，长6-12(-17)厘米，具边缘腺点，两面有时紫红色；被锈色卷曲长柔毛，具长缘毛，侧脉约6对，明显，不连成边脉；叶柄长0.5-1.9厘米，密被长柔毛。聚伞花序或亚伞形花序，1-2个生于莲座叶腋，花序梗长3-5.5(19)厘米，花梗长6-8毫米，均被密锈色长柔毛。花长4-6毫米，萼片长圆状披针形，具腺上花药披针形，背部具疏腺点。果径4-6毫米，略肉质，鲜红色，具疏腺点。花期4-5月，果期9月。

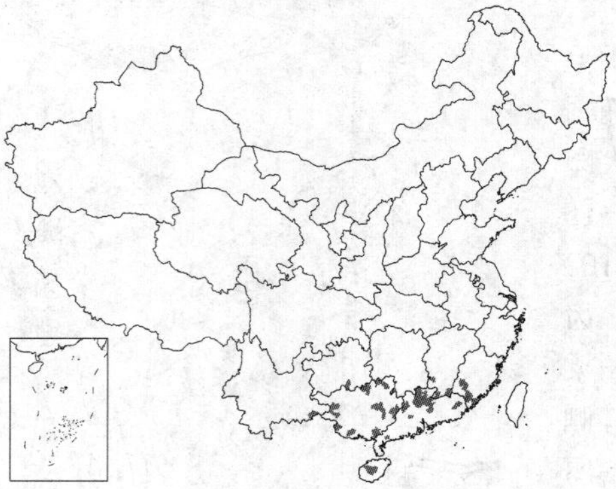

产浙江东南部、福建、江西南部、湖南南部、广东、香港、海南、广西、贵州南部及云南东南部，生于海拔600-1400米山坡密林下及荫湿地方。越南有分布。全株药用；可补血，治痨伤咳嗽、风湿、跌打、疮疥和毛虫刺伤。

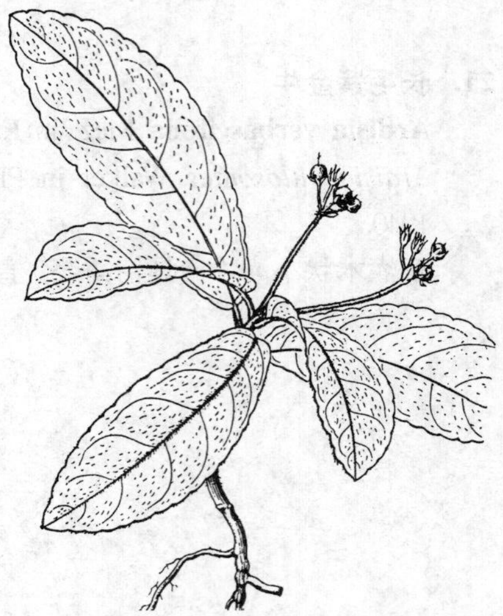

图 162 莲座紫金牛 （李锡畴绘）

24. 紫脉紫金牛 图 163

Ardisia purpureovillosa C. Y. Wu et C. Chen ex C. M. Hu in Acta Bot. Austr. Sin. 6: 29. 1990.

Ardisia velutina auct. non Pitard: 中国植物志 58: 87. 1979.

灌木，高达1米。除侧生花枝外，无分枝，密被紫红色长柔毛。叶轮生，叶坚纸质，披针形或椭圆形，先端渐尖，基部楔形，下延或微下延，长15-22厘米，宽3.8-5(6)厘米，具不整齐细齿，两面被微毛或无毛，上面中、侧脉微凹，紫红色，侧脉约18对，与叶脉几成直角，网脉具腺点；叶柄长1-1.5厘米或近无柄。复伞形花序，着生侧生花枝顶端，花枝长6。10厘米，花序梗长3-5毫米，常下弯，花梗长0.7-1.2厘米，均密被锈色长柔毛。花长5毫米，密被锈色长柔毛，萼片披针形，具腺点和长缘毛。果径6毫米，被锈色微柔毛，具腺点。花期4-5月，果期9月。

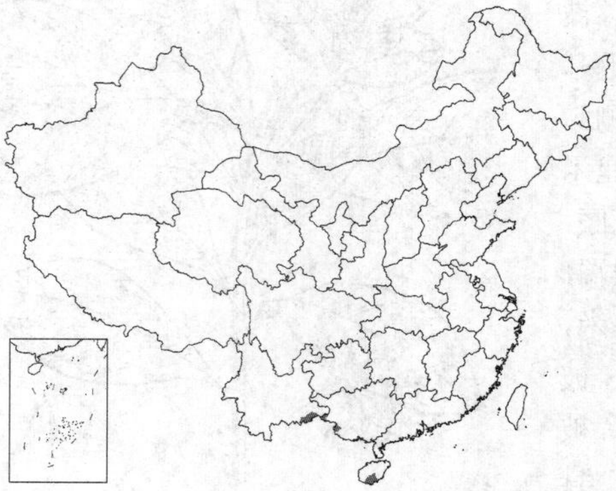

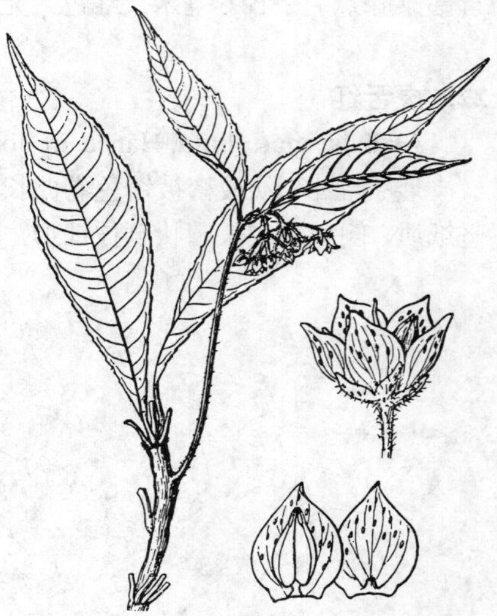

图 163 紫脉紫金牛 （陈莳香绘）

产云南东南部、广西西南部及海南，生于海拔550-1800米石灰岩山地林下及荫湿地方。越南有分布。

25. 月月红 江南紫金牛 图 164 彩片 27

Ardisia faberi Hemsl. in Joum. Linn. Soc. Bot. 26: 64. 1889.

小灌木或亚灌木，具匍匐根茎，长15-30厘米，密被锈色卷曲长柔毛。

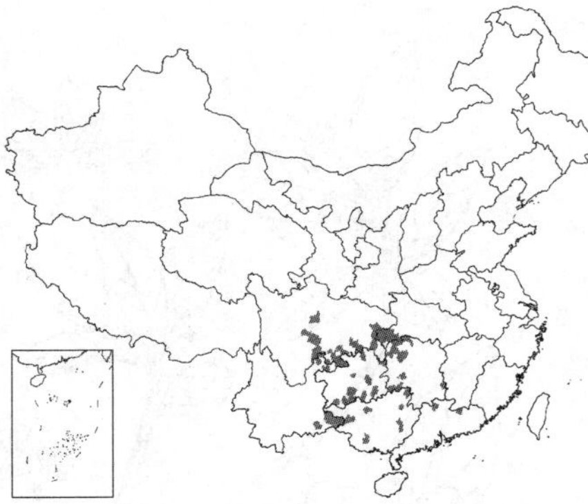

叶对生或近轮生，叶卵状椭圆形或披针状椭圆形，长5-10厘米，宽2.5-4厘米，具粗齿，幼时两面被卷曲长柔毛，后上面仅中脉和侧脉被毛，下面中、侧脉密被毛，无边脉；叶柄长5-8毫米，密被卷曲长柔毛。亚伞形花序，腋生或生于节间互生的钻形苞片腋间，花序梗长1.5-2.5厘米，花梗长0.7-1厘米，均被卷曲长柔毛。花长4-5毫米，萼片窄披针形或线状披针形；花瓣白或粉红色；花药卵形，背部无腺点。果径6毫米，红色，无腺点，无毛或被微柔毛。花期（4）5-7月，果期5月或11月。

产湖北西南部、湖南、广东北部、广西、贵州、四川、云南东南部及东北部，生于海拔1000-1300米山谷林下、荫湿处、水旁或石缝间。根叶治感冒咳嗽、蛾喉。

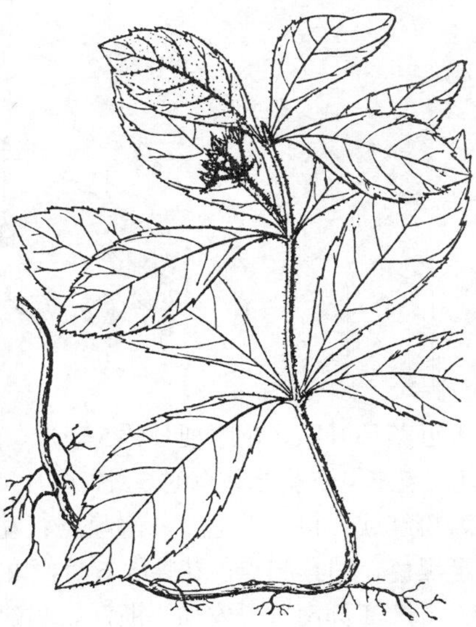

图 164 月月红 （引自《图鉴》）

26. 九节龙 图 165

Ardisia pusilla A. DC. in Trans. Linn. Soc. 17: 126. 1834.

亚灌木状小灌木，长达40厘米，蔓生，具匍匐茎。直立茎高不及10厘米，幼时密被长柔毛，后几无毛。叶对生或近轮生，叶椭圆形或倒卵形，基部宽楔形或近圆，长2.5-6厘米，有锯齿和细齿，具疏腺点，上面被糙伏毛，毛基部常隆起，下面被柔毛或长柔毛，中脉为多，侧脉7对，明显，直达齿间或连成不明显边脉；叶柄长5毫米，被毛。伞形花序，单一，侧生，被长柔毛、柔毛或长硬毛；花序梗长1-3.5厘米。花梗长6毫米；花长(3)4毫米，萼片披针状钻形；花瓣白或微红色，花药卵形，背部具腺点。果径5毫米，红色，具腺点。花期5-7月，果期与花期相近。

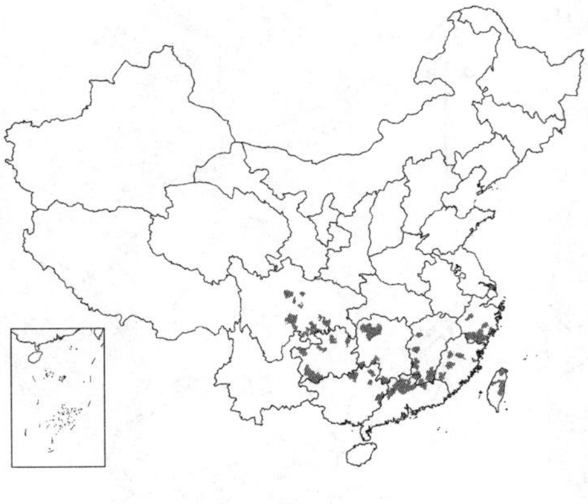

产浙江、福建、台湾、江西、湖南、广东北部、广西东北部、贵州及四川，生于海拔200-700米密林下及溪边。朝鲜、日本至菲律宾有分布。全草药用，消肿止痛，治跌打损伤、月经不调、黄疸及蛇咬伤。

［附］**心叶紫金牛 Ardisia maclurei** Merr. in Philipp. Journ. Sci. Bot. 21: 351. 1922. 本种与九节龙的区别：叶基部心形，具不整齐粗齿及缘毛，叶柄长0.5-2.5厘米；花淡紫或红色，花药背部无腺点；果径6毫米，暗红色。产贵州、广西、广东及台湾，生于海拔230-860米密林下，水旁。

图 165 九节龙 （李锡畴绘）

27. 紫金牛 矮脚三郎 图 166 彩片 28

Ardisia japonica（Thunb.）Bl. Bijdr. 690. 1825.

Bladhia japonica Thunb. Nov. Gert. P1. 6. 1781.

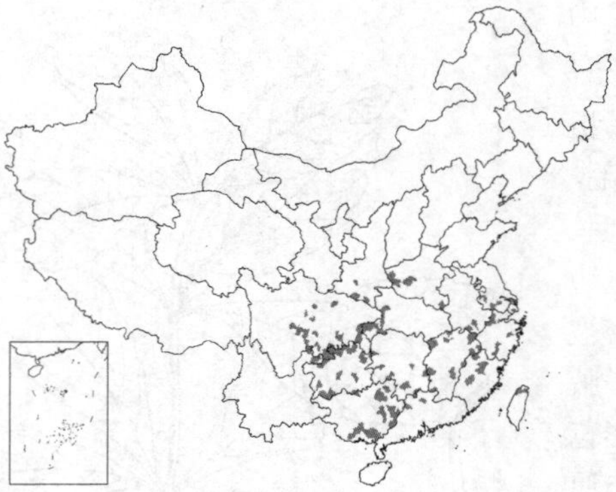

小灌木或亚灌木，近蔓生。茎幼时被细微柔毛，后无毛。叶对生或轮生，椭圆形或椭圆状倒卵形，先端尖，基部楔形，长4-7（-12）厘米，宽1.5-3（4.5）厘米，具细齿，稍具腺点，两面无毛或下面仅中脉被微柔毛，侧脉5-8对；叶柄长0.6-1厘米，被微柔毛。亚伞形花序，腋生或生于近茎顶叶腋，花序梗长约5毫米。花梗长0.7-1厘米，常下弯，均被微柔毛。花长4-5毫米，有时6数，萼片卵形，无毛，具缘毛，有时具腺点；花瓣粉红或白色，无毛，具密腺点；花药背部具腺点。果径5-6毫米，鲜红至黑色，稍具腺点。花期5-6月，果期11-12月。

产江苏南部、安徽、浙江、福建、台湾、江西、河南、陕西南部、湖北、湖南、广东、广西、贵州、四川及云南东北部，生于海拔约1200米以下林下。全株及根药用，治肺结核、慢性气管炎、跌打风湿、黄疸肝炎、睾丸炎、白带、闭经、尿路感染。可供观赏。

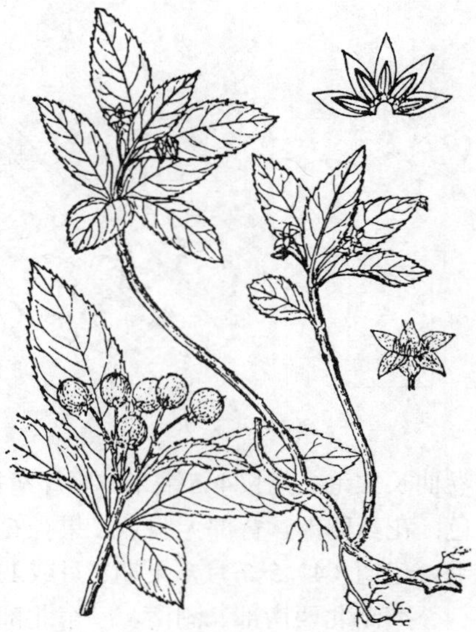

图 166 紫金牛
（引自《江苏南部种子植物手册》）

28. 小紫金牛 图 167

Ardisia chinensis Benth. Fl. Hongkong. 207. 1861.

亚灌木状矮灌木，具蔓生走茎，直立茎常丛生，幼时被锈色微柔毛及灰褐色鳞片，后脱落，叶坚纸质，倒卵形或椭圆形，基部楔形，长3-7.5厘米，宽1.5-3厘米，全缘或中部以上具疏波状齿，上面无毛，叶脉平，下面被疏鳞片，侧脉多数，有边脉；叶柄长0.3，1厘米。亚伞形花序，单生叶腋；花序梗与花梗近等长，长约1厘米，均被疏柔毛或灰褐色鳞片。花长约3毫米，萼片三角状卵形，具缘毛，有时具疏腺点；花瓣白或粉红色，两面无毛，无腺点；花药卵形，具小尖头，背部具腺点。果径约5毫米，红至黑色，无毛，无腺点。花期4-6月，果期10-12月。

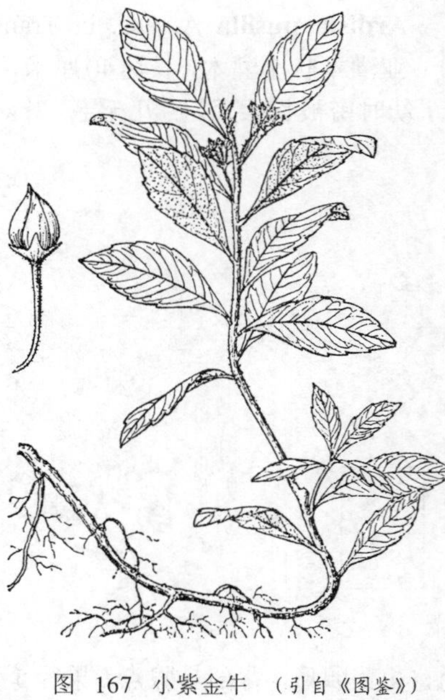

图 167 小紫金牛 （引自《图鉴》）

产浙江南部、福建、台湾、江西、湖南南部、广东、香港及广西，生于海拔300-800米林下、荫地或溪旁。全株药用，可活血散瘀，治肺结核、跌打损伤、黄疸、睾丸炎、尿路感染、闭经。

29. 五花紫金牛 图 168

Ardisia triflora Hemsl. in Journ. Linn. Soc. Bot. 26: 67. 1889.

亚灌木状小灌木，具匍匐茎，近蔓生。直立茎高约15厘米，幼时密被锈色鳞片，叶膜质或略厚，倒卵形或椭圆状倒卵形，顶端宽急尖或渐尖，基部楔形，长7-12厘米，宽3-4厘米，全缘或具微波状齿，叶面无毛，中脉微凹，背面具鳞片，边缘脉无或不明

显；叶柄长5-8毫米。亚伞形花序，腋生或侧生，具花5朵以上，被锈色鳞片；总梗长2-4厘米，花梗长约1厘米；花长约3毫米，花萼仅基部连合，被疏鳞片，萼片三角状卵形，顶端急尖，长1-1.5毫米，具缘毛，腺点不明显；花瓣白色，宽卵形，顶端急尖，长约3毫米，无毛，具疏腺点；雄蕊为花瓣长的3/4，花药披针形，背部无腺点；雄蕊与花瓣等长，子房卵珠形，无毛；胚珠5枚，1轮。果球形，径5-7毫米，红色，无毛，无腺点。花期约5月，果期约1月。

产广东中西部及广西，生于低山区疏林下或竹林下，有时亦生于密林下或溪边石缝中。

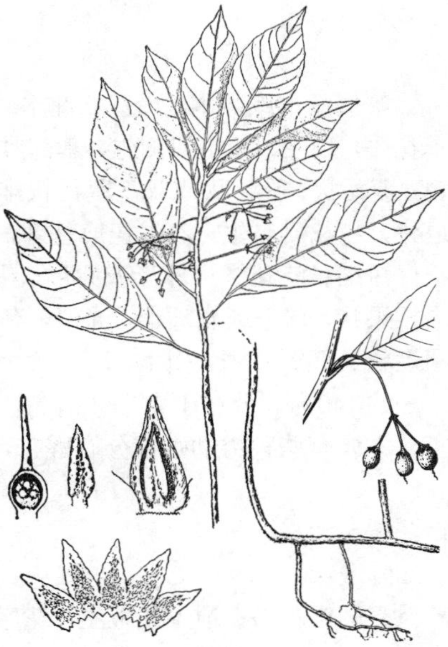

图 168 五花紫金牛
（引自《Philipp. Journ. Soc. Bot.》）

30. 走马胎 图 169

Ardisia gigantifolia Stapf in Kew Bull. Misc. Inform. 1906. 74. 1906.

大灌木或亚灌木，高1(-3)米。幼茎被微柔毛，后无毛。，叶常簇生茎顶，叶膜质，椭圆形或倒卵状披针形，长25-48厘米，基部下延至叶柄成窄翅，具密啮蚀状细齿，齿具小尖头，两面无毛或仅下面叶脉被微柔毛，具疏腺点，腺点于两面隆起，侧脉15-20对，不成边脉；叶柄长2-4厘米，具波状窄翅。多个亚伞形花序组成塔状或总状圆锥花序，长20-35厘米，径约10厘米或更宽。花梗长1-1.5厘米，花长4-5毫米，萼片窄三角状卵形或披针形，被疏微柔毛，具腺点；花瓣白或粉红色，具疏腺点；花药卵形，背部无腺点。果红色，无毛，具纵肋，稍具腺点。花期(2-3)4-6月，果期(2-6)11-12月。

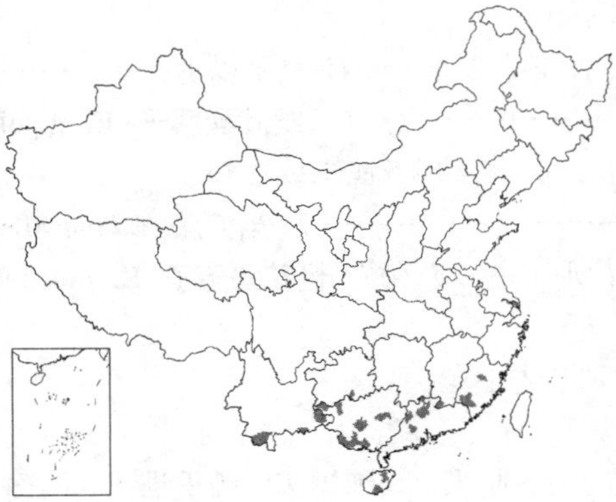

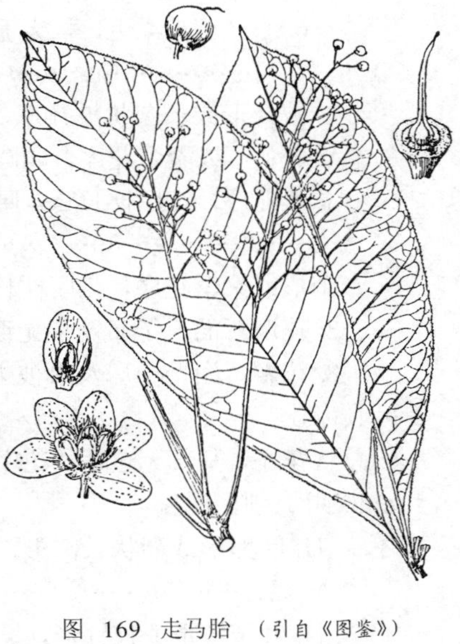

图 169 走马胎 （引自《图鉴》）

产福建、江西南部、湖南南部、广东、海南、广西、贵州南部、云南东南部及南部，生于海拔1300米以下山间林下荫湿地方。越南北部有分布。

［附］ **毛脉紫金牛 Ardisia pubivenula** Walk. in Philipp. Joum. Sci. Bot. 73: 146. f. 31. 1940. 与走马胎的区别：茎高(2-)4-10厘米，常被锈色毛；叶坚纸质，宽卵形或卵状椭圆形，长5-11厘米，宽3-7.5厘米，基部圆或心形；果被微柔毛。产广西及海南，生于海拔约800米山间林下。

4. 酸藤子属 Embelia Burm. f.

攀援灌木或藤本，稀直立灌木或乔木。单叶互生、2列或近轮生；具柄。总状花序、圆锥花序、伞形花序或聚伞花序，顶生、腋生或侧生，基部具苞片。花常单性，同株或异株，4或5数；花萼基部连合；花瓣分离或基部连合，覆瓦状、旋转状或双盖覆瓦状排列，内面和边缘常具乳头状突起；雄蕊在雄花中常超出花瓣，在雌花中内藏，退化，与花瓣对生，着生花瓣基部，花丝分离，花药2室，纵裂，背部常具腺点；雌蕊在雄花中退化，子房极小，花柱短缩；雌花子房球形或卵形，花柱长，常超出花瓣，柱头点尖、盘状或头状，有时微裂，胚珠常4枚，1轮。浆果核果状，球形或扁球形，光滑，有时具纵肋或腺点，有种子1枚，内果皮坚脆。种子近球形，基部稍凹入；胚乳嚼烂状；胚圆柱形，横生。

约140种，分布于太平洋诸岛，亚洲南部及非洲等热带及亚热带地区，少数种类产大洋洲。我国20种。

本属有些种类幼嫩部分有酸味，可生吃；果可生吃，打蛔虫及绦虫有良效。

1. 花被5数。
  2. 叶全缘。
    3. 圆锥花序，顶生或腋生，花序梗长于4厘米。
      4. 叶椭圆状卵形或长圆状椭圆形；花序顶生，被微柔毛。
        5. 花无梗或近无梗，梗长1毫米以下；叶下面无白粉 ……………………… 1. **短硬酸藤子 E. sessiliflora**
        5. 花梗长1.5毫米以上；叶下面常被白粉。
          6. 小枝无毛，老枝具明显皮孔；叶坚纸质，叶面平滑，下面被白粉 …………… 2. **白花酸藤子 E.ribes**
          6. 小枝密被柔毛，稀无毛，老枝稀具皮孔；叶革质或肉质，稀坚纸质，上面常具皱纹，下面被白粉 ……………………………………………………………… 2(附). **厚叶白花酸藤子 E. ribes** var. **pachyphylla**
      4. 叶披针形或长圆状披针形；花序通常腋生，稀顶生，几无毛 ……………… 3. **多花酸藤子 E. floribunda**
    3. 总状、伞形或聚伞花序，非圆锥花序，腋生，花序梗长4厘米以下。
      7. 总状花序，花序梗长2–4厘米，基部无苞片；叶近束生或轮生，不成2列，长15厘米以上 ……………………………………………………………………………… 6. **皱叶酸藤子 E. gemble**
      7. 伞形或聚伞花序，花序梗长不及1厘米，基部多少具苞片；叶2列，长约2.5厘米或更短。
        8. 花瓣背面、子房及果无毛，萼片卵形或近三角形 ………………………………… 7. **当归藤 E. parviflora**
        8. 花瓣背面、子房及果被柔毛，萼片长圆状卵形或长圆状披针形 …… 7(附). **艳花酸藤子 E. pulchella**
  2. 叶具齿。
    9. 总状花序，基部无苞片，花序梗长1厘米以上，若不及1厘米，则叶先端尾尖。
      10. 叶具细密锯齿。
        11. 叶卵形或卵状长圆形，稀椭圆状披针形，长5–11厘米，宽2–3.5厘米，具细锯齿，稀重锯齿，两面无毛 ……………………………………………………………………… 4. **密齿酸藤子 E. vestita**
        11. 叶窄卵形或披针形，长约9厘米，宽2.5厘米，中部以上具细和钝锯齿，下面有时中脉被柔毛 ……… ……………………………………………………………… 4(附). **多皮孔酸藤子 E. vestita** var. **lenticellata**
      10. 叶全缘或上部具疏齿 ……………………………………………… 5. **瘤皮孔酸藤子 E. scandens**
    9. 伞形、亚伞形或聚伞花序，基部常多少具苞片，花序梗长1厘米以下。
      12. 叶2列，边缘具圆齿 ……………………………………………… 8. **龙骨酸藤 E. polypodioides**
      12. 叶互生或轮生，不成2列，边缘具锯齿。
        13. 攀援灌木；叶互生；花瓣仅基部合生。
          14. 叶长2–3厘米，具圆形腺点；花序梗长4–6毫米 ………………………… 9. **毛果酸藤子 E. henryi**
          14. 叶长3–9厘米，具碎发状腺点；花序梗长约1毫米 …………… 9(附). **疏花酸藤子 E. pauciflora**
        13. 匍匐状藤本；叶生于短枝上，近轮生；花瓣合生成管 ………………… 10. **匍匐酸藤子 E. procumbens**

1. 花被4数，

15. 叶椭圆形或长圆状椭圆形，纸质，或坚纸质 ………………………………………… 11. **平叶酸藤子 E. undulata**

15. 叶倒卵形或椭圆状倒卵形或倒披针形，坚纸质，稀革质。

16. 叶宽2-4厘米；花序长约1厘米；果径1-1.5厘米。

16. 叶宽1-1.5厘米；花序长3-8毫米；果径约5毫米 ………………………………… 12. **酸藤子 E. laeta**

1.　短梗酸藤子　图 170

Embelia sessiliflora Kurz in Joum. Asiat. Soc. Bengal 40: 66. 1871.

攀援灌木或藤本，长达5米。幼枝被微柔毛，后无。叶坚纸质，椭圆状卵形或长圆状卵形，先端钝或渐钝尖，基部圆，长6-11厘米，全缘，两面无毛，下面无白粉，无腺点，侧脉约8对，不明显；叶柄长0.5-1厘米，具窄翅。圆锥花序，顶生，长10-15厘米，密被微柔毛。花5数；无花梗或梗极短；小苞片钻形，被疏乳头状突起，具缘毛；萼片三角形，两面被疏乳头状突起，具腺点和缘毛；花瓣长1.5-3.5毫米，淡绿或白色，椭圆形；雄蕊与花瓣等长或略短；花丝与花药等长或略短；雌蕊略短于花瓣，柱头点尖或微浅裂。果红色。花期2-4月，果期5月。

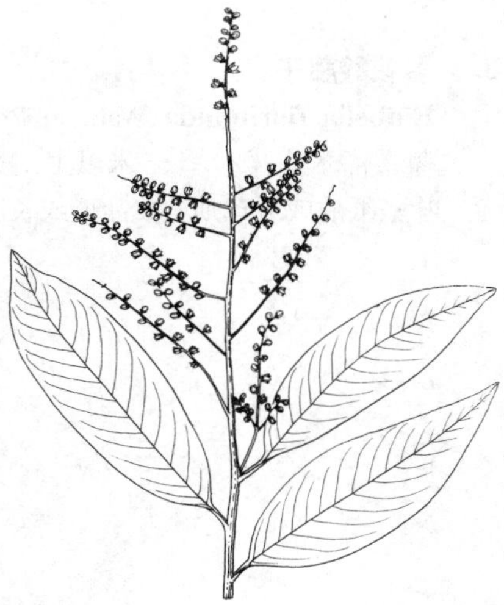

图 170　短梗酸藤子　（孙英宝绘）

产贵州西南部及云南，生于海拔1400-2800米林内、林缘及灌丛中。印度、缅甸至泰国有分布。

2.　白花酸藤子　白花酸藤果　图 171

Embelia ribes Burm. f. Fl. Ind. 62. pl. 23. 1768.

攀援灌木或藤本，长达6(-9)米。枝无毛，老枝皮孔明显。叶倒卵状圆形或椭圆形，先端渐钝尖，基部楔形或圆，长5-8(-10)厘米，下面有时被白粉，腺点不明显，侧脉不明显，圆锥花序，顶生，长5-15(-30)厘米。花梗长1.5毫米以上；小苞片钻形或三角形；花5数，萼片三角形；花瓣淡绿或白色，长1.5-2毫米；雄蕊与花瓣几等长，花丝较花药长1倍，背部具腺点，在雌花中较花瓣短；雌蕊在雄花中退化，柱头不明显2裂，在雌花中与花瓣等长或略短，柱头头状或盾状。果径3-4毫米，红或深紫色，无毛，干时具皱纹或隆起腺点。花期1-7月，果期5-12月。

图 171　白花酸藤子　（引自《广州植物志》）

产福建南部、广东、香港、海南、广西、湖南南部、贵州西南部、云南东南部及西藏东南部，生于海拔50-2000米林内及林缘灌丛中。印度至印度尼西亚有分布。根药用，治急性肠胃炎、赤白痢、腹泻、刀枪伤、外伤出血、蛇咬伤；叶煎水可作洗药；果味甜可食，嫩芽作蔬菜。

［附］**厚叶白花酸藤子** 彩片 29 **Embelia ribes** var. **pachyphylla** Chun ex C. Y. Wu et C. Chen, Fl. Yunnan. 1: 364. 1977. 本变种与模式复种的主要区别：老枝稀具皮孔，小枝密被柔毛，稀无毛；叶革质或几肉质，稀坚纸质，叶面光滑，常具皱纹，中脉凹下，下面被白粉；果径2-3毫米。产云南、广西及广东，生于海拔700-1800米林下或灌丛中。

3. 多花酸藤子 图 172

Embelia floribunda Wall. in Roxb. Fl. Ind. ed. Carey 2: 291. 1824.

攀援灌木或藤本，长5米以上。枝条细长，下垂，多皮孔，幼枝光滑，无毛。叶坚纸质或近革质，披针形或长圆状披针形，先端渐尖，基部圆，长7-13(-16)厘米，全缘，两面无毛，下面边缘具密腺点，中脉隆起，侧脉多数；叶柄长1-1.2(-1.5)厘米，具窄翅。圆锥花序腋生，稀顶生，长7-11(-15)厘米，被细微柔毛或几无毛；花梗与花等长，被疏乳头状突起或微柔毛；小苞片钻形；花长约3毫米，5数；花萼基部连合，长约0.5毫米，萼片卵形或卵状三角形，先端急尖，边缘近干膜质，具缘毛，中央具腺点；花瓣白色，分离，披针形或倒披针形，长约3毫米，外面被疏乳头状突起或无毛；边缘和里面密被乳头状突起；有时先端具腺点，雄蕊与花瓣等长或稍长，着生花瓣长的1/4-1/3处，花药卵形，背部有时具腺点；雌蕊较花瓣短，子房球形或卵圆形，无毛，柱头点尖，花瓣脱落后，柱头呈头状或盾状。果球形，径4-5毫米，红色，稍肉质，具网状皱纹，有时具小突起，花期2-3月，果期10-12月，有时12月亦开花。

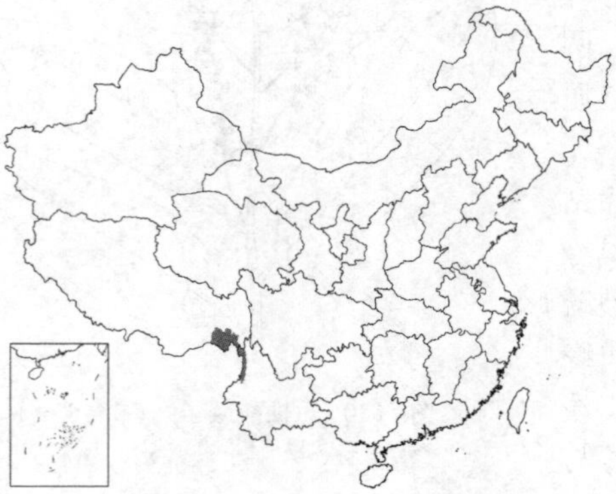

产云南西北部及西藏东南部，生于海拔1500-2800米林中或灌丛中。尼泊尔、缅甸及印度有分布。

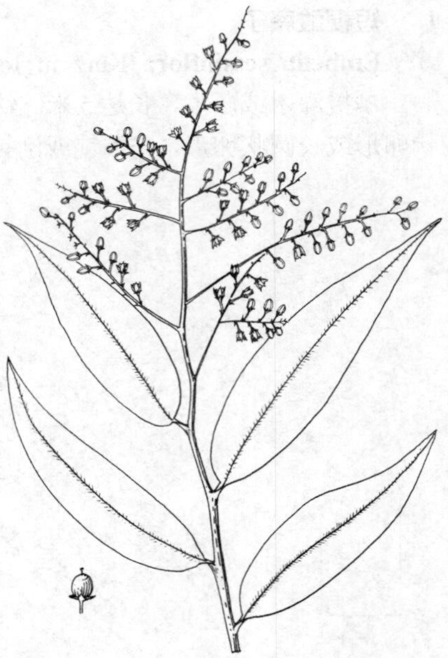

图 172 多花酸藤子 （孙英宝仿绘）

4. 密齿酸藤子 网脉酸藤子 矩叶酸藤子 多脉酸藤子 图 173

Embelia vestita Roxb. Fl. Ind. ed. Carey 2: 288. 1824.

Embelia rudia Hand.-Mazz.; 中国高等植物图鉴 3: 227. 1974.

Embelia oblongifolia Hemsl.; 中国高等植物图鉴 3: 228. 1974; 中国植物志 58: 110.1979.

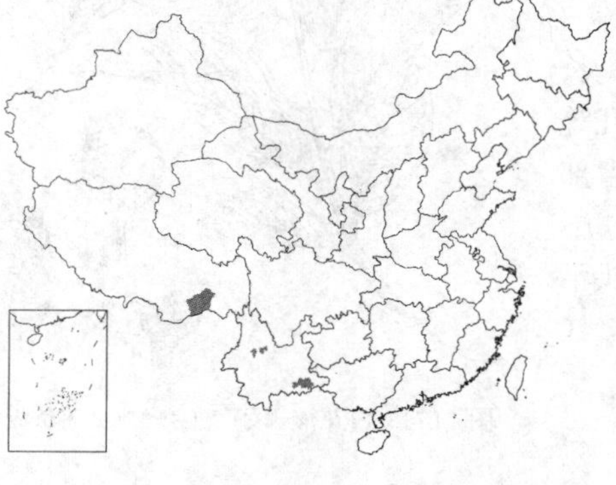

攀援灌木、藤本或小乔木。小枝无毛或幼枝被微毛，具皮孔。叶卵形、卵状长圆形或椭圆状披针形，长5-11(-18)厘米，宽2-4厘米，具细齿，稀重锯齿，两面无毛，上面中脉凹下，侧脉多数，明显，具腺点，近边缘为多；叶柄长4-8毫米。总

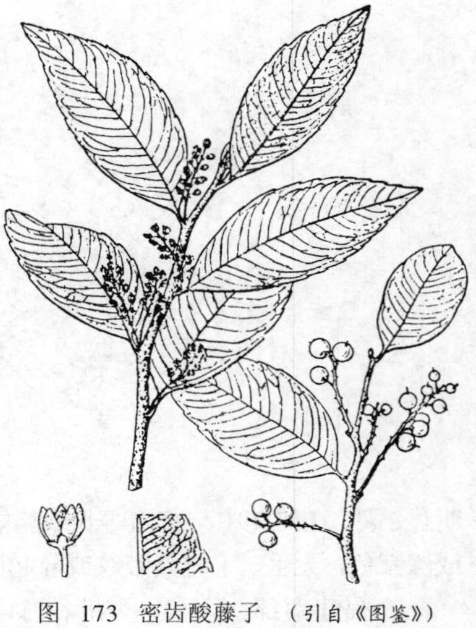

图 173 密齿酸藤子 （引自《图鉴》）

状花序，腋生，长1-4(-6)厘米。花梗长2-5毫米，被疏乳头状突起；花5数；长约2毫米，萼片卵形，具缘毛，两面无毛；瓣白或粉红色，窄长圆状或椭圆形，舌状或近匙形；雄蕊在雄花中伸出花瓣，花药背部无腺点；雌蕊在雌花中与花瓣近等长，花柱下弯，柱头微裂。果球形或略扁，径4-9毫米，红或蓝黑色，具腺点。花期10-11月，果期10月至翌年2月。

产云南及西藏东南部，生于海拔200-1700米山谷、山坡林下或溪边、河边林中。尼泊尔、缅甸、印度及越南有分布。果可生食，味酸甜，与红糖拌食，可驱蛔虫。

［附］**多皮孔酸藤子 Embelia vestita** var. **lenticellata**（Hayata）C. Y. Wu et C. Chen, Fl. Reibnbl. Popnl. Sin. 58: 109. 1979. —— *Embelia lenticellata* Hayata Ic. Pl. Formes. 5: 86. 1915. 本变种与密齿酸藤子的主要区别：叶窄卵形或披针形，长约9厘米，宽2.5厘米，中部以上具细和钝锯齿，下面有时中脉被柔毛。产台湾中部及南部，生于林中或林缘。

5. 瘤皮孔酸藤子 图 174

Embelia scandens（Lour.）Mez in Engl. Pflanzenr. 9(1V.236): 317. 1902.

Calispermum scandens Lour. Fl. Cochinch. 156. 1790.

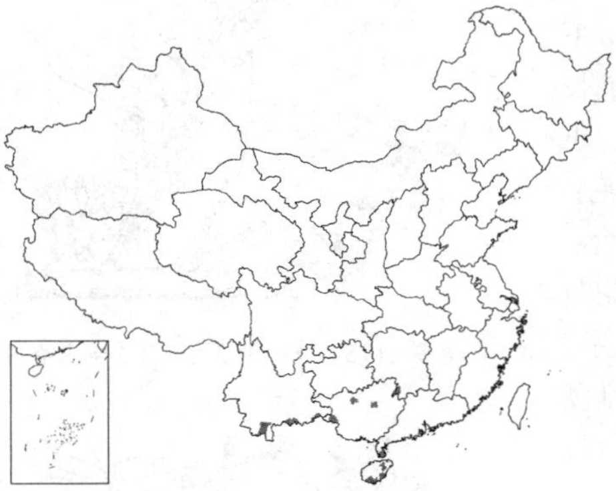

攀缘灌木。小枝无毛，密布瘤状皮孔。叶长椭圆形或椭圆形，长5-9(-12)厘米，全缘或上部具不明显疏齿，上面中脉凹下，边缘及顶端具密腺点，侧脉7-9对；叶柄长5-8毫米，两侧微具窄翅。总状花序，腋生，长1-4厘米。花梗长1-2毫米；花瓣白或淡绿色，长2-3毫米，具腺点，内面中央及基部密被乳头状突起；雄蕊在雄花中较花瓣长，花药背部具腺点。果径5毫米，红色，花柱宿存，宿萼反卷。花期11月至翌年1月，果期3-5月。

产湖南南部、广东雷州半岛、海南、广西及云南南部，生于海拔200-850(-1300)米山坡、山谷林中及灌丛中。越南、老挝、泰国、柬埔寨有分布。

图 174 瘤皮孔酸藤子 （吴锡麟绘）

6. 皱叶酸藤子 图 175

Embelia gamblei Kurz ex C. B. Clarke in Hook. f. Fl. Brit. Ind. 3: 516. 1882.

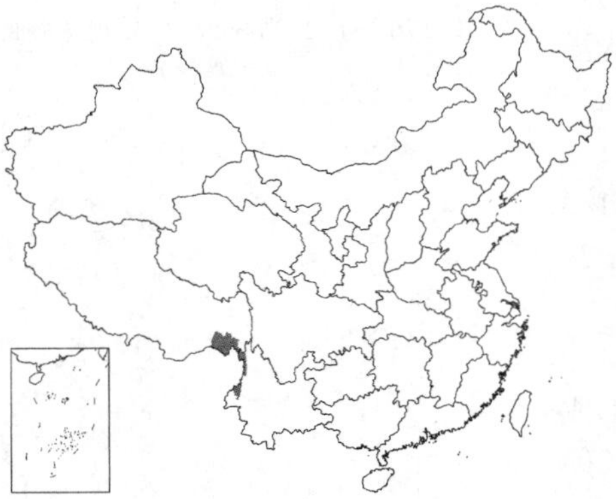

攀援灌木、灌木或有时几为小乔木，长(或高)8米以上。幼枝被锈色绒毛，后变无毛。叶几束生或近轮生，坚纸质或近革质，卵形、椭圆形或长圆状宽披针形，先端急尖，基部近圆或楔形，长15-30厘米，全缘，上面中脉下凹，侧脉及细脉隆起，下面凡脉均隆起，侧脉约20对，细脉网状，网眼具明显的腺点和鳞片状物，幼时被锈色绒毛；叶柄长1.5-2厘米，具窄翅。总状花序侧生，长2.5-4厘米，被微柔毛或，几无毛，基部无苞片；花梗长2-4(-6)毫米，被微柔毛；小苞片窄披针形；花(4)5数，长2-3毫米，花萼仅基部连合，萼片卵形或长圆形，先端急尖，具缘毛，具腺点，两面无毛；花瓣暗黄绿色，基部微连台，椭圆形或倒卵形，长约2.5毫米，外面无毛，内面被细微柔毛，具密腺点及缘毛；雄蕊着生花瓣基部，长达花瓣2/

3，花丝扁平；花药卵圆形，背部无腺点；雌蕊在雄花中退化，瓶形，在雌花中稍短于花瓣；子房卵圆形，无毛，花柱上部弯曲，多少具腺点，柱头扁平。果球形，径约3毫米，红色，具腺点，宿存花柱细长，柱头多少膨大，宿存花萼反卷。花期5-6月，果期约10月。

产西藏东南部及云南西部，生于海拔2000-2700米沟谷常绿林中或岩石坡灌丛中。缅甸及锡金有分布。

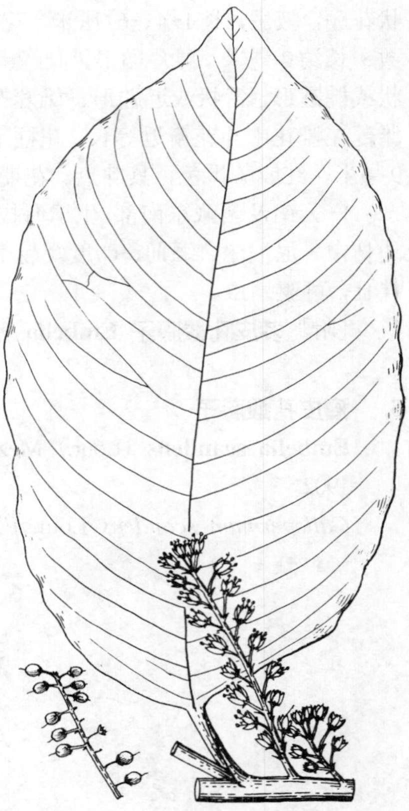

图 175 皱叶酸藤子 （孙英宝绘）

7. 当归藤 图 176：1-2

Embelia parviflora Wall. ex A. DC. in Trans. Linn. Soc. 17: 130. 1834.

攀援灌木或藤本。老枝具不明显皮孔，小枝常2列，密被锈色长柔毛，略具腺点或星状毛。叶2列，坚纸质，卵形或长圆状卵形，长1-2厘米，全缘，上面下凹中脉被柔毛，下面被锈色长柔毛或鳞片，近顶端具疏腺点；叶柄长约1毫米，被长柔毛。亚伞形花序或聚伞花序，腋生，常下弯，长0.5-1厘米，被锈色长柔毛。花梗长2-4毫米，小苞片长1毫米，被疏微柔毛；花5数；花萼基部微连合；萼片卵形或近三角形；花瓣无毛，白或粉红色，分离；雄蕊花药背部具腺点；雌蕊在雌花中与花瓣等长。果暗红色，无毛，宿萼反卷。花期12月至翌年5月，果期5-7月。

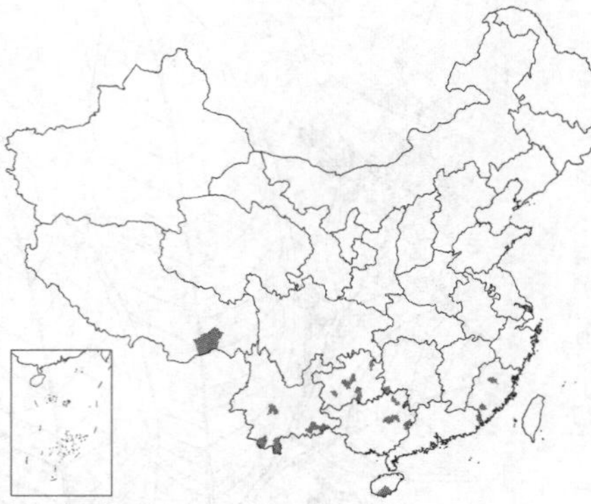

产浙江南部、福建、广东、香港、海南、广西、贵州、云南及西藏东南部，生于海拔300-1800米密林中、林缘或灌丛中。印度、缅甸至印度尼西亚有分布。根与老藤供药用，散瘀活血，治月经不调、白带、腰腿酸痛、接骨、不孕症，可代当归。

［附］**艳花酸藤子** 图 176：3-5 **Embelia pulchella** Mez in Engl. Pflanzenr. 9(IV. 236): 324. f. 53. 1902. 本种与当归藤的主要区别：叶长1.5-3.5厘米，上面仅下凹中脉被柔毛，下面被疏鳞片或锈色柔毛，中脉被锈色长硬毛，侧脉不明显，顶端密布腺点，叶柄被锈色长硬毛；花序被锈色长硬毛；小苞片边缘及外面被长硬毛；花瓣外面被锈色长硬毛；果被毛。花期2-5月，果期11月至翌年1月。产云南及广东，生于海拔600-2200米密林中和林缘灌丛中。印度、缅甸、越南、泰国有分布。

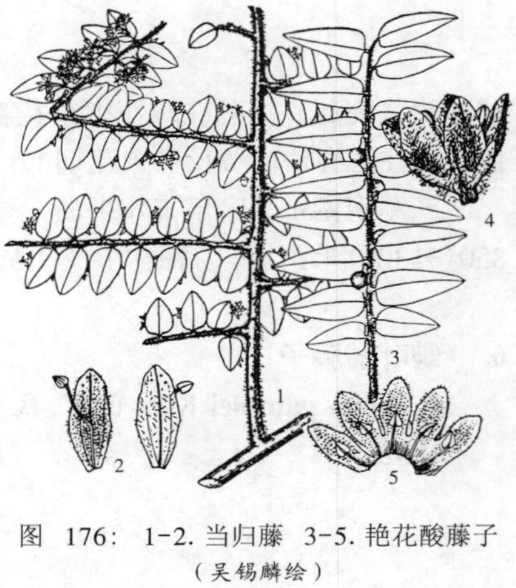

图 176： 1-2. 当归藤 3-5. 艳花酸藤子 （吴锡麟绘）

8. 龙骨酸藤子 图 177：1-3

Embelia polypodioides Hemsl. et Mez in Notizbl. Bot. Gart. Berlin 3: 108. 1901.

攀援灌木或藤本，长约3米。小枝被密锈色长硬毛或弯曲糙伏毛。叶2列，坚纸质，长圆形或披针形，先端急尖或短尖，稀渐尖，基部微心形或平截，长2-3.5厘米，具圆齿，齿具刺尖，两面被疏鳞片，中脉被锈色长硬

毛，边缘及先端具隆起腺点，侧脉约12对；叶柄长1-2毫米，被锈色长硬毛。亚伞房花序腋生，几无柄，有1-2花，常下垂于叶下，基部多少具苞片，苞片边缘及外面被锈色长硬毛，内面无毛。花梗长2-3毫米，被疏乳头状突起或无毛，有时具小苞片；花5数，长3-4毫米；花萼基部连合达1/2，萼片卵形或三角状卵形，密被缘毛，两面无毛，具腺点；花瓣红色，分离，稀基部连合，长圆形或长圆状卵形，长2-3.5毫米，外面无毛，内面及边缘密被乳头状突起，具隆起腺点，常为2行，以中部以上为多；雄蕊在雌花中退化，在雄花中稍超出花冠，着生花瓣1/5处；雌蕊在雌花中超出花冠，子房卵圆形，柱头扁平。果球形，径约4毫米，红色，具腺点，宿存花萼紧贴果。花期12月至翌年2月，果期1-3月。

产云南东南部及广西西部，生于海拔1000-2400米的山间密林中。越南有分布。

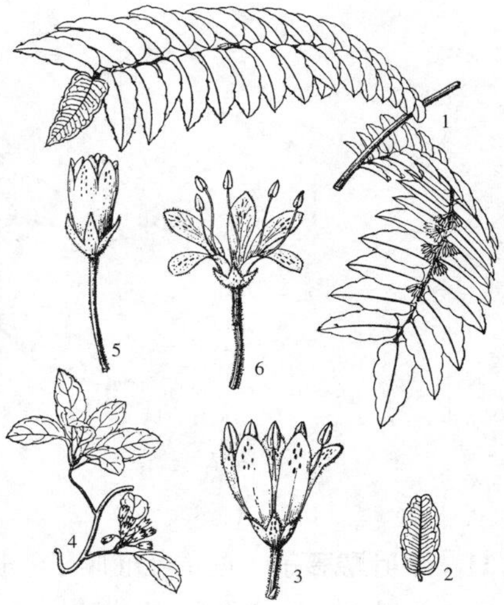

图 177：1-3. 龙骨酸藤子
4-6. 匍匐酸藤子 （李锡畴绘）

9. 毛果酸藤子 图 178

Embelia henryi Walk. in Joum. Wash. Acad. Sci. 27: 200. f. 1939.

攀援小灌木，小枝近2列，密被皮孔和疏微柔毛。叶披针形或卵形，长2-3厘米，宽0.8-1厘米，具小尖齿，两面无毛，下面具圆形腺点；叶柄长3-4毫米，被锈色微柔毛。亚伞房花序或短总状花序，花序梗长4-6毫米，被微柔毛，基部具少数苞片或无。花梗长3-4毫米；花萼基部连合，有时6裂，萼片披针形或椭圆状卵形；花瓣绿白色，分离，基部微连合；雄蕊在雄花中伸出花冠，基部与花瓣合生，花药背部具腺点；子房在雌花中长约2.5毫米，花柱伸出花冠，均被微柔毛或乳头状突起，花柱微裂或头状。果径4毫米，暗红色，具腺点。花期11月至翌年2月，果期9-12月。

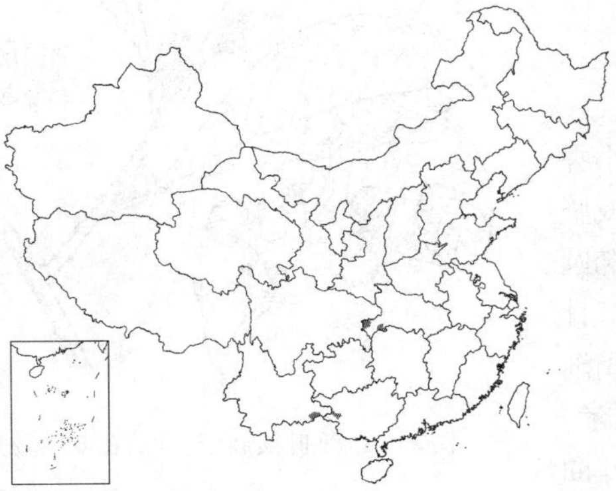

产云南东南部、广西西部及湖北西南部，生于海拔800-1700米林中。越南有分布。

［附］**疏花酸藤子 Embelia paucifiora** Diels in Engl. Bot. Jahrb. 29: 517. 1900. 本种与毛果酸藤子的主要区别：叶长3-9厘米，具圆齿，网脉具碎发状腺点；花序梗长约1毫米。产四川及贵州，生于海拔1300-1500米的山坡、山谷疏、密林下、荫湿多石地方。

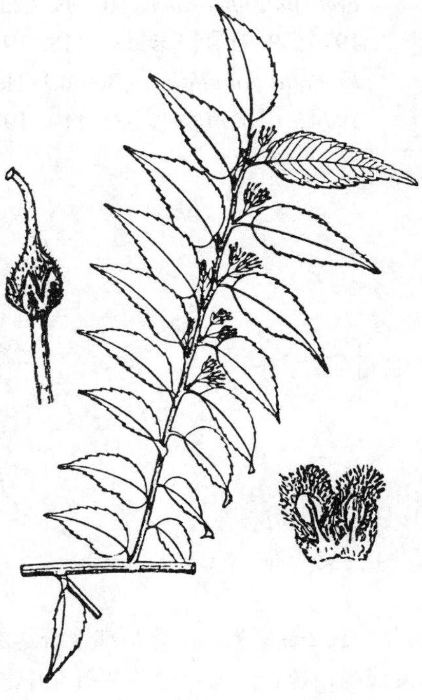
图 178 毛果酸藤子 （李锡畴绘）

10. 匍匐酸藤子 图 177：4-6

Embelia procumbens Hemsl. in Hook. Icon. Pl. 28: t. 2724. 1901.

攀援小藤本或平铺，匍匐生根；茎与枝均被锈色疏硬毛，有时几无毛。叶着生短侧枝上，近轮生，坚纸质或近膜质，椭圆状卵形或披针形，先端急尖，基部楔形或钝，长1-3厘米，具浅圆齿，齿具刺尖，除下面中脉被细腺毛外，其余通常无毛，上面中脉微凹，侧脉不明显，下面中脉微隆起，侧脉约7对，具腺点，以边缘为多；叶柄长约5毫米或稍短，密被细腺毛。亚

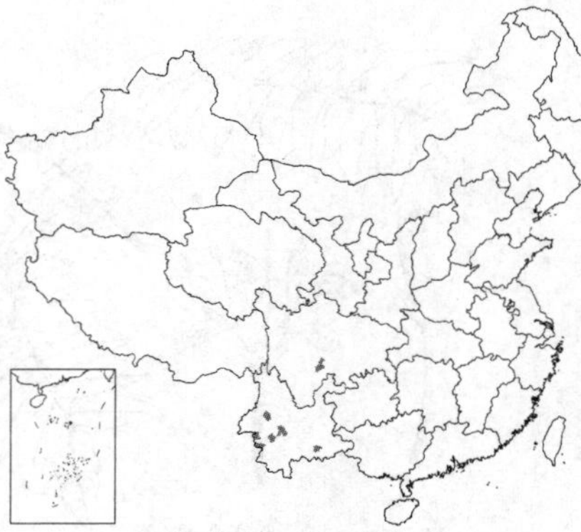

伞形花序顶生或腋生，生于短侧枝上，花序轴长0.4-1厘米，具腺毛及疏微柔毛，基部着生苞片；花梗长3-6毫米，被细腺毛；小苞片披针形，稀钻形，具缘毛，外面被疏腺毛及腺点，内面无毛；花瓣白、白绿或紫红色，分离或连合成管，冠管长达全长的1/2以上，两面密被细小腺毛，有冠管者里面仅近裂片边缘及管基部密被腺毛，其余无毛，裂片宽卵形，具腺点；雄蕊在雌花中退化，内藏，在雄花中伸出花冠很多，基部与冠管合生达1/3，花药卵圆形，背部具腺点；雌蕊在雌花中伸出花冠，子房卵圆形，无毛，花柱细长，柱头盾状或头状。果球形，径约5毫米，红色，有腺点。花期10月至翌年1月，果期12月至翌年4月。

产云南及四川中南部，生于海拔1300-2550米山坡密林中或竹林中。

11. 平叶酸藤子 近革叶酸藤子 长叶酸藤子 图 179

Embelia undulata（Wall. ex A. DC.）Mez in Engl. Pflanzenr. 9（IV.236）: 327. 1902.

Choripetalum undulatum Wall. ex A. DC. in Trans. Linn. Soc. 17: 131. 1834.

Embelia subcoriacea（C. B. Clarke）Mez；中国高等植物图鉴 3：229. 1974；中国植物志 58：118. 1979.

Embelia longifolia（Benth.）Hemsl.；中国高等植物图鉴 3：229. 1974；中国植物志 58：119. 1979.

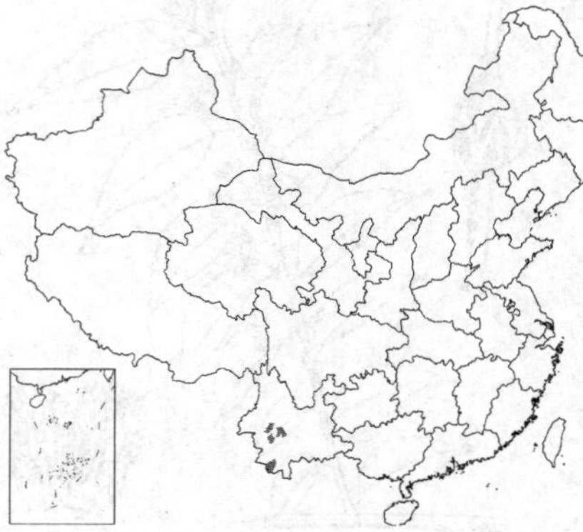

攀援灌木、藤本或小乔木。小枝无毛。叶纸质或坚纸质，椭圆形、长圆状椭圆形、椭圆状倒卵形、倒披针形或披针形，先端尖或渐尖，基部楔形，长4-15厘米，宽2-6.5厘米，中脉于叶面平，侧脉不明显；叶柄长1-1.5厘米。总状花序，侧生或腋生，长1-5厘米，被微柔毛，基部具覆瓦状排列苞片。花梗长1.5-6.5毫米；花4数，长2-3毫米，花萼基部连合达1/3，萼片卵形或三角状卵形；花瓣淡黄或绿白色，分离；雄蕊在雌花中较花瓣短，在雄花中长于花瓣，基部与花瓣合生。果球形或扁球形，径0.6-1.5厘米，有纵肋及腺点，或无纵肋，果柄长0.5-1厘米，宿萼贴果。花期4-6月，果期9-11月。

图 179 平叶酸藤子 （引自《图鉴》）

产云南，生于海拔1800-2500米山谷、山坡林中或林缘、灌丛中。印度、锡金、尼泊尔、越南、老挝、泰国及柬埔寨有分布。全株有利尿消肿、散瘀止痛的功能，治产后腹痛、肠炎腹泻、肾炎水肿、跌打损伤。

12. 酸藤子 酸果藤 图 180

Embelia laeta Burm. f. Fl. Ind. 62. pl. 23. 1768.

攀援灌木或藤本。幼枝无毛。叶倒卵形或长圆状倒卵形，先端圆钝或微凹，长3-4（-7）厘米，下面常被白粉；叶柄长5-8毫米。总状花序，腋生或侧生，生于前年无叶枝上，长3-8毫米，基部具1-2轮苞片。花梗长约1.5毫米；花4数，花萼基部连合1/2或1/3，萼片卵形或长圆形；花瓣白或带黄色；雄蕊在雄花中略超出花瓣；雌蕊在雌花中较花瓣略长，柱头扁平或近盾状。果径5毫米，腺点不明显。花期12月至翌年3月，果期4-6月。

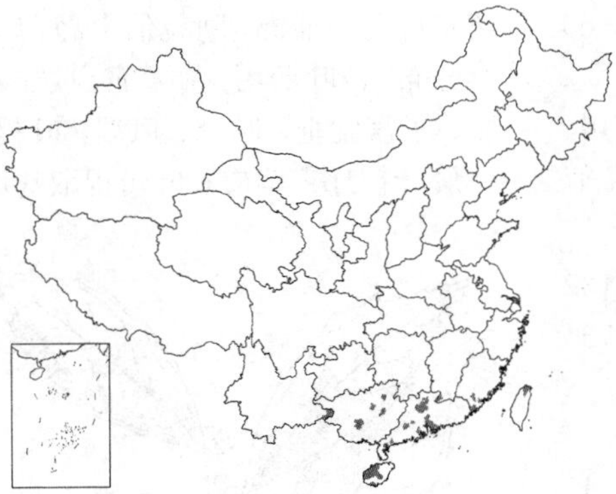

产福建东南部、台湾、江西南部、广东、香港、海南、广西及云南东南部，生于海拔100-1500(-1850)米林下、林缘。越南、老挝、泰国、柬埔寨有分布。根、叶可散瘀止痛、收敛止泻，治跌打肿痛、肠炎、咽喉炎、痛经；叶煎水作外科洗药；嫩芽和叶可生食，叶酸；果可强壮补血。

图 180 酸藤子 （引自《广州植物志》）

5. 铁仔属 **Myrsine** Linn.

矮小灌木或小乔木。叶具锯齿，无毛，有时具腺点；叶柄常下延至小枝，小枝具棱角。伞形花序或花簇生、腋生、侧生或生于无叶老枝叶痕上，每花基部具1苞片。花4-5数，两性或杂性，长2-3毫米；花萼近分离或连合1/2，萼片覆瓦状排列，常具缘毛及腺点，宿存；花瓣几分离，稀连合，具缘毛及腺点；雄蕊着生花瓣中部以下，与花瓣对生；花丝分离或基部连合；花药2室，纵裂；子房无毛，花柱圆柱形，柱头点尖或扁平，流苏状或锐裂；胚珠少数，1轮。浆果核果状，内果皮坚脆，种子1。胚乳坚硬，嚼烂状；胚圆柱形，横生。

约5（-7）种，亚速尔群岛经非洲、马达加斯加、阿拉伯、印度至我国。我国4种。

1. 叶长1-2（3）厘米，宽0.7-1厘米；幼枝被锈色微柔毛 ………………………………………… 1. **铁仔 M. africana**
1. 叶长3厘米以上，宽1.5厘米以上；小枝无毛。
   2. 花5数；叶下面具小窝孔，叶柄不下延，全缘，有时中部以上具1-2对齿 ………… 2. **光叶铁 M. stolonifera**
   2. 花4数；叶下面无小窝孔，叶柄下延至小枝，中部以上具刺状细齿 ……………… 3. **密齿铁仔 M. semiserrata**

1. **铁仔** 簸赭子 图 181 彩片 30

Myrsine africana Linn. Sp. Pl. 196. 1753.

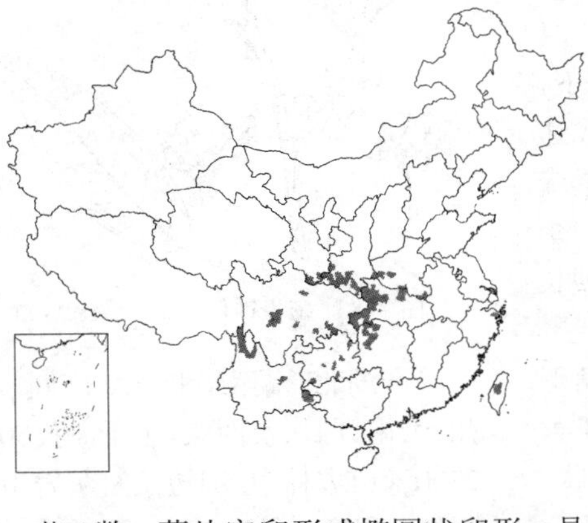

灌木。幼枝被锈色微柔毛。叶椭圆状倒卵形、近圆形、倒卵形、长圆形或披针形，长1-2(3)厘米，宽0.7-1厘米，先端钝圆，具短刺尖，基部楔形，中部以上具刺尖锯齿，下面常具小腺点，边缘较多，侧脉很多，不明显，不连成边脉；叶柄短或几无，下延至小枝。花梗长0.5-1.5毫米，无毛或被腺状微柔毛；花4数，萼片宽卵形或椭圆状卵形，具缘毛及腺点；花冠在雌花中较萼长2倍或略长；雄蕊微伸出花冠；花药长圆形，雌蕊长于雄蕊；雄花中

图 181 铁仔 （引自《图鉴》）

雄蕊伸出花冠。果球形，径达5毫米，红至紫黑色，光亮。花期2-3（5-6）月，果期10-11（2、6）月。

产浙江东北部、台湾、河南、湖北、湖南西北部、贵州、云南、四川、甘肃南部及陕西南部，生于海拔1000-3600米疏林中、林缘或向阳地方。亚速尔群岛经非洲、阿拉伯半岛、印度有分布。枝叶药用，治牙痛、喉痛、脱肛、子宫脱垂、肠炎、风湿，叶捣碎外敷，治刀伤；茎皮和叶可提取烤胶。

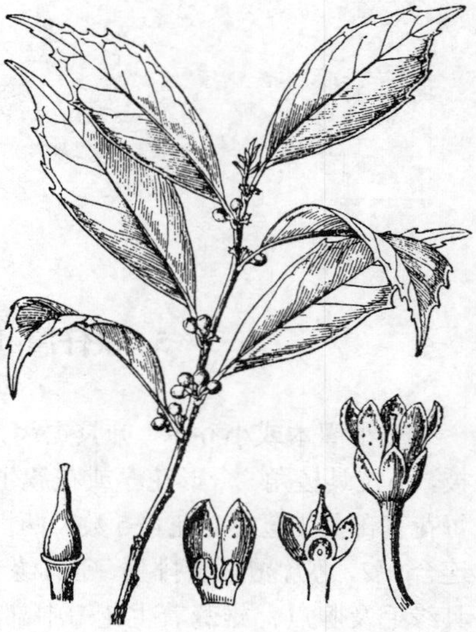

图 182 光叶铁仔 （引自《海南植物志》）

2. 光叶铁仔 匍匐铁仔 图 182

Myrsine stolonifera（Koidz.）Walk. in Philipp. Journ. Sci. Bot. 73: 247. 1940.

Anamtia stolonifera Koidz. in Bot. Mag. Tokyo 37: 40. 1923.

灌木。小枝无毛。叶坚纸质或近革质，椭圆状披针形，基部楔形，长6-8（-10）厘米，宽1.5-2.5（-3）厘米，全缘或中部以上具1-2对齿，两面无毛，上面中脉凹下，侧脉微隆起，边缘具腺点，余密布小窝孔；叶柄长5-8毫米。伞形花序，有3-4花。花梗长2-3毫米，无毛，有时具腺点；花5数，萼片窄椭圆形，具腺点。无缘毛；花冠基部连成极短筒；雄蕊长为花冠裂片1/2；雌蕊在雌花中长达花瓣2/3，子房具腺点。果无毛。花期4-6月，果期12月至翌年12月。

产安徽南部、浙江、福建、台湾、江西、湖北西南部、湖南、广东、海南、广西、贵州、四川及云南东南部，生于海拔250-2100米林中潮湿地方。日本有分布。

3. 密齿铁仔 针齿铁仔 齿叶铁仔 图 183

Myrsine semiserrata Wall. in Roxb., Fl. Ind. ed. Carey 2: 293. 1824.

大灌木或小乔木，高达7米。小枝无毛，常具棱角。叶坚纸质或近革质，椭圆形、披针形或菱形，先端长尾尖或长渐尖，基部楔形，长5-9(-14)厘米，宽2-3.5(-4)厘米，中部以上具刺状细齿，上面中脉凹下，侧脉微隆起，侧脉连成边脉，细脉网状，明显，具疏腺点；叶柄下延至小枝。伞形花序，有3-7花。花梗长约2毫米，无毛或被微柔毛；花4数，萼片卵形、三角形或椭圆形；花冠白或淡黄色；雄蕊与花冠等长或较长，花丝短，着生于花冠筒，柱头2裂，流苏状。果球形，径5-7毫米，具密腺点。花期2-4月，果期10-12月。

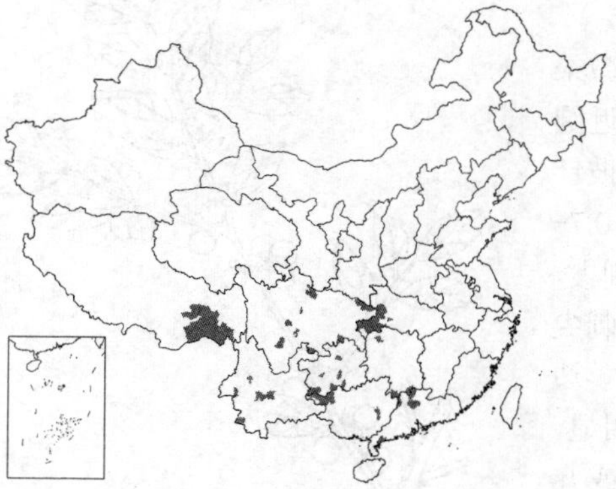

图 183 密齿铁仔 （引自《图鉴》）

产湖北、湖南、广东、广西、贵州、云南、四川及西藏，生于海拔500-2700米山坡林中、沟边及石灰岩山地阳坡。印度、尼泊尔及缅甸有分布。

6. 密花树属 **Rapanea** Aubl.

乔木或灌木。叶全缘，多少具腺点，无毛。伞形花序或花簇生，着生于具覆瓦状排列苞片的短枝或瘤状物顶端。花4-5(6)数，两性或雌雄异株；花萼基部连合，萼片边缘常具乳头状突起或近无，常具腺点，宿存；花冠基部连合成短筒，具乳头状突起，多少具腺点；雄蕊与花瓣对生，花丝极短或几无，花药2室，纵裂；雌花具卵形子房，花柱极短或几无，柱头圆柱形，或中部以上扁平成舌状，有时全部扁平，常弯曲。浆果核果状，具坚脆或革质内果皮，有种子1枚，种子基部空心；胚乳坚硬，近嚼烂状；胚横生，伸长。

约140(-200)种，分布于热带和亚热带或温带地区。我国7种，1变种。

1. 叶长2-4厘米，宽0.7-1.1厘米；花4数，花瓣黄色，柱头圆柱形或近腊肠形 …………… 1. **拟密花树 R. affinis**
1. 叶长3厘米以上，宽1.2厘米以上；花多5数，花瓣白或淡绿色，柱头微裂，舌状或扁平。
  2. 叶坚纸质，稀近革质，长不及10厘米。
    3. 叶椭圆形或披针形，先端尖或渐尖，长7-10(11)厘米；果径5-6毫米 …………… 2. **平叶密花树 R. faberi**
    3. 叶倒卵形或倒披针形，稀椭圆状披针形，先端常圆或宽钝，有时尖且微凹，长3-7厘米；果径3-4毫米 ……………………………… 3. **打铁树 R. linearis**
  2. 叶革质，长(7)8厘米以上。
    4. 叶倒卵形或倒披针形，长16-21厘米 …………………………… 4. **广西密花树 R. kwangsiensis**
    4. 叶长圆状倒披针形或倒披针形，长7-17厘米 …………………………… 5. **密花树 R. neriifoila**

1. 拟密花树 图 184

Rapanea affinis (A. DC.) Mez in Engl. Pflanzenr. 9(1V.236): 358. 1902.

Myrsine affinis A. DC. Prodr. 8: 96. 1844.

灌木或小乔木，高达6米。小枝紫红色，被微柔毛，后无毛。叶窄椭圆形，先端渐钝尖，基部楔形，下延，长2-4(5.8)厘米，上面中脉微凹，侧脉多数，连成边脉，下面密布小窝孔及腺点；叶柄极短或无。花簇生，有1-3花。花梗极短或几无；花4数；萼片具缘毛及疏腺点；花瓣黄色，椭圆形；雄蕊与花瓣几等长，花丝极短或几无；雌蕊无毛，花时柱头伸出花冠，柱头圆柱形或近腊肠形。果暗紫红至黑色，密布腺点，无毛。花期2-6(10)月，果期翌年1-2(11)月。

图 184 拟密花树 （肖 溶绘）

产云南东南部及海南，生于海拔1000-1300米山坡密林内、灌木中及石灰岩山坡。印度尼西亚（爪哇）有分布。木材坚硬，为优良薪炭柴，民间用木炭作打铁燃料。

2. 平叶密花树 尖叶密花树 图 185

Rapanea faberi Mez in Engl. Pflanzenr. 9(1V.236): 358. 1902.

乔木，高达6米或更高。小枝无毛，暗黑或灰黑色。叶椭圆形或披针形，先端尖或渐尖，基部楔形，长7-11厘米，宽1.5-3厘米，上面中脉凹下，下面侧脉不明显，近边缘连成边脉，细脉不明显；叶柄长约1厘米。花簇生。花梗长1-2毫米；花5数，萼片具腺点，边

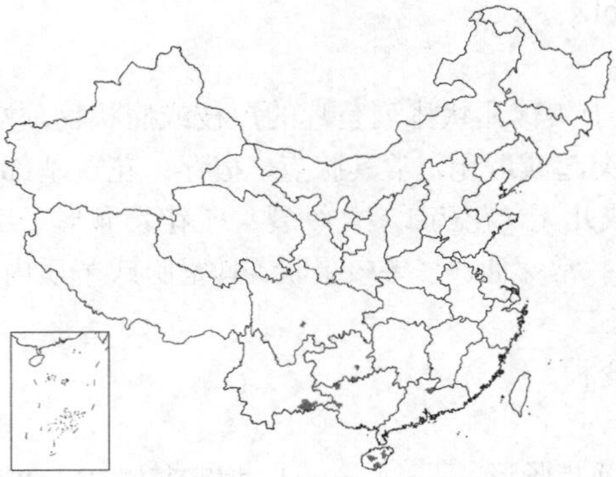

缘具细乳头状突起；花瓣淡绿色，长圆形或卵形；雄蕊无花丝；雌蕊较花瓣略短，柱头伸出，顶端尖，与子房等长。果径5-6毫米，黑色，无毛，干时略有纵纹，无腺点。花期4-5月，果期10-12月。

产四川中南部、贵州东南部、云南东南部、广西、广东及海南，生于海拔500-1200米林中、沟边或荫湿处。

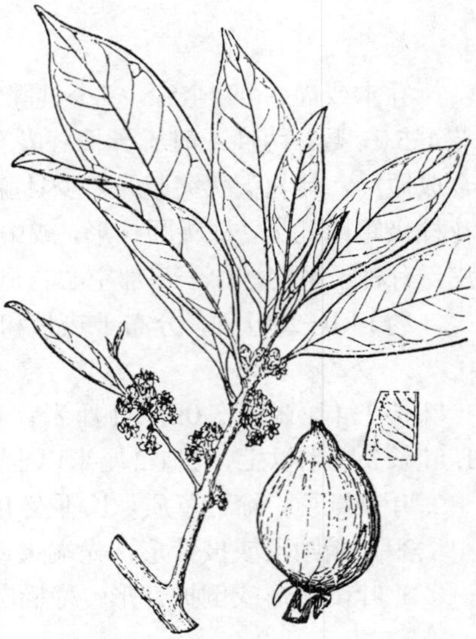

图 185 平叶密花树 （引自《图鉴》）

3. 打铁树 钝叶密花树 图 186

Rapanea linearis（Lour.）S. Moore in Journ. Bot. Brit. et For. 63: 249. 1925.

Athruphyllum lineare Lour. F1. Cochinch. 1: 120. 1790.

灌木或乔木。幼枝密被鳞片，后脱落。叶常聚生枝顶，叶倒卵形或倒披针形，先端圆或宽钝，有时尖且微凹，基部楔形，长3-7厘米，宽1.5-2.5厘米，上面中脉平，侧脉8-10对，下面密布腺点。花簇生或成伞形花序，有4-6花或更多。花长（2-）4毫米；花（4）5（6）数；萼片卵形，多少具腺点，边缘具乳头状突起；花瓣白或淡绿色，裂片椭圆状卵形；雄蕊着生于花冠筒喉部，与裂片几等长，花丝极短或无；雌蕊不伸出花冠，子房花柱极短。果径3-4毫米，紫黑色，常具皱纹，多少具腺点。花期12月，果期翌年7-9（11）月。

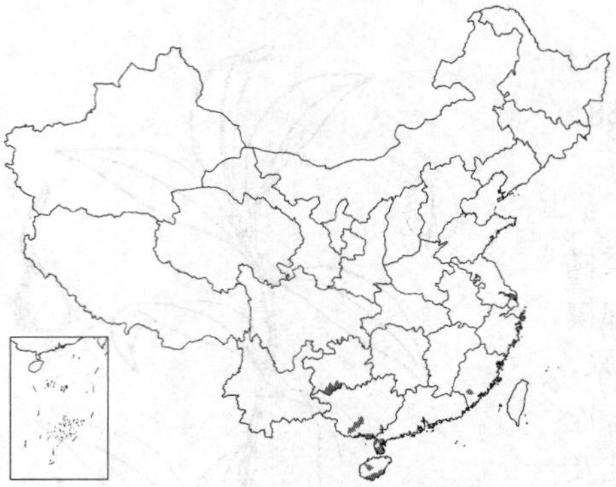

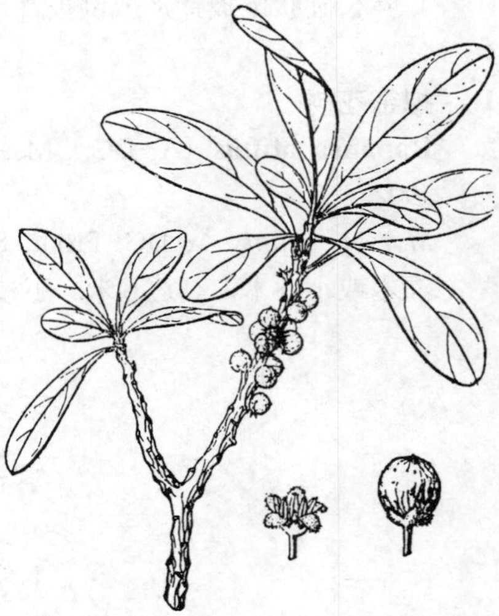

图 186 打铁树 （引自《图鉴》）

产福建南部、广东西南部、海南、广西南部及贵州西南部，生于林中或山坡灌丛中。越南有分布。

4. 广西密花树 图 187

Rapanea kwangsiensis Walk. in Joum. Wash. Acad. Sci. 21: 479. f. 4. 1931.

小乔木，高达6米。小枝无毛，有纵纹，叶倒卵形或倒披针形，先端宽尖或钝，基部楔形，长16-21厘米，宽6-8厘米，上面中，侧脉平，下面侧脉微隆起，连成边脉；叶柄长1-1.5厘米，具槽。伞形花序或花簇生。花梗长4-6(-8)毫米；无毛，萼片卵形，全缘，两面无毛，边缘有时具疏乳头状突起；花瓣长圆状披针形；雄蕊在雌花中花丝极短，花药与花瓣同形且略小，雌蕊在雌花中较花瓣短，花柱极短，柱头近顶端常具腺点。果紫或紫红色，具纵

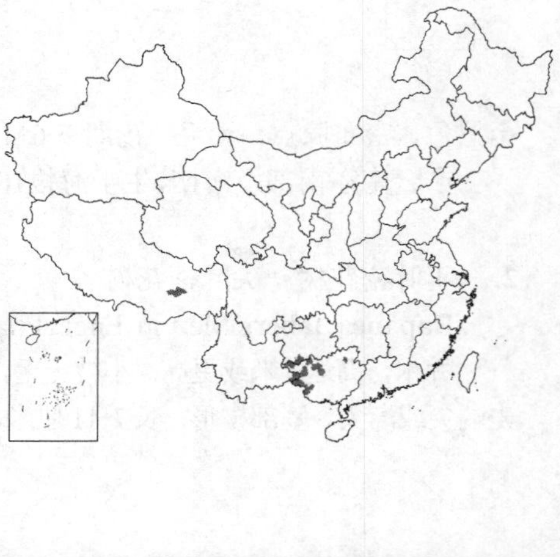

肋或纵行腺点。

产广西、贵州西南部、云南东南部及西藏东部，生于海拔650-1000米山谷林内或石灰岩山地林中。

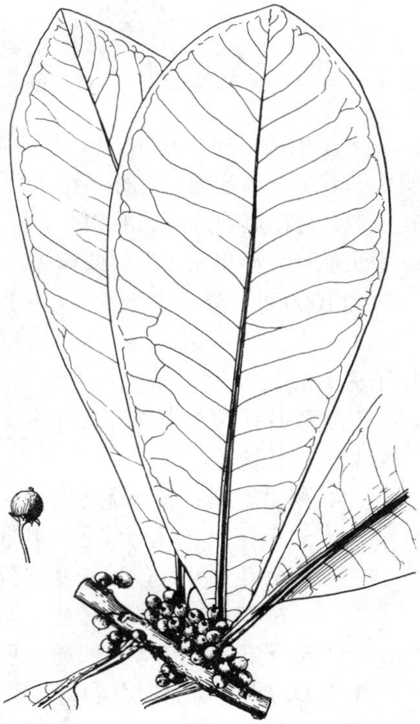

图 187 广西密花树 （孙英宝绘）

5. 密花树 图 188

Rapanea neriifolia（Sieb.et Zucc.）Mez in Engl. Pflanzenr. 9(1V. 236)：361. 1902.

Myrsine neriifolia Sieb. et Zucc. in Abh. Akad. Wiss. Wien. Math.-Phys. 4：137. 1846.

大灌木或小乔木。小枝无毛。叶长圆状倒披针形或倒披针形，基部楔形，多少下延，长7-17厘米，宽1.3-6厘米，上面中脉凹下，侧脉很多，不明显；叶柄长约1厘米或较长。伞形花序或花簇生，有3-10花。花梗长2-3毫米；萼片具缘毛，有时具腺点；花瓣白或淡绿色，卵形或椭圆形；雄蕊在雄花中着生花冠中部，花丝极短；雌蕊与花瓣等长或超过花瓣，柱头顶端扁平，基部圆柱形。果灰绿或紫黑色，有时具纵腺纹或纵肋，花柱基部宿存。花期4-5月，果期10-12月。

产浙江南部、福建、江西、湖北西部、湖南、广东、香港、海南、广西、贵州、四川及云南，生于海拔650-2400米林中、林缘及灌丛中。缅甸、越南及日本有分布。用根煎水服，治膀胱结石，叶可敷外伤；木材坚硬，是较好的薪炭柴。

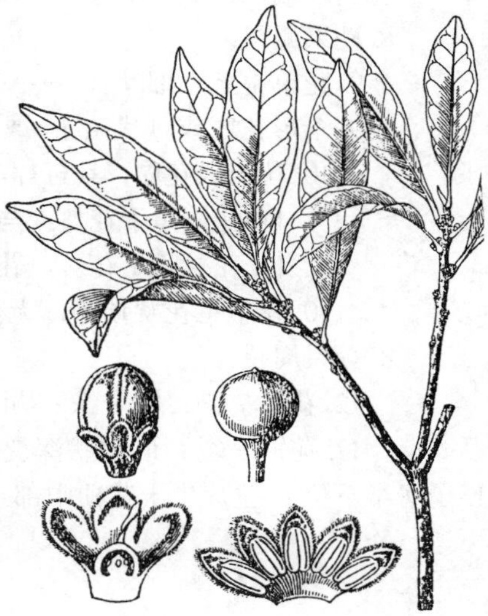

图 188 密花树 （引自《海南植物志》）

101. 报春花科 PRIMULACEAE

（胡启明）

多年生或一年生草本，稀亚灌木。茎直立或匍匐。叶互生、对生或轮生，或无地上茎，叶全部基生。花单生或组成总状、伞形或穗状花序。花两性，常5基数；花萼宿存；花冠下部合生，辐射对称，稀无花冠；雄蕊多少贴生花冠筒，与花冠裂片同数且对生，稀具1轮鳞片状退化雄蕊；子房上位，稀半下位，1室，花柱单一，胚珠多数，特立中央胎座。蒴果常5齿裂或瓣裂，稀盖裂。

约1000种，分布于全世界，主产北半球温带。我国13属，约500种。

1. 子房上位。
  2. 花冠裂片在花蕾中旋转状排列或无花冠。
    3. 无球状块茎。
      4. 蒴果瓣裂；花丝无毛。
        5. 无花冠；花萼绿色；叶非肉质。
          6. 花5基数，如6-9基数，则成腋生总状花序 ………… 1. **珍珠菜属 Lysimachia**
          6. 花常7基数，单生茎端叶腋 ………… 2. **七瓣莲属 Trientalis**
        5. 无花冠；花萼白或粉红色，花冠状；叶小，对生，肉质 ………… 3. **海乳草属 Glaux**
    3. 具球状块茎；花冠裂片反卷 ………… 5. **仙客来属 Cyclamen**
  2. 花冠裂片在花蕾中覆瓦状排列。
    7. 花药顶端尖锐，花丝基部合生成膜质浅环 ………… 6. **假报春属 Cortusa**
    7. 花药顶端钝，花丝分离。
      8. 蒴果瓣裂。
        9. 花单生茎上部叶腋 ………… 7. **假婆婆纳属 Stimpsonia**
        9. 伞形花序或总状花序，或单生花葶顶端或叶丛中。
          10. 花组成花序，具苞片，如花单朵无苞片，则花冠长不及2厘米。
            11. 花冠短于花萼或与花萼近等长，冠筒口缢缩成坛状；花单性 ………… 8. **点地梅属 Androsace**
            11. 花冠长于花萼，花柱有长短两型 ………… 9. **报春花属 Primula**
          10. 花单生花葶顶端，无苞片；花冠长3-5厘米 ………… 10. **独花报春属 Omphalogramma**
      8. 蒴果周裂。
        12. 花冠7裂；叶全缘；蒴果长筒状 ………… 11. **长果报春属 Bryocarpum**
        12. 花冠5裂；叶羽状深裂；蒴果近球形………… 12. **羽叶点地梅属 Pomatosace**
1. 子房半下位；苞片生于花梗中部 ………… 13. **水茴草属 Samolus**

1. 珍珠菜属 Lysimachia Linn.

直立或匍匐草本，稀亚灌木，常有点状或条状腺体。叶互生、对生或轮生，全缘。单花腋生或排成顶生或腋生总状花序或伞形花序；总状花序常缩短成近头状，稀复出成圆锥花序。花萼常5深裂；花冠白或黄色，5深裂，稀6-9裂，裂片在花蕾中旋转状排列；雄蕊与花冠裂片同数且对生，花丝分离或基部合生成筒，多少贴生花冠，花药基着或中着，纵裂或顶孔开裂。蒴果近球形，常5瓣裂。

约180种，主产北半球温带和亚热带地区，少数产非洲、拉丁美洲和大洋洲。我国138种。

1. 花常6或7基数；腋生球状短穗形总状花序 ………… 1. **球尾花 L. thyrsiflora**
1. 花5基数；总状花序顶生或花序非总状。

2. 花柱和雄蕊有长短二型，花冠筒状，分裂不过中部 ………………………………… 2. **异花珍珠菜 L. crispidens**
2. 花同型；花冠辐状或钟状，分裂达中部以下。
3. 花冠白或淡红色，花丝分离，贴生花冠筒中部或花冠裂片基部。
4. 花萼分裂达全长1/2-2/3；花冠裂片近分离 ………………………………… 3. **狭叶珍珠菜 L. pentapetala**
4. 花萼分离近基部；花冠基部合生。
5. 花柱粗短，常长达花冠中部，果时比蒴果短或近等长。
6. 叶对生，稀在茎上部互生；花药顶端具红色腺体或胼胝体。
7. 叶具柄，下面被极细密红褐色小腺点 ………………………………… 4. **露珠珍珠菜 L. circaeoides**
7. 叶无柄，基部耳状抱茎，下面散生粒状粗腺点。
8. 花冠裂片长圆形 ………………………………… 5. **耳叶珍珠菜 L. auriculata**
8. 花冠裂片近圆形或扇形 ………………………………… 6. **遂瓣珍珠菜 L. glanduliflora**
6. 叶互生，稀对生；花药顶端无腺体。
9. 萼片披针形，仅边缘膜质；宿存花柱常短于蒴果；花序疏生单花或花单生叶腋。
9. 萼片椭圆形或长圆形，边缘和先端均膜质或先端具红色腺体；宿存花柱与蒴果近等长；花序密集。
10. 花单生茎上部叶腋；花冠与花萼近等长；花丝长于花药 …… 7. **藜状珍珠菜 L. chenopodioides**
10. 花生于钻形的苞腋呈总状花序，花序下部叶腋有单生花；花冠长于花萼；花丝短于花药 ……… ………………………………… 7(附). **短柱珍珠菜 L. excisa**
11. 苞片叶状；蒴果梨形，径约5毫米；植株全体无毛 …………… 8. **滨海珍珠菜 L. mauritiana**
11. 苞片钻形；蒴果球形，径约3毫米；植株(至少花序)被柔毛。
12. 花冠长0.5-1厘米，裂片长圆形或近线形；花丝长2-4毫米。
13. 花冠裂片长3.5-4.5毫米；叶宽披针形或椭圆形，有黑色腺点 ……………………… ………………………………… 9. **珍珠菜 L. clethroides**
13. 花冠裂片长5-8毫米；叶倒披针形或线形，无腺点 ……… 10. **虎尾草 L. barystachys**
12. 花冠长约3毫米，裂片椭圆形或卵状椭圆形；花丝长1-1.5毫米。
14. 具横走根茎；茎无毛；叶长圆状披针形或线状披针形 ……… 11. **红根草 L. fortunei**
14. 无横走根茎；茎密被褐色短柄腺体；叶窄披针形或线状披针形 ……………………… ………………………………… 11(附). **长穗珍珠菜 L. chikungensis**
5. 花柱与花冠近等长或更长，长于蒴果。
15. 花药线形，顶端有红色腺体或胼胝体。
16. 叶无柄，基部抱茎，密布黑色腺点 ………………………………… 12. **黑腺珍珠菜 L. heterogenea**
16. 叶具柄，疏被褐色腺点和腺条 ………………………………… 13. **腺药珍珠菜 L. stenosepala**
15. 花药椭圆形或卵形，顶端无腺体。
17. 花4-8朵，聚生于茎端叶腋或叶状苞腋，成近头状花束。
18. 花冠长6-7毫米，比花梗短 ………………………………… 14. **多育珍珠菜 L. prolifera**
18. 花冠长4-5毫米，比花梗长 ………………………………… 14(附). **矮星宿菜 L. pumila**
17. 花多数，排成顶生伸长的总状花序。
19. 花冠分裂仅略超过中部。
20. 茎直立，基部无匍匐枝；总状花序幼时宽圆锥形，密花 ………… 15. **泽珍珠菜 L. candida**
20. 茎簇生，柔弱，基部生出匍匐枝；总状花序细长，疏花 …… 16. **小叶珍珠菜 L. parvifolia**
19. 花冠深裂达全长2/3以下。
21. 花冠长2.5-6毫米，约与花萼等长。
22. 花冠长6毫米；雄蕊花丝内藏，花药顶端露出花冠外 … 17. **北延叶珍珠菜 L. silvestrii**
22. 花冠长2.5-4毫米；雄蕊伸出花冠 ………………………………… 18. **延叶珍珠菜 L. decurrens**

21. 花冠长0.6-1.2厘米，长于花萼。
    23. 花冠裂片近圆形，基部具爪 ………………………………………………… 19. **阔瓣珍珠菜 L. platypetala**
    23. 花冠裂片椭圆形、倒卵形或窄长圆形，基部无爪。
        24. 花冠裂片近匙形或倒卵状长圆形，宽不及2毫米 ………………………… 20. **长蕊珍珠菜 L. lobelioides**
        24. 花冠裂片椭圆形或宽倒卵形，宽于2毫米。
            25. 叶互生，披针形或卵状披针形 ……………………………………… 21. **丽江珍珠菜 L. lichiangensis**
            25. 叶轮生或在枝上对生，窄披针形或线形 ………………………… 21(附). **大理珍珠菜 L. taliensis**
3. 花冠黄色，稀白色；花丝下部合生成环或筒。
    26. 花药长于花丝，基着，通常顶孔开裂；植株常无有色腺点或腺条。
        27. 叶常2-3(4)聚生茎端，下部无叶；总状花序长6-9厘米，在叶轮下沿茎着生 …… 22. **三叶香草 L. insignis**
        27. 叶互生或对生。
            28. 叶对生。
                29. 叶基部楔形或近圆 ………………………………………………………… 23. **思茅香草 L. englerii**
                29. 叶基部浅心形。
                    30. 花单出腋生；叶长1-4厘米 …………………………………… 23(附). **心叶香草 L. cordifolia**
                    30. 花通常双出腋生；叶长4.5-8厘米 ………………………… 23(附). **双花香草 L. biflora**
            28. 叶互生。
                31. 花药短而宽，呈钝圆锥形，长为基部宽的2-3.5倍。
                    32. 总状花序。
                        33. 总状花序伞房状，2-5花 ……………………………………………… 24. **川香草 L. wilsonii**
                        33. 总状花序伸长，5至多花 ……………………………… 24(附). **垂花香草 L. nutantiflora**
                    32. 花单生叶腋。
                        34. 茎多少自匍匐的茎部上升，极少有分枝；叶宽卵形或椭圆形；花药顶孔开裂；蒴果不开裂或顶端浅裂。
                            35. 花萼长0.7-1.2厘米，裂片披针形；花冠径2-3.5厘米；植株干后有浓香 ……………………………………………………………………………… 25. **灵香草 L. foenum-graecum**
                            35. 花萼长达6毫米，裂片扁卵圆形；花冠径1.8-2厘米；植株无香气 …………………………………………………………………………… 25(附). **蔓延香草 L. trichopoda**
                        34. 茎直立，常分枝；叶披针形或椭圆状披针形；花药纵裂；蒴果瓣裂 ……………………………………………………………………………………… 26. **多枝香草 L. laxa**
                31. 花药线形，长为基部宽4-6倍。
                    36. 总状花序 ………………………………………………………………… 27. **近总序香草 L. chapaensis**
                    36. 花单生叶腋或2-4朵生于叶腋的短枝端，成簇生状。
                        37. 花萼长0.9-1.2厘米，与花冠近等长 …………………………… 28. **不裂果香草 L. evalvis**
                        37. 花萼短于花冠。
                            38. 茎具棱。
                                39. 花丝分离部分极短；叶披针形 …………………………… 29. **长叶香草 L. lancifolia**
                                39. 花丝分离部分长约1.3毫米；叶卵形或卵状披针形 ……… 30. **细梗香草 L. capillipes**
                            38. 茎圆柱形，多少木质化。
                                40. 花梗与叶柄等长或稍短；蒴果不裂 …………………………… 31. **木茎香草 L. navillei**
                                40. 花梗长于叶柄；蒴果瓣裂。
                                    41. 蒴果径3-4毫米；叶椭圆状披针形或窄披针形 ……………………………………

………………………………………………………………………………………… 32. **富宁香草 L. fooningensis**

41. 蒴果径 5-6 毫米；叶卵形或宽椭圆形 ………………………………………… 33. **阔叶假排草 L. petelotii**

26. 花药短于花丝，背着，纵裂。

42. 总状花序复出形成圆锥花序；萼片沿边缘有一圈黑色腺条。

43. 茎下部无毛，上部被腺毛；叶无柄，宽披针形或窄披针形，无毛 ………………… 34. **黄连花 L. davurica**

43. 茎和叶下面均被柔毛；叶柄长0.2-1 厘米，卵状披针形或卵形 …………… 34(附). **毛黄连花 L. vulgaris**

42. 花序非总状；萼片无成圈的腺条；叶螺旋状排列。

44. 茎高 1-4 厘米；叶莲座状丛生 ……………………………………………… 35. **香港过路黄 L. alpestris**

44. 茎高 5-30 厘米；叶非莲座状丛生，对生、互生或轮生。

45. 花冠辐状，花丝下部合生成宽而浅的环；叶无柄或仅下部叶具短柄。

46. 叶披针形，下部渐窄至基部抱茎 ………………………………………… 36. **琴叶过路黄 L. ophelioides**

46. 叶卵形或卵状披针形，基部圆或楔形。

47. 花冠白色；叶基部楔形 ………………………………………………… 37. **白花过路黄 L. huitsunae**

47. 花冠黄色；叶基部圆。

48. 茎极少分枝，下部节间较长，鳞片状叶稀疏；花梗常长2厘米以上；花冠径1.5-1.8厘米，常有红色腺点 ……………………………………………………………………… 38. **峨眉过路黄 L. omeiensis**

48. 茎常分枝，下部节间短，鳞片状叶较密；花梗长 1-2 厘米；花冠径约 1 厘米，无腺点 …… ………………………………………………………………………………… 39. **巴山过路黄 L. hypericoides**

45. 花冠多少漏斗状，花丝下部合生成筒，筒高超过全长1/3，如合生成浅环，则叶具柄或花冠有黑色腺条。

49. 顶生或腋生总状花序，苞片非叶状。

50. 叶具柄。

51. 花序具 4-10 花；花梗长 2-5 毫米；全株密被小糙伏状毛，无腺点 …………………………… ………………………………………………………………………………… 40. **耳柄过路黄 L. otophora**

51. 花序具 2-4 花；花梗长 0.8-2 厘米；茎无毛；叶和花冠有紫色腺点 ………………………… …………………………………………………………………… 40.(附) **南川过路黄 L. nanchuanensis**

50. 叶无柄。

52. 叶卵状披针形，基部圆 ………………………………………………… 41. **长梗过路黄 L. longipes**

52. 叶披针形，基部楔形 …………………………………………………… 42. **福建过路黄 L. fukienensis**

49. 花单生叶腋或集生成头状花束，如成总状花序，则苞片与叶同形。

53. 叶柄基部耳状；花序不密集成头状。

54. 叶为穿茎叶 ……………………………………………………………… 43. **贯叶过路黄 L. perfoliata**

54. 叶非穿茎叶。

55. 叶基部楔形，具叶柄 ……………………………………………… 44. **山萝过路黄 L. melampyroides**

55. 叶基部耳状抱茎，无叶柄 ……………………………………………………………………… ……………………………… 44.(附) **抱茎山萝过路黄 L. melampyroides** var. **amplexicaulis**

53. 叶柄纤细，如基部耳状，则花序近头状。

56. 花单生叶腋或成顶生疏散总状花序。

57. 植株无腺点或具透明腺点。

58. 顶生总状花序；花丝下半部合生成筒。

59. 果柄不下弯；茎下部叶卵形或椭圆状卵形 ………… 45. **叶苞过路黄 L. hemsleyi**

59. 果柄下弯；茎下部具 1-2 对近圆形或菱状卵形小叶 ……………………………… ………………………………………………………… 46. **疏头过路黄 L. pseudo-henryi**

58. 花单生叶腋；花丝基部合生成浅环。
60. 茎基部具1-2对鳞叶；叶被铁锈色毛 ………………………… 47. **小寸金黄 L. deltoidea** var. **cinerascens**
60. 茎基部无鳞叶；叶被灰白色柔毛或小刚毛。
61. 茎直立或膝曲直立；花梗长0.8-1.7厘米，花冠长7-9毫米 ……………… 48. **疏节过路黄 L. remora**
61. 茎匍匐或披散；花梗长3-8毫米；花冠长3-4毫米 ………………………………… 49. **小茄 L. japonica**
57. 植株具有色腺点或腺条。
62. 茎直立；叶至少在茎上部互生 ……………………………………………………………… 50. **金爪儿 L. grammica**
62. 茎匍匐或上升；叶对生。
63. 叶和花冠具暗红色腺点 …………………………………………………………… 51. **点腺过路黄 L. hemsleyana**
63. 叶和花冠具紫或黑色腺条。
64. 萼片无毛或背面及边缘均被毛；花冠裂片稍厚，具粗长腺条 ………… 52. **过路黄 L. christinae**
64. 萼片背面被疏毛，边缘无毛；花冠裂片较薄，具细短腺条 ……… 53. **锈毛过路黄 L. drymarifolia**
56. 花排成顶生伞形或头状花序。
65. 叶轮生。
66. 植株被铁锈色柔毛 ………………………………………………………………… 54. **轮叶过路黄 L. klattiana**
66. 植株无毛。
67. 叶4-6轮生茎端，倒卵形或椭圆形；花冠长1.2-1.4厘米 ……………… 55. **落地梅 L. paridiformis**
67. 叶6-18轮生茎端，披针形或线状披针形；花冠长1.3-1.7厘米 ………………………………………… ………………………………………………………… 55(附). **狭叶落地梅 L. paridiformis** var. **stenophylla**
65. 叶对生。
68. 植株具有色腺点或腺条。
69. 植株具黑色腺条。
70. 花3-5朵集生无叶枝端，稀生于茎端 ………………………………… 56. **显苞过路黄 L. rubiginosa**
70. 总状花序顶生 …………………………………………………………………… 57. **广西过路黄 L. alfredii**
69. 植株具黑或紫色腺点。
71. 腺点黑色，密布叶片和花萼 ……………………………………………… 58. **大叶过路黄 L. fordiana**
71. 腺点紫或黑色，稀疏或生于叶缘。
72. 花2-6朵生于茎顶，无苞片 ……………………………………… 59. **南平过路黄 L. nanpingensis**
72. 花2-4朵集生茎端和枝端苞腋，成近头状花簇 ……………… 60. **聚花过路黄 L. congestiflora**
68. 植株无腺体或具透明腺体。
73. 茎匍匐；花2-4朵生于茎端，无苞片 ……………………………… 61. **巴东过路黄 L. patungensis**
73. 茎直立或上升；花序近头状，具苞片。
74. 叶上面密被糙伏毛；花序稍疏散；最下部花梗长0.4-1厘米；果柄下弯 ……………………… ………………………………………………………………………… 46. **疏头过路黄 L. psudo-henryi**
74. 叶上面密被长达1毫米的糙伏毛；最下部花梗长1-7毫米；果柄不下弯 ……………………… ………………………………………………………………………… 62. **叶头过路黄 L. phyllocephala**

1. 球尾花 图 189

Lysimachia thyrsiflora Linn. Sp. P1. 147. 1753.

多年生草本；具横走根茎。茎直立，高30-80厘米，上部被褐色柔毛。叶对生；无柄，稀具短柄；叶披针形或长圆状披针形，长5-16厘米，先端锐尖或渐尖，基部耳状半抱茎或钝，上面无毛，下面沿中脉被疏毛，两面均有黑色腺点。总状花序腋生，长1-3厘米，密花，成球状或短穗形，花序梗长1.5-3厘米，被柔毛；苞片线状钻形，长3-5毫米，有黑色腺点。花梗长1-3毫米；花萼长2-3.5厘米，裂片6-7，线状披针形，有黑色腺点；花

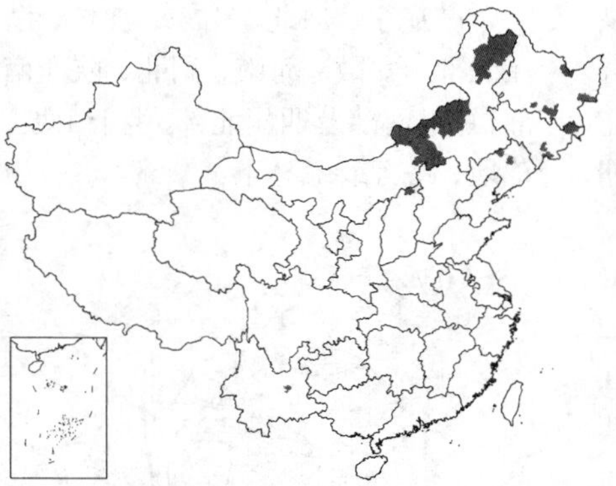

冠黄色，长5-6厘米，6裂，裂片近分离，线形，有黑色腺点；雄蕊伸出花冠，花丝基部合生成极浅的环贴生花冠基部，花药长圆形，背着，纵裂。蒴果近球形，径约2.5毫米。花期5-6月，果期7-8月。

产黑龙江、吉林、内蒙古东部、山西北部及云南中东部，生于水甸子或湿草地。欧洲、北美、俄罗斯，朝鲜半岛北部、日本有分布。

图 189 球尾花 （张桂芝绘）

2. 异花珍珠菜 图 190

Lysimachia crispidens（Hance）Hemsl. in Journ. Linn. Soc. Bot. 26: 50. 1889.

Stimpsonia criapidens Hance in Journ. Bot. London 18: 234. 1880.

多年生草本，全株无毛。茎簇生，花葶状，高10-14厘米。基生叶莲座状簇生，叶倒卵形或倒披针形，长2-6厘米，先端钝圆或稍尖，基部楔形；茎叶少数，互生或有时近对生，无柄，卵形或披针形，位于茎下部的长1.5-3厘米，向上渐小成苞片状。总状花序顶生。花梗长1-2.5厘米；花萼裂片披针形，长4-7毫米；花冠筒状，淡紫色，长0.8-1.3厘米，分裂不过中部，裂片长圆形，先端钝；雄蕊和花柱有长短二型，花丝中部合生成筒或浅环。蒴果球形，径约4毫米。花期5-7月，果期6-7月。

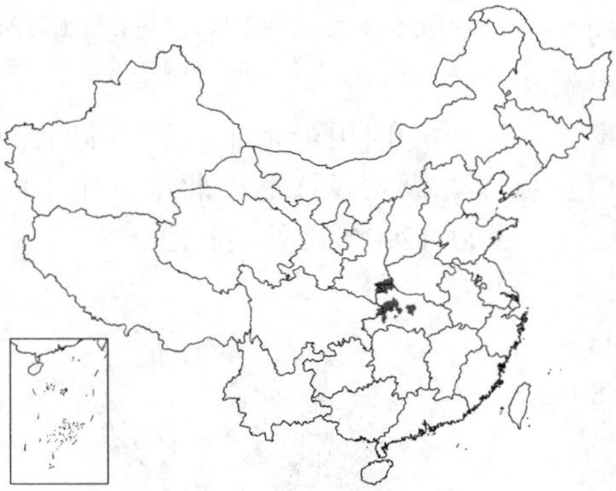

图 190 异花珍珠菜 （黄少容绘）

产湖北、四川东部及陕西东南部，生于海拔120-200米阴坡或山谷灌丛下。

3. 狭叶珍珠菜 图 191 彩片 31

Lysimachia pentapetala Bunge in Mém. Acad. Sci. St. Pétersb. 2: 127. 1835.

一年生草本，高30-60厘米，全株无毛。叶互生，叶窄披针形或线形，长2-7厘米，先端锐尖，基部楔形，下面有褐色腺点。总状花序顶生，长4-13厘米；苞片钻形，长5-6毫米。花梗长0.5-1厘

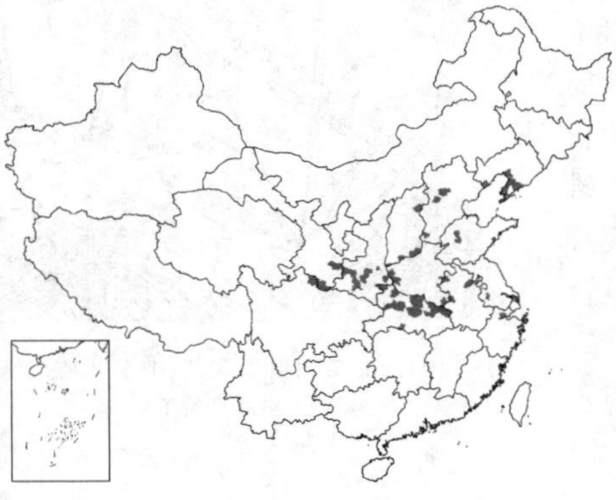

图 191 狭叶珍珠菜 （张桂芝绘）

米；花萼长2.5-3毫米，筒部为全长的1/3或近1/2，裂片窄三角形，边缘膜质；花冠白色，长约5毫米，基部0.3毫米合生，裂片匙形或倒披针形，近分离；雄蕊内藏，花丝贴生达花冠裂片中部，分离部分长约0.5毫米，花药卵圆形，长约1毫米，背着，纵裂。蒴果径2-3毫米。花期7-8月，果期8-9月。

产辽宁、河北、山东、江苏、浙江北部、安徽、河南、湖北、陕西南部、甘肃南部及四川北部，生于山坡、荒地、路旁或疏林下。

图 192：1-2. 露珠珍珠菜 3-4. 遂瓣珍珠菜
（邓晶发绘）

4. 露珠珍珠菜 图 192：1-2

Lysimachia circaeoides Hemsl. in Journ. Linn. Soc. Bot. 26：49. 1889.

多年生草本，全株无毛。茎四棱形，高45-70厘米。叶对生，有时在茎上部互生，叶柄长0.5-1.5厘米；叶椭圆形或倒卵形，茎上部叶长圆状披针形，长5-10厘米，基部楔形，下面有细密红褐色小腺点。总状花序生于茎端和枝端。花梗长5-7毫米；花萼裂片卵状披针形，长3-4毫米，背面2-4条胼胝状腺体；花冠白色，长4.5-5.5毫米，筒部长约2毫米，裂片棱状卵形，先端尖，具褐色腺条；雄蕊内藏，花丝贴生花冠裂片基部，分离部分长约1毫米，花药卵形，花隔顶端有红色腺体，背着，纵裂。蒴果径约3毫米。花期5-6月，果期7-8月。

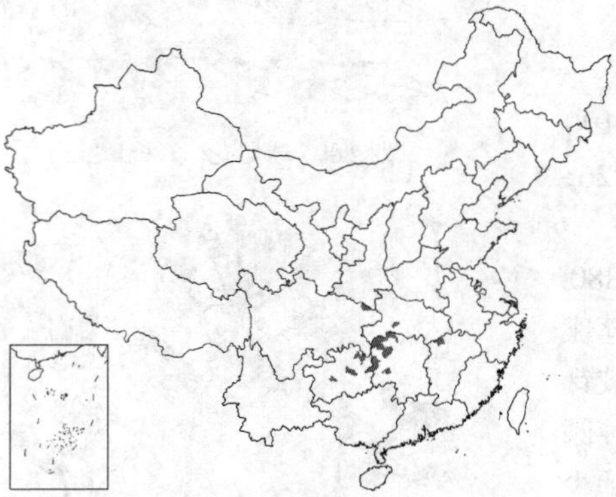

产四川东北部、贵州、湖北西南部、湖南及江西西北部，生于海拔600-1200米山谷湿润地。

5. 耳叶珍珠菜 图 193：1-3

Lysimachia auriculata Hemsl. in Journ. Linn. Soc. Bot. 26：47. 1889.

多年生草本，全株无毛。茎直立，高40-60厘米，四棱形。叶对生，有时在茎上部互生，无柄；叶卵状披针形、披针形或线形，长4-10厘米，先端长渐尖或稍尖，基部耳状抱茎，两面近边缘密布暗红色腺点。总状花序生于茎端和枝端，长10-15厘米；苞片钻形，与花梗等长或稍短。花梗长2-4(-6)毫米；花萼裂片披针形，长3.5-4毫米；花冠白色，长5-6毫米，筒部长约1.5毫米，裂片舌状长圆形，常有暗紫色腺点；雄蕊内藏，花丝贴生花冠裂片基部，分离部分长约0.5毫米，花药线形，药隔顶端有红色粗腺体，背着，纵裂。蒴果径约3毫米。花期5-6月，果期6-7月。

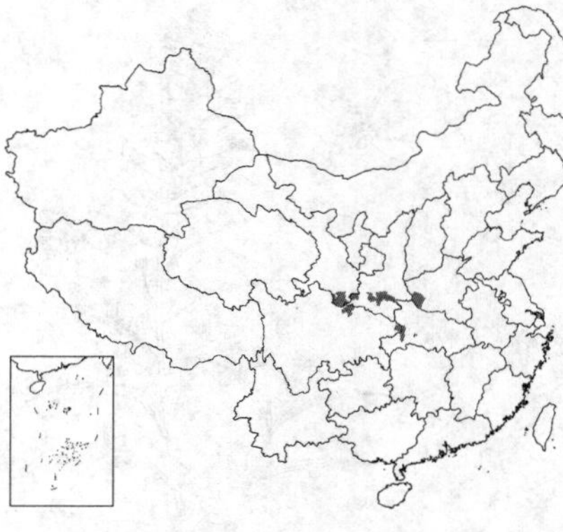

产河南西南部、湖北西南部、四川东部及东北部、陕西南部及甘肃东南部，生于海拔200-1600米阴坡。

图 193：1-3. 耳叶珍珠菜 4-6. 黑腺珍珠菜
（邓晶发绘）

6. 遂瓣珍珠菜 图 192：3-4

Lysimachia glanduliflora Hance in Fedde, Repert. Sp. Nov. 64：231. 1962.

多年生草本，全株无毛。茎直立，高40-70厘米，四棱形。叶对生，稀在茎上部互生，叶柄长0.5-1厘米，具翅；叶卵形或卵状披针形，基部渐窄，两面近边缘有深色粒状粗腺点和腺条。总状花序顶生；苞片线形，长3-4.5毫米。花梗长7-9毫米；花萼裂片三角状披针形，长3-5.5毫米，背面有褐色粗腺条；花冠白色，长5-5.5毫米，分裂达中部，裂片近圆形或略扇形，先端有啮蚀状小齿，有红色小腺体；雄蕊内藏，花丝贴生至花冠裂片基部，分离部分长约1毫米，花药椭圆形，药隔顶端有红色小腺体，背着，纵裂。蒴果径约2.5毫米。花期5月。

产安徽西南部及南部、河南东南部、湖北东部及江西西北部，生于山坡阴湿地。

7. 藜状珍珠菜 图 194：1-4

Lysimachia chenopodioides Watt ex Hook. Fl. Brit. Ind. 3：503. 1882.

一年生草本，全株无毛。茎高7-50厘米，四棱形。叶互生，稀茎下部近对生，叶柄长0.5-1厘米；叶卵形或菱状卵形，长0.5-3.5厘米，先端渐尖或尖，基部渐窄，两面散生褐色腺点和少数短腺条。花单生叶腋，间距甚短，在茎上部呈总状花序状。花梗长1-2毫米；花萼长3-4毫米，裂片披针形，先端微反曲，背面有暗红色腺条；花冠白或粉红色，长3-4毫米，筒部长约1毫米，裂片舌状长圆形，有红色短腺条；雄蕊内藏，花丝贴生花冠裂片基部，分离部分长约1毫米，花药心状卵圆形，长约0.5毫米，背着，纵裂。蒴果径约4毫米。花期6月，果期6-7月。

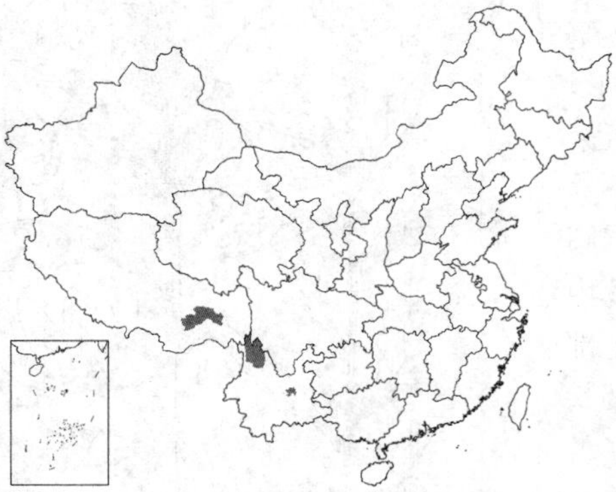

产西藏东南部、云南西北部及中东部，生于海拔200-3200米村边、农地或山坡草丛中；克什米尔、尼泊尔、不丹及缅甸有分布。

[附] **短柱珍珠菜** 图 194：5-8 **Lysimachia excisa** Hand.-Mazz. in Acta Hort. Gothobg. 2：118. 1926. 本种与藜状珍珠菜的区别：花生于钻形苞腋呈总状花序，花序下叶腋有单花；花冠长于花萼；花丝短于花药。产云南西北部及四川西南部，生于海拔2400-3500米山坡林缘或灌丛中。

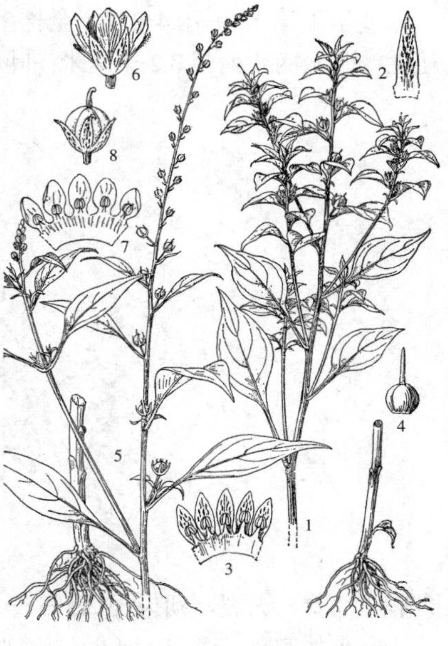

图 194：1-4. 藜状珍珠菜 5-8. 短柱珍珠菜
（引自《中国植物志》）

8. 滨海珍珠菜 图 195

Lysimachia mauritiana Encycl. Meth. 3：592. 1789.

二年生草本，全株无毛。茎直立，高10-50厘米。叶互生，叶柄长0.5-2.5厘米，上部茎常无柄；叶匙形、倒卵形或倒卵状长圆形，长6-12厘米，两面散生黑色粒状腺点。总状花序顶生，长3-12厘米；苞片匙形，叶状。花梗与苞片近等长；花萼裂片宽披针形或椭圆形，长4-7毫米，先端尖或钝圆，周边膜质，背面有黑色腺点；花冠白色，长约9毫米，筒部长约2毫米，裂片舌状长圆形；雄蕊短于花冠，花丝贴生花冠裂片中下部，分离部分长约1.5毫米；花药长圆形，背

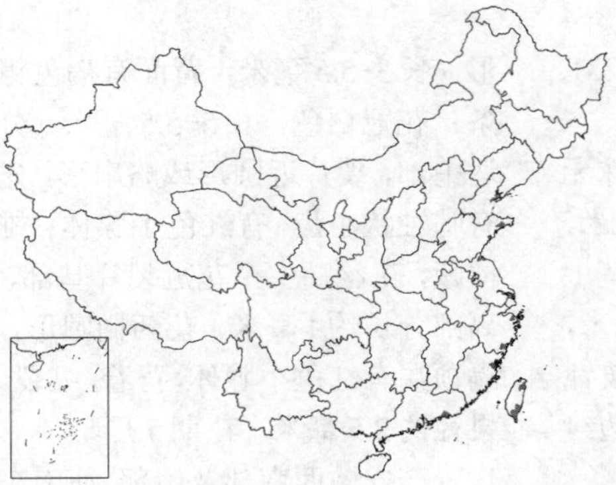

着，纵裂。蒴果梨形，径约5毫米。花期5-6月，果期6-8月。

产辽宁西南部、河北东北部、山东东部、江苏东北部及东南部、浙江东北部及东南部、福建东部、台湾及广东东南部等地沿海地带，生于海滨沙滩石缝中。日本、朝鲜、菲律宾及太平洋、印度洋岛屿有分布。

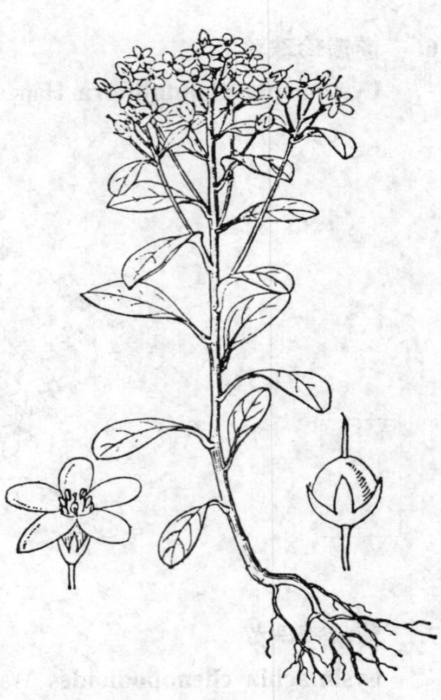

图 195 滨海珍珠菜 （引自《图鉴》）

9. 珍珠菜 矮桃 图 196：1-5

Lysimachia clethroides Duby in DC. Prodr. 8：61. 1844.

多年生草本，高0.4-1米，全株多少被褐色卷曲柔毛；具横走根茎。叶互生，近无柄或柄长0.2-1厘米；叶椭圆形或宽披针形，长6-16厘米，先端渐尖，基部渐窄，两面散生黑色腺点。总状花序顶生，盛花期长约6厘米，果时长20-40厘米。苞片线状钻形，稍长于花梗；花梗长4-6毫米；花萼裂片卵状椭圆形，长2.5-3毫米，有腺状缘毛；花冠白色，长5-6毫米，筒部长约1.5毫米，裂片窄长圆形，长3.5-4.5毫米；雄蕊内藏，花丝长约3毫米，下部1毫米贴生花冠基部，花药长圆形，背着，纵裂。蒴果径2.5-3毫米。花期5-7月，果期7-10月。

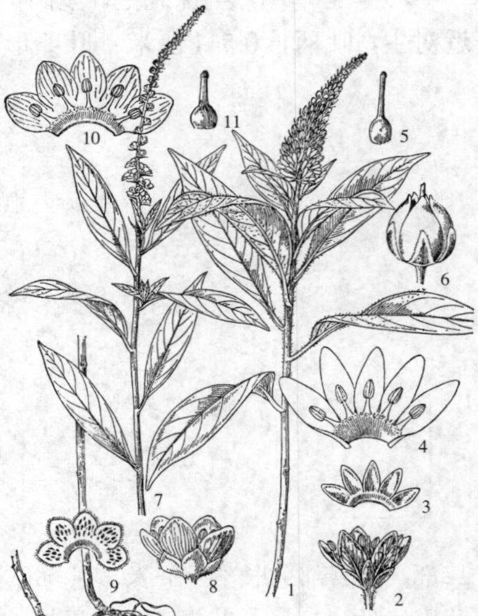

图 196：1-5. 珍珠菜 6-10. 红根草
（邓盈丰绘）

产吉林东部、辽宁、河北东北部、山东东部、江苏南部、安徽南部、浙江、福建、江西、河南、湖北、湖南、广东西北部、广西、贵州、云南、四川及陕西南部，生于海拔300-3500米山坡林缘、草坡或湿润地。俄罗斯远东地区、朝鲜半岛及日本有分布。

10. 虎尾草 狼尾花 图 197

Lysimachia barystachys Bunge in Mém. Acad. Sc. St. Pétersb. 127. 1835.

多年生草本，高0.3-1米，全株密被卷曲柔毛；具横走根茎。叶互生或近对生，近无柄；叶长圆状披针形、倒披针形或线形，长4-10厘米，基部楔形。总状花序顶生，长4-6厘米，果时长达30厘米；花密集，常转向一侧。苞片线状钻形，稍长于花梗；花梗长4-6毫米；花萼裂片长圆形，长3-4毫米，先端圆；花冠白色，长0.7-1厘米，筒部长约2毫米，裂片舌状长圆形，长5-8毫米，常有暗紫色短腺条；雄蕊内藏，花丝长约4.5毫米，下部约1.5毫米，贴生花冠基部，花药椭圆形，背着，纵裂。蒴果径2.5-4毫米。花期5-8月，果期8-10月。

产黑龙江、吉林、辽宁、内蒙古、河北、山西、陕西、甘肃、四川、云南、贵州、湖北、河南、安徽、山东、江苏及浙江，生于海拔800-2000米草甸、山坡或路旁灌丛间。俄罗斯、朝鲜半岛及日本有分布。

图 197 虎尾草 （引自《图鉴》）

11. 红根草 星宿菜 图 196：6-10

Lysimachia fortunei Maxim. in Bull. Acad. Sci. St. Pétersb. 12: 68. 1868.

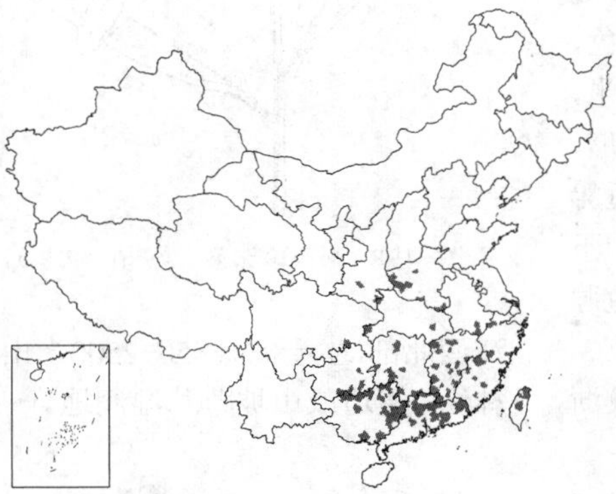

多年生草或本，高30-70厘米，全株无毛；具横走根茎。叶互生，近无柄；叶长圆状披针形、浅状披针形或窄椭圆形，长4-11厘米，先端渐尖或短渐尖；基部渐窄，两面均有黑色腺点，干后成粒状突起。顶生总状花序长10-20厘米，苞片披针形，长2-3毫米；花梗与苞片近等长或稍短；花萼裂片卵状椭圆形，有黑色腺点；雄蕊内藏，花丝贴生花冠裂片下部，分离部分长约1毫米，花药卵圆形，长约0.5毫米，背着，纵裂，蒴果径2-2.5毫米。花期6-8月，果期8-11月。

产江苏南部、安徽南部、浙江、福建、台湾、江西、河南、湖北、湖南、广东、广西、贵州、四川东南部及陕西南部，生于海拔100-1500米沟边、田边或低湿地。朝鲜半岛、日本及越南有分布。全草药用，治感冒、肝炎、支气管哮喘、毒蛇咬伤。

［附］**长穗珍珠菜 Lysimachia chikungensis** Bail. Gentes Herb. 1: 40. 1920. 本种与红根草的区别：无横走根茎；茎较纤细，密被褐色短柄腺体；叶窄披针形或线状披针形。产湖北北部及河南南部，生于海拔400-500米阳坡草丛或石缝中。

12. 黑腺珍珠菜 图 193：4-6

Lysimachia heterogenea Klatt in Linnaea 37: 501. 1872.

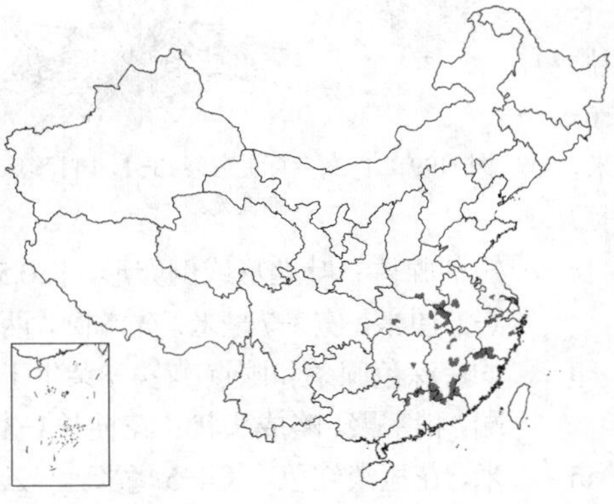

多年生草本，全株无毛。茎直立，四棱形，高40-80厘米。基生叶匙形，早凋；茎叶对生，无柄；叶披针形或线状披针形，稀长圆状披针形，长4-13厘米，先端尖或钝，基部钝或耳状半抱茎，两面密生黑色粒状腺点。总状花序顶生；苞片叶状。花梗长3-5毫米；花萼裂片线状披针形，长4-5毫米，背面有黑色腺条和腺点；花冠白色，长约7毫米，筒部长约2.5毫米，裂片卵状长圆形；雄蕊与花冠近等长，花丝贴生至花冠中部，分离部分长约3毫米，花药线形，长约1.5毫米，药隔顶端具腓胝状尖头。蒴果径约3毫米。花期5-7月，果期8-10月。

产江苏南部、安徽西部、浙江、福建、江西、河南、湖北、湖南及广东北部，生于水边湿地。

13. 腺药珍珠菜 图 198

Lysimachia stenosepala Hemsl. in Journ. Linn, Soc. Bot. 226: 57. 1889.

多年生草本，高30-65厘米，全株无毛。叶对生，在茎上部常互生，无柄或柄长0.5-1厘米；叶披针形或长圆状披针形，长4-10厘米，两面近边缘有黑色腺点和腺条。总状花序顶生；苞片线状披针形，长3-5毫米。花梗长2-7毫米；花萼裂片披针形，长约5毫米，先端渐尖成钻形；花冠白色，长6-8毫米，筒部长2毫米，裂片倒卵状长圆形或匙形，先端钝圆；雄蕊与花冠近等长，花丝贴生花冠裂片中下部，分离部分长约2.5毫米，花药线形，长约1.5毫米，药隔顶端有红色腺体，背着，纵裂。蒴果径约3毫米。花期5-6月，果期7-9月。

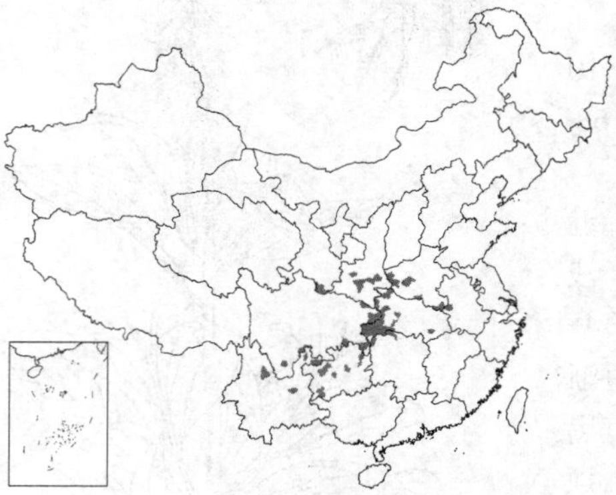

产陕西南部、四川、云南、贵州、湖南西北部、湖北、安徽西部及浙江西北部，生于海拔850-2500米山谷林缘、溪边或山坡草丛湿润地。

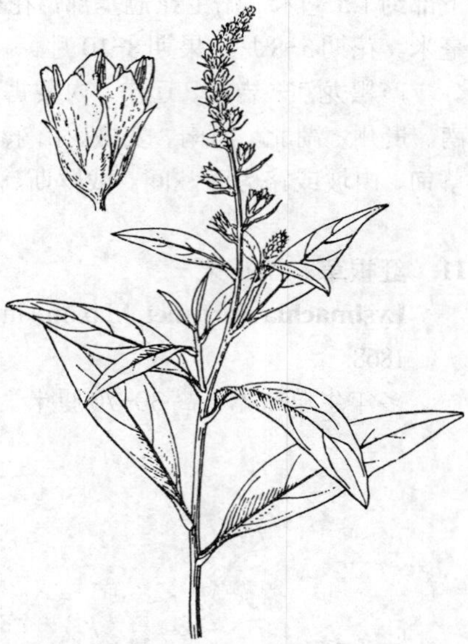

图 198 腺药珍珠菜 （引自《图鉴》）

14. 多育星宿菜 图 199：1-2

Lysimachia prolifera Klatt, in Abh. Naturw. Ver. Hamb. 4, 4: 30. t. 16. 1866.

多年生草本。茎常簇生，披散或上升，长10-25厘米，密被褐色无柄腺体。叶对生，有时在茎上部互生，叶柄约与叶等长，具窄翅；叶宽卵圆形或宽匙形，长7-12(-15)厘米，两面均有深色腺点和腺条。花少数，单生茎端叶腋。花梗长1-1.5厘米，有糠秕状腺体；花萼裂片窄披针形，长约5毫米，背面有深色短腺条；花冠淡红或白色，长6-7毫米，筒部长约1.5毫米，裂片倒卵状匙形；雄蕊稍短于花冠，花丝贴生花冠裂片中下部，分离部分长约3毫米，花药椭圆形，长约1毫米，背着，纵裂。蒴果径3-4毫米。花期5-6月，果期6-7月。

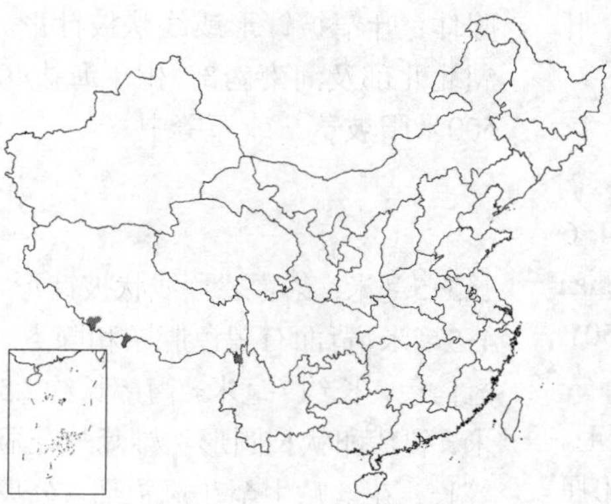

产西藏南部及云南西北部，生于海拔2700-3300米山坡草地或林缘。印度、尼泊尔、锡金及缅甸有分布。

［附］ **矮星宿菜** 彩片 32 **Lysimachia pumila** (Baudo) Franch. in Journ. de Bot. 9: 460. 1895. ——*Bernardina pumila* Baudo in Ann. Sci. Nat. 2 ser. 20: 349. 1843. 与多育星宿菜的区别：高达20厘米，密被褐色短柄腺体；叶匙形或倒卵形，长0.5-1(-2)厘米，宽3-7毫米，先端圆，两面均有深色腺条和腺点；花4-8朵生于茎端，稍密聚，略成头状；花梗长1-3毫米，花冠淡红色，长4-5毫米。产云南西北部及四川西部，生于海拔3500-4000米山坡草地、潮湿谷地或河滩。

图 199: 1-2. 多育星宿菜 3-4. 小叶珍珠菜 （邓晶发绘）

15. 泽珍珠菜 泽星宿菜 图 200

Lysimachia candida Lindl. In Journ. Hort. Soc. Lordon 1: 301. 1846.

一年生或二年生草本，全株无毛。茎高10-30厘米。基生叶匙形或倒披针形，长2.5-6厘米，宽0.5-2厘米；茎叶互生，稀对生，近无柄；叶倒卵形、倒披针形或线形，长1-5厘米，两面有深色腺点。总状花序顶生，初时花密集呈宽圆锥形，长5-10厘米；苞片线形，长4-5毫米。花梗长约为苞片2倍；花萼裂片披针形，长3-5毫米，背面有黑色腺条；花冠白色，长0.6-1.22厘米，筒部长3-6毫米，裂片长圆形；雄蕊稍短于花冠，花丝贴生花冠中下部，分离部分长约1.5毫米，花药近线形，背着，纵裂。蒴果径2-3毫米。花期5-6月，果期7月。

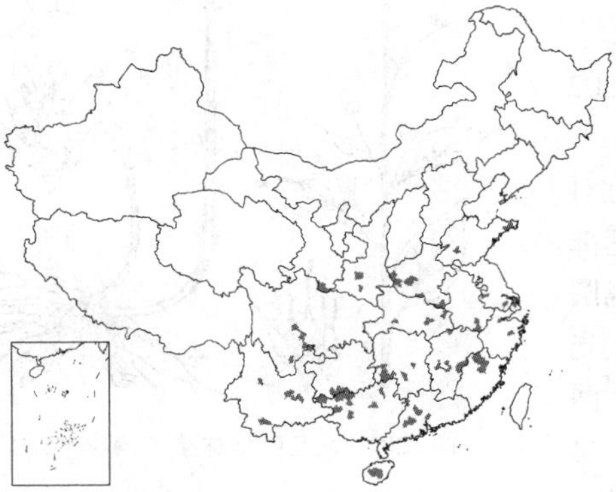

图 200 泽珍珠菜 （引自《图鉴》）

产山东、江苏、安徽、浙江、福建、江西、河南、湖北、湖南、广东、海南、广西、贵州、云南、四川及陕西，生于海拔100-2100米田边、溪边、山坡或路边湿地。日本、越南、缅甸有分布。

16. 小叶珍珠菜 图 199：3-4

Lysimachia parvifolla Franch. ex Hemsl. in Journ. Linn. Soc. Bot. 26: 55. 1889.

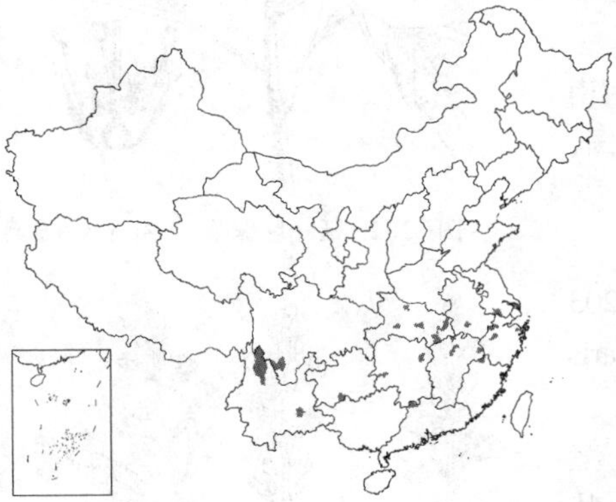

二年生或多年生草本，全株无毛。茎直立或下部倾卧，长30-50厘米，常自基部生出匍匐枝。叶互生，近无柄；叶窄椭圆形、倒披形或匙形，长1-4.5厘米，先端尖或钝，基部楔形，两面散生深色腺点。总状花序顶生，长4-8厘米，花疏生；苞片钻形。基部花梗长达1.5厘米，向上渐短；花萼裂片窄披针形，长约5毫米，背面有黑色腺点；花冠白色，长8-9毫米，筒部长约4毫米，裂片长圆形；雄蕊短于花冠，花丝贴生花冠裂片中下部，分离部分长约2毫米，花药窄长圆形，长1.5-2毫米，背着，纵裂。蒴果径约3毫米。花期4-6月，果期7-9月。

产安徽南部、浙江、福建北部、江西北部、湖北、湖南、广东北部、贵州西南部、云南及四川西南部，生于田边或沟边湿地。

17. 北延叶珍珠菜 图 201

Lysimachia silvestrii (Pamp.) Hand.-Mazz. in Notes Roy. Bot. Gard. Edinb. 16: 113. 1928.

Lysimachia circaeoides Hemsl. var. *silvestrii* Pamp. in Nouv. Giom. Bot. Ital. n. ser. 18: 131. 1911.

一年生草本，全株无毛。茎高30-75厘米。叶互生；叶柄长1.5-3厘米；叶卵状披针形或椭圆形，稀卵形，长3-7厘米，边缘先端有深色粗腺条。总状花序顶生；花序最下方的苞片叶状，上部的钻形。花梗长1-2厘米；花萼裂片披针形，长约6毫米，筒部长约2毫米，裂片倒卵状长圆形，裂片间

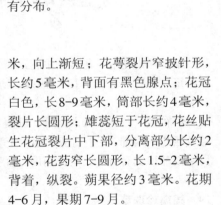

的弯缺钝圆；花冠长约6毫米；雄蕊与花冠近等长，花丝贴生花冠裂片基部，分裂部分长约2.5毫米，花药窄长圆形，顶端露出花冠，背着，纵裂。蒴果径3-4毫米。

产甘肃东南部、陕西南部、河南、湖北、四川、湖南及江西西北部，生于海拔1400-3000米山坡草地、沟边或疏林下。

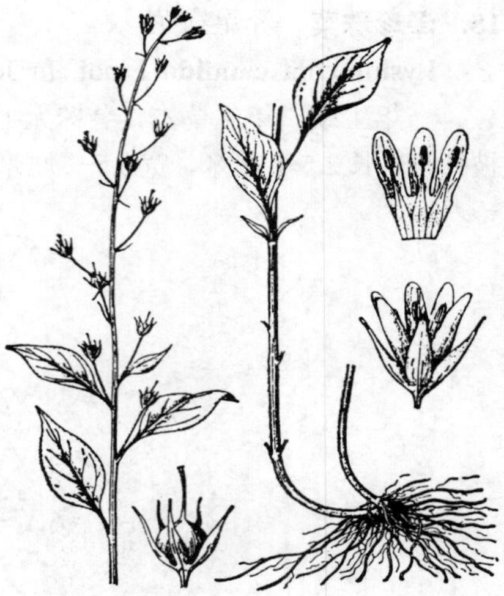

图 201 北延叶珍珠菜 （钱存源绘）

18. 延叶珍珠菜 图 202

Lysimachia decurrens Fomt. f. Prodr. 12. 1786.

多年生草本，全株无毛。茎直立，高40-90厘米。叶互生，有时近对生，叶柄长1-4厘米，基部沿茎下延；叶披针形或椭圆状披针形，长6-13厘米，先端尖或渐尖，基部楔形，两面均有不规则黑色腺点。总状花序顶生，长10-25厘米；苞片钻形，长2-3毫米。花梗长2-5毫米；花萼裂片窄披针形，长3-4毫米，背面有黑色腺条；花冠白或带淡紫色，长2.5-4毫米，筒部长约1.5毫米，裂片匙状长圆形；雄蕊伸出花冠，花丝贴生花冠裂片基部，分离部分长约5毫米，花药卵圆形，长约1毫米，背着，纵裂。蒴果径3-4毫米。花期4-5月，果期6-7月。

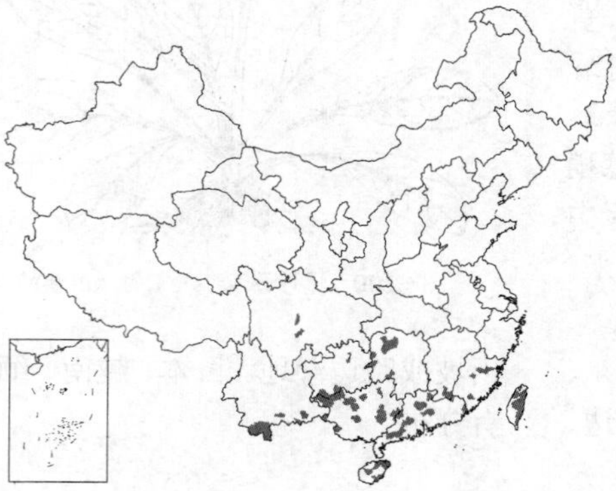

产福建、台湾、江西南部、湖南、广东、海南、广西、贵州、云南南部及四川中南部，生于村旁荒地、路旁或山谷溪边疏林下。中南半岛各国、日本及菲律宾有分布。全株药用，治跌打损伤。

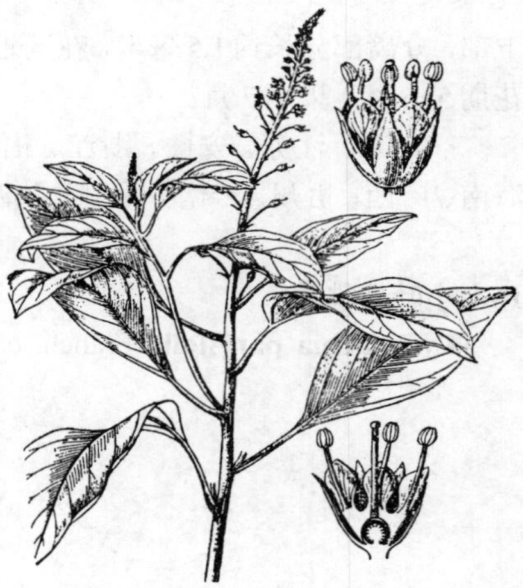

图 202 延叶珍珠菜 （引自《图鉴》）

19. 阔瓣珍珠菜 图 203

Lysimachia platypetala Franch. in Nouv. Arch. Mus. Hist. Nat. Paris 10: 59. 1888.

多年生草本，全株无毛。茎直立，圆柱形，高30-70厘米。叶互生，茎下部有时对生，叶柄长约1厘米；叶披针形，长5-8厘米，先端渐尖，基部渐窄，下面密布红褐色细小腺点。总状花序顶生。苞片钻形，与花梗近等长或较短，花梗长5-7毫米，密布褐色腺体；花萼裂片披针形，长5-6毫米；花冠白或淡红色，长约6毫米，筒部长约2毫米，裂片近圆形，基部具爪，中部有时有2条深色腺条，裂片间弯缺圆；雄

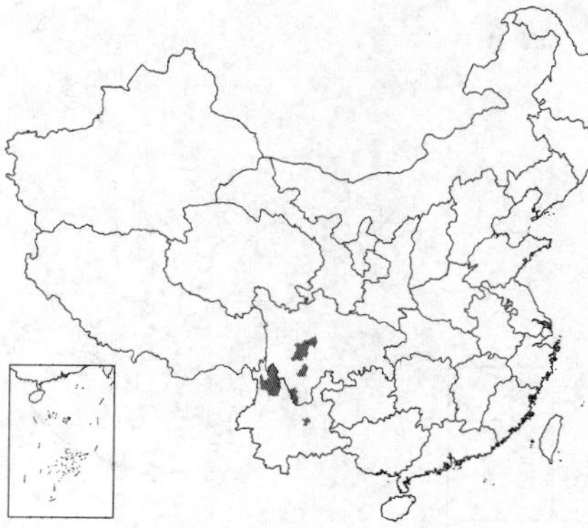

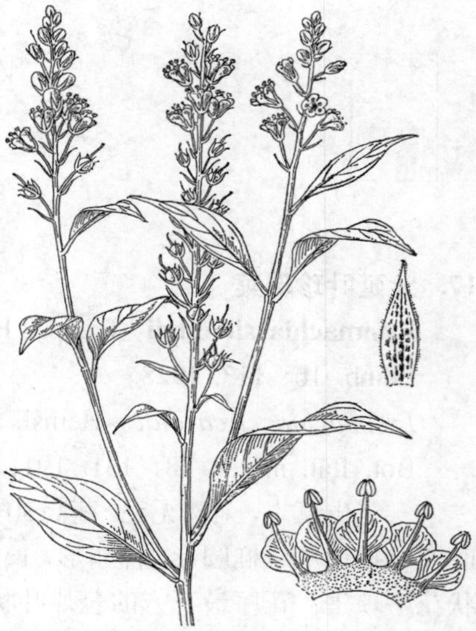

图 203 阔瓣珍珠菜 （邓盈丰绘）

蕊伸出花冠，花丝贴生花冠裂片基部，分离部分长3-4毫米，花药椭圆形，长约1毫米。蒴果径4-5毫米。花期6-7月，果期7-8月。

产云南及四川，生于海拔2000-2500米山谷溪边林缘。

20. 长蕊珍珠菜 图 204

Lysimachia lobelioides Wall. in Roxb. Ind. 2: 29. 1824.

一年生草本，全株无毛。茎膝曲直立或上升，高25-50厘米。叶互生，茎基部有时近对生，叶柄长为叶片1/4-2/3；叶卵形或菱状卵形，稀卵状披针形，长1.5-5厘米，先端尖，基部短渐窄或近圆，稀楔形，干后膜质，近边缘或沿中肋散生深色粗腺条。总状花序顶生。苞片钻形，通常长为花梗1/2，花梗长0.5-1.2厘米；花萼裂片卵状披针形，长约3毫米，背面有黑色粗腺点；花冠白或淡红色，长约6毫米，筒部长约2毫米，裂片近匙形或倒卵状长圆形，宽1.6-2毫米；雄蕊伸出花冠，花丝贴生花冠裂片基部，分离部分长达6毫米，花药卵圆形，长约1毫米，背着，纵裂。蒴果径约4毫米。花期4-5月，果期6-7月。

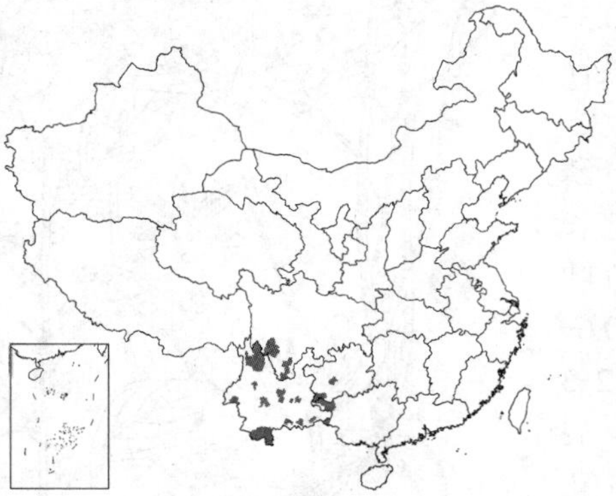

产云南、四川西南部、贵州西南部及广西西部，生于海拔1000-2300米山谷溪边或山坡草地湿润地。印度、尼泊尔、缅甸、泰国、老挝及越南有分布。

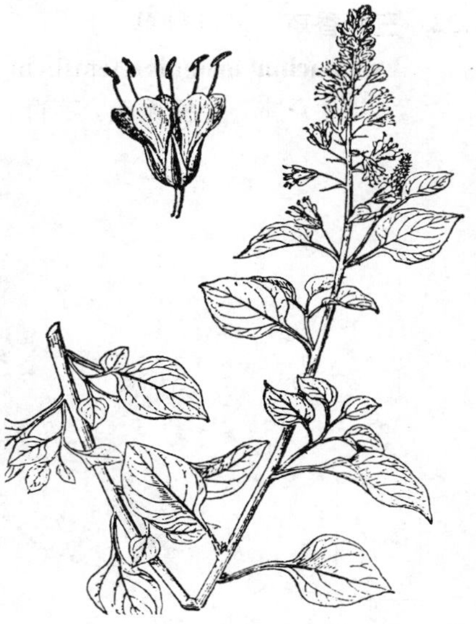

图 204 长蕊珍珠菜 （引自《图鉴》）

21. 丽江珍珠菜 图 205：1-5

Lysimachia lichiangensis Forr. in Notes Roy. Bot. Gard. Edinb. 4: 237. 1908.

Lysimachia violascems Franch. var. *robusta* (C. Y. Wu) C. M. Hu; 中国植物志 59(1): 122. 1989.

多年生草本，全株无毛。茎直立，高35-75厘米。叶互生，叶柄长0.3-1厘米；叶披针形或卵状披针形，长3-7厘米，先端渐尖，基部渐尖，两面均有不规则深色腺点或腺条。总状花序顶生，长3-10厘米；苞线状披针形或钻形，长5-8毫米。花梗长4-5毫米；花萼裂片披针形，长5-6毫米，背面具腺条；花冠白或淡红色，长6-7(-8)毫米，分离部分略过中部，裂片倒卵形，宽于2毫米，先端圆；雄蕊与花冠近等长，花丝贴生花冠裂片基部，花药椭圆形。长约1毫米，背着，纵裂。蒴果径3-4毫米。

图 205：1-5. 丽江珍珠菜 6-9. 大理珍珠菜 （引自《中国植物志》）

产云南西北部及四川西南部，生于海拔2900-3200米山坡草地、林缘或灌丛中。

［附］**大理珍珠菜** 图 205：6-

9 **Lysimachia taliensis** Bonati in Bull. Soc. Bot. Geneve 2. ser. 5: 309. 1913. 本种与丽江珍珠菜的区别：叶轮生或在枝上对生，窄披针形或线形。产云南，生于海拔2600-3800米山坡草地和灌木林中。

22. 三叶香草 三叶排草 图 206：1-3

Lysimachia insignis Hemsl. in Hook. Icon. P1. 27: t. 2634. 1900.

多年生草本，全株无毛。茎直立，高25-90厘米，单一或具1-2分枝，基部多少木质化。叶常3枚(有时2-4枚)聚生茎端，近轮生状，近无柄或柄长0.3-1厘米；叶卵形或卵状披针形，长8-25厘米，先端渐尖，基部钝或近圆；茎下部叶鳞片状，常凋落。总状花序长6-9厘米，具3-10花，在叶轮下沿茎着生。花梗长0.6-1.5厘米；萼片卵形，长2-3毫米；花冠白或淡黄色，裂片长圆形，长5-8毫米；花丝下部合生成浅环贴生花冠基部，花药长4-5毫米，顶孔开裂。蒴果白色，径5-7.5毫米，不裂。花期4-5月，果期10-11月。

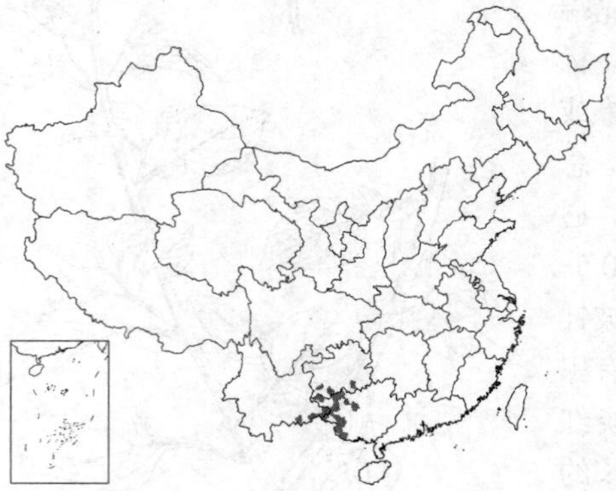

产云南东南部、贵州西南部及广西西部，生于海拔300-1600米山谷溪边或林下。越南北部有分布。全草药用，能止血、散瘀，治跌打损伤，心胃气痛。

图 206：1-3. 三叶香草 4-5. 木茎香草
（邓晶发绘）

23. 思茅香草 图 207：1-3

Lysimachia englerii R. Kunth in Engl. Pflanzenr. 22(IV-237): 265. 1905.

多年生草本。茎四棱形，有窄翅，下部直立，上部鞭状，长0.5-1.8米。叶交互对生，近无柄或柄长达8毫米；叶椭圆形或宽楔形，先端渐尖，基部楔形或近圆，无毛或上面疏被小刚毛，下面密被无柄小腺体。花1-2(-4)朵生于叶腋。花梗长2-3.5厘米；花萼裂片卵形，长约6毫米，先端渐尖成钻形；花冠黄色，长约8毫米，深裂，裂片宽倒卵形，长约7毫米，先端钝；花丝基部合生成高0.5毫米的环，分离部分极短，花药长约2.5毫米，基着，纵裂。蒴果径约4毫米，短于宿存花萼。花期4-5月，果期7-8月。

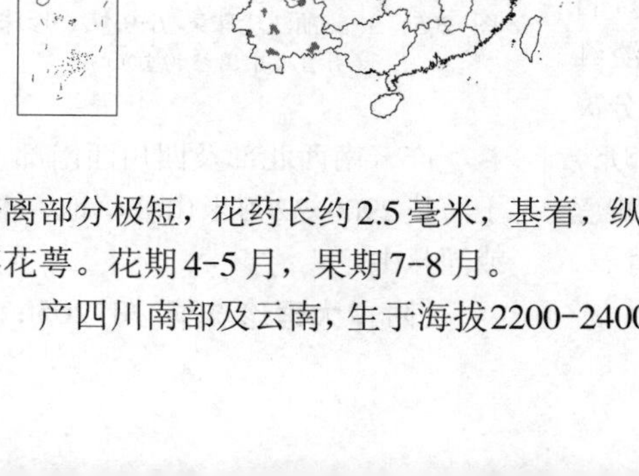

产四川南部及云南，生于海拔2200-2400米山坡灌丛中。

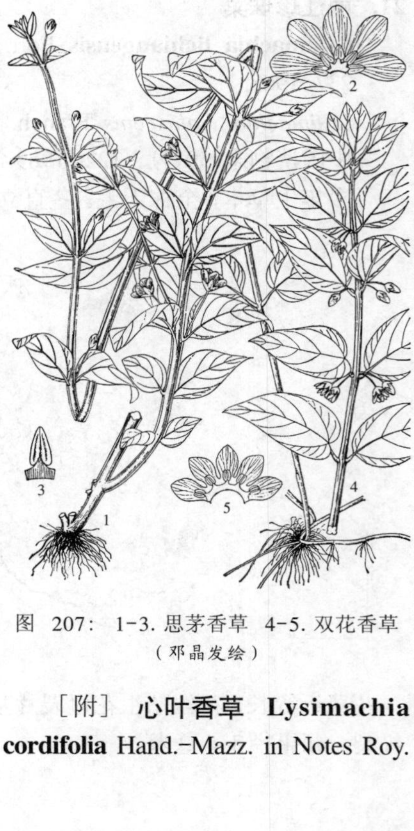

图 207：1-3. 思茅香草 4-5. 双花香草
（邓晶发绘）

［附］ **心叶香草 Lysimachia cordifolia** Hand.-Mazz. in Notes Roy.

Bot. Gard. Edinb. 16：76. 1928. 本种与思茅香草的区别：叶基部浅心形；花单生叶腋。产云南西部，生于海拔2000-3000米林下或灌丛中。

［附］ **双花香草** 图 207：4-5 **Lysimachia biflora** C. Y. Wu, Rep. Stnd. Pl. Trop. Subtrop. Yunnan 1：44. 1965. 本种与心叶香草的区别：花双出（稀单出）腋生；叶长4.5-8厘米，叶柄长达2.5厘米产云南南部及贵州西部，生于海拔1900-2200米混交林下或沟边。

24. 川香草 图 208：1-2 彩片 33

Lysimachia wilsonii Hemal. in Bull. Misc. Inform. Kew 1906：161. 1906.

多年生草本，高30-70厘米。茎草质，基部四棱形，上部三棱形，有窄翅。叶互生；叶柄长1-2.5厘米，具窄翅；叶椭圆形或椭圆状披针形，长6-14厘米，基部楔形，上面疏被小刚毛。花2-5朵排成腋生总状花序。花梗纤细，长2-4厘米，苞片叶状，卵形，长0.8-2厘米。花梗长2-3厘米；花萼裂片扁圆形或近圆形，长约3毫米，具骤尖头；花冠淡黄色，长0.8-1.1厘米，深裂近基部，裂片长圆形，长0.7-1厘米；花丝基部合生成高环，分离部分极短，花药长3-3.5毫米，基着，顶孔开裂。蒴果径约4.5毫米，有多数纵纹。花期5-6月。

产四川中南部及云南东北部。生于海拔约1000米林缘或溪边。

图 208：1-2. 川香草 3-4. 垂花香草
（邓晶发绘）

［附］ **垂花香草** 图 208：3-4 **Lysimachia nutantiflora** Chen et C. M. Hu in Acta Phytotax. Sin.17(4)：28. 1979. 本种与川香草的区别：总状花序长达23厘米，具5至多花。产广西西南部，生于海拔800-1100米山谷疏林下。

25. 灵香草 图 209：1-2

Lysimachia foenum-graecum Hance in Journ. Bot. London 15：355. 1877.

多年生草本，高20-60厘米，干后有香气。茎自匍匐基部直立，具棱或有窄翅。叶互生；叶柄长0.5-1.2厘米；叶宽卵形或椭圆形，长4-11厘米，基部渐窄宽楔形，先端尖或稍钝，具短骤尖头，干后两面密布不明显下陷小点和褐色无柄腺体。花单生叶腋。花梗长2.5-4厘米；花萼裂卵状披针形或披针形，长0.7-1.2厘米，先端渐尖或钻形；花冠黄色，深裂，裂片长圆形，长1.1-1.6厘米，先端钝；花丝下部合生成高约0.5毫米的环，分离部分极短，花药长4-5毫米，基着，顶孔开裂。蒴果径6-7毫米。花期5月，果期8-9月。

图 209：1-2. 灵香草 3-5. 蔓延香草
（引自《中国植物志》）

产云南东南部、贵州西南部、广西、广东北部及湖南西南部，生于海拔800-1700米山谷溪边或林下。全草含芳香油0.21%，可提取香精，可加工烟草及化妆品香料；药用，治感冒、牙痛、驱蛔虫。

［附］**蔓延香草** 图 209：3-5 **Lysimachia trichopoda** Franch. in Journ. de Bot. 9：464. 1895. 本种与灵香草的区别：植株无香气；花萼短，长不及6毫米，裂片扁圆形；花冠径1.2-2厘米。产四川南部、云南东北部、贵州南部及湖北西部，生于海拔1200-1800米湿润疏林下。

26. 多枝香草 图 210

Lysimachia laxa Baudo in Ann. Sci. Nat. Bot. ser. 2, 20：347. 1843.

粗壮草本，高达60厘米。茎四棱形，基部木质化。叶互生，叶柄极短至长达1厘米；叶披针形或椭圆状披针形，长3-11厘米，先端渐尖，基部渐窄，上面疏被小刚毛，下面无毛。花单生叶腋，花梗纤细，长2-4厘米；花萼裂片卵状椭圆形，长3-4毫米，先端渐尖；花冠黄色，长6-8毫米，深裂，裂片椭圆状倒卵形，先端钝；花丝基部合生成高约0.5毫米的环，分离部分长约2.3毫米，花药基着，纵裂。蒴果径约5毫米，瓣裂。

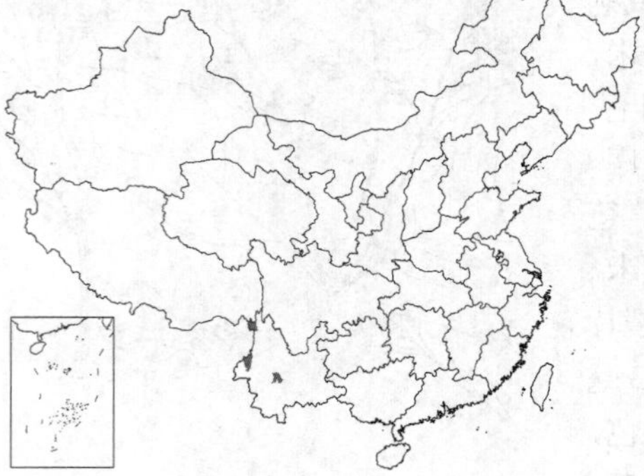

产云南，生于海拔1000-2100米混交林下。印度、孟加拉、斯里兰卡、泰国、缅甸、越南及印度尼西亚有分布。

图 210 多枝香草 （孙英宝绘）

27. 近总序香草 图 211

Lysimachia chapaensis Mere in Journ. Arn. Arb. 20：350. 1939.

Lysimachia subracemosa C. Y. Wu；中国植物志 59(1)：28. 1989.

多年生草本，全株无毛。茎自倾卧基部直立，高40-70厘米。叶互生，叶柄长1.5-3厘米；叶卵形、卵状椭圆形或卵状披针形，长6-11厘米，基部近圆或宽楔形。总状花序顶生和腋生，具2-6花；花序轴长0.3-4(-8)厘米；苞片叶状，卵状披针形，长达4.5厘米，向上渐小。花萼裂片卵状披针形，长约2.5毫米；花冠黄色，裂片长圆形，长约1厘米；花丝基部合生成环，分离部分极短，花药线形，长约5毫米，基着，顶孔开裂。花期5月。

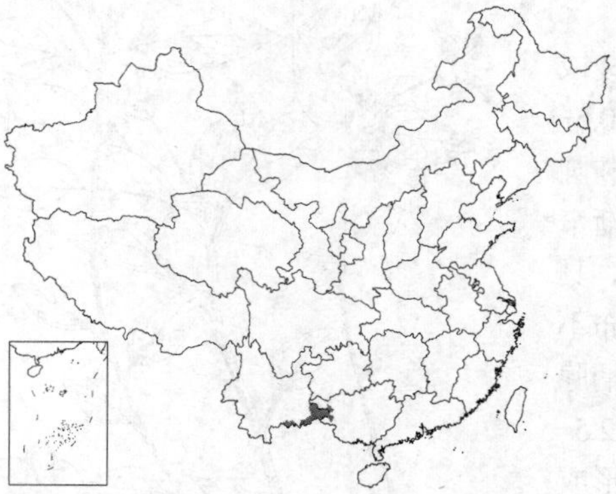

产云南东南部及广西西部，生于海拔1000-1700米林下。越南有分布。

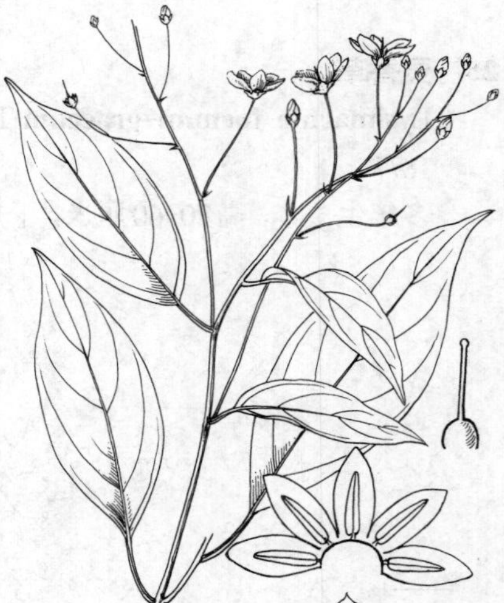

图 211 近总序香草 （邓盈丰绘）

28. 不裂果香草 图 212

Lysimachia evalvis Wall. in Roxb. Fl. Ind. 2: 27. 1824.

多年生草本，全株无毛。茎直立，高15-60厘米。叶互生，叶柄长0.5-1.5 厘米，基部多少沿茎下延；叶卵形、椭圆形或披针状卵形，长4-9厘米，宽2.5-3.5厘米，先端渐尖，基部渐窄，花单生叶腋。花梗与叶近等长；花萼长0.9-1.2厘米，分裂近基部，裂片披针形或窄长圆形；花冠黄色，与花萼近等长，宽4-6毫米；花丝基部合生成高约1毫米的环，分离部分约1毫米，花药长约4毫米，基着，顶孔开裂。蒴果，径6-7毫米，不裂；果柄下弯。花期5-6月，果期7月。

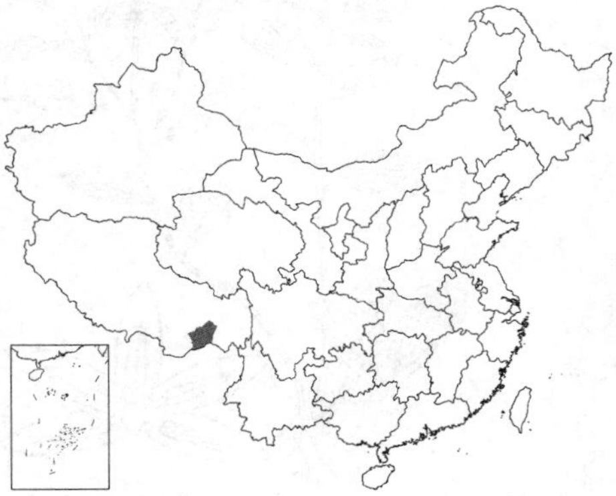

产西藏东南部，生于海拔400米路边。印度、尼泊尔、不丹、锡金及缅甸有分布。

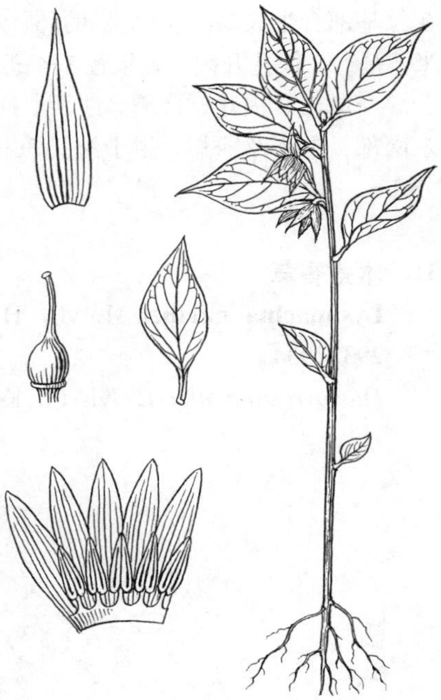

图 212 不裂果香草 （余汉平绘）

29. 长叶香草 图 213

Lysimachia lancifolia Craib in Kew Bull. 1918: 363. 1919.

多年生草本，干后有香气。茎具棱，高20-55厘米。叶互生，叶柄长达1.5厘米；叶披针形，长25-6.5(-8)厘米，先端渐尖，基部渐窄，无毛或上面被极稀疏小刚毛，下面疏被短柄腺体。花单生叶腋。花梗纤细，长2.5-3.5厘米；花萼长约2.5毫米，裂片卵形；花黄色，裂片窄长圆形，长4-5毫米；花丝下部合生成浅环，分离部分极短，花药长3-4毫米，基着，顶孔开裂。蒴果径约3毫米，稍长于宿存花萼。花期5月，果期8-9月。

产云南南部，生于海拔1500-2200米混交林下。泰国北部有分布。

图 213 长叶香草 （邓晶发绘）

30. 细梗香草 图 214 彩片 34

Lysimachia capillipes Hemsl. in Journ. Linn. Soc. Bot. 26: 48. 1889.

多年生草本，高40-60厘米，干后有浓香。茎具棱或有窄翅。叶互生，叶柄长2-8毫米；叶卵形或卵状披针形，长1.5-7厘米，基部短渐窄或钝，稀近圆或平截，先端尖或渐尖，无毛或上面疏被小刚毛。花单生叶腋。花梗长1.5-3.5厘米；花萼裂片卵形或披针形，长2-4毫米，先端渐尖或钻形；花冠黄色，长6-8毫米，深裂，裂片窄长圆形或线形，长5-7毫米，先端钝；

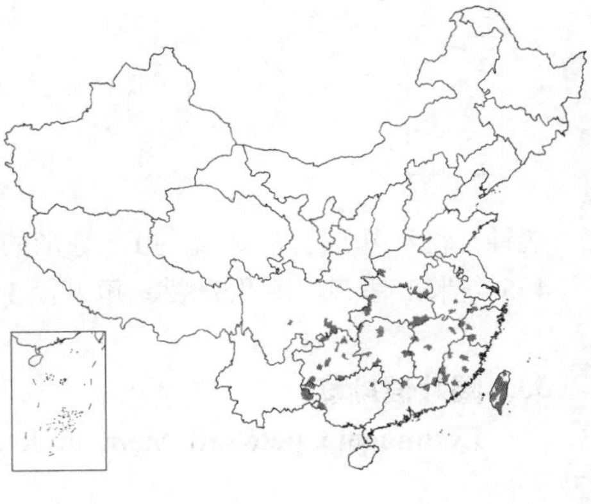

花丝基部合生成高约0.5毫米的环，分离部分长约1.3毫米，花药长3.5-4毫米，基着，顶孔开裂。蒴果径3-4毫米，瓣裂。花期6-7月，果期8-10月。

产浙江、福建、台湾、江西、河南、湖北、湖南、广东、广西、云南东南部、贵州及四川，生于海拔300-2000米山谷林下或溪边。菲律宾有分布。

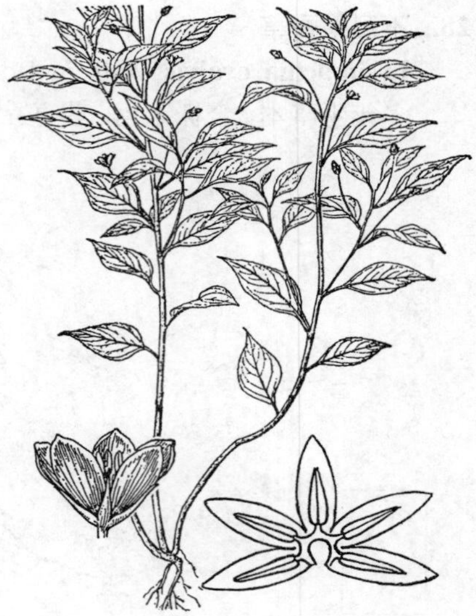

图 214 细梗香草 （引自《图鉴》）

31. 木茎香草 图 206：4-5

Lysimachia navillei（Lévl.）Hand.-Mazz. in Joum. Am. Arb. 15: 293. 1934.

Diospyros navillei Lévl. Fl. Kouy-Tchrou 145. 1914.

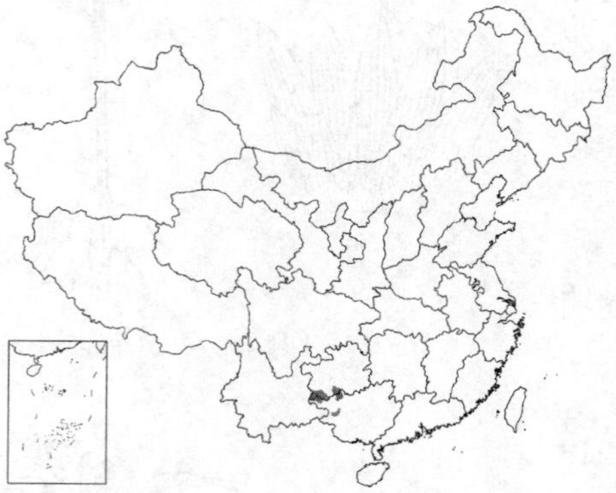

多年生草本，全株无毛。茎高30-70厘米，木质化。叶互生，叶柄长1-3厘米；叶卵形、卵状披针形、椭圆形或椭圆状披针形，长3.5-12.5厘米，先端尖或渐尖，基部渐窄。花1-2朵生于长1-2毫米的短枝顶端。花梗长0.7-2厘米；花萼长2.5-4毫米，果时增大至6毫米，裂片卵形，渐尖；花冠黄色，深裂，裂片披针形或卵状披针形，长0.8-1.1厘米；花丝极短，基部合生成环，花药基着，长7-8毫米，顶孔开裂。蒴果径4-7毫米，不裂；果柄下垂。花期6-7月，果期9-10月。

产贵州西南部及广西西北部，生于海拔1000-1400米山地林下。

32. 富宁香草 图 215

Lysimachia fooningensis C. Y. Wu, Rep. Stud. Pl. Trop. Subtrop. Yunnan 1: 36. 1965.

多年生草本，高20-50厘米，全株无毛，干后有香气。茎上部微具棱，基部木质化，幼时密被无柄腺体。叶互生，叶柄长0.5-1.5厘米；叶卵形或宽椭圆形，长3-11厘米，先端渐尖或尖，基部渐窄。花1-2朵生于叶腋，稀3-4朵聚生于叶腋的短枝顶端。花梗长1.5-3（-5）厘米；花萼裂片三角形，长约2.5毫米；花冠黄色，长0.9-1.1厘米，深裂，裂片线形，长0.8-1厘米，先端钝；花丝基部合生成高约1.5毫米的环，分离部分长1-1.5毫米，花药长4-5毫米，基着，顶孔开裂。蒴果径3-4毫米，瓣裂。

图 215 富宁香草 （孙英宝绘）

产云南东南部、贵州西南部及广西西北部，生于海拔800-1200米林下和山谷。越南北部有分布。

33. 阔叶假排草 图 216

Lysimachia petelotii Merr. in Joum. Arn. Arb. 19: 61. 1938.

Lysimachia sikokiana Miq. subsp. *petelotii*（Merr.）C. M. Hu;

中国植物志 59(1): 24. 1989.

多年生草本，全株无毛，干后略有香气。茎高10-40厘米，基部常倾卧生根。叶互生，向茎端稍密聚，叶柄长2-8毫米；叶卵形或宽椭圆形，长3-14(-18)厘米，基部鳞片状或仅存叶痕。花单生叶腋或2-5朵生于叶腋短枝顶端。花梗长1.5-3厘米；花萼长4-7毫米，裂片卵状披针形；花冠黄色，深裂，裂片长圆形，长0.9-1.3(-2)厘米；花丝下部合生成浅环，花药长5.5-9毫米，基着，顶孔开裂。蒴果径.5-6毫米；果柄长达6厘米。

产云南、四川东南部、贵州南部、湖南西南部、广西北部、广东及福建，生于海拔600-2100米山谷溪边或林下。越南北部有分布。

图 216 阔叶假排草 （邓晶发绘）

34. 黄连花 图 217 彩片 35

Lysimachia davurica Ledeb. in Mém. Acad. Sci. St. Pétesb. 5: 523. 1814.

Lysimachia vulgaris Linn. var. *davurica* (Ledeb.) R. Kunth; 中国高等植物图鉴 3: 272. 1974.

多年生草本，高40-80厘米，具横走根茎。茎直立，下部无毛，上部被腺毛。叶对生或3-4枚轮生，无柄或柄极短；叶椭圆状披针形或线状披针形，长4-12厘米，基部钝或近圆，两面散生黑色腺点，下面沿中脉被腺毛。总状花序顶生，通常复出为圆锥花序。花梗长0.7-1.2厘米；花萼裂片窄卵状三角形，长约3.5毫米，沿边缘有一圈黑色腺条；花冠黄色，长约8毫米，深裂，裂片长圆形；花丝基部合生成高约1.5毫米的筒，分离部分长2-3毫米，花药卵状长圆形，长约1毫米，纵裂。蒴果褐色，径2-4毫米，瓣裂。花期6-8月，果期8-9月。

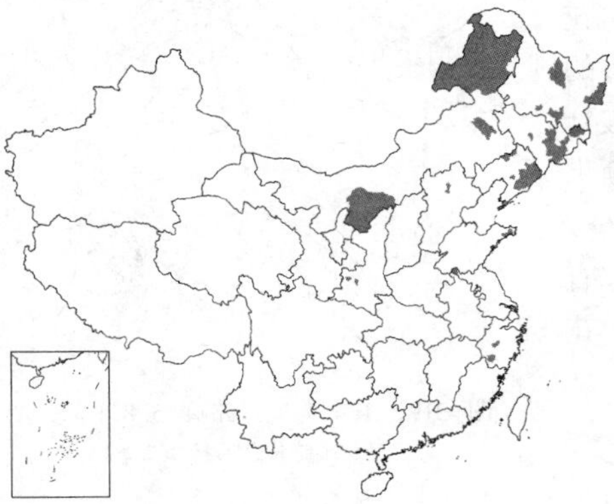

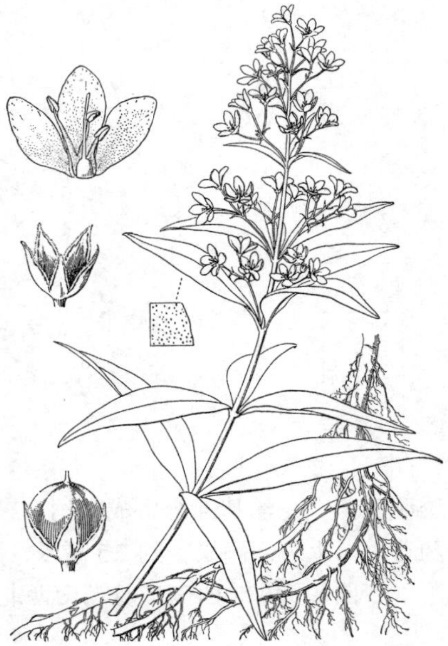

图 217 黄连花 （张桂芝绘）

产黑龙江、吉林、辽宁、内蒙古、河北、山东、江苏西北部、浙江及陕西，生于海拔2000米以下林缘或灌丛中。俄罗斯远东地区、朝鲜半岛及日本有分布。

［附］**毛黄连花 Lysimachia vulgaris** Linn. Sp. Pl. 146. 1753. 与黄连花的区别：茎被柔毛；叶柄长0.2-1厘米，叶卵状披针形或卵形，下面被柔毛。产新疆，生于海拔500-700米沟边或芦苇地中。欧洲经高加索、中亚至西伯利亚有分布。

35. 香港过路黄 无茎过路黄 图 218：1 彩片 36

Lysimachia alpestris Champ. ex Benth. in Journ. Bot. Kew. Gard. Misc. 4: 299. 1852.

多年生草本，全株密被灰白长硬

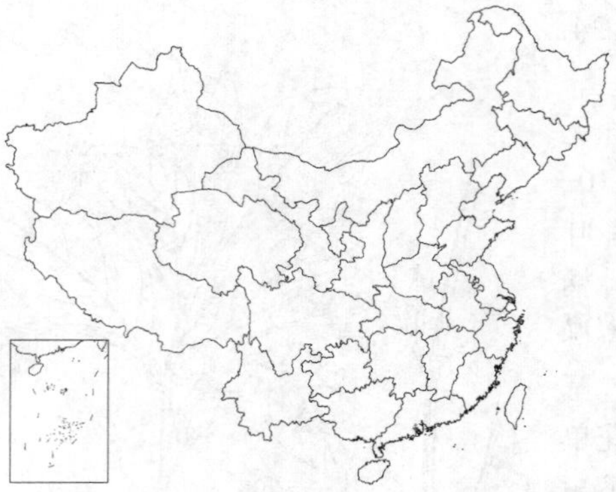

毛。茎长1-4厘米，常自基部生出匍匐枝。叶密聚成莲座状，近无柄；叶匙形或倒披针形，具骤尖头，下部长渐窄。花单生叶腋，与叶片近等长或稍高出叶丛。花萼裂片披针形，长5-6毫米；花冠黄色，长约8毫米，筒部长1-1.5毫米，裂片倒卵状椭圆形，先端钝圆，有稀疏啮蚀状小齿；花丝长约3毫米，下半部合生成筒，花药窄长圆形，长约2毫米，背着，纵裂。花期4月。

产香港及广东南部新会古斗山，生于海拔约100米林缘或山坡草丛中。

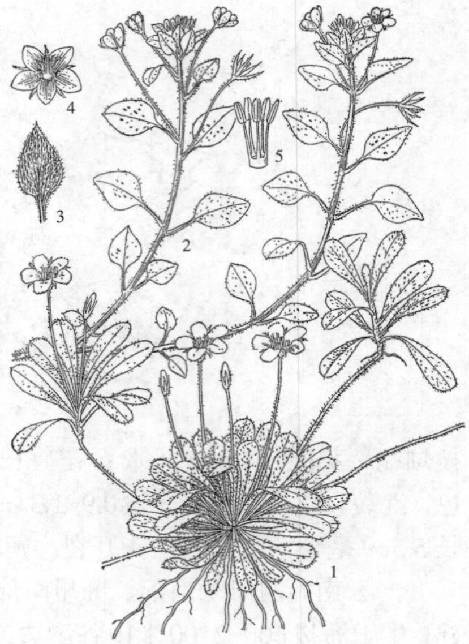

图 218： 1. 香港过路黄 2-5. 金爪儿
（余汉平绘）

36. 琴叶过路黄 图 219：1-4

Lysimachia ophelioides Hemsl. in Journ. Linn. Soc. Bot. 26：54. 1889.

多年生草本，高25-40厘米。茎直立，被细密短柔毛。叶对生，无柄；叶披针形或窄披针形，长1-6厘米，先端长渐尖，下部渐窄至基部成耳状抱茎，上面无毛，下面沿叶脉被细密短柔毛，两面均有透明腺点。花通常4-6朵单生于茎端和枝端叶腋，密聚稍成伞房花序状。花梗被毛，最下方的长约5毫米；花萼裂片披针形，长4-5毫米，先端渐尖成钻形；花冠黄色，长6-7毫米，深裂，裂片椭圆形，有透明腺点；花丝基部合生成高约1.2毫米的短筒，离生部分长2-4毫米，花药背着，纵裂。蒴果径约2.5毫米，瓣裂。花期6月。

产四川、湖北西南部及湖南西北部，生于山坡路旁草丛中。

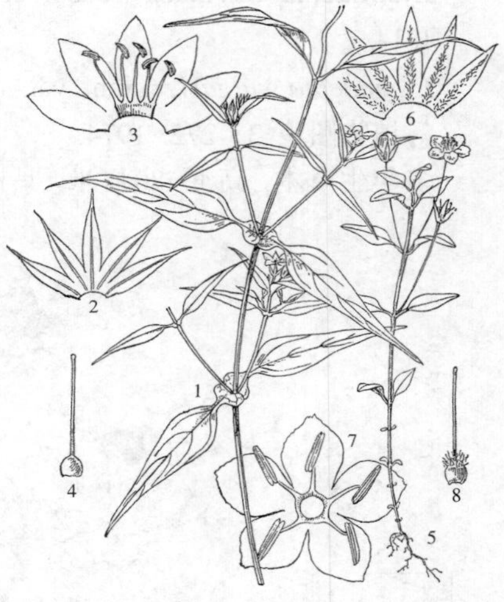

图 219： 1-4. 琴叶过路黄 5-8. 白花过路黄
（引自《中国植物志》）

37. 白花过路黄 图 219：5-8

Lysimachia huitsunae Chien in Contr. Bio1. Lab. Sci. Soc. China. Bot. 9：28.1933.

多年生小草本，高6-15厘米。茎自倾卧的基部直立，被逆向平伏柔毛。叶对生，有时在茎端互生，叶柄长2-4毫米，具窄翅；叶卵形或披针形，长0.5-2厘米，基部楔形，先端钝或稍渐尖，下面沿叶脉疏被柔毛，两面均有透明腺点。花单生叶脉。花梗纤细，长1.2-3厘米，被柔毛；花萼长5-6毫米，裂片披针形，长5-6毫米，密布透明腺点；花冠白色，长6-7毫米，深裂，裂片椭圆形，散生透明腺点；花丝长约3毫米，基部合生成高1毫米的环，花药长约2毫米，背着，纵裂。花期6-7月，果期7-9月。

产安徽南部、浙江南部及广西中东部，生于海拔1500–1700米沼泽地或潮湿石缝中。

38. 峨眉过路黄 图 220 彩片 37

Lysimachia omeiensis Hemsl. in Journ. Linn. Soc. Bot. 29: 314. 1893.

多年生草本，高30–60厘米。茎自匍匐的基部直立，通常带红色，被柔毛。叶对生，有时在茎端互生，无柄或近无柄；叶卵状披针形或披针形，长4–8厘米，先端渐尖，基部圆，上面幼时疏被小刚毛，下面沿叶脉被柔毛，两面散生红色或黑色粒状腺点。花单生叶脉。花梗纤细，长1.5–7厘米，密被柔毛；花萼长5–9毫米，分裂近基部，裂片线状披针形，先端渐尖，背面被短毛；花冠金黄色，长7.5–9.5毫米，深裂，裂片卵状椭圆形或椭圆状披针形，近先端有红或褐色腺点；花丝长3–4毫米，基部合生成浅环，花药线形，长约2毫米，背着，纵裂。蒴果径约3毫米，瓣裂。花期6月，果期10月。

产四川及云南东北部，生于海拔1800–3500米林缘或山谷溪边。

图 220 峨眉过路黄 （黄少容绘）

39. 巴山过路黄 图 221

Lysimachia hypericoides Hemsl. in Journ. Linn. Soc. Bot. 29: 314. 1893.

茎通常数条簇生，高达30厘米，钝四棱形，密被褐色短柔毛，中上部常有分枝。叶对生，在茎端偶有互生，无柄，位于茎中上部的较大，卵状椭圆形或长圆状披针形，长3–6厘米，先端稍钝或渐尖，基部近圆或宽楔形，两面有粒状腺点，初被稍密小刚毛，老时近无毛，侧脉4–5对；茎中部叶卵形，向茎基部渐小成圆形或呈鳞片状，基部半抱茎。花单生上部叶腋或在茎端稍密聚；花梗长0.5–2厘米；花萼长约5毫米，分裂近达基部，裂片线状披针形，宽约1毫米，背面被短柔毛，中肋显著；花冠黄色，辐状，径1–1.5厘米，基部合生约1毫米，裂片倒卵状椭圆形，长约5毫米，先端圆形；花丝基部合生成环，花药线形；子房卵圆形，花柱长约3毫米。蒴果近球形，径约3毫米，褐色。花期5–6月，果期9–10月。

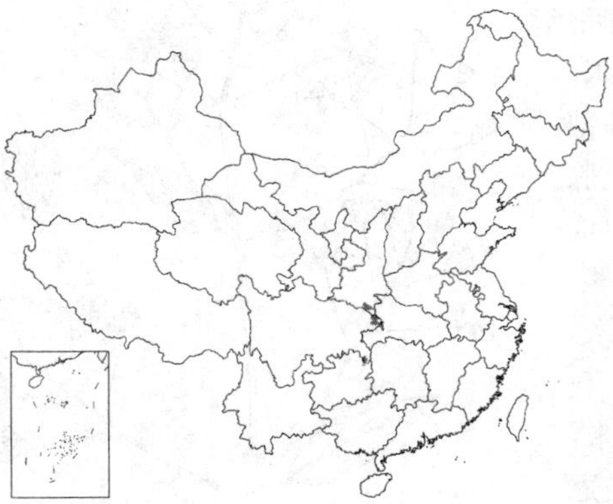

产四川东部、湖北西部及贵州东北部，生于海拔1700–2200米山坡草丛中。

图 221 巴山过路黄 （黄少容绘）

40. 耳柄过路黄 图 222：1-2

Lysimachia otophora C. Y. Wu, Rep. Stut. Pl. Trop. Subtrop. Yunnan 1: 4. 1965.

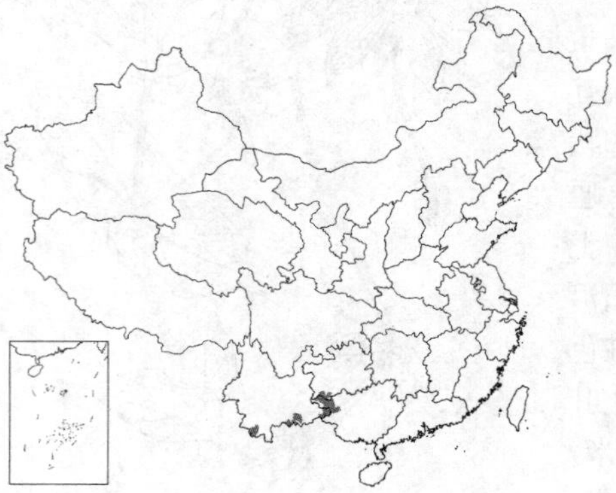

多年生草本，高20-60厘米，全株密被铁锈色小糙伏毛。叶对生，叶柄长1-3厘米，基部具耳，近抱茎；叶椭圆状卵形，长3-7.5厘米，先端尖，基部宽楔形或近圆。花4-10朵排成腋生短总状花序；花序梗长1-4厘米。花梗长2-5毫米；苞片窄披形针；花萼裂片披针形，长5-7.5毫米；花冠黄色，筒部长约1毫米，裂片长圆形，长6-8毫米，先端锐尖，有透明腺点；花丝基部合生成高2-2.5毫米的筒，离生部分长2-3.5毫米，花药长圆形，长约1毫米，背着，纵裂。蒴果径约3毫米。花期5-6月，果期6-7月。

产云南、贵州西南部及广西西部，生于山谷溪边或密林下。越南北部有分布。

［附］**南川过路黄** 图 222：3-4 **Lysimachia nanchuanensis** C. Y. Wu ex Chen et C. M. Hu in Acta Phytotax. Sin. 17(4): 32. 1979. 本种与耳柄过路黄的区别：茎无毛；叶和花冠有紫色腺点；花序具2-4花；花梗长0.8-2厘米。花期7-8月，果期10月。产四川东南部，生于海拔1600-1850米林下。

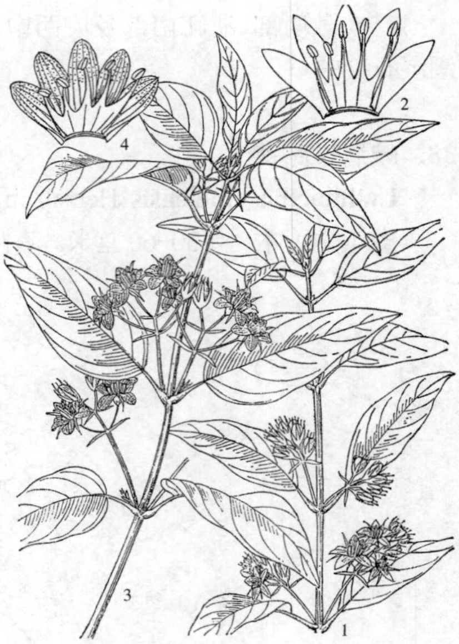

图 222：1-2. 耳柄过路黄 3-4. 南川过路黄 （邓晶发绘）

41. 长梗过路黄 长梗排草 图 223

Lysimachia longipes Hemsl. in Journ. Linn. Soc. Bot. 29: 316. 1893.

一年生草本，高35-75厘米，全株无毛。茎通常单生，除花序外不分枝。叶对生，无柄或近无柄；叶卵状披针形，长4-10厘米，先端长渐尖或尾状，基部圆，两面均有暗紫或黑色腺点及短腺条。花4-11朵组成顶生和腋生疏散总状花序；花序梗纤细，长6-12厘米。花梗丝状，长1-3厘米；花萼裂片披针形，长5-7毫米，有暗紫色腺条和腺点；花冠黄色，筒部长1.5-2毫米，裂片棱状卵圆形或窄长圆形，长约5毫米，先端尖，上部常有暗紫色短腺条；花丝下部合生成高2-2.5毫米的筒，离生部分长1.5-3.5毫米，花药线状长圆形，背着，长约1.2毫米。蒴果径3-3.5毫米。花期5-6月，果期6-7月。

产安徽南部、江西西北部、浙江及福建北部，生于海拔300-800米山谷溪边或山坡林下。

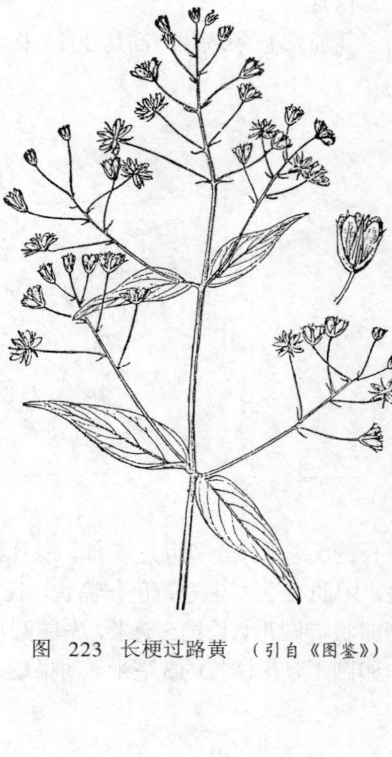

图 223 长梗过路黄 （引自《图鉴》）

42. 福建过路黄 福建排草 图 224

Lysimachia fukienensis Hand.-Mazz. Anz. Akad. Wiss. Wien, Math.-Nat. 62: 25. 1925.

多年生草本，高20-80厘米，全株无毛。茎直立，具4棱，有黑色腺条。叶互生或在茎下部近对生，有时3-4枚轮生，无柄或近无柄；叶披针形或窄披针形，长4-14厘米，基部楔形或近圆，两面密布黑色腺条和腺点。花单生茎上部叶腋。花梗纤细，长1.5-5厘米；花萼裂片长0.7-1.1厘米，线状披针形，背面密布黑色腺条和腺点；花冠黄色，长约1厘米，深裂，裂片宽卵形，有黑色短腺条；花丝基部合生成高2.5毫米的筒，离生部分长2.5-4毫米，花药长圆形，长1.2-2毫米，背着，纵裂。蒴果径3.5-5毫米，有黑色腺条。花期5月，果期7月。

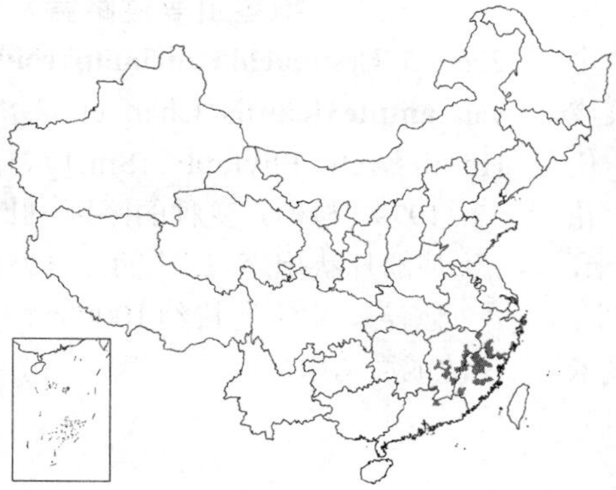

产江西、浙江南部、福建及广东东北部，生于海拔500-1000米山坡林缘或山谷溪边。

图 224 福建过路黄 （引自《图鉴》）

43. 贯叶过路黄 图 225：1

Lysimachia perfoliata Hand.-Mazz. in Oester. Bot. Zeitsch. 88: 305. 1939.

多年生草本，高20-40厘米。茎直立，幼时被小糙伏毛，叶对生，披针形，有时在茎上部成卵形，长2-7.5厘米，先端长渐尖，下部收缩，至基部成琴状并与对侧叶片的基部合生成穿茎叶，两面均被小糙伏毛，密布透明腺点。花单生茎上部和枝端叶腋，略呈总状花序状。花梗密被小糙伏毛，最下方的长达2.5厘米；花萼裂片披针形，长约6毫米，背面密被小糙伏毛和透明腺点；花冠黄色，稍长于花萼，筒部长1.5-2毫米，裂片宽卵形，先端钝圆；花丝长0.6-1.7厘米，基部合生成高2-2.5毫米的筒，花药线形，背着，纵裂。蒴果径4-5毫米，有稀疏糙伏毛。

图 225：1. 贯叶过路黄 2-4. 山萝过路黄 5. 抱茎山萝过路黄 （邓晶发绘）

产江西西部及安徽西南部，生于海拔850-1100米山谷林下。

44. 山萝过路黄 图 225：2-4

Lysimachia melampyroides R. Kunth in Engl. Pflanzenr. 22(1V-237): 284. 1905.

多年生草本，高15-50厘米。茎直立或上升，密被褐色小糙伏毛。叶

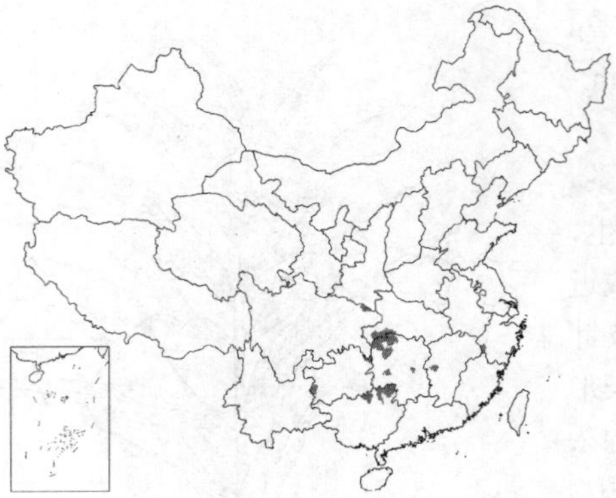

对生，叶柄长0.2-1厘米，密被小糙伏毛；叶卵状披针形或窄披针形，长3-9厘米，先端渐尖，稀锐尖或稍钝，基部楔形，上面幼时密被小糙伏毛，下面沿叶脉被毛，两面均密布透明腺点。花单生茎上部叶腋，有时稍密聚成总状花序。花梗密被小伏毛，最下方的长达2厘米；花萼裂片披针形，长6-8毫米，背面被小糙伏毛，有透明腺点；花冠黄色，长7-9毫米，筒部长1-2毫米，裂片倒卵状椭圆形，先端钝圆；花丝长5-7毫米，下部合生成高约2毫米的筒，花药长圆形，长约1.5毫米，背着，纵裂。蒴果径3-4毫米。花期5-6月；果期7-11月。

产四川东北部、贵州东北部及西部、广西东北部、湖南、湖北西南部、江西西部及浙江，生于海拔650-1200谷林缘或灌丛中。

［附］ **抱茎山萝过路黄** 图225：5 **Lysimachia melampyroides** var. **amplexicaulis** Chen et C. M. Hu in Acta Phytotax. Sin.17(1)：33. 1979. 与模式变种的区别：叶无柄，基部耳状抱茎。产广西北部及湖南西南部，生于海拔约1000米山谷溪边或灌丛中。

45. 叶苞过路黄 图 226

Lysimachia hemsleyi Franch. in Journ. de Bot. 9：461. 1895.

多年生草本，高20-50厘米。茎直立或膝曲直立，被褐色柔毛。叶对生，有时在茎上部互生，叶柄长0.5-2厘米；茎下部叶卵形或椭圆状卵形，长3-7厘米，基部楔形，稀近圆，先端锐尖或短渐尖，上面密被小糙伏毛，下面沿脉被柔毛，余被疏毛或近无毛，两面散生粒状腺点。花单生于茎上部苞片状叶腋，成总状花序状；最下方的花梗长达3厘米。花萼裂片披针形，长6-8毫米，背面被柔毛；花冠黄色，长1-1.2厘米，筒部长约4毫米，裂片倒卵状长圆形，有透明腺点；花丝长5-6毫米，下部合生成高约2毫米的筒，花药长圆形，长约1.5毫米，背着，纵裂。蒴果径约4毫米；果柄不下弯。花期7-8月，果期8-11月。

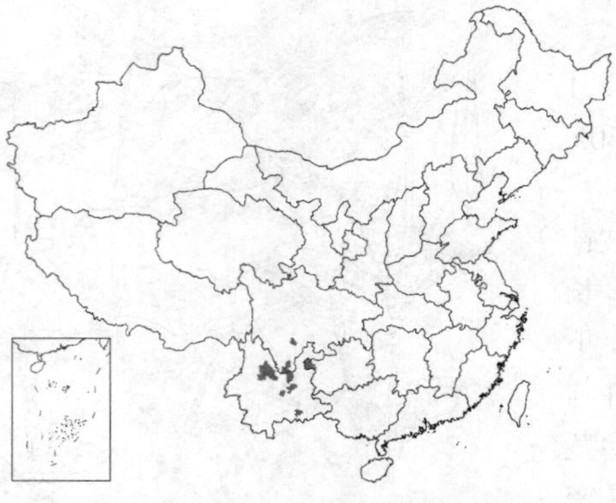

产云南、四川南部及贵州西部，生于海拔1600-2600米山坡灌丛中或草地。

46. 疏头过路黄 图 227

Lysimachia pseudo-henryi Pamp. in Nuov. Giorn. Bot. Ital. n. ser. 71. 5. 17：686. 1910.

多年生草本。茎直立或膝曲直立，高7-25(-45)厘米，密被柔毛，叶对生，茎端的2-3对通常稍密聚，叶柄长0.3-1.2厘米；茎下部叶近圆形或菱状卵形，长2-8厘米，先端锐尖或稍钝，基部近圆或宽楔形，两面密被小糙伏毛，散生半透明腺点。总状花序顶生，缩短成近头状。花梗长0.4-1

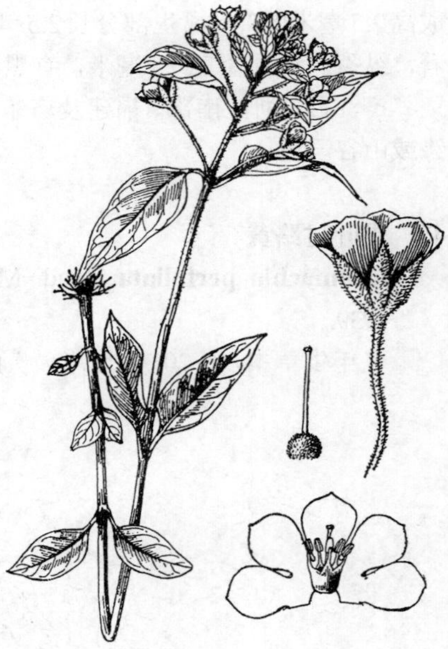

图 226 叶苞过路黄 （黄少容绘）

(-1.8)厘米；花萼裂片披针形，长0.8-1.1厘米，背面被柔毛；花冠黄色，长1-1.5厘米，筒部长3-4毫米，裂片窄椭圆形或倒卵状椭圆形，有透明腺点；花丝长5-8毫米，下部合生成高2-3毫米的筒，花药长圆形，长约1.5毫米，背着，纵裂。蒴果径3-3.5毫米；果柄下弯。花期5-6月，果期6-7月。

产陕西南部、四川东部、湖北、河南、安徽、浙江、江西、湖南及广东中北部，生于海拔500-1500米山地林缘或灌丛中。

图 227 疏头过路黄 （引自《中国植物志》）

47. 小寸金黄 图 228

Lysimachia deltoidea Wight var. **cinerascens** Franch. in Journ. de Bot. 9: 461. 1895.

多年生草本。茎常簇生，高4-25厘米，密被柔毛，基部具1-2对鳞叶。叶互生或茎上半部互生，叶柄长2-3毫米，有时近无柄；叶椭圆形或近圆形，长1-2.5厘米，先端钝圆，稀锐尖，基部楔形或近圆，两面密被铁锈色柔毛。花单生茎上部叶腋。花梗长1-2.5厘米；花萼裂片披针形，长4-5毫米，背面密被柔毛；花冠黄色，长5-7.5毫米，筒部长约1毫米，裂片倒卵状椭圆形，具透明腺点；花丝长约3毫米，下部合生成高约1毫米环，花药卵形，长约1毫米，背着，纵裂。蒴果径约3毫米；果柄下弯。花期6-8月，果期8-10月。

产云南、四川、贵州西部、广西西部及河南西部，生于山坡草地、灌丛中或岩缝中。缅甸，泰国、老挝及越南有分布。

图 228 小寸金黄 （黄少容绘）

48. 疏节过路黄 图 229

Lysimachia remota Petitm. Monde de Plantes 2. ser. 9: 30. 1907.

多年生草本。茎高10-38厘米，被淡褐色卷曲柔毛。叶对生，在茎端有时互生，叶柄长3-7毫米，有窄翅；叶宽卵形或卵状椭圆形，稀卵状披针形，长1.5-3.2厘米，先端锐尖或钝，基部宽楔形或近圆形，两面密被灰白色柔毛，散生透明腺点。花单生茎上部叶腋。花梗长0.8-1.7厘米；花萼裂片披针形，长6-7.5毫米，背面被柔毛；花冠黄色，长7-9毫米，筒部长约1.5毫米，裂片倒卵形，先端圆，有少数啮蚀状小齿；花丝长2.5-3.5毫米，下部合生成高0.5-1毫米的环，花药卵状长圆形，长约1.5毫米，背着，纵裂。蒴果径约4毫米；果柄下弯。花期4-7月，果期7-10月。

产江苏南部、安徽、浙江、江西、福建及台湾，生于路边草丛或石缝中。

49. 小茄 图 230

Lysimachia japonica Thunb. Fl. Jap. 83. 1784.

多年生草本。茎匍匐或倾斜，高7-15(-30)厘米，密被灰色柔毛。叶对生，叶柄长2-5(-10)毫米；叶宽卵形或近圆形，长1-2.5厘米，先端锐尖或钝，基部圆或近平截，两面被柔毛，密布半透明腺点。花单生叶腋。花梗长3-8毫米；花萼裂片披针形，长3-4毫米，背面被毛，果时增大，长7-8毫米；花冠黄色，与花萼近等长，深裂，裂片三角状卵形，通常有透明腺点；花丝长2-3毫米，基部合生成浅环，花药卵形，长约1毫米，背着，纵裂。蒴果径3-4毫米，顶部被柔毛；果柄下弯。花期3-4月，果期4-5月。

产江苏南部、安徽、浙江、福建西北部、台湾及海南，生于海拔500-1800米田边或路旁草地。朝鲜半岛、日本及印度尼西亚有分布。

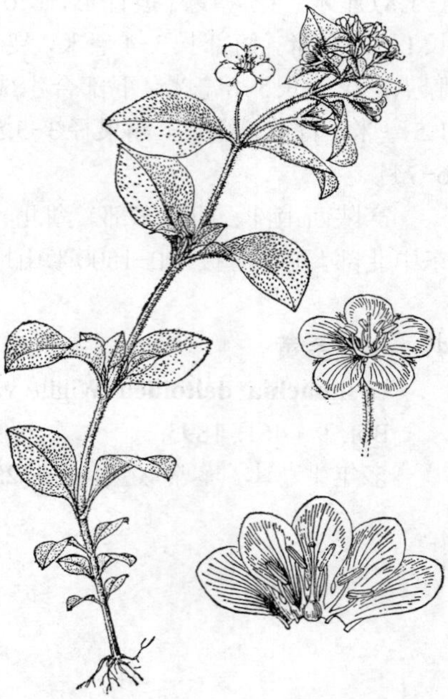

图 229 疏节过路黄 （黄少容绘）

50. 金爪儿 图 218：2-5

Lysimachia grammica Hance in Ann. Sci. Nat. Paris ser. 5, 5: 225. 1866.

多年生草本。茎膝曲直立，高13-35厘米，密被柔毛，有黑色腺条。叶在茎下部对生，在上部互生，叶柄长0.4-1.5厘米；叶卵形或三角状卵形，长1.3-3.5厘米，先端锐尖或稍钝，基部平截，两面均被柔毛，密布长短不等的黑色腺条。花单生茎上部叶腋。花梗纤细，长0.4-1.5厘米，密被疏毛，有黑色腺条；花冠黄色，长6-9毫米，筒部长0.5-1毫米，裂片卵形或棱状卵圆形；花丝长2-3毫米，基部合生成高约0.5毫米的环，花药长圆形，长约2毫米，背着，纵裂。蒴果径约4毫米。花期4-5月，果期5-9月。

产江苏西部、安徽南部、浙江北部、江西东北部、湖北、河南及陕西南部，生于山麓路边或疏林下阴湿地。

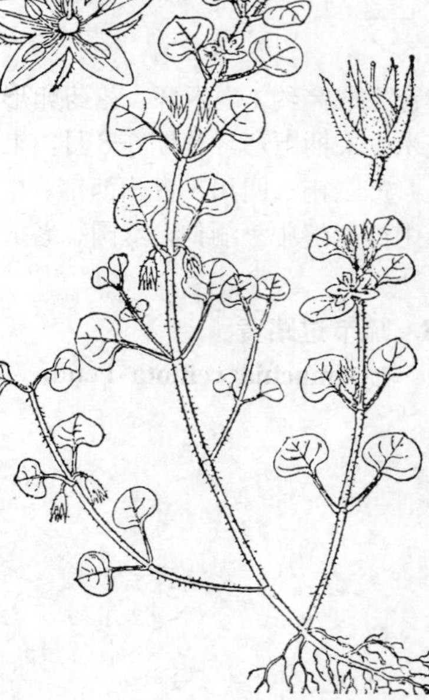

图 230 小茄 （引自《图鉴》）

51. 点腺过路黄 图 231

Lysimachia hemsleyana Maxim. in Hook. Icon. P1. 20: t. 1980.

多年生草本，茎匍匐，鞭状伸长，长达90厘米，密被柔毛。叶对生，叶

柄长0.5-1.8厘米；叶卵形或宽卵形，长1.5-4厘米，先端锐尖，基部近圆或浅心形；上面密被小糙伏毛，下面毛被较疏或近无毛，两面均有暗红色腺点。花单生叶腋。花梗长0.7-1.5厘米；花萼裂片窄披针形，长7-8毫米，背面被疏毛，散生褐色腺点；花冠黄色，长6-8毫米，筒部长约2毫米，裂片椭圆形或椭圆状披针形，散生暗红或褐色腺点；花丝长5-7毫米，下部合生成高约2毫米的筒；花药长圆形，长约1.5毫米，背着，纵裂。蒴果径3.5-4毫米；果柄长达2.5厘米。花期4-6月，果期5-7月。

产江苏南部、安徽南部、浙江、福建西北部、江西北部、河南、湖北、湖南、四川东部及南部、陕西东南部，生于海拔400-1600米山谷林缘、溪旁或路边草丛中。

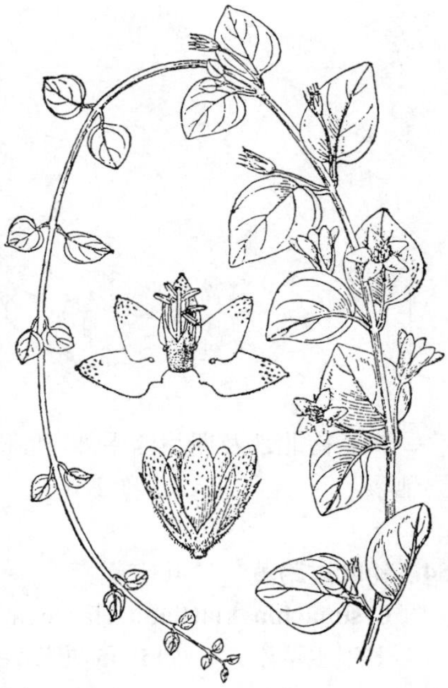

图 231 点腺过路黄 （引自《图鉴》）

52. 过路黄 图 232

Lysimachia chrisfinae Hance in Journ. Bot. London 11: 167. 1873.

多年生草本。茎匍匐，长20-60厘米，无毛、被疏毛至密被铁锈色柔毛。叶对生，叶柄短于叶或与叶近等长；叶卵圆形、近圆形或肾圆形，长(1.5)2-6(-8)厘米，先端锐尖或钝圆，基部平截或浅心形，有多数透明腺条，干后腺条黑色，两面无毛或被糙伏毛。花单生叶腋。花梗长1-5厘米，无毛或被柔毛；花萼裂片披针形、椭圆状披针形、线形或近匙形，长(4)5-7(-10)毫米，无毛，或背面被柔毛并具缘毛；花冠黄色，长0.7-1.5厘米，筒部长2-4毫米，裂片窄卵形或近披针形，质稍厚，具黑色长腺条；花丝长6-8毫米，下半部合生成筒，花药卵圆形，长1-1.5毫米，背着，纵裂。蒴果径4-5毫米，有黑色腺条。

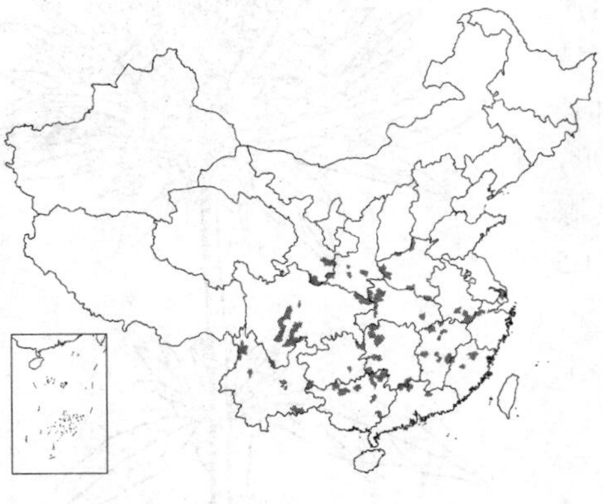

产江苏南部、安徽南部、浙江、福建、江西、河南、湖北、湖南、广东、广西、贵州、云南、四川、陕西南部及甘肃东南部，生于海拔500-2300米沟边、路旁阴湿地或山坡林下。全草治胆囊炎、胆结石、尿路结石、黄疸性肝炎，外敷治烫火伤及化脓炎症。

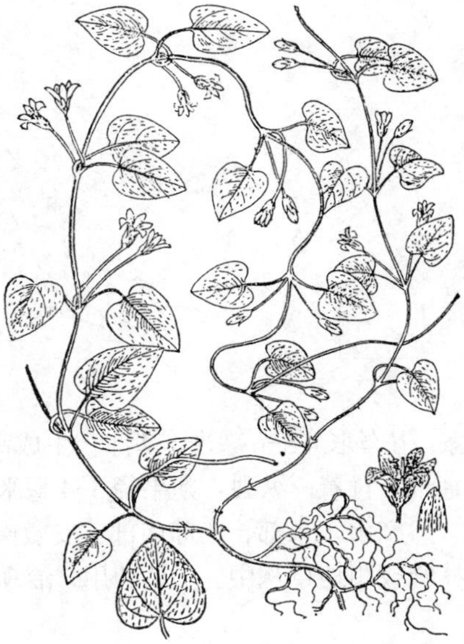

图 232 过路黄 （引自《图鉴》）

53. 锈毛过路黄 图 233

Lysimachia drymarifolia Franch. in Journ. de Bot. 9: 462. 1895.

多年生草本。茎下部匍匐，上部及分枝略上升，长7-35厘米，密被铁锈色柔毛。叶对生，叶柄长为叶片1/2-2/3；叶宽卵形、近圆形或肾圆形，长1-2.5厘米，先端钝或圆，基部圆或浅心形，两面均被糙伏毛，密布黑色短腺条。花单生叶腋。花梗长1-4

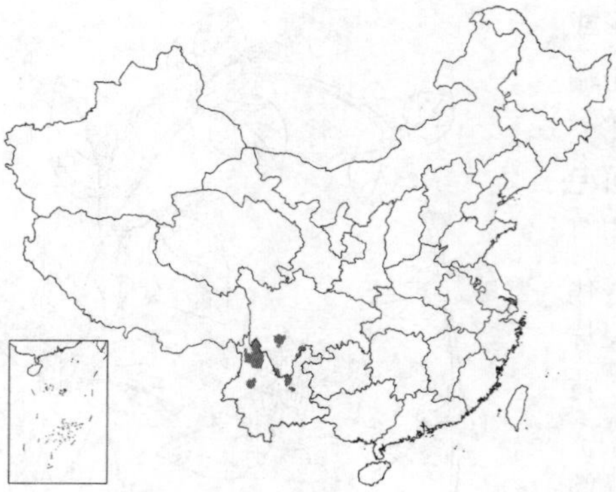

厘米，被锈色柔毛或近无毛；花萼裂片长圆状披针形，长5-6毫米，背面被疏毛；花冠黄色，较薄，长1-1.2厘米，筒部长1.5-2毫米，裂片卵状长圆形，散生黑色短腺条；花丝长3.5-5毫米，下部合生成高1.5-2毫米的筒，花药卵形，长约1毫米。花期5-6月。

产云南北部及四川西南部，生于海拔1400-3500米溪边或山谷林下阴湿地。

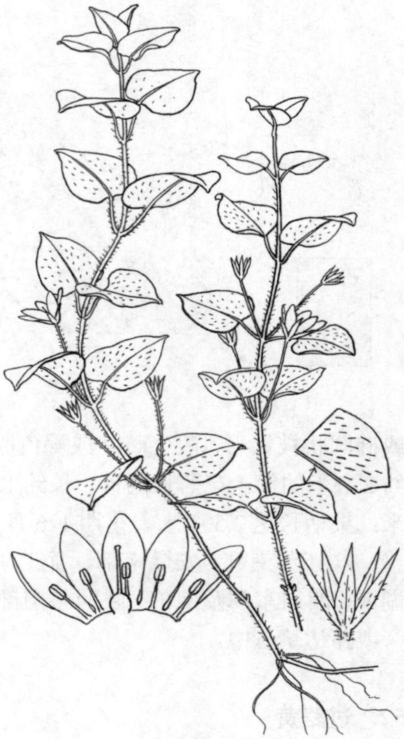

图 233 锈毛过路黄 （邓盈丰绘）

54. 轮叶过路黄 轮叶排草 图 234

Lysimachia kiattiana Hance in Journ. Bot. London l6: 236. 1878.

多年生草本。茎高15-45厘米，密被铁锈色柔毛。叶6至多枚在茎端密聚成轮生状，在茎下部各节3-4枚轮生或对生，稀互生，无柄或近无柄；叶披针形，长2-5.5(-11)厘米，基部楔形，两面均被柔毛。花集生茎端成伞形花序。花梗长0.7-1.2厘米，被稀疏柔毛；花萼裂片披针形，长0.9-1厘米，背面被疏柔毛；花冠黄色，长1.1-1.2厘米，筒部长2.5-3毫米，裂片窄椭圆形，先端钝，有棕色或黑色腺条；花丝长4.5-6毫米，基部合生成高2.5-3毫米的筒，花药卵形，长约1.5毫米，背着，纵裂。蒴果径3-4毫米。花期5-7月，果期8月。

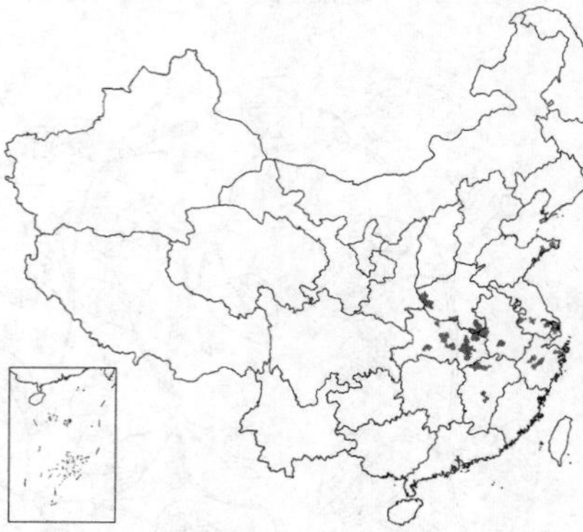

产山东东部、江苏南部。安徽南部、浙江、江西、湖北及河南，生于林缘或阴地草丛中。全草药用，治高血压。

55. 落地梅 重楼排草 图 235

Lysimachia paridiformis Franch. in Bull. Soc. Linn. Paris 1: 433. 1884.

多年生草本。茎无毛，高10-45厘米。叶4-6轮生茎端，近无柄；叶倒卵形或椭圆形，长5-17厘米，先端渐尖，基部楔形，无毛，两面散生黑色腺条。花集生茎端成伞形花序。花梗长0.5-1.5厘米；花萼裂片披针形，长0.8-1.2厘米，无毛或具疏缘毛；花冠黄色，长1.2-1.4厘米，筒部长约3毫米，裂片窄长圆形；花丝长5-7毫米，下部合生成高约2毫米的筒，花药椭圆形，长约1.5毫米，背着，纵裂。蒴果径3.5-4毫米。花期5-6月，果期7-9月。

产四川东部及东南部、贵州、湖北西南部、湖南、广西东北部及西部，

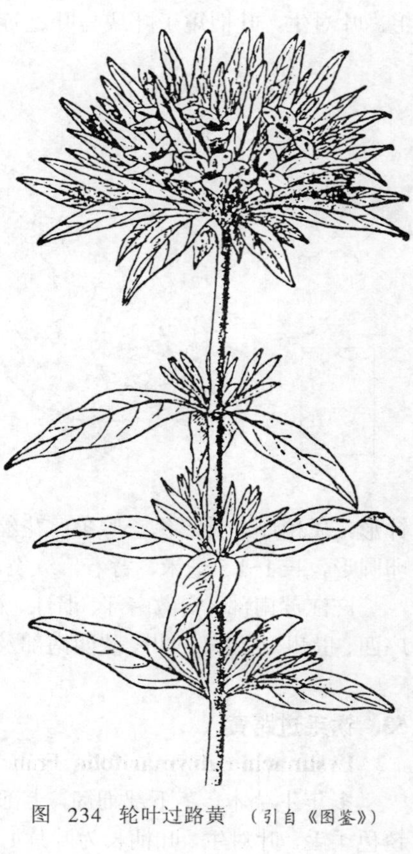

图 234 轮叶过路黄 （引自《图鉴》）

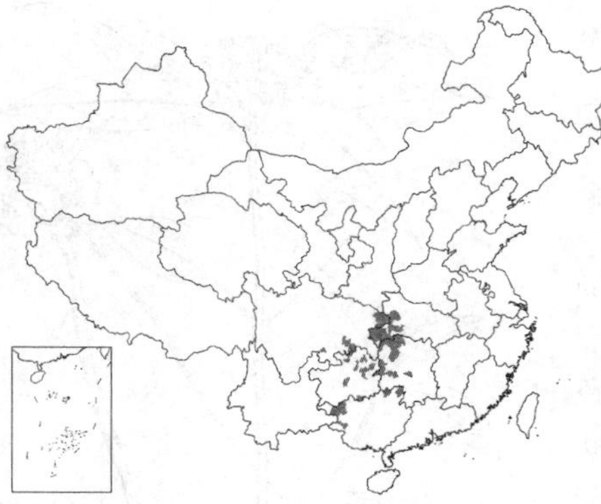

生于海拔500-1400米山谷林下湿润地。

［附］**狭叶落地梅 Lysimachia paridiformis** var. **stenophylla** Franch. in Bull. Soc. Linn. Paris 1: 433. 1884. 本变种与模式变种的主要区别：叶6-18轮生茎端，叶披针形或线状披针形，宽1.2-5厘米；花冠长1.3-1.7厘米，常有黑色腺条。产云南、四川、贵州、湖南、广西及广东，生于林下或阴湿沟边。

图 235 落地梅 （邓晶发绘）

56. 显苞过路黄 图 236

Lysimachia rubiginosa Hemsl. in Journ. Linn. Soc. Bot. 26: 56. 1889.

多年生草本。茎直立或基部倾卧，多少被铁锈色柔毛，高30-60(-100)厘米。叶对生，叶柄长0.8-2厘米；卵形或卵状披针形，长4-9.5厘米，先端锐尖或短渐尖，基部近圆或宽楔形，两面疏被糙伏毛，密布黑或棕褐色腺条。花3-5朵，单生于枝端密集的苞腋，稀生于茎端；苞片叶状，卵形或近圆形，长0.8-1.2厘米，花梗长1-2毫米；花萼裂片窄披针形，长8-9毫米，无毛或被疏毛，有黑色腺条；花冠黄色，长1.3-1.5厘米，筒部长3-4毫米，裂片窄长圆形，有黑色腺条；花丝长6-8毫米，下部合生成高约3毫米的筒，花药长圆形，长约1.5毫米，背着，纵裂。蒴果径约3毫米。花期5月，果期7-8月。

产云南、四川、贵州、广西、湖南西北部及西南部、湖北西部及西南部、江西东部及浙江南部，生于海拔1000-4500米山谷溪边或林下阴湿地。

图 236 显苞过路黄 （引自《图鉴》）

57. 广西过路黄 图 237

Lysimachia alfredii Hance in Journ. Bot. Londen l5: 356. 1877.

多年生草本。茎高10-30(-45)厘米，被褐色柔毛。叶对生，茎端的2对密聚成轮生状，叶柄长1-2.5厘米，密被柔毛；叶卵形或披针形，长3.5-11厘米，两面被糙伏毛，密布黑色腺条和腺点。总状花序顶生，缩短成头状；苞片宽椭圆形或宽倒卵形，长0.6-2.5厘米，密被糙伏毛。花梗长2-3毫米；花萼裂片窄披针形，长6-8毫米，背面被毛，有黑色腺条；花冠黄色，长1-1.5厘米，筒部长3-5毫米，裂片披针形，密布黑色腺条；花丝长

5.5–8.5毫米，下部合生成高2.5–3.5毫米的筒，花药长圆形，长约1.5毫米。蒴果径4–5毫米。花期4–5月，果期6–8月。

产福建、江西、湖南、广东、广西及贵州东南部，生于海拔220–900米山谷溪边或林下湿地。全草药用，治黄疸肝炎、尿道结石、尿道感染。

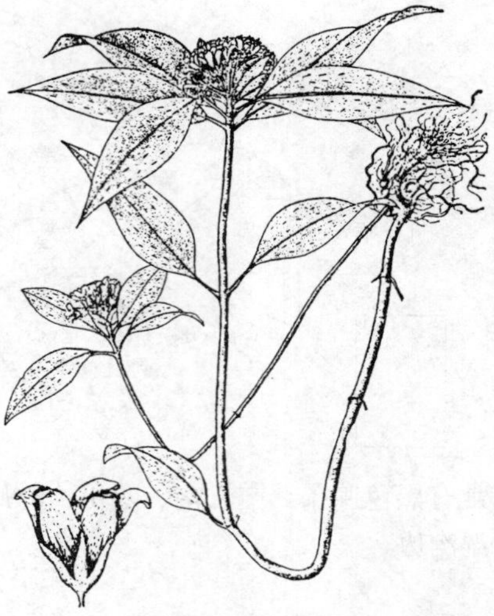

图 237 广西过路黄 （引自《图鉴》）

58. 大叶过路黄 大叶排草 图 238

Lysimachia fordiana Oliv. In Hook. Icon. Pl. 20: t. 1983. 1891.

多年生草本，全株无毛。茎直立，肥厚多汁，高30–50厘米，散布黑色腺点。叶对生，茎端的2对间距短，距短，常近轮生状；叶椭圆形或菱状卵圆形，长6–18厘米，宽3–10(–12.5)厘米，先端锐尖或短渐尖，基部宽楔形，两面密布黑色腺点。总状花序顶生，缩短成头状花序状；苞片卵状披针形或披针形，长1–1.5厘米，密布黑色腺点。花梗长1–6毫米；花萼裂片长圆状披针形，长0.6–1.2厘米，密布黑色腺点；花冠黄色，长1.2–1.9厘米，筒部长4–5毫米，裂片长圆形或长圆状披针形，有黑色腺点；花丝长6–7毫米，下部合生成长约3毫米的筒，花药卵形，长约1毫米，背着，纵裂。蒴果径3–4毫米，常有黑色腺点。花期5月，果期7月。

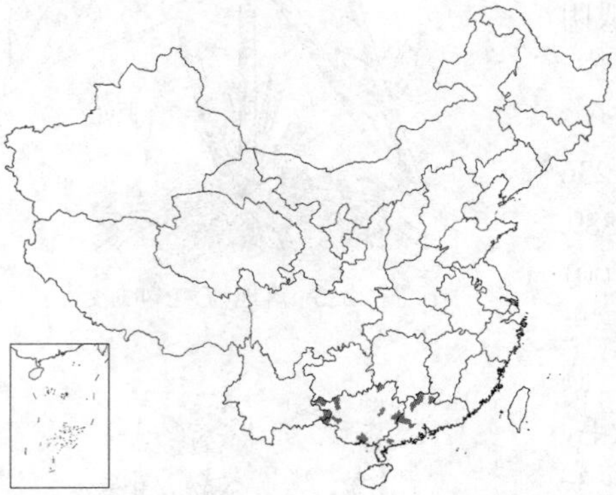

产云南东南部、广西及广东，生于海拔约800米密林中或溪边湿地。

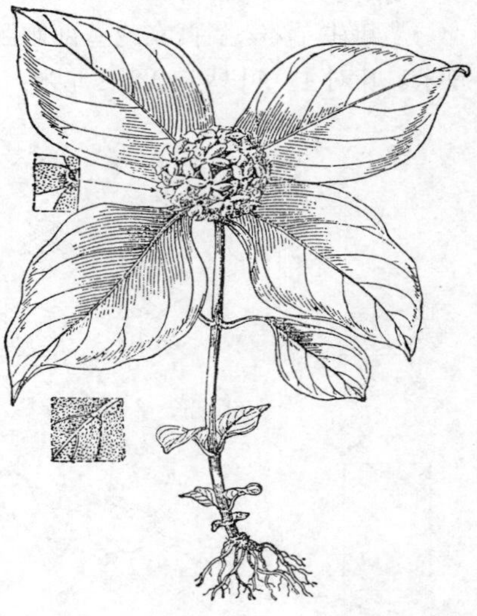

图 238 大叶过路黄 （引自《图鉴》）

59. 南平过路黄 图 239

Lysimachia nanpingensis Chen et C. M. Hu in Acta Phytotax. Sin. 17: 37. 1979.

多年生草本。茎直立或基部倾卧生根，高5–18厘米，密被褐色柔毛。叶互生，叶柄长0.3–1.2厘米，被柔毛；叶椭圆形或卵状椭圆形，长3.5–5.5厘米，先端锐尖，基部近圆或宽楔形，干后深褐色，上面幼时被小糙伏毛，渐无毛，下面密被小糙伏毛。花2–6朵生于茎顶；无苞片。花梗长4–9毫米，密被褐色柔毛；花萼裂片披针形，长6–7.5毫米，背面密被柔毛；花冠黄色，长1.2–1.4厘米，筒部长约3毫米，裂片长圆形，先端钝或微凹，散布带红色粗腺点；花丝长6–8毫米，基部合

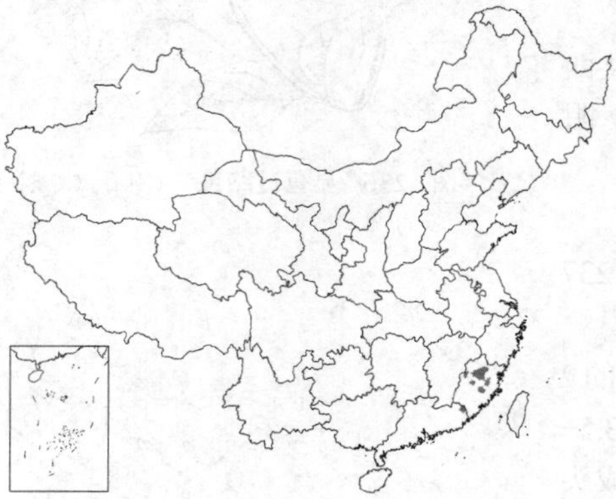

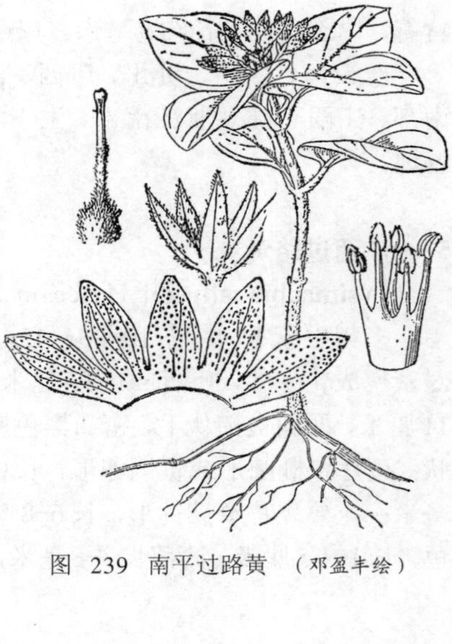

图 239 南平过路黄 （邓盈丰绘）

生成高约3毫米的筒，花药卵圆形，长约1.5毫米，背着，纵裂。蒴果径约4毫米；果柄下弯。花期4-5月。

产福建及广东东部，生于海拔约700米山地林下。

60. 聚花过路黄 临时救　　　　图 240 彩片 39

Lysimachia congestiflora Hemsl. in Journ. Linn. Soc. Bot. 26: 50. 1889.

多年生草本。茎下部匍匐，上部及分枝上升，长6-50厘米，密被卷曲柔毛。叶对生，茎端的2对密聚，叶柄长约为叶片1/3-1/2；叶卵形、宽卵形或近圆形，长(0，7)1.4-3(-4.5)厘米，先端锐尖或钝，基部近圆或平截，两面多少被糙伏毛，近边缘常有暗红或深褐色腺点。总状花序生茎端和枝端，缩短成头状，具2-4花。花梗长0.5-2毫米；花萼裂片披针形，长5-8.5毫米，背面被疏毛；花冠黄色，内面基部紫红色，长0.9-1.1厘米，筒部长2-3毫米，裂片卵状椭圆形或长圆形，先端散生红或深褐色腺点；花丝长5-7毫米，下部合生成高约2.5毫米的筒，花药长圆形，长约1.5毫米，背着，纵裂。蒴果径3-4毫米。

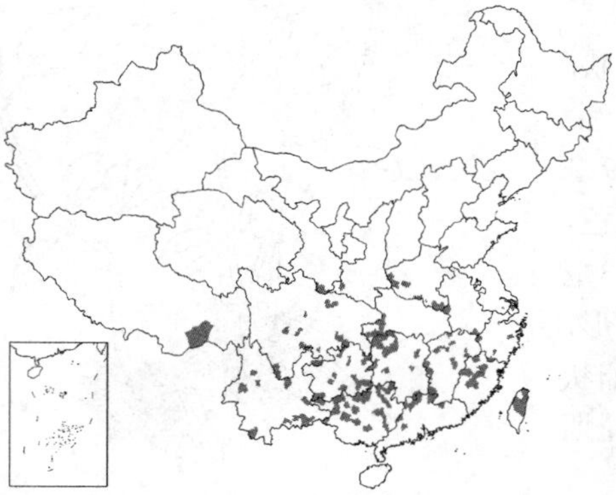

图 240 聚花过路黄 （引自《图鉴》）

产江苏南部、安徽西部及南部、浙江、福建、台湾、江西、河南、湖北、湖南、广东、广西、贵州、云南、四川、甘肃南部及陕西南部，生于沟边、田塍、山坡、林缘或草地等湿润地。不丹、锡金、泰国、缅甸及越南有分布。药用，清热解毒。

61. 巴东过路黄　　　　图 241

Lysimachia patungensis Hand.-Mazz. in Notes Roy. Bot. Gard. Edinb. 16: 97. 1928.

多年生草本。茎匍匐，长10-40厘米，密被铁锈色柔毛。叶对生，茎端的2对密聚近轮生状，叶柄长约为叶片1/2或与叶片等长；叶宽卵形或近圆形，长1.3-3.8厘米，先端钝圆或圆，基部平截，稀楔形，两面密布糙伏毛，近边缘有半透明腺条。花2-4朵集生于茎端和枝端；无苞片。花梗长0.6-2.5厘米，密被铁锈色柔毛；花萼裂片披针形，长6-7毫米，密被柔毛；花冠黄色，内面基部橙红色，长1.2-1.4厘米，筒部长2-3毫米，裂片长圆形，有少数透明粗腺条；花丝长6-9毫米，下部合生成2-3毫米的筒，花药卵状长圆形，长约1.5毫米，背着，纵裂。蒴果径4-5毫米。花期5-6月，果期7-8月。

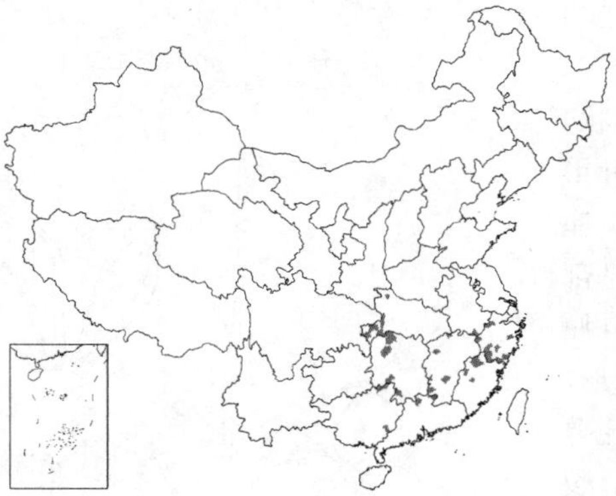

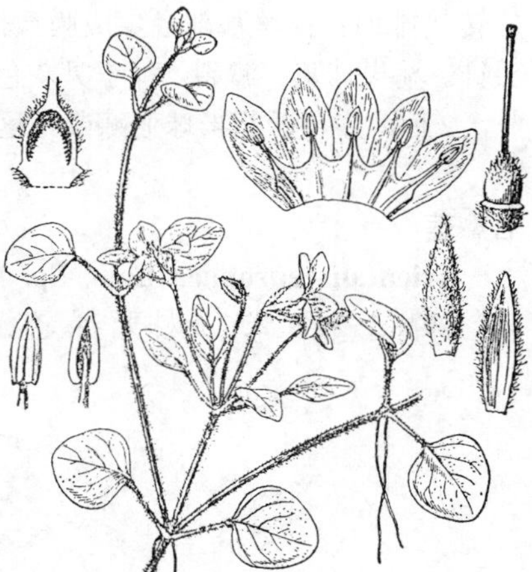

图 241 巴东过路黄 （引自《图鉴》）

产安徽南部、浙江、福建、江西、湖北、湖南、广东及广西，生于海拔500-1000米林下或溪边。日本有分布。

62. 叶头过路黄 图 242 彩片 40

Lysimachia phyllocephala Hand-Mazz. in Notes Roy. Bot. Gard. Edinb. 16: 83. 1982.

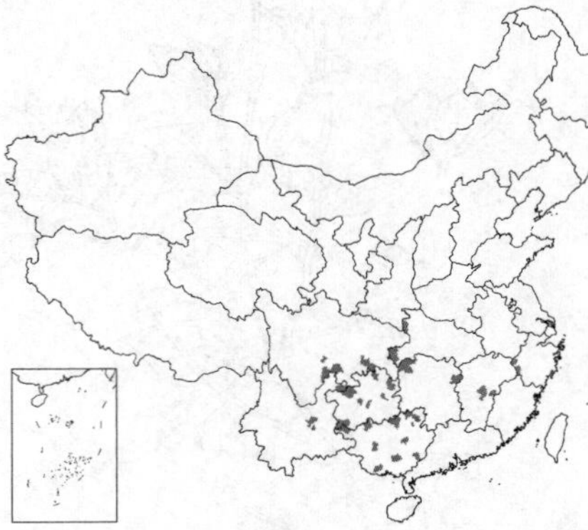

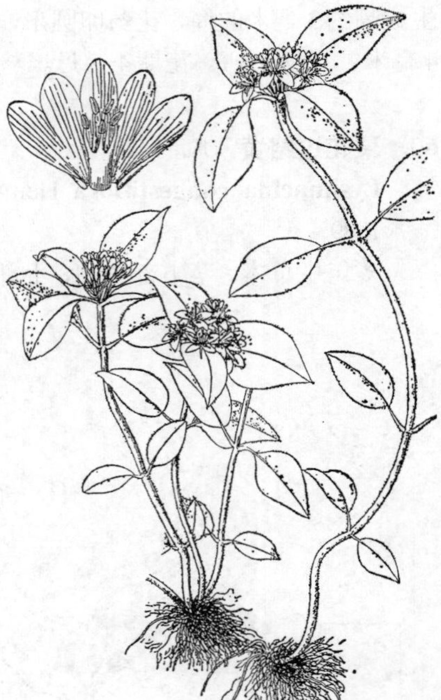

图 242 叶头过路黄 （邓晶发绘）

多年生草本。茎膝曲直立，高10-30厘米，密被柔毛。叶对生，茎端的2对密聚成轮生状，叶柄长0.4-1(-1.5)厘米；叶卵形或卵状披针形，长1.5-8厘米，先端锐尖，基部宽楔形，两面均被长达1毫米的具节糙伏毛。花序顶生，近头状。花梗长1-7毫米，密被柔毛；花萼裂片披针形，长6-9毫米，背面被柔毛；花冠黄色，长1-1.3厘米，筒部长约3毫米，裂片倒卵形或长圆形，有透明腺点；花丝长5.5-9毫米，下部合生成高3-4毫米的筒，花药卵状披针形，长约2毫米，背着，纵裂。蒴果径3-4毫米；果柄不下弯。花期5-6月，果期8-9月。

产浙江西南部、江西、湖北、湖南、广西、贵州、云南及四川，生于海拔600-2600米林缘或溪边。

2. 七瓣莲属 Trientalis Linn.

多年生草本，具横走根状茎。茎直立。叶聚生茎端呈轮生状；茎下部叶极稀疏，互生，比茎端叶小或呈鳞片状。花单生茎端叶腋。具花梗；常(5)7(-9)基数；花萼深裂近基部，宿存；花冠辐状白色，筒部极短，裂片在花蕾中旋转状排列；花丝基部合生成膜质浅环，贴生花冠裂片基部，花药基着，线形，顶端钝；子房球形，花柱丝状，柱头钝。蒴果球形，瓣裂。种子具灰色疏松网状表皮层。

2种，分布于北半球亚寒带地区。我国1种。

七瓣莲 图 243

Trientalis europaea Linn. Sp. P1. 344. 1753.

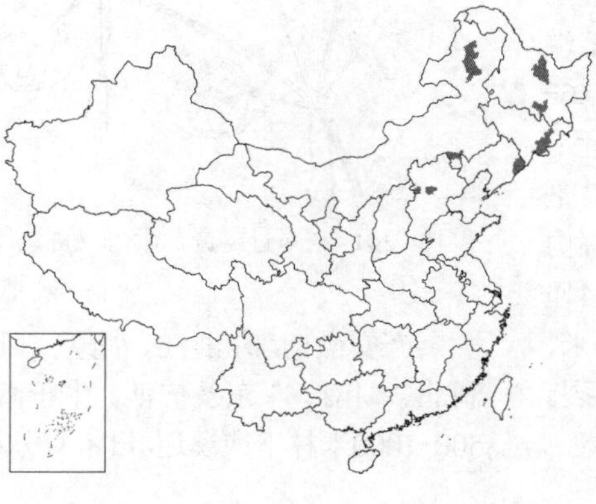

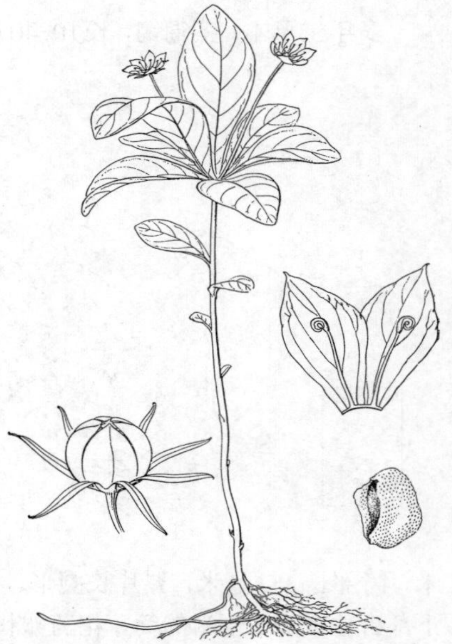

图 243 七瓣莲 （张桂芝绘）

株高5-25厘米，全株无毛。茎通常直立。叶5-10聚生茎端成轮生状，具短柄或近无柄；叶披针形或倒卵状椭圆形，长2-7厘米，先端锐尖或稍钝，基部楔形。花梗丝状，长2-4厘米；花萼裂片线状披针形，长4-7毫米；花冠长于花萼约1倍，径1.1-1.9厘米，裂片椭圆形或椭圆状披针形；雄蕊稍短于花冠，长4-5毫米；子房卵球形，花柱与雄蕊近等长。蒴果径2.5-3毫米。花期5-6月，果期7月。

产黑龙江、吉林西南部、辽宁东部、内蒙古东部及河北北部，生于针叶林或混交林下。广布欧亚大陆和北美洲亚寒带地区。

3. 海乳草属 **Glaux** Linn.

多年生草本，全株无毛，稍肉质。茎高达25厘米，直立或下部匍匐。叶对生或互生，近无柄；叶肉质，线形、线状长圆形或近匙形，长0.4-1.5厘米，先端钝或稍尖，基部楔形，全缘。花单生叶腋，具短梗；无花冠；花萼白或粉红色，花冠状，长约4毫米，通常分裂达中部，裂片5，倒卵状长圆形，在花蕾中覆瓦状排列；雄蕊5，着生花萼基部，与萼片互生；花丝钻形或丝状，花药背着，卵心形，顶端钝；子房卵球形，花柱丝状，柱头呈小头状。蒴果卵状球形，长2.5-3毫米，顶端稍尖，略呈喙状，下半部为萼筒所包，上部5裂。种子少数，椭圆形，背面扁平，腹面隆起，褐色。

单种属。

海乳草 图 244

Glaux maritima Linn. Sp. P1. 207. 1753.

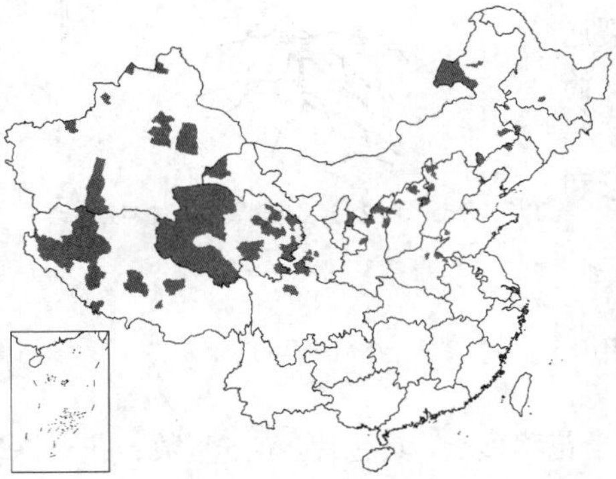

形态特征同属。花期6月，果期7-8月。

产黑龙江南部、吉林、辽宁、内蒙古、河北、山东、河南、山西北部、陕西北部、宁夏、甘肃、新疆、青海、四川西部及西藏，生于海边、内陆河漫滩、盐碱地或沼泽草甸。日本、俄罗斯、欧洲及北美有分布。

图 244 海乳草 （张桂芝绘）

4. 琉璃繁缕属 **Anagallis** Linn.

一年生或多年生草本。茎直立或匍匐。叶对生或互生，稀轮生，具短柄或无柄，全缘。花单生叶腋，5基数。花萼分裂近基部，裂片开展；花冠红、青蓝或白色，筒部极短，裂片在花蕾中旋转状排列；雄蕊贴生花冠基部，花丝常被毛，花药椭圆形，背着，顶端钝；子房卵球形，花柱丝状，柱头钝。蒴果球形，盖裂，成熟时自中部分裂为上下两半。

约28种，分布于非洲、亚洲、欧洲和拉丁美洲温带地区。我国1种。

琉璃繁缕 图 245

Anagallis arvensis Linn. Sp. Pl. 148. 1753.

一年生或二年生草本。茎四棱形，高10-30厘米。叶对生，有时3枚轮生，无柄；叶圆卵形或窄卵形，长0.7-1.8（2.5）厘米，先端钝或稍锐尖，基部近圆。花单生叶腋。花梗纤细，长2-3厘米；花萼裂片披针形，长3.5-6毫米；花冠辐状，长4-6毫米，淡红或浅蓝色，深裂近基部，裂片倒卵形，有腺状小缘毛；雄蕊长约为花冠1/2，花丝被柔毛，基部连成浅环。蒴果径约3.5毫米。花期3-4月。

产浙江、福建、香港及台湾，生于田野或荒地。广布于全世界温带和热带地区。

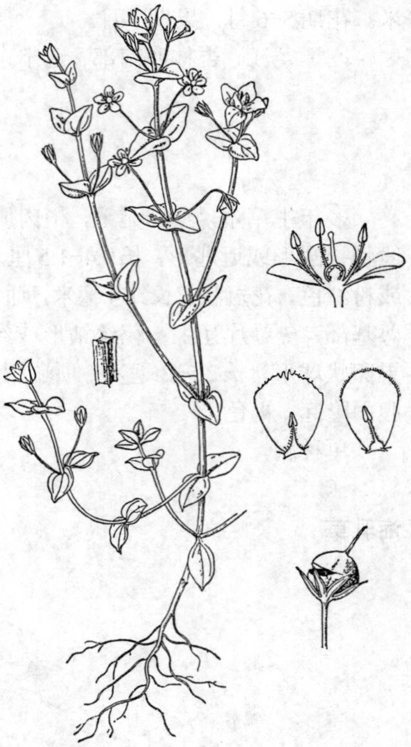

图 245 琉璃繁缕 （邓盈丰绘）

5. 仙客来属 Cyclamen Linn.

多年生草本；具扁球形块茎。叶自块茎顶端丛生，具长柄；叶卵状心形或肾形，全缘或有深波状齿。花葶1至多数；花5基数，单生花葶顶端，下垂。花萼深裂，宿存；花冠紫、红或白色，筒部短，近球形，喉部增厚，裂片比筒部长3-5倍，在花蕾中旋转状排列，开花后反卷；雄蕊着生花冠筒基部，花丝极短，花药箭形，渐尖；子房卵圆形，花柱丝状，稍伸出花冠筒。蒴果球形或卵圆形，5瓣裂达基部；果柄常螺旋状卷曲。

约20种，主产地中海区域。我国引入栽培1种。

仙客来

Cyclamen persicum Mill. Gard. Dict. ed. 1, 3. 1768.

全株无毛。块茎扁球形，径4-5厘米，棕褐色。叶柄长5-18厘米；叶心状卵圆形，宽3-14厘米，有细圆齿。花葶高15-20厘米；花萼常分裂达基部，裂片三角形或长圆状三角形；花冠白或玫瑰红色，喉部深紫色，筒部半球形，裂片长圆状披针形，比筒部长3.5-5倍，反卷。

原产希腊、叙利亚、黎巴嫩等地，现已广为栽培。花有白、红、紫和重瓣等品种。我国各地多温室栽培。

6. 假报春属 Cortusa Linn.

多年生草本。叶基生，具长柄，心状圆形，掌状分裂。伞形花序生于花葶顶端，具苞片。花5基数；花萼深裂，裂片披针形，宿存；花冠红或黄色，筒部短，冠檐漏斗状，分裂达中部以下；雄蕊内藏，贴生花冠基部，花丝极短，基部联合成膜质浅环，花药顶端具小尖头；子房卵球形；花柱丝状，柱头头状。蒴果顶端5瓣裂。

约10种，分布于欧洲中部至亚洲北部。我国1种及1亚种。

假报春

图 246

Cortusa mattioli Linn. Sp. Pl. 1: 144. 1753.

株高20-25(-40)厘米。叶丛生，近圆形，长3.5-8厘米，基部深心形，掌状浅裂，裂深不及叶片1/4，裂片三角状半圆形，有不整齐牙齿；叶柄长于叶片1-2倍，被柔毛。花序直立，通常高出叶丛1倍，花5-8（-10）成顶生伞形花序；苞片窄楔形。花梗纤细，不等长；花萼长4.5-5毫米，分裂略过中部，裂片披针形；花冠漏斗状钟形，紫红色，长0.8-1厘米，分裂略过中部，裂片长圆形。蒴果圆筒形，长于宿存花萼。花期5-7月，果期7-8月。

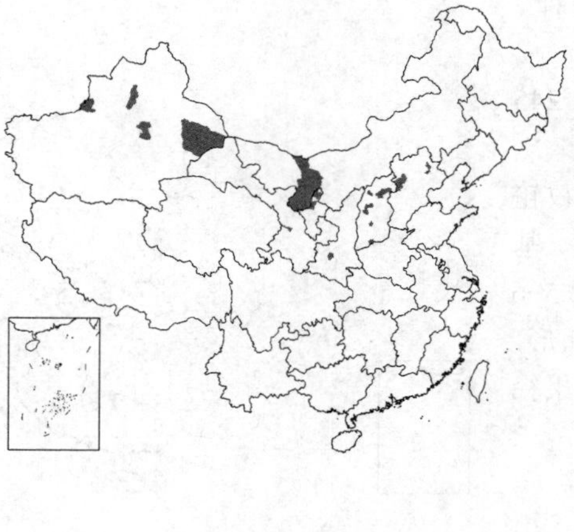

产内蒙古西部、河北、山西、陕西、宁夏、甘肃及新疆，生于云杉、落叶松林林下。欧洲至西伯利亚有分布。

［附］ **河北假报春** 彩片 41 **Cortusa mattioli** subsp. **pekinensis** (Al. Richt.) Kitagawa, Lineam. Fl. Mansh. 351. 1939. —— *Cortusa mattioli* f. *pekinensis* Al. Richt. In

Tern. Fuz. 17: 190. 1894. 本亚种与模式亚种的区别：叶肾状圆形或近圆形，掌状7-11裂，裂片深达叶片1/3-1/2，裂片通常长圆形，有不整齐粗牙齿，顶端3齿较深，常呈3浅裂状。产陕西、山西及河北，生于溪边、林缘和灌丛中。俄罗斯远东地区和朝鲜北部有分布。

图 246 假报春 （张桂芝绘）

7. 假婆婆纳属 Stimpsonia Wright ex A. Gray

一年生草本，高达18厘米，全株被腺毛。茎纤细，直立或上升。基生叶椭圆形或宽卵形，长0.8-2.5厘米，基部圆或微心形，有不整齐钝齿；叶柄与叶片等长或较短。茎生叶卵形或近圆形，下部叶长达1.5厘米，向上成苞片状，叶缘锯齿尖锐较深；具短柄或无柄。花多数，单生于茎上部苞片状叶腋，成总状花序状。花梗长2-8毫米；花萼5深裂近基部，线状长圆形，长约2毫米；花冠白色，高脚碟状，筒部长约2.5毫米，喉部不缢缩，有柔毛，裂片楔状倒卵形，先端微凹，在花蕾中覆瓦状排列；雄蕊着生花冠筒中部，花丝与花药近等长，花药近圆形；子房球形，花柱棒状，长约0.6毫米。蒴果球形，径约2.5毫米，5瓣裂达基部，比宿存花萼短。

单种属。

假婆婆纳 图 247

Stimpsonia chamaedryoides Wright ex A. Gray in Mém. Acad. Sci. St. Pétesb. new ser. 6: 401. 1857-58.

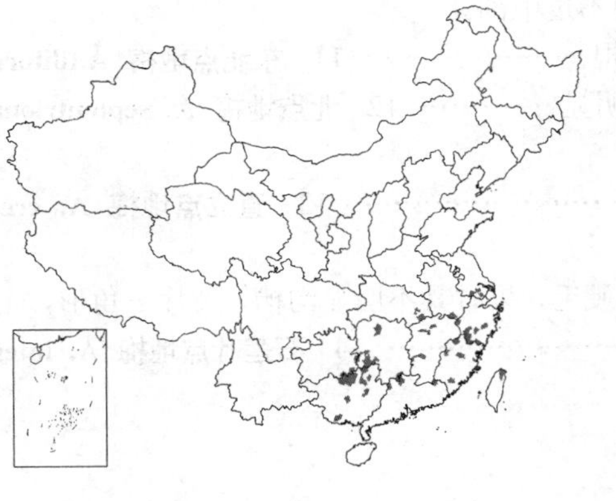

形态特征同属。花期4-5月，果期6-7月。

产江苏南部、安徽南部、浙江、福建、台湾、江西、湖北东南部、湖南、广东北部、广西及贵州东南部，生于海拔100-1000米丘陵低山草坡或林缘。日本有分布。

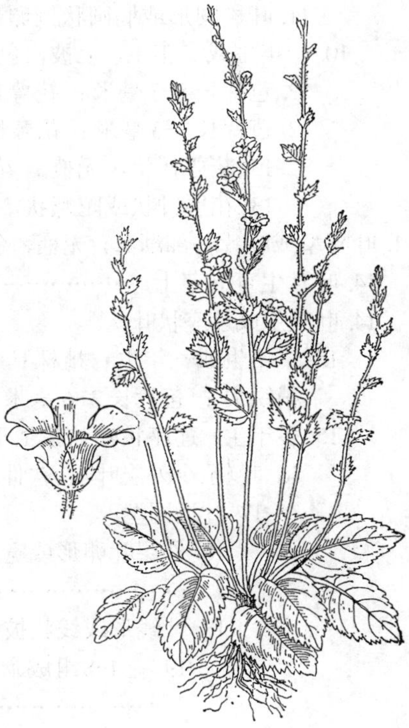

图 247 假婆婆纳 （邓盈丰绘）

8. 点地梅属 Androsace Linn.

多年生或一、二年生小草本。叶同型或异型，基生或簇生于根状茎或根出条端，形成莲座状叶丛，稀互生于直立的茎上；叶丛单生、数枚簇生或多数紧密排列，形成半球形垫状植株。花5基数；伞形花序生于花葶顶端，稀花单生而无花葶。花萼钟状或杯状，浅裂至深裂；花冠白、粉红，稀黄色，筒部常坛状，短于花萼或近等长，喉部常缢缩成环状突起，裂片全缘或先端微凹；雄蕊贴生花冠筒，花丝极短，花药卵形，顶端钝；子房卵球形，花柱短，不伸出花冠筒。蒴果球形，5瓣裂，种子少数，稀多数。

约100种，广布于北半球温带。我国73种。

1. 叶同型，具叶柄，具齿或分裂，稀全缘。

2. 叶圆形或肾圆形，基部心形。
3. 叶具圆齿或浅裂。
4. 花 2-3 朵生于茎节 ………………………………………………………………… 1. **腋花点地梅 A. axillaris**
4. 伞形花序生于花葶顶端。
5. 苞片叶状，全缘或顶端具齿 …………………………………………………… 2. **叶苞点地梅 A. rotundifolia**
5. 苞片非叶状；全缘。
6. 花萼分裂几达基部 ……………………………………………………………… 3. **点地梅 A. umbellata**
6. 花萼分裂达中部。
7. 叶基部心形弯缺深达叶片 1/3 ……………………………………………… 4. **莲叶点地梅 A. henryi**
7. 叶基部心形弯缺深不及叶片 1/4 ……………………………………… 4(附). **峨眉点地梅 A. paxiana**
3. 叶深裂达叶片半径1/2。
8. 植株具鞭状纤匍匐茎；花葶和纤匍匐茎被硬毛；匍匐茎非丝状 ………… 5. **掌叶点地梅 A. geraniifolia**
8. 植株无鞭状纤匍匐茎。
9. 花梗短于苞片；伞形花序紧密，具 4-8 花，近头状 ……………………… 6. **裂叶点地梅 A. dissecta**
9. 花梗长于苞片；伞形花序疏散，具 10-25 花，非头状 …………………… 7. **高葶点地梅 A. elatior**
2. 叶椭圆形，稀圆形，基部圆或楔形。
10. 多年生，毛被褐色；叶坚纸质或近革质。
11. 叶圆形或肾圆形，宽 0.5-1.5 厘米 ……………………………………………… 8. **圆叶点地梅 A. graceae**
11. 叶椭圆形或椭圆状倒卵形，宽 2-5 厘米 ……………………………………… 9. **异叶点地梅 A. runcinata**
10. 一年生或二年生，毛被白色；叶草质。
12. 苞片长 5-7 毫米；花萼长 3-4 毫米，果时增大，分裂达中部以下 ………… 10. **大苞点地梅 A. maxima**
12. 苞片长 2-3 毫米；花萼长 2-2.5 毫米，果时不增大，分裂不过中部。
13. 花萼杯状，无棱；花葶无毛；须根多数，无明显主根 ……………… 11. **东北点地梅 A.filiformis**
13. 花萼钟状或陀螺状，具 5 棱；花葶被分叉毛；主根明显 ………… 12. **北点地梅 A. septentrionalis**
1. 叶异型或叶片基部渐窄，无柄，全缘。
14. 叶互生直立茎上 ……………………………………………………………………… 13. **直立点地梅 A. erecta**
14. 叶簇生成莲座状叶丛。
15. 二年生或一年生；植株具单个基生莲座状叶丛；花萼被短硬毛，果时具不明显沟槽，裂片三角形，先端稍锐尖；苞片长 3-6 毫米 ……………………………………………………………… 14. **石莲叶点地梅 A. integra**
15. 多年生；莲座状叶丛簇生于根出条或根出短枝顶端。
16. 叶(至少外层叶)具软骨质边缘和尖端。
17. 叶近同型。
18. 外层叶卵形或宽卵圆形，长2-3.5毫米，先端反折；叶丛有间距 ……………………………………………………………………………………… 15. **鳞叶点地梅 A. squarrosula**
18. 叶线形或线状披针形，长0.5-5 厘米；叶丛无间距。
19. 花4-8组成伞形花序；叶长1-3(-5)厘米；花萼裂片宽披针形或三角状披针形 ……………………………………………………………………………………… 16. **长叶点地梅 A. longifolia**
19. 花单生或2朵生长极短的花葶顶端；叶长5-7(-10)毫米；花萼裂片三角形 ……………………………………………………………………………………… 17. **阿拉善点地梅 A. elaschanica**
17. 叶二型。
20. 外层叶先端软骨质，蜡黄色，具刺状尖头，内层叶无软骨质边缘，被糙伏毛 ……………………………………………………………………………………… 18. **刺叶点地梅 A. spinulifera**
20. 内外层叶均具软骨质边缘，无毛或被柔毛。
21. 苞片叶状，卵形或宽披针形，具软骨质边缘 ………………………… 19. **禾叶点地梅 A. graminifolia**

21. 苞片非叶状，披针形或线形，无软骨质边缘 ………………………………………… 20. **西藏点地梅 A. mariae**
16. 叶无软骨质边缘和尖头。
22. 叶2-3型，内层叶长于外层叶。
23. 叶3型。
24. 莲座状叶丛单生或叠生于老叶丛上，无间距，形成密丛。
25. 花梗长于苞片2倍以上。
26. 内层叶长5-10(-15)厘米；花萼分裂达全长1/3，裂片宽卵状三角形；花冠紫红色 ……………………………………………………………………………………… 21. **糙伏毛点地梅 A. strigillosa**
26. 内层叶长0.6-1.3厘米；花萼分裂达中部，裂片长圆状卵形；花冠深红或粉红色 ……………………………………………………………………………………… 21(附). **硬枝点地梅 A. rigida**
25. 花梗短于苞片 ……………………………………………………………… 22. **江孜点地梅 A. cuttingii**
24. 莲座状叶丛由根出条相连，有间距，形成疏丛。
27. 植株密被长达3毫米的白色绢状毛 ……………………………………… 23. **绢毛点地梅 A. nortonii**
27. 植株被稀疏硬毛或柔毛。
28. 内层叶椭圆形或倒卵状椭圆形，被长柔毛 ……………………………… 24. **康定点地梅 A. limprichtii**
28. 内层叶卵状椭圆形或倒卵圆形，疏被短柔毛 …………………………… 25. **亚东点地梅 A. hookeriana**
23. 叶2型。
29. 叶两面均被白色绢状毛；根出条、花葶被铁锈色毛 ……………………… 26. **匍茎点地梅 A. sarmentosa**
29. 植株被绵毛，粗毛或柔毛。
30. 内层叶上面无毛或近无毛，边缘具长短不等的毛 ………………………… 27. **大花点地梅 A. euryantha**
30. 内层叶两面被毛，边缘具等长缘毛，
31. 内层叶椭圆形或近圆形 …………………………………………………… 28. **秦巴点地梅 A. 1axa**
31. 内层叶匙形或倒披针形。
32. 内层叶密被小刚毛和短柄腺体，边缘具粗缘毛；植株具根出条 ………………………………………………………………………………… 29. **粗毛点地梅 A. wardii**
32. 内层叶被短硬毛并兼有少数长毛；植株无根出条 ………… 30. **狭叶点地梅 A. stenophylla**
22. 内层叶和外层叶(除有时毛被不同外)近等大或同型。
33. 内层叶被白色长柔毛，通常中部以上极密，直伸成画笔状。
34. 莲座状叶丛径2-3毫米，紧密叠生于根出短枝上，成柱状体，植株由多数柱状体排列成半球形的垫状体。
35. 花萼仅裂片边缘被绢毛 …………………………………………………… 31. **垫状点地梅 A. tapete**
35. 花萼外面被柔毛 …………………………………………………………… 31(附). **紫花点地梅 A. selago**
34. 莲座状叶丛径大于3毫米，不形成柱状体。
36. 花梗稍长于苞片。
37. 莲座状叶丛形成疏丛；新根条高出叶丛1-2倍；苞片椭圆形或卵状披针形 ……………………………………………………………………………………… 32. **天山点地梅 A. ovczinnikovii**
37. 莲座状叶丛形成密丛；根出条的节间短于叶丛；苞片宽线形或披针形 ……………………………………………………………………………………… 32(附). **白花点地梅 A. incana**
36. 花梗长于苞片2倍以上。
38. 叶丛紧密叠生于根出短枝上，无间距；叶下面沿中脉和边缘增厚 … 33. **昌都点地梅 A. bisulca**
38. 根出条有明显的节间；莲座状叶丛成球形；叶中脉和边缘不增厚 ……………………………………………………………………………………… 34. **雪球点地梅 A. robusta**
33. 内层叶被粗毛或短硬毛，或上面无毛仅边缘具流苏状睫毛。
39. 莲座状叶丛直径1-2厘米；内层叶长于外层叶 ……………………… 35. **旱生点地梅 A. lehmanniana**

39. 莲座状叶丛直径小于1.3厘米，内层叶与外层叶近等长。
40. 内层叶近倒卵形。
41. 内层叶先端和边缘多少内弯；苞片(1)2枚，长圆状披针形 …………………… 36. **滇西北点地梅 A. delavayi**
41. 内层叶片平展；苞片多枚，线形或线状匙形 …………………… 37. **柔软点地梅 A. mollis**
40. 内层叶舌形或匙状倒披针形，先端无流苏状长睫毛；苞片椭圆形或长圆形。
42. 内层叶干后呈褐色或枣红色。
43. 叶两面无毛或下面沿中脉有稀疏短硬毛 …………………… 38. **雅江点地梅 A. yargongensis**
43. 叶两面被短硬毛 …………………… 38(附). **高原点地梅 A. zambalensis**
42. 内层叶干后呈绿色或灰绿色，先端钝或稍锐尖，两面无毛，边缘具稀疏睫毛 …………………… 39. **玉门点地梅 A. brachystegia**

1. 腋花点地梅　　图 248

Androsace axillaris (Franch.) Franch. in Journ. de Bot. 9: 455. 1895.

Androsace rotundifolia Hardw. var. *axillaris* Franch. in Bull. Soc. Bot. France 32: 10. 1885.

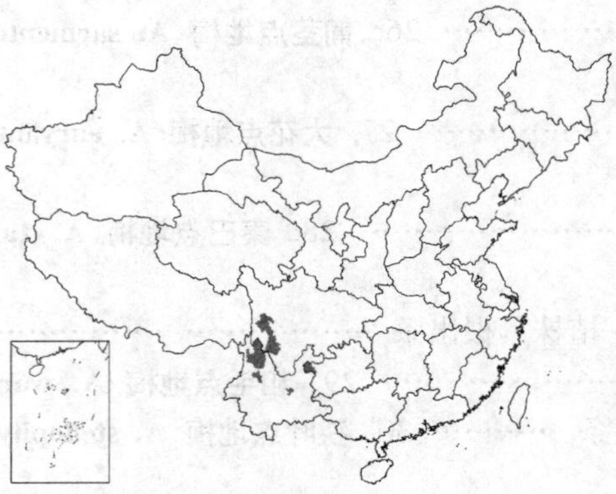

多年生草本。茎初直立，后伸长匍匐，长达30厘米，被开展灰色柔毛。基生叶丛生，叶柄长于叶片1-2倍，被逆向短硬毛；叶圆形或肾圆形，宽1-4厘米，掌状浅裂至中裂，裂片3浅裂或具圆齿，两面均被糙伏毛。茎叶2-3，与苞片轮生于茎节上，较基生叶小。花2-3朵生于茎节；苞片线形、窄椭圆形或倒披针形，长约3毫米，两面密被硬毛。花梗细弱，通常长于同一节上的叶，被短硬毛。花萼钟状，长约3毫米，密被硬毛，分裂近中部，裂片三角形，锐尖；花冠淡粉红或白色，径达8毫米，裂片倒卵状长圆形，先端微凹。花期4-5月，果期6月。

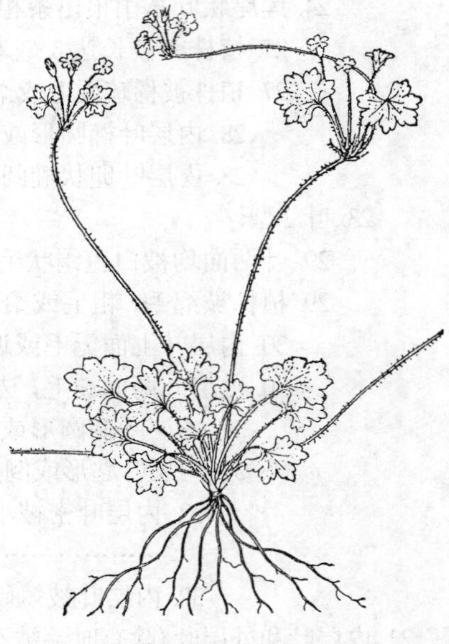

图 248 腋花点地梅 （引自《图鉴》）

产云南西北部及近中部、四川西南部、贵州西部，生于海拔1800-3300米山坡疏林下湿润地。

2. 叶苞点地梅　　图 249

Androsace rotundlfolia Hardw. in Asiat. Res. 6: 350. 1799.

多年生草本，全株被柔毛和腺毛。叶丛生，叶柄长(1.5-)3-10厘米；叶近圆形或肾圆形，长0.4-3厘米，基部心形，具圆齿或圆齿状浅裂，裂片具圆齿或锐尖牙齿。花葶高4-18厘米；伞形花序具4-30花；苞片倒披针形或倒卵状楔形，稀椭圆形，长(0.3-)0.4-1(-1.9)厘米，叶状，全缘或近顶端具齿。花梗长0.4-1.5(-4)厘米；花萼钟状，长4-6毫米，分裂达中部或稍过，裂片卵形或椭圆状卵形，全缘或近先端有齿；花冠白或淡红色，径0.7-1厘米，裂片楔状倒卵形，先端微凹。

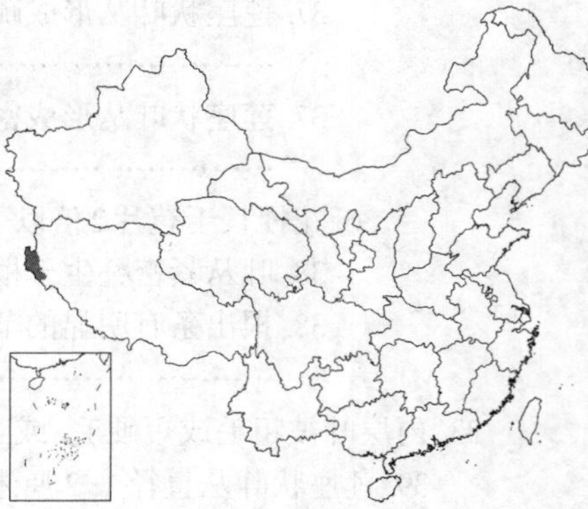

产西藏西部，生于海拔800-4000米冷杉或松林下。印度、尼泊尔、克什尔、巴基斯坦及阿富汗有分布。

3. 点地梅 图 250 彩片 42

Androsace umbellata (Lour.) Merr. in Philipp. Journ. Sci. Bot. 15: 237. 1919.

Drosera umbellata Lour. Fl. Cochinch. 186. 1790.

一年生或二年生草本。叶全基生，叶柄长1-4厘米，被柔毛。叶近圆形或卵形，宽0.5-2厘米，基部浅心或近圆，被贴伏柔毛。花葶高4-15厘米，被柔毛；伞形花序4-15花；苞片卵形或披针形，长3.5-4毫米。花梗长1-3厘米；被柔毛和短柄腺体；花萼长3-4毫米，密被柔毛，分裂近基部，裂片菱状卵形，果时增大至星状展开；花冠白色，径4-6毫米，裂片倒卵状长圆形。蒴果近球形，径2.5-3毫米，果皮白色，近膜质；果柄长达6厘米。花期2-4月，果期5-6月。

产黑龙江西部、吉林西部、辽宁、内蒙古东部、河北、山西、河南、山东东南部、江苏南部、安徽、台湾、广东北部、海南、广西、贵州、云南、四川、甘肃南部及陕西，生于海拔100-1500米林缘、草地或疏林下。朝鲜半岛、日本、菲律宾、越南、缅甸及印度有分布。

4. 莲叶点地梅 图 251

Androsace henryi Oliv. in Hook. Icon. Pl. 20: t. 1973. 1891.

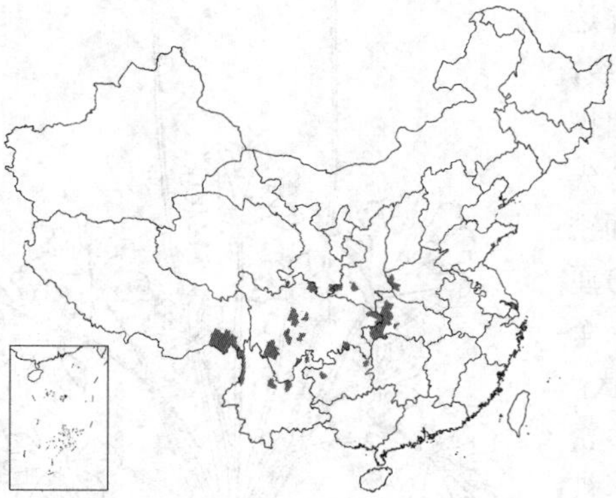

多年生草本。叶全基生，叶柄长6-16厘米，被白色柔毛；叶圆形或肾圆形，宽3-7厘米，基部心形弯缺深达叶片1/3，两面均被糙伏毛。花葶高(7-)15-30厘米；伞形花序12-40花；苞片线形或线状披针形，长3-9毫米。花梗长1-1.8厘米，密被柔毛；花萼漏斗状，长3-4毫米，被伏毛，分裂达中部，裂片三角形；花冠白色，稀淡红色，径5-8毫米，裂片楔状长圆形或倒心形，先端凹缺。蒴果近陀螺形，顶端近平截。花期4-5月，果期5-6月。

产河南西部、湖北西部、陕西南部、甘肃南部、四川、贵州、云南北部及西藏东南部，生于海拔1500-3200米山坡林缘、沟谷水边或石缝中。缅甸北部有分布。

图 249 叶苞点地梅 (余汉平绘)

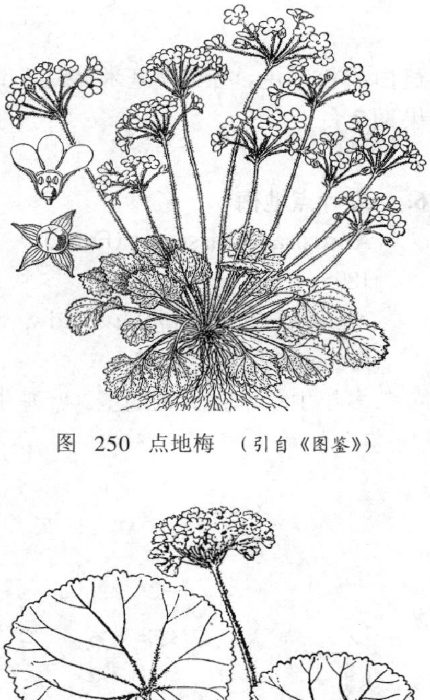

图 250 点地梅 (引自《图鉴》)

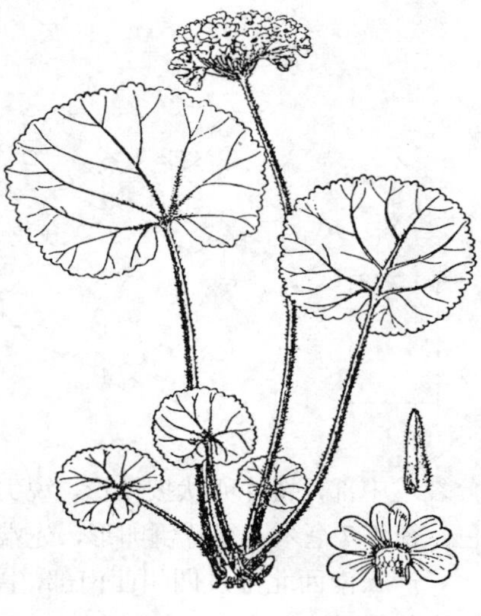

图 251 莲叶点地梅 (引自《图鉴》)

［附］**峨眉点地梅 Androsace paxiana** R. Kunth in Engl. Pflanzenr. 22（IV-237）: 176. 1905. 本种与莲叶点地梅的区别：叶基部浅心形，弯缺不及叶片1/4。产四川（峨眉山和灌县），生于海拔1000-1400米山坡林缘。

5. 掌叶点地梅 图 252

Androsace geraniifolia Watt in Journ. Linn. Soc. Bot. 20: 16. 1882.

多年生草本；匍匐茎长10-30厘米，被硬毛。叶基生；叶柄长(3-)6-12厘米，被长柔毛；叶近圆形或肾圆形，宽2.5-5厘米，基部深心形，常状5-7裂达中部，裂片倒卵状楔形，先端具3-5齿或浅裂，两面被贴伏硬毛。花葶被硬毛；伞形花序6-14花；苞片披针形或钻形，长2.5-5毫米。花梗长0.5-1厘米，被糙伏毛；花萼杯状，长3-4毫米，分裂达中部，裂片卵状披针形，被开展硬毛；花冠白或粉红色，径约7毫米，裂片倒卵状长圆形，先端圆。花期5-6月，果期7月。

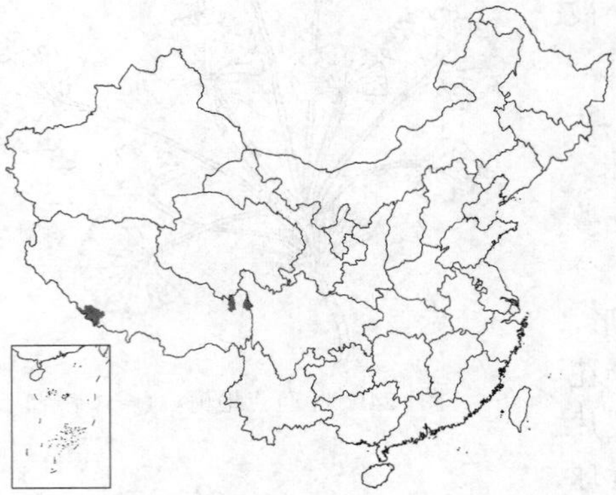

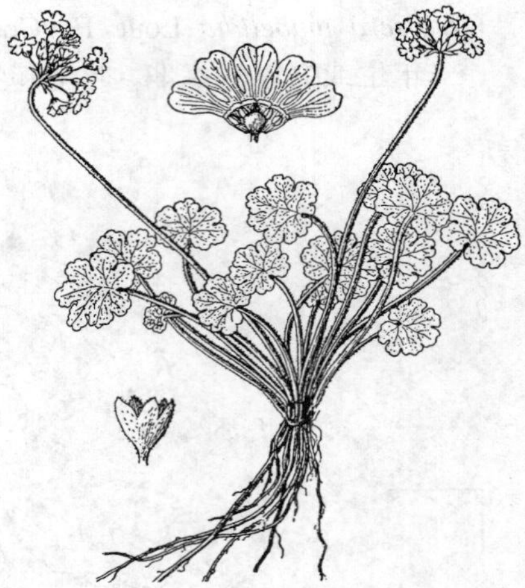

图 252 掌叶点地梅 （宁汝莲绘）

产西藏南部及东北部，生于海拔2700-3000米山坡草地或冷杉林下。印度、不丹及锡金有分布。

6. 裂叶点地梅 图 253

Androsace dissecta（Franch.）Franch. in Journ. de Bot. 9: 454. 1895.

Androsace rotundifolia Hardw. var. *dissecta* Franch. in Bull. Soc. Bot. France 32: 10. 1885.

多年生草本；无匍匐茎。叶基生，叶柄通常长于叶片2-4倍，被逆向硬毛；叶圆形或肾形，宽2-3厘米，基部心形弯缺深达叶片1/4-1/3，掌状5-6裂，深达中部以下，裂片宽楔形，先端3浅裂，小裂片先端钝圆或具2-3齿，两面密被糙伏毛。花葶高10-30厘米，被逆向或开展硬毛；伞形花序4-8花，密集成头状；苞片线形，长2-3毫米，密被毛。花梗长达2毫米，被毛；花萼钟状，长2.5-3毫米，分裂达中部，裂片卵状披针形，锐尖或稍钝，外面密被毛；花冠白或粉红色，径4-7毫米，裂片倒卵形，先端微凹。花期4-5月。

产云南西北部及四川西南部，生于海拔2800-3400米山坡疏林下、草地或沟谷阴湿地。

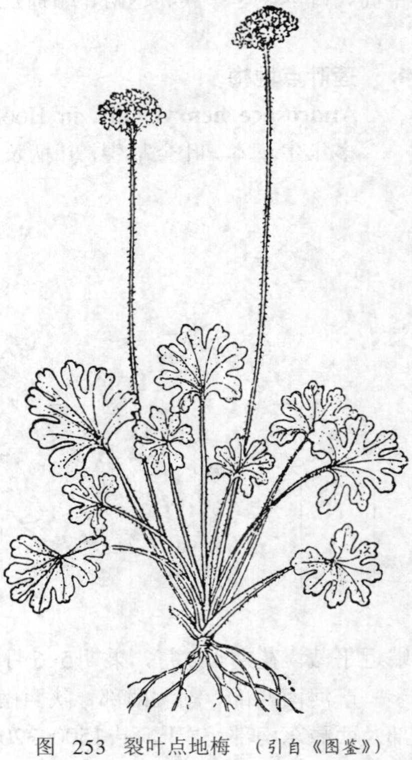

图 253 裂叶点地梅 （引自《图鉴》）

7. 高葶点地梅 图 254

Androsace elatior Pax et Hoffm. in Fedde, Repert. Sp. Nov. Regni Veg. 17: 193. 1921.

多年生草本。叶基生，叶丛外围有残存枯叶柄，叶柄长(2)3-5厘米，密被短硬毛：叶肾圆形或近圆形，宽1.5-2.5厘米，先端近圆，基部心形弯缺深达叶片1/4-1/3，掌状分裂，裂片3浅裂，小裂片全缘或有齿，上面被短硬毛。花葶高13-20厘米，伞形花序10-25花；苞片线形或长圆形，长2-2.5毫米。花梗长1-1.5厘米，被贴伏硬毛；花萼杯状或宽钟状，长约2.5毫米，分裂达中部，裂片三角形，锐尖，被短柔毛；花冠白或粉红色，径约4毫米，裂片倒卵状长圆形，近全缘。蒴果圆形，与宿存花萼近等长。花期7月，果期8月。

产四川西北部、青海东南部及西藏东北部，生于海拔3500-4200米阴坡林下、灌丛中或湿润石缝中。

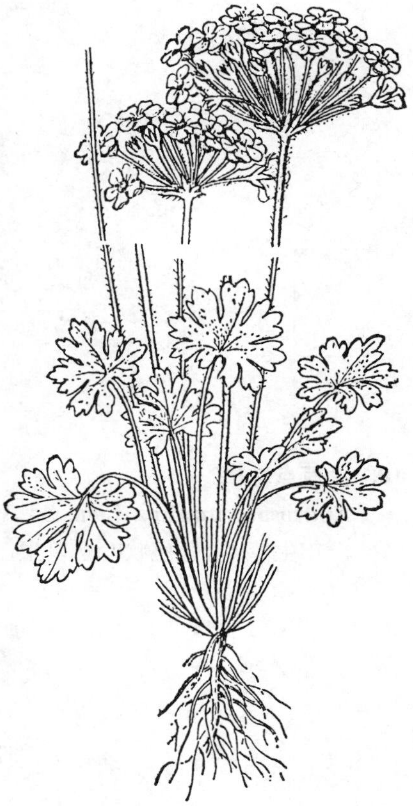

图 254 高葶点地梅 （邓盈丰绘）

8. 圆叶点地梅 图 255：1

Androsace graceae G. Forr. in Notes Roy. Bot. Gard. Edinb. 8: 331. 1915.

多年生草本。叶基生，叶柄长于叶片2-3倍，被褐色柔毛；叶圆形或肾圆形，宽0.5-1.5厘米，基部圆或有时微心形，全缘，革质，幼时两面被褐色柔毛。花葶高2-6厘米，被淡铁锈色长柔毛；伞形花序6-18花。苞片椭圆形或倒卵状椭圆形，与花梗等长或稍短；花梗长2-5毫米，被柔毛；花萼杯状，长3-3.5毫米，分裂达全长2/3，裂片椭圆形或卵状椭圆形，先端钝，被稀疏长柔毛；花冠粉红色，径6-7毫米，裂片长圆形，先端圆。蒴果近球形，与宿存花萼近等长。

产四川西南部、云南西北部及西藏东南部，生于海拔3800-4600米流石滩石缝中。

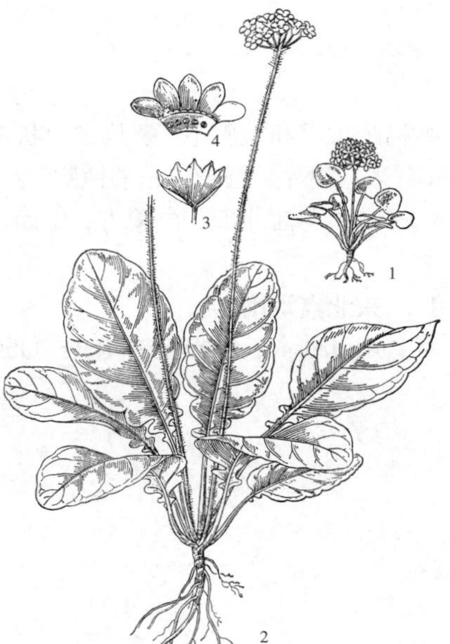

图 255：1. 圆叶点地梅 2-4. 异叶点地梅 （邓盈丰绘）

9. 异叶点地梅 图 255：2-4

Androsace runcinata Hand.-Mazz. in Notes Roy. Bot. Gard. Edinb.

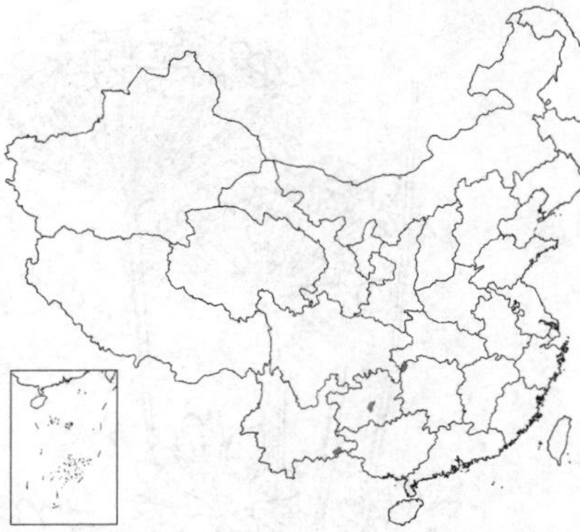

16: 161. 1931.

多年生草本。叶基生，叶柄长为叶片1/2-1/3，具窄翅，近无毛；叶椭圆形或椭圆状倒卵形，长3-13厘米，先端钝圆，基部楔形或近圆，具不规则波浅圆齿，近基部有时羽状深裂，坚纸质，上面疏被小刚毛，下面毛较疏或除中脉外近无毛。花葶高10-20厘米，被疏长柔毛；伞形花序8-12花，无毛；苞片线形，长3-6毫米。花梗纤细，长0.5-2厘米；花萼倒圆锥形，长4.5-5.5毫米，微具5棱，分裂约达全长1/3，裂片三角形；花冠淡紫红色，径约5毫米，裂片长圆形，全缘或先端微凹。蒴果短于萼筒，花期4-5月。

产云南东南部、贵州及湖南西北部，生于海拔1200-1500米林下或灌丛中。

10. 大苞点地梅 图 256

Androsace maxima Linn. Sp. P1. 141. 1753.

一年生草本。莲座状叶丛单生，叶无柄或柄极短；叶草质，窄倒卵形、椭圆形或倒披形，长0.5-1.5厘米，先端锐尖或稍钝，基部渐窄，中上部有小牙齿，两面近无毛或疏被柔毛。花葶高2-7.5厘米，被白色卷曲柔毛和短腺毛；伞形花序多花，被小柔毛和腺毛；苞片椭圆形或倒卵状长圆形，长5-7毫米，宽1-2.5毫米。花梗长1-1.5厘米；花萼杯状，长3-4毫米，果时增大，长达9毫米，分裂达全长2/5，被稀疏柔毛和短腺毛，裂片三角状披针形，渐尖；花冠白或淡红色，径3-4毫米，裂片长圆形，先端钝圆。蒴果近球形。果期8月。

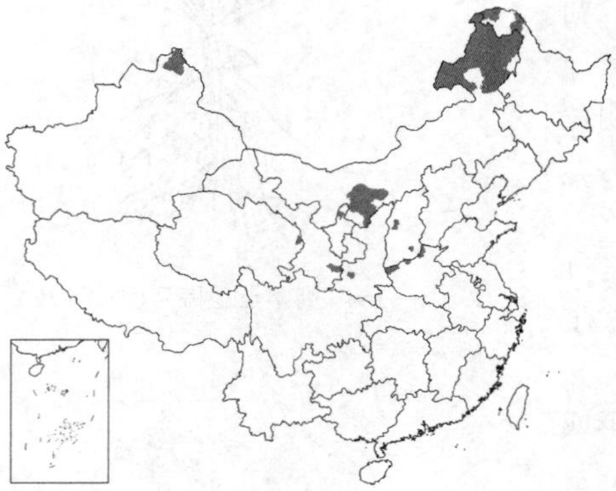

产黑龙江北部、内蒙古、山西、河南、陕西、宁夏、甘肃、青海东部及新疆北部，生于山谷草地、山坡砾石地、固定沙地或丘间低地。北非、欧洲，中亚至西伯利亚有分布。

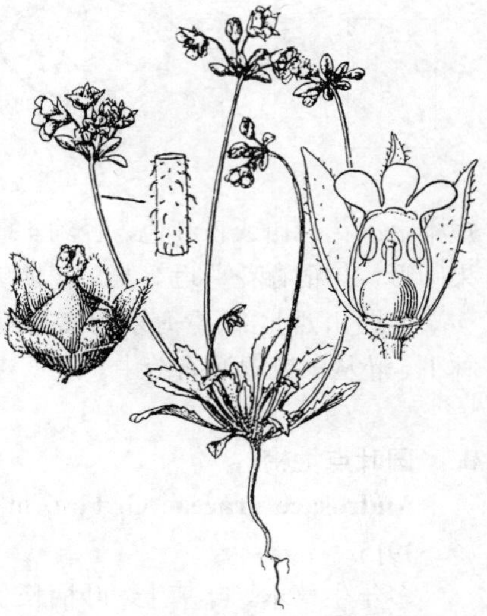

图 256 大苞点地梅 （马 平绘）

11. 东北点地梅 图 257

Androsace filiformis Retz. Obsew. Bot. 2: 10. 1781.

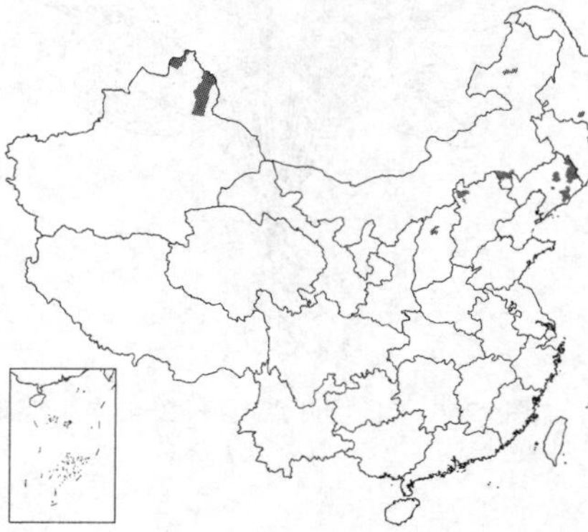

一年生草本；主根不发达，具多数纤维状须根。莲座状叶丛单生，叶柄纤细，等长或稍长于叶片；叶长圆形或卵状长圆形，长0.6-2.5厘米，先端钝或稍锐尖，基部短渐窄，具稀疏小牙齿，无毛。花葶高2.5-15厘米，无毛或仅上部被疏短腺毛；伞形花序多花；苞片线状披针形，长约2毫米。花梗丝状，长2-7毫米；花萼杯状，无棱，长2-2.5毫米，分裂约达中部，裂片三角形，锐尖，无毛或有时疏被腺毛；花冠白色，径约3毫米，裂片长圆形。蒴果近球形，径约2毫米。花期5月，果期6月。

产黑龙江、吉林、辽宁、内蒙古东部、河北北部、山西北部及新疆北部，生于海拔1000-2000米潮湿草地、林下或沟边。

12. 北点地梅 雪山点地梅 图 258

Androsace septentrionalis Linn. Sp. P1. 142. 1753.

一年生草本；主根直而细长，具少数支根。莲座状叶丛单生，叶近无柄；倒披针形或长圆状披针形，长0.5-3厘米，先端钝或稍锐尖，下部渐窄，中部以上具稀疏牙齿，上面被极短的毛，下面近无毛。花葶高8-25(30)厘米，具分叉短毛；伞形花序多花；苞片钻形，长2-3毫米。花梗长1-1.7厘米，长短不等，果时长2-6(-10)厘米，被短腺毛；花萼钟状或陀螺状，长约2.5毫米，具5棱，分裂达全长1/3，裂片窄三角形，锐尖；花冠白色，径2.5-3毫米，裂片长圆形。蒴果近球形，稍长于花萼。花期5-6月，果期6-7月。

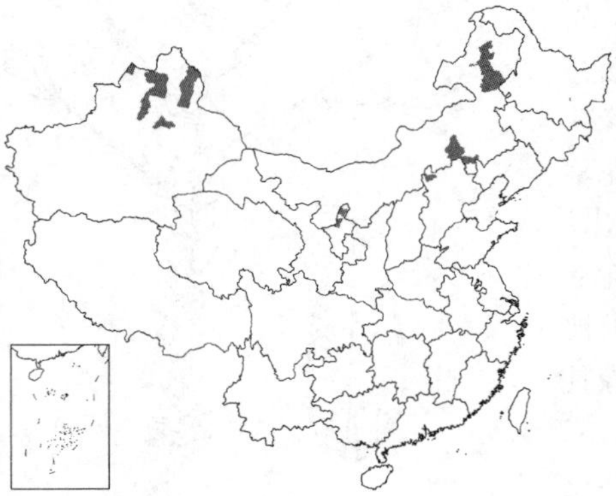

产内蒙古东部、河北北部、宁夏及新疆北部，生于海拔2000-2600米草原、山地阳坡或沟谷中。广布欧洲经西伯利亚至北美洲。

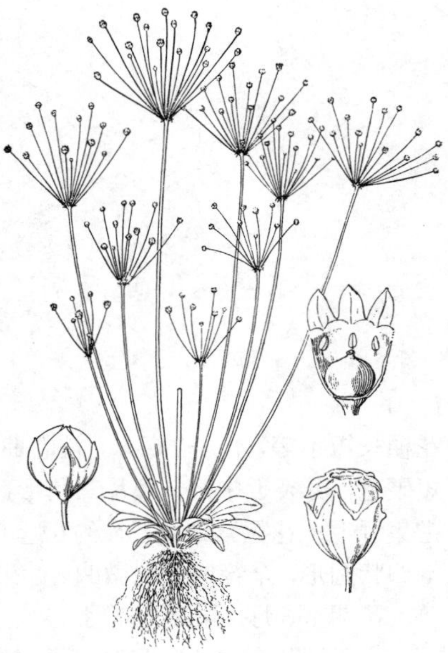

图 257 东北点地梅 （张桂芝绘）

13. 直立点地梅 图 259

Androsace erecta Maxim. in Bull. Acad. Sci. St. Pétersb. 27: 499. 1881.

一年生或二年生草本。茎直立，高(2-)10-35厘米，被柔毛。基生叶通常早枯，茎生叶互生，近无柄或柄长约1毫米；叶椭圆形或卵状椭圆形，长0.4-1.5厘米，先端锐尖或稍钝，具软骨质骤尖头，基部短渐窄或近圆，边缘增厚，软骨质，两面均被柔毛。伞形花序多花，生于无叶的枝端，稀单生于茎上部叶腋；苞片卵形或卵状披针形，长约3.5毫米，叶状。花梗长1-3厘米，疏被短柄腺体；花萼钟状，长3-3.5毫米，分裂达中部，裂片三角形，具小尖头，外面疏被短柄腺体；花冠白或粉红色，径2.5-4毫米，裂片小，长圆形，微伸出花萼。蒴果长圆形，稍长于花萼。花期4-6月，果期7-8月。

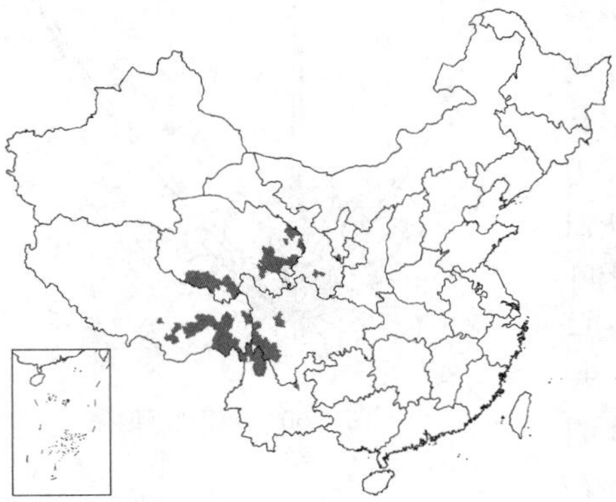

产青海、宁夏南部、甘肃南部、四川西部、云南及西藏，生于海拔2700-3500米山坡草地或河漫滩。尼泊尔有分布。

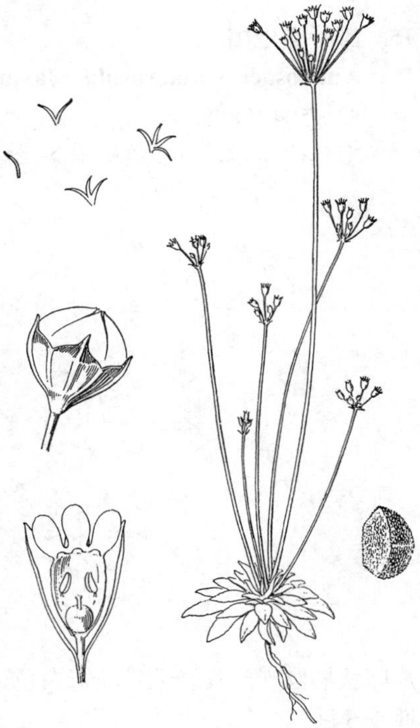

图 258 北点地梅 （张桂芝绘）

14. 石莲叶点地梅 图 260

Androsace integra (Maxim.) Hand.-Mazz. in Acta Hort. Gothob. 2: 112. 1926.

Androsace aizoon var. *integra*

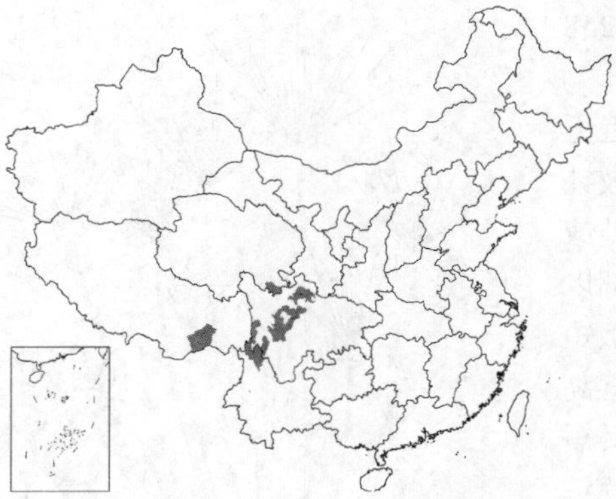

Maxim. in Bull. Acad. Sci. St. Pétersb. 32. 501. 1888.

二年生或多年生草本。莲座状叶丛单生。叶近等长，匙形，长1.5-4厘米，先端近圆，具骤尖头，两面初被短伏毛，后无毛，边缘软骨质，具篦齿状缘毛。花葶常2至多枚自叶丛中抽出，高(3) 10-15厘米，被柔毛；花梗长短不等，长4-7毫米，被卷曲柔毛；花萼钟状，长4-4.5毫米，密被短硬毛，分裂近中部，裂片三角形，先端锐尖，背面中肋稍隆起，边缘具密集纤毛；花冠紫红色，径约6毫米，筒部与花萼近等长，裂片倒卵形或倒卵状圆形，全缘或先端微凹。蒴果长圆形，长4.5-5.5毫米，高出宿存花萼。花期4-6月，果期6-7月。

产于四川、云南西北部、西藏东部及青海东南部。生于海拔2500-3500米干旱阳坡、林缘下或林缘砂石地上。

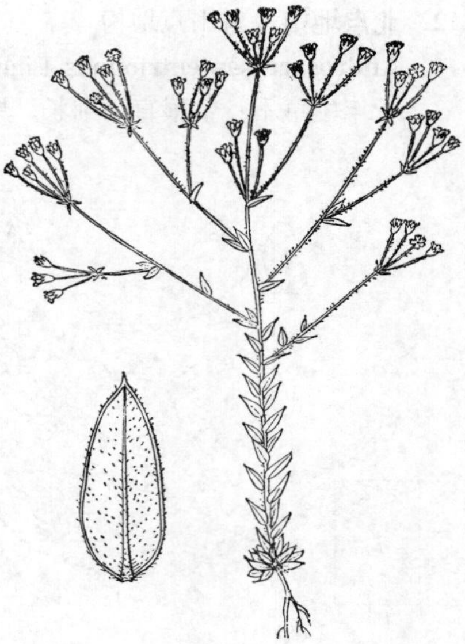

图 259 直立点地梅 （邓盈丰 余汉平绘）

15. 鳞叶点地梅 图 261

Androsace squarrosula Maxim. in Bull. Acad. Sci. St. Pétersb. 32: 504. 1888.

多年生草本，由多数根出条形成疏丛。根出条下部节间长0.5-1厘米，节上有枯叶丛，上部节间短或新叶丛叠生老叶丛上形成径3-4.5毫米的柱状体。叶呈不明显2型，外层叶卵形或宽卵圆形，长2-3.5毫米，先端反折；内层叶披针形，长3-5毫米，宽0.75-1毫米，无毛或具稀疏缘毛，先端灰白色，带软骨质。花葶藏于叶丛中，稀长达1厘米；花单生，近无梗。花萼钟状，长约2.5毫米，分裂近中部，裂片卵状椭圆形，具缘毛；花冠白色，径6-7毫米，裂片倒卵状长圆形。花期5-6月。

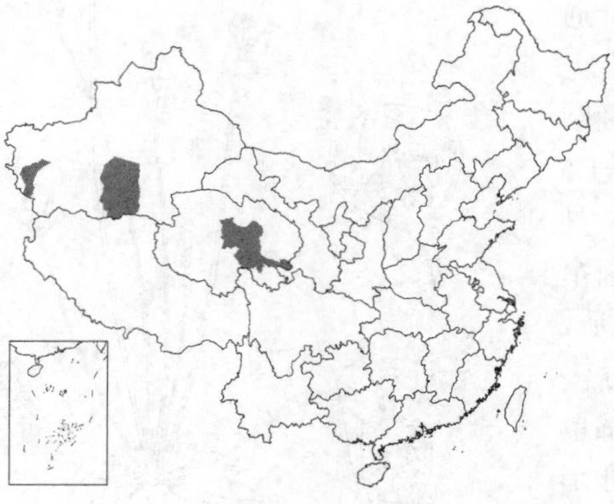

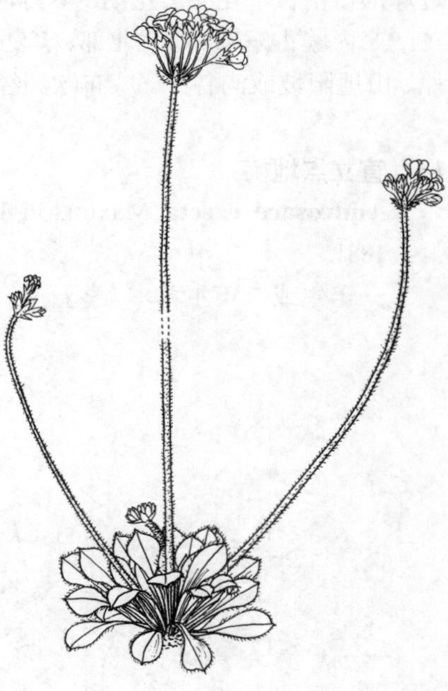

图 260 石莲叶点地梅

产新疆及青海，生于海拔3000-3300米河谷山坡。

16. 长叶点地梅 图 262

Androsace longifolia Turcz. in Bull. Soc. Imp. Nat. Mosc. 5: 202. 1832.

多年生草本。根出条2至数条簇生。当年生叶丛叠生于老叶丛上，无节间。叶同型，无柄；叶线形或线状披针形，长0.5-3（-5）厘米，灰绿色，

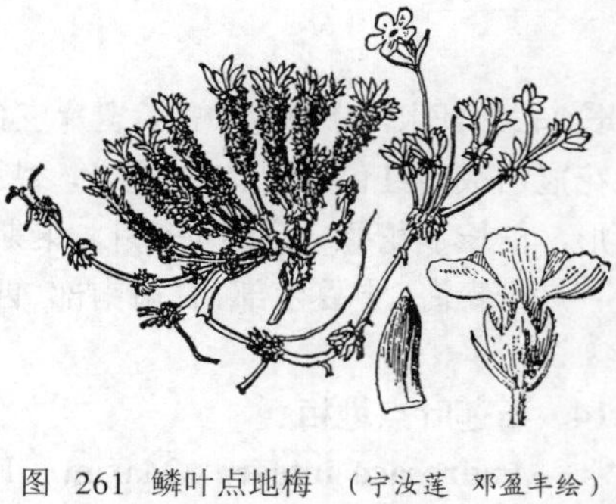

图 261 鳞叶点地梅 （宁汝莲 邓盈丰绘）

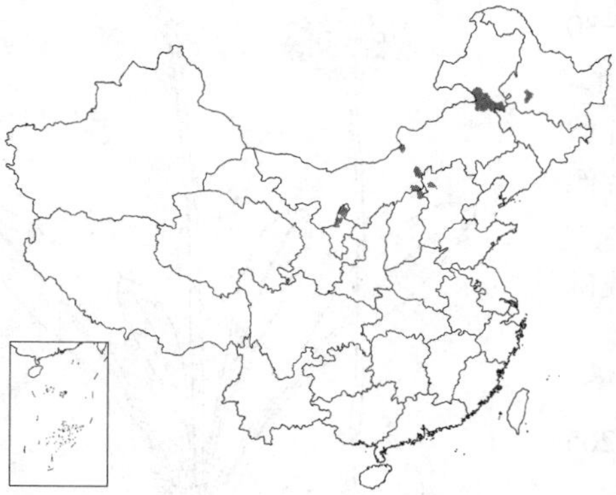

先端尖并具小尖头，边缘软骨质，两面无毛，边缘微具短毛。花葶极短或长达1厘米，藏于叶丛中，被柔毛；伞形花序4-7（-10）花；苞片线形。花梗长达1厘米，密被长柔毛和腺体；花萼窄钟形，长4-5毫米，分裂达中部，裂片宽披针形或三角状披针形，锐尖，疏被短柔毛和缘毛；花冠白或带红色，径7-8毫米，裂片倒卵状椭圆形，近全缘或先端微凹。花期5-6月。

产黑龙江西南部、内蒙古、河北西北部、山西北部及宁夏，生于海拔1300-1500米多石砾山坡、岗顶或砾石质草原。蒙古有分布。

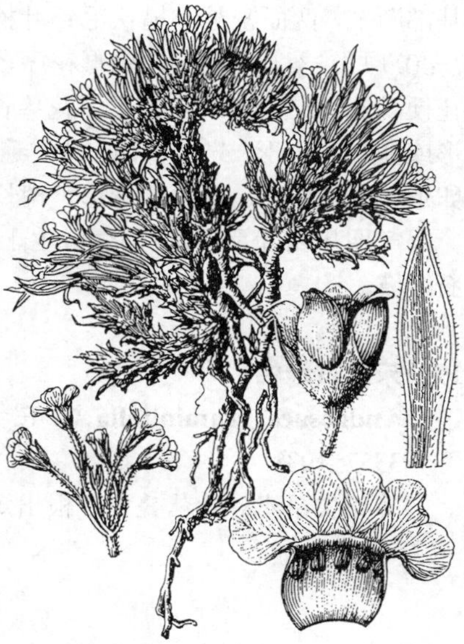

图 262 长叶点地梅 （张海燕绘）

17. 阿拉善点地梅 图 263

Androsace alaschenica Maxim. in Bull. Acad. Sci. St. Pétersb. 32: 503. 1888.

多年生草本。主根木质，径达6毫米；地上部分作多次叉状分枝，形成高2.5-4厘米的垫状密丛。枝为鳞覆的枯叶丛覆盖，呈棒状，径达6毫米。当年生叶丛位于枝端，叠生于老叶丛上；叶灰绿色，革质，线状披针形或近钻形，长5-7(10)毫米，具软骨质边缘和尖头，基部稍增宽，近膜质，两面无毛，边缘光滑或微具毛。花葶单生，极短或长达5毫米，藏于叶丛中，被长柔毛，顶生1(2)花；苞片通常2，线形或线状披针形，长约3毫米；花萼陀螺状或倒圆锥状，长3-3.5毫米，稍具5棱，近无毛或棱脊两侧微被毛，分裂约达中部，裂片三角形，具缘毛；花冠白色，径6-7毫米，筒部与花萼近等长，喉部收缩，稍隆起，裂片倒卵形，先端平截或微呈波状。蒴果近球形，稍短于宿存花萼。花期5-6月。

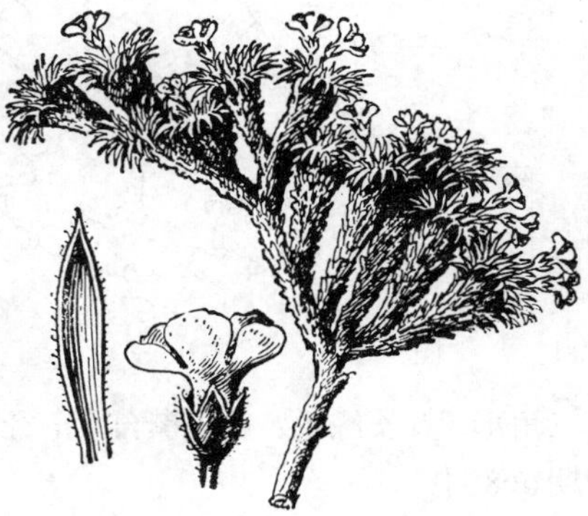

图 263 阿拉善点地梅 （宁汝莲 邓盈丰绘）

产内蒙古西部、宁夏及甘肃，生于海拔1500-2200米山地草原、石质坡地或干旱砂地。

18. 刺叶点地梅 图 264 彩片 43

Androsace spinulifera (Franch.) R. Kunth. in Engl. Pflanzenr. IV. 237(Heft 22): 184. 1905.

Androsace strigillosa var. *spinulifera* Franch. in Bull. Soc. Bot. France 32: 10. 1885.

多年生草本。莲座状叶丛单生或2-3枚簇生。叶2型，外层叶无柄，卵形或卵状披针形，长0.5-1(2)厘米，先端软骨质，蜡黄色，渐尖成刺状；内层叶倒披针形，稀披针形，长(1.5)3-18厘米，先端尖或钝圆，具骤尖头，

基部渐窄，两面密被小糙伏毛；叶柄不明显或长达叶片1/5。花葶高7-30(-40)厘米，被开展硬毛，伞形花序多花；苞片披针形或线形，长4-7毫米。花梗长1.5-2.5厘米，被硬毛；花萼长3.5-4毫米，分裂达全长1/3，裂片卵形或卵状三角形，先端稍钝，被硬毛；花冠深红色，径0.8-1厘米，裂片倒卵形，先端微凹。蒴果近球形，稍长于花萼。花期5-6月，果期7月。

产四川西部及云南西北部，生于海拔2900-4500米山坡草地、林缘或砾石缓坡。

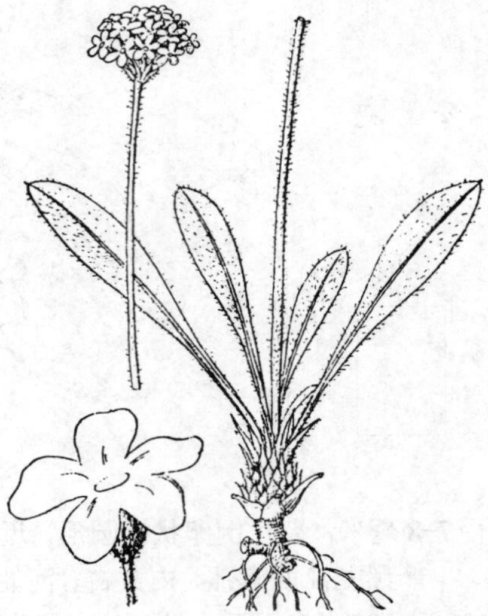

图 264 刺叶点地梅 （引自《图鉴》）

19. 禾叶点地梅 图 265

Androsace graminifolia C. E. C. Fischer in Hook. Icon Pl. 34: t. 3357. 1938.

多年生草本。叶丛叠生于根出短枝顶端形成密丛。叶2型，无柄；外层叶线状披针形，长4-7毫米，宽0.4-0.8毫米，具长缘毛，内层叶线形或线状披针形，长1-2.5厘米，具软骨质边缘和刺状尖头，无毛或沿下面中脉被糙伏毛。伞形花序5-15花，呈头状；苞片叶状，卵形或宽披针形，长2.5-6毫米，具软骨质边缘及小尖头。花梗极短或长达3毫米，被毛；花萼长2.5-3毫米，密被柔毛，分裂达中部，裂片三角形，具长缘毛；花冠紫红色，径4-5毫米，裂片宽倒卵形，先端圆。花期6-8月。

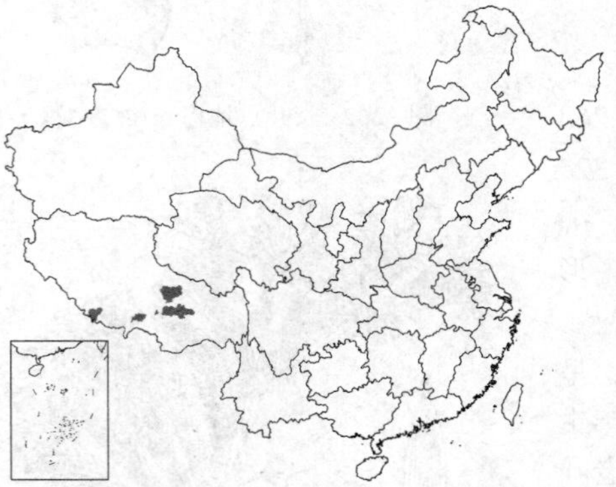

产西藏，生于海拔3800-4700米山坡草地、阶地或冲积扇。

图 265 禾叶点地梅 （邓晶发绘）

20. 西藏点地梅 图 266

Androsace mariae Kanitz in Wiss. Erg. Reise Graften Bela Szechenyi 2: 714. 1891.

Androsace mariae var. *tibetica* (Maxim.) Hand.-Mazz.; 中国高等植物图鉴 3: 262. 1974.

多年生草本。叶丛通常形成密丛。叶2型；外层叶无柄，舌状或匙形，长3-5毫米，先端尖，两面无毛或疏被柔毛；内层叶近无柄，匙形或倒卵状椭圆形，长0.7-1.5厘米，先端尖或近圆而具骤尖头，基部渐窄，两面被糙伏毛、长硬毛或无毛，边缘软骨质，具缘毛。花葶高

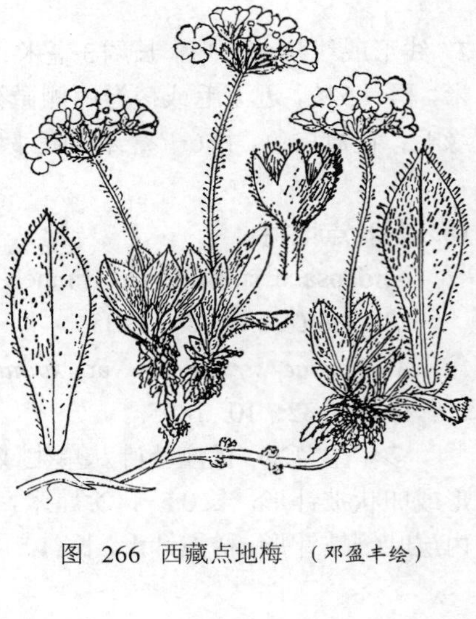

图 266 西藏点地梅 （邓盈丰绘）

2-8厘米，被硬毛或腺体；伞形花序2-7(-10)花；苞片披针形或线形，长3-4毫米；与花梗、花萼均被白色毛。花梗长5-7毫米；花萼长约3毫米，分裂达中部，裂片三角形；花冠粉红或白色，径5-7毫米，裂片楔状倒卵形，先端略呈波状。花期6月。

产内蒙古西部、宁夏、甘肃、青海、四川西部、云南西北部及西藏东部，生于海拔1800-4000米山坡草地、林缘或砾石地。

21. 糙伏毛点地梅 图 267：1-4

Androsace strigillosa Franch. in Bull. Soc. Bot. France. 32: 10. 1885.

多年生草本。莲座状叶丛通常单生。叶3型，外层叶卵状披针形，长6-9毫米，干膜质，先端及边缘被疏毛；中层叶舌形或卵状披针形；长0.6-1.5厘米，革质，两面被白色柔毛；内层叶椭圆状披针形或倒卵状披针形，长5-10(-15)厘米，先端尖或稍钝而具骤尖头，基部渐窄，两面密被糙伏毛和短柄腺体；叶柄等长或稍长于叶片，具窄翅。花葶高10-40厘米，被硬毛和短柄腺体；伞形花序多花；苞片线状披针形，长2-5毫米，先端被短柔毛。花梗长1-5厘米，疏被柔毛和腺体；花萼圆锥形，长3.5-4毫米，疏被柔毛，分裂约达全长1/3，裂片宽卵形，边缘密被小睫毛；花冠深红或粉红色，径8-9毫米，裂片全缘。

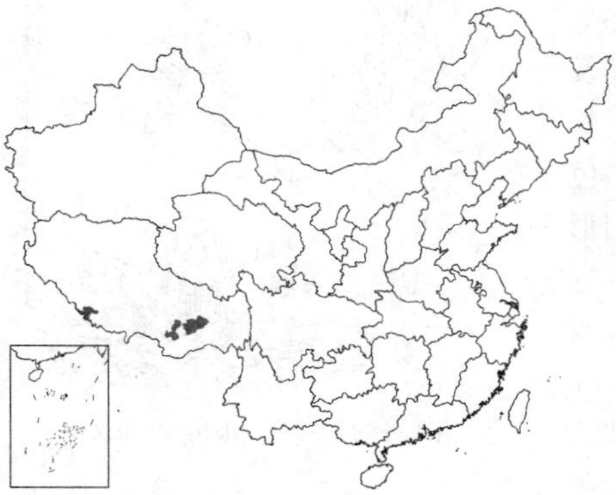

产西藏南部，生于海拔3000-4200米山坡草地、林缘或灌丛中。锡金、不丹及尼泊尔有分布。

［附］**硬枝点地梅** 图 267：5-9 彩片 44 **Androsace rigida** Hand.-Mazz. in Anz. Akad. Wiss. Wien, Math.-Nat. 61: 136. 1924. 与糙枝点地梅的区别：根出条密被刚毛状硬毛；内层叶长0.6-1.3厘米；花萼分裂达中部，萼片长圆状卵形；花冠深红或粉红色。产云南西北部及四川西南部。

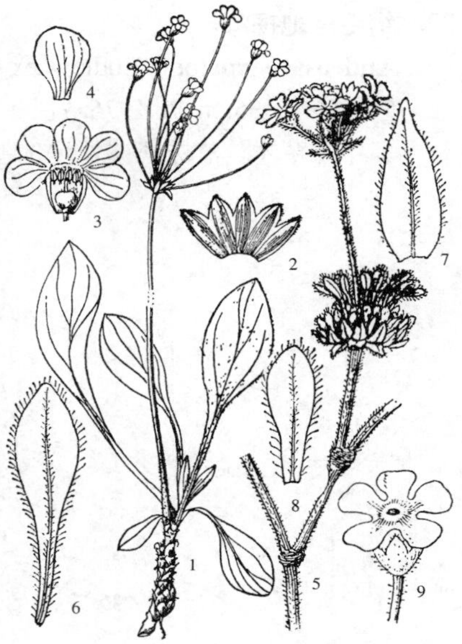

图 267： 1-4. 糙伏毛点地梅
5-9. 硬枝点地梅 （阎翠兰 邓盈丰绘）

22. 江孜点地梅 图 268

Androsace cuttingii C. E. Fischer in Bull. Misc. Inform. Kew. 1937: 99. 1937.

多年生草本，自根颈发出多数短枝，形成密丛。莲座状叶丛生于短枝顶端，下部具多数残存的枯叶柄。叶3型，外层叶卵形或卵状披针形，长3.5-5毫米，为越年枯叶遮盖，褐色，干膜质，近无毛；中层叶舌形或线状匙形，长3-6毫米，上半部密被白色长毛，下半部褐色，无毛；内层叶倒披针形或倒卵状匙形，长0.5-1.5厘米，两面密被短硬毛，花葶高0.5-2厘米，被白色长

图 268 江孜点地梅 （邓盈丰绘）

柔毛；伞形花序3-6(-10)花；苞片线形或窄匙形，长3-4毫米，被短柔毛和头状腺体。花梗长1-2(3)毫米；花萼钟状，长2.5-3毫米，被短柔毛，分裂约达全长2/5，裂片卵形或卵状三角形，边缘具白色缘毛；花冠白或粉红色，径5-7毫米，裂片倒卵形或宽倒卵形，近全缘。蒴果近球形，与宿存花萼近等长。花期4-6月。

产西藏南部，生于海拔4000-4500米干旱砂质山坡。

23. 绢毛点地梅 图 269

Androsace nortonii Ludlow ex Stearn in Bull. Mus. (Nat. Hist.) Bot. 5: 285. t. 35. f. 7. 1976.

多年生草本，植株密被长达3毫米的白色绢状毛。植株由生于根出条上的叶丛形成疏丛。叶3型，外层叶线状长圆形，长4-5毫米，早枯，褐色，近先端及边缘被毛；中层叶匙形，长4-7.5毫米，绿色，密被白色绢丝状长毛；内层叶椭圆形或卵状椭圆形，长3.5-6毫米，先端钝，基部短渐窄，两面被短硬毛；叶柄长于叶片。花葶高2-6厘米，被长柔毛；伞形花序2-6花；苞片线形，长2-3.5毫米。花梗初时与苞片近等长，被柔毛；花萼杯状，长约3毫米，密被柔毛，分裂达中部，裂片窄卵形；花冠紫红色，径6-9毫米，裂片宽卵形，全缘或先端微具小齿。花期6月。

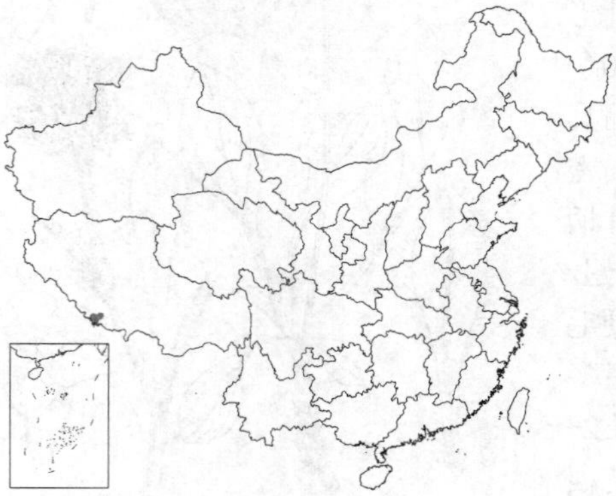

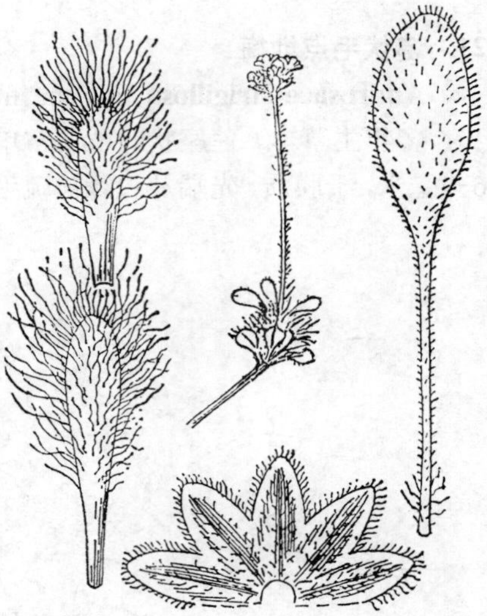

图 269 绢毛点地梅 （余汉平绘）

产西藏南部，生于海拔4100-4500米多砾石山坡。尼泊尔有分布。

24. 康定点地梅 图 270

Androsace limprichtii Pax et Hoffm. in Fedde, Repert. Spec. Nov. Regni Veg. 17: 193. 1921.

多年生草本，植株由生于根出条上的叶丛形成疏丛。叶3型，外层叶卵形或宽椭圆形，长4-6毫米，下半部干膜质，近无毛，先端边缘具疏柔毛；中层叶舌状匙形，多数，长5-7毫米，中部以上密被白色长柔毛；内层叶椭圆形或倒卵状椭圆形，长1.2-2.5厘米，两面被白色长柔毛并杂有短伏毛。花葶高8-15(-20)厘米，疏被白色长柔毛；伞形花序(5-)8-10花；苞片椭圆形，长2-4厘米。花梗长0.6-1.2厘米，密被毛；花萼钟状，长约3毫米，分裂达中部，裂片窄卵形，被柔毛；花冠白或淡红色，径8-9毫米，裂片倒卵形。花期6-7月，果期7-8月。

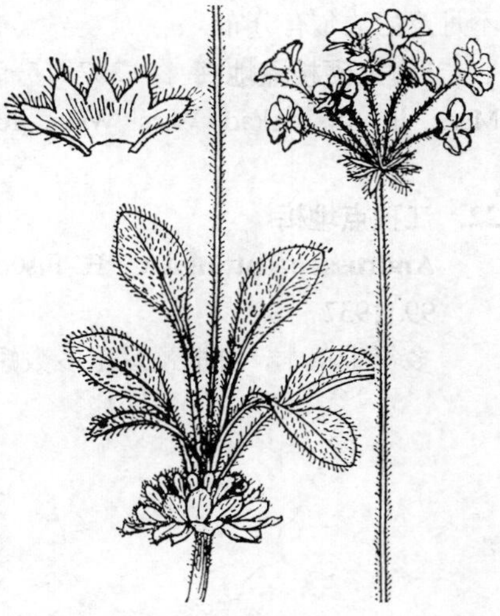

图 270 康定点地梅 （邓盈丰绘）

产四川西部及西藏东南部，生于海拔3400-4400米山坡林缘、灌丛中或沟谷。

25. 亚东点地梅 图 271

Androsace hookeriana Klatt in Linnaea 32: 393. t. 3. 1863.

多年生草本，植株由着生于根出条上的叶丛形成疏丛，叶3型，外层叶披针形，长2.5-4毫米，干膜质，无毛；中层叶匙形或舌形，长3-6毫米，先端钝，薄革质，具缘毛；内层叶少数，卵状椭圆形或倒卵圆形，长5-8毫米，两面被柔毛；叶柄纤细，通常稍短于叶片。花莛高4-8厘米，疏被柔毛；伞形花序4-8花；苞片线形，长3-6毫米，疏被毛。花梗长0.6-1厘米，疏被短柔毛；花萼杯状，长2.5-3毫米，疏被柔毛，分裂近中部，裂片卵形，密被缘毛；花冠粉红色，径达6毫米，裂片宽倒卵形，全缘。花期7月。

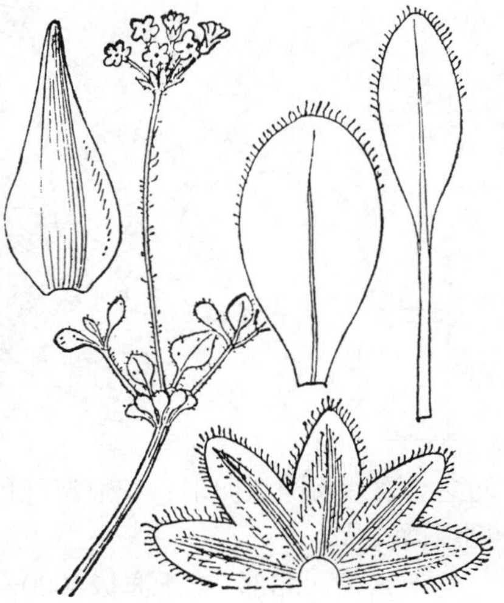

图 271 亚东点地梅 （余汉平绘）

产西藏南部，生于林缘岩缝中。不丹及尼泊尔有分布

26. 匍茎点地梅 图 272

Androsace sarmentosa Wall. in Roxb. Fl. Ind. 2: 14. 1824.

多年生草本。莲座状叶丛单生或形成疏丛。根出条长5-8厘米，幼时被铁锈色卷曲长柔毛。叶2型，外层叶舌状长圆形，长不及1厘米，两面被白色绢状长毛；内层叶具短柄，叶倒披针形，长2-3厘米，毛被同外层叶，但常稍卷曲。花莛高12-15厘米，被铁锈色卷曲长柔毛；伞形花序多花；苞片线形或线状披针形，长3-5毫米，被绢毛。花梗长0.6-1.2厘米，被铁锈色毛；花萼宽钟形，长约3毫米，分裂达中部，裂片卵形或宽披针形，先端和边缘具白色柔毛；花冠粉红色，径约8毫米，裂片扇状倒卵形，先端波状。蒴果球形。花期6-7月，果期7-8月。

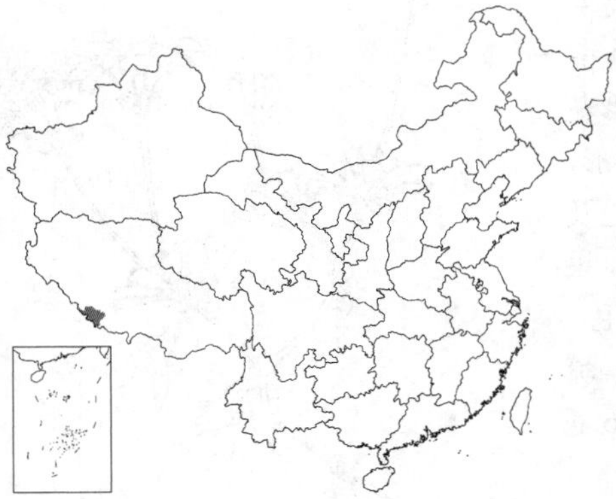

产西藏南部，生于海拔2800-4000米山谷林缘。锡金、尼泊尔及克什米尔有分布。

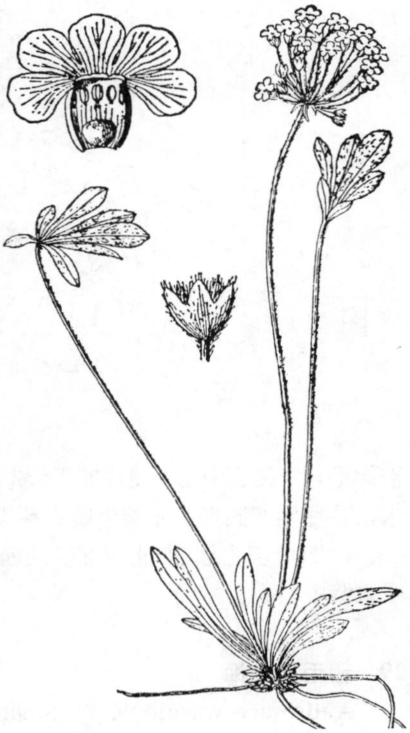

图 272 匍茎点地梅 （宁汝莲绘）

27. 大花点地梅 图 273

Androsace euryantha Hand.-Mazz. in Anz. Akad. Wiss. Wien, Math.-Nat. 61: 137. 1924.

多年生草本，由多数莲座状叶丛形成密丛。叶2型，外层叶无柄，舌形，长1.5-2毫米，近先端被白色柔毛；内层叶菱状倒卵形或椭圆状披针形，长3-9毫米，先端钝或近圆，基

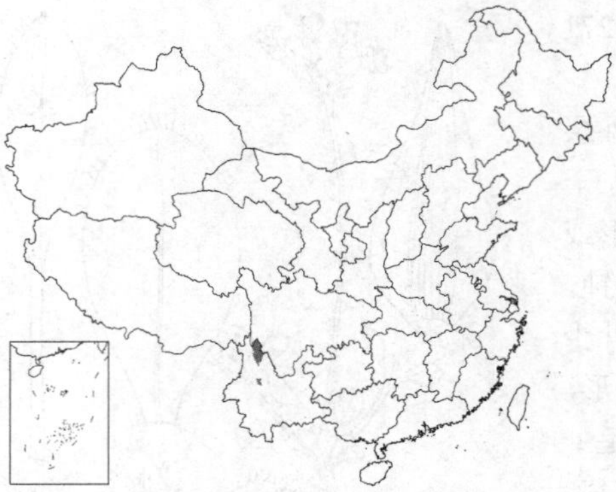

部短渐窄，上面无毛，下面被短硬毛或沿中脉被毛，叶缘具长短不等的白色髯毛；叶柄不明显或与叶片近等长。花葶高0.5-2厘米，被白色短硬毛；伞形花序3-6花；苞片叶状，椭圆形或窄长圆形，长3-4毫米。花梗长1.5-4毫米；花萼钟状或陀螺状，长2.5-3毫米，分裂达中部或过之，裂片长圆状卵形；花冠深红色，径0.6-1.1厘米，裂片倒卵形，先端圆或微波状。

产云南西北部。生于海拔4000-4500米高山石缝中。

图 273 大花点地梅 （邓盈丰绘）

28. 秦巴点地梅 图 274

Androsace laxa C. M. Hu et Y. C. Yang in Acta Phytotax. Sin. 24: 224. 1986.

多年生草本，植株由生于根出条上的叶丛形成疏丛。叶2型，外层叶匙形或倒披针形，长2.5-6毫米，多少被柔毛；内层叶椭圆形或近圆形，长3-9毫米，先端钝或近圆，基部短渐窄，两面被柔毛；叶柄长3-7毫米，具窄翅。花葶高1.5-5.5厘米，被长柔毛；伞形花序3-6(-8)花；苞片披针形，长2-3.5毫米，被稀疏柔毛及缘毛。花梗长2.5-5毫米，果时长达8毫米，被疏长柔毛；花萼钟状，长约2.5毫米，疏被柔毛，分裂达中部，裂片卵形，先端钝，具缘毛；花冠粉红色，径5-6毫米，裂片倒卵圆形，先端近圆。蒴果长圆形。花期6-7月。

产四川东北部、湖北西部及陕西南部，生于海拔2700-3600米山坡林缘或岩缝中。

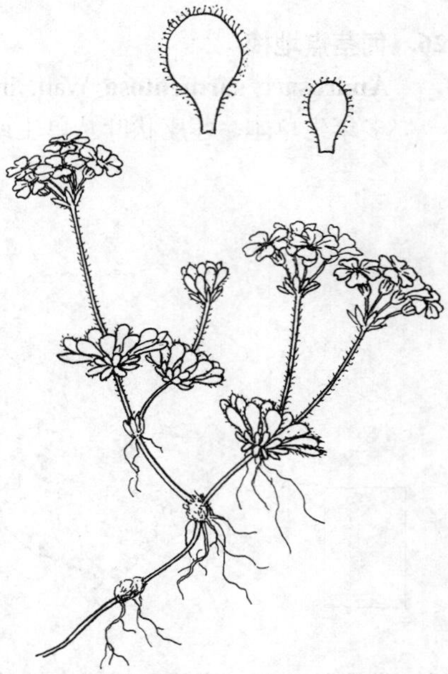

图 274 秦巴点地梅 （邓盈丰绘）

29. 粗毛点地梅 图 275 彩片 45

Androsace wardii W. W. Smith. in Notes Roy. Bot. Gard. Edinb. 8: 199. 1913.

多年生草本，植株由串联于根出条上的叶丛形成疏丛。叶2型，外层叶无柄，舌形或卵形，长3-4毫米，上面近无毛或被短硬毛，下面被白色长毛；内层叶倒卵形或倒披针形，长0.5-1.5(-2)厘米，先端钝，基部长渐窄，两面密被小刚毛和短柄腺体，边缘具粗缘毛；叶柄极短或与叶片近等长。花葶高2-4厘米，被白色硬毛；伞形花序3-6花，苞片长圆形或窄椭

圆形，长2-4厘米，被柔毛。花梗长4-8(-10)毫米，密被短硬毛；花萼宽钟状，长约3毫米，分裂达中部，裂片卵状三角形，先端钝，密被短硬毛；花冠深红色，径6-8毫米；裂片宽倒卵形，先端微凹。蒴果近球形。花期6-7月，果期8月。

产四川西南部、云南西北部及西藏东部，生于海拔3400-4600米干旱草地或杜鹃丛中。

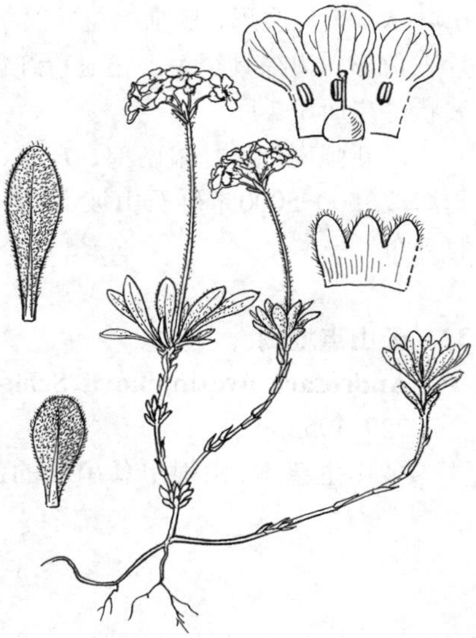

图 275 粗毛点地梅 （邓盈丰绘）

30. 狭叶点地梅 图 276

Androsace stenophylla（Petitm.）Hand.-Mazz. in Notes Roy. Bot. Gard. Edinb. 16：165. 1931.

Androsace sarmentosa Wall. var. *stenophylla* Petitm. in Bull. Ac. Geogr. Bot. 18：337. 1908.

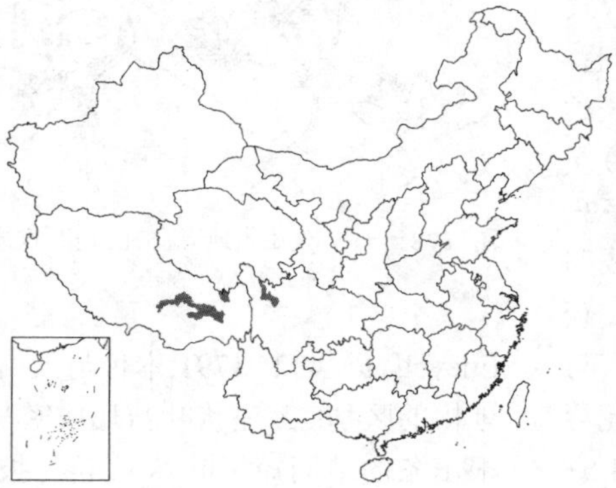

多年生草本。莲座状叶丛径1.5-5.5厘米，单生或2-3枚簇生，无根出条。叶2型，外层叶窄倒披针形或匙形，长0.5-1.2厘米，无柄，下面被长柔毛，先端和边缘具长毛；内层叶匙形或倒披针形，长1.5-2.5(-3)厘米，柄不明显，两面均被短硬毛或杂有少数长毛，边缘具长缘毛。花葶高3-15(-20)厘米，被疏柔毛；伞形花序6-12(-19)花；苞片披针形，长2-4.5毫米，被短硬毛。花梗初时甚短，后伸长可达2.5厘米，被柔毛；花萼杯状，长2.5-3毫米，分裂达全长2/5，裂片三角形，被柔毛；花冠粉红色，径6-8毫米，裂片倒卵形，全缘或先端微凹。蒴果稍长于花萼。花期6-7月，果期8月。

产西藏东部及四川西北部，生于海拔2900-4200米山坡草地。

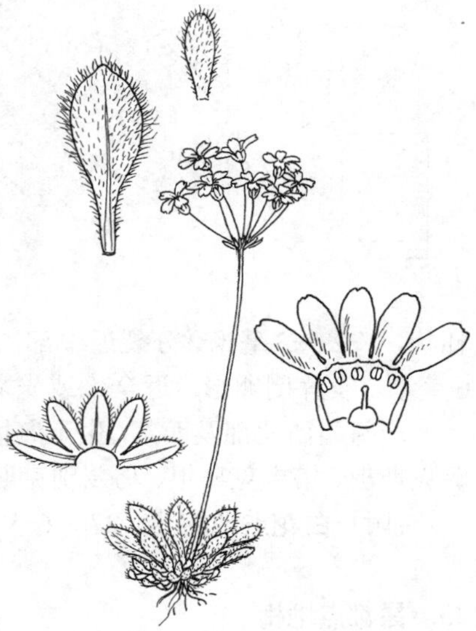

图 276 狭叶点地梅 （邓盈丰绘）

31. 垫状点地梅 图 277：1-5 彩片 46

Androsace tapete Maxim. in Bull. Acad. Sci. St. Pétersb. 32：505. 1888.

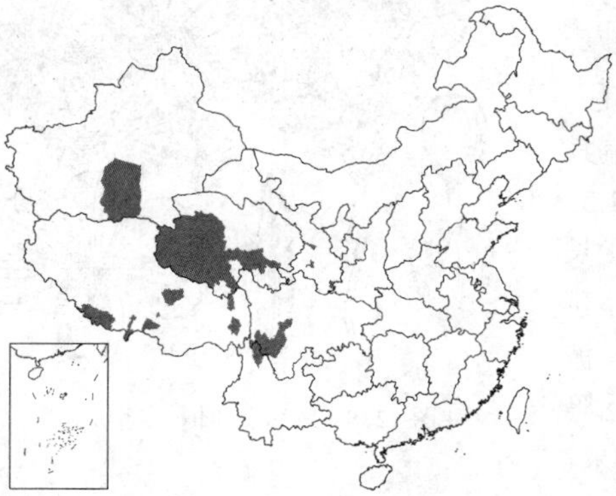

多年生草本，植株为半球形垫状体，由多数根出短枝紧密排列而成。叶2型，无柄；外层叶舌形或长椭圆形，长2-3毫米，先端钝，近无毛；内层叶线形或窄倒披针形，长2-3毫米，下面上半部密集白色画笔状毛。花葶近无或极短；花单生，无梗或梗极短，仅花冠裂片露

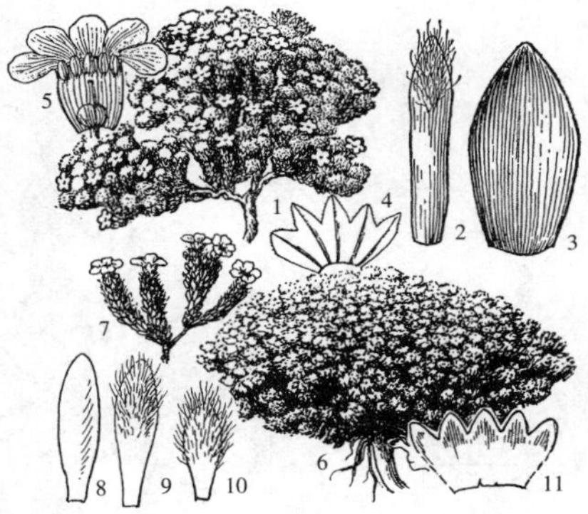

图 277：1-5. 垫状点地梅 6-11. 紫花点地梅 （余 峰 邓盈丰绘）

出叶丛；苞片线形，膜质。花萼筒状，长2.5-3毫米，分裂达全长1/3，裂片三角形，边缘具绢毛；花冠粉红色，径3毫米，裂片倒卵形，边缘微呈波状。花期6-7月。

产新疆南部、甘肃南部、青海、西藏、四川西南部及云南西北部，生于海拔3500-5000米砾石山坡、河谷阶地或平缓山顶。尼泊尔、不丹及锡金有分布。

［附］**紫花点地梅** 图 277：6-11 **Androsace selago** Klatt in Linnaca 32：292. 1863. 本种与垫状点地梅的区别：花萼外面被柔毛，花冠紫红色。产西藏东南部，生于海拔3600-4600米干旱山坡草地。

32. 天山点地梅 图 278：1-5

Androsace ovczinnikovii Schischk. et Bobr. in Kom. Fl. URSS. 18：729. 1952.

多年生草本，由根出条串联的莲座状叶丛形成疏丛。叶无柄，外层叶线形或窄舌形，长3-6毫米，黄褐色，上面近无毛，下面中上部和边缘被柔毛；内层叶线形或线状披针形，长0.7-1.2厘米，上面近无毛，下面中部以上和边缘具长柔毛。花葶高1.5-4（-10）厘米，被长柔毛，伞形花序3-5(-8)花；苞片椭圆形或卵状披针形，长3-5毫米，疏被柔毛。花梗长5-8毫米，与花萼均被白色长柔毛；花萼杯状，长2.5-3毫米，分裂近中部，裂片卵形；花冠白或粉红色，径4.5-6毫米，裂片倒卵形，近全缘或先端微凹。花期6月。

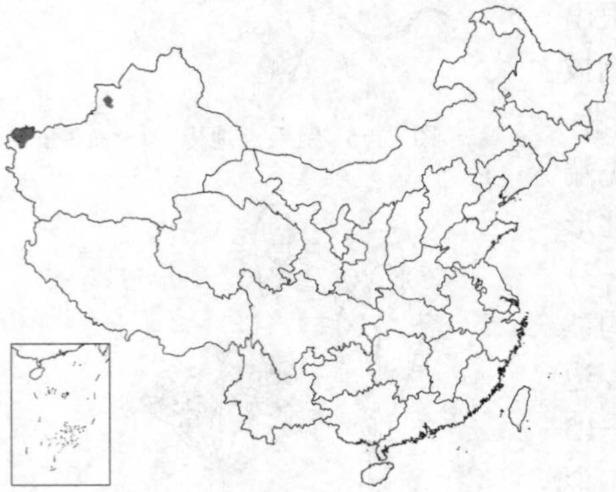

产新疆西北部及西部，生于海拔2500-3100米山地草原或疏林下。哈萨克斯坦、塔吉克斯坦、乌兹别克斯坦及俄罗斯有分布。

［附］**白花点地梅** 图 278：6-8 **Androsace incana** Lam. Illustr. Tabl. Encycl. 1：432. 1791.本种与天山点地梅的区别：莲座状叶丛形成密丛；根出条的节间短于叶丛；苞片披针形或宽线形。产河北北部、山西、内蒙古及新疆北部，生于海拔2000-3500米山顶或阳坡。蒙古及俄罗斯西伯利亚有分布。

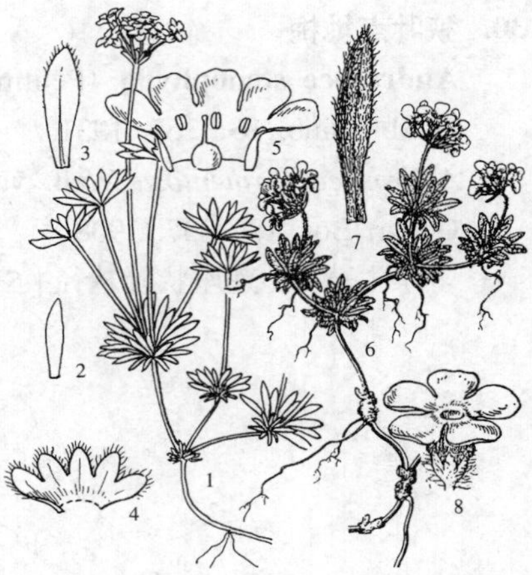

图 278：1-5. 天山点地梅 6-8. 白花点地梅（邓盈丰 马 平绘）

33. 昌都点地梅 图 279

Androsace bisulca Bur. et Franch. in Journ. de Bot. 5：103. 1891.

多年生草本，由多数叶丛形成密丛，无间距。叶呈不明显两型，内层叶披针形、窄披针形或线形，长4-5(-10)毫米，先端钝，全缘，下面中脉和边缘增厚，凸起，边缘被稀疏长柔毛；外层叶较小，上面近顶端具画笔状长柔毛。花葶长1.5-2(-4)厘米，疏被绵毛状长柔毛；伞形花序2-8花；苞片窄披针形，长3-4毫米，被长柔毛。花梗与苞片近等长；花萼杯状，长约3毫米，

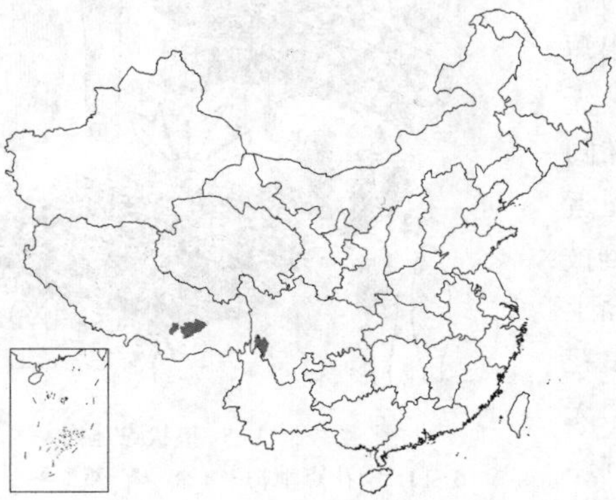

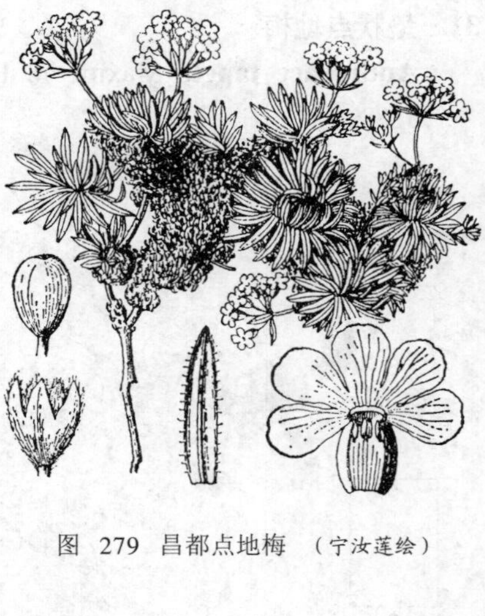

图 279 昌都点地梅 （宁汝莲绘）

分裂达中部，裂片卵形，先端微钝，密被白色长柔毛；花冠白或粉红色，径4-5毫米，裂片倒卵状长圆形，全缘。花期5-6月，果期7-8月。

产四川西南部及西藏东南部，生于海拔3100-4200米林缘或草甸。

34. 雪球点地梅 图 280 彩片 47

Androsace robusta (R. Kunth) Hand.-Mazz. in Notes Roy. Bot. Gard. Edinb. 15: 279. 1927.

Androsace villosa Linn. var. *robusta* R. Kunth in Engl. Pfianzenr. 22 (1V-237): 192. 1905.

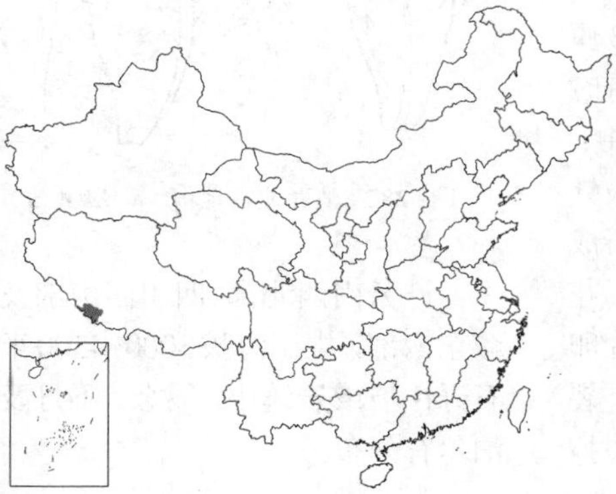

多年生草本，由多数串联于根出条上的叶丛形成密丛。叶丛球形，径0.8-1.5厘米。叶无柄，外层叶早枯，棕褐色，舌形或窄椭圆形，长4-7毫米，无毛。内层叶舌状长圆形或舌状倒披针形，长5-6毫米，上面无毛或先端被毛，下面密被白色卷曲绵毛状长毛。花葶高1-4厘米；伞形花序4-8花；苞片线形或窄披针形，长4-5毫米，两面被毛，花梗短于苞片或稍长；花萼近钟状，长约3毫米，密被白色长柔毛，分裂近中部，裂片卵状长圆形；花冠紫红色，径6-8毫米，裂片倒卵状长圆形。蒴果近球形，稍长于花萼。花期6-7月。

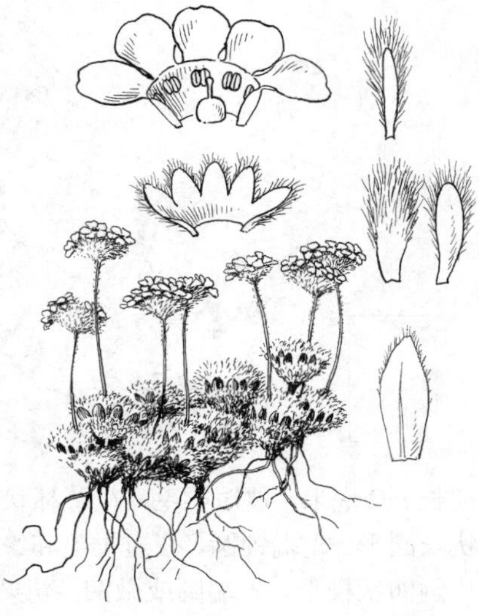

图 280 雪球点地梅 （邓盈丰绘）

产西藏南部，生于海拔3100-5100米山坡草地。克什米尔及尼泊尔有分布。

35. 旱生点地梅 图 281

Androsace lehmanniana Spreng. in Isis(Oken) 1: 1289. 1817.

多年生草本，由着生于根出条上的叶丛形成疏丛，莲座状叶丛径1-2厘米。叶呈不明显2型；无柄；外层叶舌状长圆形，长3-6毫米，除缘毛外近无毛；内层叶椭圆状倒卵形或椭圆状披针形，长0.5-1.5厘米，先端钝圆，基部楔状渐窄，上面无毛，下面被稀疏粗毛或渐无毛，边缘具开展长髯毛。花葶高2-7厘米，被长柔毛；伞形花序3-6花；苞片窄椭圆形，长3-6毫米，被长柔毛。花梗短于或近等长于苞片，被长柔毛；花萼长约3毫米，分裂达中部，裂片卵圆形，被柔毛；花冠白或粉红色，径6-9毫米，裂片宽倒卵形，近全缘。花期6-7月。

产新疆，生于海拔2800-3000米干旱山坡或谷地。哈萨克斯坦、俄罗斯及蒙古有分布。

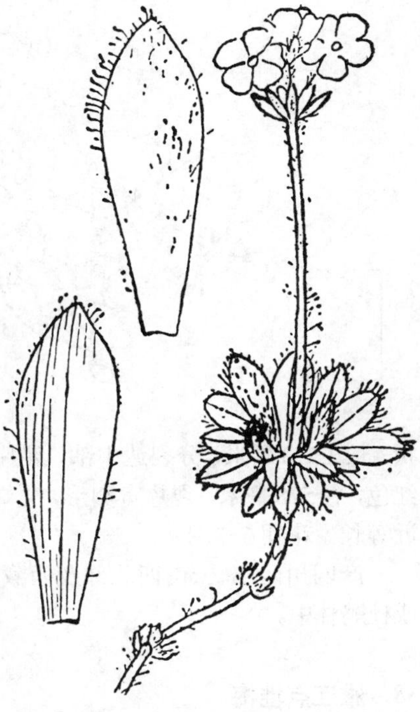

图 281 旱生点地梅 （邓盈丰 邓晶发绘）

36. 滇西北点地梅 图 282 彩片 48

Androsace delavayi Franch. in Journ. de Bot. 9: 456. 1895.

多年生草本，由根出条和叶丛形成不规则的垫状体。叶近同型，内层叶宽倒卵形或舌状倒卵形，长2-4毫米，边缘和圆形顶端多少内弯，上面近无毛，下面上半部被硬毛，先端具流苏状缘毛；外层叶少数，早枯，黄褐色。花葶高1-3厘米，顶生1-2(-4)花，有时无花葶，花单生于叶丛中；苞片通常2枚，长圆状披针形，长2-4毫米，常对折成舟状，背面和边缘被柔毛。花梗长1-2毫米，被短柔毛；花萼杯状，长约2.5毫米，分裂近中部，裂片卵状长圆形，先端钝圆，被短柔毛和缘毛，花冠白或粉红色，径6-8毫米，裂片倒卵状楔形，先端圆或微凹。蒴果近球形，与花萼近等长。花期6-7月。

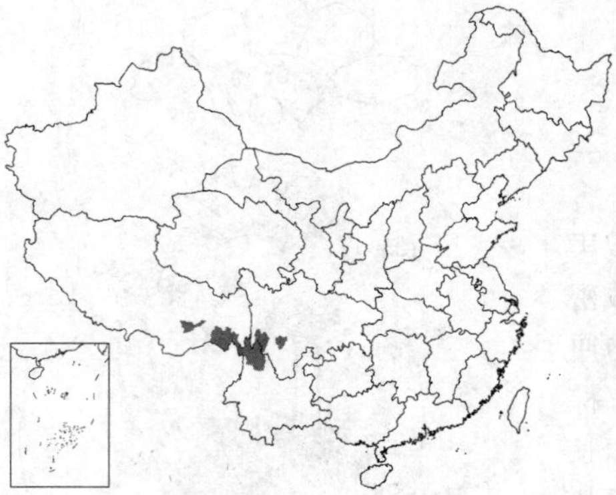

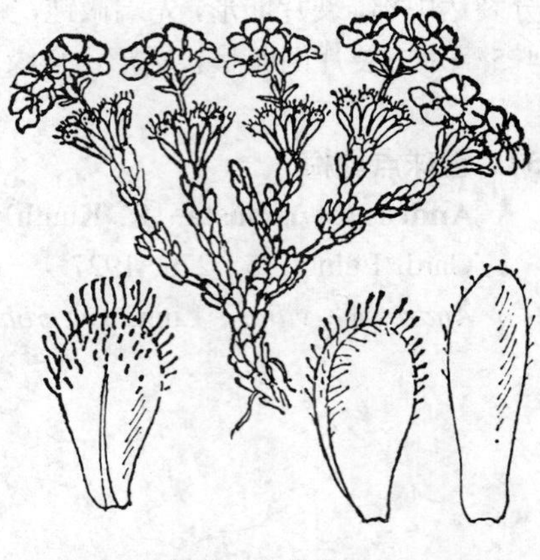

图 282 滇西北点地梅 （邓盈丰绘）

产云南西北部、四川西南部及西藏东南部，生于海拔3000-4500米多石砾山坡或岩缝中。锡金、不丹及尼泊尔有分布。

37. 柔软点地梅 图 283

Androsace mollis Hand.-Mazz. in Anz. Akad. Wiss. Wien, Math.-Nat. 61: 136. 1924.

多年生草本，由根出条和叶丛形成密丛。叶两型，外层叶无柄，倒卵状匙形，长2.5-5毫米，先端圆，上面近无毛，下面上半部被疏白色长毛，具长缘毛；内层叶倒卵形或倒披针形，长0.3-3厘米，毛被同外层叶，先端被长缘毛；叶柄不明显或长达叶片1/2，花革高0.5-3.5厘米，疏被柔毛；伞形花序2-4(-7)花；苞片线形或线状匙形，长3-4.5毫米，疏被小硬毛。花梗长1-6毫米，疏被柔毛；花萼杯状，长2.5-3毫米，分裂达中部，裂片卵形或卵状长圆形，被柔毛；花冠粉红色，径5-8毫米，裂片宽卵形，先端全缘或微波状。蒴果近球形，与花萼近等长。花期6-7月。

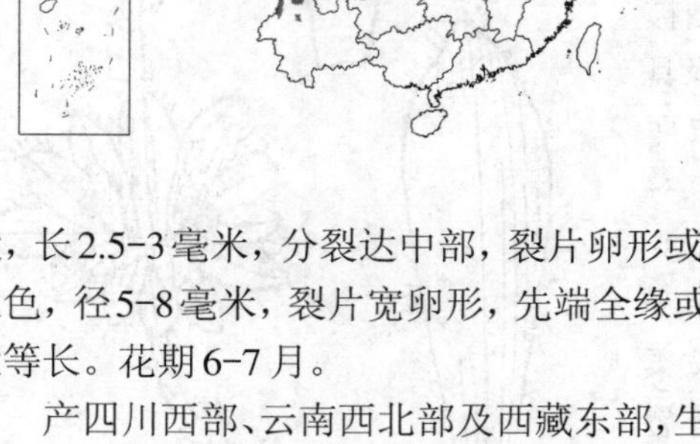

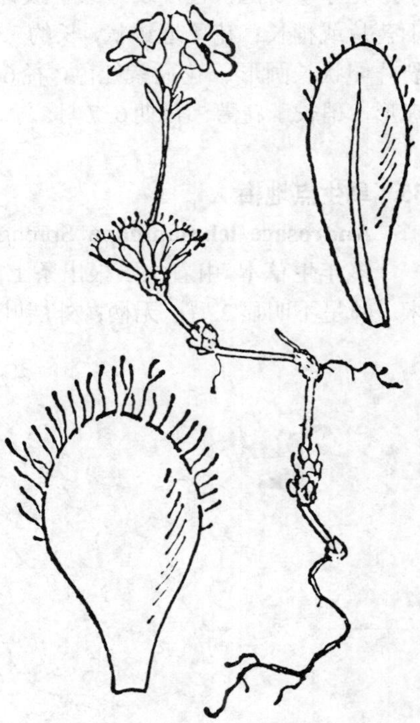

图 283 柔软点地梅 （邓盈丰绘）

产四川西部、云南西北部及西藏东部，生于海拔3200-4500米高山草地或杜鹃林中。

38. 雅江点地梅 图 284

Androsace yargongensis Petitm. in Bull. Herb. Boiss. 2 ser. 8: 367. 1908.

多年生草本，由多数根出条和叶丛形成密丛。外层叶线形或舌状长圆

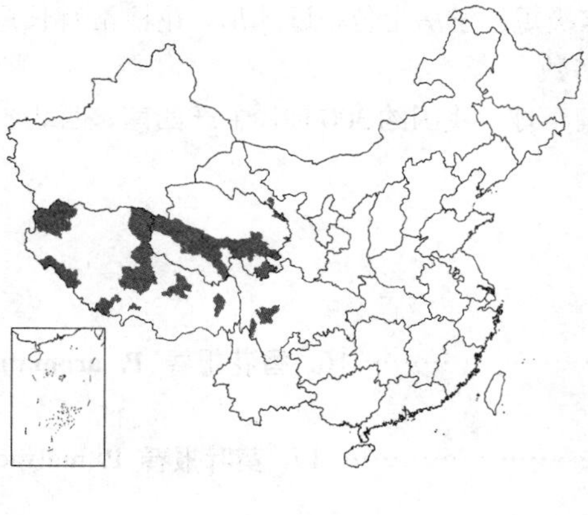

形，长(2-)3-5毫米，早枯，枣红色；内层叶匙状倒披针形或长圆状匙形，长5-9毫米，无毛或沿中脉疏被硬毛。花葶高0.5-2.5厘米，被卷曲长柔毛和无柄腺体；伞形花序5-6花；苞片椭圆形或长圆形，常对折成舟状，长5-6毫米，被柔毛和无柄腺体。花梗长1-3毫米，毛被同苞片；花萼钟状，长约3厘米，分裂近中部，裂片卵形或卵状三角形，被长柔毛和缘毛；花冠白或粉红色，径6-8毫米，裂片宽卵形，边缘微波状。花期6-7月，果期7-8月。

产西藏、青海、四川及甘肃，生于海拔3600-4800米高山石砾地、草甸或湿润河滩。

［附］**高原点地梅 Androsace zambalensis** (Petitm.) Hand.-Mazz. in Notes Roy. Bot. Gard. Edinb. 15: 283. 1927. —— *Androsace villosa* Linn. var. *zambalensis* Petitm in Bull. Herb. Boiss. 1. ser. 8: 368. 1908. 本种与雅江点地梅的区别：叶两面被短硬毛。产西藏东南部、四川西部、云南西北部及青海南部，生于海拔3600-5000米湿润砾石草甸和流石滩。

图 284 雅江点地梅 （邓盈丰 邓晶发绘）

39. 玉门点地梅 图 285

Androsace brachystegia Hand.-Mazz. in Notes Roy. Bot. Gard. Edinb. 15: 285. 1927.

多年生草本，由根出条上的莲座状叶丛形成疏丛；根出条枣红色，无毛或被带白色短硬毛，节间长0.4-2厘米，节上有枯老叶丛。莲座状叶丛径0.7-1厘米；叶自外层向内层渐增长，外层叶窄舌形，先端钝圆，无柄，常早枯，变淡黄白色；内层叶窄椭圆形或倒披针状椭圆形，长2.5-8毫米，先端钝，两面无毛或下面中肋被极少毛，边缘被稀疏开展硬毛。花葶单一，高0.4-4厘米，被稀疏硬毛和短柄腺体；伞形花序具1-3花；苞片卵形或卵状长圆形，长约3毫米，基部稍呈囊状，密被缘毛；花梗长2.5-9毫米，被疏柔毛和短柄腺体；花萼杯状，长3-3.5毫米，基部微呈囊状，分裂稍超过中部，裂片卵形或宽卵形，带紫色，疏被短柔毛，具缘毛；花冠白或粉红色，径6-9毫米，裂片倒卵形，先端圆或微呈波状。蒴果近球形，约与花萼等长。花期6月。

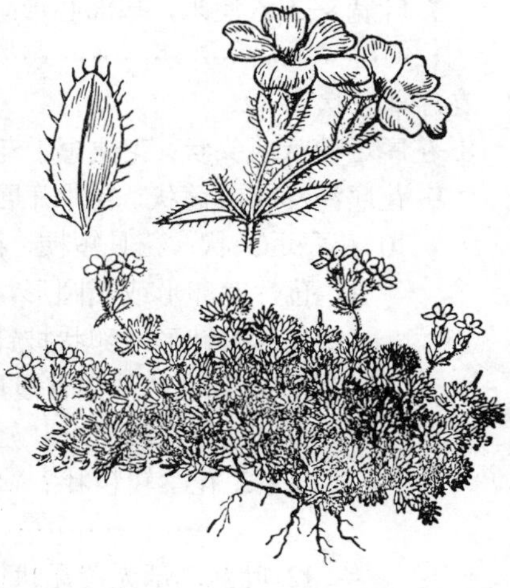

图 285 玉门点地梅 （引自《图鉴》）

产青海东南部、甘肃南部及四川北部，生于海拔4000-4600米山阴坡或半阴坡草地。

9. 报春花属 Primula Linn.

多年生，稀二年生草本。叶全基生，莲座状。花5基数，通常在花葶顶端排成伞形花序，稀总状花序、短穗状或近头状花序，有时花单生，无花葶。花萼钟状或筒状，具浅齿或深裂；花冠漏斗状或钟状，喉部不缢缩，筒部通常长于花萼，裂片全缘、具齿或浅裂；雄蕊贴生冠筒，花药顶端钝花丝极短；子房上位，近球形，花柱常有长短2型。蒴果球形或筒状，顶端短瓣裂或不规则开裂，稀帽状盖裂；种子多数。

约500种，主要分布于北半球温带和高山地区，极少数种类分布南半球。我国约300种，主产西南、西北。

1. 花序总状；花梗长于花萼。
  2. 总状花序长于1.5厘米或具1-5花。
    3. 花粉红、红、淡蓝紫或淡紫红色。
      4. 叶膜质；花萼分裂近基部 …………………………………………………………… 16. **香花报春 P. aromatica**
      4. 叶非膜质；花萼分裂近中部。
        5. 叶近圆形或宽卵圆形 ………………………………………………………………… 17. **葵叶报春 P. malvacea**
        5. 叶椭圆形或长圆状倒卵形。
          6. 叶宽1.5-10厘米，基部钝圆或宽楔形，下面网脉不隆起，叶柄长0.6-6厘米；花梗长4-8毫米，花萼长0.8-1.5厘米 ………………………………………………………… 18. **地黄叶报春 P. blattariformis**
          6. 叶宽2-5厘米，基部多少心形，下面网脉隆起呈蜂窝状，叶柄长4-15厘米；花梗长0.7-1.5厘米，花萼长7-8毫米 ……………………………………………………………………… 19. **显脉报春 P. celsiaeformis**
    3. 花黄色 …………………………………………………………………………………………… 20. **巴塘报春 P. bathangensis**
  2. 总状花序缩短成伞形花序状，长不及1.5厘米，花密集。
    7. 叶宽3.5-12厘米，基部圆或心形；花梗长0.5-1厘米，花萼长约3毫米，冠筒长约7毫米 ……… 24. **滇南报春 P. henryi**
    7. 叶宽8-21.5厘米，基部心形；花梗长1.5-2厘米，花萼长0.7-1.2厘米，冠筒长1-1.2厘米 ……………………………………………………………………………………………………… 24(附). **马关报春 P. chapaensis**
1. 花序非总状。
  8. 花序近穗状或头状；花梗短于花萼。
    9. 花序漏斗状或筒状，裂片开展。
      10. 花序近头状；花具短梗，花萼辐射对称。
        11. 苞片宽卵形或椭圆形，叶状；叶近革质，常绿 ………………………… 91. **石岩报春 P. dryadifolia**
        11. 苞片披针形或卵状披针形，非叶状；叶草质，冬季凋萎。
          12. 花期叶丛基部有覆瓦状包叠的鳞片。
            13. 花葶较细短；冠檐径1-2厘米 ……………………………………………… 93. **球花报春 P. denticulata**
            13. 花葶较粗壮；高出叶丛3-6倍；冠檐径1.5-2.2厘米 …………………………………………………………… 93. **滇北球花报春 P. denticulata** subsp. **sinodenticulata**
          12. 叶丛基部无覆瓦状包叠的鳞片。
            14. 花萼分裂达中部，裂片先端钝；花期早春至夏季(1-7月)。
              15. 花序径1-1.5厘米，花葶高2-8(-11)厘米 ………………………… 83. **光叶粉报春 P. glabra**
              15. 花序径2-4厘米，花葶高6-35厘米 ……………… 94. **滨海水仙花 P. pseudodenticulata**
            14. 花萼分裂达中部以下，裂片先端锐尖；花期秋季(9月)。
              16. 头状花序盘状扁球形；叶下面常被白粉 ……………………… 95. **头序报春 P. capitata**
              16. 头状花序球形；叶两面绿色，无粉 ……………………………………………………… 95(附). **无粉头序报春 P. capitata** var. **sphaerocephla**
      10. 花序短穗状或头状；花无梗；花萼多少两侧对称。
        17. 花冠裂片先端锐尖 ……………………………………………………………………… 96. **高穗报春 P. vialii**
        17. 花冠裂片先端圆或微凹，具小圆齿或深裂。
          18. 叶宽倒卵形或宽倒披针形，全缘或具不明显波状小圆齿，叶柄不明显或长达叶片1/2 ……………………………………………………………………………………… 97. **垂花穗状报春 P. cernua**

18. 叶椭圆形或披针形，边缘具圆齿，牙齿缺刻状粗齿或羽状分裂，明显具柄。
19. 花葶高30-60厘米。叶具小牙齿或圆齿。
20. 花葶被柔毛或近无毛；叶两面被柔毛 ………………………………………… 98. **穗花报春 P. deflexa**
20. 花葶无毛，有时被粉；叶仅下面沿中肋被毛 ………………………… 98(附). **麝香报春 P. muscarioides**
19. 花葶高5-25厘米，无毛或近无毛；叶具缺刻状粗齿或羽状分裂 …… 99. **羽叶穗花报春 P. pinnatifida**
9. 花冠钟状，裂片直立。
21. 花冠径4-6毫米；叶长达1厘米 ………………………………………… 100. **小垂花报春 P. sapphirina**
21. 花冠径1厘米以上；叶长于1厘米。
22. 花冠乳白或黄色。
23. 花冠乳白色，长1.3-1.6厘米，冠檐径约1厘米；苞片披针形，长2-6毫米 ……………………………………………………………………………………………… 101. **乳白垂花报春 P. eburnea**
23. 花冠黄色，长1.8-2.5厘米，冠檐径1.2-1.5厘米；苞片卵形或卵状长圆形，长0.6-1.5厘米 …………………………………………………………………………………………………… 46. **峨眉报春 P.faberi**
22. 花冠蓝紫或淡蓝紫色。
24. 花序短穗状或近头状，花冠漏斗状，冠筒长于花萼1倍 ………………… 102. **垂花报春 P. flaccida**
24. 花序近头状，花冠钟状，冠筒与花萼等长 ……………………… 104. **钟状垂花报春 P. wollastoni**
8. 花序伞形或花单生。
25. 叶羽状或掌状中裂或深裂。
26. 叶羽状全裂，羽片2-6对，每边具2-4个粗齿或缺刻 ………………… 22. **毛茛叶报春 P. cicutariifolia**
26. 叶羽状或掌状分裂，裂深不达中肋。
27. 花萼基部膨大成半球形。
28. 叶丛基部无坚硬残存的枯叶柄；果时宿存花萼长1.5-2厘米 ………………… 21. **藏报春 P. sinensis**
28. 叶丛基部有坚硬的枯叶柄；果时宿存花萼长0.8-1厘米 …………… 21(附). **巴蜀报春 P. rupestris**
27. 花萼基部不膨大。
29. 叶具羽状脉；花萼具多数纵脉。
30. 叶近圆形或肾圆形，圆齿状浅裂 ………………………………………………… 5. **灰毛报春 P. mollis**
30. 叶宽卵形或长圆状卵形，掌状或羽状分裂。
31. 花萼和冠筒外面被毛 ………………………………………………………… 9. **多脉报春 P. polyneura**
31. 花萼和冠筒外面无毛 ………………………………………………………… 10. **岩生报春 P. saxatilis**
29. 叶的侧脉多数基出；花萼具少数纵脉。
32. 叶柄基部鞘状，叶下面近无毛。
33. 花序具2-9花；冠檐径约1厘米 ……………………………………… 12. **鞘柄掌叶报春 P. vaginata**
33. 花序具1-2（3）花；冠檐径约1-1.8厘米 …… 12(附). **圆叶报春 P. vaginata** subsp. **eucyclia**
32. 叶柄基部无鞘状增宽部分；叶下面沿叶脉被毛 ………………………… 13. **掌叶报春 P. palmata**
25. 叶全缘、具齿或浅裂，裂深不超过叶片1/4。
34. 植株被多细胞毛，如无毛，则叶基部心形。
35. 花萼杯状或宽钟状，宽大于长。
36. 花萼裂片叶状，两面无毛 ………………………………………………… 17. **葵叶报春 P. malvacea**
36. 花萼裂片非叶状，内面无毛。
37. 花葶、叶两面和叶柄被稀疏短柔毛或近无毛；叶长达2-8.5厘米，宽达2-7厘米 ……………………………………………………………………………………………… 3. **铁梗报春 P. sinolisteri**
37. 花葶、叶两面和叶柄被褐色长柔毛；叶长达14(-17)厘米，宽达11厘米 ……………………………………………………………………………………………… 4. **鄂报春 P. obconica**
35. 花萼窄钟形或筒状，长大于宽。

38. 植株具木质根状茎；花葶纤细，短于叶丛 ………………………………………… 26. **小苞报春 P. bracteata**
38. 植株无木质根状茎；花葶高出叶丛。
39. 叶丛下有干膜质鳞片；叶上面泡状，下面蜂窝状；伞形花序具2-7(-9)花，苞片多枚；蒴果脆壳质，裂成不规则碎片 ………………………………………… 33. **卵叶报春 P. ovalifolia**
39. 叶丛下无膜质鳞片；叶上面不呈泡状。
40. 花冠黄色，冠筒与花萼近等长 ………………………… 23. **硕萼报春 P. veris** subsp. **macrocalyx**
40. 花冠红或淡蓝紫色，冠筒长于花萼。
41. 蒴果顶端帽状盖裂。
42. 叶先端锐尖或渐窄。
43. 叶宽3.5-12厘米，基部圆或稍楔形，叶柄长达18厘米；花梗长0.5-1厘米，花萼长约3毫米，花冠筒长约7毫米 ………………………………………… 24. **滇南报春 P. henryi**
43. 叶宽8-16(-21.5)厘米，基部圆或心形，叶柄长达30厘米；花梗长1.5-2厘米，花萼长0.7-1.2厘米，冠筒长1-1.2厘米 ………………………… 24(附). **马关报春 P. chapaensis**
42. 叶先端钝或圆，下面沿叶脉被锈色毛，伞形花序具3-5花 ……………… 25. **广南报春 P. wangii**
41. 蒴果短瓣开裂或不规则开裂。
44. 植株体常被粉；花萼钟状，裂片草质，无明显脉纹。
45. 叶(至少外层叶)基部渐窄。
46. 花2至多朵排成伞形花序，花冠裂片具3齿，冠筒内面无毛 … 27. **大理报春 P. taliensis**
46. 花通常单生。
47. 叶宽3-4毫米，掌状3裂达中部；花葶极短，高3-5毫米，花冠玫瑰红色，冠檐径1-1.5厘米 ………………………………………… 92. **三裂叶报春 P. triloba**
47. 叶宽4-8毫米，具缺刻状牙齿或圆齿；花葶高5-9厘米，花冠淡蓝紫色，冠檐径约3厘米 ………………………………………… 103. **单朵垂花报春 P. klatii**
45. 叶基部心形或圆。
48. 长花柱仅长达冠筒中部；短柱花的雄蕊着生冠筒中部；花葶高6-13厘米；叶长1-3.5厘米，叶柄长1-3(-5)厘米 ………………………………………… 1. **小报春 P. forbesii**
48. 长花柱与冠筒近等长；短柱花的雄蕊着生冠筒中上部；花葶高10-40厘米；叶长3-10厘米，叶柄长2-15厘米 ………………………………………… 2. **报春花 P. malacoides**
44. 植株无粉；花萼窄钟状或筒状，裂片近革质，有明显纵脉。
49. 叶侧脉多数基出；花萼具少数纵脉。
50. 叶柄基部鞘状，叶下面近无毛 ………………………… 12. **鞘柄掌叶报春 P. vaginata**
50. 叶柄基部非鞘状，叶下面被疏毛或沿中脉被毛。
51. 花葶高25-70厘米，常为具2轮伞形花序。每轮具2-8花；冠筒长1.2-1.3厘米；叶粗齿状7-9浅裂 ………………………………………… 14. **肾叶报春 P. loeseneri**
51. 花葶高10-16厘米，顶生伞形花序1轮，具2-3花，冠筒长约9毫米；叶掌状5-7浅裂；具纤细匍匐根状茎 ………………………………………… 15. **蔓茎报春 P. alsophila**
49. 叶具羽状脉；花萼具多数纵脉。
52. 叶卵形或长圆形，长度大于宽度1倍以上。
53. 叶具缺刻状深齿或羽状浅裂，深达叶片1/5-1/4 ……………… 10. **岩生报春 P. saxatilis**
53. 叶具圆齿状浅裂，深达叶片1/8 ………………………………… 11. **樱草 P. sieboldii**
52. 叶多少呈圆形，长度稍大于宽度。
54. 叶掌状或近于掌状分裂，深达叶片1/5-1/3。
55. 花萼及冠筒外面被毛，花冠粉红或玫瑰红色；叶宽三角形、宽卵形或近圆形 ………………………………………… 9. **多脉报春 P. polyneura**

55. 花萼及冠筒外面无毛，花冠淡紫红色；叶宽卵形或长圆状卵形 ……………… 10. **岩生报春 P. saxatilis**
54. 叶缘呈圆齿状或浅波状，分裂极浅。
56. 花萼裂片长圆形或长圆状披针形，草质，背面及边缘被柔毛 ……………… 6. **保康报春 P. neurocalyx**
56. 花萼裂片披针形，近革质，疏被短柔毛或近无毛。
57. 叶宽 1.5-5.5(-8.5) 厘米，浅波状，裂片钝圆，叶柄长 2-9 厘米；花萼长 4.5-7 毫米，冠筒长 6.5-8 毫米 …………………………………………………………………………………… 7. **灰绿报春 P. cinerascens**
57. 叶宽 5-15 厘米，粗齿状浅裂，裂片宽三角形，锐尖，叶柄长 6-18 厘米；花萼长 0.7-1.2 厘米，冠筒长 1-1.4 厘米 …………………………………………………………………………… 8. **堇菜报春 P. violaris**
34. 植株无毛或具微柔毛。
58. 叶上面被短伏毛，呈粗糙状，明显具柄。
59. 叶倒披针形，倒卵形或匙形，基部渐窄，具不整齐牙齿；花萼长 06-1 厘米，分裂达中部；蒴果与宿存花萼近等长 …………………………………………………………………… 89. **黄粉缺裂报春 P. rupicola**
59. 叶宽卵形或长圆形，基部浅心形、平截或短渐窄，具缺刻状深齿或近羽状全裂；花萼长 4-6.5 毫米，分裂达中部以下，蒴果短于宿存花萼 ………………………………………… 90. **糙毛报春 P. blinii**
58. 叶无毛，如被短伏毛，则叶柄不明显。
60. 叶从基部由鳞片和叶柄包叠成假茎状。
61. 花冠钟状，喉部无环状附属物。
62. 花蓝紫色；蒴果长于花萼 1 倍 ……………………………………… 61. **木里报春 P. boreiocalliantha**
62. 花黄色或白色，蒴果与花萼近等长。
63. 叶具不整齐撕裂状牙齿 ……………………………………………… 62. **乳黄雪山报春 P. agleniana**
63. 叶具近于整齐锯齿 ………………………………………………… 63. **斜花雪山报春 P. obliqua**
61. 花冠漏斗状，喉部有环状附属物。
64. 花萼钟状；花冠裂片具齿或浅裂；蒴果球形，脆壳质，成熟时裂成不规则碎片。
65. 花冠黄色 ……………………………………………………………… 30. **金黄脆蒴报春 P. strumosa**
65. 花冠蓝紫或紫红色。
66. 花冠裂片具 3 至多个小圆齿 ……………………………………………… 31. **苣叶报春 P. sonchifolia**
66. 花冠裂片先端凹 ………………………………………… 30(附). **暗紫脆蒴报春 P. calderiana**
64. 花萼筒状或窄钟状；花冠裂全缘(P. elongata，P. maerophylla，P. megalocarpa 除外)；蒴果革质，顶端以短齿开裂。
67. 花冠黄色。
68. 花萼裂片披针形或近线形；花冠裂片先端具 3-6 小齿，冠檐径约 1.5 厘米 ……………………………………………………………………………………… 56. **黄齿雪山报春 P. elongata**
68. 花萼裂片长圆状披针形，花冠裂片全缘，冠檐径 1.8-2.5 厘米 ……………………………………………………………………………………… 57. **圆瓣黄花报春 P. orbicularis**
67. 花冠蓝紫、紫红或白色。
69. 花冠裂片先端具凹缺。
70. 植株被白粉；花葶高 10-25 厘米；花萼裂片披针形，先端锐尖，花冠紫或蓝紫色 ……………………………………………………………………… 53. **大叶报春 P. macrophylla**
70. 植株被黄粉；花葶高 3-12 厘米；花萼裂片长卵状倒披针形，先端钝圆，花冠粉红微带紫色 ……………………………………………………………… 55. **大果报春 P. megalocarpa**
69. 花冠裂片全缘。
71. 开花期叶无粉。
72. 花冠裂片披针形或窄长圆形，颜色较冠筒淡，与冠筒近等长 ……………………………………………………………………………… 52. **岷山报春 P. woodwardii**

72. 花冠裂片长圆形，颜色与冠筒相同或较深，短于冠筒 ………………… 52(附). **紫罗兰报春 P. purdomii**
71. 开花期叶下面被粉。
73. 叶长5-20(-25)厘米，下面粉被鲜黄色；花葶高达50-70厘米 ………… 54. **紫花雪山报春 P. chionantha**
73. 叶长6-12厘米，下面粉被白色；花葶高达25厘米 ………………………… 53. **大叶报春 P. macrophylla**
60. 叶柄散开，不包叠成假茎状。
74. 花冠钟状，裂片与冠筒几成一直线。
75. 植株无粉。
76. 花冠径4-6毫米；叶无软骨质边缘 ……………………………………… 100. **小垂花报春 P. sapphirina**
76. 花冠径大于1厘米；叶具软骨质边缘。
77. 花序具3-10花，紧密近头状；花冠黄色 ……………………………………… 46. **峨眉报春 P. faberi**
77. 花序具有2(-5)花，疏松；花冠蓝紫色。
78. 叶先端锐尖或稍钝而具突尖头；花冠裂片全缘或微凹 …… 45. **暗红紫晶报春 P. valentiniana**
78. 叶先端圆或钝。
79. 植株细弱；花冠长0.8-1.2厘米，裂片凹缺间有小突起或成裂齿状 ……………………………………………………………………………… 43. **贡山紫晶报春 P. silaensis**
79. 植株稍粗壮；花冠长1.2-1.6厘米，裂片先端不规则缺裂状，裂齿锐尖 ……………………………………………………………… 44. **短叶紫晶报春 P. amethystina var. brevifolia**
75. 植株被粉，有时仅花萼被粉。
80. 植株高不及5厘米 ……………………………………………………… 77. **俯垂粉报春 P. nutantiflora**
80. 植株高达10厘米以上。
81. 花冠蓝紫或紫红色。
82. 叶长10-20厘米，宽3-8厘米，基部圆或平截；花萼被黄粉，具5脉，花冠黄、紫或白色 ……………………………………………………………………… 48. **杂色钟报春 P. alpicola**
82. 叶长5-15厘米，宽1-3厘米，基部渐窄；花萼被白粉，形成紫白相间的10条纵带，花冠紫红或玫瑰红色 ……………………………………………………… 34. **偏花报春 P. secundiflora**
81. 花冠黄或白色。
83. 叶基部渐窄 ……………………………………………………………… 47. **钟花报春 P. sikkimensis**
83. 叶基部心形、平截或圆。
84. 叶长圆状椭圆形或长圆形，长大于宽2倍以上；花葶高达90厘米，伞形花序每轮具5至多花，花梗长达8厘米 ……………………………………………… 48. **杂色钟报春 P. alpicola**
84. 叶宽卵形、卵状长圆形或近圆形，长稍大于宽。
85. 花葶纤细，高10-40厘米；伞形花序具2-8花 ………………… 49. **葶立钟报春 P. firmipes**
85. 花葶粗壮，高0.3-1.2厘米；伞形花序具(10-)15-30(-80)花 ……………………………………………………………… 49(附). **巨伞钟报春 P. fiorindae**
74. 花冠漏斗状，裂片开展。
86. 叶基部心形或圆，具长柄。
87. 植株具木质根茎；叶宽常不及1.3厘米，常绿 ……………………… 91. **石岩报春 P. dryadifolia**
87. 植株无木质根茎；叶宽2厘米以上，冬季枯萎。
88. 植株被白粉 …………………………………………………………… 64. **白粉圆叶报春 P. littledallei**
88. 植株无粉。
89. 叶坚纸质或近革质，基部圆或浅心形；花萼裂片卵形或卵状长圆形，先端钝圆 ………………………………………………………………… 32. **川西遂瓣报春 P. veitchiana**
89. 叶草质或膜质，基部深心形或平截；花萼裂片披针形，先端锐尖 ………………………………………………………………… 65. **长葶圆叶报春 P. gambeliana**

86. 叶(至少外层叶)基部渐窄。
90. 花冠裂片全缘。
91. 花冠淡黄色 …………………………………………………………… 60. **四川报春 P. szechuanica**
91. 花冠蓝紫色或暗朱红色或白色。
92. 花冠暗朱红色，裂片窄长圆形或线形，宽不超过3毫米。
93. 花冠裂片窄长圆形，宽2.5–3毫米 …………………………………… 58. **胭脂花 P. maximowiczii**
93. 花冠裂片线形，宽约1毫米 …………………………………………… 59. **甘青报春 P. tangutica**
92. 花冠蓝紫色，裂片椭圆形，宽超过3毫米。
94. 花期叶下面被粉；叶丛高2–8厘米，基部无鳞片 …………………… 50. **双花报春 P. diantha**
94. 花期叶下面无粉或近无粉；叶丛高超过10厘米，基部有少数三角形鳞片 ……………………………………………………………………… 51. **心愿报春 P. optata**
90. 花冠裂片具齿，凹缺或2裂。
95. 蒴果球形或卵状长圆形；苞片基部不下延成耳状。
96. 伞形花序单生花葶顶端；蒴果脆壳质，裂成不规则碎片。
97. 叶具波状疏齿或呈浅裂状，叶柄短于或稍长于叶片；花冠白或淡蓝紫色 ……………………………………………………………………… 29. **波缘报春 P. sinuata**
97. 叶具三角形锐尖牙齿，叶柄近无或甚短；花冠蓝紫或淡红色 ……… 28. **齿萼报春 P. odontocalyx**
96. 伞形花序通常2至多层生于花葶上；蒴果革质，顶端以短齿开裂。
98. 花冠玫瑰或紫红色。
99. 植株(至少花萼内面)被粉。
100. 花两面被粉；冠筒管状，近喉部始扩大 ………………………… 35. **霞红灯台报春 P. beesiana**
100. 花仅内面被黄粉；冠筒自基部向上逐渐扩大 …………… 36. **玉山灯台报春 P. miyabeana**
99. 植株全株无粉。
101. 花萼分裂达中部，裂片披针形 ……………………………… 37. **凉山灯台报春 P. stenodonta**
101. 花萼分裂不达中部，裂片三角形或长圆形。
102. 花冠径1.8–3厘米，裂片开张，稍短于冠筒；植株鲜时无香气 ……………………………………………………………………… 38(附). **海仙报春 P. poissonii**
102. 花冠径1–1.5厘米，裂片近直立或稍开张，长约为冠筒1/2；植株鲜时有茴香气 ……………………………………………………………………… 38. **香海仙报春 P. wilsonii**
98. 花冠黄或橙黄色。
103. 花葶和花序被粉。
104. 花萼裂片披针形，先端渐尖成钻形 ………………… 35(附). **桔红灯台报春 P. bulleyana**
104. 花萼裂片三角形 ……………………………………………… 39. **中甸灯台报春 P. chungensis**
103. 植株全体无粉。
105. 花萼分裂达中下部，裂片窄披针形 ……………………… 40. **橙红灯台报春 P. aurantiaca**
105. 花萼分裂不达中部，裂片三角形或卵状三角形。
106. 冠檐径6–9毫米 ………………………………………… 41. **小花灯台报春 P. prenantha**
106. 冠檐径1.8–2.5厘米 …………………………………… 42. **齿叶灯台报春 P. serratifolia**
95. 蒴果近圆形，如为球形，则植株高不及3厘米；苞片基部下延成耳状。
107. 冠筒口有球状毛丛。
108. 叶粗糙，上面被短毛和腺毛 …………………………………… 87. **球毛小报春 P. rimulina**
108. 叶光滑无毛 …………………………………………………………… 88. **山丽报春 P. bella**
107. 冠筒口无球状毛丛。
109. 植株全体无粉；叶全缘。

110. 苞片远短于花萼 …………………………………………………………… 80(附). 柔小粉报春 **P. pumilio**
110. 苞片与花萼等长。
111. 苞片线形，基部不下延，有时花单生无苞片 ……………………………… 80. 束花粉报春 **P. fasciculata**
111. 苞片长圆形，基部下延成垂耳状。
112. 苞片垂耳状附属物长4-7毫米。
113. 花冠白色，冠筒长于花萼1倍 ……………………………………………… 81. 花苞报春 **P. munroi**
113. 花冠蓝紫或紫红色，冠筒稍长于花萼 ……………………………………………………………………
…………………………………………………… 81(附). 雅江报春 **P. munroi** subsp. **yargongensis**
112. 苞片的垂耳附属体长1-1.5毫米。
114. 花萼裂片边缘密被小腺毛；花葶长于花梗 ………………………………… 82. 天山报春 **P. nutans**
114. 花萼裂片边缘无毛；花葶常短于花梗 ………………………………… 82(附). 西藏报春 **P. tibetica**
109. 植株被粉；叶具裂齿。
115. 花葶高1-3(-5)厘米；花序常具1-2花。
116. 叶无粉，具缺刻状浅裂。
117. 花冠筒长约5毫米，叶先端近平截，具3-7锐尖裂齿 ………………… 84. 苔状小报春 **P. muscoides**
117. 花冠筒长0.8-1厘米，叶先端圆。
118. 叶无毛，边缘自基部至先端均具齿 ………………………………… 85. 细裂小报春 **P. tenuiloba**
118. 叶被小腺毛，边缘近先端具齿；花冠外面无毛 …………… 85(附). 窄筒小报春 **P. waddellii**
116. 叶被粉。
119. 花冠筒与花萼等长或稍长。
120. 花萼分裂达中下部；叶下面密被白粉 ……………………………… 66. 短葶圆叶报春 **P. caveana**
120. 花萼分裂达中部；叶下面密被黄粉 ……………………………… 67. 雅洁粉报春 **P. concinna**
119. 花冠筒长于花萼1-2倍。
121. 花无梗；苞片着生花萼基部 …………………………………… 86. 高峰小报春 **P. minutissima**
121. 花具花梗；苞片着生花梗基部 …………………………………… 76. 云南报春 **P. yunnanensis**
115. 花葶高于5厘米，花序具3至多花。
122. 花冠筒等长或稍长于花萼。
123. 苞片线形或线状披针形，花后反折 ……………………………………… 68. 寒地报春 **P. algida**
123. 苞片近直立，不反折。
124. 植株具鞭状匍匐枝；叶下面被乳白色粉 ……………………………… 71. 匍状粉报春 **P. caldaria**
124. 植株无鞭状匍匐枝；叶下面被粉或无粉。
125. 花萼具5棱。
126. 花萼筒状，长0.6-1厘米，裂片长圆形或披针形 ……… 69. 狭萼报春 **P. stenocalyx**
126. 花萼钟状，长4-6毫米，裂片卵状长圆形或三角形 ………… 70. 粉报春 **P. farinosa**
125. 花萼无棱。
127. 花萼裂片卵形或长圆形，先端钝圆 ……………………………… 73. 无粉报春 **P. efarinosa**
127. 花萼裂片披针形，先端锐尖。
128. 苞片窄长圆状披针形；花葶高10-30厘米，顶端不缢缩 ……………………
……………………………………………………………… 72. 长葶报春 **P. lorgiscapa**
128. 苞片长圆状卵形或卵状披针形，花葶高5-20厘米，顶端缢缩 ………………
……………………………………………………………… 72(附). 箭报春 **P. fistulosa**
122. 花冠筒长于花萼1-2倍。
129. 花冠黄色，叶宽卵形、椭圆形或近圆形，下面被白粉 ……………………… 74. 黄花粉报春 **P. flava**

127. 花冠蓝紫或紫红色。
130. 花萼筒状，长0.6-1厘米，具5棱，长花柱与花萼近等长，短花柱长0.5-3毫米；叶近全缘或具小齿 ………………………………………………………………………………………… 69. **狭萼报春 P. stenocalyx**
130. 花萼钟状，长4-6毫米，如超过6毫米，则无棱。
131. 叶无粉。
132. 花萼长3.5-5.5毫米，冠檐径1-1.5厘米 ……………………………… 78. **散布报春 P. consperra**
132. 花萼长(0.5-)0.6-1厘米；冠檐径1.5-2.5厘米 ………………………… 79. **苞芽报春 P. gemmifera**
131. 叶明显被粉。
133. 植株具成束的粗根，花葶高8-30厘米；花萼长达0.8-1厘米，无棱 ………………………………………………………………………………………… 75. **丽花报春 P. pulchella**
133. 植株具纤维状须根；花葶1.5-6(-8)厘米；花萼长(2-)4-5(-7)毫米，具5棱 ………………………………………………………………………………………… 76. **云南报春 P. yunnanensis**

1. 小报春 图 286

Primula forbesii Franch. in Bull. Soc. Bot. France 33: 64. 1886.

二年生草本；具多数纤维状须根。叶丛生；叶柄长1-3(-5)厘米，具窄翅，被柔毛，叶长圆形，椭圆形或卵状椭圆形，长1-3.5厘米，先端圆，基部平截或浅心形，通常圆齿状浅裂，裂片具牙齿，上面疏被柔毛，下面沿中脉被毛。花葶高6-13厘米，被柔毛；伞形花序1-2轮，稀3-4轮，每轮4-8花；苞片披针形，长2.5-5.5毫米。花梗直立，长0.6-2厘米；花萼长3-4.5毫米；冠檐径约1厘米，裂片宽倒卵形，先端具深凹缺；短柱花的雄蕊着生冠筒中下部，长花柱长达冠筒中部。蒴果球形，径约3毫米，短于宿存花萼。花期2-3月。

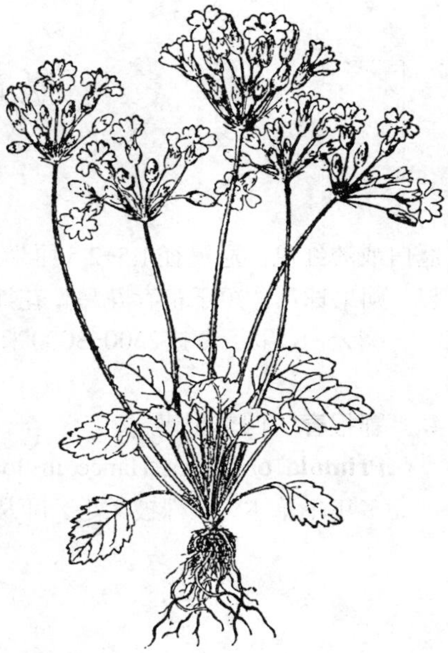

图 286 小报春 （引自《图鉴》）

产云南及四川南部，生于海拔1500-2000米湿草地、田埂或蚕豆田中。

2. 报春花 图 287

Primula malacoides Franch. in Bull. Soc. Bot. France 33: 64. 1886.

二年生草生。叶丛生；叶柄长2-15厘米，具窄翅，被柔毛，叶卵形、椭圆形或长圆形，长3-10厘米，先端圆，基部心形或平截，具6-8对圆齿状浅裂，裂片具不整齐小牙齿，上面疏被柔毛或无毛，下面沿中脉被毛或近无毛，无粉或有时被白粉。花葶高10-40厘米，被柔毛或无毛，无粉或微被粉；伞形花序2-6轮，每轮4-20花；苞片线形或线状披针形，长3-7毫米，通常被乳白色粉，分裂达中部，裂片三角形，锐尖；花冠粉红、淡蓝紫或近白色，冠筒长4-6毫米，冠檐径1-1.5厘米，裂片宽倒卵形，先端2深裂；短柱花的雄蕊着生冠筒中上部，长花柱与冠筒近等长。蒴果球形，径约3毫米。花期2-5月，果期3-6月。

产云南西北部、贵州及广西西北部，生于海拔1800–3000米湿地，沟边或林缘。各地温室常有栽培。

图 287 报春花 （引自《图鉴》）

3. 铁梗报春 图 288

Primula sinolisteri Balf. f. in Trans. Bot. Soc. Edinb. 26：330. pl. 47. 1915.

多年生草本；具木质根状茎。叶、花葶、花序均被短柔毛。叶丛生；叶柄纤细而坚硬，长3–13厘米，叶卵圆形或近圆形，长2–8.5厘米，先端钝圆，有时锐尖，基部心形，边缘波状浅裂，裂片宽三角形或近圆形，有小齿；叶柄被稀疏短柔毛或近无毛。花葶高5–20厘米，被稀疏短柔毛或近无毛；伞形花序2–8花。花梗长0.7–1.2（–2）厘米；花萼宽钟状，长4–7毫米，分裂约全长1/3，裂片三角形，先端锐尖；花冠白或淡红色，冠檐径1.5–2.5厘米，裂片倒卵形，宽5毫米以上，先端2裂。蒴果球形，短于宿存花萼。花期2–8月。

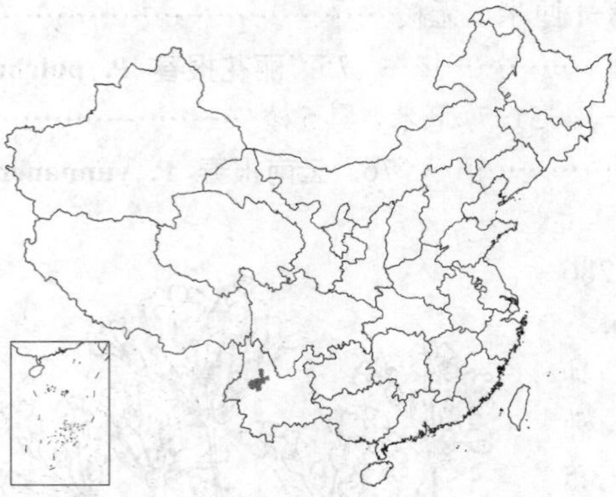

产云南，生于海拔2300–3000米草坡或疏林下。

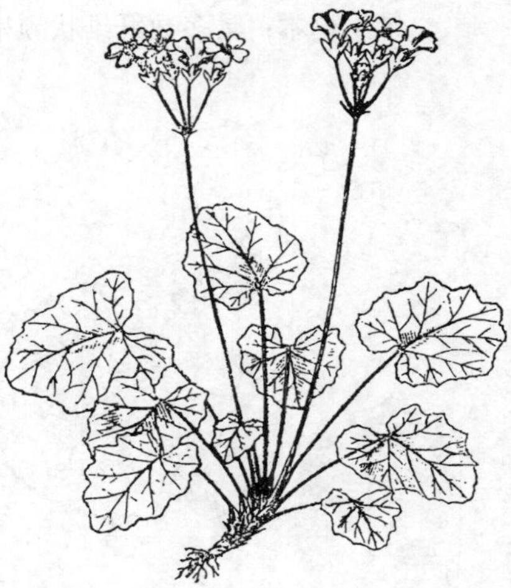

图 288 铁梗报春 （引自《图鉴》）

4. 鄂报春 四季报春 图 289

Primula obconica Hance in Journ. Bot. 18：234. 1880.

多年生草本，全株被柔毛。叶丛生；叶柄长3–14厘米，叶卵圆形、椭圆形或长圆形，长3–14（–17）厘米，宽2.5–11厘米，基部心形或圆，全缘、具小牙齿或浅波状，两面被柔毛，羽状脉；叶柄被褐色长柔毛。花葶高6–28厘米，被褐色长柔毛；伞形花序2–13花。花梗长0.5–2（–2.5）厘米；花萼杯状或宽钟状，长0.5–1厘米，具5脉，裂片长0.5–2毫米，宽三角形或半圆形；花冠玫瑰红，稀白色，冠筒长于花萼0.5–1倍，冠檐径1.5–2.5厘米，裂片倒卵形，先端2裂。蒴果球形，径约3.5厘米。花期3–6月。

产江西西北部、湖北西南部、湖南、广东北部、广西东北部、贵州、四川、云南东部及西北部，生于海拔500–2200米林下、沟边或湿润岩缝中。世界各地广泛栽培，为常见盆栽花卉。

图 289 鄂报春 （引自《图鉴》）

［附］**海棠叶报春 Primula obconica** subsp. **begoniiformis**（Petitm.）W. W. Smith et Forr. in Notes Roy. Bot. Gard. Edinb. 16：33. 1928. —— *Primula begoniiformis* Petifm. in Bull. Soc. Sc. Nancy 8：11. 1907. 与模式亚种的区别：植株具粗长根状茎；叶宽卵形或近圆形，长宽近相等，常具圆齿状浅裂，叶柄纤细，较坚硬。产云南西部及四川西南部，生于海拔1600-2200米林下石缝中。

5. 灰毛报春花 图 290

Primula mollis Nutt. ex Hook. in Bot. Mag. t. 4798. 1854.

多年生粗壮草本；具粗短根状茎和多数纤维状须根。叶近圆形或肾圆形，宽4-18厘米，基部深心形，波状浅裂，具三角形小牙齿，上面常密被柔毛，下面散布黑色或带红色小腺点；叶柄长5-20厘米，密被长柔毛。花葶高10-60厘米，具伞形花序3-10轮，每轮4-10花；花梗长1-3厘米；花萼钟状，长0.8-1.1厘米，分裂达中部，裂片卵形或卵状披针形；花冠深红色，筒部长约1.2厘米，冠檐径1-2厘米，裂片长圆状倒卵形，长约5毫米。蒴果球形，约与花萼等长。

产云南西部，生于海拔2400-2800米阔叶林下或沟边。印度及缅甸北部有分布。

图 290 灰毛报春花 （仿《Bot. Mag.》）

6. 保康报春 图 291

Primula neurocalyx Franch in Journ. de Bot. 9：449. 1895.

多年生草本，叶丛生；叶柄长3-7厘米，与花葶同被淡褐色卷曲柔毛；叶近圆形或宽卵圆形，宽3-7厘米，基部深心形，边缘波状浅裂，裂片宽三角形，先端钝圆，具不整齐三角形牙齿和缘毛，上面疏被柔毛，下面沿叶脉被稍长柔毛。花葶高4-18厘米；伞形花序1-2轮，每轮3-7花；苞片线状披针形，长约7毫米，被柔毛和缘毛。花梗长0.8-1.5厘米；花萼钟状，长7-9毫米，分裂达中部或稍过，裂片长圆形或长圆状披针形，草质，先端锐尖，背面及边缘被毛；花冠紫红色，冠筒长7-8毫米，冠檐径1-1.2厘米，裂片倒卵形，先端凹缺。花期5-7月。

图 291 保康报春 （李志民绘）

产四川、湖北西部、陕西南部及甘肃东南部，生于海拔1300-1600米山坡草地或山谷中。

7. 灰绿报春 图 292

Primula cinerascens Franch. in Journ. de Bot. 9: 448. 1895.

多年生草本。叶3-5枚丛生；叶柄长2-9厘米，被柔毛，叶宽卵圆形或近圆形，长1.5-6(-9)厘米，宽1.5-5.5（-8.5）厘米，基部心形，边缘波状浅裂，裂片钝圆，具三角形小牙齿，上面密被短柔毛，下面沿中脉被灰白色柔毛。花葶高8-25厘米，被柔毛；伞形花序3-8（-10）花，有时出现第二轮花序。花梗长0.6-2.5厘米，近无毛；花萼窄钟状，长4.5-7毫米，分裂达中部或稍过之，裂片披针形，近革质，具3脉，疏被短柔毛或近无毛；花冠淡蓝紫或粉红色，冠筒长6.5-8毫米，冠檐径1.2-1.8厘米，裂片倒卵形，先端2裂。蒴果卵圆形，短于宿存花萼。花期4-5月。

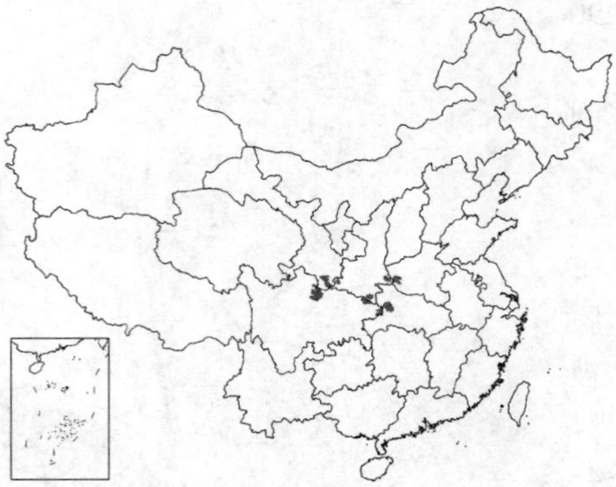

产河南西部、湖北西部、四川东部及北部、陕西南部及甘肃东南部，生于海拔1500-2800米林下或山坡阴湿地。

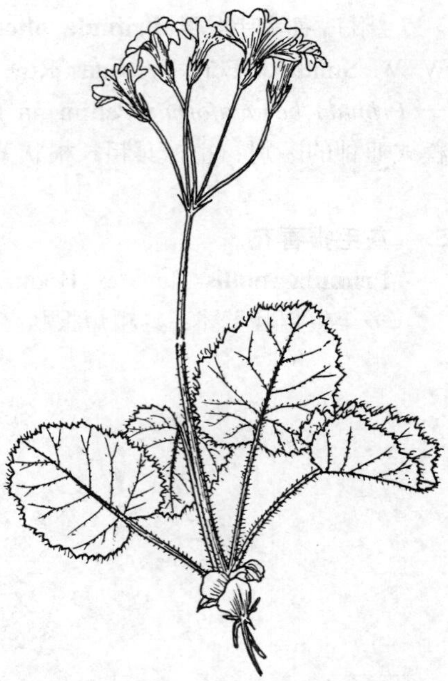

图 292 灰绿报春 （孙英宝绘）

8. 堇菜报春 图 293

Primula violaris W. W. Smith et Fletcher in Trans. Bot. Soc. Edinb. 34: 85. 1944.

多年生草本。叶3-5枚丛生；叶柄长6-18厘米，密被褐色长柔毛，叶圆形、宽心形或肾圆形，长4-13厘米，宽5-15厘米，基部深心形，边缘粗齿状浅裂，裂片宽三角形，具小牙齿，上面被短柔毛，下面沿中脉被柔毛。花葶高20-40厘米，被褐色柔毛，伞形花序1-2轮，每轮3-12花。花梗长1.5-2.5厘米，疏被柔毛或渐无毛；花萼钟形，长0.7-1.2厘米，无毛或近无毛，分裂稍超过中部，裂片披针形，具3-5纵脉；花冠淡红或淡蓝紫色，冠筒长1-1.4厘米，冠檐径1.5-2厘米，裂片倒卵形，先端浅凹缺。蒴果球形，短于宿存花萼。花期5-6月。

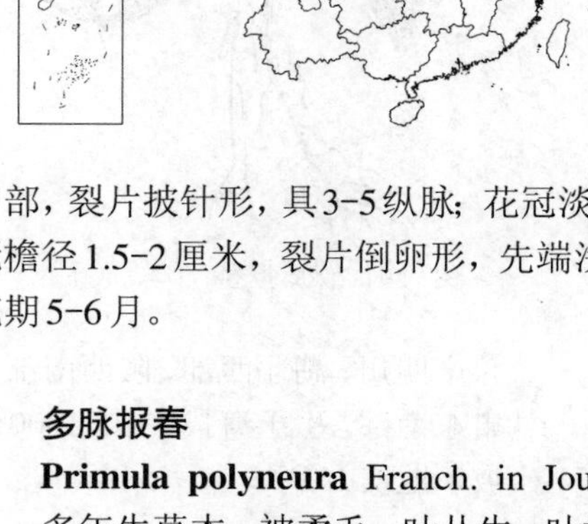

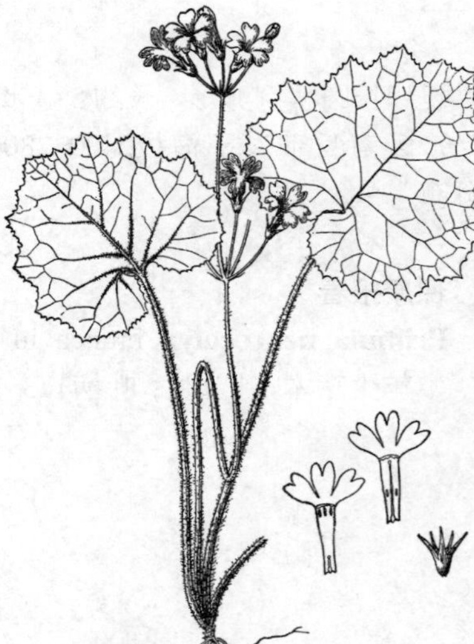

图 293 堇菜报春 （余 峰绘）

产河南西部、陕西南部、湖北西部及西北部，生于海拔1000-1500米山坡林下、沟边或路旁。

9. 多脉报春 图 294 彩片 49

Primula polyneura Franch. in Journ. de Bot. 9: 448. 1895.

多年生草本，被柔毛。叶丛生；叶柄长5-20厘米，叶宽三角形、宽卵形或近圆形，宽稍大于长，基部心形，边缘掌状7-11裂，裂片宽卵形或长圆

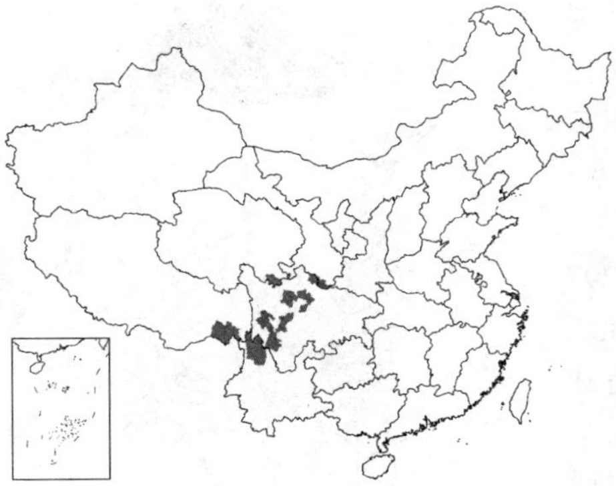

形，具浅裂状粗齿，稀近全缘，两面被毛，下面有时极密，呈绵毛状。花葶高10-35(-50)厘米；伞形花序1-2轮，每轮3-9(-12)花；苞片披针形，长0.5-1厘米。花梗长0.5-2.5厘米；花萼管状，长0.5-1.2厘米，被毛，分裂达中部或稍过，裂片窄披针形，具3-5纵脉；花冠粉红或深玫瑰红色，冠筒长1-1.3厘米，被毛，冠檐径1-1.5(-2)厘米，裂片宽倒卵形，先端深凹缺。蒴果长圆状，约与花萼等长。花期5-6月，果期7-8月。

产甘肃东南部、四川、西藏东南部及云南西北部，生于海拔2000-4000米林缘或湿润沟谷边。

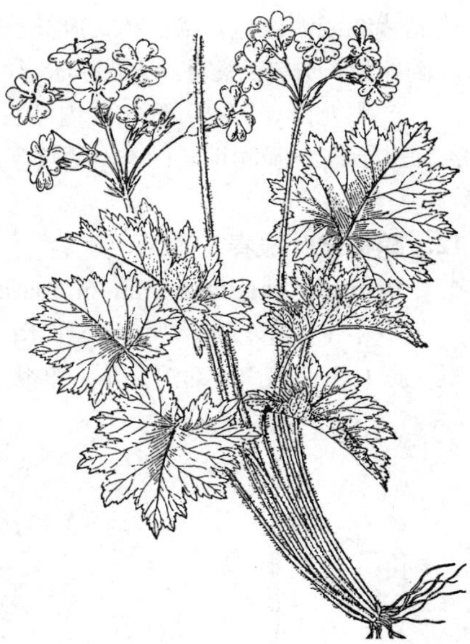

图 294 多脉报春 （引自《图鉴》）

10. 岩生报春 图 295

Primula saxatilis Kom. in Acta Hort. Petrop. 18: 429. 1901.

多年生草本。叶3-8枚丛生；叶柄长5-9(-15)厘米，被柔毛，叶宽卵形或长圆状卵形，长2.5-8厘米，先端钝，基部心形，具羽状脉，具缺刻状深齿或羽状浅裂，深达叶片1/5-1/4，裂片具三角形牙齿，两面被柔毛。花葶高10-25厘米，被柔毛；伞形花序1-2轮，每轮3-9(-15)花；苞片线形或长圆状披针形，长3-8毫米，疏被柔毛。花梗纤细，长1-4厘米，被柔毛；花萼无毛，近筒状，长5-6毫米，分裂达中部，裂片披针形，具中肋；花冠无毛，淡紫红色，冠筒长1.2-1.3厘米，冠檐径1.3-2.5厘米，裂片倒卵形，先端深凹缺。花期5-6月。

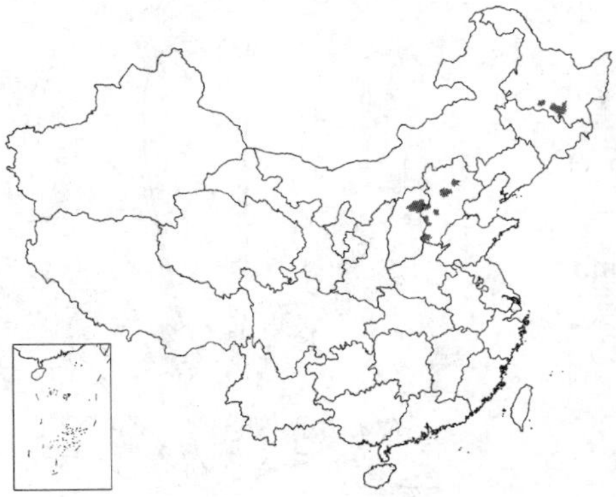

产黑龙江南部、河北及山西东北部，生于林下和石缝中。朝鲜半岛有分布。

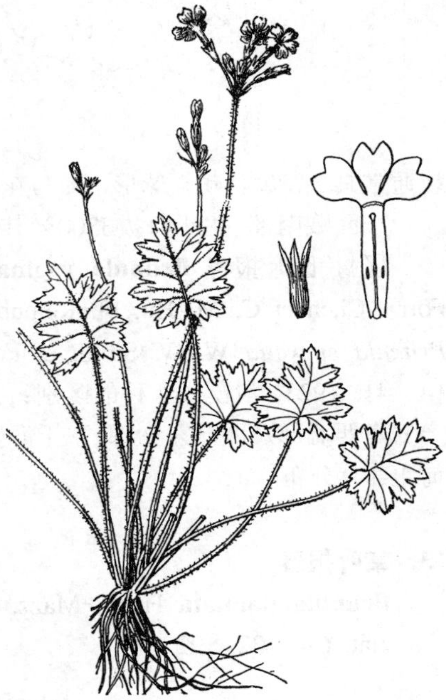

图 295 岩生报春 （余 峰绘）

11. 樱草 图 296

Primula sieboldii E. Morren in Belgique Hort. 23: 97. t. 6. 1873.

多年生草本。叶3-8枚丛生；叶柄长4-12(-18)厘米，密被柔毛，叶卵状长圆形或长圆形，长4-10厘米，先端钝圆，基部心形，稀近圆或平截，具圆齿状浅裂，深达叶片1/8，裂片具钝牙齿，两面均被灰白色柔毛。花葶高12-25(30)厘米，被柔毛；伞形花序5-15花。花梗长0.4-3厘米，微被毛；花萼钟状，长6-8毫米，分裂达全长1/2-1/3，裂片披针形，稍开展；

花冠紫红或淡红色，稀白色，冠筒长0.9-1.3厘米，冠檐径1-2(3)厘米，裂片倒卵形，先端2深裂。蒴果近球形，长约为花萼1/2。花期5月，果期6月。

产黑龙江、吉林、辽宁、内蒙古东部、宁夏北部、河北北部及山东东部，生于林下湿润地。日本、朝鲜半岛北部及俄罗斯远东地区有分布。

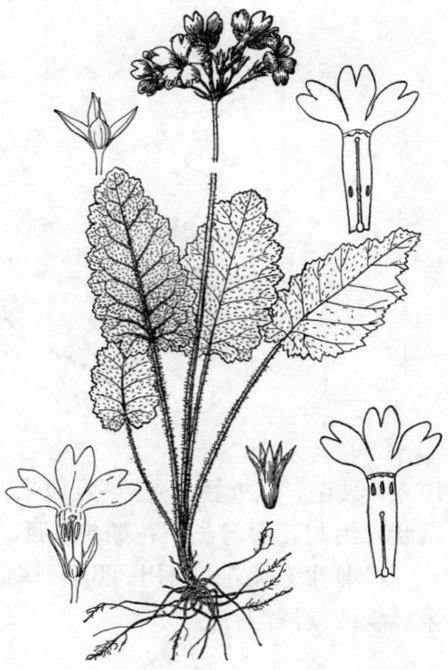

图 296 樱草 （余 峰绘）

12. 鞘柄掌叶报春 图 297

Primula vaginata Watt in Journ. Linn. Soc. Bot. 20: 4. t. 2B. 1882.

多年生草本。叶丛高2-10厘米；叶柄长7-10厘米，基部鞘状，叶近圆形，宽1-5厘米，基部深心形，掌状7裂，深达叶片1/3-1/2，裂片通常具3缺刻状粗齿，裂齿全缘或具1-2小齿，上面被柔毛或粗糙，下面近无毛。花葶高6-12厘米，被短柔毛；伞形花序具2-9花。花梗长0.5-1厘米，被柔毛；花萼钟状，长3-5毫米，被短柔毛或脱落无毛，分裂达中部，裂片卵形或卵状披针形；花冠淡紫红色，冠筒稍长于花萼或长1倍，冠檐径约1厘米，.裂片倒卵形，先端2裂，小裂通常具2裂齿。蒴果球形，约与花萼等长。花期6月。

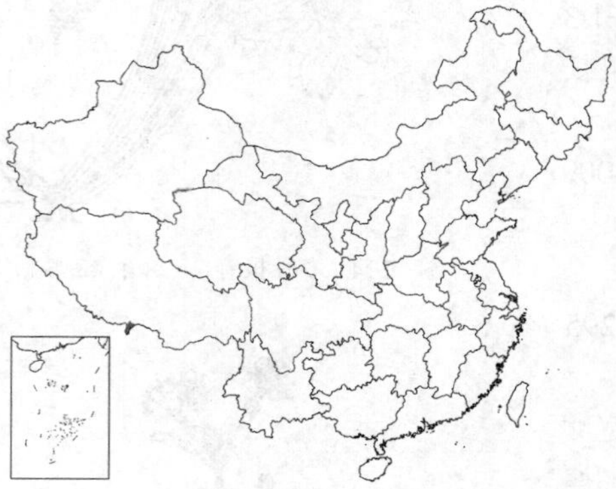

产西藏南部，生于海拔3300米林下、溪边或荫蔽石缝中。锡金有分布。

［附］**圆叶报春 Primula vaginata** subsp. **eucyclia** (W. W. Smith et Forr.) Chen et C. M. Hu, Fl. Reipubl. Popul. sin. 59(2): 36. 1990. —— *Primula eucyclia* W. W. Smith et Forr. in Notes Roy. Bot. Gard. Edinb. 14: 41. 1923. 与模式亚种的区别：花序具1-2(3)花；冠檐径1-1.8厘米。产云南西北部及西藏东南部，生于海拔3300-5000米高山草地或石缝中。缅甸北部有分布。

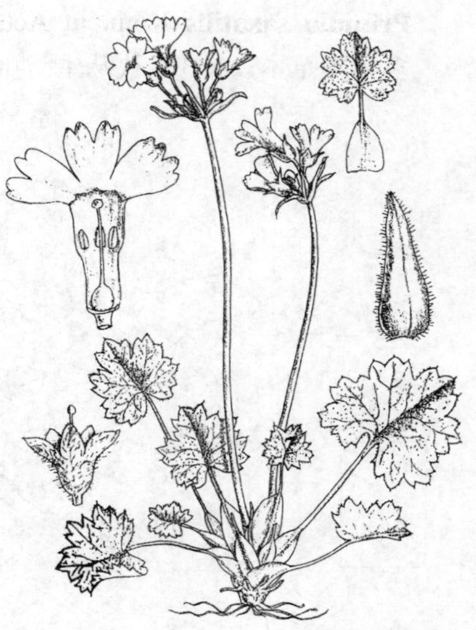

图 297 鞘柄掌叶报春

（引自《Journ. Linn. Soe. Bot.》）

13. 掌叶报春 图 298 彩片 50

Primula palmata Hand.-Mazz. in Anz. Akad. Wiss. Wien, Math.-Nat. 61: 132. 1925.

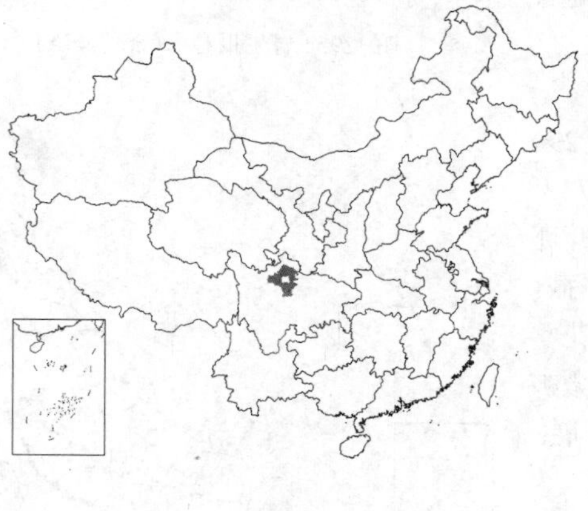

多年生草本；具横卧根状茎。叶1-4枚丛生；叶柄长2-19厘米，被褐色长柔毛，叶近圆形，宽1.5-8厘米，基部心形，掌状5-7裂，深达叶片3/4或更深，裂片再次3裂，小裂片具1-3牙齿，先端锐尖，上面被柔毛，下面沿中脉被毛。花葶高4.5-17厘米，疏被柔毛；伞形花序1-4花；苞片线状披针形，长5-8毫米，被毛。花梗长0.7-2.5厘米，疏被毛。花萼钟状，长5-7毫米，分裂约全长2/3，裂片披针形，具3纵脉；花冠玫瑰红色，冠筒长0.9-1.1厘米，冠檐径1.5-2厘米，裂片倒卵形，先端2裂。花期5-6月。

产四川北部，生于海拔3000-3800米林下或山谷石缝中。

14. 肾叶报春 鸭绿报春 图 299

Primula loeseneri Kitagawa in Bot. Mag. Tokyo 50: 137. 1936.

Primula jesoana auct. Non Miq.; 中国高等植物图鉴 3: 238. 1974.

多年生草本。叶2-3枚丛生；叶柄长8-25(-30)厘米，疏被柔毛，叶肾圆形或近圆形，长5-10(-15)厘米，基部心形，粗齿状7-9浅裂，裂片三角形，具三角形锐尖牙齿，两面被疏毛或无毛，叶脉掌状。花葶高25-50(-70)厘米，疏被柔毛；伞形花序(1)2(-4)轮，每轮2-8花。花梗长0.3-1.2厘米，被短柔毛；花萼钟状，长0.6-1厘米，被短柔毛，分裂达全长1/2-3/4，裂片披针形；花冠红紫色，冠筒长1.2-1.3厘米，冠檐径1-1.5厘米，裂片倒卵形，先端深凹缺，蒴果椭圆状，短于宿存花萼。花期5-6月。

产辽宁东南部及山东东部，生于林下阴湿地。朝鲜半岛北部有分布。

15. 蔓茎报春 图 300

Primula alsophila Balf. f. et Farrer in Notes Roy. Bot. Gard. Edinb. 9: 4. 1915.

多年生草本；具纤细匍匐根状茎。叶1-3枚从生；叶丛中常生出纤细匍匐枝，长达7厘米，无毛，节上生出不定根，叶近圆形，长2-4(-6)厘米，基部深心形，掌状5-7浅裂，裂片通常具锐尖的3齿，上面疏被柔毛，下面沿中脉被柔毛；叶柄长5-9(-11)厘米，疏被柔毛。花葶纤细，高10-16厘米，疏被柔毛；伞形花序2-3花；苞片线形，长4-6毫米。花梗长1-2.5厘米，被短柔毛；花萼钟状，长5-7毫米，无毛或微被短柔毛，分裂略过中部，裂片披针形；花冠淡紫红色，冠筒长约9毫米，冠檐径1-1.8厘米，裂片倒卵形，先端深凹缺。蒴果近球形，短于宿存花萼。花期6-7月。

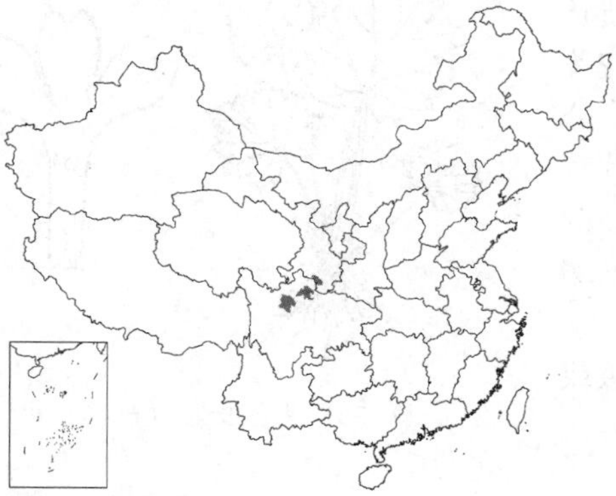

产甘肃南部及四川北部，生于海拔2300-3300米山坡林下。

图 298 掌叶报春 （余 峰绘）

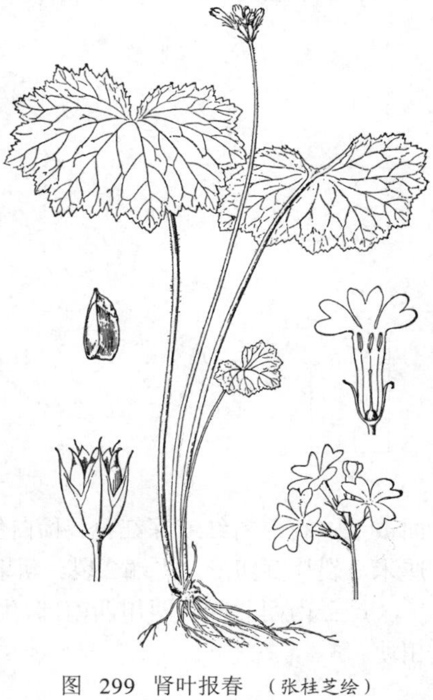

图 299 肾叶报春 （张桂芝绘）

16. 香花报春 图 301

Primula aromatica W. W. Smith et Forr. in Notes Roy. Bot. Gard. Edinb. 14: 32. 1923.

多年生草本。叶丛生；叶柄长2-5.5厘米，被白色柔毛，叶膜质，卵状

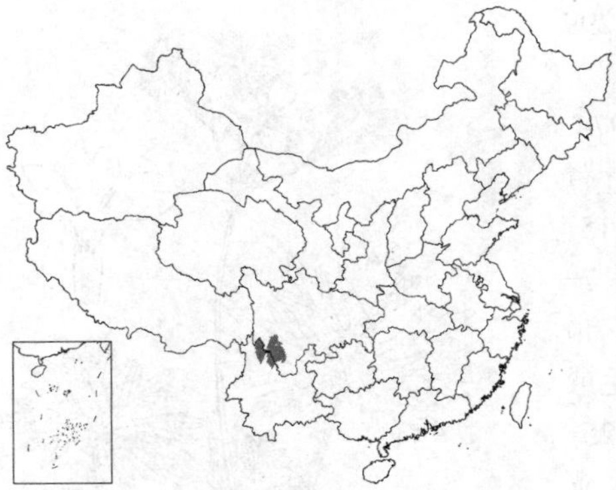

长圆形、宽卵形或近圆形，长1.5-4厘米，先端圆，基部浅心形或近平截，7-11浅裂，裂片通常具1-2齿，上面近无毛或疏被柔毛，下面沿叶脉被毛。花葶高5-12厘米，疏被柔毛；花1-5朵在花葶上呈总状花序式排列。花梗长不及2毫米；花萼宽钟状，长4-6毫米，疏被短柔毛，分裂近达基部，裂片披针形或长圆形；花冠玫瑰红或淡紫色，冠筒黄色，长1.2-1.3厘米，冠檐径1.4-1.8厘米，裂片倒卵形，先端深凹缺。蒴果近球形，径约3毫米。花期7-8月。

产云南西北部及四川西南部，生于海拔2800-3300米石灰岩山地石缝中。

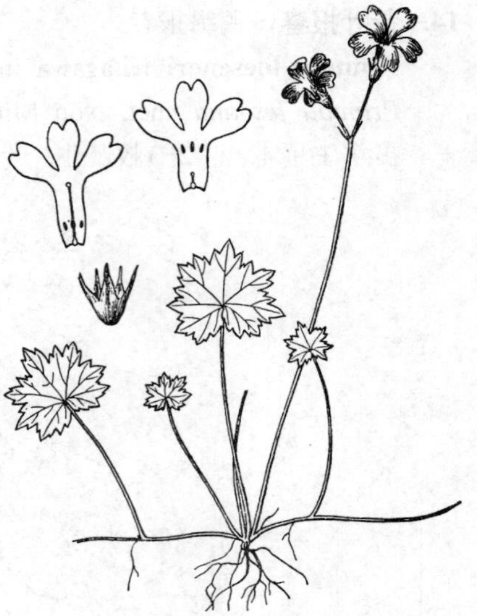

图 300 蔓茎报春 （余 峰绘）

17. 葵叶报春 图 302 彩片 51

Primula malvacea Franch. in Bull. Soc. Bot. France 33: 65. 1886.

多年生草本。叶丛生；叶柄长1-22厘米，密被柔毛，叶近圆形或宽卵圆形，宽2.5-12厘米，先端圆，基部心形，具波状圆齿或呈浅裂状，有不整齐小牙齿，上面被柔毛，下面沿叶脉被柔毛。花葶高3-40厘米，密被白色柔毛；花在花葶上排成1至数轮，有时近轮生或排成总状花序。花梗长0.5-3.5厘米，密被毛；花萼宽钟形，长0.8-1.5厘米，分裂达全长1/3-2/3，裂片宽卵圆形或椭圆形，叶状，两面被毛；花冠粉红或深红色，稀白色，冠筒长1-1.3厘米，冠檐径1.5-2.5厘米，裂片倒卵形，先端2裂。蒴果球形，径3-6毫米。花期7月。

产云南西北部及四川西南部，生于海拔2300-3700米山谷林缘、阳坡或田埂。

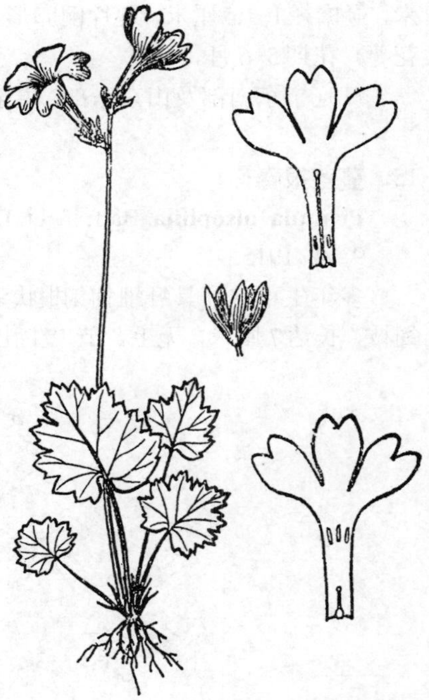

图 301 香花报春 （余 峰绘）

18. 地黄叶报春 图 303：1

Primula blattariformis Franch. in Gard. Chron. 1: 575. 1887.

多年生草本。叶柄长0.6-6厘米，密被白色长柔毛，叶椭圆形或倒卵状椭圆形，长2.5-14厘米，宽1.5-10厘米，先端圆，基部钝圆或宽楔形，稀微心形，具不整齐圆齿和稀疏小牙齿，上面疏被柔毛，下面沿叶脉被柔毛。花葶高1 0-55厘米，疏被白色柔毛；总状花序多花。花梗长4-8毫米，密被柔毛；花萼宽钟状，长0.8-1.5厘米，分裂约达中部，裂片三角形或宽卵

图 302 葵叶报春 （余 峰绘）

图 303： 1. 地黄叶报春 2. 显脉报春
（余 峰绘）

形，叶状，两面被短柔毛；花冠淡紫红色，冠筒长1-1.2厘米，冠檐径1.5-2.5厘米，裂片宽倒卵形，先端2深裂。蒴果近球形，径5-7毫米；果柄长1.5厘米。花期7月。

产云南西北部及四川西南部，生于海拔2000-3700米林缘和灌丛边。

19. 显脉报春 图 303：2

Primula celsiaeformis Franch. in Notes Roy. Bot. Gard. Edinb. 9: 7. 1915.

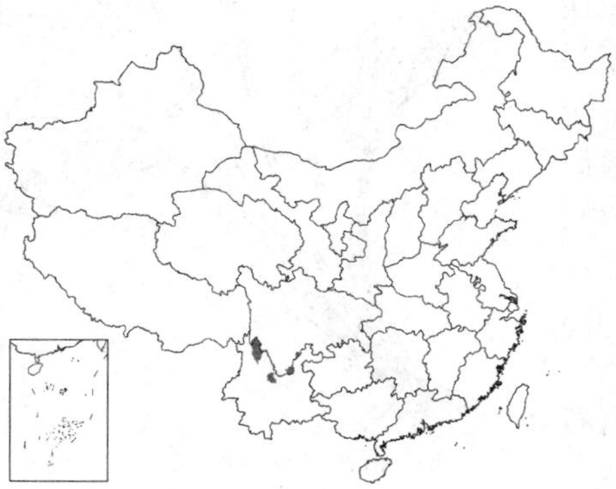

多年生草本。叶丛生；叶柄长4-15厘米，密被短硬毛，叶长圆形或长圆状椭圆形，长4-10厘米，宽2-5厘米，先端圆或钝，基部多少呈心形，边缘浅波状，具不明显小钝齿，上面被短硬毛，网脉隆起成蜂窝状。花葶高30-40厘米，被短硬毛；总状花序多花，长达20厘米。花梗长0.7-1.5厘米，密被糠秕状短毛；花萼宽钟状，长7-8毫米，分裂约达中部，裂片宽三角形或卵形，叶状，两面密被短硬毛和腺体；花冠淡蓝紫色，冠筒长约1.2厘米，冠檐径1.3-2.5厘米，裂片倒卵形，先端深凹缺。蒴果近球形，径4-5毫米；果柄长达2厘米。花期7月。

产云南北部及四川西南部，生于海拔600-2500米山坡石缝中。

20. 巴塘报春 图 304

Primula bathangensis Petitm. in Bull. Herb. Boiss. ser. 2, 8: 365. 1908.

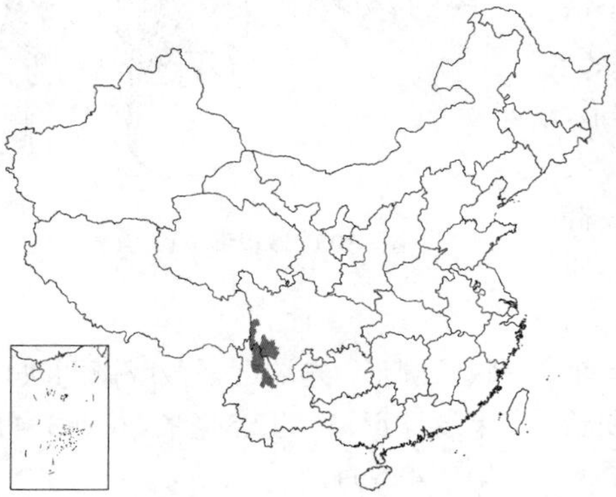

多年生草生。叶3-5枚丛生；叶柄长3-25厘米，被长柔毛，叶肾圆形，长3-12厘米，基部深心形，具波状圆齿或浅裂状，有小钝牙齿和缘毛，上面疏被柔毛，下面沿叶脉被柔毛。花葶高10-70厘米，被长柔毛；花通常多朵排成总状花序。花梗长0.5-1.5厘米，被柔毛；花萼宽钟状，长0.7-1厘米，花后增大，分裂达全长1/3-1/2，裂片卵形或三角形，草质，两面被柔毛；花冠黄色，冠筒长1-1.2厘米，冠檐径1.5-3厘米，裂片倒卵形，先端深凹缺。蒴果近球形，径5-7毫米。花期6-7月。

产云南西北部及四川西部，生于海拔2100-3000米山坡、溪旁或石缝中。

21. 藏报春 图 305

Primula sinensis Sabine ex Lindl. Call. Bot. t. 7. 1821.

多年生草本，全株被柔毛。叶丛生；叶柄长4-15厘米，鲜时肥厚多汁，叶卵圆形、椭圆状卵形或近圆形，长3-13厘米，先端钝圆，基部心形或近平截，5-9深裂，裂片长圆形，具2-5对缺刻状粗齿，鲜时稍厚，干后近膜质。花葶高4-15(-20)厘米；伞形花序1-2轮，每轮3-14花。花梗长2-5厘米；花萼长0.8-1.5(-2)厘米，基部膨大成半球形，果时增大，分裂达全长2/5，裂片三角形或卵形；花冠淡蓝紫或玫瑰红色，冠筒长1-1.4厘米，冠檐径2-3厘米，裂片宽倒卵形，先端2深裂。蒴果球形，径0.9-1厘米，宿存花萼长1.5-2厘米。花期12月至翌年3月，果期2-4月。

产四川中部及贵州中西部，生于海拔200-1500米蔽阴或湿润石灰岩石缝中。各地广泛栽培，为常见盆栽花卉。

［附］巴蜀报春 **Primula rupestris** Ball. f. et Farrer in Trans. Bot.Soc. Edinb. 27: 240. 1918. 本种与藏报春的区别：叶丛基部有多数残存坚硬的枯叶柄；果时宿存花萼长0.8-1厘米。产湖北西部及陕西南部，生于石灰岩石缝中。

图 304 巴塘报春 （引自《图鉴》）

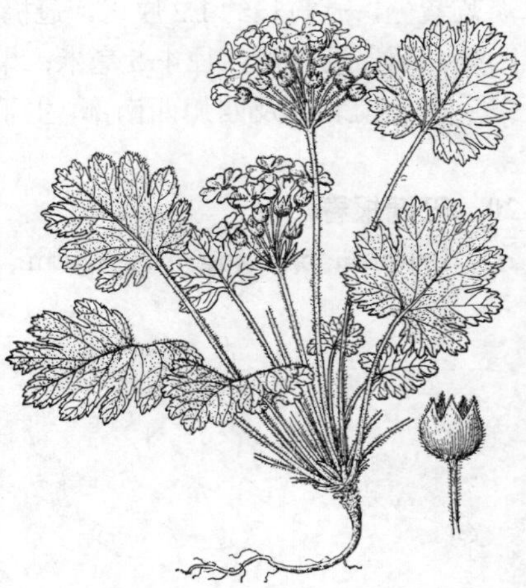

图 305 藏报春 （邓盈丰绘）

22. 毛茛叶报春 图 306

Primula cicutariifolia Pax in Jahr.-Bericht. Schles. Gesells. 93: Abt. 2. 1. 1915.

Primula ranunculoides Chen；中国高等植物图鉴 3: 257. 1974.

多年生柔弱草本，全株无毛。叶丛生；叶柄长0.6-2厘米，叶椭圆形或长圆形，长1-8厘米，宽1-2厘米，羽状全裂，羽片(1)2-6对，椭圆形或长圆形，长0.3-1.3厘米，每边具2-4粗齿或缺刻。花葶细弱，高1-5厘米；伞形花序(1)2-4花。花梗长0.7-3厘米；花萼钟状，长3-4.5毫米，分裂达中部以下，裂片披针形，先端锐尖或稍钝；花冠淡红或淡蓝紫色，冠筒长4.5-6.5毫米，冠檐径4-8毫米，裂片楔状长圆形，先端近平截或微凹缺。蒴果近球形，径约2.5毫米。花期3-4月，果期4-5月。

产安徽南部、浙江、江西西北部、湖北东南部及湖南南部，生于山谷林下阴湿地常有滴水的岩缝中。

23. 硕萼报春 图 307

Primula veris Linn. subsp. macrocalyx (Bunge) Ladi in Hegi. Ill: Fl. Mittel-Eur. 5: 1753. 1927.

Primula macrocalyx Bunge, Ledeb. Fl. Alt. 1. 209. 1829.

多年生草本。叶丛生；叶柄具翅，通常短于叶片，叶卵状长圆形或长圆形，长4-14厘米，先端圆或钝，基部渐窄，具不整齐浅圆齿或宽三角形牙齿，上面被小糙伏毛，下面密被茸毛状短柔毛。花葶高12-35厘米，被短毛；伞形花序3-15花。花梗长0.4-2厘米，具5脉，密被短毛，分裂约全长1/3，裂片三角形，先端锐尖；花冠黄色，冠筒与花萼近等长，冠檐径1.8-2.8厘米，裂片倒卵形，先端凹缺。蒴果长圆状，长约花萼1/2。花期5-6月，果期7-8月。

产新疆北部，生于海拔1500-2000米山坡草地。哈萨克斯坦、吉尔吉斯斯坦、乌兹别克斯坦、塔吉克斯坦、土库曼斯坦及俄罗斯有分布。

24. 滇南报春 图 308：1-3

Primula henryi (Hemsl.) Pax in Engl. Pflanzenr. 22(IV-237.) 47. 1905.

Carolinella henryi Hemsl. in Hook. Icon. Pl. t. 2726. 1902.

多年生草本，全株无毛。叶2-3枚丛生；叶柄长10-18厘米，叶宽披针形或卵状椭圆形，长10-20厘米，基部圆或稍楔形，具刺状小齿，有时具1-2粗齿。花葶高15-21厘米；总状花序顶生，具10-25花；花序轴极短，果时长1-1.5厘米。花梗长0.5-1厘米；花萼钟状，长约3毫米，分裂约全长1/3，裂片三角形，先端锐尖；花冠粉红色(?)，冠筒长约7毫米，冠檐径1-1.2厘米，裂片长圆状倒卵形，先端深凹缺。蒴果稍长于花萼，顶端喙状，帽状盖裂。

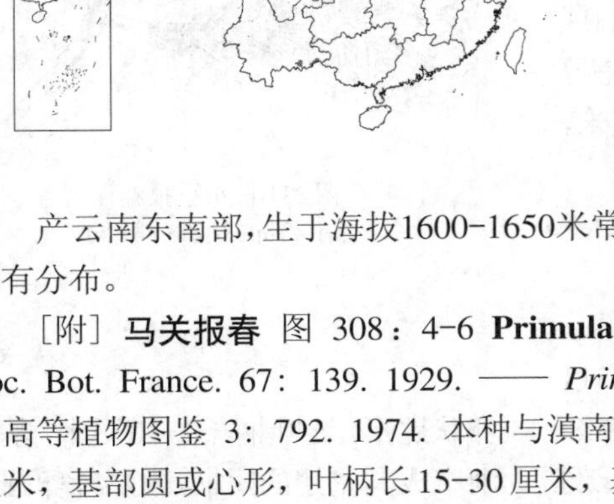

产云南东南部，生于海拔1600-1650米常绿阔叶林下或阴湿地。越南北部有分布。

［附］**马关报春** 图 308：4-6 **Primula chapaensis** Gagnep. in Bull. Soc. Bot. France. 67: 139. 1929. —— *Primula huana* W. W. Smith；中国高等植物图鉴 3: 792. 1974. 本种与滇南报春的区别：叶宽8-16(-21.5)厘米，基部圆或心形，叶柄长15-30厘米，基部被卷曲柔毛；花葶基部和

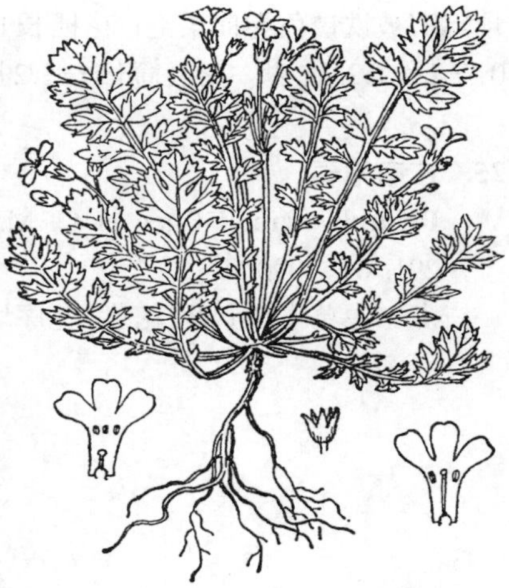

图 306 毛茛叶报春 （邓盈丰绘）

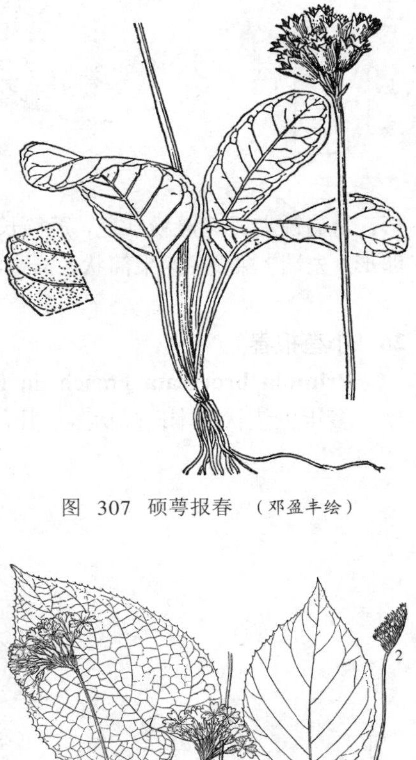

图 307 硕萼报春 （邓盈丰绘）

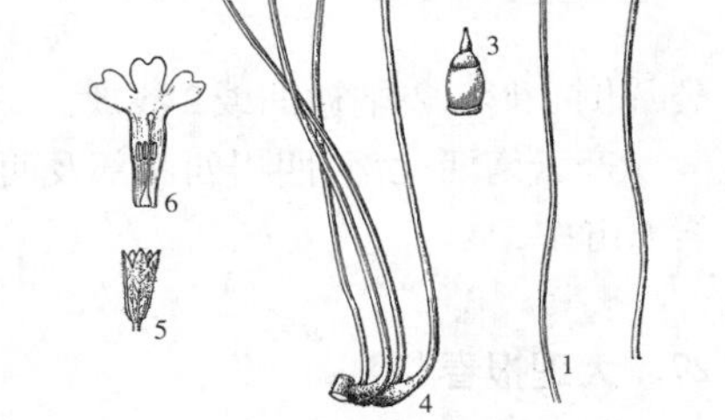

图 308：1-3. 滇南报春 4-6. 马关报春
（邓晶发绘）

顶端密被铁锈色卷曲柔毛；花梗长1.5-2厘米，密被铁锈色腺毛，花萼长0.7-1(-1.2)厘米，花冠筒长1-1.2厘米。产云南东南部，生于海拔1700米石灰岩山地空旷山坡。越南北部有分布。

25. 广南报春 图 309

Primula wangii Chen et C. M. Hu, Fl. Reipubl. Popul. Sin. 59(2): 291. 64. 1990.

多年生草本。叶柄、花葶、花序均密被铁锈色柔毛。叶柄长2.5-8厘米，密被锈色柔毛。叶宽长圆形或近圆形，长3-6.5厘米，先端圆，基部心形或近圆，全缘或略浅波状，具长缘毛和稀疏小齿，上面无毛，下面沿叶脉被锈色毛。花葶高2.5-8厘米，被锈色柔毛。伞形花序通常3-5花；苞片线状披针形，长2-3毫米，稍被毛。花梗长(0.5-)1-2.5厘米；花萼钟状，长4.5-7.5毫米，分裂达中部，裂片披针形，先端锐尖；花冠粉红色，冠筒长约1厘米，冠檐径1-1.5厘米，裂片倒卵形，先端2深裂。蒴果筒状，长约8毫米，稍长于宿存花萼，顶端帽状盖裂。花期3月。

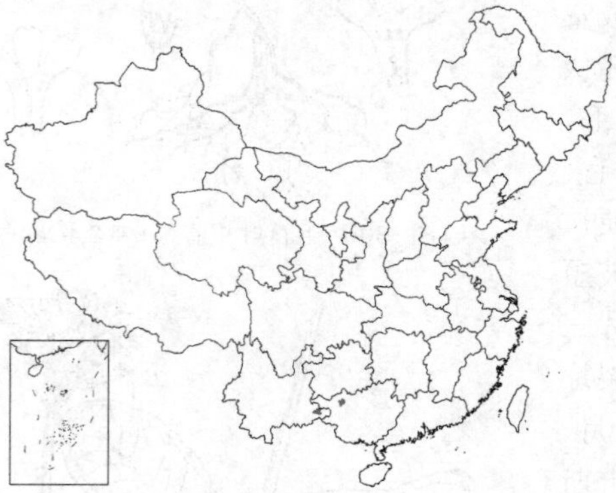

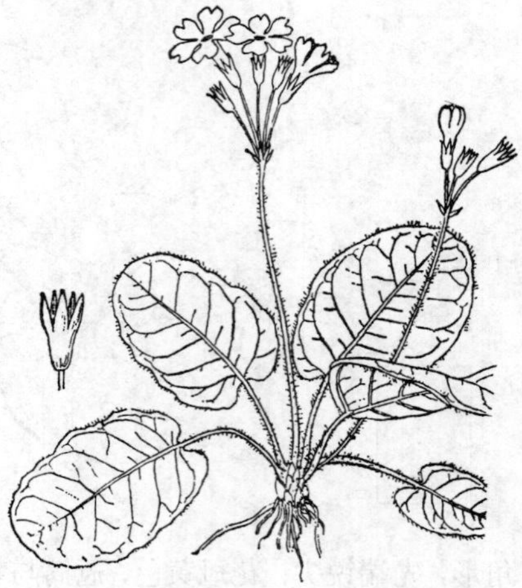

图 309 广南报春 （邓盈丰绘）

产云南东南部及广西西北部，生于石山。

26. 小苞报春 图 310

Primula bracteata Franch. in Bull. Soc. Bot. France 32: 266. 1885.

多年生垫状草本；根状茎粗壮，木质，长达15厘米。叶椭圆形、窄长圆形或倒披针形，长1-7厘米，先端圆或钝，基部渐窄，具浅圆齿，上面多少被毛，下面毛较密，无粉或被黄或乳白色粉。花葶高0.5-5厘米，顶生伞形花序具2-10花，有时无花葶，花单生；花梗长0.8-2.5厘米；花萼钟状，长0.5-1.4厘米；花冠黄、白或淡紫红色，冠筒长于花萼0.5-1倍，冠檐径1-2厘米，裂片倒心形，先端微凹或2浅裂。

产云南西北部、四川西南部及西藏东南部，生于海拔2500-3500米山谷岩石缝中。

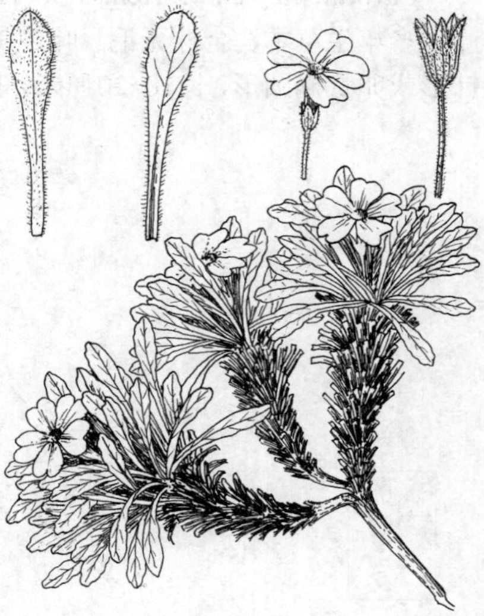

图 310 小苞报春
（引自《Journ. de Bot.》）

27. 大理报春 图 311

Primula taliensis Forr. in Notes Roy. Bot. Gard. Edinb. 4: 220. 1908.

多年生草本，全株无粉。叶丛生；叶两面被短伏毛，外层叶匙形或倒卵状匙形，连叶柄长2-10厘米，基部渐窄成具宽翅的短柄，内层叶卵圆形

或肾圆形，宽1.5-4厘米，先端圆，基部楔形、圆或心形，具圆齿或三角形牙齿，有时浅裂状，叶柄与叶片近等长或长于叶片1倍以上。花期花葶高1-6厘米，后渐伸长，被柔毛；伞形花序2至多花。花梗长1-3厘米，被柔毛；分裂达全长1/3，裂片卵形或宽披针形，先端稍渐尖或锐尖，有时具小齿；花冠白或淡蓝紫色，冠筒长0.9-1.1厘米，外面被极稀疏小柔毛，内面无毛，冠檐径1.5-2厘米，裂片宽倒卵形，先端具3齿。蒴果近球形，藏于萼筒中。花期2-4月，果期5-6月，

产云南西部，生于海拔2200-3300米山坡草地或疏林下。缅甸北部有分布。

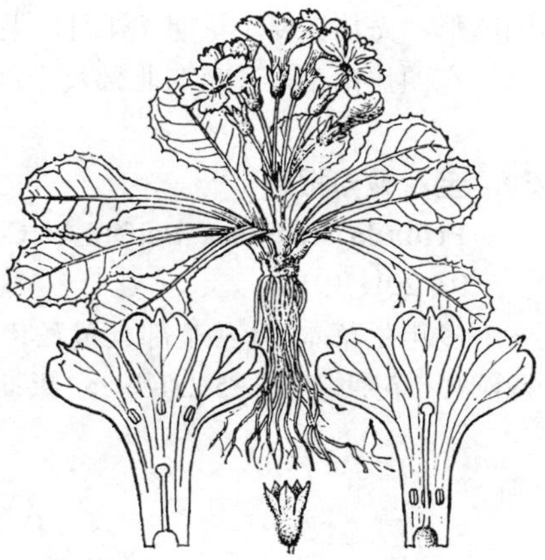

图 311 大理报春 （邓盈丰绘）

28. 齿萼报春 图 312

Primula odontocalyx（Franch.）Pax. in Engl. Pflanzenr. 22（1V-237）: 41. 1905.

Primula petiolaris Wall. var. *odontocalyx* Franch. in Journ. de Bot. 9: 449. 1895.

多年生草本。叶丛生；叶长圆状或倒卵状匙形，花期长2-5厘米，基部渐窄，近无柄或具短柄，具三角形锐尖牙齿，果期增大，长达8厘米，常椭圆形或倒卵形，具柄。初花期花葶高0.5-4厘米，果时达8厘米，通常顶生1-3花，稀4-8花。花梗长0.5-2厘米；花萼钟状，长7-8毫米，被小腺毛，具5脉，分裂达中部或稍过，裂片卵形或卵状三角形，先端锐尖或渐尖，有时具1-2小齿；花冠蓝紫或淡红色，冠筒长0.8-1.1厘米，冠筒口周围白色，冠檐径1.5-2（-2.5）厘米，裂片倒卵形，先端凹缺。蒴果扁球形，高约4毫米。花期2-5月，果期6-7月。

产河南西部、陕西南部、甘肃南部、四川及湖北西部，生于海拔900-3350米山坡草丛中或林下。

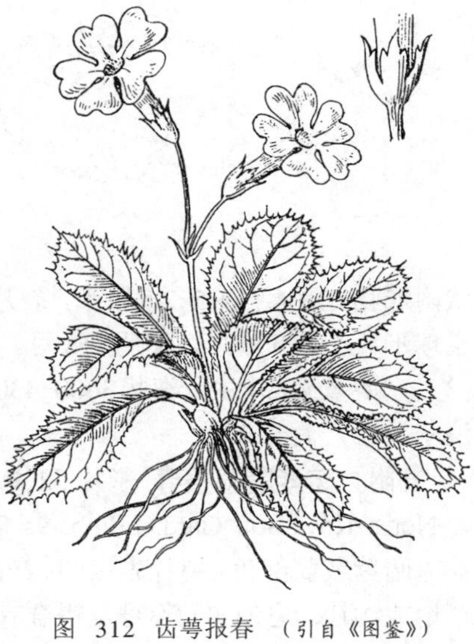

图 312 齿萼报春 （引自《图鉴》）

29. 波缘报春 齿裂苣叶报春 图 313

Primula sinuata Franch. in Bull. Mus. Not. Hist. Paris 1: 65. 1895.

多年生草本。叶丛生；叶柄甚短或稍长于叶片，叶倒卵状长圆形或倒披针形，连柄长3-12厘米，基部渐窄或宽楔形，具不整齐波状疏齿或浅裂状，两面均疏被小腺体。花葶高2-10厘米，被微柔毛，渐脱落无毛；伞形花序3-9花。花梗长0.5-1.5厘米，被褐色短柄腺体；花萼钟状，长5-8毫米，具5脉，分裂达全长1/3-1/2，裂片卵形或三角形，先端钝；花冠白或

淡蓝紫色，冠筒长约9.5毫米，喉部具环状附属物，冠檐径1-2厘米，裂片倒卵形，先端2裂。花期3-4月，果期4-5月。

产四川南部、云南东北部及中西部，生于海拔1650米常绿阔叶林下。

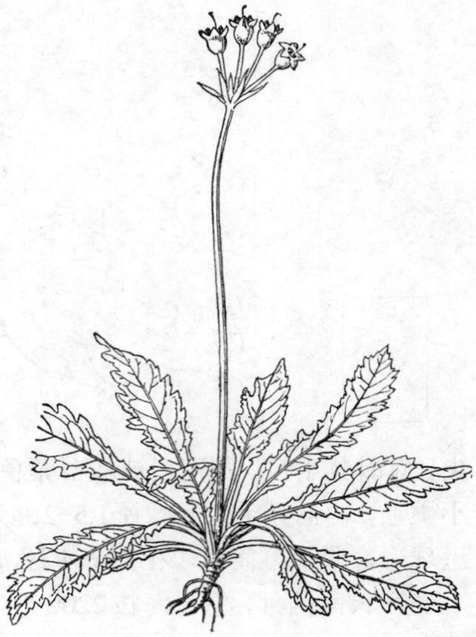

图 313 波缘报春 （邓盈丰绘）

30. 金黄脆蒴报春 图 314

Primula strumosa Balf. f. et Cooper in Notes Roy. Bot. Gard. Edinb. 9: 201. 1916.

多年生草本。叶丛基部具覆瓦状包叠的鳞片。叶倒披针形或倒卵形，稀椭圆形，花期连柄长5-20厘米，果期长达30厘米，先端钝或稍锐尖，基部渐窄，具小圆齿或小牙齿，无粉或下面被黄粉，叶柄花期为鳞片覆盖，果期散开，与叶片近等长。花葶高7-18厘米，果期高达35厘米，上部被黄粉；伞形花序6至多花。花梗长1-2厘米，被黄粉；花萼钟状，长5-7.5毫米，密被黄粉，分裂达中部，裂片卵形或卵状长圆形，先端钝；花冠黄色，漏斗状，冠筒长1.1-1.3厘米，喉部有环状附属物，冠檐径1.5-2.5厘米，裂片近圆形，先端具小圆齿或微凹缺。蒴果球形。花期5-6月，果期7-8月。

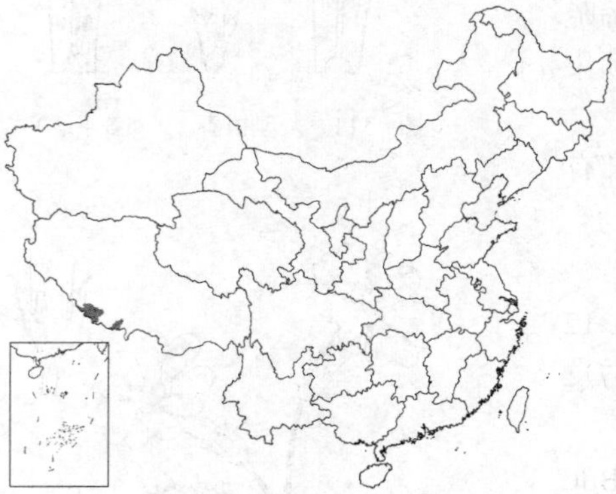

产西藏南部，生于海拔3600-4300米山坡草地或冷杉、杜鹃林林下。尼泊尔及不丹有分布.

［附］**暗紫脆蒴报春** 彩片52 **Primula calderiana** Balf. f. et Cooper in Notes Roy. Bot. Gard. Edinb. 9: 7. 1915. 本种与金黄脆蒴报春的区别：花冠暗紫或酱红色，裂片先端凹。产西藏南部，生于海拔3800-4700米高山草地或沟边。尼泊尔、不丹及锡金有分布。

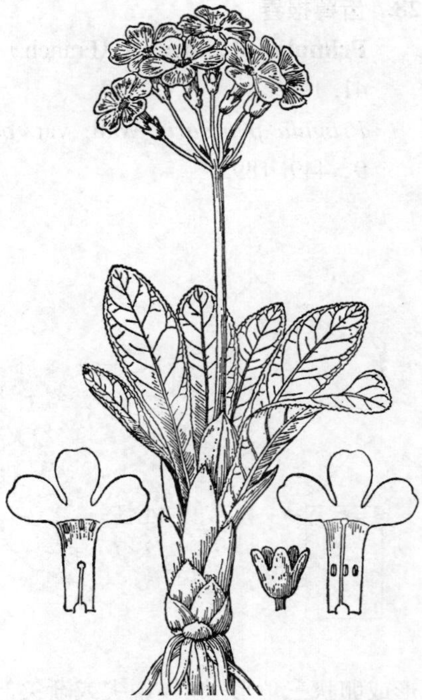

图 314 金黄脆蒴报春 （邓盈丰绘）

31. 苣叶报春 图 315

Primula sonchifolia Franch. in Bull. Soc. Bot. France 32: 266. 1885.

多年生草本。叶丛基部有覆瓦状包叠的鳞片。叶长圆形或倒卵状长圆形，花期连柄长3-10(-15)厘米，后渐增大，果期长达35厘米，先端圆或稍锐尖，基部渐窄，具不规则浅裂，裂片具不整齐小牙齿；叶柄初期甚短，果期与叶片近等长。花葶初期甚短，果期高达30厘米，近顶端被黄粉；伞形花序3至多花。花梗长0.6-2.5厘米；花萼钟状，长4-6毫米，通常被黄粉，分裂约全长1/3，裂片卵形或近四方形，先端钝，具小齿或全缘；花冠淡蓝紫或紫红色，漏斗状，冠筒长0.9-1.3厘米，冠檐径1.5-2.5厘米，裂片倒卵形或近圆形，通常具3至多个小圆齿。蒴果近球形，径约4.5毫米。花期3-5月，果

期6-7月。

产四川、云南西北部及西藏东南部，生于海拔3000-4600米高山草地或林缘。缅甸北部有分布。

32. 川西遂瓣报春 图 316

Primula veitchiana Petitm. in Le Monde des Plantes 9: 14. 1907.

多年生草本，全株无粉。叶丛基部无鳞片，叶柄长于叶片1-2倍；叶坚纸质或近革质，近圆形或稍扁圆形，稀宽椭圆形，宽1.5-3（-5）厘米，基部圆或浅心形，具稀疏三角形宽齿或具小圆齿，干后近革质。花葶高6-15厘米，伞形花序2-6花。花梗长1-2.5厘米，被短柄小腺体；花萼钟状，长4-6毫米，疏被短柄小腺体，分裂达中部，裂片卵形或卵状长圆形，先端钝圆；花冠淡蓝紫色，冠筒长0.7-1(-1.1)厘米，冠檐径1.5-2.5厘米，裂片倒卵形，先端2裂，小裂片具小齿或撕裂状。花期4月，果期6月。

产四川中南部、云南东北部及东南部，生于海拔1600-2600米林下或岩缝中。

33. 卵叶报春 图 317

Primula ovalifolia France. in Bull. Soc. Bot. Franc 33: 67. 1886.

多年生草本，全株无粉。叶丛生，下有干膜质鳞片，叶柄长约为叶片1/3，稀与叶片近等长，密被柔毛，叶宽椭圆形、长圆状椭圆形或宽倒卵形，长3.5-11.5厘米，具不明显小圆齿，干后坚纸质或近革质，上面泡状，沿中脉被柔毛，下面蜂窝状，沿叶脉被柔毛，其余部分密被柔毛。花葶高5-18厘米，被柔毛；伞形花序具2-7（-9）花；苞片多枚。花梗长0.5-2厘米，被柔毛；花萼窄钟状，长0.6-1厘米，被微柔毛，常有褐色腺点，分裂约达中部，裂片卵形或卵状披针形，全缘或具小齿；花冠紫或蓝紫色，冠筒略长于花萼或近等长，冠檐径1.5-2.5厘米，裂片倒卵形，先端深凹缺。蒴果球形，藏于萼筒，脆壳质，裂成不规则碎片。花期7-4月，果期5-6月。

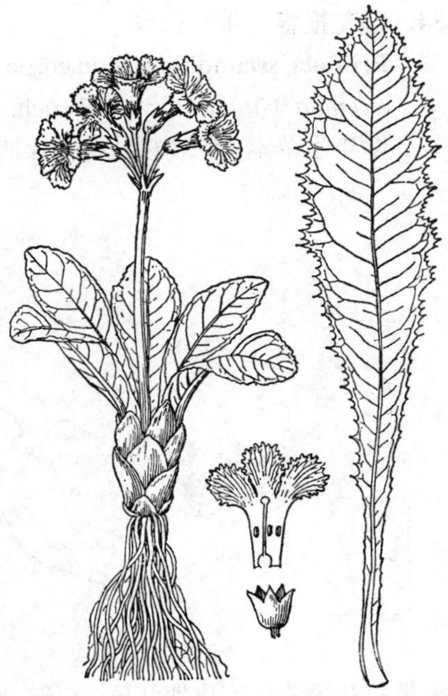

图 315 苣叶报春 （邓盈丰绘）

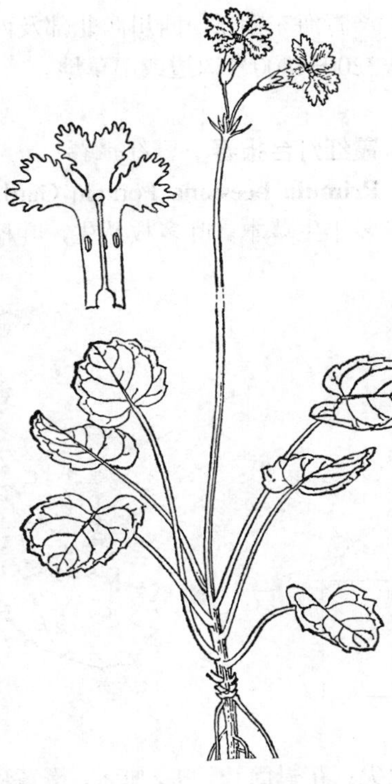

图 316 川西遂瓣报春 （邓盈丰绘）

产湖北西部、湖南西北部、四川中南部、贵州东北部及云南东北部，生于海拔600-2500米林下或山谷阴地。

34. 偏花报春 带叶报春 图 318 彩片 53

Primula secundiflora Franch. in Bull. Soc. Bot. France 32: 267. 1885.

Primula vittata Bur. et French.；中国高等植物图鉴 3: 258. 1974.

多年生草本。叶多枚丛生，叶柄甚短或有时与叶片近等长，具宽翅；叶长圆形、窄椭圆形或披针形，连柄长5-15厘米，宽1-3厘米，先端钝圆或稍尖，基部渐窄，具三角形小牙齿，无毛，两面疏被小腺体。花葶高10-60(-90)厘米，顶端被白粉；伞形花序5-10花。花梗长1-5厘米，多少被粉；花萼钟状，长0.7-1厘米，上半部分裂成披针形裂片，沿裂片边缘下延至基部被白粉，花萼具紫白相间的10条纵带；花冠紫红或玫瑰红色，冠筒长0.9-1厘米，冠檐径1.5-2.5厘米，裂片倒卵状长圆形，先端圆或微凹缺。蒴果稍长于宿存花萼。花期6-7月，果期8-9月。

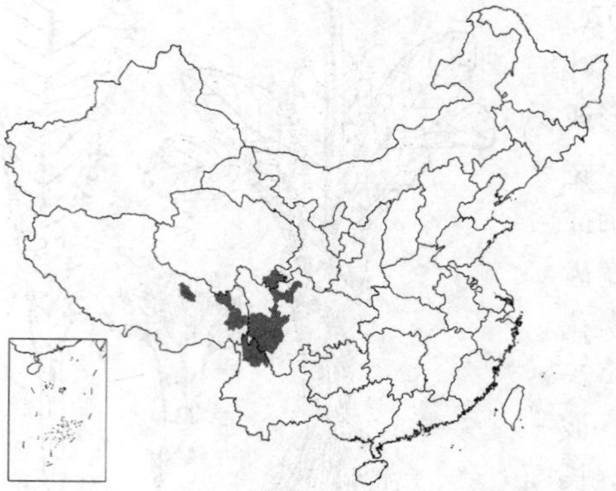

产青海东南部、四川西北部及西部、云南西北部及西藏东北部，生于海拔3200-4800米沟边或湿草地。

35. 霞红灯台报春 霞红报春 图 319

Primula beesiana Forr. in Gard. Chron. ser. 3, 50: 242. f. 110. 1911.

多年生草本。叶多枚丛生，叶柄长为叶片1/4-1/2，有时与叶片近等长；叶窄长圆状倒披针形或椭圆状倒披针形，长8-20厘米，先端圆，基部渐窄，具稍整齐三角形小牙齿。花葶高20-35厘米，果期高达50厘米，无粉或节上被白粉；伞形花序2-4(-8)轮，每轮8-16花。花梗长1-2厘米，无粉或微被粉；花萼钟状，长5-9(-9)毫米，内面密被粉，外面微被粉或无粉，分裂达中部或稍过，裂片披针形，先端锐尖；花冠筒长约1.2厘米，橙黄色，几两面被粉，近叶喉部始扩大，冠檐径约2厘米，玫瑰红色，裂片倒卵形，先端深凹缺。蒴果稍短于花萼。花期6-7月。

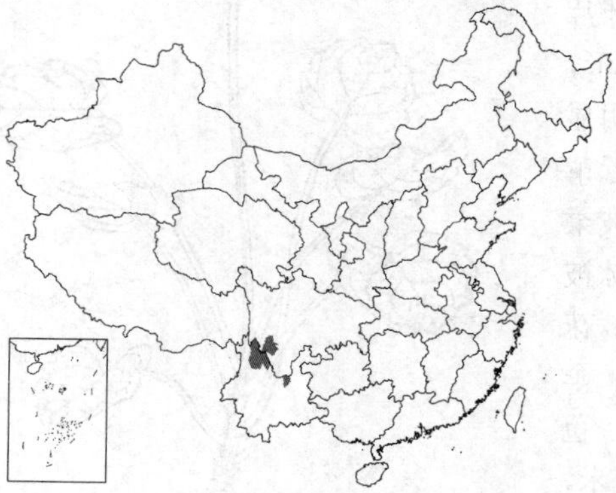

产四川西南部、云南西北部及北部，生于海拔2400-2800米溪边或沼泽草地。

［附］ **桔红灯台报春** 桔红报春 **Primula bulleyana** Forr. in Notes

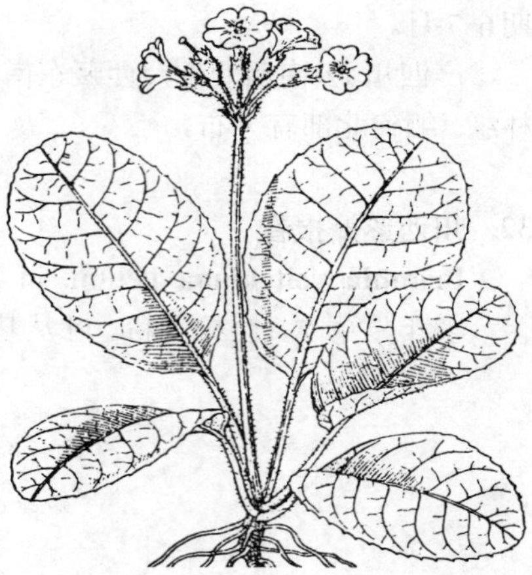

图 317 卵叶报春 （引自《图鉴》）

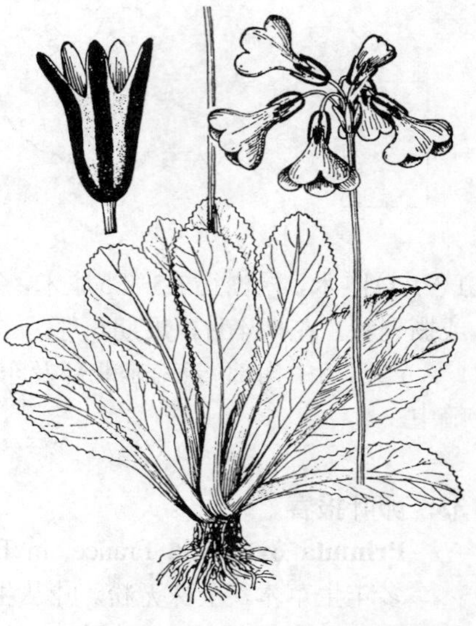

图 318 偏花报春 （邓晶发绘）

图 319 霞红灯台报春 （余 峰绘）

Roy. Bot. Gard. Edinb. 4：231.1908. 本种与霞红灯台报春的区别：花冠橙红或深橙黄色，花萼裂片先端渐尖成钻形。产云南西北部及四川西南部，生于海拔2600-3200米高山草地潮湿处。

36. 玉山灯台报春 图 320

Primula miyabeana Ito et Kawak. in Miyabe, Festschrift 1, t. 29. 1911.

多年生草本；根茎短，具多数纤维状须根。叶倒卵状椭圆形或披针形，长10-20厘米，先端钝圆，基部渐窄，具不整齐小牙齿。花葶高20-45厘米，具伞形花序2-4轮，每轮6-10花。花梗长1.5-3(-4)厘米；花萼钟状，长5-7毫米；花冠紫红色，筒部长0.9-1厘米，仅内面被黄粉，自茎部向上逐渐扩大，冠檐径约1.5厘米，裂片长圆形，长约5毫米。蒴果球形，约与花萼等长。

产台湾，生于海拔2500-3500米林下湿地。

图 320 玉山灯台报春 （引自《Fl. Taiwan》）

37. 凉山灯台报春 图 321

Primula stenodonta Balf. f. ex W. W. Smith et Fletcher in Trans. Bot. Soc. Edinb. 33：120. 1941.

多年生草本，全株无毛，无粉。叶丛生；叶柄不明显或长达5厘米，具宽翅，叶倒披针形或倒卵状椭圆形，长5-8厘米，先端圆，基部渐窄，具稍整齐三角小牙齿，下面薄被粉质腺体。花葶高20-45厘米，伞形花序3-4轮，每轮5-10花；苞片线形，长0.5-1厘米。花梗长0.7-1.3厘米；花萼窄钟形，长5-6毫米，分裂达中部，裂片披针形，先端渐尖成钻形；花冠鲜红色，冠筒长1.3-1.4厘米，冠檐径1-1.5厘米，裂片倒卵形，先端深凹缺。蒴果稍短于宿存花萼。花期6-7月。

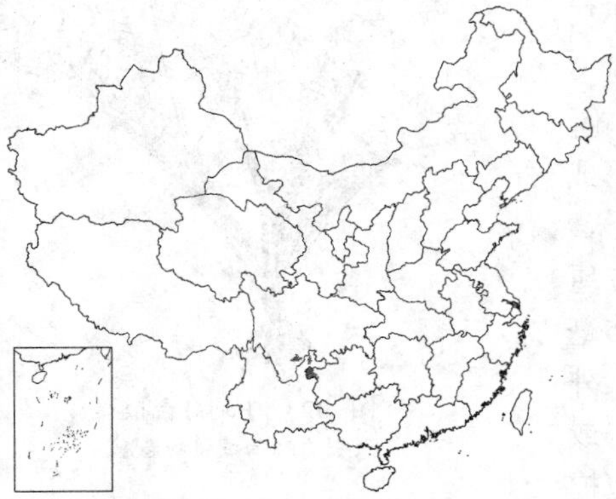

产云南东北部、四川南部及贵州西北部，生于海拔2500米水边潮湿地。

图 321 凉山灯台报春 （余 峰绘）

38. 海仙报春 海仙花 图 322 彩片 54

Primula poissonii Franch. in Bull. Bot. Soc. France 33：67. 1886.

多年生草本，全株无毛，无粉。叶丛生，叶柄极短或与叶片近等长，具宽翅，叶倒卵状椭圆形或倒披针形，长(2.5)4-10(13)厘米，先端钝圆，基部渐窄，具稍整齐三角形小牙齿。花葶高20-45厘米；伞形花序2-6轮，每轮3-10花；苞片线状披针形，长0.5-1厘米。花梗长1-2厘米；花萼杯状，长约5毫米，分裂约全长1/3，裂片

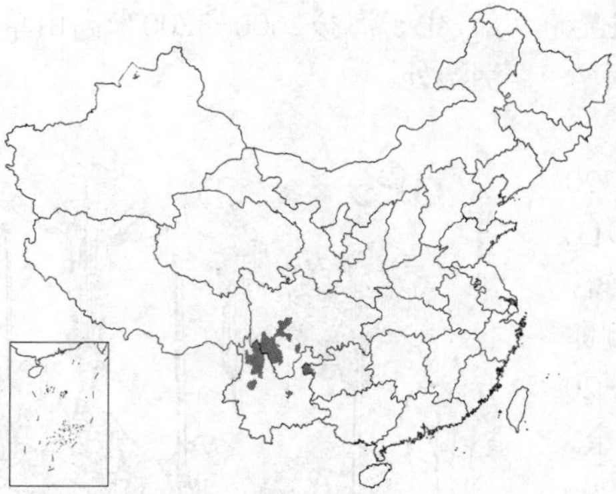

三角形或长圆形，先端稍钝；花冠深红或紫红色，冠筒长0.9-1.1厘米，冠檐平展，径1.8-3厘米，裂片倒心形，张开，长0.8-1厘米，稍短于冠筒，先端2深裂。蒴果稍长于花萼。花期5-7月，果期9-10月。

产云南、四川西南部及贵州西北部，生于海拔2500-3100米山坡草地湿润处或水边。

［附］**香海仙报春** 香海仙花 **Primula wilsonii** Dunn. in Gard. Chron. ser. 3. 31: 413. 1902. —— *Primula poissoni* Franch. subsp. *wilsonii* (Dunn) W. W. Smith et Forr.；中国高等植物图鉴 3: 237. 1974. 本种与海仙花的区别：植株鲜时有茴香味；花冠径1-1.5厘米，裂片直立或稍张开，长约为冠筒1/2。

产云南及四川西南部，生于海拔2000-3300米山坡潮湿地或溪边。

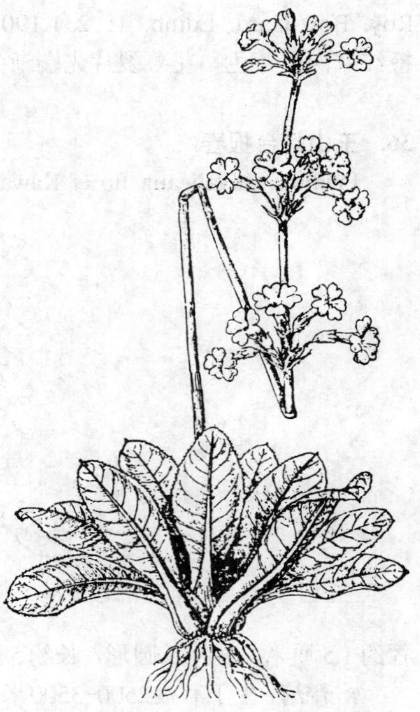

图 322 海仙报春 （引自《图鉴》）

39. 中甸灯台报春 中甸报春 图 323 彩片 55

Primula chungensis Balf. f. et Ward. in Notes Roy. Bot. Gard. Edinb. 8: 7. 1920.

多年生草本，全株无毛。叶丛生，叶柄不明显或长达叶片1/4；叶椭圆形、长圆形或倒卵状长圆形，长4.5-15(-30)厘米，先端圆，基部楔状渐窄，具不明显波状浅裂和不整齐小牙齿。花葶高15-30厘米，节上微被粉；伞形花序2-5轮，每轮3-12花；苞片三角形或披针形，长1.5-3.5(-5)毫米，微被粉。花梗长0.8-1.5厘米；花萼钟状，长3.5-4.5毫米，内面密被乳黄色粉，外面微被粉，分裂达全长1/3或略过，裂片三角形，先端锐尖；花冠淡橙黄色，冠筒长1.1-1.2厘米，冠檐径1.5-2厘米，裂片倒卵形，先端微凹。蒴果卵圆形，长5-6毫米，长于花萼。花期5-6月。

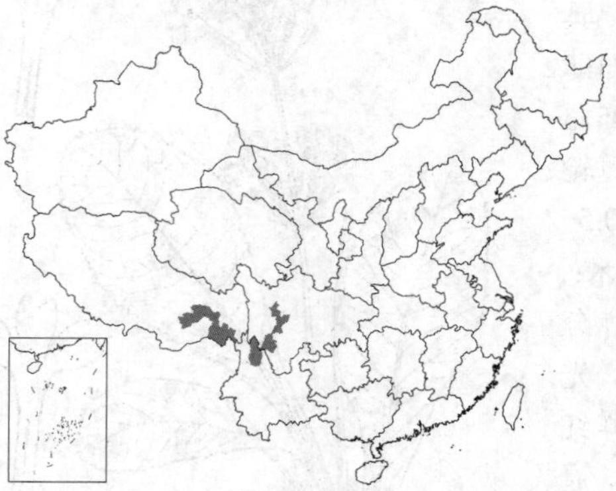

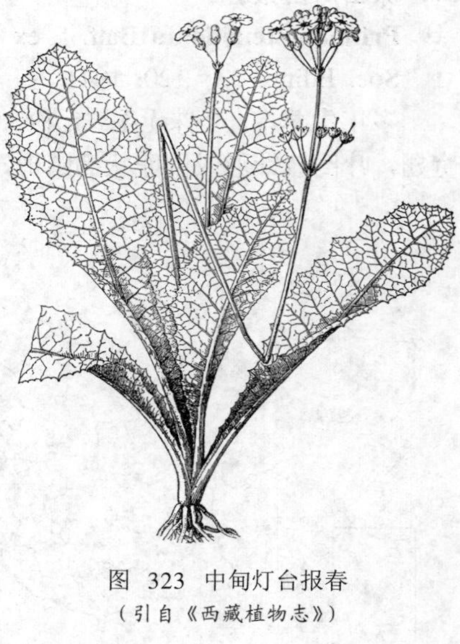

图 323 中甸灯台报春
（引自《西藏植物志》）

产云南西北部、四川西部及西藏东南部，生于林间草地或水边。

40. 橙红灯台报春 橙黄报春 图 324：1-4

Primula aurantiaca W. W. Smith et Forr. in Notes Roy. Bot. Gard. Edinb. 14: 34. 1923.

多年生草本，全株无毛，无粉。叶丛生；叶柄极短或长达叶片1/3；叶倒卵状长圆形或倒披针形，长4-15厘米，先端圆，基部渐窄下延至叶柄成翅状，具不整齐啮蚀状小牙齿。花葶1-2枚生于叶丛中，常带紫色，高4.5-15厘米，果期达30厘米；伞形花序2-4（-6）轮，每轮6-12花；苞片线形，

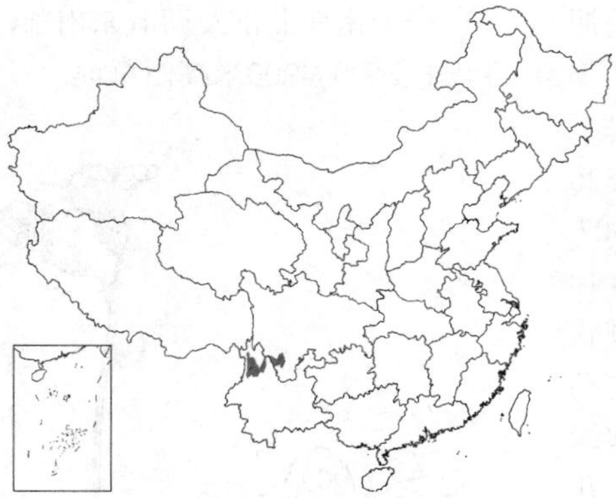

长1-2.2厘米。花梗长0.3-1厘米，带红色；花萼窄钟形，长0.7-1厘米，分裂过中部，裂片窄披针形；花冠深橙红色，冠筒长0.8-1.4厘米，冠檐径0.8-1厘米，裂片倒卵形，先端深凹缺。蒴果近球形，径5毫米。花期5月。

产云南西北部及四川南部，生于海拔2500-3500米山坡草地、林缘湿地或沟边。

图 324: 1-4. 橙红灯台报春 5-7. 小花灯台报春 （余 峰绘）

41. 小花灯台报春 图 324：5-7

Primula prenantha Ball. f. et W. W. Smith in Notes Roy. Bot. Gard. Edinb. 9: 191. 1915.

多年生草本，全株无毛。叶丛生，叶柄不明显或长达叶片1/3；叶长圆状倒卵形或倒卵状椭圆形，长3.5-9厘米，先端圆，基部渐窄，边缘具啮蚀状小牙齿，下面微被粉质腺体。花葶高10-15厘米，果期达20厘米，伞形花序1-2轮，每轮2-8花；苞片线形或线状披针形，长3-8毫米。花梗长0.5-1.5(-2)厘米；花萼钟状，长3.5-5.5毫米，分裂达全长1/4-1/3，裂片三角形，全缘，稀稍呈舌状并具1-2小齿；花冠黄色，冠筒长5-7.5毫米，冠檐径6-9毫米，裂片长圆状倒卵形，先端凹缺。蒴果近球形，径约5毫米，稍长于花萼。花期5-6月。

产云南西北部及西藏东南部，生于海拔2400-3300米高山草地或沼泽草甸。

42. 齿叶灯台报春 齿叶报春 图 325

Primula serratifolia Franch. in Bull. Soc. Bot. France 32: 267. 1885.

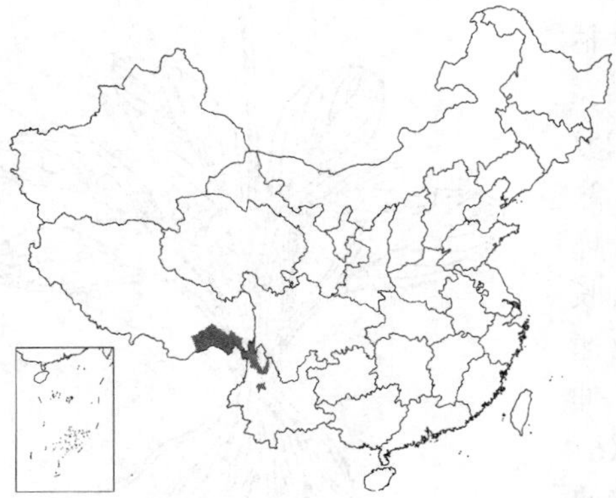

多年生草本，全株无毛，无粉。叶丛生；叶柄不明显或长达叶片1/3，叶长圆形或长圆状倒卵形，长6-12厘米，先端圆，基部渐窄，具啮蚀状三角形小牙齿。花葶高12-25厘米，伞形花序(3-)5-10花，有时出现第二轮花序；苞片线状披针形，长0.3-1厘米。花梗长0.8-2厘米，果期达3厘米；花萼钟状，具5肋，长4-7毫米，分裂达全长1/3-1/2，裂片卵状三角形；花冠黄色，冠筒长0.8-1厘米，冠檐径1.8-2.5厘米，裂片宽倒卵形，全缘或顶

图 325 齿叶灯台报春 （引自《西藏植物志》）

端微凹，通常中央有橙黄色纵带。蒴果卵球形，与宿存花萼近等长。花期6月，果期9月。

产云南西北部及西藏东南部，生于海拔2600-4200米高山草地。

43. 贡山紫晶报春 贡山报春 图 326

Primula silaensis Petitm. in Bull. Herb. Boiss. ser. 2, 7: 524. 1907.

多年生草本，全株无毛；叶4-5枚丛生，叶柄长约叶片1/2或与叶片近等长；叶倒卵形或长圆状倒卵形，长1-2厘米，先端圆，基部楔形，下延，边缘软骨质，具尖锐小牙齿。花葶纤细，高5-10厘米；花1-2(-5)朵生于花葶顶端，稍俯垂。花梗长2.5-5毫米；花萼钟状，长约4毫米，分裂近中部，裂片卵形或卵状披针形；花冠淡紫红或深蓝紫色，长0.8-1.2厘米，筒部窄，与花萼近等长，上部宽钟形，径1-1.3厘米，裂片长圆形，顶端微凹，凹缺间有突尖头或具啮蚀状小齿。蒴果与花萼近等长。花期8月。

产云南西北部及西藏东南部，生于海拔3600-4800米高山草地湿润处或岩石边。印度东北部及缅甸北部有分布。

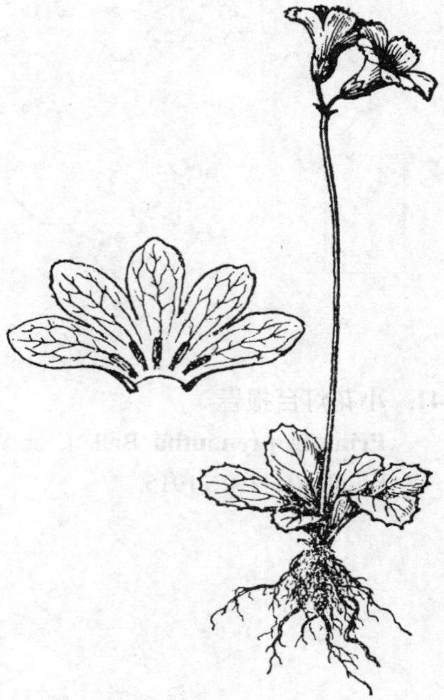

图 326 贡山紫晶报春
（引自《中国植物志》）

44. 短叶紫晶报春 图 327

Primula amethystina Bnlf. f. subsp. **brevifolia** (Forr.) W. W. Smith in Notes Roy. Bot. Gard. Edinb.16: 13. 1928.

Primula brevifolia Forr. in Notes Roy. Bot. Gard. Edinb. 4. 229. 1908.

多年生草本。叶丛基部有少数鳞片；叶长圆形或倒卵状长圆形，长2-4.5厘米，基部楔形，下延边缘软骨质，具稀疏小齿，齿端稍增厚呈腺体状，两面有紫色小斑点；叶柄极短或长达1.5厘米，具宽翅。花葶单生，高8-16(-25)厘米；花下垂，有香气，3-20组成伞形花序；苞片卵状披针形或线状披针形，长2-5毫米。花梗长0.2-2厘米，果时近直立，几不伸长；花萼钟状，长4-5(6)毫米，分裂近中部，裂片卵形；花冠紫水晶色或深紫蓝色，长花柱花的花冠窄钟形，长1-2.1.6厘米，顶端宽6-9毫米，裂片先端呈不规则缺刻状，裂齿锐尖，长超过1毫米；雄蕊着生处距冠筒基部约2.5毫米，花

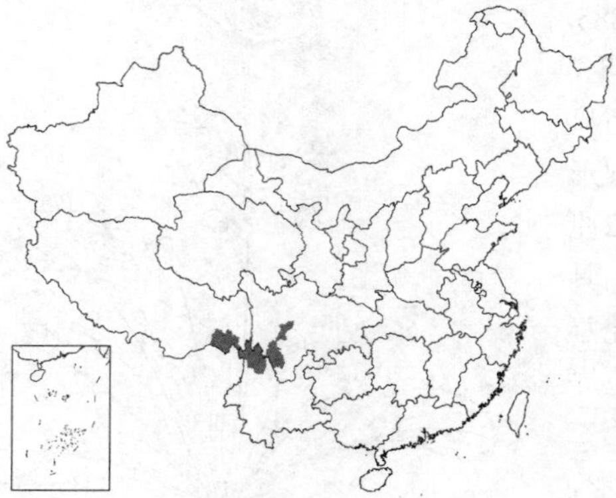

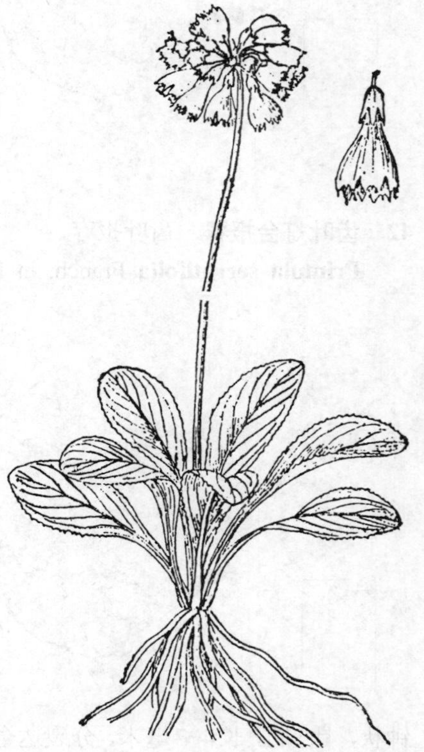

图 327 短叶紫晶报春 （引自《图鉴》）

柱长约4.5毫米；短花柱花的花冠较宽，径1-1.2厘米，雄蕊着生处距冠筒基部约4.5毫米，花柱长约1.2毫米。蒴果约与花萼等长。花期6-7月，果期8月。

产四川西南部、云南西北部及西藏东南部，生于海拔3400-5000米高山草地。

45. 暗红紫晶报春 紫红报春 图 328

Primula valentiniana Hand.-Mazz. in Anz. Akad. Wiss. Wien, Math.-Nat. 59: 249. 1922.

多年生草本，全株无毛。叶丛生，叶柄具窄翅，长约叶片1/2；叶倒卵形或倒披针形，长1.5-3厘米，先端锐尖或稍钝而具突尖头，基部楔形，边缘软骨质，有疏生小牙齿。花葶高2.5-7(-10)厘米，花常1-2朵生于花葶顶端。花梗长0.2-1厘米；花萼杯状，长3.5-5毫米，分裂达中部，裂片三角形；花冠紫红色，长1.4-1.8厘米，管状基部窄，长约1毫米，向上扩展成宽钟状，径1.4-1.6厘米，裂片椭圆形，先端圆，全缘或微凹。蒴果等长于或稍长于花萼。花期7-8月。

产云南西北部及西藏东南部，生于海拔3000-4200米高山草地。缅甸北部有分布。

图 328 暗红紫晶报春
（引自《中国植物志》）

46. 峨眉报春 图 329

Primula faberi Oliv. in Hook. Icon. Pl. 18: t. 1789. 1888.

多年生草本，全株无毛。叶丛生，叶柄具宽翅，极短至长达3厘米；叶椭圆形、长圆形或倒披针形，长2-8厘米，先端锐尖或稍钝，基部渐窄，下延，边缘软骨质，具不整齐尖牙齿，两面均有褐色小斑点。花葶高5-20厘米，近顶端密被褐色小腺体；伞形花序具3-10花，紧密近头状；苞片卵形或卵状长圆形，长0.6-1.5厘米。花梗长1-2毫米；花萼钟形，长0.7-1厘米，具5肋，分裂近中部，裂片长圆形，先端锐尖或稍钝；花冠黄色，窄钟形，长1.8-2.5厘米，冠檐径1.2-1.5厘米，裂片长圆形，直立，先端钝圆或具小突尖头。蒴果长圆形，稍短于花萼。花期6-7月，果期7-8月。

产四川南部及云南北部，生于海拔2100-3500米山坡湿草地。

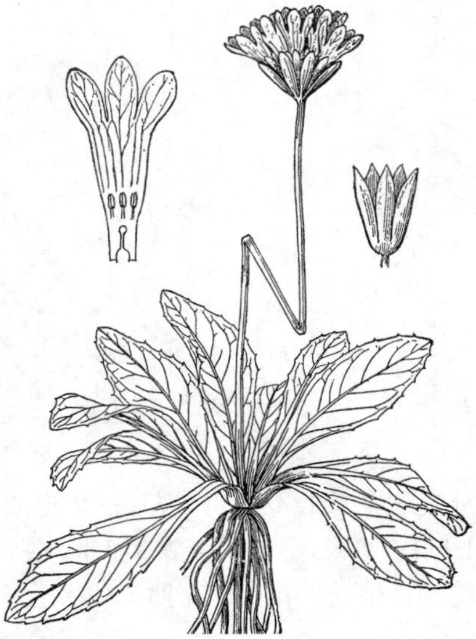

图 329 峨眉报春 （邓盈丰绘）

47. 钟花报春 锡金报春 图 330 彩片 56

Primula sikkimensis Hook. in Bot. Mag. t. 4597. 1851.

多年生草本。叶丛高7-30厘米，叶柄甚短至稍长于叶片；叶椭圆形、

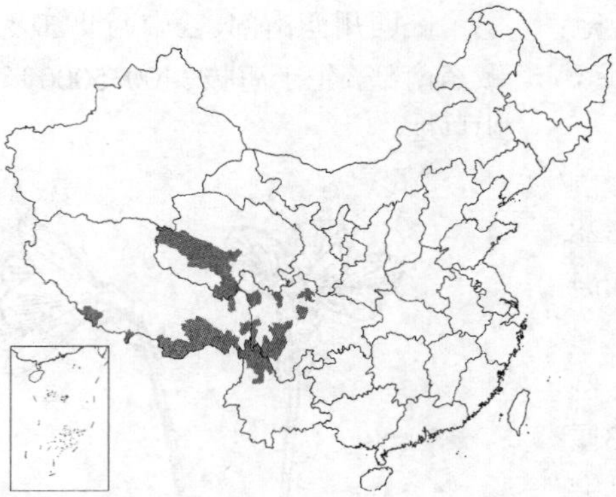

长圆形或倒披针形，先端圆或稍锐尖，基部渐窄，稀钝或近圆，具锐尖或稍钝锯齿或牙齿，下面疏被小腺体。花葶高15-90厘米，顶端被黄粉；伞形花序通常1轮，2至多花。花梗长1-6(-10)厘米；花萼钟状或窄钟状，长0.7-1(1.2)厘米，具5脉，内外面均被黄粉，分裂达中部，裂片披针形，先端锐尖；花冠黄色，干后常绿色，长1.5-2.5(-3)厘米，裂片倒卵形，全缘或先端凹缺。蒴果与宿存花萼近等长，花期6月，果期9-10月。

产四川、云南西北部、西藏及青海，生于海拔3200-4400米林缘湿地、沼泽草甸或沟边。不丹、锡金、尼泊尔及缅甸北部有分布。

图 330 钟花报春 （邓盈丰绘）

48. 杂色钟报春 顶花报春 图 331：1-2

Primula alpicola (W. W. Smith) Stapf in Bot. Mag. t. 9276. 1932. *Primula microdonta* Franch. ex Petitm var. *alpicola* W. W. Smith in Notes Roy. Bot. Gard. Edinb. 15: 85. 1926.

多年生草本。叶丛生，叶柄与叶片近等长至长于叶片1倍；叶长圆形或长圆状椭圆形，长10-20厘米，宽3-8厘米，先端圆，基部平截或圆，有时微心形或短楔形，具小牙齿或小圆齿。花葶高15-90厘米，顶端微被粉；伞形花序2-4轮，每轮5至多花；苞片窄披针形、长圆形或卵形，长0.6-2厘米，被粉。花梗长1-8厘米，被淡黄色粉；花萼钟状，长0.7-1厘米，具5脉，被黄粉，分裂达全长1/4-1/3，裂片三角形或披针形；花冠黄、紫或白色，冠筒长1.1-1.3厘米，冠檐径1.2-3厘米，裂片宽倒卵形或近圆形，先端凹缺。蒴果筒状，稍长于花萼。花期7月。

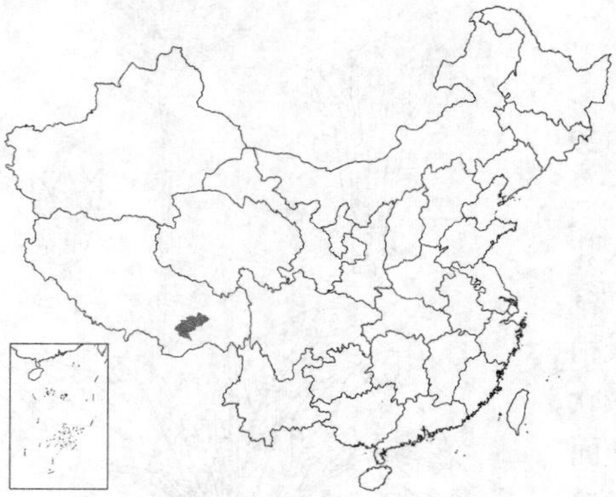

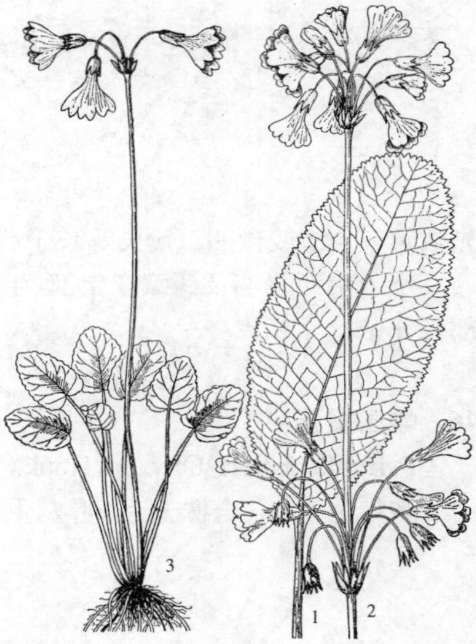

图 331：1-2. 杂色钟报春 3. 葶立钟报春 （邓晶发绘）

产西藏东南部，生于海拔3000-4600米沟边、灌丛下或林间草甸。不丹有分布。

49. 葶立钟报春 葶立报春 图 331：3

Primula firmipes Balf. f. et Forr. in Notes Roy. Bot. Gard. Edinb. 13: 10. 1920.

多年生草本。叶丛高3-25厘米。叶柄长2-20厘米；叶卵形、卵状长圆形或近圆形，长1-7厘米，先端圆，基部浅心形，具稍深圆齿状牙齿。花葶纤细，高10-40厘米，顶端微被黄粉；伞形花序具2-8花，苞片披针形或卵状披针形，长0.7-1.2厘米，具小齿。花梗长1-4厘米，被小腺体，有

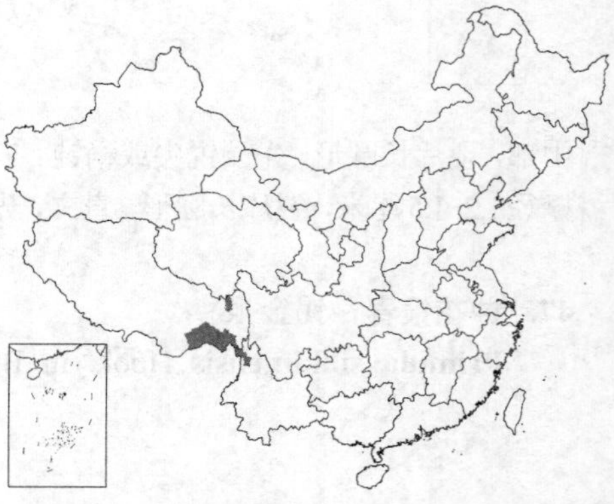

时顶端被粉；花萼钟状，长5-8毫米，具5脉，多少被黄粉，分裂达中部，裂片披针形；花冠黄色，冠筒长约1厘米，冠檐径1.3-2厘米，裂片倒卵形，先端凹缺或具小圆齿。蒴果等长或稍长于花萼。花期5-6月。

产云南西北部及西藏东部，生于海拔3000-4500米高山多石草地。缅甸北部有分布。

［附］**巨伞钟报春** 彩片 57 **Primula florindae** Ward in Notes Roy. Bot. Gard. Edinb. 15: 84. 1926. 本种与葶立钟报春的区别：花葶粗壮，高0.3-1.2米；伞形花序具(10-)15-30(-80)花。产西藏东部，生于海拔2600-4000米山谷水沟边、河滩及云杉林下潮湿处。

50. 双花报春 图 332

Primula diantha Bur. et Franch. in Journ. de Bot. 5: 97. 1891.

多年生草本。叶丛高2-8厘米，基部无鳞片，叶柄甚短或与叶片近等长；叶长圆状匙形或窄倒披针形，长1-5厘米，先端钝或圆，基部渐窄，具小牙齿或小圆齿，下面被白或乳黄色粉。花葶高(1-)2-8(-12)厘米；伞形花序2-6(-10)花。花梗长0.3-1厘米；花萼筒状，长0.6-1厘米，外面带紫色，内面被粉，分裂达全长1/2-2/3，裂片披针形或窄长圆形，先端锐尖或稍钝；花冠蓝紫色，冠筒长1-1.4(-1.6)厘米，冠檐径1.5-2厘米，裂片椭圆形，先端钝圆，全缘或具不明显小圆齿。蒴果筒状，长于宿存花萼。花期6月，果期7-8月。

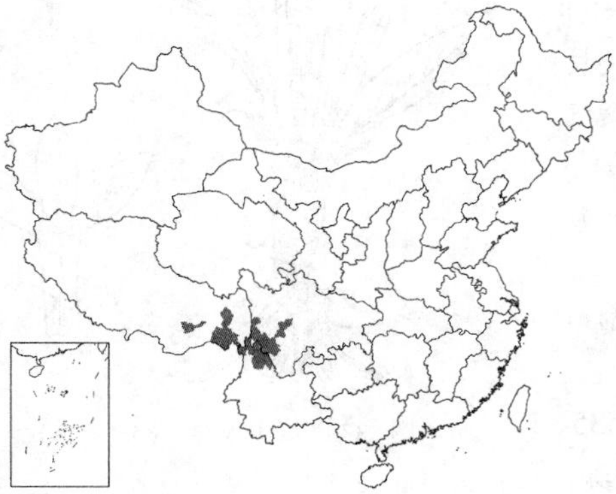

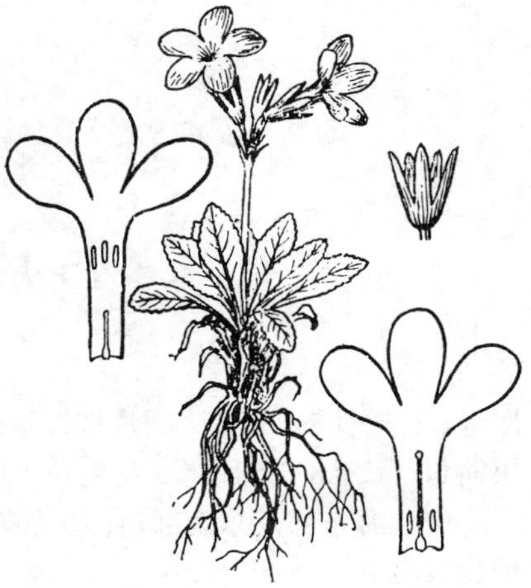

图 332 双花报春 （余 峰绘）

产四川西南部、云南西北部及西藏东南部，生于海拔4000-4800米多石湿草地或流石滩。

51. 心愿报春 甘肃高葶 雪山报春 图 333

Primula optata Farrer in Notes Roy. Bot. Gard. Edinb. 9: 187. 1916.

多年生草本。叶丛高10厘米以上，基部有少数三角形鳞片，叶柄甚短或长达叶片1/2；叶倒披针形或长圆状匙形，长3-7厘米，先端钝圆，基部渐窄，具不整齐小钝齿，上面幼时被微柔毛，无粉或幼时下面被白粉。花葶高3-5厘米，后伸长达16厘米；伞形花序1-2轮，每轮4-8(-10)花。花梗长0.2-1.3厘米，多少被粉；花萼管钟状，长(0.7-)0.9-1.1厘米，内面被粉，分裂达中部或稍过，裂片长圆状披针形，先端钝或稍锐尖；花冠蓝紫色，冠筒长1-1.5厘米，冠檐径1.5-2厘米，裂片椭圆形，全缘。蒴果筒状，长1.5-2厘米。花期5-6月。

产甘肃南部、四川西北部、青海东南部及南部，生于海拔3200-4500米高山湿草地、林缘或溪边石缝中。

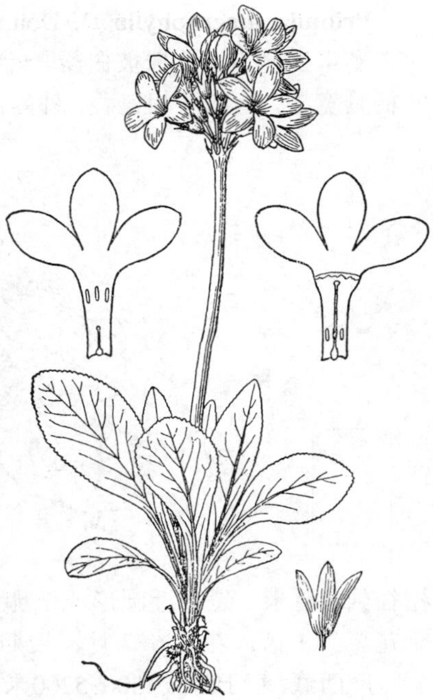

图 333 心愿报春 （余 峰绘）

52. 岷山报春 西藏紫花报春 图 334

Primula woodwardii Balf. f. in Notes Roy. Bot. Gard. Edinb. 9: 61. 1915.

多年生草本。叶从基部由鳞片、叶柄包叠成假茎状；叶柄具宽翅，稍短于叶片并为鳞片所覆盖；叶披针形、长圆状披针形或倒披针形，长6-12厘米，具小圆齿或近全缘，幼时两面被微柔毛，渐无毛。花葶高8-25厘米；伞形花序3-15花。花梗长0.5-2厘米，被腺毛；花萼窄钟状，长0.7-1.1厘米，分裂略过中部，裂片披针形；花冠蓝紫或淡紫红色，冠筒颜色较深，长1-1.3厘米，冠檐径2-3厘米，裂片披针形或窄长圆形，全缘，常与冠筒等长。蒴果筒状，长0.8-1.5厘米。花期6-7月。

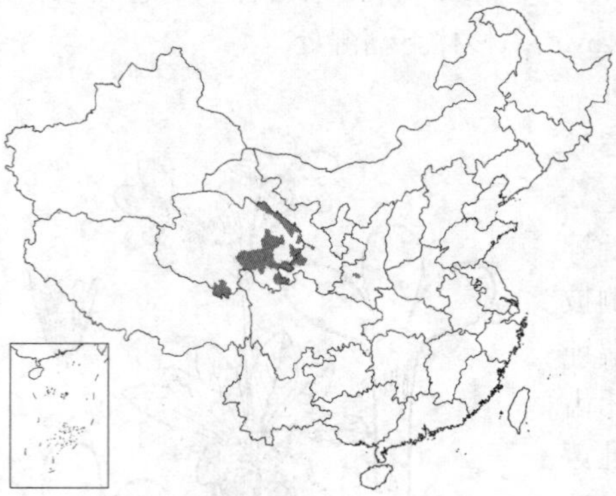

产青海东部及东南部、甘肃及陕西中南部，生于海拔2700-3700米湿草地或山沟中。

［附］**紫罗兰报春 Primula purdomii** Craib in Bot. Mag. t. 8535. 1914. 本种与岷山报春的区别：花冠裂片长圆形，颜色与冠筒相同或较深，短于冠筒。产青海南部及东南部、甘肃南部、陕西南部及四川西北部，生于海拔3300-4100米湿草地、灌木林下或潮湿石缝中。

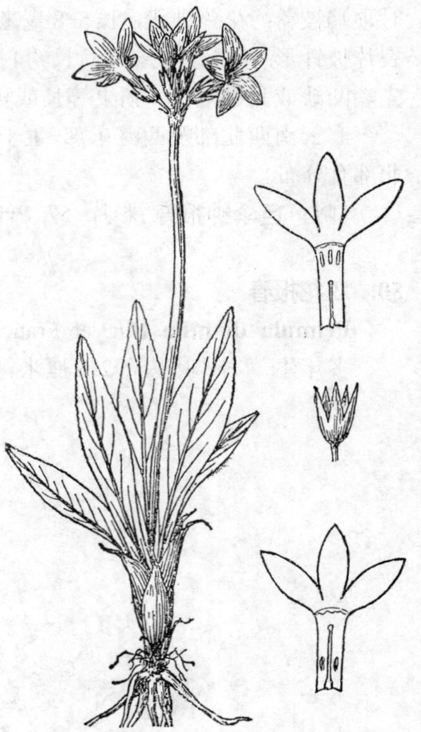

图 334 岷山报春 （余 峰绘）

53. 大叶报春 图 335

Primula macrophylla D. Don, Prodr. Fl. Nepal. 80. 1825.

多年生草本，植株被白粉。叶从基部由鳞片、叶柄包叠成假茎状；叶柄具宽翅，基部互相包叠，外露部分甚短或与叶片近等长；叶披针形或倒披针形，长5-12厘米，全缘或具细齿，常外卷，下面被白粉或无粉。花葶高10-25厘米，近顶端被粉；伞形花序具5至多花。花梗长1-3厘米，稀被粉；花萼筒状，长0.8-1.5厘米，分裂略过中部或达全长3/4，裂片披针形，常带紫色，内面被白粉；花冠紫或蓝紫色，冠筒长1-1.3厘米，冠檐径约2厘米，裂片近圆形或倒卵圆形，全缘或微凹缺。蒴果筒状，长于花萼约1倍。花期6-7月，果期8-9月。

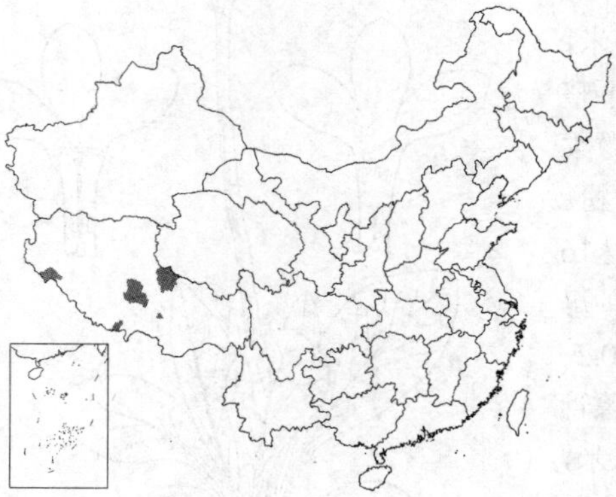

产西藏，生于海拔4500-5200米山坡草地或碎石中。克什米尔、印度西北部、尼泊尔、不丹及锡金有分布。

图 335 大叶报春 （邓盈丰绘）

54. 紫花雪山报春 玉亭报春 图 336 彩片 58

Primula chionantha Balf. f. et Forr. in Notes Roy. Bot. Gard. Edinb. 9: 11. 1915.

Primula sinopurpurea Ball. f.; 中国高等植物图鉴 3: 801. 1974; 中国植物志 59(2): 159. 1990.

多年生草本。叶丛基部由鳞片、叶柄包叠成假茎状；叶柄具宽翅，长为鳞片1/2；叶长圆状卵形、披针形或倒披针形，长5-20(-25)厘米，基部渐窄，具小牙齿或近全缘，初下面密被鲜黄色粉。花葶高(5-)20-50(-70)厘米，近顶端被黄粉；伞形花序1-4轮，每轮3至多花。花梗长1-2.5厘米，密被黄粉；花萼窄钟状，长0.8-1(-1.2)厘米，分裂略过中部，裂片长圆状披针形，内面密被鲜黄色粉；花冠蓝紫色，稀白色，冠筒长1.1-1.3厘米，冠檐径2-3厘米，裂片宽椭圆形，全缘。蒴果筒状，长于花萼近1倍。花期5-7月，果期7-8月。

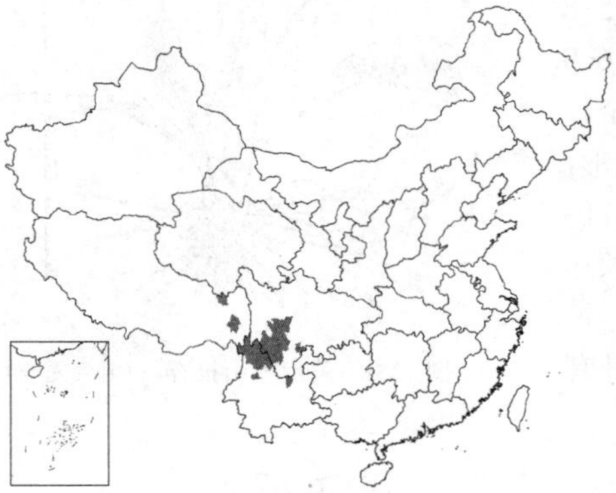

产四川西南部、云南北部及西藏东部，生于海拔3000-4400米草地、流石滩或杜鹃丛中。

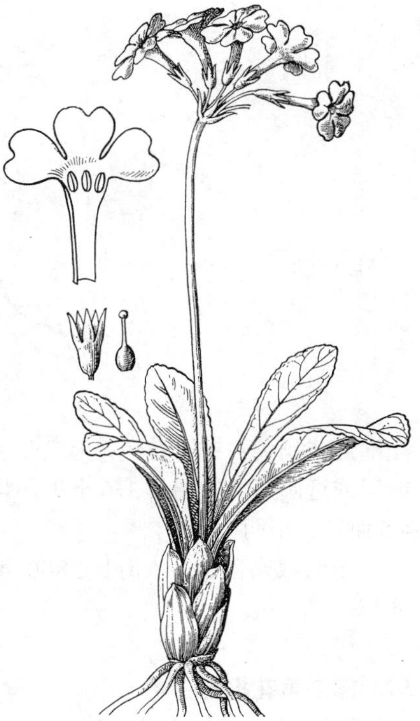

图 336 紫花雪山报春 （邓盈丰绘）

55. 大果报春 图 337

Primula megalocarpa Hara in Journ. Jap. Bot. 49(5): 133. 1974.

多年生草本，植株被黄粉。叶丛基部有枯叶及鳞片；叶柄具宽翅，常短于叶片；叶披针形或线状披针形，连柄长5-18厘米，先端锐尖或稍钝，基部渐窄，具微细小牙齿，边缘外卷，下面被淡黄色粉。花葶高3-12厘米，近顶端被粉；伞形花序具1-8花；苞片线状倒披针形，长0.7-2.2厘米。花梗长0.6-1.8厘米，被粉；花萼窄钟状，长0.9-1.2厘米，外面常带褐色，内面密被黄粉，分裂近基部，裂片长圆状倒披针形，先端钝圆；花冠粉红微带紫色，冠筒等长或稍长于花萼，冠檐径1.8-3厘米，裂片倒卵形，先端凹缺。蒴果筒状，长(1.5-)1.8-3厘米，径0.8-1厘米。花期6-7月。

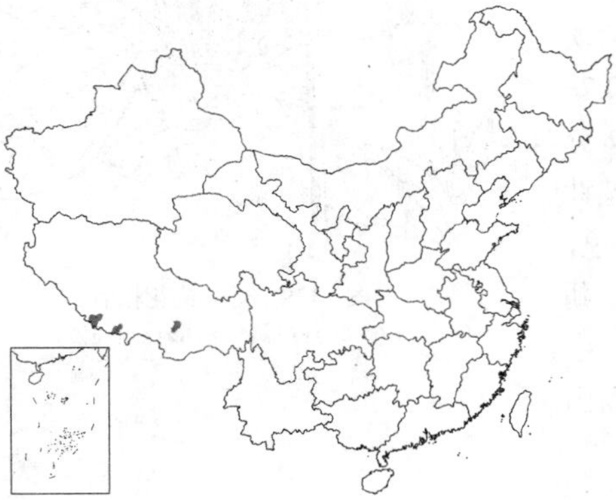

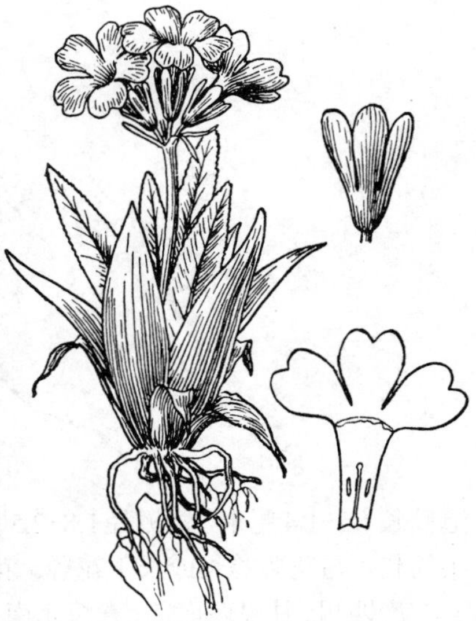

图 337 大果报春 （余 峰绘）

产西藏南部，生于海拔4000-4600米山坡草甸或沟边。尼泊尔及不丹有分布。

56. 黄齿雪山报春 图 338

Primula elongata Watt in Journ. Linn. Soc. Bot. 22: 8. t. 6. 1882.

多年生草本。叶丛基部有少数鳞片包叠；叶柄初时甚短，果期与叶片

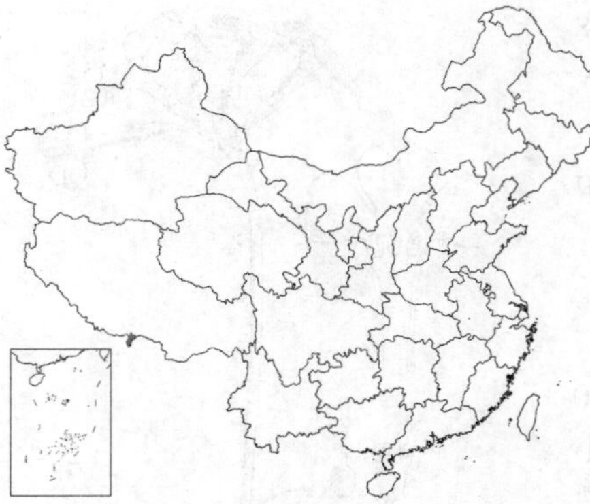

近等长；叶倒卵形或倒披针形，长5-12厘米，果期长达15厘米，宽5.5厘米，先端圆或钝，基部渐窄，具小钝牙齿，幼时下面被淡黄色粉。花葶高15-30厘米，近顶端被粉，伞形花序1(2)轮，每轮具5-10花。花期花梗长5-8毫米；花萼窄钟状，长6-9毫米，分裂达中部或达全长2/3，裂片披针形或近线形，先端钝或稍尖；花冠黄色，冠筒长1.3-1.8厘米，冠檐径1.5厘米，裂片倒卵形或近圆形，先端具3-6小齿。蒴果筒状，长于花萼1-2倍；果柄长达4.5厘米。花期5-6月。

产西藏南部，生于海拔3800-4000米林缘和湿草地。锡金及不丹有分布。

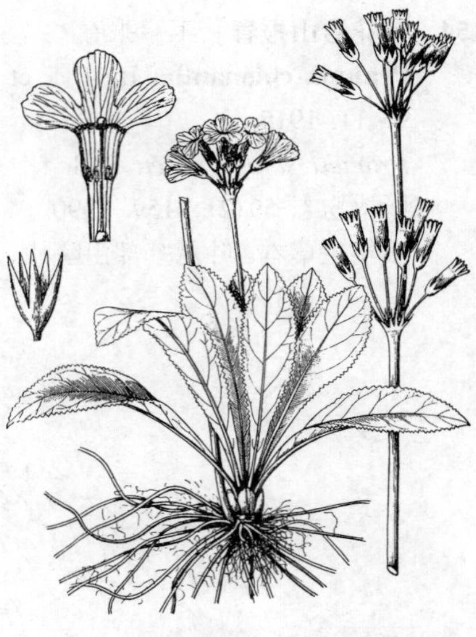

图 338 黄齿雪山报春 （邓晶发绘）

57. 圆瓣黄花报春 图 339

Primula orbicularis Hemsl. in Gard. Chron. ser. 3, 39: 290. 1906.

多年生草本。叶丛基部由鳞片叶柄包叠成假茎状；叶柄具宽翅。花期基部互相包叠，外露部分甚短，果期基部散开，与叶片近等长；叶椭圆形、长圆状披针形或披针形，长(3-)5-15厘米，先端钝或尖，基部渐窄，近全缘或具细齿，初下面被白粉。花葶高10-30厘米，近顶端被乳黄色粉；伞形花序1(2)轮，具4至多花。花梗长0.5-2厘米，被淡黄色粉；花萼钟状，长0.7-1.2厘米，内面密被黄粉，分裂达中部，裂片长圆状披针形，先端稍钝；花冠鲜黄色，冠筒长1.2-1.4厘米，冠檐径1.8-2.5厘米，裂片近圆形或长圆形，全缘。蒴果筒状，与花萼等长或长于花萼。花期6-7月，果期7-8月。

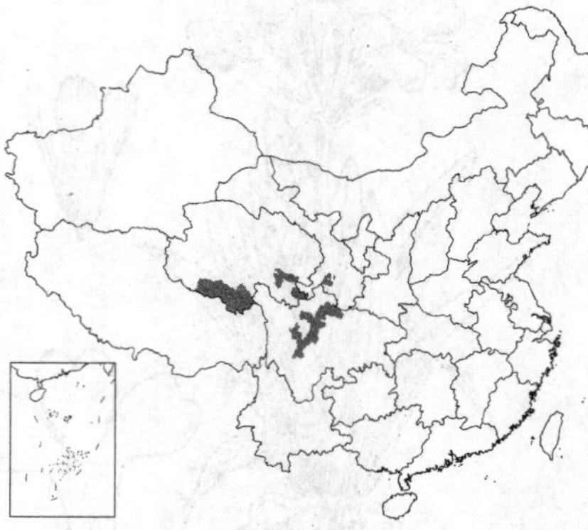

产四川、甘肃西南部、青海东南部及南部，生于海拔3100-4450米高山草地、草甸或溪边。

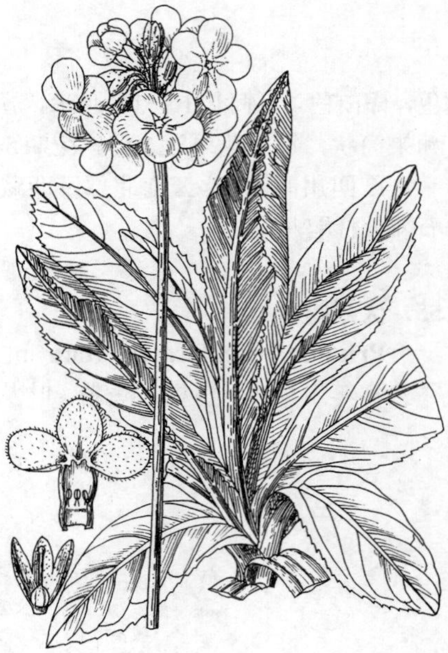

图 339 圆瓣黄花报春
（仿《Curtist' s Bot. Mag.》）

58. 胭脂花 图 340 彩片 59

Primula maximowiczii Regel in Acta Hort. Petrop. 3: 193. 1874.

多年生草本。叶丛基部无鳞片；叶柄具膜质宽翅，通常甚短，有时与叶片近等长；叶倒卵状椭圆形、窄椭圆形或倒披针形，连柄长(3-)5-20(-27)厘米，先端钝圆或稍尖，基部渐窄，具三角形小牙齿，稀近全缘，侧脉纤细。花葶高20-45(-70)厘米，伞形花序1-3轮，每轮6-10(-20)花。花

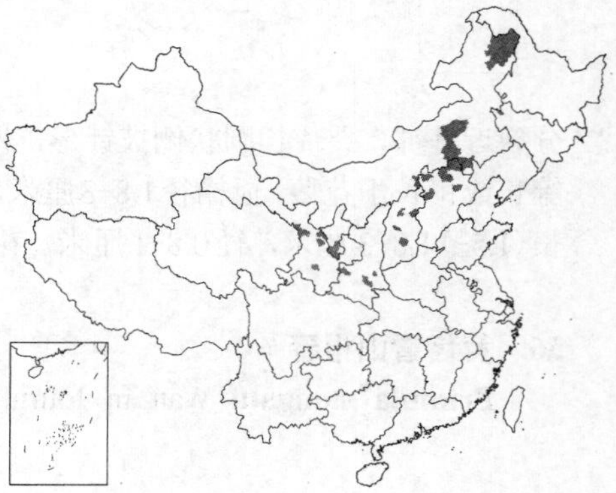

梗长1-3(4)厘米；花萼窄钟状，长0.6-1.1厘米，分裂达全长1/3，裂片三角形，具腺状小缘毛；花冠暗朱红色，冠筒长1.1-1.9厘米，冠檐径约1.5厘米，裂片窄长圆形，宽2.5-3毫米，全缘，常反贴冠筒。蒴果稍长于花萼。花期5-6月，果期7月。

产吉林东北部、内蒙古、河北、山西、陕西、宁夏及甘肃，生于海拔1800-2900米林下或林缘湿润地。

图 340 胭脂花 （张海燕绘）

59. 甘青报春 图 341 彩片 60

Primula tangutica Duthie in Gard. Chron. 38: 42. f. 17. 1905.

多年生草本，全株无粉。叶丛基部无鳞片，叶柄不明显或长达叶片1/2，稀与叶片等长；叶椭圆形、椭圆状倒披针形或倒披针形，连柄长4-15(-20)厘米，先端钝圆或稍尖，基部渐窄，具小牙齿，稀近全缘。花葶高20-60厘米；伞形花序1-3轮，每轮5-9花。花梗长1-4厘米，被微柔毛；花萼筒状，长1-1.3厘米，分裂达全长1/3-1/2，裂片三角形或披针形；花冠暗朱红色，冠筒与花萼近等长或长于花萼；裂片线形，长0.7-1厘米，宽约1毫米，向外反折。蒴果筒状，长于花萼。花期6-7月，果期8月。

产甘肃南部、宁夏南部、青海东部及四川北部，生于海拔3300-4700米阳坡草地或灌丛下。花及种子药用，治肺病、神经痛、关节炎、心脏病。

图 341 甘青报春
（仿《Curtis's Bot. Mag.》）

60. 四川报春 图 342

Primula szechuanica Pax in Engl. Pflanzenr. 22(1V-237): 106. 1905.

多年生草本，全株无粉。叶丛基部无鳞片；叶柄通常稍短于叶片，有时近等长；叶椭圆形或倒披针形，长5-12厘米，先端尖或钝，基部渐窄，具锐尖牙齿，下面灰绿色，侧脉纤细，不明显。花葶高12-50厘米；伞形花序1-2轮，每轮4-5花；苞片披针形，长0.5-1厘米。花梗长1-3厘米；花萼窄钟状，长0.9-1厘米，分裂近中部，裂片长圆状披针形；花冠淡黄色，冠筒长1.4-1.5厘米，喉部具环状附属物，裂片长圆形，长6-8毫米，宽3-4毫米，全缘，通常反折，贴近冠筒。蒴果筒状，长达2厘米。花期6月。

产四川西部及云南西北部，生于海拔3300-4500米高山湿草地、草甸或杜鹃丛中。

61. 木里报春 图 343

Primula boreiocalliantha Balf. f. et Forr. in Notes Roy. Bot. Gard. Edinb. 13: 5. 1920.

Primula muliensis Hand.-Mazz.; 中国高等植物图鉴 3: 252. 1974.

多年生草本。叶丛基部由鳞片、叶柄包叠成假茎状；叶柄具宽翅，初甚短，盛花期与叶片近等长；叶窄长圆状披针形，长(4-)6-20厘米，先端稍尖，基部渐窄，具钝牙齿，下面被橄榄色粉。花葶15-35(-45)厘米，顶端被粉，伞形花序1-2轮，每轮3-4花；苞片披针形，长0.5-1.5厘米。花梗长1-3.5厘米，微被粉；花萼长(0.8-)1-1.3厘米，分裂略过中部，裂片披针形，内面及边缘通常被粉；花冠蓝紫色，冠筒稍长于花萼，喉部被粉，无环状附属物，冠檐径2.5-3.5厘米，裂片倒卵形，先端凹缺。蒴果筒状，长于花萼1倍。花期5-6月。

产云南西北部及四川西南部，生于海拔3600-4000米高山草地、林缘或杜鹃丛中。

图 342 四川报春 （邓盈丰绘）

图 343 木里报春 （引自《图鉴》）

62. 乳黄雪山报春 图 344

Primula agleniana Balf. f. et Forr. in Notes Roy. Bot. Gard. Edinb. 13: 3. 1920.

多年生草本。叶丛基部有多数鳞片包叠；叶柄具宽翅，花期与叶片近等长，果期通常长于叶片；叶披针形或倒披针形，花期连柄长10-25厘米，果时伸长，先端尖，基部渐窄，具不整齐撕裂状牙齿。花葶高20-40厘米，近顶端疏被粉；伞形花序2-5(-8)花。花梗长1.5-3(4)厘米，果期达6厘米；花萼钟状，长1.1-1.5厘米，分裂近中部，裂片长圆形，先端钝或圆，花冠淡黄或乳白色，冠筒稍长于花萼，喉部无环状附属物，冠檐径3-4厘米，裂片宽倒卵形或近圆形，先端微凹缺。蒴果与花萼近等长。花期5-6月。

产云南西北部及西藏东部，生于海拔4000-4500米高山草地或溪边草地。缅甸北部有分布。

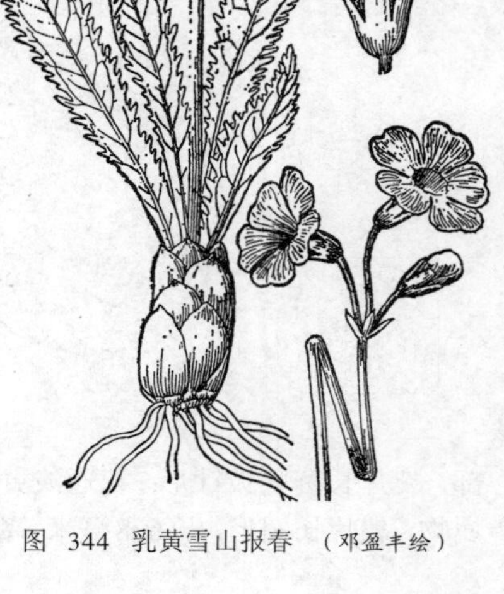

图 344 乳黄雪山报春 （邓盈丰绘）

63. 斜花雪山报春 图 345

Primula obliqua W. W. Smith in Trans. Bot. Soc. Edinb. 26: 119. 1913.

多年生草本。叶丛基部由鳞片包叠成假茎状；叶柄具翅，稍短于叶片，花期基部为鳞片覆盖；叶披针形、倒披针形或窄倒卵形，长8-20厘米，先端钝或稍尖，基部渐窄，具锯齿，下面密被淡黄色粉。花葶高20-55厘米，上部被淡黄粉；伞形花序常具5-6花。花梗长1-3(-5)厘米，被黄粉；花萼窄钟状，长0.8-1(-1.5)厘米，两面被黄粉，分裂达中部或稍过，裂片长圆形，先端圆或钝，花冠淡黄或白色，冠筒长1.4-1.6厘米，喉部无环状附属物，冠檐径2-3厘米，裂片宽倒卵形，先端深凹缺。蒴果筒状，等长或稍长于花萼。花期6-7月，果期8-9月。

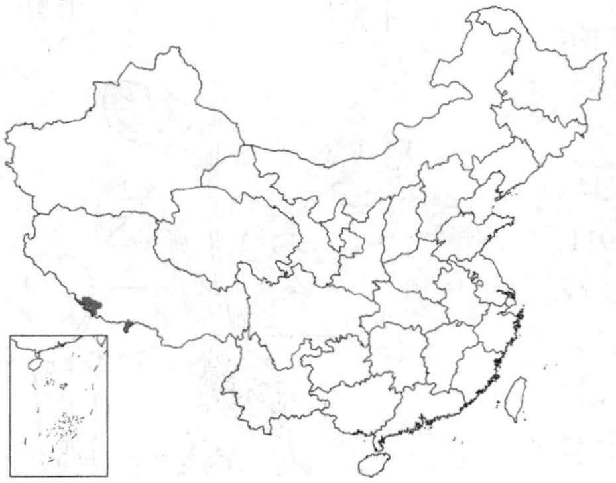

产西藏南部，生于海拔3000-4100米湿草地或林下。尼泊尔、不丹及锡金有分布

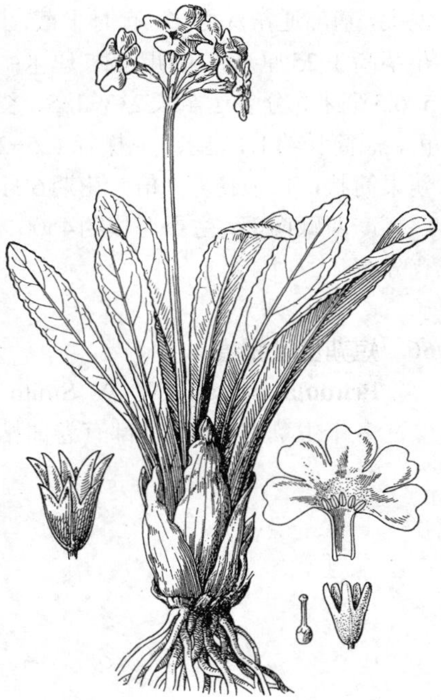

图 345 斜花雪山报春 （邓盈丰绘）

64. 白粉圆叶报春 图 346

Primula littledalei Balf. f. et Watt in Notes Roy. Bot. Gard. Edinb. 9: 176. 1916.

多年生草本，全株被短柔毛。叶丛基部有卷曲的枯叶和少数鳞片；叶柄长2-11厘米，叶圆形或肾圆形，宽1-7.5厘米，先端圆，基部深心形或平截，具三角形粗牙齿，下面被白粉。花葶高4-18厘米，伞形花序(1)3-15花。花梗长0.5-1.5厘米；花萼钟状，长6-8毫米，被白粉，分裂达全长2/3或更深，裂片披针形，锐尖或钝；花冠蓝紫或淡紫色，冠筒长0.9-1(-1.3)厘米，冠檐径1.5-2厘米，裂片宽倒卵形，先端全缘或具小齿。蒴果卵圆形，稍短于花萼。花期6月，果期7月。

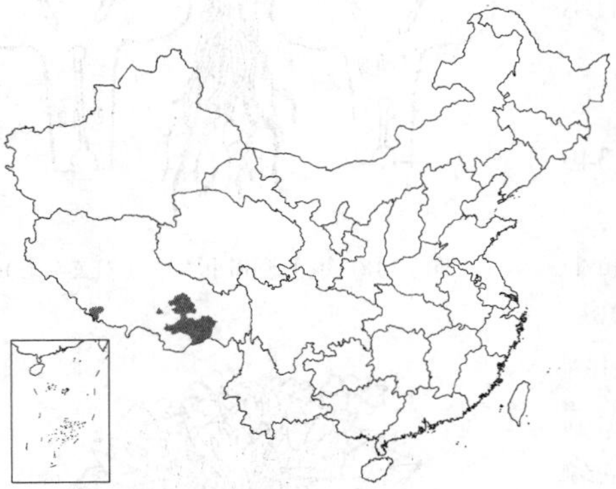

产西藏，生于海拔4300-5000米石缝中。

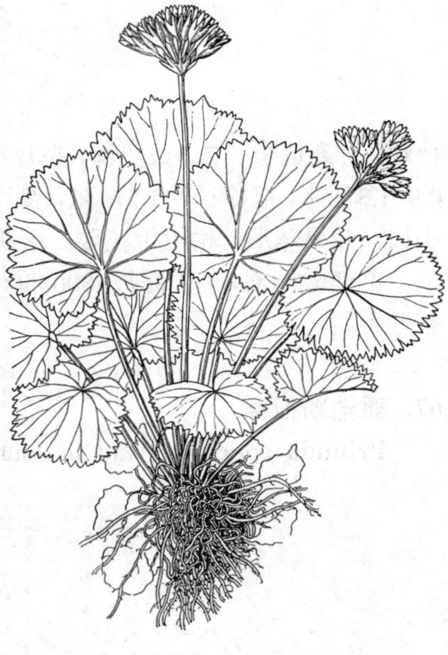

图 346 白粉圆叶报春 （邓晶发绘）

65. 长蒴圆叶报春 图 347

Primula gambeliana Watt in Journ. Linn. Soc. Bot. 20: 3. t. 1. 1882.

多年生草本。叶丛基部有被粉的卵形鳞片；叶柄纤细，长于叶片2-3倍；叶草质或膜质，卵形或近圆形，长1-10厘米，宽0.5-6厘米，先端钝圆或

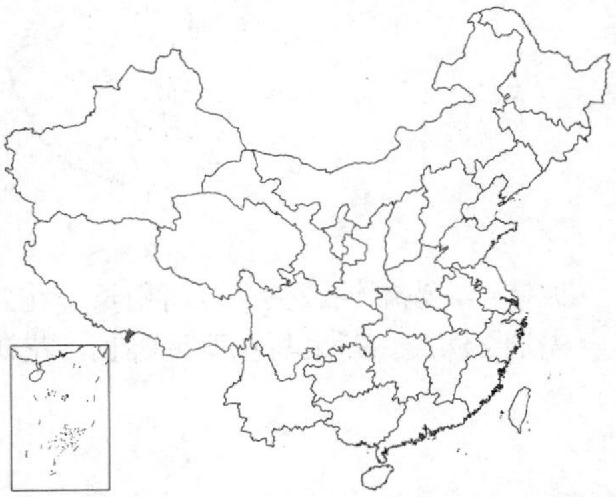

锐尖，基部通常深心形，有时平截，具牙齿，下面疏被小腺体，侧脉常4对。花葶高3-25厘米，果期达2.5厘米；伞形花序(1)2-8花。花萼窄钟状，长5-6.5毫米，分裂达全长2/3-3/5，裂片披针形，先端尖；花冠紫红或蓝紫色，冠筒长约1.1厘米，冠檐径1..5-2.5厘米，裂片宽倒卵形，先端深凹缺。蒴果筒状，长于花萼1倍。花期6月。

产西藏南部，生于海拔约4500米石缝或苔藓中，不丹、锡金及尼泊尔有分布。

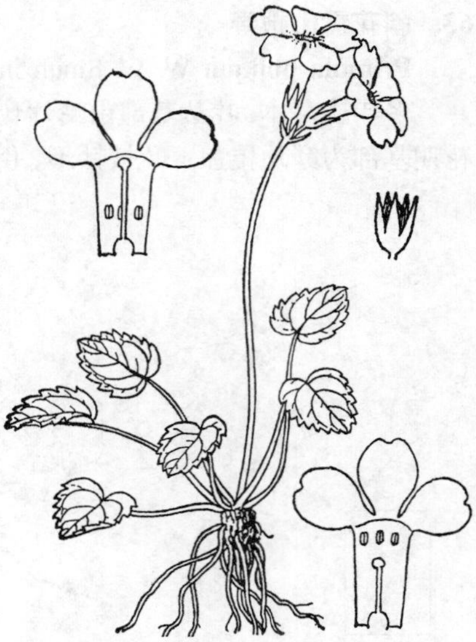

图 347 长蒴圆叶报春 （邓盈丰绘）

66. 短蒴圆叶报春 图 348

Primula caveana W. W. Smith in Rec. Bot. Surv. Ind. 4: 218. 1911.

多年生草本。叶丛基部有卷曲枯叶和少数鳞片；叶柄与叶片近等长或长于叶片1-2倍；叶长圆形、椭圆形、倒卵形或近圆形，长1-8厘米，先端圆，基部渐窄或骤窄下延，具深牙齿，上面密被小腺毛，下面密被白粉。花葶高2-12厘米；伞形花序1-9花；苞片线形、线状披针形或倒披针形，长0.7-1.5厘米，被粉。花梗长1-2厘米，被白粉；花萼筒状，长(0.5)0.6-1.1厘米，被白粉，分裂达全长2/3或更深，裂片窄披针形；花冠淡紫色，冠筒长(0.7-)0.9-1.3厘米，冠檐径约1.5厘米，裂片宽倒卵形或近圆形，全缘或具啮蚀状小齿。蒴果球形，稍短于花萼。花期6月。

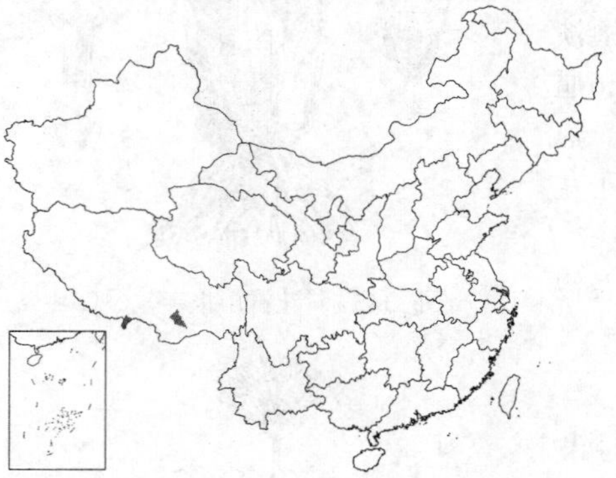

产西藏南部，生于海拔4800-5000米蔽阴石缝中。锡金、不丹及尼泊尔有分布。

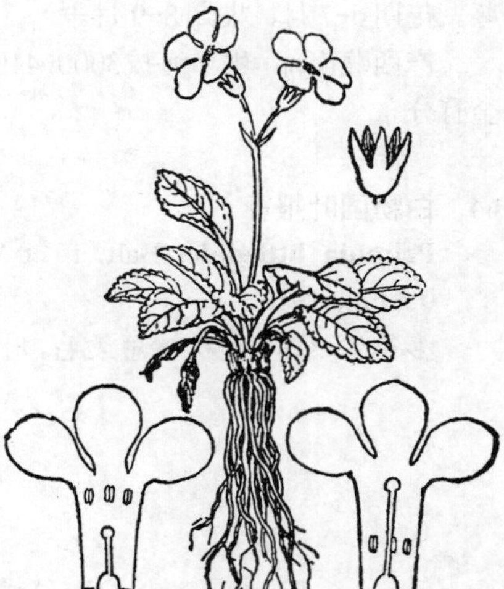

图 348 短蒴圆叶报春 （邓盈丰绘）

67. 雅洁粉报春 图 349

Primula concinna Watt in Journ. Linn. Soc. Bot. 20: 5. 1882.

多年生草本。叶丛高不及2.5厘米；叶柄通常甚短；叶倒披针形或匙形，有时倒卵形，长0.6-2.5厘米，先端钝或尖，基部渐窄，近全缘或上半部具小圆齿，稀具牙齿，下面密被黄粉。花葶高不及1厘米，有时近无，顶生1-5花。花梗长0.4-1厘米；花萼钟状，长3-5毫米，多少被粉，分裂达中部，裂片披针形，先端钝或尖；冠筒稍长于花萼，冠檐径0.7-1厘米，裂片倒卵形，先端2深裂。蒴果与花萼近等长。花期6月。

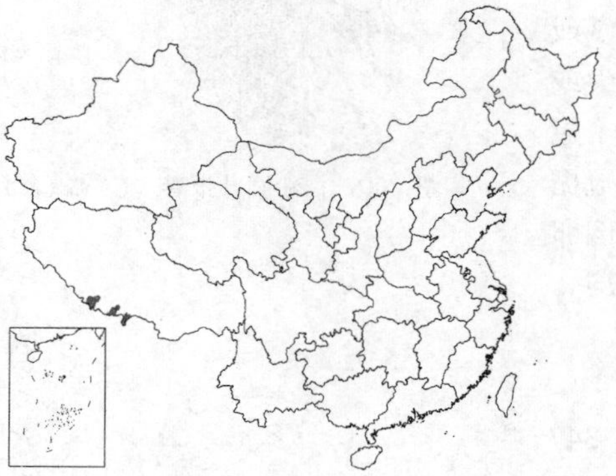

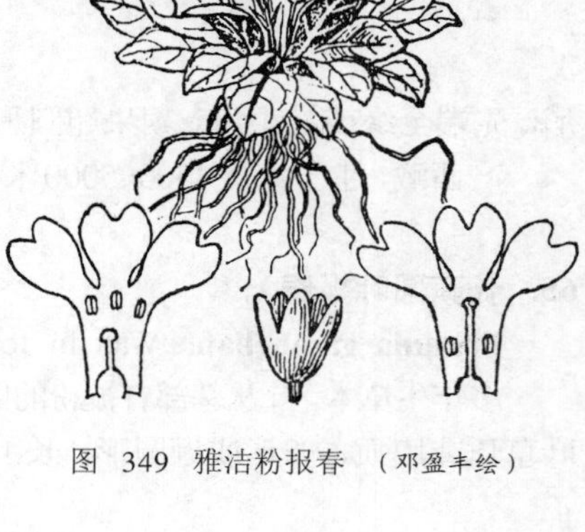

图 349 雅洁粉报春 （邓盈丰绘）

产西藏南部，生于海拔4000-5000米山坡草地、草甸或沟边。不丹、锡金及尼泊尔有分布。

68. 寒地报春 图 350

Primula algida Adam in Weber & Mohr, Beitr. Naturk. 1: 46. 1805.

多年生草本。叶丛高1.5-5(-7)厘米；叶柄不明显；叶倒卵状长圆形或倒披针形，连柄长1.5-5(-7)厘米，基部渐窄，具小牙齿，下面被黄或白色粉。花葶高3-20厘米，果期长达35厘米，伞形花序近头状，3-12花；苞片线形或线状披针形，长0.3-1.1厘米，花后反折，花梗长1.5-3毫米，果期长达1.5厘米；花萼钟状，长0.6-0.8(-1)厘米，具5棱，分裂达全长1/3-1/2；裂片长圆形或披针形，带紫色；花冠蓝紫，稀白色，冠筒长0.6-1厘米，冠檐径0.8-1.5厘米，裂片倒卵形，先端2深裂。蒴果长圆形，稍长于花萼。花期5-6月，果期7月。

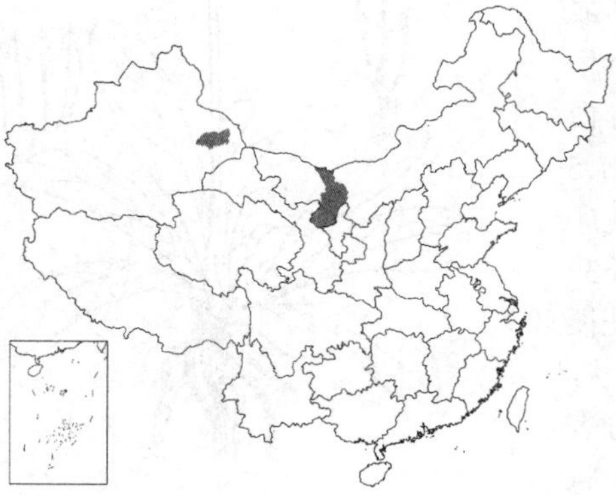

产内蒙古西部、宁夏及新疆东部，生于海拔1600-3150米阳坡、草甸或河滩林下。阿富汗、哈萨克斯坦、吉尔吉斯斯坦、塔吉克斯坦、图库曼斯坦、乌兹别克斯坦、俄罗斯及蒙古北部有分布。

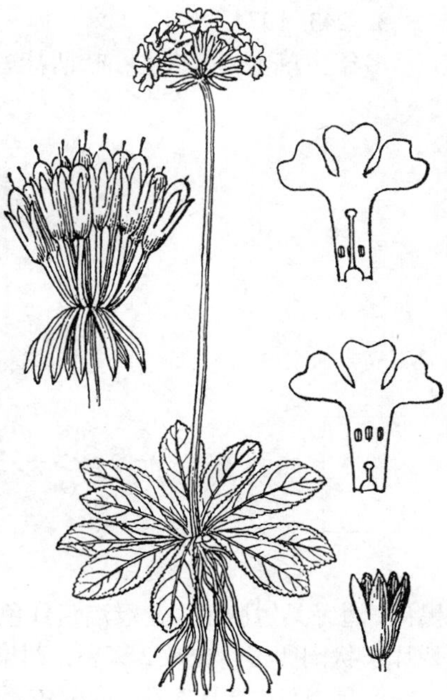

图 350 寒地报春 （邓盈丰绘）

69. 狭萼报春 图 351 彩片 61

Primula stenocalyx Maxim. in Bull. Acad. Sci. St. Pétersb. 27: 498. 1881.

多年生草本。叶丛生；叶柄通常甚短，有时稍短于叶片；叶倒卵形、倒披针形或匙形，连柄长1-5厘米，先端圆或钝，基部楔状下延，全缘或具小钝齿，无粉或下面被白或黄粉。花葶高1-15厘米，近顶端有时被粉；伞形花序4-16花。花梗长0.3-1.5厘米；花萼筒状，长0.6-1厘米，具5棱，分裂达全长1/3或近中部，裂片长圆形或披针形，花冠紫红或蓝紫色，冠檐径1.5-2厘米，裂片宽倒卵形，先端2深裂；长花柱与花萼近等长，短花柱长1.5-3毫米。蒴果与花萼近等长。花期5-7月，果期8-9月。

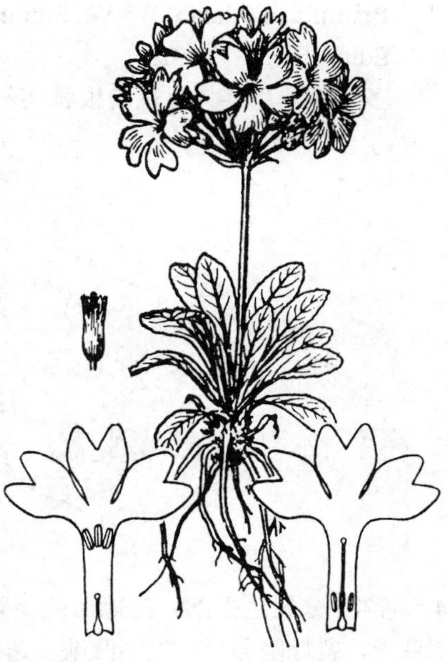

图 351 狭萼报春 （余 峰绘）

产陕西中部、甘肃南部、青海、四川及西藏东北部，生于海拔2700-4300米阳坡草地、林下、沟边或河漫滩石缝中。

70. 粉报春 红花粉叶报春 长白山报春 图 352

Primula farinosa Linn. Sp. Pl. 143. 1753.

Primula modesta auct. non Bisset et S. Moore：中国高等植物图鉴 3：243. 1974.

多年生草本。叶丛生；叶柄甚短或与叶柄近等长；叶长圆状倒卵形、窄椭圆形或长圆状披针形，长1-7厘米，先端近圆或钝，基部渐窄，具稀疏小牙齿或近全缘，下面被青白或黄色粉。花葶高0.3-1.5(3)厘米，无毛；伞形花序顶生，通常多花；苞片长3-8毫米，基部成浅囊状。花梗长0.3-1.5厘米；花萼钟状，长4-6毫米，具5棱，分裂达全长1/3-1/2，裂片卵状长圆形或三角形，有时带紫黑色，边缘具短腺毛；花冠淡紫红色，冠筒长5-6毫米，冠檐径0.8-1厘米，裂片楔状倒卵形，先端2深裂。蒴果筒状，长于花萼。花期5-6月。

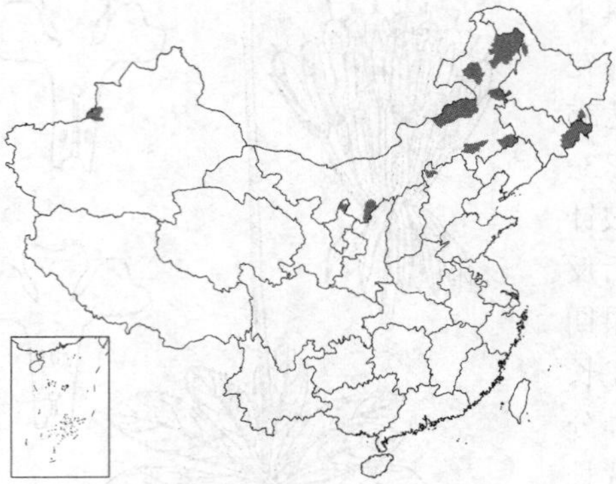

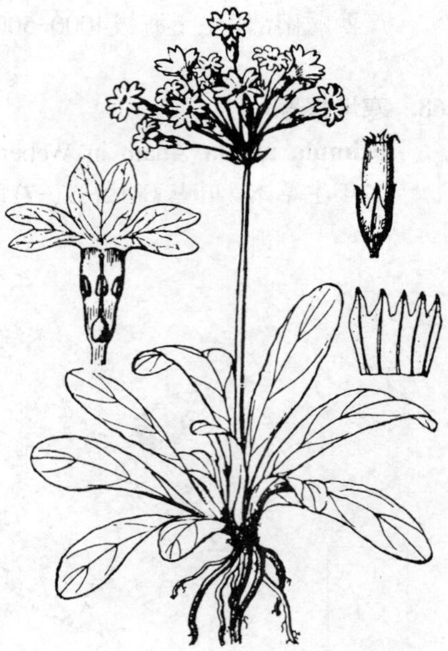

图 352 粉报春 （田 虹绘）

产黑龙江、吉林东部、内蒙古、河北西北部、宁夏北部及新疆西北部，生于低湿草地、沼泽化草甸或沟谷灌丛中。欧洲至俄罗斯西伯利亚有分布。

71. 匍枝粉报春 图 353

Primula caldaria W. W. Smith et Forr. in Notes Roy. Bot. Gard. Edinb. 14：35. 1923.

多年生草本；具粗短的根状茎和多数纤维状须根，常自叶丛基部发出鞭状匍匐枝；匍枝长5-20厘米，顶端具簇生叶，下部具互生的小叶。基生叶倒披针形，连柄长2-15(-25)厘米，先端圆或钝，基部渐窄，中上部具稀疏钝齿，下面被乳白色粉；叶柄具窄翅，与叶片近等长。花葶高5-35(-45)厘米；伞形花序顶生，常具多花；花梗长0.5-1.2厘米，常被白粉；花萼钟状，长约4.5毫米，分裂达中部；花冠白或淡紫蓝色，冠筒部长6-7毫米，冠檐径5-7毫米，裂片倒卵形，先端凹缺。蒴果球形，约与花萼等长。

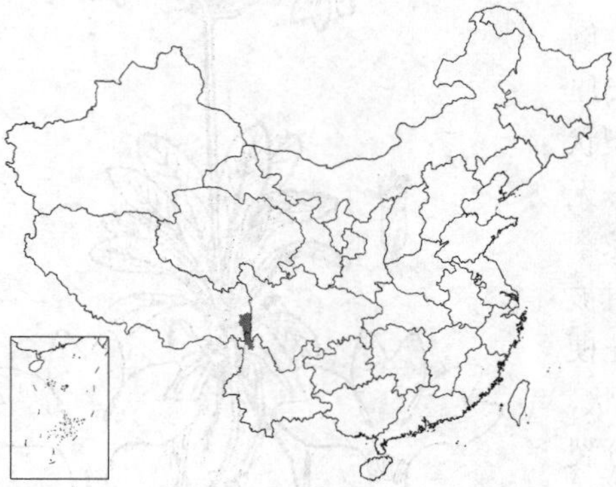

图 353 匍枝粉报春 （邓盈丰绘）

产云南西北部及西藏东部，生于海拔2200-3000米水沟边或温泉旁。

72. 长葶报春 图 354

Primula longiscapa Ledeb. in Mém. Acad. Imp. Sci. St. Pétersb. 5：520. 1815.

多年生草本。叶丛生；叶柄甚短，有时长达叶片1/2；叶长圆状倒卵形或倒披针形，长2-10厘米，基部渐窄，全缘或具不明显小圆齿。花葶高10-30厘米，果期高达70厘米；伞形

花序多花；苞片窄长圆状披针形。花梗长0.3-1厘米；花萼窄钟状，长4-6毫米，分裂略过全长1/3，裂片披针形，先端稍钝，内面和边缘被乳白色粉；花冠紫红色，冠筒长5-7毫米，冠檐径0.6-1厘米，裂片倒卵形，先端2深裂。蒴果长于花萼1倍，果柄长0.6-3厘米。花期5月。

产新疆西北部，生于海拔1200米河滩地草丛中。哈萨克斯坦、吉尔吉斯斯坦、塔吉克斯坦、土库曼斯坦、乌兹别克斯坦、俄罗斯及蒙古有分布。

［附］**箭报春 Primula fistulosa** Turkev. in. Fl. Asiat. Ross. 2(1): 23. 1923. 本种与长葶报春的区别：苞片长圆状卵形或卵状披针形；花葶高5-20厘米，顶端(花序下)缢缩。产黑龙江及内蒙古，生于低湿地、草甸或草地。蒙古及俄罗斯远东地区有分布。

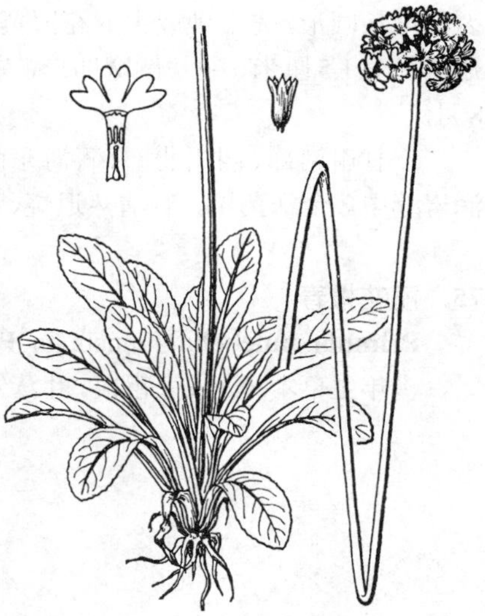

图 354 长葶报春 （余 峰绘）

73. 无粉报春 图 355

Primula efarinosa Pax in Engl. Pflanzenr. 22(1V-2370): 79. 1905.

多年生草本。叶多枚丛生；叶柄甚短或长达叶片1/2；叶卵形或披针形，长2.5-5厘米，果期长达8厘米，先端圆或钝，基部渐窄，具啮蚀状小牙齿。花葶高10-20厘米，果期达40厘米，近顶端被小腺毛；伞形花序6-20花；苞片卵状披针形，基部圆。花梗长0.8-1.2厘米，果期达1.5厘米，密被小腺毛；花萼筒状或窄钟状，长6-7.5毫米，分裂达全长1/3，裂片卵形或长圆形，先端稍钝；花冠堇蓝色，冠筒与花萼近等长，冠檐径1.2-1.5厘米，裂片宽卵形，先端2深裂。蒴果长圆形，稍长于花萼。花期5月，果期6月。

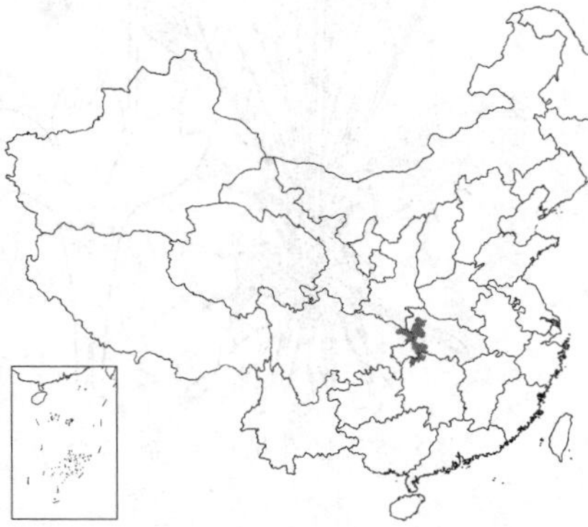

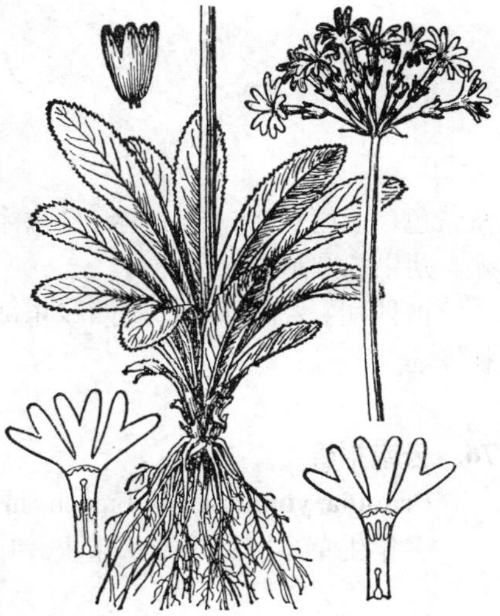

图 355 无粉报春 （余 峰绘）

产湖北西部、湖南西北部及四川东部，生于海拔2100-2800米山地草坡林下。

74. 黄花粉叶报春 图 356

Primula flava Maxim. in Bull. Acad. Sci. St. Pétersb. 27: 497. 1881.

多年生草本。叶丛生；叶柄与叶片近等长，稀长于叶片2-3倍；叶宽卵形、椭圆形或近圆形，长1.5-4厘米，先端钝圆，基部通常渐窄，具钝锯齿，上面近无毛或疏被短柔毛，下面被白粉或粉脱落仅具粉质腺体。花葶高2-10厘米，微被短柔毛；伞形花序2-13花。花梗长0.8-3厘米，被小腺毛；花萼钟状，长4-6毫米，被小腺毛，基部有时被粉；分裂约全长2/3，

裂片窄长圆形，先端钝或尖；花冠黄色，干后常绿色，冠筒长1.2-1.4厘米，冠檐径1-1.5厘米，裂片倒宽卵形，先端2深裂。蒴果稍短于花萼。花期5-8月。

产甘肃南部、四川北部、青海东南部及南部，生于海拔3000-5000米湿润岩缝中。全株药用，有清热退烧、敛疮散痛之效，治水肿、烫伤。

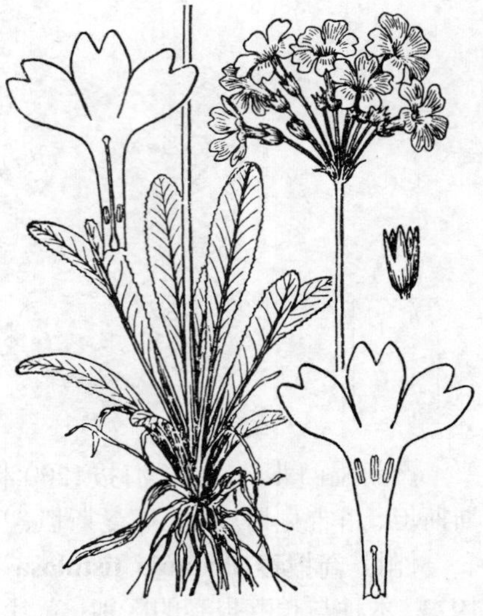

图 356 黄花粉叶报春 （余 峰绘）

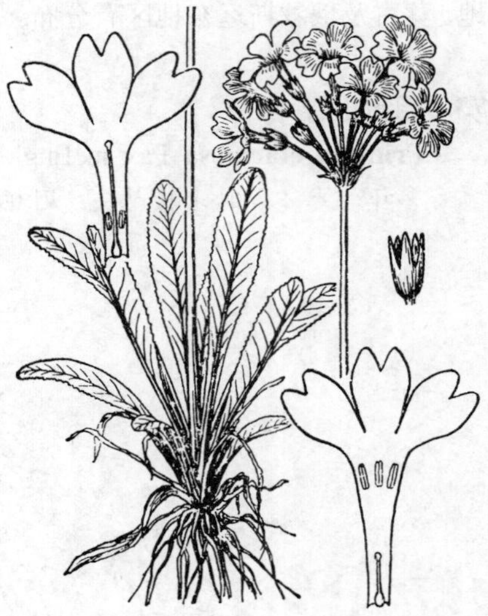

图 357 丽花报春 （余 峰绘）

75. 丽花报春 图 357 彩片 62

Primula pulchella Franch. in Bull. Soc. Bot. France 35: 429. 1885.

多年生草本；具成束粗根。叶丛生；叶柄通常甚短，有时长达叶片1/2；叶披针形、倒披针形或线状披针形，连柄长3-15厘米，先端钝或稍尖，基部渐窄，具小牙齿或近全缘，下面密被鲜黄或乳黄色粉。花葶高8-30厘米，近顶端被粉；伞形花序3-30花。花梗长0.5-2.5厘米，疏被黄粉；花萼钟状，长4-8(-10)毫米，分裂达中部或稍过，内面密被黄粉，裂片披针形，先端稍尖；花冠蓝紫色，冠筒长0.8-1.2厘米，冠檐径1.5-2厘米，裂片倒卵形，先端深凹缺。蒴果长圆形，长于花萼。

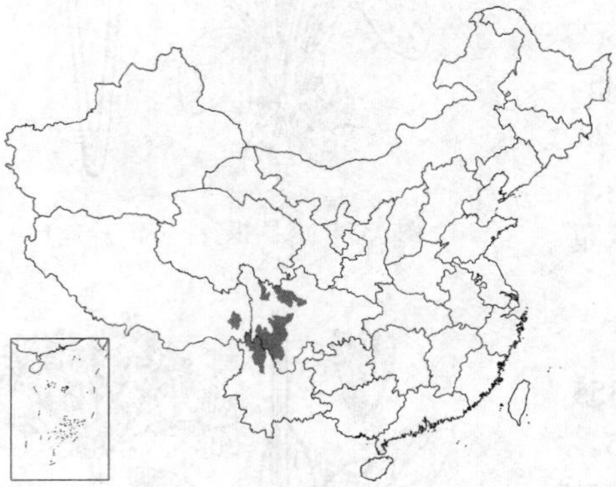

产四川、云南西北部及西藏东部，生于海拔2000-4500米高山草地或林缘。

76. 云南报春 图 358

Primula yunnanensis Franch. in Bull. Soc. Bot. France 32: 269. 1885.

多年生草本；具纤维状粗根。叶丛稍紧密；叶柄甚短，稀与叶片近等长；叶椭圆形、倒卵状椭圆形或匙形，连柄长0.5-3.5厘米，先端钝圆或稍尖，基部渐窄，具牙齿，下面密被黄粉。花葶高1.5-6(-8)厘米，近顶端多少被粉，花1-5朵生于花葶顶端；苞片生于花梗基部，卵状披针形或近线形，腹面被粉。花梗长0.1-1厘米，微被粉；花萼钟状，长（2-）4-5(-7)毫米，具5棱，内面密被黄粉，分裂达中部或稍过，裂片披针形或三角形，先端尖或稍尖；花冠玫瑰红或蓝紫色，冠筒长0.9-1厘米，冠檐径1-1.5厘米，裂片宽倒卵形，先端深凹缺。蒴果常短于花萼。花期6月。

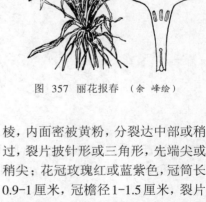

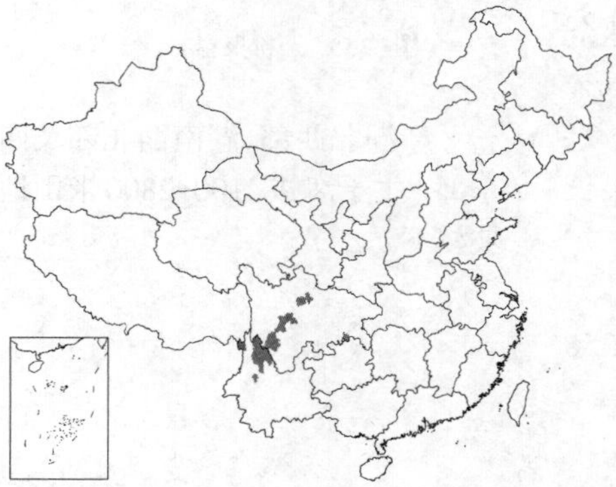

产四川及云南西北部，生于海拔2800-3600米石灰岩山地。

77. 俯垂粉报春 图 359

Primula nutantiflora Hemsl. in Journ. Soc. Lond. Bot. 29: 313. 1892.

多年生小草本，高不及5厘米。叶丛稍密；叶柄不明显或长于叶片1/2；叶椭圆形、倒卵状椭圆形或倒披针形，连柄长1-3厘米，先端钝或

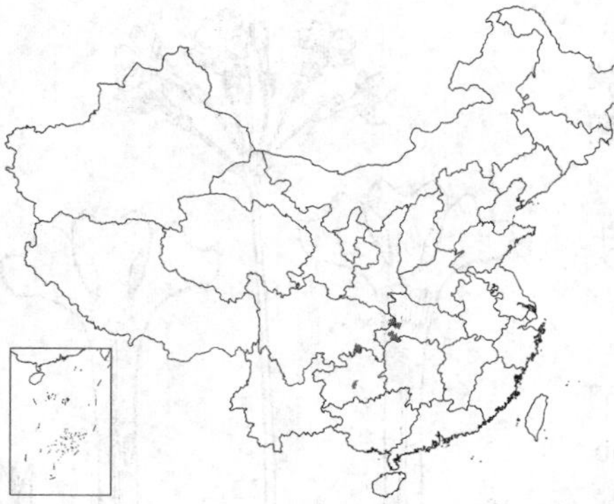

圆，基部渐窄，上半部具锐尖牙齿，下面密被黄粉，老叶上面呈泡状。花葶高-5厘米；花俯垂，1-2(-5)朵生于花葶顶端。花梗长0.4-1厘米，被黄粉；花萼钟状，长4-5(6)毫米，具5脉，两面被黄粉，分裂达全长2/3或更深，裂片三角形或披针形，先端通常锐尖；花冠淡紫或粉红色，长1.1-1.5厘米，基部管状部分长约2毫米，向上渐宽成钟状，径1-1.5厘米，裂片直立，近长方形，长4-5毫米，先端2深裂。蒴果短于花萼。花期5-6月，果期7-8月。

产四川东部及东南部、湖北西南部、湖南西北部及贵州中南部，生于海拔1900-3000米湿润岩缝中。

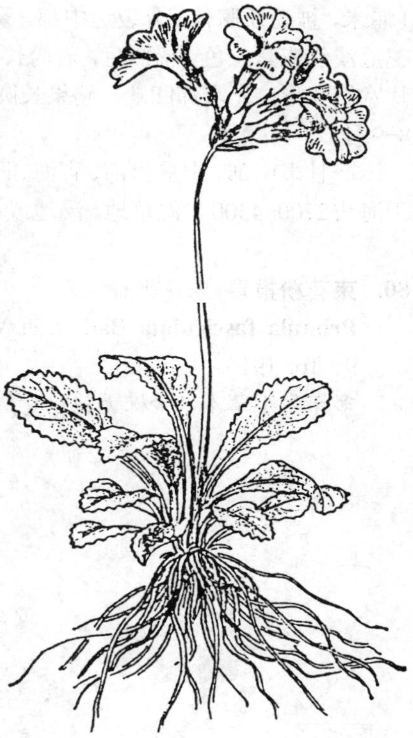

图 358 云南报春 （引自《图鉴》）

78. 散布报春 灯台大苞报春 图 360

Primula conspersa Balf. f. et Purdom in Notes Roy. Bot. Gard. Edinb. 9: 14. 1915.

多年生草本。叶丛生；叶柄长达叶片1/2或与叶片近等长；叶椭圆形、窄长圆形或披针形，长1-5(-7)厘米，先端圆或钝，基部渐窄，具牙齿，幼时两面被短柄小腺体，后渐脱落。花葶高10-45厘米；伞形花序1-2轮，每轮（2-）5-15花。花梗长1-5厘米，被粉质腺体；花萼钟状，长3.5-5.5毫米，分裂近中部，裂片窄三角形，边缘具小腺毛；花冠蓝紫色，冠筒长0.9-1.2厘米，冠檐径1-1.5厘米，裂片倒卵形，先端深凹缺。蒴果长圆形，略长于花萼。花期5-7月，果期8-9月。

产甘肃南部及东部、陕西西南部、山西南部及河南北部，生于海拔2700-3000米湿草地或林缘。

图 359 俯垂粉报春 （余 峰绘）

79. 苞芽粉报春 苞芽报春 图 361

Primula gemmifera Batal in Acta Hort. Petrop. 11: 491. 1891.

多年生草本。叶丛生；叶柄具窄翅，甚短或长于叶片1-2倍；叶长圆形、卵形或宽匙形，连柄长1-7厘米，先端钝或圆，基部渐窄，具稀疏小牙齿，两面秃净或下面散布少数小腺体。花葶高8-30厘米，无粉或近顶端被白粉；伞形花序3-10花；苞片窄披针形或长圆状披针形，长0.3-1厘米，常带紫色，微被粉。花梗长0.5-3.5厘米，被粉质腺体；花萼窄钟状，长0.6-

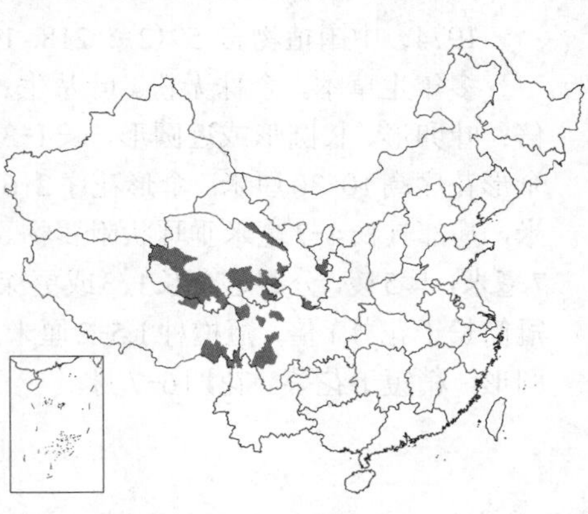

1厘米，被粉质腺体，分裂达中部，裂片披针形或三角形，边缘具小腺毛；花冠淡红或紫红色，稀白色，冠筒长0.8-1.3厘米，冠檐径1.5-2.5厘米，裂片宽倒卵形，先端深凹缺。蒴果长圆形，略长于花萼。花期5-8月，果期8-9月。

产甘肃南部、宁夏南部、青海、四川西部、云南西北部及西藏东部，生于海拔2700-4300米湿草地、溪边或林缘。

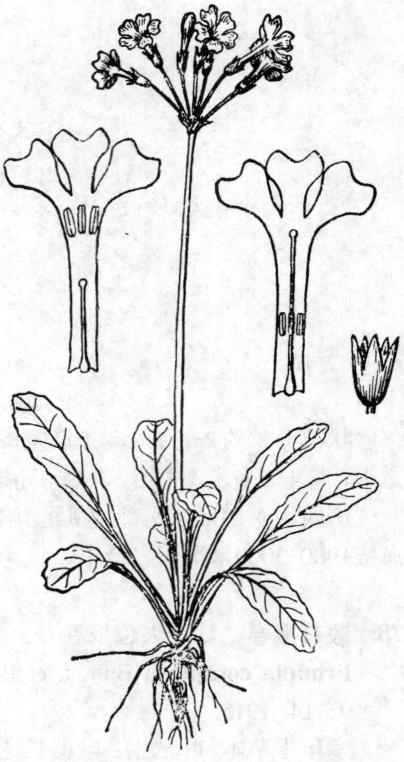

图 360 散布报春 （余 峰绘）

80. 束花粉报春 束花报春　　图 362：1-2 彩片 63

Primula fasciculata Balf. f. et Ward. in Notes Roy. Bot. Gard. Edinb. 9: 16. 1915.

多年生小草本，全株无粉。叶丛生；叶柄比叶片长1-4倍；叶椭圆形或近圆形；长0.4-1.5厘米，全缘。花葶高达2.5厘米，伞形花序2-6花；苞片线形，长0.8-1厘米，基部不下延，有时花单生无苞片；有时花葶不发育，花1至数朵自叶丛中抽出。花梗长1.5-3厘米；花萼筒状，长4-6.5毫米，具5棱，分裂达全长1/3-1/2，裂片窄长圆形或三角形；花冠淡红或鲜红色，冠筒长4.5-8毫米，冠檐径1-1.5厘米，裂片倒卵形，先端2深裂。蒴果筒状，长0.5-1厘米。花期6月，果期7-8月。

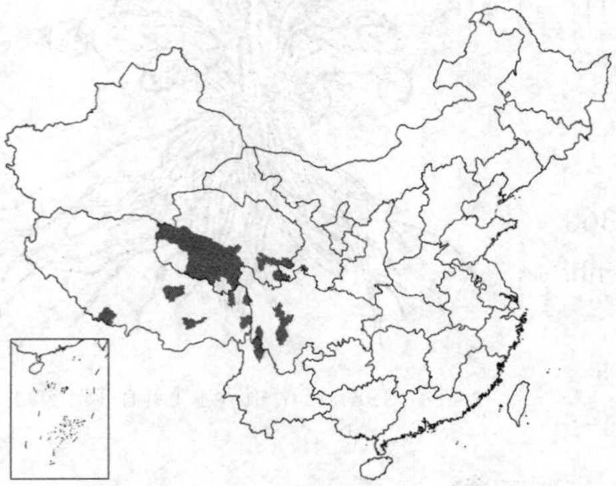

产甘肃南部、青海、四川西部、云南西北部及西藏，生于海拔2900-4800米沼泽草甸，水边或池边草地。

［附］**柔小粉报春** 侏儒报春 图 362: 3-4 **Primula pumilio** Maxim. in Bull. Acad. Sci. St. Pétersb. 27: 498. 1881. 本种与束花粉报春的区别：苞片卵状椭圆形或椭圆状披针形，长0.5-3毫米；花冠径5-7毫米。产甘肃、青海及西藏，生于海拔4500-5300米沼泽草甸中。

81. 花苞报春　　图 363：1-4

Primula munroi Lindl. in Bot. Reg. 33: t. 15. 1845.

Primula involucrata Wall. ex Duby；中国高等植物图鉴 3：796. 1974；中国植物志 59(2)：218. 1990.

多年生草本，全株无粉。叶丛生；叶柄与叶片近等长或长于叶片2-3倍；叶卵形、长圆形或近圆形，长1-3.5厘米，全缘或疏生不明显小牙齿。伞形花序高10-30厘米；伞形花序2-6花；苞片卵状披针形，长0.8-1.5厘米，基部具长4-7毫米垂耳状附属物。花梗长1-2厘米；花萼钟状，长5-7毫米，具5棱，分裂达全长1/3或更深，裂片披针形或三角形；花冠白色，冠筒长于花萼1倍，冠檐柱1.5-2厘米，裂片倒卵形，先端2深裂。蒴果长圆形，稍短于花萼。花期6-7月。

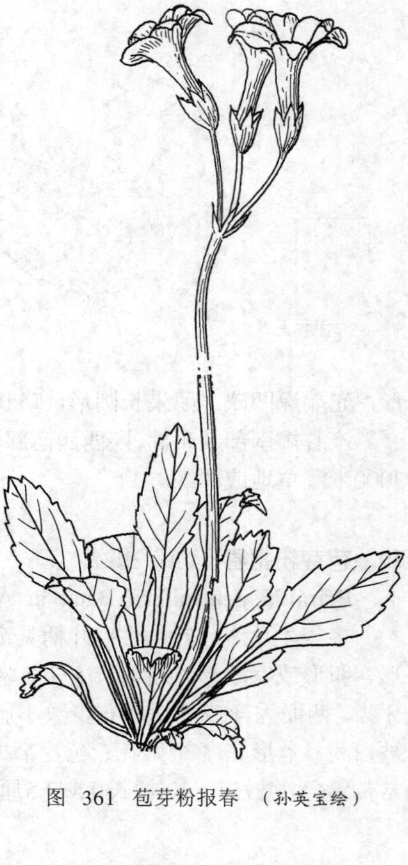

图 361 苞芽粉报春 （孙英宝绘）

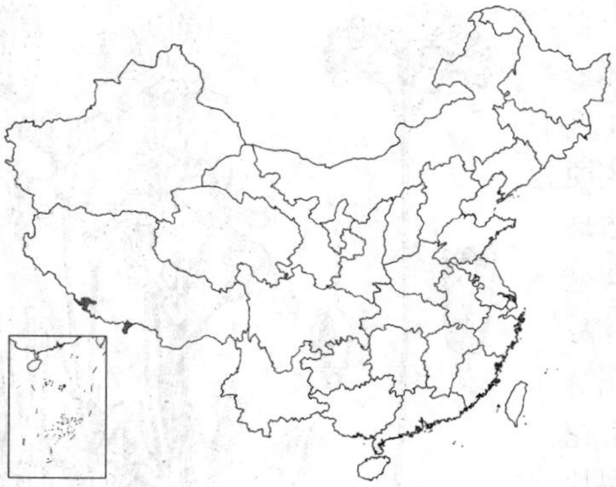

产西藏南部，生于海拔3200–3800米山坡湿草地、沼泽地、沟边或林间空地。印度、尼泊尔、不丹及锡金有分布。

［附］ **雅江报春** 图363：5 彩片 64 **Primula munroi** subsp. **yargongensis** (Petim.) D. G. Long in Journ. Bot. Edinb. 56(2)：307. 1999. —— *Primula yargongensis* Petitm. in Bull. Herb. Boiss. 8：366. 1908；中国高等植物图鉴3：245. 1974. —— *Primula involucrata* Wall. subsp. *yargongensis* (Petitm.) W. W. Smith et Forr.；中国植物志 59(2)：220. 1999. 本亚种与模式亚种的区别：花冠蓝紫或紫红色，花冠筒较短，长于花萼不及1倍。花期6–8月，果期8–9月。产四川西部、云南西北部及西藏东部，生于海拔3000–4500米山坡湿草地、草甸或沼泽地。缅甸北部有分布。

图 362：1–2. 束花粉报春 3–4. 柔小粉报春
（邓盈丰绘）

82. 天山报春 图 364：1–2

Primula nutans Georgi, Bemerk. Reise Russ. Reich. 1：200. 1775.

Primula sibirica Jacq.；中国高等植物图鉴 3：245. 1974.

多年生草本，全株无粉。叶丛生；叶柄通常与叶片近等长，有时长于叶片1–3倍；叶卵形、长圆形或近圆形，长0.5–2.5(–3)厘米，全缘或微具浅齿，鲜时稍肉质。花葶高(2–)10–25厘米；伞形花序2–6(–10)花；苞片长圆形，长5–8毫米，基部具长1–1.5毫米垂耳状附属物。花梗长0.5–2.2(–4.5)厘米；花萼钟状，长5–8毫米，具5棱，分裂达全长1/3，裂片长圆形或三角形，边缘密被小腺毛；花冠粉红色，冠筒长0.6–1厘米，冠檐径1–2厘米，裂片倒卵形，先端2深裂。蒴果筒状，长7–8毫米。花期5–6月，果期7–8月。

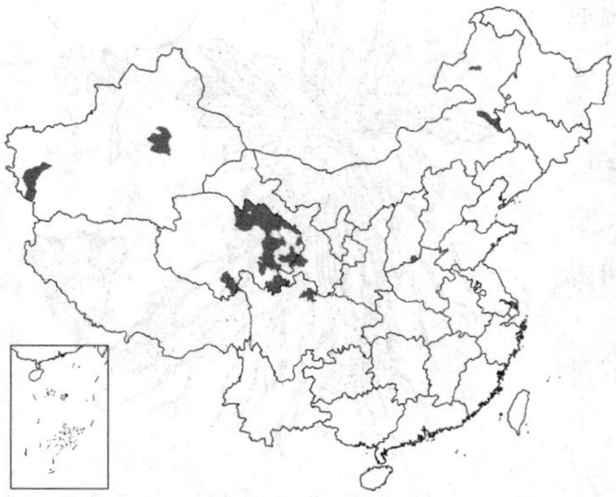

产内蒙古东部、山西南部、甘肃、新疆、青海及四川北部，生于海拔590–3800米湿草地或草甸。北欧经俄罗斯西伯利亚至北美洲有分布。

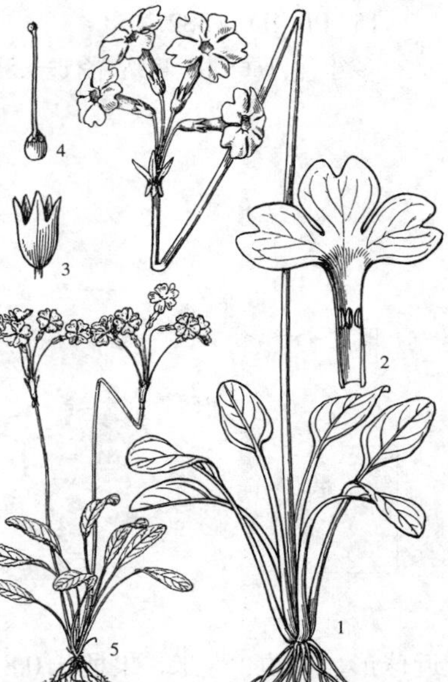

图 363：1–4. 花苞报春 5. 雅江报春
（邓盈丰绘）

［附］ **西藏报春** 图 364：3–7 **Primula tibetica** Watt in Journ. Linn. Soc. Bot. 20：6. 1882. 本种与天山报春的区别：花葶常短于花梗；花萼裂片边缘无毛。产西藏，生于海拔3200–4800米山坡湿草地或沼泽化草甸。印度、尼泊尔、锡金及不丹有分布。

83. 光叶粉报春 图 365

Primula glabra Klatt in Linnaea 37：500. 1872.

多年生草本。叶丛生；叶柄甚短或有时与叶片近等长；叶倒卵状椭圆形、倒披针形或匙形，连柄长1–3厘米，先端圆或钝，基部渐窄，具不整

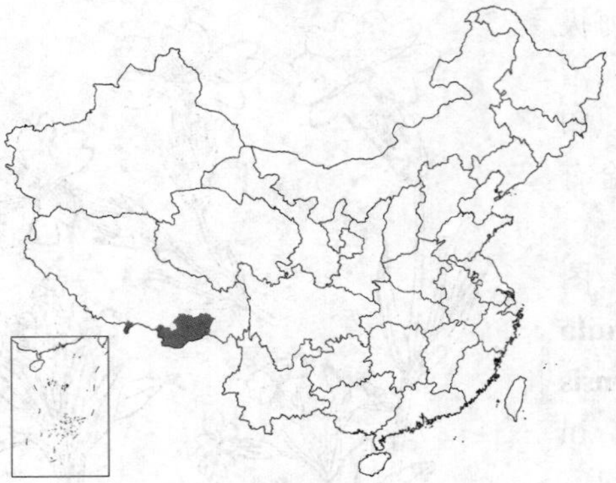

齐小牙齿，下面被粉质小腺体。花葶高2-8(-11)厘米；伞形花序具2-9(-12)花，近头状；径1-1.5厘米。花梗通常长1-2毫米，稀长达5毫米；花萼钟状，长2.5-4毫米，分裂达全长1/3或更深，裂片长圆形，先端圆，花冠蓝紫色，冠筒等长或长于花萼，冠檐径4-7毫米，裂片宽倒卵形，先端2深裂。蒴果与花萼近等长。花期6月。

产西藏南部，生于海拔3800-5000米高山草坡或林下。尼泊尔、锡金及不丹有分布。

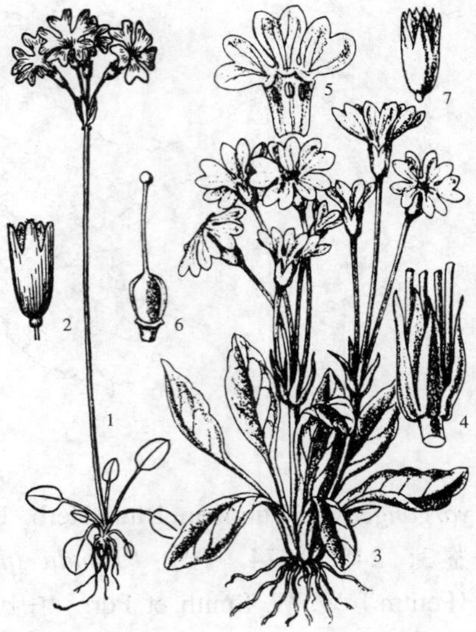

图 364：1-2. 天山报春 3-7. 西藏报春
（余 峰绘）

84. 苔状小报春 图 366

Primula muscoides Hook. f. ex Watt in Journ. Linn. Soc. Bot. 20: 15. Pl. 4D. 1882.

多年生小草本。叶丛径1-1.5厘米；叶无柄；叶长圆状楔形或倒卵形，长0.5-1厘米，先端近平截，具3-7锐尖裂齿，基部稍窄，近革质。无花葶，花单生于高不及1毫米、密被黄粉的花梗顶端；花萼杯状，长约2毫米，分裂略过中部，裂片三角形，内面密被粉；花冠长7-8毫米，冠筒长约5毫米，白色或近白色，内面有毛，冠檐紫红或淡蓝紫色，径约5毫米，裂片近直立，窄长圆形，先端2深裂。蒴果近球形，径约3毫米，果柄长0.8-1厘米。

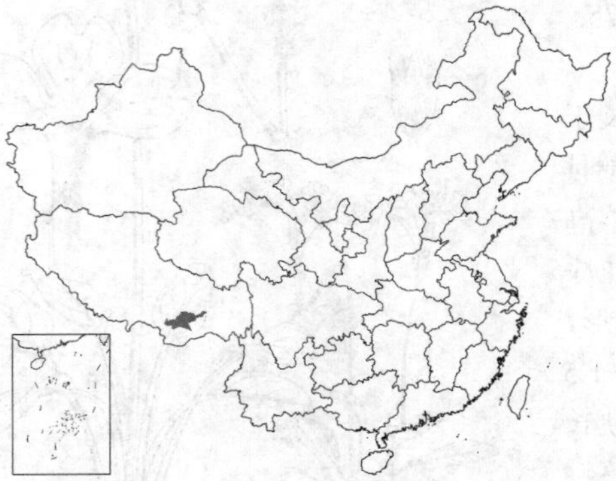

产西藏东南部，生于海拔4600-5300米多石砾山坡苔藓层。锡金及不丹有分布。

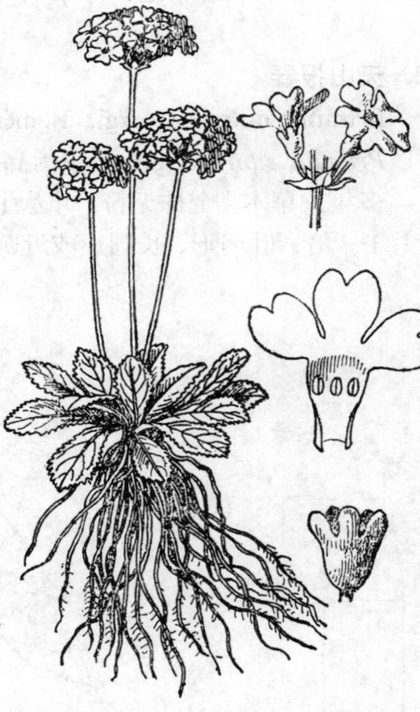

图 365 光叶粉报春 （邓盈丰绘）

85. 细裂小报春 图 367

Primula tenuiloba (Watt) Pax in Engl. Bot. Jahrb. 10: 204. 1888.

Primula muscoides Hook. f. var. *tenuiloba* Watt in Journ. Linn. Soc. Bot. 20: 15. pl. 13A. 1882.

多年生草本，全株无粉，高达2厘米。叶丛生；叶柄短于或稍长于叶片；叶匙形，连柄长0.5-2厘米，具浅裂状齿，齿长圆形，先端钝，常反卷，无毛。花葶极短，深藏于叶丛中；花单生，近无梗；苞片1，线形，长达4毫米。花萼窄钟状，长3.5-5毫米，分裂达中部，裂片长圆形或椭圆形，先端钝圆或有小齿；花冠鲜蓝紫色，冠筒长6-8毫米，外面被白色长毛，冠

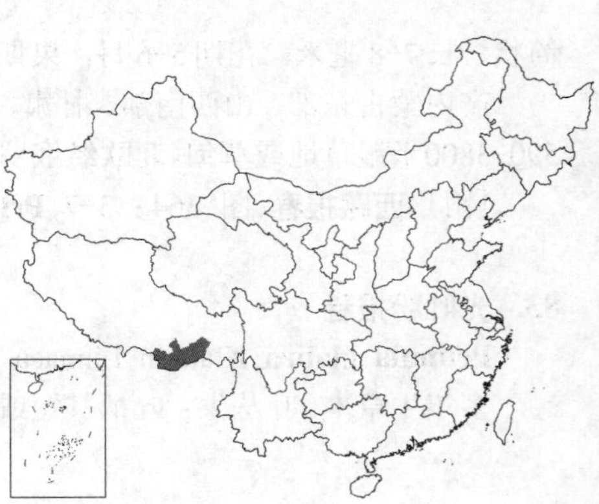

檐径1.5-2厘米，裂片窄倒卵形，先端2深裂，小裂片线形。蒴果短于宿存花萼。花期7月。

产西藏东南部，生于海拔4200-5400米冰碛上苔鲜层。尼泊尔、锡金及不丹有分布。

［附］窄筒小报春 **Primula waddellii** Balf. f. et W. W. Smith in Notes Roy. Bot. Gard. Edinb. 9: 59. 1915. 本种与细裂小报春的区别：叶被微柔毛，边缘近先端具齿；花冠外面无毛。产西藏南部，生于海拔4000-5000米泥炭草甸或岩缝中。不丹有分布。

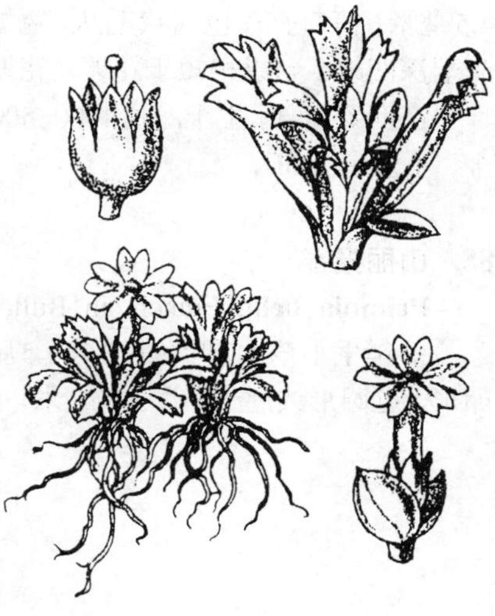

图 366 苔状小报春
（引自《Journ. Linn. Soc. Bot.》）

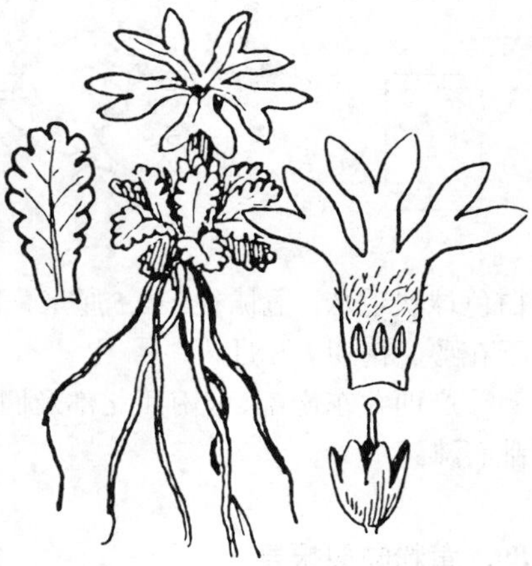

图 367 细裂小报春 （引自《西藏植物志》）

86. 高峰小报春 图 368

Primula minutissima Jacquem. ex Duby in DC. Prodr. 8: 42. 1844.

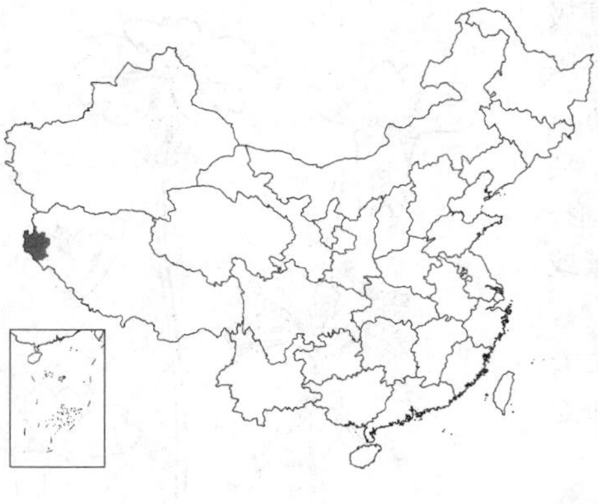

多年生草本，通常簇生成垫状。叶丛高1-1.5厘米；叶柄不明显，稀与叶片近等长；叶窄长圆形、披针形或倒披针形，有时近匙形，连柄长0.5-1厘米，先端尖或渐尖，基部渐窄，中部以上具小牙齿，下面密被黄粉；花葶初时极短，后渐伸长，果期长2.5-4.5(-6)厘米；花1-3(-8)朵生于花葶，花无梗；苞片2-3枚，紧靠花萼，披针形，长达3毫米；花萼长3-4毫米，两面被粉，分裂略过中部，裂片披针形，先端尖；花冠深红紫色，冠筒长7-9毫米，冠檐径0.5-1厘米，裂片倒卵形，先端深凹缺。蒴果与花萼近等长。

产西藏西部，生于海拔3700-5200米湿润草地。克什米尔地区、印度西北部及锡金有分布。

87. 球毛小报春 图 369

Primula primulina (Spreng.) Hara in Journ. Jap. Bot. 37: 99. 1962. *Androsace primulina* Spreng. Syst. Veg. 4(2) (cur. post.): 57. 1827.

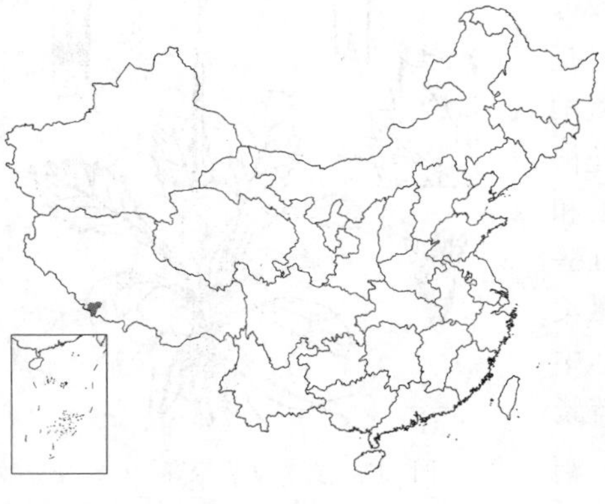

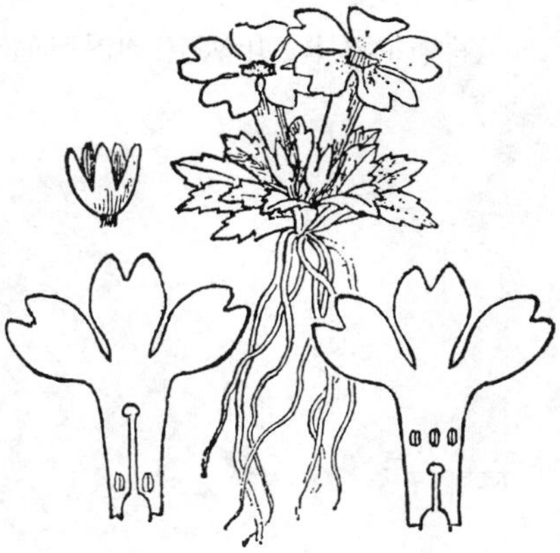

图 368 高峰小报春 （邓盈丰绘）

多年生草本。叶丛高1-3厘米；叶柄通常短于叶片，有时与叶片近等长；叶匙形或倒披针形，连柄长1-3厘米，先端圆，基部渐窄，具羽裂状深齿，齿近线形，上面被腺毛状短毛，粗糙，下面被小腺体，沿中脉被短毛。花葶高2-9厘米；花2-4朵项生，花近无梗；花萼钟状，长3-4毫米，分裂近中部，裂片三角形或长圆形，内面常被白粉；花冠蓝或蓝紫色，稀白色，冠筒长3.5-

4.5毫米，筒口有白色球状毛丛，冠檐径0.8-1厘米，裂片卵形或宽倒卵形，先端深凹缺。蒴果稍短于花萼。花期7月。

产西藏南部，生于海拔4000-5000米高山草地或杜鹃林下。尼泊尔、锡金、不丹有分布。

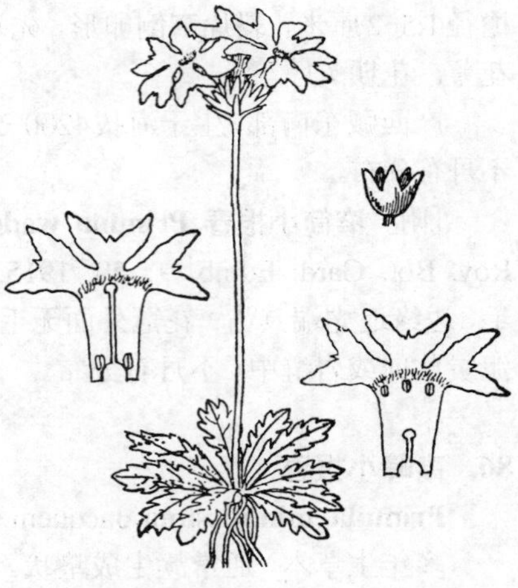

图 369 球毛小报春 （邓盈丰绘）

88. 山丽报春 图 370

Primula bella Franch. in Bull. Soc. Bot. France 32: 268. 1885.

多年生小草本。叶丛径0.7-1.5厘米；叶柄与叶片近等长或稍长；叶倒卵形、近圆形或匙形，长3-7毫米，先端圆，基部渐窄，具羽裂状深齿，齿披针形或卵形，长达1.5毫米，两面无毛，下面多少被黄粉，稀被白粉或近无粉。花葶高0.7-5.5厘米，密被短腺毛，顶生1-2(3)花。花梗极短或长达1.5毫米，被小腺毛；花萼窄钟状，长4-6毫米，分裂达中部或更深，裂片三角状卵形或近长方形，先端尖或渐尖；花冠蓝紫或玫瑰红色，冠筒稍长于花萼，或长于花萼近1倍，筒口有白色球状毛丛，冠檐径2-2.5厘米，裂片宽倒卵形，先端2深裂。蒴果稍短于花萼。花期7-8月。

产西藏东南部、云南西北部及四川西南部，生于海拔3700-4800米山坡乱石滩。

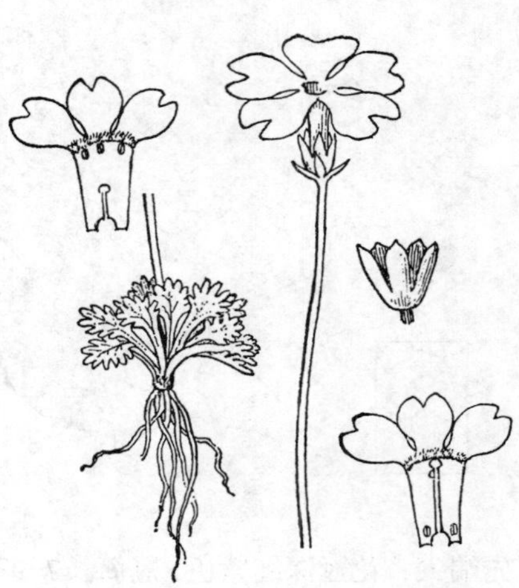

图 370 山丽报春 （邓盈丰绘）

89. 黄粉缺裂报春 图 371

Primula rupicola Ball. f. et Forr. in Notes Roy. Bot. Gard. Edinb. 9: 41. 1915.

多年生草本。叶丛生；叶柄通常与叶片近等长；叶倒披针形、倒卵形或匙形，连柄长1-10厘米，先端圆或钝，基部渐窄，具不整齐牙齿，上面密被伏毛，下面被淡黄或白粉或近无粉，沿叶脉被微柔毛。花葶高2-12厘米，多少被微柔毛；伞形花序2-8花，花梗长0.3-2.5厘米，被微柔毛和淡黄粉；花萼钟状，长0.6-1厘米，具5脉，外面被微柔毛，内面被黄粉，分裂达中部，裂片披针形或长圆形，先端尖或钝，有时具小齿；花冠粉红或淡蓝紫色，冠筒长1.1-1.4厘米，冠檐径1.5-2厘米，裂片倒卵形，先端2深裂。蒴

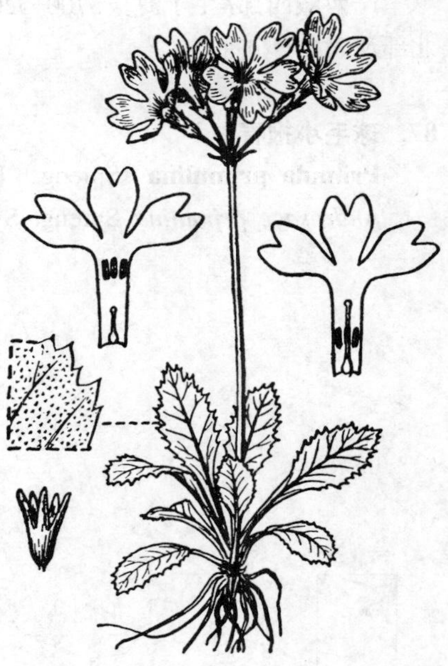

图 371 黄粉缺裂报春 （余 峰绘）

果与花萼近等长。花期6-7月。

产四川西南部及云南西北部，生于海拔3600-4000米多石草地或石缝中。

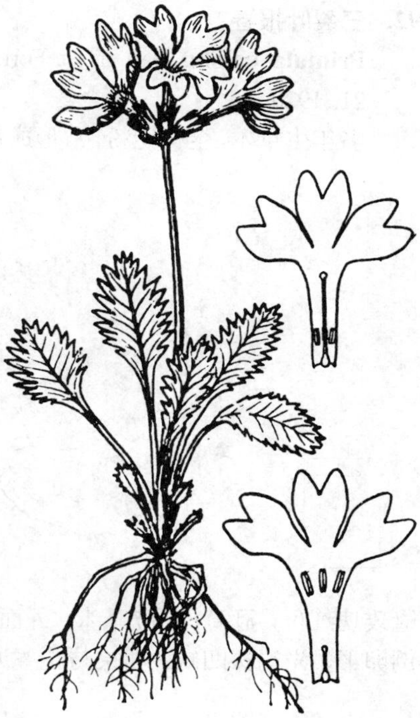

图 372 糙毛报春 （余 峰绘）

产四川西部及云南北部，生于海拔3000-4500米向阳草坡、林缘或高山栎林下。

90. 糙毛报春 羽叶报春 裂叶报春 图 372

Primula blinii Lévl. Monde Pl. 17: 2. 1915.

Primula incisa Franch.; 中国高等植物图鉴 3: 260. 1974.

Primula pinnatifida auct. non Franch.: 中国高等植物图鉴 3: 249. 1974.

多年生草本。叶丛高1.5-7厘米；叶柄与叶近等长或长于叶1-2倍；叶宽卵形或长圆形，长0.7-3.5厘米，基部平截、心形或短渐窄，具缺刻状深齿、羽状浅裂或近全裂，裂片线形或长圆形，全缘或具1-2齿，上面被糙伏毛，下面被白粉，稀被黄粉或无粉。花葶高4-25厘米，被微柔毛；伞形花序2-8(-10)花。花梗长0.2-1.1厘米；花萼钟状，长4-6.5毫米，具5脉，被白粉或淡黄粉，分裂稍过中部或达全长2/3，裂片披针形；花冠淡紫红，稀白色，冠筒长0.8-1.1厘米，冠檐径1-2厘米，裂片倒卵形，先端2深裂。蒴果短于宿存花萼。花期6-7月，果期8月。

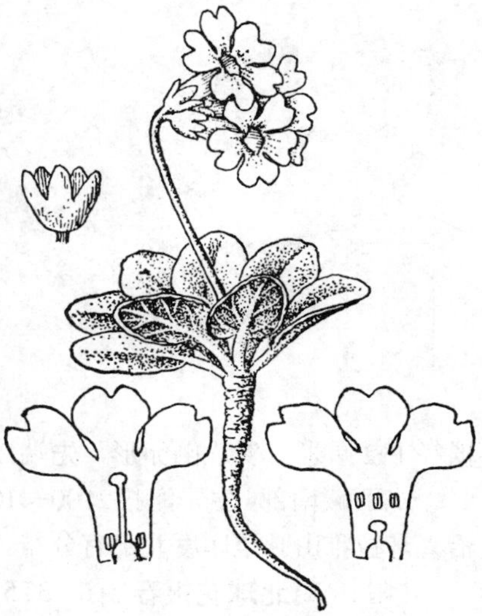

图 373 石岩报春 （邓盈丰绘）

产四川西部、云南西北部及西藏东南部，生于海拔4000-5500米高山草甸或岩缝中。

91. 石岩报春 图 373 彩片 65

Primula dryadifolia Franch. in Bull. Soc. Bot. France 32: 270. 1885.

多年生草本。叶常绿，簇生于根状茎分枝顶端；叶柄与叶片近等长或长于叶2-3倍；叶近革质，宽卵圆形、宽椭圆形或近圆形，长0.3-2厘米，宽0.5-1.3厘米，基部平截或微心形，具小圆齿，通常极窄外卷，下面密被黄或白粉。花葶高0.4-10厘米，被柔毛；花1-5朵生于花葶顶端；苞片宽卵形或椭圆形，叶状，长0.5-1.2厘米，花萼宽钟状，长5-8(-10)毫米，被柔毛，分裂达中部，裂片卵形，先端圆或钝；花冠淡红或深红色，冠筒与花萼近等长或长于花萼0.5倍，冠檐径1.5-2.5厘米，裂片宽倒卵形，先端2深裂。蒴果长卵圆形，与花萼近等长。花期6-7月。

92. 三裂叶报春 图 374

Primula triloba Ball. f. et Forr. in Notes Roy. Bot. Gard. Edinb. 13: 21. 1920.

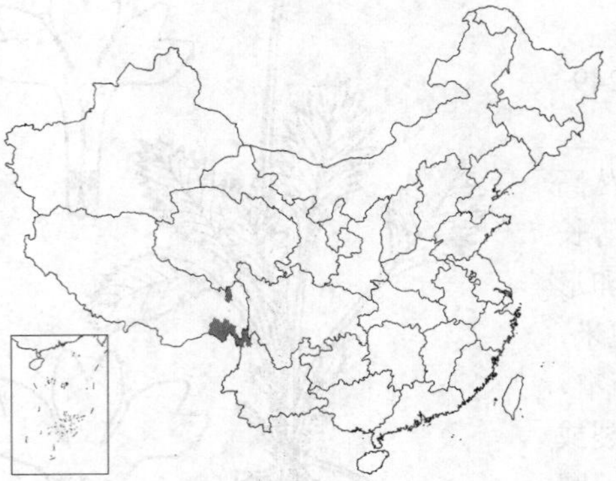

多年生草本，全株无粉，常形成垫状密丛。叶簇生于根状茎分枝顶端；叶柄长4-5毫米，具宽翅；叶宽卵形，宽3-4毫米，掌状3裂达中部，裂片卵形，宽1-1.5毫米，先端钝，常自顶端向下反卷。花葶极短或高达3(-5)毫米，被腺毛；顶生单花；苞片1枚，线形，长3-5毫米，被腺毛。花萼钟状，长5-6毫米，密被褐色腺毛，分裂达中部或更深，裂片卵状披针形，先端尖或钝；花冠玫瑰红色，冠筒长约7毫米，外面被褐色腺毛，冠檐径1-1.5厘米，裂片倒卵形，先端深凹缺。蒴果与花萼近等长。花期8月。

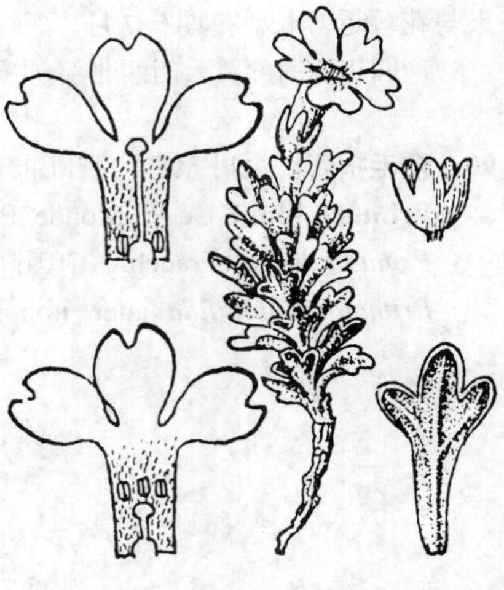

图 374 三裂叶报春 （邓盈丰绘）

产云南西北部及西藏东部，生于海拔3700-5000米高山泥炭草甸或石缝中。

93. 球花报春 图 375：1-3 彩片 66

Primula denticulata Smith, Exot. Bot. 2: 109. 1806.

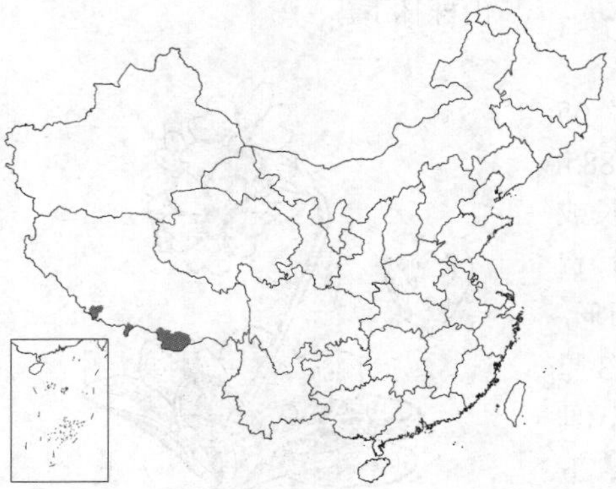

多年生草本。花期叶丛基部有鳞片包叠；叶柄不明显或与叶片近等长；叶长圆形或倒披针形，连柄长3-15(-20)厘米，具小牙齿和缘毛，上面初被柔毛，下面沿叶脉被毛或近无毛，老叶下面有时被粉。花葶高5-30厘米，无毛或被柔毛，无粉或上部被粉；花序近头状；苞片多数。花梗极短或长达5毫米；花萼钟状，长0.5-1厘米，分裂达中部或更深，裂片披针形；花冠蓝紫色，冠筒长0.8-1.2厘米，冠檐径1-2厘米，裂片倒卵形，先端2深裂。蒴果短于花萼。花期4-6月。

产西藏南部，生于海拔2100-4100米山坡草地、水边或林下，克什米尔沿喜马拉雅山脉至印度北部有分布。

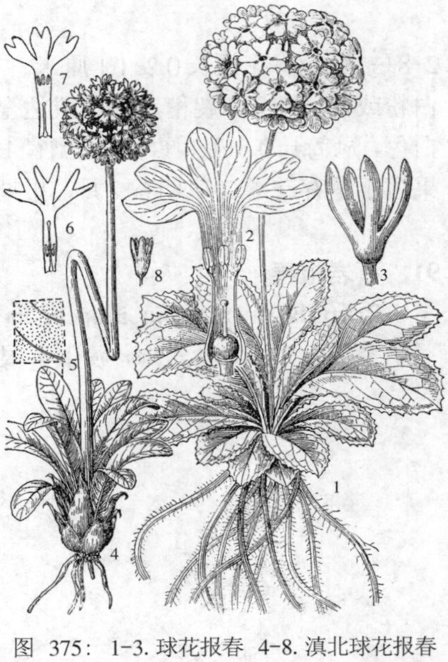

图 375：1-3. 球花报春 4-8. 滇北球花报春 （邓盈丰绘）

［附］ **滇北球花报春** 图 375：4-8 **Primula denticulata** subsp. **sinodenticulata** (Balf. f. et Forr.) W. W. Smith et Forr. in Notes Roy. Bot. Gard. Edinb. 16: 21. 1928. —— *Primula sinodenticulata* Balf. f. et Forr. in Notes Bot. Gard. Edinb. 13: 19. 1920; 中国高等植物图鉴 3: 241. 1974. 本亚种与模式亚种的区别：花葶通常较粗壮，高出叶丛3-6倍；花稍大，冠檐径1.5-2.2厘米。产云南、四川西部及贵州西部，生于海拔1500-3000米山坡草地或灌丛中。缅甸北部有分布。

94. 滇海水仙花 海水仙 图 376

Primula pseudodenticulata Pax in Engl. Pflanzenr. 22(IV-237): 91. 1905.

多年生草本，全株无毛。叶丛基

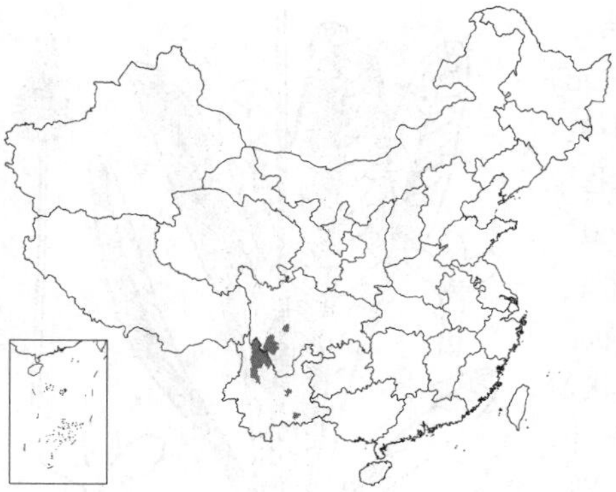

部无鳞片；叶柄极短或与叶片近等长；叶倒披针形或窄倒卵状长圆形，长3-10厘米，先端钝圆，基部渐窄，具小牙齿，下面被粉质腺体。花葶高6-35厘米，近顶端被淡黄色粉；伞形花序近头状，多花；径2-4厘米；苞片卵形或卵状披针形，长2-5毫米，被淡黄色粉。花梗长0.1-1厘米，被淡黄色粉；花萼钟状，长4-5毫米，外面被粉，分裂近中部，裂片窄卵形或长圆形，先端钝；花冠粉红或淡紫蓝色，冠筒与花萼近等长或长于花萼0.5倍，冠檐径0.7-12厘米，裂片倒卵形，先端2深裂。蒴果与花萼近等长，5瓣裂。花期12月至翌年2月，果期3-4月。

产云南及四川西南部，生于海拔1500-2300米沟边、水旁或湿草地。

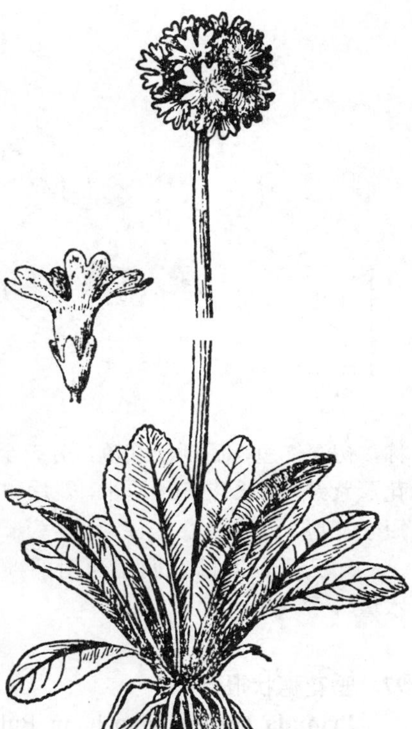

图 376 滇海水仙花 （余 峰绘）

95. 头序报春 图 377

Primula capitata Hook. in Bot. Mag. t. 4550. 1850.

多年生草本。叶丛基部无鳞片包叠；叶柄甚短或长达叶片1/2；叶倒披针形或长圆状匙形，连柄长2-13厘米，先端尖或钝圆，基部渐窄，具啮蚀状小牙齿，下面常被白粉。花葶高10-45厘米，近顶端被粉；花序呈头状，盘状扁球形。花梗长1-2毫米；花萼钟状，长5-8毫米，分裂达全长2/3，裂片宽卵形或椭圆形，先端钝或尖；花冠蓝紫色，冠筒长6-9毫米，冠檐径0.7-1厘米，裂片倒卵形，先端2深裂。蒴果近球形，短于花萼。花期9月。

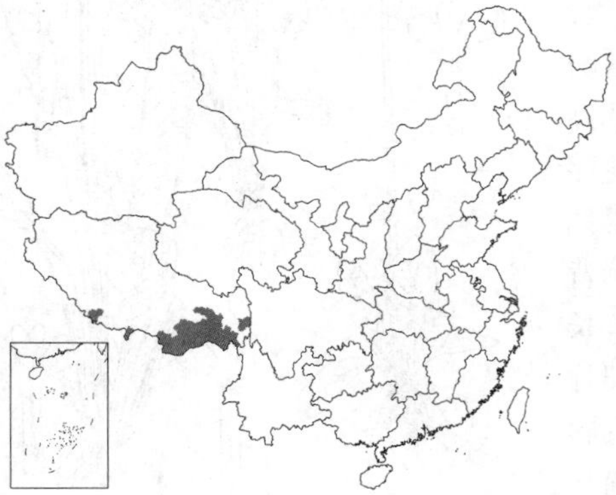

产西藏，生于海拔2700-5000米山坡林下或草丛中。锡金及不丹有分布。

［附］ **无粉头序报春** 俯垂球花报春 **Primula capitata** subsp. **sphaerocephala** (Balf. f. et Forr.) W. W. Smith et Forr. in Notes Roy. Gard. Edinb. 16: 18. 1928. —— *Primula sphaerocephala* Ball. f. et Forr. in Notes Roy. Bot. Gard. Edinb. 9: 45. 1915. 本亚种与模式亚种的区别：叶下面无粉，花序球形，非盘状扁球形。产云南西北部及西藏东南部，生于海拔2800-4200米云杉林下、林间空地及溪边。

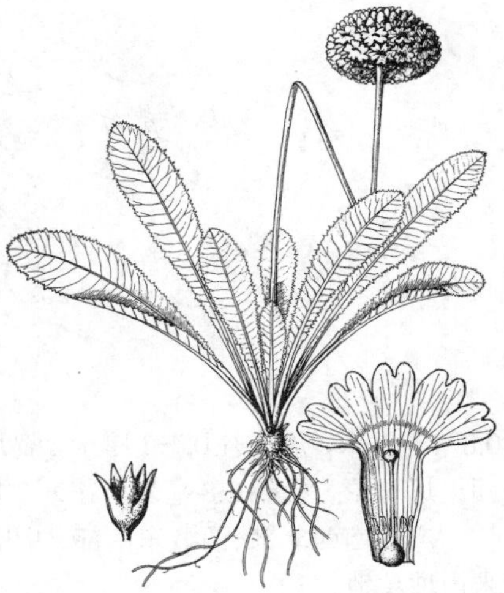

图 377 头序报春 （邓晶发绘）

96. 高穗花报春 图 378 彩片 67

Primula vialii Delavay ex Franch. in Bull. Soc. Philom. Paris ser. 8, 3: 148. 1891.

多年生草本。叶丛生；叶柄通常短于叶片1-2倍，果期有时与叶片近

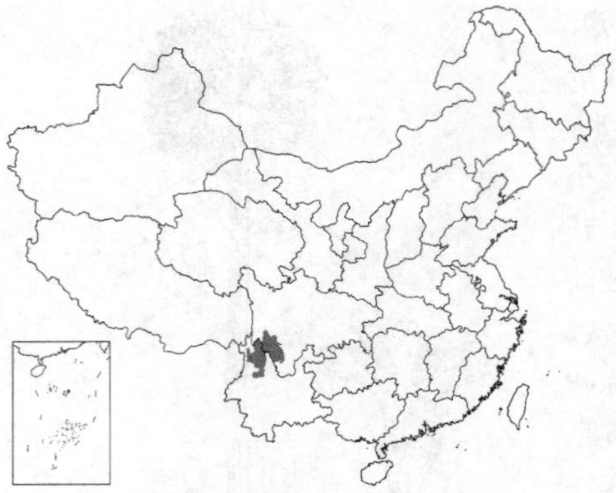

等长；叶窄长圆形或倒披针形，连柄长10-30厘米，先端钝圆，基部渐窄，具不整齐小牙齿，两面均被柔毛。花葶高（15-）20-45（-60）厘米，无毛，近顶端微被粉；穗状花序顶生，初尖塔状，长2-3厘米，后伸长成筒状，长达10厘米；苞片线状披针形，长1-2毫米。花无梗；花萼长4-5毫米，多少两侧对称，初深红色，后渐淡红色，分裂至中部以下，裂片卵形或卵状披针形；花冠紫红色，长1.3-1.4厘米，裂片卵形或椭圆形，先端锐尖。蒴果球形，稍短于花萼。花期7月。

产云南西北部及四川西南部，生于海拔2800-4000米湿草地或沟谷水边。

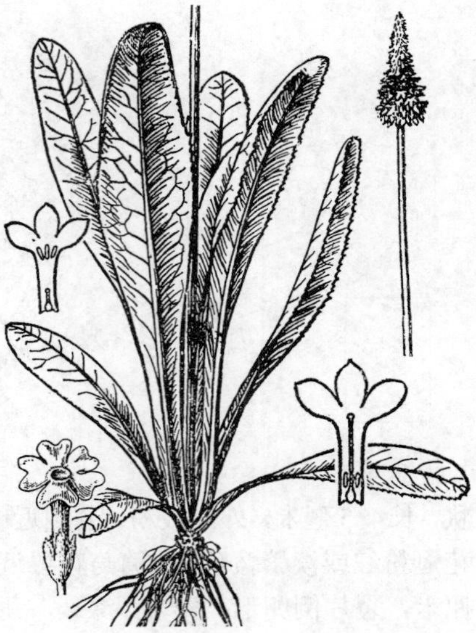

图 378 高穗花报春 （余 峰绘）

97. 垂花穗状报春 图 379：1-3

Primula cernua Franch. in Bull. Soc. Bot. France 32: 271. 1885.

多年生草本。叶丛生；叶柄不明显或长达叶片1/2；叶宽倒卵形或倒披针形，长3-12厘米，先端圆或钝圆，基部楔形短渐窄，全缘或具不明显波状小圆齿，两面均被柔毛。花葶高10-40厘米，近无毛；花序短穗状，长0.8-2厘米，果期长达4厘米；苞片卵形，背面疏被小腺体。花萼杯状，长3-4毫米，分裂近中部，裂片卵形，先端尖或近圆而具骤尖头；花冠蓝紫色，冠筒长0.8-1.1厘米，冠檐径0.7-1厘米，裂片卵形或长圆形，先端微凹或近全缘。蒴果近球形，径约2.8毫米。花期7月。

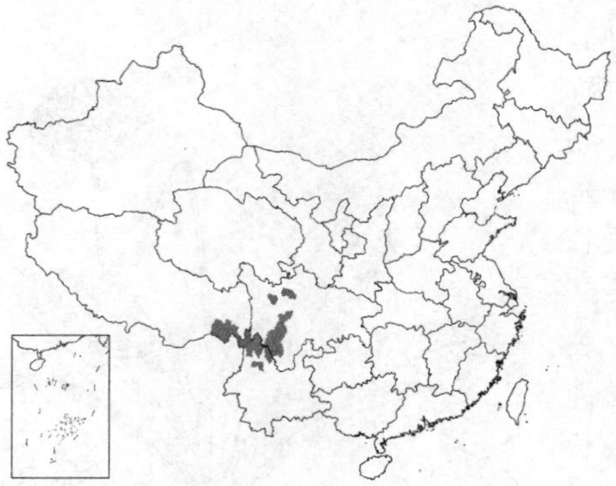

产云南西北部、西藏东南部、四川西南部及西北部，生于海拔2700-3900米山坡草地。

图 379：1-3. 垂花穗状报春 4-6. 穗花报春 7-9. 羽叶穗花报春 （余 峰绘）

98. 穗花报春 图 379：4-6

Primula deflexa Duthie in Gard. Chron. ser. 3, 39: 229. 1906.

多年生草本，叶丛生；叶柄长2-7厘米，叶长圆形或倒披针形，长5-15厘米，具不整齐小牙齿或圆齿，两面被柔毛。花葶高30-60厘米，被柔毛或近无毛；花序短穗状；花萼壶状，长4-5毫米，分裂略过中部，裂片卵圆形；花冠蓝紫或玫瑰紫色，冠筒长1.2-1.5厘米，冠檐径6-9毫米，裂片近正方形或近圆形，先端具凹缺。花期6-7月，果期7-8月。

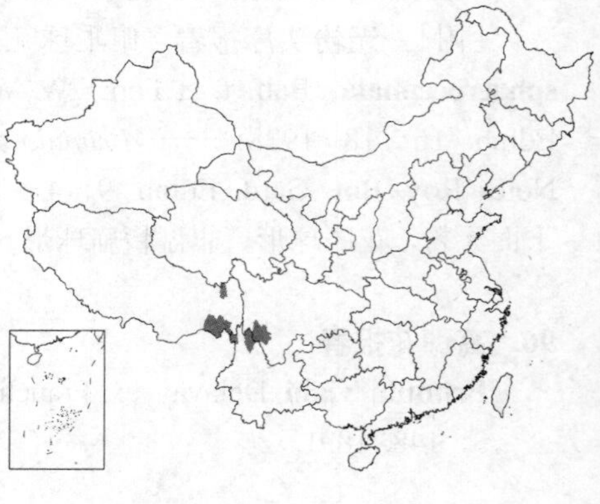

产云南西北部、四川西南部及西藏东部，生于山坡草地或沟边，

［附］**麝香报春 Primula muscarioides** Hemsl, in Bull. Misc. Inform. Kew. 1907：319. 1907. 本种与穗花报春的区别：叶下面沿中脉被毛，余无毛；花葶无毛，花序有时被粉。产云南西北部、西藏东部及四川西南部，生于湿润草地。

99. 羽叶穗花报春 裂叶报春 图 379：7-9 彩片 68

Primula pinnatifida Franch. in Bull. Soc. Bot. France 32：271. 1885.

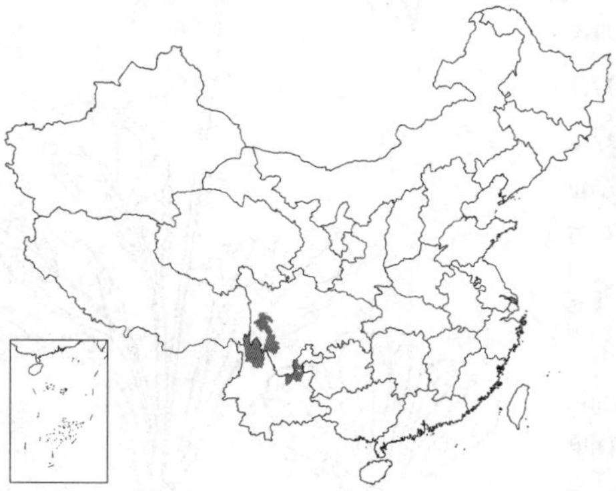

多年生草本。叶丛生；叶柄与叶片近等长或稍短；叶椭圆形、长圆形或匙形，长2-7（-10）厘米，先端钝圆，基部渐窄，具钝锯齿、缺刻状粗齿或羽状分裂，上面疏被柔毛，下面沿中脉被毛。花葶高（5-）10-25厘米，无毛或近无毛，花序短穗状或近头状，通常多花。花萼短钟状，长4-5毫米，微被粉，分裂略过中部，裂片不等大，卵形或长圆形；花冠蓝紫色，冠筒长7-8毫米，冠檐稍开张，径0.5-1厘米，裂片长圆形或近圆形，先端圆或微具小齿。蒴果近球形，与花萼近等长。花期7-8月，果期8-10月。

产云南北部及四川西南部，生于海拔3600-4200米山坡草地或石隙中。

100. 小垂花报春 图 380

Primula sapphirina Hook. f. et Thoms. ex Hook. f. Fl. Brit. Ind. 3：492. 1882.

多年生小草本。叶丛高不及1.3厘米；叶柄不明显或与叶片近等长；叶倒披针形或倒卵形，无软骨质边缘，长0.5-1厘米，先端钝或圆，基部渐窄，具羽裂状深齿，上面疏生白色短柔毛或近无毛，下面沿中脉被短柔毛。花葶高1-5厘米；花1-4朵生于花葶顶端。花无梗；苞片通常2-3枚，披针形或窄卵形，长1.5-3毫米；花萼杯状，长3-3.5毫米，分裂达中部或稍过，裂片长圆形或长圆状披针形，先端尖或钝；花冠蓝紫色，长4.5-6毫米，冠筒与花萼近等长，冠檐径4-6毫米，裂片近四方形或稍倒卵形，先端2裂。蒴果近球形，稍短于花萼。花期7月。

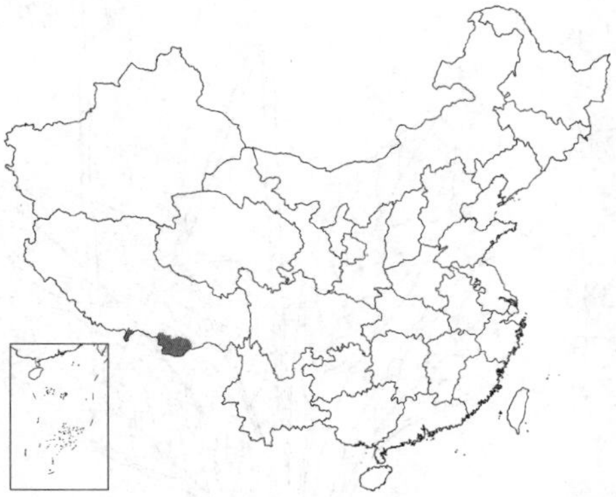

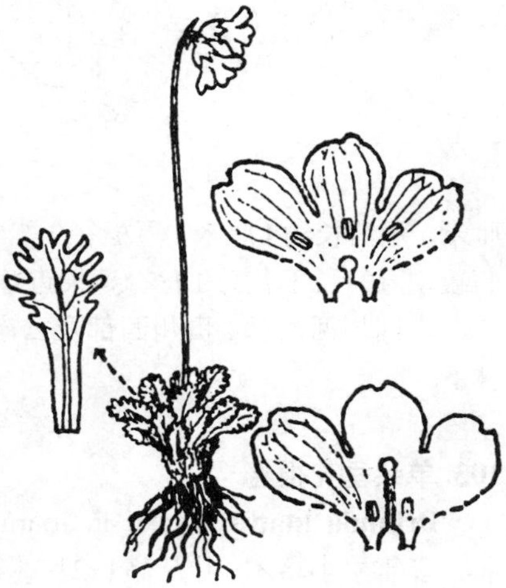

图 380 小垂花报春 （邓盈丰绘）

产西藏南部，生于海拔4000-5000米湿润石缝中或苔藓层。锡金及不丹有分布。

101. 乳白垂花报春 图 381

Primula eburnea Balf. f. et Cooper in Notes Roy. Bot. Gard. Edinb. 9：166. 1916.

多年生草本。叶丛生；叶柄与叶片近等长；叶椭圆形、长圆形或卵形，长3-8厘米，先端圆，基部渐窄，具牙齿或齿状浅裂，上面被短伏毛，粗糙，下面沿叶脉被毛，两面均有小腺体。花葶高10-20厘米，密被短柄小腺体；花序头状，花6-12朵，下垂；苞片披针形，长2-6毫米。花萼杯状，

长4.5-6(-8)毫米，分裂约达中部，裂片大小不等，长圆形或圆形，全缘或先端具齿；花冠漏斗状，乳白色，长1.3-1.6厘米，外面微柔毛，冠檐径约1厘米，裂片扁圆形，长3.5-5毫米，先端具不整齐圆齿状小凹缺。

产西藏东南部，生于海拔4300-4800米泥炭草地、冰川堆积物或石缝中。不丹有分布。

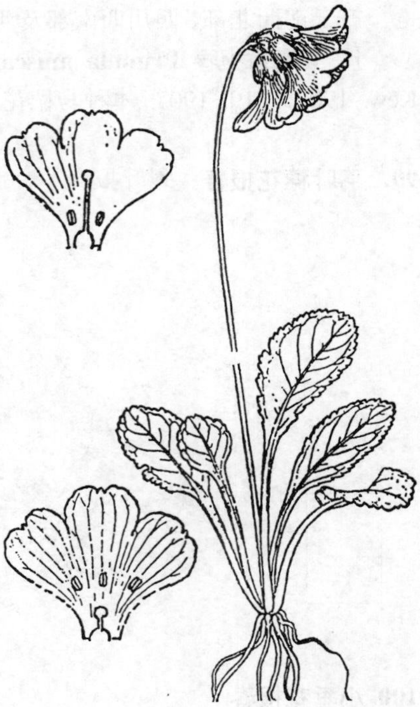

图 381 乳白垂花报春 （邓盈丰绘）

102. 垂花报春 图 382 彩片 69

Primula flaccida Balakr. in Journ. Bomb. Nat. Hist. Soc. 67: 63. 1970.

Primula nutans Delavay ex Franch.; 中国高等植物图鉴 3: 259. 1974.

多年生草生。叶丛高7-30厘米；叶柄长为叶片1/3-1/2；叶椭圆形或宽倒披针形；长(3-)5-15厘米，先端圆或钝，基部渐窄，具浅波状圆齿或三角形牙齿，上面被短糙伏毛，下面沿中脉被毛。花葶高10-50厘米，花序近头状或短穗状，5至多花；苞片线形或披针形，长1-3毫米。花萼宽钟状，长5-6毫米，内面常被白粉，分裂约全长2/5，裂片卵形，先端尖或具小齿；花冠漏斗状，蓝紫色，长2-2.5厘米，冠筒长约1厘米，冠檐径2-2.5厘米，裂片卵形或近圆形，先端具小凹缺，冠筒长于花萼1倍。蒴果近球形，稍短于花萼。花期6-8月。

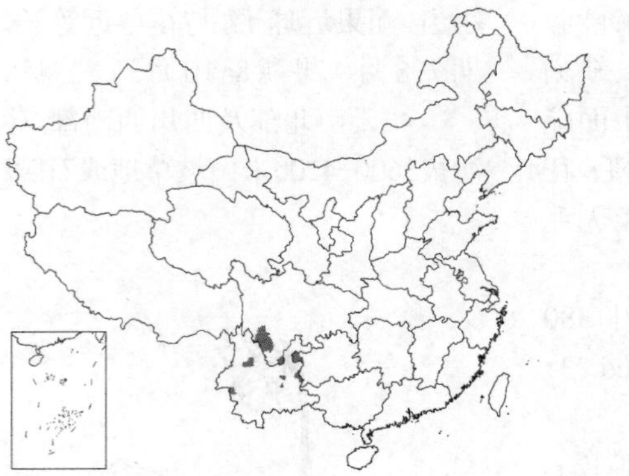

产四川西南部、贵州西部及云南，生于海拔2700-3600米多石草坡松林下。

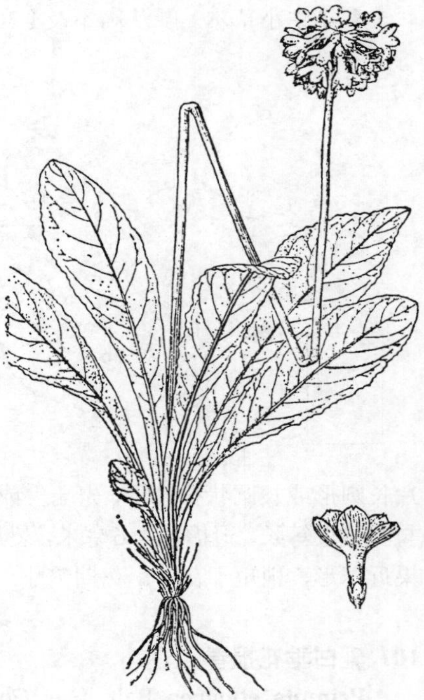

图 382 垂花报春 （引自《图鉴》）

103. 单朵垂花报春 图 383

Primula klattii Balakr. in Journ. Bomb. Nat. Hist. Soc. 67: 63. 1970.

多年生小草本。叶丛高1-2厘米；叶柄通常与叶片近等长；叶卵形、椭圆形或匙形，长0.4-1厘米，先端钝或圆，基部平截或楔形，具缺刻状牙齿或圆齿，有时羽状裂，上面被白色柔毛，下面沿中脉被柔毛。花葶高5-9厘米，无毛；花1(2)朵生于花葶顶端。花无梗；苞片长圆形或钻形，长2-3毫米；花萼钟状，长6-8毫米，分裂近中部，裂片长圆形，先端具突尖或小齿；花冠淡蓝紫色，冠筒长0.8-1厘米，内面被粉，冠檐径约3厘米，裂片倒卵状长圆形，先端凹缺，常有小齿。花期6-7月。

产西藏南部，生于海拔4300-4700米高山草地。尼泊尔、锡金及不丹有分布。

104. 钟状垂花报春 图 384

Primula wollastonii Ball. f. in Bull. Misc. Inform. Kew. 1922: 152. 1922.

多年生草本。叶丛生；叶柄不明显或长达叶片1/3；叶倒披针形或倒卵形，长1.5-5厘米，先端圆，基部渐窄，具稀疏牙齿、圆齿或近全缘，两面密被白色柔毛，无粉或下面被白粉。花葶高9-20厘米；花序近头状，2-6花；花下垂。花无梗；花萼杯状，长5-8.5毫米，两面均被腺毛或微被粉，分裂达全长1/3-2/5，裂片卵形，具突尖头或2-3小齿；花冠钟状，深紫或鲜蓝色，长1.8-2.5厘米，冠檐径1.5-2厘米，裂片宽卵形，全缘，冠筒与花萼等长。花期6月。

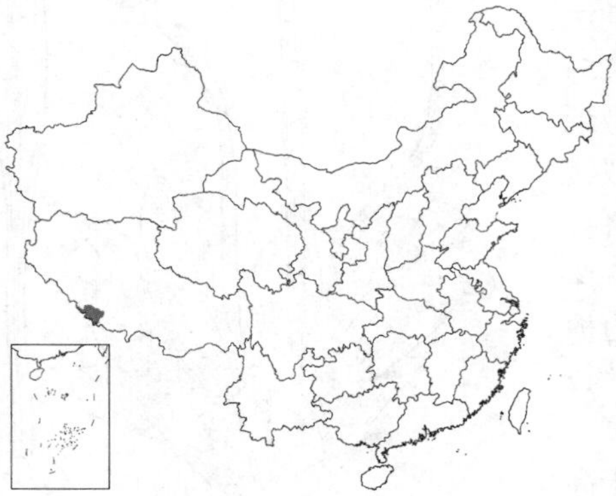

产西藏南部，生于海拔3900-4700米山坡混草地或砾石堆中。尼泊尔有分布。

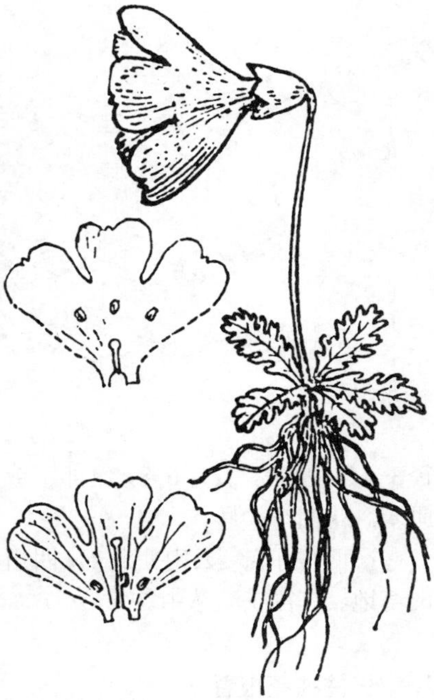

图 383 单朵垂花报春 （邓盈丰绘）

10. 独花报春属 Omphalogramma Franch.

多年生草本。叶基生，具柄，两面均有褐色小腺点。花大，深紫或紫红色，单生花葶顶端，无苞片。花萼5-7裂达基部，裂片披针状线形；花冠长3-5厘米，漏斗状或高脚碟状，稀钟状，常略两侧对称，5-7裂，裂片全缘具凹缺或小齿；雄蕊5-7，贴生花冠筒，花药长圆形或卵形，顶端钝；子房卵球形，胚珠多数，花柱细长，柱头头状。蒴果卵状长圆形或筒状，顶端5-7浅裂。

13种，分布于喜马拉雅山东段至我国和缅甸北部。我国9种。

图 384 钟状垂花报春 （邓盈丰绘）

1. 花冠高脚碟状，冠筒窄长，近顶端扩大；叶从基部有鳞片包叠的部分长不及3厘米 ·· 1. **独花报春 O. vincaeflora**
1. 花冠漏斗状，冠筒自基部向上渐扩大；叶从基部有鳞片包叠的部分长达4厘米以上。
   2. 叶基部下延至具宽翅的叶柄；花冠长5-7厘米 ·· 2. **长柱独花报春 O. souliei**
   2. 叶基部平截或心形；花冠长3-5厘米。
      3. 花柱、花丝被毛；叶上面沿中脉被少数柔毛 ································ 3. **大理独花报春 O. delavayi**
      3. 花柱、花丝无毛；叶上面被褐色毛 ································ 3(附). **小独花报春 O. minus**

1. 独花报春 图 385 图 386：1 彩片 70

Omphalogramma vincaeflora (Franck) Franch. in Bull. Soc. Bot. France 45: 180. 1898.

Primula vincaeflora Franch. in Gard. Chron. ser. 3, 1: 574. 1887.

多年生草本。叶与花葶同时自根茎抽出：叶柄分化不明显或长于叶片1-2倍；叶倒披针形、长圆形或倒

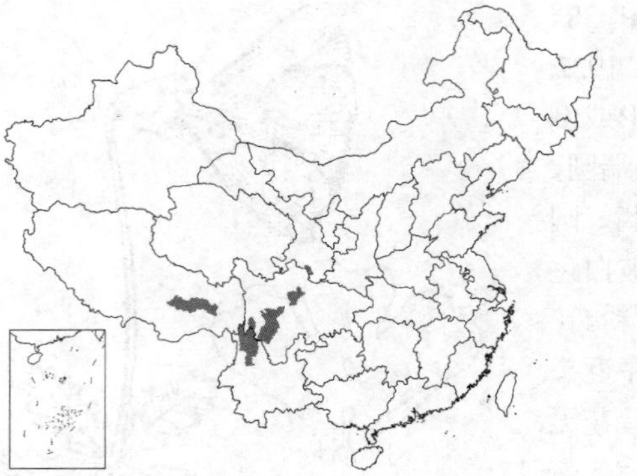

卵形，长3-14厘米，先端钝圆，基部渐窄，有时近圆或心形，全缘或具极不明显小圆齿，两面均被柔毛。花葶高(8-)10-35厘米，果期达80厘米，被柔毛。花萼长0.5-1厘米，被褐色柔毛，分裂近基部，裂片6-8，披针形或线状披针形；花冠深紫蓝色，高脚碟状，冠筒长2.3-3厘米，外面被褐色腺毛，冠檐径3-4(5)厘米，裂片6-8，倒卵形或倒卵状椭圆形，先端凹缺。蒴果长约2厘米。花期5-6月。

产西藏东部、云南西北部、四川及甘肃南部，生于海拔2200-4600米高山草地、沟谷或灌丛中。

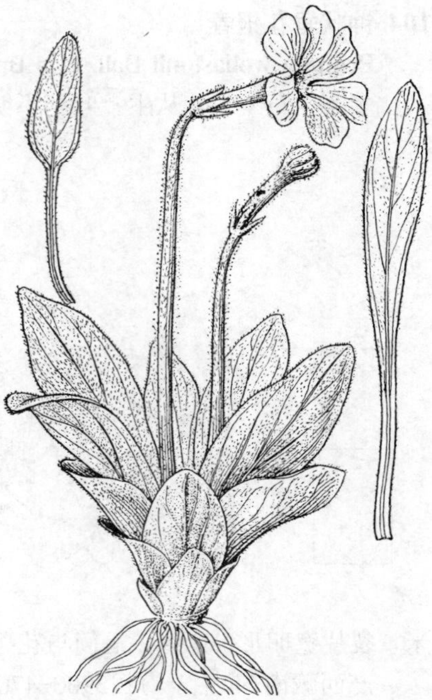

图 385 独花报春 （引自《西藏植物志》）

2. 长柱独花报春 图 386：2

Omphalogramma souliei Franch. in Bull. Soc. Bot. France 45: 180. 1898.

多年生草本。叶与花同放或稍晚于花出现；开花时叶柄露出叶丛基部鳞片的部分极短或长达叶片1/3；叶椭圆形或长圆形，长2-8厘米，先端圆或具短尖头，基部渐窄，下延至具宽翅的叶柄，全缘，两面无毛或幼时疏被柔毛。花葶高12-35厘米，果期达60厘米，被腺毛状柔毛。花萼钟状，长1-1.6厘米，被腺毛状柔毛，裂片5-7，披针形，先端尖或钝；花冠深红或蓝紫色，长5-7厘米，外面被柔毛，筒部带黄色，冠檐径4-6厘米，裂片5-7，宽卵形或长圆形，先端2裂、全缘或具缺刻状齿。蒴果长2-3厘米。花期6-7月。

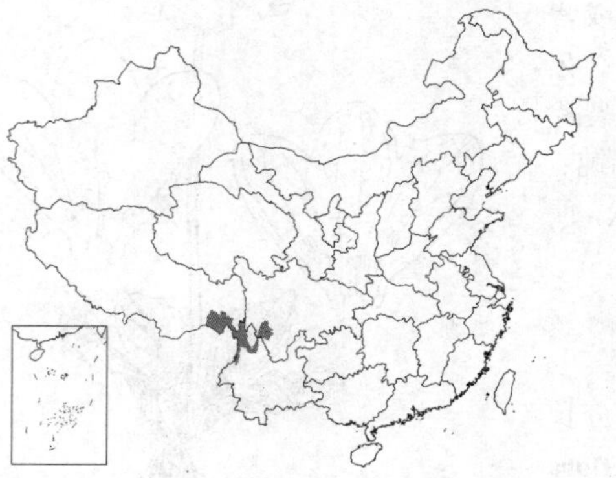

产四川西南部、云南西北部及西藏东南部，生于海拔3300-4500米松林林缘或杜鹃丛中。

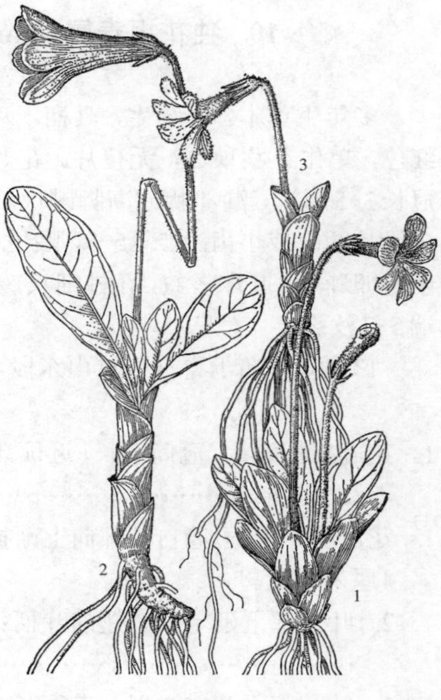

图 386：1. 独花报春 2. 长柱独花报春 3. 大理独花报春 （邓盈丰绘）

3. 大理独花报春 图 386：3

Omphalogramma delavayi (Franch.) Franch. in Bull. Soc. Bot. France 45: 179. 1898.

Primula delavayi Franch. in Bull. Soc. Bot. France 32: 272. 1885.

多年生草本。叶晚于花出现，开花期叶尚未充分发育，仅部分伸出基部的鳞片；叶柄与叶片近等长，叶宽卵形、长圆形或近圆形，长3-7厘米，先端钝或圆，基部心形，边缘略波状或具小圆齿，上面沿中脉被少数柔毛，下面沿中脉和边缘被长毛，果期叶片长达10厘米，宽7厘米，叶柄长于叶片达3倍。花葶高6-15厘米，果

期20-30厘米，被毛。花萼宽钟状，长1.2-1.5厘米，裂片5-6，披针形，外面被毛；花冠长于花萼1-2倍，冠檐径3-3.5厘米，裂片5-6，卵形或长圆状卵形，先端具缺刻状齿，花丝、花柱被毛。蒴果长2-2.5厘米。花期6月。

产云南西北部，生于海拔3300-4000米高山灌丛或草坡。

［附］ **小独花报春 Omphalogramma minus** Hand.-Mazz. in Anz. Akad. Wiss. Wien, Math.-Nat. 59: 248. 1922. 本种与大理独花报春的区别：叶上面被褐色毛；花萼长0.6-1厘米，冠檐径2-3厘米，花丝，花柱无毛。产西藏东部、云南西北部及四川西南部，生于海拔3500-4000米高山栎灌丛草坡。

11. 长果报春属 **Bryocarpum** Hook. f. et Thoms.

多年生草本。叶4-6枚丛生基部，叶卵形或卵状长圆形，长3-9厘米，宽2-4厘米，先端钝圆，基部圆或浅心形，近全缘，两面均被紫黑色小腺体和疏柔毛；叶柄长3.5-11厘米。花葶高10-20厘米，果期达35厘米，花单生花葶顶端，无苞片。花萼长0.7-1.2厘米，7裂深达基部，裂片披针形，有黑色小腺点；花冠漏斗状钟形，黄色，长1.5-2.5厘米，7裂达中部，裂片线形，宽2.5-4毫米，先端凹缺；雄蕊7，贴生花冠喉部，花丝极短，花药长圆形，顶端渐尖；子房窄长圆形，先端渐窄与花柱相连，花柱细长，柱头头状，胚珠多数。蒴果窄长筒状，长4-8厘米，顶端帽状盖裂。

单种属。

长果报春 图 387

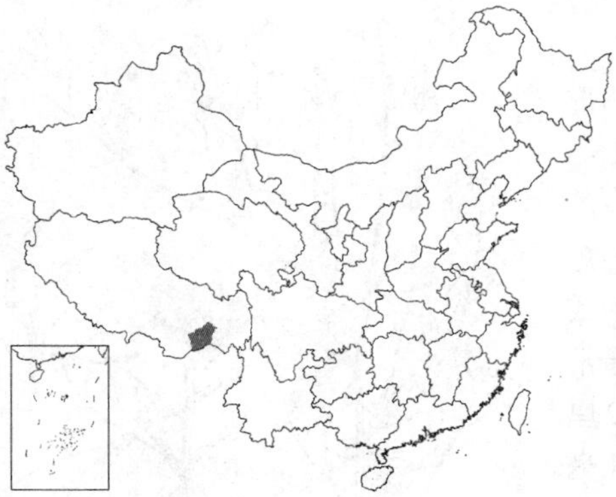

Bryocarpum himalaicum Hook. f. et Thoms. in Journ. Bot. Kew. Gard. Mise. 9: 200. 1857.

形态特征同属。

产西藏东南部，生于海拔3000-4000米松林或混交林下。不丹及锡金有分布。

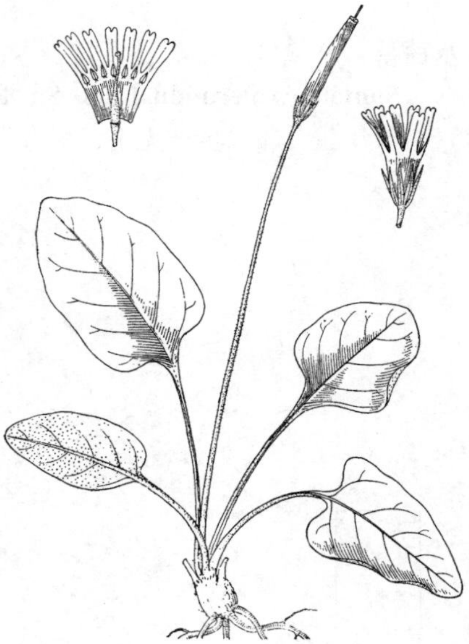

图 387 长果报春 （余汉平绘）

12. 羽叶点地梅属 **Pomatosace** Maxim.

一年生或二年生草本，高3-9厘米。叶全部基生，多数，叶长圆形，长1.5-9厘米，两面沿中脉被白色疏长柔毛，羽状深裂，裂片线形，全缘或具1-2牙齿；叶柄短或长达叶片1/2，被疏长柔毛，近基部稍鞘状。花葶高(1-)3-9(-16)厘米，被疏长柔毛；伞形花序(3-)6-12花。花梗长0.1-1.2厘米，无毛；花萼杯状，长2.5-3毫米，果期达4-4.5毫米，分裂略过全长1/3，裂片三角形；花冠白色，稍短于花萼，冠筒坛状，长约1.8毫米，喉部有环状附属物，冠檐径约2毫米，裂片椭圆形；雄蕊贴生冠筒中上部，花丝极短，花药卵形，顶端钝；子房扁球形，花柱稍粗，短于子房，柱头头状。蒴果近球形，径约4毫米，周裂成上下两半。

我国特有单种属。

羽叶点地梅 图 388 彩片 71

Pomatosace filicula Maxim. in Bull. Acad. Sci. St. Pétersb. 27: 500. 1881.

形态特征同属。

产青海、西藏东北部、四川西北部及甘肃南部，生于海拔2800-4500米高山草甸或河滩砂地。全草药用，治肝炎、高血压、月经不调、疝痛和关节炎。

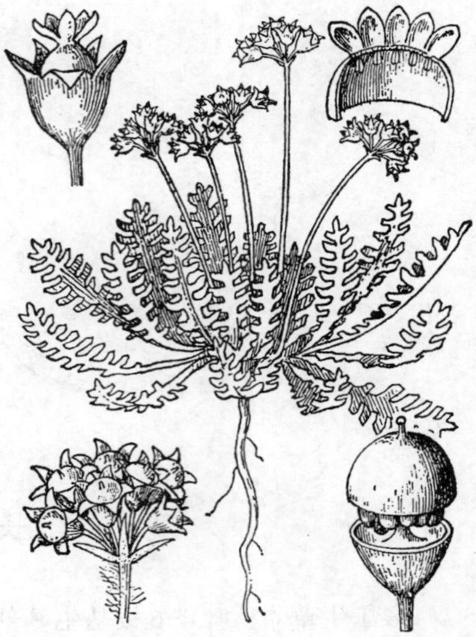

图 388 羽叶点地梅 （邓盈丰绘）

13. 水茴草属 **Samolus** Linn.

一年生或多年生草本。茎直立。叶互生，有时具基生叶。花小，排成顶生总状花序或伞房花序。苞片常生于花梗中部；花萼分裂，萼筒与子房下部连合，宿存；花冠白色，近钟状，分裂；雄蕊5，贴生花冠筒部或近喉部，花丝短，花药顶端钝或锐尖，药隔有时伸长，退化雄蕊5，线形或舌状，与花冠裂片互生；子房球形，半下位，花柱短，柱头钝或稍头状，胚珠多数，半倒生。蒴果球形，顶端分裂。

约10种，主产南半球。我国1种。

水茴草 水繁缕 图 389

Samolus valerandii Linn. Sp. P1. 171. 1753.

一年生草本，全株无毛。茎直立，高10-30(-40)厘米。基生叶倒卵形或长圆状倒卵形，长1.2-6.5厘米，全缘，先端圆或钝，基部渐窄，下延至具窄翅的短柄；茎生叶较小，具短柄或无柄。总状花序疏散，通常10-20花。花梗长0.6-1.2厘米；苞片披针形，长约1毫米，着生花梗中部；花萼长约1毫米，果期增大至2-2.5毫米，分裂达全长1/3，裂片三角形；花冠白色，冠筒与花萼近等长，冠檐径2-3毫米，裂片卵形，先端钝。蒴果径2-3毫米。

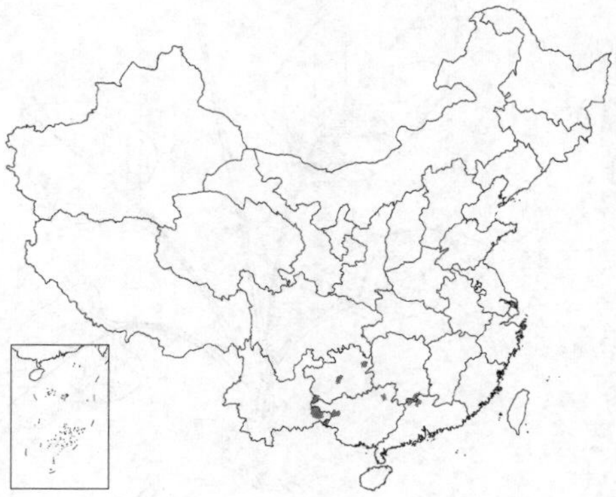

图 389 水茴草 （邓盈丰绘）

产云南东部、贵州，广西西部及东北部、广东北部及湖南南部，生于海拔100-1300米田野或水旁。世界广布种，五大洲均有分布。

102. 牛栓藤科 CONNARACEAE

（傅晓平）

灌木、小乔木或藤本。叶互生，奇数羽状复叶，有时3小叶或单小叶；小叶全缘，稀分裂，常绿或落叶；无托叶。花两性，稀单性，辐射对称；花序总状或圆锥状，腋生、顶生或假顶生。萼片5，稀4，离生或基部合生，常宿存，包围果实基部，芽时覆瓦状或镊合状，稀拳卷状排列；花瓣5，稀4，离生，稀在中部连合；雄蕊10或5，稀4+4，2轮，内轮雄蕊常较短或不发育，外轮雄蕊的花丝离生或基部连合，花药2室，纵裂，内向；花盘小或缺；心皮5（-3）或1，离生，子房上位，1室，花柱钻状或丝状，柱头近头状；胚珠2，直立或倒生，常并生，其中1枚较小或不发育。蓇葖果有柄或无柄，沿腹缝线开裂，很少沿背缝线或基部周裂，稀不裂。种子大形，1枚稀2枚，种皮厚，通常有肉质假种皮，胚乳有或无，胚直立，子叶肥厚。

24属，约390种，主要分布在非洲及亚洲热带地区，少数在亚热带地区，极少数分布到拉丁美洲。我国6属9种。树皮或茎皮含收敛物质，常作药用，种子粉碎用作泻药，有驱绦虫之效。

1. 羽状复叶具小叶3片以上。
  2. 心皮5。
    3. 萼片在果期增大；花瓣在芽中拳卷，长于萼片 ······ 1. **朱果藤属 Roureopsis**
    3. 萼片在果期不增大或增大；花瓣在芽中为覆瓦状排列。
      4. 萼片在果期不增大；花瓣与萼片等长或稍短，种子有胚乳 ······ 2. **螫毛果属 Cnestis**
      4. 萼片在果期增大；花瓣长于萼片，种子无胚乳 ······ 3. **红叶藤属 Rourea**
  2. 心皮1；花瓣长于萼片或近等长；种子无胚乳 ······ 4. **牛栓藤属 Connarus**
1. 羽状复叶具小叶3-1片。
  5. 叶为3小叶；心皮5；萼片覆瓦状排列；种子无胚乳 ······ 5. **栗豆藤属 Agalaea**
  5. 叶为单小叶；心皮1；萼片镊合状排列；种子有少量胚乳 ······ 6. **单叶豆属 Ellipanthus**

1. 朱果藤属 Roureopsis Planch.

直立或攀援灌木。奇数羽状复叶，稀具1小叶，侧生小叶常偏斜。总状花序或圆锥花序，在叶腋中成簇生长。花两性，5数；花梗细长；萼片5，覆瓦状排列，果期膨大；花瓣5，在花蕾中拳卷，比萼片长，先端急尖；雄蕊5+5，萼片上着生的较花蕾上着生的长，花丝基部合生成短管，花药背着；心皮5，被长硬毛，花柱细长，柱头头状。果长圆形，顶端有短尖，无毛，无柄。种子1，椭圆形，基部包以黑色假种皮，无胚乳。

约10种，大部分布在西非和亚洲热带地区的雨林中。我国1种。

朱果藤 图 390

Roureopsis emarginata（Jack）Merr. in Journ. Arn. Arb. 33：220. 1952.

Cnestis emarginata Jack，Mal. Misc. 2(7)：42. 1822.

木质藤本或攀援灌木。枝及小枝有细纵纹，幼枝密被淡黄色柔毛，老枝无毛。奇数羽状复叶，具2-3对小叶，叶轴长达19厘米，叶柄长约4厘米；小叶坚纸质，椭圆形或椭圆状卵形，长6-12厘米，先端短渐尖，顶端微凹，基部圆斜，两面无毛，中脉在上面下陷，背面突起，侧脉5-7对，向边缘弧曲；小叶柄长约3毫米。总状花序在叶腋中丛生，长约1.5厘米；萼片5，分离，长椭圆形，长5-6毫米，先端稍被柔毛，果时增大，膜质，朱红色，宿存；花瓣长1.3-2.5厘米，宽1-1.5毫米；雄蕊的花丝基部合生；

心皮无毛。蓇葖果1-3，鲜时朱红色，干时紫红色，长椭圆形，长1.3-2.5厘米，无毛，顶端有突尖，裂开为全长1/4-1/2。种子成熟时黑色，光亮，基部为黄色假种皮所包围。

产云南东南部及广西西部，生于海拔300-500米混交林中。越南、老挝、缅甸、马来西亚有分布。

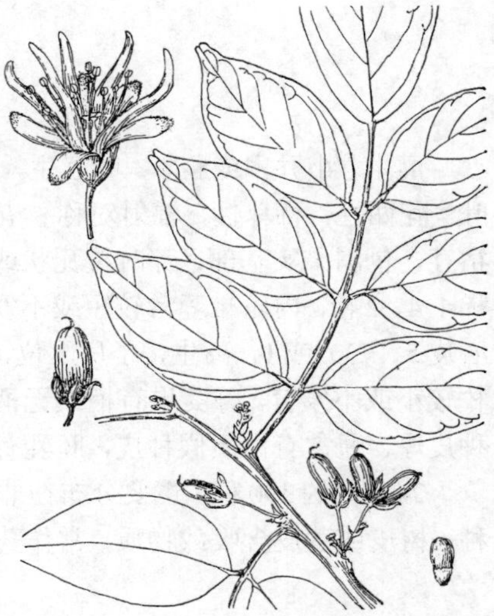

图 390 朱果藤 （王玢莹绘）

2. 螯毛果属 Cnestis Juss.

藤本或攀援灌木，稀为小乔木。奇数羽状复叶；小叶对生或近互生，全缘。花序腋生或顶生，单一或成簇；圆锥花序或总状花序；苞片微小，鳞片状或披针状。花两性；萼片5，在芽中成覆瓦状或镊合状，基部稍合生；花瓣5，基部合生，先端凹缺并内弯；雄蕊10，离生或基部稍合生，全发育，与萼片对生的较与花冠对生的长；心皮5，离生，子房被短柔毛，花柱较长，柱头头状；胚珠2，并生，直立。蓇葖果1-5，梨状，具喙，沿腹缝线开裂，外面密被绒毛，内面被紧贴硬毛，果皮较厚，鲜时肉质，宿存花萼不扩大。种子1，扁平，基部被假种皮包裹，有胚乳。

约40种，分布于非洲热带和马达加斯加以及亚洲东南部。我国1种。

螯毛果 图 391

Cnestis palala (Lour.) Merr. in Journ. Roy. As. Soc. Str. 85: 201. 1922.

Thysanus palala Lour. Fl. Cochin. 284. 1790.

藤本、攀援灌木或小乔木，高达10米。枝有纵条纹，被长柔毛，幼枝被灰色绒毛。奇数羽状复叶，连叶柄长10-16厘米，叶柄长2-4厘米；小叶11-31，椭圆形或长椭圆形，长2-5厘米，先端圆钝，基部圆钝或心形，全缘，上面无毛或稍被绒毛，下面淡灰色，无光泽，密被绒毛，中脉突出，侧脉4-8对，弯曲，达边缘前即网结，或因绒毛太密，中脉及网脉不明显，小叶柄极短，长1毫米，被绒毛。圆锥花序腋生，4-5序簇生，总梗长3-5厘米，密被绒毛；苞片及小苞片鳞片状；花径约5毫米；萼片长2-3毫米，两面被灰色绒毛；花瓣长圆形，长3-4毫米，先端稍内弯，与萼片近等长，无毛；雄蕊10，长0.5-1毫米，无毛；心皮5，离生，被长硬毛。果椭圆形，长2-4厘米，黄色或棕色，被锈色毡毛，顶端具喙。种子长2厘米，径1厘米，包以黑色基生假种皮。

产海南，生于荫蔽灌丛中。越南、缅甸、老挝、泰国、印度尼西亚及马来半岛有分布。

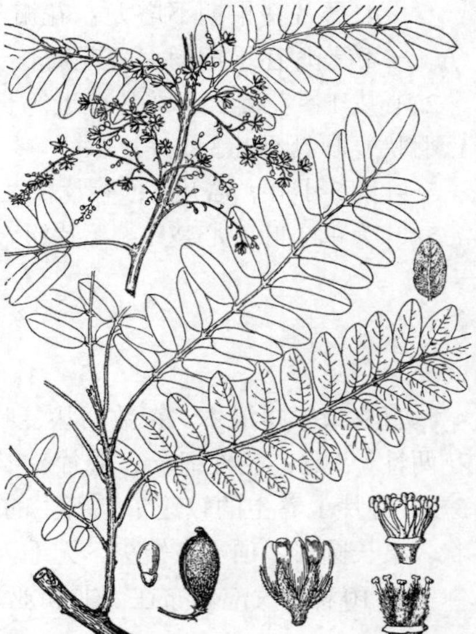

图 391 螯毛果 （王玢莹绘）

3. 红叶藤属 Rourea Aubl.

攀援藤本、灌木或小乔木。奇数羽状复叶，常具多对小叶，稀具1小叶。聚伞花序排成圆锥花序，腋生或假顶生；苞片卵状披针形，小苞片披针形。花两性，5数；萼片覆瓦状排列，宿存，花后膨大并紧抱果基部；花瓣5，长为萼片2-3倍，无毛；雄蕊10，与萼片对生的5枚比与花瓣对生的5枚长，花丝基部合生，无毛；心皮5，离生，仅1枚成熟，被毛或无毛，花柱细长，柱头头状，不明显2裂；胚珠2，并生。蓇葖果单生，光滑或有微细的纵槽，无毛，沿腹缝纵裂，稀在基部不规则撕裂。种子1枚，种皮光滑，全部或基部为肉质假种皮所包围，无胚乳。

90余种，分布非洲、美洲、大洋洲的热带地区及亚洲东南部沟谷雨林中。我国3种。根供药用，可以治痢疾。

1. 羽状复叶具7-17（-27）小叶；小叶长1.5-10厘米，宽0.5-3.5厘米。
 2. 羽状复叶具7-17小叶，小叶先端渐尖，基部偏斜；果长1.2-1.5厘米，径5毫米 …………………………………… 1. **小叶红叶藤 R. microphylla**
 2. 羽状复叶具7-9小叶，小叶先端长尾尖，基部不偏斜；果较大，长达2厘米，径达1厘米 …………………………………… 2. **长尾红叶藤 R. caudata**
1. 羽状复叶具3-7（7）小叶，小叶长达12厘米；顶生小叶较大 …………………………… 3. **红叶藤 R. minor**

1. 小叶红叶藤 图 392 彩片 72

Rourea microphylla（Hook. et Arn.）Planch. in Linnaea 23：421. 1850.

Connarus microphylla Hook. et Arn. Bot. Beech. Voy. 179. 1833.

攀援灌木，多分枝，无毛或幼枝被疏短柔毛，高达4米。奇数羽状复叶，常具7-17小叶，有时多至27片，叶轴长5-12厘米，无毛；小叶坚纸质至近革质，卵形、披针形或长圆披针形，长1.5-4厘米，宽0.5-2厘米，先端渐尖而钝，基部楔形或圆，常偏斜，全缘，两面无毛，下面稍带粉绿色；中脉在腹面凸起，侧脉细，4-7对，开展，未达边缘前网结，小叶柄长约2毫米，无毛。圆锥花序生于叶腋，通常长2.5-5厘米，总梗和花梗均纤细；苞片及小苞片不显著。花芳香，径4-5毫米；萼片卵圆形，长2.5毫米，先端急尖，无毛，边缘被短缘毛；花瓣白、淡黄或淡红色，椭圆形，长5毫米，先端急尖，无毛，有纵脉纹；雄蕊10，花药纵裂，花丝长者6毫米，短者4毫米；雌蕊离生，长3-5毫米，子房长圆形。蓇葖果椭圆形或斜卵形，长1.2-1.5厘米，径0.5厘米，成熟时红色，弯曲或直，顶端急尖，有纵条纹，沿腹缝线开裂，基部有宿存萼片。种子椭圆形，长约1厘米，橙黄色，为膜质假种皮所包裹。花期3-9月，果期5月至翌年3月。

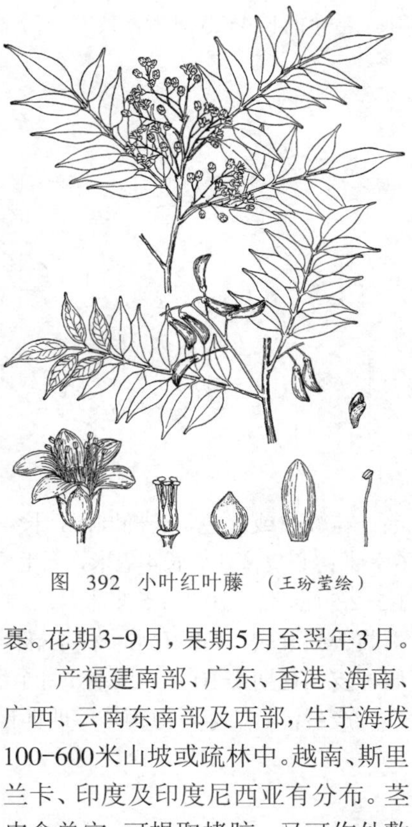

图 392 小叶红叶藤 （王玢莹绘）

产福建南部、广东、香港、海南、广西、云南东南部及西部，生于海拔100-600米山坡或疏林中。越南、斯里兰卡、印度及印度尼西亚有分布。茎皮含单宁，可提取拷胶；又可作外敷药用。

2. 长尾红叶藤 图 393

Rourea caudata Planch. in Linnaea 23：419. 1850.

藤本或攀援灌木，高约3米。无毛或幼时被短绒毛。奇数羽状复叶，具7-9小叶；小叶近纸质，披针形或长圆披针形，长2.5-10厘米，宽0.8-3.5厘米，先端长尾尖，钝头，基部楔形，歪斜，全缘，下面中脉凸起，侧脉5-6对，网脉明显，未达边缘前网结，小叶柄长3毫米，无毛。圆锥花序1-

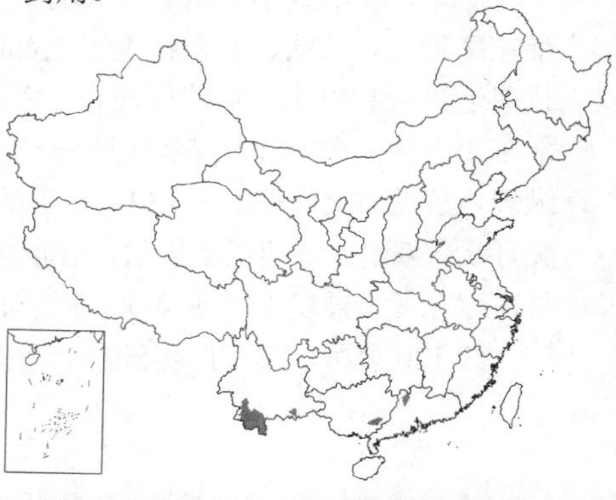

3簇生叶腋，长3.5–6厘米，被短绒毛。萼片卵形，长2.5毫米，无毛；花瓣淡黄色，倒披针形或匙形，长6毫米，有纵脉纹，无毛；雄蕊10，与萼片对生的5枚比与花瓣对生的5枚长；心皮5，离生。蓇葖果，淡绿色，干时深褐色，长1–2厘米，径0.5–1厘米，弯曲或直，具宿存萼。种子长0.6–1.6厘米，径4–9毫米，全部包以假种皮。

产广东西北部、广西东南部及云南南部，生于海拔800米以下山地疏林中。印度有分布。

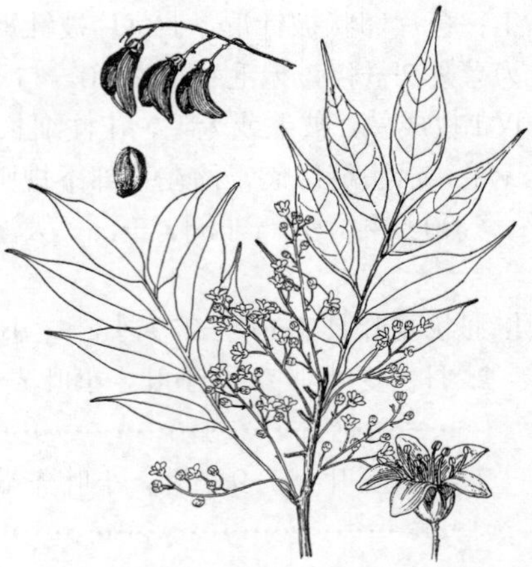

图 393 长尾红叶藤 （王玢莹绘）

3. 红叶藤 图 394

Rourea minor（Gaerth.）Leenh. in Ven Steenis Fl. Males. ser. 1, 5(4): 514. 1957.

Aegiceras minus Gaerth. Fruct. 1: 216. t. 46. 1788. excl. syn.

藤本或攀援灌木，高达25米。枝无毛或幼枝被疏短柔毛。奇数羽状复叶，连叶柄长4–23厘米，具3（–7）小叶；小叶纸质，近圆形，卵圆形、披针形或长椭圆形，顶端小叶稍大，长3–12厘米，宽2–5厘米，先端急尖或短渐尖，基部宽楔形或圆，两侧对称稍偏斜，全缘，两面无毛，下面中脉突出，侧脉5–10对，网脉明显，未达边缘前网结，小叶柄长5毫米，无毛。圆锥花序3–6序簇生叶腋，长3–9厘米，无毛。花芳香，径约1厘米；萼片卵形，长2–3毫米，先端边缘常被缘毛；花瓣白或黄色，长椭圆形，长4–6毫米，有纵脉纹，无毛；雄蕊长2–6毫米；心皮离生，长4毫米，无毛。蓇葖果弯月形或椭圆形而稍弯曲，长1.5–2.5厘米，径0.7–1.5厘米，顶端急尖，深绿色，干时黑色，有纵条纹，沿腹缝线开裂，具宿存萼。种子椭圆形，长1.5厘米，红色，全部包以膜质假种皮。花期4–10月，果期5月至翌年3月。

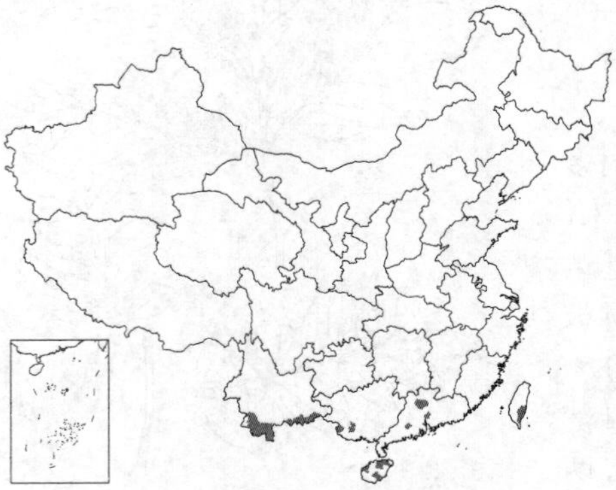

产台湾、广东、海南、广西西南部及云南南部，生于丘陵、灌丛、竹林或密林中，可达海拔800米。越南、老挝、柬埔寨、斯里兰卡、印度及澳大利亚昆士兰有分布。

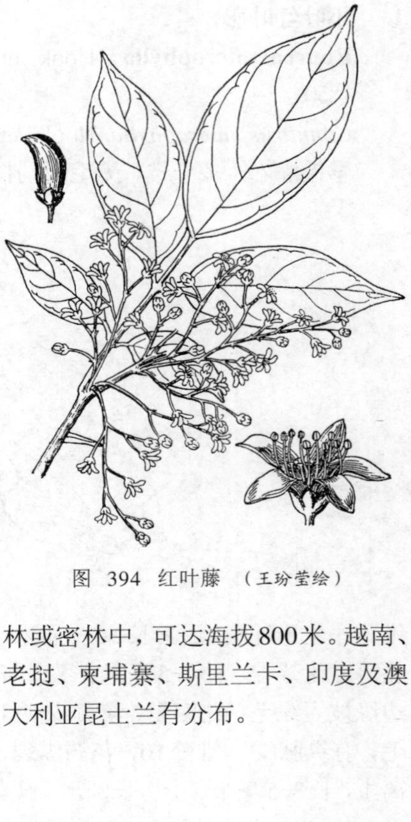

图 394 红叶藤 （王玢莹绘）

4. 牛栓藤属 Connarus Linn.

藤本、灌木或小乔木。奇数羽状复叶或有3小叶，稀具1小叶；小叶对生或近互生，全缘，常具透明腺点。圆锥花序顶生，总状、聚伞状生于上部叶腋内，苞片钻形或圆柱形。萼片、花瓣及雄蕊有腺体；萼片5，稀4，覆瓦状或近镊合状排列，基部稍连合，宿存，常较厚或肉质，花后不膨大；花瓣5，比萼片稍长或近等长，花开前在中部多少合生；雄蕊10，花丝基部合生，5枚长的与萼片对生，5枚短的与花瓣对生，常不发育，花药长圆形，内向纵裂，药隔顶端有腺；心皮1，子房球形，被绒毛，1室，具2并列胚珠，花柱纤细，下部被疏柔毛，上部被腺毛，柱头肾状，偏斜。蓇葖果荚果状，沿腹缝线或背缝线开裂，稍压扁，顶端圆钝而常有短喙，基部渐窄成柄状，有斑纹，具宿存花萼，果皮木质或革质。种子1，稍肾形，黑紫色，光亮，基部被肉质杯状或条裂状假种皮所包围，无胚乳。

约120余种，大部产美洲热带、非洲热带及亚洲东南部。我国2种。

1. 萼片急尖；雄蕊雌蕊等长，全发育；果皮较厚 ……………………………………………… 1. **牛栓藤 C. paniculatus**
1. 萼片圆钝；雄蕊比雌蕊长1倍，5枚短的不发育；果皮较薄 ……………………… 2. **云南牛栓藤 C. yunnanensis**

1. 牛栓藤 图 395：1-4

Connarus paniculatus Roxb. Hort. Beng. 49. 1814.

藤本或攀援灌木。幼枝被锈色绒毛，老枝无毛。奇数羽状复叶，具3-7小叶，稀具1小叶，叶轴长4-20厘米；小叶革质，长圆形或长圆状椭圆形或披针形，长6-20厘米，先端急尖，少有微缺，基部楔形或微圆，全缘，无毛，侧脉5-9对，细脉明显，在达边缘前网结，小叶柄长4-7毫米。圆锥花序顶生或腋生，长10-40厘米，总轴被锈色短绒毛，苞片鳞片状。萼片5，披针形或卵形，长约3毫米，外面被锈色短绒毛，内面近无毛；花瓣5，乳黄色，长圆形，长5-7毫米，外面被短柔毛，内面被疏柔毛；雄蕊10，长短不等，全发育；心皮1，和雄蕊等长，密生短柔毛。蓇葖果长椭圆形，稍胀大，长约3.5厘米，顶端有短喙，稍偏斜，基部渐窄成短柄，果皮木质，无毛，有纵条纹，鲜红色。种子长圆形，长1-1.7厘米，黑紫色，基部为2浅裂假种皮所包裹。

图 395：1-4. 牛栓藤 5-8. 云南牛栓藤
（王玢莹绘）

产海南，生于山坡疏林或密林中。越南、柬埔寨、马来西亚及印度有分布。

2. 云南牛栓藤 图 395：5-8 彩片 73

Connarus yunnanensis Schellenb. in Engl. Planzenr. H. 103: 228. 1938.

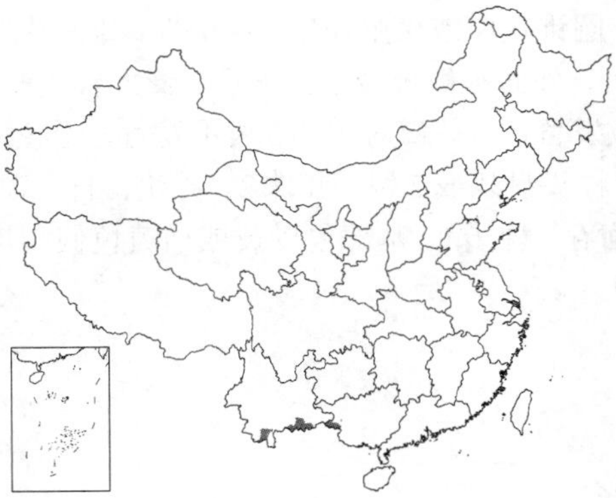

攀援灌木，老枝淡黄色，无毛。奇数羽状复叶，具3-7小叶，总轴长9-22厘米；小叶硬纸质，窄长圆形或椭圆形，长6.5-16厘米，先端急尖，微凹，基部渐窄或近圆，全缘，上面无毛，下面具腺点，侧脉5-9对，明显下陷，网脉在边缘前连成弓形，小叶柄长4-6毫米。圆锥花序顶生及腋生，总轴长4-25厘米，密被绒毛。萼片5，椭圆形，长3毫米，被短柔毛；花瓣5，长椭圆形，长6毫米，有红色腺点，被短绒毛；雄蕊10，5枚长的长7毫米，5枚短的不发育，长3毫米，心皮1，长3毫米，密被柔毛。蓇葖果长椭圆形，侧面稍扁，长2.5-3.5厘米，顶端有短喙，基部渐窄成短柄；果皮较薄，外面无毛，纵条纹不明显，内面被柔毛。种子长圆形，黑紫色，长约2.5厘米，基部为2浅裂的假种皮包包裹。

产云南南部及广西西南部，生于潮湿密林中。缅甸有分布。

5. 栗豆藤属 **Agelaea** Soland. ex Planch.

藤本或攀援灌木。叶具3小叶。圆锥花序腋生或顶生；苞片及小苞片宿存。花两性；萼片5，覆瓦状排列，外面被绒毛，内面被紧贴短柔毛；花瓣5，线形，比萼片长，无毛；雄蕊10，稀为5或15，与萼片对生的5枚较与花瓣对生的5枚长，花丝基部稍合生；心皮5，子房及花柱基部被短绒毛，柱头球形；胚珠2，并列，直立。蓇葖果常有小瘤体，成熟时红色，纵裂，强烈弯曲，多少密被绒毛，有宿存花萼，果皮较薄。种子1，光亮，黑色，基部被假种皮所包围，无胚乳。

近50种，分布于非洲、马达加斯加、亚洲东南部及马来西亚一带，生于低海拔雨林中。我国1种。

栗豆藤 图 396

Agelaea trinervis (Llanos) Merr. Sp. Blanc. 164. 1918.

Castanola trinervis Llanos in Mem. Acad Cienc. Madr. ser. 3, 2(3): 503. 1958.

图 396 栗豆藤 (王玢莹绘)

藤本或攀援灌木。茎嫩枝被草黄色短绒毛。叶具3小叶，叶柄长2.5-7厘米，无毛；小叶革质，顶生小叶较侧生小叶大，卵形或椭圆形，长6-10厘米，先端渐尖，基部微圆；侧生叶卵形，长5-7厘米，基部圆，不对称，全缘，上面无毛，下面中脉及侧脉突出，幼时背面稍被绒毛，基部三出脉，侧脉每边4-6条，网脉不明显，小叶柄长0.5-1厘米。圆锥花序成簇腋生，长2-6厘米，总梗和花梗被淡灰色绒毛。花径4-6毫米，芳香；萼片卵状披针形，长1.3-2毫米，外面被灰色柔毛；花瓣白色，长圆状倒披针形，长5毫米，无毛；雄蕊10，短于花瓣；心皮4-5，子房具长硬毛，花柱无毛。蓇葖果稍偏斜，倒卵形，长1-2.5厘米，顶端圆钝，有喙，基部稍窄，果皮具皱纹或瘤状物，被密短绒毛。种子黑色长圆形，基部被黄色假种皮所包围。

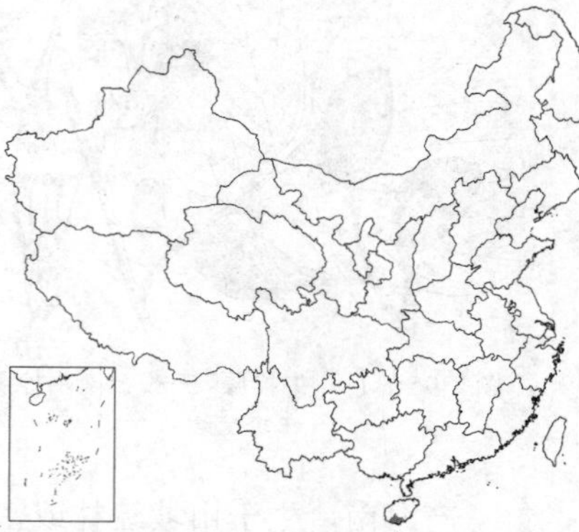

产海南，生于疏林中。马来西亚、印度尼西亚、菲律宾、泰国、越南、柬埔寨及老挝有分布。

6. 单叶豆属 Ellipanthus Hook. f.

灌木或小乔木。叶为单小叶，全缘，叶柄有节。花序腋生或顶生，圆锥花序或聚伞花序。花两性，雄蕊先熟，或单性，雌雄异株；苞片披针形，早落；萼片4-5，在芽中镊合状排列，外面密被短绒毛，花后不膨大；花瓣4-5，长于萼片，离生，在芽中覆瓦状排列；雄蕊10，与萼片对生的5枚发育，与花瓣对生的5枚不发育，无花药，花丝基部合生成管状；心皮单生，被长柔毛，偏斜，花柱被长柔毛，柱头盘状或2裂，胚珠2，并生，直立。蓇葖果卵圆形，背部稍弯曲，果皮木质；被绒毛，基部缩窄成果柄，萼宿存。种子1，基部包以黄或桔黄色假种皮。胚乳少量。

13种，主产亚洲东南部，非洲热带地区有分布。我国1种。

单叶豆 知荆 图 397 彩片 74

Ellipanthus glabrifolius Merr. in Philipp. Journ. Sci. Bot. 23: 246. 1923.

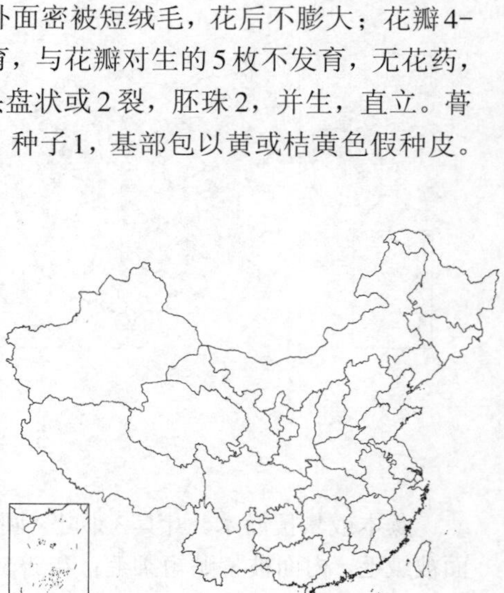

灌木或乔木，高达10（-25）米。小枝幼时被锈色短绒毛。单叶互生，薄革质，长圆形或长圆状披针形，长7-14厘米，先端渐尖或短尖，基部圆，全缘，两面无毛，侧脉4-7对，细脉网状明显；叶柄长1-2厘米，两端稍膨大。圆锥花序或聚伞花序腋生或顶生，长1.5-5厘米，被淡黄色短绒毛。

花两性，萼片5，卵状披针形，长2毫米，外被短绒毛；花瓣5，白色，长圆状披针形，长6-7毫米，两面被短绒毛；雄蕊10，5枚发育，5枚极退化，花药淡棕色，花丝被长柔毛；心皮1，扁卵形，被长柔毛，1室。荚果卵圆形，长1.2-2厘米，有喙，密被锈色绒毛。种子椭圆形，长1.5毫米，深褐色，稍有光泽，基部为2裂的假种皮所包围。花期10月至翌年3月，果期7月。

产海南，生于低海拔山地密林中，为季雨林中常见树种。

图 397 单叶豆 （王玢莹绘）

103. 海桐花科 PITTOSPORACEAE

（张宏达）

常绿乔木或灌木。单叶互生，革质，全缘，稀有齿；无托叶。花两性，稀单性或杂性，常辐射对称，5基数，单生或为伞形或伞房花序，具苞片及小苞片。萼片分离；花瓣分离或合生；雄蕊与萼片对生，花药2室，纵裂或孔开；子房上位，具子房柄或无，心皮2-3（5），1室或不完全2-5室，倒生胚珠多数，侧膜胎座、中轴或基生胎座，花柱常2-5裂。蒴果或浆果。种子多数，有粘质或油质包被，种皮薄，有胚乳。

9属300种，主要分布于澳大利亚、亚洲热带亚热带及非洲。我国1属。

海桐花属 Pittosporum Banks

常绿乔木或灌木。叶互生，常簇生枝顶。花两性，稀杂性，单生、簇生或成圆锥花序。萼片5；花瓣5；雄蕊5，花药背着，纵裂；子房上位，常有子房柄，心皮2-3（4-5），1室或不完全4-5室，胚珠多数，有时1-4枚，花柱短，单一或4-5室；常宿存。蒴果2-5瓣裂；果瓣革质或木质，内部有横条。种子具柄，有粘质或油质包被。

约300种，分布于大洋洲，西南太平洋岛屿。我国44种。

果药用，种子代山栀子药用，可收敛、止咳、镇静；根皮治蛇伤，可镇痛、消炎。

1. 胎座（2）3-5，位于果瓣中部；（2）蒴果3-5瓣裂；花序伞形。
  2. 胎座3-5，果瓣3-5。
    3. 果瓣木质，厚1-2.5毫米；种子长2-4毫米。
      4. 种子多于30，果瓣3-5，厚2-2.5毫米；子房被毛 ………………………… 1. 皱叶海桐 **P. crispulum**
      4. 种子少于25，果瓣3，厚1-2毫米；子房有毛或无毛。

5. 蒴果球形，径1.2–4厘米，被毛或无毛。
6. 蒴果径1.5–2厘米，无毛；叶先端渐尖 ………… 2. **厚圆果海桐 P. rehderianum**
6. 蒴果径1.2厘米，有毛；叶先端圆或钝 ………… 3. **海桐 P. tobira**
5. 蒴果椭圆或卵圆形，长不及1.5厘米，径不及1厘米；子房有毛。
7. 果瓣（2）3，厚1.5–2毫米；种子4–8，萼片长1.5–2毫米 ………… 4. **木果海桐 P. xylocarpa**
7. 果瓣3，厚1毫米；种子约15；萼片长4–5毫米 ………… 5. **少花海桐 P. pauciflorum**
3. 果瓣薄革质，厚不及1毫米；种子长3–7毫米。
8. 蒴果椭圆形、倒卵形或长筒形。
9. 子房无毛，稀有疏毛。
10. 蒴果有3条突起背缝线；叶下面网眼宽3–4毫米 ………… 6. **缝线海桐 P. perryanum**
10. 蒴果无突起背缝线；叶下面网眼宽1–2毫米。
11. 叶倒披针形或窄长圆形。
12. 子房略有疏毛，胎座（2）3，胚珠8–9，种子长3–4毫米 ………… 7. **峨眉海桐 P. omeiense**
12. 子房无毛，胎座3，胚珠18；种子长5–6毫米 ………… 8. **光叶海桐 P. globratum**
11. 叶带状或窄披针形，长6–18厘米，宽1–2厘米；蒴果长2–2.5厘米 ………… 8(附). **狭叶海桐 P. glabratum** var. **neriifolium**
9. 子房密被柔毛，蒴果长2–3厘米，种子长6–7毫米。
13. 叶倒卵形或倒披针形，稀长圆形，宽3–4厘米；子房柄长5（–8）毫米 ………… 9. **柄果海桐 P. podocarpum**
13. 叶带状或窄披针形，宽1–2厘米；子房柄不明显 ………… 9(附). **线叶柄果海桐 P. podocarpum** var. **angustatum**
8. 蒴果球形或三角状球形。
14. 叶窄长圆形或窄倒披针形，宽1.5–2.5厘米；萼片长4–5毫米；果柄长1.5厘米 ………… 5. **少花海桐 P. pauciflorum**
14. 叶倒卵形或倒披针形，宽2.5–4.5厘米；萼片长2毫米；果柄长2–4厘米 ………… 10. **海金子 P. illicioides**
2. 胎座2（3），果瓣2（3），革质；蒴果长1.2厘米；种子10–15；当年枝无毛；叶窄倒披针形，长6–13厘米 ………… 11. **突肋海桐 P. elevaticostatum**
1. 胎座2，位于果瓣下半部或基部，蒴果稍扁，2瓣裂；花序伞形或圆锥状，稀总状。
15. 花序伞形，总状或伞房状。
16. 果瓣木质，厚2–3毫米，叶长7–10厘米；种子16–24 ………… 12. **卵果海桐 P. ovoideum**
16. 果瓣薄木质，厚不及1毫米。
17. 蒴果长1.4–1.7厘米，扁椭圆形；幼枝及花序被柔毛；叶宽2–4厘米 ………… 13. **聚花海桐 P. balansae**
17. 蒴果短于1厘米，球形或扁球形。
18. 幼枝被柔毛或微毛；叶长圆形，长于5厘米；种子4或16。
19. 伞房或总状花序；种子4；叶脉不明显，叶先端钝尖 ………… 14. **四子海桐 P. tonkinense**
19. 花单生或伞形花序；种子16–18；叶脉明显，叶先端短尾尖 ………… 15. **崖花子 P. truncatum**
18. 幼枝无毛。
20. 叶窄披针形或倒披针形，宽1–1.5厘米，叶柄长3–4毫米；花瓣合生；种子6–8 ………… 16. **异叶海桐 P. heterophyllum**
20. 叶长圆形或披针形，宽1.5–2.5厘米，叶柄长0.6–1厘米；花瓣分离；种子10 ………… 17. **薄萼海桐 P. leptosepalum**
15. 花序复式伞房或圆锥状。

21. 花序由多枝伞形或伞房组成，无总花序柄。
22. 叶椭圆形，长10-20厘米，宽4-8厘米；花序长于5厘米。
23. 叶薄革质；种子10-15 ………………………………………………… 18. **牛耳枫叶海桐 P. daphniphylloides**
23. 叶厚革质；种子17-23 ………………………………………………… 19. **大叶海桐 P. adaphniphylloides**
22. 叶倒卵状披针形，长5-12厘米，花序长3-4厘米；种子7-10 ……………………… 20. **短萼海桐 P. brevicalyx**
21. 花序由多数复伞房组成有总柄的圆锥花序。
24. 蒴果长2厘米，果瓣厚3毫米；叶先端圆 ……………………………………… 21. **荚迷叶海桐 P. viburnifolium**
24. 蒴果小于1厘米，果瓣厚不及1毫米；叶先端尖。
25. 种子2-4（5），胎座位于蒴果基部；叶倒披针形或倒卵形，宽2-5厘米；花序长4-6厘米；幼枝有毛 ……………………………………………………………………………………… 22. **羊脆木 P. kerrii**
25. 种子5-16，胎座在果瓣中下部。
26. 叶长圆形或长圆状披针形，长8-18厘米，宽4-8厘米；蒴果有5-8种子 ……………………………………………………………………………… 23. **滇藏海桐 P. napaulense**
26. 叶倒卵形或长圆状倒卵形，长4-10厘米，宽3-5厘米；蒴果有12-16种子 ……………………………………………………………………… 24. **台琼海桐 P. pentandrum** var. **hainanense**

1. 皱叶海桐 图 398

Pittosporum crispulum Gagnep. in Bull. Soc. Bot. France 55: 546. 1908.

常绿灌木，高3米。幼枝无毛。叶簇生枝顶，薄革质，倒披针形或披针形，长8-18厘米，宽3-5厘米，先端渐尖，基部楔形，两面无毛，侧脉13-20对，边缘皱折或微波状；叶柄长1-1.5厘米。伞形花序2-4束簇生近枝顶叶腋，每束有2-5花。花梗长1-2厘米；萼片三角状卵形，长3毫米，基部稍连合，边缘有睫毛；花瓣长1.5厘米，宽2-2.5毫米；雄蕊长1厘米；雌蕊长0.8-1厘米，子房被毛，子房壁厚0.5毫米；侧脉胎座3-5，每胎座10-15胚珠，成4列，花柱稍短于子房。蒴果椭圆形或梨形，长2.5-3厘米，子房柄长2-4毫米，被毛，3-5瓣裂，果瓣木质，厚2.5毫米；种子约45，长2.5-3毫米，成2-4列；位于果瓣中部。种子柄长1-1.5毫米。

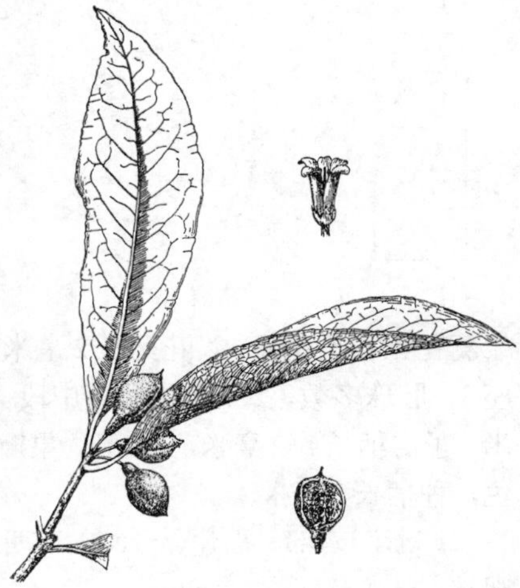

图 398 皱叶海桐 （引自《中国植物志》）

产四川、湖北西部、贵州西北部及云南东北部。

2. 厚圆果海桐 图 399

Pittosporum rehderianum Gowda in Journ. Arn. Arb. 32: 297. 1951.

常绿灌木，高3米。幼枝无毛。叶簇生枝顶，4-5片成假轮生状，革质，倒披针形，长5-12厘米，宽2-4厘米，先端渐尖，基部楔形，两面无毛，侧脉6-9对，边缘平展；叶柄长0.6-1.2厘米。伞形花序顶生，无毛；苞片细小，卵形，长1-4毫米。花梗长0.4-1厘米；萼片长2毫米，三角状卵形，基部稍连合；花瓣黄色，5数，长1-1.2厘米；雄蕊长7-8毫米；雌蕊与雄

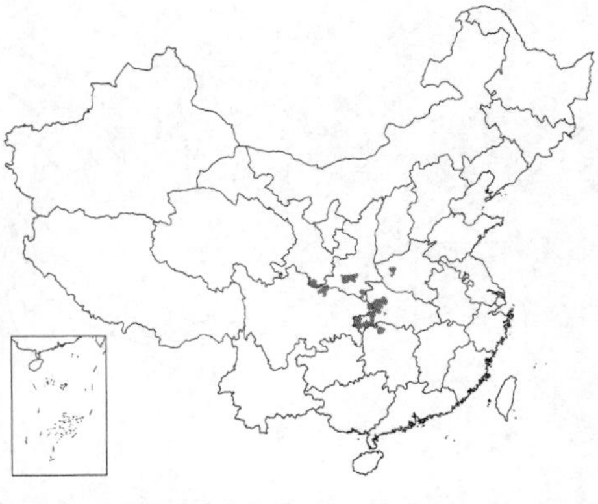

蕊等长，子房无毛，侧膜胎座3，胚珠24-27。蒴果球形，径1.2-2厘米，有棱，3瓣裂，果瓣厚1-2毫米。种柄长3毫米；种子23，红色，干后黑色，长3.5毫米。

产甘肃南部、陕西南部、河南西部、湖北西部、湖南西北部、四川东部及北部，生于海拔700-1100米山地。

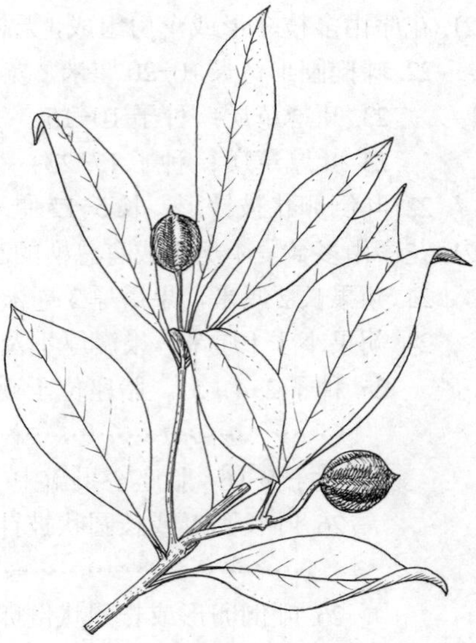

图 399 厚圆果海桐 （孙英宝绘）

3. 海桐 图 400 彩片 75

Pittosporum tobira (Thunb.) Ait. in Hort. Kew ed. 2, 2: 37. 1811.

Evonymus tobira Thunb. in Nov. Acta Soc. Sci. Upsala 3: 19. 208. 1780.

常绿灌木或小乔木。幼枝被柔毛。叶聚生枝顶，革质，初两面被柔毛，后脱落无毛，倒卵形，长4-7厘米，宽1.5-4厘米，先端圆或钝，凹入或微心形，基部窄楔形，侧脉6-8对，全缘；叶柄长达2厘米。伞形或伞房花序顶生，密被褐色柔毛；苞片披针形，长4-5毫米；小苞片长2-3毫米，均被褐色毛。花白色，有香气，后黄色；花梗长1-2厘米；萼片卵形，长3-4毫米，被柔毛；花瓣倒披针形，长1-1.2厘米，离生；雄蕊2型，退化雄蕊花丝长2-3毫米，花药几不育，发育雄蕊花丝长5-6毫米，花药长2毫米，黄色；子房长卵形，被毛，侧膜胎座3，胚珠多数，2列着生胎座中段。蒴果球形，有棱或三角状，径1.2厘米，子房柄长1-2毫米，3瓣裂，果瓣厚1.5毫米。种子多数，长4毫米，红色，种柄长2毫米。

产浙江南部、福建、台湾、江西北部及湖北，现长江以南各地栽培供观赏。日本及朝鲜有分布。

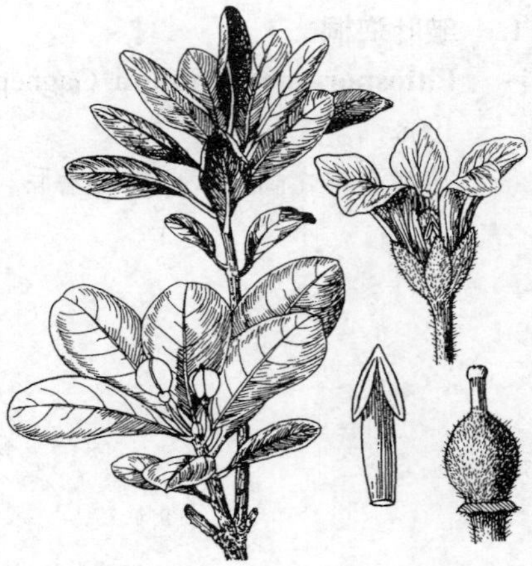

图 400 海桐 （引自《中国植物志》）

4. 木果海桐 图 401

Pittosporum xylocarpum Hu et Wang in Bull. Fan Mem. Inst. Biol. n. ser. 1(1): 95. 1943.

常绿灌木。幼枝无毛。叶聚生枝顶，薄革质，倒披针形或窄长圆形，长6-13厘米，宽2-4.5厘米，先端渐尖，基部楔形，两面无毛，侧脉11-15对，边缘平展；叶柄长0.6-1.5厘米。伞房或伞形花序顶生，花序梗长约5毫米；苞片长2毫米，膜质，早

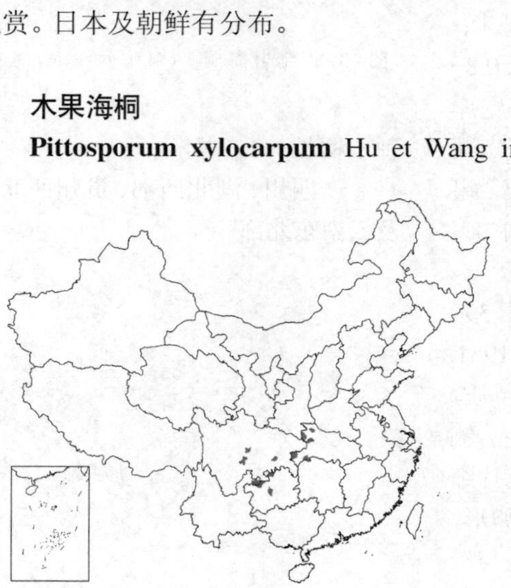

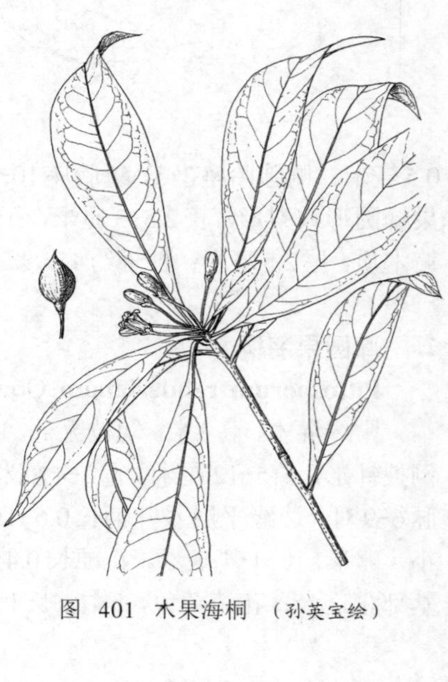

图 401 木果海桐 （孙英宝绘）

落。花黄色，有香气；花梗纤细，长0.4-1.2厘米，萼片卵形，大小不等，基部略连合，长1.5-2毫米；花瓣窄披针形，长1.2厘米，下部2/3连合成筒状；雄蕊长8毫米，花药长2毫米；子房有短柄，被毛，花柱长3毫米；侧膜胎座（2）3，每胎座2-5胚珠。蒴果卵圆形，长1.5厘米，3瓣裂，果瓣厚1.5-2毫米。种子4-8，长3-4毫米，红色，种柄长1-1.5毫米。

产湖北西部、湖南西北部、四川及贵州。

5. 少花海桐 图 402

Pittosporum pauciflorum Hook. et Arn. in Bot. Beech. Voy. 259. t. 32. 1833.

常绿灌木。幼枝无毛。叶有时呈假轮生状，革质，窄长圆形或窄倒披针形，长5-8厘米，宽1.5-2.5厘米，先端渐尖，基部楔形，下面初有微毛，后脱落无毛，侧脉6-8对；叶柄长0.8-1.5厘米。花3-5朵生于枝顶叶腋，呈伞状。苞片线状披针形，长6-7毫米。花梗长1厘米；萼片窄披针形，长4-5毫米，边缘有睫毛，花瓣长0.8-1厘米，雄蕊长6-7毫米，子房被绒毛，子房柄短，花柱长2-3毫米，侧膜胎座3，胚珠18。蒴果椭圆形，长1.2厘米，被疏毛，3瓣裂，果瓣厚1毫米，胎座位于果瓣中部，种子约15；果柄长1.5厘米。种子长4毫米，红色，种柄长2毫米。

产福建南部、江西南部、广东东部及北部、海南、广西、湖南及贵州。

图 402 少花海桐 （廖沃根绘）

6. 缝线海桐 图 403

Pittosporum perryanum Gowda in Journ. Arn. Arb. 32: 290. 1951.

常绿小灌木，高达2米。幼枝无毛。叶3-5生枝顶，薄革质，干后近膜质，长圆形或倒卵状长圆形，长8-17厘米，宽4-6厘米，先端尖，基部楔形，侧脉7对，下面网眼宽3-4毫米；叶柄长0.8-1.5厘米。伞形花序具6-9花；苞片线形，长5-7毫米。花梗长0.5-1厘米；萼片长2毫米；花瓣长1厘米，雄蕊长7-8毫米，子房无毛，心皮3-4，每胎座4-6胚珠，花柱长3毫米。蒴果椭圆形，长2-3厘米，缝线3条突起成棱状，稀长筒状，长达4厘米。子房柄长2-3毫米，3-4瓣裂；果瓣薄，内侧无横格；每果瓣4-6条，2列，分散在胎座上；果柄粗，长1厘米。种子8-9（-15-18），扁圆形，长6毫米，种柄长3毫米。

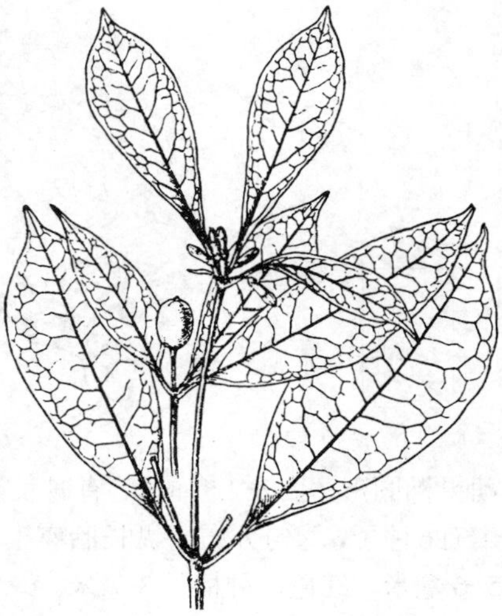

图 403 缝线海桐 （引自《广东植物志》）

产江西南部、广东西南部、海南、广西北部、贵州、云南东南部及四川南部。

7. 峨眉海桐 图 404 彩片 76

Pittosporum omeiense H. T. Chang et Yan in Acta Phytotax. Sin. 16: 86. 1978.

常绿灌木。叶散生或2-4片聚生枝顶，对生或轮生状，革质，倒披针形或窄长圆形，长7-10厘米，宽1.5-2.5厘米，先端尾尖，基部窄楔形，侧脉5对；叶柄长5-8毫米。伞房状伞形花序1-4枝顶生，有9-17花；花序梗长5-8毫米；苞片线形，长4-5毫米。花梗长1.5-2厘米；花黄色，长1.2厘米；萼片长卵形，长3毫米，基部略连合；花瓣倒披针形，长约1厘米；雄蕊长8.5毫米，花丝纤细，长7毫米，花药长1.5毫米；子房长卵形，略有疏毛或无毛，花柱长3毫米；侧膜胎座（2）3，胚珠8-9。蒴果椭圆形，长1.6-2厘米，径1-1.3厘米，子房柄不明显，果瓣薄，胎座位于果瓣中部；果柄长2-6厘米。种子7-8，长3-4毫米，种柄长2毫米。

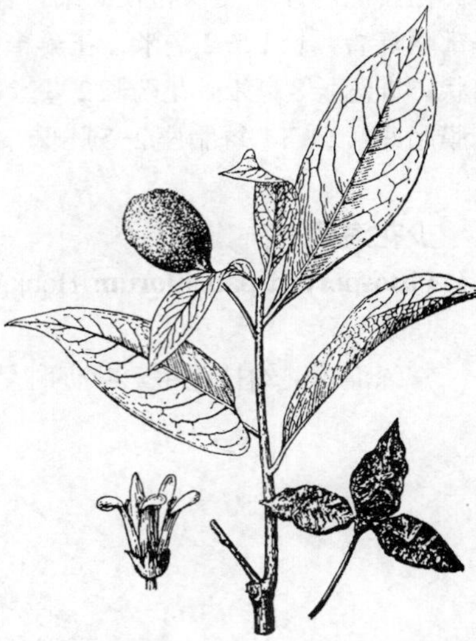

图 404 峨眉海桐 （引自《中国植物志》）

产湖北西部及西南部、湖南西北部、贵州西南部及四川。

8. 光叶海桐 图 405

Pittosporum glabratum Lindl. in Journ. Hort. Soc. Lond. 1: 230. 1846.

常绿灌木，高达3米。叶聚生枝顶，薄革质，长圆形或倒披针形，长5-10厘米，宽2-3.5厘米，先端骤短尖，基部楔形，侧脉5-8对；叶柄长0.6-1.4厘米，伞形花序1-4枝簇生枝顶叶腋，多花；苞片披针形，长3毫米。花梗长0.4-1.2厘米；萼片卵形，长2毫米，具睫毛；花瓣分离，倒披针形，长0.8-1厘米；雄蕊长（4-）6-7毫米；子房长卵形，无毛，花柱长3毫米，柱头略增大；侧膜胎座3，每胎座6胚珠。蒴果椭圆形，长2-2.5厘米，有时长筒形，长3.2厘米，3瓣裂，果瓣薄，每瓣有6种子，均匀分布于纵长胎座上；果柄粗；花柱宿存。种子近圆形，长5-6毫米，红色，种柄长3毫米。

图 405 光叶海桐 （孙英宝绘）

产江苏南部、安徽西部、福建、江西、湖南、广东、香港、广西、贵州及四川。

［附］**狭叶海桐 Pittosporum glabratum** var. **neriifolium** Rehd. et Wils. in Sarg. Pl. Wilson. 3: 328. 1917. 与模式变种的区别：叶带状或窄披针形，长6-18厘米，宽1-2厘米；蒴果长2-2.5厘米。产江西、湖北、湖南、广东、广西及贵州。根有消炎镇痛功效，贵州用全株入药，能清热除湿。

9. 柄果海桐 图 406

Pittosporum podocarpum Gagnep. in Lecomte, Not. Syst. 8: 311. 1939.

常绿灌木。叶簇生枝顶，薄革质，倒卵形或倒披针形，稀长圆形，长7-13厘米，宽2-4厘米，先端渐尖或骤短尖，基部楔形，下延，侧脉6-8对；叶柄长0.8-1.5厘米。花1-4朵生于枝顶叶腋，苞片细小，早落。花梗长2-3厘米；萼片卵形，长3毫米，有睫毛；花瓣长1.7厘米，宽2-3毫米；雄蕊长1-1.4厘米；子房长卵形，密被褐色柔毛，花柱长3-4毫米，子房柄长5（-8）毫米；侧膜胎座（2）3，胚珠8-10。蒴果梨形或椭圆形，长2-3厘米，子房柄长5-8毫米，（2）3瓣裂，果瓣薄，粗糙，内侧有横格，每瓣有3-4种子。种子长6-7毫米，种柄长3-4毫米。

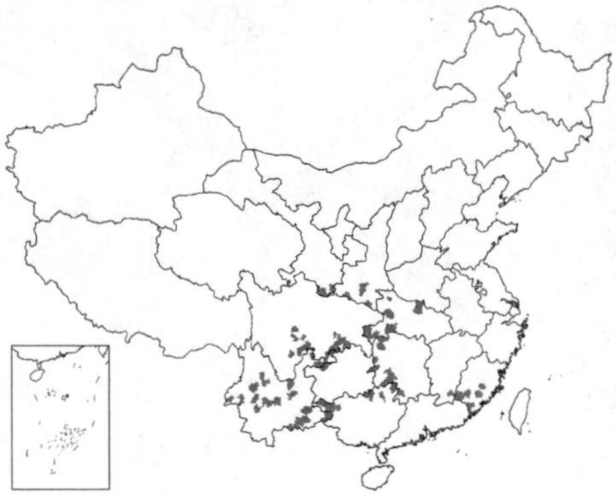

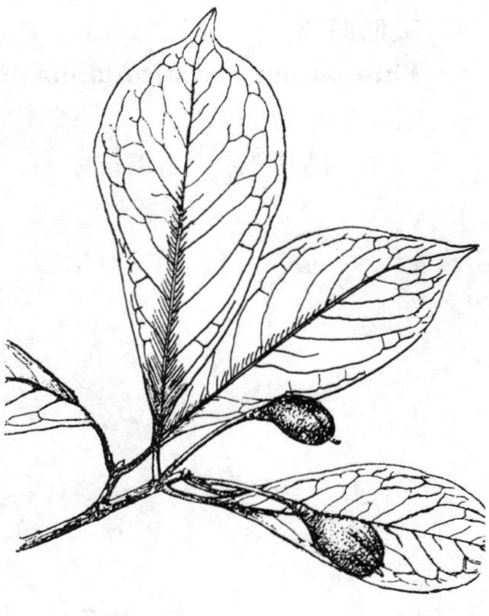

图 406 柄果海桐 （引自《中国植物志》）

产福建南部、江西南部、湖北、湖南、广西、贵州、云南、四川、甘肃南部及陕西南部。缅甸、越南北部及印度东北部有分布。

［附］**线叶柄果海桐 Pittosporum podocarpum** var. **angustatum** Gowda in Journ. Arn. Arb. 32: 295. 1951. 与模式变种的区别：叶带状或窄披针形，宽1-2厘米；子房柄不明显。产甘肃、陕西、湖北、四川、贵州及云南。缅甸北部及印度东北部有分布。

10. 海金子 崖花海桐 图 407

Pittosporum illicioides Mak. in Bot. Mag. Tokyo 14: 31. 1900.

Pittosporum sahnianum Gowda；中国高等植物图鉴 2: 151. 1972.

常绿灌木，高达5米。幼枝无毛。叶3-8片簇生枝顶，呈假轮生状，薄革质，倒卵形或倒披针形，长5-10厘米，宽2.5-4.5厘米，先端渐尖，基部窄楔形，侧膜6-8对；叶柄长0.7-1.5厘米。伞形花序顶生，有2-10花，苞片细小，早落。花梗长1.5-3.5厘米，下弯，萼片卵形，长2毫米，先端钝；花瓣长8-9毫米；雄蕊长6毫米；子房被糠秕或有微毛，子房柄短；侧膜胎座3，每胎座5-8胚珠，生于子房内壁中部。蒴果近圆形，长0.9-1.2厘米，略呈三角形，或有纵沟3条，子房柄长1.5毫米，3瓣裂，果瓣薄木质；果柄纤细，长2-4厘米，下弯。种子8-15，长3毫米，种柄短而扁平，长1.5毫米。

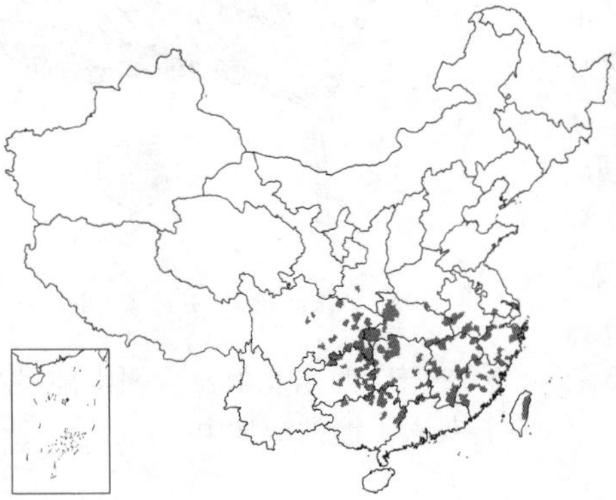

图 407 海金子
（引自《江苏南部种子植物手册》）

产江苏南部、安徽、浙江、福建、台湾、江西、河南南部、湖北、湖南、广东北部、广西、贵州、四川及陕西。日本有分布。

11. 突肋海桐 图 408

Pittosporum elevaticostatum H. T. Chang et Yan. in Acta Phytotax. Sin. 16：87. 1978.

灌木，高约2米。当年枝无毛。叶簇生枝顶，呈对生或轮生状，革质，狭窄倒披针形，长6-13厘米，宽2-3厘米；先端急剧收窄而长尖，基部窄楔形，两面无毛，中肋在上面突起，侧脉8-10对；叶柄长1厘米。伞形花序，顶生或近顶生；花梗长1-1.7厘米，无毛；萼片卵形，长2.5-3毫米，有睫毛；花瓣长7毫米；雄蕊长5毫米；雌蕊与雄蕊等长，子房被毛，侧膜胎座2（3），胚珠8-15，花柱长2.5毫米。果序有蒴果1-2，果柄长1-2.5厘米；蒴果近长球形，长1.2厘米，子房柄长2毫米，宿存花柱长2.5毫米，2（3）瓣裂，果瓣厚1毫米，胎座纵长分布于中线上。种子10-15，长3毫米，种柄长约2毫米。

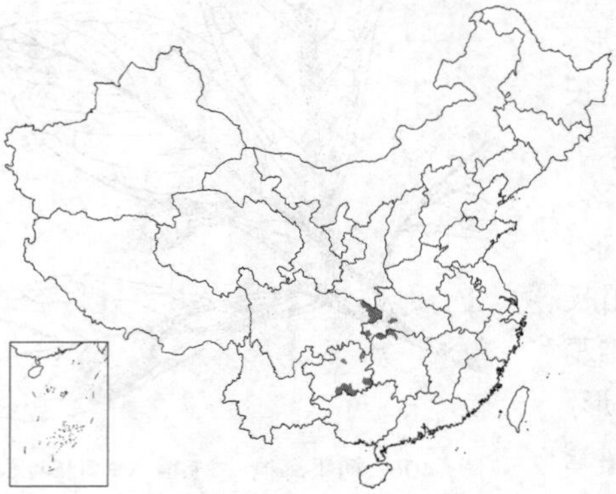

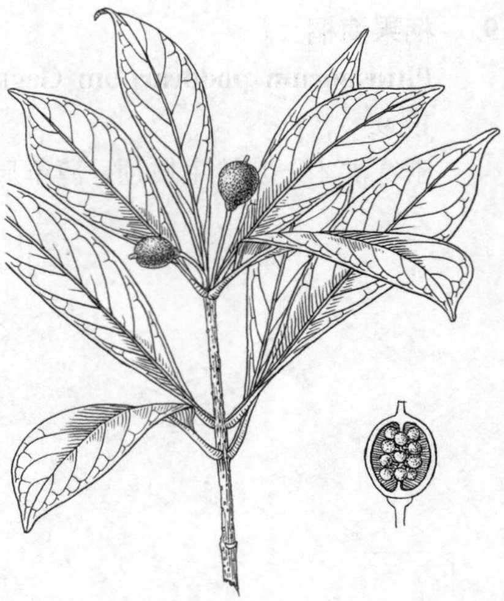

图 408 突肋海桐 （余汉平绘）

产贵州、四川东部、湖北西部及湖南西北部。

12. 卵果海桐 图 409

Pittosporum ovoideum Gowda in Journ. Arn. Arb. 32：322. 1951.

常绿灌木。幼枝被柔毛。叶簇生枝顶，厚革质，倒卵状披针形，长7-10厘米，宽2-3(-4.5)厘米，先端渐尖，有时钝或圆，基部楔形，下延，初两面被柔毛，后脱落无毛，侧脉8-10对；叶柄长1-1.5厘米，扁平，上半部有窄翅。花生于枝顶叶腋，组成伞形花序，苞片线形，长8毫米。花梗长1-1.5厘米，被毛；萼片披针形，长6毫米，宽1-1.5毫米，有毛；花瓣长0.9-1厘米，宽2毫米，离生；雄蕊长6毫米；子房被毛，花柱长4毫米，侧膜胎座2，每胎座11-12胚珠。蒴果扁球形，径1.3-1.6厘米，2瓣裂，果瓣木质，厚2-3毫米，内侧有突起横格。种子16-24，长3毫米，种柄极短。

图 409 卵果海桐 （引自《中国植物志》）

产广西东北部及贵州南部，生于石灰岩山地常绿林中。

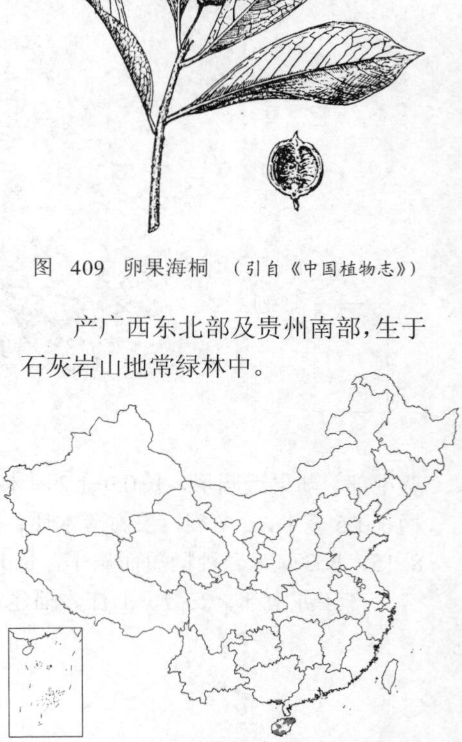

13. 聚花海桐 图 410

Pittosporum balansae DC. in Bull. Herb. Boiss. ser. 2, 4：1071. 1904.

常绿灌木。幼枝被褐色柔毛，后脱落无毛。叶簇生枝顶，对生或轮生状，薄革质，长圆形，长6-11厘米，宽2-4厘米，先端钝尖或尾状，基部楔形，下面初被柔毛，后脱落无毛，侧脉6-7对；叶柄长0.5-1.5厘米。伞形花序单生或2-3枝簇生枝顶叶腋，每花序有3-9花，花序梗长1-1.5厘米，被褐色柔毛，有时无；苞片窄披针形，比萼片短。花柄梗长2-5毫米，被柔毛；萼片披针形，长5-6毫米，被毛；花瓣长8毫米，白或淡黄色；雄蕊长6毫米；子房被毛，心皮2；侧膜胎座2，每胎座4胚珠。蒴果扁椭圆形，长1.4-1.7厘米；果瓣薄，胎座位于果瓣下半部。种子8，长4-5毫米，种柄长1.5毫米。

产海南及广西南部。越南有分布。

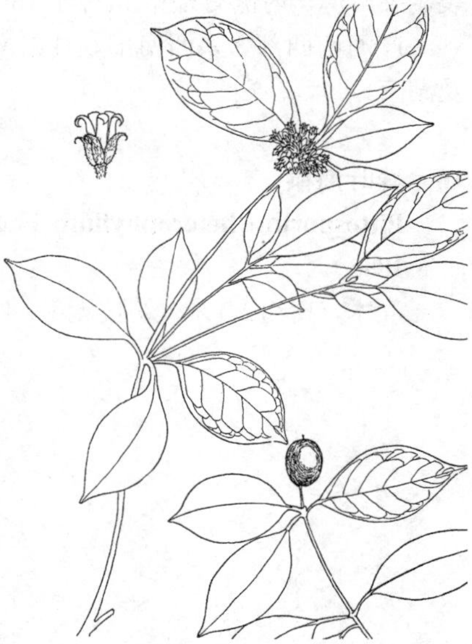

图 410 聚花海桐 （引自《Sunyatsenia》）

14. 四子海桐 图 411

Pittosporum tonkinense Gagnep. in Bull. Soc. Bot. France 55: 547. 1908.

常绿灌木，高达5米。幼枝及顶芽被褐色柔毛。叶聚生枝顶，硬革质，窄长圆形，长9-10厘米，宽2-3.5厘米，先端钝尖，基部楔形，两面无毛，侧脉约5对；叶脉不明显；叶柄长0.5-1厘米。伞房或总状花序顶生，长2厘米，被褐毛，花序梗极短；苞片早落，小苞片披针形，长1毫米。花梗长5-8毫米；萼片卵形，长2毫米，被毛；花瓣长6-7毫米；雄蕊长5毫米；子房被毛，2室，子房柄短，花柱有毛；胎座位于子房基部，各胎座4胚珠。蒴果球形，径6-8毫米，无毛，2瓣裂，果瓣薄，内侧有横格。种子4，扁圆形，长5毫米，种柄极短。花期12月。

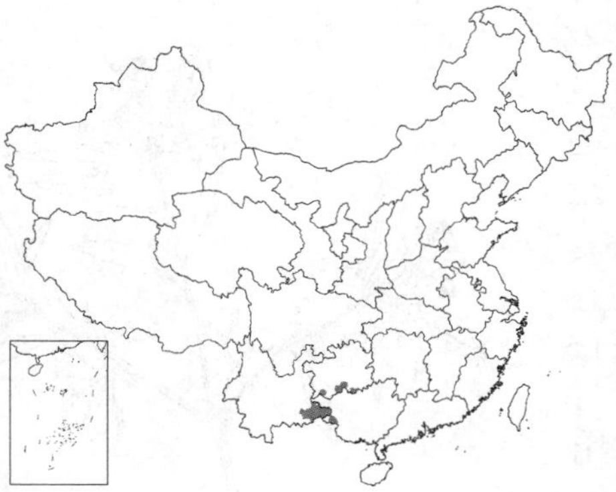

产广西西部、贵州南部及云南东南部，生于海拔1000-1800米石灰岩山地。越南有分布。

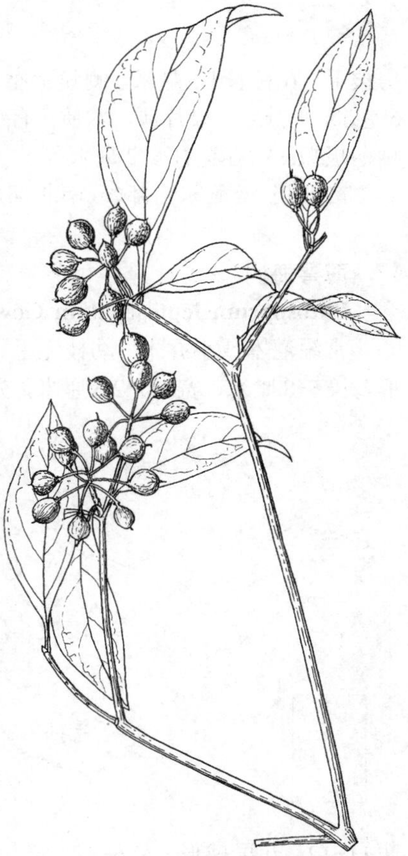

图 411 四子海桐 （孙英宝绘）

15. 崖花子 菱叶海桐 图 412

Pittosporum truncatum Pritz. in Engl. Bot. Jahrb. 29: 379. 1900.

常绿灌木；多分枝。幼枝有灰毛。叶簇生枝顶，硬革质，倒卵形或菱形，长5-8厘米，宽2.5-3.5厘米，先端短尾尖，有时浅裂，中部以下骤窄下延，下面初有毛，侧脉7-8对，叶脉明显；叶柄长5-8毫米。花单生或数朵组成伞形花序，生于枝顶叶腋。花梗纤细，长1.5-2厘米，稀有白绒毛；萼片卵形，长2毫米，有睫毛；花瓣倒披针形，长8毫米；雄蕊长6毫米；子房被褐毛；侧膜胎座2，胚珠16-18。蒴果短椭圆形，长9毫米，径7毫米，2瓣

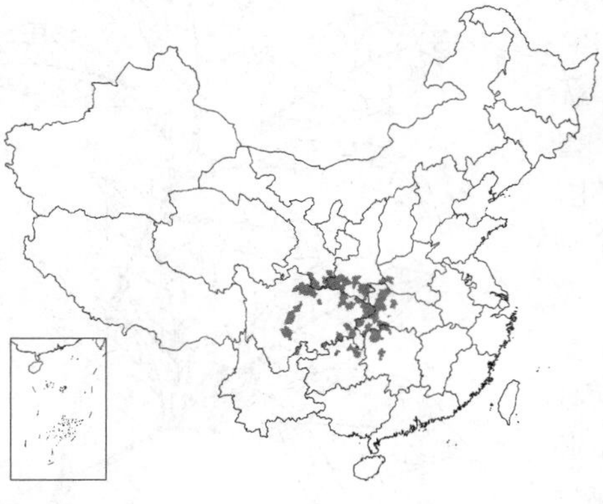

裂，果瓣薄，内侧有横格；种子16-18，种柄扁而细，长1.5毫米。

产河南西部、陕西南部、甘肃南部、四川、云南东北部、贵州、湖北及湖南。

图 412 崖花子 （廖沃根绘）

16. 异叶海桐 图 413

Pittosporum heterophyllum Franch. in Bull. Soc. Bot. France 33: 415. 1886.

灌木，高约2.5米。幼枝无毛。叶簇生枝顶，薄革质，线形、窄披针形或倒披针形，长4-8厘米，宽1-1.5厘米，有时更窄，先端稍尖，尖头钝，基部楔形，两面无毛，侧脉5-6对，边缘平展；叶柄长3-4毫米。花1-5簇生枝顶，呈伞形状；花梗长0.7-1.5厘米，无毛，苞片早落；萼片卵形，长2-2.5毫米，有睫毛；花瓣长6毫米，合生，披针形，先端圆；雄蕊长4-5毫米，花药长1.5毫米；雌蕊稍短于雄蕊，子房被毛，花柱长1.5毫米，侧膜胎座2，胚珠5-8。蒴果近球形，稍压扁，径6毫米，2瓣裂，果片薄，木质，有种子5-8。种子长2.5毫米，干后黑色，种柄极短；宿存花柱长2毫米。

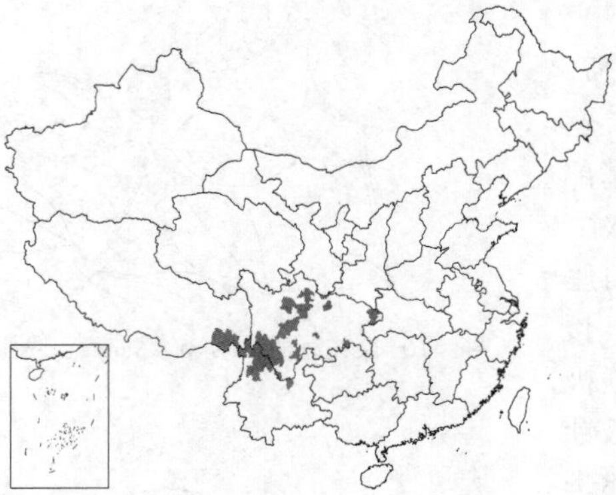

产四川、西藏东南部、云南北部及西北部，生于海拔1900-3000米地带。

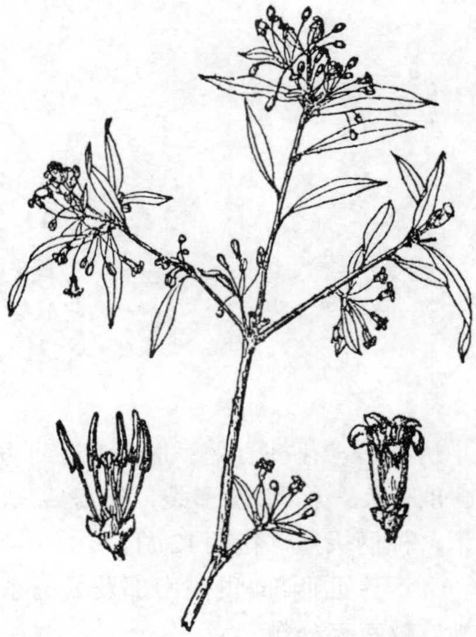

图 413 异叶海桐 （引自《图鉴》）

17. 薄萼海桐 图 414

Pittosporum leptosepalum Gowda in Journ. Arn. Arb. 32: 339. 1951.

常绿灌木或小乔木。幼枝无毛。叶簇生枝顶，薄革质，长圆形或披针形，长5-8厘米，宽1.5-2.5厘米，先端渐尖，基部楔形，两面无毛，侧脉5-7对，边缘稍皱折；叶柄长0.6-1厘米。花数朵生于枝顶叶腋，成伞形；苞片早落。花梗纤细，长约1厘米，无毛；萼片线状披针形，长3毫米，离生，无毛；花瓣离生，淡黄色，长7-8毫米，窄披针形；雄蕊长5-6毫米，花丝纤细，花药长1.5毫米；子房被毛，子房柄极短，花柱长2.5毫米；侧膜胎座2，胚珠11-12。蒴果球形，径6-8毫米，2瓣裂；果瓣薄，内侧有横格，胎座位于果瓣下半部。种子10，种子长3毫米，种柄极短。

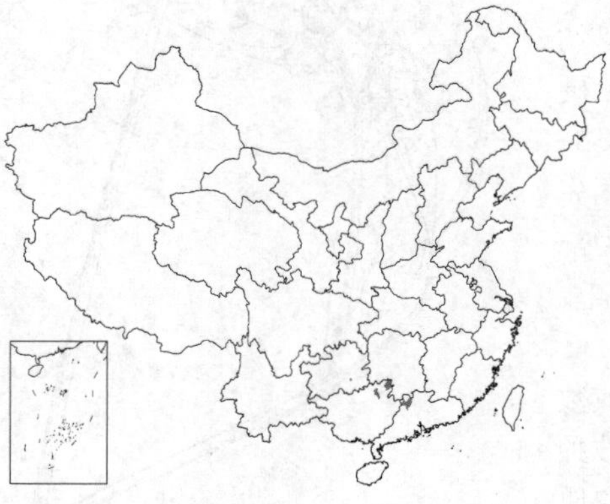

产广东北部及广西东北部。生于山地常绿林中。

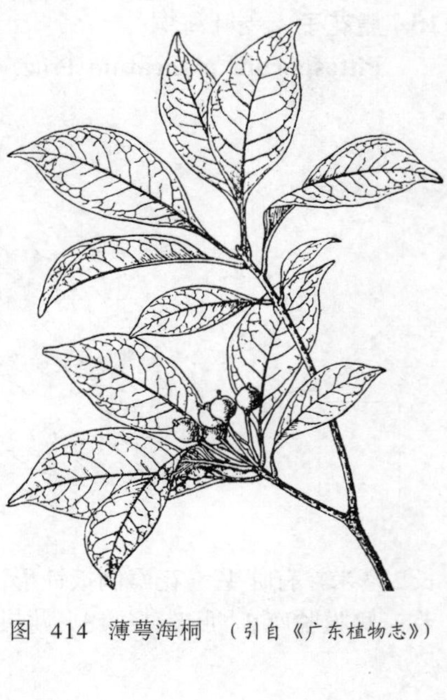

图 414 薄萼海桐 （引自《广东植物志》）

18. 牛耳枫叶海桐 图 415

Pittosporum daphniphylloides Hayata in Journ. Coll. Sci. Tokyo 30: 34. 1911.

常绿灌木。幼枝粗，无毛。叶簇生枝顶，薄革质，长圆形或椭圆形，长10-18厘米，宽4-6厘米，先端渐尖，基部楔形，下延，常不等侧，两面无毛，侧脉9-12对，边缘平展，干后稍反卷；叶柄长2-3厘米，近圆形，上部有浅沟。伞房花序多枝，长于5厘米，生于枝顶叶腋，被灰毛，花序梗长1.5-3厘米，次级花序梗长约1厘米。花梗长2-4毫米；苞片披针形，长2-3毫米，被毛；萼片卵形，离生，长2毫米，先端略尖；花瓣窄长圆形，长6毫米；雄蕊长5毫米；子房被毛，花柱无毛，侧膜胎座2。蒴果球形，稍扁，径6毫米，子房柄极短，宿存花柱长1.5毫米，2瓣裂，果瓣薄，内侧有横格。种子10-15，种柄极短。

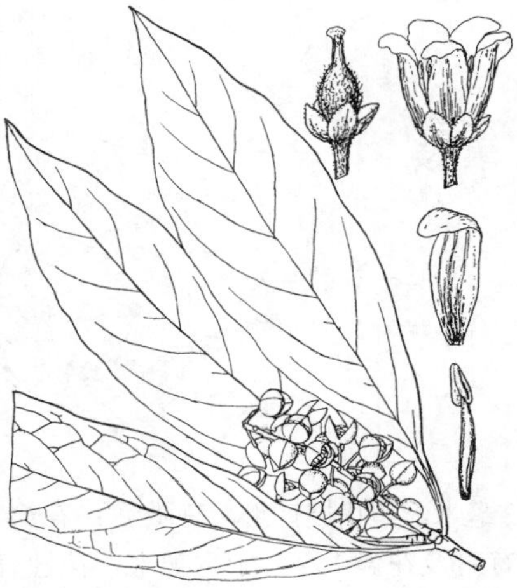

图 415 牛耳枫叶海桐
（引自《Formos. Trees》）

产台湾，生于海拔2100-2500米山地。

19. 大叶海桐 图 416

Pittosporum adaphniphylloides Hu et Wang in Bull. Fan. Mem. Inst. Biol. n. ser. 1: 101. 1934.

常绿小乔木，高5米。小枝粗，径5毫米，无毛。叶簇生枝顶，老叶厚革质，长圆形或椭圆形，稀倒卵状长圆形，长12-20厘米，宽4-8厘米，先端骤尖，基部宽楔形，两面无毛，侧脉9-11对；叶柄粗，长1.5-3.5厘米。3-7枝伞房花序组成复伞形花序，生于枝顶叶腋，长4-6厘米。被毛；花序梗极短，每伞房花序的花序梗长3-4.5厘米，次级花序梗长0.8-1.3厘米，苞片早落。花梗长4-7毫米；花黄色；萼片卵形，长1.5-2毫米，被柔毛；花瓣窄长圆形，长7毫米，离生；雄蕊与花瓣近等长；子房被柔毛，花柱长2毫米；侧膜胎座2（3），胚珠24。蒴果近圆形，稍扁，长9毫米，径8毫米，子房柄短，2瓣裂，果瓣薄木质，内侧有横格，胎座稍高于果瓣中部以上。种子17-23，红色，干后黑，多角形，长2毫米，种柄极短。

图 416 大叶海桐 （引自《中国植物志》）

产湖北西南部、湖南西北部、贵州东北部及西南部、四川及云南东南部。

20. 短萼海桐 图 417

Pittosporum brevicalyx (Olive) Gagnep. in Bull. Soc. Bot. France 55: 545. 1908.

Pittosporum pauciflorum var. *brevicalyx* Olive in Hook. Ic. Pl. 16: t. 1579. 1887.

常绿灌木或小乔木，高达10米。幼枝有微毛，后脱落无毛。叶簇生枝

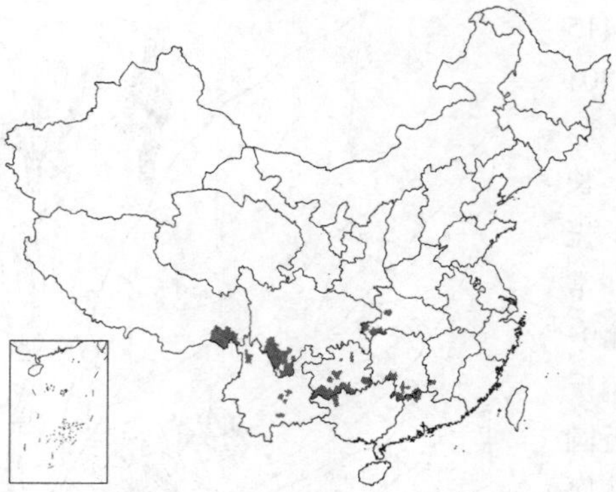

顶，薄革质，倒卵状披针形，有时长圆形，长5-12厘米，宽2-4厘米，先端渐尖或尾尖，基部楔形，侧脉9-11对；叶柄长1-1.3厘米或更长。伞房花序3-5枝簇生枝顶叶腋，长3-4厘米，有微毛，花序梗长1-1.5厘米；苞片窄披针形，长4-6毫米，有微毛。花梗长1厘米；萼片长2毫米，卵状披针形，有微毛；花瓣长6-8毫米，离生；雄蕊比花瓣略短，有时及花瓣1/2；子房被毛，花柱有微毛；侧膜胎座2，胚珠7-10。蒴果近扁球形，径7-8毫米，2瓣裂，果瓣薄，胎座位于果片下半部。种子7-10，长3毫米，种柄极短。

图 417 短萼海桐 （引自《中国植物志》）

产江西西南部、湖北西部及西南部、湖南西南部及南部、广东北部、广西西北部、贵州、云南、四川西南部及西藏东南部。

21. 荚迷叶海桐 图 418

Pittosporum viburnifolium Hayata, Ic. Pl. Formos. 3: 32. 1913.

常绿灌木。叶生于枝顶，厚革质，倒卵形或倒卵状披针形，长10-14厘米，宽3-5厘米，先端圆，基部窄楔形，两面无毛，侧脉8-10对，边缘平展；叶柄粗，长1-2厘米。圆锥花序长10厘米，顶生，被褐毛，花序梗长0.8-1.5厘米。花梗长0.5-1厘米；萼片卵形，长3毫米，有睫毛，基部稍连合；花瓣长圆形，长1-1.2厘米；雄蕊长7毫米，花丝扁线形；子房被褐毛，花柱长2毫米，柱头头状，子房柄短。蒴果扁球形，长2厘米，径2.5厘米，侧膜胎座2，果瓣厚木质，厚3毫米。种子长7毫米。

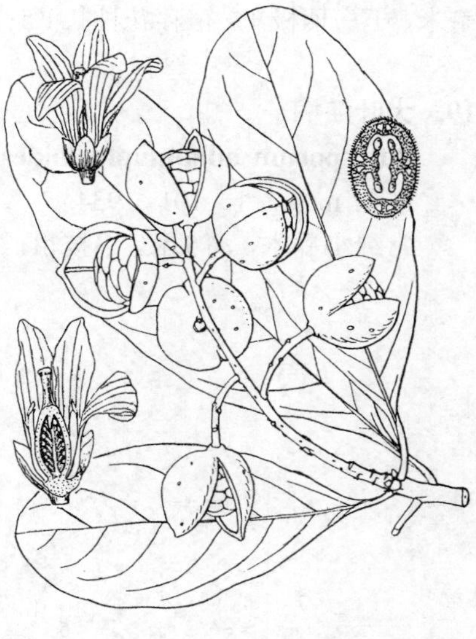

图 418 荚迷叶海桐
（引自《Formos. Trees》）

产台湾南部。

22. 羊脆木 图 419

Pittosporum kerrii Craib in Kew Bull. Misc. Inform. 1925: 16. 1925.

常绿小乔木，高达10米；幼枝被锈色柔毛。叶厚革质，常聚生枝顶，倒披针形或倒卵形，稀长圆形，长6-15厘米，宽2-5厘米，先端骤短尖或渐尖，基部楔形，两面无毛，侧脉7-10对；叶柄长1-2厘米。圆锥花序顶生，长4-6厘米，由多数伞房花序组成，花序梗长2-4厘米，与花序轴均被柔毛，次级花序梗长1-1.8厘米，每一伞房花序有8-12花，小苞片披针形，长2-3毫米。花梗长3-4毫米；花淡黄色，有芳香；萼片卵形，长2-3毫

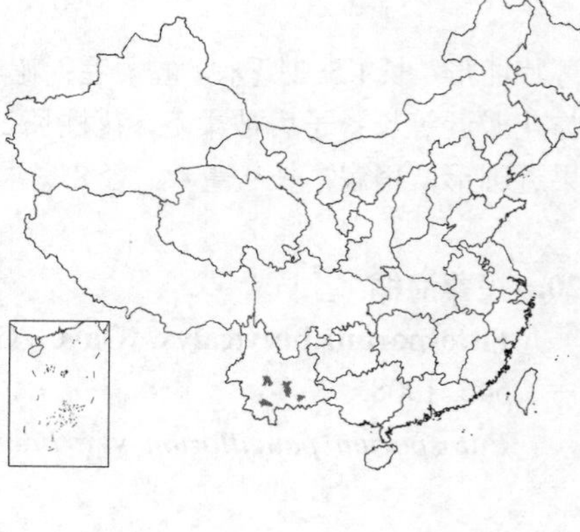

米，离生或稍连合，有睫毛；花瓣分离，长6-7毫米；雄蕊比花瓣略短，花丝长3-4毫米，花药长1.5-2毫米；子房被毛，胎座生于子房基底，胚珠2-4。蒴果扁球形，长6-7毫米，径7-8毫米，2瓣裂，果瓣薄木质，内侧多横格。种子2-4，近肾形，长4-5毫米。

产云南，生于海拔700-2300米山地。泰国及缅甸有分布。

图 419 羊脆木 （孙英宝绘）

23. 滇藏海桐 图 420

Pittosporum napaulense（DC.）Rehd. et Wils in Sarg. Pl. Wilson. 3: 326. 1915.

Senecia napaulensis DC. Prodr. 1: 347. 1824.

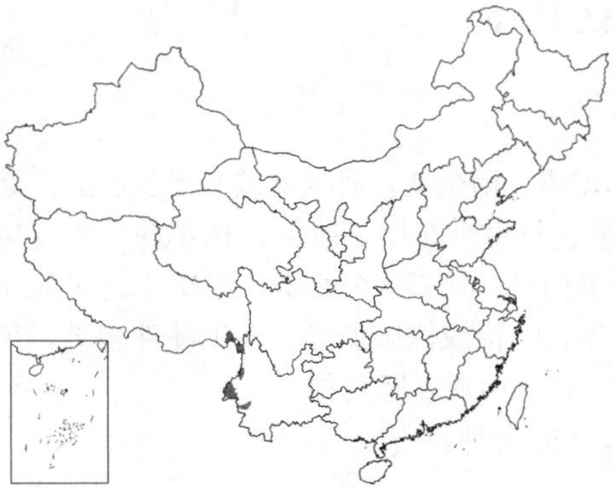

常绿灌木或小乔木。幼枝无毛。叶聚生枝顶，厚革质，长圆形或披针形，长8-20厘米，宽4-8厘米，先端尖或渐尖，基部楔形，两面无毛，侧脉8-11对；叶柄长1-2厘米。圆锥花序或复伞房状圆锥花序顶生，被褐色柔毛。花梗长0.7-1厘米；萼片卵形，长2-3毫米，基部稍连合，有睫毛；花瓣窄长圆形，长5-6毫米；雄蕊长4毫米；子房被柔毛，长2毫米；花柱无毛，长1毫米，柱头小头状。蒴果球形，径6-7毫米，2瓣裂，果瓣薄，内侧有横格；胎座位于果片基部。种子5-8，种柄极短。

产西藏东南部及云南西部，生于海拔400-2000米山地。尼泊尔、不丹、锡金及印度阿萨姆有分布。

图 420 滇藏海桐 （孙英宝绘）

24. 台琼海桐 图 421 彩片 77

Pittosporum pentandrum Merr. var. **hainanense**（Gagnep.）H. L. Li in Journ. Wash. Acad. Sc. 43: 45. 1953.

Pittosporum formosanum Hayata var. *hainanense* Gag-nep. in Lecomte, Fl. Gen. Indo-Chine 1: 238. 1909.

常绿小乔木或灌木，高达12米。幼枝被锈色柔毛。叶簇生枝顶，成假轮生状，幼嫩时纸质，两面被柔毛，后变革质，无毛，倒卵形或长圆状倒卵形，长4-10厘米，宽3-5厘米，先端钝或急短尖，有时圆，基部下延，窄楔形，两面无毛，侧脉7-10对，在近

图 421 台琼海桐 （廖沃根绘）

边缘处相结合，全缘或有波状皱折；叶柄长0.5-1.2厘米。圆锥花序顶生，由多数伞房花序组成，密被锈褐色柔毛，总花序梗及花序轴长4-8厘米，次级花序梗长1.5-4厘米，第三级花序长3-5毫米；花梗长3-6毫米，苞片披针形，长约2毫米，早落，小苞片卵状披针形，长1.5-2毫米，均无毛或仅有睫毛；萼片分离或基部稍连合，长卵形，长1.5毫米，先端钝，有睫毛；花瓣黄色，长5-6毫米；花丝长3毫米，花药长1毫米；子房卵圆形，基部疏被锈色柔毛，侧膜胎座2，珠柄短，胎座位于中下部，胚珠12-16。蒴果扁球形，长6-8毫米，无毛，2瓣裂，果瓣薄木质，内侧有横格。种子12-16，不规则多角形，长3毫米。花期5-10月。

产台湾南部、海南及广西东南部。越南有分布。

104. 绣球花科 HYDRANGEACEAE

（黄淑美 卫兆芬）

灌木或草本，稀小乔木或藤本。单叶，对生或互生，稀轮生，常有锯齿，稀全缘，羽状脉或基脉3-5出；无托叶。花两性或杂性异株，有时具不育放射花；总状花序、伞房状或圆锥状复聚伞花序，顶生；稀单花。萼筒与子房合生，稀分离，萼裂片4-5（8-10），绿色；花瓣4-5（8-10），分离，多白色；雄蕊4至多数，花丝分离或基部连合，花药2室；雌蕊具2-5（10）心皮，子房下位、半下位或上位，1-7室，中轴或侧膜胎座，倒生胚珠多数，花柱1-7，分离或连合。蒴果，室背或顶部开裂，稀浆果。种子多数，细小，胚乳肉质，胚直伸。

17属，约250种，主产北温带至亚热带，少数至热带。我国11属，120余种。

1. 多年生草本；叶对生，掌状分裂；雄蕊数为花瓣3倍 ………………………………………… 1. **黄山梅属 Kirengeshoma**
1. 灌木、小乔木或攀援藤本，如为草本，叶非掌状分裂；雄蕊多数或为花瓣数2倍。
  2. 花丝扁平具翅或钻形，顶端常具齿；灌木；花一型，全为孕性花；花萼裂片非花瓣状。
    3. 植株常被星状毛；花瓣5，雄蕊10（-12-15）；蒴果3-5瓣裂 ………………………………… 2. **溲疏属 Deutzia**
    3. 植株毛被非星状毛；花瓣4（5），雄蕊20-90；蒴果4（5）瓣裂 ………………… 3. **山梅花属 Philadelphus**
  2. 花丝线形，无翅，无齿；草本，直立或攀援灌木；花二型或一型，具孕性花或兼具不育花，花萼裂片花瓣状或不增大。
    4. 花一型，全为孕性花；花萼裂片非花瓣状。
      5. 攀援灌木，常具气生根；花柱1，粗短，柱头圆锥状或盘状；蒴果。
        6. 花萼裂片和花瓣均7-10，雄蕊20-30，花瓣离生，柱头扁盘状 ………………… 4. **赤壁木属 Decumaria**
        6. 花萼裂片和花瓣均4-5，雄蕊8-10；花瓣上部连成冠盖，早落，柱头圆锥状 … 5. **冠盖藤属 Pileostegia**
      5. 直立灌木或亚灌木；花柱3-6，细长，柱头长圆形或球形；浆果，略干燥 …………… 6. **常山属 Dichroa**
    4. 花二型，具不育花和孕性花，不育花的花萼裂片花瓣状，稀不增大。
      7. 叶互生或聚生；花药倒心形，药隔宽，花柱粗短 ……………………………………… 7. **草绣球属 Cardiandra**
      7. 叶对生或近轮生；花药非倒心形，药隔窄，花柱细长。
        8. 不育花具花瓣状萼裂片1-2，如为3-4片，则合成盾状着生。
          9. 不育花的萼裂片3-4，合成盾状着生，雄蕊多数，花柱2；蒴果成熟时于花柱基部间孔裂 ……………………………………………………………………………………… 8. **蛛网萼属 Platycrater**
          9. 不育花的萼裂片1-2，雄蕊10，花柱1；蒴果成熟时于棱间自基部向上纵裂 ……………………………………………………………………………………… 9. **钻地风属 Schizophragma**
        8. 不育花具花瓣状萼裂片2-5，分离，非盾状着生。

10. 多年生草本，具木质、平卧根茎；茎不分枝；花瓣覆瓦状排列，花柱合生，顶端5裂 … 10. **义叶蓝属 Deinanthe**
10. 灌木或亚灌木，稀小乔木或木质藤本；茎常多分枝；花瓣镊合状排列，花柱2-4（5），分离或基部合生 ……… ……………………………………………………………………………………………………… 11. **绣球属 Hydrangea**

1. 黄山梅属 Kirengeshoma Yatabe

（黄淑美）

多年生草本，高达1.2米。茎近四棱形，无毛。叶对生，纸质，茎下部叶圆心形，长宽均10-20厘米，掌状7-10裂，裂片具粗齿，基部近心形，两面被糙伏毛，叶柄长达25厘米；茎上部的叶长宽均3-7厘米，叶柄短或近无柄，最上部的叶卵形或披针形，先端渐尖；无托叶。聚伞花序顶生或生于茎上部叶腋。苞片披针形；花两性，黄色，径4-5厘米；花梗长1-3（4）厘米，稍被紧贴柔毛；萼筒半球形，贴生子房基部，径0.7-1厘米，被柔毛，裂片三角形；花瓣5，离生，长圆状倒卵形或窄倒卵形，长2.5-3.5厘米；雄蕊15，外轮与花瓣近等长，内轮稍短；子房半下位，3-4室，花柱3-4，长约2厘米，离生，柱头平截。蒴果宽椭圆形或近球形，径约1.3厘米，花柱宿存。种子多数，黄色，扁平，连翅长0.7-1厘米，宽3-5毫米，周围具膜质斜翅。

单种属。

黄山梅 图 422

Kirengeshoma palmata Yatabe in Mag. Bot. Tokyo 4: 1. t. 18. 1890.

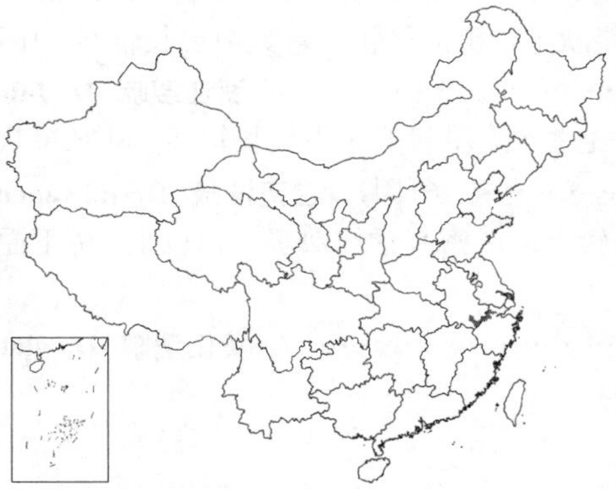

形态特征同属。花期3-4月，果期5-8月。

产安徽南部及浙江西北部，生于海拔700-1800米山谷林中阴湿处。日本及朝鲜有分布。

图 422 黄山梅 （邓晶发绘）

2. 溲疏属 Deutzia Thunb.

（黄淑美）

落叶灌木，稀半常绿；常被星状毛。具鳞芽。叶对生；具叶柄，无托叶。聚伞圆锥花序、聚伞伞房花序、聚伞花序或总状花序，稀单花，顶生或腋生。花两性；花萼钟状，与子房合生，裂片5，宿存；花瓣5；雄蕊10（-12-15），2轮，花丝常具翅，先端常具2钻形齿，花药常具柄，从花丝裂齿间或内近中部伸出；花盘状，扁平；子房下位，稀半下位，3-5室，每室胚珠多颗，中轴胎座，花柱3-5，离生，柱头常下延。蒴果3-5室，室背3-5瓣裂。种子多颗，胚小，微扁，具短喙或网纹。

约60余种，分布于东亚、墨西哥及中美洲温带地区。我国53种。

1. 花瓣宽卵形、宽倒卵形或圆形，花蕾时覆瓦状排列；子房下位。
  2. 花丝全钻形或外轮钻形，内轮具齿，花瓣白色，稀粉红色。
    3. 植株无毛，仅芽鳞和叶上面有时疏被3-4（5）辐线星状毛，下面无毛 …………… 1. **光萼溲疏 D. glabrata**
    3. 植株多少被毛；叶上面被5（6）辐线星状毛，下面被6-12辐线星状毛。
      4. 叶脉星状毛具中央长辐线。
        5. 花冠径0.8-1.5厘米，花丝钻形或内轮花丝先端具齿 ………………………… 2. **小花溲疏 D. parviflora**

5. 花冠径5-7毫米，花丝全钻形 …………………………… 2(附). **碎花溲疏 D. parviflora** var. **micrantha**

4. 叶脉星状毛无中央长辐线 …………………………… 2(附). **东北溲疏 D. parviflora** var. **amurensis**

2. 外轮花丝具齿，内轮的先端形状各式，常渐尖、具2-3浅裂或钝齿；花瓣粉红，稀白色。

6. 外轮雄蕊的花药具短柄，较花丝齿短或近等长；聚伞伞房花序，有5-15（-21）花，花序及叶脉的星状毛无疣状体。

7. 叶下面无毛或被3-4辐线星状毛，灰绿色，具白粉；花瓣白色或先端粉红色；小枝和花序常无毛 ……………………………… 3. **粉背溲疏 D. hypoglauca**

7. 叶下面被5-6（7）辐线星状毛，绿色；花瓣粉红色；小枝和花序被星状毛 …… 4. **粉红溲疏 D. rubens**

6. 外轮雄蕊的花药具长柄，较花丝齿长；伞房花序，有（9-）20-80花，花序和叶脉有时具疣状体星状毛。

8. 叶下面疏被6-8辐线星状毛，星状毛大小不等，小者密，大者疏生于叶脉上 … 5. **密序溲疏 D. compacta**

8. 叶下面密被8-10（-15）辐线星状毛，星状毛大小近相等 ……………… 5(附). **西藏溲疏 D. hookeriana**

1. 花瓣长圆形或椭圆形，稀卵状长圆形或倒卵形，花蕾时内向镊合状排列，子房下位或半下位。

9. 花丝内外轮形状相同，先端均具齿，稀外轮无齿，齿长不达花药，如超过花药，则齿平展或下弯成钩状，花药从花丝齿间伸出，稀内轮花药从花丝内侧近顶端伸出。

10. 花序长5厘米以上，有花5朵以上，花丝齿长不达花药。

11. 圆锥花序、总状花序或聚伞状圆锥花序；花萼裂片较萼筒短一半。

12. 叶两面毛被形状和疏密近相同，星状毛具3-5（-6）辐线，常下面的较上面的辐线数多1-2条。

13. 花枝叶无柄或叶柄长不及2毫米；叶被3（4）辐线星状毛，粗糙星状毛常具中央长辐线，中脉星状毛基部具疣状体 …………………………… 6. **浙江溲疏 D. faberi**

13. 花枝上叶柄长2-4毫米；叶被4-5（6）辐线星状毛，毛紧贴，星状毛无中央长辐线，叶脉星状毛基部无疣状体 …………………………… 6(附). **台湾溲疏 D. taiwanensis**

12. 叶两面毛被形状和疏密不同，星状毛有6-18辐线，下面较上面的密且辐线数多一倍以上，稀下面无毛或疏被毛。

14. 花枝和叶下面均无毛，如叶下面被毛则稀疏 …………………………… 7. **黄山溲疏 D. glauca**

14. 花枝和叶两面均被毛，叶下面毛被较上面密。

15. 叶下面灰白色，被极密星状毛。

16. 花枝上叶柄长0.5-1厘米；叶上面被6-12辐线星状毛；花冠径1.8-2.2厘米；果径6-7毫米 …………………………… 8. **美丽溲疏 D. pulchra**

16. 花枝上叶柄长1-2毫米；叶上面被4-7（-8）辐线星状毛；花冠径1-1.8厘米；果径4-5毫米 …………………………… 8(附). **宁波溲疏 D. ningpoensis**

15. 叶下面绿色，疏被星状毛。

17. 花梗和花萼被黄褐色毛，萼筒杯状，长约2.5毫米，径约2毫米，裂片卵形 ……………………………… 9. **齿叶溲疏 D. crenata**

17. 花梗和花萼被灰绿色毛，萼筒浅杯状，长约3毫米，径约4毫米，裂片三角形 ……………………………… 9(附). **长江溲疏 D. schneideriana**

11. 聚伞花序，花萼裂片与萼筒近等长 …………………………… 10. **异色溲疏 D. discolor**

10. 花序长3厘米以下，有1-3（-5）花，花丝齿长于花药，齿平展或下弯成钩状。

18. 叶下面密被7-11辐线星状毛，毛紧贴而细 …………………………… 11. **大花溲疏 D. grandiflora**

18. 叶下面疏被5-6辐线星状毛，毛斜伏，较粗 …………………………… 12. **钩齿溲疏 D. hamata**

9. 花丝内外轮形状不同，稀相同，外轮先端具齿，齿长达或超过花药，稀不达花药，内轮花药从花丝内侧伸出，稀从裂齿间伸出。

19. 蒴果半球形；花萼裂片果期不内弯。

20. 花萼裂片宽短，较萼筒短。

21. 叶下面绿色，疏被5-8（-10）辐线星状毛；花枝短，花序有3-9（-11）花 … 13. **灌丛溲疏 D. rehderiana**
21. 叶下面灰绿或黄绿色，密被8-14辐线星状毛；花枝长，花序有花9朵以上。
22. 花柱约与雄蕊等长，内轮雄蕊的花药从花丝内侧近中部伸出，稀从裂齿间伸出 …… 14. **维西溲疏 D. monbeigii**
22. 花柱较雄蕊稍长，内轮雄蕊的花药从花丝内侧裂齿间稍下伸出 ………… 15. **长柱溲疏 D. staminea**
20. 花萼裂片狭长，较萼筒长或近等长。
23. 花柱较内轮雄蕊短，花萼裂片花后常外反，花冠径1-1.5厘米 ……………… 16. **太白溲疏 D. taibaiensis**
23. 花柱与雄蕊等长或稍长，花萼裂片花后不外反，花冠径1.5厘米以上。
24.叶长2-5厘米，宽0.6-2厘米；花序密集，稀开展，径2-4（5）厘米 … 17. **球花溲疏 D. glomeruliflora**
24. 叶长5-12（-15）厘米，宽2-4厘米；花序开展；径4.5-8厘米。
25. 萼裂片革质，长2.5-5厘米，较萼筒稍长或近等长。
26. 叶近革质，下面密被8-12辐线星状毛 ……………………………… 18. **长叶溲疏 D. longifolia**
26. 叶近纸质，下面疏被4-8（-10）辐线星状毛 ……………………… 19. **紫花溲疏 D. purpurascens**
25. 花萼裂片膜质，长5-8毫米，较萼筒长1倍 ………………………………… 20. **大萼溲疏 D. calycosa**
19. 蒴果球形或扁球形，花萼裂片果期内弯。
27. 小枝和叶被星状毛均具中央长辐线；花萼裂片卵形或卵状披针形；叶柄长1-3毫米或无柄 …… 21. **褐毛溲疏 D. pilosa**
27. 小枝和叶被星状毛无中央长辐线；花萼裂片三角形或卵状三角形；叶柄长3-5毫米。
28. 花序长1.5-4厘米，径2-5厘米，有6-20花 ……………………………… 22. **四川溲疏 D. setchuenensis**
28. 花序长4-6厘米，径5-8厘米，有20-50余花 … 22(附). **多花溲疏 D. setchuenensis** var. **corymbiflora**

1. 光萼溲疏 无毛溲疏 图 423

Deutzia glabrata Kom. in Acta Hort. Petrop. 22: 433. 1903.

灌木，高约3米；植株芽鳞和叶上面疏被3-4（5）辐线星状毛，余无毛。叶薄纸质，卵形或卵状披针形，长5-10厘米，宽2-4厘米，先端渐尖，基部宽楔形或近圆，具细锯齿；叶柄长2-4毫米或花枝叶近无柄。伞房花序径3-8厘米，有5-20（-30）花。花蕾球形，花冠径1-1.2厘米；花梗长1-1.5毫米；萼筒杯状，长约2.5毫米，径约3毫米，裂片卵状三角形，长约1毫米；花瓣白色，圆形或宽倒卵形，长约6毫米，覆瓦状排列；雄蕊长4-5毫米，花丝钻形。蒴果球形，径4-5毫米。花期6-7月，果期8-9月。

产黑龙江南部、吉林东部及南部、辽宁、山东东部、河南、山西南部及宁夏南部，生于海拔300-600米山地石隙间或山坡林下。朝鲜半岛北部及俄罗斯西伯利亚东部有分布。

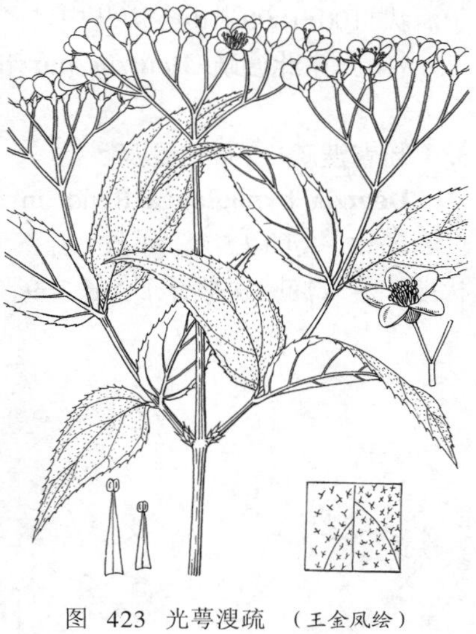

图 423 光萼溲疏 （王金凤绘）

2. 小花溲疏 图 424

Deutzia parviflora Bunge, Enum. Pl. Chin. Bor. 31. 1831.

灌木，高约2米；植株多少被毛。叶纸质，卵形、椭圆状卵形或卵状披针形，长3-6（-10）厘米，宽2-4.5厘米，基部宽楔形，具细锯齿，上面被5（-6）辐线，星状毛，叶下面被6-12辐线星状毛，有时星状毛具中央长辐线；叶柄长3-8毫米。伞房花序

径8-15厘米，具多花。花蕾球形或倒卵形，花冠径0.8-1.5厘米；花梗长0.2-1.2厘米；萼筒杯状，长约3.5毫米，径约3毫米，密被星状毛，裂片三角形；花瓣白色，宽倒卵形或近圆形，长3-7毫米，覆瓦状排列，外轮花丝钻形或顶端平截，内轮花丝钻形或顶端具齿，齿长不达花药，花药球形，具柄。蒴果球形，径2-3毫米。花期5-6月，果期8-10月。

产吉林东南部、辽宁西南部、内蒙古、河北、山东、山西、河南、湖北西南部、陕西中南部及甘肃东南部，生于海拔1000-1500米山谷或林缘、朝鲜半岛北部及俄罗斯有分布。

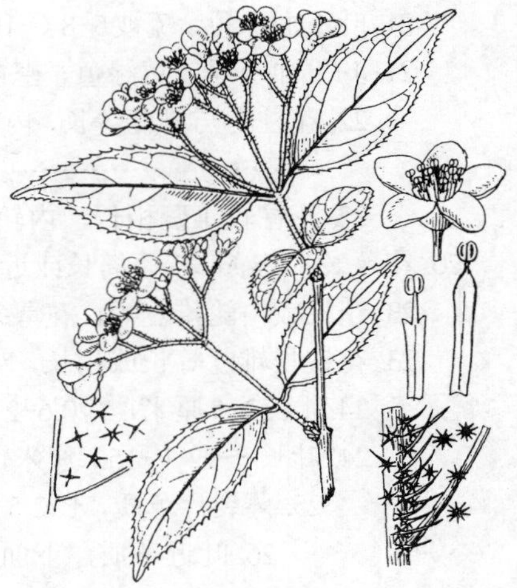

图 424 小花溲疏 （余汉平绘）

［附］**碎花溲疏 Deutzia parviflora** var. **micrantha** (Engl.) Rehd. in Journ. Arn. Arb. 5: 157. 1924. —— *Deutzia micrantha* Engl. in Diels Bot. Jahrb. 36(82): 51. 1905. 本变种和模式变种的区别：叶下面被6-9(-12)辐线星状毛，仅沿叶脉星状毛具中央长辐线；花序多花，花冠径5-7毫米，花丝全钻形。花期6月，果期7-9月。产河北、山西、陕西南部、河南，生于海拔1100-1800米山谷灌丛中。

［附］**东北溲疏 Deutzia parviflora** var. **amurensis** Regel. in Acad. Sci. St. Pétersb. ser. 7, 4(4): 63. t. 5. f. 7-13. 1861. 本变种与模式变种的区别：叶脉星状毛无中央长辐线。与碎花溲疏的区别：花冠径1-1.5厘米，花丝钻形或具齿。花期6月，果期9月。产辽宁、吉林、黑龙江及内蒙古，生于海拔300-800米林下或灌丛中。俄罗斯及朝鲜半岛北部有分布。

3. 粉背溲疏 粉背叶溲疏 图 425

Deutzia hypoglauca Rehd. in Sarg. Pl. Wilson. 1: 24. 1911.

灌木，高约2.5米。小枝、叶下面和花序常无毛。叶膜质或近纸质，卵状披针形或椭圆状披针形，长7-9厘米，宽1.5-2.5厘米，先端渐尖，基部圆或宽楔形，具细锯齿，上面疏被3-5辐线星状毛，下面粉绿色，具白粉，无毛或被3-4辐线星状毛；叶柄长2-5毫米，稍紫红色。伞房花序径3-6厘米，无毛，有5-15花。花蕾球形或倒卵形，花冠径1.5-2厘米；花梗长0.5-1.5厘米；萼筒杯状，长约2.5毫米，被星状毛，裂片宽卵形；花瓣白色或先端粉红色，倒卵形，长0.6-1厘米，宽5-6毫米，覆瓦状排列；外轮雄蕊长6-7毫米，花丝具2齿，花药具短柄，从花丝内侧裂齿间或稍下伸出，内轮雄蕊顶端钝或2浅裂，花药从花丝内侧近中部伸出。蒴果半球形，径3-4毫米，被毛。花期5-7月，果期8-10月。

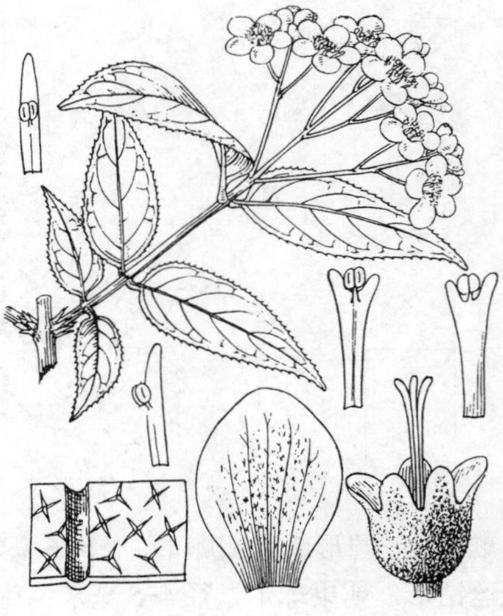

图 425 粉背溲疏 （余汉平绘）

产甘肃东南部、陕西西南部、河南西部、湖北西北部及四川东北部，生于海拔1000-2200米山坡灌丛中。

4. 粉红溲疏 图 426

Deutzia rubens Rehd. in Sarg. Pl. Wilson. 1: 13. 1911.

灌木，高约1米。小枝和花序被星状毛。叶膜质，长圆形或卵状长圆形，长4-7厘米，先端尖，基部宽楔形或近圆，具细锯齿，上面疏被4-5辐线星状毛，下面绿色，被5-6（7）辐线星状毛；叶柄长2-4毫米。伞房状聚伞花序3-6厘米，有6-10花。花蕾球形或倒卵形；花冠径1.5-2厘米；萼筒杯状，长约4.5毫米，被星状毛，裂片卵形，紫色；花瓣粉红色，倒卵形，长0.5-1厘米，覆瓦状排列；外轮雄蕊长约7毫米，花丝具2齿，花药柄极短，从花丝内侧裂齿间或稍下伸出，内轮花丝先端钝圆或2浅裂，花药从花丝内侧中部以下伸出。蒴果半球形，径4-5毫米。花期5-6月，果期8-10月。

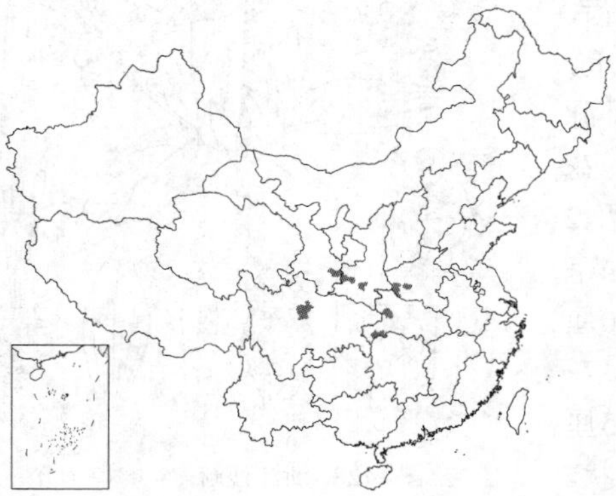

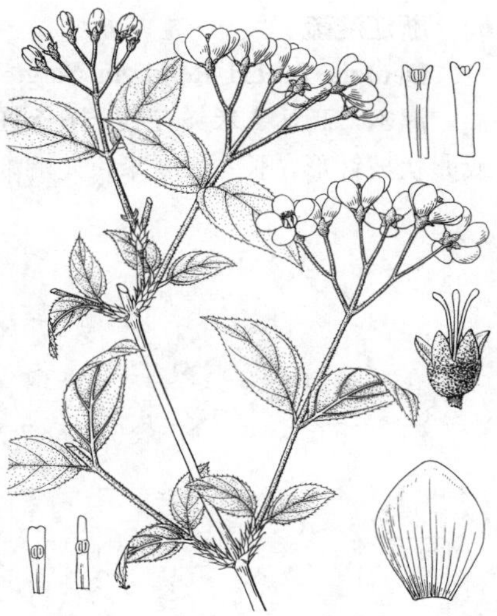

图 426 粉红溲疏 （王金凤绘）

产甘肃东南部、陕西中南部、河南西南部、湖北西部及西南部、四川中北部，生于海拔2100-3000米山坡灌丛中。

5. 密序溲疏 图 427

Deutzia compacta Craib in Kew Bull. 1913: 264. 1913.

灌木，高达3米。叶纸质，卵状披针形或长圆状披针形，长1.5-6.5（-10）厘米，宽0.8-2.5（-4）厘米，先端稍尾尖或渐尖，基部圆或宽楔形，具细锯齿，上面疏被4-5（-7）辐线星状毛，下面被6-8辐线星状毛，大小不等，小者多而密，大者疏生于叶脉上，星状毛常具中央长辐线；叶柄长约1毫米。伞房花序顶生、稀稍腋上生，有20-80花；花序轴被具疣状体星状毛。花蕾球形，花冠径1-1.5厘米；花梗长0.3-1厘米；萼筒杯状，长约2.5毫米，密被星状毛，裂片宽卵形；花瓣粉红色，宽倒卵形或近圆形，长约6毫米，覆瓦状排列；外轮雄蕊长4-5毫米，花丝具2尖齿，花药柄长1-1.5毫米，较花丝齿长，从花丝齿间或稍下伸出，内轮雄蕊先端2浅裂或渐尖，花药柄从花丝内侧近中部伸出。蒴果近球形，径约3毫米。花期4-5月，果期6-7月。

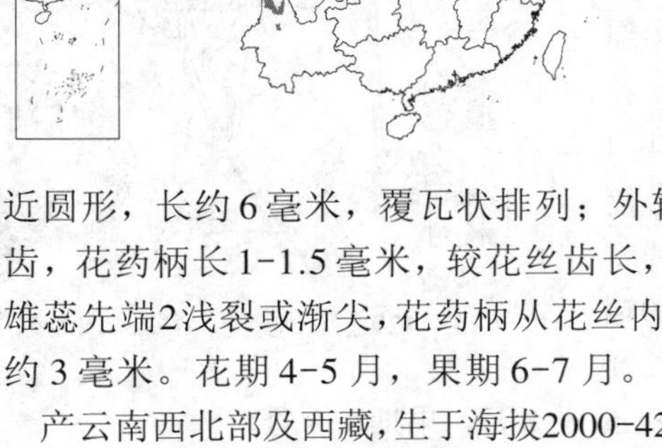

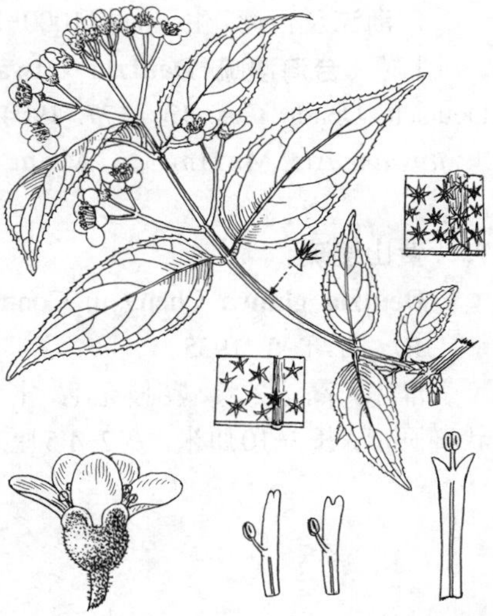

图 427 密序溲疏 （余汉平绘）

产云南西北部及西藏，生于海拔2000-4200米山坡林缘。尼泊尔、不丹、印度东北部、缅甸北部及锡金有分布。

［附］**西藏溲疏 Deutzia hookeriana**（Schneid.）Airy-Shaw in Kew Bull. 1934: 178. 1934. ——*Deutzia corymbosa* R. Br. var. *hookeriana* Schneid. in Mitt. Deutsch. Dendr. Ges. 13: 184. 1904. 本种与密序溲疏的区别：叶下面密被8-10（-15）辐线星状毛，星状毛大小近相等。花期5-8月，果期7-9月。产西藏南部及云南西北部，生于海拔2000-3500米林下、林缘或灌丛中。缅甸、印度及锡金有分布。

6. 浙江溲疏 图 428

Deutzia faberi Rehd. in Sarg. Pl. Wilson. 1: 18. 1911.

灌木，高达2米；花枝长6-8厘米。叶近纸质，长圆形、卵状长圆形或卵状披针形，长4-8厘米，先端渐尖或尖，基部近心形或圆，营养枝的叶有时宽楔形，具稍密锯齿，两面均被3(4)辐线星状毛，星状毛具中央长辐线，叶脉星状毛基部具疣状体；花枝之叶近无柄或柄长不及2毫米，营养枝之叶柄长2-4毫米。聚状圆锥花序长5-10厘米，径3-5厘米，多花。花蕾长圆形，花冠径1.2-1.5厘米；花梗长3-5；萼筒杯状，长约3毫米，径约5毫米，裂片三角形，长宽均约1毫米；花瓣白色，长圆形，长6-8毫米，内向镊合状排列；外轮雄蕊长6-7毫米，内轮稍短，花丝具2钝齿或平截，齿长不达花药，花药长圆形，具柄，从花线裂齿间伸出；子房下位，花柱较雄蕊稍长。蒴果半球形，径约3毫米。花期5月，果期8-10月。

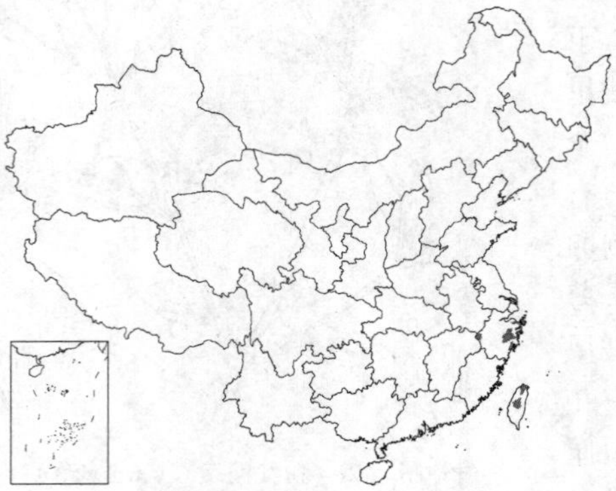

产浙江及台湾，生于海拔1000-1200米山坡灌丛中。

［附］**台湾溲疏 Deutzia taiwanensis** (Maxim.) Schneid. in Mitt. Deutsch. Dendr. Ges. 13: 177. 1904. —— *Deutzia crenata* Sieb. et Zucc. β *taiwanensis* Maxim. in Mém. Acad. Sci. St. Pétersb. ser. 7, 10 (16): 23. 1867. 本种与浙江溲疏的区别：花枝之叶柄长2-4毫米；叶两面被4-5(6)辐线星状毛，星状毛紧贴，无中央长辐线，叶脉星状毛，星状毛基部无疣状体。花期3-6月，果期8-10月。产台湾，生于海拔300-2300米林中。

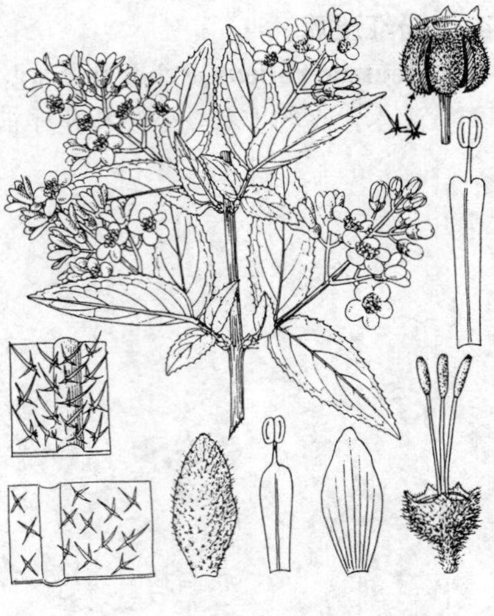

图 428 浙江溲疏 （余汉平绘）

7. 黄山溲疏 图 429

Deutzia glauca Cheng in Contr. Biol. Lab. Sci. Soc. China Bot. ser. 10: 71. f. 8. 1935.

灌木，高达2米。花枝无毛，长8-20厘米。叶纸质，卵状长圆形或卵状椭圆形，长5-10厘米，宽2-4.5厘米，先端尖或渐尖，基部楔形或圆，具细锯齿，上面被4-5辐线星状毛，下面无毛或极稀疏8-16辐线星状毛；叶柄长5-9毫米。圆锥花序，长5-10厘米，径约4厘米，具多花。花蕾长圆形；花冠径1-1.4厘米；花梗长2-5毫米；萼筒杯状，长约3毫米，裂片宽三角形，与萼筒均被12-19辐线星状毛；花瓣白色，长圆形或窄椭圆状菱形，长1-1.5厘米，内向镊合状排列；雄蕊内外轮形状相同，外轮长8毫米，内轮长约5毫米，花丝具2钝齿，齿端不明显2裂，长不达花药，花药长圆形，具短柄，从花丝裂齿间伸出。蒴果半球形，高约4毫米，径约7毫米。花期5-6月，果期8-9月。

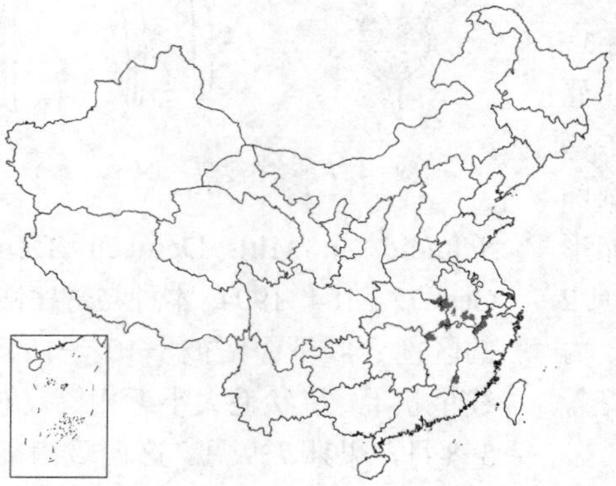

产河南东南部、安徽南部、浙江西部、福建西南部、江西西北部及湖北东部，生于海拔600-1200米林中。

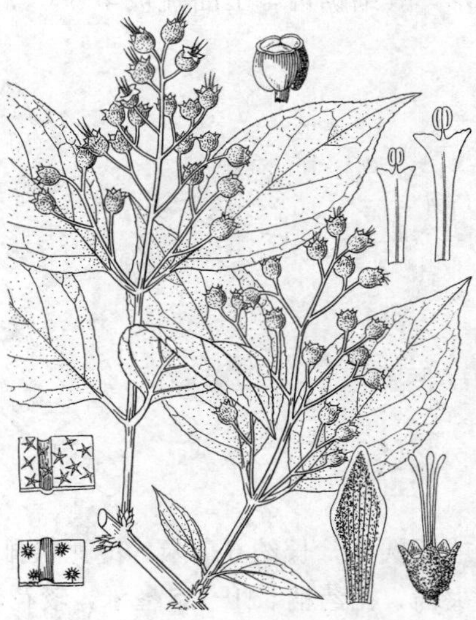

图 429 黄山溲疏 （王金凤仿绘）

8. 美丽溲疏 图 430

Deutzia pulchra Vidal, Rev. Pl. Vasc. Filip. 124. 1886.

灌木，高达3米。花枝被星状毛，长10-18厘米。叶近革质，卵状长圆形或长圆形，长5-12厘米，先端渐尖，基部楔形或近圆，具圆锯齿或近全缘，上面被6-12辐线星状毛，下面灰白色，密被18-22辐线星状毛，侧脉8-12对；叶柄长1-1.8厘米，花枝之叶柄长0.5-1厘米。圆锥花序长达20厘米，径3-8厘米，多花。花蕾长圆形；花冠径1.8-2.2厘米；萼筒杯状，长约3.5毫米，裂片三角形，长约1毫米，被毛；花瓣白色，长圆形或窄椭圆形，长1-1.2厘米，覆瓦状排列；外轮雄蕊长约1厘米，内轮的较短，形状相同，花丝具2齿，齿长不达花药，花药长圆形，具短柄，从花丝齿间伸出。蒴果半球形，高约4毫米，径6-7毫米，密被星状毛。花期3-5月，果期8-9月。

产台湾，生于海拔300-2500米林中。菲律宾有分布。

［附］**宁波溲疏 Deutzia ningpoensis** Rehd. in Sarg. Pl. Wilson. 1: 17. 1911. 本种与美丽溲疏的区别：花枝之叶柄长1-2毫米，叶上面被4-7(-8)辐线星状毛；聚伞状圆锥花序；花冠径1-1.8厘米，果径4-5毫米。产安徽、浙江、福建、江西、湖北及陕西，生于海拔500-800米山谷或山坡林中。

图 430 美丽溲疏
（引自《Woody Fl. Taiwan》）

9. 齿叶溲疏 图 431：1-7

Deutzia crenata Sieb. et Zucc. Fl. Jap. 1: 19. 1835.

灌木，高达3米。花枝长8-12厘米。叶纸质，卵形或卵状披针形，长5-8厘米，先端渐尖或稍尾尖，基部宽楔形，具细齿，上面疏被4-5辐线星状毛，下面被10-15辐线星状毛，叶脉星状毛常具中央长辐线；叶柄长3-8毫米。圆锥花序长5-10厘米，径3-6厘米，多花。花蕾长圆形，花冠径1.5-2.5厘米；花梗长3-5毫米，被黄褐色毛；萼筒杯状，长约2.5毫米，径约2毫米，裂片卵形，长宽均约1毫米，密被黄褐色星状毛；花瓣白色，窄椭圆形，长0.8-1.5厘米，镊合状排列；雄蕊2轮形状相同，外轮长0.8-1厘米，内轮稍短，花丝先端2短齿，齿长不达花药，稀内轮有时舌状，花药具短柄，从花丝裂齿间伸出。蒴果半球形，长约4毫米，疏被毛。花4-5月，果期8-10月。

原产日本。山东、江苏、安徽、福建、浙江、江西、湖北及云南等地有栽培，已野化。

［附］**长江溲疏** 图 431: 8-14 **Deutzia schneideriana** Rehd. in Sarg. Pl. Wilson. 1: 7. 1911. 本种与齿叶溲疏区别：花梗和花萼被灰绿色毛；萼筒浅杯状，长约3毫米，径约4毫米，裂片三角形。花5-6月，果期8-10月。产江苏、安徽、江西、湖北及湖南，生于海拔600-2000米灌丛中。

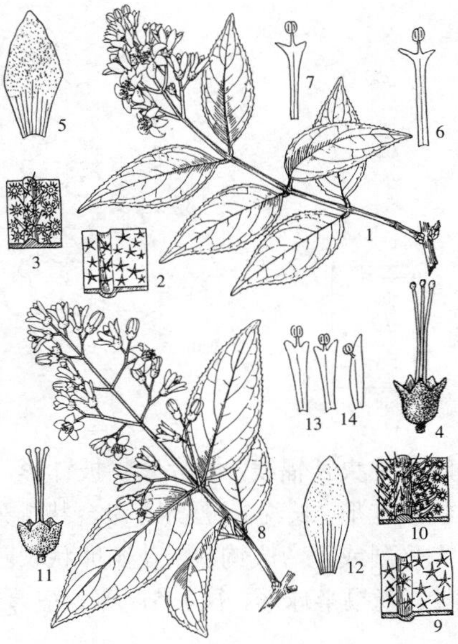

图 431: 1-7. 齿叶溲疏 8-14. 长江溲疏
（余汉平绘）

10. 异色溲疏 图 432

Deutzia discolor Hemsl. in Journ. Linn. Soc. Bot. 23: 275. 1887.

灌木，高达3米。花枝长5-15厘米。叶纸质，椭圆状披针形或长圆状

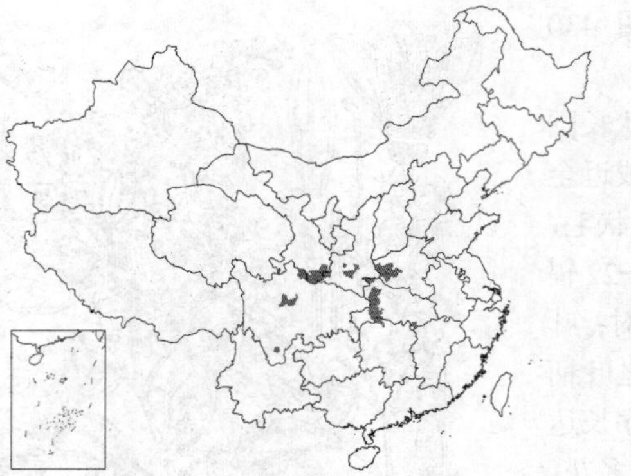

披针形，长5-10厘米，宽2-3厘米，先端尖，基部楔形或宽楔形，具细锯，上面被4-6辐线星状毛，下面密被10-12（-13）辐线星状毛，灰绿色，两面星状毛均具中央长辐线；叶柄长3-6毫米。聚伞花序长6-10厘米，有12-20花。花蕾长圆形；花冠径1.5-2厘米；花梗长1-1.5厘米；萼筒杯状，长3-3.5毫米，径3.5-4毫米，密被毛，裂片长圆状披针形，与萼筒近等长；花瓣白色，椭圆形，长1-1.2厘米，镊合状排列；外轮雄蕊5.5-7毫米，花丝具2齿，齿长不达花药；花药具长柄，内轮的长3.5-5毫米，形状同外轮。蒴果半球形，径4.5-6毫米，宿萼裂片外反。花期6-7月，果期8-10月。

产甘肃南部、陕西南部、四川、湖南西北部、湖北及河南西部，生于海拔1000-2500米山坡或溪边灌丛中。

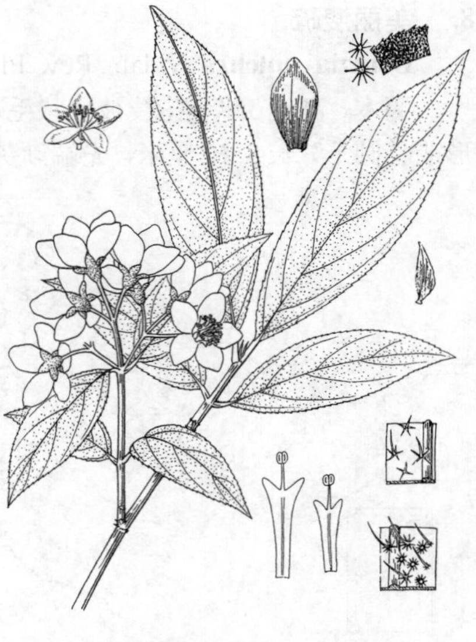

图 432 异色溲疏 （王金凤仿绘）

11. 大花溲疏 图 433 彩片 78

Deutzia grandiflora Bunge in Enum. Pl. Chin. Bor. 30. 1831.

灌木，高约2米。花枝长达4厘米。叶纸质，卵状菱形或椭圆状卵形，长2-5.5厘米，先端尖，基部楔形，边缘具长短相间或不整齐锯齿，上面疏被4-6辐线星状毛，下面灰白色，密被7-11辐线星状毛，沿叶脉星状毛具中央长辐线；叶柄长1-4毫米。聚伞花序长宽均1-3厘米，具花（1）2-3花。花蕾长圆形；花冠径2-2.5厘米；花梗长1-2毫米；萼筒浅杯状，长约2.5毫米，径约4毫米，被灰黄色毛，有时具中央长辐线，裂片线状披针形，较萼筒长；花瓣白色，长圆形或倒卵状披针形，长约1.5厘米，镊合状排列；外轮雄蕊长6-7毫米，花丝具2齿，齿平展或下弯成钩状，花药卵状长圆形，具短柄，内轮的较短，形状同外轮。蒴果半球形，径4-5毫米，宿萼裂片外弯。花期4-6月，果期9-11月。

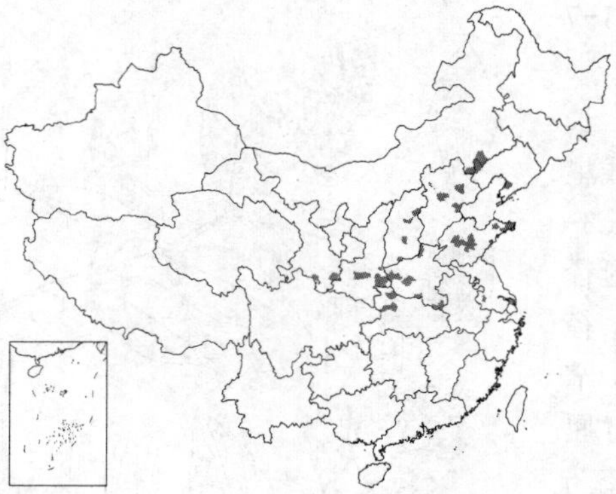

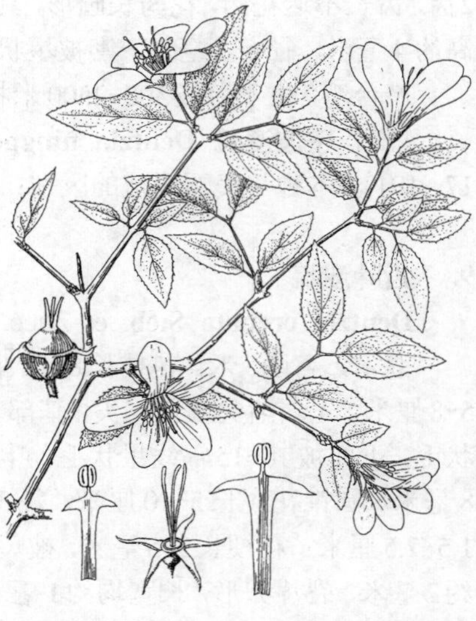

图 433 大花溲疏 （仿《图鉴》）

产辽宁南部、内蒙古东南部、河北、山东、江苏南部、河南、山西、陕西中南部、甘肃南部及湖北西北部，生于海拔800-1600米山坡、山谷及路边灌丛中。

12. 钩齿溲疏 图 434

Deutzia hamata Koehne ex Gilg et Loes in Engl. Bot. Jahrb. 34(75): 37. 1905.

灌木，高达1米。花枝长1-4厘米。叶纸质，卵状菱形或卵状椭圆形，长2-5（-7）厘米，先端尖，基部楔形，具不整齐或长短相间锯齿，上面被4-5辐线星状毛，下面疏被5-6（7）辐线星状毛，叶脉星状毛具中央长辐线；叶柄长3-5毫米。聚伞花序长宽均1-1.5厘米，具（1）2-3花。花蕾

长圆形；花冠径1.5-2.5厘米；花梗长0.3-1.2厘米；萼筒浅杯状，长约2.5毫米，径约4毫米，密被毛，裂片线状披针形，长5-9毫米，花瓣白色，倒卵状长圆形或倒卵状披针形，长1.5-2厘米，镊合状排列；外轮雄蕊长6-7毫米，花丝先端具2齿，齿平展或下弯成钩状，花药长圆形，具柄，内轮较短，形状同外轮。蒴果半球形，径约4毫米，密被星状毛，宿萼裂片外弯。花期4-5月，果期9-10月。

产辽宁、河北、山西、山东、江苏西北部、河南及陕西，生于海拔500-1200米山坡灌丛中。

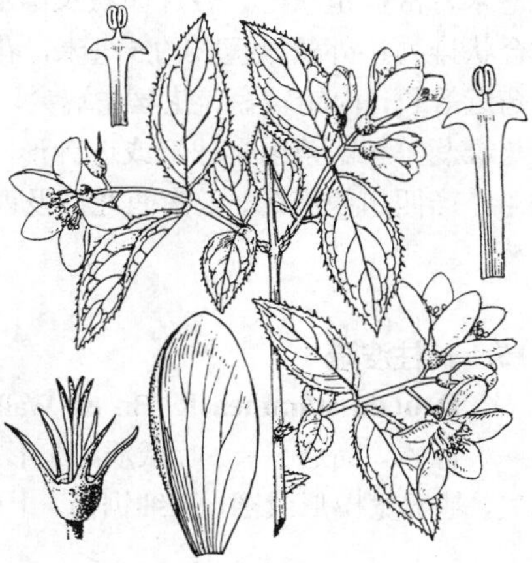

图 434 钩齿溲疏 （余汉平绘）

13. 灌丛溲疏 图 435

Deutzia rehderiana Schneid. in Bot. Gaz. 63: 398. 1917.

灌木，高约2米。花枝长1-2（3）厘米，具2-4叶，密被具疣状体星状毛，营养枝长达20厘米，具14-16叶。叶纸质，卵形、宽卵形或椭圆状卵形，长1.5-2.5厘米，先端尖或钝，基部圆或宽楔形，具细锯齿，上面疏被4-6（-7）辐线星状毛，下面绿色，疏被5-8（-10）辐线星状毛；叶柄长1-2毫米。聚伞花序长1-2（3）厘米，径约2厘米，有3-9（-11）花。花蕾长圆形；花冠径1.2-1.5厘米；花梗长3-5毫米；萼筒杯状，长宽均约3毫米，被毛，裂片卵形或长卵形，长约1.5毫米；花瓣白色，倒卵状椭圆形，长6-7毫米，镊合状排列；外轮雄蕊长约3.5毫米，花丝具2齿，齿长于花药，内轮稍短，花丝先端尖或2裂，花药具短柄，从花丝内侧中部伸出。蒴果半球形，径3-4毫米，宿萼裂片外弯。花期5-6月，果期7-8月。

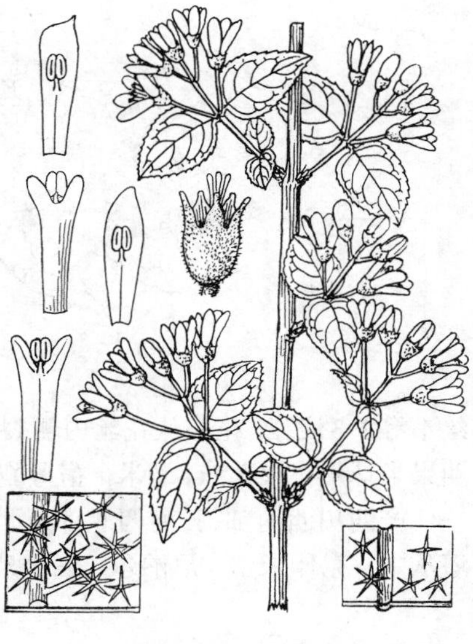

图 435 灌丛溲疏 （余汉平绘）

产云南、四川西南部及贵州东部，生于海拔500-2000米山坡灌丛中。

14. 维西溲疏 图 436

Deutzia monbeigii W. W. Smith in Notes Roy. Bot. Gard. Edinb. 11: 205. 1919.

灌木，高约1.5米。叶纸质，卵形或椭圆状卵形，长1.5-5厘米，先端钝或尖，基部圆或宽楔形，具细锯齿，上面粗糙或具凹穴，上面被5-8（-9）辐线星状毛，下面灰绿色，密被11-14辐线星状毛；叶柄长1-2毫米。聚伞花序长3-6厘米，径3-4厘米，有9-15花。花蕾长圆形，花冠径1.5-2.5毫米；花梗长0.5-1厘米；萼筒杯状，长约2.5毫米，径约3

毫米，密被星状毛，裂片卵状长圆形；花瓣窄椭圆形，长1-1.2厘米，镊合状排列；外轮雄蕊长约5毫米，花丝具2齿，齿长圆形，扩展，约与花药近等长，内轮较短，花丝先端尖，花药从花丝内侧近中部伸出；花柱约与雄蕊等长。蒴果半球形或近钟形，径3-4毫米。花期5月，果期9月。

产四川西南部、云南西北部及西藏东南部，生于海拔2000-3000米灌丛中。

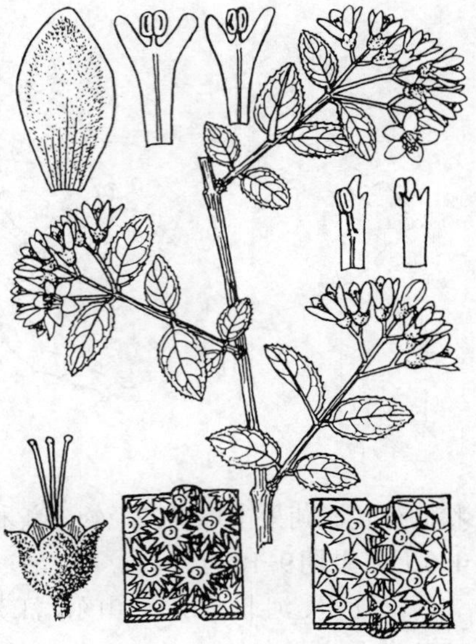

图 436 维西溲疏 （余汉平绘）

15. 长柱溲疏 图 437

Deutzia staminea R. Br. ex Wall. in Pl. Asiat. Rar. 2: 82. t. 191. 1831.

灌木，高达5米。叶纸质，卵形或窄卵形，长2.5-5厘米，先端钝或稍尖，基部宽楔形或圆，具细锯齿，上面被4-6辐线星状毛，下面灰绿色，密被9-14辐线星状毛；叶柄长1.5-2.5毫米。聚伞花序长2-4厘米，有9-25花。花蕾长圆形；花冠径1.2-1.5厘米；花梗长2-2.5毫米；萼筒杯状，长约3毫米，裂片卵形，长1-2毫米；花瓣白色，长圆形或椭圆形，长6-8毫米，内向镊合状排列；外轮雄蕊长约5毫米，花丝具不等2齿，齿扩展，长于花药，花药具短柄，内轮的长2.5毫米，花丝不等2-3浅裂，花药从花丝内侧裂齿间稍下伸出；花柱3-4，长约7毫米。蒴果半球形，径3.5-4毫米，宿萼裂片直或外弯。花期6月，果期8月。

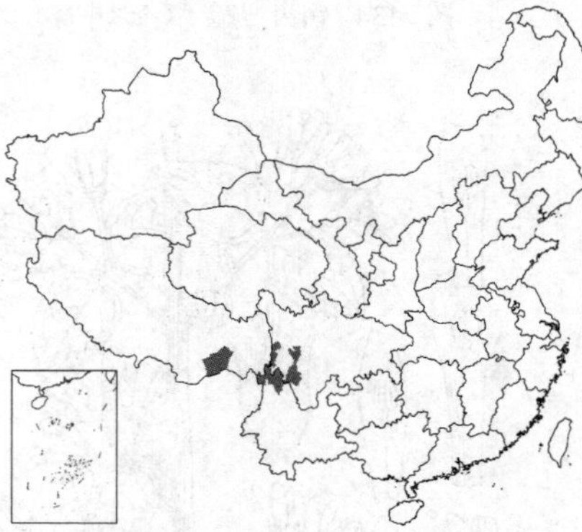

产四川西南部、云南西北部及西藏东南部，生于海拔2000-3000米山坡灌丛中。克什米尔、尼泊尔、锡金及不丹有分布。

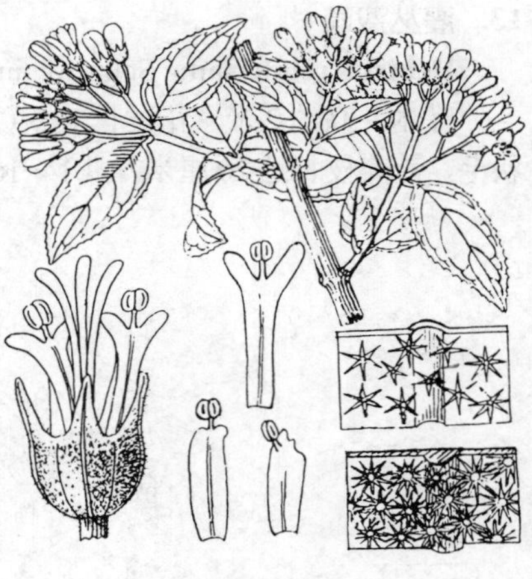

图 437 长柱溲疏 （余汉平绘）

16. 太白溲疏 图 438

Deutzia taibaiensis W. T. Wang ex S. M. Hwang in Acta Bot. Aus. Sin. 8: 14. f. 8. 1992.

灌木，高达2米。叶纸质，卵形、椭圆状卵形或卵状披针形，长4-6厘米，先端稍尾尖或钝，基部圆或宽楔形，具细锯齿，上面常粗糙，具皱纹，被4-5辐线星状毛，星状毛常具中央长辐线，下面疏被5-7(8)辐线星状毛，常具疣状体；叶柄长1-3毫米。聚伞花序长3-8厘米，有9-40花。花蕾长圆形；花冠径1-1.5厘米；花梗长3-5毫米；萼筒杯状，长和径均约2.5毫米，裂片披

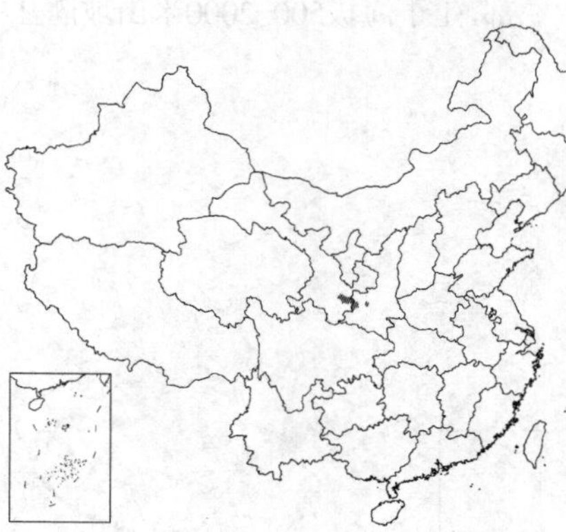

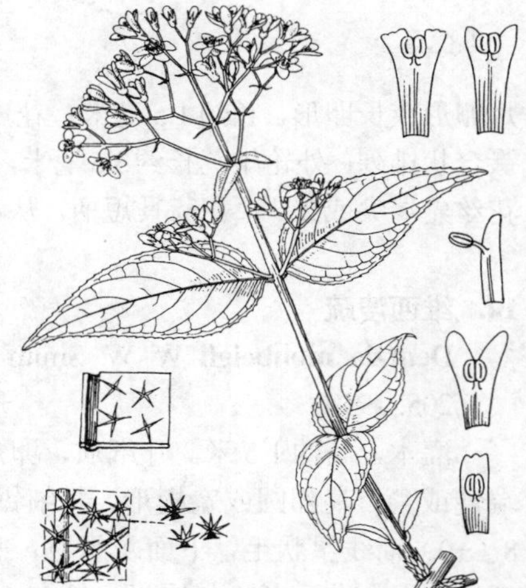

图 438 太白溲疏 （余汉平绘）

针形，长2.5-3毫米，花后外反；花瓣白色，椭圆形，长4.5-7毫米，内向镊合状排列；外轮雄蕊长2.5-3.5毫米，花丝具2齿，齿长于花药，花药卵形，具短柄，内轮长1.5-3毫米，先端2-3浅裂或钝，花药从花丝内侧中部以下伸出；花柱3，较内轮雄蕊短。蒴果半球形，径约3毫米。宿萼裂片外反。花期5-6月，果期9月。

产陕西中西部及甘肃东南部，生于海拔1200米林下。

17. 球花溲疏 图 439

Deutzia glomeruliflora Franch. in Nouv. Arch. Mus. Hist. Nat. Paris ser. 2, 8: 235. 1885.

灌木，高达2米。叶纸质，卵状披针形或披针形，长2-5（-8）厘米，宽0.6-1.5(-2)厘米，先端渐尖或长渐尖，基部宽楔形，具细锯齿，上面疏被4-5辐线星状毛，下面被4-7辐线星状毛，星状毛常具中央长辐线；叶柄长1-5毫米。聚伞花序长3-5（-8）厘米，径2-4厘米，密集，稀开展，有3-18花。花蕾椭圆形；花冠径1.5-2.4厘米；花梗长0.5-1厘米；萼筒杯状，长与宽约3毫米，密被具中央长辐线星状毛，裂片膜质，披针形，约与萼筒等长；花瓣白色，倒卵状椭圆形，长0.8-1.2厘米，内向镊合状排列，外轮雄蕊长5-6毫米，花丝具2齿，齿长于花药，内轮的长3-4毫米，先端不规则2-3浅裂，花药从花丝内侧近中部伸出；花柱与雄蕊近等长。蒴果半球形，径约4.5毫米，宿萼裂片不外弯。花期4-6月，果期8-10月。

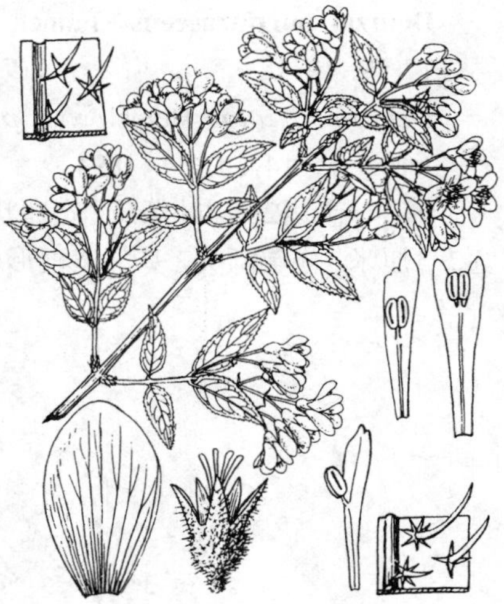

图 439 球花溲疏 （余汉平绘）

产四川及云南西北部，生于海拔2000-2900米灌丛中。

18. 长叶溲疏 图 440

Deutzia longifolia Franch. in Nouv. Arch. Mus. Hist. Nat. Paris ser. 2, 8: 235. 1885.

灌木，高达2.5米。叶近革质或厚纸质，披针形或椭圆状披针形，长5-11厘米，宽2-4厘米，先端渐尖或短渐尖，基部楔形或宽楔形，具细锯齿，上面疏被4-6（-7）辐线星状毛，下面灰白色，密被8-12辐线星状毛；叶柄长3-8毫米。聚伞花序长3-8厘米，径4.5-6厘米，展开，具（9-）12-20花。花蕾椭圆形；花冠径2-2.4厘米；花梗长0.3-1.2厘米；萼筒杯状，长约4.5毫米，密被灰白色12-14辐线星状毛，裂片革质，披针形或长圆状披针形，与萼筒近等长；花瓣紫红色，椭圆形，长1-1.3厘米，内向镊合状排列；外轮雄蕊长5-9毫米，花丝先端具2齿，齿长达花药或超过，内轮长5-9毫米，先端钝或2-3浅裂，花药长圆形，具短柄，从花丝内侧近中部伸出；花柱3-4（5-6），与雄蕊近等长。

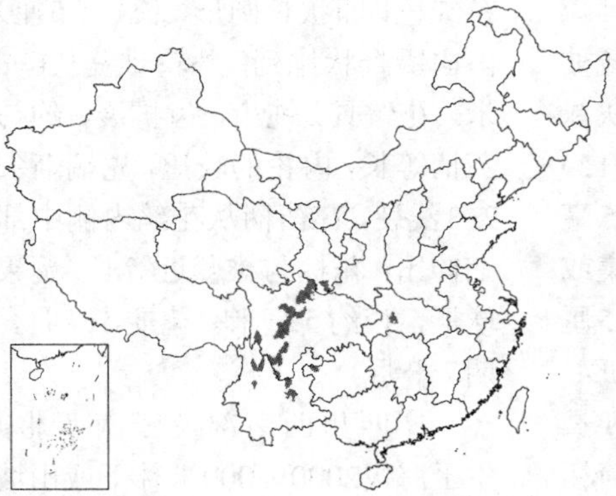

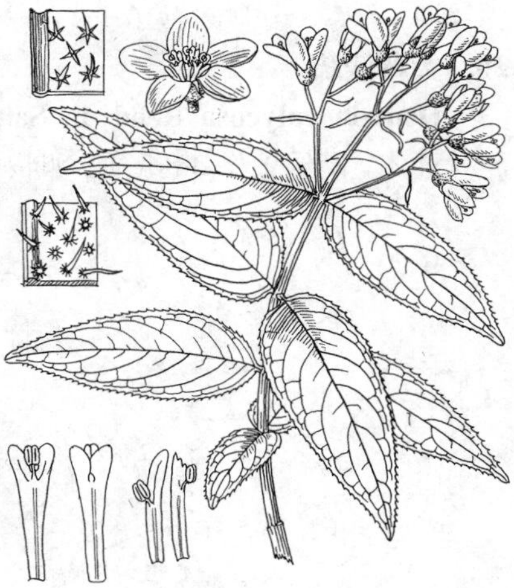

图 440 长叶溲疏 （余汉平绘）

蒴果近球形，径约5毫米。花期6-8月，果期9-11月。

产甘肃南部、四川、贵州西北部、云南及湖北西部，生于海拔1800-3200米山坡林下或灌丛中。

19. 紫花溲疏 图 441：1-7

Deutzia purpurascens（Franch. ex Henry）Rehd. in Sarg. Pl. Wilson. 1: 19. 1911.

Deutzia discolor Hemsl. var. *purpurascens* Franch. ex Henry in Jardin 8: 147. f. 64. 1894.

灌木，高达2米。叶纸质，宽卵状披针形或卵状长圆形，长4-9.5厘米，宽2-3厘米，先端渐尖，基部宽楔形或圆，具细锯齿，上面疏被3-5辐线星状毛，下面疏被4-8(-10)辐线星状毛，星状毛常具中央长辐线；叶柄长2-6毫米。伞房状聚伞花序长4-6厘米，径5-7厘米，有3-12花。花蕾椭圆形或长圆形；花冠径1.8-2.2厘米；花梗长0.5-3厘米；萼筒杯状，长2.5-3.5毫米，径约4毫米，裂片披针形或长圆状披针形，长4-4.5毫米；花瓣粉红色，倒卵形或椭圆形，长1.2-1.7厘米，内向镊合状排列；外轮雄蕊长5-8毫米，花丝具2齿，齿长稍过花药，内轮的稍短，花丝常2-3浅裂或尖，花药长圆形，具短柄，从花丝内侧近中部伸出；花柱与雄蕊近等长。蒴果半球形，径约4.5毫米。花期4-6月，果期6-10月。

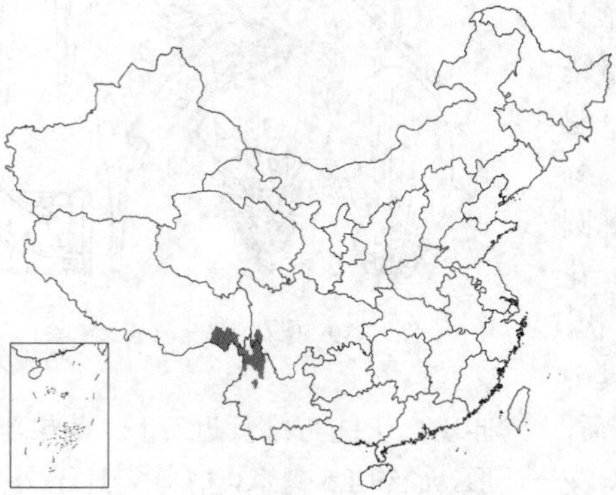

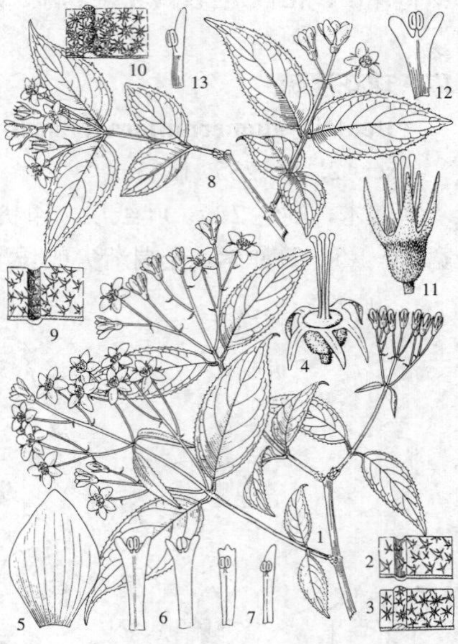

图 441：1-7. 紫花溲疏 8-13. 大萼溲疏
（余汉平绘）

产四川西南部、云南西北部及西藏东南部，生于海拔2600-3500米灌丛中。

20. 大萼溲疏 图 441：8-13 彩片 79

Deutzia calycosa Rehd. in Sarg. Pl. Wilson. 1: 149. 1912.

灌木，高约2米。叶纸质，卵状长圆形，花枝叶宽卵形或卵状披针形，长5-8（-10）厘米，先端渐尖，基部圆或宽楔形，具疏齿，齿长短相间，上面疏被4-6辐线星状毛，下面灰绿或灰白色，疏被7-10（-12）辐线星状毛；叶柄长3-5毫米。伞房状聚伞花序密集或开展，长3-4厘米，径4-5厘米，有9-12花。花蕾长圆形；花冠径1.5-2.5厘米；花梗长0.5-1.5（-2）厘米；萼筒杯状，长2.5-3.5毫米，约4毫米，密被毛，裂片膜质，披针形或长圆状披针形，长5-8毫米；花瓣白或粉红色，卵状长圆形，长1-1.5厘米，内向镊合状排列；外轮雄蕊长6-8毫米，花丝具2钝齿，齿扩展，约与花药柄等长，内轮的较短，先端渐尖或2-3浅裂，花药柄从花丝内侧中部以上伸出；花柱与雄蕊近等长。蒴果半球形，径约5毫米。花期3-4月，果期7-8月。

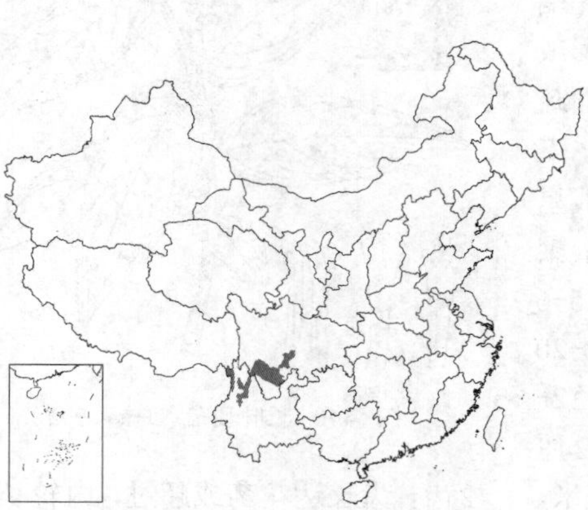

产四川西南部及云南西北部，生于海拔2000-3000米林下或山坡灌丛中。

21. 褐毛溲疏 图 442

Deutzia pilosa Rehd. in Sarg. Pl. Wilson. 1: 8. 1911.

灌木，高达1.8米。小枝被星状毛，具中央长辐线。叶纸质，卵形、卵状披针形或长圆状卵形，长3-9.5厘米，先端渐尖或尾尖，基部圆或宽楔形，具细锯齿，星状毛均具中央长辐线，上面被4-5（6）辐线星状毛，下面被6-7（8）辐线星状毛；叶柄长1-3毫米或无柄。伞房状聚伞花序，长3-5厘米，径4-6厘米，有3-12花。花蕾长圆形；花冠径1.5-1.8厘米；花梗长0.3-1厘米；萼筒杯状，长约3毫米，径约3.5毫米，密被毛，裂片卵形或卵状披针形，长约1.5毫米；花瓣白色，卵状长圆形，长0.8-1厘米，内向镊合状排列；外轮雄蕊长4-5毫米，花丝先端具2齿；齿扩展，稍长于花药，内轮的长3-4毫米，先端渐尖或2浅裂，花药球形，具短柄，从花丝内侧近中部伸出；花柱长约2.5毫米。蒴果近球形，径约5毫米，宿萼裂片内弯。花期4-5月，果期6-8月。

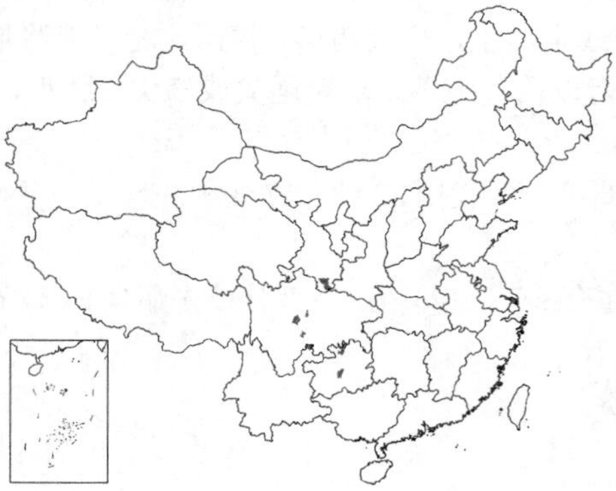

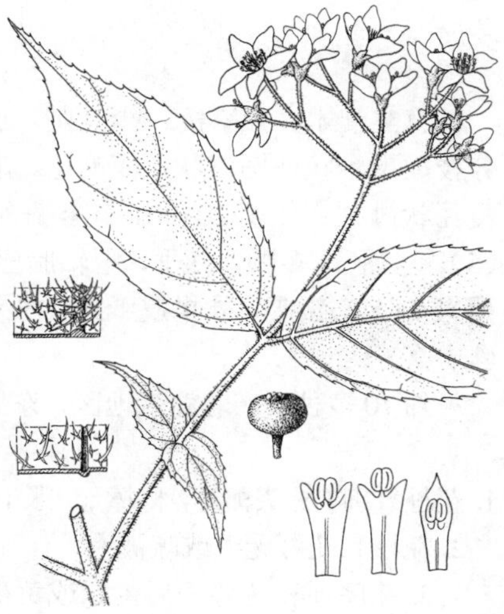

图 442 褐毛溲疏 （王金凤绘）

产甘肃南部、贵州、四川及云南东北部，生于海拔400-2000米山地林缘或石缝中。

22. 四川溲疏 川溲疏 图 443

Deutzia setchuenensis Franch. in Journ. de Bot. 10: 282. 1896.

灌木，高约2米。小枝被星状毛。叶纸质，卵形、卵状长圆形或卵状披针形，长2-8厘米，宽1-5厘米，先端渐尖或尾尖，基部圆或宽楔形，具细锯齿，上面被3-6辐线星状毛，下面被4-8辐线星状毛；叶柄长3-5毫米。伞房状聚花序长1.5-4厘米，径2-5厘米，有6-20花。花蕾长圆形；花冠径2-5厘米；花梗长0.3-1厘米；萼筒杯状，长宽均约3毫米，密被毛，裂片三角形或卵状三角形，长约1.5毫米，宽2-3毫米；花瓣白色，卵状长圆形，长5-8毫米，内向镊合状排列；外轮雄蕊长5-6毫米，花丝具2齿，齿扩展，长圆形，与花药近等长，内轮的较短，花丝2浅裂，花药具短柄，从花丝内侧近中部伸出；花柱3，长约3毫米。蒴果球形，径4-5毫米，宿萼裂片内弯。花期4-7月，果期6-9月。

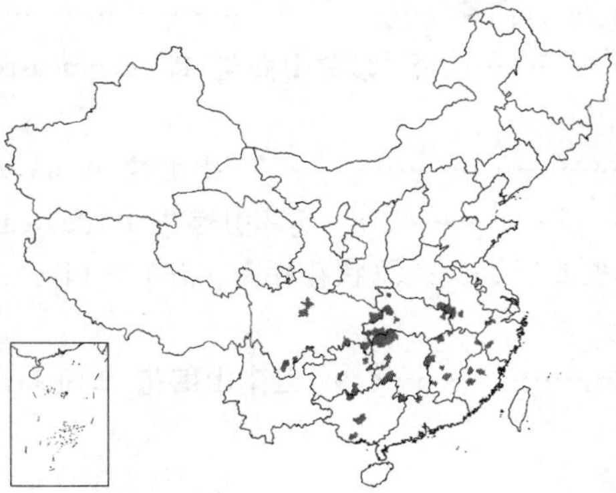

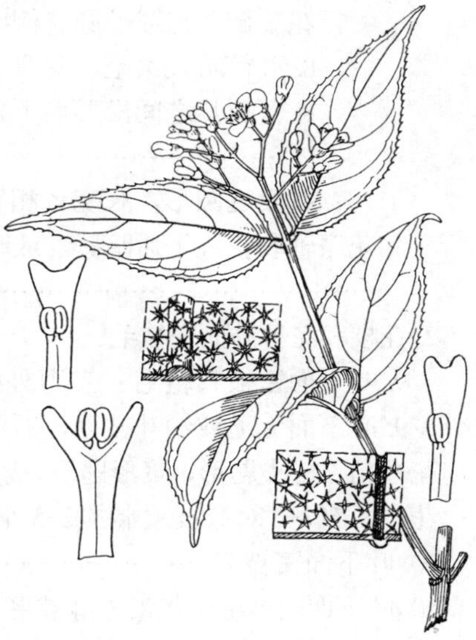

图 443 四川溲疏 （余汉平绘）

产河南东南部、安徽、浙江、福建、江西、湖北、湖南、广东北部、广西、贵州、云南东北部及四川，生于海拔300-2000米山坡灌丛中。

［附］**多花溲疏 Deutzia setchuenensis** var. **corymbiflora**（Lemoine ex Andre）Rehd. in Sarg. Pl. Wilson. 1: 9. 1911. —— *Deutzia corymbiflora* Lemoine ex Andre in Rev. Hort. Paris 69: 486. 1897. 本变种与模式变种区别：聚伞花序长4-6厘米，径5-8厘米，有20-50花；花白色；叶下面被毛较密。花期5-6月，果期7-8月。产湖北及四川东部及东北部，生于海拔800-1500米密林中。

3. 山梅花属 Philadelphus Linn.

（黄淑美）

直立灌木，稀攀援；少具刺。小枝对生。叶对生，全缘或具齿，离基3或5出脉；无托叶。总状花序，下部分枝成聚伞状或圆锥状，稀单花。花白色，芳香；萼筒陀螺状或钟状，贴生子房，裂片4（5）；花瓣4（5），旋转覆瓦状排列；雄蕊20-90，花丝扁平，分离，稀基部连合，花药卵形或长圆形，稀球形；子房下位或半下位，4（5）室，胚珠多颗，悬垂，中轴胎座，花柱（3）4（5），合生，稀部分或全离生，柱头槌形、棒形、匙形或浆形。蒴果4（5），瓣裂，外果皮纸质，内果皮木栓质。种子多数。种皮前端冠以白色流苏，末端尾尖或渐尖，胚小，胚乳丰富。

约70多种，产北温带地区，东亚较多，欧洲1种，北美洲至墨西哥亦产。我国22种，17变种。

1. 花柱纤细，柱头槌形，稀棒形，长1-1.5毫米，较花药短而窄；总状花序有3-7（-14）花，下部分枝先端具1（3）花。
  2. 花梗和花萼无毛或疏被毛。
    3. 花序梗和花萼干后黄绿或黄褐色，萼裂片干后脉纹明显，无白粉。
      4. 花柱顶端稍分裂。
        5. 花萼外面无毛。
          6. 叶两面均无毛或仅下面脉腋被毛；总状花序有5-7花，花序轴长3-5厘米 ……………………………………………… 1. 太平花 **P. pekinensis**
          6. 叶两面多少被毛；总状花序有3-5花，花序轴长2-2.5（-4）厘米 … 2. 短序山梅花 **P. brachybotrys**
        5. 花萼外面疏被微柔毛 ……………………………… 3. 薄叶山梅花 **P. tenuifolius**
      4. 花柱顶端裂至中部以下，基部被毛，花盘被毛或无毛。
        7. 花瓣倒卵形或长圆状倒卵形，长大于宽，背面基部无毛。
          8. 萼筒疏被柔毛，花盘无毛，花柱被长硬毛 ……………………… 4. 东北山梅花 **P. schrenkii**
          8. 萼裂片之间沿萼筒下延被一簇微柔毛，花盘和花柱均被微柔毛 ……………………………… 4(附). 河北山梅花 **P. schrenkii var. fackii**
        7. 花瓣近圆形，长宽近相等，背面基部被毛 ……………………… 5. 疏花山梅花 **P. laxiflorus**
    3. 花序轴和花萼干后暗紫红或暗褐色，萼裂片干后脉纹不明显，有时具白粉 ……………………………… 6. 紫萼山梅花 **P. purpurascens**
  2. 花梗和花萼外面密被毛。
    9. 叶下面密被长粗毛；花萼外面密被紧贴糙伏毛 ……………………… 7. 山梅花 **P. incanus**
    9. 叶下面无毛或幼叶被毛，后脱落；花萼外面密被直立长柔毛 ……………… 8. 毛萼山梅花 **P. dasycalyx**
1. 花柱粗，柱头匙形、浆形匙形、浆形或棒形，长1.5-2毫米，较花药长或近等长；总状花序有（5-）7-11（-30）花，下部1-3对分枝顶端具2-5花，成聚伞状或圆锥状。
  10. 叶下面密被毛 ……………………………………… 9. 云南山梅花 **P. delavayi**
  10. 叶下面疏被毛或仅沿中脉被毛。
    11. 花萼外面被毛。
      12. 花萼外面及花柱密被金黄或灰黄色微柔毛；叶下面中脉和侧脉密被长毛 ……………………………… 10. 毛柱山梅花 **P. subcanus**
      12. 花萼外面疏被白色刚毛或糙伏毛，花柱无毛；叶下面中脉和侧脉疏被长硬毛 ……………………………… 11. 绢毛山梅花 **P. sericanthus**
    11. 花萼外面无毛。
      13. 叶上面被糙伏毛；小枝、花序轴和花萼黄褐或褐色，无白粉 ……… 12. 浙江山梅花 **P. zhejiangensis**
      13. 叶上面无毛或被刚毛；小枝、花序轴和花萼暗紫色，稍具白粉 … 12(附). 丽江山梅花 **P. calvescens**

1. 太平花 图 444

Philadelphus pekinensis Rupr. in Bull. Phys. Math. Acad. Sci. St. Pétersb. 15: 365. 1857.

灌木，高达2米。叶卵形或宽椭圆形，长6-9厘米，先端长渐尖，基部宽楔或楔形，具锯齿，两面无毛，叶脉离基3-5出，花枝叶较小；叶柄长0.5-1.2厘米。总状花序有5-7(-9)花；花序轴长3-5厘米，黄绿色。花梗长3-6毫米；花萼黄绿色，无毛，裂片卵形，长3-4毫米，先端尖，干后脉纹明显；花冠盘状，径2-3厘米，花瓣白色，倒卵形，长0.9-1.2厘米；雄蕊25-28，最长达8毫米；花盘和花柱无毛，花柱长4-5毫米，纤细，先端稍裂，柱头棒形或槌形，长约1毫米。蒴果近球形或倒圆锥形，径5-7毫米，宿萼裂片近顶生。种子长3-4毫米，具短尾。花期5-7月，果期8-10月。

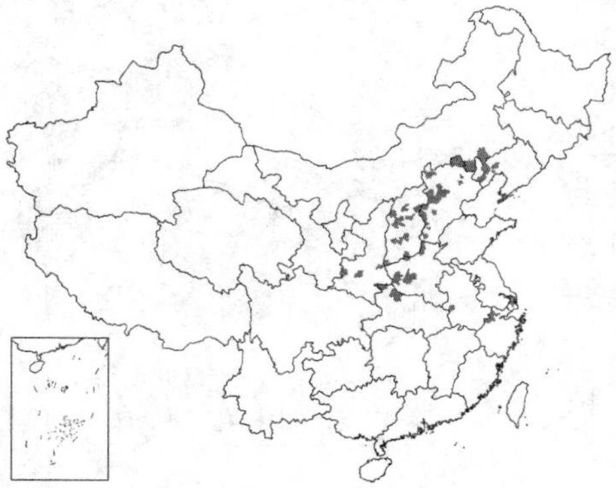

图 444 太平花 （余汉平绘）

产内蒙古、辽宁、河北、山西、陕西、湖北、河南、安徽西部、江苏南部及浙江西北部，生于海拔700-900米山坡灌丛或林中。朝鲜有分布。

2. 短序山梅花 图 445

Philadelphus brachybotrys Koehne ex Vilm. et Bois, Frutic. Vilm. Cat. Prim. 128. 1940.

灌木，高达3米。叶卵形或卵状长圆形，长2-6厘米，宽1-3厘米，先端尖或渐尖，基部宽楔形或圆，疏生锯齿或全缘，上面疏被糙伏毛，下面沿脉被白色长柔毛；叶柄长5-8毫米。总状花序有3-5花；花序轴长2-2.5(-4)厘米，疏被长柔毛。花梗长3-8毫米，无毛；花萼黄绿色，裂片卵形，长4-6毫米，干后脉纹明显，无毛；花冠盘状，径2.5-3.5厘米，花瓣白色，宽椭圆形或宽倒卵形，长1-1.5厘米；雄蕊32-42，最长约8毫米；花盘和花柱无毛；花柱与雄蕊近等长，稍分裂，柱头槌形，长约1.5毫米，较花药小。蒴果椭圆形，长0.7-1厘米，径5-7毫米。种子长3-4毫米，尾长1.5-2毫米。花期4-7月，果8-9月。

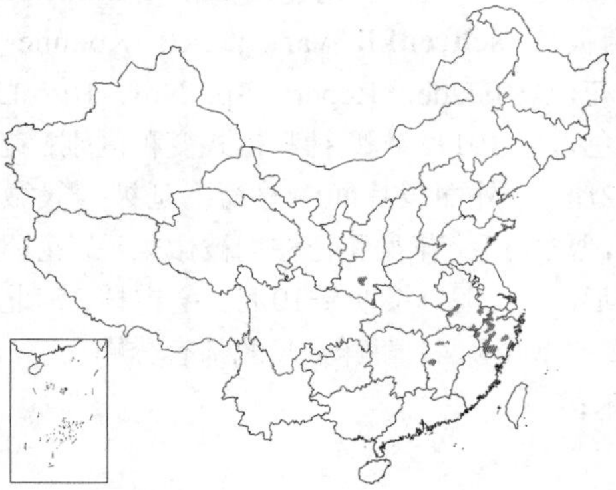

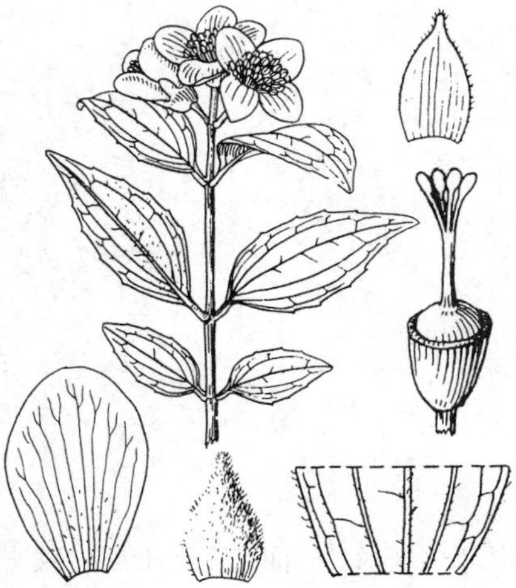

图 445 短序山梅花 （余汉平绘）

产辽宁东部、山东东部、江苏西南部、浙江、江西、安徽及陕西南部，生于海拔200-400米林中。

3. 薄叶山梅花 堇叶山梅花 图 446：1-3

Philadelphus tenuifolius Rupr. ex Maxim. in Bull. Phys. Math. Acad. Sci. St. Pétersb. 15: 133. 1856.

灌木，高达3米。叶卵形，长8-11厘米，先端尖，基部近圆或宽楔形，疏生锯齿，花枝叶有时椭圆形，长3-6厘米，上面疏被长柔毛，下面紫堇色，叶脉疏被长柔毛；叶柄长3-8毫米，被毛。总状花序有花3-7(-9)花，花序轴长3-5厘米，黄绿色。花梗长0.3-1厘米，疏被毛；花萼黄绿色，外

面疏被微柔毛，裂片卵形，长约5毫米，干后脉纹明显，无白粉；花冠盘状，径2.5-3.5厘米；花瓣白色，卵状长圆形，长1-1.5厘米，先端圆，稍2裂，无毛；雄蕊25-30，最长达1厘米；花盘无毛；花柱顶端稍裂，无毛，柱头槌形，长约1.5毫米，较花药小。蒴果倒圆锥形，长4-6毫米，径4-5毫米。种子长2.5-3毫米，具短尾。花期6-7月，果期8-9月。

产黑龙江、吉林、辽宁及内蒙古东南部，生于海拔150-900米林中。俄罗斯远东地区及朝鲜半岛北部有分布。

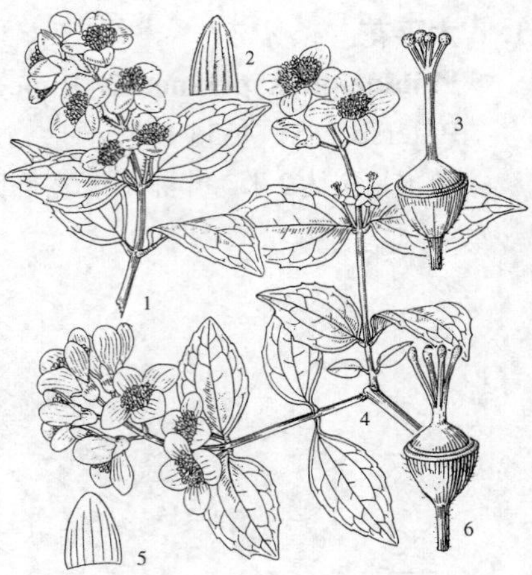

图 446：1-3. 薄叶山梅花 4-6. 东北山梅花 （余汉平绘）

4. 东北山梅花 图 446：4-6

Philadelphus schrenkii Rupr. in Bull. Phys. Math. Acad. Sci. St. Pétersb. 15: 365. 1857.

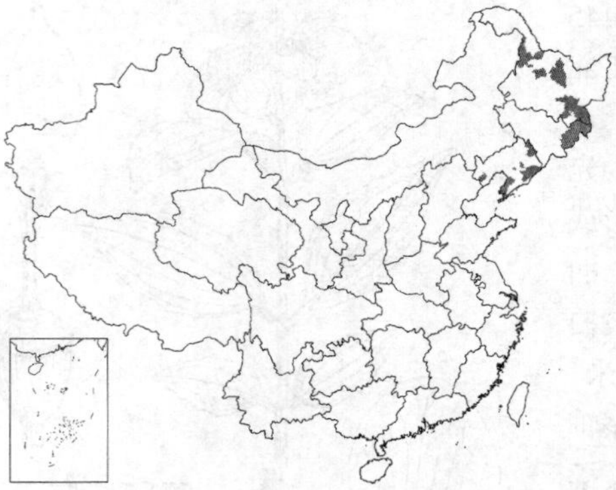

灌木，高达4米。叶卵形或卵状椭圆形，长7-13厘米，花枝叶较小，长2.5-8厘米，宽1.5-4厘米，先端渐尖，基部楔形，疏生锯齿，上面无毛，下面沿中脉疏被长柔毛；叶柄长0.3-1厘米，疏被长柔毛。总状花序有5-7花，花序轴长2-5厘米，黄绿色，被微柔毛。花梗长0.6-1.2厘米，疏被毛；花萼黄绿色，萼筒外面疏被柔毛，裂片卵形，长4-7毫米，外面无毛，干后脉纹明显；花冠径2.5-3.5(-4)厘米，花瓣白色，倒卵形或长圆状倒卵形，长1-1.5厘米；雄蕊25-30，最长达1厘米；花盘无毛，花柱槌形，长1-1.5毫米。蒴果椭圆形，长8-9.5毫米，径3.5-4.5毫米。种子长2-2.5毫米，具短尾。花期6-7月，果期8-9月。

产黑龙江、吉林及辽宁，生于海拔100-1500米林中。俄罗斯远东地区及朝鲜半岛北部有分布。

［附］**河北山梅花 Philadelphus schrenkii** var. **jackii** Koehne in Fedde, Repert. Sp. Nov. 10: 127. 1911. 本变种和模式变种区别：花萼外面裂片间沿萼筒下延被一簇微柔毛，花盘和花柱均被微柔毛。花期6-7月，果期8-10月。产吉林、河北及陕西。朝鲜半岛北部有分布。

5. 疏花山梅花 图 447

Philadelphus laxiflorus Rehd. in Journ. Arn. Arb. 5: 152. 1924.

灌木，高达3米。叶长椭圆形或卵状椭圆形，长3-8厘米，先端渐尖或稍尾尖，基部楔形，具锯齿，上面被糙伏毛，下面无毛或叶脉及脉腋疏被白色长柔毛；叶柄长5-8毫米。总状花有7-9（-11）花，最下分枝具3花成聚伞状；花序轴长3-12厘米，黄褐色。花梗长0.5-1.2厘米，无毛；花萼稍被糙伏毛，黄褐色，萼筒钟形，裂片卵形，长约6毫米，干后脉纹明显；花冠盘状，径2.5-3厘米，花瓣白色，近圆形，长宽均1.2-1.6厘米，背面基部被毛；雄蕊30-35，最长达9毫米；花盘边缘和花柱疏被白色长柔毛或无毛，花柱顶端裂至中部或以下，柱头棒形，长1-1.5毫米，较花药短。

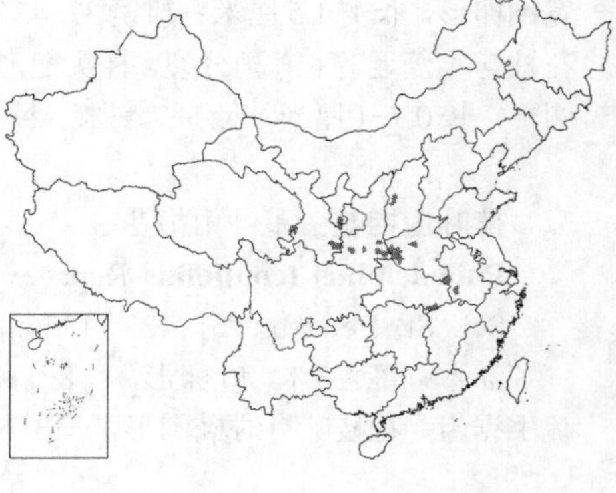

蒴果椭圆形，长约8毫米，径约6毫米。种子长约3毫米，具短尾。花期5-6月，果期7-8月。

产安徽西南部、湖北东南部、河南西部、山西西部、陕西中南部、宁夏南部、甘肃东南部及青海东部，生于海拔770-2000米山坡或山谷林内或灌丛中。

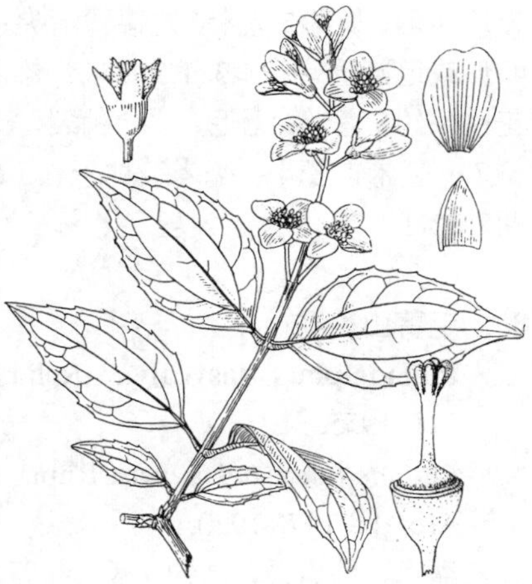

图 447 疏花山梅花 （余汉平绘）

6. 紫萼山梅花 图 448

Philadelphus purpurascens (Koehne) Rehd. in Mitt. Deutsch. Dendr. Ges. 1915(24): 220. 1916.

Philadelphus brachybotrys Korhne ex Vilm. et Bois. var. *purpurascens* Koehne in Sarg. Pl. Wilson. 1: 6. 1911.

灌木，高达4米。叶卵形或椭圆形，长3.5-7厘米，先端尖或渐尖，基部楔形或宽楔形，上部疏生锯齿或全缘；叶柄长2-6毫米，花枝叶椭圆状披针形，较小，两面均无毛或下面叶脉疏被毛；叶柄长2-3毫米。总状花序有5-7（-9）花；花序轴长2-4.5厘米，干后暗紫红色，疏被毛或无毛。花梗长3-5毫米；花萼干后暗紫红色，有时具暗紫色小点及白粉，外面疏被毛或无毛，萼筒壶形，与裂片间有缢纹，裂片卵形，长约5毫米，干后脉纹不明显，有时具白粉；花冠盘状，径2-2.5厘米；花瓣白色，椭圆形或倒卵形，长1-1.5厘米；雄蕊25-33，最长达7毫米；花盘疏被毛；花柱顶端不裂或稍裂，基部疏被毛或无毛，柱头棒形，长1-1.5毫米。蒴果卵形，长6-8毫米，径4-6毫米。种子长约3毫米，具短尾。花期5-6月，果期7-9月。

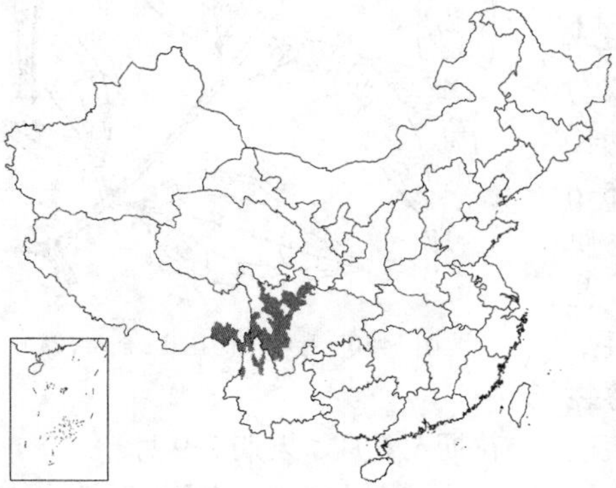

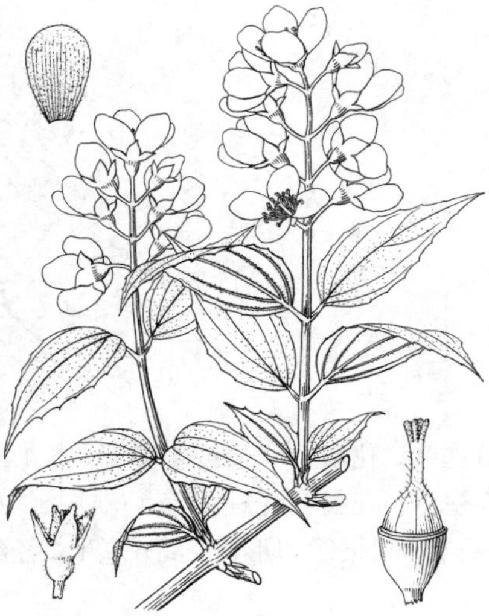

图 448 紫萼山梅花 （引自《图鉴》）

产四川、云南西北部及西藏东南部，生于海拔2600-3500米灌丛中。

7. 山梅花 图 449

Philadelphus incanus Koehne in Gartenfl. 45: 562. 1896.

灌木，高达3.5米。叶卵形或宽卵形，长6-12.5厘米，先端尾尖，基部圆，花枝叶卵形、椭圆形或卵状披针形，较小，先端渐尖，基部宽楔形，疏生锯齿，上面被刚毛，下面密被白色长粗毛；叶柄长0.5-1厘米。总状花序有5-7（-11）花；花序轴长5-7厘米，疏被长柔毛或无毛。花梗长0.5-1厘米，密被长柔毛；花萼外面密被紧贴糙伏毛，萼筒钟形，

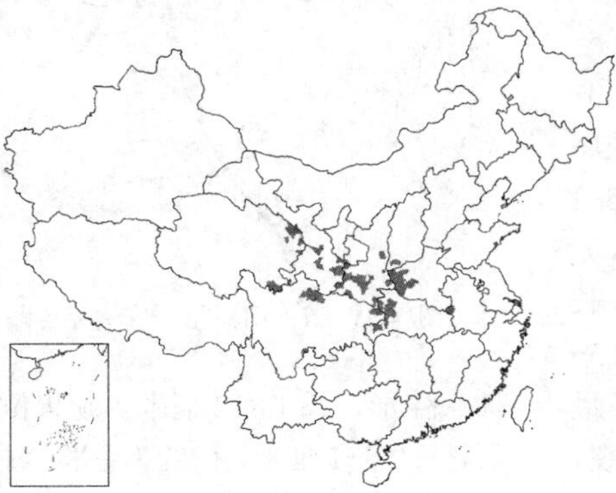

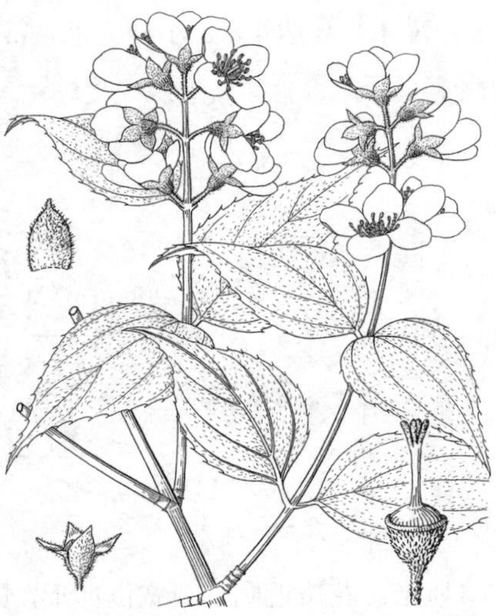

图 449 山梅花 （王金凤绘）

裂片卵形，长约5毫米，先端骤渐尖；花冠盘状，径2.5–3厘米；花瓣白色，卵形或近圆形，长1.3–1.5厘米；雄蕊30–35，最长达1厘米；花盘无毛；花柱长约5毫米，无毛，顶端稍裂，柱头棒形，长约1.5毫米。蒴果倒卵形，长7–9毫米，径4–7毫米。种子长1.5–2.5毫米，具短尾。花期5–6月，果期7–8月。

产安徽西部、湖北西部、河南西部、山西南部、陕西、甘肃、青海东部及四川，生于海拔1200–1700米林缘或灌丛中。

8. 毛萼山梅花 图 450

Philadelphus dasycalyx (Rehd.) S. Y. Hu in Journ. Arn. Arb. 36: 341. 1955.

Philadelphus pekinensis Rupr. var. *dasycalyx* Rehd. in Journ. Arn. Arb. 1: 197. 1920.

灌木，稍攀援，高约3米。叶卵形或卵椭圆形，长3–6（–8）厘米，先端尖或短渐尖，基部宽楔形或圆，具锯齿，上面无毛或疏被糙伏毛，下面无毛或幼叶疏被毛，后脱落；叶柄长0.5–1厘米。总状花序有5–6（8）花；花序轴长2.5–5.5厘米，疏被长柔毛或无毛。花梗长4–5毫米，密被长柔毛；花萼密被直立长柔毛，萼裂片卵形，长5–6毫米，疏被毛或无毛；花冠盘状，径2.5–3厘米，花瓣倒卵形或宽卵形，长1.2–1.5厘米，无毛，雄蕊25–34，最长达7毫米；花盘和花柱无毛，花柱长约6毫米，顶端稍裂，柱头棒形，长约1.5毫米。蒴果倒卵形，长约6毫米，径约4.5毫米。种子长约3毫米，具短尾。

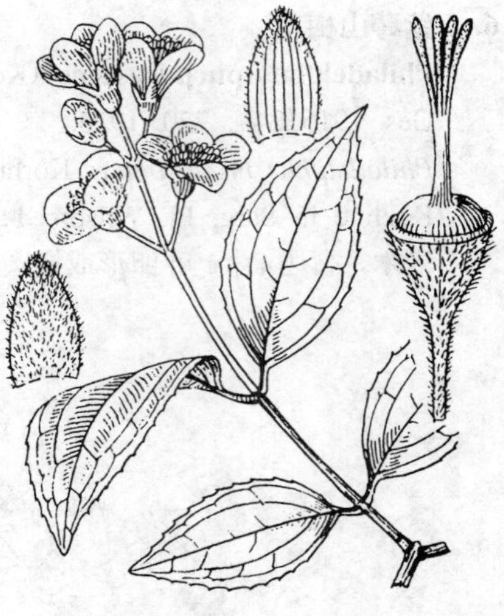

图 450 毛萼山梅花 （余汉平绘）

花期5–6月，果期7–9月。

产河南北部、山西、陕西中南部及甘肃，生于海拔700–2500米针叶林内或灌丛中。

9. 云南山梅花 图 451

Philadelphus delavayi Henry in Rev. Hort. Paris 1903: 13. f. 1903.

灌木，高达4米。小枝无毛，常具白粉。叶长圆状披针形或卵状披针形，长4.5–16厘米，先端渐尖，基部圆或楔形，具细锯齿或近全缘，上面被糙伏毛，下面密被灰色长柔毛；叶柄长3–5毫米。总状花序有5–9（–21）花，最下分枝具3–5花成聚伞状或总状；花序轴长5–9厘米。花梗长0.5–1厘米，无毛；花萼红褐色，无毛，常具白粉，裂片卵形，长5–6毫米；花冠盘状，径2.5–3.5厘米；花瓣近圆形或宽倒卵形，长1.2–1.5厘米，无毛；雄蕊30–35，最长达9毫米，花药长圆形，长1.5毫米，花盘和花柱无毛，花柱粗，不分裂，柱头棒形，长1.8–2毫米。蒴果倒卵形，长0.8–1厘米，径约7毫米。种子

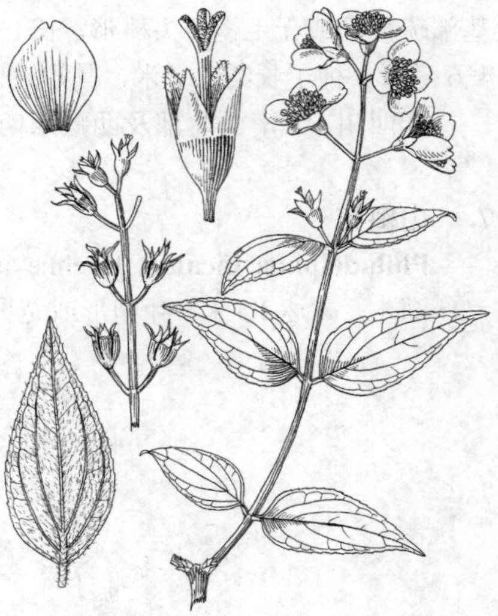

图 451 云南山梅花 （余汉平绘）

长约4毫米，具长尾。花期6-8月，果9-11月。

产云南西北部、四川西南部、西藏东南部及南部，生于海拔700-3800米林中或林缘。缅甸有分布。

10. 毛柱山梅花 图 452

Philadelphus subcanus Koehne in Mitt. Deutsch. Dendr. Ges. 1904 (13): 83. 1904.

灌木，高达6米。叶纸质，卵形或宽卵形，长6-14厘米，花枝叶较小，先端稍尾尖或渐尖，基部宽楔形或圆，具疏齿，上面疏被长硬毛，下面沿中脉和侧脉被长柔毛；叶柄长0.5-1厘米。总状花序有9-15（-25）花，下部分枝常3至多花组成聚伞状或圆锥状；花序轴长2.5-15厘米。花梗长0.5-1(1.5)厘米；花萼外面被金黄或灰黄色微柔毛，裂片卵形，长6-7毫米，先端渐尖，尖头长1-1.5毫米；花冠盘状，径2.5-3（-4）厘米，花瓣白色，倒卵形或椭圆形，长1-1.8厘米；雄蕊25-33，最长达1厘米，花药长圆形，长约1.5毫米；花盘和花柱下部密被金黄色微柔毛，花柱长约6毫米，柱头近匙形，长1.5-2毫米。蒴果倒卵形，长0.8-1厘米，径0.8-1厘米。种子长3-3.5毫米，尾长约1毫米。花6-7月，果期8-10月。

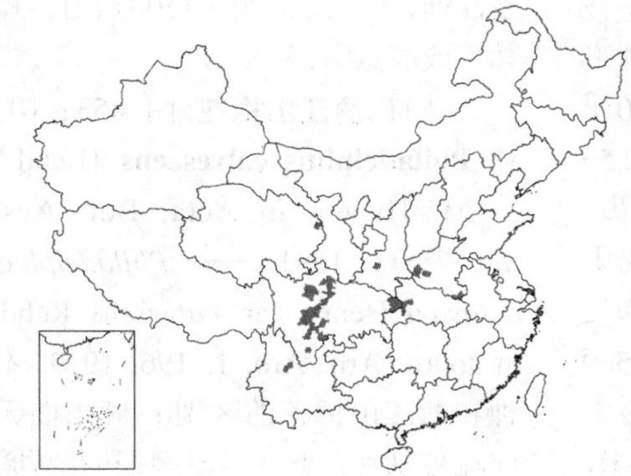

产河南东南部及西部、陕西、湖北西部、四川、青海东部及云南，生于海拔1800-2300米林缘或灌丛中。

图 452 毛柱山梅花 （余汉平绘）

11. 绢毛山梅花 图 453：1-5

Philadelphus sericanthus Koehne in Gartenfl. 45: 561. 1891.

灌木，高达3米。叶纸质，椭圆形或椭圆状披针形，长3-11厘米，先端渐尖，基部楔形或宽楔形，具锯齿，上面疏被糙伏毛，下面沿脉及侧脉被长硬毛；叶柄长0.8-1.2厘米。总状花序有7-15（-30）花，下面1-3对分枝具3-5花成聚伞状；花序轴长5-15厘米。花梗长0.6-1.4厘米；花萼外面疏被白色刚毛或糙伏毛，褐色，裂片卵形，长6-7毫米，先端渐尖，尖头长约1.5毫米；花冠盘状，径2.5-3厘米，花瓣倒卵形或长圆形，长1.2-1.5厘米；雄蕊30-35，最长达7毫米；花药长圆形，长约1.5毫米；花盘和花柱均无毛或疏被白色刚毛，花柱长约6毫米，柱头桨形或匙形，长1.5-2毫米。果倒卵形，长约7毫米，径约5毫米。种子长约3毫米，具短尾。花期5-6月，果期8-9月。

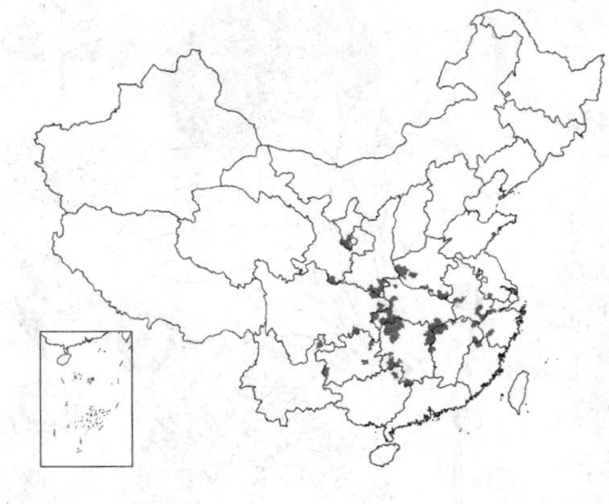

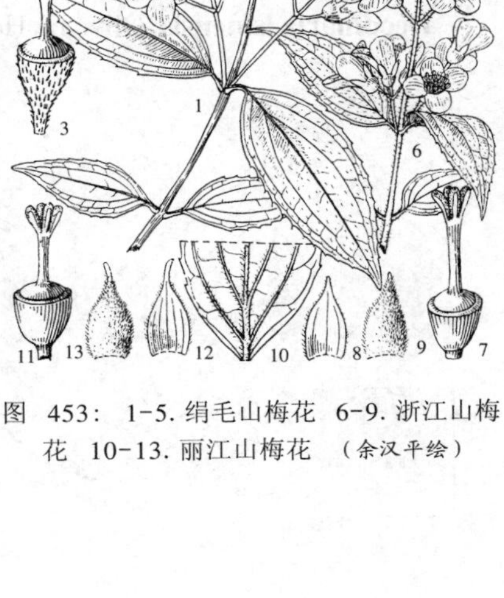

图 453：1-5. 绢毛山梅花 6-9. 浙江山梅花 10-13. 丽江山梅花 （余汉平绘）

产江苏南部、浙江、安徽、福建西北部、江西、湖北、湖南、广西东北部、贵州、云南东北部、四川、甘肃、陕西东南部及河南，生于海拔350-3000米林下或灌丛中。

12. 浙江山梅花 图 453：6-9

Philadelphus zhejiangensis（Cheng）S. M. Hwang in Acta Bot. Aus. Sin. 7: 10. 1991.

Philadelphus pekinensis Rupr. var. *zhejiangensis* Cheng in Contr. Biol. Lab. Sci. Soc. China Bot. 10: 113. 1916.

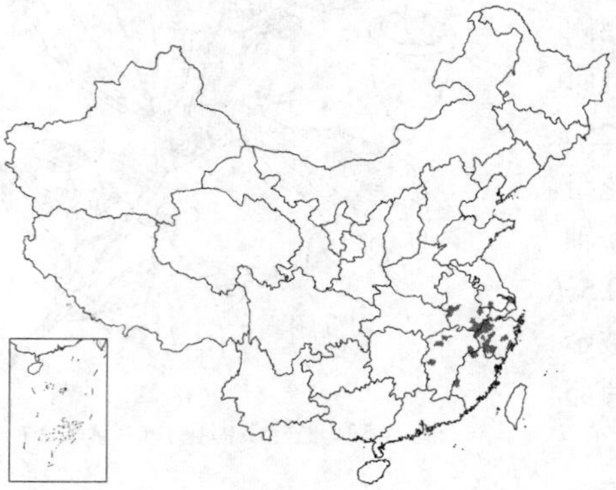

灌木，高达3米。小枝黄褐色，无白粉。叶椭圆形或椭圆状披针形，长5-10厘米，先端渐尖，尖头长0.5-1厘米，基部楔形，具锯齿，上面疏被糙伏毛，下面沿中脉和侧脉被长硬毛；叶柄长0.5-1厘米。总状花序有5-9（-13）花，最下1对分枝常具3花；花序轴长5-13厘米，黄褐色。花梗长0.5-1.2厘米；花萼褐色，无毛，裂片卵形或卵状披针形，长4-6毫米，先端渐尖；花冠十字形，径2.8-3.5厘米，花瓣白色，椭圆形或宽椭圆形，长1.2-1.8厘米；雄蕊31-39，最长达1.2厘米；花盘和花柱无毛，柱头桨形，长1.5-2毫米。蒴果椭圆形或陀螺形，长6-8毫米，径4-5毫米。种子长约2.5毫米，具短尾。花5-6月，期7-11月。

产江苏南部、安徽、浙江、福建及江西，生于海拔700-1700米山谷疏林下或灌丛中。

［附］**丽江山梅花** 图 453：10-13 **Philadelphus calvescens**（Rehd.）S. M. Hwang in Acta. Bot. Aus. Sin. 7: 11. 1991. —— *Philadelphus delavayi* Henry var. *calvesens* Rehd. in Journ. Arn. Arb. 1. 196. 1919. 本种和浙江山梅花的区别：叶上面无或疏被刚毛；小枝、花序轴和花萼暗紫色，稍具白粉；蒴果倒卵形。产云南西北部及四川西南部，生于海拔2400-3500米灌丛中。

4. 赤壁木属 Decumaria Linn.

（黄淑美）

常绿攀援灌木，常具气生根。叶对生，易脱落；无托叶。伞房状圆锥花序顶生。花两性，小；花冠一型，无不孕花；萼筒与子房贴生，裂片7-10，小；花瓣7-10，离生；花蕾时镊合状排列；雄蕊20-30，花丝线形，花药2室，药室纵裂；子房下位，5-10室，胚珠多数，中轴胎座，花柱1，粗短，柱头扁盘状，7-10裂。蒴果室背开裂，果瓣除两端外，与中轴分离。种子多颗。微小，两端有膜翅。

2种，1种产我国，另1种产美国东南部。

赤壁木 图 454

Decumaria sinensis Oliv. in Hook. Icon. Pl. 18: pl. 1741. 1888.

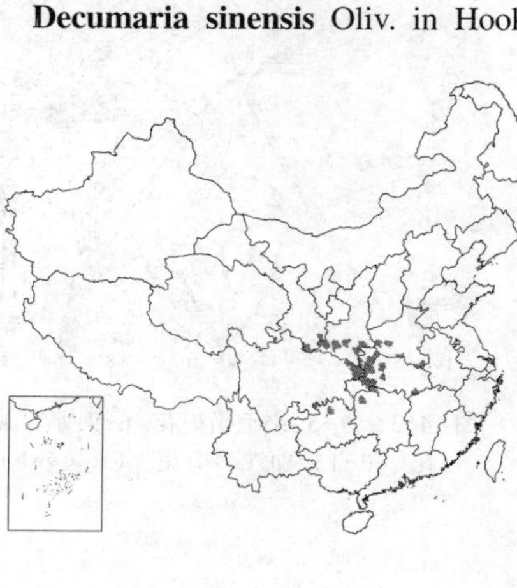

攀援灌木，长达5米。叶薄革质，倒卵形或椭圆形，长3.5-7厘米，先端钝，基部楔形，近全缘或上部稍疏生齿，近无毛，侧脉4-6对；叶柄长1-2厘米。花序长3-4厘米，径4-5厘米。花白色，芳香；花梗长0.5-1厘米；萼筒陀螺形，长约2毫米，裂片卵形或卵状三角形，长约

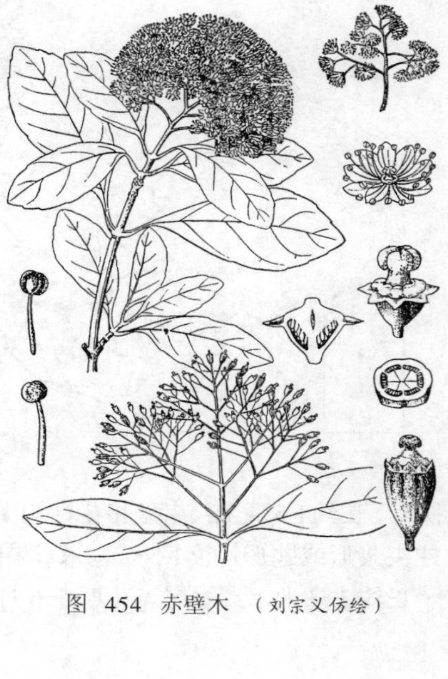

图 454 赤壁木 （刘宗义仿绘）

1毫米；花瓣长圆状形，长3-4毫米；花丝长3-4毫米，花药卵形或近球形；花柱粗，长不及1毫米，柱头扁盘状，7-10裂。蒴果钟形或陀螺形，长约6毫米，径约5毫米，具宿存花柱和柱头，具10-12棱或隆起脉纹。种子两端尖，长约3毫米。花期3-5月，果期8-10月。

产甘肃南部、陕西南部、河南南部、湖北、湖南西北部、四川及贵州北部，生于海拔600-1300米山坡岩缝灌丛中。

5. 冠盖藤属 **Pileostegia** Hook. f. et Thoms.

（黄淑美）

常绿攀援灌木，具气根。叶对生，革质；无托叶。伞房状圆锥花序，常二歧分枝。花两性；花冠一型，无不孕花，常数朵聚生；萼筒与子房贴生，裂片4-5；花瓣4-5，花蕾时覆瓦状排列，上部连成冠盖状，早落；雄蕊8-10；花丝纤细，花药近球形，2室，药室纵裂；子房下位，4-6室，胚珠多数，中轴胎座，花柱粗短，柱头圆锥状，4-6浅裂。蒴果陀螺形，平顶，具宿存花柱和柱头，沿棱脊间开裂。种子多数，微小，纺锤状，一端或两端具膜质翅。

2种，产亚洲东南部。我国均产。

1. 小枝、叶和花序无毛，稀被星状柔毛或绒毛；叶椭圆状倒披针形或长椭圆形，基部楔形 …… 1. **冠盖藤 P. viburnoides**
1. 小枝、叶下面、叶柄和花序密被锈色星状柔毛；叶长圆形或倒卵状长圆形，基部圆或稍心形 ……………………………………………………………………………………………………… 2. **星毛冠盖藤 P. tomentella**

1. 冠盖藤 图 455

Pileostegia riburnoides Hook. f. et Thoms. in Journ. Linn. Soc. Bot. 2: 76. t. 2. 1857.

攀援灌木，长达15米。小枝无毛，叶薄革质，椭圆状倒披针形或长椭圆形，长10-18厘米，宽3-7厘米，先端渐尖或尖，基部楔形，全缘或稍波状，上面有光泽，无毛，下面无毛，稀疏被星状柔毛，侧脉7-10对；叶柄长1-3厘米。花序长7-20厘米，径5-25厘米，无毛或稍被褐色星状柔毛。花白色；花梗长3-5毫米；萼筒圆锥形，长约1.5毫米，裂片三角形；花瓣卵形，长约2.5毫米；花丝长4-6毫米；花柱长约1毫米，柱头4-6裂。蒴果圆锥形，长2-3毫米，具5-10肋纹或棱，花柱和柱头宿存。种子连翅长约2毫米。花期7-8月，果期9-12月。

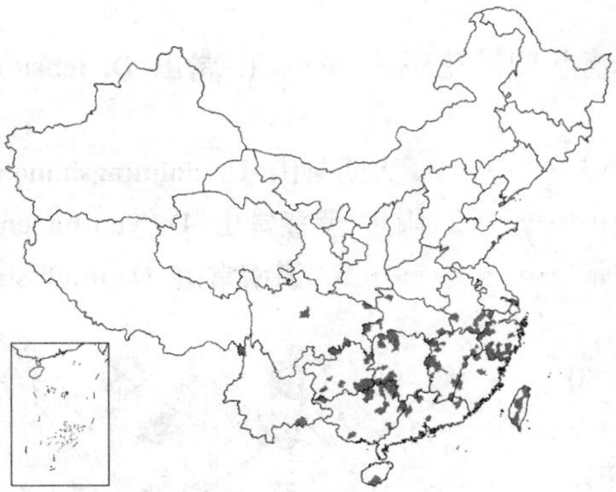

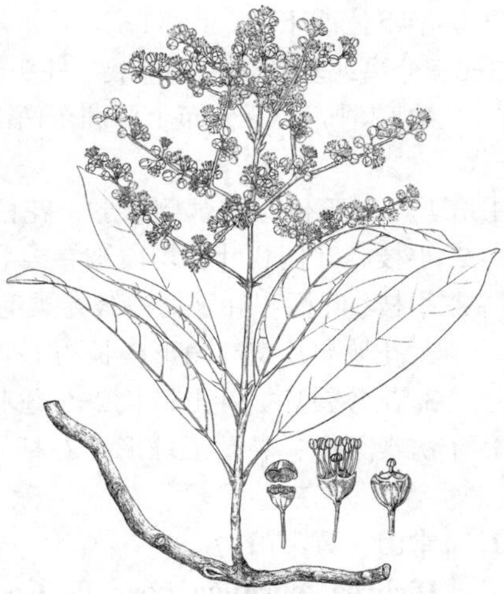

图 455 冠盖藤 （引自《图鉴》）

产安徽、浙江、福建、台湾、江西、湖北、湖南、广东、香港、海南、广西、贵州、云南及四川，生于海拔600-1000米山谷林中。印度、越南及日本琉球群岛有分布。

2. 星毛冠盖藤 图 456

Pileostegia tomentella Hand.-Mazz. in Anz. Akad. Wiss. Wien, Math.-Nat. 59: 55. 1922.

攀援灌木，长达16米。小枝、叶下面和花序均密被淡褐或锈色星状柔毛。叶革质，长圆形或倒卵状长圆形，稀倒披针形，长5-10（-18）厘米，宽2.5-5（-8）厘米，先端尖，基部圆或稍心形，近全缘或近顶端具粗齿或不规则波状，幼叶上面疏被毛，后脱落，侧脉8-13对；叶柄长1.2-1.5厘

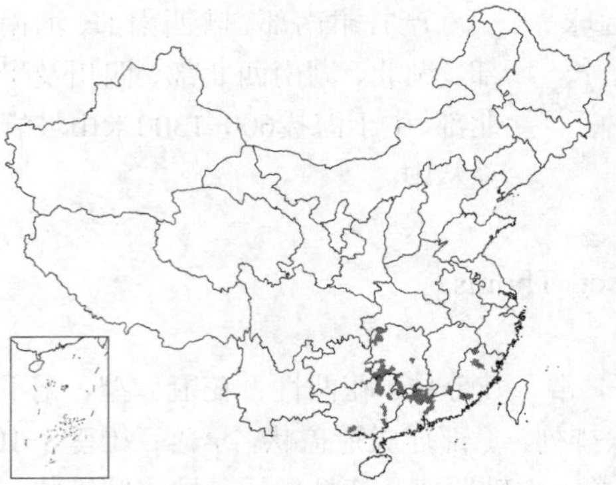

米。花序顶生，长宽均10-25厘米。花白色；花梗长约2毫米；萼筒杯状，长约2毫米，裂片三角形，疏被毛；花瓣卵形，长约2毫米，早落；花丝长5-6毫米；花柱长约1.5毫米，柱头圆锥状，4-6裂，被毛。蒴果陀螺形，径约4毫米，被星状毛，花柱和柱头宿存，具棱。种子连翅长约2毫米。花期3-8月，果期9-12月。

产福建、江西南部、湖南、广东、广西及贵州东南部，生于海拔300-700山谷林中。

图 456 星毛冠盖藤 （引自《图鉴》）

6. 常山属 Dichroa Lour.

（黄淑美）

落叶灌木或亚灌木。叶对生，稀上部互生。伞房状圆锥花序或聚伞花序。花两性，一型，无不孕花；萼筒倒圆锥形，贴生子房，裂片5（6）裂片；花瓣5（6），分离，稍肉质，顶端具内向短角尖，花蕾时镊合状排列；雄蕊4-5或10（-20）；花丝线形或钻形，花药卵形或椭圆形，2室，药室纵裂，花丝在花蕾时常有半数弯曲，花药倒悬；子房半下位或下位，上部1室，下部有不连接或近连接的隔膜4-6，胚珠多数，生于向内伸展的膜胎座上，花柱（2）3-6，分离或基部合生，开展，柱头长圆形或近球形。浆果，略干燥，不裂。种子多数，小，无翅，具网纹。

约12种，广泛分布于亚洲东南部热带和亚热带地区，少数产太平洋岛屿。我国6种。

1. 子房3/4下位；花蕾倒卵形；花柱4-6，柱头长圆形，花丝线形。
  2. 小枝、叶柄和叶脉均被皱卷柔毛，下面稀散生长柔毛或无毛；伞房状圆锥花序 ……… 1. **常山 D. febrifuga**
  2. 小枝、叶柄和叶脉均被皱卷柔毛和长粗毛；伞房状聚伞花序。
    3. 花萼裂片宽三角形，长约1毫米，无毛，花瓣无毛 ……………………………… 2. **大明常山 D. daimingshanensis**
    3. 花萼裂片披针形，长2-6毫米，被长粗毛，花瓣被毛 ……………………… 2（附）. **罗蒙常山 D. yaoshaoensis**
1. 子房半下位；花蕾近球形；花柱（2）3（4），柱头近球形，花丝钻形 ……………… 3. **海南常山 D. mollissima**

1. 常山 黄常山 图 457 彩片 80

Dichroa febrifuga Lour. Fl. Cochinch. 301. 1970.

灌木，高1-2米；小枝、叶柄和叶脉被皱卷柔毛。叶椭圆形、倒卵形，椭圆状长圆形或披针形，长6-25厘米，宽2-10厘米，先端渐尖，基部楔形，具锯齿，稀波状，两面绿色或下面紫色，无毛或叶脉被皱卷柔毛，稀下面散生长柔毛，侧脉8-10对；叶柄长1.5-5厘米。伞房状圆锥花序，径3-20厘米。花蕾倒卵形，花白色或蓝色；花梗长3-5毫米；

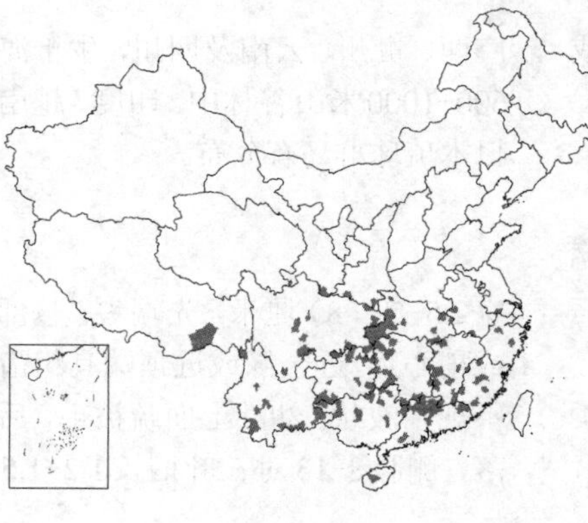

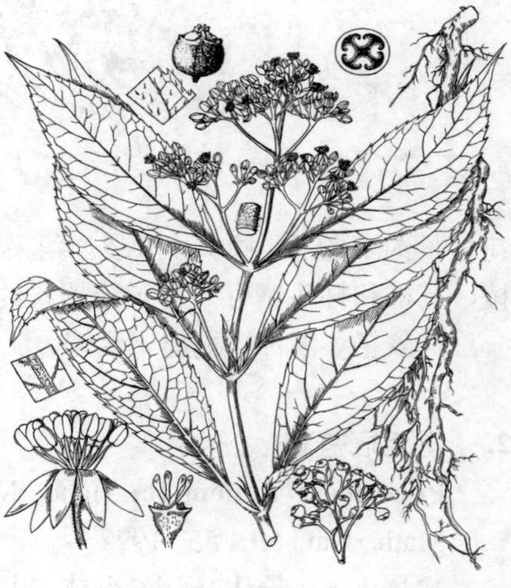

图 457 常山
（引自《江苏南部种子植物手册》）

花萼裂片宽三角形，花瓣长圆状椭圆形，稍肉质，花后反折；雄蕊10-20，一半与花瓣对生，花丝初与花瓣合生，后分离，花药椭圆形；花柱4（5-6）棒形，柱头长圆形，子房3/4下位。浆果径3-7毫米，蓝色，干后黑色。种子长约1毫米。花期2-4月，果期5-8月。

产江苏南部、安徽、浙江、福建、江西、湖北、湖南、广东、海南、广西、贵州、云南、西藏、四川、陕西南部及甘肃南部，生于海拔200-2000米阴湿林中。印度、东南亚及日本琉球群岛有分布。

2. 大明常山 图 458：1-6

Dichroa daimingshanensis Y. C. Wu in Engl. Bot. Jahrb. 71：197. 1904.

亚灌木，高达3米。小枝、叶柄和叶脉均被皱卷柔毛和长粗毛。叶纸质，椭圆形或长圆状椭圆形，长7-16厘米，先端尖或渐尖，基部楔形，有时下延，具不规则锯齿，两面均被长粗毛，侧脉6-9对；叶柄长1.3厘米。伞房状聚伞花序长5-10厘米，径3-5厘米；花蕾倒卵形，长约5毫米，蓝白色；花梗长约4毫米；花萼裂片宽三角形，长约1毫米，无毛；花瓣宽披针形或长圆状卵形，长5-6毫米，两面无毛；花丝长短各半；花柱4（-6）棒形，长约3.5毫米，柱头长圆形，偏斜；子房近下位。蒴果近球形，径约5毫米。种子梨形，长约0.8毫米。花期4-5月，果期9-10月。

产广西及贵州南部，生于海拔400-800米阴湿林中。

［附］**罗蒙常山** 图 458：7-11 **Dichroa yaoshanensis** Y. C. Wu in Engl. Bot. Jahrb. 71：180. 1974. 本种与大明常山的区别：花萼裂片披针形，长2-6毫米，被长粗毛；花瓣两面均被长硬毛或内面无毛。花期2-4月，果期5-8月。产云南、广西、广东及湖南，生于海拔500-1200米山谷林下。

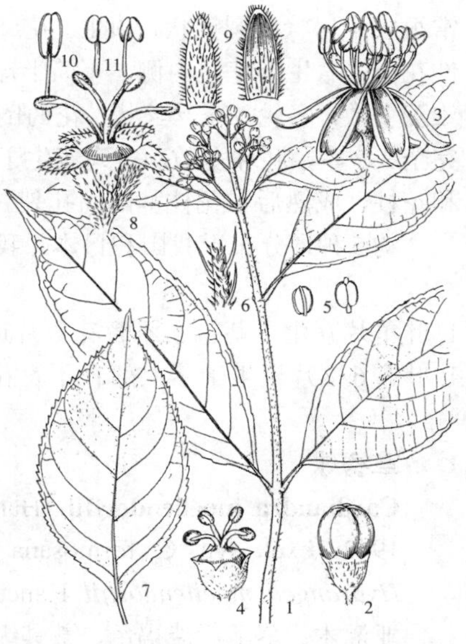

图 458：1-6. 大明常山 7-11. 罗蒙常山
（邓晶发绘）

3. 海南常山 图 459

Dichroa mollissima Merr. in Phillip. Journ. Sci. Bot. 23：245. 1933.

灌木，高达2米。叶厚纸质，长圆状椭圆形或长圆状倒卵形，长8-16厘米，宽2.5-6.5厘米，先端渐尖或尾尖，基部楔形，上部具疏齿，上面无毛，下面密被长柔毛，侧脉5-8对；叶柄长2-4毫米。伞房状聚伞花序顶生，长5-7厘米。花蕾近球形，径约2.5厘米；花萼裂片卵形，长约1毫米；花瓣长圆形、卵形或卵状披针形，长约3.5毫米，无毛；花丝钻形，长1.2-2毫米，花药卵状椭圆形，花蕾时下弯；花柱（2）3（4），长约1.6毫米，柱头近球形，子房半下位。蒴果长卵形，连宿存花柱长约

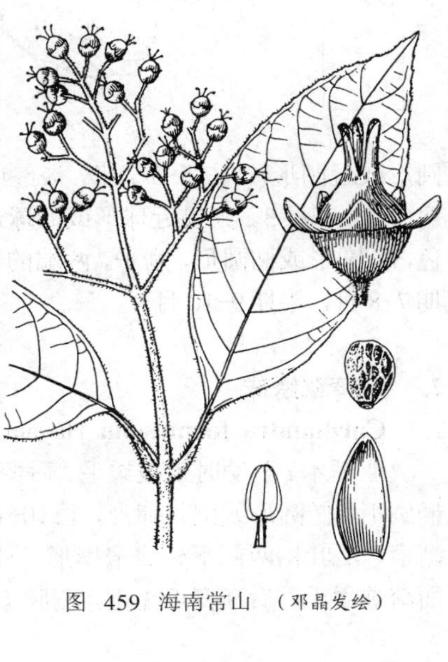

图 459 海南常山 （邓晶发绘）

4.5毫米，径约6毫米，被柔毛或无毛。种子椭圆形，稍偏斜，具网纹。花期6-7月，果期9-12月。

产海南，生于海拔1000-2000米山谷林下及灌丛中。

7. 草绣球属 Cardiandra Sieb. et Zucc.

（卫兆芬）

亚灌木或灌木；具地下茎。茎常单生。单叶互生，或4-8片聚生茎中上部或下部，具锯齿；无托叶。聚伞花序常组成伞房状或圆锥状，顶生。花二型，不育花大，着生于花序外侧；萼片2-3，花瓣状，分离或基部稍连合；孕性花小，着生于花序内侧，萼筒半球状，与子房贴生，先端4-5裂，裂齿小，卵状三角形；花瓣5，覆瓦状排列；雄蕊多数，多轮，花丝丝状，花药倒心形，顶端近平截，药室2，纵裂，药隔倒三角形，扁平；子房近下位，具不完全2-3室，胚珠多数，多列着生于内弯胎座；花柱粗短，2-3，柱头小，内倾，近头状。蒴果。顶端具宿存萼齿和花柱，成熟后于花柱基部间孔裂。种子多数，小，长圆形，具脉纹，两端具翅；胚小，生于肉质胚乳中部。

约5种，分布于我国和日本。我国3种1变种。

1. 叶单片互生于茎上；不育花萼片近等大，先端圆或稍尖，基部近平截 ……………… 1. **草绣球 C. moellendorffii**
1. 叶常6-8片聚生于茎上部；不育花萼片不等大，基部近平截 ……………………………… 2. **台湾草绣球 C. formosana**

1. 草绣球 图 460

Cardiandra moellendorffii (Hance) Migo in Journ. Jap. Bot. 18: 419. 1942 (excl. syn. C. formosana Hayata).

Hydrangea moellendorffii Hance in Journ. Bot. 12: 177. 1874.

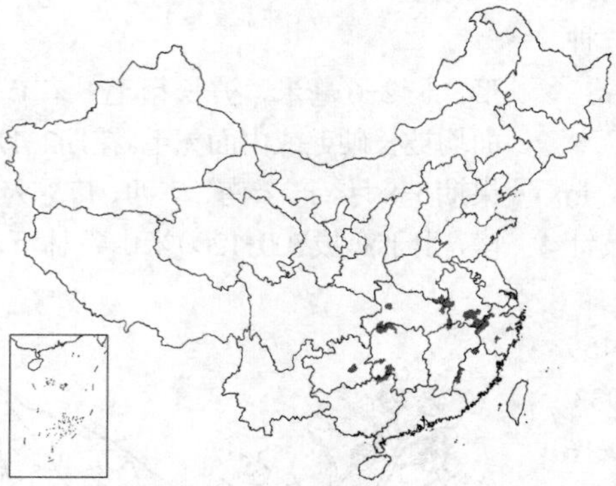

亚灌木。茎干后淡褐色，微具纵纹。叶单片互生于茎上，纸质，椭圆形或倒长卵形，长6-13厘米，先端渐尖，基部下延呈楔形，具粗长锯齿，上面被糙伏毛，下面疏被柔毛或仅脉上有疏毛，侧脉7-9对；叶柄长1-3厘米，近无毛。伞房状聚伞花序顶生。不育花萼片2-3，宽卵形或近圆形，近等大，长0.5-1.5厘米，先端圆或稍尖，基部近平截；孕性花萼筒杯状，长1.5-2毫米；花瓣宽椭圆形或近圆形，长2.5-3毫米，淡红或白色；雄蕊15-25，稍短于花瓣；子房3室，花柱3。蒴果近球形或卵球形，不连花柱长3-3.5毫米。种子棕褐色，长圆形或椭圆形，扁平，两端的翅颜色较深，与种子同色，不透明。花期7-8月，果期9-10月。

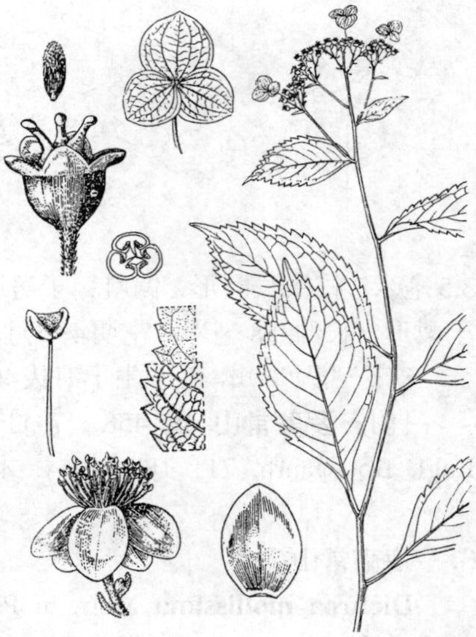

图 460 草绣球 （仿《植物分类学报》）

产浙江、安徽、福建、江西、河南东南部、湖北、湖南及贵州，生于海拔700-1500米山谷密林或山坡疏林中。

2. 台湾草绣球 图 461

Cardiandra formosana Hayata in Bot. Mag. Tokyo 20: 54. 1906.

亚灌木。茎幼时疏被柔毛，后变无毛。叶常6-8片，常聚生茎上部，窄椭圆形、椭圆形或倒长卵形，长10-15厘米，宽3-6厘米，先端渐尖，基部渐窄，沿叶柄两侧下延成窄楔形，具三角形小锯齿，上面疏被糙伏毛，下面疏被柔毛，后渐变近无毛，侧脉7-11对，两面平；叶柄长2-5厘米，疏被柔毛。伞房状聚伞花序通常顶生，花序梗伸长，被紧贴柔毛。不育花具细长花梗，萼片2，卵形，不等大，较大的长1.5-2.5厘米，其大小几乎等于小的2倍，先端渐尖或钝，基部平截或微心形；孕性花萼筒杯状，长约1毫米；花瓣卵形或宽长圆形，长约3毫米，先端钝圆，基部近平截；雄蕊15-19，稍不等长；花柱2-3。蒴果卵圆形，长约3毫米。种子宽长圆形、宽卵形或宽倒卵形，连翅长0.7-1毫米，两端的翅黄白色，半透明。花期8月，果期10月。

产台湾北部及浙江西北部，生于中海拔山地林下阴湿处。

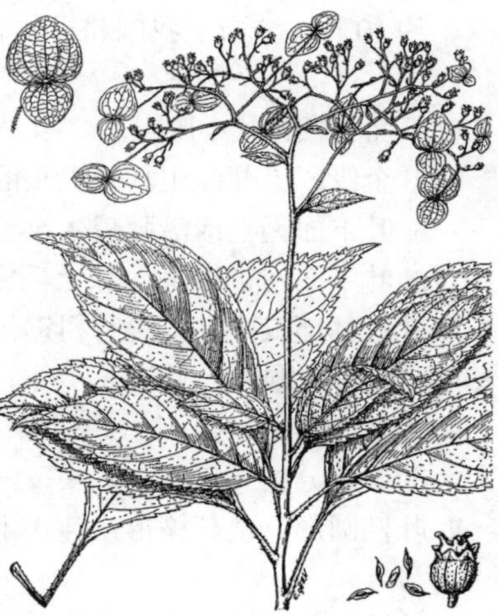

图 461 台湾草绣球
（引自《Woody Fl. Taiwan》）

8. 蛛网萼属 **Platycrater** Sieb. et Zucc.

（卫兆芬）

落叶灌木，高达3米，茎下部近平卧或匍匐状。冬芽有鳞片2-3对。小枝近无毛，老枝皮薄而脱落。叶对生或交互对生，薄纸质，披针形或椭圆形，长9-15厘米，宽3-6厘米，先端尾尖，基部窄楔形，具锯齿，上面疏生粗毛或近无毛，下面疏被柔毛，侧脉7-9对；叶柄长1-7厘米，扁平。伞房状聚伞花序有少数分枝；苞片线形，宿存。花二型；不育花位于花序外侧，常有退化花瓣和雌蕊，萼片3-4，合生，三角形或四方形，先端3-4裂或3-4浅缺刻；孕性花位于花序内侧，萼筒与子房贴生，萼齿4-5，三角状卵形或窄三角形，宿存；花瓣4，白色，卵圆形，先端略尖，镊合状排列，早落；雄蕊多数，多轮，花丝基部稍合生，花药宽长圆形，基着，子房子位，2室，胚珠多数，花柱2，细长，柱头乳头状。蒴果倒圆锥形，不连花柱长8-9毫米，顶部宽6-8毫米，具纵纹，成熟时于顶端花柱基部之间孔裂。种子多数，小，椭圆形，两端具翅。

单种属。

蛛网萼 图 462

Platycrater arguta Sieb. et Zucc. Fl. Jap. 64. 1835.

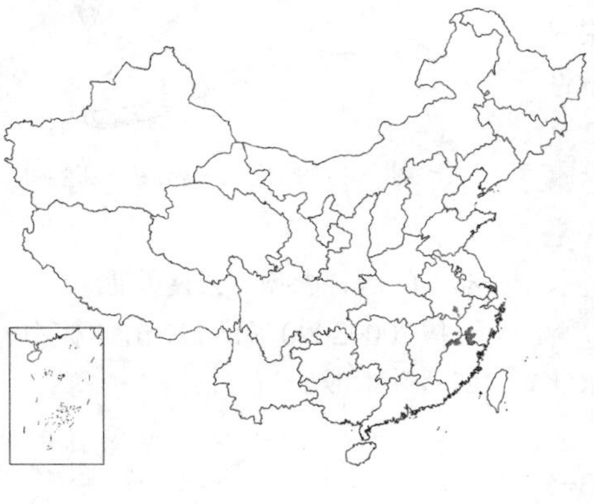

形态特征同属。花期7月，果期9-10月。

产安徽南部、浙江南部、江西东北部及福建北部，生于海拔800-1800米山谷水旁林下或山坡石旁灌丛中。日本有分布。

图 462 蛛网萼 （邓盈丰绘）

9. 钻地风属 **Schizophragma** Sieb. et Zucc.

（卫兆芬）

落叶木质藤本。茎平卧或具气生根攀援。冬芽栗褐色，被柔毛，有鳞片2-4对。老枝茎皮薄片剥落。叶对生，全缘或稍有小齿或锯齿，具长柄。伞房状或圆锥状聚伞花序顶生。具不育花或缺，萼片1-2，花瓣状，全缘；孕性花小，萼筒与子房贴生，萼齿三角形，宿存，花瓣分离，镊合状排列，早落；雄蕊10，分离，花丝丝状，花药宽椭圆形，子房近下位，4-5室，胚珠多数，垂直，中轴胎座，花柱单生，短，柱头头状，4-5裂。蒴果倒圆锥形或陀螺形，具棱，顶端突出萼筒外或平截，突出部分常圆锥状，成熟时于棱间自基部向上纵裂。种子多数，连翅纺锤形，两端具窄长翅。

约10种，分布于我国和日本。我国9种、2变种。

1. 叶下面无颗粒状小腺点。
  2. 叶全缘或上部疏生具硬尖头的小齿；不育花萼片长达6厘米。
    3. 叶下面无毛或沿脉疏生柔毛，脉腋常具髯毛 ………………………………………………… 1. **钻地风 S. integrifolium**
    3. 叶下面密被柔毛，脉上毛密 ……………………………………………………………………… 2. **柔毛钻地风 S. molle**
  2. 叶近基部或中部以上有粗锯齿；不育花萼片长2-3厘米 ……………………… 3. **秦榛钻地风 S. corylifolium**
1. 叶下面密被颗粒状小腺点。
  4. 叶宽卵圆形，基部圆，下面沿脉被淡褐色柔毛，基部圆，下面沿脉被淡褐色柔毛，侧脉常有1-2条与其近等粗的二级分枝 ……………………………………………………………………………………………… 4. **圆叶钻地风 S. fauriei**
  4. 叶椭圆形，基部楔形或钝，下面无毛；侧脉无二级分枝 ……………………… 5. **椭圆钻地风 S. ellipsophyllum**

1. 钻地风 图463

Schizophragma integrifolium Oliv. in Hook. Icon. Pl. 20: pl. 1934. 1890.

落叶木质藤本。小枝无毛。叶纸质，椭圆形或宽卵形，长8-20厘米，先端渐尖或骤尖，基部宽楔形、圆或微心形，全缘或上部疏生具硬尖小齿，下面无毛或沿脉疏生柔毛，脉腋有髯毛，侧脉7-9对；叶柄长2-9厘米，无毛。伞房状聚伞花序密被褐色紧贴柔毛。不育花萼片单生或2-3片，卵状披针形或宽椭圆形，果时长3-7厘米，黄白色；孕性花萼筒陀螺状，长1.5-2毫米，萼齿三角形，长约0.5毫米；花瓣长卵形，长2-3毫米；雄蕊长4.5-6毫米；花柱和柱头长约1毫米。蒴果陀螺状，长6.5-8毫米，顶端短圆锥形，长约1.5毫米。种子褐色，连翅长3-4毫米。花期6-7月，果期10-11月。

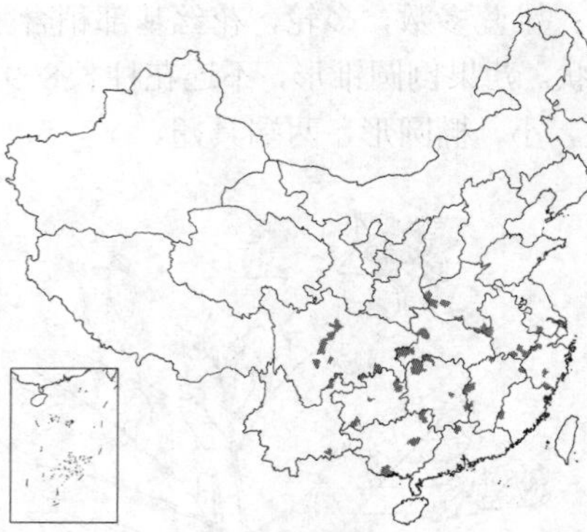

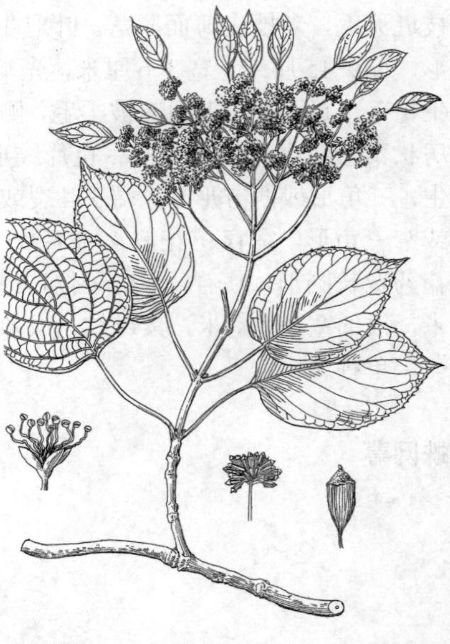

图 463 钻地风 （引自《图鉴》）

产江苏南部、安徽、浙江、福建、江西、河南、湖北、湖南、广东北部、广西、贵州、云南及四川，生于海拔200-2000米山谷、山坡林中，常攀援乔木或岩石上。

2. 柔毛钻地风 图464：3-5

Schizophragma molle (Rhad.) Chun in Acta Phytotax. Sin. 3(2): 167. 1954.

Schizophragma integrifolium Oliv. var. *molle* Rehd. in Sarg. Pl. Wilson. 1: 42. 1911.

木质藤本或灌木状。小枝无毛或被锈色柔毛。叶纸质或近革质，卵形或椭圆形，长10-20厘米，先端骤尖或渐尖，基部圆、平截或微心形，全缘或上部疏生小齿，上面无毛或脉上被疏柔毛，下面密被淡褐色柔毛，脉上毛密，侧脉7-9对；叶柄长1.5-8厘米，近无毛。伞房状聚伞花序顶生，径10-25厘米，密被锈色柔毛。不育花萼片单生，黄白色，长卵形或长椭圆形，

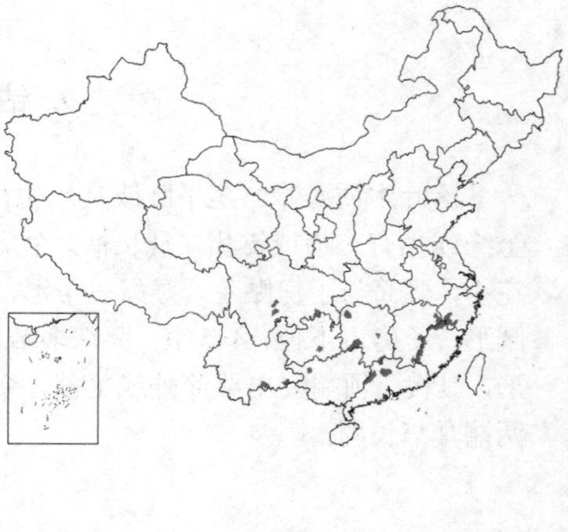

长2.5-6厘米；孕性花萼筒倒圆锥形，长1.5-2毫米，被毛；花瓣卵形，长2-2.5毫米，内面被毛；雄蕊稍不等长；花柱长约0.5毫米。蒴果倒圆锥形，长5-6毫米，顶端圆锥形，长1-1.5毫米。种子棕褐色，连翅长约4毫米。花期6-7月，果期9-10月。

产四川、云南、贵州、广西、广东、湖南、江西、福建及浙江南部，生于海拔500-2100米山谷峭壁、密林或疏林中。

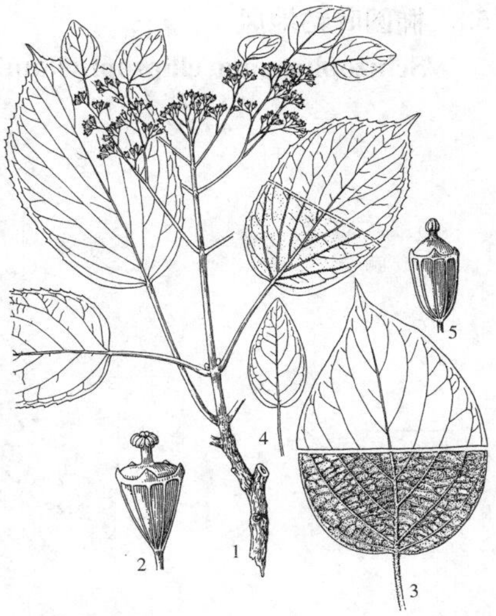

图 464：1-2. 秦榛钻地风 3-5. 柔毛钻地风 （邓盈丰绘）

3. 秦榛钻地风 图 464：1-2

Schizophragma corylifolium Chun in Acta Phytotax. Sin. 3(2): 170. 1954.

木质藤本或灌木状。小枝近无毛，具纵纹。叶纸质，宽卵形、近圆形或宽倒卵形，长6.5-11厘米，先端具骤尖头或短尖头，基部微心形或近圆，近基部或中部以上具粗锯齿，上面无毛或中脉疏被柔毛，下面沿脉密被长柔毛，侧脉6-8对，与中脉近等粗，常有1-4条与其近等粗的二级分枝；叶柄长2-10厘米，近无毛。伞房状聚伞花序径8-17厘米。不育花花梗长不及1厘米；萼片单生，椭圆形或卵形，长2-3厘米；孕性花萼筒倒圆锥状，长约2毫米，无毛；花瓣长圆形，长1.8-2毫米；雄蕊长约3毫米，近等长；花柱短，顶端5裂。幼果倒圆锥形，长4-5毫米，顶端稍突出。花期5-6月。

产安徽南部及浙江北部，生于海拔115-1200米山谷溪边林中。

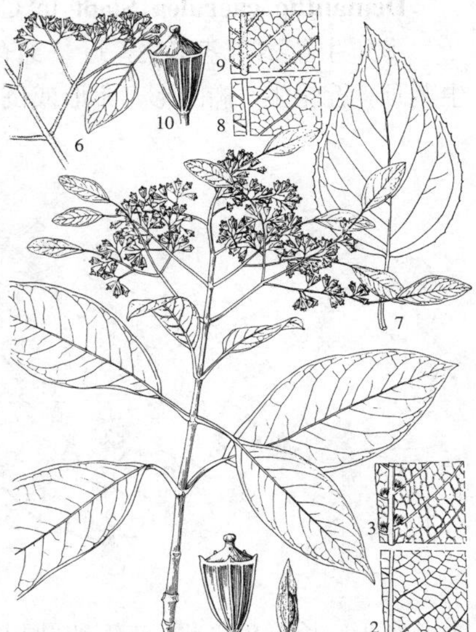

图 465：1-5. 椭圆叶钻地风 6-10. 圆叶钻地风 （邓盈丰绘）

4. 圆叶钻地风 图 465：6-10

Schizophragma fauriei Hayata in Journ. Coll. Sci. Tokyo 22: 131. 1906.

木质藤本。小枝密被褐色紧贴柔毛。叶纸质，宽卵圆形，长6.5-11厘米，先端短渐尖，基部圆或近心形，全缘或疏生小齿，上面脉上疏被柔毛，余无毛，下面灰白色，沿脉密被腺点和淡褐色柔毛，侧脉7-9对，常具1-3条与其近等粗的二级分枝；叶柄长2.5-7厘米，被毛。伞房状聚伞花序顶生，密被褐色柔毛。不育花萼片单生，长圆形或披针形，长2-4厘米。蒴果倒圆锥形，长5-7毫米，宿存萼齿三角形，长约1毫米，宿存花柱极短。种子褐色，连翅长2.5-3毫米，先端翅较宽，长约1毫米。花期6月，果9-10月。

产福建西北部及台湾，生于海拔1500-2500米山坡密林中。

5. 椭圆叶钻地风 图 465：1-5

Schizophragma ellipsophyllum Wei in Guihaia 14(3): 204. 1994.

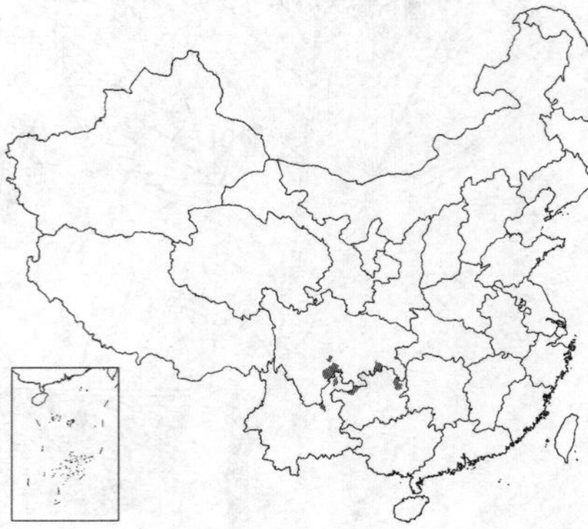

木质藤本。小枝无毛，具纵纹。叶厚纸质，椭圆形，长7-12厘米，先端骤尖或短渐尖，基部楔形或钝，全缘，下面密被腺点，脉腋有髯毛，余两面均无毛，侧脉8-10对，无二级分枝；叶柄长1.5-6.5厘米，无毛。伞房状聚伞花序顶生，初密被褐色柔毛，后渐脱落，近无毛；不育花萼片单生，长圆形或披针形，长2-4.5厘米；孕性花萼筒倒圆锥形，长约1毫米，疏被柔毛；花瓣长圆形或卵形，长2-2.5毫米，淡黄色；雄蕊近等长，长0.8-1厘米；花柱长约1毫米。蒴果倒圆锥形，连花柱长4.5-5.5毫米，顶端短圆锥形，长约0.5毫米。种子褐色，连翅长2-2.8毫米。花期7月，果期10月。

产四川南部、云南东北部及贵州北部，生于海拔1400-2100米山谷沟边石旁灌丛中。

10. 叉叶蓝属 Deinanthe Maxim.

（卫兆芬）

多年生草本，具木质、粗壮、平卧地下根茎。叶膜质，大，对生或4片集生茎顶近轮生，先端2裂或不裂，具粗锯齿。伞状或伞房状聚伞花序顶生；总苞片和苞片卵形或卵状披针形，早落或迟落。花二型；不育花较小，萼片3-4，卵形或椭圆形，白色或蓝色；孕性花较大，萼筒扁球状或陀螺状，与子房贴生，萼齿5，花瓣状，卵形或近圆形，白色或蓝色，宿存；花瓣6-8，倒卵圆形或近圆形，覆瓦状排列；雄蕊多数，着生于环状花盘，花丝纤细，花药椭圆形，基着；子房半下位，具不完全5室，胚珠多数，侧膜胎座，花柱单生，顶端5裂，柱头细小。蒴果室间开裂。种子多数，小，两端具翅。

约2种，分布于我国和日本。我国1种。

叉叶蓝 图 466

Deinanthe caerulea Stapf in Curtis's Bot. Mag. 173: t. 8373. 1911.

多年生草本。茎单生，近基部有对生的膜质苞片。叶膜质，常4片集生茎顶，近轮生，椭圆形、卵形或倒卵形，长10-25厘米，先端尾尖，不裂或2裂，裂片大，长5-6厘米，基部钝圆或窄楔形，两面疏被单毛，侧脉7-9对，两面平；叶柄长2-4厘米，近无毛。伞房状聚伞花序顶生，花序梗长9-15厘米；苞片多数，披针形，长1.5-2.5厘米，具小齿。不育花萼片3-4，近圆形，径约1.4厘米，蓝色；孕性花较大，常弯垂，花萼和花冠蓝色或稍带红色，萼齿卵圆形，长5-8毫米，花瓣卵圆形或扁圆形，宽1-1.4厘米，花丝和花药浅蓝色，花柱圆柱状，长5-6毫米，顶端5裂。蒴果扁球形，径约1厘米，顶端宽圆锥状。花期6-7月。

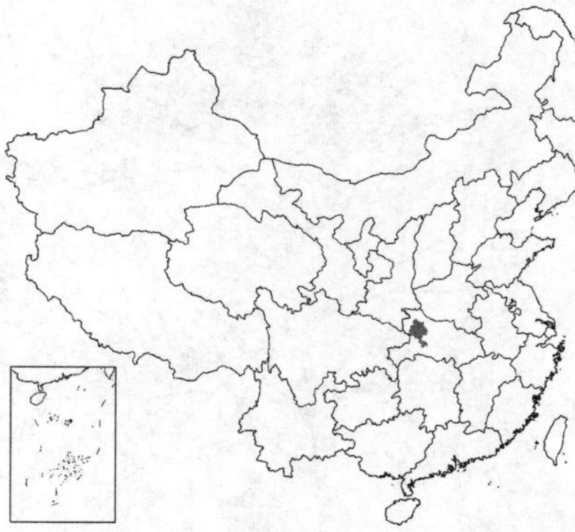

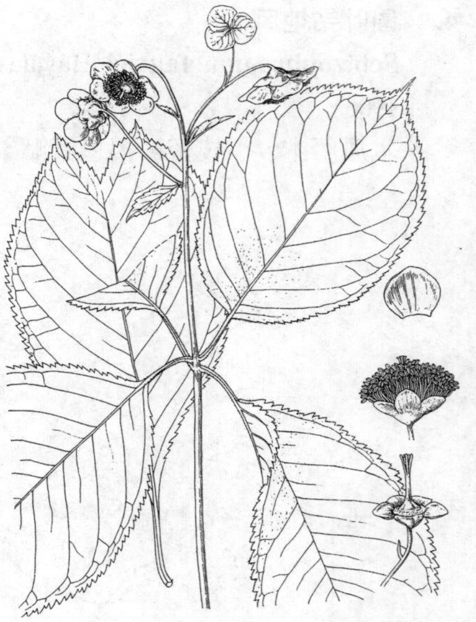

图 466 叉叶蓝 （邓盈丰绘）

产湖北西部。生于海拔500-1600米山地沟边草丛中。

11. 绣球属 Hydrangea Linn.

（卫兆芬）

常绿或落叶亚灌木、灌木或小乔木，稀木质藤本或藤状灌木。叶常2片对生，稀兼有3片轮生，全缘或具齿。聚伞花序顶生，花二型，稀一型，具不育花或缺，具长梗。萼片花瓣状，2–5片，分离或或基部稍连合；孕性花小而具短梗，花萼筒状，与子房贴生，4–5裂；花瓣4–5，分离，镊合状排列，稀连成冠盖状花冠；雄蕊（8）10（–25），着生花盘边缘下侧，花丝线形，花药长圆形或近圆形；子房1/3–2/3上位或下位，（2）3–4（5）室，胚珠多数，花柱2–4（5），分离或基部连合，具顶生或内斜柱头。蒴果2–5室，于顶端花柱基部间孔裂。种子多数，细小，具翅或无翅，种皮膜质，具网状脉纹或网纹。

60余种，分布于亚洲东部至东南部、北美洲东南部至中美洲和南美洲西部。我国约37种，7变种。

1. 子房1/3–2/3上位；蒴果顶端突出萼筒外。
  2. 蒴果顶端突出部分非圆锥形；花瓣分离，基部常具爪；种子具网纹，无翅，稀翅极短，雄蕊近等长，较长的花蕾时不内折。
    3. 子房近半上位或半上位；蒴果顶端2/3或1/2突出于萼筒外；花瓣具爪；种子无翅。
      4. 花序具不育花。
        5. 二年生小枝或老枝红褐或褐色，茎皮片状剥落。
          6. 蒴果顶端突出部分稍长于萼筒，花柱直立或稍扩展，柱头半环状 ········ 1. **中国绣球 H. chinensis**
          6. 蒴果顶端突出部分等长于萼筒，花柱外弯，柱头沿花柱内侧下延 ··············· 2. **西南绣球 H. davidii**
        5. 二年生小枝或老枝灰白色，茎皮不剥落。
          7. 叶膜质，椭圆形或长圆形，上面疏被柔毛和粗长伏毛，下面无毛；无花序梗；花瓣椭圆状菱形，长2–2.5毫米 ························· 3. **莽山绣球 H. mangshanensis**
          7. 叶纸质，窄披针形或披针形，上面无毛，下面疏被紧贴微柔毛；花序梗长4–12厘米；花瓣窄椭圆形或椭圆形，长3–4毫米 ························· 4. **柳叶绣球 H. stenophylla**
      4. 花序无不育花。
        8. 叶两面无毛或下面疏被紧贴微柔毛。
          9. 叶两面无毛，有光泽，干后常暗紫红色 ························· 5. **紫叶绣球 H. vinicolor**
          9. 叶上面深绿色，无毛，下面淡绿色，疏被紧贴微柔毛 ························ 6. **酥醪绣球 H. coenobialis**
        8. 叶两面密被长毛，上面暗黄绿色，下面灰绿色 ························· 7. **广东绣球 H. kwangtungensis**
    3. 子房小于半上位；蒴果近1/3或超过1/3突出于萼筒外；种子一端或两端具极短翅或无翅。
      10. 叶缘稍反卷，全缘或上部有具硬尖头小齿，披针形；花序分枝3，不等长，中间1枝比两侧的短 ························· 8. **粤西绣球 H. kwangsiensis**
      10. 叶缘不反卷，具锐齿或粗齿，椭圆形、宽椭圆形或倒卵形；花序分枝近等长。
        11. 叶近膜质或薄纸质，椭圆形或菱状椭圆形，侧脉细而弯拱 ··············· 9. **浙皖绣球 H. zhewanensis**
        11. 叶纸质或近革质，倒卵形或宽椭圆形，侧脉直而向上斜举。
          12. 聚伞花序近球形或头状，具多数不育花和极少数孕性花 ··················· 10. **绣球 H. macrophylla**
          12. 聚伞花序非球形或头状，具多数孕性花和少数不育花 ························· 10(附). **山绣球 H. macrophylla** var. **normalis**
  2. 蒴果顶端突出部分圆锥形；花瓣分离，基部平截；种子具纵纹，两端具窄长翅；雄蕊不等长，较长的花蕾时内折。
    13. 圆锥状聚伞花序；叶2–3片对生或轮生 ························· 11. **圆锥绣球 H. paniculata**
    13. 伞房状聚伞花序；叶2片对生。
      14. 叶下面密被颗粒状或乳头状腺点或腺体。
        15. 叶下面密被颗粒状腺点；花柱钻状 ························· 12. **白背绣球 H. hypoglauca**

15. 叶下面密被乳头腺体；花柱棍棒状 …………………………………… 13. **松潘绣球 H. sungpanensis**

14. 叶下面无腺体。

16. 叶下面被灰白或黄绿色卷曲长柔毛或短柔毛。

17. 二年生或一年生小枝均无皮孔；叶下面被灰白色卷曲长柔毛或后脱落近无毛 ……………………………………………… 14. **东陵绣球 H. bretschneideri**

17. 二年生小枝具皮孔，有时一年生小枝具皮孔。

18. 叶下面中脉和侧脉被柔毛，余无毛，脉腋具髯毛；下面网脉微凸起，网眼小而明显 ……………………………………………… 15. **挂苦绣球 H. xanthoneura**

18. 叶下面密被卷曲长柔毛，脉腋无髯毛，网眼不明显 ……………………………………………… 15(附). **四川挂苦绣球 H. xanthoneura** var. **setchuenensis**

16. 叶下面密被绒毛。

19. 叶下面密被粗长绒毛；蒴果不连花柱长4.5-5毫米 …………………… 16. **白绒绣球 H. mollis**

19. 叶下面密被微绒毛；蒴果不连花柱长2.5-3.5毫米 …………………… 17. **微绒绣球 H. heteromalla**

1. 子房下位；蒴果顶端平截。

20. 花瓣分离；种子两端具翅。

21. 叶有锯齿。

22. 叶片、叶柄、小枝和花序的毛被均为单毛。

23. 叶膜质或近膜质；叶柄细长；小枝淡黄色，圆柱形，被黄色短伏毛。

24. 叶下面疏被贴伏细柔毛，脉上的毛稍密；孕性花白色 ……………… 18. **莼兰绣球 H. longipes**

24. 叶下面密被稍长近交织细柔毛，脉上密被褐色或淡褐色扩展粗长毛 ……………………………………………… 18(附). **锈毛绣球 H. longipes** var. **fulvescens**

23. 叶纸质；叶柄短粗或者长而较粗；小枝黑褐色或灰褐色，常具明显或不甚明显的4棱。

25. 叶长圆形、卵状披针形、长卵形、长椭圆形或倒披针形，先端渐尖，基部宽楔形或圆；叶柄较粗短；小枝圆或具4钝棱。

26. 叶下面密被绒毛状柔毛 …………………………………… 19. **马桑绣球 H. aspera**

26. 叶下面密被颗粒状腺体和糙伏毛 …………………………… 20. **蜡莲绣球 H. strigosa**

25. 叶宽卵形或宽椭圆形，先端骤尖或尖，基部微心形或平截，稀钝圆；叶柄较粗长；小枝四棱形 ……………………………………………… 21. **乐思绣球 H. rosthornii**

22. 叶、叶柄、小枝和花序密被单毛和一字形分枝毛；叶披针形；花序未放时头状，具多数卵圆形苞片 ……………………………………………… 22. **长叶绣球 H. longifolia**

21. 叶全缘，与小枝均无毛，花序密被单毛和星状分枝毛 ……………… 23. **全缘绣球 H. integrifolia**

20. 花瓣连成冠盖状花冠；种子周边具翅；攀援藤本。

27. 叶下面无毛或脉上被柔毛 …………………………………… 24. **冠盖绣球 H. anomala**

27. 叶下面密被绢质长柔毛 …………………… 24(附). **绢毛绣球 H. anomala** var. **sericea**

1. 中国绣球 伞形绣球 图 467 彩片 81

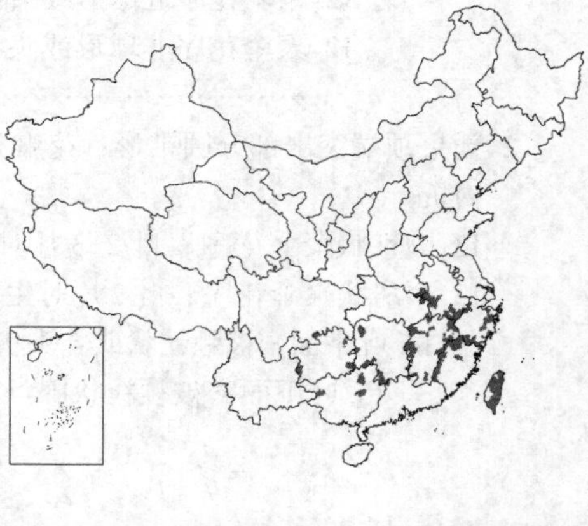

Hydrangea chinensis Maxim. in Mém. Acad. St. Pétersb. ser. 7, 10(16): 7. 1867.

Hydrangea umbellata Rehd.; 中国高等植物图鉴 2: 105. 1972.

灌木，高达2米。老枝皮薄片剥落。叶纸质，长圆形、窄椭圆形，有时近倒披针形，长6-12厘米，宽2-4厘米，先端尾尖或短尖，基部楔形，近中部以上具钝齿或小齿，两面疏被柔毛或仅脉上被毛，下面脉腋有髯毛，侧脉6-7对；叶柄长0.5-2厘米，被柔毛。聚伞花序顶生，有分枝（3）5。不育花萼片3-4，全缘或小齿；孕性花萼筒杯状，长约1毫米，萼齿披针形或三角状卵形，长0.5-2毫米；花瓣分离，黄色，椭圆形或倒披针形，长3-3.5毫米，具短爪；雄蕊近等长，较长的于花蕾时不内折；子房近半上位，花柱3-4，果时长1-2毫米，直立或稍扩展，柱头半环状。蒴果卵球形，不连花柱长3.5-5毫米，顶端突出部分稍长于萼筒，长2-2.5毫米。种子淡褐色，无翅，具网纹。花期5-6月，果期9-10月。

产浙江、安徽、江西、河南东南部、湖北东部、湖南、广东北部、广西及贵州，生于海拔360-2000米山谷、溪边林下、山顶灌丛或草丛中。

图 467 中国绣球
（引自《Woody Fl. Taiwan》）

2. 西南绣球 图 468

Hydrangea davidii Franch. in Nouv. Arch. Mus. Hist. Nat. Paris ser. 2, 8: 227. 1885.

灌木，高达2.5米。二年生小枝茎皮薄片剥落。叶纸质，长圆形或窄椭圆形，长7-15厘米，先端尾尖，基部楔形，基部以上具粗齿或小齿，上面疏被糙伏毛，下面脉上被柔毛，脉腋有簇毛，侧脉7-11对；叶柄长1-1.5厘米，被毛。聚伞花序顶生，被黄褐色柔毛，分枝3，不等粗，中枝较粗长。不育花萼片3-4，具数小齿；孕性花萼筒杯状，长0.7-1毫米，萼齿窄披针形或三角状卵形，长0.5-1.5毫米；花瓣分离，深蓝色，窄椭圆形或倒卵形，长2.5-4毫米，具爪；雄蕊近等长，较长的花蕾时不内折；子房近半上位或半上位，花柱3-4，果时长1.5-2毫米，外弯，柱头沿花柱内侧下延。蒴果近球形，不连花柱长3.5-4.5毫米，顶端突出部分非圆锥形，长1.2-2毫米，约等长于萼筒。种子淡褐色，无翅。花期4-6月，果期9-10月。

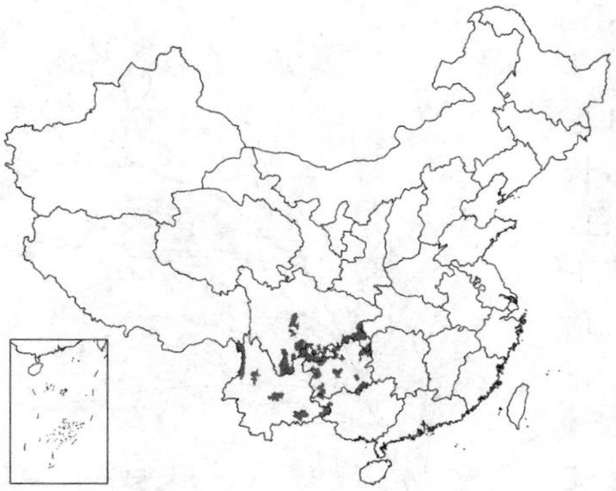

图 468 西南绣球 （引自《图鉴》）

产四川、云南、贵州及广西，生于海拔1400-2400米山谷密林中或山坡疏林下。

3. 莽山绣球 图 469

Hydrangea mangshanensis Wei in Guihaia 14(2): 106. 1994.

灌木，高达2米。一年生小枝与花序密被卷曲柔毛，二年生以上小枝灰白色，无毛，茎皮不剥落。叶膜质，椭圆形或长圆形，长7-11厘米，先端渐尖，基部楔形，上部具疏生小齿或粗齿，上面疏被和粗长伏毛，脉上毛较密而卷曲，下面无毛，侧脉6对；叶柄长1-2厘米，上面沿沟槽密被卷曲柔毛。聚伞花序无花序梗，分枝3，细而柔软。不育花萼片3-4，菱状椭圆形或三角状卵形，全缘；孕性花萼筒杯状，长约0.7毫米，萼齿三角形，长约0.5毫米；花瓣分离，椭圆状菱形，长2-2.5毫米；子房近半上位，花柱3-4，长约1毫米，柱头半环状。蒴果近球形，连花柱长3.5-4毫米，顶

端突出部分非圆锥形，长1.2-1.5毫米。种子淡棕色，无翅。

产湖南南部及广东北部，生于海拔310-1500米山谷溪边、山坡密林或疏林中。

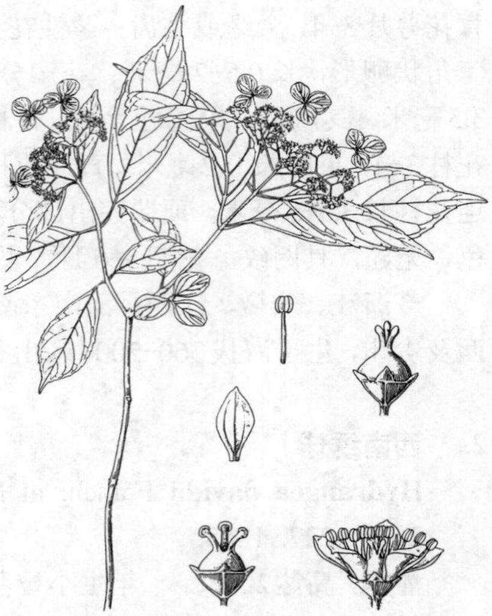

图 469 莽山绣球 （引自《广西植物》）

4. 柳叶绣球 图 470

Hydrangea stenophylla Merr. et Chun in Sunyatsenia 1: 50. 1930.

灌木，高达2米。一年生及二年生小枝无毛和皮孔，三年生小枝皮片状剥落。叶纸质，窄披针形或披针形，长8-20厘米，宽1-2.7（-4.5）厘米，先端渐尖或钝尖，基部窄楔形，边缘略反卷，疏生小齿，上面无毛，下面疏被紧贴柔毛，鲜时常紫红色，侧脉7-10对，细而弯拱；叶柄长1-2厘米，无毛。聚伞花序，梗长4-12厘米，分枝3，中枝较粗长，上部密被紧贴柔毛。不育花萼片3-4，淡黄色；孕性花萼筒浅杯状，长约1毫米，萼齿披针形或三角形，长1.5-2.5毫米；花瓣绿白色，分离，窄椭圆形，长3-4毫米，具短爪；雄蕊8-10，几等长；子房近半下位，花柱3-4，果时长1.5-2毫米。蒴果宽椭圆形，连花柱长5-6.5毫米，顶端突出部分非圆锥形，长2-2.5毫米，稍长于萼筒；种子淡褐色，无翅。花期5-6月，果期9-10月。

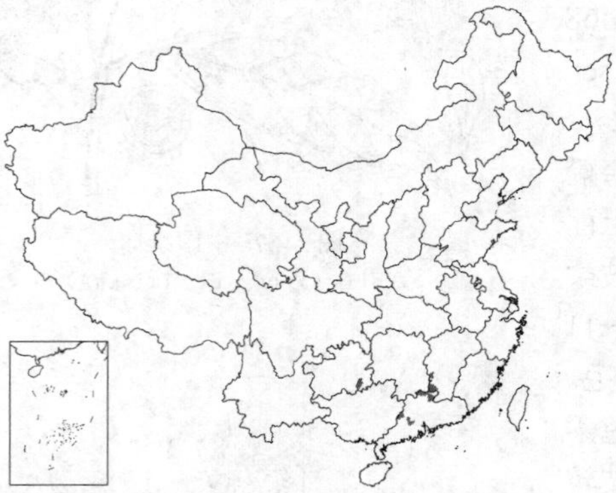

产江西西南部、广东及贵州东南部，生于海拔700-800米山谷密林、疏林下或山坡灌丛中。

图 470 柳叶绣球 （仿《中国植物志》）

5. 紫叶绣球 图 471

Hydrangea vinicolor Chun in Acta Phytotax. Sin. 3(2): 129. 1954.

灌木。小枝暗紫红色，无毛，老枝茎皮薄片剥落。叶纸质，披针形或窄椭圆形，长8-15厘米，宽2-4.5厘米，先端渐尖，基部宽楔形，边缘稍反卷，疏生小齿，两面无毛，干后常暗紫红色或下面色稍淡，侧脉6-7对，弯拱；叶柄长约1厘米。伞房状聚伞花序顶生，果时长达10厘米，密被卷曲柔毛。无不育花；孕性花萼筒杯状，长1.2-1.5毫米，萼齿披针形，长1.5-2毫米，花后长达3毫米；花瓣白色，窄椭圆形，长3.5-4.5毫米，具长爪；雄蕊8-10，长3-4毫米；子房近半下位，花柱3，果时长1.5-2毫米，扩展。蒴果香

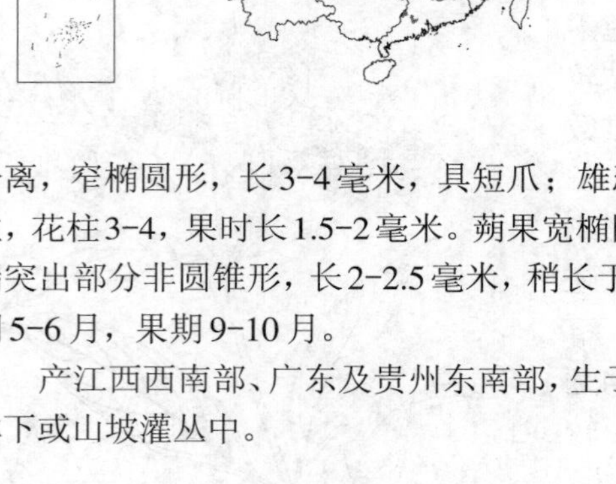

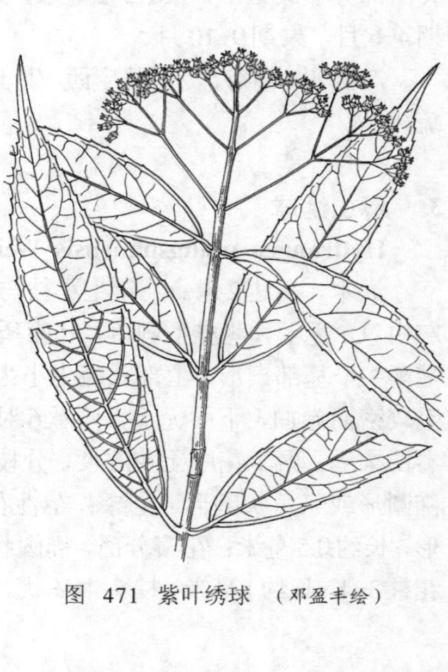

图 471 紫叶绣球 （邓盈丰绘）

炉形，连花柱长5-6毫米，顶端突出部分长约2毫米，与萼筒近等长。种子淡褐色，无翅。花期4月，果期8-10月。

产江西东南部、湖南南部、广东、广西东部及贵州南部，生于海拔300-900米山谷密林、疏林下或山坡灌丛中。

6.　酥醪绣球　　图 472

Hydrangea coenobialis Chun in Acta Phytotax. Sin. 3(2): 131. 1954.

灌木。小枝紫红色，无毛，老枝茎皮薄片剥落。叶纸质或厚纸质，卵状披针形或椭圆形，长9-20厘米，宽2.5-5厘米，先端尾尖，基部钝或宽楔形，具小齿或长尖齿，上面无毛，下面疏被紧贴微柔毛，侧脉8-11对；叶柄粗，长1-2厘米，无毛。伞房状聚伞花序长宽均7-12厘米，分枝3，粗，被柔毛。无不育花；孕性花淡黄色，萼筒漏斗状，长约1.5毫米，萼齿卵状三角形，长约1毫米；花瓣分离，倒披针形，长2.5-4毫米，具爪；雄蕊8，长约3毫米；子房半下位，花柱3，果时长约2毫米。蒴果香炉形，连花柱长6-6.5毫米，顶端突出部分长2-2.5毫米；果柄粗，长0.6-1.4厘米。种子淡褐色，无翅。花期5月，果期9月。

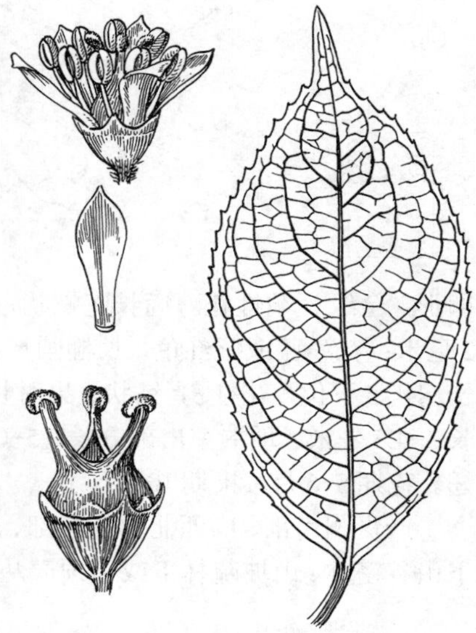

图 472　酥醪绣球　（邓盈丰仿绘）

产广东及广西，生于海拔250-800米山谷溪边、山坡密林或疏林中。

7.　广东绣球　　图 473

Hydrangea kwangtungensis Merr. in Journ. Arn. Arb. 8: 7. 1927.

灌木，高达2米。小枝与叶片、叶柄、花序密被半透明黄绿色长柔毛。叶薄纸质或膜质，长圆形或椭圆形，长5-13.5厘米，宽1.5-3厘米，先端尾尖，基部楔形，基部以上疏生小齿，上面密被长伏毛，下面灰绿色，密被粗长柔毛，侧脉6-7对；叶柄长4-8毫米。伞形状聚伞花序顶生；无不育花；孕性花小而密集，萼筒浅杯状，长约1毫米，被疏柔毛，萼齿长卵形，长约1.4毫米，被毛；花瓣白色，椭圆形，长2.5-3毫米，具短爪；雄蕊10，近等长，长1.5-2.5毫米；子房半下位，花柱3，果时长1.5-2毫米。蒴果近球形，不连花柱长3-3.5毫米，顶端突出部分非圆锥形，与萼筒等长；种子黄色，椭圆形，无翅。花期5月，果期11月。

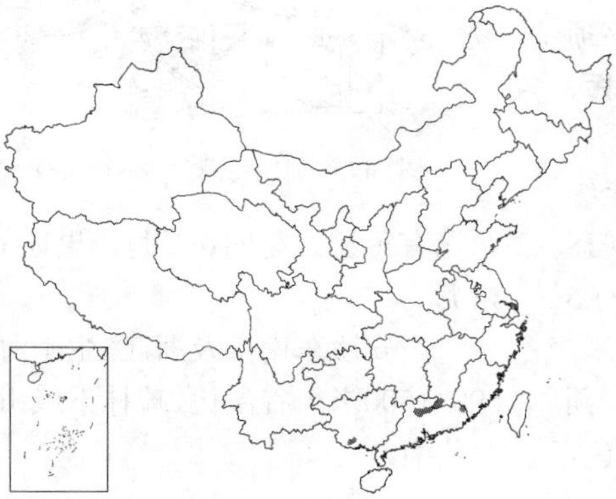

图 473　广东绣球　（邓盈丰仿绘）

产广东、广西南部及江西南部，生于海拔960-1020米山谷密林或山顶疏林中。

8.　粤西绣球　广西绣球　　图 474

Hydrangea kwangsiensis Hu in Journ. Arn. Arb. 12: 152. 1931.

灌木，高达3米。小枝无毛。叶纸质，披针形，长9-20厘米，宽1.5-

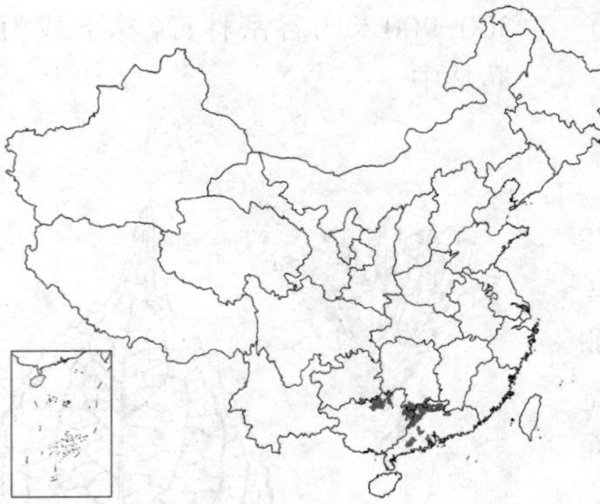

5.5厘米，先端尾尖，基部楔形，边缘稍反卷，全缘或上部疏生具硬尖头小齿，上面无毛，下面疏被紧贴微柔毛，侧脉6-8（-11）对；叶柄长1-3厘米。聚伞花序密被紧贴柔毛或近无毛，花序梗长6-12厘米，分枝3，扩展，中枝较2侧枝短。不育花萼片4，白色，宽椭圆形或卵形，全缘；孕性花萼筒长陀螺状，被柔毛，萼齿卵形或披针形，长0.7-2毫米；花瓣蓝或紫红色，长椭圆形，长3-3.5，具爪；雄蕊10，近等长；子房4/5下位，花柱3，钻状，果时长2-2.5毫米。蒴果陀螺状，不连花柱长3-4.3毫米，顶端突出部分长0.5-0.8毫米，较萼筒短。种子无翅或具微翅。花期5-6月，果期10-11月。

产贵州南部、广西北部及东部、广东及湖南南部，生于海拔1500米以下山谷密林、山坡疏林下或山顶灌丛中。

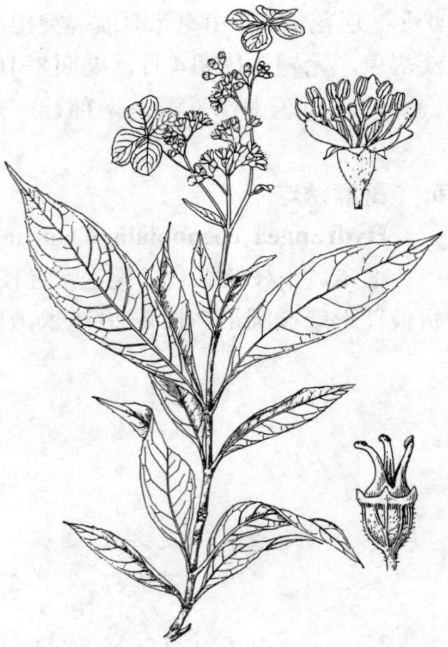

图 474 粤西绣球 （仿《中国植物图谱》）

9. 浙皖绣球 图 475

Hydrangea zhewanensis Hsu et X. P. Zhang in Investig. Stud. Nat. 7: 12. 1987.

灌木，高达1.5米。幼枝被卷曲柔毛，老后无毛，茎皮薄片剥落。叶近膜质或薄纸质，椭圆形或菱状椭圆形，长6-19厘米，先端尾尖，基部楔形，有锐齿，两面无毛或脉上被卷曲卷毛，侧脉6-8对；叶柄长1-4厘米。伞房状聚伞花序顶生，径8-14厘米，分枝短，近等长。不育花萼片3-4，淡蓝色，卵形或宽卵形，全缘或上部具数小齿；孕性花蓝色，萼筒窄钟状，长1.2-1.5毫米，无毛，萼齿卵状三角形，长约0.5毫米；花瓣长卵形，长2.5-3毫米，花后反折；雄蕊10；子房大半下位，花柱3，粗短，果时长约1毫米。蒴果长卵形，连花柱长4.5-5.5毫米，顶端突出部分长1.2-1.5毫米。种子褐色，两端有短翅。花期6-7月，果期10-11月。

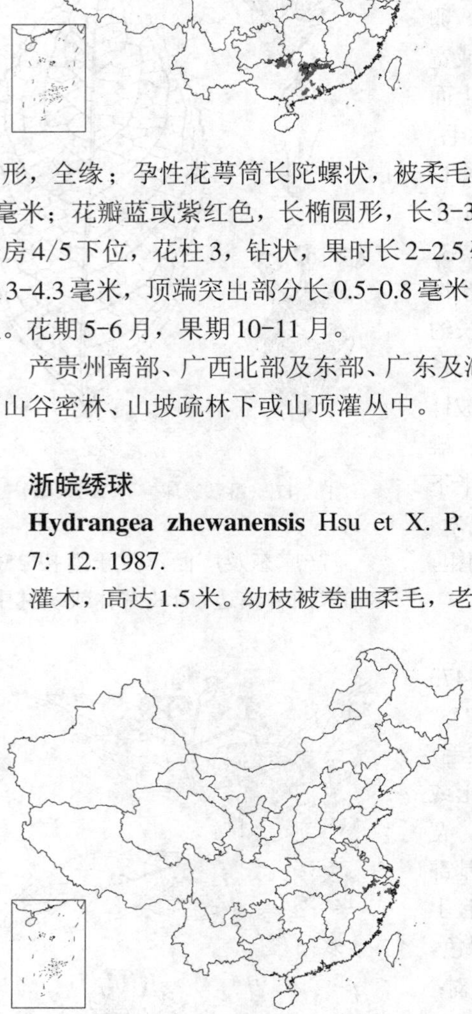

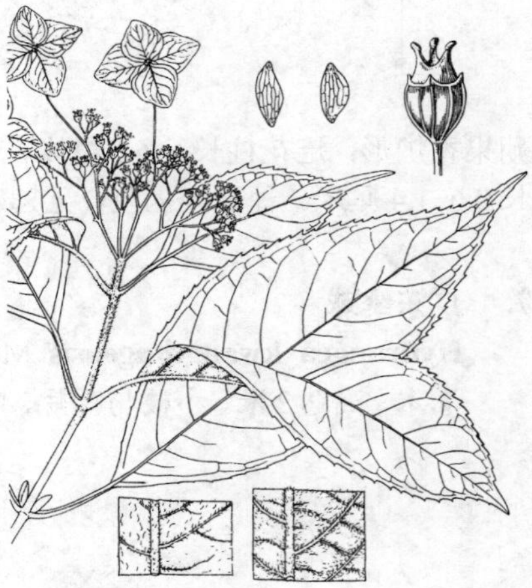

图 475 浙皖绣球 （邓盈丰绘）

产安徽东南部及浙江，生于海拔690-1500米山谷溪边、疏林下或山坡灌丛中。

10. 绣球 图 476

Hydrangea macrophylla（Thunb.）Seringe in DC. Prodr. 4: 15. 1830. *Viburum macrophylla* Thunb. Fl. Jap. 125. 1784.

灌木，高达4米，树冠球形。小枝粗，无毛。叶倒卵形或宽椭圆形，长6-15厘米，先端骤尖，具短尖头，基部钝圆或宽楔形，具粗齿，两面无毛或下面中脉两侧疏被卷曲柔毛，脉腋有髯毛，侧脉6-8对；叶柄粗，长1-3.5厘米，无毛。伞房状聚伞花序近球形或头状，径8-20厘米，分枝粗，近等长，密被紧贴柔毛，花密集。不育花多数，萼片4，宽倒卵形、卵形或近圆形，粉红、淡蓝或白色；孕性花

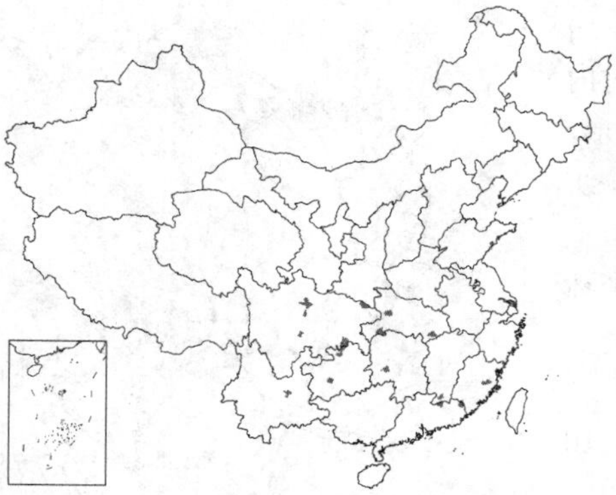

极少，萼筒倒圆锥状，长1.5-2毫米，萼齿卵状三角形，长约1毫米；花瓣长圆形，长3-3.5毫米；雄蕊10，近等长；子房大半下位，花柱3，果时长约1.5毫米。幼果陀螺状，连花柱长约4.5毫米，顶端突出部分长约1毫米。花期6-8月。

产福建、江西、湖北、湖南、广东、香港、贵州、云南及四川，生于海拔1700米以下山谷、溪边密林中或山顶疏林下，常栽培于屋旁、寺庙或庭。日本及朝鲜有分布。

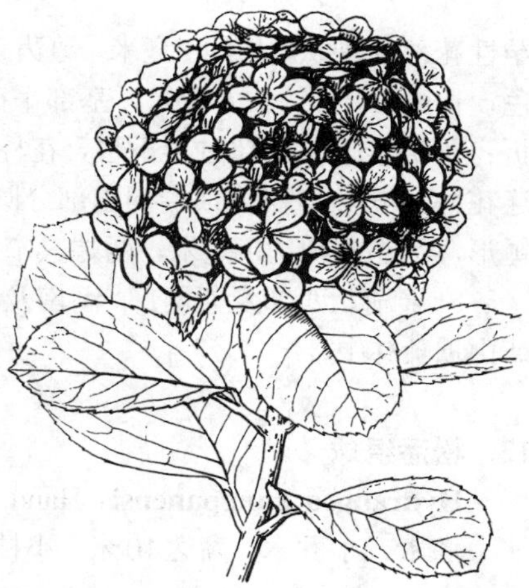

图 476 绣球 （引自《图鉴》）

［附］**山绣球 Hydrangea macrophylla** var. **normalis** Wils. in Journ. Arn. Arb. 4: 238. 1923. 本变种与模式变种的主要区别：花序只有少数不育花，多数为孕性花，花序顶端平，非近球形或头状。产浙江及香港，生于海拔690米以下山谷溪边。日本有分布。

11. 圆锥绣球 图 477

Hydrangea paniculata Sieb. in Nov. Acta Acad. Caes. Leop. Carol. 14(2): 691. 1829.

灌木或小乔木，高达5(-9)米。幼枝疏被柔毛，具圆形浅色皮孔。叶纸质，2-3片对生或轮生，卵形或椭圆形，长5-14厘米，先端渐尖或骤尖，具短尖头，基部圆或宽楔形，密生小锯齿，上面无毛或疏被糙伏毛，下面沿中脉侧脉被紧贴长柔毛，侧脉6-7对；叶柄长1-3厘米。圆锥状聚伞花序长达26厘米，密被柔毛。不育花白色，萼片4；孕性花萼筒陀螺状，长约1.1毫米；萼齿三角形，长约1毫米；花瓣分离，白色，卵形或披针形，基部平截；雄蕊不等长，较长的于花蕾时内折；子房半下位，花柱3，长约1毫米，钻状。蒴果椭圆形，不连花柱长4-5.5毫米，顶端突出部分圆锥形，与萼筒近等长。种子褐色，纺锤形，两端有窄长翅。花期7-8月，果期10-11月。

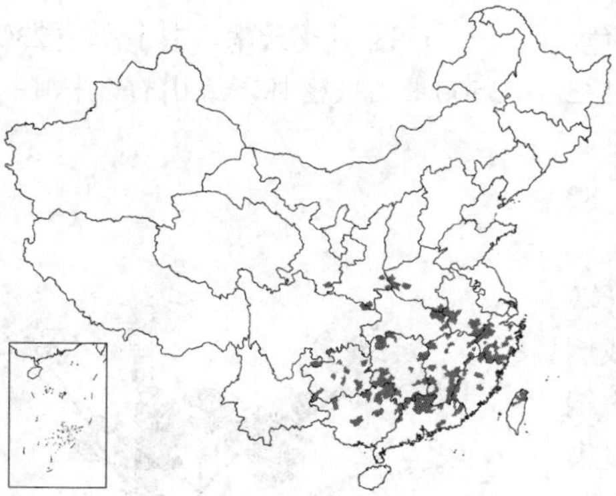

图 477 圆锥绣球 （引自《图鉴》）

产安徽、浙江、福建、台湾、江西、河南、湖北、湖南、广东、广西、贵州、云南、四川、陕西及甘肃，生于海拔360-2100米山谷、山坡疏林下或山脊灌丛中。日本及库叶岛有分布。

12. 白背绣球 图 478：1-5

Hydrangea hypoglauca Rehd. in Sarg. Pl. Wilson. 1: 26. 1911.

灌木，高达3米。叶纸质，卵形或长卵形，长7-12厘米，先端渐尖，基部圆或略钝，具小锯齿，两面无毛或脉上疏被粗毛，下面灰绿白色，密被颗粒状腺点，脉腋有髯毛，侧脉7-8对；叶柄细，长1.5-3厘米。伞房状聚伞花序径10-14厘米，被粗长伏毛。不育花萼片4，宽卵形或扁圆形，白色；

孕性花萼筒钟状，长约1毫米，萼齿三角形，长0.5-1毫米；花瓣分离，白色，长卵形，长2-2.5毫米，基部平截；雄蕊不等长，较长的于花蕾时内折；子房半下位或超过半下位，花柱3，长约1毫米，钻状。蒴果卵球形，连花柱长4-4.5毫米，顶端突出部分圆锥形，长约1.5毫米。种子淡褐色，纺锤形，不连翅长约1毫米，两端具窄长翅。花期6-7月，果期9-10月。

产于湖北西部及西南部、湖南及贵州，生于海拔900-1900米山坡密林或山顶疏林中。

13. 松潘绣球 图 478：6-10

Hydrangea sungpanensis Hand.-Mazz. Symb. Sin. 7: 444. 1931.

灌木或小乔木，高达10米。小枝粗，具浅皮孔。叶纸质或厚纸质，长椭圆形、长卵形或宽卵形，长9-19厘米，先端骤尖或短渐尖，基部宽楔形、圆或近平截，具小锯齿，上面脉上疏被糙伏毛，下面密被乳头状腺体和卷曲柔毛，稀无毛，侧脉8-10对；叶柄长2-6厘米。伞房状聚伞花序径12-25厘米，分枝3，粗壮，被毛。不育花萼片3-5，卵形或近圆形，全缘或具数小齿；孕性花萼筒钟状，长约1.2毫米，萼齿三角形，长约1毫米；花瓣分离，淡绿色，长卵形，基部平截；雄蕊10，不等长，较长的于花蕾时内折；子房超过1/2下位。蒴果卵球形，不连花柱长约4毫米，顶端突出部分圆锥形，长约1.5毫米，宿存花柱3-4，棍棒状，长约1毫米。种子褐色，两端具窄长翅。花期7月，果期9月。

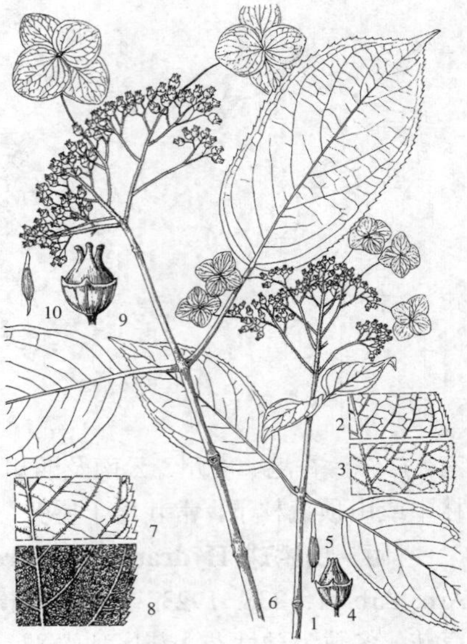

图 478：1-5. 白背绣球 6-10. 松潘绣球
（邓盈丰绘）

产四川及云南，生于海拔2300-3500米山坡密林下或山脊疏林中。

14. 东陵绣球 图 479 彩片 82

Hydrangea bretschneideri Dipp. Laubh. 3: 320. 1893.

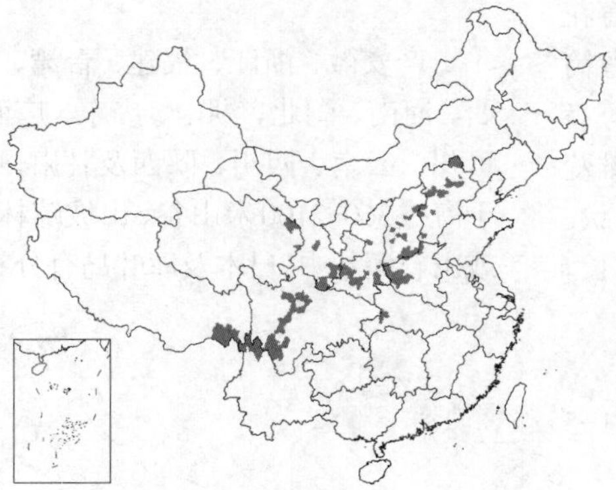

灌木。一年生小枝近无毛，二年生小枝无皮孔，茎皮薄片剥落。叶薄纸质，卵形、长椭圆形或倒长卵形，长7-16厘米，先端渐尖，具短尖头，基部宽楔形或近圆，有小锯齿，上面无毛或疏被柔毛，下面密被灰白色卷曲长柔毛或后脱落近无毛，侧脉7-8对；叶柄长1-3.5厘米，初被柔毛。伞房状聚伞花序较短小，径8-15厘米，分枝3。不育花萼片4；孕性花萼筒杯状，长约1毫米，萼齿三角形，长1-1.5毫米；花瓣分离，白色，卵状披针形或长圆形，长2.5-3毫米，基部平截；雄蕊10，不等长；子房略过半下位，花柱3，果时长1-1.5毫米。蒴果近球形，连花柱长4.5-5毫米，顶端突出部分圆柱形，长约1.5毫米。种

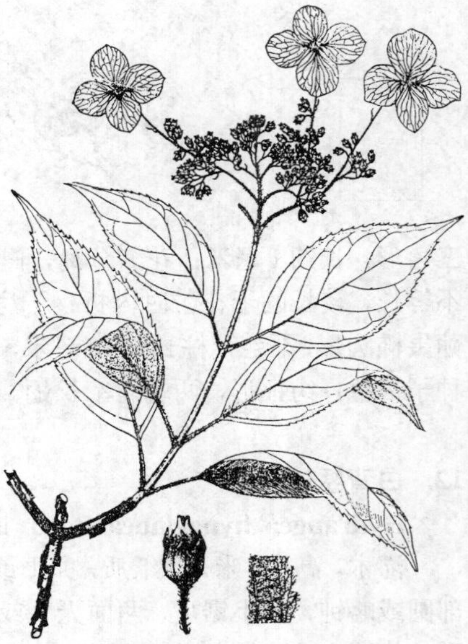

图 479 东陵绣球 （刘宗义绘）

子窄椭圆形或长圆形，两端有长翅。

产河北、河南、山西、陕西、甘肃、青海东部、西藏东南部、云南西北

15. 挂苦绣球 图 480

Hydrangea xanthoneura Diels in Engl. Bot. Jahrb. 29: 373. 1900.

灌木或小乔木，高达7米。二年生小枝具皮孔，有时一年生小枝具皮孔，茎皮稍厚，不易剥落或块状剥落。叶纸质或厚纸质，椭圆形、长卵形或倒长卵形，长8-18厘米，先端短渐尖或骤尖，基部宽楔形或近圆，密生尖齿，上面无毛，下面中脉和侧脉被柔毛，脉腋具髯毛，叶脉常带黄色，侧脉7-8对，下面网脉微凸起，网眼小而明显；叶柄长1.5-5厘米，被疏毛。伞房状聚伞花序径10-20厘米，被毛。不育花萼片4；孕性花萼筒浅杯状，长约1毫米，萼齿三角形，与萼筒近等长；花瓣白或淡绿色，长卵形，长约2.5毫米；雄蕊10-13，不等长；子房大半下位，花柱3-4，果时长约1毫米。蒴果卵球形，不连花柱长3-3.5毫米，顶端突出部分圆锥形，长约1毫米。种子褐色，两端有窄长翅。花期7月，果期9-10月。

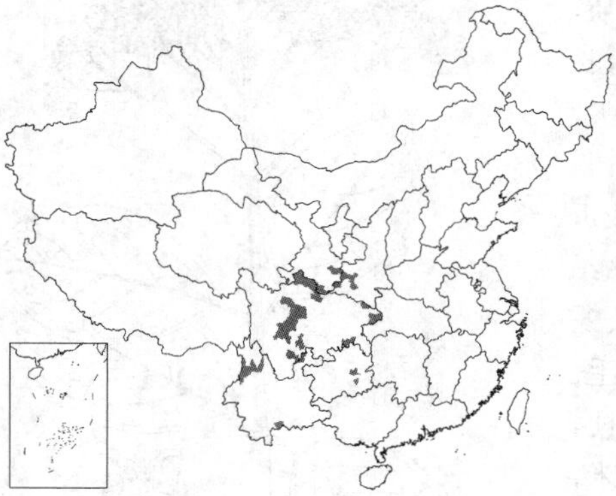

产云南、贵州、四川、陕西西南部及及甘肃南部，生于海拔1600-2900米山坡密林、疏林下或山顶灌丛中。

［附］**四川挂苦绣球 Hydrangea xanthoneura** var. **setchuenensis** Rehd. in Mitt. Deutsch. Dendr. Ges. 21: 168. 1912. 本变种与模式变种的区别：叶下面密被微卷曲长柔毛，脉腋无髯毛，网眼不明显。产湖北西北部及四川，生于海拔1600-3200米山谷或山坡疏林中。

16. 白绒绣球 图 481

Hydrangea mollis (Rehd.) W. T. Wang in Bull. Bot. Res. (Harbin) 1 (1-2): 54. 1981.

Hydrangea heteromalla D. Don var. *mollis* Rehd. in Sarg. Pl. Willson. 1: 151. 1912.

灌木或小乔木，高达4米。小枝与叶柄、花序初密被灰白色绒毛状柔毛，后渐脱落近无毛。叶纸质，椭圆形，长9-19厘米，先端渐尖，具短尖头，基部宽楔形或钝，具细锯齿，上面疏被糙伏毛，下面密被灰白色粗长绒毛，侧脉7-9对；叶柄长2-8厘米。伞房状聚伞花序，具花序梗，径10-15厘米，果时达28厘米。不育花萼片4，宽卵形或近圆形，

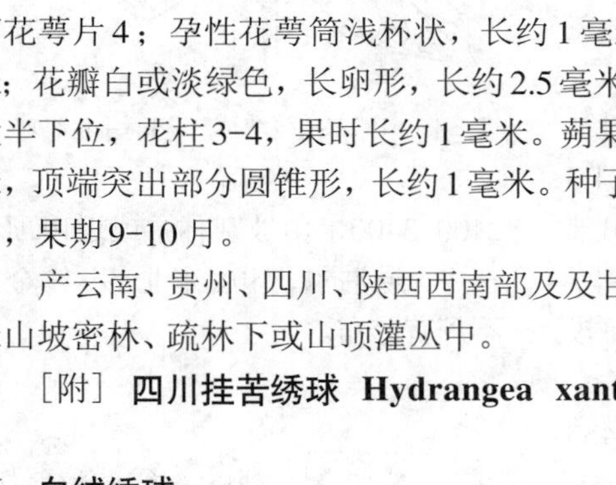

部、四川及湖北西部，生于海拔1200-2800米山谷溪边、山坡密林或疏林中。

图 480 挂苦绣球 （引自《图鉴》）

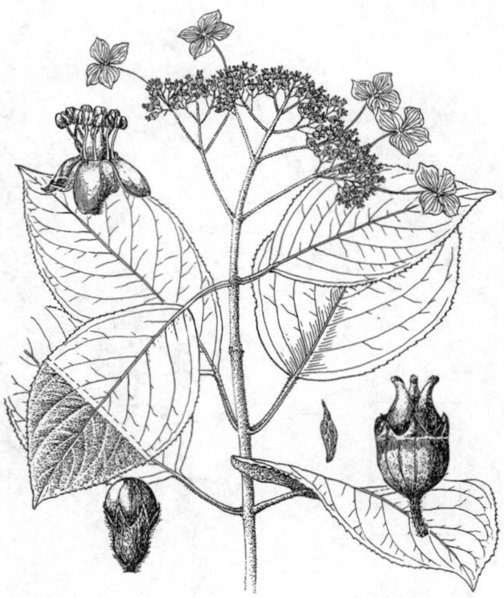

图 481 白绒绣球 （邓盈丰仿绘）

全缘；孕性花萼筒钟状，长约1.5毫米，被柔毛，萼齿尖三角形，长1.5-2毫米；花瓣长卵形，长约2毫米；雄蕊10，不等长；子房超过半下位，花柱3-4，果时长1-1.5毫米，钻状。蒴果卵球形，不连花柱长4.5-5毫米，顶端突出部分圆锥形，长1.5-2毫米。种子暗褐色，两端具窄长翅。花期6-7月，果期9-10月。

产云南及四川西南部，生于海拔2500-3500米山谷溪边次生林中或高山松林下。

17. 微绒绣球 图 482

Hydrangea heteromalla D. Don, Prodr. Fl. Nepal. 211. 1825.

灌木或小乔木，高达5米。小枝初被柔毛和椭圆形浅色皮孔。叶纸质，椭圆形、宽卵形或长卵形，长6-15厘米，先端渐尖或骤尖，基部钝圆、平截或微心形，具小锯齿，上面被糙伏毛或近无毛，下面密被灰白色微绒毛，侧脉7-9对；叶柄长2-4厘米，淡紫或红褐色，被毛。伞房状聚伞花序具花序梗，径约15厘米，果时达27厘米，被毛。不育花萼片(2)4(3)，白或淡黄色，全缘；孕性花萼筒钟状，长约1毫米，萼齿三角形，长0.5-1毫米；花瓣淡黄色，长卵形，基部平截；雄蕊不等长，较长的于花蕾时内折，子房半下位或超过半下位，花柱3-4，果时长1-1.3毫米，钻状。蒴果卵球形或近球形，不连花柱长2.5-3.5毫米，顶端突出部分圆锥形，长0.8-1.2毫米。种子黄褐色，两端具长翅。

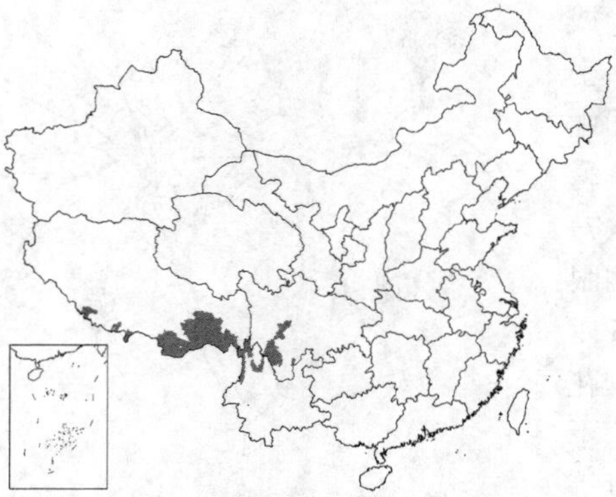

产西藏南部及东南部、云南西北部、四川西南部及中西部，生于海拔2400-3400米山坡杂林中或近山顶灌丛中。尼泊尔、印度东北部、锡金及不丹有分布。

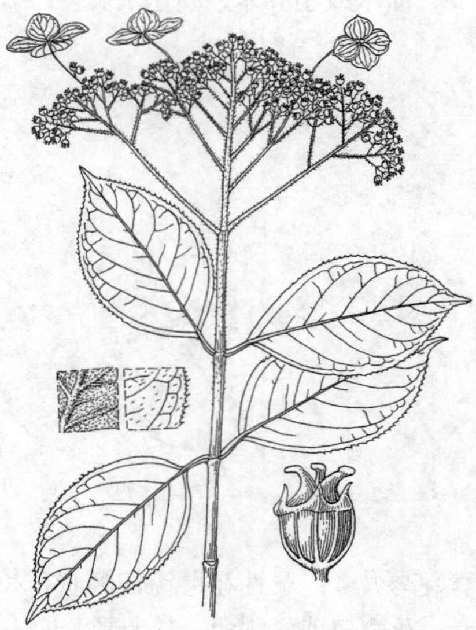

图 482 微绒绣球 （邓盈丰仿绘）

18. 莼兰绣球 图 483

Hydrangea longipes Franch. in Nouv. Arch. Mus. Nat. Hist. Paris sér. 2, 8: 227. 1885.

灌木，高达3米。小枝被黄色柔毛，老枝茎皮不剥落。叶膜质，卵形或倒卵形，长8-20厘米，先端骤尖或渐尖，具短尖头，基部平截、微心形或宽楔形，具不规则粗齿，两面疏被伏毛，下面被细柔毛，脉上毛较密，侧脉6-8对；叶柄较细，长3-15厘米，被疏柔毛。伞房状聚伞花序顶生，径12-20厘米，分枝短而密集，密被粗毛。不育花萼片4，白色，倒卵形或近圆形；孕性花萼筒杯状，萼齿三角形，长约0.5毫米；花瓣白色，长卵形；雄蕊10，不等长；子房下位，花柱2，果期长1-1.5毫米，外反。蒴果杯状，不连花柱长2-2.5毫米，顶端平截。种

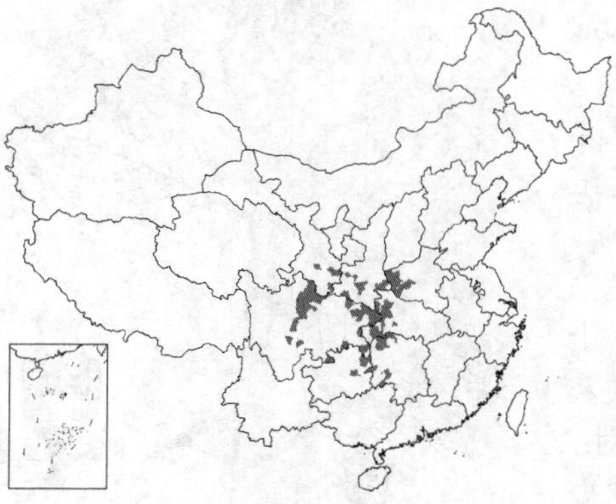

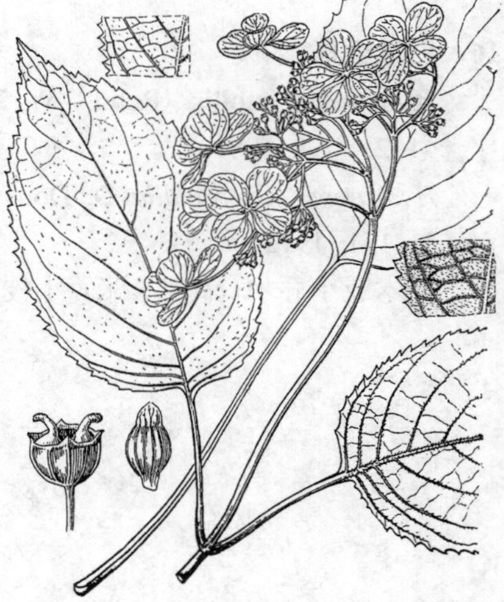

图 483 莼兰绣球 （张春方绘）

子淡棕色，倒长卵形或宽椭圆形，两端具短翅。

产河南西部、湖北西北部、湖南西北部及西南部、贵州、四川、陕西南部及甘肃南部，生于海拔1300-2800米山沟疏林、密林下或山坡灌丛中。

［附］**锈毛绣球 Hydrangea longipes** var. **fulvescens**（Rehd.）W. T. Wang et Wei in Guihaia 14(2)：116. 1994. —— *Hydrangea fulvescens* Rehd. in Sarg. Pl. Wilson. 1：39. 1911. 本变种与模式变种的区别：叶下面密被稍长近交织细柔毛，脉上密被扩展、褐色或淡褐色粗长毛。产甘肃、四川、陕西、湖北及河南，生于海拔1500-2700米山谷溪边、山坡密林或疏林中。

19. 马桑绣球 图 484

Hydrangea aspera D. Don, Prodr. Fl. Nepal. 211. 1825.

灌木或小乔木，高达4（-10）米。小枝与叶柄、花序密被灰黄或灰白色粗毛。叶纸质，卵状披针形、长卵形或椭圆形，长5-25厘米，先端渐尖，基部宽楔形或圆，具不规则细齿，上面被糙伏毛，下面密被灰白色绒毛状柔毛，中脉毛较粗长，侧脉6-10对；叶柄长1-4.5厘米。伞房状聚伞花序径10-25厘米。不育花萼片4，倒卵形或卵圆形，常有圆齿或尖齿；孕性花紫蓝或紫红色，萼筒钟状，长1-1.5毫米，萼齿宽三角形，长约0.5毫米，花瓣分离，长卵形，长2-2.5毫米，雄蕊10，不等长，子房下位，花柱2-3，果时长1-2毫米。蒴果坛状，不连花柱长宽3-3.5毫米，顶端平截。种子褐色，椭圆形或近圆形，两端具短翅。花期8-9月，果期10-11月。

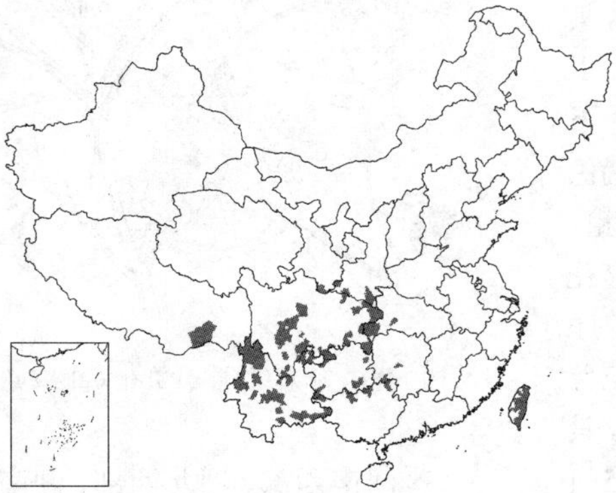

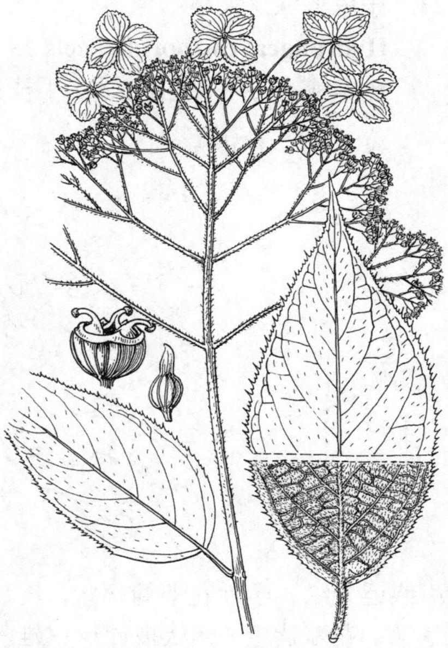

图 484 马桑绣球 （邓盈丰仿绘）

产甘肃南部、陕西南部、四川、西藏东南部、云南、贵州、广西、湖南、湖北及台湾，生于海拔700-4000米山谷溪边密林、疏林下或山坡灌丛中。尼泊尔、锡金及有分布。

20. 蜡莲绣球 图 485

Hydrangea strigosa Rehd. in Sarg. Pl. Wilson. 1：31. 1911.

Hydrangea strigosa var. *macrophylla*（Hemsl.）Rehd.；中国植物志 35(1)：242. 1995.

灌木，高达3米。小枝与叶柄、花序密被糙伏毛。叶纸质，长圆形、卵状披针形、倒披针形或长卵形，长8-28厘米，先端渐尖，基部楔形或钝圆，有锯齿，干后上面黑褐色，上面被糙伏毛，下面密被颗粒状腺体及糙伏毛，侧脉7-10对；叶柄长1-7厘米。伞房状聚伞花序径达28厘米，分枝扩展。不育花萼片4-5，宽卵形或近圆形，全缘或具数齿；孕性

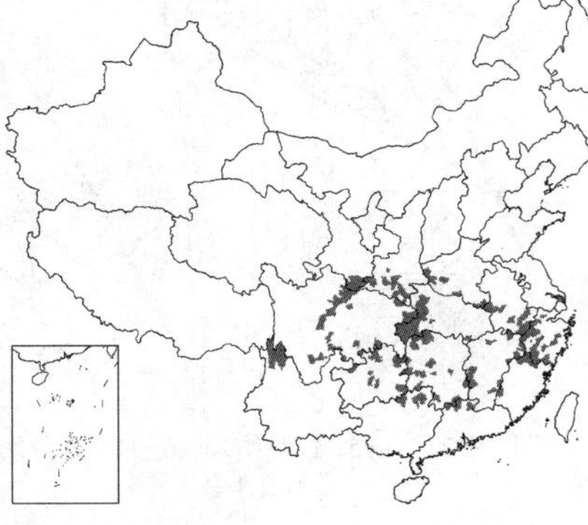

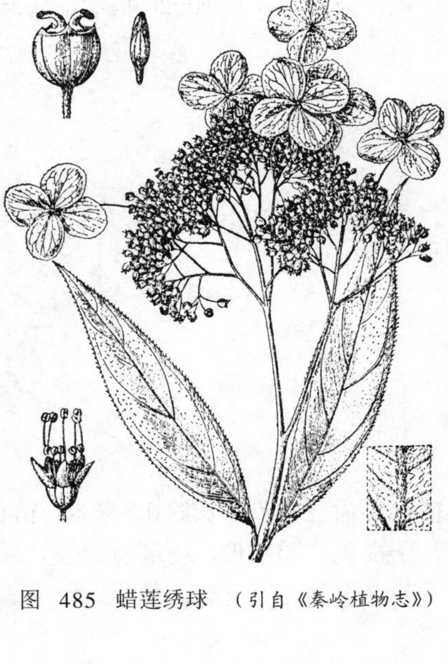

图 485 蜡莲绣球 （引自《秦岭植物志》）

花淡紫红色，萼筒钟状，长约2毫米，萼齿三角形，长约0.5毫米；花瓣分离，长卵形，长2-2.5毫米；雄蕊不等长；子房下位，花柱2，果时长约2毫米。蒴果坛状，不连花柱长宽均3-3.5毫米，顶端平截。种子褐色，宽椭圆形，两端具短翅。花期7-8月，果期11-12月。

产安徽、浙江、福建、江西、河南、湖北、湖南、广东北部、广西北部、贵州、云南西北部、四川、陕西南部及甘肃南部，生于海拔500-1800米山谷密林、山坡疏林或灌丛中。

图 486 乐思绣球 （引自《图鉴》）

21. 乐思绣球 大枝绣球 图 486

Hydrangea rosthornii Diels in Engl. Bot. Jahrb. 29: 374. 1900.

灌木或小乔木，高达6米。小枝具4棱，与花序密被黄褐色粗毛。叶纸质，宽卵形或宽椭圆形，长9-35厘米，先端骤尖或尖，基部平截或微心形，稀钝圆，具不规则粗齿或细齿，干后上面黑褐色，疏被糙伏毛，下面密被灰白色柔毛或淡褐色粗毛，侧脉9-13对；叶柄粗，长3-13厘米。伞房状聚伞花序大，果时径达30厘米，序轴粗，常四棱形。不育花萼片4-5，宽卵形或扁圆形，具齿或近全缘；孕性花萼筒杯状，长1-1.5毫米，萼齿卵状三角形，长0.5-1毫米；花瓣紫色，卵状披针形；雄蕊10-14，不等长；子房下位，花柱2，果时长1-2毫米，扩展或外反。蒴果杯状，不连花柱长3-3.5毫米，顶端平截。种子红褐色，椭圆形或近圆形，两端具短翅。花期7-8月，果期9-11月。

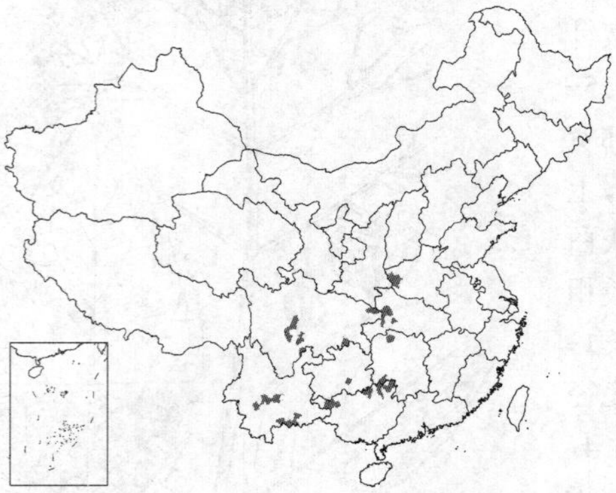

产河南西部、湖北西部、湖南西北部及西南部、贵州南部、云南及四川，生于海拔700-2800米山谷密林、山坡、山脊疏林下或灌丛中。

22. 长叶绣球 图 487：1-5

Hydrangea lonifolia Hayata in Journ. Coll. Sci. Tokyo 25: 91. 1908.

灌木。小枝暗红褐色，与叶片、叶柄、花序均被糙伏毛。叶纸质或近革质，披针形，长10-20厘米，宽3-4.5厘米，先端尾尖，基部钝或楔形，具小锯齿，上面多数被分枝毛，下面单毛多，分枝毛少，侧脉8-10对；叶柄细，长1.5-2厘米。伞房状聚伞花序具花序梗，未放时头状，具多数苞片，开展后长约9厘米；苞片卵圆形，长约2厘米，早落。不育花萼片4，宽椭圆形，不等大。蒴果钟状，不连花柱长约3毫米，密被紧贴单毛和少数分枝毛，顶端平截，宿存萼齿三角形，长约0.5毫米，宿存花柱2，长1.5-2毫米，直立或外反。种子褐色，椭圆形，两端有短翅。果期翌年1月。

产台湾，生于高山林中。

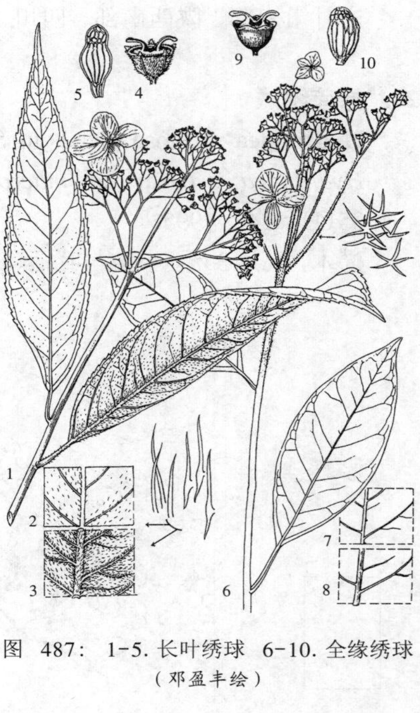

图 487：1-5. 长叶绣球 6-10. 全缘绣球
（邓盈丰绘）

23. 全缘绣球 图 487：6-10

Hydrangea integrifolia Hayata in Journ. Coll. Sci. Tokyo 22: 131. 1906.

藤状灌木。小枝红褐色，近无毛。叶革质，椭圆形或长倒卵形，长7-22厘米，宽3.5-8厘米，先端渐尖，基部楔形或略钝，全缘，稍反卷，两面无毛，侧脉7-10对；叶柄长1.5-4.5厘米。伞房状聚伞花序顶生，径8-10厘米，果时达17厘米，花序轴和分枝密被黄褐色单毛和星状分枝毛；不育花萼片2-4，不等大，长圆形或圆形，全缘或波状；孕性花萼筒杯状，长约1毫米，萼片（4）5，宽卵形，长不及0.5毫米；花瓣长圆形，长约2.5毫米，初连合呈冠盖状，后分离；雄蕊10，近等长；子房下位，花柱2（3），果时长约1.5毫米，外反。蒴果钟状，不连花柱长约2.5毫米，顶端平截。种子褐色，椭圆形或长圆形，两端有短翅。花期7月，果期10-12月。

产台湾，生于海拔1000-2800米密林下或岩缝中。菲律宾有分布。

24. 冠盖绣球 图 488：1-5

Hydrangea anomala D. Don, Prodr. Nepal. 211. 1825.

Hydrangea glaucophylla C. C. Yang；中国植物志35(1)：257. 1995.

攀援藤本。小枝粗，无毛，老枝茎皮薄片剥落。叶纸质，椭圆形、长卵形或卵圆形，长6-17厘米，先端渐尖，基部楔形、近圆或浅心形，具细锯齿，两面无毛或脉上疏被柔毛，脉腋具髯毛，侧脉6-8对；叶柄长2-8厘米，无毛或被疏长柔毛。伞房状聚伞花序果时径达30厘米。不育花萼片4，宽卵形或近圆形；孕性花萼筒钟状，长1-1.5毫米，萼齿宽卵形或三角形，长0.5-0.8毫米；花瓣连成冠盖状花冠，早落；雄蕊9-13，近等长；子房下位，花柱2-3，果时长约1.5毫米，外反。蒴果坛状，不连花柱长3-4.5毫米，顶端平截。种子淡褐色，椭圆形或长圆形，周边具薄翅。花期5-6月，果期9-10月。

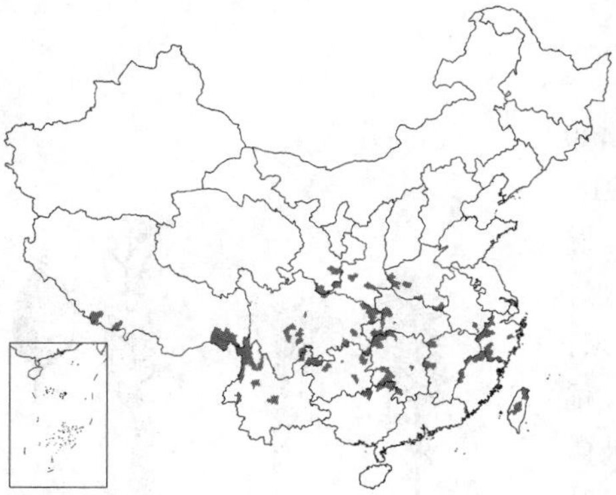

产安徽、浙江、福建、台湾、江西、河南、湖北、湖南、广东东部、广西东北部、贵州、云南、西藏东南部及南部、四川、云南、甘肃东南部及陕西南部，生于海拔500-2900米山谷溪边、山坡密林或疏林中。印度北部、尼泊尔、锡金、不丹及缅甸北部有分布。

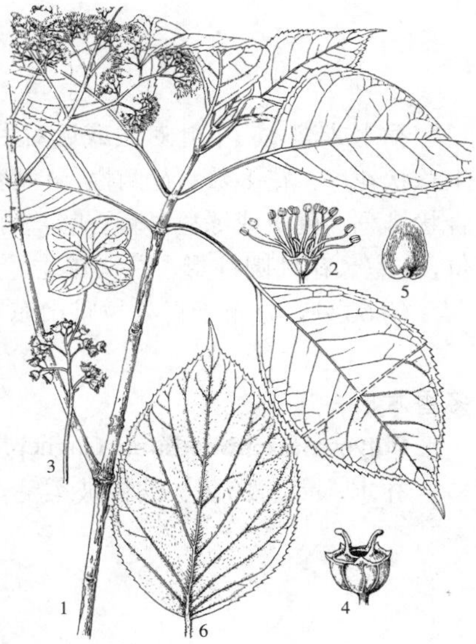

图 488：1-5. 冠盖绣球 6. 绢毛绣球（邓盈丰绘）

［附］**绢毛绣球** 图 488：6 **Hydrangea anomala** var. **sericea** C. C. Yang in Acta Phytotax. Sin. 20(4): 475. 1982. —— *Hydrangea glaucophylla* C. C. Yang var. *sericea* (C. C. Yang) Wei；中国植物志 35(1)：258. 1995. 本变种与模式变种的主要区别：叶下面密被绢质长柔毛。产四川，生于海拔1500-2100米林下。

105. 茶藨子科 GROSSULARIACEAE

（陆玲娣　靳淑英）

乔木或灌木。单叶，互生或对生，稀轮生，常具齿或掌状分裂，稀全缘；无托叶或有托叶。总状、聚伞或圆锥花序，稀花单生。花两性，稀单性，雌雄异株或杂性；萼片下部合生，4-5裂，宿存；花瓣4-5，分离或合生成短筒；雄蕊4-5，着生花盘上，有时具退化雄蕊；子房下位、半下位或上位，1-6室，胚珠多数，中轴或侧膜胎座，花柱1-6。蒴果或浆果。种子富含胚乳。

8属，约300示分布于热带至温带，主产南美及澳大利亚。我国3属，77种。

1. 叶对生；萼片4，花瓣4，子房下位；浆果；种子1 …………………………………………… 1. **多香木属 Polyosma**
1. 叶互生，稀簇生；萼片(4)5，花瓣(4)5，子房上位、半下位或下位；蒴果或浆果；种子多数。
  2. 萼片非花瓣状，花瓣较萼片大，子房2室；蒴果 …………………………………………… 2. **鼠刺属 Itea**
  2. 萼片常花瓣状，花瓣小，有时鳞片状，稀无花瓣，子房1室；浆果 ………………………… 3. **茶藨子属 Ribes**

1. 多香木属 Polyosma Bl.

（靳淑英）

乔木或灌木。单叶对生或近对生，革质或膜质，干后常黑色，全缘或多少具齿，先端渐尖；具柄，无托叶。顶生总状花序，花多数。花两性，4基数，具3枚苞片；萼筒与子房合生；萼片4，宿存；花瓣4，长圆形或线形，镊合状排列，黄白或绿色，有香味，两面有柔毛。花后常反卷；雄蕊4，花药长圆形，基部着生，花丝有毛；子房下位，1室，花柱圆柱形，柱头单生，胚珠多数，侧膜胎座。浆果；种子1枚。

约60种，分布于喜马拉雅山东部至热带澳大利亚。我国1种。

多香木　　图 489

Polyosma cambodiana Gagnep. in Lecomte, Not. Syst. 3: 223. 1916.

乔木，高达20米。幼枝被柔毛。叶薄革质，对生，常密集枝端，长椭圆状倒披针形或长椭圆形，长7-15厘米，宽3-5厘米，先端尖，基部楔形，全缘，稀具齿，上面无毛，下面被微毛或无毛，侧脉8-12对；叶柄长1-1.5厘米。苞片小，线形；花白色，花梗长3-4毫米，被柔毛；萼筒被毛，萼片卵状三角形，细小；花瓣4，线形，长约1厘米，先端稍尖，两面均被柔毛；雄蕊4，稍短于花瓣；子房下位，1室，被柔毛，花柱与花冠等长或稍短。果卵圆形，长约1厘米，径约7毫米，干后黑色，具1种子。花期夏季，果期冬季。

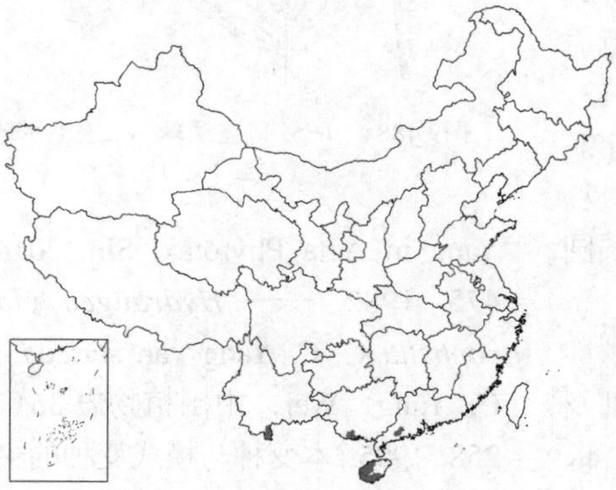

产广东西南部、海南、广西南部及云南南部，生于海拔1000-2400米山地雨林或常绿林中。越南及柬埔寨有分布。

图 489 多香木 （张泰利绘）

2. 鼠刺属 Itea Linn.

（靳淑英）

常绿或落叶，灌木或乔木。单叶互生，具柄，常具腺齿或刺齿，稀圆齿状或全缘。花小，白色，两性或杂性，多数，顶生或腋生总状花序或总状圆锥花序。萼筒杯状，基部与子房合生；萼片5，宿存；花瓣5，镊合状排列；雄蕊5，着生于花盘边缘而与花瓣互生，花丝钻形；子房上位或半下位，具2(3)心皮，花柱单生，有纵沟，或有时中部分离，柱头头状，胚珠多数，2列，中轴胎座。蒴果先端2裂，基部合生，具宿存萼片及花瓣。种子多数，窄纺锤形，或少数，长圆形，扁平；种皮壳质，有光泽；胚大，圆柱形。

约29种，主要分布于东南亚至中国和日本，1种产北美。我国17种及1变种。

1. 花序顶生，直立或略弯至下垂；子房半下位，雄蕊常短于花瓣。
  2. 总状圆锥花序，与叶近等长；叶倒披针形 ………… 1. **锥花鼠刺 I. thorelii**
  2. 总状花序，长于叶；叶卵形、倒卵状长椭圆形、椭圆形、长圆形。
    3. 叶薄革质，卵形或椭圆形，具刺状细锯；花萼和花梗被柔毛 ………… 2. **滇鼠刺 I. yunuanensis**
    3. 叶厚革质，宽椭圆形或椭圆状长圆形，稀近圆形，具硬刺状粗齿；花萼及花梗无毛 ………… 3. **冬青叶鼠刺 I. illcifolia**
1. 花序腋生，稀兼顶生，直立；子房上位，稀半下位，雄蕊短于花瓣或长于花瓣。
  4. 子房半下位，雄蕊短于花瓣；叶长10-20厘米 ………… 4. **大叶鼠刺 I. macrophylla**
  4. 子房上位，雄蕊长于花瓣。
    5. 叶厚革质。
      6. 叶两面密或疏被腺点或至少上面疏被腺点，具锐锯或圆齿状齿。
        7. 小枝、花序轴、花梗及萼均有具柄或无柄腺体；叶上面有疏腺体 ………… 5. **腺鼠刺 I. glutinosa**
        7. 小枝无毛；花序轴、花轴及萼被柔毛；两面具腺体 ………… 6. **厚叶鼠刺 I. coriacea**
      6. 叶两面无腺体，具2-10对粗齿，或全缘 ………… 7. **台湾鼠刺 I. oldhamii**
    5. 叶薄革质、纸质或膜质。
      8. 叶薄革质，两面无毛。
        9. 叶倒卵形或卵状椭圆形，基部楔形，具不明显浅圆齿，稀波状或近全缘，侧脉4-5对；苞片小，线状钻形，长1-2毫米，短于花梗 ………… 8. **鼠刺 I. chinensis**
        9. 叶长圆形，稀椭圆形，基部圆或钝圆，密生细锯齿，侧脉5-7对；苞片叶状，三角状披针形或倒披针形，长约1.1厘米 ………… 9. **矩叶鼠刺 I. oblonga**
      8. 叶纸质或膜质，两面被毛，或至少脉腋有髯毛。
        10. 叶下面被密柔毛，沿脉毛更密，侧脉(7)8-11对 ………… 10. **毛鼠刺 I. indochinensis**
        10. 叶仅下面脉腋有短柔毛，侧脉6-8对 ………… 10(附). **毛脉鼠刺 I. indochinensis** var. **pubinervia**

1. 锥花鼠刺　　图 490

Itea thorelii Gagnep. Not. Syst. 3: 222. 1916.

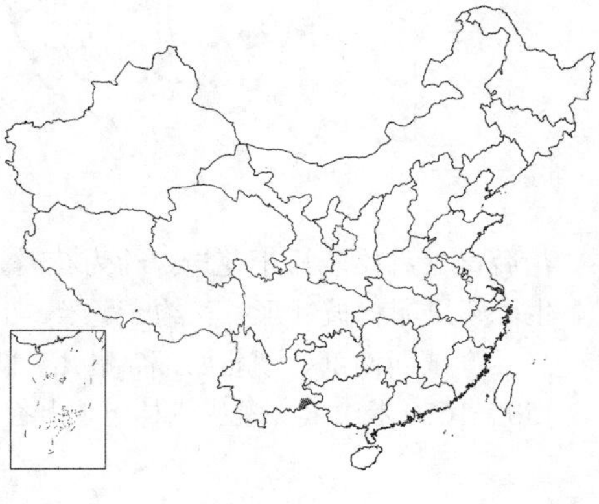

灌木，高达2.5米。小枝纤细，无毛。叶薄革质，倒披针形，长4-10厘米，先端渐尖，基部楔形，边缘常反卷，疏生腺齿，两面无毛，侧脉4-6对，弧状弯曲；叶柄长0.5-1厘米，无毛。顶生总状圆锥花序，长5-10厘米；花序轴无毛或密被短柔毛；苞片针状或线状披针形，长2-3毫米。花梗长4-6毫米，无毛或被短柔毛；萼筒倒锥形，萼片三角状披针形，长约2毫米，被微柔毛；花瓣白或淡黄绿色，披针形，长约5毫米，花期直立；雄蕊长约3毫米；花丝无毛；子房半下位，心皮2，花柱中部分离。蒴果锥形，长6-7毫米，无毛，2心皮呈90度以上叉开。花果期6-10月。

产云南东南部，生于海拔1000-1100米密林中或开旷地。老挝、越南北部及泰国有分布。

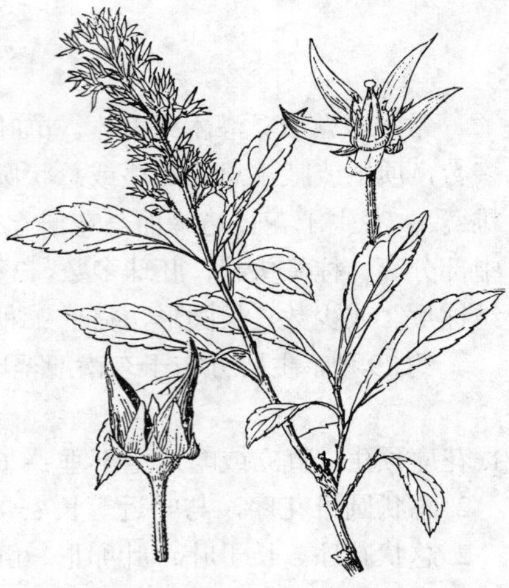

图 490 锥花鼠刺 （引自《云南植物志》）

2. 滇鼠刺 图 491

Itea yunnanensis Franch. in Journ. Bot. 10：268. 1896.

灌木或小乔木，高达10米。叶薄革质，卵形或椭圆形，长5-10厘米，先端尖或短渐尖，基部钝或圆，具稍内弯刺状锯齿，两面均无毛，侧脉4-5对，弧状上弯；叶柄长0.5-1.5厘米，无毛。顶生总状花序，俯弯至下垂，长达20厘米；花序轴及花梗被短柔毛；苞片钻形，长约1毫米；花多数，常3枚簇生；花梗长2毫米，花时平展，果期下垂；萼筒浅杯状，萼片三角状披针形，长1-1.5毫米，被微柔毛，稀近无毛；花瓣淡绿色，线状披针形，长约2.5毫米，花时直立，顶端稍内弯；雄蕊常短于花瓣；子房半下位，心皮2，花柱单生。蒴果锥状，长5-6毫米，无毛。花果期5-12月。

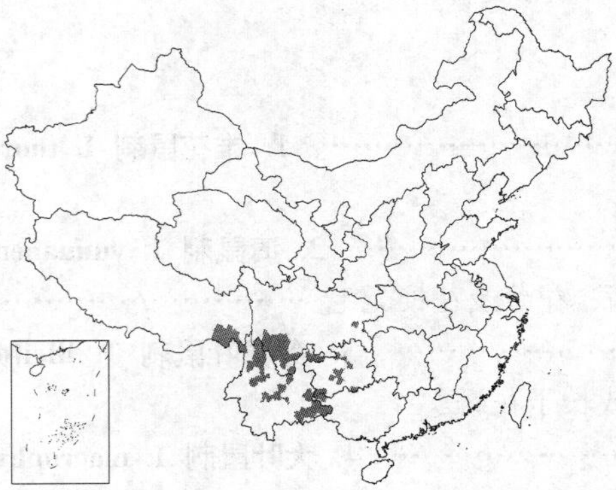

产广西西部、贵州、四川东部及西南部、云南及西藏东南部，生于海拔1100-3000米林下、河边或岩缝中。树皮含鞣质，可制栲胶；木材坚硬。

图 491 滇鼠刺 （邓盈丰绘）

3. 冬青叶鼠刺 图 492

Itea illicifolia Oliv. in Hook. Icon. Pl. 6：t. 1538. 1886.

灌木，高达4米。小枝无毛。叶厚革质，宽椭圆形或椭圆状长圆形，稀近圆形，长5-9.5厘米，先端锐尖或刺尖，基部圆或楔形，边缘有较疏硬刺状粗齿，干时常反卷，两面无毛，或下面脉腋具簇毛，侧脉5-6对，斜上；叶柄长0.5-1厘米，无毛。顶生总状花序，下垂，长25-30厘米；花序轴被短柔毛；苞片钻形，长约1毫米；花多数，通常3个簇生。花梗长约1.5毫米，无毛；萼筒浅钟状，萼片三角形状披针形，长约1毫米，无毛；花瓣黄绿色，线状披针形，长2.5毫米，顶端具硬尖，花后直立；雄蕊短于花瓣，约为花瓣之半；子房半下位，心皮2，花柱单生。蒴果卵状披针形，长约5毫米，下垂。花期5-6月，果期7-11月。

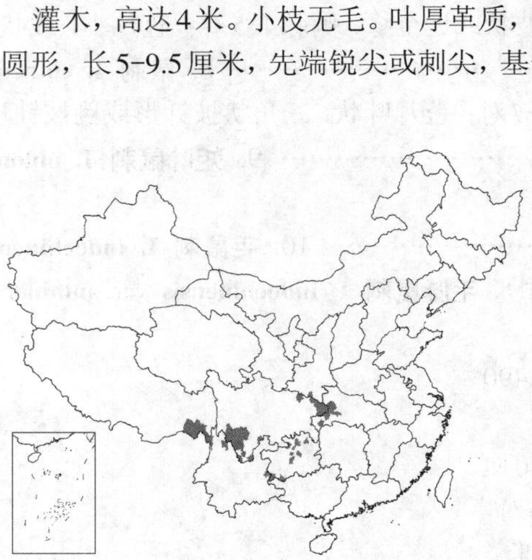

产陕西西南部、湖北西部、贵州、四川、云南及西藏东南部，生于海拔1500-1650米山坡、灌丛或林下、山谷、河岸或路旁。

图 492 冬青叶鼠刺 （张泰利绘）

4.　大叶鼠刺　　图 493

Itea macrophylla Wall. ex Roxb. Fl. Ind. 2: 419. 1824.

小乔木，高达10米。小枝无毛。叶薄革质，宽卵形或宽椭圆形、长10-20厘米，先端骤尖或短尾尖，基部圆钝，边缘具腺齿，两面无毛，侧脉7-10对，上面中脉凹下，脉细而平行；叶柄粗，长1-2.5厘米，无毛。总状花序腋生，常2-3个簇生，稀单生，长10-15(-20)厘米；花序轴及花梗被短柔毛，稀近无毛。花梗长1.5-2毫米，苞片钻形；萼筒杯状，萼片三角状披针形，长1.5毫米；花瓣白色，窄披针形，长3-4毫米，花时常反折；雄蕊短于花瓣之半；子房半下位，2心皮。蒴果窄锥形，长7-8毫米，无毛，具纵条纹，平展或下垂。花果期4-6月。

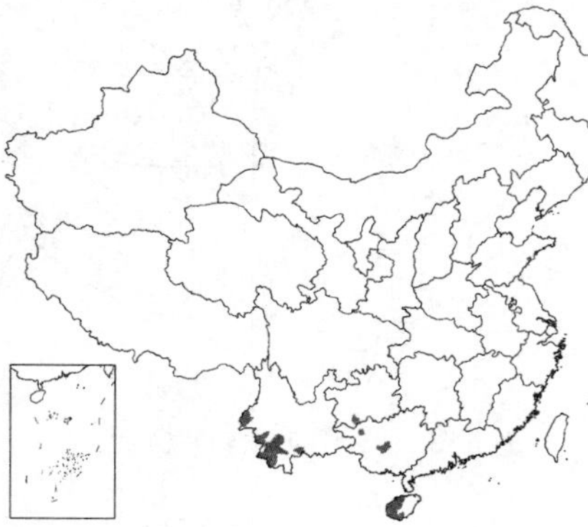

图 493　大叶鼠刺　（引自《图鉴》）

产海南、广西、贵州南部、云南西南部及西部，生于海拔500-1540米林中或山坡路边。印度、锡金、不丹、缅甸、越南、菲律宾及印度尼西亚(爪哇)有分布。

5.　腺鼠刺　　图 494

Itea glutinosa Hand.-Mazz. in Anz. Akad. Wiss. Wien, Math.-Nat. 58: 91. 1921.

灌木或小乔木，高3-6米。小枝粗，有较密腺体。叶厚革质，长圆状椭圆形，长8-16厘米，先端尖或短渐尖，基部圆钝，基部以上具不规则刺齿，上面疏生腺体，两面无毛，上面中脉微凹下，侧脉6-7对；叶柄长1.2-2厘米，无毛。总状花序单生叶腋，长7-13厘米，直立；具多花；花序轴、花梗及萼均有红色具柄腺体和疏短毛。花梗长2-3毫米；苞片叶状，长达1厘米以上；萼筒浅杯状，萼片线状披针形，长3-3.5毫米，略短于花瓣或与花瓣等长，被疏微毛及腺体；花瓣白色，披针形，长3-4毫米，花时直立，先端微内弯，边缘有微毛，有时有疏腺体；雄蕊长于花瓣及子房，长约5毫米；子房上位，无毛。蒴果长约7毫米。花期5-6月，果期6-11月。

图 494　腺鼠刺　（引自《图鉴》）

产福建、江西南部、湖南、广西东北部及贵州东部，生于林下、山坡、灌丛中或路旁。

6.　厚叶鼠刺　　图 495

Itea coriacea Y. C. Wu in Engl. Bot. Jahrb. 71: 177. 1940.

灌木或小乔木，高达10米。小枝无毛。叶厚革质，椭圆形或倒卵状长圆形，长6-13厘米，先端骤尖或骤短尖，基部钝或宽楔形，基部以上具圆齿状齿，齿端有硬腺点，两面无毛，具腺体，脉宽达1毫米，侧脉5-6对，弧状上弯，网脉明显；叶柄粗，长1.5-

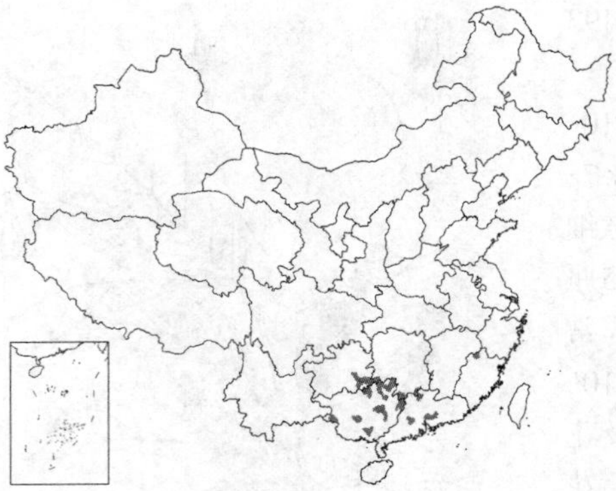

2.5厘米。无毛。总状花腋生，或稀兼顶生，单生，长达15厘米，具多花；花序轴及花梗被柔毛。花梗长2.5-4毫米，基部有线状钻形苞片，苞片长约1毫米；萼筒浅杯状，黄绿色，被微柔毛，萼片三角状披针形，2毫米；花瓣白色，直立，先端渐尖，边缘及内面被疏微柔毛；雄蕊伸出花瓣，长4毫米，花细，长3.5-4毫米，基部被微柔毛；子房上位，被柔毛。蒴果锥形，长7毫米，被疏柔毛，成熟2裂，裂片顶端反折。

产福建北部、江西西南部、湖南南部、广东、广西及贵州东南部，生于海拔600-1500米林中、山地灌丛、山谷或水旁。

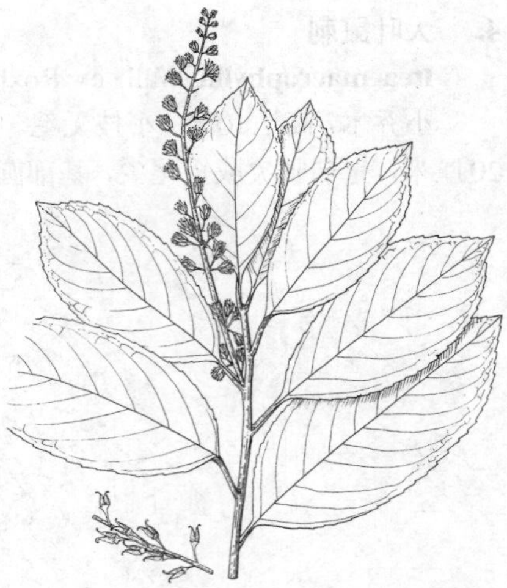

图 495 厚叶鼠刺 （孙英宝绘）

7. 台湾鼠刺 图 496

Itea oldhamii Schneid. Ill. Handb. Laubh. 1: 396. 1906.

常绿灌木或小乔木。叶厚革质，卵形或卵状长椭圆形，长6-9(12)厘米，先端尖或渐尖，稀钝，基部钝或楔形，边缘具2-10对粗齿，稀全缘；侧脉5-7对，弧状上升，两面无毛；叶柄长5-8毫米，无毛。总状花序腋生或顶生，长3-5厘米，被柔毛。苞片长1-2毫米；花梗长2-4毫米，开展，被柔毛；花多数，单生或2个簇生；萼筒浅杯状，萼片三角状披针形，长约为花瓣之半；花瓣白色，披针形，长2.5毫米；雄蕊略长于花瓣；子房上位，被短柔毛。蒴果锥状，长5-6毫米，微被毛，基部有宿存萼片。

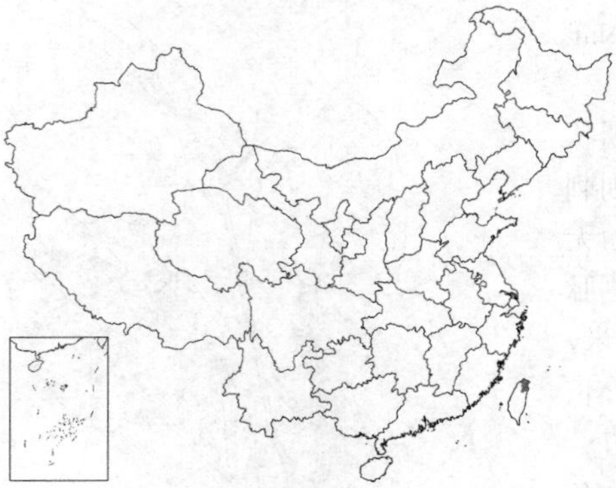

产台湾北部，生于海拔300-500米山谷。日本琉球有分布。木材淡桃红色或金黄色，坚韧，可制各种器具。常栽培供观赏。

图 496 台湾鼠刺
（引自《Woody Fl. Taiwan》）

8. 鼠刺 图 497：1-2

Itea chinensis Hook. et Arn. Bot. Beech. Voy, 189. t. 39. 1833.

灌木或小乔木，高达10米。叶薄革质，倒卵形或卵状椭圆形，长5-12（15）厘米，先端尖，基部楔形，边缘上部具不明显圆齿状小锯齿。波状或近全缘，侧脉4-5对，两面无毛；叶柄长1-2厘米，无毛。腋生总状花序，通常短于叶，长3-7(9)厘米，或单生，和2-3束生，直立；花序轴及花梗被短柔毛；花多数，2-3个簇生，稀单生。花梗细，长约2毫米，被毛；苞片线状钻形，长1-2毫米；萼筒浅杯状，被疏柔毛，萼片三角状披针形，长1.5毫米；花瓣白色，披针形，长2.5-3毫米，花时直立；雄蕊与花瓣近等

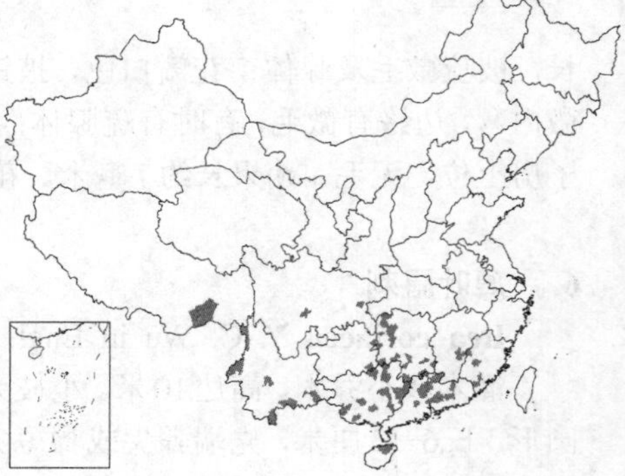

长或稍长于花瓣；子房上位，被密长柔毛。蒴果长圆状披针形，长6-9毫米，被微毛。花期3-5月，果期5-12月。

产福建、江西、湖南、广东，海南、广西、贵州、云南、四川及西藏东南部，生于海拔140-2400米山谷、疏林及溪边。印度东部、不丹、越南及老挝有分布。根为滋补药，花治咳嗽和喉干。

9. 矩叶鼠刺 图 497：3-4

Itea oblonga Hand.-Mazz. in Anz. Akad. Wiss. Wien, Math.-Nat. 58: 90. 1921.

灌木或小乔木，高达10米。叶薄革质，长圆形，稀椭圆形，长6-12(16)厘米，先端尾尖或渐尖，基部圆或钝圆，密生细齿，近基部近全缘，两面无毛，侧脉5-7对；叶柄长1-1.5厘米，无毛。腋生总状花序，长12-13(-23)厘米，单生或2-3簇生，直立。花梗长2-3毫米，被微毛，基部有叶状苞片，苞片三角状披针形或倒披针形，长达1.1厘米；萼筒浅杯状，被疏柔毛，萼片三角状披针形，长1.5-2毫米；花瓣白色，披针形，长3-3.5毫米，花时直立，顶端稍内弯；雄蕊与花瓣等长或长于花瓣；子房上位，密被长柔毛。蒴果长6-9毫米，被柔毛。花期3-5月，果期6-12月。

产安徽南部、浙江、福建、江西、湖北、湖南、广东、广西、云南、贵州及四川，生于海拔350-1650米山谷、疏林或灌丛中。

图 497： 1-2. 鼠刺 3-4. 矩叶鼠刺
（张泰利绘）

10. 毛鼠刺 图 498：1-3

Itea indochinensis Merr. in Univ. Calif. Publ. Bot. 8: 134. 1926.

灌木或小乔木，高10（-15）米。小枝被密柔毛，老枝常无毛，叶纸质，椭圆形或长圆状椭圆形，长10-25（-19）厘米，先端短尖或渐尖，基部圆或钝，具细齿，上面橄榄色，有腺体，下面被密柔毛，侧脉7-11对；叶柄长1-1.7厘米，被长柔毛。总状花序，通常3-4簇生叶腋，长5-7（8）厘米；花序轴和花梗被密长柔毛。花梗长约2毫米，基部有线形苞片，苞片长1-2毫米，被长柔毛；萼筒杯状，被长柔毛，萼片三角状披针形，长约花瓣之半；花瓣白色，披针形，长2.5-3毫米，被柔毛，花时直立；雄蕊长4-5毫米，花丝基部有长柔毛；子房半下位。蒴果长8毫米，被毛，成熟时基部开裂。花期3-5月，果期5-12月。

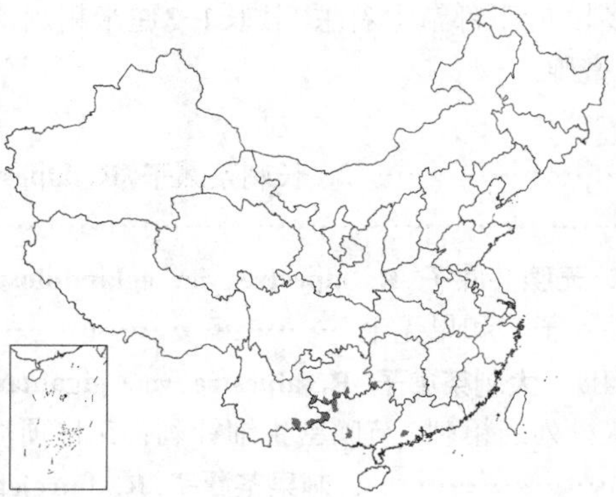

产广东东南部、广西、云南东南部、贵州西南部及湖南西南部，生于

图 498： 1-3. 毛鼠刺 4. 毛脉鼠刺
（张泰利绘）

海拔160-1400米林中、灌丛、林缘或溪旁。越南、菲律宾、印度尼西亚、缅甸、不丹、锡金及印度有分布。

[附] **毛脉鼠刺** 图 498: 4 **Itea indochinensis** var. **pubinervia** (H. T. Chang) C. Y. Wu, Fl. Yunnan 1: 106. pl. 27. f. 7. 1977. —— *Itea chinensis* Hook. et Arn. var. *pubinervia* H. T. Chang in Acta Phytotax. Sin. 2(2): 126. pl. 17. f. 3c. 1953. 本变种与模式变种的区别：叶上面无毛，下面沿脉或至少在脉腋有柔毛，有时毛脱落，侧脉6-8对；腋生总状花序少于4个，且较短。产广东、广西、云南及贵州东北部（梵净山），生于海拔1000-2100米疏林中、水边或石缝中。

3. 茶藨子属 Ribes Linn.

（陆玲娣）

落叶，稀半常绿或常绿灌木。枝无刺或有刺。芽具数枚干膜质或草质鳞片。单叶互生，稀簇生，常3-5(-7)掌状分裂，稀不裂，幼时在芽中折叠，稀席卷；具柄，无托叶。花两性或单性，雌雄异株，5(4)数；总状花序，有时数花组成伞房花序或几无花序梗的伞形花序，或数花簇生，稀单生；具苞片。萼筒下部与子房合生，萼片5(4)，常花瓣状，直立、开展或反折；花瓣5(4)，小形，与萼片互生，有时鳞片状，稀无花瓣；雄蕊5(4)，与萼片对生，与花瓣互生，着生萼片基部或稍下方，花丝分离，花药2室；花柱顶端2浅裂或深裂至中部或中部以下，稀不裂；子房下位，极稀半下位，具短柄，有时具腺毛或小刺，1室，侧膜胎座2，胚珠多数。浆果多汁，顶端具宿存花萼，果熟时脱落。种子多数，外种皮胶质，内种皮坚硬，具胚乳，胚小，圆筒状。

约160余种，主要分布于北半球温带和较寒冷地区，少数种至亚热带和热带山地，达南美洲南端，非洲西北部阿特拉斯山地有2种。我国59种，30余变种。果富含多种维生素、糖类和有机酸等，供生食、制果酒、饮料、糖果及果酱等，也可作提取维生素的原料。有些种类的根和种子可药用；多数种类为优良观赏植物。

1. 花两性；苞片短小，卵形或近圆形，极稀舌形、长圆形或披针形。
  2. 枝具刺。
    3. 总状花序长1-1.5厘米或稍长，具2-8花或花单生；苞片卵形或近圆形，极稀长圆形，具3脉；萼筒钟形或圆筒形；花柱2浅裂或2深裂。
      4. 花柱和花托内面无毛；果球形，稀椭圆形或长圆形。
        5. 果球形，稀椭圆形，长、宽均1-1.5厘米。
          6. 果无毛，无小刺；叶、花序和花萼无毛；叶下部节上着生3-7枚轮状排列的针刺，节间具细针刺；花柱裂至近中部 …………………………………………………………… 1. **阿尔泰醋栗 R. aciculare**
          6. 果无毛，稀具柔毛，常具腺毛或小刺；叶、花序和花萼常具柔毛或近无毛。
            7. 子房和果常具腺毛（长刺茶藨子的变种无腺毛），无小刺；叶下部节上着生3枚长1-3厘米粗刺，节间疏生细小针刺或腺毛；花柱裂至中部；花药顶端具蜜腺。
              8. 枝刺长1-2厘米；花萼具柔毛。
                9. 子房和果无柔毛，具腺毛 ………………………………………… 2. **长刺茶藨子 R. alpestre**
                9. 子房具柔毛，无腺毛；果熟时无毛，无腺毛 ……………………………………………… 2(附). **无腺茶藨子 R. alpestre** var. **eglandulosum**
              8. 枝刺粗，长达3厘米，稀较短小；花萼近无毛或无毛；子房和果无毛 ……………………………………………… 2(附). **大刺茶藨子 R. alpestre** var. **giganteum**
            7. 子房和果具小刺，无腺毛；叶下面节上着生3-7枚轮状排列的粗刺，节间密生细针刺；花柱顶端2浅裂，花药顶端无蜜腺 …………………………………………………… 3. **刺果茶藨子 R. burejense**
        5. 果长圆形，长2-2.5厘米，径约1厘米；叶具柔毛，老时近无毛；花序和花萼无毛 ……………………………………………… 4. **长果茶藨子 R. stenocarpum**
      4. 花柱和花托内面具长柔毛；果球形，具柔毛或混生腺毛，稀无毛；叶、花序和花萼具柔毛 ……………………………………………… 5. **欧洲醋栗 R. reclinatum**

3. 总状花序长5-6厘米，具4-10花；苞片宽披针形或舌形，具单脉；萼筒盆形或五角形，花柱2裂；果球形，具腺毛；叶无毛，下部节上集生多数轮状排列的长0.7-1厘米的粗刺，节间密被针刺 …………………………………………………… 6. **密刺茶藨子 R. horridum**

2. 枝无刺。

10. 花萼黄色，萼筒管形，花柱不裂或柱头2裂；老叶下面、花萼、子房和果无毛，无腺体 …………………………………………………… 7. **香茶藨子 R. odoratum**

10. 花萼绿、黄白或红色，萼筒盆形、杯形、钟形或短圆筒形，花柱2裂，稀不裂。

11. 叶下面、花萼、子房和果无腺体，稀微具腺毛。

12. 萼筒钟形或钟状短圆筒形。

13. 萼片直立，萼筒钟形或钟状短圆筒形。

14. 萼片边缘无睫毛。

15. 萼筒钟形，雄蕊和花柱短于萼片；总状花序较紧密，长5-12(-16)厘米。

16. 幼枝和叶两面无毛或具腺毛，稀叶下面沿叶脉具柔毛；萼片先端圆钝不内弯，雄蕊着生与花瓣同一水平。

17. 叶基部心形，稀近平截，3-5浅裂，裂片三角状长卵形或长三角形，顶生裂片长于侧生裂片 …………………………………………………… 8. **宝兴茶藨子 R. moupinense**

17. 叶基部深心形，3深裂，裂片窄长，窄卵状披针形或窄三角状长卵形，顶生裂片与侧生裂片近等长 ……………………… 8(附). **三裂茶藨子 R. moupinense** var. **tripartitum**

16. 幼枝和叶两面具柔毛；萼片先端微尖内弯，雄蕊着生低于花瓣 …………………………………………………… 9. **四川茶藨子 R. setchuense**

15. 萼筒钟状短圆筒形，雄蕊和花柱长于萼片；总状花序疏散，长15-25(-35)厘米；雄蕊着生低于花瓣。

18. 叶无毛，极稀在下面基部脉腋稍有柔毛。

19. 总状花序长15-25(-30)厘米；花梗长0.4-1厘米；小枝和叶下面脉上常无腺毛 …………………………………………………… 10. **长序茶藨子 R. longiracemosum**

19. 总状花序细，长达35厘米；花梗长1-1.5厘米；小枝和叶下面脉上常具腺毛 ……………………… 10(附). **纤细茶藨子 R. longiracemosum** var. **gracillimum**

18. 叶下在具疏密不等的柔毛；总状花序长达40厘米 …………………………………………… 10(附). **腺毛茶藨子 R. longiracemosum** var. **davidii**

14. 萼片边缘具睫毛。

20. 幼枝和叶柄无毛或几无毛；花萼无毛，萼片无齿，花瓣边缘或先端具睫毛。

21. 叶无柔毛，具腺毛，裂片先端尖或短渐尖；萼筒钟形，雄蕊着生与花瓣同一水平，花柱与雄蕊近等长。

22. 叶两面和叶柄无毛，稀微具柔毛或混生少数腺毛。

23. 叶下面脉上和叶柄无瘤状突起，无腺毛，稀有少数不明显腺毛 …………………………………………………… 11. **糖茶藨子 R. himalense**

23. 叶下面脉上和叶柄具瘤状突起或混生少数腺毛 ……………………… 11(附). **瘤糖茶藨子 R. himalense** var. **verruculosum**

22. 叶两面和叶柄密被柔毛，疏生瘤状突起 ……………………… 11(附). **异毛茶藨子 R. himalense** var. **trichophyllum**

21. 叶无柔毛，无腺毛，稀叶下面脉腋稍具柔毛，裂片先端尖或稍钝；萼筒钟状短圆筒形，雄蕊着生低于花瓣，花柱长于雄蕊 ……………………… 12. **天山茶藨子 R. meyeri**

20. 幼枝和叶柄具柔毛和腺毛；花萼微被柔毛，萼片常有齿，花瓣边缘无睫毛，花柱与雄蕊近等

长；叶两面微具柔毛或无毛，裂片先端尖或短渐尖；萼筒钟形 ……… 13. **阔叶茶藨子 R. latifolium**

13. 萼片反折，萼筒钟形。

24. 叶下面具柔毛，裂片先端短渐尖或渐尖，稀尖；萼片边缘无睫毛，雄蕊着生与花瓣同一水平。

25. 总状花序长7-15厘米，具10-20花，疏散；花药卵圆形或长卵圆形，顶端尖，具蜜腺 ……………………………………………………………………………………… 14. **曲萼茶藨子 R. griffithii**

25. 总状花序长4-6厘米，具15-25花，紧密；花药圆形或近圆形，顶端圆钝或微凹，无蜜腺 …………………………………………………………………………… 14(附). **滇中茶藨子 R. soulieanum**

24. 叶两面无毛，裂片先端微尖或稍钝；萼片边缘具睫毛，雄蕊着生低于花瓣 ……………………………………………………………………………………… 15. **高茶藨子 R. altissimum**

12. 萼筒盆形或浅杯形。

26. 萼片直立，边缘有或无睫毛。

27. 直立灌木，高1米以上。

28. 萼片边缘具睫毛，花萼绿色，有褐红或褐色斑纹；叶两面具柔毛 ……………………………………………………………………………………… 16. **毛茶藨子 R. pubescens**

28. 萼片边缘无睫毛。

29. 叶肾状圆形，稀近圆形，上面无毛，下面疏生柔毛；花序轴和花梗具短柔毛；花萼黄白色；花瓣浅黄色 ……………………………………………… 17. **英吉利茶藨子 R. palczewskii**

29. 叶近圆形，两面无毛或下面稍有柔毛；花序轴和花梗无毛；花萼浅绿或浅绿褐色，花瓣浅紫红色 …………………………………………………………… 17(附). **红茶藨子 R. rubrum**

27. 矮小灌木，高20-40厘米，稀70-80厘米；萼片边缘无睫毛，花萼紫红色；叶两面无毛或下面仅沿叶脉被柔毛 ……………………………………………………………… 18. **矮茶藨子 R. triste**

26. 萼片反折，边缘无睫毛。

30. 叶裂片先端尖或短渐尖，具粗锐锯齿或重锯齿；花托内面具5个分离的突出体。

31. 幼叶两面被平贴柔毛，老时毛稀疏；花序长7-16(-20)厘米；萼片长2-3毫米 ……………………………………………………………………………… 19. **东北茶藨子 R. mandshuricum**

31. 幼叶上面无毛，下面沿叶脉和脉腋具柔毛；花序长3-8厘米；萼片长1-2毫米 ……………………………………………… 19(附). **光叶东北茶藨子 R. mandshuricum** var. **subglabrum**

30. 叶裂片先端微尖或稍钝，具圆钝粗锯齿或重锯齿；花托内面具由一环连接的5个突出体 ……………………………………………………………………………… 20. **多花茶藨子 R. multiflorum**

11. 叶下面、花萼、子房和果被黄色腺体，稀无腺体。

32. 直立灌木，高1-2米；叶近圆形或宽卵形，下面具柔毛和腺体；花序轴和花梗被柔毛；果黑色。

33. 花萼浅黄绿或浅粉红色，具柔毛和黄色腺体，萼筒近钟形；花柱顶端2裂，子房疏生柔毛和腺体 ……………………………………………………………………………………… 21. **黑茶藨子 R. nigrum**

33. 花萼浅黄白色，具柔毛，无腺体，萼筒钟状短圆筒形；花柱不裂或柱头2浅裂，子房无柔毛，无腺体 …………………………………………………………………… 21(附). **美洲茶藨子 R. americanum**

32. 蔓性小灌木，高20-40厘米；叶圆肾形，下面常无毛，被黄色腺体；花序轴和花梗无毛，花柱不裂或柱头2浅裂，子房无毛，疏生黄色腺体；果紫褐色 ……………………… 22. **水葡萄茶藨子 R. procumbens**

1. 花单性，雌雄异株；苞片舌形、长圆形、椭圆形、披针形或线形。

34. 总状花序；落叶或常绿灌木。

35. 常绿稀半常绿灌木；枝无刺；叶缘不裂；总状花序较短小，雄花序长2-7厘米，具5-20(-45)花。

36. 果无毛；叶倒卵状椭圆形或宽椭圆形，两面无毛，叶柄长0.5-1.5厘米，具腺毛；花萼绿白或浅黄绿色 ……………………………………………………………………………………… 23. **革叶茶藨子 R. davidii**

36. 果具柔毛或腺毛。

37. 果具柔毛，幼时黄绿色，熟时紫红色；叶卵形、卵状长圆形或椭圆形，两面无毛，叶柄长0.7–1.8厘米，无毛；花萼浅黄绿色，萼筒具柔毛 ………………………………………………… 24. **桂叶茶藨子 R. laurifolium**
37. 果具腺毛，绿色；叶椭圆形或倒卵状椭圆形，下面具腺体，沿叶脉和叶缘有腺毛，叶柄长5–8毫米，被刺毛状腺体；花萼浅绿白色，具腺毛 ………………………………………… 24(附). **华中茶藨子 R. henryi**
35. 落叶灌木；枝无刺或节具2枚小刺；叶分裂。
38. 枝无刺；总状花序长大，雄花序长(1–)5–15厘米，具(4–)10–30花。
39. 叶顶生裂片与侧生裂片近等长，先端常圆钝，稀尖；萼片直立。
40. 果无毛；叶圆形或近圆形，两面无毛或沿叶缘微具睫毛；花萼无毛，稀微具柔毛 ……………………………………………………………………………… 25. **圆叶茶藨子 R. heterotrichum**
40. 果具柔毛和腺毛；叶近圆形或肾状圆形，两面被柔毛、粘质腺体和腺毛；花萼具柔毛和腺毛 ……………………………………………………………………………… 26. **东方茶藨子 R. orientale**
39. 叶顶生裂片长于侧生裂片，极稀近等长，先端尖、渐尖或尾尖。
41. 叶长1–2厘米，顶生裂片比侧生裂片稍大，先端尖；萼片开展或反折。
42. 花萼绿或黄绿色，无毛；果红色；叶和花序被柔毛和腺毛 … 27. **光萼茶藨子 R. glabricalycinum**
42. 花萼紫红色，被柔毛；果黑或红黑色；叶具柔毛；花序具柔毛及腺毛 ……………………………………………………………………………… 27(附). **青海茶藨子 R. pseudofasciculatum**
41. 叶长2–10厘米，顶生裂片比侧生裂片长，稀稍长，先端渐尖或尾尖，稀尖；萼片直立，稀反折。
43. 花萼无毛。
44. 花序轴和花梗无毛。
45. 叶两面无毛，稀疏生腺毛，顶生裂片先端尖；花萼绿色，萼筒杯形 ……………………………………………………………………………… 28. **长白茶藨子 R. komarovii**
45. 叶两面被粗伏毛，顶生裂片先端渐尖；花萼黄褐色，萼筒碟形 ……………………………………………………………………………… 29. **尖叶茶藨子 R. maximowiczianum**
44. 花序轴和花梗具柔毛和腺毛。
46. 果红色。
47. 叶基部平截或心形；萼筒碟形；叶具缺刻状重锯齿或混生粗大单锯齿。
48. 枝和叶柄无柔毛或具疏腺毛；叶长卵形，稀近圆形，顶生裂片比侧生者长1–2倍，先端渐尖或尾尖；萼片舌形或卵圆形 ……………………………… 30. **细枝茶藨子 R. tenue**
48. 枝和叶柄具柔毛和腺毛；叶宽卵形或近圆形，顶生裂片比侧生者稍长，先端尖或短渐尖；萼片披针形或窄长圆形 ……………………… 30(附). **裂叶茶藨子 R. laciniatum**
47. 叶基部圆或近平截；萼筒浅杯形；枝和叶柄常无毛，稀疏生柔毛或腺毛；叶长卵圆形，稀近圆形，顶生裂片比侧生者长2–3倍，先端长渐尖，具粗大单锯齿或混生少数重锯齿；萼片卵形或舌形 ……………………………………………… 31. **冰川茶藨子 R. glaciale**
46. 果黑色；叶基部近平截或心形；萼筒浅杯形；小枝和叶柄常无毛；叶近圆形或宽卵形，顶生裂片比侧生者稍大，先端尖；萼片卵形，稀近舌形 … 31(附). **紫花茶藨子 R. luridum**
43. 花萼具柔毛。
49. 果红或红褐色。
50. 果具柔毛和腺毛；叶两面均被长柔毛。
51. 叶宽卵圆形或近圆形，长2.5–5厘米，具深裂粗大锐锯齿或重锯齿；雄花序长6–7厘米，具10–15花，疏散；花萼红色 ……………………………… 32. **鄂西茶藨子 R. franchetii**
51. 叶宽卵形，长6–10厘米，具粗大钝锯齿或重锯齿；雄花序长7–15厘米，具15–30余花，密集；花萼黄绿略带红色 …………………………… 33. **华西茶藨子 R. maximowiczii**
50. 果无毛，或具疏腺毛；叶宽卵形或近圆形，长5–9厘米，具粗重锯齿；雄花序长6–10厘米，具多花；花萼红褐色。

52. 小枝，叶柄和叶无毛，或具疏腺毛；花序具柔毛和稀疏腺毛；果无毛，稀幼时具柔毛 …………………………………… 34. **渐尖茶藨子 R. takare**

52. 小枝、叶柄、叶、花序和果均具柔毛和稀疏腺毛 …………………………………… 34(附). **束果茶藨子 R. takare** var. **desmocarpum**

49. 果黑色，无柔毛或具稀疏腺毛。

53. 花萼绿或微带红褐色，萼筒杯形，萼片常反折；果疏生腺毛 ………… 35. **小果茶藨子 R. vilmorinii**

53. 花萼深红或紫红色，萼筒碟形，稀浅杯形，萼片常直立；果无毛 …………………………………… 35(附). **红萼茶藨子 R. rubrisepalum**

38. 枝在节上具2小刺，节间疏生小刺或无刺；总状花序较短小，雄花序长(2)3-7厘米，具7-20花。

54. 花序无毛，稀疏生腺毛；果无毛；叶倒卵形或菱状倒卵形，无毛，基部楔形 …………………………………… 36. **双刺茶藨子 R. diacanthum**

54. 花序具柔毛。

55. 果无毛。

56. 叶无毛，菱状卵形或近圆形，基部宽楔形或近圆，叶柄无毛 … 37. **光叶茶藨子 R. glabrifoilum**

56. 叶缘或两面具柔毛。

57. 叶宽卵圆形，两面具柔毛，基部近平截或浅心形，叶柄具柔毛 …………………………………… 38. **美丽茶藨子 R. pulchellum**

57. 叶倒卵形，沿叶缘具柔毛或下面微具柔毛，基部楔形，叶柄无毛 …………………………………… 38(附). **石生茶藨子 R. saxatile**

55. 果具腺毛；叶宽卵圆形，稀近圆形，两面被柔毛和腺毛，基部近平截或浅心形，叶柄被柔毛和腺毛 …………………………………… 39. **陕西茶藨子 R. giraldii**

34. 伞形花序几无花序梗，具2-9花或数朵簇生，稀单生；落叶灌木；枝无刺；叶分裂；花萼黄绿色；果无毛。

58. 小枝、叶两面和花梗常无毛，稀疏生柔毛；叶近圆形，宽达5厘米 ……… 40. **簇花茶藨子 R. fasciculatum**

58. 小枝、叶两面和花梗被密柔毛；叶近圆形，宽达10厘米 …………………………………… 40(附). **华蔓茶藨子 R. fasciculatum** var. **chinense**

1. 阿尔泰醋栗

Ribes aciculare Smith in Rees, Cyci. 30: 372. 1819.

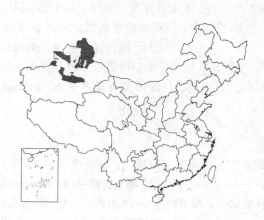

落叶小灌木。小枝无毛，茎下部的节着生3-7枚轮状排列的针刺，节间具疏密不等针刺。叶近圆形或宽卵圆形，长1.5-3厘米，宽3-5厘米，基部平截或心形，两面无毛，稀叶下面基部脉腋具少数柔毛，掌状3-5裂，具粗锐齿；叶柄长达3厘米，无毛或沿槽有疏柔毛。花两性；单生叶腋，稀2-3朵组成短总状花序；花序轴无毛。花梗长3-6毫米，无毛，稀具疏腺毛；苞片卵形或长卵形；花萼绿白、带黄或粉红色，无毛；萼筒钟状或圆筒状，萼片长圆形或匙形；花瓣倒卵形，白色；花托内面无毛；雄蕊稍长于花瓣；花柱裂至近中部，无毛。果球形，径1.2-1.5厘米，无毛，稀具疏腺毛，熟时红色。花期5-6月，果期7-8月。

产新疆天山及阿尔泰山区，生于海拔1500-2100米灌丛中、林缘及石质坡地。蒙古、俄罗斯东西伯利亚、西西伯利亚及中亚有分布。

2. 长刺茶藨子 图 499

Ribes alpestre Wall. ex Decne. in Jacq. Voy. Inde 4(Bot.): 64. t. 75. 1844.

落叶灌木，高1-3米。幼枝被柔毛，茎下部的节上着生3枚粗刺，刺长1-2厘米，节间常疏生针刺或腺毛；叶宽卵形，长1.5-3厘，基部近平截或心形，两面被柔毛，老时近无毛，3-5裂，具缺刻状粗钝齿或重锯齿；叶柄长2-3.5厘米，被柔毛或疏生腺毛。花两性；2-3朵组成短总状花序或花单生叶腋。花梗长5-8毫米，无毛或具疏腺毛；苞片常成对着生于花梗节上，宽卵圆形或卵状三角形。花萼绿褐或红褐色，具柔毛，常混生稀疏腺毛，萼片长圆形或舌形，花期外折，果期常直立；花瓣椭圆形或长圆形，稀倒卵圆形，带白色；花托内面无毛；雄蕊顶端常具杯状密腺；子房无毛，具腺毛，花柱无毛，分裂近中部。果近球形或椭圆形，径1-1.2厘米，紫红色，无毛，具腺毛，味酸。花期4-5月，果期6-9月。

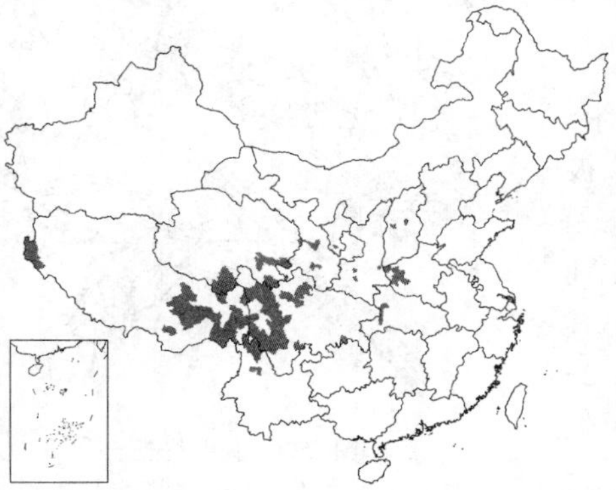

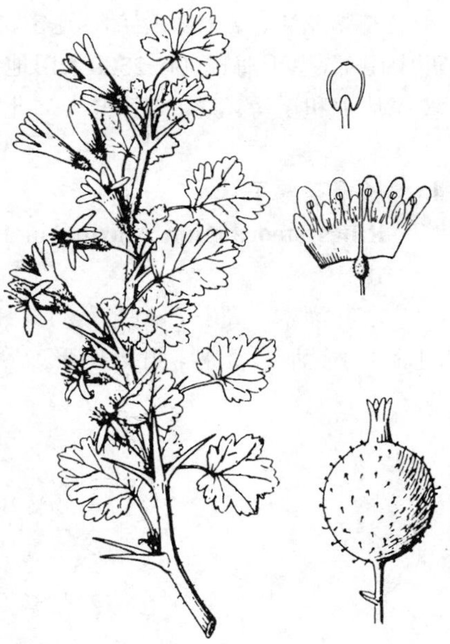

图 499 长刺茶藨子 （吴彰桦绘）

产山西、河南西部、湖北西部、陕西、宁夏南部、甘肃、青海东部及南部、四川、云南西北部及西藏，生于海拔1000-3900米阳坡疏林下灌丛中、林缘、河谷草地或河边。克什米尔、不丹及阿富汗有分布。

［附］**无腺茶藨子 Ribes alpestre** var. **eglandulosum** L. T. Lu in Acta Phytotax. Sin. 31(5): 451.1993. 本变种与模式变种的区别：花萼、子房和幼果具柔毛，无腺毛，果熟时柔毛渐脱落，老时无毛。产四川西部及北部、西藏东南部，生于海拔2400-3500米河边、山麓灌丛、林中及林缘。

［附］**大刺茶藨子 Ribes alpestre** var. **giganteum** Jancz. in Bull. Intern. Acad. Sci. Cracovie Cl. Sci. Math. Nat. 1910: 72. 1910. 本变种与模式变种的区别：枝刺较粗，长达3厘米，稀较短小；花萼无毛或几无毛；子房和果无毛，无腺毛。产山西中部、甘肃中南部、宁夏南部、青海东部及南部、四川西部，生于海拔2500-3700米阴坡阔叶林或针叶林下及林缘。刺长大而粗壮，可栽培作绿篱及观赏。

3. 刺果茶藨子 刺梨 图 500 彩片 83

Ribes bureiense Fr. Schmidt in Mém. Acad. Sci. St. Pétersb. Sav. Etrang. ser, 7. 12(2): 42. 1868 “burejensis”

落叶灌木。幼枝具柔毛，茎下部节上着生3-7枚长达1厘米粗刺，节间密生细刺。叶宽卵形，长1.5-4厘米，基部平截或心形，幼时两面被柔毛，老时渐脱落，下面沿叶脉有时具少数腺毛，掌状3-5深裂，有粗钝锯齿；叶柄长1.5-3厘米，具柔毛，老时近无毛，有稀疏腺毛。花两性；单生叶腋或2-3朵组成短总状花序。花梗长0.5-1厘米，疏生柔毛或近无毛，或疏生腺毛；苞片宽卵圆形。花萼浅褐或红褐色，疏生柔毛或近无毛，萼筒宽钟形，萼片长圆形或匙形，花期开展或反折，果期常直立；花瓣匙形或长圆形，浅红或白色；花药顶端无蜜腺；子房无毛，具黄褐色小刺，花柱无毛，顶端2浅裂。果球形，径约1厘米，熟后暗红黑色，具多数黄褐色小刺。花期5-6月，果期7-8月。

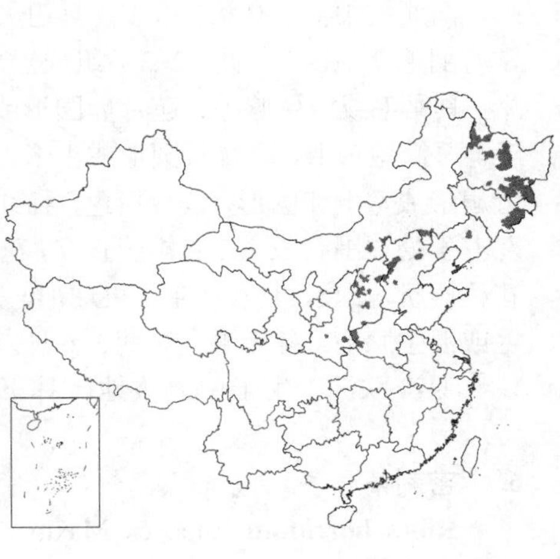

产黑龙江、吉林东南部、辽宁、内蒙古、河北、河南西部、山西及陕西中南部，生于海拔900-2300米山地针叶林、阔叶林或针阔叶混交林中、山坡灌丛中和溪旁。蒙古、朝鲜半岛北部及俄罗斯远东地区有分布。

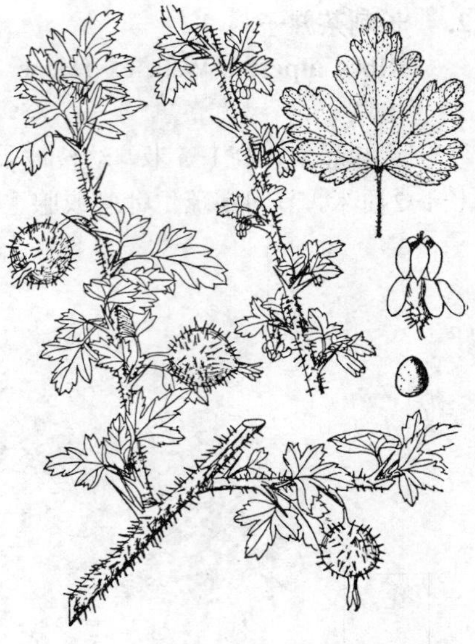

图 500 刺果茶藨子
（引自《中国果树分类学》）

4. 长果茶藨子 图 501

Ribes steocarpum Maxim. in Bull. Acad. Sci. St. Pétersb. 27: 475. 1881.

落叶灌木，高1-2(3)米。幼枝具柔毛，茎下部节上具1-3枚粗刺，节间疏生小针刺或无刺。叶近圆形或宽卵圆形，长2-3厘米，宽2.5-4厘米，基部平截或近心形，两面被柔毛，老时毛稀疏或几无毛，掌状3-5深裂，具粗钝齿；叶柄长(1)2-3厘米，具柔毛和疏腺毛。花两性；2-3朵组成短总状花序或单生叶腋。花梗长3-5毫米，无毛，稀疏生腺毛；苞片成对生于花梗节上，宽卵圆形；花萼浅绿或绿褐色，无毛；萼筒钟形，萼片舌形或长圆形，花期开展或反折，果期常直立；花瓣长圆形或舌形，白色；花托内面无毛；雄蕊花丝白色；花柱分裂几达中部，无毛。果长圆形，长2-2.5厘米，径约1厘米，浅绿有红晕或红色，无毛。花期5-6月，果期7-8月。

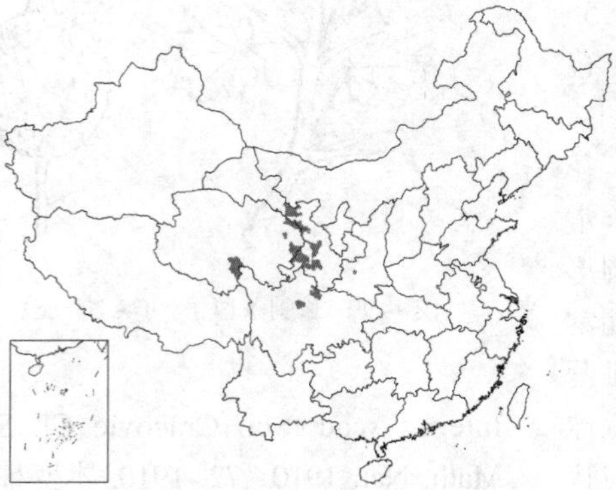

产陕西中南部、甘肃、青海东部及南部、四川北部，生于海拔2300-3300米云杉林、杂木林或山坡灌丛中。

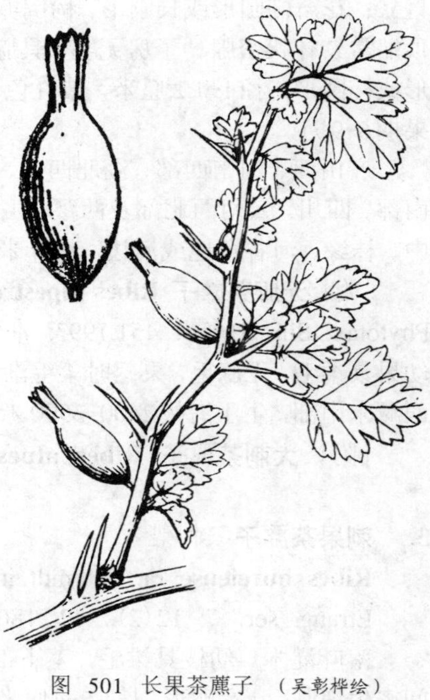

图 501 长果茶藨子 （吴彰桦绘）

5. 欧洲醋栗 图 502

Ribes reclinatum Linn. Sp. P1. 201. 1753.

落叶灌木，高1-1.5米。幼枝具柔毛，茎下部的节上具1-3枚粗刺，节间常有稀疏针刺。叶圆形或近肾形，长宽均2-4(6)厘米，基部平截或浅心形，两面被柔毛，掌状3-5裂，具粗大圆钝齿；叶柄长2-4毫米，近基部常有羽毛状毛。花两性；2-3朵组成短总状花序或单生叶腋。花梗长5-7毫米，具柔毛或混生腺毛；苞片卵圆形或圆形；花萼绿白色并带红色，被柔毛。萼筒短钟形，萼片长圆形或舌形，稀倒卵状长圆形，花期反折；花瓣近扇形或宽倒卵圆形，浅绿白色，稀红色，具柔毛；花托内面于花瓣和雄蕊着生处周围具长柔毛；雄蕊直立，花丝白色；子房具柔毛，常混生腺毛，花柱棒状，2裂，具长柔毛。果球形，径达1.4厘米，黄绿或红色，常被柔毛或混生腺毛，稀无毛。花期5-6月，果期7-8月。

原产欧洲，生于中海拔地区林下或灌丛中。黑龙江、吉林、辽宁、内蒙古、河北、山东引种栽培。俄罗斯高加索、乌克兰及北非有分布。优良的绿化观赏植物，果供生食或加工用。

6. 密刺茶藨子 图 503

Ribes horridum Rupr. ex Maxim. in Mém. Div. Acad. Sci. St. Pétersb. 9: 117. 1859.

落叶小灌木。小枝无毛，密被棕

黄色刺，茎下部节上集生多数轮状排列的粗针刺，刺长0.7-1厘米。叶宽卵形或近圆形，长宽均2-4厘米，基部心形，两面无毛，疏生平贴针状小刺，掌状(3)5(7)裂，顶生裂片菱形，稍长于侧生裂片，具不整齐或缺刻状粗齿或重锯齿；叶柄长1-4(5)厘米，具刺状刚毛，有时沿槽具疏柔毛。花两性；总状花序下垂，长5-6厘米，具4-10花；花序轴和花梗具柔毛和腺毛。花梗长5-7毫米；苞片宽披针形或舌形，具单脉；花萼无毛；萼筒盆形，宽2-3毫米，绿褐或紫褐色；萼片扇形或近圆形，绿白或黄绿色，开展，稀反折；花瓣扇形，与萼片同色；子房具腺毛，花柱顶端2裂，无毛。果球形，径0.8-1.2厘米，具腺毛，成熟时黑色，果肉味酸。花期5-6月，果期7-8月。

产吉林东部，生于海拔1500-2100米岳桦林下或针叶林内及林缘。日本、朝鲜半岛北部及俄罗斯有分布。

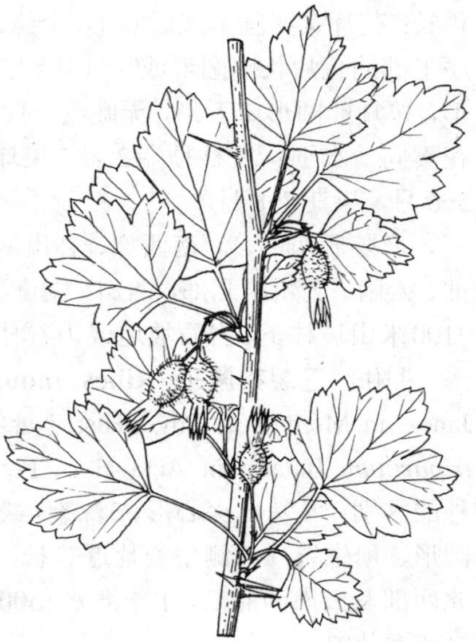

图 502 欧洲醋栗 （孙英宝绘）

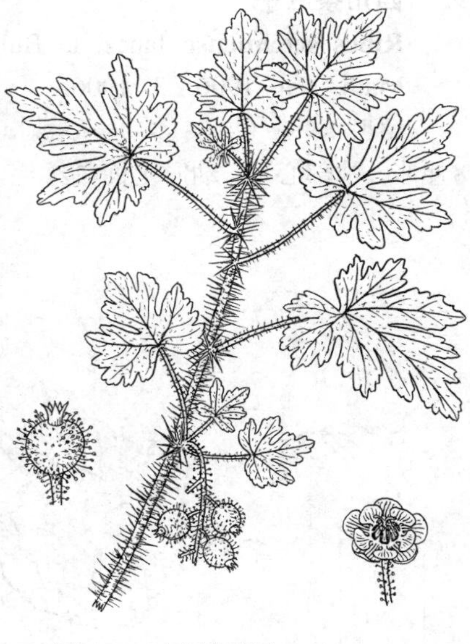

图 503 密刺茶藨子 （余汉平绘）

7. 香茶藨子 图 504

Ribes odoratum Wendl. in Bartling & Wendl. Beitr. Bot. 2: 15. 1825.

落叶灌木，高1-2米。小枝具柔毛，老时脱落，无刺。叶圆肾形或倒卵圆形，长宽均2-5厘米，基部楔形，稀近圆或平截，幼时两面具柔毛，常有腺体，老时近无毛，掌状3-5深裂，具粗钝锯齿；叶柄长(0.5-)1-2厘米，被柔毛。花两性，芳香；总状花序长2-5厘米，常下垂，具5-10花；花序轴和花梗具柔毛。花梗长2-5毫米；苞片卵状披针形或椭圆状披针形，两面有柔毛；花萼黄色，或仅萼筒黄色微带浅绿色晕，无毛，萼筒管形，长1.2-1.5厘米，萼片长圆形或匙形；花瓣近匙形或近宽倒卵形，浅红色，无毛；子房无毛；花柱不裂或柱头2裂，柱头绿色。果球形或宽椭圆形，长0.8-1厘米，熟时黑色，无毛。花期5月，果期7-8月。

原产北美洲，生于山地河流沿岸。黑龙江、辽宁公园及植物园有栽植。花黄色，芳香，供观赏。用种子和插条繁殖。

8. 宝兴茶藨子 图 505

Ribes moupinense Franch. in Nouv. Arch. Mus. Hist. Nat. Paris ser. 2, 8: 238. 1886.

落叶灌木，高2-3(5)米。幼枝无毛，无刺。叶卵圆形或宽三角状卵圆形，长宽均5-9厘米，基部心形，稀近平截，上面无毛或疏生粗腺毛，下面沿叶脉或脉腋具柔毛或混生少许腺毛，常3-5裂，裂片三角状长卵圆形或长三角形，顶生裂片长于侧生裂片，具不规则尖锐单锯齿和重锯齿；叶柄长5-10厘米，沿槽微具柔毛。花两性，径4-6毫米；总状花序长5-10(-12)厘米，下垂，具9-25花，疏散；花序轴具柔毛。花梗极短或几无，稀

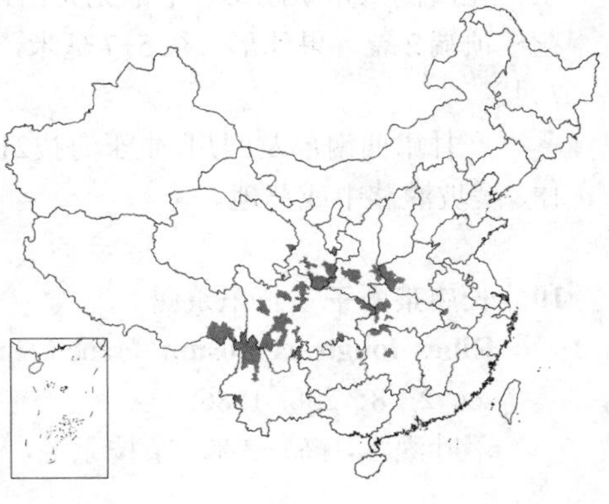

稍长；苞片宽卵圆形或近圆形，全缘或稍具小齿，无毛或边缘微具睫毛，花序下部的苞片长卵圆形或披针状卵圆形；花萼绿色有红晕，无毛；萼筒钟形，萼片卵圆形或舌形，无睫毛，直立；花瓣倒三角状扇形；雄蕊着生与花瓣同一水平；花柱顶端2裂。果球形，径5-7毫米，黑色，无毛。花期5-6月，果期7-8月。

产陕西南部、河南西部、甘肃南部、宁夏南部、青海东部、西藏东南部、云南、贵州东北部、四川、湖南、湖北及安徽西南部，生于海拔1400-3100米山坡林下、岩石坡地或山谷林下。

［附］ **三裂茶藨子 Ribes moupinense** var. **tripartitum** (Batalin) Jancz. in Mém. Soc. Phys. Hist. Nat. Geneve 35. 3: 300. 1907. —— *Ribes tripartitum* Batalin in Acta Hort. Petrop. 11: 488. 1890. 本变种与模式变种的区别：叶基部深心形，3深裂，裂片窄长，窄卵状披针形或窄三角状长圆形，顶生裂片与侧生裂片近等长，先端长渐尖。产甘肃东部，四川、湖北西部及云南西北部，生于海拔1500-2900米岩石坡地、山谷针叶林下、林缘或灌丛中。

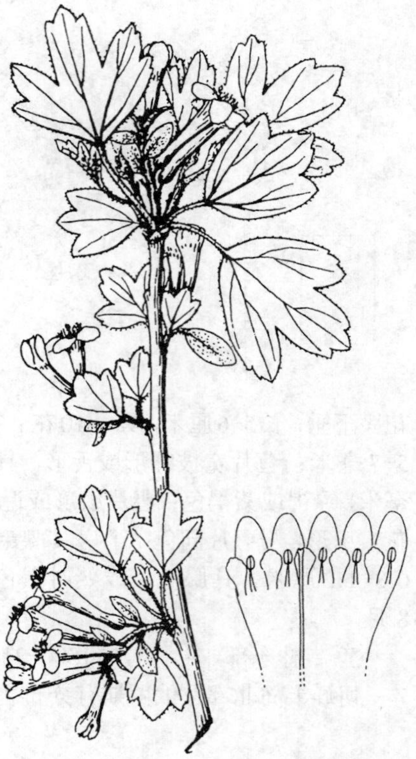

图 504 香茶藨子 （吴彰桦绘）

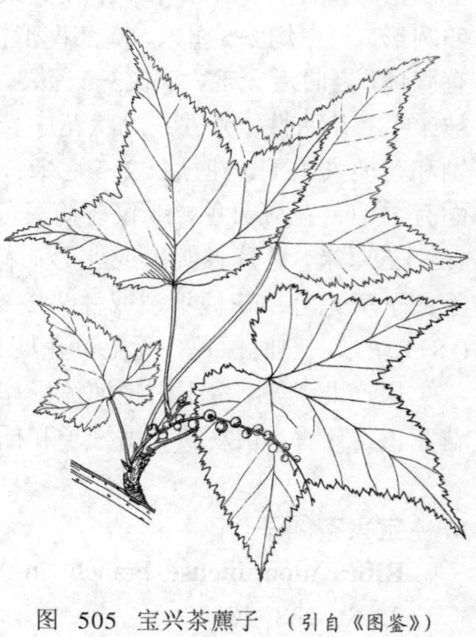

图 505 宝兴茶藨子 （引自《图鉴》）

9. 四川茶藨子 图 506：1-3

Ribes setchuense Jancz. in Bull. Intern. Acad. Sci. Cracovie Cl. Sci. Math. Nat. 1906: 3. 1906.

落叶灌木。幼枝具柔毛，无刺。叶卵圆形或宽三角状卵圆形，长4.5-8厘米，基部心形，幼时上面具柔毛，老时脱落，有时具疏腺毛，下面被较密柔毛，掌状3（5）裂，裂片三角状长卵圆形，顶生裂片长于或与侧生裂片近等长，具不整齐粗锐齿；叶柄长4-7厘米，具柔毛。花两性，径4-5毫米；总状花序长5-10厘米，下垂，具15-30（-50）花，密集。花几无梗或梗极短；苞片卵圆形或圆形，微具柔毛；花萼浅绿色，无毛，萼片舌形，先端微尖内弯，边缘无睫毛，直立；花瓣倒三角状扇形，下部无突出体；雄蕊着生低于花瓣；子房无毛，花柱顶端2裂。果球形，径5-7毫米，红色，无毛。花期4-5月，果期6-7月。

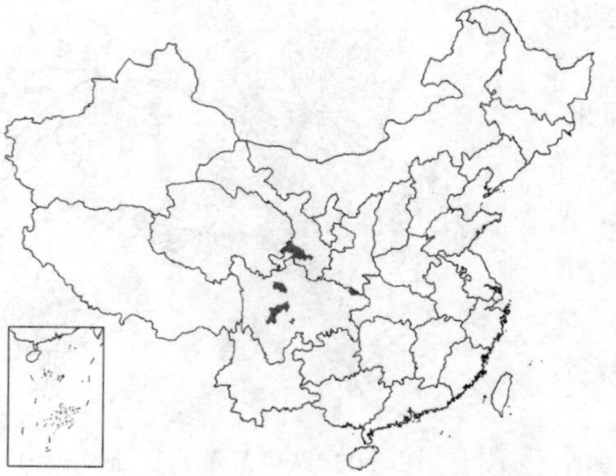

产甘肃西南部及四川，生于海拔2100-3100米山坡阴处林下、山谷针叶林、缓坡灌丛中或草地。

10. 长序茶藨子 长串茶藨 图 506：4-6

Ribes longiracemosum Franch. in Nouv. Arch. Mus. Hist. Nat. Paris ser. 2, 8: 238. 1886.

落叶灌木，高2-3米。小枝无毛，无刺。叶卵圆形，长宽均5-12厘米，基部深心形，两面无毛，极稀下面基部脉腋稍有柔毛，常掌状3(5)裂，具不整齐粗齿及少数重锯齿；叶柄长

4.5-8(10)厘米，无毛或幼时疏被柔毛，有时近基部有疏腺毛。花两性，径5-6毫米；总状花序长15-25(30)厘米，具15-20(25)花。花梗疏被柔毛，长0.4-1厘米；花序下部苞片卵圆形或卵状披针形，长3-5毫米，花序上部者卵圆形或近圆形，长1.5-3毫米；花萼绿色带紫红色，无毛，萼片长圆形或近舌形，无睫毛，直立；花瓣近扇形，下面无突出体；雄蕊着生低于花瓣；花柱顶端不裂或柱头2浅裂。果球形，径7-9毫米，黑色，无毛。花期4-5月，果期7-8月。

产河南西南部、湖北西部、陕西南部、甘肃东南部、四川、云南西北部及东北部，生于海拔1700-3800米山坡灌丛中、山谷林下或沟边林内。

图 506：1-3. 四川茶藨子 4-6. 长序茶藨子 7-9. 阔叶茶藨子 （吴彰桦绘）

［附］**纤细茶藨子 Ribes longiracemosum** var. **gracillimum** L. T. Lu in Acta Phytotax. Sin. 31(5):452. 1993. 本变种与模式变种的区别：花序细，长达35厘米；花梗长1-1.5厘米；小枝、叶柄和叶下面脉上常具腺毛。产陕西东部及甘肃南部，生于海拔2300-2700米山谷林下或山坡灌丛中。

［附］**腺毛茶藨子 Ribes longiracemosum** var. **davidii** Jancz in Bull. Intern. Acad. Sci. Cracovie Cl. Sci. Math. Nat. 1910: 71. 1910. 本变种与模式变种的区别：叶下面具柔毛；花序长达40厘米，具20余花。产云南北部及四川西部，生于海拔1100-3400米山坡阴处灌丛中或沟边林下。

11. 糖茶藨子 图 507

Ribes himalense Royle ex Decne. in Jacquem. Voy. Lnde 4(Bot): 66. t. 77. 1844 “himalayense”

落叶小灌木。小枝无毛，无刺。叶卵圆形或近圆形，长5-10厘米，基部心形，上面无柔毛，常贴生腺毛，下面无毛，稀微具柔毛，或混生少数腺毛，掌状3-5裂，裂片卵状三角形，具粗锐重锯齿或杂以单锯齿；叶柄长3-5厘米，无毛或有少数柔毛，近基部有少数长腺毛。花两性，径4-6毫米；总状花序长5-10厘米，具8-20余花；花序轴和花梗具短毛，或杂以稀疏腺毛。花梗长1.5-3毫米；苞片卵圆形，稀长圆形，花序下部的苞片近披针形，微具柔毛；花萼绿带紫红晕或紫红色，无毛，萼筒钟形，萼片倒卵状匙形或近圆形，边缘具睫毛，直立；花瓣近匙形或扇形，边缘微有睫毛，红或绿带浅紫红色；子房无毛，花柱顶端2浅裂。果球形，径6-7毫米，红色或熟后紫黑色，无毛。花期4-6月，果期7-8月。

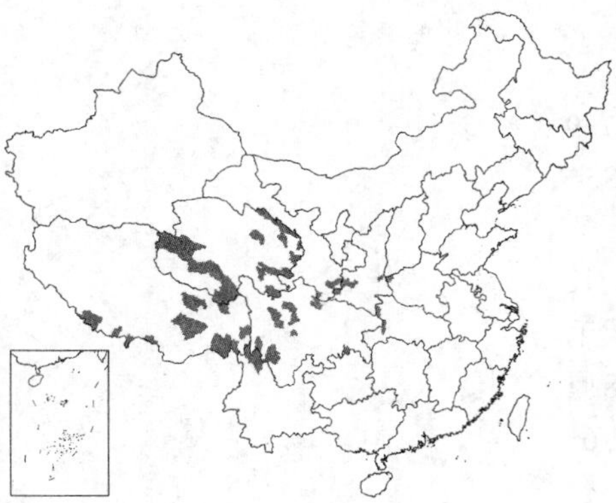

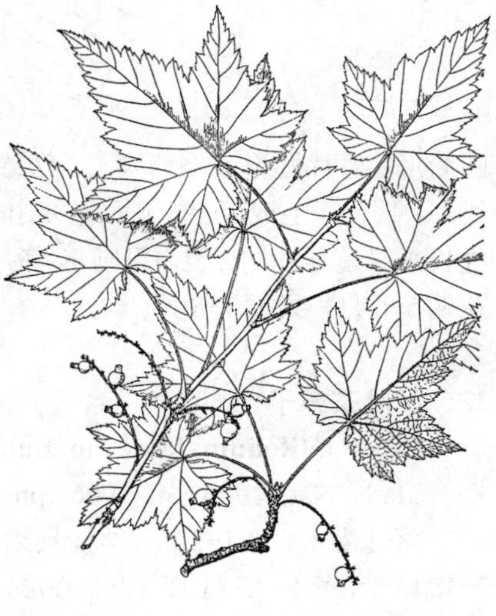

图 507 糖茶藨子 （孟 玲绘）

产河南西部、陕西、甘肃、青海、

湖北西部、四川、云南西北部及西藏，生于海拔1200–4000米山谷、河边灌丛中和针叶林内。克什米尔地区、尼泊尔、锡金及不丹有分布。

［附］**瘤糖茶藨子 Ribes himalense** var. **verruculosum**（Rehd.）L. T. Lu, Fl. Reipubl. Popul. Sin. 35(1)：306. 1995.—— *Ribes emodense* Rehd. var. *verruculosum* Rehd. in Journ. Arn. Arb. 5: 162. 1924. 本变种与模式变种的区别：叶较小，叶下面脉上和叶柄具瘤状突起或混生少数腺毛；总状花序长2.5–5厘米；花近无梗；果红色。产内蒙古、河北、河南、山西、陕西、甘肃、宁夏、青海、四川、云南及西藏，生于海拔1600–4100米山坡灌丛中、山谷针叶林或高山栎林下。

［附］**异毛茶藨子 Ribes himalense** var. **trichophyllum** Ku in Guihaia 9(4)：288. 1989. 本变种与模式变种的区别：叶上面具柔毛和平贴腺毛，老时毛渐脱落，下面密被柔毛，沿叶脉疏生瘤状突起，叶柄具柔毛和瘤状突起，近基部有少数长腺毛。

产河北西部、山西北部、陕西(太白山)、甘肃中南部、青海东部及南部、四川西部及东北部，生于海拔1700–3800米山坡草地、沟谷林下或云杉林林缘以及沟底灌丛中。

12. 天山茶藨子 五裂茶藨 图 508

Ribes meyeri Maxim. in Bull. Acad. Sci. St. Pétersb. 19: 260. 1874. pro parte.

落叶灌木。小枝无毛或稍具柔毛，稀混生少数腺毛，无刺。叶近圆形，长宽均3–7厘米，基部浅心形，稀平截，两面无毛，下面脉腋稀稍有柔毛，掌状(3)5裂，裂片三角形或卵状三角形，先端尖或稍钝，具粗齿；叶柄长2.5–4厘米，无毛。近基部具疏腺毛。花两性，径3.5–5(6)毫米；总状花序长3–5(6)厘米，下垂，具7–17花，花序轴和花梗具柔毛或几无毛。花梗长1–2.5毫米；苞片卵圆形；花萼紫红或浅褐色，具紫红色斑点和条纹，无毛，萼筒钟状短圆筒形，萼片匙形或倒卵圆形，边缘具睫毛，花后直立；花瓣窄楔形或近线形，微有睫毛或无毛，下面无突出体；雄蕊着生低于花瓣；子房无毛，花柱长于雄蕊，顶端2裂。果圆形，径7–8毫米，紫黑色，无毛，多汁味酸。花期5–6月，果期7–8月。

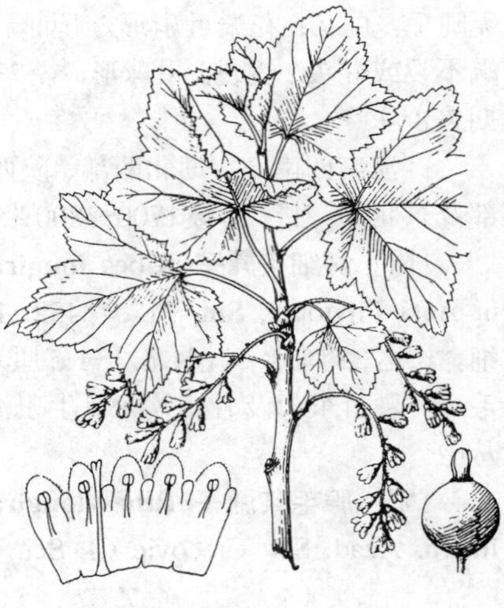

图 508 天山茶藨子 （吴彰桦绘）

产新疆，生于海拔1400–3900米山坡疏林内、沟边云杉林下或阴坡灌丛中。中亚地区及俄罗斯西伯利亚有分布。

13. 阔叶茶藨子 图 506：7–9

Ribes latifolium Jancz. in Bull. Intern. Acad. Sci. Cracovie Cl. Sci. Math. Nat. 1906: 4. 1906. pro parte.

落叶灌木，高1–2米。幼枝具柔毛，常混生疏腺毛，无刺。叶较薄，长7–12厘米，宽8–15厘米，基部心形，上面疏生柔毛或无毛，下面微具柔毛或无毛，掌状3–5裂，裂片三角形或卵状三角形，具粗锐齿；叶柄长5–8厘米，疏生柔毛和腺毛。花两性，径5–7毫米；总状花序长3–6厘米，具6–20花，常直立；花序轴和花梗具柔毛和稀疏腺毛。花梗长1.5–3毫米；苞片卵状圆形；花萼暗紫红色，微具柔毛或无毛，萼片匙形或倒卵状长圆形，边缘有睫毛，常具齿，直立；花瓣近扇形或近匙形，无睫毛，下部无突出体；子房无毛，花柱顶端2浅裂，与雄蕊近等长。果圆形，径7–9毫米，红

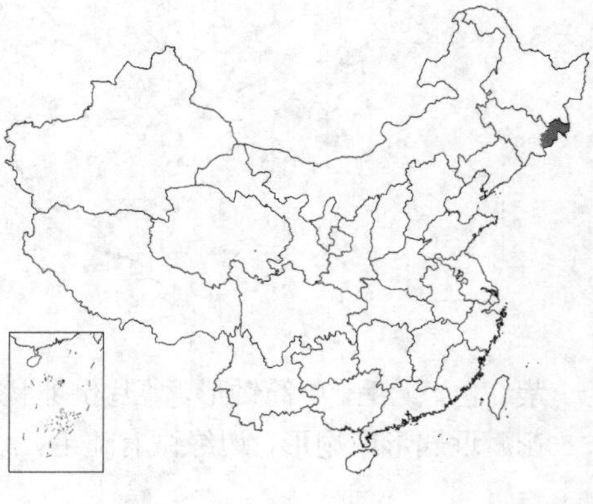

色，无毛。花期5-6月，果期7-8月。

产吉林东部，生于海拔1100-1500米落叶松林下、林缘或路边。日本及俄罗斯有分布。

14. 曲萼茶藨子 图 509：1-3

Ribes griffithii Hook.f. et Thoms. in Journ. Linn. Soc. Bot. 2: 88. 1857.

落叶直立灌木，高2-3米。小枝无毛，无刺。叶近圆形，长5-7(9)厘米，基部心形，上面暗绿色，无柔毛或疏生贴生腺毛，下面浅绿色，幼时沿叶脉具柔毛和稀疏腺毛，老时几无毛，常掌状5裂，稀3深裂，裂片卵状三角形，具粗锐或缺刻状重锯齿；叶柄长6-8厘米，无毛或微具柔毛，有时近基部有少数长腺毛。花两性，径5-6毫米；总状花序长7-15厘米，下垂，具10-20花，疏散，花序轴和花梗具柔毛。花梗长1-2毫米；苞片卵圆形、舌形或披针形，小苞片卵圆形或披针形；花萼浅黄绿色具紫红晕或红色，无毛，萼筒钟形，萼片倒椭圆形、舌形或长圆形，边缘无睫毛，反折；花瓣近匙形或近扇形，下面无突出体；花药卵圆形或长卵圆形，先端尖，具蜜腺。果卵球形，径0.8-1.2厘米，红色，无毛，味酸。花期5-6月，果期7-8月。

产云南西北部、四川西南部及西藏，生于海拔2600-4200米山地疏林下、林缘或山麓灌丛中。印度东北部、尼泊尔、锡金及不丹有分布。

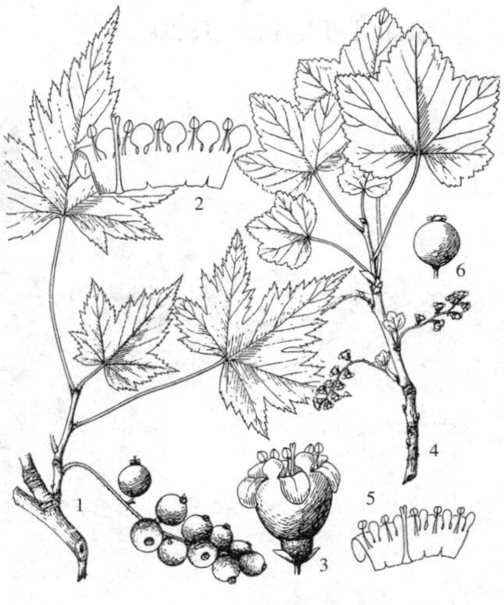

图 509：1-3. 曲萼茶藨子 4-6. 高茶藨子
（吴彰桦绘）

［附］**滇中茶藨子 Ribes soulieanum** Jancz. in Bull. Intern. Acad. Sci. Cracovie Cl. Sci. Math. Nat.1906: 4. 1906. 本种与曲萼茶藨子的区别：花序长4-6厘米，具15-25花，紧密；苞片披针形，长3-5毫米，小苞片不发达或无；花药圆形或近圆形，先端圆钝微凹，无蜜腺，子房倒圆锥形。产云南西北部、西藏东部及南部，生于海拔3000米以下山麓或林缘。

15. 高茶藨子 图 509：4-6

Ribes altissimum Turcz. ex Pojark. in Acta Inst. Bot. Acad. Sci. USSR ser. 1, 2: 179. 1936.

落叶灌木。小枝无毛，稀具少数腺毛。叶近圆形，长宽均3-6厘米，基部心形，两面无毛，有时下面沿叶脉疏生腺毛，掌状3，5浅裂，裂片卵状三角形，先端微尖或稍钝，具粗锐重锯齿并杂以单锯齿；叶柄长3-5厘米，无毛或沿槽疏生柔毛或有腺毛。花两性，径4-5毫米；总状花序长3-8厘米，微下垂，具10-25花；花序轴和花梗被柔毛和腺毛。花梗长1-3毫米；苞片宽卵圆形；花萼浅黄色，常具紫红色斑点或条纹，无毛，萼筒钟形，萼片近舌形或长倒卵圆形，边缘具睫毛，反折；花瓣近扇形或倒卵圆形，边缘具睫毛，反折；花瓣近扇形或倒卵圆形，下面无突出体；雄蕊着生低于花瓣。果近球形，径5-7毫米，紫红黑色，无毛。花期6月，果期7-8月。

产新疆东北部，生于海拔2000米以下山坡针叶林或针阔混交林下或林缘。俄罗斯及蒙古北部有分布。

16. 毛茶藨子 图 510

Ribes pubescens (Swartz. ex C. Hartm.) Hedl. in Bot. Not. 1901: 100. 1901.

Ribes rubrum Linn. var. *pubescens* Swartz. ex C. Hartm. Handb. Skand. Fl. 112. 1820.

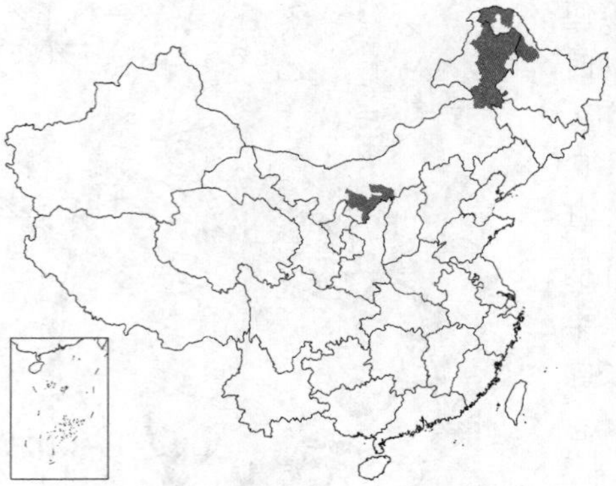

落叶灌木。小枝具柔毛，后渐脱落，无刺。叶近圆形或肾状圆形，长宽均3-6厘米，基部浅心形，稀近平截，上面疏生柔毛，下面被较密柔毛，常掌状5(3)裂，裂片宽三角形或宽卵状三角形，具粗锯齿，杂以重锯齿；叶柄长2-5(-7)厘米，具柔毛。花两性，径4-5毫米；总状花序疏散，长4-9(-11)厘米，具8-22花，后期下垂；花序轴和花梗具柔毛或散生腺毛。花梗长3-5毫米；苞片小，圆卵形或宽卵圆形；花萼绿色，有褐红或褐色斑点或条纹，无毛，萼片匙状圆形或倒卵状舌形，边缘具睫毛，直立；花瓣楔形或近扇形，与花萼同色，下面无突出体；子房无毛，花柱顶端2裂。果球形，径7-9毫米，红色，无毛。

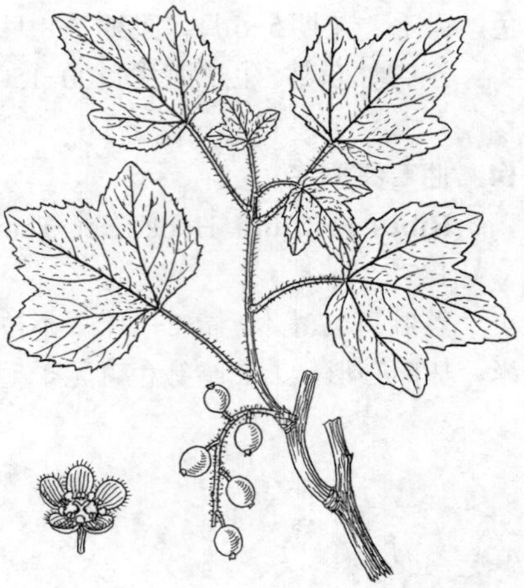

图 510 毛茶藨子 （余汉平绘）

产黑龙江北部及内蒙古，生于干旱瘠薄山坡灌丛中和岩石裸露的山顶。蒙古北部、俄罗斯西部、欧洲北部及中部有分布。果可食。

17. 英吉利茶藨子 图 511

Ribes palczewskii (Jancz.) Pojark. in Bull. App. Bot. Genet. & Plant Breed ser. 22, 3: 241. 1929.

Ribes rubrum Linn. var. *palczewskii* Jancz. in Mém. Soc. Phys. Hist. Nat. Geneve 35. 3: 290. 1907.

落叶灌木，高0.5-1.5米。小枝无毛或微具柔毛，无刺。叶肾状圆形，稀近圆形，长3.5-6厘米，基部浅心形或近平截，上面无毛，下面疏生柔毛，脉上毛较密，掌状3-5浅裂，裂片宽三角形或宽卵状三角形，具粗锐齿；叶柄长2-5厘米，疏生柔毛，近基部常混生少数长腺毛。花两性，径3-3.5毫米；总状花序长2-5厘米，直立，具5-15花，花序轴和花梗具柔毛，果期毛脱落。花梗长1-3毫米；苞片小，宽卵圆形或卵状圆形；花萼黄白色，无毛，萼筒浅杯形，萼片倒卵圆形或倒卵状舌形，边缘无睫毛，直立；花瓣近平截，浅黄色，下面无突出体；子房无毛，花柱顶端2浅裂。果近球形，径7-9毫米，红色，无毛。花期5-6月，果期7-8月。

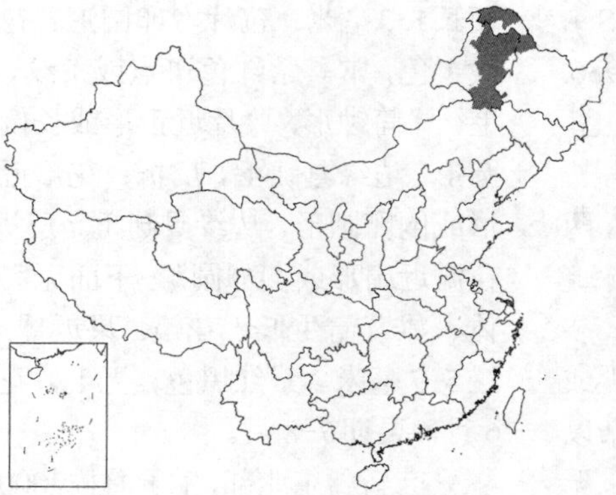

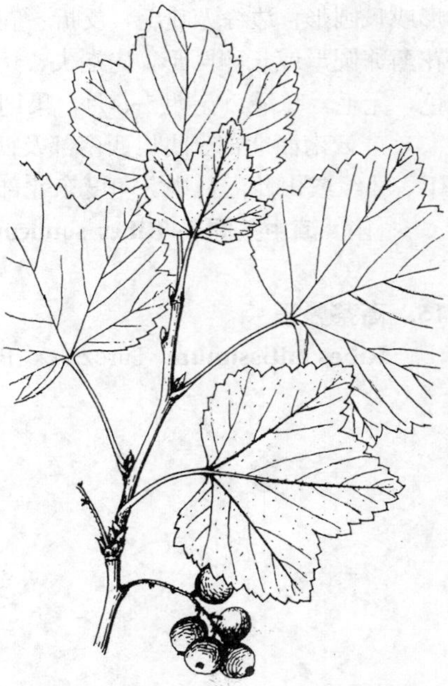

图 511 英吉利茶藨子 （吴彰桦绘）

产黑龙江北部及内蒙古东北部，生于海拔600-1500米山坡落叶松林下、水边灌丛中，或以红松为主的针阔叶混交林下。俄罗斯西伯利亚及远东地区有分布。为绿化观赏树种。果供食用。

［附］**红茶藨子 Ribes rubrum** Linn. Sp. P1. 200. 1753. p. p. 本种与英吉利茶藨子的区别：叶近圆形，两面无毛或下面稍具柔毛；花序轴和花梗无毛；花萼浅绿或浅绿褐色，花瓣浅紫红色。原产欧洲和亚洲北部。黑龙江、吉林及辽宁栽培，供观赏。

18. 矮茶藨子 图 512

Ribes triste Pall. in Nov. Acta Acad. Sci. Petrop. 10. 1(Hist.): 238. 1797.

落叶矮小灌木，高20-40(-80)厘米。小枝无毛或微具柔毛，无刺。叶肾形或圆肾形，长3.5-6厘米，宽4-7(8)厘米，基部浅心形或近平截，两面无毛或下面沿叶脉被柔毛，常3(5)浅裂，裂片宽三角形，具粗锐齿；叶柄长3-6厘米，幼时微具柔毛并散生长腺毛。花两性；总状花序疏散，长2-4厘米，俯垂，具（3）5-7花；花序轴和花梗具柔毛和稀疏腺毛。花梗长2.5-4毫米；苞片卵状圆形；花萼紫红色，无毛，萼片匙状圆形，边缘无睫毛，直立；花瓣近扇形或倒卵状四边形，红或紫红色，下部无突出体；子房无毛，花柱深裂至中部或中部以下。果卵球形，径0.7-1厘米，红色，无毛，味酸多汁。花期5-6月，果期7-8月。

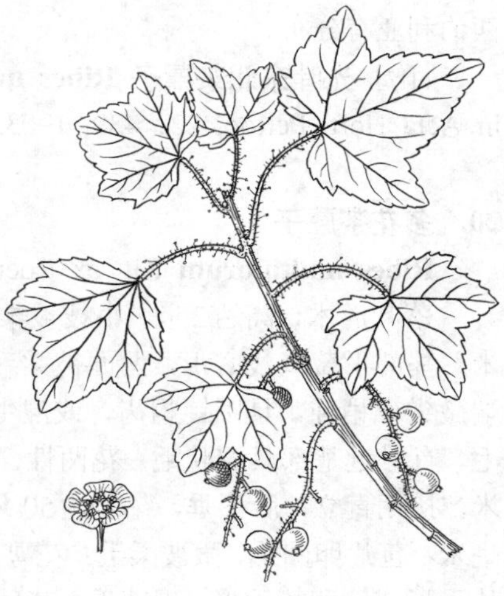

图 512 矮茶藨子 （余汉平绘）

产黑龙江、吉林东部及南部、辽宁东南部及内蒙古东北部，生于海拔1000-1500米云杉、冷杉林下或针、阔叶混交林下。日本，朝鲜半岛北部、俄罗斯及北美有分布。

19. 东北茶藨子 山麻子 图 513

Ribes mandshuricum (Maxim.) Kom. in Acta Hort. Petrop. 22: 437. 1903 "manshuricum"

Ribes multifiorum Kit. ex Roem. et Schult. var. *mandshuricum* Maxim. in Bull. Acad. Sci. St. Petersb. 19: 258. 1874.

落叶灌木。小枝具柔毛或近无毛，无刺。叶长宽均5-10厘米。基部心形，幼时两面被灰白色平贴柔毛，下面甚密，老时毛稀疏，掌状3(5)裂，裂片卵状三角形，具不整齐粗锐齿或重锯齿；叶柄长4-7厘米，具柔毛。花两性，径3-5毫米；总状花序长7-16(-20)厘米，初直立后下垂，具40-50花；花序轴和花梗密被柔毛。花梗长1-3毫米；苞片卵圆形；花萼浅绿或带黄色，无毛或近无毛，萼片倒卵状舌形或近舌形，长2-3毫米，边缘无睫毛，反折；花瓣近匙形，浅黄绿色，下面有5个分离的突出体；子房无毛，花柱顶端2裂，有时分裂近中

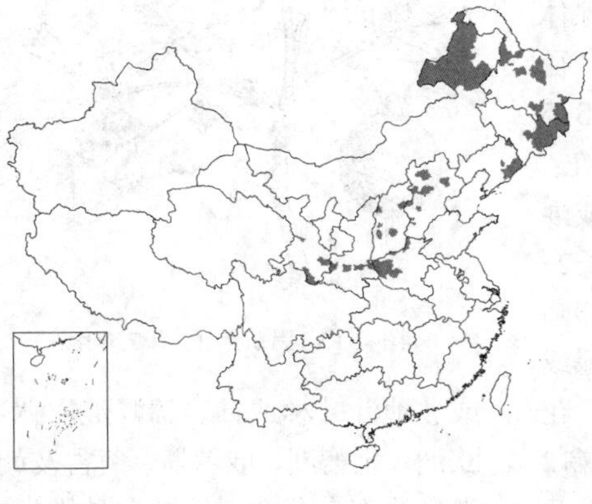

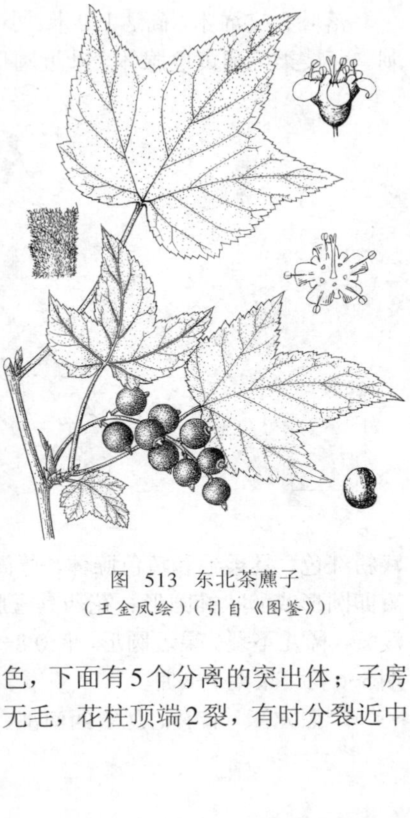

图 513 东北茶藨子
（王金凤绘）（引自《图鉴》）

部。果球形，径7-9毫米，红色，无毛，味酸可食。花期4-6月，果期7-8月。

产黑龙江、吉林、辽宁、内蒙古、河北、河南、山西、陕西及甘肃，生于海拔300-1800米山坡或山谷针、阔叶混交林下。朝鲜半岛北部及俄罗斯西伯利亚有分布。

［附］**光叶东北茶藨子 Ribes mandshunicum** var. **subglabrum** Kom. in Acta Hort. Petrop. 22: 439. 1903. 本变种与模式变种的区别：幼叶上面无毛，下面灰绿色，沿叶脉稍有柔毛，脉腋毛较密；花序长3-8厘米；萼片长1-2毫米。产黑龙江、吉林、辽宁、河北、山东、河南、山西及陕西，生于海拔800-1900米山坡林下或沟谷。朝鲜有分布。

20. 多花茶藨子 图 514

Ribes multiflorum Kit. ex Roem. et Schult. Syst. Veg. 5: 493. 1819.

落叶灌木，高达2米。小枝被柔毛，无刺。叶近圆形，长宽均5-10厘米，基部平截或浅心形，两面被柔毛，掌状3-5浅裂，裂片宽三角形，先端微尖或稍钝，具圆钝粗齿，或混生重锯齿；叶柄长3-5(-8)厘米，具柔毛，有时近基部具羽状毛。花两性，径5-6毫米；总状花序长5-8(-12)厘米，初期直立，后下垂，花多达50朵；花序轴和花梗被柔毛。花梗长2-4毫米；苞片卵圆形，微被柔毛；花萼黄绿色，无毛，萼筒盆形或浅杯形，萼片舌形或倒卵状舌形，无睫毛，花后反折；花瓣近匙形或倒卵圆形，与萼片均反折，花托内面具由一环连接的5个突出体；花柱2深裂近中部或中部以下。果近球形，径7-9毫米，暗红色，无毛。花期4-5月，果期6-7月。

原产欧洲东南部山区。黑龙江、吉林、辽宁、河北庭园引种栽培，供观赏。

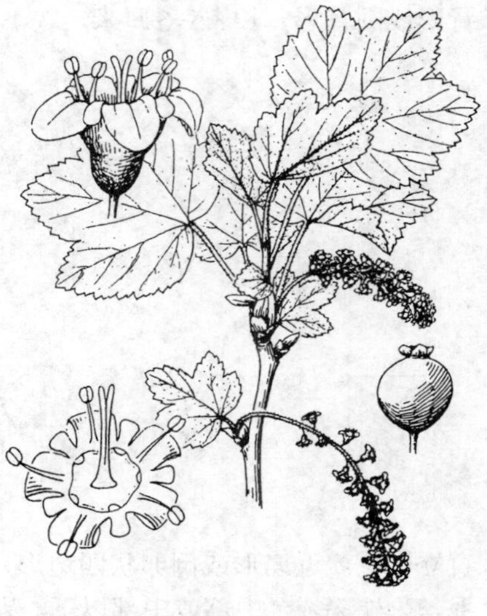

图 514 多花茶藨子 （吴彰桦绘）

21. 黑茶藨子 图 515

Ribes nigrum Linn. Sp. P1. 201. 1753.

落叶直立灌木，高达1-2米。小枝无毛，幼枝具柔毛，被黄色腺体。无刺。芽被柔毛和黄色腺体。叶近圆形，长4-9厘米，宽4.5-11厘米，基部心形，上面幼时微具柔毛，下面被柔毛和黄色腺体，掌状3-5浅裂，裂片宽三角形，具不规则粗锐齿；叶柄长1-4厘米，具柔毛，稀疏生腺体和少数羽状毛。花两性，径5-7毫米；总状花序长3-5(-8)厘米，下垂，具4-12花；花序轴和花梗具柔毛，或混生稀疏黄色腺体。花梗长2-5毫米；苞片披针形或卵圆形，具柔毛；花萼浅黄绿或浅粉红色，具柔毛和黄色腺体，萼筒近钟形，萼片舌形，开展或反折；花瓣卵圆形或卵状椭圆形；花药具蜜腺；子房疏生柔毛和腺体，花柱顶端2浅裂，稀几不裂。果近圆形，径0.8-1(1.4)厘米，熟时黑色，疏生腺体。花期5-6月，果期7-8月。

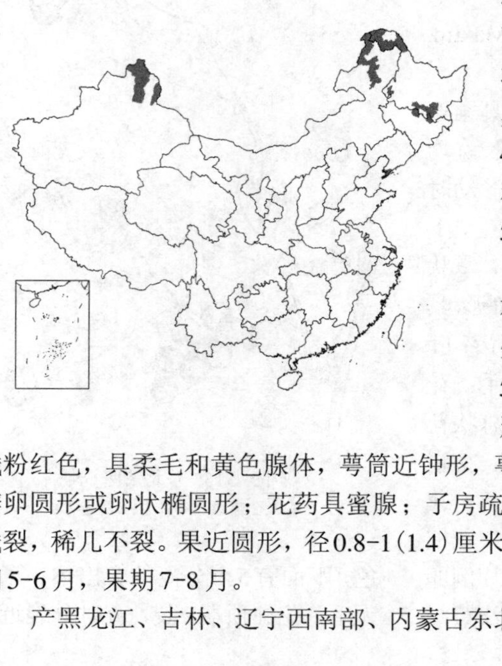

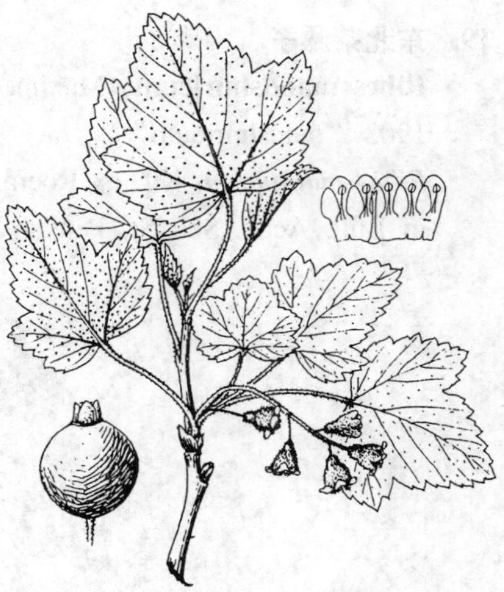

图 515 黑茶藨子 （吴彰桦绘）

产黑龙江、吉林、辽宁西南部、内蒙古东北部及新疆北部，生于沟边或坡地针叶林或针、阔叶混交林下。欧洲、北美洲、俄罗斯、蒙古及朝鲜半岛北部有分布。果含多种维生素、糖类和有机酸，供食用及加工。

［附］**美洲茶藨子 Ribes ameri-**

canum Mill. Gard. Dict. Abridg. ed. 8. 1768. 与黑茶藨子的区别：花萼浅黄白色，具柔毛，无腺体，萼筒钟状短圆筒形，花柱不裂或柱头2裂，子房无毛，无腺体。原产北美洲，生于石灰岩山地河边林下或草地。辽宁及河北庭园栽培供观赏。日本有栽培。总状花序下垂多花，花大，黄白色，为北方绿化树种，果可生食及加工。

22. 水葡萄茶藨子 图 516

Ribes procumbens Pall. Fl. Ross. 1(2): 35. t. 65. 1788.

落叶蔓性小灌木，高20-40厘米。小枝无毛，疏生黄色腺点，无刺。叶圆肾形，长2.5-6厘米，宽达8厘米，基部平截或浅心形，上面无毛，下面散生黄色芳香腺体，无毛，稀沿叶脉微具柔毛，掌状3-5裂，裂片卵圆形，具粗大钝齿；叶柄长2-4厘米，无毛或幼时疏生柔毛，具黄色腺体或混生疏腺毛。花两性；总状花序长2-4厘米，具6-12花；花序轴和花梗无毛。花梗长2-6毫米；苞片宽三角状卵圆形，边缘微具柔毛或无毛，有时无苞片；花萼具柔毛，稀混生少数腺体，萼筒盆形，浅绿色，萼片卵圆形或卵状椭圆形，紫红色，具3脉，常反折；花瓣近扇形或倒卵圆形，无毛；子房无毛或疏生黄色腺体，花柱不裂或柱头2裂。果卵球形，径1-1.3厘米，熟时紫褐色，无柔毛，疏生黄色腺体。花期5-6月，果期7-8月。

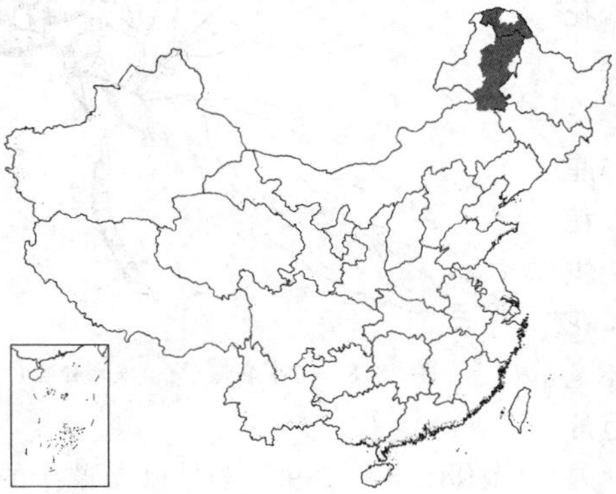

产黑龙江北部及内蒙古东北部，生于低海拔地区落叶松林下、杂木林内阴湿处及河旁。日本、朝鲜半岛北部、蒙古北部、俄罗斯西伯利亚及远东地区有分布。果味甜芳香，可生食及制作果酱和饮料。

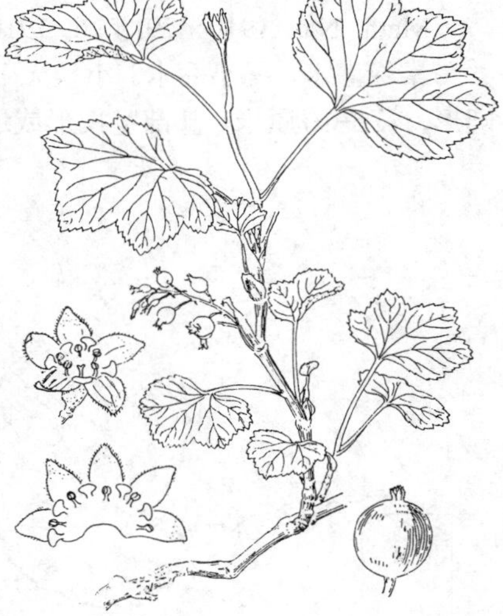

图 516 水葡萄茶藨子
（引自《黑龙江树木志》）

23. 革叶茶藨子 图 517

Ribes davidii Franch. P1. David. 2: 58. pl. 7. f. B. 1888.

常绿矮灌木。小枝无毛，无刺，枝顶常具叶2-5。叶倒卵状椭圆形或宽椭圆形，长2-5厘米，先端具突尖头，基部楔形，两面无毛，中部以上具圆钝粗齿，基脉3出；叶柄粗，长0.5-1.5厘米，具腺毛。花单性，雌雄异株；总状花序；雄花序直立，长2-4(6)厘米，具5-18花；雌花序腋生，长2-3厘米，具2-3(7)花；果序具1-2果；花序轴具柔毛和腺毛。花梗长3-6毫米；花萼绿白或浅黄绿色，无毛，萼筒盆形，萼片宽卵圆形或倒卵状长圆形；花瓣楔状匙形或倒卵圆形，长约萼片之半；雄蕊短于或与花瓣近等长，雌花雄蕊几无花丝，子房无毛，雄花无子房，柱头2裂。果椭圆形，稀近圆形，

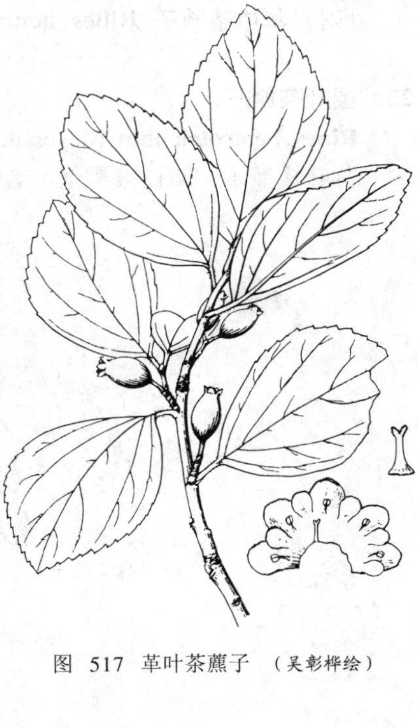

图 517 革叶茶藨子 （吴彰桦绘）

长0.8-1.1厘米，紫红色，无毛。花期4-5月，果期6-7月。

产湖北西南部、湖南西南部、贵州北部、云南西北部及四川，生于海拔900-2700米山坡阴湿处、路边、岩石上或林中石壁上。

24. 柱叶茶藨子 图 518

Ribes laurifolium Jancz. in Bull. Intern. Acad. Sci. Cracovie Cl. Sci. Math. Nat. 1910: 79. f. 6. 1910.

常绿灌木，稀小乔木。小枝无毛，无刺。叶卵圆形、卵状长圆形或椭圆形，长5-10厘米，基部宽楔形或近圆，两面无毛，不裂，具粗锐齿，基脉3-5；叶柄粗，长0.7-1.8厘米，无毛，稀疏生腺毛。花单性，雌雄异株；总状花序；雄花序长3-6厘米，下垂，具花达12朵；雌花序长2-3厘米，初直立，果期下垂；花序轴和花梗具柔毛，常混生腺毛。雄花径1-1.2厘米，花梗长达7毫米；雌花径6-8毫米，花梗长约3毫米；苞片长圆形；花萼浅黄绿色，萼筒杯形，具柔毛，萼片宽长圆形或近圆形，无毛；花瓣楔状匙形；雄蕊与花瓣近等长，雌花的雄蕊败育；子房具柔毛，雄花的子房退化；花柱顶端2裂。果椭圆形或长圆形，长1.5-2厘米，径0.7-1厘米，幼时黄绿色，熟时紫红色，具柔毛。花期4-6月，果期8-10月。

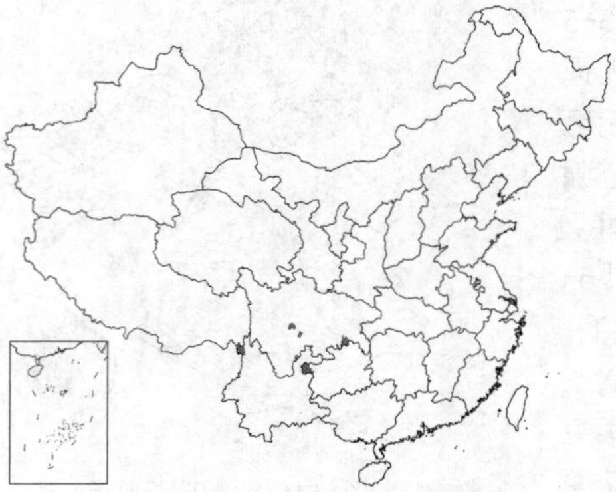

图 518 柱叶茶藨子 （吴彰桦绘）

产云南西北部及东北部、贵州西北部及四川中南部，生于海拔达2500米山坡、沟边或林中。

［附］ **华中茶藨子 Ribes henryi** Franch. in Bull. Soc. Linn. Paris 1898: 87. 1898. 与柱叶茶藨子的区别：叶椭圆形或倒卵状椭圆形，下面具腺体，沿叶脉和叶缘有腺毛，叶柄长5-8毫米，被刺毛状腺毛；花萼浅绿白色，具腺毛；果倒卵状长圆形，长1.5-2厘米，绿色，具腺毛。花期5-6月，果期7-8月。产湖北及四川，生于海拔2300米以下山坡林内或石山岩缝中。

25. 圆叶茶藨子 图 519

Ribes beterotrichum Meyer in Ledeb. Fl. Alt. 1: 270. 1829.

落叶矮灌木。幼枝被柔毛，老时脱落，无腺毛，无刺。叶圆形或近圆形，长、宽均1-3厘米，基部宽楔形或平截，两面无毛或沿叶缘稍具睫毛，稀被少数粘质腺体，掌状3(5)浅裂，裂片先端圆钝，有粗钝齿；叶柄长0.5-1厘米，疏生柔毛。花单性，雌雄异株；总状花序直立，雄花序长2-5厘米，雌花序长2-3厘米，具6-10花；花序轴和花梗具柔毛或混生稀疏腺毛。花梗长2-3毫米；苞片卵状披针形或长圆形；花萼紫红或褐红色，无毛或微具柔毛，萼筒浅杯形，萼片卵形，直立；花瓣近扇形；雌花的雄蕊败育，子房无毛；雄花无子房；花柱顶端2裂。果球形，径4-6毫米，红或红黄色，无毛，味甜。花期5-6月，果期7-8月。

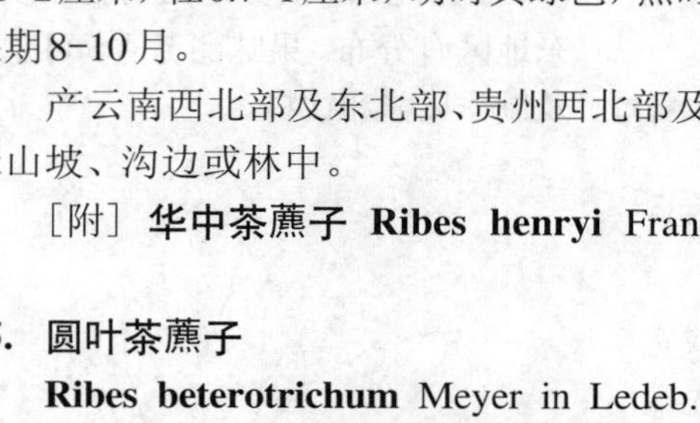

产新疆北部及东北部，生于海拔1200-2500米石质坡地灌丛中、山沟或溪边林下。俄罗斯西伯利亚及远东地区、哈萨克斯坦有分布。果可食。

26. 东方茶藨子 图 520

Ribes orientale Desf. Hist. Arb. 2: 88. 1809.

落叶矮灌木。幼枝被柔毛和粘质腺毛或腺体，无刺。叶近圆形或肾状圆形，长宽均1-3(4)厘米，基部平截或浅心形，两面被柔毛、粘质腺体和腺毛，掌状3-5浅裂，具不整齐粗钝单齿或重锯齿；叶柄长1-2(3)厘米，被柔毛和腺毛，或具粘质腺体。花单性，雌雄异株，稀杂性；总状花序；雄花序直立，长2-5厘米，具15-30花；雌花序长2-3厘米，具5-15花；花序轴、花梗、苞片和花萼均被柔毛和腺毛。花梗长2-4毫米；花萼紫红或紫褐色，具柔毛和腺毛，萼筒近碟形或辐状，萼片卵圆形或近舌形，直立，具不明显3脉；花瓣近扇形或近匙形，多少具柔毛；雌花的雄蕊退化；子房被柔毛和腺毛，雄花的子房败育；柱头2裂。果球形，径7-9毫米，红或紫红色，具柔毛和腺毛。花期4-5月，果期7-8月。

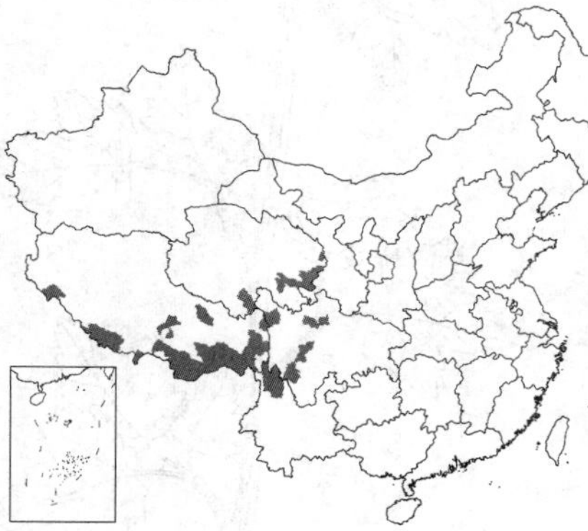

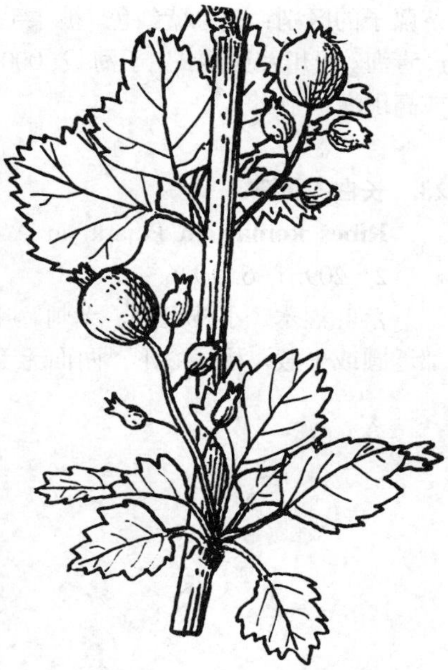

图 519 圆叶茶藨子 （孙英宝绘）

产青海东部及南部、四川、云南西北部及西藏，生于海拔2100-4900米高山林下、林缘、路边或岩石缝隙。东南欧、西亚、中亚及克什米尔、尼泊尔、不丹、印度有分布。

27. 光萼茶藨子 图 521

Ribes glabricalycinum L. T. Lu in Acta Phytotax. Sin. 31(5): 457. f. 1. 5-7. 1993.

落叶小灌木。小枝具柔毛，老时无毛，无刺。叶卵圆形，长宽均1-2厘米，基部近平截或心形，两面被柔毛，常混生腺体或上面疏生腺毛，掌状3-5裂，裂片先端尖，稀稍钝，具钝重锯齿；叶柄长0.5-1厘米，具柔毛或稀疏腺毛。花单性，雌雄异株；短总状花序；雄花序长1-2.5厘米，具7-15花，雌花序较短，具(1-2)3-5花；花序轴和花梗具柔毛和疏腺毛。花梗长2-5毫米；苞片长圆形或倒卵状长圆形；花萼绿或黄绿色，无毛，萼片卵圆形或舌形，花期开展，果期反折；花瓣倒卵圆形或扇形；雌花的雄蕊败育；子房无毛，花柱顶端2裂；雄花几无子房。果球形，径6-7毫米，红色，无毛。花期5-6月，果期7-8月。

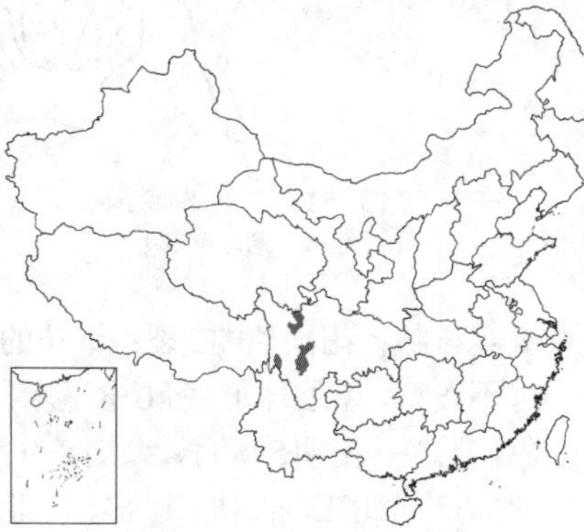

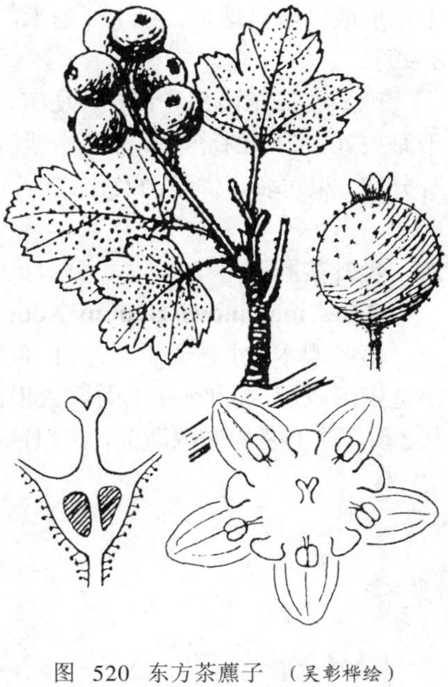

图 520 东方茶藨子 （吴彰桦绘）

产四川西部及西北部，生于海拔2800-3800米山坡、高山针叶林下和灌丛中。

［附］**青海茶藨子 Ribes pseudofasciculatum** Hao in Fedde, Repert. Sp. Nov. 40: 213. 1936. 本种与光萼

茶藨子的区别：花萼紫红色，被柔毛；果黑或红黑色；叶具柔毛，无腺毛。产青海、四川及西藏，生于海拔3000-4600米山沟路边、石质坡地、针叶林或高山灌丛中。

28. 长白茶藨子 图 522

Ribes komarovii Pojark. in Acta Inst. Bot. Acad. Sci. USSR ser. 1, 2: 209. f. 6. 1936.

落叶灌木。小枝无毛，无刺。叶宽卵圆形或近圆形，长2-6厘米，基部近圆或平截，稀浅心形，两面无毛，稀疏生腺毛，常掌状3浅裂，顶生裂片先端尖，具不整齐圆钝粗齿；叶柄长0.6-1.7厘米，无毛，有时具稀疏腺毛。花单性，雌雄异株；短总状花序直立；雄花序长2-5厘米，具10余花；雌花序长1.5-2.5厘米，具5-10花；花序轴和花梗无柔毛，具腺毛。花梗长2-4毫米；苞片椭圆形，花萼绿色，无毛，萼筒杯形，萼片卵圆形或长卵圆形，直立；花瓣倒卵圆形或近扇形；雌花的雄蕊短小；于房无毛，花柱顶端2浅裂；雄花的子房不发育。果球形或倒卵状球形，径7-8毫米，熟时红色，无毛；花期5-6月，果期8-9月。

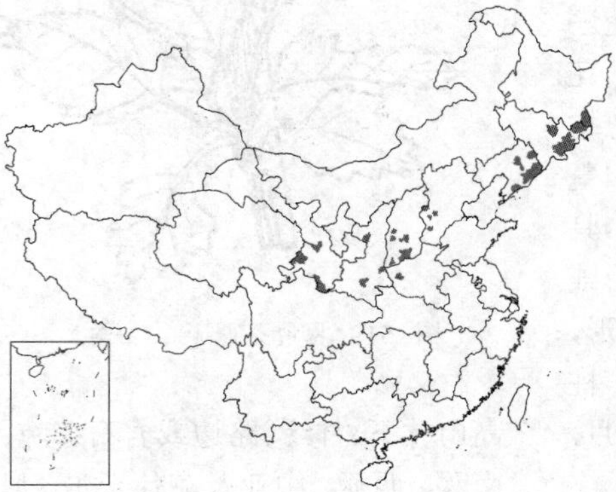

产黑龙江东南部、吉林、辽宁、河北、河南、山西、陕西及甘肃，生于海拔700-2100米林下、灌丛中或岩石坡地。俄罗斯远东地区及朝鲜北部有分布。果可食，供酿酒及作饮料。

29. 尖叶茶藨子 图 523

Ribes maximowiczianum Kom. in Acta Hort. Petrop. 22: 443. 1903.

落叶灌木。小枝无毛，无刺。叶宽卵圆形或近圆形，长2.5-5厘米，基部宽楔形或圆，稀平截，上面散生粗伏柔毛，下面常沿叶脉具粗伏柔毛，掌状3裂，顶生裂片先端渐尖，具粗钝齿；叶柄长0.5-1厘米，无毛或具疏腺毛。花单性，雌雄异株；短总状花序；雄花序长2-4厘米，具10余花；雌花序较短，具花10朵以下；花序轴和花梗疏生腺毛，无柔毛。花梗长1-3毫米；苞片椭圆状披针形，无毛或边缘具腺毛；花萼黄褐色，无毛，萼筒碟形，萼片长卵圆形，直立；花瓣倒卵圆形；雌花的退化雄蕊棒状；花柱顶端2裂；雄花的子房不发育。果近球形，径6-8毫米，红色，无毛。花期5-6月，果期8-9月。

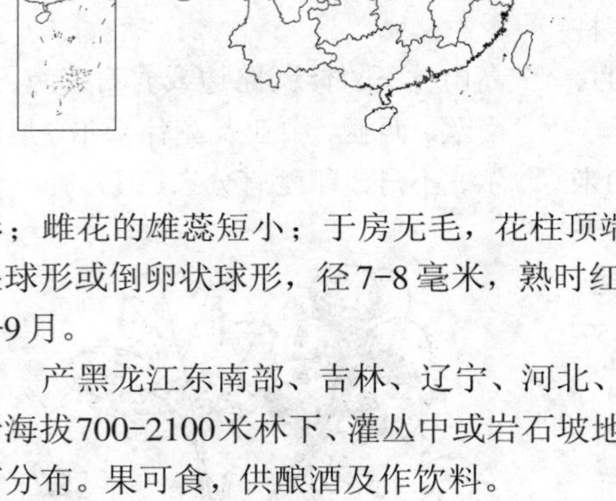

产黑龙江、吉林、辽宁、河北南部、山西南部、河南、陕西中南部及甘肃南部，生于海拔900-2700米山坡或山谷林下及灌丛中。朝鲜、日本及俄罗斯远东地区有分布。

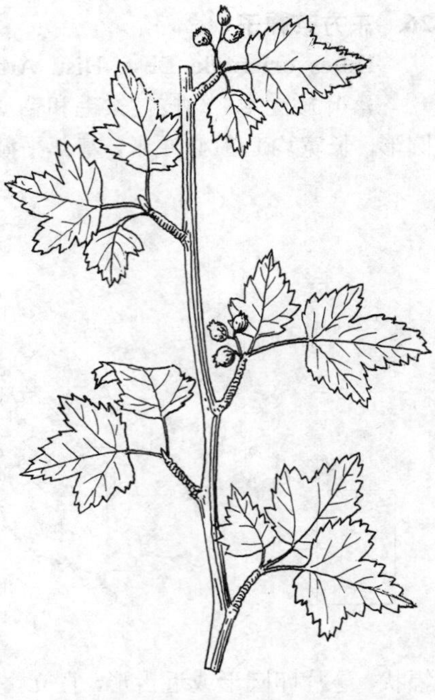

图 521 光萼茶藨子 （孙英宝绘）

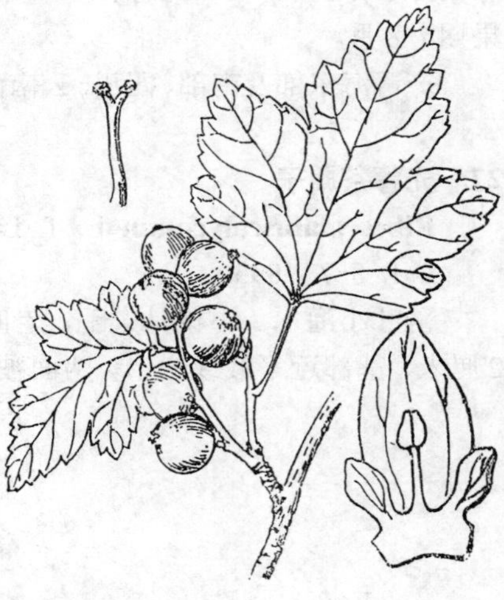

图 522 长白茶藨子
（引自《黑龙江树木志》）

30. 细枝茶藨子 图 524

Ribes tenue Jancz. in Bull. Intern. Acad. Sci. Cracovie Cl. Sci. Math. Nat. 1906: 290. 1906.

落叶灌木。小枝无毛，常具腺毛，无刺。叶长卵圆形，稀近圆形，长宽均2-5.5厘米，基部平截或心形，上面无毛或幼时具柔毛和紧贴腺毛，下面幼时具柔毛，掌状3-5裂，顶生裂片菱状卵圆形，先端渐尖或尾尖，比侧生裂片长1-2倍，具深裂或缺刻状重锯齿，或混生少数粗锐单锯齿；叶柄长1-3厘米，无柔毛或具疏腺毛。花单性，雌雄异株；总状花序直立；雄花序长3-5厘米，具10-20花；雌花序长1-3厘米，具5-15花；花序轴和花梗具柔毛和疏腺毛。花梗长2-6毫米；苞片披针形或长圆状披针形；花萼近辐状，萼筒碟形，萼片舌形或卵圆形，直立；花瓣楔状匙形或近倒卵圆形，暗红色；雄蕊短，雌花的花药不发育，子房无毛，花柱顶端2裂；雄花的花柱短棒状，子房败育。果球形，径4-7毫米，暗红色，无毛。花期5-6月，果期8-9月。

产河南西部、陕西、甘肃、青海东南部、四川、湖北西南部、湖南西北部、贵州东北部及云南，生于海拔1300-4000米山坡、山谷灌丛中或沟边。喜马拉雅山区有分布。

［附］**裂叶茶藨子 Ribes laciniatum** Hook. f. et Thoms. in Journ. Linn. Soc. Bot. 2: 87. 1858. 本种与细枝茶藨子的区别：枝和叶柄具柔毛和腺毛；叶宽卵形或近圆形，顶生裂片比侧生者稍长，先端尖或短渐尖；萼片披针形或窄长圆形。产青海东部、云南西北部及西藏南部，生于海拔2700-4300米山坡针叶林及阔叶林下、灌丛中、林间草地、山谷或溪边。缅甸北部、不丹、锡金、尼泊尔及印度北部有分布。

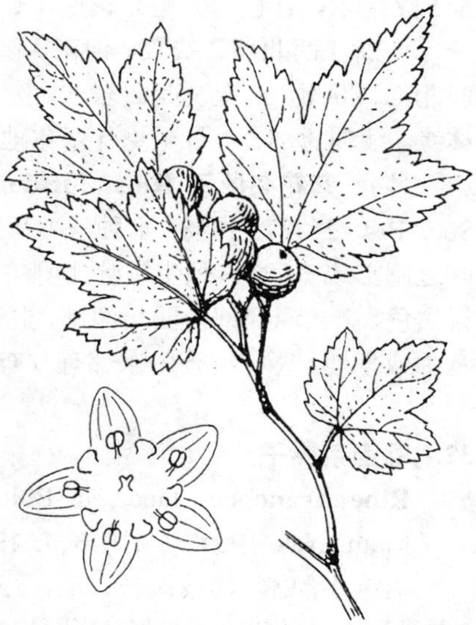

图 523 尖叶茶藨子 （吴彰桦绘）

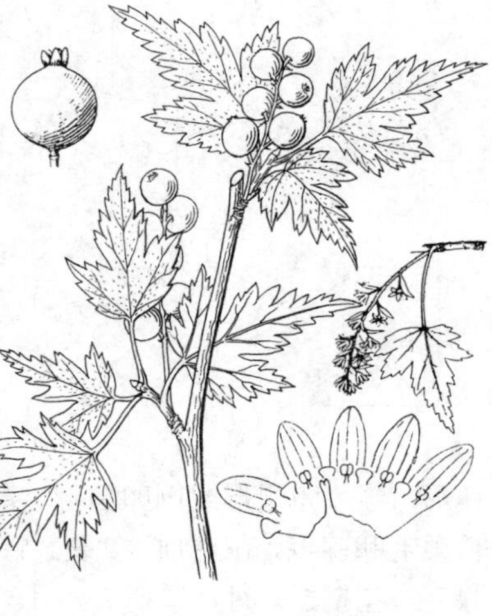

图 524 细枝茶藨子 （王金凤绘）

31. 冰川茶藨子 图 525

Ribes glaciale Wall. in Roxb. Fl. Ind. 2: 513. 1824. pro parte.

落叶灌木，高2-3(-5)米。小枝无毛或微具柔毛，无刺。叶长卵圆形，稀近圆形，长3-5厘米，基部圆或近平截，上面无毛或疏生腺毛，下面无毛或沿叶脉微具柔毛，掌状3-5裂，顶生裂片三角状长卵圆形，先端长渐尖，比侧生裂片长2-3倍，具粗大单锯齿，有时混生少数重锯齿；叶柄长1-2厘米；无毛；稀疏生腺毛。花单性；雌雄异株；总状花序直立；雄花序长2-5厘米，具10-30花；雌花序长1-3厘米，具4-10花；花序轴和花梗具柔毛和腺毛。花梗长2-4毫米；苞片卵状披针形或长圆状披针形；萼筒浅杯形，萼片卵圆形或舌形，直立；花瓣近扇形或楔状匙形；雌花的雄蕊退化，子房无毛，稀微具腺毛，花柱顶端2裂。果近球形或倒卵状球形，

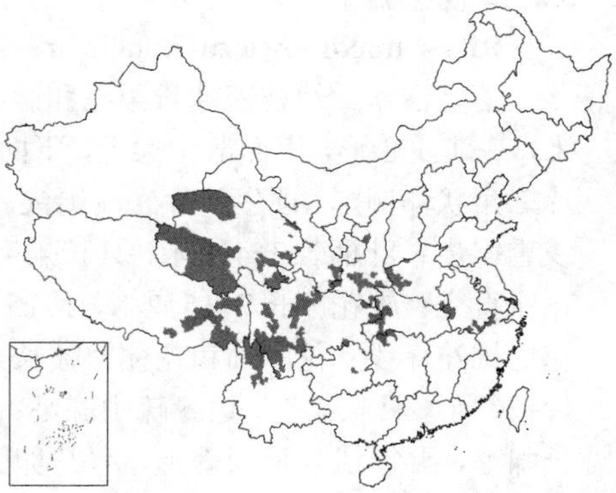

径5-7毫米，红色，无毛。花期4-6月，果期7-9月。

产浙江西北部、安徽、河南、陕西、甘肃、青海、四川、湖北、湖南西北部、贵州、云南及西藏东部，生于海拔900-3000米山坡、山谷林中或林缘。缅甸北部、不丹至克什米尔地区有分布。

［附］**紫花茶藨子 Ribes luridum** Hook. f. et Thoms. in Journ. Linn. Soc. Bot. 2: 87. 1858. 本种与冰川茶藨子的区别：小枝和叶柄常无毛；叶近圆形或宽卵形，顶生裂片比侧生者稍长，基部近平截或心形，先端尖；果黑色。产云南西部及四川西部，生于海拔2800-4100米山坡林下、河边灌丛中或荒地。喜马拉雅山东部有分布。

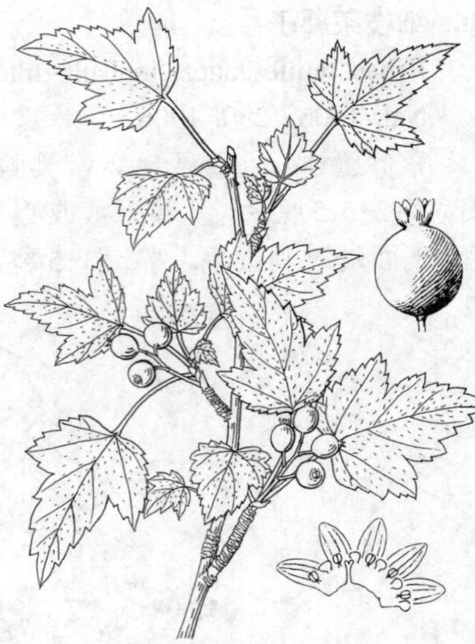

图 525 冰川茶藨子 （王金凤绘）

32. 鄂西茶藨子 图 526

Ribes franchetii Jancz. in Bull. Intern. Acad. Sci. Cracovie Cl. Sci. Math. Nat. 1909: 64. f. 3-4. 1909.

落叶小灌木。幼枝被长柔毛，无刺。叶宽卵圆形或近圆形，长宽均2.5-5厘米，基部平截或浅心形，两面均被长柔毛，掌状3-5浅裂，顶生裂片菱状长卵圆形，先端渐尖，比侧生裂片长，具深裂粗大锐齿或重锯齿；叶柄长1.5-3厘米，被长柔毛，有时具疏腺毛。花单性，雌雄异株；总状花序；雄花序长6-7厘米，具10-15花，疏散；雌花序稍短，花较密集；花序轴和花梗被柔毛，或花梗上混生疏腺毛。花梗长2-4毫米；苞片椭圆形或椭圆状披针形；花萼红色，被长柔毛，萼筒杯形，萼片卵圆形或倒卵圆形，直立；花瓣近扇形，红色；雌花子房密被长柔毛和腺毛，花柱顶端2裂。果球形，径4-6毫米，红褐色，具长柔毛和腺毛。花期5-6月，果期7-8月。

产陕西南部、湖北西部、湖南西北部及四川，生于海拔1400-2100米灌丛中、林缘或岩缝中。

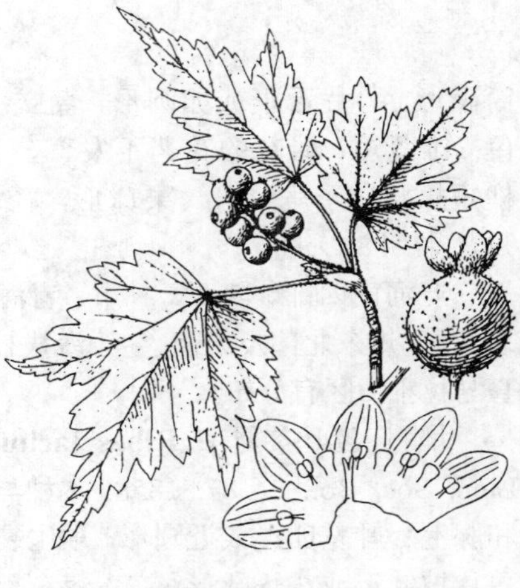

图 526 鄂西茶藨子 （吴彰桦绘）

33. 华西茶藨子 图 527

Ribes maximowiczii Batalin in Acta Hort. Petrop. 11: 487. 1890.

落叶灌木。幼枝密被长柔毛和腺毛，无刺。叶宽卵圆形，长6-10厘米，基部浅心形，上面散生柔毛，下面被长柔毛，通常掌状3(5)浅裂，裂片三角状卵圆形，顶生裂片先端渐尖。比侧生裂片长，具不整齐粗大钝齿或重锯齿；叶柄长3-4厘米，具长柔毛和腺毛。花单性，雌雄异株；总状花序直立；雄花序长7-15厘米，具15-30花，密集；雌花序长4-10厘米，花比雄花序少；花序轴和花梗密被长柔毛和长腺毛。花梗长2-4毫米；苞片披针形，具长柔毛，边缘疏生腺毛；花萼黄绿色略带红色，被长柔毛和长腺毛，萼筒浅杯形或碟形，萼片卵圆形或倒卵圆形；花瓣近扇形；雌

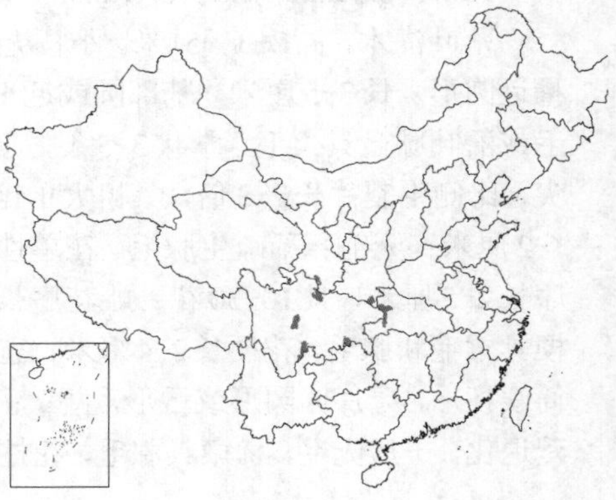

花子房球形，密被长柔毛和长腺毛，花柱顶端2裂，长约2毫米。果卵球形，径0.7-1厘米，熟时红或带黄色，密被长柔毛和长腺毛。花期6-7月，果期8月。

产陕西南部、甘肃南部、四川及湖北西部，生于海拔2500-3000米山谷林中或灌丛内。

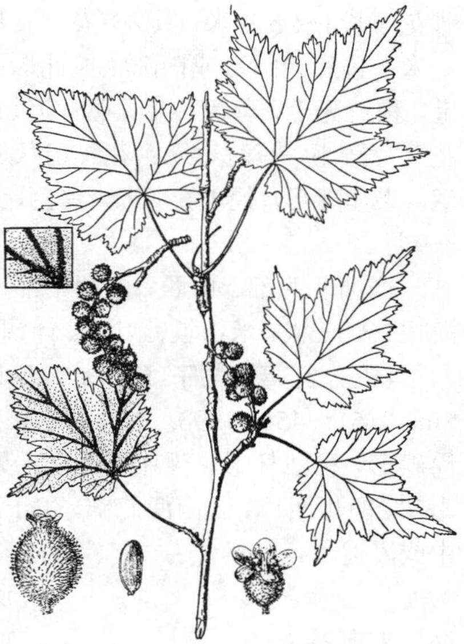

图 527 华西茶藨子 （张士琦绘）

34. 渐尖茶藨子 图 528

Ribes takare D. Don, Prodr. Fl. Nepal. 208. 1825.

落叶灌木，高1-3米。小枝无毛或稍具腺毛。叶宽卵圆形或近圆形，长5-9厘米，基部心形，稀近平截，两面无毛，常疏生腺毛，掌状3-5裂，顶生裂片三角状卵圆形，长于侧生裂片，具不整齐粗重锯齿；叶柄长3-5厘米，无毛或微具腺毛。花单性，雌雄异株；总状花序；雄花序长6-10厘米，直立；雌花序粗短；花序轴和花梗具柔毛和稀疏腺毛。花梗长3-5毫米；苞片披针形；花萼幼时微具柔毛，无腺毛，萼筒杯形或盆形，萼片舌形或长圆形，常具3脉，直立或果期开展；花瓣近扇形或楔状圆形；雌花子房无毛或微被柔毛，花柱顶端2裂。果卵球形，径5-7毫米，浅黄绿色转红褐色，无毛，稀微具柔毛。花期4-5月，果期7-8月。

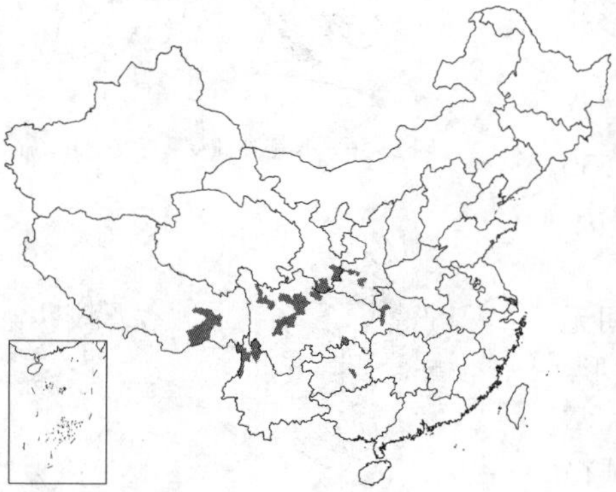

产陕西西南部、甘肃东南部，湖北西部、贵州东南部、云南西北部、四川及西藏东南部，生于海拔1400-3300米山坡林下灌丛中或山谷沟边。缅甸、印度北部、不丹至克什米尔地区有分布。

［附］ **束果茶藨子 Ribes takare** var. **desmocarpum** (Hook. f. et Thoms.) L. T. Lu, Fl. Reip. Popul. Sin. 35(1): 351. 1995. —— *Ribes desmocarpum* Hook. f. et Thoms. in Journ. Linn. Soc. Bot. 2: 87.1857. 本变种与模式变种的区别：小枝、叶柄、叶，花序和果均具柔毛和稀疏腺毛。产云南、四川西部及西藏南部，生于海拔2000-4000米山坡或山谷云杉及冷杉林下、林缘或灌丛中。缅甸、印度、不丹、锡金及尼泊尔有分布。

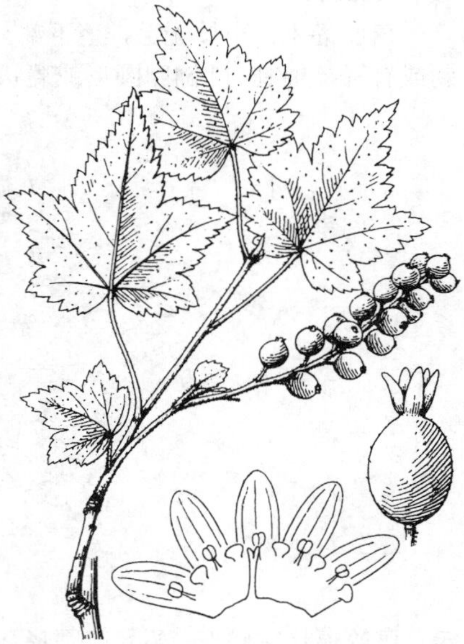

图 528 渐尖茶藨子 （吴彰桦绘）

35. 小果茶藨子 图 529

Ribes vilmorinii Jancz. in Bull. Intern. Acad. Sci. Cracovie Sci. C1. Math. Nat. 1906: 290. 1906.

落叶小灌木。小枝具柔毛，稀近无毛，无刺。叶卵圆形或近圆形，长宽均2-4厘米，基部平截，稀浅心形，上面疏生腺毛，下面无毛或沿叶脉及边缘有少数腺毛，掌状3-5浅裂，顶生裂片三角状长卵圆形，长于侧生裂片1倍以上，具不整齐粗钝重锯齿；叶柄长1-2厘米，疏生腺毛。花单性，雌雄异株；总状花序直立；雄花序长1.5-2.5厘米，具花数朵至10余朵；

雌花序长1-1.5厘米，具2-7花；花序轴和花梗具柔毛和腺毛。花梗长1-2毫米；苞片椭圆形或椭圆状披针形；花萼近辐状，绿或微带红褐色，具柔毛，稀近无毛，萼筒杯形，萼片近长圆形，稀宽卵圆形，反折，具3脉，雌花萼片较小，有时直立；花瓣扇状近圆形；雌花子房具腺毛，花柱2裂较深。果卵球形，径4-6毫米，黑色，无柔毛，具疏腺毛。花期5-6月，果期8-9月。

产河北北部、山西、陕西南部、甘肃南部、四川及云南西北部，生于海拔1600-3900米山坡针叶林、针阔叶混交林或山谷灌丛中。

［附］**红萼茶藨子 Ribes rubrisepalum** L. T. Lu in Acta Phytotax. Sin. 3(5)：458. 1993. 本种与小果茶藨子的区别：花萼深红或紫红色，萼筒碟形，稀浅杯形，萼片常直立；果无毛。产陕西中南部、甘肃中南部及南部、四川西部、云南西北部，生于海拔2200-4100米山坡杂木林、云杉林中或溪边。

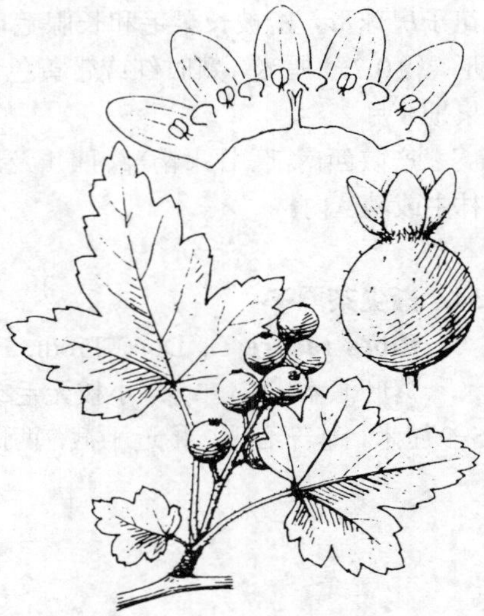

图 529 小果茶藨子 （吴彰桦绘）

36. 双刺茶藨子 图 530

Ribes diacanthum Pall. Reise Russ. Reich. 3：722. t. 1. f. 2. 1776. "diacantha"

落叶灌木。小枝无毛，茎下部节上常有1对长3-5毫米小刺，节间无刺或有稀疏细刺。叶倒卵圆形或菱状倒卵圆形，长1.5-3.5厘米，基部楔形，下面灰绿色，两面无毛，掌状3裂，裂片先端稍钝或微尖，具粗大锯齿；叶柄长1-2厘米，无毛，稀沿槽疏生柔毛。花单性，雌雄异株；总状花序；雄花序长3-6厘米，下垂，具10-20花；雌花序长1-2.5厘米，具10-15花；花序轴和花梗无毛，稀疏生腺毛。花梗长2-4毫米；苞片披针形或舌形，近膜质，无毛，具单脉；花萼黄绿色，无毛，萼筒辐状或碟形，萼片卵圆形，直立；花瓣楔状圆形，长0.5-1毫米；雄蕊短，下弯；雌花的子房无毛，花柱顶端2裂。果球形或卵球形，径5-9毫米，红或红黑色，无毛。花期5-6月，果期9-9月。

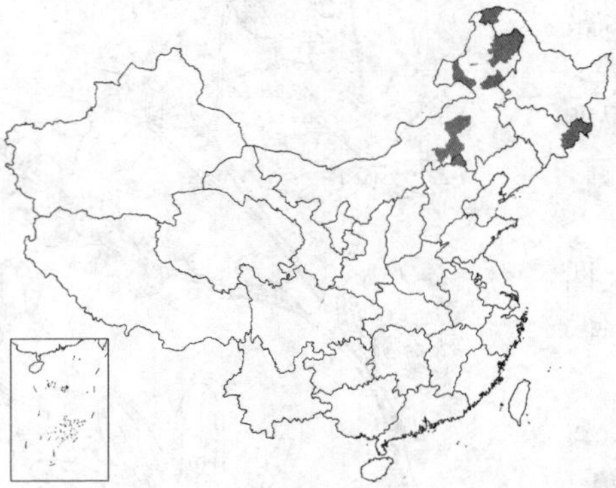

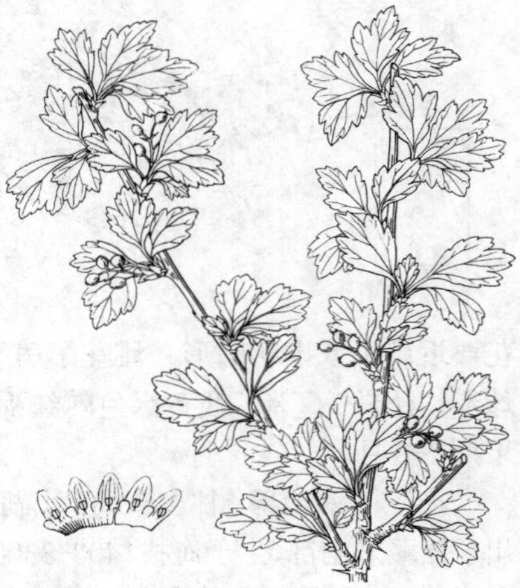

图 530 双刺茶藨子 （王金凤绘）

产黑龙江、吉林东部、内蒙古及河北北部，生于海拔达1500米沙丘、沙质草原或河边，沙滩地区常见。蒙古、朝鲜半岛北部及俄罗斯西伯利亚有分布。

37. 光叶茶藨子 图 531

Ribes glabrifolium L. T. Lu in Acta Phytotax. Sin. 31(5)：460. f. 2. 5-6. 1993.

落叶小灌木，高1-2米。小枝具柔毛，茎下部节上常具1对小刺，节间无细刺。叶菱状卵圆形或近圆形，长宽均1-1.5厘米，基部宽楔形或近圆，两面无毛，掌状3裂，裂片先端圆钝或微尖，具不整齐钝锯齿；叶柄长0.5-1厘米，无毛。花单性，雌雄异株；总状花序；雄花序长2.5-4厘米，具7-11花；雌花序稍短或与雄花序近等长；果序长达4厘米；花序轴和花梗具

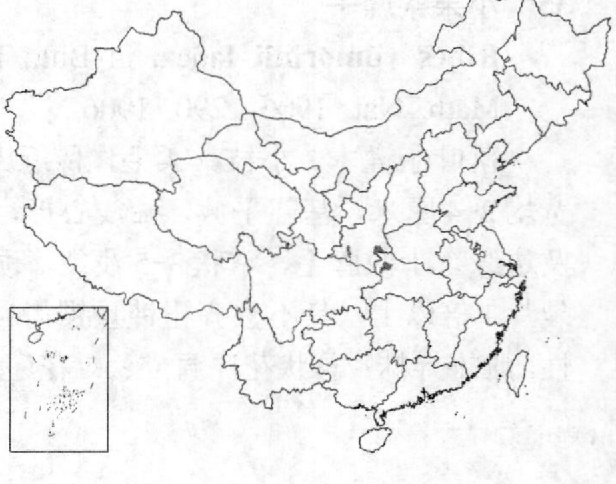

柔毛，或混生稀疏腺毛。花梗长2-4毫米；苞片长圆形，无毛；花萼黄或黄绿色，无毛，萼筒浅杯形或盆形，萼片宽卵圆形，花期开展或反折，果期反折；花瓣扇形或倒卵圆形；雌花的雄蕊比花瓣短，子房无毛，花柱顶端2裂。果球形，径5-7毫米，红色，无毛。花期5-6月，果期7-9月。

产陕西南部及湖北西北部，生于海拔达900米山谷、山坡路旁灌丛中或河沟旁。

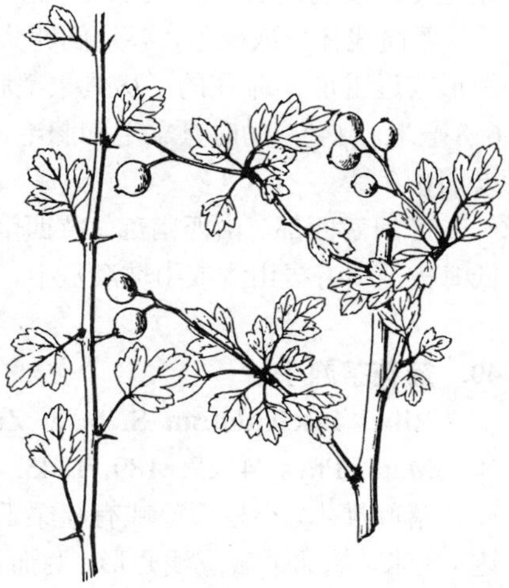

图 531 光叶茶藨子 （吴彰桦绘）

38. 美丽茶藨子 图 532

Ribes pulchellum Turcz. in Bull. Soc. Nat. Moscou 5: 191. 1832.

落叶灌木。幼枝被柔毛，老时脱落，茎下部节上常具1对小刺，节间无刺或小枝疏生细刺，叶宽卵圆形，长宽均（1）1.5-3厘米，基部近平截或浅心形，两面具柔毛，老时毛稀，掌状3（5）裂，具粗锐或微钝单锯齿，或混生重锯齿；叶柄长（0.5）1-2厘米，具柔毛或混生稀疏腺毛。花单性，雌雄异株；总状花序；雄花序长5-7厘米，具8-20花，疏散；雌花序长2-3厘米，具8-10余花，密集；花序轴和花梗具柔毛，常疏生腺毛，果时渐脱落。花梗长2-4毫米；苞片披针形或窄长圆形；花萼浅绿黄或浅红褐色，近无毛，萼筒碟形，萼片宽卵圆形；花瓣鳞片状；雌花子房无毛，花柱顶端2裂。果球形，径5-8毫米，红色，无毛。花期5-6月，果期8-9月。

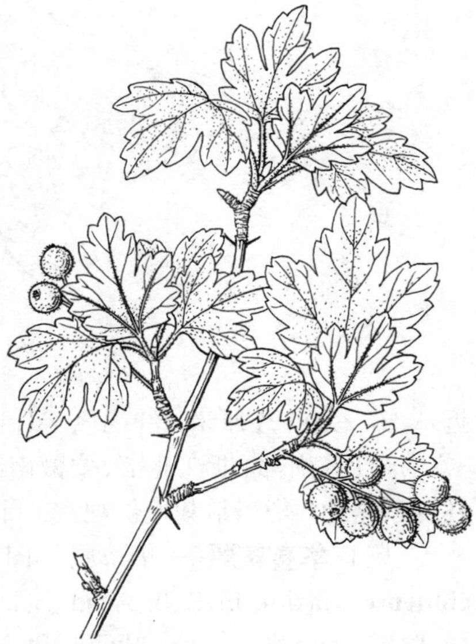

图 532 美丽茶藨子 （王金凤绘）

产内蒙古、河北北部、山西西部、陕西中北部、宁夏北部、甘肃及青海东部，生于海拔300-2800米多石砾山坡、沟谷、黄土丘陵或阳坡灌丛中。蒙古东北部及俄罗斯西伯利亚有分布。

［附］**石生茶藨子 Ribes saxatile** Pall. in Nov. Acta Acad. Sci. Petrop. 10: 376. 1797. 本种与美丽茶藨子的区别：叶倒卵形，沿叶缘具柔毛或下面微具柔毛，基部楔形，叶柄无毛。产新疆，生于低海拔地区干旱山坡灌丛中或岩石坡地。中亚及俄罗斯西伯利亚有分布。

39. 陕西茶藨子 图 533

Ribes giraldii Jancz. Bull. Intern. Acad. Sci. Cracovie Sci. Cl. Math. Nat. 1906: 289. 1906.

落叶灌木。小枝具柔毛和腺毛，茎下部节上常有1对短小硬刺，节间无刺或疏生细刺。叶宽卵圆形，稀近圆形，长宽均1.5-3厘米，基部近平截或浅心形，两面被柔毛和腺毛，掌状3-5裂，顶生裂片长于侧生裂片，有粗钝齿和腺毛；叶柄长0.8-2厘米，被柔毛和腺毛。花单性，雌雄异株；总状花序；雄花序长3-7厘米，直立，具8-20花；雌花序长2-3厘米，具2-6花；果序具1-2果；花序轴和花梗被柔毛和腺毛。雄花花梗长3-6毫米，

雌花花梗较短；苞片披针形或长圆形；花萼黄绿色，具柔毛，或混生疏腺毛，萼筒浅杯形或碟形，萼片倒卵状椭圆形或舌形，果期反折；花瓣倒卵圆形或近舌形；雌花的子房具柔毛和腺毛，花柱顶端2裂。果卵球形，径6-8毫米，红色，幼时具柔毛和腺毛，老时柔毛脱落，具腺毛。花期4-5月，果期6-9月。

产河南西部、山西南部、陕西南部、甘肃东南部及青海东北部，生于低海拔至中海拔山沟或山坡灌丛中。

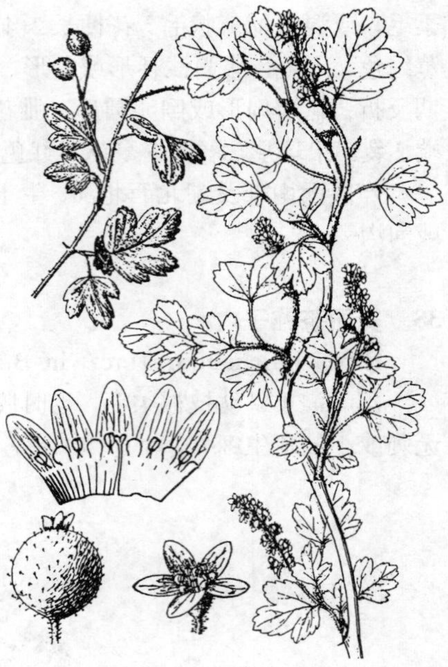

图 533 陕西茶藨子 （吴彰桦绘）

40. 簇花茶藨子 图 534：1

Ribes fasciculatum Sieb. et Zucc. in Abh. Bayer. Akad. Wiss. Math.-Phys. 4(2): 189. 1845.

落叶灌木。小枝无毛或有疏柔毛，无刺。叶近圆形，长(2)3-4厘米，宽达5厘米，基部平截或浅心形，两面无毛或疏生柔毛，掌状3-5裂，裂片宽卵圆形，具粗钝单锯齿；叶柄长1-3厘米，被疏柔毛。花单性，雌雄异株；伞形花序几无梗；雄花序具2-9花；雌花2-4(-6)簇生，稀单生。花梗长(3-)5-9毫米，具关节，无毛，稀关节以下具柔毛；苞片长圆形；花萼黄绿色，无毛，有香味，萼片卵圆形或舌形，花期反折；花瓣近圆形或扇形；雌花的子房无毛，花柱顶端2裂。果近球形，径0.7-1厘米，红褐色，无毛，味欠佳。花期4-5月，果期7-9月。

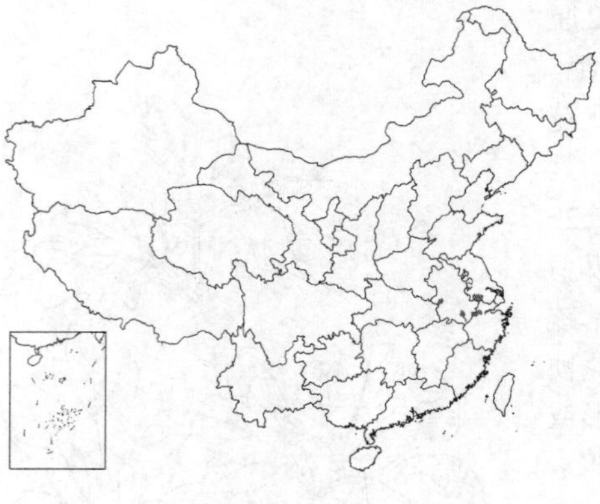

产江苏南部、浙江北部、安徽南部及西南部，生于低海拔山坡林下、竹林内或路边。华东常栽培供观赏。日本及朝鲜有分布。

[附] **华蔓茶藨子** 华茶藨 图 534：2-6 **Ribes fasciculatum** var. **chinense** Maxim. in Bull. Acad. Sci. St. Petersb. 19: 264. 1874. 本变种与模式变种的区别：幼枝、叶两面和花梗均被较密柔毛；叶宽达10厘米，冬季常不凋落。产山东东北部、江苏南部、安徽南部、浙江北部、福建北部、江西北部、湖北西部、河南西部、陕西南部、甘肃东部及青海东南部，生于海拔700-1300米山坡林下、林缘或石质坡地。日本及朝鲜半岛北部有分布。

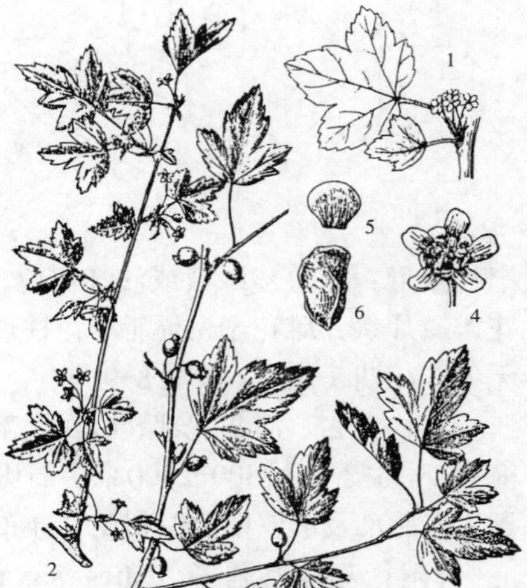

图 534: 1. 簇花茶藨子 2-6. 华蔓茶藨子
（引自《秦岭植物志》）

106. 景天科 CRASSULACEAE

（傅坤俊 张继敏）

草本、亚灌木或灌木；常有肥厚、肉质的茎、叶。叶互生、对生或轮生，单叶，全缘或稍有缺刻，稀浅裂或奇数羽状复叶；无托叶。聚伞花序，或伞房状、穗状、总状、圆锥状花序，有时单生。花两性，或单性雌雄异株，辐射对称，花5数或其倍数；萼片分离，稀基部以上合生，宿存；花瓣分离或多少合生；雄蕊1-2轮，与萼片或花瓣同数或为其2倍，分离，与花瓣或花冠筒部多少合生，花丝丝状或钻形，花药基着，稀背着；心皮与萼片或花瓣同数，分离或基部合生，基部外侧常有腺状鳞片1枚，柱头头状或不显著，胚珠倒生，常多数，沿腹缝线排成2行，稀少数或1个。蓇葖果，果皮膜质或革质。种子小，种皮有皱纹或除微乳头状凸起，或有沟糟，胚乳不发达或缺。

34属1500种以上，分布非洲、亚洲、欧洲、美洲。我国西南部、非洲南部及墨西哥种类较多。我国11属约250种。

1. 花4-5基数；雄蕊1轮，与花瓣同数，花瓣多少合生；叶对生 ……………………………… 1. **东爪草属 Tillaea**
1. 雄蕊常为花瓣2倍，如与花瓣同数则有互生叶或叶对生而有块茎状的根。
  2. 花4基数；雄蕊2轮，为花瓣2倍，萼片分离或多少合生成筒状。
    3. 花丝着生花冠筒基部，花常下垂，萼片常合生为筒状或中部膨大的筒状；植株常有芽胞体 ……………………………………………………………………………………………… 2. **落地生根属 Bryophyllum**
    3. 花丝着生花冠筒中部或上部，花直立，花冠各式，筒部不膨大，或基部坛状 …… 3. **伽蓝菜属 Kalanchoe**
  2. 花(3-4)5-6(-12)基数；雄蕊(1)2轮，花瓣分离，或多少合生；叶各式，扁平或圆柱形，互生、对生或莲座状。
    4. 心皮有柄或基部渐窄，分离，直立；无根生叶；花两性。
      5. 花茎的基生叶形成莲座；花瓣基部合生。
        6. 雄蕊5，1轮，与花瓣互生 ……………………………………………………………… 4. **孔岩草属 Kungia**
        6. 雄蕊10，2轮，外轮的与花瓣对生 ……………………………………………………… 5. **瓦松属 Orostachys**
      5. 茎生叶非莲座状；花瓣分离，基部渐窄 ………………………………………………… 6. **八宝属 Hylotelephium**
    4. 心皮无柄，基部非渐窄或渐窄(红景天属粗茎红景天系)，常基部合生，景天属中有少数为离心皮。
      7. 根生叶(红景天属)或花茎的基生叶(合景天属)鳞片状；心皮直立。
        8. 花茎的基生叶鳞片状，鳞片状茎生叶丛生；花两性，花瓣下部合生，花冠筒漏斗状或钟形 …………… ………………………………………………………………………………………… 7. **合景天属 Pseudosedum**
        8. 根生叶鳞片状；花单性或两性，花瓣分离或几分离 ……………………………………… 11. **红景天属 Rhodiola**
      7. 无基部茎生或根生的鳞片状叶；花两性，稀单性，心皮先端反曲。
        9. 基生的茎生叶在花茎上形成莲座；花红或白色；雄蕊1轮 …………………………… 8. **石莲属 Sinocrassula**
        9. 基生的茎生叶稀呈莲座状，如植株有莲座，则莲座叶根生；雄蕊1轮或2轮。
          10. 具根生叶，成莲座状；花茎生于莲座叶腋，花瓣基部合生 ………………………… 9. **瓦莲属 Rosularia**
          10. 无根生叶，如有则花瓣分离；花茎生于莲座中央 ………………………………… 10. **景天属 Sedum**

1. 东爪草属 Tillaea Linn.

一年生小草本；常近水生。叶对生，线形或圆柱形，全缘。花小，腋生，单生或聚伞花序，或顶生圆锥花序。花萼(3)4-5裂；花瓣(3)4-5片，多少合生；雄蕊(3)4-5，1轮，花丝丝状；鳞片(3)4-5，或无；心皮(3)4-5，分离，花柱顶生，心皮内胚珠1至多粒。60种，分布于全球。我国4种。

1. 心皮4；萼片卵状长圆形 ……………………………………………………………… 1. **东爪草 T. aquatica**
1. 心皮5；萼片窄三角状披针形 ……………………………………………………… 2. **五蕊东爪草 T. pentandra**

1. 东爪草 图 535

Tillaea aquatica Linn. Sp. Pl. 128. 1753.

一年生小草本，高达6厘米。根须状。茎基部分枝，直立或斜上，单一或分枝。叶线状披针形，长4-8毫米，宽1毫米，先端尖，基部合生。花单生叶腋，稀顶生。花无梗；萼片4，卵形，长0.5毫米，先端钝；花瓣4，白色，卵状长圆形，长1毫米，先端钝；雄蕊4，较花瓣短，与萼片对生；鳞片4，匙状线形，长为心皮1/2；心皮4，卵状椭圆形，花柱短。蓇葖果腹缝线开裂。种子10多粒，长圆形，长0.5毫米，褐色。花期5-7月。

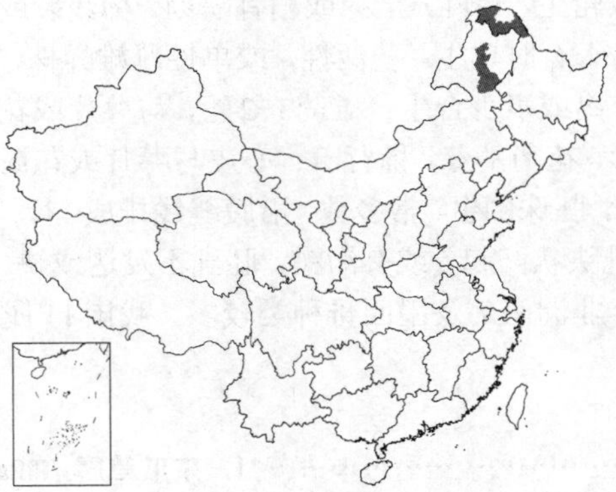

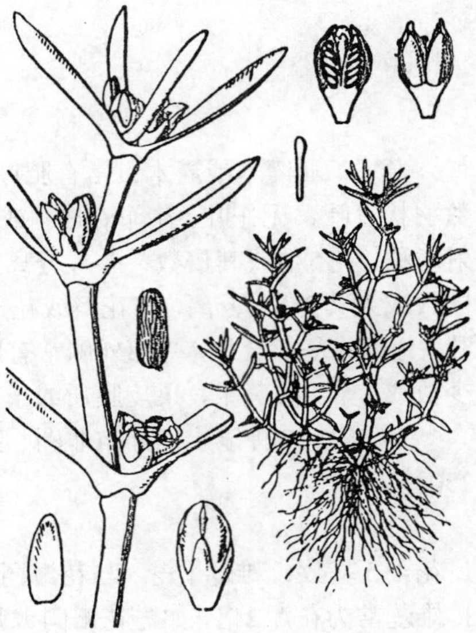

图 535 东爪草 （引自《新日本植物图鉴》）

产黑龙江北部及内蒙古东部，生于江边河滩或河岸。朝鲜、日本、俄罗斯至欧洲及北美洲有分布。

2. 五蕊东爪草 图 536

Tillaea pentandra Royle ex Edgew. in Trans. Linn. Soc. 20: 50. 1846.

一年生小草本，高达7厘米。根须状。茎基部分枝，直立或斜上，不分枝，稀分枝。叶线状披针形或长圆形，长3-5毫米，宽1-2毫米，先端尖或短渐尖，基部合生。花单生叶腋。花无梗或有短梗；萼片5，窄三角状披针形，长1.5-1.8毫米，宽0.6毫米，先端芒状长渐尖；花瓣5，淡紫红色，卵状披针形，长0.6毫米；心皮5，长圆状卵形，花柱短。蓇葖果褐色。花期7-8月，果期9月。

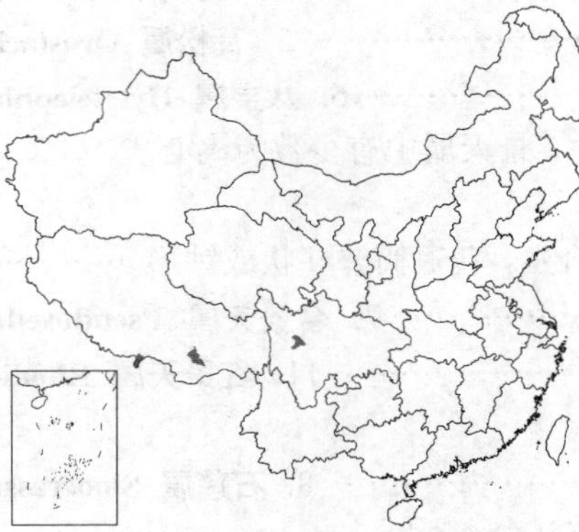

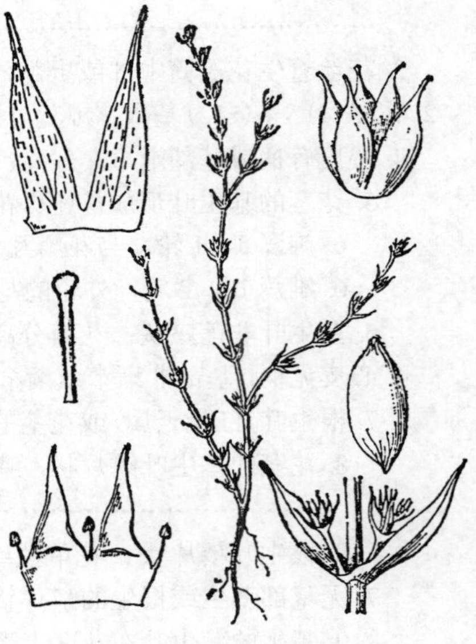

图 536 五蕊东爪草 （钱存源绘）

产四川西部及西藏南部，生于海拔3040-4800米山坡草地岩石缝中。印度、克什米尔地区、埃塞俄比亚、喀麦隆及非洲热带地区有分布。

2. 落地生根属 **Bryophyllum** Salisb.

肉质草本、亚灌木或灌木；植株常有芽孢体。茎常直立。叶对生或3叶轮生，单叶，有浅裂或羽状分裂，或为羽状复叶。花大，常下垂，颜色鲜艳，4基数，萼片常合成钟状或圆柱形，或萼筒基部稍膨大；花冠与花萼等长，合生，在心皮之上常缢缩，裂片4，较筒部为短，稀较长；雄蕊8，2轮，着生花冠筒基部或中部以下，花丝与花冠筒等长；鳞片4，半圆形或正方形线形，全缘或有微缺；心皮4，分离，胚珠多数；花柱较长。蓇葖果。

约20种，产非洲马达加斯加，1种分布全球热带各地。我国1种。

落地生根 图 537

Bryophyllum pinnatum（Linn. f.）Oken, Allg. Naturgesch. 3: 1966. 1841.

Crassula pinnata Linn. f. Suppl. Sp. Pl. 191. 1781.

多年生草本，高达1.5米。茎有分枝。羽状复叶长10-30厘米，小叶长圆形或椭圆形，长6-8厘米，先端钝，有圆齿，圆齿基部易生芽，芽落地生根成一新植株；小叶柄长2-4厘米。圆锥花序顶生，长10-40厘米。花下垂。花萼圆柱形，长2-4厘米；花冠高脚碟形，长达5厘米，基部稍膨大，裂片4，卵状披针形，淡红或紫红色；雄蕊着生花冠基部，花丝长；鳞片近长方形。蓇葖包在花萼及花冠筒内。种子小，有条纹。花期1-3月。

原产非洲。云南、广西、广东、福建、台湾各地栽培，有的已野化。全草入药，可解毒消肿，活血止痛，拔毒生肌。可栽培供观赏。

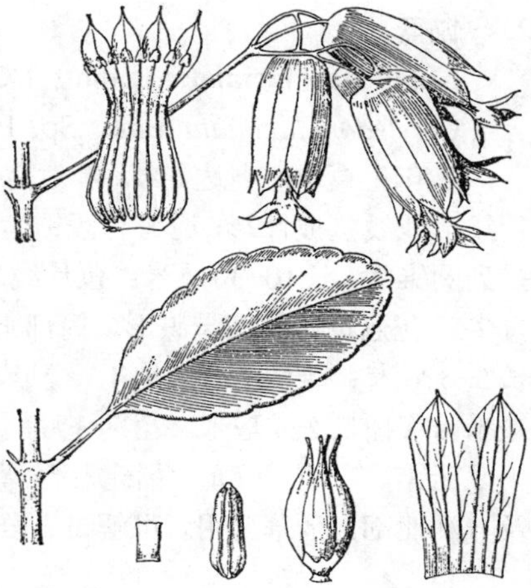

图 537 落地生根 （钱存源绘）

3. 伽蓝菜属 Kalanchoe Adans.

肉质草本，亚灌木或灌木。叶对生，叶基部或叶柄常抱茎，全缘或有牙齿，或羽状分裂。圆锥状聚伞花序，苞片小，花多。花常直立，白、黄或红色；花4基数；萼片分离至基部或多少合生，三角形或披针形，常短于花冠筒；花冠高脚碟形，花冠筒多少有4棱，筒部不膨大，或基部坛状，上部渐窄，裂片短，基部稍窄；雄蕊8，2轮，贴生花冠筒中部以上或以下，花丝长度不等，常很短，有的长达花冠裂片中部；鳞片线形或半圆形；心皮直立，花柱长或短。蓇葖果。种子多数，圆柱形。

约200种，分布非洲至中国，美洲1种。我国4种。

1. 叶匙状长圆形，不裂，近无柄，抱茎 ………………………………………… 1. **匙叶伽蓝菜 K. spathulata**
1. 叶羽状深裂，裂片线形或线状披针形 ………………………………………… 2. **伽蓝菜 K. 1aciniata**

1. 匙叶伽蓝菜 匙状伽蓝菜 图 538

Kalanchoe spathulata DC. Pl. Succul. p1. 65. 1801.

多年生草本。茎高1.2米，无毛。叶匙状长圆形，长5-7厘米，先端钝圆，基部渐窄，近无柄，抱茎，边缘有不整齐浅裂，稀近全缘。聚伞花序长10厘米，果时伸长；苞片线形。萼片4，线状卵形或窄三角形，渐尖；花冠黄色，高脚碟形，长1.5-2厘米，裂片4，先端渐尖；雄蕊8，2轮，着生花冠筒喉部，花丝短；鳞片4，线形，长约3毫米。花期5-8月。

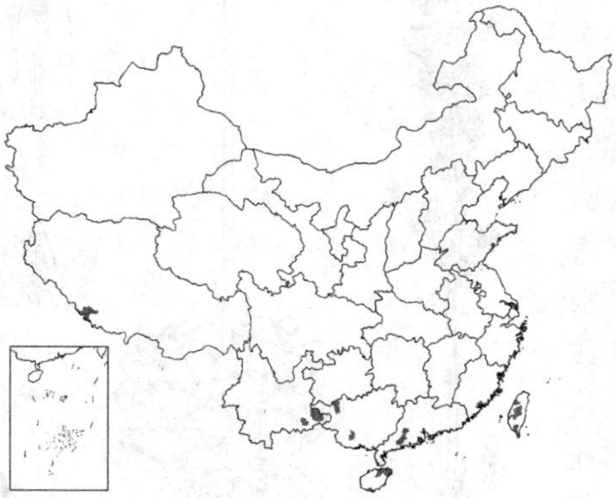

产福建南部、台湾、广东西南部、海南、广西西南部及西北部、云南东南部及西藏南部。亚洲热带及亚热带地区广布。

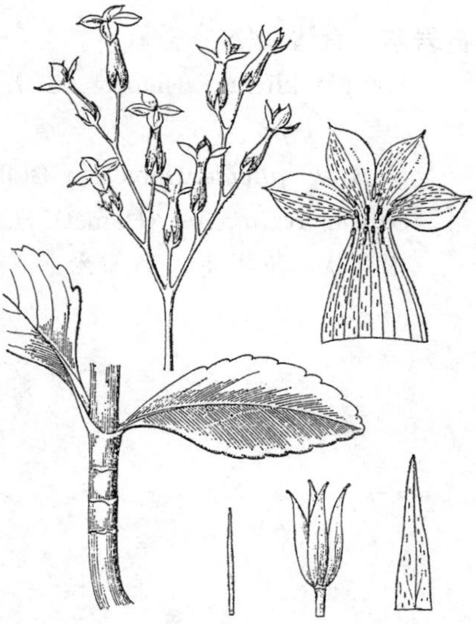

图 538 匙叶伽蓝菜 （钱存源绘）

2. 伽蓝菜 图 539 彩片 84

Kalanchoe laciniata（Linn.）DC. Pl. Suppcl. pl. 100. 1802.

Cotyledon laciniata Linn. Sp. Pl. 430. 1753.

多年生草本，高达1米。叶对生，中部叶羽状深裂，长8-15厘米，裂片线形或线状披针形，边缘有浅锯齿或浅裂；叶柄长2.5-4厘米。聚伞花序排列圆锥状，长10-30厘米；苞片线形。萼片4，披针形，长0.4-1厘米，先端尖；花冠黄色，高脚碟形，筒部下部膨大，长1.5厘米，裂片4，卵形，长5-6毫米；雄蕊8；鳞片4，线形，长3毫米；心皮4，披针形，长5-6毫米，花柱长2-4毫米。花期3月。

云南、广西、广东、福建及台湾多盆栽供观赏。分布于亚洲热带地区及非洲北部。全草药用，可解毒、散瘀。

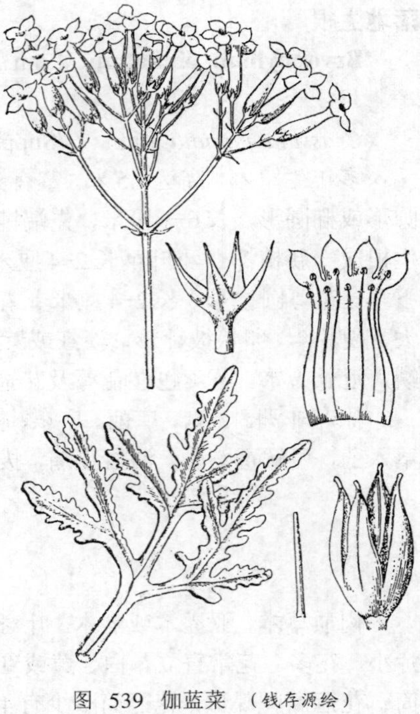

图 539 伽蓝菜 （钱存源绘）

4. 孔岩草属 Kungia K. T. Fu

多年生草本。花茎直立，极纤细，稍坚硬。基生叶莲座状，茎生叶互生或中下部的对生，上部的互生。聚伞花序组成总状或圆锥花序；苞片先端渐尖。花5基数，多数，淡紫红色；萼片无距，披针状三角形；花瓣基部合生，披针形，上部渐窄，先端尖；雄蕊5，1轮，与花瓣互生，花药长圆状肾形；鳞片短；心皮长圆形，基部几离生，渐窄或具短柄，花柱长，蓇葖果，种子多数，直立。

我国特有属，2种和3变种。

1. 基生叶为散生莲座状，全缘或具乳头状凸起；茎生叶互生 ………………………………………… 孔岩草 **K. aliciae**
1. 基生叶对生，密集呈莲座状，边缘有疏或密淡红色乳凸状齿；茎生叶中下部的对生，上部的互生 ……………………………………………………………………………………………（附）. 对叶孔岩草 **K. aliciae** var. **komarovii**

孔岩草 有边瓦松 图 540

Kungia aliciae（Hamet）K. T. Fu in Journ. NW. Teach.（Nat. Sci.）51：3. 1988.

Crassula aliciae Hamet in Bull. Soc. Bot. France 55：710. 1908.

Orostachys aliciae（Hamet）H. Ohba；中国植物志 34(1)：47. 1984.

根须状。花茎高达35厘米，下部有时被微乳头状凸起。基生叶多数，散生莲座状，倒卵形或圆形，厚，长0.9-1.2厘米，宽0.8-1.6厘米，上部有褐色、窄新月形的边缘，先端钝或圆，全缘，有时有微乳头状凸起；茎生叶互生或下部叶对生，长圆形，先端尖。花序为中断的穗状或伞房状。花梗稍长；萼片5，窄三角形，长1-2毫米；花瓣5，红或红紫色，披针形或长圆

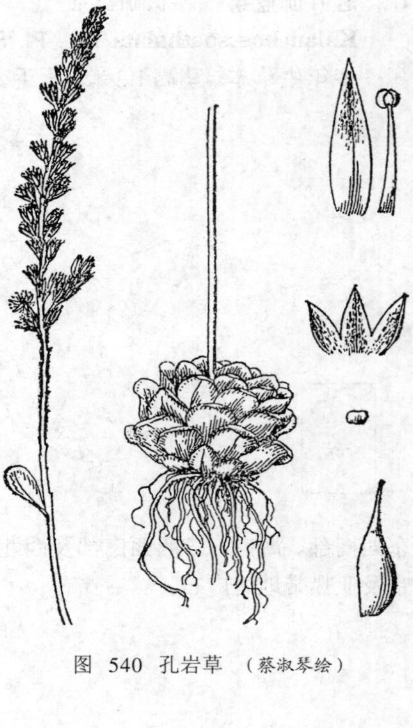

图 540 孔岩草 （蔡淑琴绘）

形，直立，长3.5-4.5毫米，先端尖，具短突尖；雄蕊5，长3-4毫米；鳞片5，近横长圆形，长0.3-0.4毫米，先端钝；心皮5，近长圆形，长1.5-1.7毫米，花柱细，长1毫米。种子卵圆形，长1毫米，被微乳头状凸起。花期6-8月。

产甘肃南部、陕西南部及四川北部，生于海拔2000-2500米山区。

［附］**对叶孔岩草 Kungia aliciae** var. **komarovii**（Hamet）K. L. Fu in Journ. NW. Teach.（Nat. Sci.）51：3. 1988. —— *Sedum aliciae*（Hamet）var. *komarovii* Hamet in Journ. Russ. Bot 1912：175. 1913. 本变种与模式变种的区别：茎生叶中下部的对生，基生叶对生，密集呈莲座状，具疏或密的长乳头状齿。产四川北部，生于海拔1320-1700米山谷和山坡潮湿岩缝中。

5. 瓦松属 Orostachys（DC.）Fisch.

二年生草本，高达60厘米。叶第一年呈莲座状，先端软骨质，稀具柔软渐尖头或钝头，线形或卵形，多具暗紫色腺点。第二年自莲座中央长出不分枝的花茎；花几无梗或有梗，多花，成密集聚伞圆锥花序。花5基数；萼片基部合生，常较花瓣短；花瓣黄、绿、白、浅红或红色，基部稍合生，披针形，直立；雄蕊10，2轮，外轮与花瓣对生；鳞片小，长圆形，先端平截；子房上位，心皮有柄，基部渐窄，直立，花柱细，胚珠多数，侧膜胎座。蓇葖果顶端有喙。种子多数。

13种，分布于中国、朝鲜、日本、蒙古及俄罗斯。我国8种。

1. 全部叶无尖头，叶椭圆形、倒卵形，长圆形或长圆状披针形，先端钝或短渐尖，花白或绿白色；苞片匙状卵形 ………………………………………………………………………………………… 1. **钝叶瓦松 O. malacophyllus**
1. 茎生叶有尖头，莲座叶先端尖头有白色软骨质附属物，稀叶先端刺尖；苞片长圆形或线形。
   2. 莲座叶先端软骨质附属物除中央有刺尖外，两侧有流苏状齿或各有1-2齿；花红色 … 2. **瓦松 O. fimbriatus**
   2. 莲座叶先端软骨质附属物全缘或稍波状；花淡绿黄色。
      3. 花绿黄色，苞片披针形或长圆形，有刺尖，花药黄色 ………………………………… 3. **黄花瓦松 O. spinosus**
      3. 花红或淡红色，苞片长圆状披针形，有紫斑，花药紫色 ……………………………… 4. **小瓦松 O. minutus**

1. 钝叶瓦松 图 541

Orostachys malacophyllus（Pall.）Fisch. In Mém. Soc. Nat. Mosc. 2：274. 1809.

Cotyledon malaeophylla Pall. 1tin. 3. Anh. 729. p1. O. f. 1. 1776.

二年生草本。第一年植株有莲座丛；莲座叶先端钝或短渐尖，无刺，长圆状披针形、倒卵形、长椭圆形或椭圆形，全缘。第三年自莲座丛中抽出花茎，花茎高10-30厘米。茎生叶互生，长达7厘米，先端钝。花序紧密，总状或穗状，有时有分枝；苞片匙状卵形，常啮蚀状，上部的短渐尖。花常无梗；萼片5，长圆形，长3-4毫米；花瓣5，白或绿白色，长圆形或卵状长圆形，长4-6毫米，上部常带啮蚀状，基部1-1.4毫米合生；雄蕊10，较花瓣长，花药黄色；鳞片5，线状长方形，

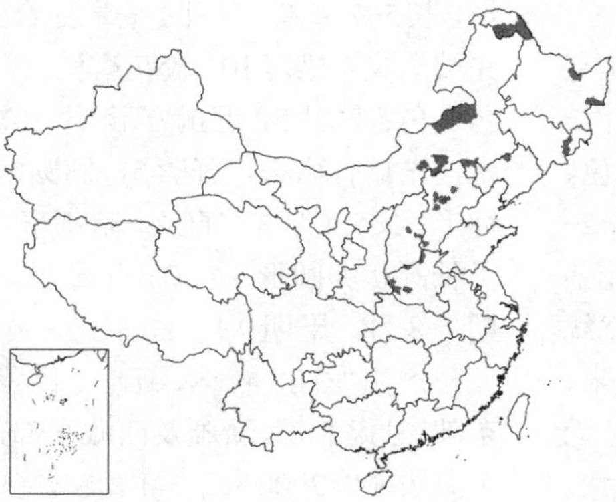

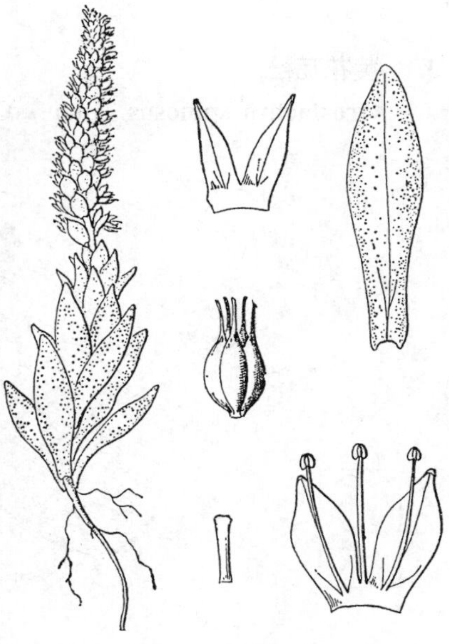

图 541 钝叶瓦松 （钱存源绘）

长0.3毫米，先端有微缺；心皮5，卵圆形，长4.5毫米，两端渐尖，花柱长1毫米。种子卵状长圆形，长0.8毫米，有纵纹。花期7月，果期8-9月。

产黑龙江、吉林东部、辽宁北部、内蒙古、河北、山西及河南，生于海拔1200-1800米岩缝中。朝鲜、蒙古及俄罗斯西伯利亚地区有分布。

2. 瓦松 图 542 彩片 85

Orostachys fimbriatus (Turcz.) Berger in Engl. u. Prantl, Nat. Pflanzenfam. 2. Aufl. 18a: 464. 1930.

Cotyledon fimbriata Tulcz. Cat. P1. Baic.-Dahur. 469. 1838.

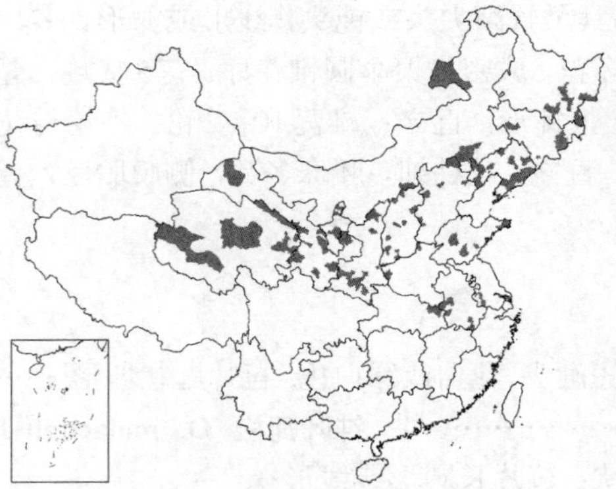

二年生草本。一年生莲座丛的叶短，莲座叶线形，先端白色软骨质，半圆形，有齿；二年生花茎高(5-)20(-40)厘米；叶互生，疏生，有刺，线形或披针形，长达3厘米。花序总状，紧密或下部分枝，金字塔形，径20厘米；苞片线形渐尖。花梗长达1厘米；萼片5，长圆形，长1-3毫米；花瓣5，红色，披针状椭圆形，长5-6毫米，先端渐尖，基部1毫米合生；雄蕊10，与花瓣等长或稍短，花药紫色；鳞片5，近四方形，长0.3-0.4毫米，先端微凹。蓇葖果5，长圆形，长5毫米，喙细，长1毫米。种子多数，卵圆形，细小。花期8-9月，果期9-10月。

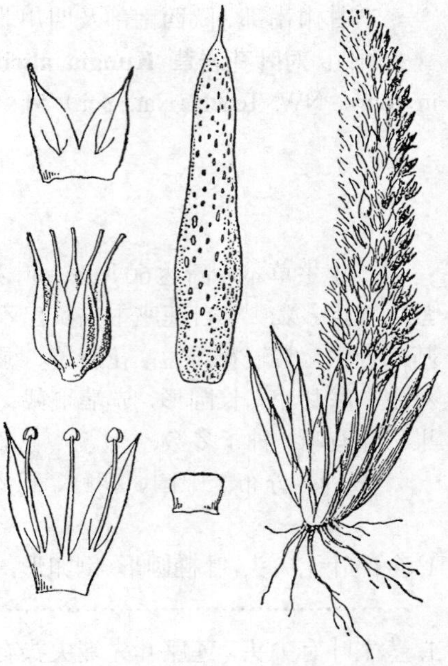

图 542 瓦松 （钱存源绘）

产黑龙江、吉林、辽宁、内蒙古、河北、山东、江苏、浙江、福建、安徽、湖北、河南、山西、陕西、甘肃、宁夏及青海，生于海拔1600米以下，在甘肃、青海达海拔3500米以下的山坡石上或屋瓦上。朝鲜、日本、蒙古及俄罗斯有分布。全草药用，可止血、活血、敛疮，有小毒，宜慎用。

3. 黄花瓦松 图 543

Orostachys spinosus (Linn.) C. A. Mey in Ledeb. Reise 496. 1830.

Cotyledon spinosus Linn. Sp. Pl. 429. 1753.

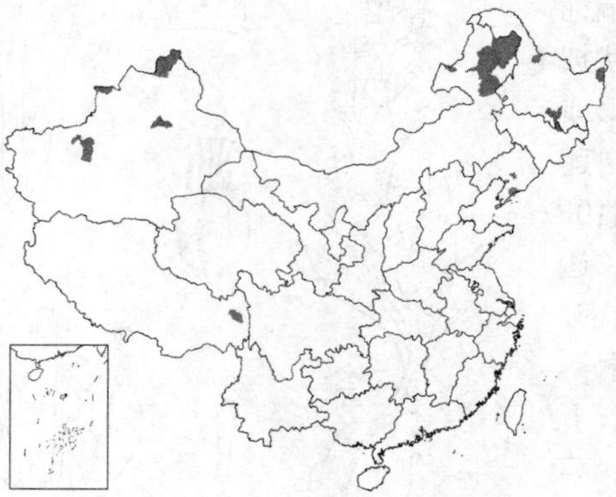

二年生草本。第一年有莲座丛，密被叶，莲座叶长圆形，先端有半圆形、白色、软骨质附属物，中央有长2-4毫米、白色软骨质刺。花茎高达30厘米；叶互生，宽线形或倒披针形，长1-3厘米，先端渐尖，有软骨质刺，无柄。花序顶生，穗状或总状，长5-20厘米。花梗长1毫米，或无梗；苞片披针形或长圆形，长达4毫米，有刺尖；萼片5，卵状长圆形，长2-3毫米，先端渐刺尖，有红色斑点；花瓣5，绿黄色，卵状披针形，长5-7毫米，基部1毫米处合生，先端渐尖；雄蕊10，较花瓣稍长，花药黄色；鳞片5，近正方形，长0.7毫米，先端有微缺。蓇葖5，椭圆状披针形，长5-6毫米，直立，基部窄。种子长圆状卵圆形，长0.8-1毫米。花期7-8月，果期9月。

产黑龙江、吉林、辽宁、内蒙古东部、甘肃北部、新疆及西藏东部，生于海拔600-2900米干旱山坡石缝中。朝鲜、蒙古及俄罗斯有分布。

4. 小瓦松 图 544

Orostachys minutus（Kom.）Berger in Engl. u. Prantl, Nat. Pflauzenfam. 2. Aufl. 18a：464. 1930.

Cotyledon minuta Kom. in Acta Hort. Petrop. 18：436. 1901.

多年生或二年生草本；莲座叶密生，长圆状披针形或匙形，长1-1.5厘米，有紫色斑点，先端有宽半圆形白色软骨质附属物，中央有短刺尖。花茎高达5厘米；叶卵状披针形，长1-1.5厘米，先端有白色软骨质刺尖。穗状或总状花序圆柱形，长1.5-4厘米，花密生，几无梗；苞片长圆状披针形，长2-2.5毫米，有紫斑。萼片5，披针形或卵形，长2毫米，先端刺尖，有紫斑；花瓣5，红或淡红色，披针形或长圆状披针形，长4-4.5毫米，上部有紫斑；雄蕊10，与花瓣稍等长，花药紫色；鳞片5，近正方形，长0.3毫米，上部稍宽，先端有微缺；心皮5，卵状披针形，长4毫米，有短柄。花果期9-10月。

产黑龙江南部、辽宁中南部及河北北部，生于屋顶。朝鲜有分布。

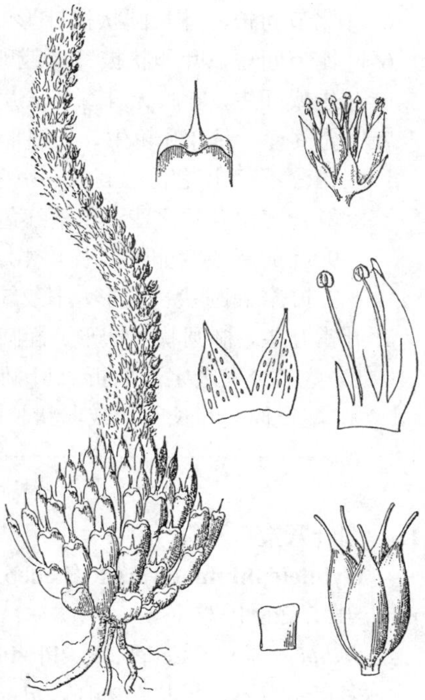

图 543 黄花瓦松 （钱存源绘）

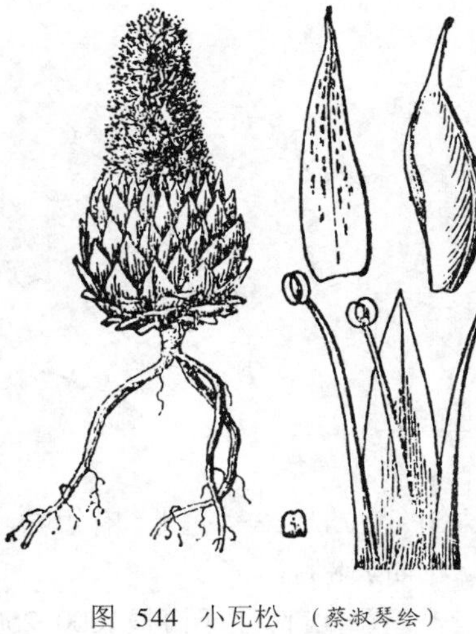

图 544 小瓦松 （蔡淑琴绘）

6. 八宝属 Hylotelephium H. Ohba

多年生草本。根状茎短，肉质。新枝无鳞片，茎下部木质化，自基部脱落或宿存，自其上部或旁边发出新枝。叶互生、对生或3-5叶轮生，无距，扁平，无毛。花序复伞房状、伞房圆锥状或伞状伞房状；小花序聚伞状，花密生，顶生；有苞片。花两性，稀单性，(4)5基数；萼片无距，常较花瓣短，基部多少合生；花瓣离生，先端无短尖，基部渐窄，白、粉红、紫、淡黄或绿黄色；雄蕊10，较花瓣长或短，对瓣雄蕊着生花瓣近基部；鳞片长圆状楔形或线状长圆形，先端圆或稍微缺。蓇葖果近直立，分离，腹面不隆起，基部窄，稍有柄。种子多数，有窄翅。

约30种，产欧亚大陆及北美洲。我国16种。

1. 茎倾斜，长不及20厘米。
2. 叶近圆形、宽卵形、窄倒披针形或倒披针形。
3. 叶对生，无柄；根细，绳索状；叶全缘或有不明显牙齿 …………………………… 1. **圆叶八宝 H. ewersii**
3. 叶互生，近有柄；根块状，常有小形胡萝卜状根；叶有疏锯齿或浅裂 ……… 2. **华北八宝 H. tatarinowii**
2. 叶圆形或圆扇形，3叶轮生 …………………………………………………… 3. **圆扇八宝 H. sieboldii**
1. 茎挺直，长30厘米以上。
4. 中断的伞房状穗状花序 ………………………………………………………… 4. **狭穗八宝 H. angustum**
4. 伞房状花序或头状伞形花序。
5. 叶常3-5叶轮生，或下部2叶对生，叶腋有肉质白色珠芽；子房稍倒卵形。

6. 叶比节间长，叶长圆状披针形或卵状长圆形，长4-8厘米，宽1-3厘米 ········ 5. **轮叶八宝 H. verticillatum**

6. 叶比节间短，叶卵状披针形或卵状长圆形，长2-4厘米，宽0.7-2厘米 ·············· 6. **珠芽八宝 H. viviparum**

5. 叶对生或互生，叶腋无珠芽；子房椭圆形。

7. 叶常对生，稀3叶轮生，长圆形或卵状长圆形；花药紫色。

8. 雄蕊不突出花冠之上 ·· 7. **八宝 H. erythrostictum**

8. 雄蕊突出花冠之上，花紫红色。

9. 叶卵形或宽卵形，长4-10厘米，全缘或多少有波状牙齿 ························ 8. **长药八宝 H. spectabile**

9. 叶窄椭圆状长圆形，长2.5-5厘米，有牙齿 ······ 8(附). **狭叶长药八宝 H. spectabile** var. **angustifolium**

7. 叶常互生，椭圆状倒卵形、椭圆状披针形或长圆状卵形；花药黄色。

10. 茎多少呈之字形曲折；叶椭圆状倒卵形或椭圆状宽倒披针形，先端尖 ······ 9. **紫花八宝 H. mingjinianum**

10. 茎直伸；叶长圆形或卵状长圆形，先端钝圆；块根多数，胡萝卜状；花紫红色 ·· 10. **紫花八宝 H. purpureum**

1. 圆叶八宝 图 545

Hylotelephium ewersii (Ledeb.) H. Ohba in Bot. Mag. Tokyo 90: 50. f. 2d. 1977.

Sedum ewersii Ledeb. Ic. Pl. Fl. Ross. 1: 14. pl. 58. 1829.

多年生草本。根状茎木质，分枝，根细，绳索状。茎多数，近基部分枝，高达25厘米，无毛。叶对生，宽卵形或近圆形，长1.5-2厘米，先端渐钝尖，全缘或有不明显牙齿；叶常有褐色斑点；无柄。伞形聚伞花序，花密生，径2-3厘米。萼片5，披针形，长2毫米，分离；花瓣5，紫红色，卵状披针形，长5毫米；雄蕊较花瓣短，花丝浅红色，花药紫色；鳞片5，卵状长圆形，长0.5毫米，先端有微缺。蓇葖果5，直立，长3-4毫米，有短喙，基部窄。种子披针形，长0.5毫米，褐色。花期7-8月。

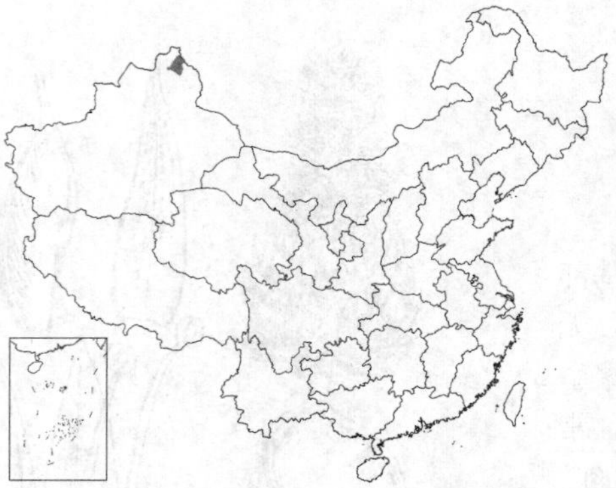

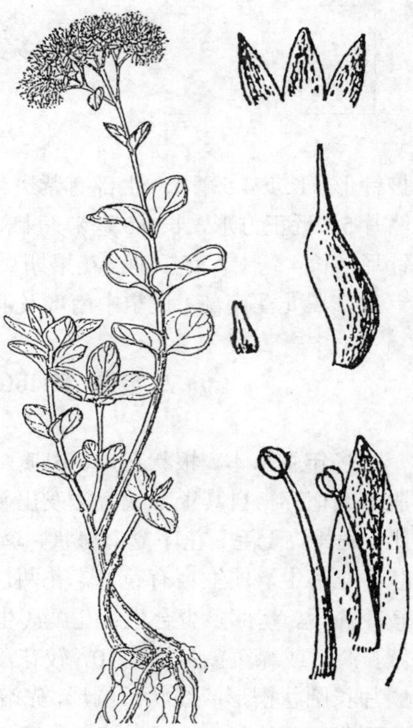

图 545 圆叶八宝 （蔡淑琴绘）

产新疆北部，生于海拔1800-2500米林下沟边及石缝中。巴基斯坦、蒙古及俄罗斯有分布。

2. 华北八宝 华北景天 图 546

Hylotelephium tatarinowii (Maxim.) H. Ohba in Bot. Mag. Tokyo 90: 50. f. 3a. 1977.

Sedum tatarinowii Maxim. in Bull. Acad. Sci. St. Pétersb. 29: 134. 1833; 中国高等植物图鉴 2: 82. 1974.

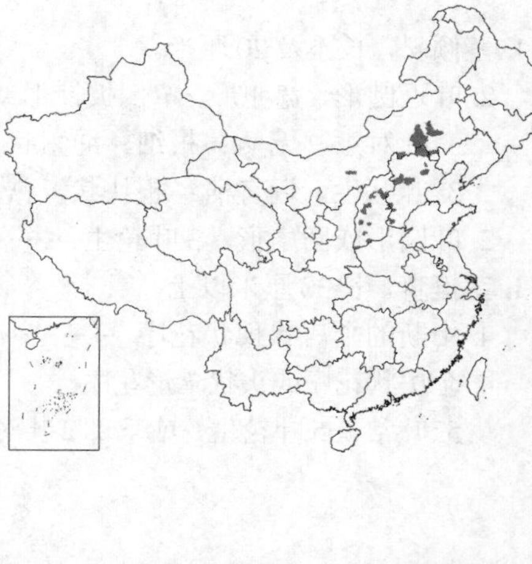

多年生草本。根块状，常有小胡萝卜状的根。茎多数，高10-15厘米，不分枝。叶互生，窄倒披针形或倒披针形，长1.2-3厘米，先端渐钝尖，基部渐窄，有疏锯齿或浅裂；近有柄。伞房状花序径3-5厘米。花梗长2-3.5

毫米；萼片5，卵状披针形，长1-2毫米；花瓣5，浅红色，卵状披针形，长4-6毫米；雄蕊与花瓣稍等长，花丝白色，花药紫色；鳞片5，近正方形，长0.5毫米，先端有微缺；心皮5，直立，卵状披针形，长4毫米，花柱长1毫米，稍外弯。花期7-8毫米。花期9月。

产内蒙古、河北及山西，生于海拔1000-3000米山地石缝中。

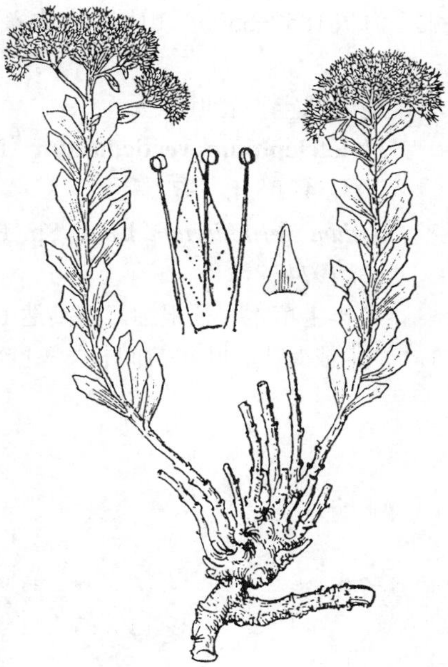

图 546 华北八宝 （引自《图鉴》）

3. 圆扇八宝 图 547

Hylotelephium siebodlii（Sweet ex Hook.）H. Ohba in Bot. Mag. Tokyo 90: 52. f. 1a. 1977.

Sedum siebodlii Sweet ex Hook. in Curtis's Bot. Mag. 89: pl. 5358. 1863.

多年生草本。块根肉质。茎高10-15厘米，匍匐上升。3叶轮生，叶圆形或圆扇形，长1-1.5厘米，先端钝尖或钝圆，基部楔形，边缘稍波状或近全缘；近无柄。伞房聚伞花序顶生，径2-4厘米；苞片卵形。花梗长3-5毫米；萼片5，三角形，长1.5毫米，基部合生；花瓣5，浅红色，长圆状披针形，长4-5毫米；雄蕊对瓣的比花瓣稍等长，对萼的比花瓣长，花药黄色；鳞片5，长圆状匙形，长0.8毫米，先端平截，或微缺；心皮5，直立，窄卵形，长约4毫米，花柱长1.5毫米。花期9月。

产湖北西部及四川东部，生于山坡阴处岩石上。日本有分布。

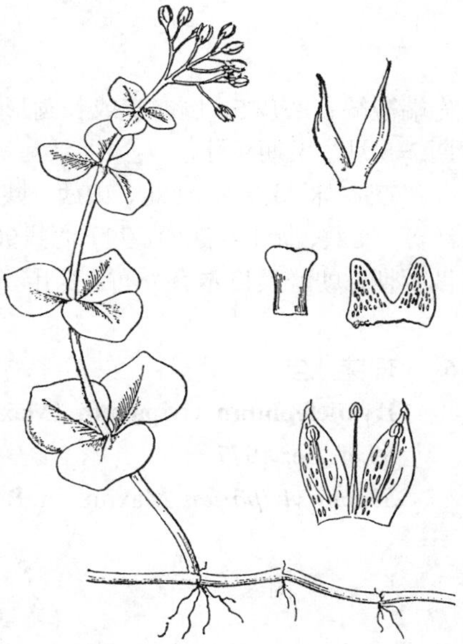

图 547 圆扇八宝 （钱存源绘）

4. 狭穗八宝 狭穗青天 图 548

Hylotelephium angustum（Maxim.）H. Ohba in Bot. Mag. Tokyo 90: 48. 1977.

Sedum angustum Maxim. in Bull. Acad. Sci. St. Pétersb. 29: 138. 1883; 中国高等植物图鉴 2: 83. 1974.

多年生草本。根状茎短，须根细。茎高达1米。3-5叶轮生，叶长圆形，长4-7.5厘米，先端渐钝尖，基部渐窄，有疏锯齿。花序顶生及腋生，多花，分枝多，由聚伞状伞房花序组成中断的伞房状穗状花序，长达30厘米以上。花梗与花约等长；萼片5，披针形，长1毫米，分离；花瓣5，淡红色，长圆形，长约3毫米，先端渐钝尖，基部渐窄，分离；雄蕊10，与花瓣约等长，或超出；鳞片5，长圆形，长0.8毫米。蓇葖果直立，长圆形，长4毫米，基部渐窄，分离，喙短；种子少数。花期8月。

产山西、陕西、宁夏南部、甘肃、青海、云南西北部、四川及湖北西部，生于海拔1850-3500米山坡、沟边灌丛中、疏林下或石上。

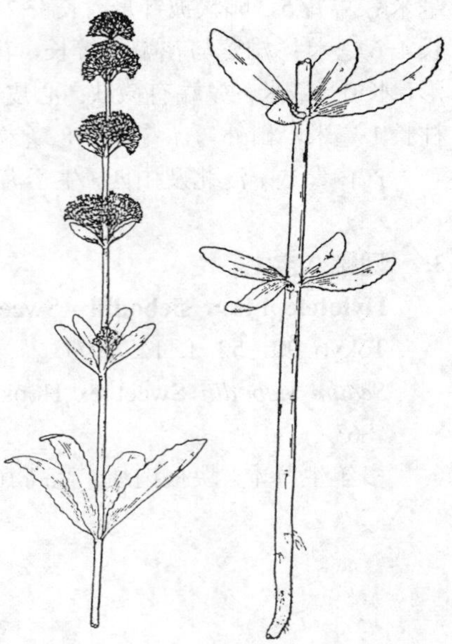

图 548 狭穗八宝 （引自《图鉴》）

5.　轮叶八宝　轮叶景天　　图 549

Hylotelephium verticillatum (Linn.) H. Ohba in Bot. Mag. Tokyo 90: 54. f. 3f. 1977.

Sedum verticillatum Linn. Sp. Pl. 430. 1753；中国高等植物图鉴 2: 83. 1974.

多年生草本。须根细。茎高达1米，直立。4(5)叶轮生，下部的常为3叶轮生或对生，叶比节间长，长圆状披针形或卵状披针形，长4-8厘米，宽1-3厘米，基部楔形，疏生牙齿，下面常带苍白色；有柄。聚伞状伞房花序顶生，花密生，顶半球形，径2-6厘米；苞片卵形。萼片5，三角状卵形，长0.5-1毫米，基部稍合生；花瓣5，淡绿或黄白色，长圆状椭圆形，长3.5-5毫米，分离；雄蕊对萼的较花瓣稍长，对瓣的稍短；鳞片5，线状楔形，长约1毫米，先端微缺；心皮5，倒卵状或长圆形，长2.5-5毫米，有短柄，花柱短。花期7-8月，果期9月。

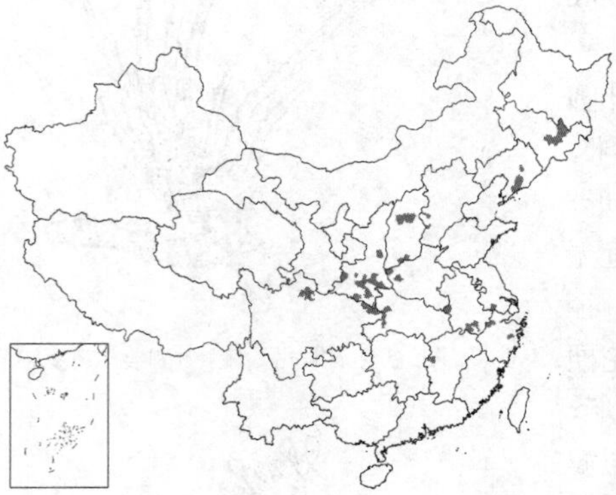

产吉林、辽宁、河北、山西、陕西、甘肃、四川、湖北、河南、山东、江苏、安徽、浙江及江西，生于海拔900-2000米山坡草丛中或沟边阴湿处。俄罗斯、朝鲜及日本有分布。药用，全草外敷，可止痛止血。

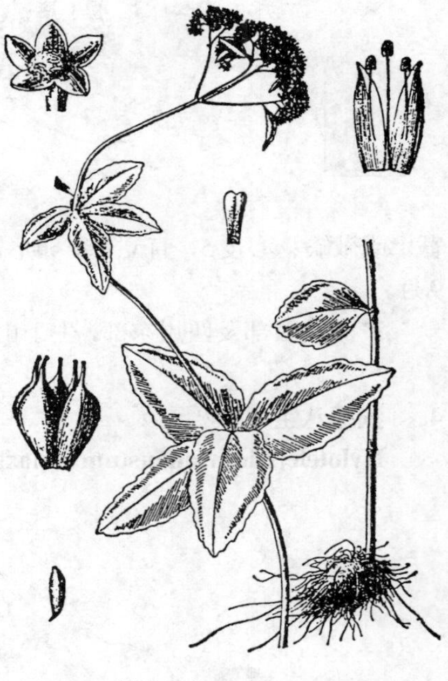

图 549 轮叶八宝 （引自《秦岭植物志》）

6.　珠芽八宝　　图 550

Hylotelephium viviparum (Maxim.) H. Ohba in Bot. Mag. Tokyo 90: 55. f. 3e. 1977.

Sedum viviparum Maxim. in Bull. Acad. Sci. St. Pétersb. 29: 137. 1883.

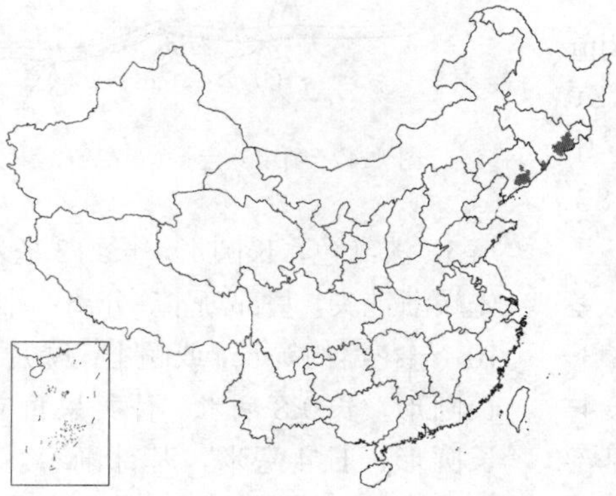

多年生草本。须根短。茎高达60厘米。3-4叶轮生，叶比节间短，卵状披针形或卵状长圆形，长2-4厘米，宽0.7-2厘米，先端渐钝尖，基部渐窄，叶腋有带白色肉质的芽，疏生浅牙齿；几无柄，细脉明显。聚伞状伞房花序，花密生，顶半球形；苞片叶状。萼片5，卵形，长1毫米；花瓣5，黄白或黄绿色，卵形或长圆形，长3毫米，先端尖；雄蕊对萼的与花瓣稍等长或稍长，对瓣的稍短，花药球形，黄色；鳞片5，线状楔形，长0.7毫米；心皮5，宽卵圆形，长2毫米，花柱线形，基部窄。花期8-9月。

产吉林及辽宁，生于海拔900米山坡林下及石上。朝鲜半岛北部及俄罗斯远东地区有分布。

7. **八宝** 景天 图 551

Hylotelephium erythrostictum (Miq.) H. Ohba in Bot. Mag. Tokyo 90: 50. f. 1f. 1977.

Sedum erythrostictum Miq. in Ann. Mus. Bot. Lugd.-Bat. 2: 155. 1865; 中国高等植物图鉴 2: 84. 1974.

多年生草本。块根胡萝卜状。茎直立，高达70厘米。叶对生，稀互生或3叶轮生，长圆形或卵状长圆形，长4.5-7厘米，先端钝，基部楔形，有疏锯齿；无柄。伞房状花序顶生；花密生，径约1厘米。花梗长不及1厘米；萼片5，卵形，长1.5毫米；花瓣5，白或粉红色，宽披针形，长5-6毫米；雄蕊与花瓣等长或稍短，花药紫色；鳞片5，长圆状楔形，长1毫米，先端微缺；心皮5，直立，基部近分离。花期8-10月。

产黑龙江、吉林、辽宁、内蒙古、河北、山西、陕西、四川、贵州、湖南西北部、湖北、河南、山东、江苏、安徽、江西及浙江，生于海拔450-1800米山坡草地或沟边。俄罗斯、朝鲜及日本有分布。全草药用，清热解毒、散瘀消肿，治喉炎、热疖及跌打损伤。可栽培供观赏。

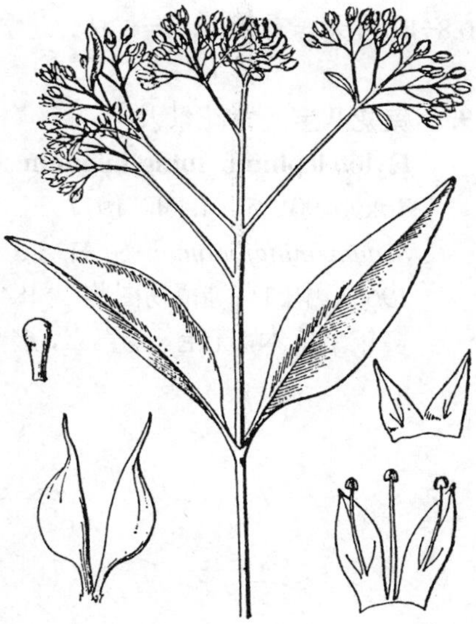

图 550 珠芽八宝 （钱存源绘）

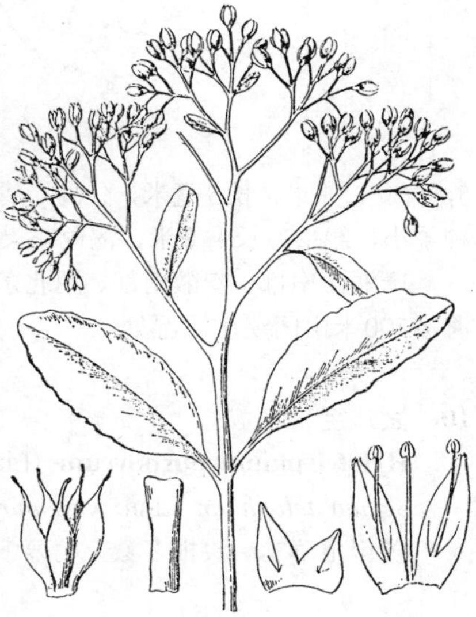

图 551 八宝 （钱存源绘）

8. **长药八宝** 图 552 彩片 86

Hylotelephium spectabile (Bor.) H. Ohba in Bot. Mag. Tokyo 90: 52. f. lc. 1977. pro. parbe., quoadnom., excl. syn.

Sedum spectabile Bor. in Mém. Soc. Acad. Maine-et-Loire 20: 116. 1866.

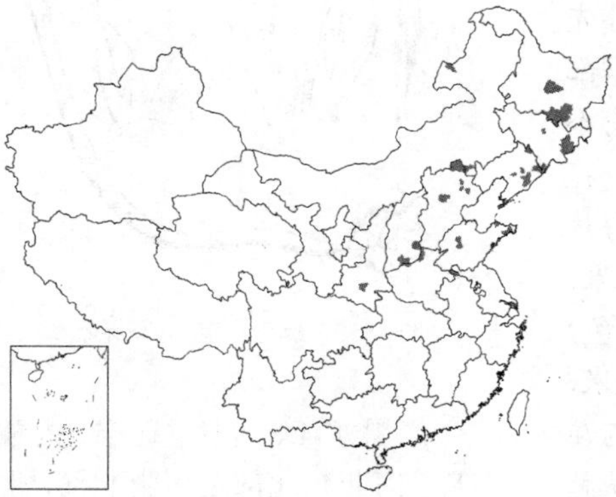

多年生草本。茎高达70厘米。叶对生，或3叶轮生，卵形、宽卵形或长圆状卵形，长4-10厘米，先端钝尖，基部渐窄，有波状牙齿或全缘。花序伞房状，顶生，径7-11厘米；花密生，径约1厘米。萼片5，线状披针形或宽披针形，长1毫米；花瓣5，淡紫红或紫红色，披针形或宽披针形，长4-5毫米；雄蕊长6-8毫米，花药紫色；鳞片，5，长方形，长1-1.2毫米，先端微缺；心皮5，窄椭圆形，长约3毫米，花柱长1.2毫米。蓇葖直立。花期8-9月，果期9-10月。

产黑龙江、吉林、辽宁、内蒙古、河北、山西、陕西南部、河南北部、山东及安徽北部，生于低山多石山坡。朝鲜有分布。久经栽培，供观赏。

［附］**狭叶长药八宝 Hylotelephium spectabile** var. **angustifolium** (Kitagawa) S. H. Fu in Bull. Bot. Lab. N. E. For. Inst. 6: 73. 1980. —— *Sedum spectabile* Bor. var. *augustifolium* Kitagawa in Rep. First Sci. Exped. Manch. sect. IV, Pt. 4: 86. 1936. 本变种与模式变种的区别：叶窄椭圆状长圆形，长2.5-5厘米，宽

0.8-1.5厘米，有牙齿。产吉林、辽宁及河北北部，生于石质山坡、林缘。

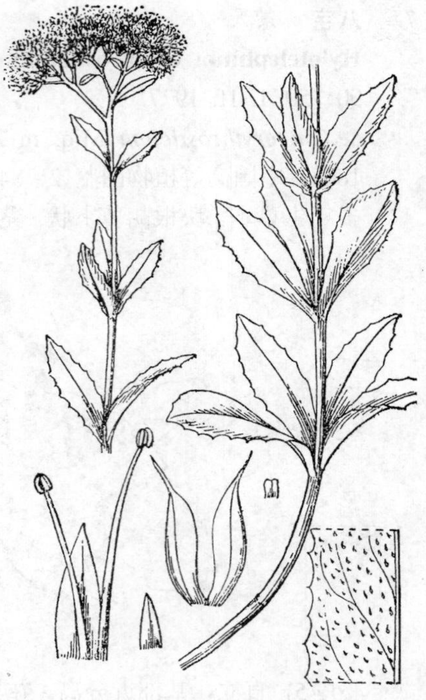

图 552 长药八宝 （蔡淑琴绘）

9. 紫花八宝 紫花景天 图 553

Hylotelephium mingjinianum (S. H. Fu) H. Ohba in Bot. Mag. Tokyo 90: 51. f. 3h. 1977.

Sedum mingjinianum S. H. Fu in Acta Phytotax. Sin. Add. 1: 113. 1965; 中国高等植物图鉴 2: 84. 1974.

多年生草本，无毛。茎直立，多少之字形曲折，高达40厘米，不分枝。叶互生，上部的线形，长2厘米，宽2毫米，下部的椭圆状倒卵形，长8.5厘米，先端尖，基部渐窄，上部具波状钝齿，下部全缘。花序顶生，伞房状，密集，长7厘米。萼片5，长圆状披针形，长2-2.5毫米；花瓣5，紫色，倒卵状长圆形，长5毫米，宽1.7毫米，直立开展；雄蕊长5毫米；鳞片5，匙状长方形，先端圆，基部稍楔形；心皮5，直立，卵形，长5毫米，分离，基部有柄，柄长1毫米，花柱长1毫米。种子小，线形，长1毫米，褐色。果期10月。

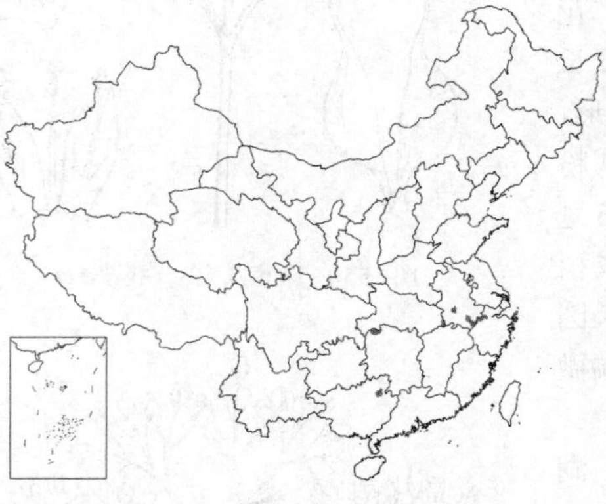

产浙江南部、安徽南部、湖北东部、湖南西北部及广西东北部，生于海拔700米山间溪边阴湿处。

10. 紫八宝 图 554

Hylotelephium purpureum (Linn.) Holub in Preslia 51: 281. 1979.

Sedum telephium Linn. var. *purpureum* Linn. Sp. Pl. 430. 1753.

多年生草本。块根多数，胡萝卜状。茎直立，单生或少数聚生，高达70厘米。叶互生，卵状长圆形或长圆形，长2-7厘米，先端钝圆，上部叶无柄，基部圆，下部叶基部楔形，有不整齐牙齿。花序伞房状，花密生。花梗长4毫米；萼片5，卵状披针形，长2毫米，基部合生；花瓣5，紫红色，长圆状披针形，长5-6毫米，自中部向外反折；雄蕊与花瓣稍等长；鳞片5，线状匙形，长1毫米，先端有缺刻；心皮5，直立，椭圆状披针形，长6毫米，花柱短。种子小，卵状椭圆形，长1毫米，褐色。花期7-8月，果期9月。

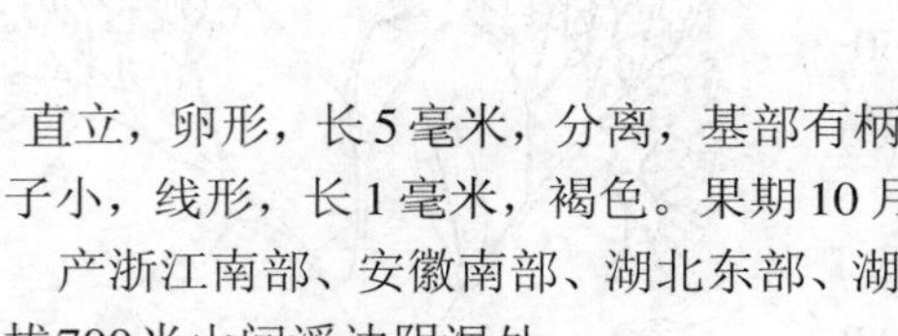

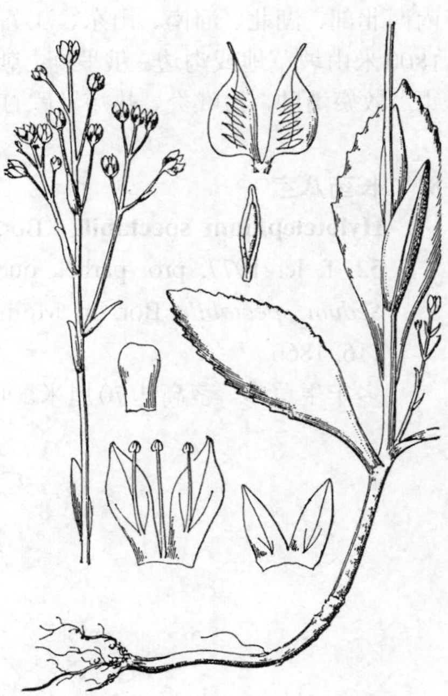

图 553 紫花八宝 （钱存源绘）

产黑龙江、吉林、辽宁、内蒙古东部、河北东北部及新疆北部，生于海拔420-1500米山坡草原或林下阴湿沟边。欧洲至俄罗斯远东地区、日本及北美洲有分布。

7. 合景天属 **Pseudosedum**（Boiss.）Berger

多年生草本，无毛。根颈有少数膜质、三角形小叶。根绳索状或块状。花茎密生叶，直立或自基部上升，不分枝，有时老枝宿存。鳞片状茎生叶丛生；叶互生，肉质，长圆形、线形或圆柱状。花茎基生叶鳞片状；伞状伞房状花序，花多数。花两性；萼片5–6，基部稍合生；花冠浅红或红色，干后金黄色，合生至中部，漏斗状或钟状，5–6裂；雄蕊10–12；心皮5–6，直立，花柱细。蓇葖果直立，披针形。种子多数，细小，常长圆形，长约1毫米。

10种，分布中国、伊朗及俄罗斯。我国2种。

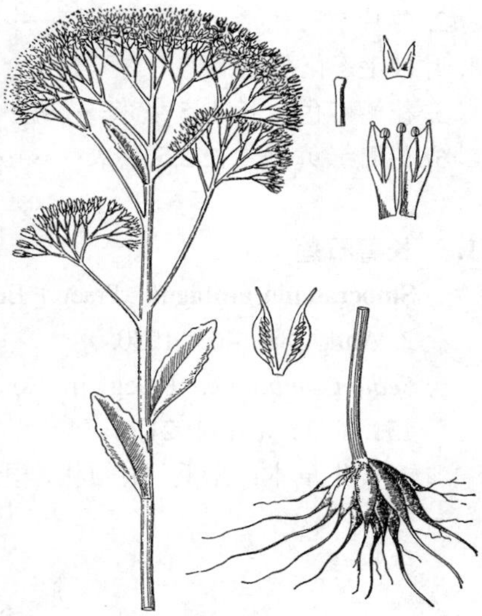

图 554 紫八宝 （钱存源绘）

合景天 图 555

Pseudosedum lievenii（Ledeb.）Berger in Engl. u. Prantl, Nat. Pflanzenfam. 2. Aufl. 18a：465. 1930.

Cotyledon lievenii Ledeb. Fl. Alt. 2：57. 197. 1830.

多年生草本。根丛生，细；根颈粗壮。花茎1–4，高达25厘米。叶线形，长0.5–2厘米。花序伞房状，花密生；苞片比叶小，长圆形或披针形。花梗长1–2毫米；萼片5–6，披针状长圆形，长3毫米；花冠漏斗形，浅红色，干后金黄色，筒部长6毫米，裂片5–6，披针形，长6毫米；雄蕊10–12，对瓣的着生花冠裂片基部，长3毫米，对萼的长3–4毫米，着生2裂片合生处，花药长0.9毫米；鳞片5–6，小而横宽。蓇葖果披针形，长1厘米。花柱细，长2毫米。种子椭圆状长圆形，长1毫米，两端稍有翅。花期4–5月。

产新疆北部。俄罗斯邻近地区有分布。

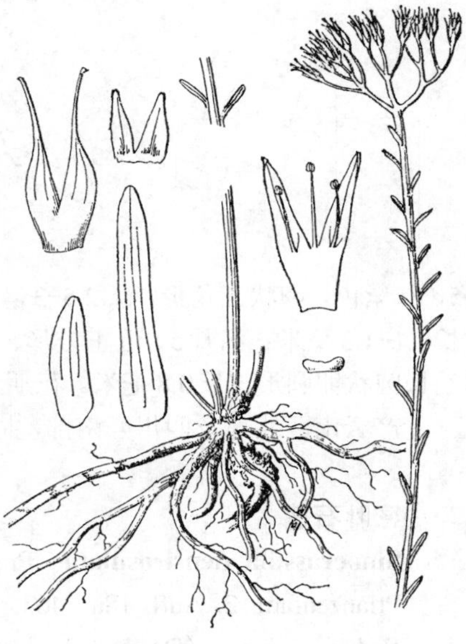

图 555 合景天 （钱存源绘）

8. 石莲属 **Sinocrassula** Berger

二年生或多年生草本；植株有莲座状叶丛，无毛或被微乳头状毛。叶厚，基生的茎生叶在花茎形成莲座，有疏松排列的叶状苞片。圆锥状聚伞花序，分枝长，下部的近对生，稀不分枝呈总状；花在分枝顶端密集。花两性，稀单性，5基数，有梗，直立，稍球状坛形，白色，上部紫红色；萼在基部半球形合生，萼片三角形或三角状披针形，直立；花瓣分离或几分离，直立，坛状；雄蕊5，1轮，花丝常稍宽；鳞片四方形或半圆形，全缘、有微缺或齿；心皮稍宽，先端反曲，花柱短，柱头头状。种子多数。

约7种，产巴基斯坦、印度北部至中国。我国6种、5变种。

1. 叶无毛；花茎有时疏被短毛。
   2. 萼片披针状线形，与花瓣等长或稍长 ………………………………………… 1. **长萼石莲 S. ambigua**

2. 萼片窄三角形，较花瓣短 …………………………………………………… 2. **密叶石莲 S. densirosulata**

1. 叶被毛；花茎无毛。

3. 花瓣红色，长4-5毫米 ……………………………………………………………… 3. **石莲 S. indica**

3. 花瓣绿黄色，长2.5毫米 …………………………………………… 3(附). **绿花石莲 S. indica** var. **viridiflora**

1. 长萼石莲 图 556

Sinocrassula ambigua (Praeg.) Berger in Engl. u. Prantl, Nat. Pflanzenfam. 2. Aufl. 18a: 463. 1930.

Sedum ambiguum Praeg. in Notes Roy. Bot. Gard. Edinb. 13: 69. pl. 152. f. 1: a-d. 1921.

多年生草本；无毛。根须状，根颈倾斜或上升。叶互生或对生，圆形、圆倒卵形或圆菱形，长宽均0.9-1.2厘米。花茎顶生，直立，不分枝，高7-10厘米，疏生叶；基部叶对生，上部的对生或互生，倒披针形或长圆形，长7-9毫米，先端钝。伞房状花序，疏散，长1.2-2.5厘米，疏被苞片；苞片线状长圆形。花梗较花稍长，紫色；萼片5，披针状线形，长2.5-4毫米；花瓣5，红紫色，卵状三角形，长2.5-3毫米；雄蕊5，对萼生，花丝长三角形，长1.1-1.3毫米；鳞片5，近正方形；心皮5，直立，长2毫米，花柱短。种子长圆状卵圆形，长0.8毫米。花期5-7月。

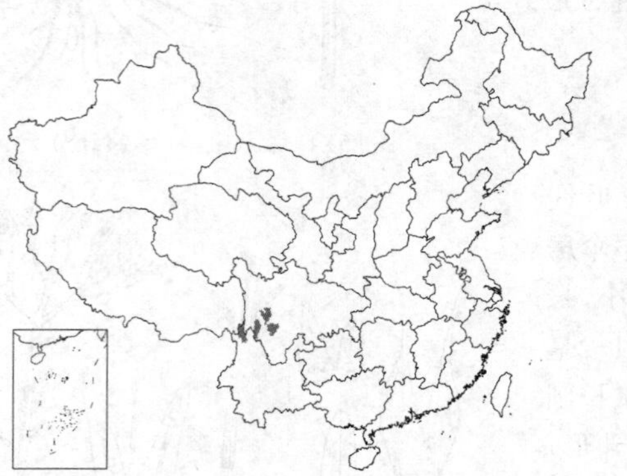

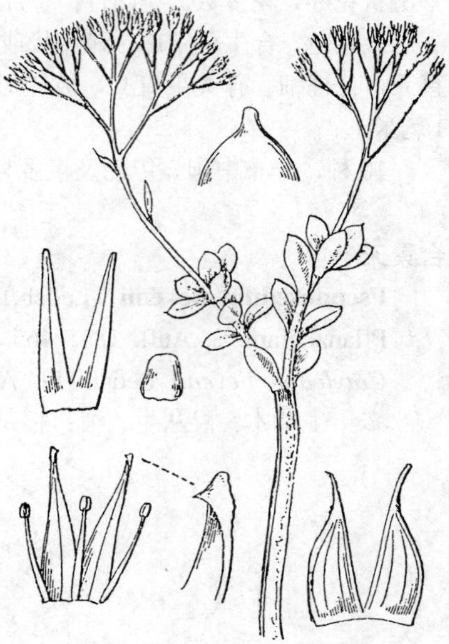

图 556 长萼石莲 （钱存源绘）

产云南西北部及四川西南部，生于海拔2000-3000米山坡岩石上。

2. 密叶石莲 图 557

Sinocrassula densirosulata (Praeg.) Berger in Engl. u. Prantl, Nat. Pflanzenfam. 2. Aufl. 18a: 463. 1930.

Sedum indicum (Decne.) Hamet var. *densirosulatum* Praeg. in Journ. Bot. 57: 57. 1919.

莲座叶丛有叶约30片，高达2.5厘米，径4-4.5厘米。叶互生，匙形或椭圆形，长1-2.5厘米，先端渐尖，基部平截或圆，上面苍白绿色，先端紫色，无毛。花茎高5-7.5厘米，近基部分枝，花序圆形，长1.5-3厘米。花密生，花梗短；萼片5，窄三角形，长2.5毫米；花瓣5，上部带紫色斑点，三角状披针形，长达4毫米；雄蕊5，长3毫米；鳞片5，匙状正方

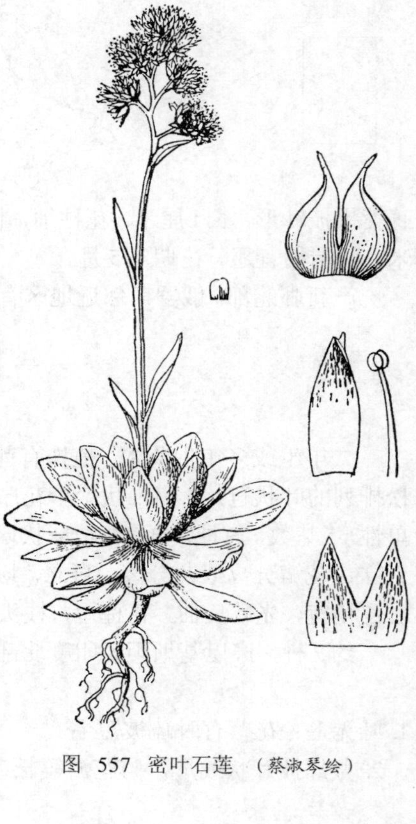

图 557 密叶石莲 （蔡淑琴绘）

形，小；心皮5，直立，几分离，卵状披针形，长3毫米，花柱细，长1.2毫米。花期7月，果期11月。

产云南中部及北部、四川中西部及南部，生于河边、湿地或墙壁。

3.　石莲　　图 558：1

Sinocrassula indica（Decne.）Berger in Engl. u. Prantl, Nat. Pflanzenfam. 2. Aufl. 18a：463. 1930.

Crassula indica Decne. in Jacq. Voy. Bot. 61. p1. 61. f. 1. 1844.

二年生草本；无毛。根须状。花茎高达60厘米，直立，无毛，常被微乳头状突起。基生叶莲座状，匙状长圆形，长3.5-6厘米；茎生叶互生，宽倒披针状线形或近倒卵形，上部的渐小，长2.5-3厘米，先端渐尖。花序圆锥状或近伞房状，花序梗长5-6厘米；苞片叶状。萼片5，宽三角形，长2毫米，先端稍尖；花瓣5，红色，披针形或卵形，长4-5毫米，先端常反折；雄蕊5，长3-4毫米；鳞片5，正方形，长0.5毫米，先端微缺；心皮5，基部0.5-1毫米合生，卵圆形，长2.5-3毫米，先端骤窄，花柱长不及1毫米。蓇葖果的喙反曲。种子平滑。花期7-10月。

产陕西东南部、甘肃东南部、四川、西藏、云南、贵州，湖北西部、湖南西北部及广西西南部，在鄂西、川东生于海拔450-1200米处，在川西生于海拔1200-2900米处，在云南生于海拔1300-3300米处，在西藏东南部生于海拔800米处。尼泊尔及印度有分布。全草药用，活血散瘀，治跌打损伤及外伤肿痛。

［附］**绿花石莲**　图 558：2-8 **Sinocrassula indica** var. **viridiflora** K. T. Fu in Fl. Tsinling. 2(2)：407. f. 349. 1974. 本变种与模式变种的区别：花瓣绿黄色，宽披针形或窄卵形，长2.5毫米，先端钝或近尖，雄蕊长1.5-2毫米，鳞片近横长方形，长0.5毫米，宽0.7毫米，先端钝，心皮5，长圆形，长约2毫米，花柱长0.4-0.5毫米，心皮基部稍合生；蓇葖有种子12-20粒；种子长圆形，长0.7毫米，褐色，有纵纹。产陕西西南部及四川，生于海拔500-1200米河岸及山坡岩石上。

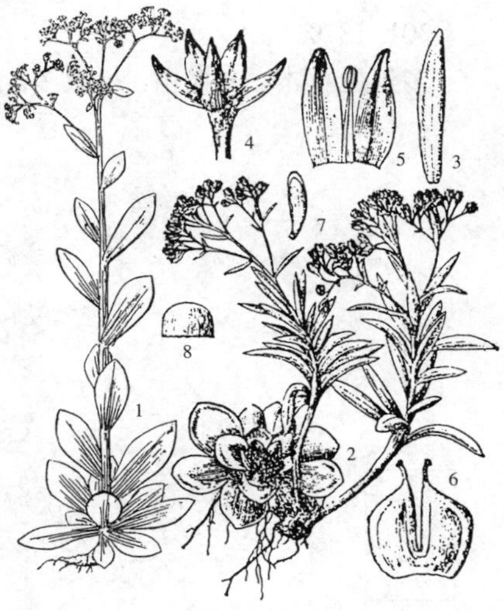

图 558：1. 石莲　2-8. 绿花石莲
（引自《图鉴》《广州植物志》）

9. 瓦莲属 Rosularia（DC.）Stapf

草本；地下部分块状，植株矮小，常被毛。根生叶莲座状；叶扁平，无柄；花茎单生，生于莲座丛中，或数个，生于莲座叶腋。聚伞花序伞房状、圆锥花序伞房状或穗状圆锥花序，疏散或密生，有时单花侧生。花5-9基数；白、浅红、红或黄色；萼片基部合生；花冠钟形或杯状，花瓣部分合生，瓣片直立或伸展，膜质；雄蕊数为花瓣2倍，花丝着生花冠基部以上；鳞片楔形或匙状四方形；心皮分离，直立，常被毛。蓇葖直立，分离。

36种，产土耳其、伊朗、巴基斯坦、印度、尼泊尔、中国至俄罗斯。我国3种。

1. 聚伞状圆锥花序；花长3-5毫米，黄色，稀白色，有紫色条纹 ……………………… 1. **小花瓦莲 R. turkestanica**
1. 伞房状聚伞花序或伞房状圆锥花序，稀总状；花长5-9毫米，白、浅红、红或紫色。
    2. 花瓣白、浅红或紫色；莲座叶长圆状披针形或长圆形，先端渐尖 ……………………… 2. **长叶瓦莲 R. alpestris**
    2. 花瓣白色，或干后黄白色；莲座叶菱状卵形，先端钝或微缺 …………………… 2(附). **卵叶瓦莲 R. platyphylla**

1. 小花瓦莲 图 559：1

Rosularia turkestanica (Regel et Winkl.) Berger in Engl. u. Prantl, Nat. Pflanzenfam. 2. Aufl. 18a: 466-1930.

Umbilicus turkestanicus Regel et Winkl. in Acta Hort. Petrop. 6(2): 301. 1879.

多年生草本。主根粗，须根多。莲座丛径1.5-2厘米，基生叶扁平，披针形或长圆状披针形，长1-2厘米，先端渐尖，两面被毛。花茎高达20厘米，自莲座丛侧发出，上升，无毛。茎生叶长圆形或线形，疏生，长4-7毫米。聚伞状圆锥花序或聚伞花序近蝎尾状。花梗较花短；萼片5，披针形或椭圆状披针形，长2.5毫米，先端尖；花冠钟形，黄或白色有紫色条纹，长5毫米，上部5裂，裂片椭圆状披针形，直立；雄蕊10，与花冠稍等长。蓇葖果5，窄披针形，长5.5毫米，渐尖，喙长1.5毫米。花期6-7月。

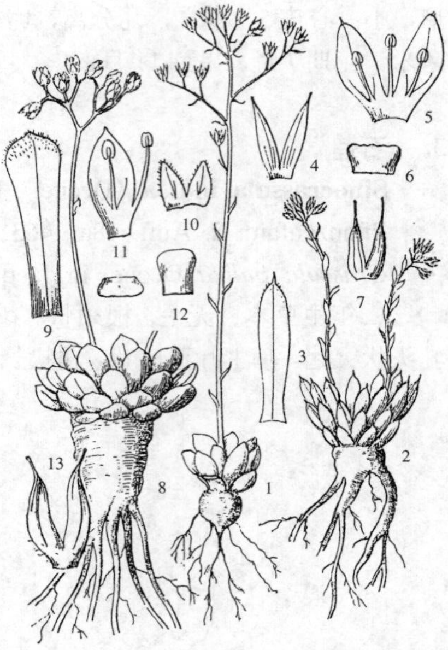

图 559：1. 小花瓦莲 2-7. 长叶瓦莲 8-13. 卵叶瓦莲 （钱存源绘）

产新疆，生于山坡或荒漠。俄罗斯有分布。

2. 长叶瓦莲 图 559：2-7

Rosularia alpestris (Kar et Kir.) A. Bor. in Kom. Fl. URSS. 9: 129. 1939.

Umbilicus alpestris Kar et Kir. in Bull. Soc. Nat. Mosc. 15: 354. 1842.

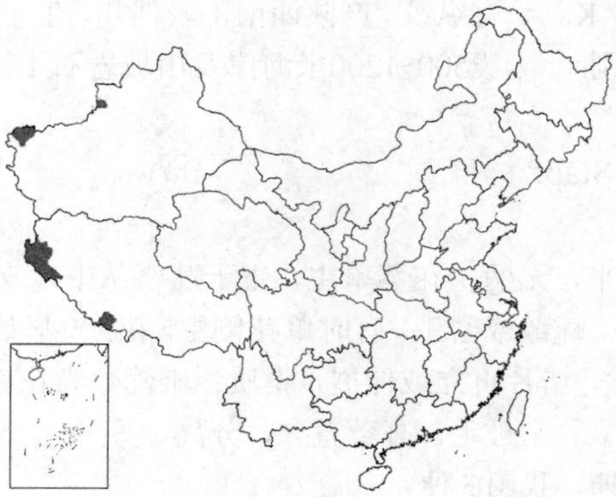

多年生草本。根肥大。花茎生于莲座叶腋，有叶，无毛，高达12厘米。叶肉质，扁平，先端边缘有糙毛状缘毛；基生叶莲座状，长圆状披针形或长圆形，长1.5-2.5厘米，先端渐尖；莲座径1.5-3厘米；茎生叶无柄，长圆形或长圆状披针形，渐尖。伞房状聚伞花序或伞房状圆锥花序。花梗较花冠为短，或顶部花有长梗；苞片小，卵状披针形；萼片6-8，披针形，有3脉；花瓣6-8，基部合生，白或浅红色，外面龙骨状凸起为紫或红色，长圆状披针形，长6-9毫米，有3脉，反折；雄蕊12-16，较花瓣短；鳞片近半圆形，先端平截或圆，全缘。蓇葖果具喙丝状。种子多数，卵圆形，褐色。花期6-7月。

产新疆西北部、西藏西部及南部，生于海拔1500-3000米(新疆)，3500-5000米(西藏西南部)山坡石缝内或灌丛中。俄罗斯有分布。

[附] **卵叶瓦莲** 图 559：8-13 **Rosularia platyphylla** (Schrenk) Berger in Engl. u. Prantl, Nat. Pflanzenfam. 2. Aufl. 18a: 466. 1930. —— *Umbilicus platyphylla* Schrenk in Fisch. et Mey. Enum. P1. Mov. 71. 1841. 本种与长叶瓦莲的区别：莲座径5-10厘米，基生叶扁平，菱状卵形或匙形，长1.5-4厘米，先端钝、微缺或钝尖；苞片线状长圆形；萼片5，卵形，长3毫米；花冠白色，管部长约2.5毫米，裂片卵形，反折；雄蕊10；蓇葖果卵状长圆形，长6毫米，喙线形，长1.5-2毫米；种子长圆状卵形。产新疆中部天山南北坡至赛里木湖，生于海拔220-2750米河谷阶地、山谷或山坡。俄罗斯有分布。

10. 景天属 **Sedum** Linn.

一年生或多年生草本；肉质，稀茎基部木质，有时丛生或藓状。叶对生、互生或轮生，全缘或有锯齿。花茎生于莲座中央，花序聚伞状或伞房状，腋生或顶生。花白、黄、红或紫色；性，稀单性；常（4）5（-9）基数；花瓣分离或基部合生；雄蕊常为花瓣数2倍，对瓣雄蕊贴生花瓣基部或稍上；鳞片全缘或微缺；心皮分离或基部合生，基部宽，无柄，花柱短。蓇葖果有种子多数或少数。

约480种，主产北半球，南半球的非洲和拉丁美洲有分布。我国132种、1亚种，14变种及1变型。

1. 无莲座，稀花茎基部叶聚生成小莲座，但基生叶较茎生叶小。
 2. 花有梗，心皮直立，基部宽，多少合生，蓇葖腹面非浅囊状。
  3. 叶无距；花白或紫色。
   4. 植株无毛。
    5. 心皮密被小乳头状凸起，基部宽；茎外倾，分枝多；叶全缘 ……………… 1. **细叶景天 S. elatinoides**
    5. 心皮无毛，椭圆状披针形或长圆形 …………………………………………………… 2. **山飘风 S. major**
   4. 植株被腺毛。
    6. 一年生，茎软；叶长2-4厘米，宽1.5-2.5厘米 ………………………… 3. **大叶火焰草 S. drymarioides**
    6. 二年生，茎褐色，稍木质；叶长1-1.5厘米，宽7-9毫米 ………………… 4. **火焰草 S. stellariifolium**
  3. 叶有距；花白或黄色。
   7. 叶互生。
    8. 花瓣基部非爪状，多少合生，稀离生。
     9. 花瓣基部合生部分常1毫米以上；雄蕊2轮，内轮着生距花瓣基部较高，且常较外轮短 …………………………………………………………………………………………… 5. **山景天 S. oreades**
     9. 花瓣基部离生或微合生1毫米以下；雄蕊1轮或2轮，如为2轮则内轮较外轮稍短。
      10. 叶窄细，先端渐尖或近尖；萼片先端尖，雄蕊10。
       11. 多年生，有不育茎。
        12. 叶有3裂或略3裂的距；叶和萼片边缘无毛；萼片有距，前缘光滑 …………………………………………………………………………………………… 6. **巴塘景天 S. heckelii**
        12. 叶有2裂的距；叶及萼片边缘有腺毛状疏缘毛 ………………… 7. **道孚景天 S. glaebosum**
       11. 一年生或二年生草本；无不育茎。
        13. 萼片基部无距。
         14. 萼片等长，较花瓣略短 ………………………………………… 8. **方腺景天 S. susannae**
         14. 萼片不等长，最长的较花瓣长而宽 …………………………………………………… 8（附）. **大萼方腺景天 S. susannae** var. **macrosepalum**
        13. 萼片基部有距。
         15. 花瓣长6.5毫米以上，先端有长凸尖头；心皮长6-7毫米 …… 9. **川西景天 S. rosei**
         15. 花瓣长约4毫米；心皮长不及3.5毫米 ……………………… 10. **甘南景天 S. ulricae**
      10. 叶较宽，先端钝；萼片先端钝，雄蕊5-10（12）。
       16. 花瓣基部离生或近离生 …………………………………………… 11. **阔叶景天 S. roborowskii**
       16. 花瓣基部多少合生。
        17. 叶宽披针形或长圆状披针形；花瓣先端有乳头状凸起，萼片有乳头状凸起 …………………………………………………………………………………… 12. **钝瓣景天 S. obtusipetalum**
        17. 叶倒卵形或倒卵状长圆形；花瓣先端光滑，萼片光滑 ……… 13. **倒卵叶景天 S. morotii**
    8. 花瓣突窄或渐窄成爪，基部离生或近离生。

18. 多年生草本；有不育茎；花瓣爪较长，花瓣镘形 …………………………… 14. **镘瓣景天 S. trullipetalum**
18. 一年生或二年生草本；无不育茎；花瓣爪较短，花瓣非镘形 ………………… 15. **铲瓣景天 S. obtrullatum**
7. 叶轮生或轮生兼互生。
19. 多年生草本；叶3-4轮生；花瓣先端有乳头状凸起 ……………………………… 16. **乳瓣景天 S. dielsii**
19. 一年生或二年生草本。
20. 花柱长1.8毫米；鳞片宽线状匙形；内轮雄蕊着生较高 ………………………… 17. **钝萼景天 S. leblancae**
20. 花柱长约0.5毫米或更短；鳞片方形；内轮雄蕊生于距花瓣基部0.5-1.2毫米 ……………………………………………………………………………………………… 18. **安龙景天 S. tsiangii**
2. 花无梗或近无梗，心皮基部多少合生，成熟时上部半叉开或星芒状排列；蓇葖果腹面浅囊状。
21. 植株直立；叶常无距或有短距；萼无距。
22. 植株被浅灰色柔毛 ……………………………………………………………… 19. **灰毛景天 S. selskianum**
22. 植株无毛或茎有微乳头状凸起。
23. 花序无苞片；花大，花萼、花瓣、心皮长2-5毫米或更长。
24. 块根常胡萝卜状，根状茎短粗；茎少数，直立或弯曲，高达50厘米；花序聚伞状，平展，多花 ………………………………………………………………………………………… 20. **费菜 S. aizoon**
24. 无胡萝卜状块根，根状茎长，匍匐；茎多数，斜上，高达40厘米；花序聚伞状或伞形聚伞状，花疏生，非平顶或稍平顶。
25. 叶线状匙形，宽2-5毫米 ……………………………………… 21. **吉林景天 S. middendorffianum**
25. 叶长圆形、倒卵形或匙形，宽5毫米以上。
26. 茎斜上，不分枝；萼片三角形或下部卵形；叶长圆形，有假叶柄 ……………………………………………………………………………………… 22. **齿叶景天 S. odontophyllum**
26. 茎横走，分枝；萼片线形或窄长圆形，稍不等长；无假叶柄 ……………………………………………………………………………………… 22(附). **杂交景天 S. hybridum**
23. 花序有叶状苞片；花小，萼片长约1毫米。
27. 叶有长柄，叶稍宽。
28. 心皮5；蓇葖有1-2种子 ………………………………………… 23. **大苞景天 S. amplibracteatum**
28. 心皮4；蓇葖有多数种子 …………………………………………… 24. **四芒景天 S. tetractinum**
27. 叶基部渐窄，无明显的柄，叶片窄；鳞片及心皮均3。
29. 叶匙状长圆形 ……………………………………………………………… 25. **三芒景天 S. triactina**
29. 叶线状倒披针形 …………………………………………………………… 26. **薄叶景天 S. leptophyllum**
21. 植株多少平卧，上升或外倾；叶常有距；萼有距，常不等长。
30. 根状茎上升，有根出条；叶匙形或宽倒卵形 ……………………………… 27. **白果景天 S. 1eucocarpum**
30. 根细，无根状茎。
31. 萼片与花瓣稍等长或较长 ……………………………………………………… 28. **多茎景天 S. multicaule**
31. 萼片较花瓣短，如稍等长则各萼片不等长。
32. 植株带木质，细弱，丛生；萼片长为花瓣1/3 ……………………… 29. **藓状景天 S. polytrichoides**
32. 植株草质，非丛生；萼片长为花瓣1/2或更长，常不等长。
33. 叶常轮生。
34. 叶线形，花瓣先端渐尖 …………………………………………………………… 30. **佛甲草 S. lineare**
34. 叶倒披针形或长圆形，花瓣先端短尖 ………………………………… 31. **垂盆草 S. sarmentosum**
33. 叶互生或对生。
35. 植株上部叶腋有珠芽 ……………………………………………………… 32. **珠芽景天 S. bulbiferum**
35. 植株叶腋无珠芽。

36. 茎生叶倒卵形。
37. 茎有分枝，小枝弧曲；叶互生，稀3叶轮生 ………………………………… 33. **东南景天 S. alfredii**
37. 茎常不分枝，或下部稀分枝，节上生根；叶对生。
38. 植株高3-7厘米 ……………………………………………………………… 34. **对叶景天 S. baileyi**
38. 植株高10-15厘米；叶先端微缺 …………………………………… 35. **凹叶景天 S. emarginatum**
36. 茎生叶线状匙形；花序蝎尾状 ……………………………………………… 36. **日本景天 S. japonicum**
1. 植株有莲座，莲座状叶较茎生叶大；花茎生于莲座叶的中轴 ……………………… 37. **岷江景天 S. balfouri**

1. 细叶景天 图 560

Sedum elatinoides Franch. in Nouv. Arch. Mus. Hist. Nat. Paris ser. 2, 5: pl. 16. f. 2. 1883.

一年生草本；无毛，有须根。茎单生或丛生，外倾，高达30厘米。3-6叶轮生，叶窄倒披针形，长0.8-2厘米，宽2-4毫米，先端尖，基部渐窄，全缘；无柄或几无柄。花序圆锥状或伞房状，分枝长，下部叶腋有花序；花稀疏。花梗长5-8毫米；萼片5，窄三角形或卵状披针形，长1-1.5毫米，花瓣5，白色，披针状卵形，长2-3毫米，先端尖，雄蕊10，较花瓣短，鳞片5，宽匙形，长0.5毫米，先端有缺刻；心皮5，近直立，椭圆形，下部合生，有微乳头状凸起，蓇葖成熟时上半部斜展。种子卵圆形，长0.4毫米。

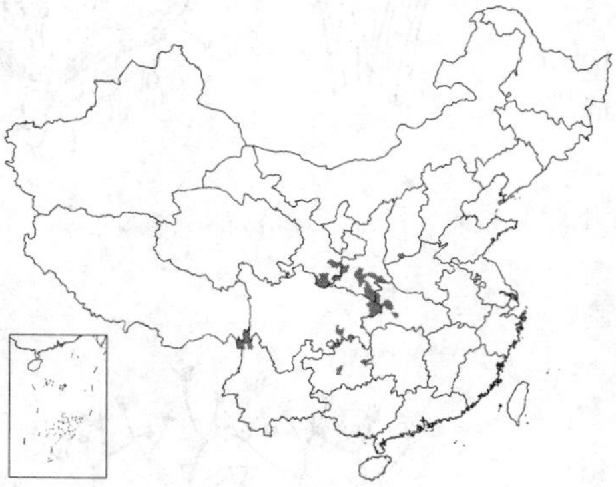

产山西南部、陕西南部、甘肃西南部、四川、湖北、贵州及云南西北部，生于海拔400-3400米山坡石上。缅甸北部有分布。全草药用，清热解毒，治痢疾。

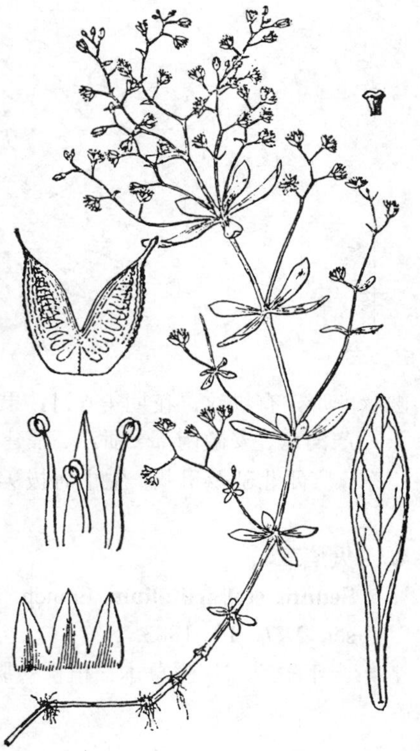

图 560 细叶景天 （仿《图鉴》）

2. 山飘风 图 561 彩片 87

Sedum major (Hemsl.) Migo in Bull. Shanghai Sci. Inst. 14: 293. 1944.

Sedum filipes Hemsl. var. *major* Hemsl. in Journ. Linn. Soc. Bot. 23: 284. 1887.

小草本，高10厘米。4叶轮生，叶圆形或卵圆形，1对大的长宽各4厘米，小的1对常稍小，先端圆或钝，基部骤窄，下延成叶柄，或近无柄，全缘。伞房状花序，花序梗长1.5-3厘米。花梗长3-5毫米；萼片5，近正三角形，长0.5毫米；花瓣5，白色，长圆状披针形，长3-4毫米，宽1-1.2毫米；雄蕊长3毫米；鳞片5，长方形，长0.8毫米；心皮5，椭圆状披针形或长圆形，长3-4毫米，直立，无毛，基部1毫米合生。种子少数。花期7-10月。

产西藏南部、云南西部及西北部、四川、贵州、湖北西部、湖南西部、

陕西南部及河南西南部，生于海拔1000-4300米山坡、林下或石上。全草药用，煎水服，治鼻出血。

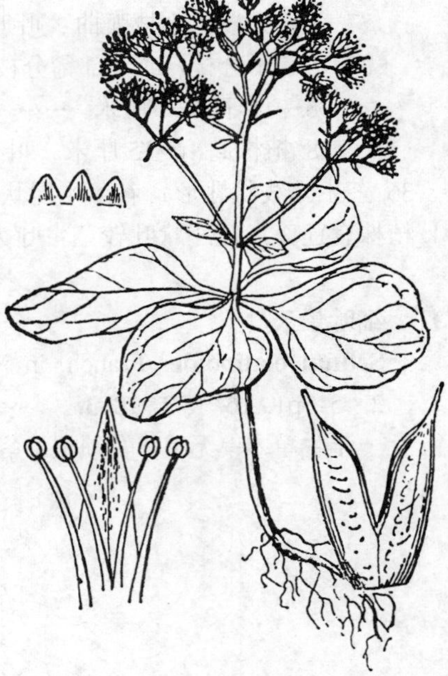

图 561 山飘风 （蔡淑琴绘）

3\. **大叶火焰草** 图 562

Sedum drymarioides Hance in Journ. Bot. 3: 379. 1865.

一年生草本；全株有腺毛。茎斜上，分枝多，细软，高达25厘米。下部叶对生或4叶轮生，上部叶互生，卵形或宽卵形，长2-4厘米，基部宽楔形或下延成柄，长1-2厘米。花序疏圆锥状；花少数，两性。花梗长4-8毫米；萼片5，长圆形或披针形，长2毫米；花瓣5，白色，长圆形，长3-4毫米，先端渐尖；雄蕊10，长2-3毫米；鳞片5，宽匙形，先端微缺或浅裂；心皮5，长2.5-5毫米。稍叉开。种子长圆状卵形，有纵纹。花期4-6月，果期8月。

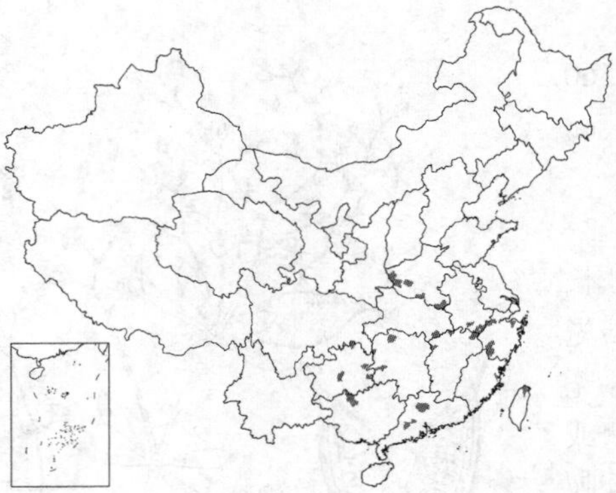

产河南、安徽南部、浙江、福建、台湾、江西北部、湖北东部、湖南、广东、广西北部及贵州，生于海拔940米以下阴湿岩石上。

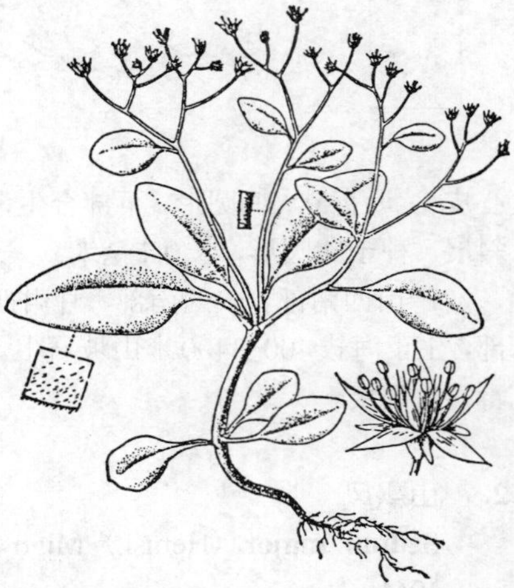

图 562 大叶火焰草 （引自《图鉴》）

4\. **火焰草** 图 563

Sedum stellariifolium Franch. in Nouv. Arch. Mus. Hist. Nat. Paris ser. 2, 7: 10. 1883.

一年生或二年生草本；植株被腺毛。茎直立，有多数斜上分枝，基部木质，高达15厘米。叶互生，三角形或三角状宽卵形，长0.7-1.5厘米，宽7-9毫米，先端尖，基部宽楔形或平截，全缘；叶柄长4-8毫米。总状聚伞花序；花顶生。花梗长0.5-1厘米；萼片5，披针形或长圆形，长1-2毫米，先端渐尖；花瓣5，黄色，披针状长圆形，长3-5毫米，先端渐尖；雄蕊10，较花瓣短；鳞片5，宽匙形或宽楔形，长0.3毫米，先端微缺；心皮5，近直立，长圆形，长约4毫米，花柱短。蓇葖果下部合生，上部稍叉开。花期6-8月，果期8-9月。

产黑龙江、吉林、辽宁、河北、山东、河南、山西、陕西、甘肃、四川、云南、贵州、湖南西北部、湖北、江西、浙江、福建及台湾，生于海拔400-3000米山坡、山谷或石缝中。

5\. **山景天** 图 564

Sedum oreades (Decne.) Hamet in Bull. Soc. Bot. France 56: 571. 1909.

Umbilicus oreades Decne. in

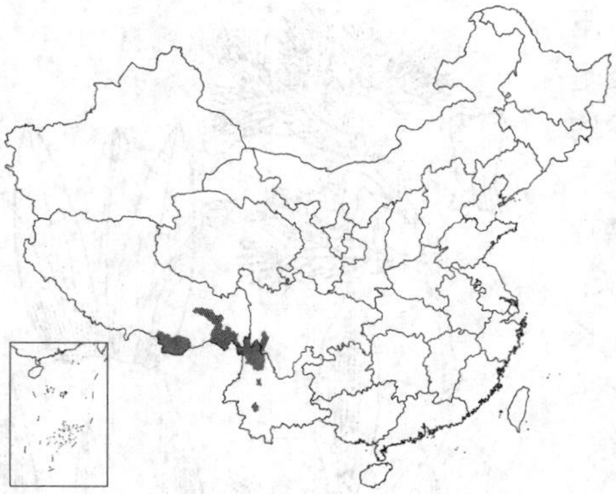

Jacq. Voy. Bot. 62. 1844.

一年生草本；不分枝或基部分枝呈丛生状，高达12厘米。叶披针形或宽长圆形，长3-9毫米，全缘，先端短渐尖，基部有钝形或3裂的距，脉数条，互生。花单生或数朵组成伞房状花序。花5基数；几无花梗；萼片长圆形或倒卵状披针形，长7-7.5毫米，全缘或细啮蚀状，基部有距；花瓣黄色，倒卵形或倒卵状披针形，长6-9.8(-12)毫米，先端短尖，下部窄或近爪状，前缘细啮蚀状，基部合生1.2-1.5(-3)毫米；雄蕊10，2轮，外轮的长2.5-3.5毫米，内轮的生于距花瓣基部1-1.5(-3)毫米处，长2.5-3.5毫米；鳞片近线状匙形；心皮披针形，直立，长5-7.5毫米，基部合生0.3-0.5毫米，胚珠多数。种子具细乳头状凸起。花期7-8月，果期9-10月。

产西藏东南部、云南及四川西南部，生于海拔3000-4400米山坡草地或岩石上。锡金、不丹及克什米尔地区有分布。

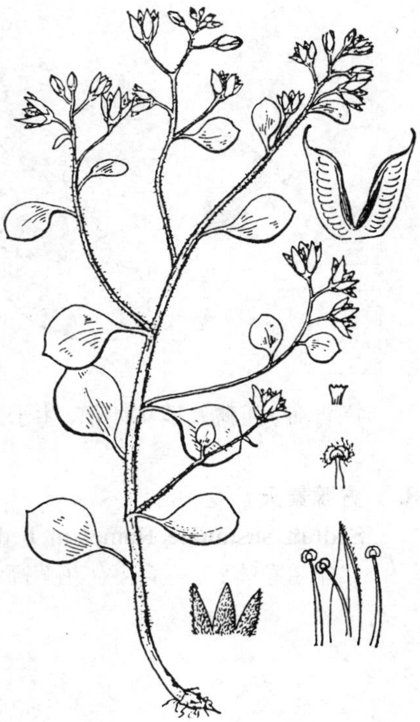

图 563 火焰草 （仿《图鉴》）

6. 巴塘景天 图 565

Sedum heckelii Hamet in Not. Syst. Lecomte 1: 139. 1910.

多年生草本；无毛。不育茎1-5；花茎高达13厘米，叶较密。叶卵状披针形或窄三角形，长3-7毫米，先端渐尖，基部有距。花序伞房状，较紧密；苞片叶状。花梗短；萼片线状倒披针形或线状披针形，先端短渐尖，基部有短距，前缘光滑；花瓣黄绿色，窄卵状披针形，基部微合生；雄蕊10，2轮，生于距花瓣基部1.5-2毫米；鳞片线状匙形，先端凹入；心皮长圆形，长5-6.5毫米，先端突窄，基部合生达1.1毫米，胚珠10-12粒。种子倒卵形，棕色，有乳头状凸起。花期9月，果期10月。

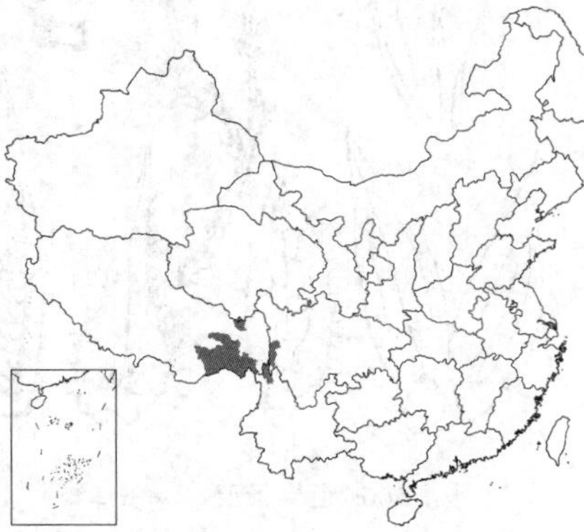

产西藏东部、四川西部及云南西北部，生于海拔3500米林下。

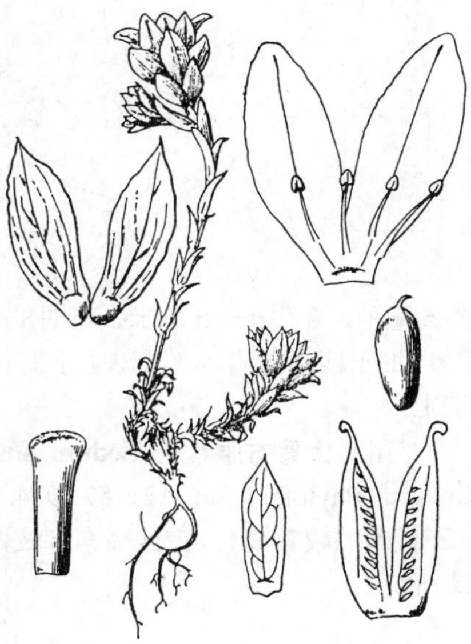

图 564 山景天 （祁世章绘）

7. 道孚景天 图 566

Sedum glaebosum Frod. in Acta Gothob. 15: 16. pl. 2: 4. f. 75-82. 1942.

多年生草本。不育茎形成密丛；花茎单生，高达6厘米。叶卵形或线状披针形，长3-6毫米，有疏腺毛状缘毛，基部具钝距或2浅裂至微3裂的距。花序密伞房状，有数花；苞片披针形，有疏腺毛状缘毛。花近无梗；萼片半长圆形，先端刺状渐尖，有腺毛状缘毛，基部有宽距；花瓣黄

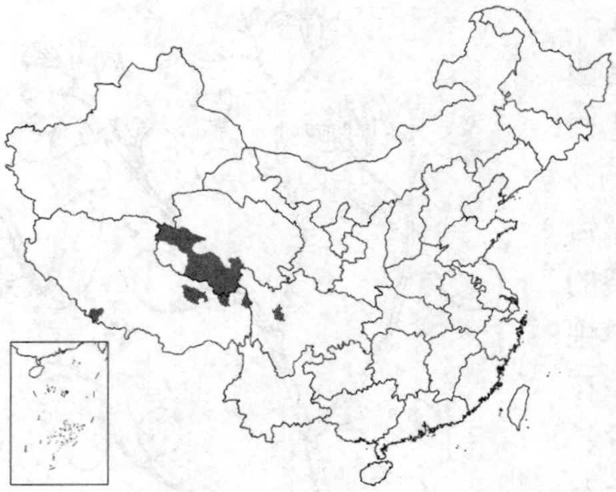

色，近长圆形，先端突尖，下部宽爪状，基部合生约0.5毫米；雄蕊10，2轮，外轮的长4.5-5.5毫米，内轮的生于距花瓣基部1-2毫米；鳞片爪状匙形，长0.2-0.5毫米；心皮直立，卵状披针形，长5.5-7毫米，具多粒种子，基部合生2.5毫米。种子平滑，有窄翅。

产青海、西藏及四川西部，生于海拔3500-5000米山坡或山谷岩石上。

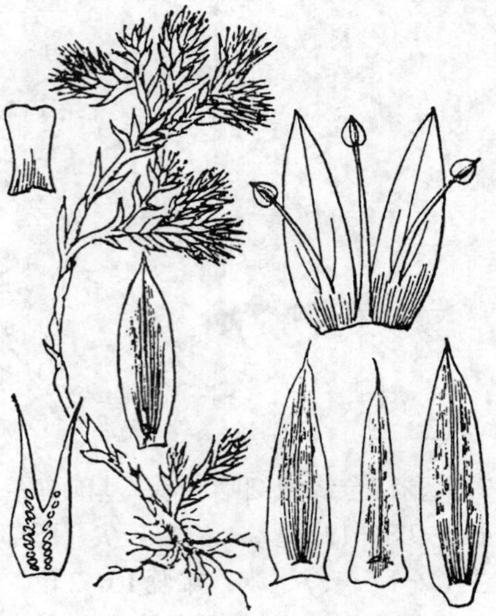

图 565 巴塘景天 （祁世章 钱存源绘）

8. 方腺景天 图 567

Sedum susannae Hamet in Fedde, Repert. Sp. Nov. 8: 24. 1910.

二年生草本?无不育茎。花茎高达12厘米，基部多分枝。叶线状披针形或长圆形，长4-9毫米，基部有距。花序伞房状；苞片叶状。花梗长0.8-1.5毫米；萼片线状披针形，较花瓣略短，基部无距；花瓣长圆状披针形，长5.5-7毫米，基部台生0.3-0.5毫米或近离生，先端有长突尖头；外轮雄蕊长约5毫米，内轮生于距花瓣基部1-1.5毫米，长约4毫米；鳞片方楔形，先端微凹或钝；心皮长圆形，直立，长约5毫米，合生1-1.5毫米。花期8-9月，果期9-10月。

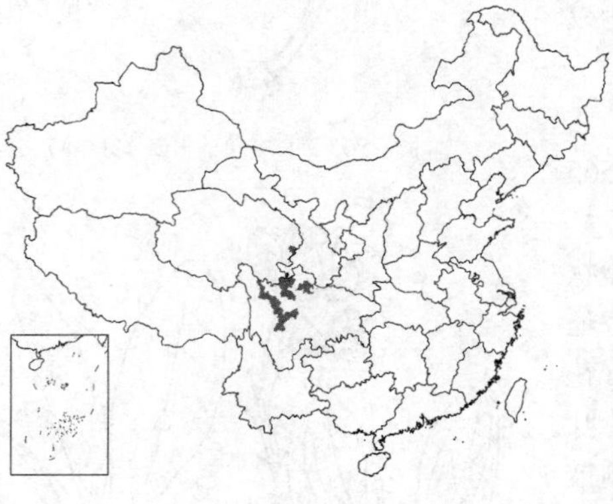

生于四川及青海东部，生于海拔2100-3800米山坡岩石裸露处或石墙上。

［附］**大萼方腺景天 Sedum susannae** var. **macrosepalum** K. T. Fu in Acta Phytotax. Sin. 12: 57.1974. 本变种与模式变种的区别：萼片不等长，最长的较花瓣长。产西藏东部及四川西部，生于海拔3200-3470米山谷或石墙上。

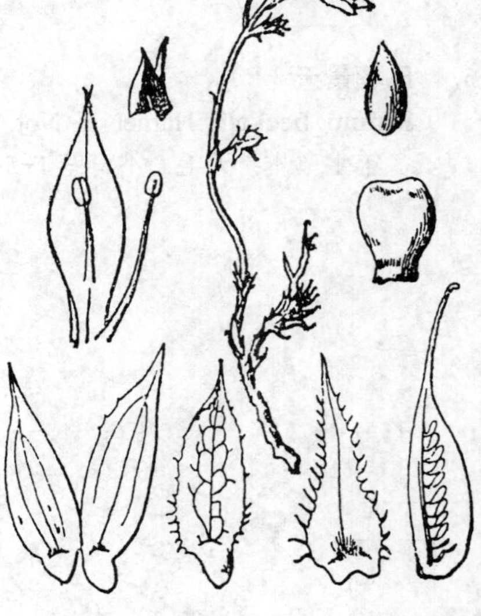

图 566 道孚景天 （祁世章绘）

9. 川西景天 图 568

Sedum rosei Hamet in Engl. Bot. Jahrb. 43: Beibl. 101: 32. 1910.

一年生草本；无毛。根纤维状。花茎高达8厘米，基部分枝。叶近线形或长三角状线形，长5-6.8毫米，先端渐尖，基部有宽距。花序伞房状，多花密集；苞片叶状。花梗长1-2毫米；萼片近线状披针形，长5.5-6毫米，先端渐尖，基部有钝距；花瓣黄色，长圆状披针形，长7-8.9毫米，基部合生0.5-0.8毫米，先端有长突尖头；外轮雄蕊长4.5-5.2毫米，内轮生于距花瓣基部约2.5毫米，长约3毫米；鳞片线状匙形；心皮长圆形或窄

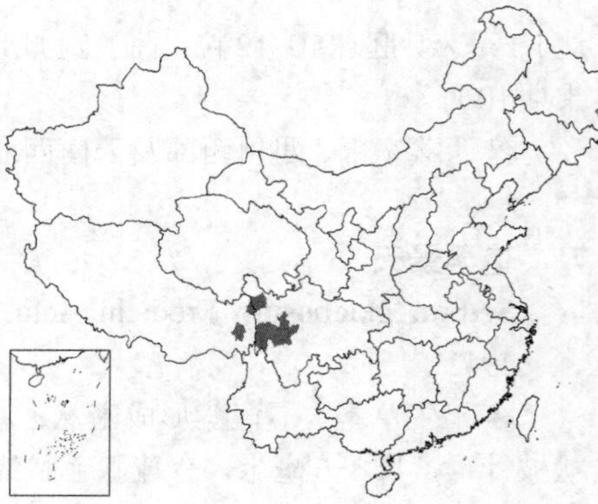

卵形，直立，长6-7毫米，基部合生约0.5毫米，胚珠5-10。花期9-10月，果期11月。

产西藏东部及四川西部，生于海拔2800-4100米山谷或山坡岩石上。

10. 甘南景天 图 569

Sedum ulricae Frod in Bull. Mus. Hist. Nat. Paris ser. 2, 1: 442. 1929.

一年生草本；无毛。花茎高达6厘米。叶宽线形或近长圆形，长5-7.5毫米，有短距，先端略尖。花序伞房状，少花。花梗长2-2.4毫米；萼片线形或倒披针形，长4.5-5毫米，有钝形短距，先端近尖；花瓣披针形，长约4毫米，先端微钝，基部离生；雄蕊5或10，较花瓣短，如为10则外轮的长2.1-2.6毫米；鳞片窄线形，长1.1-1.2毫米，先端微缺；心皮近开展，长2.7-3.2毫米，基部合生1.2-1.3毫米，胚珠5-6。种子窄卵状长圆形，长约1毫米，有浅槽和小乳头状凸起。花期7月，果期8月。

产甘肃南部、青海南部、西藏东部及四川西部，生于海拔3000-4500米冷杉林下。

11. 阔叶景天 图 570

Sedum roborowskii Maxim. in. Bull. Acad. Sci. St. Pétersb. 29: 154. 1883.

二年生草本；无毛。花茎高达15厘米，基部分枝。叶长圆形，长0.5-1.3厘米，有钝距。花序伞房状(近蝎尾状聚伞花序)，疏生多花；苞片叶状。花梗长达3.5毫米；萼片长圆形或长圆状倒卵形，不等长，长3-5毫米，有钝距；花瓣淡黄色，卵状披针形，长3.5-3.8毫米，离生，先端钝；外轮雄蕊长约2.7毫米，内轮生于距花瓣基部约0.7毫米，长约2毫米；鳞片线状长方形，先端微缺；心皮长圆形，长约6毫米，基部合生约0.7毫米，胚珠12-15。种子卵状长圆形，有小乳头状凸起。花期8-9月，果期9月。

产内蒙古西部、宁夏、甘肃、青海及西藏，生于海拔2200-4500米山坡林下阴处、岩石上或冲积滩地。

图 567 方腺景天 （祁世章绘）

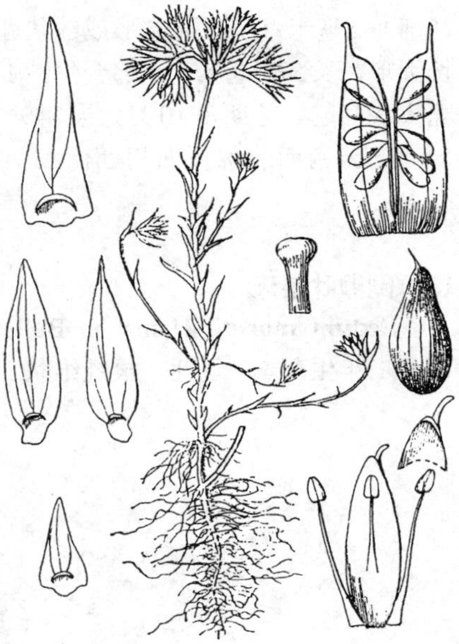

图 568 川西景天 （祁世章绘）

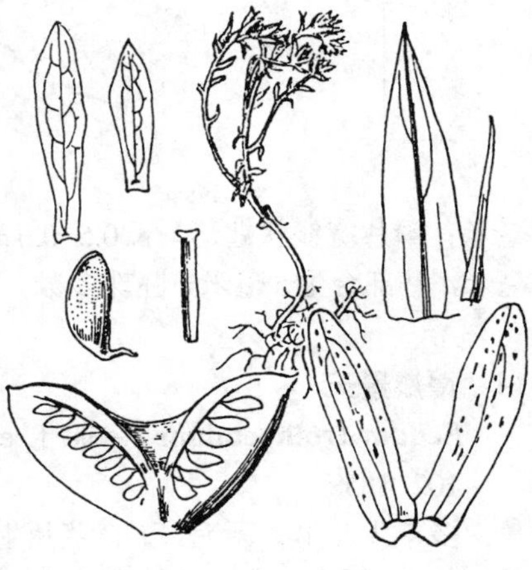

图 569 甘南景天 （祁世章绘）

12. 钝瓣景天 图 571

Sedum obtusipetalum Franch. in Journ. de Bot. 10: 289. 1896.

二年生草本；无毛。根圆锥状。花序高达15厘米，分枝。叶宽披针形或长圆状披针形，长0.6–1厘米，有截形距；基生叶密，宿存。花序伞房状，有多数密花；苞片叶状。花梗长达5毫米；萼片近长圆形，长3.5–5毫米，有钝距，先端钝，有乳头状凸起；花瓣黄色，长圆形，长5–6.5毫米，下部窄，先端有突尖头和乳头状凸起，基部合生0.4–1毫米；雄蕊内轮的生于距花瓣基部1–2毫米；鳞片近方形或线状匙形，上部突宽，先端钝或微凹；心皮长圆形，长5–6毫米，基部合生约1毫米，胚珠多数。种子倒卵形，有小乳头状凸起。花期8–10月，果期9–11月。

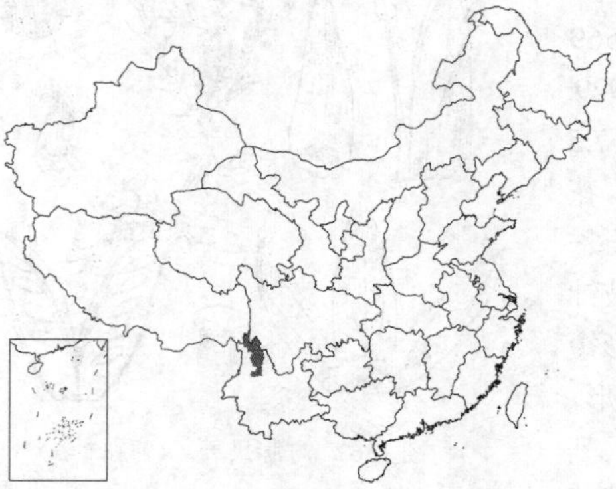

产云南西北部及四川西南部，生于海拔2000–3700米湿地或山谷岩石上。

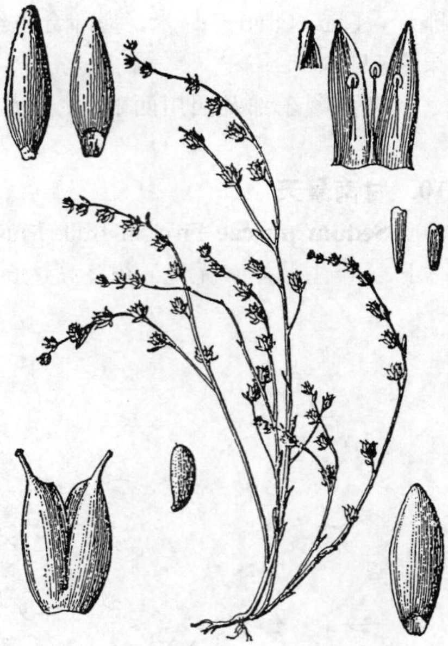

图 570 阔叶景天 （引自《秦岭植物志》）

13. 倒卵叶景天 图 572

Sedum morotii Hamet in Bull. Mus. Hist. Nat. Paris 15: 491. 1909.

二年生草本；无毛。根纤维状。花茎高达15厘米，下部分枝。叶倒卵形或倒卵状长圆形，长0.6–2.2厘米，有钝距，前缘有乳头状凸起，先端钝。花序伞房状，密生多花；苞片叶形。花梗长0.4–0.8毫米；萼片长圆形或近倒卵形，有钝距，先端钝，光滑；花瓣黄色，窄长圆形，长约6毫米，先端有突尖头，光滑，下部较窄，基部合生约0.3毫米；外轮雄蕊长约4.3毫米，内轮生于距花瓣基部1.6毫米，长约3毫米；鳞片宽线状匙形，长0.5–0.6毫米，先端凹；心皮长圆形，长5.5–6毫米，基部合生5毫米，胚珠多数。种子倒卵形，有乳头状凸起。花期8–9月，果期10月。

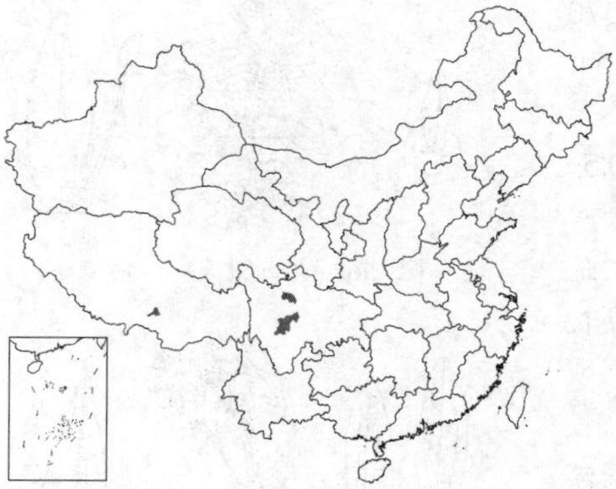

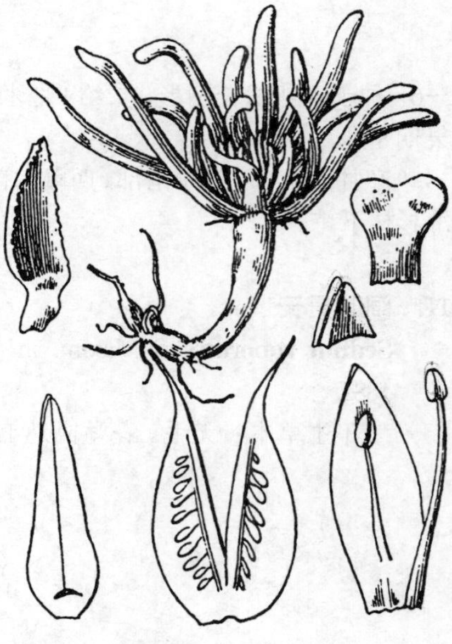

图 571 钝瓣景天 （祁世章 钱存源绘）

产西藏南部及四川，生于海拔1300–2800米山区。

14. 镘瓣景天 图 573

Sedum trullipetalum Hook. f. et Thoms. in Journ. Linn. Soc. Bot. 2: 102. 1858.

多年生草本；无毛。不育茎丛生，长1–4厘米；花茎不分枝或基部分枝，高达8厘米。叶半长圆形或窄三角形，长0.3–1厘米，有3裂宽距。花序伞房状，紧密。几无花梗；萼片半长圆形或长卵形，长4–6.5毫米，无距；花瓣黄色，镘状，长0.6–1厘米，离生，下部窄爪状，上部宽卵形或卵

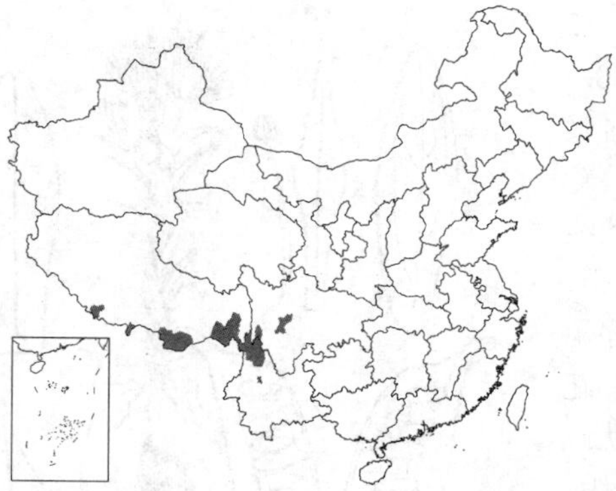

状披针形，先端有小突尖头；内轮雄蕊生于爪上端，较瓣片短，外轮长4.5-5.5毫米；鳞片长方形，微缺；心皮直立，线形，长5-9毫米，基部合生2.5毫米，花柱长，胚珠多数。花期8-10月，果期10-11月。

产西藏、云南西北部及四川，生于海拔2700-4200米山坡及山顶草地或干旱地方。尼泊尔及锡金有分布。

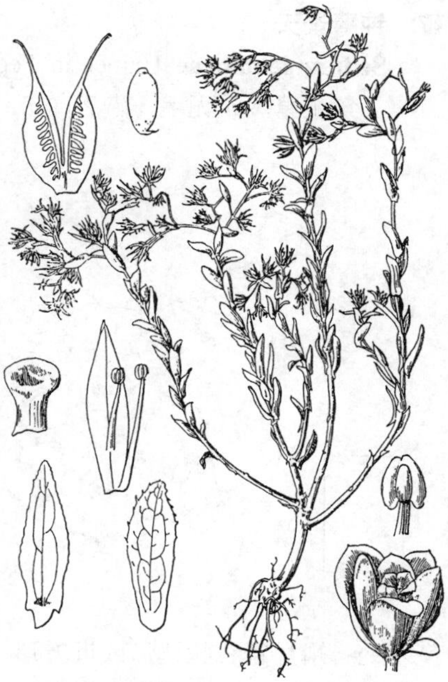

图 572 倒卵叶景天 （祁世章绘）

15. 铲瓣景天 图 574

Sedum obtrullatum K. T. Fu in Acta Phytotax. Sin. 12: 63. pl. 10: 36-43. 1974.

一年生或二年生草本；无毛。无不育茎。花茎直立，高达8厘米。叶卵状披针形，长4-5毫米，有短距，先端渐尖，生于下部的密集，中上部的稍疏。花序伞房状。花梗长2-3毫米；萼片披针形或披针状长圆形，长3.5-4.3毫米，稍不等长，有长钝距，先端尖；花瓣红色，倒铲形或窄倒铲形，长2.5-2.6毫米，下部爪状，离生；雄蕊5，稀10，若为10则内轮的生于爪与瓣片间；鳞片线形，长1.3-1.7毫米，先端钝或平截；心皮长圆形，长3-3.5毫米，基部合生，胚珠多数。种子倒卵圆形，有乳头状凸起。花期7-8月，果期8-9月。

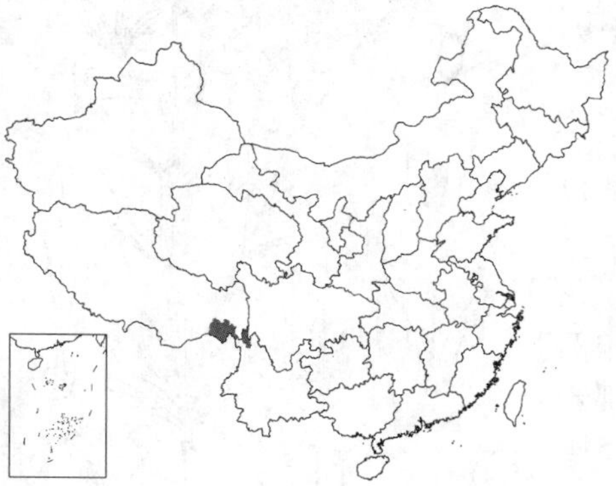

产西藏东南部及云南西北部，生于海拔1400-3300米山坡或河边。

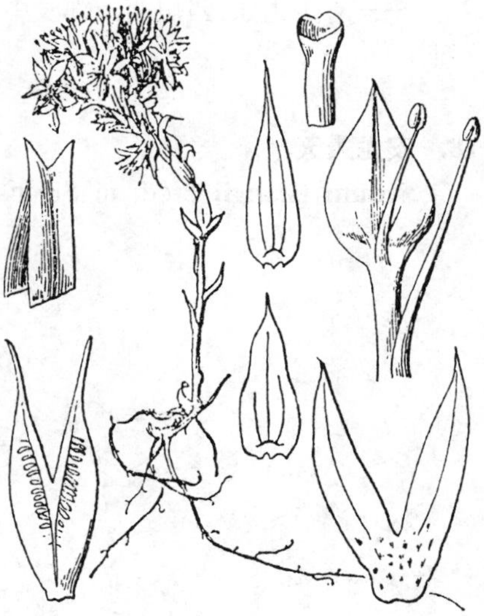

图 573 镘瓣景天 （祁世章绘）

16. 乳瓣景天 图 575：1-5

Sedum dielsii Hamet in Malpighia 26: 57. 1913.

多年生草本；无毛。地下茎有节，粗壮，节上生不定根。花茎直立或上升，多分枝或不分枝，高6-18厘米。叶3-4数轮生，倒卵形或近长圆形，长1-2厘米，有钝短距。花序伞房状；苞片近倒卵形。萼片宽线形或倒卵状线形，不等长，无距，先端钝，有长乳头状凸起；花瓣黄色，窄披针形，长0.7-1厘米，几离生，先端近钝而风帽状或有突尖头而具乳头状凸起；雄蕊2轮，内轮生于距花瓣基部2-3毫米处；鳞片宽匙形，长约1毫米，先端凹；心皮直立，卵圆形或近卵圆形，长5-7.5毫米，合生1-1.5毫米，胚珠多数，花柱长，胎座线形。花期9-10月，果期11月。

产陕西南部、甘肃南部、四川北部及湖北西部，生于海拔700-1850米岩石上。

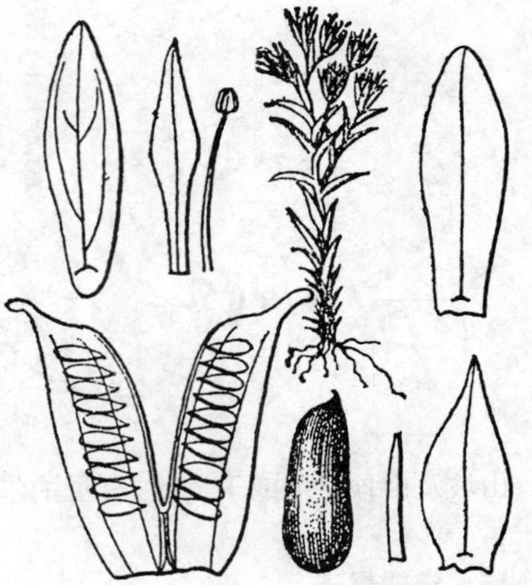

图 574 铲瓣景天 （祁世章绘）

17. 钝萼景天 图 575：6-12

Sedum leblaneae Hamet in Fedde, Repert. Sp. Nov. 8：311. 1910.

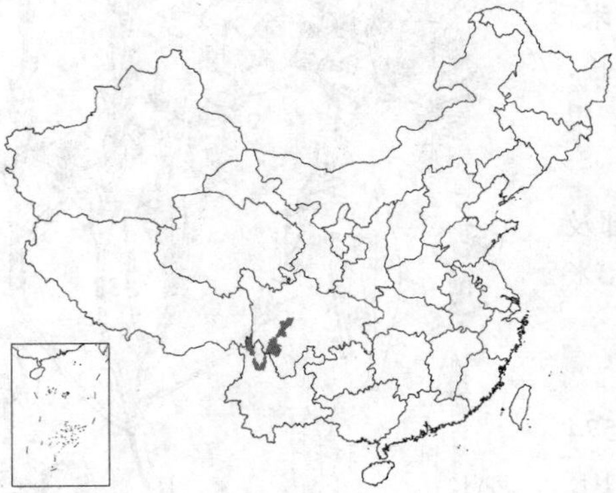

二年生草本？无毛。花茎直立，高达16厘米，基部分枝，上部有时具乳头状凸起。下部叶4枚轮生，上部叶互生，倒卵状线形，长0.4-1.8厘米，有钝距，前缘有乳头状凸起。花序伞房状，多花；苞片叶形。花梗长2-6毫米；萼片线状或线状长圆形，不等长，无距，先端钝，有乳头状凸起；花瓣黄色，长圆形，长3.6-7毫米，合生0.2-0.7毫米，先端近尖有突尖头；雄蕊5或10，内轮生于距花瓣基部1-1.7毫米处；鳞片宽线状匙形或近方形，先端微凹；心皮卵状长圆形，长3.2-6毫米，合生1.1-1.3毫米，花柱长1.8毫米，胚珠多数。种子卵圆形，有小乳头状凸起。花期9-11月，果期10-12月。

产云南西北部、四川西南部及中西部，生于海拔1560-3500米石灰岩岩石上。

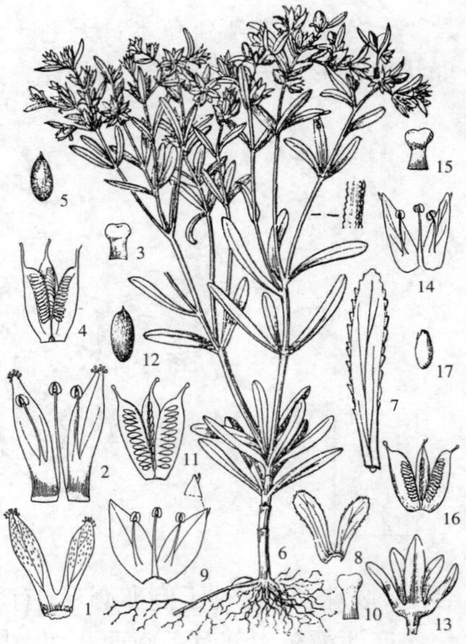

图 575：1-5. 乳瓣景天 6-12. 钝萼景天 13-17. 安龙景天 （祁世章绘）

18. 安龙景天 图 575：13-17

Sedum tsiangii Frod. in Sinensia 3：199. 1933.

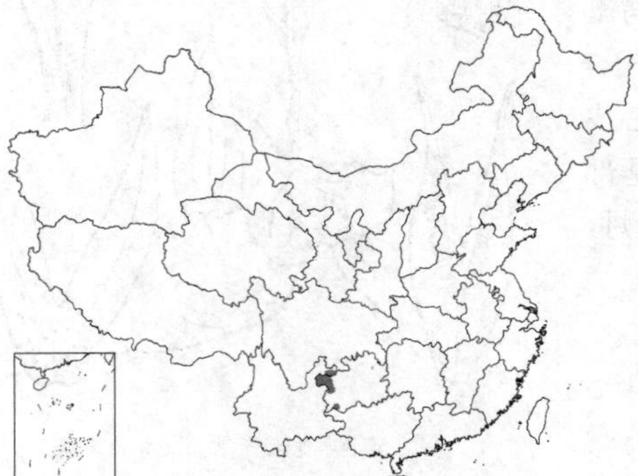

一年生草本；无毛。花茎高达15厘米，下部或中部以上分枝。叶互生或基部兼轮生，倒披针形，长1-1.5厘米，有钝短距，先端近钝，疏生乳头状凸起。花序疏伞房状，少花；苞片近倒卵形。花有短梗；萼片披针形或线形，不等长，无距，先端近钝，有乳头状凸起；花瓣黄色，长圆形，长4.5.5毫米，微合生或离生，先端有尖头；内轮雄蕊生于距花瓣基部0.5-1.2毫米处，长1.8-2.2毫米；鳞片方形，先端平截；心皮直立，近卵形，长3.5-4.5毫米，合生0.8-1.2毫米，花柱长不及0.5毫米，胚珠多数，胎座线形。花期9-10月，果期10-11月。

产云南东北部及贵州西部，生于海拔483-2700米山坡岩石或悬崖上。

19. 灰毛景天 图 576

Sedum selskianum Regel et Maack in Mém. Acad. Sci. St. Pétersb. VII. 4(4)：66. p1. 6. f. 9-10.1861.

多年生草本；全株密被浅灰色柔毛。茎多数，木质，高达40厘米。叶互生，线状披针形，长3-6厘米，宽0.5-1厘米，先端钝尖，基部楔形，中部以上有锯齿，被浅灰色毛。花序伞房状，多花，径4-8厘米。萼片5，线状披针形，长2-4毫米，基部稍合生，先端渐钝尖，被微毛；花瓣5，金黄

色，披针形，长4-7毫米，渐尖；雄蕊10，稍短于花瓣，对瓣的着生于近基部，花药橙黄色；鳞片5，横宽或近正方形，长0.3毫米。蓇葖果5，窄长圆形，长5-6毫米，喙长1毫米，果时横展。种子长圆形，长0.8毫米，棕褐色。花期7-8月，果期9月。

产黑龙江东部、吉林东部、辽宁北部及内蒙古东南部，生于山坡石上。朝鲜及俄罗斯有分布。

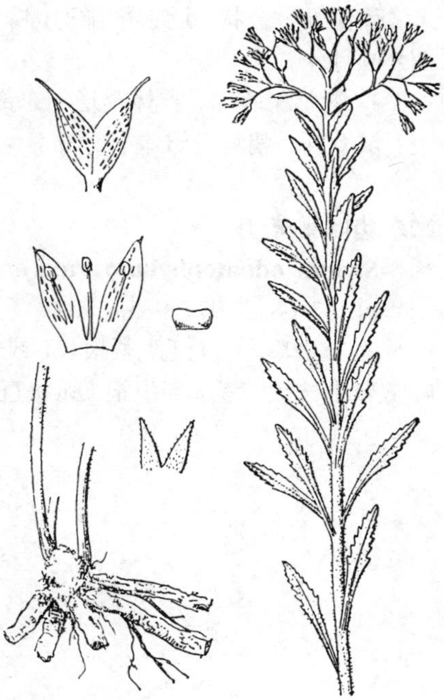

图 576 灰毛景天 （钱存源绘）

20. 费菜 图 577

Sedum aizoon Linn. Sp. Pl. 430. 1753.

多年生草本。块根胡萝卜状，根状茎粗短。茎高达50厘米，无毛，不分枝。叶近革质，互生，窄披针形、椭圆状披针形或卵状披针形，长3.5-8厘米，先端渐尖，基部楔形，有不整齐锯齿。聚伞花序多花，分枝平展，有苞叶。萼片5，线形，肉质，不等长，长3-5毫米，先端钝；花瓣5，黄色，长圆形或椭圆状披针形，长0.6-1厘米，有短尖；雄蕊10，较花瓣短；鳞片5，近正方形，长0.3毫米；心皮5，卵状长圆形，基部合生，腹面凸出，花柱长钻形。蓇葖果芒状排列，长7毫米。种子椭圆形，长约1毫米。花期6-7月，果期8-9月。

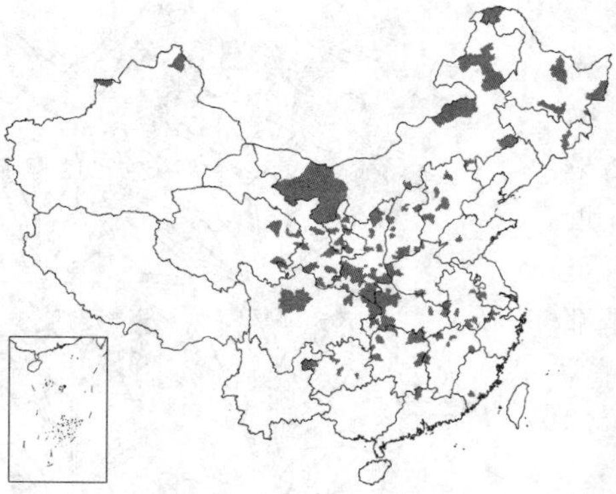

产黑龙江，吉林、辽宁、内蒙古、河北、山西、陕西、甘肃、宁夏、新疆北部、青海东部、四川、贵州、湖南、湖北、河南、山东、江苏、安徽、浙江、江西、福建及广东北部。俄罗斯乌拉尔至蒙古、日本、朝鲜有分布。根及全草药用，止血散瘀、安神镇痛。

图 577 费菜 （仿《图鉴》）

21. 吉林景天 图 578

Sedum middendorffianum Maxim. in Mém. Acad. Sci. St. Pétersb. Sav. Etrang. 9: 116. 1859.

多年生草本。根状茎蔓生，木质，分枝长。茎多数，丛生，常宿存，直立或上升，基部分枝，无毛，高达30厘米。叶线状匙形，长1.2-2.5厘米，宽2-5毫米，先端钝，基部楔形，上部有锯齿。聚伞花序多花，常有开展分枝。萼片5，线形，长2-3毫米；花瓣5，黄色，披针形或线状披针形，长0.5-1.1厘米，渐尖；雄蕊10，较花瓣短，花丝黄色，花药紫色；鳞片5，细小，近全缘；心皮5，披针形，长6毫米，基部2毫米合生，花柱长1毫

米。蓇葖果星芒状，近水平排列，喙短。种子卵形，细小。花期6-8月，果期8-9月。

产黑龙江西部、吉林及辽宁东部，生于海拔300-940米山地林下或石上。俄罗斯、朝鲜及日本有分布。

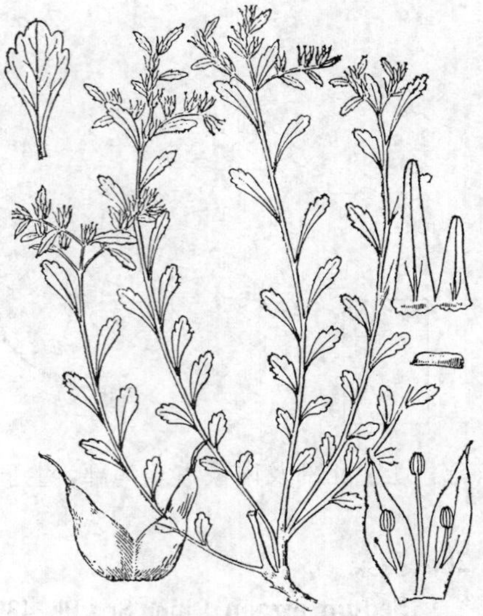

图 578 吉林景天 （钱存源绘）

22. 齿叶景天 图 579：1-5

Sedum odontophyllum Frod. in Acta Hort. Gothob. 7. Appeng.: 117. pl. 67-68. f. 977-985. 1932.

多年生草本，无毛，须根长，或幼时匍匐。不育枝斜升，长5-10厘米，叶常聚生枝顶。茎基部生根，弧状直立，高10-30厘米。叶互生或对生，长圆形，长2-5厘米，先端稍尖或钝，疏生不规则牙齿，基部骤窄成假叶柄。聚伞状花序，分枝蝎尾状。花无梗；萼片5-6，三角状线形，先端钝，基部扩大，无距；花瓣5-6，黄色，披针状长圆形，或近卵形，长5-7毫米，先端有短尖头，基部稍窄；鳞片5-6，近四方形，长0.5毫米，先端微缺；心皮5-6，近直立，状长圆形，长3-4毫米，基部0.5-0.7毫米合生，腹面稍浅囊状。蓇葖果横展，长5毫米，基部1毫米合生，腹面囊状隆起。种子多数。花期4-6月，果期6月底。

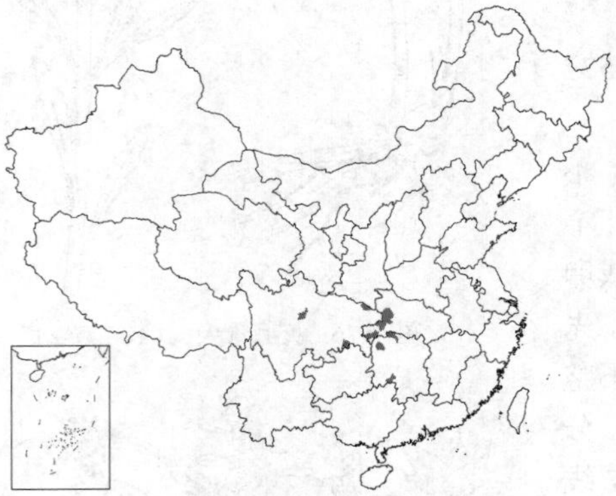

产四川、湖北西部及湖南，生于海拔300-1200米山坡阴湿石上。尼泊尔有分布。全草药用，行血、散瘀，治跌打损伤，骨折扭伤，青肿疼痛。

［附］**杂交景天** 图 579: 6-10 **Sedum hybridum** Linn. Sp. P1. 431. 1753. 本种与齿叶景天的区别：茎横走，分枝，不育枝短，密生叶；叶匙状椭圆形或倒卵形，无假叶柄；萼片线形或窄长圆形，花瓣披针形，长0.8-1厘米；蓇葖椭圆形，长0.8-1厘米，基部2-3毫米合生。产新疆（霍城至阜康，北至福海），生于海拔1400-2500米林下及山坡石缝中。蒙古及俄罗斯有分布。

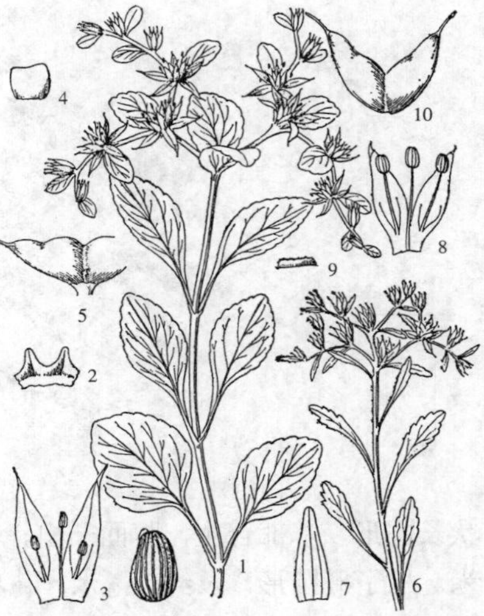

图 579：1-5. 齿叶景天 6-10. 杂交景天
（钱存源绘）

23. 大苞景天 图 580

Sedum amplibracteatum K. T. Fu, Fl. Tsinling. 2(2)：425. 1974.

一年生草本。茎高达50厘米。叶互生，上部为3叶轮生，下部叶常脱落，叶菱状椭圆形，长3-6厘米，两端渐窄，常聚生花序下，叶柄长达1厘米。聚伞花序常三歧分枝，每枝有1-4花，苞片圆形。花无梗；萼片5，宽三角形，长0.5-0.7毫米，先端钝；花瓣5，黄色，长圆形，长5-6毫米，先端尖，中脉不显；雄蕊10或5，较花瓣稍短；鳞片5，近长方形或长圆状匙形，长0.7-0.8毫米；心皮5，略叉开，基部2毫米合生，长5毫米，花柱长。蓇葖果有种子1-2。种子纺锤形，长2-3毫米，有微乳头状凸起。花期6-9月，果期8-11月。

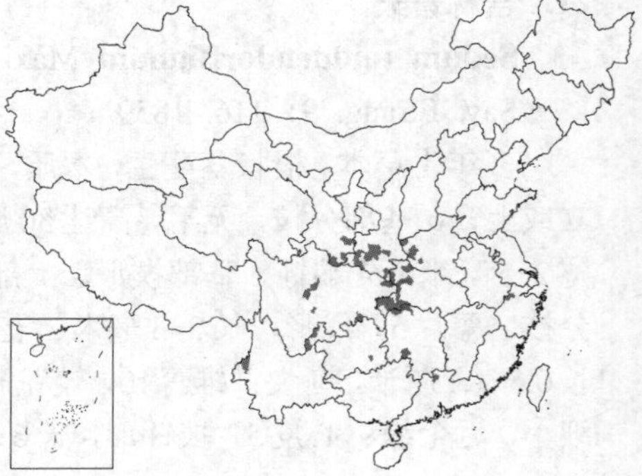

产甘肃南部、陕西南部、河南、湖北、四川、云南、贵州、湖南、广东北部及浙江西北部，生于海拔1100-2800米山坡林下阴湿处。缅甸有分布。

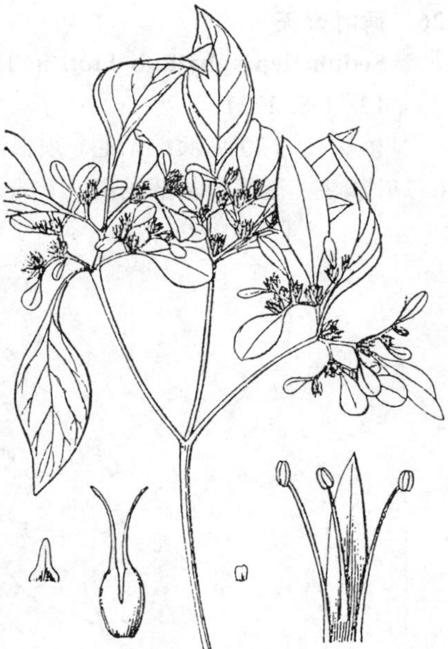

图 580 大苞景天 （蔡淑琴绘）

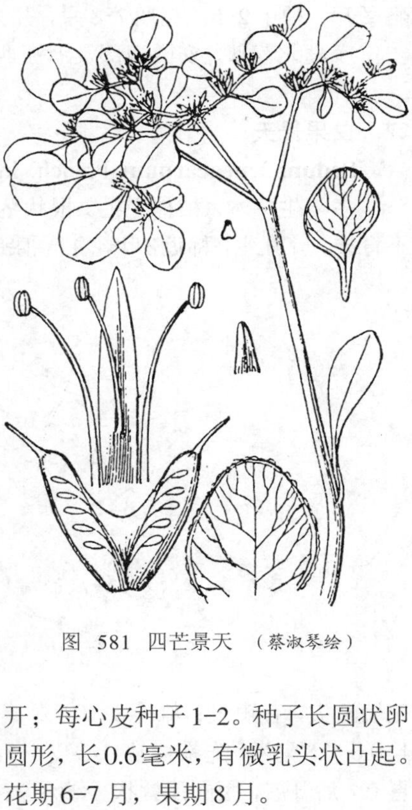

图 581 四芒景天 （蔡淑琴绘）

24. 四芒景天 图 581

Sedum tetractinum Frot. in Acta Hort. Gothob. 6. Append. 103. pl. 65：1-2. f. 819-828. 1931.

花茎直立或平卧，分枝或不分枝，高达15厘米。叶互生或3叶轮生，下部叶常脱落，卵圆形或圆形，长1.5-3.2厘米，先端圆，有微乳头状凸起，基部突窄楔形，有长假柄。蝎尾状聚伞花序具梗；苞片圆形，长4-5毫米，有短柄，先端有微乳头状凸起。萼片4，窄三角形，长0.8毫米，先端钝；花瓣4，长圆状披针形或披针状长圆形，长3.5-5毫米；雄蕊8，较花瓣稍短，对瓣的在基部上0.8毫米处着生；鳞片4，宽匙形，长0.7毫米，先端钝；心皮4，略叉开，长4-5毫米，基部2毫米合生，花柱长0.8毫米。蓇葖果有种子多数。种子卵圆形，长1-1.2毫米，有微乳头状凸起。花期8-9月。

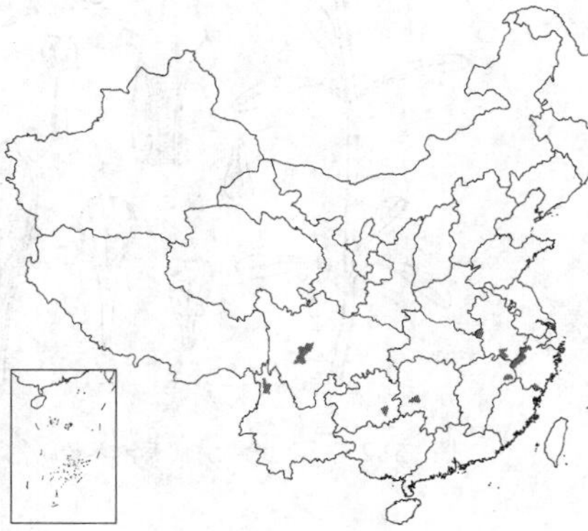

产安徽南部及西部、浙江西部及南部、江西东北部、湖南西南部、贵州东南部、四川中南部及云南西北部，生于海拔700-1000米溪边石上。

25. 三芒景天 图 582

Sedum triaetina Berger in Engl. u. Prantl, Nat. Pflanzenfam. 2. Auf. 18a：460. 1930.

细弱草本。花茎长达35厘米。叶常3叶轮生或对生，中部叶常宿存，叶匙状长圆形，长0.7-3.5厘米，先端钝圆或有缺，基部窄楔形。聚伞花序，花疏生；苞片倒卵圆形或近圆形，长0.5-1厘米。萼片5，窄三角状长圆形，长1毫米，先端钝；花瓣5，黄色，窄长圆形，长4-6.5毫米，先端钝；雄蕊10，较花瓣稍短，对瓣的着生基部上0.5-0.8毫米；鳞片3，线形，长0.6-0.7毫米；心皮3，略叉开，腹面稍浅囊状，基部1.5-2.5毫米合生，长4毫米，花柱长1毫米。蓇葖果稍叉开；每心皮种子1-2。种子长圆状卵圆形，长0.6毫米，有微乳头状凸起。花期6-7月，果期8月。

产西藏南部、云南西北部及四川，生于海拔2250-3600米山坡林下水边湿地。锡金有分布。

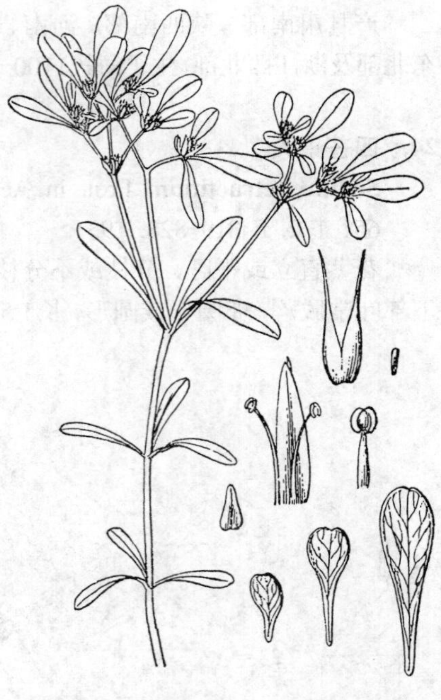

图 582 三芒景天 （蔡淑琴绘）

26. 薄叶景天 图 583

Sedum leptophyllum Frot. in Hand.-Mazz. Symb. Sin. 7: 412. Abb. 12, 1-8. 1931.

植株高达20厘米；无毛。须根短。不育枝细弱，高8.5厘米，顶端有6-7叶簇生。花茎自基部发出，下部无叶。3叶轮生，叶窄线状披针形或窄线状倒披针形，长2-3.5厘米，先端钝，基部有短距。花序伞房蝎尾状，径达8厘米。花几无梗；苞片叶状，长0.5-2厘米；萼片5，窄三角形，长1毫米，稍叉开，先端钝；花瓣5，窄披针形，长4-4.5毫米，先端短尖；雄蕊10，较花瓣稍短，对瓣的长2.5-2.7毫米，着生基部0.7毫米，对萼的长3.3-3.5毫米；鳞片3，宽匙状长方形，长0.8-1毫米；心皮3，披针形或长圆形，长3毫米，花柱长1毫米，基部1毫米合生，略叉开。种子2-5。花期7-8月，果期9-10月。

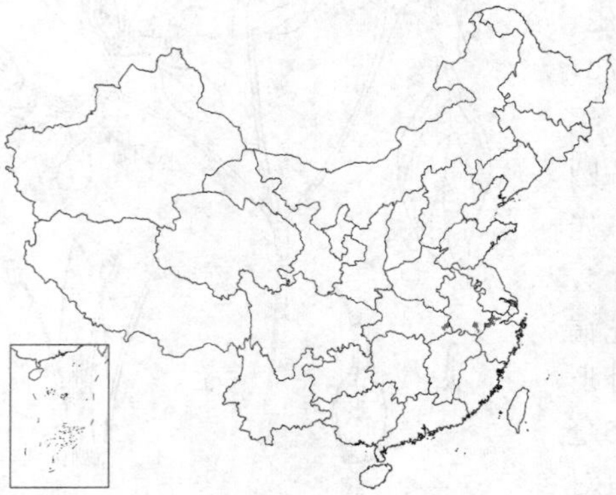

产湖北东部、安徽南部及浙江西北部，生于海拔1300米山区。

图 583 薄叶景天 （蔡淑琴绘）

27. 白果景天 图 584

Sedum leueocarpum Franch. in Journ. de Bot. 10: 288. 1896.

多年生草本，植株无毛。根状茎上升，有根出条。茎高达20厘米，有不育枝。叶互生，稀近3叶轮生，稍密生，匙形或宽倒卵形，长1.2-2厘米，先端钝或有细尖，基部楔形，有短距，全缘，无柄。伞房状花序，径5-7.5厘米，分枝3条，每分枝常再2分枝，有微乳头状凸起。花无梗；萼片4-5，不等长，长圆状线形、长圆状披针形或长圆状匙形，先端钝，基部稍宽，无距；花瓣4-5，深黄色，卵状长圆形或披针状长圆形，长5-7毫米，宽1.3-1.5毫米，先端渐尖，有短尖；雄蕊8-10，对瓣的着生近基部；鳞片4-5，近正方形，长0.6-0.8毫米，先端微缺；心皮4-5，长约3毫米，花柱长1.5-1.8毫米，初直立，后开展，腹面浅囊状。蓇葖果星芒状开展。种子长圆形，被微乳头凸起，棕色。花期8-10月，果期10月。

产云南及四川中西部，生于海拔1800-2800米岩缝中。

28. 多茎景天 图 585

Sedum multicaule Wall. ex Lindl. Bot. Reg. II. 3: Misc. 58. 1840.

多年生草本。茎下部分枝，高达15厘米，无毛。叶互生，覆瓦状排列，

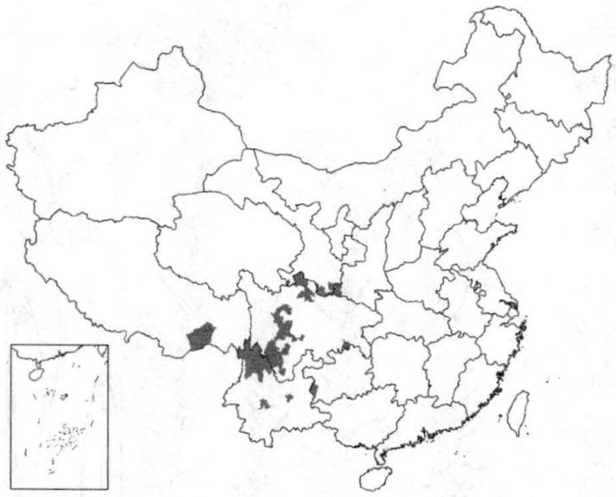

线形或窄长圆形，长1-1.5厘米，先端渐尖，有细尖头，基部有短距。聚伞花序有数个蝎尾状分枝，分枝中央有1花。花无梗；萼片5，线形或线状披针形，不等长，长5-6.5毫米，先端渐尖，有细尖头，基部无距；花瓣5，黄色，长圆状卵形，长5-6毫米，先端有长尖头；雄蕊10，稍短于花瓣；鳞片5，细小，匙状四方形，先端微缺；心皮5，幼时近直立，果时横展。蓇葖果长4-6毫米。种子卵圆形。花期7-8月，果期8-9月。

产陕西西南部、甘肃南部、四川、西藏东南部、云南、贵州北部及西部，生于海拔1300-3500米山坡林下石上。巴基斯坦、印度、锡金、不丹及缅甸有分布。

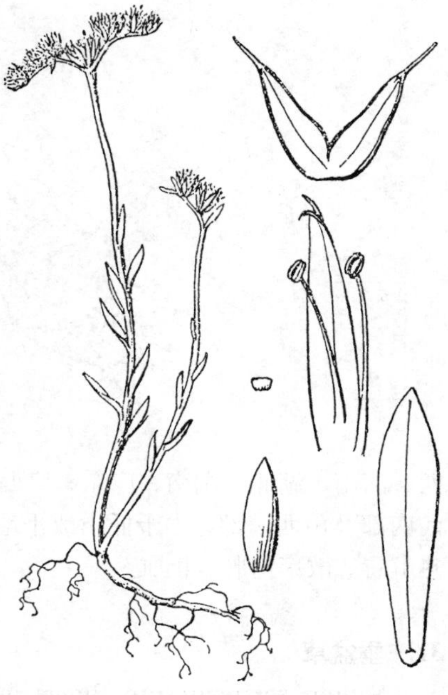

图 584 白果景天 （蔡淑琴绘）

29. 藓状景天 图 586

Sedum polytrichoides Hemsl. in Journ. Linn. Soc. Bot. 23: 286. pl. 7B. f. 4. 1887.

多年生草本。茎稍木质，细弱，丛生，斜上，高达10米；有多数不育枝。叶互生，线形或线状披针形，长0.5-1.5厘米，先端尖，基部有距，全缘。花序聚伞状，有2-4分枝；花少数。花梗短；萼片5，卵形，长1.5-2毫米，基部无距；花瓣5，黄色，窄披针形，长5-6毫米，先端渐尖；雄蕊10，稍短于花瓣；鳞片5，细小，宽圆楔形，基部稍窄；心皮5，稍直立。蓇葖果星芒状叉开，基部1.5毫米合生，腹面有浅囊状凸起，卵状长圆形，长4.5-5毫米，喙直立，长1.5毫米。种子长圆形，长不及1毫米。花期7-8月，果期8-9月。

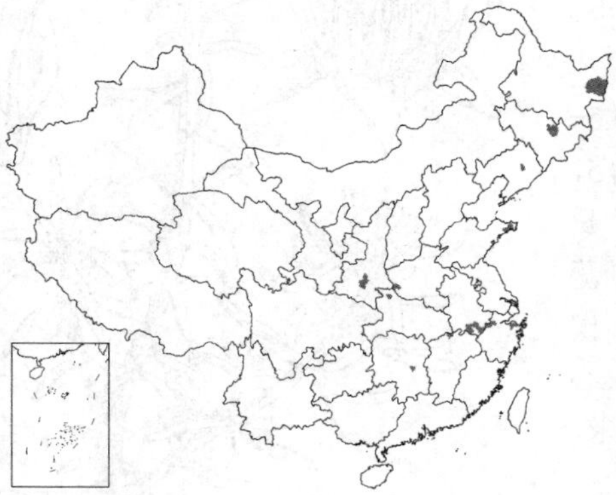

产黑龙江东部、吉林北部、辽宁近中部、山东东部、安徽南部、浙江、江西北部、河南西南部、陕西南部、湖北西北部及湖南中东部，生于海拔约1000米山坡石上。

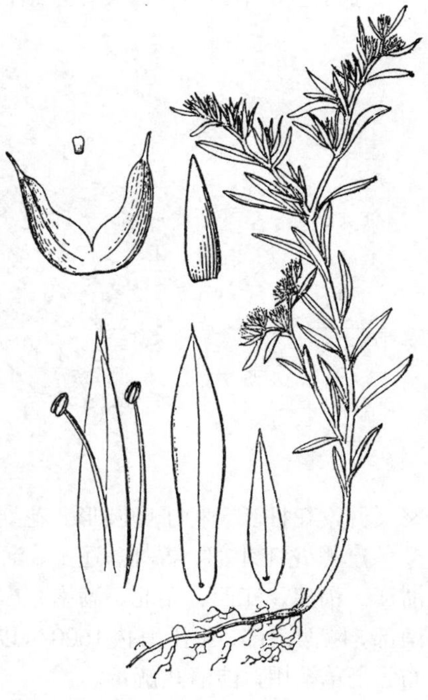

图 585 多茎景天 （蔡淑琴绘）

30. 佛甲草 图 587

Sedum lineare Thunb. Fl. Jap. 184. 1787.

多年生草本；无毛。茎高达20厘米。3叶轮生，稀4叶轮生或对生，叶线形，长2-2.5厘米，先端钝尖，基部无柄，有短距。花序聚伞状，顶生，疏生花，径4-8厘米，中央有一朵花具短梗，另有2-3分枝，分枝常2分枝，花无梗。萼片5，线状披针形，长

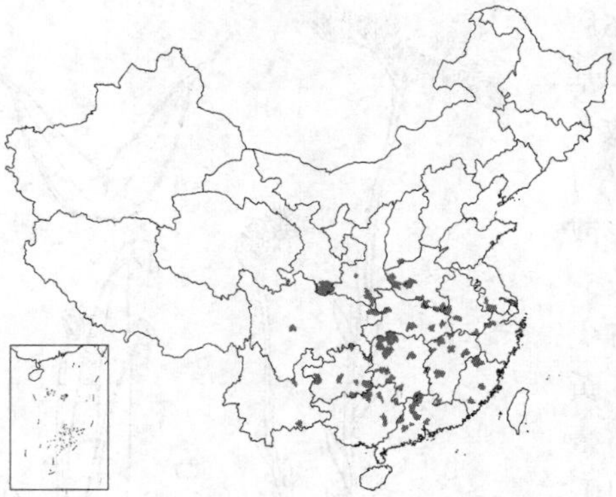

1.5-7毫米，不等长，无距，有时有短距，先端钝；花瓣5，黄色，披针形，长4-6毫米，先端渐尖，基部稍窄；雄蕊10，较花瓣短；鳞片5，宽楔形或近四方形，长0.5毫米。蓇葖果略叉开，长4-5毫米，花柱短。花期4-5月，果期6-7月。

产江苏南部、安徽南部、浙江西北部、福建、江西、河南、湖北、湖南、广东、广西、贵州、云南、四川、甘肃南部、陕西南部及山西南部，生于低山或平地草坡。日本有分布。全草药用，可清热解毒、散瘀消肿、止血。

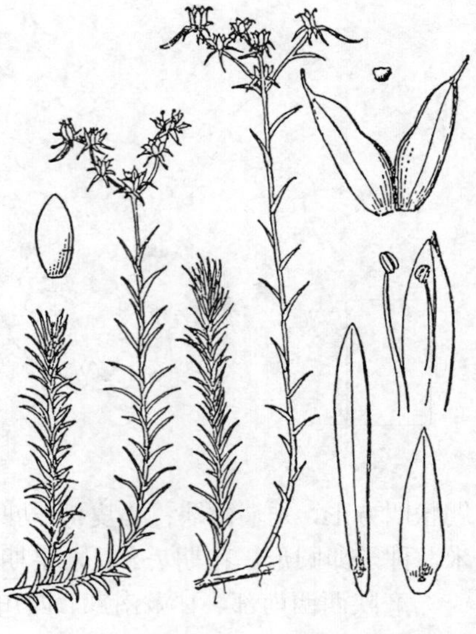

图 586 藓状景天 （引自《图鉴》）

31. 垂盆草 图 588 彩片 88

Sedum sarmentosum Bunge in Mém. Acad. Sci. St. Pétersb. Sav. Etrang. 2: 104. 1833.

多年生草本。不育枝及花茎细，匍匐，节上生根，直到花序之下，长10-25厘米。3叶轮生，叶倒披针形或长圆形，长1.5-2.8厘米，基部骤窄，有距。聚伞花序，有3-5分枝，花少，径5-6厘米。花无梗；萼片5，披针形或长圆形，长3.5-5毫米，基部无距；花瓣5，黄色，披针形或长圆形，长5-8毫米，先端短尖；雄蕊10，较花瓣短；鳞片10，楔状四方形，先端稍微缺；心皮5，长圆形，长5-6毫米，略叉开，花柱长。种子卵圆形。花期5-7月，果期8月。

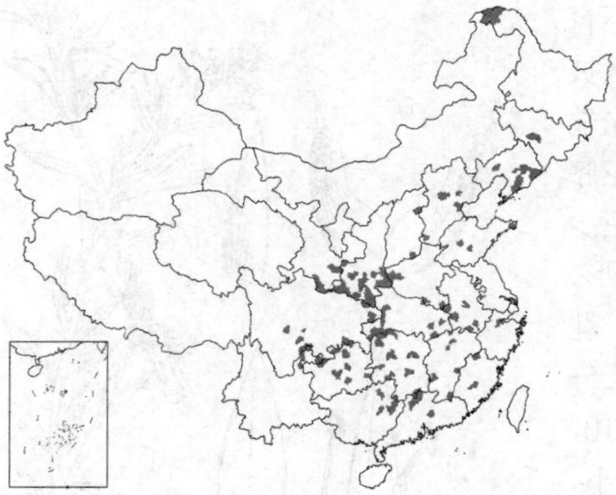

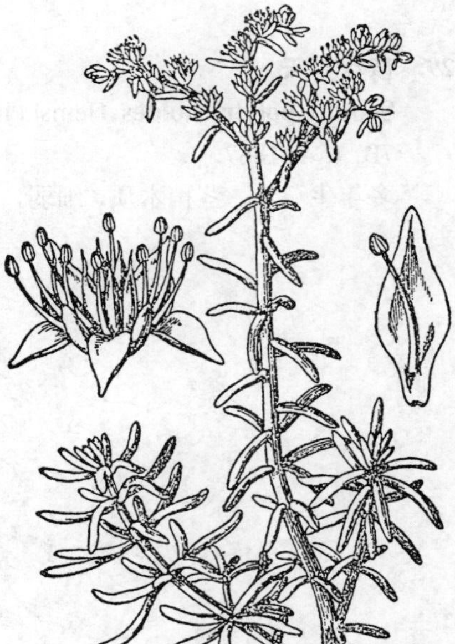

图 587 佛甲草 （引自《图鉴》）

产黑龙江北部、吉林、辽宁、河北、山西，河南、山东，江苏、安徽、浙江、福建、江西、湖北、湖南、广东、广西、贵州、云南、四川、甘肃南部、陕西南部，生于海拔1600米以下山坡阳处或石上。朝鲜、日本有分布。全草药用，能清热解毒。

32. 珠芽景天 图 589

Sedum bultiferum Makino, Ill. Fl. Jap. 1: 107. p1. 60. 1891.

多年生草本。根须状，茎高达22厘米，茎下部常横卧。叶腋常有球形、肉质、小形珠芽。基部叶常对生，上部的互生，下部叶卵状匙形，上部叶匙状倒披针形，长1-1.5厘米，宽2-4毫米，先端钝，基部渐窄。花序聚伞状，分枝3，常再二歧分枝。萼片5，披针形或倒披针形，长3-4毫米，有

短距，先端钝；花瓣5，黄色，披针形，长4.5-5毫米，先端短尖；雄蕊10，长3毫米；心皮5，稍叉开，基部1毫米合生，长3毫米，花柱长1毫米。花期4-5月。

产河南、安徽、江苏南部、浙江、福建、台湾、江西、湖北、湖南、广东、广西东北部、贵州及四川，生于海拔1000米以下低山、平地树荫下。日本有分布。

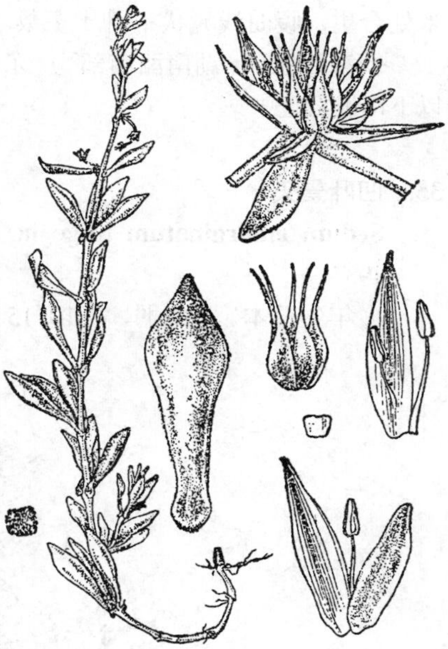

图 588 垂盆草
（引自《江苏南部种子植物手册》）

33. 东南景天 台湾景天 图 590

Sedum alfredii Hance in Journ. Bot. 8: 7. 1870.

Sedum formosanum N. E. Br.; 中国高等植物图鉴 2: 92. 1974.

多年生草本。茎斜上，单生或上部分枝，高达20厘米。小枝弧曲。叶互生，稀3叶轮生，下部叶常脱落，上部叶常聚生，线状楔形、匙形或匙状倒卵形，长1.2-3厘米，先端钝，有时有微缺，基部窄楔形，有距，全缘。聚伞花序径5-8厘米，多花；苞片叶状。花无梗，径1厘米；萼片5，线状匙形，长3-5毫米，基部有距；花瓣5，黄色，披针形或披针状长圆形，长4-6毫米，有短尖，基部稍合生；雄蕊10，对瓣的长2.5毫米，在基部以上1-1.5毫米着生，对萼的长4毫米；鳞片5，匙状正方形，长1.2毫米；心皮5，卵状披针形，直立，基部合生，长3毫米，花柱长1毫米。蓇葖果斜叉开。种子多数，褐色。

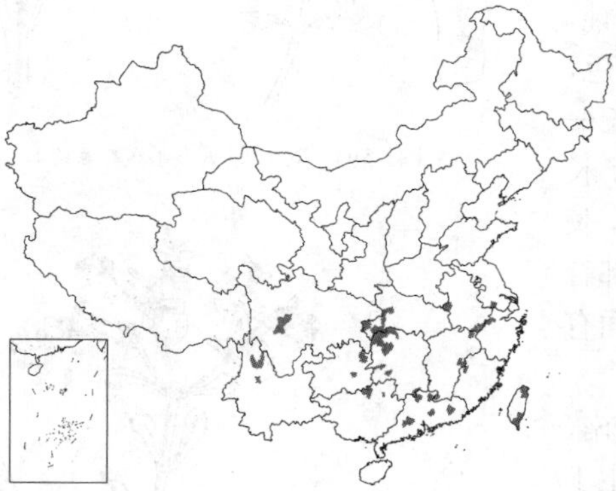

产江苏南部、安徽、浙江、福建、台湾、江西、湖北、湖南、广东、广西、贵州、四川及云南，生于海拔1400米以下（四川达2000-3000米）山坡林下阴湿石上。朝鲜半岛及日本有分布。

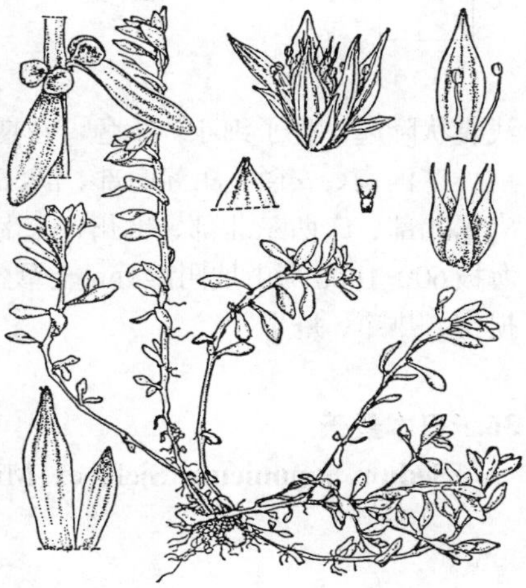

图 589 珠芽景天 （引自《图鉴》）

34. 对叶景天 图 591

Sedum baileyi Praeg. in Proc. Irish Acad. 35B: 4. p1. 2: f. 1919.

草本。根状茎长横走，根须状，茎常不分枝。高3-7厘米。叶对生，倒卵状匙形，长1.5厘米，先端钝尖，基部楔形，有短距。聚伞状花序，花少数；苞片倒卵形，叶状。萼片5，长圆状线形，长1.5-2毫米，基部有宽钝距；花瓣5，披针形，长4-5毫米，有短尖头；雄蕊10，较花瓣短；鳞片5，长方状匙形，长0.6毫米，先端钝圆。蓇葖果叉开，基部2毫

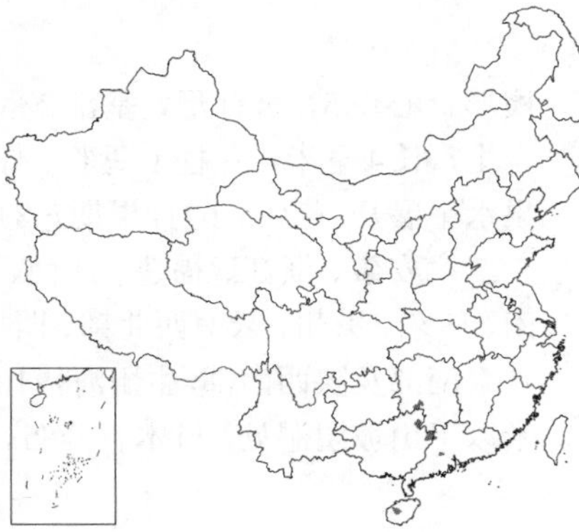

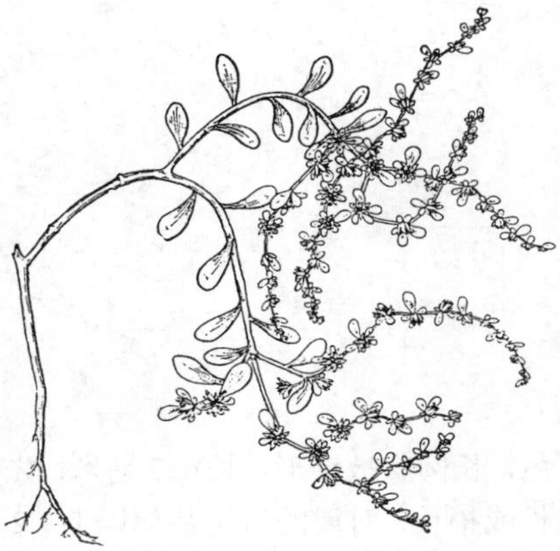

图 590 东南景天 （引自《图鉴》）

米处合生，腹面浅囊状；种子多数。花期4月，果期7月。

产江西北部、湖南西南部、广东、海南及广西东北部，生于海拔900米以下山坡石缝中。

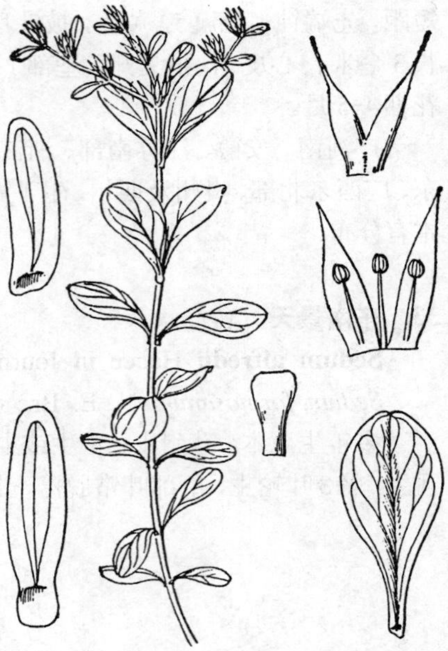

图 591 对叶景天 （钱存源绘）

35. 凹叶景天 图 592 彩片 89

Sedum emarginatum Migo in Journ. Shanghai Sci.. Inst. III. 3: 224. 1937.

多年生草本。茎细弱，高10-15厘米。叶对生，匙状倒卵形或宽卵形，长1-2厘米，先端圆，有微缺，基部渐窄，有短距。花序聚伞状，顶生，径3-6毫米，多花，常有3个分枝。花无梗；萼片5，披针形或窄长圆形，长2-5毫米，先端钝，基部有短距；花瓣5，黄色，线状披针形或披针形，长6-8毫米；鳞片5，长圆形，长0.6毫米，钝圆；心皮5，长圆形，长4-5毫米，基部合生。蓇葖果略叉开，腹面有浅囊状隆起。种子细小，褐色。花期5-6月，果期7月。

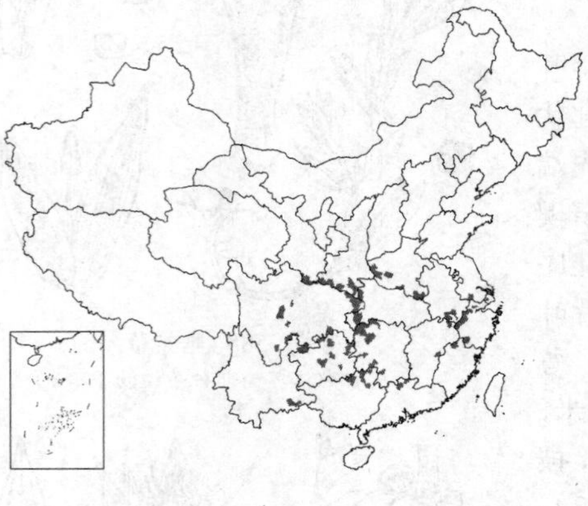

产河南、安徽、江苏南部、浙江、福建北部、江西、湖北西部、湖南、广东北部、广西东北部、贵州、云南、四川、陕西南部及甘肃南部，生于海拔600-1800米山坡阴湿处。全草药用，可清热解毒、散辨消肿，治跌打损伤、热疖、疮毒。

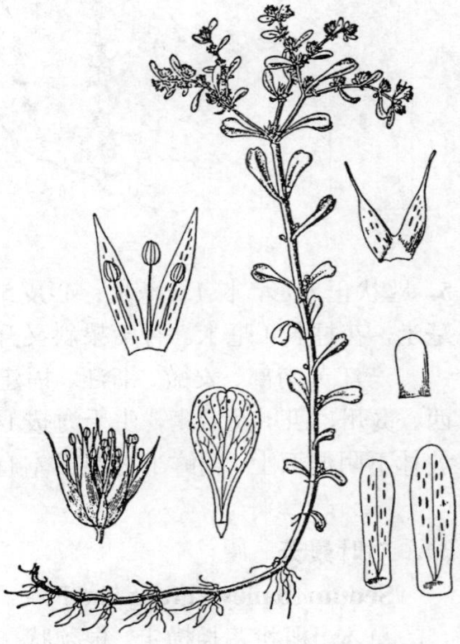

图 592 凹叶景天 （引自《图鉴》）

36. 日本景天 图 593

Sedum japonicum Sieb. ex Miq. in Ann. Mus. Bot. Lugd. Bot. 2: 156. 1865-1866.

多年生草本；匍匐生根，无毛。不育枝长2-4厘米；花茎细弱，分枝多，斜上，高达20厘米。叶互生，圆柱形或稍扁，线状匙形，长7-10厘米，先端钝，有短距；无柄。聚伞花序蝎尾状，三歧分枝，径4-8厘米。花梗粗短；萼片5，线状长圆形或近三角形，长2-4毫米，先端钝，有短距；花瓣5，黄色，长圆状披针形，长6-7毫米，先端渐尖；雄蕊10，对萼的较花瓣近等长或稍长，对瓣的着生基部以上1.2毫米，较花瓣稍短；鳞片5，细小，宽楔形；心皮5，披针形，基部2毫米合生，长4毫米，花柱1毫米。蓇葖果水平展开。花期5-6月，果期7-8月。

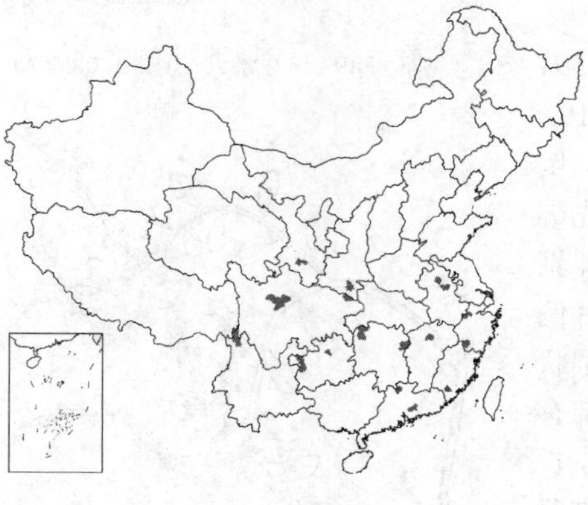

产安徽、浙江、福建、江西、湖南、广东、贵州、云南西北部、四川、甘肃南部及陕西南部，生于海拔1000米以下山坡阴湿处。日本有分布。

37. 岷江景天 图 594

Sedum balfouri Hamet in Notes Roy. Bot. Gard. Edinb. 5: 116. pl. 85. 1912.

植株除叶有时有缘毛，余无毛。根颈短粗。花茎生于莲座叶的中轴，1至数个，直立，细，长10-30厘米。基生叶形成疏散莲座，半长圆形或长圆形，长1.5-3厘米，先端短尖，上部有时有缘毛；茎生叶有距，长圆形或披针形，长0.8-2厘米，先端尖，有缘毛或无。花序伞房状，花序梗弯曲成蝎尾状。花有短梗；萼片5，三角形或半长圆形，长2-3毫米，先端尖，常有微乳头状凸起；花瓣5，黄色，长圆形，长5-7毫米，先端短尖，基部几分离，中脉常有微乳头状凸起；雄蕊10，较花瓣为短；鳞片5，窄线形，长0.7毫米，先端稍钝；心皮5，近直立，长4-5毫米，基部稍合生。蓇葖果有多数种子。种子卵圆形，平滑。花期9月。

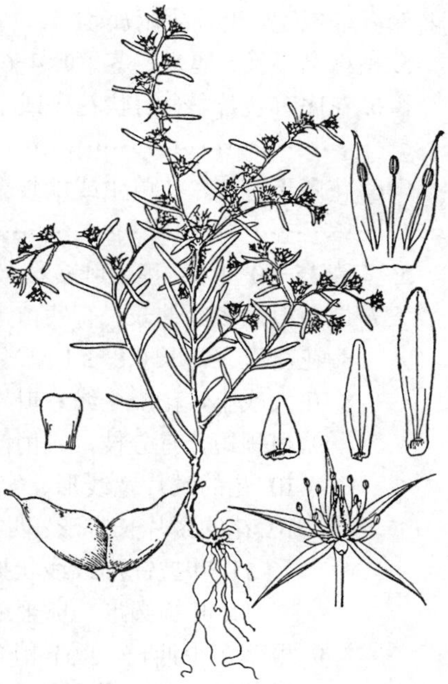

图 593 日本景天 （引自《图鉴》）

产云南西北部、四川及西藏东部，生于海拔3000-4000米山坡石上。

11. 红景天属 Rhodiola Linn.

多年生草本。根颈肉质，被基生叶或鳞叶，顶端常出土。花茎生于基生叶或鳞叶腋部。茎不分枝，多叶。茎生叶互生，厚，无托叶，不裂。花序顶生，常为复出或简单的伞房状或二歧聚伞状，稀为螺状聚伞花序，或花单生，常有苞片，有花序梗及花梗。花单性，雌雄异株或两性；萼（3）4-5（6）裂；花瓣近分离，与萼片同数；雄蕊2轮，常为花瓣数2倍，对瓣雄蕊贴生花瓣下部，花药2室，基着，稀背着；腺状鳞片线形、长圆形、半圆形或近正方形；心皮基部合生，与花瓣同数，子房上位。蓇葖果有多数种子。

90种，分布北半球高寒地带。我国73种2亚种7变种。

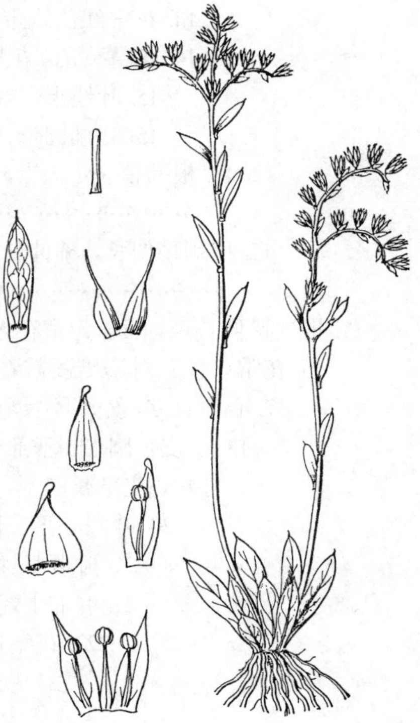

图 594 岷江景天 （钱存源绘）

1. 基生叶发达。
  2. 花药背着；花序螺形聚伞状；基生叶脱落；鳞叶二型，大型的有线形或长圆形顶生附属物，长1-1.5毫米，宽0.5毫米；茎生叶窄倒披针形或长圆形，宽2-4.5毫米 ………………… 1. **背药红景天 R. hobsonii**
  2. 花药基着；花序单生或伞房状花序；基生叶脱落，其长叶柄宿存，密集簇生；茎生叶宽1-2.4毫米。
    3. 基生叶线形，宽约1.5毫米，老叶叶柄线形 ………………………………… 2. **矮生红景天 R. humilis**
    3. 基生叶倒披针形、倒卵形或宽卵形，宽达5毫米，中部窄，基部宽 ……… 3. **报春红景天 R. primuloides**
1. 基生叶不发达，鳞片状。
  4. 鳞叶二型，大型的有线形或长圆形顶生附属物，长1.5-3毫米，宽0.3-0.8毫米 … 4. **异鳞红景天 R. smithii**

4. 鳞叶非二型，无顶生附属物。
5. 植株高不及5厘米，茎生叶4-6，近轮生。
6. 花序有苞片，伞房状花序或伞房状复二歧聚伞花序，有13-18花；茎生叶常4片，叶长2-6厘米 …………………………………………………………………………… 5. **四轮红景天 R. prainii**
6. 花序无苞片，花单生或单歧聚伞花序，有1-6花；茎生叶5-6，叶长0.8-1.5厘米 …………………………………………………………………………… 6. **托花红景天 R. stapfii**
5. 茎高35-60厘米；茎生叶多数，互生或聚生。
7. 地面根颈多少伸长，有残留老茎；一年生茎多数；叶常全缘。
8. 花瓣直立，长0.8-1.1厘米，边缘平直或稍流苏状；叶近线形 ……………… 7. **小丛红景天 R. dumulosa**
8. 花大或小，花瓣全缘；叶窄或宽。
9. 根颈短，有分枝，或稍伸长，残留老茎多数；花小。
10. 花的鳞片宽线形、窄长方形或梯形 …………………………………………… 8. **长鳞红景天 R. gelida**
10. 花的鳞片长方形、四方形或半圆形。
11. 叶披针形或线状披针形 ……………………………………………… 9. **四裂红景天 R. quadrifida**
11. 叶椭圆形、卵形或线形，基部圆，无叶柄；花单性 ………………… 10. **西藏红景天 R. tibetica**
9. 根茎多少伸长，上下稍等粗，残留老茎较少；花稍大。
12. 根颈伸长，鞭状，每年生新花茎处不扩大。
13. 根颈径1-1.5厘米；花茎(4-)7-15条，扇形排列；花常(4)5基数。
14. 花常红色或带红色 ……………………………………………… 11. **长鞭红景天 R. fastigiata**
14. 花常黄色，花萼黄或黄绿色。
15. 叶线形、线状披针形或披针形；雄蕊较花冠短 …… 12. **帕米尔红景天 R. pamiro-alaica**
15. 叶椭圆形；雄蕊常超出花冠 …………………………… 12(附). **黄萼红景天 R. litwinowii**
13. 根颈径5-7毫米，顶端被鳞片；花茎1-5，直立；花常4基数；叶线形 …………………………………………………………………………… 13. **长白红景天 R. angusta**
12. 根颈稍伸长，稀伸长，每年在新生花茎处稍扩大；花茎常带红色，密被小腺体 …………………………………………………………………………… 14. **喜马红景天 R. himalensis**
7. 根颈稀伸长至地面，无宿存老茎，或少数宿存；一年生花茎少数，常1-10条；叶缘有齿或缺刻，或近全缘。
16. 花常单性；对瓣雄蕊常着生花瓣基部；叶近全缘或浅裂。
17. 心皮直立，先端不反卷。
18. 心皮长圆形，基部粗。
19. 心皮窄长圆形，长为宽3倍以上。
20. 叶圆心形、长圆形、椭圆形、菱状卵形，有齿或近全缘。
21. 叶菱状卵形或椭圆形，上部有粗锯齿状圆齿 …………… 15. **美花红景天 R. calliantha**
21. 叶非上述形态。
22. 花茎自下部至花序下均有叶，花序有苞片；叶长，最宽在叶上半部。
23. 残留茎干后非黑色。
24. 植株高20-30厘米；叶长圆形、椭圆状倒披针形或长圆状宽卵形 …………………………………………………………………………… 16. **红景天 R. rosea**
24. 植株高10-15厘米；叶长圆状匙形、长圆状菱形或长圆状披针形 …………………………………………………………………………… 17. **库页红景天 R. sachalinensis**
23. 残存茎干后黑色 …………………………………………… 18. **大花红景天 R. crenulata**
22. 花茎顶端花序下无苞片；叶三角状卵形 ………………… 19. **异齿红景天 R. heterodonta**
20. 叶线形或线状披针形，全缘或有疏齿 …………………………………… 20. **狭叶红景天 R. kirilowii**

19. 心皮短长圆形，长为宽2倍。
25. 植株被腺毛 ………………………………………………………… 21. **紫绿红景天 R. purpureoviridis**
25. 植株无腺毛。
26. 根颈近横走；叶下面带苍白色；蓇葖长3-4毫米 ………………… 22. **异色红景天 R. discoler**
26. 根颈直立；叶下面非苍白色；蓇葖长4-5（-10）毫米 …… 23. **柴胡红景天 R. bupleuroides**
18. 心皮斜卵形或椭圆状披针形，基部窄细。
27. 花两性 ………………………………………………………………… 24. **粗茎红景天 R. wallichiana**
27. 花单性，雌雄异株 ……………………………………………………… 25. **宽果红景天 R. eurycarpa**
17. 心皮直立，顶端反卷。
28. 叶稍卵形或菱形。
29. 叶非卵状菱形，长4-7(-9)厘米，全缘，或有疏齿 ………………… 26. **云南红景天 R. yunnanensis**
29. 叶卵状菱形，长(1.5-)2-3.5(-5)厘米，有缺刻状牙齿 ………………… 27. **菱叶红景天 R. henryi**
28. 叶线状长圆形，或下部叶卵形或倒卵形 ………………………………… 28. **长圆红景天 R. forrestii**
16. 花常两性，对瓣雄蕊常着生花瓣中部；叶有浅裂或深裂。
30. 叶生于花茎全部，长不及2.2厘米，有4-5对牙齿状浅裂 ……………… 29. **圣地红景天 R. sacra**
30. 叶聚生花茎顶端，或轮生花茎中部。
31. 叶长1-1.5厘米 ……………………………………………………… 30. **菊叶红景天 R. chrysanthemifolia**
31. 叶长2-3（-5）厘米。
32. 萼片卵状三角形，长1毫米 ……………………………………………… 31. **卵萼红景天 R. ovatisepala**
32. 萼片线形，长6-8毫米 ……………………………………… 31(附). **线萼红景天 R. ovatisepala** var. **chingii**

1. 背药红景天 图 595

Rhodiola hobsonii (Prain ex Hamet) S. H. Fu in Acta Phytotax. Sin. Add. 1: 118. 1965.

Sedum hobsonii Prain ex Hamet in Kew Bull. Misc. Inf. 1931.

多年生草本。根颈直立，粗壮。基生叶倒披针形或长圆形，长达1.8厘米，宽达3毫米，先端近尖；有长柄。花茎长5.5-13.5厘米。茎生叶互生，窄倒披针形或长圆形，长1厘米，宽2-4.5毫米，先端钝，全缘或稍有微牙齿，无柄。花序有3-10花，螺形聚伞状。萼片5，三角状披针形或卵状披钟形，长5毫米；花瓣5，红色，卵形，长达8毫米，基部稍合生，先端有短尖头，上部稍流苏状；雄蕊10，花药背着，对瓣的长4毫米，对萼的长7.5毫米；鳞片5，近匙状长方形，长1毫米，宽0.6毫米；心皮5，长3.5毫米，花柱长2毫米。蓇葖果直立，长0.9-1厘米，基部合生。种子倒卵圆形。花期7月。

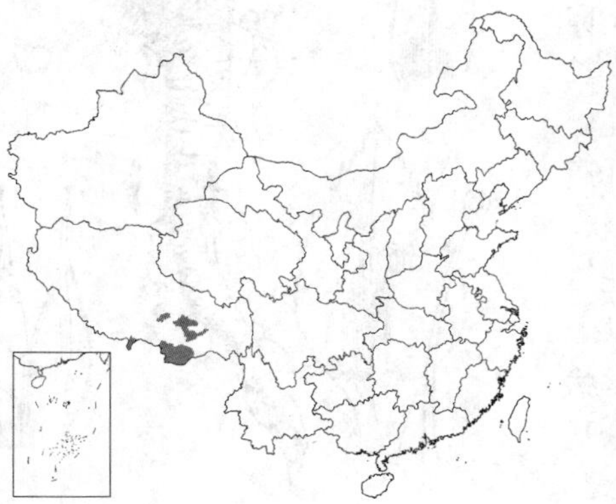

产西藏中南部，生于海拔2650-4100米林下、灌丛中或岩缝。不丹有分布。

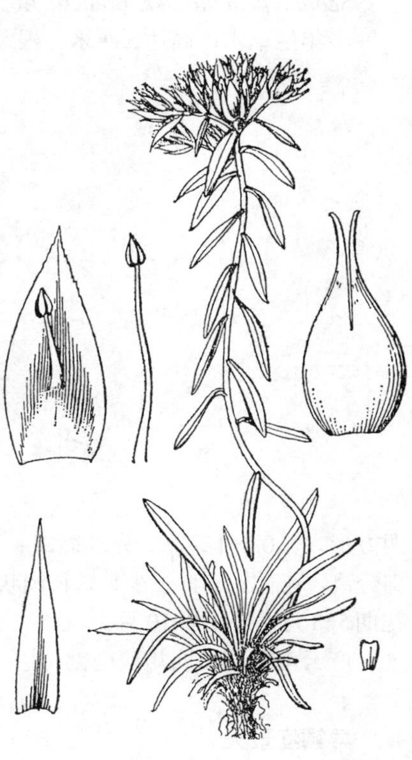

图 595 背药红景天 （蔡淑琴绘）

2.　矮生红景天　　图 596

Rhodiola humilis (Hook. f. et Thoms.) S. H. Fu in Acta Phytotax. Sin. Add. 1: 119. 1965.

Sedum humile Hook. f. et Thoms. in Journ. Linn. Soc. Bot. 2: 99. 1858.

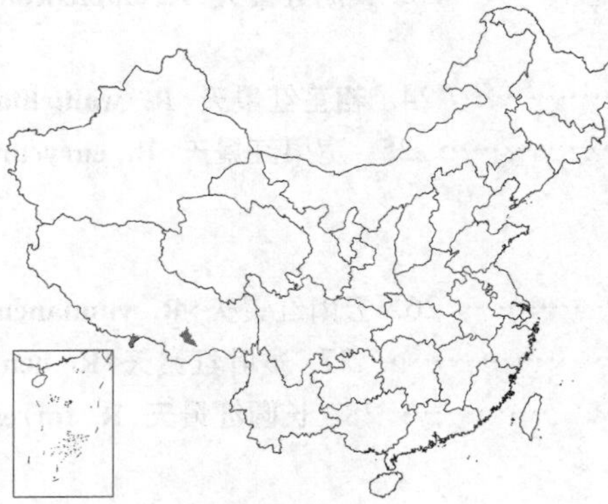

多年生草本。主根粗，根颈直立，短，不分枝，先端被长三角形鳞片。基生叶的老叶线形，长约1.5毫米，先端平截，基生嫩叶有柄，柄线形，长9毫米，叶线状倒披针形或线状菱形，长6毫米，宽1.5毫米，先端稍尖。花茎少数，2–6枝，长2.5厘米；茎生叶互生，线状椭圆形，长4–5毫米，宽1毫米，两端窄，基部无柄，全缘。花单生。萼片5，卵状长圆形，长3毫米，宽1.5毫米，先端钝或尖；花瓣5，卵形，向上渐窄，长2.5–3毫米，花柱短。

产西藏南部，生于海拔4500米高山草甸。锡金有分布。

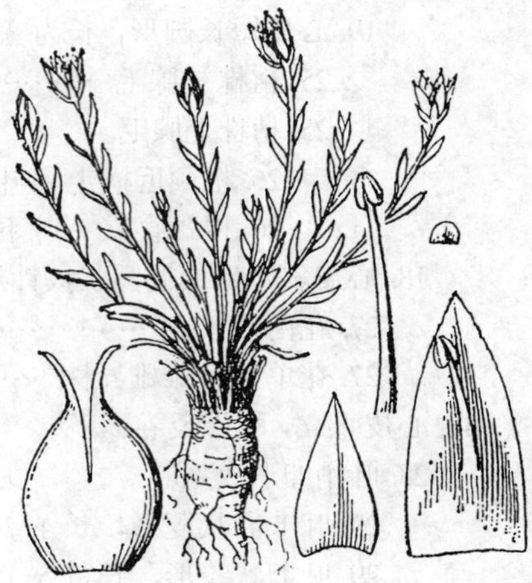

图 596　矮生红景天　（蔡淑琴绘）

3.　报春红景天　　图 597

Rhodiola primuloides (Franch.) S. H. Fu in Acta Phytotax. Sin. Add. 1: 118. 1965.

Sedum primuloides Franch. in Journ. de Bot. 10: 287. 1896.

多年生草本，高达5厘米。根颈粗，分枝，径5毫米。叶密生。基生叶倒披针形、倒卵形或宽卵形，长达1厘米，宽达5毫米，中部稍宽，全缘，被微乳头状凸起。花单生或2花着生；苞片线形。萼片5，卵状披针形或窄披针形，长2.5–5毫米，有微缘毛；花瓣5，白色，卵形，长0.5–1厘米，先端短尖，上部啮蚀状，基部缢缩；雄蕊10，较花瓣短，对瓣的着生基部以上1.5–2毫米；鳞片5，宽匙状四方形，长0.5–1毫米，先端微缺；心皮5，卵状长圆形，长5–8毫米，基部分离，花柱短。种子少数，长圆状披针形，长0.5–1毫米，一边有窄翅。花期5–8月，果期9–10月。

产云南北部及四川西南部，生于海拔2500–4450米山谷石上。

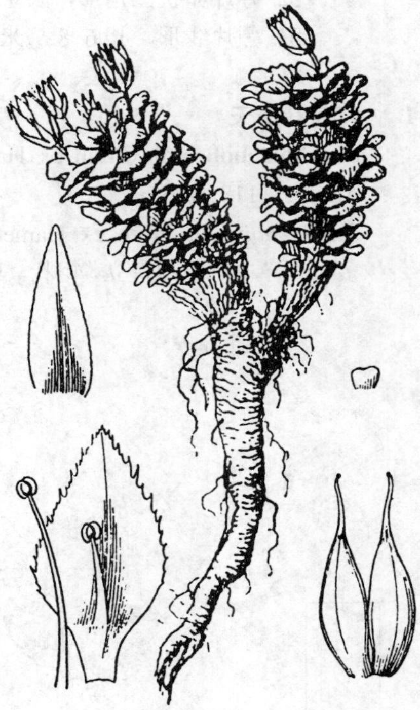

图 597　报春红景天　（蔡淑琴绘）

4.　异鳞红景天　　图 598

Rhodiola smithii (Hamet) S. H. Fu in Acta Phytotax. Sin. Add. 1: 122. 1965.

Sedum smithii Hamet in Engl. Bot. Jahrb. 50: Beibl. 102: 8. 1913.

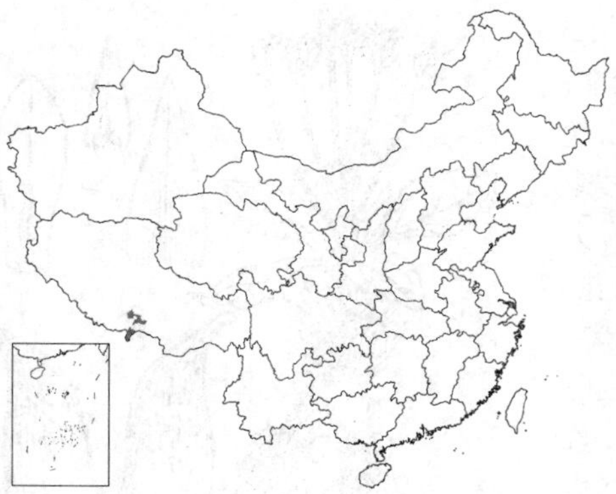

多年生草本。根颈直立，粗，不分枝。基生叶鳞片状，外面的三角状半长圆形，先端有线形或长圆形附属物，内面的宽线形，长1.5-3毫米，宽0.3-0.8毫米，先端有长尾。花茎长1.7-7厘米，直立，基部被鳞片；花茎的叶互生，长卵形或卵状线形，长0.7-1.4厘米，全缘。伞房状花序，花疏生。花两性；萼片5，披针形；花瓣5，近长圆形，长3.7-6.2毫米，外面上部龙骨状，全缘；雄蕊10，对瓣的长1.5-3.2毫米，着生花瓣中部以下，对萼的长3-6毫米；鳞片5，近正方形，长0.5-0.6毫米，先端微缺；心皮5，基部1毫米合生，分离部分长2-4.5毫米，花柱长1.4-2毫米。蓇葖果直立，种子少数。种子近倒卵状长圆形，长1.3毫米。花期7-9月，果期8-12月。

产西藏南部，生于海拔4000-5000米河滩砂砾地、砂质草地或石缝中。锡金有分布。

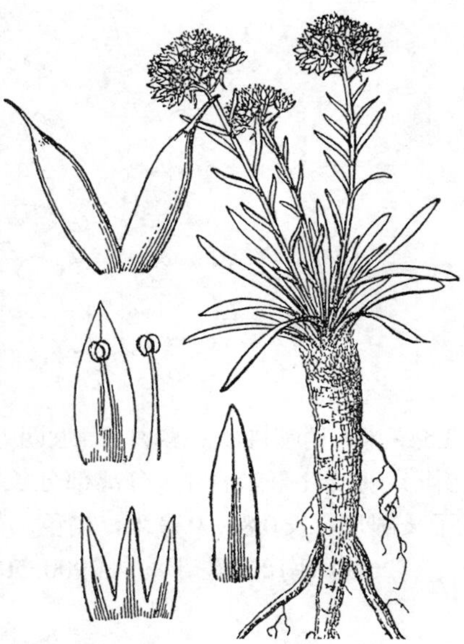

图 598 异鳞红景天 （蔡淑琴绘）

5. 四轮红景天 图 599

Rhodiola prainii (Hamet) H. Ohba in Journ. Jap. Bot. 51: 386. 1976.

Sedum prainii Hamet in Bull. Soc. Bot. France 56: 566. 1909.

多年生小草本，高达8厘米。根颈直立，粗，径达2厘米，顶端被钻形或窄三角形鳞片。花茎单生，直立，老枝茎脱落，茎生叶4枚，轮生茎下部，叶有假柄，长1-3厘米，叶长圆状椭圆形、椭圆形、横椭圆形、卵形或宽卵形，长2-6厘米，先端圆，基部骤窄或长渐窄，全缘，无毛，或有少数微乳头状凸起，绿色。伞房状花序或伞房状复2歧状花序，径1-4厘米，有13-18花，顶生，苞片宽椭圆形、近圆形或卵形，长0.5-1.5厘米，无柄或有短柄。雌雄异株；萼片5，窄三角状卵形，基部宽1.5毫米；花瓣5，卵形或长圆状卵形，长4-6毫米，啮蚀状，淡红或红色；雄蕊10，较花瓣短；鳞片5，倒匙状长方形；心皮5，披针形，较花瓣短，花柱细。花期7-9月。

产西藏南部，生于海拔2200-3600米山麓石缝中或河谷林内石上。尼泊尔及锡金有分布。

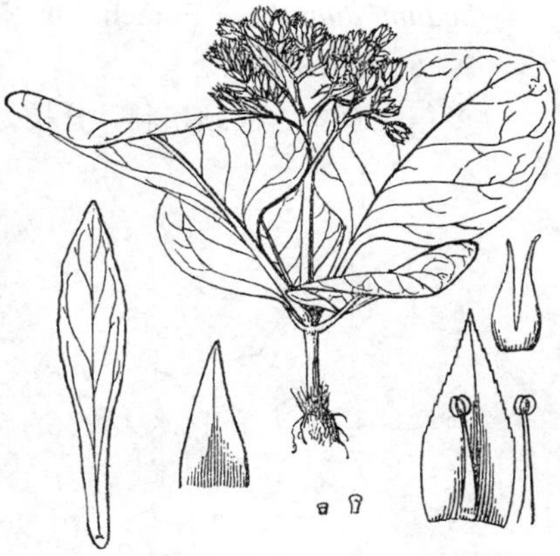

图 599 四轮红景天 （蔡淑琴绘）

6. 托花红景天 图 600

Rhodiola stapfii (Hamet) S. H. Fu in Acta Phytotax. Sin. Add. 1: 122. 1965.

Sedum stapfii Hamet in Kew Bull. Misc. Inf. 1913.

多年生草本。根颈顶端被鳞片状基生叶。基生叶三角形，长0.7-1厘米，先端钝尖，基部宽。花茎高1.4-3.5厘米，直立，中部有5-6叶轮生。轮生叶下茎不分枝，轮生叶上的茎细，花组成伞房状伞形分枝，无苞片。叶卵

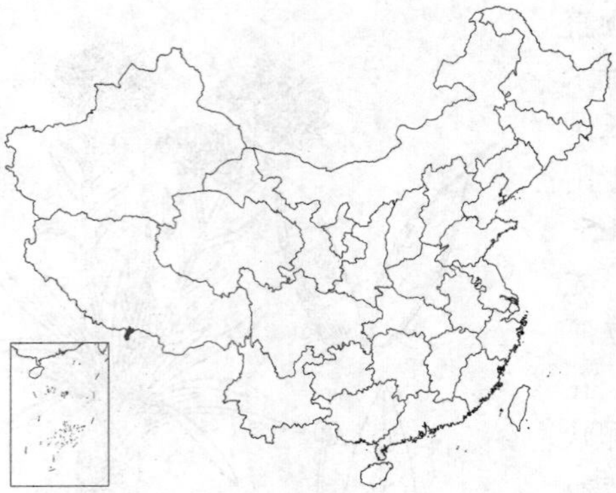

形或卵状长圆形，长0.8-1.5厘米，先端稍钝，基部骤窄，成长2-3毫米假柄，全缘。轮生叶上的茎基部成3-4枝伞形分枝，中部再作2分枝，分枝长1-2厘米，每枝顶有1花。雌雄异株；萼片5，线状三角形或窄三角形，长2.5-3.5毫米，基部合生；花瓣5，红色，倒卵形或长圆形，长2.5-3.5毫米，稍啮蚀状；鳞片5，近四方形，长0.6-0.8毫米；心皮5，卵状披针形，基部1毫米合生，分离部分长2.5-3毫米，花柱长0.5毫米，直立。种子长圆形，长0.8-0.9毫米，褐色。花果期8-9月。

产西藏南部，生于海拔2900-5000米山坡草地。不丹有分布。

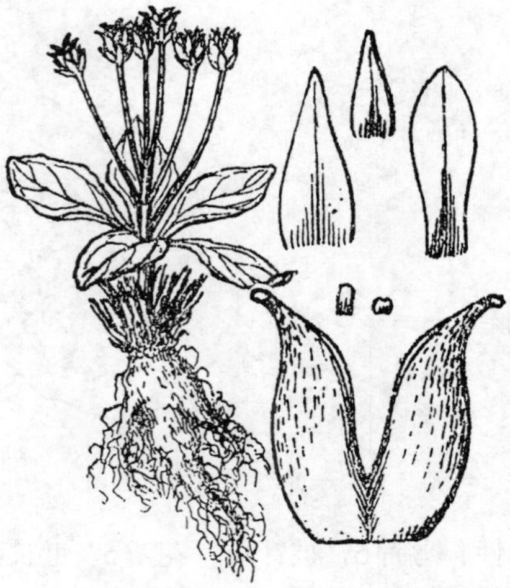

图 600 托花红景天 （蔡淑琴绘）

7. 小丛红景天 图 601 彩片 90

Rhodiola dumulosa (Franch.) S. H. Fu in Acta Phytotax. Sin. Add. 1: 119. 1965.

Sedum dumulosa Franch. in Nouv. Arch. Mus. Hist. Nat. Paris ser 2, 6: 9. 1883.

多年生草本。根颈粗壮，分枝，地上部分常被残留老枝。花茎聚生主轴顶端，长达28厘米，不分枝。叶互生，线形或宽线形，长0.7-1厘米，全缘；无柄。花序聚伞状，有4-7花。萼片5，线状披针形，长4毫米；花瓣5，直立，白或红色，披针状长圆形，直立，长0.8-1.1厘米，边缘平直，或多少流苏状；雄蕊10，较花瓣短，对萼片的长7毫米，对花瓣的长3毫米，着生花瓣基部以上3毫米；鳞片5，横长方形，长0.4毫米，宽0.8-1毫米，先端微缺；心皮5，卵状长圆形，直立，长6-9毫米，基部1-1.5毫米合生。种子长圆形，长1.2毫米，有微乳头状凸起，有窄翅。花期6-7月，果期8月。

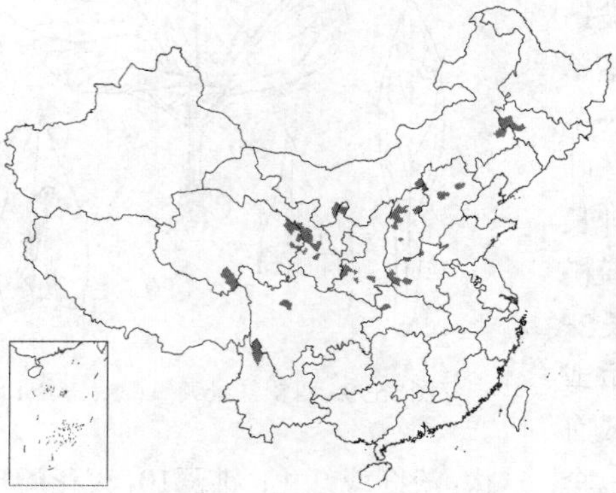

产吉林西部、内蒙古、河北、山西、河南、湖北西部、陕西、宁夏、甘肃、青海东部及南部、四川西北部及云南西北部，生于海拔1600-3900米山坡石上。根颈药用，补肾、养心安神、调经活血、明目。

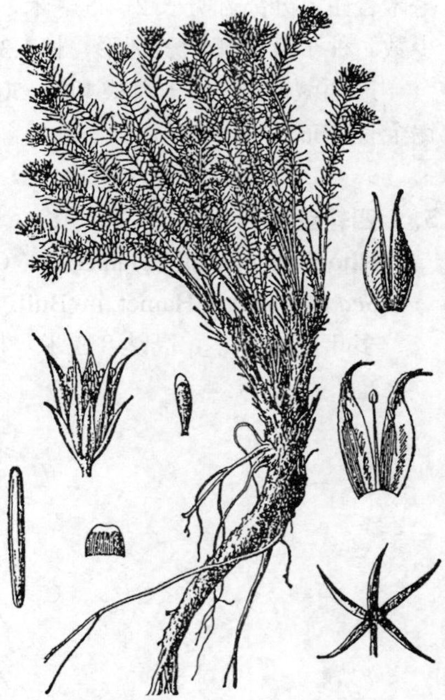

图 601 小丛红景天 （引自《秦岭植物志》）

8. 长鳞红景天 图 602

Rhodiola gelida Schrenk in Fisch. et Mey. Enum. P1. Nov. Schrenk 1: 67. 1841.

多年生草本。根颈粗壮。根颈分枝多，长2-7厘米，径5-8毫米，顶端被鳞片。老花茎宿存，干后黑色，新花茎稻杆色，长3-5(-10)厘米，径1毫米，弯曲。叶互生，卵状长圆形，长0.8-1厘米，有细牙齿，或近全缘。花序多花，密集，高1-1.5厘米。雌雄异株；萼片4-5，线状披针形或长

圆形，长3毫米；花瓣5，黄色，长圆形或倒披针状长圆形，长4毫米；雄蕊8(10)，长4-5毫米，对瓣的着生基部上1毫米；鳞片4-5，宽线形、窄长方形或梯形，长1.2-1.8毫米，心皮4-5，长圆形，长5-6毫米，基部1.5-2毫米，合生，花柱短，稍外弯。蓇葖红色。种子卵形，两端有翅，褐色。花期6-7月，果期8月。

产新疆天山地区，生于海拔2870-4180米山坡草地或岩石上。蒙古、俄罗斯有分布。

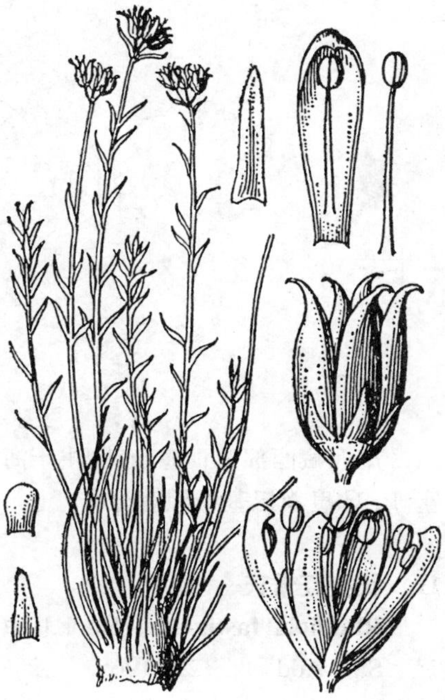

图 602 长鳞红景天 （仲世奇绘）

9. 四裂红景天 图 603 彩片 91

Rhodiola quadrifida (Pall.) Fisch. et Mey. Enum.. Pl. Nov. Schrenk 1: 69. 1841.

Sedum quadrifida Pall. Reise III. Anh. 730. pl. f. 1A. 1776.

多年生草本，主根长达18厘米。根颈径1-3厘米，分枝，黑褐色，顶端被鳞片；老茎宿存，常100以上。花茎径0.5-1毫米，高达10(-15)厘米，稻杆色，直立，叶密生。叶互生，无柄，披针形或线状披针形，长5-8(-12)毫米，全缘。伞房花序花少数。花梗与花等长或较短；萼片4，线状披针形，长3毫米；花瓣4，紫红色，长圆状倒卵形，长4毫米；雄蕊8，与花瓣等长或稍长；鳞片4，近长方形，长1.5-1.8毫米。蓇葖果4，披针形，长5毫米，直立，有反折短喙，成熟时暗红色。花期5-6月，果期7-8月。

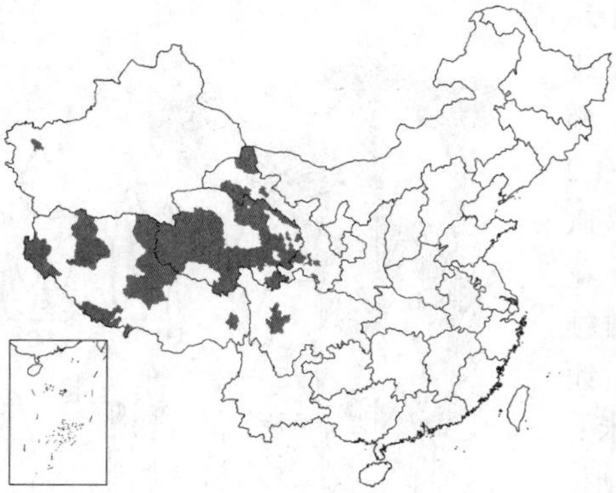

产甘肃、新疆，青海、西藏及四川，生于海拔2900-5100米沟边或山坡石缝中。巴基斯坦、印度、尼泊尔、锡金、俄罗斯及蒙古有分布。

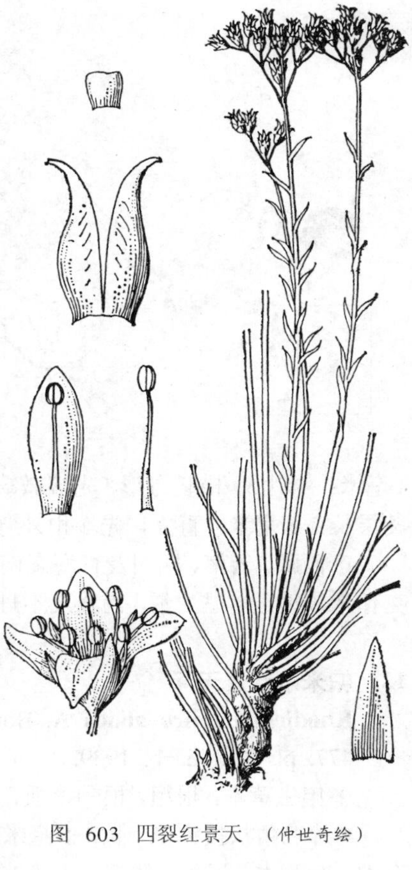

图 603 四裂红景天 （仲世奇绘）

10. 西藏红景天 图 604

Rhodiola tibetica (Hook. f. et Thoms.) S. H. Fu in Acta Phytotax. Sin. Add. 1: 121. 1965.

Sedum tibetica Hook. f. et Thoms. in Journ. Linn. Soc. Bot. 2: 96. 1858.

根颈残留少数老枝。花茎长达30厘米，基部常被微乳头状凸起。叶覆瓦状，线形或窄卵形，长5-9毫米，先端长芒状渐尖，基部圆或宽三角形，

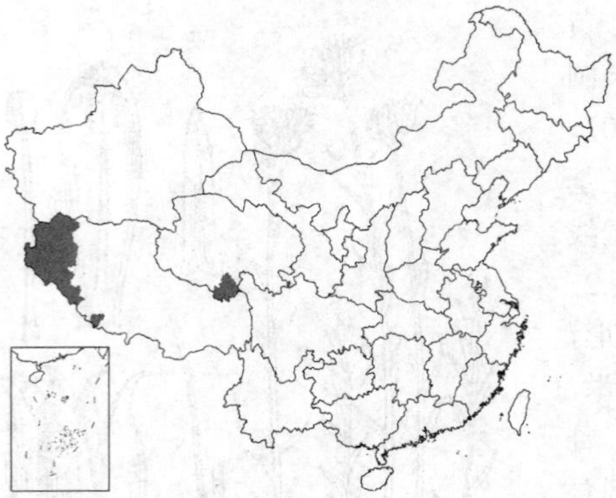

全缘或有牙齿，无柄。伞房状花序花紧密。花单生，雌雄异株；萼片5，近长圆形，长1毫米；花瓣5，紫或红色，椭圆状披针形，长2-4毫米；雄蕊10，长与花瓣略等长或稍长；鳞片5，近四方形，长0.6毫米，先端微缺；心皮5，披针形，长4-5毫米，直立，先端稍外弯。花期7-8月，果期9月。

产西藏西部及青海南部，生于海拔4050-5400米山沟碎石坡或沟边。阿富汗、印度及巴基斯坦有分布。

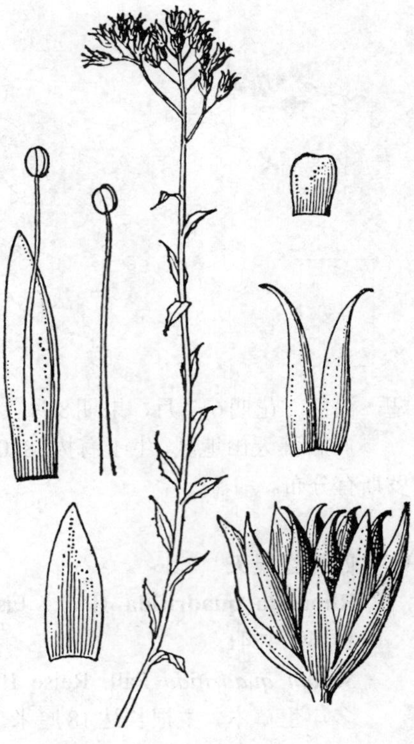

图 604 西藏红景天 （仲世奇绘）

11. 长鞭红景天 图 605：1-6 彩片 92

Rhodiola fastigiata（Hook.f. et Thoms.）S. H. Fu in Acta Phytotax. Sin. Add. 1: 122. 1965.

Sedum fastigiatum Hook. f. et Thoms. in Journ. Linn. Soc. Bot. 2: 98. 1858.

多年生草本。根颈径1-1.5厘米，基部鳞片三角形。花茎4-10，着生主轴顶端，长8-20厘米，径1.2-2毫米，叶密生。叶互生，线状长圆形、线状披针形、椭圆形或倒披针形，长0.8-1.2厘米，先端钝，全缘，被微乳头状凸起；基部无柄。花序伞房状，长1厘米。雌雄异株；花密生。萼片5，线形或长三角形，长3毫米；花瓣5，红色，长圆状披针形，长5毫米；雄蕊10，长达5毫米，对瓣的着生基部以上1毫米；鳞片5，横长方形，先端微缺；心皮5，披针形，直立，花柱长。蓇葖果长7-8毫米，直立，先端稍外弯。花期6-8月，果期9月。

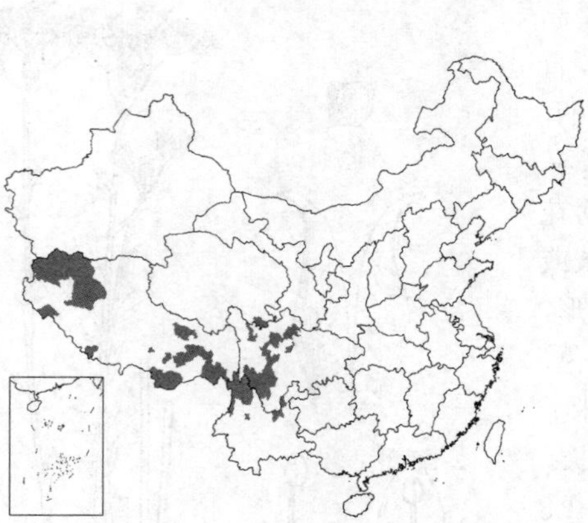

产西藏、云南、四川及青海东南部，生于海拔2500-5400米山坡石上。克什米尔地区、尼泊尔、锡金及不丹有分布。

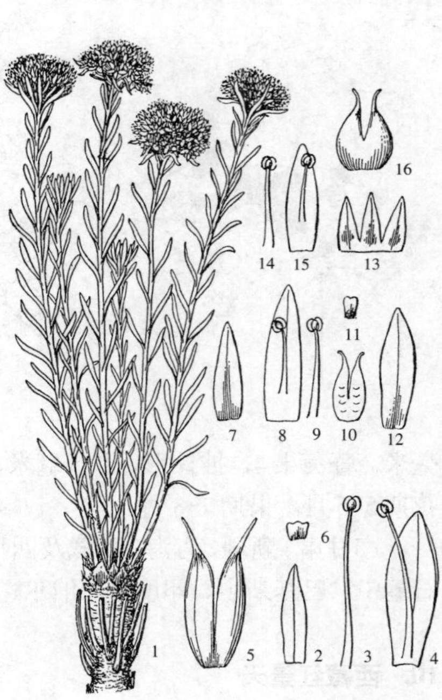

图 605：1-6. 长鞭红景天 7-12. 帕米尔红景天 13-16. 黄萼红景天 （蔡淑琴绘）

12. 帕米尔红景天 图 605：7-12

Rhodiola pamiro-alaica A. Bor. in Kom. Fl. URSS. 9: 40. Add. 8: 477. pl. 3. f. 6a-b. 1939.

多年生草本。根粗，根颈木质，径1.5-3厘米，老花茎宿存，顶端被鳞片，鳞片三角状披针形，长4-8毫米。花茎高10-30厘米，径2毫米，下部有沟。叶互生，远生，线形、线状披针形或披针形，长0.7-1.5厘米。花梗与花等长；雌雄异株；萼片5(6)，绿黄色，披针形或线形，长2-3毫米；花瓣5-6，黄白色，披针形或线形，长

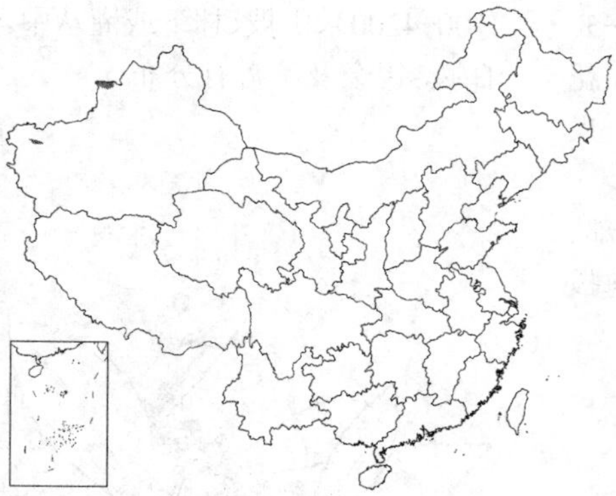

4-4.5毫米；雄蕊10或12，较花冠短，黄色；鳞片5-6，楔状四方形，先端全缘，稀微缺。蓇葖果5-6，长圆形，长达6毫米。喙丝状，长1毫米，直立，稀外弯。花期6-7月，果期6-8月。

产新疆西北部及西部，生于海拔2400-2800米河谷石缝中或山谷山坡。蒙古及俄罗斯有分布。

[附] **黄萼红景天** 图 605：13-16 **Rhodiola litwinowii** A. Bor. in Kom. Fl. URSS. 9：41. pl. 3：4. Add. 8：478. 1939. 本种与帕米尔红景天的区别：根颈顶端被卵状三角形鳞片，长宽约1-1.5厘米；叶椭圆形，先端稍钝，基部楔形，上部有钝牙齿；花序多花密集；萼片5或4，黄色，雄蕊超出花冠。产新疆托木尔峰，生于海拔3200米处。蒙古及俄罗斯有分布。

13. 长白红景天 图 606

Rhodiola angusta Nakai in Bot. Mag. Tokyo 28：304. 1914.

多年生草本。主根常不分枝。根颈直立，细长，径5-7毫米，残留老枝少数，顶端被三角形鳞片。花茎1-5，直立，长3.5-10厘米，稻杆色，密生叶。叶互生，线形，长1-2厘米，基部稍窄，全缘或上部有1-2牙齿。伞房状花序。雌雄异株；萼片4，线形，稍不等长；花瓣4，黄色，长圆状披针形，长4-5毫米；雄蕊8，较花瓣稍短或等长，对瓣的着生基部以上1.8毫米；鳞片4，近四方形，先帮稍平或微缺；心皮在雄花中不育，雌花心皮披针形，直立，长6毫米，先端渐尖，柱头头状。蓇葖果4，紫红色，直立，长7-8毫米，先端稍外弯。种子披针形，两端连翅长2-3毫米。花期7-8月，果期8-9月。

产黑龙江南部及吉林东南部，生于海拔1700-2600米高山草原或山坡石缝中。朝鲜及俄罗斯有分布。

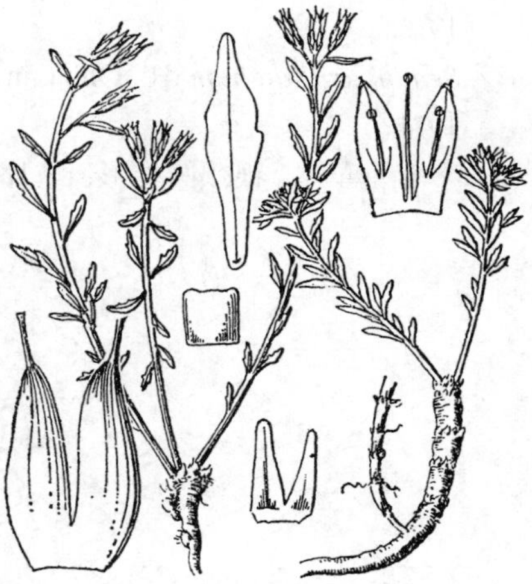

图 606 长白红景天 （钱存源绘）

14. 喜马红景天 图 607 彩片 93

Rhodiola himalensis (D. Don) S. H. Fu in Acta Phytotax. Sin. Add. 1：121. 1965.

Sedum himalense D. Don, Prodr. Fl. Nepal. 212. 1825.

多年生草本。根颈稍长，老花茎残存，顶端被三角形鳞片。花茎直立，圆，常带红色，长25-50厘米，密被透明小腺体。叶互生，疏覆瓦状排列，披针形、倒披针形、倒卵形或长圆状倒披针形，长1.7-2.7厘米，基部圆，全缘或先端有齿，被微乳头状凸起，中脉明显；无柄。花序伞房状。花梗细；雌雄异株；萼片4-5，窄三角形，基部合生；花瓣4-5，深紫色，长圆状披针形，长3-4毫米；雄蕊8或10，长2-3毫米；鳞片长方形，先端微

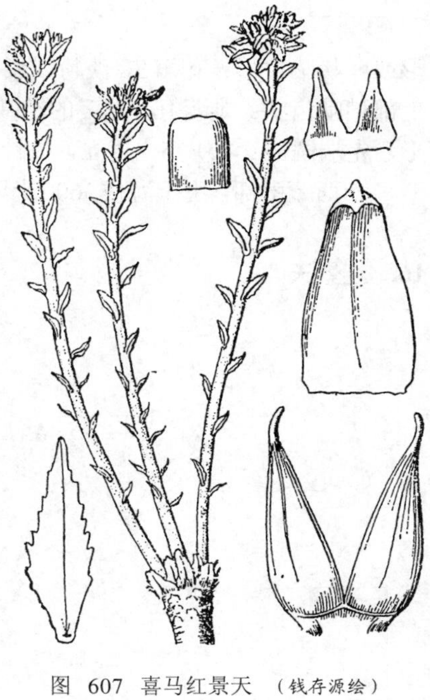

图 607 喜马红景天 （钱存源绘）

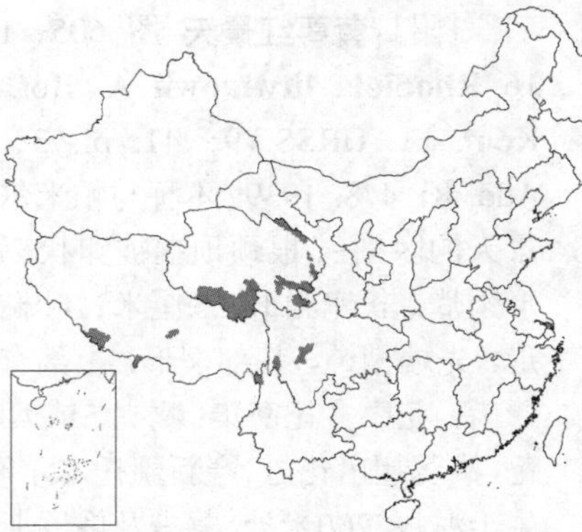

缺。雌花无雄蕊；心皮4-5，直立，披针形，长6毫米，花柱短，外弯。花期5-6月，果期8月。

产西藏、云南西北部、四川西部及青海，生于海拔3700-4200米山坡、林下或灌丛中。尼泊尔、锡金及不丹有分布。

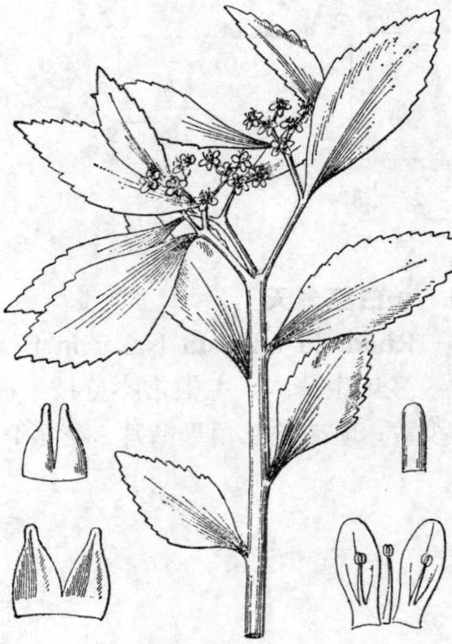

图 608 美花红景天 （钱存源绘）

15. 美花红景天 图 608

Rhodiola calliantha（H. Ohba）H. Ohba in Journ. Jap. Bot. 51：386. 1976.

Sedum callianthum H. Ohba in Journ. Jap. Bot. 49：325. f. 1 g-1. 1974.

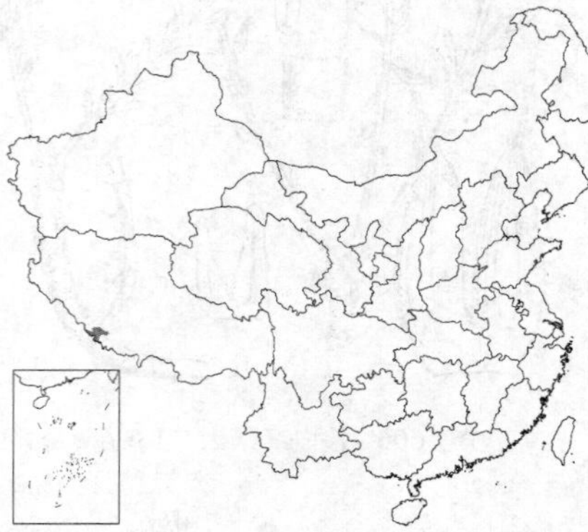

多年生草本。根颈圆柱形；鳞片淡棕色，长0.6-1厘米，三角形或卵状三角形。花茎长12-18厘米，径2-4毫米，干后稻杆色，无毛。叶近对生或互生；柄长2毫米，叶菱状卵形或椭圆形，长4-5.5厘米，先端尖，基部渐窄，上部有粗锯齿状圆齿。花序顶生，复聚伞花序，花序梗长0.5-1.5厘米，无毛；苞片少数，叶状。花5基数，雌雄异株；花梗长1.5-2.5毫米；萼片5，三角形或卵状三角形；花瓣5，淡粉或紫色，窄倒卵形，长3-4.5毫米，全缘或上部稍啮齿状；雄蕊10，对瓣的在基部以上0.5毫米着生；鳞片5，近长方形，先端圆截；心皮5，直立，披针形，长1.5毫米。

产西藏南部，生于海拔3600米阴坡岩石上。尼泊尔有分布。

16. 红景天 图 609

Rhodiola rosea Linn. Sp. Pl. 1035. 1753.

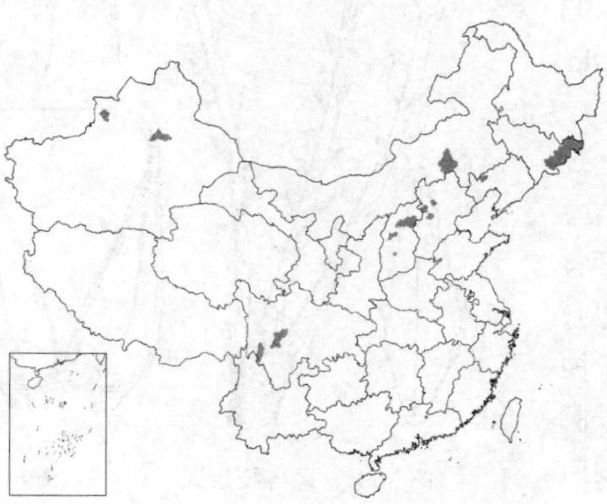

多年生草本。根粗壮，直立。根颈短，顶端被鳞片。花茎高达30厘米。叶疏生，长圆形、椭圆状倒披针形或长圆状宽卵形，长0.7-3.5厘米，全缘或上部疏生牙齿，基部稍抱茎。花序伞房状，多花密集，长2厘米。雌雄

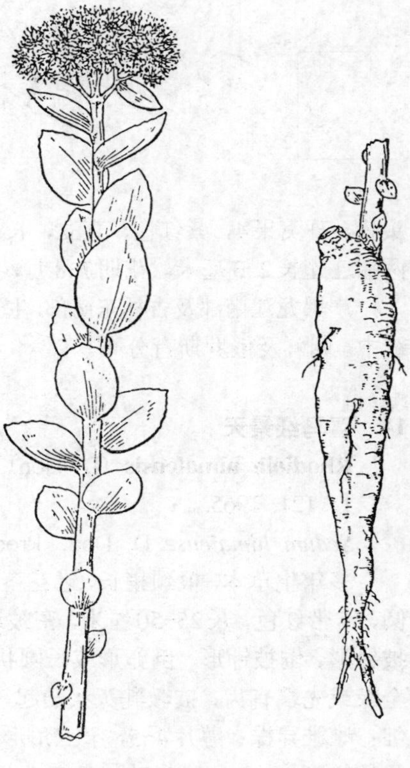

图 609 红景天 （引自《图鉴》）

异株；萼片4，披针状线形，长1毫米，花瓣4，黄绿色，线状倒披针形或长圆形，长3毫米；雄花中雄蕊8，较花瓣长；鳞片4，长圆形，长1-1.5毫米，上部稍窄，先端有齿状微缺；雌花心皮4，花柱外弯。蓇葖果披针形或线状披针形，直立，长6-8毫米，喙长1毫米。种子披针形，一侧有窄翅。花期4-6月，果期7-9月。

产吉林、辽宁、内蒙古、河北、山西、新疆及四川，生于海拔1800-2700米山坡林下或草坡。欧洲北部至俄罗斯、蒙古、朝鲜半岛北部及日本有分布。

17. 库页红景天 图 610

Rhodiola sachalinensis A. Bor. in Kom. Fl. URSS. 9: 26. Add. 8: 473. pl. 3. f. 2a-b. 1939.

多年生草本，高10-15厘米。根粗壮，常直立，稀横生；根颈短粗，顶端被鳞叶。花茎高达30厘米，下部的叶较小，疏生，上部叶较密生，叶长圆状匙形、长圆状菱或长圆状披针形，长0.7-4厘米，基部楔形，上部有粗牙齿，下部近全缘。聚伞花序，多花，径1.5-2.5厘米，下部有苞片。雌雄异株；萼片4(5)，披针状线形，花瓣4(5)，淡黄色，线状倒披针形或长圆形，长2-6毫米；雄花雄蕊8，较花瓣长，花药黄色，心皮不发育；雌花心皮4，花柱外弯；鳞片4，长圆形，先端微缺。蓇葖果披针形或线状披针形，直立，长6-8毫米。花期4-6月，果期7-9月。

产黑龙江南部及吉林东南部，生于海拔1600-2500米山坡林下、碎石山坡及高山冻原。俄罗斯远东地区、朝鲜半岛北部及日本有分布。

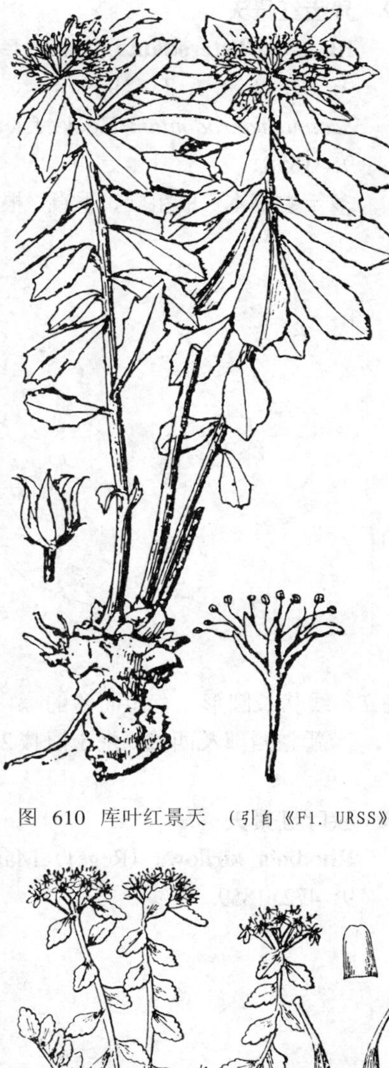

图 610 库叶红景天 （引自《Fl. URSS》）

18. 大花红景天 图 611 彩片 94

Rhodiola crenulata (Hook. f. et Thoms.) H. Ohba in Journ. Jap. Bot. 51: 387. 1976.

Sedum crenulatum Hook. f. et Thoms. in Journ. Linn. Soc. Bot. 2: 96. 1858.

多年生草本。地上根颈短，残存茎少数，干后黑色，高达20厘米。不育枝直立，顶端密生叶，叶宽倒卵形，长1-3厘米。花茎多，直立或扇状排列，高达20厘米，稻杆色或红色。叶有短的假柄，椭圆状长圆形或近圆形，长1.2-3厘米，全缘、波状或有圆齿。花序伞房状，多花，有苞片。花大，有长梗，雌雄异株；雄花萼片5，窄三角形或披针

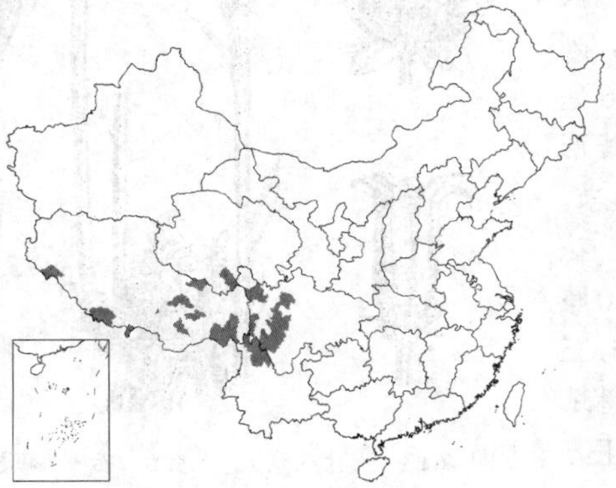

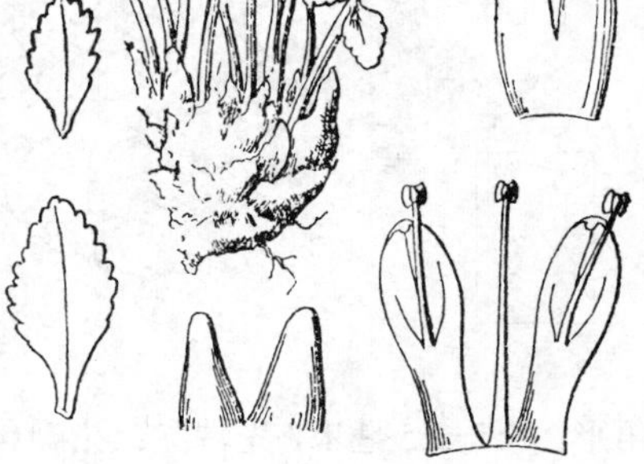

图 611 大花红景天 （钱存源绘）

形；花瓣5，红色，倒披针形，长6-7.5毫米，有长爪；雄蕊10，与花瓣等长，对瓣的着生基部以上2.5毫米；鳞片5，近正方形或长方形，先端微缺；心皮5，披针形，长3-3.5毫米，不育。蓇葖5，直立，花枝短，干后红色。种子倒卵形，两端有翅。花期6-7月，果期7-8月。

产西藏、云南西北部、四川西部及青海南部，生于海拔2800-5600米山坡草地、灌丛或石缝中。尼泊尔、锡金及不丹有分布。

19. 异齿红景天 图 612

Rhodiola heterodonta（Hook. f. et Thoms.）A. Bor. in Kom. Fl. URSS 9：32. pl. 3. f. 3a. 1939.

Sedum heterodontum Hook. f. et Thoms. in Journ. Linn. Soc. Bot. 2：95. 1858.

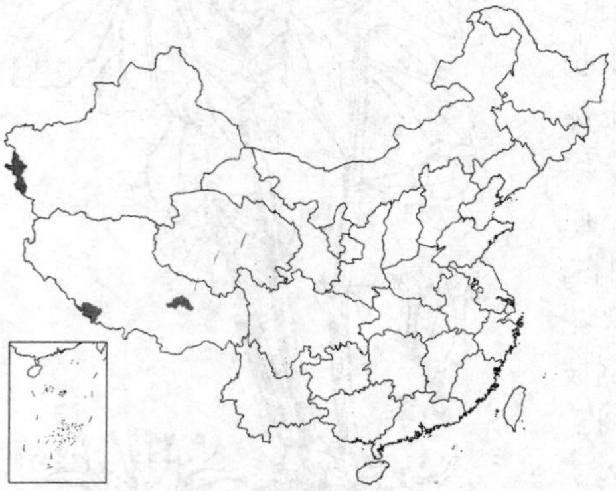

多年生草本。根粗壮，垂直。根颈分枝，顶端被鳞片。花茎长达40厘米，直立，径4-5毫米。叶互生，三角状卵形，长1.5-2厘米，先端急尖，基部心形抱茎，有粗齿。花序紧密伞房状，无苞片，长1-1.5厘米。雌雄异株；花有短梗；萼片4，线形，长3毫米；花瓣4，黄绿色，线形，长达7毫米；雄蕊8，长于花瓣，带红色；鳞片4，线形，长约1毫米，先端浅凹；心皮4，披针形，长6毫米，花柱短。蓇葖果直立，线状长圆形，有短而弯的喙。花期5-6月，果期7月。

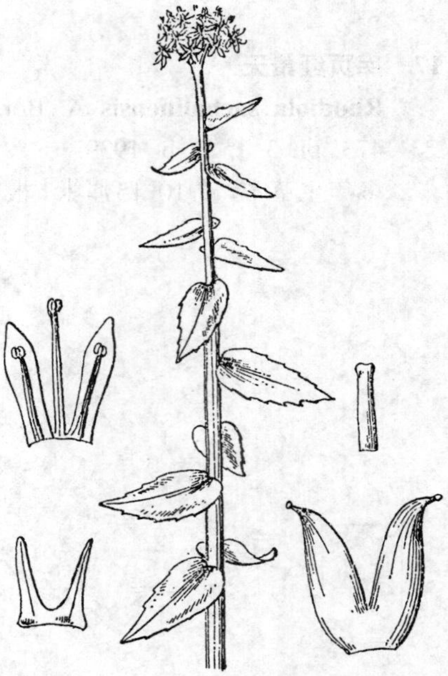

图 612 异齿红景天 （钱存源绘）

产新疆西部及西藏，生于海拔2800-4700米山坡沟边或冰积石中。伊朗、阿富汗、克什米尔地区、巴基斯坦、蒙古及俄罗斯有分布。

20. 狭叶红景天 图 613 彩片 95

Rhodiola kirilowii（Regel）Maxim. in Mém. Acad. Sci. St. Pétersb. 9：472. 1859.

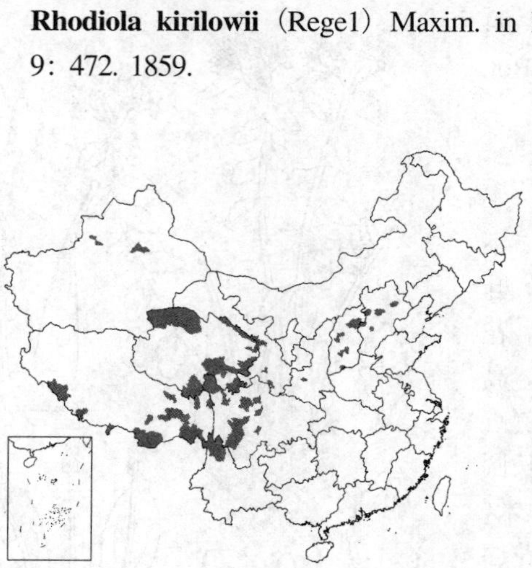

Sedum kirilowii Regel. in Regel et Tiling, Fl. Ajan 92, in adnot. no. 114. 1858.

多年生草本。根粗，直立，根颈径15厘米，顶端被三角形鳞片。花茎少数，高达60(-90)厘米，径4-6毫米，密生叶。叶互生，线形或线状披针形，长4-6厘米，疏生锯齿或全缘；无柄。花序伞房状，多花，径7-10厘米。雌雄异株；萼片(4)5，三角形，长2-2.5毫米，先端尖；花瓣(4)5，绿黄色，倒披针形，长3-4毫米；雄花雄蕊10或8，与花瓣等长或稍长，花丝花药黄色；鳞片(4)5，近正方

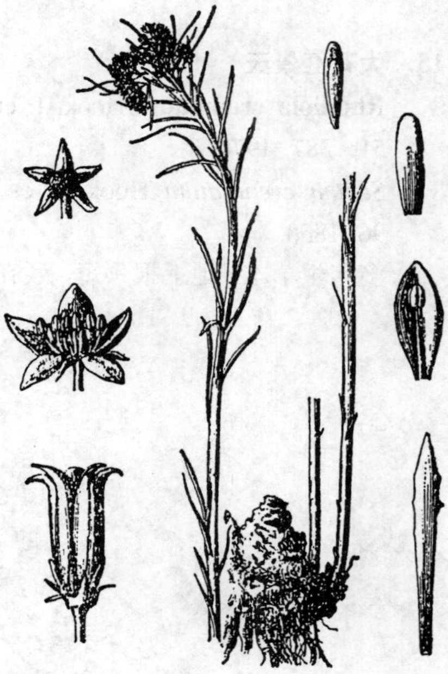

图 613 狭叶红景天 （引自《秦岭植物志》）

形或长方形，长0.8毫米，先端钝或微缺；心皮(4)5，直立。蓇葖果披针形，长7-8毫米，有短而外弯的喙。花期6-7月，果期7-8月。

产河北、山西、陕西、甘肃、新疆、青海、西藏、云南及四川，生于海拔2000-5600米山地多石草地或石坡。缅甸有分布。根颈药用，可止血、止痛、消积、止泻。

21. 紫绿红景天 图 614

Rhodiola purpureoviridis (Praeg.) S. H. Fu in Acta Phytotax. Sin. Add. 1: 125. 1965.

Sedum purpureoviride Praeg. in Journ. Bot. 55: 39. 1917.

多年生草本。根颈直立，径达2厘米，分枝，顶端被三角形鳞片。花茎少数，高达40厘米，密被腺毛。叶互生，窄长圆状披针形，长2.5-6厘米，先端稍尖，基部圆，有疏牙齿，常反卷，中脉显著，叶下面有腺毛。伞房状花序伞形，多花，有苞片。雌雄异株；花梗长，被腺毛；萼片5，线状披针形，长1-2.5毫米；花瓣5，绿色，线状倒披针形，长3-4毫米；雄蕊10，长2.5-3.5毫米，花丝紫色，花药圆形；鳞片5，长方状楔形，先端微缺。蓇葖果长6毫米，有外弯的喙。花期6-8月。

产云南西北部及四川西部，生于海拔2500-4100米山地草坡或林缘。

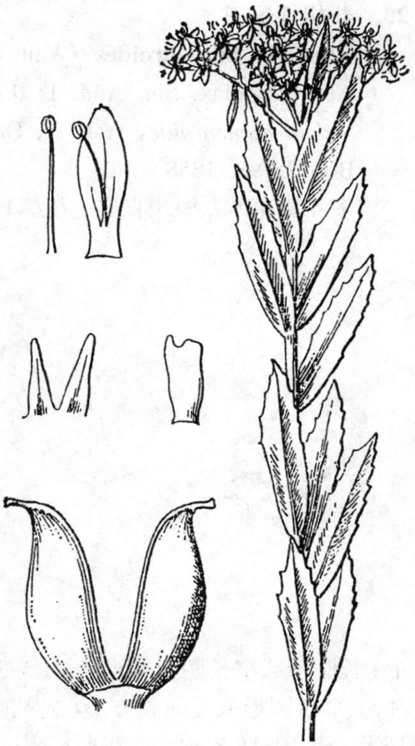

图 614 紫绿红景天 （钱存源绘）

22. 异色红景天 图 615

Rhodiola discolor (Franch.) S. H. Fu in Acta Phytotax. Sin. Add. 1: 124. 1965.

Sedum discolor Franch. in Journ. de Bot. 10: 285. 1896.

多年生草本。根颈近横走，顶端被鳞片。花茎单生或少数，直立，高达40厘米。叶互生，长圆状披针形、卵状披针形、线状披针形或卵形，长0.9-2.5厘米，基部耳形或圆，有不明显牙齿，或近全缘，下面带苍白色，边缘常反卷；叶柄长1毫米。伞房状花序，长3-5厘米；有苞片。雌雄异株，稀两性；花梗短；萼片4-5，长三角形；花瓣4-5，紫红色，长圆状倒卵形或长圆形，长2-4毫米；雌花无雄蕊；雄花雄蕊8或10，对瓣的长1.5毫米，对萼的长2毫米；鳞片4-5，长圆状方形，先端微缺；心皮4-5。蓇葖果直立，

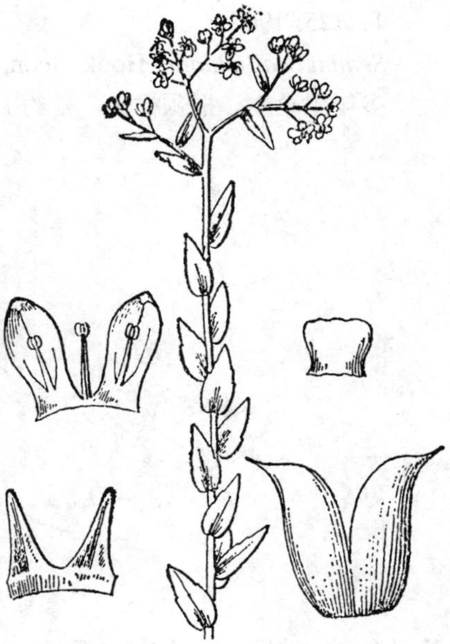

图 615 异色红景天 （钱存源绘）

长3-4毫米。花期6-7月，果期7-8月。

产西藏东南部、云南西北部及四川西部，生于海拔2800-4300米山坡。尼泊尔及锡金有分布。

23. 柴胡红景天 图 616

Rhodiola bupleuroides (Wall. ex Hook. f. et Thoms.) S. H. Fu in Acta Phytotax. Sin. Add. 1: 124. 1965.

Sedum bupleuroides Wall. ex Hook. f. et Thoms. in Journ. Linn. Soc. Bot. 2: 98. 1858.

多年生草本。根颈直立。花茎1-2。叶互生，无柄或有短柄，厚草质，椭圆形、近圆形、卵形、倒卵形或长圆状卵形，长0.3-6(-9)厘米，基部心形或窄，全缘或疏生锯齿。伞房状花序顶生，有7-100花，有苞片。雌雄异株；萼片5，紫红色，雄花的稍短，窄长圆形、长圆状卵形或窄三角形；花瓣5，暗紫红色，雄花的倒卵形或窄倒卵形，长2.8-4毫米，雌花的窄长圆形、长圆形或窄长圆状卵形，长1.5-3毫米；雄蕊与花瓣近等长或稍短；鳞片5，窄长圆形或近横长方形，先端圆或微缺；心皮5。蓇葖果长4-5(-10)毫米，有10-16枚种子。花期6-8月，果期8-9月。

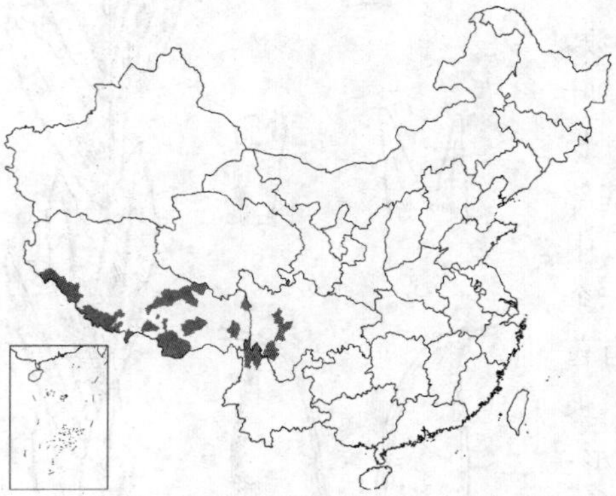

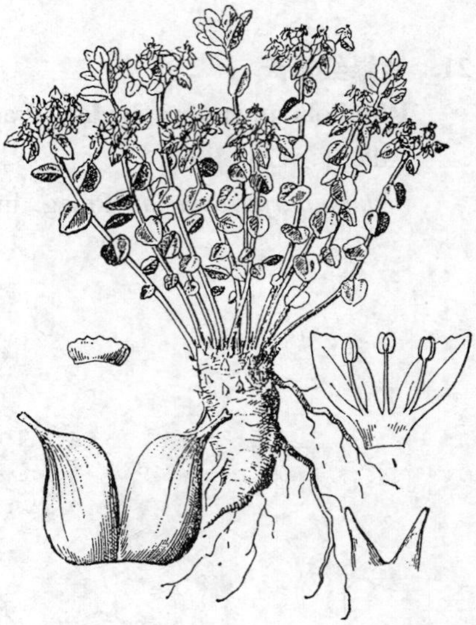

图 616 柴胡红景天 （引自《中国植物志》）

产西藏、云南西北部及四川西部，生于海拔2400-5700米山坡石缝、灌丛中或草地。尼泊尔、锡金、不丹及缅甸有分布。

24. 粗茎红景天 图 617

Rhodiola wallichiana (Hook.) S. H. Fu in Acta Phytotax. Sin. Add. 1: 125. 1965.

Sedum wailichiana Hook. Icon. Pl. 7: pl. 604. 1844.

多年生草本。根颈横走，径约1厘米。老花茎脱落或少数残留。花茎3-5，高达25厘米。叶多数，线状倒披针形或披针形，长1.2-1.6厘米，两端渐窄，上部有1-3对疏齿；无柄。花序伞房状，顶生，有叶，径1.5-2.5厘米。花两性，稀单性异株；萼片5，线形；花瓣5，淡红、淡绿或黄白色，倒卵状椭圆形，长0.5-1厘米；雄蕊10，长0.8-1.2厘米；鳞片5，近匙状正方形，先端稍宽，有微缺；心皮5。蓇葖果直立，披针形，长1-1.5厘米。花期8-9月，果期10月。

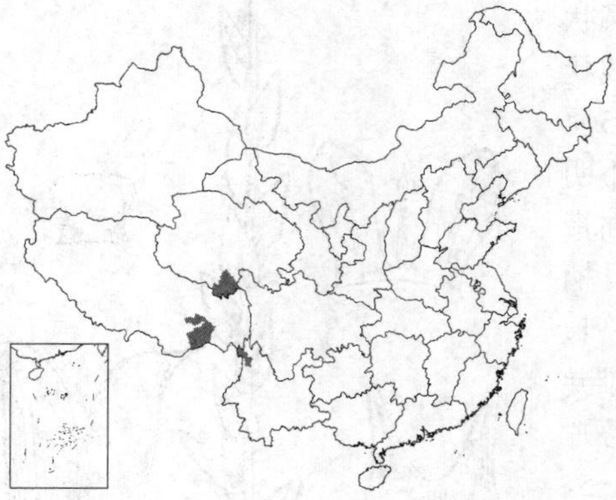

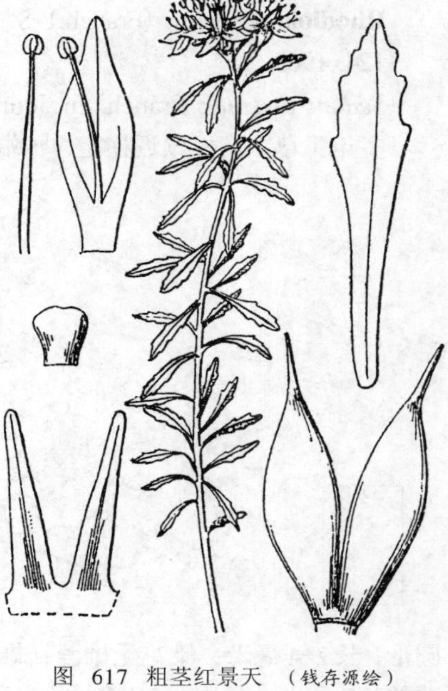

图 617 粗茎红景天 （钱存源绘）

产西藏东南部及云南西北部，生于海拔2600-3800米山坡林下石上。尼泊尔、锡金、不丹及缅甸有分布。

25. 宽果红景天 图 618

Rhodiola eurycarpa（Frod.）S. H. Fu in Acta Phytotax. Sin. Add. 1: 125. 1965.

Sedum eurycarpa Frod. in Acta Hort. Gothob. 1: 24. p1. 11: 2. 3. f. 1: 5-9. 1924.

多年生草本。主根长，根颈长，径5-6毫米，老茎脱落或少数残存，不育枝少数。花茎多数，高达25厘米，上部被微乳头状凸起。叶线状倒披针形，长1.3-2.5厘米，先端尖，基部渐窄，有疏锯齿1-6，花序顶生，密集，有5-20花，径2.5-3厘米。雌雄异株；萼片5，窄线形，长2-3.5毫米；花瓣5，紫红或淡黄色，线状倒披针形，长4-5毫米；雄花雄蕊10，长达6毫米；鳞片5，四方形，长1毫米，先端微缺；雌花心皮5。蓇葖果近分离，稍有柄，有短喙，直立。种子卵圆形，两端有翅。花期6-7月，果期8-9月。

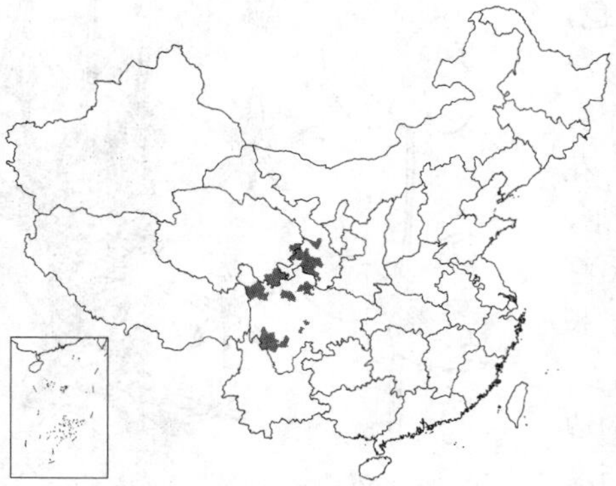

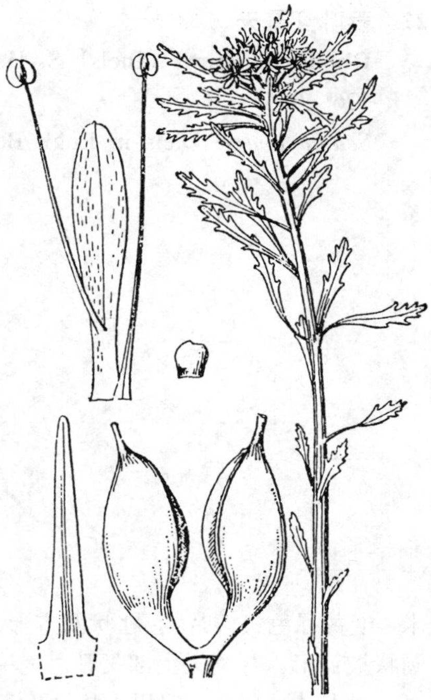

图 618 宽果红景天 （钱存源绘）

产陕西、甘肃、青海及四川西部，生于海拔2500-4300米山坡林下或沟边石上。

26. 云南红景天 图 619

Rhodiola yunnanensis（Franch.）S. H. Fu in Acta Phytotax. Sin. Add. 1: 126. 1965.

Sedum yunnanense Franch. in Journ. de Bot. 10: 286. 1896.

多年生草本。花茎单生或少数，无毛。3叶轮生，稀对生，卵状披针形、椭圆形、卵状长圆形或宽卵形，长4-7(-9)厘米，有疏锯齿或近全缘，下面苍白绿色，无柄。聚伞圆锥花序，长5-15厘米。雌雄异株，稀两性花；雄花萼片4，披针形，长0.5毫米，花瓣4，黄绿色，匙形，长1.5毫米，雄蕊8，较花瓣短，鳞片4，楔状四方形，心皮4；雌花萼片、花瓣均4，绿或紫色，线形，长1.2毫米，鳞片4，近半圆形，长0.5毫米，心皮4，卵形，叉开，长1.5毫米，基部合生。蓇葖果星芒状排列，长3-3.2毫米，基部1毫米合生。花期5-7月，果期7-8月。

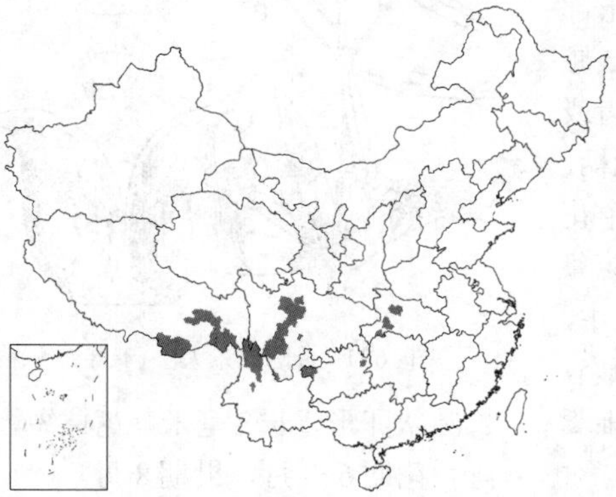

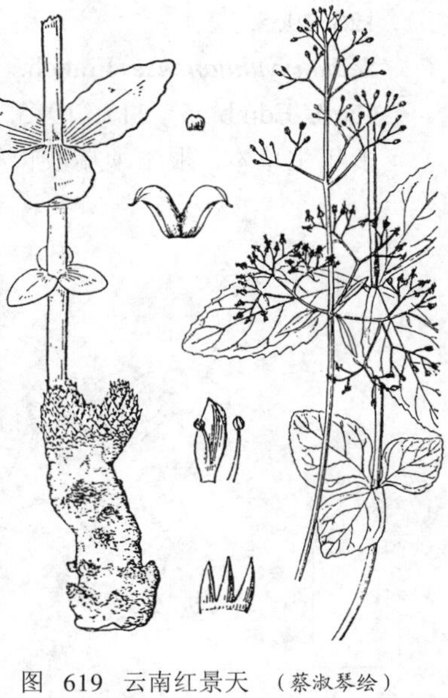

图 619 云南红景天 （蔡淑琴绘）

产西藏、云南、四川、贵州及湖北西部，生于海拔2000-4000米山坡林下。全草药用，可消炎、消肿、接骨。

27. 菱叶红景天 豌豆七 图 620

Rhodiola henryi（Diels）S. H. Fu in Acta Phytotax. Sin. Add. 1: 126. 1965.

Sedum henryi Diels in Engl. Bot. Jahrb. 29: 361. 1900.

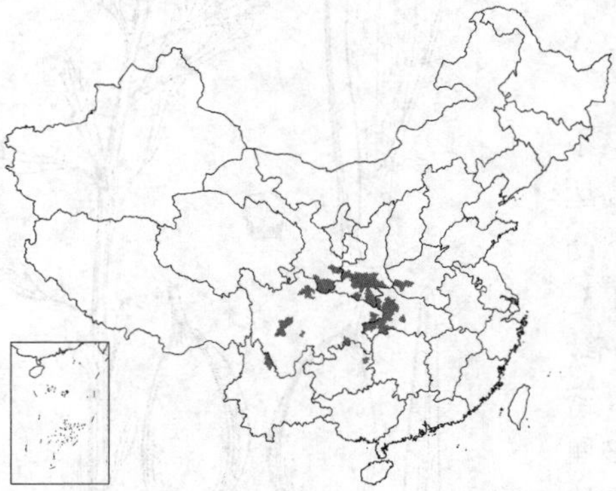

多年生草本。根颈直立。径0.7-1厘米，顶端被披针状三角形鳞片。花茎高达40厘米。3叶轮生，卵状菱形，长1-3厘米，有疏锯齿3-6，膜质，干后带黄绿色，无柄。聚伞圆锥花序，长3-7厘米。雌雄异株；萼片4，线状披针形，长1毫米；花瓣4，黄绿色，长圆状披针形，长2毫米；雄蕊8，长1.6毫米，淡黄绿色；鳞片4，匙状四方形，先端微缺；雌花心皮4，黄绿色，长圆状披针形。蓇葖果上部叉开，呈星芒状。花期5月，果期6-7月。

产甘肃、陕西、四川、湖北及河南，生于海拔1000-3300米山坡沟边岩石上。全草及根颈药用，可散瘀止痛、解毒宁神，治胃痛、跌打损伤及痈疖。

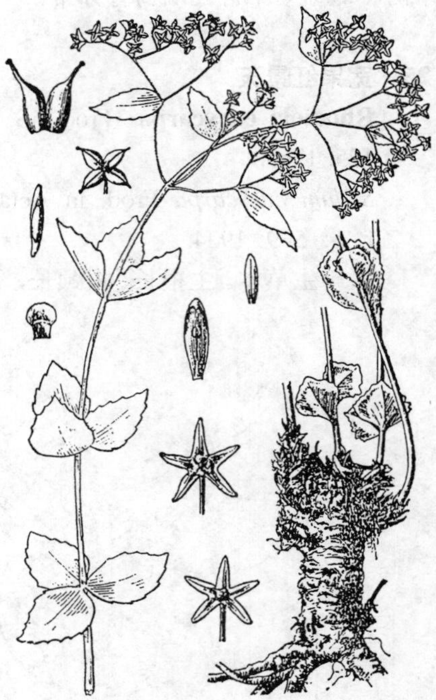

图 620 菱叶红景天 （仿《图鉴》）

28. 长圆红景天 图 621

Rhodiola forrestii（Hamet）S. H. Fu in Acta Phytotax. sin. Add. 1: 126. 1965.

Sedum yunnanense Franch. var. *forrestii* Hamet in Notes Roy. Bot. Gard. Edinb. 5: 117. 1915. "forresti"

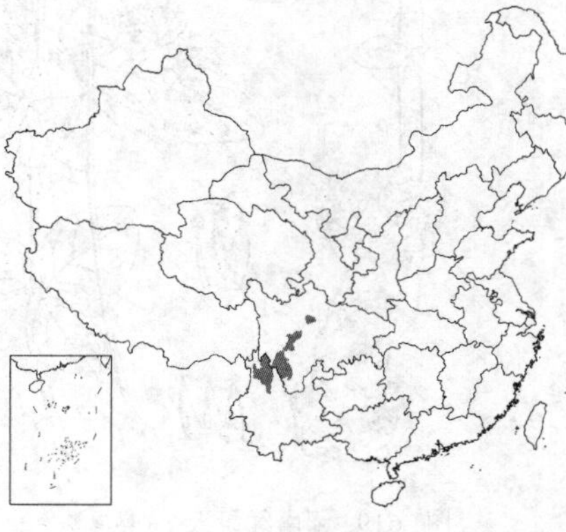

多年生草本。根颈顶端被长三角披针形鳞片。花茎高达40厘米。4叶轮生或3叶轮生，下部为对生，近线状长圆形，或下部叶卵形或倒卵形，长2-5厘米，先端钝，疏生粗牙齿或羽状浅裂，或近全缘；无柄。聚伞圆锥花序顶生或聚伞花序腋生。雌雄异株；雄花萼片5，线形，基部1毫米合生，分离部分长2毫米；花瓣5，长圆形，长3-3.5毫米；雄蕊10，对瓣的较花瓣稍短，对萼的与花瓣等长或稍长；鳞片5，宽楔形，先端圆或微缺；雌花花瓣三角状卵形，长1.1毫米，心皮5，长圆状卵形，长3毫米，花柱短，外弯。花期6-7月，果期8月。

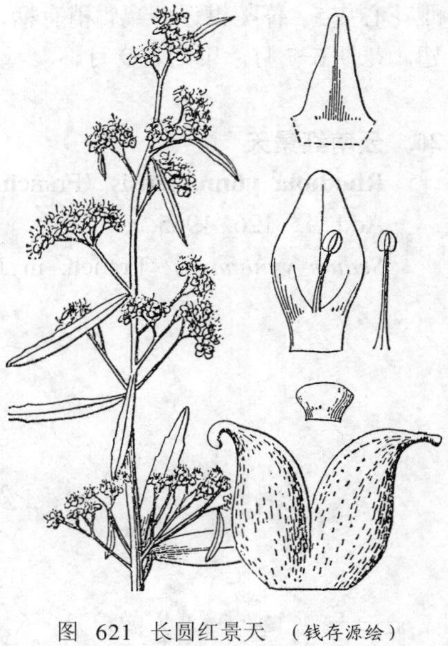

图 621 长圆红景天 （钱存源绘）

产云南西北部及四川西部，生于海拔2900-4000米山坡。

29. 圣地红景天 图 622

Rhodiola sacra（Prain ex Hamet）S. H. Fu in Acta Phytotax. Sin. Add. 1: 127. 1965.

Sedum sacra Prain ex Hamet in

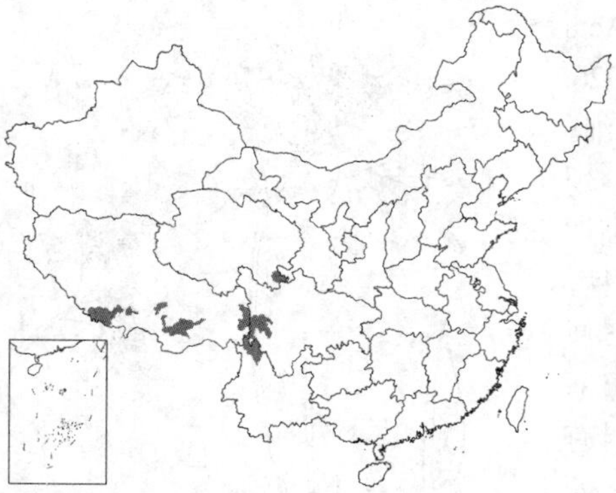

Acta Hort. Gothob. 2: 395. 1926. pro syn.

多年生草本。主根粗，分枝，根颈短，顶端被披针状三角形鳞片。花茎少数，高达16厘米，被微乳头状凸起。叶互生，倒卵形或倒卵状长圆形，长0.8–1.1厘米，基部楔形，有4–5浅裂；具短柄。伞房状花序，花少数。花两性；萼片5，窄披针状三角形，长3.5–5毫米；花瓣5，白色，窄长圆形，长1–1.1厘米，全缘或略啮蚀状；雄蕊10，长1厘米，花丝淡黄色，花药紫色；鳞片5，近正方形，先端圆或稍凹；心皮5。蓇葖果直立，长6毫米。种子长圆状披针形，褐色。花期8月，果期9月。

产西藏及云南西北部，生于海拔2700–4600米山坡石缝中。尼泊尔有分布。

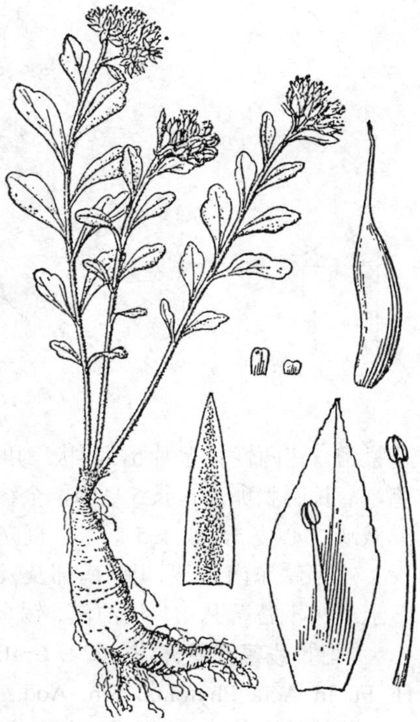

图 622 圣地红景天 （蔡淑琴绘）

30. 菊叶红景天 图 623

Rhodiola chrysanthemifolia (Lévl.) S. H. Fu in Acta Phytotax. Sin. Add. 1: 127. 1965.

Sedum chrysanthemifolium Lévl. in Fedde, Repert. Sp. Nov. 12: 283. 1913.

多年生草本。主根粗，分枝，根颈长，径6–7毫米，地上部分及顶端被鳞片，鳞片三角形，长宽均4毫米。花茎高达10厘米，被微乳头状凸起，顶端着叶。叶长圆形、卵形或卵状长圆形，长1–1.5厘米，先端钝，基部楔形，羽状浅裂；叶柄长5–8毫米。伞房状花序，紧密。花两性；苞片圆匙形，连柄长约1厘米；萼片5，线形、三角状线形或窄三角状卵形，长4毫米；花瓣5，长圆状卵形，长7–9毫米，全缘或上部啮蚀状；雄蕊对瓣的长4毫米，着生基部以上2毫米，对萼的长6毫米；鳞片5，近长方形，长1毫米，先端微缺。蓇葖果5，披针形，长5–6毫米，花柱长2毫米，直立。花期8月，果期9–10月。

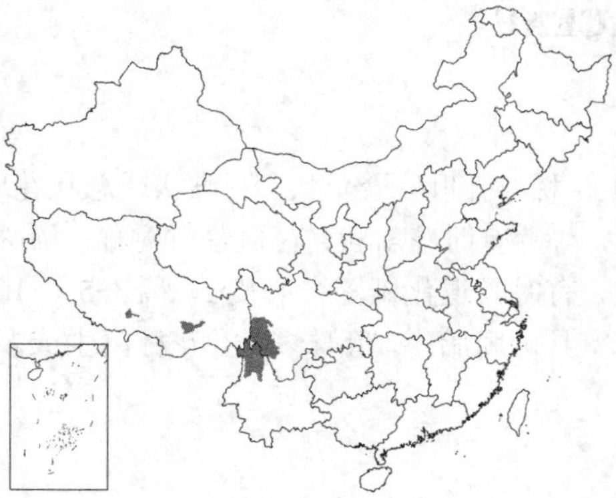

产云南西北部、四川西南部及西藏南部，生于海拔3200–4200米山坡石缝中。

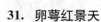

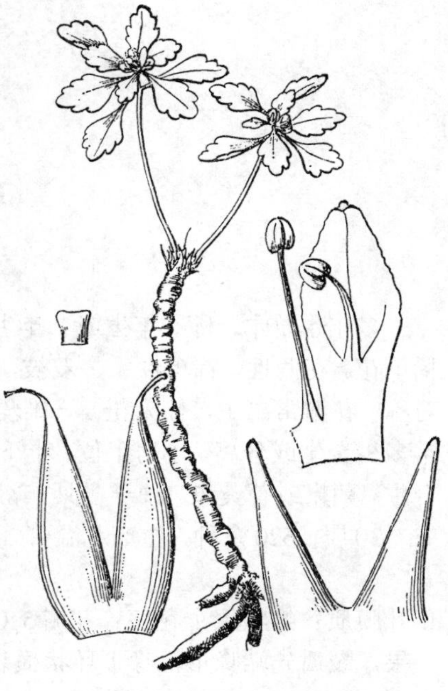

图 623 菊叶红景天 （钱存源绘）

31. 卵萼红景天 图 624：1–5

Rhodiola ovatisepala (Hamet) S. H. Fu in Acta Phytotax. sin. Add. 1: 127. 1965.

Sedum linearifolium Royle var.

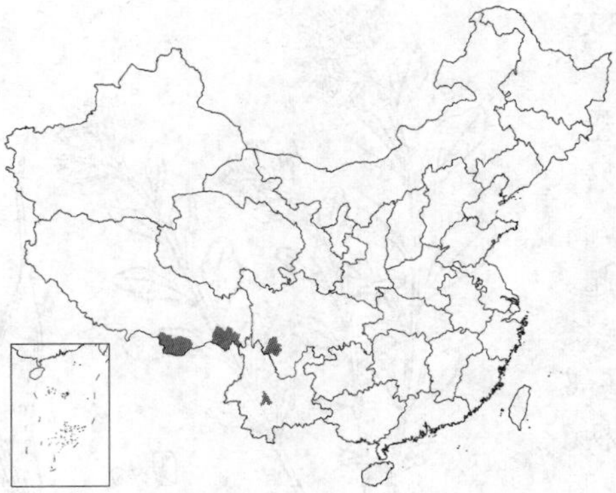

ovatisepalum Hamet in Acta Hort. Gothob. 2: 394. 1926.

多年生草本。根颈细，地下部分横走，出土部分顶端被三角形鳞片。花茎高达25厘米。叶聚生枝顶，有柄，长圆形或椭圆形，长3-5厘米，先端钝，基部渐窄，3-4浅裂至中裂，裂片有时有钝齿；叶柄长达1.5厘米。两歧聚伞花序长宽均2厘米，花紧密。花两性；萼片5，卵状三角形，长1毫米，先端圆；花瓣5，绿白色，窄长圆状卵形，长5毫米，全缘；雄蕊10；鳞片5，长方形，先端平或微缺；心皮5，长4-5毫米，直立。花期7-9月。

产西藏东南部、四川西南部及云南中西部，生于海拔2700-4200米山坡石上或树干苔藓丛中。尼泊尔、锡金，不丹及缅甸西北部有分布。

［附］**线萼红景天** 图 624: 6-10 **Rhodiola ovatisepala** var. **chingii** S. H. Fu in Acta Phytotax. Sin. Add. 1: 128. 1965. 本变种与模式变种的区别：萼片线形，长6-8毫米。产西藏东南部及云南西北部，生于海拔3000-3900米山坡林下或崖石上。

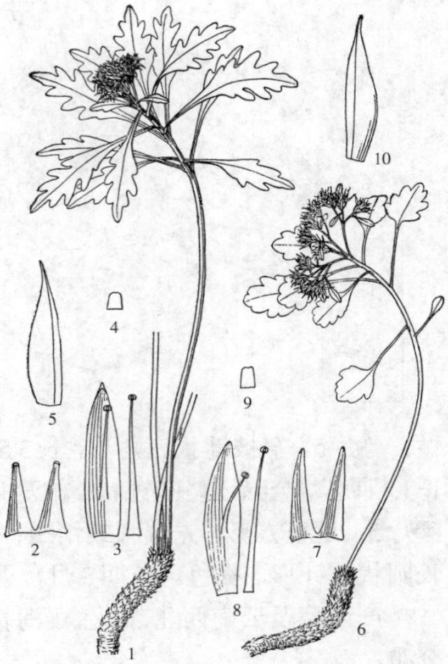

图 624: 1-5. 卵萼红景天
6-10. 线萼红景天 （冯晋庸绘）

107. 虎耳草科 SAXIFRAGACEAE

（潘锦堂 谷粹芝）

多年生草本，稀一年生或二年生草本。单叶或复叶，互生，稀对生；稀有托叶。聚伞状、圆锥状或总状花序，稀单花。花两性，稀单性；多双被，稀单被；花被片4-5（6-10）基数，萼片有时花瓣状，花冠辐射对称，稀两侧对称，花瓣常离生，稀无花瓣，雄蕊（4-）5-10，花丝离生，花药2室，有时具退化雄蕊；心皮2，稀3-5（-10），常多少合生或分离，子房上位、半下位或下位，多室具中轴胎座，或1室具侧膜胎座，胚珠多数，花柱离生或多少合生。蒴果或蓇葖果。种子多具丰富胚乳。

30属，620余种，主产北温带。我国15属，300余种。

1. 叶膜质；螺状聚伞花序；花瓣5（6-8）或无，雄蕊10（12-16），2轮，心皮5（6-8），下部合生，上部分离；蒴果，裂瓣先端喙形，喙下环状横裂 ………………………………………… 1. **扯根菜属 Penthorum**
1. 叶非膜质；非螺状聚伞花序；花瓣4-5（6-10）或无，雄蕊4-11，1-2轮，心皮2-5，分离或合生；蒴果裂瓣先端非环状横裂。
  2. 聚伞花序、总状花序或圆锥花序，有时花单生；雄蕊4-14，无退化雄蕊；子房1-5室。
    3. 常复叶，稀单叶；花瓣4-5，有时1-3，或无，心皮2-3（4），子房2-3（4）室，中轴胎座，或1室，侧膜胎座。
      4. 单叶，叶盾状着生，近圆形或卵圆形，掌状浅裂；花瓣4-5，雄蕊（6-）8，心皮2（-4），子房2（-4）室 ………………………………………… 2. **大叶子属 Astilboides**

4. 常复叶；如为单叶，则叶非盾状着生，宽卵形或窄卵形，常3-5裂；花瓣1-5， 或无，雄蕊（5-）8-10（-14），心皮2-3，子房1-3室。

5. 掌状复叶或羽状复叶；无苞片，萼片（4）-5（-7），无花瓣，雄蕊10（-14），子房2-3室，中轴胎座 ……………………………………………………………………………… 3. **鬼灯檠属 Rodgersia**

5. 二或四回3出复叶，稀单叶；具苞；萼片（4）5；花瓣1-5，有时更多或无，雄蕊（5-）8-10，子房2（3）室，中轴胎座，或1室，具侧膜胎座 ………………………………… 4. **落新妇属 Astilbe**

3. 单叶。花瓣5（-6），或无，心皮2（-5），子房2（-5）室，中轴胎座，若为1室则具边缘胎座或2侧膜胎座，有时上部具边缘胎座，下部具2顶生状侧膜胎座。

6. 叶均基生；无苞片；萼片5-7，花瓣5-6，或无，雄蕊5-6或10-14。

7. 叶卵形或心形，具不规则牙齿，上面近无毛，下面和边缘具腺毛；萼片5-7，不等大，具多脉；无花瓣，雄蕊10-14 ………………………………………………… 5. **独根草属 Oresitrophe**

7. 叶宽卵形或近圆形，掌状5-7（-9）裂，有锯齿，两面无毛；萼片5-6，近等大，具1脉；花瓣5-6，白色，雄蕊5-6 ………………………………………………… 6. **槭叶草属 Mukdenia**

6. 叶均基生或兼茎生；具苞片；萼片4-5（-7），花瓣5或无；雄蕊4-10。

8. 心皮2或3；子房2或3室 ……………………………… 7. **变豆叶草属 Saniculiphyllum**

8. 心皮2；子房2室或1室，或下部2室而上部1室。

9. 萼片5，花瓣5，雄蕊10，子房2室，中轴胎座，或1室，侧膜；蒴果，稀蓇葖果。

10. 多年生草本；聚伞花序；花辐射对称；花托杯状，内壁与子房离生，或下部与子房愈合；蒴果。

11. 叶均基生，叶非盾状着生，全缘，或具牙齿，叶柄基部具宽托叶鞘；托杯内壁与子房离生，花瓣白、红或紫色，全缘；子房近上位，基部2室，中轴胎座，顶部1室，侧膜胎座；种子具棱 ……………………………………………………………… 8. **岩白菜属 Bergenia**

11. 叶基生兼茎生，叶盾状着生，掌状浅裂，托叶膜质；托杯内壁下部与子房愈合；花瓣淡黄色，具疏齿；子房半下位，2室，中轴胎座。种子具小瘤状突起 ………… 9. **涧边草属 Peltoboykinia**

10. 多年生草本，稀一年生或二年生草本；花常辐射对称，稀两侧对称，聚伞花序或花单生；花托杯状或扁平，其内壁与子房下部愈合；蒴果，稀蓇葖果 ……………………… 10. **虎耳草属 Saxifraga**

9. 萼片4-5（-7）；花瓣5，或无，雄蕊4-10，子房常1室，具2侧膜胎座，或上部1室，边缘胎座，下部2室，中轴胎座。

12. 具托叶，萼片5，花瓣5，有时无，雄蕊5或10。

13. 单叶，或复叶具3小叶；花序总状或圆锥状，顶生或腋生；花瓣非羽状分裂，雄蕊10；2果瓣不等大 ……………………………………………………………… 11. **黄水枝属 Tiarella**

13. 单叶，总状花序顶生；花瓣常羽状分裂，稀全缘；雄蕊5或10；2果瓣近等大 ……………………………………………………………………… 12. **唢呐草属 Mitella**

12. 无托叶，萼片4-5（-7），花瓣无，雄蕊4-10。

14. 无茎生叶；圆锥花序或总状花序；萼片（4）5（-7）；雄蕊8-10；子房近上位 ……………………………………………………………………… 13. **峨屏草属 Tanakaea**

14. 茎生叶互生或对生；聚伞花序；萼片4（5），雄蕊4-8（-10）；子房近上位、半下位或近下位 ……………………………………………………………… 14. **金腰属 Chrysosplenium**

2. 花单生茎顶；萼片、花瓣和雄蕊均为5，退化雄蕊5，宽展呈片状，上部常分裂，与花瓣对生；子房1室 ……………………………………………………………………… 15. **梅花草属 Parnassia**

1. 扯根菜属 Penthorum Gronov. ex Linn.

（潘锦堂）

多年生草本。茎直立。叶互生，膜质，有锯齿。螺状聚伞花序；花两性，多数，小型；萼片5（-8），花瓣5（-8），或无；雄蕊2轮，10（-16）；心皮5（-8），下部合生，花柱短，胚珠多数。蒴果5（-8）浅裂，裂瓣先端喙形，成熟后喙下环状横裂；种子多数，细小。染色体2n=16，18。

约2种，分布于东亚和北美。我国1种。

扯根菜 图 625

Penthorum chinense Pursh，Fl. Amer. Sept. 1：323. 1814.

多年生草本，高达65（-90）厘米。根状茎分枝；茎稀基部分枝。中下部无毛，上部疏生黑褐色腺毛。叶互生，无柄或近无柄，窄披针形或披针形，长4-10厘米，先端渐尖，具细重锯齿，无毛。聚伞花序具多花，长1.5-4厘米；花序分枝与花梗均被褐色腺毛；苞片小，卵形或窄卵形。花梗长1-2.2毫米；花黄白色；萼片5，革质，三角形，长约1.5毫米，无毛，单脉；无花瓣；雄蕊10，长约2.5毫米；心皮5（6），下部合生，子房5（-6）室，胚珠多数，花柱5（6），较粗。蒴果红紫色，径4-5毫米。种子多数，卵状长圆形，具小丘状突起。花果期7-10月。染色体2n=16。

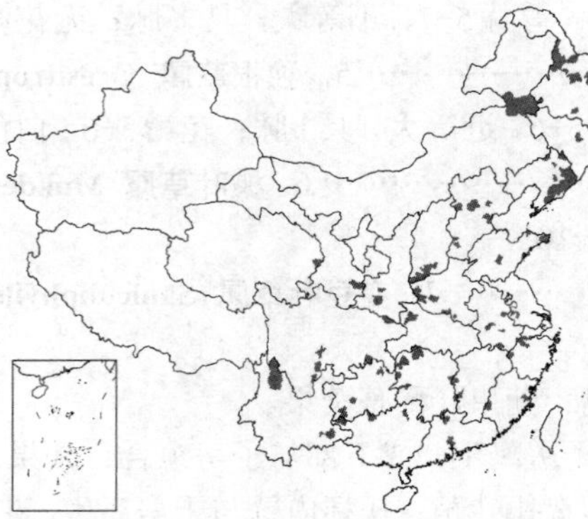

图 625 扯根菜 （引自《东北草本志》）

产黑龙江、吉林、辽宁、内蒙古东部、河北、山西南部、河南、山东、江苏南部、安徽、福建、江西、湖北、湖南、广东、广西、贵州、云南、四川、陕西南部、甘肃南部及青海东部，生于海拔90-2200米林下、灌丛草甸或水边。俄罗斯远东地区、日本及朝鲜有分布。全草入药；可利水、除湿、止痛，主治黄疸、水肿、跌打损伤。

2. 大叶子属 Astilboides（Hemsl.）Engl.

（潘锦堂）

多年生草本，高达1.5米。根状茎粗，暗褐色，长达35厘米。茎下部疏生硬腺毛。基生叶1，盾状着生，近圆形或卵形，长0.2-0.6（-1）米，掌状浅裂，裂片宽卵形，先端急尖或短渐尖，常浅裂，具齿状缺刻和不规则重锯齿，两面被硬毛或腺毛；叶柄长30-60厘米，具刺状硬腺毛；茎生叶较小，掌状3-5浅裂，基部楔形或截形。圆锥花序顶生，长15-20厘米，具多花。花小，白色或微带紫色；萼片4-5，卵形或倒卵状长圆形，长约2毫米，先端钝或微凹，外面疏生近无柄腺毛，5脉于先端汇合；花瓣4-5，倒卵状长圆形；雄蕊（6-）8，花丝长约2.5毫米；心皮2（-4），下部合生；子房半下位，2（-4）室，胚珠多数，花柱2-4。蒴果长6.5-7毫米。种子窄卵圆形，长约2.2毫米，具齿。染色体2n=34，36。

单种属。

大叶子 山荷叶 图 626

Astilboides tabularis（Hemsl.）Engl. in Engl. Pflanzenr. 69（IV. 117）：675. 1919.

Saxifraga tabularis Hemsl. in Journ. Linn. Soc. Bot. 23：269. 1887.

形态特征同属。花期6-7月。

产吉林东部及东南部、辽宁中东部及南部，生于山坡林下或山谷沟边。

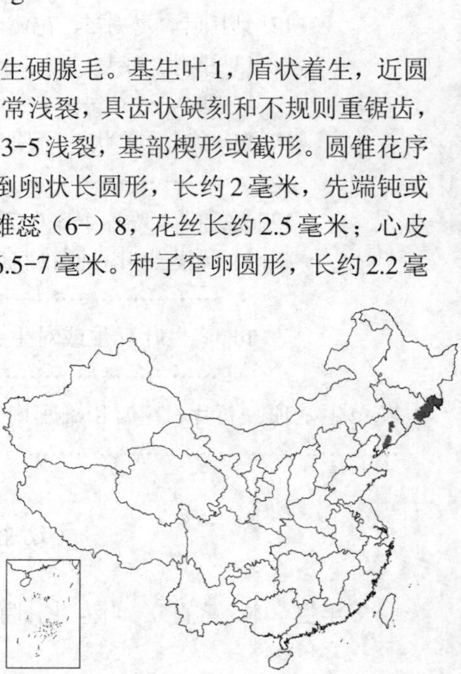

朝鲜半岛北部有分布。根状茎含鞣质和淀粉，可酿酒和提制栲胶。嫩芽及叶柄可食。

图 626 大叶子 （闫翠兰绘）

3. 鬼灯檠属 Rodgersia Gray

（潘锦堂）

多年生草本。根状茎粗壮，具鳞片，常横走。掌状复叶或羽状复叶具长柄；小叶3-9（-10），先端常短渐尖，有重锯齿；近无柄，托叶膜质。聚伞花序圆锥状，无苞片，具多花。萼片（4）5（-7），开展，白、粉红或红色，无花瓣，稀1-2或5，雄蕊10（-14）；子房近上位，稀半下位，2-3室，中轴胎座，胚珠多数，花柱2-3。蒴果。

约5种，分布于东亚和喜马拉雅地区。我国4种、3变种。

1. 掌状复叶具5-7小叶。
  2. 小叶草质；萼片5（-6），内面无毛或疏生无柄腺毛，具弧曲脉和羽状脉，脉先端不汇合、半汇合或汇合 ··· 1. **七叶鬼灯檠 R. aesculifolia**
  2. 小叶革质；萼片（4）5（6），内面具较多近无柄腺毛，具弧曲脉，脉先端汇合 ··························· 1(附). **滇西鬼灯檠 R. aesculifolia** var. **henricii**
1. 羽状复叶或近羽状复叶，具3-9（-10）小叶。
  3. 羽状复叶；基生叶和下部茎生叶常具顶生小叶3，侧生小叶6-7，常对生，稀互生；萼片内面无毛，外面疏生黄褐色膜片状毛。
    4. 小叶上面被糙伏毛 ··························· 2. **西南鬼灯檠 R. sambucifolia**
    4. 小叶上面无糙伏毛 ··························· 2(附). **光腹鬼灯檠 R. sambucifolia** var. **estrigosa**
  3. 近羽状复叶；基生叶和下部茎生叶常具小叶6-9，顶生小叶3-5，下有轮生小叶3-4；萼片内面基部疏生近无柄腺毛 ··························· 3. **羽叶鬼灯檠 R. Pinnata**

1. 七叶鬼灯檠 鬼灯檠 图 627 彩片 96

Rodgersia aesculifolia Batalin in Acta Hort. Peterop. 13: 96. 1893.

多年生草本，高达1.2米。根状茎径2-4厘米。茎近无毛。掌状复叶具柄，长15-40厘米，基部鞘状，具长柔毛；小叶5-7，草质，倒卵形或倒披针形，长7.5-30厘米，先端短渐尖，基部楔形，有重锯齿，上面沿脉疏生近无柄腺毛，下面沿脉具长柔毛，近无柄。多歧聚伞花序圆锥状，长约26厘米，花序轴和花梗均被白色膜片状毛，兼有腺毛。萼片5（6），开展，近三角形，长1.5-2毫米，内面无毛或疏生近无柄腺毛，外面和边缘具柔毛和短腺毛，具羽状脉和弧曲脉，脉先端不汇合、半汇合或汇合；雄蕊长1.2-2.6毫米；子房近上位，长约1毫米，花柱2。蒴果卵圆形，具喙。种子多数。花果期5-10月。染色体2n=60。

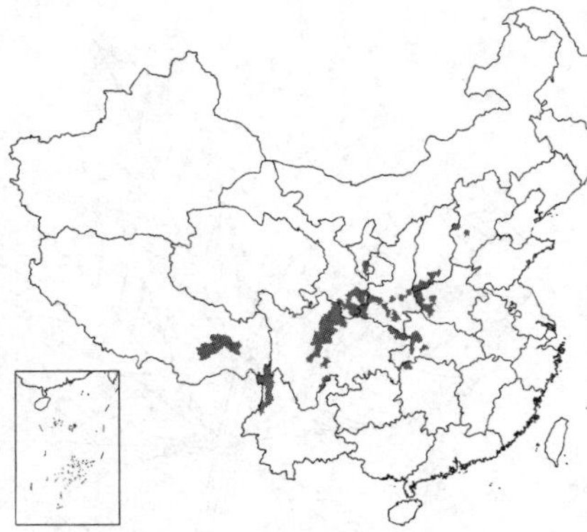

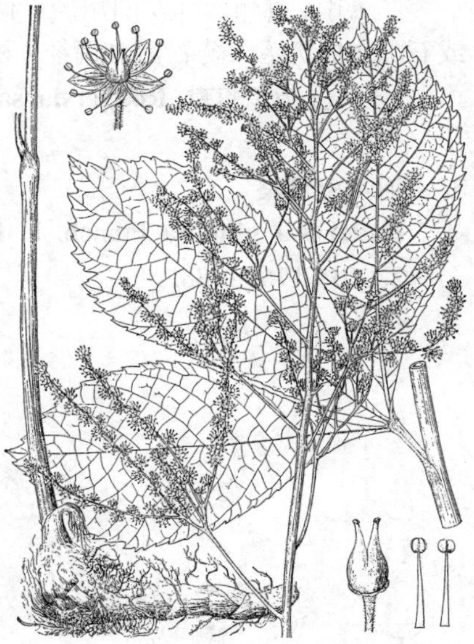

图 627 七叶鬼灯檠

（引自《中国药用植物植物志》）

产河北西部、山西南部、河南西部、湖北西部、湖南西北部、陕西南部、宁夏南部、甘肃东部及南部、四川、云南西北部及西藏东部，生于海拔1100-3400米林下、灌丛中、草甸或石隙。根状茎含淀粉、糖类，浸出液有广谱抗病毒作用，可清热化湿，止血生肌。

［附］**滇西鬼灯檠 Rodgersia aesculifolia** var. **henricii**（Franch.）C. Y. Wu in Acta Phytotax. Sin. 29(2)：189. 1991. —— *Astilbe henricii* Franch. in Prince Henri d'Orleans, Du Tonkin aux Indes 378. 1896. 本变种与模式变种的区别：小叶革质；萼片（4）5（6），上面具较多近无柄腺毛，具弧曲脉，脉先端汇合。花果期5-10月。产云南及西藏东南部，生于海拔2350-3800米林下、林缘、灌丛中或草甸。缅甸北部有分布。

2. 西南鬼灯檠 图 628

Rodgersia sambucifolia Hemsl. in Gard. Chron. ser. 3, 39：115. 1906.

多年生草本，高达1.2米。根状茎横走。茎无毛。羽状复叶；叶柄长3.4-28厘米，基部和小叶着生处具褐色长柔毛；小叶3-9（-10），基生叶和下部茎生叶常具顶生小叶3，具侧生小叶6-7（常对生稀互生），倒卵形、长圆形或披针形，长5.6-20厘米，先端短渐尖，基部楔形，有重锯齿，上面被糙伏毛，下面沿脉具柔毛。多歧聚伞花序圆锥状，长13-38厘米；花序分枝长5.3-12厘米；花序轴和花梗密被膜片状毛。花梗长2-3毫米；萼片5，近卵形，长约2毫米，内面无毛，外面疏生黄褐色膜片状毛；无花瓣；心皮2，下部合生，子房半下位。花果期5-10月。染色体2n=60。

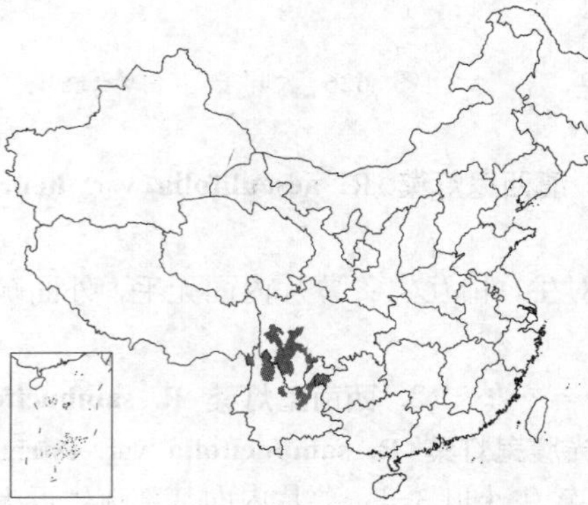

图 628 西南鬼灯檠 （引自《图鉴》）

产云南、贵州西部及四川，生于海拔1800-3650米林下、灌丛中、草甸或石隙。根状茎入药；活血调经，祛风湿。

［附］**光腹鬼灯檠 Rodgersia sambucifolia** var. **estrigosa** J. T. Pan in Acta Phytotax. Sin. 29（2）：189. 1991. 本变种与模式变种的区别：小叶上面无糙伏毛。花果期5-8月。产云南北部及四川南部，生于海拔2000-3700米林下或山坡石隙。

3. 羽叶鬼灯檠 图 629

Rodgersia pinnata Franch. in Nouv. Arch. Mus. Hist. Nat. Paris ser. 2, 10：176. 1888.

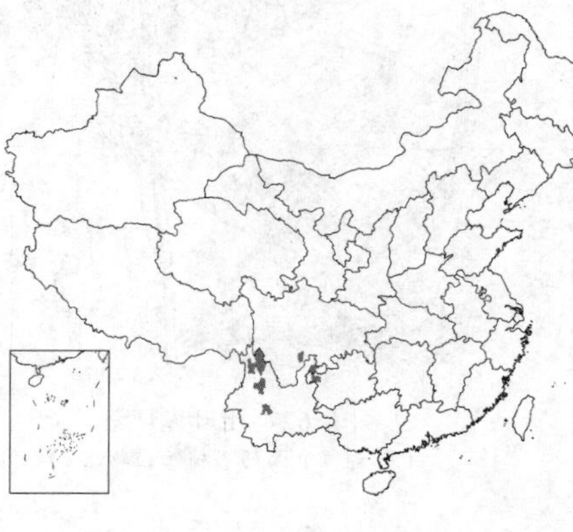

多年生草本，高达1.5米。茎无毛。近羽状复叶；叶柄长3.5-32.5厘米，基部和小叶着生处具褐色长柔毛；基生叶和下部茎生叶常具小叶6-9，顶生者3-5，下具轮生者3-4，上部茎生叶具小叶3，小叶椭圆形、窄倒卵形或长圆形，长(6.5-)11-32厘米，先端短渐尖，基部

图 629 羽叶鬼灯檠 （潘锦堂 王 颖绘）

渐窄，有重锯齿，上面无毛，下面沿脉具柔毛。多歧聚伞花序圆锥状，长12-31厘米；花序轴和花梗被膜片状毛，有时兼有腺毛。花梗长1.5-3.5毫米；萼片5，革质，近卵形，长2-2.7毫米，内面基部疏生近无柄腺毛，外面被黄褐色柔毛和近无柄腺毛，具弧曲脉3，脉先端汇合；无花瓣，雄蕊长2.8-4毫米；心皮2，基部合生，子房近上位，花柱2。花果期6-8月。

产云南、贵州西北部及四川南部，生于海拔2400-3800米林下、林缘、灌丛中、草甸或石隙。根状茎含淀粉，可制酒、醋；叶含鞣质，可提制栲胶。

4. 落新妇属 **Astilbe** Buch.-Ham. ex D. Don

（潘锦堂）

多年生草本。根状茎粗壮。茎基部具褐色膜质鳞片状毛。叶互生，二或四回3出复叶，稀单叶，具长柄；托叶膜质；小叶披针形、卵形、宽卵形或宽椭圆形，具齿。圆锥花序顶生，具苞片。花小，白、淡紫或紫红色，两性或单性，稀杂性或雌雄异株；萼片（4）5；花瓣1-5，有时更多或无；雄蕊（5）8-10；心皮2（-3），多少合生或离生；子房近上位或半下位2（-3）室，中轴胎座，或1室，具侧膜胎座；胚珠多数。蒴果或蓇葖果。种子小。

约18种，主产东亚和北美。我国7种、2变种。

1. 花序的花较密；具正常花瓣5。
    2. 小叶先端常短渐尖或尖；圆锥花序径不及12厘米，花序轴密被褐色卷曲长柔毛 …… 1. **落新妇 A. chinensis**
    2. 小叶常尾尖；圆锥花序径达17厘米，花序轴被腺毛 …… 2. **大落新妇 A. grandis**
1. 花序的花较疏；无花瓣或具1-5退化花瓣。
    3. 萼片5，近革质，外面被腺毛；无花瓣或具退化花瓣2（3-5） …… 3. **大果落新妇 A. macrocarpa**
    3. 萼片4-5，外面无毛；无花瓣。
        4. 顶生小叶菱状椭圆形或倒卵形，侧生小叶卵形；无花瓣 …… 4. **溪畔落新妇 A. rivularis**
        4. 小叶卵形、宽卵形或宽椭圆形；无花瓣或具1（-5）退化花瓣 …… 4(附). **多花落新妇 A. rivularis** var. **myriantha**

1. 落新妇 图 630 彩片 97

Astilbe chinensis（Maxim.）Franch. et Savat. Enum. Pl. Jap. 1: 144. 1875, pro part.

Hoteia chinensis Maxim. Pirm. Fl. Amur. 120. 1859.

多年生草本，高达1米。茎无毛。基生叶为二或三回3出羽状复叶；顶生小叶菱状椭圆形，侧生小叶卵形或椭圆形，长2-8厘米，先端短渐尖或急尖，具重锯齿，基部楔形、浅心形或圆，上面沿脉生硬毛，下面沿脉疏生硬毛和腺毛；茎生叶2-3，较小。圆锥花序长8-37厘米；花序轴密被褐色卷曲长柔毛；苞片卵形。花梗几无；花密集；萼片5，卵形，长1-1.5毫米，无毛，边缘具微腺毛；花瓣5，淡紫色，线形，长4-5毫米，单脉；雄蕊10；心皮2，基部合生。蒴果长约3毫米。花果期6-9月。

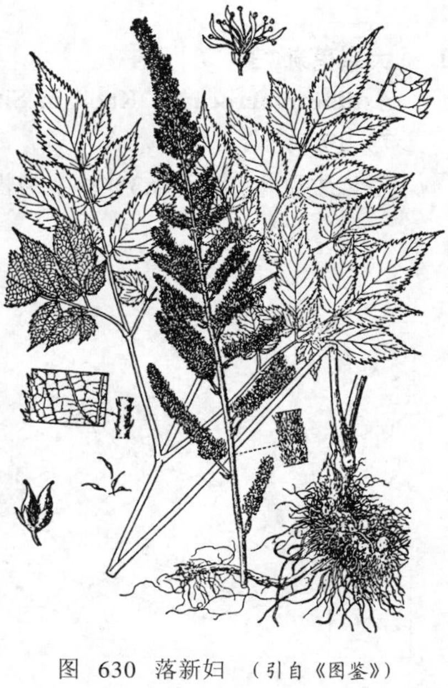

图 630 落新妇 （引自《图鉴》）

产黑龙江、吉林、辽宁、内蒙古、河北、山西、河南、山东、安徽、浙江、江西、湖北、湖南、广东、广西、贵州、云南、四川、陕西、甘肃及青海东部，生于海拔390-3600米山谷、溪边、林下及林缘。俄罗斯、朝鲜及日本有分布。根状茎、茎、叶含鞣质，可提制栲胶；根状茎含岩白菜素，入药，可散瘀止痛、祛风除湿、清热止咳。

2. 大落新妇 图 631

Astilbe grandis Stapf ex Wils. in Gard. Chron. ser. 3, 38: 426. 1905.

多年生草本，高达1.2米。茎被褐色长柔毛和腺毛。二或三回3出复叶或羽状复叶；叶轴长3.5-32.5厘米，与小叶柄均多少被腺毛，叶腋具长柔毛；小叶卵形、窄卵形或长圆形，顶生小叶菱状椭圆形，长1.3-9.8厘米，先端尾尖，具重锯齿，基部心形偏斜圆形或楔形，上面被糙伏腺毛，下面沿脉被腺毛，有时兼有长柔毛；小叶柄长0.2-2.2厘米。圆锥花序顶生，长16-40厘米；花序轴与花梗均被腺毛；小苞片窄卵形。萼片5，卵形，宽卵形或椭圆形，长1-2毫米，先端钝或微凹，具腺毛，两面无毛，边缘膜质；花瓣5，白或紫色，线形，长2-4.5毫米，单脉；雄蕊10。花果期6-9月。

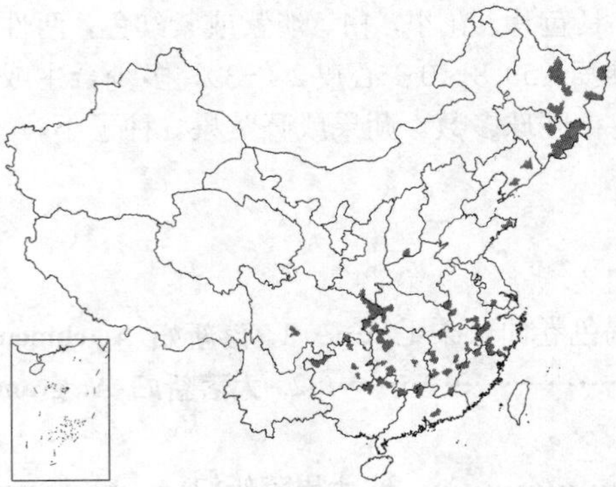

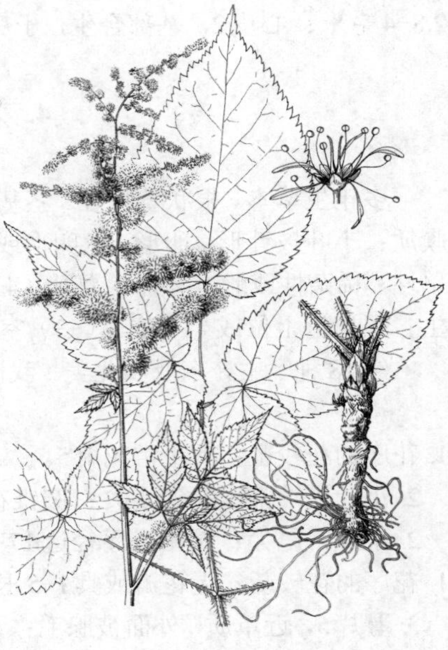

图 631 大落新妇 （引自《图鉴》）

产黑龙江、吉林、辽宁、山东东部、山西南部、河南东南部、安徽、江苏南部、浙江、福建北部及西部、江西、湖北、湖南、广东、广西、贵州及四川，生于海拔450-2000米林下、灌丛中或沟谷阴湿处。朝鲜有分布。根状茎含岩白菜素，治筋骨酸痛。

3. 大果落新妇 图 632：1-6

Astilbe macrocarpa Knoll in Sitz. Akad. Wiss. Wien，Math.-Nat.118: 73. 1909.

多年生草本，高达1.3米。茎被褐色长柔毛和腺毛。一或二回3出复叶或羽状复叶；叶轴与小叶柄均被褐色长柔毛和腺毛，叶腋毛较密；顶生小叶常菱状椭圆形，侧生小叶宽卵形、卵形或窄卵形，稀长圆形，长（2.8-）6-17.5厘米，先端渐尖，具重锯齿，有时2浅裂，基部偏心形或斜圆形，两面和边缘具腺毛。圆锥花序长（13-）25-40厘米；花序轴与花梗均被褐色腺毛；小苞片3，钻形。萼片5，近革质，卵形，长1.5-2.2毫米，上面无毛，下面和边缘具黄褐色腺毛，单脉；无花瓣或具退化花瓣2（3-5），白色，线形、匙状线形或钻形，长1-1.5毫米，单

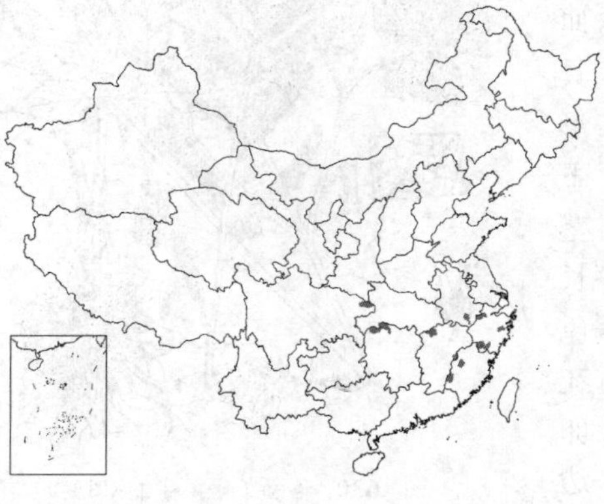

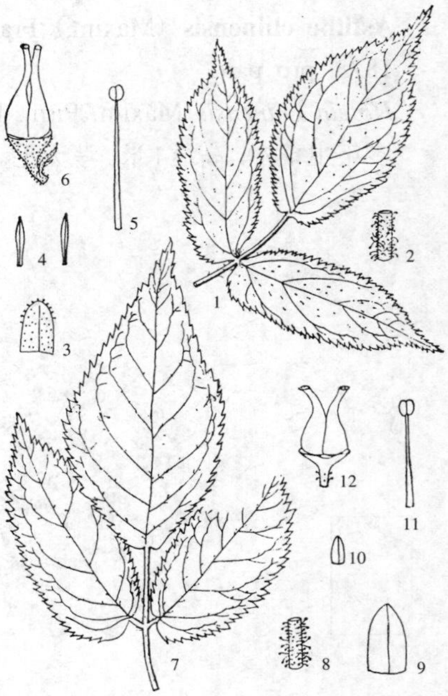

图 632：1-6. 大果落新妇 7-12. 溪畔落新妇 （潘锦堂 王 颖绘）

脉；雄蕊8-10。花果期7-11月。

产安徽南部、浙江、福建西部、江西西北部、湖南西北部及四川东部，生于海拔460-1600米沟谷灌丛或草丛中。

4. 溪畔落新妇 图 632：7-12

Astilbe rivularis Buch.-Ham. ex D.Don, Prodr. Fl. Nep. 221. 1825.

多年生草本，高达2.5米。茎被褐色长腺柔毛。二或三回羽状复叶；叶轴与小叶柄均被褐色长柔毛；顶生小叶菱状椭圆形或倒卵形，侧生小叶卵形，长4-14.5厘米，先端渐尖，具重锯齿，基部偏斜心形、圆形或楔形，上面疏生褐色糙伏腺毛，下面沿脉具褐色长柔毛和腺毛。圆锥花序长41-42厘米；苞片3，近椭圆形，长1.1-1.4毫米，全缘或具牙齿，边缘疏生褐色柔毛。花梗长0.6-1.8毫米，与花序轴均被褐色卷曲腺柔毛；萼片4-5，近膜质，绿色，卵形、椭圆形或长圆形，长1.2-1.5毫米，无毛，单脉；无花瓣；雄蕊5-10（-12）；心皮2，基部合生，子房近上位。花果期7-11月。

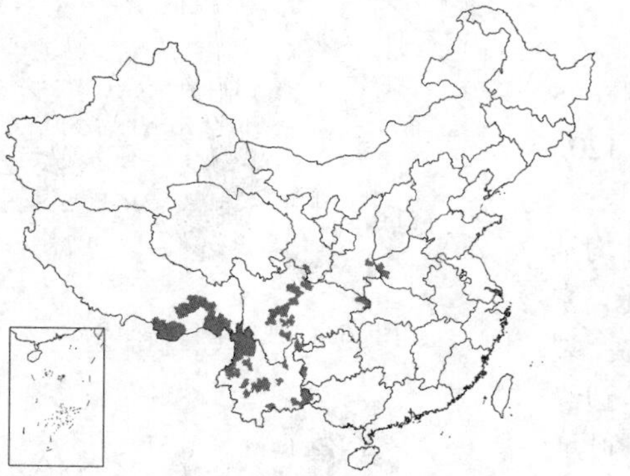

产河南西部、陕西、甘肃南部、四川、贵州西部、云南及西藏东南部，生于海拔920-3200米林下、林缘或灌丛中。泰国北部、印度北部、不丹、尼泊尔及克什米尔地区有分布。根状茎入药，治跌打损伤、风湿痛。

［附］**多花落新妇** 图 633 **Astilbe rivularis** var. **myriantha** (Diels) J. T. Pan in Acta Phytotax. Sin. 23（6）：438. 1985. —— *Astilbe Myriantha* Diels in Engl. Bot. Jahrb. 36(Beibl. 82)：48. 1905；中国高等植物图鉴 2：123. 1972. 本变种与模式变种的区别：小叶卵形、宽卵形或宽椭圆形，无花瓣或具1（-5）枚退化花瓣。花果期6-10月。产甘肃东南部、陕西、河南西部、湖北、四川及贵州，生于海拔1100-2500米林下、灌丛或沟谷阴湿处。根状茎入药，治伤风感冒、头痛、偏头痛。

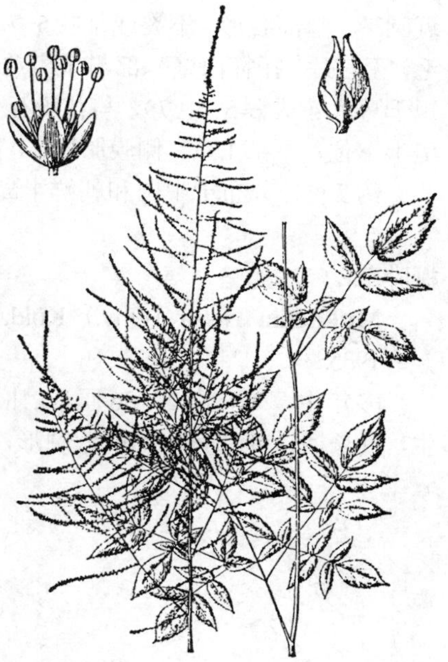

图 633 多花落新妇 （引自《秦岭植物志》）

5. 独根草属 Oresitrophe Bunge

（潘锦堂）

多年生草本，高达28厘米。根状茎粗壮。芽鳞棕褐色。叶均基生，2-3枚；叶心形或卵形，长3.8-9.7（-25.5）厘米，宽3.4-9（-22）厘米，先端短渐尖，具不规则牙齿，基部心形，上面近无毛，下面和边缘具腺毛；叶柄长11.5-13.5厘米，被腺毛。花葶密被腺毛；多歧聚伞花序长5-16厘米，具多花；无苞片，花梗长0.3-1厘米，与花序分枝均密被腺毛，有时毛极疏。萼片5-7，不等大，卵形或窄卵形，长2-4.2毫米，先端尖或短渐尖，全缘，具多脉，无毛；雄蕊10-14，长3.1-3.3毫米；心皮2，长约4毫米，基部合生，子房近上位，花柱长约2毫米。

我国特有单种属。

独根草 图 634

Oresitrophe rupifraga Bunge in Mém Sav. Etr. Acad. St. Pétersb. 2：105. 1835.

形态特征同属。花果期5-9月。

产辽宁西部、河北、山西东部及河南北部，生于海拔590-2050米山谷、悬崖之阴湿石隙。可供观赏。

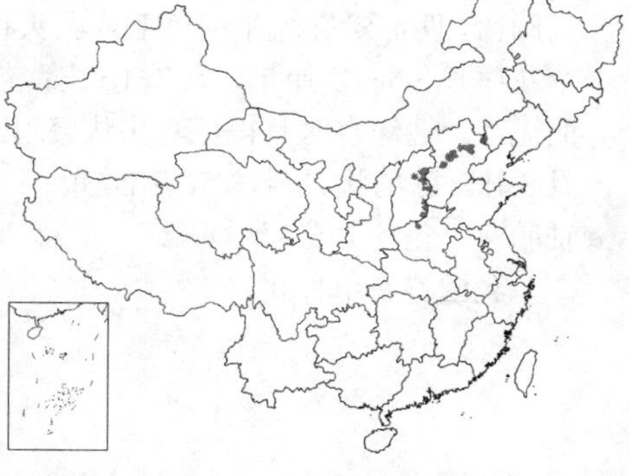

6. 槭叶草属 Mukdenia Koidz.

（潘锦堂）

多年生草本。根状茎较粗壮，具鳞片。叶均基生，具长柄，宽卵形或近圆形，基部心形，不裂或掌状5-7（-9）裂，裂片有锯齿。聚伞花序被柔毛，无苞片。托杯内壁基部与子房愈合；萼片5-6；花瓣5-6（7），披针形，短于萼片；雄蕊5-6（7），与花瓣互生，短于花瓣；心皮2，下部合生；子房半下位，下部1室，侧膜胎座2。蒴果；种子多数。

约2种，分布于中国和朝鲜半岛北部。我国1种。

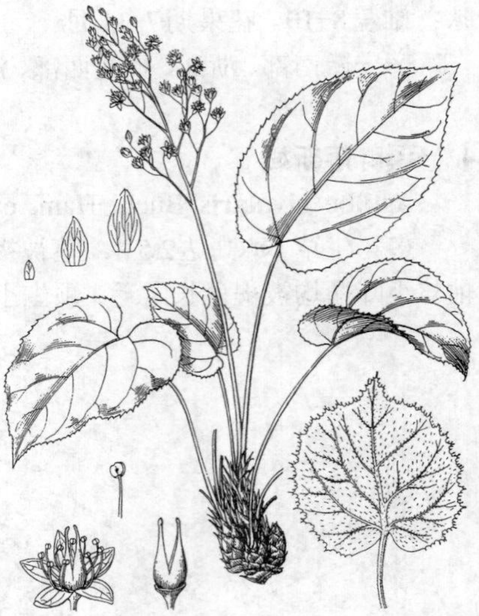

图 634 独根草 （蔡淑琴绘）

槭叶草 图 635

Mukdenia rossii（Oliv.）Koidz. in Acta Phytotax. Geobot. 4: 120. 1935.

多年生草本，高20-36厘米。根状茎较粗壮，具暗褐色鳞片。叶均基生，具长柄；叶片宽卵形或近圆形，长10-14.3厘米，宽12-14.5厘米，掌状5-7（-9）浅裂或深裂，裂片近卵形，先端急尖，边缘有锯齿，两面均无毛；叶柄长7-15.5厘米，无毛。花葶被黄褐色腺毛。多歧聚伞花序长9-13.5厘米，具多花；花序分枝长达10厘米；花梗与托杯外面均被黄褐色腺毛；托杯内壁，仅基部与子房愈合；萼片窄卵状长圆形，长3-5毫米，宽约2毫米，无毛，单脉；花瓣白色，披针形，长约2.5毫米，宽约1毫米，单脉； 雄蕊长约2毫米；心皮2，长约4毫米，下部合生；子房半下位。蒴果长约7.5毫米，果瓣先端外弯，果柄弯垂；种子多数。花果期5-7月。染色体2n=34。

产吉林南部及辽宁东南部，生于山谷石隙。朝鲜半岛北部有分布。可供观赏。

图 635 槭叶草 （引自《东北草本志》）

7. 变豆叶草属 Saniculiphyllum C. Y. Wu et Ku

（潘锦堂）

多年生草本。根状茎黑褐色，横生。叶均基生，2枚；无托叶；叶肾状心形或卵状心形，长6-8.3厘米，宽6.6-8.6厘米，掌状深裂，裂片2-3裂，具圆齿，两面沿脉疏生褐色毛或乳头状突起；叶柄长7.5-8.8厘米，疏生褐色乳头状突起。花葶高11-18.2厘米；聚伞花序长3.5-7.3厘米，具7-10花；苞片近长圆形，长2-3毫米。萼片5，肾形，长约1.3毫米，宽约2.1毫米，两面无毛，边缘有时具褐色乳头状突起，具8脉，脉羽状；花瓣5，近菱形，长约2.5毫米，宽约2.3毫米，先端钝，具8脉，脉羽状；雄蕊5，花丝短； 心皮2或3，合生；花盘盘状，10浅裂，边缘具小颗粒；子房2或3室，中轴胎座，花柱2或3。

我国特有单种属。

变豆叶草 图 636

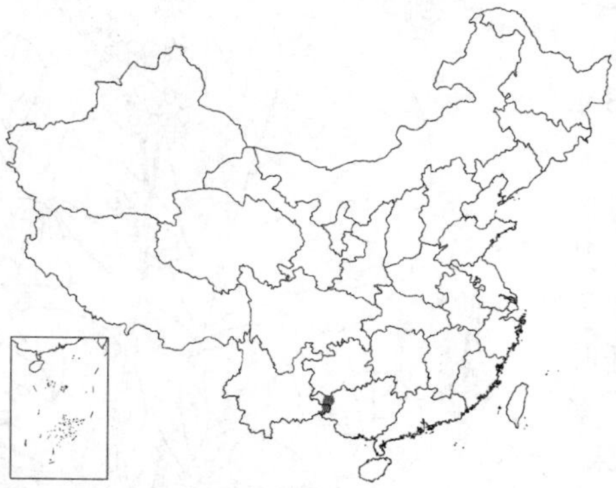

Saniculiphyllum guangxiense C. Y. Wu et Ku in Acta Phytotax. Sin. 30(3): 194. f. 1. 1992.

形态特征同属。花期4月。

产广西西部及云南东南部，生于海拔600-1300米沟边灌丛中。

图 636 变豆叶草 （冀朝祯绘）

8. 岩白菜属 **Bergenia** Moench

（潘锦堂）

多年生草本。根状茎粗壮，肉质，具鳞片。单叶，均基生，厚而大，全缘或具牙齿，具小腺窝；叶柄基部具托叶鞘。聚伞花序圆锥状，具苞片；花白、红或紫色；托杯内壁与子房离生；萼片5；花瓣5；雄蕊10；心皮2，基部合生；子房近上位，基部2室，中轴胎座，顶部1室，具2侧膜胎座，胚珠多数，花柱2。蒴果，顶端2瓣裂。种子黑色，具棱。

有9种，分布于东亚、南亚北部和中亚东南部。我国6种。

1. 叶和托叶鞘边缘均无睫毛。
  2. 花梗、托杯和萼片均无毛 ………………………… 1. 秦岭岩白菜 **B. scopulosa**
  2. 花梗、托杯和萼片或多或少具腺毛。
    3. 花梗、托杯和萼片均密被具长柄腺毛 ………………………… 2. 岩白菜 **B. purpurascens**
    3. 花梗、托杯和萼片疏生近无柄腺毛 ………………………… 2(附). 厚叶岩白菜 **B. crassifolia**
1. 叶和托叶鞘边缘均具睫毛。
  4. 叶圆形、宽卵形或宽倒卵形，具不明显圆齿或近全缘，基部稍心形 ………… 3. 舌岩白菜 **B. pacumbis**
  4. 叶倒卵形， 有锯齿或重锯齿，基部楔形或稍圆 ………………………… 3(附). 短柄岩白菜 **B. stracheyi**

1. 秦岭岩白菜 盘龙七 图 637

Bergenia scopulosa T. P. Wang, Fl. Tsinling. 1(2): 433. 1974.

多年生草本，高达50厘米。根状茎径2.5-4厘米，密被褐色鳞片和残托叶鞘。沿石隙匐生。叶均基生；叶革质，圆形、宽卵形或宽椭圆形，长(5-)16.5-25厘米，先端钝圆，边缘波状或具波状齿，有时近全缘，基部圆，稀宽楔形，两面具小腺窝，无毛；叶柄长1.5-13厘米，托叶鞘无毛。花葶无毛，具披针形苞叶；聚伞花序。花梗长5-9毫米，无毛；托杯紫红色，无毛；萼片革质，卵形或宽卵形，长4-4.5毫米，无毛，具多脉；花瓣椭圆形、宽卵形或近圆形，长8-9毫米，爪长约1毫米，具羽状脉；雄蕊长4.5-5毫米；子房卵圆形，柱头盾状。花果期5-9月。

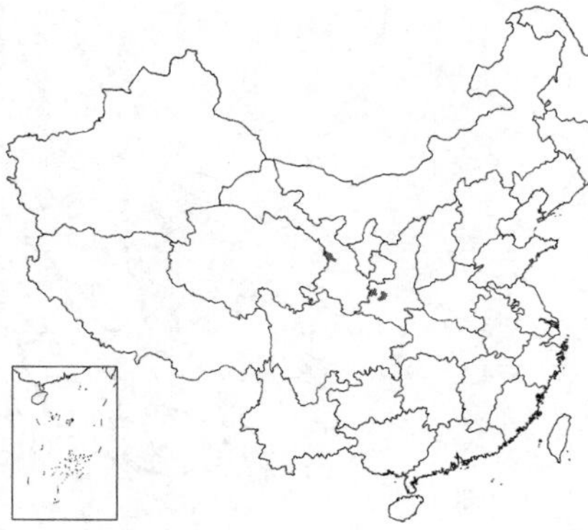

产陕西秦岭西段及甘肃南部祁连山地区，生于海拔2500-3600米林下阴湿处或石隙。根状茎入药，治急性肠炎、白带、痢疾、黄水疮。

2. 岩白菜 图 638：1-7 彩片 98

Bergenia purpurascens（Hook. f. et Thoms.）Engl. in Bot. Zeit. 26: 841. 1868.

Saxifraga purpurascens Hook. f. et Thoms. in Journ. Linn. Soc. Bot. 2: 61. 1857.

多年生草本，高达52厘米。叶倒卵形、窄倒卵形或近椭圆形，稀宽倒卵形或近长圆形，长5.5-16厘米，先端钝圆，边缘具波状齿或近全缘，基部楔形，两面具小腺窝，无毛；叶柄长2-7厘米，托叶鞘无毛。花葶疏生腺毛；聚伞花序圆锥状，长3-23厘米。花梗长0.8-1.3厘米，与花序分枝均密被长柄腺毛；托杯被长柄腺毛；萼片革质，近窄卵形，长6.5-7毫米，上面和边缘无毛，下面密被长柄腺毛；花瓣紫红色，宽卵形，长1-1.7厘米，先端钝或微凹，基部爪变窄，成长2-2.5毫米之爪，多脉；雄蕊长0.6-1.1厘米；子房卵圆形，长6.7-7.5毫米，花柱长5.3-7.5毫米。花果期5-10月。

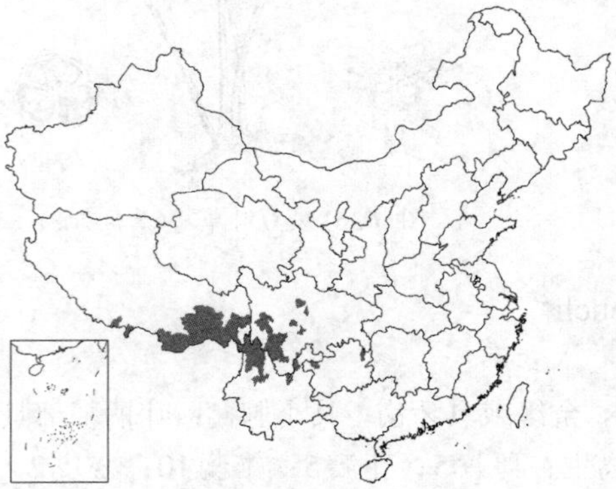

产西藏、云南、贵州东北部及西北部、四川，生于海拔2700-4800米林下、灌丛、高山草甸或高山石隙。缅甸北部、印度东北部、不丹北部、锡金及尼泊尔有分布。全草含岩白菜素；根状茎入药，治虚弱头晕、劳伤咳嗽、吐血、咯血、淋浊、白带及肿毒。外感发烧体虚者慎用。

［附］**厚叶岩白菜** 图 638: 8-14 **Bergenia crassifolia**（Linn.）Fritsch in Verh. Zool.-Bot. Ges. Wien 39: 587. 1889. —— *Saxifraga crassifolia* Linn. Sp. Pl. 401. 1753. 本种与岩白菜的区别：花序分枝、花梗、托杯和萼片均疏生近无柄腺毛。花果期5-9月。产新疆，生于海拔1100-1800米落叶松林下或阳坡石隙。俄罗斯、蒙古北部及朝鲜半岛北部有分布。

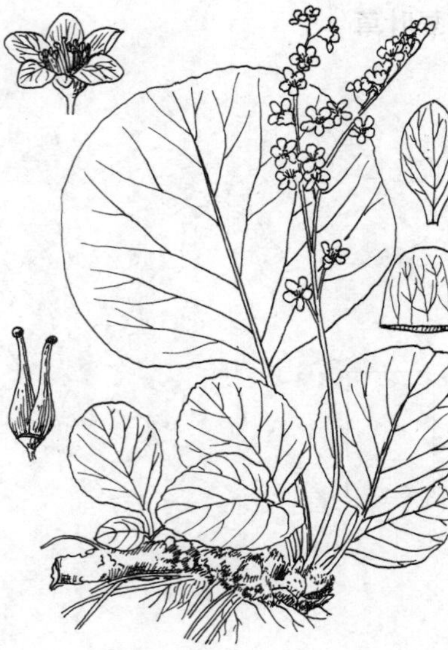

图 637 秦岭岩白菜 （潘锦堂 王 颖绘）

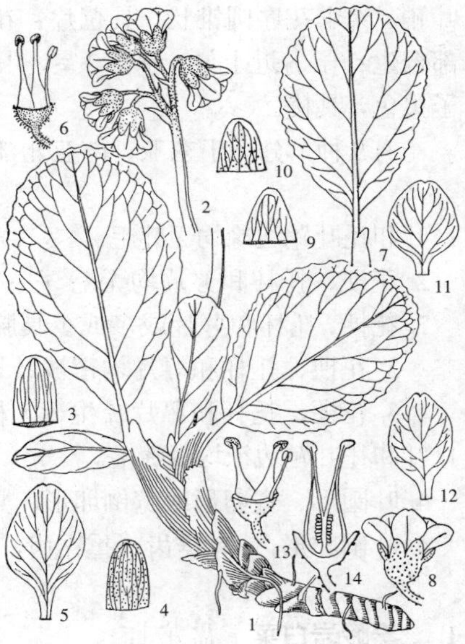

图 638：1-7. 岩白菜 8-14. 厚叶岩白菜 （潘锦堂 王 颖绘）

3. 舌岩白菜 图 639：1-4

Bergenia pacumbis（Buch.-Ham.）C. Y. Wu et J. T. Pan in Acta Phytotax. Sin. 26(2): 126. 1988.

Saxifraga pacumbis Buch.-Ham. ex D. Don, Prodr. Fl. Nepal. 209. 1825.

多年生草本，高约17厘米。叶革质，圆形、宽卵形或宽倒卵形，长7-15厘米，先端钝圆，全缘或具不明显圆齿，具硬睫毛，基部稍心形，两面无毛；叶柄长3-10厘米，托叶鞘边缘具硬睫毛。花葶无毛；聚伞花序圆锥状，长约7.5厘米。花梗长约5毫米，与花序分枝均疏生无柄腺毛；托杯下部疏生无柄腺毛；萼片革质，宽卵形，长3-3.5毫米，先端有时具疏齿，以下全缘，无毛，多脉；花瓣白或粉红色，近圆形，长约8.5毫米，先端钝圆，基部变窄成长约2毫米之爪，多脉；雄蕊长约5.5毫米；子房卵圆形，花柱2，长约4毫米。花果期6-8月。

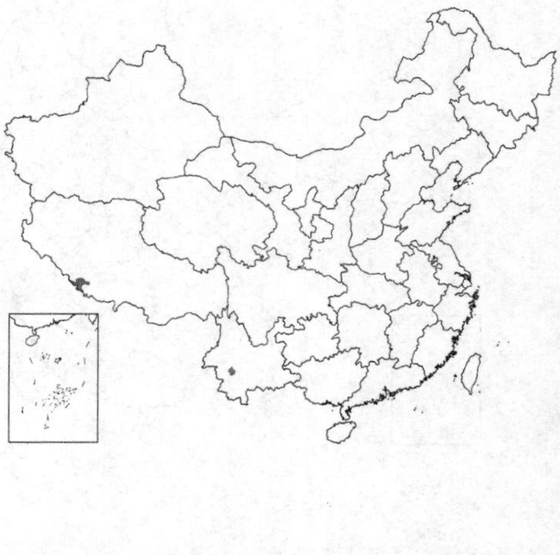

产云南（临沧大雪山）及西藏南部，生于海拔2300-2380米林下、石隙。印度东北部、不丹、锡金、尼泊尔、巴基斯坦、克什米尔地区及阿富汗有分布。

［附］**短柄岩白菜** 图 639：5-10 **Bergenia stracheyi**（Hook. f. et Thoms.）Engl. in Bot. Zeit. 26：842. 1868. —— *Saxifraga stracheyi* Hook. f. et Thoms. in Journ. Linn. Soc. Bot. 2：61. 1857. 本种与舌岩白菜的区别：叶倒卵形，边缘有锯齿或重锯齿，基部楔形或稍圆；花序分枝、花梗和托杯外面均被长柄腺毛；萼片先端无齿，边缘有锯齿状硬睫毛，下面被长柄腺毛；花瓣红色，近匙形。花果期6-10月。产西藏西南部，生于海拔3900-4500米林下或岩坡石隙。印度北部、尼泊尔、巴基斯坦西部、阿富汗东部、塔吉克斯坦及克什米尔地区有分布。

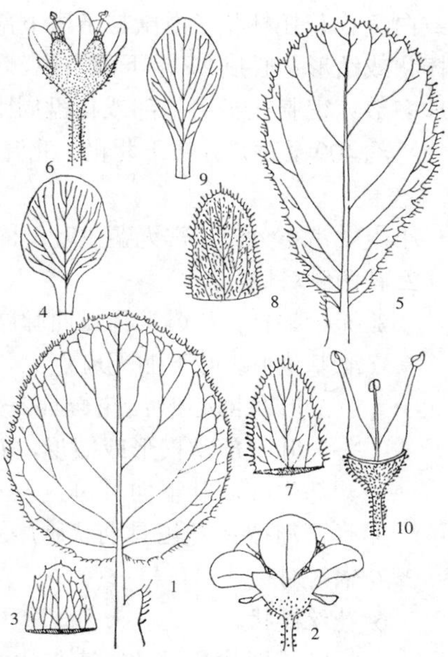

图 639：1-4. 舌岩白菜 5-10. 短柄岩白菜
（潘锦堂 王 颖绘）

9. 涧边草属 Peltoboykinia（Engl.）Hara

（潘锦堂）

多年生草本。根状茎粗壮。单叶互生，基生叶具长柄，盾状着生，掌状浅裂，托叶膜质。聚伞花序顶生；苞片小；托杯内壁下部与子房壁愈合；萼片5；花瓣5，淡黄色，具疏齿；雄蕊10；子房半下位，2室，中轴胎座，胚珠多数，花柱2，离生，柱头头状。蒴果顶端2裂。种子细小，具瘤状突起。

2种，分布于东亚。我国1种。

涧边草 图 640

Peltoboykinia tellimoides（Maxim.）Hara in Bot. Mag. Tokyo 51：252. 1937.

Saxifraga tellimoides Maxim. in Bull. Acad. Sci. St. Pétersb. 16：215. 1871.

多年生草本，高达1米。根状茎径1.5-2厘米，密被须根。基生叶1-2，圆状心形，长15-25厘米，掌状7-9浅裂，裂片三角状宽卵形或窄三角形，长4-7厘米，宽5-8厘米，有不规则粗齿，上面无毛，下面无毛或疏生柔毛，叶柄长20-35厘米；茎生叶2-3，较小。长1-3毫米；聚伞花序顶生；苞片线形。花梗长0.5-1厘米，疏生腺毛；托杯疏生腺毛，萼片卵状三角形，长2.5-4毫米，疏生腺毛。种子椭圆形，长0.8-1厘米。染色体2n=16。花果期7-10月。

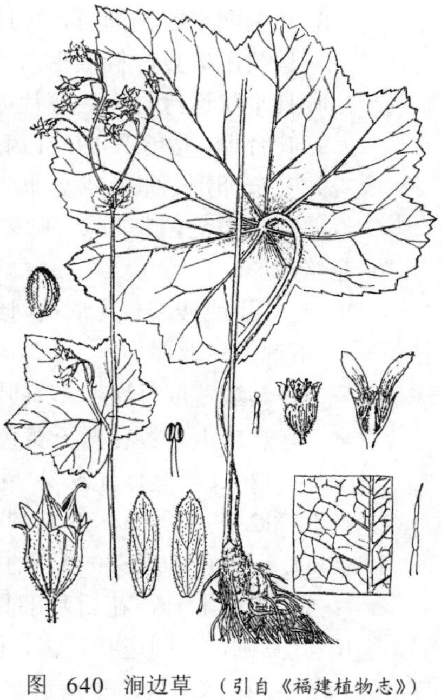
图 640 涧边草 （引自《福建植物志》）

产福建西北部及浙江西南部，生于海拔1100-1900米沟谷林下阴湿处。日本有分布。

10. 虎耳草属 Saxifraga Tourn. ex Linn.

（潘锦堂）

多年生、稀一年生或二年生草本。茎常丛生，或单一。单叶，全部基生或兼茎生，叶全缘、具齿或分裂；茎生叶常互生，稀对生。聚伞花序或花单生；具苞片。花常两性，有时单性，辐射对称，稀两侧对称，花黄、红、紫红或白色；花托杯状（内壁与子房下部愈合），或扁平；萼片5；花瓣5，常全缘，具痂体或无痂体；雄蕊10，花丝棒状或钻形；心皮2，常下部合生，有时近离生；子房近上位或半下位，2室，中轴胎座，有时1室，侧膜胎座，胚珠多数；蜜腺在子房基部或花盘周围。通常为蒴果，稀蓇葖果；种子多数。

约400余种，分布于北极、北温带和南美洲（安第斯山）。我国200余种。

1. 小主轴常不分枝，常无茎生叶，稀具茎生叶1-3枚；花辐射对称或两侧对称；花瓣无痂体，花丝棒状或钻形。
  2. 花两侧对称。
    3. 无鞭匐枝，花瓣常具弧曲脉序，无明显花盘。
      4. 基生叶，叶下面无斑点。
        5. 叶基部心形；花瓣具3-7脉 ………………………………………………… 4. **红毛虎耳草 S. rufescens**
        5. 叶基部常楔形或截形，花瓣具3-5（-8）脉 ………… 4(附). **扇叶虎耳草 S. rufscens** var. **flabellifolia**
      4. 基生叶，叶下面具斑点 ………………………………………………………… 5. **卵心叶虎耳草 S. aculeata**
    3. 具鞭匐枝；花瓣具羽状脉序；花盘半围子房一侧，半环状，具小瘤突 …………… 6. **虎耳草 S. stolonifera**
  2. 花辐射对称。
    6. 花丝棒状。
      7. 叶具羽状达缘脉序或掌状达缘脉序；萼片两面无毛，2心皮近离生。
        8. 叶肾形，具掌状达缘脉序；萼片近披针形，具腺睫毛，单脉；花瓣无斑点，长圆状倒披针形，单脉 ……………………………………………………………………………………… 1. **腺毛虎耳草 S. manshuriensis**
        8. 叶倒卵形或椭圆形，具羽状达缘脉序；萼片三角状卵形或卵形，无毛，3脉先端汇合成疣点；花瓣基部具黄色斑点，椭圆形或卵形，3-4脉 ………………………………………… 1(附). **双喙虎耳草 S. davidii**
      7. 叶具掌状达缘脉序；萼片无毛或多少具毛，2心皮中下部合生。
        9. 叶肾形，边缘具19-21齿牙；萼片无毛，单脉，花瓣白或淡紫红色，单脉 … 2. **斑点虎耳草 S. punctata**
        9. 叶窄卵形、卵形或宽卵形，稀倒卵形，具11-25圆齿或钝齿；萼片两面常无毛，稀下面疏生柔毛，基部疏生柔毛，3-7脉，脉先端汇合；花瓣白色，基部具2黄色斑点，3-7脉 … 3. **多叶虎耳草 S. pallida**
    6. 花丝钻形。
      10. 叶具齿或浅裂，具掌状网结脉序或掌状达缘脉序；花白或淡黄色；无明显花盘；子房近上位，2心皮中下部合生。
        11. 具鳞茎或珠芽；茎具叶数枚；叶浅裂，具掌状网结脉序；萼片被腺毛，3-5脉，脉先端不汇合、半汇合或汇合；花瓣无黄色斑点。
          12. 具鳞茎，无珠芽 …………………………………………………………… 7. **球茎虎耳草 S. sibirica**
          12. 茎基具芽，叶腋和苞腋具珠芽 ……………………………………………… 8. **零余虎耳草 S. cernua**
        11. 无鳞茎和珠芽；无茎生叶；叶中上部具5-8粗锯齿，中下部全缘，具掌状达缘脉序；萼片无毛，3脉先端汇合，花瓣基部具2黄色斑点 ………………………………………… 9. **长白虎耳草 S. laciniata**
      10. 叶具圆齿、圆齿状锯齿，稀近全缘，常具集顶弧曲具网脉序；花白色，基部具2黄色斑点，或红至紫红色；花盘环状；子房近半下位，2心皮大部合生。
        13. 萼片具3-8脉，脉先端汇合成疣点；花瓣白色，基部具2黄色斑点，稀红至紫红色，先端钝或微凹，3-9（-14）脉 …………………………………………………… 10. **黑蕊虎耳草 S. melanocentra**
        13. 萼片单脉，花瓣紫红色，无黄色斑点，先端尖，常单脉，稀3脉 ……………………………………………………………………………………………… 10(附). **道孚虎耳草 S. lumpuensis**
1. 小主轴常多分枝，有时叠结呈垫状；常具莲座叶丛和茎生叶；花辐射对称；花瓣常具2或多数痂体，稀无痂体，花丝钻形。
  14. 叶互生或对生，叶全缘，稀具少数牙齿，无流苏状睫毛，有时具分泌钙质的窝孔；聚伞花序，或单花生于茎顶；萼片无流苏状睫毛，花瓣黄、白、紫或红色。

15. 叶互生，无分泌钙质的窝孔；花瓣常黄色，稀白色，无明显花盘，子房近上位。
16. 茎具叶，有时为花葶状，有时基部或叶腋具芽，无鞭匐枝。
17. 茎常具叶，基部或叶腋无芽；基生叶发达或早枯，叶常草质，全缘，常具褐色柔毛，有时无毛，叶柄基部具褐色长柔毛（有时为褐色卷曲长柔毛，毛有时带腺头）。
18. 萼片的脉先端不汇合。
19. 萼片无毛或具褐色卷曲柔毛，花瓣橙黄色，无毛，有时具褐色卷曲柔毛，具2痂体。
20. 萼片无毛，3-4脉先端不汇合，花瓣无毛，3-5脉；叶先端具芒状毛（有时带腺头）；花梗被腺毛 ………………………………………………………… 11. **小芒虎耳草 S. aristulata**
20. 萼片具褐色卷曲柔毛，3-9脉，花瓣无毛或有时具卷曲柔毛，5-15脉；叶先端无芒状毛；花梗被卷曲柔毛。
21. 萼片两面无毛，边缘具褐色卷曲柔毛，3-9脉，花瓣5-13脉。
22. 植株高4-28.5厘米；聚伞花序具2-5花，或单花，萼片在花期直立或开展，3-5脉，花瓣无毛，5-11脉 ………………………………………… 12. **沼地虎耳草 S. heleonastes**
22. 植株高3-8.3厘米；花单生茎顶，萼片花期直立，5-9脉，花瓣基部的背面和边缘具褐色卷曲柔毛，8-13脉 ……………………………… 12(附). **类毛瓣虎耳草 S. montanella**
21. 萼片背面和边缘具褐色卷曲柔毛，3-13脉，花瓣5-17脉。
23. 萼片3-13脉，花瓣无毛，5-17脉。
24. 萼片花期直立，5-8脉，花瓣5-15脉 ……………………… 13. **山地虎耳草 S. montana**
24. 萼片花期直立至开展或反曲，3-11（-13）脉；花瓣7-11（-17）脉 ………………………………………………………………… 13(附). **山羊臭虎耳草 S. hirculus**
23. 萼片3-9脉，花瓣下部具褐色卷曲柔毛，5-14脉 …… 14. **毛瓣虎耳草 S. ciliatopetala**
19. 萼片具腺毛，花瓣黄色，有时具褐色斑点，无毛，具2-8（-10）痂体。
25. 萼片3脉，花瓣黄色，3-5脉，具2痂体；叶先端具1-3芒状柔毛 ………………………………………………………………………… 15. **三芒虎耳草 S. trinervis**
25. 萼片3-6脉，花瓣黄色，有时具褐色斑点，具（2-）4-8（-10）痂体；叶先端无芒状毛。
26. 基生叶花期不枯凋，具长柄，叶基部楔形、圆或心形。
27. 基生叶基部楔状圆形或圆。
28. 植株高19-42厘米；茎下部疏生褐色柔毛，上部疏生腺毛；基生叶卵状长圆形；茎生叶最上部者无柄，背面无毛；聚伞花序具5-16花；萼片3（4）脉，花瓣3-5脉 … ……………………………………………………………… 16. **灰叶虎耳草 S. glaucophylla**
28. 植株高12-20厘米，茎被褐色柔毛；基生叶卵形；茎生叶最上部者具柄，背面被褐色柔毛；聚伞花序具2-7花；萼片3脉，花瓣4-5脉 … 17. **草地虎耳草 S. pratensis**
27. 基生叶基部心形。
29. 最上部茎生叶卵状心形，无柄，稍抱茎，边缘具短腺毛；萼片卵形或窄卵形，先端稍啮蚀状，3脉，花瓣具6-8痂体 ………………………… 18. **藏东虎耳草 S. implicans**
29. 最上部茎生叶披针形或长圆形，基部楔形或近圆，柄长2-3毫米，不抱茎，边缘具褐色卷曲长腺毛并兼有腺毛；萼片卵形或宽卵形，先端钝，3-6脉，花瓣具（2-）4-6（-10）痂体 ………………………………………… 19. **优越虎耳草 S. egregia**
26. 基生叶早枯凋，花期脱落，有时茎下部叶早枯凋，花期脱落。
30. 萼片两面无毛，边缘无毛或具腺睫毛；花瓣具4-6痂体 ………………………………………………………………………………… 20. **繁缕虎耳草 S. stellariifolia**
30. 萼片内面无毛，外面和边缘具腺柔毛；花瓣具（2-）4-6痂体 ………………………………………………………………………………… 21. **秦岭虎耳草 S. giraldiana**

18. 萼片的脉先端不汇合、半汇合或汇合（同时交错存在）；花瓣黄色，无斑点。
31. 萼片具3（-5）脉；花瓣具（3-）5-7（-9）脉，常无痂体，稀具4-6痂体。
32. 萼片内面无毛，外面被腺毛，花瓣无痂体 ………………………… 22. **异叶虎耳草 S. diversifolia**
32. 萼片两面无毛，稀背面具极少腺毛，花瓣常无痂体，稀具4-6痂体 ………………………………………………………………… 22(附). **狭苞异叶虎耳草 S. diversifolia** var. **angustibracteata**
31. 萼片具3-9脉，花瓣具5-9脉，具2-11痂体。
33. 茎被黑褐色腺毛；基生叶常无毛；花单生茎顶；萼片具3-9脉 ……………………………………………………………………………………………… 23. **黑腺虎耳草 S. nigroglandulosa**
33. 茎中下部叶腋具褐色长柔毛，上部被黑褐色腺毛；基生叶上面和边缘疏生褐色柔毛，下面无毛；花单生茎顶，或聚伞花序具2-3花；萼片具3-5脉 ……………… 23(附). **苍山虎耳草 S. tsangchanensis**
17. 茎具叶或为花葶状，有时茎基部或叶腋具芽；低出叶鳞片状，或具莲座叶丛，叶革质或肉质，全缘，稀具少数齿牙，常具软骨质睫毛和硬芒，稀无毛。
34. 小主轴较少分枝；茎基部或叶腋常具芽，低出叶常鳞片状，稀具莲座叶丛；茎生叶中部者最大，向上向下渐小；叶常革质，常具软骨质睫毛和硬芒。
35. 茎生叶非莲座状，叶全缘；萼片脉先端不汇合、半汇合或汇合（同时交错存在）；花瓣黄色，具3-9脉，无痂体或具2-4痂体。
36. 花瓣无痂体。
37. 叶腋具芽；萼片具3-7脉，花瓣先端钝圆，无毛，具5-8脉 …… 24. **短柄虎耳草 S. brachypoda**
37. 茎基部具芽，叶腋无芽；萼片具5-6脉，花瓣先端微凹，边缘具腺睫毛，具5-9脉 ……………………………………………………………………………………… 24(附). **腺瓣虎耳草 S. wardii**
36. 花瓣具2-4痂体。
38. 茎基部和叶腋均具芽；叶卵形、窄卵形或披针形，基部心形；聚伞花序具2-4花，或花单生茎顶；萼片直立，脉先端半汇合或汇合，花瓣具3-9脉，具2痂体 …… 25. **流苏虎耳草 S. wallichiana**
38. 茎基部具芽，叶腋无芽；叶椭圆形、线状长圆形或近匙形，基部非心形；花单生茎顶；萼片直立或稍开展，脉先端不汇合、半汇合或汇合；花瓣具3-6脉，具2-4痂体 ……………………………………………………………… 25(附). **假大柱头虎耳草 S. macrostigmatoides**
35. 茎生叶有时密集呈莲座状，叶全缘或具少数牙齿；萼片脉先端汇合，花瓣黄色，或白色并具黄色、褐色或紫红色斑纹，具3-10脉，具2-16痂体。
39. 叶全缘；萼片具3-7脉，花瓣具3-7脉，具2-4痂体。
40. 茎生叶常密集呈莲座状，叶倒窄卵形、长圆形或线状长圆形，两面被糙伏毛（有时具腺头）；聚伞花序伞房状，具2-12花；萼片在花期由直立变开展，具3-7脉，花瓣白色，具黄或紫红色斑纹 ……………………………………………………………………… 26. **芽生虎耳草 S. gemmipara**
40. 茎生叶较疏，非莲座状，叶长圆形或近剑形，两面常无毛；花单生枝顶，或聚伞花序具2-3花；萼片在花期直立，3-5脉，花瓣黄色 ……………………………… 27. **线茎虎耳草 S. filicaulis**
39. 叶具少数牙齿；萼片具3-8脉，花瓣具3-10脉，具2-16痂体。
41. 茎生叶中部者较大，密集呈莲座状，全缘或具2-3（-5-9）牙齿；花梗被黑紫色腺毛，萼片内面和边缘无毛，具3-7脉，花瓣白色，具褐色斑纹，具3-7脉，具2-4痂体 ……………………………………………………………………………………… 28. **伏毛虎耳草 S. strigosa**
41. 茎生叶较疏，非呈莲座状，边缘先端常具3牙齿，稀具4-5牙齿；花梗被卷曲长腺毛，萼片内面上部和边缘具腺毛，具3-8脉，花瓣黄色，具3-10脉，具2-16痂体 … 29. **齿叶虎耳草 S. hispidula**
34. 小主轴常分枝，有时多次分枝，叠结呈垫状；仅个别种之苞腋具芽，茎常具叶，或为花葶状，基部常具莲座叶丛；茎生叶常近等大，有时中部者稍大，叶常肉质，常具软骨质刚毛状睫毛，稀无毛。
42. 茎具叶，有时苞腋具芽；叶全缘；萼片具3-5脉，脉先端不汇合，花瓣具3-4脉。

43. 花瓣白色，无痂体 …………………………………………………………………… 30. **刺虎耳草 S. bronchialis**

43. 花瓣黄色，具橙色斑点，具2-6痂体。

44. 萼片无毛，具3-4脉，花瓣近长圆形或窄卵形，具2痂体 ………… 31. **聚叶虎耳草 S. confertifolia**

44. 萼片具腺毛，具3-5脉，花瓣提琴状长圆形，具4-6痂体 ……… 32. **近加拉虎耳草 S. llonakhensis**

42. 茎具叶或为花葶状，苞腋无芽；叶全缘，有时具3-8齿；萼片具3-7脉，脉先端不汇合、半汇合至汇合（同时交错存在），或汇合，花瓣具3-7脉。

45. 叶全缘；萼片脉先端不汇合、半汇合至汇合，花瓣黄色，具3-7脉。

46. 萼片无毛，或仅外面被毛，具3-5脉，花瓣具3-7脉。

47. 萼片无毛，花瓣具3-5脉。

48. 茎生叶（莲座叶丛以上者）无毛；聚伞花序具2-6花；萼片具3-5脉，花瓣黄色，或其腹面黄色而背面紫红色，具3脉 ………………………………………………… 33. **冰雪虎耳草 S. glacialis**

48. 茎生叶，上部者先端具短尖头，无毛，中下部者先端具短尖头，上部具刚毛状睫毛；花单生茎顶，或聚伞花序具2-3花；萼片具3-5脉，花瓣黄色，中下部具褐色斑点，具3-5脉 ……………………………………………………………………… 33(附). **曲茎虎耳草 S. flexilis**

47. 萼片内面和边缘无毛，外面被腺毛或柔毛，花瓣具3-7脉。

49. 花瓣具爪，具3-7脉或5脉。

50. 莲座叶丛以上具较疏茎生叶，莲座叶丛之叶匙形或近窄倒卵形，先端具短尖头，具刚毛状睫毛；茎生叶长圆形、披针形或剑形，两面无毛，具腺睫毛，稀无毛或下面稀被腺毛；花瓣黄色，中下部具橙色斑点，具3-7脉。

51. 萼片边缘无毛 ………………………………………………… 35. **爪瓣虎耳草 S. unguiculata**

51. 萼片边缘常具腺睫毛 ………………… 35(附). **五台虎耳草 S. unguiculata var. limprichtii**

50. 莲座叶丛以上无茎生叶；叶近匙形或近长圆形，先端钝，两面无毛，具腺睫毛；花瓣黄色，具5脉 ………………………………………………………………… 34. **光缘虎耳草 S. nanella**

49. 花瓣无爪，具3-5脉 …………………………………………… 34(附). **无爪虎耳草 S. dshagalendis**

46. 萼片内面无毛，外面和边缘多少具腺毛，具3-6脉，花瓣黄色，中部以下具橙色斑点，椭圆形、卵形或窄卵形，具3-6脉 ……………………………………………… 36. **金星虎耳草 S. stella-aurea**

45. 叶全缘或具3-8牙齿；萼片脉先端汇合，花瓣黄色或上面黄白色，中下部具紫红色斑点，下面红色或全部红色，具3-7脉。

52. 叶全缘；萼片具3-7脉，花瓣具3-7脉。

53. 萼片内面无毛，外面和边缘具腺毛，3脉，花瓣黄色，椭圆形或窄卵形，基部心形，具3脉 …… ……………………………………………………………………… 37. **景天虎耳草 S. sediformis**

53. 萼片内面上部、外面和边缘均具腺毛，具5-7脉，花瓣具3-7脉。

54. 茎生叶近倒披针形或线状倒披针形；花序分枝较细弱；花瓣内面黄白色，中下部具紫红色斑点，外面红色或全部红色，披针形，基部圆，具3脉 …………… 38. **红虎耳草 S. sanguinea**

54. 茎生叶长圆形；花序分枝较粗；花瓣黄色，中下部具紫红色斑点，外面非红色，卵形或近卵形，基部常平截状圆形，具3-7脉 ………………………………………… 39. **西南虎耳草 S. signata**

52. 仅下部茎生叶先端具4-5齿，或基生叶具3-7齿，茎生叶具3-8齿；萼片具5-6脉或3-5脉，花瓣具5-6脉或3-5脉。

55. 基生叶先端具3-7齿；茎生叶近匙形，具3-8齿；萼片在花期开展至反曲，内面最上部具腺毛，3-5脉，花瓣浅黄色，中下部具紫色斑点，基部心形，具5-6脉 … 40. **灯架虎耳草 S. candelabrum**

55. 基生叶全缘；茎生叶，上部者近倒卵形，全缘，下部者匙形，先端具4-5齿；萼片花期近直立，内面被腺毛，具5-6脉，花瓣黄色，基部非心形，具5-6脉 …… 40(附). **川西虎耳草 S. dielsiana**

16. 茎具叶，基部具莲座叶丛，鞭匐枝生于莲座叶腋部；茎生叶下部者较大，向上渐小；叶肉质，全缘，常具软骨质硬睫毛。

56. 叶长圆状剑形、近剑形或近长圆形；萼片花期开展或反曲，常无毛，具3-5脉；花瓣3-5脉，具2或2-3痂体。

57. 萼片花期开展，脉先端不汇合、半汇合或汇合（同时存在）；花瓣椭圆形、长圆形或披针形，3-5脉，具2痂体 ………………………………………………………………………… 41. **喜马拉雅虎耳草 S. brunonis**

57. 萼片花期反曲，脉先端汇合；花瓣卵形或窄卵形，具3脉，具2-3痂体，有时痂体不明显 ………………………………………………………………………………………… 42. **太白虎耳草 S. josephi**

56. 叶窄椭圆形、近匙形或长圆形；萼片花期直立，具5-9脉；花瓣椭圆形、倒卵形或倒宽卵形，8-11脉，无痂体 ………………………………………………………………… 43. **大花虎耳草 S. stenophylla**

15. 叶互生或对生，有时具分泌钙质窝孔；花瓣白、黄、紫或红色，具环状花盘或无明显花盘；子房半下位或近下位。

58. 无鞭匐枝；叶互生或对生，叶全缘或具2-3齿，无窝孔或具窝孔；花单生茎顶，或为聚伞花序；萼片具3-9脉；花瓣3-9脉，有时具糙毛。

59. 叶互生，草质，全缘或具2-3齿，无窝孔；萼片具3-7脉；花瓣常黄色，或内面多少黄色，背面紫红色，稀白色，3-7脉，无毛。

60. 叶全缘；萼片花期直立，或开展或反曲，脉先端不汇合；花瓣黄色，或内面多少黄色，外面紫红色，无痂体或具2痂体。

61. 萼片花期直立，具腺毛，具3-6脉，花瓣具3-5脉，无痂体，花盘不明显。

62. 基生叶两面和边缘均具腺毛；花单生茎顶，或聚伞花序具2花；萼片舌形，具3脉；花瓣长圆形，先端微凹 ……………………………………………… 44. **燃灯虎耳草 S. lychnitis**

62. 基生叶上面常无毛，有时疏生腺柔毛，下面无毛，边缘疏生卷曲长腺毛；聚伞花序具2-14花，花常弯垂，多偏向一侧；萼片三角状卵形、卵形或披针形，具3-6脉；花瓣近匙形或窄倒卵形，先端尖或稍钝 ……………………………………………… 45. **垂头虎耳草 S. nigroglandulifera**

61. 萼片花期开展或反曲，具褐色柔毛，或具腺毛，具3-7脉；花瓣3-7脉，具2痂体，具环状花盘或花盘不明显。

63. 茎和花梗被褐色卷曲长柔毛；茎生叶具卷曲柔毛；萼片具卷曲柔毛，具3-5脉；花瓣卵形、窄卵形或椭圆形。

64. 植株高3.5-31厘米；聚伞花序具（2-）8-24花；萼片花期直立至开展或反曲，有时外面下部具卷曲柔毛；花瓣黄色，或内面黄色，外面紫色 ……… 46. **唐古特虎耳草 S. tangutica**

64. 植株高（1）2-16厘米；花单生茎顶；萼片花期反曲，外面无毛；花瓣内面上部黄色，下部紫红色，外面紫红色，具3-5脉 ……………………………… 47. **西藏虎耳草 S. tibetica**

63. 茎和花梗具腺毛；茎生叶两面和边缘均具腺毛；萼片内面疏生腺毛或无毛，外面和边缘密生腺毛，具3-5（-7）脉；花瓣披针形、窄长圆形或剑形，具3-5（-7）脉 ……………………………………………………………………………… 48. **窄瓣虎耳草 S. pseudohirculus**

60. 叶全缘或具2-3齿；萼片花期直立，内面无毛，外面和边缘具腺毛，具3脉，脉先端不汇合、半汇合至汇合（同时交错存在）；花瓣白色，窄倒卵形、倒卵形、倒宽卵形或椭圆形，无爪，具3-6脉，无痂体 ……………………………………………………………… 49. **矮虎耳草 S. humilis**

59. 叶互生或对生，肉质，全缘，具窝孔；萼片具3-9脉；花瓣白、黄、粉红或紫色，具3-9脉，无毛，或有时具粗毛。

65. 叶具1-9窝孔；聚伞花序具2-7花，或花单生茎顶；萼片具3-9脉，脉先端不汇合、半汇合至汇合（同时交错存在），花瓣无毛或具粗毛，具3-9脉，无痂体。

66. 叶互生；小主轴之叶具1-9窝孔；萼片具3-9脉；花瓣具3-9脉，无毛或具粗毛。

67. 小主轴之叶具1-9窝孔；花单生茎顶；萼片具3-9脉；花瓣白色，无毛。

68. 小主轴之叶具1或3窝孔；花无梗，萼片先端无毛，具3-4脉或3-7脉；花瓣具3-6脉或

5-9脉。

69. 花茎极短，不伸出莲座叶丛，无毛；小主轴之叶具1窝孔；萼片两面无毛，具3-4脉；花瓣具3-6脉 ………………………………………… 50. **单窝虎耳草 S. subsessiliflora**

69. 花茎在花初期，藏于莲座叶丛中，后渐伸出莲座叶丛之外达1.1厘米，被腺毛；小主轴之叶具3窝孔；萼片内面无毛，外面具腺毛（先端常无毛），具3-7脉；花瓣具5-9脉 ………………………………………… 51. **丽江虎耳草 S. likiangensis**

68. 小主轴之叶具5-9窝孔；具花梗，萼片内面无毛，先端、外面和边缘均具腺毛，具8-9脉；花瓣具6-9脉 ………………………………………… 52. **鄂西虎耳草 S. unguipetala**

67. 小主轴之叶具3-7窝孔；聚伞花序具3-7花；萼片具3-4脉；花瓣粉红、红或紫红色，无毛或具粗毛。

70. 小主轴之叶具5-7窝孔；萼片具3-4脉；花瓣红色，长圆状倒披针形，内面无毛，外面和边缘具粗毛 ………………………………………… 53. **雪地虎耳草 S. chionophila**

70. 小主轴之叶具3-7窝孔；萼片具3脉；花瓣粉红或紫红色，匙形或窄倒卵形，无毛 ………………………………………… 54. **滇藏虎耳草 S. meeboldii**

66. 叶对生；小主轴之叶具1窝孔；萼片具6-7脉；花瓣紫色，窄倒卵状匙形，先端微凹，7脉，无毛 ………………………………………… 55. **挪威虎耳草 S. oppositifolia**

65. 叶具1-3窝孔；花单生茎顶；萼片具3或5脉，脉先端汇合或半汇合；花瓣无毛，3-6脉，无痂体。

71. 叶互生，叶具1窝孔；萼片5，近三角状卵形或宽卵形，长 1.6-2毫米，3脉先端汇合，花瓣5，白色，倒卵形、倒披针形或长圆形，长3.5-5.3毫米，5-6脉 ………… 56. **垫状虎耳草 S. pulvinaria**

71. 叶交互对生，叶具1-3窝孔；萼片4，近半圆形，长约1.3毫米，5脉先端半汇合；花瓣4，淡黄色，倒卵形或倒宽卵形，长2.1-2.6毫米，3-4脉 ………… 57. **矮生虎耳草 S. nana**

58. 鞭匐枝生于莲座叶之腋部；叶互生，叶全缘，具腺睫毛，无窝孔；萼片由直立变开展，卵形、窄卵形或近长圆形，3-5脉先端不汇合或半汇合；花瓣黄或淡红色，椭圆形、卵形或窄卵形，先端尖，1-3脉 ………………………………………… 58. **小果虎耳草 S. microgyna**

14. 叶互生，全缘，边缘先端具流苏状睫毛，无分泌钙质之窝孔；花单生茎顶；萼片先端具流苏状睫毛，3-7脉，脉先端汇合；花瓣黄色，卵形、窄卵形或窄倒卵形，具环状花盘 ………… 59. **半球虎耳草 S. hemisphaerica**

1. 腺毛虎耳草　　图 641

Saxifraga manshuriensis（Engl.）Kom. in Acta Hort. Petrop. 22: 415. 1903.

多年生草本，高达29厘米。茎被白色卷曲腺柔毛。叶均基生，肾形，长3-5.7厘米，宽3.8-7.9厘米，边缘具24-26圆状粗齿，基部心形，上面近无毛，下面和边缘具白色柔毛；叶柄长6-17厘米，被腺柔毛。聚伞花序长3-5厘米。花梗密被白色腺柔毛；萼片7(8)，花期反曲，近披针形，长1.3-1.5毫米，先端稍钝，两面无毛，边缘具腺睫毛，单脉；花瓣白色，长圆状倒披针形，2.3-3毫米，先端微缺，基部渐窄成长0.3-0.5毫米之爪，单脉，无斑点；雄蕊11-

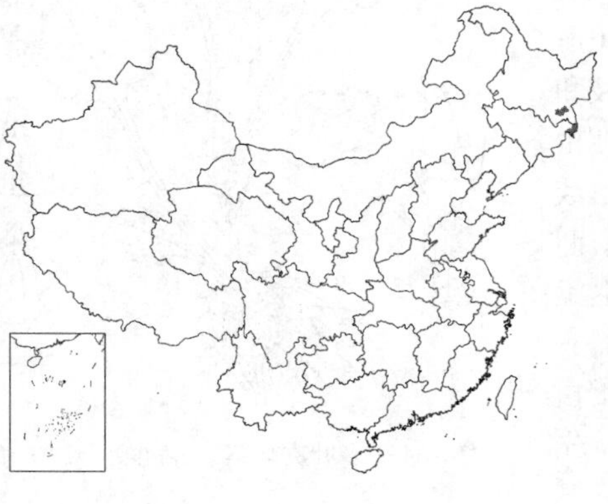

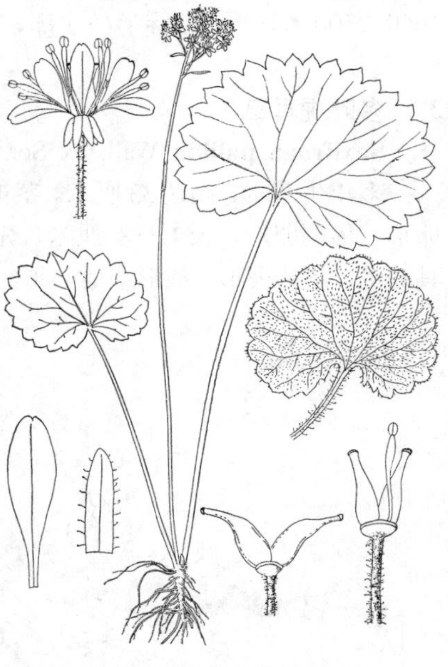

图 641 腺毛虎耳草

（引自《东北草本植物志》）

13，花丝棒状；2心皮近分离；子房近卵球形；花柱长1-1.2毫米。蒴果长3.5-5毫米，2果瓣叉开。花果期 7-8月。

产黑龙江南部及吉林东部，生于林下草甸或山坡石隙。朝鲜半岛北部及俄罗斯有分布。

［附］**双喙虎耳草 Saxifraga davidii** Franch. in Nouv. Arch. Mus. Hist. Nat. Paris ser. 2，8：229. 1886. 本种与腺毛虎耳草的区别：叶倒卵形或椭圆形，具羽状达缘脉序；萼片卵形或三角状卵形，无毛，3脉先端汇合成疣点；花瓣基部具黄色斑点，椭圆形或卵形，3-4脉。花期4-5月。产四川西部，生于海拔1500-2400米山谷石隙。

2. 斑点虎耳草 图 642

Saxifraga punctata Linn. Sp. Pl. ed. 1. 401. 1753.

多年生草本，高达29厘米。茎疏生腺柔毛。叶均基生，肾形，长1.6-5.5厘米，宽1.6-6.5厘米，边缘具19-21宽卵形牙齿，并具腺睫毛，上面被腺柔毛，下面无毛，具掌状达缘脉序；叶柄长4-10.7厘米，疏生腺柔毛。聚伞花序圆锥状，具52-30花；花序分枝和花梗均被腺毛；萼片花期反曲，宽卵形或卵形，长0.7-1.3毫米，无毛，单脉；花瓣白或淡紫红色，卵形，长2.1-2.7毫米，先端微缺，基部渐窄成长0.5-0.7毫米之爪，单脉；雄蕊长2-3毫米，花丝棒状；子房近上位。宽卵球形；花柱长0.2-0.5毫米。蒴果长2.8毫米，2果瓣上部叉开，基部合生。花果期7-8月。

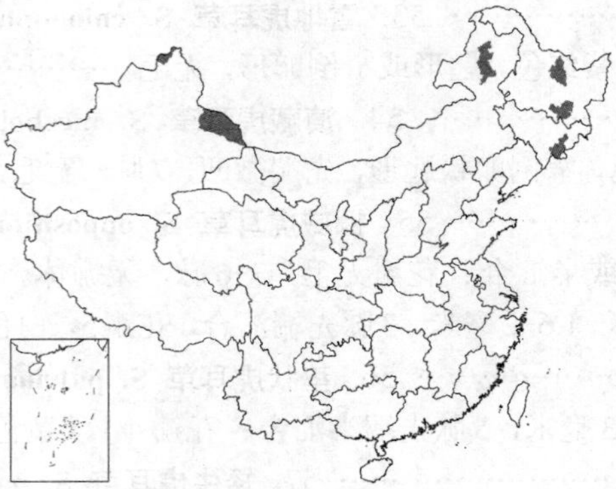

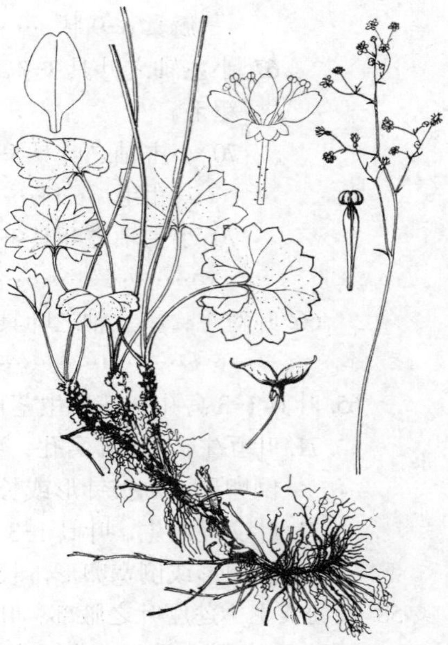

图 642 斑点虎耳草 （引自《图鉴》）

产黑龙江、吉林东南部、内蒙古东部、新疆东北部及北部，生于海拔1660-2300米林下。朝鲜半岛北部、蒙古、俄罗斯及北美有分布。

3. 多叶虎耳草 图 643

Saxifraga pallida Wall. ex Ser. in DC. Prodr. 4：38. 1830.

多年生草本，高达33厘米。茎被柔毛。叶均基生，窄卵形、卵形或宽卵形，稀倒卵形，长1.3-8 厘米，先端钝，边缘具11-25圆齿或钝齿，并具睫毛，基部楔形、截形或近心形，上面被柔毛，下面无毛；叶柄长1-10厘米，上面和边缘具柔毛。聚伞花序圆锥状，长4-20厘米，具4-13花；花序分枝和花梗均被柔毛。萼片花期由直立变开展或反曲，卵形或窄卵形，长3.3-3.8毫米，两面常无毛，稀外面疏生柔毛，边缘基部疏生柔毛，3-7脉，脉先端汇合；花瓣白色，卵形，长4-4.4毫米，先

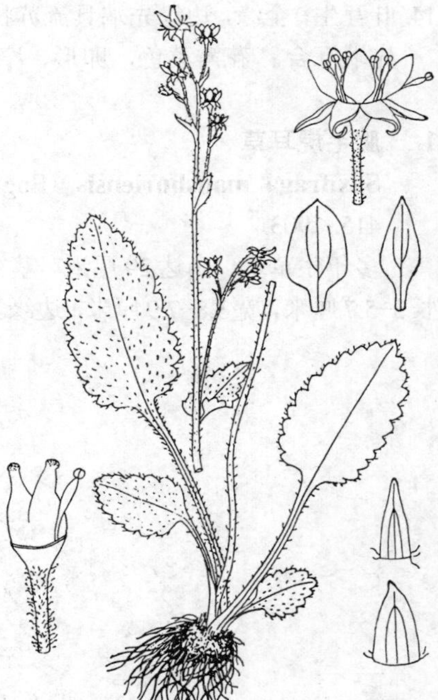

图 643 多叶虎耳草 （潘锦堂 刘进军绘）

端急尖、钝或微凹，基部具长0.6-0.9 毫米之爪，具3-7脉，基部具2黄色斑点；花丝棒状；子房近上位，卵球形；花柱长1-1.3毫米。蒴果长6-8毫米，2果瓣叉开。花果期7-10月。

产甘肃南部、四川近中部及西南部、云南西北部及西藏，生于海拔3000-5000米针叶林下、灌丛、草甸或高山石隙。印度北部、不丹、锡金、尼泊尔及克什米尔地区有分布。

4. 红毛虎耳草　图 644：1-5　彩片 99

Saxifraga rufescens Balf. f. in Trans. Bot. Soc. 27: 74. 1916.

多年生草本，高达40厘米。叶均基生，肾形、圆肾形或心形，长2.4-10厘米，基部心形，9-11浅裂，裂片宽卵形，具牙齿，有时3浅裂，两面和边缘均被腺毛；叶柄长3.7-15.5厘米，被红褐色长腺毛。花葶密被红褐色长腺毛；多歧聚伞花序圆锥状，长6-18厘米，具10-31花；花序分枝和花梗均被腺毛。花两侧对称；萼片花期开展或反曲，卵形或窄卵形，长1.3-4毫米，内面无毛，下面和边缘具腺毛，3脉先端汇合；花瓣白色或粉红色，5枚，常4枚较短，披针形或窄披针形，长4-4.5毫米，多少具腺睫毛，基部具长0.3-0.6毫米之爪，具3-7弧曲脉，其最长1枚披针形或线形，长1-2厘米，边缘多少具腺睫毛，3-9弧曲脉；雄蕊长4.5-5.5毫米，花丝棒状；子房上位。蒴果弯垂，长4-4.5毫米。花果期7-10月。

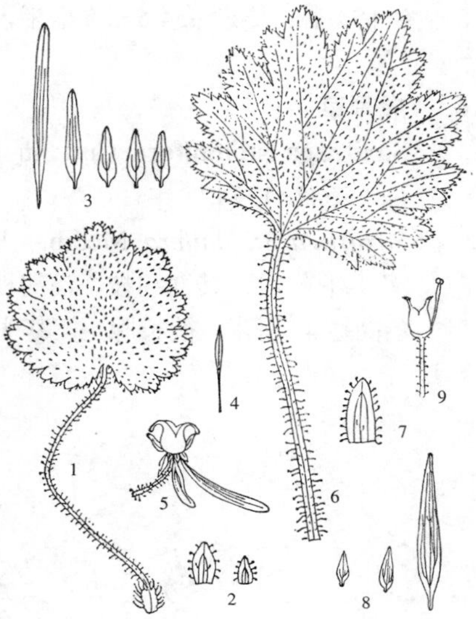

图 644：1-5. 红毛虎耳草　6-9. 扇叶虎耳草　（潘锦堂　王　颖绘）

产湖北西部、四川、云南及西藏东南部，生于海拔1000-4000米林下、林缘、灌丛、高山草甸或石隙。

［附］**扇叶虎耳草**　图 644: 6-9　**Saxifraga rufescens** var. **flabellifolia** C. Y. Wu et J. T. Pan in Acta Phytotax. Sin. 29(1): 7. 1991. 本变种与模式变种的区别：叶片基部常楔形或截形，花瓣具3-5（-8）脉。花果期6-11月。产四川东北部及云南中部，生于海拔625-2100米林下、沟边湿地或石隙。

5. 卵心叶虎耳草　图 645

Saxifraga aculeata Balf. f. in Trans. Bot. Soc. 27: 70. 1916.

Saxifraga ovatocordata Hand.-Mazz；中国高等植物图鉴补编 2: 36. 1983.

多年生草本，高达36厘米。根状茎较短。茎不分枝，被褐色腺毛。基生叶卵形，稀宽卵形或肾形，长1.2-10厘米，基部心形（与叶柄连结处具芽），具波状粗齿和腺睫毛，两面被糙腺毛和斑点，叶柄长1.5-12厘米，被褐色腺毛；茎生叶1-4，披针形或卵形，长2.5-5毫米，单脉。

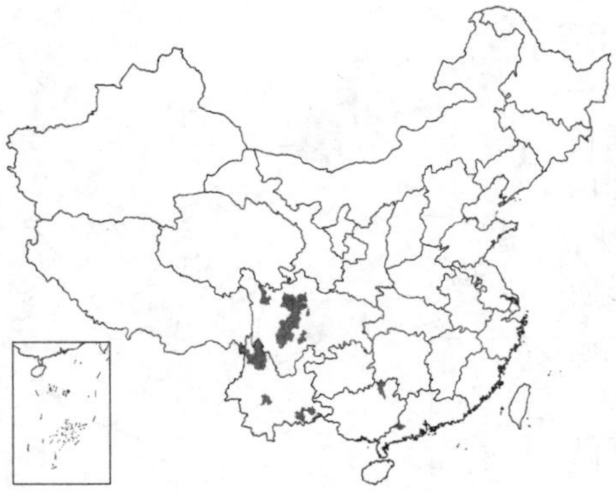

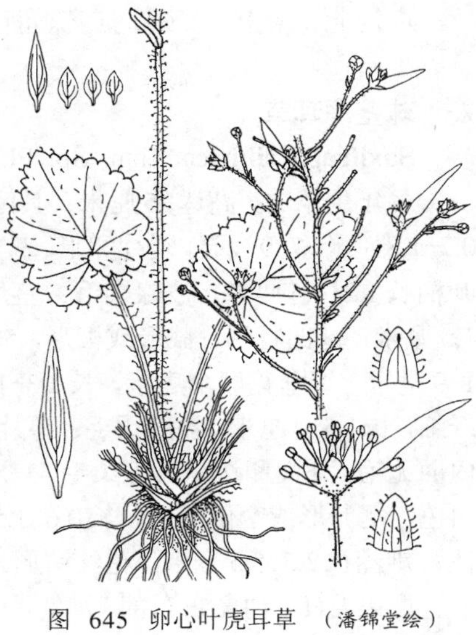

图 645　卵心叶虎耳草　（潘锦堂绘）

聚伞花序圆锥状，长13-23厘米，具12-30花，花两侧对称；萼片花期开展或反曲，卵形，长1.6-4毫米，腹面无毛，背面和边缘具腺毛，(2)3脉先端汇合；花瓣白色，5枚，3枚较短，卵形，长2-4.5毫米，基部具长0.2-1 毫米之爪，具（1-）3-5脉，1枚较长，披针形或线状披针形，长0.4-2厘米，3-5（-12）脉，另1枚最长，线状披针形或披针形，长1.3-3厘米，5-9（-15）脉；雄蕊长4.5-5.5毫米，花丝棒状；子房近上位，卵球形。蒴果长3-4.6毫米。花果期 5-10月。

产广东西部、广西东北部、云南及四川，生于海拔800-3800米林下或岩壁石隙。

6. 虎耳草 图 646 彩片 100

Saxifraga stolonifera Curt. in Philos. Trans. London B. 64. 1. 308, No. 2541. 1774.

Saxifraga stolonifera Meerb.; 中国高等植物图鉴 2: 137. 1972.

多年生草本；具匍匐枝，鞭匐枝细长，密被卷曲长腺毛，并具鳞片状叶。茎高达45厘米，被长腺毛。基生叶近心形、肾形或扁圆形，长1.5-7.5厘米，先端急尖或钝，基部近截、圆形或心形，边缘(5-)7-11浅裂，并具不规则牙齿和腺睫毛，两面被腺毛和斑点，叶柄长1.5-21厘米，被长腺毛；茎生叶1-4，叶片披针形，长约6毫米。聚伞花序圆锥状，长7.3-26厘米，具7-61花。花两侧对称，萼片卵形，长1.5-3.5毫米，外面和边缘具腺毛，3脉于先端汇合；花瓣白色，中上部具紫红色斑点，基部具黄色斑点，5枚，3枚较短，卵形，长2-4.4毫米，先端急尖，基部具长0.1-0.6 毫米之爪，羽状脉序，2枚较长，披针形或长圆形，长0.6-1.5厘米，羽状脉序，具2级脉5-10（-11）；雄蕊长4-5.2毫米，花丝棒状；花盘半环状，具小瘤突。花果期 4-11月。

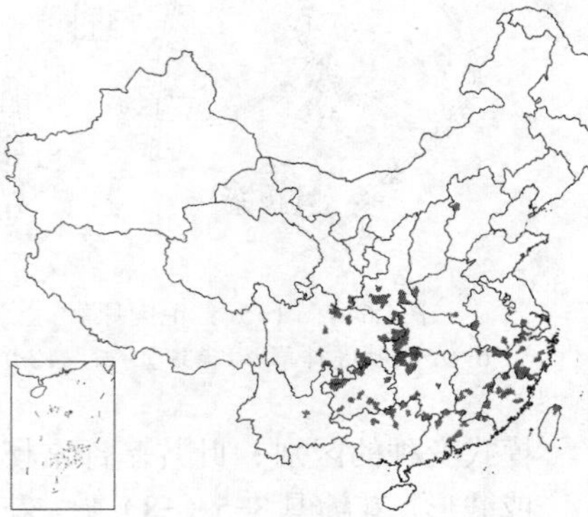

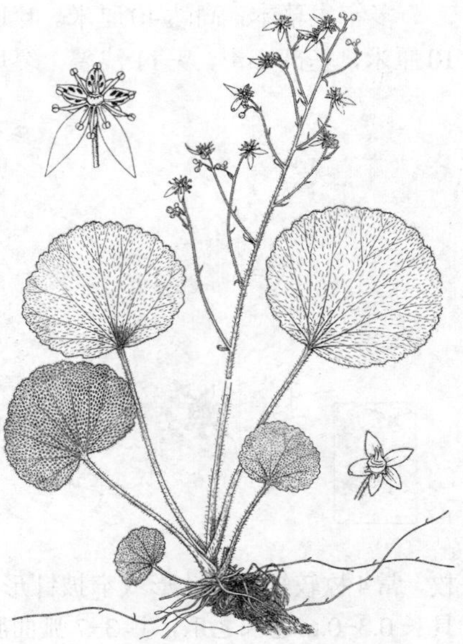

图 646 虎耳草

（引自《江苏南部种子植物手册》）

产河北、河南、安徽、江苏、浙江、福建、台湾、江西、湖北、湖南、广东、广西、贵州、云南、四川、陕西及甘肃东南部，生于海拔400-4500米林下、灌丛、草甸或荫湿石隙。朝鲜半岛及日本有分布。全草入药，有小毒，祛风清热，凉血解毒。

7. 球茎虎耳草 图 647

Saxifraga sibirica Linn. Sp. Pl. ed. 2, 577. 1762.

多年生草本，高达25厘米；具鳞茎。茎密被腺柔毛。基生叶肾形，长0.7-1.8厘米，7-9浅裂，裂片卵形、宽卵形或扁圆形，两面和边缘具腺柔毛，叶柄长1.2-4.5厘米，被腺柔毛；茎生叶肾形、宽卵形或扁圆形，长0.45-1.5厘米，基部肾形、截形或楔形，5-9浅裂，两面和边缘具腺毛，叶柄长1-9毫米。聚伞花序伞房状，长2.3-17厘米，具2-13花，稀花单生。花梗纤细，长1.5-4厘米，被腺柔毛；萼片直立，披针形或长圆形，长3-4毫米，内面无毛，外面和边缘具腺柔毛，3-5脉先端不汇合、半汇合至汇合；花瓣白色，倒卵形或窄倒卵形，长0.6-1.5厘米，基部渐窄成爪，3-8脉，无痂体；雄蕊长2.5-5.5毫米，花丝钻形。花果期5-11月。

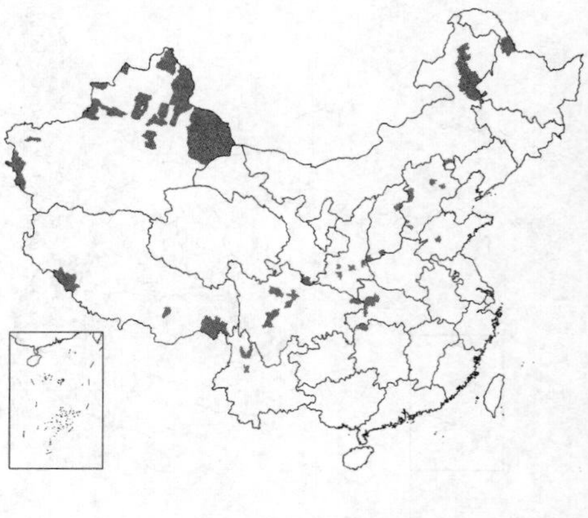

产黑龙江、内蒙古东部、河北、山东、山西、陕西南部、湖北西部、湖

南西北部、云南西北部、西藏、四川、甘肃南部及新疆，生于海拔770-5100米林下、灌丛、高山草甸或石隙。俄罗斯、蒙古、尼泊尔、印度、克什米尔地区及欧洲东部有分布。

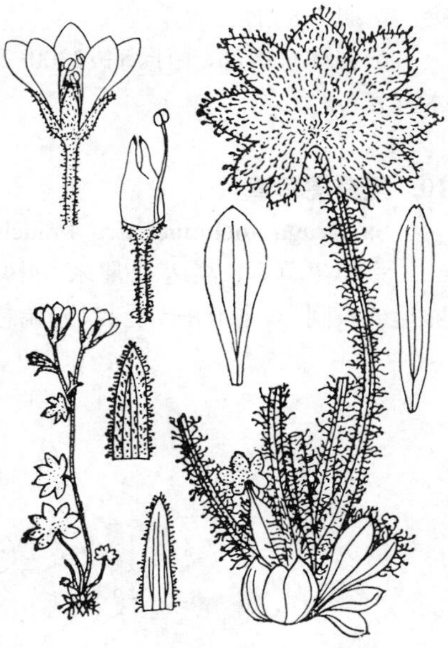

图 647 球茎虎耳草 （潘锦堂 刘进军绘）

8. **零余虎耳草** 点头虎耳草 图 648 彩片 101

Saxifraga cernua Linn. Sp. Pl. 403. 1753.

多年生草本，高达25厘米。茎被腺柔毛，基部具芽，叶腋具珠芽，有时发出鞭匐枝；鞭匐枝疏生腺柔毛。基生叶肾形，长0.7-1.5 厘米，5-7浅裂，裂片近宽卵形，两面和边缘具腺毛，叶柄长3-8厘米，被腺毛；茎生叶，中下部者肾形，长0.8-2厘米，5-7（9）浅裂，两面和边缘具腺毛，叶柄长0.3-3.4厘米；上部叶3浅裂，具短柄。聚伞花序具2-5花，或花单生；苞腋具珠芽；花梗被腺柔毛；萼片直立，椭圆形、卵形或长圆形，长3-3.7毫米，内面无毛，外面和边缘具腺毛，3-（7）脉先端不汇合、半汇合至汇合；花瓣白或淡黄色，倒卵形或窄倒卵形，长4.5-10.5毫米，先端微凹或钝，基部渐窄成爪，具3-8（10）脉，无痂体。花丝钻形；子房卵球形。花果期6-9月。

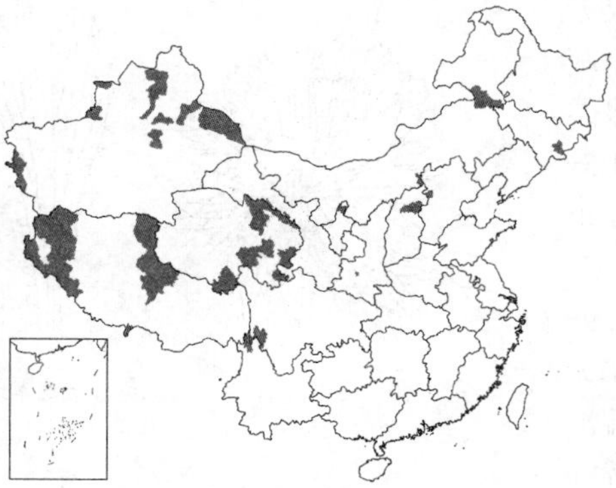

产吉林南部、内蒙古、河北西部、山西北部、陕西中西部、甘肃中部、宁夏北部、新疆、青海、西藏、四川西部及云南西北部，生于海拔2200-5550米林下、林缘、高山草甸或石隙。俄罗斯、日本、朝鲜半岛北部、不丹、印度及北半球高山或寒带地区有分布。

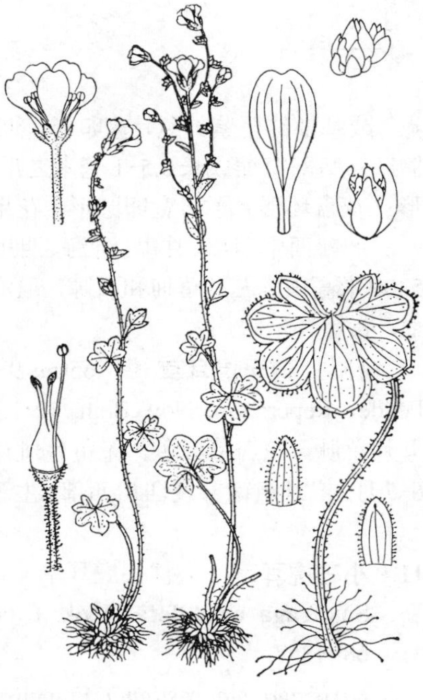

图 648 零余虎耳草 （潘锦堂 刘进军绘）

9. **长白虎耳草** 条裂虎耳草 图 649

Saxifraga laciniata Nakai et Takeda in Bot. Mag. Tokyo 28: 305. 1914.

多年生草本，高达26厘米。根状茎短。无鳞茎和珠芽。叶均基生，稍肉质，通常匙形，长1.3-3厘米，先端急尖，边缘中上部具5-8粗锯齿，中下部全缘，具腺睫毛，上面被腺柔毛，下面无毛。花葶被腺柔毛；聚伞花序伞房状，长1.7-13厘米，具5-7花；花序分枝和花梗均被腺柔毛；苞叶披针形或线形，长0.2-1.2厘米。萼片花期反曲，稍肉质，卵形，长2.3-2.5毫米，先端急尖，无毛，3脉先端汇合；花瓣白色，基部具2黄色斑点，卵形、窄卵形或长圆形，长3-4.5毫米，先端急尖或稍钝，基部窄缩成长1-1.1毫米之爪，3-5脉；雄蕊长约3毫米，花丝钻形；子房近上位，卵球形，长约2.2毫米。蒴果长5-7毫米；种子具纵棱和小瘤

突。花期7-8月。

产吉林东南部，生于海拔2300-2600米草甸或石隙。朝鲜半岛北部及日本有分布。

10. 黑蕊虎耳草 图 650：1-8 彩片 102

Saxifraga melanocentra Franch. in Journ. de Bot. 10: 263. 1896.

多年生草本，高达32厘米。叶均基生，卵形、菱状卵形、宽卵形、窄卵形或长圆形，长0.8-4厘米，先端急尖或稍钝，边缘具圆齿状锯齿和腺睫毛，或无毛，基部楔形，稀心形，两面疏生柔毛或无毛；叶柄长0.7-3.6厘米，疏生柔毛。花葶被卷曲腺柔毛；聚伞花序伞房状，长1.5-8.5厘米，具2-17花，稀花单生。萼片花期开展或反曲，三角状卵形或窄卵形，长2.9-6.5毫米，先端钝或渐尖，无毛或疏生柔毛，3-8脉先端汇合成疣点；花瓣白色，稀红或紫红色，基部具2黄色斑点，或基部红至紫红色，宽卵形、卵形或椭圆形，长3-6.1毫米，先端钝或微凹，基部窄缩成长0.5-1毫米之爪，3-9（-14）脉；花药黑色；花丝钻形；花盘环形。子房宽卵圆形。花果期7-9月。

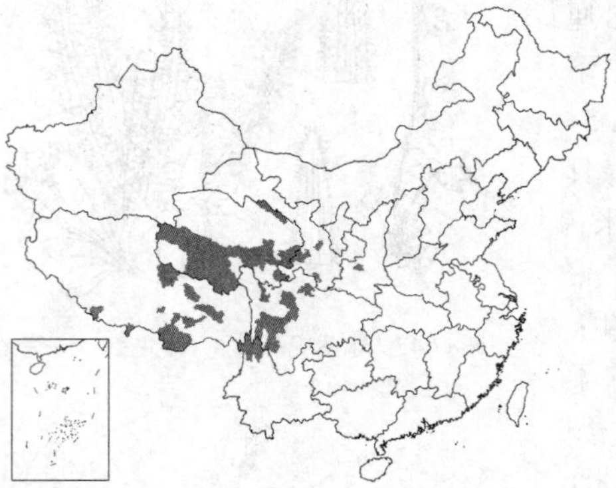

产陕西中西部、甘肃、青海、四川、云南西北部及西藏，生于海拔3000-5300米高山灌丛、草甸和石隙。尼泊尔、锡金有分布。花和枝叶入药，补血，散瘀，治眼病。

［附］**道孚虎耳草** 图 650：9-12 **Saxifraga lumpuensis** Engl. in Fedde, Repert. Sp. Nov. Beih. 12: 394. 1922. 本种与黑蕊虎耳草的区别：萼片单脉，花瓣紫红色，无黄色斑点，先端急尖，常单脉，稀3脉。花期6-7月。产甘肃南部及四川西部，生于海拔3500-4100米林下、山坡、水边。

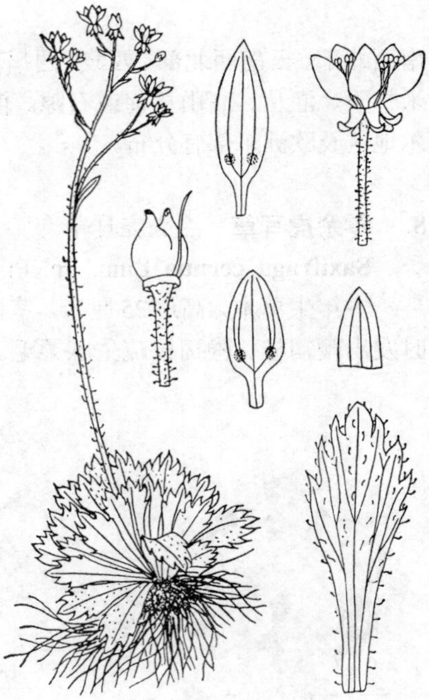

图 649 长白虎耳草 （潘锦堂 刘进军绘）

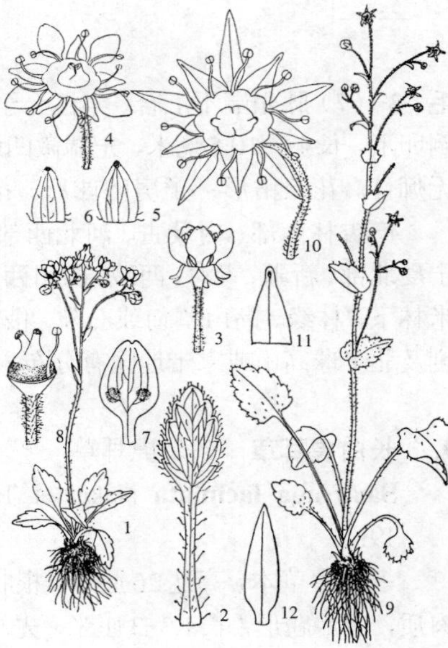

图 650：1-8. 黑蕊虎耳草
9-12. 道孚虎耳草 （潘锦堂 刘进军绘）

11. 小芒虎耳草 大柱头虎耳草 图 651

Saxifraga aristulata Hook. f. et Thoms. in Journ. Linn. Soc. Bot. 2: 68. 1857.

Saxifraga macrostigma Franch; 中国高等植物图鉴 2: 127. 1972.

多年生草本，密丛，高达8.5（-11）厘米。茎多少具褐色卷曲长腺毛；基生叶长圆形或线形，长4-8.2毫米，先端具1芒状长毛（有时具腺头），两面无毛，边缘有时具腺睫毛，叶柄长4-6毫米，边缘具褐色卷曲长腺毛；茎生叶向上渐小，下部者具柄，叶线形，长6-7.5毫米，先端具芒状毛，两面无毛，有时具腺睫毛，叶柄长1.5-2毫米，中部以上者变无柄，线形。花单生茎顶，或聚伞花序具2花。花梗长1-1.2厘米，被黑褐色腺毛；萼片直立至变开展或反曲，椭圆形、卵形或宽卵形，长2-2.5毫米，无毛，3-4脉先端不汇合；花瓣黄色，卵形、倒卵形、椭圆形或长圆形，长4-6毫米，先

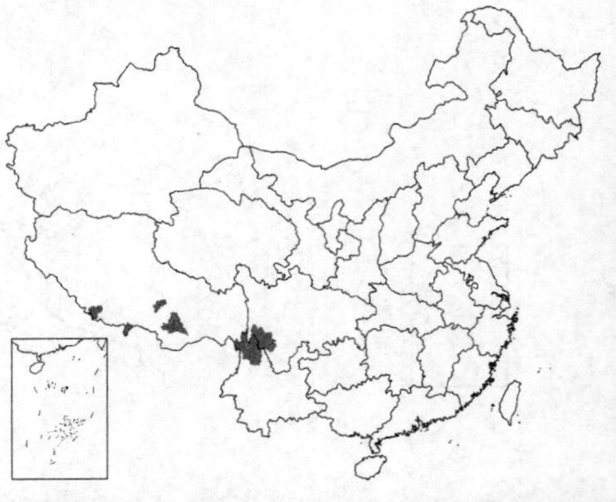

端钝圆或尖，基部窄缩成长0.4-1毫米之爪，无毛，具3-5脉，具2痂体。花丝钻形；子房卵球形。花果期7-10月。

产四川西南部、云南西北部及西藏，生于海拔3600-5400米林下、林缘、灌丛草甸、草甸或岩壁石隙。印度至锡金有分布。

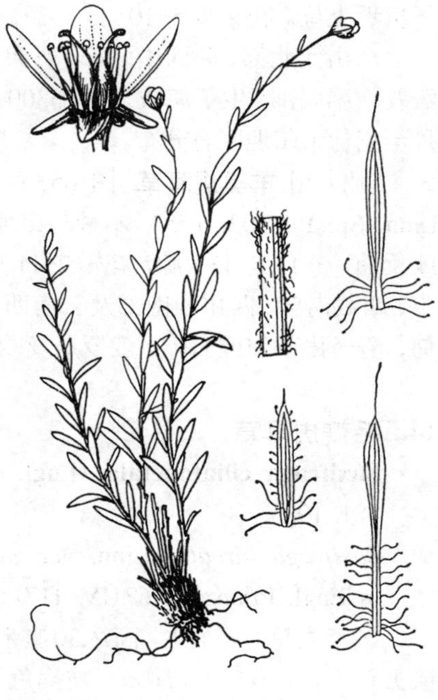

图 651 小芒虎耳草 （引自《图鉴》）

12. 沼地虎耳草 图 652：1-7

Saxifraga heleonastes H. Smith in Acta Hort. Gothob. 1: 5. 1924.

多年生草本，高达28.5厘米。茎疏生褐色卷曲柔毛；基生叶长圆形或披针形，长1.2-3.7厘米，上面无毛，下面有时疏生褐色卷曲柔毛，边缘疏生褐色卷曲长柔毛（有时带腺头），叶柄长1-4厘米，具褐色卷曲长柔毛；茎生叶披针形、倒披针形或线形，长0.8-2.2厘米，先端稍钝，无毛，或有时下面和边缘疏生褐色卷曲柔毛。花单生茎顶，或聚伞花序具2-5花；花梗密被褐色卷曲柔毛；萼片花期直立至开展，卵形、窄卵形或近椭圆形，长1.5-6毫米，两面无毛，边缘具褐色卷曲柔毛，3-5脉先端不汇合；花瓣黄色，卵形、窄倒卵形或椭圆形，长0.4-1.2厘米，先端钝或急尖，基部窄缩成长0.2-1毫米之爪，无毛，具5-11脉，具2痂体；子房近上位。花果期7-10月。

产陕西中西部、甘肃西南部、四川及西藏中东部，生于海拔900-4800米林缘、灌丛、草甸或沼泽化草甸。

［附］**类毛瓣虎耳草** 图 652: 8-12 **Saxifraga montanella** H. Smith in Bull. Brit. Mus. Bot. 2(9)：237. 1960. 本种与沼地虎耳草的区别：植株高3-8.3厘米；花单生茎顶；萼片花期直立，5-9脉，花瓣基部背面和边缘具褐色卷曲柔毛， 8-13脉。花果期7-10月。产青海东北部及南部、云南西北部、西藏东部及南部，生于海拔3300-5200米灌丛和高山草甸。

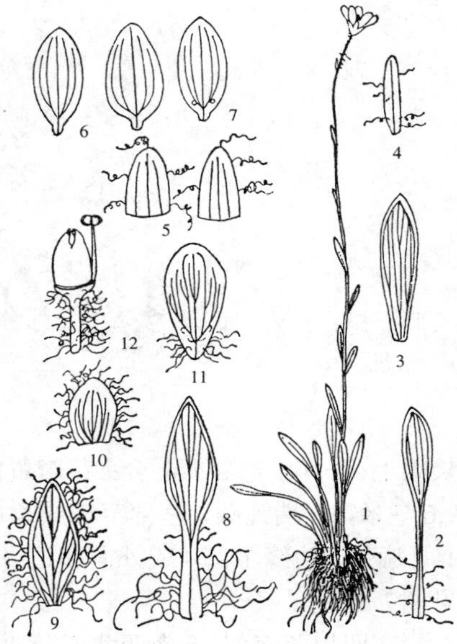

图 652：1-7. 沼地虎耳草
8-12. 类毛瓣虎耳草 （潘锦堂 刘进军绘）

13. 山地虎耳草 图 653：1-5

Saxifraga montana H. Smith in Acta Hort. Gothob. 1: 9. 1924.

多年生草本，丛生，高达35厘米。茎疏生褐色卷曲柔毛；基生叶椭圆形、长圆形或线状长圆形，长0.5-3.4厘米，先端钝或急尖，无毛，叶柄长0.7-4.5厘米，边缘具褐色卷曲长柔毛；茎生叶披针形或线形，长0.9-2.5厘米，两面无毛，或下面和边缘疏生褐色长柔毛，下部者柄长0.3-2厘米，上部者无柄。聚伞花序具2-8花，稀花单生。花梗被褐色卷曲柔毛；萼片花期直立，近卵形或近椭圆形，长3.8-5毫米，先端钝圆，内面无毛，外面有时疏生柔毛，边缘具褐色卷曲长柔毛，5-8脉先端不汇合；花瓣黄色，倒卵形、椭圆形、长圆形、提琴形或窄倒卵形，长0.8-1.3厘米，先端钝或急尖，基部窄缩成长0.2-0.9毫米之爪，无毛，具5-15脉，具2痂体；花丝钻形；

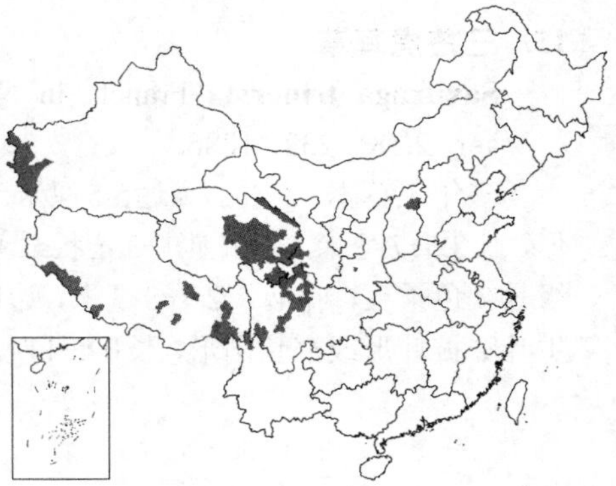

子房近上位。花果期5-10月。

产山西北部、陕西中西部、甘肃西南部、青海、四川、云南西北部、西藏及新疆西部，生于海拔2700-5300米灌丛、草甸、沼泽化草甸或石隙。不丹至克什米尔地区有分布。

［附］**山羊臭虎耳草** 图653：6-13 彩片 103 **Saxifraga hirculus** Linn. Sp. Pl. 402. 1753. 本种与山地虎耳草的区别：萼片花期直立至开展或反曲，3-11（-13）脉，花瓣7-11（-17）脉。花果期6-9月。产山西、新疆、西藏南部、四川西南部及云南西北部，生于海拔2100-4600米林下、草甸、沼泽化草甸或石隙。俄罗斯及欧洲有分布。

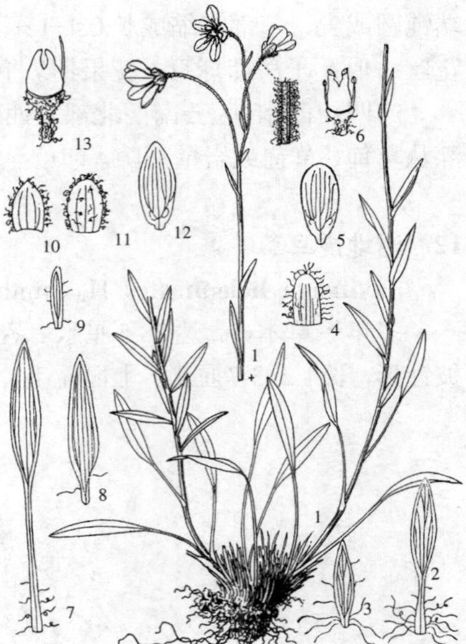

图653： 1-5. 山地虎耳草
6-13. 山羊臭虎耳草 （潘锦堂 刘进军绘）

14. 毛瓣虎耳草 图 654

Saxifraga ciliatopetala (Engl. et Irmsch.) J. T. Pan, Fl. Xizang. 2: 481. 1985.

Saxifraga hirculus Linn. var. *alpina* f. *ciliatopetala* Engl. et Irmsch. in Engl. Pflanzenr. 67(IV. 117): 111. 1916.

多年生草本，丛生，高达30厘米。茎被褐色卷曲长柔毛；基生叶卵形或披针形，长0.7-1.7厘米，被褐色长柔毛，叶柄长0.8-2.3厘米，边缘具褐色卷曲长柔毛；茎生叶长圆形、披针形或线状长圆形，长1.2-2厘米，被褐色卷曲柔毛，下部者具柄，中部以上者渐无柄，叶柄长1-8毫米，被褐色卷曲长柔毛。聚伞花序伞房状，具2-5花，稀花单生。花梗被褐色卷曲柔毛；萼片花期直立至开展或反曲，宽椭圆形或椭圆形，长3.1-5.3毫米，内面无毛，外面和边缘具褐色卷曲长柔毛，3-9脉先端不汇合；花瓣黄色，倒卵形、椭圆形或近圆形，长6.6-9.6毫米，先端钝圆，基部窄缩成长0.3-1.2毫米之爪，具5-10（-14）脉，具2痂体，边缘下部（或外面和边缘）具褐色卷曲柔毛；子房近上位。花果期7-10月。

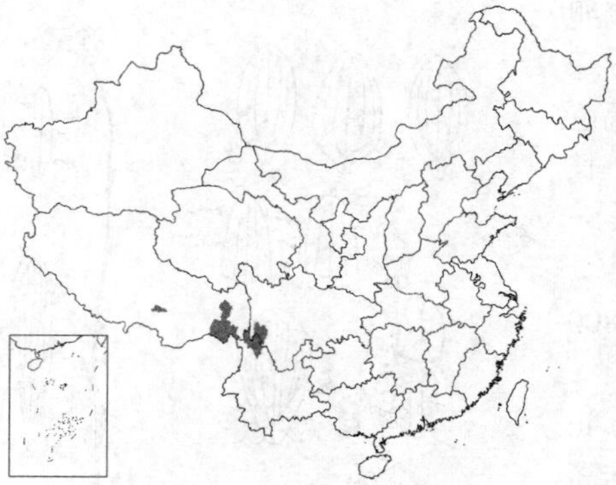

产四川西南部、云南西北部及西藏，生于海拔3900-5100米林下、灌丛、草甸、沼泽化草甸或石隙。

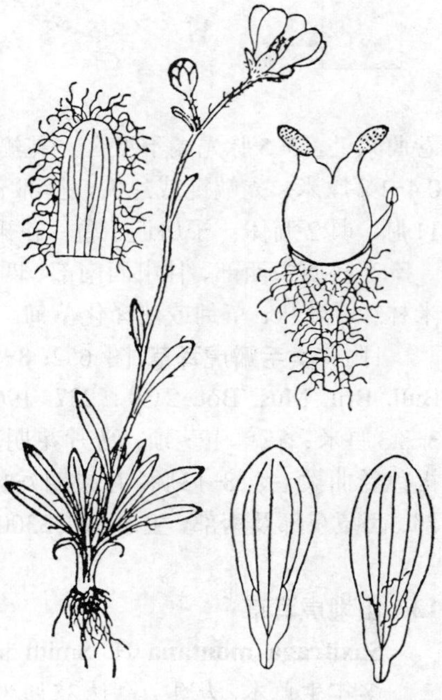
图 654 毛瓣虎耳草 （潘锦堂 刘进军绘）

15. 三芒虎耳草 图 655

Saxifraga trinervia Franch. in Nouv. Arch. Mus. Hist. Nat. Paris sér. 2. 8: 232. 1886.

多年生草本，丛生，高达5.5厘米。茎被腺柔毛。基生叶长圆形或披针形，长3.5-7毫米，先端具1-3芒状柔毛，两面多少具粗毛或下面无毛，边缘具褐色柔毛，叶柄长2.7-8毫米，边缘具褐色长柔毛（有时带腺头）；茎生叶窄披针形或窄长圆形，长0.4-1厘米，先端具1-3芒状柔毛，两面和边

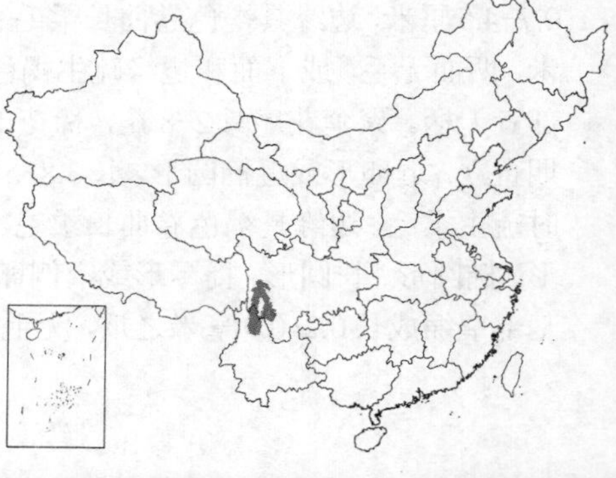

缘多少具褐色腺柔毛，下部者具柄，上部者无柄，叶柄长约1.4毫米，边缘具褐色腺柔毛。花单生茎顶。花梗被褐色腺毛；萼片花期开展，近椭圆形，长2.2-3毫米，先端啮蚀状，内面和边缘无毛，外面被腺毛，3脉先端不汇合；花瓣黄色，长圆形或窄卵形，长5-5.5毫米，先端稍钝，基部窄缩成长约0.5毫米之爪，3-5脉，具2痂体。花丝钻形；子房近上位。花期7-8月。

产四川西部及云南西北部，生于海拔4100-4730米草甸或石隙。

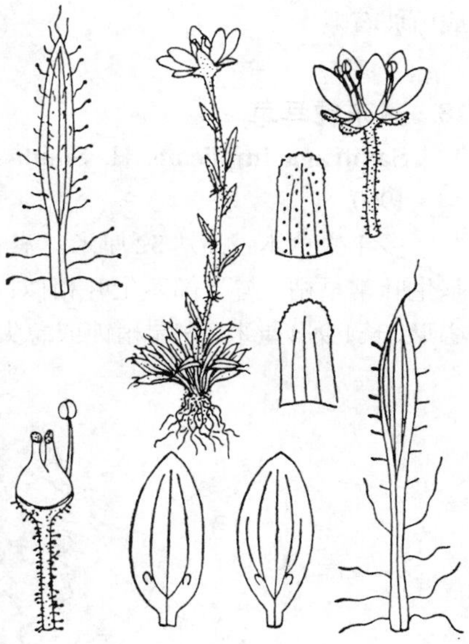

图 655 三芒虎耳草 （潘锦堂 刘进军绘）

16. 灰叶虎耳草 图 656

Saxifraga glaucophylla Franch. Pl. Delav. 239. 1890.

多年生草本，高达42厘米。茎中下部疏生褐色柔毛，上部疏生腺毛。基生叶卵状长圆形，长2.4-4厘米，先端急尖，基部楔状圆形，两面和边缘多少被褐色柔毛，叶柄长1-4厘米，被褐色柔毛；茎生叶长圆形或卵形，长0.8-5厘米，基部圆或稍抱茎，中部者内面常无毛，外面疏生褐色柔毛，或脱落无毛，边缘具褐色柔毛，（有的具腺头），最上部者无柄，上面和边缘具腺毛，下面无毛，下部者具柄，中部以上者无柄。聚伞花序具5-16花；花序分枝和花梗被黑褐色短腺毛。萼片花期反曲，卵形或近卵形，长2.5-3.5毫米，先端钝或急尖，内面无毛，外面和边缘具腺毛，3（4）脉先端不汇合；花瓣黄色，卵形或近椭圆形，长4.5-6.3毫米，先端钝或急尖，基部窄缩成长0.7-0.8毫米之爪，3-5脉，具4-6痂体；花丝钻形；子房近上位。花果期7-11月。

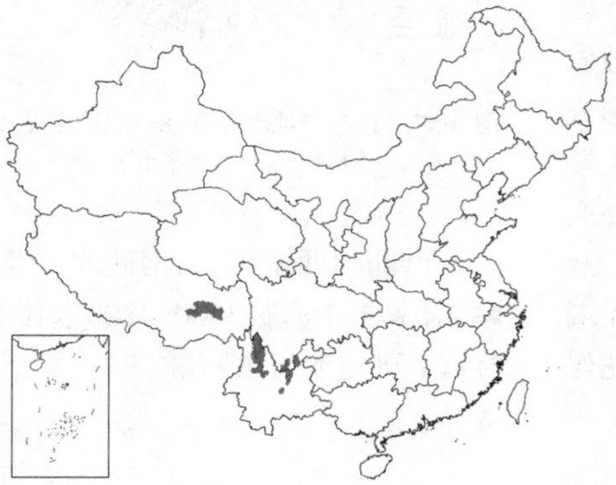

产四川西南部、云南及西藏东南部，生于海拔2600-3900米林下、草甸或石隙。

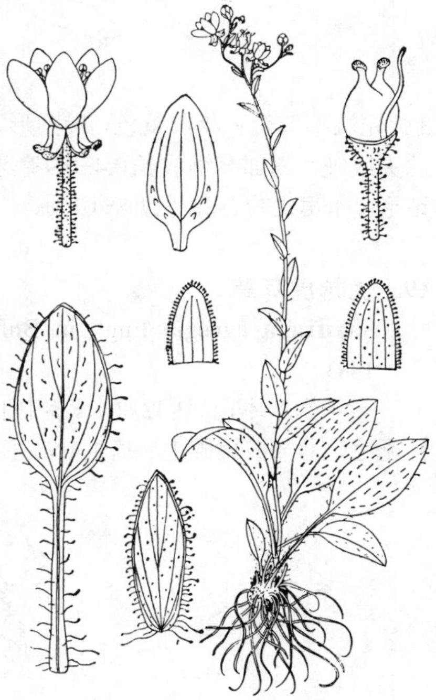

图 656 灰叶虎耳草 （潘锦堂 刘进军绘）

17. 草地虎耳草 图 657：1-7

Saxifraga pratensis Engl. et Irmsch. in Engl. Bot. Jahrb. 50(Beibl. 144)：42. 1914.

多年生草本，高达20厘米。茎被褐色柔毛。基生叶卵形，长2-2.4厘米，先端稍钝或稍渐尖，基部圆形，两面多少被褐色柔毛，边缘具褐色睫毛，叶柄长2-3厘米，被褐色长柔毛；茎生叶具柄，下部者与基生叶相似，中部以上者披针形或线形，长1.5-2.1厘米，两面和边缘被褐色柔毛，（有的具黑褐色腺头），叶柄向上渐短，长2-6毫米，被褐色长柔毛。聚伞花序近伞形，具2-7花；花梗被黑褐色腺毛；萼片花期反曲，卵形，长4.5-4.6毫米，先端钝圆，内面无毛，外面和边缘具黑褐色腺毛，3脉先端不汇合；花瓣黄色，卵形或椭圆形，长7.5-8.4毫米，先端稍钝，基部窄缩成长0.5-0.8毫米之爪，具4-5脉，具4-6痂体；花丝钻形；子房近上位。花果期7-9月。

产四川西部、云南西北部及西藏南部，生于海拔3800-4800米灌丛草甸

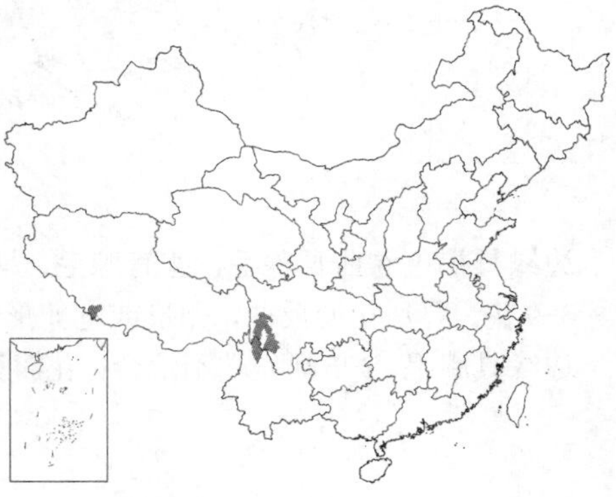

或山坡石隙。

18. 藏东虎耳草　　图 657：8-12

Saxifraga implicans H. Smith in Bull. Brit. Mus. Bot. 2(9)：231. 1960.

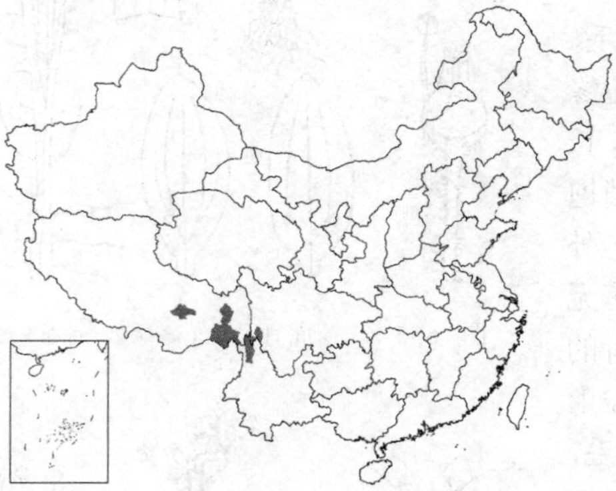

多年生草本，高达32厘米。茎中下部被褐色卷曲柔毛，上部被腺毛。基生叶常早枯，与下部茎生叶相似；茎生叶5-13，下部者具柄，叶片卵状心形，长1.9-4厘米，先端稍钝或急尖，基部心形，上面无毛或被褐色柔毛，下面和边缘具褐色柔毛，叶柄长1.2-2.5厘米，被褐色柔毛，上部者渐无柄，卵状心形，长1.5-3.5厘米，基部心形且抱茎，上面和边缘具腺毛，下面无毛或近无毛。聚伞花序具3-8花。花梗被腺毛；萼片花期反曲，卵形或窄卵形，长2.5-4毫米，先端稍啮蚀状，内面无毛，外面和边缘（除先端外）具腺毛，3脉先端不汇合；花瓣黄色，椭圆形、窄椭圆形或卵形，长5-8毫米，先端急尖或钝，基部窄缩成长0.4-0.9毫米之爪，具3-6脉，具6-8痂体；花丝钻形；子房上位。花果期8-10月。

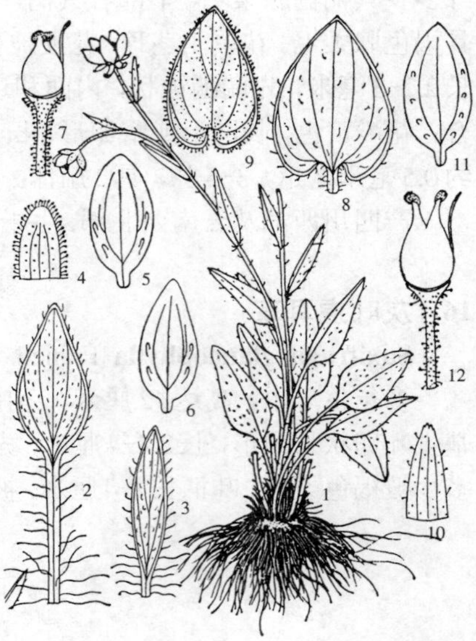

图 657：1-7. 草地虎耳草 8-12. 藏东虎耳草
（潘锦堂　刘进军绘）

产四川西南部、云南西北部及西藏东部，生于海拔3500-4200米林下、林缘、草甸或岩坡石隙。

19. 优越虎耳草　　图 658

Saxifraga egregia Engl. in Bull. Acad. Sci. St. Pétersb. 29：113. 1883.

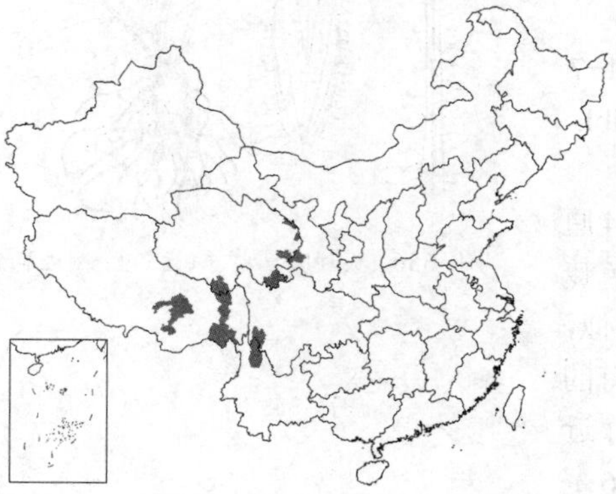

多年生草本，高达32厘米。茎中下部疏生褐色卷曲柔毛（有时带腺头），稀无毛，上部被短腺毛。基生叶心形、心状卵形或窄卵形，长1.55-3.25厘米，上面近无毛，下面和边缘具褐色长柔毛，叶柄长1.9-5厘米，边缘具卷曲长腺毛；茎生叶，中下部的心状卵形或心形，长1.15-2.6厘米，基部心形，上面无毛或近无毛，下面和边缘具褐色长柔毛，叶柄长0.15-1.9厘米，具褐色卷曲长柔毛，最上部者披针形或长圆形，长0.9-1.6厘米，基部楔形或近圆，两面被褐色腺毛或无毛，边缘具褐色卷曲长腺毛，兼有腺毛，柄长2-3毫米。聚伞花序伞房状，具3-9花。萼片花期反曲，卵形或宽卵形，长2-3.8毫米，内面无毛，外面和边缘具腺毛，3-6脉先端不汇合；花瓣黄色，椭圆形或卵形，长5.3-8毫米，基部窄缩成长0.4-1.1毫米之爪，具3-6（-7）脉，具（2-）4-6（-10）痂

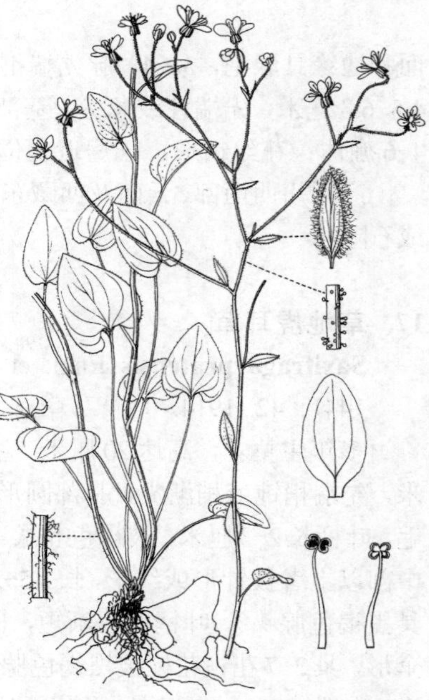

图 658　优越虎耳草　（引自《图鉴》）

体；花丝钻形；子房近上位。花期7-9月。

产甘肃西南部、青海东部及南部、四川西南部、云南西北部及西藏，生于海拔2800-4500米林下、灌丛、草甸或石隙。

20. 繁缕虎耳草 图 659：1-6

Saxifraga stellariifolia Franch. in Nouv. Arch. Mus. Hist. Nat. Paris sér. 2, 8: 231. 1886.

多年生草本，丛生，高达34.5厘米。茎被褐色卷曲长腺毛。基生叶和下部茎生叶花期枯凋；中上部茎生叶卵形，长0.3-1.2厘米，先端急尖或稍钝，基部圆，上面无毛或疏生腺柔毛；下面和边缘疏生腺柔毛；叶柄长0.2-1厘米，基部边缘具褐色长腺毛。花单生茎顶，或聚伞花序伞房状，具2-6花。花梗被褐色腺柔毛；萼片花期开展或反曲，近椭圆形或卵形，长2.9-4.5毫米，两面无毛，边缘无毛或具腺睫毛，3-5脉先端不汇合；花瓣黄色，卵形或椭圆形，长5-8毫米，爪长0.6-1.1毫米，3-5脉，具4-6痂体；花丝钻形；子房近上位。蒴果长约8.6毫米。花果期7-9月。

产四川及云南西北部，生于海拔300-4300米林下或草甸。

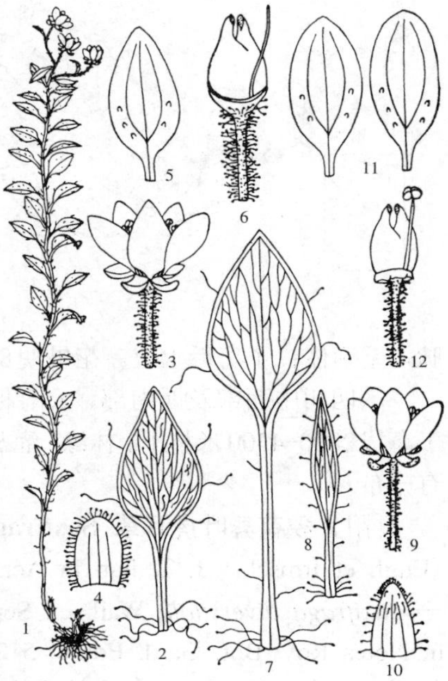

图 659：1-6. 繁缕虎耳草 7-12. 秦岭虎耳草
（潘锦堂 刘进军绘）

21. 秦岭虎耳草 图 659：7-12

Saxifraga giraldiana Engl. in Engl. Bot. Jahrb. 29: 365. 1901.

多年生草本，丛生，高达21.5厘米。茎被褐色卷曲长腺毛。基生叶和下部茎生叶花期枯凋；中上部茎生叶宽卵形、卵形或线状长圆形，长0.5-1.3毫米，先端急尖，基部圆或楔形，两面无毛或多少被腺柔毛，边缘疏生褐色卷曲长腺毛；叶柄长0.25-1.2厘米，边缘具褐色长腺毛。花单生茎顶，或聚伞花序伞房状，具2-6花。花梗密被褐色腺柔毛；萼片花期开展，果期反曲，卵形或窄卵形，长2.5-3.6毫米，先端钝，内面无毛，外面和边缘多少具腺柔毛，3-5脉先端不汇合；花瓣黄色，具褐色斑点，卵形或椭圆形，长5.6-7.1毫米，基部窄缩成长0.6-1.2毫米之爪，3-5（-7）脉，具（2-）4-6痂体；花丝钻形；子房上位。花果期7-10月。

产陕西西南部、湖北西部、四川及云南东北部，生于海拔1000-4000米林下、草甸或山坡石隙。

22. 异叶虎耳草 图 660

Saxifraga diversifolia Wall. ex Ser. in DC. Prodr. 4: 44. 1830.

多年生草本，高达43厘米。茎中下部被褐色卷曲长柔毛或无毛，上部被腺毛。基生叶卵状心形或窄卵形，长1.5-5厘米，基部心形，上面无毛或基部疏生褐色柔毛，下面和边缘具褐色柔毛（有时带腺头），叶柄长3-9.2厘米，具褐色长柔毛；茎生叶近心形、卵状心形或窄卵形，长1-3.6厘米，基部心形或稍心形（上部者多少抱茎），最上部者两面无毛，边缘具短腺毛，

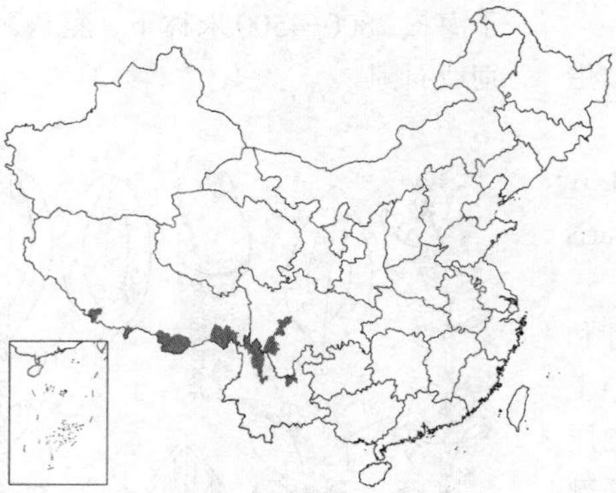

下面和边缘具褐色柔毛（有时具腺头），叶柄向上渐短或近无。聚伞花序伞房状，具5-17花。萼片花期反曲，卵形，长3-4.2毫米，先端稀啮蚀状，内面无毛，外面和边缘具腺毛，3（-5）脉先端不汇合或半汇合；花瓣黄色，椭圆形、倒卵形或窄卵形，稀长圆形，长5-8毫米，基部具爪，具（3-）5-7（-9）脉，无痂体；子房近上位。花果期8-10月。

产四川中西部及西南部、云南北部及西北部、西藏东南部及南部，生于海拔2800-4300米林下、林缘、灌丛、草甸或石隙。不丹至克什米尔地区有分布。

［附］**狭苞异叶虎耳草 Saxifraga diversifolia** var. **angustibracteata**（Engl. et Irmsch.）J. T. Pan in Acta Phytotax. Sin. 28(1)：64. 1990. —— *Saxifraga diversifola* Wall. ex Ser. f. *angustibracteata* Engl. et Irmasch in Notes Roy. Bot. Gard. Edinb. 5(24)：139. 1912. 本变种与异叶虎耳草的区别：萼片两面无毛，稀外面具极少腺毛；花瓣常无痂体，稀具4-6痂体。花果期8-10月。产四川南部及云南西北部，生于海拔2700-3300米林下、林缘、草甸或石隙。

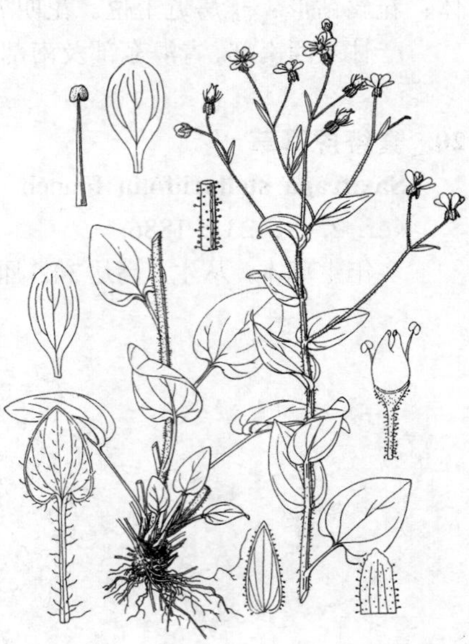

图 660 异叶虎耳草 （引自《图鉴》）

23. 黑腺虎耳草 图 661：1-7

Saxifraga nigroglandulosa Engl. et Irmsch. in Notes Roy. Bot. Gard. Edinb. 5(24)：135. t. 95. 1912.

多年生草本，丛生，高达10厘米。茎被黑褐色腺毛。基生叶卵形或窄卵形，长0.6-1.4厘米，常无毛，叶柄长0.6-1.8厘米，边缘具褐色卷曲长腺毛；茎生叶2-5，下部者具短柄，向上渐无柄，叶披针形或线形，长1-1.7厘米，两面无毛，边缘具黑褐色腺毛，叶柄长3-6毫米，边缘具黑褐色长腺毛。花单生茎顶。花梗密被黑褐色腺毛；萼片花期直立至开展或反曲，卵形或椭圆形，长4-6.5毫米，内面无毛，外面和边缘具黑褐色腺毛，3-9脉先端半汇合或汇合；花瓣黄色，椭圆形或倒卵形，长0.7-1.3厘米，先端钝或微凹，基部窄缩成长0.6-1.2毫米之爪，具5-9脉，具2-11痂体；花丝钻形；子房近上位。花果期6-9月。

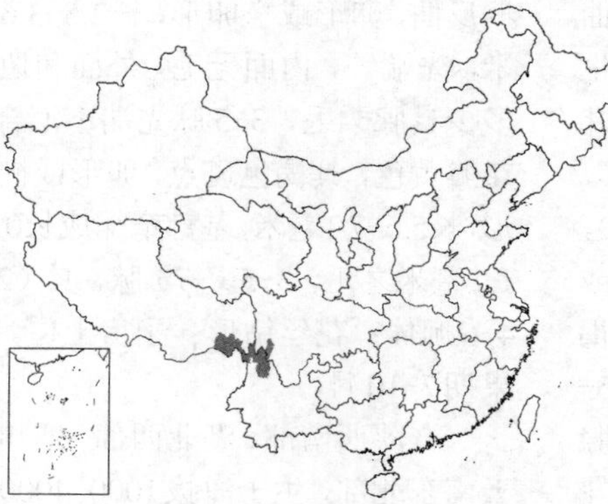

产四川西南部、云南西北部及西藏东南部，生于海拔3300-4800米林下、灌丛草甸、草甸或岩壁石隙。

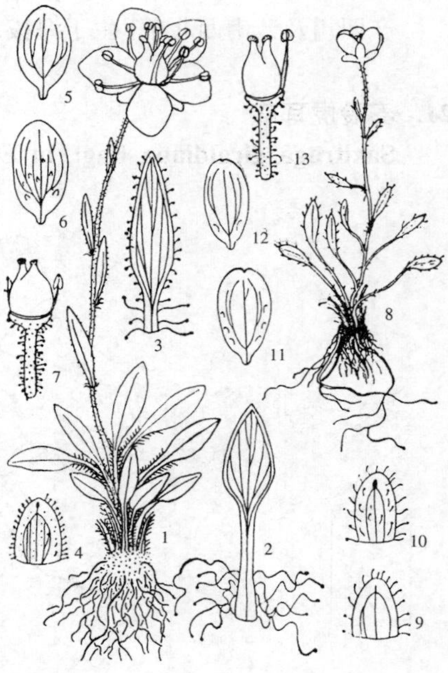

图 661：1-7. 黑腺虎耳草 8-13. 苍山虎耳草 （潘锦堂 刘进军绘）

［附］**苍山虎耳草** 图661：8-13 **Saxifraga tsangchanensis** Franch. Pl. Delav. 233. 1890. 本种与黑腺虎耳草的区别：茎中下部叶腋具褐色长柔毛，上部被黑褐色腺毛；基生叶上面端和边缘疏生褐色柔毛，下面无

毛；花单生茎顶，或聚伞花序具2-3花；萼片3-5脉。花果期7-9月。

产云南西北部及西藏东南部，生于海拔3000-4500米灌丛、灌丛草甸或岩坡石隙。

24. 短柄虎耳草 图 662：1-6

Saxifraga brachypoda D. Don in Trans. Linn. Soc. 13：378. 1821.

多年生草本，丛生，高达19厘米。茎不分枝，叶腋具芽，中下部无毛，上部被黑褐色腺毛。无基生叶；茎生叶革质，中部者较大，向下、向上渐小，披针形或线状披针形，长0.5-1.2厘米，先端急尖且具硬芒，两面无毛，边缘具硬睫毛（有的具腺头）或无毛。花单生茎顶，或聚伞花序具2-3花。花梗被黑褐色腺毛；萼片花期直立，卵形、三角状卵形或近椭圆形，长3.5-5毫米，内面无毛，外面和边缘具黑褐色腺毛，3-7脉先端不汇合、半汇合至汇合；花瓣黄色，倒卵形、椭圆形或卵形，长5.5-9毫米，先端钝圆，基部具长0.3-1毫米之爪，具5-8脉，无痂体；子房近上位。花果期7-9月。

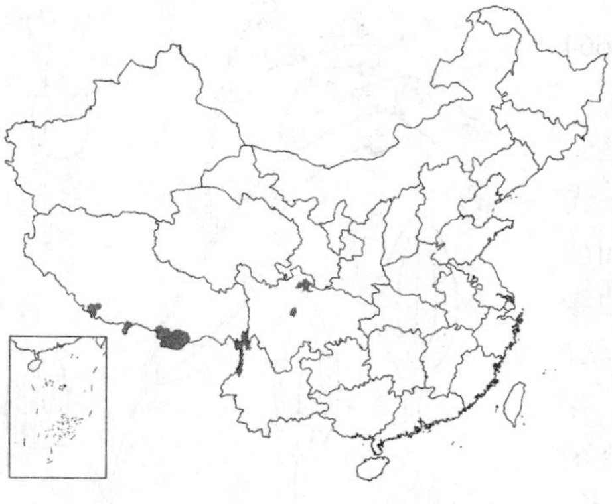

产四川、云南西北部及西藏南部，生于海拔3000-5000米林下、灌丛、灌丛草甸、草甸或岩坡石隙。不丹、锡金、尼泊尔及印度北部有分布。

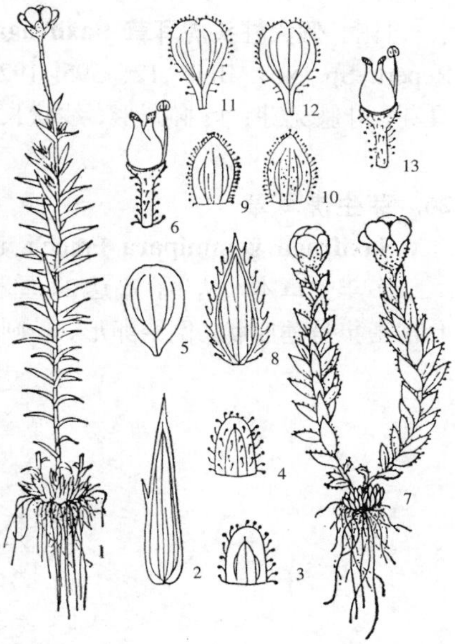

图 662：1-6. 短柄虎耳草 7-13. 腺瓣虎耳草 （潘锦堂 刘进军绘）

［附］**腺瓣虎耳草** 图 662：7-13 **Saxifraga wardii** W. W. Smith in Notes Roy. Bot. Gard. Edinb. 8：134. 1913. 本种与短柄虎耳草的区别：茎基部具芽，叶腋无芽；萼片5-6脉；花瓣先端微凹，边缘具腺睫毛，5-9脉。花期7-9月。产云南西北部及西藏东南部，生于海拔3500-4800米灌丛草甸、草甸或石隙。

25. 流苏虎耳草 图 663

Saxifraga wallichiana Sternb. Rev. Saxifr. Suppl. 2：21. 1831.

Saxifraga brachypoda D. Don var. *fimbriata* (Ser.) Engl. et Irmsch；中国高等植物图鉴 2：133. 1972.

多年生草本，丛生，高达30厘米。茎不分枝，被腺毛，基部和叶腋具芽。茎生叶较密，中部者较大，卵形、窄卵形或披针形，长0.8-1.8厘米，先端急尖，基部心形，半抱茎，两面无毛，边缘具腺睫毛。花单生茎顶，或聚伞花序具2-4花。花梗被腺毛；萼片花期直立，卵形，长1.6-5.3毫米，先端急尖，内面无毛，外面和边缘多少具腺毛，3-7脉先端半汇合或汇合；花瓣黄色，卵形、倒卵形或椭圆形，长4.3-6.6毫米，先端急尖或钝圆，基部具长0.3-1.1毫米

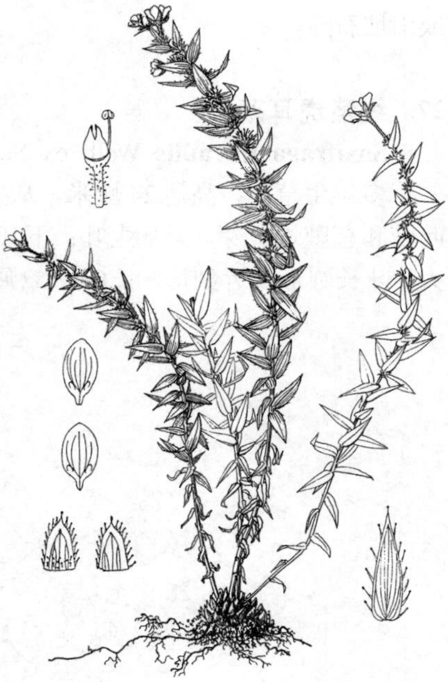

图 663 流苏虎耳草 （引自《图鉴》）

之爪，3-9脉，具2痂体；花丝钻形；子房近上位，卵球形或宽卵球形，长1.8-2.2毫米，花柱长1.1-3毫米。花果期7-11月。

产四川、云南及西藏，生于海拔2700-5000米林下、林缘、灌丛、草甸或石隙。缅甸、不丹、锡金、尼泊尔及印度有分布。

［附］**假大柱头虎耳草 Saxifraga macrostigmatoides** Engl. in Fedde, Repert. Sp. Nov. Beib. 12: 395. 1922. 本种与流苏虎耳草的区别：茎基部具芽，叶腋无芽；叶椭圆形、线状长圆形或近匙形，基部非心形；花单生茎顶；萼片直立或稍开展，脉先端不汇合、半汇合或汇合，花瓣3-6脉，具2-4痂体。花期7-8月。产四川西部及云南西北部，生于海拔3900-5000米灌丛草甸、草甸或石隙。

26. 芽生虎耳草 图 664

Saxifraga gemmipara Franch. in Journ. de Bot. 10: 262. 1896.

多年生草本，丛生，高达24厘米。茎多分枝，被腺柔毛，具芽。茎生叶常密集呈莲座状，倒窄卵形、长圆形或线状长圆形，长0.6-2.9厘米，先端急尖，基部楔形，两面被糙伏毛（有时具腺头），边缘具腺睫毛。聚伞花序伞房状，长2-9厘米，具2-12花。花梗被腺毛；萼片花期直立至开展，近卵形，长2-4毫米，内面无毛，外面和边缘具腺毛，3-7脉先端汇合；花瓣白色，具黄或紫红色斑纹，卵形、椭圆形、窄卵形或长圆形，长4.4-7毫米，爪长1-1.5毫米，具3-7脉，具2（-4）痂体；子房近上位，卵圆形，长2-3.5毫米，花柱长0.8-3毫米。花果期6-11月。

产四川西南部及云南，生于海拔2100-4900米林下、林缘、灌丛、草甸或山坡石隙。

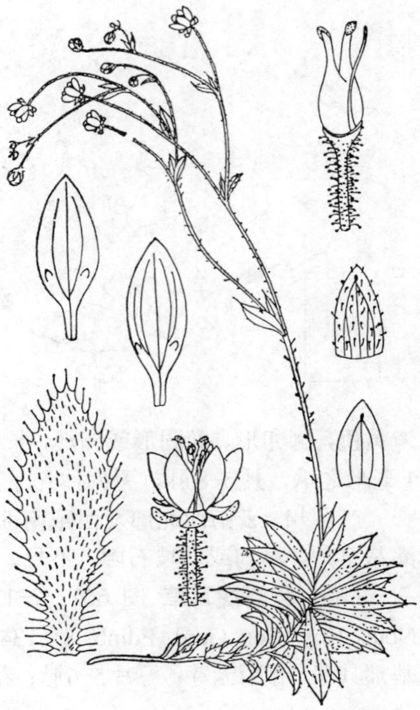

图 664 芽生虎耳草 （潘锦堂 刘进军绘）

27. 线茎虎耳草 图 665

Saxifraga filicaulis Wall. ex Ser. in DC. Prodr. 4: 46. 1830.

多年生草本，高达24厘米，丛生。茎多分枝，中上部被腺毛，基部、叶腋和苞腋均具芽。无基生叶；下部茎生叶花期多枯凋，中部茎生叶常较大，叶长圆形或近剑形，长0.3-1.2厘米，先端急尖，具芒状尖头，两面无毛，稀下面疏生腺毛，边缘多少具软骨质腺睫毛。花单生枝顶，或聚伞花序具2-3花。花梗被腺毛；萼片花期直立，卵形或三角状卵形，长1.5-3毫米，内面无毛，外面被褐色腺毛，具腺睫毛或无毛，3-5脉先端汇合成疣点；花瓣黄色，卵形、椭圆形或倒卵形，长4-8毫米，先

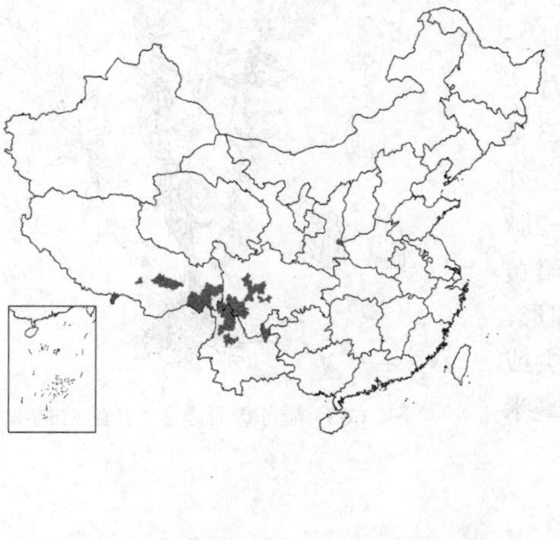

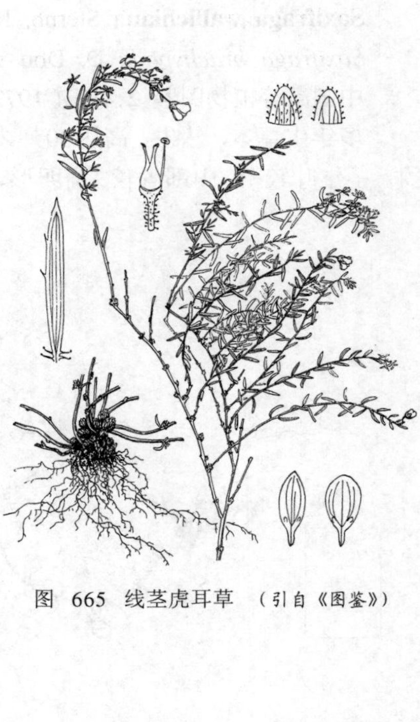

图 665 线茎虎耳草 （引自《图鉴》）

端急尖或钝，基部窄缩成长1-2.3毫米之爪，3-7脉，具2-4痂体；花丝钻形；子房近上位，卵球形。花果期6-10月。

产陕西东部、四川、云南及西藏，生于海拔2200-4800米林下、林缘、灌丛、草甸或石隙。不丹、锡金、尼泊尔、印度及克什米尔地区有分布。

28. 伏毛虎耳草 图 666

Saxifraga strigosa Wall. ex Ser. in DC. Prodr. 4: 41. 1830.

多年生草本，高达28厘米。茎下部密被卷曲腺柔毛，中上部密被黑紫色腺毛，基部、叶腋和苞腋均具芽。无基生叶；茎生叶中部者较大，密集成莲座状，卵形、倒卵形或椭圆形，长0.6-2.7厘米，全缘或具2-3(-5-9)牙齿，两面和边缘具糙伏毛，柄长1.5-2毫米。花单生茎顶，或聚伞花序具3-10花。花梗具黑紫色腺毛；萼片花期直立至开展或反曲，卵形或椭圆形，长2-3毫米，内面和边缘无毛，背面具糙伏毛，3-7脉先端汇合；花瓣白色，具褐色斑纹，卵形或椭圆形，长3.8-5.5毫米，基部具长0.7-1.3毫米之爪，具3-7脉，具2-4痂体；子房近上位。花果期7-10月。

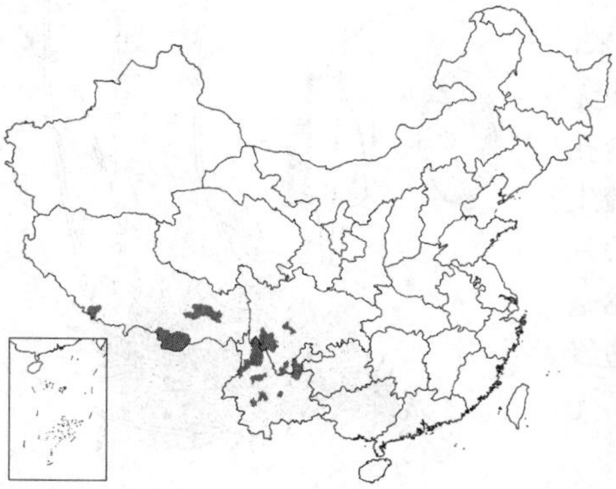

产四川中西部及西南部、云南、西藏，生于海拔2100-4200米林下、林缘、灌丛、草甸或石隙。缅甸、不丹、锡金、尼泊尔及印度北部有分布。

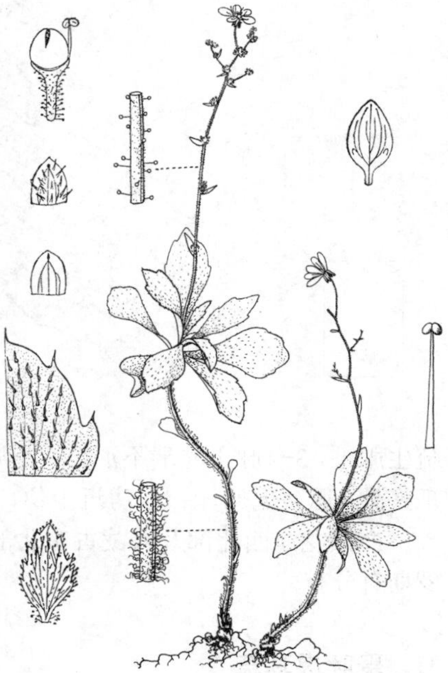

图 666 伏毛虎耳草 （引自《图鉴》）

29. 齿叶虎耳草 图 667

Saxifraga hispidula D. Don in Trans. Linn. Soc. 13: 380.1821.

多年生草本，高达22.5厘米，丛生。茎常分枝，被腺柔毛，下部具芽。无基生叶；茎生叶近椭圆形或卵形，长0.5-2厘米，边缘先端具3牙齿，稀4-5牙齿（齿端具芒），两面和边缘具糙伏毛（有时具腺头）。花单生茎顶，或聚伞花序具2-4花。花梗具卷曲长腺毛；萼片花期直立或稍开展，卵形，长2.3-4毫米，内面上部、外面和边缘具腺毛，3-8脉先端汇合；花瓣黄色，倒卵形或椭圆形，长4-7.3毫米，基部具长0.6-1.7毫米之爪，具3-10脉，具2-16痂体；子房近上位，卵圆形或宽卵圆形。花期7-9月。

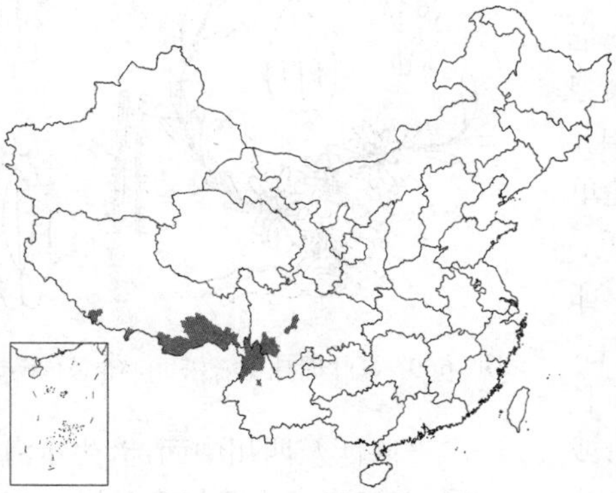

产四川近中部及西南部、云南西北部、西藏东南部及南部，生于海拔2300-5600米林下、林缘、灌丛、草甸或石隙。缅甸北部、不丹、锡金、尼泊尔及印度北部有分布。

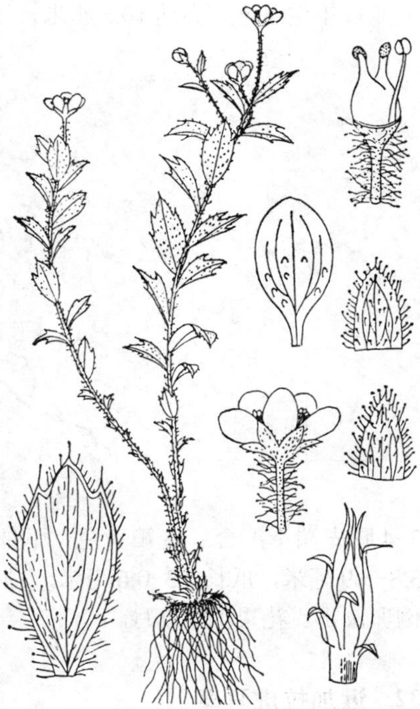

图 667 齿叶虎耳草 （潘锦堂 刘进军绘）

30. 刺虎耳草 图 668

Saxifraga bronchialis Linn. Sp. Pl. 400. 1753.

多年生草本，高达20厘米。小主轴多次分枝，交错盘结，具密集莲座叶丛；花茎纤细，无毛或疏生腺毛。莲座叶丛之叶肉质，线状披针形，长7.5-9毫米，先端具软骨质硬芒，两面无毛，具软骨质硬睫毛；茎生叶肉质，线形，长5.2-6毫米，先端具软骨质硬芒，两面无毛，具软骨质睫毛。聚伞花序具3-5花；花序分枝疏生腺毛，有时苞腋具芽。萼片花期开展，卵形，长约1.8毫米，内面无毛，外面和边缘疏生腺毛，3-4脉于先端不汇合；花瓣白色，近长圆形，长5.2-5.6毫米，无爪，具3脉，无痂体；子房近上位，卵圆形。花果期6-8月。

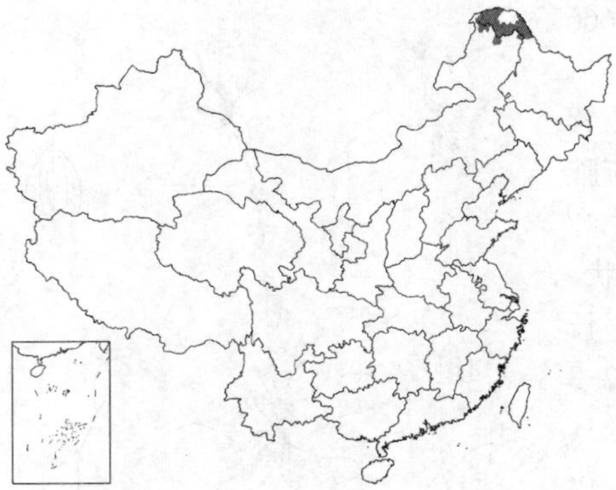

产黑龙江西北部及内蒙古东北部，生于海拔850-1460米山坡石隙。俄罗斯有分布。

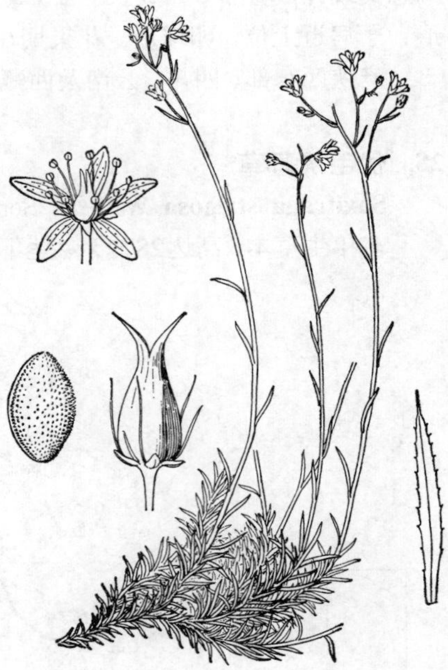

图 668 刺虎耳草

（引自《东北草本植物志》）

31. 聚叶虎耳草 图 669

Saxifraga confertifolia Engl. et Irmsch. in Engl. Bot. Jahrb. 50(Beibl. 144): 43. 1914.

多年生草本，高达10.5厘米，丛生。茎密被腺毛，莲座叶丛较小。莲座叶丛之叶肉质，椭圆形或匙状长圆形，长3-5毫米，先端具软骨质尖头，两面无毛或下面疏生刚毛，具软骨质睫毛；茎生叶肉质，长圆形、披针形或线形，长5-7.5毫米，下部两面和边缘均具腺毛，中部以上者上面无毛。聚伞花序具2-12花，或花单生茎顶；花梗被褐色腺毛；萼片花期开展或反曲，卵形，长1.4-2.3毫米，无毛，3-4脉先端不汇合；花瓣黄色，下部具橙色斑点，近长圆形或窄卵形，长3.3-5.9毫米，爪长0.3-0.6毫米，3脉，具2痂体；子房近上位，卵圆形或倒卵圆形。花果期7-9月。

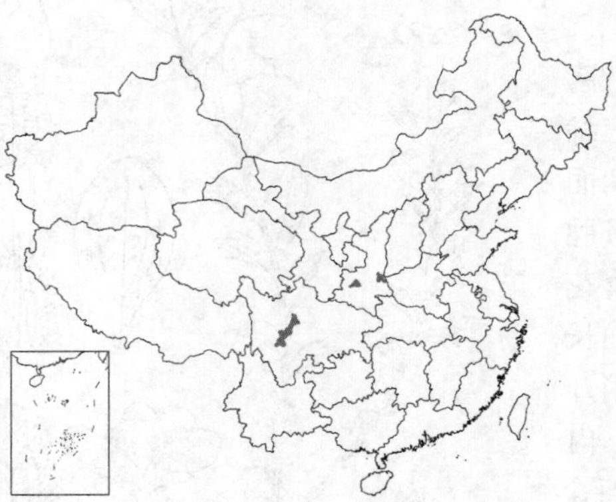

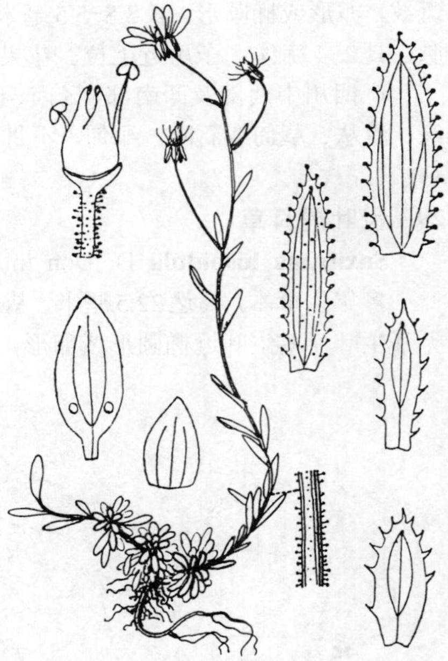

图 669 聚叶虎耳草 （引自《中国植物志》）

产陕西及四川中西部，生于海拔3000-4000米高山草甸或石隙。

32. 近加拉虎耳草 图 670

Saxifraga llonakhensis W. W. Smith in Rec. Bot. Surv. India 4(5): 192. 1911.

多年生草本，高达9厘米，丛生。小主轴分枝，具莲座叶丛；花茎被腺

毛。莲座叶稍肉质，倒披针状线形，长5.2-8毫米，两面无毛，近先端处和边缘具刚毛；茎生叶肉质，长圆形或线形，长2.8-5毫米，两面无毛或被腺毛，边缘具腺睫毛。聚伞花序具2-3花，或花单生茎顶。花梗被腺毛；萼片花期直立，革质，三角状卵形或宽卵形，长2-2.5毫米，内面无毛，外面和边缘具腺毛，3-5脉先端不汇合；花瓣黄色，具橙黄色斑点，提琴状长圆形，长6.2-9.2毫米，基部圆或平截，爪长0.2-1毫米，具3脉，具4-6痂体；子房近上位，卵球形。花果期7-9月。

产西藏东部及云南西北部，生于海拔3700-4300米林下或石隙。缅甸北部、锡金及尼泊尔有分布。

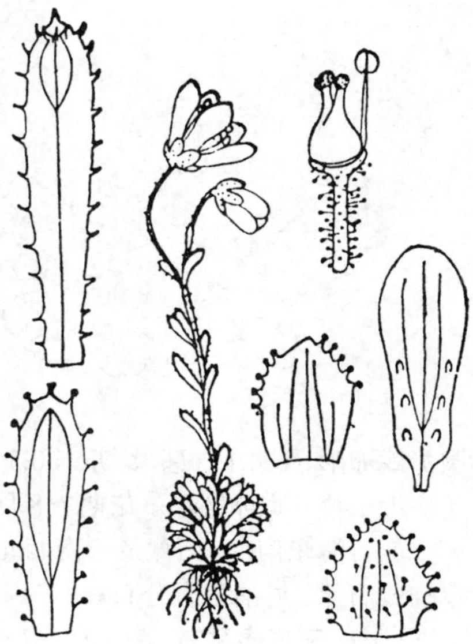

图 670 近加拉虎耳草 （潘锦堂 刘进军绘）

33. 冰雪虎耳草 图671：1-6

Saxifraga glacialis H. Smith in Acta Hort. Gothob. 1: 14. 1924.

多年生草本，高达7厘米，丛生。茎无毛，具莲座叶丛。莲座叶肉质，匙形或匙状倒披针形，长4.5-9毫米，两面无毛，边缘疏生刚毛；莲座叶丛以上之茎生叶较疏，剑形，长6.6毫米，无毛，肉质。聚伞花序具2-6花。花梗纤细，长4-7毫米，无毛；萼片花期开展，肉质，卵形，长1.5-2.9毫米，无毛，3脉先端不汇合或汇合；花瓣黄色，或内面黄色，外面紫红色，椭圆形或卵形，长3-3.9毫米，先端钝或急尖，基部窄缩成长0.5-1毫米之爪，具3脉，具2痂体；子房近上位，宽卵圆形。花果期7-9月。

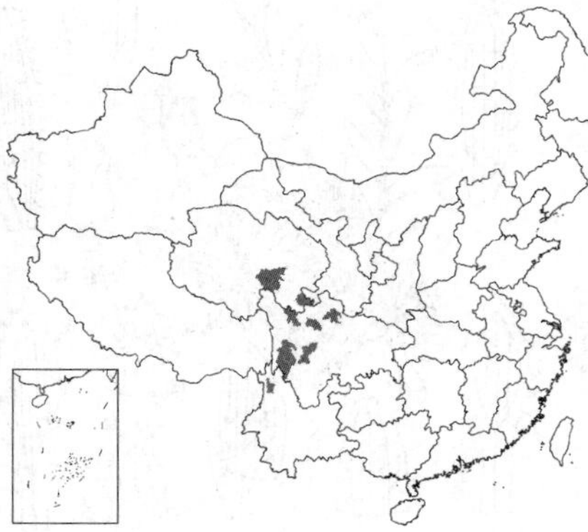

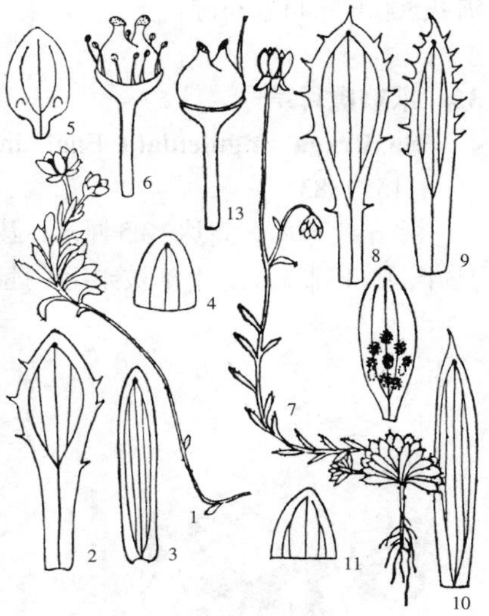

图 671：1-6. 冰雪虎耳草 7-13. 曲茎虎耳草 （潘锦堂 刘进军绘）

产青海东南部、四川及云南西北部，生于海拔4100-5000米草甸或石隙。

［附］**曲茎虎耳草** 图671：7-13 **Saxifraga flexilis** W. W. Smith in Notes Roy. Bot. Gard. Edinb. 8: 134. 1913. 本种与冰雪虎耳草的区别：茎生叶，上部者先端具短尖头，无毛，中下部者先端具短尖头，上部具刚毛状睫毛；花单生茎顶，或聚伞花序具2-3花；萼片3-5脉；花瓣黄色，中下部具褐色斑点，具3-5脉。花果期7-9月。产四川西南部及云南西北部，生于海拔4100-4700米灌丛草甸、草甸、湖畔或石隙。

34. 光缘虎耳草 图 672：1-6

Saxifraga nanella Engl. et Irmsch. in Engl. Bot. Jahrb. 50(Beibl. 144): 44. 1914.

多年生草本，高达4厘米，丛生。小主轴分枝；花茎被腺毛。叶密集呈

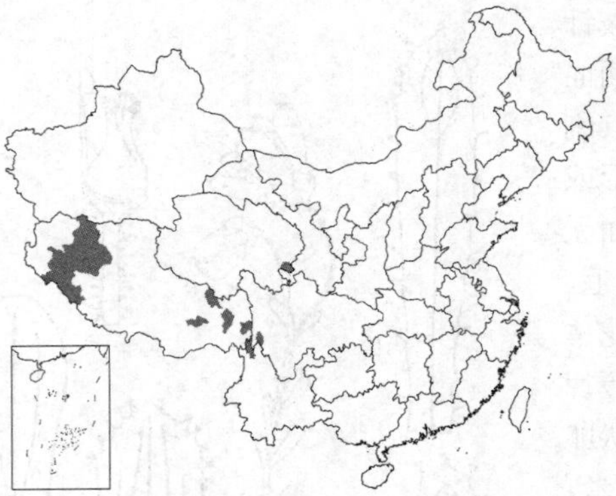

莲座状，稍肉质，近匙形或近长圆形，长3-8毫米，先端钝圆，两面无毛，边缘具腺睫毛。花单生茎顶，或聚伞花序具2-5花。萼片花期开展或反曲，肉质，宽卵形，长1.5-2.5毫米，内面和边缘无毛，外面被腺毛，3-5脉先端半汇合或汇合；花瓣黄色，中下部具橙色斑点，椭圆形或卵形，长4.1-5毫米，爪长0.5-0.6毫米，具5脉，具2痂体或无痂体；子房近上位，宽卵圆形。花期7-8月。

产青海东南部、西藏及云南西北部，生于海拔3000-5800米草甸、灌丛草甸或石隙。尼泊尔有分布。

［附］**无爪虎耳草** 图 672：7-12 **Saxifraga dshagalensis** Engl. in Fedde, Repert. Sp. Nov. Beih. 12：398. 1922. 本种与光缘虎耳草的区别：花瓣无爪，3-5脉。花期7-8月。产四川西部、西藏近中部及西北部，生于海拔5000-5644米石隙。

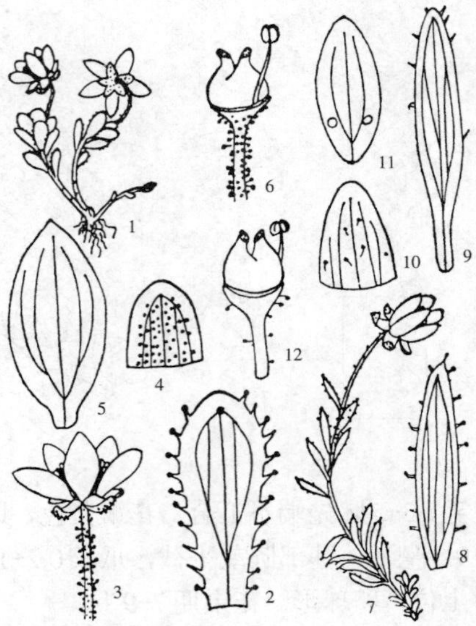

图 672：1-6. 光缘虎耳草 7-12. 无爪虎耳草
（潘锦堂 刘进军绘）

35. 爪瓣虎耳草 图673：1-6 彩片 104

Saxifraga unguiculata Engl. in Bull. Acad. Sci. St. Pétersb. 29：115. 1883.

多年生草本，高达13.5厘米，丛生。小主轴分枝，具莲座叶丛；花茎具叶，中下部无毛，上部被柔毛。莲座叶匙形或近窄倒卵形，长0.5-1.9厘米，先端具短尖头，两面无毛，边缘多少具刚毛；茎生叶稍肉质，长圆形、披针形或剑形，长4.4-8.8毫米，先端具短尖头，两面无毛，边缘具腺睫毛，稀下面疏被腺毛。花单生茎顶，或聚伞花序具2-8花。花梗被腺毛；萼片直立至开展或反曲，肉质，卵形，长1.5-3毫米，内面和边缘无毛，外面被腺毛，3-5脉先端不汇合、半汇合至汇合；花瓣黄色，中下部具橙色斑点，窄卵形、近椭圆形或披针形，长4.6-7.5毫米，爪长0.1-1毫米，具3-7脉，具不明显2痂体或无痂体；子房近上位，宽卵球形。花期7-8月。

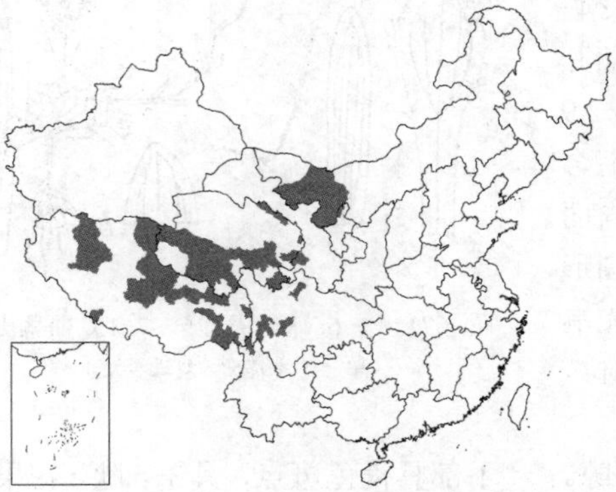

产内蒙古西部、宁夏北部、甘肃西南部、青海、四川、云南西北部及西藏，生于海拔3200-5644米林下、草甸或石隙。全草入药，清肝胆之热，排脓敛疮。

［附］**五台虎耳草** 图673：7-12 **Saxifraga unguiculata** var. **limprichtii** (Engl. et Irmsch.) J. T. Pan, in Fl. Reipubl. Popul. Sin. 34(2)：178. 1992. —— *Saxifraga limprichtii* Engl. et Irmsch. in Notizbel. Bot. Gart. Berlin 6：36. 1913. 本变种与模式变种的区别：萼片边缘多少具腺睫毛。花期7-8月。产河北西北部、山西东北部及宁夏，生于海拔1800-3250米山坡石隙。

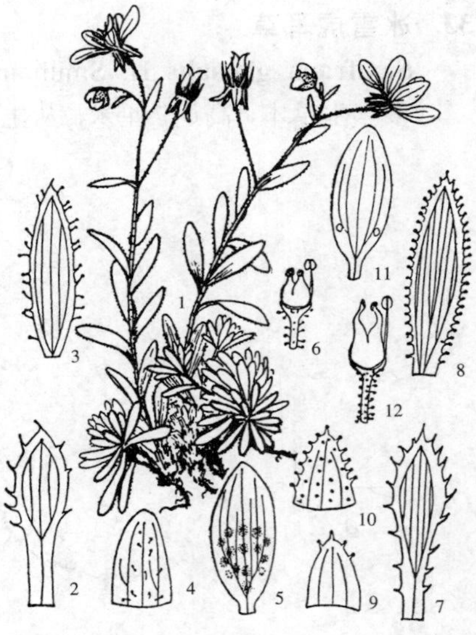

图 673：1-6. 爪瓣虎耳草 7-12. 五台虎耳草
（潘锦堂 刘进军绘）

36. 金星虎耳草 图 674 彩片 105

Saxifraga stella-aurea Hook. f. et Thoms. in Journ. Linn. Soc. Bot. 2: 72. 1857.

多年生草本，高达8厘米，丛生。小主轴分枝，有时叠结成垫状，具莲座叶丛；茎花葶状，被腺毛。莲座叶肉质，匙形、椭圆形或剑形，长2.5-5毫米，两面无毛，有时两面近先端具腺毛，具腺睫毛。花单生茎顶。花梗纤细，被腺毛，无苞片；萼片在花期反曲，近卵形或椭圆形，长2.1-3.3毫米，内面无毛，外面和边缘多少具腺毛，3-6脉先端不汇合至汇合；花瓣黄色，中部以下具橙色斑点，椭圆形或卵形，长4-7毫米，爪长0.4-1毫米，具3-6脉，具不明显2痂体；子房近上位，宽卵圆形至椭圆形。花果期7-10月。

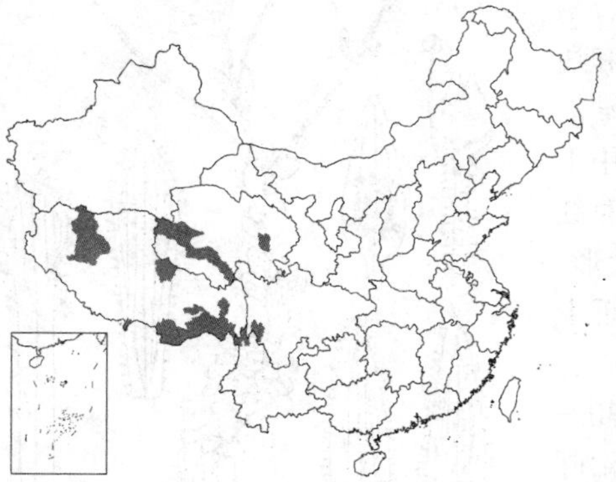

产青海、四川西部、云南西北部及西藏，生于海拔3000-5800米灌丛草甸、草甸或石隙。印度、不丹、锡金及尼泊尔有分布。

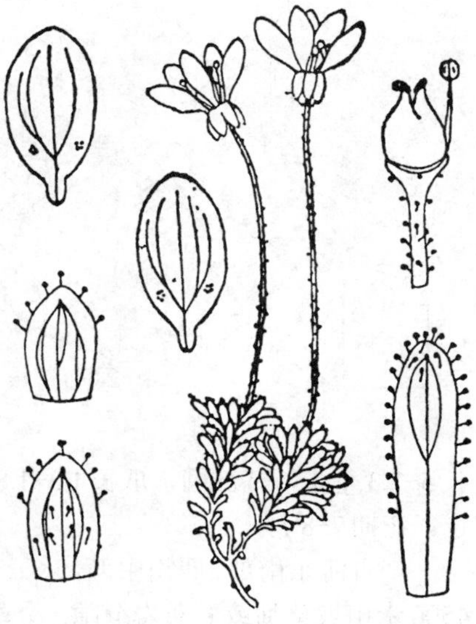

图 674 金星虎耳草 （潘锦堂 刘进军绘）

37. 景天虎耳草 图 675

Saxifraga sediformis Engl. et Irmsch. in Notes Roy. Bot. Gard. Edinb. 5(24): 144. 1912.

草本，高达20厘米。茎被黄褐色腺毛。基生叶莲座状，稍肉质，近匙形或长圆形，长0.47-2厘米，全缘，两面和边缘具黄褐色腺毛；茎生叶椭圆形，长0.3-1.4厘米，两面和边缘具黄褐色腺毛。多歧聚伞花序伞房状，具5-33花。花梗被腺毛；萼片花期开展或反曲，披针形，长3.4-5毫米，内面无毛，外面和边缘具黄褐色腺毛，3脉先端汇合成疣点；花瓣黄色，椭圆形或窄卵形，长6-7.5毫米，基部近心形，爪长0.8-1.4毫米，具3脉，具2痂体；子房上位，卵圆形。花果期7-10月。

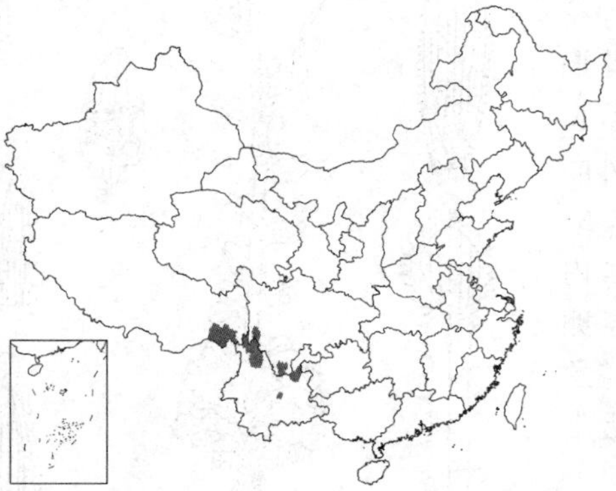

产四川西南部、云南及西藏东南部，生于海拔2700-4600米林下、灌丛或石隙。

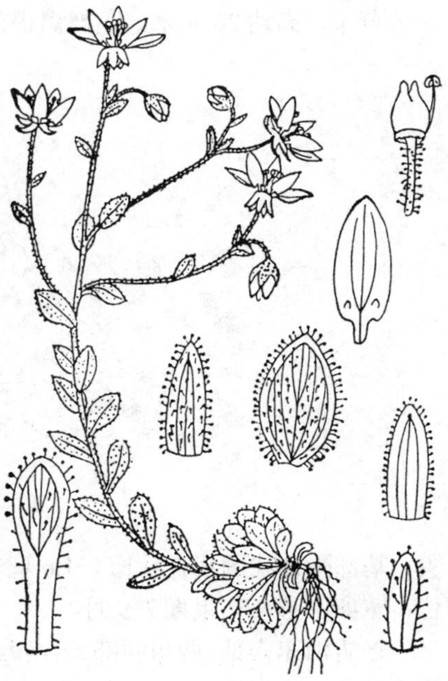

图 675 景天虎耳草 （潘锦堂 刘进军绘）

38. 红虎耳草 图 676

Saxifraga sanguinea Franch. in Journ. de Bot. 8: 295. 1894.

草本，高达15厘米。茎被紫色腺毛。基生叶呈莲座状，肉质，匙形，长0.6-1.3厘米，先端下弯，两面无毛，边缘具软骨质刚毛；茎生叶革质，倒

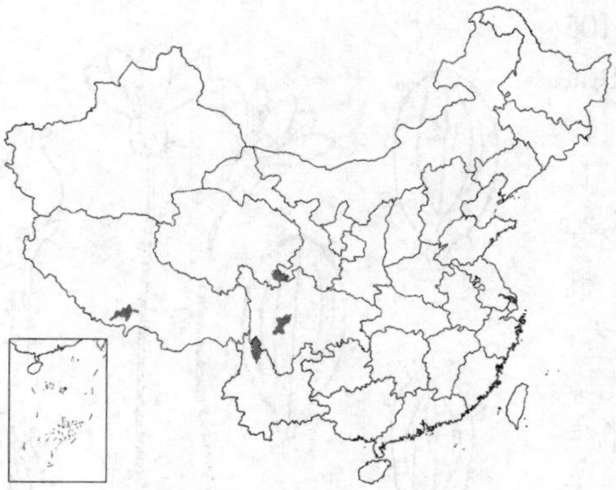

披针形或线状倒披针形，长0.35-1.1厘米，先端钝，两面和边缘具腺毛。聚伞花序具3-23花。花梗密被紫褐色腺毛；萼片花期开展或反曲，卵形或披针形，长2.5-5.7毫米，内面最上部、外面和边缘均具腺毛，5-7脉先端汇合；花瓣内面黄白色，中下部具紫红色斑点，外面红色，有时两面红色，披针形，长5-7.3毫米，基部圆，爪长1.3-1.8毫米，具3脉，具2痂体；子房近上位。花期7-8月。

产青海东南部、四川中西部、云南西北部及西藏南部，生于海拔3300-4500米山坡草甸或石灰岩缝隙。全草入药；清肝胆之热，排脓敛疮，治肝炎、胆囊炎和流行性感冒。

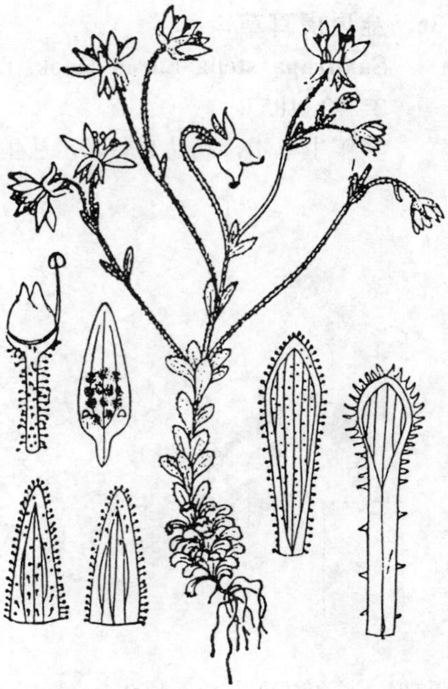

图 676 红虎耳草 （潘锦堂 刘进军绘）

39. 西南虎耳草 图 677

Saxifraga signata Engl. et Irmsch. in Notes Roy. Bot. Gard. Edinb. 5(24): 143. 1912.

草本，高达20厘米。茎被黑褐色腺毛。基生叶莲座状，肉质，匙形，长约1.6厘米，两面无毛，边缘具刚毛；茎生叶长圆形，长约1厘米，两面和边缘具腺毛。多歧聚伞花序伞房状，长3.5-8厘米，具4-24花。花梗被黑褐色腺毛；萼片花期开展或反曲，三角状卵形，长4-9毫米，内面最上部、外面和边缘均具黑褐色腺毛，5-7脉先端汇合；花瓣黄色，内面中下部具紫红色斑点，卵形，长5.8-8.7毫米，先端急尖，基部平截状圆形，具长1-1.6毫米之爪，3-7脉，具2痂体；子房近上位，宽卵圆形。花果期7-9月。

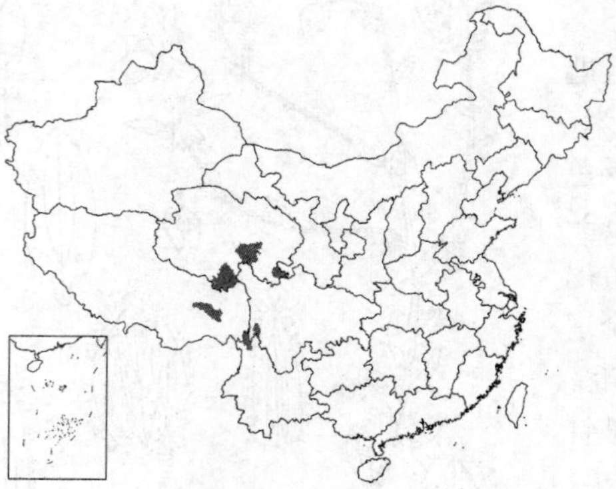

产青海东南部、四川西部、云南西北部及西藏东部，生于海拔2800-4600米山地草甸或石隙。

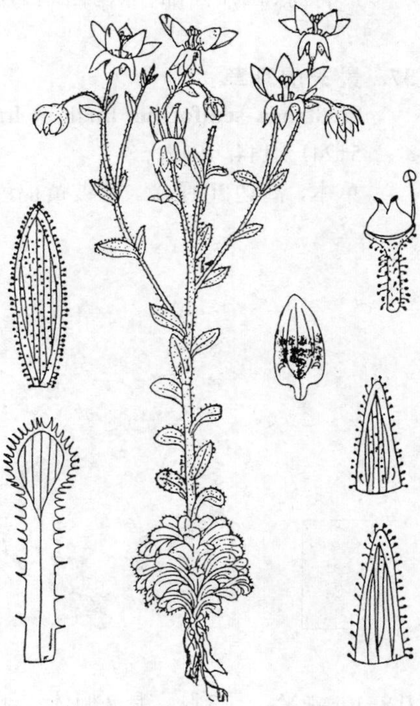

图 677 西南虎耳草 （潘锦堂 刘进军绘）

40. 灯架虎耳草 图678：1-7

Saxifraga candelabrum Franch. Pl. Delav. 232. 1890.

草本，高达38厘米。茎被褐色腺毛。基生叶莲座状，匙形，长1.5-6厘米，边缘先端具3-7齿，两面和边缘具褐色腺毛；茎生叶近匙形，长1.5-2.7厘米，具3-8齿，两面和边缘具腺毛。多歧聚伞花序圆锥状，具19-29花。花梗被褐色腺毛；萼片花期开展或反曲，披针形或窄卵形，长4-7毫米，内面最上部、外面和边缘均具腺

毛，3-5脉先端汇合成疣点；花瓣浅黄色，中下部具紫色斑点，窄卵形或近长圆形，长5.9-8.1毫米，基部心形，具长1-1.3毫米之爪，具3-5脉，具2痂体；子房上位。花果期7-9月。

产四川西北部及云南西北部，生于海拔2000-4200米林下、林缘、高山草甸或石隙。

［附］**川西虎耳草 Saxifraga dielsiana** Engl. et Irmsch. in Engl. Bot. Jahrb. 48: 597. 1912. 本种与灯架虎耳草的区别：基生叶全缘；茎生叶上部者近倒卵形，全缘，下部者匙形，具4-5齿；萼片花期近直立，内面被腺毛，具5-6脉，花瓣黄色，基部非心形，5-6脉。花期7-8月。产四川西部及云南西北部，生于海拔2300-2450米岩石缝隙。

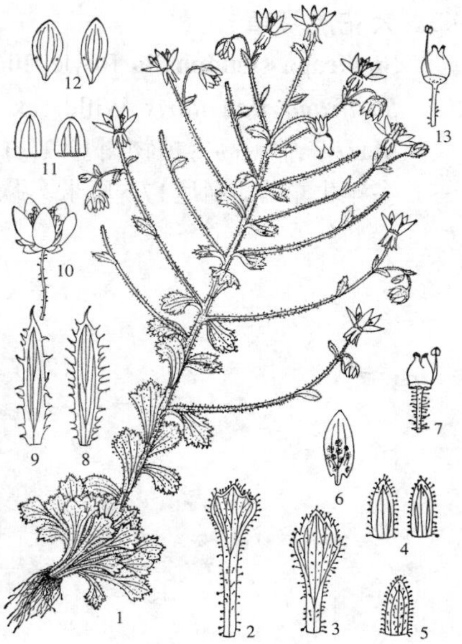

图 678：1-7. 灯架虎耳草 8-13. 喜马拉雅虎耳草 （潘锦堂 刘进军绘）

41. 喜马拉雅虎耳草 图678：8-13

Saxifraga brunonis Wall. ex Ser. in DC. Prodr. 4: 45. 1830.

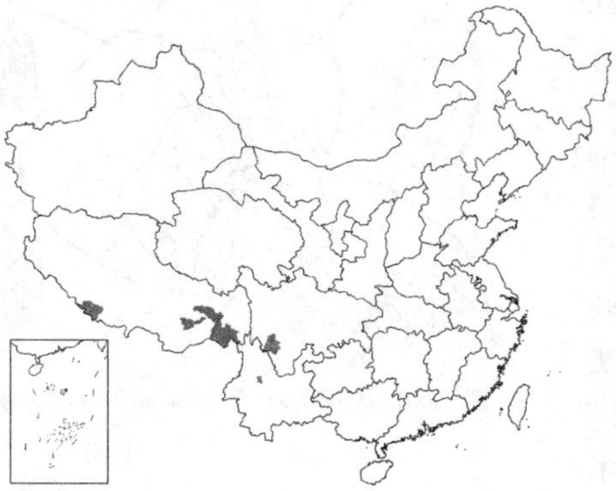

多年生草本，高达16厘米。茎下部无毛，上部疏生腺毛；鞭匐枝生于基部叶腋，长4-24厘米，疏生腺毛。基生叶莲座状，肉质，长圆状剑形，长1-1.3厘米，先端具软骨质芒，两面无毛，边缘具软骨质刚毛（有时具腺头）；茎生叶长圆状剑形、近剑形或近长圆形，先端具软骨质芒，两面无毛，边缘具软骨质刚毛。聚伞花序具3-9花。花梗纤细，疏生腺毛；萼片花期开展，卵形，长2-2.3毫米，无毛，稀外面最下部具极少腺毛，3-5脉先端不汇合、半汇合至汇合；花瓣黄色，椭圆形、长圆形或披针形，长6.4-8毫米，近无爪或爪长约1毫米，具3-5脉，具不明显2痂体；子房近上位。花果期6-10月。

产四川西南部、云南西北部、西藏东南部及南部，生于海拔3100-4000米林下、草甸或岩坡石隙。全草入药，祛痰，治肺结核、脓胸。

42. 太白虎耳草 图 679

Saxifraga josephi Engl. in Engl. Bot. Jahrb. 29: 366. 1901.

多年生草本，高达12.5厘米，丛生。小主轴分枝，具莲座叶丛；鞭匐枝生于莲座叶之叶腋，具极少腺毛或近无毛。花茎纤细，疏生腺毛。莲座叶革质，长圆状剑形或近剑形，长1.2-1.4厘米，先端具软骨质芒，两面无毛，边缘具软骨质腺毛；茎生叶长圆状剑形，长7-7.8毫米，先端具软骨质芒，两面无毛，边缘具软骨质腺毛。聚伞花序具3-5花。花梗纤细，疏生腺毛；萼片花期开展至反曲，卵形，长1.8-2毫米，无毛，3-5脉先端汇合；花瓣黄色，窄卵形或卵形，长3.9-4.6毫米，爪长0.6-1毫米，具3脉，具2-3痂体，有时痂体不明显；子房上位。花果期7-9月。

产陕西中南部及河南西部，生于海拔1300-2100米荫湿石隙。

43. 大花虎耳草　　图 680

Saxifraga stenophylla Royle, Illustr. Bot. Himal. 227. t. 50. f. 1. 1835.
Saxifraga flagellaris Willd. ex Sternb. subsp. *megistantha* Hand.-Mazz.; 中国高等植物图鉴 2: 134. 1972.

多年生草本，高达17.5厘米。茎密被腺毛（腺头球形）；鞭匐枝生于基生叶叶腋，丝状，多少具腺毛，顶端具芽。基生叶莲座状，革质，窄椭圆形或近匙形，长0.8-1.3厘米，先端具软骨质芒，边缘具软骨质腺睫毛；茎生叶较疏，革质，长圆形，长0.6-1.1米，先端具软骨质芒（芒端具腺头），两面多少被腺毛，边缘具软骨质腺睫毛。聚伞花序具2-3花。花梗被腺毛；萼片花期直立，稍肉质，卵形或披针形，长4-6.2毫米，内面无毛或具极少腺毛，外面和边缘具腺毛，5-9脉先端半汇合至汇合；花瓣黄色，椭圆形、倒卵形或倒宽卵形，长0.8-1.2厘米，具8-11脉，无爪，无痂体；子房近上位，椭球形。花期7-8月。

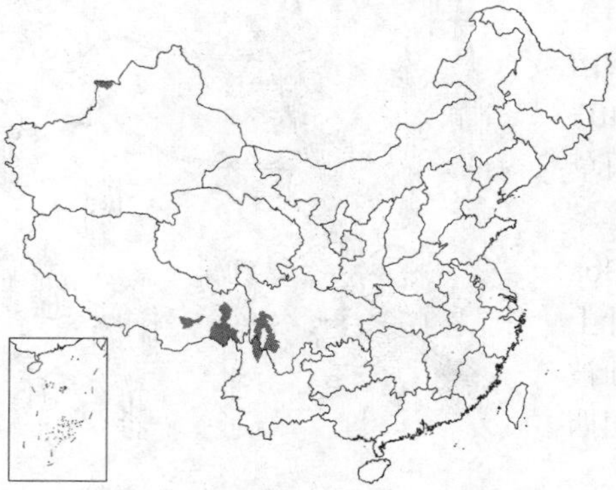

产新疆北部、四川西部、云南西北部及西藏东部，生于海拔3700-4800米草甸或灌丛草甸。锡金、尼泊尔、印度及克什米尔地区有分布。

44. 燃灯虎耳草　　图 681

Saxifraga lychnitis Hook. f. et Thoms. in Journ. Linn. Soc. Bot. 2: 68. 1857.

多年生草本，高达15厘米，丛生。茎被黑紫色腺毛。基生叶莲座状，匙形，长1.1-1.5厘米，全缘，两面和边缘具较长腺毛；茎生叶长圆形，长0.9-1厘米，两面和边缘具腺毛，下部者具柄，长约2毫米。花单生茎顶，或聚伞花序具2花。花梗密被黑紫色腺毛；萼片花期直立，稍肉质，舌形或卵形，长约5毫米，内面无毛，外面和边缘具黑紫色腺毛，3脉先端不汇合；花瓣黄色，长圆形，长8.5-9毫米，先端微凹，基部具长约0.8毫米之爪，具3-4脉，无痂体；子房半下位。花期7-9月。

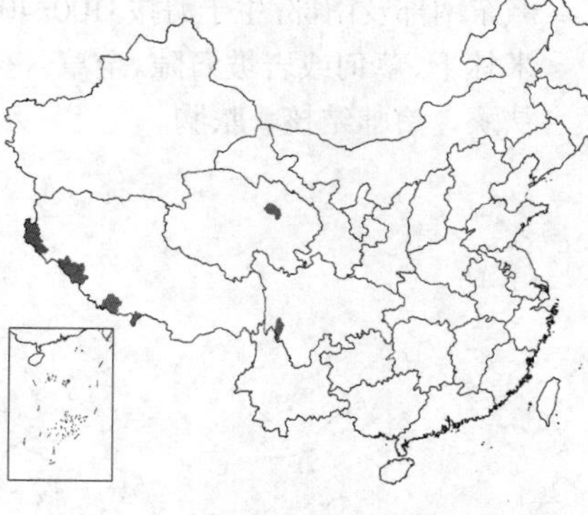

产青海东北部、四川西南部、西藏西南部及西部，生于海拔4280-5500米草甸和沼泽化草甸。不丹或克什米尔地区有分布。

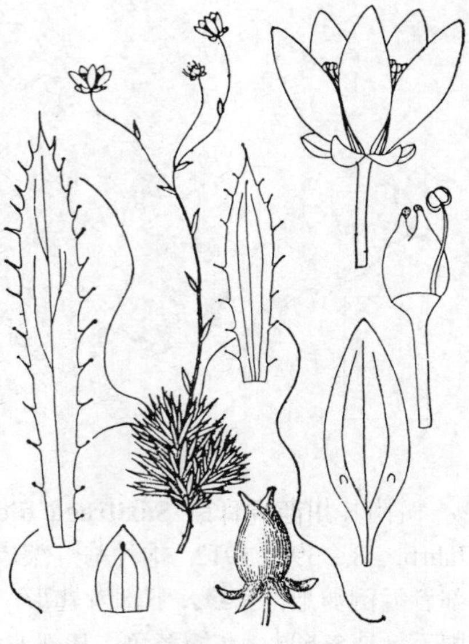

图 679　太白虎耳草　（潘锦堂　刘进军绘）

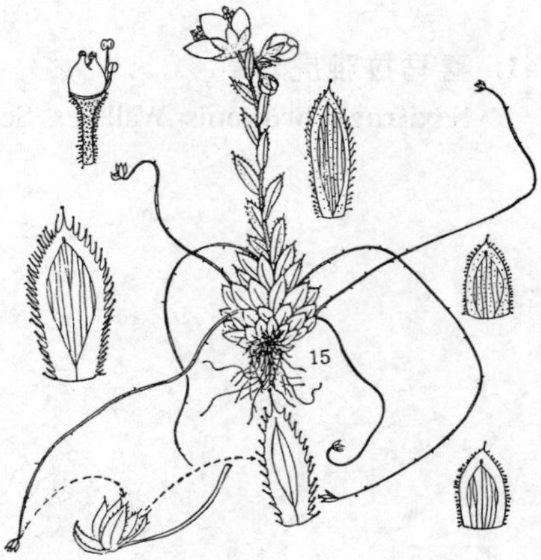

图 680　大花虎耳草　（潘锦堂　刘进军绘）

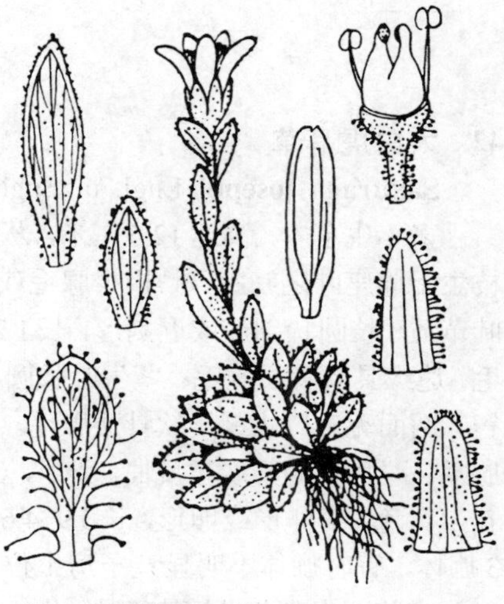

图 681　燃灯虎耳草　（潘锦堂　刘进军绘）

45. 垂头虎耳草 图 682

Saxifraga nigroglandulifera Balakr. in Journ. Bomb. Nat. Hist. Soc. 67: 59. 1970.

Saxifraga nutans Hook. f. et Thoms. (non D. Don); 中国高等植物图鉴 2: 131. 1972.

多年生草本，高达36厘米。茎中下部叶腋具黑褐色长柔毛，上部被腺毛。基生叶，椭圆形或卵形，长1.5-4厘米，上面常无毛，有时疏生腺毛，下面无毛，边缘疏生卷曲长腺毛，叶柄长1.8-6厘米，具卷曲长腺毛；茎生叶，下部者具长柄，向上渐无柄，叶披针形或长圆形，长1.3-7.5厘米，两面近无毛，边缘具长腺毛。聚伞花序总状，具2-14花。花常垂头而偏向一侧。花梗被腺毛；萼片花期直立，三角状卵形、卵形或披针形，长3.5-5.4毫米，内面无毛，外面和边缘具腺毛，3-6脉，主脉先端不汇合；花瓣黄色，近匙形或窄倒卵形，长7.4-9.6毫米，先端尖或稍钝，具3-5脉，无痂体；子房半下位。花果期7-10月。

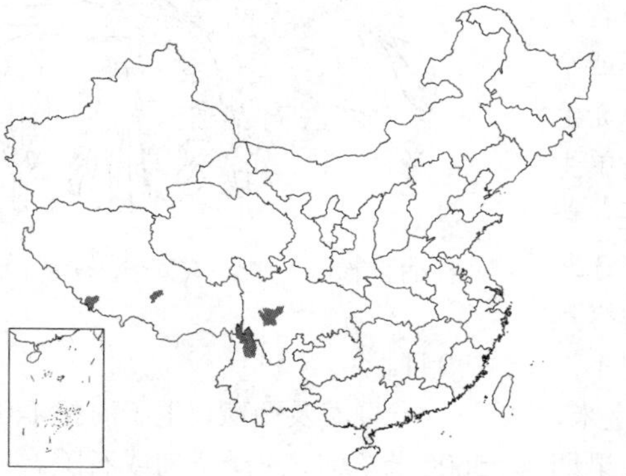

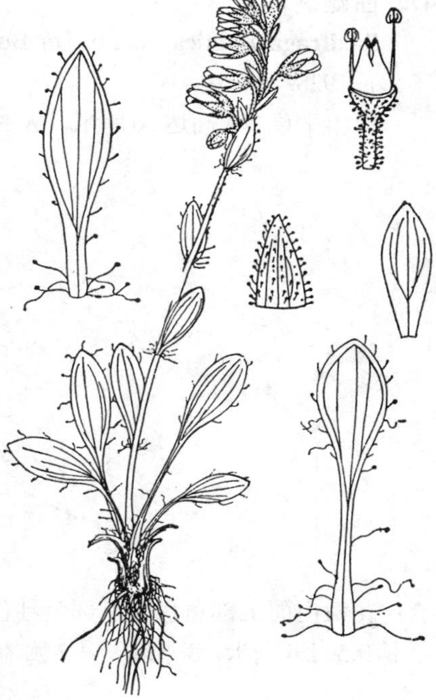

图 682 垂头虎耳草 （潘锦堂 刘进军绘）

产四川中西部、云南西北部及西藏南部，生于海拔2700-5350米林下、林缘、灌丛、灌丛草甸、草甸或湖畔。不丹及尼泊尔有分布。

46. 唐古特虎耳草 甘青虎耳草 图 683 彩片 106

Saxifraga tangutica Engl. in Bull. Acad. Sci. St. Pétersb. 29: 114. 1883.

多年生草本，高达31厘米，丛生。茎被褐色卷曲长柔毛。基生叶卵形、披针形或长圆形，长0.6-3.3厘米，两面无毛，边缘具卷曲长柔毛，叶柄长1.7-2.5厘米，疏生卷曲长柔毛；茎生叶，下部者具柄，长2-5.2毫米，上部者无柄，叶披针形或长圆形，长0.7-1.7厘米，上面无毛，下面下部和边缘具卷曲柔毛。多歧聚伞花序具（2）8-24花。花梗具卷曲柔毛；萼片花期直立至开展或反曲，卵形或椭圆形，长1.7-3.3毫米，两面无毛，有时外面下部被卷曲柔毛，边缘具卷曲柔毛，3-5脉先端不汇合；花瓣黄色，或内面黄色而外面紫红色，卵形或椭圆形，长2.5-4.5毫米，爪长0.3-0.8毫米，具3-7脉，具2痂体；子房近下位，具环状花盘。花果期6-10月。

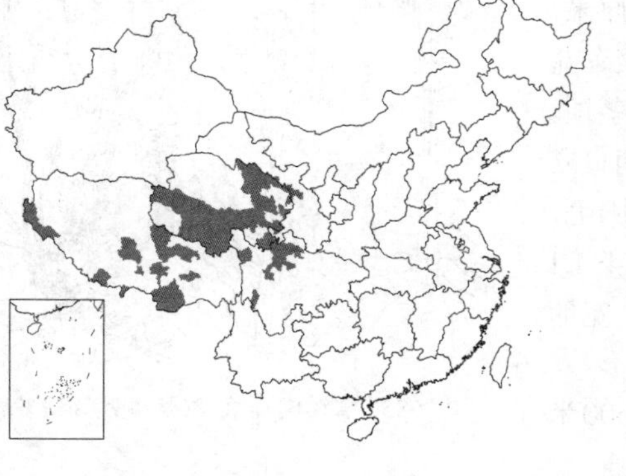

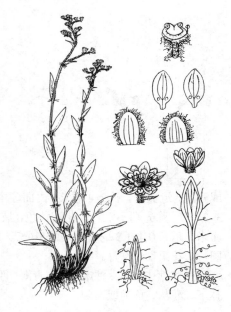

图 683 唐古特虎耳草 （潘锦堂 刘进军绘）

产甘肃、青海、四川及西藏，生于海拔2900-5600米林下、灌丛、草甸或石隙。不丹及克什米尔地区有分布。全草入药，清热退烧，治食欲不振及肝胆病。

47. 西藏虎耳草 图 684 彩片 107

Saxifraga tibetica A. Los. in Bull. Jard. Bot. Princ. URSS 27: 597. f. 1. 1928.

多年生草本，高达16厘米，丛生。茎被褐色卷曲长柔毛。基生叶椭圆形，长0.8-1厘米，无毛，叶柄长2-3厘米，边缘具卷曲长柔毛；茎生叶，下部者具柄，长1-1.3厘米，上部者无柄，叶披针形、长圆形或窄卵形，长0.6-1.4厘米，无毛或边缘具卷曲柔毛。花单生茎顶。花梗具卷曲柔毛；萼片花期反曲，近卵形，长3.2-4.1毫米，两面无毛，边缘具卷曲柔毛，3-5脉先端不汇合；花瓣内面上部黄色，下部紫红色，外面紫红色，卵形，长4-5毫米，爪长0.5-1.4毫米，3-5脉，具2痂体；子房卵圆形，具环状花盘。花果期7-9月。

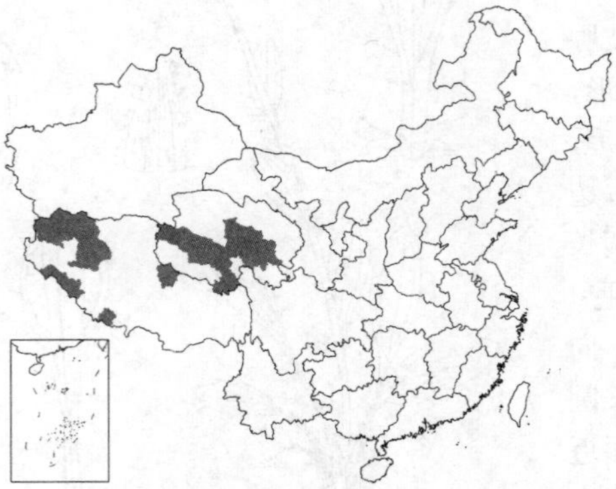

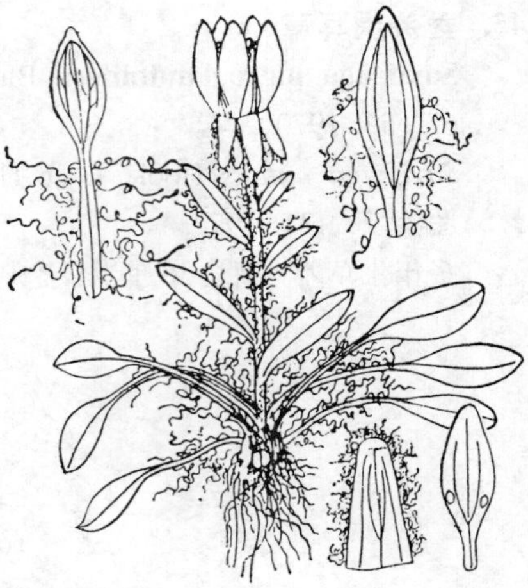

图 684 西藏虎耳草 （潘锦堂 刘进军绘）

产青海及西藏，生于海拔4400-5600米草甸、沼泽草甸或石隙。

48. 窄瓣虎耳草 图 685

Saxifraga pseudohirculus Engl. in Engl. Bot. Jahrb. 48: 590. 1912.

多年生草本，高达16.7厘米，丛生。茎下部被褐色卷曲长腺毛，兼有腺毛，中上部被腺毛。基生叶披针形、倒披针形或窄长圆形，长0.2-1.1厘米，两面和边缘具腺毛，叶柄长0.6-2.3厘米，边缘具卷曲长腺毛；茎生叶下部者具柄，中部以上者渐无柄，近长圆形或倒披针形，长0.8-3.5厘米，两面和边缘具腺毛。聚伞花序具2-12花，或花单生茎顶。花梗被腺毛；萼片花期直立或开展，近卵形，长2-4毫米，内面疏生腺毛或无毛，外面和边缘具腺毛，3-5（-7）脉先端不汇合；花瓣黄色，披针形、窄长圆形或剑形，长0.4-1.1厘米，爪长0.4-1.2毫米，具3-5（-7）脉，具2痂体；子房半下位，宽卵圆形。花果期7-9月。

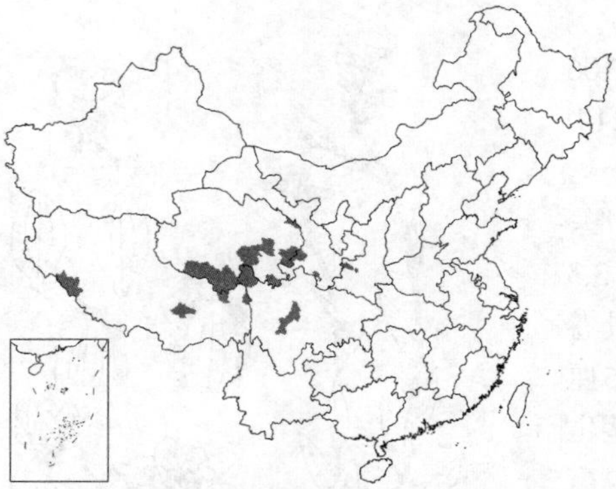

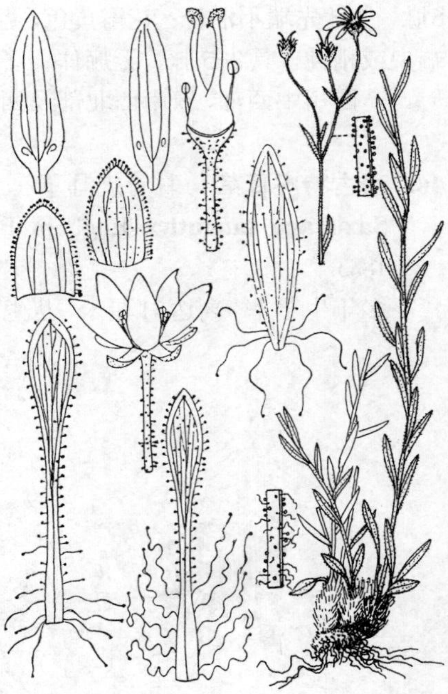

图 685 窄瓣虎耳草 （潘锦堂 刘进军绘）

产陕西中西部、甘肃南部、青海、四川及西藏，生于海拔3100-5600米林下、灌丛、草甸或石隙。

49. 矮虎耳草 图 686

Saxifraga humilis Engl. et Irmsch. in Notes Roy. Bot. Gard. Edinb. 5(24): 123. t. 87. 1912.

多年生草本，高达4厘米，丛生。花茎密被腺毛。基生叶莲座状，近匙形，长0.6-1.6厘米，全缘，或具2-3齿，两面无毛，边缘具腺柔毛；茎生叶长0.6-1.2厘米，上面常无毛，下

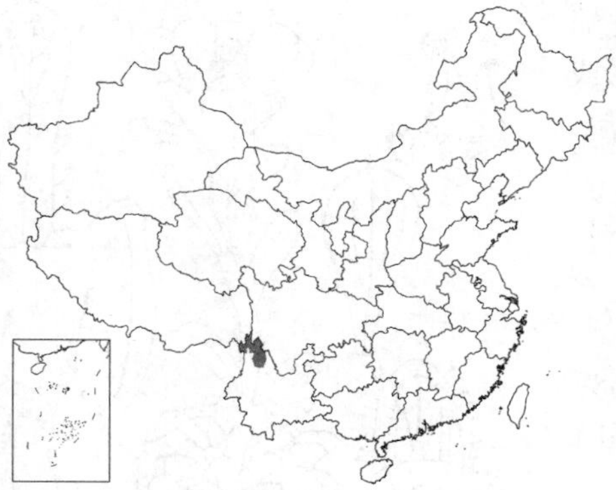

面和边缘具腺柔毛，叶腋有时具芽。花单生茎顶，或聚伞花序具2花。花梗被腺毛；萼片花期直立，卵形、宽卵形或近椭圆形，长1.5-2.7毫米，内面无毛，外面和边缘具腺毛，3脉先端不汇合、半汇合至汇合；花瓣白色，窄倒卵形、倒卵形、倒宽卵形或椭圆形，长3.6-5.6毫米，无爪，具3-6脉，无痂体；子房近下位。花果期6-9月。

产云南西北部，生于海拔3800-4700米灌丛草甸或石隙。不丹及尼泊尔有分布。

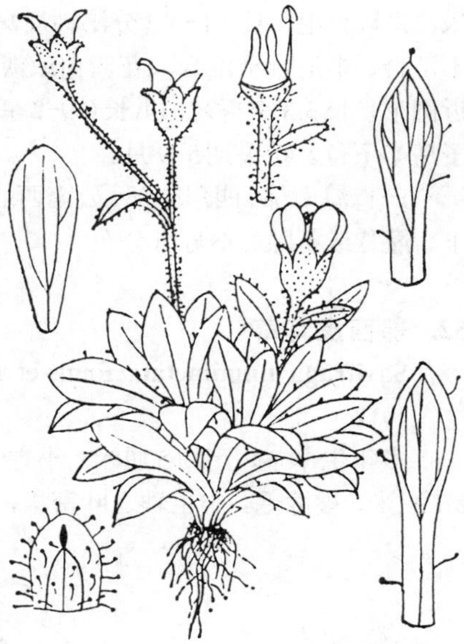

图 686 矮虎耳草 （潘锦堂 刘进军绘）

50. 单窝虎耳草 图 687

Saxifraga subsessiliflora Engl. et Irmsch. in Engl. Pflanzenr. 69(IV. 117): 573. 1919.

多年生草本，高达4厘米。小主轴极多分枝，叠结成垫状。花茎长约1毫米，不伸出莲座叶丛，无毛。小主轴之叶密集呈莲座状，稍肉质，卵形、椭圆形、窄倒卵形或近匙形，长3-6毫米，先端钝或急尖而无毛，具1分泌钙质窝孔，两面无毛，具睫毛或腺睫毛；茎生叶常1枚，藏于莲座叶丛内，近长圆形，长3-3.3毫米，先端无毛，具1分泌钙质窝孔，边缘具腺睫毛。花单生茎顶。萼片直立或开展状直立，宽卵形或卵形，长1.5-2.5厘米，先端钝，具1分泌钙质窝孔，两面无毛或具腺睫毛，3-4脉先端不汇合至汇合；花瓣白色，倒卵形，长3-3.5毫米，先端钝圆，基部具长0.7毫米之爪，具3-6脉，无痂体；子房半下位。花期6-8月。

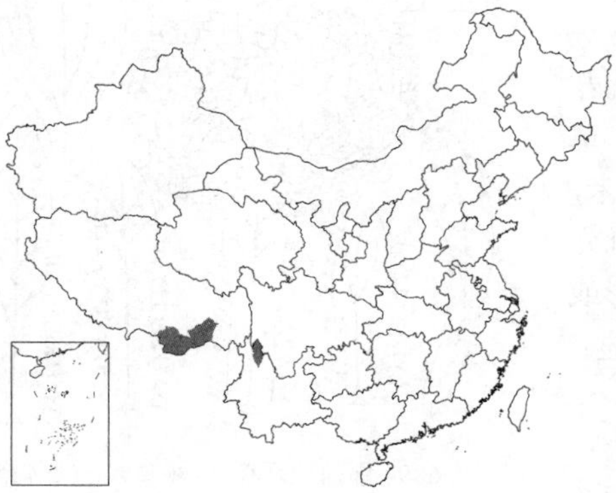

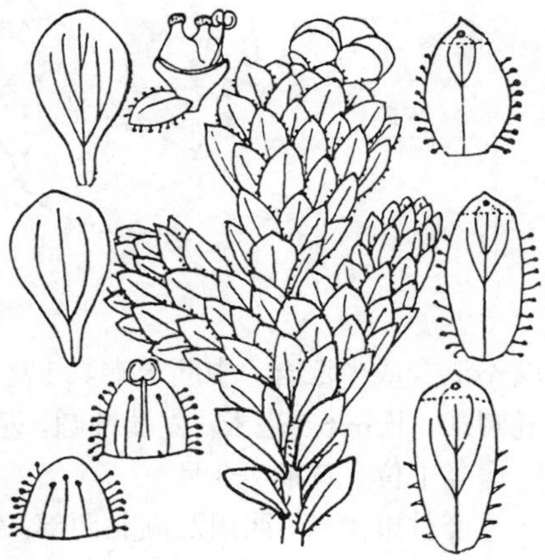

图 687 单窝虎耳草 （潘锦堂 刘进军绘）

产云南西北部及西藏东南部，生于海拔3900-4800米草甸或石隙。不丹及锡金有分布。

51. 丽江虎耳草 图 688

Saxifraga likiangensis Franch. in Journ. de Bot. 10: 266. 1890.

多年生草本，高1.5-4.5厘米。小主轴多次分枝，叠结呈垫状。花茎初期藏于莲座叶丛内，花后期和果期高出莲座叶丛达1.1厘米，被腺毛。小主轴之叶密集，呈莲座状，肉质，倒提琴状长圆形、窄卵形、窄倒卵形或近长圆形，长3-5.6毫米，先端稍外弯，具3分泌钙质窝孔，边缘具刚毛或腺睫毛；茎生叶4-8，肉质，匙状长圆形、倒披针状长圆形或长圆形，长3.3-5.3毫米，先端外弯，具1（-3）分泌钙质窝孔，下面和边缘具腺毛。花单生茎顶。花梗长达2毫米，被腺毛；萼片直立，卵形或宽卵形，长2.1-4毫

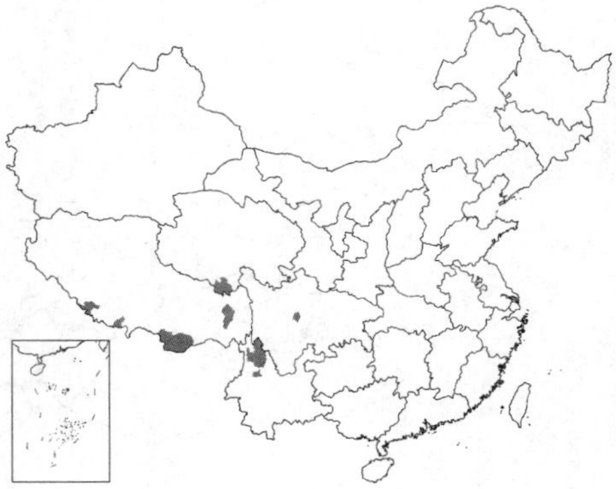

米，先端无毛，具（1-）3分泌钙质窝孔，外面和边缘具腺毛，3-7脉先端不汇合、半汇合至汇合；花瓣白或淡黄色，倒卵形、倒宽卵形、椭圆形或近圆形，长3.3-9毫米，爪长0.9-2毫米，具5-9脉，无痂体；花盘环状；子房半下位。花果期5-9月。

产青海南部、四川中部、云南西北部及西藏，生于海拔3000-5600米林下、灌丛或石隙。不丹有分布。

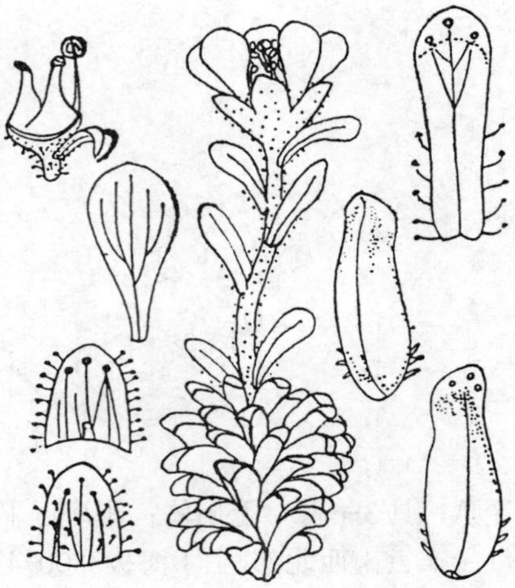

图 688 丽江虎耳草 （潘锦堂 刘进军绘）

52. 鄂西虎耳草 图 689

Saxifraga unguipetala Engl. et Irmsch. in Engl. Bot. Jahrb. 48: 610. 1912.

多年生草本，高约5厘米。小主轴多次分枝，叠结呈垫状。花茎长3-3.7厘米，被腺毛。小主轴之叶密集，呈莲座状，肉质，近长圆状匙形，长7.3-9.5毫米，中下部具软骨质睫毛，具羽状脉5-10，脉端具5-9分泌钙质窝孔；茎生叶约7枚，窄长圆形或长圆状匙形，长4.6-5毫米，上面无毛或其下部被腺毛，下面基部被腺毛，边缘（除先端外）具腺睫毛，具1-5分泌钙质窝孔。花单生茎顶。花梗密被腺毛；萼片直立，革质，宽卵形，长约3.2毫米，外面和边缘具腺毛，8-9脉先端不汇合或半汇合，中肋末端具1窝孔；花瓣白色，倒卵形、倒宽卵形或椭圆形，长6-6.5毫米，先端钝圆，基部具短爪，具6-9脉；花盘不明显；子房半下位。花期7-8月。

产甘肃南部、四川及湖北西部，生于海拔3200-4300米岩壁石隙。

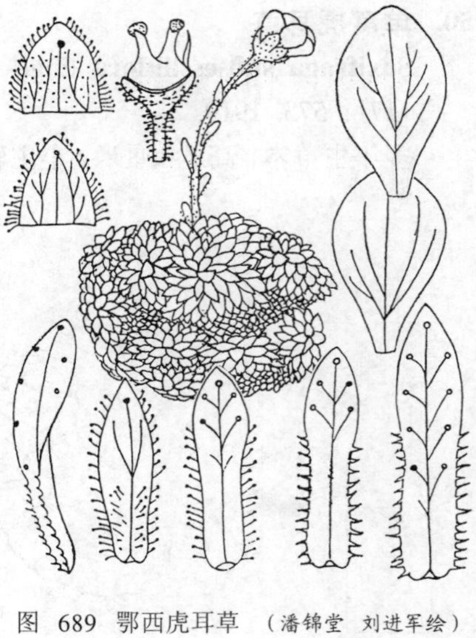

图 689 鄂西虎耳草 （潘锦堂 刘进军绘）

53. 雪地虎耳草 图 690

Saxifraga chionophila Franch. in Journ. de Bot. 10: 265. 1896.

多年生草本，高达7厘米。小主轴多分枝。花茎长1.5-4厘米，被腺毛。小主轴之叶覆瓦状排列，密集呈莲座状，肉质，近匙形，长8-9毫米，具5-7分泌钙质窝孔，基部具小齿状睫毛；茎生叶近匙形，长约7毫米，先端稍钝且外弯，具5分泌钙质窝孔，下面中下部和边缘中下部具腺毛。聚伞花序具4-7花，花序分枝被腺毛。花无梗；萼片花期直立，近卵形，长2.5-3毫米，先端钝，具3窝孔，外面和边缘具腺毛，具3-4

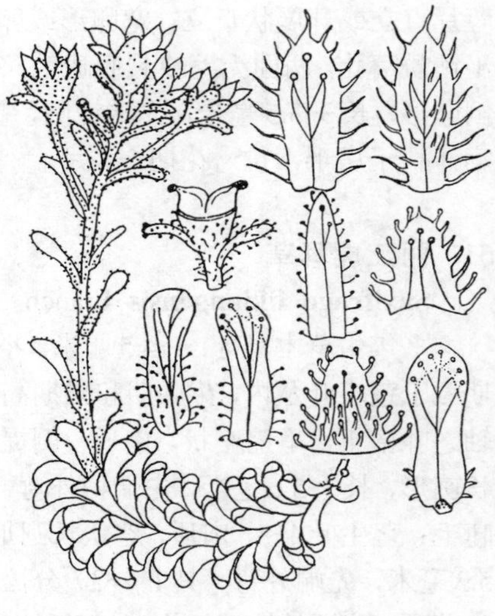

图 690 雪地虎耳草 （潘锦堂 刘进军绘）

脉先端不汇合至汇合；花瓣红色，长圆状倒披针形，长约3毫米，先端急尖，具1-3窝孔，外面和边缘具粗毛，3-5脉先端半汇合；子房半下位。花果期6-9月。

产四川西南部、云南西北部及西藏东南部，生于海拔2800-5000米草甸或石隙。

54. 滇藏虎耳草 美丽虎耳草 图 691

Saxifraga meeboldii Engl. et Irmsch. in Engl. Bot. Jahrb. 48: 609. 1912.

Saxifraga pulchra auct. non Engl. et Irmsch.: 中国高等植物图鉴 2: 135. 1972.

多年生草本，高达6厘米。小主轴多次分枝，叠结呈垫状。花茎长1.5-3.4厘米，被腺毛。小主轴之叶密集呈莲座状，肉质，近匙形或近长圆形，长3.3-5毫米，先端稍外弯，中下部具软骨质睫毛，具3-7分泌钙质窝孔；茎生叶4-6，线形或近匙形，长4.5-5毫米，先端钝而无毛，具3-5分泌钙质窝孔，下面和边缘具腺毛。聚伞花序伞房状，具3-4花。花梗被腺毛；萼片花期直立，近卵形，长2-2.8毫米，外面和边缘具腺毛，3脉先端不汇合至汇合，具1-3窝孔；花瓣粉红或紫红色，匙形或窄倒卵形，无毛，长3-5.1毫米，基部常具爪，具3-5脉；子房半下位。花期5-8月。

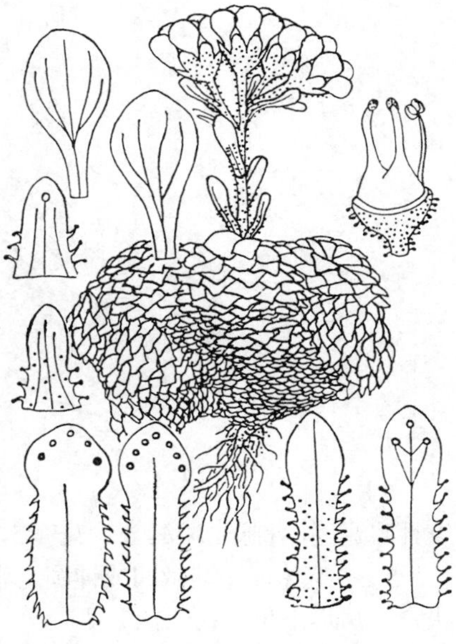

图 691 滇藏虎耳草 （潘锦堂 刘进军绘）

产云南西北部、西藏东部及中南部，生于海拔3540-4750米岩壁或石隙。克什米尔地区有分布。

55. 挪威虎耳草 图 692

Saxifraga oppositifolia Linn. Sp. Pl. 402. 1753.

多年生草本，高约6厘米。小主轴多分枝。花茎疏生褐色柔毛，叶腋具芽。小主轴之叶交互对生，覆瓦状排列，密集呈莲座状，稍肉质，近倒卵形，长3.5-4毫米，先端具1分泌钙质窝孔，边缘具柔毛；茎生叶对生，稍肉质，近倒卵形，长4.2-4.5毫米，先端具1分泌钙质窝孔，边缘具柔毛。花单生茎顶。花梗疏生柔毛；萼片花期直立，革质，卵形或椭圆状卵形，长约5毫米，边缘具柔毛，6-7脉先端半汇合至汇合；花瓣紫色，窄倒卵状匙形，长约1.2厘米，先端微凹，爪长约3.5毫米，无毛，约具7脉；花盘不明显；子房近椭球形。花期7-8月。

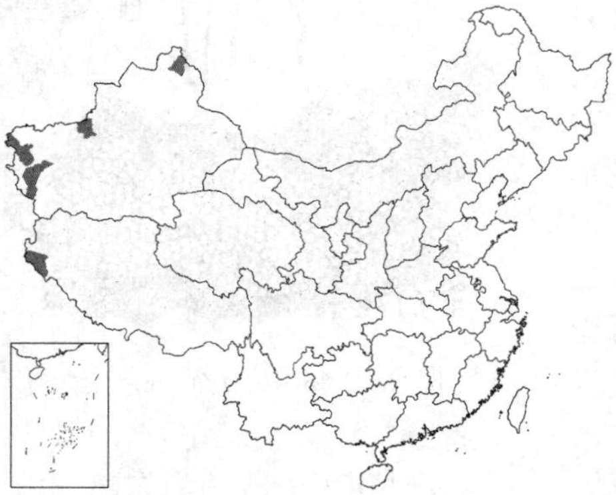

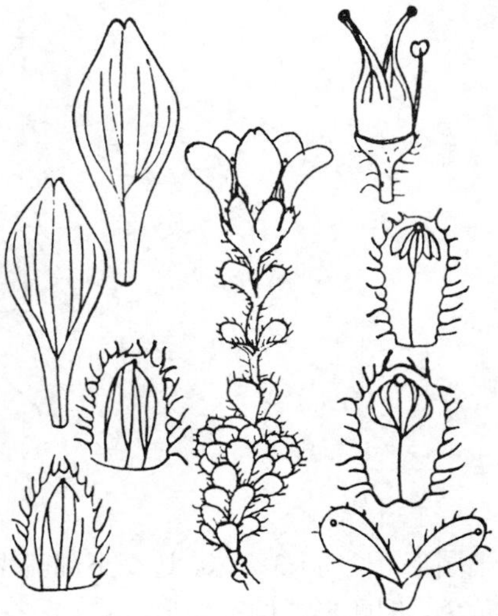

图 692 挪威虎耳草 （潘锦堂 刘进军绘）

产新疆北部及西部、西藏西部，生于海拔3800-5600米草甸及石隙。蒙古、俄罗斯、克什米尔地区及欧洲和北美有分布。

56. 垫状虎耳草 图 693

Saxifraga pulvinaria H. Smith in Bull. Brit. Mus. Bot. 2(4): 105. 1958.

多年生草本，高达6厘米。小主轴极多分枝，叠结呈垫状。花茎藏于莲座叶丛中，无毛。小主轴之叶互生，覆瓦状排列，密集呈莲座状，肉质，窄椭圆形，长约3.3毫米，先端无毛，具1窝孔，边缘具软骨质睫毛；茎生叶3-4，线状长圆形，长3.5-4毫米，先端无毛，具1窝孔，边缘具软骨质睫毛。花单生茎顶。花梗长约0.3毫米；萼片花期直立，肉质，近三角状卵形或宽卵形，长1.6-2毫米，先端无毛，边缘具腺睫毛，3脉先端汇合；花瓣5，白色，倒卵形、倒披针形或长圆形，长3.5-5.3毫米，先端微凹或钝圆，基部具爪，具5-6脉，无痂体；花盘环状；子房近下位。花期6-7月。

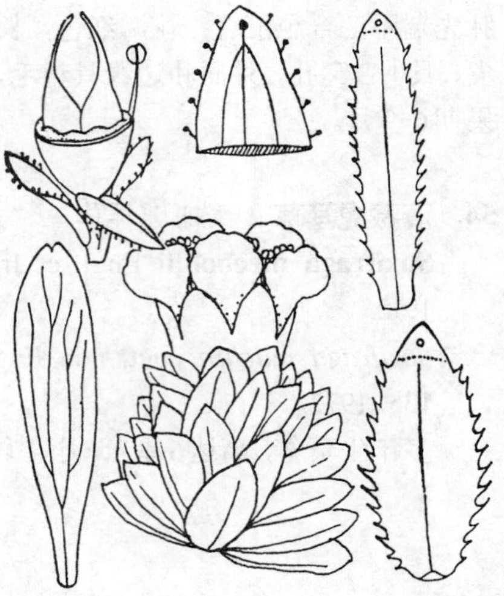

图 693 垫状虎耳草 （潘锦堂 刘进军绘）

产新疆西部、西藏及云南西北部，生于海拔3900-5200米岩隙。锡金、尼泊尔、印度及克什米尔地区有分布。

57. 矮生虎耳草 图 694

Saxifraga nana Engl. in Bull. Acad. Sci. St. Pétersb. 29: 118. 1883.
Saxifraga qinghaiensis J. T. Pan; 中国高等植物图鉴补编 2: 34. 1983.

多年生草本，高达3厘米。小主轴极多分枝，叠结呈垫状，叶腋具芽。叶交互对生，密集，肉质，倒卵形或椭圆形，长2.5-3.1毫米，先端钝，具软骨质窄边，对生之两叶片基部合生成筒状下延抱茎；最上部之叶先端具1分泌钙质窝孔，中下部具腺睫毛，下部叶具(2)3分泌钙质窝孔，无毛。花单生茎顶；苞片2，对生，肉质，倒卵形或椭圆形，长2-2.5毫米。花梗长0.4毫米，无毛；萼片4，直立，肉质，近半圆形，长约1.3毫米，边缘下部疏生腺睫毛，5脉先端半汇合；花瓣4，淡黄色，倒卵形或倒宽卵形，长2.1-2.6毫米，先端钝，基部近无爪，3-4脉，无痂体；花盘环状；子房下位。花果期7-8月。

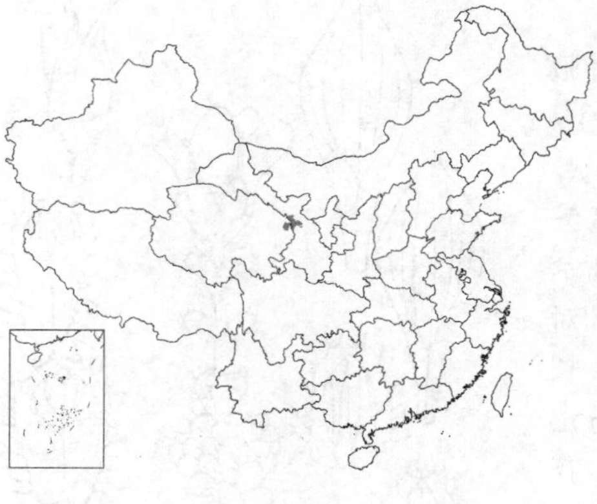

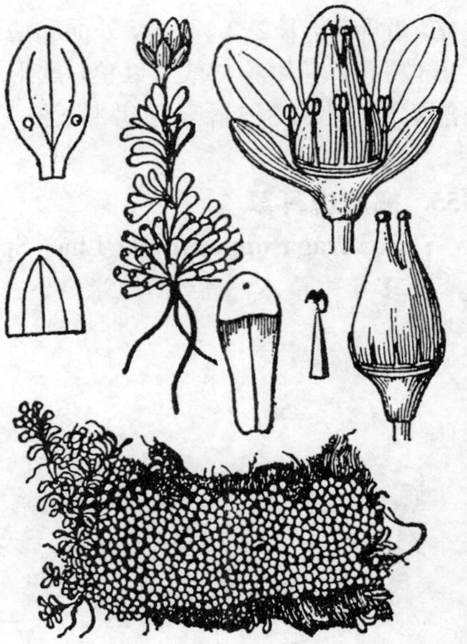

图 694 矮生虎耳草 （宁汝莲绘）

产甘肃中部及青海东部，生于海拔3900-4100米石隙。

58. 小果虎耳草 图 695

Saxifraga microgyna Engl. et Irmsch. in Engl. Bot. Jahrb. 48: 604. 1912.

多年生草本，高达20厘米。茎被

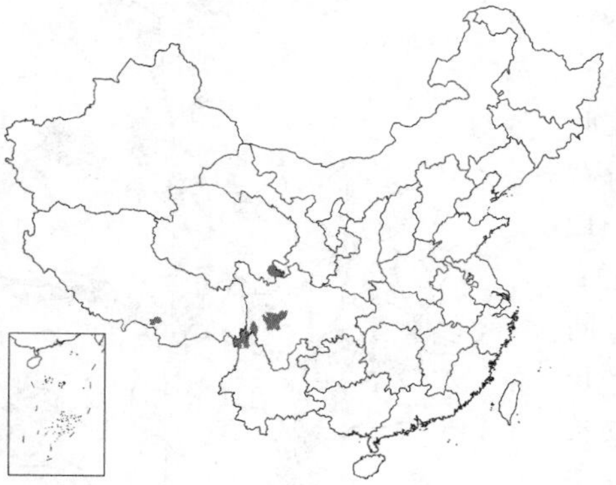

腺柔毛(腺头球形);鞭匐枝生于茎基部叶腋,丝状,被腺毛,顶端具芽。基生叶密集呈莲座状,稍肉质,椭圆状倒卵形、窄倒卵形或长圆形,长5-7.3毫米,两面和边缘具腺毛;茎生叶长圆形或线形,长0.5-1.1厘米,两面和边缘具腺毛。聚伞花序具3-11花。花梗被腺柔毛;萼片直立至开展,卵形或近长圆形,长1.6-3.2毫米,外面和边缘具腺毛(腺头球形),3-5脉先端不汇合至半汇合;花瓣黄或淡红色,椭圆形或卵形,长2-3.2毫米,先端尖,无爪或爪长0.4-1毫米,具1-3脉,具2痂体;子房近下位。花果期7-9月。

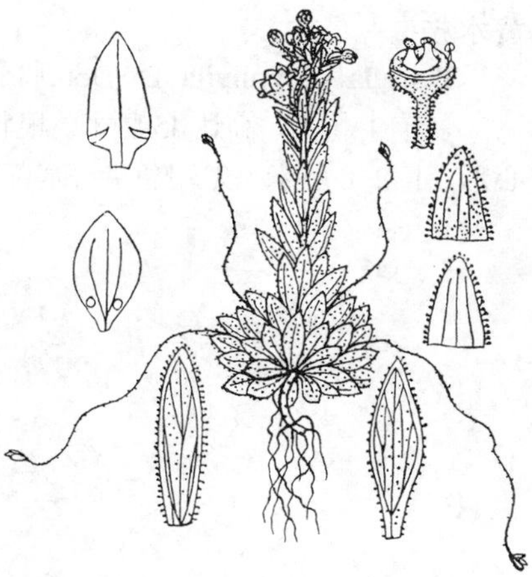

图 695 小果虎耳草 (潘锦堂 刘进军绘)

产青海东南部、四川西部、云南西北部及西藏南部,生于海拔3000-4880米林缘、草甸或石隙。

59. 半球虎耳草 图 696

Saxifraga hemisphaerica Hook. f. et Thoms. in Journ. Linn. Soc. Bot. 2: 62. 1857.

多年生草本,高达5厘米。小主轴多次分枝,叠结呈垫状。花茎藏于莲座叶丛中,长3.2-4.5毫米,疏生腺毛。小主轴之叶覆瓦状排列,密集呈莲座状,稍肉质,近匙形,长4-5.6毫米,边缘先端具无色流苏,以下具腺睫毛;茎生叶较疏,藏于莲座叶丛内,稀外露,窄倒卵形或倒披针形,长2.4-4毫米,边缘先端具无色流苏,以下具刚毛。花单生茎顶。花梗被腺毛;萼片花期直立,卵形或近椭圆形,长2.2-2.6毫米,外面疏生腺毛或无毛,先端具膜质流苏,以下具腺睫毛,3-7脉先端汇合;花瓣黄色,卵形或窄倒卵形,长2.5-3.5毫米,爪长0.6-1.3毫米,具3脉,具2痂体;具环状花盘;子房下位。花期6-8月。

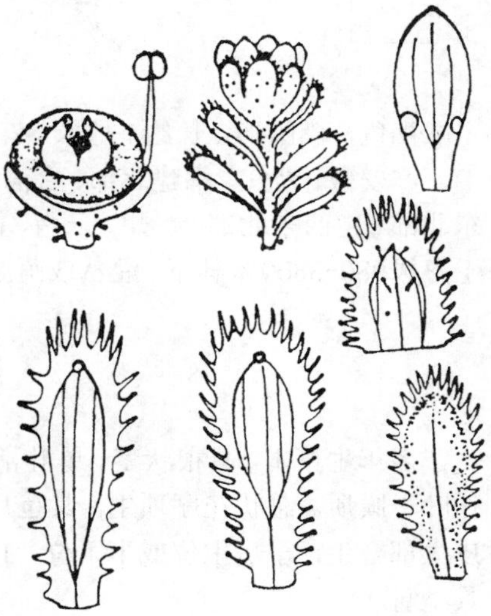

图 696 半球虎耳草 (潘锦堂 刘进军绘)

产青海南部及西藏东北部,生于海拔4500-5044米石隙。印度、不丹及锡金有分布。

11. 黄水枝属 Tiarella Linn.

(潘锦堂)

多年生草本。根状茎短,具鳞片。叶多基生,单叶,掌状分裂,或复叶具3小叶;茎生叶少数;托叶小。花序总状或圆锥状,顶生或腋生;苞片小;花小;托杯内壁下部与子房愈合;萼片5,常花瓣状;花瓣5,有时无;雄蕊10,伸出花冠;心皮2,大部合生,子房1室,具2近基生侧膜胎座,花柱2,丝状。蒴果2果瓣不等大,下部合生,各具种子6-12粒,成熟时腹部纵裂。染色体2n=14,18。

5种,分布于亚洲东部和北美。我国1种。

黄水枝 图 697

Tiarella polyphylla D. Don, Prodr. Fl. Nepal. 210. 1825.

多年生草本，高达45厘米。根状茎径3-6毫米。茎密被腺毛。基生叶心形，长2-8厘米，先端急尖，基部心形，掌状3-5浅裂，具不规则牙齿，两面密被腺毛，叶柄长2-12厘米，密被腺毛，托叶褐色；茎生叶常2-3，与基生叶同型，叶柄较短。总状花序长8-25厘米，被腺毛。花梗长达1厘米，被腺毛；萼片花期直立，卵形，长约1.5毫米，先端稍渐尖，外面和边缘具腺毛，3至多脉；无花瓣；花丝钻形；心皮2，不等大，下部合生，子房近上位，花柱2。蒴果长0.7-1.2厘米。种子黑褐色，椭圆形，长约1毫米。花果期4-11月。

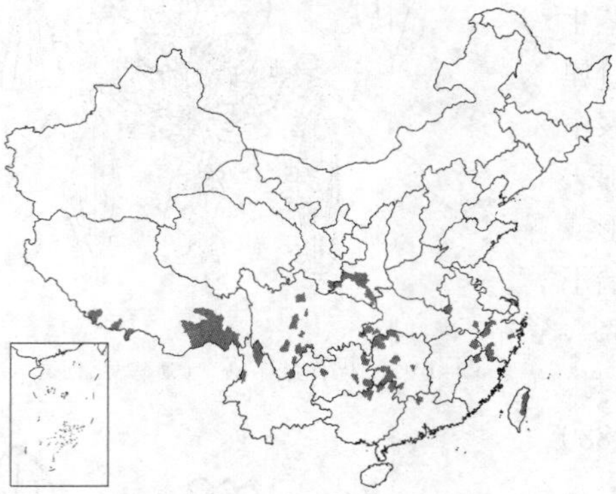

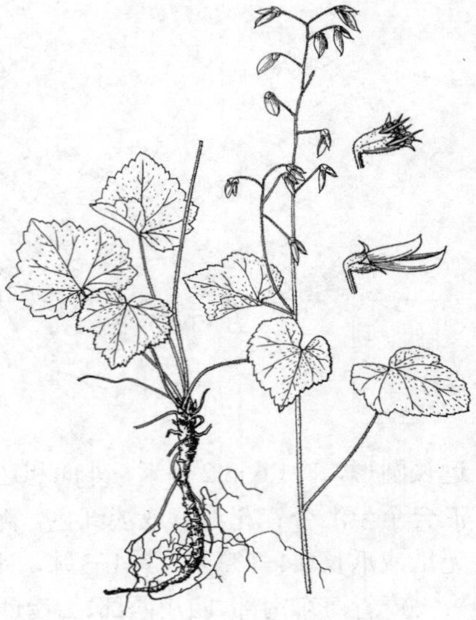

图 697 黄水枝 （引自《图鉴》）

产安徽、浙江、福建北部、台湾、江西东北部、湖北西南部、湖南、广东北部、广西东北部、贵州、云南、西藏、四川、陕西南部及甘肃南部，生于海拔980-3800米林下、灌丛或荫湿处。日本、中南半岛北部、缅甸北部、不丹、锡金及尼泊尔有分布。全草入药，清热解毒，活血散瘀，消肿止痛，治痈疖肿毒、跌打损伤及咳嗽气喘。可供观赏。

12. 唢呐草属 Mitella Tourn. ex Linn.

（潘锦堂）

多年生草本。具根状茎。单叶常基生，具长柄，心形、卵状心形或肾状心形，浅裂或具缺刻；茎生叶少或无；托叶干膜质。总状花序顶生，具苞片；花小；萼片5；花瓣5，常羽状分裂，稀全裂，有时无；雄蕊5或10；2心皮大部合生，子房上位或半下位，1室，具2侧膜胎座；花柱2。蒴果2果瓣近等大，最上部离生。种子多数，常具小瘤。

约15种，分布于西伯利亚、东亚和北美。我国2种。

唢呐草 图 698

Mitella nuda Linn. Sp. Pl. 406. 1753.

多年生草本，高达24厘米；根状茎细长。茎无叶或具1叶，被腺毛。基生叶1-4，叶心形或肾状心形，长0.8-3.7厘米，基部心形，不明显5-7浅裂，具牙齿，两面被腺毛，叶柄长1-8.3厘米，被腺毛；茎生叶与基生叶同型，长约1.6厘米，被腺毛，具短柄。总状花序长2-11厘米，疏生数花。花梗被腺毛；萼片近卵形，长1.6-2毫米，单脉；花瓣长约4毫米，羽状9深裂，裂片常线形；雄蕊10，较萼片短；2心皮大部合生，子房

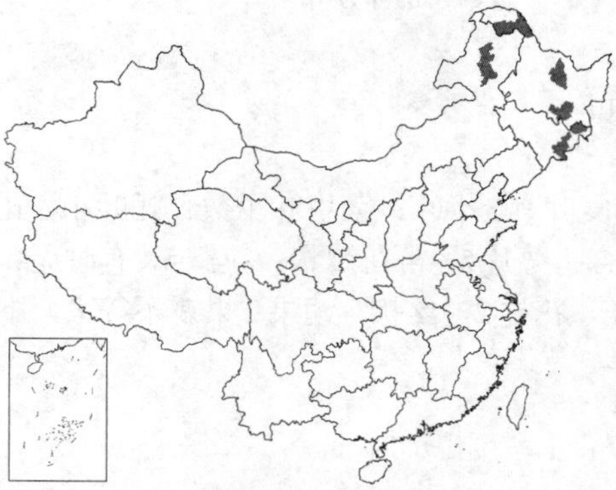

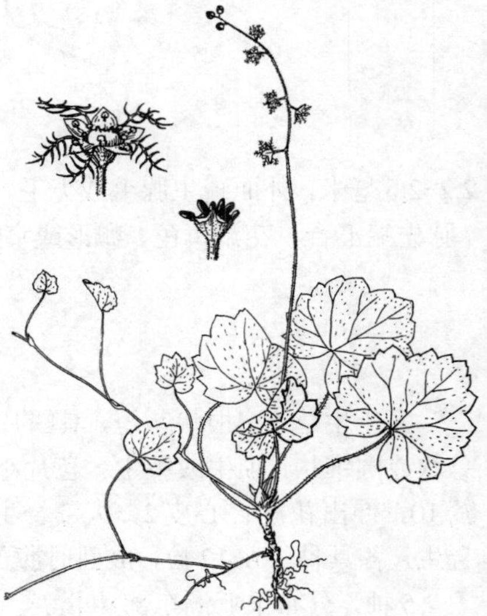

图 698 唢呐草 （引自《图鉴》）

半下位，花柱2，柱头2裂。蒴果2果瓣最上部离生，被腺毛。种子黑色，有光泽，窄椭球形，长约1毫米。花果期6-9月。

产黑龙江、吉林东南部及内蒙古东部，生于海拔700-1100米林下或水边。俄罗斯、日本、朝鲜半岛北部及北美有分布。

13. 峨屏草属 **Tanakaea** Franch. et Savat.

（潘锦堂）

多年生草本。叶均基生，革质，有锯齿；具柄，无托叶。圆锥花序或总状花序；苞片小。萼片（4）5（-7）；无花瓣；雄蕊8-10；心皮2，下部合生，子房近上位，上部1室，侧膜胎座，下部2室，中轴胎座。蒴果。种子两端尖。

2种，分布于东亚。我国1种。

峨屏草　岩雪下　　图 699　彩片 108

Tanakaea omeiensis Nakai in Journ. Jap. Bot. 14(4)：223. 1938.

多年生草本，高达12.3厘米。根状茎径约2毫米。叶椭圆形、卵形或圆状宽卵形，长1.1-3厘米，宽0.8-2.9厘米，具粗锯齿，基部圆或稍心形，两面被褐色腺柔毛；叶柄长1.1-6.5厘米，被褐色腺柔毛。花葶疏生腺柔毛；总状花序长2.8-3.5厘米，被褐色腺柔毛。萼片窄卵形或披针形，长1.5-1.9毫米，宽0.4-0.6毫米，两面无毛，边缘具极少腺睫毛，单脉；无花瓣；雄蕊8-10，花丝长3.3-3.5毫米。蒴果长约4毫米，2果瓣叉开。花果期4-10月。

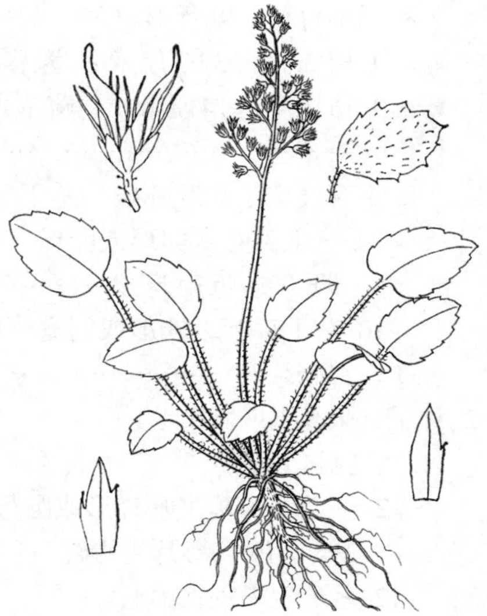

图 699　峨屏草　（王金凤绘）

产四川南部，生于海拔900-1100米荫湿石隙。

14. 金腰属 **Chrysosplenium** Tourn. ex Linn.

（潘锦堂）

多年生草本。常具鞭匐枝或鳞茎。单叶互生或对生；具柄，无托叶。聚伞花序，围有苞叶，稀单花。花小，绿、黄、白或带紫色；托杯内壁多少与子房愈合；萼片4（5），在芽中覆瓦状排列；无花瓣；花盘（4）8裂，有时极不明显或无，有时具褐色乳突；雄蕊（4）8（10），花丝钻形，花药2室，侧裂；2心皮常中下部合生，子房近上位、半下位或近下位，1室，胚珠多数，具2侧膜胎座，花柱2，离生，柱头具斑点。蒴果2果瓣近等大或不等大。种子多数，卵圆形或椭圆形，有时光滑无毛，有时具微乳突、微瘤突或微柔毛。染色体2n=18，22，24，36，42，48，96。

约65种，分布于欧洲、非洲、亚洲和美洲。我国35种。

1. 叶互生，或具茎生叶1枚，或无茎生叶。
  2. 种子无毛。
    3. 花盘极不明显或无。
      4. 无鞭匐枝。
        5. 植株高达20厘米以上；茎仅于叶腋具褐色柔毛和乳突；基生叶具15-26浅齿，茎生叶具22-29浅齿；萼片花期近开展 …………………………………………………………… 1. **贡山金腰 C. forrestii**

5. 植株高不及10厘米；茎疏生褐色柔毛或乳突；基生叶具7-15浅齿；萼片花期直立 ……………………………… 2. **裸茎金腰 C. nudicaule**

4. 具鞭匐枝。

6. 无鳞茎，鞭匐枝在地下，具鳞叶（边缘具柔毛）；基生叶上面疏生柔毛；茎生叶常1枚，多少具柔毛；苞叶卵形、近宽卵形或扁圆形 …………………………… 3. **五台金腰 C. serreanum**

6. 地下具1鳞茎，鞭匐枝在地上，无毛；苞叶卵形、圆心形、肾形或宽卵形。

7. 叶、苞叶和萼片均具褐色斑纹；苞叶卵形或圆心形；单花生茎顶，或聚伞花序2-3花 ……………………………… 4. **单花金腰 C. uniflorum**

7. 叶、苞叶和萼片无明显褐色斑纹；苞叶肾形或宽卵形；聚伞花序具6-15花 ……………………………… 4(附). **纤细金腰 C. giraldianum**

3. 花盘8裂。

8. 无不育枝；叶肾形。

9. 植株高达32.7厘米；茎无毛；叶纸质 …………………………… 5. **肾叶金腰 C. griffithii**

9. 植株高达14厘米；茎疏生褐色柔毛，有时兼有褐色乳突；叶厚革质 ……………………………… 5(附). **居间金腰 C. griffithii var. intermedium**

8. 不育枝生于花茎叶腋；茎下部叶鳞片状，中上部叶宽卵形、卵形、近匙形或倒宽卵形。

10. 茎上部叶宽卵形或卵形，基部宽楔形；单花腋生，或为疏聚伞花序；花梗纤细，长达1.9厘米；萼片花期开展，近扁菱形 …………………………… 6. **长梗金腰 C. axillare**

10. 茎上部叶近匙形或倒宽卵形，基部楔形；聚伞花序具7-10花；花梗长不及7毫米；萼片花期直立，扁圆形 …………………………… 7. **肉质金腰 C. carnosum**

2. 种子具微乳突或微柔毛。

11. 无花盘。

12. 茎无毛；基生叶肾形或圆肾形，长0.7-1.6厘米，具5-9浅齿，基部心形；苞叶长0.3-1.1厘米，全缘或具2-5圆齿；萼片先端钝 …………………………… 8. **乳突金腰 C. chinense**

12. 茎疏生褐色长柔毛。

13. 基生叶宽卵形或宽椭圆形，长（0.5-）2.1-4.2厘米，边缘具（7-）13-17圆齿，基部通常近截形或稍心形，两面（沿脉）和边缘均密被褐色长柔毛；萼片通常近圆形；雄蕊与萼片近等长；果喙长约1毫米 …………………………… 9. **褐毛金腰 C. davianum**

13. 基生叶倒卵形，长2.3-19厘米，全缘或具微波状小圆齿，基部楔形，上面疏被柔毛，下面无毛；萼片近卵形或宽卵形；雄蕊长于萼片；果喙长3-4毫米 ……………… 10. **大叶金腰 C. macrophyllum**

11. 具花盘，如花盘退化，则密生褐色乳突。

14. 花盘常8裂，稀4裂，无褐色乳突；子房半下位或近下位；种子具微乳突或柔毛。

15. 茎多少具褐色柔毛；叶近圆形或肾形，叶柄基部具褐色柔毛。

16. 植株高达15.5厘米；茎具叶；基生叶肾形，长0.6-1.6厘米，具15浅齿，上面疏生柔毛，下面无毛；聚伞花序长1.5-4厘米；花径约3毫米；萼片花期直立，宽卵形；雄蕊4（8，2）；花盘常4裂；种子被微柔毛 …………………………… 11. **日本金腰 C. japonicum**

16. 植株高约27厘米；茎常无叶；基生叶近圆形，长2.3-8.5厘米，边缘波状或具34-37圆齿，两面无毛，具褐色斑点；多歧聚伞花序长10-12厘米；花径5-6毫米；萼片花期开展，扁圆形；雄蕊8，花盘8裂；种子具微乳突 ……………… 11(附). **天胡荽金腰 C. hydrocotylifolium**

15. 茎无毛；基生叶肾形、圆肾形、宽卵形或近肾形，茎生叶近扁圆形或近宽卵形，叶柄无毛。

17. 鞭匐枝生于基生叶叶腋；基生叶肾形或圆肾形，具12-18钝齿，上面疏生柔毛，茎生叶近扁圆形，具5钝齿；花序分枝和花梗无毛；种子疏生微柔毛 ……………… 12. **蔓金腰 C. flagelliferum**

17. 无鞭匐枝；基生叶宽卵形或近肾形，具8圆齿（齿常叠接），两面无毛，茎生叶常近宽卵形，具7-8

圆齿；花序分枝和花梗多少具褐色乳突；种子密被微乳突 ………… 12(附). **微子金腰 C. microspermum**

14. 花盘退化，密生褐色乳突，子房近下位；种子具微乳突。

18. 萼片先端钝或短渐尖，无睫毛。

19. 植株高达22厘米；基生叶卵形、宽卵形或近椭圆形，长1.3-4.5厘米，具9-17波状圆齿，基部常楔形，稀稍心形，叶柄长0.8-5厘米 …………………………………………… 13. **绵毛金腰 C. lanuginosum**

19. 植株高达11厘米；基生叶近宽卵形，长0.4-1.2厘米，具5-8浅齿，基部非稍心形，叶柄长4-6毫米 ……………………………………………………………… 13(附). **细弱金腰 C. lanuginosum** var. **gracile**

18. 萼片先端微凹，疏生褐色睫毛 ……………………… 13(附). **睫毛金腰 C. lanuginosum** var. **ciliatum**

1. 叶对生。

20. 蒴果顶端圆，2果瓣近等大，近直立或叉开 ……………………………………… 14. **山溪金腰 C. nepalense**

20. 蒴果2果瓣不等大，顶端平截状而微凹，2果瓣近等大、水平叉开。

21. 蒴果2果瓣不等大。

22. 种子具微乳突或微柔毛。

23. 花盘极不明显或无；子房半下位或近上位；种子具微乳突。

24. 不育枝顶生叶有时下面具褐色乳突；花茎、花序分枝、花梗、茎生叶和苞叶均无毛 ……………………………………………………………………………………… 15. **中华金腰 C. sinicum**

24. 不育枝顶生叶下面无褐色乳突；花茎、花序分枝及花梗疏生褐色柔毛；茎生叶和苞叶两面无毛，边缘多少具睫毛 ……………………………………………… 16. **林金腰 C. lectus-cochleae**

23. 花盘明显；子房半下位；种子密被微乳突 ……………………………… 17. **滇黔金腰 C. cavaleriei**

22. 种子具纵沟和纵肋，肋上具微乳突。

25. 茎生叶和苞叶具钝齿，上面无毛，下面和边缘具褐色柔毛；种子纵沟较浅 ……………………………………………………………………… 18. **柔毛金腰 C. pilosum** var. **valdepilosum**

25. 茎生叶和苞叶具不明显波状圆齿，两面无毛；种子纵沟较深 ……… 18(附). **毛金腰 C. pilosum**

21. 蒴果顶端平截、微凹，2果瓣近等大、水平叉开。

26. 花茎疏生柔毛；茎生叶下面疏生柔毛；种子无毛 ……………………… 19. **多枝金腰 C. ramosum**

26. 花茎无毛或具褐色乳突；茎生叶下面无毛或具褐色乳突；种子具纵肋13-16条，肋上有横纹。

27. 茎生叶上面无毛，无褐色乳突；花两性。

28. 无鞭匐枝；茎生叶宽卵形、近圆形或扇形，具7-12圆齿，下面疏生乳突；苞叶常宽卵形，具6-9圆齿，上面无毛或疏生褐色乳突，下面疏生褐色乳突；萼片近扁圆形，先端微凹；种子具纵肋13-15条 ………………………………………………………………… 20. **肾萼金腰 C. delavayi**

28. 鞭匐枝生于叶腋，无毛；茎生叶扇形，具7-9钝齿（齿先端微凹），两面无毛；苞叶近扁圆形、扇形或宽卵形，具3-7钝齿（齿先端微凹），两面无毛；萼片宽卵形，先端尖或钝；种子具纵肋16条 …………………………………………………………… 20(附). **陕甘金腰 C. qinlingense**

27. 茎生叶两面疏生褐色乳突；花单性，雌雄异株，雌花花盘8裂，疏生褐色乳突，雄花花盘无褐色乳突 ……………………………………………………………………… 21. **秦岭金腰 C. biondianum**

1. 贡山金腰 图700：1-7 彩片 109

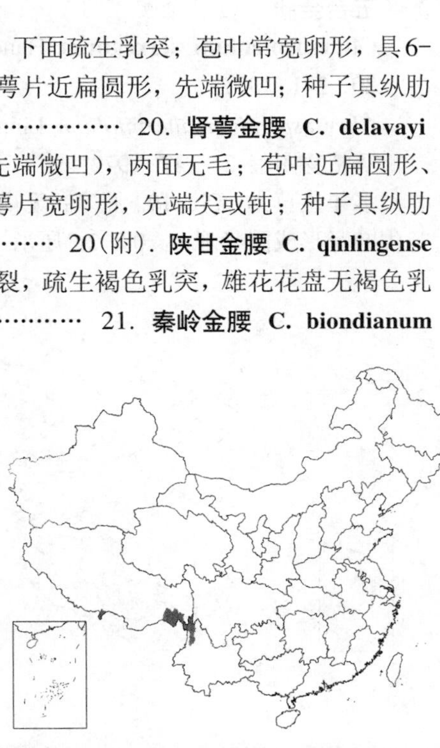

Chrysosplenium forrestii Diels in Notes Roy. Bot. Gard. Edinb. 5: 282. 912.

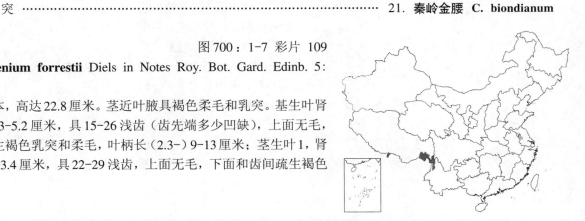

多年生草本，高达22.8厘米。茎近叶腋具褐色柔毛和乳突。基生叶肾形，长（1.4-）3-5.2厘米，具15-26浅齿（齿先端多少凹缺），上面无毛，下面和齿间疏生褐色乳突和柔毛，叶柄长（2.3-）9-13厘米；茎生叶1，肾形，长（1-）2-3.4厘米，具22-29浅齿，上面无毛，下面和齿间疏生褐色乳突。聚伞花序长3.3-4.3厘米；苞叶肾形或扇形，长0.7-2.8厘米，具5-15浅齿，内面无毛，外面疏生褐色柔毛，齿间具褐色乳突和柔毛。花梗长0.3-4毫米；萼片花期近开展，多少叠接，扁圆形，长约2.1毫米；子房半下位。蒴果长约3毫米，先端近平截，微凹，喙长约0.4毫米。种子棕褐色，卵球形，长约1毫米，无毛。花果期5-10月。

产云南西北部、西藏东南部及南部，生于海拔3600-4700米林下、灌丛草甸或石隙。缅甸北部、不丹、尼泊尔及印度北部有分布。

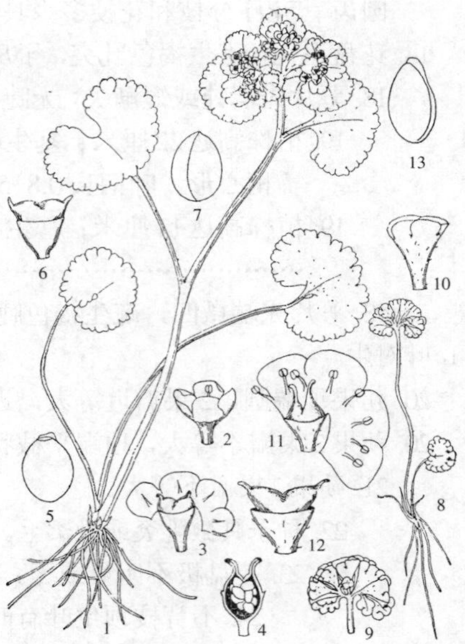

图 700：1-7. 贡山金腰 8-13. 裸茎金腰
（潘锦堂 王 颖绘）

2. 裸茎金腰 图700：8-13

Chrysosplenium nudicaule Bunge in Ledeb. Fl. Alt. 2: 114. 1830.

多年生草本，高达10厘米。茎疏生褐色柔毛或乳突，常无叶。基生叶革质，肾形，长约9毫米，具(7-)11-15浅齿（齿扁圆形，先端凹缺具疣点，常叠接），两面无毛，齿间弯缺具褐色柔毛或乳突；叶柄长1-7.5厘米，下部疏生褐色柔毛。聚伞花序密集成半球形，长约1.1厘米；苞叶革质，宽卵形或扇形，长3-6.8毫米，具3-9浅齿（齿扁圆形，多少叠接），内面具极少柔毛，外面无毛，齿间弯缺具褐色柔毛，柄长1-3毫米，疏生柔毛。托杯疏生柔毛，萼片花期直立，多少叠接，扁圆形，长1.8-2毫米，弯缺具褐色柔毛和乳突；雄蕊8；子房半下位。蒴果顶端凹缺，长约3.4毫米，2果瓣近等大。种子黑褐色，卵圆形，无毛。花果期6-8月。

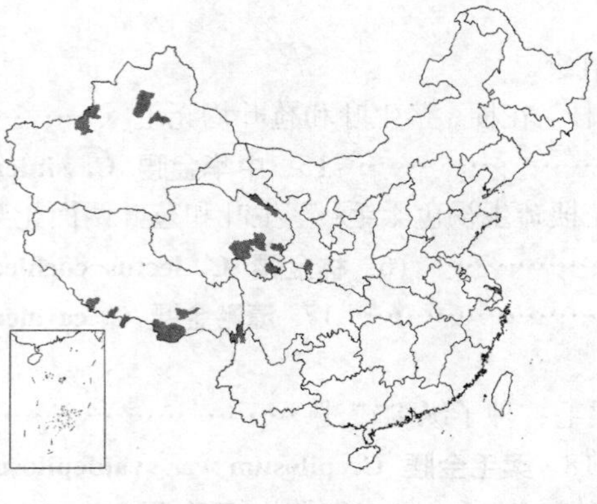

产甘肃南部、青海、新疆、西藏及云南西北部，生于海拔2500-4800米石隙。尼泊尔、俄罗斯及蒙古有分布。全草入药，治肝炎和肝坏死。

3. 五台金腰 互叶金腰 图 701

Chrysosplenium serreanum Hand.-Mazz. in Oester. Bot. Zeitschr. 80: 341. 1931.

Chrysosplenium alternifolium Linn. β. *sibiricum* Ser. ex DC.; 中国高等植物图鉴 2: 142. 1972.

多年生草本，高达19.5厘米；无褐色斑纹；具匍匐枝，鞭匐枝具鳞叶。基生叶肾形或圆肾形，长0.8-2.5厘米，边缘具8-11圆齿（齿先端微凹且具1疣点），两面和边缘疏生柔毛，有时下面无毛，叶柄长2.5-4厘米，疏生柔毛；茎生叶常1枚，稀无，肾形，长0.4-1厘米，具5-9圆齿，基部心形，多少具柔毛，叶柄长1.5-4厘米。聚伞花序长1.5-3厘米；苞叶卵形、近宽卵形或扁圆形，长0.4-1.5厘米，具2-7圆齿，稀全缘，基

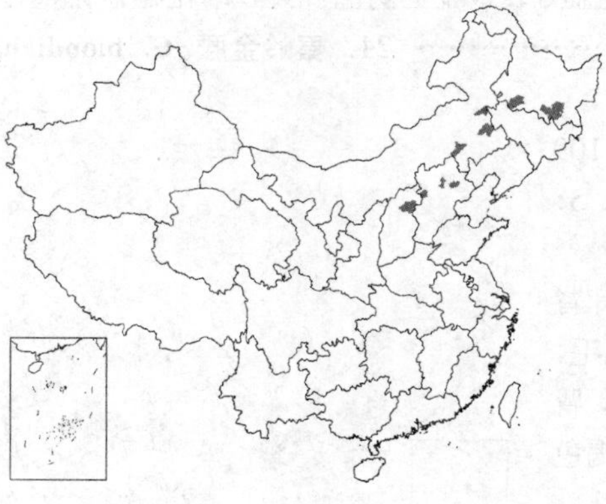

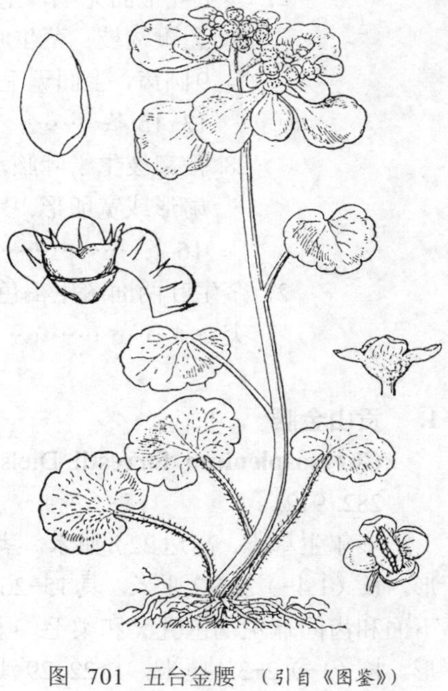

图 701 五台金腰 （引自《图鉴》）

部楔形或宽楔形，无毛，柄长1-5毫米。花黄色；花梗无毛或疏生柔毛；萼片花期近直立，近圆形或宽卵形，长1.5-2毫米，无毛；雄蕊8；子房半下位；无花盘。蒴果长2.6-3毫米，顶端微凹，2果瓣近等大。种子卵圆形，无毛。花果期5-7月。

产黑龙江南部、内蒙古东部、河北北部及山西北部，生于海拔1707-2800米林区湿地或溪畔。俄罗斯、蒙古、朝鲜半岛北部及日本有分布。

4. 单花金腰 图 702：1-5

Chrysosplenium uniflorum Maxim. in Bull. Acad. Sci. St.Pétersb. 27: 472. 1881.

多年生草本，高达15厘米。地下具1鳞茎；鞭匐枝丝状，无毛。茎无毛。叶互生，下部者为鳞片状，全缘，中上部者具柄，叶肾形，长0.8-1.3厘米，具7-11圆齿（齿先端微凹，齿间弯缺具褐色乳突），基部心形，两面无毛，与苞叶和萼片均具褐色斑纹，叶腋具褐色乳突；叶柄长1-1.9厘米。花单生茎顶或聚伞花序具2-3花；苞叶卵形或圆心形，长0.3-1.3厘米，具5-11圆齿，基部圆或心形，两面无毛，苞腋具褐色乳突。花梗几无；萼片直立，宽卵形或近倒宽卵形，长2-3毫米，先端钝或微凹，无毛，萼片间弯缺具褐色乳突；雄蕊8；子房半下位；花盘不明显。蒴果长约3毫米，顶端微凹。种子黑褐色，卵圆形，长约1毫米，无毛。花果期7-8月。

产陕西中西部、甘肃西南部、青海、四川西部、云南西北部及西藏东南部，生于海拔2400-4700米林下、草甸或石隙。尼泊尔有分布。

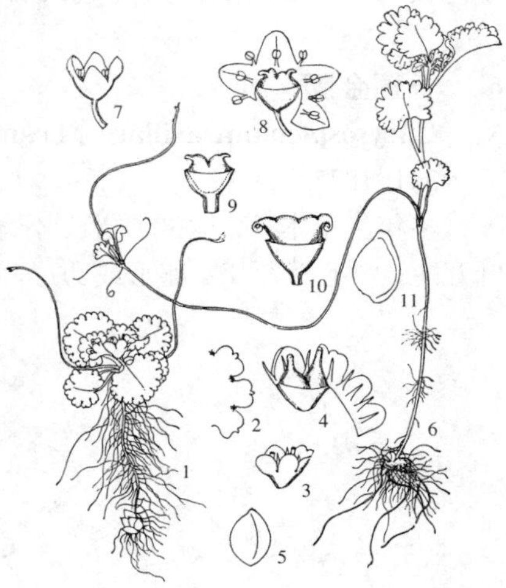

图 702：1-5. 单花金腰 6-11. 纤细金腰
（潘锦堂 王 颖绘）

［附］**纤细金腰** 图 682: 6-11 **Chrysosplenium giraldianum** Engl. in Engl. Bot. Jahrb. 36(Beibl. 82): 49. 1905. 本种与单花金腰的区别：叶、苞叶和萼片无褐色斑纹；苞叶肾形或宽卵形；聚伞花序具6-15花。花果期6-9月。产河南北部、陕西及甘肃南部，生于海拔1400-2200米林下或山谷荫湿处。

5. 肾叶金腰 图 703 彩片 110

Chrysosplenium griffithii Hook. f. et Thoms. in Journ. Linn. Soc. Bot. 2: 74. 1857.

多年生草本，高达32.7厘米，丛生。茎无毛。基生叶无，或1枚，叶肾形，长0.7-3厘米，7-19浅裂，叶柄长7.3-8.7厘米，疏生褐色柔毛和乳突；茎生叶互生，叶肾形，纸质，长2.3-5厘米，11-15浅裂，两面无毛，裂片间弯缺有时具柔毛和乳突，叶柄长3-5厘米。聚伞花序具多花；苞叶肾形、扇形、宽卵形或近圆形，长0.3-3厘米，3-12浅裂，柄长0.8-1.5厘米。花梗长0.25-1.1厘米，被乳突和柔毛；花黄色；萼片花期开展，近圆形或菱状宽卵形，长1.3-2.6毫米，全缘，稀具不规则齿；雄蕊8；子房半下位；花盘8裂。蒴果长约3毫米，顶端平截，微凹，2果瓣近等大，水平叉开。种子无毛。花果期5-9月。

产陕西秦岭南坡、甘肃南部、四川、云南及西藏，生于海拔2500-4800米林下、林缘、草甸或石隙。缅甸北部、不丹、锡金、尼泊尔及印度北部有分布。

［附］**居间金腰 Chrysosplenium**

griffithii var. **intermedium** (Hara) J. T. Pan in Acta Phytotax. Sin. 24(2): 92. 1986. —— *Chrysosplenium ndicaule* var. *intermedium* Hara in Journ. Fac. Sci. Univ. Tokyo Bot. 7: 65. f. 13A. 1957. 本变种与模式变种的区别：植株高达14厘米；茎疏生褐色柔毛，有时兼有褐色乳突；叶厚革质。花果期8-9月。产青海南部、四川西北部、云南西北部及西藏东南部，生于海拔3100-4800米林缘、草甸或石隙。不丹及尼伯尔有分布。

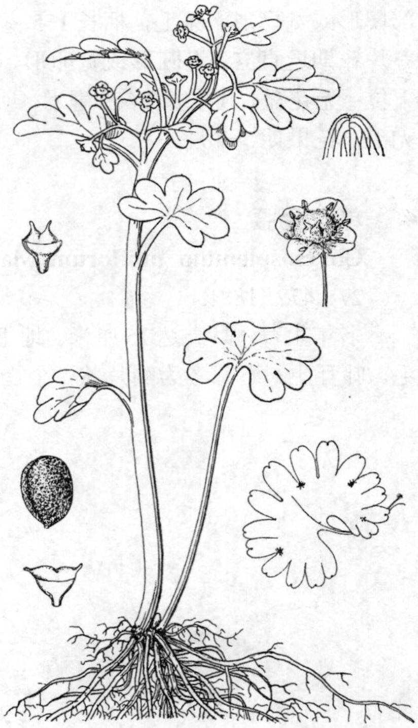

图 703 肾叶金腰 （引自《图鉴》）

6. 长梗金腰 图 704

Chrysosplenium axillare Maxim. in Bull. Acad. Sci. St. Pétersb. 23: 341. 1877.

多年生草本，高达30厘米。不育枝发达。花茎无毛。无基生叶；茎生叶互生，中上部者叶宽卵形或卵形，长0.9-2.9厘米，具12圆齿，基部宽楔形，无毛，叶柄长0.4-1.9厘米，无毛；下部者鳞片状，无柄。花单生叶腋，或为疏聚伞花序；苞叶卵形或宽卵形，长0.28-1.5厘米，具10-12圆齿（齿先端具褐色疣点），基部宽楔形或圆，无毛，柄长1-7毫米。花梗长0.6-1.9厘米，纤细，无毛；花绿色；萼片花期开展，近扁菱形，长1.9-2.8毫米，先端具褐色疣点，无毛；子房半下位；花盘8裂。蒴果顶端微凹，2果瓣近等大，喙长约0.7毫米。种子黑棕色，近卵圆形，长约1.6毫米，无毛。花果期7-9月。

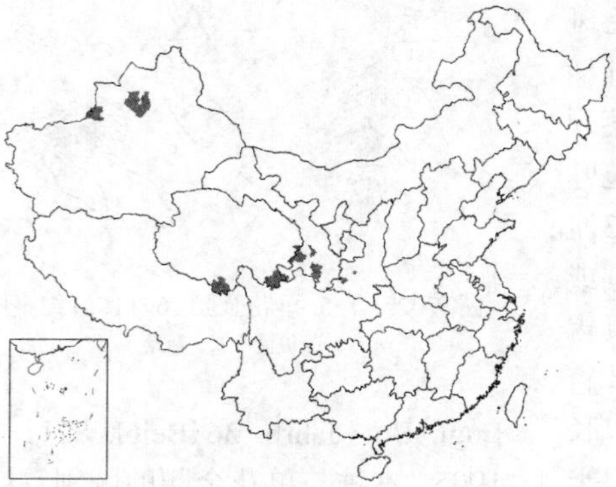

产陕西秦岭南坡、甘肃南部、青海及新疆，生于海拔2800-4500米林下、灌丛或石隙。中亚地区有分布。全草入药，治肝炎和肝坏死。

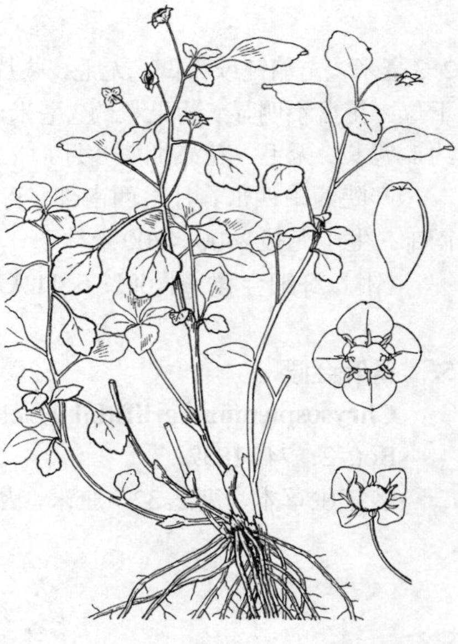

图 704 长梗金腰 （引自《图鉴》）

7. 肉质金腰 图 705

Chrysosplenium carnosum Hook. f. et Thoms. in Journ. Linn. Soc. Bot. 2: 73. 1857.

多年生草本，高达10厘米。不育枝生于叶腋。茎无毛，叶腋具褐色乳突。无基生叶；茎生叶互生，下部者鳞片状，长约5.2毫米，上部者近匙形或倒宽卵形，长约8毫米，具7圆齿（齿先端具褐色疣点），两面无毛，基部楔形，柄长约3毫米。聚伞花序长3-5厘米，具7-10花；花序分枝多少具乳突；苞叶宽卵形，长0.7-1.2厘米，具5-9圆齿，两面无毛，基部宽楔形，柄长1.2-2.2毫米；苞腋多少具乳突。花梗长不及7毫米；花黄绿色；萼片花期直立，扁圆形，长约1.2毫米，无毛；雄蕊8；子房半下位；花盘8裂（不明显）。蒴果长

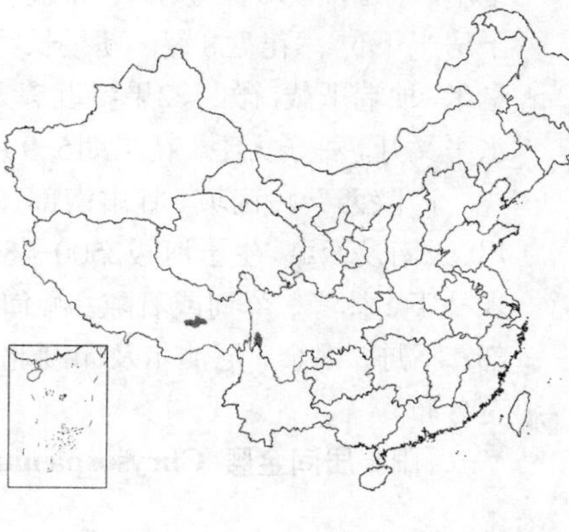

3-4毫米，顶端平截，微凹，2果瓣近等大，水平叉开。种子红棕色，卵圆形，长约1毫米，无毛。花果期7-8月。

产四川西部及西藏东部，生于海拔4400-4700米灌丛草甸或石隙。缅甸北部、不丹、锡金、尼泊尔及印度北部有分布。

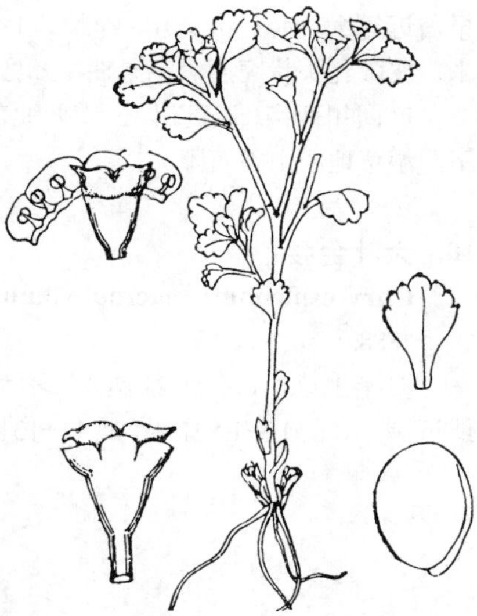

图 705 肉质金腰 （潘锦堂 王 颖绘）

8. 乳突金腰 图 706

Chrysosplenium chinense (Hara) J. T. Pan in Acta Phytotax. Sin. 24(2): 93. 1986.

Chrysosplenium alternifolium Linn. var. *chinense* Hara in Journ. Fac. Sci. Univ. Tokyo Bot. 7: 74. 1957; 中国高等植物图鉴 2: 142. 1972.

多年生草本，高达15.5厘米。具鞭匐枝。茎无毛。基生叶肾形或圆肾形，长0.7-1.6厘米，具5-9浅齿（齿先端微凹，具褐色疣点），基部心形，两面无毛或与边缘均疏生柔毛，叶柄长0.8-8.5厘米，疏生褐色柔毛；茎生叶无或1枚，宽卵形或扁圆形，长5-8毫米，具5-7浅齿，基部宽楔形或近平截，叶柄长0.5-1厘米，近叶腋具柔毛。聚伞花序长1-4.5厘米；苞叶卵形、宽卵形或倒宽卵形，长0.3-1.1厘米，全缘或具2-5圆齿，基部楔形或宽楔形，柄长1.5-5毫米，近苞腋具乳突或柔毛。花梗极短，疏生柔毛；花黄绿色；萼片花期直立，宽卵形或近圆形，长1-2毫米，先端钝，无毛；雄蕊8；子房半下位；无花盘。蒴果长约2.5毫米，顶端微凹，果瓣近等大。种子黑褐色，卵圆形，长约1毫米，具微乳突。花果期5-8月。

产河北北部及山西北部，生于海拔约1800米林下荫湿处或山沟石隙。

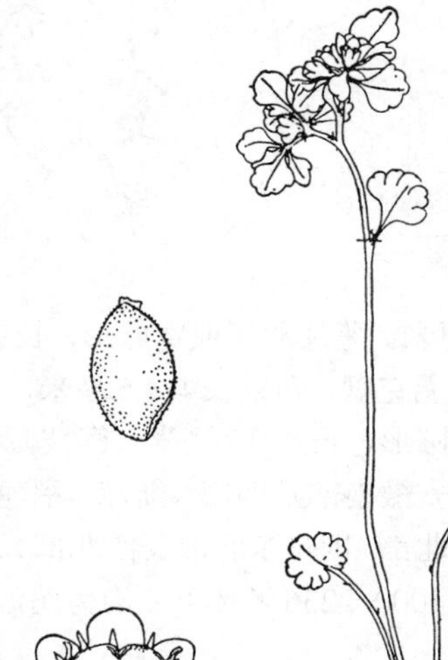

图 706 乳突金腰 （潘锦堂 王 颖绘）

9. 锈毛金腰 图 707 彩片 111

Chrysosplenium davidianum Decne. ex Maxim. in Bull. Acad. Sci. St. Pétersb. 23: 343. 1877.

多年生草本，高达19厘米，丛生；根状茎横走，密被褐色长柔毛；不育枝发达。茎被褐色卷曲柔毛。基生叶宽卵形或近宽椭圆形，长(0.5-)2.1-4.2厘米，具（7-9-）13-17圆齿，基部近截形或稍心形，两面（沿脉）和边缘具褐色长柔毛，叶柄长1-3厘米，密被褐色卷曲长柔毛；茎生叶（1-）2-5枚，互生，向下渐变小，宽卵形或近扇形，长3-7厘米，具7-9圆齿，基部宽楔形，两面和边缘均疏生褐色柔毛，叶柄长5-6毫米，被褐色柔毛，聚伞花序长0.5-4厘米，具多花（较密集）；苞叶圆状扇形，长0.3-1.1厘米，具3-5-7圆齿，基部宽楔形，疏生柔毛或近无毛；花梗长1-5毫米，被褐色柔毛；花黄色；萼片近圆形，长1-2.6毫米，先端钝圆或微凹，无毛；雄蕊8；子房半下位；无花盘。蒴果长约3.8毫米，先端近平截或微凹，2

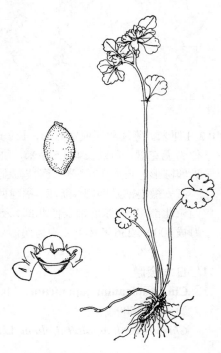

果瓣近等大，水平状叉开，喙长约1毫米。种子黑棕色，卵圆形，长约1毫米，被微乳头状突起。花果期4-8月。

产四川西南部、贵州、云南西北部及中西部，生于海拔1500-4100米林下阴湿草地或山谷石隙。

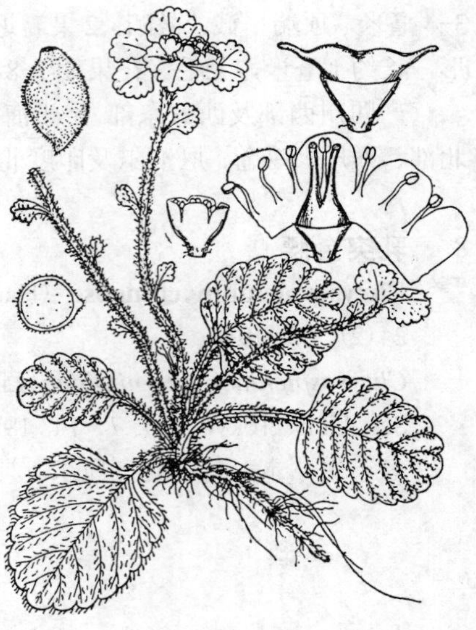

图 707 锈毛金腰 （潘锦堂 刘进军绘）

10. 大叶金腰 图 708

Chrysosplenium macrophyllum Oliv. in Hook. Icon. Pl. 18: t. 1744. 1888.

多年生草本，高达21厘米。不育枝长23-35厘米，其叶互生，宽卵形或近圆形，长0.3-1.8厘米，具11-13圆齿，上面疏生褐色柔毛，下面无毛；叶柄长0.8-1厘米；花茎疏生长柔毛。基生叶数枚，革质，倒卵形，长2.3-19厘米，全缘或具微波状小圆齿，基部楔形，上面疏生柔毛，下面无毛；茎生叶常1枚，窄椭圆形，长1.2-1.7厘米，具13圆齿，下面无毛，上面和边缘疏生柔毛。多歧聚伞花序长3-4.5厘米；苞叶卵形或宽卵形，长0.6-2厘米，具9-15圆齿，基部楔形，柄长0.3-1厘米。萼片卵形或宽卵形，长3-3.2毫米，先端微凹，无毛；子房半下位；无花盘。蒴果长4-4.5毫米，顶端平截状，微凹，2果瓣近等大。种子近卵圆形，长约0.7毫米，密被微乳突。花果期4-6月。

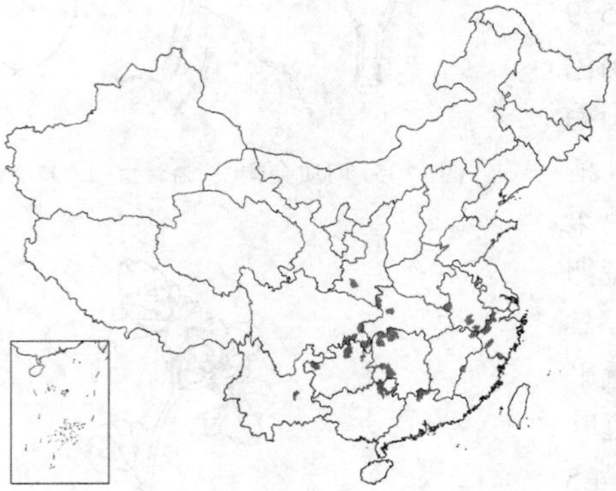

产安徽南部及西部、浙江、福建西部、江西、湖北、湖南、广东北部、广西东北部、贵州东北部及西北部、云南东部、四川东南部及陕西南部，生于海拔1000-2236米林下或沟旁荫湿处。药用，治小儿惊风、肺疾、耳病。

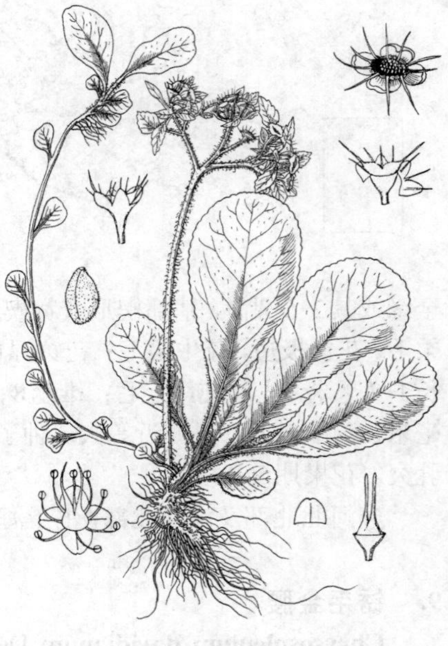

图 708 大叶金腰 （引自《图鉴》）

11. 日本金腰 图 709: 1-3

Chrysosplenium japonicum (Maxim.) Makino in Bot. Mag. Tokyo 23: 70. 1909.

Chrysosplenium alternifolium Linn. β *japonicum* Maxim. in Bull. Acad. Sci. St. Pétersb. 23: 343. 1877.

多年生草本，高达15.5厘米，丛生。茎基具珠芽，疏生柔毛。基生叶肾形，长0.6-1.6厘米，具15浅齿（齿先端微凹），基部心形或肾形，上面疏生柔毛，下面近无毛，叶柄长1.5-8厘米，疏生柔毛；茎生叶与基生叶同型，长约1厘米，约具11浅齿，上面疏生柔毛，下面近无毛，叶柄长约2厘米。聚伞花序长1.5-4厘米；花序分枝疏生柔毛；苞叶宽卵形或近扇形，长0.5-1.2厘米，具3-9浅齿，基部宽楔形，无毛，柄长0.5-6毫米。花近无梗；花密集，绿色，径约3毫米；萼片花期直立，宽卵形，长0.6-1.4毫米，无毛；雄蕊4（8、2）；子房近下位；花盘常4裂。蒴果长4-5毫米，顶端平截，微凹，2果瓣近等大，水平叉开。种子黑褐色，椭圆形，长约0.7毫米，被微柔毛。花果期3-6月。

产吉林南部、辽宁、安徽南部、浙江、江西东北部及西部，生于海拔约500米于林下。朝鲜半岛及日本有分布。

［附］**天胡荽金腰** 图 709：4-9 **Chrysosplenium hydrocotylifolium** Lévl. et Vant. in Fedde, Repert. Sp. Nov. 9: 441. 1911. 本种与日本金腰的区别：植株高约27厘米；茎常无叶；基生叶近圆形，长2.3-8.5厘米，边缘波状或具34-37圆齿，两面无毛，具褐色斑点；多歧聚伞花序长10-12厘米；花径5-6毫米，萼片花期开展，扁圆形，雄蕊8，花盘8裂；种子具微乳突。花果期4-7月。产贵州及云南东部，生于海拔1300-2400米石灰岩隙。

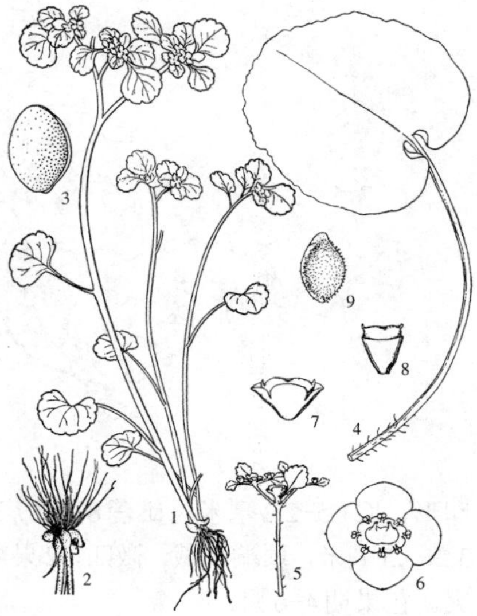

图 709: 1-3. 日本金腰 4-9. 天胡荽金腰（引自《东北草本植物志》）（潘锦堂 刘进军绘）

12. 蔓金腰 图 710：1-7

Chrysosplenium flagelliferum Fr. Schmidt, Reis. Amur. U. Sachal. 134. 1868.

多年生草本，高达19厘米，丛生。鞭匐枝生于基生叶叶腋，叶互生，近肾形，长0.6-1厘米，具5-8钝齿，上面被柔毛。茎无毛。基生叶肾形或圆肾形，长1.2-3.8厘米，具12-18钝齿，基部心形，上面疏生柔毛，下面无毛，叶柄长3-13厘米；茎生叶3-4，互生，扁圆形，长4-8毫米，具5钝齿，无毛，叶柄长0.6-1厘米。聚伞花序长3.5-6.3厘米；花序分枝无毛；苞叶宽卵形、倒卵形或扁圆形，长2-7毫米，具3-5钝齿，基部近楔形或偏斜楔形，柄长1.6-3毫米。花梗无毛；花较疏；萼片近开展，卵形或近菱形，长约2毫米，无毛；雄蕊8；子房半下位；具花盘。蒴果长约3毫米，顶端平截，微凹，2果瓣近等大。种子椭球形，长约0.8毫米，疏生微柔毛。花果期5-7月。

产黑龙江、吉林、辽宁及河北，生于海拔450-500米林下荫湿处或溪边。俄罗斯、蒙古、朝鲜半岛北部及日本有分布。

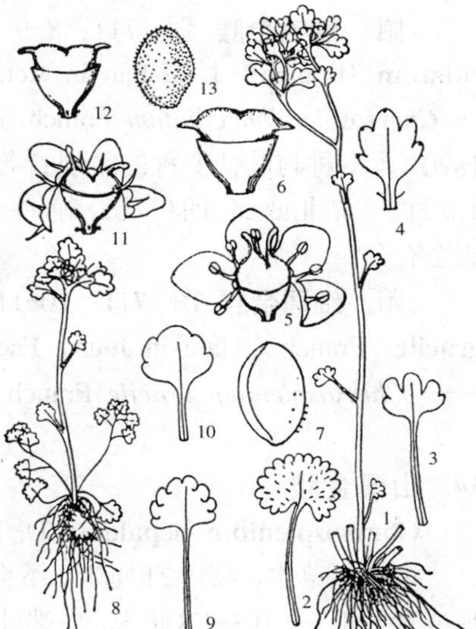

图 710: 1-7. 蔓金腰 8-13. 微子金腰（潘锦堂 王 颖绘）

［附］**微子金腰** 图710: 8-13 **Chrysosplenium microspermum** Franch. in Nouv. Arch. Mus. Hist. Nat. Paris sér 3, 2: 109. 1890. 本种与蔓金腰的区别：无鞭匐枝；基生叶宽卵形或近肾形，具8圆齿（齿常叠接），两面无毛，茎生叶常近宽卵形，具7-8圆齿；花序分枝和花梗多少具褐色乳突；种子密被微乳突。花果期4-9月。产陕西（太白山）、湖北西部及四川东部，生于海拔1800-2900米沟谷湿地。

13 绵毛金腰 图 711：1-7

Chrysosplenium lanuginosum Hook. f. et Thoms. in Journ. Linn. Soc. Bot. 2: 74. 1857.

多年生草本，高达22厘米。不育枝被褐色长柔毛，其叶互生，卵形，宽卵形或近扇形，长0.3-2.5厘米，具5-12圆齿，基部楔形，两面和边缘具长柔毛；叶柄长0.7-1厘米。花茎被柔毛或近无毛。基生叶卵形、宽卵形或椭圆形，长1.3-4.5厘米，具9-17波状圆齿，基部宽楔形，稀稍心形，两

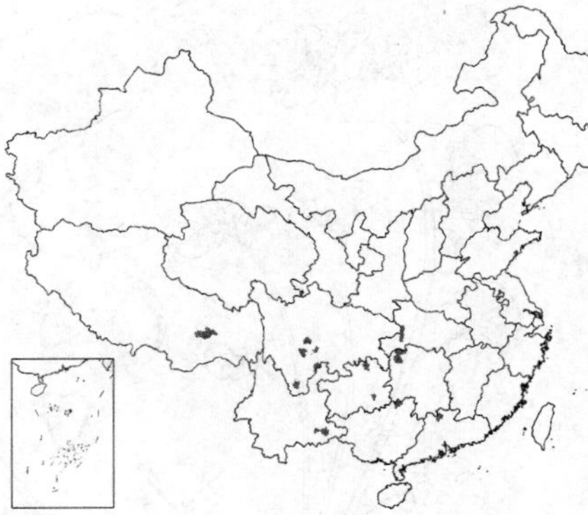

面和边缘多少具柔毛，叶柄长0.8-5厘米；茎生叶互生，宽卵形、扇形或椭圆形，长0.2-1厘米，具5-9圆齿，基部楔形，两面和边缘多少具柔毛。聚伞花序长5-9.5厘米，苞叶偏斜宽卵形、近扇形或倒卵形，长0.3-1.1厘米，具5-11圆齿，基部宽楔形或平截，两面无毛。花绿色；萼片开展，肾状扁圆形或宽卵形，长1.5-2.2毫米；雄蕊8；子房近下位；花盘退化，具乳突。蒴果长3.2-3.5毫米，顶端平截，微凹，2果瓣近等大。种子长0.6-1毫米，具微乳突。花果期4-6月。

产湖北西部、湖南西北部、四川、西藏东部、云南东北部、贵州东北部及东南部、广西东北部、广东北部，生于海拔1130-1600米山谷荫湿处。缅甸北部、不丹、尼泊尔及印度北部有分布。

［附］**睫毛金腰** 图 711：8-9 **Chrysosplenium lanuginosum** var. **ciliatum**（Franch.）J. T. Pan in Acta Phytotax. Sin. 24(2)：96. 1986. —— *Chrysosplenium ciliatum* Franch. in Bull. Soc. Plilom. Paris 8(2)：120. 1890. 本变种与其他变种的区别：萼片先端微凹，疏生褐色睫毛。花果期4-7月。产湖北西部、四川及云南，生于海拔1600-2490米林下或山谷石隙。锡金有分布。

［附］**细弱金腰** 图 711：10-11 **Chrysosplenium lanuginosum** var. **gracile**（Franch.）Hara in Journ. Fac. Sci. Univ. Tokyo Bot. 7：82. 1957. —— *Chrysosplenium gracile* Franch. Pl. David. 2：52. 1888. 本变种与模式变种的区别：植株较小而纤细，高达11厘米；基生叶较少，近宽卵形，长0.4-1.2厘米，宽0.3-1.1厘米，具5-8浅齿（齿先端微凹，具疣点），基部非稍心形，叶柄长4-6毫米。花期6月。产四川及西藏东部，生于海拔2250-3800米林下。

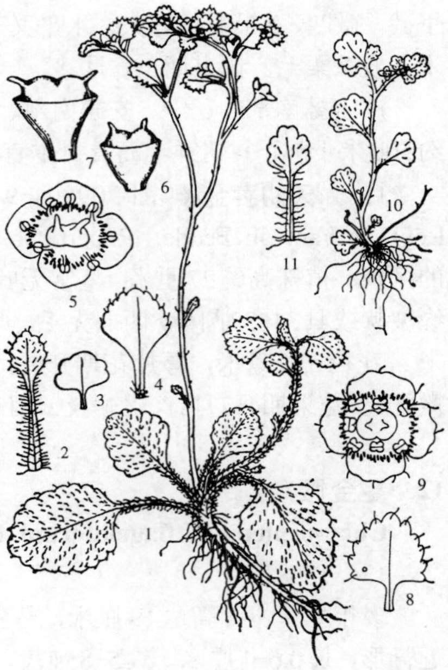

图 711：1-7. 绵毛金腰 8-9. 睫毛金腰 10-11. 细弱金腰 （潘锦堂 王 颖绘）

14. 山溪金腰　　图 712

Chrysosplenium nepalense D. Don, Prodr. Fl. Nepal. 210. 1825.

多年生草本，高达21厘米。不育枝生于叶腋。花茎无毛。叶对生，卵形或宽卵形，长0.3-1.8厘米，先端钝圆，具6-16圆齿，基部宽楔形或近平截，上面有时具乳突，下面无毛；叶柄长0.2-1.5厘米，上面和叶腋具褐色乳突。聚伞花序长1.3-6厘米，具8-18花；苞叶宽卵形，长3.2-6.8毫米，具5-10圆齿，基部宽楔形，稀偏斜，苞腋具乳突。花黄绿色；花梗无毛；萼片花期直立，近宽卵形，长1.1-1.3毫米，无毛；子房近下位；无花盘。蒴果长约2.6毫米，2果瓣近等大，近直立或叉开，喙长约0.4毫米。种子红棕色，椭圆形，长

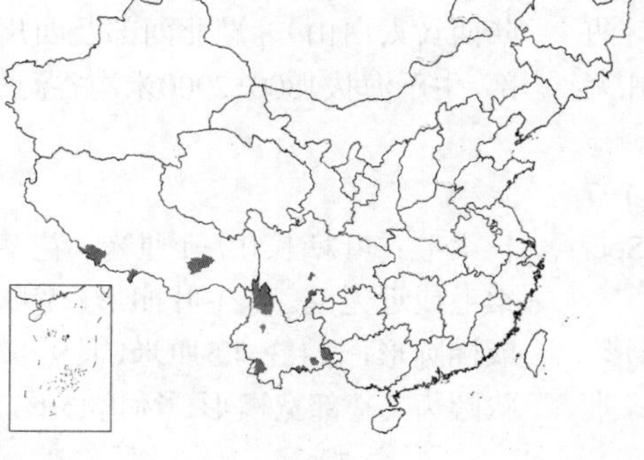

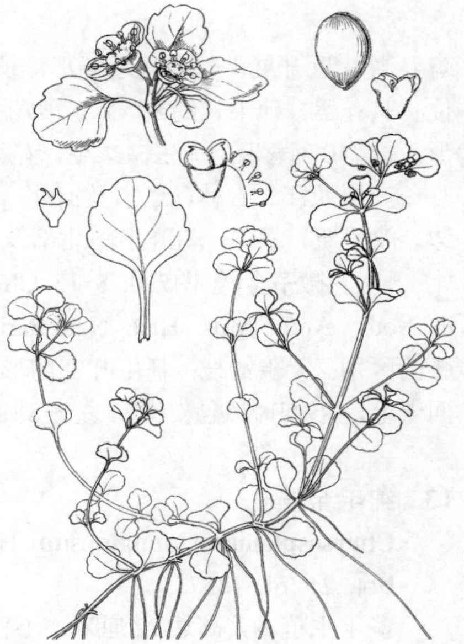
图 712 山溪金腰 （引自《图鉴》）

约1毫米，无毛。花果期5-7月。

产四川、云南及西藏，生于海拔1550-5850米草甸或石隙。缅甸北部、不丹、锡金、尼泊耳及印度北部有分布。

15. 中华金腰　　图 713 彩片 112

Chrysosplenium sinicum Maxim. in Bull. Acad. St.-Pétersb. 23: 348. 1877.

Chrysosplenium pseudo fauriei Lévl.; 中国高等植物图鉴 2: 146. 1972.

多年生草本，高达33厘米。不育枝发达，无毛，叶互生，宽卵形或近圆形，稀倒卵形，长0.52-7.8厘米，具11-29钝齿，基部宽楔形或近圆，两面无毛，有时顶生叶下面疏生褐色乳突，叶柄长不及1.7厘米。花茎无毛。叶对生，近圆形或宽卵形，长不及1.1厘米，具12-16钝齿，基部宽楔形，无毛，叶柄长0.6-1厘米。聚伞花序长2.2-3.8厘米；花序分枝无毛；苞叶宽卵形、卵形或窄卵形，长0.4-1.8厘米，具5-16钝齿，基部宽楔形或偏斜，无毛，柄长1-7毫米。花黄绿色；萼片直立，宽卵形或宽椭圆形，长0.8-2.1毫米，子房半下位；无花盘。蒴果长0.7-1厘米，2果瓣不等大。种子椭圆形，长0.6-0.9毫米，被微乳突。花果期4-8月。

产黑龙江、吉林、辽宁、河北、山西、陕西、甘肃南部、青海东部、四川、湖南西南部及西北部、湖北西部、安徽南部及西北部、浙江西北部、江西北部及河南西部，生于海拔500-3550米林下或山谷荫湿处。俄罗斯、蒙古及朝鲜半岛北部有分布。

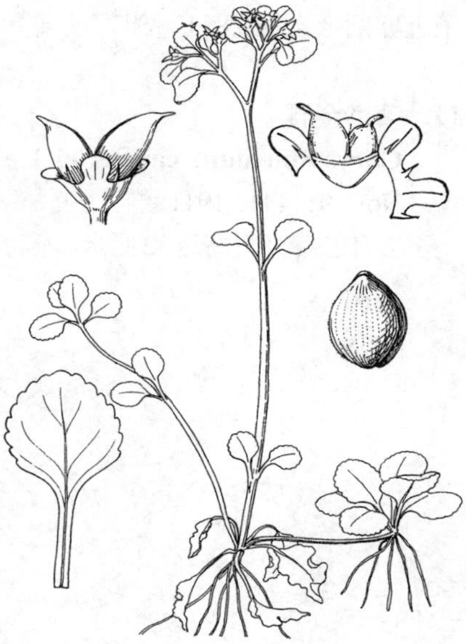

图 713 中华金腰 （引自《图鉴》）

16. 林金腰　　图 714: 1-6

Chrysosplenium lectus-cochleae Kitagawa in Bot. Mag. Tokyo 48: 909. f. 25. 1934.

多年生草本，高达15厘米；不育枝被褐色卷曲柔毛，叶对生，扇形，长0.3-9毫米，具5-8圆齿，基部楔形，两面无毛或多少具柔毛，具睫毛，叶柄长3-6毫米，顶生者宽卵形、近圆形或倒卵形，长0.7-2.9厘米，具7-11圆齿，基部圆或宽楔形，上面无毛或与边缘具柔毛，下面无毛。花茎疏生柔毛。茎生叶对生，扇形，长0.4-8毫米，先端钝圆或近平截，具5-9圆齿，基部楔形，两面无毛，具睫毛，叶柄长3-8毫米。聚伞花序长1.3-3.5厘米；苞叶近宽卵

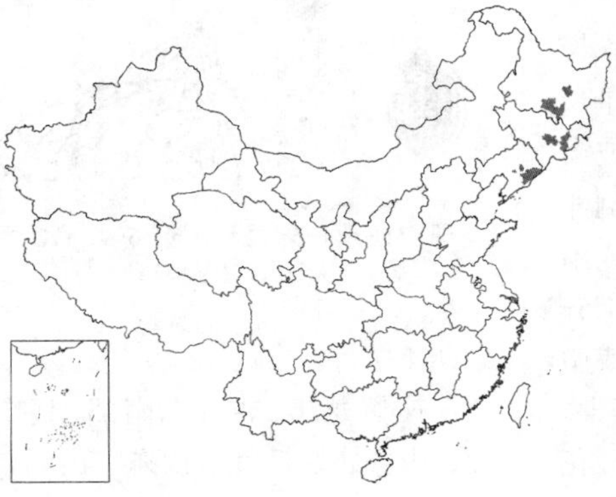

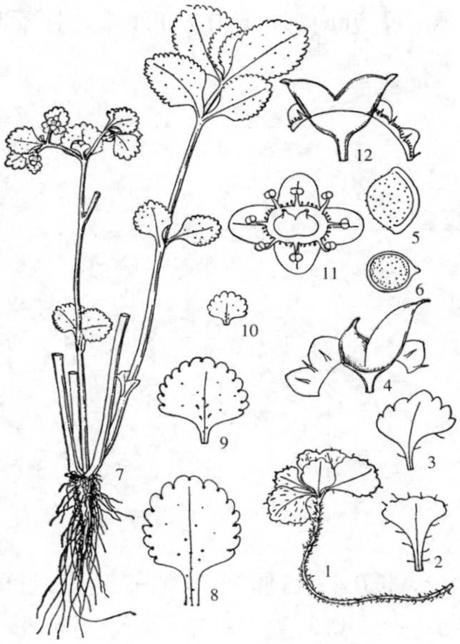

图 714: 1-6. 林金腰 7-12. 滇黔金腰
（潘锦堂 王 颖绘）

形、倒宽卵形或扇形，长0.6-2厘米，具5-9浅齿，基部偏斜、楔形或圆，两面无毛，疏生睫毛，柄长4-6毫米。花黄绿色；萼片直立，近宽卵形，长1.1-2.5毫米；子房近上位；无花盘。蒴果长2.4-6毫米，2果瓣不等大。种子近卵圆形，长0.8-1毫米，具乳突。花果期5-8月。

产黑龙江南部、吉林南部及辽宁东南部，生于海拔450-1800米林下、林缘荫湿处或石隙。

17. 滇黔金腰 图 714：7-12

Chrysosplenium cavaleriei Lévl. et Vant. in Fedde, Repert. Sp. Nov. 9: 441. 1911.

多年生草本，高达32厘米。不育枝之叶对生，宽卵形，长1.1-1.9厘米，具15-23钝齿，基部宽楔形，两面疏生盾状腺毛，叶柄长3-5毫米，顶生者宽卵形或椭圆形，长0.8-3厘米，具19-25钝齿，基部宽楔形，稀稍心形，两面多少具盾状腺毛。花茎无毛。茎生叶对生，宽卵形或近扇形，长0.9-1.3厘米，具14-19钝齿，基部宽楔形或近平截，上面疏生乳突，下面有时疏生乳突，叶柄0.7-1厘米。多歧聚伞花序长1.7-6.5厘米；花序分枝无毛；苞叶宽卵形，长0.3-1.2厘米，具5-15钝齿，基部宽楔形、近平截或偏斜，上面疏生乳突，下面有时疏生乳突，柄长1-2毫米。花黄绿色；萼片开展，宽卵形、宽椭圆形或扁圆形，长1-2.5毫米；子房半下位；花盘具乳突。蒴果长约5.4毫米，2果瓣不等大。种子近卵圆形，长约0.9毫米，密被微乳突。花果期4-7月。

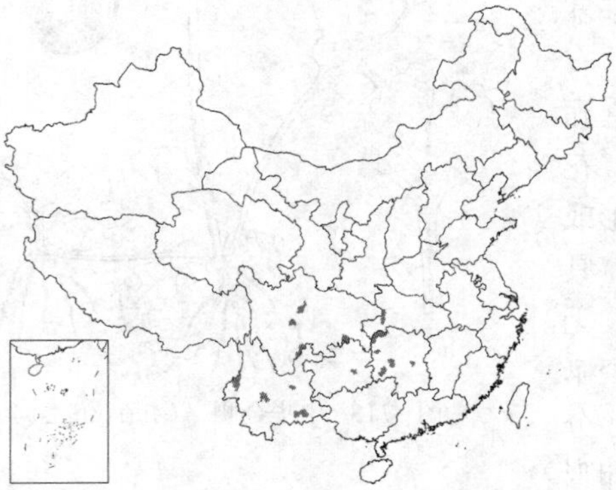

产湖南、湖北西部、四川、贵州及云南，生于海拔1300-3000米林下或石隙。

18. 柔毛金腰 图 715：1-5

Chrysosplenium pilosum Maxim. var. **valdepilosum** Ohwi in Fedde, Repert. Sp. Nov. 36: 52. 1934.

多年生草本，高达14.5厘米。不育枝密被褐色柔毛，叶对生，具褐色斑点，近扇形，长0.7-1厘米，具不明显7-9圆齿，基部宽楔形，上面疏生柔毛，两面和边缘具柔毛，叶柄长0.4-1厘米，顶生者宽卵形，长0.7-1.8厘米，具不明显7-11圆齿，两面和边缘具柔毛。花茎疏生柔毛。茎生叶对生，扇形，长0.7-1厘米，具7-9钝齿，上面无毛，下面和边缘具柔毛，叶柄长0.2-1.4厘米。聚伞花序长1.2-3厘米；花序分枝被柔毛；苞叶偏斜状卵形、倒卵形、倒宽卵形、椭圆形或扇形，长0.4-1.5厘米，具3-7钝齿，上面无毛，下面和边缘具柔毛，柄长1.5-5毫米。萼片直立，扁圆形、宽卵形或近圆形，长1-2毫米，先端钝圆或微凹；子房半下位；花盘不明显8浅裂。蒴果长2.2-5毫米，2果瓣不等大。种子宽椭圆形，长0.5-0.7毫米，具纵肋16-17，肋上具乳突，纵沟较浅。花果期4-7月。

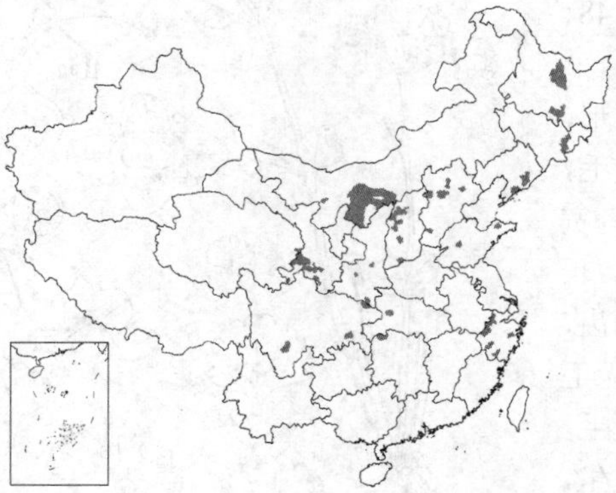

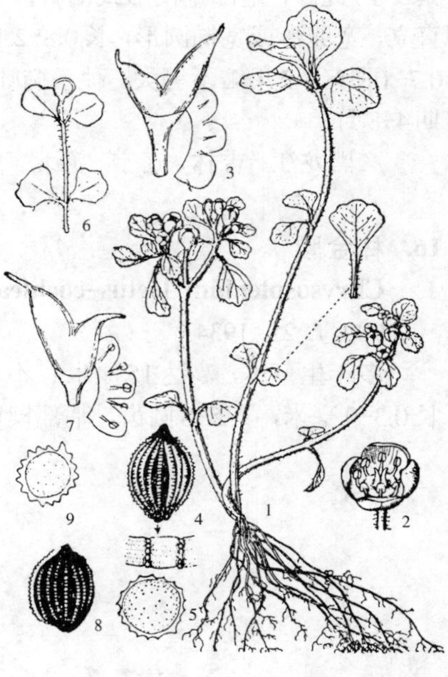

图 715：1-5. 柔毛金腰 6-9. 毛金腰
（引自《图鉴》）

产黑龙江、吉林东南部、辽宁南部、内蒙古、河北、山东、山西、陕西、甘肃西南部、青海东部、四川、湖北西部、湖南西北部及浙江，生于海拔1500-3500米林下荫湿处或山谷石隙。朝鲜半岛有分布。

［附］**毛金腰** 图 715：6-9 **Chrysosplenium pilosum** Maxim. Prim. Fl. Amur. 122. 1859. 本种与柔毛金腰的区别：茎生叶和苞叶具不明显波状圆齿，两面无毛；种子纵沟较深。花果期4-7月。产黑龙江、吉林及辽宁，生于林下荫湿处。朝鲜半岛北部及俄罗斯有分布。

19. 多枝金腰 图 716

Chrysosplenium ramosum Maxim. Prim. Fl. Amur. 121. 1859.

多年生草本，高达22厘米。不育枝疏生褐色柔毛，叶对生，叶宽卵形或扁圆形，长0.6-1.2厘米，具不明显8-12圆齿，基部宽楔形或近平截，上面疏生柔毛，叶柄长4-6毫米，顶生者密集呈莲座状。花茎纤细，疏生柔毛。茎生叶对生，宽卵形，长约3毫米，具12圆齿，基部圆，上面疏生柔毛，叶柄长约5毫米。聚伞花序长约3.6厘米，花序分枝无毛；苞叶宽卵形或扁圆形，长4-6.7毫米，具不明显4-8圆齿，基部宽楔形、偏斜或平截，无毛，柄长0.7-2毫米。萼片开展，宽椭圆形，长0.9-1.3毫米，先端弯缺具乳突；子房近下位；花盘8裂，疏生乳突。蒴果顶端平截，微凹，2果瓣近等大，水平叉开。种子窄卵圆形，长约1毫米，无毛。花果期5-8月。

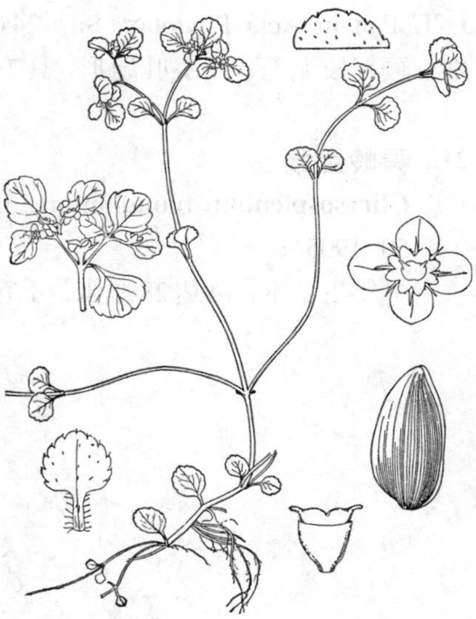

图 716 多枝金腰
（引自《东北草本植物志》）

产黑龙江、吉林南部及辽宁东部，生于海拔900-1000米林下荫湿处。俄罗斯、朝鲜半岛北部及日本有分布。

20. 肾萼金腰 图 717：1-6

Chrysosplenium delavayi Franch. in Bull. Soc. Bot. France 32: 7. 1885.

多年生草本，高达13厘米。不育枝之叶对生，扁圆形，长约7毫米，具8圆齿，基部宽楔形，两面无毛，叶柄长约5毫米，顶生者宽卵形、宽椭圆形或扁圆形，长1-1.1厘米，具7-10圆齿，基部宽楔形或稍心形，下面疏生乳突，叶柄长0.5-3毫米。花茎无毛。茎生叶对生，叶宽卵形、近圆形或扇形，长0.2-1.5厘米，具7-12圆齿，基部宽楔形，下面疏生乳突，叶柄长3-7毫米。花单生或聚伞花序具2-5花；花序分枝无毛；苞叶宽卵形，长2-5毫米，具6-9圆齿，上面有时疏生乳突，下面被乳突，柄长2-5.6毫米。萼片开展，扁圆形，长1.9-3毫米，先端微凹；子房近下位；花盘8裂，疏生乳突。蒴果顶端平截，微凹，2果瓣近等大，水平叉开。种子卵圆形，长

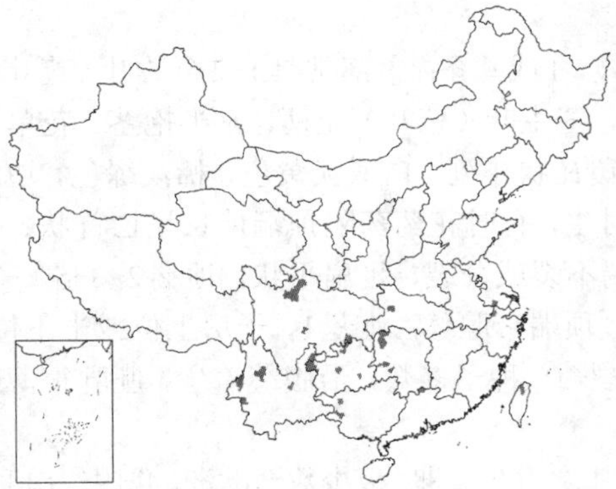

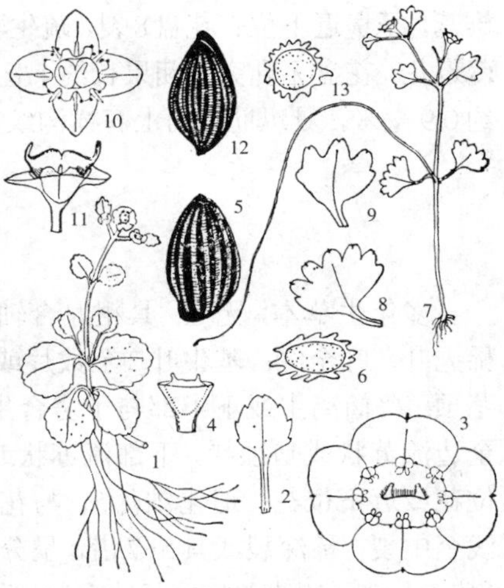

图 717：1-6. 肾萼金腰 7-13. 陕甘金腰
（潘锦堂 刘进军绘）

0.7-1毫米，具纵肋13-15，肋上有横纹。花果期3-6月。

产江苏南部、浙江西北部、台湾、湖北西部、湖南西北部及西南部、广西西部、广东北部、贵州、四川及云南，生于海拔500-2800米林下、灌丛或山谷石隙。缅甸北部有分布。

［附］**陕甘金腰** 图 717：7-13 **Chrysosplenium qinlingense** Jien ex J. T. Pan in Acta Phytotax. Sin. 24(3): 208. 1986. 本种与肾萼金腰的区别：鞭匐枝无毛；茎生叶扇形，具7-9钝齿（齿先端微凹），两面无毛；苞叶近扁圆形、扇形或宽卵形，具3-7钝齿（齿先端微凹），两面无毛；萼片宽卵形，先端尖或钝；种子具纵肋16条。花果期7-8月。产陕西秦岭南坡及甘肃东部，生于海拔1600-2600米山谷林下荫湿处。

21. 秦岭金腰 图 718

Chrysosplenium biondianum Engl. in Engl. Bot. Jahrb. 36(Beibl. 82): 50. 1905.

多年生草本，高达28厘米。不育枝生于叶腋，叶对生，扇形、宽卵形或扁圆形，长0.7-3.3厘米，具10-16钝齿，基部楔形，叶柄长0.4-1厘米。花茎无毛。茎生叶对生，扇形，长0.9-2厘米，具8-12钝齿，基部渐窄成柄，两面疏生褐色乳突。聚伞花序长2.2-3.3厘米；花序分枝无毛；苞叶倒宽卵形或扇形，长2.8-9毫米，先端钝圆或近平截，具3-7钝齿，基部楔形，两面无毛，柄长0.7-3毫米。花单性，雌雄异株；雌花黄绿色；萼片开展，宽卵形或扁圆形，长1.7-2毫米，无雄蕊，子房近下位；花盘8裂，疏生乳突；雄花具长约0.6毫米之雄蕊，雌蕊退化，花盘无乳突；蒴果长约4毫米，顶端平截，微凹。种子卵圆形，长约0.9毫米，具纵肋，肋上有横沟纹。花果期5-7月。

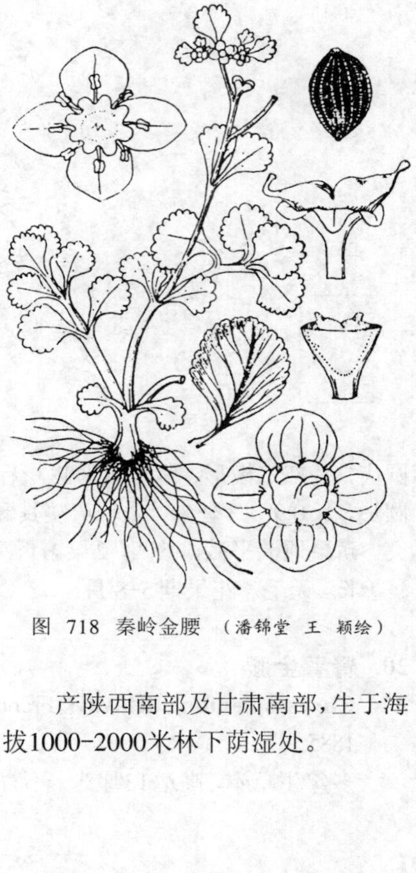

图 718 秦岭金腰 （潘锦堂 王 颖绘）

产陕西南部及甘肃南部，生于海拔1000-2000米林下荫湿处。

15. 梅花草属 Parnassia Linn.

（谷粹芝）

多年生草本，无毛；具粗厚合轴根状茎和较多细长之根。茎不分枝，1或几条；中部常具1-2至数叶（苞叶），稀无叶。叶全缘；基生叶2至数片或较多呈莲座状，具长柄，有托叶，茎生叶（苞叶）无柄，常半抱茎。花单生茎顶；萼筒离生或下半部与子房合生，萼片5，覆瓦状排列；花瓣5，覆瓦状排列，白或淡黄色，稀淡绿色，边缘全边流苏状或啮蚀状，下部流苏状或啮蚀状和全缘；雄蕊5，与萼片对生，有时花药药隔顶端伸长呈匕首状；周位花或近下位花；退化雄蕊5，与花瓣对生，形状多样：呈柱状，顶端不裂或分裂，呈扁平状，顶端2-3-5（-7）浅至中裂，稀深裂或具5-7齿，呈分枝状，3-5或7-13（-23）条分枝，顶端带腺体；雌蕊1，子房上位或半下位，1室，具3-4侧膜胎座，胚珠多数。蒴果有时带棱，室背开裂，有3-4裂瓣。种子多数，沿腹缝着生，胚乳很薄或缺如。

约70余种，分布于北温带高山地区；亚洲东南部和中部较为集中，其次为北美洲，极少数至欧洲。我国约61种。

1. 茎无叶，叶基生；花瓣白色，先端圆或微凹；叶脉5条；退化雄蕊扁平，3裂 ……… 4. **白花梅花草 P. scaposa**
1. 茎具1、2或3个以上的叶。

2. 茎具1叶，基生叶通常3-5，稀6-8，非莲座状。
 3. 雄蕊花药药隔伸长呈匕首状；叶较大。
  4. 基生叶卵状心形或卵形；退化雄蕊为全长1/4-1/3的3浅裂，中裂片宽，两侧裂片宽，先端有时2裂；花柱短，不伸出退化雄蕊之外，稀较长 …………………………………………………… 15. **短柱梅花草 P. brevistyla**
  4. 基生叶肾形或近圆形；退化雄蕊深裂达全长1/2或2/5；花柱较长，伸出退化雄蕊之外 …………………………………………………………………………………… 16. **突隔梅花草 P. delavayi**
 3. 雄蕊花药药隔不伸长。
  5. 退化雄蕊柱状，顶端不裂，呈圆形或盘状。
   6. 植株高15-30厘米；花瓣披针形或窄长圆状披针形，长1.5-2.3厘米；叶长3-6厘米，宽5-9.5厘米 …………………………………………………………………………………… 1. **长瓣梅花草 P. longipetala**
   6. 植株高5-11厘米；花瓣扇形，长4-8毫米；叶长0.8-2.5厘米，宽1.3-3厘米 …… 2. **青铜钱 P. tenella**
  5. 退化雄蕊扁平或分枝状。
   7. 退化雄蕊扁平。
    8. 退化雄蕊扁平，具5-7齿；花瓣白色，三角状卵形，下半部具长流苏状毛 … 3. **长爪梅花草 P. farreri**
    8. 退化雄蕊3裂或5裂。
     9. 退化雄蕊扁平，3裂。
      10. 退化雄蕊3裂，3个裂片不等长。
       11. 退化雄蕊的中裂片比两侧裂片短而窄；花瓣窄长圆形，淡黄绿色，边缘疏生流苏状毛；茎生叶（苞叶）在茎中部以上 ………………………………………………………… 13. **指裂梅花草 P. cooperi**
       11. 退化雄蕊的中裂片高出2侧裂片约0.6毫米；花瓣白色，全缘，倒卵形，稀近匙形；茎生叶在茎基部 …………………………………………………………………… 14. **新疆梅花草 P. laxmanni**
      10. 退化雄蕊3裂，3个裂片近等长。
       12. 花瓣下半部边缘具长流苏状毛。
        13. 基生叶肾形，稀卵状心形，长0.6-1.1厘米，宽0.8-1.4厘米 …………………………………………………………………………………… 5. **中国梅花草 P. chinensis**
        13. 基生叶卵状心形，长2-4.5厘米，宽1.8-3.5厘米 …………… 6. **鸡心梅花草 P. crassifolia**
       12. 花瓣下半部边缘具短流苏状毛，啮蚀状或全缘。
        14. 子房上位；花瓣先端2裂或微；茎近基部或1/3的部分具1叶 …………………………………………………………………………………… 7. **凹瓣梅花草 R. Mysorensis**
        14. 子房半下位。
         15. 基生叶卵状心形，长宽几相等，基部弯缺呈深心形 ……… 8. **心叶梅花草 P. cordata**
         15. 基生叶卵状长圆形，基部形状多样。
          16. 植株高（13-）17-40厘米；基生叶卵状长圆形、卵状三角形或椭圆形，基部平截或略心形，有时下延于叶柄。
           17. 退化雄蕊扁平，3深裂，裂片占全长2/3，稀稍过中裂，呈棒状 …………………………………………………………………………………… 9. **细叉梅花草 P. oreophila**
           17. 退化雄蕊扁平，3浅裂，裂片披针形 ………………… 10. **云梅花草 P. nubicola**
          16. 植株高6-20厘米；基生叶卵状心形，基部非平截。
           18. 花瓣倒卵形；基生叶柄长（1.5-）3.5-6厘米 … 11. **德钦梅花草 P. deqenensis**
           18. 花瓣披针形；基生叶柄长0.8-1.5厘米，稀达4厘米 …………………………………………………………………………………… 12. **三脉梅花草 P. trinervis**
     9. 退化雄蕊扁平5裂；基生叶宽心形，长2.5-4.5（-5）厘米，宽3.8-5.5厘米；花瓣爪长1.5-2.5毫米 …………………………………………………………………………………… 18. **鸡腿梅花草 P. wightiana**

7. 退化雄蕊具7-23条分枝，顶端具腺体；花瓣全缘。

28. 退化雄蕊分枝少，(7-) 9-11 (-13) 条 ………………………………………… 20. **梅花草 P. palustris**

28. 退化雄蕊分枝多，(11-) 13-23条 ……………………………… 20(附). **多枝梅花草 P. palustris** var. **multiseta**

2. 茎具2叶或3枚以上。

19. 茎具2叶；退化雄蕊扁平2裂，顶端无腺体 ………………………………………… 17. **双叶梅花草 P. bifolia**

19. 茎具叶3枚以上；退化雄蕊具3分枝，顶端有球形腺体；花瓣卵形或三角状卵形，边缘流苏状毛顶端不膨大 ………………………………………………………………………………………………… 19. **白耳菜 P. foliosa**

1. 长瓣梅花草 图719：1-4

Parnassia longipetala Hand.-Mazz. in Sitz. Akad. Wiss. Wien, Math.-Nat. 60: 182. 1924.

多年生草本，高 (12-) 15-30厘米。基生叶1，稀2，肾形，长3-6厘米，宽5-9.5厘米，先端圆，有时有尖头，基部深心形或耳状，全缘，上面深绿色，下面淡绿色；叶柄长4-11厘米，扁平，有窄翼；托叶膜质。茎1，稀2-3条，近中部具1叶(苞叶)，茎生叶肾形，长0.8-2厘米，无柄，半抱茎。花单生茎顶，径2.5-3.2厘米。萼片草质，半圆形或卵形，长4-6毫米；花瓣绿色，披针形或窄长圆状披针形，长1.5-2.3厘米，有细密锯齿或极短流苏状，具平行脉5-7；雄蕊5，为花瓣长度1/2或1/3，退化雄蕊5，斧头状，顶端圆，不裂，稀有不明显齿，为雄蕊长度1/2；子房扁球形，具3-4棱，花柱长约1.5毫米，柱头3裂，裂片倒卵形，开展。蒴果扁球形。花期7月，果期8月开始。

产云南西北部及西藏东南部，生于海拔2400-3900米铁杉林缘、林内或草地。

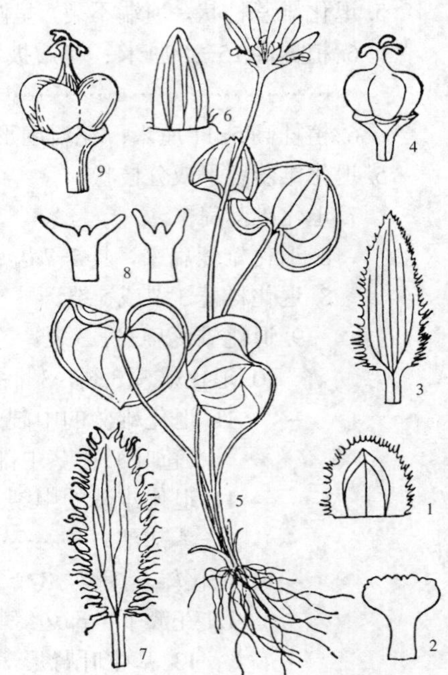

图 719：1-4. 长瓣梅花草 5-9. 指裂梅花草
（潘锦堂 王 颖绘）

2. 青铜钱 图720

Parnassia tenella Hook. f. et Thoms. in Journ. Linn. Soc. Bot. 2: 80. 1858.

细弱草本，高5-11厘米。基生叶1-2，肾形，长0.8-2.5厘米，宽1.3-3厘米，先端圆，常微凹，具突起小尖头，基部深心形，全缘，波状外卷，有弧形脉，被紫色小点，干后不明显；叶柄细，长2-8厘米，扁，两侧带窄翼，托叶膜质，大部贴生叶柄。茎1，稀2，近中部或偏

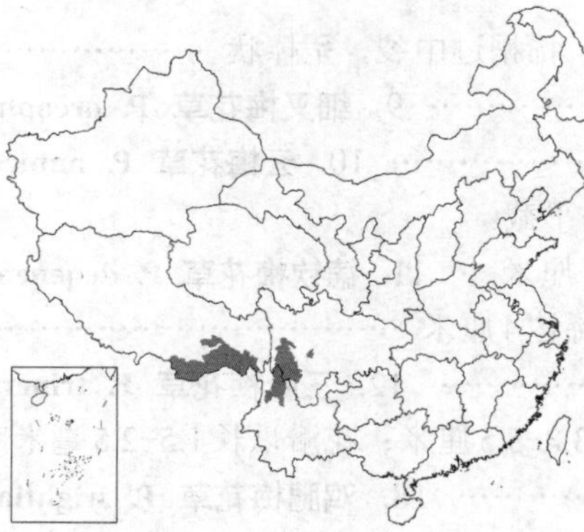

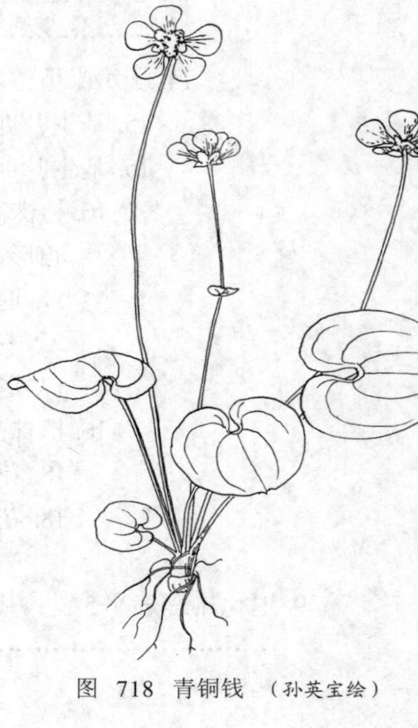

图 718 青铜钱 （孙英宝绘）

上具1叶(苞叶)，茎生叶肾形，长2-4毫米，无柄，半抱茎。花单生茎顶，径0.5-1.5厘米。萼片半圆形或卵形，边缘啮蚀状，有紫色小斑点；花瓣绿色，扇形，长4-8毫米，宽3-6毫米，先端圆，基部楔形，爪长3-5毫米，疏生紫色细密小斑点，具5-7平行脉；雄蕊5，长1-2毫米，退化雄蕊5，锤状，顶端不裂，稀有极小圆齿；子房有紫色小斑点，上位，花柱短，柱头3裂。蒴果宽倒心形，具3翅棱，3裂。花期8月，果期9月开始。

产云南西北部、四川西部及西藏东南部，生于海拔2800-3400米林下或林缘。尼泊尔及锡金有分布。

3. 长爪梅花草　　图 721：1-3

Parnassia farreri W. E. Evans in Notes Roy. Bot. Gard. Edinb. 13: 174. 1921.

草本，高4-10厘米。基生叶2-3（5），叶圆形，稀肾形，长宽均2-9（-14）毫米，先端圆，稀钝，基部心形，全缘，密被褐色小斑点；叶柄纤细，长1-3厘米，托叶膜质，灰白色，边有褐色流苏状毛。茎1，稀2，近中部具1叶（苞叶），茎生叶无柄或近无柄，卵状三角形或卵形，长约4毫米，两面有紫褐色小斑点，基部常具少数铁褐色附属物。花单生茎顶，径0.8-1.1厘米。萼片卵形或长圆形，被紫褐色小斑点；花瓣白色，三角状卵形，长4.5-6毫米，上半部全缘或波状，下半部具长流苏状毛，两面密被紫褐色小斑点；雄蕊5，退化雄蕊5，扁平，宽匙形，顶端圆，呈5-7齿状或深波状；花柱极短，柱头3裂。蒴果扁卵圆形，各角稍增厚。花期8-9月，果期10月。

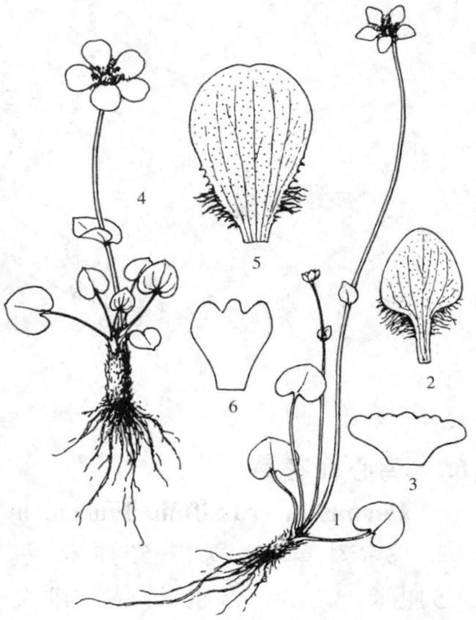

图 721：1-3. 长爪梅花草 4-6. 中国梅花草（吴彰桦绘）

产云南西北部及四川西南部，生于海拔3000-3400米草坡岩缝中、林下或山沟。缅甸有分布。

4. 白花梅花草　　图 722

Parnassia scaposa Mattf. in Notizbl. Bot. Gard. Berlin. 11: 306. 1931.

多年生草本，高10-20厘米。基生叶4-5，叶椭圆形或倒卵形，长1.2-2.5厘米，先端圆，基部下延，上面褐绿色，叶脉下陷，下面淡绿色，有5条突起叶脉；叶柄长0.5-1.4（-2）厘米，扁平，两侧白色膜质，托叶膜质。茎无叶。花单生茎顶，径1.8-2.5厘米。萼片卵状披针形，长约8毫米，有3脉，全缘；花瓣白色，倒卵形，长约1.4厘米，先端圆或微凹，爪长约2毫米；雄蕊5，退化雄蕊5，扁平，长约3.5毫米，顶端3浅裂，中裂片带状，长约0.6毫米，顶端平截，高平两侧裂片；子房半下位，花柱极短，柱头3裂，顶端扁。花期8月。

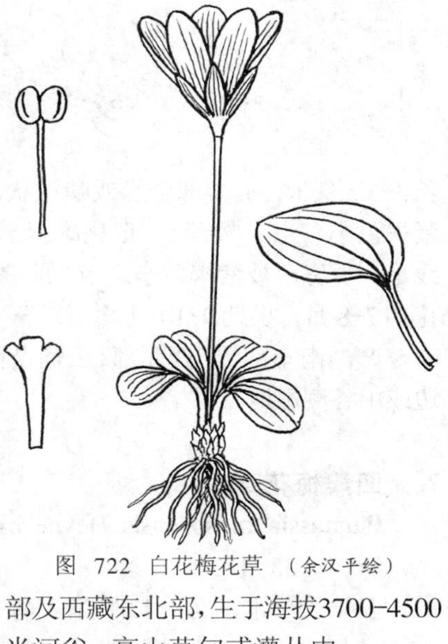
图 722 白花梅花草（余汉平绘）

产青海南部、四川中西部及西藏东北部，生于海拔3700-4500米河谷、高山草甸或灌丛中。

5. 中国梅花草 图 721：4-6

Parnassia chinensis Franch. in Bull. Soc. Bot. Franch. 44：252. 1897.

草本，高8-16厘米。基生叶3-8，密集，肾形，稀卵状心形，长0.6-1.1厘米，宽0.8-1.4厘米，先端圆，有时有短钝头或微凹，基部深心形，全缘，稍外卷，有3-5脉和紫褐色小斑点；叶柄长1.5-3.5（-5）厘米，托叶膜质，边缘有褐色流苏状毛。茎1-4，近中部有1叶（苞叶），茎生叶卵状心形，长4-9毫米，下面密被紫褐色小斑点，基部有数条铁锈色附属物，无柄，半抱茎。花单生茎顶，径1-1.4厘米。萼片卵形或长圆形，长3-5毫米，全缘或不明显波状，3-5脉，密被紫褐色小斑点；花瓣白色，宽倒卵形，爪长1.5-2毫米，上半部全缘、波状或有不规则浅齿，下部（不包括爪）1/4部分密集交织长流苏状毛，并密被褐色小斑点；雄蕊5，退化雄蕊5，扁平，宽匙形，先端3浅裂；子房扁球形，有4棱，柱头3裂。花期7-8月。

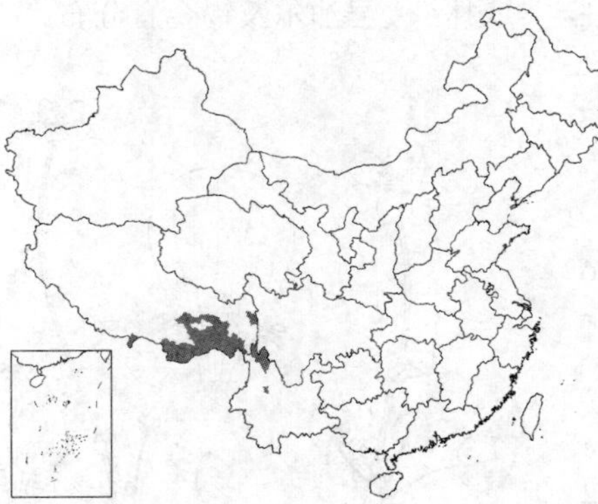

产云南西北部及西藏，生于海拔3600-4200米高山草甸、山坡灌丛中或山坡流石滩。尼泊尔、不丹及缅甸北部有分布。

6. 鸡心梅花草 图 723

Parnassia crassifolia Franch. in Bull. Soc. Bot. France 44：253. 1897.

多年生草本，高17-55厘米。基生叶2-4（5），革质，卵状心形，长2-4.5厘米，宽1.8-3.5厘米，先端渐尖或尖，基部心形或近心形，全缘，稍外卷，下面淡绿色，中脉明显，密被褐色小斑点；叶柄长（4-）7-12厘米。茎1条，稀2，近中部有1叶（苞叶），茎生叶卵状心形，长1.3-2.1厘米，密被紫褐色小斑点，基部具数条铁锈色附属物，无柄，半抱茎。花单生茎顶，径1.5-2.5毫米。萼片宽卵形，密被紫褐色小斑点；花瓣白色，宽匙形，长1-2厘米，爪长3-3.5毫米，上半部全缘或啮蚀状，近基部被长流苏状毛，具3脉，密被紫褐色小斑点；雄蕊5，退化雄蕊5，扁平，长约5毫米，顶端3裂，裂片线形；子房密被紫褐色小斑点，顶端缢缩，花柱短，柱头3裂。蒴果有3棱。花期7-8月，果期9-10月。

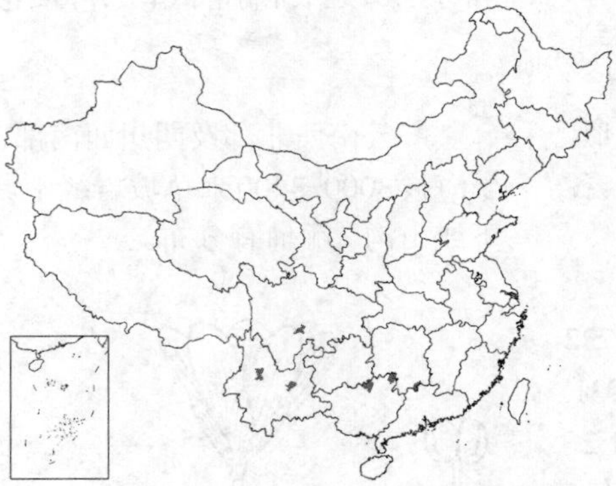

产湖南南部、广西北部、云南及四川中南部，生于海拔2500-3300米沟边或山谷潮湿地。

图 723 鸡心梅花草 （引自《图鉴》）

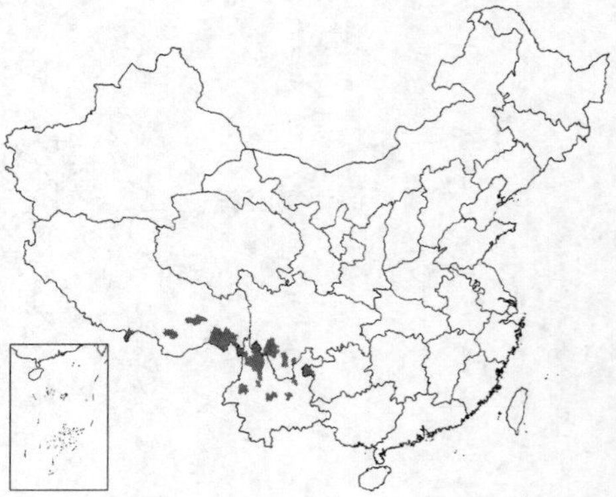

7. 凹瓣梅花草 图 724

Parnassia mysorensis Heyne ex Wight et Arn. Prodr. Fl. Penins Ind. Or. 1：35. 1834.

多年生草本，高8-13厘米。基生叶2-4（5），卵状心形或宽卵形，长0.5-1.5厘米，宽0.7-1.5厘米，先端圆或钝，基部心形或近心形，全缘，下面淡绿色，有7（-9）弧形脉；叶柄长不及2厘米，托叶膜质，边缘常有稀疏褐色流苏状毛。茎1-2，近基部或1/3有1叶（苞叶），茎生叶无柄半抱茎，与基生叶同形或较小，基部有铁锈色附属物，早落。花单生茎顶，径1.8-2厘米。萼片长圆形或半圆形，长4-5毫米；花瓣白色，宽匙形，长约8毫米，先端2裂或微凹，全缘、啮蚀状或上半部近全缘，下半部有锐齿，有3条弧形脉；雄蕊5；退化雄蕊5，扁平，扇形，长3-3.5毫米，先端1/3浅裂，裂片并行；子房上位，卵圆形，柱头3裂，裂片卵形。蒴果3裂。花期7-8月，果期9月开始。

产四川西南部、贵州西北部、云南及西藏，生于海拔2490-3600米山坡林中、灌丛草甸或山坡草地。锡金及印度北部有分布。

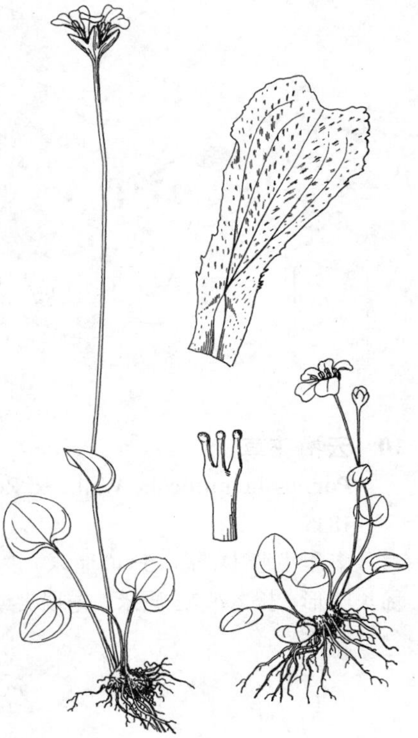

图 724 凹瓣梅花草 （引自《图鉴》）

8. 心叶梅花草 图 725

Parnassia cordata（Drude）Jien ex Ku in Bull. Bot. Res. North-East. For. Univ. 7(1): 37. 1987.

Parnassia nubicola Wall. ex Royle var. *cordata* Drude in Linnaea 39: 316. 1875.

多年生草本，高28-32厘米。基生叶（2）3-7，卵状心形，长宽均3-4.1厘米，先端圆，带短尖头，基部深心形，全缘，上面褐绿色，脉下陷，下面深绿色，脉7条，弧形；叶柄长4-16厘米，托叶膜质，边有褐色流苏状毛。茎1-3，近中部具1叶（苞叶），茎生叶心形，长2-3厘米，基部常具数条锈褐色附属物，无柄，半抱茎。花单生茎顶，径2-2.5厘米。萼片长圆形，长约6毫米，先端突起，有7条弧形脉；花瓣白色，倒卵状长圆形，长1.3-1.5厘米，2/3全缘，下部1/3疏生流苏状毛或啮蚀状，密被紫褐色小斑点；退化雄蕊5，扁平，长约5毫米，顶端3中裂，裂片披针形；子房半下位，柱头3裂。蒴果扁卵圆形，径约1厘米，有紫色小点。花期7-8月，果期9月。

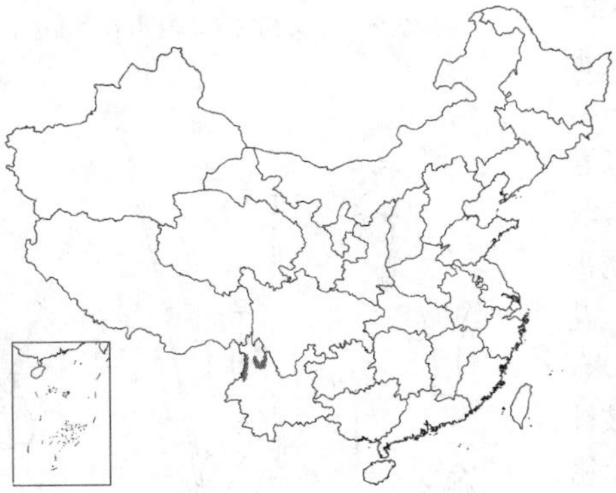

产云南西北部，生于海拔3200-4100米高山草甸。印度北部有分布。

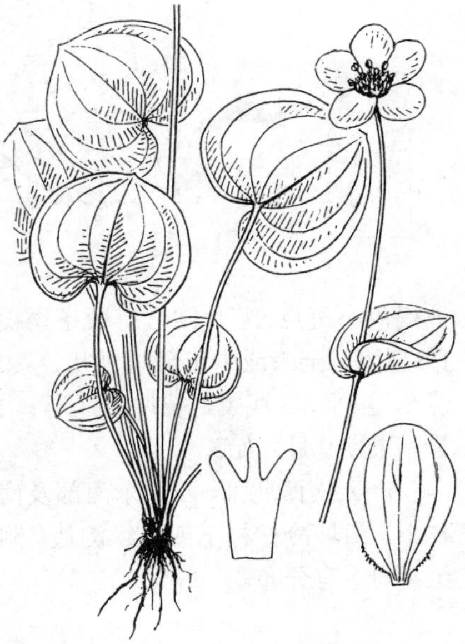

图 725 心叶梅花草 （吴彰桦绘）

9. 细叉梅花草 图 726

Parnassia oreophila Hance in Journ. Bot. 16: 106. 1878.

多年生小草本，高17-30厘米。基生叶2-8，卵状长圆形或三角状卵形，长2-3.5厘米，先端圆，有时带短尖头，基部平截或微心形，有时下延叶柄，全缘，上面深绿色，下面色淡，有3-5突起之脉；叶柄长2-5（-10）厘米，托叶膜质，边疏生褐色流苏状毛，早落。茎（1）2-9或更多，中部或中部以下具1叶（苞叶），茎生叶卵状长圆形，长2.5-4.5厘米，基部常有数条锈褐色附属物，早落；无柄，半抱茎。花单生茎顶，径2-3厘米。萼片披针形，长6-7毫米，具3脉；花瓣白色，宽匙形或倒卵状长圆形，长1-1.5厘米；雄蕊5，退化雄蕊扁平，先端3深裂达2/3，稀稍过中裂，裂片棒状，长达3.2毫米，先端平；子房半下位，花

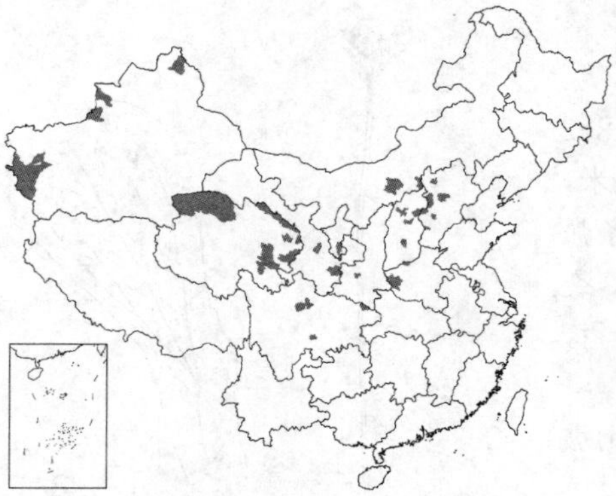

柱短，柱头3裂，裂片长圆形，花后反折。蒴果长卵圆形，径5-7毫米。花期7月，果期9月。

产内蒙古中部、河北、山西、河南西部、陕西、宁夏南部、甘肃、四川、青海及新疆，生于海拔1600-3000米高山草地、山腰林缘或阴坡潮湿地。

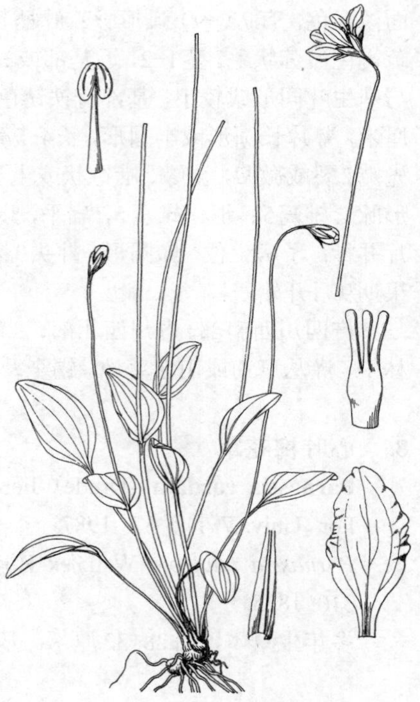

图 726 细叉梅花草 （引自《图鉴》）

10. 云梅花草 图 727

Parnassia nubicola Wall. ex Royle Ill. Bot. Himal. 227. t. 50. f. 3. 1835.

多年生草本，高15-40厘米。基生叶3-7（8），椭圆形或卵状长圆形，稀长圆形，长2.7-7.5厘米，先端尖或短渐尖，基部下延近楔形，有时平截或微内弯，全缘，上面深绿色或褐绿色，下面淡绿色，有3-5（-7）弧形脉；叶柄长3-7（-13）厘米，托叶膜质，被褐色短发状附属物。茎3-4，近基部或下部1/4具1叶（苞叶），茎生叶长圆状卵形，长2-4厘米，基部常有数条锈褐色附属物，无柄，半抱茎。花单生茎顶，径2.8-3.4厘米。萼片卵状长圆形或卵状披针形，长约8毫米，先端钝，密被褐色小斑点，萼片间常有数条锈褐色附属物；花瓣白色，宽卵形，长1.2-1.6厘米，全缘或中下部啮蚀状，具5-7脉和紫褐色小点；雄蕊5，退化雄蕊5，扁平，3浅裂，裂片披针形；子房半下位。蒴果被小褐点。花期8-9月，果期9月开始。

产云南西北部、西藏东南部及南部，生于海拔2700-3900米高山松、桦林下、山坡冷杉林下或林缘沟边。阿富汗及喜马拉雅山区（克什米尔地区至不丹）有分布。

11. 德钦梅花草 图 728

Parnassia deqenensis Ku in Bull. Res. North.-East. For. Univ. 7(1): 41. 1987.

多年生草本，高8-20厘米。基生叶2-4（-6），卵状心形，长0.6-1.9厘米，先端钝，基部近心形或近平截，全缘；叶柄长（1.5-）3.5-6厘米，柔弱，扁平，向基部渐宽，两侧窄膜质，托叶膜质，边有流苏状毛。茎通常1条，稀2，近基部具1茎生叶（苞叶），与基生叶同形而较小，基部常有锈

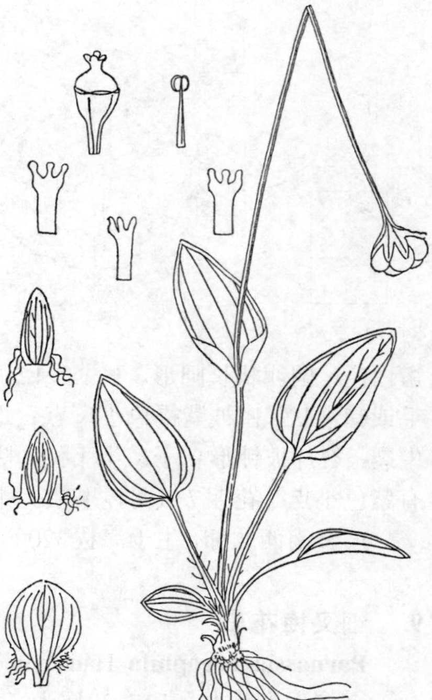

图 727 云梅花草 （潘锦堂 王 颖绘）

褐色发状附属物，无柄，半抱茎。花单生茎顶，径约1.2厘米。萼片长圆状披针形，长约4毫米，先端钝，全

缘，具3条脉，疏被紫褐色小斑点；花瓣白色，倒卵形，长约8毫米，边缘疏啮蚀状，基部下延楔状，具长约5毫米之爪，有3条紫褐色脉，密被紫褐色小斑点；雄蕊5，长约（1.8）4-8毫米，花药椭圆形，退化雄蕊5，扁平，长约2毫米，先端3中裂，裂片长圆形，先端圆；子房卵圆形，花柱长约1毫米，柱头3裂。花期7-8月。

产云南西北部及西藏东南部，生于海拔2900-4150米高山草甸或草坡。

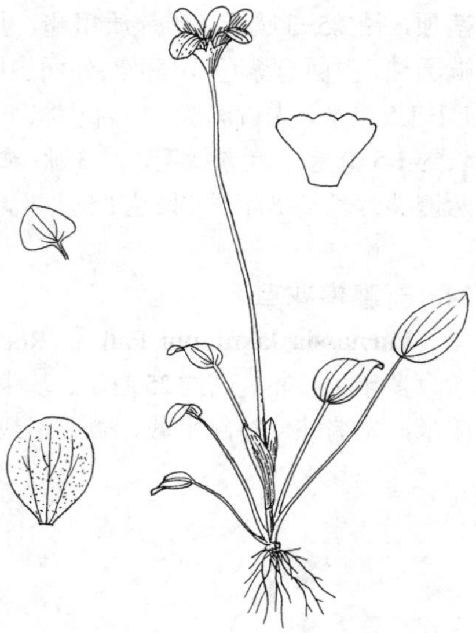

图 728 德钦梅花草

12. 三脉梅花草 图 729

Parnassia trinervis Drude in Linnaea 39: 322. 1875.

多年生草本，高7-20厘米。基生叶4-9，长圆形、长圆状披针形或卵状长圆形，长0.8-1.5厘米，先端尖，基部微心形、平截或下延至叶柄，上面深绿色，下面淡绿色，有突起3-5脉；叶柄长0.8-1.5厘米，稀达4厘米，扁平，两侧有窄翼，有褐色条纹，托叶膜质。茎（1）2-4（-8），近基部具1叶，与基生叶同形，较小，无柄，半抱茎。花单生茎顶，径约1厘米。萼片披针形或长圆披针形，长约3毫米，先端钝，有3脉；花瓣白色，披针形，长约7.8厘米，先端圆，基部楔形下延成长约1.5毫米之爪，边全缘，有3脉；雄蕊5，花丝不等长，退化雄蕊5，扁平，先端1/3浅裂，裂片短棒状；子房半下位，花柱极短，长约0.5毫米，柱头3裂，裂片直立，花后反折。蒴果3裂。

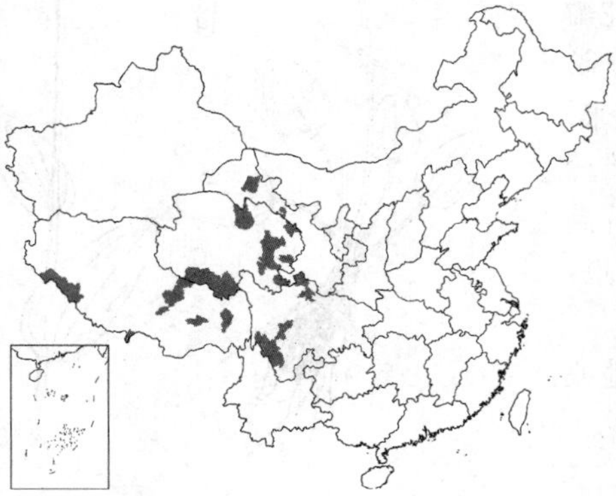

产甘肃、青海、四川及西藏，生于海拔3100-4500米山谷潮湿地、沼泽草甸或河滩。

图 729 三脉梅花草 （引自《图鉴》）

13. 指裂梅花草 图 719: 5-9

Parnassia cooperi W. E. Evans in Notes Bot. Gard. Edinb. 13: 172. 1921.

多年生草本，高14-19厘米。基生叶2-3在茎中部以上，肾形或卵状心形，长1.6-3.5厘米，宽2.5-4厘米，先端圆，带有突尖圆头，基部心形，全缘，上面褐绿色，下面色淡，具7-9弧形脉；叶柄长5-9厘米，托叶膜质，边有流苏状毛。茎1-4，在中部以上具1叶（苞叶），茎生叶卵状心形，长1.2-2.9厘米，先端圆，有突尖头，具7-9弧形脉，无柄，半抱茎。花单生

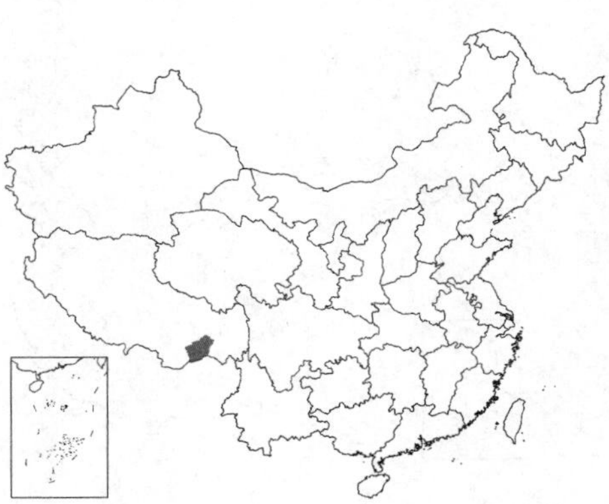

茎顶，径2.5-3厘米。萼片质粗糙，卵状披针形或披针形，长6-7毫米，先端圆钝，内面有紫色小斑点，外面中脉明显；花瓣淡黄绿色，窄长圆形，长1.2-1.5厘米，先端渐尖，基部楔状下延，爪长约4毫米，边缘疏生披针形、长约1.5毫米之流苏状毛，具3脉；雄蕊5；退化雄蕊5，扁平，顶端3裂，两侧裂片长，披针形，长达1.5厘米，中裂片短而窄，呈三角形深齿；子房上位，柱头3裂。蒴果倒三角状扁卵圆形，各角略厚。花期7-8月，果期9月。

产西藏东南部，生于海拔2400-2800米山坡铁杉林下。锡金有分布。

14. 新疆梅花草 图 730：1-3

Parnassia laxmanni Pall. in Roem. et Schult, Syst. Veg. 6: 696. 1820.

多年生草本，高约25厘米。基生叶（2-）4，卵形或长卵形，长1.8-2.5厘米，先端钝，基部平截、微心形或下延至叶柄，全缘，上面深绿色，下面淡绿色，有3-5脉；叶柄长1.4-1.8厘米，两侧膜质，托叶膜质，边有褐色流苏状毛。茎2-3（4），近基部具1叶（苞叶），茎生叶与基生叶相似，稍小，无柄，半抱茎。花单生茎顶，径约2厘米。萼片披针形，长约3.5毫米，先端钝，全缘，有3脉；花瓣白色，倒卵形，稀匙形，长0.8-1.3厘米，爪长约1.5毫米，全缘，有带褐色5脉；雄蕊5，退化雄蕊5，扁平，长约2.7变，先端3浅裂，裂片棒状并行，中裂片高出两侧裂片约0.6毫米；子房半下位，花柱短，柱头3裂。蒴果被褐色小点。花期7-8月，果期9月开始。

产新疆，生于海拔2460-2560米云杉林林缘；山谷冲积平原阴湿地或山谷河滩草甸。俄罗斯西伯利亚、哈萨克斯坦及蒙古有分布。

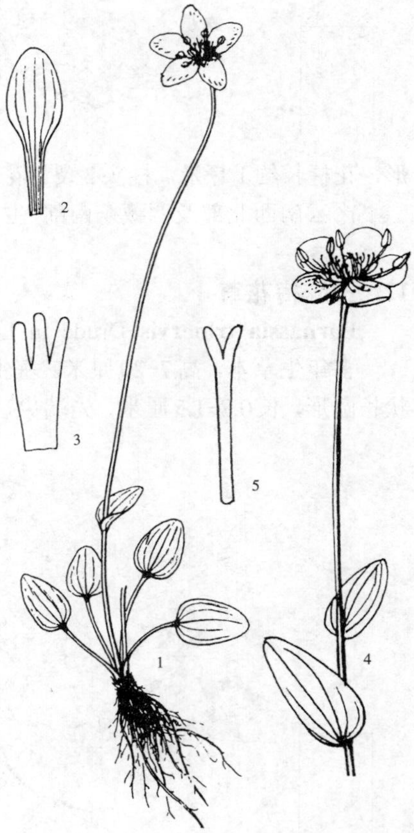

图 730：1-3. 新疆梅花草 4-5. 双叶梅花草

15. 短柱梅花草 图 731

Parnassia brevistyla（Brieg.）Hand.-Mazz. Symb. Sin. 7(2): 434. 1931.

Parnassia delavayi Franch. var. *brevistyla* Brieg. in Fedde, Repert Sp. Nov. Beih. 12: 400. 1922.

多年生草本，高11-23厘米。基生叶2-4，卵状心形或卵形，长1.8-2.5厘米，宽1.5-3厘米，先端尖，基部深心形，全缘，有5-7(-9)脉；叶柄长3-9厘米，托叶膜质，边有流苏状毛。茎2-4，近中部或偏上有1叶（苞叶），茎生叶与基生叶同形，常较小，基部常有铁锈色附属物，无柄，半抱茎。花单生茎顶，径1.8-3（-5）厘米。萼片长圆形、卵形或倒卵形，长4-6毫米，基部和内面常有紫褐色小点；花瓣白色，宽倒卵形或长圆状倒卵形，长1-1.5（2.5）厘米，上部2/3具不规则啮蚀状，下部1/3具流苏状毛，爪长1.8-4毫米，密被紫褐色小斑点；雄蕊5，退化雄蕊5，扁平，长2.5-4毫米，先端3浅裂，中裂片短而窄，两侧裂片宽，先端常2裂；花柱短，不伸出退化雄蕊之外，稀较长，柱头3裂。蒴果倒卵圆形，各

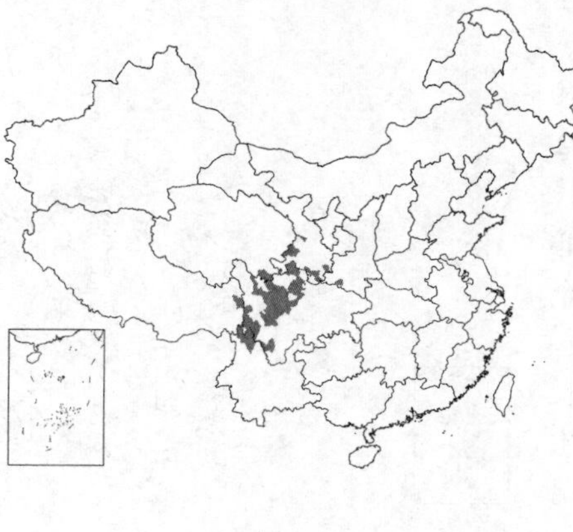

角略厚。花期7-8月，果期9月开始。

产西藏东南部、云南西北部、四川、甘肃及陕西南部，生于海拔2800-4390米山坡阴湿地林下、林缘、云杉林间空地、山顶草坡或河滩草地。

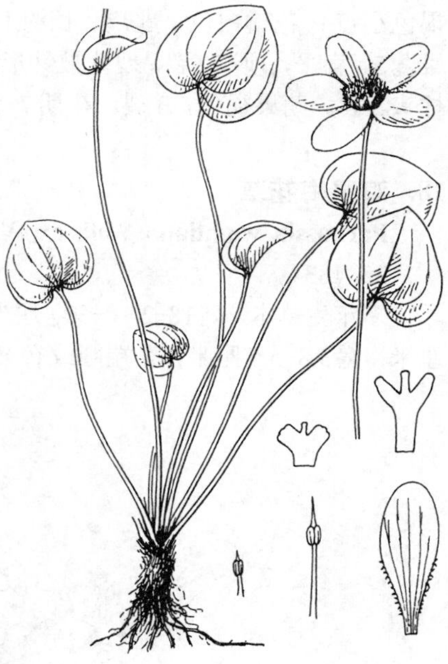

图 731 短柱梅花草 （吴彰桦绘）

16. 突隔梅花草 图 732

Parnassia delavayi Franch. in Journ. de Bot. 10: 267. 1896.

多年生草本，高12-35厘米。基生叶3-4（-7），肾形或近圆形，长宽均2-4厘米，基部深心形，全缘，有突起5-7（-9）脉；叶柄长（3-）5-16厘米，托叶膜质，边有褐色流苏状毛。茎1，中部以下或近中部具1叶（苞叶），茎生叶与基生叶同形，基部有2-3条铁锈色附属物，无柄，半抱茎。花单生茎顶，径3-3.5厘米。萼片长圆形、卵形或倒卵形，长6-8毫米，密被褐色小点；花瓣白色，长圆状倒卵形或匙状倒卵形，长(1-)1.2-2.5厘米，爪长约5毫米，上半部1/3疏生流苏状毛，常有5条紫褐色脉，密被紫褐色小点；雄蕊5，花药药隔连合伸长，呈匕首状，长达5毫米，退化雄厚蕊5，扁平，长3.5-4毫米，先端3深裂，中裂片比两侧裂片窄，稀稍短；子房上位，花柱长约1.8毫米，常伸出退化雄蕊之外；柱头3裂。蒴果3裂。花期7-8月，果期9月。

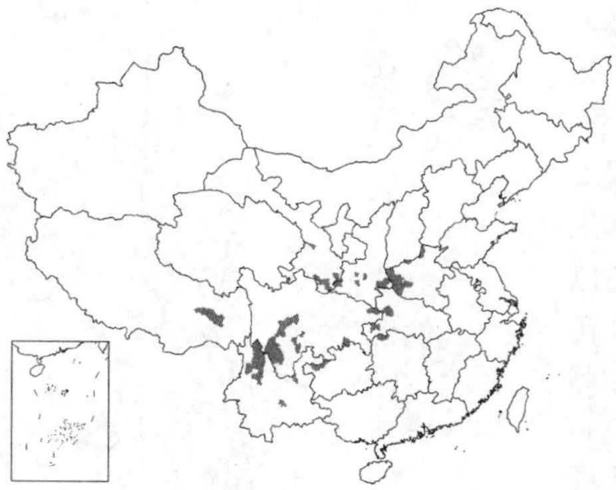

产甘肃、陕西、河南、湖北西部、湖南西北部、贵州北部、四川、云南及西藏东部，生于海拔1800-3800米溪边疏林内、冷杉林中、草滩湿地或碎石坡。

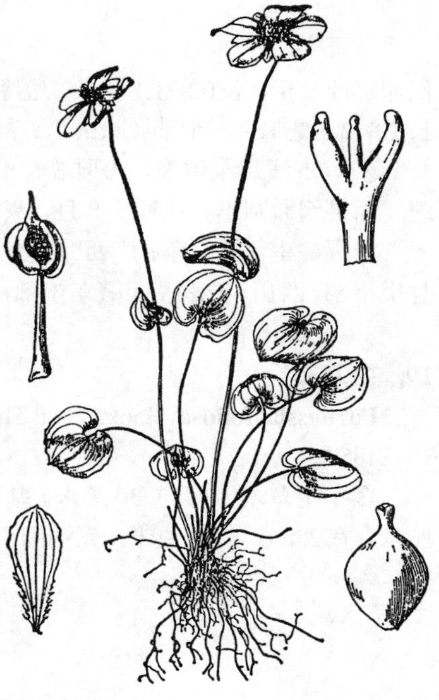

图 732 突隔梅花草 （引自《秦岭志》）

17. 双叶梅花草 图 730：4-5

Parnassia bifolia Nekrass. in B. Fedtsch. Fl. Asiat. Ross. 11: 39. pl. 4. B. 1917.

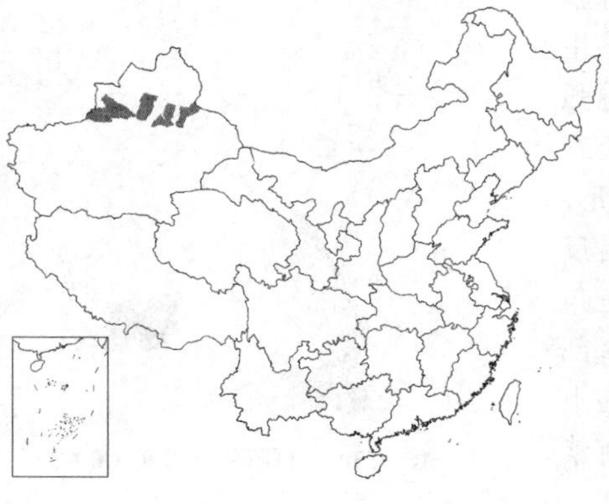

多年生草本，高10-50厘米。基生叶2-7，有时莲座状，长圆状卵形或卵形，长1.5-3.5厘米，宽1-2.1厘米，先端圆钝，有时具尖头，基部微心形，或近平截，全缘，两面密被紫褐色小点；基部有5-7脉；叶柄长3-7厘米，常有不明显斑点，托叶膜质，灰白色，边有褐色流苏状毛。茎1，稀2，近中部或偏下具2互生叶（苞叶），茎生叶与基生叶同形，长（0.6-）1-2.9厘米，宽（0.5-）1.5厘米，有3-5脉，有不明显褐色小点，基部常有2-3条锈褐色附属物，无柄，半抱茎。花单生茎顶，径2-2.9厘米。萼片披针形，长7-9毫米，被紫褐色小点；花瓣白色，匙形，长约1.8厘米，爪长约2毫米，全缘；退化雄蕊5，扁平，顶端2裂，裂片披针形或长圆形，长1.5-2毫米；花柱极短，柱头3裂。蒴果褐色，3裂。花期7-8月，果期8月开始。

产新疆中北部，生于海拔2200-2800米山坡阴地林下或沟边。俄罗斯及哈萨克斯坦有分布。

18. 鸡眼梅花草 图 733

Parnassia wightiana Wall. ex Wight et Arn. Prodr. Fl. Penins. Ind. Or. 35. 1834.

多年生草本，高18-24（-30）厘米。基生叶2-4，宽心形，长2.5-4（-5）厘米，宽3.8-5.5厘米，先端圆或有突尖头，基部微心形或心形，边薄，全缘，向外反卷，有7-9脉；叶柄长3-10（-13）厘米，托叶膜质，边疏生流苏状毛。茎2-4（-7），近中部或偏上具叶（苞叶），茎生叶与基生叶同形，基部具多数铁锈色附属物，无柄，半抱茎。花单生茎顶，径2-3.5厘米。萼片卵状披针形或卵形，长5-9毫米，主脉明显，密被紫褐色小点；花瓣白色，长圆形、倒卵形或琴形，长0.8-1.1厘米，边缘上半部波状或齿状，稀深缺刻状，爪长1.5-2.5毫米，下半部（除去爪）具流苏状长毛；退化雄蕊5，扁平，长3-5毫米，5浅裂至中裂，稀顶端有不明显腺体；子房被褐色小点，柱头3裂。蒴果倒卵圆形。花期7-8月，果期9月。

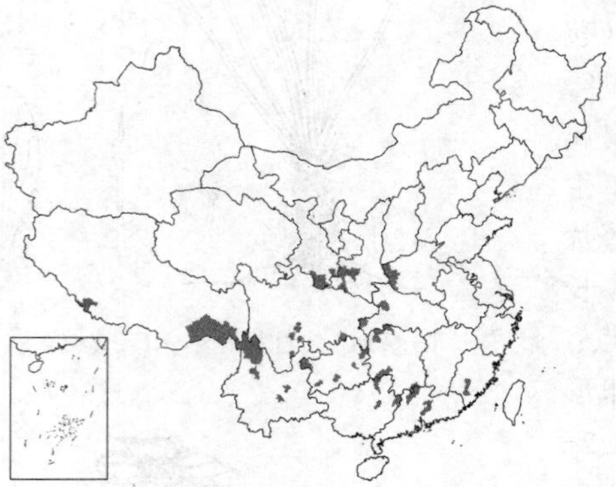

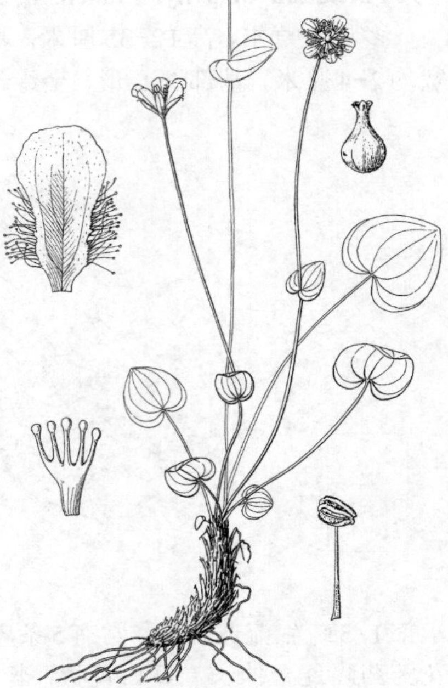

图 733 鸡眼梅花草 （引自《图鉴》）

产福建南部、广东、广西、湖南、湖北西部、河南西部、陕西西南部、甘肃南部、四川、云南及西藏东南部，生于海拔600-2000米山谷疏林中、山坡草丛中、沟边。印度北部至不丹有分布。全草药用，治咳嗽吐血、疮毒。

19. 白耳菜 图 734

Parnassia foliosa Hook. f. et Thoms. in Journ. Linn. Soc. Bot. 2: 79. 1858.

多年生草本，高15-30厘米。基生叶3-6，丛生，肾形，长1.5-4（-5）厘米，宽2.4-6（-7）厘米，先端圆，常有钝头，基部心形，全缘，叶脉突起呈弧形；叶柄长5-8厘米，边有褐色流苏状毛，托叶膜质。茎1-4，具4-8叶，茎生叶肾形，稀卵状心形，脉弧形突起。花单生茎顶，径2-3厘米。萼片卵形或长圆形，老时常有小褐点，花后反折；花瓣白色，卵形或三角状卵形，长约8毫米，基部楔形，爪长约1毫米，中上部边缘被长流苏状毛，有紫

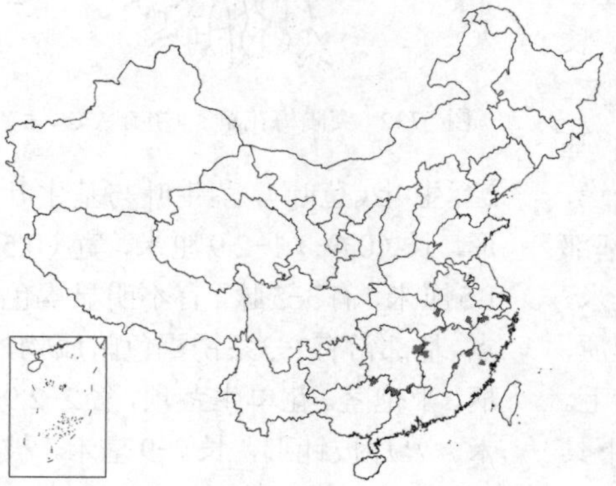

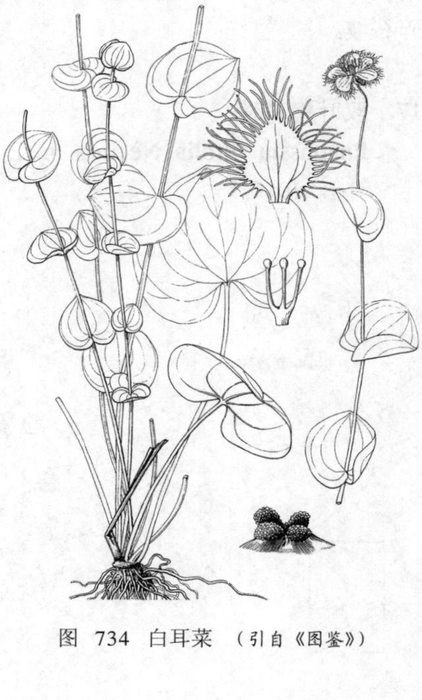

图 734 白耳菜 （引自《图鉴》）

色小斑点；退化雄蕊3，分枝状，上部2/3呈3条分枝，每枝顶端具球形腺体；子房有紫色小点，柱头3裂，花后反折。蒴果扁球形。花期8-9月，果期9月开始。

产安徽南部、浙江西北部、福建北部、江西、湖北东部、湖南及广西东北部，生于海拔1100-2000米山坡、沟边或湿地。全草药用，镇咳止血、解热利尿。

20. 梅花草 图 735

Parnassia palustris Linn. Sp. Pl. ed 1. 273. 1753.

多年生草本，高12-20（-30）厘米。基生叶3-多数，卵形或长卵形，稀三角状卵形，长1.5-3厘米，先端圆钝或渐尖，常带短尖头，基部近心形，全缘，薄而微外卷，常被紫色长圆形斑点；叶柄长3-6（-8）厘米，托叶膜质。茎2-4，近中部具1叶（苞叶），茎生叶与基生叶同形；基部常有铁锈色附属物，无柄，半抱茎。花单生茎顶，径2.2-3（-3.5）厘米。萼片椭圆形或长圆形，密被紫褐色小斑点；花瓣白色，宽卵形或倒卵形，长1-1.5（-1.8）厘米，全缘，常有紫色斑点；雄蕊5，花丝扁平，长短不等；退化雄蕊5，长达1厘米，呈分枝状，分枝长短不等，中间长，两侧短，具（7-）9-11（-13）分枝；子房上位，花柱极短，柱头4裂。蒴果卵圆形，干后有紫褐色斑点，4瓣裂。花期7-9月，果期10月。

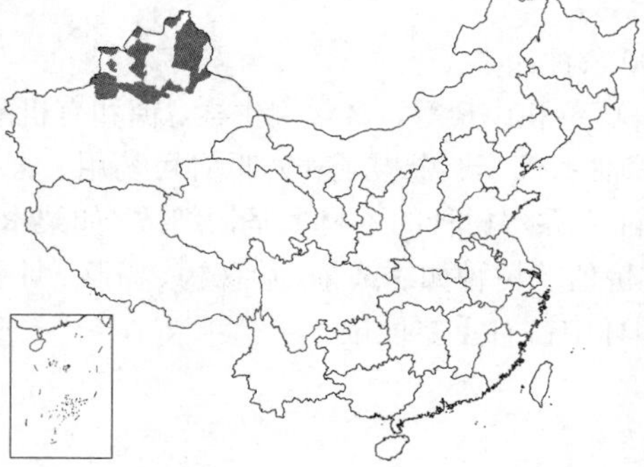

产新疆北部，生于海拔1580-2000米潮湿山坡、草地、沟边或河谷阴湿地。欧洲、亚洲温带及北美有分布。

［附］ **多枝梅花草 Parnassia palustris** var. **multiseta** Ledeb. Fl. Ross. 1: 263. 1842. 本变种与模式变种的区别：退化雄蕊分枝多，（11-）13-23条，比雄蕊长，比花瓣短；花期植株较高大；基生叶缺如或少而小。产黑龙江、吉林、辽宁、内蒙古、河北、山西、陕西及甘肃，生于海拔1250-2220米山坡、沟边、河边或草原。朝鲜半岛北部、日本、俄罗斯西伯利亚及远东地区有分布。

图 735 梅花草 （引自《图鉴》）

108. 蔷薇科 ROSACEAE

（陆玲娣 谷粹芝）

落叶或常绿，乔木、灌木或草本，直立、攀援、平铺、拱曲或匍匐；具刺或无刺。芽具数枚鳞片，有时有2枚鳞片。单叶或复叶，互生，稀对生，具锯齿，稀无齿；叶柄常具2腺体，托叶成对，与叶柄分离或连合，稀无托叶。花序类型多样，单花，数花簇生，伞房、总状或聚伞状圆锥花序；花常辐射对称，两性，稀单性，雌雄异株。花萼与子房分离或合生，萼筒短或圆筒状，萼片5，稀较少或较多，覆瓦状排列，有时具副萼片；花盘着生萼筒，全缘，稀浅裂；花瓣与萼片同数，覆瓦状排列，有时无花瓣；雄蕊常5至多数，稀1或2，花丝离生，稀合生；心皮1至多数，分离或多少连合，每心皮有1至数枚直立或悬垂的倒生胚珠；子房下位、半下位或上位；花柱与心皮同数，顶生、侧生或基生，分离或有时连合。蓇葖果、瘦果、梨果或核果，稀蒴果。种子直立或下垂，稀具翅，常无胚乳，稀具少量胚乳，子叶肉质，背部隆起，稀对折或席卷状。

约120余属3400多种，分布于全世界，北温带较多。我国55属900余种。

本科有许多著名水果，如苹果、梨、桃、李、梅、杏、樱桃、枇杷、草莓和山楂等，富含维生素、糖和有机酸，可生食及加工成果脯、果酱、果汁等，桃仁、杏仁和扁核木的种仁可榨油；郁李、金樱子和木瓜等可药用；悬钩子的枝叶及野蔷薇的根可提取栲胶；玫瑰和香水月季的花可提取芳香油；乔木树种的木材多坚韧细致，如梨木供雕刻，石楠制家具及农具，稠李和山楂的木材可作镟工用材等；有观赏价值的树种如绣线菊、珍珠梅、蔷薇、月季、海棠、樱花、碧桃、花楸等，其枝叶、花朵和果实艳丽多采，在世界园林中占有重要地位。

1. 蓇葖果，稀蒴果；心皮1-5(-12)；有或无托叶。
  2. 蓇葖果，开裂；种子无翅；花径不及2厘米。
    3. 心皮5，稀较少或多达8枚。
      4. 单叶。
        5. 蓇葖果不膨大，沿腹缝开裂；无托叶。
          6. 花序伞形，伞形总状、伞房状或圆锥状；心皮离生；叶有锯齿或裂片，稀全缘 ………………………………………… 1. **绣线菊属 Spiraea**
          6. 花序穗状圆锥形；心皮基部合生；叶全缘 …………………… 2. **鲜卑花属 Sibiraea**
        5. 蓇葖果膨大，沿背缝腹缝开裂；花序伞形总状；心皮基部合生；有锯齿或裂片，具托叶 ………………………………………… 5. **风箱果属 Physocarpus**
      4. 羽状复叶；大型圆锥花序。
        7. 多年生草本；一至三回羽状复叶，无托叶；心皮3-4(5-8)，离生 ………… 3. **假升麻属 Aruncus**
        7. 灌木；一回羽状复叶，有托叶；心皮5，基部合生 ………………… 4. **珍珠梅属 Sorbaria**
    3. 心皮1，稀多达5枚；单叶，托叶早落。
      8. 花序总状或圆锥状；萼筒钟状或筒状；蓇葖果有2-10（-12）种子 ………… 6. **绣线梅属 Neillia**
      8. 花序圆锥状；萼筒杯状；蓇葖果有1-2种子 ………………… 7. **小米空木属 Stephanendra**
  2. 蒴果；种子有翅；花径2厘米以上；单叶，无托叶 ………………… 8. **白鹃梅属 Exochorda**
1. 果不裂；叶有托叶。
  9. 子房下位、半下位，稀上位；心皮（1）2-5，多数与杯状花托内壁连合；梨果、稀浆果状或小核果状。
    10. 心皮成熟时成坚硬骨质；果内有1-5小核。
      11. 单叶。
        12. 叶全缘；枝无刺。
          13. 心皮1，着生萼筒基部，成熟时与萼筒分离 ………………… 9. **牛筋条属 Dichotomanthes**
          13. 心皮2-5，全部或大部与萼筒合生 ………………… 10. **栒子属 Cotoneaster**
        12. 叶有锯齿或裂片，稀全缘；枝常具刺。

14. 叶常绿；心皮 5，每心皮 2 胚珠 …… 11. **火棘属 Pyracantha**
14. 叶凋落，稀半常绿；心皮 1-5，每心皮 1 胚珠 …… 12. **山楂属 Crataegus**
11. 羽状复叶，小叶全缘；心皮 5，每心皮 1 胚珠 …… 13. **小石积属 Osteomeles**
10. 心皮成熟时成革质或纸质；果 1-5 室，每室 1 或多枚种子。
15. 伞形、伞房、总状或圆锥花序，具多花。
16. 单叶，常绿，稀凋落。
17. 心皮部分离生，子房半下位。
18. 叶全缘或有细锯齿；花序轴和花梗常无瘤状突起；果成熟时上半部分与萼筒分离，5 瓣裂 …… 14. **红果树属 Stranvaesia**
18. 叶有锯齿，稀全缘；花序轴和花梗常有瘤状突起；果成熟时顶端与萼筒分离，不裂 …… 15. **石楠属 Photinia**
17. 心皮合生，子房下位。
19. 果期萼片宿存；心皮(2) 3-5；叶侧脉直伸 …… 16. **枇杷属 Eriobotrya**
19. 果期萼片脱落；心皮 2 (3)；叶侧脉弯曲 …… 17. **石斑木属 Raphiolepis**
16. 单叶或复叶，凋落；花序梗和花梗无瘤状突起；心皮 2-5，全部或部分与萼筒合生，子房下位或半下位；果期萼片宿存或脱落 …… 18. **花楸属 Sorbus**
15. 花单生或数朵簇生，或组成伞形总状花序，稀总状或圆锥花序。
20. 每心皮种子 3 至多数。
21. 花柱离生；枝无刺；叶全缘；果期萼片宿存；花单生 …… 19. **榅桲属 Cydonia**
21. 花柱基部合生；枝有时具刺；叶具锯齿或全缘。
22. 萼筒被密毛；果期萼片宿存；子房每室 3-10 胚珠；花数朵簇生 …… 20. **移柀属 Docynia**
22. 萼筒无毛；果期萼片脱落；子房每室多数胚珠；花单生或数朵簇生 … 21. **木瓜属 Chaenomeles**
20. 每心皮 1-2 种子。
23. 子房和果 2-5 室，每室 2 胚珠。
24. 叶常绿；花序常为圆锥状；果小，2 室，萼片脱落 …… 17. **石斑木属 Raphiolepis**
24. 叶凋落；花序常为伞形总状；果大，2-5 室，萼片宿存或脱落。
25. 花柱离生；果肉常具多数石细胞 …… 22. **梨属 Pyrus**
25. 花柱基部合生；果肉常无石细胞 …… 23. **苹果属 Malus**
23. 子房和果具不完全 6-10 室，每室 1 胚珠；叶凋落；花序总状，稀单花；果期萼片宿存 …… 24. **唐棣属 Amelanchier**
9. 子房上位，稀下位。
26. 心皮常多数；瘦果，稀小核果状；萼宿存；复叶或单叶。
27. 瘦果或小核果状，着生于扁平、微凹或隆起的花托上。
28. 托叶不与叶柄连合；雌蕊 4-15，生于扁平或微凹的花托上。
29. 落叶灌木；单叶；花大，单生。
30. 叶互生；花无副萼片，黄色，5 出；雌蕊 5-8，每雌蕊 1 胚珠 …… 25. **棣棠花属 Kerria**
30. 叶对生；花有副萼片，白色，4 出；雌蕊 4，每雌蕊 1-2 胚珠 …… 26. **鸡麻属 Rhodotypos**
29. 多年生草本；羽状复叶，小叶掌状或羽状分裂；花小而多数，组成聚伞状圆锥花序，稀伞房状花序；雌蕊 5-15，每雌蕊 2 胚珠 …… 27. **蚊子草属 Filipendula**
28. 托叶常与叶柄连合，稀不连合；雌蕊数枚至多数，生于球形或圆锥形花托上。
31. 聚合果由小核果聚合而成；每心皮 2 胚珠；枝常有刺，稀无刺 …… 28. **悬钩子属 Rubus**
31. 瘦果分离；每心皮 1 胚珠。
32. 花柱顶生或近顶生，果期延长，常具钩或羽状毛。

33. 果具宿存花柱。
34. 矮小灌木；单叶，全缘或浅裂；萼片和花瓣均(6-)8-10 ………………………… 29. 仙女木属 **Dryas**
34. 多年生草本；萼片和花瓣均5。
35. 花柱上部具关节，果期从关节处脱落，宿存部分顶端弯曲 ……………… 30. 路边青属 **Geum**
35. 花柱直立，上部无关节，果期宿存。
36. 基生叶为羽状复叶，小叶多对；花两性，黄色，花柱不延长或稍延长 ………………………………………………………………………………………………… 31. 羽叶花属 **Acomastylis**
36. 基生叶为单叶；花杂性同株或异株，白色，花柱延长 …………… 32. 太行花属 **Taihangia**
33. 花柱凋落。
37. 矮小草本；基生叶为羽状复叶，具多数小叶；雌蕊多数，雄蕊宿存 ……… 33. 无尾果属 **Coluria**
37. 匍匐草本；基生叶为掌状3-5小叶或3-5深裂；雌蕊2-6，雄蕊脱落 … 34. 林石草属 **Waldsteinia**
32. 花柱侧生或基生，稀近顶生，果期不延长或稍延长。
38. 花托在早期干燥；草本或灌木；叶茎生或基生，小叶3至多数。
39. 雄蕊和雌蕊均多数，有副萼片；基生叶为掌状复叶或羽状复叶。
40. 花瓣黄或白色，先端圆钝或微凹，比萼片长或近等长 ………………… 35. 委陵菜属 **Potentilla**
40. 花瓣紫或白色，先端渐尖，比萼片短 …………………………………… 36. 沼委陵菜属 **Comarum**
39. 雄蕊4-5，雌蕊4-20。
41. 雄蕊与花瓣互生，雌蕊5-20；基生叶为掌状复叶或羽状复叶；有副萼片 ………………………………………………………………………………………………… 37. 山莓草属 **Sibbaldia**
41. 雄蕊与花瓣对生，雌蕊4-10；基生叶3裂、2至3回羽状深裂或全裂；无副萼片 ………………………………………………………………………………………… 38. 地蔷薇属 **Chamaerhodes**
38. 花托在果期肉质；草本；叶基生，小叶3，稀5枚。
42. 花白色，副萼片比萼片小 ……………………………………………………… 39. 草莓属 **Fragaria**
42. 花黄色，副萼片比萼片大 ……………………………………………………… 40. 蛇莓属 **Duchesnea**
27. 瘦果，着生杯状或坛状花托内。
43. 雌蕊多数，花托果期肉质而有色泽；羽状复叶，极稀单叶；灌木，枝常具刺 ………… 41. 蔷薇属 **Rosa**
43. 雌蕊1-4，花托果期干燥坚硬。
44. 花3基数，副萼片3，雄蕊3，与花瓣对生，花柱基生；小灌木；宿存叶柄成刺状 ………………………………………………………………………………………………… 42. 绵刺属 **Potaninia**
44. 花5基数，稀4基数，花柱顶生，稀基生；多年生草本。
45. 花瓣黄色。
46. 花萼具钩刺，无副萼片，雄蕊5-15 ……………………………………… 43. 龙芽草属 **Agrimonia**
46. 花萼无钩刺，具副萼片，雄蕊35-40 …………………………………… 44. 马蹄黄属 **Spenceria**
45. 花瓣无。
47. 羽状复叶；萼片覆瓦状排列，无副萼片，雄蕊4-15，花柱顶生；花两性，稀部分单性雌雄同株，常形成穗状或头状花序 ……………………………………………………… 45. 地榆属 **Sanguisorba**
47. 单叶，常掌状分裂，极稀掌状复叶；萼片镊合状排列，有副萼片，雄蕊1-5，花柱基生或近基生；花两性，常形成聚伞状伞房花序 ………………………………………… 46. 羽衣草属 **Alchemilla**
26. 心皮1，稀2或5；核果；萼常脱落；单叶。
48. 花瓣和萼片均大形，5。
49. 灌木，常有枝刺；枝条髓部呈薄片状；花柱侧生 ………………………………… 47. 扁核木属 **Prinsepia**
49. 乔木或灌木，无刺；枝条髓部坚实；花柱顶生。
50. 幼叶多席卷，稀对折；果具沟，被毛或蜡粉。

51. 侧芽3，两侧为花芽，具顶芽；花1-2朵，常无梗，稀具梗；子房和果常被柔毛，极稀无毛；果核常有孔穴，稀光滑；幼叶对折；先叶开花 ………………………………………… 48. **桃属 Amygdalus**
51. 侧芽单生，无顶芽；果核光滑、粗糙或具不明显孔穴。
52. 子房和果常被柔毛；花常无梗或有短梗；先叶开花 ………………………… 49. **杏属 Armeniaca**
52. 子房和果均无毛，常被蜡粉；花常具梗；花叶同放 ………………………………… 50. **李属 Prunus**
50. 幼叶多对折；果无沟，无蜡粉；枝具顶芽。
53. 花较大，数朵形成伞形、伞房状或短总状花序，稀单生，基部常有苞片；子房光滑；核平滑，具沟，稀具孔穴 ……………………………………………………………………… 51. **樱属 Cerasus**
53. 花较小，多朵形成总状花序，基部具小形苞片。
54. 叶冬季凋落；花序顶生，花序梗常具叶 ……………………………………… 52. **稠李属 Padus**
54. 叶常绿；花序腋生，花序梗常无叶 …………………………………………… 53. **桂樱属 Laurocerasus**
48. 花瓣和萼片均细小，常不易分清，10-12(-15)。
55. 常绿乔木或灌木；叶常全缘，托叶小，早落；花两性，心皮1 …………………… 54. **臀果木属 Pygeum**
55. 落叶乔木或灌木；叶具锯齿，托叶发达；花单性，心皮2 ………………………… 55. **臭樱属 Maddenia**

1. 绣线菊属 Spiraea Linn.

（陆玲娣）

落叶灌木。枝直立、拱曲或呈之字形弯曲，稀平卧地面。冬芽具2-8外露鳞片。单叶，互生，具锯齿或缺刻，有时分裂，稀全缘，羽状脉，稀基部有3-5出脉；常具短柄，无托叶。花两性，稀杂性，偶近单性；形成伞形、伞形总状、伞房或圆锥花序。花萼5裂，萼筒钟形或杯形，萼片镊合状，有时稍覆瓦状排列，宿存；花瓣常覆瓦状或内卷；雄蕊15-60，着生花盘和萼片之间；子房上位，花柱顶生或近顶生，柱头头状或盘状；心皮（3）5（-8），分离；每心皮具数枚（稀2-3）胚珠。蓇葖果5，常沿腹缝开裂，具数枚细小种子。种子线形或长圆形，种皮膜质，胚乳少或无。

约100种，广布北半球温带至亚热带山地。我国70种。许多种类耐寒，花朵美丽，白或红色，为庭园常见观赏植物。

1. 花序着生当年生具叶长枝顶端，长枝生于植株基部或者枝，或生于去年生枝。
2. 长圆形或金字塔形圆锥花序；花粉红色 …………………………………………… 1. **绣线菊 S. salicifolia**
2. 平顶复伞房花序；花白、粉红或紫色。
3. 复伞房花序顶着生当年生直立新枝。
4. 花序被短柔毛；花常粉红，稀紫红色；蓇葖果成熟时稍分开，无毛或仅沿腹缝有疏柔毛。
5. 叶基部楔形至宽楔形，叶柄长1-3毫米；小枝无毛或幼时被短柔毛；叶长2-8厘米，下面沿叶脉具短柔毛，有缺刻状重锯齿或兼有单锯齿；花粉红色。
6. 叶下面具短柔毛，基部楔形。
7. 叶先端急尖或短渐尖，卵形或卵状椭圆形，具缺刻状重锯齿或单锯齿 ……………………………………………………………………………… 2. **粉花绣线菊 S. japonica**
7. 叶先端渐尖，长卵形或披针形，具尖锐重锯齿 ……………………………………………………………… 2(附). **渐尖粉花绣线菊 S. japonica** var. **acuminata**
6. 叶下面无毛。
8. 花序被短柔毛；叶长圆状披针形，先端短渐尖，基部楔形 ……………………………………………………………… 2(附). **光叶粉花绣线菊 S. japonica** var. **fortunei**
8. 花序被无毛；叶卵形、卵状长圆形或长椭圆形，先端急尖或短渐尖，基部楔形或圆 ……………………………………………………………… 2(附). **无毛粉花绣线菊 S. japonica** var. **glabra**

5. 叶基部圆或平截，叶柄长5-8毫米。
9. 小枝无毛；叶长3-7厘米，两面无毛，具圆钝重锯齿；花两性，紫红色，雌雄蕊均发育 ………………………………………………………………………… 3. **紫花绣线菊 S. purpurea**
9. 小枝被柔毛或几无毛；叶长2-4厘米，下面沿叶脉有柔毛或近无毛，具锐锯齿或重锯齿；花近单性，淡红稀白色；雌蕊或雄蕊有时不发育 ………………………………… 4. **藏南绣线菊 S. bella**
4. 花序无毛；花白色；蓇葖果直立，无毛或沿腹缝有柔毛；叶基部宽楔形，叶柄长2-5毫米。
10. 叶下面被短柔毛，基部宽楔形，叶卵形、椭圆状卵形或椭圆状长圆形，长3-8厘米；果序径7-11厘米 ………………………………………………………………………… 5. **华北绣线菊 S. fritschiana**
10. 叶两面无毛，基部圆。
11. 叶长圆状卵形，长2.5-8厘米；果序径3-8厘米 ……………………………………………… 5(附). **大叶华北绣线菊 S. fritschiana** var. **angulata**
11. 叶宽卵形、卵状椭圆形或近圆形，长1.5-3厘米；果序径3-6厘米 ……………………………… 5(附). **小叶华北绣线菊 S. fritschiana** var. **parvifolia**
3. 复伞房花序着生侧生短枝和去年生枝。
12. 冬芽顶端钝，具数枚外露鳞片。
13. 叶先端或中部以上具少数锯齿，稀全缘。
14. 蓇葖果被柔毛；叶长2-7厘米，中部以上具少数锯齿，稀全缘；花梗长5-8毫米 ………………………………………………………………………… 6. **翠蓝绣线菊 S. henryi**
14. 蓇葖果无毛或沿腹缝有柔毛；叶长1-3厘米，先端具少数锯齿；花梗长2-5毫米 ………………………………………………………………………… 7. **茂汶绣线菊 S. sargentiana**
13. 叶常全缘，稀先端具少数锯齿。
15. 叶下面或两面被柔毛。
16. 蓇葖果被柔毛。
17. 花序和叶两面被长柔毛 ……………………………………… 8. **陕西绣线菊 S. wilsonii**
17. 花序无毛；叶两面无毛或下面沿叶脉疏被柔毛 ……………… 9. **广椭绣线菊 S. ovalis**
16. 蓇葖果无毛；花序密被短柔毛；叶上面无毛，下面被柔毛 ………… 10. **鄂西绣线菊 S. veitchii**
15. 叶两面无毛或沿叶缘有柔毛；蓇葖果无毛或沿腹缝有柔毛；花序有柔毛或无毛。
18. 花序和嫩枝被柔毛，稀近无毛 ……………………………… 11. **川滇绣线菊 S. schneideriana**
18. 花序和嫩枝常无毛 ……………… 11(附). **无毛川滇绣线菊 S. schneideriana var. amphidoxa**
12. 冬芽顶端渐尖，具2枚外露鳞片。
19. 叶具单锯齿、重锯齿或缺刻状。
20. 花序和蓇葖果密被柔毛。
21. 冬芽密被绒毛状柔毛；叶卵形至卵状披针形，下面被绢状长柔毛，后渐脱落，具单锯齿或兼有少数重锯齿，常不裂 ……………………………………………… 12. **绒毛绣线菊 S. velutina**
21. 冬芽无毛；叶卵状长圆形或卵状披针形，下面被柔毛，有缺刻和重锯齿 ………………………………………………………………………… 13. **南川绣线菊 S. rosthornii**
20. 花序和蓇葖果疏被柔毛或近无毛；冬芽无毛；叶长卵形、卵状披针形或长圆状披针形，下面无毛或叶脉有疏柔毛，具缺刻状重锯齿和单锯齿 ……………………… 14. **长芽绣线菊 S. longigemmis**
19. 叶全缘或中部以上有少数锯齿。
22. 花序被短柔毛；小枝常具棱角。
23. 花白或淡粉色；蓇葖果被短柔毛。
24. 叶卵形、倒卵形、倒卵状披针形或长圆形，长1-2厘米，全缘或中部以上具3-5钝齿，下面被短柔毛或无毛。

25. 叶卵形、倒卵形或倒卵状披针形，下面被短柔毛，有时近无毛，全缘或中部以上有3-5钝齿；蓇葖果微被短柔毛 ………………………………………………………… 15. **楔叶绣线菊 S. canescens**

25. 叶长圆形或倒卵形，下面粉绿色，无毛，全缘或不孕枝叶先端3浅裂；蓇葖果无毛，稀微被柔毛 ……………………………………………………………… 15(附). **粉背楔叶绣线菊 S. canescens** var. **glaucophylla**

24. 叶长圆形、卵状长圆形或倒卵状长圆形，长1.5-3厘米，常全缘，两面无毛 ……………………………………………………………………………………………… 16. **毛果锈线菊 S. trichocarpa**

23. 花红色；蓇葖果常无毛；叶长椭圆形至倒卵形，长0.8-1.2厘米，全缘或具3-8锯齿或先端浅裂 ……………………………………………………………………………………………… 16(附). **拱枝绣线菊 S. arcuata**

22. 花序无毛；小枝圆或稍具棱角；花白色；蓇葖果微被柔毛；叶长圆状卵形、长圆状披针形或长圆状倒披针形，长1-3厘米，全缘，两面无毛 ………………………………………… 17. **乌拉绣线菊 S. uratensis**

1. 花序生于去年生枝上的芽，着生有叶或无叶的侧生短枝顶端。

26. 伞形或伞形总状花序具花序梗。

27. 冬芽具数枚外露鳞片。

28. 叶有锯齿或缺刻，有时分裂。

29. 雄蕊短于花瓣或几与花瓣等长；萼片在果期直立或开展；伞形花序。

30. 叶下面被毛。

31. 花序和蓇葖果具毛。

32. 叶下面被短柔毛。

33. 叶倒卵形或椭圆形，稀卵形，先端不裂，下面疏被柔毛，中部以上或先端具钝或稍锐锯齿；花序径4-5厘米；花梗长1.2-2.2厘米 ………… 18. **疏花绣线菊 S. hirsuta**

33. 叶菱状卵形、椭圆形，稀倒卵形，下面被绢状短柔毛，先端常3裂，具粗钝锯齿；花序径2-3厘米；花梗长0.6-1厘米 ……………… 18(附). **金州绣线菊 S. nishimurae**

32. 叶下面被绒毛。

34. 萼片卵状披针形；叶菱状卵形或倒卵形，具缺刻状粗锐齿，下面密被黄色绒毛 …………………………………………………………………………… 19. **中华绣线菊 S. chinensis**

34. 萼片三角形或卵状三角形；叶具较钝锯齿，下面密被白色绒毛。

35. 叶菱状卵形，长2-4.5厘米，先端常急尖，稀钝圆，具深钝锯齿或小裂片 ………………………………………………………………………… 20. **毛花绣线菊 S. dasyantha**

35. 叶卵形至倒卵形，长1-2厘米，先端钝圆，有时微3裂，具少数钝圆锯齿或重锯齿 ………………………………………………………… 20(附). **云南绣线菊 S. yunnanensis**

31. 花序无毛；蓇葖果被毛或沿腹缝微具毛；叶菱状卵形或椭圆形，先端尖，两面被短柔毛，中部以上有粗齿或缺刻状锯齿，有时3裂 ……………………… 21. **土庄绣线菊 S. pubescens**

30. 叶、花序和蓇葖果均无毛，稀沿腹缝线微被短柔毛。

36. 叶先端钝圆。

37. 叶近圆形，先端3裂，基部圆或近心形，稀楔形，中部以上有少数钝圆锯齿，基脉3-5 ………………………………………………………………… 22. **三裂绣线菊 S. trilobata**

37. 叶菱状卵形或倒卵形，基部楔形，中部以上有少数钝圆缺刻状锯齿或3-5浅裂，具羽状脉或基部具不明显3出脉 ……………………………………… 23. **绣球绣线菊 S. blumei**

36. 叶先端尖。

38. 叶菱状披针形或菱状长圆形，近中部以上有缺刻状锯齿，具羽状脉 ………………………………………………………………………… 24. **麻叶绣线菊 S. cantoniensis**

38. 叶菱状卵形或菱状倒卵形，具缺刻状重锯齿，常3-5裂，具不明显3出脉或羽状脉 ……………………………………………………………… 24(附). **菱叶绣线菊 S. vanhouttei**

29. 雄蕊长于花瓣；稀与花瓣近等长；伞形总状花序。

39. 蓇葖果被柔毛；萼片果期直立。

40. 花梗和花萼被柔毛；叶卵形或卵状披针形，基部宽楔形或近圆，下面被柔毛，中部以上有缺刻状粗齿或浅裂 …………………………………………………………… 25. **浅裂绣线菊 S. sublobata**

40. 花梗和花萼无毛；叶长圆状椭圆形、长圆状卵形或披针状椭圆形，基部楔形，下面脉腋有柔毛，中部以上具不整齐锯齿，有时具重锯齿或缺刻状锯齿 …………… 26. **美丽绣线菊 S. elegans**

39. 蓇葖果无毛或沿腹缝线稍有短柔毛；萼片果期反折；花梗和花萼无毛；叶卵形或椭圆状卵形，基部楔形或近圆，无毛或下面脉腋具簇生柔毛，具有单锯齿，不孕枝叶先端常具缺刻状重锯齿 …………………………………………………………………………………… 27. **华西绣线菊 S. laeta**

28. 叶全缘或先端有锯齿。

41. 叶下面具毛；蓇葖果被毛。萼片反折。

42. 小枝密被长柔毛；叶下面密生长绢毛。

43. 直立灌木；叶卵状椭圆形或椭圆形，长1.5-4.5厘米；花序具15-30花；雄蕊长于花瓣或等长 …………………………………………………………………………… 28. **绢毛绣线菊 S. sericea**

43. 平卧灌木；叶常宽卵形，长0.8-1.5厘米；花序具7-15花；雄蕊稍短于花瓣 ……………………………………………………………………………………… 29. **平卧绣线菊 S. prostrata**

42. 小枝无毛或近无毛；直立灌木；叶椭圆形至披针形，长1-2.5厘米，无毛或下面脉腋微具柔毛；花序具9-15花；雄蕊长于花瓣 ……………………………………… 30. **欧亚绣线菊 S. media**

41. 叶下面无毛；蓇葖果无毛或腹缝微被柔毛。

44. 小枝具棱角，被柔毛；宿存萼片直立或半开展。

45. 叶簇生，线状披针形至长圆状倒卵形，先端尖，稀钝圆，两面无毛，全缘；花序无毛 ……………………………………………………………………………………… 31. **高山绣线菊 S. alpina**

45. 叶散生，卵形、卵状长圆形或倒卵状长圆形，先端钝圆，下面疏被短柔毛或无毛，全缘，稀先端具3至数枚钝齿；花序无毛或疏被短柔毛 ………………… 32. **细枝绣线菊 S. myrtilloides**

44. 小枝无毛；宿存萼片反折；叶长椭圆形或线状披针形，先端尖，两面无毛，全缘或不孕枝叶先端有2-5锯齿；花序无毛 ……………………………………… 33. **窄叶绣线菊 S. dahurica**

27. 冬芽具2枚外露鳞片。

46. 叶有锯齿；雄蕊长于花瓣；萼片果期反折。

47. 叶长圆状椭圆形或长圆状卵形，基部楔形，稀圆，中部以上有单锯齿；幼枝具棱角；花序具4-10花 …………………………………………………………………… 34. **曲萼绣线菊 S. flexuosa**

47. 叶宽卵形，基部圆或宽楔形，具单锯齿或重锯齿；幼枝稍具棱角；花序有5-12花 ……………………………………………………………………… 35. **石蚕叶绣线菊 S. chamaedryfolia**

46. 叶全缘或先端有钝圆锯齿；雄蕊几与花瓣等长；萼片果期直立或开展。

48. 小枝、冬芽、叶和花序无毛；蓇葖果无毛或腹缝稍有短柔毛 ………… 36. **蒙古绣线菊 S. mongolica**

48. 小枝、冬芽、叶、花序和蓇葖果均被毛 ……………………………… 37. **毛叶绣线菊 S. mollifolia**

26. 伞形花序无花序梗。

49. 叶具锯齿或微浅裂；雄蕊短于花瓣。

50. 叶具细锐锯齿；小枝幼时被柔毛。

51. 叶卵形或长圆状披针形，下面被短柔毛；花梗长1-2.4厘米，具短柔毛。

52. 花重瓣，径1-1.2厘米 ……………………………………………… 38. **李叶绣线菊 S. prunifolia**

52. 花单瓣，径6-7毫米 ………………… 38(附). **单瓣李叶绣线菊 S. srunifolia** var. **smipliciflora**

51. 叶线状披针形，下面无毛；花梗长0.6-1厘米，无毛 ………………… 39. **珍珠绣线菊 S. thunbergii**

50. 叶具3-5钝齿，常3浅裂，叶近圆形、椭圆形或倒卵形，下面密被柔毛；小枝幼时密被绒毛；花梗长5-

9毫米，无毛 ………………………………………………………………………… 40. **毛枝绣线菊 S. martinii**

49. 叶全缘或近先端有少数钝圆锯齿；雄蕊与花瓣等长或近等长。

53. 叶长圆形、长圆状倒卵形或倒卵状披针形，先端尖或钝圆，全缘或先端有2-4锯齿。

54. 幼枝、叶下面和蓇葖果无毛 ………………………………………… 41. **金丝桃绣线菊 S. hypericifolia**

54. 幼枝、叶下面和蓇葖果被柔毛 ………………………………………… 41(附). **海拉尔绣线菊 S. hailarensis**

53. 叶扇形或倒卵形，先端钝圆，全缘或3-5浅裂；嫩枝、叶下面和蓇葖果被柔毛 ………………………………………………………………………… 42. **耧斗菜叶绣线菊 S. aquilegifolia**

1. 绣线菊 珍珠梅 图 736：1-3

Spiraea salicifolia Linn. Sp. Pl. 489. 1753.

直立灌木，高达2米。嫩枝被柔毛，老时脱落。冬芽有数枚褐色外露鳞片，疏被柔毛。叶长圆状披针形或披针形，长4-8厘米，先端急尖或渐尖，基部楔形，密生锐锯齿或重锯齿，两面无毛；叶柄长1-4毫米，无毛。长圆形或金字塔形圆锥花序，长6-13厘米，被柔毛。花梗长4-7毫米；苞片披针形至线状披针形，全缘或有少数锯齿，微被细短柔毛；花径5-7毫米；萼筒钟状，萼片三角形；花瓣卵形，先端钝圆，长与宽2-3毫米，粉红色；雄蕊50，长于花瓣约2倍；花盘环形，裂片呈细圆锯齿状；子房有疏柔毛，花柱短于雄蕊。蓇葖果直立，无毛，沿腹缝有柔毛，宿存花柱顶生，倾斜开展，宿存萼片反折。花期6-8月，果期8-9月。

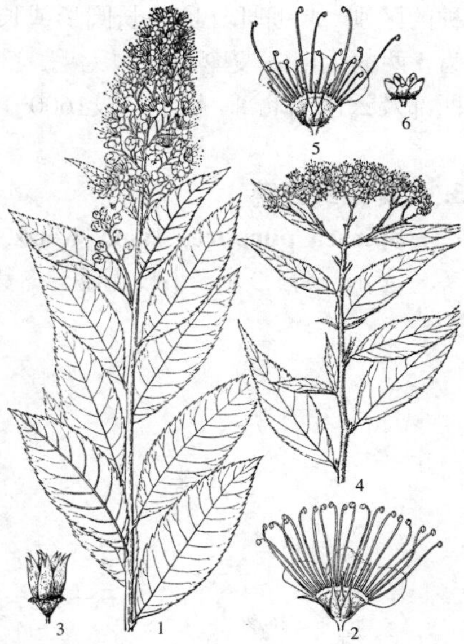

图 736：1-3. 绣线菊 4-6. 渐尖粉花绣线菊
（王金凤绘）

产黑龙江、吉林、辽宁、内蒙古东部、河北北部及西部、山西西部及山东东北部，生于海拔200-900米河流沿岸、空旷地、湿草原或山沟。蒙古、日本、朝鲜半岛、俄罗斯西伯利亚及北美洲有分布。栽培供观赏；为蜜源植物。

2. 粉花绣线菊 图 737

Spiraea japonica Linn. f. Suppl. Sp. Pl. 262. 1781.

直立灌木，高达1.5米。小枝无毛或幼时被短柔毛。叶卵形或卵状椭圆形，长2-8厘米，先端急尖或短渐尖，基部楔形，具缺刻状重锯齿或单锯齿，上面无毛或沿叶脉微具短柔毛，下面常沿叶脉有柔毛；叶柄长1-3毫米，被短柔毛。复伞房花序生于当年生直立新枝顶端，密被短柔毛。花梗长4-6毫米；苞片披针形或线状披针形，下面微被柔毛；花径4-7毫米；花萼有疏柔毛，萼片三角形；花瓣卵形或圆形，长2.5-3.5毫米，粉红色；雄蕊25-30，远长于花瓣；花盘环形，约有10个不整齐裂片。蓇葖果半开张，无毛或沿腹缝有疏柔毛，宿存花柱顶生，稍倾斜开展，宿存萼片常直立。花期6-7月，果期8-9月。

原产日本及朝鲜半岛。各地栽培供观赏。

［附］**渐尖粉花绣线菊** 图736：4-6 **Spiraea japonica** var. **acuminata** Franch. in Nouv. Arch. Mus. Hist. Nat. Paris sér. 2, 8: 218. 1886. 本变种与模式变种的区别：叶长卵形或披针形，先端渐尖，具尖锐重锯齿；复伞房花序长达18厘米；花粉红色。产甘肃、陕西、河南、安徽、江苏、浙江、福建、江西、湖北，湖南、广东，广西、贵州，云南及西藏，生于海拔900-4000米山坡开旷地、山谷、沟旁或林中。

［附］**光叶粉花绣线菊** 彩片 113 **Spiraea japonica** var. **fortunei** (Planchon) Rehd. in Barley, Cycl. Am. *Hort*. 1703. 1902. —— *Spiraea* *fortunei* Planchon Fl. des. Serr. 9：35. t. 871. 1853. 本变种与模式变种的区别：叶长圆状披针形，长5-10厘米，先端短逝尖，具尖锐重锯齿，上面有皱纹，两面无毛；花盘不发达。产山东、江苏、安徽、浙江、福建、江西、湖北、湖南、广东、广西、云南、贵州、四川、陕西及甘肃，生于海拔700-3000米山坡、田野或林下，庭园常有栽培。

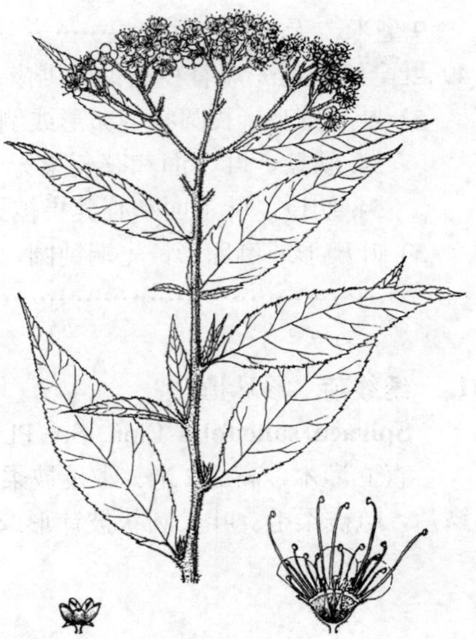

图 737 粉花绣线菊
（引自《中国树木分类学》）

［附］**无毛粉花绣线菊 Spiraea japonica** var. **glabra**（Regel）Koidz. in Bot. Mag. Tokyo 23：167. 1909. —— *Spiraea callosa* γ. *glabra* Regel in Ind. Sem. Hort. Petrop. 1869（suppl.）27. 1870. 本变种与模式变种的区别：叶卵形、卵状长圆形或长椭圆形，基部楔形或圆，具尖锐重锯齿，两面无毛；复伞房花序无毛。产安徽、浙江、江西、湖北西部、四川西部及云南东北部，生于海拔1600-1900米林下或多石砾地方。

3. 紫花绣线菊　　图 738

Spiraea purpurea Hand.-Mazz. Symb. Sin. 7：453. 1933.

灌木，高1.2米。小枝无毛。冬芽无毛，叶卵形，长3-7厘米，先端钝圆或尖，萎部近圆或平截，具钝圆重锯齿，微反卷，两面无毛，无乳头状突起，中脉和6-8对侧脉及网脉均明显；叶柄长6-8毫米，近先端稍具窄翅。顶生复伞房花序密集，被柔毛，花序梗长；苞片线形，长2-4毫米，被灰色短毛。花两性，径约7毫米，紫红色；萼筒无毛或有柔毛，宽陀螺状，萼片三角状卵形，内面先端有白色柔毛；花瓣圆形，长于萼片约1.5倍；雄蕊20，长短不齐，长者几与花瓣等长，花药褐紫色。蓇葖果无毛，宿存花柱长1.5毫米。花期5-7月，果期8-9月。

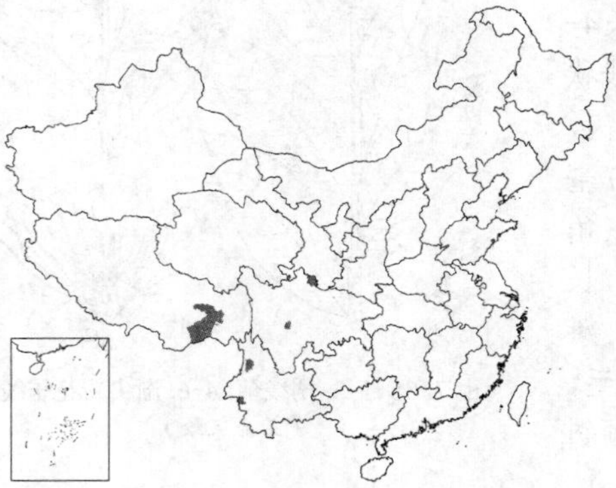

产云南西部、四川及西藏东南部，生于海拔2800-3300米山坡灌丛或林中。

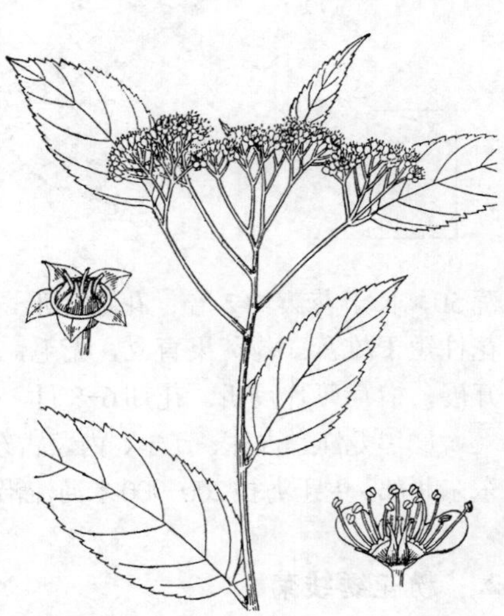

图 738 紫花绣线菊 （王金凤绘）

4. 藏南绣线菊　　图 739

Spiraea bella Sims in Curtis's Bot. Mag. 50：t. 2426. 1823.

落叶灌木，高达2米。小枝被柔毛或几无毛。冬芽具数枚鳞片。叶卵形、椭圆状卵形或卵状披针形，长2-4厘米，先端急尖，基部宽楔形或圆，基部1/3以上有锐锯齿或重锯齿，上面无毛，稀微具毛，下面沿叶脉具短柔毛或近无毛；叶柄长2-5毫米。复伞房花序顶生，有柔毛，多花。花梗长5-8毫米；苞片椭圆状披针形，微具毛。花趋向单性雌雄异株，淡红稀白色，径5-7毫米；萼筒钟状，稍具柔毛，萼片三角状卵形，几无毛；花瓣近圆形，无毛，长于萼片；雄蕊20，在雌花中雄蕊退化，较花瓣短，在雄花中雄蕊较花瓣长；花盘环形，具10个裂片。蓇葖果张开，沿腹缝微被

柔毛，宿存花柱倾斜开展，宿存萼片反折。花期5-7月，果期8-9月。

产云南西北部、四川西南部、西藏东南部及南部，生于海拔2400-3600米山地灌丛或林中。印度、不丹、锡金及尼泊尔有分布。

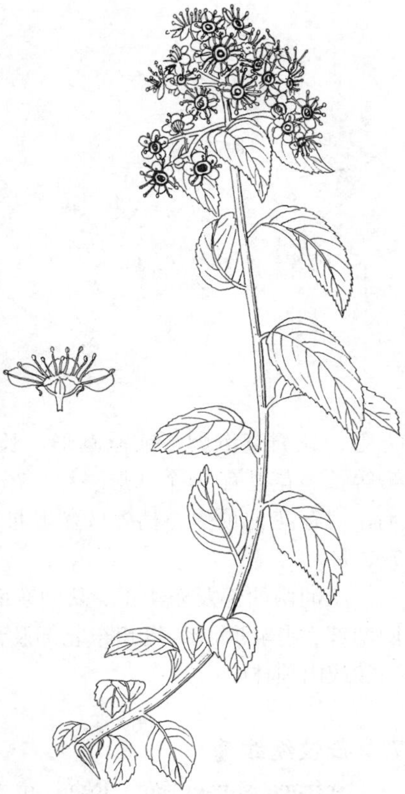

图 739 藏南绣线菊 （孙英宝仿绘）

5. 华北绣线菊 图 740

Spiraea fritschiana Schneid. in Bull. Herb. Boiss. sér. 2, 5: 347. 1905.

灌木，高达2米。小枝具棱角，有光泽，嫩枝无毛或具疏短柔毛。冬芽有数枚褐色鳞片，幼时疏被短柔毛。叶卵形、椭圆状卵形或椭圆状长圆形，长3-8厘米，先端急尖或渐尖，基部宽楔形，有不整齐重锯齿或单锯齿，上面无毛，稀沿叶脉有疏柔毛，下面被短柔毛；叶柄长2-5毫米，幼时被柔毛。复伞房花序顶生于当年生直立新枝，多花，无毛。花梗长4-7毫米；苞片披针形或线形，微被短柔毛；花径5-6毫米；花萼无毛，萼筒钟状，萼片三角形；花瓣卵形，先端钝圆，长2-3毫米，白色；雄蕊25-30，长于花瓣；花盘环状，有8-10个大小不等裂片；子房具短柔毛，花柱短于雄蕊。果序径7-11厘米；蓇葖果几直立，开张，无毛或沿腹缝有柔毛，宿存花柱顶生，宿存萼片反折。花期5-6月，果期7-9月。

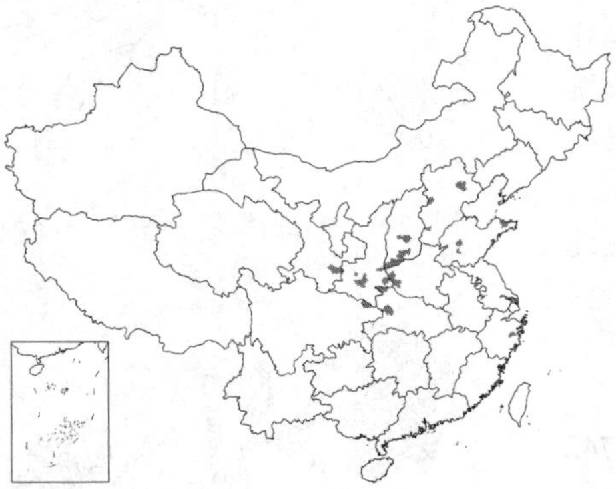

产河北、山西南部、陕西南部、甘肃东南部、四川东北部、湖北西部、河南西部、山东、江苏西南部及浙江东北部，生于海拔1000-2000米岩石坡地、山谷林中。朝鲜半岛有分布。

［附］**大叶华北绣线菊 Spiraea fritschiana** var. **angulata** (Fritsch. ex Schneid.) Rehd. in Sarg. Pl. Wilson. 1: 453. 1913. —— *Spiraea angulata* Fritsch. ex Schneid. in Bull. Herb. Boiss. sér. 2, 5: 347. 1905. 本变种与模式变种的区别：叶长圆状卵形，长2.5-8厘米，基部圆，两面无毛；果序径3-8厘米。产黑龙江西南部、辽宁西南部、河北北部、河南西部、山西中部及南部、陕西南部、甘肃东南部、山东北部、安徽东南部、江西西部及湖北西部，生于海拔200-2400米山地林内、林缘或悬崖下石砾地。

［附］**小叶华北绣线菊 Spiraea fritschiana** var. **parvifolia** Liou, Ill. Fl. Lign. Pl. North.-East. China 279. 563. pl. 98. f. 186. 1955. 本变种与模式变种的区别：叶宽卵形、卵状椭圆形或近圆形，长1.5-3厘米，基部圆，两面无毛；果序径3-6厘米。产辽宁西南部、河北北部及山东北部，生于海拔800-1000米干旱山坡。

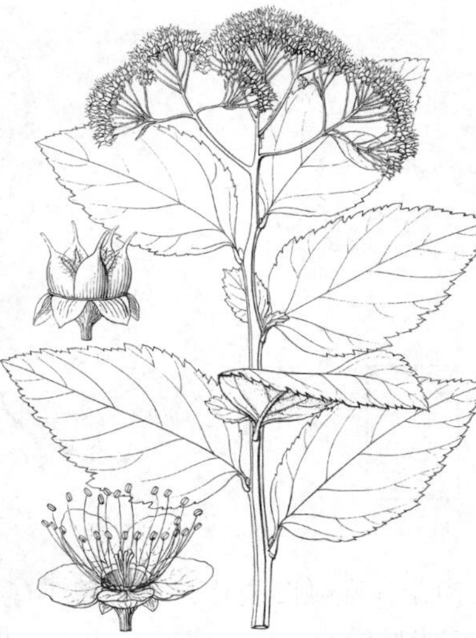

图 740 华北绣线菊 （引自《图鉴》）

6. 翠兰绣线菊 图 741

Spiraea henryi Hemsl. in Journ. Linn. Soc. Bot. 23: 225. t. 6. 1887.

灌木，高达3米。幼枝被柔毛，后脱落近无毛。冬芽有数枚外露鳞片，被短柔毛。叶椭圆形、椭圆状长圆形或倒卵状长圆形，长2-7厘米，先端

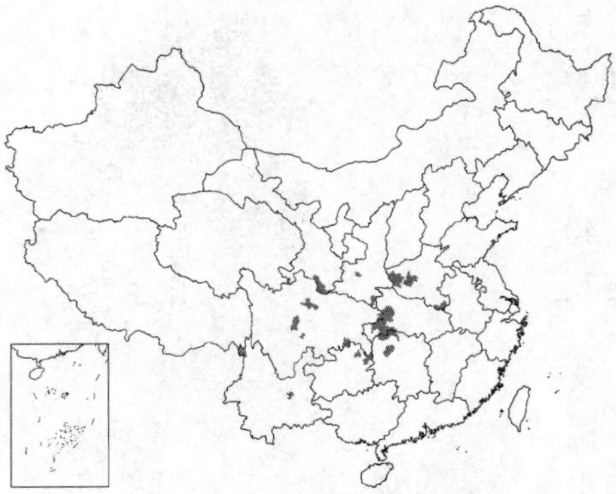

急尖或稍钝圆，基部楔形，中部以上具少数粗齿，稀全缘，无毛或疏生柔毛，下面密被长柔毛；叶柄长2-5毫米，有柔毛。复伞房花序密集侧生短枝顶端，径4-6厘米，有长柔毛。花梗长5-8毫米；苞片披针形，上面有疏柔毛。下面毛较密；花径5-6毫米；萼筒钟状，被长柔毛，萼片卵状三角形，近无毛；花瓣宽倒卵形或近圆形，长2-2.5毫米，白色；雄蕊20，几与花瓣等长；花盘有10个球形裂片；花柱短于雄蕊。蓇葖果开张，被细长柔毛，宿存花柱顶生，稍外倾斜开展，宿存萼片直立。花期4-5月，果期7-8月。

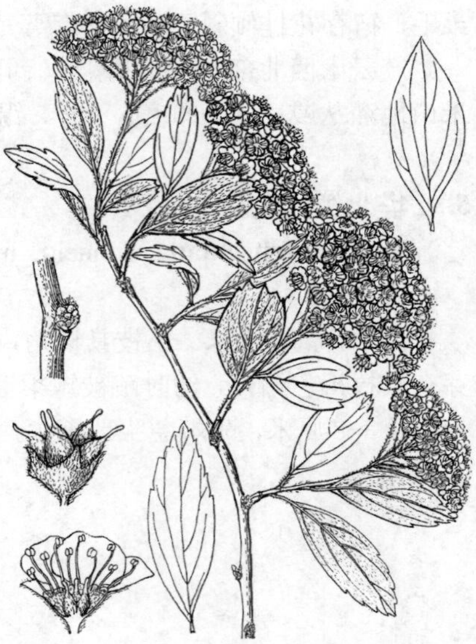

图 741 翠兰绣线菊 （引自《图鉴》）

产河南西部及东南部、陕西东南部及西南部、甘肃南部、四川、湖北西南部、湖南西北部、贵州东北部及云南，生于海拔1500-2800米石砾坡地、山麓或山顶林中。

7. 茂汶绣线菊 图 742

Spiraea sargentiana Rehd. in Sarg. Pl. Wilson. 1: 447. 1913.

灌木，高达2米。嫩枝被短柔毛，老时无毛。冬芽有数枚外露鳞片，幼时被柔毛。叶椭圆状长圆形或倒卵状长圆形，长1-3厘米，先端急尖或具少数锯齿，基部楔形，上面疏被柔毛，下面密被细长柔毛；叶柄长1-3毫米，被柔毛。复伞房花序着生侧枝顶端，径2.5-4厘米，被细长柔毛。花梗长2-5毫米；苞片长椭圆形或长圆形，两面具细长柔毛；花径5-6毫米；花萼被细长柔毛，萼片三角形；花瓣近圆形，长与宽约2-3毫米，乳白色；雄蕊20，几与花瓣等长；花盘环状，具10个先端微凹裂片；子房基部有柔毛，花柱短于雄蕊。蓇葖果开张，无毛或沿腹缝有柔毛，宿存花柱顶生背部，稍外倾斜开展，宿存萼片直立或反折。花期6-7月，果期9-10月。

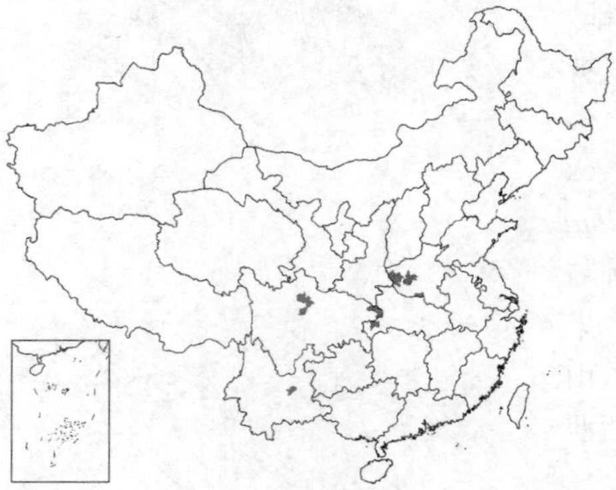

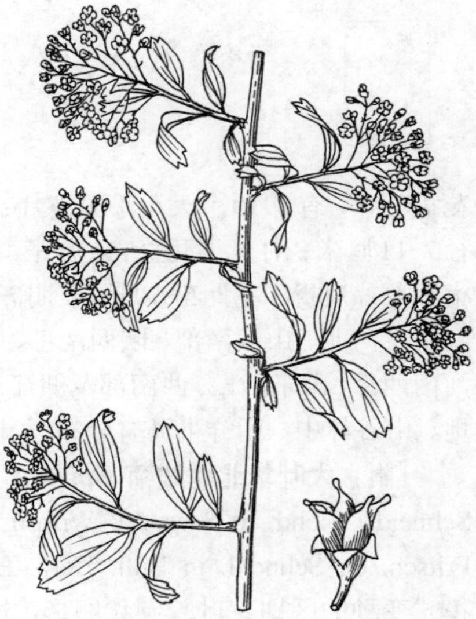

图 742 茂汶绣线菊 （孙英宝绘）

产河南西部及南部、湖北西部、四川中北部及云南中东部，生于海拔1000-2400米阳坡瘠地灌丛中路边或岸边。

8. 陕西绣线菊 图 743

Spiraea wilsonii Duthie in Veitch, Hort. Veitch. 379. 1906.

灌木，高达2.5米。小枝拱形弯曲，嫩时被短柔毛，老时无毛。冬芽有数枚外露鳞片，被短柔毛。叶长圆形、倒卵形或椭圆状长圆形，长1-3厘米，先端急尖，稀钝圆，基部楔形，全缘，稀先端有少数锯齿，上面疏被柔毛，下面被长柔毛；叶柄长2-5毫米，

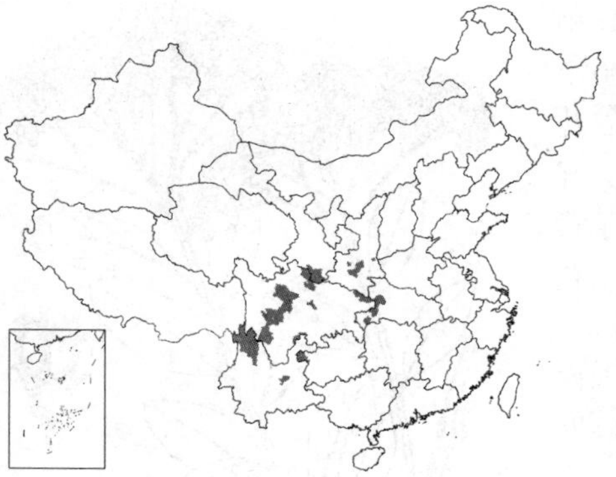

被长柔毛。复伞房花序着生侧枝顶端，径3-4.5厘米，被长柔毛。花梗长4-6毫米；苞片椭圆状长圆形或卵状披针形，长4-6毫米，全缘，两面被长柔毛；花径6-7毫米；萼筒钟状，被长柔毛，萼片三角形；花瓣宽倒卵形或近圆形，长2-3毫米；雄蕊20，几与花瓣等长；花盘环状，具10个裂片；花柱比雄蕊短。蓇葖果开张，密被短柔毛，宿存花柱顶生背部顶端，宿存萼片直立。花期5-7月，果期8-9月。

产甘肃南部、陕西中南部、湖北西部、四川、贵州西部及云南，生于海拔1000-3200米岩石坡地、田野路边或山谷疏林中。

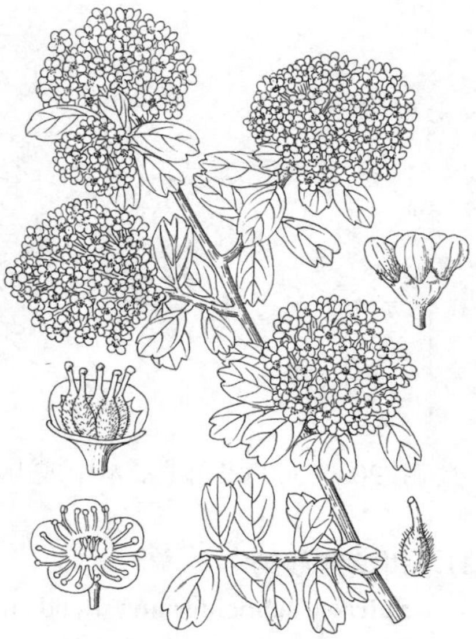

图 743 陕西绣线菊 （孙英宝绘）

9. 广椭绣线菊 图 744：1-6

Spiraea ovalis Rehd. in Sarg. Pl. Wilson. 1: 446. 1913.

灌木，高达3米。小枝圆，嫩枝无毛。冬芽有数枚外露芽鳞，幼时被柔毛。叶宽椭圆形或长圆形，稀倒卵形，长1.5-3.5厘米，先端钝圆，稀尖，基部宽楔形或近圆，全缘，稀先端有少数浅齿，两面无毛或下面沿叶脉疏被柔毛；叶柄长3-5毫米，无毛或微被短柔毛。复伞房花序着生侧枝顶端，径3.5-6厘米，无毛。花梗长4-7毫米；苞片椭圆形或披针形，无毛；花径约5毫米；花萼无毛，萼片卵状三角形；花瓣宽卵形或近圆形，先端钝圆，长1.5毫米，白色；雄蕊20，稍长于花瓣或与花瓣近等长；花盘环状，有10个肥厚裂片；花柱短于雄蕊。蓇葖果开张，微具短柔毛，宿存花柱生于背部顶端，宿存萼片直立。花期5-6月，果期8月。

产甘肃南部、陕西南部、河南西部、湖北西部、贵州东北部、四川及西藏东北部，生于海拔900-2500米山谷或山顶草地。

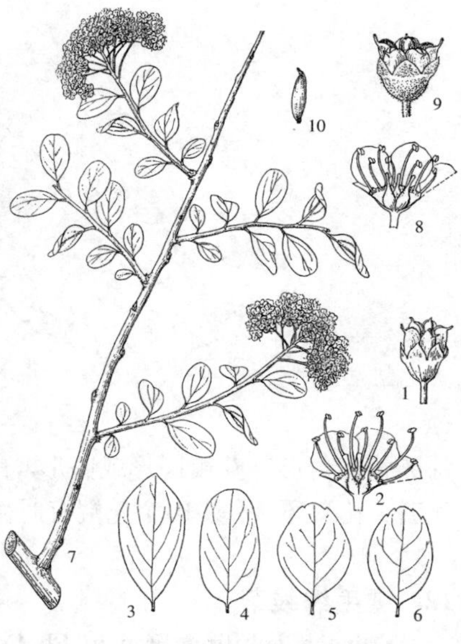

图 744：1-6. 广椭绣线菊 7-10. 川滇绣线菊 （张泰利绘）

10. 鄂西绣线菊 图 745

Spiraea veitchii Hemsl. in Gard. Chron. ser. 3, 33: 258. 1903.

灌木，高达4米。枝条呈拱形弯曲，幼时被短柔毛，稍有棱角，老时无毛。冬芽有数枚外露芽鳞。叶长圆形、椭圆形或倒卵形，长1.5-3厘米，先端钝圆或微尖，基部楔形，全缘。上面无毛，下面被极细柔毛，羽状脉不明显；叶柄长约2毫米，被细短柔毛。复伞房花序着生侧枝顶端，径4.5-6厘米，花小而密集，密被极细短柔毛。花梗长3-4毫米；花径约4毫米；萼筒钟状，被细柔毛，萼片三角形；花瓣卵形或近圆形，先端钝圆，长1.5-

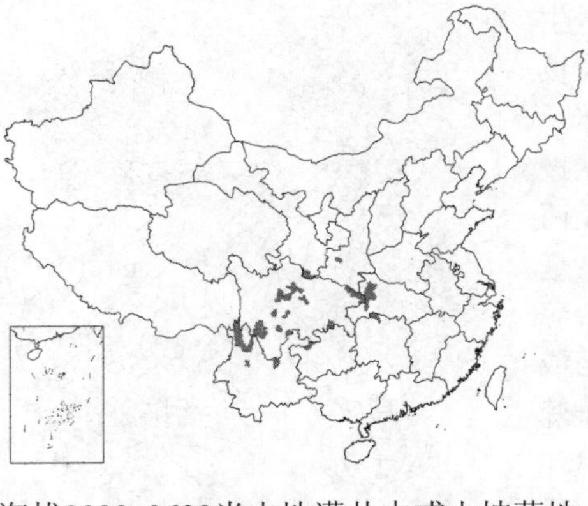

2毫米，白色；雄蕊约20，稍长于花瓣；花盘约有100个裂片，裂片先端常微凹；花柱短于雄蕊。蓇葖果小，开张，无毛，宿存花柱生于背部顶端，宿存萼片直立。花期5-7月，果期7-10月。

产甘肃南部、陕西西南部、湖北西部、湖南北部、四川、贵州西北部及云南，生于海拔2000-3600米山地灌丛中或山坡草地。

11. 川滇绣线菊 图 744：7-10

Spiraea schneideriana Rehd. in Sarg. Pl. Wilson. 1: 446. 1913.

灌木，高达2米。小枝有棱角，幼时被细长柔毛，后渐脱落。冬芽具数枚外露芽鳞，幼时被柔毛。叶卵形或卵状长圆形，长0.8-1.5厘米，先端钝圆或微尖，基部楔形或圆，全缘，稀先端有少数锯齿，两面无毛或沿叶脉有细长柔毛，有时基部具3脉；叶柄长1-2毫米，常无毛。复伞房花序着生侧枝顶端，被柔毛或近无毛。花梗长4-9毫米；苞片披针形，全缘，微被柔毛；花径5-6毫米；花萼无毛，萼片卵状三角形；花瓣圆形或卵形，白色，长2-2.5毫米；雄蕊20，稍长于花瓣；花盘环状，具10个先端有时微凹的裂片；花柱短于雄蕊。蓇葖果开

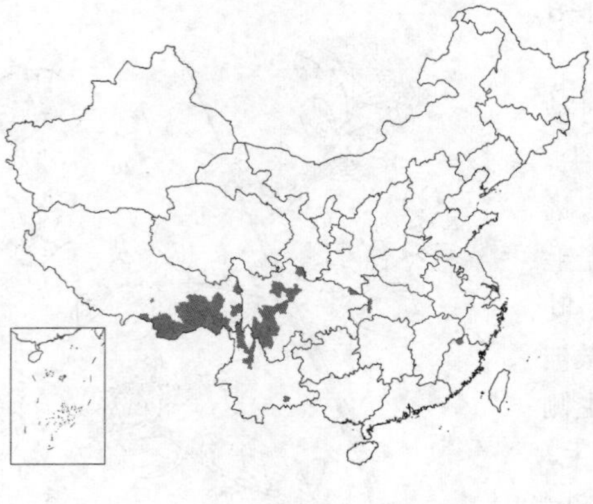

图 745 鄂西绣线菊 （引自《图鉴》）

张，无毛或沿腹缝微被柔毛，宿存花柱生于背部顶端，宿存萼片直立。花期5-6月，果期7-9月。

产云南、西藏、四川、湖北西部及福建西北部，生于海拔2500-4000米山地林内。

［附］**无毛川滇绣线菊** 彩片 114 **Spiraea schneideriana** var. **amphidoxa** Rehd. in Sarg. Pl. Wilson. 1: 450. 1913. 本变种与模式变种的区别：嫩枝和花序常无毛。产陕西西南部、甘肃南部、四川、云南西北部及西藏东部，生于海拔2500-3800米岩石山坡、山谷溪旁灌丛或林内。

12. 绒毛绣线菊 图 746：1-4

Spiraea velutina Franch. Pl. Delav. 201. 1889.

灌木，高达2米。幼时密被柔毛。冬芽长卵形，密被绒毛，有2枚外露鳞片。叶卵形或卵状披针形，长3-8厘米，先端急尖，基部楔形，具粗单锯齿，少数具重锯齿，上面疏被短柔毛，下面密被绢状长柔毛，后渐脱落；叶柄长3-5毫米，密被长柔毛。复伞房花序着生侧枝顶端，径4-7厘米，果时有时达14厘米，被细长柔毛。花梗长5-7毫米；苞片线状披针形或卵状披针形，两面有长柔毛；花径5-6毫米；萼筒被柔毛，萼片三角形；花瓣几圆形，长2-3毫米，白色；雄蕊20，长于花瓣；花盘环状，有10个肥厚裂片；花柱短于雄蕊。蓇葖果开张，被长柔毛，宿存花柱顶生，宿存萼片反折。花期5-6月，果期8-10月。

产云南及西藏东南部，生于海拔2000-3000米山坡或沟谷中。

13. 南川绣线菊 图 747

Spiraea rosthornii Pritz. in Engl. Bot. Jahrb. 29: 383. 1900.

灌木，高达2米。枝条开张，幼时具短柔毛，后脱落。冬芽无毛，有2枚外露鳞片。叶卵状长圆形或卵状披针形，长2.5-5（8）厘米，先端尖或短渐尖，基部圆或近平截，具缺刻和重锯齿，两面被柔毛；叶柄长5-6毫米，被柔毛。复伞房花序生于侧枝顶端，被短柔毛。花梗长5-7毫米；苞片卵状披针形或线状披针形，有少数锯齿，两面被柔毛；花径约6毫米；萼筒钟状，有柔毛，萼片三角形；花瓣卵形或近圆形，长2-3毫米，白色；雄蕊20，长于花瓣；花盘环形，有10个肥厚裂片；花柱短于雄蕊。蓇葖果开张，被柔毛，宿存花柱顶生，宿存萼片反折。花期5-6月，果期8-9月。

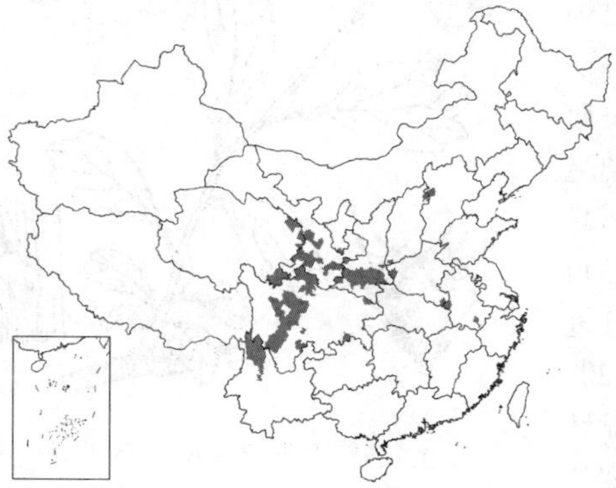

产河北西部、山西东北部及南部、河南西部及东南部、陕西南部、甘肃、青海东部、四川、云南西北部及安徽南部，生于海拔1000-3500米溪边、沟旁或山坡林中。

图 746：1-4. 绒毛绣线菊 5-7. 长芽绣线菊 （张泰利绘）

14. 长芽绣线菊 图 746：5-7

Spiraea longigemmis Maxim. in Acta Hort. Petrop. 6: 205. 1879.

灌木，高达2.5米。小枝稍弯曲，幼时微被柔毛，老时无毛。冬芽无毛，有2枚外露鳞片。叶长卵形、卵状披针形或长圆状披针形，长2-4厘米，先端尖，基部宽楔形或圆，有缺刻状重锯齿和单锯齿，上面幼时疏被柔毛，下面无毛或叶脉有疏柔毛；叶柄长2-5毫米，无毛。复伞房花序着生侧枝顶端，径4-6厘米，疏被柔毛或近无毛。花梗长4-6毫米；苞片线状披针形，幼时两面有柔毛，花径5-6毫米；花萼被柔毛；萼片三角形；花瓣近圆形，长2-2.5毫米，白色；雄蕊15-20，长于花瓣；花盘环形，有10个整齐裂片；花柱短于雄蕊。蓇葖果半开张，疏被柔毛或无毛，宿存花柱顶生背部，宿存萼片直立或反折。花期5-7月，果期8-10月。

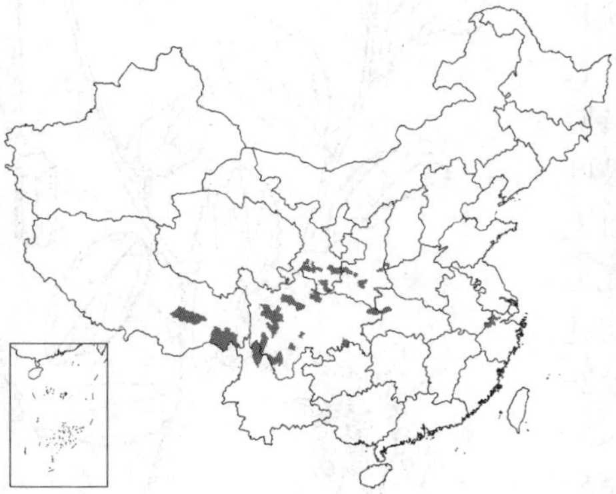

图 747 南川绣线菊 （引自《图鉴》）

产山西西南部、陕西南部、甘肃南部、西藏东南部、云南西北部、四川、湖北西部及浙江西北部，生于海拔2500-3700米干旱石砾坡地、针、阔叶混交林下或灌丛中。

15. 楔叶绣线菊 图 748

Spiraea canescens D. Don, Prodr. Fl. Nepal. 227. 1825.

灌木，高达4米。枝条拱形弯曲，小枝有棱角，幼时具柔毛。冬芽具2枚褐色外露鳞片。叶卵形、倒卵形或倒卵状披针形，长1-2厘米，先端钝圆，全缘或中部以上有3-5钝齿，下面被柔毛，有时近无；叶柄短。复伞房花序径3-5厘米，有密柔毛。花梗长4-8毫米；苞片线形；花径5-6毫米；花萼被柔毛，萼片三角形；花瓣近圆形，长2-3毫米，白或淡粉色；雄蕊约20，与花瓣等长或稍长；花盘环状，有10个肥厚裂片，裂片先端微凹；花柱短于雄蕊。蓇葖果稍开张，微被柔毛，宿存花柱顶生背部，宿存萼片直立或开展。花期7-8月，果期9-10月。

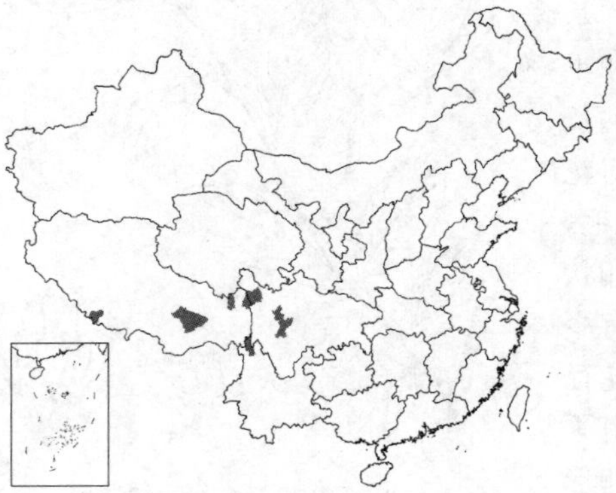

产云南西北部、四川西部、西藏东部及南部，生于海拔3000-4000米坡地灌丛、山谷或河谷林内。印度西北部、锡金、尼泊尔及克什米尔地区有分布。

［附］**粉背楔叶绣线菊 Spiraea canescens** var. **glaucophylla** Franch. Pl. Delav. 200. 1889. 本种与模式变种的区别：叶长圆形或倒卵形，下面粉绿色，全缘或不孕枝叶先端3浅裂，无毛；蓇葖果无毛或微被柔毛。产甘肃东部、四川西部、云南西北部及西藏东部，生于海拔2500-3800米高山栎林或云杉林林缘。

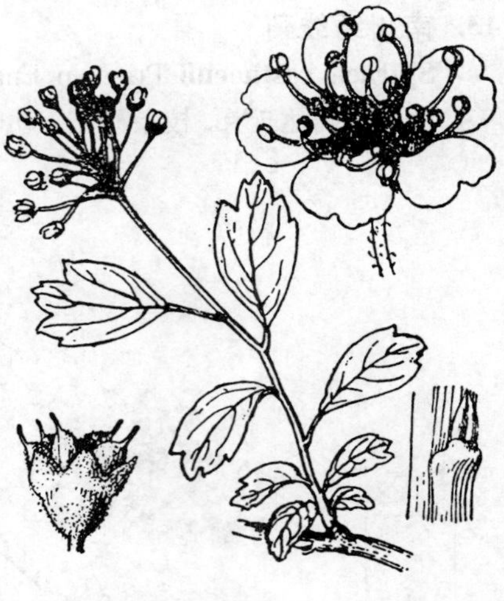

图 748 楔叶绣线菊 （张桂芝绘）

16. 毛果绣线菊 图 749

Spiraea trichocarpa Nakai in Journ. Coll. Sci. Univ. Tokyo 26(1): 173. 1909.

灌木，高达2米。小枝有棱角，不孕枝常无毛，花枝被柔毛。冬芽具2枚外露鳞片，无毛或幼时微具柔毛。叶长圆形、卵状长圆形或倒卵状长圆形，长1.5-3厘米，先端尖或稍钝，基部楔形，全缘或不孕枝叶先端有数个锯齿，两面无毛；叶柄长2-6毫米，无毛或幼时疏被柔毛。复伞房花序着生侧生小枝顶端，径3-5厘米，密被柔毛。花梗长5-9毫米；苞片线形；花径5-7毫米；萼筒钟状，被柔毛，萼片三角形，近无毛；花瓣宽倒卵形或近圆形，先端微凹或钝圆，长2-3.5毫米，白色；雄蕊18-20，约与花瓣等长；花盘环状，有不规则厚裂片；花柱短于雄蕊。蓇葖果直立，合拢成圆筒状，密被柔毛，宿存花柱顶生背部，外倾开展，宿存萼片直立。花期5-6月，果期7-9月。

产吉林中部、辽宁东南部、内蒙古东北部及山西南部，生于溪边林中；北方城市常栽培供观赏。朝鲜半岛北部有分布。

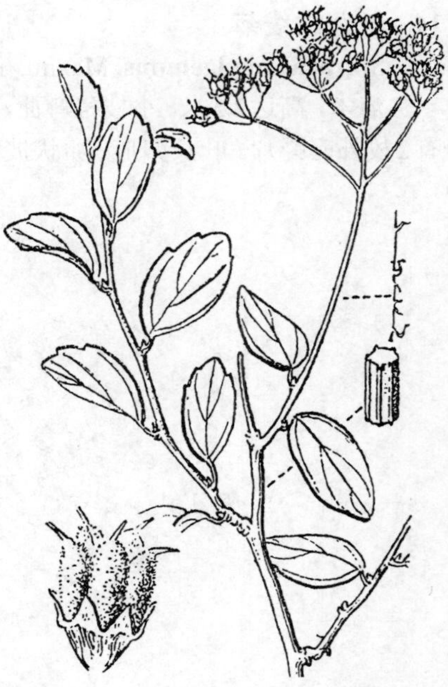

图 749 毛果绣线菊 （马 平绘）

［附］**拱枝绣线菊 Spiraea**

arcuata Hook. f. Fl. Brit. Ind. 2：325. 1878. 本种与毛果绣线菊的区别：叶长椭圆形或倒卵形，下面无毛，稀近无毛，全缘或具3-8锯齿或先端浅裂；花红色；蓇葖果无毛，宿存萼片反折。产云南西北部、西藏东部及南部，生于海拔3000-4200米坡地、高山草甸、沟谷及河岸阶地灌丛或针叶林中。缅甸北部、印度西北部、不丹、锡金及尼泊尔有分布。

17. 乌拉绣线菊 图 750

Spiraea uratensis Franch. in Nouv. Arch. Mus. Hist. Nat. Paris sér. 2, 5：259. 1883.

灌木，高达1.5米。小枝圆或稍有棱角，无毛。冬芽有2枚外露鳞片。

叶长圆状卵形、长圆状披针形或长圆状倒披针形，长1-3厘米，先端钝圆，基部楔形，全缘，两面无毛；叶柄长0.2-1厘米，无毛。复伞形花序着生侧生小枝顶端，无毛。花梗长4-7毫米；苞片披针形或长圆形；花径4-6毫米；花萼外面无毛；萼筒钟状或近钟状，萼片三角形；花瓣近圆形，长1.5-2.5毫米，白色；雄蕊20，长于花瓣；花盘环状，有10个肥厚裂片，裂片顶端圆钝或微凹；花柱短于雄蕊。蓇葖果直立开张，微被柔毛，宿存花柱多顶生背部顶端，宿存萼片直立。花期5-7月，果期7-8月。

图 750 乌拉绣线菊 （马 平绘）

产内蒙古、甘肃南部、陕西南部及河南西部，生于海拔1000-2400米山沟、山坡或岩壁。

18. 疏毛绣线菊 图 751

Spiraea hirsuta (Hemsl.) Schneid. in Bull. Herb. Boiss. sér. 2, 5：342. 1905.

Spiraea blumei G. Don var. *hirsuta* Hemsl. in Journ. Linn. Soc. Bot. 23：224. 1887.

灌木，高达1.5米。枝条嫩时具柔毛。冬芽有数枚褐色鳞片。叶倒卵形、椭圆形，稀卵圆形，长1.5-3.5厘米，先端钝圆，中部以上或先端有钝或稍锐锯齿，下面疏被柔毛；叶柄长约5毫米，具柔毛。伞形花序径4-5厘米，被柔毛，具20个以上花朵。花梗密集，长1.2-2.2厘米；苞片线形；花径6-8毫米；花萼被柔毛，萼片三角形或卵状三角形；花瓣宽倒卵形，稀近圆形，长2.5-3毫米，白色；雄蕊18-20，短于花瓣；花盘具10个肥厚裂片，裂片顶端微凹；花柱短于雄蕊。蓇葖果稍开张，疏被柔毛，宿存花柱顶生背部，宿存萼片直立。花期5月，果期7-8月。

图 751 疏毛绣线菊 （引自《图鉴》）

产河北北部、山西西北部、河南西部、山东东北部、浙江西北部、福建西北部及东南部、江西北部、湖北西南部、湖南西北部及东南部、四川东部及西南部、陕西南部、甘肃东南部，生于海拔600-1700米山坡灌丛中或岩石上。

［附］**金州绣线菊 Spiraea nishimurae** Kitag. in Bot. Mag. Tokyo 48：610. 1934. 本变种与模式变种的区别：叶菱状卵形、椭圆形，稀倒卵形，下面被绢状柔毛，先端常3裂，有粗钝锯齿；花径2-3厘米，花梗长0.6-1厘米。产吉林西南部、辽宁、山西西部及山东西北部，生于海拔900-1900米山坡半阴处岩石上或疏林下。

19. 中华绣线菊 图 752

Spiraea chinensis Maxim. in Acta Hort. Petrop. 6：193. 1879.

灌木，高达3米。小枝呈拱形弯曲，幼时被黄色绒毛，有时无毛。冬芽有数枚鳞片，被柔毛。叶菱状卵形或倒卵形，长2.5-6厘米，先端急尖或圆钝，基部宽楔形或圆，有缺刻状粗齿，或不明显3裂，上面暗绿色，被柔毛，脉纹深陷，下面密被黄色绒毛，脉纹突起；叶柄长0.4-1厘米，被绒毛。伞形花序具16-25花。花梗长5-9毫米，具绒毛；苞片线形，被短柔毛；花径3-4毫米；萼筒钟状，有疏柔毛，萼片卵状披针形；花瓣近圆形，长与宽均2-3.5毫米，白色；雄蕊22-25，短于花瓣或与花瓣等；花盘波状环形或具不整齐裂片；子房具短柔毛，花柱短于雄蕊。蓇葖果开张，被柔毛，宿存花柱顶生，宿存萼片直立，稀反折。花期3-6月，果期6-10月。

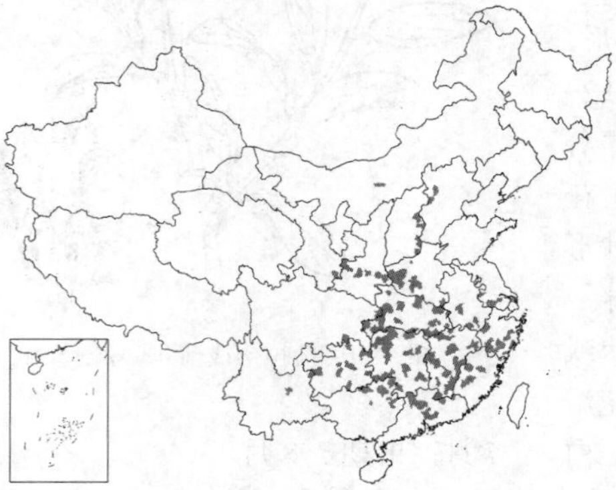

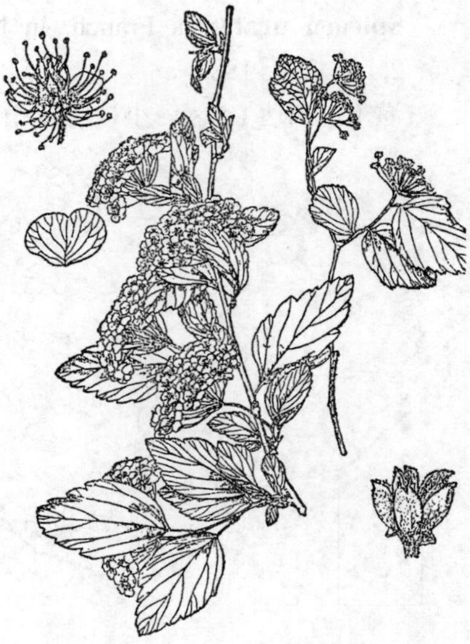

图 752 中华绣线菊 （引自《图鉴》）

产内蒙古、河北西部、山西东部、河南、安徽、江苏西南部、浙江、福建、江西、湖北、湖南、广东、广西、云南、贵州、四川、陕西南部及甘肃东南部，生于海拔500-2100米山坡灌丛中、山谷溪边、田野。庭院栽培供观赏。

20. 毛花绣线菊 图 753

Spiraea dasyantha Bunge in Mém. Div. Sav. Acad. Sci. St. Pétersb. 2：97. 1835.

灌木。小枝幼时密被绒毛，老时无毛。冬芽幼时被柔毛，具数枚棕褐色外露鳞片。叶菱状卵形，长2-4.5厘米，先端急尖或钝圆，基部楔形，边缘自基部1/3以上具深钝锯齿或小裂片，上面疏生短柔毛，有皱纹脉，下面密被灰白色绒毛；叶柄长2-5毫米，密被绒毛。伞形花序具花序梗，密被灰白色绒毛。花梗长0.6-1厘米；苞片线形，有绒毛；花径4-8毫米；花萼密被灰白色绒毛，萼片三角形或卵状三角形；花瓣宽倒卵形或近圆形，长与宽均2-3毫米，白色；雄蕊20-22，长约花瓣

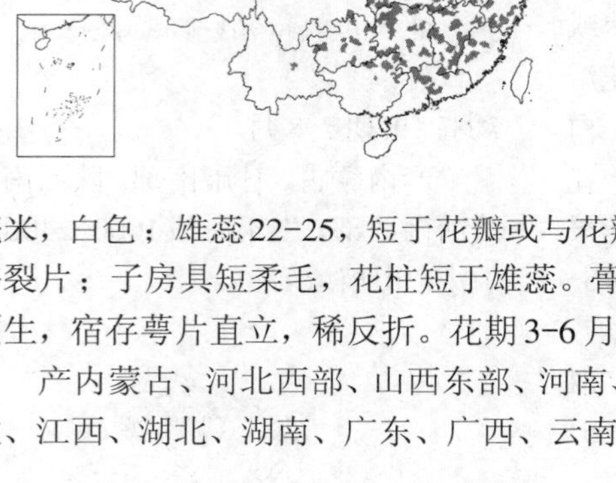

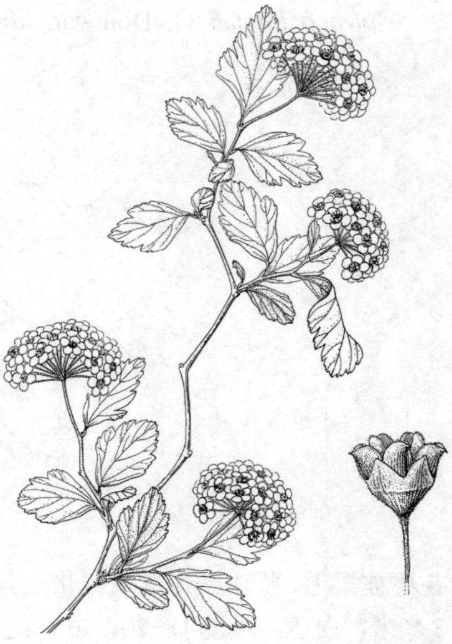

图 753 毛花绣线菊 （引自《图鉴》）

之半；花盘环形，具10个球形裂片；子房具灰白色绒毛，花柱比雄蕊短。蓇葖果开张，被绒毛，宿存花柱斜展，稀近直立，宿存萼片直立，稀反折。花期5-6月，果期7-8月。

产内蒙古东北部、辽宁西部、河北、山西、甘肃东北部、湖北西部、江西西北部、江苏西南部、浙江，生于海拔400-1200米山坡、田野、路边或灌丛中。庭院有栽培，供观赏。

［附］**云南绣线菊 Spiraea yunnanensis** Franch. Pl. Delav. 200. 1890. 本种与毛花绣线菊的区别：叶卵形或倒卵形，长1-2厘米，先端钝圆，有时3微裂，具少数钝锯齿或重锯齿；子房具灰白色绒毛。产云南西北部、四川西部及北部。

21. 土庄绣线菊 图 754

Spiraea pubescens Turca. in Bull. Soc. Nat. Mosc. 5: 190. 1832.

灌木，高达2米。小枝稍弯曲，嫩时被短柔毛，老时无毛。冬芽具短柔毛，外被数枚鳞片。叶菱状卵形或椭圆形，长2-4.5厘米，先端急尖，基部宽楔形，中部以上有粗齿或缺刻状锯齿，有时3裂，两面被短柔毛；叶柄长2-4毫米，被短柔毛。伞形花序具花序梗，有15-20花。花梗长0.7-1.2厘米，无毛；苞片线形，被柔毛；花径5-7毫米；花萼外面无毛，萼片卵状三角形；花瓣卵形、宽倒卵形或近圆形，长与宽均2-3.5毫米，白色；雄蕊25-30，约与花瓣等长；花盘环形，具10个裂片，裂片先端稍凹陷；子房无毛或腹部及基部有短柔毛，花柱短于雄蕊。蓇葖果开张，腹缝微被短柔毛，宿存花柱顶生，宿存萼片直立。花期5-6月，果期7-8月。

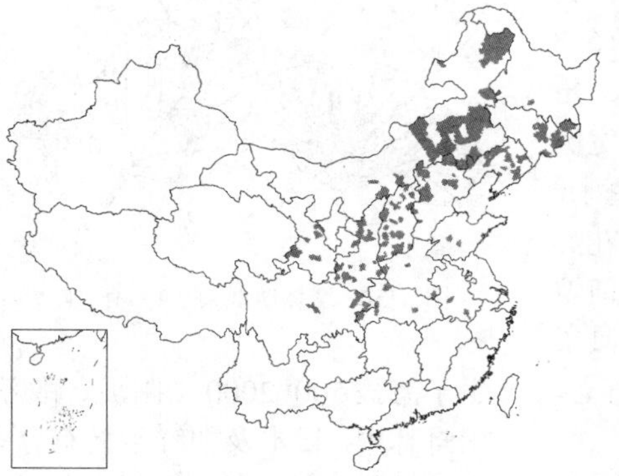

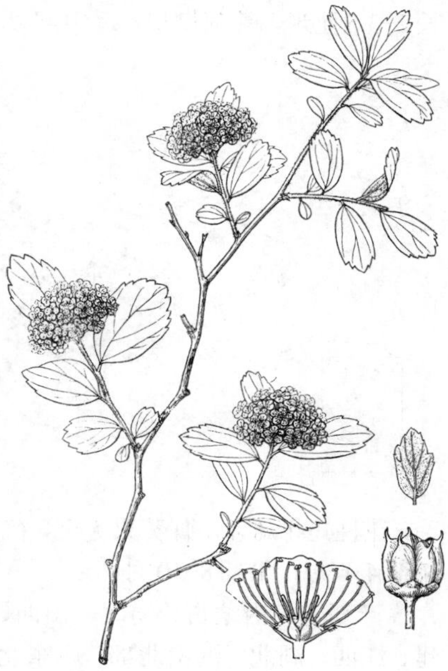

图 754 土庄绣线菊 （引自《图鉴》）

产黑龙江、吉林、辽宁、内蒙古、河北、山东、河南、山西、陕西、甘肃、四川、湖北及安徽，生于海拔200-2500米向阳或半阳处、林内或干旱岩坡灌丛中。蒙古、朝鲜半岛及俄罗斯有分布。

22. 三裂绣线菊 图 755

Spiraea trilobata Linn. Mant. Pl. 2: 244. 1771.

灌木。小枝无毛。冬芽无毛，外被数枚鳞片。叶近圆形，长1.7-3厘米，先端钝，常3裂，基部圆或近心形，稀楔形，中部以上具少数钝圆齿，两面无毛，基脉3-5。伞形花序具花序梗，无毛。花梗长0.8-1.3厘米，无毛；苞片线形或倒披针形，上部深裂成细裂片；花径6-8毫米；花萼无毛，萼片三角形；花瓣宽倒卵形，先端常微凹，长与宽均2.5-4毫米；雄蕊18-20，比花瓣短；花盘约有10个大小不等裂片，裂片先端微

图 755 三裂绣线菊 （引自《图鉴》）

凹；子房被柔毛，花柱比雄蕊短。蓇葖果开张，沿腹缝微被短柔毛或无毛，宿存花柱顶生，宿存萼片。花期5-6月，果期7-8月。

产黑龙江南部、吉林东北部、辽宁、内蒙古、河北、山东、江苏西南部、安徽南部、河南、山西、陕西、甘肃及新疆，生于海拔400-2400米多石砾阳坡灌丛中、河边。朝鲜半岛及俄罗斯有分布。庭园栽培供观赏。

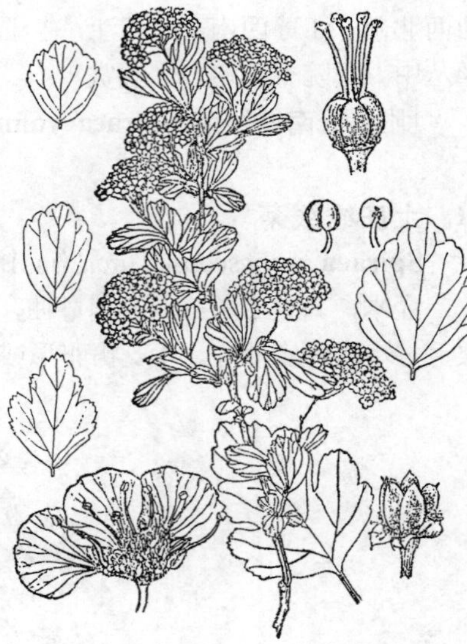

图 756 绣球绣线菊 （引自《图鉴》）

23. 绣球绣线菊 图 756

Spiraea blumei G. Don, Gen. Hist. Dichlam. Pl. 2: 518. 1832.

灌木。小枝无毛。冬芽无毛，有数个外露鳞片。叶菱状卵形或倒卵形，长2-3.5厘米，基部楔形，近中部以上有少数钝圆缺刻状锯齿或3-5浅裂，两面无毛，下面浅蓝褐色，基部具不明显3脉或羽状脉。伞形花序有花序梗，无毛。花梗长0.6-1厘米，无毛；苞片披针形，无毛；花径5-8毫米；花萼无毛，萼片三角形或卵状三角形；花瓣宽倒卵形，长与宽均2-3.5毫米，白色；雄蕊18-20，较花瓣短；花盘具8-10个较薄裂片；子房无毛或腹部微具柔毛，花柱短于雄蕊。蓇葖果无毛，宿存花柱位于背部顶端，宿存萼片直立。花期4-6月，果期8-10月。

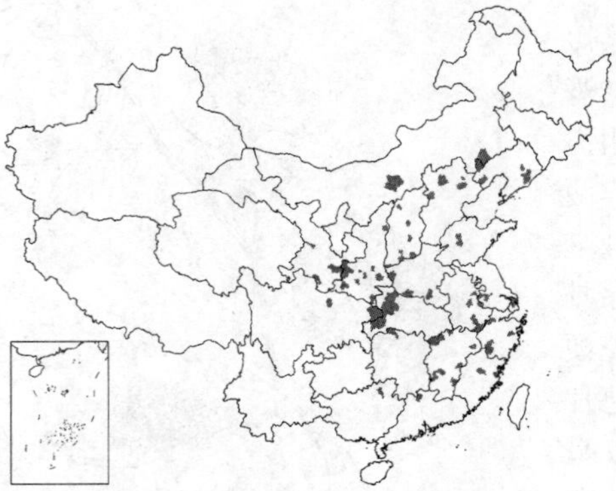

产辽宁、内蒙古、河北、山西、河南、山东、江苏、安徽、浙江、福建、江西、湖北、湖南北部、广东北部、广西东北部、四川、陕西及甘肃，生于海拔500-2000米阳坡、路旁或田野林中。日本及朝鲜半岛有分布。庭院常栽植供观赏；叶可代茶；根和果供药用。

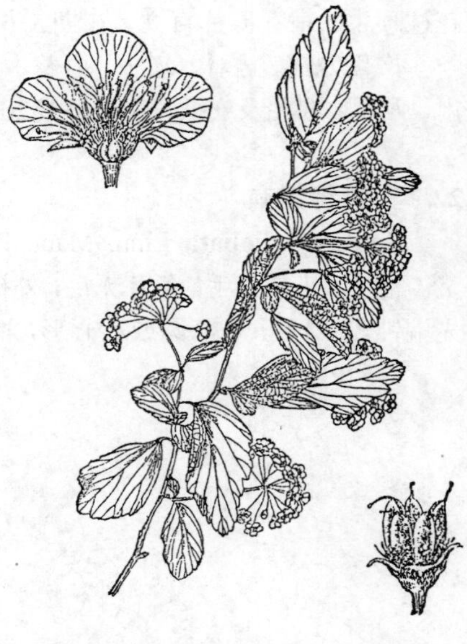

图 757 麻叶绣线菊 （引自《图鉴》）

24. 麻叶绣线菊 图 757

Spiraea cantoniensis Lour. Fl. Cochinch. 1: 322. 1790.

灌木。小枝呈拱形弯曲，无毛。冬芽无毛，有数枚外露鳞片。叶菱状披针形或菱状长圆形，3-5厘米，先端尖，基部楔形，近中部以上具缺刻状锯齿，两面无毛，具羽状脉；叶柄长4-7毫米，无毛。伞形花序具多花。花梗长0.8-1.4厘米，无毛；苞片线形，无毛；花径5-7毫米；花萼无毛，萼片三角形或卵状三角形；花瓣近圆形或倒卵形，长与宽均2.5-4毫米，白色；雄蕊20-28，稍短于花瓣或几与花瓣等长；花盘具大小不等的近圆形裂片，裂片先端有时微凹；子房近无毛，花柱短于雄蕊。蓇葖果直立开张，无毛，宿存花柱顶生，宿存萼片直立开张。花期4-5月，果期7-9月。

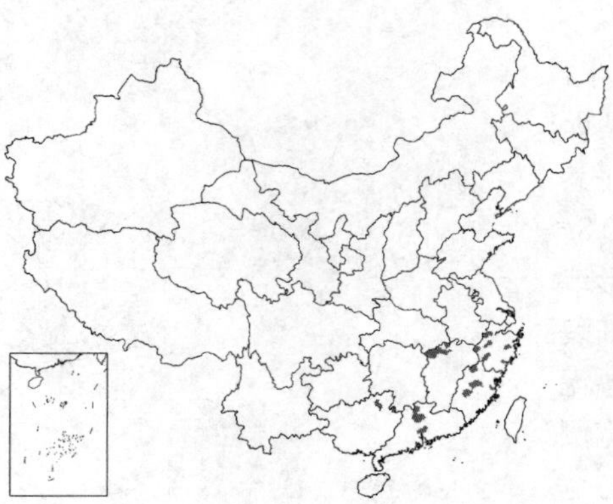

产浙江、福建、江西、广东、香港及广西，现广泛栽培。花序密集，花

色洁白，早春盛开如积雪布满枝头，观赏价值甚高。

［附］**菱叶绣线菊 Spiraea vanhouttei**（Briot）Zebel in Garten-Zeit.（Wittmack）3: 496. 1884. —— *Spiraea aquilegifolia* Pall. var. *vanhouttei* Briot in Rev. Hort. 1866. 269. 1866: 本种与麻叶绣线菊的区别：叶菱状卵形或菱状倒卵形，长1.5-3.5厘米，具缺刻状重锯齿，常3-5裂，具不明显3出脉或羽状脉，为麻叶绣线菊和三裂绣线菊的杂交种。山东、江苏、江西、广东、广西、四川、陕西等省区城市庭园有栽培。

25. 浅裂绣线菊 图 758

Spiraea sublobata Hand.-Mazz. Symb. Sin. 7: 451. Abb. 13. Nr. 2. 3. 1933.

灌木，高达1.5米。小枝呈之字形弯曲，幼时被柔毛，老时无毛。冬芽有数枚鳞片，外被短柔毛。叶卵形或卵状披针形，长2-5厘米，先端急尖，基部宽楔形或近圆，近中部以上具缺刻状粗齿或浅裂，上面无毛，下面被柔毛，有乳头状突起；叶柄长1-3毫米，具短柔毛。伞形总状花序具10-30花。花梗长0.5-1厘米，被短柔毛；苞片线状披针形，被柔毛；花径7-9毫米；萼筒钟状，有柔毛，萼片卵状三角形；花瓣近圆形或倒卵形，长与宽均2.5-4毫米，白色；雄蕊45-60，长于花瓣；花盘约有20个圆钝裂片；子房有短柔毛，花柱短于雄蕊。蓇葖果开张，具短柔毛，宿存花柱顶生，宿存萼片直立。花期5-6月，果期8-9月。

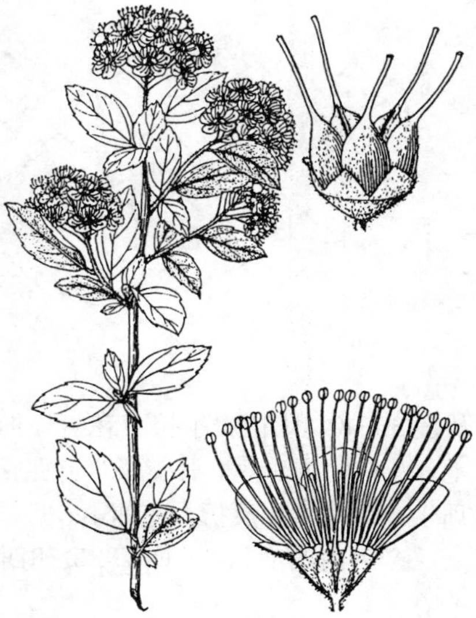

图 758 浅裂绣线菊 （吴彰桦绘）

产云南北部及四川，生于海拔1500-2800米干旱坡地灌丛中、阔叶林内。

26. 美丽绣线菊 图 759

Spiraea elegans Pojark. in Fl. URSS 9: 293. t. 17. f. 7. Addenda 8. 490. 1939.

灌木，高达1.5米。枝条稍有棱角，幼时无毛。冬芽有数枚鳞片。叶长圆状椭圆形、长圆状卵形或披针状椭圆形，长1.5-3.5厘米，不孕枝叶长达5.5厘米，先端急尖或稍钝，基部楔形，近中部以上具不整齐锯齿，有时具重锯齿或具缺刻状锯齿，下面脉腋有短柔毛；叶柄长4-6毫米，无毛。伞形花序无毛，具6-16花。花梗长0.7-1.2厘米，无毛；花径1-1.5厘米。蓇葖果被黄色短柔毛，宿存花柱顶生，多直立，宿存萼片直立。花期5-6月，果期8-9月。

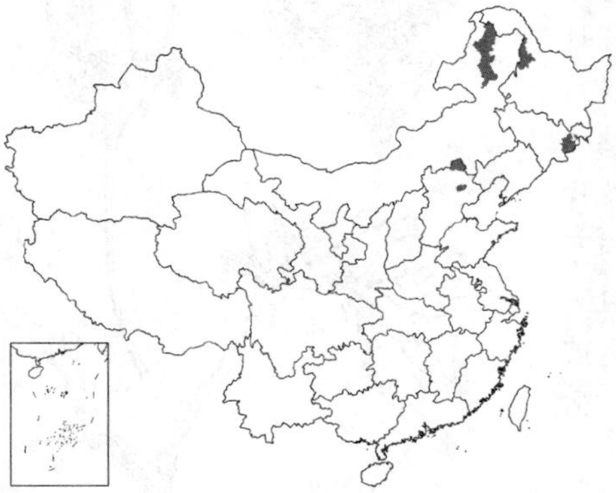

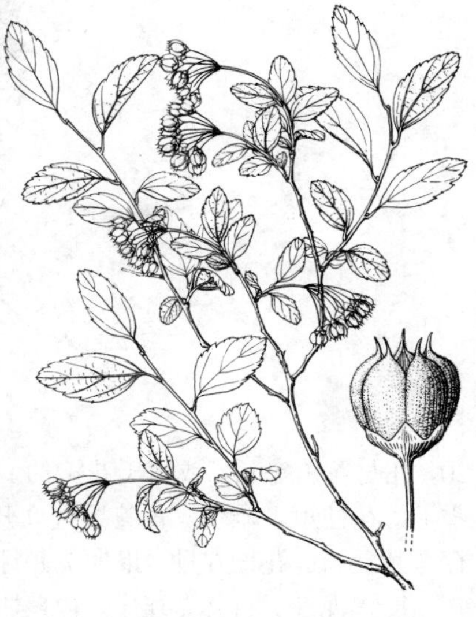

图 759 美丽绣线菊 （引自《图鉴》）

产黑龙江北部、内蒙古东部、吉林东南部及河北东北部，生于海拔100-2000米阳坡、路边、岩石或林中。蒙古及俄罗斯西伯利亚地区有分布。

27. 华西绣线菊 图 760

Spiraea laeta Rehd. in Sarg. Pl. Wilson. 1: 442. 1913.

灌木，高达1.5米。小枝无毛。冬芽有数枚外露鳞片。叶卵形或椭圆状卵形，长1.5-5.5厘米，先端急尖，基部楔形或圆，基部或中部以上有不整齐单锯齿，有时不孕枝叶具缺刻状重锯齿，无毛或下面基部脉腋簇生柔毛；叶柄长4-6毫米。伞形花序无毛，具6-15花。花梗长0.8-1.7厘米，无毛；苞片线形，无毛；花径0.6-1厘米；花萼无毛，萼片宽三角形；花瓣宽卵圆形或近圆形，长2.5-4毫米，白色；雄蕊30-40，比花瓣稍长；花盘环形，呈浅圆锯齿状；子房腹面稍具短柔毛，花柱比雄蕊短。蓇葖果半开张，无毛或沿腹缝稍有短柔毛，宿存花柱顶生，宿存萼片反折。花期4-6月，果期7-10月。

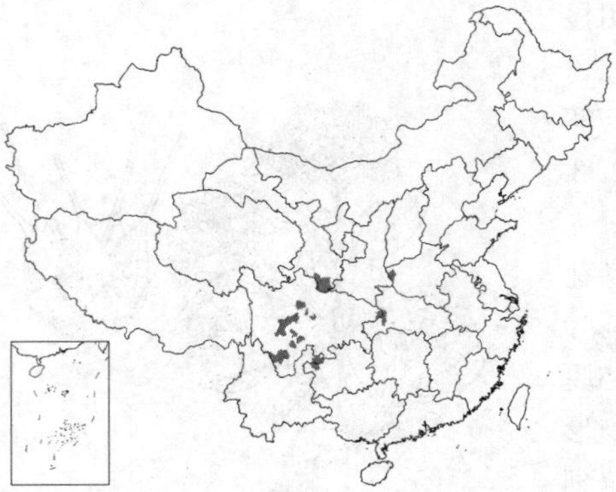

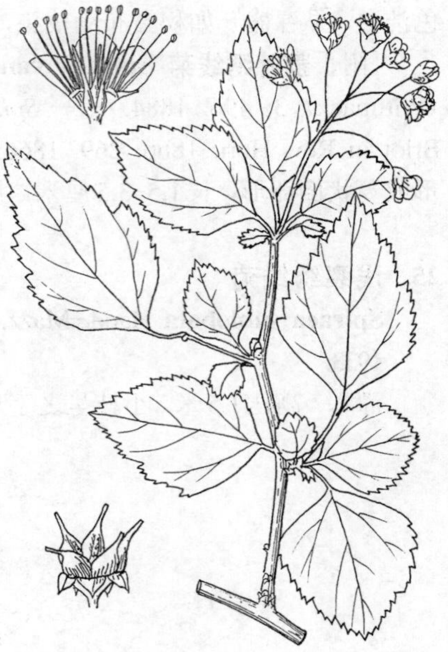

图 760 华西绣线菊 （孙英宝绘）

产河南西部、湖北西部、贵州西北部、云南东北部、四川及甘肃南部，生于海拔1200-2500米山坡林下、灌丛中、路边或溪边。

28 绢毛绣线菊 图 761

Spiraea sericea Turcz. Fl. Baic.-Dah. 1: 358. 1842.

灌木，高达2米。幼枝被绢状长柔毛，干皮片状剥落。冬芽有数枚褐色鳞片，外被短柔毛。叶卵状椭圆形或椭圆形，长1.5-4.5厘米，不孕枝上的叶有时长达4.5厘米，先端急尖，基部楔形，全缘或不孕枝叶具2-4锯齿，上面疏被柔毛，下面密被伏生长绢毛，羽状脉显著；叶柄长1-2毫米，密被绢毛。伞形总状花序具15-30花，无毛或具疏柔毛。花梗长0.6-1厘米；苞片线形，无毛；花径4-5毫米；花萼外面无毛，萼片卵形；花瓣近圆形，长与宽均2-3毫米，白色；雄蕊15-20，几与花瓣等长，或长于花瓣约1倍；花盘环形，具10个裂片；子房被柔毛，花柱短于雄蕊。蓇葖果直立开张，被柔毛，宿存花柱顶生斜展，宿存萼片反折。花期6月，果期7-8月。

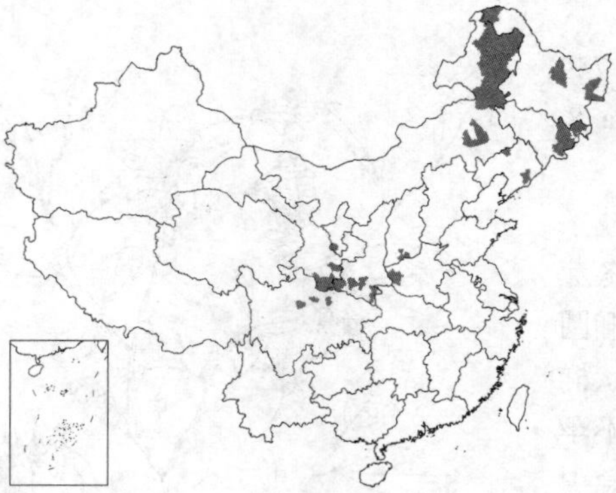

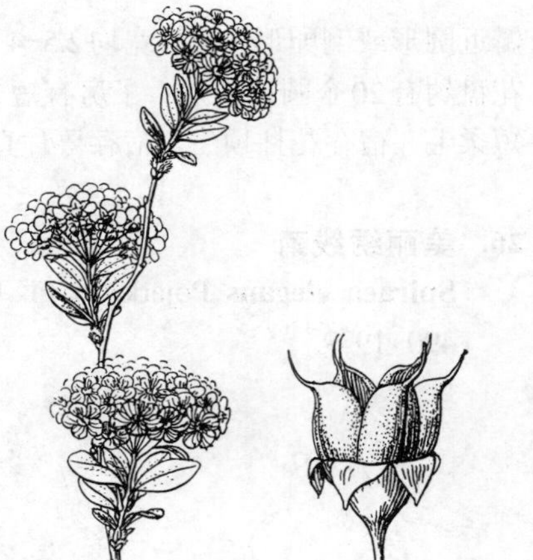

图 761 绢毛绣线菊 （引自《图鉴》）

产黑龙江、吉林、辽宁、内蒙古东部、山西南部、河南西部、陕西南部、宁夏南部、甘肃东南部及四川北部，生于海拔500-1100米干旱坡地、林中或林缘草地。日本、蒙古及俄罗斯有分布。

29. 平卧绣线菊 图 762

Spiraea prostrata Maxim. in Acta Hort. Petrop. 6: 184. 1879.

矮小灌木，平卧地上。小枝细，幼时密被黄灰色柔毛，老时脱落。冬芽具数枚外露鳞片。叶多宽卵形，长0.8-1.5厘米，先端常有3-7锯齿，有时全缘，基部圆或宽楔形，两面密生长绢毛，基部具2对侧脉；近无叶柄。伞形总状花序具7-15花。花序梗长不及1厘米，具疏柔毛；花径6毫米；萼筒杯状，萼片卵状三角形，先端急尖，与萼筒等长；花瓣圆形，白色；雄蕊稍短于花瓣；花盘环形，具10个三角状卵形裂片。蓇葖果开张，沿腹缝具短柔毛，果柄长0.7-1厘米，宿存花柱顶生背部，宿存萼片反折。花期5-6月，果期8-9月。

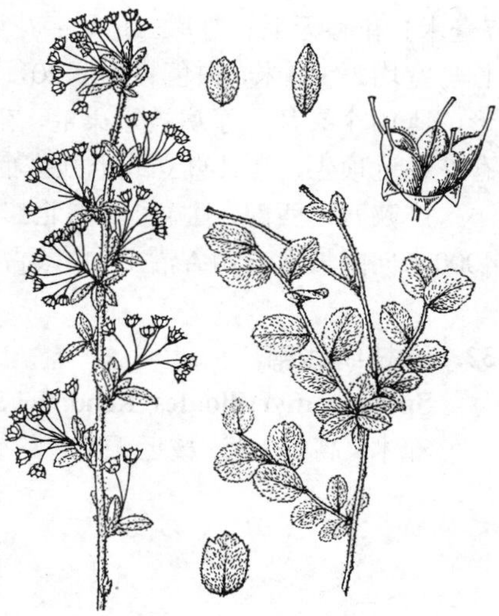

图 762 平卧绣线菊 （吴彰桦绘）

产甘肃南部、陕西东南部及湖北西北部，生于高山地区灌丛中或林内。

30. 欧亚绣线菊 图 763

Spiraea media Schmidt. Oesterr. Baumz. 1: 53. t. 54. 1792.

直立灌木。小枝近无毛。冬芽有数枚覆瓦状鳞片。叶椭圆形或披针形，长1-2.5厘米，全缘或先端具2-5锯齿，两面无毛或下面脉腋微被柔毛，有羽状脉；叶柄长1-2毫米，无毛。伞形总状花序无毛。花梗长1-1.5厘米，无毛；苞片披针形，无毛；花径0.7-1毫米；萼筒宽钟状，外面无毛，萼片卵状三角形，无毛或微被短柔毛；花瓣近圆形，长宽均3-4.5厘米，白色；雄蕊约45，长于花瓣；花盘呈波状环形或具不规则薄裂片；子房被柔毛，花柱短于雄蕊。蓇葖果稍直立开张，被柔毛，宿存花柱顶生，宿存萼片反折。花期5-6月，果期6-8月。

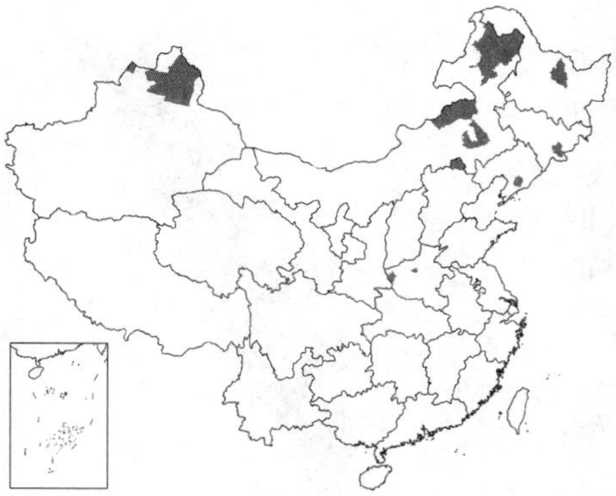

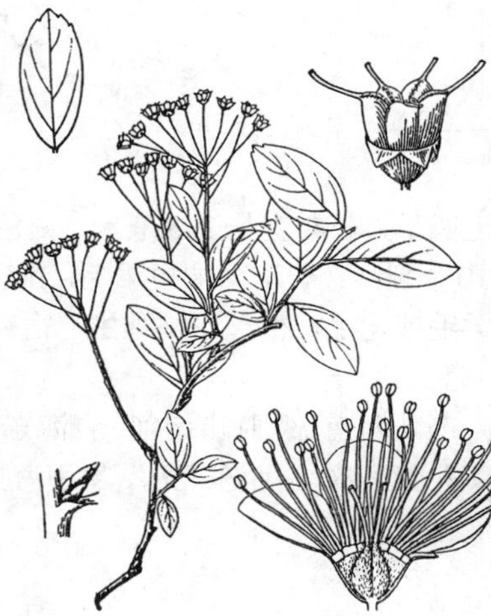

图 763 欧亚绣线菊 （引自《图鉴》）

产黑龙江、吉林南部、辽宁南部、内蒙古东部、河北东北部、河南及新疆北部，生于海拔700-1000米多石砾坡地、山坡草地或林内。日本、朝鲜半岛北部、蒙古、俄罗斯、亚洲中部及欧洲东南部有分布。

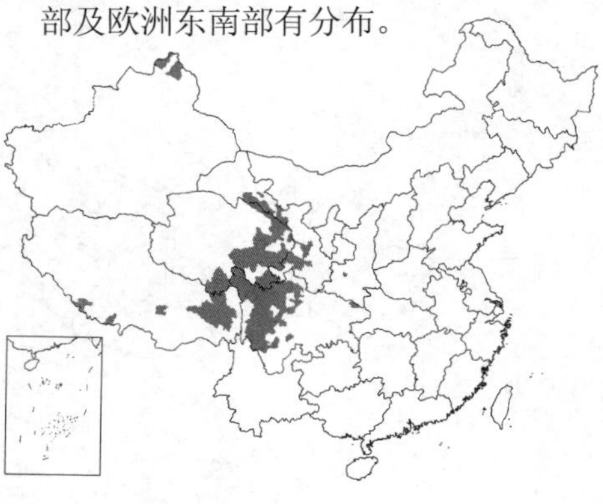

31. 高山绣线菊 图 764 彩片 115

Spiraea alpina Pall. Fl. Ross. 1: 35. t. 20. 1784.

灌木，高达1.2米。小枝幼时被柔毛，老时无毛。冬芽无毛，有数枚外露鳞片。叶多数簇生，线状披针形或长圆状倒卵形，长0.7-1.6厘米，先端尖，稀钝圆，全缘，两面无毛，下面具粉霜；叶柄短或几无柄。伞形总状花序具花序梗，有3-15花，无毛。花梗长5-8毫米；苞片线形；花径5-

7毫米；花萼无毛；萼片三角形；花瓣倒卵形或近圆形，先端钝圆或微凹，长与宽均2-3毫米，白色；雄蕊20，几与花瓣等长或稍短于花瓣；花盘环形，具10个裂片；子房被短柔毛，花柱短于雄蕊。蓇葖果开张，无毛，宿存花柱近顶生，常具直立或半开张宿存萼片。花期6-7月，果期8-9月。

产陕西中西部、甘肃、新疆北部、青海、四川及西藏，生于海拔2000-4000米向阳坡地或山谷灌丛中。蒙古及俄罗斯西伯利亚有分布。

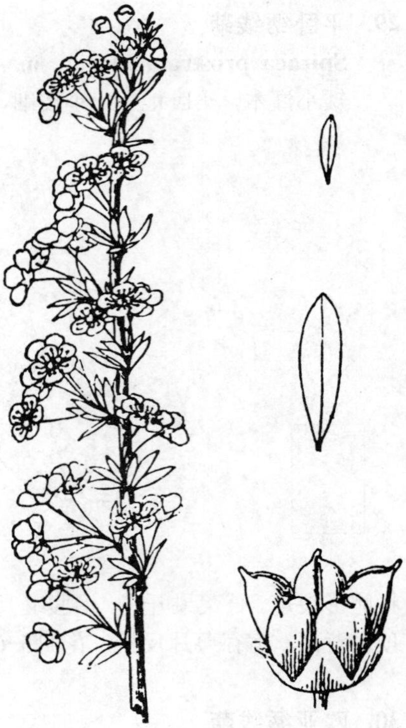

图 764 高山绣线菊 （吴彰桦绘）

32. 细枝绣线菊 图 765

Spiraea myrtilloides Rehd. in Sarg. Pl. Wilson. 1: 440. 1913.

灌木，高2-3米。枝近无毛。冬芽卵形，近无毛，具数枚褐色鳞片。叶卵形、卵状长圆形或倒卵状长圆形，长0.6-1.5厘米，先端钝圆，基部楔形，全缘，稀先端有3至数枚钝齿，下面疏被柔毛或无毛，羽状脉不明显，基部3脉较明显；叶柄长1-2毫米，近无毛。伞形总状花序具7-20花，无毛或疏生柔毛。花梗长3-6毫米；苞片线形或披针形，无毛；花径5-6毫米；花萼外面近无毛，萼片三角形；花瓣近圆形，长与宽均2-3毫米，白色；雄蕊20，与花瓣等长；花盘环形，具10个裂片；子房微被短柔毛，花柱短于雄蕊。蓇葖果直立开张，沿腹缝有柔毛或无毛，宿存花柱顶生，宿存萼片直立或开张。花期6-7月，果期8-9月。

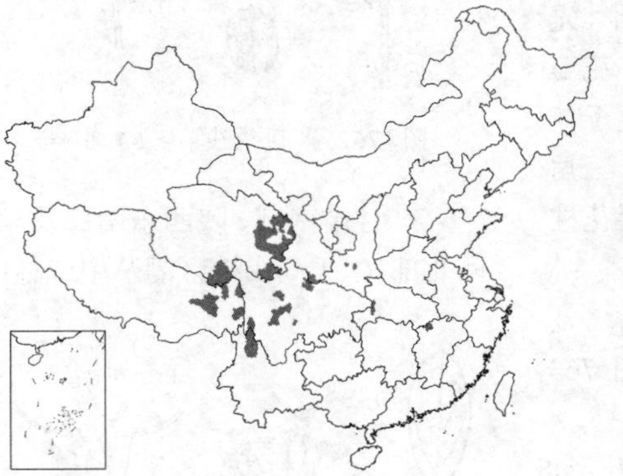

产陕西南部、甘肃南部、青海东部及南部、西藏东部、云南西北部、四川、湖北西部、江西东北部，生于海拔1500-3100米坡地、山谷或河边林内及灌丛边。

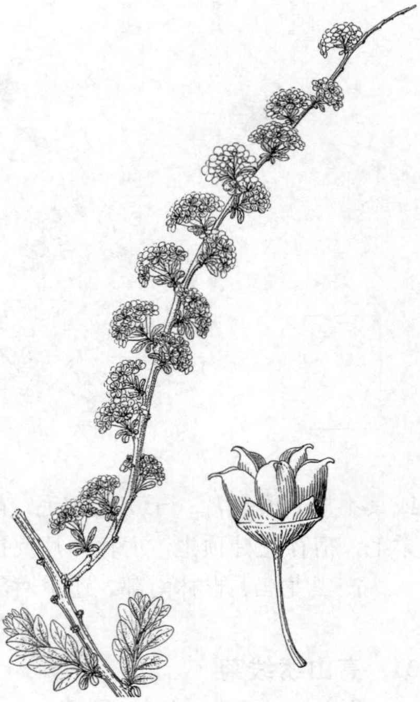

图 765 细枝绣线菊 （引自《图鉴》）

33. 窄叶绣线菊 图 766

Spiraea dahurica Maxim. in Acta Hort. Petrop. 6: 190. 1879.

灌木，高达1.5米。小枝细，常叶拱形弯曲，嫩时无毛，老时干皮条状剥落。冬芽无毛，有数枚褐色鳞片。叶长椭圆形至线状披针形，长0.9-2.5厘米，先端尖，基部楔形，全缘，不孕枝叶先端有2-5锯齿，两面无毛，羽状；叶柄长0.5-2毫米，无毛。伞形总状花序有10-18花。花序梗基部簇生数叶，无毛。花梗长0.7-1.8厘米；花径6-7毫米；萼筒钟状，无毛；萼片短三角形；雄蕊长于花瓣；花盘有10个近圆形裂片，

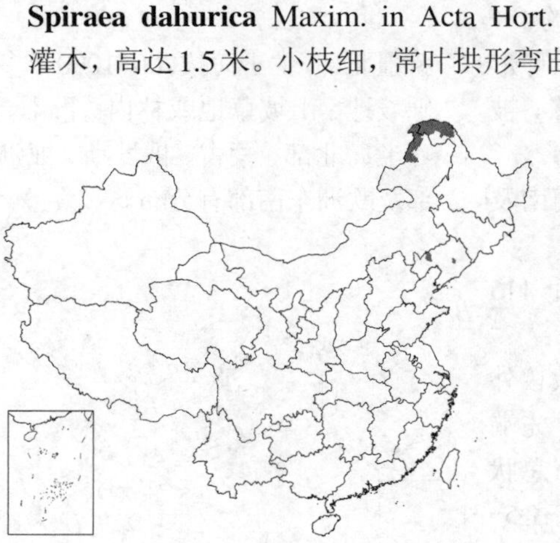

成环形；蓇葖果无毛或沿腹缝稍具柔毛，宿存花柱近顶生，稍倾斜或直立开展，宿存萼片反折。花期5-6月，果期7-8月。

产黑龙江北部、内蒙古东北部、辽宁西部及中东部，生于海拔达1000米山披灌丛中或坡地草原。蒙古及俄罗斯西伯利亚有分布。

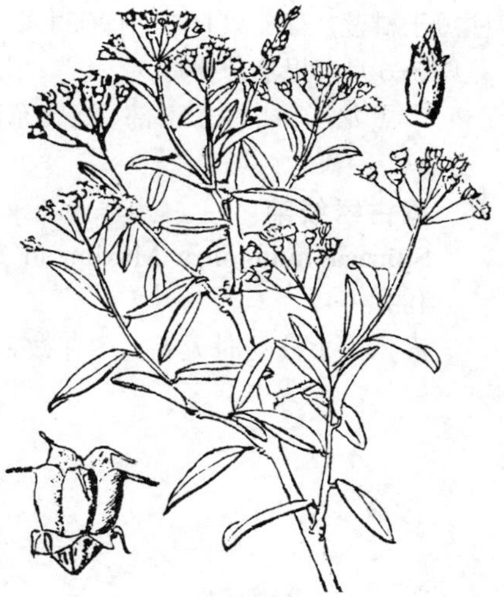

图 766 窄叶绣线菊 （马 平绘）

34. 曲萼绣线菊 图 767

Spiraea flexuosa Fisch. ex Cambess. in Ann. Sci. Nat. 1: 365. t. 26. 1824.

灌木。小枝幼时具棱角，无毛。冬芽具2枚外露鳞片。叶长圆状椭圆形或长圆状卵形，长1-5厘米，先端尖或短渐尖，基部楔形，稀圆，常在先端或中部以上有单锯齿，稀全缘，下面有疏短柔毛或无毛，具白霜；叶柄长2-5毫米，无毛。伞形总状花序径1-2厘米，无毛，有4-10花。花梗长0.5-1.5（-2）厘米；苞片椭圆状披针形，无毛；花径5-8毫米；花萼外面无毛，萼片卵状三角形；花瓣卵形或长圆形，长3-4毫米，宽几与长相等，白色，有时淡粉色；雄蕊20，长于花瓣；花盘环形，具10个裂片；花柱短于雄蕊。蓇葖果直立，具短柔毛，宿存花柱顶生，直立，宿存萼片反折。花期5-6月，果期8-9月。

产黑龙江、吉林东部、辽宁西部、内蒙古、山西中西部、陕西中南部及新疆北部，生于海拔600-2200米山地针、阔叶混交林下或林缘、岩石坡地、砂丘或河边，朝鲜半岛北部、蒙古及俄罗斯有分布。

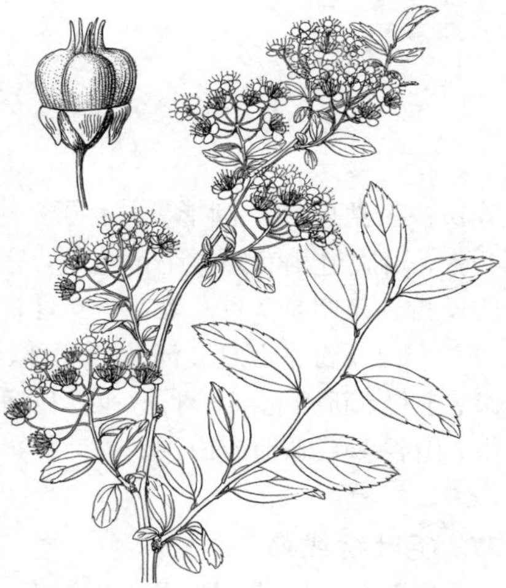

图 767 曲萼绣线菊 （引自《图鉴》）

35. 石蚕叶绣线菊 图 768

Spiraea chamaedryfolia Linn. Sp. Pl. 489. 1753.

灌木，高达1.5米。小枝幼时无毛。冬芽具2枚外露鳞片。叶宽卵形，长2-4.5厘米，先端尖，基部圆或宽楔形，具细锐单锯齿或重锯齿，不孕枝叶有时具缺刻状重锯齿，下面脉腋簇生柔毛；叶柄长4-7毫米，无毛或具疏柔毛。伞形总状花序有5-12花。花梗长6-8毫米；花径6-9毫米；花萼外面无毛，萼片卵状三角形，先端急尖；花瓣宽卵形或近圆形，长与宽均2-3.5毫米，白色；雄蕊30-50，长于花瓣；花盘微波状环形；子房腹部微具短柔毛，花

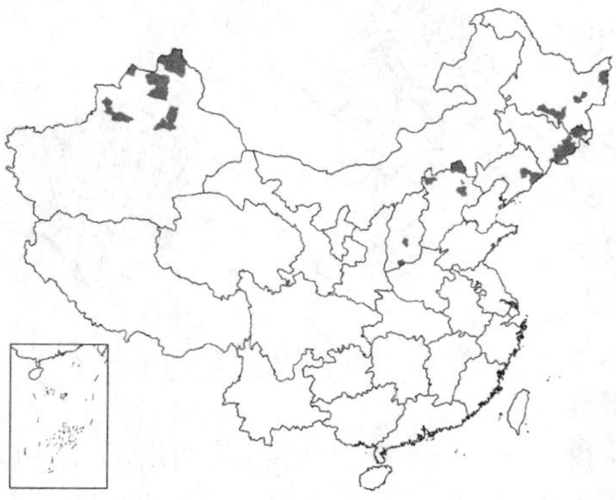

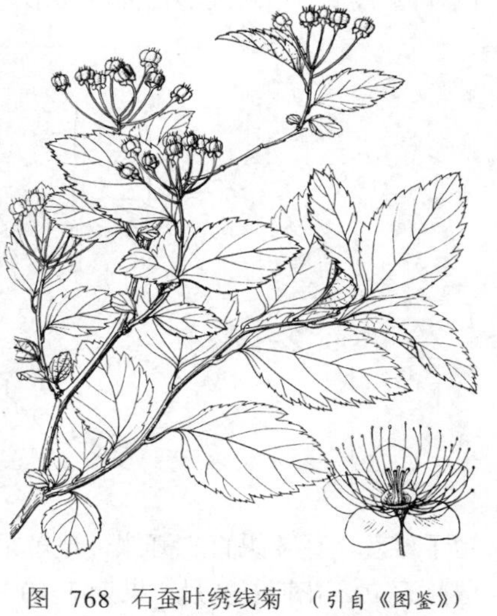

图 768 石蚕叶绣线菊 （引自《图鉴》）

柱短于雄蕊。蓇葖果直立，有伏生短柔毛，宿存花柱直立，宿存萼片反折。花期5-6月，果期7-9月。

产黑龙江、吉林东南部、辽宁东部、河北北部、山西南部及新疆北部，生于海拔600-1000米山坡林内或林间隙地。日本、朝鲜、蒙古、俄罗斯及欧洲有分布。

36. 蒙古绣线菊 图 769

Spiraea mongolica Maxim. in Bull. Acad. Sci. St. Pétersb. 27: 467. 1881.

灌木。小枝幼时无毛。冬芽被2枚棕褐色鳞片，无毛。叶长圆形或椭圆形，长0.8-2厘米，全缘，稀先端有少数锯齿，两面无毛，羽状脉；叶柄长1-2毫米，无毛。伞形总状花序具花序梗，有8-15花，无毛。花梗长0.5-1厘米；苞片线形，无毛；花径5-7毫米；花萼外面无毛，萼片三角形；花瓣近圆形，先端钝，稀微凹，长与宽均2-4毫米，白色；雄蕊18-25，几与花瓣等长；花盘具10个圆形裂片；子房被短柔毛，花柱短于雄蕊。蓇葖果直立开张，沿腹缝稍有短柔毛或无毛，宿存花柱位于背部先端，宿存萼片直立或反折。花期5-7月，果期7-9月。

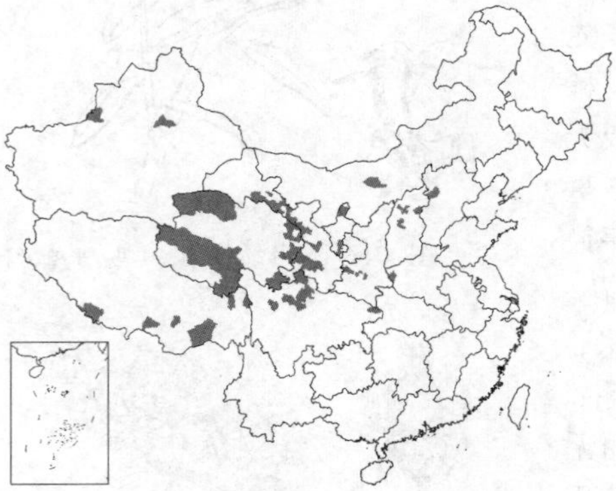

产内蒙古中西部、河北西北部、河南西部、山西北部、陕西南部、甘肃、宁夏、新疆北部、青海、四川及西藏，生于海拔1600-3600米山坡灌丛中、山谷多石砾地或山顶。

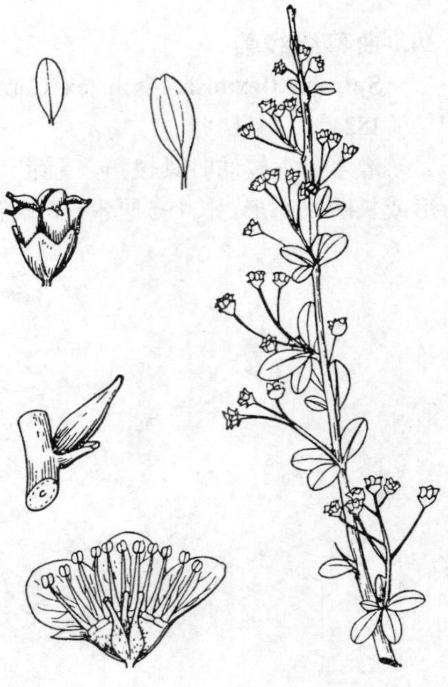

图 769 蒙古绣线菊 （吴彰桦绘）

37. 毛叶绣线菊 图 770

Spiraea mollifolia Rehd. in Sarg. Pl. Wilson. 1: 441. 1913.

灌木，高达2米。小枝幼时密被短柔毛，老时毛渐脱落。冬芽有2枚褐色外露鳞片。叶椭圆形，稀倒卵形，长1-2厘米，基部楔形，全缘或先端有少数钝齿，两面被丝毛；叶柄长2-5毫米，有短柔毛。伞形总状花序具花序梗，有10-18花，密被长柔毛。花梗长4-8毫米；苞片窄椭圆形，两面被长柔毛；花径5-7毫米；花萼密被长柔毛，萼片三角形；花瓣近圆形，长与宽均2-3毫米，白色；雄蕊约20，几与花瓣等长；花盘具10个肥厚圆形裂片；花柱短于雄蕊。蓇葖果直立开张，被短柔毛，宿存花柱生于背部近先端，宿存萼片直立。花期6-8月，果期7-10月。

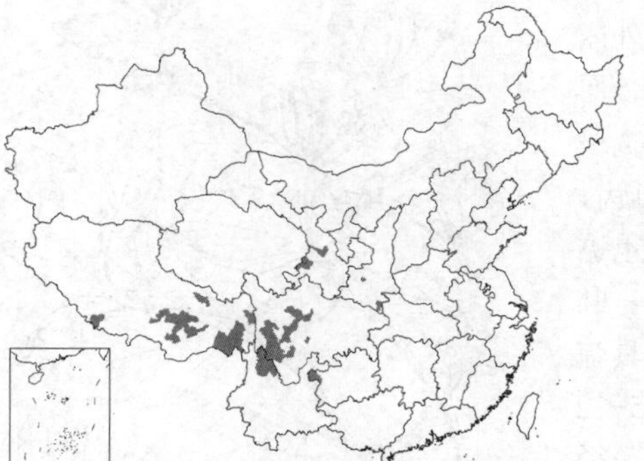

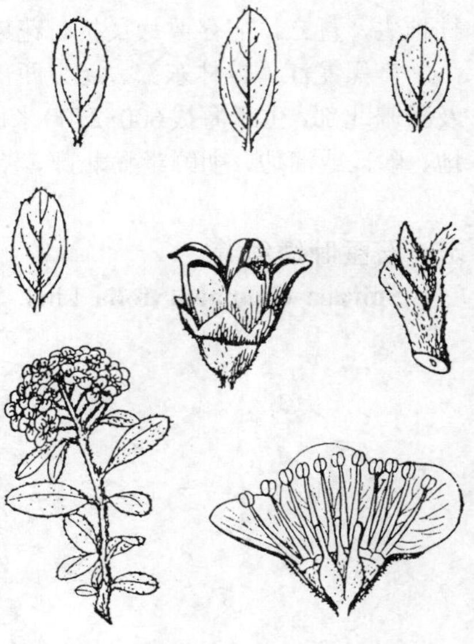

图 770 毛叶绣线菊 （吴彰桦绘）

产甘肃西部、陕西南部、四川、西藏、云南西北部及贵州西部，生于海拔2600-4200米山坡、山谷灌丛中或林缘。

38. 李叶绣线菊 图 771

Spiraea prunifolia Sieb. et Zucc. Fl. Jap. 1: 131. t. 70. 1835.

灌木。小枝幼时被细短柔毛，后渐脱落。冬芽无毛，有数枚鳞片。叶卵形或长圆状披针形，长1.5-3厘米，近基部或中部以上具细锐单锯齿，上面幼时微被短柔毛，下面被短柔毛，羽状脉；叶柄长2-4毫米，被短柔毛。伞形花序无花序梗，具3-6花，基部着生数枚小叶。花梗长1-2.4厘米；有短柔毛；花重瓣，径1-1.2厘米，白色；雄蕊短于花瓣。花期3-5月。

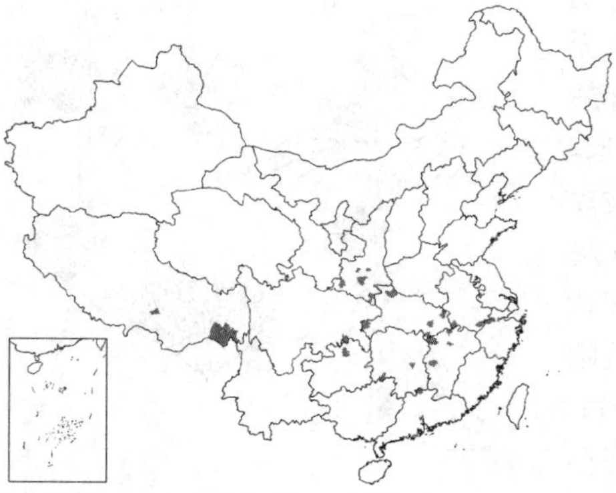

产山东东南部、江苏东南部、安徽南部、浙江西北部、江西、湖北、湖南、广东、香港、贵州东北部、四川东南部、陕西南部、西藏东南部及中南部。为庭园习见栽培观赏灌木。日本及朝鲜半岛有分布。

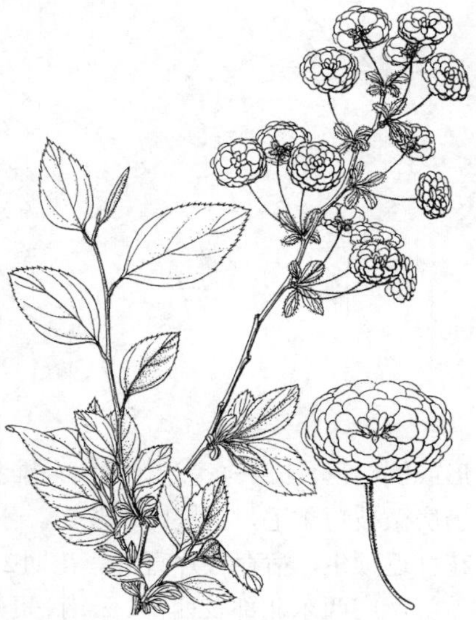

图 771 李叶绣线菊 （引自《图鉴》）

［附］**单瓣李叶绣线菊 Spiraea prunifolia** var. **simpliciflora** Nakai, Fl. Sylv. Kor. 4: 18. f. 7. 1916. 本变种与模式变种的区别：花单瓣，径6-7毫米；叶薄纸质，下面具疏柔毛，老时几无毛；蓇葖果沿腹缝有柔毛。产江苏、安徽、浙江、福建、江西、湖北及湖南，生于海拔500-1000米山坡或石砾地。庭园有栽培。

39. 珍珠绣线菊 图 772

Spiraea thunbergii Sieb. ex Bl. Bijdr. Fl. Nederl. Ind. 1115. 1826.

灌木，高达1.5米。小枝有棱角，幼时被短柔毛，老时无毛。冬芽有数枚鳞片。叶线状披针形，长2.5-4厘米，中部以上有尖锯齿，两面无毛，羽状脉；叶柄长1-2毫米，有柔毛。伞形花序无花序梗，具3-7花，基部簇生数枚小叶。花梗长0.6-1厘米，无毛；花径6-8毫米；花萼外面无毛，萼片三角形或卵状三角形；花瓣倒卵形或近圆形，长与宽2-4毫米，白色；雄蕊18-20，长约花瓣1/3或更短；花盘具10个裂片；子房无毛或微被短柔毛，花柱几与雄蕊等长。蓇葖果开张，无毛，宿存花柱近顶生，宿存萼片直立或反折。花期4-5月，果期6-7月。

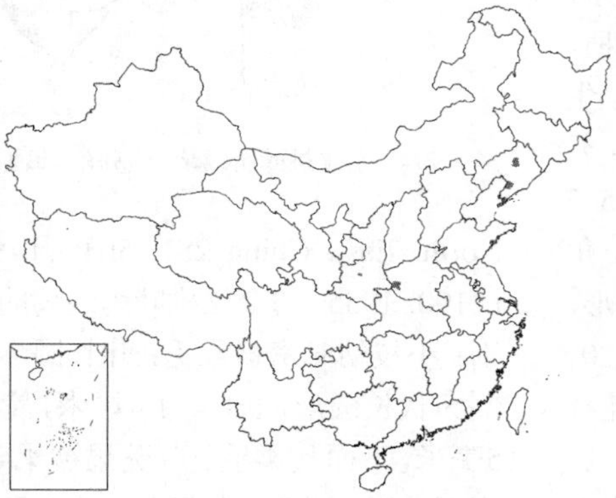

图 772 珍珠绣线菊 （引自《图鉴》）

产辽宁、陕西、河南、山东、江苏、浙江及福建。花朵密集，盛开时如积雪，秋色桔红，为有价值的观赏灌木。

40. 毛枝绣线菊 图 773

Spiraea martinii Lévl. in Fedde, Repert. Sp. Nov. 9: 321. 1911.

灌木，高达2.5米。小枝幼时密被绒毛。冬芽具数枚鳞片，被短柔毛。叶近圆形、椭圆形或倒卵形，较大者长0.8-1.7厘米，较小者长2-5毫米，

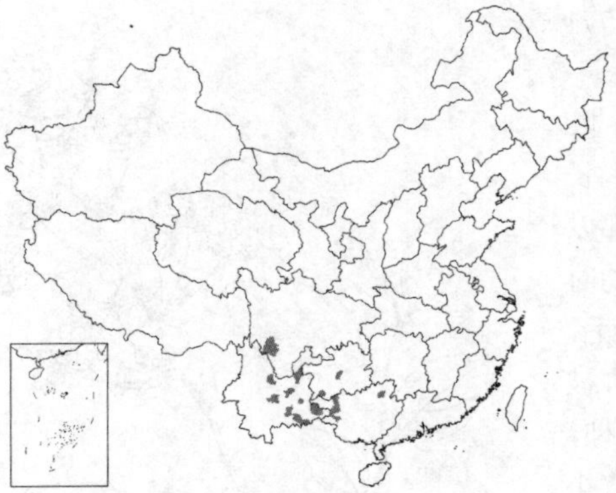

常3浅裂，中部以上具3-5钝齿，基部宽楔形，上面无毛或微被短柔毛，下面密被短柔毛；叶柄长1-2毫米，幼时被黄色柔毛。伞形花序无花序梗，有5-18花，基部簇生数枚叶。花梗长5-9毫米，无毛；苞片披针形，微被短柔毛或无毛；花径5-6毫米；花萼筒无毛，萼片卵状三角形或三角形；花瓣近圆形或倒卵形，长3-4毫米，白色；雄蕊20-25，短于花瓣；花盘具10裂片；子房微被短柔毛，花柱比雄蕊短。蓇葖果开张，沿腹缝稍有短柔毛，宿存花柱近顶生，宿存萼片直立。花期2-3月，果期4-5月。

产广西东北部及西部、云南、贵州及四川西南部，生于海拔1400-2100米干旱坡地、山谷、路旁或灌丛中。

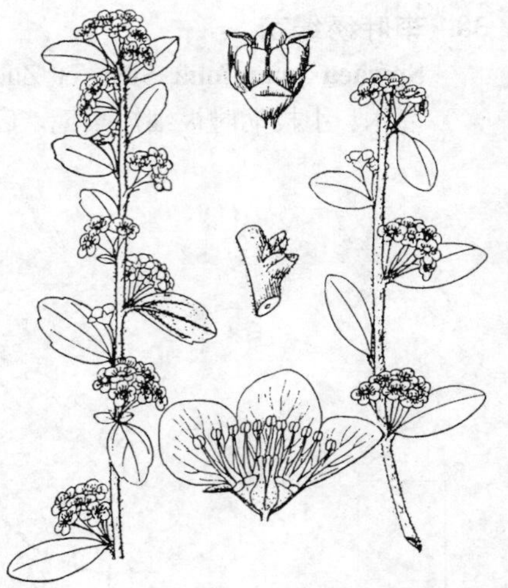

图 773 毛枝绣线菊 （吴彰桦绘）

41. 金丝桃叶绣线菊 图 774

Spiraea hypericifolia Linn. Sp. Pl. 489. 1753.

灌木，高达1.5米。幼枝无毛或微被柔毛。冬芽无毛，有数枚棕褐色鳞片。叶长圆形、长圆状倒卵形或倒卵状披针形，长1.5-2厘米，先端尖或钝圆，全缘或在不孕枝叶先端具2-3钝齿，两面无毛，稀具柔毛，基部具不显著3脉或羽状脉；叶柄长1-4毫米，无毛。伞形花序无花序梗，具5-11花，基部有数枚簇生小叶。花梗长1-1.5厘米，无毛或微被短柔毛；花径5-7毫米；花萼无毛，萼片三角形；花瓣近圆形或倒卵形，长2-3毫米，白色；雄蕊20，与花瓣等长或稍短；花盘有10个裂片。蓇葖果直立开张，无毛，宿存花柱顶生背部，宿存萼片直立。花期5-6月，果期6-9月。

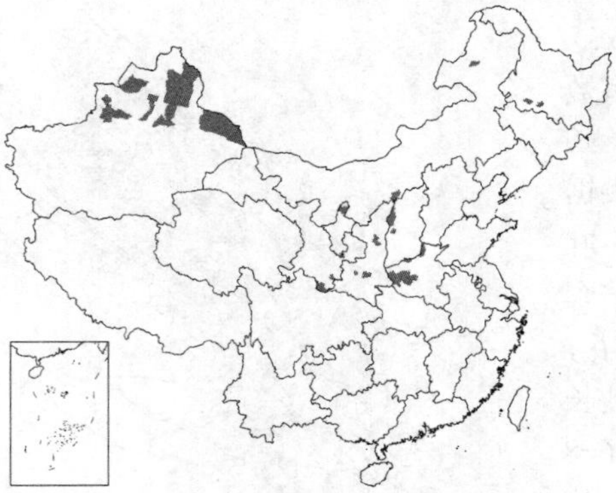

产黑龙江西南部、内蒙古东北部及南部、山西、河南、陕西、甘肃东南部、宁夏北部及新疆，生于海拔600-2200米灌丛中、阳坡林内或草地。蒙古、俄罗斯西伯利亚、哈萨克斯坦及吉尔吉斯斯坦有分布。

［附］**海拉尔绣线菊 Spiraea hailarensis** Liou, Ill. Fl. Lign. Pl. North.-East. China 281. 563. pl. 99. f. 190. 1955. 与金丝桃叶绣线菊的区别：小枝幼时密被柔毛；叶长圆形或倒卵状长圆形，长0.4-1.4厘米，宽3-5毫米，下面具柔毛；蓇葖果被柔毛。产黑龙江西北部、内蒙古东北部及南部、甘肃东部，生于海拔达1000米砂后坡地。

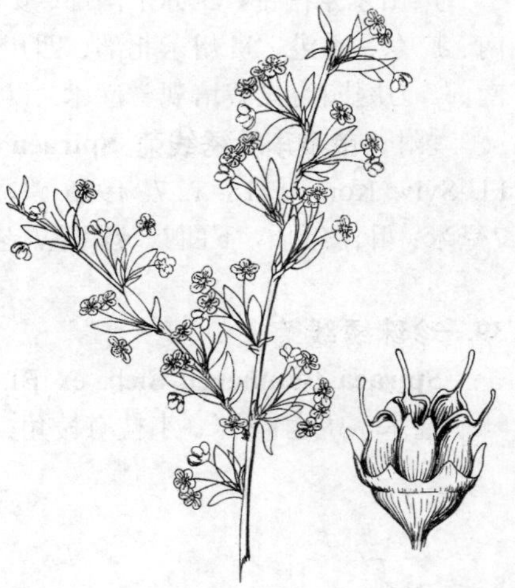

图 774 金丝桃叶绣线菊 （引自《图鉴》）

42. 耧斗菜叶绣线菊 图 775

Spiraea aquilegifolia Pall. Reise Russ. Reich. 3: 734. t. 8. f. 3. 1776.

灌木。枝幼时密被短柔毛，老时几无毛。冬芽有数枚鳞片。花枝上的叶倒卵形或扇形，长4-8毫米，先端钝圆，全缘或先端3浅圆裂，不孕枝上的叶常扇形，长宽均0.7-1厘米，先端3-5浅圆裂，基部窄楔形，上面无毛或疏生极短柔毛，下面密被短柔

毛，基部具不显著3脉；叶柄长1-2毫米，有细短柔毛。伞形花序无花序梗，具3-6花，基部簇生数枚小叶。花梗长6-9毫米，无毛；花径4-5毫米；花萼无毛，萼片三角形；花瓣近圆形，长宽均约2毫米，白色；雄蕊20，几与花瓣等长；花盘有10个深裂片；子房被短柔毛，花柱短于雄蕊。蓇葖果上半部或沿腹缝有短柔毛，宿存花柱顶生背部，宿存萼片直立或反折。花期5-6月，果期7-8月。

产黑龙江西北部、内蒙古、河北西北部、山西、河南西部、陕西北部、甘肃、宁夏及青海东部，生于海拔600-1300米石砾坡地或干旱草地。蒙古及俄罗斯有分布。

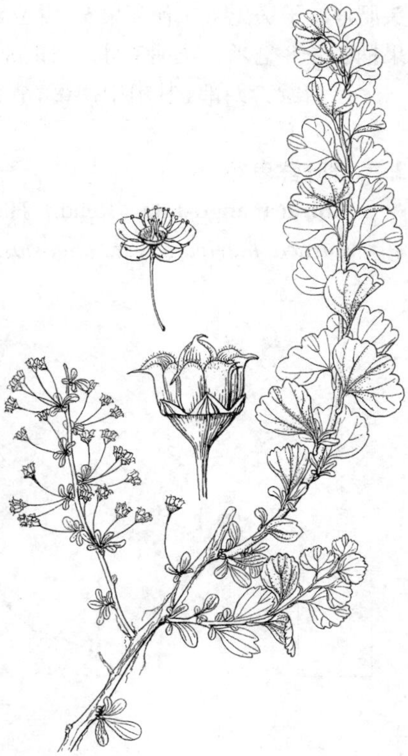

图 775 耧斗菜叶绣线菊 （引自《图鉴》）

2. 鲜卑花属 Sibiraea Maxim.

（谷粹芝）

落叶灌木。冬芽有2-4鳞片。单叶互生，全缘；叶柄短或近无柄，无托叶。花杂性异株；顶生穗状圆锥花序。花梗短；被丝托钟状，萼片5，直立；花瓣5，白色，比萼片长；雄花具雄蕊20-25，雄蕊较花瓣长；雌花有退化雄蕊，雄蕊较花瓣短；心皮5，基部合生。蓇葖果，长椭圆形，直立，沿腹缝线及背缝线顶端开裂。种子2，有少量胚乳。

约4种，分布欧洲、俄罗斯西伯利亚至我国西部。我国3种。

1. 花梗、花序梗及叶均无毛；叶线状披针形、宽披针形或长圆状倒披针形 ………………… 1. **鲜卑花 S. laevigata**
1. 花梗及花序梗被柔毛；叶窄披针形或倒披针形，稀长椭圆形，幼时被毛 …………… 2. **窄叶鲜卑花 S. angustata**

1. 鲜卑花 图 776：1-3

Sibiraea laevigata (Linn.) Maxim. in Acta Hort. Petrop. 6: 215. 1879.

Spiraea laevigata Linn. Mant. Pl. 2: 244. 1771.

灌木。小枝无毛。冬芽卵形。叶在当年生枝上互生，在老枝上丛生，叶线状披针形、宽披针形或长圆状倒披针形，长4-6.5厘米，全缘，两面无毛；叶柄不显，无托叶。顶生穗状圆锥花序，长5-8厘米，花梗长约3毫米，花梗和花序梗均无毛；花瓣白色，倒卵形；雄花具雄蕊20-25，花丝细长，花药黄色，约与花瓣近等长或稍长，退化雌蕊3-5；雌花具退化雄蕊；花丝极短，花盘环状，具10裂片；雌蕊5，花柱稍偏斜，柱

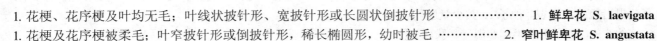

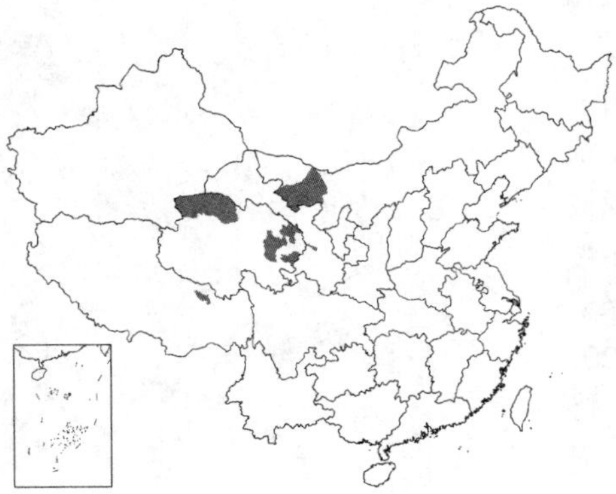

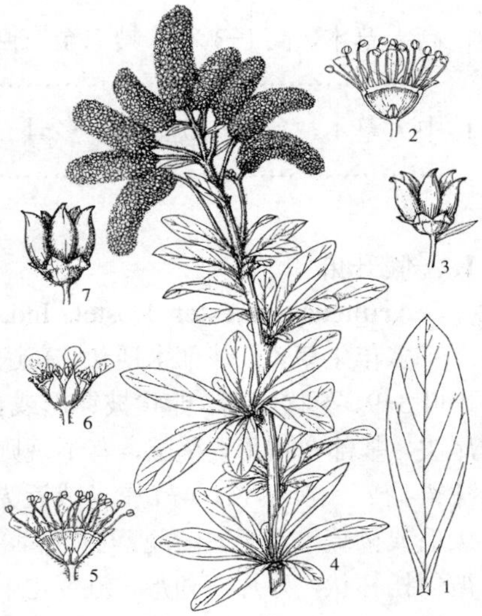

图 776：1-3. 鲜卑花 4-7. 窄叶鲜卑花
（鞠维江绘）

头肥厚，子房无毛。蓇葖果5，并立，长3-4毫米，具直立稀开展的宿萼；果柄长5-8毫米。花期7月，果期8-9月。

产内蒙古西部、甘肃中南部、青海及西藏东北部，生于海拔2000-4000米高山、溪边或草甸灌丛中。俄罗斯西伯利亚南部有分布。

2. 窄叶鲜卑花 图 776：4-7

Sibiraea angustata（Rehd.）Hand.-Mazz. Symb. Sin. 7：454. 1933.

Spiraea laevigata var. *angustata* Rehd. in Sarg. Pl. Wilson. 1：455. 1913.

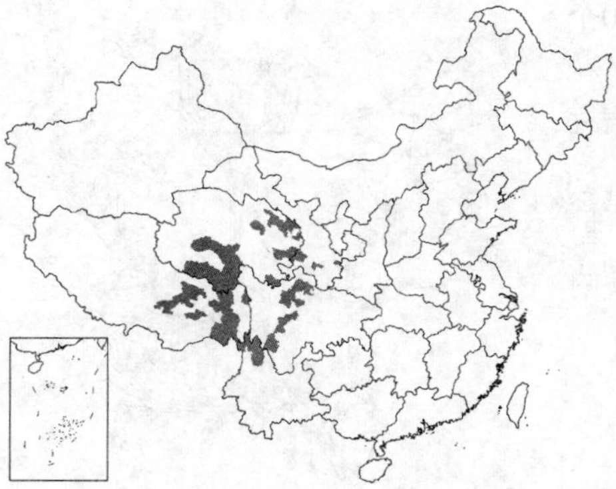

灌木，高约2.5米。幼枝微被柔毛，老时无毛。冬芽微被柔毛。叶在当年生枝上互生，在老枝上丛生，叶窄披针形或倒披针形，稀长椭圆形，长2-8厘米，先端急尖或突尖，稀渐尖，基部楔形，全缘，两面无毛或幼时边缘具柔毛；叶柄极短。穗状花序顶生，长5-8厘米，花梗长3-5毫米，花梗和花序梗均密被柔毛；花瓣白色，宽倒卵形；雄花具雄蕊20-25，与花瓣近等长或稍长，花丝细长，花药黄色，退化雌蕊3-5；雌花具退化雄蕊；花丝细短；雌蕊5，柱头肥大，子房无毛。蓇葖果直立，长约4毫米，萼片宿存；果柄长3-5毫米，被毛。花期6月，果期8-9月。

产青海、甘肃南部、四川、西藏及云南西北部，生于海拔3000-4000米山坡灌丛中或山谷砂石滩上。

3.假升麻属 Aruncus Adans.

（谷粹芝）

多年生草本；根状茎粗大。叶大型，互生，一至三回羽状复叶，稀掌状复叶；小叶边缘具齿；无托叶。花单性，雌雄异株；成大型穗状花序。花无梗或近无梗；被丝托杯状，萼片5；花瓣5，白色；雄花具雄蕊15-30，花丝细长，约为花瓣的1倍；有退化雌蕊；雌花有退化雄蕊，花丝短，花药不发育；心皮3-4，稀5-8，子房1室。蓇葖果沿腹缝线开裂。种子2，具少量胚乳。

约6种，分布于北半球寒温带。我国2种。

1. 高大草本，高1-3米；具二至三回羽状复叶，小叶菱状卵形至长椭圆形；花序长10-40厘米，花朵排列稀疏 …………………………………………………… 1. **假升麻 A. sylvester**
1. 中大草本，高30-70厘米；多具三出复叶，小叶近圆形至宽楔形；花序长5-25厘米，花朵排列密集 …………………………………………………… 2. **贡山假升麻 A. gombalanus**

1. 假升麻 图 777 彩片 116

Aruncus sylvester Kostel. Ind. Hort. Prag. 5. 1844.

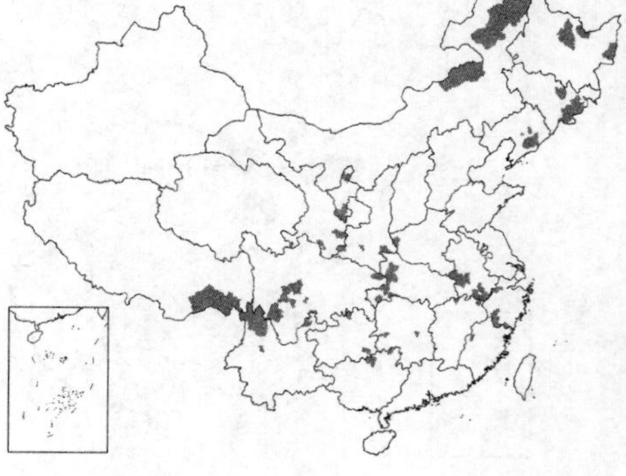

多年生草本，基部木质化，高达3米。茎无毛。二回稀三回羽状复叶；小叶3-9，菱状卵形、卵状披针形或长椭圆形，长5-13厘米，先端渐尖，稀尾尖，基部宽楔形，稀圆，有不规则尖锐重锯齿，两面近无毛或沿边缘被疏柔毛；小叶柄长0.4-1厘米或近无柄。穗状圆锥花序，径7-17厘米，被柔毛或稀疏星状毛，渐脱落；苞片线状披针形，微被毛；花径2-4毫米；被丝托杯状，萼片三角形，近无毛；花瓣白色，倒卵形；雄花具雄蕊20，花丝长约花瓣的1倍，有退化雌蕊，花盘盘状，边缘有10个圆形突起；雌花有退化雄蕊，短于花瓣；心皮3-4，稀5-8，花柱顶生。蓇葖果直立，无毛，萼片宿存；果柄长约2毫米，下垂。花期6月，果期8-9月。

产黑龙江、吉林、辽宁、内蒙古东部、宁夏、河南西部、安徽、浙江、福建、江西、湖北、湖南、广西东北部、贵州、云南、西藏东部、四川、甘肃南部及陕西南部，生于海拔1800-3500米山沟或山坡杂木林中。俄罗斯西伯利亚、日本及朝鲜有分布。

图 777 假生麻 （引自《图鉴》）

2. 贡山假升麻 图 778

Aruncus gombalanus Hand.-Mazz. in Anz. Akad. Wiss. Wien, Math.-Naturw. Kl. 60: 152. 1923.

多年生草本，高30-70厘米。茎直立，有棱条，红褐色，顶部微具柔毛，基部无毛。羽状复叶一至二回，或三出复叶；小叶近圆形或宽卵形，稀菱状卵形，长4-5厘米，先端圆钝或急尖，基部宽楔形，稀平截或圆，有尖锐重锯齿，有时稍具浅裂片，下面沿叶脉微被长柔毛，侧脉7-9对直达齿尖；侧生小叶无柄或近无柄，顶生小叶柄较两侧生小叶柄稍长，有稀疏柔毛。穗状圆锥花序，长5-25厘米，径5-7厘米，密被柔毛与稀疏星状毛，花序梗毛较少。花梗长约2毫米，或近无梗；苞片和小苞片线状披针形，膜质，无毛；花径约4毫米；被丝托杯状，外被柔毛；萼片4-6，三角形，全缘，近无毛；花瓣5-6，倒卵形，先端圆钝，稍大于萼片，白色；雄蕊20，着生被丝托边缘，花丝稍长于花瓣；花盘盘状，边缘有10个圆形突起；心皮3-4，稀5-7，花柱直立，柱头肥厚。蓇葖果并立，无毛；萼片宿存，开展稀反折。花期6月，果期8-9月。

产云南西北部、西藏东南部、四川东部及东南部，生于海拔3000-4000米山顶草坡。

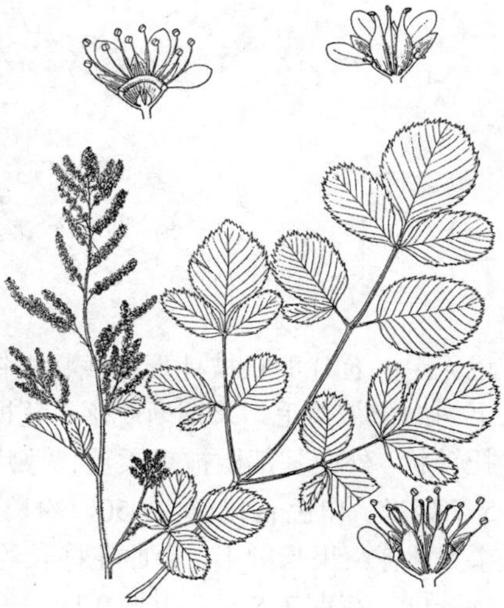

图 778 贡山假生麻 （引自《中国植物志》）

4. 珍珠梅属 Sorbaria (Ser.) A. Br. ex Aschers.

（谷粹芝）

落叶灌木。冬芽卵圆形，具数枚鳞片。羽状复叶，互生；小叶对生，有锯齿；具托叶。花两性，小型；成顶生圆锥花序。被丝托钟状，萼片5，反折；花瓣5，白色，覆瓦状排列；雄蕊20-50；心皮5，基部合生，与萼片对生。蓇葖果沿腹缝开裂，种子数枚。

约9种，分布于亚洲。我国4种。

1. 圆锥花序密集，分枝直立；果柄直立。
  2. 雄蕊40-50，长于花瓣，花柱顶生。
    3. 叶轴及小叶下面无毛或近无毛，无星状毛；果近无毛 ······························· 1. **珍珠梅 S. sorbifolia**
    3. 叶轴及小叶下面被星状毛；果疏被短柔毛 ························· 1(附). **星毛珍珠梅 S. vorbifolia** var. **stellipila**
  2. 雄蕊20，与花瓣等长或稍短，花柱稍侧生 ·· 2. **华北珍珠梅 S. kirilowii**

1. 圆锥花序稀疏，分枝开展；果柄弯曲下垂；雄蕊20-30，长于花瓣，花柱稍侧生。
 4. 小叶下面、叶轴及花序均密被或部分被星状毛。
  5. 小叶下面微被星状毛，叶轴被短柔毛或无毛；花序微被星状毛 ………………… 3. **高丛珍珠梅 A. arborea**
  5. 小叶下面和叶轴及花序均密被星状毛 ……………… 3(附). **毛叶高丛珍珠梅 A. arborea** var. **subtomentosa**
 4. 小叶、叶轴和花序均无毛 …………………………………… 3(附). **光叶高丛珍珠梅 A. arborea** var. **glabra**

1. 珍珠梅 图 779：1-2

Sorbaria sorbifolia (Linn.) A. Br. in Aschers. Fl. Brandenb. 177. 1864.

Spiraea sorbifolia Linn. Sp. Pl. 490. 1753.

灌木，高达2米。小枝无毛或微被短柔毛。羽状复叶，小叶11-17，连叶柄长13-23厘米，叶轴微被短柔毛；小叶披针形或卵状披针形，长5-7厘米，先端渐尖，稀尾尖，基部近圆或宽楔形，稀偏斜，有尖锐重锯齿，两面无毛或近无毛，侧脉12-16对；小叶无柄或近无柄，托叶卵状披针形或三角披针形，有不规则锯齿或全缘，长0.8-1.3厘米，外面微被短柔毛。顶生密集圆锥花序，分枝近直立，长10-20厘米，花序梗和花梗被星状毛或短柔毛，果期近无毛；苞片卵状披针形或线状披针形，长0.5-1厘米，全缘或有浅齿，上下两面微被柔毛，果期渐脱落。花梗长5-8毫米；花径1-1.2厘米；被丝托钟状，外面基部微被短柔毛；萼片三角卵形；花瓣长圆形或倒卵形，长5-7毫米，白色；雄蕊40-50，约长于花瓣1.5-2倍；心皮5，无毛或稍具柔毛。蓇葖果长圆形，弯曲花柱长约3毫米，果柄直立；萼片宿存，反折，稀开展。花期7-8月，果期9月。

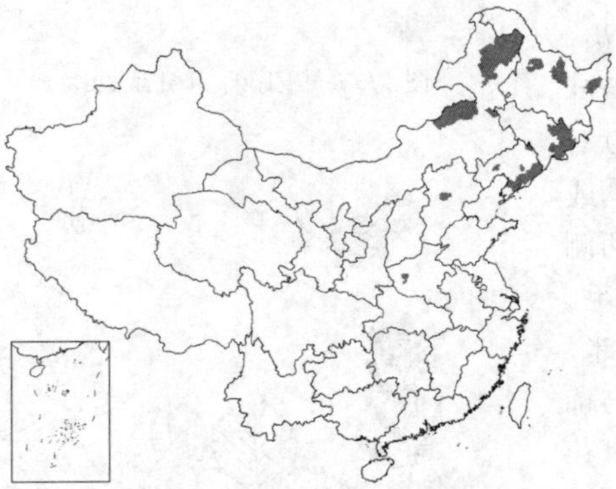

产黑龙江、吉林、辽宁、内蒙古东部、河北中北部及河南西部，生于海拔250-1500米山坡疏林中。俄罗斯、朝鲜半岛、日本及蒙古有分布。

图 779：1-2. 珍珠梅 3-6. 华北珍珠梅
（引自《图鉴》《中国植物志》）

［附］ **星毛珍珠梅 Sorbaria sorbifolia** var. **stellipila** Maxim. in Acta Hort. Petrop. 6: 223. 1879. 本变种与模式变种的区别：花序及叶轴密被星状毛；叶下面疏被星状毛；果疏生星状毛。产黑龙江、吉林，生于海拔250-300米山地灌丛中。朝鲜半岛有分布。

2. 华北珍珠梅 图 779：3-6 彩片 117

Sorbaria kirilowii (Regel) Maxim. in Acta Hort. Petrop. 6: 225. 1879.

Spiraea kirilowii Regel in Regel & Tiling Fl. Ajan. 81: 1858, in adnot.

灌木，高达3米。小枝无毛。冬芽近无毛。羽状复叶具小叶13-21，连叶柄长21-25厘米；小叶披针形至长圆状披针形，长4-7厘米，先端渐尖，稀尾尖，有尖锐重锯齿，两面无毛或下面脉腋具短柔毛，侧脉15-23对，近平行；小叶柄短或近无柄，无毛，托叶线状披针形，无毛。圆锥花序密集，径7-11厘米，无毛，微被白粉。花梗长3-4毫米；苞片线状披针形，全缘；花径5-7毫米；被丝托钟状，无毛，萼片长圆形，无毛；花瓣白色，倒卵

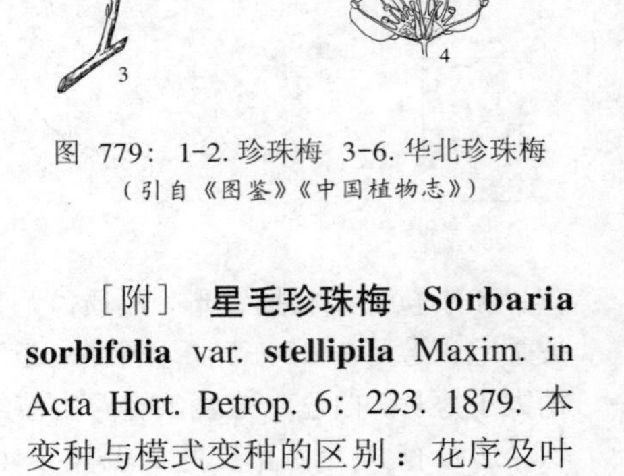

形或宽卵形，长4-5毫米；雄蕊20，与花瓣等长或稍短；花盘圆盘状；心皮5，花柱稍短于雄蕊。蓇葖果长圆柱形，无毛，长约3毫米，花柱稍侧生，宿存萼片反折，稀开展；果柄直立。花期6-7月，果期9-10月。

产辽宁、内蒙古中南部、河北、山东、安徽北部、河南、山西、陕西南部、甘肃东南部、宁夏、新疆中北部及青海东部，生于海拔200-1300米林中。

3. 高丛珍珠梅 图 780 彩片 118

Sorbaria arborea Schneid. Ill. Handb. Laubh. 1: 490. 1905.

落叶灌木，高达6米。幼枝微被星状毛或柔毛，渐脱落。冬芽被柔毛。羽状复叶具小叶13-17（-19），小叶披针形至长圆状披针形，长4-9厘米，先端渐尖，基部宽楔形或圆，有重锯齿，两面无毛或下面微具星状绒毛，侧脉20-25对，小叶柄短或几无柄，托叶三角形，无毛。圆锥花序稀疏，分枝开展，径15-25厘米。花梗长2-3毫米，花梗和花序梗微被星状柔毛；苞片线状披针形至披针形，微被短柔毛；花径6-7毫米；萼片长圆形至卵形，无毛；花瓣白色，近圆形；雄蕊20-30，长于花瓣；花盘环状；心皮5，无毛，花柱长不及雄蕊1/2。蓇葖果圆柱形，下垂，无毛，长约3毫米，萼片宿存，反折；果柄弯曲。花期6-7月，果期9-10月。

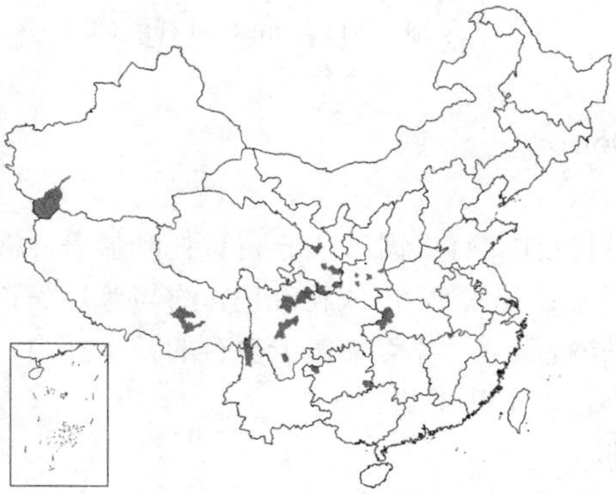

图 780 高丛珍珠梅 （引自《图鉴》）

产江西北部、湖北西部、贵州东南部及西北部、云南西北部、西藏东南部、四川、陕西南部、甘肃南部及新疆西南部，生于海拔2500-3500米山坡、林缘或溪边。

［附］**毛叶高丛珍珠梅 Sorbaria arborea** var. **subtomentosa** Rehd. in Sarg. Pl. Winson. 1: 47. 1911. 本变种与模式变种的区别：叶轴、叶下面、花梗和花序梗均密被星状毛。产陕西、四川及云南，生于海拔1600-3100米山坡路边向阳处。

［附］**光叶高丛珍珠梅 Sorbaria arborea** var. **glabrata** Rehd. in Sarg. Pl. Winson. 1: 48. 1911. 本变种与模式变种的区别：叶轴、叶下面、花梗和花序梗均无毛。产湖北、甘肃、陕西、云南及四川，生于海拔2500-3500米高山、溪边或密林中。

5. 风箱果属 Physocarpus（Cambess.）Maxim.

（谷粹芝）

落叶灌木，枝条开展。冬芽小，有数枚互生鳞片。单叶互生，有锯齿，常基部3裂，叶脉三出；有叶柄和托叶。花序伞形总状，顶生。被丝托杯状；萼片5，镊合状排列；花瓣5，稍长于萼片，白色，稀粉红色；雄蕊20-40；雌蕊1-5，基部合生，子房1室。蓇葖果常膨大，沿背缝及腹缝开裂，种子2-5。种子胚乳丰富。

约20种，主要分布北美及亚洲东北部。我国1种。

风箱果 图 781

Physocarpus amurensis（Maxim.）Maxim. in Acta Hort. Petrop. 6: 221. 1879.

Spiraea amurensis Mixim. in Mém. Div. Sav. Acad. Sci. St. Pétersb. 9: 90. 1859.

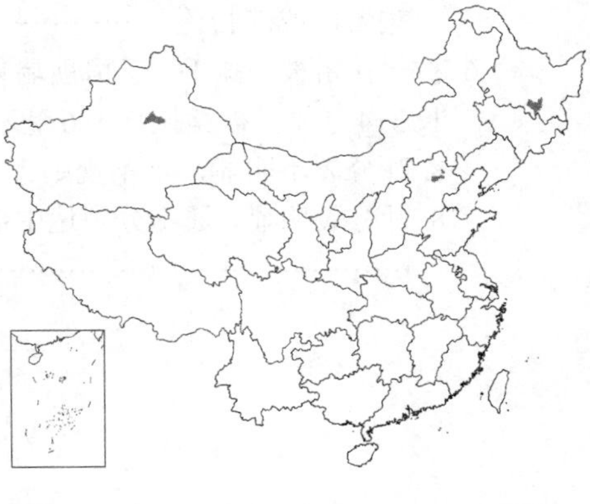

灌木，高达3米。小枝无毛或近无毛。冬芽卵圆形，被柔毛。叶三角

状卵形至倒卵形，长3.5-5.5厘米，先端急尖或渐尖，基部近心形，稀截形，常3裂，稀5裂，有重锯齿，下面微被星状柔毛，沿叶脉较密；叶柄长1.2-2.5厘米，微被柔毛或近无毛，托叶线状披针形，有不规则尖锐锯齿，近无毛，早落。花序伞形总状，径3-4厘米；花梗长1-1.8厘米；花序梗与花梗均密被星状柔毛；苞片披针形，微被星状毛，早落。花径0.8-1.3厘米；被丝托杯状，外面被星状绒毛；花瓣白色，倒卵形，长约4毫米；雄蕊20-30；心皮2-3，被星状毛，花柱顶生。蓇葖果膨大，卵圆形，顶端渐尖，成熟时沿背缝腹缝开裂。微被星状柔毛；有2-5种子。花期6月，果期6-8月。

产黑龙江南部、河北北部及新疆，生于山沟及林缘。朝鲜半岛北部及俄罗斯远东地区有分布。

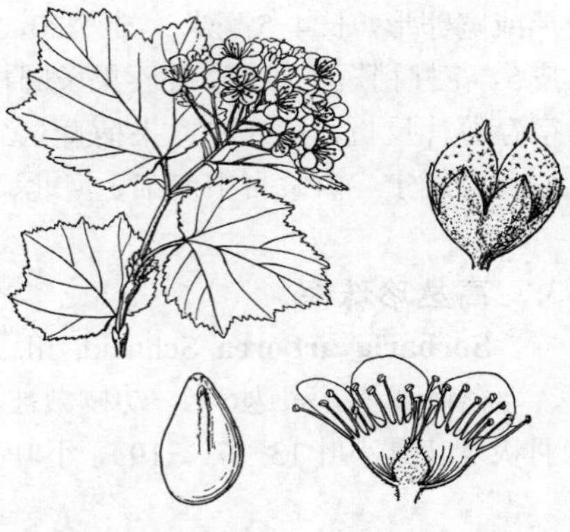

图 781 风箱果 （引自《图鉴》）

6. 绣线梅属 Neillia D. Don

（谷粹芝）

落叶灌木，稀亚灌木；枝条开展。冬芽卵圆形，有2-4枚鳞片。单叶互生，有重锯齿或分裂；托叶显著。总状或圆锥花序顶生。花两性；苞片早落；被丝托钟状或筒状；萼片5，直立；花瓣5，白或粉红色，约与萼片等长；雄蕊10-30，生于被丝托边缘；雌蕊1（2-5），胚珠2-10（-12），2列，花柱直立。蓇葖果包于宿存的被丝托内，成熟时腹缝开裂，种子数粒。种子倒卵圆形，有光泽，种脊突起，胚乳丰富，子叶平凸。

约17种，主要分布于我国、朝鲜、印度及印度尼西亚。我国15种。

1. 圆锥花序顶生；花瓣白色；被丝托钟状，子房具胚珠8-12枚。
  2. 圆锥花序分枝较多；子房无毛或缝线被毛 ………………………………………… 1. **绣线梅 N. thyrsiflora**
  2. 圆锥花序分枝较少；子房全部被柔毛 ……………………… 1(附). **毛果绣线梅 N. thyrsiflora** var. **tonkinensis**
1. 总状花序顶生；花瓣淡粉红色，稀白色。
  3. 被丝托钟状至壶形钟状，长和宽近相等或宽大于长。
    4. 矮生亚灌木；叶长2.5-3.5厘米，托叶叶质，有锯齿；花序短，有3-7花；子房1室，具2胚珠 ………………………………………………………………………… 2. **矮生绣线梅 N. gracilis**
    4. 高大灌木；叶长3.5-6.8厘米，托叶膜质，多全缘；花序有5-15花；子房1室，具4-10胚珠。
      5. 被丝托壶形钟状，雄蕊25-30；子房顶端有毛，胚珠8-10 ……………………… 3. **粉花绣线梅 N. rubiflora**
      5. 被丝托钟状，雄蕊20，子房全部被柔毛，胚珠4-6 …………………………………… 4. **川康绣线梅 N. affinis**
  3. 被丝托圆筒状，长大于宽。
    6. 被丝托外面无毛，子房无毛或顶端被毛，胚珠4-5。
      7. 小枝、叶柄及叶近无毛，叶分裂较浅；花梗长0.3-1厘米，被丝托长1-1.2厘米，花瓣淡粉色 ………………………………………………………………………… 5. **中华绣线梅 N. sinensis**
      7. 小枝、叶柄及叶下面均密被柔毛，中脉和侧脉更密，叶分裂较深；花梗长3-4毫米，被丝托长8-9毫米，花瓣白或淡粉色 ………………………………………………… 6. **毛叶绣线梅 N. ribesioides**
    6. 被丝托密被短柔毛，子房顶端具毛；叶下面被柔毛或近无毛，叶分裂或深或浅；花序梗长5-15厘米；花梗长3-4毫米，被丝托长5-6毫米，花瓣淡白粉色，胚珠5-8。
      8. 叶分裂不明显，常不规则3-5浅裂，托叶披针形，边缘有毛 ……………… 7. **西康绣线梅 N. thibetica**
      8. 叶分裂明显，通常分裂达中部，托叶卵状披针形，边缘常浅波状并有睫毛 …………………………………………………………… 7(附). **裂叶西康绣线梅 N. thibetica** var. **lobata**

1. 绣线梅 图 782

Neillia thyrsiflora D. Don, Prodr. Fl. Nepal. 288. 1825.

直立灌木，高约2米。小枝微被柔毛或近无毛。冬芽卵圆形，有2-4枚外露鳞片，边缘微被柔毛。叶卵形至卵状椭圆形，近花序叶卵状披针形，长6-8.5厘米，先端长渐尖，基部圆或近心形，常基部3深裂，稀不规则3-5浅裂，有尖锐重锯齿，下面沿脉有稀疏柔毛；叶柄长1-1.5厘米，微被柔毛或近无毛，托叶卵状披针形，两面近无毛。圆锥花序顶生，径6-15.5厘米；花梗长约3毫米，与花序梗均微被毛；苞片小，卵状披针形，被毛。花径约4毫米；被丝托钟状，外面微被柔毛；萼片三角形，内外两面微被柔毛；花瓣白色，倒卵形，长约2毫米；雄蕊10-15，着生在被丝托边缘；子房无毛或缝线微被毛，胚珠（8-）10-12。蓇葖果长圆形，被丝托外面密被柔毛稀疏长腺毛。种子8-10，卵圆形。花期7月，果期9-10月。

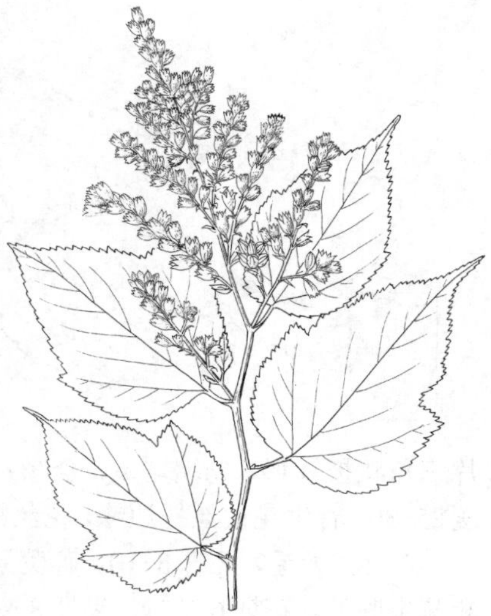

图 782 绣线梅 （孙英宝绘）

产广西西部、云南西北部及西藏东南部，生于海拔1000-3000米山坡林中。印度、缅甸、尼泊尔、不丹及印度尼西亚有分布。

2. 矮生绣线梅 图 783

Neillia gracilis Franch. Pl. Delav. 202. 1890.

矮生亚灌木，似多年生草本，高不及50厘米。茎基部木质，小枝细弱弯曲，无毛。叶卵形或三角形状卵形，稀近肾形，长2.5-3.5厘米，先端急尖或渐尖，稀圆钝，基部心形，有尖锐重锯齿和不规则3-5浅裂，两面微被短柔毛或近无毛；叶柄长1-1.6厘米，微被短柔毛，托叶叶质，卵形或三角状卵形，长4-6毫米，先端急尖或圆钝，有锯齿或睫毛。总状花序藏于叶下，有3-7花，长1-1.8厘米；苞片膜质，边有睫毛。花梗长约2毫米，近无毛；花径约6毫米；被丝托钟状，外面微被短柔毛；萼片三角状卵形，长2-3毫米，先端渐尖，内外两面微被柔毛；花瓣白或粉红色，圆形，长约4毫米，先端微缺，并有睫毛；雄蕊15-20，着生在被丝托边缘；子房密被长柔毛，柱头4裂，具2胚珠。蓇葖果具宿萼，外被短柔毛。花果期5-7月。

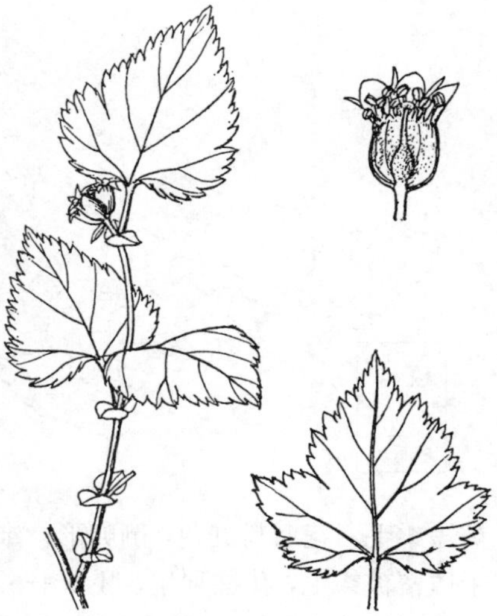

图 783 矮生绣线梅 （张荣生绘）

产云南西北部及四川西南部，生于海拔2800-3000米草地或湿润山坡。

3. 粉花绣线梅 图 784

Neillia rubiflora D. Don, Prodr. Fl. Nepal. 228. 1825.

灌木，高达2米。小枝幼时被毛，旋脱落。叶宽卵形或三角状卵形，长

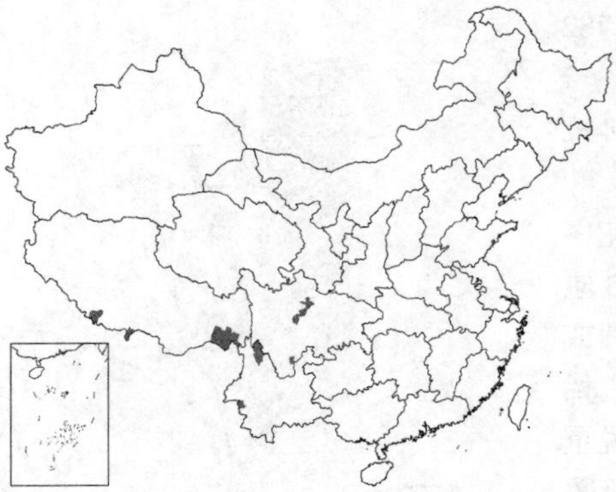

4-6厘米，先端渐尖，基部心形，稀近圆，有尖锐重锯齿，常3深裂或不明显5-7裂，两面无毛；托叶膜质，卵状披针形或线状披针形，微被毛。总状花序常有5-12花，长2-4厘米，微被柔毛。花梗长2-3毫米，无毛；苞片披针形；花径5-6毫米；被丝托壶形钟状，被柔毛，萼片三角状披针形，先端尾尖，全缘；花瓣粉白色，倒卵形；先端圆钝；雄蕊25-30，着生花被丝托边缘，花丝短；子房无毛或顶端微被柔毛，花柱顶生，直立，无毛，胚珠8-10。蓇葖果椭圆形，无毛，宿存被丝托被短柔毛和疏生腺毛。花期6-7月，果期8-9月。

产云南西北部及西部、四川、西藏东南部及南部，生于海拔2500-3000米草坡或溪边林中。尼泊尔、不丹、印度及锡金有分布。

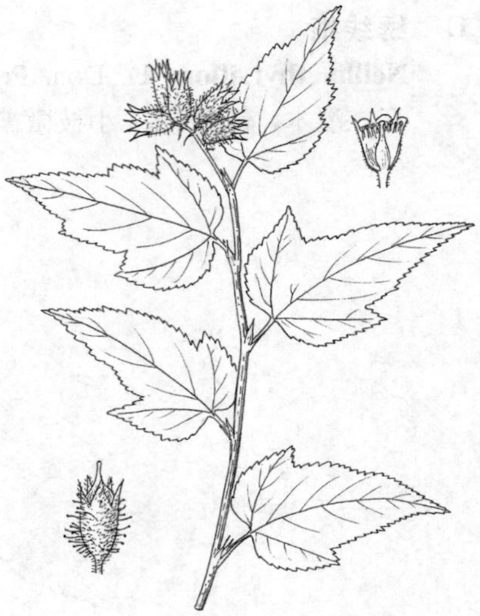

图 784 粉花绣线梅 （孙英宝绘）

4. 川康绣线梅 图 785

Neillia affinis Hemsl. in Journ. Linn. Soc. Bot. 29: 304. 1892.

灌木。小枝近无毛。叶卵形或三角状卵形，稀卵状长椭圆形，长3.5-6.8厘米，先端渐尖或尾尖，基部心形或近心形，有尖锐重锯齿或浅裂，基部常有1对裂片，两面无毛或近无毛；叶柄长0.8-1.2厘米，微被柔毛或近无毛，托叶膜质，长卵形或线状披针形，果期脱落。总状花序有6-15花。花梗长3-5毫米，被柔毛；苞片披针形；花径4-5毫米；被丝托钟状，长2-3毫米，外面密被短柔毛和疏生长腺毛；萼片三角状披针形，先端尾尖，外两面均密被短柔毛；花瓣粉红色，倒卵形；雄蕊20，着生在被丝托边缘；心皮1-2，子房密被柔毛，花柱顶生，胚珠4-6。蓇葖果长椭圆形，被柔毛，萼片宿存直立，外被短柔毛和疏生腺毛，种子4-6。花期5-6月，果期7-9月。

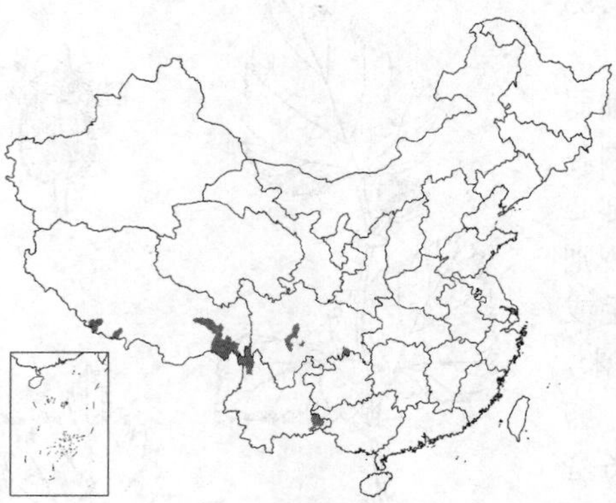

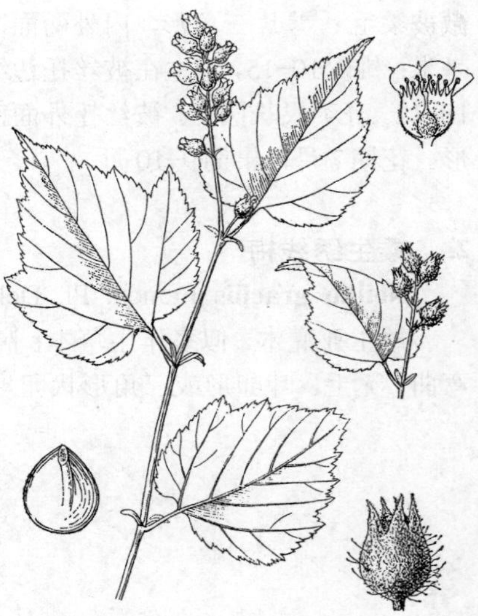

图 785 川康绣线梅 （刘敬勉绘）

产四川、云南东南部及西北部、西藏东南部及南部，生于海拔1100-3500米林中。

5. 中华绣线梅 图 786

Neillia sinensis Oliv. in Hook. Icon. Pl. 16: t. 1540. 1886.

灌木，高达2米。小枝无毛。叶卵形至卵状长圆形，长5-11厘米，先端长渐尖，基部圆或近心形，稀宽楔形，有重锯齿，常不规则分裂，稀不裂，两面无毛或下面脉腋有柔毛；叶柄长0.7-1.5厘米，微被柔毛或近无毛，托叶线状披针形或卵状披针形，长0.8-1厘米，早落。总状花序长4-9厘米。花梗长0.3-1厘米，无毛；花径6-8毫米；被丝托筒状，长1-1.2厘米，外

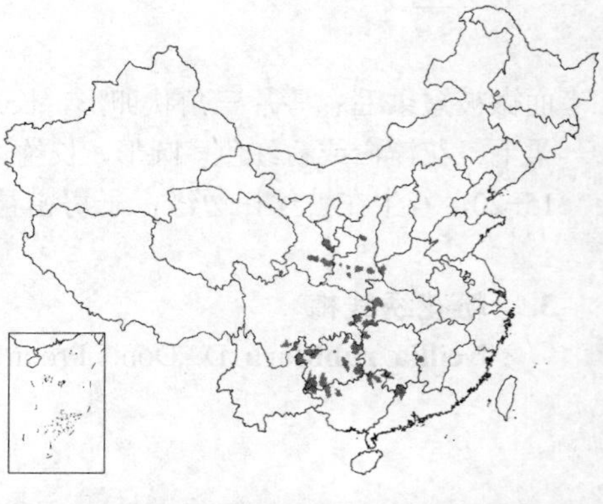

面无毛，萼片三角形，先端尾尖；花瓣淡粉色，倒卵形，长约3毫米；雄蕊10-15，着生在被丝托边缘；心皮1-2，子房具4-5胚珠，顶端有毛，花柱直立。蓇葖果长椭圆形，外被长腺毛。花期5-6月，果期8-9月。

产河南西部、湖北西部、江西西部、湖南、广东北部、广西东北部及西北部、贵州、云南东北部、四川东部及南部、甘肃东南部及陕西，生于海拔1000-2500米山坡、山谷或沟边林中。

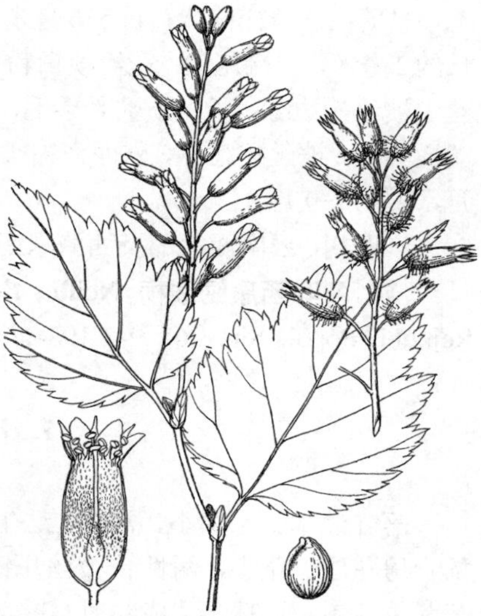

图 786 中华绣线梅 （张荣生绘）

6. 毛叶绣线梅 图 787

Neillia ribesioides Rehd. in Sarg. Pl. Wilson. 1: 435. 1913.

灌木，高达2米。小枝密被短柔毛。冬芽具2-4枚外露鳞片。叶三角形至卵状三角形，长4-6厘米，先端渐尖，基部截形至心形，有5-7较深裂片和尖锐重锯齿，上面散生柔毛，下面密被柔毛，脉上更密；叶柄长约5毫米，密被短柔毛，托叶长圆形至披针形，微被短柔毛。总状花序有10-15花，长4-5厘米。花梗长3-4毫米，与花序梗均近无毛；苞片线状披针形，长约6毫米，两面微被柔毛；花径约6毫米；被丝托圆筒状，长8-9毫米，外面无毛，萼片三角形，长约2毫米，先端尾尖；花瓣白或淡粉色，倒卵形；雄蕊10-15，花丝短，着生被丝托边缘，子房顶端微具柔毛，胚珠4-5。蓇葖果长椭圆形，被丝托宿存，外被疏腺毛。花期5月，果期7-9月。

产陕西南部、甘肃南部、宁夏南部、湖北、四川、云南及贵州西北部，生于海拔1000-2500米山坡林中。

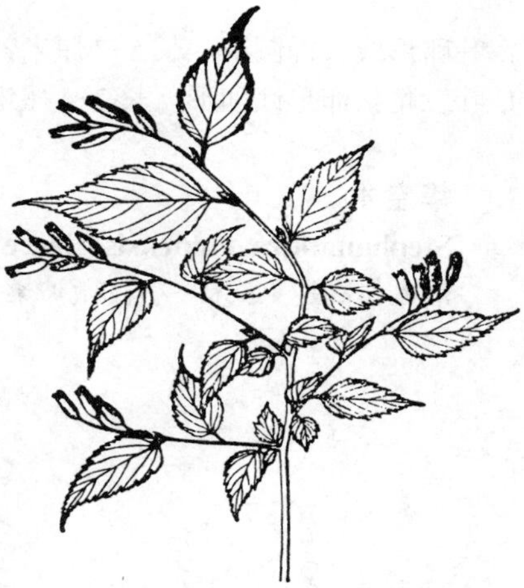

图 787 毛叶绣线梅 （引自《湖北植物志》）

7. 西康绣线梅 图 788

Neillia thibetica Bur. et Franch. in Journ. Bot. 5: 45. 1891.

灌木，高达3米。小枝密被柔毛。冬芽卵形，具2-4枚外露鳞片。叶卵形至长椭圆形，稀三角状卵形，长5-10厘米，先端渐尖，基部圆或近心形，有尖锐重锯齿，常不规则3-5浅裂，上面微具稀疏平铺柔毛，下面散生柔毛，沿脉较密；叶柄长0.8-1.3厘米，密被柔毛，托叶披针形，边缘具毛，与叶柄近等长，早落。总状花序顶生，长5-15厘米，有15-25花。花梗长3-4毫米，密被柔毛；苞片线状披针形，长约1厘米，微被柔

图 788 西康绣线梅 （孙英宝绘）

毛，早落；被丝托筒状，长5-6毫米，内外两面密被短柔毛，萼片三角形，长约2毫米，先端尾尖；花瓣淡白粉色，倒卵形，长约3毫米；雄蕊15-20，着生被丝托边缘；子房顶端具柔毛，花柱无毛；胚珠5-8。蓇葖果直立，顶端微具毛，被丝托宿存，外面密被柔毛和疏生腺毛。种子卵球形。花期5-6月，果期7-9月。

产四川、云南西北部及西藏东南部，生于海拔1500-3000米溪边林中。

[附]**裂叶西康绣线梅 Neillia thibetica** var. **lobata**（Rehd.）Yu, Fl. Reipubl. Popul. Sin. 36：94. 1974. —— *Neillia longiracemosa* Hemsl. var. *lobata* Rehd. in Journ. Arn. Arb. 1：257. 1920. 本变种与模式变种的区别：叶分裂明显，基部裂片分裂达叶片中部，有尖锐重锯齿，托叶卵状披针形，边缘有浅波状齿并有睫毛。产四川西部及云南西北部，生于海拔2900米。

7. 小米空木属 Stephanandra Sieb. et Zucc.

（谷粹芝）

落叶灌木。冬芽小，常2-3迭生，有2-4枚鳞片。单叶互生，有锯齿和分裂；具叶柄和托叶。顶生圆锥花序，稀伞房花序。花小，两性；被丝托钟状；萼片5；花瓣5；雄蕊10-20，花丝短；雌蕊1，花柱顶生，倒生胚珠2。蓇葖果偏斜，近球形，成熟时自基部开裂，有1-2种子。种子球形，光亮；种皮坚脆，胚乳丰富，子叶圆形。

约5种，分布于亚洲东部。我国2种。

1. 叶卵形或长椭圆形，长5-7厘米，边缘浅裂；花梗和被丝托外面无毛 …………………… 1. **华空木 S. chinensis**
1. 叶三角状卵形或卵形，长2-4厘米，边缘深裂；花梗和被丝托外面被柔毛 ……………… 2. **小米空木 S. incisa**

1. 华空木 图 789：1-4

Stephanandra chinensis Hance in Journ. Bot. 20：210. 1882.

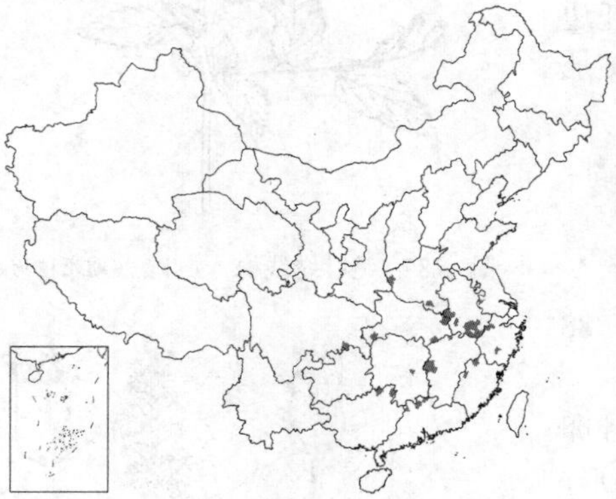

灌木，高达1.5米。小枝微被柔毛。叶卵形至长椭圆形，长5-7厘米，先端渐尖，稀尾尖，基部近心形或圆，稀宽楔形，常浅裂，有锯齿，两面无毛或下面沿脉微被柔毛，侧脉7-10对；叶柄长6-8毫米，近无毛，托叶线状披针形或椭圆披针形，两面无毛。圆锥花序疏散，长5-8厘米，径2-3厘米。花梗长3-6毫米，与花序梗均无毛；苞片披针形至线状披针形；被丝托杯状，无毛；萼片三角卵形，长约2毫米，先端短尖，全缘；花瓣白色，倒卵形，稀长圆形；雄蕊10，着生在被丝托边缘，较花瓣短约1/2；雌蕊1，子房被柔毛，花柱顶生，直立。蓇葖果近球形，径约2毫米，被疏柔毛；宿存萼片直立。种子1，卵圆形。花期5月，果期7-8月。

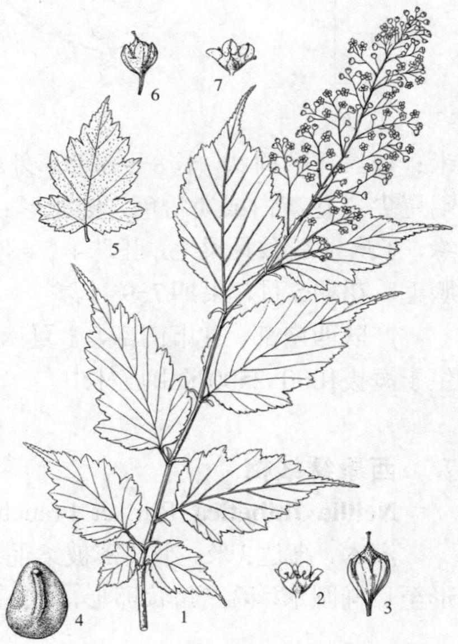

图 789：1-4. 华空木 5-7. 小米空木
（引自《图鉴》）

产河南、安徽，江苏西南部、浙江、福建西北部、江西、湖北、四川东南部、湖南、广东北部及广西东北部，生于海拔1000-1500米阔叶林林缘或灌丛中。

2. 小米空木 图 789：5-7

Stephanandra incisa（Thunb.）Zabel in Gart.-Zeit.（Wittmack）4：510. f. 1885. *Spiraea incisa* Thunb. Fl. Jap. 213. 1784.

灌木，高达2.5米。小枝微被柔毛。叶卵形或三角状卵形，长2-4厘米，先端渐尖或尾尖，基部心形或平截，边缘常深裂，具4-5对裂片及重锯齿，上面具稀疏柔毛，下面微被柔毛沿叶脉较密，侧脉5-7对；叶柄长3-8毫米，被柔毛，托叶卵状披针形或长椭圆形，微有锯齿及睫毛，长约5毫米。顶生疏散圆锥花序，长2-6厘米。花梗长5-8毫米，花序梗与花梗均被柔毛；苞片披针形。花径约5毫米；被丝托浅杯状，内外两面微被柔毛；萼片三角形或长圆形，有细锯齿，长约2毫米；花瓣倒卵形，白色；雄蕊10，短于花瓣，着生被丝托边缘；心皮1，花柱顶生，直立。蓇葖果近球形，径2-3毫米，被柔毛，具宿存直立或开展的萼片。花期6-7月，果期8-9月。

产辽宁东南部、山东东南部、江苏东北部、安徽东南部及台湾东部，生于海拔500-1000米山坡或沟边。朝鲜半岛、日本有分布。

8. 白鹃梅属 Exochorda Lindl.

（谷粹芝）

落叶灌木。冬芽无毛，具数枚覆瓦状排列鳞片。单叶互生，全缘或有锯齿；有叶柄，无托叶或托叶早落。花两性，多大形；顶生总状花序。被丝托钟状；萼片5，宽短；花瓣5，白色，宽倒卵形，有爪，覆瓦状排列；雄蕊15-20，花丝较短，着生花盘边缘；心皮5，合生，花柱分离，子房上位。蒴果倒圆锥形，具5脊，5室，沿背缝腹缝开裂，每室种子1-2。种扁平，有翅。

约4种，分布亚洲中部至东部。我国3种。

1. 叶全缘，稀先端有锯齿。
   2. 花梗长3-8毫米，花瓣基部缢缩成短爪，雄蕊15-20；叶柄长0.5-1.5厘米 ………………………………………… 1. **白鹃梅 E. racemosa**
   2. 花梗短或近无梗，花瓣基部渐窄成长爪，雄蕊25-30；叶柄长1.5-2.5厘米 ………………………………………… 2. **红柄白鹃梅 E. giraldii**
1. 叶中部以上有锯齿；花梗长2-3毫米，雄蕊25；叶柄长1-2厘米 ………………………………………………………… 3. **齿叶白鹃梅 E. serratifolia**

1. 白鹃梅　　图 790

Exochorda racemosa (Lindl.) Rehd. in Sarg. Pl. Wilson. 1: 456. 1913.

Amelanchier racemosa Lindl. in Bot. Reg. n. ser. 10: sub. t. 38. 1849.

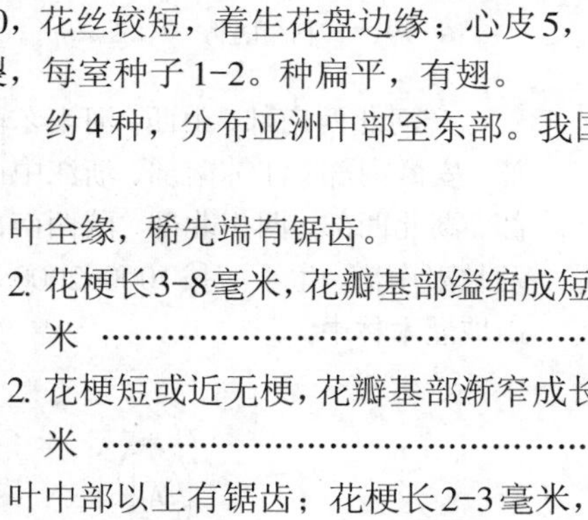

灌木，高达5米。小枝无毛。冬芽三角状卵圆形，无毛。叶椭圆形、长椭圆形至长圆状倒卵形，长3.5-6.5厘米，先端圆钝或急尖，稀有突尖头，基部楔形或宽楔形，全缘，稀中上部有钝齿，两面无毛；叶柄长0.5-1.5厘米，无毛或近无毛，无托叶。总状花序有6-10花。花梗长3-8毫米，基部花梗较顶端花梗稍长，无毛；苞片宽披针形；花径2.5-3.5厘

图 790 白鹃梅 （王金凤绘）

米；被丝托浅钟状，无毛；萼片宽三角形，长约2毫米，先端急尖或钝，有尖锐细锯齿，无毛；花瓣白色，倒卵形，长约1.5厘米，先端钝，基部缢缩成短爪；雄蕊15-20，3-4成束着生花盘边缘与花瓣对生；心皮5，花柱离生。蒴果倒圆锥形，有5脊，无毛；果柄长3-8毫米。花期5月，果期6-8月。

产江苏南部、安徽、浙江、江西东北部、河南东南部及湖北，生于海拔250-500米山坡阴地。

2. 红柄白鹃梅 图 791

Exochorda giraldii Hesse in Mitt. Deutsch. Dendr. Ges. 1908(17): 191. 219. 1908.

落叶灌木，高达5米。小枝无毛，细弱。冬芽卵圆形，边缘微被柔毛。叶椭圆形或长椭圆形，稀长倒卵形，长3-4厘米，先端尖、突尖或圆钝，基部楔形、宽楔形或圆，稀偏斜，全缘，稀中上部有钝齿，无毛或下面被柔毛；叶柄长1.5-2.5厘米，常红色，无毛，无托叶。总状花序有6-10花，无毛。花梗短或近无梗；苞片线状披针形，全缘，无毛；花径3-4.5厘米；被丝托浅杯状，无毛，萼片宽短，近半圆形，全缘；花瓣白色，倒卵形或长圆状倒卵形，长2-2.5厘米，基部渐窄成长爪；雄蕊5-30，着生花盘边缘；心皮5，花柱分离。蒴果倒圆锥形，无毛，具5脊，花期5月，果期7-8月。

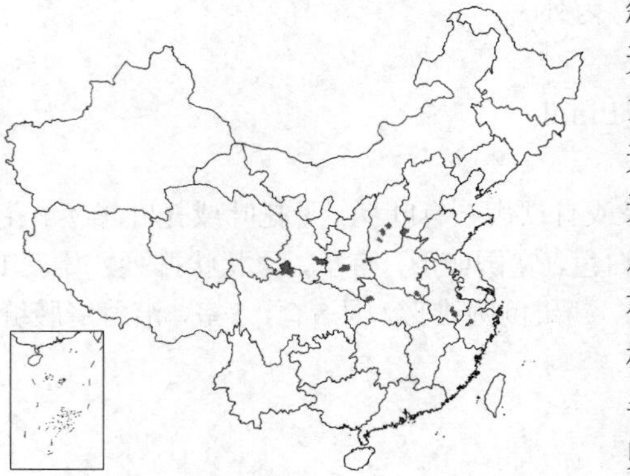

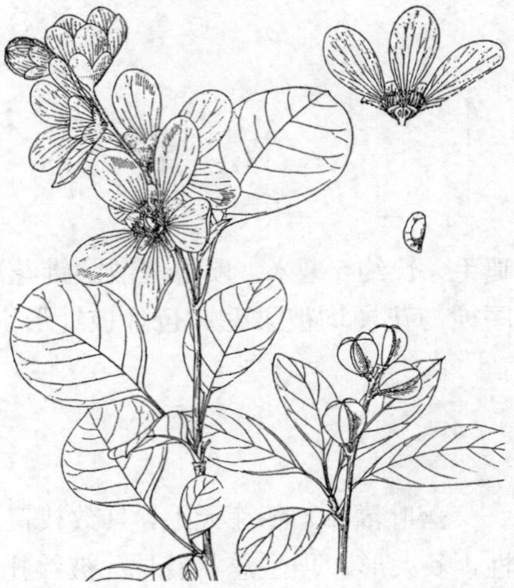

图 791 红柄白鹃梅 （王金凤绘）

产河北西南部、山西、河南东南部、安徽南部、江苏南部、浙江中西部、湖北西部、四川北部、陕西南部及甘肃南部，生于海拔1000-2000米山坡灌木林中。

3. 齿叶白鹃梅 图 792

Exochorda serratifolia S. Moore in Hook. Icon. P1. 13: t. 1255. 1877.

落叶灌木，高达2米。小枝无毛，幼时红紫色，老时暗褐色。冬芽卵圆形，无毛或近无毛，紫红色。叶椭圆形或长圆状倒卵形，长5-9厘米，中部以上有锐锯齿，下部全缘，幼叶下面微被柔毛，老叶两面均无毛，羽状网脉，侧脉微弧形；叶柄长1-2厘米，无毛，无托叶。总状花序，有4-7花，无毛。花梗长2-3毫米；花径3-4厘米；被丝托浅钟状，无毛，萼片三角状卵形，全缘，无毛；花瓣长圆形或倒卵形，先端微凹，基部有长爪，白色；雄蕊25，着生花盘边缘，花丝极短；心皮5，花柱分离。蒴果倒圆锥形，具5脊棱，5室，无毛。花期5-6月，果期7-8月。

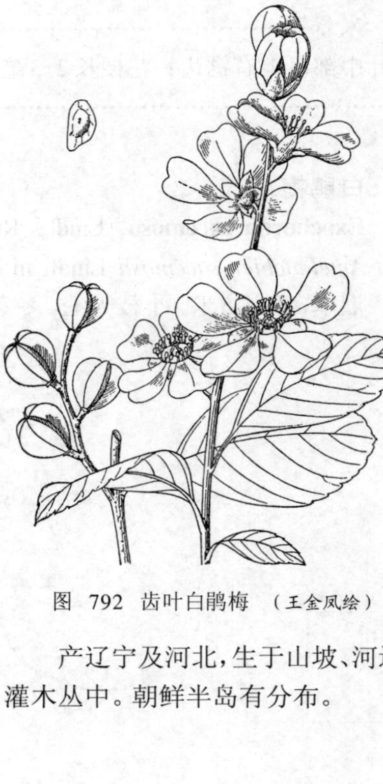

图 792 齿叶白鹃梅 （王金凤绘）

产辽宁及河北，生于山坡、河边、灌木丛中。朝鲜半岛有分布。

9. 牛筋条属 Dichotomanthes Kurz

（陆玲娣）

常绿灌木或小乔木，高达7米；树皮光滑，密被皮孔。枝条丛生，幼枝密被黄白色绒毛，老时脱落。单叶互生，椭圆形或长圆状披针形，稀倒卵形或倒披针形，全缘，稀具疏锯齿，上面无毛或沿中脉有少数柔毛，下面幼时密被黄白色绒毛，后脱落；叶柄长4-6毫米，托叶丝状，脱落。花两性；多朵密集成顶生聚伞状复伞房花序。花梗长1-3毫米；苞片披针形，早落；花径8-9毫米；花萼密被绒毛，5裂，萼筒钟形，肉质，果期增长，萼片5，三角形，具腺齿；花瓣5，白色；雄蕊15-20，花丝长短交互排列，着生于萼筒边缘，短于花瓣，花药双生；心皮1，着生萼筒基部；花柱近顶生至侧生，在幼花中近顶生，果期侧生，柱头头状，子房上位，1室，具2枚直立并生胚珠。果着生于肉质筒内，长圆柱形，常突出萼片，顶端稍具柔毛，熟时干燥；内果皮革质，具1种子。种子扁，子叶平凹，无胚乳或具少量胚乳。

我国特有单种属。

牛筋条 图 793 彩片 119

Dichotomanthes tristaniaecarpa Kurz in Journ. Bot. 11: 195. 1873.

形态特征同属。花期4-5月，果期8-11月。

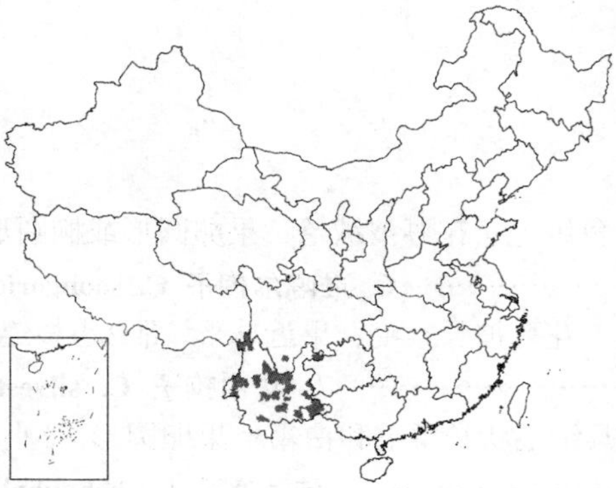

产云南及四川西南部，生于海拔900-2500米山坡开旷地、林中或常绿林林缘。木材坚韧，可作手杖、犁具或器具；枝条可作绳索，故名"牛筋条"。

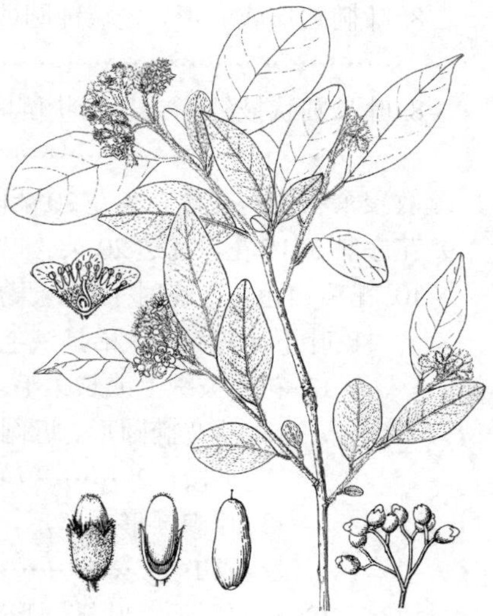

图 793 牛筋条 （引自《图鉴》）

10. 栒子属 Cotoneaster B. Ehrhart

（陆玲娣）

落叶、半常绿或常绿灌木，稀小乔木状，直立、外倾或匍匐。冬芽小，具数枚外露覆瓦状鳞片。单叶互生，全缘；具短柄，托叶常钻形，早落。花两性，多朵组成顶生或腋生聚伞状伞房花序或数花簇生或单生。花萼5裂，萼筒钟形或陀螺形，稀圆筒形，与子房合生；萼片5，短小，宿存，花瓣5，白色、粉红或红色，直立或开展，在芽中覆瓦状排列；雄蕊常20，稀5或多达25，着生花萼口部；花柱2-5，离生，顶端膨大，子房下位或半下位，2-5室；心皮背部与萼筒连合，腹部分离，每心皮具2胚珠。果梨果状，红、褐红或黑色，顶端具宿存萼片，具(1)2-5小核；小核骨质，常具1种子。种子扁平，子叶平凸。

约90余种，广布亚洲、欧洲、中美洲(墨西哥)和北非温带地区。我国58种。多数种类夏季盛开白色或红色花朵，秋季结红色或黑色果实，可作观赏灌木或绿篱栽植。有些匍匐或矮小种类是点缀岩石园的良好材料。木材坚韧，可作器具或手杖。

1. 密集聚伞状复伞房花序，具花20朵以上；叶长2.5厘米以上。
  2. 叶下面密被绒毛。
    3. 常绿或半常绿灌木。
      4. 叶先端尖或渐尖，下面初被绒毛，老时渐脱落。
        5. 叶上面具浅皱纹，下面被白霜和灰白色绒毛，侧脉12-16对，在上面稍凹下；果近球形，小核2-3 …………………………………………………………………………………… 1. 柳叶栒子 **C. salicifolius**

5. 叶上面具深皱纹，下面被浅黄色绒毛，侧脉5-8对，在叶上面深凹；果梨形，小核2-4 ……………………………………………………………………………………… 1(附). **麻叶栒子 C. rhytidophyllus**

4. 叶先端钝圆或尖，下面密被不脱落绒毛。

6. 叶倒卵形或椭圆形；花序密被黄色绒毛；果倒卵圆形 …………………………… 2. **厚叶栒子 C. coriaceus**

6. 叶倒卵状披针形或长圆状披针形；花序密被灰白色绒毛；果陀螺形 ……………………………………………………………………………………… 2(附). **陀螺果栒子 C. turbinatus**

3. 落叶灌木，稀小乔木状；叶先端钝圆或尖，下面初具绒毛，后脱落无毛。

7. 叶窄椭圆形或卵状披针形；果成熟时红色，椭圆形，径4-5毫米 ………………… 3. **耐寒栒子 C. frigidus**

7. 叶卵形或椭圆状卵形；果成熟时紫褐或黑色，卵圆形，径6-8毫米 …………… 3(附). **藏边栒子 C. affinis**

2. 叶下面初具柔毛，老时脱落无毛。

8. 叶椭圆形或卵形，先端钝圆或尖；果成熟时红黄色，卵圆形或倒卵圆形，径6-7毫米 ……………………………………………………………………………………… 4. **粉叶栒子 C. glaucophyflus**

8. 叶长圆状披针形或长圆状倒卵形，先端渐尖或尖；果成熟时红色，球形，径4-5毫米 ……………………………………………………………………………………… 5. **光叶栒子 C. glabratus**

1. 疏散聚伞状伞房花序，具花20朵以下，或花单生。

9. 花序具3-15花，稀达20朵；叶长2厘米以上，稀稍短。

10. 花瓣白色，开花时平展；果成熟时红色。

11. 叶下面被绒毛，稀具绒毛状长柔毛。

12. 花萼被绒毛或长柔毛。

13. 叶宽椭圆形、近圆形或卵形，先端钝圆，下面具灰白色绒毛；花萼被绒毛；果卵圆形或椭圆形，小核1-2 ……………………………………………………………… 6. **准噶尔栒子 C. soongoricus**

13. 叶椭圆形或卵形，先端尖，稀钝圆，下面具灰色绒毛；花萼被长柔毛；果近球形，常2小核连合成1个 ……………………………………………………………………… 7. **华中栒子 C. silvestrii**

12. 花萼无毛；叶椭圆形或宽卵形，先端钝圆或微凹，下面具绒毛状长柔毛和白霜；果卵圆形，2小核连成1个 ……………………………………………………………………… 8. **钝叶栒子 C. hebephyllus**

11. 叶下面无毛或稍具柔毛。

14. 花梗和花萼具疏柔毛；叶下面被柔毛 …………………………………… 9. **毛叶水栒子 C. submultiflorus**

14. 花梗和花萼无毛；叶下面无毛或幼时稍具柔毛，后脱落 ………………… 10. **水栒子 C. multiflorus**

10. 花瓣粉红，极稀白色，开花时直立；果成熟时红色，稀黑色。

15. 叶下面被绒毛；果红或黑色。

16. 花萼具毛。

17. 叶先端钝圆，稀尖。

18. 果红色，倒卵形或近球形；叶椭圆形或卵形，先端钝圆或微缺；花序具3至10余花 ……………………………………………………………………………………… 11. **西北栒子 C. zabelii**

18. 果紫黑色，卵形；叶卵形、椭圆状卵形或窄椭圆状卵形，先端尖或稍钝；花序具2-4花 ……………………………………………………………………………………… 12. **细枝栒子 C. tenuipes**

17. 叶先端尖或渐尖。

19. 花序具3-7花。

20. 果近球形或倒卵圆形，成熟时红色，小核3-5；叶卵形或椭圆形，先端尖，稀钝圆或微凹 ……………………………………………………………………………………… 13. **木帚栒子 C. dielsianus**

20. 果卵圆形，成熟时暗红色，小核2-3；叶椭圆状卵形或菱状卵形，先端渐尖，稀尖 ……………………………………………………………………………………… 14. **暗红栒子 C. obscurus**

19. 花序具5-11花；果卵圆形，成熟时桔红色，小核3；叶卵形或椭圆形，先端尖或渐尖 ………

……………………………………………………………………………………… 15. **西南栒子 C. franchetii**

16. 花萼无毛。

21. 果成热时红色。

22. 聚伞状伞房花序具2-5(-7)花，长约为叶1/2，花序轴和花梗无毛，稀微具柔毛；叶宽椭圆形、宽卵形或近圆形；果近球形，稀卵圆形，无毛，小核2(3-4) …………… 16. **全缘栒子 C. integerrimus**

22. 聚伞状伞房花序具3-7花，与叶近等长，花序轴和花梗具疏柔毛；叶卵形或长圆状卵形；果倒卵圆形，微具柔毛，小核2 …………………………………………………………… 17. **细弱栒子 C. gracilis**

21. 果成熟时蓝黑色，小核2-3；聚伞状伞房花序具3-15花，与叶近等长或稍短，花序轴和花梗具柔毛；叶卵状椭圆形或宽卵形 ………………………………………………………… 18. **黑果栒子 C. melanocarpus**

15. 叶下面具柔毛。

23. 果红色。

24. 花序具2-5花；花萼微具长柔毛；叶椭圆状卵形或卵状披针形，上面皱纹不明显；果椭圆形，小核2 ……………………………………………………………………………… 19. **尖叶栒子 C. acuminatus**

24. 花序具5-13花；花萼无毛，或幼时稍具柔毛；叶长圆状卵形或椭圆状卵形，上面具皱纹和泡状隆起；果球形或倒卵圆形，小核4-5 ………………………………………………… 20. **泡叶栒子 C. bullatus**

23. 果黑色。

25. 花萼具柔毛。

26. 叶先端尖，两面具长柔毛，老时近无毛；花序具2-5花；果椭圆形或倒卵形，小核2-3。

27. 叶长2-4厘米；叶下面和花萼疏生长柔毛 ……………………………… 21. **灰栒子 C. acutifolius**

27. 叶长3-5厘米；叶下面和花萼密被长柔毛 … 21(附). **密毛灰栒子 C. acutifolius** var. **villosulus**

26. 叶先端渐尖，稀尖，两面具柔毛或老时近无毛；花序具3-25花。

28. 花序具9-25花；叶上面具皱纹和泡状隆起，叶脉深凹；果近球形或倒卵圆形，小核4-5，较平滑 ……………………………………………………………………… 22. **宝兴栒子 C. moupinensis**

28. 花序具3-7花；叶上面无泡状隆起，叶脉稍凹下；果近球形，小核3-4，具槽和浅洼点 ……… ……………………………………………………………………………… 23. **麻核栒子 C. foveolatus**

25. 花萼无毛或幼时微具疏柔毛；叶先端尖或渐尖，幼时两面具柔毛，老时渐脱落；花序具5-10花；果卵圆形或近球形，小核2-3(4-5) ……………………………………………… 24. **川康栒子 C. ambiguus**

9. 花单生，稀2-3(-5)朵簇生或形成花序；叶长2厘米以下，稀稍长。

29. 花瓣白色，开花时平展；常绿灌木。

30. 叶下面和花萼具绒毛；叶椭圆形或椭圆状倒卵形，长0.5-1(-1.5)厘米；花3-5朵，稀单生；果常具2小核 ……………………………………………………………………… 25. **黄杨叶栒子 C. buxifolius**

30. 叶下面和花萼具柔毛。

31. 叶椭圆形或椭圆状长圆形，长1-2(3)厘米；花常单生，稀2-3朵；果近球形，小核4-5 …………… ……………………………………………………………………………… 26. **矮生栒子 C. dammerii**

31. 叶近圆形、卵形、倒卵形或长圆状倒卵形。长0.4-1厘米；果具2-3小核。

32. 叶倒卵形或长圆状倒卵形，长0.4-1厘米，厚革质，边缘反卷；花单生，稀2-3朵；果球形，小核2 ……………………………………………………………………… 27. **小叶栒子 C. microphyllus**

32. 叶近圆形或卵形，长0.8-2厘米，薄革质，边缘不反卷；花1-3朵；果倒卵圆形，小核2-3 ……… ……………………………………………………………… 27(附). **圆叶栒子 C. rotundifolius**

29. 花瓣红或粉红色，开花时直立；落叶或半常绿灌木。

33. 叶下面密被红毛，花常单生。

34. 花萼具疏柔毛，花瓣红色；叶近圆形或宽椭圆形，先端钝圆，下面密被黄色绒毛 ……………… ……………………………………………………………………………… 28. **红花栒子 C. rubens**

34. 花萼无毛，花瓣粉红色；叶卵形，稀卵状椭圆形，先端尖，稀钝圆，下面幼时被绒毛，老时脱落近无毛 …………………………………………………………………………………………………… 29. 单花栒子 **C. uniflorus**

33. 叶下面无毛或具柔毛。

35. 花萼具柔毛。

36. 平卧矮生灌木；花1-2朵。

37. 枝丛生地上，不规则分枝。

38. 叶宽卵形或倒卵形，薄纸质，叶缘波状；果近球形，径7-9毫米，小核2(3) …………………………………………………………………………………………… 30. 匍匐栒子 **C. adpressus**

38. 叶近圆形或宽卵形，硬革质，边缘不呈波状；果卵圆形，径5-6毫米，小核2 …………………………………………………………………………………… 30(附). 高山栒子 **C. subadpressus**

37. 枝水平开展，2列分枝；叶近圆形或宽椭圆形，稀倒卵形，边缘平，无波状起伏。

39. 叶长0.5-1.4厘米；果近球形，径5-7毫米 …………………………… 31. 平枝栒子 **C. horizontalis**

39. 叶长6-8毫米；果椭圆形，长5-6毫米，径3-4毫米 …………………………………………………………………………………… 31(附). 小叶平枝栒子 **C. horizontalis** var. **perpusillus**

36. 直立灌木，枝稀疏开展；花2-4朵；叶椭圆形或宽椭圆形，稀倒卵形，纸质；果椭圆形，径5-7毫米，小核(1)2-3 ……………………………………………………………… 32. 散生栒子 **C. divaricatus**

35. 花萼无毛；直立灌木。

40. 枝稍2列分枝；果倒卵形或球形，有短柄，下垂。

41. 小枝具糙伏毛，无疣状突起；叶宽卵形或宽倒卵形，先端尖，稀钝圆；果宽倒卵圆形，小核(2)3(4) …………………………………………………………………………………… 33. 两列栒子 **C. nitidus**

41. 小枝具糙伏毛和疣状突起；叶近圆形、宽卵形或宽倒卵形，先端微凹，稀微尖；果球形，小核2 …………………………………………………………………………………… 33(附). 疣枝栒子 **C. verruculosus**

40. 枝不规则分枝；果近球形，无柄，直立。

42. 叶近圆形或圆卵形，稀倒卵形，两面无毛或下面沿叶脉稍具柔毛，先端细尖，稀凹缺；花淡粉红色 …………………………………………………………………………………… 34. 细尖栒子 **C. apiculatus**

42. 叶卵形或椭圆状卵形，两面具柔毛，先端尖，稀钝圆；花红色 … 34(附). 血色栒子 **C. sanguineus**

1. 柳叶栒子 图 794

Cotoneaster salicifolius Franch. in Nouv. Arch. Mus. Hist. Nat. Paris sér. 2. 8: 225. 1885.

常绿稀半常绿灌木，高达5米。嫩枝被绒毛，老时脱落。叶椭圆状长圆形或卵状披针形，长4-8.5厘米，宽1.5-2.5厘米，先端尖或渐尖，基部楔形，全缘，上面无毛，具浅皱纹，下面被灰白色绒毛及白霜，侧脉12-16对；叶柄粗，长4-5毫米，具绒毛。花密生成聚伞状复伞房花序，密被灰白色绒毛，长3-5厘米；苞片线形，微具柔毛，早落。花梗长2-4毫米，密被绒毛；花径5-6毫米；花萼密被灰白色绒毛，萼筒钟状，萼片三角形；花瓣平展，卵形或近圆形，径3-4毫米，白色，雄蕊20，稍长于花瓣或与花瓣近等长，花药紫色；花柱2-3，离生，比雄蕊稍短，子房顶端具柔毛。果近球形，径5-7毫米，成熟时深红色，小核2-3。花期6月，果期9-10月。

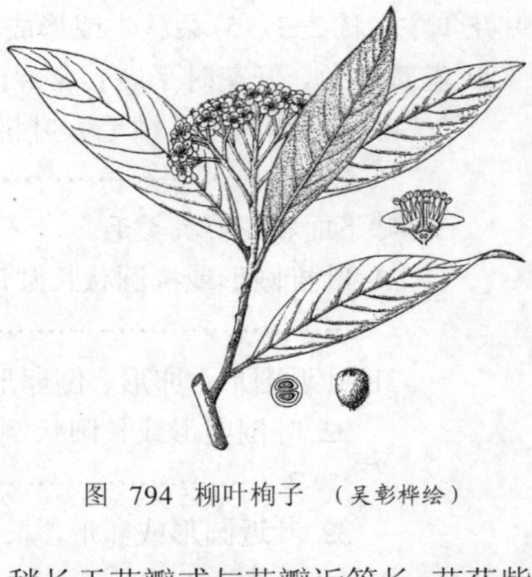

图 794 柳叶栒子 （吴彰桦绘）

产陕西东南部、湖北西部、湖南西北部、贵州、四川及云南，生于海拔1500-3000米山坡、沟边或林中。

［附］**麻叶栒子** 图798：7-9 **Cotoneaster rhytidophyllus** Rehd. et Wils. in Sarg. P1. Wilson. 1: 175. 1912. 本种与柳叶栒子的区别：叶厚革质，上面具深皱纹，下面密被浅黄色绒毛，侧脉常5-8对，在上面深凹；果梨形，径4-5毫米，桔红色，小核2-4。产贵州西南部及四川，生于海拔1200-2600米石质山地、荒地疏林内、密林林缘或干旱地方。

2. 厚叶栒子 图 795: 1-5

Cotoneaster coriaceus Franch. PI. Delav. 222. 1890.

常绿灌木，高达3米。枝开展，小枝幼时密被黄色绒毛，老时无毛。叶厚革或椭圆形，长2.5-4.5厘米，先端钝圆或尖，具小突尖头，基部楔形，全缘，上面无毛，下面密被黄色绒毛，侧脉7-10对；叶柄长4-8毫米，幼时密被黄色绒毛，老时毛渐疏，托叶线状披针形，具疏绒毛。聚伞状复伞房花序，长3-5(6)厘米，具20朵以上小而密集花朵，密被黄色绒毛。花梗长1-2毫米；花径4-5毫米；花萼密生绒毛，萼筒钟状，萼片三角形；花瓣平展，宽卵形，内面基部稍具柔毛，白色；雄蕊20，比花瓣稍短；花柱2，与雄蕊近等长，离生，子房顶端有柔毛。果倒卵圆形，长4-6毫米，成熟时红色，残留少数绒毛，小核2。花期5-6月，果期9-10月。

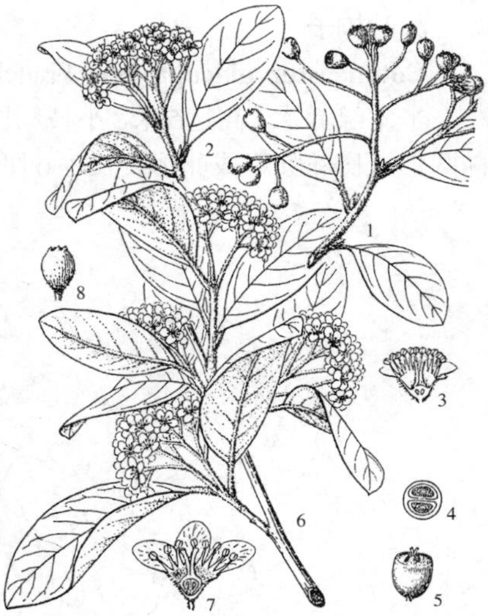

图 795：1-5. 厚叶栒子 6-8. 陀螺果栒子 （吴彰桦绘）

产云南、贵州西南部、四川西南部及西藏东南部，生于海拔1800-2700米沟边、草坡或林中。

［附］**陀螺果栒子** 图795：6-8 **Cotoneaster turbinatus** Craib in Curtis's Bot. Mag. 140: t. 8546. 1914. 本种与厚叶栒子的区别：叶倒卵状披针形或长圆状披针形，上面无毛或沿中脉具少数灰白色柔毛；花序密被灰白色绒毛；果陀螺形。产湖北西南部、云南、贵州中部及四川西南部，生于海拔1800-2700米沟谷、灌丛中或河边。

3. 耐寒栒子 图 796

Cotoneaster frigidus Wall. ex Lindl. in Bot. Reg. 15. t: 1229. 1829.

落叶灌木或小乔木，高达10米。小枝有棱角，幼时具绒毛，后脱落。叶窄椭圆形或卵状披针形，长3.5-8(-12)厘米，先端急尖或钝圆，常有刺尖头，基部楔形或宽楔形，上面无毛，下面幼时被绒毛，老时近无毛；叶柄长4-7毫米，被绒毛，托叶线状披针形，微具毛。聚伞状复伞房花序有20-40密集花朵，长4-5厘米，密被绒毛。花梗长2-4毫米；花径7毫米；花萼密被绒毛，萼筒钟状或近短筒状，萼片三角形；花瓣平展，宽卵形，

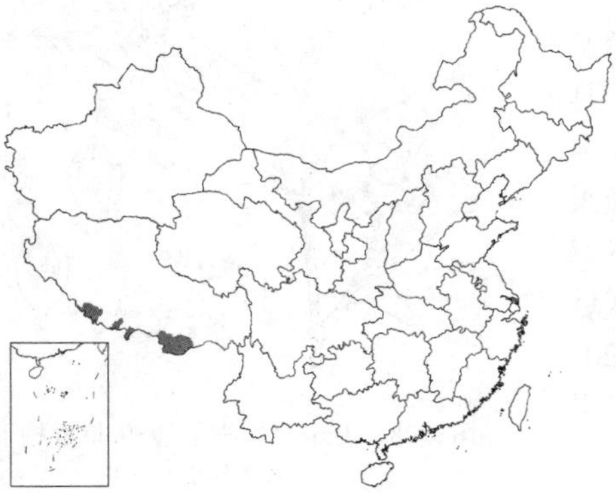

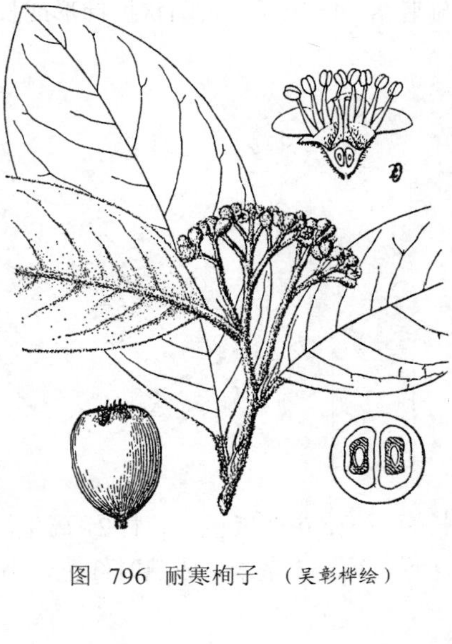

图 796 耐寒栒子 （吴彰桦绘）

长宽均约3毫米，白色；雄蕊18-20，稍短于花瓣；花柱2，离生，较雄蕊短，子房顶端密生绒毛。果椭圆形，径4-5毫米，成熟时红色，小核2。花期4-5月，果期9-10月。

［附］**藏边栒子 Cotoneaster affinis** Lindl. in Trans. Linn. Soc. 13: 101.1822. 本种与耐寒栒子的的区别：叶卵形或椭圆状卵形，长2.5-5厘米；花序具花常30朵以下；果卵圆形，成熟时紫褐或黑色，径6-8毫米。产云南西北部、四川西南部、西藏东南部及南部。不丹、锡金、尼泊尔、克什米尔及印度有分布。

4. 粉叶栒子 图 797

Cotoneaster glacophyllus Franch. Pl. Delay. 222. 1890.

半常绿灌木，高达5米。小枝粗圆，幼时密被黄色柔毛，老时无毛。叶椭圆形、长椭圆形或卵形，长3-6厘米，先端急尖或钝圆，基部宽楔形或圆，上面无毛，下面幼时微具柔毛，后无毛，有白霜，侧脉5-8对；叶柄粗，长4-6毫米，幼时具黄色柔毛，后脱落，托叶披针形，微具柔毛，多脱落。花多数而密集成聚伞状复伞房花序，具带黄色柔毛。花梗长2-4毫米；花径8毫米；花萼具疏柔毛，萼筒钟状，萼片三角形；花瓣平展，近圆形或宽倒卵形，长3-4毫米，白色；雄蕊0，几与花瓣等长；花柱常2，离生，几与雄蕊等长或稍短，子房顶端微具柔毛。果卵圆形或倒卵形，径6-7毫米，黄红色，小核2。花期6-7月，果期9-10月。

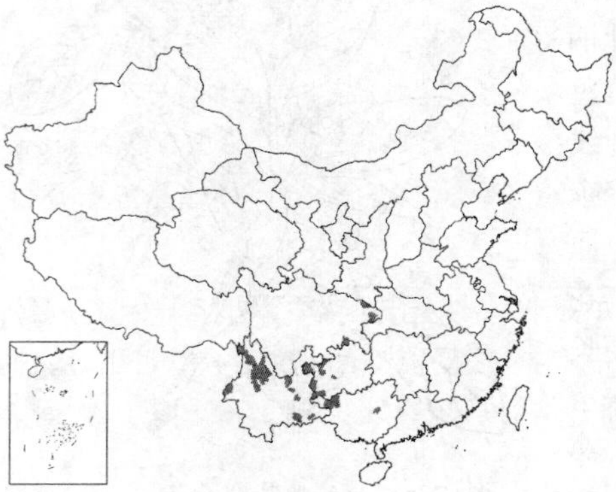

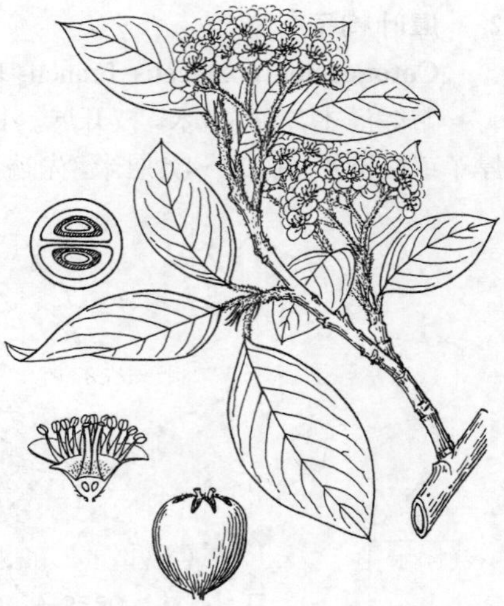

图 797 粉叶栒子 （吴彰桦绘）

产广西、云南、贵州、四川东部及东南部，生于海拔1200-2800米山坡旷地林中及溪边灌丛中。

5. 光叶栒子 图 798：1-6

Cotoneaster glabratus Rehd. et Wils. in Sarg. Pl. Wilson. 1: 171. 1912.

半常绿灌木，高达5米。枝粗壮，小枝微具棱角，幼时疏生平贴柔毛，旋脱落。叶革质，长圆状披针形或长圆状倒卵形，长4-9厘米，先端渐尖或急尖，基部楔形，上面无毛，下面幼时微具柔毛，后脱落，侧脉7-10对；叶柄长5-7毫米，幼时微具柔毛，托叶披针形，早落。花多朵密集成聚伞状复伞房花序，具疏柔毛。花梗长2-3毫米；花径7-8毫米；花萼具疏柔毛，萼筒钟状，萼片卵状三角形；花瓣平展，卵形或近圆形，无毛，白色；雄蕊20，长短不一，花药紫色；花柱2，离生，稍短于雄蕊；子房顶端微具柔毛。果球形，径4-5毫米，成熟时红色，小核2。花期6-7月，果期9-10月。

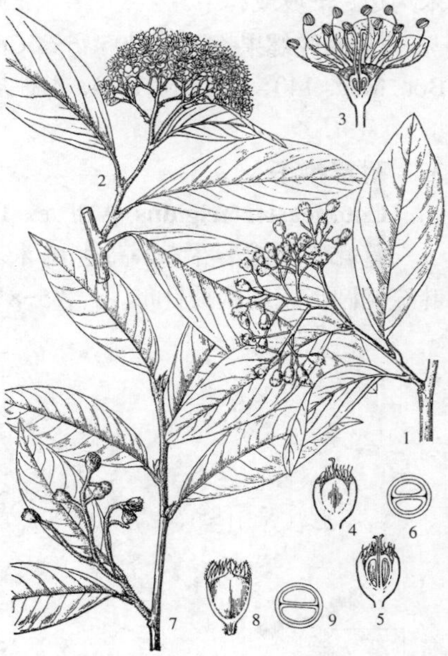

图 798：1-6. 光叶栒子 7-9. 麻叶栒子 （吴彰桦绘）

产湖北西部、四川、云南西北部及贵州，生于海拔1600-2000米岩石坡地或林中。

6.　准噶尔栒子　　　　图 799

Cotoneaster soongoricus（Regel. et Herd.）Popov. in Bull. Soc. Nat. Moscou n. sér. 44: 128. 1935.

Cotoneaster nummularia Traut. β. *soongoricum* Regel et Herd. in Bull. Soc. Nat. Mosc. 39 (2): 59. 1866.

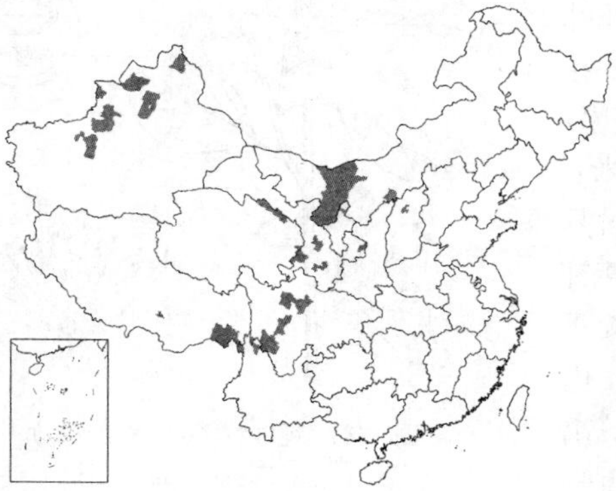

落叶灌木，高达2.5米。幼枝密被绒毛，后渐脱落。叶宽椭圆形、近圆形或卵形，长(1.5-)2-5厘米，先端钝圆，具小凸尖，基部圆或宽楔形，上面无毛或具疏柔毛，下面被灰白色绒毛；叶柄长2-5毫米，具绒毛。聚伞状伞房花序具3-12花，具灰白色绒毛。花梗长2-3毫米；花径8-9毫米；花萼具灰白色绒毛，萼筒钟形，萼片宽三角形，急尖；花瓣平展，卵形至近圆形，内面近基部微具带白色柔毛，白色；雄蕊18-20，稍短于花瓣，花药黄色；花柱2，离生，稍短于雄蕊，子房顶端密生柔毛。果卵圆形或椭圆形，长0.7-1厘米，成熟时红色，小核1-2。

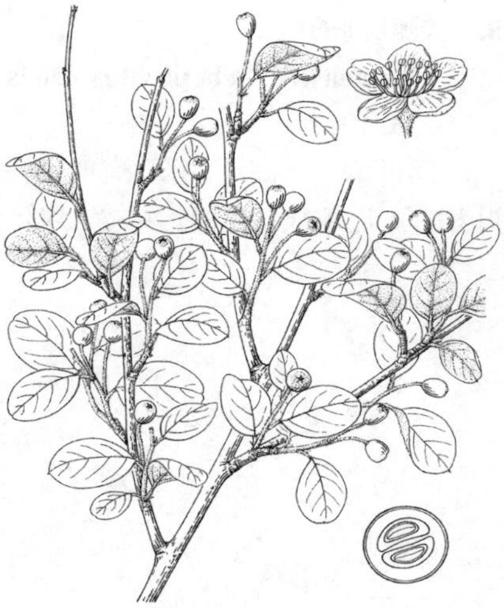

图 799　准噶尔栒子　（吴彰桦绘）

产内蒙古、山西北部、甘肃、宁夏、新疆北部及西北部、青海东部、西藏东南部、云南西北部及四川，生于海拔1400-2400米干旱坡地、沟谷或林缘。

7.　华中栒子　湖北栒子　　　　图 800

Cotoneaster silvestrii Pamp. in Nouv. Gior. Bot. Ital. 17: 288. 1910.

Cotoneaster hupehensis Rehd. et Wilis.; 中国高等植物图鉴 2: 193. 1972.

落叶灌木，高达2米。小枝呈拱形弯曲，嫩时具短柔毛，旋脱落。叶椭圆形或卵形，长1.5-3.5厘米，先端急尖或钝圆，稀微凹，基部圆或宽楔形，上面无毛或幼时微具平伏柔毛，下面被薄层灰色绒毛，侧脉4-5对；叶柄细，长3-5毫米，具绒毛，托叶线形，微具细柔毛，早落。聚伞状伞房花序具3-7花，被细柔毛。花梗长1-3毫米；花径0.9-1厘米；花萼外面具长柔毛，萼筒钟状，萼片三角形；花瓣平展，近圆形，径4-5毫米，内面近基部有白色细柔毛，白色；雄蕊20，稍短于花瓣，花药黄色；花柱2，离生，比雄蕊短，子房顶端有白色柔毛。果近球形，径7-8毫米，成熟时红色，常2小核连合为1个。花期5-6月，果期8-9月。

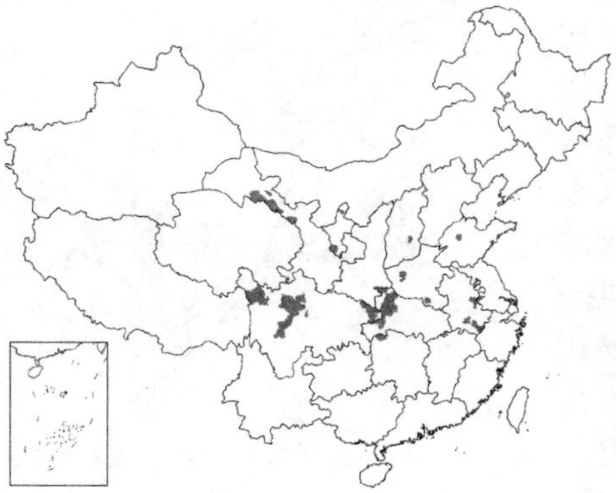

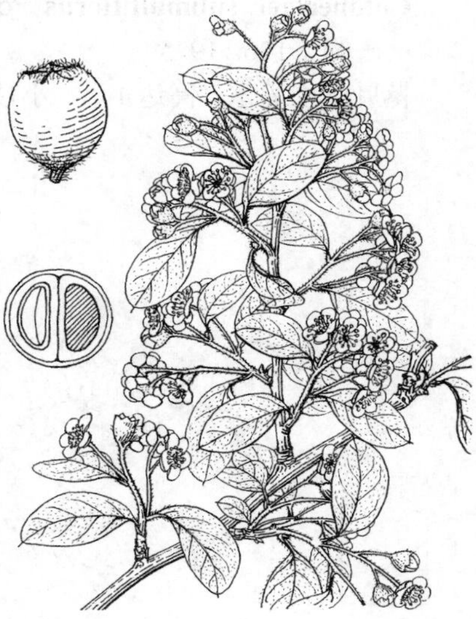

图 800　华中栒子　（冀朝桢绘）

产山西、河南、山东、江苏西南部、安徽、江西西北部、湖北西部、湖南西北部、四川、甘肃及宁夏，生于海拔500-2600米山地林内、路边或溪旁。

8. 钝叶栒子 图 781

Cotoneaster hebephyllus Diels in Notes Roy. Bot. Gard. Edinb. 5: 273. 1912.

落叶灌木，高达3米，有时小乔木状。小枝细，幼时被柔毛，旋脱落。叶稍厚，近革质，椭圆形或宽卵形，长2.5-3.5厘米，先端钝圆或微凹，具小凸尖，基部宽楔形至圆，上面常无毛，下面有白霜，具长柔毛或绒毛状毛；叶柄长5-7毫米，疏生长柔毛，托叶线状披针形，微具柔毛。花5-15朵成聚伞状伞房花序，稍具柔毛。花梗长2-5毫米；花径7-8毫米；花萼幼时具疏柔毛，老时无毛，萼筒钟状，萼片宽三角形；花瓣平展，近圆形，径3-4毫米，内面近基部疏生柔毛，白色；雄蕊20，稍短于花瓣，花药紫色；花柱2，离生，比雄蕊稍短，子房顶部密生柔毛。果卵圆形，有时长圆形，径6-8毫米，成熟时暗红色，常2核连为一体。花期5-6月，果期8-9月。

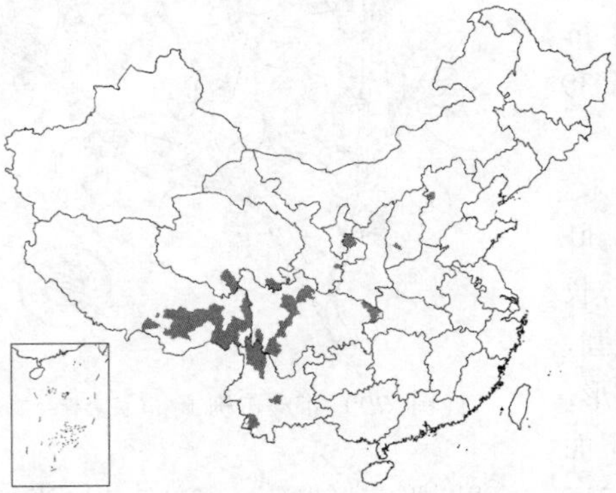

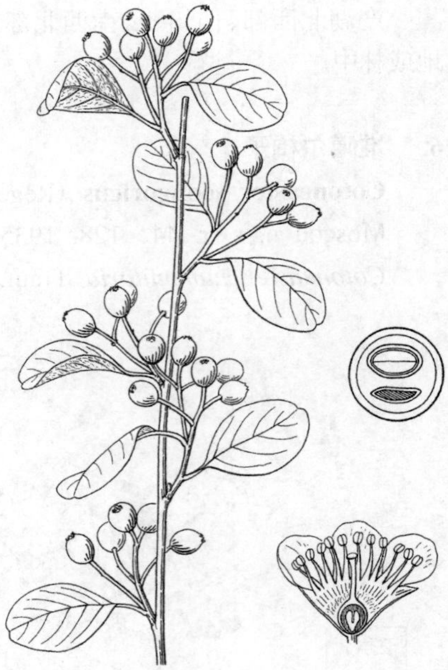

图 781 钝叶栒子 （吴彰桦绘）

产河北西北部、山西西南部、甘肃东南部、青海南部、西藏东南部、四川及云南，生于海拔1300-4200米石山、林内、林缘或荒野。

9. 毛叶水栒子 图 782

Cotoneaster submultiflorus Popov. in Bull. Soc. Nat. Mosc. n. sér. 44: 126. 1935.

落叶直立灌木，高达4米。小枝细，圆，幼时密被柔毛，后无毛。叶卵形、菱状卵形或椭圆形，长2-4厘米，先端急尖或钝圆，基部宽楔形，全缘，上面无毛或幼时微具柔毛，下面具短柔毛，无白霜；叶柄长4-7毫米，微具柔毛，托叶披针形，有柔毛。聚伞状伞房花序具多花，具长柔毛。花梗长4-6毫米，被疏柔毛；苞片线形，有柔毛；花径0.8-1厘米；花萼被疏柔毛，萼筒钟状，萼片三角形；花瓣平展，卵形或近圆形，长3-5毫米，先端钝圆或稀微缺，白色；雄蕊15-20，短于花瓣；花柱2，离生，稍短于雄蕊；子房顶端有短柔毛。果近球形，径6-7毫米，成熟时亮红色，具由2心皮合生的1小核。花期5-6月，果期9月。

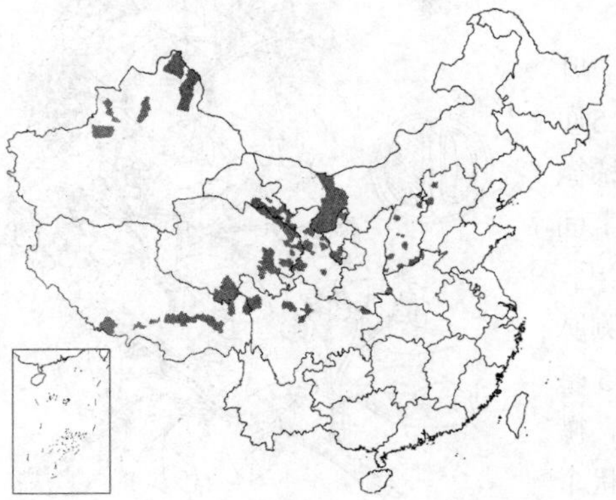

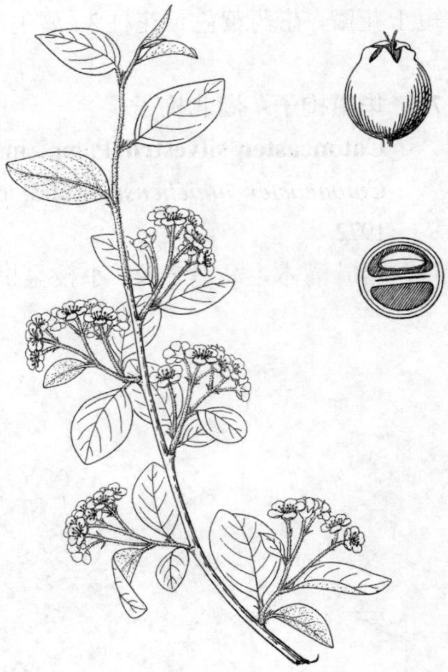

图 782 毛叶水栒子 （吴彰桦绘）

产内蒙古西部、河北西北部、山西、河南北部、陕西东南部、甘肃、宁夏、新疆北部、青海、四川及西藏，生于海拔900-2000米灌丛中或岩缝中。亚洲中部有分布。

10. 水栒子 图 783

Cotoneaster multiflorus Bunge in Ledeb. Fl. Alt. 2: 220. 1830.

落叶灌木，高达4米。枝条细，常弓形弯曲，小枝圆，幼时带紫色，具柔毛，旋脱落。叶卵形或宽卵形，长2-5厘米，先端尖或钝圆，基部宽楔形或圆，上面无毛，下面幼时稍有柔毛，后渐脱落；叶柄长3-8毫米，幼时有柔毛，后脱落，托叶线形，疏生柔毛，脱落。疏散聚伞状伞房花序具5-20花，无毛，稀微具柔毛。花梗长4-6毫米，无毛；苞片线形，无毛或微具柔毛；花径1-1.2厘米；花萼常无毛，萼筒钟状，萼片三角形；花瓣平展，近圆形，径4-5毫米，内面基部有白色柔毛，雄蕊约20，稍短于花瓣；花柱通常2，离生，比雄蕊短，子房顶端有柔毛。果近球形或倒卵圆形，径7-8毫米，成熟时红色，由2心皮合生成1小核。花期5-6月，果期8-9月。

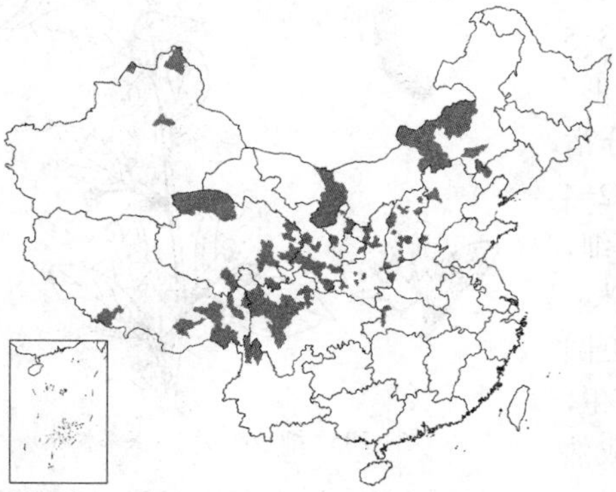

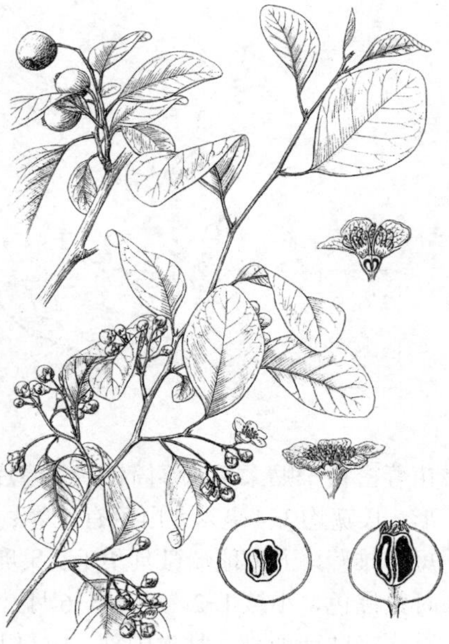

图 783 水栒子 （引自《图鉴》）

产辽宁、内蒙古、河北、河南西部、山西、陕西、甘肃、宁夏、新疆北部、青海、西藏、云南西北部、四川及湖北西部，生于海拔1200-3500米沟谷、山坡林内或林缘。亚洲中部及西部、俄罗斯有分布。

11. 西北栒子 图 784

Cotoneaster zabelii Schneid. Ill. Handb. Laubh. 1: 479. f. 420 f-h, 422 i-k. 1906.

落叶灌木，高达2米。小枝圆，幼时密被带黄色柔毛，老时无毛。叶椭圆形或卵形，长1.5-3厘米，先端钝圆，稀微缺，基部圆或宽楔形，全缘，上面具疏柔毛，下面密被带黄色或带灰色绒毛；叶柄长2-4毫米，被绒毛，托叶披针形，有毛，果期多脱落。花3-10余朵成下垂聚伞状伞房花序，被柔毛。花梗长2-4毫米；花萼具柔毛，萼筒钟状，萼片三角形；花瓣直立，倒卵形或近圆形，径2-3毫米，浅红色；雄蕊18-20，较花瓣短；花柱2，离生，短于雄蕊，子房顶端具柔毛。果倒卵圆形或近球形，径7-8毫米，成熟时鲜红色，小核2。花期5-6月，果期8-9月。

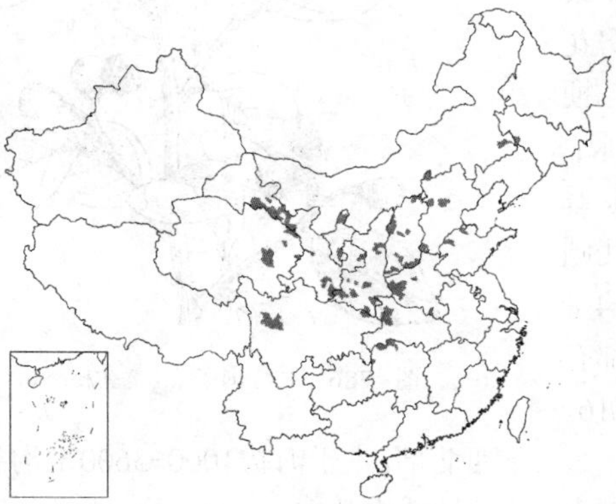

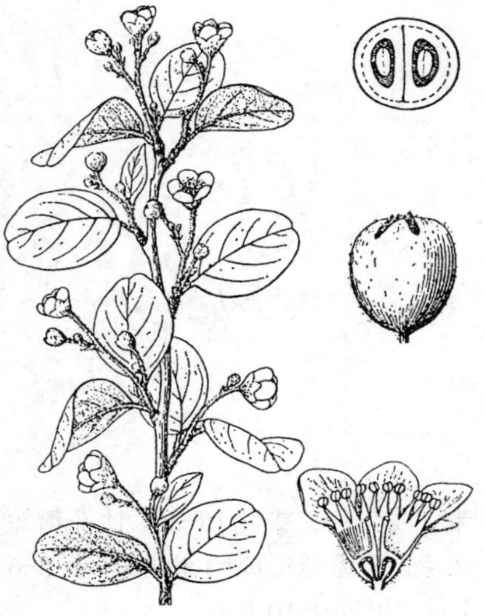

图 784 西北栒子 （吴彰桦绘）

产吉林西部、内蒙古东南部、河北、山东西北部、河南、山西、陕西、甘肃、宁夏、青海、四川、湖北西部及湖南西北部，生于海拔800-2500米石灰岩山地、山坡阴处、灌丛中或沟边。

12. 细枝栒子 图 785

Cotoneaster tenuipes Rehd. et Wils. in Sarg. P1. Wilson 1: 171. 1912.

落叶灌木，高达2米。小枝圆，幼时具灰黄色平贴柔毛，旋脱落。叶卵

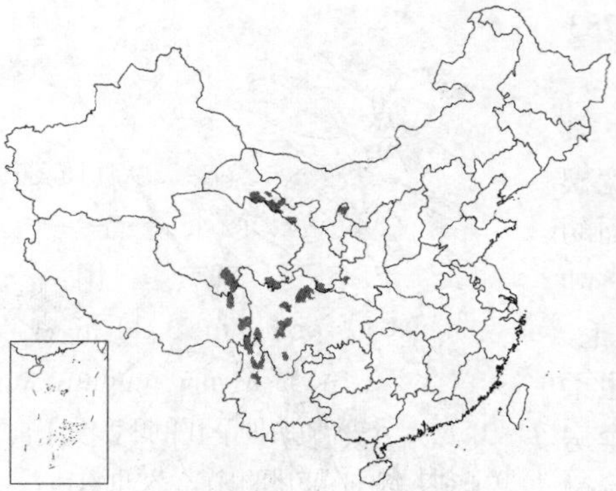

形、椭圆状卵形或窄椭圆状卵形，长2-2.5(3.5)厘米，先端急尖或稍钝，基部宽楔形，全缘，上面幼时具疏柔毛，老时近无毛，下面被灰白色平贴绒毛；叶柄长3-5毫米，具柔毛，托叶披针形，微具柔毛，脱落或部分宿存。聚伞状伞房花序具2-4花，密生平贴柔毛。花梗细，长1-3毫米；花径约7毫米；花萼密被平贴柔毛，萼筒钟状，萼片卵状三角形；花瓣直立，卵形或近圆形，长宽均3-4毫米，白色有红晕；雄蕊约15，比花瓣短；花柱2，离生，短于雄蕊，子房顶端微具柔毛。果卵圆形，径5-6毫米，长8-9毫米，成熟时紫黑色，小核1-2。花期5-6月，果期9-10月。

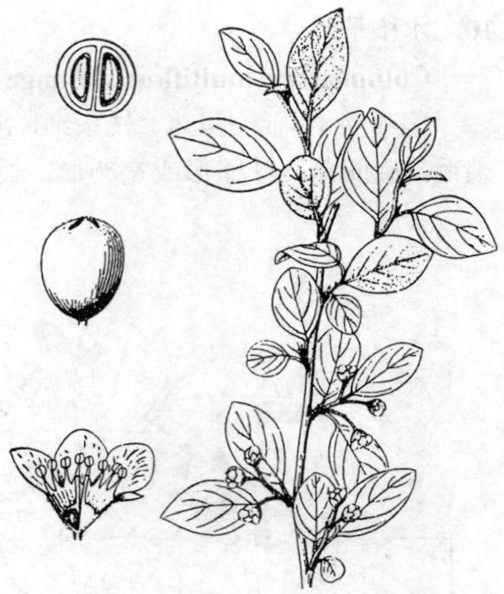

图 785 细枝栒子 （吴彰桦绘）

产陕西西部、甘肃中部、宁夏北部、青海南部、西藏东部、四川及云南西北部，生于海拔1900-3100米石砾山地、山坡或林中。

13. 木帚栒子 图 786

Cotoneaster dielsianus Pritz. in Engl. Bot. Jahrb. 29: 385. 1900.

落叶灌木，高达2米。小枝幼时密被长柔毛。叶椭圆形或卵形，长1-2.5厘米，先端尖，稀钝圆或缺凹，基部宽楔形或圆，全缘，上面微具疏柔毛；下面密被灰黄或灰色绒毛；叶柄长1-3毫米，被绒毛，托叶线状披针形，幼时有毛，果期部分宿存。聚伞状伞房花序具3-7花，具柔毛。花梗长1-3毫米；花径6-7毫米；花萼被柔毛，萼筒钟状，萼片三角形；花瓣直立，几圆形或宽倒卵形，长宽均3-4毫米，浅红色；雄蕊15-20，比花瓣短；花柱3-5，甚短，离生，子房顶部有柔毛。果近球形或倒卵圆形，径5-6毫米，成熟时红色，小核3-5。花期6-7月，果期9-10月。

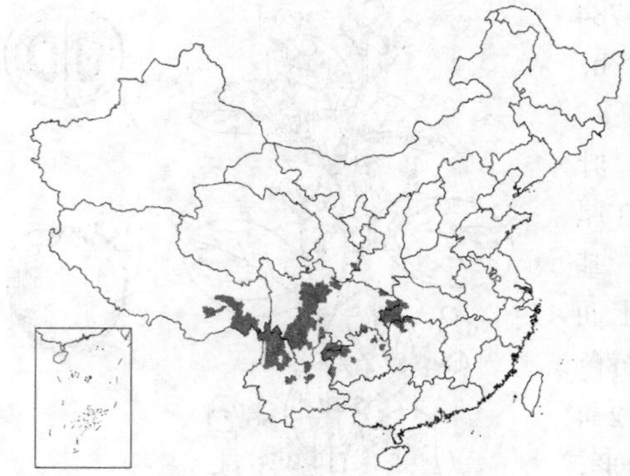

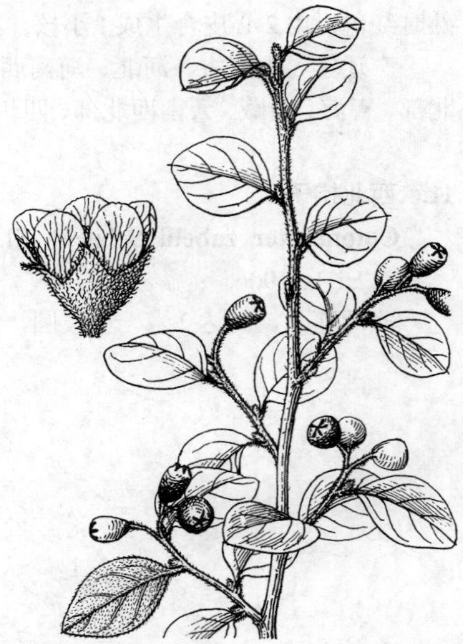

图 786 木帚栒子 （冀朝桢绘）

产甘肃东南部、四川、西藏东南部、云南、贵州、湖北西南部及湖南西北部，生于海拔1000-3600米沟谷、草地或灌丛中。

14. 暗红栒子 图 787

Cotoneaster obscurus Rehd. et Wils. in Sarg. P1. Wilson. 1: 161. 1912.

落叶灌木。小枝幼时被带黄色糙伏毛，后脱落无毛。叶椭圆状卵形或菱状卵形，长2.5-4.5厘米，先端渐尖，稀急尖，基部宽楔形，全缘，上面微具柔毛，侧脉5-7对，下面具黄灰色绒毛；叶柄长2-4毫米，具疏柔

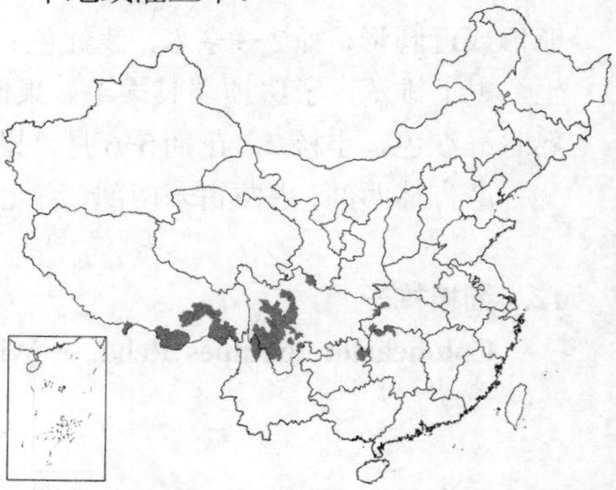

毛，托叶膜质，披针形，有疏柔毛。聚伞状伞房花序生于侧生短枝，具3-7花，具柔毛。花径7-8毫米；花萼具柔毛，萼筒钟状，萼片三角形；花瓣椭圆形至卵形，长3-4毫米，带红色；雄蕊16-20，比花瓣短；花柱2-3，离生，稍短于雄蕊，子房顶端具白色柔毛。果卵圆形，长7-8毫米，径5-6毫米，成熟时暗红色，小核(2-)3。花期5-6月，果期9-10月。

产湖北西部、湖南西北部、贵州东北部、四川、云南西北部、西藏东南部及南部，生于海拔1500-3000米山谷、河边林内或坡地。

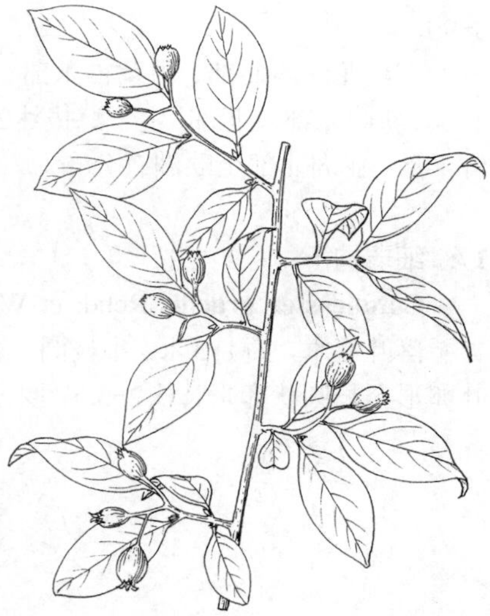

图 787 暗红栒子 （孙英宝绘）

15. 西南栒子 图 788

Cotoneaster franchetii Bois in Rev. Hort. 1902: 379. f. 159-161. 164. 1902.

半常绿灌木，高达3米。枝呈弓形弯曲，嫩枝密被糙伏毛，老时渐脱落。叶厚，椭圆形或卵形，长2-3厘米，先端尖或渐尖，基部楔形，全缘，上面幼时具伏生柔毛，老时脱落，下面密被带黄色或白色绒毛；叶柄长2-4毫米，具绒毛，托叶线状披针形，有毛，后脱落。聚伞状伞房花序具5-11花，生于短侧枝顶端，密被柔毛。花梗长2-4毫米；花径6-7毫米；花萼密被柔毛，萼筒钟状，萼片三角形；花瓣直立，宽倒卵形或椭圆形，长3-4毫米，粉红色；雄蕊20，比花瓣短；花柱2-3(-5)，离生，短于雄蕊，子房顶端有柔毛。果卵圆形，径6-7毫米，成熟时桔红色，初微具柔毛，后无毛，小核3(-5)。花期6-7月，果期9-10月。

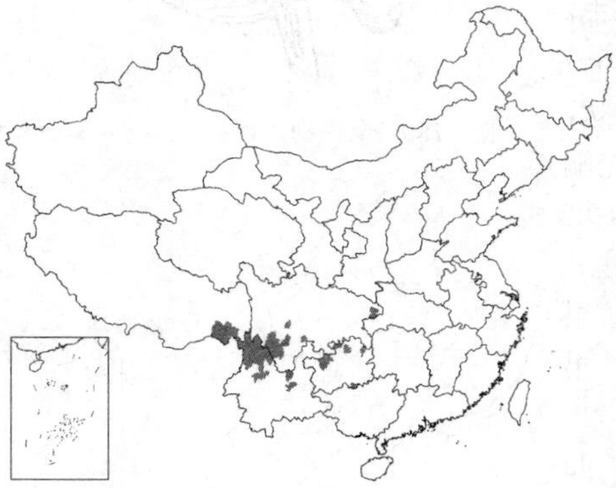

产云南、贵州、四川及西藏东南部，生于海拔2000-2900米向阳山地灌丛中或荒野。泰国有分布。

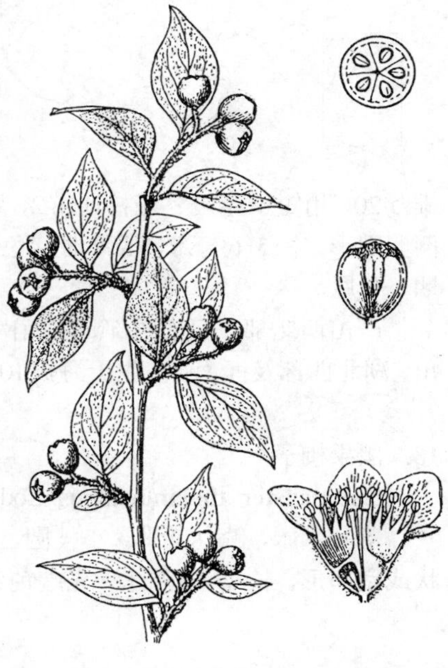

图 788 西南栒子 （吴彰桦绘）

16. 全缘栒子 图 789 彩片 120

Cotoneaster integerrimus Medic. Gesch. Bot. 85. 1793.

落叶灌木。嫩枝密被灰白色绒毛，后渐脱落。叶宽椭圆形、宽卵形或近圆形，长2-5厘米，先端尖或钝圆，基部圆，全缘，上面无毛或有疏柔毛，下面密被灰白色绒毛；叶柄长2-5毫米，有绒毛，托叶披针形，微具毛，果期多宿存。聚伞状伞房花序2-5(7)花，下垂，长约为叶1/2，无毛或微具柔毛。花梗长3-6毫米，无毛；花径8毫米；萼筒钟状，无毛或下部微具疏柔毛，内面无毛，萼片三角卵形，先端圆钝，内外无毛；花瓣直立，近圆形，长宽均约3毫米，具爪，粉红色；雄蕊15-20，与花瓣近等长；花柱2，稀3-4，离生，短于雄蕊，子房顶部具柔毛。果近球形，稀卵圆形，径6-7毫米，成熟时红色，无毛，小核2(3-4)。花期5-6月，果期

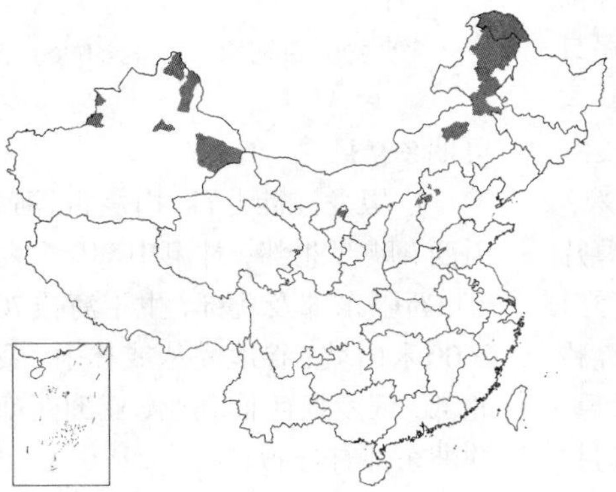

8-9月。

产黑龙江西北部、内蒙古东部、河北、山西东北部、青海东部、宁夏北部、新疆东部及北部，生于海拔达2500米石砾坡地、白桦林内或荒野。朝鲜半岛、亚洲北部至欧洲有分布。

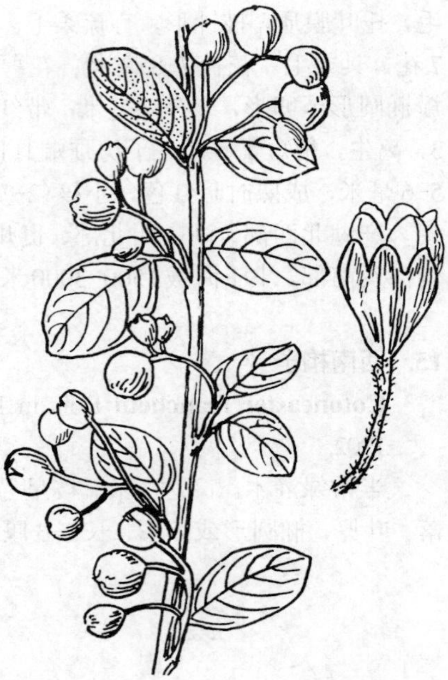

图 789 全缘栒子 （引自《黑龙江树木志》）

17. 细弱栒子 图 790

Cotoneaster gracilis Rehd. et Wils. in Sarg. P1. Wilson. 1: 167. 1912.

落叶灌木，高1-3米。小枝圆，幼时密被平伏绒毛状长柔毛，渐脱落。叶卵形至长圆状卵形，长2-3.5厘米，先端钝圆或急尖，稀微缺，基部圆，全缘，上面无毛或微具柔毛，下面密被白色绒毛，侧脉3-4对；叶柄长2-3毫米，被白色绒毛，托叶钻状，早落，有毛。聚伞状伞房花序具3-7花，与叶近等长，稍具柔毛。花梗长3-6毫米；花径6-7毫米；花萼无毛，萼筒钟状，红色，萼片三角卵形，先端圆钝或微尖；花瓣直立，近圆形，径约3毫米，粉红色；雄蕊20，稍短于花瓣；花柱通常2，离生，短于雄蕊，子房顶端具柔毛。果倒卵圆形，径5-6毫米，成熟时红色，微具柔毛，小核2。花期5-6月，果期8-9月。

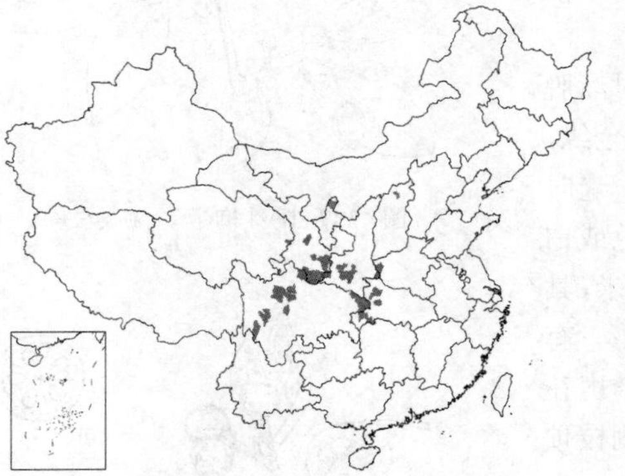

产山西北部、河南西部、陕西南部、甘肃、宁夏北部、青海东部、四川、湖北西部及西南部，生于海拔1000-3000米河滩地灌丛中或山坡。

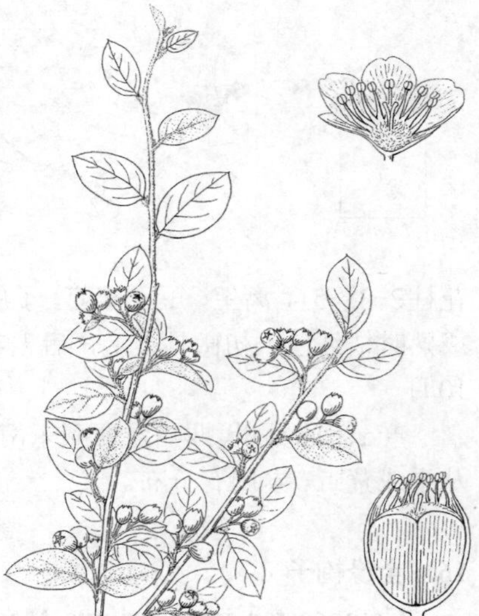

图 790 细弱栒子 （吴彰桦绘）

18. 黑果栒子 图 791

Cotoneaster melanocarpus Lodd. in Bot. Cab. 16: t. 1531. 1828.

落叶灌木，高达2米。小枝圆，幼时具短柔毛，旋脱落。叶卵状椭圆状或宽卵形，长2-4.5厘米，先端钝或微尖，有时微缺，基部圆或宽楔形，全缘，上面幼时微具短柔毛，老时无毛，下面被白色绒毛；叶柄长2-5毫米，有绒毛，托叶披针形，具毛，部分宿存。聚伞状伞房花序具3-15花，具柔毛，下垂。与叶近等长或稍短。花梗长3-7(-9)毫米；花径约7毫米；花萼无毛，萼筒钟状，萼片三角形，先端钝；花瓣直立，近圆形，长宽均3-4毫米，粉红色；雄蕊20；短于花瓣；花柱2-3，离生，比花瓣短，子房顶端具柔毛。果近球形，径6-7毫米，成熟时蓝黑色，有蜡粉，小核2-3。花期5-6月，果期8-9月。

产黑龙江西北部、内蒙古、河北、山西、陕西北部、甘肃中部、宁夏北部、新疆东部及北部，生于海拔700-2600米山坡、谷地灌丛或林中。蒙古北部、俄罗斯西伯利亚、亚洲西部至欧洲东部有分布。

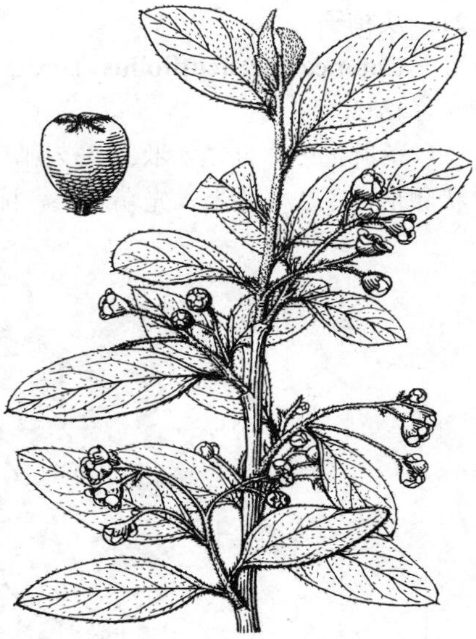

图 791 黑果栒子 （冀朝桢绘）

19. 尖叶栒子 图 792

Cotoneaster acuminatus Lindl. in Trans. Linn. Soc. 13: 101. t. 9. 1822.

落叶直立灌木，高达3米。小枝圆，幼时密被带黄色糙伏毛，老时无毛。叶椭圆状卵形或卵状披针形，长2-6.5厘米，先端渐尖，稀急尖，基部宽楔形，全缘，两面被长柔毛，上面皱纹不明显，下面毛较密；叶柄长3-5毫米，有长柔毛，托叶披针形，果期宿存。花1-5朵，常2-3朵，成聚伞状伞房花序，被带黄色柔毛；苞片披针形，边缘有柔毛。花梗长3-5毫米；花径6-8毫米；萼筒钟状，萼片三角形；花瓣直立，卵形或倒卵形，长3-4毫米，粉红色；雄蕊20，比花瓣短；花柱2，离生，稍短于雄蕊，子房顶端有柔毛。果椭圆形，长0.8-1厘米，径7-8毫米，成熟时红色，小核2。花期5-6月，果9-10月。

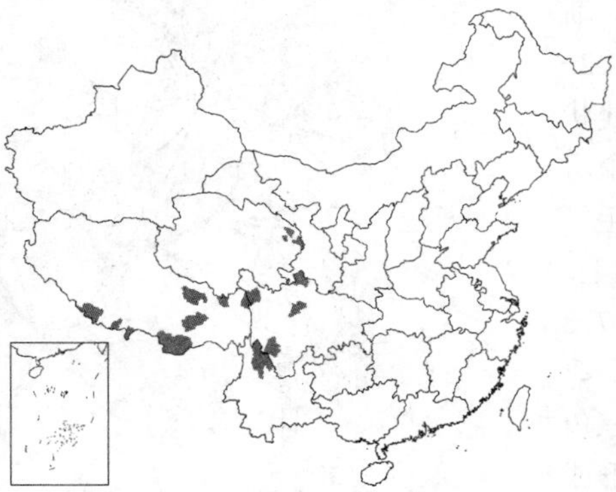

产青海东部、四川、云南西北部及西藏，生于海拔1500-3000米山坡林内、灌丛中或荒野。印度北部、不丹及尼泊尔有分布。

图 792 尖叶栒子 （冀朝桢绘）

20. 泡叶栒子 图 793

Cotoneaster bullatus Bois. in Vilm. et Bois, Frutic. Vilm. 119. 2. f. 1904.

落叶灌木，高达2米。小枝粗，圆，幼时被糙伏毛。叶长圆状卵形或椭圆状卵形，长3.5-7厘米，先端渐尖，有时急尖，基部楔形或圆，全缘，上面有皱纹，泡状隆起，无毛或微具柔毛，下面具疏生柔毛，沿叶脉毛较密，有时近无毛；叶柄长3-6毫米，具柔毛，托叶披针形，有柔毛，早落。聚伞状伞房花序具5-13花，具柔毛。花梗长1-3毫米；花径7-8毫米；花萼幼时具疏柔毛，后无毛，萼筒钟状，萼片三角形；花瓣直立，倒卵形，长约4.5毫米，浅红色；雄蕊20-22，比花瓣短；花柱4-5，离生，甚短，子房顶端具柔毛。果球形或倒卵圆形，长6-8毫米，成熟时红色，小核4-5。花期5-6月，果期8-9月。

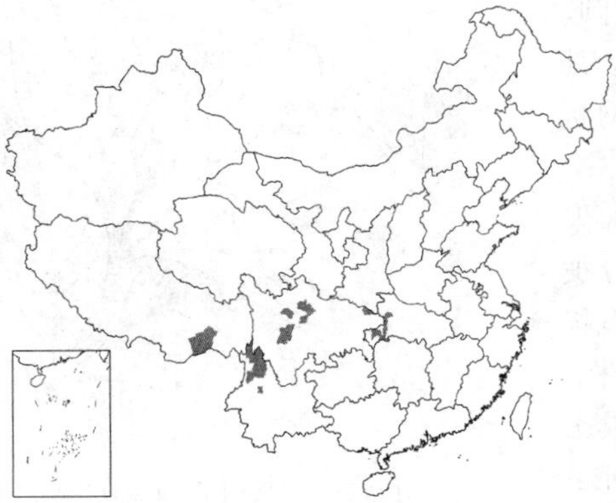

产湖北西部、四川、云南西北部及西藏东南部，生于海拔2000-3200米山坡疏林中、河边。

图 793 泡叶栒子 （赵宝恒绘）

21. 灰栒子 图 794

Cotoneaster acutifolius Turcz. in Bull. Soc. Nat. Moscou 5：190. 1832.

落叶灌木，高达4米。小枝圆，幼时被长柔毛。叶椭圆状卵形或长圆状卵形，长2-4厘米，先端急尖，稀渐尖，基部宽楔形，全缘，幼时两面均被长柔毛，下面较密，渐脱落，后近无毛；叶柄长2-5毫米，具长柔毛，托叶线状披针形，脱落。聚伞状伞房花序具2-5花，被长柔毛；苞片线状披针形，微具柔毛。花梗长3-5毫米；花径7-8毫米；花萼疏生长柔毛，萼筒钟状或短筒状，萼片三角形；花瓣直立，宽倒卵形或长圆形，长3-4.5毫米，白色带红晕；雄蕊10-15，比花瓣短；花柱通常2，离生，短于雄蕊，子房顶端密被柔毛。果椭圆形，稀倒卵圆形，径6-8毫米，具长柔毛，成熟时黑色，小核2-3。花期5-6月，果期9-10月。

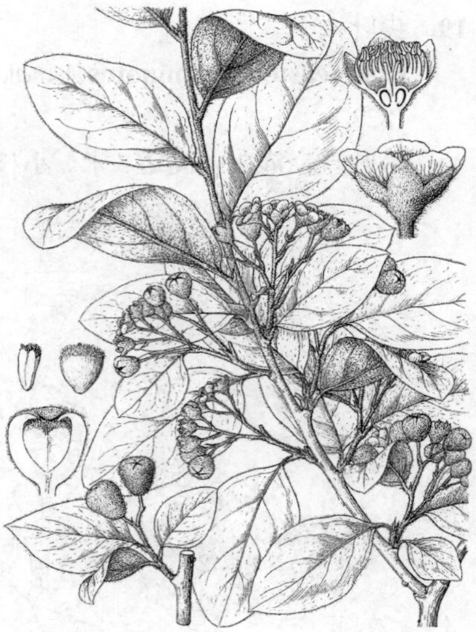

图 794 灰栒子 （引自《图鉴》）

产内蒙古、河北、河南、山西、陕西、甘肃、青海、宁夏、湖北西部、湖南西北部、四川、云南西北部及西藏，生于海拔1400-3700米山坡、山麓、沟谷或林中。蒙古有分布。

［附］密毛灰栒子 **Cotoneaster acutifolius** var. **villosulus** Rehd. et Wils. in Sarg. Pl. Wilson. 1：158. 1912. 本变种与模式变种的区别：叶长3-5厘米，下面密被长柔毛；花萼外面密被长柔毛；果有疏长柔毛。产河北、陕西、甘肃，西藏、四川、湖北及安徽，生于海拔1000-2200米草坡灌丛中或山谷。

22. 宝兴栒子 图 795

Cotoneaster moupinensis Franch. in Nouv. Arch. Mus. Hist. Nat. Paris. sér. 2, 8：224. 1885.

落叶灌木，高达5米。小枝圆，皮孔明显，幼时被糙伏毛，后渐脱落。叶椭圆状卵形或菱状卵形，长4-12厘米，先端渐尖，基部宽楔形或近圆，全缘，上面微被疏柔毛，具皱纹和泡状隆起，下面网状脉被短柔毛；叶柄长2-3毫米，具短柔毛，托叶早落。聚伞状伞房花序具9-25花，被短柔毛；苞片披针形，有稀疏短柔毛。花梗长2-3毫米；花径0.8-1厘米；花萼具柔毛，萼筒钟状，萼片三角形；花瓣直立，卵形或近圆形，长3-4毫米，粉红色；雄蕊约20，短于花瓣；花柱4-5，离生，比雄蕊短，子房顶端有柔毛。果近球形或倒卵圆形，径6-8毫米，成熟时黑色，小核4-5，较平滑。花期6-7月，果期9-10月。

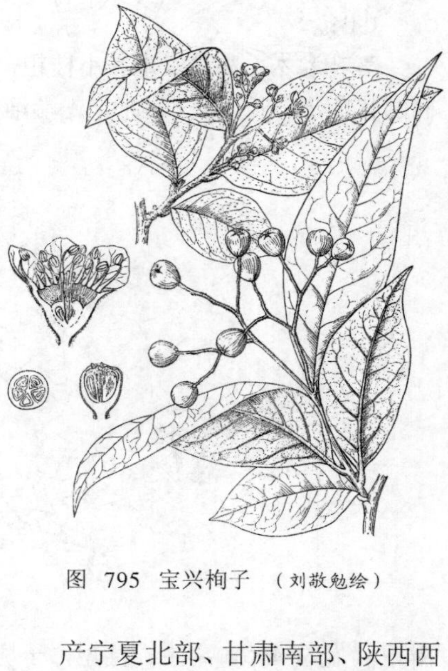

图 795 宝兴栒子 （刘敬勉绘）

产宁夏北部、甘肃南部、陕西西南部、湖北西南部、贵州、四川、云南及西藏东南部，生于海拔1700-3200米林缘或松林下。

23. 麻核栒子 图 796

Cotoneaster foveolatus Rehd. et Wils. in Sarg. P1. Wilson. 1: 162. 1912.

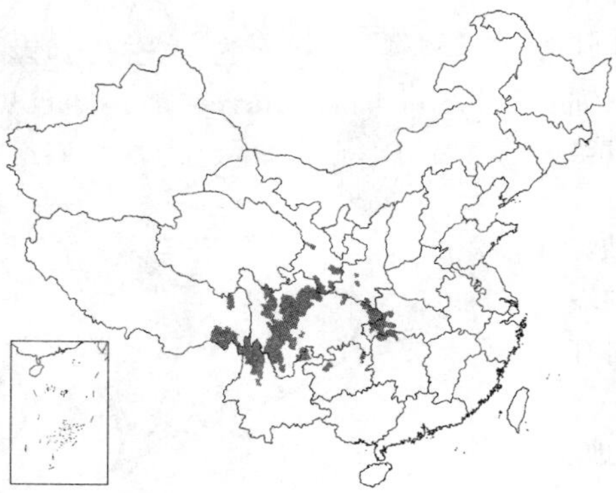

落叶灌木，高达3米。小枝圆，嫩时密被黄色糙伏毛，后脱落无毛。叶椭圆形、椭圆状卵形或椭圆状倒卵形，长3.5-8(-10)厘米，先端渐尖或急尖，基部宽楔形或近圆，全缘，上面无泡状隆起，叶脉稍凹下，被疏柔毛，老时脱落，下面被短柔毛，叶脉毛较多，渐脱落，老时近无毛；叶柄长2-4毫米，具短柔毛，托叶线形，具柔毛，部分宿存。聚伞状伞房花序有3-7花，被柔毛；苞片线形，有柔毛。花梗长3-4毫米；花径7-8毫米；花萼被柔毛，萼筒钟状，萼片三角形；花瓣直立，倒卵形或近圆形，长4-5毫米，粉红色；雄蕊15-17，短于花瓣；花柱3(2-5)，甚短，离生，子房顶端密生柔毛。果近球形，径8-9毫米，成熟时黑色；小核3-4(5)个，背部有槽和浅凹点。花期5-6月，果期9-10月。

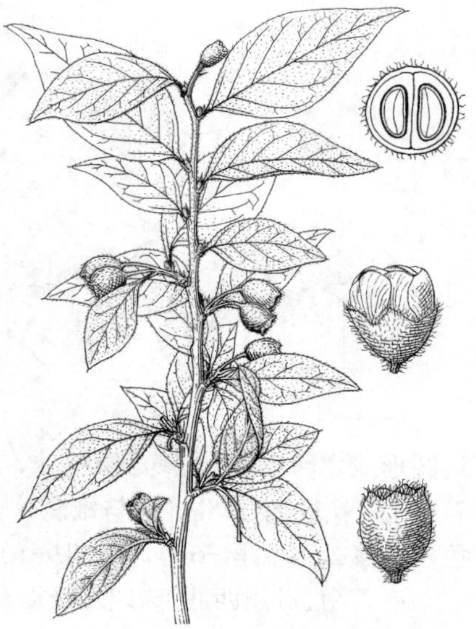

图 796 麻核栒子 （冀朝桢绘）

产甘肃、陕西南部、湖北西南部、湖南西北部、贵州、云南、四川及西藏东部，生于海拔1400-3400米林内、灌丛中、溪边或荒野。

24. 川康栒子 图 797

Cotoneaster ambiguus Rehd. et Wils. in Sarg. Pl. Wilson. 1: 159. 1912.

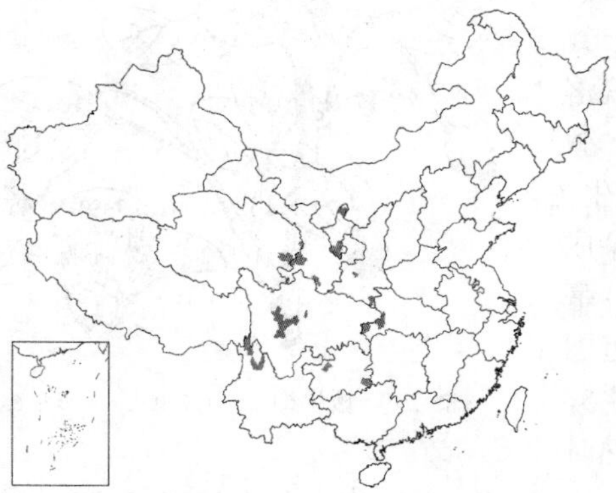

落叶灌木，高达2米。幼枝被糙伏毛，旋脱落无毛或近无毛。叶椭圆状卵形或菱状卵形，长2.5-6厘米，先端渐尖或尖，基部宽楔形，全缘，上面幼时具疏柔毛，旋脱落，下面具柔毛，老时具疏柔毛；叶柄长2-5毫米，微有柔毛，托叶线状披针形，多脱落，有疏柔毛。聚伞状伞房花序有5-10花，疏生柔毛；苞片披针形，稍具柔毛，早落。花梗长4-5毫米；花萼无毛或有疏柔毛，萼筒钟状，萼片三角形；花瓣直立，宽卵形或近圆形，长宽均3-4毫米，白色带粉红；雄蕊20，稍短于花瓣；花柱2-5，离生，较雄蕊稍短，子房顶端密生柔毛。果卵圆形或近球形，长0.8-1厘米，径6-7毫米，成熟时黑色，顶端微具柔毛，小核2-3（4-5）。花期5-6月，果期9-1月。

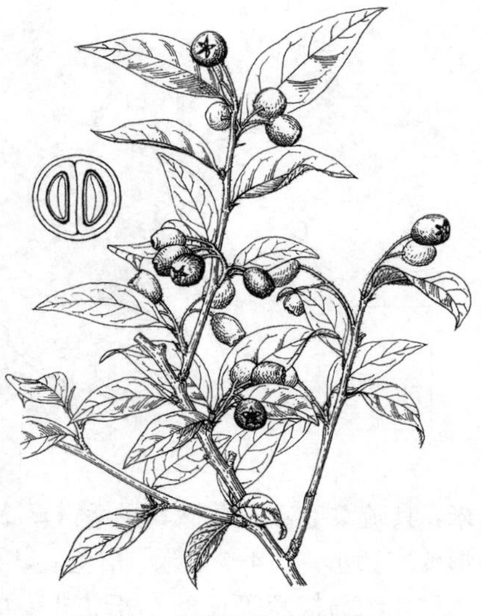

图 797 川康栒子 （冀朝桢绘）

产陕西南部、宁夏、甘肃南部、青海东部、四川、云南西北部、贵州及湖北西部，生于海拔1800-2900米山地疏林、半阳坡灌丛或草丛中。

25. 黄杨叶栒子 图 798

Cotoneaster buxifolius Lindl. in Bot. Reg. 15: sut t. 1229. 1829.

常绿至半常绿矮生灌木，高达1.5米。幼枝密被白色绒毛，后脱落。叶

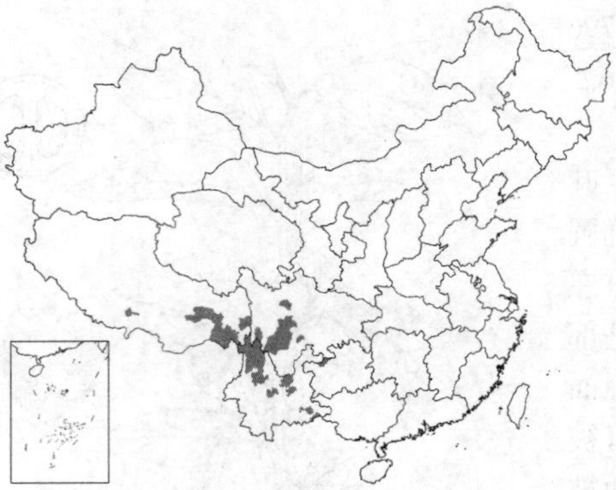

椭圆形或椭圆状倒卵形，长0.5-1(1.5)厘米，先端急尖，基部宽楔形或近圆，上面幼时具伏生柔毛，老时脱落，下面密被灰白色绒毛；叶柄长1-3毫米，被绒毛，托叶钻形，早落。花3-5朵，稀单生，径7-9毫米，近无梗。花萼被绒毛，萼筒钟状，萼片卵状三角形；花瓣平展，近圆形或宽卵形，长宽均约4毫米，白色；雄蕊20，比花瓣短；子房顶端有柔毛，花柱2，离生，几与雄蕊等长。果近球形，径5-6毫米，成熟时红色，小核2。花期4-6月，果期9-10月。

产云南、贵州西北部、四川及西藏，生于海拔1000-3300米多石砾坡地、灌丛中或林缘。印度有分布。

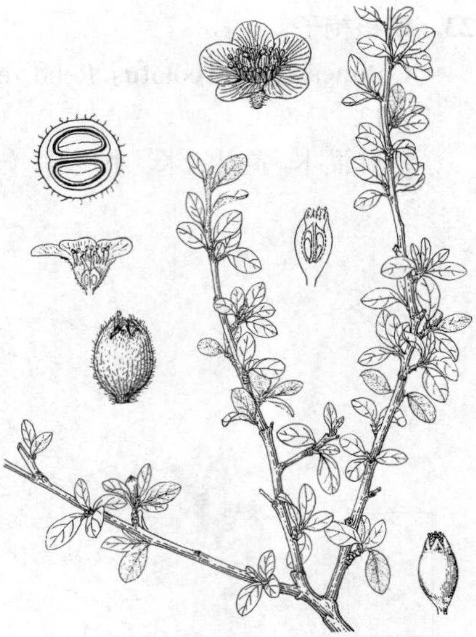

图 798 黄杨叶栒子 （冀朝桢绘）

26. 矮生栒子 图 799

Cotoneaster dammerii Schneid. Ill. Handb. Laubh. 1: 760. f. 429 h-k. 1906.

常绿灌木，枝匍匐地面，常生不定根。幼枝微被淡黄色平贴柔毛，旋脱落无毛。叶厚革质，椭圆形或椭圆状长圆形，长1-3厘米，先端钝圆、微缺或急尖，基部宽楔形或圆，上面无毛，下面微带苍白色，幼时具平贴柔毛，旋脱落，侧脉4-6对；叶柄长2-3毫米，幼时具淡黄色柔毛，渐脱落无毛，托叶线状披针形，微具柔毛，多脱落。花常单生，径约1厘米，有时2-3朵成花序。花梗长4-6(-10)毫米，具疏柔毛；花萼微具柔毛，萼筒钟状，萼片三角形；花瓣平展，近圆形或宽卵形，径4-5毫米，白色；雄蕊20，长短不一，花药紫色；花柱5，离生，约与雄蕊等长，子房顶端具柔毛。果近球形，径6-7毫米，成熟时鲜红色，小核4-5。花期4-5月，果期9-10月。

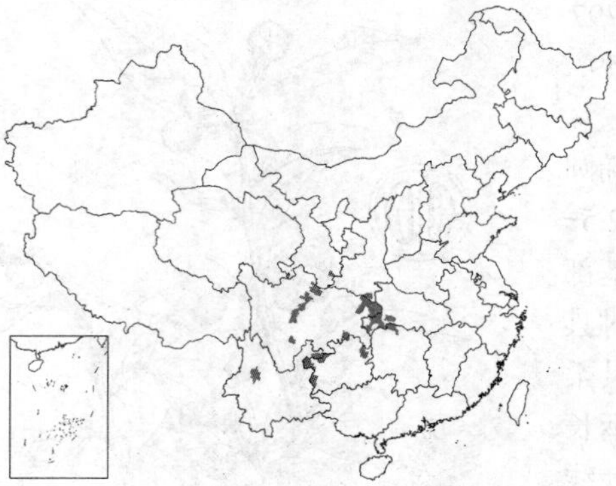

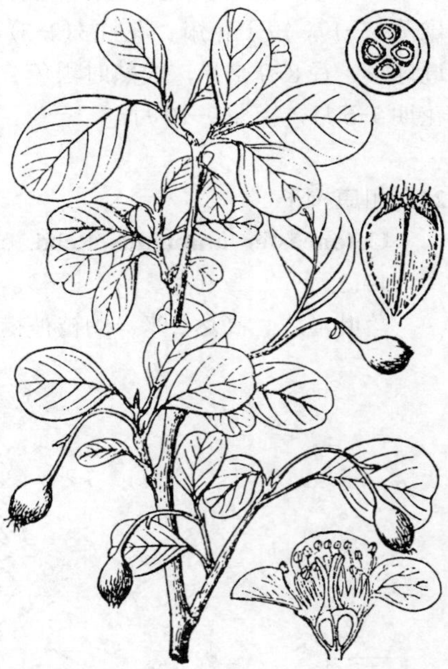

图 799 矮生栒子 （王利生 吴彰桦绘）

产陕西东南部、甘肃东南部、四川、湖北西南部、湖南西北部、贵州及云南，生于海拔1300-2600米多石山地、水边或疏林中。

27. 小叶栒子 图 800

Cotoneaster microphyllus Wall. ex Lindl. in Bot. Reg. 13: t. 1114. 1827.

常绿矮生灌木，高达1米。幼枝具黄色柔毛，渐脱落。叶厚革质，倒卵形或长圆状倒卵形，长0.4-1厘米，先端钝圆，稀微凹或急尖，基部宽楔形，上面无毛或具疏柔毛，下面被带灰白色柔毛，叶缘反卷；叶柄长1-2毫米，有短柔毛，托叶细小，早落。花单生，稀2-3朵，径0.5-1厘米。花梗

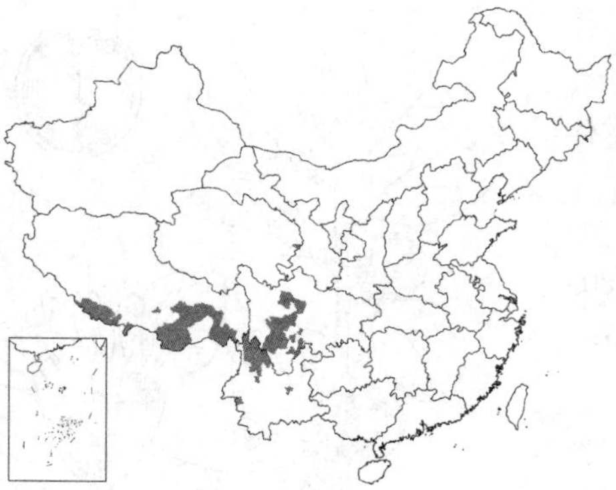

甚短；花萼具疏柔毛，萼筒钟状，萼片卵状三角形；花瓣平展，近圆形，长宽均约4毫米，白色；雄蕊15-20，短于花瓣；花柱2，离生，稍短于雄蕊，子房顶端有柔毛。果球形，径5-6毫米，成熟时红色，小核2。花期5-6月，果期8-9月。

产青海东部、四川、云南及西藏，生于海拔2500-4100米多石山坡、灌丛中或林缘。印度、缅甸、不丹及尼泊尔有分布。

［附］**圆叶栒子 Cotoneaster rotundifolius** Wall. ex Lindl. in Bot. Reg. 15: sub. t. 1229. 1829. 本种与小叶栒子的区别：叶近圆形或卵形，长0.8-2厘米，薄革质，叶缘不反卷；花1-3朵；果倒卵形，小核2-3。产云南西北部、四川西部及西藏，生于海拔1200-4000米山顶岩石、草坡或疏林中。印度北部、不丹及尼泊尔有分布。

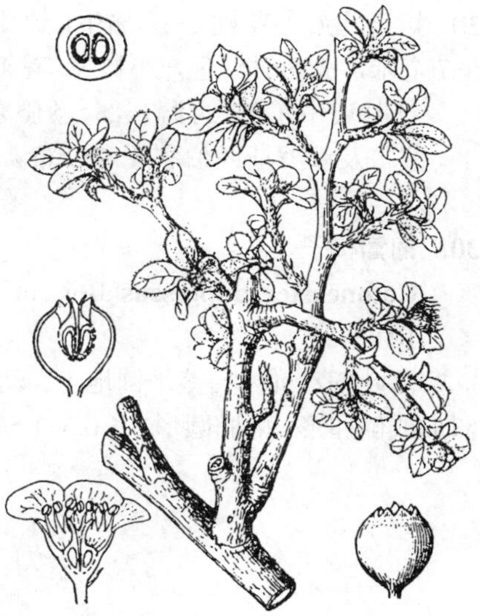

图 800 小叶栒子 （王利生绘）

28. 红花栒子 图 801

Cotoneaster rubens W. W. Smith in Notes Roy. Bot. Gard. Edinb. 10: 24. 1917.

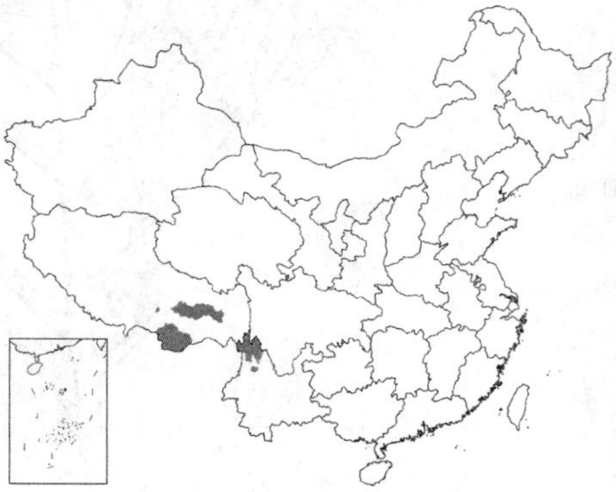

直立或匍匐落叶至半常绿灌木，高达2米。小枝粗，幼时具糙伏毛，老时无毛。叶近圆形或宽椭圆形，长1-2.3厘米，先端钝圆，常具小突尖，基部圆，全缘，上面无毛，下面密被黄色绒毛；叶柄粗，长1-2毫米，具柔毛，托叶早落。花多单生，径8-9毫米，具短梗；花萼具疏柔毛，萼筒钟状，萼片三角形；花瓣直立，圆形或宽倒卵形，径4-5毫米，深红色；雄蕊约20，比花瓣短；花柱2-3，离生，稍短于雄蕊，子房顶端具柔毛。果倒卵圆形，径8-9毫米，成熟时红色，小核2-3。花期6-7月，果期9-10月。

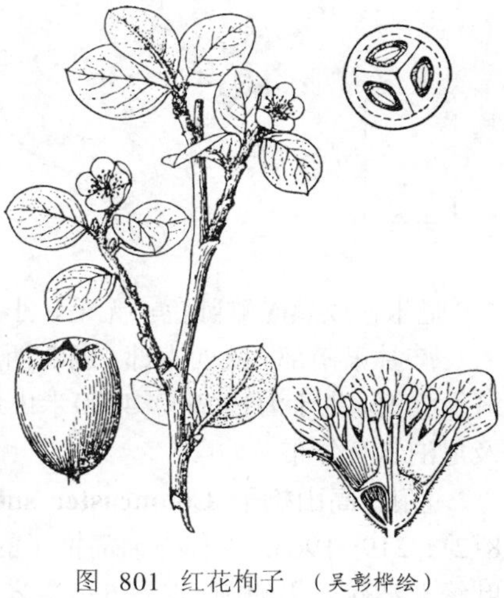

图 801 红花栒子 （吴彰桦绘）

产云南西北部及西藏，生于海拔3000-4100米山坡密林中、林缘草地、山麓或河谷灌丛中。缅甸北部及不丹有分布。

29. 单花栒子 图 802

Cotoneaster uniflorus Bunge in Ledeb. Fl. Alt. 2: 220. 1830.

落叶灌木，有时平贴地面，高不及1米。嫩枝密被带黄色柔毛，老时无毛。叶多卵形，稀卵状椭圆形，长1.8-3.5厘米，先端尖，稀钝圆，基部宽楔形或圆，全缘，上面无毛，下面初被绒毛，老时近无毛；叶柄长3-5毫米，稍具柔毛，托叶披针形，紫红色，有疏柔毛。花单生，有时2朵。花梗极短，有疏柔毛；花径7-8毫米；花萼无毛，萼筒钟状，萼片三角形，有时具数个浅齿；花瓣直立，近圆形，长宽均3-3.5毫米，粉红色；雄蕊15-

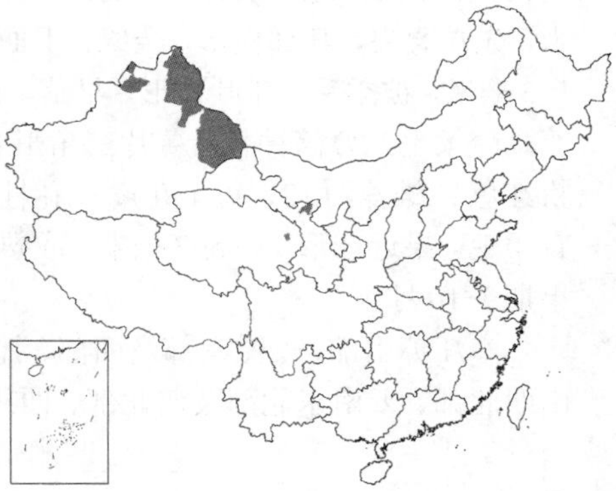

20，短于花瓣；花柱2-3，离生，比雄蕊短，子房顶端具柔毛。果球形，径6-7毫米，成熟时红色，小核3。花期5-6月，果期8-9月。

产甘肃中东部、青海东部、新疆东部及北部，生于海拔2000-2100米林下。蒙古及俄罗斯西伯利亚有分布。

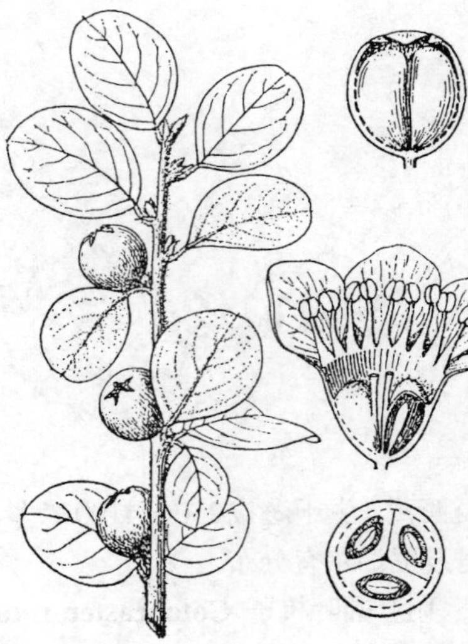

图 802 单花栒子 （吴彰桦绘）

30. 匍匐栒子 图 803

Cotoneaster adpressus Bois in Vilm. et Bois, Frutic. Vilm. 116. f. 1904.

落叶匍匐灌木。茎平铺地上。幼枝具糙伏毛，渐脱落。叶薄纸质，宽卵形或倒卵形，稀椭圆形，长0.5-1.5厘米，先端圆钝或稍尖，基部楔形，叶缘波状，上面无毛，下面具疏柔毛或无毛；叶柄长1-2毫米，无毛，托叶钻形，老时脱落。花1-2朵，几无梗，径7-8毫米；花萼具疏柔毛，萼筒钟状，萼片卵状三角形，花瓣直立，倒卵形，长4-5毫米，宽长近相等，先端微凹或圆钝，粉红色；雄蕊约10-15，短于花瓣；花柱2-3，离生，比雄蕊短，子房顶端有柔毛。果近球形，径7-9毫米，成熟时鲜红色，无毛，小核2(3)。花期5-6月，果期8-9月。

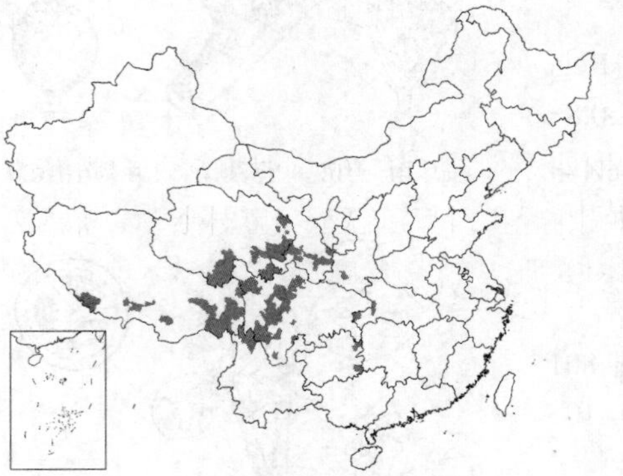

产甘肃南部、陕西南部、湖北西部、贵州东部、四川、云南西北部、西藏及青海，生于海拔1900-4000米山地林中、岩石山坡或荒野。印度、缅甸及尼泊尔有分布。

［附］高山栒子 **Cotoneaster subadpressus** Yu in Acta Phytotax. Sin. 8(2): 219. 1963. 本种与匍匐栒子的区别：叶硬革质，近圆形或宽卵形，叶缘非波状；果卵圆形，径5-6毫米，小核2。产四川及云南西部，生于海拔3000-3500米高山石质坡地或针叶林中。

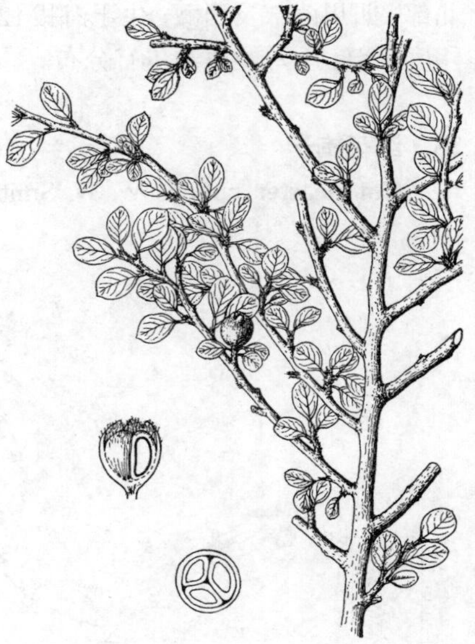

图 803 匍匐栒子 （赵宝恒绘）

31. 平枝栒子 图 804

Cotoneaster horizontalis Dcne. in Fl. Serr. 22: 168. 1877.

落叶或半常绿匍匐灌木，高不及50厘米。枝水平开张成整齐二列状，幼枝被糙伏毛，老时脱落。叶近圆形或宽椭圆形，稀倒卵形，长0.5-1.4厘米，先端急尖，基部楔形，全缘，上面无毛，下面有疏平贴柔毛；叶柄长1-3毫米，被柔毛，托叶钻形，早落。花1-2朵，近无梗，径5-7毫米；花萼具疏柔毛，萼筒钟状，萼片三角形；花瓣直立，倒卵形，长约4毫米，粉红色；雄蕊约12，短于花瓣；花柱(2)3，离生，短于雄蕊；子房顶端有柔毛。果近球形，径5-7毫米，成熟时鲜红色，小核(2)3。花期5-6月，果期9-10月。

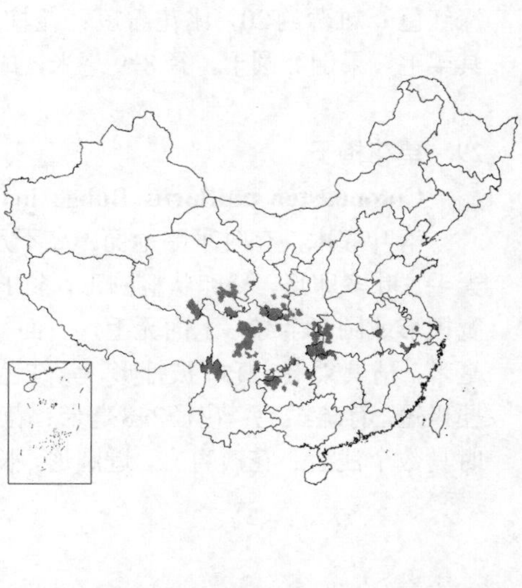

产江苏南部、安徽南部及西部、浙江西北部、江西北部、湖北西部、湖南西北部、云南东北部及西北部、四川、陕西南部、甘肃南部及青海，生

于海拔2000-3500米岩石坡地灌丛中、河边林中或荒野。尼泊尔有分布。

［附］小叶平枝栒子 **Cotoneaster horizontalis** var. **perpusillus** Schneid. Ill.Handb. Laubh. 1: 745. f. 419e. 1906. 本变种与模式变种的区别：枝平铺；叶长6-8毫米；果椭圆形，长5-6毫米，径3-4毫米。产陕西、四川、湖北及贵州，生于海拔1500-2500米山地岩石坡地、荒野灌丛中或林缘。

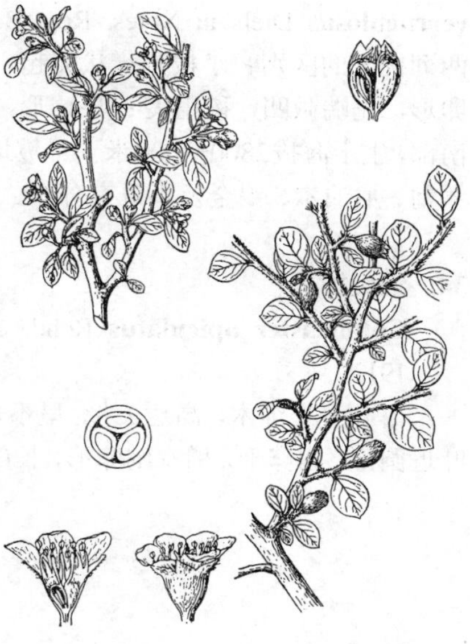

图 804 平枝栒子 （赵宝恒绘）

32. 散生栒子 图 805

Cotoneaster divaricatus Rehd. et Wils. in Sarg. P1. Wilson. 1: 157. 1912.

落叶直立灌木，高达2米。小枝圆，幼时具糙伏毛，老时无毛。叶纸质，椭圆形或宽卵圆形，稀倒卵形，长0.7-2厘米，先端急尖，稀稍钝，基部宽楔形，全缘，幼时上下两面有柔毛，老时上面近无毛；叶柄长1-2毫米，具短柔毛，托叶线状披针形，早落。花2-4朵，径5-6毫米，花梗长1-2毫米；花萼具疏柔毛，萼筒钟状，萼片三角形；花瓣直立，卵形或长圆形，长4毫米，粉红色；雄蕊10-15，比花瓣短；花柱(1)2(3)，离生，短于雄蕊，子房顶端有柔毛。果椭圆形，径5-7毫米，成熟时红色，有疏毛，小核(1)2(3)。花期4-6月，果期9-10月。

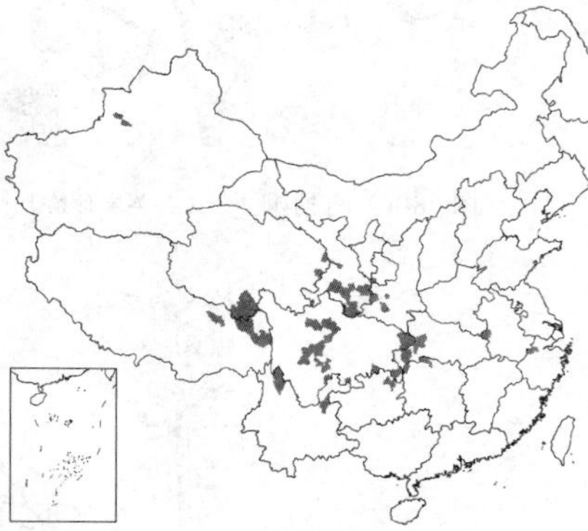

产安徽西部、浙江西北部、湖北西部、湖南西北部、贵州东北部、云南、西藏东北部、青海东部及南部、四川、陕西西南部、甘肃南部及新疆西北部，生于海拔1600-3400米石砾坡地、山沟灌丛中。

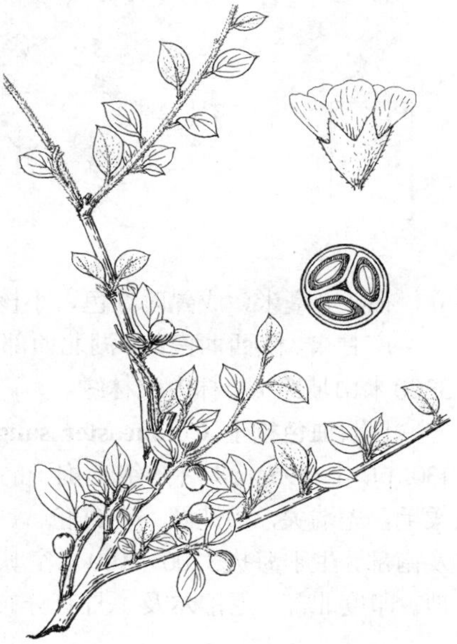

图 805 散生栒子 （吴彰桦绘）

33. 两列栒子 图 806

Cotoneaster nitidus Jacq. in Journ. Soc. Imp. Cent. Hort. 3: 516. 1857.

落叶或半常绿直立灌木。小枝稍二列状，幼时密被黄色长柔毛，老时渐脱落。叶宽卵形或宽倒卵形，长0.8-1.5(2)厘米，先端具尖头，稀钝圆，基部圆或宽楔形，全缘，两面有紧贴长柔毛；叶柄长1-2毫米，被柔毛，托叶披针形，有柔毛，宿存。花常单生，径5-7毫米。花梗长1-2毫米；花萼无毛，萼筒钟状，萼片宽三角形；花瓣直立，卵形或近圆形，长3-4毫米，白色，有红晕；雄蕊20，短于花瓣；花柱3(2-4)，离生，稍短于雄蕊，子房顶端有柔毛。果宽倒卵圆形，径7-8毫米，成熟时猩红色，下垂，有短柄，小核3(2-4)。花期6-7月，果期9-10月。

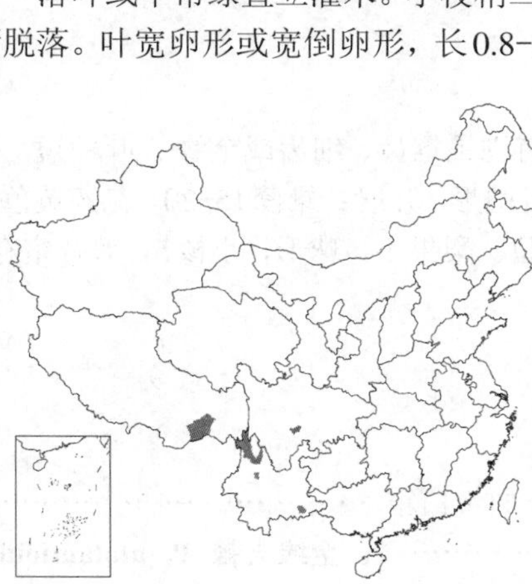

产云南、四川及西藏东南部，生于海拔1600-4000米灌丛中、林缘、山谷或草坡。印度东北部、缅甸北部、尼泊尔及不丹均有分布。

［附］疣枝栒子 **Cotoneaster**

verruculosus Diels in Notes. Roy. Bot. Gard. Edinb. 5: 272. 1912.本种与两列栒子的区别：小枝具疣状突起，有糙伏毛；叶近圆形、宽卵形或宽倒卵形，先端微凹，稀稍尖；果球形，小核2。产云南、四川西部及西藏东南部，生于海拔2800-3600米干旱坡地林中、草地、路边及荒野。印度北部、缅甸、尼泊尔、锡金及不丹有分布。

图 806 两列栒子 （孙英宝仿绘）

34. 细尖栒子 图 807

Cotoneaster apiculatus Rehd. et Wils. in Sarg. Pl. Wilson. 1: 156. 1912.

落叶直立灌木，高达2米，呈不规则分枝。幼枝被糙伏毛，老时脱落。叶近圆形、圆卵形，稀宽倒卵形，长0.6-1.5厘米，先端细尖，极稀凹缺，基部宽楔形或圆，全缘，上面无毛，下面幼时沿叶脉有伏生柔毛，老时脱落近无毛；叶柄长1-3毫米，幼嫩果具柔毛，老时无毛，托叶线状披针形，后脱落或部分宿存。花单生，具短梗；花萼无毛或几无毛，萼筒短钟状，萼片短渐尖；花瓣直立，淡粉色；雄蕊20，短于花瓣；花柱3，离生，子房顶端具柔毛。果单生，近球形，几无柄，直立，径7-8毫米，成熟时红色，小核3。花期5-7月，果期9-10月。

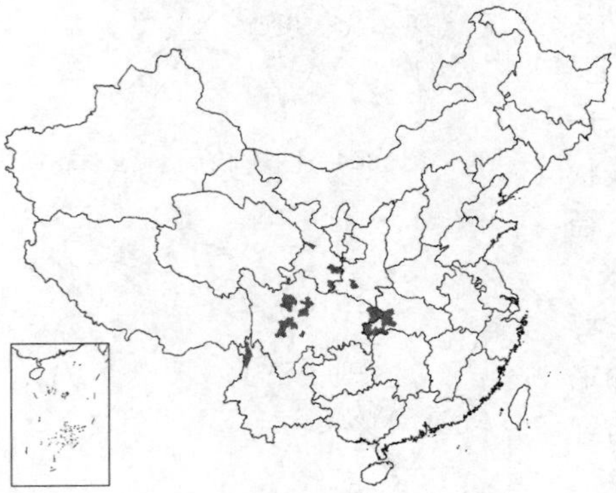

产甘肃、陕西西南部、湖北西部、四川及云南西北部，生于海拔1500-3300米山坡路旁、林中或林缘。

［附］血色栒子 **Cotoneaster sanguineus** Yu in Bull. Brit. Mus. Bot. 1: 130. pl. 4. 1954. 本种与细尖栒子的区别：叶卵形或椭圆状卵形，两面具柔毛，先端尖，稀钝圆；花红色。产云南西北部、四川西部、西藏东南部及南部，生于海拔3200-4100米空旷山地灌丛、针叶林中、沟谷或岩石坡地。印度北部、尼泊尔及不丹有分布。

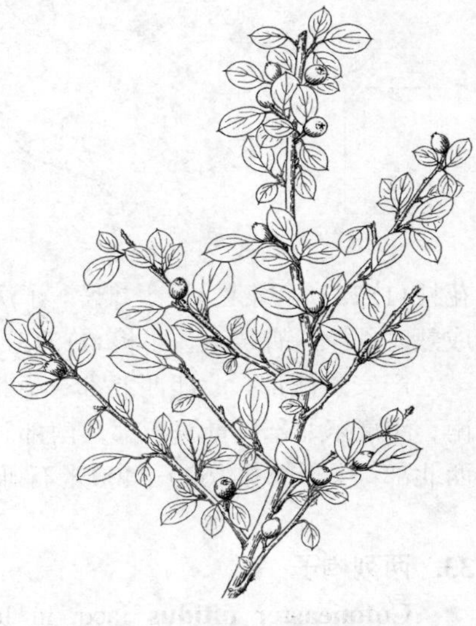

图 807 细尖栒子 （吴彰桦绘）

11. 火棘属 **Pyracantha** Roem.

（谷粹芝）

常绿灌木或小乔木；常具枝刺。芽细小，被短柔毛。单叶互生，边缘有圆钝锯齿、细齿或全缘；叶柄短，托叶细小，早落。花白色，成复伞房花序。被丝托短，钟状，萼片5，花瓣5，近圆形，开展；雄蕊15-20，花药黄色；心皮5，腹面离生，背面约1/2与被丝托相连，每心皮有2胚珠，子房半下位。梨果小，球形，小核5，萼片宿存。

约10种，产亚洲东部至欧洲南部。我国7种。

1. 花稀疏排列，花梗长0.4-1厘米，无毛或有毛。
  2. 叶下面无毛或微被短柔毛。
    3. 叶椭圆形或长圆形，稀长圆状倒卵形，全缘，偶有不明显细锯齿，下面带白霜 …………………………………………………………………………………………… 2. **全缘火棘 P. atalantioides**

3. 叶倒卵形、倒卵状长圆形或倒披针形，稀长圆形，具齿或至少上半部具齿，下面淡绿色，无白霜。
4. 叶倒卵形或倒卵长圆形，中部以上最宽，先端圆钝或微凹，有时具短尖头 ……… 1. **火棘 P. fortuneana**
4. 叶长圆形或倒披针形，通常中部最宽，先端急尖或钝。
5. 叶长3-7厘米，宽0.8-1.8厘米，具细圆锯齿或疏齿；叶柄和花梗无毛；果桔黄或桔红色 ……………… 3. **细圆齿火棘 P. crenulata**
5. 叶长1-2.5厘米，宽4-8毫米，有浅圆钝锯齿，叶柄和花梗有毛；果红色 ……………… 3(附). **细叶细圆齿火棘 P. crenulata** var. **kansuensis**
2. 叶下面和被丝托外面均密被绒毛；叶全缘或近全缘 ……………… 4. **窄叶火棘 P. angustifolia**
1. 花密集排列，花梗长1-3毫米，被锈色绒毛；叶长圆形或长圆状倒卵形 ……………… 5. **澜沧火棘 P. inermis**

1. 火棘 图 808 彩片 121

Pyracantha fortuneana (Maxim.) Linn. Journ. Arn. Arb. 25: 420. 1944.

Photinia fortuneana Maxim. in Bull. Acad. Sci. St. Pétersb. 19: 179. 1873.

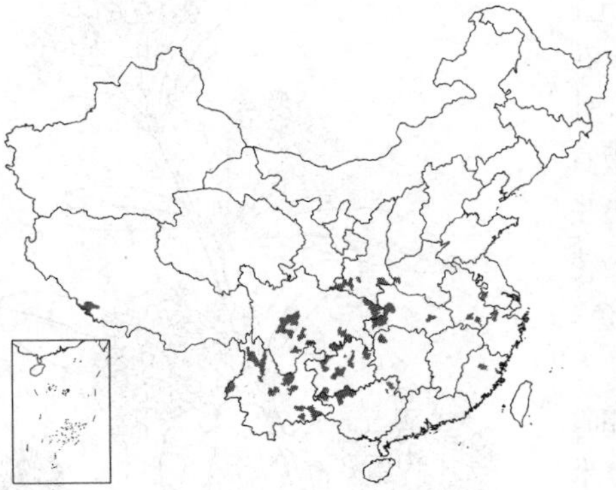

常绿灌木，高达3米。侧枝短，先端刺状，幼时被锈色短柔毛，后无毛。叶倒卵形或倒卵状长圆形，长1.5-6厘米，先端圆钝或微凹，有时具短尖头，基部楔形，下延至叶柄，有钝锯齿，齿尖内弯，近基部全缘，两面无毛；叶柄短，无毛或幼时有柔毛。复伞房花序径3-4厘米，花序梗和花梗近无毛。花梗长约1厘米；花径约1厘米；被丝托钟状，无毛，萼片三角状卵形；花瓣白色，近圆形，长约4毫米；雄蕊20；子房密被白色柔毛，花柱5，离生。果近球形，径约5毫米，桔红或深红色。花期3-5月，果期8-11月。

图 808 火棘 （引自《图鉴》）

产河南西部、江苏西南部、浙江西北部、福建、湖北、湖南西北部、广西东北部及西北部、贵州、云南、西藏南部、四川及陕西南部，生于海拔500-2800米山地、丘陵阳坡、灌丛、草地或河边。

2. 全缘火棘 图 809

Pyracantha atalantioides (Hance) Stapf in Curtis's Bot. Mag. 151: t. 9099. f. 1-4. 1926.

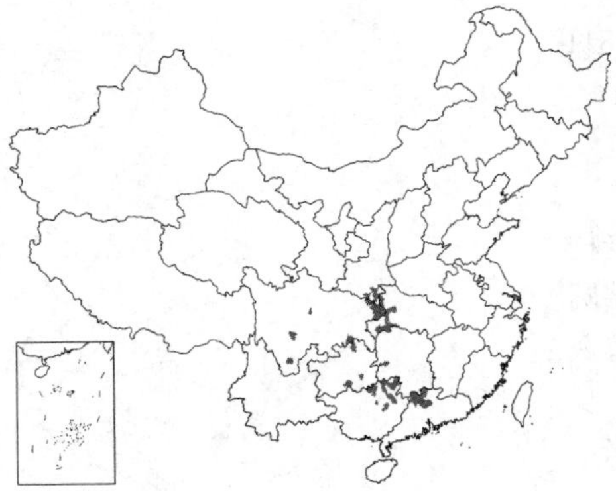

Sportella atalantioides Hance in Journ. Bot. 15: 207. 1877.

常绿灌木或小乔木，高达6米。常有枝刺；幼枝被黄褐色或灰色柔毛。叶椭圆形或长圆形，稀长圆状倒卵形，长1.5-4厘米，先端微尖或圆钝，有时刺尖，基部楔形或圆，全缘或有不明显细齿，幼时有黄褐色柔毛，老时无毛，下面微带白霜；叶柄长2-5毫米，无毛或有时有柔毛。花多数组成复伞房花序，花序梗和花梗被黄褐色柔毛。花梗长0.5-1厘米；花径7-9毫米；萼片宽卵形，和被丝托均被黄褐色柔毛；花瓣白色，卵形，长4-5毫米，先端尖，基部具短爪；雄蕊20，花药黄色；子房上部密生白色绒毛，花柱5，与雄蕊近等长。梨果扁球形，径4-6毫米，亮红色。花期4-5月，果期9-11月。

产陕西南部、四川、湖北西部、湖南、贵州、广西东北部及广东北部，生于海拔500-1700米山坡、谷地灌丛或疏林中。

图 809 全缘火棘 （吴彰桦绘）

3. 细圆齿火棘 图 810 彩片 122

Pyracantha crenulata (D. Don) Roem. Fam. Nat. Reg. Veg. Syn. 3: 220. 1874.

Mespilus crenulata D. Don Prod. Fl. Nepal. 238. 1825.

常绿灌木或小乔木，高达5米。有时具枝刺，幼枝有被锈色柔毛，老枝无毛，暗褐色。叶长圆形或倒披针形，稀卵状披针形，长2-7厘米，宽

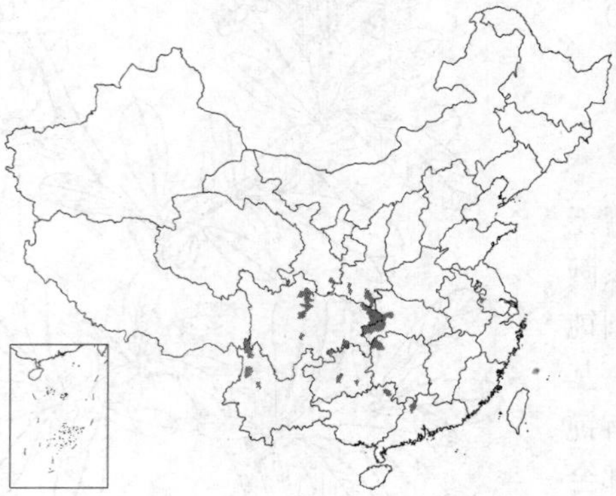

0.8-1.8厘米，先端尖或圆钝，有时具小尖头，基部宽楔形或稍圆，边缘有细圆锯齿或疏锯齿，两面无毛；叶柄短，幼时有黄褐色柔毛，老时无毛。复伞房花序生于主枝和侧枝顶端，径2-5厘米，幼时花序梗基部有褐色柔毛。花梗长0.4-1厘米，无毛；花径6-9毫米；被丝托钟状，外面无毛，萼片三角形，微具柔毛；花瓣白色，圆形，长4-5毫米，基部有短爪；雄蕊20，花药黄色；子房上部密被白色柔毛，花柱5，离生，与雄蕊近等长。梨果近球形，径3-8毫米，熟时桔黄或桔红色。花期3-5月，果期9-12月。

产江苏西南部、湖北西南部、湖南西北部、广东西北部、广西东北部、贵州、云南西北部、四川、陕西南部及甘肃东南部，生于海拔750-2400米山坡、路边、沟旁、林中或草地。印度、不丹及尼泊尔有分布。

［附］**细叶细圆齿火棘 Pyracantha crenulata** var. **kansuensis** Rehd. in Journ. Arn. Arb. 4: 114. 1923. 本变种与模式变种的区别：高达2米，枝刺较多；叶长1-2.5厘米，宽4-8毫米，有浅圆钝锯齿，叶柄和花梗被柔毛；果红色。产甘肃、四川、云南及贵州，生于海拔1500-2500米山谷、路边或坡地。

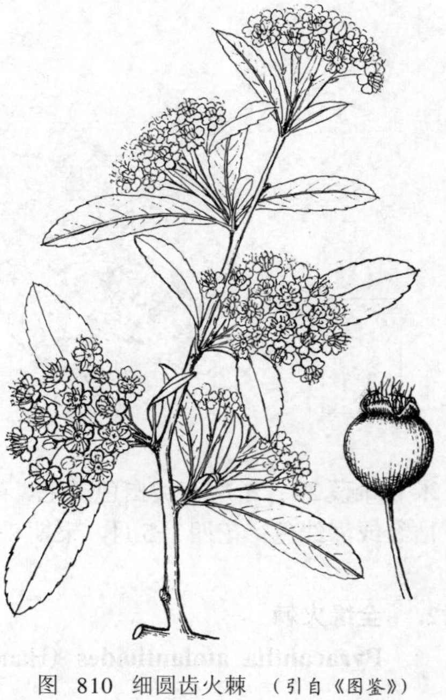

图 810 细圆齿火棘 （引自《图鉴》）

4. 窄叶火棘 图 811

Pyracantha angustifolia (Frauch.) Schneid. Ill. Handb. Laubh. 1: 761. f. 430a-b. 431a-c. 1906.

Cotoneaster angustifolia Franch. P1. Delay. 221. 1890.

常绿灌木或小乔木，高达4米。多枝刺；小枝密被灰黄色绒毛，老枝紫褐色，绒毛减少。叶窄长圆形至倒披针状长圆形，长1.5-5厘米，先端圆钝，有短尖或微凹，基部楔形，全缘，微下卷，上面暗绿色，幼时微有灰色绒毛，后脱落，下面密被灰白色绒毛；叶柄长1-3毫米，密被绒毛。复伞房花序，径2-4厘米。花梗和花序梗密被灰白色绒毛；花径6-9毫米；

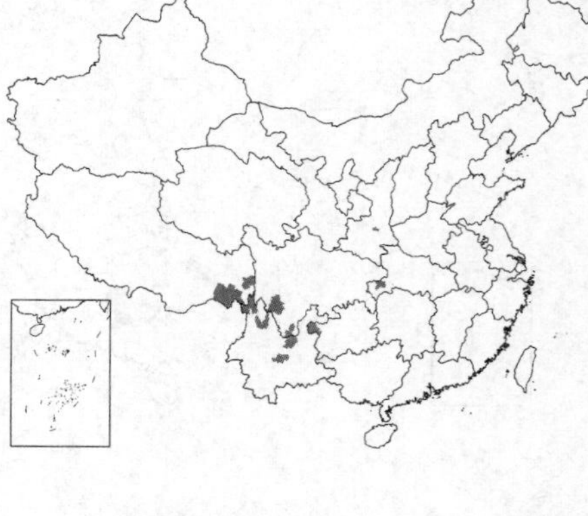

萼片三角形，和被丝托均密被灰白色绒毛；花瓣白色，近圆形，先端圆，基部楔形；雄蕊20，花丝长1.5-2毫米；子房被白色绒毛，花柱5，与雄蕊近等长。果扁球形，径5-6毫米，砖红色，萼片宿存。花期5-6月，果期10-12月。

产陕西近中部、湖北西南部、四川西南部、贵州西部、云南及西藏东南部，生于海拔1600-3000米山坡向阳灌丛中或路边。

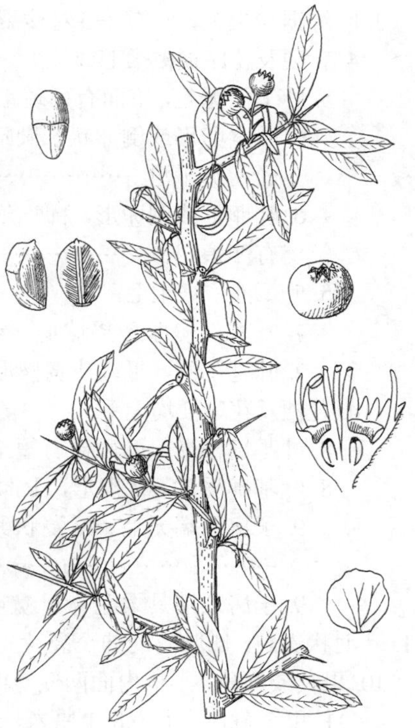

图 811 窄叶火棘 （孙英宝绘）

5. 澜沧火棘 图 812

Pyracantha inermis Vidal in Nat. Syst. 13(4): 301. 1948.

常绿灌木，高达1米。通常无刺，短枝密集，嫩枝顶端有锈色绒毛，老时无毛。叶密集于小枝顶端，叶长圆形或长圆状倒卵形，长3-4.5厘米，先端急尖，基部楔形下延，有圆钝锯齿，齿尖稍内弯，两面无毛，上面中脉微下陷；叶柄长4-6毫米，幼嫩时具柔毛，老时无毛。伞房花序，生于短枝顶端，密集，径2-3厘米。花梗粗，长1-3毫米，被锈色绒毛；花径0.8-1厘米；被丝托钟状，外面密被锈色绒毛，萼片三角形，先端渐尖，外面密被锈色绒毛；花瓣卵形，径4-5毫米，白色，有短爪，无毛；雄蕊20；花柱5，离生，与雄蕊等长或稍长，心皮5，子房顶端密生白色绒毛。果近球形，具5骨质小核。花期5月。

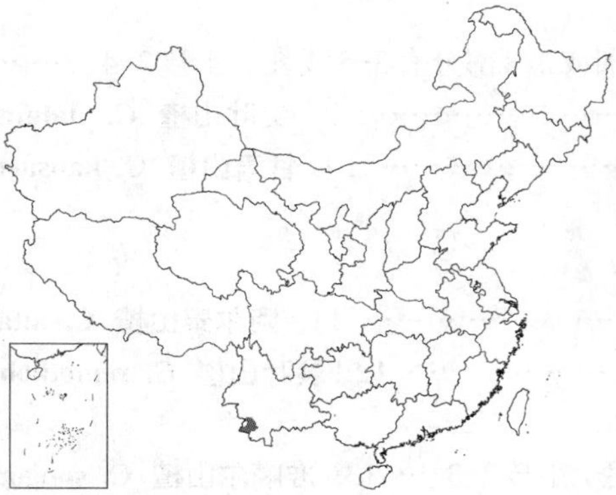

产云南西南部，生于海拔800米澜沧江两岸沙地。老挝有分布。

12. 山楂属 Crataegus Linn.

（谷粹芝）

落叶稀半常绿灌木或小乔木；常具刺。冬芽卵圆形或近圆形。单叶互生，有齿，深裂或浅裂，稀不裂，有叶柄与托叶。伞房花序或伞形花序，极稀单生。被丝托钟状，萼片5；花瓣5，白色，稀粉红色；雄蕊5-25；雌蕊1-5；大部与被丝托合生，仅先端和腹面分离；子房下位至半下位，每室2胚珠，常1枚发育。梨果顶端有宿存萼片；具5个骨质小核。广布于北半球，北美种类最多。

我国18种。

图 812 澜沧火棘 （吴彰桦绘）

1. 叶不裂或浅裂，侧脉伸至裂片先端，裂片分裂处无侧腺。
   2. 枝常无刺；叶卵状披针形或卵状椭圆形，有圆钝锯齿，通常不裂或不孕枝叶有3或5浅裂；花梗和花序梗无毛；果扁球形，黄色或带有红晕，径1.5-2厘米；小核5 ………………………… 2. **云南山楂 C. scabrifolia**
   2. 枝常有刺；叶常分裂。
      3. 叶缘锯齿圆钝，中部以上有2-4对浅裂，基部宽截形；花梗及花序梗无毛；果球形，暗红色，径2.5厘米，小核5 ……………………………………………………………………… 3. **湖北山楂 C. hupehensis**

3. 叶缘锯齿尖锐，常有3-5对浅裂片，稀仅先端3浅裂。
4. 花梗及花序梗被柔毛或绒毛。
5. 叶上面无毛，下面有稀疏柔毛。
6. 叶宽卵形或倒卵状长圆形，基部楔形，先端有缺刻状或3(-5)浅齿；果近球形或扁球形，小核4-5，内面两侧平滑 ………………………………………………………… 4. **野山楂 C. cunmata**
6. 叶卵形或倒卵形，稀三角状卵形，基部宽楔形或近圆，有3-7对裂片；果椭圆形，小核1-3，内外两面有凹痕 ………………………………………………………… 5. **华中山楂 C. wilsonii**
5. 叶下面密被柔毛。
7. 叶基部楔形；果球形，红色，小核3-5 ……………………………… 6. **毛山楂 C. maximowiczii**
7. 叶基部圆、平截或宽楔形；果近球形，桔红色，小核2-3 ……………… 7. **桔红山楂 C. aurantia**
4. 花梗及花序梗均无毛。
8. 叶基部楔形，两面微有短柔毛，果血红色，径约1厘米，小核3，稀5 ……… 8. **辽宁山楂 C. sanguinea**
8. 叶基部平截、宽楔形，上面无毛或近无毛。
9. 子房顶端无毛；叶菱状卵形，稀椭圆卵形或倒卵形，上半部或2/3部分有3-5浅裂；小核2-4 ………… ………………………………………………………… 9. **尖叶山楂 C. dahurica**
9. 子房顶端具柔毛；叶宽卵形，有5-7浅裂；小核2-3 ……………………… 10. **甘肃山楂 C. kansuensis**
1. 叶羽状深裂，侧脉有的伸至裂片先端，有的伸至裂片分裂处。
10. 果黄或红色，小核内面两侧有凹痕。
11. 果金黄色，径0.8-1厘米，小核4-5；叶无毛或微具柔毛 ……………… 11. **阿尔泰山楂 C. altaica**
11. 果红色，径4-8毫米，小核3-5；叶两面无毛 ……………………… 12. **裂叶山楂 C. remotilobata**
10. 果红或黑色，小核内面两侧平滑。
12. 叶基部楔形，稀宽楔形，有2-3对深裂片，两面近无毛；果黑色，小核2-3 … 13. **准噶尔山楂 C. songorica**
12. 叶基部平截或宽楔形，有3-5对深裂片，中脉或侧脉有短柔毛；果球形，红色，小核3-5。
13. 果径1-1.5厘米，深红色；叶较小，分裂深 ………………………………… 1. **山楂 C. pinnatifida**
13. 果径达2.5厘米，深亮红色；叶较大，分裂较浅 ………… 1(附). **山里红 C. pinnatifida** var. **major**

1. 山楂 图 813 彩片 123

Crataegus pinnatifida Bunge in Mém. Div. Sav. Acad. Sci. St. Pétersb. 2: 100. 1835.

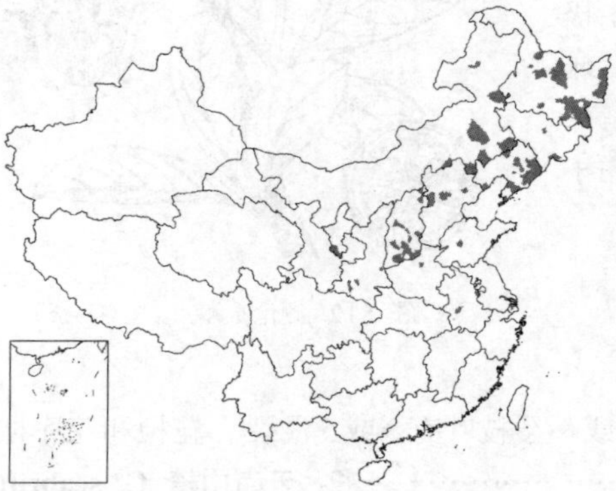

落叶乔木，高达6米；刺长约1-2厘米，有时无刺。叶宽卵形或三角状卵形，稀菱状卵形，长5-10厘米，先端短渐尖，基部截形至宽楔形，有3-5对羽状深裂片，裂片卵状披针形或带形，先端短渐尖，疏生不规则重锯齿，下面沿叶脉疏生短柔毛或在脉腋有髯毛，侧脉6-10对，有的直达裂片先端，有的达到裂片分裂处；叶柄长2-6厘米，托叶草质，镰形，边缘有锯齿。伞形花序具多花，径4-6厘米；花梗和花序梗均被柔毛，花后脱落。花梗长4-7毫米；苞片线状披针形；花

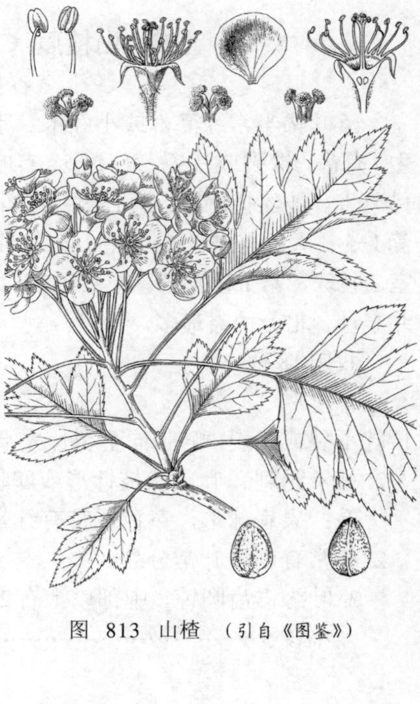

图 813 山楂 （引自《图鉴》）

径约1.5厘米；萼片三角状卵形或披针形，被毛；花瓣白色，倒卵形或近圆形；雄蕊20；花柱3-5，基部被柔毛。果近球形或梨形，深红色，小核3-5。花期5-6月，果期9-10月。

产黑龙江、吉林、辽宁、内蒙古东部、宁夏南部、陕西、山西、河北、河南、山东、江苏及安徽西南部，生于海拔100-1500米山坡林缘或灌丛中。

［附］**山里红** 彩片 124 **Crataegus pinnatifida** var. **major** N. E. Br. in Gard. Chron. n. ser. 26: 621. f. 121. 1886. 本变种与模式变种的区别：果较大，径达2.5厘米，果深亮红色；叶较大，分裂较浅；植株生长茂盛。为河北山区重要果树；果供鲜食，加工或作糖葫芦用。一般用山楂为砧木嫁接繁殖。

2. 云南山楂 图 814

Crataegus scabrifolia (Franch.) Rehd. in Journ. Arn. Arb. 12: 71. 1931.

Pyrus scabrifolia Franch. P1. Dalav. 229. 1889.

落叶乔木，高达10米。枝条开展，常无刺；小枝无毛或近无毛。冬芽三角状卵圆形，叶卵状披针形或卵状椭圆形，稀菱状卵形，长4-8厘米，先端尖，基部楔形，疏生不整齐圆钝重锯齿，常不裂或不孕枝上少数先端有不规则3-5浅裂，幼时上面微被柔毛，老时毛少，下面中脉和侧脉有长柔毛或近无毛；叶柄长1.5-4厘米，无毛，托叶线状披针形，长约8毫米，有腺齿。伞房花序或复伞房花序，径4-5厘米，花序梗和花梗均无毛。花梗长0.5-1厘米，花径约1.5厘米；被丝托钟状，无毛，萼片三角状卵形或三角状披针形，外面无毛，约与被丝托等长；花瓣白色，近圆形或倒卵形；雄蕊20；花柱3-5，子房顶端被灰白色柔毛。果扁球形，径1.5-2厘米，有疏褐色斑点，萼片宿存；小核5。花期4-6月，果期8-10月。

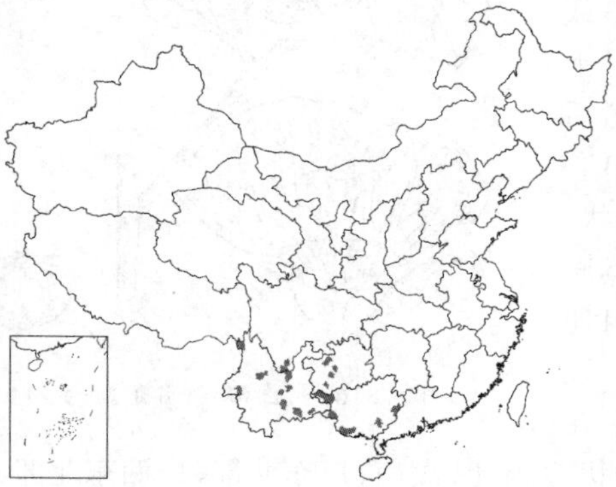

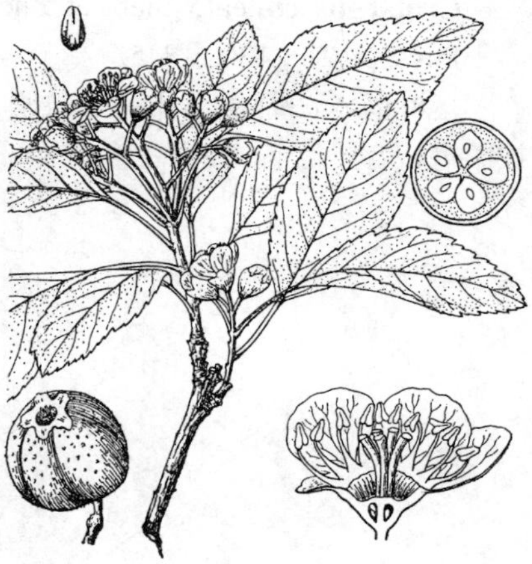

图 814 云南山楂 （吴彰桦绘）

产云南、四川南部、贵州及广西，生于海拔1500-3000米松林林缘、灌丛中或溪岸林中。

3. 湖北山楂 图 815

Crataegus hupehensis Sarg. P1. Wilson. 1: 178. 1912.

乔木或灌木，高达5米。枝条开展，枝少，常无刺；小枝紫褐色，无毛。冬芽三角状卵圆形或卵圆形，紫褐色，无毛。叶卵形至卵状长圆形，长4-9厘米，先端短渐尖，基部宽楔形或近圆形，有圆钝锯齿，中上部有2-4对浅裂片，裂片卵形，先端短渐尖，无毛或下面脉腋有髯毛；叶柄长3.5-5厘米，无毛，托叶草质，披针形或镰刀状，有腺齿，早落。伞房花序径3-4厘米，有多花，花梗长4-5毫米，和花序梗均无毛；苞片

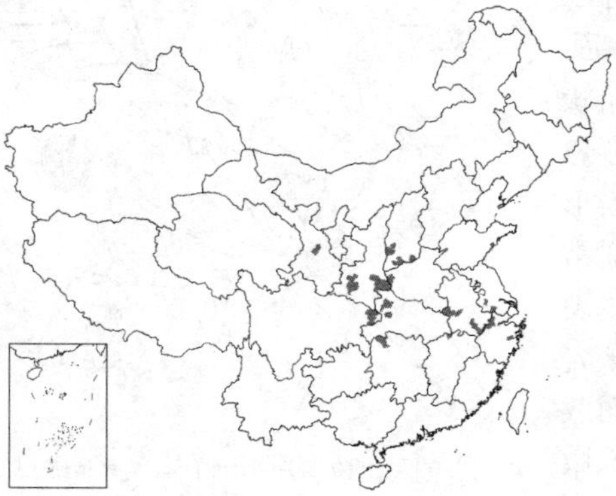

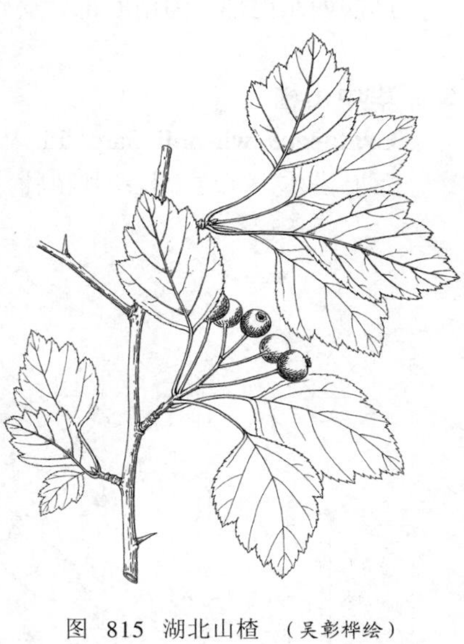

图 815 湖北山楂 （吴彰桦绘）

膜质，线状披针形。花径约1厘米；被丝托钟状，外面无毛，萼片三角形，先端尾状渐尖，全缘，内外两面均无毛；花瓣白色，卵形；雄蕊20，比花瓣稍短，花药紫色；花柱5，基部被白色绒毛，柱头头状。果近球形，径约2.5厘米，深红色，有斑点，宿存萼片反折；小核5。花期5-6月，果期8-9月。

产江苏东南部、安徽、浙江东北部、江西北部、湖北西部、湖南西北部、四川东部、甘肃中南部、陕西南部、山西南部及河南西部，生于海拔500-2000米山坡灌丛中。果可食，或作山楂糕及酿酒。

4. 野山楂 图 816

Crataegus cuneata Sieb. et Zucc. in Abh. Akad. Wiss. Wien, Math.-Phys. 4(2): 130. 1845.

落叶灌木，高达1.5米；分枝密，常具细刺，刺长5-8毫米。小枝幼时被柔毛，老枝无毛。冬芽三角状卵圆形，无毛。叶宽倒卵形至倒卵状长圆形，长2-6厘米，先端急尖，基部楔形，下延叶柄，有不规则重锯齿，先端常有3或稀5-7浅裂，上面无毛，下面疏被柔毛，沿叶脉较密，后脱落；叶柄两侧有翼，长0.4-1.5厘米，托叶草质，镰刀状，有齿。伞房花序径2-2.5厘米，具5-7花，花梗长约1厘米，和花序梗均被柔毛；苞片披针形，条裂或有锯齿。花径约1.5厘米；被丝托钟状，外面被长柔毛，萼片三角形，全缘或有齿，被柔毛；花瓣白色，近圆形或倒卵形，基部有短爪；雄蕊20，花药红色；花柱4-5，基部被绒毛。果近球形或扁球形，径1-1.2厘米，红或黄色，常有宿存反折萼片或1苞片；小核4-5，两侧平滑。花期5-6月，果期9-11月。

图 816 野山楂 （引自《图鉴》）

产陕西东南部、河南西部、安徽南部、江苏、浙江、福建、江西、湖北、湖南、广东北部、广西东北部、贵州及云南，生于海拔250-2000米山谷、多石湿地或灌丛中。日本有分布。果可食，酿酒或制果酱；药用，可健胃，助消化；嫩叶可代茶；茎叶煮液可洗漆疮。

5. 华中山楂 图 817

Crataegus wilsonii Sarg. Pl. Wilson. 1: 180. 1912.

落叶灌木，高达7米；刺粗壮，长1-2.5厘米。当年生枝被白色绒毛，老枝无毛或近无毛。冬芽三角状卵圆形，紫褐色，无毛。叶卵形或倒卵形，稀三角状卵形，长4-6.5厘米，先端急尖或圆钝，基部圆形、楔形或心形，有尖锐锯齿，通常在中部以上有3-5对浅裂片，裂片近圆形或卵形，先端急尖或圆钝，幼时上面散生柔毛，下面中脉或沿脉微

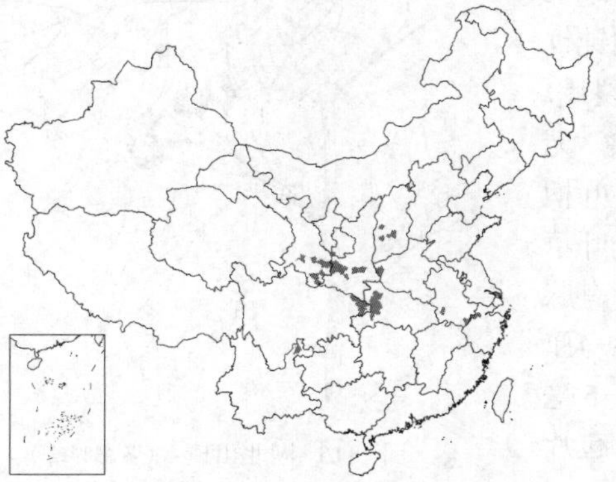

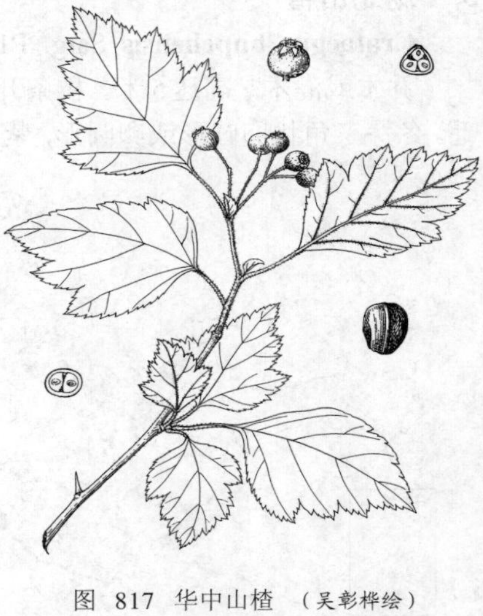

图 817 华中山楂 （吴彰桦绘）

被柔毛；叶柄长2-2.5厘米，幼时被白色柔毛，托叶披针形、镰刀形或卵形，有腺齿，早落。伞房花序具多花，径3-4厘米。花梗长4-7毫米，和花序梗均被白色绒毛；苞片披针形。花径1-1.5厘米；被丝托钟状，外面常被白色柔毛或无毛，萼片卵形或三角卵形，外面被柔毛；花瓣白色，近圆形；雄蕊20，花药玫瑰紫色；花柱2-3，稀1，基部有白色绒毛。果椭圆形，径6-7毫米，红色，萼片宿存反折；小核1-3，两侧有深凹痕。花期5月，果期8-9月。

产云南东北部、四川东部、甘肃南部、陕西南部、山西、湖北西部、河南西部、安徽南部及浙江西部，生于海拔1000-2500米山坡阴处密林中。

6. 毛山楂 图 818

Crataegus maximowiczii Schneid. Ill. Handb. Laubh. 1: 771. f. 437a-b. 438a-c. 1906.

灌木或小乔木，高达7米；无刺或有刺。小枝幼时密被灰白色柔毛，后脱落无毛，疏生长圆形皮孔。冬芽卵圆形，无毛。叶宽卵形或菱状卵形，长4-6厘米，先端急尖，基部楔形，有3-5对浅裂和疏生重锯齿，上面疏被短柔毛，下面密被灰白色长柔毛，沿脉较密；叶柄长1-2.5厘米，疏被柔毛，托叶膜质，半圆形或卵状披针形，有深锯齿，早落。复伞房花序，多花，径4-5厘米；花梗长3-8毫米，和花序梗均被灰白色柔毛；苞片线状披针形。花径约1.2厘米；萼片三角卵形或三角披针形，和被丝托外面被灰白色柔毛；花瓣白色，近圆形；雄蕊20；花柱(2)3-5，基部被柔毛。果球形，径约8毫米，红色，幼时被柔毛，后脱落无毛；宿存萼片反折；小核3-5，两侧有凹痕。花期5-6月，果期8-9月。

图 818 毛山楂 （敖纫兰绘）

产黑龙江、吉林东南部、辽宁西北部、内蒙古东部、河北东北部、山西、河南西部、陕西及宁夏南部，生于海拔200-1000米林中、林缘、河岸、沟边及路边。俄罗斯西伯利亚东部至萨哈林岛(库页岛)、朝鲜及日本有分布。木材可作家具、文具；果可食。

7. 桔红山楂 图 819

Crataegus aurantia Pojark. in Not. Syst. Herb. Inst. Bot. Kom. Acad. Sci. URSS. 13: 82. f. 3. 1950.

落叶灌木至小乔木，高达5米；无刺或有刺，刺长1-2厘米。小枝深褐色，幼时被柔毛，老时灰褐色。叶宽卵形，长4-7厘米，先端急尖，基部圆、平截或宽楔形，有2-3对浅裂片，裂片卵圆形，具不整齐尖锯齿，上面疏生短柔毛，下面被柔毛，沿脉较密；叶柄长1.5-2厘米，密被柔毛。复伞房花序有多花，径3-4厘米。花梗长5-8毫米，和花

图 819 桔红山楂 （陶新钧绘）

序梗密被柔毛；花径约1厘米；被丝托钟状，外被柔毛，萼片宽三角形，全缘或先端有齿，花后反折；花瓣白色，近圆形；雄蕊18-20，约与花瓣等长；花柱2-3，稀4，基部被柔毛。果幼时长圆卵圆形，成熟时近球形，径约1厘米，桔红色；小核2-3，核背面隆起，腹面有凹痕。花期5-6月，果期8-9月。

产河北西部、山西南部、陕西南部及甘肃东南部，生于海拔1000-1800米山坡林中。

8. 辽宁山楂 图 820

Crataegus sanguinea Pall. Fl. Ross. 1(1): 25. 1784.

落叶灌木，稀小乔木，高达4米；刺短粗，长约1厘米，亦常无刺。幼枝散生柔毛。冬芽三角状卵圆形，无毛。叶宽卵形或菱状卵形，长5-6厘米，先端尖，基部楔形，常有3-5对浅裂片和重锯齿，裂片宽卵形，两面疏被柔毛，上面较密，下面脉上毛多；叶柄长1.5-2厘米，近无毛，托叶草质，镰刀形或不规则心形，边有粗齿，无毛。伞房花序有多花，密集，径2-3厘米。花序梗和花梗均无毛或近无毛；苞片线形，早落。花梗长5-6毫米；花径约8毫米；被丝托钟状，外面无毛，萼片三角形，长约4毫米，全缘，稀有1-2对锯齿，无毛或内面先端微具柔毛；花瓣白色，长圆形；雄蕊20；花柱3(-5)，柱头半球形，子房顶端被柔毛。果近球形，径约1厘米，血红色，宿存萼片反折；小核3，稀5，两侧有凹痕。花期5-6月，果期7-8月。

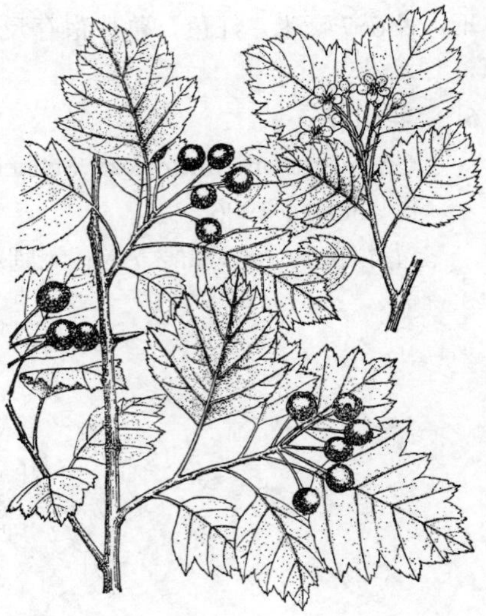

图 820 辽宁山楂 (陶新钧绘)

产黑龙江、吉林东北部、辽宁北部、内蒙古、河北、山西及新疆北部，生于海拔900-2100米山坡或沟旁林中。俄罗斯西伯利亚及蒙古北部有分布。常栽培作绿篱。

9. 光叶山楂 图 821

Crataegus dahurica Koehne ex Schneid. Ill. Handb. Laubh. 1: 773. f. 437n-o. 438g-i. 1906.

落叶灌木或小乔木，高达6米；刺细长，长1-2.5厘米，有时无刺。小枝无毛。冬芽近圆形或三角状卵圆形。叶菱状卵形，稀椭圆状卵形至倒卵形，长3-5厘米，先端渐尖，基部下延，呈楔形或宽楔形，有细锐重锯齿，基部常近全缘，上半部或2/3部有3-5对浅裂片，裂片卵形，无毛；叶柄长0.7-1厘米，无毛，托叶草质，披针形或卵状披针形，有锯齿，无毛。复伞房花序有多花，径3-5厘米。花序梗和花梗均无毛。花梗长0.8-1厘米；花径约1厘米；被丝托外面无毛，萼片线状披针形，全缘或有1-2对锯齿，无毛；花瓣白色，近圆形或倒卵形，长4-5毫米；雄蕊20；花柱2-4，基部无毛，柱头头状。果

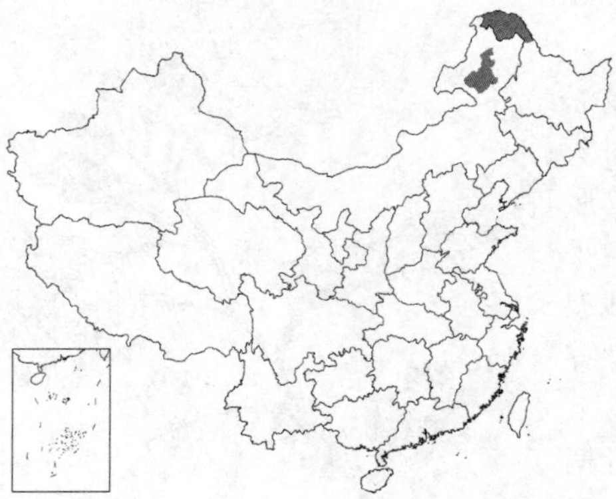

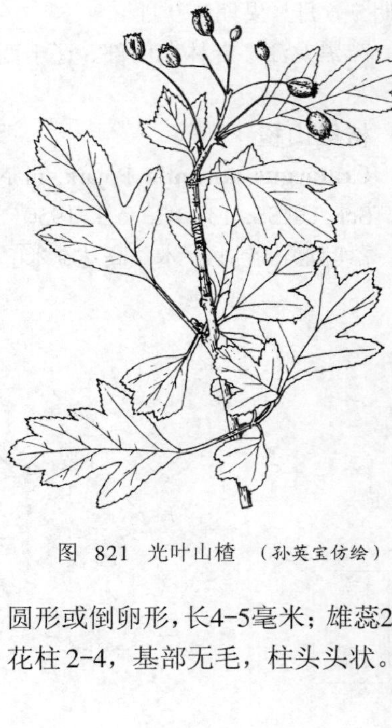

图 821 光叶山楂 (孙英宝仿绘)

近球形或长圆形，径6-8毫米，桔红或桔黄色；宿存萼片反折；小核2-4，两面有凹痕。花期5月，果期8月。

产黑龙江北部及内蒙古东北部，生于海拔500-1000米河岸林间草地或砂丘坡上。俄罗斯西伯利亚及蒙古北部有分布。

10. 甘肃山楂 图 822

Crataegus kansuensis Wils. in Journ. Arn. Arb. 9: 58. 1928.

灌木或小乔木，高达8米。枝刺多，刺长0.7-1.5厘米。小枝细，无毛。冬芽近圆形，无毛。叶宽卵形，长4-6厘米，先端尖，基部平截或宽楔形，有尖锐重锯齿和5-7对不规则羽状浅裂片，裂片三角卵形，上面疏被柔毛，下面沿中脉及脉腋有髯毛，老时近无毛；叶柄细，长1.8-2.5厘米，无毛，托叶膜质，卵状披针形，早落。伞房花序具8-18花，径3-4厘米，花序梗和花梗均无毛；苞片和小苞片膜质，披针形。花梗长5-6毫米；花径0.8-1厘米；被丝托钟状，外面无毛，萼片三角状卵形，长2-3毫米，全缘，无毛；花瓣近圆形，白色；雄蕊15-20；花柱2-3，柱头头状，子房顶端被绒毛。果近球形，径0.8-1厘米，红或桔黄色，萼片宿存；小核2-3，内外两面有凹痕；果柄长1.5-2厘米。花期5月，果期7-9月。

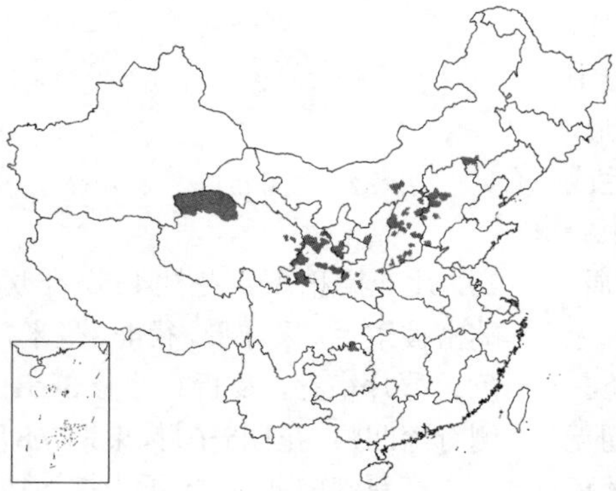

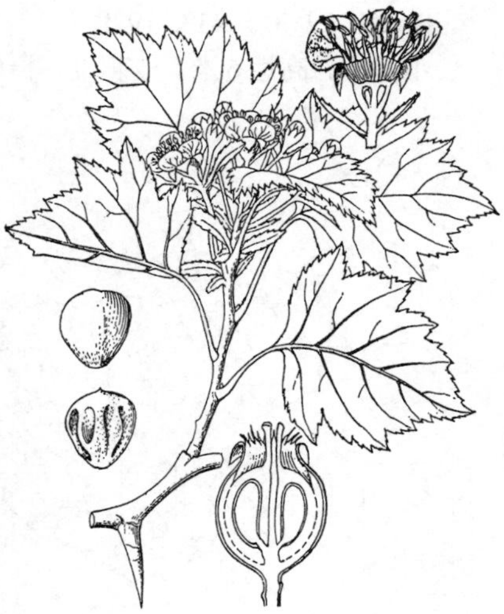

图 822 甘肃山楂 （王利生绘）

产内蒙古、河北、山西、陕西、宁夏、甘肃、青海、四川及贵州东北部，生于海拔1000-3000米林中、山坡阴处或沟旁。

11. 阿尔泰山楂 图 823 彩片 125

Crataegus altaica (Loud.) Lange, Rev. Sp. Gen. Crataeg. 42. 1897, excl. var. villosa.

Crataegus purpurea γ *altaica* Loud. Arb. Brit. 2: 825. 1838.

乔木，高达6米；常无刺，稀有刺。小枝无毛。冬芽近圆形，无毛。叶宽卵形或三角状卵形，长5-9厘米，先端急尖，稀圆钝，基部平截或宽楔形，稀近心形，常有2-4对裂片，基部1对分裂较深，裂片卵形或宽卵形，有不规则尖锐疏锯齿，上面疏被柔毛，下面脉腋有髯毛；叶柄长2.5-4厘米，无毛，托叶大，镰刀形或心形，有腺齿。复伞房花序多花密集，径3-4厘米；花序梗和花梗均毛，苞片披针形，有腺齿。花梗长5-7毫米；花径1.2-1.5厘米；被丝托外面无毛，萼片三角状卵形或三角状披针形，全缘，无毛；花瓣白色，近圆形；雄蕊20，花柱4-5，柱头头状；子房上部有疏柔毛。果球形，径0.8-1厘米，金黄色，果肉粉质；宿存花柱反折，小核4-5，内面两侧有凹痕。花期5-6月，果期8-9月。

图 823 阿尔泰山楂 （王利生绘）

产新疆北部，生于海拔450-1900米山坡、林下或沟旁。俄罗斯伏尔加河下游、西伯利亚有分布。常栽培。

12. 裂叶山楂 图 824

Crataegus remotilobata H. Raik. ex Popov. in Bull. Appl. Bot. & Pl. Breed. 22(3)：438. 1929.

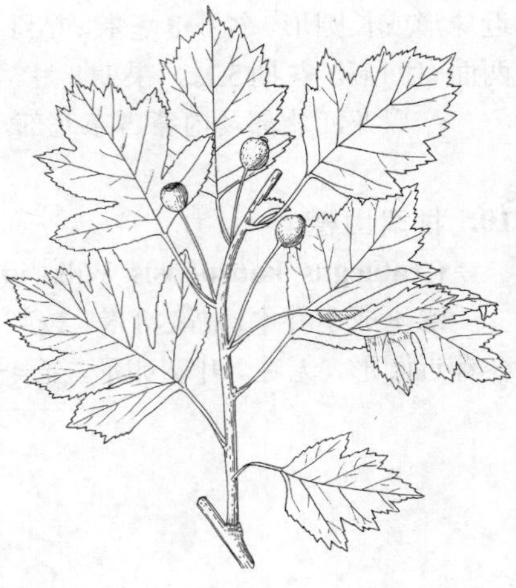

图 824 裂叶山楂 （孙英宝绘）

小乔木，高达6米。枝刺细，长0.6-2.5厘米；小枝无毛或幼时微被白粉。冬芽卵圆形，无毛。叶宽卵形，长4-6厘米，先端急尖或短渐尖，基部楔形或宽楔形，通常具2-4对裂片，基部1对分裂较深，接近中脉，裂片卵形或卵状披针形，具较稀疏锐齿，两面无毛或仅脉腋具柔毛；叶柄长1.5-2.5厘米，无毛，托叶草质，镰刀形或心形，有粗腺齿，无毛。伞房花序具多花，径6-7厘米；花序梗和花梗均无毛，稍被白粉。花梗长5-6毫米；苞片膜质，线形，长约8毫米，具稀疏腺齿；花径1.2厘米；被丝托钟状，外面无毛，被白粉，萼片三角状卵形，长2-3毫米，比被丝托短约一半，两面无毛；花瓣宽倒卵形，白色；雄蕊20，比花瓣稍短；花柱4-5，子房顶端密被柔毛。果球形，径4-8毫米，红色；萼片宿存，反折；小核3-5，两侧有深凹痕。花期5-6月，果期7-8月。

产新疆中北部，生于山坡沟边或路旁。俄罗斯及中亚有分布。

13. 准噶尔山楂 图 825

Crataegus songorica K. Koch Verh. Ver. Gartenb. Preuss. Staat n. ser. 1：67. 1853.

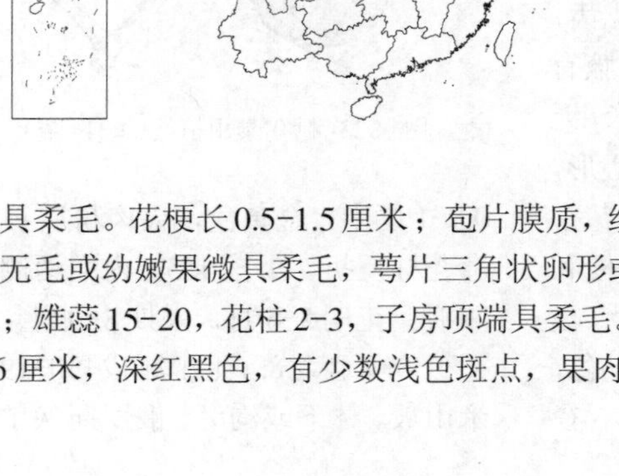

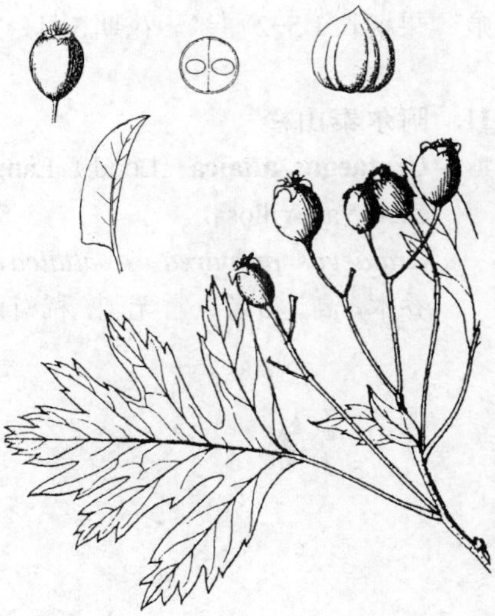

图 825 准噶尔山楂 （李志民绘）

小乔木或灌木，高达5米；刺粗壮，锥形，直立，长0.8-1.5厘米。幼枝散生柔毛，旋脱落。冬芽卵形，无毛。叶菱状卵形或宽卵形，长3.5-6.5厘米，先端急尖，基部楔形，稀宽楔形，通常具2-3对深裂片，或先端分裂较浅，裂片长圆形，有稀疏锯齿，两面幼时具柔毛，老时近无毛；叶柄长2-2.5厘米，无毛或微有柔毛，托叶镰刀形或披针形，长约8毫米。伞房花序具多花，花序梗和花梗均无毛或幼嫩时微具柔毛。花梗长0.5-1.5厘米；苞片膜质，线形，早落；被丝托钟状，外面无毛或幼嫩果微具柔毛，萼片三角状卵形或宽披针形，长约3毫米，无毛；雄蕊15-20，花柱2-3，子房顶端具柔毛。果球形，稀椭圆形，径1.2-1.6厘米，深红黑色，有少数浅色斑点，果肉黄色，多汁；萼片宿存，反折；小核2-3，两侧平滑。花期5月，果期7月。

产新疆西北部，生于海拔500-2000米河谷或峡谷灌丛中。俄罗斯、伊朗、阿富汗有分布。

13. 小石积属 Osteomeles Lindl.

（谷粹芝）

落叶或常绿灌木。冬芽小。卵形，有数枚鳞片。奇数羽状复叶，互生；小叶全缘，对生，近无柄；叶轴有窄翼，托叶早落。顶生伞房花序，具多花；苞片早落。被丝托钟状，具5裂片；花瓣5，白色；雄蕊15-20；花柱5，离生，子房下位，5室，每室1胚珠。梨果，小形，果肉坚硬，萼片宿存，具5骨质小核。种子直立，子叶平凸。

约5种，分布亚洲东部及太平洋岛屿。我国3种。栽培供观赏，适宜作绿篱和岩石园植物。

1. 小叶7-15对，椭圆形、椭圆状长圆形或倒卵状长圆形，长0.5-1厘米，先端急尖或突尖；被丝托及萼片微被柔毛或近无毛，花柱基部有毛 ……………………………………………………………… **华西小石积 O. schwerianae**

1. 小叶5-8(-15)对，近圆形，稀倒卵状长圆形，长4-6毫米，先端圆钝或有短尖头；被丝托及萼片被柔毛，花柱基部无毛 ………………………………………………………………………… （附）. **圆叶小石积 O. subrotunda**

华西小石积 图 826

Osteomeles schwerinae Schneid. Ill. Handb. Laubh. 1: 763. f. 430m. 431o-r. 1906.

落叶或半常绿灌木，高达3米。小枝细，幼时密被灰白色柔毛。冬芽小，扁三角状卵圆形。奇数羽状复叶，具小叶7-15对，连叶柄长2-4.5厘米；小叶椭圆形、椭圆状长圆形或倒卵状长圆形，长0.5-1厘米，先端尖或窄尖，基部宽楔形或近圆，全缘，两面疏生柔毛，下面较密；小叶柄极短或近无柄，和总叶柄被柔毛，托叶披针形，被柔毛。伞房花序有3-5花，径2-3厘米；花序梗和花梗均密被灰白色柔毛；苞片早落。花梗长3-8毫米；花径约1厘米；被丝托钟状，近无毛或散生柔毛，萼片卵状披针形，全缘，外面微被柔毛；花瓣白色，长圆形，长5-7毫米；雄蕊20；花柱5，基部被长柔毛，柱头头状。果卵圆形或近球形，径6-8毫米，成熟时蓝黑色，宿存萼片反折；小核5，骨质，椭圆形，具3棱。花期4-5月，果期7月。

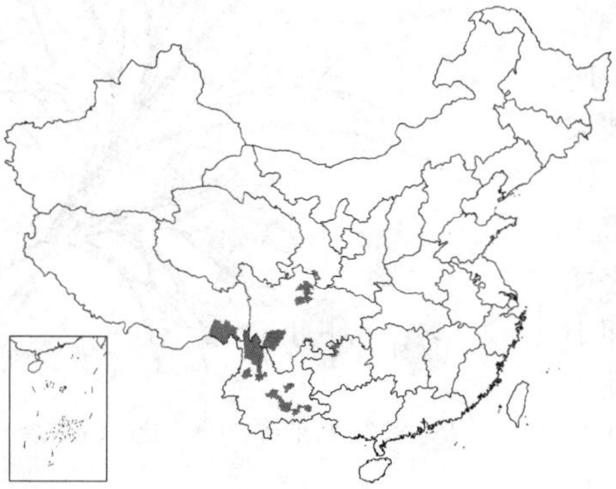

产甘肃南部、四川、贵州北部、云南及西藏东南部，生于海拔1500-3000米山坡灌丛中、田边路旁或向阳干旱地。

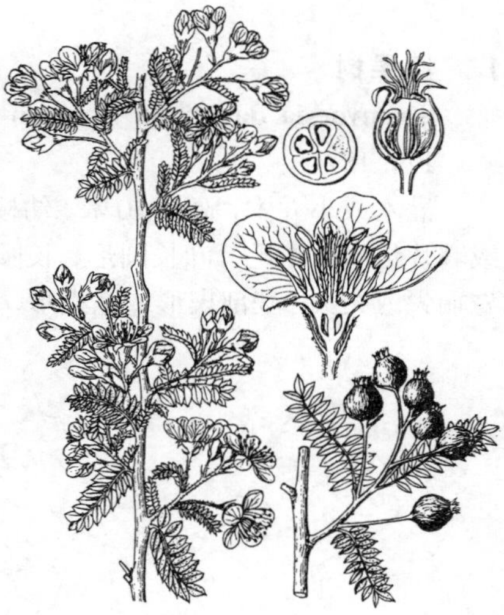

图 826 华西小石积 （引自《图鉴》）

［附］**圆叶小石积 Osteomeles subrotunda** K. Koch in Ann. Mus. Bot. Lugd.-Bat. 1: 250. 1864. 本种与华西小石积的区别：小叶5-8(-15)对，近圆形或倒卵状长圆形，长4-6毫米，先端圆钝或有短尖头；被丝托及萼片被柔毛；子房基部无毛。产广东北部(仁化)，生于海拔200-500米山区林中。日本琉球和小笠原群岛。及菲律宾群岛有分布。

14. 红果树属 Stranvaesia Lindl.

（谷粹芝）

常绿乔木或小灌木。冬芽小。卵圆形，有少数鳞片。单叶，互生，革质，全缘或有锯齿；有叶柄和托叶。顶生伞房花序；苞片早落。被丝托钟状，萼片5；花瓣5，白色，基部有短爪；雄蕊20；花柱5，大部连合，顶部离生；子房半下位，5室，每室2胚珠。梨果小，成熟后心皮与被丝托分离，沿心皮背部开裂；萼片宿存。种子长椭圆形，种皮软骨质，子叶扁平。

约5种，分布我国及印度、缅甸北部山区。我国约4种。

1. 复伞房花序，密具多花。
  2. 叶全缘；花梗、花序梗及被丝托外面被柔毛。
    3. 叶长圆形、长圆披针形或倒披针形，稀椭圆状长圆形；果桔红色；叶柄长1.2-2厘米。
      4. 叶长圆形、长圆披针形或倒披针形，长5-12厘米，宽2-4.5厘米，边无波状起伏 ………………………… 1. **红果树 S. davidiana**
      4. 叶椭圆状长圆形或长圆状披针形，长3-8厘米，宽1-2.5厘米，边有波状起伏 ………………………… 1(附). **波叶红果树 S. davidiana** var. **undulata**
    3. 叶窄披针形，长6-11厘米，宽1.6-2.8厘米；果亮红色 … 1(附). **柳叶红果树 S. davidiana** var. **salicifolia**
  2. 叶具齿；花梗、花序梗及被丝托外面无毛；叶柄长1.5-4厘米 ………………… 2. **滇南红果树 S. oblanceolata**
1. 伞房花序或近伞形花序，具3-9花；果红黄色；叶柄长不及1厘米。
  5. 伞房花序；花梗、被丝托和萼片外面密被黄色绒毛；果被柔毛 ………………… 3. **毛萼红果树 S. amphidoxa**
  5. 近伞形花序；花梗、被丝托、萼片外面及果均无毛 … 3(附). **无毛毛萼红果树 S. amphidoxa** var. **amphileia**

1. 红果树 图 827

Stranvaesia davidiana Dcne. in Nouv. Arch. Mus. Hist. Nat. Paris 10: 179. 1874.

灌木或小乔木，高达10米。幼枝密被长柔毛。冬芽长卵圆形，近无毛或鳞片边缘有柔毛。叶长圆形、长圆状披针形或倒披针形，长5-12厘米，先端尖或突尖，基部楔形或宽楔形，全缘，上面中脉下陷，被灰褐色柔毛，下面疏被柔毛，侧脉8-16对；叶柄长1.2-2厘米，被柔毛，渐脱落，托叶膜质，钻形，早落。复伞房花序密集多花，径5-9厘米；花序梗和花梗均被柔毛；苞片和小苞片均卵状披针形，早落；花梗长2-4毫米；花径0.5-1厘米；萼片三角状卵形，长不及被丝托1/2，和被丝托均疏被柔毛；花瓣白色，近圆形，基部具短爪；雄蕊20，花药紫红色；花柱5，大部合生，柱头头状，子房顶端被柔毛。梨果近球形，成熟时桔红色，径7-8毫米；宿存萼片直立。种子长椭圆形。花期5-6月，果期9-10月。

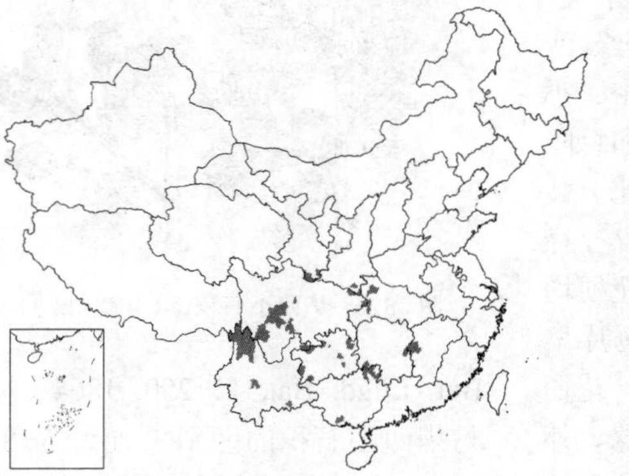

产江西、湖北西部、湖南、广西、贵州、云南、四川、陕西南部及甘肃南部，生于海拔1000-3000米山坡、路旁及灌丛中。越南北部有分布。

［附］**波叶红果树 Stranvaesia davidiana** var. **undulata** (Dcne.) Rehd. et Wils. in Satg. Pl. Wilson. 1: 192. 1912. —— *Stranvaesia undulata* Dcne. in Nouv. Arch. Mus. Hist. Nat. Paris 10: 179. 1874. 本变种与模式变种的区别：叶椭圆状长圆形或长圆状披针形，边缘波状起伏，长3-8厘米，宽1.5-2.5厘米；果桔红色。产浙江、江西、湖北、湖南、广西、贵州、云南、四川及陕西，生于海拔900-3000米山坡、灌丛中、河谷或山沟潮湿地区。

图 827 红果树 （朱士珍 吴彰桦绘）

［附］**柳叶红果树 Stranvaesia davidiana** var. **salioifolia** (Hutch.) Rehd. in Journ. Arn. Arb. 7: 29. 1920. —— *Stranvaesia salioifolia* Hutch. in Curtis's Bot. Mag. 146: t. 8862. 1920. 本变种与模式变种的区别：叶窄披针形，长6-11厘米，宽1.6-2.8厘米；果亮红色，径约8毫米。产云南、四川及台湾。

2. 滇南红果树 图 828

Stranvaesia oblanceolata (Rehd. et Wils.) Stapf in Curtis's Bot. Mag. 149: sub. t. 9008. 1924.

Stranvaesia nussia var. *oblan-*

ceolata Rehd et Wils. in Sarg. P1. Wilson. 1: 193. 1912.

灌木。高达9米。小枝无毛。冬芽长卵圆形，紫褐色，无毛。叶革质，有光泽，倒披针形或倒卵状长圆形，长8-13厘米，先端急尖，基部楔形，稀近圆形，有不显明圆钝浅锯齿，两面无毛，上面中脉稍下陷；叶柄长1.5-4厘米，无毛。复伞房花序，径5-10厘米，密具多花。花梗长3-5毫米，花序梗和花梗均无毛；苞片早落。花径约1厘米；被丝托钟状，外面无毛；萼片三角卵形，长约2毫米，比被丝托约短2/3，全缘，无毛；花瓣近圆形，白色；雄蕊20；花柱5，大部分合生成束，柱头头状，子房被柔毛，基部与花托连合。果卵形，径6-8毫米；萼片宿存，直立。花期4月，果期6月。

产云南、广西西北部及四川中南部，生于海拔1400-2000米山坡或山谷常绿混交林中。泰国、缅甸及老挝有分布。

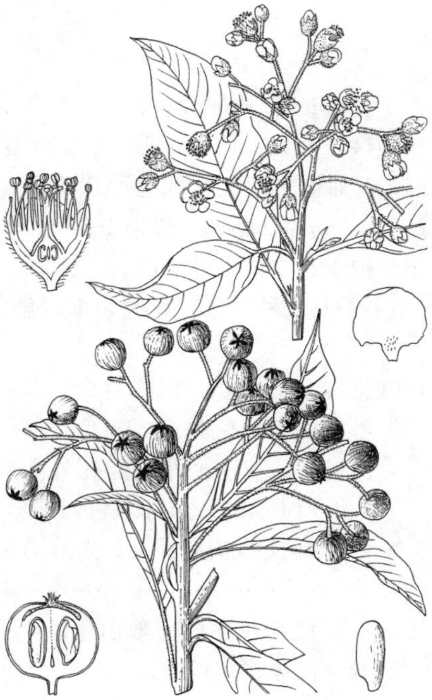

图 828 滇南红果树 （孙英宝仿绘）

3. 毛萼红果树 图 829

Stranvaesia amphidoxa Schneid. in Bull. Herb. Boiss. sér. 2, 6: 319. 1906.

灌木或小乔木，高达4米。幼枝被黄褐色柔毛。冬芽卵圆形，鳞片边缘有柔毛。叶椭圆形、长圆形或长圆状倒卵形，长4-10厘米，先端渐尖或尾状渐尖，基部楔形或宽楔形，稀近圆，有具短芒的细锐锯齿，上面无毛或近无毛，下面沿中脉具柔毛，侧脉6-8对；叶柄长2-4厘米，有柔毛，托叶小，早落。顶生伞房花序具3-9花，径2.5-4厘米；花序梗和花梗均密被褐黄色柔毛；苞片和小苞片膜质，早落；花梗长0.4-1厘米；花径约8毫米；萼片三角状卵形，和被丝托外面均密被黄色绒毛；花瓣白色，近圆形，基部具短爪；雄蕊20；花柱5，大部合生，被黄白色绒毛，柱头头状。梨果卵圆形，红黄色，径1-1.4厘米，微有柔毛，有浅色斑点；萼片宿存直立或内弯，被柔毛。花期5-6月，果期9-10月。

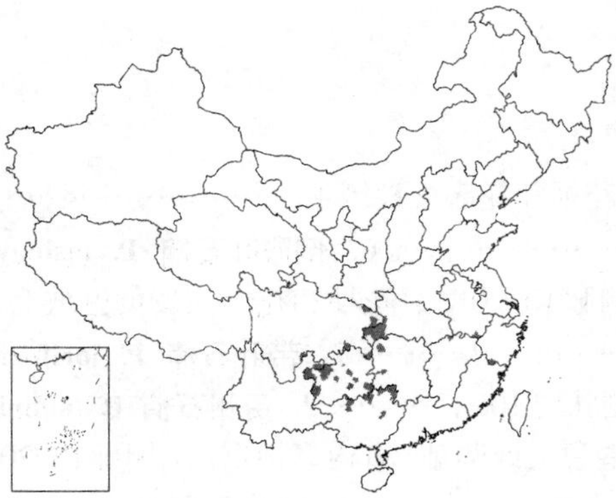

产安徽南部、浙江南部、江西北部、湖北西南部、湖南、广西、云南东北部、贵州及四川，生于海拔500-1500米山坡，路旁或灌丛中。

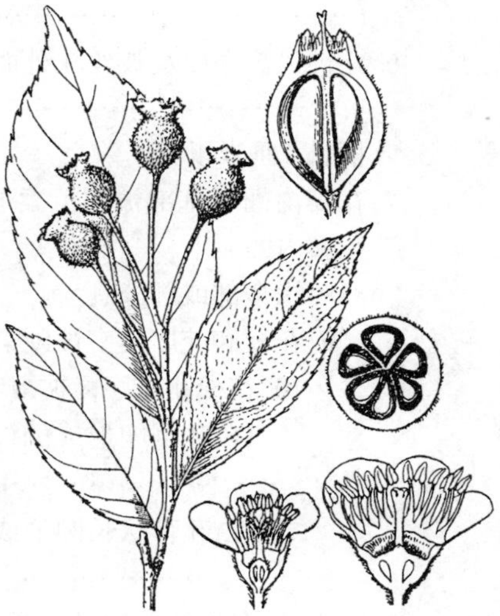

图 829 毛萼红果树 （吴彰桦绘）

［附］**无毛毛萼红果树 Stranvaesia amphidoxa** var. **amphileia**（Hand.-Mazz.）Yu et Ku, Fl. Republ. Popol. Sin. 36: 214. 1974. —— *Photinia amphidaxa* var. *amphileia* Hand.-Mazz. Symb. Sin. 7: 481. 1933. 本变种与模式变种的区别：花序近伞形；花梗、花萼及果均无毛。产湖南、广西及贵州，生于海拔1600米山谷密林中。

15. 石楠属 Photinia Lindl.

（谷粹芝）

落叶或常绿乔木或灌木。冬芽小，具覆瓦状鳞片。叶互生，草质或纸质，多有锯齿，稀全缘；有叶柄和托叶。花两性，多数；顶生伞形、伞房或复伞房花序，稀聚伞花序。被丝托杯状、钟状或筒状，萼片5，短小；花瓣5，开展，在芽蕾中覆瓦状或卷旋状排列；雄蕊20，稀较多或较少；心皮2，稀3-5，花柱离生或基部合生，子房半下位，2-5室，每室2胚珠。梨果2-5室，微肉质，成熟时不裂，先端或1/3部分与被丝托分离，有宿存萼片，每室1-2种子。种子直立，子叶平凸。

约60余种，分布亚洲东部及南部。我国约40余种。

1. 叶常绿；花多数，组成复伞房状；花梗和花序梗果期无疣点。
  2. 叶下面有黑色腺点，
    3. 花梗、花序梗及被丝托外面微被长柔毛；叶缘有腺齿。
      4. 叶长圆形或长圆状披针形，先端渐尖，基部圆或宽楔形，边缘为细单锯齿 …… 8. **桃叶石楠 P. prunifolia**
      4. 叶长圆状披针形，先端急尖，基部楔形，边缘为重锯齿 ……………………………… 8(附). **齿叶桃叶石楠 P. prunifolia** var. **denticulata**
    3. 花梗和花序梗密被白色绒毛；叶缘有不带腺细齿 ……………………………… 9. **饶平石楠 P. raupingensis**
  2. 叶下面无黑色腺点。
    5. 叶柄长2-4厘米。
      6. 花梗、花序梗及被丝托外面均无毛；幼叶上面沿脉被绒毛，老叶两面无毛，侧脉25-30对 ……………………………… 1. **石楠 P. serrulata**
      6. 花梗、花序梗及被丝托外面密被黄色绒毛；叶下面密被黄色绒毛，后脱落近无毛，侧脉12-20对 ……………………………… 5. **球花石楠 P. glomerata**
    5. 叶柄长2厘米以下。
      7. 花瓣内面近基部被白色柔毛 ……………………………… 3. **光叶石楠 P. glabra**
      7. 花瓣内面无毛。
        8. 叶缘全部或部分具齿。
          9. 花梗和花序梗密被硬柔毛或绒毛。
            10. 花梗和花序梗被绒毛。
              11. 叶倒卵形或倒披针形，两面无毛，侧脉9-11对；花梗和花序梗被绒毛 ……………………………… 6. **倒卵叶石楠 P. lasiogyna**
              11. 叶带状长圆形或窄披针形，下面密被黄色绒毛，侧脉10-20对；花梗和花序梗被黄色绒毛 ……………………………… 7. **带叶石楠 P. loriformis**
            10. 花梗和花序梗被柔毛；叶卵形、倒卵形或长圆形，侧脉约10对 ……… 2. **贵州石楠 P. bodinieri**
          9. 花梗和花序梗无毛；叶长圆状披针形或带状披针形，先端急尖或圆钝，有内弯钝锯齿，侧脉18-20对 ……………………………… 4. **窄叶石楠 P. stenophylla**
        8. 叶全缘。
          12. 花梗和花序梗无毛或微被柔毛；叶革质，两面无毛 ………………… 10. **全缘叶石楠 P. integrifolia**
          12. 花梗和花序梗密被绒毛；叶厚革质，下面中脉和侧脉被绒毛 ………… 11. **厚叶石楠 P. crassifolia**
1. 叶冬季凋落；花多数至数朵，组成复伞房状、伞房状、伞形或聚伞状花序；花梗和花序梗果期有明显疣点。
  13. 花常10朵以上，组成复伞房或复伞形花序。
    14. 花梗和花序梗无毛；叶两面无毛或仅下面疏被柔毛。
      15. 叶脉在上面微凹。
        16. 叶长圆形、倒卵状长圆形或卵状披针形，上面无毛，下面疏被柔毛，侧脉9-14对；果柄长1-2厘米。

17. 叶长5-13厘米，侧脉9-14对。
18. 叶薄纸质，长圆形、倒卵状长圆形或卵状披针形，长5-10厘米，先端突渐尖；花序径5-7厘米 …… 12. **中华石楠 P. beauverdiana**
18. 叶厚纸质，长圆状椭圆形，长9-13厘米，先端急尖或细尖；花序径8-10厘米 …… 12(附). **厚叶中华石楠 P. beauverdiana** var. **notabilis**
17. 叶卵形、椭圆形或倒卵形，长3-6厘米，先端短尾状渐尖，侧脉6-8对 …… 12(附). **短叶中华石楠 P. beauverdiana** var. **brevifolia**
16. 叶披针形或长圆状披针形，两面无毛，侧脉12-16对；果柄长5-9毫米 …… 13. **厚叶石楠 P. callosa**
15. 叶中脉有上面深凹，长圆状倒卵形或长圆状倒披针形，侧脉6-9对。
19. 叶柄长1-2毫米，无毛；伞房花序径3-4厘米；花梗和花序梗无毛，花梗长0.4-1厘米，被丝托外面无毛 …… 14. **陷脉石楠 P. imperssivena**
19. 叶柄长5-8毫米，无毛或微有绒毛；伞房花序径5-10厘米；花梗和花序梗具白色绒毛，花梗长2-3毫米，被丝托外面被绒毛 …… 14(附). **毛序陷脉石楠 P. impressivena** var. **urceolocarpa**
14. 花梗和花序梗被毛；叶被毛。
20. 花多数组成复伞形花序；叶倒卵状长圆形或长圆状披针形，侧脉5-8对。
21. 叶倒卵状长圆形或长圆状披针形，宽2-5厘米 …… 15. **闽粤石楠 P. benthamiana**
21. 叶窄披针形或卵状披针形，宽1-2.5厘米 …… 15(附). **柳叶闽粤石楠 P. benthamiana** var. **salicifolia**
20. 花多数组成复伞房状花序。
22. 叶下面绒毛宿存，侧脉10-15对，叶长椭圆形或长圆状披针形 …… 16. **绒毛石楠 P. schneideriana**
22. 叶下面被绒毛或柔毛，旋脱落。
23. 叶倒卵形或长圆状倒卵形，边缘上半部密生尖锐锯齿，侧脉5-7对。
24. 叶倒卵形或长圆状倒卵形，两面初有白色长柔毛，后上面脱落无毛，下面沿脉有柔毛；伞房花序有10-20花；花径0.7-1.2厘米；果椭圆形或卵圆形，径6-8毫米 …… 17. **毛叶石楠 P. villosa**
24. 叶椭圆形或长圆状椭圆形，稀长圆状倒卵形，无毛；伞房花序有5-8花，稀达15朵；花径1-1.5厘米；果球形，径0.9-1.1厘米 …… 17(附). **无毛毛叶石楠 P. villosa** var. **sinica**
23. 叶披针形或带状披针形，边缘有疏齿或几全缘，侧脉7-10对 …… 18. **罗汉松叶石楠 P. podocarpifolia**
13. 花少数，通常不超过10朵，组成伞房、伞形或聚伞状花序。
25. 幼枝、叶柄、叶下面、花梗和被丝托外面均无毛 …… 19. **小叶石楠 P. parvifolia**
25. 幼枝、叶柄、叶下面、花梗和被丝托外面均密被褐色硬毛 …… 20. **褐毛石楠 P. hirsuta**

1. 石楠　图 830

Photinia serrulata Lindl. in Trans. Linn. Soc. 13: 103. 1822. excl. syn.

常绿灌木或小乔木。高达6（-12）米。小枝无毛。冬芽卵圆形，无毛。叶革质，长椭圆形、长倒卵形或倒卵状椭圆形，长9-22厘米，先端尾尖，基部圆或宽楔形，疏生细腺齿，近基部全缘，上面光亮，幼时沿中脉有绒毛，老叶两面无毛，侧脉25-30对；叶柄长2-4厘米，幼时有绒毛。复伞房花序顶生，径10-16厘米；花序梗和花梗均无毛。花梗长3-5毫米；花径6-8毫米；被丝托杯状，长约1毫米，无毛，萼片宽三角形，长约1毫米，无毛；花瓣白色，近圆形，无毛；雄蕊20，花药带紫色；花柱2(3)，基部合生，柱头头状，子房顶端有柔毛。果球形，径5-6毫米，成熟时红色，后褐紫色。种子1，卵圆形。花期4-5月，果期10月。

产河南南部、安徽南部、江苏南部、浙江、福建、台湾、江西、湖北、湖南、广东北部、广西、云南、贵州、四川、甘肃南部及陕西南部，生于海拔1000-2500米林中。为优美观赏树种；木材坚韧，可制车轮及工具柄，叶和根药用，为强壮剂、利尿剂，用石楠嫁接的枇杷寿命长，耐瘠薄，生长健旺。

图 830 石楠 （张泰利绘）

2. 贵州石楠 图 831

Photinia bodinieri Lévl. in Fedde, Repert. Sp. Nov. 4: 334. 1907.

乔木。幼枝褐色，无毛。叶革质，卵形、倒卵形或长圆形，长4.5-9厘米，先端尾尖，基部楔形，边缘有刺状齿，两面无毛，或脉上微被柔毛，后脱落，侧脉约10对；叶柄长1-1.5厘米，无毛，上面有纵沟。复伞房花序顶生，径约5厘米，花序梗和花梗被柔毛。花径约1厘米；被丝托杯状，被柔毛，萼片三角形，长1毫米，外面被柔毛；花瓣白色，近圆形，径约4毫米，先端微缺，无毛；雄蕊20，较花瓣稍短；花柱2-3，合生。花期5月。

产江苏南部、安徽西部、湖北西南部、湖南、贵州、云南、四川及陕西西南部，生于海拔600-1000米灌丛中。

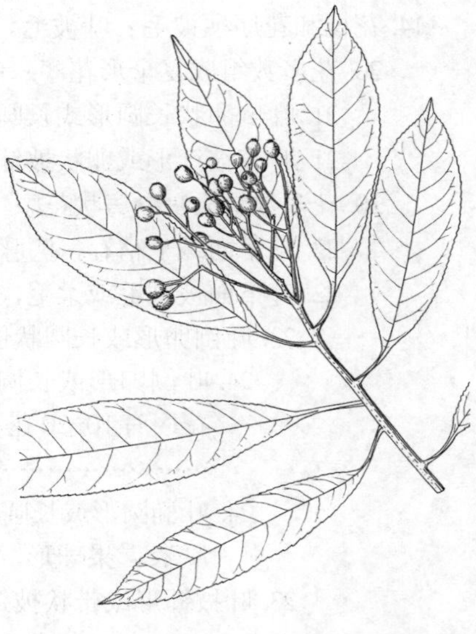

图 831 贵州石楠 （孙英宝绘）

3. 光叶石楠 图 832

Photinia glabra (Thunb.) Maxim. in Bull. Acad. Sci. St. Pétersb. 19: 178. 1873.

Crataegus glabra Thunb. Fl. Jap. 205. 1784.

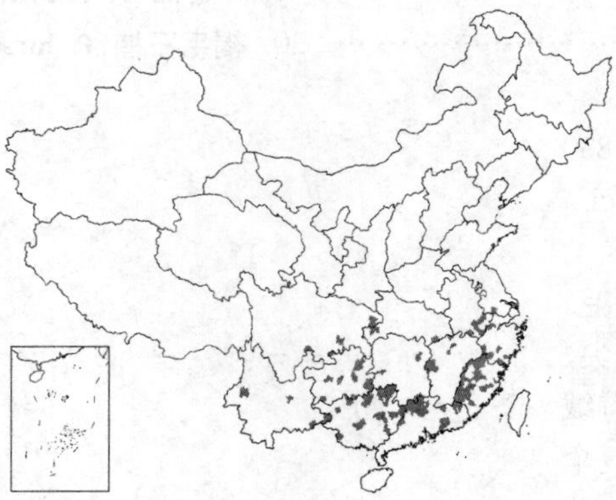

常绿乔本。高达5(-7)米。小枝无毛，老枝散生棕黑色近圆形皮孔。叶革质，椭圆形、长圆形或长圆状倒卵形，长5-9厘米，先端渐尖，基部楔形，疏生浅钝细齿，无毛，侧脉10-18对；叶柄长1-1.5厘米，无毛。花多数，顶生复伞房花序，径5-10厘米；花序梗和花梗均无毛。花梗长0.5-12厘米；花径7-8毫米，被丝托杯状，无毛，萼片三角形，长约1毫米，外面无毛，内面被柔毛；花瓣白色，倒卵形，反卷，长约3毫米，内面近基部被白色柔毛，基部有短爪；雄蕊约20，约与花瓣等长或稍短；花柱2（3），离生或

图 832 光叶石楠 （张泰利绘）

下部合生，柱头头状，子房顶端有柔毛。果卵圆形，长约3毫米，红色，无毛。花期4-5月，果期9-10月。

产江苏南部、安徽南部、浙江、福建、江西、湖北、湖南、广东、广西、贵州、云南及四川，生于海拔500-800米山坡林中。日本、泰国及缅甸有分布。叶药用，可解热、利尿、镇痛；种子可榨油，供制肥皂；木材供制器具、车船；可作绿篱及观赏树。

4. 窄叶石楠 图 833

Photinia stenophylla Hand.-Mazz. Symb. Sin. 7: 480. Abb. 15, Nr. 3. 1933.

常绿灌木。小枝幼时微被柔毛，有稀疏圆形皮孔。冬芽鳞片近锥形，无毛。叶革质，带状披针形或长圆状披针形，长3.5-9厘米，先端急尖或圆钝，具短尖头，基部渐窄，边缘稍外卷，具内弯钝锯齿，两面无毛，侧脉18-20对；叶柄宽扁有沟，长0.4-1厘米，初被柔毛，后脱落，托叶钻形，早落。聚伞花序顶生，径3-4厘米，有15-25花；花序梗和花梗均无毛。花梗长0.5-1厘米；被丝托杯状，外面无毛，萼片三角形，先端急尖，外面无毛，内面被柔毛；花瓣白色，倒卵形，内面有白色柔毛；雄蕊20，约与花瓣等长，花柱2，合生，仅顶端分离，子房顶端有柔毛。果卵圆形，径约3毫米，红色，肉质，无毛，顶端有内弯宿存萼片。花期4月，果期9月。

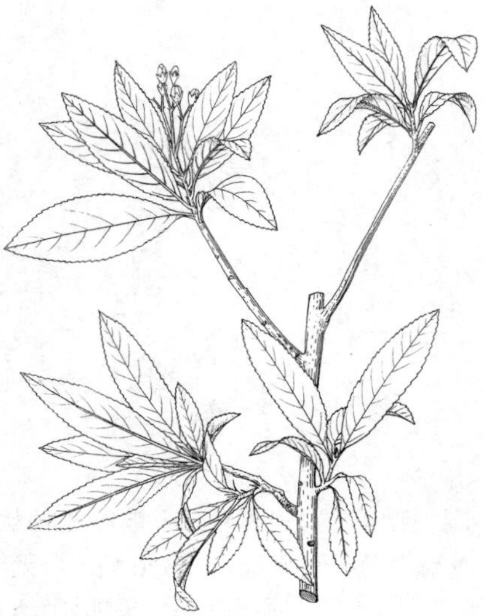

图 833 窄叶石楠 （孙英宝绘）

产贵州东南部及广西北部，生于海拔200-400米山谷水旁或河床阳处灌丛中。

5. 球花石楠 图 834

Photinia glomerata Rehd. et Wils. in Sarg. Pl. Wilson. 1: 190. 1912.

常绿灌木或小乔木，高达10米。小枝幼时被黄色绒毛，老枝无毛，紫褐色，有多数散生皮孔。冬芽卵圆形，鳞片有柔毛。叶革质，长圆形、披针形、倒披针形或长圆状披针形，长(5)6-18厘米，先端短渐尖，基翅楔形至圆，常偏斜，边缘微外卷，具内弯腺锯齿，上面幼时沿中脉有绒毛，后几无毛。花多数，芳香，密集成复伞房花序，径6-10厘米；花序梗密被黄色绒毛。花径约4毫米，近无梗；被丝托杯状，外面密被黄褐色绒毛，萼片卵形，外面有绒毛；花瓣白色，近圆形，内面被疏毛，基部有短爪；雄蕊20；花柱2，合生达中部，子房顶端密生绒毛。果卵圆形，长5-7毫米，径2.5-3毫米，成熟时红色。花期5月，果期9月。

图 834 球花石楠 （张泰利绘）

产四川及云南，生于海拔1500-2300米林中。

6. 倒卵叶石楠 图 855

Photinia lasiogyna (Franch.) Schneid. in Fedde, Repert. Sp. Nov. 3: 153. 1906.

Eriobotrya lasiogyna Franch. P1. Delav. 225. 1890.

常绿灌木或小乔木。小枝幼时疏被柔毛，老时无毛，紫褐色，具黄褐色皮孔。冬芽卵圆形。叶革质，倒卵形或倒披针形，长5-10厘米，先端圆钝，或有凸尖头，基部楔形或渐窄，边缘微卷，有不明显锯齿，上面光亮，两面无毛，侧脉9-11对；叶柄长1.5-1.8厘米，无毛。顶生复伞房花序，径3-5厘米；花序梗和花梗均被绒毛；苞片及小苞片钻形，长1-2毫米。花梗长3-4毫米；花径1-1.5厘米；被丝托杯状，外被绒毛，萼片宽三角形，被绒毛；花瓣白色，倒卵形，长5-6毫米，无毛；雄蕊20，比花瓣短；花柱2-4，基部合生，子房顶端有毛。果卵圆形，径4-5毫米，红色，有明显斑点。花期5-6月，果期9-11月。

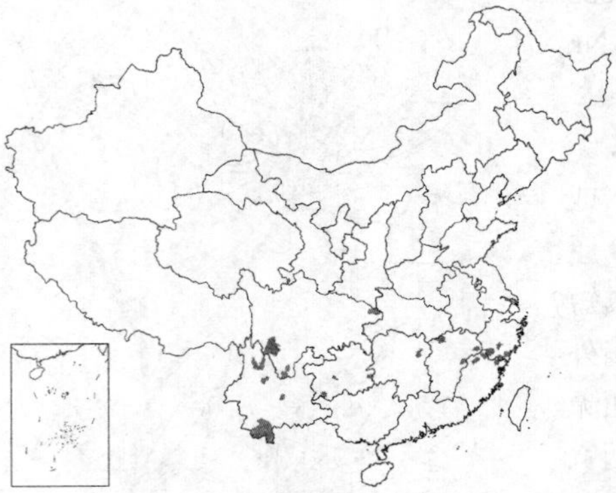

图 855 倒卵叶石楠 （敖纫兰绘）

产浙江南部、江西北部、湖南东北部、贵州、四川及云南，生于海拔1960-2550米林中。

7. 带叶石楠 图 856

Photinia loriformis W. W. Smith in Notes Bot. Gard. Edinb. 10: 60. 1917.

常绿灌木或小乔木。小枝幼时密被黄色贴生绒毛，老时近无毛。冬芽椭圆形，被黄色绒毛。叶革质，带状长圆形或窄披针形，长4-9厘米，先端圆钝，具短尖头或急尖而有刺状短尖头，基部宽楔形，边缘干后外卷，疏生尖锐或刺状锯齿，上面光亮，无毛，下面密被黄色绒毛，侧脉10-20对，在上面深陷；叶柄长0.3-1.2厘米，密被黄色绒毛。花多数，密集成顶生复伞房花序，径4-5厘米；花序梗和花梗均有黄色绒毛；苞片及小苞片线形，早落。花梗长1-3毫米；花径2-5毫米；被丝托杯状，长约2毫米，萼片卵形，长约1毫米，外面有绒毛，内面无毛；花瓣白色，圆形，无毛；雄蕊20；花柱2，离生，基部有绒毛。果卵圆形，长4-5毫米，径3-4毫米，红色；宿存萼片被柔毛。花期5月，果期9月。

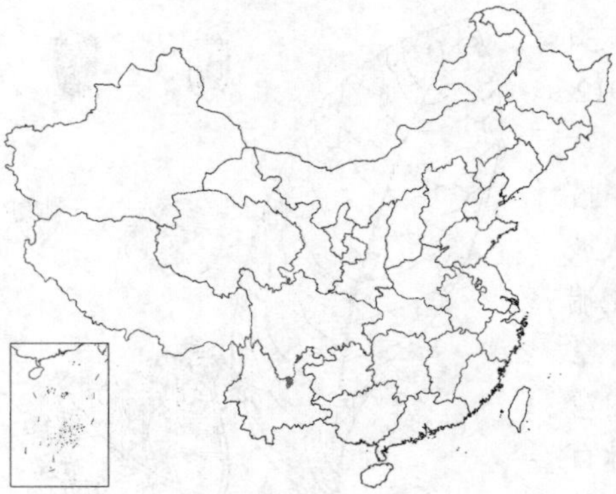

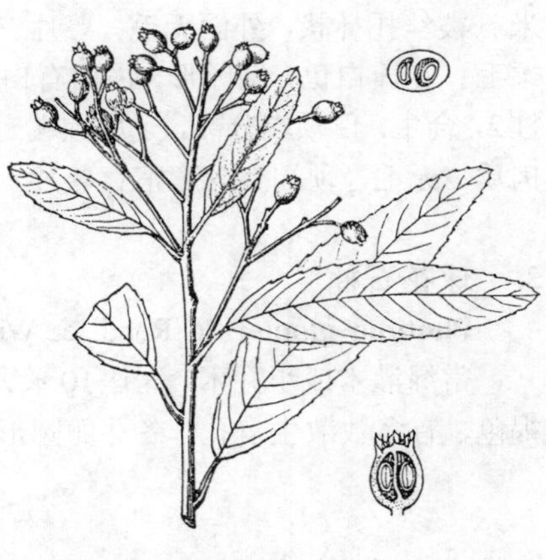

图 856 带叶石楠 （吴彰桦绘）

产四川南部及云南北部，生于海拔2100-2700米干旱山坡林中。

8. 桃叶石楠 图 857

Photinia prunifolia (Hook. et Arn.) Lindl. in Bot. Reg. n. set. 10: sub. t. 1956. 1837.

Photinia serrulata Lindl. var. *prunifolia* Hook. et Arn. Bot. Beechey's Voy. 185. 1833.

常绿乔木，高达20米。小枝无毛，灰黑色，具黄褐色皮孔。叶革质，长

圆形或长圆状披针形，长7-13厘米，先端渐尖，基部圆形至宽楔形，边缘有密生细腺齿，上面光亮，下面密被黑色腺点，两面无毛，侧脉13-15对；叶柄长1-2.5厘米，无毛，具多数腺体，有时有锯齿。花多数，密集成顶生复伞房花序，径12-16厘米；花序梗和花梗均微被长柔毛。花梗长0.5-1.1厘米；花径7-8毫米；被丝托杯状，被柔毛，萼片三角形，长1-2毫米，内面微有绒毛；花瓣白色，倒卵形，长约4毫米，基部有绒毛；雄蕊20；花柱2(3)，离生，子房顶端有毛。果椭圆形，长7-9毫米，径3-4毫米，红色，有2(3)种子。花期3-4月，果期10-11月。

产浙江南部、福建、江西、湖南、广东、海南、广西、贵州及云南东南部，生于海拔900-1100米疏林中。日本（琉球）及越南有分布。

［附］**齿叶桃叶石楠 Photinia prunifolia** var. **denticulata** Yu in Acta Phytotax. Sin. 8(2)：228. 1963. 本变种与模式变种的区别：叶长圆状披针形，先端急尖，基部楔形，有重锯齿；花梗和花序梗被稀疏柔毛。产浙江、广西，生于山坡路边竹林中。

图 857 桃叶石楠 （吴彰桦绘）

9. 饶平石楠 图 858

Photinia raupingensis Kuan in Acta Phytotax. Sin. 8：228. 1963.

常绿小乔木，高达5米。小枝幼时密生长柔毛，老枝无毛，紫黑色。叶革质，长圆形、倒卵形或长圆状椭圆形，长4-8厘米，先端急尖或圆钝，有短尖头，基部楔形，边缘有细锯齿，近基部全缘，上面无毛，中脉凹陷，下面有黑色腺点，幼时中脉疏被柔毛，后无毛，侧脉12-17对；叶柄长0.8-1.5厘米，无毛。花多数，密集成复伞房花序，径3-7厘米；花序梗和花梗均密被白色绒毛；苞片及小苞片钻形，长3-4毫米，被白色绒毛。花径7-8毫米；被丝托杯状，长约1毫米，外面密生白色绒毛，萼片三角形，长约1毫米，先端渐尖，外面疏被柔毛；花瓣白色，倒卵形，长约2毫米，基部有柔毛；雄蕊20，较花瓣短；花柱2，基部合生，子房顶端有柔毛，2室。果卵圆形，长5-6毫米，红色，顶端有宿存萼片。种子卵圆形。花期4月，果期10-11月。

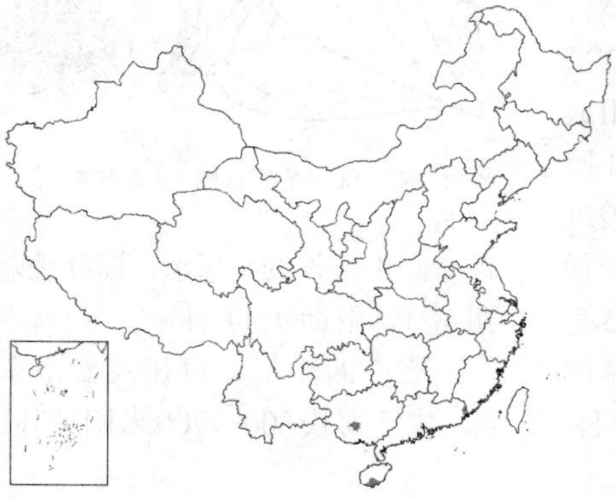

产江西南部、广东、香港、海南及广西，生于山坡林中。

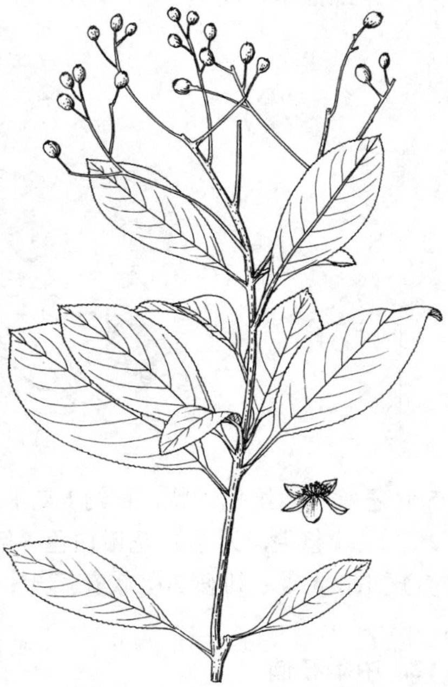

图 858 饶平石楠 （孙英宝绘）

10. 全缘石楠 图 859

Photinia integrifolia Lindl. in Trans. Linn. Soc. 13：103. 1822.

常绿乔木，高达7米。小枝无毛。叶长圆形、披针形或倒披针形，长6-12厘米，先端急尖或短渐尖，基部楔形，稀圆，全缘，两面无毛，侧脉

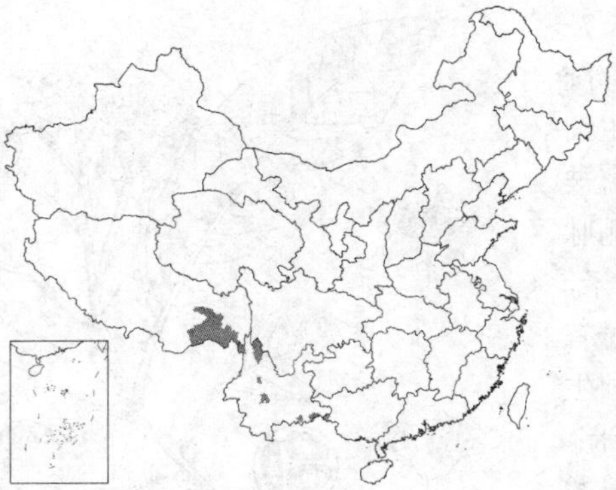

12-17对；叶柄粗，长1-1.5厘米，无毛，托叶早落。花多数，组成顶生复伞房花序，径8-12厘米；花序梗和花梗均无毛或微有短柔毛。花梗长3-6毫米；花径4-5毫米；被丝托杯状，长约1毫米，外面无毛，萼片宽三角形，长约0.5毫米，先端圆钝，内外两面均有毛；花瓣白色，圆形，径约1毫米，有短爪，无毛；雄蕊20，约与花瓣等长；花柱2，子房顶端有毛。果近球形，径5-6毫米，紫红色。花期5-6月，果期10月。

产西藏东南部、云南及广西西部，生于海拔1500-2500米常绿阔叶林中。印度、不丹、尼泊尔、缅甸、越南及泰国有分布。

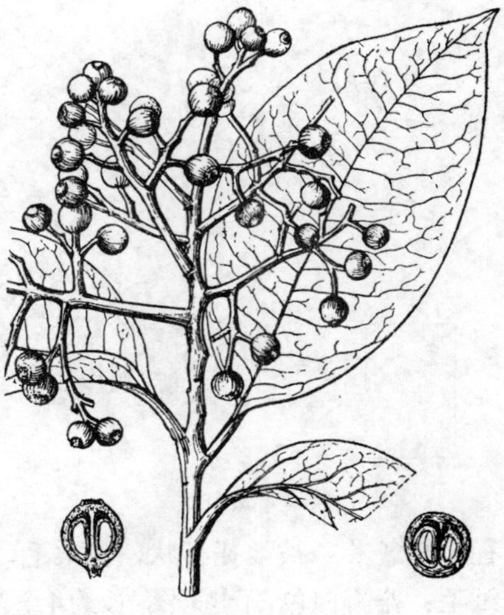

图 859 全缘石楠 （张泰利绘）

11. 厚叶石楠 图 860

Photinia crassifolia Lévl. Fl. Kouy-Tchéou. 349. 1915.

常绿灌木，高达5米。幼枝被锈色绒毛，老时无毛。叶厚革质，长圆形，长6-15厘米，先端急尖或圆钝，具短尖头，基部圆形，边缘稍外卷，全缘或有不规则锯齿，上面无毛，下面干后常带紫色，沿中脉和侧脉有绒毛，侧脉15-17对，网脉明显；叶柄长1.5-2毫米，被绒毛。花多数，组成复伞房花序，径0.9-1.4厘米；花序梗和花梗均密被绒毛。花梗长2-3毫米；花径5-6毫米；被丝托钟状，长约1毫米，外面无毛，萼片三角形，长约0.5毫米，先端急尖，无毛；花瓣白色，倒卵形，长约2毫米，先端圆钝，基部有短爪，无毛；雄蕊20，较花瓣短；花柱2，离生，子房顶端有白色绒毛。果卵圆形，长约6毫米，棕红色。花期5月，果期9-11月。

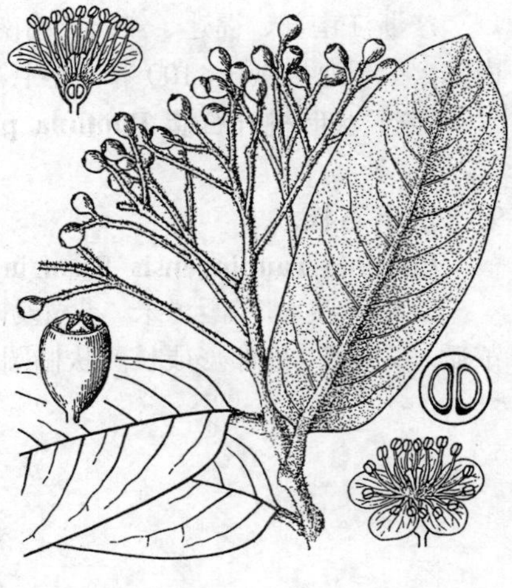

图 860 厚叶石楠 （吴彰桦绘）

产广西西部、贵州及云南东南部，生于海拔500-1700米阳坡林中。

12. 中华石楠 图 861

Photinia beauverdiana Schneid. in Bull. Herb. Boiss. sér. 2, 6: 319. 1908.

落叶灌木或小乔木，高达10米。小枝无毛。叶薄纸质，长圆形、倒卵状长圆形或卵状披针形，长5-10厘米，先端短渐尖，基部圆形或宽楔形，边缘有疏生具腺齿，上面无毛，下面沿中脉疏生柔毛，侧脉9-14对，中脉在上面微凹；叶柄长0.5-1厘米，微被柔毛，托叶早落。花多数组成复伞房花序，径5-7厘米；花序梗和花梗均密生疣点。花梗长0.7-1.5厘米；花径5-7毫米；被丝托杯状，长1-1.5毫米，外面微有毛，萼片三角状卵形，长

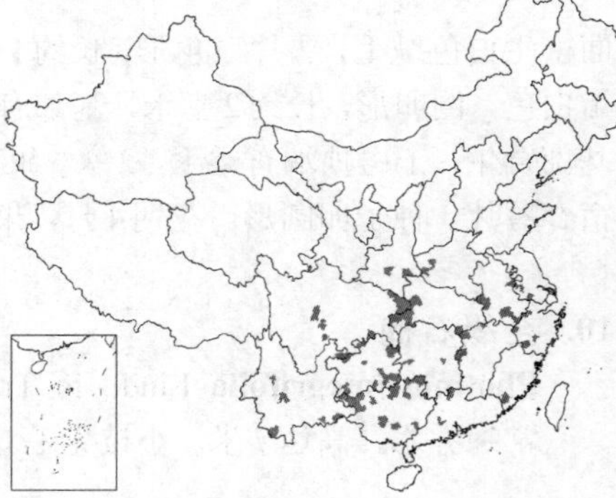

约1毫米；花瓣白色，卵形或倒卵形，长约2毫米，无毛；雄蕊20；花柱(2)3，基部合生。果卵圆形，长7-8毫米，紫红色，无毛，微有疣点，顶端有宿存萼片；果柄长1-2厘米，密生疣点。花期5月，果期7-8月。

产河南、安徽、江苏西南部、浙江、福建、江西、湖北、湖南、广东、广西、云南、贵州、四川及陕西南部，生于海拔1000-1700米山坡或山谷林中。

［附］**厚叶中华石楠 Photinia beauverdiana** var. **notabilis** (Schneid.) Rehd. et Wils. in Sarg Pl. Wilson. 1: 188. 1912. —— *Photinia notabilis* Schneid. Ill. Handb. Laubh. 1: 711. 1906. 本变种与模式变种的区别：叶厚纸质，长圆状椭圆形，长9-13厘米，先端急尖或具细尖，有疏生细锯齿，侧脉9-12对；花序径8-10厘米；花梗长1-1.8厘米。产浙江、湖南、湖北、四川、云南、贵州及台湾，生于海拔600-2200米林中。

［附］**短叶中华石楠 Photinia beauverdiana** var. **brevifolia** Card. in Lecomte, Not. Syst. 3: 378. 1918. 本变种与模式变种的区别：叶卵形、椭圆形或倒卵形，长3-6厘米，先端短尾状渐尖，基部圆，侧脉6-8对，不明显；花柱3，合生。产陕西、江苏、浙江、江西、湖北、湖南及四川，生于海拔800-1400米林中。

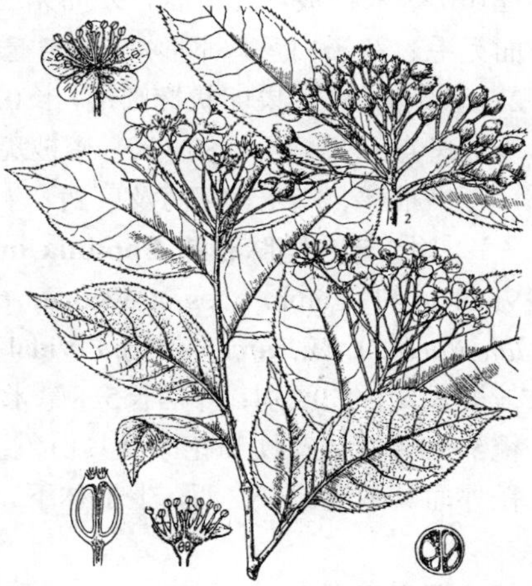

图 861 中华石楠 （刘霁青绘）

13. 厚齿石楠 图 862

Photinia callosa Chun ex Kuan in Acta Phytotax. Sin. 8: 229. 1963.

落叶灌木或小乔木，高达12米。小枝无毛，灰褐或黑褐色，有少数黄色皮孔。冬芽卵圆形，长2-3毫米，无毛。叶纸质，披针形或长圆状披针形，长5.5-13厘米，先端尾尖或渐尖，基部楔形，边缘微外卷，具浅锐锯齿，有时近全缘，两面无毛，中脉在上面微凹陷，在下面隆起，侧脉12-16对；叶柄长0.5-1.5厘米，无毛。复伞房花序具多花，径4-6厘米；花序梗粗厚，长3-4厘米，无毛，具疣点。花梗长3-4毫米，无毛，具疣点；花径6-9毫米；被丝托钟状，长1-1.5毫米，无毛，萼片卵形，长为被丝托1/2，无毛；花瓣白色，倒卵状长圆形，长2-3毫米，基部有短爪，无毛；雄蕊20，比花瓣短；花柱2-3，大部合生，无毛。果卵圆形，长4-6毫米，黑黄色，有部分宿存萼片；果柄长5-9毫米，具明显疣点。种子卵圆形，黑色。花期4月，果期9月。

产广东西部及广西，生于林中。

图 862 厚齿石楠 （引自《中国植物志》）

14. 陷脉石楠 图 863

Photinia impressivena Hayata, Ic. Pl. Formos. 5: 67. 1915.

落叶灌木或小乔木，高达6米。小枝幼时被长柔毛，旋脱落无毛。叶薄革质，长圆状倒卵形或长圆状披针形，长5-10厘米，先端渐尖，基部楔形或渐窄成叶柄，疏生细锯齿，两面无毛，侧脉6-9对，中脉上面明显凹陷，细脉不明显；叶柄长1-2毫米，无毛，托叶早落。伞房花序顶生，具少花，径3-4厘米；花序梗和花梗无毛，有疣点。花梗长0.4-1厘米；花

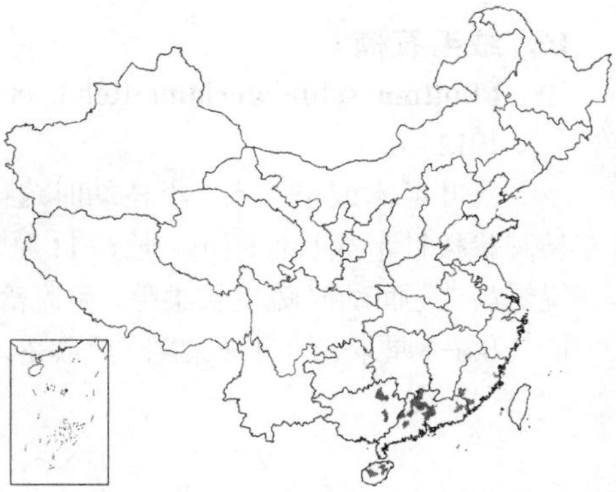

径6-7毫米；被丝托钟状，外面无毛，萼片三角状卵形，比被丝托短，两面无毛；花瓣白色，卵形，长3-4毫米，无毛；雄蕊20，长于花瓣；花柱2，近中部合生。果卵状椭圆形，长0.8-1厘米，顶端有宿存萼片，无毛，有少数斑点；果柄1-1.8厘米，密被疣点。花期4月，果期10月。

产福建、广东、海南及广西，生于林中。

［附］**毛序陷脉石楠 Photinia impressivena** var. **urceolocarpa**（Vidal）Vidal in Fl. Camb. Laos et Vietnam 6：51. p1. 6：4-5. 1968. —— *Photinia lancilimbum* var. *urceolocarpa* Vidal in Not. Syst. 13：299. 1948. 本变种与模式变种的区别：叶柄长5-8毫米，无毛或稍有绒毛；伞房花序有数花，径5-10厘米，花梗和花序梗具白色绒毛，有疣点；花梗长2-3毫米，被丝托外面具绒毛。产广西，生于林下。越南有分布。

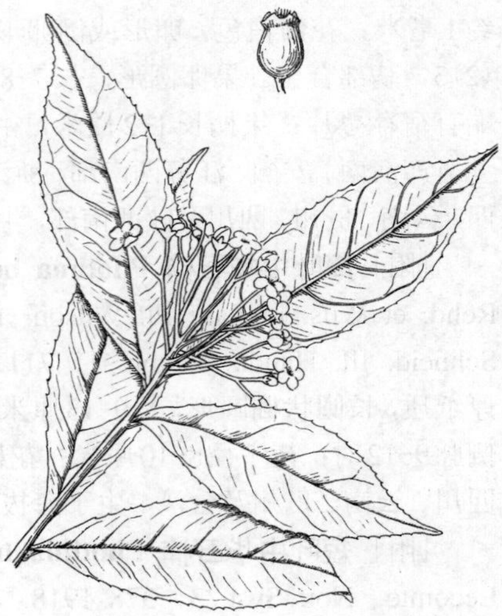

图 863 陷脉石楠 （敖幼兰绘）

15. 闽粤石楠 图 864

Photinia benthamiana Hance in Ann. Sci. Nat. Bot. sér. 5, 5：213. 1866.

落叶灌木或小乔木。高达10米。小枝密被灰色柔毛，后脱落。叶纸质，倒卵状长圆形或长圆状披针形，长5-11厘米，先端急尖或圆钝，基部渐窄，疏生锯齿，幼时两面疏生白色长柔毛，后脱落无毛或仅下面沿脉有少数柔毛，侧脉5-8对；叶柄长0.3-1厘米，被灰色绒毛，托叶早落。花多数组成复伞房花序；花序梗和花梗均轮生，被灰色柔毛；苞片及小苞片钻有柔毛。花梗长3-5毫米；花径7-8毫米；被丝托杯状，长3-4毫米，外面密生柔毛，萼片三角形，长约1毫米；花瓣白色，倒卵形或圆形，先端圆钝或微凹，内面微有柔毛；雄蕊20；花柱3，中部以上离生，无毛。果卵圆形或近球形，长4-6毫米，有淡黄色柔毛。花期4-5月，果期7-8月。

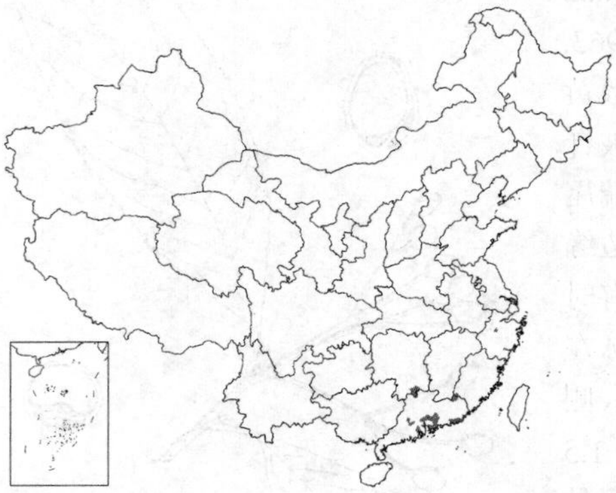

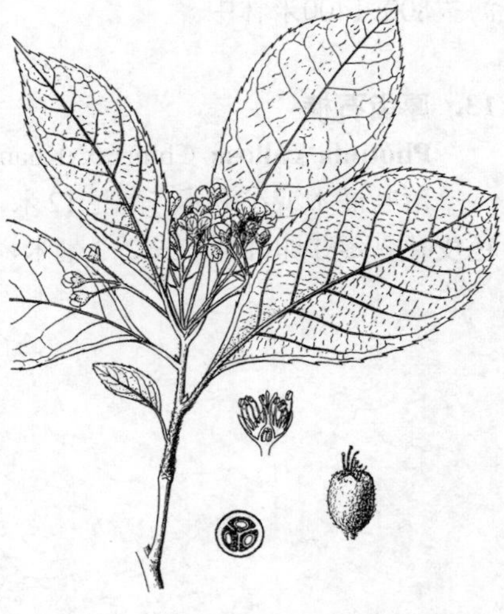

图 864 闽粤石楠 （赵宝恒绘）

产浙江、福建西南部、广东及湖南南部，生于海拔1000米以下山坡或村旁。越南有分布。

［附］**柳叶闽粤石楠 Photinia benthamiana** var. **salicifolia** Card. in Lecomte, Not. Syst. 3：376.1918. 本变种与模式变种的区别：叶窄披针形或卵状披针形，长5-13厘米，宽1-2.5厘米，先端长渐尖，稀急尖，基部渐窄成短柄。产广东、海南及广西，生于海拔1000米以下林中。缅甸、越南、老挝及泰国有分布。

16. 绒毛石楠 图 865

Photinia schneideriana Rehd. et Wils. in Sarg. Pl. Wilson. 1：188. 1912.

落叶灌木或小乔木。小枝幼时疏被柔毛，后脱落无毛。冬芽无毛。叶长圆状披针形或长椭圆形，长6-11厘米，先端渐尖，基部宽楔形，边缘有锐锯齿，上面幼时疏生长柔毛，后脱落，下面疏被绒毛，侧脉10-15对；叶柄长0.6-1厘米，幼时被柔毛，后脱落。花多数组成顶生复伞房花序，径5-

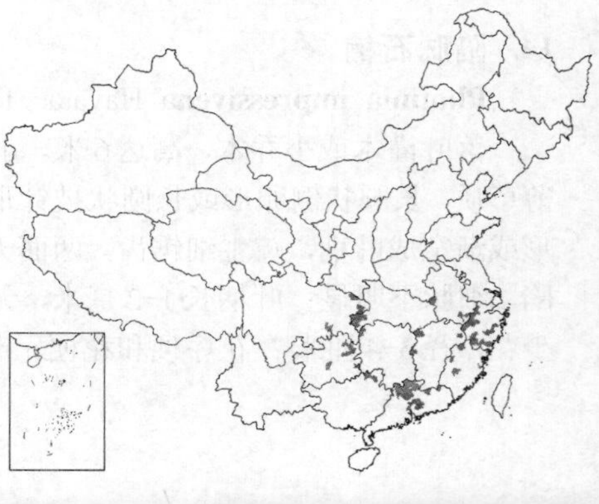

7厘米；花序梗和分枝疏生长柔毛。花梗长3-8毫米，无毛；花径5-8毫米，被丝托杯状，长约4毫米，外面无毛，萼片圆形，长约1毫米，内面上部有疏柔毛；花瓣白色，近圆形，宽约4毫米，无毛；雄蕊20；花柱2-3，基部合生，子房顶端有柔毛。果卵圆形，长约1厘米，径约8毫米，带红色，无毛，有小疣点，顶端有宿存萼片。种子卵圆形。花期5月，果期10月。

产安徽东南部及西部、浙江、福建、江西、湖北西南部、湖南、广东、广西东北部、贵州及四川东部，生于海拔1000-1500米山坡疏林中。

图 865 绒毛石楠 （敖纫兰绘）

17. 毛叶石楠 图 866

Photinia villosa (Thunb.) DC. Prodr. 2: 631. 1825.

Crataegus villosa Thunb. Fl. Jap. 204. 1784.

落叶灌木或小乔木，高达5米。幼枝被白色长柔毛，后脱落无毛。冬芽卵圆形，无毛，叶草质，倒卵形或长圆状倒卵形，长3-8厘米，先端尾尖，基部楔形，上半部具密生尖锐锯齿，两面初被白色长柔毛，后上面渐脱落几无毛，仅下面叶脉有柔毛，侧脉5-7对；叶柄长1-5毫米，被长柔毛。花10-20朵，成顶生伞房花序，径3-5厘米；花序梗和花梗被长柔毛。花梗长1.5-2.5厘米，果期具疣点；苞片和小苞片钻形，长1-2毫米，早落；花径0.7-1.2厘米；被丝托杯状，长2-3毫米，外面被白色长柔毛；萼片三角卵形，长2-3毫米，外面被长柔毛；花瓣白色，近圆形，径4-5毫米，外面无毛，内面基部具柔毛；雄蕊20，较花瓣短；花柱3，离生，无毛，子房顶端密被白色柔毛。果椭圆形或卵形，长0.8-1厘米，径6-8毫米，红或黄红色，稍被柔毛，宿存萼片直立。花期4月，果期8-9月。

图 866 毛叶石楠 （引自《图鉴》）

产山东东部、江苏南部、安徽东南部及浙江，生于海拔800-1200米山坡灌丛中。朝鲜及日本有分布。

［附］**无毛毛叶石楠 Photinia villosa** var. **sinica** Rehd. et Wils. in Sarg. Pl. Wilson. 1: 186. 1912. 本变种与模式变种的区别：叶椭圆形或长圆状椭圆形，稀长圆状倒卵形，长4-8.5厘米，无毛；伞房花序具5-8花，稀达15朵；花径1-1.5厘米；果球形，长0.6-1.6厘米，径0.9-1.1厘米，无毛。产甘肃、陕西、江苏、安徽、浙江、江西、福建、湖南、湖北、四川、贵州、广东及广西，生于海拔1000-1500米山坡疏林中。桔红色果实经冬不落，供观赏；种子油可制肥皂；木材可作农具。

18. 罗汉松叶石楠 图 867

Photinia podocarpifolia Yu in Acta Phytotax. Sin. 8: 230. 1963.

落叶灌木，高达2米。小枝初密生白色绒毛，后脱落无毛，紫褐色。叶披针形或带状披针形，长4-6厘米，先端渐尖，稀急尖，基部渐窄成短柄，疏生锯齿或近全缘，上面无毛，下面幼时密被白色柔毛，后脱落近无毛，侧脉7-10对；叶柄长2-5毫米，幼时密被白色绒毛，后脱落无毛，托叶早落。

花10-20组成复伞房花序，径3-4厘米。花梗长1-3毫米，密被白色绒毛，果时渐脱落；并被褐色疣点；苞片及小苞片膜质，线形，早落。花径5-8毫米；被丝托钟状，外面被白色绒毛，萼片卵形，长约1毫米，外面被白色绒毛；花瓣白色，倒卵形，长5-6毫米，无毛；雄蕊20，远短于花瓣；花柱3，基部合生，子房顶端密生柔毛。果卵圆形或近球形，长5-7毫米，径5-6毫米，无毛，宿存萼片微被毛；果柄有褐色疣点，花期5月，果期10月。

产贵州南部及广西西北部，生于海拔150-300米阳坡灌丛中。

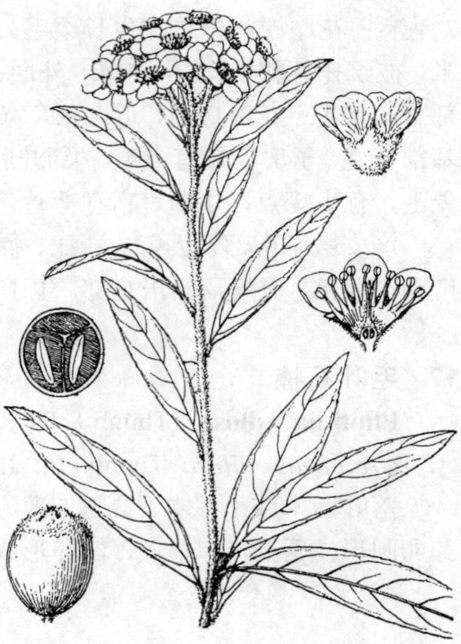

图 867 罗汉松叶石楠 （吴彰桦绘）

19. 小叶石楠 图 868

Photinia parvifolia（Pritz.）Schneid. Ill. Handb. Laubh. 1: 711. f. 392o-o. 1906.

Pourthiaea parvifolia Pritz. in Engl. Bot. Jahrb. 29: 389. 1900.

落叶灌木，高达3米。小枝纤细，无毛。冬芽卵圆形。叶草质，椭圆形、椭圆状卵形或菱状卵形，长4-8厘米，先端渐尖或尾尖，基部宽楔形或近圆，有尖锐腺齿，上面幼时疏被柔毛，后无毛，下面无毛，侧脉4-6对；叶柄长1-2毫米，无毛，托叶早落。花2-9组成伞形花序，生于侧枝顶端，无花序梗；苞片和小苞片钻形，早落。花梗细，长1-2.5厘米，无毛，有疣点；花径0.5-1.5厘米；被丝托钟状，无毛，萼片卵形，长约1毫米，内面疏生柔毛，外面无毛；花瓣白色，圆形，先端钝，基部有极短爪，内面基部疏生长柔毛；雄蕊20；花柱2-3，中部以下合生，子房顶端密生长柔毛。果椭圆形或卵圆形，长0.9-1.2厘米，径5-7毫米，桔红或紫色，无毛，宿存萼片直立；果柄长1-2.5厘米，密生疣点。花期4-5月，果期7-8月。

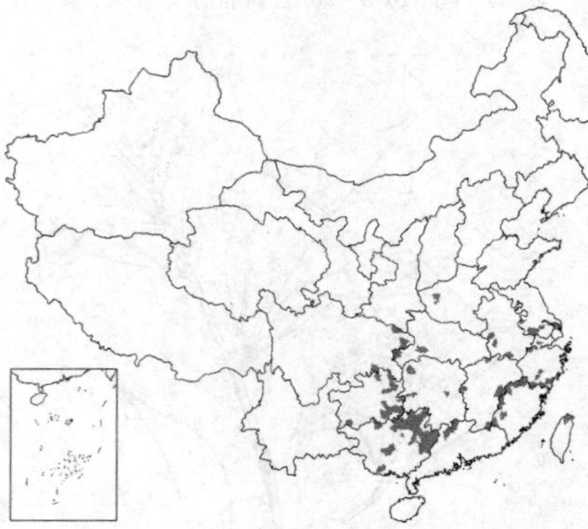

产河南西部、安徽南部、江苏西南部、浙江、福建、台湾、江西、湖北、湖南、广东、广西、贵州及四川东部，生于海拔1000米以下低山丘陵灌丛中。

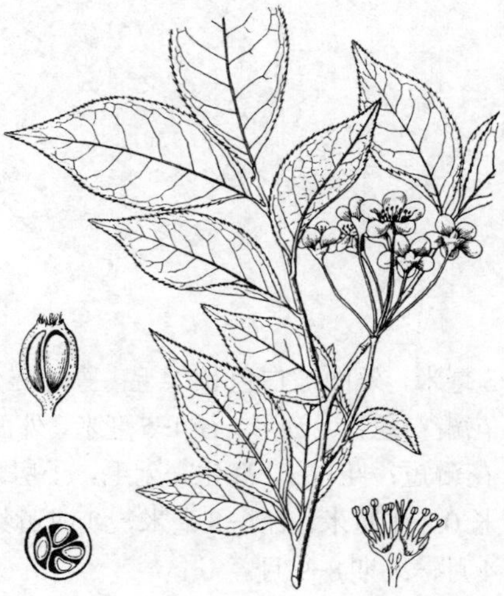

图 868 小叶石楠 （赵宝恒绘）

20. 褐毛石楠 图 869

Photinia hirsuta Hand.-Mazz. Symb. Sin. 7: 481. 1933.

落叶灌木或小乔木。小枝密被褐色硬毛。冬芽被褐色硬毛。叶纸质，椭圆形、椭圆状披针形或近卵形，长3-7.5厘米，先端渐尖或尾尖，基部宽楔形或近圆形，边缘有疏生锐腺齿，近基部全缘，上面无毛，下面沿中脉被褐色柔毛，侧脉5-6对；叶柄粗，长2-4毫米，密被褐色硬毛。花3-8组成顶生聚伞花序，径0.8-2厘米；苞片钻形，早落。花梗长0.3-1厘米，密被褐色硬毛；花径5-7毫米；被丝托钟状，外被褐色硬毛，萼片三角形，长2-2.5厘米，外面密被褐色硬毛；花瓣白色或带粉红色，倒卵形，内面微有

柔毛；雄蕊20；花柱2，中部以下合生，基部有毛。果椭圆形。长约8毫米，红色，几无毛，有斑点。种子椭圆形。花期4-5月，果期9月。

产安徽南部、浙江、福建、江西、湖北西南部、湖南、四川东部及广东北部，生于山坡疏林中。

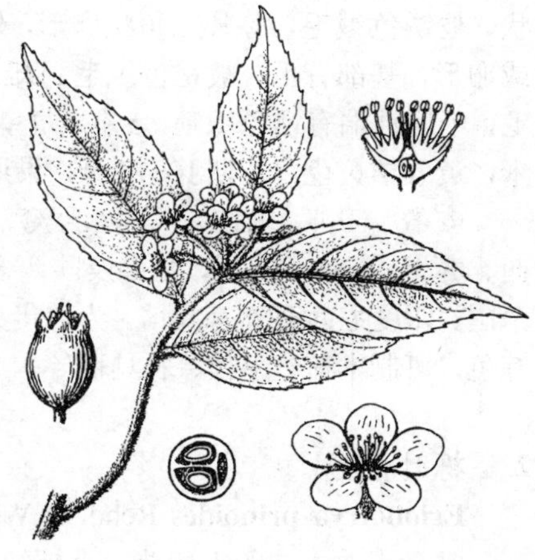

图 869 褐毛石楠 （赵宝恒绘）

16. 枇杷属 Eriobotrya Lindl.

（谷粹芝）

常绿乔木或灌木。单叶互生，有锯齿或近全缘，羽状网脉明显；常有叶柄或近无柄，有托叶；多早落。顶生圆锥花序，常被绒毛。被丝托杯状或倒圆锥状，萼片5，宿存；花瓣5，倒卵形或圆形，无毛或有毛，芽时呈卷旋状或覆瓦状排列；雄蕊(10-)20-40；花柱2-5，基部合生，常有毛，子房下位，合生，2-5室，每室2胚珠。梨果肉质或干燥，内果皮膜质，有1-2种子。

约30种，分布亚洲温带及亚热带。我国13种。

1. 叶下面密被灰色或带褐色绒毛，毛宿存。
  2. 叶披针形、倒披针形、倒卵形或椭圆状长圆形，长12-30厘米，有疏齿，下面密被灰褐色绒毛；花柱5 ………………………………………… 1. **枇杷 E. japonica**
  2. 叶长圆形或椭圆形，稀卵形，长7-15厘米，有波状齿，下面密被灰色绒毛；花柱2，稀3 ………………………………………… 2. **栎叶枇杷 E. prinoides**
1. 叶下面被褐色或黄褐色绒毛，渐脱落，老时近无毛。
  3. 叶缘中部以上有疏锯齿，中部以下全缘，长圆状椭圆形；花柱4-5，中部以下有白色长柔毛 ………………………………………… 3. **香花枇杷 E. fragrans**
  3. 叶缘全有齿。
    4. 叶柄长于1.5厘米。
      5. 叶倒卵形或倒披针形 ………………………………………… 4. **齿叶枇杷 E. serrata**
      5. 叶长圆形、长圆状披针形或长圆状倒披针形。
        6. 叶缘不外卷，有浅锐锯齿，上面无毛，下面近无毛；花梗和花序梗疏被短柔毛或近无毛；花柱2-3 ………………………………………… 5. **大花枇杷 E. cavaleriei**
        6. 叶缘微外卷，有粗钝锯齿，幼时两面被短绒毛，旋脱落无毛；花梗和花序梗密被棕色绒毛；花柱3-5 ………………………………………… 6. **台湾枇杷 E. deflexa**
    4. 叶柄短于1.5厘米。
      7. 叶披针形或倒被针形，稀带状长圆形，长5-11厘米，先端渐尖，有疏锐齿；雄蕊10，花柱2 ………………………………………… 7. **窄叶枇杷 E. henryi**
      7. 叶长圆形或倒卵长圆形，长3-6厘米，先端圆钝或急尖，有贴生内弯锯齿；雄蕊15，花柱3或4 ………………………………………… 8. **小叶枇杷 E. Sequinii**

1. 枇杷 图 870 彩片 126

Eriobotrya japonica (Thunb.) Lindl. in Trans. Linn. Soc. 13: 102. 1822.

Mespilus japonica Thunb. Fl. Jap. 206. 1784.

常绿小乔木，高达10米。小枝粗，密被锈色或灰棕色绒毛。叶革质，披针形、倒披针形、倒卵形或椭圆状长圆形，长12-30厘米，先端急尖或渐尖，基部楔形或渐窄成叶柄，上部边缘有疏锯齿，基部全缘，上面多皱，下面密被灰棕色绒毛，侧脉11-21对；叶柄长0.6-1厘米，被灰棕色绒毛，托叶钻形，有毛。花多数组成圆锥花序，径10-19厘米；花序梗和花梗均密被锈色绒毛；苞片钻形，密生锈色绒毛。花梗长2-8毫米；花径1.2-2厘米，被丝托浅杯状，被锈色绒毛，萼片三角状卵形，外面被锈色绒毛；花瓣白色，长圆形或卵形，基部有爪，被锈色绒毛；雄蕊20，花柱5，离生，柱头头状，无毛，子房顶端有锈色绒毛，5室。每室2胚珠。果球形或长圆形，径2-5厘米，黄或桔黄色。花期10-12月，果期5-6月。

安徽、江苏、浙江、福建、台湾、江西、河南、湖北、湖南、广东、广西、贵州、云南、四川，甘肃及陕西多有栽培。日本、印度、越南、缅甸、泰国、印度尼西亚亦有栽培。为名贵果树。叶去毛，可化痰止咳；木材红棕色，可制木梳、手杖、农具柄等。

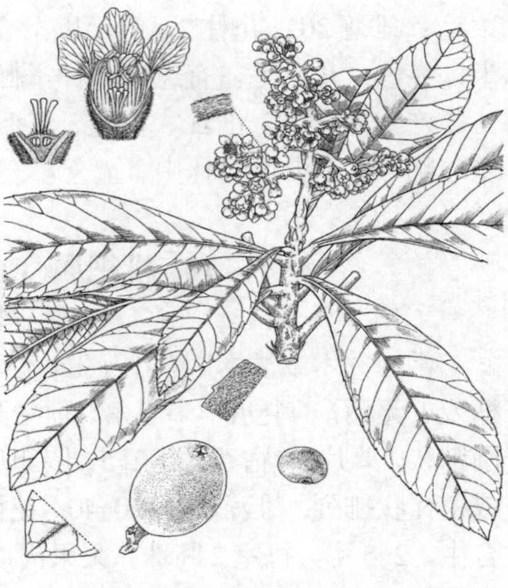
图 870 枇杷 （引自《中国药用植物图志》）

2. 栎叶枇杷 图 871

Eriobotrya prinoides Rehd. et Wils. in Sarg. Pl. Wilson. 1: 194. 1912.

常绿小乔木，高达10米。小枝幼时被绒毛，后脱落无毛。叶革质，长圆形或椭圆形，稀卵形，长7-15厘米，先端急尖，稀圆钝，基部楔形，疏生波状齿，近基部全缘，上面初被柔毛，后脱落无毛，下面密被灰色绒毛，侧脉10-12对，中脉及侧脉近无毛；叶柄长1.5-3厘米，被灰色绒毛。圆锥花序顶生，长6-10厘米；花序梗和花梗均被棕红色绒毛；苞片和小苞片卵形，早落。花径1-1.5厘米；被丝托杯状，被柔毛，萼片长圆状卵形，外面被柔毛；花瓣白色，卵形，长4-5毫米，先端深裂，内面基部有柔毛；雄蕊20，花柱2，稀3，离生或中部合生，子房顶端有柔毛，暗红色。种子1，子叶肥厚。花期9-11月，果期翌年4-5月。

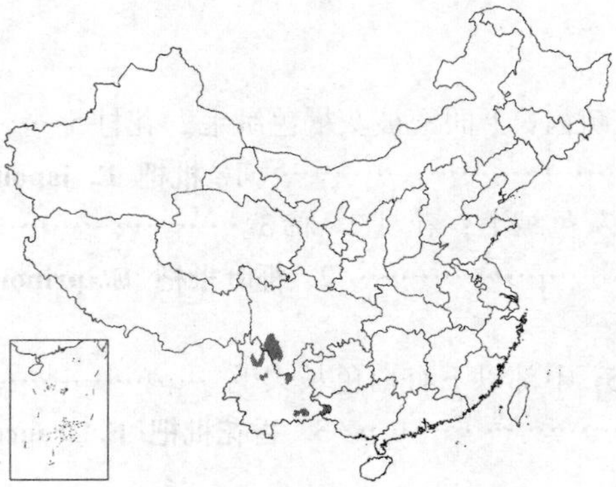

产云南及四川西南部，生于海拔800-1700米河旁或湿润密林中。

图 871 栎叶枇杷 （吴彰桦绘）

3. 香花枇杷 图 872

Eriobotrya fragrans Champ. ex Benth. in Journ. Bot. Kew Misc. 4: 80. 1852.

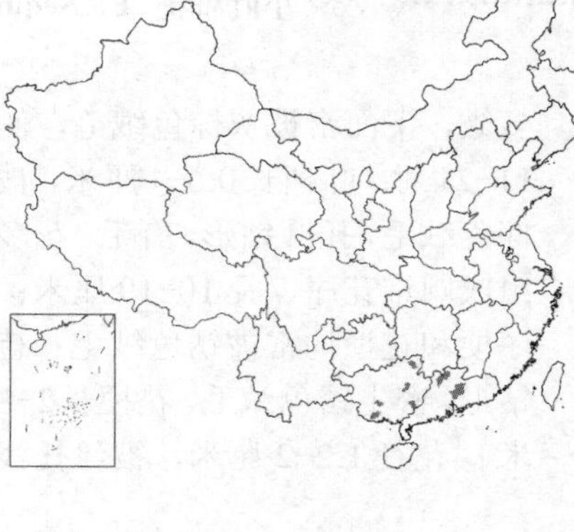

常绿小乔木或灌木状，高达10米。小枝幼时密被棕色绒毛，旋脱落无毛。叶革质，长圆状椭圆形，长7-15厘米，先端尖或短渐尖，基部楔形或渐窄，中上部有不明显疏锯齿，幼时两面密被短绒毛，侧脉9-11对，中脉在两面突起；叶柄长1.5-3厘米，幼时有棕色短绒毛，

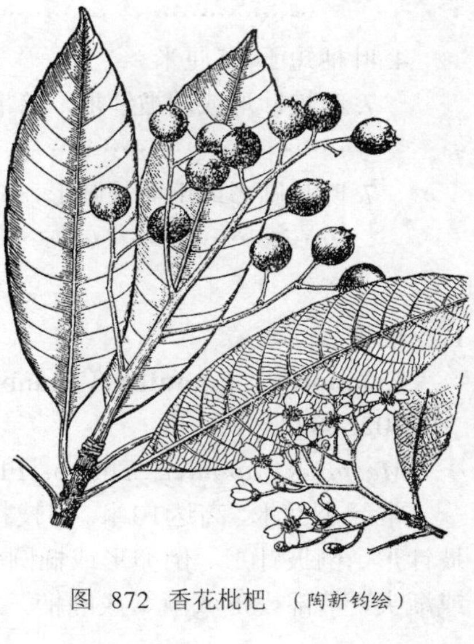
图 872 香花枇杷 （陶新钧绘）

托叶早落。圆锥花序长7-9厘米；花序梗密被棕色绒毛。花梗长2-5毫米；花径约1.5厘米，被丝托杯状，外面有棕色绒毛，萼片三角状卵形，外面被棕色绒毛，内面无毛；花瓣白色，椭圆形，长约5毫米，基部有棕色绒毛；雄蕊20；花柱4-5，中部以下有白色长柔毛。果球形，径1-2.5厘米，有颗粒状突起，并有绒毛，宿存萼片反折。花期4-5月，果期8-9月。

产广东、香港及广西，生于海拔800-850米山坡林中。

4. 齿叶枇杷 图 873

Eriobotrya serrata Vidal in Adansonia 5: 558. 1965.

常绿乔木，高达20米。小枝黄褐色，幼时密被绒毛，后脱落无毛。叶革质，倒卵形或倒披针形，长9-23厘米，先端圆钝或尖，基部渐窄，有内弯锯齿，齿距6-8毫米，无毛，侧脉10-16对，中脉在两面突起；叶柄长1.5-3厘米，无毛，托叶早落。花多数组成圆锥花序，顶生，径达8厘米；花序梗密被黄色绒毛。花梗近无；花径0.8-1厘米；被丝托浅杯状，密被黄色绒毛，萼片卵形，密被黄色绒毛，内面无毛；花瓣白色，倒卵形，先端微缺，基部有毛；雄蕊20；花柱3-4，稀2或5，基部和子房顶端被柔毛，果卵球形或梨形，长1.5-1.5厘米，绿色，顶端有宿存萼片。花期11月，果期翌年5月。

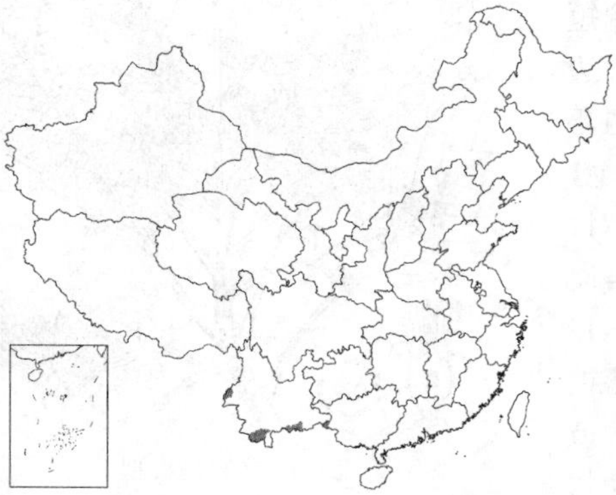

产云南南部及西部、广西西部，生于海拔1080-1900米山坡林中。老挝有分布。

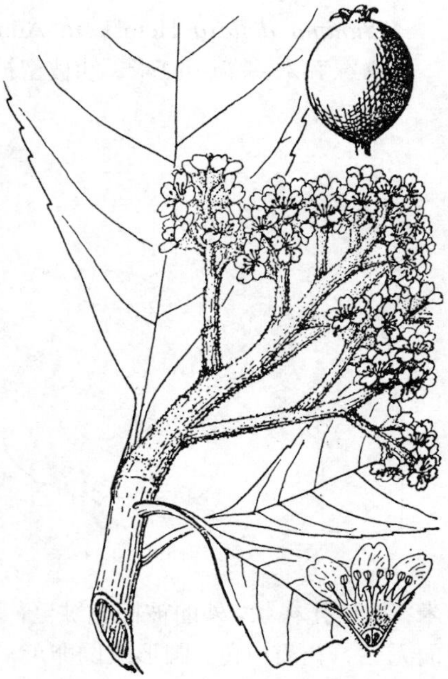

图 873 齿叶枇杷 （吴彰桦绘）

5. 大花枇杷 图 874

Eriobotrya cavaleriei (Lév1.) Rehd. in Journ. Arn. Arb. 13: 307. 1932.

Hiptage cavaleriei Lévl. in Fedde, Repert. Sp. Nov. 10: 372. 1912.

常绿乔木，高达6米。小枝无毛。叶长圆形、长圆状披针形或长圆状倒披针形，长7-18厘米，先端渐尖，基部渐窄，疏生内弯浅锐齿，近基部全缘，上面无毛，下面近无毛，侧脉7-14对，中脉在两面隆起；叶柄长1.5-4厘米，无毛，托叶早落。圆锥花序顶生，径9-12厘米；花序梗和花梗均疏被棕色短柔毛。花梗长0.3-1厘米；花径1.5-2.5厘米；被丝托浅杯状，疏被棕色短柔毛，萼片三角状卵形，边缘被棕色绒毛；花瓣白色，倒卵形，先端微凹，无毛；雄蕊20；花柱2-3，基部合生，中部以下有白色长柔毛。果椭圆形或

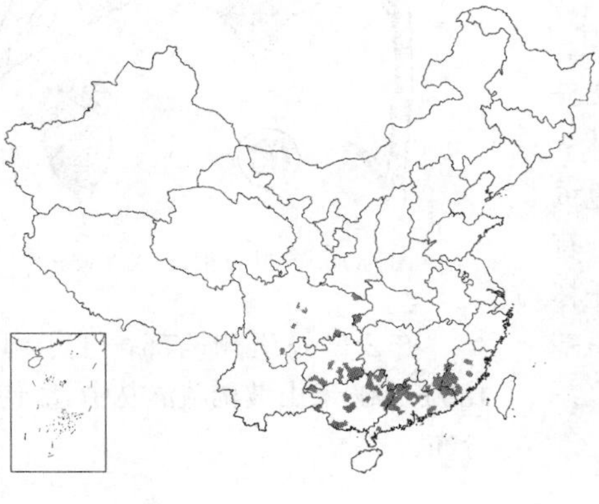

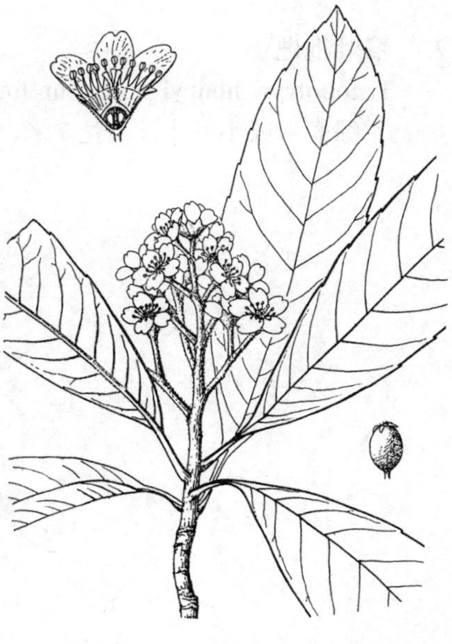

图 874 大花枇杷 （吴彰桦绘）

近球形，径1-1.5厘米，桔红色，肉质，具颗粒状突起，无毛或微被柔毛，顶端宿存萼片反折。花期4-5月，果期7-8月。

产福建、江西东南部、湖北西南部、湖南南部、广东、广西、贵州及四川，生于海拔500-2000米山坡、河边林中。越南北部有分布。果味酸甜，可生食及酿酒。

6. 台湾枇杷 图 875

Eriobotrya deflaxa (Hemsl.) Nakai in Bot. Mag. Tokyo 30: 18. 1918.

Photinia deflexa Hemsl. in Ann. Bot. 9: 153. 1895.

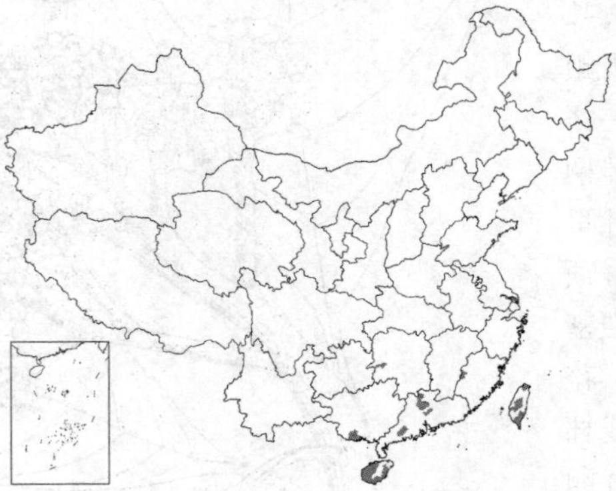

常绿乔木，高达12米。幼枝密被棕色绒毛，后脱落。叶革质，集生枝顶，长圆形或长圆状披针形，长10-19厘米，先端短尾尖或渐尖，基部楔形，边缘微外卷，疏生不规则内弯粗钝齿，幼时两面有绒毛，旋脱落无毛，侧脉10-12对，在下面隆起；叶柄长2-4厘米，无毛。圆锥花序径10-12厘米；花序梗和花梗均密被棕色绒毛；苞片和小苞片披针形，外面被绒毛。花梗长0.6-1.2厘米；花径1.5-1.8厘米；被丝托杯状，外面被棕色绒毛，萼片三角状卵形，外面被棕色绒毛，内面无毛；花瓣白色，圆形或倒卵形，先端微缺至深裂，无毛；雄蕊20；花柱3-5，在中部合生并被柔毛，子房无毛。果近球形，径1.2-2厘米，黄红色，无毛。花期5-6月，果期6-8月。

图 875 台湾枇杷
（引自《Woody Fl. Taiwan》）

产台湾、福建西部、广东、海南、广西南部及湖南西部，生于海拔1000-1800米山坡及山谷阔叶林中。越南有分布。

7. 窄叶枇杷 图 876

Eriobotrya henryi Nakai in Journ. Arn. Arb. 5: 70. 1924.

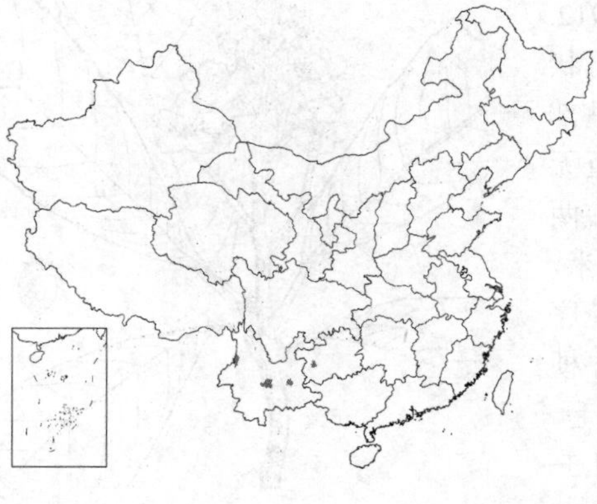

常绿灌木或小乔木，高达7米。小枝纤细，幼时被绒毛。叶革质，披针形或倒披针形，稀带状长圆形，长5-11厘米，先端渐尖，基部楔形或渐窄，疏生尖锐锯齿，幼时两面有锈色绒毛旋脱落无毛，侧脉16-20对，中脉在两面均隆起；叶柄长0.5-1.3厘米，近无毛，托叶早落。圆锥花序长2.5-4.5厘米；花梗长2-4毫米；花序梗和花梗均密生锈色绒毛；苞片和小苞片线形，有锈色绒毛，早落。被丝托杯状，外面被锈色绒毛，萼片披针形，外面有绒毛；花瓣白色，倒卵形，基部有毛；雄蕊10，短于花瓣；花柱2，离生，子房被毛。果卵圆形，长7-9毫米，被锈色绒毛，顶端宿存萼片反折。花期3-4月，果期6-8月。

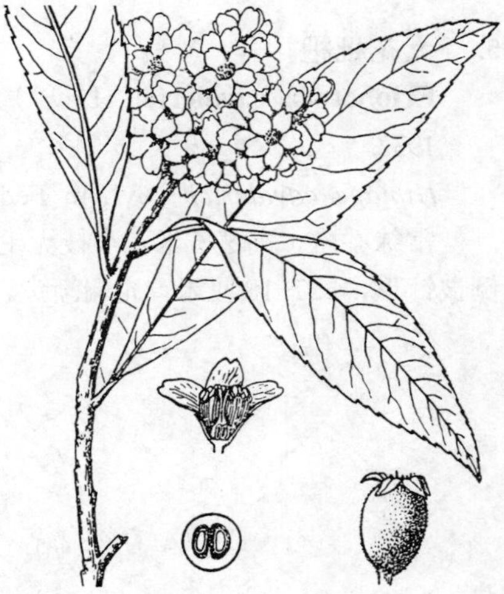

图 876 窄叶枇杷 （吴彰桦绘）

产云南及贵州西部，生于海拔1800-2000米山坡稀疏灌丛中。缅甸有分布。

8. **小叶枇杷** 图 877

Eriobotrya seguinii (Lév1.) Card. ex Guillaumin in Bull. Soc. Bot. France 71: 287. 1924.

Symplocos seguinii Lévl. in Fedde, Repert. Sp. Nov. 10: 431. 1912.

常绿灌木，高达4米。小枝无毛。叶革质，长圆形或倒披针形，长3-6厘米，先端圆钝或尖，基部渐窄下延成窄翅状短柄，具紧贴内弯钝齿，间隔1.5-2毫米，上面无毛，下面幼时被长柔毛，侧脉约10对，中脉在两面隆起；叶柄长1-1.5厘米，无毛，托叶披针形，早落。花多数或少数，成顶生圆锥花序或总状花序；花梗短或近无梗，和花序梗密被锈色绒毛。花径约5毫米；被丝托浅钟状，密被锈色绒毛，萼片长约2毫米，先端圆钝，外卷；花瓣白色，近圆形或倒心形，先端微缺，无毛；雄蕊15；花柱3或4，离生，下部有长柔毛；子房3-4室，顶端有长柔毛。果卵圆形，长约1厘米，微有柔毛。花期3-4月，果期6-7月。

图 877 小叶枇杷 （吴彰桦绘）

产贵州西南部及云南东南部，生于海拔500-1500米山坡林中。

17. 石斑木属 Raphiolepis Lindl.

（谷粹芝）

常绿灌木或小乔木。单叶互生，革质；具短柄，托叶锥形，早落。总状花序、伞房花序或圆锥花序。被丝托钟状或筒状，萼片5，直立或外折，脱落；花瓣5，有短爪；雄蕊15-20；子房下位，2室，每室2直立胚珠，花柱2或3，离生或基部合生。梨果核果状，近球形，肉质，萼片脱落后顶端有一圆环或浅窝。种子1-2，近球形，种皮薄，子叶肥厚，平凸或半球形。

约15种，分布于亚洲东部。我国7种。

1. 叶无毛或仅下面微被绒毛或柔毛。
  2. 叶卵形、倒卵形、椭圆形、长圆形或长圆状披针形，宽1.5-6厘米。
    3. 叶卵形或长圆形，稀倒卵形或长圆状披针形，长2-8厘米，宽1.5-4厘米；花序有绒毛或无毛；花径1-1.3厘米；果径约5毫米 ………… 1. **石斑木 R. indica**
    3. 叶长椭圆形或倒卵状长圆形，长5-7厘米，宽4-6厘米；花径1.3-1.5厘米；果径0.7-1厘米 ………… 2. **大叶石斑木 R. major**
  2. 叶披针形、倒披针形至长圆状披针形，长6-9厘米，宽1.5-2.5厘米；花序被短柔毛；花径约1厘米 ………… 3. **柳叶石斑木 R. salicifolia**
1. 叶下面、叶柄及花梗密被锈色绒毛；叶椭圆形或宽披针形，全缘或中部以上有锯齿 ………… 4. **锈毛石斑木 R. ferruginea**

1. **石斑木** 图 878

Raphiolepis indica (Linn.) Lindl. in Bot. Reg. 6: t. 468. 1820.

Crataegus indica Linn. Sp. Pl. 477. 1753.

Raphiolepis rugosa Nakai；中国高等植物图鉴 2: 218. 1972.

常绿灌木，稀小乔木。幼枝初被褐色绒毛。后渐脱落，近无毛。叶集生于枝顶，卵形或长圆形，稀倒卵形或长圆状披针形，长(2-)4-8厘米，宽1.5-4厘米，先端圆钝、急尖、渐尖或长尾尖，基部渐窄下延叶柄，具细钝锯齿，上面无毛，网脉常明显下陷，下面无毛或被稀疏绒毛，网脉明显；叶柄长0.5-1.8厘米，近无毛，托叶钻形，早落。顶生圆锥花序或总状花序；花序梗和花梗均被锈色绒毛；苞片和小苞片窄披针形，近无毛。花径1-1.3厘米；被丝托筒状，长4-5毫米，边缘及内外面有褐色绒毛或无毛，萼片三角状披针形至线形，长4.5-6毫米，两面被疏绒毛或无毛；花瓣白色或淡红色，倒卵形或披针形，长5-7毫米，基部具柔毛；雄蕊15；花柱2-3，基部合生，近无毛。果球形，紫黑色，径约5毫米，果柄长0.5-1厘米。花期4月，果期7-8月。

产安徽南部、浙江、福建、江西、湖南、广东、香港、海南、广西、贵州及云南，生于海拔150-1600米山坡、路边或溪边灌丛中。日本、老挝、越南、柬埔寨、泰国及印度尼西亚有分布。木材坚韧，带红色，可作器物；果可食。

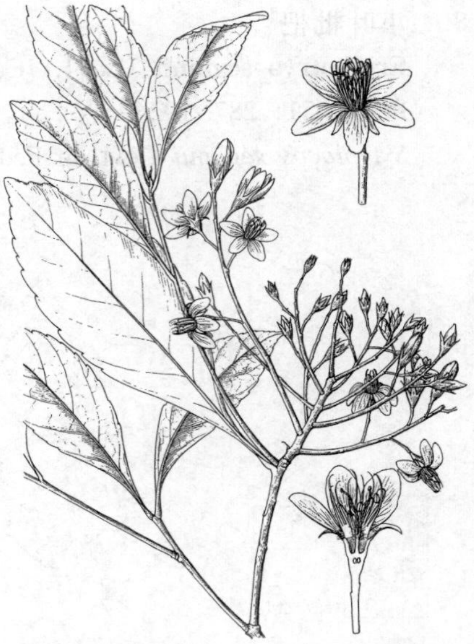

图 878 石斑木 （引自《图鉴》）

2. 大叶石斑木 图 879

Raphiolepis major Card. in Lecomte, Nat. Syst. 3: 380. 1918.

常绿灌木。小枝粗，近无毛。叶长椭圆形或倒卵状长圆形，长7-15厘米，宽4-6厘米，先端尖或短渐尖，基部楔形下延，边缘微下卷，有浅钝锯齿，上面无毛或幼时沿脉被疏柔毛，中脉凸起，侧脉及网脉均下陷成皱，侧脉8-14对；叶柄具翅，长1.5-2.5厘米，近无毛。圆锥花序长约12厘米；花序梗和花梗均被锈色绒毛；苞片和小苞片被锈色绒毛。花梗长0.7-1.5厘米；花径1.3-1.5厘米；被丝托筒状，被锈色绒毛，萼片三角状披针形，外面微被毛，内面先端有锈色绒毛；花瓣卵形，长5-7毫米，基部有毛；雄蕊15；花柱2，基部合生，子房被毛。果球形，黑色，径0.7-1厘米；果柄粗，长0.8-1.5厘米。花期4月，果期8月。

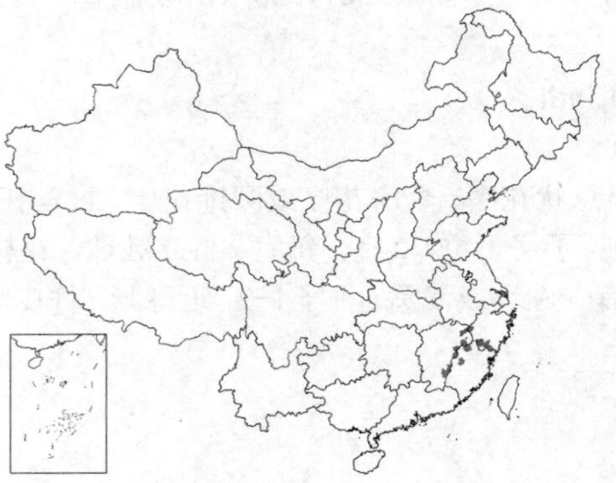

产浙江、福建及江西，生于海拔250-300米阴暗潮湿密林中或溪谷灌丛中。

图 879 大叶石斑木 （吴彰桦绘）

3. 柳叶石斑木 图 880

Raphiolepis salicifolia Lindl. Collect. Bot. in nota, sub t. 3. 1821.

常绿灌木或小乔木，高达6米。小枝细，幼时带红色，具短柔毛。叶披针形、长圆状披针形，稀倒卵状长圆形，长6-9厘米，宽1.5-2.5厘米，先端渐尖，稀急尖，基部窄楔形，下延连于叶柄，具稀疏不整齐浅钝锯齿，有时中下部以下近于全缘，中脉在两面突起；叶柄长0.5-1厘米，无毛。花多数或少数，成圆锥花序顶生；花序梗和花梗均被柔毛。花梗长3-5毫米；花径约1厘米；被丝托筒状，外面被柔毛，内面无毛，萼片三角状披针形或椭圆状披针形，外面几无毛，内面被柔毛；花瓣白色，椭圆形或倒卵状椭圆形，先端稍尖；雄蕊20，短于花瓣；花柱2，几与雄蕊近等长或稍长。

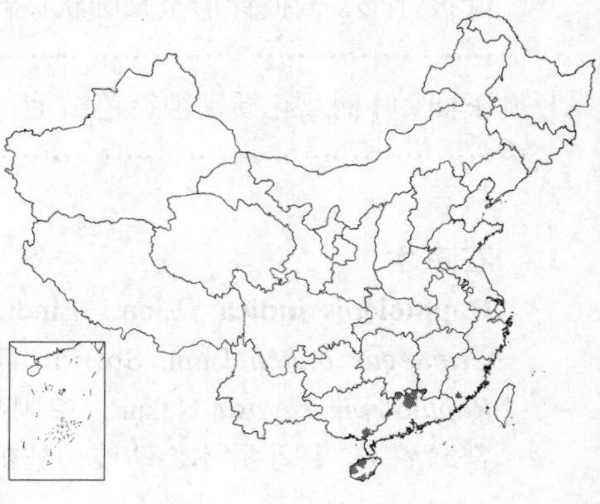

花期4月。

产福建南部、江西南部、广东北部、海南及广西南部，生于山坡林缘或山顶疏林中。越南有分布。

图 880 柳叶石斑木 （吴彰桦绘）

4. 锈毛石斑木 图 881

Raphiolepis ferruginea Metcalf in Lingnan Sci. Journ. 18: 509. 1939.

常绿乔木或灌木状，高达10米以上。小枝密被锈色绒毛。叶椭圆形或宽披针形，长6-15厘米，先端急尖或短渐尖，基部楔形，边缘反卷，全缘，上面幼时被绒毛，后无毛，中脉下陷，下面密被锈色绒毛，中脉和侧脉稍凸起；叶柄长1-2.5厘米，密被锈色绒毛。圆锥花序顶生，长3-5.5厘米；花序梗和花梗均密被锈色绒毛。花梗长2-4毫米；花径0.8-1厘米；被丝托筒状，长约4毫米，外面密被锈色绒毛，萼片卵形，长约3毫米；花瓣白色，卵状长圆形，长约4毫米；雄蕊15；花柱2，基部合生，无毛。果球形，径5-8毫米，幼时被黄色绒毛，成熟后黑色，近无毛或仅顶端有少数锈色绒毛，萼片脱落；果柄粗，长4-7毫米，密被锈色绒毛。花期4-6月，果期10月。

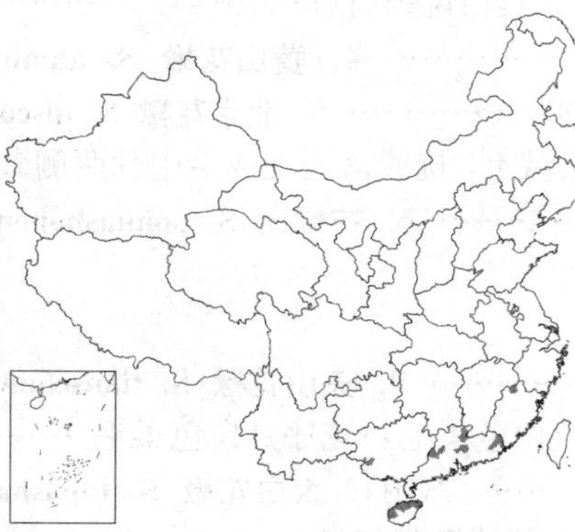

产福建、广东、海南及广西西南部，生于海拔300-600米山坡、山谷或路边疏林中。

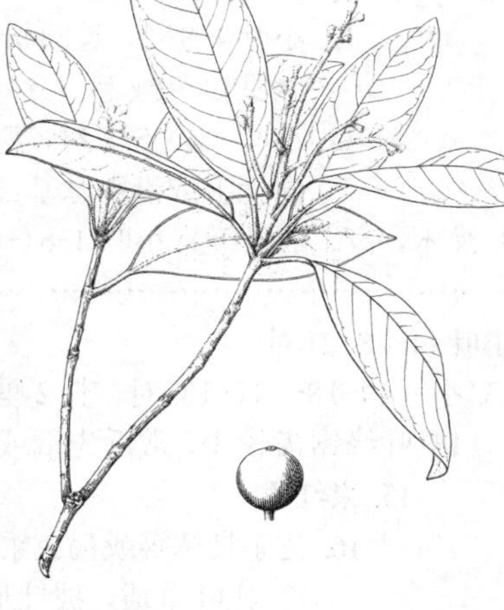

图 881 锈毛石斑木 （吴彰桦绘）

18. 花楸属 Sorbus Linn.

（陆玲娣）

落叶乔木或灌木。冬芽卵形、圆锥形或纺锤形，具数枚覆瓦状鳞片。单叶或奇数羽状复叶，互生，在芽中对折，稀席卷；托叶膜质或草质。花两性；复伞房花序，稀伞房花序或圆锥花序。花萼5裂，萼筒钟形，稀倒圆锥形或坛状，萼片边缘有时具腺体；花瓣具爪，稀无爪；雄蕊15-20，常不等长，2-3轮；心皮2-5，子房半下位或下位，2-5室，每室2胚珠；花柱2-5，分离或部分连合。梨果小形，花萼宿存或脱落，子房壁革质或软骨质，2-5室，每室1-2种子，种子无胚乳，子叶扁平。

约100种，分布于亚洲、欧洲及北美洲温带。我国约66种。许多种类为观赏植物；木材坚硬，可作各种器具。果富含维生素和糖分，可加工成果汁、果酒、果酱及果糕等。

1. 羽状复叶；果具宿存萼片；心皮2-4(5)，大部与萼筒合生，花柱2-4(5)，常离生。
 2. 小叶3-7(-9)对。
  3. 直立乔木或灌木，高(4)5米以上。
   4. 小叶先端钝圆，叶缘反卷，具浅钝锯齿，托叶草质，近圆形，长1-2厘米，有时分裂 ………………………………………………………… 1. 卷边花楸 **S. insignis**

4. 小叶先端尖或短渐尖，稀钝圆，具尖锐或钝锯齿，叶缘不反卷。

5. 托叶草质，大形，迟落；果红或黄色，稀白色。

6. 芽无毛或顶端微具柔毛。

7. 果红或桔红色。

8. 小叶3-5对，长7-13厘米，幼时下面密被绒毛，老时沿中脉有少量绒毛，具尖锐锯齿 …………………………………………………………………………………………………… 2. **晚绣花楸 S. sangentiana**

8. 小叶(3-)5-7对，下面无毛或中脉具柔毛，老时脱落无毛。

9. 叶轴和小叶下面无毛或沿中脉具少数短柔毛；小叶长5-8.5厘米，具浅钝细锯齿(每侧8-20) ……………………………………………………………………………………………………… 3. **华西花楸 S. wilsoniana**

9. 叶轴和小叶下面沿中脉具褐色短柔毛；小叶长4-6.5厘米，具粗锐锯齿(每侧9-14) …………………………………………………………………………………………………… 4. **黄山花楸 S. amabilis**

7. 果白或黄色；小叶5-7对，下面无毛，具细锐锯齿(每侧12-18) …………… 5. **北京花楸 S. discolor**

6. 芽密被白色绒毛；果红色；小叶5-7对，长3-5厘米，下面幼时具绒毛，旋脱落无毛或沿中脉两侧微具绒毛，具细锐锯齿 …………………………………………………………… 6. **花楸树 S. pohuashanensis**

5. 托叶膜质，小形，早落；果红或白色。

10. 芽被白色柔毛；小叶大部分有锯齿；花径1.5-2厘米；果红色。

11. 小叶(4)6-7对，卵状披针形，两面无毛；花序无毛 ………………… 7. **天山花楸 S. tianschanica**

11. 小叶(4)5-6(7)对，卵状披针形或椭圆状披针形，下面中脉具白色柔毛；花序具白色柔毛 …………………………………………………………………………………………… 7(附). **太白花楸 S. tapashana**

10. 芽无毛；小叶中部以上或先端有少数锯齿；花径5-7毫米；果白色或微带红晕。

12. 小叶4-8对，长圆状披针形或卵状披针形，先端尖或短渐尖，稀钝圆，中部以上有尖齿，下面沿中脉具白色绒毛 …………………………………………………………………… 8. **湖北花楸 S. hepehensis**

12. 小叶（4）5-8对，椭圆形或长圆状椭圆形，先端钝圆，具短尖头，全缘，近先端具少数锯齿，下面无毛或沿中脉基部有极少柔毛 ……………………………………………… 8(附). **少齿花楸 S. oligodonta**

3. 灌木，高1米以下；小叶4-6(-9)对，长1-2厘米，先端尖或钝圆，具细锐齿，托叶草质或膜质，线状披针形 …………………………………………………………………………………………… 9. **铺地花楸 S. reducta**

2. 小叶(4-)8-21对。

13. 小叶(4-)8-14(-18)对，长2厘米以上，稀稍短。

14. 叶缘锯齿较少，常近先端或中部以上有少数锯齿，稀具较多锯齿。

15. 果红色。

16. 花序具锈褐或褐色柔毛。

17. 托叶草质，披针形、卵形或近圆形。

18. 小叶(4-)6-9对，长圆状椭圆形或长圆形，长2-3.5(-4.5)厘米，宽0.8-1.2厘米，近先端有少数细锐齿；花柱(2)3(4)，基部无毛 ………………………………… 10. **尼泊尔花楸 S. foliolosa**

18. 小叶9-14(15)对；花柱3-5，基部微具柔毛。

19. 小叶卵状线形或线状长圆形，长1.5-3厘米，宽6-8毫米，下面具乳头状突起，近先端具少数锐齿；花柱3-5 ……………………………………………… 11. **蕨叶花楸 S. pteridophylla**

19. 小叶线形或窄披针形，长2.5-5(6)厘米，宽1-1.5厘米，下面无乳头状突起，基部或中部以上密生锐齿；花柱5 ……………………………………………… 11(附). **美叶花楸 S. ursina**

17. 托叶膜质，披针形，小叶7-9对，长圆形或卵状长圆形，中部以上或近先端有锐齿；花柱5，基部微具柔毛 ……………………………………………………………… 12. **俅江花楸 S. kiukiangensis**

16. 花序具灰白色绒毛；托叶草质，半圆形或卵形，小叶(8-)10-14对，长圆形或宽线形，近先端具少数锐齿；花柱3-4，基部密被柔毛 ……………………………………… 13. **梯叶花楸 S. scalares**

15. 果白色；花序无毛或近无毛；托叶草质或近膜质，披针形，小叶10-14(-18)对，长圆形或宽线形，近先端具少数锐齿；花柱3-4，基部密被柔毛 …………………………………… 14. **球穗花楸 S. glomerulata**

14. 叶缘锯齿较多，几全部有锯齿，基部全缘，稀具较少锯齿。

20. 花萼无毛。

21. 果浅红或深红色；花序轴和花梗被锈褐色柔毛；小叶7-9(10)对，近基部1/3以上有细锐锯齿；花柱(4)5，离生 …………………………………………………………… 15. **西南花楸 S. rehderiana**

21. 果白色；花序轴和花梗疏被白色柔毛。

22. 小叶8-12对，基部以上具锯齿，下面无乳头状突起；花柱5，基部几分离 ……………………………………………………………………………………………… 16. **陕甘花楸 S. koehneana**

22. 小叶9-13(-17)对，中部以上具尖锐细齿，下面具乳头状突起；花柱4-5，基部或基部至1/3处连合 …………………………………………………………………………… 17. **西康花楸 S. prattii**

20. 花萼、花序轴和花梗均被锈褐色柔毛；果浅红色；小叶9-13对，中部以上具少数细锐锯齿；花柱5，几分离 ………………………………………………………………………… 18. **川滇花楸 S. vilmorinii**

13. 小叶(8-)14-21对，长2厘米以下，稀稍长。

23. 小叶近先端或中部以上具少数锯齿，小叶下面和花序常无毛，或小叶下面沿中脉疏生柔毛。

24. 小叶8-13对，稀较多，具数枚粗大锯齿；果深红色 ………………………… 19. **纤细花楸 S. filipes**

24. 小叶10-17(-19)对，具少数锐锯齿；果白或白色带浅蓝色晕 ………… 20. **小叶花楸 S. microphylla**

23. 小叶具较多锯齿，小叶下面和花序无毛或具毛。

25. 果红色；花粉红色；小叶下面和花序被锈红色柔毛；小叶8-14(-17)对，具细锐锯齿，托叶披针形或近半圆形，具粗锐锯齿 ……………………………………………………… 21. **红毛花楸 S. rufopilosa**

25. 果和花白色；小叶下面和花序无毛或具毛。

26. 小叶12-17对，窄长圆形，具圆钝锯齿，小叶下面和花序均无毛，托叶卵状披针形或披针形，分裂或不裂 ……………………………………………………………… 22. **四川花楸 S. setschwanensis**

26. 小叶17-21对，长圆形或长圆状披针形，具尖锐锯齿，小叶下面和花序具疏柔毛，老时近无毛，托叶披针形，具缺刻状锯齿 ………………………………………… 22(附). **多对花楸 S. multijuga**

1. 单叶。

27. 果具宿存萼片；心皮2-3(4-5)，大部与萼筒合生，先端分离，花柱2-3(4-5)，基部合生。

28. 叶下面无毛或下面脉腋具少数绒毛状毛。

29. 叶椭圆状倒卵形或倒卵状椭圆形，宽5-9厘米，具圆钝细锯齿或浅裂片；果卵球形，径1.5-2厘米，被锈色皮孔 ………………………………………………………………… 23. **大果花楸 S. megalocarpa**

29. 叶长圆状卵形或卵状披针形，宽2.5-4厘米，具缺刻状尖锐重锯齿；果近球形，径1-1.2厘米，被白色小皮孔 ………………………………………………………………… 23(附). **锐齿花楸 S. arguta**

28. 叶下面密被绒毛。

30. 果长卵形或长圆形，2室；叶柄长2-3厘米，叶长椭圆形或长圆状卵形，长达15厘米 ……………………………………………………………………………………… 24. **长果花楸 S. zahlbruckneri**

30. 果近球形、卵形或倒卵形，2-3(-5)室。

31. 叶柄长0.3-1.2厘米，被绒毛，叶基部楔形，稀近圆。

32. 花序长3-6厘米，具20-30花；花柱基部无毛；果深红色，卵形或倒卵形 ……………………………………………………………………………………………… 25. **康藏花楸 S. thibetica**

32. 花序长1.5-2.5厘米，具10-20(-25)花；花柱基部具黄白色绒毛；果白色，微具红晕，近球形 …………………………………………………………………………………… 26. **灰叶花楸 S. pallescens**

31. 叶柄长1-2.5厘米，无毛或具疏绒毛，叶基部圆或宽楔形。

33. 叶卵形或椭圆状卵形，稀椭圆状倒卵形，具细锯齿，侧脉12-14对；花柱基部具绒毛 ……………………………………………………………………………………………… 27. **江南花楸 S. hemsleyi**

33. 叶长圆状椭圆形、长圆状卵形或卵状披针形，具不整齐细锯齿或重锯齿，侧脉12-16对；花柱基部无毛或微具柔毛 …………………………………………………………………… 28. **冠萼花楸 S. coronata**

27. 果无宿存萼片；心皮2-3(4-5)，全部与萼筒合生，花柱2-3，稀4-5，基部合生。

34. 叶下面无毛或微具毛。

35. 叶脉(6-)10-18(-24)对，直达叶缘锯齿。

36. 果长圆形或卵状长圆形，2室，不具或具少数不明显小皮孔；叶柄长1.5-3厘米，叶缘具尖锐重锯齿，侧脉6-10(-14)对 …………………………………………………………… 29. **水榆花楸 S. alnifolia**

36. 果球形或卵球形，2-5室，具皮孔，稀无皮孔；叶柄长0.5-2厘米。

37. 叶具单锯齿，侧脉10-18对，叶柄长1-2厘米。

38. 叶具圆钝锯齿；果径约1厘米，具小皮孔，4-5室 ………………… 30. **美脉花楸 S. caloneura**

38. 叶具尖锐锯齿；果径小于1厘米，不具或具少数小皮孔，2-3室 ……………………………………………………………………………………………… 31. **鼠李叶花楸 S. rhamnoides**

37. 叶具重锯齿，侧脉16-24对，叶柄长5-8毫米；果径1-1.4厘米，具多数小皮孔，3(4)室 ………………………………………………………………… 31(附). **泡吹叶花楸 S. meliosmifolia**

35. 叶脉7-11对，常在叶缘弯曲并分枝结成网状。

39. 叶柄长1-3厘米；果径大于1厘米，具皮孔。

40. 叶卵形或椭圆状卵形，基部圆，具浅钝锯齿，叶柄长2.5-3厘米；果径1-1.5(-2)厘米，3-4室 ……………………………………………………………………………… 32. **疣果花楸 S. corymbifera**

40. 叶卵状披针形或椭圆状披针形，基部常楔形，疏生尖锐锯齿，叶柄长1-1.5厘米；果径1-1.2厘米，2-3室 ………………………………………………………………… 33. **圆果花楸 S. globosa**

39. 叶柄长0.5-1厘米；果径小于1厘米，稀稍大，无或有少数不明显皮孔。

41. 花序无毛；叶椭圆形、长圆状椭圆形、椭圆状披针形或椭圆状倒卵形。

42. 幼叶下面脉疏生绒毛状毛，后脱落，具尖锐细锯齿，近基部全缘；果卵形，无皮孔，2-3室 ………………………………………………………………………………… 34. **毛背花楸 S. aronioides**

42. 叶两面无毛，中部以上具浅钝细锯齿，下半部全缘；果近球形，具少数小皮孔，2-4室 ……………………………………………………………………… 34(附). **滇缅花楸 S. thomsonii**

41. 花序具灰白色绒毛；叶倒卵形或长圆状倒卵形，幼时两面具绒毛，渐脱落，具圆钝细锯齿；果卵形或稍扁桔形，具少数不明显小皮孔，2-3室 ………………………… 35. **毛序花楸 S. keissleri**

34. 叶下面密被绒毛。

43. 叶下面密被灰白色绒毛，侧脉8-18对，直达叶缘锯齿。

44. 果长圆形或倒卵状长圆形；花柱2-3，基部具绒毛 ……………………… 36. **石灰花楸 S. folgneri**

44. 果近球形；花柱2，基部无毛 …………………………………………… 36(附). **棕脉花楸 S. dunnii**

43. 叶下面密被锈色或锈褐色绒毛。

45. 侧脉直达叶缘锯齿。

46. 叶长椭圆形、长椭圆状卵形或长椭圆状倒卵形，下面有锈色绒毛，侧脉12-15对，叶柄长0.5-1厘米；花柱2-3 ……………………………………………………… 37. **附生花楸 S. epidendron**

46. 叶卵形、椭圆形或倒卵形，幼时两面密被锈色绒毛，老时脱落，仅脉上具毛，侧脉6-8(-11)对，叶柄长1-1.5厘米；花柱3-4 ………………………………………… 37(附). **锈色花楸 S. ferruginea**

45. 侧脉在叶缘略弯曲并分枝结成网状。

47. 叶卵形、椭圆状卵形，稀椭圆状倒卵形，长9-14厘米，侧脉10-12对，叶柄长2-3厘米；果径约1厘米，具皮孔 ……………………………………………………………… 38. **褐毛花楸 S. ochracea**

47. 叶卵状披针形，长4-7(-9)厘米，侧脉6-8对，叶柄长5-7(-10)毫米；果径0.5-1厘米，常无皮孔 ………………………………………………………………… 38(附). **多变花楸 S. astateria**

1. **卷边花楸**

Sorbus insignis (Hook. f.) Hedl. in Svensk. Vet. Akad. Handl. 35 (1): 32. 1901.

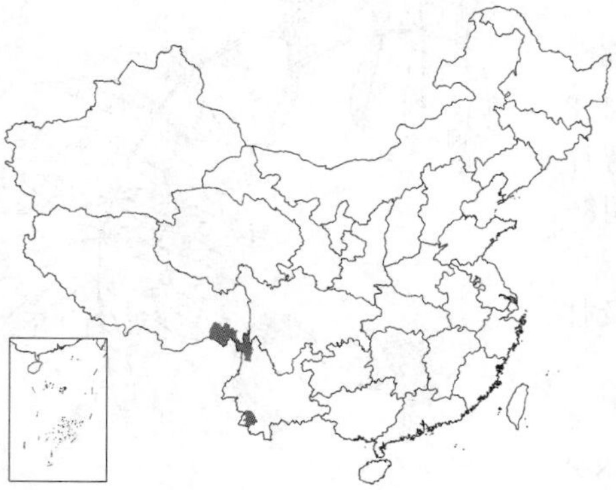

Pyrus insignis Hook. f. Fl. Brit. Ind. 2: 377. 1878.

小乔木。幼枝被褐色柔毛，老时脱落。奇数羽状复叶，连叶柄长10-15厘米，叶柄长1.7-3厘米；小叶(4)5(6)对，革质，间隔0.8-1.7厘米，长圆形或椭圆状长圆形，长5-10(-20)厘米，基部偏斜，有钝圆细锯齿，叶缘反卷，幼时两面有柔毛，老时上面疏生柔毛，下面几无毛，密被乳头状突起；叶轴两侧微具窄翅，幼时密被丝状柔毛，托叶草质，近圆形，长1-2厘米，有时分裂，早落。复伞房花序有多数密集花朵，具疏柔毛和皮孔，花梗极短；花径6-8毫米；花萼被疏柔毛，萼筒钟状，萼片三角形；花柱3，无毛。果球形或卵圆形，径5-8毫米，3室。

产云南西南部及西北部、西藏东南部，生于海拔2500-4000米林中、山坡或悬岩峭壁。缅甸北部、印度东北部、锡金及尼泊尔有分布。

2. **晚绣花楸** 图 882

Sorbus sargentiana Koehne in Sarg. Pl. Wilson. 1: 461. 1913.

乔木，高达10米。小枝粗，具多数皮孔，幼时被灰白色绒毛。冬芽有疏柔毛。奇数羽状复叶，连叶柄长18-28厘米，叶柄长5-6厘米；小叶3-5对，间隔2.5-3.2厘米，椭圆状披针形，长7-13厘米，先端渐尖，稀尖，基部圆或偏心形，具尖锐锯齿，幼时上面具疏柔毛，下面幼时密被绒毛，渐脱落，老时沿中脉和侧脉具少数绒毛，侧脉20-35对，在叶缘弯曲并结合成网状；叶轴具灰白色绒毛，托叶草质，具锐锯齿，半圆形，迟落。复伞房花序具多数密集花朵，具灰白色绒毛。花梗长1-3毫米；花萼被绒毛，萼片三角形；花瓣宽卵形，长宽均2.5-3.5毫米，白色，无毛；雄蕊约20，稍短于花瓣；花柱3-4(5)，较雄蕊短，基部具灰白色绒毛。果球形，径5-6毫米，成熟时红色。花期5-7月，果期8-9月。

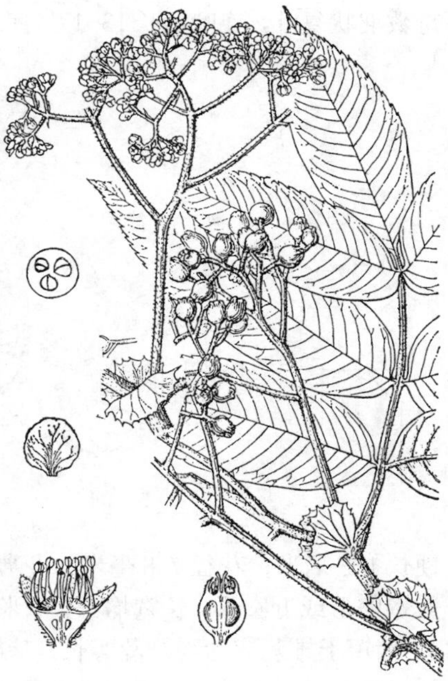

图 882 晚绣花楸 （刘敬勉绘）

产四川及云南东北部，生于海拔2000-3200米阳坡灌丛或林中。

3. **华西花楸** 图 883

Sorbus wlisoniana Schneid. in Bull. Herb. Boiss. sér. 2, 6: 312. 1906.

乔木，高达10米。小枝粗，有皮孔，无毛。奇数羽状复叶，连叶柄长20-25厘米，叶柄长5-6厘米；小叶5-7对，间隔1.5-3厘米，长圆状椭圆形或长圆状披针形，长5-8.5厘米，先端急尖或渐尖，基部宽楔形或圆，每侧有8-20浅钝细锯齿，上下两面无毛或下面沿中脉有短柔毛，侧脉17-20对；叶轴下面无毛或在小叶着生处有柔毛，托叶草质，半圆形，有锐锯齿。复伞房花序具多花，被柔毛。花梗长

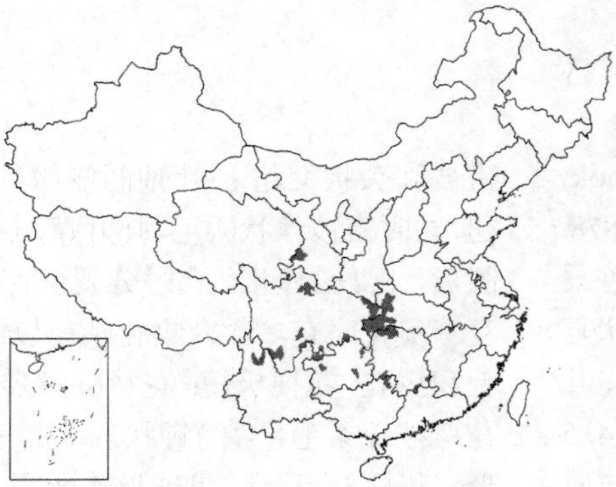

2-4毫米；花径6-7毫米；花萼有柔毛，萼片三角形；花瓣卵形，长宽均3-3.5毫米，先端圆钝，稀微凹，白色；雄蕊20，短于花瓣；花柱3-5，较雄蕊短，基部密具柔毛。果卵圆形，径5-8毫米，成熟时桔红色，萼片宿存。花期5-6月，果期8-9月。

产江西北部、湖北西部、湖南、广西东北部、云南、贵州、四川及甘肃西南部，生于海拔1300-3300米山地林中。

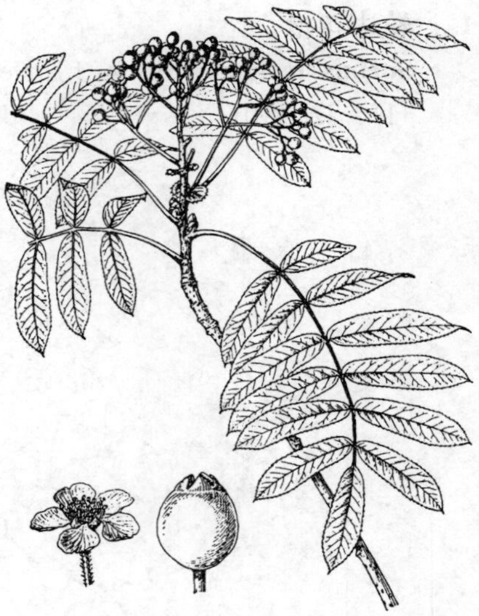

图 883 华西花楸 （引自《图鉴》）

4. 黄山花楸 图 884

Sorbus amabilis Cheng ex Yu in Acta Phytotax. Sin. 8: 224. 1963.

乔木，高达10米。嫩枝具褐色柔毛，老时近无毛。冬芽具褐色柔毛。奇数羽状复叶，连叶柄长13-17.5厘米，叶柄长2.5-3.5厘米；小叶(4)5-6对，间隔1-1.8厘米，长圆形或长圆状披针形，长4-6.5厘米，宽1.5-2厘米，先端渐尖，基部圆，一侧甚偏斜，基部或1/3以上部分具粗锐锯齿(每侧9-14)，上面无毛，下面沿中脉具褐色柔毛，老时几无毛；叶轴幼时被褐色柔毛，老叶无毛，托叶草质，半圆形，具粗大锯齿，花后脱落。复伞房花序顶生，密被褐色柔毛，果期近无毛。花梗长1-3毫米；花径7-8毫米；花萼常无毛，萼片三角形，先端圆钝；花瓣宽卵形或近圆形，长宽均3-4毫米，白色；雄蕊20，短于花瓣；花柱3-4，稍短于雄蕊或约与雄蕊等长，基部密生柔毛。果球形，径6-7毫米，成熟时红色；萼片宿存，花期5-6月，果期9-10月。

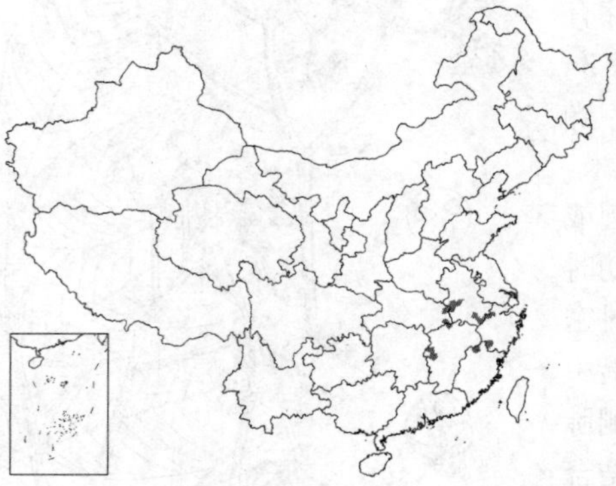

图 884 黄山花楸 （吴彰桦绘）

产安徽南部、浙江、福建西北部、江西北部及西部、湖北东部，生于海拔900-2000米山地林中。

5. 北京花楸 图 885

Sorbus discolor (Maxim.) in Bull. Acad. Sci. St. Pétersb. 19: 173. 1873.

Pyrus discolor Maxim. in Mém. Div. Sav. Acad. Sci. St. Pétersb. 9: 103. 1859.

乔木，高达10米。嫩枝无毛。奇数羽状复叶，连叶柄长10-20厘米，叶柄长3-6厘米；小叶5-7对，间隔1.2-3厘米，长圆形、长圆状椭圆形或长圆状披针形，长3-6厘米，先端急尖或短渐尖，基部圆，具细锐锯齿(每侧锯齿12-20)，两面均无毛，侧脉12-20对；叶轴无毛，托叶宿存，草质，有

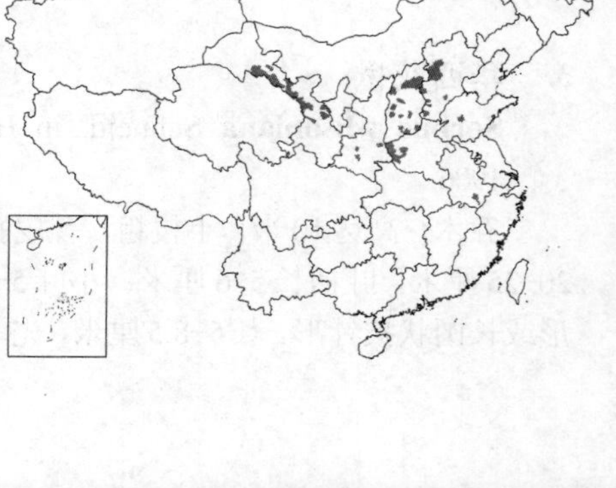

粗齿。复伞房花序较疏散，无毛。花梗长2-3毫米；花萼无毛，萼片三角形；花瓣卵形或长圆状卵形，长3-5毫米，白色，无毛；雄蕊15-20，约短于花瓣1倍；花柱3-4，几与雄蕊等长，基部具疏柔毛。果卵圆形，径6-8毫米，白，老时黄色，萼片宿存。花期5-6月，果期8-9月。

产内蒙古东北部、甘肃、陕西、山西、河南、河北、山东中西部及安徽南部，生于海拔1500-2500米阔叶混交林或阳坡疏林中。

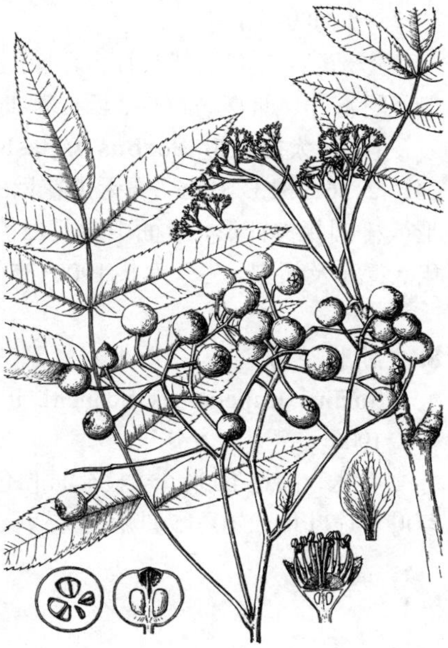

图 885 北京花楸 （冯晋庸绘）

6. 花楸树 图 886

Sorbus pohuashanensis (Hance) Hedl. in Svensk. Vet. Akad. Handl. 35(1): 33. 1901.

Pyrus pohuashanensis Hance in Journ. Bot. 13: 132. 1875.

乔木。嫩枝具绒毛，老时无毛。冬芽密被灰白色绒毛。奇数羽状复叶，连叶柄长12-20厘米，叶柄长2.5-5厘米；小叶5-7对，间隔1-2.5厘米，卵状披针形或椭圆状披针形，长3-5厘米，有细锐锯齿，上面具疏绒毛或近无毛，下面有绒毛，或无毛，侧脉9-16对；叶轴幼时有白色绒毛，托叶草质，宿存，宽卵形，有粗锐锯齿。复伞房花序具多花，密被白色绒毛。花梗长3-4毫米；花径6-8毫米；花萼具绒毛，萼筒钟状，萼片三角形；花瓣宽卵形或近圆形，长3.5-5毫米，白色，内面微具柔毛；雄蕊20，几与花瓣等长；花柱3，基部具柔毛，较雄蕊短。果近球形，径6-8毫米，成熟时红或桔红色，萼片宿存。花期6-7月，果期9-10月。

产黑龙江、吉林、辽宁、内蒙古、甘肃中南部、陕西中西部、山西北部、河北、山东中西部及安徽东南部，生于海拔900-2500米坡地或山谷林中。

图 886 花楸树 （引自《图鉴》）

7. 天山花楸 图 887

Sorbus tianschanica Rupr. in Mém. Acad. Sci. St. Pétersb. sér. 7, 14: 46. 1869.

灌木或小乔木，高达5米。嫩枝微具短柔毛。冬芽被白色柔毛。奇数羽状复叶，连叶柄长14-17厘米，叶柄长1.5-3.3厘米；小叶(4)6-7对，间隔1.5-2厘米，卵状披针形，长5-7厘米，大部分有锐锯齿，两面无毛；叶轴微具窄翅，无毛，托叶线状披针形，膜质，早落。复伞房花序，无毛；花梗长4-8毫米；花径1.5-1.8（2）厘米；花萼无毛，萼片三角形；花瓣卵形或椭圆形，长6-9毫米，白色，内面微具白色柔毛；雄蕊20，长约为花瓣之半或更短；花柱(3-)5，稍短于雄蕊，基部密被白色绒毛。果球形，径1-1.2厘米，成熟时鲜红色，萼片宿存。花期5-

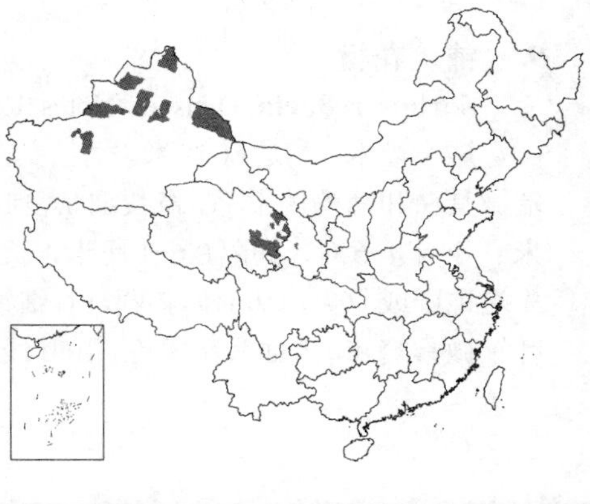

6月，果期9-10月。

产新疆、青海东部及甘肃，生于海拔2000-3200米山谷、针叶林中及林缘。阿富汗、西喜马拉雅、西巴基斯坦、西南亚及俄罗斯有分布。

［附］**太白花楸 Sorbus tapashana** Schneid. in Bull. Herb. Boiss. sér. 2, 6: 313. 1906. 与天山花楸的区别：小叶(4)5-6(7)对，卵状披针形或椭圆状披针形，下面中脉具白色柔毛；花序被白色柔毛。产陕西、甘肃、青海及新疆，生于海拔1900-3500米山地林中。

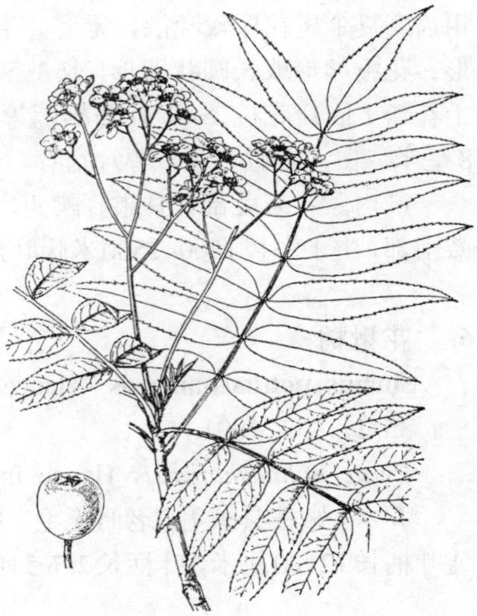

图 887 天山花楸 （引自《图鉴》）

8. 湖北花楸 图 888 彩片 127

Sorbus hupehensis Schneid. in Bull. Herb. Boiss. sér. 2, 6: 316. 1906.

乔木，高达10米。幼枝微被白色绒毛，旋脱落。冬芽无毛。奇数羽状复叶，连叶柄长10-15厘米，叶柄长1.5-3.5厘米；小叶4-8对，间隔0.5-1.5厘米，长圆状披针形或卵状披针形，长3-5厘米，宽1-1.8厘米，先端急尖或短渐尖，稀钝圆，中部以上有尖齿，下面沿中脉有白色绒毛，后脱落，侧脉7-16对；叶轴幼时具绒毛，托叶膜质，线状披针形，早落。复伞房花序无毛，稀具白色疏柔毛。花径5-7毫米；花萼无毛，萼片三角形；花瓣卵形，长3-4毫米，白色；雄蕊20，长约花瓣之半；花柱4-5，短于或几与雄蕊等长，基部具柔毛。果球形，径5-8毫米，白色或带粉红晕，无毛，萼片宿存。花期5-7月，果期8-9月。

图 888 湖北花楸 （冀朝桢绘）

产山西南部、山东东部、安徽中西部、江西西部、湖北西部、贵州、云南西北部、四川、西藏东南部、青海、甘肃及陕西，生于海拔1500-3500米高山阴坡或山沟林中。

［附］**少齿花楸 Sorbus oligodonta** (Card.) Hand.-Mazz. in Vegetationsbild. 22 Heft. 8: 8, 1932. —— *Pirus oligodonta* Card. in Lecomte, Not. Syst. 3: 351. 1918. 与湖北花楸的区别：小叶(4)5-8对，椭圆形或长圆状椭圆形，先端圆钝，具短尖头，全缘，先端具少数锯齿，下面无毛或沿中脉基部有极少柔毛。产云南西部、四川西部及西藏东南部，生于海拔2000-3600米山坡或沟边林内。

9. 铺地花楸 图 889

Sorbus reducta Diels in Notes Roy. Bot. Gard. Edinb. 5: 272. 1912.

矮小灌木，高达60厘米。幼枝具白色和褐色柔毛，老时无毛。冬芽先端微具白和锈褐色柔毛。奇数羽状复叶，连叶柄长6-8厘米，叶柄长1-2厘米；小叶4-6对，间隔0.6-1厘米，长圆状椭圆形或长圆形，长1-2厘米，先端钝圆或急尖，基部偏斜圆，有细锐齿，上面疏被长柔毛，下面无毛；叶轴微具窄翅，上面具疏柔毛，托叶线状披针形。花序伞房状或复伞房状，

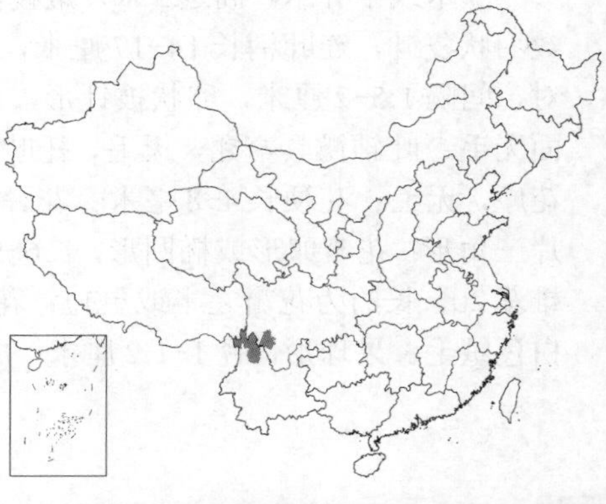

具少花，有白色或少数锈褐色柔毛。花梗长1-2毫米；花径6-7毫米；花萼无毛，萼片三角形，先端钝圆；花瓣卵形或宽倒卵形，长宽均3-4毫米，白色，上面具柔毛；雄蕊约20，长约为花瓣之半；花柱3-4，与雄蕊近等长或稍短，基部具柔毛。果球形，径6-8毫米，白色，萼片宿存。花期5-6月，果期9-10月。

产云南西北部及四川西南部，生于海拔2000-4000米山地灌丛中或沟谷。

图 889 铺地花楸 （吴彰桦绘）

10. 尼泊尔花楸 图 890

Sorbus foliolosa (Wall.) Spach in Hist. Nat. Vég. 2: 96. 1834. p. p.

Pyrus foliolosa Wall. in Pl. As. Rar. 2: 81. t. 189. 1931. pro part.

Sorbus wallichii (Hook. f.) Yu；中国植物志 36: 329. 1974；中国高等植物图鉴 2: 228. 1985.

灌木，高达4米。嫩枝密被锈色柔毛，老时近无毛。冬芽无毛或先端微具锈色柔毛。奇数羽状复叶，连叶柄长7-12厘米，叶柄长1.5-2厘米；小叶(4-)6-9对，间隔0.8-1.2厘米，长圆状椭圆形或长圆形，长2-3.5(4.5)厘米，先端钝圆或急尖，基部偏斜圆，先端或近中部以上有少数极细针状锯齿，基部全缘，上面无毛，下面密被乳头状突起，中脉疏被锈褐色柔毛或近无毛；叶轴有时微具窄翅，被锈褐色柔毛，托叶草质，披针形，早落。复伞房花序具多花，密被锈褐色柔毛。花萼无毛，萼片三角形；花瓣卵形，白色；雄蕊20，短于花瓣；花柱3，基部无毛。果球形，成熟时红色，径4-6毫米，萼片宿存；果柄长1-2毫米。花期6-7月，果期9-10月。

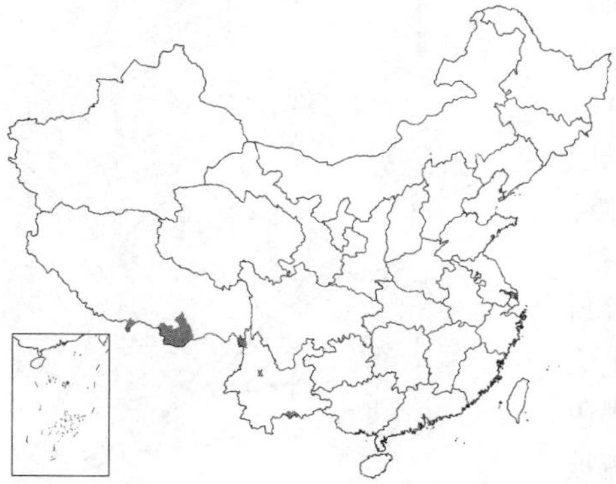

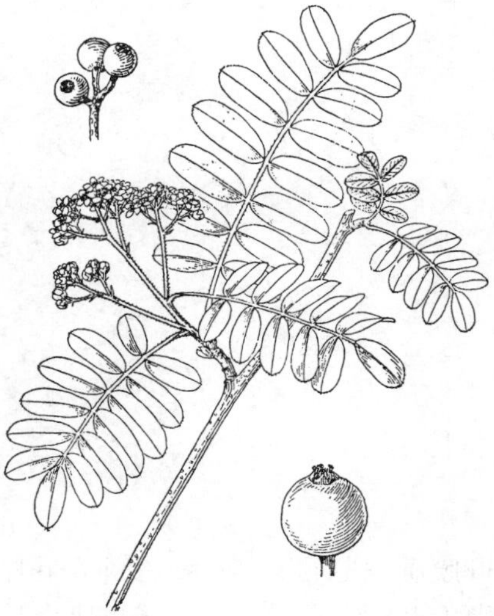

图 890 尼泊尔花楸 （引自《图鉴》）

产云南及西藏南部，生于海拔2500-4200米溪边或山地林中。缅甸北部、印度东北部、不丹、锡金及尼泊尔有分布。

11. 蕨叶花楸 图 891

Sorbus pteridophylla Hand.-Mazz. Symb. Sin. 7: 470. 1933.

灌木，高达7米。小枝褐色或黑褐色，幼时微具绒毛，老时脱落。奇数羽状复叶，连叶柄长6-13厘米，叶柄长1-1.5厘米；小叶9-14对，间隔6-8毫米，卵状线形或线状长圆形，长1.5-3厘米，宽6-8毫米，先端钝圆或急尖，基部圆，先端每侧有4-10细锐锯齿，上面光滑，下面密被乳头状突起，中脉具锈褐色柔毛；叶轴具锈褐色柔毛，托叶卵形或披针形，草质，具深裂尖锐锯齿。复伞房花序疏生多花，具锈褐色柔毛。花梗长3-5毫米；花萼无毛，萼片宽三角形；花瓣宽卵形或椭圆状卵形，长约3毫

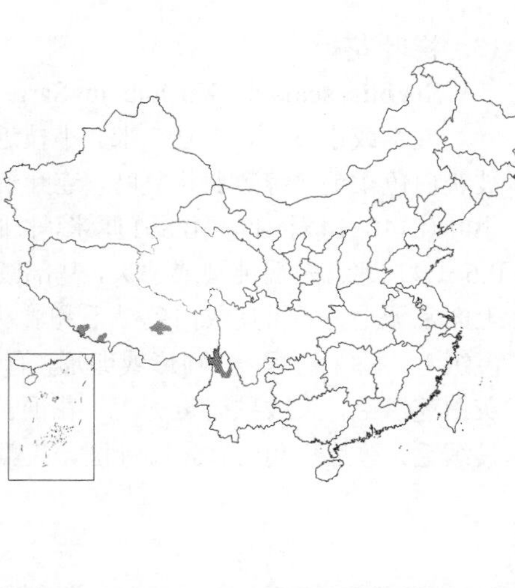

米，白色，无毛；雄蕊20，比花瓣短；花柱3-5，几与雄蕊等长，基部具柔毛。果卵圆形，径6-8毫米，成熟时浅红色，具宿存萼片。花期6-7月，果期8-9月。

产云南西北部及西藏，生于海拔2800-3800米干旱山坡或山谷林中。

［附］**美叶花楸 Sorbus ursina** (Wenzig) Hedlund, Svensk Vet.-Akad. Handl. 35. 1: 80. 1901. —— *Sorbus foliolosa* Spach var. *ursina* Wenzig in Linnaea 38: 75. 1873. 本种与蕨叶花楸的区别：小叶线形或窄披针形，长2.5-5(6)厘米，间隔1-2厘米，下面无乳头状突起，基部或中部以上密被锐齿，托叶宽卵形或近圆形，稀较窄，长1-1.2厘米；花柱5。产云南西北部及西藏南部，生于海拔2700-4600米林中。缅甸东北部、印度西北部、不丹、锡金及尼泊尔有分布。

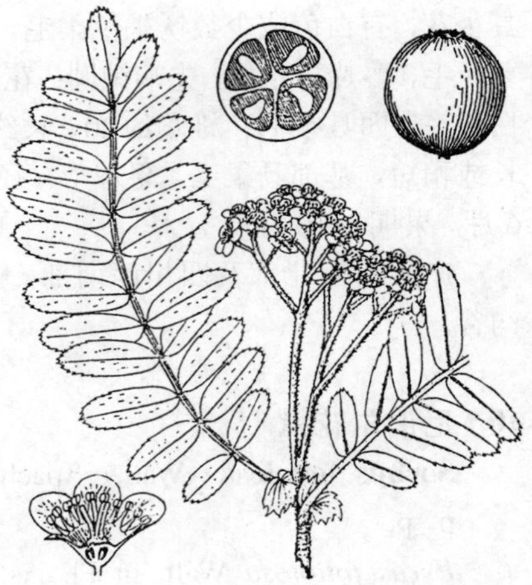

图 891 蕨叶花楸 （吴彰桦绘）

12. 俅江花楸 图 892

Sorbus kiukiangensis Yu in Acta Phytotax. Sin. 8: 225. pl. 27. f. 1. 1963.

灌木或小乔木，高达7米。小枝无毛。冬芽无毛或顶端具锈褐色柔毛。奇数羽状复叶，连叶柄长11-17厘米，叶柄长1.3-3厘米；小叶7-9对，间隔0.6-1.2厘米，长圆形或卵状长圆形，长2.5-3.5厘米，先端钝圆，稀急尖，基部圆稍偏斜，中部以上或先端具锐齿(每侧有齿4-8)，上面具白色柔毛，老时少，下面具锈褐色柔毛，老时中脉及侧脉疏被锈褐色柔毛；叶轴两侧具窄翅，常具白和褐色柔毛，托叶膜质，披针形，脱落。复伞房花序具多花，具锈褐色柔毛。花梗短；花萼无毛，萼片三角形；花瓣卵形，长约3毫米，无毛；雄蕊长约花瓣1/3；花柱5，基部微具柔毛。果卵圆形，径5-8毫米，成熟时红或红褐色，萼片宿存。花期6-7月，果期9-10月。

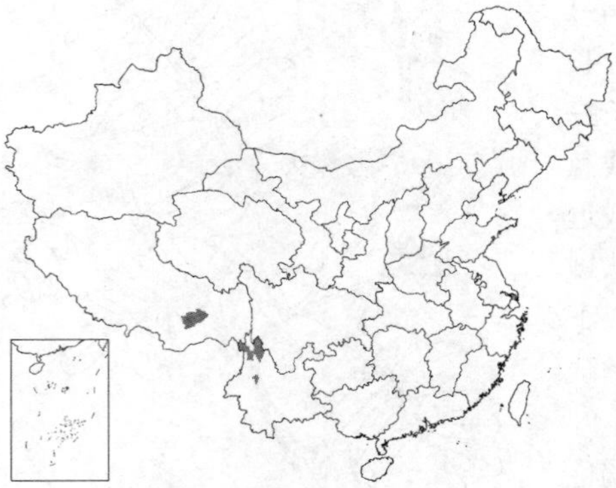

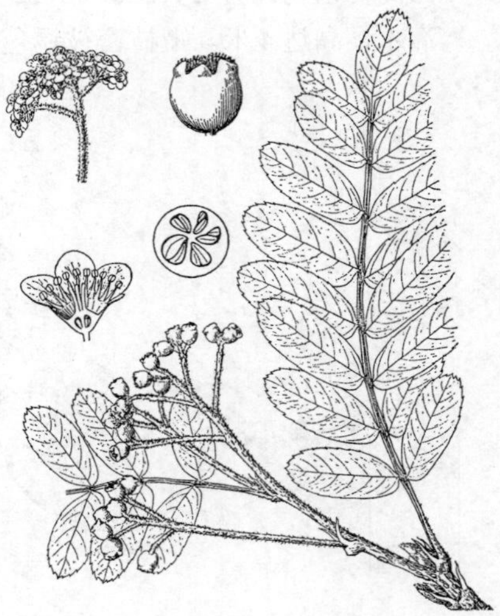

图 892 俅江花楸 （吴彰桦绘）

产云南西北部及西藏东南部，生于海拔3000-3600米山地林内、灌丛中、干热河谷或溪旁。

13. 梯叶花楸 图 893

Sorbus scalaris Koehne in Sarg. P1. Wilson. 1: 462. 1913.

灌木或小乔木，高达7米。小枝近无毛，嫩枝被灰或褐色柔毛。冬芽被灰白色柔毛。奇数羽状复叶，连叶柄长10-18厘米，叶柄长1-2.5厘米；小叶(8)10-14对，间隔0.8-1厘米，长圆形或近宽线形，长2-3(4)厘米，宽0.6-1.4厘米，先端钝圆或急尖，基部圆或偏斜圆，近先端每侧具2-8锐齿，上面常无毛，下面具灰白色绒毛和乳头状突起；叶轴带紫色，下面有灰白色绒毛，托叶草质，半圆形或卵形，有粗齿，宿存。伞房花序密生多花，被灰白色绒毛，果成熟时近无毛。花梗长2-4毫米；花萼无毛或萼筒下部微具绒毛，萼片三角形，先端钝圆，花瓣卵形或近圆形，长2.5-3.5毫米，白

色，无毛；雄蕊20，约与花瓣等长；花柱3-4，稍短于雄蕊，基部密被柔毛。果卵圆形，径5-6毫米，成熟时红色，具宿存萼片。花期5-7月，果期8-9月。

产云南西北部及四川中南部，生于海拔1600-3000米山地林中或沟谷。

14. 球穗花楸 图 894

Sorbus glomerulata Koehne in Sarg. Pl. Wilson. 1: 470. 1913.

灌木或小乔木，高达7米。小枝无毛。冬芽无毛。奇数羽状复叶，连叶柄长10-17厘米，叶柄长1.5-2.5厘米；小叶10-14(18)对，间隔5-9毫米，长圆形或卵状长圆形，长1.5-2.5厘米，基部偏斜圆，中部以上每侧有5-8锐齿，上面无毛，下面中脉基部具柔毛或近无毛；叶轴微具窄翅，无毛或几无毛，托叶小，草质或近膜质，披针形。复伞房花序密生多花，无毛或微具柔毛。花梗长2-3毫米；花萼无毛，萼片三角状卵形，先端钝圆；花瓣卵形，长3-3.5毫米，白色，无毛；雄蕊20，长约为花瓣之半；花柱5，约与雄蕊等长，无毛。果卵圆形，径6-8毫米，白色，具宿存萼片。花期5-6月，果期9-10月。

产湖北西南部、湖南西北部、四川及云南，生于海拔1900-4000米山地林中。

15. 西南花楸 图 895

Sorbus rehderiana Koehne in Sarg. P1. Wilson. 1: 464. 1913.

灌木或小乔木，高达8米。小枝无毛。冬芽无毛或鳞片边缘具锈褐色柔毛。奇数羽状复叶连叶柄长10-15厘米，叶柄长1-3厘米；小叶7-9(10)对，间隔1-1.5厘米，长圆形或长圆状披针形，长2.5-5厘米，宽1-1.5厘米，先端常急尖或钝圆，基部偏斜圆或宽楔形，近基部1/3以上具细锐锯齿，每侧锯齿10-20，幼时上下两面疏被柔毛，后脱落或下面沿中脉疏被柔毛；叶轴无毛或具少数柔毛，托叶披针形，花后脱落。复伞房花序具密集花朵，被疏锈褐色柔毛，果熟时几无毛。花梗长1-2毫米；花萼无毛，萼片三角形；花瓣宽卵形或椭圆状卵形，长3-4

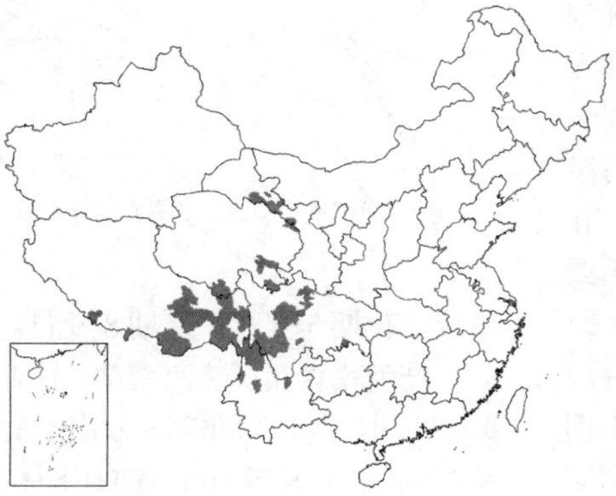

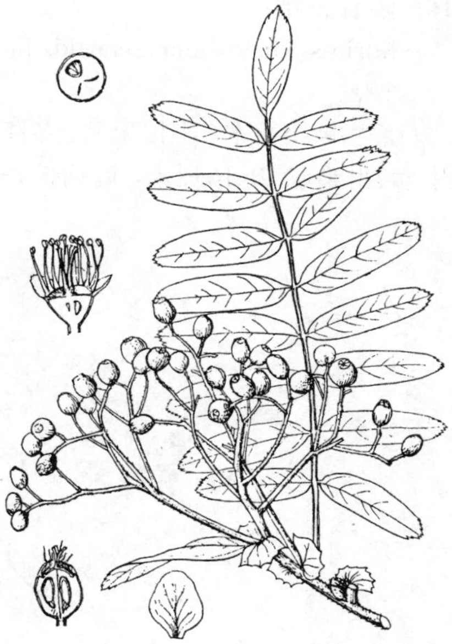

图 893 梯叶花楸 （张荣生绘）

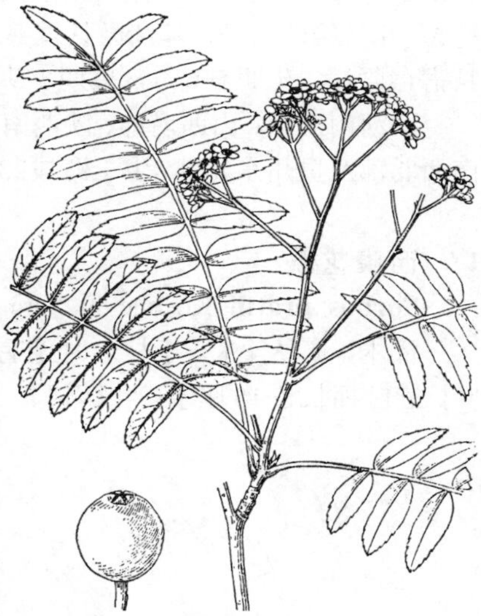

图 894 球穗花楸 （引自《图鉴》）

(5)毫米，白色，无毛；雄蕊20，稍短于花瓣；花柱5，稀4，离生，几与雄蕊等长或稍长，基部微具柔毛。果卵圆形，径6-8毫米，成熟时粉红或深红色，萼片宿存。花期6-7月，果期8-9月。

产云南、四川、西藏、青海及甘肃，生于海拔2600-4300米林内或杜鹃灌丛中。缅甸北部有分布。

16. 陕甘花楸 图 896

Sorbus koehneana Schneid. in Bull. Herb. Boiss. sér. 2, 6: 316. 1906.

灌木或小乔木。小枝无毛。冬芽无毛或顶端有褐色柔毛。奇数羽状复叶，连叶柄长10-16厘米，叶柄长1-2.5厘米；小叶8-12对，间隔0.7-1.2厘米，长圆形或长圆状披针形，长1.5-3厘米，先端钝圆或急尖，基部偏斜圆，每侧有尖锐锯齿10-14，上面无毛，下面中脉有疏柔毛或近无毛，无乳头状突起；叶轴两面微具窄翅，有疏柔毛或近无毛，托叶草质，披针形，有锯齿，早落。复伞房花序，有疏白色柔毛。花梗长1-2毫米；花萼无毛，萼片三角形，先端钝圆；花瓣宽卵形，长4-6毫米，白色，内面微具柔毛或近无毛；雄蕊20，长约花瓣1/3；花柱5，几与雄蕊等长，基部微具柔毛或无毛。果球形，径6-8毫米，白色，具宿存萼片。花期5-6月，果期8-9月。

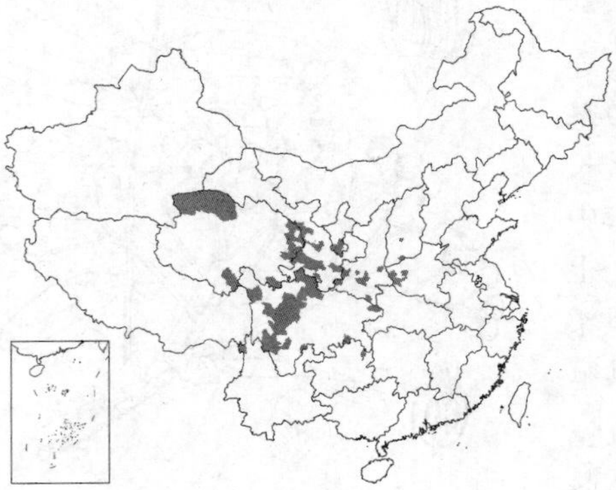

产河南西部、山西南部、陕西南部、甘肃、青海、四川、湖北西部、云南西北部及贵州东北部，生于海拔2300-4000米林内或沟谷。

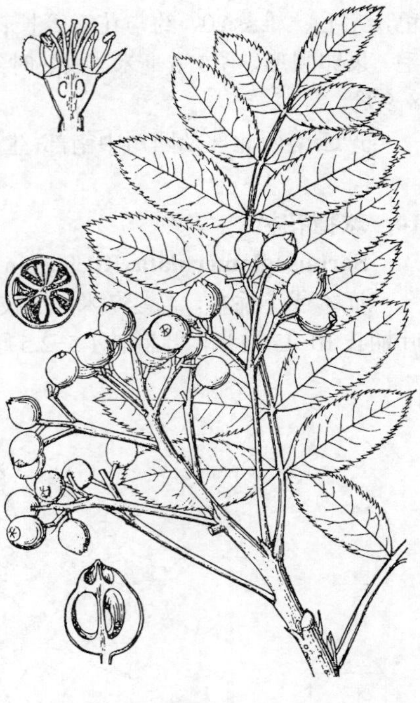

图 895 西南花楸 （张荣生绘）

图 896 陕甘花楸 （引自《图鉴》）

17. 西康花楸 图 897 彩片 128

Sorbus prattii Koehne in Sarg. Pl. Wilson. 1: 468. 1913.

灌木，高达4米。小枝老时无毛。冬芽疏被棕褐色柔毛。奇数羽状复叶，连叶柄长8-15厘米，叶柄长1-2厘米；小叶9-13(-17)对，间隔0.6-1厘米，长圆形，稀长圆状卵形，长1.5-2.5厘米，先端钝圆或急尖，基部偏斜圆，上半部或2/3以上具尖锐细齿，每侧齿数5-10，上面无毛，下面密被乳头状突起，沿中脉具疏柔毛；叶轴有窄翅，具疏柔毛或近无毛，托叶草质或近膜质，披针形或卵形，有时分裂，脱落。复伞房花序多着生侧生短枝，具稀疏白或黄色柔毛，果期几无毛。花梗长2-3毫米；花萼无毛，萼片三角形，先端钝圆；花瓣宽卵形，长3-5毫米，白色，无毛；雄蕊20，长约花瓣之半；花柱5或4，几与雄蕊等长，基部无毛或微具柔毛。果球形，径7-8毫米，白色，有宿存萼片。花期5-6月，果期8-9月。

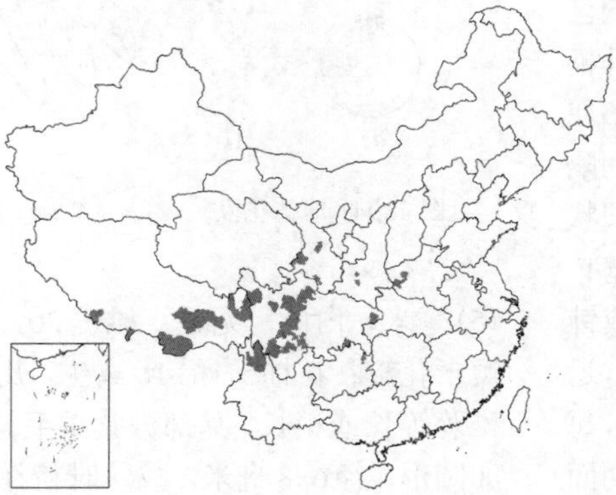

产河南西部、陕西南部、甘肃南部、四川、贵州东北部、云南西北部及西藏，生于海拔2100-3700米林中。不丹及锡金有分布。

18. 川滇花楸 图 898

Sorbus vilmorinii Schneid. in Bull. Herb. Boiss. sér. 2, 6: 317. 1906.

灌木或小乔木，高达6米。二年生枝微具柔毛，嫩枝密被锈褐色柔毛。冬芽被锈褐色柔毛。奇数羽状复叶，连叶柄长10-18厘米，叶柄长1.2-2厘米；小叶9-13对，间隔0.6-1.2厘米，长圆形或长椭圆形，长1.5-2.5厘米，先端急尖，基部宽楔形或圆，中部以上每侧具4-8细锐锯齿或先端有少数细锯齿，上面无毛，下面中脉具锈褐色柔毛；叶轴微具窄翅，有锈褐色柔毛，托叶钻形，膜质，早落。复伞房花序较小，密被锈褐色柔毛。花梗长1.5-3毫米；花萼被锈色柔毛，萼片三角状卵形，先端钝圆；花瓣卵形或近圆形，长3-3.5毫米，白色，内面微具柔毛；雄蕊20，短于花瓣一倍；花柱5，几分离，稍长于雄蕊或与雄蕊几等长，无毛。果球形，径8毫米，成熟时淡红色，萼片宿存。花期6-7月，果期8-9月。

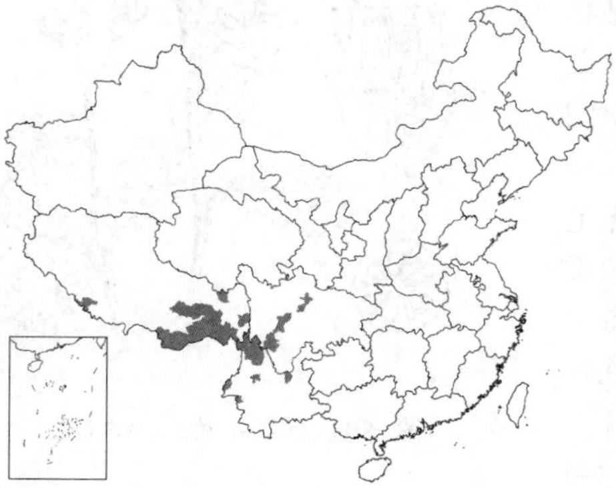

产云南、四川及西藏，生于海拔2800-4400米山坡林内、草坡灌丛或竹丛中。

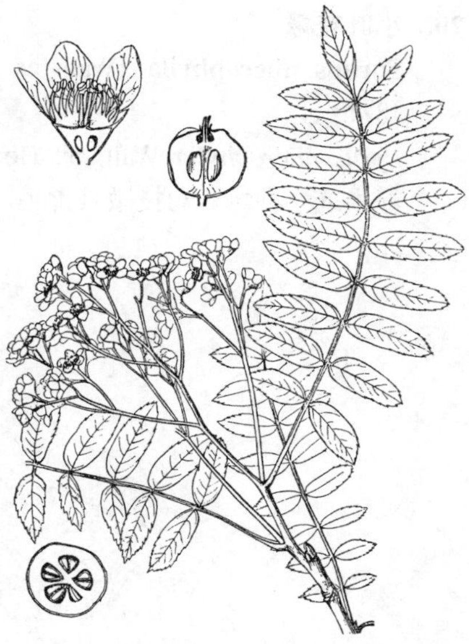

图 897 西康花楸 （张荣生绘）

图 898 川滇花楸 （孙英宝仿绘）

19. 纤细花楸 图 899

Sorbus filipes Hand-Mazz. Symb. Sin. 7: 472. 1933.

灌木，高达4.5米。嫩枝被锈黄色柔毛。冬芽被褐色柔毛。奇数羽状复叶，连叶柄长5-10厘米，叶柄长0.5-1(-1.5)厘米；小叶8-13对，间隔3-6毫米，椭圆形或卵状椭圆形，长0.6-1.4厘米，先端钝圆或稍急尖，基部宽楔形或圆，每侧有3-5个粗齿，两面均无毛，侧脉4-5对；叶轴两侧具窄翅，疏被褐色柔毛，托叶长约2毫米，紫色。花序伞房或复伞房状，具3-10(12)花，无毛或具疏褐色柔毛，果期无毛。花萼无毛，萼筒紫色，萼片三角状卵形，先端钝圆；花瓣宽卵形，长4-5毫米，红色，无毛；雄蕊20，短于花瓣；花柱；3-5，与雄蕊几等长，基部微具柔毛。果卵圆形，径7-8毫米，成熟时深红色，微具白粉，萼片宿存。花期6-7月，果期8-9月。

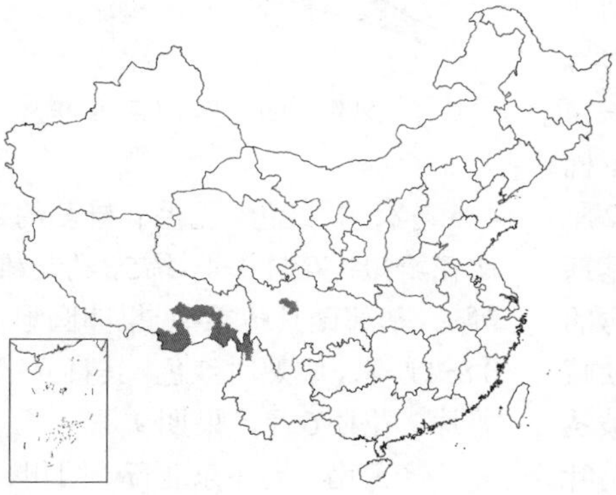

产云南西北部、四川及西藏东南部，生于海拔3000-4000米林内、河边或多石山坡。

20. 小叶花楸 图 900

Sorbus microphylla（Wall. ex Hook. f.）Wenzig in Linnaea 38：76. 1874.

Pyrus microphylla Wall. ex Hook. f. in Fl. Brit. Ind. 2：376. 1878.

灌木或小乔木。幼枝微具柔毛。冬芽微被柔毛。奇数羽状复叶，连叶柄长11-14厘米，叶柄长1-1.5厘米，托叶披针形或钻状披针形，叶轴幼时微具柔毛；小叶10-17(-19)对，间隔5-8毫米，线状长圆形，长0.7-1.5(-2)厘米，两面无毛或幼时下面沿中脉具褐色柔毛，疏生尖锐锯齿。复伞房花序顶生，常无毛。花径0.7-1厘米；花萼无毛，萼片三角形；花瓣近圆形，径3-4毫米，粉红色；雄蕊20，稍短于花瓣；花柱5，与雄蕊近等长，基部具柔毛。果球形或卵圆形，径0.8-1(-1.2)厘米，无毛，白或白色微带浅蓝色晕，萼片宿存。花期5-7月，果期9-10月。

产云南西部及西藏东南部，生于海拔3000-4000米山谷或溪边林中。缅甸北部、印度东北部、不丹、锡金、尼泊尔、巴基斯坦及阿富汗有分布。

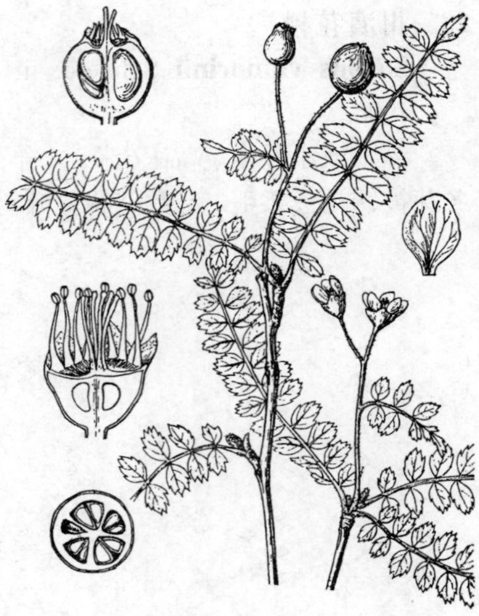

图 899 纤细花楸 （刘敬勉绘）

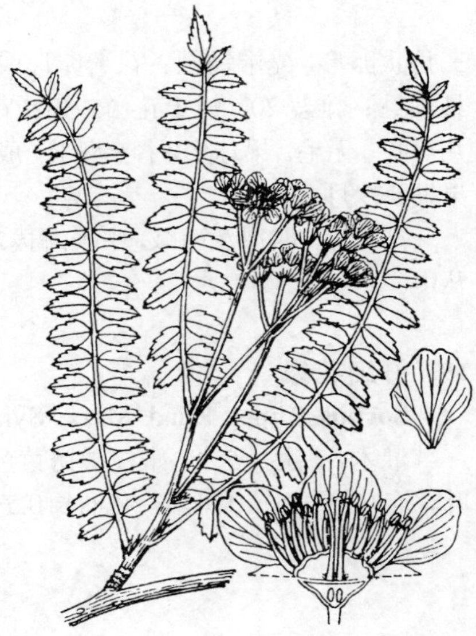

图 900 小叶花楸 （王金凤绘）

21. 红毛花楸 图 901 彩片 129

Sorbus rufopilosa Schneid. in Bull. Herb. Boiss. sér. 2, 6：317. 1906.

灌木或小乔木，高达5米。幼枝有锈红色柔毛，老时无毛。冬芽顶端微具带红色柔毛。奇数羽状复叶，连叶柄长6-10厘米，叶柄长约1厘米；小叶8-14(-17)对，间隔5-9毫米，椭圆形或长椭圆形，长1-2厘米，先端急尖或钝圆，基部宽楔形或圆，每侧有内弯的细锐锯齿6-10，幼时上面疏被柔毛，下面沿中脉密被锈红色柔毛，老时近无毛；叶轴两侧具窄翅，被锈红色柔毛，托叶披针形或近半圆形，有粗锐锯齿，略草质。花序伞房状或复伞房状，具3-8花，有时更多，被锈红色柔毛。花梗长3-5毫米；花萼无毛，萼片三角形；花瓣宽卵形，长4-5毫米，粉红色，无毛；雄蕊约20，比花瓣短；花柱3-4，稀5，约与雄蕊等长，基部微具疏柔毛。果卵圆形，径0.8-1厘米，成熟时红色，具直立宿存萼片。花期6月，果期9月。

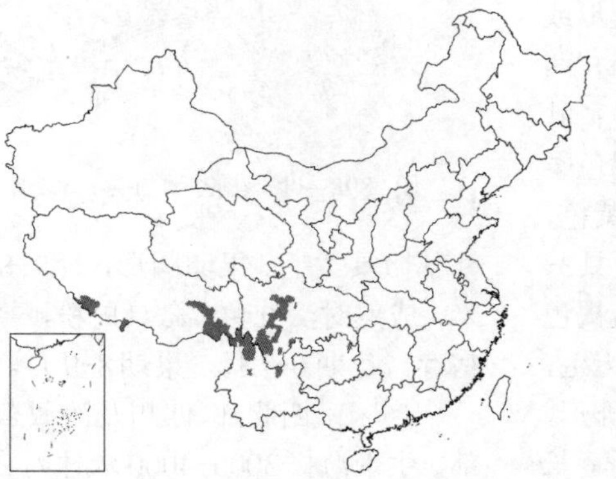

产云南、贵州东北部、四川、西藏东南部及南部，生于海拔2700-4000米山地林内或沟谷灌丛中。缅甸北部、印度、不丹、锡金及尼泊尔有分布。

22. 四川花楸 图 902

Sorbus setschwanensis (Schneid.) Koehne in Sarg. P1. Wilson. 1: 475. 1913.

Sorbus vilmorini var. *setschwanensis* Schneid. in Bull. Herb. Boiss. sér. 2, 6: 318. 1906.

灌木。小枝无毛。冬芽被锈褐色柔毛。奇数羽状复叶，连叶柄长5-13厘米，叶柄长0.8-1.5(-2.5)厘米；小叶12-17对，间隔4-6毫米，窄长圆形，长0.7-1.6厘米，每侧有圆钝细锯齿2-11，基部全缘，两面无毛；叶轴具窄翅，无毛，托叶披针形或2裂。复伞房花序具10-25花或稍多，无毛。花梗长1-3毫米；花径7-8毫米；花萼无毛，萼片三角形；花瓣长卵形，长4毫米，白色，内面微具柔毛或无毛；雄蕊约20，短于花瓣；花柱3-5，约与雄蕊等长，无毛。果球形，径5-8毫米，成熟时白或稍带紫色，具直立宿存萼片。花期5-6月，果期8-9月。

产甘肃中部、青海东部、四川、云南东北部及贵州东南部，生于海拔2300-3000米岩石坡地或林中。

［附］ **多对花楸 Sorbus multijuga** Koehne in Sarg. P1. Wilson. 1: 472. 1913. 与四川花楸的区别：小叶17-21对，长圆形或长圆状披针形，具尖锐锯齿；小叶下面和花序具疏柔毛，老时近无毛，托叶披针形，具缺刻状锯齿。产云南东北部及四川西部，生于海拔2300-3000米林中。

23. 大果花楸 图 903：1-5

Sorbus megalocarpa Rehd. in Sarg. P1. Wilson. 2: 266. 1915.

灌木或小乔木，高达8米。幼枝微被柔毛，老时脱落。冬芽无毛。叶椭圆状倒卵形或倒卵状长椭圆形，长10-18厘米，有浅裂片和圆钝细锯齿，两面均无毛，有时下面脉腋有少数绒毛状毛，侧脉14-20对；叶柄长1-1.8厘米，无毛。复伞房花序，被柔毛。花梗长5-8毫米；花径5-8毫米；花萼具柔毛，萼片宽三角形；花瓣宽卵形或近圆形，长宽均约3毫米；雄蕊20，约与花瓣等长；花柱3-4，基部合生，与雄蕊等长，无毛。果卵圆形，径1-1.5(2)厘米，长2-3.5厘米，成熟时暗褐色，密被锈色皮孔，3-4室，宿存萼片呈短筒状。花期4-5月，果期7-8月。

产湖北西南部、湖南、广西东北部、贵州、云南东北部及四川中南部，生于海拔1200-2700米山谷、沟边或岩石坡地林内。

［附］ **锐齿花楸** 图 903：6-7 **Sorbus arguta** Yu in Acta Phytotax. Sin. 8: 223. 1963. 与大果花楸的区别：叶长圆状卵形或卵状披针形，长6-10厘米，宽2.5-4厘米，具缺刻状尖锐重锯齿，侧脉13-18对；果近球形，

图 901 红毛花楸 （冯晋庸绘）

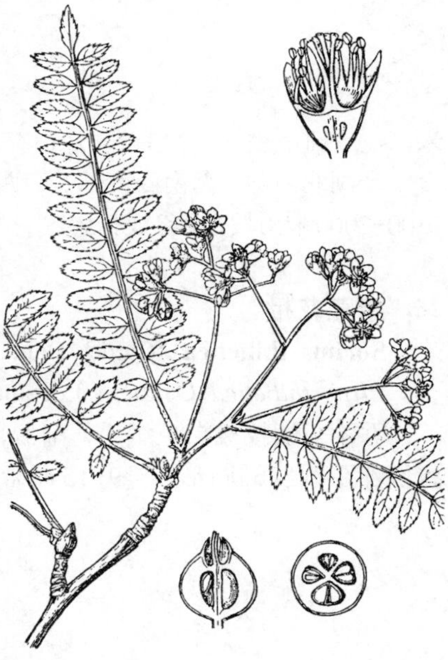

图 902 四川花楸 （刘敬勉绘）

径1-1.2厘米，被白色小皮孔。产云南东北部及四川东南部。

图 903：1-5. 大果花楸 6-7. 锐齿花楸
（吴彰桦绘）

24. 长果花楸 图 904

Sorbus zahlbruckeri Schneid. in Bull. Herb. Boiss. sér. 6: 318. 1906.

乔木，稀灌木，高达15米。幼枝微具白色绒毛，老时无毛。冬芽有数枚暗红褐色鳞片，无毛。叶椭圆形或长圆状卵形，长9-15厘米，基部圆或宽楔形，具浅裂片，裂片有尖锐锯齿或重锯齿，有时无裂片，有重锯齿，幼时上面有柔毛，老时脱落，下面被白色绒毛，渐脱落，侧脉10-14对；叶柄长2-3厘米，被白色绒毛。复伞房花序具多花，被白色绒毛。果长卵圆形或长圆形，径约1厘米，长达1.5厘米，疏生细小皮孔，2室，萼片宿存，被白色绒毛。果期7-8月。

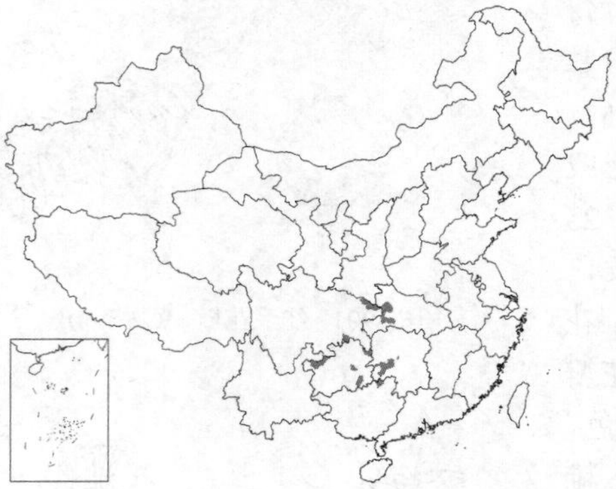

产湖北西部、湖南西南部、广西东北部、贵州及四川东部，生于海拔1300-2000米山坡、山谷或林中。

25. 康藏花楸 图 905 彩片 130

Sorbus thibetica (Card.) Hand.-Mazz. Symb. Sin. 7: 467. 1933.

Pirus thibetica Card. in Lecomte, Not. Syst. 3: 349. 1918.

乔木。幼枝被白色绒毛，渐脱落。冬芽无毛。叶椭圆状卵形、椭圆状倒卵形或宽椭圆形，长9-15厘米，具不整齐浅重锯齿，上面无毛，下面被灰白色绒毛，侧脉(10)13-16对；叶柄宽扁，长0.3-1厘米，被灰白色绒毛。复伞房花序有20-30花，长3-6厘米，径4-8厘米，被灰白色绒毛。花梗长5-9毫米；花径达1厘米；萼筒钟状，密被灰白色绒毛，萼片三角披针形，近无毛；花瓣卵形、匙形或倒卵形，长5-8毫米，白色，内面近先端具灰白色绒毛；雄蕊15-20，稍短于花瓣；花柱2-3，基部合生，无毛。果卵圆形或倒卵圆形，径0.7-1(-1.3)厘米，长0.9-1.2(-1.5)厘米，成熟时深红色，

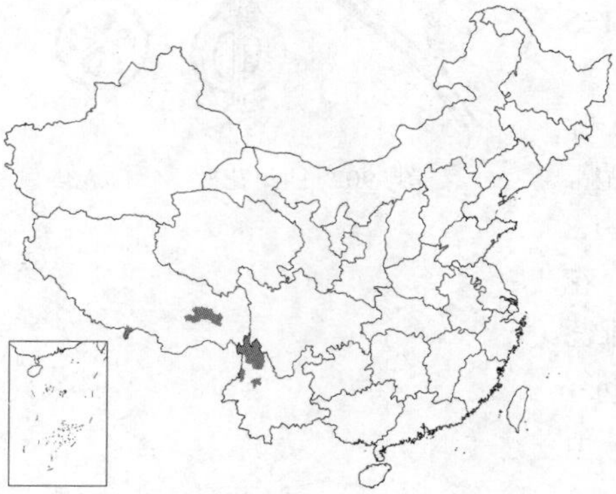

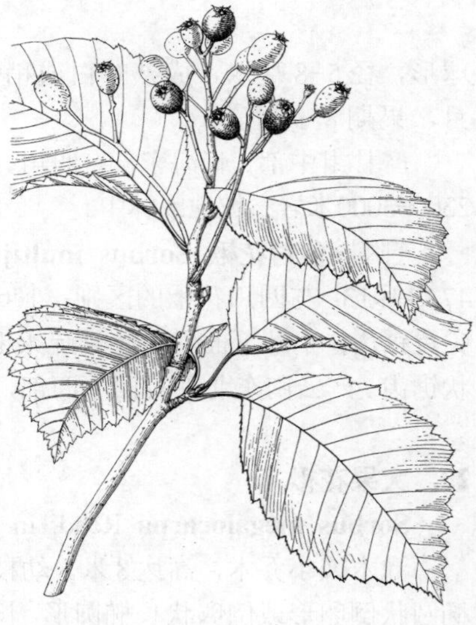
图 904 长果花楸 （冀朝桢绘）

有少数皮孔，2室，萼片宿存。花期5-7月，果期9-10月。

产云南西部、西藏东南部及南部，生于海拔2400-3800米石质坡地、山谷密林或河边林中。缅甸北部及东喜马拉雅有分布。

26. 灰叶花楸 图 906

Sorbus pallescens Rehd. in Sarg. P1. Wilson. 2: 266. 1915.

乔木，高达7米。幼枝稍具柔毛，旋脱落。叶椭圆形、卵形或椭圆状倒卵形，长5-10厘米，先端急尖或短渐尖，基部楔形或圆，有不整齐重锯齿，幼时两面被绒毛，后上面毛脱落，下面被灰白色绒毛，中脉及侧脉有黄棕色柔毛，侧脉10-14对；叶柄长0.5-1.2厘米，疏被绒毛或近无毛。复伞房花序具10-25花，长1.5-2.5厘米，被黄白色绒毛。花梗长3-4毫米；花径达9毫米；花萼密被黄白色绒毛，萼片三角形；花瓣倒卵形，长4毫米，白色，内面有黄白色绒毛；雄蕊20，短于花瓣或几与花瓣等长；花柱2-3(-5)，基部合生，有黄白色绒毛，比雄蕊短或近等长。果近球形，径6-8(-10)毫米，白色微带红晕，幼时基部与顶端均稍具灰白色绒毛，无或具极少数皮孔，常2-3室，宿存萼片短筒状。花期5-6月，果期8-9月。

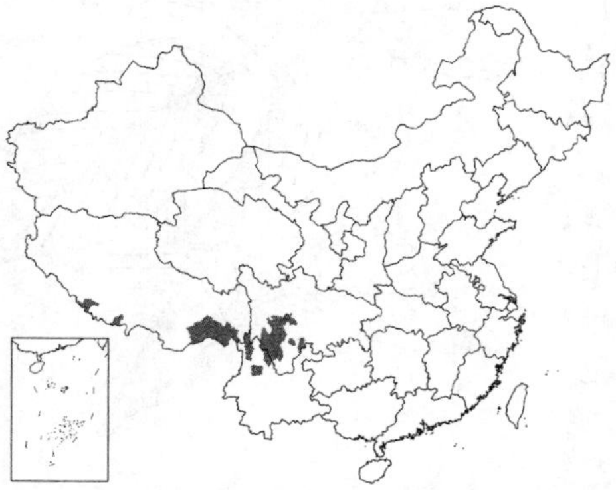

产云南西北部、四川西南部、西藏东南部及南部，生于海拔2000-3300米山地林内、林缘或溪边。

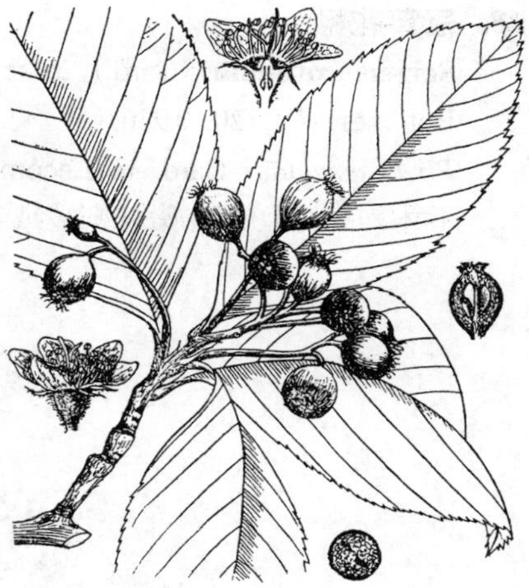

图 905 康藏花楸 （王金凤绘）

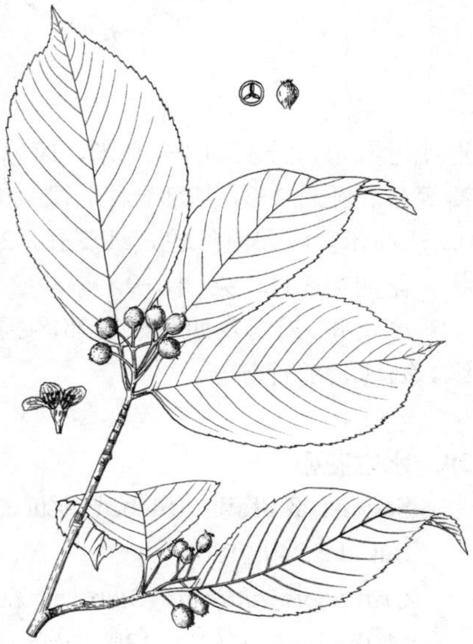

图 906 灰叶花楸 （孙英宝绘）

27. 江南花楸 黄脉花楸 图 907

Sorbus hemsleyi (Schneid.) Rehd. in Sarg. Pl. Wilson. 2: 276. 1915.

Micromeles hemsleyi Schneid. Ill. Handb. Laubh. 1: 704. f. 388. a. 389c. 1906.

Sorbus xanthoneura Rehd.; 中国高等植物图鉴 2: 220. 1972; 中国植物志 36: 295. 1974.

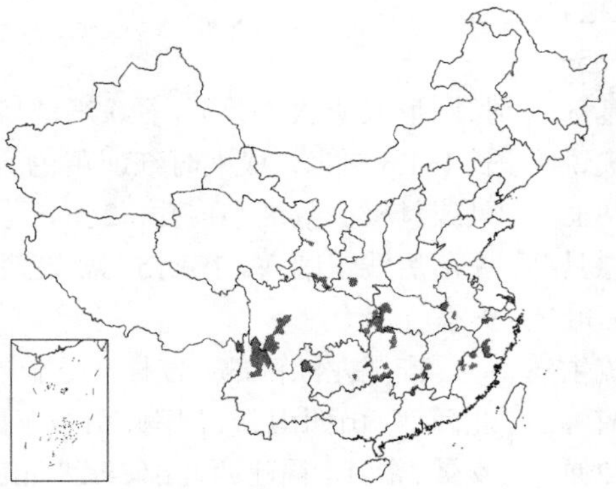

乔木或灌木，高达10米，小枝无毛。冬芽无毛。叶卵形或长椭圆状倒卵形，长5-11(-15)厘米，具细锯齿，微下卷，上面无毛，下面除中脉和侧脉外均具灰白色绒毛，侧脉12-14对；叶柄长1-2厘米，无毛或微具绒毛。复伞房花序有20-30花。被白色绒毛。花梗长0.5-1.2厘米；花径1-1.2厘米；花萼被白色绒毛，萼片三角状卵形，花瓣宽卵形，长宽均4-5毫米，白色，内面微具绒毛；雄蕊20，长短不齐，长者几与花瓣等长；花柱2-3，基部合生，有灰白色绒毛，短于雄蕊。果近球形，径5-9毫米，具少数皮孔，萼片脱落后留有圆穴。花期5-7月，果期8-9月。

产安徽西南部、浙江、福建西北部、江西、湖北、湖南、贵州、云南西北部、四川、陕西南部及甘肃，生于海拔900-3200米干旱山地林中。

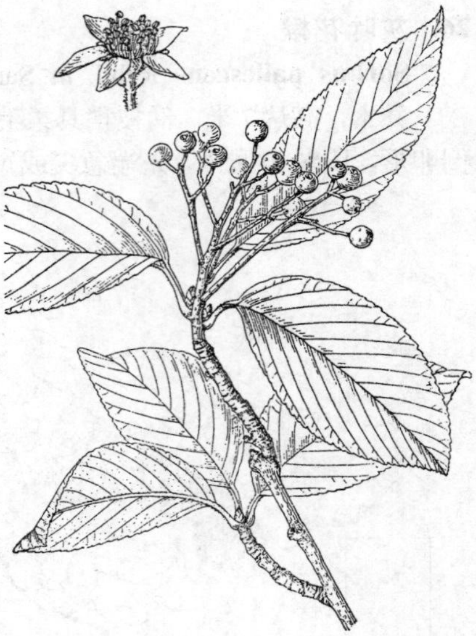

图 907 江南花楸 （引自《图鉴》）

28. 冠萼花楸 图 908 彩片 131

Sorbus coronata（Card.）Yu et Tsai in Bull. Fan Mem. Inst. Biol. Bot. sér. 7: 120. 1936.

Pirus coronata Card. in Lecomte, Not. Syst. 3: 348. 1914.

乔木，高达10米。嫩枝密被绒毛，二年生枝无毛。叶长圆状椭圆形、长圆状卵形或卵状披针形，长7-13厘米，先端急尖至短渐尖，基部宽楔形或圆，具不整齐细锯齿或重锯齿，上面无毛，下面密被灰白色绒毛，中脉和侧脉老时无毛，侧脉12-16对；叶柄长1-2厘米，疏生绒毛或近无毛。复伞房花序具20-30花，密被灰白色绒毛。花梗长3-5毫米；花萼具灰白色绒毛，萼片卵状三角形；花瓣倒卵形或近圆形，长宽均3-4毫米，白色，内面稍具绒毛；雄蕊约20，几与花瓣等长；花柱2-3，基部合生，微具柔毛或无毛，短于雄蕊。果近球形，径0.8-1厘米，成熟时红色，具皮孔，2-3室，幼时微被绒毛，宿存萼片短筒状。花期4-5月，果期8-9月。

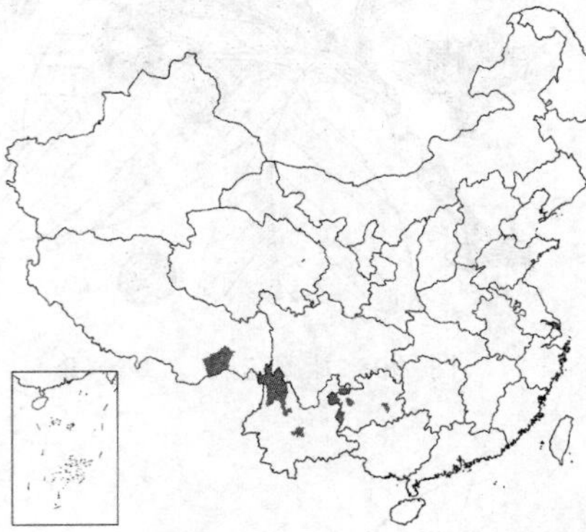

产贵州、云南及西藏东南部，生于海拔1800-3200米山地林中或峡谷林缘。缅甸北部有分布。

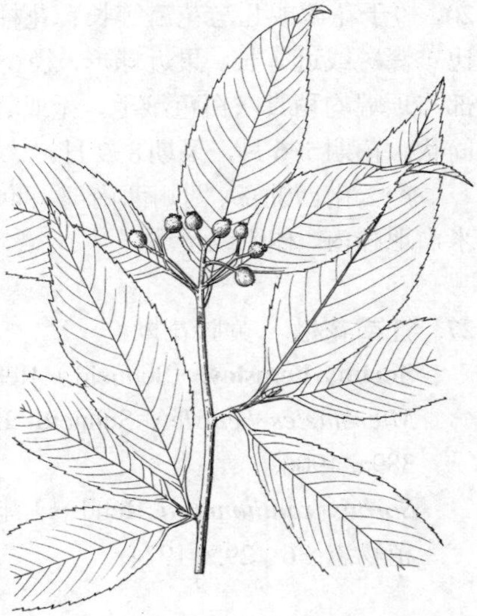

图 908 冠萼花楸 （孙英宝绘）

29. 水榆花楸 图 909 彩片 132

Sorbus alnifoila（Sieb. et Zucc.）K. Koch in Ann. Mus. Bot. Lugd.-Bat. 1: 249. 1864.

Crataegus alnifolia Sieb. et Zucc. in Abh. Akad. Wiss. Wien, Math.-Phys. 4(2): 130. 1845.

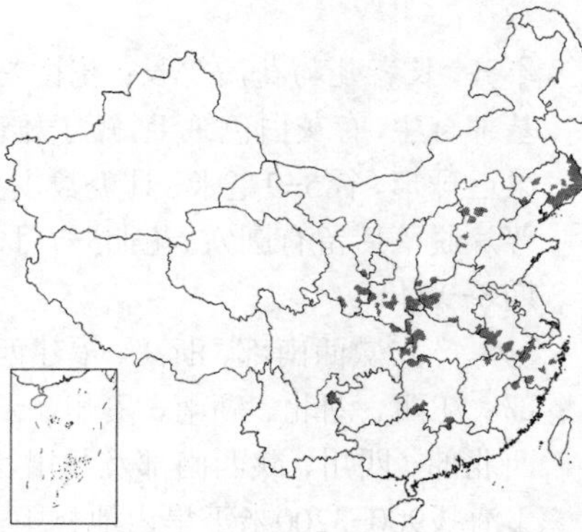

乔木，高达20米。幼枝微具柔毛，二年生枝无毛。叶卵形或椭圆状卵形，长5-10厘米。先端短渐尖，基部宽楔形至圆，具不整齐尖锐重锯齿，有时微浅裂，两面无毛或下面中脉和侧脉微具柔毛，侧脉6-10(14)对；叶柄长1.5-3厘米，无毛或疏生柔毛。复伞房花序具6-25花，疏生柔毛。花梗长0.6-1.2厘米；花径1-1.4(-1.8)厘米；花萼无毛，萼片三角形；花瓣长圆状卵形或近圆形，长5-7毫米，白色；雄蕊20，短于花瓣；花柱2，基部或中部以下合生，无毛，短于雄蕊。果长圆形或卵状长圆形，径0.7-1厘米，长1-1.3厘米，成熟时红或黄色，不具或具极少数细小皮孔，2室，萼片脱落后残留圆穴。花期5月，果期8-9月。

产黑龙江南部、吉林、辽宁、河北西部、山西南部、河南、山东东部、安徽、浙江、福建西北部、江西北部、湖北西部、湖南、贵州西部、四川东北部、陕西南部、甘肃东南部及宁夏南部，生于海拔500-2300米山坡、山沟或山顶林内或灌丛中。日本及朝鲜有分布。

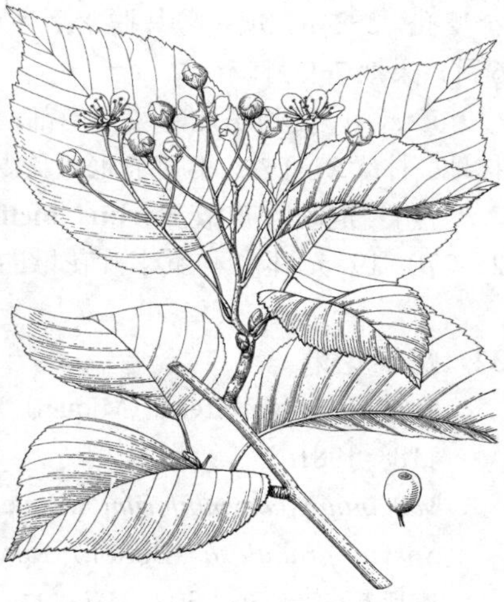

图 909 水榆花楸 （冀朝桢绘）

30. 美脉花楸 图 910

Sorbus caloneura（Stapf）Rehd. in Sarg. Pl. Wilson. 2: 269. 1915.

Micromeles caloneura Stapf in Kew Bull. 1910: 192. 1910.

乔木或灌木，高达10米。幼枝无毛。冬芽无毛。叶长椭圆形、卵状长椭圆形或倒卵状长椭圆形，长7-12厘米，具圆钝锯齿，上面常无毛，下面脉疏生柔毛，侧脉10-12(-18)对；叶柄长1-2厘米，无毛。复伞房花序有多花，疏生黄色柔毛。花梗长5-8毫米；花径0.6-1厘米；花萼疏被柔毛，萼片三角卵形，先端急尖，花瓣宽卵形至倒卵形，长3-4毫米，白色；雄蕊20，稍短于花瓣；花柱4-5，中部以下合生，无毛，短于雄蕊。果球形，稀倒卵圆形，径约1厘米，长1-1.4厘米，成熟时褐色，被皮孔，4-5室，萼片脱落后残留圆穴。花期4-5月，果期8-10月。

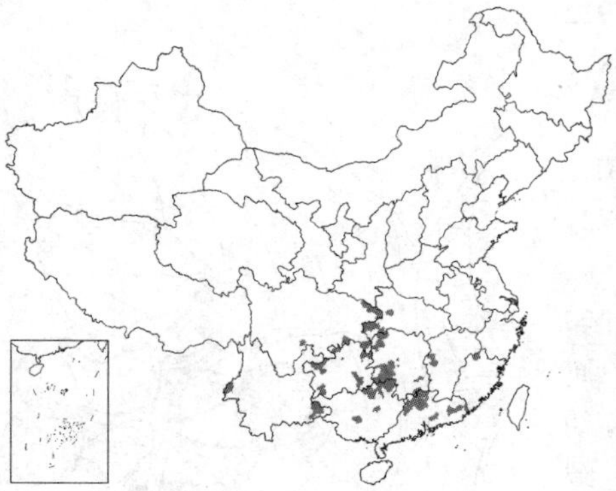

图 910 美脉花楸 （引自《图鉴》）

产福建西北部、江西西部、湖北西部、湖南、广东、广西、云南、贵州及四川，生于海拔600-2100米林中、河谷或山地荒野。越南北部有分布。

31. 鼠李叶花楸 图 911

Sorbus rhamnoides（Dcne.）Rehd. in Sarg. Pl. Wilson. 2: 278. 1915.

Micromeles rhamnoides Dcne. in Nouv. Arch. Mus. Hist. Nat. Paris 10: 169. 1874.

乔木，高达12米。嫩枝具白色绒毛，老时无毛。叶卵状椭圆形、长圆状椭圆形，稀长圆状倒卵形，长10-17厘米，有尖锐单锯齿，幼时两面具白色绒毛，老时无毛或下面沿叶脉疏生绒毛，侧脉(9-)12-17对；叶柄长1-2厘米。花序圆锥状复伞房花序，幼时有白色绒毛，后脱落，果期无毛或几无毛。花径约8毫米；萼筒有毛，萼片三角形；花瓣宽长圆形，白色，无毛；雄蕊20；花柱2-3，中部以下合生或离生，无毛。果球形或卵圆形，径6-8毫米，绿色，不具或具少数细

图 911 鼠李叶花楸 （孙英宝绘）

小皮孔，2-3室，顶端萼片脱落后残留圆穴，果柄长(3-)5-7毫米。花期4-6月，果期7-9月。

产云南、贵州东北部及东南部，生于海拔1400-2700米山地林中、深谷林地、林缘或河边。印度东北部及锡金有分布。

［附］**泡吹叶花楸 Sorbus meliosmifolia** Rehd. in Sarg. P1. Wilson. 2: 270. 1915. 本种与鼠李叶花楸的区别：叶具重锯齿，侧脉16-24对，叶柄长5-8毫米；果径1-1.4厘米，具多数小皮孔，3(4)室。产广西东北部、云南东北部及四川，生于海拔1400-2800米山谷林中。

32. 疣果花楸 图 912

Sorbus corymbifera (Miquel) Hiep et Yakovlev in Bot. Zhur. 66(8): 1188. 1981.

Vaccinium corymbiferum Miquel in. Fl. Ind. Bat. Suppl. 588. 1861.

Sorbus granulosa (Bertol.) Rehd.; 中国高等植物图鉴 2: 222. 1972; 中国植物志 36: 302. 1974.

乔木，高达18米。嫩枝具锈褐色绒毛，后脱落无毛。冬芽无毛。叶卵形或椭圆状卵形，长9-13厘米，基部圆，有浅钝锯齿，幼时上下两面均具锈褐色绒毛，老时脱落无毛，侧脉7-11对；叶柄长2.5-3厘米，幼时具锈色绒毛，老时无毛或上面微具毛。复伞房花序，稀圆锥状，幼时被锈褐色绒毛，老时无毛。花梗长3-4毫米；花径6-7毫米；花萼幼时具锈褐色绒毛，萼片三角状卵形；花瓣卵形，长3-4毫米，白色，内面微具柔毛；雄蕊20，几与花瓣等长或稍短；花柱(2)3-4，近基部合生，无毛，稍短于雄蕊。果球形或卵圆形，径1-1.5(-2)厘米，成熟时红褐色，被多数锈色小皮孔，3-4室，顶端萼片脱落后留有圆穴。花期在海南岛1-2月，果期8-9月。

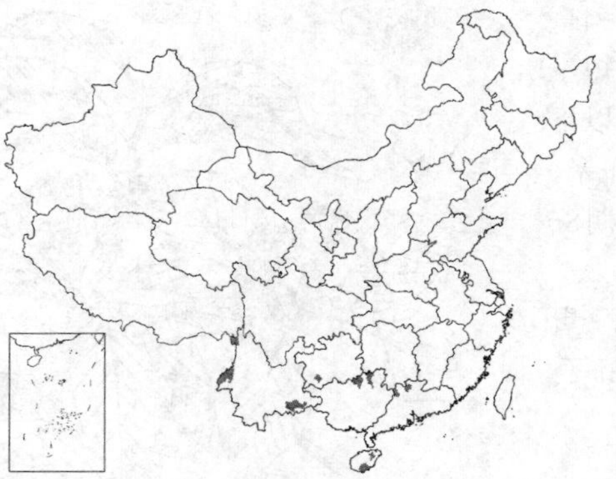

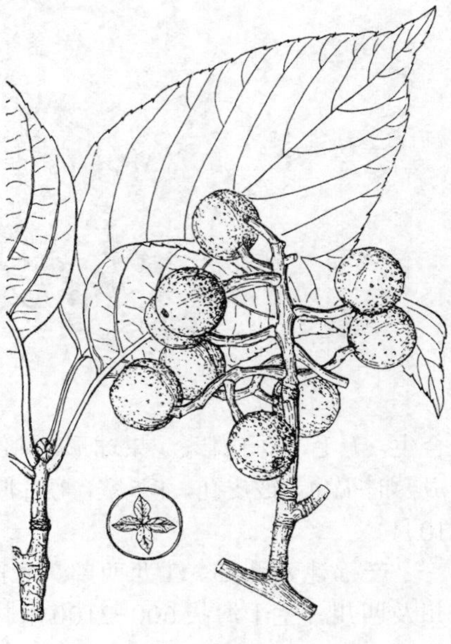

图 912 疣果花楸 （朱士珍绘）

产广东北部、海南、广西北部、云南及贵州西南部，生于海拔1200-3400米林中，有时附生于大树上。印度、缅甸、泰国、老挝、越南、柬埔寨及印度尼西亚有分布。

33. 圆果花楸 图 913

Sorbus globosa Yu et Tsai in Bull. Fan Mem. Inst. Bio1. Bot. set. 7: 121. 1936.

乔木，高达7米。嫩枝具锈褐色柔毛，旋脱落。冬芽老时无毛。叶卵状披针形或椭圆状披针形，长8-10厘米，先端渐尖，基部楔形，稀近圆，具稀疏尖锐锯齿，上面无毛，下面中脉和侧脉具锈褐色柔毛，侧脉8-11对；叶柄长1-1.5厘米，微具柔毛或无毛。复伞房花序具15-21花。花梗长5-9毫米；花径5-8毫米；花萼被锈褐色柔毛，萼片卵状三角形，先端圆钝；花瓣卵形或倒卵形，长4-5毫米，白色；雄蕊20，长短不齐；花柱2-3，中部合生，无毛，短于雄蕊。果球形，径1-1.2厘米，成熟时褐色，有皮孔，2-3室，萼片脱落后留有圆穴。花期3-5月，果期8-9月。

产广西南部、云南西北部、贵州西南部及东南部，生于海拔1000-2100

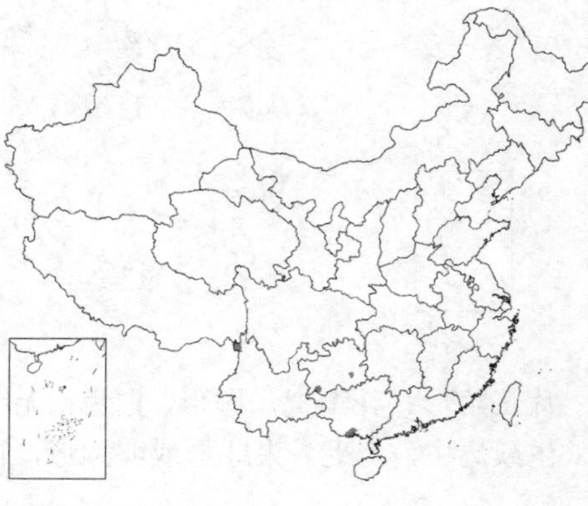

米林中。缅甸北部有分布。

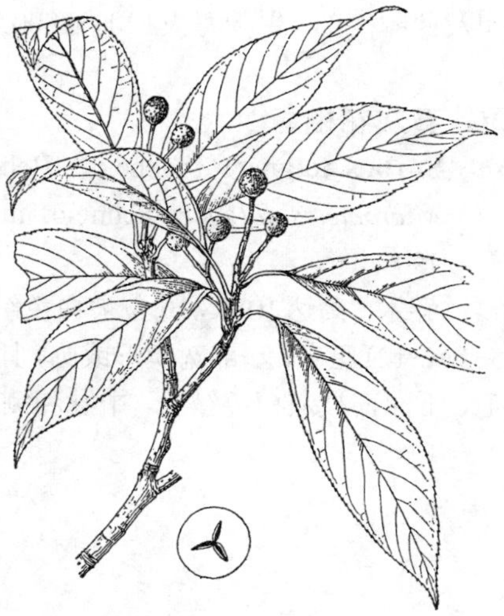

图 913 圆果花楸 （引自《图鉴》）

34. 毛背花楸 图 914

Sorbus aronioides Rehd. in Sarg. P1. Wilson. 2: 268. 1915.

灌木或乔木，高达12米。幼枝无毛。冬芽无毛。叶椭圆形、长圆状椭圆形或椭圆状倒卵形，长6-12厘米，先端短渐尖，稀急尖，有尖锐细锯齿，近基部全缘，上面无毛，在微下陷的中脉上具稀疏腺点，下面中脉和侧脉基部具稀疏绒毛，老时脱落，侧脉7-10对；叶柄长0.5-1厘米，无毛。复伞房花序多花，无毛。花梗长2-5毫米；花径7-8毫米；萼筒钟状，无毛，萼片卵状三角形，外面边缘有稀疏柔毛；花瓣卵形，长2.5-3.5毫米，白色；雄蕊20，几与花瓣等长或稍长于花瓣；花柱2-3，稀4，在中部以下合生，无毛，短于雄蕊。果卵圆形，径0.8-1厘米；长0.9-1.1厘米，成熟时红色，光滑，2-3室，萼片脱落后留有圆穴，花期5-6月，果期8-10月。

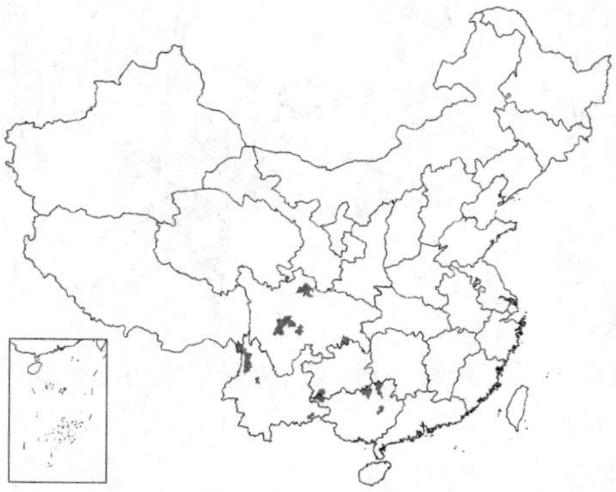

产广西、云南西北部及东南部、贵州西南部及四川，生于海拔1000-3600米山地林中或河边阔叶林中。缅甸北部有分布。

［附］**滇缅花楸 Sorbus thomsonii**（King）Rehd. in Sarg. Pl. Wilson. 2: 277. 1915. —— *Pyrus thomsonii* King ex Hook. f. Fl. Brit. Ind. 2: 379. 1878. 本种与毛背花楸的区别：叶两面无毛，中部以上具浅钝细锯齿，下半部全缘；果近球形，具少数小皮孔，2-4室。产云南、四川西部及西藏东南部，生于海拔1500-4000米山地林内或山谷灌丛中。缅甸北部、印度、不丹、锡金及尼泊尔东部有分布。

图 914 毛背花楸 （引自《图鉴》）

35. 毛序花楸 图 915

Sorbus keissleri（Schneid.）Rehd. in Sarg. P1. Wilson. 2: 269. 1915. *Micromeles keissleri* Schneid. Ill. Handb. Laubh. 1: 701. f. 388c. 389d. 1906.

乔木，高达15米。嫩枝具白色绒毛，旋脱落。冬芽无毛。叶倒卵形或长圆状倒卵形，长7-11.5厘米，基部楔形，有圆钝细锯齿，两面均有绒毛，旋脱落，或下面中脉疏被绒毛，侧脉8-10对；叶柄长约5毫米，幼时具灰白色绒毛，后脱落。复伞房花序幼时密被灰白色绒毛，后脱落，具皮孔。萼筒微具绒毛，萼片三角状卵形，先端稍钝圆，无毛；花瓣卵形或近圆形，长3-4毫米，白色；雄蕊20，几与花瓣等长；花柱2-3，中部以下合生，无毛，稍短于雄蕊。果卵圆形或稍扁桔形，径0.9-1（-1.2）厘米，具少数小皮孔，2-3室，顶端具圆穴。花期5-6月，果期8-9月。

产江西西南部、湖北西南部、湖南、广东北部、广西、云南、贵州、四

川及西藏南部，生于海拔1200-1800米山谷、山坡或多石砾地带林中。

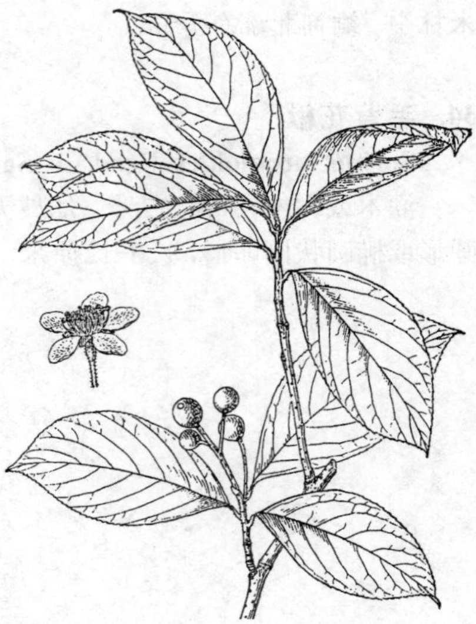

图 915 毛序花楸 （引自《图鉴》）

36. 石灰花楸 图 916

Sorbus folgneri (Schneid.) Rehd. in Sarg. Pl. Wilson. 2: 271. 1915.

Micromeles folgneri Schneid. in Bull. Herb. Boiss. sér. 2, 6: 318. 1906.

乔木，高达10米，幼枝被白色绒毛。叶长卵形、椭圆形或长圆形，长5-10(-12)厘米，基部宽楔形或圆，具细锯齿或具重锯齿和浅裂片，上面无毛，下面密被灰白色绒毛，中脉和侧脉具绒毛，侧脉8-15对，直达叶缘锯齿顶端；叶柄长0.5-1.5厘米，密被灰白色绒毛。复伞房花序具20-30花，被白色绒毛。花梗长5-8毫米；花径0.7-1厘米；花萼被灰白色绒毛，萼片三角状卵形；花瓣卵形，长3-4毫米，白色；雄蕊18-20，几与花瓣等长或稍长；花柱2-3，近基部合生并有绒毛，短于雄蕊。果长圆形或倒卵状长圆形，径6-9毫米，长0.9-1.5厘米，成熟时红色，近平滑或具极少数不明显小皮孔，2-3室，萼片脱落后留有圆穴。花期4-5月，果期7-8月。

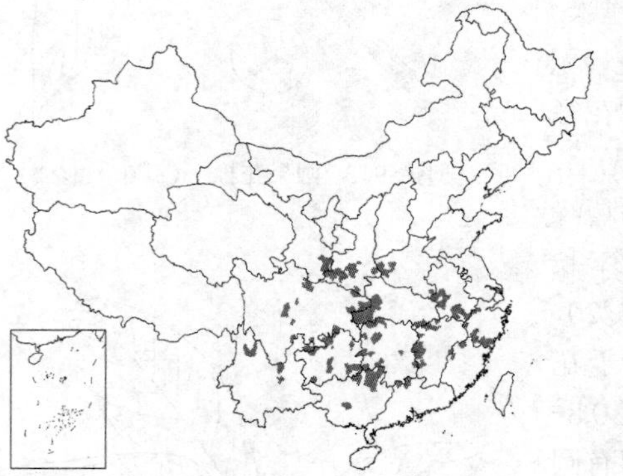

产河南、安徽、浙江、福建西北部、江西、湖北、湖南、广东北部、广西、云南、贵州、四川、陕西南部及甘肃东南部，生于海拔800-2000米山谷、坡地或溪边林中。

［附］**棕脉花楸 Sorbus dunnii** Rehd. in Sarg. Pl. Wilson. 2: 273. 1915. 本种与石灰花楸的区别：果近球形，径5-8毫米；花柱2，基部无毛。产安徽东南部、浙江西部及东北部、福建西北部、广东东北部、云南西北部、贵州东南部，生于海拔600-3000米山谷或山坡林中。

图 916 石灰花楸 （冀朝桢绘）

37. 附生花楸 图 917：1-3

Sorbus epidendron Hand.-Mazz. in Anz. Akad. Wiss. Wien, Math.-Nat. 60: 135. 1923.

灌木或乔木，高达15米。幼枝密被锈褐色绒毛，老时脱落。叶长椭圆形、长椭圆状卵形或长椭圆状倒卵形，长7-12（-15）厘米，先端短渐尖或急尖，基部楔形，有细锐锯齿，上面疏被柔毛，下面有锈褐色绒毛，侧脉12-15对；叶柄长0.5-1厘米，密被锈褐色绒毛。复伞房花序密被锈褐色绒毛。花梗长4-7毫米；花径0.8-1厘米；花萼具锈褐色绒毛，萼片三角状卵形；花瓣卵形，长3-5毫米，内面稍有柔毛；雄蕊15-20，稍短或约与花瓣等长；花柱2-3，基部合生，无毛。果球形或卵圆形，径5-8毫米，具少数小皮孔，顶端残留圆穴。花期5-6月，果期8-9月。

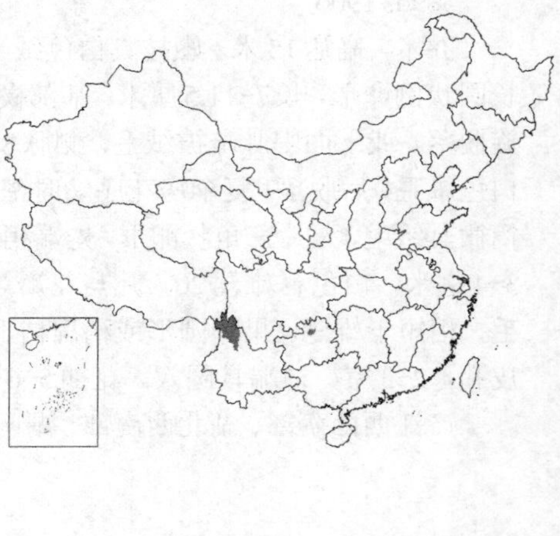

产云南西北部及贵州北部，生于海拔2300-3000米山谷、河边林中，有

时附生于大树上。越南北部及缅甸北部有分布。

［附］ **锈色花楸 Sorbus ferruginea**（Wenzig）Rehd. in Sarg. Pl. Wilson. 2: 277. 1915. —— *Sorbus sikkimensis* Wenzig δ *ferruginea* Wenzig in Linnaea 38: 60. 1874. 本种与附生花楸的区别：叶卵形、椭圆形或倒卵形，幼时两面密被锈色绒毛，老时脱落，仅下面沿叶脉具毛，侧脉6-8(-11)对，叶柄长1-1.5厘米；花柱3-4。产云南中部及西部，生于海拔2300-2500米山谷、坡地、石山、沟边林中。东喜马拉雅、不丹及锡金有分布。

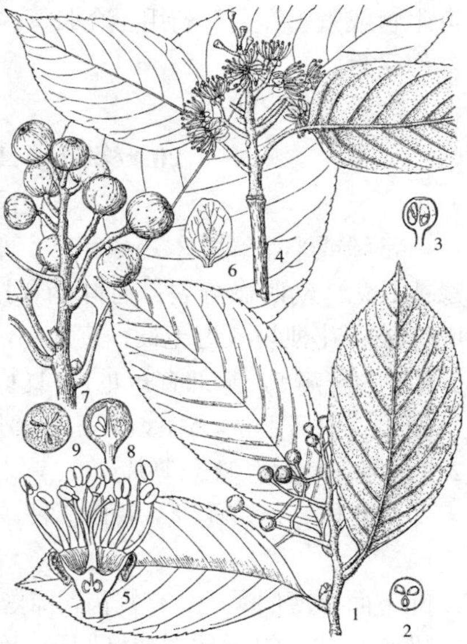

图 917：1-3. 附生花楸 4-9. 褐毛花楸
（刘敬勉绘）

38. 褐毛花楸 图 917：4-9

Sorbus ochracea（Hand.-Mazz.）Vidal in Adansonia 5: 577. 1965.

Eriobotrya ochracea Hand.-Mazz. Symb. Sin. 7: 476. 1933.

乔木或灌木，高达15米。幼枝密被锈褐色绒毛，渐脱落，二年生枝无毛。冬芽无毛。叶卵形、椭圆状卵形，稀椭圆状倒卵形，长9-14厘米，基部1/3以上有圆钝浅锯齿，幼时两面密被锈褐色绒毛，老时下面疏被绒毛，侧脉10-12对；叶柄长2-3厘米，密被锈褐色绒毛。复伞房花序，密被锈褐色绒毛。花梗长3-5毫米；花径0.7-1厘米；花萼密被锈褐色绒毛，萼筒钟状，萼片三角状卵形；花瓣宽卵形或椭圆形，长3-4毫米，黄白色，内面有疏柔毛；雄蕊15-20；花柱(2)3-4，近基部合生，无毛，短于雄蕊。果近球形，径约1厘米，具皮孔。花期3-5月，果期7-8月。

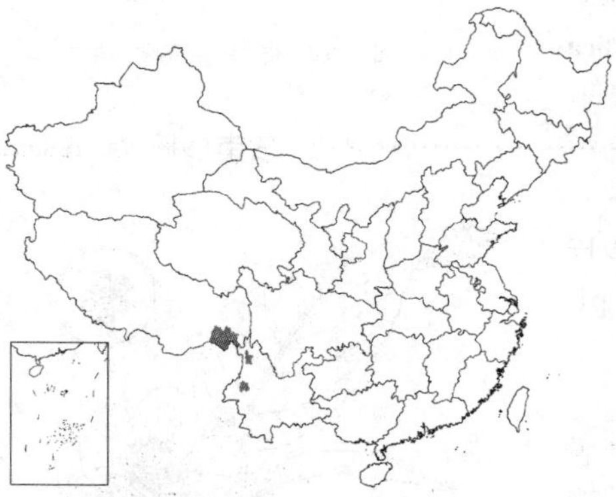

产云南西部及西北部、西藏东南部，生于海拔1300-3000米山谷岩石、溪旁或山坡林中。

［附］ **多变花楸 Sorbus astateria**（Gard.）Hand.-Mazz. Symb. Sin. 7: 466. 1933. —— *Pirus astateria* Gard. in Lecomte, Not. Syst. 3: 348. 1918. 本种与褐毛花楸的区别：叶卵状披针形，长4-7(-9)厘米，侧脉6-8对，叶柄长5-7(-10)毫米；果径0.5-1厘米，常有皮孔。产云南及西藏东南部，生于海拔1500-2700米溪边林内或阴坡多石砾地方。

19. 榅桲属 Cydonia Mill.

（谷粹芝）

落叶灌木或小乔木。冬芽卵圆形，被绒毛。枝无刺，幼时密被绒毛。二年生枝紫褐色。单叶，互生，卵形或长圆形，长5-10厘米，先端尖，凸尖或微凹，基部圆或近心形，上面无毛或幼时疏生柔毛，下面密被长柔毛，全缘；叶柄长0.8-1.5厘米，被柔毛，托叶膜质，早落。花单生枝顶；花梗长约5毫米或近无梗，密被柔毛；苞片膜质，卵形，早落；花径4-5厘米；被丝托钟状，密被柔毛，萼片5，卵形或宽披针形，长5-6毫米，有腺齿，内外面均被绒毛；花瓣5，白色，倒卵形，长约1.8厘米，雄蕊20，长不及花瓣1/2；花柱5，离生，基部密被长柔毛，子房下位，5室，每室多数胚珠。梨果径3-5厘米，密被柔毛，成熟时黄色，有香味，宿存萼片反折，果柄粗，长约5毫米，被柔毛。

单种属。

榅桲 图 918 图 958: 5-7

Cydonia oblonga Mill. Gard. Dict. ed. 8, C. no. 1. 1768.

形态特征同属。花期4-5月，果期10月。

原产中亚细亚。新疆、陕西、江西、福建等地有栽培。果芳香，味酸，可生食或煮食；又可药用，治水泻。实生苗可作苹果和梨类砧木。耐修剪，宜作绿篱。

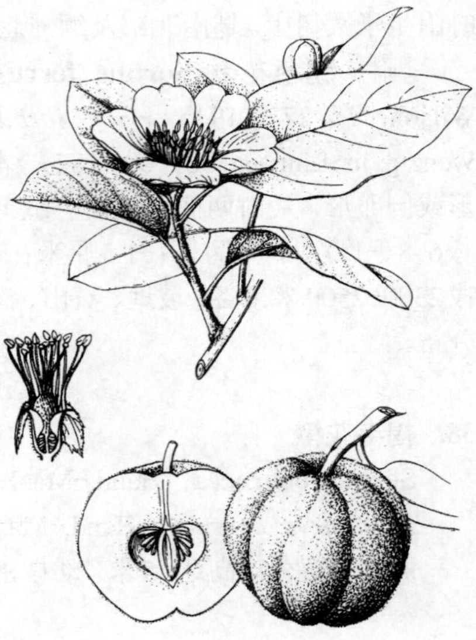

图 918 榅桲 （张荣生绘）

20. 移㭨属 Docynia Dcne.

（谷粹芝）

常绿或半常绿乔木。冬芽小，卵圆形，有数枚鳞片。单叶，互生，全缘或具齿，幼时微分裂；有叶柄和托叶。花2-3簇生，与叶同时开放或先叶开放；花梗短或近无梗，苞片小，早落；被丝托钟状，外面被绒毛，具5裂片；花瓣5，基部有短爪，白色；雄蕊30-50，排成2轮；花柱5，基部合生；子房下位，5室，每室3-10胚珠。梨果近球形、卵圆形或梨形，径2-3厘米，具宿存直立萼片。

约5种，分布亚洲。我国2种。

1. 叶下面有薄层柔毛，有锯齿，稀全缘，坚纸质，椭圆形或长圆状披针形；雄蕊约30；果近球形或椭圆形，有短柄 ……………… 1. 移㭨 **D. indica**
1. 叶下面密被黄白色绒毛，全缘或稍有锯齿，革质，披针形或卵状披针形；雄蕊40-45；果卵球形或长圆形，有长柄 …………………………………………… 2. 云南移㭨 **D. delavayi**

1. 移㭨 图 919

Docynia indica (Wall.) Dcne. in Nouv. Arch. Mus. Paris 10: 131. pl. 14. 1874.

Pyrus indica Wall. Pl. As. Rar. 2: 56. t. 173. 1831.

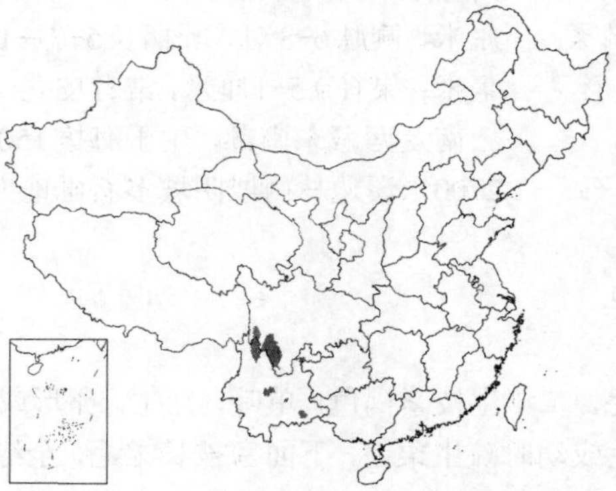

半常绿或落叶乔木，高达2-5米。小枝常粗短，幼时密被柔毛，渐脱落。冬芽被柔毛。叶椭圆形或长圆状披针形；长3.5-8厘米，先端急尖，稀渐尖，基部宽楔形或近圆，有浅钝锯齿，稀仅顶端具齿或全缘，上面无毛，下面被薄层柔毛或近无毛；叶柄长0.5-2厘米，常被柔毛，托叶小，早落。花3-5簇生；花梗短或近无梗，被柔毛；苞片早落；花径约2.5厘米；被丝托钟状，外面密被柔毛，萼片披针形或三角状披针形，内外两面均被柔毛；花瓣白色，长圆形或长圆状倒卵形；雄蕊约30；花柱5，基部合生，被柔毛。果近球形或椭圆形，径2-3厘米，幼果微被毛；宿存萼片直立，两面均被柔毛；果柄粗短，被柔毛。花期3-4月，果期8-9月。

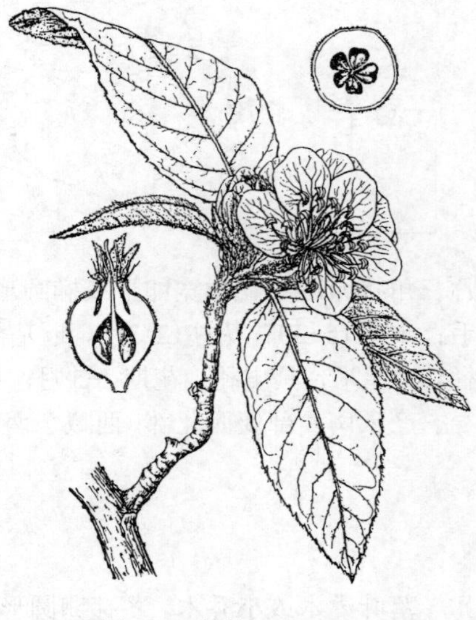

图 919 移㭨 （傅桂珍绘）

产云南及四川西南部，生于海拔2000-3000米山坡、溪旁或林中。印度、巴基斯坦、尼泊尔、不丹、缅甸、泰国及越南有分布。果治脚气、湿肿、风湿疥痛。

2. 云南移㭨 图 920

Docynia delavayi (Franch.) Schneid. in Fedde, Repert. Sp. Nov. 3: 180. 1906.

Pirus delavayi Franch. Pl. Delav. 227. t. 47. 1890.

常绿乔木，高达10米。幼枝密被黄白色绒毛，渐脱落。冬芽卵圆形，鳞片外被柔毛。叶革质，披针形或卵状

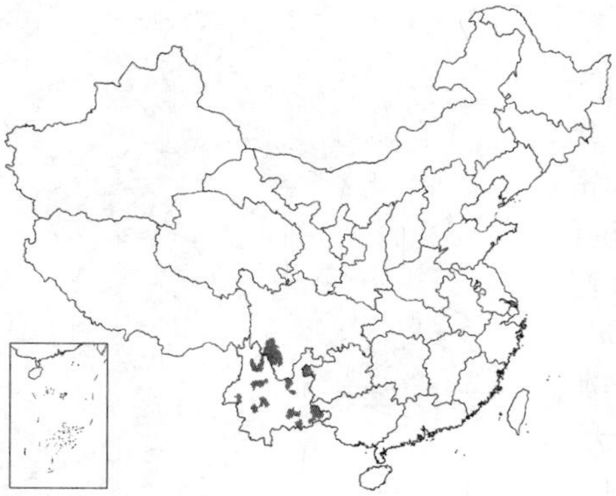

披针形；长6-8厘米，全缘或稍有浅钝齿，上面无毛，下面密被黄白色绒毛；叶柄长约1厘米，密被绒毛，托叶披针形，早落。花3-5朵，丛生于小枝顶端。花梗短粗，近无毛，密被绒毛；苞片膜质，披针形，早落；花径2.5-3厘米；被丝托钟状，外面密被黄白色绒毛，萼片披针形或三角状披针形，长5-8毫米，比被丝托稍短，两面均密被绒毛；花瓣白色；宽卵形或长圆状倒卵形，长1.2-1.5厘米，基部有短爪；雄蕊40-45，花丝长短不等；花柱5，基部合生并密被绒毛，与雄蕊近等长或稍短，柱头棒状。果卵形或长圆形，径2-3厘米，黄色；幼果密被绒毛，成熟后微被绒毛或近无毛，果柄长，外被绒毛；萼片宿存，直立或合拢。花期3-4月，果期5-6月。

产云南、四川西南部及贵州西北部，生于海拔1000-3000米山谷、溪旁、灌丛中或路旁林中。果味酸，在云南作柿果催熟剂，栽培供观赏。

图 920 云南移𣏾 （引自《图鉴》）

21. 木瓜属 Chaenomeles Lindl.

（谷粹芝）

落叶或半常绿灌木或小乔木；有刺或无刺。冬芽小，具2轮外露鳞片。单叶，互生，具齿或全缘，有短柄和托叶。花单生或簇生，先于叶开放或迟于叶开放。被丝托钟状，萼片5，全缘或有齿，花瓣5，大形；雄蕊20或多数排成2轮；花柱5，基部合生，子房下位，5室，每室有多数胚珠并排成2行。梨果大形，萼片脱落，内具多数褐色种子。种皮革质，无胚乳。

约5种，分布亚洲东部。我国均产。

1. 枝无刺；花单生，后叶开放，萼片有齿，反折；叶有刺芒状锯齿，齿尖、叶柄均有腺，托叶膜质，卵状披针形，有腺齿 ………………………………………………………… 1. **木瓜 C. sinensis**
1. 枝有刺；花簇生，先叶开放或与叶同放；萼片全缘或近全缘，直立，偶反折，叶有锯齿，稀全缘，托叶草质，肾形、耳形，稀半圆形或卵形，常有锯齿。
  2. 叶卵形或椭圆形，幼时下面无毛或有短柔毛，有尖锐锯齿，枝条初直立，不久开展；花柱基部无毛或稍有毛。
    3. 小枝平滑，二年生枝无疣状突起；果径5-8厘米，成熟期迟。
      4. 叶卵形或长椭圆形，幼时下面无毛或有短柔毛，有尖锐锯齿；枝条初期直立，不久开展 ………………………………………………………… 2. **皱皮木瓜 C. speciosa**
      4. 叶椭圆形或披针形，幼时下面密被褐色绒毛，有刺芒状锯齿；枝条坚硬，直立；花柱基部常被柔毛或绵毛 ………………………………………………………… 3. **毛叶木瓜 C. cathayensis**
    3. 小枝粗糙，二年生枝有疣状突起；果径3-4厘米，成熟期早；叶倒卵形或匙形，有圆钝锯齿；花柱无毛 ………………………………………………………… 4. **日本木瓜 C. japonica**

1. 木瓜 木李　　图 921 彩片 133

Chaenomeles sinensis (Thouin.) Kochne, Gatt. Pomac. (Sphalmate "chinensis") 29. 1890. —— *Cydonia sinensis* Thouin in Ann. Mus. Hist. Nat. Paris 19: 145.

t. 8. 9. 1812.

灌木或小乔木，高达10米。小枝无刺，幼时被柔毛。不久即脱落。冬芽半圆形，无毛。叶椭圆形或椭圆状长圆形，稀倒卵形，长5-8厘米，先端急尖，基部宽楔形或近圆，有刺芒状尖锐锯齿，齿尖有腺，幼时下面密被黄白色绒毛，不久即脱落；叶柄长0.5-1厘米，微被柔毛，有腺齿，托叶膜质，卵状披针形，有腺齿。花后叶开放，单生叶腋。花梗粗，长0.5-1厘米，无毛；花径2.5-3厘米；被丝托钟状，外面无毛，萼片三角状披针形，边缘有腺齿，外面无毛，内面被浅褐色绒毛，反折；花瓣淡粉红色，倒卵形；雄蕊多数，长不及花瓣1/2；花柱3-5，基部合生，被柔毛，柱头头状。果长椭圆形，长10-15厘米，暗黄色，木质；味芳香；果柄短。花期4月，果期9-10月。

产山东、安徽、江苏、浙江、江西、广东、广西、湖北及陕西，常见栽培供观赏；果味涩，芳香，供食用；药用可去痰、止痢。木材坚硬，可作床柱。

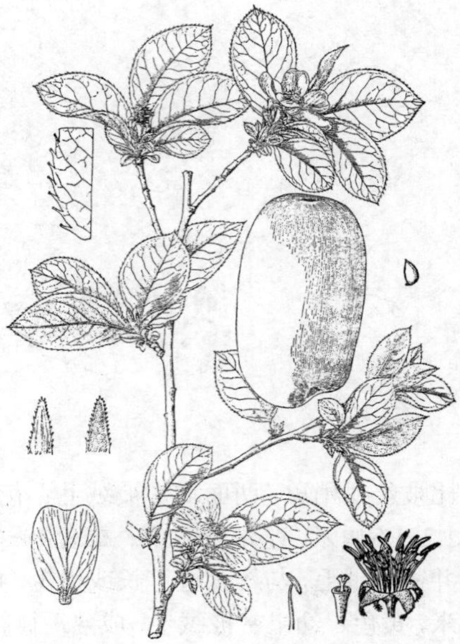

图 921 木瓜 （引自《中国药用植物志》）

2. 皱皮木瓜 贴梗木瓜 图 922 彩片 134

Chaenomeles speciosa (Sweet) Nakai in Jap. Journ. Bot. 4: 331. 1929.

Cydonia speciosa Sweet' Hort. Suburb. Lond. 113. 1818.

Chaenomeles lagenaria (Loisel) Koidz.; 中国高等植物图鉴 2: 243. 1972.

落叶灌木，高达2米。枝条直立，开展，有刺；小枝无毛。冬芽三角卵圆形。叶卵形至椭圆形，稀长椭圆形，长3-9厘米，具尖锐锯齿，齿尖开展，两面无毛或幼时下面沿脉有柔毛；叶柄长约1厘米，托叶草质，肾形或半圆形，稀卵形，长0.5-1厘米，有尖锐重锯齿，无毛。花先叶开放，3-5簇生于二年生老枝。花梗粗，长约3毫米或近无柄；花径3-5厘米；被丝托钟状，外面无毛，萼片直立，半圆形，稀卵形，全缘或有波状齿和黄褐色睫毛；花瓣猩红色，稀淡红或白色，倒卵形或近圆形，基部下延成短爪；雄蕊45-50；花柱5，基部合生，无毛或稍有毛。果球形或卵球形，径4-6厘米，黄或带红色。味芳香，萼片脱落。花期3-5月，果期9-10月。

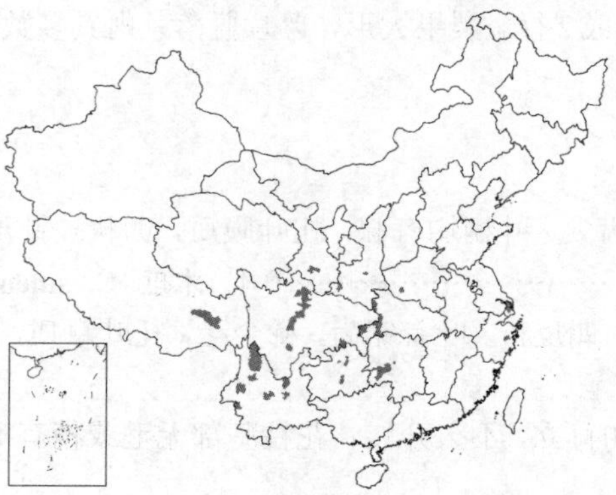

图 922 皱皮木瓜
（引自《江苏南部种子植物手册》）

产甘肃、陕西、四川、贵州、云南及广东。缅甸有分布。各地习见栽培，花大，有重瓣和半重瓣。

3. 毛叶木瓜 木桃 木瓜海棠 图 923

Chaenomeles cathayensis (Hemsl.) Schneid. Ill. Handb. Laubh. 1: 730. F. 405p-p2. 4-6e-f. 1906.

Cydonia cathayensis Hemsl. in Hook. Icon. P1. 27: pl. 2657. 2658. 1901.

落叶灌木或小乔木，高达6米。枝条具短枝刺；小枝无毛。冬芽三角状

卵圆形，无毛。叶椭圆形、披针形至倒卵状披针形，长5-11厘米，基部楔形至宽楔形，边缘有芒状细尖锯齿，上半部有时具重锯齿，下半部有时近全缘，上面无毛，下面密被褐色绒毛，后近无毛；叶柄长约1厘米，有毛或无毛，托叶草质，肾形，耳状或半圆形，有芒状齿，下面被褐色绒毛。花先叶开放，2-3朵簇生于二年生枝。花梗粗短或近无梗；花径2-4厘米；萼片直立，卵形或椭圆形，全缘或有浅齿，有黄褐色睫毛；花瓣淡红或白色，倒卵形或近圆形；雄蕊45-50；花柱5，基部合生，下半部被柔毛或绵毛。果卵球形或近圆柱形，长8-12厘米，黄色，有红晕。花期3-5月，果期9-10月。

图 923 毛叶木瓜 （孙英宝绘）

产江西北部、湖北西部、湖南、贵州东南部、广东北部、广西东北部、云南西北部、四川东部、陕西南部及甘肃东南部，生于海拔900-2500米山坡、林缘或路边。栽培或野生。

4. 日本木瓜 图 924

Chaenomeles japonica（Thunb.）Lindl. ex Spach, Hist. Nat. Veg. Phan. 2: 159. 1834.

Pyrus japonica Thunb. Fl. Jap. 207. 1784.

矮灌木，枝有细刺；小枝粗圆，幼时具绒毛，二年生枝条有疣状突起，无毛。冬芽三角状卵圆形。叶倒卵形、匙形或宽卵形，长3-5厘米，有圆钝锯齿，齿尖向内合拢，无毛；叶柄长约5毫米，无毛，托叶肾形，有圆齿，长1厘米。花3-5朵簇生。花梗短或近无梗，无毛；花径2.5-4厘米；被丝托钟状，外面无毛，萼片卵形，稀半圆形，长4-5毫米，比被丝托约短一半，有不明显锯齿，外面无毛，内面基部有褐色短柔毛和睫毛；花瓣倒卵形或近圆形，基部延伸成短爪，长约2厘米，砖红色；雄蕊40-60，长约花瓣之半；花柱5，基部合生，无毛，柱头头状，有不明显分裂，约与雄蕊等长。果近球形，径3-4毫米，黄色，萼片脱落。花期3-6月，果期8-10月。

图 924 日本木瓜 （孙英宝绘）

原产日本。陕西、江苏、浙江庭园栽培，有白花、斑叶和平卧变种，供观赏。

22. 梨属 Pyrus Linn.

（谷粹芝）

落叶乔木或灌木，稀半常绿乔木；有时具刺。单叶，互生，有锯齿或全缘，稀分裂，在芽中呈席卷状；有叶柄与托叶。花先叶开放或与叶同放；伞形总状花序。被丝托钟状，萼片5，反折或开展；花瓣5，白色，稀粉红色，基部具爪；雄蕊15-30，花药常深红或紫色；花柱2-5，离生，子房下位，2-5室，每室2胚珠。梨果，果肉多汁，富含石细胞，子房壁软骨质。种子黑或黑褐色，种皮软骨质，子叶平凸。

约25种，分布亚洲、欧洲至北非。我国14种。

1. 果有宿存萼片；花柱3–5。
  2. 叶缘有带刺芒尖锐锯齿。
    3. 叶缘刺芒长；叶长5–10厘米，宽4–6厘米；花柱5；果黄色 …… 1. **秋子梨 P. ussuriensis**
    3. 叶缘刺芒短，叶长4–7厘米，宽4–5厘米；花柱4；果褐色，果柄长1.5–3厘米 …… 2. **河北梨 P. hopeiensis**
  2. 叶缘有细锐锯齿或圆钝锯齿。
    4. 叶缘有细锐锯齿；花柱3(4) …… 3. **麻梨 P. serrulata**
    4. 叶缘有圆钝锯齿；花柱5，偶4。
      5. 果绿色、黄色，稀有红晕，倒卵圆形或近球形；萼片内外两面被短柔毛。
        6. 叶长2–5(–7)厘米，宽1.5–2厘米；花梗和花序梗具柔毛或无毛；花径2.5–3厘米；果梗长2.5–3.5厘米 …… 4. **西洋梨 P. communis**
        6. 叶长5–10厘米，宽3–6厘米；花梗和花序梗密被绒毛；花径2.5–4厘米；果柄粗厚，长2.5–5厘米 …… 4(附). **西洋梨栽培变种 P. communis** var. **sativa**
      5. 果褐色，卵球形或椭圆形；萼片外面无毛，内面被绒毛 …… 5. **木梨 P. xerophila**
1. 果之萼片多数脱落或少数部分宿存；花柱2–5。
  7. 叶缘有带刺尖锐锯齿；花柱2–5。
    8. 果黄色；叶基部宽楔形 …… 6. **白梨 P. bretschneideri**
    8. 果浅褐色；叶基部圆或近心形 …… 7. **沙梨 Popyrlfolia**
  7. 叶缘有尖锐锯齿或圆钝锯齿；花柱2–4(5)；果褐或黑褐色。
    9. 叶缘有尖锐锯齿。
      10. 果近球形，2–3室，径0.5–1厘米；幼枝、花序梗和叶下面均被绒毛 …… 8. **杜梨 P. betulaefolia**
      10. 果球形或卵圆形，3–4室，径2–2.5厘米；幼枝、花序梗和叶下面具绒毛，旋脱落 …… 9. **褐梨 P. phaeocarpa**
    9. 叶缘有圆钝锯齿。
      11. 雄蕊20，花柱2(3)；叶、花序梗和花梗均无毛。
        12. 叶缘有齿。
          13. 叶卵状披针形或长圆状披针形，具浅齿，偶全缘 …… 10(附). **柳叶豆梨 P. calleryana** var. **1anceolata**
          13. 叶非披针形。
            14. 叶卵形或菱状卵形，基部宽楔形，先端急尖或渐尖 …… 10(附). **楔叶豆梨 P. calleryana** var. **koehnei**
            14. 叶宽卵形或卵形，稀长椭圆状卵形，基部圆或宽楔形，先端渐尖或短尖 …… 10. **豆梨 P. calleryana**
        12. 叶全缘，常卵形，基部近圆 …… 10(附). **全缘叶豆梨 P. calleryana** var. **integrifolia**
      11. 雄蕊25–30，花柱3–5；叶、花序梗和花梗幼时有毛，旋脱落 …… 11. **川梨 P. pashia**

1. 秋子梨 图 925

Pyrus ussuriensis Maxim. in Bull. Acad. Sci. St. Pétersb. 15: 132. 1857.

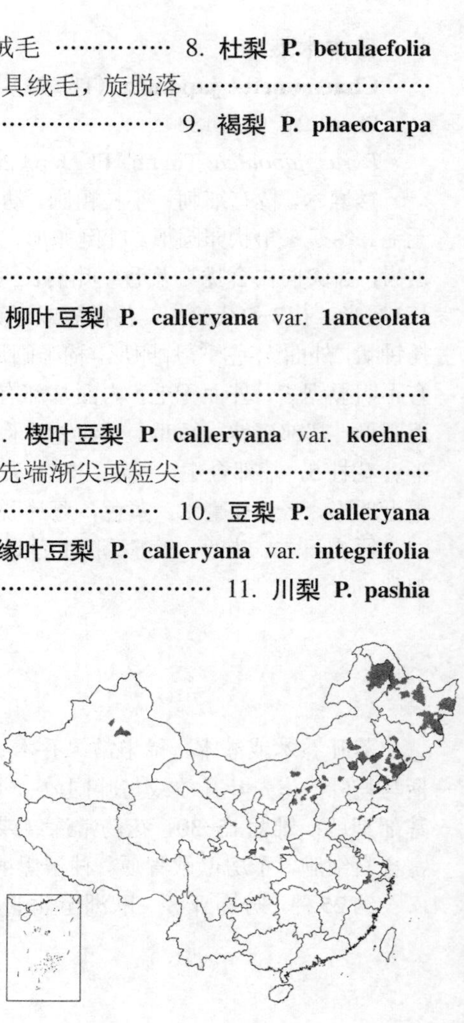

乔木，高达15米。小枝无毛或微具毛；老枝黄褐色，疏生皮孔。叶卵形至宽卵形，长5–10厘米，先端短渐尖，基部圆或近心形，稀宽楔形，边缘有带刺芒状尖锐锯齿，两面无毛或幼时被绒毛；不久脱落；叶柄长2–5厘米，幼时有绒毛，不久脱落，托叶线状披针形，早落。花5–7朵，密集。花梗长2–5厘米，幼时被绒毛；不久脱落；苞片膜质，线状披针形，早落；

花径3-3.5厘米；萼片三角状披针形，有腺齿，外面无毛；花瓣白色，倒卵形或宽卵形，无毛；雄蕊20，短于花瓣，花药紫色；花柱5，离生，近基部有稀疏柔毛。果近球形，黄色，径2-6厘米，有宿存萼片，基部微下陷，果柄长1-2厘米。花期5月，果期8-10月。

产黑龙江、吉林、辽宁、内蒙古、河北、山东、山西北部、陕西南部、甘肃、新疆及浙江西北部，生于海拔100-2000米山区。亚洲东北部有分布。适应寒冷干旱气候，东北、华北、西北各地多栽培，优良品种有：香水梨、安梨、酸梨、沙果梨、京白梨、鸭广梨等。

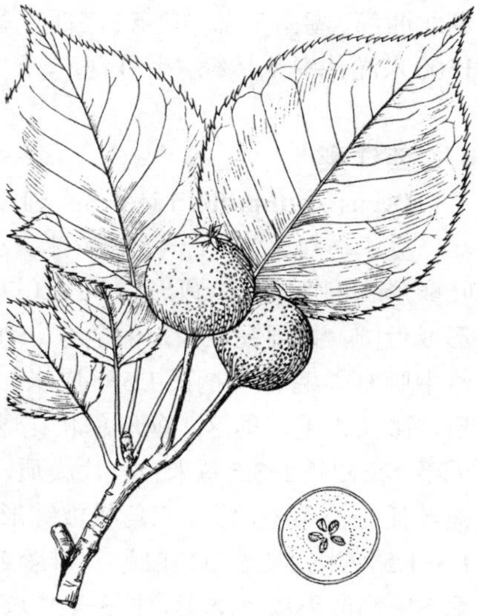

图 925 秋子梨 （引自《图鉴》）

2. 河北梨 图 926

Pyrus hopeiensis Yu in Acta Phytotax. Sin. 8: 232. 1963.

乔木，高达8米。小枝无毛，具稀疏白色皮孔，先端常为硬刺。冬芽长卵圆形或三角状卵形，无毛。叶卵形、宽卵形或近圆形，长4-7厘米，先端渐尖，基部圆或近心形，具细密尖齿，有短芒，两面无毛，侧脉8-10对；叶柄长2-4.5厘米，具稀疏柔毛或无毛。伞形总状花序，具6-8花。花梗长1.2-1.5厘米，花序梗和花梗具稀疏柔毛或近无毛；萼片三角状卵形，具齿，外面有稀疏柔毛；花瓣椭圆状倒卵形，基部有短爪，长8毫米，白色；雄蕊20，长不及花瓣之半，花柱4，和雄蕊近等长。果球形或卵圆形，径1.5-2.5厘米，褐色，萼片宿存，外面具多数斑点，4室，稀5室，果心大，果肉白色，石细胞多；果柄长1.5-3厘米。花期4月，果期8-9月。

产河北、山东东南部、山西西北部、内蒙古及宁夏，生于海拔100-800米山坡林缘。

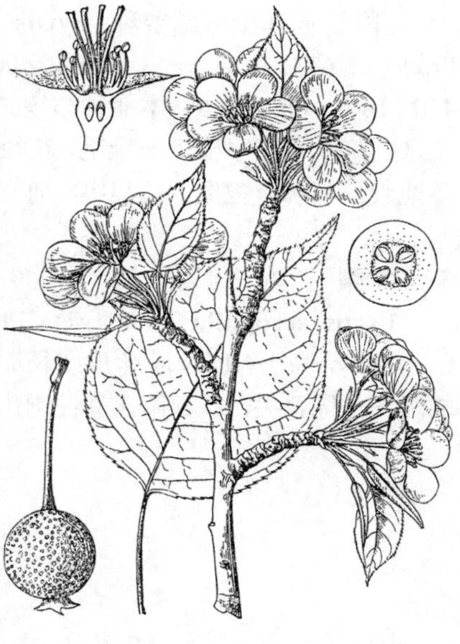

图 926 河北梨 （刘霁菁绘）

3. 麻梨 图 927

Pyrus serrulata Rehd. in Proc. Am. Acad. Arts Sci. 50: 234. 1915.

乔木，高达10米。小枝幼时具褐色绒毛，后脱落，老枝紫褐色，无毛，疏生白色皮孔。冬芽肥大。叶卵形至长卵形，长5-11厘米，先端渐尖，基部宽楔形或圆，边缘有细锐锯齿，下面幼时被褐色绒毛，后脱落，侧脉7-13对；叶柄长3.5-7.5厘米，幼时被褐色绒毛，后脱落，托叶膜质，早落。花6-11组成伞形总状花序；花序梗和花梗均被褐色绵毛，渐脱落；苞片膜质，线状披针形，早落。花梗长3-5厘米；花径2-3厘米；萼片三角卵形，外面有疏绒毛，内面密生绒毛；花瓣白色，宽卵形；雄蕊20；花柱3（4），基部具稀疏柔毛。果近球形或倒卵球形，长1.5-2.2厘米，深褐色，有浅色斑点，3-4室，萼片宿存或部分脱落；果柄长3-4厘米。花期4月，果期6-8月。

产江苏南部、浙江、福建、江西、

湖北西部、湖南南部、广东、广西东北部、贵州及四川东部，生于海拔100-1500米灌丛中或林缘。果可食。

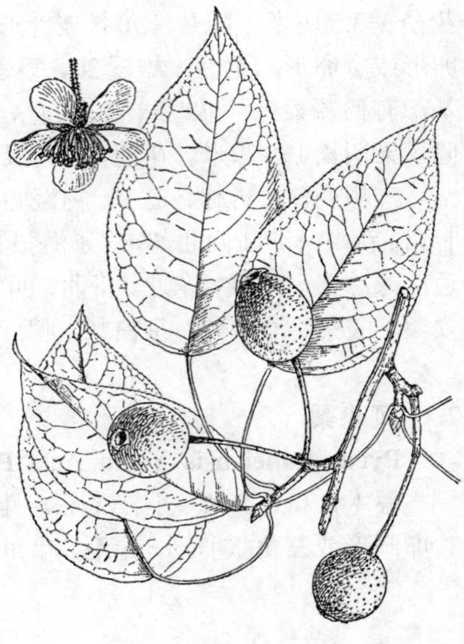

图 927 麻梨 （引自《图鉴》）

4. 西洋梨 图 928

Pyrus communis Linn. Sp. Pl. 459. 1753.

乔木，高达15米，稀至30米。小枝有时具刺，无毛或嫩时微具柔毛。叶卵形、近圆形或椭圆形，长2-5(-7)厘米，先端急尖或短渐尖，基部宽楔形或近圆，具圆钝锯齿，稀全缘，幼嫩时有蛛丝状柔毛，旋脱落或仅下面沿中脉有柔毛；叶柄长1.5-5厘米，幼时微具柔毛，托叶膜质，线状披针形，微具柔毛，早落。伞形总状花序，具6-9花，花序梗和花梗具柔毛或无毛。花梗长2-3.5厘米；苞片膜质，线状披针形，早落；花径2.5-3厘米；被丝托外被柔毛，萼片三角状披针形，内外两面均被柔毛；花瓣倒卵形，长1.3-1.5厘米，具短爪，白色；雄蕊20，长约花瓣之半；花柱5，基部具柔毛。果倒卵形或近球形，长3-4厘米，绿色、黄色，稀带红晕，具斑点，萼片宿存。花期4月，果期7-9月。

原产欧洲及亚洲西部。我国引入栽培者均属变种。

［附］**西洋梨栽培变种 Pyrus communis** var. **sativa** (DC.) DC. Prodr. 2: 643. 1825. —— *Pyrus sativa* DC. in Lamk. et DC. Fl. France 4: 430. 1805. pro. parte. 本变种与模式变种的区别：叶长5-10厘米，宽3-6厘米；花梗和花序梗密被绒毛，花径2.5-4厘米；果柄粗厚，长2.5-5厘米。各地栽培品种有巴梨、茄梨等，通常用杜梨作砧木，进行嫁接繁殖。

图 928 西洋梨 （陶新钧绘）

5. 木梨 图 929

Pyrus xerophila Yu in Acta Phytotax. Sin. 8: 233. 1963.

乔木，高达10米。叶卵形或长卵形，稀长椭圆状卵形，长4-7厘米，先端渐尖，稀急尖，基部圆，具钝锯齿，稀先端具少数细锐锯齿，两面均无毛或萌蘖叶片具柔毛，侧脉5-10对；叶柄长2.5-5厘米，无毛，托叶膜质，线状披针形，长0.6-1厘米，内面具白色绵毛，早落。伞形总状花序，有3-6花，花序梗和花梗幼时均被稀疏柔毛，旋脱落。花梗长2-3厘米；苞片膜质，线状披针形，长约1厘米，早落；花径2-2.5厘米；被丝托外面无毛或近无毛；萼片三角状卵形，外面无毛，内面具绒毛；花瓣宽卵形，具短爪，白色；雄蕊20，稍短于花瓣；花柱5，稀4，和雄蕊近等长，基部具稀疏柔毛。果卵球形或椭圆形，径1-1.5厘米，褐色，有稀疏斑点，萼片宿存，4-5室，果柄长2-3.5厘米，花期4月，果期8-9月。

产河南西北部、山西，陕西西南部、甘肃及青海东部，生于海拔500-2000米山坡灌丛中。

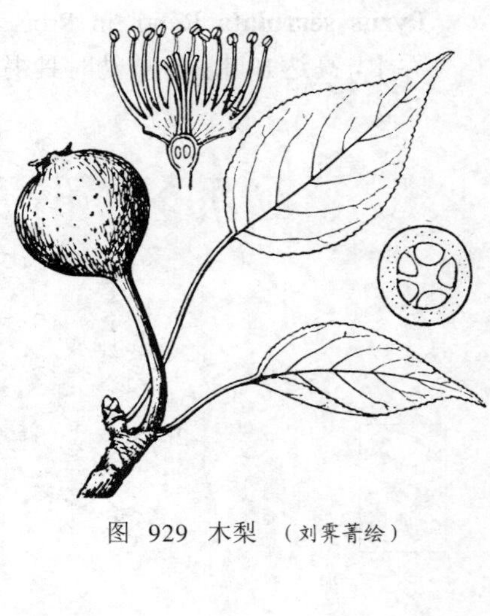

图 929 木梨 （刘霁菁绘）

6. 白梨 图 930

Pyrus bretschneideri Rehd. in Proc. Am. Acad. Arts Sci. 50: 231. 1915.

乔木，高达8米。小枝幼时密被柔毛，不久脱落，老枝紫褐色，疏生皮孔。冬芽卵圆形。叶卵形或椭圆状卵形，长5-11厘米，先端渐尖，稀急尖，基部宽楔形，稀近圆，边缘有尖锐锯齿，齿尖有刺芒，微向内合拢，两面均有绒毛，不久脱落；托叶膜质，线形至线状披针形，疏被柔毛，早落。花7-10组成伞形总状花序，径4-7厘米，花梗长1.5-3厘米；和花序梗被绒毛；苞片膜质，早落。花径2-3.5厘米；萼片三角形，边缘有腺齿，外面无毛；花瓣白色，卵形，先端常啮齿状；雄蕊20；花柱5或4，与雄蕊近等长，无毛。果卵球形或近球形，长2.5-3厘米，径2-2.5厘米，先端萼片脱落，果柄肥厚，黄色，有细密斑点，4-5室。种子倒卵圆形。花期4月，果期8-9月。

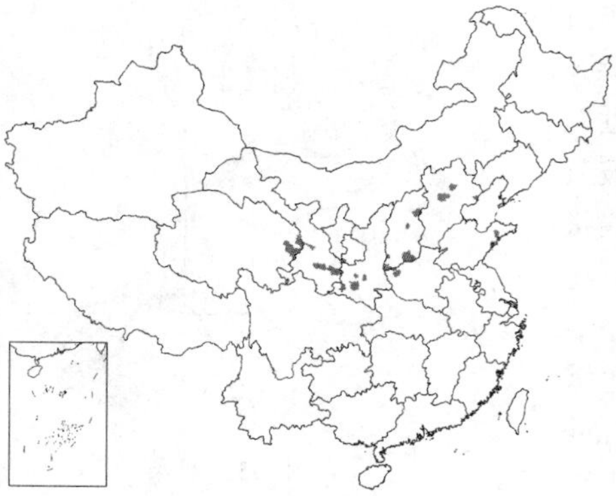

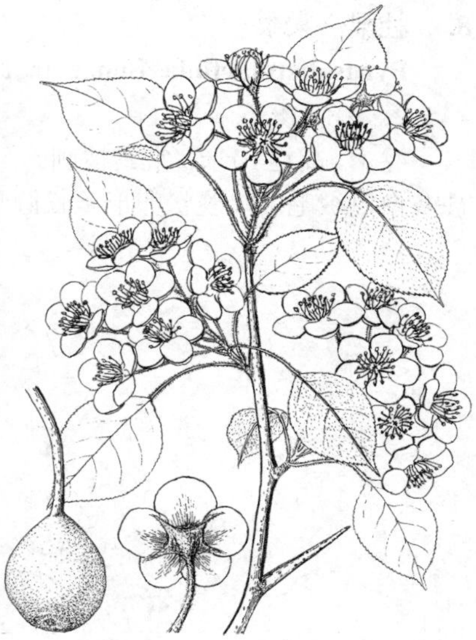

图 930 白梨 （引自《图鉴》）

产河北北部、山东东南部、河南西北部、山西、陕西西南部、甘肃及青海东部，生于海拔100-2000米阳坡耐干旱寒冷气候。

7. 沙梨 图 931

Pyrus pyrifolia (Burm. f.) Nakai in Bot. Mag. Tokyo 40. 564. 1926.

Ficus pyrifolia Burm. f. Fl. Ind. 226. 1768.

乔木，高达15米。幼枝被黄褐色长柔毛，老枝暗褐或紫褐色，有浅色皮孔。冬芽长卵圆形。叶卵状椭圆形或卵形，长7-12厘米，先端长尖，基部圆或近心形，稀宽楔形，有刺芒锯齿，微向内合拢，两面无毛或幼时有褐色绵毛；叶柄长3-4.5厘米，幼时被绒毛，后脱落，托叶膜质，线状披针形，早落。花6-9组成伞形总状花序，径5-7厘米；花序梗和花梗幼时被柔毛；苞片膜质，线形。花梗长3.5-5厘米；花径2.5-3.5厘米；萼片三角状卵形，边缘有腺齿，外面无毛，内面密被褐色绒毛；花瓣白色，卵形，先端啮齿状；雄蕊20；花柱(4)5，无毛。果近球形，浅褐色，有浅色斑点，顶端微下陷，萼片脱落。种子卵圆形。花期4月，果期8月。

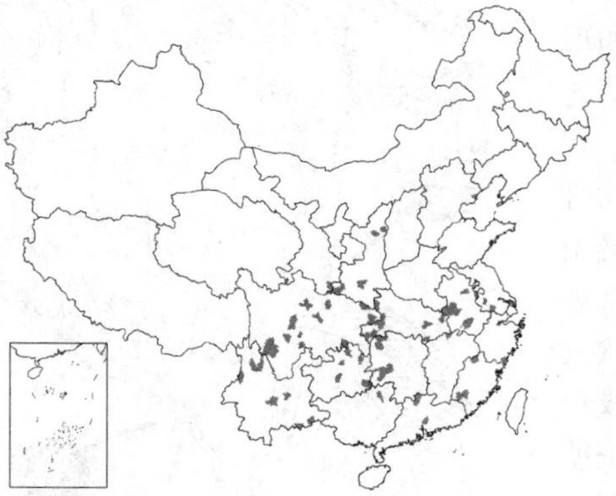

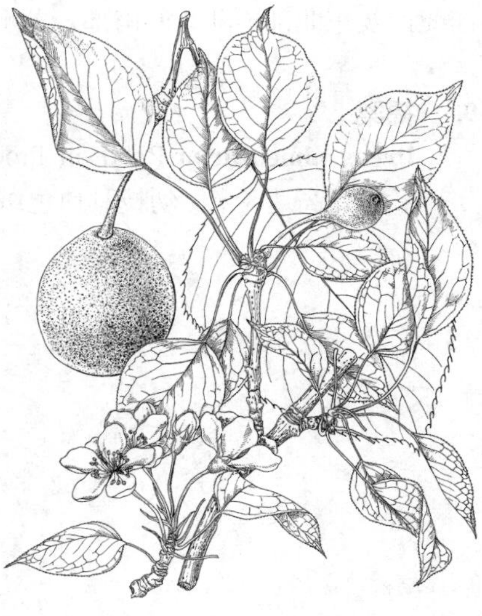

图 931 沙梨
（引自《江苏南部种子植物手册》）

产河北东部、山东东南部、江苏、安徽、浙江、福建、江西北部、湖北、湖南、广东、广西东北部、贵州、云南、四川、陕西及甘肃东南部，生于海拔100-1400米山区。适生温暖多雨地区。优良栽培品种有：安徽宣城雪梨、砀山酥梨、浙江台州君包梨、湖州鹅蛋梨、诸暨黄章梨。

8. 杜梨 棠梨 图 932

Pyrus betulaefolia Bunge in Mém. Div. Sav. Acad. Sci. Pétersb. 2: 101. 1835.

乔木，高达10米；常具枝刺。小枝幼时密被灰白色绒毛。冬芽卵圆形，被灰白色绒毛。叶菱状卵形至长圆状卵形，长4-8厘米，先端渐尖，基部宽楔形，稀近圆，边缘有粗锐锯齿，两面幼时密被灰白色绒毛，成长后上面无毛，有光泽，下面被绒毛或近无毛；叶柄长2-3厘米，被灰白色绒毛，托叶膜质，线状披针形，被绒毛，早落。花10-15组成伞形总状花序；花序梗和花梗均被灰白色绒毛；苞片膜质，线形，早落。花梗长2-2.5厘米；花径1.5-2厘米；萼片三角形，两面被绒毛；花瓣白色，宽卵形，先端圆钝；雄蕊20；花柱2-3，基部微具毛。果近球形，径0.5-1厘米，褐色，有浅色斑点，萼片宿存；果柄具绒毛。花期4月，果期8-9月。

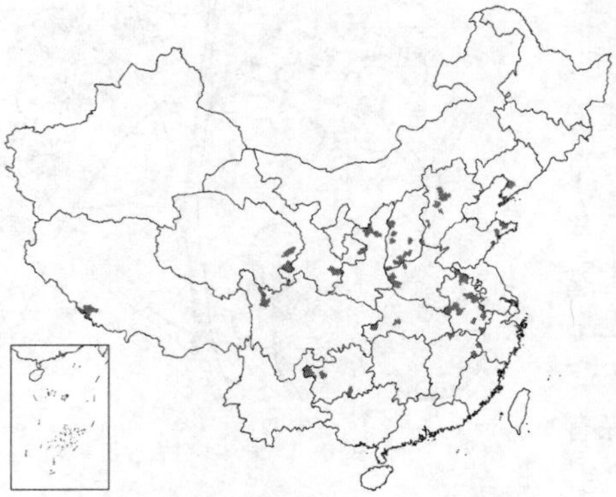

产辽宁南部、河北、山西、河南、安徽、江苏西南部、浙江东北部、江西北部及东北部、湖北西南部、贵州、四川西北部、陕西北部、甘肃东南部、青海东部及西藏南部，生于海拔1800米以下平原或山坡。耐寒、抗旱。作栽培各种梨的砧木，结果早，寿命长。木材致密，作器物；树皮可提取栲胶。

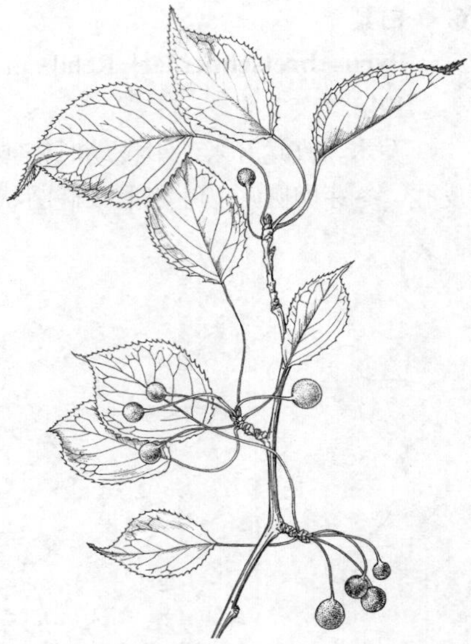

图 932 杜梨
（引自《江苏南部种子植物手册》）

9. 褐梨 图 933

Pyrus phaeocarpa Rehd. in Proc. Am. Acad. Arts Sci. 50: 235. 1915.

乔木，高达8米。幼枝具白色绒毛，老时无毛。冬芽长卵圆形，鳞片边缘具绒毛。叶椭圆状卵形至长卵形，长6-10厘米，先端长渐尖，基部宽楔形，有尖锐锯齿，齿尖向外，幼时有稀疏柔毛；不久即脱落无毛；叶柄长2-6厘米，微被柔毛或近无毛，托叶线状披针形，早落。花5-8组成伞形总状花序；花序梗和花梗幼时被绒毛；不久即脱落；苞片线状披针形，早落。花梗长2-2.5厘米；花径约3厘米；萼片三角披针形，被绒毛；花瓣白色，卵形，长1-1.5厘米；雄蕊20，长约花瓣1/2；花柱(2)3-4，基部无毛。果球形或卵圆形，径2-2.5厘米，褐色，有斑点，萼片脱落；果柄长2-4厘米。花期4月，果期8-9月。

产河北东北部、山东、山西南部、河南西部、陕西东南部及甘肃南部，生于海拔100-1200米山坡或黄土丘陵地区林中。常作栽培品种梨的砧木。

图 933 褐梨 （陶新钧绘）

10. 豆梨 图 934

Pyrus calleryana Dcne. Jard. Fruit. 1: 329. 1871-72.

乔木，高达8米。幼枝有绒毛，不久脱落。冬芽三角状卵圆形。叶宽卵形至卵形，稀长椭圆形，长4-8厘米，先端渐尖，稀短尖，基部圆形至宽楔形，边缘有钝锯齿，两面无毛；叶柄长2-4厘米，无毛，托叶叶质，线状披针形，早落。花6-12组成伞形总状花序，径4-6厘米；花序梗无毛；苞片膜质，线状披针形，内面有绒毛。花梗长1.5-3厘米；花径2-2.5厘米；被丝托无毛；萼片披针形，全缘，内面有绒毛；花瓣白色，卵形，长约1.3厘米，基部具短爪；雄蕊20，稍短于花瓣；花柱2(-5)，基部无毛。梨果球形，径约1厘米，黑褐色，有斑点，萼片脱落，2(3)室；果柄细长。花期4月，果期8-9月。

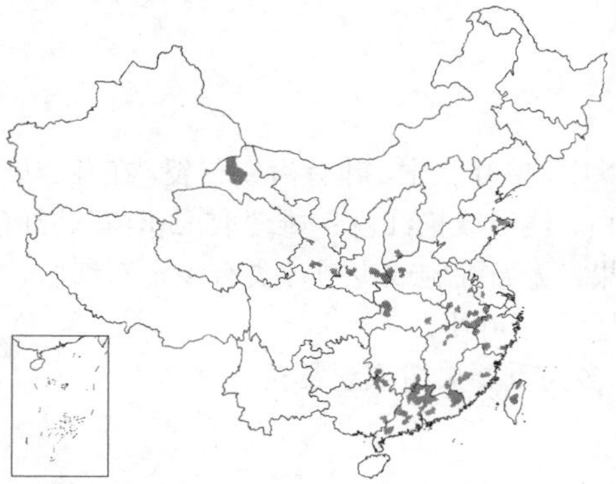

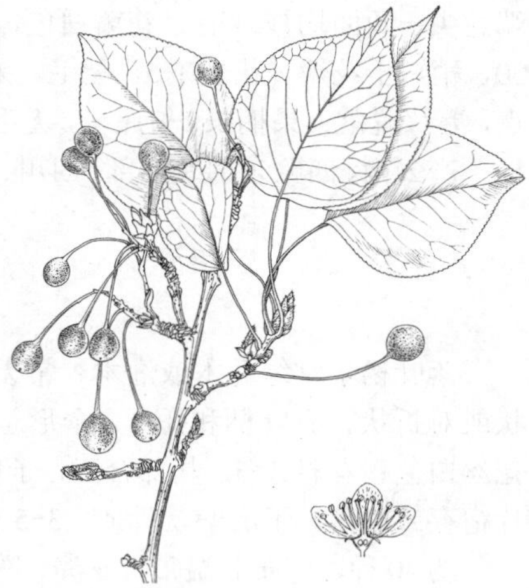

图 934 豆梨
（引自《江苏南部种子植物手册》）

产甘肃、陕西南部、山西南部、河南、山东东部、江苏东部、安徽、浙江、福建、台湾、江西、湖北、湖南、广东及广西东北部，生于海拔80-1800米山坡、平原或山谷林中。越南北部有分布。常作沙梨砧木。木材致密，供制器具。

［附］**全缘叶豆梨 Pyrus calleryana** var. **integrifolia** Yu in Acta Phytotax. Sin. 8: 232. 1963. 本变种与模式变种的区别：叶全缘，无锯齿，常卵形，基部钝圆。产浙江、江苏。

［附］**楔叶豆梨 Pyrus calleryana** var. **koehnei** (Schneid.) Yu, Fl. Reipubl. Popul. Sin. 36: 370. 1974. —— *Pyrus koehnei* Schneid. Ill. Handb. Laubh. 1: 665. f. 363m. 364f-u. 1966. 本变种与模式变种的区别：叶多卵形或菱状卵形，先端急尖或渐尖，基部宽楔形；子房3-4室。产广东、广西、福建、浙江。

［附］**柳叶豆梨 Pyrus calleryana** var. **lanceolata** Rehd. in Journ. Arn. Arb. 6: 28. 1926. 本变种与模式变种的区别：叶卵状披针形或长圆状披针形，具浅钝锯齿或全缘。产安徽、浙江。

11. 川梨 图 935

Pyrus pashia Buch.-Ham. ex D. Don, Prodr. Fl. Nepal. 236. 1825.

乔木，高达12米；常具枝刺。幼枝被绵毛，后脱落，老枝紫褐或暗褐色。冬芽卵圆形，鳞片边缘有短柔毛。叶卵形至长卵形，稀椭圆形，长4-7厘米，先端渐尖或急尖，基部圆形，稀宽楔形，边缘有钝锯齿，幼苗或萌蘖叶片常分裂并有尖锐锯齿，幼时有绒毛，后脱落；叶柄长1.5-3厘米，托叶膜质，披针形，早落。花7-13组成伞形总状花序，径4-5厘米；花序梗和花梗初密被绒毛；苞片膜质，线形，被绒毛。花梗长2-3厘米；花径2-2.5厘米；被丝托杯状，外面密被绒毛，萼片三角形，先

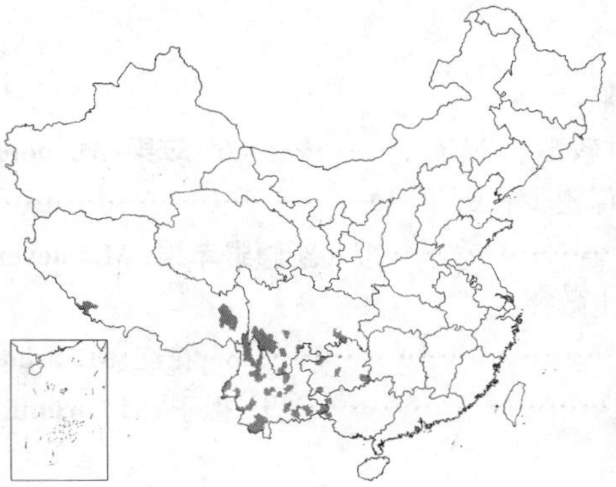

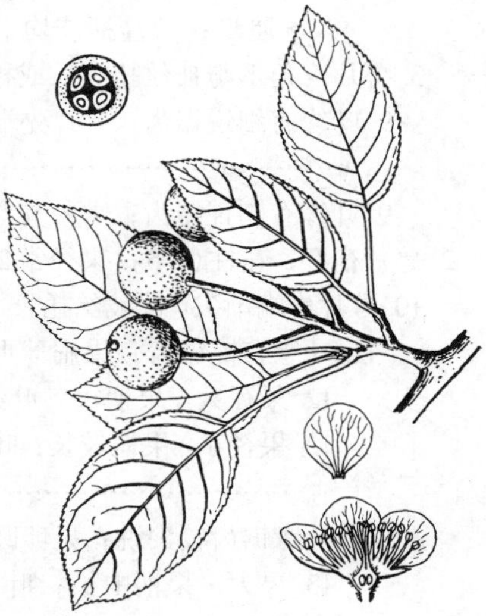

图 935 川梨 （吴彰桦 刘敬勉绘）

端急尖，两面均被绒毛；花瓣白色，倒卵形，先端圆或啮齿状；雄蕊25-30，稍短于花瓣，花柱3-5，无毛。果近球形，径1-1.5厘米，褐色，有斑点，萼片脱落；果柄长2-3厘米，无毛或近无毛。花期3-4月，果期8-9月。

产云南、西藏东部及南部、四川、贵州及广西西部，生于海拔650-3000米山谷斜坡林中。印度、缅甸、不丹、尼泊尔、老挝、越南及泰国有分布。常作栽培品种梨的砧木。

23. 苹果属 Malus Mill.

（谷粹芝）

落叶稀半常绿乔木或灌木；常无刺。冬芽卵圆形，被数枚覆瓦状鳞片。单叶互生，叶有齿或分裂，在芽中席卷状或对折状；有叶柄和托叶。伞形总状花序；花瓣近圆形或倒卵形，白、浅红或艳红色；雄蕊15-50，花药红色，花丝白色；花柱3-5，基部合生，子房下位，3-5室，每室2胚珠。梨果，无石细胞或少数种类有少量石细胞；萼片宿存或脱落，子房壁软骨质，3-5室，每室1-2种子。种皮褐或近黑色，子叶平凸。

约40种，广布北温带，亚洲、欧洲和北美洲均有。我国约25种。多为重要果树或观赏树。

1. 叶不裂，在芽内席卷状；果无石细胞。
  2. 萼片脱落，花柱3-5；果径多不及1.5厘米。
    3. 萼片披针形，比被丝托长。
      4. 嫩枝无毛或被短柔毛，细弱；叶初有短柔毛，后脱落近无毛；花白色。
        5. 叶柄、叶脉、花梗和被丝托外面均无毛；果近球形。
          6. 小枝不下垂；叶长3-8厘米，有细锐锯齿；花柱5 ……………… 1. **山荆子 M. baccata**
          6. 小枝下垂；叶较小，有稍钝齿；花柱3-4 ……………… 1(附). **垂枝山荆子 M. baccata** f. **gracilis**
        5. 叶柄、叶脉，花梗和被丝托外面有疏柔毛；果近球形 ……………… 2. **毛山荆子 M. manshurica**
      4. 嫩枝、叶下面常被绒毛或柔毛。
        7. 叶缘有紧贴锯齿，基部圆或宽楔形，下面密被柔毛；花白色；果卵圆形或近球形，萼洼微隆起，萼片脱落 ……………… 3. **丽江山荆子 M. rockii**
        7. 叶缘有尖锐锯齿。
          8. 叶下面近无毛，基部楔形或近圆；花粉红色，径约4厘米，雄蕊约20，花梗长2-3厘米；果球形，萼洼柄洼均下陷 ……………… 11. **西府海棠 M. micromalus**
          8. 叶下在被短柔毛，沿中、侧脉较密，基部圆或宽楔形；花白色，径2-3厘米，雄蕊25-30；花梗长3.5-5厘米；萼洼柄洼均不下陷 ……………… 12. **锡金海棠 M. sikkimensis**
    3. 萼片三角形与被丝托等长或稍短；嫩枝有短柔毛，旋脱落。
      9. 叶缘有细锐锯齿；萼片先端渐尖或急尖，花柱3，稀4；果椭圆形或近球形 ……………… 4. **湖北海棠 M. hupehensis**
      9. 叶缘有圆钝锯齿；萼片先端圆钝，花柱4或5；果梨形或倒卵形 ……………… 5. **垂丝海棠 M. halliana**
  2. 萼片宿存，花柱(4)5；果径常2厘米以上。
    10. 萼片先端渐尖，比被丝托长，
      11. 叶缘有钝锯齿；果扁球形或球形，顶端常有隆起，萼洼下陷。
        12. 果径大，果柄短；叶缘锯齿稍深；小枝、冬芽及叶毛茸较多；栽培 ……………… 6. **苹果 M. pumila**
        12. 果径小，果柄较长；叶缘锯齿较浅；小枝、冬芽及叶毛茸较少；野生 ……………… 7. **新疆野苹果 M. sieversii**
      11. 叶缘锯齿较尖锐；果卵圆形，顶端渐尖，不或稍隆起，萼洼微突。
        13. 果大，果柄中长；叶下面密被短柔毛 ……………… 8. **花红 M. asiatica**
        13. 果较小，果柄细长；叶下面仅沿脉具短柔毛或近无毛 ……………… 9. **楸子 M. prunifolia**
    10. 萼片先端急尖，比被丝托短或等长；果柄细长。

14. 叶基部宽楔形或近圆，叶柄长1.5-2厘米；果黄色，基部柄洼隆起，萼片宿存 … 10. **海棠花 M. spectabilis**
14. 叶基部楔形；叶柄长2-3.5厘米；果红色，基部柄洼下陷，萼片宿存或脱落 … 11. **西府海棠 M.micromalus**
1. 叶常分裂，稀不裂，在芽内对折状；果内无石细胞或有少量石细胞。
15. 萼片脱落。
16. 花柱基部有长柔毛；果近球形，无石细胞；叶不裂或发育枝叶常有3-5浅裂 ……………… 13. **三叶海棠 M. sieboldii**
16. 花柱基部无毛；果椭圆形或倒卵球形，稀近球形。
17. 叶通常3-5浅裂，有重锯齿；果椭圆形或倒卵圆形，有少量石细胞。
18. 叶基部圆或平截，裂片三角形；果柄长2-3.5厘米 ……………… 14. **陇东海棠 M. kansuensis**
18. 叶基部心形或近心形，裂片长圆状卵形；果柄长1.2-1.5厘米 ……… 15. **山楂海棠 M. komarovii**
17. 叶通常3-5深裂，边缘不为重锯齿；果无石细胞。
19. 嫩枝稍具细毛，旋脱落；叶有时深裂，有时不裂，上面有疏柔毛，下面沿脉较密；花径2-2.5厘米；果柄无毛 ……………… 16. **变叶海棠 M. toringoides**
19. 嫩枝被绒毛；叶深裂，上下两面均被绒毛；花径1-2厘米；果柄被绒毛。
20. 果近球形，长6-8毫米 ……………… 17. **花叶海棠 M. transitoria**
20. 果长圆状椭圆形或长圆状卵圆形，长1-1.2厘米 ……………… 17(附). **长圆果花叶海棠 M. transitoria** var. **centralasiatica**
15. 萼片宿存。
21. 果顶端有杯状浅洼，果心不分裂。
22. 叶不裂；花序近伞形。
23. 叶缘锯齿较细，下面无毛或微具短柔毛；果径1-1.5厘米，果柄无毛 …… 18. **西蜀海棠 M. prattii**
23. 叶缘具重锯齿，下面密被绒毛；果径1.5-2厘米，果柄有长柔毛 …… 19. **沧江海棠 M. ombrophila**
22. 叶3-6浅裂；花序近总状。
24. 叶下面具短柔毛；被丝托外面和花梗具稀疏柔毛，花柱3-4 ……… 20. **河南海棠 M. honanensis**
24. 叶下面密被绒毛或脱落近无毛；被丝托外面和果柄密被绒毛，花柱5。
25. 叶基部圆或心形，下面密被绒毛 ……………… 21. **滇池海棠 M. yunnanensis**
25. 叶基部心形，下面老时近无毛 …………… 21(附). **川鄂滇池海棠 M. yunnanensis** var. **veitchii**
21. 果顶端隆起，果心分离。
26. 花梗、被丝托和萼片外面均被绒毛 ……………… 22. **台湾林檎 M. doumeri**
26. 花梗、被丝托和萼片外面无毛 ……………… 23. **光萼林檎 M. leiocalyca**

1. 山荆子 图 936 彩片 135

Malus baccata (Linn.) Borkh. Theor.-Prakt. Handb. Forst. 2: 1280. 1803.

Pyrus baccata Linn. Mant. P1. 75. 1767.

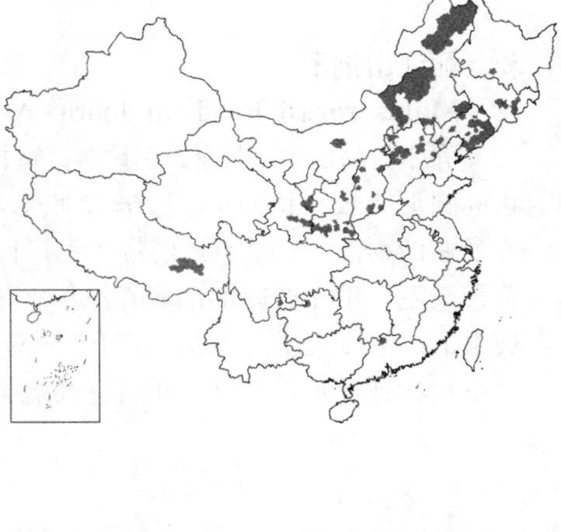

乔木，高达14米。幼枝细，无毛。叶椭圆形或卵形，长3-8厘米，先端渐尖，稀尾状渐尖，基部楔形或圆，边缘有细锐锯齿，幼时微被柔毛或无毛；叶柄长2-5厘米，幼时有短柔毛及少数腺体，不久即脱落，托叶膜质，披针形，早落。花4-6组成伞形花序，无花序梗，集生枝顶，径5-7厘米。花梗长1.5-4厘米，无毛；苞片膜质，线状披针形，无毛，早落；花径3-3.5厘米；无毛，萼片披针形，先端渐尖，长5-7毫米，比被丝托短；花瓣白色，倒卵形，基部有短爪；雄蕊15-20；花柱5或4，基部有长柔毛。果近球形，径0.8-1厘米，红或黄色，柄洼及萼洼稍微陷入；萼片脱落；果柄长3-4厘米。花期4-6月，果期9-10月。

产黑龙江、吉林、辽宁、内蒙古、河北、山东、山西、陕西、甘肃、宁夏、青海、西藏、云南、贵州及广东北部，生于海拔1500米以下山坡林中及山谷阴处灌丛中。蒙古、朝鲜、俄罗斯西伯利亚有分布。作苹果和花红砧木。

［附］**垂枝山荆子 Malus baccata f. gracilis** Rehd. in Journ. Arn. 2: 49. 1920. 本变型与模式变型的区别：小乔木；小枝细，下垂；叶较小，边锯齿稍钝；花柱3-4。产陕西及甘肃。

图 936 山荆子 （引自《图鉴》）

2. 毛山荆子 图 937

Malus manshurica (Maxim.) Kom. Tipi Rastit. Iuztmo-Ussur Kraia 93. 1917.

Pyrus baccata β *mandshurica* Maxim. in Bull. Acad. Sci. St. Pétersb. 1: 721, f. 397n. 1906.

乔木，高达15米。幼枝密被柔毛，老时渐脱落。叶卵形、椭圆形或倒卵形，长5-8厘米，先端急尖或渐尖，基部楔形或近圆，有细锯齿，基部锯齿浅钝近全缘，下面中脉及侧脉上具短柔毛或近无毛；叶柄长3-4厘米，具稀疏短柔毛，托叶线状披针形，早落。伞形花序，具3-6花，无花序梗，集生枝顶，径6-8厘米。花梗长3-5厘米，有疏生短柔毛；苞片小，膜质，线状披针形，早落；花径3-3.5厘米；被丝托外面有疏生短柔毛；萼片披针形，长5-7毫米，内面被绒毛，比被丝托稍长；花瓣长倒卵形，长1.5-2厘米，白色；雄蕊30，花丝长短不等，约等于花瓣之半或稍长；花柱4，稀5，基部具绒毛，较雄蕊稍长。果椭圆形或倒卵形，径0.8-1.2厘米，红色，萼片脱落；果柄长3-5厘米。花期5-6月，果期8-9月。

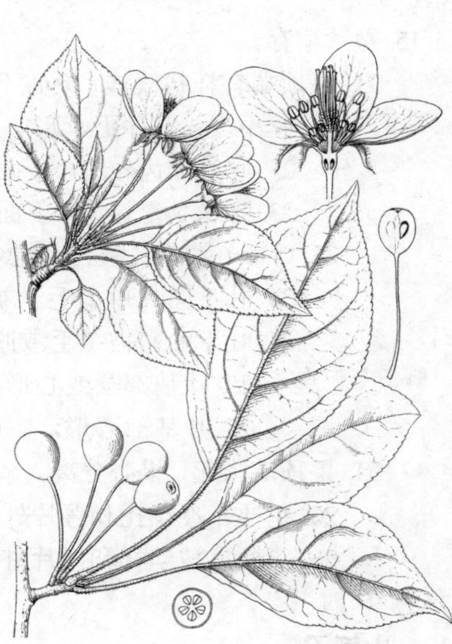

图 937 毛山荆子 （引自《图鉴》）

产黑龙江南部、吉林、辽宁、内蒙古、河北、山西、陕西南部、甘肃南部及青海，生于海拔100-2100米山坡林中、山顶及山沟。

3. 丽江山荆子 图 938 彩片 136

Malus rockii Rehd. in Journ. Arn. Arb. 14: 206. 1933.

乔木，高达10米。枝多下垂；嫩枝被长柔毛，渐脱落。叶椭圆形、卵状椭圆形或长圆状卵形，长6-12厘米，先端渐尖，基部圆或宽楔形，有不等紧贴细锯齿，上面中脉稍带柔毛，下面沿脉被短柔毛；叶柄长2-4厘米，有长柔毛，托叶披针形，早落。近伞形花序，具4-8花。花梗长2-4厘米，被柔毛；苞片膜质，早落；花径2.5-3厘米；被丝托钟形，密被长柔毛；萼片三角状披针形，全缘，外面有稀疏柔毛或近无毛，内面密被柔毛，比被

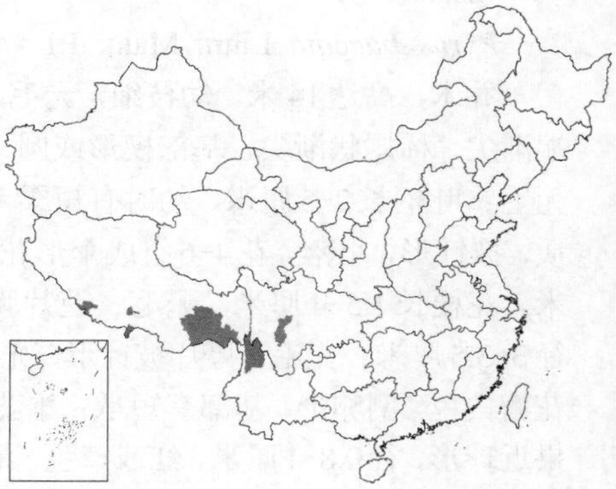

丝托稍长或近等长；花瓣倒卵形，长1.2-1.5厘米，白色；雄蕊25；花柱4-5，基部有长柔毛，柱头扁圆，比雄蕊稍长。果卵形或近球形，径1-1.5厘米，红色，萼片迟落，萼洼微隆起；果柄长2-4厘米，有长柔毛。花期5-6月，果期9月。

产云南西北部、四川西南部、西藏东南部及南部，生于海拔2400-3800米山谷林中。

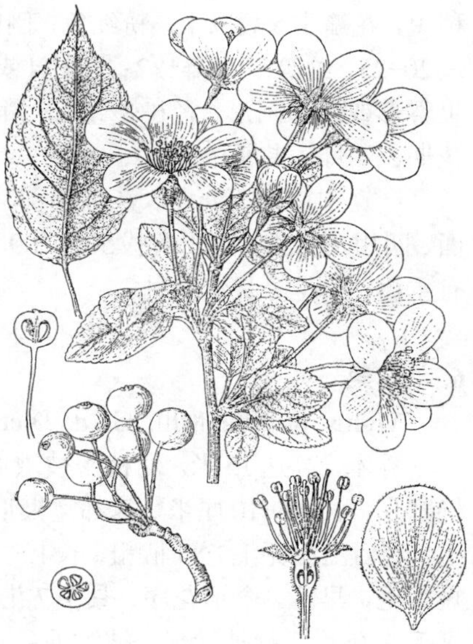

图 938 丽江山荆子
（引自《植物分类学报》）

4. 湖北海棠 图 939

Malus hupehensis (Pamp.) Rehd. in Journ. Arn. Arb. 14: 207. 1933.
Pyrus hupehensis Pamp. in Nouv. Giorn. Bot. Ital. n. ser. 17: 291. 1910.

乔木，高达8米。小枝有柔毛，不久脱落。冬芽卵圆形，鳞片边缘疏生短柔毛。叶卵形至卵状椭圆形，长5-10厘米，先端渐尖，基部宽楔形，稀近圆形，边缘有细锐锯齿，幼时疏生柔毛，不久脱落，常紫红色；叶柄长1-3厘米，幼时被疏柔毛，渐脱落，托叶草质至膜质，线状披针形，早落。花4-6组成伞房花序。花梗长3-6厘米，无毛或稍有长柔毛；苞片膜质，披针形，早落；花径3.5-4厘米；被丝托外面无毛或稍有长柔毛，萼片三角状卵形，先端渐尖或急尖，与被丝托等长或稍短，外面无毛，内面有柔毛；花瓣粉白或近白色，倒卵形，长约1.5厘米；雄蕊20；花柱3(4)，基部有长绒毛，稍长于雄蕊。果椭圆形或近球形，径约1厘米，黄绿色，稍带红晕，萼片脱落；果柄长2-4厘米。花期4-5月，果期8-9月。

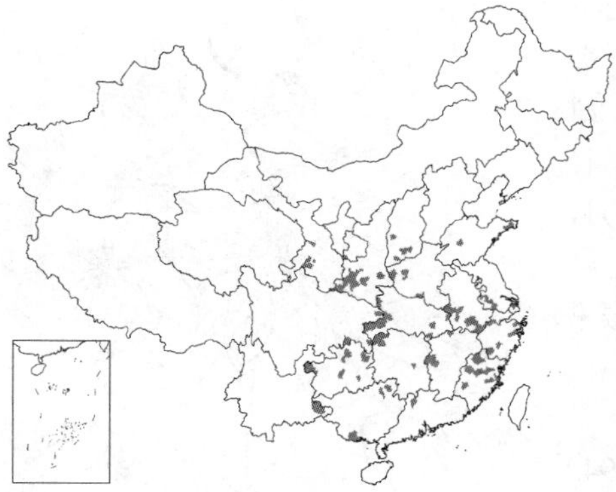

产山西、河南、山东、江苏、安徽、浙江、福建、江西、湖北、湖南、广东北部、广西、贵州、云南东南部、四川东部、甘肃南部及陕西南部，生于海拔500-2900米山坡或山谷林中。用分根萌蘖作苹果砧木，嫁接成活率高。春花秋实，为艳丽的观赏树。

图 939 湖北海棠 （引自《图鉴》）

5. 垂丝海棠 图 940

Malus halliana Koehne, Gatt. Pomae. 27. 1890.

乔木，高达5米。小枝微弯曲，初有毛，旋脱落。冬芽卵圆形，无毛或仅鳞片边缘有柔毛。叶卵形、椭圆形至长椭圆状卵形，长3.5-8厘米，先端长渐尖，基部楔形至近圆形，边缘有圆钝细锯齿，沿脉有时被短柔毛，上面有光泽，常带紫晕；叶柄长0.5-2.5厘米，幼时被疏柔毛，老时无毛，托叶披针形，早落。花4-6，组成伞房花序。花梗细弱，下垂，长2-4厘米，紫色，有稀疏柔毛；花径3-3.5厘米；被丝托外面无毛，萼片三角状卵形，长3-5毫米，先端钝，全缘，外面无毛，内面密被绒毛，与被丝托等长或

稍短，花瓣常5数以上，粉红色，倒卵形，长约1.5厘米，基部有短爪；雄蕊20-25，约等于花瓣1/2；花柱4或5，基部有长绒毛；顶花有时无雌蕊。果梨形或倒卵圆形，径6-8毫米，稍带紫色，萼片脱落；果柄长2-5厘米，花期3-4月，果期9-10月。

产辽宁南部、河北、江苏南部、浙江南部、安徽东部、湖北西部、陕西、四川及云南，生于海拔50-1200米山坡林中或溪边。为珍贵观赏花树，有重瓣、白花等栽培品种。

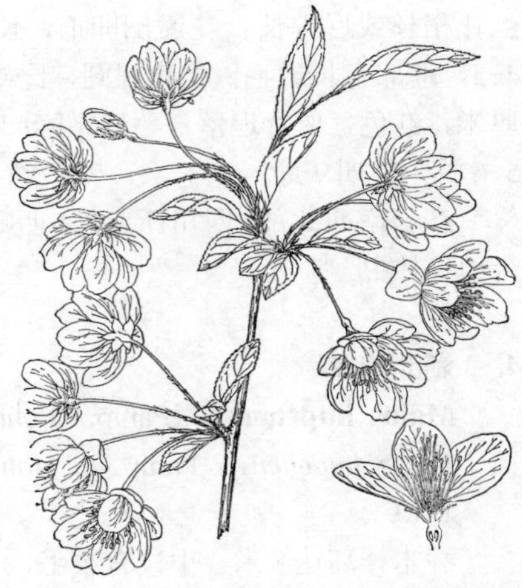

图 940 垂丝海棠 （引自《中国果树分类学》）

6. 苹果 图 941

Malus pumila Mill. Gard. Dict. ed. 8, M. no. 3. 1768.

乔木，高达15米。幼枝密被绒毛。冬芽卵圆形。叶椭圆形、卵形或宽椭圆形，长4.5-10厘米，基部宽楔形或圆，具圆钝锯齿，幼时两面具短柔毛，老后上面无毛；叶柄粗，长1.5-3厘米，被短柔毛，托叶披针形，密被短柔毛，早落。伞形花序，具3-7花，集生枝顶。花梗长1-2.5厘米，密被绒毛；苞片线状披针形，被绒毛；花径3-4厘米；被丝托外面密被绒毛，萼片三角状披针形或三角状卵形，长6-8毫米，全缘，两面均密被绒毛；萼片比被丝托长；花瓣倒卵形，长1.5-1.8厘米，白色，含苞时带粉红色；雄蕊20，约等于花瓣之半；花柱5，下半部密被灰白色绒毛。果扁球形，径7厘米以上，顶端常有隆起，萼洼下陷，萼片宿存，果柄粗短。花期5月，果期7-10月。

辽宁、河北、山东、山西、陕西、甘肃、宁夏、四川、云南及西藏常见栽培。为著名果树，全世界栽培品种一千以上。

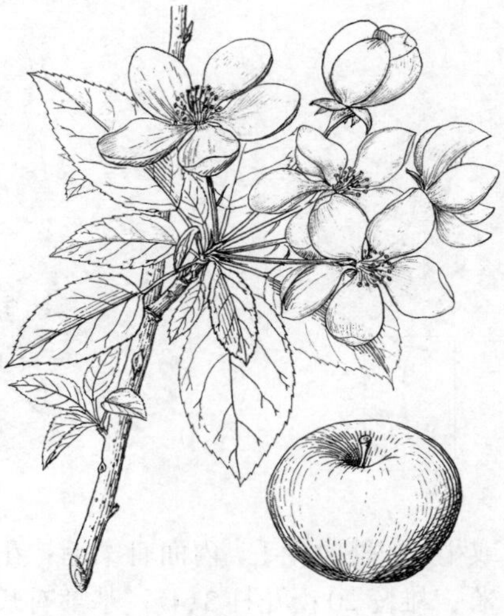

图 941 苹果 （引自《图鉴》）

7. 新疆野苹果 图 942

Malus sieversii（Ledeb.）Roem. Syn. Rosifl. 216. 1830.

Pyrus sieversii Ledeb. Fl. Alt. 2：222. 1830.

乔木，高2-10(14)米，常有多数主干。小枝嫩时具短柔毛。叶卵形或宽椭圆形，稀倒卵形，长6-11厘米，先端急尖，基部楔形，稀圆，具圆钝锯齿，幼叶下面密被长柔毛，老叶毛较少，上面沿叶脉有疏生柔毛，侧脉4-7对；叶柄长1.2-3.5厘米，疏生柔毛；托叶披针形，边缘有白色柔毛，早落。花序近伞形，具3-6花；花梗长约1.5厘米，密被白色绒毛；花径3-3.5厘米；萼筒钟状，外面密被绒毛，萼片宽披针形或三角披针形，长约6毫米，两面均被绒毛，稍长于萼筒；

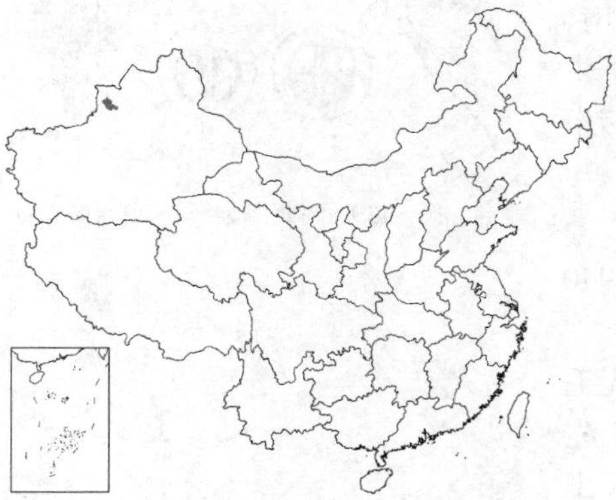

花瓣倒卵形，长1.5-2厘米，基部有短爪，粉色；雄蕊20，花丝长短不等，长约花瓣之半；花柱5，基部密被白色绒毛，与雄蕊约等长或稍长。果球形或扁球形，径3-4.5（-7）厘米，黄绿色有红晕，萼洼下陷，萼片宿存，反

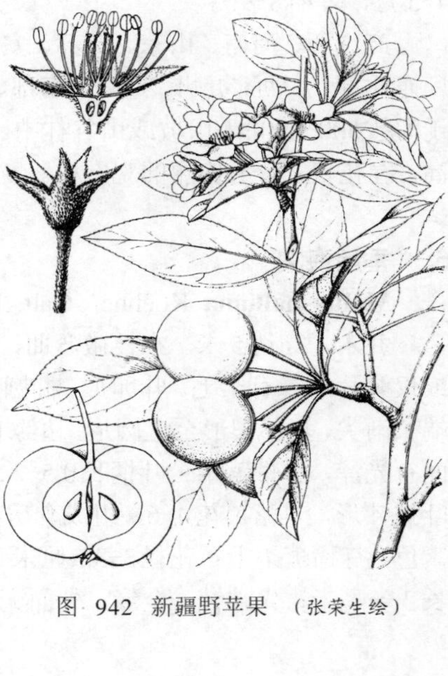

图 942 新疆野苹果 （张荣生绘）

折；果柄长3.5-4厘米，微被柔毛。花期5月，果期8-10月。

产新疆西北部伊犁地区谷地及准噶尔西部巴尔雷克山等地，生于海拔1100-1600米山坡中下部或山谷、河谷地带。中亚有分布。是某些栽培苹果的野生种群，对苹果育种有重要价值。

8.　花红　　图 943

Malus asiatica Nakai in Matsumura, Ic. Pl. Koisik. 3: t. 155. 1915.

小乔木。嫩枝密被柔毛，老枝无毛。冬芽初密被柔毛，渐脱落。叶卵形或椭圆形，长5-11厘米，有细锐锯齿，上面有短柔毛，渐脱落，下面密被短柔毛；叶柄长1.5-5厘米，具短柔毛，托叶披针形，早落。伞形花序，具4-7花，集生枝顶。花梗长1.5-2厘米，密被柔毛；花径3-4厘米；被丝托钟状，外面密被柔毛，萼片三角状披针形，长4-5毫米，内外两面密被柔毛，萼片比被丝托稍长；花瓣倒卵形或长圆状倒卵形，长0.8-1.3厘米，基部有短爪，淡粉色；雄蕊17-20，花丝长短不等，比花瓣短；花柱4（5），基部具长绒毛，比雄蕊较长。果卵状扁球形或近球形，径4-5厘米，黄或红色，先端渐窄，不隆起，基部陷入，宿萼肥厚隆起。花期4-5月，果期8-9月。

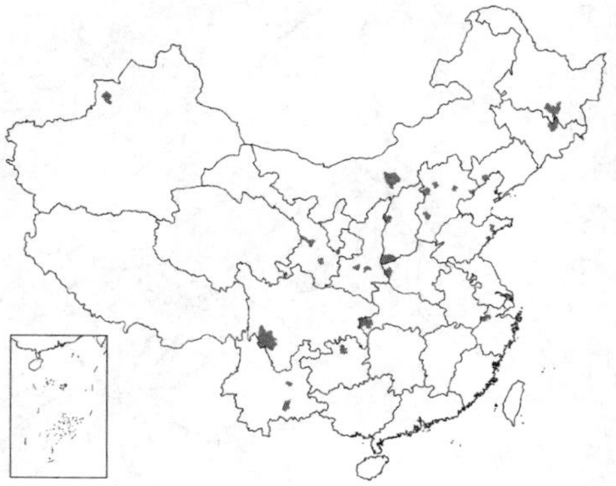

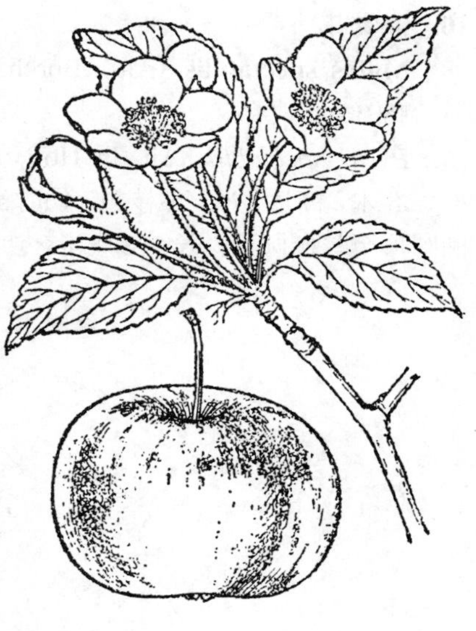

图 943　花红　（引自《图鉴》）

产黑龙江南部、吉林北部、辽宁西南部、内蒙古中部、河北、山东东部、河南西部、山西、陕西中南部、湖北西南部、贵州北部、云南、四川、甘肃南部及新疆西北部，果鲜食，或制果干、果丹皮。

9.　楸子　海棠果　　图 944

Malus prunifolia（Willd.）Borkh. Theor.-Prakt. Handb. Forst. 2: 1278. 1803.

Pyrus prunifolia Willd. Phytogr. 8. 1794.

小乔木。嫩枝密被短柔毛，老枝无毛。叶卵形或椭圆形，长5-9厘米，有细锐锯齿，幼时两面中脉及侧脉具柔毛，渐脱落，仅下面中脉稍具短柔毛或近无毛；叶柄长1-5厘米，嫩时密被柔毛，老时脱落。花4-10朵，近似伞房花序。花梗长2-3.5厘米，被短柔毛；苞片线状披针形，微被柔毛，早落。花径4-5厘米；被丝托外面被柔毛，萼片披针形或三角披针形，长7-9厘米，两面均被柔毛，萼片比被丝托长；花瓣倒卵形或椭圆形，长2.5-3厘米，基部有短爪，白色，含苞未放时粉红色；雄蕊20，长约花瓣1/3；花柱4（5），基部具长绒毛，比雄蕊较长。果卵圆形，径2-2.5厘米，红色，

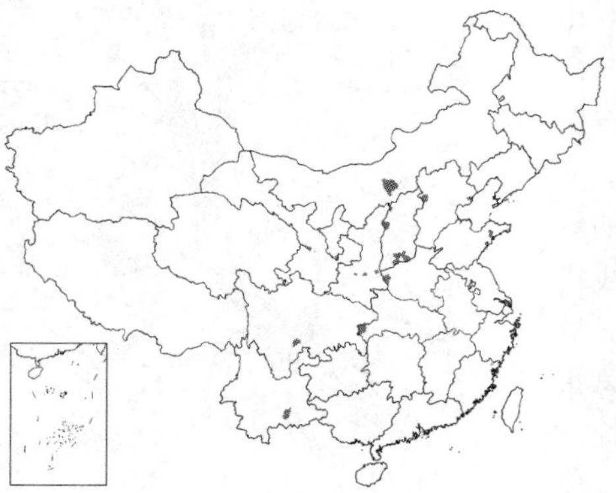

图 944　楸子　（冯晋庸绘）

顶端渐窄，稍隆起，萼洼微突，宿萼肥厚，果柄细长。花期4-5月，果期8-9月。

产河北、山东、山西、河南、陕西、甘肃、宁夏及内蒙古等省区，野生或栽培，生于海拔50-1300米山坡、平地或山谷梯田边。果可食及加工；为苹果的优良砧木。

图 945 海棠花 （陶新钧绘）

10. 海棠花 图 945

Malus spectabilis（Ait.）Borkh. Theor.-Prakt. Handb. Forst. 2: 1279. 1803.

Pyrus spectabilis Ait. in Hort. Kew 2: 175. 1789.

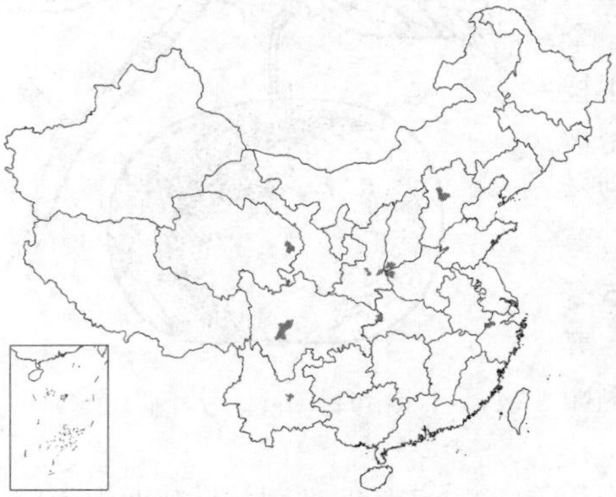

乔木，高达8米。小枝粗，幼时被短柔毛，渐脱落。冬芽微被柔毛。叶椭圆形至长椭圆形，长5-8厘米，边缘有紧贴细锯齿，幼时两面有稀疏短柔毛，后脱落，老叶无毛。叶柄长1.5-2厘米，具短柔毛，托叶膜质，窄披针形，早落。花4-6组成近伞形花序。花梗长2-3厘米，具柔毛；苞片膜质，披针形，早落；花径4-5厘米；被丝托外面无毛或有白色绒毛，萼片三角状卵形，外面无毛或偶有稀疏绒毛，内面密被白色绒毛，比被丝托稍短；花瓣白色，在蕾中呈粉红色；雄蕊20-25；花柱（4）5，基部有白色绒毛。果近球形，径2厘米，黄色，有宿存萼片，基部不下陷，柄洼隆起；果柄细长，近顶端肥厚，长3-4厘米。花期4-5月，果期8-9月。

产河北、山东东南部、山西南部、陕西南部、河南南部、江苏西南部、浙江西北部、云南、四川及青海东部，生于海拔2000米以下平原或山坡。为我国著名观赏树种，华北、华东各地栽培。有粉红重瓣者 var. riversii 和白色重瓣者 var. albiplena园艺变种。

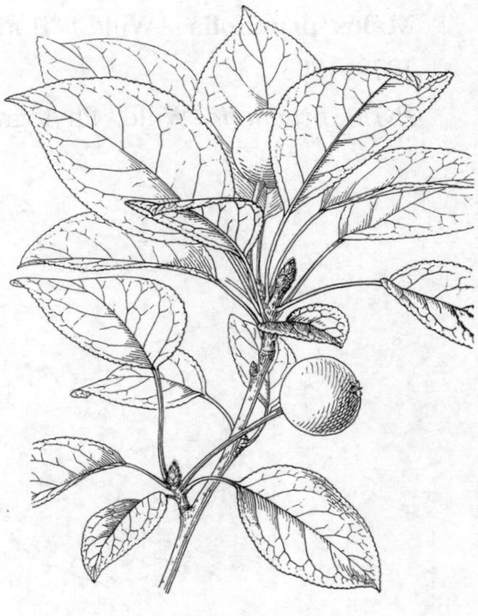

图 946 西府海棠 （冯晋庸绘）

11. 西府海棠 图 946

Malus micromalus Makino in Bot. Mag. Tokyo 22: 69. 1908.

小乔木，高达5米。小枝幼时被短柔毛，老时脱落。冬芽卵圆形，无毛或仅鳞片边缘有绒毛。叶长椭圆形或椭圆形，长5-10厘米，先端急尖或渐尖，基部楔形，稀近圆，边缘有尖锐锯齿，幼时被短柔毛，下面较密，老时脱落；叶柄长2-3.5厘米，托叶膜质，线状披针形，边缘疏生腺齿，早落。花4-7朵组成伞形总状花序或集生枝顶。花梗长2-3厘米，幼时被长柔毛；苞片膜质，线状披针形，早落；花径约4厘米；被丝托外面密被白色长绒毛，萼片三角状卵形、三角状披针形至长卵形，内面被白色绒毛，外面毛较稀疏；与被丝托等长或稍长，多数脱落，少数宿存；花瓣粉红色，近圆形或长椭圆形，长约1.5厘米；雄蕊20，稍短于花瓣；花柱5，基部有绒毛。果近球形，径1-1.5厘米，红色，萼洼、柄洼均下陷，有少数宿存萼片。花期4-5月，果期8-9月。

产辽宁、河北、山东北部、山西、陕西、甘肃、新疆西北部及云南西北部，生于海拔100-2400米地区。为常见栽培观赏树。可作苹果或花红砧木。

12. 锡金海棠 图 947

Malus sikkimensis（Wenz.）Koehne, Gatt. Pomac. 27. 1890.

Pyrus pashia D. Don var. *sikkimensis* Wenz. in Linnaea 38: 49. 1873.

落叶小乔木，高6-8米。小枝幼时被绒毛。叶卵形或卵状披针形，长5-7厘米，先端渐尖，基部圆或宽楔形，有尖锐锯齿，上面无毛，下面被短绒毛，沿中脉和侧脉较密；叶柄长1-3.5厘米，幼时有绒毛，后渐脱落；托叶钻形，早落。伞形花序生于枝顶，有6-10花；花梗长3.5-5厘米，初被绒毛，后渐脱落；花径2.5-3厘米；萼筒椭圆形，萼片披针形，初被绒毛，后渐脱落，花后反折；花瓣白色，近圆形，有短爪，外被绒毛；雄蕊25-30，花柱5，基部合生，无毛。果倒卵状球形或梨形，径1-1.8厘米，成熟时暗红色。花期5-6月，果期9月。

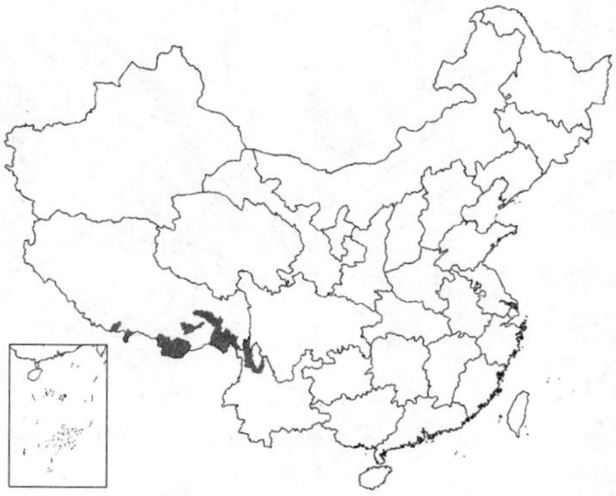

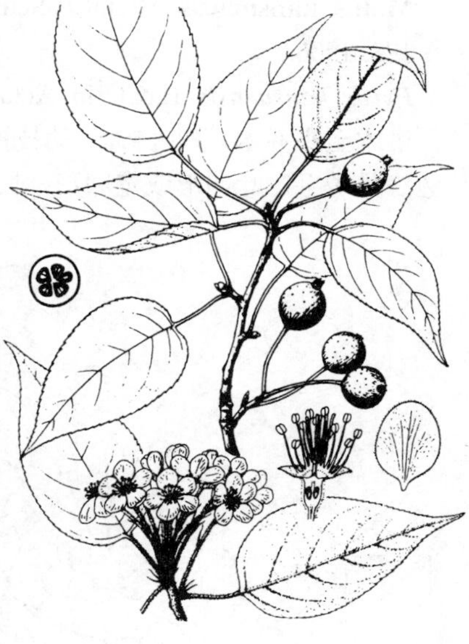

图 947 锡金海棠 （吴彰桦绘）

产云南西北部、西藏东南部及南部，生于海拔2500-3000米山坡或山谷林中。锡金、不丹及印度东北部有分布。可作栽培苹果的砧木。

13. 三叶海棠 图 948

Malus sieboldii（Regel.）Rehd. in Sarg. Pl. Wilson. 2: 293. 1915.

Pyrus sieboldii Regel. in Ind. Sem. Hort. Bot. Petrop. 1858: 51. 1859.

灌木，高达6米。小枝幼时被短柔毛，老时脱落。冬芽卵圆形，无毛或仅鳞片边缘微有短柔毛。叶卵形、椭圆形或长椭圆形，长3-7.5厘米，先端急尖，基部圆或宽楔形，边缘有尖锐锯齿，在新枝上叶的锯齿粗锐，常3稀5浅裂，幼叶两面均被短柔毛，老叶上面近无毛，下面沿中脉及侧脉有短柔毛；叶柄长1-2.5厘米，被短柔毛，托叶草质，窄披针形。花4-8朵集生于小枝顶端。花梗长2-2.5厘米，有柔毛或近无毛；苞片线状披针形，早落；花径2-3厘米；萼片三角卵形，外面无毛，约与被丝托等长或稍长；花瓣淡粉红色，花蕾时颜色较深，长椭圆状倒卵形，基部有短爪；雄蕊20；花柱3-5，基部有长柔毛，稍长于雄蕊。果近球形，径6-8毫米，红色或褐黄色，萼片脱落；果柄长2-3厘米。花期4-5月，果期8-9月。

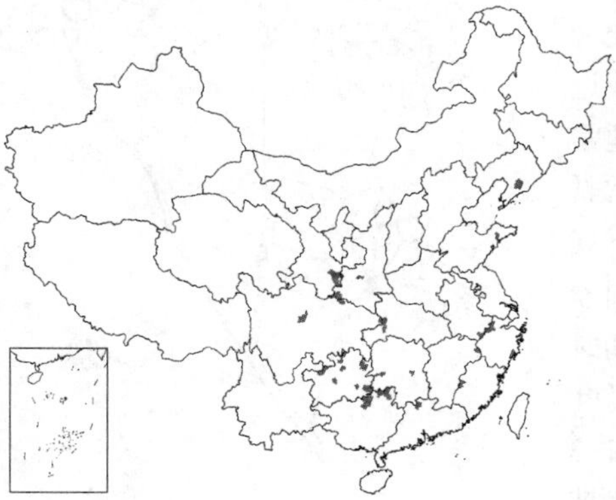

图 948 三叶海棠 （引自《图鉴》）

产辽宁南部、山东东部、安徽东

南部、浙江西北部、福建西部、江西东北部、湖北西部、湖南、广东北部、广西北部、贵州、四川、甘肃东南部及陕西南部，生于海拔150-2000米山坡杂木林或灌丛中。日本及朝鲜有分布。可作苹果砧木。

14. 陇东海棠 图 949

Malus kansuensis (Batal.) Schneid. in Fedde, Repert. Sp. Nov. 3: 178. 1906.

Pyrus kansuensis Batal. in Acta Hort. Petrop. 13: 94. 1893.

灌木至小乔木，高达5米。幼枝被短柔毛，不久脱落。冬芽卵圆形，鳞片边缘具绒毛。叶卵形或宽卵形，长5-8厘米，先端急尖或渐尖，基部圆或截形，边缘有细锐重锯齿，常3浅裂，稀不规则分裂或不裂，裂片三角形，下面被稀疏短柔毛；叶柄长1.5-4厘米，疏生柔毛，托叶草质，线状披针形，早落。伞形总状花序有4-10花，花序梗和花梗幼时被稀疏柔毛；不久脱落；苞片膜质，早落。花梗长2.5-3.5厘米；花径1.5-2厘米，萼片三角状卵形至三角状披针形，外面无毛；与被丝托近等长或稍长；花瓣白色，宽倒卵形，基部有短爪，内面上部被稀疏长柔毛；雄蕊20；花柱3，稀2或4，基部无毛，稍长于雄蕊。果椭圆形或倒卵状圆形，径1-1.5厘米，黄红色，有少量石细胞，萼片脱落；果柄长2-3.5厘米。花期5-6月，果期7-8月。

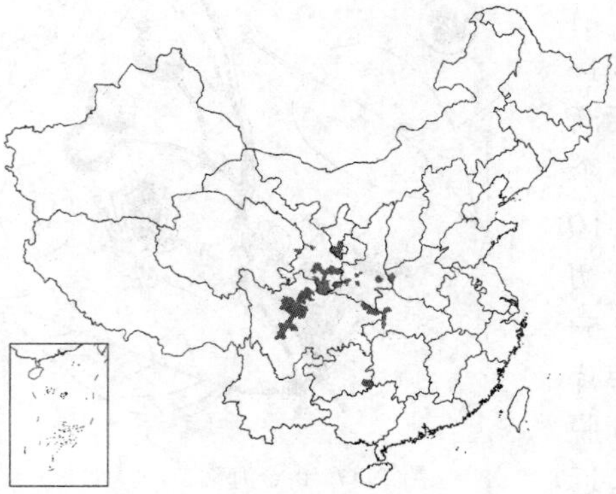

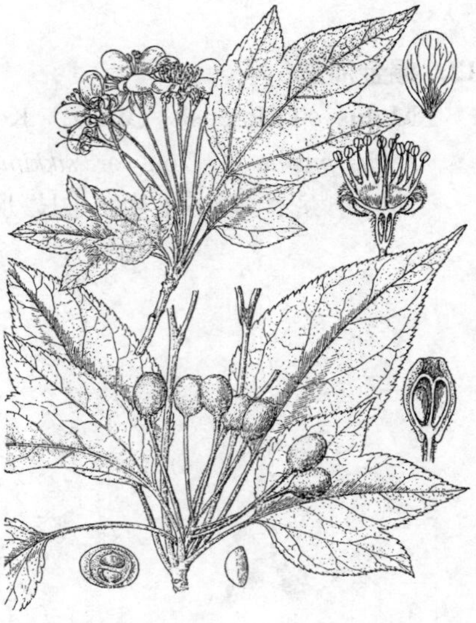

图 949 陇东海棠 （引自《植物分类学报》）

产河南西部、陕西南部、甘肃、青海东部、四川及贵州东南部，生于海拔1500-3000米杂木林或灌丛中。

15. 山楂海棠 图 950

Malus komarovii (Sarg.) Rehd. in Journ. Arn. Arb. 2: 51. 1920.

Crataegus komarovii Sarg. Pl. Wilson. 1: 183. 1912.

灌木或小乔木，高达3米。幼枝被柔毛，老枝无毛。叶宽卵形，稀长椭卵形，长4-8厘米，先端渐尖或急尖，基部心形或近心形，具尖锐重锯齿，通常中部明显3深裂，基部常具1对浅裂，上半部常具不规则浅裂或不裂，裂片长圆卵形，先端渐尖或急尖，幼时上面有稀疏柔毛，下面沿叶脉及中脉较密；叶柄长1-3厘米，被柔毛；托叶线状披针形，边缘有腺齿，早落。伞形花序有6-8花；花梗长约2毫米，被长柔毛；花径约3.5厘米；萼筒钟状，外面密被绒毛，萼片三角披针形，长约2-3毫米，内面密被绒毛，外面近无毛，长于萼筒；花瓣倒卵形，白色；雄蕊20-30；花柱4-5，基部无毛。果椭圆形，径1-1.5厘米，红色，果心先端分离，萼片脱落，果

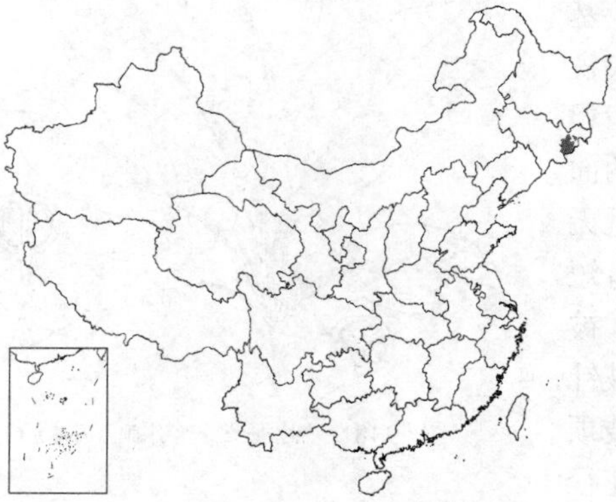

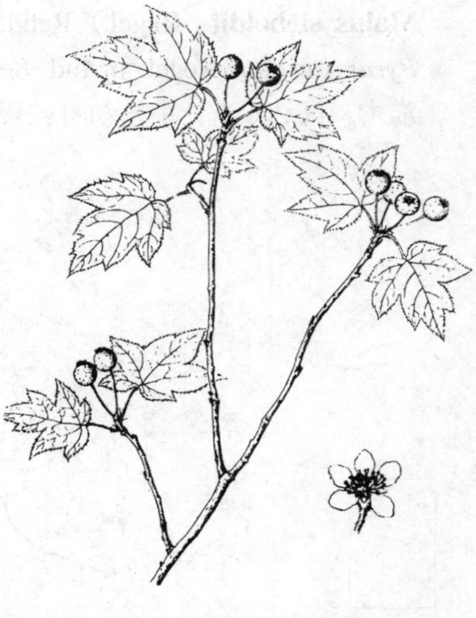

图 950 山楂海棠 （张桂芝绘）

肉有少数石细胞；果柄长约1.5厘米。花期5月，果期9月。

产吉林东南部长白山区，生于海拔1100-1300米灌木丛中。朝鲜北部有分布。

16. 变叶海棠 图 951

Malus toringoides（Rehd.）Hugh. in Kew Bull. 1920: 205. f. Ba-e. 1920.

Malus transitoria（Batal.）Schneid. var. *toringoides* Rehd. in Sarg. Pl. Wilson 2: 286. 1915.

灌木至小乔木，高达6米。幼枝被长柔毛，后脱落。冬芽卵圆形，被柔毛。叶形状变异很大，常卵形至长椭圆形，长3-8厘米，先端急尖，基部宽楔形或近心形，边缘有圆钝锯齿或紧贴锯齿，常具不规则3-5深裂，亦有不裂，上面疏生柔毛，下面沿中脉及侧脉较密；叶柄长1-3厘米，被短柔毛，托叶披针形，疏被柔毛，花3-6朵，近伞形排列；苞片膜质，线形，早落。花梗长1.8-2.5厘米，被稀疏长柔毛；花径2-2.5厘米；被丝托钟状，外面被绒毛，萼片三角状披针形，或窄三角形，被白色绒毛，内面毛较密；花瓣白色，卵形或长椭倒卵形，表面疏生柔毛或近无毛；雄蕊20；花柱3，稀4-5，基部连合，无毛，稍短于雄蕊。果倒卵圆形或长椭圆形，径1-1.3厘米，黄色，有红晕，无细胞萼片脱落；果柄长3-4厘米，无毛。花期4-5月，果期9月。

产山西西部、陕西北部、宁夏南部、甘肃东南部及南部、四川中北部、西藏东部，生于海拔2000-3000米山坡林中。

图 951 变叶海棠 （引自《植物分类学报》）

17. 花叶海棠 图 952

Malus transitoria（Batal.）Schneid. Ill. Handb. Laubh. 1: 726. 1906.

Pyrus transitoria Batal. in Acta Hort. Petrop. 13: 95. 1893.

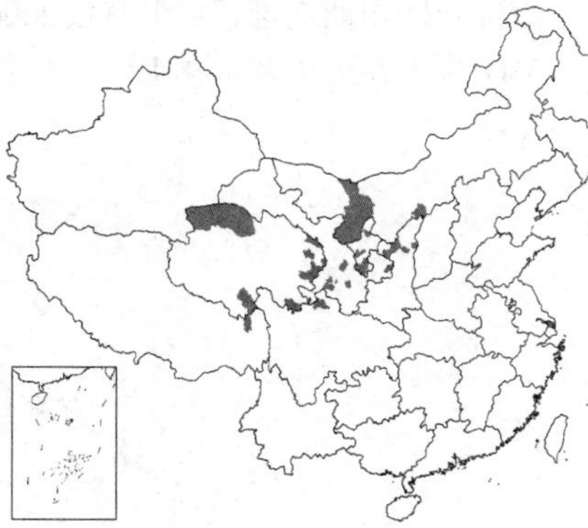

灌木至小乔木，高达8米。幼枝密被柔毛。冬芽卵圆形，近无毛。叶卵形至宽卵形，长2.5-5厘米，先端急尖，基部圆至宽楔形，边缘有不整齐锯齿，常3-5不规则深裂，稀不裂，裂片长卵形至长椭圆形，先端急尖，上面被柔毛或近无毛，下面密被绒毛；叶柄长1.5-3.5厘米，有翼，密被绒毛，托叶叶质，卵状披针形，被绒毛。苞片膜质，线状披针形，被毛，早落。花径1-2厘米；被丝托钟状，密被绒毛，萼片三角状卵形，先端圆钝或微尖，密被绒毛，比被丝托稍短，花

图 952 花叶海棠 （引自《图鉴》）

瓣白色，卵形，基部有短爪；雄蕊20-25；花柱3-5，基部无毛，比雄蕊稍长或近等长。果近球形，径6-8毫米，萼洼下陷，萼片脱落；果柄长1.5-2厘米，被柔毛。花期5月，果期9月。

产内蒙古西部、宁夏、甘肃南部及东南部、陕西北部、青海、四川北部、西藏东北部，生于海拔1500-3900米山坡林中或黄土丘陵。

［附］**长圆果花叶海棠 Malus transitoria**（Batal.）Schneid. var. **centralasiatica**（Vass.）Yu, Fl. Reipubl. Popul. Sin. 36：394. 1974. —— *Malus centralasiatica* Vass. in Not. Sys. Herb. Inst. Bot. URSS 19：202. 1959. 本变种与模式变种的区别：果长圆状椭圆形或长圆状卵形，长1-1.2厘米，径6-8毫米。产青海、甘肃、陕西，生于海拔3350-3900米山坡灌丛中。

18. 西蜀海棠 图 953

Malus prattii（Hemsl.）Schneid. Ill. Handb. Laubh. 1：719. f. 397p-p1, 398k-m. 1906.

Pyrus prattii Hemsl. in Kew Bull. 1895：16. 1895.

乔木，高达10米。幼枝具柔毛，后脱落。叶卵形、椭圆形或长椭圆状卵形，长6-15厘米，先端渐尖，基部圆，有细密重锯齿，幼时两面被短柔毛，渐脱落，老时下面微具短柔毛或无毛，侧脉8-10对；叶柄长1.5-3厘米，微被柔毛或近无毛，托叶线状披针形。伞形总状花序，具5-12花。花梗长1.5-3厘米，有稀疏柔毛；苞片线状披针形，早落；花径1.5-2厘米；被丝托钟状，幼时外面密被柔毛，渐脱落，萼片三角卵形，先端渐尖或尾状渐尖，全缘，外面近无毛，被丝托稍长或等长；花瓣近圆形，径5-8毫米，基部有短爪，白色；雄蕊20，比花瓣稍短；花柱(4)5，基部无毛，与雄蕊近等长。果卵形或近球形，径1-1.5厘米，红或黄色，有石细胞，萼片宿存；果柄长2.5-3厘米，无毛。花期6月，果期8月。

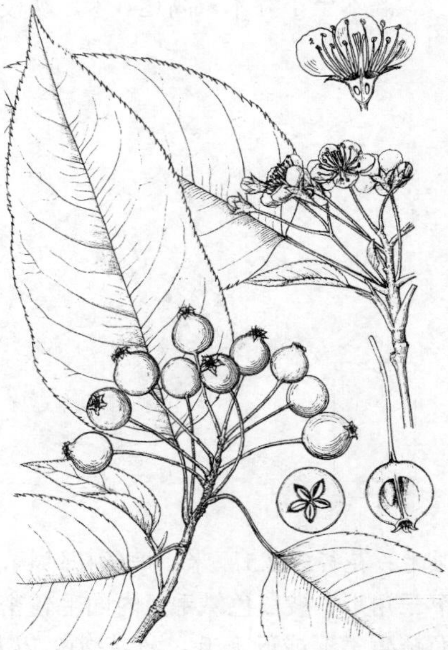

图 953 西蜀海棠 （引自《图鉴》）

产四川及云南西北部，生于海拔1400-3500米山坡林中。

［附］**沧江海棠 Malus ombrophila** Hand.-Mazz. in Anz. Akad. Wiss. Wien, Math-Nat. 63：8. 1926. 本种与西蜀海棠的区别：叶缘具重锯齿，下面密被绒毛；果径1.5-2厘米，果柄有长柔毛。产云南西北部、西藏东南部及四川西南部，生于海拔2000-3500米山谷沟边杂木林中。

19. 河南海棠 图 954

Malus honanensis Rehd. in Journ. Arn. Arb. 2：51. 1920.

灌木或小乔木，高达7米。小枝疏被绒毛，不久脱落，老时红褐色，无毛。冬芽卵圆形，鳞片边缘被长柔毛。叶宽卵形至长椭圆状卵形，长4-7厘米，先端急尖，基部圆形、心形或截形，边缘有尖锐重锯齿，具3-6对浅裂，裂片宽卵形，先端急尖，两面具柔毛，上面不久脱落；叶柄长1.5-2.5厘米，被柔毛，托叶膜质，线状披针形，早落，伞形总状花序具5-10花。花梗长1.5-3厘米，幼时被柔毛；不久脱落；花径约1.5厘米；被丝托外面被柔毛，萼片三角状卵形，先端急尖，外面无毛，内面密被长柔毛，比被丝托短；花瓣粉白色，卵形，基部有短瓜；雄蕊约20；花柱3-4，基部合

生，无毛。果近球形，径约8毫米，黄红色；有宿存萼片。花期5月，果期8-9月。

产河北南部、山西南部、河南南部、陕西南部及甘肃南部，生于海拔800-2600米山谷或山坡林中。

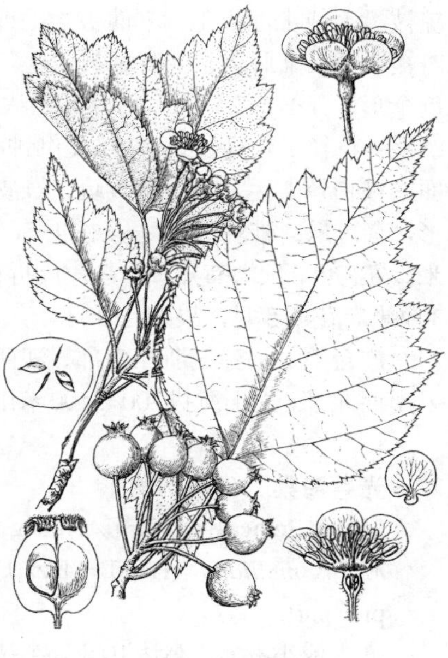

图 954 河南海棠 （引自《图鉴》）

20. 滇池海棠 图 955

Malus yunnanensis（Franck）Schneid. in Fedde, Repert. Sp. Nov. 3: 179. 1906.

Pyrus yunnanensis Franch. Pl. Delav. 228. 1890.

乔木，高达10米。小枝幼时密被绒毛，老时渐脱落。冬芽卵圆形，无毛或鳞片边缘微具短柔毛。叶卵形、宽卵形至长椭圆形，长6-12厘米，先端急尖，基部圆形至心形，边缘有尖锐重锯齿，常上半部有3-5对浅裂，裂片三角状卵形，先端急尖，上面近无毛，下面密被绒毛；叶柄长2-3.5厘米，具绒毛，托叶膜质，线形，边缘有疏生腺齿，内面被白色绒毛。伞形总状花序有8-12花；花序梗和花梗被柔毛；苞片膜质，线状披针形，疏生腺齿，内面具绒毛。花梗长1.5-3厘米；花径约1.5厘米；被丝托钟状，外面密生柔毛，萼片三角状卵形，被绒毛，与被丝托近等长；花瓣白色，近圆形，上面基部被毛；雄蕊20-25，稍短于花瓣；花柱5，基部无毛，与雄蕊近等长。果球形，径1-1.5厘米，红色，有白点，萼片宿存；果柄长2-3厘米。花期5月，果期8-9月。

产云南西北部、四川、湖北西部及贵州东北部，生于海拔1600-3800米山坡林中或山谷沟边。可作观赏树。适应性强，西部各地可作苹果砧木。

［附］**川鄂滇池海棠 Malus yunnanensis** var. **veitchii**（Osbom）Rehd. in Journ. Arn. Arb. 4: 115.1923. —— *Pyrus yunnanensis* Frach. var. *veitchii* Osbom in Gard. Chron. ser. 3, 78: 227. 1825. 本变种与模式变种的区别：叶卵形，基部多心形，边缘有显著短渐尖裂片，老叶下面无毛。产湖北、四川及贵州。

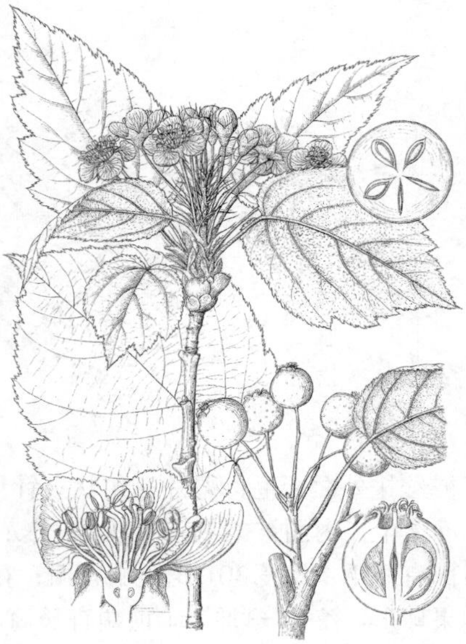

图 955 滇池海棠 （引自《图鉴》）

21. 台湾林檎 图 956

Malus doumeri（Bois.）Chev. Compt. Rend. Acad. Paris. 170. 1129.

Pirus doumeri Bois. in Bull. Soc. Bot. France 51: 113. f. 1904.

Malus melliana（Hand.-Mazz.）Rehd.；中国植物志 36: 400. 1974, pro part.

灌木或小乔木，高达15米。小枝幼时被长柔毛，老时无毛。冬芽被柔毛或鳞片，边缘有柔毛。叶长椭圆形至卵状披针形，长9-15厘米，先端渐尖，基部宽楔形或近圆，边缘有尖锐锯齿，幼时两面被毛，渐脱落，果时

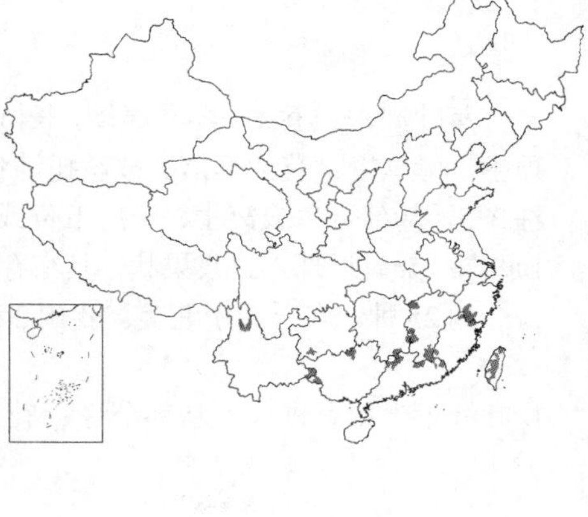

疏被柔毛或上面无毛，下面被柔毛或两面均无毛；叶柄长1.5-3厘米，幼时被柔毛，渐脱落，老时疏被柔毛，托叶膜质，线状披针形，早落。花序近伞形，有4-5花；苞片膜质，线状披针形，早落。花梗长1.5-3厘米，被绒毛；花径2.5-3厘米；被丝托倒钟状，外面有绒毛，萼片卵状披针形，内面密被白色柔毛，外面毛较疏，与被丝托近等长或稍长；花瓣黄白色，卵形，有短爪；雄蕊约30；花柱4-5，基部有长绒毛。果球形，径2.5-5.5厘米，黄红色，顶端有短筒，萼片反折；果心线分离，外面有点；果柄长1.5-3厘米。花期5月，果期8-9月。

产台湾、福建、浙江南部、江西、湖南、广东、广西、贵州西南部及云南西北部，生于海拔700-2400米山地林中或山谷沟边。

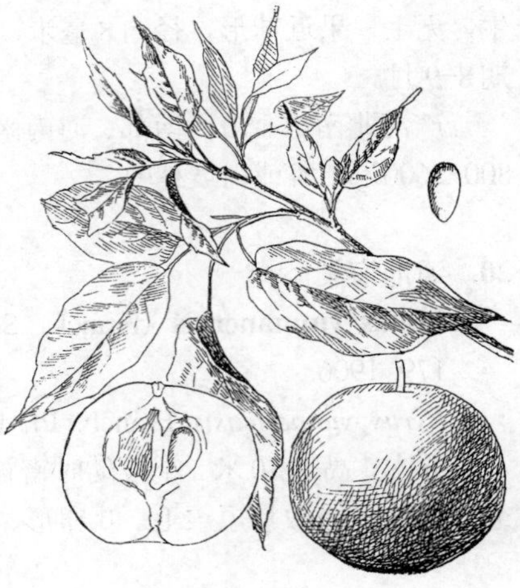

图 956 台湾林檎
（引自《Bull. Soc. Bot. France》）

22. 光萼海棠 尖嘴林檎 图 957

Malus leiocalyca S. Z. Huang in Guihaia 9(4): 305. 1989.

Malus melliana (Hand.-Mazz.) Rehd.; 中国植物志 36: 400. 1974, pro part.

灌木或小乔木，高达10米。小枝幼时密或疏被柔毛或近无毛，冬芽卵圆形，无毛或仅鳞片边缘被柔毛。叶椭圆形至卵状椭圆形，长5-10厘米，先端急尖或渐尖，基部圆形或宽楔形，有圆钝锯齿，幼时两面被柔毛，渐脱落，后两面无毛或两面散生柔毛或仅下面散生柔毛；叶柄长1.5-2.5厘米，托叶膜质，线状披针形。花序近伞形，有5-7花；苞片披针形，早落。花梗长3-5厘米，无毛；径约2.5厘米；被丝托外面无毛；萼片三角状披针形，先端渐尖，全缘，长约8毫米，外面无毛，内面被柔毛，比被丝托长；花瓣白色，倒卵形，长1-2厘米，基部有短爪；雄蕊30，稍短于花瓣；花柱5，基部有白色绒毛，稍长于雄蕊。果球形，径1.5-3厘米，顶端有长筒，筒长5-8毫米，宿存萼片反折；果心线分离。花期5月，果期8-9月。

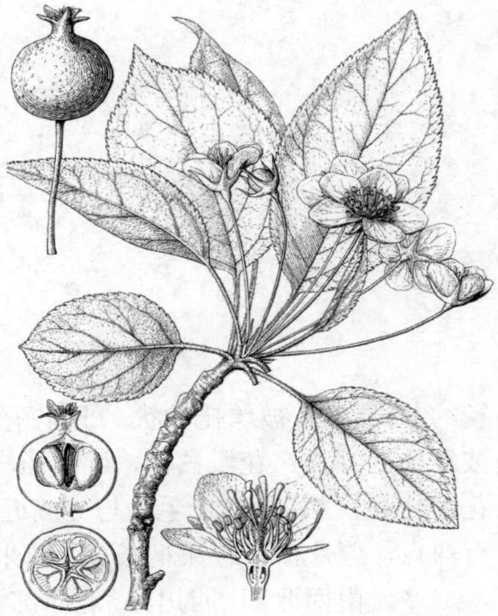

图 957 光萼海棠 （冯晋庸绘）

产安徽、浙江、福建及江西，生于海拔700-2400米山地林中或山谷沟边。

24. 唐棣属 Amelanchier Medic.

（谷粹芝）

落叶灌木或乔木。冬芽显著，长圆锥形，有数枚鳞片。单叶，互生，有锯齿或全缘；有叶柄和托叶。花序总状，顶生，稀单生；苞片早落。被丝托钟状，萼片5，全缘；花瓣5，细长，长圆形或披针形，白色；雄蕊10-20；花柱2-5，基部合生或离生，子房下位或半下位，2-5室，每室2胚珠，有时室背生假隔膜，子房形成4-10室，每室1胚珠。梨时近球形，浆果状，具宿存、反折萼片和膜质内果皮。种子4-10，直立，子叶平凸。

约25种，多分布于北美。我国2种。

1. 叶缘上半部有锯齿，基部全缘；花梗及花序梗无毛；幼叶下面仅中脉附近稍具柔毛 …………… **唐棣 A. sinica**

1. 叶缘全部有锯齿；花梗、花序梗及幼叶下面均密被绒毛 ………………………………（附）. **东亚唐棣 A. asiatica**

唐棣 图 958：1-4

Amelanchier sinica（Schneid.）Chun, Chin. Econ. Trees 168. f. 62. 1921.

Amelanchier asiatica var. *sinica* Schneid. Ill. Handb. Laubh. 1: 736. f. 410i-i. 412c-d. 1906.

小乔木，高达5（-15）米。小枝细长，圆柱形，无毛或近无毛，紫褐或黑褐色，疏生长圆形皮孔。冬芽鳞片边缘有柔毛。叶卵形或长椭圆形，长4-7厘米，先端急尖，基部圆，稀近心形或宽楔形，通常在中部以上有细锐锯齿，基部全缘，幼时下面沿中脉和侧脉被绒毛或柔毛，老时脱落无毛；叶柄长1-2.1厘米，稀有散生柔毛，托叶披针形，早落。总状花序具多花，长4-5厘米，花序梗和花梗无毛或初被毛，后无毛；苞片膜质，线状披针形，早落。花梗长0.8-2.8厘米；花径2-4.5厘米；被丝托钟状，外被柔毛，渐脱落，萼片披针形或三角状披针形，长约5毫米，先端渐尖和被丝托近等长或稍长，外面近无毛或散生柔毛；花瓣白色，细长，长圆状披针形或椭圆状披针形，长约1.5厘米；雄蕊20，长2-4毫米，远短于花瓣；花柱4-5，基部密被黄白色绒毛，柱头头状。果近球形或扁圆形，径约1厘米，蓝黑色；宿存萼片反折。花期5月，果期9-10月。

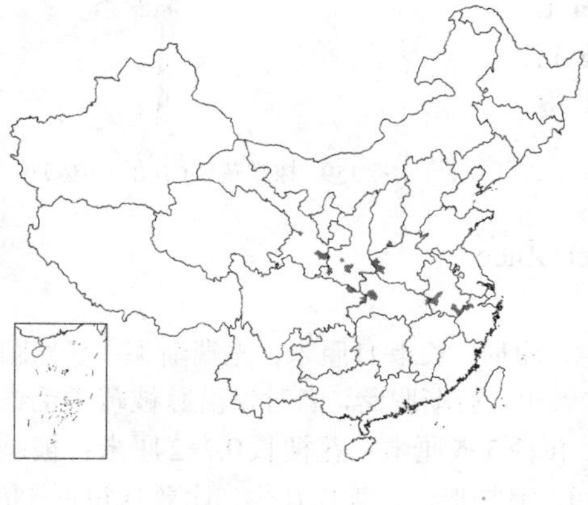

产山西南部、陕西南部、甘肃、四川东部、湖北西部、河南西部、安徽南部及浙江西北部，生于海拔1000-2000米山坡或灌丛中。花序下垂，芳香，供观赏。

图 958：1-4. 唐棣 5-7. 榅桲
（冯晋庸绘）

［附］ **东亚唐棣 Amelanchier asiatica**（Sieb. et Zucc.）Endl. ex Walp. Rep. Bot. Syst. 2: 55. 1843. —— *Aronia asiatica* Sieb. et Zucc. Fl. Jap. 1: 87. t. 42. 1839. 本种与唐棣的区别：叶缘全部有锯齿；花梗、花序梗及幼叶下面均密被绒毛。花期4-5月，果期8-9月。产浙江（天目山）、安徽黄山及江西（幕阜山），生于海拔1000-2000米山坡、溪旁、林中。日本、朝鲜有分布。

25. 棣棠花属 Kerria DC.

（谷粹芝）

灌木，高达2（3）米。冬芽具数枚鳞片。小枝细长，绿色，常拱垂，幼时有棱，无毛。单叶，互生，三角状卵形或卵形，长2-8厘米，先端长渐尖，基部平截或近心形，有尖锐重锯齿，上面无毛或疏被柔毛，下面沿脉或脉腋有柔毛；叶柄长0.5-1厘米，无毛，托叶膜质，带状披针形，有缘毛，早落。花两性，单生当年生侧枝顶端；花径3-4.5（-6）厘米；花梗长0.8-2厘米，无毛；被丝托碟形，萼片3，卵状椭圆形，宿存；花瓣黄色，宽椭圆形或近圆形，先端凹下，具短爪；雄蕊多数，成数束；花盘环状，被疏柔毛；心皮5-8，分离，花柱顶生，直立，细长，每心皮1胚珠。瘦果侧扁，倒卵圆形或半球形，成熟时褐色或黑褐色，无毛，有皱褶。染色体基数x=9。

单种属。

棣棠花 图 959 彩片 137

Kerria japonica（Linn.）DC. in Trans. Linn. Soc. 12: 157. 1817.

Rubus japonica Linn. Mant. P1. 1: 145. 1767.

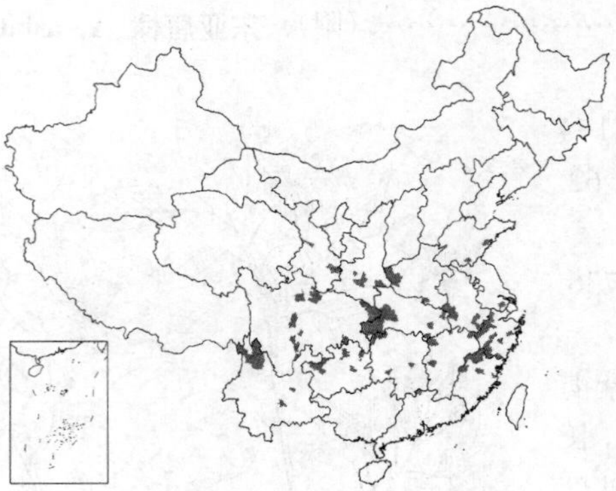

形态特征同属。花期4-6月，果期6-8月。

产山东、河南、安徽、江苏南部、浙江、福建、江西、湖北、湖南、贵州、云南、四川、甘肃及陕西南部，生于海拔200-3000米山坡灌丛中、山涧或岩缝中。日本有分布。

［附］**重瓣棣棠花** 彩片 138 **Kerria japonica** f. **pleniflora**（Witte）Rehd —— *Kerria japonica* var. *pleniflora* Witte in Curtis's Bot. Mag. 32: t. 1296. 1810. 花重瓣。产湖南、四川及云南，南北各地普遍栽培，供观赏。

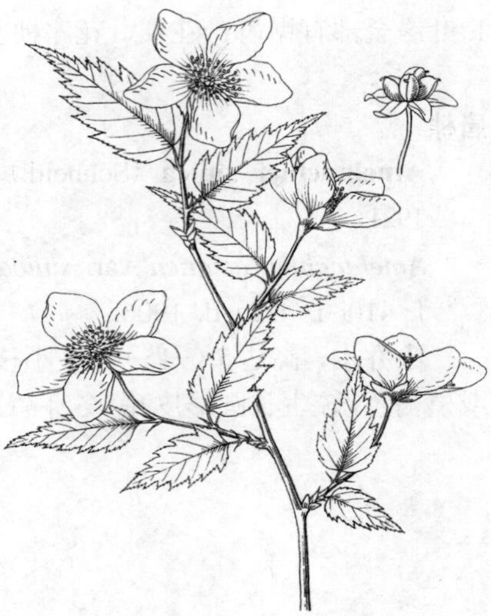

图 959 棣棠花 （引自《图鉴》）

26. 鸡麻属 Rhodotypos Sieb. et Zucc.

（谷粹芝）

落叶灌木，高达2(3)米。幼枝绿色，无毛，小枝紫褐色，单叶对生，卵形，长4-11厘米，先端渐尖，基部圆或微心形，具尖锐重锯齿，上面幼时微被柔毛，后脱落无毛，下面被绢状柔毛，后渐脱落，老时仅沿脉被疏柔毛；叶柄长2-5毫米疏被柔毛，托叶膜质，窄带形，被疏柔毛。花单生枝顶；花径3-5厘米；花梗长0.7-2厘米；被丝托碟形，萼片4，卵状椭圆形，有锐锯齿，宿存，疏生绢状柔毛，副萼片4，窄带形，与萼片互生，比萼片短4-5倍；花瓣4，白色，倒卵形，有短爪；雄蕊多数；心皮4，花柱细长，柱头头状，每心皮2胚珠。核果1-4，斜椭圆形，成熟时黑或褐色，长约8毫米，光滑。种子1，倒卵圆形，子叶平凸，有3脉。染色体基数x=9。

单种属。

鸡麻 图 960 彩片 139

Rhodotypos scandens（Thunb.）Makino in Bot. Mag. Tokyo. 27: 126. 1913.

Corchorus scandens Thunb. in Trans. Linn. Soc. 2: 335. 1794.

形态特征同属。花期4-5月，果期6-9月。

产辽宁南部、山东东部、河南东南部、江苏西南部、浙江、安徽、湖北东北部、广西东北部、陕西南部及甘肃南部，生于海拔100-800米山坡疏林中或山谷林下阴处。日本及朝鲜有分布。南北各地有栽培，供观赏。根和果药用，治血虚肾亏。

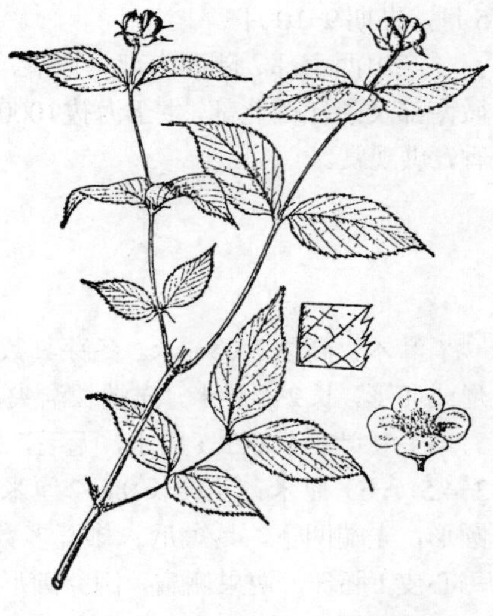

图 960 鸡麻 （引自《图鉴》）

27. 蚊子草属 **Filipendula** Mill.

（谷粹芝绘）

多年生草本。根状茎短而斜走。叶为羽状复叶或掌状复叶，通常顶生小叶扩大，分裂；有叶柄和托叶。花多而小，两性，极稀单性而雌雄异株；聚伞花序呈圆锥状或伞房状，中央花序梗常缩短。萼片5，花后宿存并反折；花瓣白或红色，覆瓦状排列；雄蕊20-40，花丝细长；雌蕊5-15，花柱顶生，每心皮1-2胚珠。瘦果直立，基部着生花托上或螺旋状以腹部横着生在花托上。种子1，下垂，胚乳极少。染色体基部x=7，8。

约10余种，分布于北半球温带至寒温带。我国约8种。

1. 顶生小叶5-9裂，侧生小叶分裂或不裂；瘦果直立，基部着生在花托上。
  2. 顶生小叶裂片宽阔，卵形、卵状披针形至菱状披针形。
    3. 基生叶和下部茎生叶的侧小叶3-5裂，深裂达叶片1/2-1/3处；顶生小叶裂片披针形至菱状倒披针形；瘦果基部有短柄。
      4. 叶下面密被白色绒毛 ………………………………………………………… 1. **蚊子草 F. palmata**
      4. 叶下面绿色，无毛或被短柔毛 ……………………………… 1(附). **光叶蚊子草 F. palmata** var. **glabra**
    3. 基生叶和下部茎生叶的侧小叶长圆状卵形或卵状披针形，不裂或边缘微具不明显裂片；顶生小叶裂片卵形至菱状卵形。
      5. 叶下面密被白色或淡褐色绒毛，脉上伏生锈色柔毛，茎生叶托叶边缘有锯齿；瘦果基部无柄 …………………………………………………………………………… 2. **锈脉蚊子草 F. vestita**
      5. 叶下面几无毛或脉上疏被短柔毛，基生叶的侧小叶对数较少，1-3对；茎生叶托叶较小，卵状披针形，全缘 …………………………………………………………………… 3. **槭叶蚊子草 F. purpurea**
  2. 顶生小叶裂片较窄，带形至带状披针形。
    6. 叶下面有白色绒毛；花梗及萼片外面密被短柔毛；瘦果基部有短柄，周围有糙硬毛 ……………………………………………………………………………………… 4. **翻白蚊子草 F. intermedia**
    6. 叶下面及萼片外面无毛；花梗几无毛或被疏柔毛；瘦果无柄，无毛，稀周围有柔毛 ……………………………………………………………………………………… 5. **细叶蚊子草 F. angustiloba**
1. 顶生小叶3裂，侧生小叶不裂或浅裂，叶下面被白色绒毛；瘦果弯曲呈半月形，螺旋状排列以腹部着生在花托上 ………………………………………………………………………………………… 6. **旋果蚊子草 F. ulmaria**

1. 蚊子草 图 961

Filipendula palmata (Pall.) Maxim. in Acta Hort. Petrop. 6: 250. 1879.

Spiraea palmata Pall. Reise Prov. Russ. Reiches 3: 735. 1776.

多年生草本，高达1.5米。茎有棱，近无毛或上部被短柔毛。基生叶为羽状复叶，有小叶2对，顶生小叶特大，5-9掌状深裂，裂片披针形至菱状披针形，边缘常有小裂片和尖锐重锯齿，侧生小叶较小，3-5裂，裂至叶片1/2-1/3，上面绿色，无毛，下面密被白色绒毛；叶柄被短柔毛或近无毛，托叶大，草质，绿色，半心形，边缘有尖锐锯齿，花

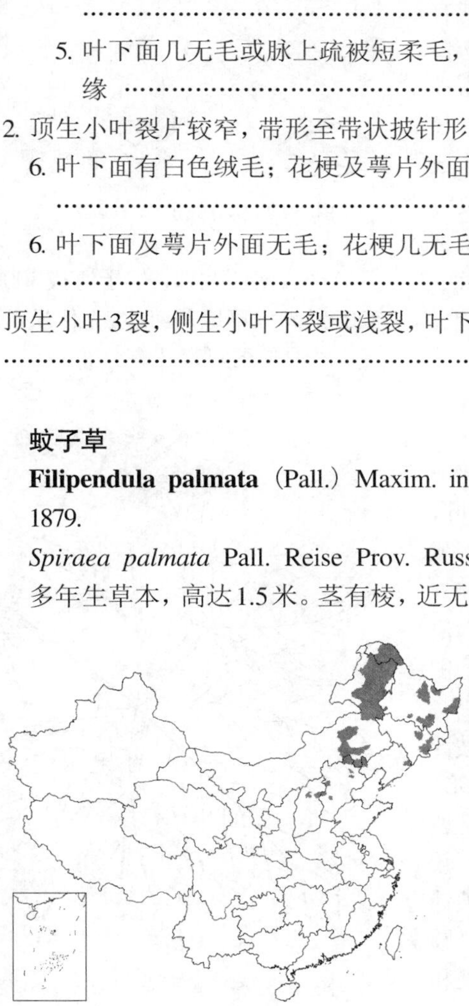

图 961 蚊子草 （吴彰桦绘）

小而多呈顶生圆锥花序；花序梗和花序被散生短柔毛，后脱落无毛。花径5-7毫米；萼片卵形；花瓣白色，倒卵形，有长爪。瘦果半月形，直立，有短柄，沿背腹线有柔毛。花期7-8月。

产黑龙江、吉林、辽宁、内蒙古、河北及山西北部，生于海拔200-2000米山麓、沟谷、草地，河岸、林缘或林下。俄罗斯、蒙古及日本有分布。

［附］**光叶蚊子草 Filipendula palmata** var. **glabra** Ledeb. ex Kom. Alis. Key Pl. Far. East. Reg. URSS 2: 650. 1932. 本变种与模式变种的区别：茎被极短柔毛或以后脱落几无毛；叶上面暗绿色，通常无毛或有稀疏短柔毛，下面淡绿色，无毛或疏被短柔毛，沿脉较密。产吉林、内蒙古、河北、山西，生于海拔400-2300米沟边、阳坡、阴湿地等处。俄罗斯远东地区及日本有分布。

2. 锈脉蚊子草 图 962

Filipendula vestita (Wall.) Maxim. in Acta Hort. Petrop. 6: 248. 1879. *Spiraea vestita* Wall. ex Hook. f. Fl. Brit. Ind. 2: 323. 1878.

多年生草本，高0.7-1.5米。茎有棱，被锈色短柔毛。基生叶为大头羽状复叶，有小叶3-5对其间常夹有小附片，叶柄被锈色柔毛，顶生小叶特大，常3-5裂，裂片卵形，先端急尖至渐尖，边缘有重锯齿或有不明显裂片，上面几无毛或有稀疏短柔毛，下面密被灰白色或淡褐色绒毛，脉上密被锈色柔毛；侧生小叶小，长圆状卵形，边缘有重锯齿或不明显裂片；托叶大，草质，半心形，边缘有重锯齿。圆锥花序顶生。花梗密被绒毛；花径5-6毫米；萼片卵形，先端急尖或微钝，外面被疏柔毛及绒毛；花瓣白色，倒卵形。瘦果无柄，背腹两边有糙硬毛。花果期5-8月。

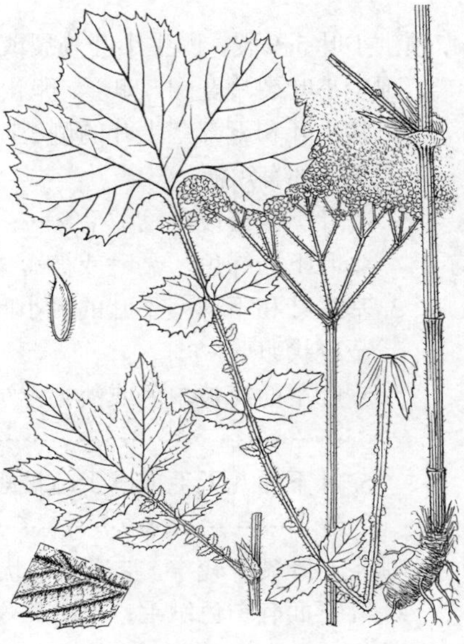

图 962 锈脉蚊子草 （余汉平绘）

产云南西北部，生于海拔3000-3200米高山草地及河边。克什米尔地区、尼泊尔至阿富汗有分布。

3. 槭叶蚊子草 图 963

Filipendula purpurea Maxim. in Acta Hort. Petrop. 6: 248. 1879.

多年生草本，高0.5-1.5米。茎直立，有棱，无毛。基生叶为羽状复叶，有小叶1-3对，有时中间夹有附片；顶生小叶大，常5-7裂，裂片卵形或长圆状卵形，先端常尾状渐尖，边缘常有重锯齿或不明显分裂，上面无毛，下面淡绿色，无毛或下面沿脉疏被柔毛，叶柄无毛；侧生小叶小，通常1对，有裂，小叶长圆状卵形或卵状披针形，先端急尖，基部微心形，边缘有重锯齿或不明显裂片，托叶草质或半膜质，较小，常淡褐绿色，卵状披针形，全缘。花小，多数，圆锥花序顶生或腋生；花梗和

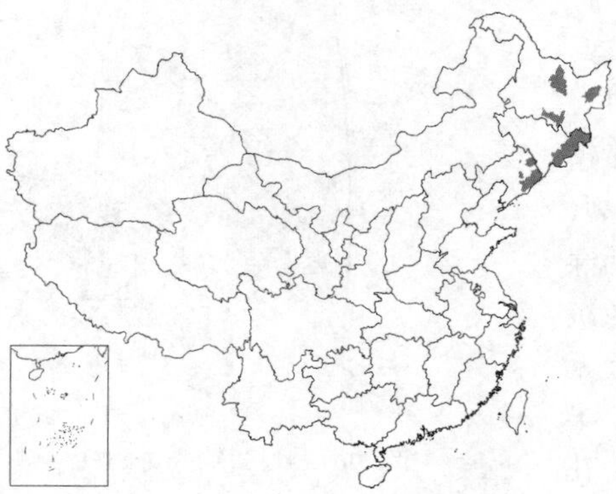

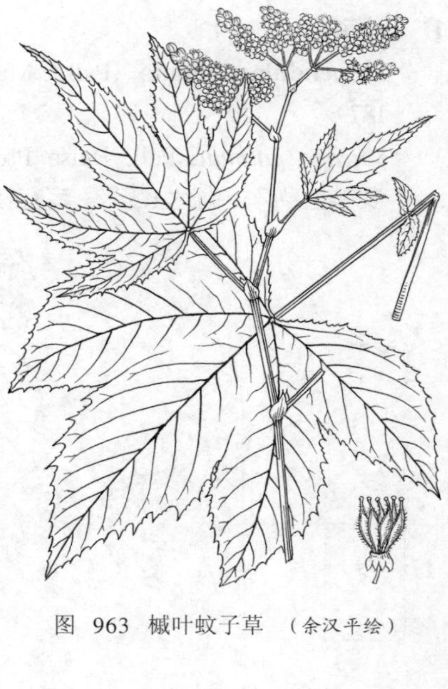

图 963 槭叶蚊子草 （余汉平绘）

花序梗无毛。花径4-5毫米；萼片卵形或三角形，长约0.5毫米，外面无毛；花瓣淡红至白色，倒卵形或椭圆形，长约3毫米；雄蕊多数，伸出花冠；心皮5-6。瘦果直立，基部有短柄，镰刀状，沿背腹缝线被柔毛，有宿存花柱和萼片。花果期6-8月。

产黑龙江、吉林东南部及辽宁东部，生于海拔700-1500米林缘、林下或湿草地。俄罗斯及日本有分布。

4. 翻白蚊子草 图 964

Filipendula intermedia（Glehn）Juzep. in Fl. URSS 10: 284. 1941.

Spiraea digitata Willd. var. *intermedia* Glehn in Acta Hort. Petrop. 4: 38. 1876.

多年生草本，高达1米。茎直立有棱，近无毛。基生叶为羽状复叶，有2-5对小叶，顶生小叶常7-9裂，裂片线形或披针形，先端渐尖或长渐尖，有不整齐或不规则锯齿，侧生小叶与顶生小叶相似，向下较小及裂片较少，上面绿色，无毛，下面被灰白色绒毛，沿脉有疏柔毛；叶柄近无毛，托叶草质，扩大，半心形，有锯齿。花多数成圆锥状，顶生；花序梗和花梗常被短柔毛。花径4-5毫米；萼片卵形，先端急尖或钝，外面密被短柔毛；花瓣白色，倒卵形；雄蕊多数，心皮10，被毛。瘦果有短柄，直立，沿背缝两缝线被微硬长柔毛，周围有一圈糙毛。花果期6-8月。

图 964 翻白蚊子草 （孙英宝绘）

产黑龙江、吉林西部及内蒙古东部，生于山岗灌丛中、草甸及河边。俄罗斯西伯利亚及远东地区有分布。

5. 细叶蚊子草 图 965

Filipendula angustiloba（Turcz）Maxim. in Acta Hort. Petrop. 6: 250. 1879.

Spiraea angustiloba Turcz. in Fisch. et Mey. Ind. Sem. Hort. Bot. Petrop. 8: 72. 1841.

多年生草本，高达1.2米。茎直立，有棱，无毛。基生叶为间断羽状复叶，有2-5小叶，顶生小叶大，常7-9裂，裂片披针形，先端渐尖，边缘有不规则尖锐锯齿或不明显裂片，侧生小叶与顶生小叶相似，较小，裂片较少，两面绿色，无毛；托叶草质，绿色，半心形，边缘有锯齿。圆锥花序顶生；花序梗几无毛或疏被柔毛。花径约5毫米；萼片卵形，外面无毛；花瓣白色，倒卵形或近长圆形，长2.5-3.5毫米；雄蕊多数，伸出花冠；心皮10，无毛。瘦果无柄，直立，扁长圆形，宽约1毫米，边缘无毛或周围有微毛。宿存萼片反卷。花期6-8月，果期8-9月。

图 965 细叶蚊子草
（引自《东北草本植物志》）

产黑龙江、吉林及内蒙古东部，

生于海拔600-1300米草甸，河边或湿地。俄罗斯、蒙古及日本有分布。

6. 旋果蚊子草 图 966

Filipendula ulmaria (Linn.) Maxim. in Acta Hort. Petrop. 6: 251. 1879.

Spiraea ulmaria Linn. Sp. Pl. 490. 251.

多年生草本，高0.8-1.2米。茎有棱，无毛。叶为羽状复叶，有小叶2-5对，叶柄无毛；顶生小叶3-5裂，裂片披针形至长圆状披针形，边缘有重锯齿或不明显裂片，上面无毛，下面被白色绒毛，有时少数基部叶绒毛脱落近无毛；侧生小叶比顶生小叶稍小或几等长，长圆状卵形或椭圆披针形，先端渐尖，基部圆形，边缘有重锯齿或不明显裂片；托叶草质，绿色，半心形或卵状披针形，边缘有锐齿。顶生圆锥花序。花梗疏被短柔毛；花径约5毫米；萼片卵形，先端急尖或圆钝，外面密被短柔毛；花瓣白色，倒卵形。瘦果弯曲如螺旋状着生于果托上，几无柄。花果期6-9月。

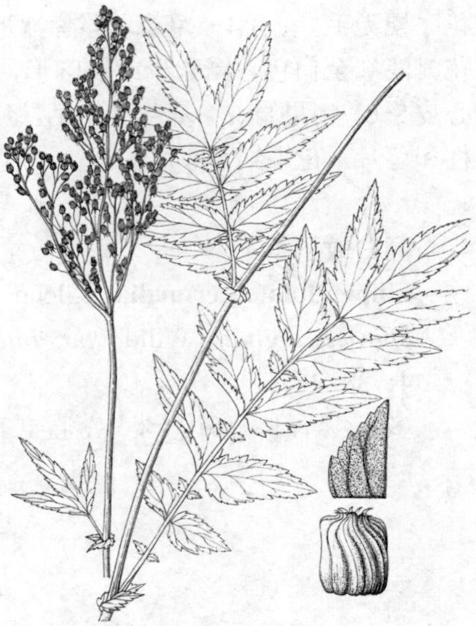

图 966 旋果蚊子草 （谭丽霞绘）

产新疆北部，生于海拔1200-2400米山谷阴处、沼泽、林缘及水边。广布于欧亚北极地区及寒温带、南达土耳其、俄罗斯中亚地区及蒙古。

28. 悬钩子属 Rubus Linn.

（陆玲娣）

落叶，稀常绿或半常绿，灌木、亚灌木或多年生草本。茎直立，攀援、拱曲、平铺或匍匐，常具皮刺或针状刺，稀无刺，有时具刺毛、腺毛或腺体。单叶、羽状复叶或掌状复叶，互生，常具锯齿或裂片；具叶柄，托叶与叶柄合生或离生，与叶柄合生的托叶常窄，不裂，稀浅裂，宿存，与叶柄分离的托叶常较宽大，分裂，稀不裂，早落或宿存。花两性，极稀单性，雌雄异株；聚伞状圆锥花序、总状花序、伞房花序，或花数朵簇生或单生，顶生或腋生；苞片与托叶相似，全缘或分裂。花萼(4)5(6-8)裂，萼筒宽短；果期宿存；花瓣5，稀稍多，稀无花瓣，白或红色，全缘，稀啮蚀状；雄蕊多数，稀较少，宿生于花萼口部；心皮多数，有时数枚，分离，着生于半球形、球形、圆锥形或圆筒形花托上，花柱近顶生，子房上位，1室，具2枚并生悬垂胚珠。由小核果或小核果状瘦果集生花托形成聚合果，聚合果与花托连成一体，从花托基部分离而实心，或不与花托连成一体，与花托分离而空心，多浆汁或干燥，黄、红、紫红或黑色。种子下垂，种皮膜质，子叶平凸。

约700余种，分布于全球，以北温带最多，少数种至热带和南半球。我国约210种。许多种的果实多浆汁，味甜酸，可供生食及加工制作果酱、果汁、果酒等，欧美各国已培育出优良品种作为重要水果。有些种的叶片富含甜味素，可作甜茶饮用，果实、种子、叶和根均可入药；茎皮和根皮可提取栲胶，少数种类及品种可栽培供观赏，多刺小灌木可栽培作绿篱。

1. 灌木，稀亚灌木或草本，常具粗壮皮刺或针刺。
  2. 托叶着生于叶柄基部，或多或少与叶柄合生，极稀分离，常狭窄，稀较宽大，不裂，偶浅裂，宿存。
    3. 复叶或单叶；聚合果成熟时与花托分离，空心。
      4. 羽状复叶，稀掌状复叶，具小叶(3-)5-11(-15)。
        5. 羽状复叶，顶生小叶具小叶柄。

6. 托叶和苞片线形、线状披针形、披针形或钻形，稀稍宽。
7. 小叶(3-)5-11，非革质。
8. 雌蕊10-70或稍多，着生于无柄的花托上
9. 顶生圆锥花序或近总状花序。
10. 小叶下面密被绒毛。
11. 植株被腺毛。
12. 小叶5-7。
13. 植株多部密被长2-7毫米的腺毛；小叶卵形或卵状披针形；顶生大型圆锥花序；萼片卵状披针形，先端长尾尖 ………………………………………… 1. **大序悬钩子 R. grandipaniculatus**
13. 植株多部被长1-2毫米的腺毛；小叶椭圆形或卵状披针形；顶生近短总状花序或窄圆锥状花序；萼片卵形，先端尖 ……………………………………………… 1(附). **拟复盆子 R. idaeopsis**
12. 小叶3(5)，近圆形、卵形、椭圆形或卵状披针形。
14. 植株仅局部疏被腺毛或无腺毛；小叶下面绒毛宿存。
15. 植株仅花序梗、花梗和花萼密被长柔毛和腺毛 ……………… 2. **白叶莓 R. innominatus**
15. 植株全部无腺毛 …………………… 2(附). **无腺白叶莓 R. innominatus var. kuntzeanus**
14. 植株全部密被腺毛；小叶下面绒毛有时脱落 ……………………………………………………………………………………………… 2(附). **密腺白叶莓 R. innominatus var. aralioides**
11. 植株无腺毛。
16. 小叶5-7，卵形、卵状披针形或卵状长圆形；幼枝、叶柄、叶轴、花梗、苞片和花萼均被柔毛；萼片先端尖 ……………………………………………………………… 3. **弓茎悬钩子 R. fiosculosus**
16. 小叶(5)7-9，长圆状披针形或卵状披针形；小枝、叶柄、花梗，苞片和花萼无毛，萼片先端长渐尖 ………………………………………………………………… 4. **华中悬钩子 R. cockburnianus**
10. 小叶下面被柔毛或几无毛。
17. 小叶5，有时花序基部具3小叶，卵形或卵状披针形；花梗长1-2厘米，花瓣白色或先端微红 ……………………………………………………………………………… 5. **长序莓 R. chiliadenus**
17. 小叶3，宽卵形或卵形；花梗长6-9毫米，花瓣紫红色 ……………… 6. **腺毛莓 R. adenophorus**
9. 顶生伞房状花序，极稀短总状花序，或花数朵簇生或单生。
18. 果密被绒毛。
19. 小叶下面密被绒毛。
20. 小叶(3)5-9(11)。
21. 顶生伞房花序或花3-4簇生。
22. 顶生伞房花序具多花；花红色。
23. 小叶(5)7-9(11)，具粗锐锯齿；萼片先端尖，雌蕊55-70；果径0.8-1.2厘米 …………………………………………………………………………………… 7. **红泡刺藤 R. niveus**
23. 小叶3-5，具缺刻状粗重锯齿；萼片先端渐尖，雌蕊20-40；果径5-8毫米 ……………………………………………………………………………… 8. **陕西悬钩子 R. piluliferus**
22. 顶生伞房花序具3-4花或花数朵簇生；花白色；小叶(5)7-9，具缺刻状重锯齿；萼片先端尾尖 ……………………………………………………………… 9. **三对叶悬钩子 R. trijugus**
21. 花单生，白色；小叶(5)7-9，具缺刻状尖锐重锯齿；萼片先端尾尖 ……………………………………………………………………………… 10. **滇北悬钩子 R. bonatianus**
20. 小叶3-5（7）枚。
24. 植株被较密针刺和腺毛。
25. 矮小灌木；小叶卵形、卵状披针形或长圆状卵形；顶生伞房花序具5至10余花；花径约

1厘米 ………………………………………………………………… 11. **库页悬钩子 R. sachalinensis**

25. 矮小亚灌木或近草本；小叶卵形或椭圆形；花单生或2-3簇生枝顶；花径1.5-2厘米 ……………………………………………………………………………… 11(附). **紫色悬钩子 R. irritans**

24. 植株无刺，无腺毛，或仅局部疏被针刺或腺毛。

26. 果红或桔红色，绒毛不脱落。

27. 果近球形，径1.2-2厘米，密被长绒毛；小叶3-5；叶轴、叶柄和花梗疏被腺毛；花萼疏被腺毛和针刺 ……………………………………………………………… 12. **桉叶悬钩子 R. eucalyptus**

27. 果近球形或长卵圆形，径1-1.4厘米，被绒毛；叶轴，叶柄、花梗和花萼无腺毛。

28. 小叶(3)5-7，长卵形或椭圆形；花萼被针刺；花白色 ……………… 13. **复盆子 R. idaeus**

28. 小叶通常3；花萼无针刺。

29. 小叶宽卵形或卵状披针形；花紫红色；果长卵圆形，长1-1.5厘米 ……………………………………………………………………… 14. **藏南悬钩子 R. austro-tibetanus**

29. 小叶卵形或椭圆形；花白或浅红色；果半球形，长不及1厘米 …………………………………………………………………… 14(附). **桔红悬钩子 R. aurantiacus**

26. 果黄色，绒毛常脱落。

30. 植株被长柔毛；小叶菱形、卵形或椭圆形；花萼具长柔毛和密针刺，萼片卵状披针形或披针形，先端尾尖。

31. 叶柄、花梗和花萼无腺毛 …………………………………… 15. **刺萼悬钩子 R. alexeterius**

31. 叶柄、花梗和花萼被腺毛 ………… 15(附). **腺毛刺萼悬钩子 R. alexeterius** var. **acaenocalyx**

30. 植株无毛；小叶宽卵形、近圆形或椭圆形；花萼无毛，无针刺，萼片宽卵形或圆卵形，先端尖 ……………………………………………………………………………… 16. **粉枝莓 R. biflorus**

19. 小叶下面被柔毛。

32. 植株疏被腺毛；小枝、叶柄和花萼被柔毛；小叶3（5），卵形，稀卵状披针形；花径约1厘米，花萼被针刺；果被绒毛 ……………………………………………………… 17. **绿叶悬钩子 R. komarovii**

32. 植株无腺毛。

33. 小叶5-7，卵形、长圆状卵形或椭圆形；小枝、花梗和花萼无毛；果密被绒毛 ……………………………………………………………………………… 18. **菰帽悬钩子 R. pileatus**

33. 小叶（5）7-9（11），卵形或卵状披针形。

34. 小枝、花梗和花萼无毛；顶生短伞房花序具数花，子房和花柱基部被柔毛；果紫黑色，被柔毛 ……………………………………………………………………… 19. **红花悬钩子 R. inopertus**

34. 小枝、花梗和花萼被柔毛；顶生伞房花序或短总状花序具10余花；子房和花柱基部被绒毛；果黄红至紫红色，密被绒毛 ……………………………………… 20. **紫红悬钩子 R. subinopertus**

18. 果被柔毛或无毛。

35. 小叶下面被绒毛。

36. 小叶(5)7-11(13)，顶生小叶比侧生小叶长1倍以上，近中部以上具数枚粗锐锯齿；果密被柔毛 ……………………………………………………………………… 21. **西藏悬钩子 R. thibetanus**

36. 小叶3-7，顶生小叶稍长于侧生小叶；果无毛或被柔毛。

37. 植株密被刺毛或腺毛。

38. 植株密被刺毛和腺毛；小叶3(5)，常具粗锯齿或缺刻；萼片先端尾尖；果红色 …………………………………………………………………… 22. **多腺悬钩子 R. phoenicolasius**

38. 植株密被刺毛，常无腺毛；小叶3，具细锐锯齿；萼片先端尖；果金黄色。

39. 小叶椭圆形，先端尖或突尖，下面被绒毛 ……………………… 23. **椭圆悬钩子 R. ellipticus**

39. 小叶椭圆形、卵形，稀倒卵形，先端尾尖或尖，稀钝圆，下面无毛或沿叶脉疏被柔毛和刺毛………………………………………………………………………………………… 24. **红毛悬钩子 R. wallichianus**

37. 植株无刺毛，无腺毛，稀局部疏被腺毛。

40. 小叶5-7，卵形或卵状披针形，羽状浅裂；小枝、叶柄和花梗有时疏被腺毛；花萼被柔毛、针刺或疏腺毛；果红色，无毛 ……………………………………………………………… 25. **华西悬钩子 R. stimulans**

40. 小叶3-5；小枝、叶柄和花梗无腺毛。

41. 果红或黑色。

42. 果红色。

43. 小叶(3)5，菱状圆卵形或倒卵形，先端钝圆，稀尖；花萼被柔毛和针刺 ……………………………………………………………………………………… 26. **茅莓 R. parvifolius**

43. 小叶3，先端短渐尖或渐尖，稀尖；花萼被柔毛，无针刺。

44. 小叶宽卵形或长卵形，有时羽状浅裂；花萼被绒毛兼有柔毛；顶生伞房花序具6-10花 ……………………………………………………………………………… 27. **美饰悬钩子 R. subornatus**

44. 小叶披针形或长圆状披针形；花萼被绒毛；顶生伞房或短总状花序具花数朵至10余朵 ……………………………………………………………………………… 28. **牯岭悬钩子 R. kulinganus**

42. 果黑或蓝黑色。

45. 小叶通常3，稀5，浅裂并具粗锯齿；小枝、叶柄和花梗疏被钩状小皮刺；果无毛 ……………………………………………………………………………… 29. **喜阴悬钩子 R. mesogaeus**

45. 小叶3-5，具不整齐或缺刻状粗重锯齿；小枝，叶柄和花梗密被细针刺；果被柔毛 ……………………………………………………………………………… 30. **密刺悬钩子 R. subtibetanus**

41. 果黄色。

46. 小叶菱形、卵形或椭圆形；小枝、叶轴、花梗和花萼均被柔毛；花萼密被针刺，萼片卵状披针形或披针形，先端尾尖。

47. 叶柄、花梗和花萼无腺毛 ………………………………… 15. **刺萼悬钩子 R. alexeterius**

47. 叶柄、花梗和花萼被腺毛 ………… 15(附). **腺毛刺萼悬钩子 R. alexeterius** var. **acaenocalyx**

46. 小叶宽卵形、近圆形或椭圆形；小枝、叶轴、花梗和花萼均无毛；花萼无针刺，萼片宽卵形或圆卵形，先端尖 ……………………………………………………………… 16. **粉枝莓 R.biflorus**

35. 小叶下面被柔毛或无毛。

48. 小叶常7-11。

49. 果长圆形，稀椭圆形，红色，径1-1.2厘米；花径3-4厘米；小叶卵形或卵状披针形；小枝、叶柄和小叶无毛或近无毛 ……………………………………………………………… 31. **秀丽莓 R. amabilis**

49. 果近球形；花径2-3厘米；小枝、叶柄和小叶被柔毛。

50. 灌木高1-2米，被腺毛；小叶卵形、卵状披针形或菱状卵形；果黑红色，径1-1.2厘米 ……………………………………………………………………………… 32. **毛果悬钩子 R. ptilocarpus**

50. 亚灌木，高10-50厘米，无腺毛，稀叶柄或花梗疏生腺毛；小叶宽卵形、菱状卵形，稀长圆形，果红黄色，径1.4-2厘米 ………………………………………… 32(附). **黄色悬钩子 R. lutescens**

48. 小叶3-7，极稀9。

51. 植株被红褐色刺毛；小叶3，椭圆形、卵形，稀倒卵形；花白色；果金黄色 ……………………………………………………………………………… 24. **红毛悬钩子 R. wallichianus**

51. 植株无刺毛；小叶3-7；花红或白色。

52. 花数朵至30余朵组成顶生伞房花序或短缩近总状花序。

53. 顶生伞房花序；花萼被柔毛，萼片长卵形或卵状披针形，先端渐尖。

54. 小叶疏被柔毛或下面沿叶脉被柔毛 ……………………………… 33. **插田泡 R. coreanus**

54. 小叶下面密被绒毛 ………………… 33(附). **毛叶插田泡 R. coreanus** var. **tomentosus**

53. 顶生近总状花序；花萼被柔毛，萼片卵形或宽卵形，先端钝圆或尖 …………………………………………………………………… 34. **柱序悬钩子 R. subcoreanus**

52. 花2-4朵或稍多组成顶生伞房花序，或数花簇生，有时单生。

55. 植株被腺毛；小叶3，宽卵形或长卵形，稀近圆形；小枝和花萼无刺或疏生小针刺 …………………………………………………………………… 35. **直立悬钩子 R. stans**

55. 植株无腺毛，稀局部被腺毛。

56. 小叶(3)5-7(9)，卵形、三角状卵形或卵状披针形。

57. 小枝和花萼密被直立针刺。

58. 花枝、叶柄、花梗和花萼常无腺毛 ………………………… 36. **针刺悬钩子 R. pungens**

58. 花枝、叶柄、花梗和花萼常被腺毛 … 36(附). **柔毛针刺悬钩子 R. pungens** var. **villosus**

57. 小枝和花萼几无刺或疏生针刺；花枝、叶柄、花梗和花萼无腺毛或仅局部疏生腺毛 …………………………………………………………………… 36(附). **香莓 R. pungens** var. **oldhamii**

56. 小叶3(5)；小枝和花萼疏生钩状或直立细刺或花萼无刺。

59. 灌木或亚灌木；顶生小叶比侧生小叶长。

60. 灌木，高1-2米；小叶3，稀单叶，披针形、卵状披针形或卵形，顶生小叶柄长0.5-1厘米；花萼无刺 ……………………………………………… 37. **细瘦悬钩子 R. macilentus**

60. 亚灌木，高15-50厘米；小叶3(-5)，长圆形或椭圆状披针形，稀卵状披针形，顶生小叶柄长1-2.5厘米；花萼具直立针刺 ……………………… 38. **黄果悬钩子 R. xanthocarpus**

59. 亚灌木，高40-60厘米；顶生小叶稍长于侧生小叶，小叶3，卵形或卵状披针形，顶生小叶柄长达1厘米；花萼疏生钩状小皮刺 ………………………… 39. **单茎悬钩子 R. simplex**

8. 心皮约100或更多，着生于有柄的花托上。

61. 植株被腺毛；花数朵成顶生伞房花序，或花数朵簇生，有时单生。

62. 植株被柔毛或较长腺毛。

63. 果长圆形；花径1-2厘米；小叶(3)5-7，卵状披针形或披针形，先端渐尖；花3至数朵组成顶生伞房花序，稀单生 ……………………………………… 40. **红腺悬钩子 R. sumatranus**

63. 果近球形；花径3-4厘米；小叶3-5，卵形或宽卵形，先端尖或渐尖；花常单生 …………………………………………………………………… 41. **蓬蘽 R. hirsutus**

62. 植株无毛，稀局部疏被柔毛，被腺毛；果近球形；花径3-4厘米；小叶7-9(11)，披针形或卵状披针形，先端渐尖；花3-5组成顶生伞房花序，稀单生 ………………… 42. **光滑悬钩子 R. tsangii**

61. 植物无腺毛；花单生或2-3朵。

64. 植物具腺点；小叶5-7；花梗和花萼被柔毛，花径2-3厘米；果卵圆形、长圆状卵圆形或长圆形 …………………………………………………………………… 43. **空心泡 R. rosaefolius**

64. 植株无腺体；小叶3-5(7)；花梗和花萼无毛，花径3-4厘米；果近球形 …………………………………………………………………… 44. **大红泡 R. eustephanus**

7. 小叶通常3，稀单叶，革质或非革质；雌蕊70-100，稀稍多，着生于具柄或几无柄的花托上。

65. 小叶3，稀单叶；灌木或亚灌木；花3-8组成顶生伞房花序。

66. 小叶卵形或卵状椭圆形，顶生小叶比侧生小叶稍长或几等长；花径1-1.5厘米，萼片卵形，雌蕊70-80，稀多达100余枚，花托几无柄 ………………………… 45. **白花悬钩子 R. leucanthus**

66. 小叶椭圆形或长卵状披针形，顶生小叶比侧生小叶长；花径3-4厘米，萼片卵状披针形或披针形，雌蕊达300或更多，花托具长达5毫米的柄 …………………… 46. **小柱悬钩子 R. columellaris**

65. 单叶；草本，疏生小皮刺；叶披针形或长圆状披针形；花单生，径达1.5厘米 …………………………………………………………………… 47. **陷脉悬钩子 R. impressinervius**

6. 托叶和苞片卵形或卵状披针形；小叶3(5)；顶生伞房花序具数花 ………… 48. **绵果悬钩子 R. lasiostylus**

5. 掌状复叶具3小叶，托叶和苞片线状披针形；顶生伞房状花序具2-3花或花单生 ……………………………………………………………………………………………………… 49. **掌叶悬钩子 R. pentagonus**

4. 单叶。

67. 雌蕊约100或稍多；果圆柱形或圆筒形；花单生；叶卵状圆形，3-5掌状分裂，叶和苞片卵形或卵状披针形 ……………………………………………………………………………… 50. **盾叶莓 R. peltatus**

67. 雌蕊10-60，稀稍多；果近球形或卵圆形；叶较小，托叶和苞片线形或线状披针形。

68. 叶不裂或3裂，脉掌状3出。

69. 植株被柔毛。

70. 植株被腺毛；叶长卵形或卵状披针形，3浅裂或缺刻状浅裂；花单生，径约1.5厘米；果无毛 ……………………………………………………………………………… 51. **光果悬钩子 R. glabricarpus**

70. 植株无腺毛；叶卵形或卵状披针形，全缘或不孕枝叶3浅裂；花径1.5-2(3)厘米，单生或数朵簇生；果密被柔毛 ……………………………………………………… 52. **山莓 R. corchorifolius**

69. 植株无毛，无腺毛。

71. 花白色，常3朵簇生或3朵以上组成短总状花序；叶卵状披针形或长圆状披针形；雌蕊10-50 ……………………………………………………………………………… 53. **三花悬钩子 R. trianthus**

71. 花红色，常单生；叶卵形或椭圆形；雌蕊50以上，多达100 … 54. **中南悬钩子 R. grayanus**

68. 叶掌状3-5裂，稀7裂，脉掌状5出；植株常被柔毛，无腺毛。

72. 叶卵形或长卵形，3-5掌状分裂；花径1-1.5厘米，数朵簇生或组成顶生短总状花序；果径约1厘米，无毛 ……………………………………………………………… 55. **牛叠肚 R. crataegifolius**

72. 叶近圆形，掌状5深裂，稀3或7裂；花径2.5-4厘米，常单生；果径1.5-2厘米，密被灰白色柔毛 ……………………………………………………………………………… 56. **掌叶复盆子 R. chingii**

3. 叶3出或鸟足状5出或掌状5出复叶；聚合果成熟时与花托连合或分离，空心或实心。

73. 常绿灌木；3出复叶，小叶革质，卵形、宽椭圆形或卵状披针形，两面无毛或沿叶脉具柔毛；萼片长圆形，先端钝圆或具突尖头，子房被柔毛 ……………………………… 57. **光亮悬钩子 R. lucens**

73. 落叶灌木；叶常3出，稀鸟足状或掌状5出复叶，小叶纸质，宽卵形或菱状卵形，两面微被柔毛；萼片卵状披针形，先端尾尖，子房无毛 ……………………………… 58. **欧洲木莓 R. caesius**

2. 托叶着生于近叶柄基部茎上，离生，较宽大，常分裂，稀较窄，宿存或脱落；单叶或掌状复叶。

74. 植株具皮刺；托叶早落或宿存，单叶，稀掌状或鸟足状复叶；圆锥花序、近总状花序或伞房状花序，稀数朵簇生或单生。

75. 顶生圆锥花序或近总状花序，稀伞房花序或花数朵簇生或单生。

76. 掌状复叶具3-5小叶，稀单叶。

77. 小叶具网状脉，侧脉较少，下面被绒毛，托叶和苞片掌状分裂 …… 59. **蛇泡筋 R. cochinchinensis**

77. 小叶具羽状脉，侧脉30-50对，靠近而平行，下面密被绢毛，托叶和苞片不裂 ……………………………………………………………………………… 59(附). **绢毛悬钩子 R. lineatus**

76. 单叶。

78. 托叶和苞片较窄小，长2厘米以下，宽不及1厘米，稀稍宽，分裂或全缘。

79. 叶下面密被绒毛。

80. 叶卵状长圆形、卵状披针形或长圆状披针形，不裂，稀近基部有浅裂片，羽状脉；植株具腺毛。

81. 叶卵状披针形或卵状长圆形，上面伏生长柔毛，基部弯曲较浅宽，叶柄长0.5-1厘米，先端短渐尖 ……………………………………………………………………… 60. **乌泡子 R. parkeri**

81. 叶卵状披针形或长圆状披针形，提琴状，上面沿叶脉具长硬毛，基部弯曲较窄深达2厘米，具两耳，叶柄长2-3.5厘米；萼片窄三角状披针形，长1-1.5厘米，钻状或长尾尖 …

……………………………………………………………………………………… 60(附). **琴叶悬钩子 R. panduratus**

80. 叶近圆形、卵形、卵状披针形、椭圆形或长圆形，不裂或浅裂，脉掌5出；植株有或无腺毛。

82. 叶下面密被灰白或浅黄灰色绒毛。

83. 叶卵形、长卵形、卵状披针形，稀近圆形，不裂或浅裂，先端渐尖、稀尖或钝圆；顶生圆锥花序，稀近总状花序，长达27厘米。

84. 植株被腺毛或刺毛。

85. 枝、叶柄和花序被灰白色绒毛、腺毛或刺毛；叶近圆形，具5-7钝圆裂片和不整齐锯齿；萼片卵形，长4-7毫米，先端尖 ，……………………………………………… 61. **灰白毛莓 R. tephrodes**

85. 枝、叶柄和花序被柔毛和腺毛，无刺毛；叶卵形或长卵形，波状浅裂；萼片卵形或卵状披针形，长0.8-1.1厘米，先端渐尖或尾尖 ……………………………………… 61(附). **黔桂悬钩子 R. feddei**

84. 植株无腺毛，稀花梗或花萼具腺毛。

86. 叶卵形或长卵形，浅裂，基部心形，叶柄长3-7厘米 …………… 62. **角裂悬钩子 R. lobophyllus**

86. 叶基部心形，稀近圆。

87. 叶基部圆，稀近平截，叶长圆形、卵状长圆形或椭圆形，不裂，叶柄长0.5-1厘米 ……………………………………………………………………………………… 63. **西南悬钩子 R. assamensis**

87. 叶基部心形，稀近圆。

88. 花序和花萼被绢状长柔毛；叶近圆形或宽卵形，基部心形，不明显浅裂，叶柄长4-7厘米，无毛；花径1-1.5厘米，无花瓣，花萼密被长柔毛 …………… 64. **毛萼莓 R. chroosepalus**

88. 花序被绒毛状柔毛；花萼被绒毛和柔毛。

89. 叶基部近圆或浅心形，花径6-8毫米，花萼被绒毛和柔毛。

90. 叶长卵形或卵状披针形，常浅裂，叶柄长2-3厘米，具绒毛；花萼被绒毛状柔毛，萼片边缘具灰白色绒毛，有花瓣；果暗红色 …………… 65. **黄脉莓 R. xanthoneurus**

90. 叶宽卵形，稀卵状长圆形，不裂，叶柄长1-4厘米，无毛；花萼被灰白色绒毛，叶柄长2-4厘米，被绒毛状长柔毛 ……………… 65(附). **网纹悬钩子 R. cinclidodictyus**

89. 叶基部心形；花径达1.8厘米，花萼被绒毛和长柔毛，有花瓣；叶心状卵形或长卵形，波状或不明显浅裂，叶柄长2-4厘米，被绒毛状长柔毛 … 66. **圆锥悬钩子 R. paniculatus**

83. 叶近圆形、宽卵形或宽长圆形，浅裂，先端钝圆或尖；顶生窄圆锥花序或近总状花序，极稀为宽大圆锥花序，长17厘米以下。

91. 托叶和苞片羽状或掌状深裂或不规则撕裂几达基部；植株无刺毛；叶近圆形或宽卵形，上面泡状突起，先端钝圆，稀尖；萼片宽卵形或三角状卵形，先端尖或短渐尖 …………………………………………………………………………………………… 67. **粗叶悬钩子 R. alceaefolius**

91. 托叶和苞片掌状或羽状浅裂，稀深裂。

92. 植株具软刺毛；叶近圆形，常5裂，先端尖或渐尖。

93. 托叶和苞片长1.5-2厘米，宽1.2-1.5厘米，深裂，迟落；花径约1厘米，萼片宽卵形或卵状披针形，先端尾尖 ……………………………………………………… 68. **棕红悬钩子 R. rufus**

93. 托叶和苞片长1-1.2厘米，宽0.7-1厘米，浅裂，早落；花径1.2-1.7厘米，萼片披针形或卵状披针形，先端短渐尖或尾尖 ……………………………… 68(附). **多毛悬钩子 R. lasiotrichos**

92. 植株无刺毛；叶近圆形或宽卵形，先端平截、钝圆或尖。

94. 高大攀援灌木；叶下面绒毛不脱落。

95. 顶生窄圆锥花序或近总状花序，具多花。

96. 托叶和苞片宽椭圆形或宽倒卵形，长1-1.8厘米，叶近圆形，7-9浅裂，先端钝圆或近平截，稀尖；花白色；果红色 ……………………………… 69. **大乌泡 R. multibracteatus**

96. 托叶和苞片卵形、卵状披针形，稀长倒卵形，长0.7-1.1厘米，叶近圆形或宽卵形，5-7

裂，先端钝圆，稀尖；花紫红色；果黑色 ………………………………… 70. 川莓 **R. setchuenensis**

95. 顶生短总状花序；托叶和苞片宽扇形、宽卵形或宽长圆形，长1-1.5(-2)厘米；宽（0.6）1-1.5厘米。

97. 叶宽卵形或近圆形，5浅裂，裂片先端尖，托叶和苞片宽卵形或宽长圆形；花梗长3-4毫米，萼片三角状卵形，外萼片全缘或先端浅裂 ……………………………… 71. 台湾悬钩子 **R. formosensis**

97. 叶圆形或宽卵形，5-7浅裂，裂片先端钝圆或尖；托叶和苞片宽扇形；花梗长约1厘米，萼片长卵形或卵状披针形，外萼片羽状深裂 ……………………………… 72. 羽萼悬钩子 **R. pinnatisepalus**

94. 矮小攀援或匍匐灌木；叶下面绒毛老时脱落。

98. 小枝、叶柄和花序被柔毛；叶裂片尖；花萼被灰白或黄灰色柔毛和绒毛，萼片宽卵形，外萼片羽状条裂 ……………………………………………………………………… 73. 湖南悬钩子 **R. hunnanensis**

98. 小枝、叶柄和花序被绒毛状长柔毛；叶裂片钝圆；花萼密被淡黄色长柔毛和绒毛，萼片披针形或卵状披针形，外萼片先端浅裂 ……………………………………………………………… 74. 寒莓 **R. buergeri**

82. 叶下面密被锈黄或铁锈色绒毛，稀具红棕色绒毛；顶生短总状花序，稀圆锥花序。

99. 叶分裂或波状。

100. 叶卵形或宽卵形，稀近圆形，波状或微浅裂，托叶和苞片长圆形或卵状披针形，长不及1厘米，先端掌状浅裂；顶生短总状花序密被黄色柔毛；花萼密被黄色长柔毛和绒毛 …………………………………………………………………………………………… 75. 桂滇悬钩子 **R. shihae**

100. 叶长卵形或近圆形，3-5裂或波状，托叶和苞片宽倒卵形，长1-1.4厘米或更长，梳齿状或掌状分裂；顶生短总状花序密被铁锈色长柔毛；花萼密被铁锈色长柔毛和绒毛。

101. 叶长卵形，浅裂或波状，顶生裂片比侧生裂片长。

102. 叶浅裂；托叶和苞片长达1.4厘米；萼片卵圆形 ……………………… 76. 锈毛莓 **R. reflexus**

102. 叶微波状或不明显浅裂，托叶和苞片长达2.5厘米；萼片披针形或卵状披针形 …………………………………………………………… 76(附). 长叶锈毛莓 **R. reflexus** var. **orogenes**

101. 叶心状宽卵形或近圆形，浅裂至深裂；顶生裂片比侧生裂片稍长或几等长。

103. 叶3-5浅裂，裂片尖 ……………………………… 76(附). 浅裂锈毛莓 **R. reflexus** var. **hui**

103. 叶5-7深裂，裂片披针形或长圆状披针形 …………………………………………………………… 76(附). 深裂锈毛莓 **R. reflexus** var. **leuceolobus**

99. 叶不裂或近基部2裂。

104. 叶卵形或长卵形，不裂或微波状，托叶和苞片先端掌状浅裂；花柱和花药无毛 …………………………………………………………………………………………… 77. 攀枝莓 **R. flagelliflorus**

104. 叶长圆状披针形或卵状披针形，基部常有2浅裂片，托叶和苞片掌状深裂近基部；花柱和花具长柔毛 ……………………………………………………………………… 78. 戟叶悬钩子 **R. hastifolius**

79. 叶下面多少被柔毛，稀无毛。

105. 叶基部圆，叶柄长达1厘米，叶卵形、卵状长圆形或椭圆状长圆形，不裂；萼片卵状披针形或三角状披针形，先端2-3条裂或全缘 ……………………………………………… 79. 梨叶悬钩子 **R. pirifolius**

105. 叶基部心形，叶柄长2-4(5)厘米。

106. 顶生宽大圆锥花序；叶宽卵形，稀长圆状卵形，3-5裂或波状，托叶和苞片条状深裂达基部；萼片卵状披针形或三角状披针形，不裂。

107. 叶及花序具柔毛 ……………………………………………………… 80. 高粱泡 **R. lambertianus**

107. 叶无毛或上面沿叶脉稍具柔毛；花序无毛或近无毛。

108. 花序全部无腺毛 ……………………… 80(附). 光滑高粱泡 **R. lambertianus** var. **glaber**

108. 花序全部或局部或花萼被小腺毛 …… 80(附). 腺毛高粱泡 **R. lambertianus** var. **glandulosus**

106. 顶生窄圆锥花序或近总状花序。

109. 花萼具针刺；叶卵状圆形，稀卵形，托叶和苞片梳齿状或羽状深裂；萼片宽卵形，外萼片掌状条裂；果径1-1.2厘米 ………………………………………………………………… 81. 猬莓 **R. calycacanthus**

109. 花萼无针刺，具疏腺毛；叶卵状披针形，托叶和苞片钻形或线状披针形，全缘或先端浅条裂；萼片卵形，常不裂；果径6-8毫米 …………………………………………………… 82. 宜昌悬钩子 **R. ichangensis**

78. 托叶和苞片长2-5厘米，宽1-2厘米，稀较短小，分裂或有锯齿。

110. 叶下面密被绒毛或绢状长柔毛。

111. 叶下面密被绒毛；顶生近总状或伞房状花序；托叶长圆形，长2-3厘米，缺刻状条裂。

112. 叶近圆形，下面被灰或黄灰色绒毛，先端钝圆，稀尖；萼片宽卵形，长0.6-1厘米 ……………………………………………………………………………… 83. 灰毛泡 **R. irenaeus**

112. 叶宽卵形或长卵形，下面被灰色绒毛，先端渐尖；萼片卵形或卵状披针形，长0.9-1.4厘米 ……………………………………………………………………………… 84. 太平莓 **R. pacificus**

111. 叶下面密被长柔毛；花常单生，稀2-3簇生；托叶近圆形或宽卵形，长与宽均(1)1.5-2厘米，条裂，叶近圆形，先端钝圆，稀尖；萼片卵形，叶状，较大 …………… 85. 厚叶悬钩子 **R. crassifolius**

110. 叶下面无毛；顶生窄圆锥花序；托叶宽长卵形，长2-3厘米，常不裂，叶近圆形，先端尖；萼片卵状披针形，长5-8毫米 ……………………………………………… 85(附). 大苞悬钩子 **R. wangii**

75. 顶生总状花序，稀花2-3簇生或单生。

113. 顶生总状花序；掌状复叶具3-5小叶，或单叶。

114. 掌状复叶具3-5小叶。

115. 托叶和苞片掌状深裂，小叶椭圆状披针形或长圆状披针形，具尖锐锯齿；雄蕊幼时具柔毛，老时脱落 ……………………………………………………… 86. 五叶鸡爪茶 **R. playfairianus**

115. 托叶和苞片全缘或先端有锯齿，小叶窄披针形或窄椭圆形，疏生小锯齿；雄蕊具柔毛，老时不脱落 ……………………………………………………………………… 87. 竹叶鸡爪茶 **R. bambusarum**

114. 单叶。

116. 叶3-5深裂；花序和花萼无腺毛或花萼疏生腺毛；托叶和苞片长圆形或长圆状披针形；叶基部宽楔形或近圆，稀近心形，下面密被灰白或黄白色绒毛。

117. 叶缘裂至中部以下，裂片披针形或窄长圆形，疏生细锐锯齿 ………… 88. 鸡爪茶 **R. henryi**

117. 叶缘裂至叶1/3或中部以上，裂片卵状披针形，具粗锐锯齿 ……………………………… 88(附). 大叶鸡爪茶 **R. henryi** var. **sozostylus**

116. 叶不裂或浅裂。

118. 花序具腺毛。

119. 叶下面被灰白或浅灰黄色绒毛。

120. 托叶和苞片卵状长圆形或卵状披针形，叶卵形、宽卵形或长圆状披针形，不裂，基部圆、平截或浅心形，下面密被灰白色绒毛，花枝或果枝的叶下面绒毛脱落；花萼具灰白色绒毛，萼片卵形或三角状卵形，长5-8毫米，先端尖 …… 89. 木莓 **F. swinhoei1**

120. 托叶和苞片长圆形或椭圆形，叶心状宽卵形，浅裂，基部深心形，下面密被灰白或浅灰黄色绒毛；花萼被长腺毛和针刺，萼片宽卵形，长1-1.2厘米，先端尾尖 ……………………………………………………………………… 90. 华南悬钩子 **R. hanceanus**

119. 叶下面被锈黄色绒毛，托叶和苞片披针形或卵状披针形，叶披针形或椭圆状披针形，不裂，基部圆或平截，稀浅心形；花萼被锈黄色绒毛，萼片卵形或三角状卵形，长4-7毫米，先端尖 ……………………………………………………… 91. 江西悬钩子 **R. gressittii**

118. 花序无腺毛。

121. 叶革质，长圆状披针形或卵状披针形，基部圆，下面密被铁锈色绒毛，侧脉5-8对；雄蕊和花柱具长柔毛，花柱长于雄蕊 ……………………………… 92. 尾叶悬钩子 **R. caudifolius**

121. 叶非革质，下面密被灰白或浅黄色绒毛。

122. 叶椭圆形或长圆状椭圆形，基部近圆，果枝叶下面绒毛常脱落；雄蕊具长柔毛，花柱比雄蕊长 ………………………………………………………… 93. **棠叶悬钩子 R. malifolius**

122. 叶长圆状卵形或宽卵状披针形，基部圆或近平截，下面绒毛不脱落；雄蕊无毛或花药稍具长柔毛，花柱几与雄蕊等长或稍长 ……………………………… 93(附). **早花悬钩子 R. preptanthus**

113. 花常单生，稀2-3朵。

123. 复叶具3小叶；植株具柔毛和腺毛；花径3-4厘米；果密被浅棕黄色柔毛 ………………………………………………………… 94. **大花悬钩子 R. wardii**

123. 单叶；植株无毛，无腺毛；花径1-1.8厘米；果被灰色柔毛 ………………………………………………………… 94(附). **蒲桃叶悬钩子 R. jambosoides**

74. 植株被刺毛，稀兼有稀疏针刺或小皮刺；托叶宿存或脱落，单叶；花单生，数朵簇生或短总状花序或圆锥花序。

124. 顶生大型圆锥花序。

125. 叶下面具绒毛或柔毛。

126. 叶长卵形，下面被绒毛，不裂或微波状；无花瓣 ………… 95. **金佛山悬钩子 R. jinfoshanensis**

126. 叶近圆形，下面被柔毛，3-5浅裂，裂片三角形；花具花瓣 ……… 96. **五裂悬钩子 R. lobatus**

125. 叶下面无毛，卵状披针形或椭圆状披针形，不裂；花具花瓣 ……… 97. **齿叶悬钩子 R. serratifolius**

124. 顶生近总状花序或花数朵簇生或单生。

127. 叶下面被绒毛。

128. 托叶和苞片长卵形或卵状披针形，羽状浅条裂，被绒毛和长柔毛，兼有疏刺毛，叶卵形或长圆形，不裂或微波状，两面被刺毛，下面绒毛不脱落；花径2-3毫米 ………… 98. **三色莓 R. tricolor**

128. 托叶和苞片较宽，掌状深裂，具长柔毛和腺毛，叶近圆形或宽卵形，3-5浅裂，两面疏被腺毛，下面绒毛有时脱落；花径1-2厘米 ……………………………… 99. **东南悬钩子 R. tsangorum**

127. 叶下面被长柔毛，托叶和苞片较窄，深条裂，被长柔毛和长腺毛，叶宽长卵形，3-5浅裂；花径1-1.5厘米 ……………………………………………… 100. **周毛悬钩子 R. amphidasys**

1. 草本，稀亚灌木，常无皮刺，或被针刺或刺毛；托叶离生。

129. 花两性；托叶宽或窄，单叶或复叶。

130. 匍匐草本或亚灌木，被针刺或刺毛；单叶；花萼常被针刺或刺毛，雌蕊常20枚以上，稀较少。

131. 托叶不裂，先端或边缘有锯齿或全缘，叶圆卵形或近圆形。

132. 植株被柔毛和针刺；叶柄长5-10厘米，托叶卵圆形，具锯齿，稀全缘；花径达3厘米，萼片卵形，外萼片具缺刻状锯齿，内萼片具锯齿或全缘 ……………… 101. **齿萼悬钩子 R. calycinus**

132. 植株被柔毛和红褐色软刺毛；叶柄长2-5厘米，托叶卵形或椭圆形，全缘或先端有锯齿；花径1.5-2.3厘米，萼片卵状披针形，无锯齿或外萼片先端条裂 ………………………………………………………… 102. **匍匐悬钩子 R. pectinarioides**

131. 托叶梳齿状或掌状深裂，叶近圆形。

133. 植株被长柔毛和稀疏针刺；花萼密被针刺和长柔毛，萼片卵形或卵状披针形，外萼片宽大，梳齿状深裂或缺刻状，内萼片窄，具少数锯齿或全缘 …………………… 103. **黄泡 R. pectinellus**

133. 植株被柔毛和软刺毛；花萼密被绒毛和刺毛，或疏生腺毛，萼片披针形，全缘 ………………………………………………………… 104. **梳齿悬钩子 R. pectinaris**

130. 匍匐草本，极稀具针刺；复叶具3-5小叶；花萼无针刺，有时被软刺毛；雌蕊不超过20枚，稀较多。

134. 小叶通常5，稀3，浅裂或深裂，倒卵形或近圆形，托叶全缘。

135. 小叶浅裂，具缺刻状或粗锐锯齿或重锯齿；萼片卵状披针形，先端渐尖或尾尖。

136. 花枝、花梗或花萼基部被柔毛和腺毛 ………………………………………………………… 105. **腺毛莓叶悬钩子 R. fragarioides var. adenophorus**

136. 花枝、花梗或花萼被柔毛，无腺毛 … 105(附). **柔毛莓叶悬钩子 R. fragarioides var. pubescens**

135. 小叶3深裂近中脉，裂片锐裂成深缺刻状尖锯齿；萼片宽卵形，先端短渐尖；花枝、花梗和花萼被柔毛，无腺毛 …………………………………………………………………………… 106. **矮生悬钩子 R. clivicola**

134. 小叶通常3，不裂，托叶全缘或分裂。

137. 托叶全缘。

138. 小叶菱形、卵状菱形、倒卵状菱形或长圆状菱形；茎、叶柄和花梗被柔毛或针刺；花白或紫红色。

139. 小叶卵状菱形或长圆状菱形；茎、叶柄和花梗疏被柔毛和针刺，有时兼有疏腺毛；花白色，约数朵成束或伞房花序；雌蕊5-6 ……………………………………… 107. **石生悬钩子 R. saxatilis**

139. 小叶菱形或倒卵状菱形；茎、叶柄和花梗仅被柔毛；花紫红色，常1-2；雌蕊约20 ………………………………………………………………………………… 107(附). **北悬钩子 R. arcticus**

138. 小叶近圆形或宽倒卵形；茎、叶柄和花梗具柔毛，有时具刺毛；花白色，1-2朵；雌蕊4-20 …… …………………………………………………………………………… 108. **凉山悬钩子 R. fockeanus**

137. 托叶梳齿状深裂，裂片披针形，具3-5浅锯齿，小叶近圆形；茎，叶柄和花梗均被柔毛、刺毛或腺毛；花白色，单生；雌蕊10-15 …………………………………………… 109. **红刺悬钩子 R. rubrisetulosus**

129. 花单性，雌雄异株；低矮草本，被柔毛和腺毛；托叶叶状，不裂，单叶，肾形或心状圆形，5-7浅裂；花白色，单生 ………………………………………………………………… 110. **兴安悬钩子 R. chamaemorus**

1. 大序悬钩子　　图 967

Rubus grandipaniculatus Yu et Lu in Acta Phytotax. Sin. 20(3): 296. Pl. 1. f. 1. 1982.

灌木，高1-3米。小枝疏生钩状小皮刺或几无刺，小枝、叶下面、叶柄、叶轴、花序轴、花梗、花萼均密被柔毛和2-7毫米长短不等的紫红色腺毛。小叶5-7，稀于花序基部有3小叶，卵形或卵状披针形，长2.5-5厘米，上面疏生柔毛，下面密被灰白色绒毛，具不整齐粗锯齿，顶生小叶常浅裂；叶柄长3.5-6厘米，与叶轴均疏生钩状小刺，托叶线形。顶生大型圆锥花序。花梗长0.5-1厘米；苞片披针形或卵状披针形，不裂或顶端2-3条裂；花径不及1厘米；萼片卵状披针形，先端长尾尖，花期直立，或果期反折；花瓣近圆形，基部有宽爪，被柔毛，粉白或紫红色；雄蕊排成一列；花柱无毛，子房具柔毛。果近球形，径0.7-1厘米，成熟时红色，无毛或近无毛；核具细密皱纹。花期5-6月，果期7-8月。

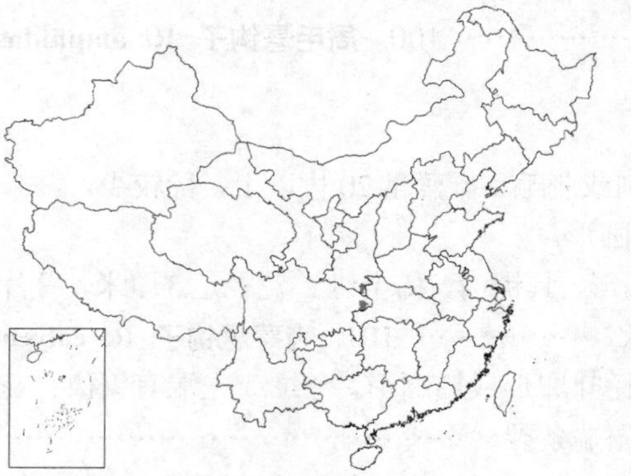

产陕西南部及四川东部，生于海拔800-1100米山坡疏林或河谷岩隙中。

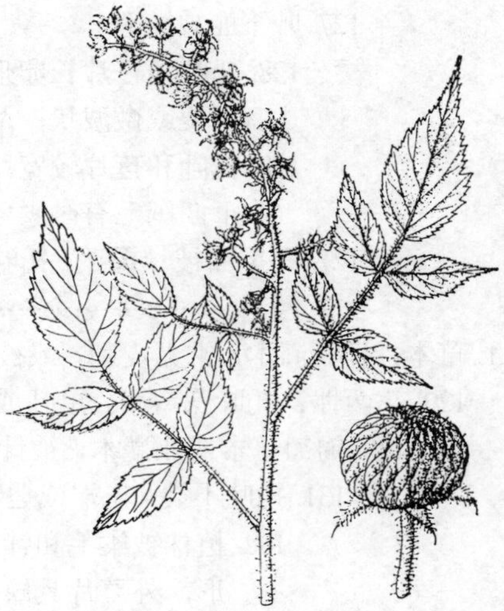

图 967 大序悬钩子 （引自《中国植物志》）

[附] **拟复盆子 Rubus idaeopsis** Focke in Bibl. Bot. 72(2): 203. 1911. 本种与大序悬钩子的区别：植株具长1-2毫米腺毛；小叶椭圆形或卵状披针形，顶生近短总状花序或窄圆锥状花序；萼片卵形，先端尖。产福建、江西、广西、贵州、云南、西藏、四川、甘肃、陕西及河南，生于海发1000-2600米山谷溪边或山坡灌丛中。

2. 白叶莓　　图 968

Rubus innominatus S. Moore in Journ. Bot. 13: 226. 1875.

灌木，高1-3米。小枝密被柔毛，疏生钩状皮刺。小叶3(5)，长4-10厘米，先端急尖或短渐尖，顶生小叶斜卵状披针形或斜椭圆形，基部楔形

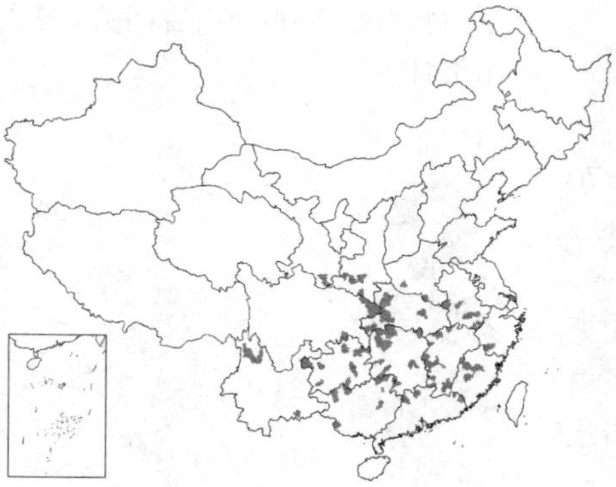

或圆，上面疏生平贴柔毛或几无毛，下面密被灰白色绒毛，沿叶脉混生柔毛，有不整齐粗锯齿或缺刻状粗重锯齿；叶柄长2-4厘米，与叶轴均密被柔毛，托叶线形，被柔毛。总状或圆锥状花序，腋生花序常为短总状，花序梗和花梗密被黄灰或灰色绒毛状长柔毛和腺毛。花梗具少数腺毛；苞片线状披针形，被柔毛；花径0.6-1厘米；花萼密被黄灰或灰色长柔毛和腺毛；萼片卵形，花果期均直立；花瓣倒卵形或近圆形，紫红色，边啮蚀状；雄蕊稍短于花瓣；花柱无毛。果近球形，径约1厘米，成熟时桔红色，初被疏柔毛，后无毛；核具细皱纹。花期5-6月，果期7-8月。

产河南、安徽、浙江南部、福建、江西、湖北、湖南、广东、广西、云南、贵州，四川、陕西南部及甘肃南部，生于海拔400-2500米山坡疏林、灌丛中或山谷河边。

图 968 白叶莓 （冯晋庸绘）

［附］**无腺白叶莓 Rubus innominatus** var. **kuntzeanus**（Hemsl.）Bailey in Gent. Herb. 1: 30.1920. —— *Rubus kuntzeanus* Hemsl. in Journ. Linn. Soc. Bot. 23: 232. 1887. 本种与模式变种的区别：枝、叶柄、叶下面、花序梗、花梗和花萼均无腺毛。产安徽、浙江、福建、江西、湖北、湖南、广东、广西、云南、贵州、四川、陕西及甘肃，生于海拔800-2000米山坡路旁或灌丛中。

［附］**蜜腺白叶莓 Rubus innominatus** var. **aralioides**（Hance）Yu et Lu, Fl. Reipubl. Popul. Sin.37: 48. 1985. —— *Rubus aralioides* Hance in Journ. Bot. 22: 42. 1884. 本种与模式变种的区别：枝、叶柄，叶下面、花序梗、花梗和花萼密被腺毛；小叶下面绒毛有时脱落。产浙江、福建，江西及广东，生于海拔400-900米山坡密林、溪边或路边灌丛中。

3. 弓茎悬钩子　　图 969

Rubus flosculosus Focke in Hook. Icon. P1. ser. 3, 10: 3. sub. pl. 1952. 1891.

灌木，高1.5-2.5米。枝有时被白粉，疏生紫红色钩状扁平皮刺，幼枝

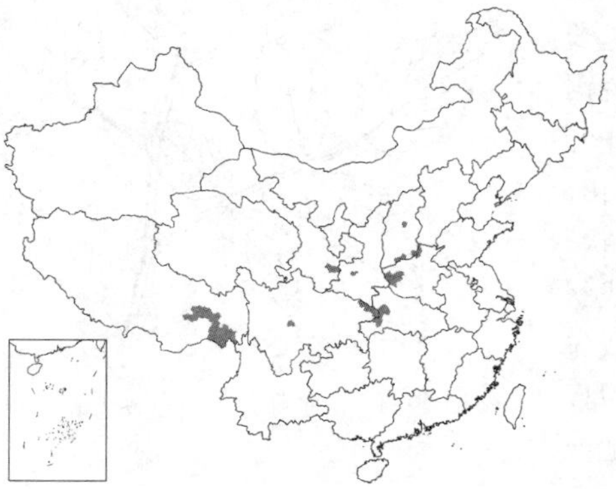

被柔毛。小叶5-7，卵形、卵状披针形或卵状长圆形，顶生小叶有时为菱状披针形，长3-7厘米，上面无毛或近无毛，下面被灰白色绒毛，具粗重锯齿，有时浅裂；叶柄长3-5厘米，与叶轴均被柔毛和钩状小皮刺，托叶线形，长约5毫米，被柔毛。顶生窄圆锥花序，侧生总状花序。花梗和苞片均被柔毛；花梗细，长5-8毫米；苞片线状披针形；花径5-8毫米；花萼密被灰白色柔毛，萼片卵形或长卵形，先端尖而有突尖头，花果期均直立开展；花瓣近圆形，粉红色，与萼片近等长或稍长；雄蕊多数，花药紫色；花柱无毛，子房具柔毛。果球形，径5-8毫米，成熟时红至红黑色，无毛或微具柔毛；小核

图 969 弓茎悬钩子 （引自《秦岭植物志》）

卵圆形，多皱。花期6-7月，果期8-9月。

产甘肃南部、陕西南部、山西、河南、湖北，四川及西藏东南部，生于海拔900-2600米山谷河旁、沟边或山坡林中。

4.　华中悬钩子　　图 970

Rubus cockburnianus Hemsl. in Journ. Linn. Soc. Bot. 29: 305. 1892.

灌木，高1.5-3米。小枝无毛，被白粉，疏生钩状皮刺。小叶(5)7-9，长圆状披针形或卵状披针形，顶生小叶有时近菱形，长5-10厘米，上面无毛或具疏柔毛，下面被灰白色绒毛，有不整齐粗锯齿或缺刻状重锯齿，顶生小叶常浅裂；叶柄长3-5厘米，与叶轴均无毛，疏生钩状小皮刺，托叶线形，无毛。顶生圆锥花序长10-16厘米，侧生总状或近伞房状花序无毛。花梗细，长1-2厘米，苞片线形，无毛；花径达1厘米；花萼无毛，萼片卵状披针形，先端长渐尖，无毛或边缘具灰白色绒毛，花期直立，果期反折；花瓣粉红色，近圆形；花柱无毛，子房具柔毛。果近球形，径不及1厘米，成熟时紫黑色，微被柔毛或几无毛；核有浅皱纹。花期5-7月，果期8-9月。

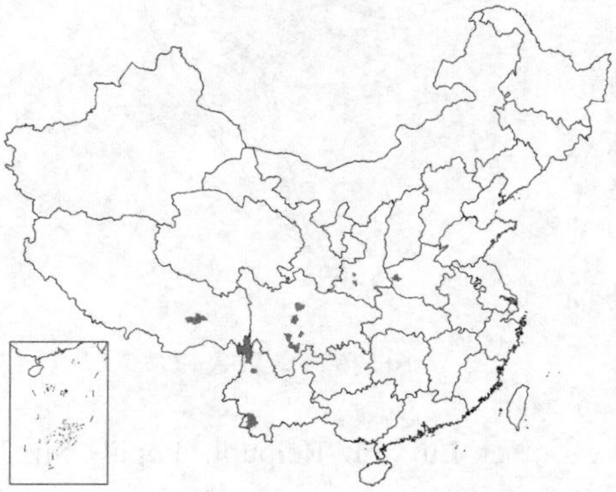

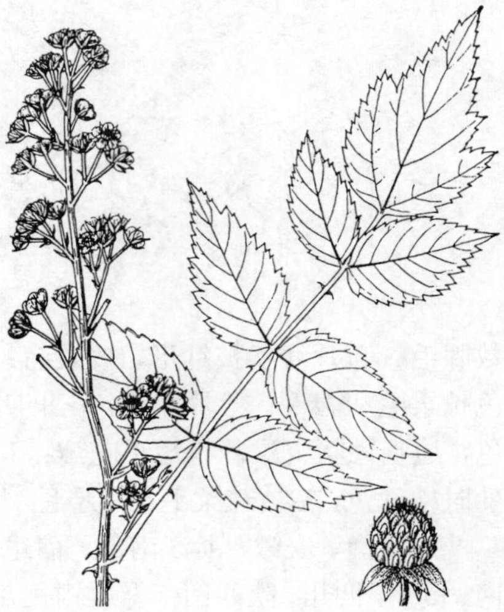

图 970　华中悬钩子　（王金凤绘）

产河南西部、陕西南部、四川、云南及西藏，生于海拔900-3800米阳坡灌丛中或沟谷林内。

5.　长序莓　　图 971

Rubus chiliadenus Focke in Hook. Icon. P1. ser. 3, 10: 4. sub pl. 1952. 1891.

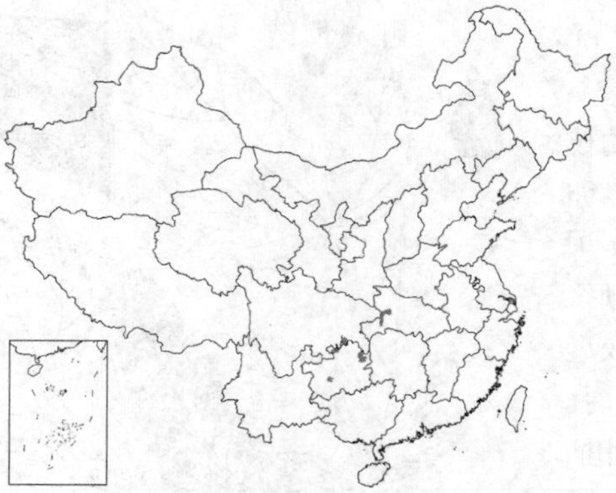

灌木，高1-2米。小枝、叶，叶柄、叶轴、花梗、苞片、花萼均被柔毛和紫红色腺毛。小枝被稀疏宽扁皮刺，小叶5，有时花序基部具3小叶，卵形或卵状披针形，长3-8厘米，有不整齐粗锐锯齿；叶柄长3-5厘米，托叶线形。顶生花序近圆锥状，腋生花序总状或近伞房状。花梗长1-2厘米；苞片线状披针形；花径约1厘米；萼片披针形，花后常直立；花瓣近圆形，白色或先端微红；雌蕊稍长或几与雄蕊等长，花柱无毛，子房具柔毛。花期5-7月。

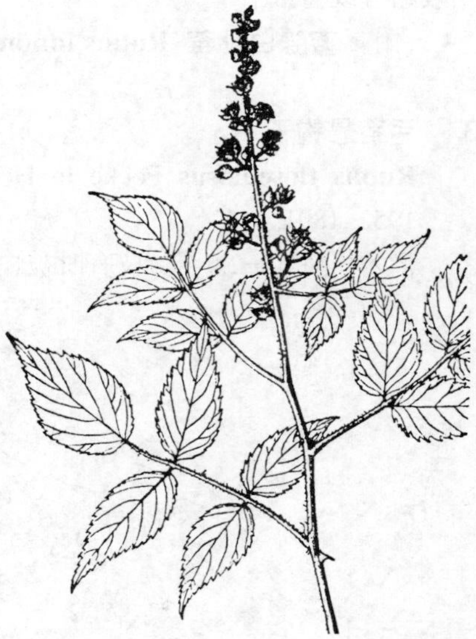

图 971　长序莓　（引自《湖北植物志》）

产湖北西部、贵州及四川东南部，生于海拔1000-2000米林下、荒地或岩石阴处。

6.　腺毛莓　　图 972

Rubus adenophorus Rolfe in Kew Bull. 1910: 382. 1910.

攀援灌木，高0.5-2米。小枝具紫红色腺毛、柔毛和稀疏宽扁皮刺。

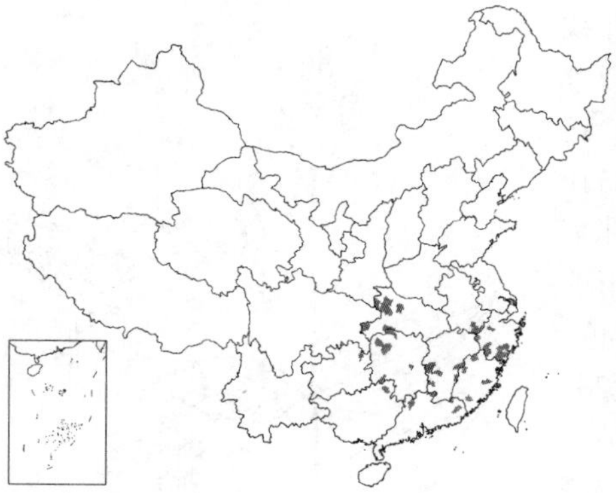

小叶3，宽卵形或卵形，长4-11厘米，上下两面均疏被柔毛，下面沿叶脉有稀疏腺毛，具粗锐重锯齿；叶柄长5-8厘米被腺毛、柔毛和稀疏皮刺，托叶线状披针形，被柔毛和稀疏腺毛。总状花序顶生或腋生。花梗、苞片和花萼均密被带黄色长柔毛和紫红色腺毛；花梗长6-9毫米；苞片披针形；花径6-8毫米；萼片披针形或卵状披针形，花后常直立；花瓣倒卵形或近圆形，紫红色；花丝线形；花柱无毛。果球形，径约1厘米，成熟时红色，无毛或微具柔毛；核具皱纹。花期6-7月，果期6-7月。

产安徽南部、浙江、福建、江西、湖北、湖南、广东、广西东北部及贵州东北部，生于低海拔至中海拔山地、山谷、疏林润湿地或林缘。

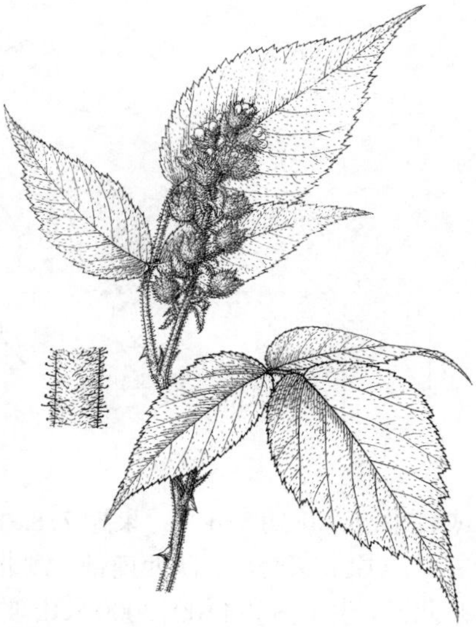

图 972 腺毛莓 （冯晋庸绘）

7. 红泡刺藤 图 973

Rubus niveus Thunb. in Diss. Bot.-Med. de Rubo 9. f. 3. 1813.

灌木，高1-2.5米，枝常被白粉，疏生钩状皮刺，幼时被绒毛状毛。小叶(5)7-9(11)，椭圆形，卵状椭圆形或菱状椭圆形，顶生小叶卵形或椭圆形，长2.5-6(8)厘米，上面无毛或沿叶脉有柔毛，下面被灰白色绒毛，常具不整齐粗锐锯齿，有时具3裂片；叶柄长1.5-4厘米，顶生小叶柄长0.5-4.5厘米，和叶轴均被柔毛和稀疏钩状小皮刺，托叶线状披针形，被柔毛。伞房花序或短圆锥状花序被绒毛状柔毛。花梗长0.5-1厘米；苞片披针形或线形，被柔毛；花径达1厘米；花萼外面密被绒毛，并混生柔毛，萼片三角状卵形或三角状披针形，花果期常直立开展；花瓣近圆形，红色；雌蕊55-70，花柱紫红色，子房和花柱基部密被灰白色绒毛。果半球形，径0.8-1.2厘米，成熟时深红至黑色，密被灰白色绒毛；核有浅皱纹。花期5-7月，果期7-9月。

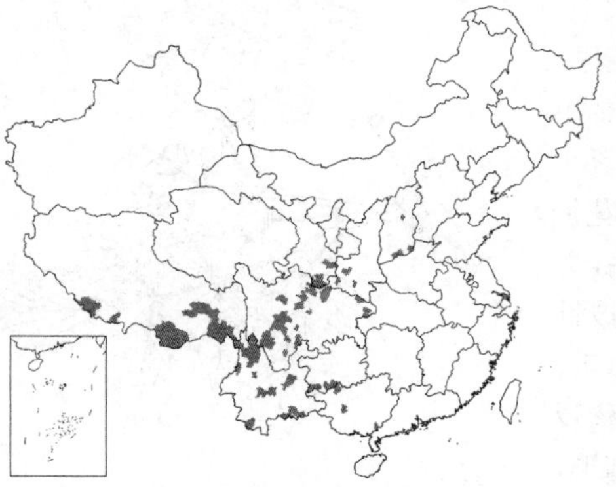

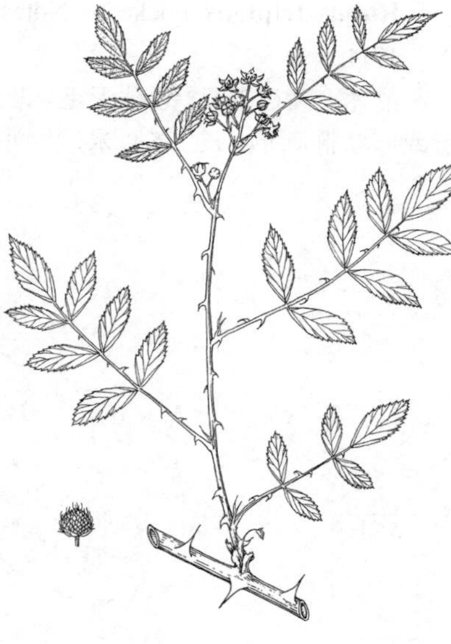

图 973 红泡刺藤 （郭木森绘）

产山西、陕西、甘肃、四川、西藏、云南、贵州西南部及广西，生于海拔500-2800米山坡灌丛，疏林中或山谷河滩、溪旁。阿富汗、尼泊尔、锡金、不丹、印度、克什米尔地区、斯里兰卡、缅甸、泰国、老挝、越南、马来西亚、印度尼西亚及菲律宾有分布。

8. 陕西悬钩子 图 974

Rubus piluliferus Focke in Engl. Bot. Jahrb. 36: 55. 1905.

灌木。幼枝被柔毛，疏被针状皮刺或近无刺，稀有较密细刺。小叶3-5，卵形、菱状卵形或卵状披针形，长3-8厘米，上面疏被柔毛或近无毛，下面密被白色绒毛，常羽状浅裂，有缺刻状粗重锯齿；叶柄长2-4厘米，顶生小叶柄长1-2厘米，与叶轴均被

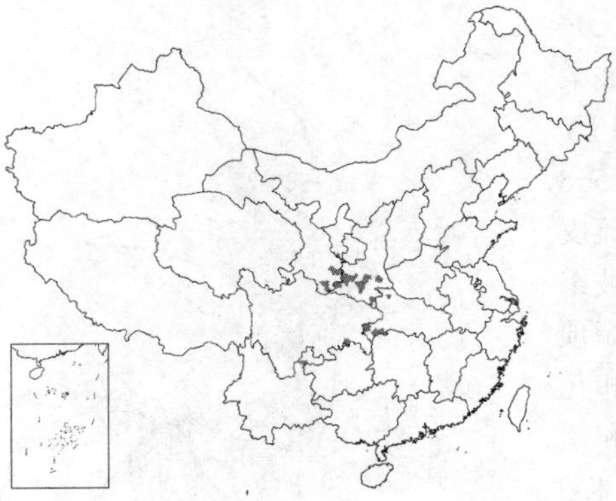

柔毛和稀疏小刺，托叶线形，被柔毛。花5-15组成伞房花序，被带黄色柔毛。花梗长0.7-1.5厘米；苞片与托叶相似；花径1-1.5厘米；花萼被柔毛，萼片披针形或卵状披针形；花瓣浅红色，近圆形；雄蕊多数；雌蕊20-40，花柱基部和子房密被白色绒毛。果近球形，径5-8毫米，密被白色绒毛；核微皱或较平滑。花期5-6月，果期7-8月。

产甘肃东南部、陕西南部、湖北西北部及西南部、四川东南部及云南东北部，生于海拔1100-2000米山坡或山谷林下。

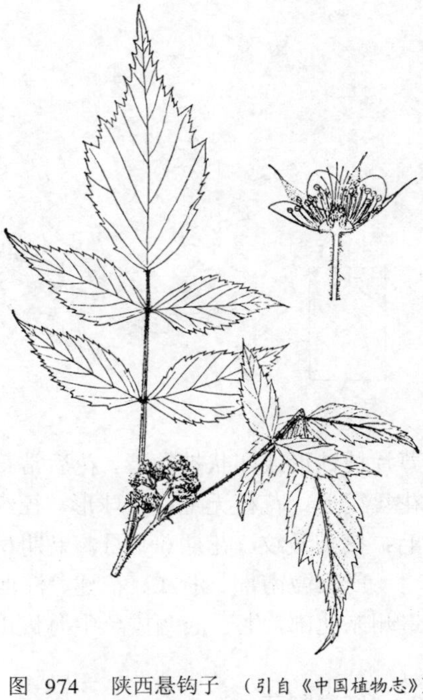

图 974 陕西悬钩子 （引自《中国植物志》）

9. 三对叶悬钩子 图 975

Rubus trijugus Focke in Notes Roy. Bot. Gard. Edinb. 5: 74. p1. 66. 1911.

灌木，高达2米。老枝无毛，疏生皮刺，幼枝被柔毛。小叶(5)7-9，卵形或卵状椭圆形，长2-5厘米，上面伏生柔毛，下面被灰白色绒毛，常具缺刻状重锯齿；叶柄长5-11厘米，与叶轴均被柔毛和针状小皮刺，托叶线形，有柔毛。花3-4簇生或成伞房花序，常生于侧生小枝顶端，稀单生。花梗有柔毛和稀疏小刺；苞片和托叶相似；花径1.5-2厘米；花萼被柔毛，萼片三角披针形或卵状披针形，先端尾尖，边缘具绒毛，花果期均直立开展，稀反折；花瓣椭圆形或长圆形，白色；雄蕊多数；花柱基部和子房密被白色绒毛。果近球形，成熟时红色，径约1厘米，密被白色绒毛。花期5-6月，果期7-8月。

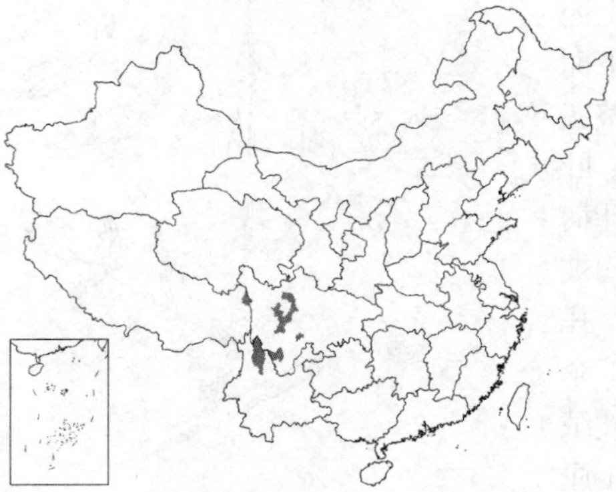

产云南西北部、四川及西藏东部，生于海拔2500-3500米山坡、山地林内、林缘或溪旁。

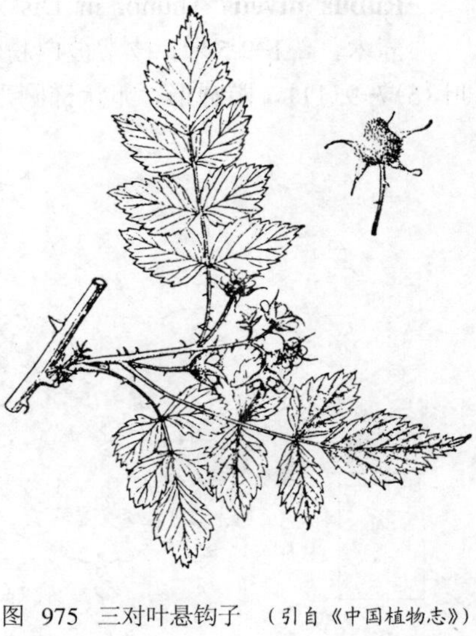

图 975 三对叶悬钩子 （引自《中国植物志》）

10. 滇北悬钩子 图 976

Rubus bonatianus Focke in Bibl. Bot. 83: 43. f. 12. 1914.

灌木或匍匐灌木。老枝无毛，疏生皮刺；一年生花枝短，被柔毛。小叶(5)7-9，菱形、卵状披针形或长圆形，长2-5厘米，上面伏生柔毛，下面密被灰白色绒毛，具缺刻状尖锐重锯齿；叶柄长3-8厘米，被柔毛和小皮刺，有时疏生腺毛，托叶线形，有柔毛。花常单生。花梗长1-2厘米，被

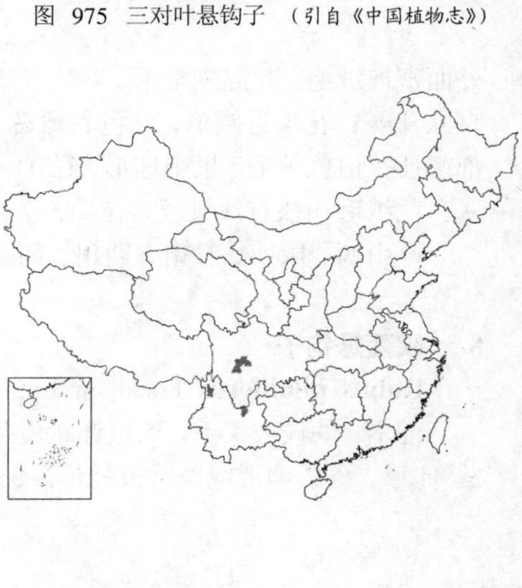

柔毛或疏生腺毛；花径2-3厘米；花萼密被柔毛，萼片卵状披针形或三角状披针形，长达1.7厘米，长尾尖，内萼片边缘有灰白色绒毛；花瓣匙形，白色，长达1.5厘米，两面被柔毛，基部有宽爪；花丝线形，基部稍宽；花柱下部和子房均密被白色长绒毛。

产云南北部及西北部、四川中西部，生于海拔3000-3500米山谷草地、溪旁或山坡潮湿地。

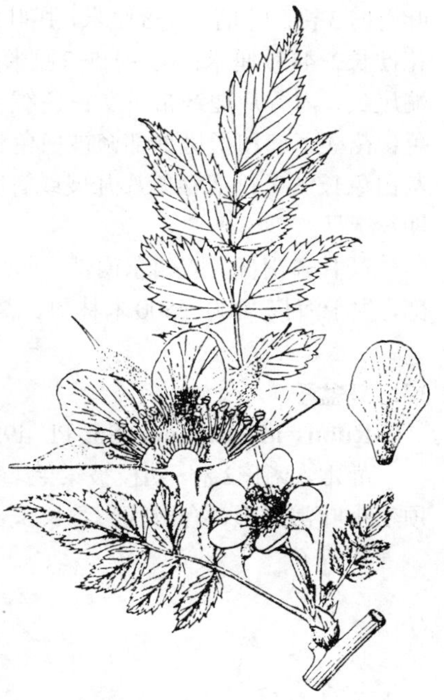

图 976 滇北悬钩子 （引自《中国植物志》）

11. 库页悬钩子 图 977

Rubus sachalinensis Lévl. in Fedde, Repert. Sp. Nov. 6: 332. 1909.

矮小灌木，高0.6-2米。小枝具柔毛，老时脱落，被较密黄，棕或紫红色直立针刺，并混生腺毛。小叶常3枚，不孕枝有时具5小叶，卵形、卵状披针形或长圆状卵形，长3-7厘米，上面无毛或稍有毛，下面密被灰白色绒毛，有不规则粗锯齿或缺刻状锯齿；叶柄长2-5厘米，被柔毛、针刺或腺毛，托叶线形，被柔毛或疏腺毛。花5至10余朵成伞房花序，稀单花腋生；花序轴和花梗被柔毛，密被针刺和腺毛。花梗长1-2厘米；苞片线形，被柔毛和腺毛；花径约1厘米；花萼密被柔毛，具针刺和腺毛，萼片三角披针形，边缘常具灰白色绒毛，时常直立开展；花瓣舌状或匙形，白色；花丝与花柱近等长；花柱基部和子房被绒毛。果卵圆形，径约1厘米，成熟时红色，被绒毛；核有皱纹。花期6-7月，果期8-9月。

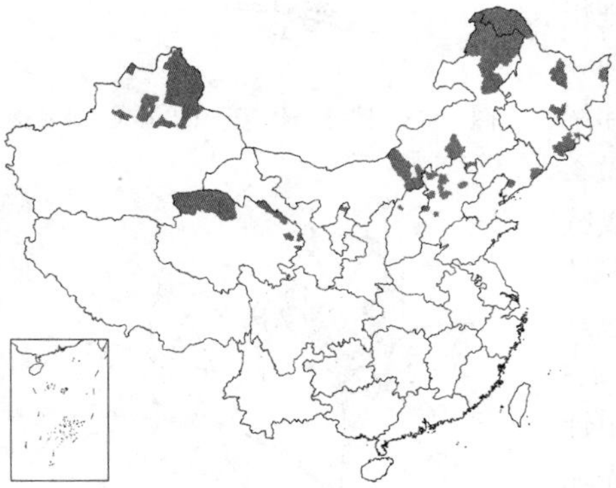

产黑龙江、吉林、辽宁、内蒙古、河北、山西北部、宁夏、新疆北部、青海东部及北部，生于海拔1000-2500米山坡林下、林缘、林间草地或干沟石缝、谷底石堆中。日本、朝鲜半岛北部、俄罗斯及欧洲有分布。

［附］**紫色悬钩子 Rubus irritans** Focke in Bibl. Bot. 72(2): 192. 1911. 本种与库页悬钩子的区别：矮小亚灌木或近草本；小叶卵形或椭圆形；花单生或2-3簇生枝顶；花径1.5-2厘米。产甘肃、青海、四川及西藏，生于海拔2000-4500米山坡林缘或灌丛中。印度西北部、克什米尔地区、巴基斯坦、阿富汗及伊朗有分布。

图 977 库页悬钩子 （李志民绘）

12. 桉叶悬钩子 图 978

Rubus eucalyptus Focke in Bibl. Bot. 72(2): 169. 1911.

灌木，高1.5-4米。小枝无毛，疏生粗壮钩状皮刺；一年生花枝，叶柄、叶轴、花梗、花萼均被柔毛、腺毛和钩状皮刺。小叶3-5，顶生小叶卵形、菱状卵形或菱状披针形，侧生小叶菱状卵形或椭圆形，长2-6(8)厘米，上面无毛，下面密被灰白色绒毛，有不整齐粗锯齿或缺刻状重锯齿，顶生小

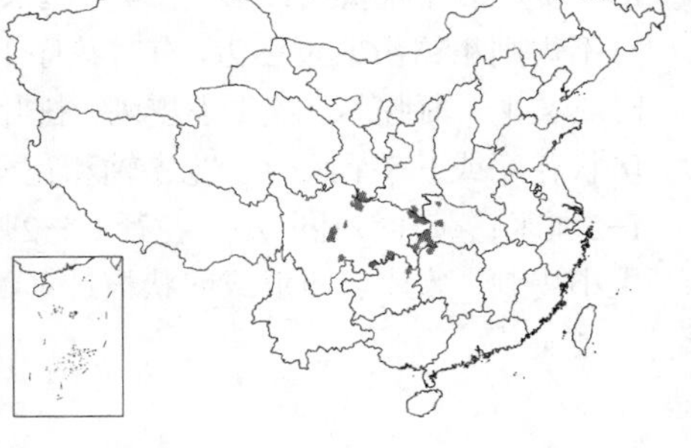

叶有时3裂；叶柄长5-8厘米，托叶线形，被柔毛。花1-2；顶生，稀腋生。花梗长2-4(5)厘米；花径1.5-2厘米；萼片卵状披针形或三角状披针形，先端尾尖，内萼片边缘常具灰白色绒毛，直立，稀果期反折；花瓣匙形，白色；花柱下部和子房顶部密被白色长绒毛。果近球形，径1.2-2厘米，密被灰白色长绒毛；宿存萼片开展或有时反折；核具浅皱纹。花期4-6月，果期6-7月。

产甘肃南部、陕西东南部、四川、湖北西部、湖南西北部及贵州东北部，生于海拔1000-2500米林内、灌丛中或荒草地。叶药用，能消炎生肌。

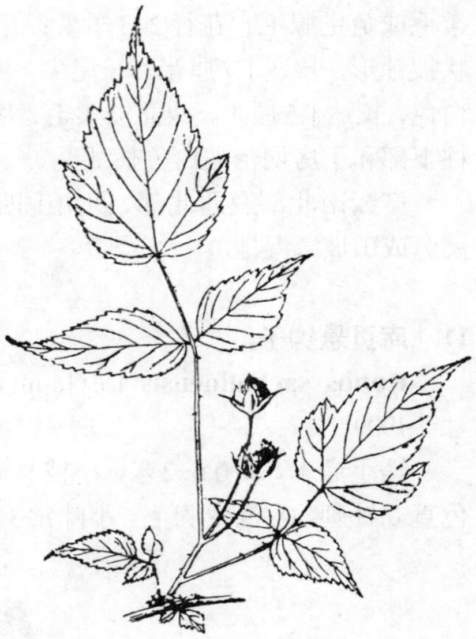

图 978 桉叶悬钩子 （引自《湖北植物志》）

13. 复盆子 图 979

Rubus idaeus Linn. Sp. Pl. 492. 1753.

灌木，高1-2米。幼枝被柔毛，疏生皮刺。小叶3-7，长卵形或椭圆形，顶生小叶常卵形，有时浅裂，长3-8厘米，上面无毛或疏生柔毛，下面密被灰白色绒毛，有不规则粗锯齿或重锯齿；叶柄长3-6厘米，被绒毛状短柔毛和稀疏小刺，托叶线形，被短柔毛。短总状花序顶生或腋生，密被绒毛状短柔毛和针刺。花梗长1-2厘米；苞片线形，被短柔毛；花径1-1.5厘米；花萼密被柔毛和针刺，萼片卵状披针形，先端边缘具灰白色绒毛，花果期均直立；花瓣匙形，被短柔毛或无毛，白色；花丝长于花柱；花柱基部和子房密被灰白色绒毛。果近球形，多汁液，径1-1.4厘米，成熟时红或橙黄色，密被短绒毛；核具洼孔。花期5-6月，果期8-9月。

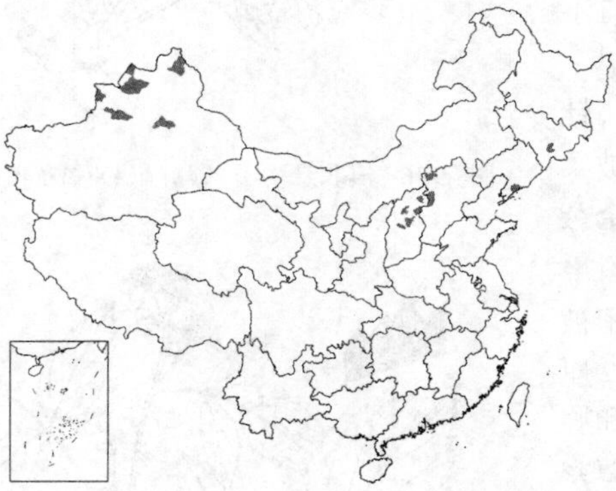

产吉林南部、辽宁南部、河北西北部、山西北部及新疆北部，生于海拔500-2000米山地林缘、灌丛中或荒野。日本、俄罗斯(西伯利亚、中亚)、北美、欧洲有分布。果供食用，在欧洲久经栽培，有多数栽培品种作水果用，又可入药，有明止、补肾作用。

图 979 复盆子 （引自《图鉴》）

14. 藏南悬钩子 图 980

Rubus austro-tibetanus Yu et Lu in Acta Phytotax. Sin. 18(4): 496. 1980.

灌木，高1-2米。幼枝被柔毛，渐脱落，疏生皮刺。小叶常3枚，宽卵形，顶生小叶卵状披针形，长4-8厘米，上面无毛，下面密被灰白色绒毛，有不规则粗锯齿或重锯齿，有时花序下方有3裂单叶；叶柄长5-8厘米，幼时具柔毛，渐脱落，疏生小皮刺，托叶线形，被柔毛。花5-10组成顶生伞房状花序或1-3朵腋生；花序轴和花梗被柔毛，有时疏生小皮刺。花梗长1-2厘米；苞片较托叶小；花径1.5-2厘米；萼筒紫红色，被柔毛，有时疏生小皮刺，萼片宽卵形或卵状披针形，被灰白色绒毛，花后直立开展；花

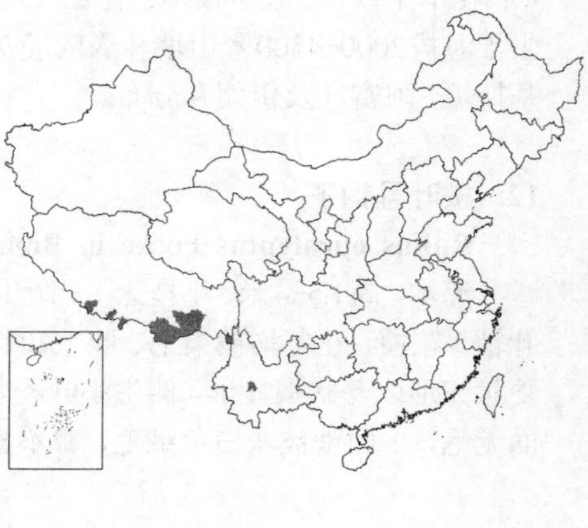

瓣宽倒卵形或椭圆形，成熟时紫红色，两面被柔毛；花丝比花柱长；子房和花柱基部密被灰白色绒毛。果长卵圆形，长1-1.5厘米，成熟时红色，被灰白色绒毛；核有网纹。花期6-7月，果期8-9月。

产云南及西藏南部，生于海拔2600-3800米山坡路边或山谷常绿阔叶林内。

［附］**桔红悬钩子 Rubus aurantiacus** Foeke in Bibl. Bot. 72(2): 211. 1911. 本种与藏南悬钩子的区别：小叶卵形或椭圆形；花白或浅红色；果半球形，长不及1厘米，产云南，四川东北部及西藏(错那)。

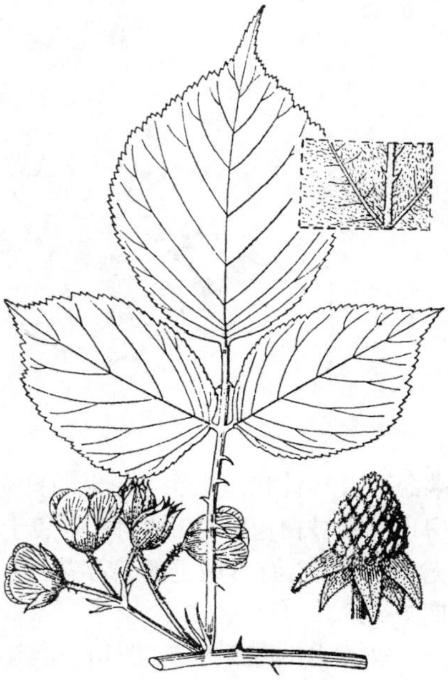

图 980 藏南悬钩子 （王金凤绘）

15. 刺萼悬钩子 图 981

Rubus alexeterius Focke in Notes Roy. Bot. Gard. Edinb. 5: 75. p1. 67. 1911.

灌木，高1-2米。花枝、叶上面、叶柄、托叶、花梗、花萼均密被长柔毛和皮刺。老枝无毛，常被白色粉霜，有钩状皮刺。小叶3(5)，顶生小叶菱形，稀卵形，侧生小叶长卵形或椭圆形，长3-4(5)厘米，上面伏生长柔毛，下面密被灰白色绒毛，具不整齐锐锯齿或中部以上有缺刻状锯齿，顶生小叶有时3浅裂；叶柄长2.5-3.5厘米，密被长柔毛，疏生钩状皮刺，托叶线形。花常3-4朵簇生于侧生小枝顶端，腋生者常单花。花梗长1-2（-3）厘米，被长柔毛和细皮刺；花径1.5-2厘米；花萼长达2厘米，密被针刺和长柔毛，萼片卵状披针形或披针形，先端尾状扩大而分裂，有时疏生腺毛，花果期均直立；花瓣近圆形，白色，子房无毛或顶端具绒毛，花柱近基部密被白色绒毛。果球形，包于萼内，径达1.5(2)厘米，成熟时黄色，无毛，顶端常有具绒毛的花柱残存；核近肾形，有浅皱纹。花期4-5月，果期6-7月。

产云南、四川西南部、西藏东南部及南部，生于海拔2000-3700米山谷溪旁、针叶林下开旷处或荒坡。不丹至尼泊尔有分布。

［附］**腺毛刺萼悬钩子 Rubus alexeterius** var. **acaenocalyx** (Hara) Yu et Lu, Fl. Xizang 2: 613.1984. —— *Rubus acaenocalyx* Hara in Journ. Jap. Bot. 47(4): 109. f. 1. 1972. 与模式变种的区别：叶柄、花梗和花萼上均有腺毛。产云南西北部、四川西南部及西藏东部，生于海拔2000-3200米山坡林内或林缘。不丹及尼泊尔中部有分布。

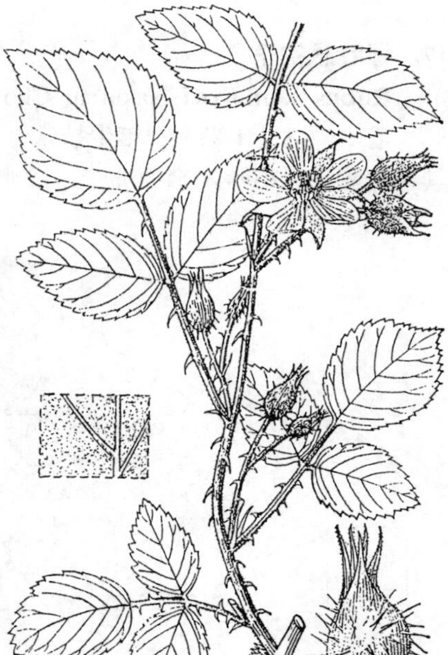

图 981 刺萼悬钩子 （王金凤绘）

16. 粉枝莓 图 982

Rubus biflorus Buch.-Ham. ex Smith in Rees, Cyclop. 30: Rubus no. 9. 1819.

攀援灌木，高1-3米。枝无毛，具白粉霜，疏生粗壮钩状皮刺。小叶3(5)，长2.5-5厘米，顶生小叶宽卵形或近圆形，侧生小叶卵形或椭圆形，上面伏生柔毛，下面密被灰白或灰黄

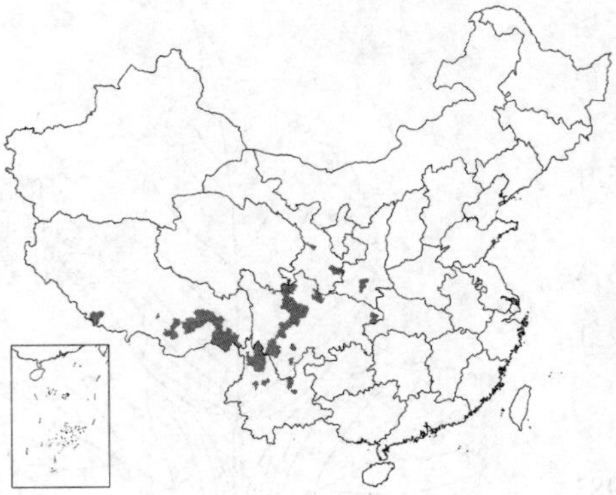

色绒毛，沿中脉疏生小皮刺，具不整齐粗锯齿或重锯齿；叶柄长2-4(5)厘米，常无毛，疏生小皮刺，托叶窄披针形，常被柔毛和少数腺毛。顶生伞房花序具4-8花，腋生者花2-3朵簇生。花梗长2-3厘米，无毛，疏生小皮刺；苞片线形或窄披针形；花径1.5-2厘米；花萼无毛、无针刺，萼片宽卵形或圆卵形，先端急尖并具针状短尖头，花果期直立；花瓣近圆形，白色；花柱基部及子房顶部密被白色绒毛。果球形，包于萼内，径1-1.5(2)厘米，成熟时黄色，无毛，顶端常有具绒毛的残存花柱；核肾形，具细密皱纹。花期5-6月，果期7-8月。

产甘肃、陕西南部、四川、云南、西藏东南部及南部，生于海拔1500-3500米山谷河边或山地林内。缅甸、不丹、锡金、尼泊尔、印度东北部及克什米尔地区有分布。

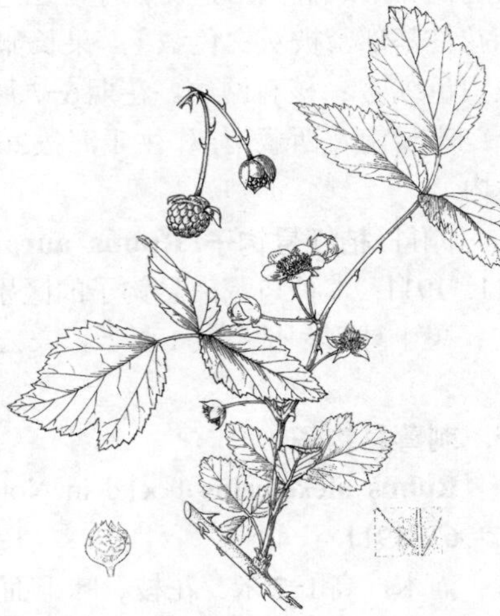

图 982 粉枝莓 （冯晋庸绘）

17. 绿叶悬钩子 图 983

Rubus komarovi Nakai in Chosenshokubutsu 1: 304. 1914.

灌木，高达1米。一年生枝常无白粉或稍具白粉，有绿色针刺，有时具稀疏腺毛。小叶3(5)，卵形，稀卵状披针形，长3-6厘米，上面无毛或近无毛，下面沿叶脉具柔毛并有稀疏针刺，有不整齐粗锐锯齿；叶柄长2-4厘米，和叶轴均被细柔毛和针刺，托叶线形，被柔毛。花数朵成伞房花序或生于枝下部成花束；花序轴和花梗被柔毛和针刺，并疏生腺毛。花梗长1-2厘米；苞片线状披针形，被柔毛；花径约1厘米；花萼被柔毛、针刺和疏腺毛，萼片长三角形或三角状披针形，花后常直立；花瓣长圆形或匙形，白色；花柱基部和子房被灰白色绒毛。果卵圆形，径约1厘米，成熟时红色，被绒毛；核具细皱纹。花期5-6月，果期7-8月。

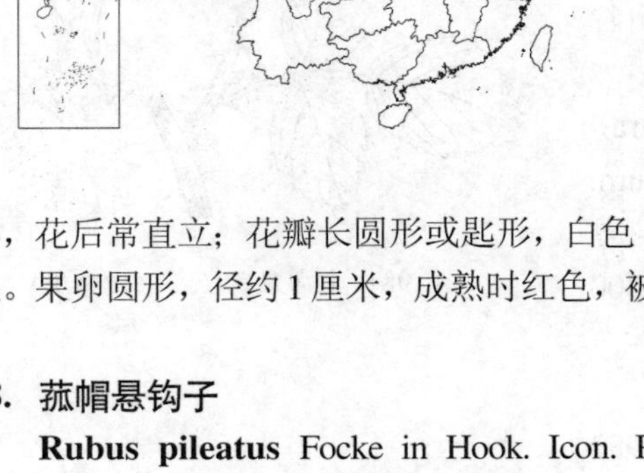

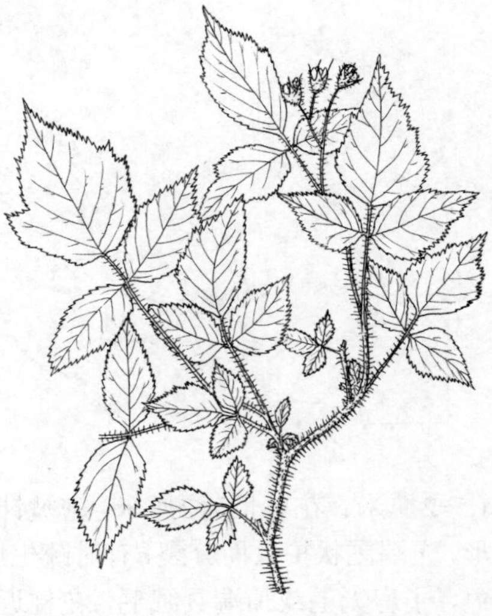

图 983 绿叶悬钩子 （孙英宝绘）

产黑龙江北部大兴安岭及吉林东南部长白山区，生于海拔500-1500米山坡林缘、石坡和林间采伐迹地。朝鲜半岛北部、俄罗斯远东地区和西伯利亚有分布。果味甜微酸，可食用。

18. 菰帽悬钩子 图 984

Rubus pileatus Focke in Hook. Icon. Pl. ser. 3, 10: 3. sub pl. 1952. 1891.

攀援灌木，高1-3米。小枝紫红色，无毛，被白粉，疏生皮刺。小叶5-7，卵形、长圆状卵形或椭圆形，长2.5-6(8)厘米，两面沿叶脉有柔毛，顶生小叶稍有浅裂片，具粗重锯齿；叶柄长3-10厘米，与叶轴均被疏柔毛和稀疏小皮刺，托叶线形或线状披针形。伞房花序顶生，具3-5花，稀单

花腋生。花梗长2-3.5厘米，无毛，疏生细小皮刺或无刺；苞片线形，无毛；花径1-2厘米；花萼无毛，紫红色，萼片卵状披针形，先端长尾尖，边缘具绒毛，果期反折；花瓣倒卵形，白色，基部疏生柔毛；雄蕊长5-7毫米；花柱下部和子房密被灰白色长绒毛。果卵圆形，径0.8-1.2厘米，成熟时红色，具宿存花柱，密被灰白色绒毛；核具皱纹。花期6-7月，果期8-9月。

产山西南部、河南西部、陕西南部、宁夏南部、甘肃南部、青海东部、四川、湖北西部及湖南北部，生于海拔1400-2800米沟谷、林下。

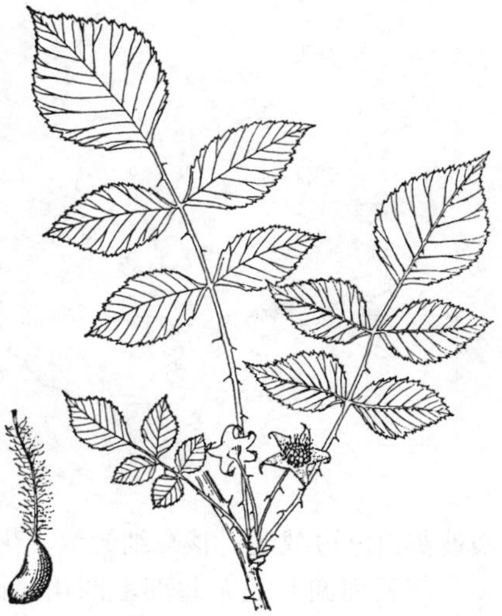

图 984 菰帽悬钩子 （引自《图鉴》）

19. 红花悬钩子 图 985

Rubus inopertus (Diels) Focke in Bibl. Bot. 72(2): 182. 1911.

Rubus niveus Thunb. subsp. *inopertus* Diels in Engl. Bot. Jahrb. 29: 400. 1901.

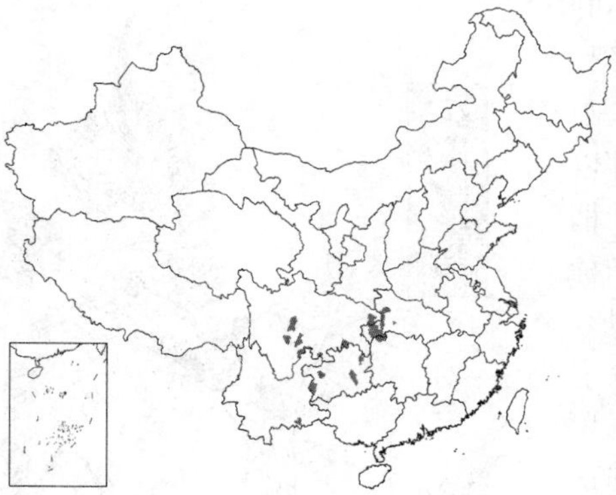

攀援灌木，高1-2米。小枝紫褐色，无毛，疏生钩状皮刺。小叶(5)7-11枚，卵状披针形形或卵形，长(2-)3-7厘米，上面疏生柔毛，下面沿叶脉具柔毛，具粗锐重锯齿；叶柄长3.5-6厘米，紫褐色，与叶轴均具稀疏小钩刺，无毛或微具柔毛，托叶线状披针形。花数朵簇生或成顶生伞房花序；花序轴和花梗均无毛。花梗长1-1.5厘米，无毛；苞片线状披针形；花径达1.2厘米；花萼无毛，萼片卵形或三角状卵形，边缘具绒毛，先端尖或渐尖，果期常反折；花瓣倒卵形，粉红或紫红色，花丝线形或基部增宽；花柱基部和子房有柔毛。果球形，径6-8毫米，成熟时紫黑色，被柔毛；核有细皱纹。花

图 985 红花悬钩子 （引自《湖北植物志》）

800-2800米山地密林中、沟旁或山麓岩缝中。越南有分布。

20. 紫红悬钩子 图 986

Rubus subinopertus Yu et Lu in Acta Phytotax. Sin. 18(4): 497. 1980.

灌木，高1-2米。小枝密被细柔毛，老时渐脱落，疏生钩状皮刺。小叶(5)7-9(11)，卵形或卵状披针形，长4-7厘米，上面幼时具柔毛，老时脱落，下面沿叶脉具柔毛，具粗锐重锯齿或缺刻状重锯齿，顶生小叶常羽状浅裂；叶柄长3-6厘米，与叶轴均被细柔毛，疏生钩状小皮刺，托叶线形或线状披针形，被细柔毛。花10余朵成顶生短总状花序或伞房花序，腋生花序具3-5花，稀单花；花序轴和花梗

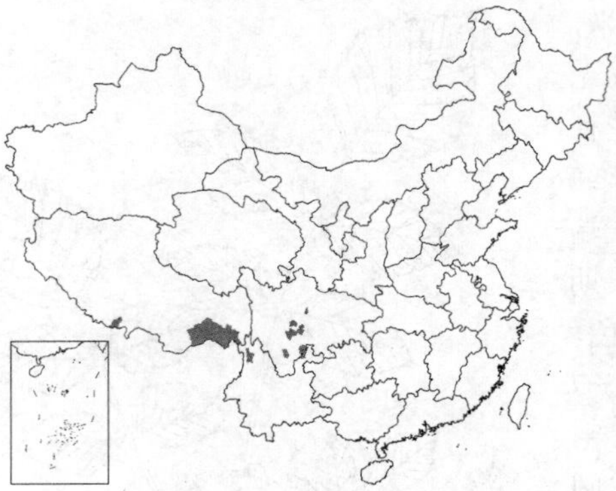

均被柔毛。花梗长0.7-1.5厘米；苞片与托叶相似；花径1-1.5厘米；花萼褐紫色，被柔毛，萼片卵形或三角状披针形，边缘具绒毛，果期常反折；花瓣倒卵形或近圆形，粉红或紫红色，基部有细柔毛；花丝长于花柱；子房和花柱基部密被灰白色绒毛。果半球形，径0.8-1.2厘米，成熟时黄红至紫红色，密被灰白色短绒毛；核有细皱纹。花期6-7月，果期8-9月。

产云南西北及东北部、四川、西藏东南部及南部，生于海拔1300-2500米灌丛中、林下或林缘。

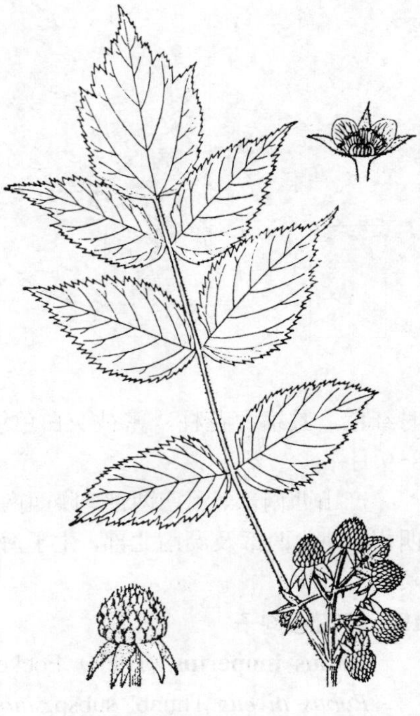

图 986 紫红悬钩子 （王金凤绘）

21. 西藏悬钩子 图 987

Rubus thibetanus Franch. in Nouv. Arch. Mus. Hist. Nat. Paris ser 2, 8: 221. 1885.

灌木，高2-3米。枝被白粉，具疏皮刺，幼时密被柔毛。小叶(5)7-11(13)，上面具柔毛，下面密被灰白色绒毛，具深裂或粗锐锯齿；顶生小叶卵状披针形，长2.5-6.5厘米，比侧生小叶长1倍以上，常羽状分裂，侧生小叶斜卵形或卵状圆形，长1-3厘米，近中部以上具数个粗锐锯齿；叶柄长1-2厘米，密被柔毛和稀疏皮刺，托叶线状披针形，被柔毛。伞房花序常生于侧枝顶端，具3-8花，稀单花腋生。花梗和花序轴密被柔毛；花梗长1-1.5厘米；苞片线形，被柔毛；花径1-1.2厘米；花萼密被柔毛，萼片三角披针形，花期开展，果期常反折；花瓣圆卵形，浅红或紫红色；雄蕊紫红色；花柱无毛。果近球形，径0.8-1厘米，成熟时紫黑或暗红色，密被灰色柔毛；核有细密皱纹。花期6月，果期8月。

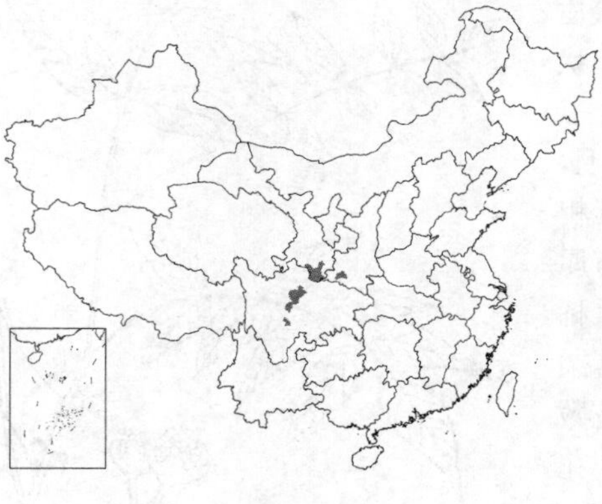

产陕西西南部、甘肃南部及四川，生于海拔900-2100米灌丛中、林缘或沟旁。

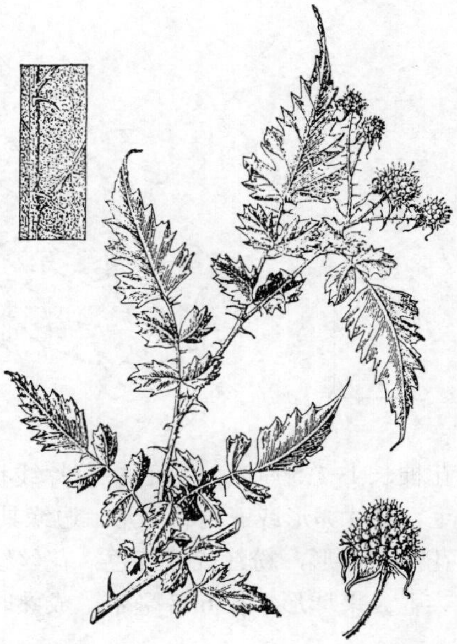

图 987 西藏悬钩子 （引自《秦岭植物志》）

22. 多腺悬钩子 图 988

Rubus phoenicolasius Maxim. in Bull. Acad. Sci. St. Pétersb. 17: 160. 1872.

灌木，高1-3米。枝密被红褐色刺毛、腺毛和稀疏皮刺。小叶3(5)，卵形、宽卵形或菱形，稀椭圆形，长4-8(10)厘米，上面或沿叶脉被伏柔毛，下面密被灰白色绒毛，沿叶脉有刺毛、腺毛

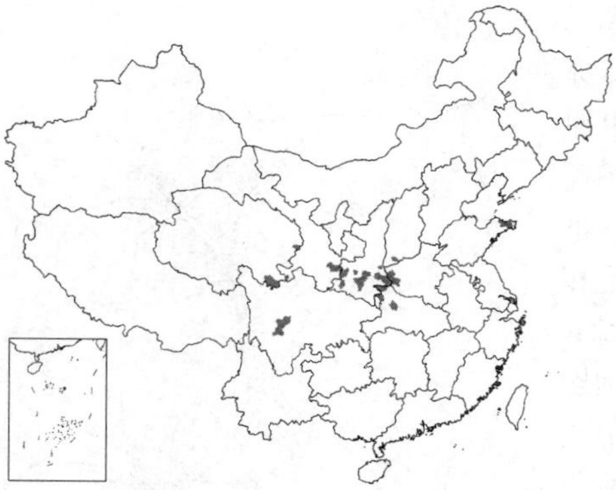

和稀疏小针刺，具不整齐粗锯齿，常有缺刻，顶生小叶常浅裂；叶柄长3-6厘米，被柔毛、红褐色刺毛、腺毛和稀疏皮刺，托叶线形，被柔毛和腺毛。短总状花序顶生或腋生；花序轴、花梗和花萼密被柔毛、刺毛和腺毛。花梗长0.5-1.5厘米；苞片披针形，被柔毛和腺毛；花径0.6-1厘米；萼片披针形，花果期均直立开展；花瓣倒卵状匙形或近圆形，紫红色，基部有柔毛；雄蕊稍短于花柱。果半球形，径约1厘米，成熟时红色，无毛；核有皱纹与洼穴。花期5-6月，果期7-8月。

产山东东部、河南西部、山西南部、陕西南部、甘肃东南部、青海东部、四川及湖北西北部，生于低海拔至中海拔林下、路旁或山沟谷底。日本、朝鲜、欧洲及北美有分布。果微酸可食；根、叶入药，可解毒及作强壮剂。

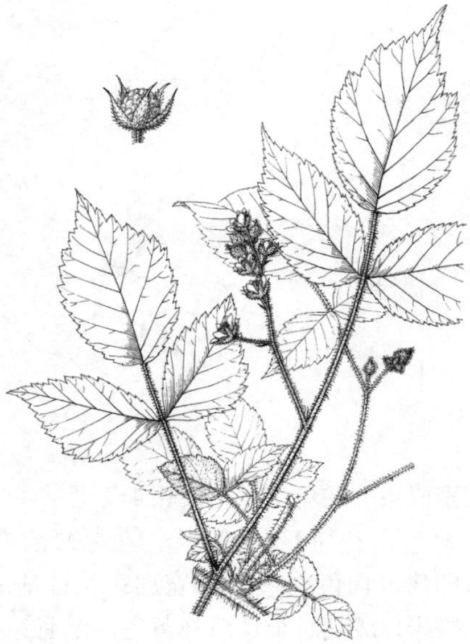

图 988 多腺悬钩子 （冯晋庸绘）

23. 椭圆悬钩子 图 989

Rubus ellipticus Smith in Rees, Cyclop. 30: Rubus no. 16. 1819.

灌木，高1-3米。小枝被较密紫褐色刺毛或腺毛，并具柔毛和稀疏钩状皮刺。小叶3，椭圆形，长4-8(-12)厘米，顶生小叶比侧生小叶大，先端尖或突尖，上面沿中脉有柔毛，下面密生绒毛；沿叶脉有紫红色刺毛，具不整齐细锐锯齿；叶柄长2-6厘米，被紫红色刺毛、柔毛和小皮刺，托叶线形，被柔毛和腺毛。花数朵至10余朵，成顶生短总状花序，或腋生成束，稀单生。花梗长4-6毫米，被柔毛，有时兼有刺毛；苞片线形，被柔毛；花径1-1.5厘米；花萼被带黄色绒毛和柔毛或疏生刺毛，萼片卵形，先端尖具短尖头，花果期均直立；花瓣匙形，边缘啮蚀状，被较密柔毛，白或浅红色；花丝短于花柱；花柱无毛，子房被柔毛。果近球形，径约1厘米，成熟时金黄色，无毛或小核果顶端具柔毛；核三角卵圆形，密被皱纹。花期3-4月，果期4-5月。

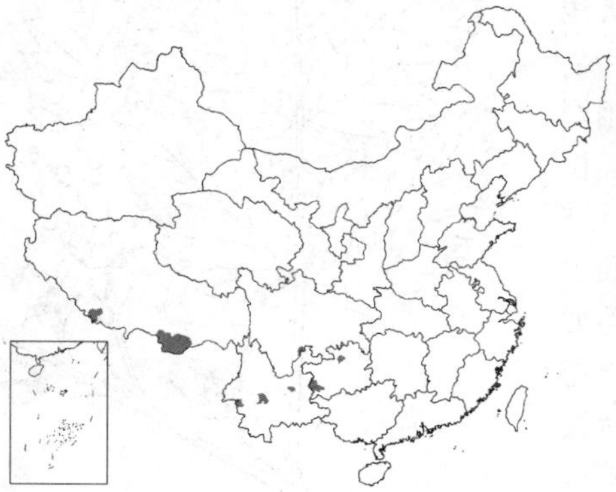

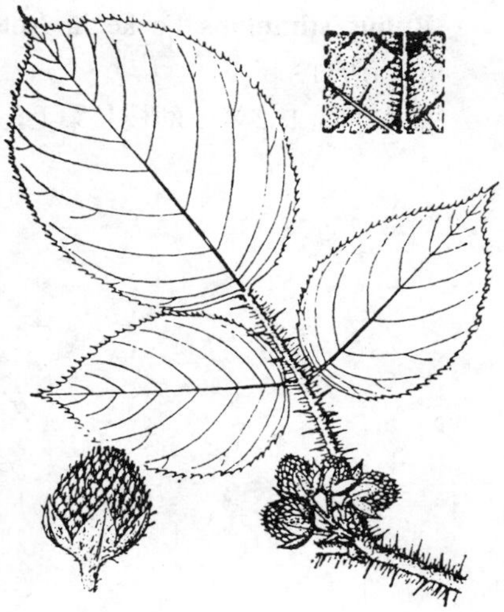

图 989 椭圆悬钩子 （王金凤绘）

产云南、贵州北部及西南部、四川南部及西藏南部，生于海拔1000-2600米干旱山坡、山谷或疏林内。巴基斯坦、锡金、尼泊尔、不丹、印度东北部及东南亚有分布。

24. 红毛悬钩子 图 990

Rubus wallichianus Wight et Arnott in Wight, Catal. 61. 1833. *Rubus pinfaensis* Lé vl. et Vant.; 中国高等植物图鉴 2: 283. 1972; 中国植物志 37: 83. 1985.

攀援灌木，高1-2米。小枝有棱，

密被红褐色刺毛、柔毛和稀疏皮刺。小叶3，椭圆形、卵形，稀倒卵形，长(3)4-9厘米，先端尾尖或急尖，稀钝圆，上面紫红色，无毛，下面沿叶脉疏生柔毛、刺毛和皮刺，有不整齐细锐锯齿；叶柄长2-4.5厘米，与叶轴均被红褐色刺毛、柔毛和稀疏皮刺，托叶线形，被柔毛和稀疏刺毛。花数朵在叶腋团聚成束，稀单生。花梗长4-7毫米，密被柔毛；苞片线形或线状披针形，被柔毛；花径1-1.3厘米；花萼密被柔毛，萼片卵形，果期直立；花瓣长倒卵形，白色；花丝稍宽扁；花柱基部和子房顶端具柔毛。果球形，径5-8毫米，成熟时金黄或红黄色，无毛；核有深皱纹。花期3-4月，果期5-6月。

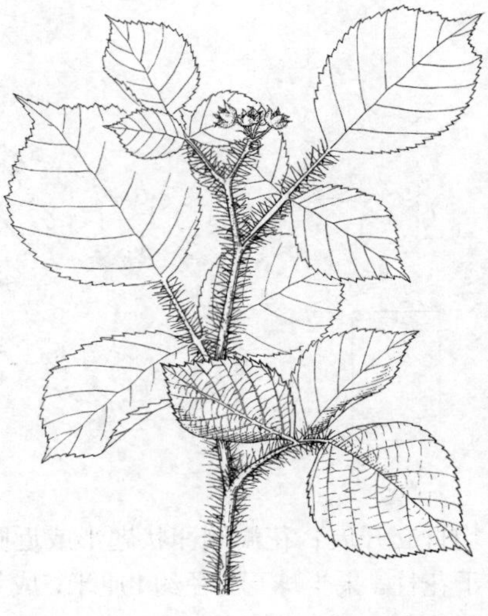

图 990 红毛悬钩子 （郭木森绘）

产湖北西部、湖南、贵州、四川、云南、广西西北部及台湾，生于海拔500-2200米林内、林缘、山坡灌丛中、山谷或沟边。喜马拉雅山区、越南有分布。根和叶供药用，有祛风除湿、散瘀伤之效。

25. 华西悬钩子 图 991

Rubus stimulans Focke in Notes Roy. Bot. Gard. Edinb. 5: 74. p1. 65. 1911.

灌木，高1-2米。幼枝具柔毛，后无毛，具针刺和疏腺毛，小叶5-7，卵形或卵状披针形，长4-8厘米，上面疏生柔毛，下面密被灰白色绒毛，羽状浅裂，具缺刻状尖锐重锯齿；叶柄长4-8厘米，与叶轴均被柔毛、针刺或疏腺毛，托叶披针形或线状披针形，被柔毛或疏腺毛。花2-3顶生或单花腋生。花梗和花萼被柔毛、针刺或疏生腺毛；花径1.2-2厘米；萼片卵状披针形，花果期均直立；花瓣倒卵形或近圆形，浅红或白色带红色。果近球形，径1-1.5厘米，成熟时红色，无毛。核具浅皱纹。花期6-7月，果期8-9月。

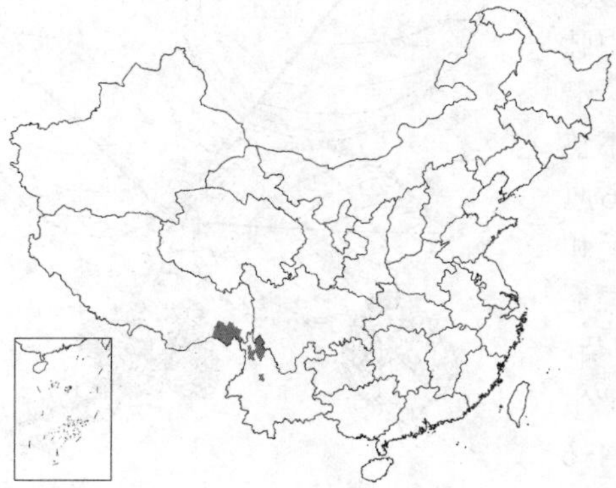

图 991 华西悬钩子 （引自《中国植物志》）

产云南西北部及西藏东南部，生于海拔2000-4100米山地针叶林或灌丛中。

26. 茅莓 图 992

Rubus parvifolius Linn. Sp. P1. 1197. 1753, excl. syn.

灌木，高1-2米。枝呈弓形弯曲，被柔毛和稀疏钩状皮刺。小叶3（5），菱状圆卵形或倒卵形，长2.5-6厘米，上面伏生疏柔毛，下面密被灰白色绒毛，有不整齐粗锯齿或缺刻状粗重锯齿，常具浅裂片；叶柄长2.5-5厘米，被柔毛和稀疏小皮刺，托叶线形，被柔毛。伞房花序顶生或腋生，具花数朵至多朵，被柔毛和细刺。花梗被柔毛和稀疏小皮刺；苞片线形，被柔

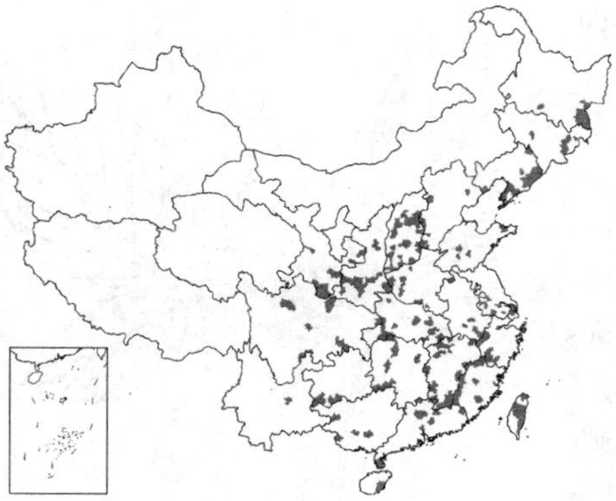

毛；花径约1厘米；花萼密被柔毛和疏密不等的针刺，萼片卵状披针形或披针形，有时条裂，花果期均直立开展；花瓣卵圆形或长圆形，粉红或紫红色，花丝白色；子房被柔毛。果卵圆形，径1-1.5厘米，成熟时红色，无毛或具稀疏柔毛；核有浅皱纹。花期5-6月，果期7-8月。

产黑龙江南部、吉林、辽宁、河北、河南、山西、山东、江苏、安徽、浙江、福建、台湾、江西、湖北、湖南、广东、海南、广西、云南、贵州、四川、陕西及甘肃，生于海拔400-2600米山坡林下、向阳山谷、路旁或荒野。日本及朝鲜有分布。果酸甜多汁，可供食用、酿酒及制醋等。全株入药，有止痛、活血、祛风湿及解毒之效。

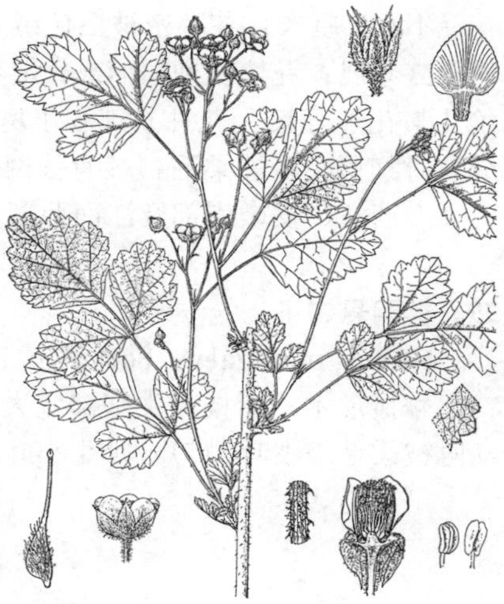

图 992 茅莓 （引自《中国药用植物志》）

27. 美饰悬钩子 图 993

Rubus subornatus Focke in Notes Roy. Bot. Gard. Edinb. 5: 77. pl. 69. 1911.

灌木，高1-3米。幼枝具柔毛，老时无毛，疏生细长皮刺。小叶常3枚，宽卵形或长卵形，长4-8厘米，上面有稀疏柔毛，下面密被灰白色绒毛，有粗锐锯齿或缺刻状重锯齿，有时羽状浅裂；叶柄长4-8厘米，具柔毛和稀疏皮刺，托叶线状披针形，被柔毛。花6-10成伞房花序，或1-3簇生叶腋；花序轴和花梗被柔毛和针状小皮刺。花梗有时疏被腺毛；苞片线形，被柔毛；花径2-3厘米；花萼被灰白色柔毛和绒毛，有时疏生针刺和腺毛，萼片三角状披针形，全缘，花后直立开展；花瓣倒卵形，成熟时紫红色，两面均被柔毛；雄蕊排成一列，花丝无毛。果卵圆形，径约1厘米，成熟时红色，无毛或稍有柔毛；核有皱纹。花期5-6月，果期8-9月。

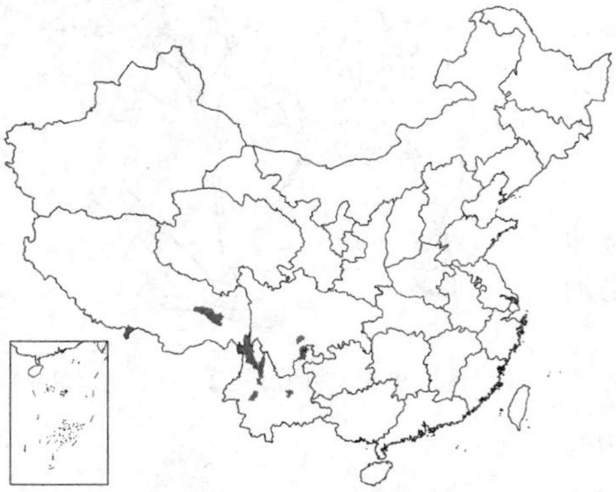

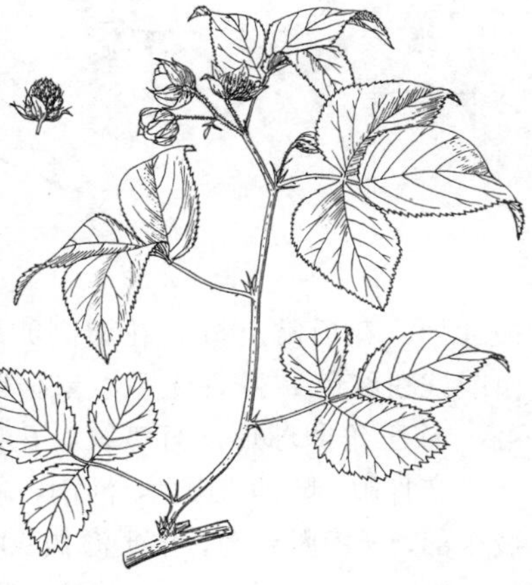

图 993 美饰悬钩子 （孙英宝绘）

产四川南部、云南、西藏东南部及南部，生于海拔2700-4000米岩石坡地灌丛或沟谷林内。缅甸北部有分布。

28. 牯岭悬钩子 图 994

Rubus kulinganus Bailey in Gent. Herb. 1: 30. 1920.

灌木；高1-2米。幼枝具毛，几无刺或具极稀疏皮刺。小叶常3枚，披针形或长圆状披针形，长4-8(-10)厘米，上面无毛，下面密被灰白色绒毛，具不整齐粗锐锯齿；叶柄长5-9厘米，被柔毛和极稀疏针刺，托叶线形，被柔毛。花数朵至10几朵成伞房花序或短总状花序，生于侧枝顶端，花序梗和花梗均被柔毛。花梗长0.5-1厘米，被柔毛；苞片披针形或线形，被柔毛；

花径不及1厘米；花萼密被白色绒毛，萼筒有柔毛，萼片卵形，花果期均直立开展；花瓣宽椭圆形或长倒卵形，紫红色，被绒毛，有长爪；花丝几与花瓣等长；花柱基部和子房被柔毛。果近球形，径不及1厘米，成熟时红色，疏被柔毛；核有浅网纹。花期5-6月，果期7月。

产浙江、安徽南部及江西北部，生于海拔达2000米山坡林下。

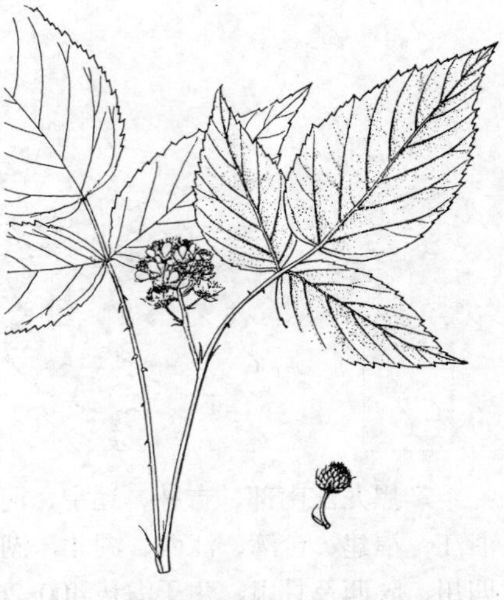

图 994 牯岭悬钩子 （引自《中国植物志》）

29. 喜阴悬钩子 图 995

Rubus mesogaeus Focke in Engl. Bot. Jahrb. 29: 399. 1900.

攀援灌木。老枝疏生基部宽大皮刺。小枝疏生钩状皮刺或近无刺，幼时被柔毛。小叶3(5)，顶生小叶宽菱状卵形或椭圆状卵形，常羽状分裂，侧生小叶斜椭圆形或斜卵形，长4-9（-11）厘米，上面疏生平贴柔毛，下面密被灰白色绒毛，有粗锯齿并浅裂；叶柄长3-7厘米，与叶轴均有柔毛和稀疏钩状小皮刺，托叶线形，被柔毛。伞房花序具花数朵至20几朵，花序轴和花梗被柔毛，有稀疏皮刺；苞片线形，被柔毛。花径约1厘米；花萼密被柔毛，萼片披针形，花后常反折；花瓣倒卵形、近圆形或椭圆形，基部稍有柔毛，白或浅粉红色；花柱无毛。果扁球形，径6-8毫米，成熟时紫黑色，无毛；核三角卵球形，有皱纹。花期4-5月，果期7-8月。

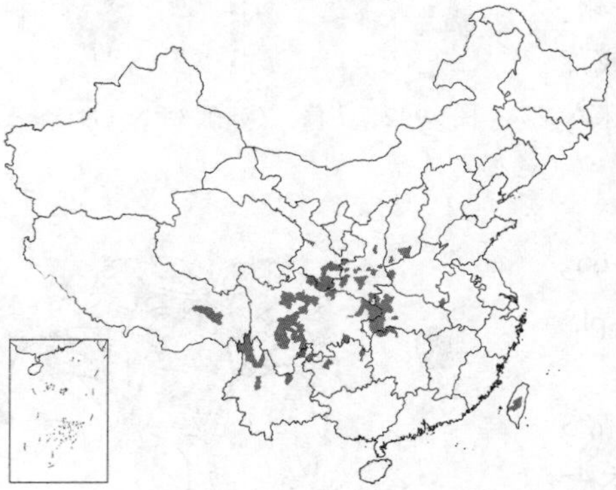

产甘肃、陕西、山西、河南、湖北西部、湖南西北部、贵州、四川、西藏东部、云南及台湾，生于海拔900-2700米山坡、山谷林下或沟边。尼泊尔、锡金、不丹至日本、萨哈林岛(库页岛)有分布。

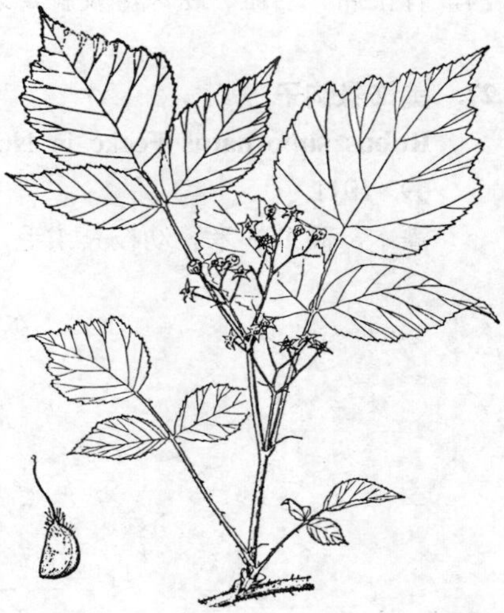

图 995 喜阴悬钩子 （引自《图鉴》）

30. 密刺悬钩子 图 996

Rubus subtibetanus Hand.-Mazz. in Anz. Akad. Wiss. Wien, Math.-Nat. 57: 268. 1920.

攀援灌木，高1-2米。老枝密被针刺和皮刺，并有柔毛；小枝被较密针刺。小叶3-5，顶生小叶宽卵形或卵状披针形，常羽状分裂，侧生小叶斜椭圆形或斜卵形，长2-5厘米，上面有柔毛，下面密被灰白或黄灰色绒毛，有不整齐或缺刻状粗锯齿；叶柄长2.5-4.5厘米，被柔毛和较密针刺，托叶线状披针形，被柔毛。伞房花序顶生或腋生；花序轴

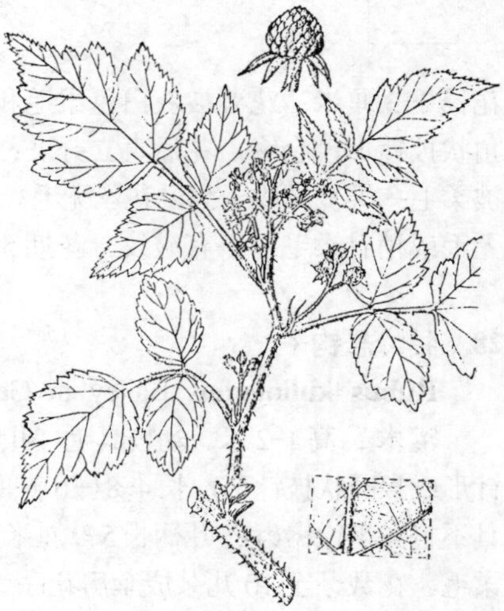

图 996 密刺悬钩子 （王金凤绘）

和花梗均被柔毛和较密针刺；苞片线形，被柔毛。花径6-8毫米；花萼密被柔毛，萼片长卵形或卵状披针形，花时直立开展，果时常反折；花瓣近圆形，白色带红或紫红色，基部微具柔毛；花丝无毛；花柱无毛，子房被柔毛。果近球形，径6-8毫米，成熟时蓝黑色，微具柔毛；核较平滑或有细皱纹。花期5-6月，果期6-7月。

产陕西北部、甘肃东南部及四川，生于海拔达2300米山坡或山谷灌丛中。

31. 秀丽莓　　图 997

Rubus amabilis Focke in Engl. Bot. Jahrb. 36(Beibl. 82): 53. 1905.

灌木，高1-3米。枝无毛，具稀疏皮刺；花枝短，被柔毛和小皮刺。小叶7-11，卵形或卵状披针形，长1-5.5厘米，上面无毛或疏生伏毛，下面沿叶脉具柔毛和小皮刺，具缺刻状重锯齿，有时浅裂或3裂；叶柄长1-3厘米，和叶轴均于幼时被柔毛，老时近无毛，疏生小皮刺，托叶线状披针形，被柔毛。花单生侧生小枝顶端，下垂。花梗长2.5-6厘米，被柔毛，疏生细小皮刺，有时具稀疏腺毛；花径3-4厘米；花萼绿带红色，密被柔毛，无刺或有时具稀疏针刺或腺毛，萼片宽卵形，花果时均开展；花瓣近圆形，白色；花丝基部稍宽，带白色；花柱无毛。果长圆形，稀椭圆形，长1.5-2.5厘米，径1-1.2厘米，成熟时红色，幼时疏生柔毛，老时无毛，可食；核肾形，稍有网纹。花期4-5月，果期7-8月。

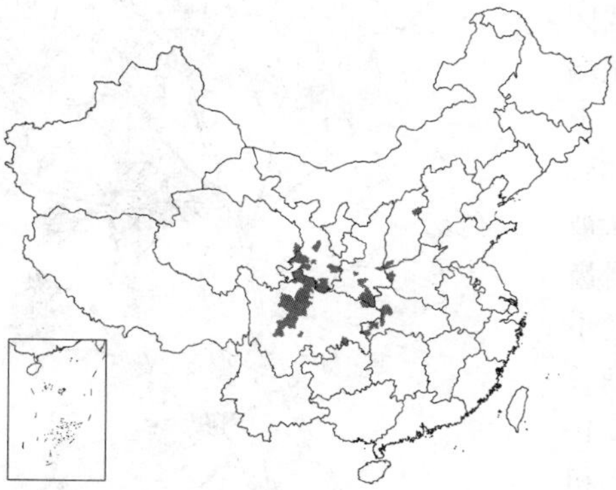

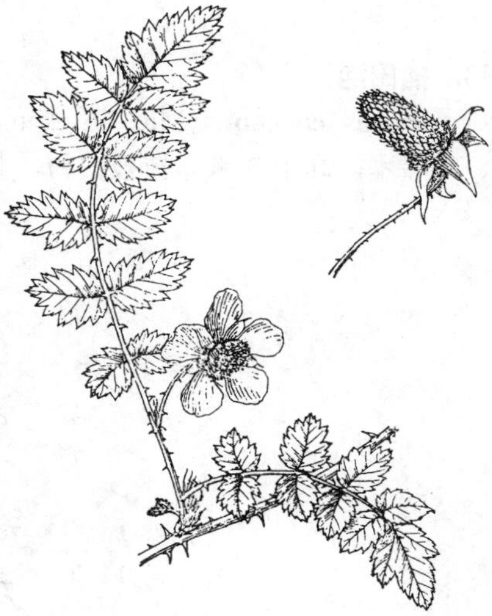

图 997 秀丽莓 （引自《图鉴》）

产甘肃南部、陕西南部、山西、河南西部、湖北西部及西南部、四川及青海东部，生于海拔1000-3700米沟边或山谷林中。

32. 毛果悬钩子　　图 998

Rubus ptilocarpus Yu et Lu in Acta Phytotax. Sin. 20(3): 301. 1982.

灌木，高1-2米。老枝无毛，具皮刺；花枝具柔毛、腺毛和稀疏小皮刺。小叶7-11，卵形、卵状披针形或菱状卵形，长1.5-4(-6)厘米，宽1-3(4)厘米，先端尖至短渐尖，基部圆，稀近心形，上下两面均具柔毛，具深裂缺刻状重锯齿，顶生小叶有时羽状分裂；叶柄长2-3(4)厘米，顶生小叶柄长0.6-2厘米，与叶轴均被柔毛、腺毛和小皮刺，托叶线形或线状披针形，具柔毛或腺毛。花1-3朵，顶生，稀腋生，径达2厘米。花梗长1.5-3厘米，被柔毛和腺毛，具极稀疏小皮刺或无刺；花萼被柔毛和腺毛，萼筒常无刺，萼片卵形或卵状披针形，花果期均开展或反折；花瓣长圆形；子房密被灰黄或灰白色柔毛。果近球形，径1-1.2厘米，成熟时黑红色，密被灰黄或灰白色柔毛；核肾形，稍有皱纹。花期5-6月，果期7-8月。

图 998 毛果悬钩子 （引自《中国植物志》）

产青海东南部、四川及云南东北部，生于海拔2300–4100米阴坡沟谷、林内或草地。

［附］**黄色悬钩子 Rubus lutescens** Frauch. Pl. Delav. 206. 1890. 本种与毛果悬钩子的区别：亚灌木，高10–50厘米；无腺毛，稀叶柄或花梗疏生腺毛；小叶宽卵形、菱状卵形，稀长圆形；果成熟时红或黄色，径1.4–2厘米。产青海东南部、西藏东部、四川西部及云南，生于海拔2500–4300米山坡、林内、林缘或草丛中。

33. 插田泡 图 999

Rubus coreanus Miq. in Ann. Mus. Bot. Lugd.-Bat. 3: 34. 1867.

灌木，高1–3米。枝被白粉，具近直立或钩状扁平皮刺。小叶(3)5，卵形、菱状卵形或宽卵形，长(2)3–8厘米，先端急尖，基部楔形或近圆，上面无毛或沿叶脉有短柔毛，下面疏被柔毛或沿叶脉被短柔毛，有不整齐粗锯齿或缺刻状粗锯齿，顶生小叶顶端有时3浅裂；叶柄长2–5厘米，顶生小叶柄长1–2厘米，与叶轴均被柔毛和疏生钩状小皮刺，托叶线状披针形，有柔毛。伞房花序顶生，具花数朵至30几朵，花序轴和花梗均被灰白色短柔毛。花梗长0.5–1厘米；苞片线形，有短柔毛；花径0.7–1厘米；花萼被灰白色短柔毛，萼片长卵形或卵状披针形，边缘具绒毛，花时开展，果时反折；花瓣倒卵形，淡红至深红色；雄蕊比花瓣短或近等长，花丝带粉红色；雌蕊多数；花柱无毛，子房疏被短柔毛。果近球形，径5–8毫米，成熟时深红至紫黑色，无毛或近无毛；核具皱纹。花期4–6月，果期6–8月。

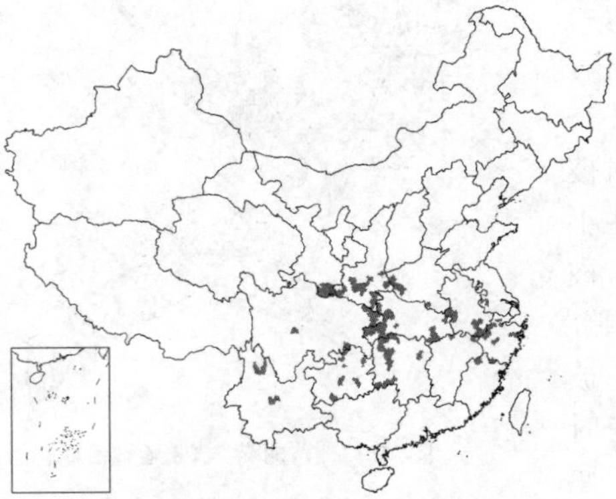

产河南、安徽、江苏西南部、浙江、福建北部、江西北部、湖北、湖南、贵州、云南、四川、陕西南部及甘肃南部，生于海拔100–1700米山坡灌丛中、山谷、河边或路旁。朝鲜及日本有分布。果味酸甜可生食、熬糖及酿酒；又可入药，为强壮剂。根可止血、止痛，叶能明目。

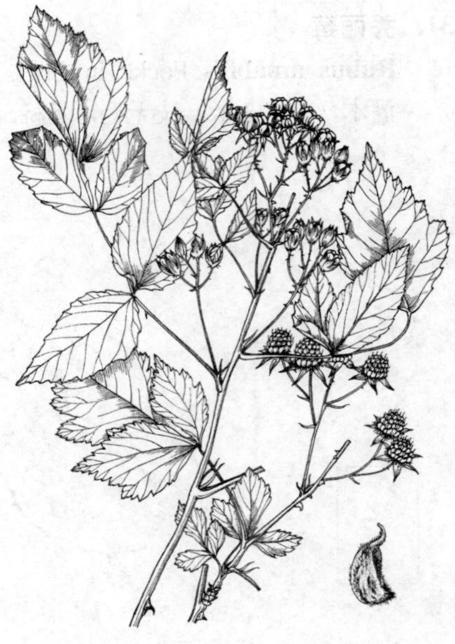

图 999 插田泡
（引自《江苏南部种子植物手册》）

［附］**毛叶插田泡 Rubus core-anus** var. **tomentosus** Card. in Lecomte, Not. Syst. 3: 310. 1914. 本变种与模式变种的区别：叶下面密被绒毛。产河南、安徽、江西、湖北、湖南、云南，贵州，四川、陕西及甘肃，生于海拔800–3100米山坡灌丛中或沟旁。

34. 柱序悬钩子 图 1000

Rubus subcoreanus Yu et Lu in Acta Phytotax. Sin. 20(3): 302. pl. 1. f. 3. 1982.

直立灌木。枝弓曲，无白粉，常无毛，具直立或微钩状扁平皮刺。小叶5，卵形、宽卵形或菱状卵形，长2–6厘米，先端急尖，基部楔形或宽楔形，稀近圆，上面无毛或有稀疏柔毛，下面无毛，沿叶脉有柔毛，有缺刻状粗锐齿或重锯齿，顶生小叶有时羽状浅裂；叶柄长2–4厘米，顶生小叶柄长1–2厘米，和叶轴均具细柔毛和稀疏小皮刺，托叶线状披针形，有柔毛。顶生总状花序圆柱形；花序轴和花梗密被灰黄色柔毛。花梗长0.5–1厘米；苞片披针形，被灰黄色柔毛；花径5–8毫米；花萼密被灰黄色柔毛，萼片卵形或宽卵形，先端常有短突尖头，花果期均直立；花瓣匙形，稀长倒

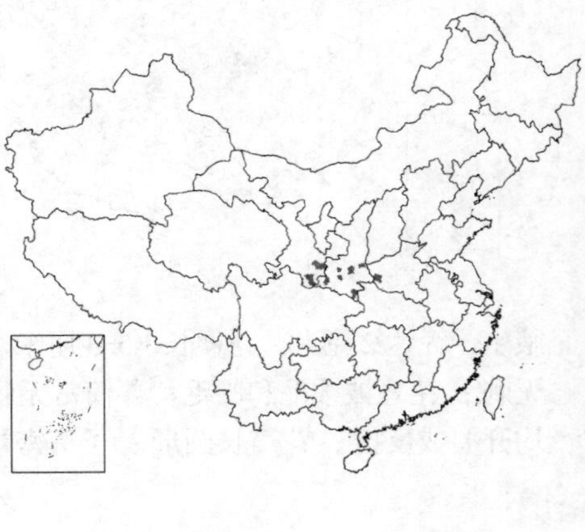

卵形，紫红色，长于萼片1倍或更多；花丝近基部稍宽扁，紫红色；花柱 无毛，子房密被灰白色长柔毛。果近球形，径6-8毫米，成熟时红色，近无毛。花期5-6月，果期7-8月。

产河南西南部、陕西南部及甘肃东南部，生于海拔900-1500米山坡、溪旁灌丛中或溪旁悬岩上。

35. 直立悬钩子 图 1001

Rubus stans Focke in Notes Roy. Bot. Gard. Edinb. 5: 76. t. 68. 1911.

灌木，高1-2米。枝被柔毛和腺毛，疏生披针形皮刺；花枝侧生，被柔毛和腺毛，小叶3，宽卵形、长卵形，稀近圆形，长2-4厘米，先端钝圆或尖，基部圆或近平截，两面均伏生柔毛，沿叶脉毛较密并有腺毛，有不整齐细锐锯齿或疏腺毛，顶生小叶有时3裂；叶柄长2-3.5厘米，顶生小叶柄长0.5-1.5（2）厘米，均被柔毛和腺毛，疏生小皮刺，托叶线形，具柔毛和腺毛，疏生小皮刺；苞片线形，具长柔毛和腺毛；花径1-1.5厘米；花萼紫红色，密被柔毛和腺毛，无刺或疏生小针刺，萼片披针形，花果期均直立开展；花瓣宽椭圆形或长圆形，白或带紫色；花丝中部以下较宽扁；花柱无毛，子房疏生柔毛。果近球形，径0.8-1.1厘米，成熟时桔红色，无毛；核略呈肾形，有小窝孔。花期5-6月，果期7-8月。

产青海东部、西藏东南部、云南西北部及四川，生于海拔2000-3400米林下或林缘。

36. 针刺悬钩子 刺悬钩子 图 1002

Rubus pungens Camb. in Jacq. Vog. Bot. 4: 48. t. 59. 1843.

匍匐灌木，高达3米。幼枝被柔毛，常具较密的直立皮刺。小叶(3)5-7(9)，卵形、三角状卵形或卵状披针形，长2-5厘米，先端尖或渐尖，基部圆或近心形，上面疏生柔毛，下面有柔毛或脉上有柔毛，具尖锐重锯齿或缺刻状重锯齿，顶生小叶常羽状分裂；叶柄长(2)3-6厘米，顶生小叶柄长0.5-1厘米，与叶轴均有柔毛或近无毛，并有稀疏小刺和腺毛，托叶有柔毛。花单生或2-4朵成伞房花序。花梗长2-3厘米，有柔毛和小针刺，或有疏腺毛；花径1-2厘米；花萼具柔毛和腺毛，密被直立针刺，萼筒半球形，萼片披针形或三角状披针形，花果期均直立，稀反折；花瓣长圆形、倒卵形或近圆形，

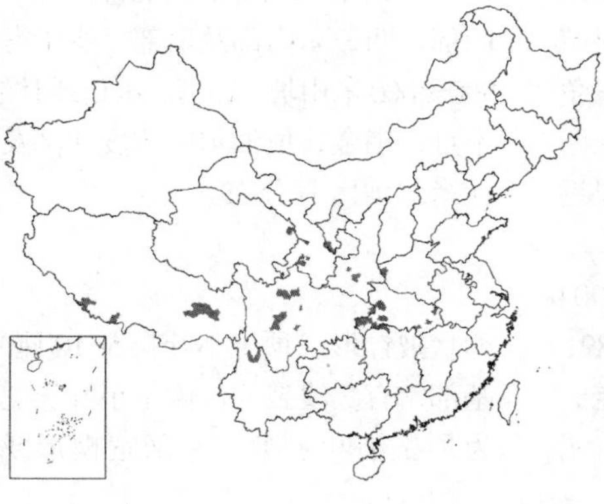

图 1000 柱序悬钩子 （引自《中国植物志》）

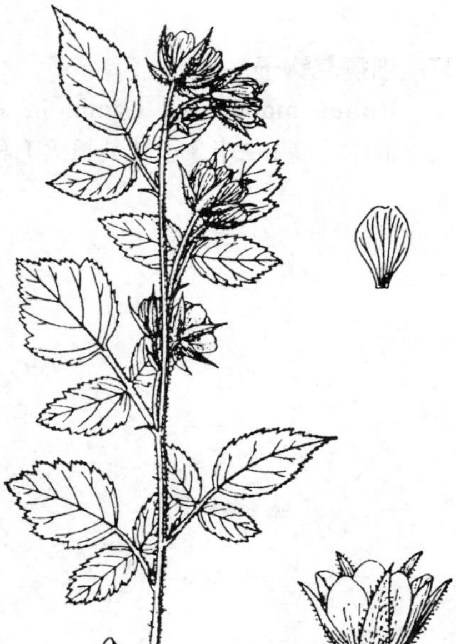

图 1001 直立悬钩子 （王金凤绘）

白色；雄蕊长短不等；雌蕊多数。果近球形，成熟时红色，径1-1.5厘米，具柔毛或近无毛；核卵球形，长2-3毫米，有皱纹。花期4-5月，果期7-8月。

产河南西部、陕西南部、宁夏南部、甘肃、青海东部、西藏东部及南部、云南西北部、四川、湖北、湖南西北部及台湾，生于海拔2200-3300米山坡林下、林缘或河岸。巴基斯坦及克什米尔地区、印度西北部、尼泊尔、锡金、不丹、缅甸北部、日本及朝鲜有分布。根供药用，有清热解毒、活血止痛之效。

［附］**柔毛针刺悬钩子 Rubus pungens** var. **villosus** Card. in Lecomte, Not. Syst. 3: 307. 1914. 本变种与模式变种的区别：枝和花萼密被针刺；花枝、叶柄和花梗均有稀疏柔毛和腺毛；小叶5-7，长1-3厘米，先端钝或尖，两面有稀疏柔毛。产陕西，湖北西部及四川东北部，生于草坡，海拔达2600米。

［附］**香莓 Rubus pungens** var. **oldhamii**（Miq.）Maxim. in Mél. Biol. 8: 386. 1871. —— *Rubusoldhamii* Miq. Prolus. Fl. Jap. 34. 1867. 本变种与模式变种的区别：枝上针刺较稀少；花萼具疏密不等的针刺或近无刺；花枝、叶柄、花梗和花萼无腺毛或仅于局部如花萼或花梗有稀疏腺毛。产安徽、浙江、福建、台湾、江西、湖北、贵州、云南、四川、甘肃、陕西、山西、河南及吉林，生于海拔600-3400米山谷半阴处潮湿地或山地林中。日本、朝鲜有分布。

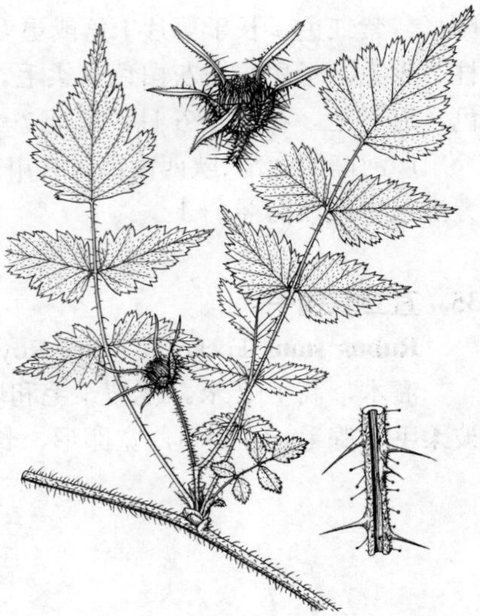

图 1002 针刺悬钩子 （冀朝桢绘）

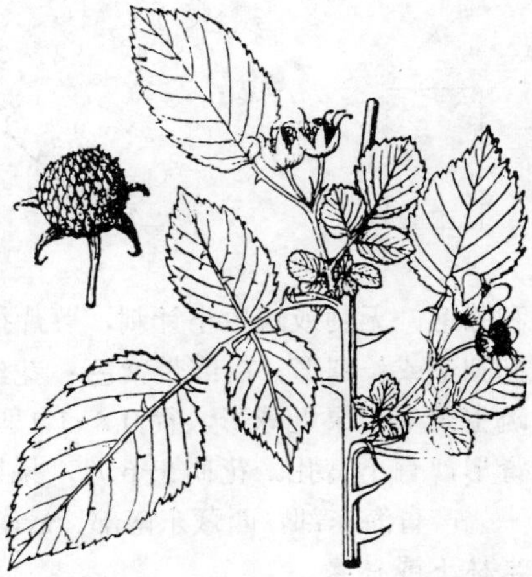

图 1003 细瘦悬钩子
（引自《中国植物志》）

37. 细瘦悬钩子 图 1003

Rubus macilentus Camb. in Jaeq. Voy. Bot. 4: 49. t. 60. 1844.

灌木，高1-2米。小枝具长柔毛和扁平皮刺。小叶3，稀单叶，披针形、卵状披针形或卵形，顶生小叶长3-5厘米，侧生小叶长1-2厘米，先端尖至短渐尖，稀钝圆，基部圆或宽楔形，两面无毛或沿叶脉稍有柔毛，下面沿叶脉疏生小皮刺，具不整齐锐锯齿；叶柄长0.8-1（-1.5）厘米，顶生小叶柄长0.5-1厘米，均具柔毛和小皮刺，托叶具柔毛。花常1-3朵生于侧生小枝顶端。花梗具长柔毛，有时疏生小皮刺；苞片具柔毛；花径约1厘米；花萼被柔毛，萼片披针形或三角状披针形，先端短尾尖，花果期均直立，稀开展；花瓣宽卵形或长圆形，两面具柔毛，白色；雄蕊花丝宽扁；花柱基部与子房上部稍具长柔毛。果近球形，无毛或稍有柔毛，成熟时桔黄或红色，包于萼内；核球形，有深网纹。花期4-5月，果期7-8月。

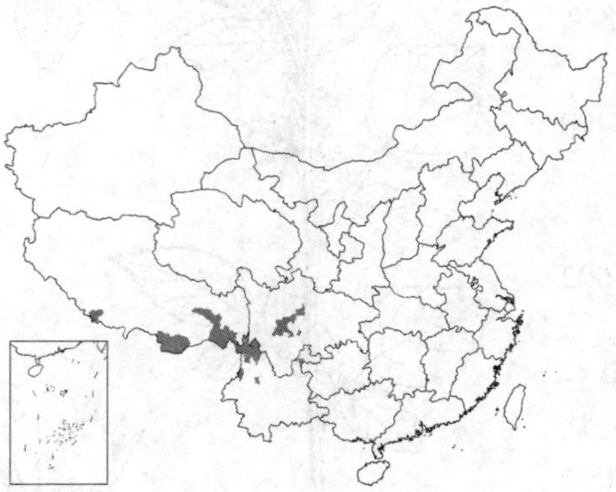

产云南东北部及西北部、四川中西部、西藏东南部及南部，生于海拔900-3000米山坡、路旁、水边或林缘。不丹、锡金、尼泊尔、印度北部及克什米尔地区有分布。

38. 黄果悬钩子 图 1004

Rubus xanthocarpus Bureau et Franch. in Journ. de Bot. 5: 46. 1891.

亚灌木，高15-50厘米。茎草质，直立，有钝棱，幼时密被柔毛，老时不我待几无毛，疏生较长直立针刺。小叶3(5)，长圆形或椭圆状披针形，稀卵状披针形，顶生小叶长5-10厘米，基部常有2浅裂片，侧生小叶长宽约为顶生小叶之半，基部宽楔形或近

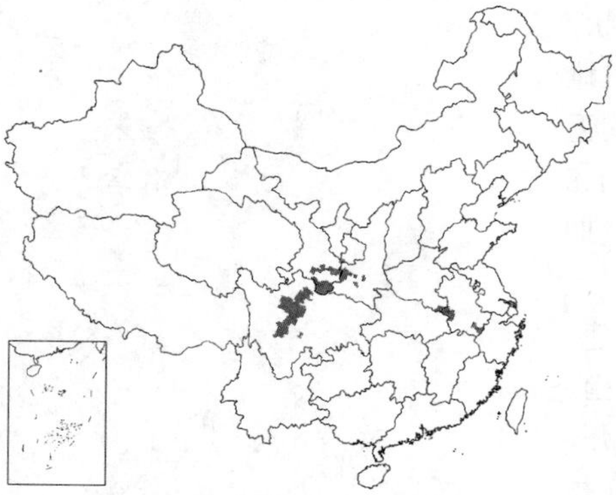

圆，老时两面无毛或沿叶脉有柔毛，下面沿脉有细刺，具不整齐锯齿；叶柄长(2)3-8厘米，顶生小叶柄长1-2.5厘米，均被疏柔毛和直立针刺，托叶基部与叶柄合生，披针形或线状披针形，全缘或浅条裂。花1-4朵成伞房状，稀单生。花梗有柔毛和疏生针刺；花径1-2.5厘米；花萼被较密直立针刺和柔毛，萼片长卵圆形或卵状披针形，尾状或钻状渐尖；花瓣倒卵圆形或匙形，白色，被柔毛；雌蕊多数，子房近顶端有柔毛。果扁球形，径1-1.2厘米，成熟时桔黄色，无毛；核具皱纹。花期5-6月，果期8月。

产甘肃南部、陕西南部、四川、河南东南部及安徽，生于海拔600-3200米山坡路旁、林缘、林中或山沟石砾滩地。果可食用及酿酒。全草药用，能消炎止痛。

图 1004 黄果悬钩子
（引自《秦岭植物志》）

39. 单茎悬钩子 图 1005

Rubus simplex Focke in Hook Icon. P1. ser. 3, 10: pl. 1948. 1891.

亚灌木。茎木质，单一，直立，无毛，稀微具柔毛，疏生钩状小皮刺。

小叶3，卵形或卵状披针形，长6-9.5厘米，顶生小叶稍长于侧生小叶，先端渐尖，基部近圆，上面疏生糙柔毛，下面沿叶脉有疏柔毛或具极疏小皮刺，有尖锐锯齿；叶柄长5-10厘米，顶生小叶柄长达1厘米，微被柔毛和钩状小皮刺，托叶基部与叶柄连生，线状披针形。花2-4朵腋生或顶生，稀单生。花梗疏生柔毛和钩状小皮刺；花径1.5-2厘米；花萼疏生钩状小皮刺和柔毛，萼片长三角形或卵圆形，先端钻状长渐尖；花瓣倒卵圆形，白色，被柔毛；雄蕊花丝宽扁；雌蕊多数，子房顶端及花柱基部具柔毛。果成熟时桔红色，球形，常无毛，小核果多数；核具皱纹。花期5-6月，果期8-9月。

图 1005 单茎悬钩子
（引自《中国植物志》）

产甘肃南部、陕西南部、四川、湖北西部、湖南西北部及江苏南部，生于海拔1500-2500米山坡、路边或林中。

40. 红腺悬钩子 图 1006

Rubus sumatranus Miq. F1. Ind. Bot. Append. 307. 1860-1861.

直立或攀援灌木。小枝、叶轴、叶柄、花梗和花序均被紫红色腺毛、柔毛和皮刺，腺毛长1-5毫米。小叶(3)5-7，卵状披针形或披针形，长3-8厘米，先端渐尖，基部圆，两面疏生柔毛，沿中脉较密，下面沿中脉有小皮刺，具不整齐尖锐锯齿；叶柄长3-5厘米，顶生小叶柄长达1厘米，托叶披针形或线状披针形，有柔毛和腺毛。花3朵或数朵成伞房状花序，稀单生。花梗长2-3厘米；苞片披针形；花径1-2厘米；花萼被腺毛和柔毛，萼片披针形，长0.7-1厘米，果期反

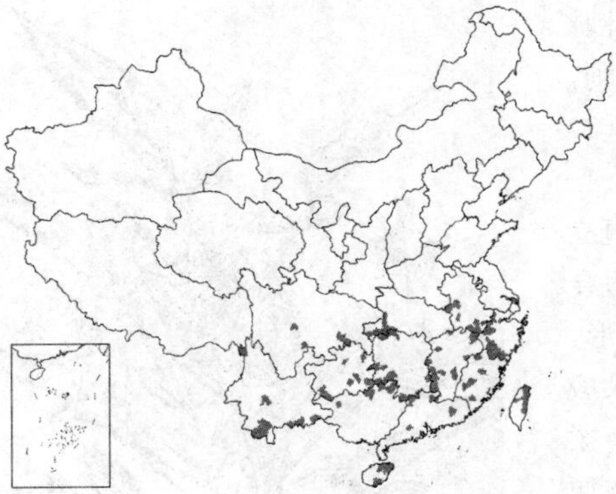

折；花瓣长倒卵形或匙状，白色，具爪；花丝线形；雌蕊达400，花柱和子房均无毛。果长圆形，长1.2-1.8厘米，桔红色，无毛。花期4-6月，果期7-8月。

产安徽、浙江、福建、台湾、江西、湖北、湖南、广东、海南、广西、贵州、云南及四川，生于海拔2000米以下山谷林内、林缘、灌丛内，竹林下或草丛中。朝鲜、日本、锡金、尼泊尔、印度、越南、泰国、老挝、柬埔寨及印度尼西亚有分布。清热、解毒、利尿。

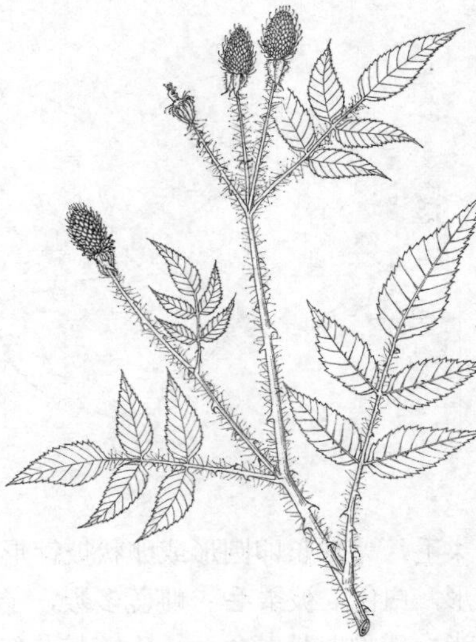

图 1006 红腺悬钩子 （郭木森绘）

41. 蓬 图 1007

Rubus hirsutus Thunb. in Diss. Bot.-Med. de Rubo 7. 1813.

灌木，高1-2米，枝被柔毛和腺毛，疏生皮刺。小叶3-5，卵形或宽卵形，长3-7厘米，先端急尖或渐尖，基部宽楔形或圆，两面疏生柔毛，具不整齐尖锐重锯齿；叶柄长2-3厘米，顶生小叶柄长约1厘米，均具柔毛和腺毛，并疏生皮刺，托叶披针形或卵状披针形，两面具柔毛。花常单生，顶生或腋生。花梗长(2) 3-6厘米，具柔毛和腺毛，或有极少小皮刺；苞片具柔毛，花径3-4厘米；花萼密被柔毛和腺毛，萼片卵状披针形或三角状披针形，长尾尖，边缘被灰白色绒毛，花后反折；花瓣倒卵形或近圆形，白色；花丝较宽；花柱和子房均无毛。果近球形，径1-2厘米，无毛。花期4月，果期5-6月。

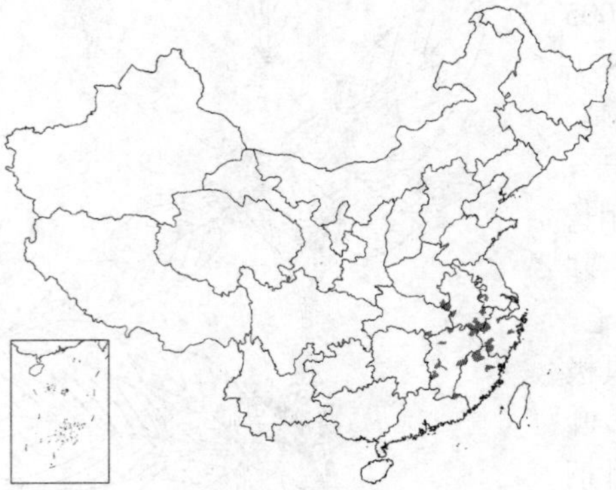

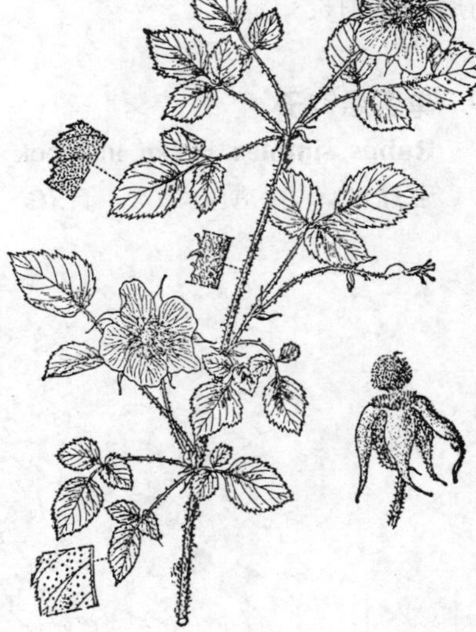

图 1007 蓬 （引自《图鉴》）

产河南东南部、安徽、江苏、浙江、福建、江西、湖北及广东东北部，生于海拔1500米以下山坡阴湿地或灌丛中，朝鲜半岛及日本有分布，全株及根入药，能消炎解毒、清热镇惊、活血及祛风湿。

42. 光滑悬钩子 图 1008

Rubus tsangii Merr. in Lingnan Sci. Journ. 13: 28. 1934.

攀援灌木，高约1米。枝无毛，圆柱形，稀稍有棱角，具长2-3毫米的腺毛和疏生皮刺。小叶7-9(11)，花枝有时具5小叶，披针形或卵状披针形，长4-7厘米，先端渐尖，基部圆，幼时两面稍有柔毛，渐脱落无毛，下面沿中脉疏生小皮刺，有不整齐细锐锯齿或重锯齿；叶柄长4-7厘米，顶生小叶柄长约1厘米，和叶轴均无毛，疏生腺毛和小皮刺，托叶披针形，无毛。花3-5朵成顶生伞房状花序，稀单生。花梗长2-4厘米，无毛，有腺

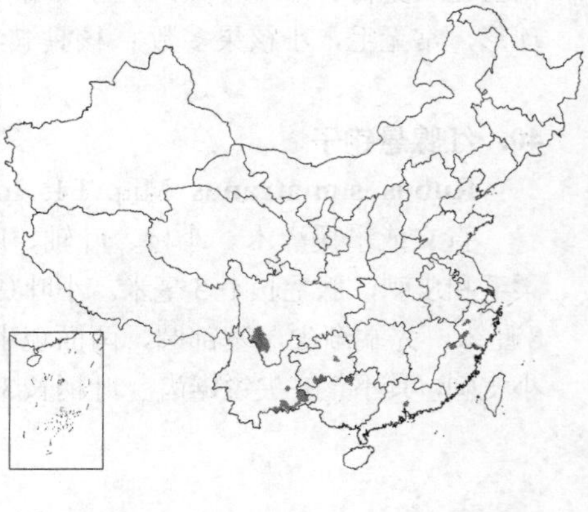

毛；苞片披针形，无毛；花径3-4厘米；花萼无毛，有稀疏腺毛，萼片长圆状披针形或长卵状披针形，先端长尾尖，内萼片边缘具绒毛，花期直立开展，果期常反折；花瓣长倒卵形或长圆形，白色，具爪；雄蕊和雌蕊均多数；花柱和子房无毛，果近球形，径达1.5厘米，成熟时红色，无毛。花期4-5月，果期6-7月。

产浙江、福建西北部、广东中南部、广西北部、云南东南部、贵州及四川西南部，生于海拔800-2500米山坡、山麓、河边或山谷密林中。

图 1008 光滑悬钩子
（引自《中国植物志》）

43. 空心泡 图 1009

Rubus rosaefolius Smith, Plant. Icon. Hact. Inéd. 3: 60. 1791.

直立或攀援灌木。小枝具柔毛或近无毛，常有浅黄色腺点，疏生近直立皮刺。小叶5-7，卵状披针形或披针形，长3-5(7)厘米，基部圆，两面疏生柔毛，老时近无毛，有浅黄色发亮腺点，下面沿中脉疏生小皮刺，有尖锐缺刻状重锯齿；叶柄长2-3厘米，顶生小叶柄长0.8-1.5厘米，和叶轴均有柔毛和小皮刺，有时近无毛，被浅黄色腺点，托叶卵状披针形或披针形，具柔毛。花常1-2朵，顶生或腋生。花梗长2-3.5厘米，有柔毛，疏生小皮刺，有时被腺点；花径2-3厘米；花萼被柔毛和腺点，萼片披针形或卵状披针形，花后常反折；花瓣长圆形、长倒卵形或近圆形，白色，幼时有柔毛；雌蕊多数，花柱和子房无毛；花托具短柄。果卵球形或长圆状卵圆形，长1-1.5厘米，成熟时红色，有光泽，无毛；核有深窝孔。花期3-5月，果期6-7月。

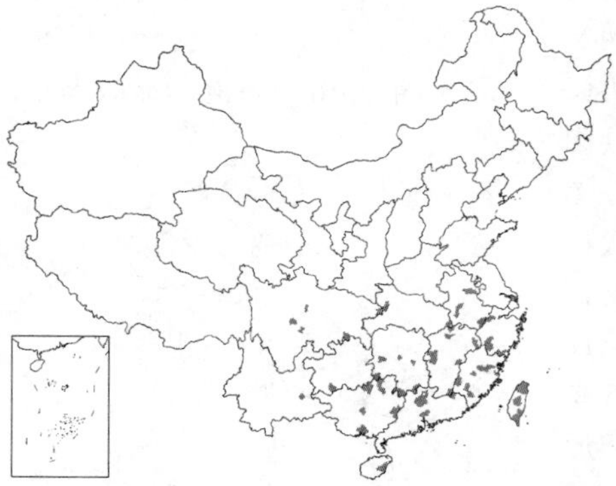

产安徽、浙江、福建、台湾、江西、湖北、湖南、广东、香港、海南、广西、云南东部、贵州西南部及四川，生于海拔2000米以下林内阴处、草坡。印度、缅甸、泰国、老挝、越南、柬埔寨、日本、印度尼西亚、大洋洲、非洲、马达加斯加有分布。根、嫩枝及叶入药，有清热止咳、止血，祛风湿之效。

图 1009 空心泡 （引自《图鉴》）

44. 大红泡 图 1010 彩片 140

Rubus eustephanus Focke ex Diels in Engl. Bot. Jahrb. 36: 54. 1905.

灌木，高0.5-2米。小枝常有棱角，无毛，疏生钩状皮刺。小叶3-5(7)，卵形、椭圆形、稀卵状披针形，长2-5(7)厘米，先端渐尖至长渐尖，基部圆；幼时两面疏生柔毛，老时仅下面沿叶脉有柔毛，沿中脉有小皮刺，具缺刻状尖锐重锯齿；叶柄长1.5-2(4)厘米，顶生小叶柄长1-1.5厘米，和叶轴均无毛或幼时疏生柔毛，有小皮刺，托叶披针形，无毛或边缘稍有柔毛。花常单生，稀2-3朵。花梗长2.5-5厘米，无毛，疏生小皮刺，常无腺毛；苞片和托叶相似；花径3-4厘米；花萼无毛，萼片长圆披针形，钻状长渐尖，花后开展，果时常反折；花瓣椭圆形或宽卵形，白色；雄蕊多数，花

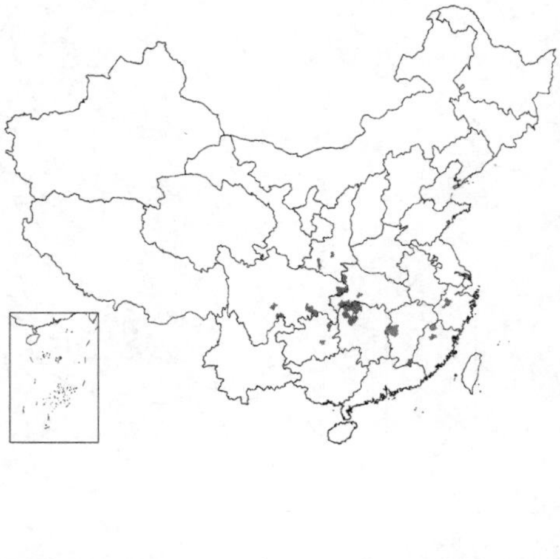

丝线形；雌蕊多数，子房和花柱无毛。果近球形，径达1厘米，成熟时红色，无毛；核较平滑或微皱。花期4-5月，果期6-7月。

产浙江、福建、江西、湖北、湖南、贵州、四川及陕西南部，生于海拔500-2310米山麓潮湿地、山坡密林下或沟边灌丛中。根皮含鞣质，可提取栲胶。

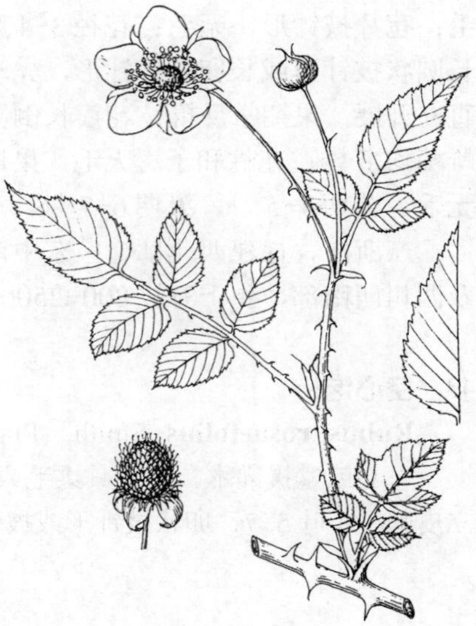

图 1010 大红泡 （郭木森绘）

45. 白花悬钩子 图 1011

Rubus leucanthus Hance in Walp. Ann. Bot. Syst. 2: 468. 1852.

攀援灌木。枝无毛，疏生钩状皮刺。小叶3，稀单叶，革质，卵形或椭圆形，顶生小叶比侧生小叶稍长或几相等，长4-8厘米，先端渐尖或尾尖，两面无毛，或上面稍具柔毛，有粗单锯齿；叶柄长2-6厘米，顶生小叶柄长1.5-2厘米，均无毛，具钩状小皮刺，托叶钻形，无毛。花3-8朵成伞房状花序，稀单花腋生。花梗长0.8-1.5厘米，无毛；苞片与托叶相似；花径1-1.5厘米；萼片卵形，内萼片边缘微被绒毛，花果期均直立开展；花瓣长卵形或近圆形，白色，基部微具柔毛；雄蕊花丝较宽扁；雌蕊70-80（-100）；花托中央突起部分近球形，基部无柄或几无柄。果近球形，径1-1.5厘米，成熟时红色，无毛；核较小，具洼穴。花期4-5月，果期6-7月。

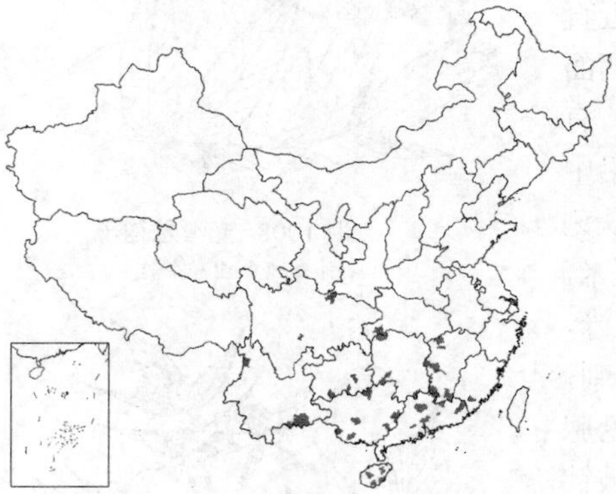

产福建南部、江西，湖北西南部、湖南、广东、香港、海南、广西、云南东南部及西北部、贵州南部及四川，生于低海拔至中海拔疏林中或旷野。越南、老挝、柬埔寨、泰国有分布。果可食用。根治腹泻、赤痢。

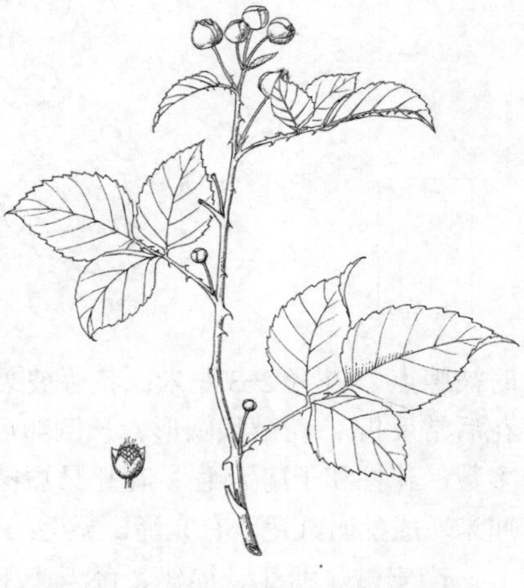

图 1011 白花悬钩子 （郭木森绘）

46. 小柱悬钩子 图 1012

Rubus columellaris Tutcher in Rep. Bot. et For. Dep. Hongkong. 1914: 31. 1915.

攀援灌木，高1-2.5米。枝无毛，疏生钩状皮刺。小叶3，稀单叶，近革质，椭圆形或长卵状披针形，长3-10(16)厘米，顶生小叶比侧生小叶长，先端渐尖，基部圆或近心形，两面无毛或上面疏生平贴柔毛，有不规则较密粗锯齿；叶柄长2-4厘米，顶生小叶柄长1-2厘米，均无毛，或幼时稍有柔毛，疏生小皮刺，托叶披针形，无毛，稀微有柔毛。

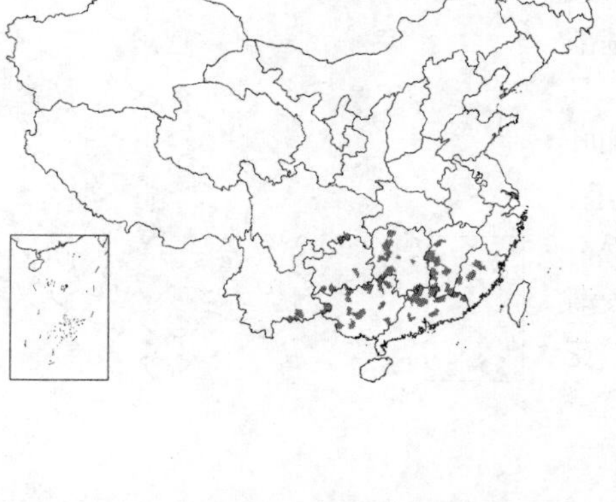

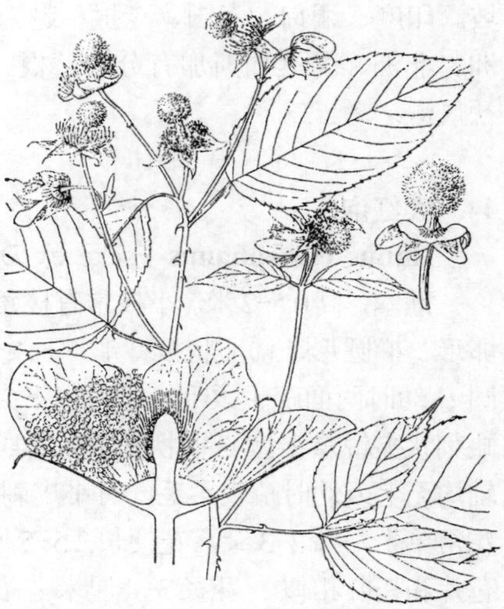

图 1012 小柱悬钩子 （引自《中国植物志》）

花3-7朵成伞房状花序，花序基部叶腋间常着生单花。花梗长1-2厘米，无毛，稀稍有毛，疏生钩状小皮刺；苞片线状披针形，无毛；花径3-4厘米；花萼无毛，萼片卵状披针形或披针形，内萼片边缘具黄灰色绒毛，花后常反折；花瓣匙状长圆形或长倒卵形，白色；雄蕊排成数列；雌蕊300或更多，花柱和子房均无毛；花托具长达5毫米的柄。果近球形或近长圆形，径达1.5厘米，长达1.7厘米，成熟时桔红或褐黄色，无毛；核较小，具浅皱纹。花期4-5月，果期6月。

产福建、江西、湖南、广东、广西、贵州、云南东南部及四川东南部，生于海拔2000米以下山地林内。

47. 陷脉悬钩子 图 1013

Rubus impressinervius Metc. in Lingnan Sci. Journ. 11(1): 12. 1932.

草本，高0.5-1米。茎圆柱形，无毛，疏生小皮刺。单叶，披针形或长圆状披针形，长10-22厘米，先端渐尖或尾尖，基部圆，两面无毛，疏生锐锯齿，叶脉9-12对，在上面凹下，下面中脉上疏生小皮刺；托叶线形，无毛。花常单生，顶生或腋生。花梗长1.5-2.5厘米，无毛，无刺；花径达1.5厘米；花萼无毛，萼片卵形或披针形，具突尖头，内萼片外面边缘具黄灰色绒毛，花后直立；花瓣白色；雄蕊多数，花丝较宽扁；花托基部具长约5毫米的柄。果近球形，径约2厘米，成熟时褐红色，无毛；核小，具较深洼孔。花期6月，果期8月。

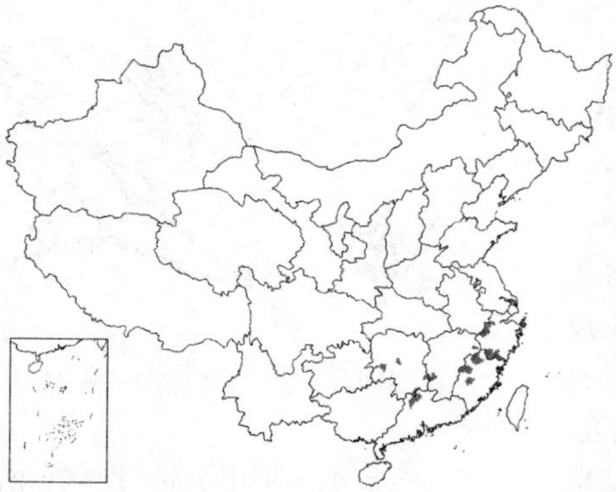

产浙江、福建、江西、湖南及广东北部，生于山谷密林下、草丛或潮湿地带。

图 1013 陷脉悬钩子 （孙英宝绘）

48. 绵果悬钩子　毛柱莓 图 1014

Rubus lasiostylus Focke in Hook. Icon. Pl. ser. 3, 10: 1. pl. 1951. 1891.

灌木。幼枝无毛或具柔毛，老时无毛，具针状或微钩状皮刺。小叶3(5)，叶卵形或椭圆形，长3-10厘米，基部圆或浅心形，上面疏生柔毛，老时无毛，下面密被灰白色绒毛，沿叶脉疏生小皮刺，具不整齐重锯齿，顶生小叶常浅裂或3裂；叶柄长5-10厘米，顶生小叶柄长2-3.5厘米，均无毛或疏生柔毛，疏生小皮刺，托叶卵状披针形或卵形，膜质，无毛，渐尖。花2-6朵成顶生伞房状花序，有时1-2朵腋生。花梗长2-4厘米，无毛，有小皮刺；苞片卵形或卵状披针形，膜质，无毛；花径2-3厘米；花萼紫红色，无毛，萼片宽卵形，先端尾尖，内萼片边缘具

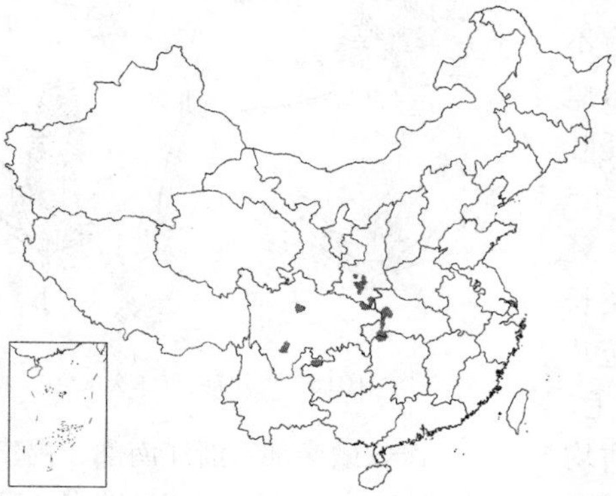

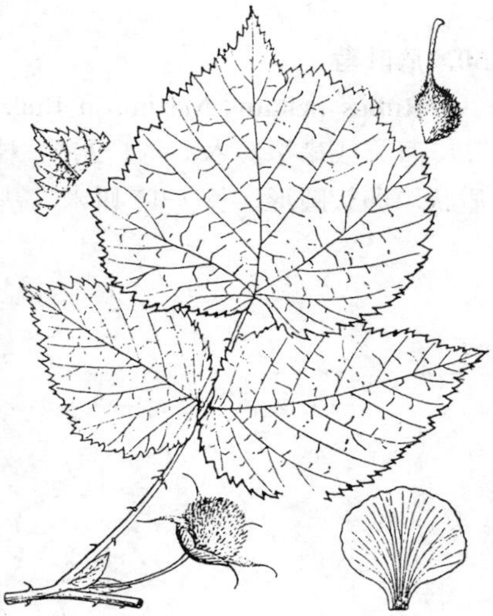

图 1014 绵果悬钩子

（引自《中国植物志》）

灰白色绒毛，花果期均开展，稀反折；花瓣近圆形，红色；花丝白色；花柱下部和子房上部密被灰白或灰黄色长绒毛。果球形，径1.5-2厘米，成熟时红色，密被灰白色长绒毛和宿存花柱。

产陕西、湖北西部、湖南西北部、四川及云南东北部，生于海拔1000-2500米山坡灌丛中或山谷林下。

49. 掌叶悬钩子 图 1015

Rubus pentagonus Wall. ex Focke in Bibl. Bot. 72(2): 145. 1911.

蔓生灌木。幼枝稍具柔毛，后无毛，疏生皮刺，有腺毛。掌状3小叶，菱状披针形，长3-8（11）厘米，上面沿叶脉具柔毛，下面疏生柔毛，具缺刻状粗重锯齿；叶柄长2-4厘米，疏生柔毛、腺毛和小皮刺，有时无腺毛，托叶线状披针形，基部与叶柄连合或近分离，边缘疏生腺毛，全缘或有时2深条裂。花2-3朵成伞房花序或单生。花梗长1.5-2.5厘米，无毛，疏生腺毛和小皮刺；苞片线状披针形，常具腺毛，全缘或2-3条裂；花径1.5-2厘米；花萼无毛，内萼片边缘具绒毛，有腺毛和针刺，萼片披针形或卵状三角形，先端尾尖，全缘或3条裂，花果期均直立开展；花瓣椭圆形或长圆形，白色；雄蕊单列；雌蕊10-15，花柱和子房均无毛。果近球形，包于花萼内，径达2厘米，成熟时红或桔红色，无毛；核肾形，具皱纹，长达4毫米。花期5月，果期7-8月。

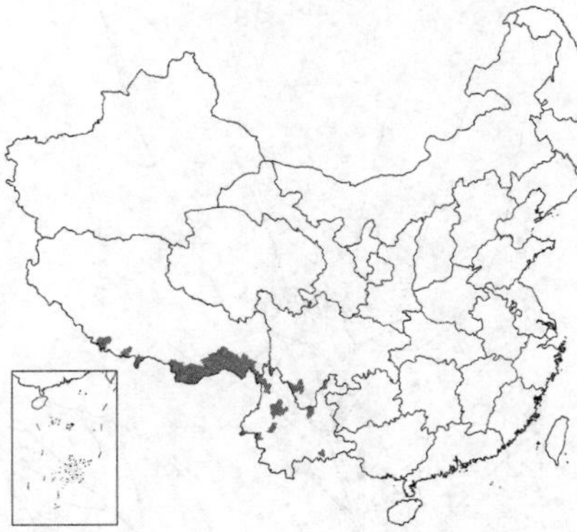

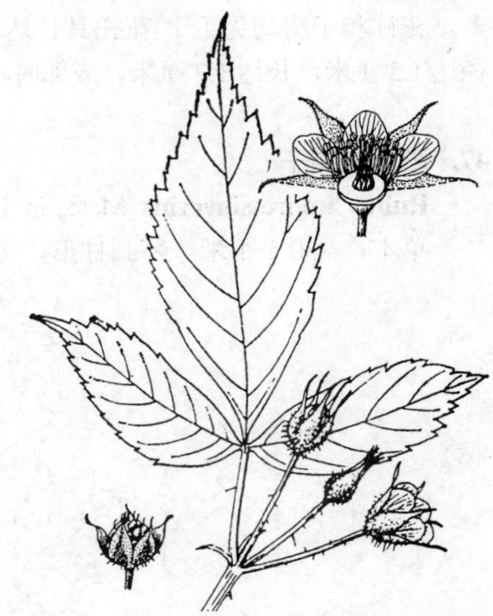

图 1015 掌叶悬钩子 （王金凤绘）

产云南、四川南部、西藏东南部及南部，生于海拔2500-3600米林下或灌丛中。印度西北部、尼泊尔、锡金、不丹、缅甸北部及越南有分布。

50. 盾叶莓 图 1016

Rubus peltatus Maxim. in Bull. Acad. Sci. St. Pé tersb. 8: 384. 1871.

直立或攀援灌木，高1-2米。枝无毛，疏生皮刺，小枝常有白粉。叶盾状，卵状圆形，长7-17厘米，基部心形，两面均有贴生柔毛，下面毛较密沿中脉有小皮刺，3-5掌状分裂，裂片三角状卵形，先端尖或短渐尖，有不整齐细锯齿；叶柄长4-8厘米，无毛，有小皮刺，托叶膜质，卵状披针形，长1-1.5厘米，无毛。单花顶生，径约5厘米或更大。花梗长2.5-4.5厘米，无毛；苞片与托叶相似；萼筒常无毛，萼片卵状披针形，两面均有柔毛，边缘常有齿；花瓣近圆形，径1.8-2.5厘米，白色；雄蕊多数，花丝钻形或线形；雌蕊达100，被柔毛。果圆柱形或圆筒形，长3-4.5厘米，成熟时桔红色，密被柔毛；核具皱纹。花期4-5月，果期6-7月。

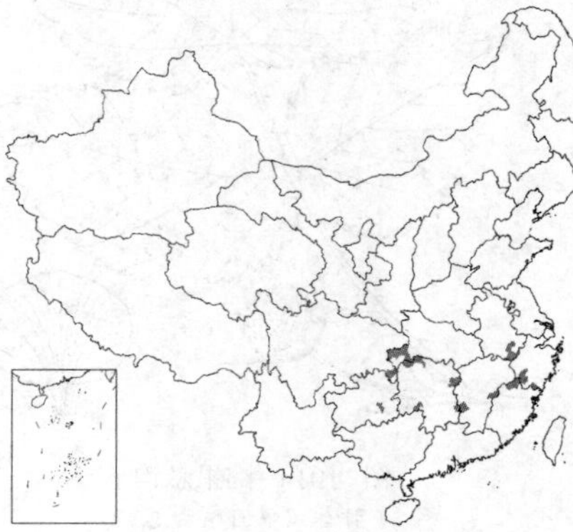

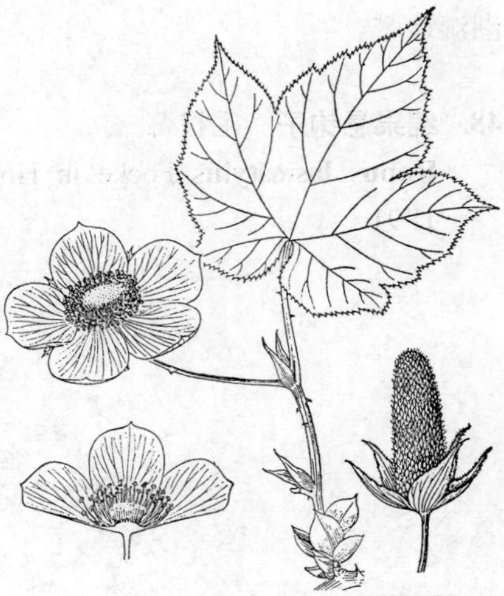

图 1016 盾叶莓 （王金凤绘）

产安徽南部、浙江南部、福建北部、江西、湖北西南部、湖南、贵州东南部及四川东南部，生于海拔300-1500米山坡、山脚、山沟林下、林缘或较阴湿地。日本有分布。果可食用及药用，治腰腿酸疼。

51. 光果悬钩子 图 1017

Rubus glabricarpus Cheng in Contr. Biol. Lab. Sci. Soc. China, Bot. ser. 10(2): 147. f. 18. 1936.

灌木，高达3米。枝细，具基部宽扁皮刺，嫩枝具柔毛和腺毛。单叶，卵状披针形，长4-7厘米，先端渐尖，基部微心形或近平截，两面被柔毛，沿叶脉毛较密或有腺毛，老时毛较稀疏，3浅裂或缺刻状浅裂，有不规则重锯齿或缺刻状锯齿，并有腺毛；叶柄细，长1-1.5厘米，具柔毛、腺毛和小皮刺，托叶线形，有柔毛和腺毛。花单生，顶生或腋生，径约1.5厘米。花梗长0.5-1厘米，具柔毛和腺毛；花萼被柔毛和腺毛，萼片披针形，先端尾尖；花瓣卵状长圆形或长圆形，白色，几与萼片等长；雄蕊多数，花丝宽扁；雌蕊多数，子房无毛。果卵圆形，径约1厘米，成熟时红色，无毛；核具皱纹。花期3-4（5）月，果期5-6月。

产安徽南部、浙江及福建，生于低海拔至中海拔山坡、山脚、沟边或林下。

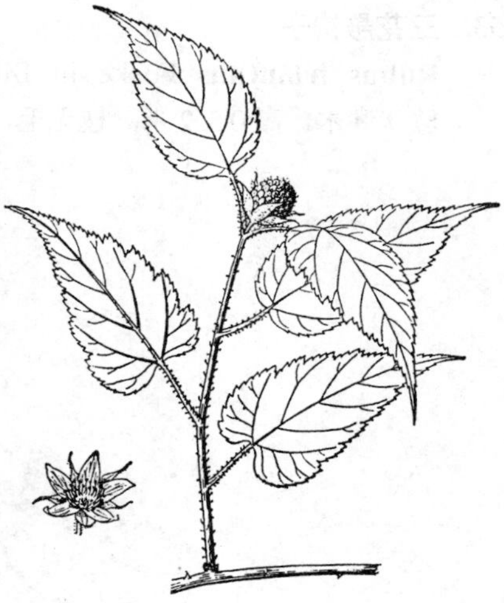

图 1017 光果悬钩子 （王金凤绘）

52. 山莓 图 1018 彩片 141

Rubus corchorifolius Linn. f. Suppl. Pl. Syst. Veget. 263. 1781.

直立灌木，高1-3米。枝具皮刺，幼时被柔毛。单叶，卵形或卵状披针形，长5-12厘米基部微心形，有时近平截或近圆，上面沿叶脉有柔毛，下面幼时密被柔毛，渐脱落，老时近无毛，沿中脉疏生小皮刺，不裂或3裂，不孕枝叶3裂，有不规则锐锯齿或重锯齿，基部具3脉；叶柄长1-2厘米，疏生小皮刺，幼时密生柔毛，托叶线状披针形，具柔毛。花单生或少数簇生。花梗长0.6-2厘米，具柔毛；花径1.5-2(3)厘米；花萼密被柔毛，无刺，萼片卵形或三角状卵形；花瓣长圆形或椭圆形，白色，长于萼片；雄蕊多数，花丝宽扁；雌蕊多数，子房有柔毛。果近球形或卵圆形，径1-1.2厘米，成熟时红色，密被柔毛；核具皱纹。花期2-3月，果期4-6月。

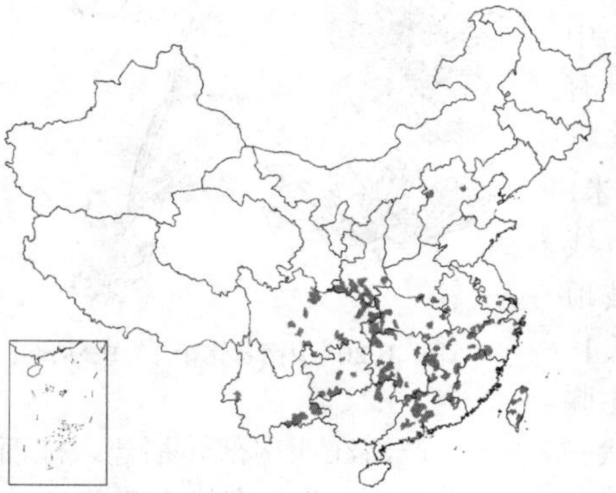

产河北、河南东南部、安徽南部、江苏南部、浙江、福建、台湾、江西、湖北、湖南、广东、广西东北部、贵州、云南、四川及陕西南部，生于海拔200-2200米阳坡、溪边、山谷、荒地或灌丛中。朝鲜、日本、缅甸及越南有分布。果可生食、制果酱或酿酒；根药用，可活血、散瘀、止血。

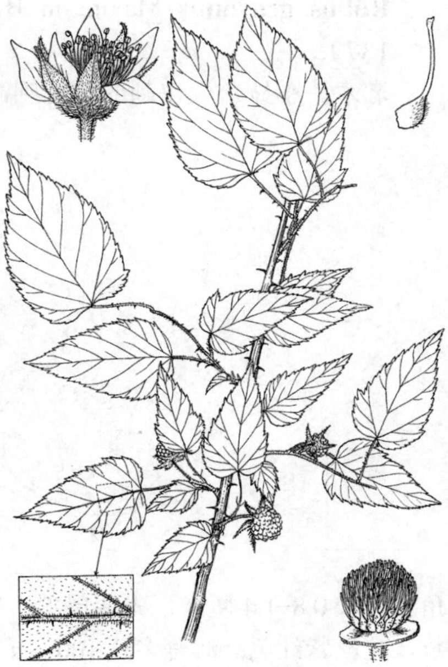

图 1018 山莓

（引自《江苏南部种子植物手册》）

53. 三花悬钩子 图 1019

Rubus trianthus Focke in Bibl. Bot. 72(2): 140. f. 59. 1911.

藤状灌木，高0.5-2米。枝无毛，疏生皮刺，有时具白粉。单叶，卵状披针形或长圆状披针形，长4-9厘米，先端渐尖，基部心形，稀近截形，两面无毛，3裂或不裂，不育枝叶较大而3裂，顶生裂片卵状披针形，有不规则或缺刻状锯齿；叶柄长1-3(4)厘米，无毛，疏生小皮刺，托叶披针形或线形，无毛。花常3朵，有时3朵以上成短总状花序，常顶生。花梗长1-2.5厘米，无毛；苞片披针形或线形；花径1-1.7厘米；花萼无毛，萼片三角形，先端长尾尖；花瓣长圆形或椭圆形，白色，几与萼片等长；雄蕊多数，花丝宽扁；雌蕊10-50。果近球形，径约1厘米，成熟时红色，无毛；核具皱纹。花期4-5月，果期5-6月。

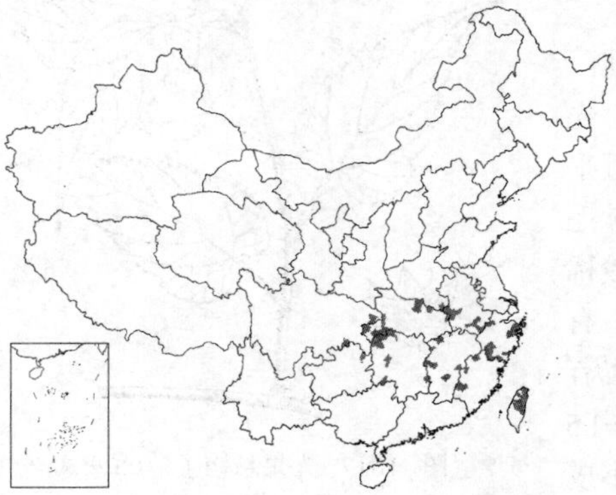

图 1019 三花悬钩子 （引自《图鉴》）

产河南东南部、安徽、江苏西南部、浙江、福建、台湾、江西、湖北、湖南、贵州东北部及四川东南部，生于海拔500-2800米山坡林内、草丛中、溪边及山谷。越南有分布。全株入药，有活血散瘀之效。

54. 中南悬钩子 图 1020

Rubus gravanus Maxin. in Bull. Acad. Sci. St. Pétersb. 7: 152. 1872.

灌木。小枝疏生皮刺或近无刺，无毛。单叶，卵形或椭圆形，长7-10厘米，先端渐尖或尾尖，基部平截或心形，两面无毛或沿脉稍有柔毛，下面沿中脉疏生小皮刺，常不裂；有不整齐粗锐锯齿或重锯齿；叶柄细，长2-3厘米，无毛，疏生小皮刺，托叶线形，无毛；花单生短枝顶端，径达2厘米。花梗长1-2.5厘米，无毛，有时疏生腺毛；花萼无毛，萼片卵状三角形，长0.8-1.4厘米，先端尾尖，果期开展或反折；花瓣红色；雄蕊多数，花丝紫红色；雌蕊多达100，子房浅紫红色，无毛。果卵圆形，径1-1.2厘米，成熟时黄红色，无毛；核具纹孔。花期4月，果期5-6月。

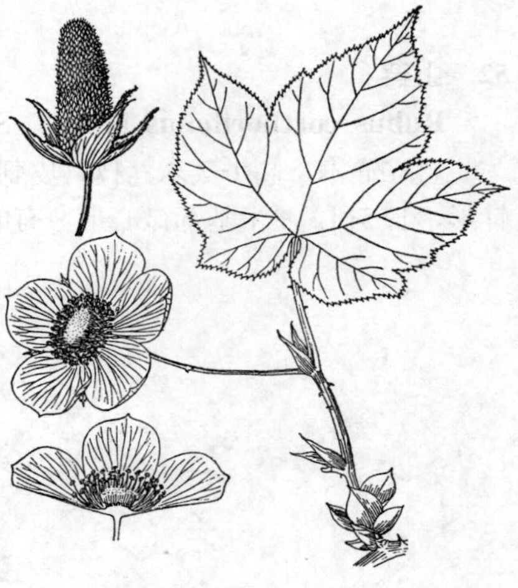

图 1020 中南悬钩子 （王金凤绘）

产浙江西南部、福建、江西西部及湖南，生于海拔500-1100米山坡、向阳山脊、谷地灌丛中或溪边林下。日本(琉球)有分布。

55. 牛叠肚 图 1021

Rubus crataegifolius Bunge in Mém. Acad. Sci. St. Pétersb. 2: 98. 1835(Enum. Pl. Chin. Bor. 24. 1833.)

直立灌木，高1-2(3)米。幼枝被柔毛，老时无毛，有微弯皮刺。单叶，卵形或长卵形，长5-12厘米，花枝叶稍小，先端渐尖，稀尖，基部心形或近平截，上面近无毛，下面脉有柔毛

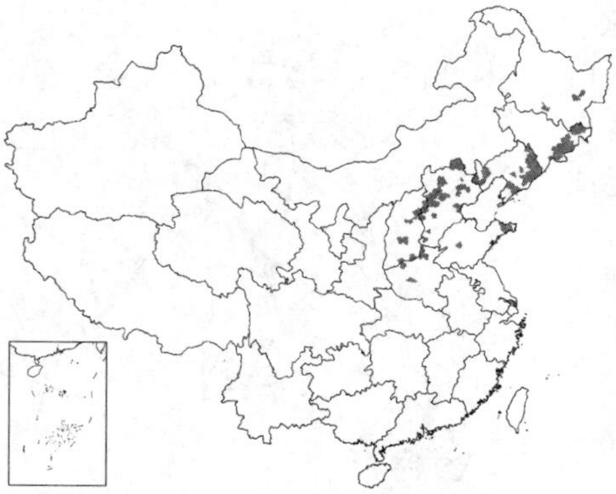

和小皮刺，3-5 掌状分裂，裂片卵形或长圆状卵形，有不规则缺刻状锯齿，基部具掌状 5 脉；叶柄长 2-5 厘米，疏生柔毛和小皮刺，托叶线形，几无毛。花数朵簇生或成短总状花序，常顶生。花梗长0.5-1厘米，有柔毛；苞片与托叶相似；花径 1-1.5 厘米；花萼有柔毛，果期近无毛，萼片卵状三角形或卵形，先端渐尖；花瓣椭圆形或长圆形，白色；雄蕊直立，花丝宽扁；雌蕊多数。果近球形，径约 1 厘米，成熟时暗红色，无毛，有光泽；核具皱纹。花期 5-6 月，果期 7-9 月。

产黑龙江南部、吉林东南部、辽宁、河北、山东、河南及山西，生于海拔 300-2500 米阳坡灌丛中或林缘。朝鲜、日本、俄罗斯远东地区有分布。

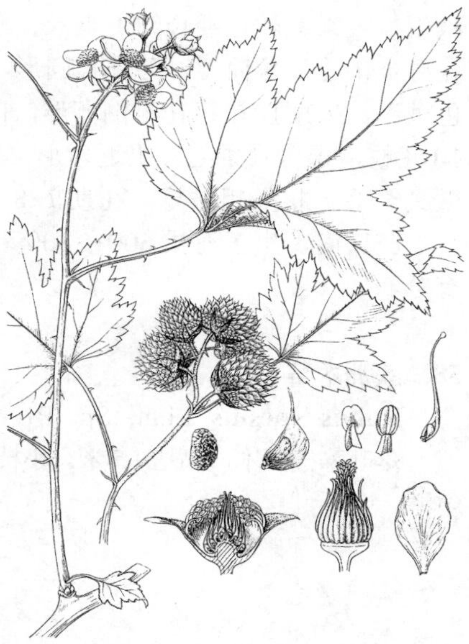

图 1021 牛叠肚 （引自《图鉴》）

56. 掌叶复盆子 图 1022

Rubus chingii Hu in Journ. Arn. Arb. 6: 141. 1925.

藤状灌木，高 1.5-3 米。枝具皮刺，无毛。单叶，近圆形，两面仅沿叶脉有柔毛或几无毛，基部心形，掌状 5 深裂，稀 3 或 7 裂，裂片椭圆形或菱状卵形，先端渐尖，基部近心形，顶生裂片与侧生裂片近等长或稍长，具重锯齿，有掌状 5 脉；叶柄长 2-4 厘米，微具柔毛或无毛，疏生小皮刺，托叶线状披针形。单花腋生，径 2.5-4 厘米。花梗长 2-3.5（4）厘米，无毛；萼筒毛较稀或近无毛，萼片卵形或卵状长圆形，具凸尖头，密被柔毛；花瓣椭圆形或卵状长圆形，白色；雄蕊多数，花丝宽扁；雌蕊多数，具柔毛。果近球形，成熟时红色，径 1.5-2 厘米，密被灰白色柔毛；核有皱纹。花期 3-4 月，果期 5-6 月。

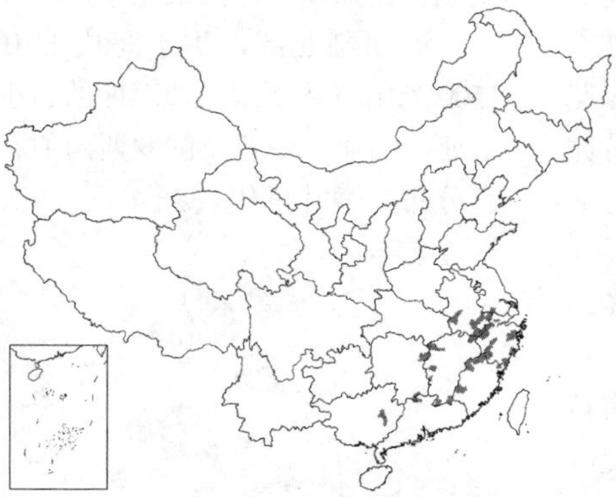

产江苏南部、安徽南部、浙江、福建、江西、湖南南部及东部、广东北部及广西东部，生于低海拔至中海拔山坡、路边阳处或灌丛中。日本有分布。果可食、制糖及酿酒，又可入药，为强壮剂；根能止咳，活血、消肿。

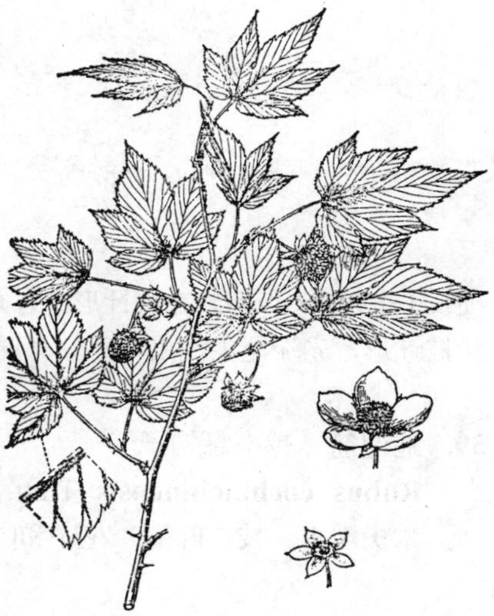

图 1022 掌叶复盆子 （引自《图鉴》）

57. 光亮悬钩子 图 1023：1-5

Rubus lucens Focke in Abh. Naturw. Ver. Bremen 4: 199. 1874.

常绿藤状灌木，高约 4 米。老枝无毛，幼枝具柔毛或近无毛，具小皮刺。复叶具 3 小叶，小叶革质，卵形、宽椭圆形或卵状披针形，长 8-13 厘米，先端尾尖，基部圆或宽楔形，两面无毛或沿叶脉具柔毛，疏生浅锐小锯齿；叶柄长 4-15 厘米，顶生小叶柄长 1.5-3 厘米，被柔毛或老时近无毛，疏生小皮刺，托叶离生，线形或披针形，具柔毛，早落。圆锥花序顶生和

腋生，被柔毛。花梗长约1厘米；苞片与托叶相似；花径不及1厘米；花萼被柔毛，萼筒短，萼片长圆形，先端钝圆或有突尖头，边缘被灰白色绒毛，果期直立；花瓣倒卵形，白或浅红色；雄蕊20-30；雌蕊6至10几枚，子房具柔毛。果近球形，径小于1厘米，包于宿萼内，无毛或微具柔毛；核具粗皱纹。花期7-8月，果期10-12月。

产云南，生于海拔600-3300米沟谷灌丛中或林下。印度及菲律宾有分布。

图 1023：1-5. 光亮悬钩子 6-9. 欧洲木莓（王金凤绘）

58. 欧洲木莓 图 1023：6-9

Rubus caesius Linn. Sp. P1. 706. 1753.

落叶攀援灌木，高达1.5米。小枝无毛或微具柔毛，常具白粉，被皮刺。

小叶3，纸质，宽卵形或菱状卵形，长4-7厘米，先端尖，基部圆或平截，两面微具柔毛，具缺刻状粗锐重锯齿，常3浅裂；叶柄长4-7厘米，顶生小叶柄长1-2.5厘米，均被柔毛和皮刺，有时混生腺毛，托叶宽披针形，具柔毛。花数朵或10余朵成伞房或短总状花序，腋生花序少花；花序轴。花梗和花萼均被柔毛和小刺，有时混生腺毛。花梗长1-1.5厘米；苞片宽披针形，有柔毛或短腺毛；花径达2厘米；萼片卵状披针形，先端尾尖，果期直立开展；花瓣宽椭圆形或宽长圆形，白色；雄蕊花丝线形；花柱与子房均无毛。果近球形，径约1厘米，成熟时黑色，无毛。花期6-7月，果期8月。

产新疆北部，生于海拔1000-1500米山谷林下或河边。西欧、小亚细亚、西亚，中亚及俄罗斯西伯利亚有分布。嫩叶可代茶。

59. 蛇泡筋 越南悬钩子 图 1024

Rubus cochinchinensis Tratt. Rosac. Monogr. 3: 97. 1823.

攀援灌木。枝、叶柄、花序和叶下面中脉疏生弯曲小皮刺；幼枝有黄

色绒毛，渐脱落。掌状复叶具(3)5小叶，小叶椭圆形、倒卵状椭圆形或椭圆状披针形，长5-10(15)厘米，先端短渐尖，基部楔形，上面无毛，下面密被褐黄色绒毛，有不整齐锐锯齿，具网状脉，侧脉较少；叶柄长4-5厘米，小叶柄长3-6毫米，幼时被绒毛，老时脱落，托叶扇形，掌状分裂，裂片披针形。顶生圆锥花序，或腋生近总状花序，或数朵簇生叶腋；花序轴、花梗和花萼均密被黄色绒毛。花梗长0.4-1厘米；苞片掌状或梳齿状分裂，早落；花径0.8-1.2厘米；花萼钟状，无刺，萼片卵圆形，外萼片顶端3浅裂；花瓣近圆形，白色；雄蕊

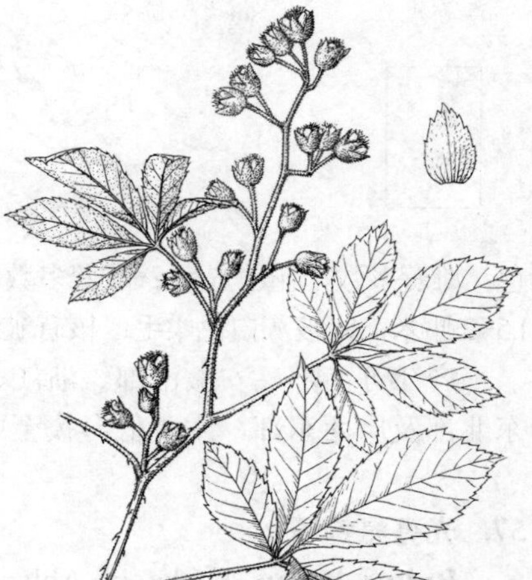

图 1024 蛇泡筋 （冯晋庸绘）

花丝钻形，无毛；雌蕊30-40，无毛，花柱长于萼片。果球形，幼时红色，成熟黑色。花期3-5月，果期7-8月。

产广东东南部、海南、广西及四川中西部，在低海拔至中海拔灌木林中常见。泰国、越南、老挝及柬埔寨有分布。

［附］**绢毛悬钩子 Rubus lineatus** Reinw. in Bl. Bijdr. Fl. Nederl. Ind. 17: 1108. 1826. 本种与蛇泡筋的区别：小叶具羽状脉，侧脉30-50对靠近而平行，下面密被绢毛；托叶和苞片不裂。产云南及西藏东部，生于海拔1500-3000米山坡、沟谷林中或采伐迹地。尼泊尔、锡金、不丹、印度东北部、缅甸、越南北部、马来西亚及印度尼西亚有分布。

60. 乌泡子 图 1025

Rubus parkeri Hance in Journ. Bot. 20: 260. 1882.

攀援灌木。密被灰色长柔毛，疏生紫红色腺毛和微弯皮刺。单叶，卵状披针形或卵状长圆形，长7-16厘米，基部心形，两耳不靠近，上面伏生长柔毛，沿叶脉较多，下面密被灰色绒毛，沿叶脉被长柔毛，侧脉5-6对，沿中脉疏生小皮刺，有细锯齿和浅裂片；叶柄长0.5-1(-2)厘米，密被长柔毛，疏生腺毛和小皮刺，托叶脱落，长达1厘米，常掌状条裂，裂片线形，被长柔毛。圆锥花序顶生，稀腋生，花序梗、花梗和花萼密被长柔毛和紫红色腺毛，疏生小皮刺。花梗长约1厘米；苞片与托叶相似，有长柔毛和腺毛；花径约8毫米；花萼带紫红色，萼片卵状披针形，长0.5-1厘米，先端短渐尖，全缘，内面有灰白色绒毛；花瓣白色，常无花瓣；雄蕊多数，花丝线形；雌蕊少数，无毛。果球形，径4-6毫米，成熟时紫黑色，无毛。花期5-6月，果期7-8月。

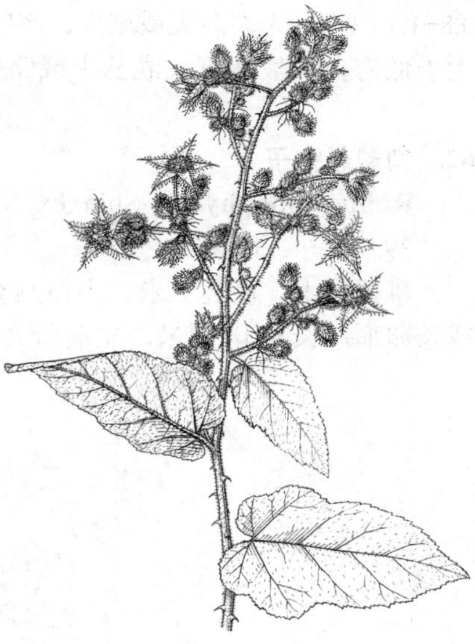

图 1025 乌泡子 （冯晋庸绘）

产甘肃南部、陕西南部、湖北西部、四川、云南西南部、贵州东北部及福建西北部，生于海拔1000-2600米山地林内、林缘、溪旁或山谷岩缝中。

［附］**琴叶悬钩子 Rubus panduratus** Hand.-Mazz. Symb. Sin. 7: 490. 1933. 本种与乌泡子的区别：叶卵状披针形或长圆状披针形，提琴状，上面沿叶脉具长硬毛，基部弯曲较窄深达2厘米，两耳靠近，叶柄长2-3.5厘米；萼片窄三角状披针形，长1-1.5厘米，先端钻状或长尾尖。产广东西南部、广西东北部及贵州东南部，生于低海拔至中海拔山地疏林中或山谷。

61. 灰白毛莓 图 1026

Rubus tephrodes Hance in Journ. Bot. 12: 260. 1874.

攀援灌木。枝密被灰白色绒毛，疏生微弯皮刺，并具刺毛和腺毛。单叶，近圆形，长宽均5-8（11）厘米，基部心形，上面有疏柔毛或疏腺毛，下面密被灰白色绒毛，中脉有时疏生刺毛和小皮刺，基脉掌状5出，有5-7钝圆裂片和不整齐锯齿；叶柄长1-3厘米，具绒毛，疏生小皮刺、刺毛及腺毛，托叶离生，脱落，深条裂或梳齿状深裂，有绒毛状柔毛。大型圆锥花序顶生；花序轴和花梗密被绒毛或绒毛状柔毛，花序梗下部疏生刺毛或腺毛。花梗长达1厘米；苞片与托叶相似；花径约1厘米；花萼密被灰白色绒毛，通常无刺毛和腺毛，萼片卵形，长4-7毫米，先端急尖，全缘；花瓣白色，近圆形或长圆形；雄蕊花丝基部稍膨大；雌蕊30-50，无毛。果球形，径1-1.5厘

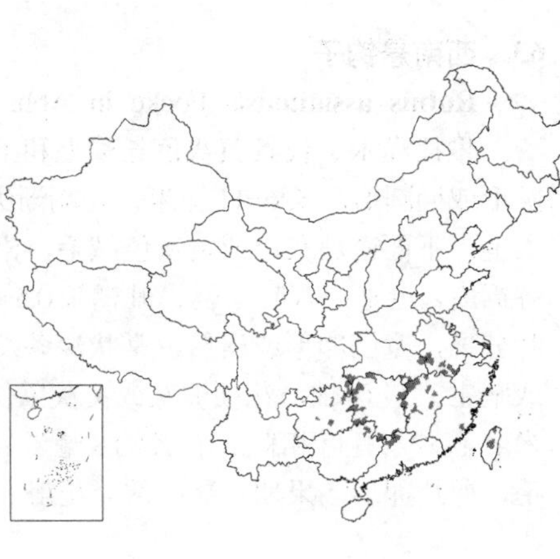

米，成熟时紫黑色，无毛；核有皱纹。花期6-8月，果期8-10月。

产安徽南部、福建东部、台湾、江西、湖北、湖南、广东北部、广西东北部、贵州及四川东南部，生于海拔1500米以下山坡、路旁或灌丛中。根入药，能祛风湿、活血调经，叶可止血，种子为强壮剂。

［附］**黔桂悬钩子 Rubus feddei** Lévl. et Vant. in Fedde, Repert. Sp. Nov. 8: 549. 1910. 与灰白毛莓的区别：枝、叶柄和花序具柔毛和腺毛，无刺毛；叶卵形或长卵形，浅裂；萼片卵形或卵状披针形，长0.8-1.1厘米，先端渐尖或尾尖。产广西西部、云南东南部及贵州西南部，生于低海拔山坡林下、灌丛中或路旁。越南有分布。

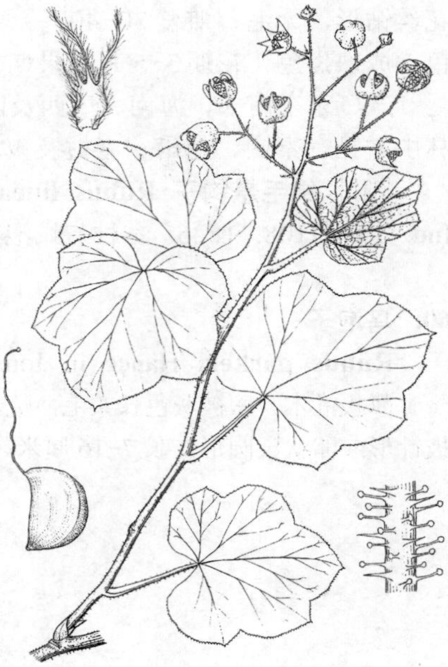

图 1026 灰白毛莓 （郭木森绘）

62. 角裂悬钩子 图 1027

Rubus lobophyllus Shih ex Metc. in Lingnan Sci. Journ. 19(1): 29. pl. 4. 1940.

攀援灌木，高达3米。小枝具柔毛，疏生钩状小皮刺。单叶，卵形或长卵形，长8-14厘米，先端渐尖，基部心形，上面叶脉具柔毛，下面密被浅灰或浅黄灰色绒毛，沿叶脉具柔毛，浅裂，裂片三角形或三角状披针形，有不整齐具突尖头锐锯齿；叶柄长3-7厘米，密被长柔毛，疏生钩状小皮刺，托叶离生，有长柔毛，羽状或掌状深裂，裂片披针形或线形。顶生花序窄圆锥状或近总状，腋生花序近伞房状或数朵簇生；花序轴、花梗有浅黄色长柔毛和绒毛。萼片卵形，外萼片掌状或羽状条裂，果期直立；花瓣近圆形或倒卵形，白色；雄蕊多数，无毛；雌蕊多数，子房无毛。果近球形，径7-9毫米，成熟时红色，无毛，包在宿萼内；核具皱纹。花期6-7月，果期8月。

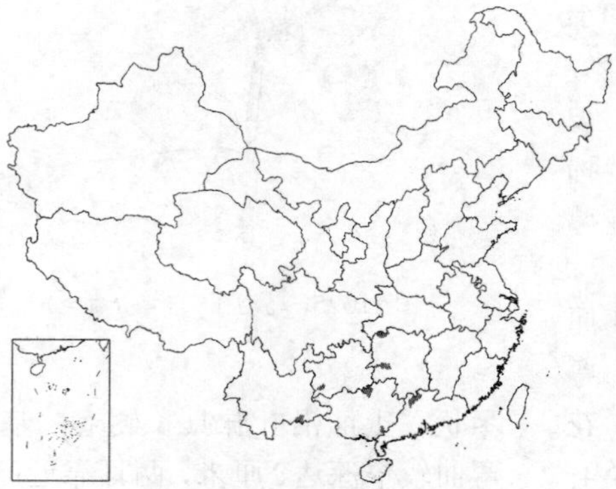

产湖南、广东北部、广西、云南东南部及贵州西南部，生于海拔500-2100米山谷、沟边或山坡阴处林下。

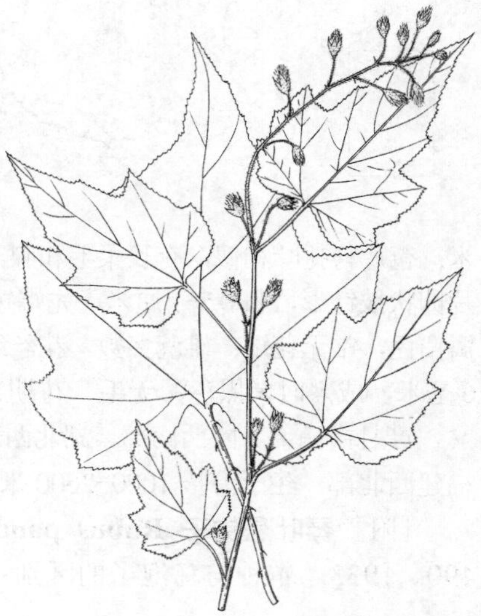

图 1027 角裂悬钩子 （孙英宝绘）

63. 西南悬钩子 图 1028

Rubus assamensis Focke in Abh. Naturw. Ver. Bremen 4: 197. 1874.

攀援灌木。枝具黄灰色长柔毛和下弯小皮刺。单叶，长圆形、卵状长圆形或椭圆形，长6-11厘米，先端渐尖，基部圆，稀近平截，上面疏生长柔毛，下面密被灰白或黄灰色绒毛，沿叶脉有长柔毛，有具短尖头的不整齐锯齿，近基部有时分裂；叶柄长0.5-1厘米，有灰白或黄灰色长柔毛，托叶分离，宽倒卵形或扇形，掌状深条裂，有长柔毛，脱落。圆锥花序顶生或腋生；花序轴、花梗被灰或黄灰色长柔毛，稀疏生腺毛。花梗长达1厘米；苞片与托叶相似；花径约8毫米；花萼密被灰白或黄灰色绒毛和长柔毛，萼片卵形，果期直立；常无花瓣；雄蕊多数；雌蕊10-15(20)，常无

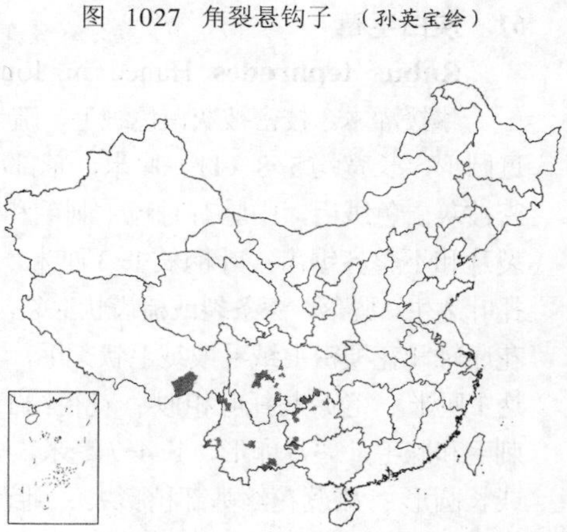

毛。果近球形，径约8毫米，成熟时红色变红黑色；核稍有皱纹。花期6-7月，果期8-9月。

产广西西北部、云南、贵州、四川及西藏东南部，生于海拔1400-3000米林下或林缘。印度东北部有分布。

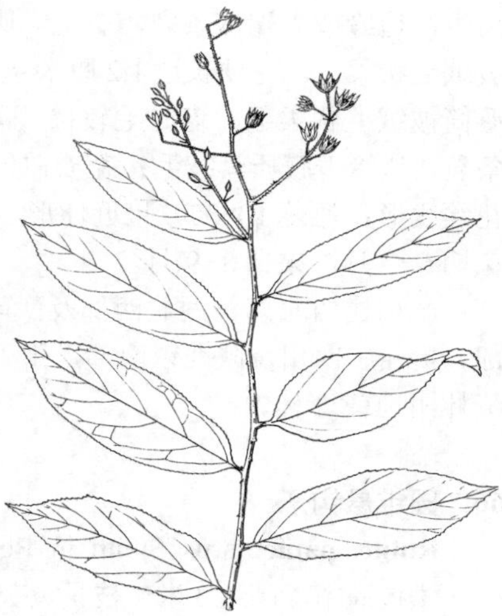

图 1028 西南悬钩子 （孙英宝绘）

64. 毛萼莓 图 1029

Rubus chroosepalus Focke in Hook. Icon. P1. ser. 3, 10: p1. 1952. 1891.

半常绿攀援灌木。幼枝有柔毛，老时无毛，疏生微弯皮刺。单叶，近圆形或宽卵形，径5-10.5厘米，先端短尾尖，基部心形，上面无毛，下面密被灰白或黄白色绒毛，沿叶脉疏生柔毛，基部有5条掌状脉，具不明显波状及不整齐尖锐锯齿；叶柄长4-7厘米，无毛，疏生微弯小皮刺，托叶离生，披针形，不裂或顶端浅裂，早落。圆锥花序顶生，长达27厘米，花序轴和花梗均被绢状长柔毛。花梗长3-6毫米；苞片披针形，两面均被柔毛，全缘或常3浅裂，早落；花径1-1.5厘米；花萼密被灰白或黄白色绢状长柔毛，萼筒浅杯状，萼片卵形或卵状披针形，全缘，无花瓣；雄蕊多数，花丝钻形；雌蕊约15或较少，常无毛。果球形，径约1厘米，成熟时紫黑或黑色，无毛；核具皱纹。花期5-6月，果期7-8月。

产福建、江西、湖北西部及西南部、湖南，广东北部、广西、贵州、云南东北部、四川及陕西南部，生于海拔300-2000米山坡灌丛中或林缘。越南有分布。果可食用。

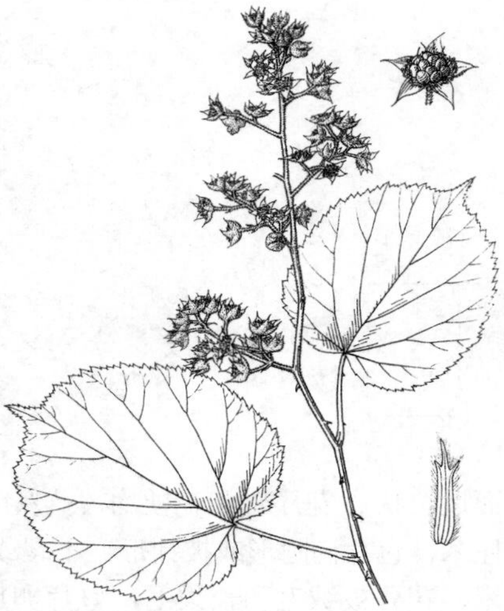

图 1029 毛萼莓 （冯晋庸绘）

65. 黄脉莓 图 1030

Rubus xanthoneurus Focke ex Diels in Engl. Bot. Jahrb. 29: 392. 1901.

攀援灌木。小枝具灰白或黄灰色绒毛，老时脱落，疏生微弯小皮刺。单叶，长卵形或卵状披针形，长7-12厘米，基部浅心形或平截，上面沿叶脉有长柔毛，下面密被灰白或黄白色绒毛，侧脉7-8对，棕黄色，常浅裂，有粗锐锯齿；叶柄长2-3厘米，有绒毛，疏生小皮刺，托叶

图 1030 黄脉莓 （引自《湖北植物志》）

离生，边缘或先端深条裂，有毛。圆锥花序顶生或腋生；花序轴和花梗被绒毛状柔毛。花梗长达1.2厘米；苞片与托叶相似；花径1厘米以下；萼筒被绒毛状柔毛，老时毛较稀，萼片卵形，被灰白色绒毛，外萼片浅条裂，边缘干膜质具绒毛；花瓣白色，倒卵圆形，有细柔毛；雄蕊多数，花丝线形；雌蕊10-35。果近球形，成熟时暗红色，无毛；核具细皱纹。花期6-7月，果期8-9月。

产福建西北部、湖北西部及西南部、湖南、广东、广西、云南东南部、贵州、四川及陕西东南部，生于海拔2000米以下荒野、沟边、山坡疏林阴地或密林中。

［附］ **网纹悬钩子 Rubus cinclidodictyus** Card. in Lecomte, Not. Syst.3:295. 1914. 本种与黄脉莓的区别：叶宽卵形，稀卵状长圆形，不裂，叶柄长1-4厘米，无毛；花萼被灰白色绒毛，无花瓣；果成熟时黑色。产云南及四川，生于海拔1200-3300米山坡林缘或沟边林中。

66. 圆锥悬钩子 图 1031

Rubus paniculatus Smith in Rees, Cyclop. 30: Rubus no. 41. 1819.

攀援灌木，高达3米。枝具黄灰色绒毛状长柔毛，渐脱落，有稀疏小皮刺。单叶，心状卵形或长卵形，长9-15厘米，先端稀尖，基部心形，上面有长柔毛，下面密被黄灰或灰白色绒毛，沿叶脉兼有长柔毛，波状或不明显浅裂，有不整齐粗锯齿或重锯齿；叶柄长2-4厘米，有黄灰或灰白色绒毛状长柔毛，常无刺，托叶长圆形或卵状披针形，中部以上部分浅裂。顶生圆锥花序开展，腋生花序较小而近总状；花序轴和花梗均被黄灰或灰白色绒毛状长柔毛。花梗长达1.5厘米，苞片椭圆形或披针形，不裂或顶端浅裂，有长柔毛；花径达1.8厘米，花萼被绒毛和长柔毛，萼片卵形或披针形，外萼片分裂；花瓣长圆形，白或黄白色；雄蕊多数，花丝线形，无毛；雌蕊无毛。果球形，成熟时暗红至黑紫色；核具皱纹。花期6-8月，果期9-10月。

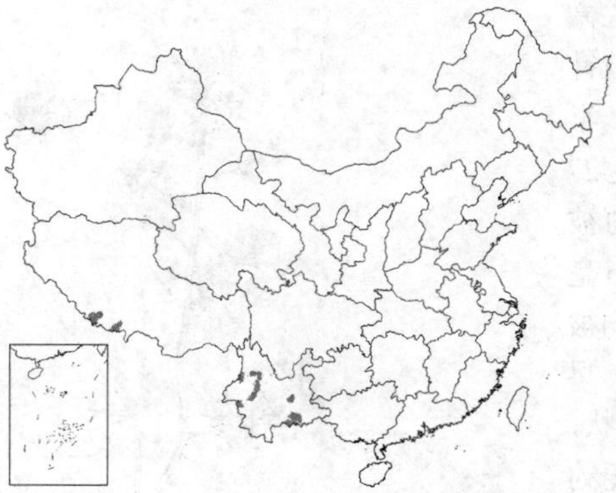

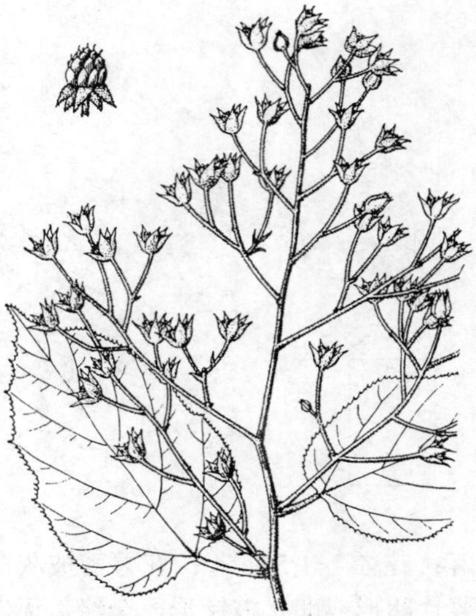

图 1031 圆锥悬钩子 （王金凤绘）

产云南及西藏南部，生于海拔1500-3200米山坡林内或沟边。不丹、锡金、尼泊尔、印度北部及克什米尔地区有分布。

67. 粗叶悬钩子 图 1032

Rubus alceaefolius Poir. in Lam. Encycl. Method. Bot. 6: 247. 1806.

攀援灌木，高达5米。枝被黄灰至锈色绒毛状长柔毛，疏生皮刺。单叶，近圆形或宽卵形，长6-16厘米，先端钝圆，稀尖，基部心形，上面疏生长柔毛，有泡状突起，下面密被黄灰至锈色绒毛，沿叶脉具长柔毛，具不规则3-7浅裂，裂片钝圆或尖，有不整齐粗锯齿，基脉5出；叶柄长3-4.5厘米，被黄灰至锈色绒毛状长柔毛，疏生小皮刺，托叶长1-1.5厘米，羽状深裂或不规则撕裂。顶生窄圆锥花序或近总状，腋生头状花序，稀单生；花序轴、花梗和花萼被浅黄至锈色绒毛状长柔毛。花梗长不及1厘米；苞片羽状至掌状或梳齿状深裂；花径1-1.6厘米；萼片宽卵形，有浅黄至锈色绒毛和长柔毛，外萼片顶端及边缘掌状至羽状条裂，稀不裂，内萼片常全缘而具短尖头；花瓣宽倒卵形或近圆形，白色；花丝宽扁，花药稍有长

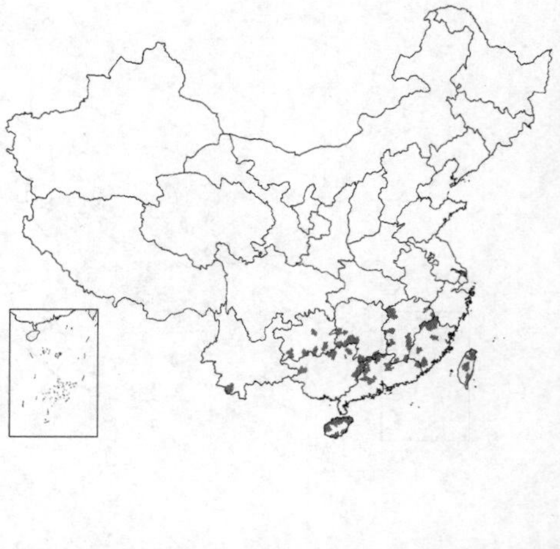

柔毛；雌蕊多数，子房无毛。果近球形，径达 1.8 厘米，肉质，成熟时红色；核有皱纹。花期 7-9 月，果期 10-11 月。

产福建、台湾、江西、湖南、广东、海南、广西、贵州及云南南部，生于海拔 500-2000 米阳坡、山谷林内、沼泽灌丛中或路旁岩缝中。缅甸、东南亚、印度尼西亚、菲律宾及日本有分布。根和叶入药，有活血去瘀、清热止血之效。

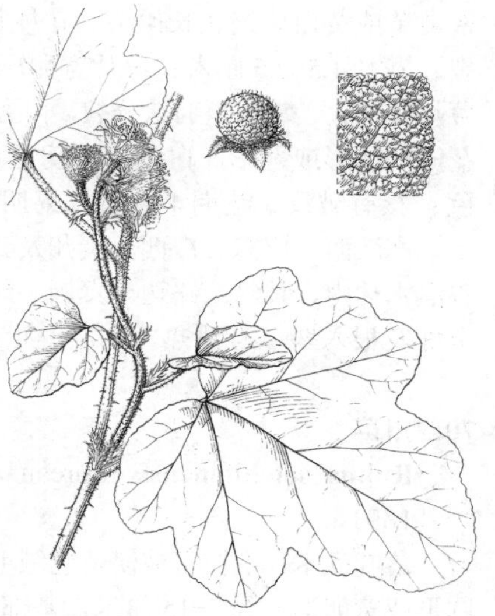

图 1032 粗叶悬钩子 （冯晋庸绘）

68. 棕红悬钩子 图 1033

Rubus rufus Focke in Bibl. Bot. 72(1): 108. f. 47. 1910.

攀援灌木，高达 3 米。枝具柔毛、棕褐色软刺毛和稀疏针刺。单叶，心状近圆形，径 9-15 厘米，上面沿叶脉有长柔毛，下面密被棕褐色绒毛，沿叶脉有红褐色长硬毛和稀疏针刺，5 裂，先端尖，近基部裂片较短，顶生裂片较大，有不整齐尖锐锯齿，基脉掌状 5 出；叶柄长 7-11 厘米，具柔毛、棕褐色软刺毛和微弯针刺，托叶长达 2 厘米，宽达 1.5 厘米，梳齿状或掌状深裂，具软刺毛，迟落。顶生窄圆锥花序或近总状花序，或花簇生叶腋；花序轴和花梗均密被柔毛、棕褐色软刺毛和稀疏微弯针刺。花梗长 0.7-1 厘米；苞片掌状深裂；花径约 1 厘米；花萼密被棕褐色绒毛和软刺毛，萼片宽卵形或卵状披针形，先端尾尖，外萼片顶端常浅条裂，内萼片全缘，果期直立；花瓣宽椭圆形或近圆形，白色，无毛；雄蕊多数；雌蕊 30-40，无毛，果由少数小核果组成，成熟时桔红色，无毛；核具细皱纹。花期 6-8 月，果期 9-10 月。

产福建西部、江西、湖北西南部、湖南、广东北部、广西北部、云南、贵州及四川，生于海拔 600-2500 米山坡灌丛或山谷密林中。泰国、越南有分布。

图 1033 棕红悬钩子 （吴彰桦绘）

［附］**多毛悬钩子 Rubus lasiotrichos** Focke in Bibl. Bot. 72(1): 109. 1910. 与棕红悬钩子的区别：托叶和苞片长 1-1.2 厘米，宽 0.7-1 厘米，浅裂，早落；花径 1.2-1.7 厘米，萼片披针形或卵状披针形，先端短渐尖或尾尖。产云南及四川，生于海拔 1800-2700 米干旱坡地、石山或疏林内。

69. 大乌泡 图 1034

Rubus multibracteatus Lévl. et Vant. in Bull. Acad. Géog. Bot. 11: 99. 1902.

灌木。小枝有黄色绒毛状柔毛和稀疏钩状小皮刺。单叶，近圆形，径 7-16 厘米，先端钝圆，稀尖，基部心形，上面有柔毛和密集小凸起，下面密被黄灰或黄色绒毛，沿叶脉有柔毛，掌状 7-9 浅裂，顶生裂片微 3 裂，有不整齐粗锯齿，基脉掌状 5 出；叶柄长 3-6 厘米，密被黄色绒毛状柔毛和疏生小皮刺，托叶宽椭圆形或宽倒卵形，长 1-1.8 厘米，先端梳齿状深裂。顶生花序窄圆锥状或总状，腋生花序为总状或花簇；花序轴、花梗和花萼

密被黄或黄白色绢状长柔毛。花梗长1-1.5厘米；苞片似托叶，掌状条裂；花径1.5-2.5厘米；萼片宽卵形，先端渐尖，边缘有时稍具绒毛，外萼片较宽大，掌状至羽状分裂，内萼片较窄长，不裂或分裂，果期直立；花瓣倒卵形或匙形，白色；子房无毛。果球形，径达2厘米，成熟时红色；核有皱纹。花期4-6月，果期8-9月。

产江西、广东、广西、贵州及云南，生于海拔350-2700米山坡、沟谷灌木林内、林缘或路边。泰国、越南、老挝及柬埔寨有分布。果可食。全株及根入药，有清热、利湿、止血之效。

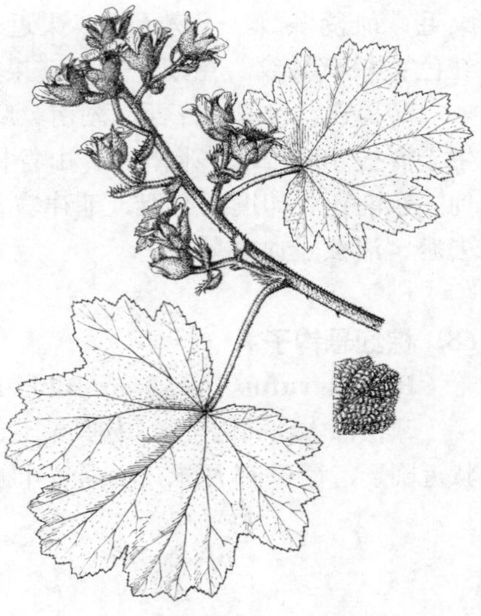

图 1034 大乌泡 （冯晋庸绘）

70. 川莓 图1035 彩片142

Rubus setchuenensis Bureau et Franch. in Journ. de Bot. 5: 46. 1891.

落叶灌木。小枝密被淡黄色绒毛状柔毛，老时脱落，无刺。单叶，近圆形或宽卵形，径7-15厘米，基部心形，上面粗糙，无毛或沿叶脉稍具柔毛，下面密被灰白色绒毛，有时渐脱落，基脉掌状5出，5-7浅裂，裂片再浅裂，有浅钝锯齿；叶柄长5-7厘米，具浅黄色绒毛状柔毛，常无刺，托叶离生，卵形、卵状披针形，稀长倒卵形，长0.7-1.1厘米，顶端条裂，早落。窄圆锥花序，顶生或腋生或少花簇生叶腋；花序轴和花梗均密被浅黄色绒毛状柔毛。花梗长约1厘米；苞片与托叶相似；花径1-1.5厘米；花萼密被浅黄色绒毛和柔毛，萼片卵状披针形，全缘或外萼片顶端浅条裂，果期直立，稀反折；花瓣倒卵形或近圆形，紫红色；雄蕊较短；雌蕊无毛。果半球形，径约1厘米，成熟时黑色，无毛；核较光滑。花期7-8月，果期9-10月。

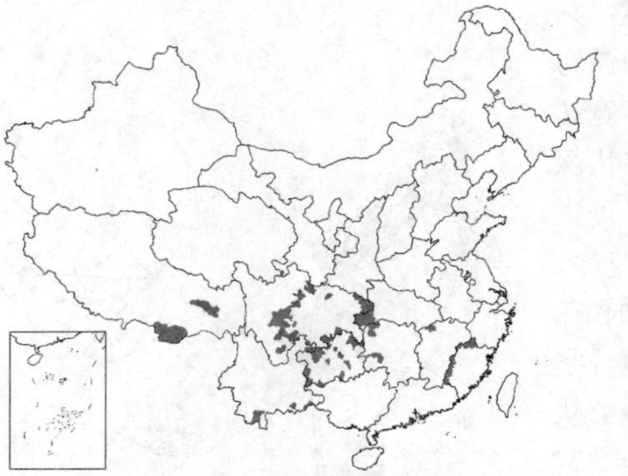

产福建、江西、湖北西南部、湖南、贵州、云南、四川及西藏，生于海拔500-3000米山坡、路旁、林缘或灌丛中。果可生食。根药用，有祛风、除湿、止呕、活血之效。

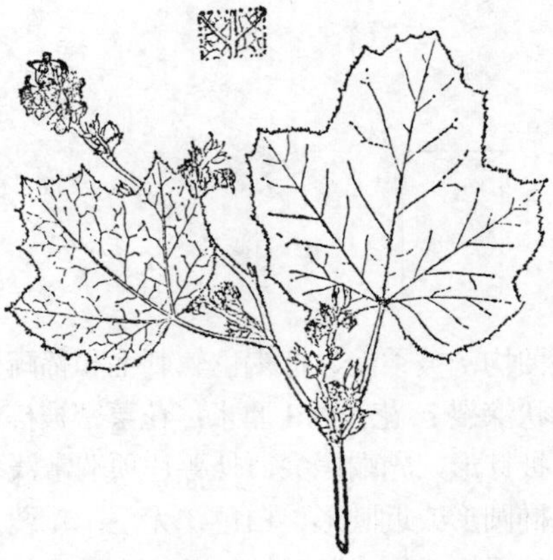

图 1035 川莓 （冯晋庸绘）

71. 台湾悬钩子 图1036

Rubus formosensis Kuntze, Meth. Sp. Rub. 73. 79. 80. 82. 95. 1879.

直立或近蔓性灌木。枝密被黄褐色绒毛状柔毛，无皮刺或疏生钩状小皮刺。单叶，宽卵形或近圆形，长宽均6-12厘米，基部心形，上面具皱纹，幼时有柔毛，下面密被黄灰色绒毛，沿叶脉具柔毛，5浅裂，裂片卵状三角形，有不规则粗锯齿，基脉5出；叶柄长3-5厘米，密被黄褐色绒毛状柔毛，常无皮刺，托叶离生，卵形或宽长圆形，长1-1.5厘米，羽状深裂或撕裂。单花腋生或数朵成顶生短总状花序；花序轴和花梗均密被黄褐色绒毛状柔毛。花梗长3-4毫米；苞片形状与托叶相似；花径约1.5厘米或稍长；花萼密被黄褐色长柔毛和绒毛，萼片三角状卵形，全缘或外萼片先端浅裂；花瓣宽卵形；果圆形或宽卵圆形，成熟时红色。花期6-7月，果期8-9月。

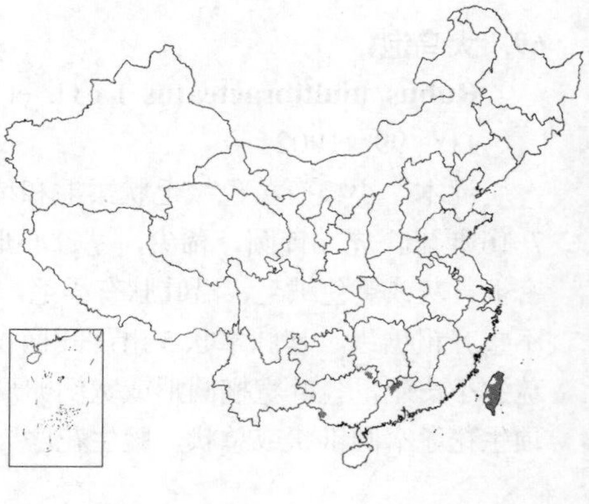

产台湾、广东北部、广西东北部及西南部，生于中高海拔干旱地、岩石地或山谷溪边疏林内。

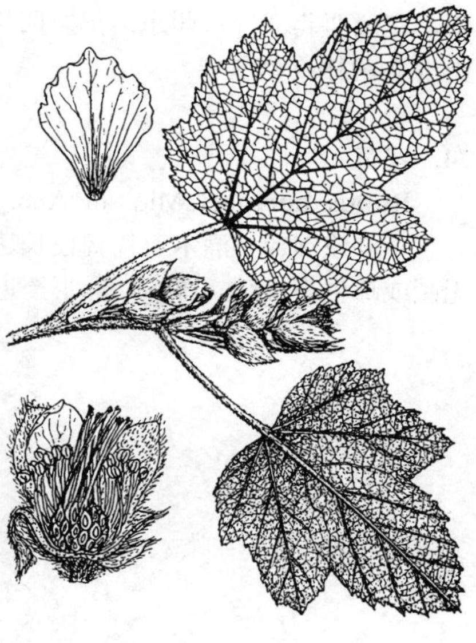

图 1036 台湾悬钩子
（引自《Formos. Trees》）

72. 羽萼悬钩子 图 1037

Rubus pinnatisepalus Hemsl. in Journ. Linn. Soc. Bot. 29: 305. 1892.

藤状灌木，高达1米，有匍匐茎。小枝被绒毛状长柔毛和刺毛状小刺。单叶，圆形或宽卵形，径7-14厘米，先端钝圆或尖，基部心形，上面疏生长柔毛，有皱纹，下面被灰白色绒毛，沿叶脉有长柔毛和刺毛状小刺，5-7浅裂，裂片先端钝圆或尖，有不规则粗锯齿或重锯齿；叶柄长3-7厘米，被绒毛状长柔毛和刺毛状小刺，托叶宽扇状，长1-1.5(2)厘米，梳齿状或掌状深裂，有长柔毛。顶生短总状花序，或花数朵腋生或单生；花序轴和花梗被灰白或浅黄色绒毛状长柔毛。花梗长不及1厘米，有时混生稀疏腺毛；苞片与托叶相似；花径1.5厘米；花萼有灰白或浅黄色绒毛和长柔毛，并有刺毛，萼片长卵形或卵状披针形，外萼片羽状深裂，内萼片全缘，长尾尖，常有腺毛；花瓣宽倒卵形或近圆形，白色，基部稍具柔毛；雄蕊多数，花丝宽扁而具柔毛；雌蕊多数。果近球形，径约1厘米，成熟时红色，无毛。花期6-7月，果期9-10月。

产湖北西南部、四川南部、贵州北部、云南西部及台湾，生于海拔3000米以下溪边或林内。

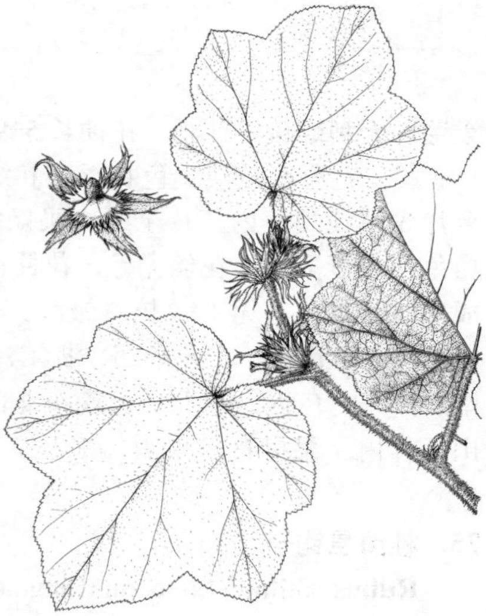

图 1037 羽萼悬钩子 （冀朝桢绘）

73. 湖南悬钩子 图 1038

Rubus hunanensis Hand.-Mazz. Symb. Sin. 7: 497. f. 16. 1933.

攀援小灌木。枝密被柔毛，疏生钩状小皮刺。单叶，近圆形或宽卵形，径8-13厘米，基部深心形，幼时上面具柔毛，下面有绒毛和柔毛，老时两面近无毛，5-7浅裂，裂片先端尖，稀钝圆，有不整齐锐锯齿，基脉掌状5出；叶柄长6-9厘米，密被短柔毛和稀疏钩状小皮刺，托叶离生，长达1厘米，不育枝托叶长达1.8厘米，近掌状或羽状分裂，具短柔毛，脱落或部分宿存。花数朵生于叶腋或成顶生短总状花序；花序轴和花梗密被灰色柔毛。花梗长0.5-1厘米；苞片与托叶相似；花径0.7-1厘米；花萼密被灰白或黄灰色柔毛和绒毛，萼片宽卵形，外萼片宽大，边缘羽状条裂，内萼片较小，常不裂，花后直立；花瓣倒卵形，白色，无毛；雄蕊短，无毛；雌蕊几与雄蕊等长，无毛。果半球形，成熟时黄红色，包在宿萼内，无毛；核具细皱纹。花期7-8月，果期9-10月。

产安徽南部、浙江、福建西北部、江西、湖北西南部、湖南、广东西北

部、广西西北部、贵州东南部及四川南部，生于海拔500-2500米山谷、山沟、密林或草丛中。

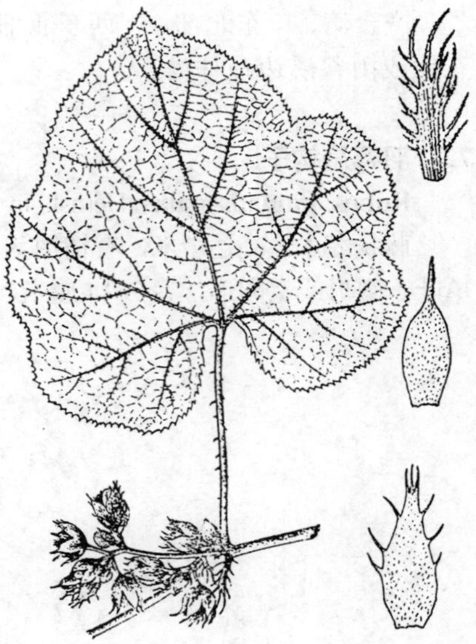

图 1038 湖南悬钩子 （吴彰桦绘）

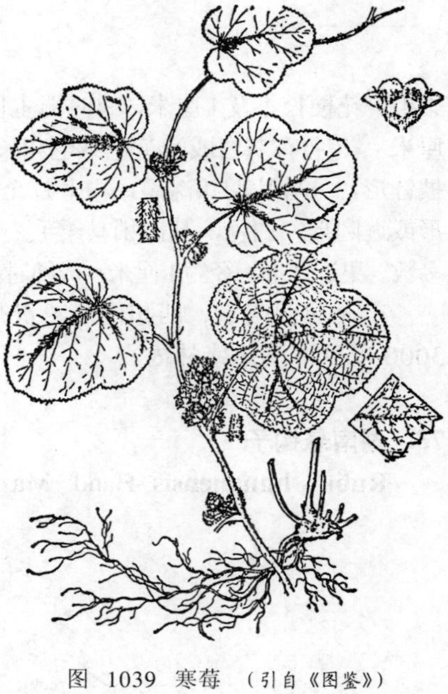

图 1039 寒莓 （引自《图鉴》）

74. 寒莓 图 1039

Rubus buergeri Miq. in Ann. Mus. Bot. Lugd.-Bat. 3: 36. 1867.

直立或匍匐小灌木，匍匐枝长达2米，与花枝均密被绒毛状长柔毛，无刺或疏生小皮刺。单叶，卵形至近圆形，径5-11厘米，基部心形，上面微具柔毛或沿叶脉具柔毛，下面密被绒毛，沿叶脉具柔毛，老时下面绒毛常脱落，5-7浅裂，裂片钝圆，有不整齐锐锯齿，基脉掌状5出；叶柄长4-9厘米，密被绒毛状长柔毛，无刺或疏生针刺，托叶离生，早落，掌状或羽状深裂，具柔毛。短总状花序顶生或腋生，或花数朵簇生叶腋；花序轴和花梗密被绒毛状长柔毛，无刺或疏生针刺。花梗长5-9毫米；苞片与托叶相似；花径0.6-1厘米；花萼密被淡黄色长柔毛和绒毛，萼片披针形或卵状披针形，外萼片先端浅裂，内萼片全缘，果期常直立开展，稀反折；花瓣倒卵形，白色；雄蕊多数，花丝无毛，花柱长于雄蕊。果近球形，径0.6-1厘米，成熟时紫黑色，无毛；核具皱纹。花期7-8月，果期9-10月。

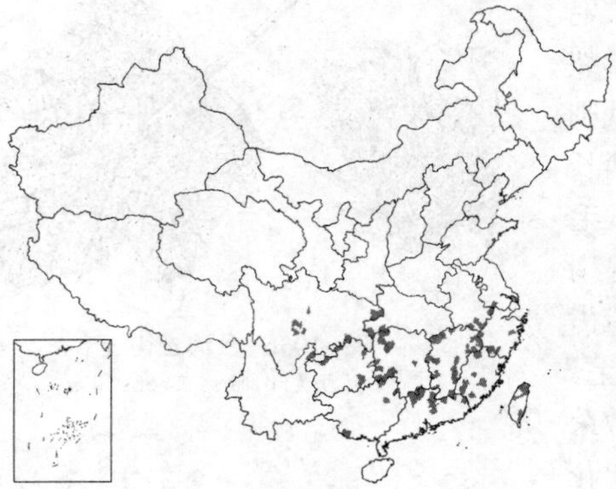

产江苏南部、安徽南部、浙江、福建、台湾、江西、湖北西北部、湖南、广东、广西、贵州、云南东北部及四川，生于中低海拔阔叶林下或山地林内。果可食及酿酒。根及全草入药，有活血、清热解毒之效。

75. 桂滇悬钩子 图 1040

Rubus shihae Metc. in Lingnan Sci. Journ. 19(1): 31. pl. 5.1940.

攀援灌木，高达5米。枝无毛，幼时具柔毛，疏生钩状小皮刺。单叶，卵形或宽卵形，稀近圆形，长8-11厘米，先端急尖或短渐尖，基部平截至浅心形，上面无毛，下面密被黄色至锈色绒毛，沿叶脉具长柔毛，波状或微浅裂，有不整齐具突尖头的粗锯齿；叶柄长2-4厘米，幼时有柔毛，老时渐脱落，疏生小皮刺，托叶离生，长圆形或卵状披针形，长不及1厘米，被黄色绒毛状毛，先端掌状浅裂。花序短总状，顶生和腋生或花数朵簇生叶腋；花序轴和花梗密被黄色绒毛状柔毛，花梗长不及1厘米；苞片与托叶相似；花径6-9毫米；花萼密被浅黄或黄色绢状长柔毛和绒毛，萼片披针形，外萼片先端常浅裂，内萼片全缘，果期常直立；花瓣近圆形或倒卵形，微具柔毛，先端缺刻状；雄蕊多数，花丝近基部较宽；雌蕊长于雄蕊，子房和花柱无毛。果成熟时红色，无毛，由少数小核果组

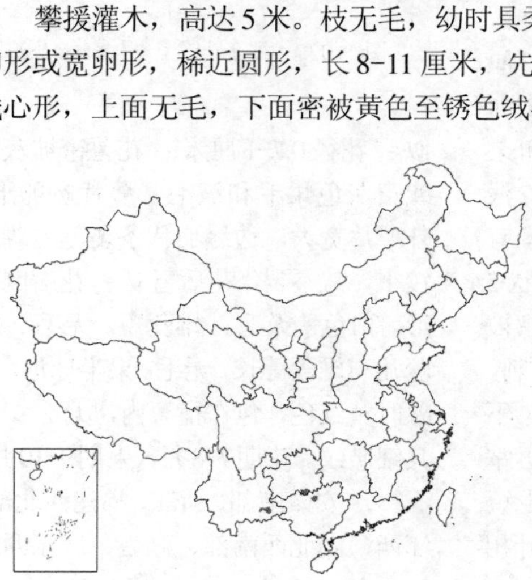

成，包于宿萼内；核具浅皱纹。花期6-7月，果期8-9月。

产广西北部、贵州南部及云南东南部，生于低海拔至中海拔丘陵或山谷密林中。

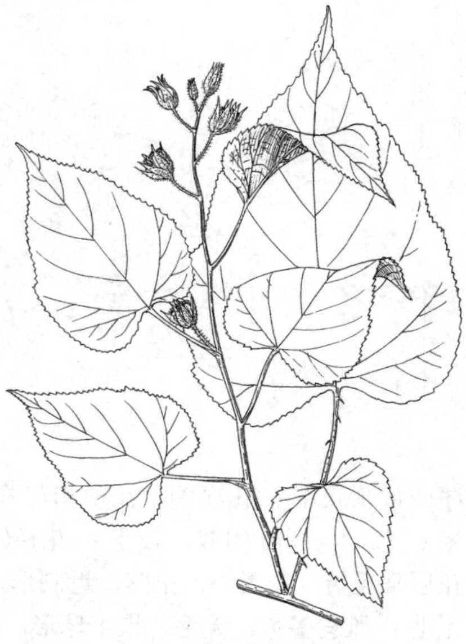

图 1040 桂滇悬钩子 （孙英宝绘）

76. 锈毛莓 图 1041

Rubus reflexus Ker in Bot. Reg. 6: 461. 1820.

攀援灌木，高达2米。枝被锈色绒毛状毛，疏生小皮刺。单叶，心状长卵形，长7-14厘米，上面无毛或沿叶脉疏生柔毛，有皱纹，下面密被锈色绒毛，沿叶脉有长柔毛，3-5浅裂，有不整齐粗锯齿或重锯齿，基部心形，顶生裂片披针形或卵状披针形，比侧生裂片长；叶柄长2.5-5厘米，被绒毛并疏生小皮刺，托叶宽倒卵形，长宽均1-1.4厘米，被长柔毛，梳齿状或不规则掌状分裂。花数朵簇生叶腋或成顶生总状花序；花序轴和花梗密被锈色长柔毛。花梗长3-6毫米；苞片与托叶相似；花径1-1.5厘米，花萼密被锈色长柔毛和绒毛，萼片卵形，外萼片先端常掌状分裂，内萼片常全缘；花瓣长圆形或近圆形，白色；雄蕊短，花药无毛或先端有毛；雌蕊无毛。果近球形，成熟时深红色；核有皱纹。花期6-7月，果期8-9月。

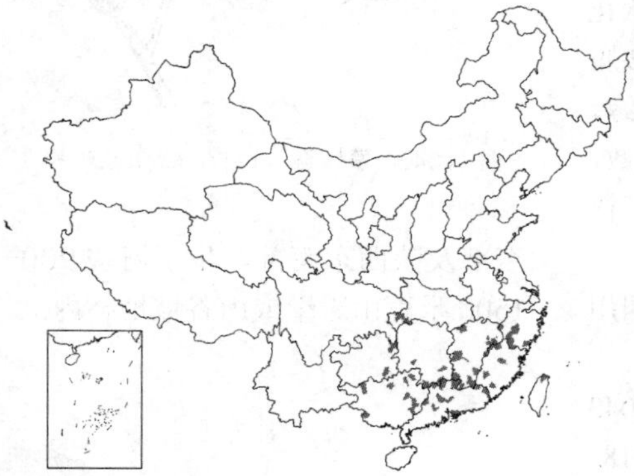

产浙江、福建、台湾、江西、湖北西南部、湖南、广东、广西及贵州，生于海拔300-1000米山坡、山谷灌丛或疏林中。果可食；根入药，有祛风湿，强筋骨之效。

［附］**长叶锈毛莓 Rubus reflexus** var. **orogenes** Hand.-Mazz. Symb. Sin. 7: 496. 1933. 本变种与模式变种的区别：叶微波状或不明显浅裂，托叶和苞片长达2.5厘米；萼片披针形或卵状披针形，长约1.5厘米。产江西西北部、湖北西南部、湖南西南部、广东东北部及贵州东部，生于低海拔山地林下或山谷密林中。

［附］**浅裂锈毛莓 Rubus reflexus** var. **hui**（Diels ex Hu）Metc. in Lingnan Sci. Journ. 11: 6.1932. —— *Rubus hui* Diels ex Hu in Science 7: 608. 1922. 本变种与模式变种的区别：叶心状宽卵形或近圆形，长8-13厘米，3-5浅裂，裂片尖，顶生裂片比侧生者稍长或近等长。产浙江、福建、台湾、江西、湖南、广东、海南、广西、云南及贵州，生于海拔300-1500米山坡灌丛、疏林湿润地或山谷溪旁。

［附］**深裂锈毛莓 Rubus reflexus** var. **lanceolobus** Metc. in Lingnan Sci. Journ. 11: 7. 1932. 本变种与模式变种和浅裂锈毛莓的区别：叶心状宽卵形或近圆形，5-7深裂，裂片披针形或长圆状披针形。产福建、湖南、广东及广西，生于低海拔山谷或沟边疏林中。

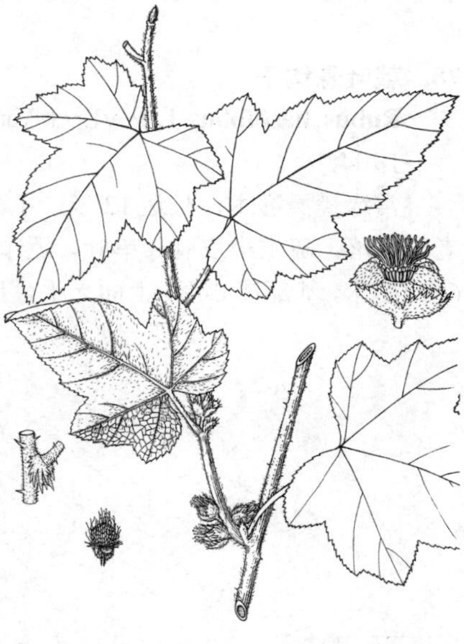

图 1041 锈毛莓 （郭木森绘）

77. 攀枝莓 图 1042

Rubus flagelliflorus Focke ex Diels in Engl. Bot. Jahrb. 29: 393. 1901.

攀援或匍匐小灌木。幼枝密被灰白色绒毛，老时脱落，疏生钩状小皮

刺。单叶，革质，叶卵形或长卵形，长7-15厘米，先端尖至短渐尖，基部深心形，上面无毛，下面密被黄色绒毛，常不裂或微波状，有不整齐钝圆锯齿，基脉掌状5出；叶柄长3-6厘米，幼时密被灰白色绒毛，老时脱落，疏生钩状小皮刺，托叶离生，具黄色柔毛，先端掌状分裂。花成腋生短总状花序或数朵簇生；花序轴、花梗和花萼密被黄色绒毛状柔毛。花梗长1-2厘米；苞片与托叶相似，较小；花径约1厘米；萼片卵状披针形，常全缘，花后常反折；花瓣小，早落，近圆形，白色，近基部微具柔毛；雄蕊多数，无毛；雌蕊多数，无毛。果半球形，径1-1.3厘米，成熟时黑色，无毛；核较平滑或稍具皱纹。花期5-6月，果期7-8月。

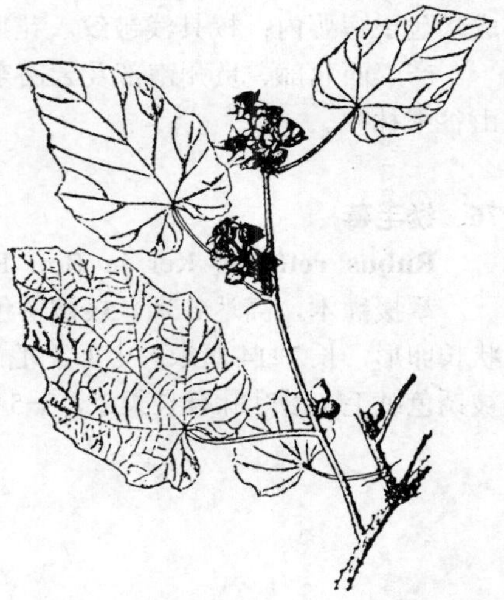

图 1042 攀枝莓 （引自《湖北植物志》）

产福建、台湾东南部、江西、湖北、湖南西北部、贵州西南部、四川东部及陕西东南部，生于海拔900-1500米荒山岩壁或山谷坡地林内。

78. 戟叶悬钩子 图 1043

Rubus hastifolius Lévl. et Vant. in Bull. Soc. Bot. Franch. 51: 218. 1904.

常绿攀援灌木，长达12米，主干径4-6厘米。小枝密被灰白色绒毛，老时脱落，疏生小皮刺。单叶，近革质，长圆状披针形或卵状披针形，长6-12厘米，基部深心形，上面无毛，下面密被红棕色绒毛，有裂或近基部有2浅裂片，裂片钝圆或急尖，有小锯齿；叶柄长2-5厘米，密被绒毛，无刺或偶有小刺，托叶离生，长圆状，长6-9毫米，掌状分裂近基部，被柔毛，早落。花3-8朵成伞房状花序；花序轴和花梗密被红棕色绢状长柔毛。花梗长0.8-1.5厘米；苞片与托叶相似，花序上部苞片常分裂成2-3条线状裂片，早落；花径1.5厘米；花萼密被红棕色绢状长柔毛，萼片卵状披针形，不裂或外萼片先端浅条裂，花后反折；花瓣倒卵形，白色，无毛，雄蕊多数，排成2-3列，无毛；花药淡黄色，背部稍具绢状长柔毛；雌蕊多数，花柱疏生绢状长柔毛，果近球形，径1-1.2厘米，肉质，成熟时红色至紫黑色，无毛；核具浅皱纹。花期3-5月，果期4-6月。

图 1043 戟叶悬钩子 （孙英宝绘）

产江西西北部、湖北西南部、湖南、广东、广西、贵州及云南东南部，生于海拔600-1500米山坡阴湿地、沟谷疏林内或溪旁灌丛中。泰国及越南有分布。粤北山区常用止血草药，广东用叶制取“止血灵”注射液。

79. 梨叶悬钩子 太平悬钩子 图 1044

Rubus pirifolius Smith, Plant. Icon. Ined. 3: t. 161. 1791.

攀援灌木。枝具柔毛和扁平皮刺。单叶，近革质，卵形、卵状长圆

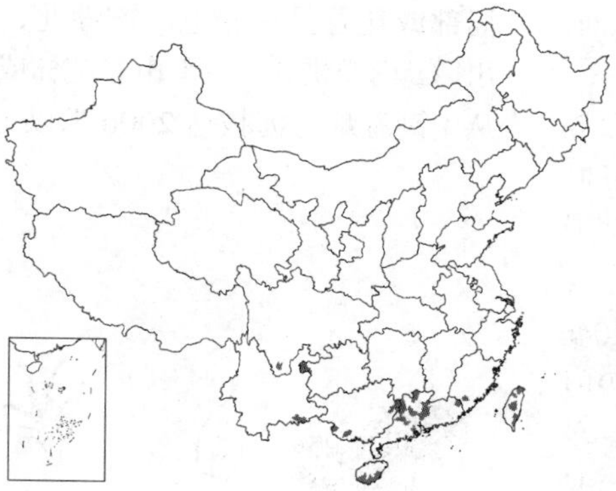

形或椭圆状长圆形，长6-11厘米，先端急尖或短渐尖，基部圆，两面沿叶脉有柔毛，渐脱落至近无毛，具不整齐粗锯齿；叶柄长达1厘米，伏生粗柔毛，疏生皮刺，托叶分离，早落、条裂，有柔毛。圆锥花序顶生或腋生；花序轴、花梗和花萼密被灰黄色短柔毛，无刺或有少数小皮刺。花梗长0.4-1.2厘米；苞片条裂成3-4枚线状裂片，有柔毛，早落；花径1-1.5厘米；萼筒浅杯状，萼片卵状披针形或三角状披针形，内外均密被柔毛，先端2-3条裂或全缘；花瓣小，白色，长椭圆形或披针形；雄蕊多数，花丝线形；雌蕊5-10，常无毛。果径1-1.5厘米，由数个小核果组成，成熟时带红色，无毛；小核果长5-6毫米，宽3-5毫米，有皱纹。花期4-7月，果期8-10月。

产福建南部、台湾、广东、海南、广西、云南、贵州西部及四川西南部，生于低海拔至中海拔山地较阴蔽处。泰国、越南、老挝、柬埔寨、印度尼西亚及菲律宾有分布。全株入药，有强筋骨、去寒湿之效。

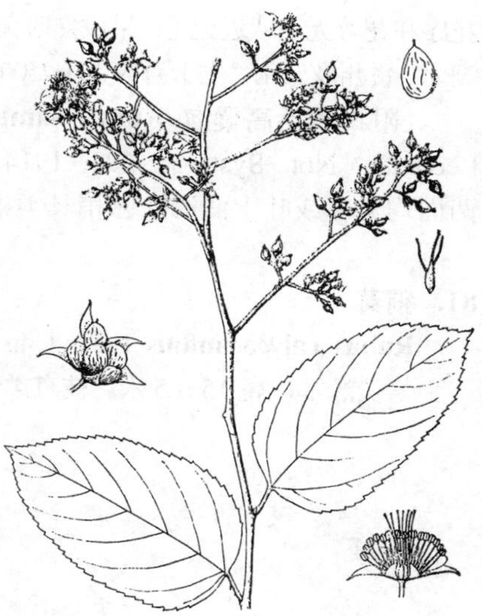

图 1044 梨叶悬钩子 （吴彰桦绘）

80. 高粱泡 图 1045

Rubus lambertianus Ser. in DC. Prodr. 2: 567. 1825.

半落叶藤状灌木，高达3米。幼枝有柔毛或近无毛，有微弯小皮刺。单叶，宽卵形，稀长圆状卵形，长5-10（12）厘米，先端渐尖，基部心形，上面疏生柔毛或沿叶脉有柔毛，下面被疏柔毛，中脉常疏生小皮刺，3-5裂或呈波状，有细锯齿；叶柄长2-4（5）厘米，具柔毛或近无毛，疏生小皮刺，托叶离生，线状深裂，有柔毛或近无毛，常脱落。圆锥花序顶生，生于枝上部叶腋，花序常近总状，有时仅数花簇生叶腋；花序轴、花梗和花萼均被柔毛。花梗长0.5-1厘米；苞片与托叶相似；花径约8毫米；萼片卵状披针形，全缘，边缘被白色柔毛，内萼片边缘具灰白色绒毛；花瓣倒卵形，白色，无毛；雄蕊多数，花丝宽扁；雌蕊15-20，无毛。果近球形，径6-8毫米，无毛，成熟时红色；核长约2毫米，有皱纹。花期7-8月，果期9-11月。

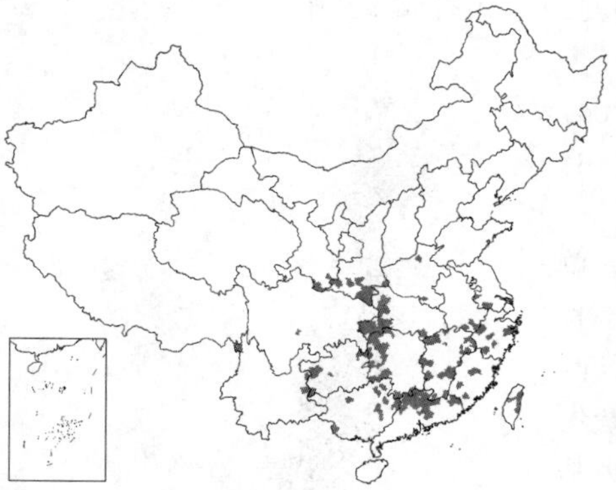

产河南、安徽南部、江苏西南部、浙江、福建、台湾、江西、湖北、湖南、广东、广西、云南、贵州、四川、陕西南部及甘肃南部，生于低海拔山坡、山谷、灌丛中或林缘。日本有分布。果食用及酿酒；根叶供药用，有清热散瘀、止血之效。

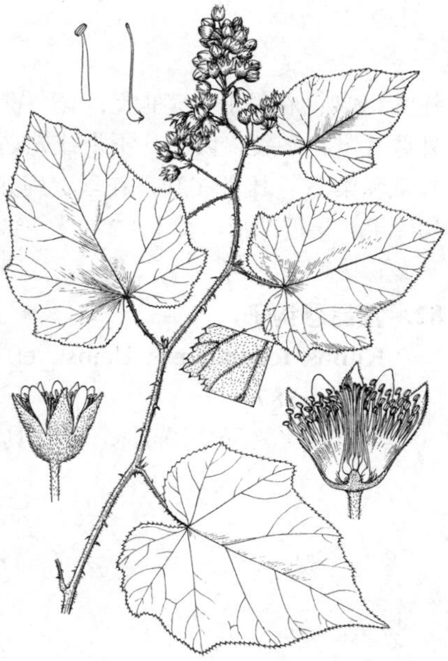

图 1045 高粱泡
（引自《江苏南部种子植物手册》）

［附］**光滑高粱泡 Rubus lambertianus** var. **glaber** Hemsl. in Journ. Linn. Soc. Bot. 23: 233. 1887.本变种与模式变种的区别：小枝和叶两面均无毛或叶上面沿叶脉稍具柔毛；

花序和花萼无毛或近无毛；果成熟时黄或橙黄色。产甘肃、陕西、四川、江西、湖北、贵州及云南，生于海拔200-2500米山坡、多石砾山沟或林缘。

［附］**腺毛高粱泡 Rubus lambertianus** var. **glandulosus** Card. in Lecomte, Not. Syst. 3: 293. 1914. 本变种与模式变种的区别：枝、叶两面均无毛或叶上面沿叶脉稍具柔毛；花序无毛或近无毛，花序各部或局部或花萼具小腺毛。产湖北、四川、云南及贵州，生于山谷疏林或灌丛中潮湿地，海拔达2000米以上。

81. 猬莓 图 1046

Rubus calycacanthus Lév. in Fedde, Repert. Sp. Nov. 8: 58. 1910.

攀援灌木，高0.5-1.5米。枝有柔毛和微弯小皮刺，有时疏生短腺毛。单叶，卵状圆形，稀卵形，长6-9厘米，基部深心形，上面疏生柔毛，下面被柔毛，沿叶脉毛较密，3-5浅裂，稀波状并有粗锯齿；叶柄长2-4厘米，具柔毛和稀疏腺毛，托叶梳齿状或羽状深裂，被柔毛和疏生腺毛。顶生窄圆锥花序、总状花序或3-4朵腋生及单生；花序轴和花梗被绒毛状长柔毛和稀疏腺毛。花梗长不及1厘米；苞片与托叶相似；花径1-1.5厘米；花萼密被绒毛状长柔毛和针刺，萼片宽卵形，外萼片掌状条裂，内萼片不裂或先端稍裂；花瓣匙状倒卵形，白色，基部具爪和柔毛；雄蕊多数，花丝宽扁并具长柔毛，花药无毛；雌蕊多数，子房无毛。果近球形，径1-1.2厘米，成熟时红色。花期6-8月，果期9-10月。产广西西部、云南东南部及贵州西南部，生于海拔1000-1500米山坡、山谷或灌丛中。

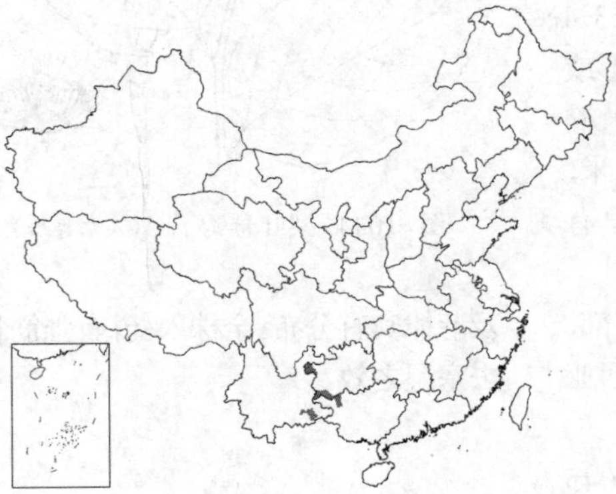

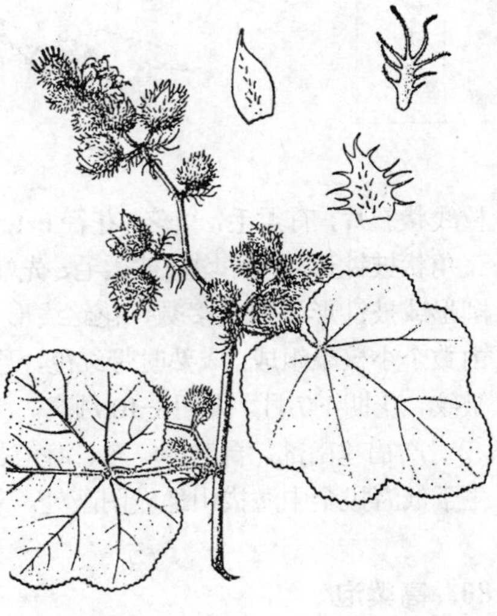

图 1046 猬莓 （吴彰桦绘）

82. 宜昌悬钩子 图 1047

Rubus ichangensis Hemsl. et Kuntze in Journ. Linn. Soc. Bot. 3: 231. 1887.

落叶或半常绿攀援灌木。幼枝具腺毛，渐脱落，疏生短小微弯皮刺。单叶，近革质，卵状披针形，长8-15厘米，基部深心形，两面均无毛，下面沿中脉疏生小皮刺，边缘浅波状或近基部有小裂片，疏生具短尖头小锯齿；叶柄长2-4厘米，无毛，常疏生腺毛和小皮刺，托叶钻形或线状披针形，全缘或先端浅条裂，脱落。顶生圆锥花序窄，长达25厘米，腋生花序有时似总状；花序轴、花梗和花萼有稀疏柔毛和腺毛，有时具小皮刺。花梗长3-6毫米；苞片与托叶相似，有腺毛；花径6-8毫米；萼片卵形，疏生柔毛和腺毛；花

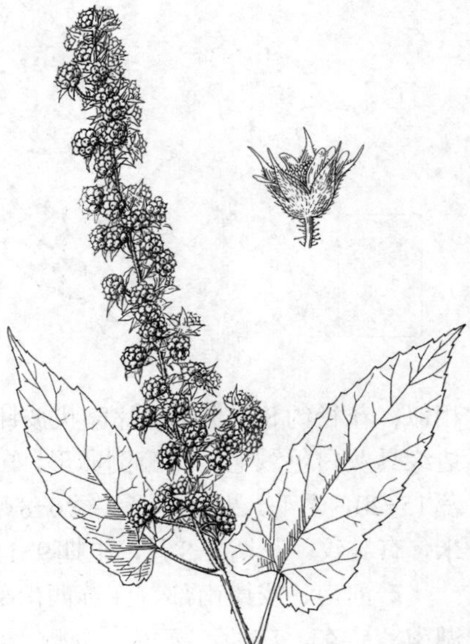

图 1047 宜昌悬钩子 （冯晋庸绘）

瓣直立，椭圆形，白色；雄蕊多数，雌蕊12-30，无毛。果近球形，成熟时红色，无毛，径6-8毫米；核有细皱纹。花期7-8月，果期10月。

产湖北西部及西南部、湖南西北部及西南部、广东西北部、广西北部、云南东北部、贵州、四川、陕西南部及甘肃南部，生于海拔2500米以下山坡、山谷林内或灌丛中。果可食用及酿酒；根入药，有利尿、止痛、杀虫之效。

83. 灰毛泡 图 1048

Rubus irenaeus Focke in Engl. Bot. Jahrb. 29: 394. 1901.

常绿灌木，高0.5-2米。枝密被灰色绒毛状柔毛，疏生小皮刺或无刺。单叶，近革质，近圆形，径8-14厘米，先端钝圆或急尖，基部深心形，上面无毛，下面密被灰或黄灰色绒毛，具5出掌状脉，沿叶脉具长柔毛，边缘波状或不明显浅裂，裂片钝圆或尖，有不整齐粗锐锯齿；叶柄长5-10厘米，密被绒毛状柔毛，无刺或具极稀小皮刺，托叶长圆形，长2-3厘米，被绒毛状柔毛，近先端缺刻状条裂。花数朵成顶生伞房状或近总状花序，常单花或数朵生于叶腋；花序轴和花梗密被绒毛状柔毛。花梗长1-1.5厘米；苞片与托叶相似，具绒毛状柔毛，先端分裂；花径1.5-2厘米；花萼密被绒毛状柔毛，萼片宽卵形，长0.6-1厘米，外萼片先端或边缘条裂，内萼片常全缘，果期反折；花瓣近圆形，白色；雄蕊多数，花药具长柔毛；雌蕊30-60，无毛。果球形，径1-1.5厘米，成熟时红色，无毛；核具网纹。花期5-6月，果期8-9月。

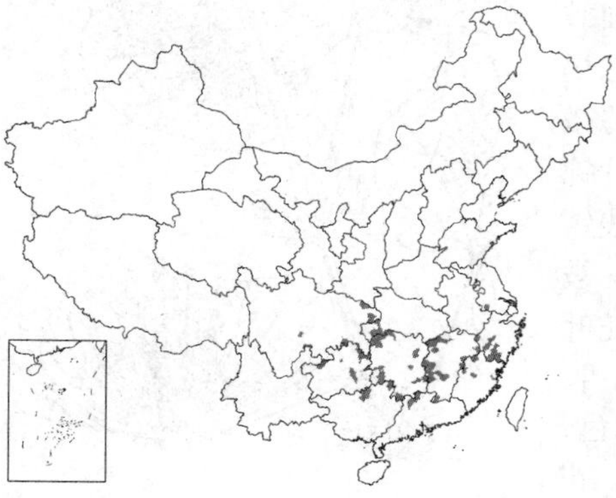

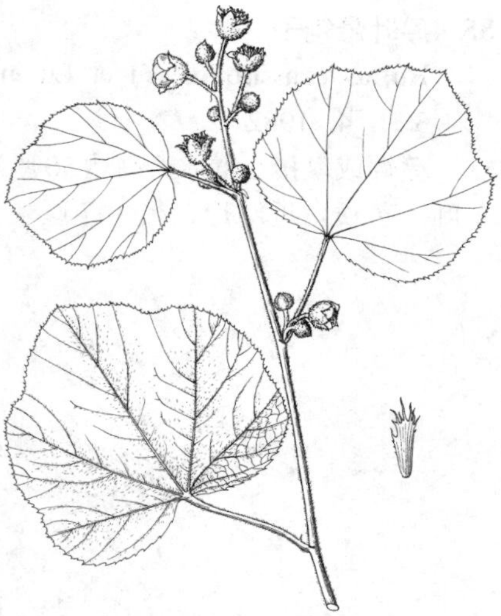

图 1048 灰毛泡 （郭木森绘）

产江苏西南部、浙江、福建、江西、湖北西南部、湖南、广东北部、广西北部及东北部、贵州及四川，生于海拔500-1300米山坡林下。果可生食，制糖、酿酒或作饮料；根和全株入药，能祛风活血、清热解毒。

84. 太平莓 图 1049

Rubus pacificus Hance in Journ. Bot. 12: 259. 1874.

常绿灌木，高达1米。枝微拱曲，幼时具柔毛，老时脱落，疏生小皮刺。单叶，革质，宽卵形或长卵形，长8-16厘米，先端渐尖，基部心形，上面无毛，下面密被灰色绒毛，基脉掌状5出，不明显浅裂，有不整齐而具突尖头的锐锯齿；叶柄长4-8厘米，幼时具柔毛，老时脱落，疏生小皮刺，托叶长圆形，长达2.5厘米，具柔毛，近顶端较宽并缺刻状长裂，裂片披针形。花3-6朵成顶生短总状或伞房状花序，或单生叶腋；花序轴、花梗和花萼密被绒毛状柔毛。花梗长1-3厘

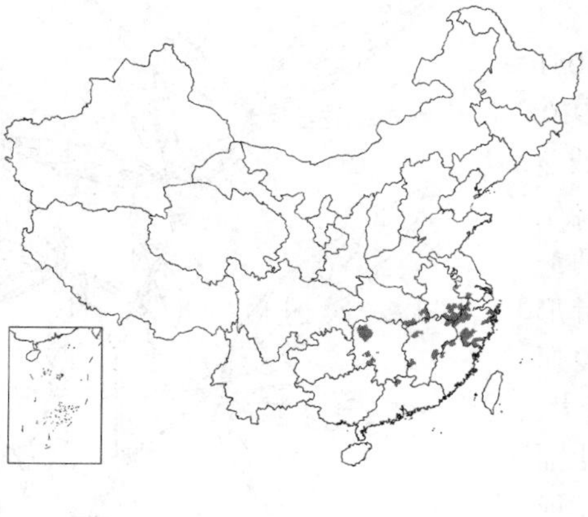

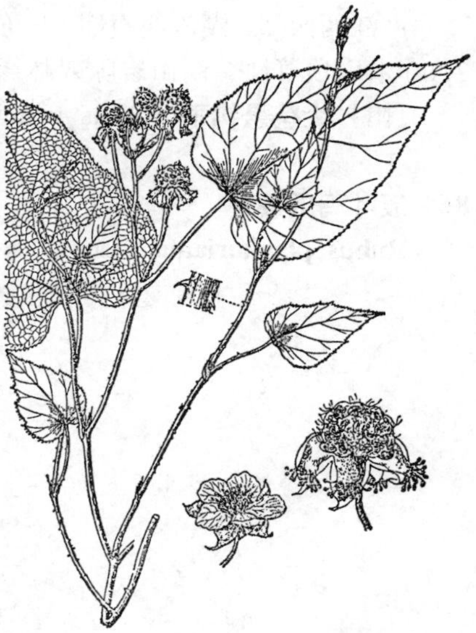

图 1049 太平莓 （引自《图鉴》）

米；苞片与托叶相似；花径1.5-2厘米；萼片卵形或卵状披针形，长0.9-1.4厘米，外萼片顶端常条裂，内萼片全缘，果期常反折，稀直立；花瓣近圆形，白色，微缺刻状；雄蕊多数，花药具长柔毛。果球形，径1.2-1.6厘米，成熟时红色，无毛；核具皱纹。花期6-7月，果期8-9月。

85. 厚叶悬钩子 图 1050

Rubus crassifolius Yu et Lu in Acta Phytotax. Sin. 20(4): 460. pl. 3. f. 4. 1982.

蔓性或攀援小灌木，高达50厘米。枝密被黄棕色绢状长柔毛，无刺。单叶，革质，近圆形，径3-7厘米，先端钝圆，稀急尖，基部心形，两面均具绢状柔毛，具细皱纹，下面毛密，叶脉棕褐色，基脉掌状5出，边缘微波状或3-5浅裂，裂片钝圆，稀稍尖，具圆钝浅锯齿；叶柄长2-3.5厘米，被黄棕色绢状长柔毛，托叶离生，近圆形或宽卵形，长宽均(1)1.5-2厘米，棕色，疏生绢状长柔毛，条裂。花常单生，稀2-3朵；花梗长约1厘米，被黄棕色绢状长柔毛；苞片与托叶相似；花径1.5-2厘米；花萼长达1.5厘米，密被黄棕色绢状长柔毛，萼片卵形，外萼片较宽大，先端掌状深裂或具缺刻状锯齿，内萼片较窄，全缘或有少数锯齿；花瓣宽卵形，先端钝圆或微凹，边缘波状；雄蕊多数，排成2-3列，内层雄蕊短而花丝较细；雌蕊多数，子房无毛。果近球形，成熟时红色，无毛，包于叶状宿萼内；核具皱纹。花期6-7月，果期8月。

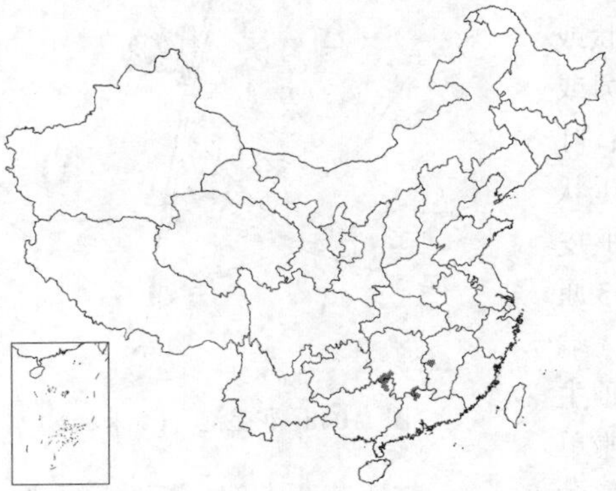

产江西西部、湖南西南部、广东北部及广西东北部，生于海拔1600-2000米山顶草地、高山岩隙或林缘。

[附] **大苞悬钩子 Rubus wangii** Metc. in Lingnan Sci. Journ. 19: 35. 1940. 本种与厚叶悬钩子的区别：叶下面无毛；窄圆锥花序；托叶宽长卵形，长2-3厘米，常不裂，叶先端急尖；萼片卵状披针形，长5-8毫米。产广东(信宜)、广西(金秀、容县)，生于海拔900-1500米山坡石上阳处林内或山谷疏林中。

86. 五叶鸡爪茶 图 1051

Rubus playfairianus Hemsl. ex Focke in Bibl. Bot. 72(1): 45. 1910.

落叶或半常绿攀援或蔓性灌木。幼枝有绒毛，疏生钩状小皮刺。掌状复叶具3-5小叶，小叶椭圆状披针形或长圆状披针形，长5-12厘米，顶生小叶较侧生小叶大，先端渐尖，基部楔形，上面无毛，下面密被平贴灰色或黄灰色绒毛，有不整齐尖锐锯齿，侧生小叶近基部2裂；

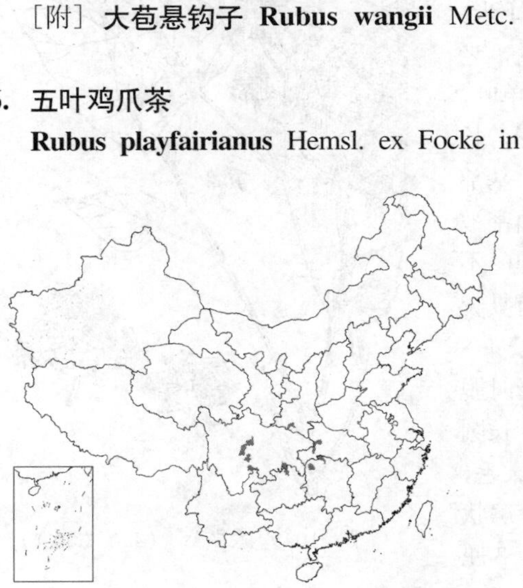

产江苏西南部、安徽南部、浙江、福建北部及西北部、江西、湖北东部、湖南及广东北部，生于海拔300-1000米山地路旁或林内。

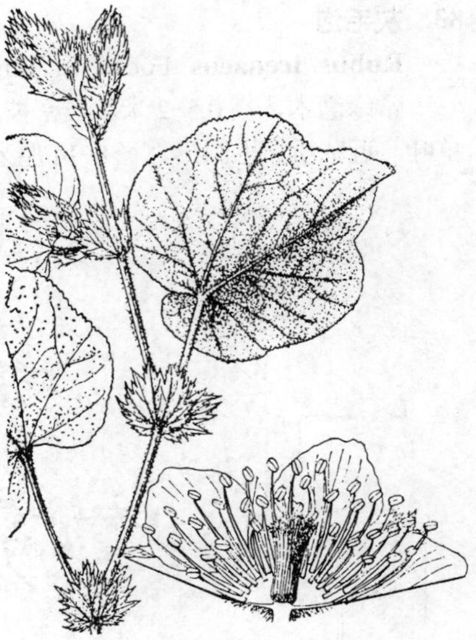

图 1050 厚叶悬钩子
（引自《中国植物志》）

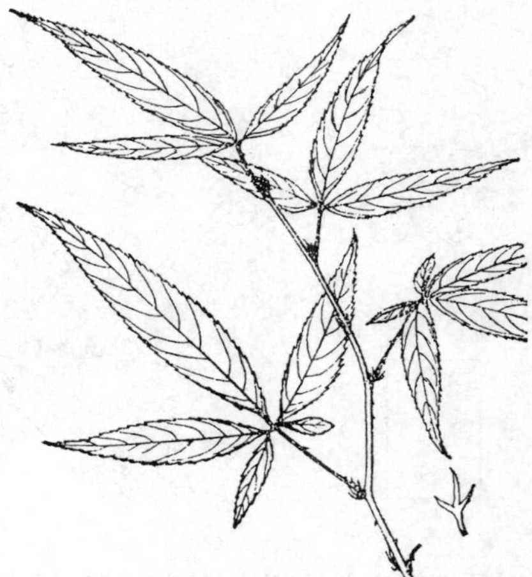

图 1051 五叶鸡爪茶
（引自《湖北植物志》）

叶柄长2-4厘米，被绒毛状柔毛，疏生钩状小皮刺，托叶离生，长达1厘米，长圆形，掌状深裂，脱落。顶生或腋生总状花序；花序轴和花梗被灰或灰黄色绒毛状长柔毛，混生少数小皮刺。花梗长1-2厘米；苞片与托叶相似；花径1-1.5厘米；花萼密被黄灰或灰白色绒毛状长柔毛，无腺毛，萼片卵状披针形或三角状披针形，全缘；花瓣卵圆形，锐尖；雄蕊多数，幼时有柔毛，老时脱落；雌蕊约60，具长柔毛。果近球形，幼时红色，有长柔毛，老时黑色。花期4-5月，果期6-7月。

产陕西西南部、湖北西部、湖南西北部、四川、贵州北部及云南东南部，生于海拔300-1700米山坡路旁、溪边或灌丛中。

87. 竹叶鸡爪茶 图 1052

Rubus bambusarum Focke in Hook. Icon. P1. ser. 3, 10: in nota ad pl. 1952. 1891.

常绿攀援灌木。枝具微弯小皮刺，幼时被绒毛状柔毛，老时无毛。掌状复叶具3或5小叶，革质，小叶窄披针形或窄椭圆形，长7-13厘米，先端渐尖，基部宽楔形，上面无毛，下面密被灰白或黄灰色绒毛，有不明显稀疏小锯齿；叶柄长2.5-5.5厘米，幼时具绒毛，渐脱落，托叶早落。总状花序具灰白或黄灰色长柔毛，疏生小皮刺，有时混生腺毛。花梗长达1厘米；苞片卵状披针形，膜质，有柔毛；花萼密被绢状长柔毛，萼片卵状披针形，全缘，果期常反折；花径1-2厘米；花瓣紫红或粉红色，倒卵形或宽椭圆形，基部微具柔毛；雄蕊有疏柔毛；雌蕊25-40，果近球形，红或红黑色，宿存花柱具长柔毛。花期5-6月，果期7-8月。

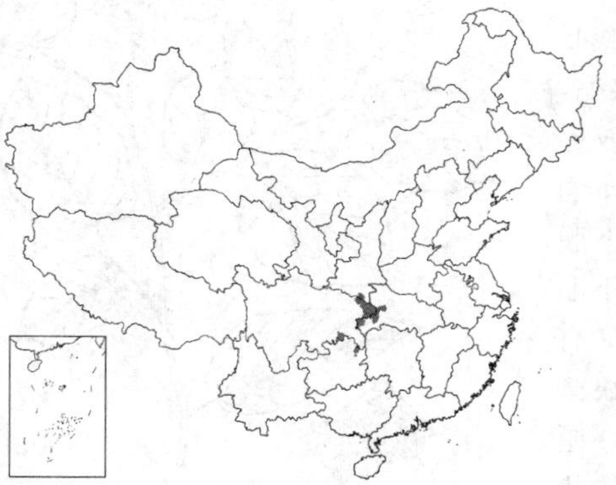

产陕西西南部、湖北西部、四川东部及贵州东北部，生于海拔1000-3000米山地空旷地或林中。嫩叶可代茶。

图 1052 竹叶鸡爪茶
（引自《湖北植物志》）

88. 鸡爪茶 图 1053

Rubus henryi Hemsl. et Kuntze in Journ. Linn. Soc. Bot. 23: 231. 1887.

常绿攀援灌木，高达6米。枝疏生微弯小皮刺，幼时被绒毛，老时无毛。单叶，革质，长8-15厘米，基部宽楔形或近圆，稀近心形，3（5）深裂，裂至叶2/3处或过之，顶生裂片与侧生裂片之间常成锐角，裂片披针形或窄长圆形，长7-11厘米，先端渐尖，疏生细锐锯齿，上面无毛，下面密被灰白或黄白色绒毛，有时疏生小皮刺；叶柄长3-6厘米，有绒毛，托叶长圆形或长圆状披针形，离生，膜质，全缘或先端有2-3锯齿，有长柔毛。花常9-20朵组成总状花序；花序轴、花梗和花萼密被灰白或黄白色绒毛和长柔毛，混生少数小皮

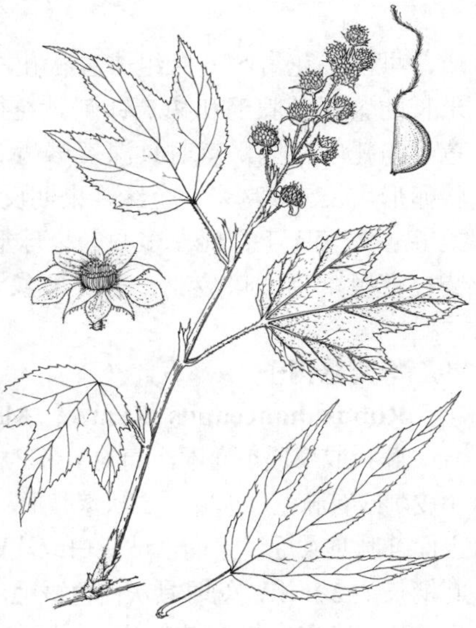

图 1053 鸡爪茶 （郭木森绘）

刺。花梗长达1厘米；苞片和托叶相似；花萼长约1.5厘米，有时混生腺毛，萼片长三角形，尾状渐尖，全缘，花后反折；花瓣窄卵圆形，粉红色，两面疏生柔毛；雄蕊多数，有长柔毛；雌蕊多数，被长柔毛。果近球形，黑色，径1.3-1.5厘米，宿存花柱带红色并有长柔毛；核稍有网纹。花期5-6月，果期7-8月。

产湖北西南部、湖南西北部及贵州，生于海拔2000米以下坡地或林中。嫩叶可代茶。

［附］**大叶鸡爪茶 Rubus henryi** var. **sozostylus**（Focke） Yu et Lu, Fl. Reipubl. Popul. Sin. 37: 185. 1985.—— *Rubus sozostylus* Focke in Hook. Icon. Pl. ser. 3, 10: in nota ad pl. 1952. 1891. 本变种与模式变种的区别：叶裂至叶1/3或中部以上，裂片卵状披针形，具粗锐锯齿。产湖北西部、湖南西北部、贵州北部及四川，生于海拔2500米以下山坡、山谷疏林或灌丛中。

89. 木莓 图 1054

Rubus swinhoei Hance in Ann. Sci. Nat. Bot. ser. 5, 5: 211. 1866.

落叶或半常绿灌木。幼枝具灰白色绒毛，老时脱落，疏生微弯小皮刺。单叶，宽卵形或长圆状披针形，长5-11厘米，基部圆、平截或浅心形，上面仅沿中脉有柔毛，下面密被灰白色绒毛或近无毛，不育枝和老枝叶下面密被灰色平贴绒毛，不脱落，果枝(或花枝；叶下面沿叶脉稍有绒毛或无毛，有不整齐粗锐锯齿，稀缺刻状；叶柄长0.5-1(1.5)厘米，被灰白色绒毛，具钩状小皮刺，托叶卵状披针形，稍有柔毛，全缘或有齿，膜质，早落。花常5-6朵组成总状花序；花序轴、花梗和花萼均被1-3毫米长的紫褐色腺毛和稀疏针刺。花径1-1.5厘米；花梗被绒毛状柔毛；苞片与托叶相似，有时具深裂锯齿；花萼被灰色绒毛，萼片卵形或三角状卵形，长5-8毫米，全缘，果期反折；花瓣白色，宽卵形或近圆形，有柔毛；雄蕊无毛；雌蕊多数。果球形，径1-1.5厘米，无毛，成熟时由绿紫红变黑紫色，味酸涩；核具皱纹。花期5-6月，果期7-8月。

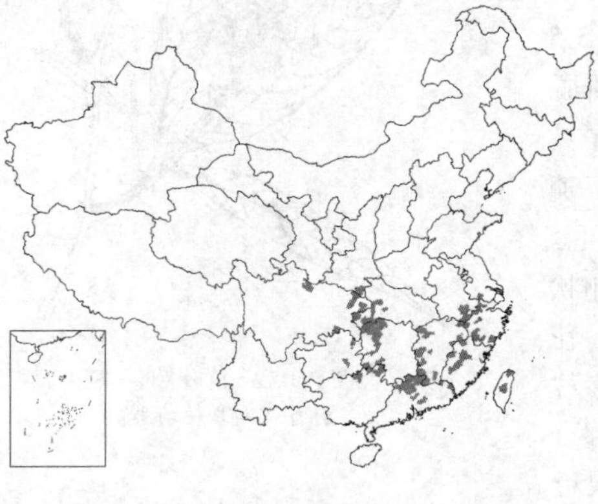

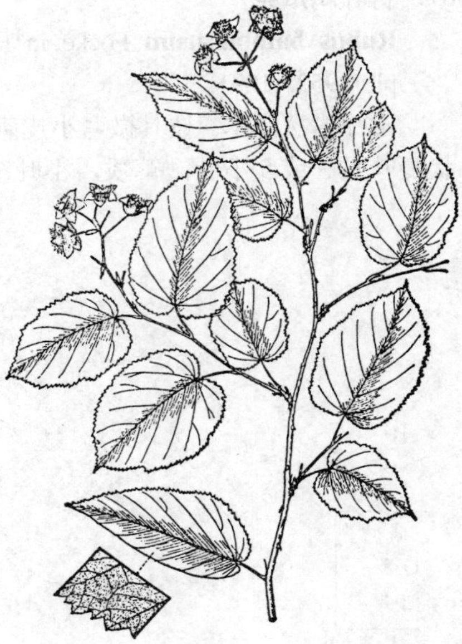

图 1054 木莓 （引自《图鉴》）

产江苏南部、安徽东南部、浙江、福建、台湾、江西、湖北西部及西南部、湖南西北部及西南部、广东、广西北部、贵州、四川及陕西东南部，生于海拔300-1500米山坡疏林、灌丛中、溪谷及林下。

90. 华南悬钩子 图 1055

Rubus hanceanus Kuntze, Meth. Sp. Rub. 72. 77. 1879.

藤状或攀援小灌木，高约1米。枝密被灰白色绒毛，渐脱落，疏生钩状小皮刺或有腺毛。单叶，心状宽卵形，长6-11厘米，先端渐尖，基部深心形，上面叶脉具柔毛，下面密被灰白或浅黄灰色绒毛，浅裂，有不整齐锐锯齿；叶柄长1-2厘米，幼时具灰白色绒毛，渐脱落，疏生小皮刺，托叶早落。顶生总状花序有少花；花序轴、花梗和花萼均密被长2-4毫米腺毛和绒毛状长柔毛，疏生针刺。花梗长1.5-2.5厘米；苞片长圆形或椭圆形，全缘或先端浅条裂，有长柔毛和疏腺毛，膜质，早落；花径1-1.5厘米；花萼密被紫褐色较长腺毛和针刺，萼片宽卵形，长1-1.2厘米，先端尾尖，全缘，果期常直立开展；花瓣宽椭圆形，未开时红色，具柔毛；雄蕊花丝宽扁而短，花药稍具

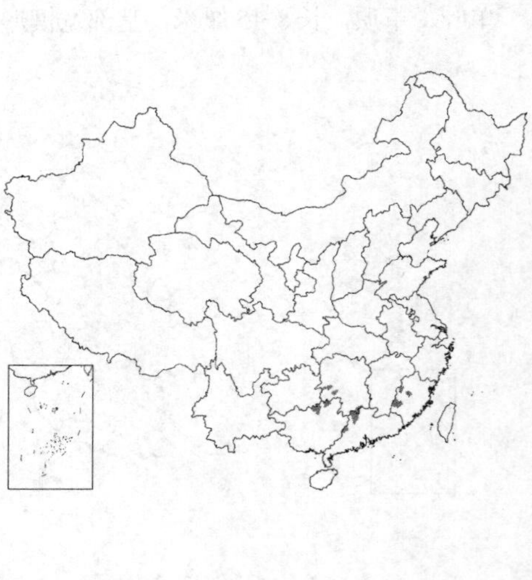

长柔毛；花柱长于雄蕊。果近球形，径1-1.5厘米，成熟后黑色，无毛；小核果半圆形或近肾形；核稍具皱纹。花期3-5月，果期6-7月。

产福建西部、湖南西南部、广东西北部及广西北部，生于低海拔山谷疏林、竹林下或岩石阴处。

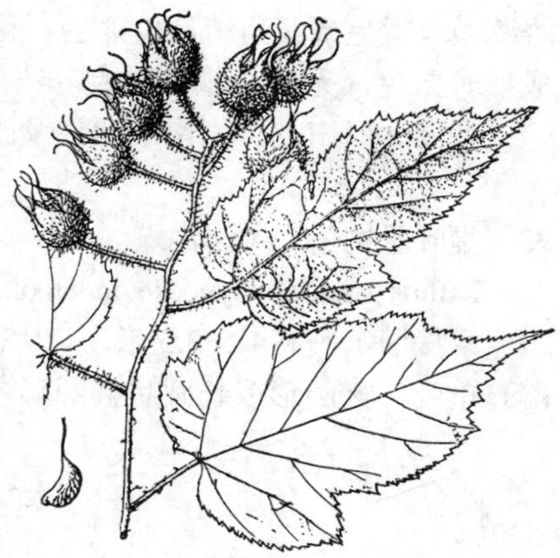

图 1055 华南悬钩子
（引自《中国植物志》）

91. 江西悬钩子 图 1056

Rubus gressittii Metc. in Lingnan Sci. Journ. 19(1): 25. f. 3. 1940.

攀援灌木，高达2.5米。枝疏生微弯小皮刺，幼时被灰白或黄白色绒毛。单叶，披针形或椭圆状披针形，长5-9厘米，先端短渐尖，基部圆或平截，稀浅心形，上面无毛，下面密被锈黄色绒毛，有圆钝浅锯齿；叶柄长1-1.5厘米，有绒毛状柔毛，托叶早落。花4-9朵成总状花序；花序轴和花梗被浅黄色绒毛状柔毛、短腺毛（长约1毫米）和稀疏针刺。花梗长达2.5厘米；苞片披针形，微具柔毛，无腺毛；花径0.8-1.2厘米；花萼密被浅锈黄色绒毛和稀疏腺毛，萼片卵形或三角状卵形，长4-7毫米，先端尖，全缘，果期直立，稀反折；花瓣卵形或近圆形，白带黄色，两面近基部有柔毛；雄蕊花丝宽扁，无毛；雌蕊多数。果球形，径0.8-1厘米，无毛，成熟时暗红色；核有皱纹。花期4-5月，果期6-7月。

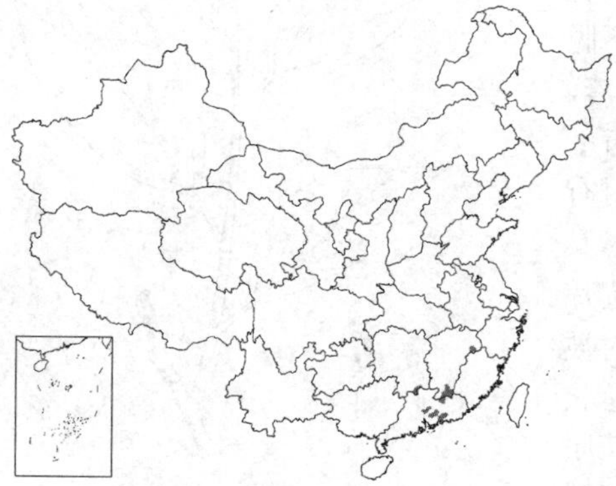

产江西东北部及南部、湖南南部及广东，生于海拔500-1200米山坡灌丛、林缘、草丛或路边。

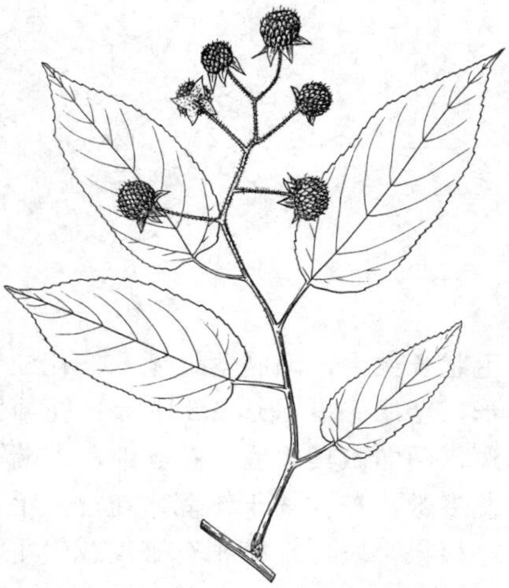

图 1056 江西悬钩子 （孙英宝绘）

92. 尾叶悬钩子 图 1057

Rubus caudifolius Wuzhi, Fl. Hubei 2: 188. f. 973. 1979.

攀援灌木。幼枝密被灰黄或灰白色绒毛，老时渐脱落，疏生微弯皮刺。单叶，革质，长圆状披针形或卵状披针形，长7-14厘米，先端尾尖，基部圆，上面无毛，下面密被铁锈色绒毛，具浅细突尖锯齿，营养枝叶具较粗大锯齿，侧脉5-8对；叶柄长1.5-2.5厘米，被灰黄或灰白色绒毛，托叶长圆状披针形，全缘，稀先端浅裂，幼时具绒毛，渐少，膜质，迟落。总状花序；花序轴、花梗和花萼均密被灰黄色绒毛状柔毛。花梗长1-1.5厘米；苞片与托叶相似；花径1-1.5厘米；花萼带紫红色，萼片三角状卵形或三角状披针形，全缘；花瓣长圆形，红色，两面微具柔毛；

图 1057 尾叶悬钩子
（引自《湖北植物志》）

雄蕊微具柔毛或花药稍具长柔毛；花柱长于雄蕊，具长柔毛。果扁球形，成熟时黑色，无毛；核具皱纹。花期5-6月，果期7-8月。

产湖北西南部、湖南西北部及西南部、广西东北部、贵州东部及福建西北部，生于海拔800-2200米山坡路旁密林内或林中。

93. 棠叶悬钩子 羊尿泡 图 1058

Rubus malifolius Focke in Hook. Icon. Pl. ser. 3, 10: pl. 1947. 1891.

攀援灌木，高1.5-3.5米。疏生微弯小皮刺。幼枝具柔毛，老时渐脱落。单叶，椭圆形或长圆状椭圆形，长5-12厘米，先端渐尖，稀急尖，基部近圆，上面无毛，下面具平贴灰白色绒毛，不育枝和老枝叶下面绒毛不脱落，果枝叶下面绒毛脱落，具不明显浅齿或粗锯齿；叶柄长1-1.5厘米，幼时有绒毛状毛，后脱落，有时具少数小针刺，托叶和苞片线状披针形，膜质，幼时被平伏柔毛，早落，顶生总状花序，长5-10厘米；花序轴、花梗和花萼被较密绒毛状长柔毛，渐脱落近无毛。花梗长1-1.5厘米；萼片卵形或三角状卵形，全缘；花径达2.5厘米；花瓣倒卵形或近圆形，白或白色有粉红色斑，两面微具柔毛；花丝细，先端钻状，微被柔毛，花药具长柔毛；雌蕊多数，花柱长于雄蕊，花柱无毛。果扁球形，无毛，成熟时紫黑色；小核果半圆形，核稍有皱纹或较平滑。花期5-6月，果期6-8月。

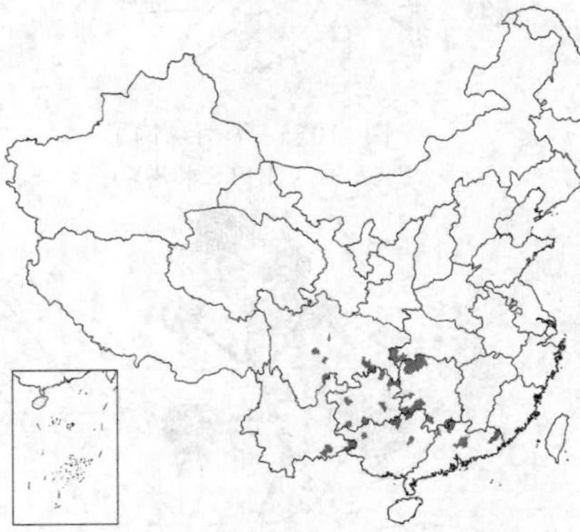

图 1058 棠叶悬钩子 （郭木森绘）

产湖北西南部、湖南、广东、香港、广西、云南东南部、贵州及四川，生于海拔400-2200米山坡、山沟林内或灌丛中阴蔽地。

［附］**早花悬钩子 Rubus preptanthus** Focke in Bibl. Bot. 72(1): 42. 1910. 本种与棠叶悬钩子的区别：叶长圆状卵形或宽卵状披针形，基部圆或近截形，下面绒毛不脱落；雄蕊无毛或花药稍具长柔毛；花柱几与雄蕊等长或稍长。产云南(新甸、禄劝、蒙自)、四川(马边、合川)，生于海拔1000-2900米竹林林缘或灌丛中。

94. 大花悬钩子 图 1059

Rubus wardii Merr. in Brittonia 4: 84. 1941.

平卧矮小灌木或亚灌木，高约80厘米。枝具腺毛、柔毛、稀疏针刺或钩状小皮刺。小叶3，顶生小叶菱状卵形，长6-10厘米，先端尾尖，基部楔形，侧生小叶近圆形或卵圆形，较顶生小叶小，基部偏斜圆形，两面脉上有柔毛，下面沿脉有小皮刺，有不整齐钝圆锯齿，有时浅裂；叶柄长4-6厘米，顶生小叶柄长达1厘米，疏生腺毛、柔毛和针刺，托叶离生，宿存，掌状深裂至中部或基部，有腺毛和柔毛。花常单生，极稀2-3枚。花梗长3-4厘米，具腺毛、柔毛和针刺；苞片与托叶相似；花径3-4厘米；花萼有针刺、腺毛和疏柔毛，萼片三角状卵圆形，长达2.5厘米，先端尾尖，外萼片先端常条裂，内萼片有时全缘；花瓣近圆形或倒卵形，绿白色；雄蕊多数，花药长圆形；雌蕊多数，密集成团，子房密被绒毛状柔毛，花柱较短。果球形，成熟时带绿色，径达2.5厘米，密被浅棕黄色绒毛状柔毛；核有沟纹。花期6-7月，果期8-9月。

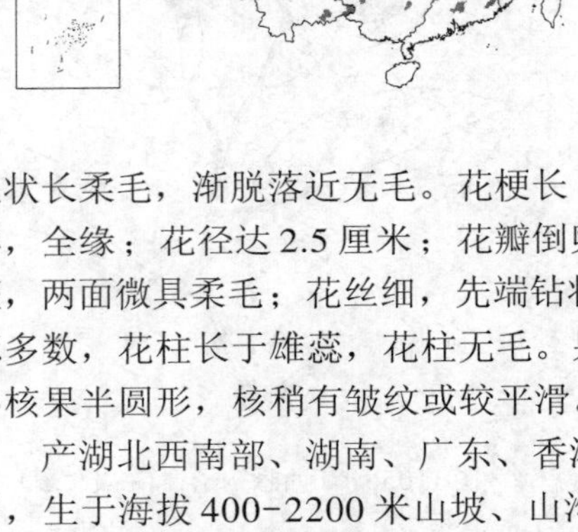

产云南西北部及西藏东南部，生于海拔1800-3000米林中、林缘或山谷石砾地。缅甸北部及锡金有分布。

［附］**蒲桃叶悬钩子 Rubus jambosoides** Hance in Ann. Sci. Nat. Bot. ser. 4, 15: 222. 1861. 本种与大花悬钩子的区别：植株无毛，无腺毛；单叶；花径1-1.8厘米；果被灰色柔毛。产福建南部、湖南东南部、广东北部及南部，生于低海拔山区或山顶涧边。

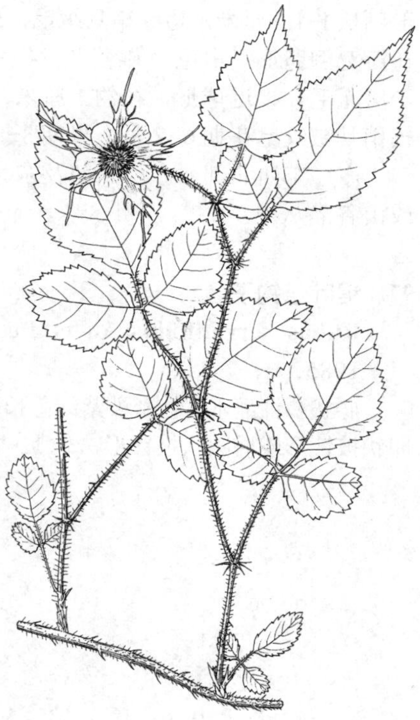

图 1059 大花悬钩子 （孙英宝绘）

95. 金佛山悬钩子 图 1060

Rubus jinfoshanensis Yu et Lu in Acta Phytotax. Sin. 20(4): 463. p1. 4. f. 4. 1982.

攀援灌木，高2-5米。枝、叶柄、托叶、叶下面中脉、花梗和花萼均被紫红色刺毛和绒毛，有时混生腺毛。单叶，长卵形，长8-12厘米，先端短渐尖，基部心形，上面无毛，沿叶脉具柔毛，下面密被黄灰色绒毛，具不整齐粗锐锯齿，不裂或微波状；叶柄长2-3.5厘米，托叶离生，披针形或卵状披针形，边缘浅条裂，早落。花多数，成大型顶生圆锥花序，腋生花序较小；花序轴和花梗均被紫红色刺毛、绒毛或腺毛。花梗长5-8毫米；苞片与托叶相似，但稍小；花径1-1.5厘米；常无花瓣；萼片披针形或卵状披针形，全缘，内外两面均被黄灰色绒毛；雄蕊多数，花丝线形；雌蕊约20枚以下，子房无毛。花期6-7月。

产四川东南部及云南东南部，生于海拔1600-2100米山坡岩缝中。

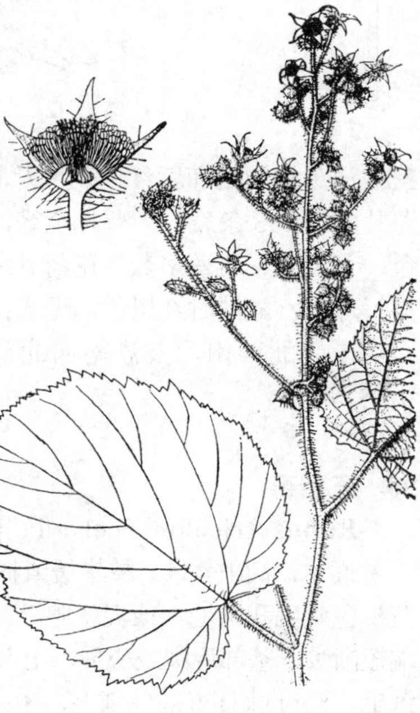

图 1060 金佛山悬钩子
（引自《中国植物志》）

96. 五裂悬钩子 图 1061

Rubus lobatus Yu et Lu in Acta Phytotax. Sin. 20(4): 464. p1. 3. f. 4. 1982.

攀援灌木，高1-2米。枝密被红褐色腺毛、刺毛和长柔毛，疏生基部增宽的小皮刺。单叶，近圆形，径10-20厘米，长宽近相等，先端短渐尖，基部心形，两面均被柔毛，沿叶脉具红褐色腺毛和刺毛，3-5浅裂，裂片三角形，先端尖或短渐尖，有不整齐锐锯齿，基脉掌状5出；叶柄长4-8厘米，具紫红色腺毛、刺毛、柔毛，托叶离生，长1-1.5厘米，具长柔毛和腺毛，掌状深裂，脱落。大型顶生圆锥花序，腋生花序较小，窄圆锥形或近总状；花序轴、花梗和花萼均密被红褐色腺毛、刺毛和长柔毛。花梗长0.8-1.5厘米；苞片与托叶相似；花径1-1.5厘米；萼片窄披针

形，长1-1.5厘米，边缘稍具绒毛，外萼片边缘常浅条裂，果期常直立；花瓣宽倒卵形，白色；雄蕊花丝线形，花药具长柔毛；花柱长于雄蕊，子房无毛。果近球形，径约1厘米，成熟时红色、无毛，包在宿萼内；核稍具皱纹。花期6-7月，果期8-9月。

产广东西北部、广西东部及东北部，生于低海拔至中海拔山地路旁或山谷灌丛中。

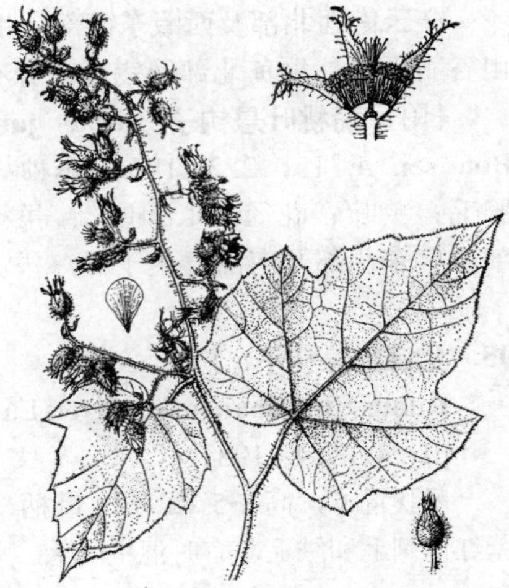

图 1061 五裂悬钩子
（引自《中国植物志》）

97. 锯叶悬钩子 图 1062

Rubus serratifolius Yu et Lu, Fl. Reipubl. Popul. Sin. 37: 199. 1985.

藤状蔓性灌木。枝密被紫红色长刺毛和腺毛，疏生钩状小皮刺。单叶，卵状披针形或椭圆状披针形，长12-17厘米，先端尾尖，基部心形，两面均无毛，下面沿叶脉具钩状小皮刺，有粗锐锯齿；叶柄长1-2厘米，密被紫红色长刺毛和腺毛，混生稀疏小皮刺，托叶长圆形，分离，长1-1.8厘米，先端全缘或有少数锯齿，早落。顶生圆锥花序；花序轴和花梗均密被紫红色长刺毛和腺毛。花梗长2-4厘米；苞片长圆形或卵状披针形，全缘或有锯齿；花径1.2-2厘米；花萼密被浅黄色绒毛和紫红色刺毛及腺毛，萼片卵状披针形，长达1厘米，外萼片先端2-3条裂，内萼片全缘，花后反折；花瓣近圆形或宽椭圆形，白色，有柔毛；雄蕊多数，花药具绢状长柔毛；雌蕊多数，子房顶端具柔毛。果近球形，成熟时红黑色，无毛；核具粗皱纹。花期5-7月，果期7-8月。

产湖北西南部及湖南西北部，生于海拔1000-1500米山地灌丛或山谷缘。

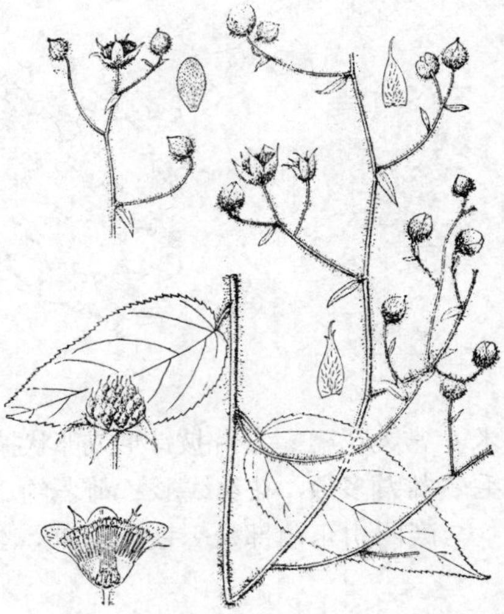

图 1062 锯叶悬钩子 （吴彰桦绘）

98. 三色莓 图 1063

Rubus tricolor Focke in Bibl. Bot. 72(1): 40. 1910.

灌木，高1-4米。枝攀援或匍匐；枝、叶柄、叶两面、花梗和花萼均被黄褐色刺毛和绒毛，或混生腺毛。单叶，卵形或长圆形，长6-12厘米，先端短渐尖，基部近圆或心形，上面无毛而在脉间疏生刺毛，下面密被黄灰色绒毛，沿叶脉具黄褐色刺毛，不裂或微波状，有不整齐粗锐锯齿；叶柄长1.5-3.5厘米，托叶宿存，分离，卵状披针形至长卵形，长达2厘米，羽状浅条裂，被绒毛，沿脉有长柔毛，老时绒毛渐脱落，有疏刺毛。花单生叶腋或数朵生于枝顶成短总状花序；花序轴和花梗均被紫红色刺毛、绒毛或腺毛；苞片与托叶相似，下面有长柔毛。花径2-3厘米；萼片披针形，全缘或条裂，具绒毛；花瓣倒卵形或倒卵状长圆形，白色；雄蕊多数；雌蕊多数，无毛。果鲜红色，径达1.7厘米，核具皱纹。花期6-7月，果期8-9月。

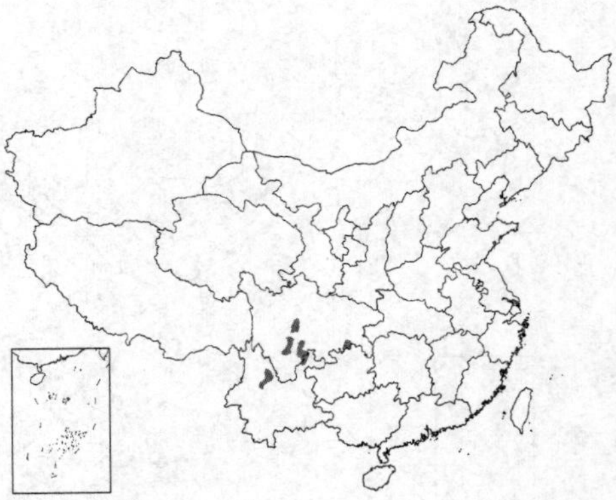

产四川及云南北部，生于海拔1800-3600米坡地或林中。果可食用。

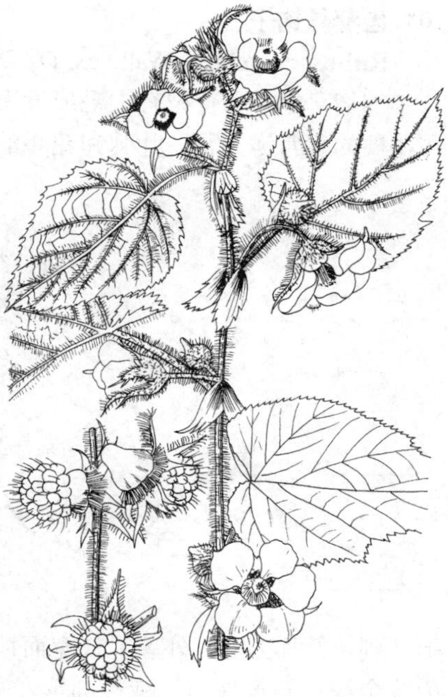

图 1063 三色莓 （孙英宝仿绘）

99. 东南悬钩子 图 1064

Rubus tsangorum Hand.-Mazz. Symb. Sin. 7: 485. 1933.

藤状小灌木。枝具长柔毛和紫红色腺毛及刺毛，有时有稀疏针刺。单叶，近圆形或宽卵形，径6-14厘米，先端急尖或短渐尖，基部深心形，上面具柔毛，沿中脉有疏腺毛，下面被绒毛，沿叶脉并有长柔毛和疏腺毛，老时绒毛渐脱落，仅有柔毛残留，3-5浅裂，侧生裂片宽三角形，顶生裂片宽三角卵圆形，有粗锐锯齿；叶柄长4-8厘米，有长柔毛和紫红色腺毛，托叶离生，长达1厘米，掌状深裂，有长柔毛和腺毛。花常5-20朵成顶生和腋生近总状花序；花序轴、花梗及花萼均被长柔毛和紫红色腺毛。花梗长0.5-2.5厘米；苞片与托叶相似；花径1-2厘米；萼片窄三角状披针形，先端深裂成2-3枚披针形裂片，果期常直立；花瓣宽倒卵形，白色；雄蕊长约5毫米；雌蕊多数，比雄蕊长。果近球形，成熟时红色，无毛；核具皱纹。花期5-7月，果期8-9月。

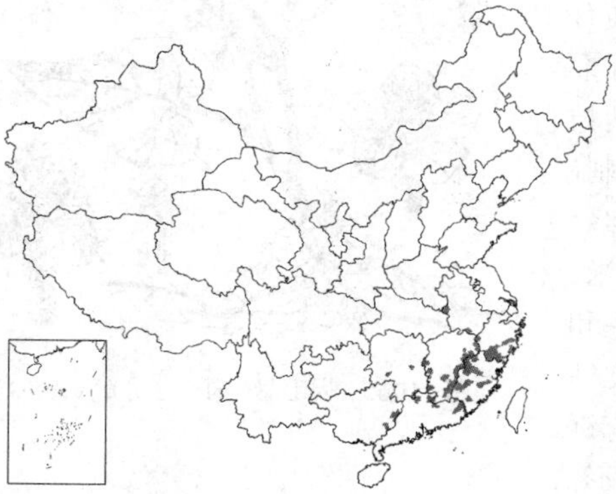

产安徽、浙江、福建、江西、湖南、广东及广西东部，生于海拔150-1200米山地林下或灌丛中。

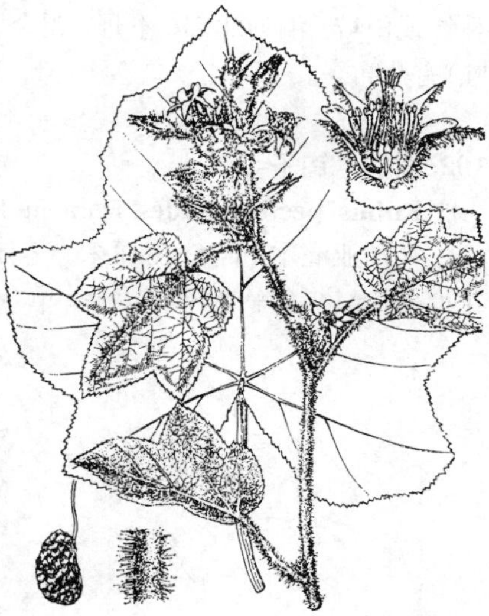

图 1064 东南悬钩子
（引自《福建植物志》）

100. 周毛悬钩子 图 1065

Rubus amphidasys Focke ex Diels in Engl. Bot. Jahrb. 29: 396. 1901.

蔓性小灌木，高0.3-1米。枝密被红褐色长腺毛、软刺毛和淡黄色长柔毛，常无皮刺。单叶，宽长卵形，长5-11厘米，先端短渐尖或尖，基部心形，两面均被长柔毛，3-5浅裂，裂片圆钝，顶生裂片比侧生者大数倍，有不整齐尖锐锯齿；叶柄长2-5.5厘米，被红褐色长腺毛、软刺毛和淡黄色长柔毛，托叶离生，羽状深条裂，被长腺毛和长柔毛。花常5-12朵成近总状花序，稀3-5朵簇生；花序轴、花梗和花萼均密被红褐色长腺毛、软刺毛和淡黄色长柔毛。花梗长0.5-1.4厘米；苞片与托叶相似；花径1-1.5厘米；萼筒长约5毫米，萼片窄披针形，长1-1.7厘米，外萼片常2-3条裂，果期直立开展；花瓣宽卵形或长圆形，白色；花丝宽扁，短于花柱。果扁球形，径约1厘米，成熟时暗红色，无毛，包在宿萼内。花期5-6月，果期7-8月。

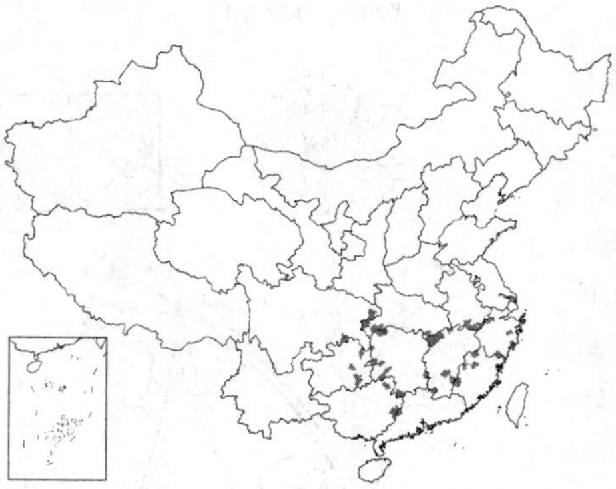

产安徽南部、浙江、福建、江西、湖北、湖南、广东北部、广西东部及东北部、贵州东南部及四川东部，生于海拔400-1600米山坡丛林、竹林内或山地林下。果可食；全株入药，有活血、治风湿之效。

101. 齿萼悬钩子 图 1066

Rubus calycinus Wall. ex D. Don, Prodr. Fl. Nepal. 235. 1825.

匍匐草本。不育枝有柔毛或近无毛，疏生小皮刺或近无刺。枝、叶柄和花梗的刺常镰刀形，叶脉和花萼的针刺直立，近钻形。单叶，心状圆卵形或近圆形，径2.5-6厘米，宽大于长，先端钝圆，基部深心形，边缘波状浅裂或3浅裂，有不整齐粗锐锯齿，幼时两面有疏柔毛，老时仅沿叶脉有柔毛，下面脉上有针刺；叶柄长5-10厘米，有长柔毛和针刺，托叶卵形，有浅锯齿，稀全缘。花1或2朵顶生，径达3厘米。花梗长3-5厘米，有长柔毛和针刺；花萼有柔毛，被直立钻形针刺，萼片卵形，外萼片较宽而钝，有缺刻状锯齿，内萼片较窄，有锯齿或全缘；花瓣倒卵形或椭圆形，白色；雄蕊多数；雌蕊多数。果球形，成熟时深红色，核具皱纹。花期5-6月，果期7-8月。

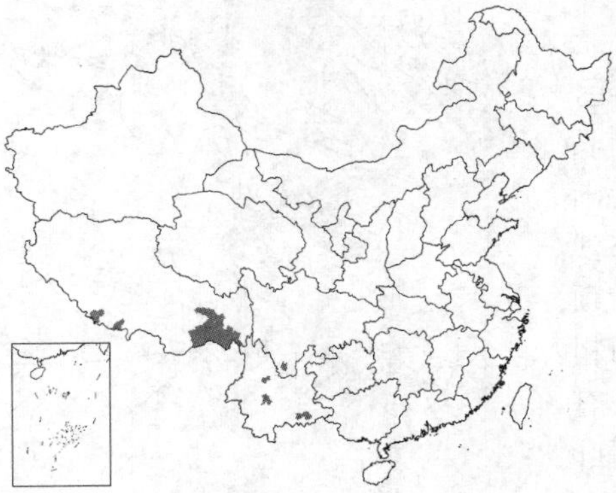

产云南、四川西南部、西藏东南部及南部，生于海拔1900-3000米林下、林缘或山坡。缅甸北部、不丹、锡金、尼泊尔、印度北部及印度尼西亚(爪哇)有分布。

102. 匍匐悬钩子 图 1067

Rubus pectinarioides Hara in Journ. Jap. Bot. 47(4): 111. 1972.

匍匐亚灌木，高5-18厘米。茎匍匐，常无刺，节上生根；茎、叶柄和花梗均被红褐色软刺毛和柔毛。单叶，心状圆卵形或近圆形，长2-4厘米，宽1.5-6厘米，基部深心形，波状3-5浅裂，两面疏生柔毛，老时渐脱落，下面沿叶脉具软刺毛，有锐锯齿或稍钝锯齿；叶柄长2-5匣米，托叶卵形或椭圆形，离生，全缘或先端有锯齿，具柔毛。花单生或2-3朵顶生。花梗长3.5-6厘米；苞片常2枚对生于花梗中部；花径1.5-3.3厘米；花萼密被红褐色软刺毛和柔毛，萼片卵状披针形，先端尾尖，浅条裂，稀不裂；花瓣近圆形或宽倒卵形，粉红色；雄蕊多数，雌蕊多数。果近球形，径1-1.5厘米，包在宿萼内，成熟时红色，无毛；核较光滑。花期7-8月，果期9-10月。

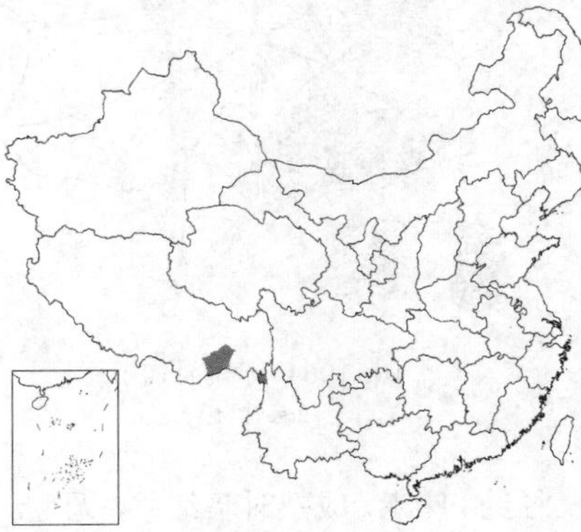

产云南西北部及西藏东南部，生于海拔2800-3300米溪边岩石上或石砾坡地林下。不丹及锡金有分布。

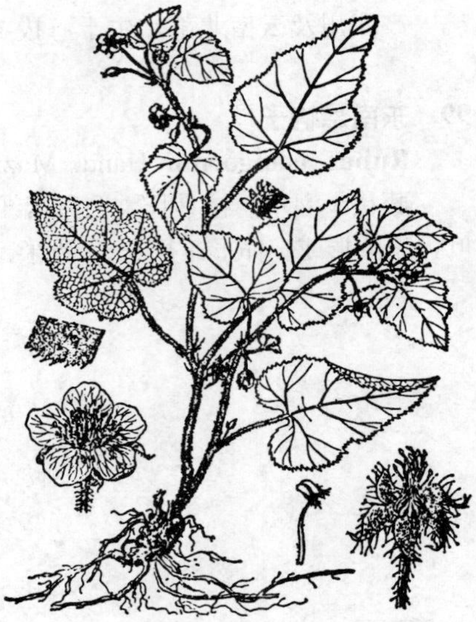

图 1065 周毛悬钩子 （引自《图鉴》）

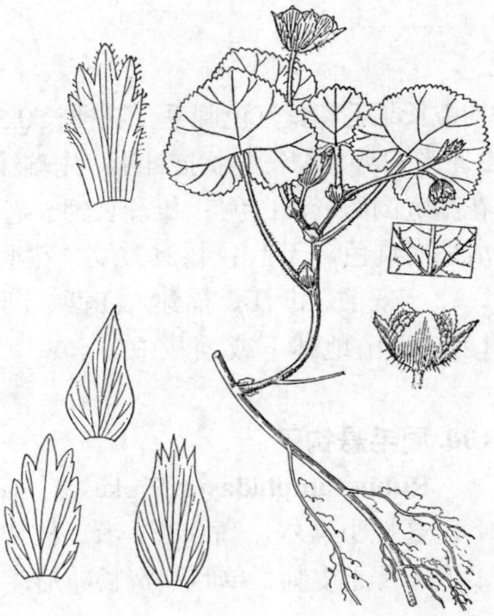

图 1066 齿萼悬钩子 （王金凤绘）

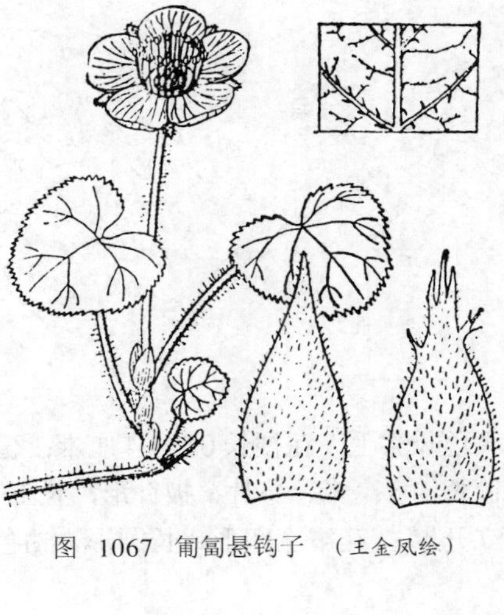

图 1067 匍匐悬钩子 （王金凤绘）

103. 黄泡 图 1068

Rubus pectinellus Maxim. in Bull. Acad. Sci. St. Pétersb. 8: 374. 1871.

草本或亚灌木，高8-20厘米。茎匍匐，节处生根，有长柔毛和稀疏微弯针刺。单叶，叶心状近圆形，长2.5-4.5厘米，宽3-5(7)厘米，先端钝圆，基部心形，有时波状浅裂或3浅裂，有不整齐细钝锯齿或重锯齿，两面疏生长柔毛，下面沿叶脉有针刺；叶柄长3-6厘米，有长柔毛和针刺，托叶离生，有长柔毛，长6-9毫米，二回羽状深裂，裂片线状披针形。花单生，生，稀2-3朵，径达2厘米。花梗长2-4厘米，被长柔毛和针刺；苞片和托叶相似；花萼长1.5-2厘米，密被针刺和长柔毛，萼筒卵球形，萼片不等大，卵形或卵状披针形，外萼片宽大，梳齿状深裂或缺刻状，内萼片窄，先端渐尖，有少数锯齿或全缘；花瓣窄倒卵形，白色，有爪，稍短于萼片；雄蕊多数，直立，无毛；雌蕊多数，子房顶端和花柱基部微具柔毛。果成熟时红色，球形，径1-1.5厘米，具反折萼片；小核近光滑或微皱。花期5-7月，果期7-8月。

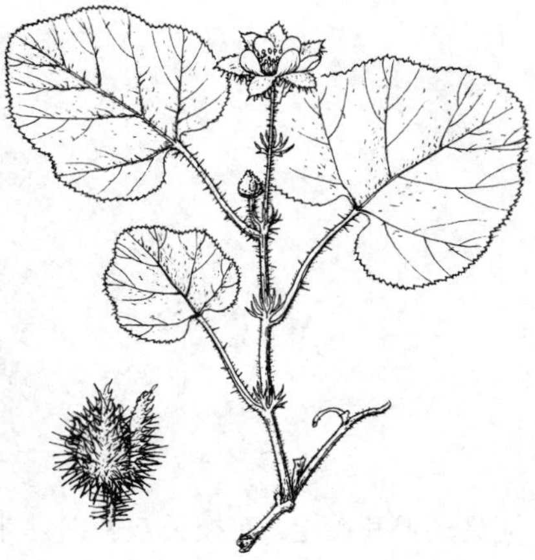

图 1068 黄泡 （郭木森绘）

产福建西北部、台湾、江西，湖北西南部、湖南、云南西北部、贵州及四川，生于海拔1000-3000米山地林中。日本及菲律宾有分布。根、叶可入药，能清热解毒。

104. 梳齿悬钩子 图 1069

Rubus pectinaris Focke in Bibl. Bot. 72(1): 21. 1910.

匍匐草本，高达40厘米。茎有柔毛，有时疏生软刺毛。单叶，叶心状近圆形，宽3.5-6.5厘米，宽稍大于长，先端钝圆，基部深心形，浅裂或3裂，具圆钝锯齿或重锯齿，幼时两面有长柔毛，老时仅沿叶脉疏生柔毛；叶柄长3-6厘米，具柔毛或混生稀疏软刺毛，托叶分离，长0.5-1厘米，有稀疏柔毛，梳齿状深裂，裂片披针形，枝下部的托叶具3齿或近全缘。花1或2朵顶生，白色，径2-3厘米。花梗长2-4厘米，被柔毛和软刺毛或腺毛；苞片和托叶相似；花萼密被绒毛和刺毛，有时混生腺毛，萼片披针形，全缘；花瓣长圆形；雄蕊多数；雌蕊多数，无毛。果由少数小核果组成。花期6-7月，果期8-9月。

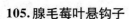

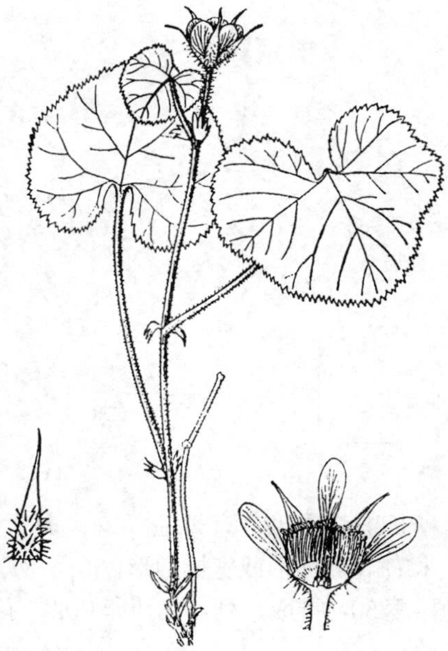

图 1069 梳齿悬钩子 （王金凤绘）

产云南西北部及四川中南部，生于海拔2000-3300米山坡或林中

105. 腺毛莓叶悬钩子 图 1070

Rubus fragarioides Bertol. var. **adenophorus** Franch. P1. Delav. 203. 1890.

草本，高6-16厘米。茎细，木质，

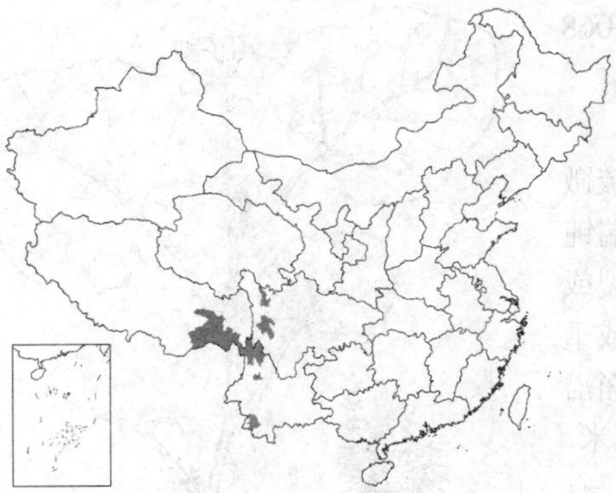

具柔毛，花茎具腺毛。复叶具小叶(3)5，小叶倒卵形或近圆形，长2-5厘米，基部楔形，两面脉上具柔毛，常浅裂，具缺刻状或锐裂粗锯齿或重锯齿；叶柄长3-9厘米，微被柔毛，小叶有极短柄或几无柄，托叶离生，卵形或椭圆形。花常单生枝顶，径1-2厘米；花枝和花梗具柔毛和腺毛。花梗长1-3(5)厘米；萼筒基部具柔毛和腺毛，萼片卵状披针形，全缘；花瓣倒卵圆形，白色；雄蕊多数，花丝下半部膨大，顶端骤细；雌蕊4-6，子房无毛。果具几个小核果，萼片直立；小核果较大，核微具皱纹。花期5-7月，果期7-9月。

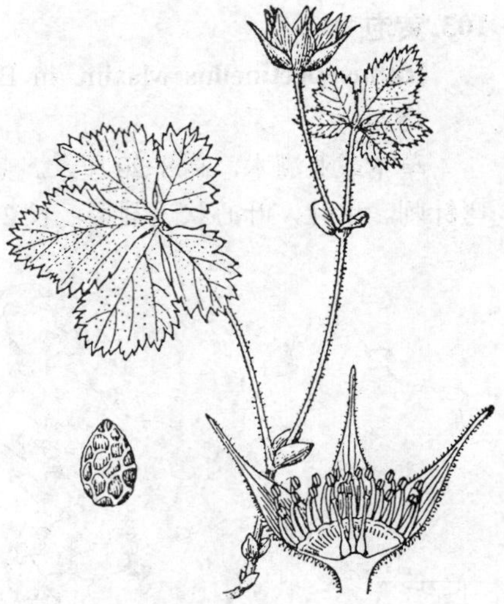

图 1070 腺毛莓叶悬钩子 （王金凤绘）

产云南南部及西北部、西藏东南部、四川西部及西北部，生于海拔3000-4000米山坡草地或林中。

［附］**柔毛莓叶悬钩子 Rubus fragarioides** var. **pubescens** Franch. Pl. Delav. 202. 1890. 本变种和腺毛莓叶悬钩子的区别：花枝、花梗和花萼被柔毛而无腺毛。产云南西北部、西藏东南部及南部，生于海拔3500-4000米坡地林中或林缘。

106. 矮生悬钩子 图 1071

Rubus clivicola Walker in Journ. Wash. Acad. Sci. 32(9): 262. 1942.

多年生草本，高3-20厘米。茎细，幼时具柔毛，平卧，节上生根。复叶具5小叶，稀3枚；小叶倒卵形或近圆形，长0.5-1.5厘米，先端钝圆，基部楔形，幼时两面疏生柔毛，稀下面散生褐色腺毛，3深裂，有的深裂近中脉，裂片再锐裂而成深尖的窄锯齿；叶柄长1-2厘米，具柔毛，小叶柄长2-5毫米，托叶离生，卵圆形或近圆形，长约3毫米，全缘，微被柔毛。花常单生枝顶，径1-1.2厘米。花梗长1-2厘米，有柔毛；花萼具柔毛，萼片宽卵形，短渐尖，长5-6毫米；花瓣卵形或宽椭圆形，长6-8毫米，白色，浅裂或具粗锯齿，无毛；雄蕊30，排成一列，花药卵圆形，花丝宽扁；雌蕊约3枚，长约2.5毫米，子房无毛，花柱细。花期7-8月。

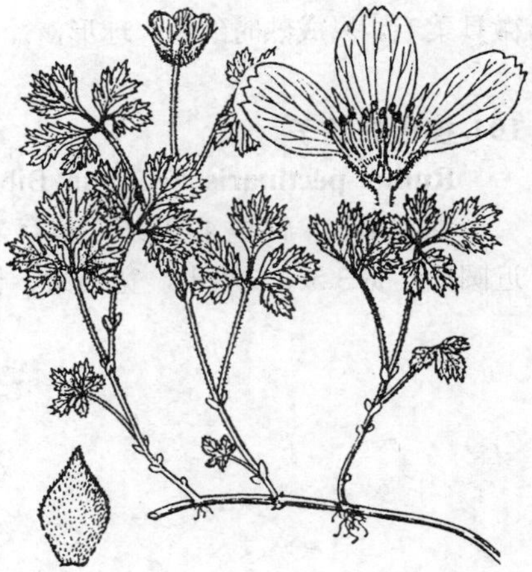

图 1071 矮生悬钩子 （王金凤绘）

产云南西北部高黎贡山，生于海拔2800-4200米山坡石砾地或林下。缅甸有分布。

107. 石生悬钩子 图 1072

Rubus saxatilis Linn. Sp. Pl. 494. 1753.

草本，高20-60厘米。茎细，不育茎有鞭状匍枝，具小针刺和疏柔毛，有时具腺毛。复叶常具3小叶，稀单叶分裂，小叶卵状菱形或长圆状菱形长5-7厘米，先端尖，基部近楔形，侧生小叶基部偏斜，两面有柔毛，常具粗重锯齿，稀缺刻状锯齿，侧生小叶有时2裂；叶柄具稀疏柔毛和小针刺，托叶离生，花枝托叶卵形或椭圆形，

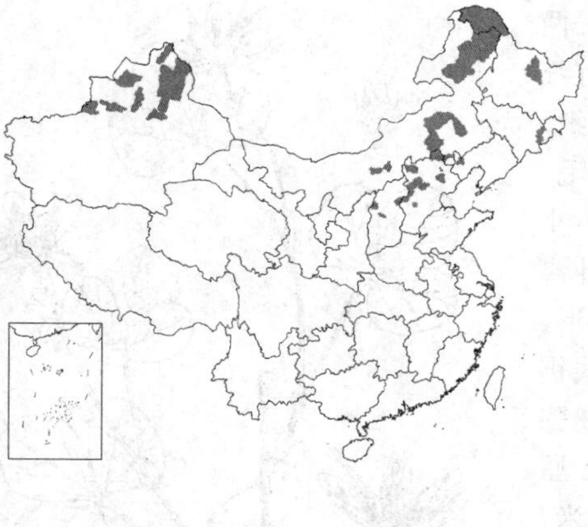

匍匐枝托叶披针形或线状长圆形，全缘。花常2-10朵成束或成伞房花序；花序轴和花梗均被小针刺和稀疏柔毛，常混生腺毛。花径约1厘米以下；花萼陀螺形或果期为盆形，有柔毛，萼片卵状披针形；花瓣小，匙形或长圆形，白色；雄蕊多数，先端钻状而内弯；雌蕊5-6。果球形，成熟时红色，径1-1.5厘米，小核果较大；核长圆形，具蜂窝状孔穴。花期6-7月，果期7-8月。

产黑龙江、吉林东南部、辽宁西部、内蒙古、河北、山西北部及新疆北部，生于海拔3000米以下石砾地、灌丛中或针、阔叶混交林下。蒙古、俄罗斯、亚洲北部、欧洲及北美有分布。

［附］**北悬钩子 Rubus arcticus** Linn. Sp. P1. 708. 1753. 本种与石悬钩子的区别：小叶菱形或倒卵状菱形；茎、叶柄和花梗具柔毛；花紫红色，常1-2朵；雌蕊约20枚。产黑龙江、吉林、辽宁及内蒙古，生于海拔1000-1200米山坡、林下及沟边。朝鲜半岛北部、蒙古、俄罗斯及北欧有分布。

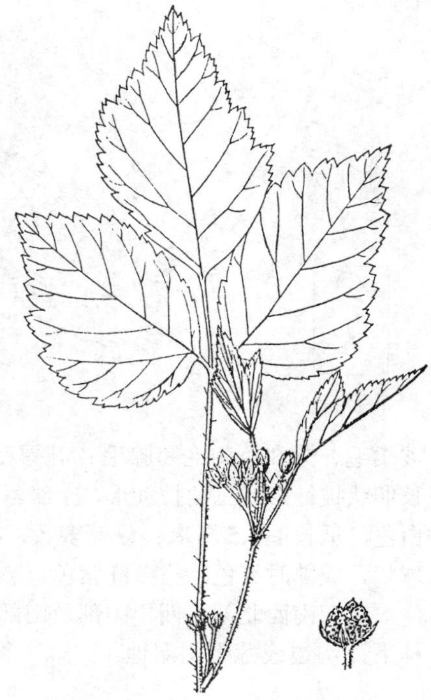

图 1072 石生悬钩子 （王金凤绘）

108. 凉山悬钩子 图 1073

Rubus fockeanus Kurz in Journ. Asiat. Soc. Bengal 44(2): 206. 1875.

多年生匍匐草本，无刺无腺，稀混生少数小腺毛。茎平卧，节上生根，有短柔毛。复叶具3小叶，小叶近圆形或宽倒卵形，先端钝圆，基部宽楔形或圆，上面有疏柔毛，下面沿叶脉稍有柔毛，顶生小叶长达2.5厘米，侧生小叶较小而基部偏斜，有不整齐粗钝锯齿；叶柄长2-5厘米，被柔毛，顶生小叶具短柄，托叶离生，膜质，椭圆形，有时具齿。花单生或1-2朵，径达2厘米。花梗长2-5厘米，具柔毛，有时有刺毛；花萼被柔毛或混生红褐色稀疏刺毛，萼片5或超过5枚，卵状披针形或窄披针形，长渐尖至尾尖，不裂，稀浅条裂；花瓣倒卵圆状长圆形或带状长圆形，白色，长0.7-1.1厘米，宽3-5毫米；雄蕊花丝下部扩大，顶端渐窄；雌蕊4-20；果球形；红色；无毛，由半球形的小核果组成；核具皱纹。花期5-6月，果期7-8月。

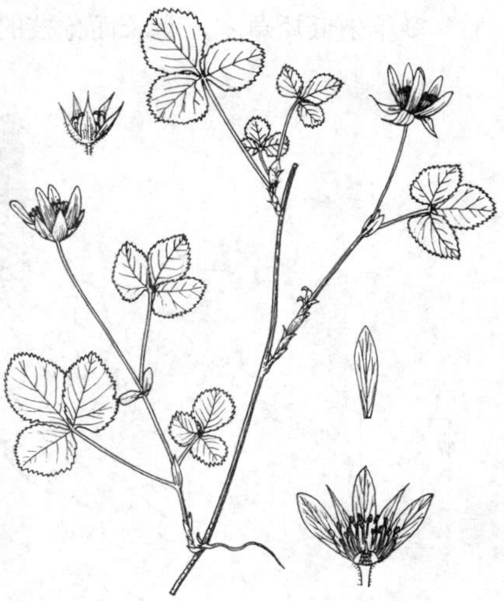

图 1073 凉山悬钩子 （孙英宝绘）

产湖北、四川、云南西部及西北部、西藏东南部及南部，生于海拔2000-4000米山坡草地或林下。缅甸北部、锡金、尼泊尔及不丹有分布。

109. 红刺悬钩子 图 1074

Rubus rubrisetulosus Card. in Lecomte, Not. Syst. 3: 289. 1914.

多年生草本，高10-20厘米。茎匍匐生根，被柔毛，常具刺毛或混生腺毛。复叶具3小叶，小叶近圆形，径2-3.5厘米，先端钝圆，基部宽楔形或

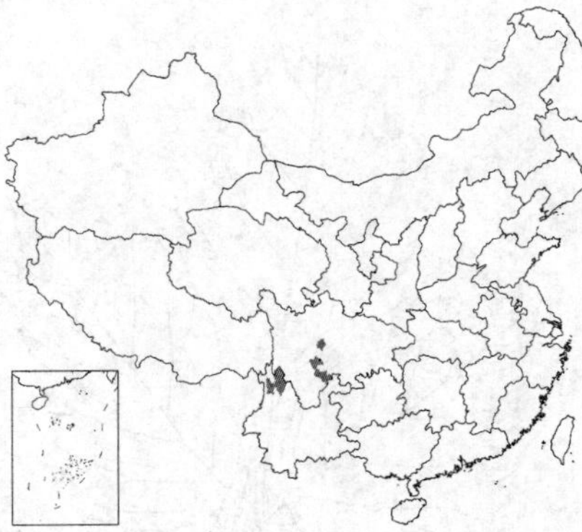

圆，侧生小叶基部偏斜，两面疏生贴伏长柔毛，有细锐锯齿或重锯齿；叶柄细，长4-7厘米，具细长柔毛，有时疏生刺毛和腺毛，小叶柄长2-5毫米，托叶离生，卵状长圆形或倒卵形，梳齿状深裂，具3-5浅锯齿，微被细长柔毛和细腺毛。花单生，径1.8-2.5厘米，花梗细，长2-4厘米，被柔毛、紫红色刺毛和腺毛；花萼密被柔毛、紫红色刺毛和腺毛，萼片长卵状披针形或三角披针形，全缘，尾尖；花瓣倒卵状长圆形或长圆形，白色，爪长1-1.5厘米；雄蕊多数，花丝稍膨大；雌蕊10-15，无毛。果球状，成熟时红色，宿萼红紫色；核具皱纹。花期6-7月，果期8-9月。

产云南西北部、四川中部及南部，生于海拔2000-3500米山地林缘、林下、沟边或荒野阴湿地。

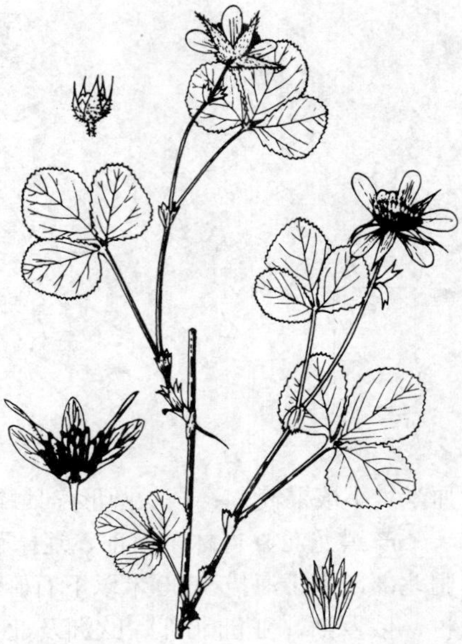

图 1074 红刺悬钩子 （孙英宝绘）

110. 兴安悬钩子 图 1075

Rubus chamaemorus Linn. Sp. P1. 494. 1753.

多年生低矮草本，有长而分枝的匍匐根状茎。茎一年生，直立，高5-30厘米，基部具少数鳞叶，被柔毛和稀疏腺毛。基生叶肾形或心状圆形，径4-9厘米，上面近无毛，下面被柔毛，幼时有腺毛，5-7浅裂，有不整齐粗锐锯齿；叶柄长2-6厘米，被柔毛或幼时疏生腺毛，托叶离生，叶状，长圆形，老时无毛，幼时边缘疏生腺毛。花单生，单生，雌雄异株；花径2-3厘米，雄花较大，径达3厘米。花梗长3.5-6厘米，被柔毛，幼时疏生腺毛；花萼具柔毛和腺毛，萼筒短，萼片4-5，长圆形，花果期常直立开展；花瓣4-5，倒卵形，先端常有凹缺，白色，比萼片长；雌花的雌蕊约20，花柱长，无花药；雄花的雄蕊发达，花丝长线形，基部稍宽大，雌蕊不发育。果近球形，径约1厘米，成熟时橙红或带黄色，无毛；核大，光滑或微皱。花期5-7月，果期8-9月。

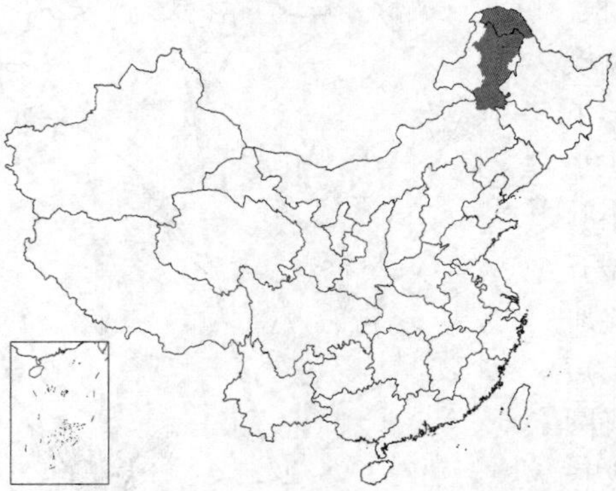

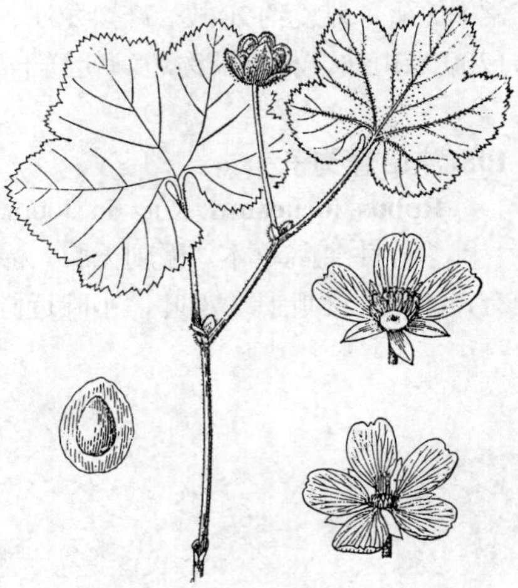

图 1075 兴安悬钩子 （王金凤绘）

产黑龙江北部及内蒙古东部，生于林中。日本、朝鲜、俄罗斯、北欧及北美近北极地区有分布。

29. 仙女木属 Dryas Linn.

（谷粹芝）

矮小常绿亚灌木；茎丛生或稍匍匐地面。单叶互生，边缘外卷，全缘至近羽状浅裂，下面白色；托叶贴生叶柄，宿存。花茎细，直立；花单生，两性，稀杂性花；花萼短，外面被腺毛，萼片6-10，宿存；花瓣(6-)8(-10)，白色，有时黄色，倒卵形；雄蕊多数，离生，2轮；花盘着生花萼口部；心皮多数，离生，花柱顶生，胚珠1。瘦果多数，顶端有宿存白色羽毛状花柱。染色体基数 x=9。

约 3-4 种，分布北半球温带高山及寒带。我国 1 种。

东亚仙女木 多瓣木 图 1076

Dryas octopetala Linn. var. **asiatica**（Nakai）Nakai, Fl. Sylv. Kor. 7: 47. t. 17. 1918.

Dryas octopetala Linn. f. *asiatica* Nakai in Bot. Mag. Tokyo 30：233. 1916.

常绿亚灌木。茎丛生，匍匐，高达 6 厘米，基部多分枝。叶椭圆形、宽椭圆圆形或近圆形，长0.5–2厘米，先端钝圆，基部截形或近心形，边外卷，有圆钝锯齿，上面散生柔毛或无毛，下面被白色绒毛，中脉和7–10对侧脉被黄褐色分枝长柔毛；叶柄长0.4–2厘米，密被白色绒毛及黄褐色分枝长柔毛，托叶膜质，线状披针形，长0.4–2厘米，大部与叶柄贴生，被长柔毛。花茎长2–3 厘米，果期达6–7 厘米，密被白色绒毛、分枝长柔毛及多数腺体。花径1.5–2.5 厘米；花萼长7–9 毫米，疏生白色卷曲柔毛及多数深紫色分枝柔毛，兼有深紫及淡黄色腺毛，萼片卵状披针形，长3–5 毫米，先端有长柔毛；花瓣白色，倒卵形，长0.8–1 厘米；雄蕊多数，花丝长4–5 毫米，无毛；花柱有绢毛。瘦果长卵圆形，长3–4毫米，褐色，有长柔毛，顶端宿存花柱长1.5–2.5厘米，有羽状绢毛。花果期7–8月。

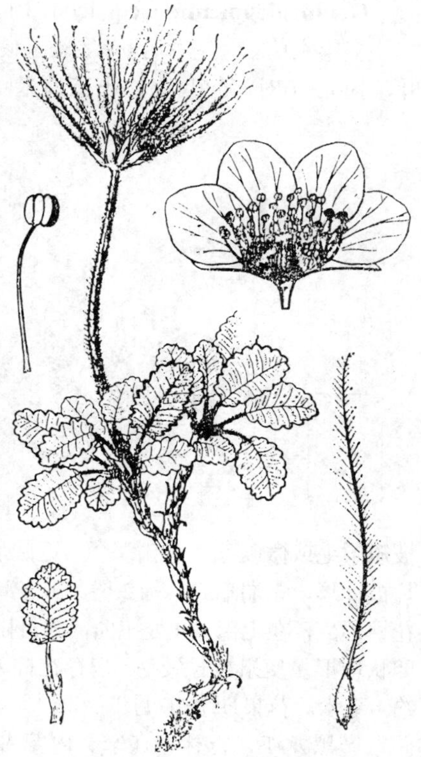

图 1076 东亚仙女木
（引自《中国植物志》）

产吉林东南部及新疆中北部，生于海拔 2200–2800 米高山草原。日本、朝鲜半岛北部、俄罗斯远东地区及萨哈林岛有分布。

30. 路边青属 Geum Linn.

（谷粹芝）

多年生草本。基生叶为奇数羽状复叶，顶生小叶特大或为假羽状复叶；茎生叶较少，常3出或单出如苞片状；托叶常与叶柄合生。花两性；单生或成伞房花序。花萼陀螺状或半球形，萼片5，镊合状排列，副萼片5，较小，与萼片互生；花瓣5，黄、白或红色；雄蕊多数；花盘平滑或突起；雌蕊多数，离生，着生在突起的花托上，花柱丝状，柱头细小，上部扭曲，后自弯曲处脱落，每心皮含1胚珠，上升。瘦果小，有柄或无柄，果喙顶端具钩。种子直立，种皮膜质，子叶长圆形。染色体基数 x=7。

约 70 余种，广布南北两半球温带。我国 3 种。

1. 花直立，径不及 1.5 厘米；萼片平展，绿色，花瓣黄色，卵形或倒卵形，无长爪。
    2. 果托有短硬毛，长约 1 毫米；茎生叶变化大，2–6 小叶，有时重复羽裂，小叶披针形或菱状椭圆形，先端通常渐尖，稀急尖 ……………… 1. **路边青 G. aleppicum**
    2. 果托有长硬毛，长 2–3 毫米；上部茎生叶通常单叶，不裂或 3 浅裂，小叶或顶生裂片卵形，先端圆钝稀急尖 ……………… 2. **柔毛路边青 G. japonicum** var. **chinense**
1. 花俯垂，径 2–2.5 厘米；萼片直立，多少带紫色，花瓣黄色有紫色条纹，半圆形，基部有长爪 ……………… 3. **紫萼路边青 G. rivale**

1. 路边青 水杨梅 图 1077 彩片 143

Geum aleppicum Jacq. Icon. P1. Rar. 1: 95. 1786.

多年生草本。茎高达1米，被粗硬毛，稀几无毛。基生叶为大头羽状复叶，小叶2-6对，连叶柄长10-25厘米，叶柄被粗硬毛，顶生小叶菱状宽卵形或宽扁圆形，长4-8厘米，先端急尖或圆钝，基部宽心形或宽楔形，常浅裂，有不规则粗大锯齿，两面绿色，疏生粗硬毛；茎生叶羽状复叶，有时重复分裂，顶生小叶披针形或倒卵披针形，先端常渐尖或短渐尖，基部楔形；托叶绿色，叶状，卵形，有不规则粗大锯齿。花序顶生，疏散排列。花径1-1.7厘米；花梗被短柔毛或微硬毛；花瓣黄色，近圆形，长于萼片；萼片卵状三角形，副萼片披针形，先端渐尖，稀2裂，短于萼片1倍多，外面被短柔毛及长柔毛；花柱顶生，在上部1/4处扭曲，后自扭曲处脱落，下部被疏柔毛。聚合果倒卵状球形；瘦果被长硬毛，宿存花柱无毛，顶端有小钩；果托被短硬毛，长约1毫米。花果期7-10月。

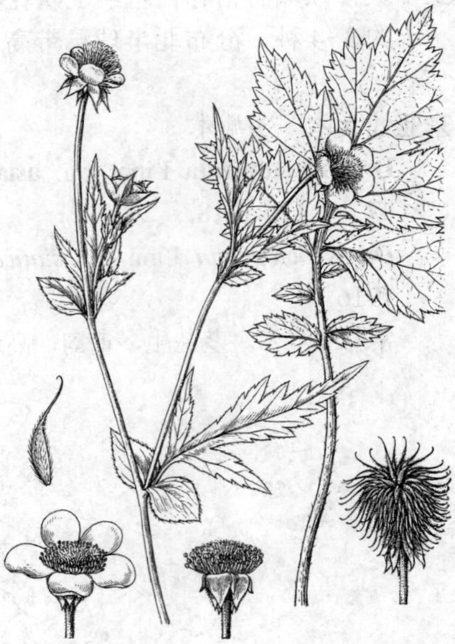

图 1077 路边青 （引自《图鉴》）

产黑龙江、吉林、辽宁、内蒙古、河北、山东、山西、河南、陕西、甘肃、宁夏、新疆北部、青海、西藏、云南、贵州、四川、湖北、湖南、江西及福建西北部，生于海拔200-3500米山坡草地、沟边、地边、河滩、林间隙地或林缘。广布北半球温带及暖温带。全株含鞣质，可提取栲胶；全草入药，有祛风、除湿、止痛、镇痉之效；种子含干性油，可用制肥皂和油漆。鲜嫩叶可食用。

2. 柔毛路边青 图 1078

Geum japonicum Thunb. var. **chinense** F. Bolle in Notizbl. Bot. Gart. Berl. 11: 210. 1931.

多年生草本。茎直立，高达60厘米，被黄色短柔毛及粗硬毛。基生叶为大头羽状复叶，有1-2对小叶，侧生小叶呈附片状，顶生小叶卵形或宽卵形，长3-8厘米，先端钝圆，基部宽心形或宽楔形，浅裂或不裂，有粗齿，两面绿色，疏被糙伏毛；上部茎生叶为单叶，3浅裂，裂片圆钝或急尖；托叶绿色，有粗齿。花序疏散。花径1.5-1.8厘米；花梗密生粗硬毛及短柔毛；萼片三角状卵形，副萼片短于萼片1倍多，被短柔毛；花瓣黄色，近圆形，花柱顶生，在上部1/4处扭曲，后自扭曲处脱落。聚合果圆卵形或椭球形；瘦果被长硬毛，宿存花柱有小钩；果托被长硬毛，毛长2-3毫米。花果期5-10月。

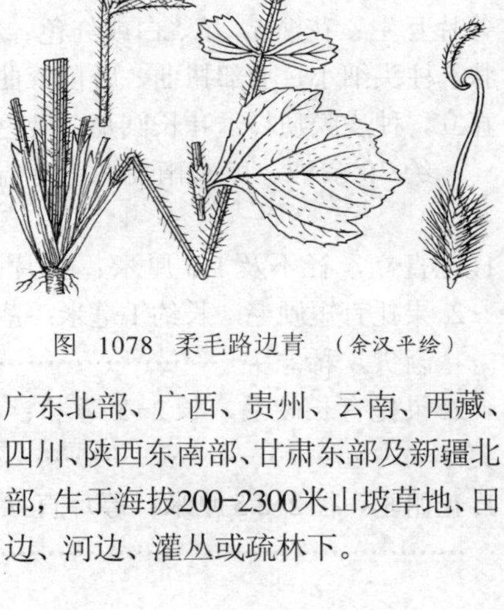

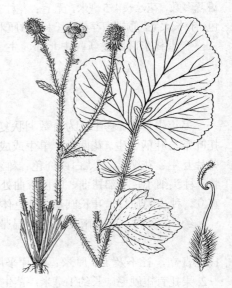

图 1078 柔毛路边青 （余汉平绘）

产山东、河南、安徽、江苏南部、浙江、福建西北部、江西、湖北、湖南、广东北部、广西、贵州、云南、西藏、四川、陕西东南部、甘肃东部及新疆北部，生于海拔200-2300米山坡草地、田边、河边、灌丛或疏林下。

3. 紫萼路边青

图 1079

Geum rivale Linn. Sp. Pl. 501. 1753.

多年生草本。茎高达70厘米，疏被长柔毛或微硬毛。基生叶为大头羽状复叶，有小叶2-4对，连叶柄长10-35厘米，顶生小叶浅裂，常菱状卵形，长4-9厘米，先端圆钝，基部宽楔形或几平截，缺刻状浅裂至3深裂，锯齿粗大，两面绿色，散生糙伏毛；茎生叶单叶，3浅裂或3深裂；托叶草质，绿色，卵状椭圆形，浅裂至中裂。花序疏散，有2-4花，常下垂。花径2-2.5厘米；花梗密被黄色短柔毛及疏柔毛；萼片卵状三角形，先端渐尖，副萼片窄披针形，短于萼片2-3倍，常带紫色；花瓣黄色，有紫褐色条纹，半圆形，基部有长爪，稍长于萼片；花柱顶生，丝状，关节处扭曲，下半部及子房被黄色长柔毛。瘦果被黄色长柔毛，宿存花柱在上部扭曲处脱落；果托被长硬毛，长1.5-2毫米。花果期5-8月。

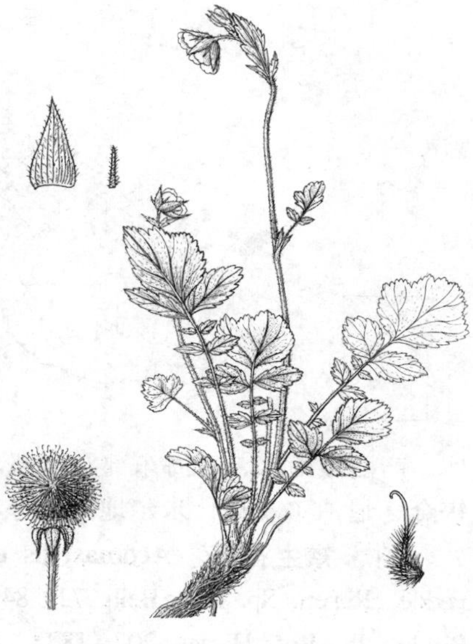

图 1079 紫萼路边青 （谭丽霞绘）

产新疆北部，生于海拔1200-2300米山谷草地、水旁多石砾地或灌丛中。北极至北半球温带有分布。

31. 羽叶花属 Acomastylis Greene

（谷粹芝）

多年生草本，常丛生；根状茎粗大。基生叶为羽状复叶；茎生叶较少，退化。花单生或数朵成聚伞花序，顶生。花萼陀螺状，萼片5，镊合状排列，副萼片较小，与萼片互生；花瓣5，黄色；雄蕊多数；雌蕊多数，密被硬毛或仅顶端被疏毛；花柱无毛或下部有短毛，果时宿存，胚珠基生。染色体基数x=7。

约15种，分布于北美和亚洲东部。我国2种。

1. 基生叶长带形，有小叶9-20对，上部者稍大于下部；花径1.5-2.5厘米，萼片长于副萼片1倍多，绿色，花瓣无毛，花柱无毛或基部有疏柔毛。
   2. 果密被硬毛。
      3. 植株高达40厘米；基生叶小叶排列疏；花2-6，成聚伞状花序 ………………………… 1. **羽叶花 A. elata**
      3. 植物矮小；基生叶小叶排列紧密；花单生，稀2-3 ……………… 1(附). **矮生羽叶花 A. elata** var. **humilis**
   2. 果无毛或仅顶端被毛 ……………………………………………… 1(附). **光果羽叶花 A. elata** var. **leiocarpa**
1. 基生叶为大头羽状复叶，有小叶5-10对；花径2.5-3.5厘米，萼片长于副萼片3-4倍，常黄色带紫褐色，花瓣外面被疏柔毛，花柱除顶端外全被长硬毛 ……………………………………… 2. **大萼羽叶花 A. macrosepala**

1. 羽叶花

图 1080

Acomastylis elata (Royle) F. Bolle in Fedde, Repert. Sp. Nov. Beih 72: 83. 1933.

Sieversia elata Royle, Ill. Bot. Himal. 2: 207. t. 39. 1839.

多年生草本。花茎直立，高达40厘米，被短柔毛。基生叶为间断羽状复叶，宽带形，有小叶9-13对，连叶柄长12-24厘米；叶柄长1-4厘米，被短柔毛或疏柔毛，稀脱落几无毛；小叶半圆形，上部较大，下部较小，长0.4-2.5厘米，先端圆钝，基部宽楔形，大部与叶轴合生，有不规则圆钝锯齿和睫毛，两面绿色，被稀疏柔毛或几无毛；茎生叶苞叶状，长圆状披针形，深裂；托叶草质，绿色，卵状披针形，全缘。聚伞花序2-6花顶生。花径2.8-3.5厘米；花

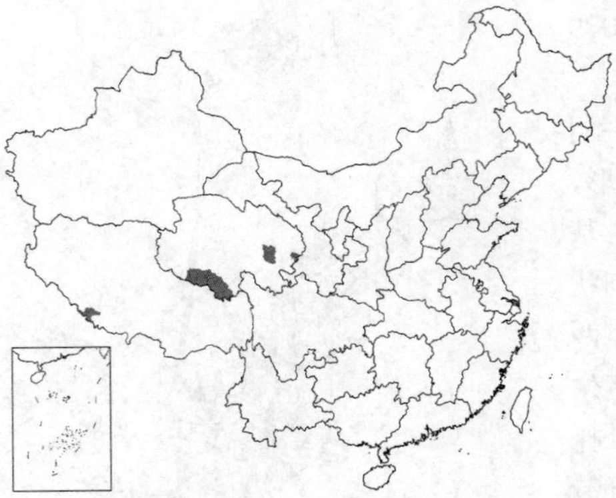

梗被短柔毛；萼片卵状三角形，副萼片窄披针形，短于萼片1倍以上，外面被短柔毛；花瓣黄色，宽倒卵形，先端微凹，长达萼片1倍；子房密被硬毛，渐窄至花柱，花柱不扭曲，基部有稀疏柔毛，柱头细小。瘦果长卵圆形，具宿存花柱。花果期6-8月。

产西藏南部、青海东部及南部，生于海拔3500-5400米高山草地。锡金、尼泊尔及克什米尔地区有分布。

［附］**矮生羽叶花 Acomastylis elata** var. **humilis**（Royle）F. Bolle in Fedde, Repert. Sp. Nov. Beih. 72: 84. 1933. —— *Sieversia elata* var. *humile* Royle, Ill. Bot. Himal. 207. 1835. 本变种与模式变种的区别：植株甚矮，基生叶小叶排列密集；花通常单生，稀2-3。花果期6-8月。产青海、云南及西藏，生于海拔3500-5400米高山草地。锡金及尼泊尔有分布。

［附］**光果羽叶花 Acomastylis elata** var. **leiocarpa**（W. E. Evans）F. Bolle in Fedde, Repert. Sp. Nov. Beih. 72: 84. 1933. —— *Geum elata* var. *leiocarpum* W. E. Evans in Notes. Roy. Bot. Gard. Edinb. 14: 29. 1923. 本变种与模式变种的区别：果无毛或仅顶端被疏柔毛。产陕西、四川及西藏，生于海拔3700-5400米山坡草地。尼泊尔有分布。

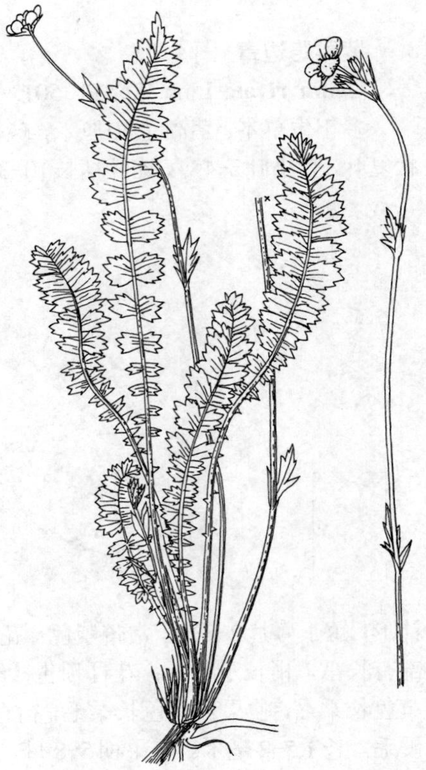

图 1080 羽叶花 （孙英宝绘）

2. 大萼羽叶花 图 1081

Acomastylis macrosepala（Ludlow）Yu et Li, Fl. Reipubl. Popul. Sin. 37: 225. pl. 33: 1-6. 1985.

Geum macrosepalum Ludlow in Bull. Brit. Mus. Bot. 5(5): 271. pl. 30a. f. 2. 1976.

多年生草本；根状茎粗壮，圆柱形，多侧根。茎直立或上升，高达70厘米，被短柔毛或微硬毛。基生叶为大头羽状复叶，有5-10对小叶，侧生小叶较小，顶生小叶极大，卵形或肾形，长5-6厘米，先端圆钝，基部深心形，有不规则圆钝锯齿，两面绿色，被贴生疏柔毛或糙伏毛；托叶草质，绿色，长卵形，有锯齿或近全缘；茎生叶为单叶，倒卵形或倒披针形，长1-4厘米，5-7浅裂。花单生或2朵，直立，稀下垂；花径2.5-3.5厘米；萼片卵形或宽卵形，副萼片卵形，短于萼片3-4倍，常黄色带紫褐色，外面被硬毛；花瓣黄色，有时先端紫褐色，倒卵形，先端微凹，基部有爪，外面被疏柔毛；花柱顶生，丝状，下部被长硬毛。瘦果长椭圆形，长5-6毫米，被长硬毛，宿存花柱短，直立。花果期8-9月。

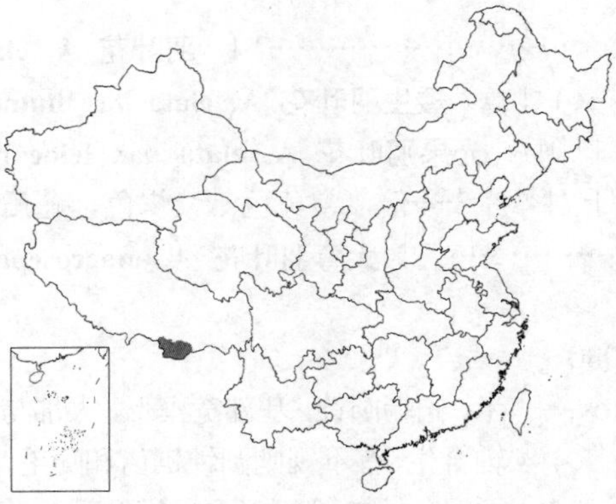

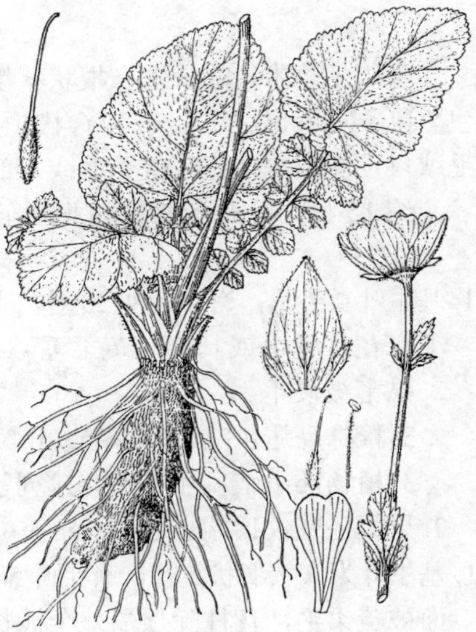

图 1081 大萼羽叶花 （王金凤绘）

产西藏南部，生于海拔3800-4400米山坡草地或灌丛中。印度、不丹及锡金有分布。

32. 太行花属 Taihangia Yu et Li

（谷粹芝）

多年生草本；根状茎粗壮。叶均基生，单叶，卵形或椭圆形，长2.5-10厘米，先端圆钝，基部平截或圆，稀宽楔形，有粗大钝齿和波状圆齿，上面无毛，下面淡绿色，几无毛或基部脉上疏被柔毛；叶柄长2.5-10厘米，无毛或疏被柔毛，有时叶柄上部有1-2极小裂片。花葶高达15厘米，有1-5对生或互生苞片，苞片3裂，裂片带状披针形，无毛；花单生花葶顶端，稀2朵，雄性和两性同株或异株；花径3-4.5厘米；花萼陀螺形，无毛，萼片5，卵状椭圆形或卵状披针形；花瓣5，白色，倒卵状椭圆形；雄蕊多数，着生花萼边缘；花盘环状，无毛；雌蕊多数，子房具短柄，在雌花中数目较多，被疏柔毛，螺旋状着生在花托上，在雄花中数目较少，败育，无毛，花柱顶生，延长，被柔毛，柱头微扩大，无毛。瘦果长3-4毫米，被疏柔毛，熟时长达1厘米。

我国特有单种属。

太行花 图 1082：1-5

Taihangia rupestris Yu et C. L. Li in Acta Phytotax. Sin. 18(4): 469. 1981.

形态特征同属。染色体基数x=7。花果期5-8月。

产山西东南部、河南北部交界的太行山，生于海拔1100-1200米阴坡崖壁上。

［附］**缘毛太行花** 图 1082：6 **Taihangia rupestris** var. **ciliata** Yu et C. L. Li in Acta Phytotax. Sin. 18(4): 470. 1981. 本变种与模式变种的区别：叶心状卵形，稀三角卵形，基部微心形，具密深的锯齿，有时微浅裂，密被缘毛，叶柄被柔毛。

产河南南部（武安），生于海拔1000-1200米阴坡山崖石壁上。

图 1082：1-5. 太行花 6. 缘毛太行花
（冯晋庸绘）

33. 无尾果属 Coluria R. Br.

（谷粹芝）

多年生草本，被柔毛；具根状茎。基生叶为羽状复叶或大头羽状复叶，小叶边缘有锯齿；有叶柄，托叶合生。花茎直立，花少数，具苞片。花萼倒圆锥状或钟形，花后伸长，有10肋，萼片5，镊合状排列，宿存；副萼片5，常小形；花瓣5，黄或白色；雄蕊多数，成2-3组，花丝离生，宿存；花盘环状，无毛；心皮多数，花柱近顶生，直立，脱落，胚珠1，着生子房基部。瘦果多数，扁平，包在宿存花萼内，有1种子。

约4种，分布亚洲北部及南部。我国3种。

1. 羽状复叶上部小叶较大，小叶排列紧密无间隙，上部小叶宽卵形或近圆形，长0.5-1.5厘米，基部歪形；花径1.5-2.5厘米，心皮数个；瘦果平滑 ………………………………………………………… 1. **无尾果 C. longifolia**
1. 羽状复叶顶生小叶最大，向下渐小，小叶间隙可达1厘米，顶生小叶宽卵形或卵形，稀长圆状卵形，长3-7厘米，基部心形；花径2-2.5厘米，心皮多数；瘦果有乳头状突起 ……………………… 2. **大头叶无尾果 C. henryi**

1. 无尾果 图 1083：1-2

Coluria longifolia Maxim. in Bull. Acad. Sci. St. Pétersb. 27. 466. 1883.

多年生草本。基生叶为单数羽状

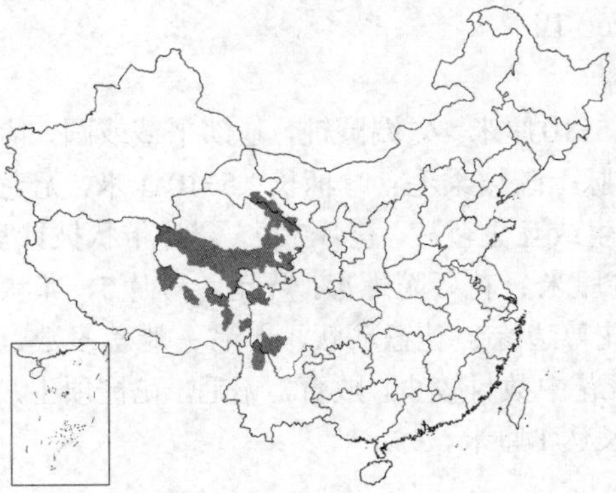

复叶，长5-10厘米；叶轴具沟，有长柔毛，叶柄长1-3厘米，疏生长柔毛，基部膜质下延抱茎；托叶卵形，全缘或有1-2锯齿，两面有柔毛及缘毛；小叶9-20对，上部者较大，向下见小，无柄；上部小叶紧密排列无间隙，宽卵形或近圆形，长0.5-1.5厘米，基部歪形，有锐锯齿及黄色长缘毛，两面有柔毛或近无；下部小叶卵形或长圆形，长1-3毫米，歪形，全缘或有圆钝锯齿，有缘毛；茎生叶1-4，宽线形，长1-1.5厘米，羽裂或3裂。花茎直立，高达20厘米，上部分枝，有短柔毛；聚伞花序有2-4花，稀具1花；苞片卵状披针形，长3-4毫米，具长缘毛。花径1.5-2.5厘米；花梗长1-2.5厘米，密生短柔毛；花萼钟形，长2毫米，外面密生短柔毛并有长柔毛，萼片三角状卵形，长3-4毫米，外面密生短柔毛和长柔毛，副萼片长圆形，长约2毫米，有长柔毛及缘毛；花瓣倒卵形或倒心形，长5-7毫米，黄色，先端微凹，无毛；子房长圆形，无毛，花柱丝状。瘦果长圆形，长2毫米，熟时黑褐色，无毛。花期6-7月，果期8-10月。

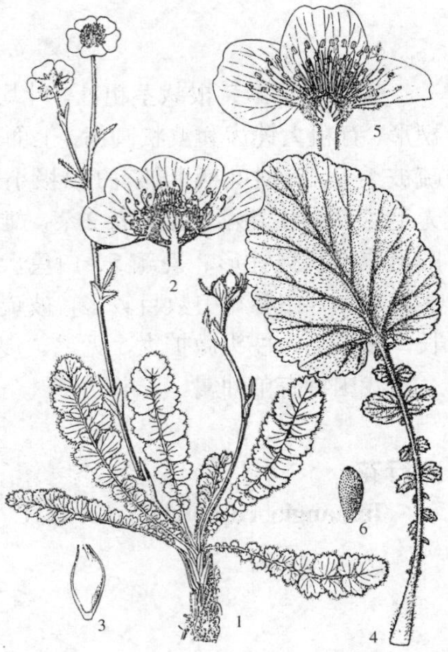

图 1083：1-3. 无尾果 4-6. 大头叶无尾果
（引自《中国植物志》）

产甘肃、青海、四川西北部及西部、云南西北部、西藏东部及东北部，生于海拔2700-4100米高山草甸。全草药用，有止血止痛、清热作用。

2. 大头叶无尾果 图 1083：4-6

Coluria henryi Batal. in Acta Hort. Pétrop. 13: 94. 1893.

多年生草本。基生叶纸质，大头羽状全裂，长5-18厘米，小叶4-10对顶生小叶最大，向下渐小，在叶轴上疏生，间距可达1厘米；叶柄长1-2.5厘米，具疏条纵肋，密生黄褐色长柔毛；顶生小叶宽卵形或卵形，稀长圆状卵形，长3-7厘米，先端圆钝，基部心形，有圆钝锯齿，两面被黄褐色长柔毛；侧生小叶卵形或长圆状卵形，先端锐尖，基部歪形，有少数三角状锯齿，两面密生长柔毛，无柄；茎生叶卵形，长1-1.5厘米，不裂或3裂，两面被柔毛。花茎超出基生叶，高6-30厘米，上升，有开展柔毛，具1-4花；苞片卵形或长圆形，长约1.5厘米，边有数齿，两面被柔毛。花径2-2.5厘米；花萼长3-5毫米，外面密生柔毛，萼片三角状卵形，长约5毫米，外面有柔毛，内面无毛或微有柔毛，副萼片披针形，长1-2毫米，外面有柔毛；花瓣倒卵形，长0.5-1厘米，黄或白色，先端微凹，有短爪，无毛；子房卵圆形，花柱直立。瘦果卵圆形或倒卵圆形，长1-1.5毫米，熟时褐色，有乳头状疣。花期4-6月，果期5-7月。

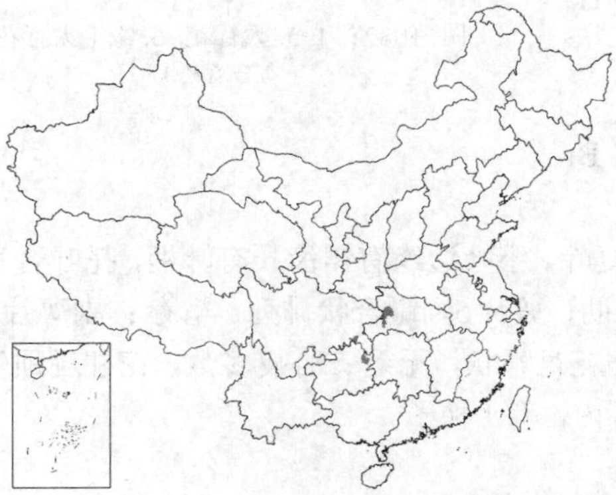

产湖北西部、四川东部及东南部、贵州东部，生于海拔1600-2400米岩石上。

34. 林石草属 Waldsteinia Willd.

（谷粹芝）

多年生草本；根状茎匍匐，纤细，有须根。叶互生，单叶，全缘，或3-5裂或掌状3-5小叶。花单生或2-5组成稀疏聚伞花序，有苞片。花萼倒圆锥形或陀螺形，萼片5，镊合状排列，副萼片5，小形或缺；花瓣5，镊合状排列；雄蕊多数，花丝宿存，着生花萼口部的花盘周围；心皮2-6，花柱近顶生，丝状，基部有关节，脱落，柱头头状，每心皮有1上升胚珠。瘦果小坚果状，干燥或稍肉质，有毛。种子直立，种皮膜质。染色体基数x=7。

约6种，分布于温带。我国1变种。

光叶林石草 图 1084

Waldsteinia ternata（Stepb）Fritsch var. **glabriuscula** Yu et C. L. Li, Fl. Republ. Popul. Sin. 37：233. 1985.

多年生草本；根茎匍匐。茎高达20厘米，无毛。基生叶为掌状3小叶，连叶柄长7-10厘米，叶柄无毛或顶端被疏柔毛，小叶倒卵形或宽椭圆形，长2.5-3厘米，先端圆钝，基部楔形或宽楔形，上部3-5浅裂，有圆钝锯齿，上面绿色，下面带紫色，两面被疏柔毛或脱落几无毛，叶柄短，被疏柔毛；托叶扩大，膜质，褐色，外面几无毛，有缘毛；茎生叶1或退化。花单生或2-3。花径1-1.6厘米；花梗无毛，稀稍有短柔毛，基部有膜质小苞片，小苞片卵状披针形，全缘；萼片5，三角状长卵形，先端渐尖或有2-3锯齿，外面无毛或有疏柔毛，副萼片5，披针形，短于萼片；花瓣5，黄色，倒卵形，长约萼片1倍。瘦果长圆形或歪倒卵圆形，熟时黑褐色，长2-3毫米，被白色柔毛。花果期5-6月。

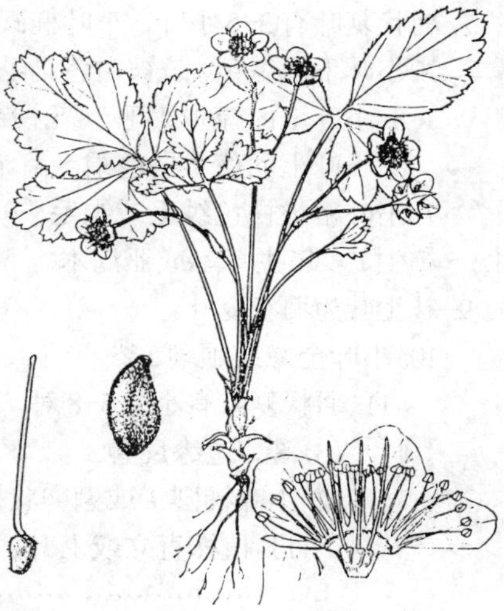

图 1084 光叶林石草
（引自《中国植物志》）

产吉林东南部长白山，生于海拔700-1000米林下阴湿处。俄罗斯远东地区及朝鲜半岛北部有分布。

35. 委陵菜属 Potentilla Linn.

（谷粹芝）

多年生草本，稀一年或二年生草本、亚灌木或灌木；茎直立、上升或匍匐。叶为奇数羽状复叶或掌状复叶；有叶柄和托叶，托叶与叶柄多少合生。花通常两性，单生、聚伞状或聚伞圆锥花序。花萼下凹，多半球形，萼片5，黄色，稀白或紫红色；雄蕊（11-）20(-30)，花药2室；雌蕊多数，分离，花托微凸起，花柱顶生、侧生或基生，每心皮有1上升、下垂倒生、横生或近直生的胚珠。瘦果多数，着生于干燥花托，具宿存萼片。种子1，种皮膜质。染色体基数x=7。

约200余种，大多分布北半球温带、寒带及高山地区，极少数种类近赤道。我国80余种。

1. 灌木或小灌木。
 2. 羽状复叶，有（3-）5-7小叶；花黄色。
  3. 小叶(3-)5，呈羽状排列；小叶长圆形、倒卵状长圆形或长圆状披针形，长0.7-2厘米，边缘平或稍反卷；花径1.5-3厘米。
   4. 小叶下面绿色，疏被柔毛或绢毛或近无毛。
    5. 小叶上面疏生柔毛或近无毛，下面网脉不凸起，边缘平 ………………………… 1. **金露梅 P. fruticosa**
    5. 小叶上面密被贴生白色柔毛，下面网脉凸起，边缘反卷 …………………………………………………… 1(附). **伏毛金露梅 P. fruticosa** var. **arbuscula**
   4. 小叶下面密被银白色绒毛，上面被疏平铺柔毛，边缘不反卷 …………………………………………………… 1(附). **白毛金露梅 P. fruticosa** var. **albicans**

3. 小叶(3–)5–7，近掌状；小叶披针形、带状披针形或倒披针形，长0.7–1厘米，边缘极反卷；花径1–1.2(–2.2)厘米。
6. 小叶两面被绢毛，下面粉白色，有时兼有疏柔毛 ………………………………… 3. **小叶金露梅 P. parvifolia**
6. 小叶上面被短绢毛，下面被白色绒毛和绢毛 ……… 3(附). **白毛小叶金露梅 P. parvifolia** var. **hypoleuca**
2. 羽状复叶有3–5小叶，小叶椭圆形、卵状椭圆形或倒卵状椭圆形；花白色。
7. 小叶下面绿色，疏被白色绢毛或近无毛。
8. 小叶上面疏生柔毛；花梗被疏柔毛 ……………………………………………………………… 2. **银露梅 P. glabra**
8. 小叶上面伏生白色绢毛；花梗较粗，密被白色绢状柔毛 …… 2(附). **伏毛银露梅 P. glabra** var. **veitchii**
7. 小叶密被白色绒毛或绢毛 ……………………………………… 2(附). **白毛银露梅 P. glabra** var. **mandshurica**
1. 一年生、多年生草本或亚灌木。
9. 基生叶为羽状复叶。
10. 小叶全缘或顶端2裂。
11. 羽状复叶有小叶5–8对，最上面2–3对小叶基部下延与叶轴合生；小叶椭圆形或倒卵状椭圆形，先端2(3)裂，边缘反卷。
12. 小叶椭圆形或倒卵状椭圆形，长0.5–1.5厘米；花径0.7–1厘米。
13. 植株直立或上升，高达20厘米；小叶5–8对，先端2（3）裂；花数朵，呈伞状聚伞花序 ……… ……………………………………………………………………………………… 4. **二裂委陵菜 P. bifurca**
13. 植株矮小铺散，高不及7厘米，小叶通常4–5对，稀3对，多全缘，偶先端2裂；花常单生 … ……………………………………………………… 4(附). **矮生二裂委陵菜 P. bifurca** var. **humilior**
12. 小叶线形或长椭圆形，先端圆钝或2裂；花径1.2–1.5厘米；花序聚伞状 ………………………… ……………………………………………………………… 4(附). **长叶二裂委陵菜 P. bifurca** var. **major**
11. 羽状或近掌状5出复叶，上面1对小叶基部下延与叶轴合生；小叶线形，全缘或基部1对小叶深裂，边缘反卷。
14. 基生叶基部1对常深裂为两部分，偶不裂；花径1.2–1.5厘米 …………… 8. **双花委陵菜 P. biflora**
14. 基生叶基部1对不裂；花径1.5–1.8厘米 ……… 8(附). **五叶双花委陵菜 P. biflora** var. **labulensis**
10. 小叶全缘或部分有锯齿或分裂。
15. 基生叶有2–4（5）对小叶。
16. 茎生叶托叶全缘。
17. 一至二年生草本，植株铺散；茎下部花常单生叶腋，顶生花数朵呈伞形聚伞状花序；花径6–8毫米；叶长圆形或倒卵状长圆形，基部楔形或宽楔形。
18. 基生叶为羽状复叶，有小叶2–5对，最上面一对小叶不裂 ……… 45. **朝天委陵菜 P. supina**
18. 基生叶有小叶3，顶生小叶有短柄或近无柄，常2–3深裂或不裂 ……………………………… ………………………………………………… 45(附). **三叶朝天委陵菜 P. supina** var. **ternata**
17. 多年生草本；茎直立或上升；花径1–1.7厘米。
19. 茎和叶柄被柔毛和腺毛；小叶椭圆形、倒卵状椭圆形或卵状椭圆形，两面绿色，被疏柔毛和腺毛 …………………………………………………………………… 10. **石生委陵菜 P. rupestris**
19. 茎和叶柄被贴生或开展柔毛，无腺毛；小叶两面无腺毛。
20. 基生叶有小叶3–5对，小叶卵形或倒卵状长圆形，下面密被白色绒毛，沿脉密被白色绢状长柔毛 …………………………………………………… 21. **高原委陵菜 P. pamiroalaica**
20. 基生叶有小叶2–4对，小叶下面被柔毛。
21. 茎和叶柄疏被贴生柔毛；小叶椭圆形、长椭圆形或椭圆状卵形，上面有皱褶，下面有柔毛；副萼片窄披针形。
22. 基生叶有小叶2–4对，下面一对常小形，小叶上面有皱褶，疏生柔毛，下面密被柔毛；瘦果脐部有毛 ………………………………………………………… 7. 皱叶委陵菜 **P. ancistrifolia**

22. 基生叶有小叶2–3对，常混生3小叶，小叶上面无皱褶，两面疏生柔毛或近无毛；瘦果无毛 …………………………………………………………………… 7(附). 薄叶委陵菜 **P. ancistrifolia** var. **dickinsii**

21. 茎和叶柄被开展长柔毛；小叶倒卵形、椭圆形或长椭圆形，上面无皱褶，下面散生柔毛；副萼片长圆状披针形 ………………………………………………………………… 54. 莓叶委陵菜 **P. fragarioides**

16. 茎生叶托叶大，草质，绿色，边有2–3缺刻状分裂，稀全缘 …………………… 43. 条裂委陵菜 **P. lancinata**

15. 基生叶有（3）4–23对小叶。

23. 羽状复叶最上面1–3对小叶基部通常下延与叶轴合生。

24. 花单生叶腋，径6–8毫米，花瓣比萼片短或近等长 ………………………… 45. 朝天委陵菜 **P. supina**

24. 花多数组成花序，花径1–1.8厘米，花瓣长于萼片。

25. 花较多排列疏散，花径1–1.5厘米；副萼片窄披针形，短于萼片，果期不增大；花梗长0.8–2.5(–3.5)厘米，仅被柔毛 ………………………………………………………… 41. 菊叶委陵菜 **P. tanacetifolia**

25. 花较少排列紧密，花径1.5–1.8厘米；副萼片长圆状披针形，与萼片近等长或稍短于萼片，果期增大；花梗长5–8毫米，被柔毛和腺毛 ………………………………………… 42. 腺毛委陵菜 **P. longifolia**

23. 羽状复叶最上面小叶基部不下延也不与叶轴合生。

26. 小叶基部或中部以上全缘。

27. 小叶长圆形，先端有2–3齿，稀上部有4–6锯齿，下部全缘，齿渐尖或急尖，下面沿脉密被贴生绢状长柔毛 ………………………………………………………………… 16. 狭叶委陵菜 **P. stenophylla**

27. 小叶卵形或椭圆形，通常有5–7圆钝锯齿，基部1/3以下全缘，下面被疏柔毛，沿中脉较密 ………………………………………………………………………… 17. 康定委陵菜 **P. tatsienluensis**

26. 小叶边缘全部有锯齿或裂片。

28. 茎有匍匐茎，节处生根；花单生叶腋；茎生叶为间断羽状复叶。

29. 小叶两面被毛。

30. 小叶上面绿色，被稀疏柔毛或近无毛，下面密被紧贴银白色绢毛 ……… 18. 蕨麻 **P. anserina**

30. 小叶两面密被紧贴灰白色绢状柔毛或上面较下面疏呈灰绿色 …………………………………………………………………… 18(附). 灰叶蕨麻 **P. anserina** var. **sericea**

29. 小叶两面均绿色，下面仅被稀疏平铺柔毛或近无毛 …………………………………………………………………… 18(附). 无毛蕨麻 **P. anserina** var. **nuda**

28. 茎直立或上升，无匍匐茎；花1–3朵。

31. 小叶下面被柔毛或绢毛。

32. 小叶下面被柔毛。

33. 羽状复叶，有2–4对小叶，下面1对小形，为不间断羽状复叶，小叶先端急尖或圆钝 ……………………………………………………………… 7. 皱叶委陵菜 **P. ancistrifolia**

33. 羽状复叶有7对以上小叶，下面1对小叶不明显变小，为间断羽状复叶，小叶先端圆钝。

34. 茎密被黄色短柔毛或长柔毛；小叶8–15对，排列紧密，下面密被短柔毛，沿脉被长柔毛；副萼片椭圆形，先端圆钝，全缘或有2–3浅裂，与萼片近等长 ……………………………………………………………… 12. 川滇委陵菜 **P. fallens**

34. 茎被开展长柔毛；小叶7–10对，排列疏，下面仅沿脉疏被硬长柔毛；副萼片倒卵形，先端圆或圆截形，有2–5对圆钝或急尖锯齿，比萼片宽短 ……………………………………………………………… 11. 多叶委陵菜 **P. polyphylla**

32. 小叶下面被绢毛。

35. 基生叶有（3）4–5对小叶；花单生或数朵呈聚伞花序，花径0.7–1.2厘米 ……………………………………………………………… 22. 多头萎陵菜 **P. multiceps**

35. 基生叶有（9）10-21对小叶。

36. 假伞形花序集生花茎顶端；花径0.8-1厘米；副萼片常全缘。

37. 基生叶有10-17对小叶，间距0.5-1厘米；小叶长圆形、椭圆形或椭圆状卵形，边缘有多数急尖或渐尖锯齿，下面密被银白色绢毛 ………… 15. **银叶委陵菜 P. leuconota**

37. 基生叶有9-12对小叶，间距不超过5毫米；小叶卵形，边缘有4-6尖锐锯齿，下面绿色，仅沿脉被紧贴白色绢毛 ………… 15(附). **脱毛银叶委陵菜 P. leuconota** var. **brachyllaria**

36. 伞房状聚伞花序；花径1.5-2.5厘米；副萼片常2-3裂。

31. 小叶下面密被绒毛或兼有绢毛。

38. 小叶下面密被银白色绢毛或淡黄色绢毛 ………… 14. **总梗委陵菜 P. peduncularis**

38. 小叶下面绿色，伏生疏柔毛，仅沿主脉疏生白色绢毛 ………… 14(附). **脱毛总梗委陵菜 P. peduncularis** var. **glabriuscula**

39. 小叶边缘具齿，不裂。

40. 花茎和叶柄被短柔毛和长柔毛。

41. 基生叶为间断羽状复叶；小叶6-13（-15)，倒卵状长圆形或倒卵状椭圆形 ………… 13. **西南委陵菜 P. fulgens**

41. 基生叶为不间断羽状复叶；小叶2-3(4)对，椭圆形或倒卵状椭圆形。

42. 花茎和叶柄被开展长柔毛和短柔毛；小叶下面被白色绒毛及柔毛，沿脉密生长柔毛，有时白色绒毛脱落；茎生托叶边缘齿牙齿状分裂或全缘 ………… 33. **柔毛委陵菜 P. griffithii**

42. 花茎和叶柄被开展长柔毛，常混有相互交织白色绒毛；小叶下面密被白色绒毛，沿脉贴生白色长柔毛，锯齿先端呈毛笔状；茎生托叶全缘或2-3裂 ………… 33(附). **长柔毛委陵菜 P. griffithii** var. **velutina**

40. 花茎和叶柄密被白色绵毛或白色绒毛。

43. 小叶长圆形或长圆状披针形，下面密被白色或灰白色绵毛；萼片外面密被白色绵毛 ………… 31. **翻白草 P. discolor**

43. 小叶倒卵形或倒卵状椭圆形，下面被白色绒毛，沿脉贴生长柔毛；萼片外面被疏柔毛。

44. 叶缘为长圆形锯齿，齿先端圆钝或急尖 ………… 32. **华西委陵菜 P. potaninii**

44. 叶缘锯齿分裂较深，裂成篦齿状裂片，裂片呈舌状带形 ………… 32(附). **裂叶华西委陵菜 P. potaninii** var. **compsophylla**

39. 小叶边缘分裂成小裂片。

45. 花茎和叶柄被绢毛、长柔毛和短柔毛。

46. 小叶下面沿脉被白色绢毛，余被绒毛。

47. 小叶上面淡绿色，贴生白色长柔毛或绢毛，下面被绒毛及疏被白色长柔毛；小叶裂片密接。

48. 基生叶有3-5对小叶；茎生叶托叶全缘，稀2裂；茎和叶柄有贴生白色长绢毛 ………… 21. **高原委陵菜 P. pamiralaica**

48. 基生叶有6-9对小叶；茎生叶托叶2-3裂；茎及叶柄被开展白色绢状长柔毛 ………… 23. **羽毛委陵菜 P. plumosa**

47. 小叶上面绿色，被贴生疏柔毛，稀无毛，下面沿脉被绢毛；小叶裂片疏离。

49. 花径1.2-2.5厘米；萼片花后增大，直立；副萼片长约3.5毫米，长于萼片1/2或近等长。

50. 小叶羽状深裂，几达中脉，裂片较窄，线形或线状披针形，边缘反卷。

51. 花茎上升，稀直立，高12-40厘米，花较多，呈伞房状聚伞花序。

52. 基生叶有3-5对小叶，呈羽状排列 ………… 19. **多裂委陵菜 P. multifida**

52. 基生叶有5小叶，紧密排列在叶柄顶端，有时近掌状 ………… 19(附). **掌状多裂委陵菜 P. multifida** var. **ornithopoda**

51. 植株极矮小；花茎接近地面铺散，长3-8厘米，花少数 …………………………………………………………… 19(附). **矮生多裂委陵菜 P. muitifida** var. **nubigena**

50. 小叶常中裂或浅裂，不达中脉，裂片三角状长圆形、三角状披针形或带状长圆形，边缘反卷或有时不明显；植株被开展长柔毛，毛长3-4毫米 ……………………………… 29. **大萼委陵菜 P. conferta**

49. 花径0.8-1厘米；萼片花后不增大，紧贴果实；副萼片比萼片小。

53. 小叶裂片三角形、三角状披针形或长圆状披针形，多少外展，边缘反卷；茎生叶托叶呈齿牙状分裂；花茎被白色绢状长柔毛。

54. 小叶边缘羽状中裂，裂片三角状卵形、三角状披针形或长圆状披针形 ………………………………………………………………………… 28. **委陵菜 P. chinensis**

54. 小叶边缘深裂至中裂或几达中脉，裂片线形 …………………………………………………………………………… 28(附). **细裂委陵菜 P. chinensis** var. **1neariloba**

53. 小叶裂片带形，排列较整齐，直展，边缘平或微反卷；茎生叶托叶常全缘；花茎被白色长柔毛 ……………………………………………………………………………… 20. **多茎委陵菜 P. multicaulis**

46. 小叶上面绿色，伏生绢毛，下面密被白色绒毛，密盖一层白色绢毛。

55. 基生叶有3-6对小叶，下面密被绒毛，密盖一层白色绢毛 ……………………… 24. **绢毛委陵菜 P. sericea**

55. 基生叶有2对小叶，下面密被白色绒毛，沿脉密生绢毛 ………………………………………………………………………………… 24(附). **变叶绢毛委陵菜 P. sericea** var. **polyschista**

45. 花茎和叶柄多少被相互交织白色绒毛或茸毛，稀脱落。

56. 基生叶小叶排列成羽状。

57. 小叶裂片长圆形或三角形，两边排列不呈篦齿状；萼片外面多少被白色绒毛及疏柔毛。

58. 叶亚革质；小叶3-5(-8)对，卵形或长圆形，两边具长圆形或三角形裂片，下面密被白色绒毛。

59. 小叶羽状深裂几达中脉，裂片长椭圆形、披针形或卵状披针形，先端圆钝或急尖 ………………………………………………………………………… 25. **西山委陵菜 P. sischanensis**

59. 小叶呈锯齿状浅裂，裂片三角形或三角状卵形，先端急尖或圆钝 ……………………………………………………………… 25(附). **齿裂西山委陵菜 P. sischanensis** var. **peterae**

58. 叶薄纸质；小叶4-8对，倒卵形，先端或边缘有齿牙状长圆形或三角形裂片，下面被灰白色绒毛 ……………………………………………………………………………… 27. **下江委陵菜 P. limprichtii**

57. 小叶裂片为带状长圆形，两边排列整齐呈篦齿状 ……………………………… 30. **茸毛委陵菜 P. strigosa**

56. 基生小叶排列成假轮生状，小叶带形，边缘反卷；萼片外面被绒毛 …… 26. **轮叶委陵菜 P. verticillaris**

9. 基生叶为3-5掌状复叶。

60. 基生叶为3小叶。

61. 小叶全缘或先端有3齿。

62. 小叶带状披针形，全缘，微反卷，基部与柄接合处有横纹关节；花径1-1.5厘米。

63. 小叶较宽，基部关节明显，叶柄较窄 ……………………………………… 9. **关节委陵菜 P. articulata**

63. 小叶较窄，基部关节不明显；叶柄较宽 … 9(附). **宽柄关节委陵菜 P. articulata** var. **latipetiolata**

62. 小叶倒卵形、椭圆形或长椭圆形，先端有3；花径1.8-2.5厘米 …………… 5. **楔叶委陵菜 P. cuneata**

61. 小叶有锯齿或有深浅不等裂片。

64. 小叶下面绿色，被柔毛、短柔毛、星状毛或疏生绢毛，稀脱落几无毛。

65. 植株全部被星状毛；小叶上半部有4-6齿 ………………………………… 53. **星毛委陵菜 P. acaulis**

65. 植株全无星状毛。

66. 花茎平卧，呈匍匐状，常节处生根，或直立上升。

67. 花单生叶腋。

68. 小叶边缘锯齿浅，小叶柄明显，托叶膜质，全缘或有锯齿；花径4-8毫米，花柱基部膨大，

向上渐细，呈锥状 …………………………………………… 46. **蛇莓委陵菜 P. centigrana**

68. 小叶边缘锯齿较深，几无柄，托叶草质，全缘或深裂；花径0.7-1厘米，花柱基部细，向上渐粗，柱头扩大，呈铁钉状 …………………………………………… 58. **等齿委陵菜 P. simulatris**

67. 花多数组成伞房状聚伞花序；小叶有多数急尖锯齿；茎生叶托叶草质，大部与叶柄合生；花径约1厘米 …………………………………………… 47. **狼牙委陵菜 P. cryptotaeniae**

66. 花茎直立或上升，不呈匍匐状，稀从基部叶鞘中抽出匍匐枝。

69. 矮小丛生亚灌木；小叶上半部边缘有3-7个齿牙状裂片；花1-3，顶生。

70. 小叶上半部有5-7齿牙状深锯齿，齿卵形或椭圆状卵形，先端急尖或微钝，上面深绿色，被稀疏柔毛或脱落几无毛，下面绿色，仅沿脉疏被白色长柔毛 ………………… 6. **毛果委陵菜 P. eriocarpa**

70. 小叶先端2-5深裂达1/2以上，裂片宽带形或披针形，先端渐尖或急尖，两面初被白色长柔毛，后脱落几无毛 ………………… 6(附). **裂叶毛果委陵菜 P. eriocarpa** var. **tsarongensis**

69. 一年生至多年生草本；小叶边缘有锯齿，不呈齿牙状裂片；3至多花组成聚伞花序。

71. 花径3.5-4厘米；副萼片椭圆形或长圆形；小叶椭圆形、卵形或倒卵形 …………………………………………… 48. **大花委陵菜 P. macrosepala**

71. 花径约1厘米；副萼片披针形。

72. 植株高0.6-1米；小叶长圆形、卵状披针形、菱状卵形或菱状倒卵形。

73. 花茎直立或小升；小叶长圆形或卵状披针形，先端渐尖或尾状渐尖；茎生托叶披针形 …………………………………………… 47. **狼牙委陵菜 P. cryptotaeniae**

73. 植株匍匐蔓生，常节处生根；小叶菱状卵形或菱状倒卵形，先端急尖或圆钝；茎生托叶长椭圆形 ………………… 47(附). **匍行狼牙委陵菜 P. cryptotaeniae** var. **radicans**

72. 植株高30-50厘米；小叶椭圆形、卵形或倒卵形。

74. 小叶每边有6-17锯齿。

75. 小叶长圆形、卵形或椭圆形；花径0.8-1厘米；花茎上托叶呈缺刻状锐裂；匍匐枝直或有时不明显。

76. 花茎和叶柄被平铺或开展疏柔毛；小叶长圆形、卵形或椭圆形，两面绿色，疏生平铺柔毛；茎生托叶边缘有缺刻状锯齿 ………………… 55. **三叶委陵菜 P. freyniana**

76. 花茎和叶柄较密被开展柔毛；小叶菱状卵形或宽卵形，两面被开展柔毛较密，沿脉更密；茎生托叶全缘，稀先端2裂 ………… 55(附). **中华三叶委陵菜 P. freyniana** var. **sinica**

75. 小叶菱状卵形、菱状倒卵形或宽椭圆形；花径1.5-2厘米；花茎托叶全缘，稀顶端有齿；匍匐枝常弯曲成膝状 ………………… 56. **曲枝委陵菜 P. yokusaiana**

74. 小叶每边有3-5锯齿，倒卵形，椭圆形或卵状椭圆形；花茎托叶全缘 …………………………………………… 52. **耐寒委陵菜 P. gelida**

64. 小叶下面密被白色或灰白色绒毛和绢毛。

77. 花茎和叶柄被白色绒毛；小叶下面被绒毛。

78. 小叶长圆状披针形或卵状披针形；萼片外面被白色绒毛及稀疏柔毛 … 35. **白萼委陵菜 P. betonicifolia**

78. 小叶卵形、倒卵形或椭圆形；萼片外面被平铺绢状柔毛。

79. 小叶边缘锯齿每边3-6(-7)；花柱基部明显膨大 ………………… 34. **雪白委陵菜 P. nivea**

79. 小叶边缘锯齿每边(6)7-14；花柱基部不明显扩大 …………………………………………… 34(附). **多齿雪白委陵菜 P. nivea** var. **elongata**

77. 花茎和叶柄被白色绒毛及长柔毛。

80. 小叶上面伏生疏柔毛，下面密被白色绒毛，沿脉被疏柔毛，长圆状倒卵形；花径1-1.4厘米。

81. 花多朵成聚伞状。

82. 基生叶3-5掌状复叶。

83. 小叶上面绿色，伏生疏柔毛；副萼片先端尖锐，比萼片短或几与萼片近等长 ……………………………………………………………………………… 36. **钉柱委陵菜 P. saundersiana**

83. 小叶上面灰绿色，密被伏生绢状柔毛；副萼片先端2-3裂齿，稀4-5裂齿，与萼片近等长 ……………………………………………… 36(附). **裂萼钉柱委陵菜 P. saundersiana** var. **jacquemontii**

82. 基生小叶5-7近羽状排列，上面伏生绢状柔毛 ……………………………………………………………… 36(附). **羽叶钉柱委陵菜 P. saundersiana** var. **subpinnata**

81. 花单生，稀2朵 …………………………… 36(附). **丛生钉柱委陵菜 P. saundersiana** var. **caespitosa**

80. 小叶上面伏生银白色绢毛，下面密被银白色绒毛，沿脉伏生银白色绢毛，倒卵形、椭圆形或宽卵形 ……………………………………………………………………………… 37. **银光委陵菜 P. argyrophylla**

60. 基生叶为掌状5小叶或3小叶，下面2小叶分裂为两部分。

84. 植株平卧，具匍匐茎，常节处生根。

85. 单花腋生。

86. 叶为3小叶，但下部2小叶常分裂为两部分，稀兼有不裂，小叶下面伏生绢状疏柔毛 ……………………………………………… 57(附). **绢毛匍匐委陵菜 P. reptans** var. **sericophylla**

86. 叶为5小叶，不裂。

87. 小叶倒卵形或倒披针形，边缘锯齿近相等，下面被疏柔；花径1.5-2.2厘米；副萼片常较宽大，先端圆钝或急尖，花后增大呈叶状 ……………………………………… 57. **匍匐委陵菜 P. reptans**

87. 小叶披针形、卵状披针形或长椭圆形，边缘锯齿极不相等；花茎0.7-1厘米；副萼片狭窄，先端渐尖，稀急尖，花后不增大……………………………………………… 59. **匍枝委陵菜 P. flagellaris**

85. 多花顶生，为聚伞花序；花径0.5-1厘米，果期萼片增大；小叶倒卵形或长圆状倒卵形，先端圆钝，边缘有多数急尖或圆钝锯齿，下面沿脉伏生长柔毛 …………………………… 44. **蛇含委陵菜 P. kleiniana**

84. 茎直立或上升，无匍匐茎。

88. 小叶带形，全缘，边缘反卷，下面被柔毛；花1-2，径1.5-2厘米；矮小丛生或垫状植物 ……………………………………………………………………………… 8. **双花委陵菜 P. biflora**

88. 小叶倒卵形、倒卵状楔形或倒卵状披针形，边缘有锯齿或裂片，不反卷。

89. 小叶下面绿色，被柔毛和腺毛，不被绒毛。

90. 植株具腺毛；茎生托叶全缘或2深裂；茎生叶掌状或鸟足状5小叶，下面被柔毛和腺毛 ……………………………………………………………………………… 51. **荒漠委陵菜 P. desertorum**

90. 植株无腺毛；茎生托叶全缘。

91. 花茎和叶柄被白色长柔毛；植株开花时无莲座丛叶；花序较密集；副萼与萼片近等长 ……………………………………………………………………………… 50. **直立委陵菜 P. recta**

91. 花茎和叶柄被短柔毛或脱落几无毛；植株开花时具莲座叶；花序较疏散；副萼片短于萼片 … ……………………………………………………………………………… 49. **黄花委陵菜 P. chrysantha**

89. 小叶下面密被白色或灰白色绒毛。

92. 小叶边缘有缺刻状锯齿，不反卷，下面被灰色柔毛及绒毛 ………… 40. **薄毛委陵菜 P. inclinata**

92. 小叶每边有2-4个深裂片，下面被白色绒毛。

93. 小叶每边上半部有2-4(5)个大小不等的齿牙状裂片，下半部全缘，边极为反卷 ……………………………………………………………………………… 39. **银背委陵菜 P. angentea**

93. 小叶每边有2-4个窄带形裂片，边微反卷 ……………………… 38. **窄裂委陵菜 P. angustiloba**

1. 金露梅 图 1085 彩片 144

Potentilla fruticosa Linn. Sp. Pl. 495. 1753.

Dasiphora fruticosa (Linn.) Rydb.；中国高等植物图鉴 2：287. 1972.

灌木，高达2米，多分枝。小枝红褐色，幼时被长柔毛。羽状复叶，有

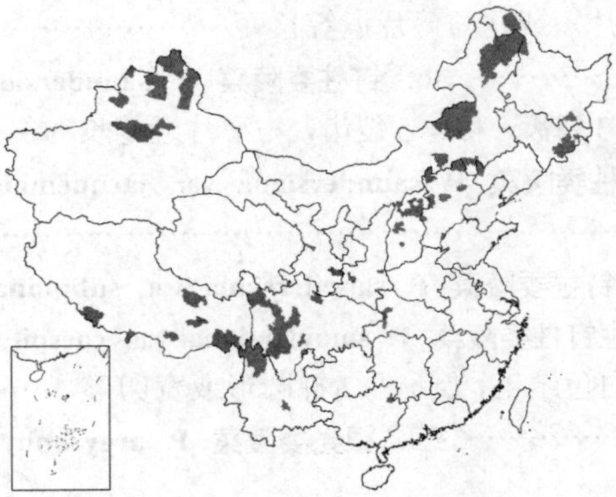

5(3)小叶，上面1对小叶基部下延与叶轴汇合，叶柄被绢毛或疏柔毛；小叶长圆形、倒卵状长圆形或卵状披针形，长0.7-2厘米，边缘平或稍反卷，全缘，先端急尖或圆钝，基部楔形，两面疏被绢毛或柔毛或近无毛；托叶薄膜质，宽大，外面被长柔毛或脱落。花单生或数朵生于枝顶。花梗密被长柔毛或绢毛；花径2.2-3厘米；萼片卵形，先端急尖至短渐尖，副萼片披针形至倒卵状披针形，先端渐尖至急尖，与萼片近等长，外面疏被绢毛；花瓣黄色，宽倒卵形；花柱近基生，棒状，基部稍细，顶端缢缩，柱头扩大，瘦果近卵圆形，熟时褐棕色，长约1.5毫米，外被长柔毛。花果期6-9月。

产黑龙扛、吉林东南部、辽宁西北部、内蒙古东部、河北、山西、陕西、甘肃、新疆、西藏、云南、四川、湖北西部及广西东北部，生于海拔1000-4000米山坡草地、砾石坡、灌丛中或林缘。枝叶茂密，黄花艳丽，供观赏，也可作绿篱。叶及果可提取栲胶，嫩叶可代茶。花、叶药用，健脾、消暑、调经。

［附］**伏毛金露梅 Potentilla fruticosa** var. **arbuscula** (D. Don) Maxim. in Mel. Biol. 9: 158. 1873.—— *Potentilla arbuscula* D. Don, Prodr. Fl. Nepal. 256. 1925. 本变种与模式变种的区别：小叶上面密被伏生白色柔毛，下面网脉较突出，被疏柔毛或无毛，边缘常反卷。花果期7-8月。产四川、云南、西藏，生于海拔2600-4600米山坡草地、灌丛或林中岩石上。

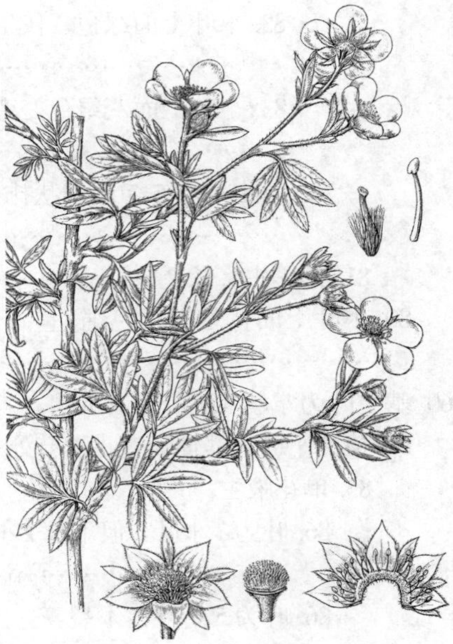

图 1085 金露梅 （引自《图鉴》）

［附］**白毛金露梅 Potentilla fruticosa** var. **albicans** Rehd. et Wils. in Sarg. Pl. Wilson. 2: 302.1916. 本变种与模式变种的区别：小叶下面密被银白色绒毛或绢毛。花果期6-9月。产新疆、四川、云南、西藏，生于海拔400-4600米高山草地、干旱山坡、林缘或灌丛中。

2. 银露梅 图 1086

Potentilla glabra Lodd. Bot. Cab. 10: t. 914. 1824.

灌木，高达2(3)米。小枝灰褐或紫褐色，疏被柔毛。羽状复叶，有3-5小叶，上面1对小叶基部下延与轴合生，叶柄被疏柔毛；小叶椭圆形、倒卵状椭圆形或卵状椭圆形，长0.5-1.2厘米，先端圆钝或急尖，基部楔形或近圆形，边缘全缘，平坦或微反卷，两面疏被柔毛或近无毛；托叶外被疏柔毛或近无毛。单花或数朵顶生。花梗细长，疏被柔毛；花径1.5-2.5(-3.5)厘米；萼片卵形，先端急尖或短渐尖，副萼片披针形、倒卵状披针形或卵形，比萼片短或近等长，外面被疏柔毛；花瓣白色，倒卵形；花柱近基生，棒状，基部较细，在柱头下缢缩，柱头扩大。瘦果被毛。花果期6-11月。

图 1086 银露梅 （余汉平绘）

产黑龙江北部、内蒙古、河北、山西北部、陕西南部、甘肃、青海、西藏、云南西北部、四川、湖北西部及安徽西北部，生于海拔1400-4200米山坡草地、河谷岩缝中、灌丛或林中。朝鲜半岛、俄罗斯、蒙古有分布。用途、药效同金露梅。

［附］**伏毛银露梅 Potentilla glabra** var. **veitchii**（Wils.）Hand.-Mazz. in Acta Hort. Gothob. 13: 298. 1939. —— *Potentilla veitchii* Wils. in Gard. Chron. ser. 3, 50: 102. 1911. 本变种与模式变种的区别：小叶上面伏生白色绢毛，下面疏被白色绢毛或几无毛；花梗较粗，密被白色绢状柔毛。花果期7-8月。产四川、云南，生于海拔2600-4100米高山草地、旷地、岩石边或林缘。

［附］**白毛银露梅 Potentilla g1abra** var. **mandshurica**（Maxim.）Hand.-Mazz. in Acta Hort. Gothob. 13: 297. 1939.—— *Potentilla fruticosa* Linn. var. *mandshurica* Maxim. in Mel. Bio1. 9: 158. 1873. 本变种与模式变种的区别：小叶上面或多或少伏生柔毛，下面密被白色绒毛或绢毛。花果期5-9月。产内蒙古、河北、山西、陕西，甘肃、青海、湖北、四川、云南，生于海拔1200-3400米干旱山坡、沟谷、岩石坡、灌丛或林中。朝鲜半岛有分布。

3. 小叶金露梅 小叶金老梅 图 1087

Potentilla parvifolia Fisch. apud. Lehm. Nov. Stirp. Pugill. 3: 6. 1831.

Dasiphora parvifolia（Fisch.）Juz.；中国高等植物图鉴 2: 288. 1972.

灌木，高达1.5米。小枝灰或灰褐色，幼时被灰白色柔毛或绢毛。羽状复叶，有(3)5-7小叶，基部2对常较靠拢近掌状或轮状排列；小叶小，披针形、带状披针形或倒卵状披针形，长0.7-1厘米，先端常渐尖，稀圆钝，基部楔形，边缘全缘，反卷，两面绿色，被绢毛，或下面粉白色，有时被疏柔毛；托叶全缘，外面被疏柔毛。单花或数朵，顶生。花梗被灰白色柔毛或绢状柔毛；花径1-1.2(-2.2)厘米；萼片卵形，先端急尖，副萼片披针形、卵状披针形或倒卵披针形，短于萼片或近等长，外面被绢状柔毛或疏柔毛；花瓣黄色，宽倒卵形；花柱近基生，棒状，基部稍细，在柱头下缢缩，柱头扩大。瘦果被毛。花果期6-8月。

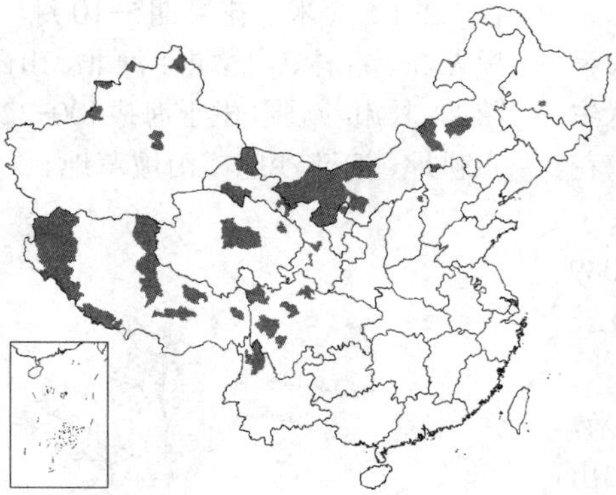

图 1087 小叶金露梅 （吴彰桦绘）

产黑龙江南部、内蒙古、山西东北部、甘肃、宁夏、新疆、青海、西藏、四川及云南西北部，生于海拔900-5000米干旱山坡、岩石缝中、林缘或林中。俄罗斯及蒙古有分布。

［附］**白毛小叶金露梅 Potentilla parvifolia** var. **hypoleuca** Hand.-Mazz. in Acta Hort. Gothob. 13: 293. 1939. 本变种与模式变种的区别：小叶上面被短绢毛，下面被白色绒毛及绢毛。花果期4-9月。产甘肃、青海、四川、云南及西藏，生于海拔1200-3600米山坡灌丛中。

4. 二裂委陵菜 图 1088

Potentilla bifurca Linn. Sp. P1. 497. 1753.

多年生草本或亚灌木。花茎直立或上升，高达20厘米，被疏柔毛或硬毛。基生叶羽状复叶，有5-8对小叶，最上面2-3对小叶基部下延与叶轴汇合，连叶柄长3-8厘米，叶柄密被疏柔毛和微硬毛；小叶无柄，对生，稀互生，椭圆形或倒卵状椭圆形，长0.5-1.5厘米，先端2(3)裂，基部楔形或宽楔形，两面贴生疏柔毛；下部叶的托叶膜质，褐色，被微硬毛或脱落几无毛；上部茎生叶的托叶草质，绿色，卵状椭圆形，有齿或全缘。近伞形状聚伞花序，顶生。花径0.7-1厘米；萼片卵形，先端渐尖，副萼片椭圆形，先端急尖或钝，比萼片短或近等长，

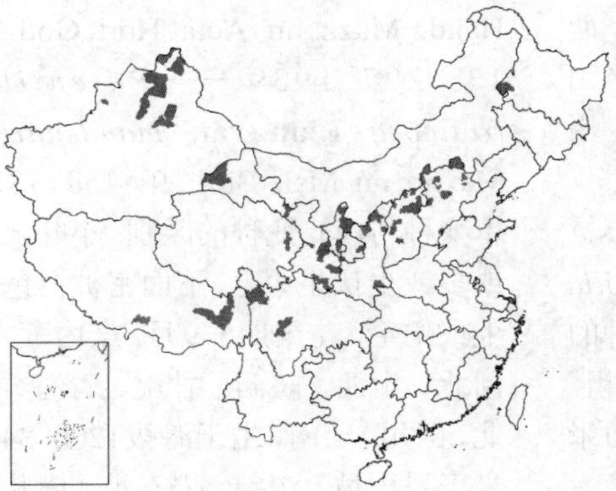

外面被疏柔毛；花瓣黄色，倒卵形；心皮沿腹部有稀疏柔毛；花柱侧生，棒形，基部较细，顶端缢缩，柱头扩大。瘦果光滑。花果期5-9月。

产黑龙江南部、内蒙古东北部、河北、山西、陕西、甘肃、宁夏、新疆北部、青海东部、四川、西藏东部及南部，生于海拔800-3600米地边、道旁、沙滩、山坡草地、黄土坡上、半干旱荒漠草原或疏林下。俄罗斯及朝鲜半岛北部有分布。

图 1088 二裂委陵菜 （吴彰桦绘）

［附］**矮生二裂委陵菜 Potentilla bifurca** var. **humilior** Rupr. et Osten-Sacken, Sert. Tianschan 45. 1868. 本变种与模式变种的区别：植株矮小铺散，花茎长不及7厘米，小叶通常3-5对，稀6对，多全缘，偶顶端2裂；花常单生。花果期5-10月。产内蒙古、河北、山西、陕西、甘肃、青海、宁夏、新疆、四川及西藏，生于海拔1100-4000米山坡草地、河滩沙地及干旱草原。俄罗斯及蒙古有分布。

［附］**长叶二裂委陵菜 Potentilla bifurca** var. **major** Ledeb. Fl. Ress. 2: 43. 1843. 本变种与模式变种的区别：植株高大；叶柄、花茎下部伏生柔毛或几无毛；小叶线形或长椭圆形，先端圆钝或2裂；花序聚伞状，花径1.2-1.5厘米。花果期5-10月。产黑龙江、吉林、内蒙古、河北、山西、陕西、甘肃、新疆，生于海拔400-3200米耕地、河滩沙地或山坡草地。

5. 楔叶委陵菜 图 1089

Potentilla cuneata Wall. ex Lehm. Nov. Stirp. Pugill. 3: 34. 1831.

Potentilla ambigua Cam.; 中国高等植物图鉴 2: 289. 1972.

矮小丛生亚灌木或多年生草本，花茎木质，直立或上升，高达12厘米，被紧贴疏柔毛。基生叶为3出复叶，连叶柄长2-3厘米，叶柄被贴生疏柔毛；小叶亚革质，倒卵形、椭圆形或长椭圆形，长0.6-1.5厘米，先端截形或钝圆，有3齿，其下全缘，基部楔形，两面疏被平伏柔毛或几无毛，顶生小叶有短柄，侧生小叶无柄。单花或2朵；花梗长2.5-3厘米，被长柔毛；花径1.8-2.5厘米；萼片三角状卵形，先端渐尖，副萼片长椭圆形，先端尖，比萼片稍短，外面被贴生柔毛；花瓣黄色，宽倒卵形；花柱近基生，线状，柱头微扩大。瘦果被长柔毛，稍长于宿存萼片。花果期6-10月。

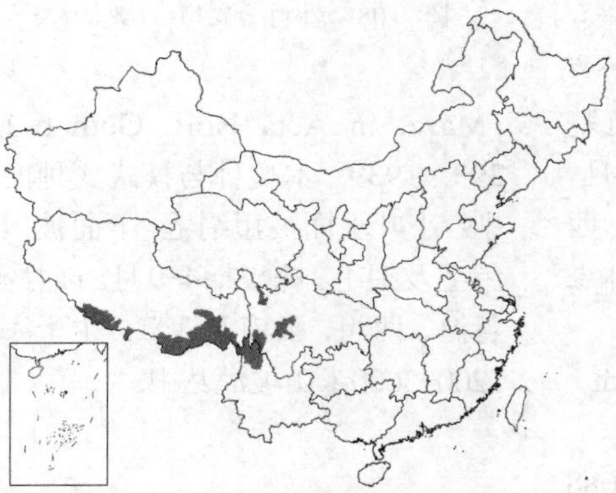

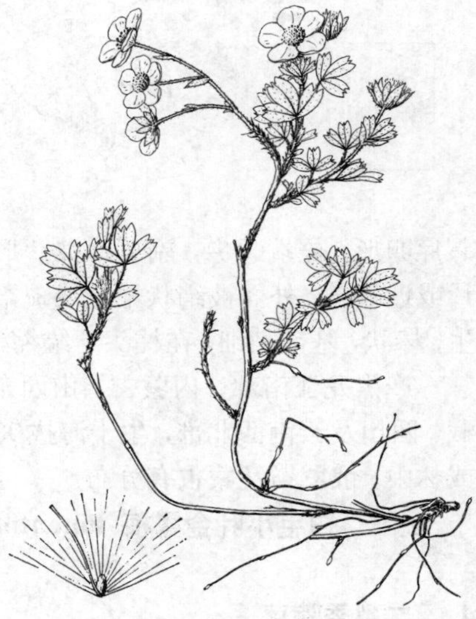

图 1089 楔叶委陵菜 （吴彰桦绘）

产四川、云南西北部、西藏东南部及南部，生于海拔2700-3600米高山草地、岩缝中、灌丛下或林缘。克什米尔地区及不丹有分布。

6. **毛果委陵菜** 绵毛果委陵菜 图 1090

Potentilla eriocarpa Wall. ex Lehm. Nov. Stirp. Pugill. 3: 35. 1831.

矮小丛生亚灌木。花茎直立或上升，高达12厘米，散生白色长柔毛或脱落近无毛。基生叶3出掌状复叶，连叶柄长3-7厘米，叶柄被稀疏白色长柔毛或脱落近无毛，小叶倒卵状椭圆形、倒卵状楔形或棱状椭圆形，上半部有5-7牙齿状深锯齿，锯齿卵形或椭圆状卵形，先端急尖或微钝，下半部全缘，基部楔形或宽楔形，上面疏被柔毛或近无毛；下面沿脉疏被白色长柔毛；茎生叶无或仅有苞叶或偶有3小叶。花1-3，顶生；花梗长2-2.5厘米，被疏柔毛；花径2-2.5厘米；萼片三角状卵形，先端渐尖，副萼片长椭圆形或椭圆披针形，先端尖，稀2齿裂与萼片近等长，外面疏被柔毛或近无毛；花瓣黄色，宽倒卵形；花柱近顶生，线形，柱头扩大，心皮密被扭曲长柔毛。瘦果被长柔毛。花果期7-10月。

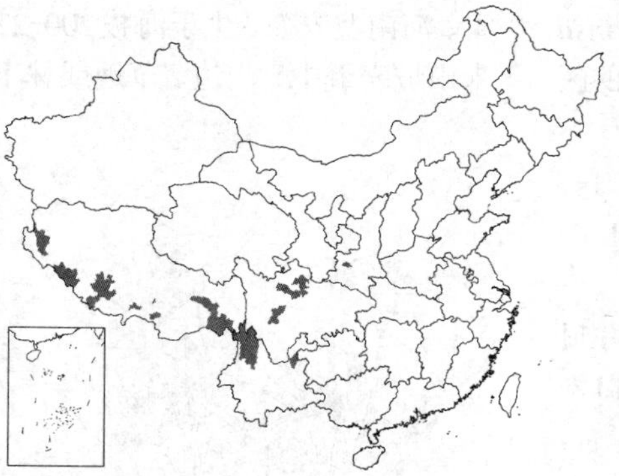

产陕西南部、四川、云南及西藏，生于海拔2700-5000米高山草地、岩缝或疏林中。尼泊尔、锡金及印度有分布。

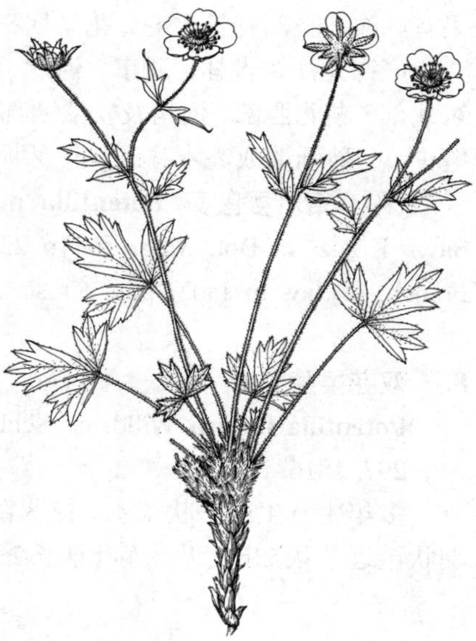

图 1090 毛果委陵菜 （冀朝桢绘）

［附］**裂叶毛果委陵菜 Potentilla eriocarpa** var. **tsarongensis** W. E. Evans in Notes Roy. Bot. Gard. Edinb. 13: 178. 1921. 本变种与模式变种的区别：小叶2-5深裂达叶片一半以上，裂片宽带状或披针形，先端渐尖或急尖，上下两面初密被白色长柔毛，后渐脱落。产四川、云南及西藏，生于海拔2800-4300米高山岩缝中或砾石坡。

7. **皱叶委陵菜** 钩叶委陵菜 图 1091：1-4

Potentilla ancistrifolia Bunge in Mém. Acad. Sci. St. Pétersb. 2: 99. 1833.

多年生草本。花茎直立，高达30厘米，被疏柔毛，有时上部有腺毛。基生叶为羽状复叶，有2-4对小叶，下面1对常形小，连叶柄长5-15厘米，叶柄被疏柔毛，小叶椭圆形、长椭圆形或椭圆状卵形，长1-4厘米，先端急尖或圆钝，基部楔形或宽楔形，有三角状卵形粗齿，上面有皱褶，被贴生疏柔毛，下面密被柔毛，沿脉贴生长柔毛；茎生叶2-3个，有1-3对小叶；托叶全缘。伞房状聚伞花序顶生。花梗长0.5-1厘米，密被长柔毛和腺毛；花径0.8-1.2厘米；萼片三角状卵形，先端尾尖，副萼片窄披针形，与萼片近等长，外面疏被柔毛；花瓣黄色，倒卵状长圆形；花柱近顶生，丝状，柱头不扩大，子房脐部密被长柔毛。瘦

图 1091：1-4. 皱叶委陵菜 5-6. 石生委陵菜
（引自《东北草本植物志》）

果有脉纹，脐部有长柔毛。花果期5-9月。

产黑龙江、吉林、辽宁、河北、山西、陕西南部、甘肃东南部、四川东北部、湖北西部、河南及安徽西部，生于海拔300-2400米山坡草地、岩缝中、多砂砾地或灌木林下。俄罗斯及朝鲜半岛北部有分布。

［附］**薄叶委陵菜 Potentilla ancistrifolia** var. **dickinsii**（Franch. et Sav.）Koidz. in Bot. Mag. Tokyo 23：177. 1909. —— *Potentilla dickinsii* Franch. et Sav. in Jap. Spon. Cresc. 2：337. 1879. 本变种与模式变种的区别：基生叶有小叶2-3对，常兼有3小叶，小叶两面疏被柔毛或几无毛，上面不皱褶，下面网脉不明显突起；成熟瘦果光滑或脉纹不明显。花果期6-9月。产辽宁、河北、山西、陕西、甘肃、河南及安徽，生于海拔200-2700米山坡岩缝中、沟边、草地或林下。

8. 双花委陵菜 图 1092：1-3

Potentilla biflora Willd. ex Schlecht. in Mag. Ges. Naturf. Fr. Berl. 7：297. 1816.

多年生丛生或垫状草本。花茎直立，高达12厘米，被疏柔毛。基生叶羽状至近掌状5出复叶，连叶柄长2-6厘米，叶柄被白色长柔毛，上面1对小叶基部下延与叶轴汇合，下面1对小叶常深裂至基部，稀不裂；小叶线形，长0.8-1.7厘米，先端急尖至渐尖，全缘，叶缘反卷，上面被疏柔毛，下面沿中脉密被白色长柔毛。花单生或2(-3)朵；花梗长1-2厘米，被疏柔毛；花径1.2-1.5厘米；萼片三角状卵形，先端急尖，副萼片披针形，先端渐尖，外面被疏柔毛，稍长或稍短于萼片；花瓣黄色，长倒卵形，先端下凹；花柱近顶生，丝状，柱头不扩大。瘦果脐部有毛，光滑。花果期7-10月。

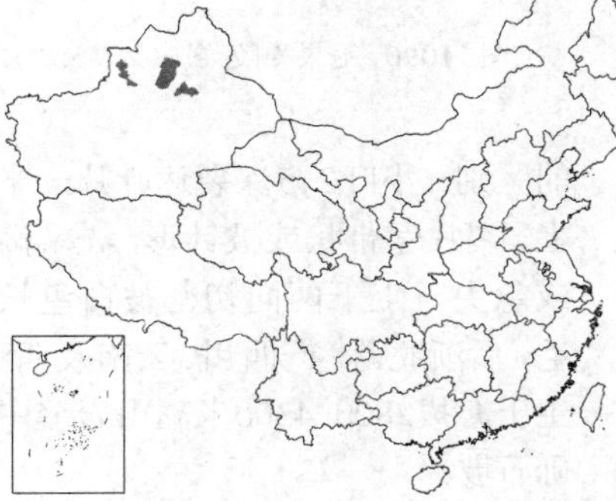

产新疆北部，生于海拔2300-3600米高山草地、多砾石隙缝中或雪峰岩石上。北极地区、中亚、俄罗斯西伯利亚、蒙古北部及北美有分布。

图 1092：1-3. 双花委陵菜 4. 五叶双花委陵菜 5-6. 关节委陵菜
（王金凤绘）

［附］**五叶双花委陵菜** 图 1092：4 **Potentilla biflora** var. **lahulensis** Wolf in Bibl. Bot. 71：72. 1908. 本变种与模式变种的区别：基生叶有5小叶，基部1对小叶不裂；花径1.5-1.8厘米。花果期6-8月。产甘肃、四川及西藏，生于海拔3700-4800米高山石缝、高山草甸、多砾石坡。

9. 关节委陵菜 图 1092：5-6

Potentilla articulata Franck. P1. Delav. 219. 1890.

多年生垫状草本。花茎丛生，高达3厘米。基生叶为3小叶；小叶无柄，与叶柄相接处具明显关节，带状披针形，长0.5-1.5厘米，先端急尖，边缘全缘，微反卷，幼时上面密被长柔毛，后两面被疏柔毛或脱落近无毛；托叶膜质。花单生；花梗长1.5-2厘米，密被疏长柔毛，有带形苞叶；花径1-1.5厘米；萼片三角状卵形，先端渐尖，副萼片椭圆状披针形，先端急尖，外面被疏长柔毛，比萼片稍长或近等长；花瓣黄色，倒卵形，先端微凹；花柱近顶生，丝状，柱头不扩大。瘦果光滑。

产云南西北部、四川西南部、西藏东南部及新疆，生于海拔4200-4800米高山流石滩雪线附近。

［附］**宽柄关节委陵菜 Potentilla articulata** var. **latipetiolata**（E.

C. Fischer）Yu et C. L. Li, Fl. Reipubl. Popul. Sin. 37: 259. 1985. —— *Potentilla latipetiolata* E. C. Fischer in Kow Bull. 1940: 249. 1940. 本变种与原变种的区别：叶柄宽短，叶较狭窄，基部关节不明显。花果期7-8月。产云南、西藏，生于海拔3200-4100米高山草坡或裸露岩石上。

10. 石生委陵菜 图 1091：5-6

Potentilla rupestris Linn. Sp. Pl. 711. 1753.

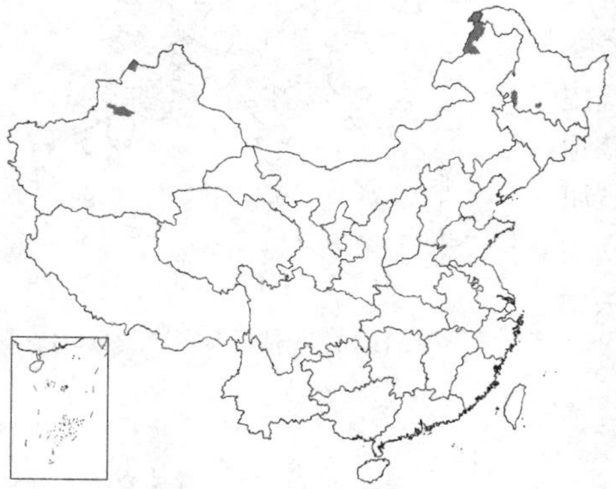

多年生草本。花茎高达45厘米，被疏柔毛及腺毛。基生叶通常2-3对，有时有3小叶，连叶柄长6-15厘米，叶柄被疏柔毛及腺毛，顶生小叶有短柄，侧生小叶无柄，顶生3个小叶比其他小叶大，椭圆形、倒卵状椭圆形或卵状椭圆形，长1.5-5厘米，先端圆钝或急尖，基部楔形或宽楔形，有缺刻状重锯齿，两面绿色，被疏柔毛及腺毛，后上面脱落无毛；下部茎生叶与基生叶相似，上部茎生叶无柄，有3个小叶；基生叶托叶膜质，褐色，外面被疏柔毛及腺毛，茎生叶托叶草质，绿色，卵形，全缘，先端急尖，极稀2裂。伞房花序顶生。花径约2厘米；萼片三角状卵形，先端渐尖，副萼片窄披针形，比萼片短约1倍，外面被疏柔毛及腺毛；花瓣白色，倒卵形，长约萼片1倍；花柱近基生，梭形，心皮无毛。成熟瘦果有脉纹。花果期6-8月。

产黑龙江西南部、内蒙古东北部及新疆西北部，生于海拔1000-1100米砾石坡上。欧洲至俄罗斯西伯利亚均有分布。

11. 多叶委陵菜 图 1093

Potentilla polyphylla Wall. ex Lehm. Nov. Stirp. Pugill. 3: 13. 1831.

多年生草本。花茎直立或上升，高达40厘米，被开展长柔毛。基生叶为间断羽状复叶，有小叶7-10对，排列较疏，叶柄被开展微硬长柔毛，小叶倒卵形、卵形或椭圆形，稀长椭圆形，长1-4厘米，先端圆钝，基部圆、宽楔菜或微心形，两面被疏柔毛或脱落近无毛，下面沿脉或多或少被白色微硬长柔毛，茎生叶有2-3对小叶，与基生叶相似。花少数，顶生聚伞花序。花径1.2-1.5厘米；萼片三角状椭圆形，先端急尖，外面被长柔毛，副萼片倒卵形，先端圆或圆截形，有2-5个圆钝或急尖锯齿，比萼片宽而稍短，外面被疏柔毛；花瓣黄色，倒卵形；花柱梭形，两端渐窄，近基生，子房无毛。瘦果光滑。花果期7-10月。

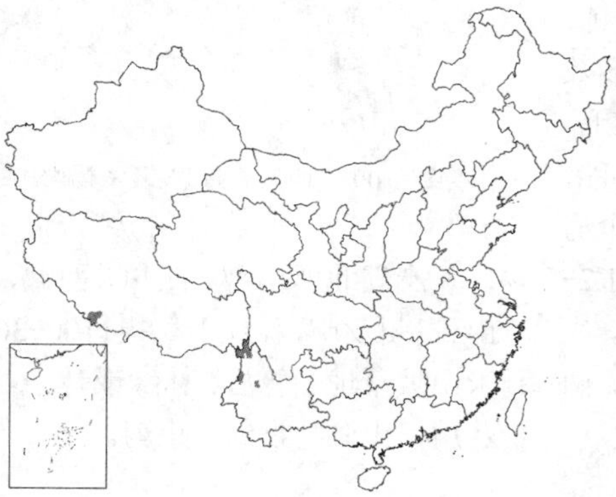

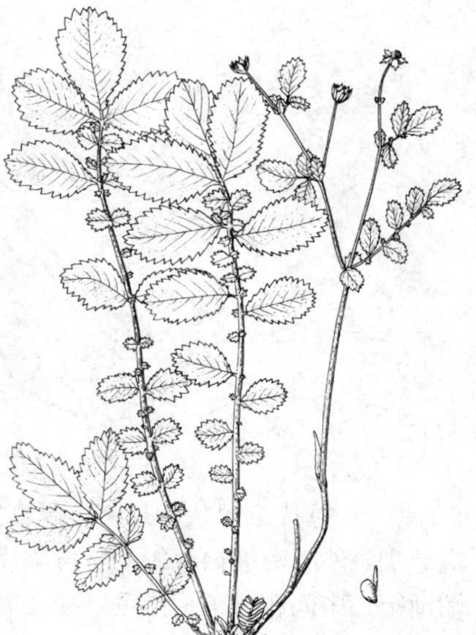

图 1093 多叶委陵菜 （孙英宝绘）

产云南西北部及西藏南部，生于海拔2900-4000米山坡草地、林缘或林下。锡金、印度、斯里兰卡至印度尼西亚、爪哇有分布。

12. 川滇委陵菜 图 1094

Potentilla fallens Card. in Lecomte, Not. Syst. 3: 232. 1914.

多年生草本。花茎直立或上升，高达35厘米，密被黄色短柔毛及长柔毛。基生叶为间断羽状复叶，偶有不间断羽状复叶，小叶排列紧密，8-15

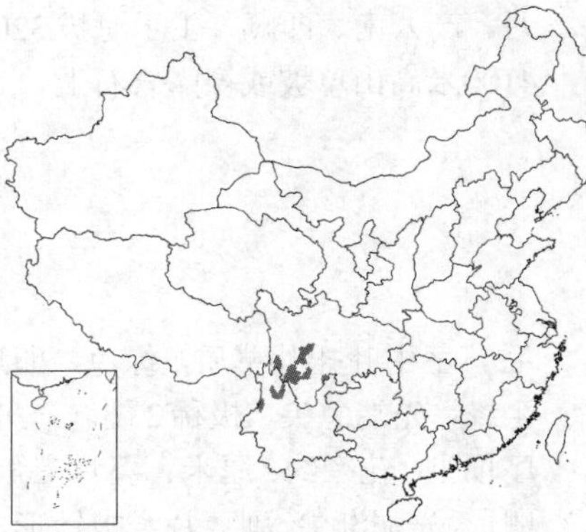

对，连叶柄长8-20厘米，叶柄密被短柔毛及长柔毛，小叶椭圆形或卵状椭圆形，长1-2厘米，先端圆钝或近圆，基部圆或截圆，有多数急尖或微钝锯齿，上面被贴生微硬短柔毛，下面密被短柔毛，沿脉被绢状长柔毛；茎生叶有2-3对小叶，与基生叶相似。聚伞花序在花茎顶端呈假伞状排列。花梗长1.5-3厘米，密被长柔毛和腺毛；花径1.3-1.5厘米；萼片三角状卵形，副萼片椭圆形，先端圆钝，全缘或有2-3浅裂，与萼片近等长，外面被柔毛和腺毛；花瓣黄色，倒卵形；花柱侧生，柱头微扩大，子房无毛。瘦果微具皱纹。花果期5-8月。

产云南西北部及四川西南部，生于2800-2900米山坡草地或林中。

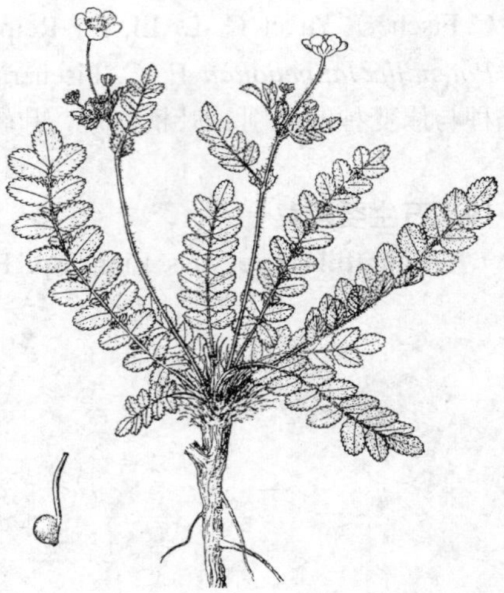

图 1094 川滇委陵菜 （张泰利绘）

13. 西南委陵菜 图 1095 彩片 145

Potentilla fulgens Wall. ex Hook. in Curtis's Bot. Mag. 53: t. 2700. 1826.

多年生草本。花茎直立或上升，高达60厘米，密被开展长柔毛及短柔毛。基生叶为间断羽状复叶，有6-13(-15)对小叶，连叶柄长6-30厘米，叶柄密被开展长柔毛及短柔毛，小叶倒卵状长圆形或倒卵状椭圆形，长1-6.5厘米，先端圆钝，基部楔形或宽楔形，有多数尖锐锯齿，上面贴生疏柔毛，下面密被白色绢毛及绒毛；茎生叶与基生叶相似。伞房状聚伞花序顶生。花径1.2-1.5厘米；萼片三角状卵形，先端急尖，外面被长柔毛，副萼片椭圆形，先端急尖，外面密被白色绢毛，与萼片近等长；花瓣黄色；花柱近基生，两端渐窄，中间粗，子房无毛。瘦果光滑，花果期6-10月。

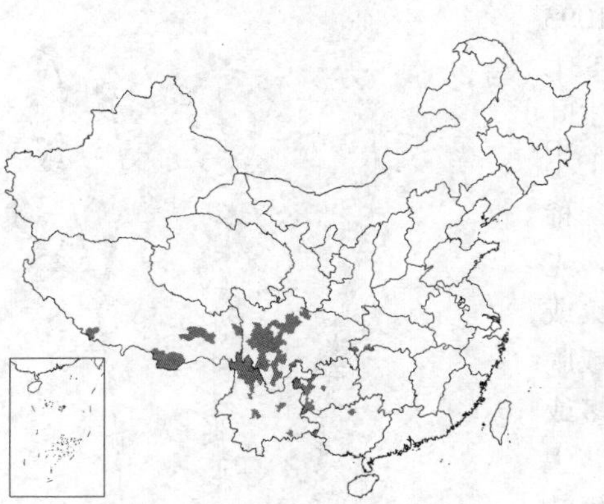

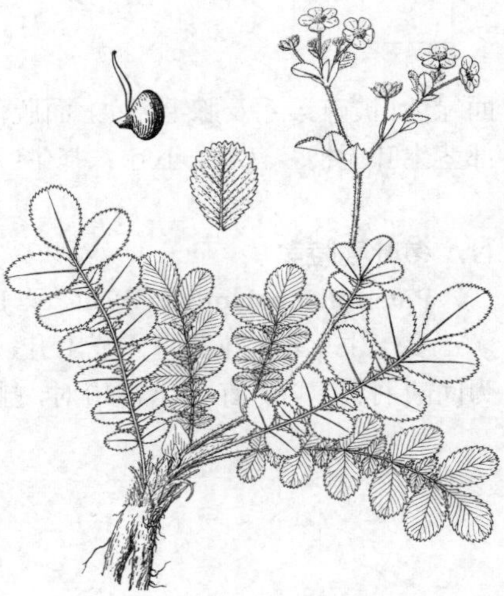

图 1095 西南委陵菜 （吴彰桦绘）

产湖北西南部、四川、西藏、云南、贵州及广西，生于海拔1100-3600米山坡草地、灌丛、林缘或林中。根药用，止血、收敛、止泻。

14. 总梗委陵菜 图 1096

Potentilla peduncularis D. Don, Prodr. Fl. Nepal. 230. 1825.

多年生草本。花茎直立或上升，高达35厘米，被贴生长柔毛或腺毛。基生叶为间断羽状复叶，稀不间断，小叶10-21对，间隔5-8毫米，常有小形附片，连叶柄长15-25厘米，叶柄被贴生长柔毛或绢毛，小叶长圆形、长圆状披针形或卵状披针形，长0.5-3厘米，自顶端至基部渐小成附片状，先端急尖至渐尖，基部圆，稀宽楔形，边缘有多数尖锐锯齿，齿尖如毛笔状，上面被贴生长柔毛，下面密被银白色或淡黄色绢毛；茎生叶小，有1-2对

小叶，与基生叶相似。伞房状聚伞花序。花梗长2-3厘米，被柔毛；花径1.5-2.5厘米；萼片三角状卵形，先端渐尖，副萼片披针形至椭圆状披针形，常2-3裂，与萼片近等长或稍短；花瓣黄色，倒卵形；花柱侧生，小枝状，柱头稍扩大。花果期5-10月。

产云南西北部及西藏南部，生于海拔3000-4400米高山草地、砾石坡或林下。缅甸、不丹及锡金有分布。

［附］**脱毛总梗委棱菜 Potentilla peduncularis** var. **glabriuscula** Yu et C. L. Li in Acta Phytotax. Sin. 18(1): 7. pl. 1: 3. 1980. 本变种与模式变种的区别：羽状复叶，有小叶18-20对，间距3-5毫米，连叶柄长14-16厘米，小叶两面被伏生疏柔毛，下面绿色，仅沿脉伏生白色绢毛。花期5月。产西藏，生于海拔3600米林下。尼泊尔有分布。

图 1096 总梗委陵菜 （余汉平绘）

15. 银叶委陵菜 图 1097

Potentilla leucorota D. Don, Prodr. Fl. Nepal. 230. 1825.

多年生草本。花茎高达45厘米，被长柔毛。基生叶间断羽状复叶，稀不间断，有小叶10-17对，间距0.5-1厘米，连叶柄长10-25厘米。叶柄被长柔毛，最上面2-3对小叶基部下延与叶轴汇合，余小叶无柄，小叶长圆形、椭圆形或椭圆状卵形，长0.5-3厘米，向下渐小，在基部多呈附片状，先端圆钝或急尖，基部圆或宽楔形，有尖锯齿，上面疏被伏生长柔毛，稀脱落几无毛，下面密被银白色绢毛；茎生叶1-2，与基生叶相似，小叶3-7对；基生叶托叶膜质，褐色，外面被白色绢毛，茎生叶托叶草质，绿色，边缘深撕裂状，或有深齿。假伞形花序顶生。花梗近等长，长1.5-2厘米，密被白色伏生长柔毛，基部有叶状总苞；花径0.8-1厘米；萼片三角状卵形，副萼片披针形或长圆披针形，与萼片近等长，外面密被白色长柔毛；花瓣黄色，倒卵形；花柱侧生，小枝状，柱头扩大。瘦果无毛。花果期5-10月。

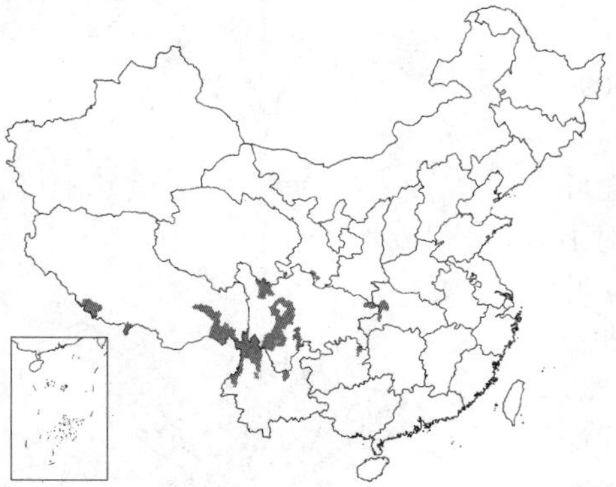

产湖北西部、贵州东北部、云南、西藏东南部及南部、四川及甘肃南部，生于海拔1300-4600米山坡草地或林下。不丹、尼泊尔及锡金有分布。全株入药，有利湿，解毒、镇痛之效。

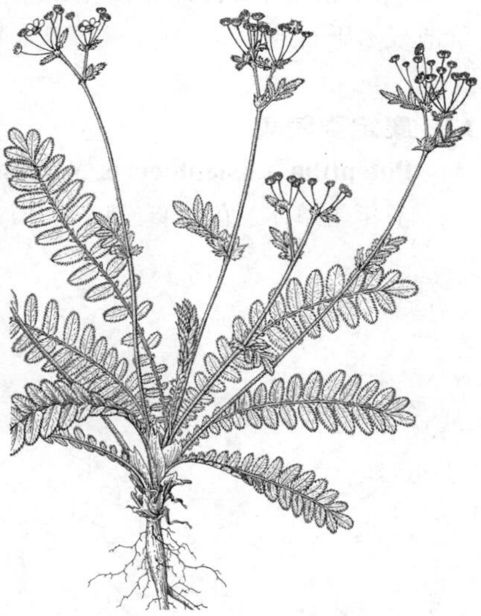

图 1097 银叶委陵菜 （冀朝桢绘）

［附］**脱毛银叶委棱菜 Potentilla leuconata** var. **brachyphyllaria** Card. in Lecomte, Not. Syst. 3: 241. 1914. 本变种与模式变种的区别：植株矮小，间断羽状复叶，小叶9-12对，间距不及5毫米；小叶卵形，有4-6尖锐锯齿，下面绿色，仅沿脉被紧贴白色绢毛。花果期7-8月。产四川及云南，生于海拔3600-4200米溪边、高山草地或峭壁。

16. 狭叶委陵菜 图 1098

Potentilla stenophylla (Franch.) Diels in Notes Roy. Bot. Gard. Edinb. 5: 271. 1912.

Potentilla peduncularis D. Don var. *stenophylla* Franch. P1. Delav. 3: 214. 1890.

多年生草本。花茎高达20厘米，被伏生绢状疏柔毛。基生叶为羽状复叶，小叶7-21对，排列较整齐，间隔0.1-0.3厘米，连叶柄长4-16厘米，叶

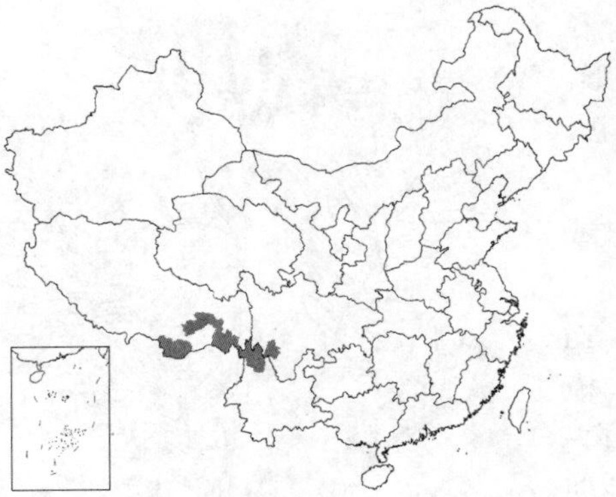

柄被伏生或绢状疏柔毛，小叶无柄，长圆形，长0.3-1.5厘米，基部圆、平截或微心形，先端平截稀近圆，有2-3齿，稀上半部边缘有4-6尖锐锯齿，下半部全缘，上面被稀疏长柔毛或几无毛，下面沿脉密被伏生长柔毛，余无毛，几无毛或被绢状长柔毛；茎生叶小叶状，全缘；基生叶托叶膜质，褐色，外被疏柔毛或无毛，茎生叶托叶草质，绿色，披针形或卵形，全缘。单花顶生或2-3朵成聚伞花序。花梗长1-3厘米，被伏生长柔毛；花径1.5-2.5厘米；萼片卵形，副萼片椭圆形，与萼片近相等；花瓣黄色，倒卵形，长过萼片2倍以上；花柱侧生，小枝状，柱头微扩大。瘦果光滑或有皱纹。花果期7-9月。

产四川西南部、云南西北部及西藏东南部，生于海拔2700-4500米山坡草地或多砾石地。

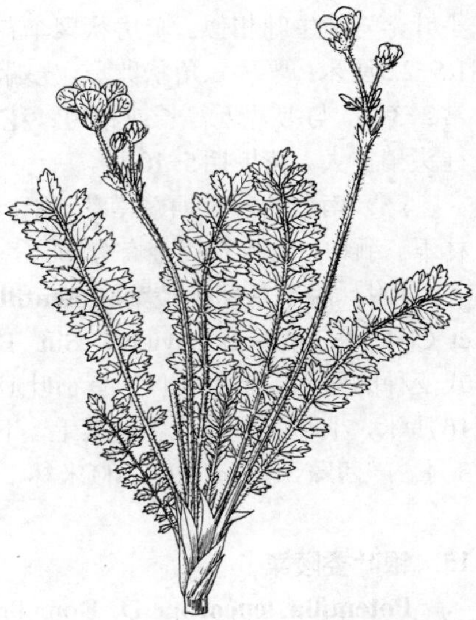

图 1098 狭叶委陵菜 （孙英宝绘）

17. 康定委陵菜 图 1099

Potentilla tatsienluensis Wolf in Bibl. Bot. 71: 680. 1908.

多年生草本。花茎直立或上升，高达40厘米，被贴生疏柔毛。基生叶为羽状复叶，有10-18对小叶，连叶柄长3-20厘米，叶柄被贴生疏柔毛，小叶卵形或椭圆形，长0.3-1.3厘米，向基部渐小或附片状，先端圆或截形，基部圆心或微心形，通常边缘有(3)5-7圆钝锯齿，或急尖，常在基部全缘，下面疏被柔毛，沿中脉较密；茎生叶无或1-2。伞房状聚伞花序，有3-7花。花梗长2-4厘米，被贴生柔毛；花径2.5-3.5厘米；萼片三角状卵形，急尖，副萼片椭圆形或椭圆卵形，先端急尖，比萼片稍短或近等长；花瓣黄色，先端圆钝；花柱侧生，小枝状，柱头扩大。瘦果光滑。花果期6-8月。

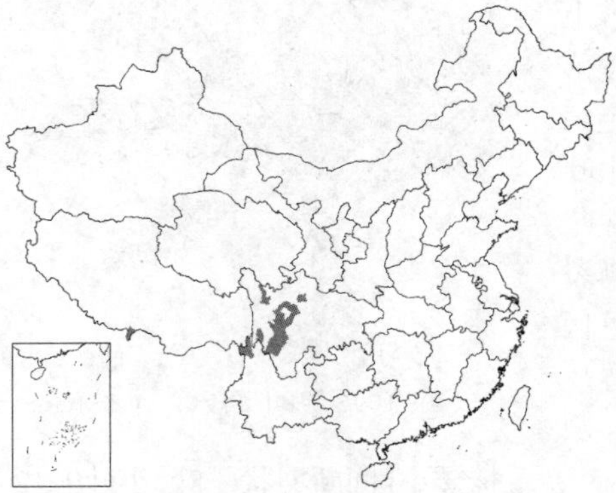

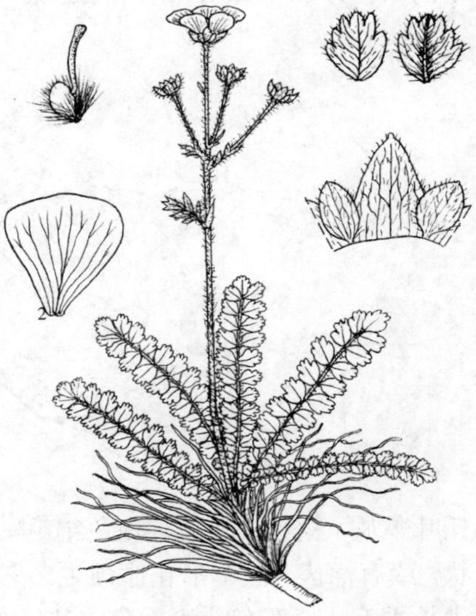

图 1099 康定委陵菜 （余汉平绘）

产四川西部、云南西北部及西藏南部，生于海拔3640-4200米高山草原、沼泽地或林缘。

18. 蕨麻 鹅绒委陵菜 图 1100

Potentilla anserina Linn. Sp. P1. 495. 1753.

多年生草本。根向下延长，有时在根的下部长成纺锤形或椭圆形块根。茎匍匐，节处生根，常着地长出新植物，被贴生或半开展疏柔毛或脱落几无毛。基生叶为间断羽状复叶，有6-11对小叶，最上面一对小叶基部下延与叶轴汇合；基生小叶渐小呈附片状，连叶柄长2-20厘米，叶柄被贴生或稍开展疏柔毛，有时脱落几无毛，小叶椭圆形、卵状披针形或长椭圆形，长

1.5-4厘米，先端圆钝，基部楔形或宽楔形，有多数尖锐锯齿或呈裂片状，上面被疏柔毛或脱落近无毛，下面密被紧贴银白色绢毛；茎生叶与基生叶相似，小叶对数较少。单花腋生；花梗长2.5-8厘米，疏被柔毛；花径1.5-2厘米；萼片三角状卵形，先端急尖或渐尖，副萼片椭圆形或椭圆状披针形，常2-3裂，稀不裂，与萼片近等长或稍短；花瓣黄色，倒卵形；花柱侧生，小枝状，柱头稍扩大。花果期4-9月。

产黑龙江、吉林西北部、辽宁西北部、内蒙古、河北、山西、陕西北部、甘肃、宁夏、青海、新疆、西藏、四川及云南西北部，生于海拔500-4100米河岸、路边、山坡草地或草甸。全株可提取栲胶；根富含淀粉，供食用和酿酒；为蜜源植物；也可作野菜和饲料。

［附］**灰叶蕨麻 Potentilla anserina** var. **sericea** Hayne, Arzneneigew 4: 31. 1816. 本变种与模式变种的区别：植株灰白色；叶柄、花茎被平展白色绢状柔毛；小叶两面密被紧贴灰白色绢状柔毛或上面毛较疏呈灰绿色。产黑龙江、内蒙古、甘肃、新疆、西藏及云南，生于海拔500-3700米山坡草地、草甸或阴湿处。

［附］**无毛蕨麻 Potentilla anserina** var. **nuda** Gard. Fl. Helv. 3: 405. 1828. 本变种与模式变种的区别：小叶两面均绿色，下面疏被平铺柔毛或几无毛。产新疆及西藏，生于海拔800-900米渠畔。

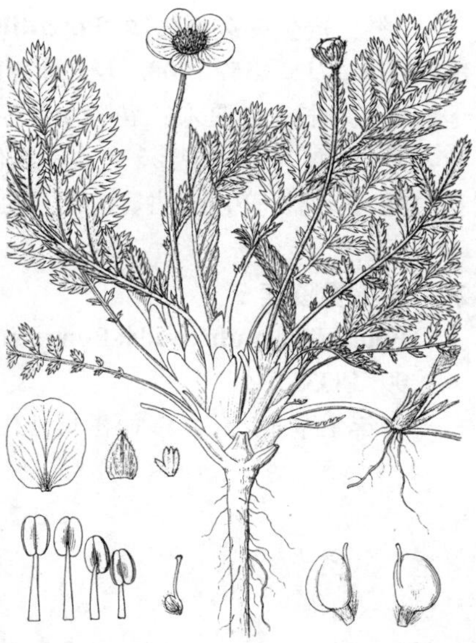

图 1100 蕨麻 （引自《图鉴》）

19. 多裂委陵菜 图 1101

Potentilla multifida Linn. Sp. Pl. 496. 1753.

多年生草本。花茎高达40厘米，被短柔毛或绢状腺毛。基生叶羽状复叶，有小叶3-5(-6)，间隔0.5-2厘米，连叶柄长5-17厘米，叶柄被短柔毛，小叶羽状深裂几达中脉，长椭圆形或宽卵形，长1-5厘米，向基部渐小，裂片线形或线状披针形，先端舌状或急尖，边缘反卷，上面伏生短柔毛，稀几无毛，中脉侧脉下陷，下面被白色绒毛，沿脉伏生绢状长柔毛；茎生叶2-3，与基生叶相似，小叶对数向上渐少；基生叶托叶膜质，褐色，外被疏柔毛，或几无毛，茎生叶托叶草质，绿色，卵形或卵状披针形。伞房状聚伞花序。花梗长1.5-2.5厘米，被短柔毛；花径1.2-1.5厘米；萼片三角状卵形，副萼片披针形或椭圆披针形，比萼片稍短或近等长，外面被伏生长柔毛；花瓣黄色，倒卵形，先端微凹，长不超过萼片1倍；花柱圆锥形，近项生，基部具乳头膨大，柱头稍扩大。瘦果平滑或具皱纹。花期5-8月。

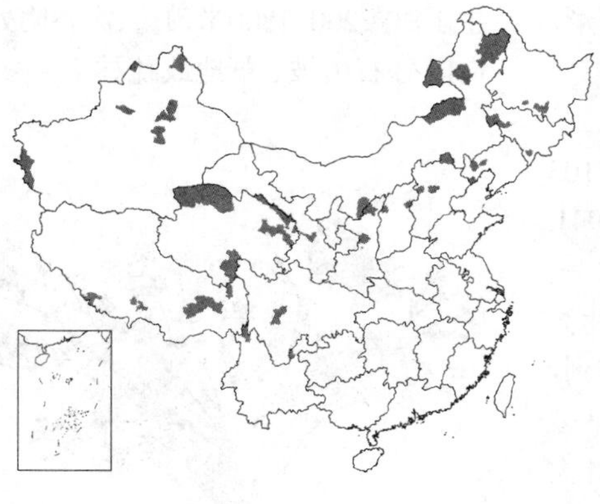

产黑龙江南部、吉林、辽宁西部、内蒙古、河北、山西、陕西、甘肃，青海、新疆、西藏、四川及云南，生于海拔1200-4300米山坡草地、沟谷及林缘。广布北半球欧亚美三洲。带根全草入药，清热利湿、止血、杀虫。

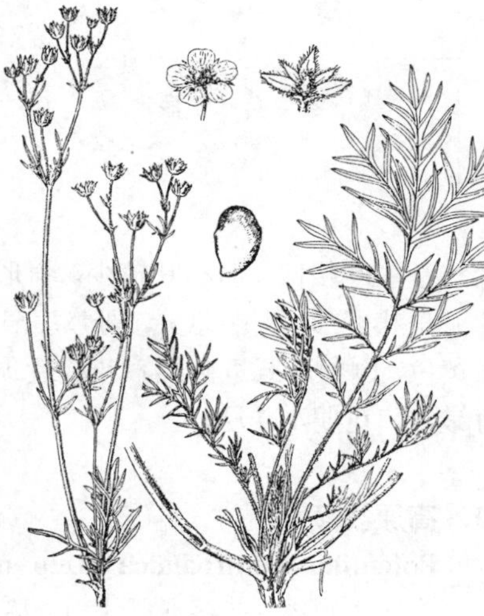

图 1101 多裂委陵菜
（引自《东北草本植物志》）

［附］**掌状多裂委棱菜 Potentilla multifida** var. **ornithopoda** Wolf in Bibl. Bot. 71: 156. 1908. 本变种与模式变种的区别：花茎上升；茎生叶2-3，小叶5，羽状深裂，紧密排列在叶柄顶端，有时近掌状。产黑龙江、内蒙古、河北、山西、陕西、甘肃、青海、新疆及西藏，生于海拔700-4800米山坡草地、河滩、沟边、草甸或林缘。蒙古及俄罗斯有分布。

［附］矮生多裂委棱菜 **Potentilla multifida** var. **nubigena** Wolf in Bibl. Bot. 71: 155. 1908. 本变种与模式变种的区别：植株极矮小，花茎近地面铺散，长3-8厘米；花较小；基生叶有小叶(2)3对，连叶柄长2.5-4厘米，小叶裂片舌状带形，上面密被伏生疏柔毛，下面密被绒毛及长绢毛。花果期5-7月。产内蒙古、河北、陕西、甘肃、青海、新疆及西藏，生于海拔1300-1500米高山河谷阶地或山坡草地。伊朗、俄罗斯中亚地区及阿尔泰高山地区有分布。

20. 多茎委陵菜 图 1102

Potentilla multicauils Bunge in Mém. Acad. Sci. St. Pétersb. 2: 99. 1833.

多年生草本。花茎多而密集丛生，上升或铺散，长达35厘米，被白色长柔毛或短柔毛。基生叶为羽状复叶，有4-6(-8)对小叶，连叶柄长3-10厘米，叶柄暗红色，被白色长柔毛，小叶椭圆形或倒卵形，上部小叶远比下部小叶大，长0.5-2厘米，先端舌状，边缘平或微反卷，羽毛状深裂，裂片带形，排列较整齐，直展，上面疏被贴生柔毛，稀脱落近无毛，下面被白色绒毛；沿脉疏生白色长柔毛；茎生叶与基生叶相似，但小叶较少。伞形花序多花。花径0.8-1(-1.3)厘米；萼片三角状卵形，先端急尖，副萼片窄披针形，先端圆钝，短约萼片1/2；花瓣黄色，倒卵形或近圆形；花柱近顶生，圆柱形，基部膨大。瘦果卵圆形，有皱纹。花期4-9月。

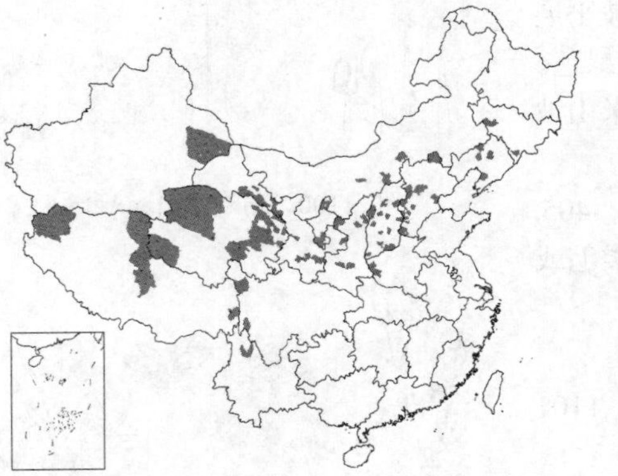

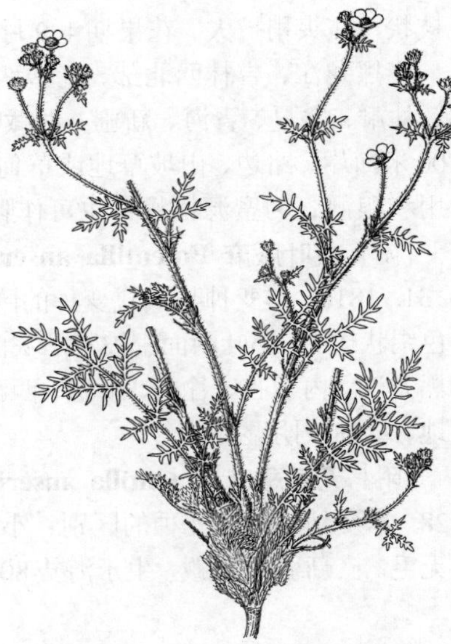

图 1102 多茎委陵菜 （冀朝桢绘）

产吉林、辽宁、内蒙古、河北、河南、山西、陕西、甘肃、宁夏、青海、新疆、西藏、四川西部及云南西北部，生于海拔200-3800米田边、沟谷阴处、向阳砾石山坡、草地或疏林下。

21. 高原委陵菜 图 1103

Potentilla pamiroalaica Juzep. in Fl. URSS 10: 121. p1. 9. f. 4. 1941.

多年生草本。花茎通常上升，稀直立，高达22厘米，被白色伏生柔毛。基生叶为羽状复叶，小叶3-5对，极稀小叶近掌状排列，连叶柄长3-10厘米，叶柄被白色伏生柔毛，上部小叶大于下部小叶，小叶卵形或倒卵状长圆形，长0.5-1.3厘米，羽状深裂，裂片长圆状带形，边缘平，上面绿或灰绿色，密被白色伏生柔毛，下面密被白色绒毛，脉上密被白色绢状长柔毛；茎生叶1-2；基生叶托叶褐色膜质，茎生叶托叶草质，绿色，卵形或卵状披针形。花序少花。花梗长1.5-3厘米，密被伏生柔毛；花径1.2-1.5厘米；萼片三角状披

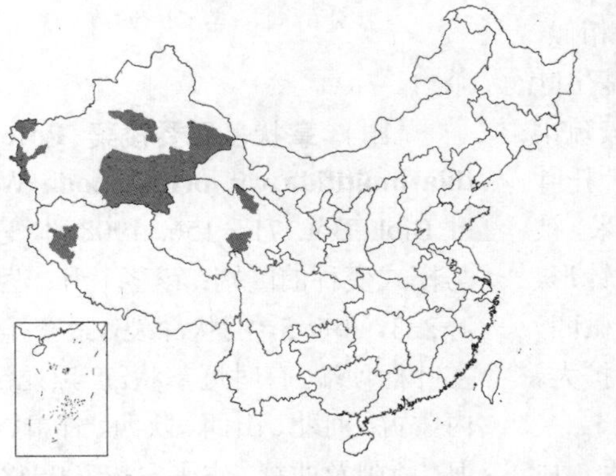

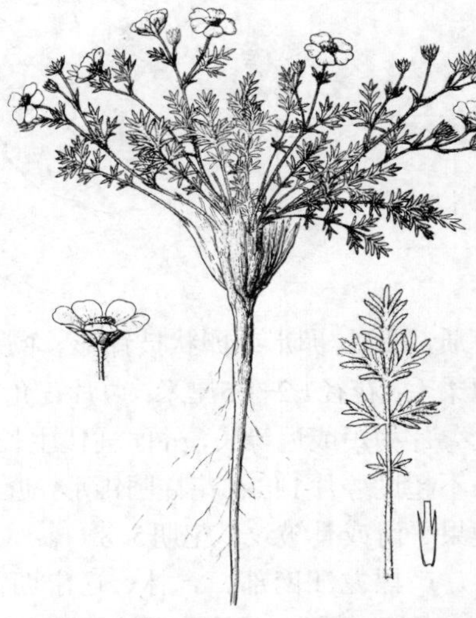

图 1103 高原委陵菜 （谭黎霞绘）

针形或卵状披针形，副萼片披针形或椭圆披针形，先端圆钝，比萼片短稀近等长；花瓣黄色，倒卵形，先端微凹，比萼片长；花柱近顶生，基部稍膨大。瘦果光滑，花果期6-8月。

产新疆、西藏西部及青海，生于海拔3300-4700米山坡或河谷阴处。俄罗斯中亚地区有分布。

22. 多头委陵菜 图 1104

Potentilla multiceps Yu et C. L. Li in Acta Phytotax. Sin. 18(1): 9. pl. 5, f. 3. 1980.

多年生草本。根状茎多分枝，密集呈垫状。花茎直立，铺散或上升，长达7厘米，被白色疏柔毛，有时脱落。基生叶为羽状复叶，有(3)4-5对小叶，连叶柄长1.5-3厘米，叶柄被白色疏柔毛，小叶椭圆形或倒卵状椭圆形，羽状深裂近中脉，裂片1-3对，小裂片带形或舌形，先端圆钝，边缘平坦，上面贴生白色疏柔毛或脱落近无毛，下面密被白色绢毛或脱落仅部分小叶有被毛痕迹；茎生叶退化成掌状或近羽状，小叶与基生叶小叶相似。花单生或数朵成聚伞花序。花径0.7-1.2厘米；萼片椭圆状披针形或三角状卵形，先端急尖或渐尖，副萼片窄带形，短于萼片1/2，外面被短柔毛及稀疏柔毛；花瓣黄色，倒卵形；雄蕊约20；心皮多数，花柱近顶生，比子房长1.5倍，基部乳头状膨大，柱头头状扩大。花期7月。

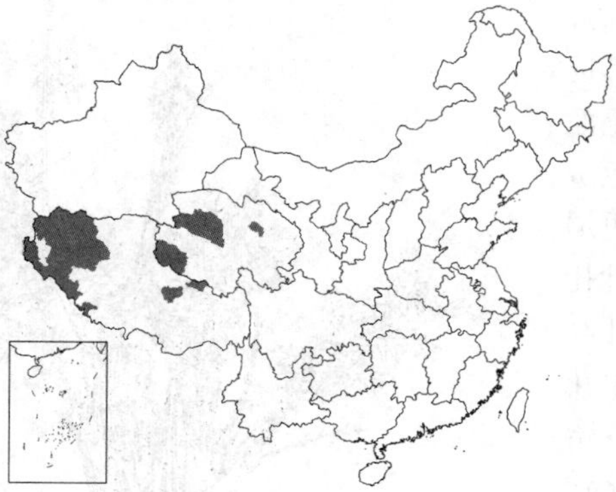

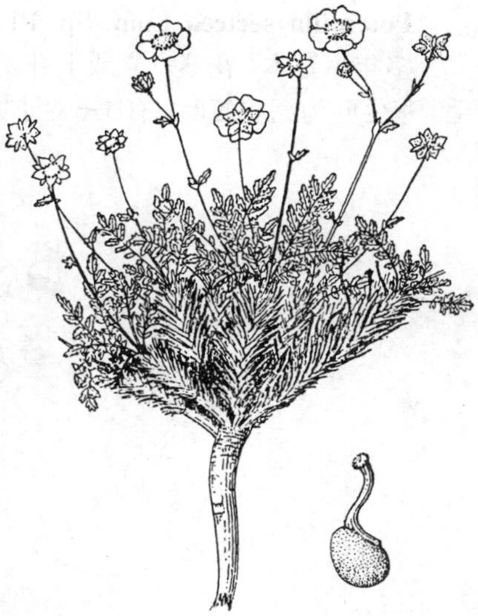

图 1104 多头委陵菜 （冀朝桢绘）

产青海及西藏，生于海拔4000-5200米河滩或山坡。

23. 羽毛委陵菜 图 1105

Potentilla plumosa Yu et C. L. Li in Acta Phytotax. Sin. 18(1): 10. 1980.

多年生草本。花茎铺散或上升，高达30厘米，被开展白色绢状长柔毛。基生叶羽状复叶，有6-9对小叶，连叶柄长2-7厘米，叶柄被开展白色绒毛及长柔毛，小叶椭圆形，长0.3-1.5厘米，深裂近中脉，裂片3-5对，排列较整齐，上面贴生白色柔毛，下面被白色绒毛，有时脱落渐稀疏，沿脉密被贴生白色长柔毛，在裂片先端呈毛笔状，裂片带形，边缘微反卷，先端圆钝；茎生叶与基生叶相似，小叶3-5对；基生叶托叶膜质，褐色，茎生托叶草质，绿色。伞房状聚伞花序，有3-10花，集生顶端或疏散。花径1-1.5厘米；萼片卵形或三角状卵形，先驱端急尖或渐尖，副萼片卵状披针形，先端圆钝或急尖，稍短于萼片，外面密被柔

图 1105 羽毛委陵菜 （冀朝桢绘）

毛或长柔毛；花瓣黄色，倒卵形；雄蕊20；雌蕊多数，子房近肾形，花柱近顶生，基部膨大不明显，柱头头状，微扩大。瘦果光滑，腹部膨大，卵状椭圆形。花期6-8月。

产甘肃北部、青海、西藏东北部及四川，生于海拔2500-4000米高山草甸、草地或林间旷地。

24. 绢毛委陵菜 图 1106

Potentilla sericea Linn. Sp. P1. 495. 1753.

多年生草本。花茎直立或上升，高达20厘米，被开展白色绢毛或长柔毛。基生叶为羽状复叶，有3-6对小叶，连叶柄长3-8厘米，叶柄被开展白色绢毛或长柔毛，小叶长圆形，长0.5-1.5厘米，上部小叶大于下部小叶，羽状深裂，裂片带形，呈篦齿状排列，反卷，先端急尖或圆钝，上面贴生绢毛，下面密被白色绒毛，绒毛上密盖一层白色绢毛；茎生叶1-2；基生叶托叶膜质，褐色，茎生叶托叶草质，绿色，卵形。聚伞花序疏散。花梗长1-2厘米，密被短柔毛及长柔毛；花径0.8-2.2厘米；萼片三角状卵形，先端急尖，副萼片披针形，先端圆钝，稍短于萼片，稀近等长；花瓣黄色，倒卵形，先端微凹；花柱近顶生，花柱基部膨大。瘦果长圆状卵圆形，熟时褐色，有皱纹。花果期5-9月。

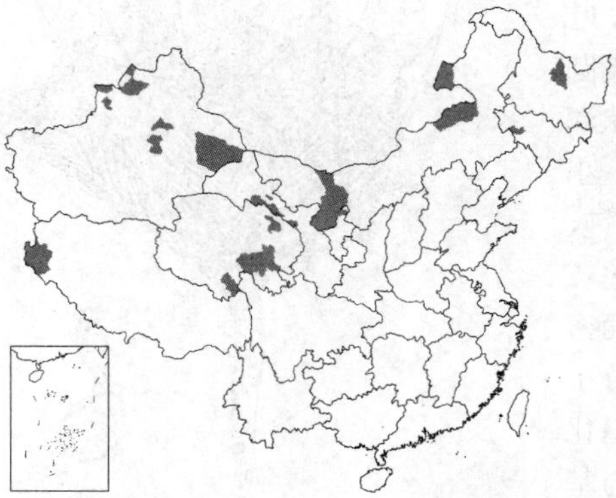

产黑龙江、吉林西部、内蒙古、宁夏、甘肃、新疆、青海及西藏西部，生于海拔600-4100米山坡草地、砂地草原、河漫滩或林缘。俄罗斯及蒙古有分布。

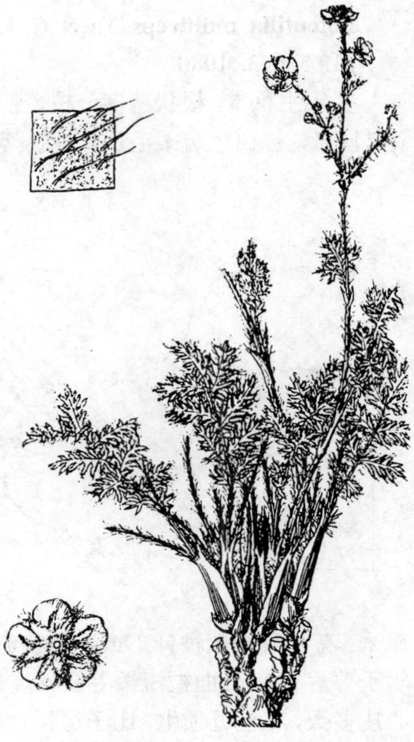

图 1106 绢毛委陵菜
（引自《东北草本植物志》）

［附］**变叶绢毛委陵菜 Potentilla sericea var. polyschista** Lehm. Revis. Potent. 34. 1856. 本变种与模式变种的区别：基生叶有小叶2对，叶接近，边缘不反卷，下面密被白色绒毛，沿脉密生绢毛；茎生叶1-2，具3小叶或单叶有深裂片，托叶有齿或全缘，密被柔毛。产西藏，生于海拔4400-5200米高山草甸及山坡石缝中。喜马拉雅西北部至克什米尔地区有分布。

25. 西山委陵菜 图 1107

Potentilla sischanensis Bunge ex Lehm. Nov. Stirp. Pugill. 9: 3. 1851.

多年生草本。花茎丛生，直立或上升，高达30厘米，被白色绒毛及稀疏长柔毛，老时脱落。基生叶为羽状复叶，有小叶3-5(-8)对，连叶柄长3-25(-30)厘米，叶柄被白色绒毛及稀疏长柔毛，小叶卵形、长椭圆形或披针形，长0.5-3厘米，羽状深裂几达中脉，基部小叶小，掌状或近掌状，分裂，裂片长椭圆形、披针形或卵状披针形，上面疏被长柔毛，下面密被白色绒毛，边缘平或微反卷，沿脉伏生白色长柔毛及绒毛；茎生叶无或苞叶状，掌状或羽状3-5全裂；基生叶托叶膜质，褐色，茎生叶托叶亚革质，绿色，卵状披针形，下面密被白色绒毛。聚伞花序疏生。花梗长1-1.5厘米，有对生小形苞片，疏被柔毛；花径0.8-1厘米；萼片卵状披针形或三角状卵形，副萼片披针形，短于萼片或几等长，外面被白色绒毛和稀疏长柔毛；花瓣黄

色，倒卵形，先端圆钝或微凹，比萼片长0.5-1倍；花柱近顶生，基部微膨大，柱头稍扩大。瘦果卵圆形，熟后有皱纹。花果期4-8月，

产内蒙古东部、河北南部、山西、陕西、宁夏、甘肃南部、青海东部及四川，生于海拔200-3600米干旱山坡、黄土丘陵、草地或灌丛中。

［附］**齿裂西山委陵菜 Potentilla sischanensis** var. **peterae**（Hand.-Mazz.）Yu et C. L. Li, Fl. Reipubl. Popul. Sin. 37: 287. 1985. —— *Potentilla peterae* Hand.-Mazz. in Acta Hort. Gothob. 13:317. 1939. 本变种与模式变种的区别：花茎上升或铺散，稀矮小而直立；小叶锯齿状浅裂，裂片三角形或三角状卵形，先端急尖或圆钝。花果期5-8月。产内蒙古、宁夏、山西、陕西、甘肃及四川，生于海拔1700-2500米荒地、沟谷或山坡草地。

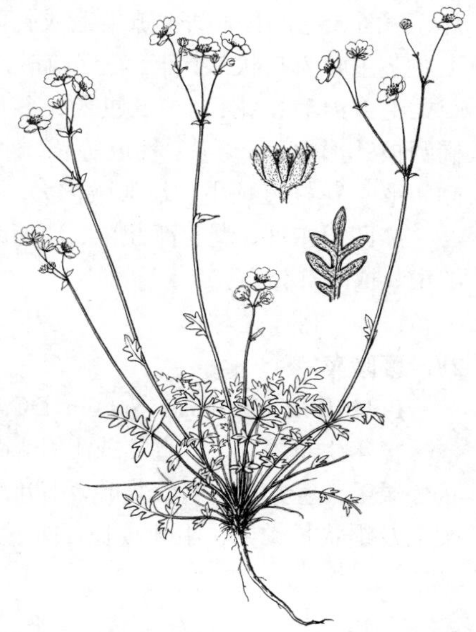

图 1107 西山委陵菜 （吴彰桦绘）

26. 轮叶委陵菜 图 1108

Potentilla verticillaris Steph. ex Willd. Sp. Pl. 2: 1096. 1800.

多年生草本。花茎丛生，直立，高达16厘米，被白色绒毛及长柔毛。基生叶有3-5小叶，小叶羽状深裂或掌状深裂近叶轴成假轮生状，下部小叶比上部小叶稍短，裂片带形或窄带形，长0.5-3厘米，先端急尖或圆钝，基部楔形，边缘反卷，上面绿色，被疏柔毛或脱落近无毛，下面被白色绒毛，沿脉疏被白色长柔毛；茎生叶1-2，掌状3-5全裂，裂片带形。聚伞花序疏散，少花。花梗长1-1.5厘米，被白色绒毛；花径0.8-1.5厘米；萼片长卵形，先端渐尖，副萼片窄披针形，先端急尖至渐尖，短于萼片或近等长，外面被白色绒毛；花瓣黄色，宽倒卵形，先端微凹；花柱近顶生，基部膨大，柱头扩大。瘦果光滑。花果期5-8月。

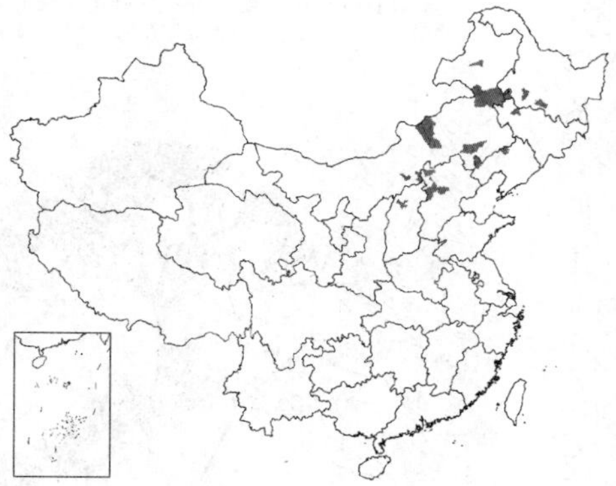

产黑龙江、吉林、辽宁、内蒙古、河北西北部及山西北部，生于海拔600-1900米干旱山坡、河滩沙地、草原或灌丛下。俄罗斯西伯利亚、蒙古、朝鲜半岛北部及日本有分布。

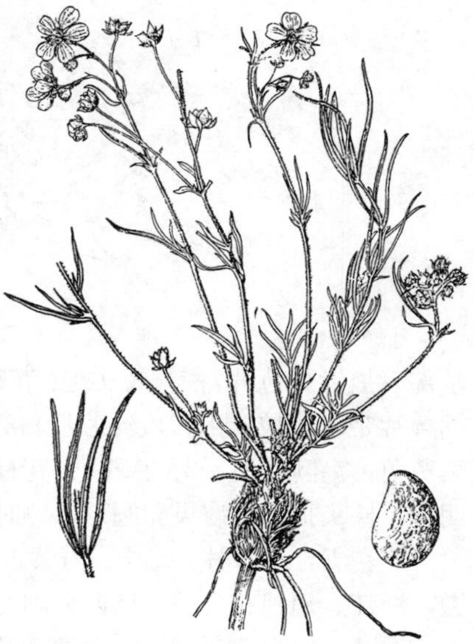

图 1108 轮叶委陵菜
（引自《东北草本植物志》）

27. 下江委陵菜 图 1109

Potentilla limprichtii J. Krause in Fedde, Repert. Sp. Nov. Beih. 12: 408. 1922.

多年生草本。花茎纤细，基部弯曲上升，稀铺散，高达30厘米，被疏柔毛及稀疏绵毛，下部常脱落近无毛。基生叶为羽状复叶，有4-8对小叶，连叶柄长6-20厘米，叶柄被疏柔毛及少数白色绵毛，常脱落几无毛，小叶薄纸质，卵形、椭圆状卵形或长圆倒卵形，长1-2.5厘米，上部有4-7长圆形或三角形裂片或锯齿，基部楔形、宽楔形，最下部小叶有2-3牙齿状裂

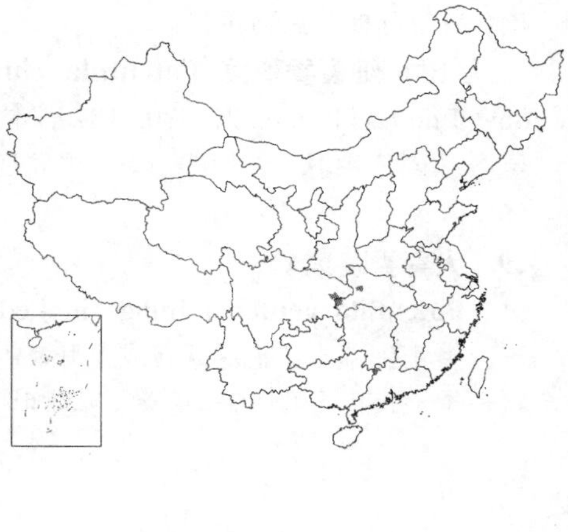

片，两面绿色，上面贴生疏柔毛或脱落近无毛，下面被灰白色绵毛及疏柔毛；茎生叶为掌状3小叶。花序疏散，有数花。花梗纤细，长3-4厘米，被疏柔毛或绵毛；花径1-1.5厘米；萼片三角状卵形，副萼片带状披针形或椭圆披针形，短于萼片，稀近等长，外面被疏柔毛及白色绵毛；花瓣黄色，倒卵形；花柱近顶生，基部微扩大，柱头头状。瘦果光滑。花果期10月。

产四川东部、湖北西北部、江西北部及广东西北部，生于河边沟谷石缝中。越南有分布。

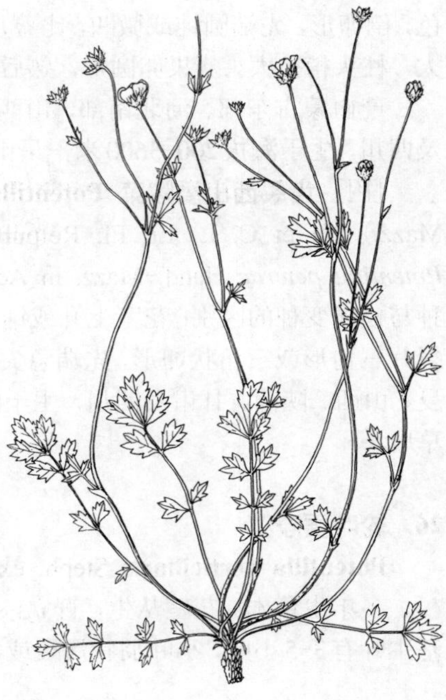

图 1109 下江委陵菜 （孙英宝绘）

28. 委陵菜 图 1110

Potentilla ohinensis Ser. in DC, Prodr. 2: 581. 1825.

多年生草本。花茎直立或上升，高达70厘米，被稀疏短柔毛及白色绢状长柔毛。基生叶为羽状复叶，小叶5-15对，连柄长4-25厘米，叶柄被短柔毛及绢状长柔毛，小叶较长，向下渐小，无柄，长圆形、倒卵形或长圆状披针形，长1-5厘米，羽状中裂，裂片三角状卵形，三角状披针形或长圆状披针形，边缘下卷，上面绿色，被短柔毛或几无毛，中脉下陷，下面被白色绒毛，沿脉被白色绢状长柔毛；茎生叶与基生叶相似，小叶对数较少；基生叶托叶近膜质，褐色，被白色绢状长柔毛；茎生叶托叶草质，绿色。伞房状聚伞花序。花梗长0.5-1.5厘米，基部有披针形苞片，密被短柔毛；花径0.8-1(-1.3)厘米；萼片三角状卵形，副萼片带形或披针形，短约萼片1倍且窄，被短柔毛及少数绢状柔毛；花瓣黄色，宽倒卵形，先端微凹；花柱近顶生，基部微扩大，稍有乳头或不明显，柱头扩大。瘦果卵圆形，熟时深褐色，有皱纹。花果期4-10月。

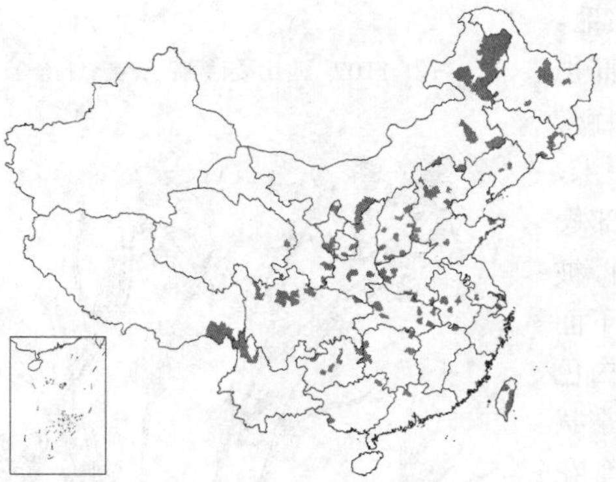

产黑龙江、吉林、辽宁、内蒙古、河北、山西、河南、山东、江苏、安徽、浙江、福建、台湾、江西、湖北、湖南、广东北部、广西、贵州、云南、四川、西藏、青海东部、甘肃东南部、宁夏及陕西，生于海拔400-3200米山坡草地、沟谷、林缘、灌丛或疏林下。俄罗斯远东地区、日本、朝鲜半岛均有分布。根含鞣质，可提取栲胶；全草入药，能清热解毒、止血、止痢。嫩苗可食并做猪饲料。

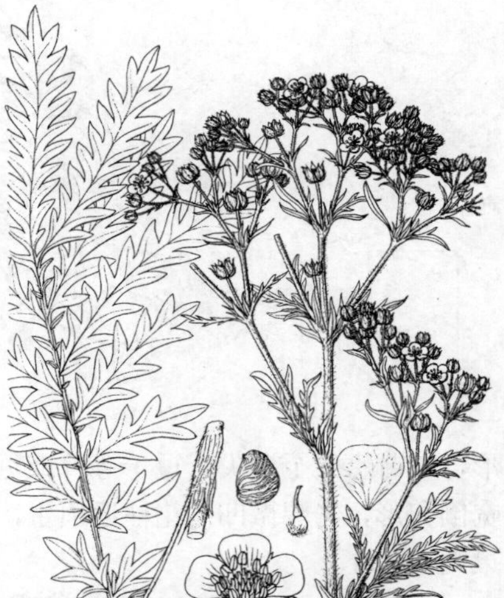

图 1110 委陵菜 （引自《图鉴》）

［附］细裂委陵菜 **Potentilla chinensis** var. **lineariloba** Franch. et Sav. Enum. Fl. Jap. 2: 339. 1879. 本变种与模式变种的区别：小叶深裂至中脉或近中脉，裂片线形。产黑龙江、辽宁、河北、山东、江西及河南，生于海拔800-1400米阳坡、草地，草甸或荒山草丛中。朝鲜半岛及日本有分布。

29. 大萼委陵菜 图 1111：1-3

Potentilla conferta Bunge in Ledeb. Fl. Alt. 2: 240. 1830.

多年生草本。花茎直立或上升，高达45厘米，被短柔毛及开展白色绢状长柔毛，毛长可达3-4毫米。基生叶为羽状复叶，有3-6对小叶，连叶柄长6-20厘米，叶柄被短柔毛及开展白色绢状长柔毛，小叶披针形或长椭圆形，长1-5厘米，边缘羽状中裂，但

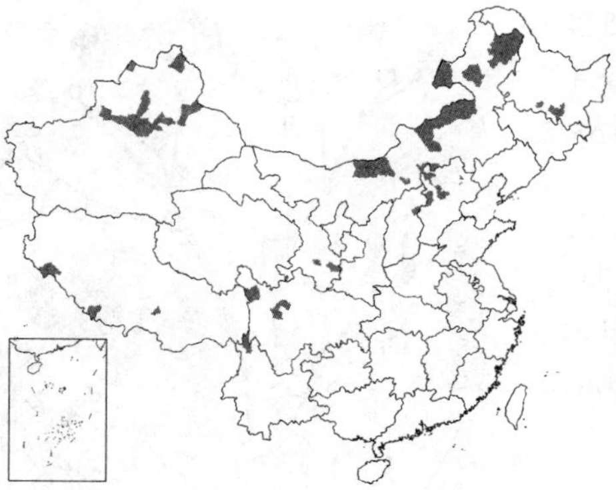

不达中脉，裂片三角状长圆形、三角状披针形或带状长圆形，先端圆钝或呈舌状，基部常扩大，边缘向下反卷或有时不明显，上面贴生短柔毛或脱落近无毛，下面被灰白色绒毛，沿脉被开展白色绢状长柔毛；茎生叶与基生叶相似，唯小叶对数较少。聚伞花序多花至少花。花梗长1-2.5厘米，密被短柔毛；花径1.2-2.5厘米；萼片三角状卵形或椭圆状卵形，花后增大，副萼片披针形或长圆状披针形，比萼片稍短或近等长，在果期显著增大；花瓣黄色，倒卵形；花柱圆锥形，基部膨大，柱头微扩大。瘦果卵圆形或半球形，径约1毫米，具皱纹，稀不明显。花期6-9月。

产黑龙江、内蒙古、河北、山西西北部、甘肃南部、新疆北部、西藏、四川西北部及云南西北部，生于田边、山坡草地、沟谷、草甸或灌丛中。俄罗斯及蒙古有分布。根药用，清热、止血。

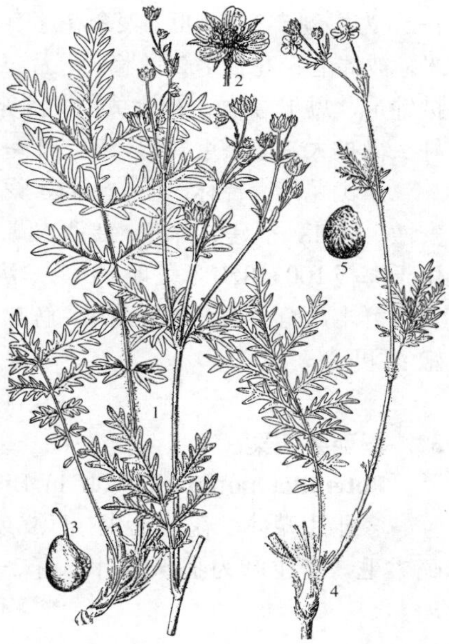

图 1111：1-3. 大萼委陵菜 4-5. 茸毛委陵菜
（引自《东北草本植物志》）

30. 茸毛委陵菜 图 1111：4-5

Potentilla strigosa Pall. ex Putsh, Fl. Am. Sept. 1: 356. 1814.

多年生草本。花茎直立，高达50厘米，被短茸毛及开展疏柔毛。基生叶为羽状复叶，有3-4对小叶，连叶柄长5-10厘米，叶柄被淡黄或灰色短茸毛，小叶长圆形，倒卵状长圆形或倒卵状披针形，长2-5厘米，先端圆钝，基部楔形至宽楔形，边缘中裂，裂片带状长圆形或长圆状披针形，呈篦齿状排列，先端圆钝或急尖，上面密被茸毛及短柔毛，沿脉密被长柔毛；茎生叶与基生叶相似。伞房状聚伞花序，多花，较密集。花梗长0.8-1.5厘米，被茸毛及短柔毛；花径约1厘米；萼片三角状卵形，副萼片椭圆状披针形，与萼片近等长，果时常增大，外面密被茸毛及短柔毛；花瓣黄色，倒卵形；花柱顶生，基部膨大。瘦果椭圆状肾形，有明显皱纹。花果期6-8月。

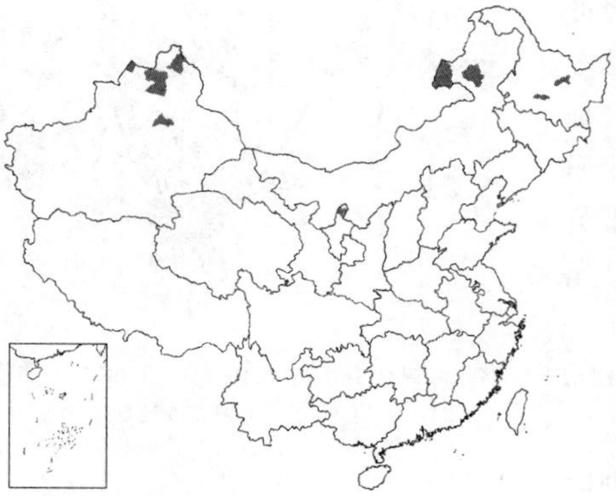

产黑龙江、内蒙古东北部、宁夏及新疆北部，生于海拔600-700米沙丘或山坡草地。俄罗斯及蒙古有分布。

31. 翻白草 图 1112

Potentilla discolor Bunge in Mém. Acad. Sci. St. Pétersb. 2: 99. 1833.

多年生草本。根下部常肥厚呈纺锤状。花茎直立，上升或微铺散，高达45厘米，密被白色绵毛。基生叶有2-4对小叶，连叶柄长4-20厘米，叶柄密被白色绵毛，有时并有长柔毛，小叶长圆形或长圆状披针形，长1-5厘米，先端圆钝，稀急尖，基部楔形、宽楔形或偏斜圆，具圆钝稀急尖锯齿，上面疏被白色绵毛或脱落近无毛，下面密被白或灰白色绵毛；茎生叶

1-2，为撑瑚广3-5小叶。聚伞花序有花数朵至多朵，疏散。花梗长1-2.5厘米，被绵毛；花径1-2厘米；萼片三角状卵形，外面被白色绵毛，副萼片披针形，短于萼片；花瓣黄色，倒卵形；花柱近顶生，基部乳头状膨大，柱头微扩大。瘦果近肾形，宽约1毫米。花果期5-9月。

产黑龙江、吉林、辽宁、内，蒙古、河北、山西、河南、山东、江苏、安徽、浙江，福建、台湾、江西、湖北、湖南、广东、贵州、四川及陕西，生于海拔100-1850米荒地、山谷、沟边、山坡草地、草甸或疏林下。日本及朝鲜半岛有分布。全草药用，解热、消肿、止痢、止血。块根富含淀粉；嫩苗可食。

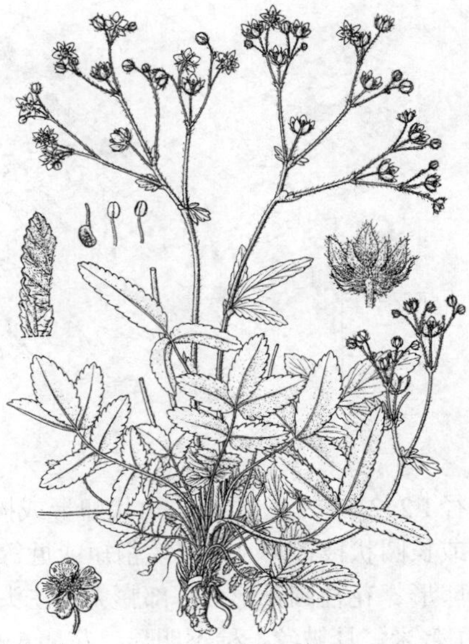

图 1112 翻白草 （引自《图鉴》）

32. 华西委陵菜 图 1113：1-4

Potentilla potaninii Wolf in Bibl. Bot. 71: 166. 1908. pro parte

多年生草本。花茎丛生，直立或上升，高达30厘米，被白色绒毛及疏柔毛。基生叶为羽状复叶，有2-3对小叶，连叶柄长2-10厘米，叶柄被白色绒毛及疏柔毛，小叶倒卵形或倒卵状椭圆形，长0.5-2.5厘米，先端圆钝，基部楔形，具长圆形锯齿，上面贴生柔毛，下面被白色柔毛，沿脉贴生长柔毛；茎生叶羽状5小叶或掌状3小叶；基生叶托叶膜质，褐色，茎生叶托叶草质，绿色，披针形或卵状披针形。聚伞花序疏散，具多花。花梗长1.5-2.5厘米，被白色柔毛；花径1-1.5厘米；萼片卵状披针形或长卵形，副萼片披针形或长椭圆状披针形，与萼片近等长，稀稍短，外面均被疏柔毛；花瓣黄色，倒卵形，先端微凹；花柱近顶生，基部微胀大，柱头扩大。瘦果光滑。花果期6-8月。

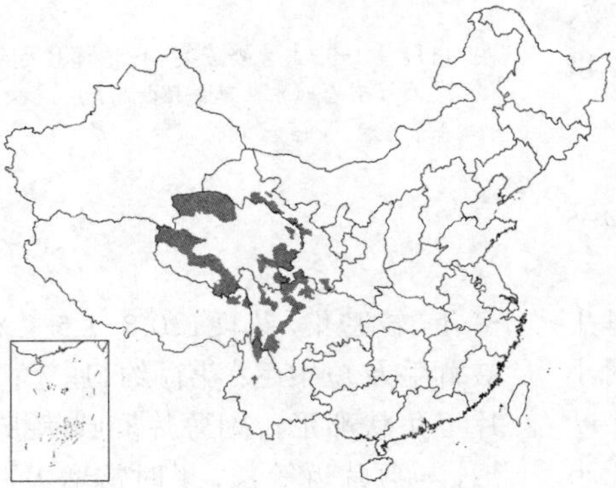

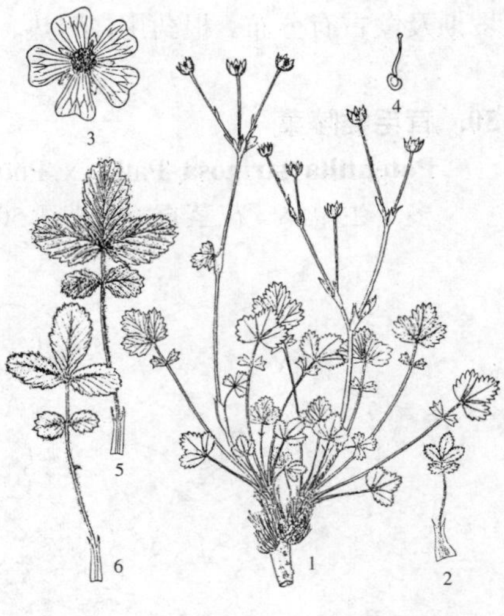

图 1113：1-4. 华西委陵菜 5-6. 柔毛委陵菜
（引自《中国植物志》）

产甘肃、青海、西藏东北部、四川及云南西北部，生于海拔1700-3000米山坡草地、林缘、沼地或林下。

［附］**裂叶华西委陵菜 Potentilla potaninii** var. **compsophylla**（Hand.-Mazz.）Yu et C. L. Li, Fl. Reipubl. Popul. Sin. 37: 294. 1985. —— *Potentilla compsophylla* Hand.-Mazz. in Acta Hort. Gothob. 13: 306. 1939. 本变种与模式变种的区别：小叶锯齿分裂较深，裂成篦齿状裂片，裂片呈舌状带形。花果期6-9月。产四川、西藏(阿里)，生于海拔3300-4700米山坡草地。

33. 柔毛委陵菜 图 1113：5-6

Potentilla griffithii Hook. f. Fl. Brit. Ind. 2: 351. 1878.

多年生草本。花茎直立或上升，高达60厘米，被开展长柔毛及短柔毛。基生叶羽状复叶，小叶2-3(4)对，连叶柄长3-10厘米，叶柄被开展长柔毛及短柔毛，小叶椭圆形或倒卵状椭圆形，长0.5-3厘米，先端圆钝，稀急尖，基部楔形或宽楔形，有缺刻状锯齿，齿圆钝或急尖，上面贴生疏柔毛，下面被白色绒毛及柔毛，沿脉密生长柔毛，有时白色绒毛脱落；茎生叶为羽状5小叶或掌状3小叶，小叶形状与基生叶相似；基生托叶膜质，褐色，

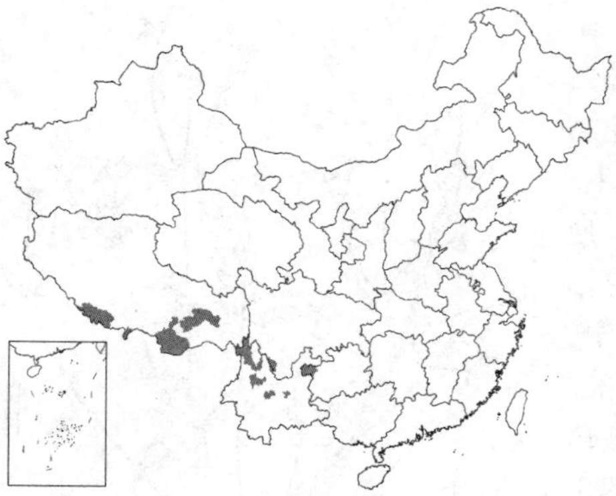

茎生托叶草质，绿色。花少数，呈疏散聚伞状伞房花序。花径1.5-2.5厘米；萼片三角状卵形，先端渐尖或急尖，副萼片披针形、长圆披针形或长椭圆形，短于萼片或近等长，外面被疏柔毛；或有时被白色绒毛；花瓣黄色，稀白色，倒卵形，先端下凹；花柱近顶生，圆锥形，基部膨大，柱头小。瘦果光滑。花果期5-10月。

产贵州西北部、云南、四川西南部、西藏东南部及南部，生于海拔2000-3600米荒地、山坡草地、林缘或林下。不丹及锡金有分布。

［附］长柔毛委陵菜 **Potentilla griffithii** var. **velutina** Card. in Lecomte, Not. Syst. 3: 235. 1914. 本变种与模式变种的区别：叶柄、花茎被开展白色长柔毛，常兼生白色绒毛，小叶上面被伏生白色柔毛，下面密被白色绒毛，沿脉伏生白色长柔毛，在锯齿顶端呈毛笔状；茎生托叶全缘或2-3裂，下面密被白色绒毛和长柔毛。产四川、云南及西藏，生于海拔3000-4000米山坡草地或林缘。根供药用，治食积胃痛、痢疾。

34. 雪白委陵菜 图 1114

Potentilla nivea Linn. Sp. Pl. 499. 1753.

多年生草本。花茎直立或上升，高达25厘米，被白色绒毛。基生叶为掌状3出复叶，连叶柄长1.5-8厘米，叶柄被白色绒毛，小叶无柄或顶端小叶有短柄，卵形、倒卵形或椭圆形，长1-2厘米，先端圆钝或尖，基部圆或宽楔形，有3-6(7)个圆钝锯齿，上面贴生柔毛，下面被白色绒毛，脉不明显；茎生叶1-2，小叶较小，基生叶托叶膜质，褐色，茎生叶托叶草质，绿色。聚伞花序顶生，少花，稀单花。花梗长1-2厘米，被白色绒毛；花径1-1.8厘米；萼片三角状卵形，先端急尖或渐尖，副萼片带状披针形，先端圆钝，短于萼片，外面被平铺绢状柔毛；花瓣黄色，倒卵形，先端凹；花柱近顶生，基部膨大，有乳头。瘦果光滑。花果期6-8月。

产吉林东南部、内蒙古、河北西部、山西北部及新疆北部，生于海拔2500-3200米高山灌丛边、山坡草地或沼泽边缘。欧洲至俄罗斯西伯利亚、朝鲜半岛、日本均有分布。

［附］多齿雪白委陵菜 **Potentilla nivea** var. **elongata** Wolf in Bibl. Bot. 71: 237. 1908. pro parte. 本变种与模式变种的区别：小叶锯齿较多，每边(6)7-14个；花柱基部不显著扩大。产河北及山西，生于海拔1600-3400米草坡、石缝中。蒙古及俄罗斯贝加尔一带有分布。

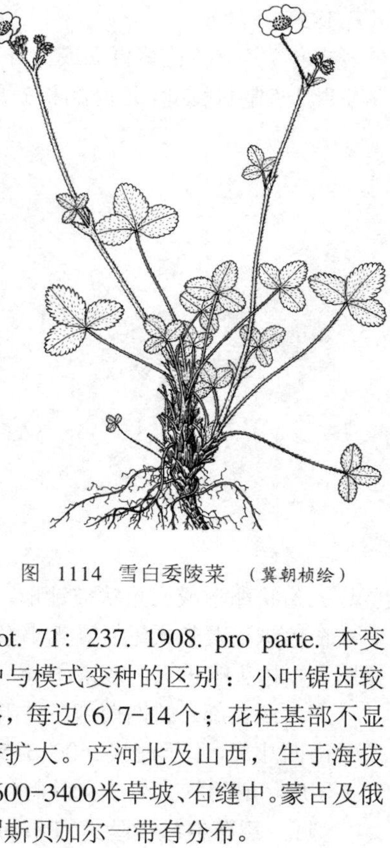

图 1114 雪白委陵菜 （冀朝桢绘）

35. 白萼委陵菜 图 1115

Potentilla betonicifolia Poir. Encycl. Method. Bot. 5: 601. 1804.

多年生草本。花茎直立或上升，高达16厘米，初被白色绒毛，后脱落无毛。基生叶掌状3出复叶，连叶柄长3-12厘米，叶柄初被白色绒毛，后脱落无毛；小叶长圆状披针形或卵状披针形，长1-5厘米，先端尖，基部楔形或近圆，有多数圆钝锯齿或急尖粗大锯齿，上面初被白色绒毛，后脱落无毛，下面密被白色绒毛，沿中脉疏被绢状长柔毛；茎生叶呈苞片状。聚伞花序圆锥状，多花，疏散。花梗长1-1.5厘米，被白色绒毛；花径约1厘米；萼片三角状卵形，先端尖，副

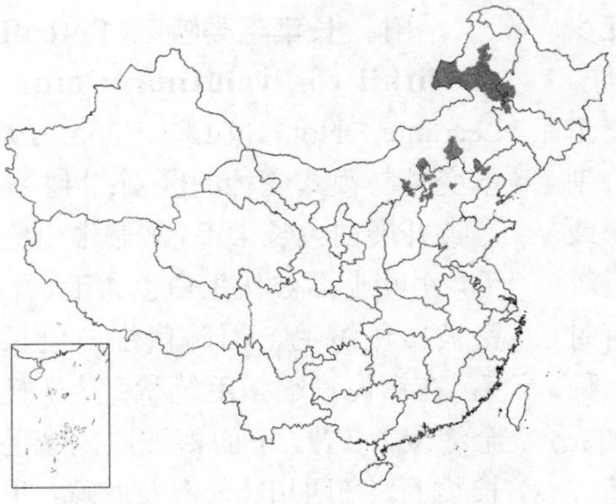

萼片或椭圆形，先端尖，比萼片短或近等长，外面被白色绒毛及稀疏长柔毛；花瓣黄色，倒卵形；花柱近顶生，基部膨大，柱头微扩大。瘦果有脉纹。花果期5-6月。

产黑龙江、吉林、辽宁、内蒙古、河北及山西北部，生于海拔700-1600米山坡草地或岩缝间。俄罗斯及蒙古有分布。

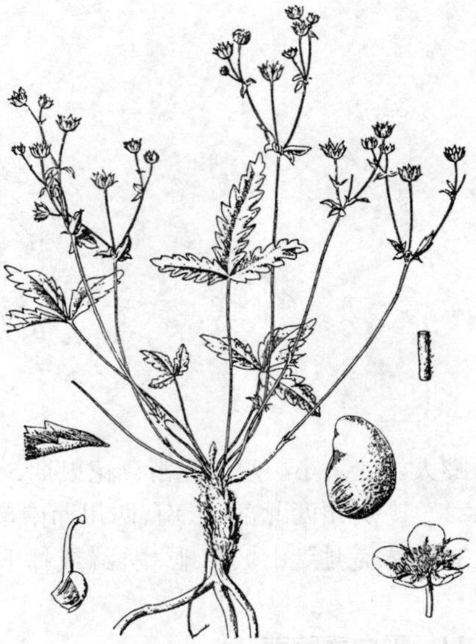

图 1115 白萼委陵菜
（引自《东北草本植物志》）

36. 钉柱委陵菜 图 1116

Potentilla saundersiana Royle, Ill. Bot. Himal. Mount. 2: 207. t. 41. 1839.

多年生草本。花茎直立或上升，高达20厘米，被白色绒毛及疏长柔毛。基生叶3-5掌状复叶，连叶柄长2-5厘米，被白色绒毛及疏长柔毛，小叶长圆状倒卵形，长0.5-2厘米，先端圆钝或急尖，基部楔形，有多数缺刻状锯齿，上面贴生稀疏柔毛，下面密被白色绒毛，沿脉贴生疏柔毛；茎生叶1-2，小叶3-5，与基生叶相似；基生叶托叶膜质，褐色，茎生叶托叶草质，绿色，卵形或卵状披针形。花多数排成顶生疏散聚伞花序。花径1-1.4厘米；花梗长1-3厘米，被白色绒毛；萼片三角状卵形或三角状披针形，副萼片披针形，短于萼片或近等长，外面被白色绒毛及长柔毛；花瓣黄色，倒卵形，先端凹；花柱近项生，基部微膨大，柱头略扩大。瘦果光滑。花果期6-8月。

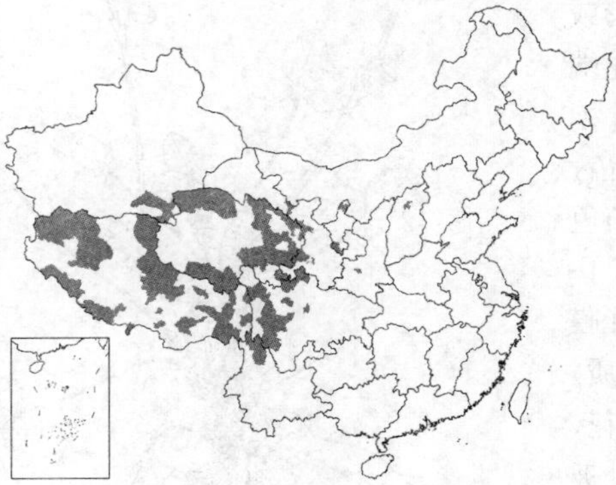

产山西北部、陕西南部、甘肃、宁夏、新疆南部、青海、西藏、四川及云南西北部，生于海拔2600-5150米山坡草地、多石山坡、高山灌丛或草甸。印度、尼泊尔、不丹及锡金有分布。

［附］**裂萼钉柱委陵菜 Potentilla saundersiana** var. **jacquemontii** Franch. Pl. Delav. 3: 215. 1890. 本变种与模式变种的区别：叶为3-5掌状复叶，小叶有多数锯齿，上面或多或少密集伏生绢状柔毛，下面被灰白色绒毛及绢毛；副萼片常有2-3裂齿，稀4-5裂，与萼片近等长，外面密被白色绒毛及柔毛。产云南及西藏，生于海拔3400-4100米山坡草地、高山灌丛或草甸。

［附］**羽叶钉柱委陵菜 Potentilla saundersiana** var. **subpinnata** Hand.-Mazz. Symb. Sin. 7: 513. 1933. 本变种与模式变种的区别：基生叶小叶(3-)5-7(-8)，近羽状排列，上面密被伏生绢状柔毛；副萼片先端急尖或有1-2裂齿。产四川及云南，生于海拔3100-3600米高山草地或多石砾地。

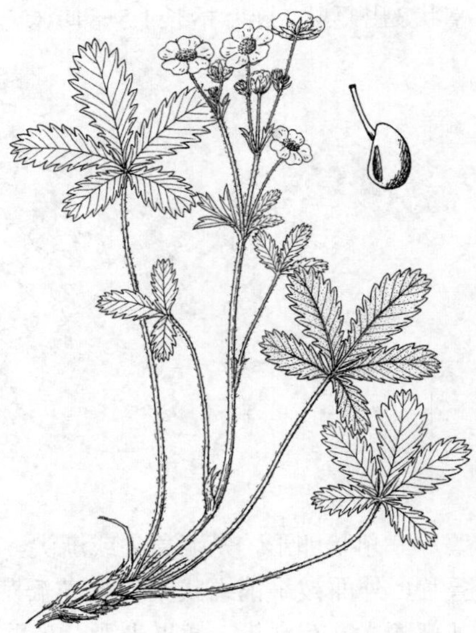

图 1116 钉柱委陵菜 （吴彰桦绘）

［附］**丛生钉柱委陵菜 Potentilla saundersiana** var. **caespitosa** (Lehm.) Wolf in Bibl. Bot. 71: 243. 1908. —— *Potentilla caespitosa* Lehm. in Ind. Sem. Hort. Bot. Hamb.

10: 1849. 本变种与模式变种的区别：植株矮小丛生；叶常3-5出，小叶宽倒卵形，边缘浅裂至深裂；单花顶生，稀2朵。产西藏、四川及云南，生于海拔2700-5200米高山草地及灌木林下。

37. 银光委陵菜 图 1117

Potentulla argyrophylla Wall. Cat. P1. Ind. Orient. no. 1020. 1829.

多年生草本。花茎高达20厘米，密被银白色绒毛及长柔毛。基生叶掌状3出复叶，连叶柄长5-10厘米，叶柄被银白色绒毛及长柔毛，小叶无柄或顶生小叶具极短柄，小叶倒卵形，椭圆形或宽卵形，长1.5-2厘米，先端圆钝，基部楔形或宽楔形，具缺刻状急尖锯齿，上面伏生银白色绢毛，下面密被银白色绒毛，脉上有伏生银白色绢毛；茎生叶2-3，叶较小，叶柄较短；基生叶托叶膜质，褐色，外面伏生白色绢毛，后脱落，茎生叶托叶绿色，草质，卵形或卵状披针形，全缘，下面被绒毛及长柔毛。花顶生2-3朵，花径约2厘米；花梗长2-2.5厘米，被绒毛及长柔毛；萼片三角状披针形，副萼片椭圆状卵形或椭圆状披针形，与萼片近等长，外面被伏生白色绢毛；花瓣黄色，倒心形，先端凹，长于萼片1倍；雄蕊黄色；花柱近顶生，长约子房2.5倍，柱头头状。花期5月。

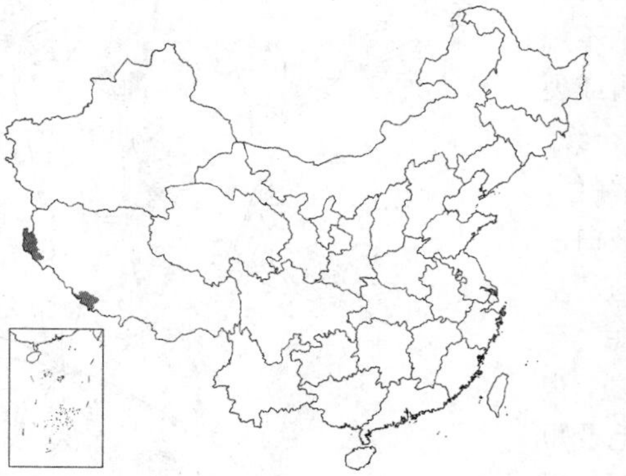

产西藏西部及西南部，生于海拔3750-4000米河滩、林下或灌丛边。克什米尔地区及尼泊尔有分布。

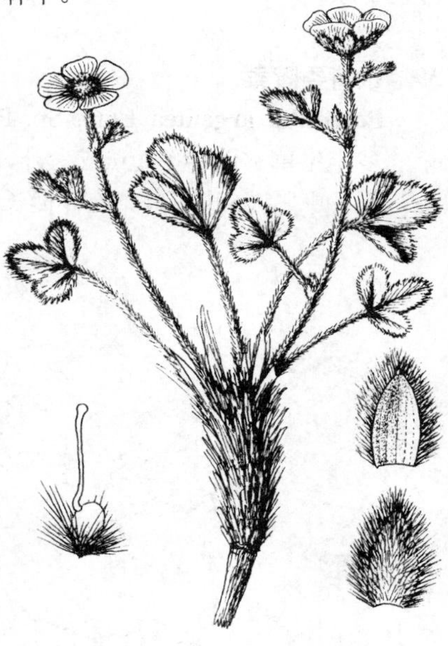

图 1117 银光委陵菜 （余汉平绘）

38. 窄裂委陵菜 图 1118

Potentilla angustiloba Yu et C. L. Li in Acta Phytotax. Sin. 18(1): 11. pl. 3: 2. 1980.

多年生草本。花茎铺散或上升，长达30厘米，伏生疏长柔毛或微硬毛。基生叶为5出掌状复叶，连叶柄长3-12厘米，伏生疏长柔毛及微硬毛，小叶倒卵状长椭圆形或长椭圆形，深裂至中脉，每边有2-4个带形裂片，长0.5-1.5厘米，上面伏生疏柔毛或几无毛，下面密被白色绒毛，沿脉伏生白色长柔毛；茎生叶1-3，小叶3-5分裂，与基生叶相似，叶柄向上渐短；基生叶托叶膜质，深褐色，被疏柔毛或几无毛，茎生叶托叶草质，绿色，卵状披针形，全缘或有1-2齿，下面密被伏生柔毛。伞房状聚伞花序顶生，有3-12花。花梗长0.5-1厘米，外被伏生长柔毛；花径0.8-1厘米；萼片三角状卵形或卵状长圆形，先端渐尖，副萼片带状披针形，与萼片近等长或稍短，外面伏生长柔毛；花瓣黄色，倒卵形，先端微凹，比萼片长或近等长雄蕊约20；心皮多数，花柱近顶生，基部膨大，柱头稍扩大。花果期6-9月。

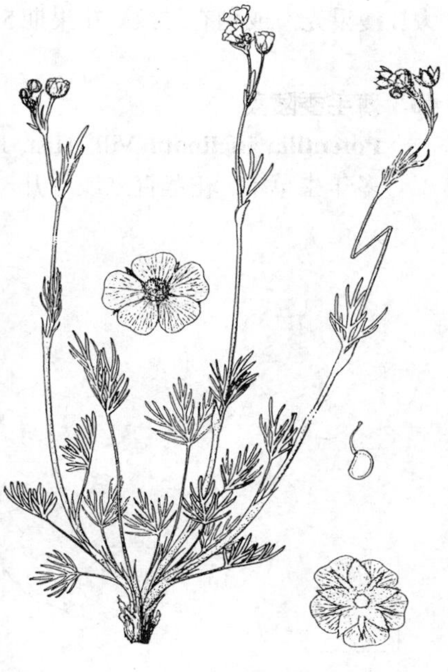

图 1118 窄裂委陵菜 （引自《中国植物志》）

产甘肃中部、青海及新疆，生于海拔2500-3150米草原、河滩、山谷、冲积平原。

39. 银背委陵菜 图 1119

Potentilla argentea Linn. Sp. Pl. 479. 1753.

多年生草本。花茎直立或上升，高达40厘米，被白色绒毛及稀疏长柔毛。基生叶掌状5出复叶，连叶柄长2-10厘米，叶柄被白色绒毛及稀疏长柔毛，小叶长倒卵形，长1-3厘米，前端每边2-5个不规则锯齿或浅裂片，锯齿或裂片先端急尖，中部以下全缘，楔形，边缘反卷，上面绿色，伏生疏柔毛，下面密被白色绒毛；茎生叶较多，与基生叶相似，向上叶柄渐短，至无柄；基生叶托叶膜质，褐色，外被白色疏长柔毛及短柔毛，茎生叶托叶草质，绿色，全缘或有2-3齿，卵状披针形，下面密被白色绒毛。花序疏散，为圆锥状或伞房状聚伞花序，多花。花梗长1.5-2.5厘米，外被绒毛；花径约1厘米；萼片三角状卵形，副萼片长圆状披针形，短于萼片，外面被灰白色绒毛和长柔毛；花瓣黄色，倒卵形，先端下凹，比萼片稍长；花柱近顶生，基部膨大，有乳头，柱头扩大。瘦果光滑或稍有皱纹。花果期5-8月。

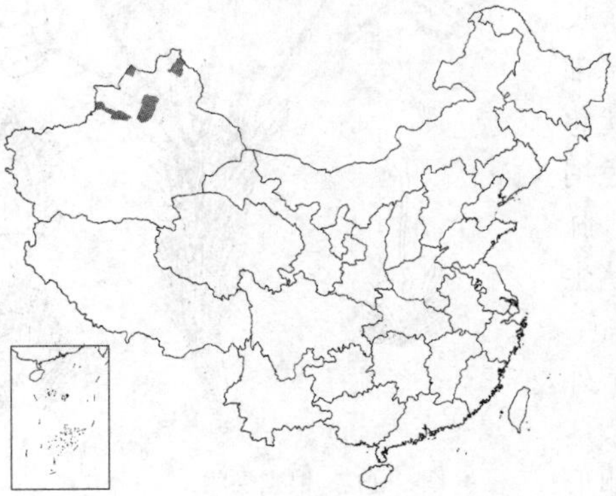

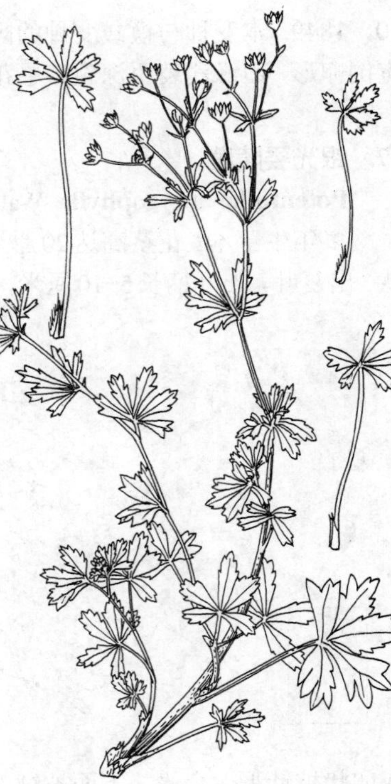

图 1119 银背委陵菜 （孙英宝绘）

产新疆北部，生于海拔1100米阳坡多石地。广布于欧洲、俄罗斯中亚地区和西伯利亚至蒙古。

40. 薄毛委陵菜 图 1120

Potentilla inclinata Vill. Hist. Pl. Dauph 3: 567. 1789.

多年生草本。花茎直立或上升，高达40厘米，被长柔毛、短柔毛及稀被绒毛。基生叶为5(-7)出掌状复叶，开花后常枯死，叶柄被长柔毛、短柔毛及稀疏绒毛；茎生叶与基生叶相似，叶片小，叶柄较短至无柄；小叶倒卵状长圆形或倒卵状披针形，先端圆钝，基部楔形，有粗锯齿5-7(-12)，上面伏生疏柔毛，下面被灰色绒毛，后渐脱落变薄；基生叶托叶膜质，褐色，外被长柔毛，茎生叶托叶草质，绿色，卵状披针形，全缘或有1-2锯齿，下面被绒毛及长柔毛。伞房状或圆锥状聚伞花序，多花，疏散。花梗长1-1.5厘米，外被绒毛及少数长柔毛；花径约1厘米；萼片三角状披针形或长圆状卵形，副萼片带状披针形，先端急尖，短于萼片，稀近等长，外面被长柔毛及短柔毛；花瓣黄色，卵形，

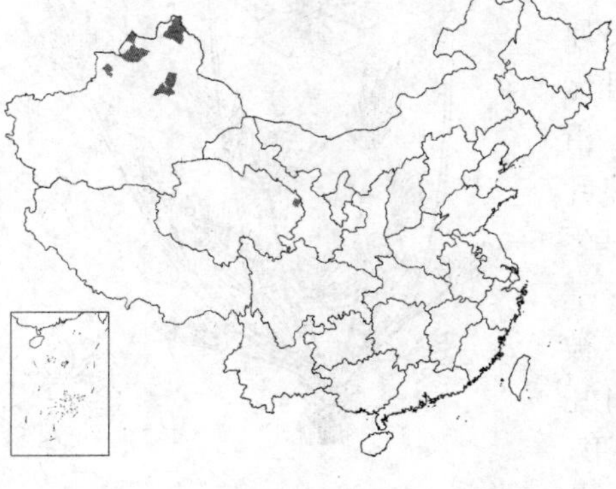

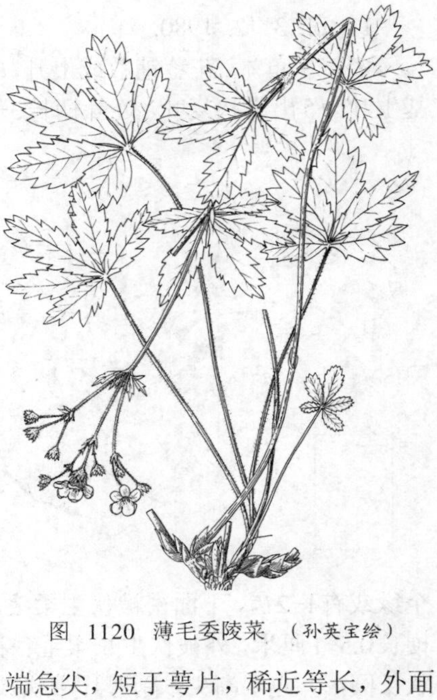

图 1120 薄毛委陵菜 （孙英宝绘）

先端微凹或几圆，比萼片稍长；花柱近顶生，基部膨大，柱头稍扩大。瘦果有脉纹。花果期6-9月。

产新疆北部及青海东部，生于海拔1000-1300米山坡湿地或河漫滩。中欧、南欧至俄罗斯中亚地区均有分布。

41. 菊叶委陵菜 图 1121

Potentilla tanacetifoila Willd. ex Schlecht. in Mag. Ges. Naturf. Fr. Berl. 7: 286. 1816.

多年生草本。花茎直立或上升，高达65厘米，被长柔毛、短柔毛或卷曲柔毛，被稀疏腺毛，有时脱落。基生叶为羽状复叶，有5-8小叶，连叶柄长5-20厘米，叶柄被长柔毛、短柔毛或卷曲柔毛，有时兼被稀疏腺毛，小叶长圆形、长圆状披针形或长圆倒卵状披针形，长1-5厘米，先端圆钝，基部楔形，有缺刻状锯齿，上面贴生疏柔毛或密被长柔毛或脱落近无毛，下面被短柔毛，沿脉贴生长柔毛或被稀疏腺毛；茎生叶与基生叶相似，小叶减少。多花排成疏散伞房状聚伞花序。花梗长0.5-1厘米，被短柔毛；花径1-1.5厘米；萼片三角状卵形，副萼片披针形或椭圆状披针形，短于萼片或近等长，外面被短柔毛和腺毛；花瓣黄色，倒卵形；花柱近顶生，圆锥形，柱头稍扩大。瘦果卵圆形，长2.5毫米，具脉纹。花果期5-10月。

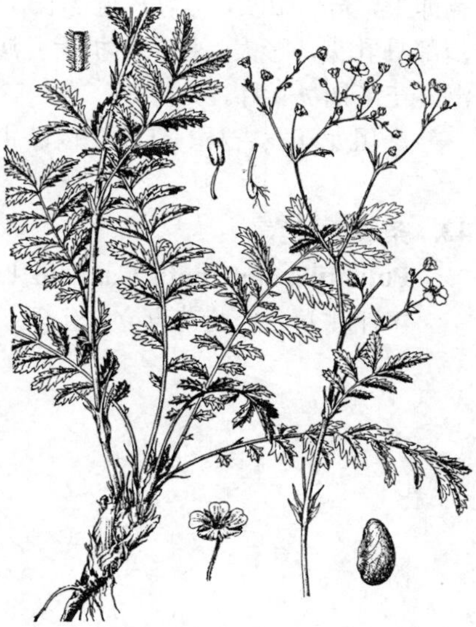

图 1121 菊叶委陵菜
（引自《东北草本植物志》）

产黑龙江、吉林西部、辽宁西部、内蒙古、河北、山东东部、山西、陕西北部、甘肃东部、青海东部及北部，生于海拔400-2600米山坡草地、低洼地、砂地、草原、林缘或黄土高原。俄罗斯西伯利亚及蒙古有分布。全草药用，清热、解毒，消炎，止血；根部含鞣质约25%。

42. 腺毛委陵菜 图 1122

Potentilla longifolia Willd. ex Schlecht. in Mag. Ges. Naturf. Fr. Berl. 7: 287. 1816.

Potentilla viscosa Donn. ex Lehm.; 中国高等植物图鉴 2: 294. 1972.

多年生草本。花茎直立或微上升，高达90厘米，被短柔毛、长柔毛及腺体。基生叶羽状复叶，有小叶4-5对，连叶柄长10-30厘米，叶柄被短柔毛，长柔毛及腺体，小叶无柄，最上面1-3对小叶基部下延与叶轴汇合，小叶长圆状披针形或倒披针形，长1.5-8厘米，有缺刻状锯齿，上面被柔毛或脱落无毛，下面被短柔毛及腺体，沿脉疏生长柔毛；茎生叶与基生叶相似；基生叶托叶膜质，褐色，外被短柔毛及长柔毛，茎

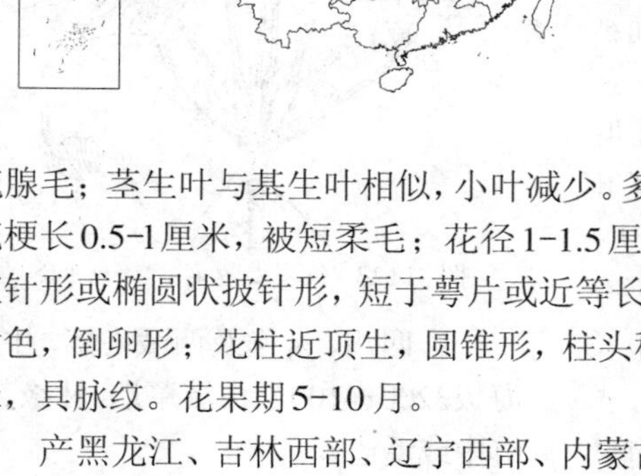

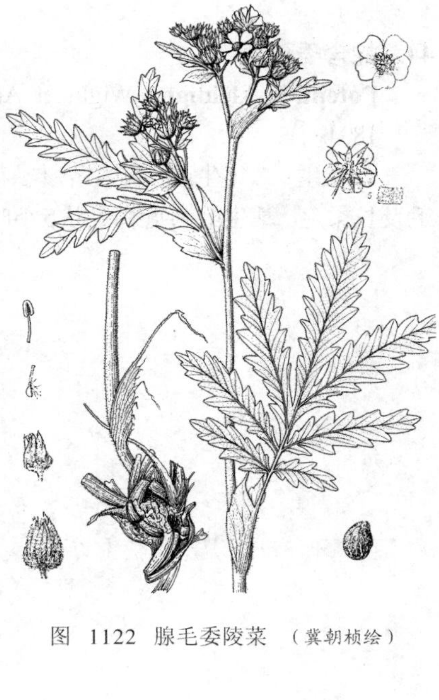

图 1122 腺毛委陵菜 （冀朝桢绘）

生叶托叶草质，绿色，全缘或分裂，外被短柔毛及长柔毛。伞房花序集生于花茎顶端，少花。花梗短；花径1.5-1.8厘米；萼片三角状披针形，副萼片长圆状披针形，与萼片近等长或稍短，外面密被短柔毛及腺体；花瓣宽倒卵形，先端微凹，与萼片近等长，果时直立增大；花柱近顶生，圆锥形，基部具乳头，膨大，柱头不扩大。瘦果近肾形或卵圆形，径约1毫米，光滑。花果期7-9月。

产黑龙江、吉林、辽宁、内蒙古、河北、山东东北部、山西、陕西北部、宁夏南部、甘肃、青海、新疆、西藏东部及四川西北部，生于海拔300-3200米山坡草地、高山灌丛、林缘或疏林下。俄罗斯、蒙古及朝鲜半岛有分布。

43. 条裂委陵菜 图 1123

Potentilla lancinata Card. in Lecomte, Not. Syst. 3: 236. 1914.

多年生草本。花茎直立或上升，高达56厘米，被短柔毛及疏柔毛。基生叶为羽状复叶，有2-4对小叶，连叶柄长6-15厘米，叶柄被短柔毛及疏柔毛；小叶椭圆形或长椭圆形，长1-4厘米，先端圆钝，基部楔形或宽楔形，有粗大缺刻状锯齿，上面散生柔毛，下面被短柔毛，沿脉被长柔毛。茎生叶有3小叶或5小叶，小叶与基生叶相似；基生叶托叶膜质，褐色，茎生叶托叶大，草质，绿色，边有2-3裂，稀全缘。聚伞花序疏散。花梗长1-2厘米，下有卵状苞片，被柔毛；花径约2厘米；萼片三角状卵形，副萼片椭圆形，长宽与萼片近相等，外面被短柔毛及疏柔毛；花瓣黄色，倒卵形或倒心形，先端下凹；花柱顶生，基部膨大，柱头小。瘦果卵圆形，熟时黄褐色，有脉纹。花果期6-9月。

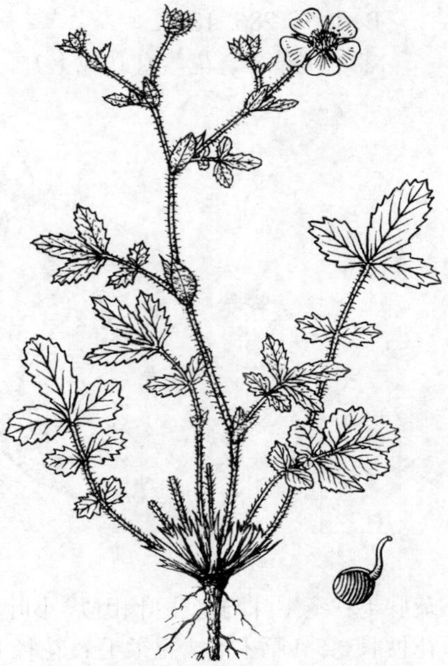

图 1123 条裂委陵菜 （余汉平绘）

产四川、云南及西藏南部，生于海拔3200-4100米山坡草地、林缘、岩缝中或溪边。

44. 蛇含委陵菜 图 1124

Potentilla kleiniana Wight et Arn. Prodr. Fl. Penins. Ind. Orient. 300. 1894.

一年生、二年生或多年生草本。花茎上升或匍匐，长达50厘米，被疏柔毛及长柔毛。基生叶为近鸟足状5小叶，连叶柄长3-20厘米，叶柄被疏柔毛或长柔毛，小叶倒卵形或长圆状倒卵形，长0.5-4厘米，有锯齿，两面绿色，被疏柔毛；有时上面几无毛，或下面沿脉密被伏生长柔毛；下部茎生叶有5小叶，上部茎生叶有3小叶，小叶与基生小叶相似；基生叶托叶膜质，淡褐色，外面被疏柔毛或脱落近无毛，茎生叶托叶草质，

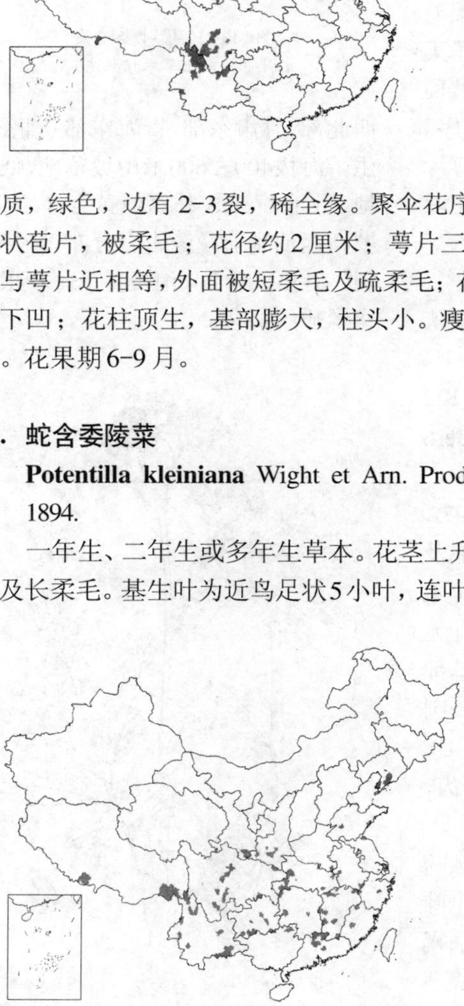

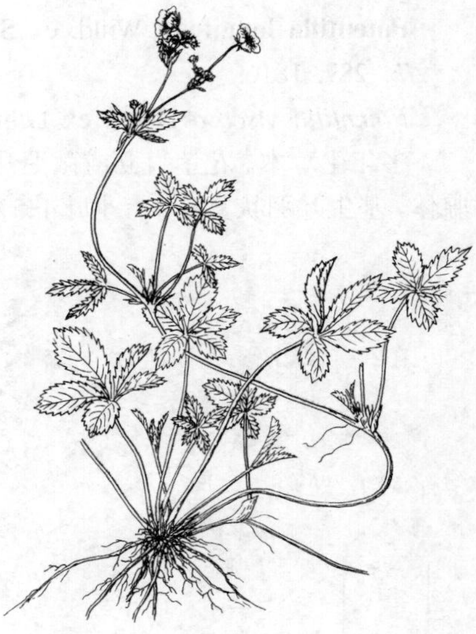

图 1124 蛇含委陵菜 （引自《图鉴》）

绿色，卵形或卵状披针形，全缘，稀有1-2齿，外被稀疏长柔毛。聚伞花序密集枝顶如假伞形。花梗长1-1.5厘米，密被长柔毛，下有茎生叶如苞片状；花径0.8-1厘米；萼片三角状卵圆形，副萼片披针形或椭圆状披针形，外被稀疏长柔毛；花瓣黄色，倒卵形，长于萼片；花柱近项生，圆锥形，基部膨大，柱头扩大。瘦果近圆形，径约0.5毫米，具皱纹。花果期4-9月。

产辽宁南部、山东、河南东南部、安徽、江苏、浙江、福建、江西、湖北、湖南、广东、广西、贵州、云南、西藏东南部及南部、四川、陕西南部及甘肃南部，生于海拔400-3000米田边、水旁、草甸或山坡草地。朝鲜半岛、日本、印度、马来西亚及印度尼西亚有分布。全草供药用，可清热、解毒，止咳，捣烂外敷治疮毒、痛肿及蛇虫咬伤。

45. 朝天委陵菜 图 1125

Potentilla supina Linn. Sp. P1. 497. 1753.

一年生或二年生草本。茎平展，上升或直立，叉状分枝，长达50厘米，被疏柔毛或几无毛。基生叶羽状复叶，小叶2-5对，连叶柄长4-15厘米，叶柄被疏柔毛或几无毛，小叶无柄，最上面1-2对小叶基部下延与叶轴合生，小叶长圆形或倒卵状长圆形，长1-2.5厘米，有圆钝或缺刻状锯齿，两面绿色，被稀疏柔毛或几无毛；茎生叶与基生叶相似，向上小叶对数渐少；基生叶托叶膜质，褐色，外面被疏柔毛或几无毛，茎生叶托叶草质，绿色，全缘，有齿或分裂。花茎多叶，下部花单生叶腋，顶端呈伞房状聚伞花序。花梗长0.8-1.5厘米，常密被短柔毛；花径6-8毫米2；萼片三角状卵形，副萼片长椭圆形或椭圆状披针形，比萼片稍长或近等长；花瓣黄色，倒卵形，先端微凹；花柱近顶生，基部乳头状膨大，花柱扩大。瘦果长圆形，顶端尖，具脉纹，腹部鼓胀若翅或有时不明显。花果期3-10月。

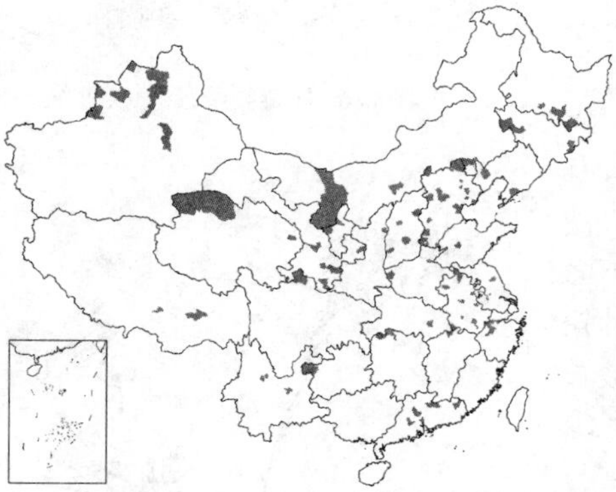

产黑龙江、吉林、辽宁、内蒙古、山西、河北、河南、山东、江苏、安徽、浙江、江西、湖北、湖南、广东、贵州、云南、西藏、四川北部、陕西、甘肃、青海、宁夏及新疆，生于海拔100-2000米田边、荒地、河岸沙地、草甸或山坡湿地。广布于北半球温带及部分亚热带地区。

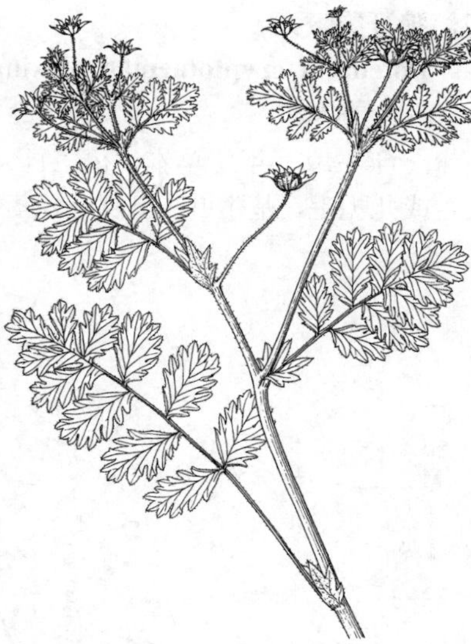

图 1125 朝天委陵菜 （冀朝桢绘）

［附］**三叶朝天委陵菜 Potentilla supina** var. **ternata** Peterm. Anal. Pflanzenschl. Bot. 1846. 本变种与模式变种的区别：植株分枝较多，矮小铺地或微上升，稀直立；基生叶有小叶3枚，顶生小叶有短柄或几无柄，常2-3深裂或不裂，产黑龙江、辽宁、河北、山西、陕西、甘肃、新疆、河南、安徽、江苏、浙江、江西、广东、四川、贵州及云南，生于海拔100-1900米水湿地边、荒坡草地、河岸沙地或盐碱地。俄罗斯远东地区有分布。

46. 蛇莓委陵菜 图 1126

Potentilla centigrana Maxim. in Bull. Acad. Sci. St. Pétersb. 18: 163. 1874.

一年生或二年草本。花茎上升或匍匐或近直立，长达50厘米，无毛或被稀疏柔毛。小叶具短柄或几无柄，小叶椭圆形或倒卵形，长0.5-1.5厘米，有缺刻状圆钝或急尖锯齿，两面绿色，无毛或被稀疏柔毛；基生叶托叶膜质，褐色，无毛或被稀疏柔毛，茎生叶托叶淡绿色，卵形，常有齿，稀全缘。单花、下部与叶对生，上部生于叶腋。花梗纤细，长0.5-2厘米，无毛

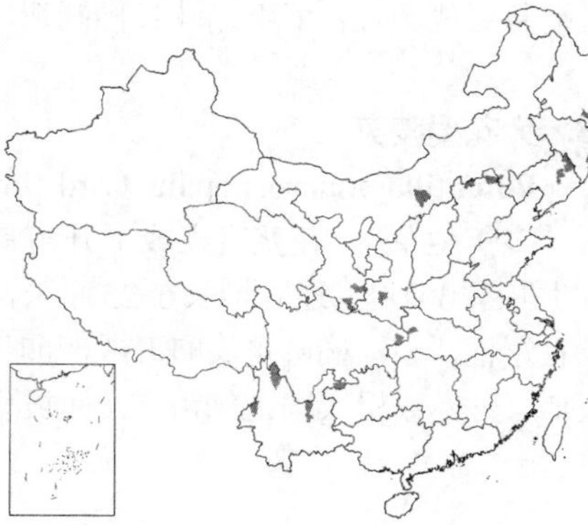

或几无毛；花径4-8毫米；萼片卵形或卵状披针形，副萼片披针形，短于萼片或近等长；花瓣淡黄色，倒卵形，先端微凹或圆钝，比萼片短；花柱近顶生，基部膨大，柱头不扩大。瘦果倒卵圆形，长约1毫米，光滑。花果期4-8月。

产黑龙江南部、吉林东南部、辽宁东部、内蒙古、甘肃南部、陕西南部、湖北西部、四川东部及云南，生于海拔400-2300米荒地、河岸阶地、林缘或林下湿地。俄罗斯、朝鲜半岛北部及日本均有分布。

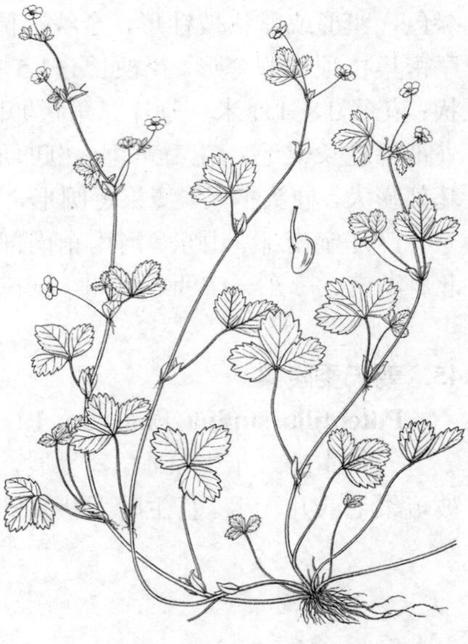

图 1126 蛇莓委陵菜 （吴彰桦绘）

47. 狼牙委陵菜 图 1127

Potentilla cryptotaeniae Maxim. in Bull. Acad. Sci. St. Pétersb. 18: 162. 1874.

一年生或二年生草本。花茎直立或上升，高达1米，被长硬毛及长柔毛，或几无毛。基生叶3出复叶，茎生叶3小叶，叶柄被长柔毛及短柔毛，有时几无毛；小叶长圆形或卵状披针形，长2-6厘米，常中部最宽，达1-2.5厘米，先端渐尖或尾尖，基部楔形，有多数急尖锯齿，两面绿色，被疏柔毛，有时几无毛，下面沿脉较密而开展；基生叶托叶膜质，褐色，外面密被长柔毛，茎生叶托叶草质，绿色，全缘，披针形，通常与叶柄合生部分比离生部分长1-3倍。伞房状聚伞花序多花，顶生。花梗细，长1-2厘米，被长柔毛或短柔毛；花径约1厘米；萼片长卵形，副萼片披针形，开花时与萼片近等长，花后长于萼片，外面被稀疏长柔毛；花瓣黄色，倒卵形，先端圆钝或微凹；花柱近顶生，基部稍膨大，柱头微扩大。瘦果卵圆形，光滑。花果期7-9月。

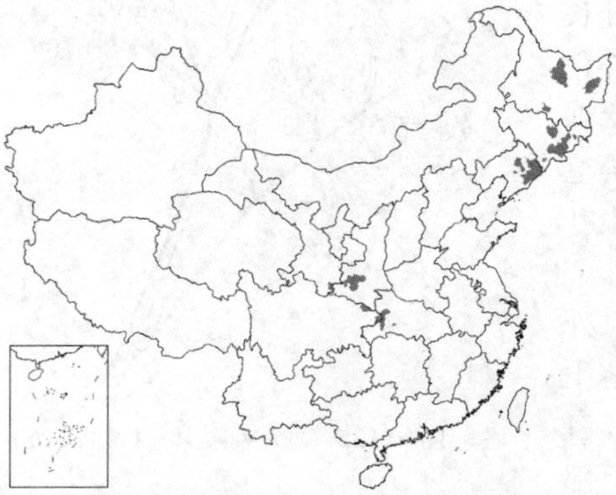

产黑龙江、吉林、辽宁、陕西南部、甘肃南部、四川东北部及湖北西部，生于海拔1000-2200米河谷、草甸、草原或林缘。朝鲜半岛北部、日本及俄罗斯远东地区有分布。为鞣料及蜜源植物。

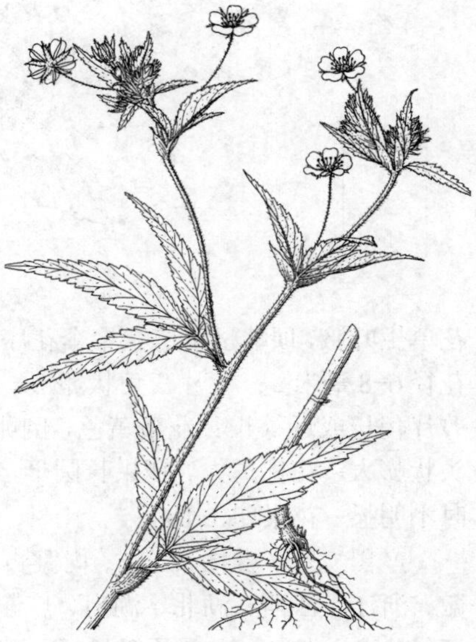

图 1127 狼牙委陵菜 （冀朝桢绘）

［附］**匍行狼牙委陵菜 Potentilla cryptotaeniae** var. **radicans** Yu et C. L. Li, Fl. Reipubl. Popul. Sin. 37: 319. 1985. 本变种与模式变种的区别：植株匍匐蔓生；小叶菱状卵形或菱状倒卵形，有多数急尖或圆钝锯齿，先端急尖或圆钝；茎生托叶长椭圆形，基部与叶柄合生部分不超过分离部分一半。产甘肃及陕西，生于海拔2000-2500米沟谷中或阴湿林缘。

48. 大花委陵菜 图 1128

Potentilla macrospepala Card. in Lecomte, Not. Syst. 3: 239. 1914.

多年生草本。花茎直立或上升，高达55厘米，被短柔毛和稀疏长柔毛。基生叶3出复叶，连叶柄长6-25厘米，被短柔毛及稀疏长柔毛，小叶无柄或有短柄，小叶椭圆形、卵形或倒卵形，先端圆钝，稀急尖，基部圆或宽楔形，有多数粗大圆钝锯齿，上面被伏生疏柔毛，下面被短柔毛，沿叶脉被稀疏长柔毛 ；茎生叶向上有柄至无柄，小叶与基生叶小叶相似；基生叶托叶膜质，褐色，外面被稀疏长柔毛或脱落，茎生叶托叶草质，叶状，绿色，有2-4锯齿，下面被稀疏长柔毛。

伞房状聚伞花序，少花，疏散。花梗长2-3厘米，外被短柔毛；花径2.5-4厘米；萼片三角状卵形或长卵形，副萼片椭圆形或长椭圆形，先端圆钝或急尖，全缘或分裂，长宽与萼片近相等或过之；花瓣黄色，倒心形，先端下凹；花柱顶生，基部膨大，柱头扩大。瘦果有皱纹。花期7-11月。

产云南西北部、西藏东南部及南部，生于海拔3500-4100米山坡草地。

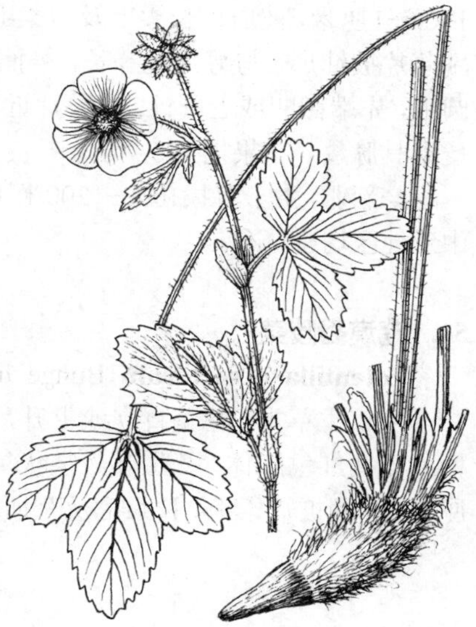

图 1128 大花委陵菜 （余汉平绘）

49. 黄花委陵菜 图 1129

Potentilla chrysantha Tvev. Ind. Sem. Hort. Vratisl. 5. 1818.

多年生草本。花茎直立或上升，高达55厘米，被疏柔毛，有时几无毛。基生叶为羽状5出复叶，连叶柄长5-20厘米，叶柄被疏柔毛或几无毛，小叶无柄或几无柄，小叶倒卵状长圆形，长1.5-7厘米，有多数急尖锯齿，两面绿色，被疏柔毛，有时几无毛，仅下面沿脉被长柔毛，茎生叶下部5出，上部3出，小叶与基生叶相似；基生叶托叶膜质，褐色，被长柔毛或几无毛，茎生叶托叶草质，全缘，先端渐尖，外被长柔毛。花序为伞房状聚伞花序，多花，疏散。花梗长1-2厘米，密被短柔毛；花径1.2-1.5厘米；萼片长三角状卵形，副萼片披针形或椭圆状披针形，稍短于萼片，外被短柔毛及稀疏长柔毛；花瓣黄色，倒卵形，先端微凹，比萼片长1/2-1倍；花柱基部微扩大，柱头扩大。瘦果光滑或有不明显脉纹。花果期5-8月。

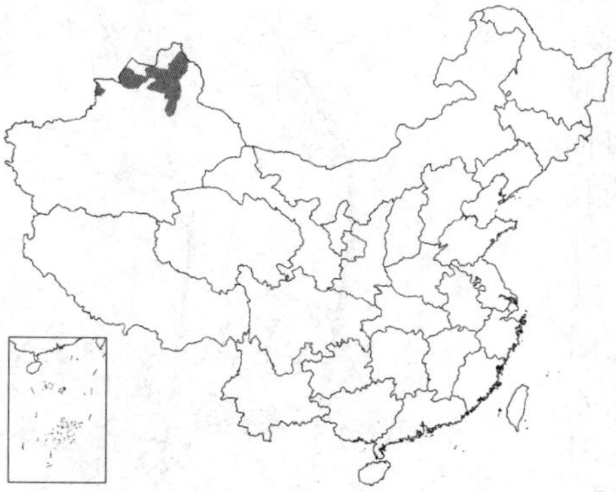

产新疆北部，生于海拔1000-2200米林缘、草地、河谷或水渠边。东欧、俄罗斯及蒙古有分布。

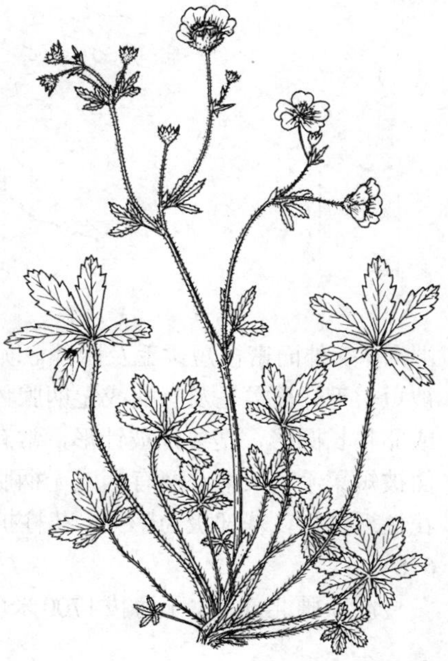

图 1129 黄花委陵菜 （孙英宝绘）

50. 直立委陵菜 图 1130

Potentilla recta Linn. Sp. P1. 497. 1753.

多年生草本。花茎直立，高达40厘米，被白色长柔毛，稀脱落。基生叶为掌状5出复叶；茎生叶5-7出，叶柄向上渐短，最上部几无柄，被白色长柔毛；小叶倒卵披针形，长2-5厘米，先端圆钝，基部楔形，有缺刻状锯齿，上面被白色伏生长柔毛或几无毛，下面被白色长柔毛，沿脉较密；基生叶托叶膜质，淡褐色，边缘有白色长柔毛，茎生叶托叶草质，绿色，全缘，先端渐尖，下面伏生长柔毛。顶生伞房状聚伞花序多花，密集。花梗

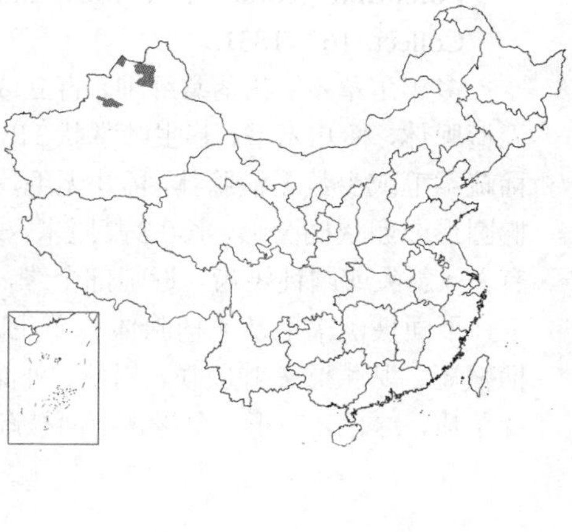

长0.5-1厘米，被白色长柔毛及短柔毛；花径约1.5厘米；萼片卵状长圆形，副萼片披针形，与萼片近等长，外面被白色长柔毛；花瓣黄色，倒卵状椭圆形，先端微凹或近圆钝，与萼片近等长；花柱基部微膨大，柱头不扩大。瘦果具脉纹。花果期7-8月。

产新疆，生于海拔1000-1200米干旱山坡或河谷。从欧洲经小亚细亚至中亚地区均有分布。

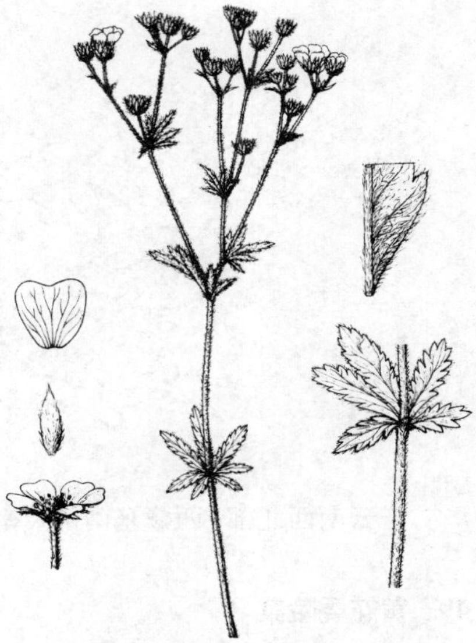

图 1130 直立委陵菜 （谭黎霞绘）

51. 荒漠委陵菜 图 1131

Potentilla desertorum Bunge in Ledeb. Fl. Alt. 2: 267. 1830.

多年生草本。花茎直立或上升，高达50厘米，被短柔毛、长柔毛及有柄或无柄红色腺体。基生叶为掌状复叶或近鸟足状5小叶，连叶柄长8-20厘米，叶柄被短柔毛、长柔毛及有柄或无柄红色腺体，小叶无柄或有短柄，小叶倒卵状楔形或倒卵形，有多数粗大圆钝锯齿，两面绿色，上面被稀疏柔毛或几无毛，下面被短柔毛、长柔毛及有柄或无柄红色腺体；茎生叶5小叶，最上部为3小叶，小叶与基生叶小叶相似，叶柄较短；基生叶托叶膜质，深褐色到紫红色，外面密被短柔毛、长柔毛及有柄或无柄红色腺体，茎生叶托叶草质，全缘或深2裂，先端渐尖，外面密被短柔毛及腺体。顶生伞房状聚伞花序。花梗长1-2厘米，被短柔毛、长柔毛及有柄或无柄腺体；花径1.5-2厘米；萼片卵状披针形或卵状长圆形，副萼片披针形，常有2裂，与萼片近等长，花后直立，外面被短柔毛、长柔毛及有柄或无柄腺体；花瓣黄色，倒卵形，先端微凹；花柱近顶生，基部极为膨大，花柱扩大。瘦果光滑或有不明显脉纹。花期6-8月。

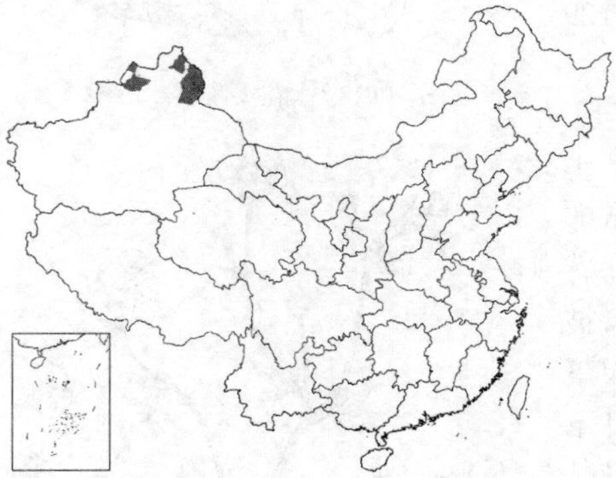

产新疆北部，生于海拔1700米山谷或河边。俄罗斯及印度有分布。

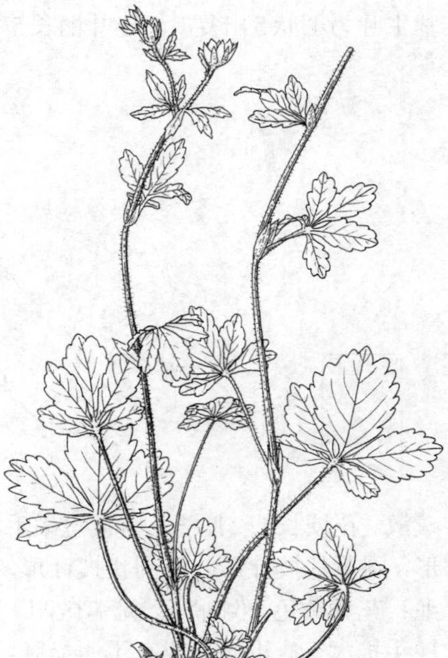

图 1131 荒漠委陵菜 （孙英宝绘）

52. 耐寒委陵菜 图 1132

Potentilla gelida C. A. Mey. Ind. Plant. in Cauc. et ad mare Casp. Collect. 167. 1831.

多年生草本。花茎常纤细，直立或上升，高达30厘米，被稀疏柔毛或无柄腺体，稀几无毛。基生叶掌状3出复叶，连叶柄长2.5-7厘米，叶柄被稀疏柔毛或少数无柄腺体，稀几无毛，小叶有短柄或几无柄，小叶倒卵形、椭圆形或卵状椭圆形，长0.8-2厘米，先端圆钝，基部楔形或宽楔形，每边有3-5急尖或圆钝锯齿，近基部全缘，两面绿色，上面被稀疏柔毛或几无毛，下面被疏柔毛及无柄腺体；茎生叶1-2，小叶与基生叶小叶相似，叶柄很短；基生叶托叶膜质，褐色，外面被长柔毛或脱落几无毛，茎生叶托叶草质，绿色，卵形，全缘，下面被疏柔毛及腺体。聚伞花序疏散，有3-

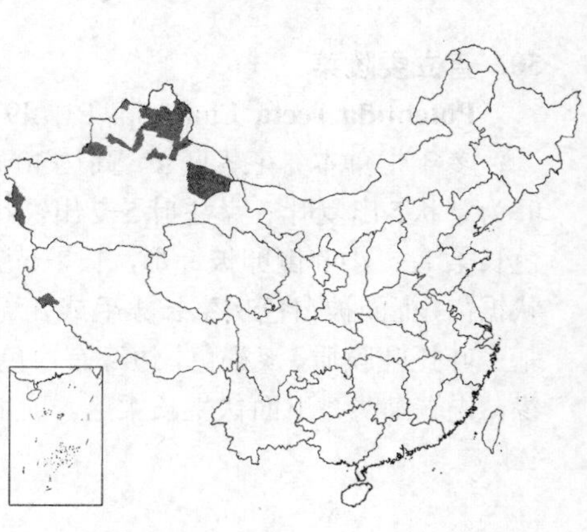

5花。花梗长1-2.5厘米，外被疏柔毛；花径1-2厘米；萼片三角状卵形，副萼片长椭圆形，先端圆钝，比萼片稍短或近等长；花瓣黄色，倒卵形，先端微凹，比萼片长0.5-1倍；花柱近顶生，呈铁钉状，柱头扩大。瘦果有脉纹。花果期6-8月。

产新疆及西藏西部，生于海拔2200-4800米山坡草地、岩石缝中、河谷阶地或沼泽边。广布欧洲、亚洲北部及喜马拉雅山一带。

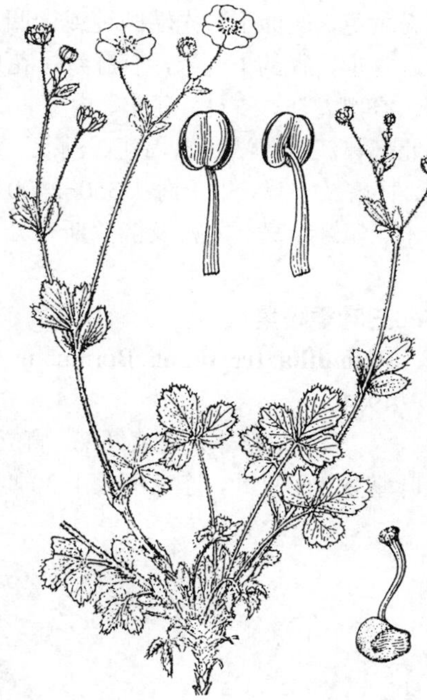

图 1132 耐寒委陵菜 （冀朝桢绘）

53. 星毛委陵菜 图 1133

Potentilla acaulis Linn. Sp. Pl. 500. 1753.

多年生草本，高达15厘米，植株灰绿色。花茎丛生，密被星状毛及微硬毛。基生叶掌状3出复叶，连叶柄长1.5-7厘米，叶柄密被星状毛及微硬毛，小叶常有短柄或几无柄，小叶倒卵状椭圆形或菱状倒卵形，长0.8-3厘米，先端圆钝，基部楔形，每边有4-6个圆钝锯齿，两面灰绿色，密被星状毛及微硬毛，下面沿脉较密；茎生叶1-3，小叶与基生小叶相似；基生叶托叶膜质，淡褐色，被星状毛及微硬毛，茎生叶托叶草质，灰绿色，带形或带状披针形，外被星状毛。顶生花1-2或2-5朵成聚伞花序。花梗长1-2厘米，密被星状毛及疏柔毛；花径1.5厘米；萼片三角状卵形，副萼片椭圆形，先端圆钝，稀2裂，外面密被星状毛及疏柔毛；花瓣黄色、倒卵形，先端微凹或圆钝，比萼片长约1倍；花柱近顶生，基部有乳头，柱头微扩大。瘦果近肾形，径约1毫米，有不明显脉纹。花果期4-8月。

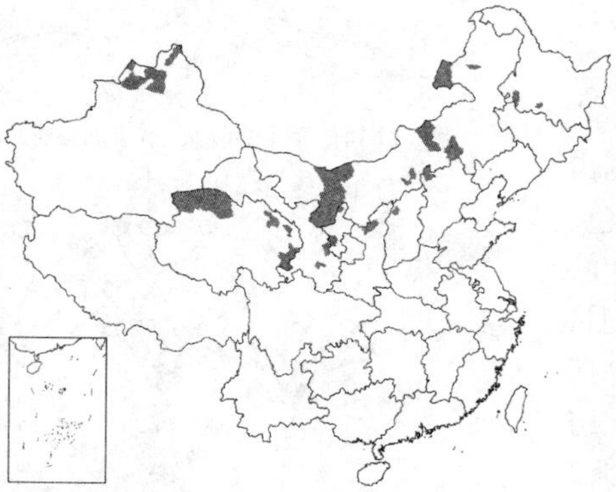

产黑龙江西南部、内蒙古、河北西北部、山西西北部、陕西西北部、宁夏、甘肃南部、青海及新疆北部，生于海拔580-3000米山坡草地、砂原草滩、黄土坡或多砾石瘠薄山坡。俄罗斯及蒙古有分布。

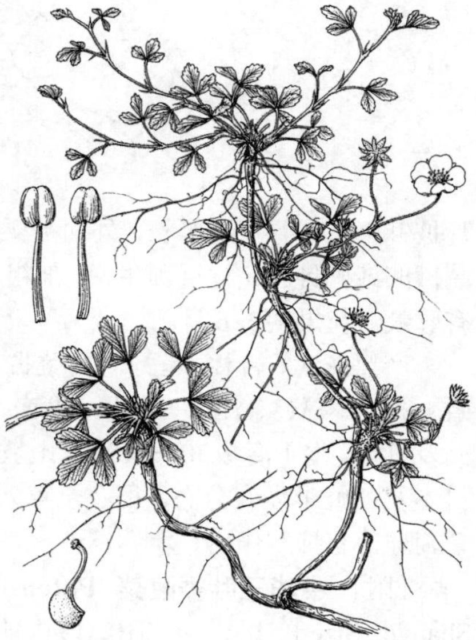

图 1133 星毛委陵菜 （冀朝桢绘）

54. 莓叶委陵菜 图 1134

Potentilla fragarioides Linn. Sp. P1. 496. 1753.

多年生草本，花茎多数，丛生，上升或铺散，长达25厘米，被长柔毛。基生叶羽状复叶，有小叶2-3(-4)对，连叶柄长5-22厘米，叶柄被疏柔毛，小叶有短柄或几无柄，小叶倒卵形，椭圆形或长椭圆形，长0.5-7厘米，有多数急尖或圆钝锯齿，近基部全缘，两面绿色，下面沿脉较密，锯齿边缘有时密被缘毛；茎生叶常有3小叶，小叶与基生叶小叶相似或长圆形，先端有锯齿，下半部全缘，叶柄短或几无柄；基生叶托叶膜质，褐色，外面有稀疏长柔毛，茎生叶托叶草质，绿色，卵形，全缘，外被疏柔毛。伞房状聚伞花序顶生，多花，疏散。花梗纤细，长1.5-2厘米，被疏柔毛；花径1-1.7厘米；萼片三角状卵形，副萼片长圆状披针形，与萼片近等长或稍短；

花瓣黄色，倒卵形，先端圆钝或微凹；花柱近顶生，上部大，基部小。瘦果近肾形，径约1毫米，有脉纹。花期4-6月，果期6-8月。

产黑龙江、吉林、辽宁、内蒙古、河北、山西、河南、山东、江苏、安徽北部、江西、浙江、福建、湖北、湖南、广西、贵州、云南、四川、陕西、甘肃及宁夏，生于海拔350-2400米地边、沟边、草地、灌丛或疏林下。日本、朝鲜半岛、蒙古及俄罗斯有分布。

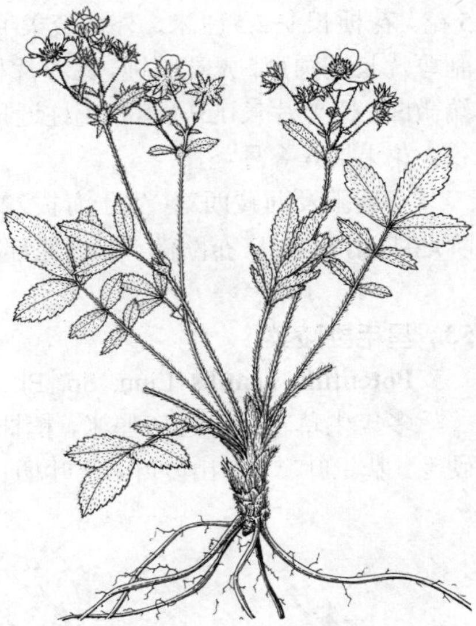

图 1134 莓叶委陵菜 （冀朝桢绘）

55. 三叶委陵菜 图 1135

Potentilla freyniana Bornm. in Mitt. Thur. Bot. Ver. N. F. 20: 12. 1904.

多年生草本。花茎纤细，直立或上升，高达25厘米，被疏柔毛。基生叶掌状3出复叶，连叶柄长4-30厘米，小叶长圆形、卵形或椭圆形，有多数急尖锯齿，两面绿色，疏生柔毛，下面沿脉较密；茎生叶1-2，小叶与基生叶小叶相似，叶柄很短，叶缘锯齿少；基生叶托叶膜质，褐色，外面被稀疏长柔毛，茎生叶托叶草质，绿色，呈缺刻状锐裂，有稀疏长柔毛。伞房状聚伞花序顶生，多花，疏散。花梗纤细，长1-1.5厘米，外被疏柔毛2；花径0.8-1厘米；萼片三角状卵形，副萼片披针形，与萼片近等长，外面被柔毛；花瓣淡黄色，长圆状倒卵形，先端微凹或圆钝；花柱近顶生，上部粗，基部细。瘦果卵圆形，径0.5-1毫米，有脉纹。花果期3-6月。

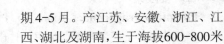

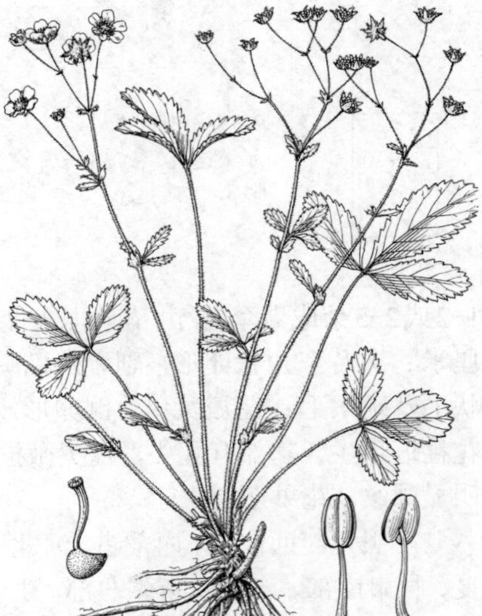

图 1135 三叶委陵菜 （冀朝桢绘）

产黑龙江、吉林、辽宁、内蒙古、河北、山西、河南、山东、江苏、安徽、浙江、福建、江西、湖北、湖南、广东、广西、贵州、云南、四川、陕西及甘肃，生于海拔300-2100米山坡草地、溪边或疏林下阴湿处。俄罗斯、日本及朝鲜半岛有分布。根及全草入药，清热解毒、止痛止血，对金黄色葡萄球菌有抑制作用。

［附］**中华三叶委陵菜 Potentilla freyniana** var. **sinica** Migo in Shangh. Sizerk. Iho 14: 310. 1944.本变种与模式变种的区别：茎和叶柄被开展柔毛较密，小叶两面被开展或微开展柔毛，沿脉更密，菱状卵形或宽卵形，有圆钝锯齿，花茎或纤匍枝上托叶卵形，全缘，极稀尖端2裂。花果期4-5月。产江苏、安徽、浙江、江西、湖北及湖南，生于海拔600-800米草丛中或林下阴湿处。

56. 曲枝委陵菜 图 1136

Potentilla yokusaiana Makino in Bot. Mag. Tokyo 142. 1910.

多年生草本。匍匐枝常弯曲成膝状，节处生根。基生叶3出羽状复叶，稀叶柄有1-2个极小的附片，连叶柄长4-7厘米，叶柄被稀疏长柔毛，小叶有短柄或几无柄，小叶菱状卵形、菱状倒卵形或宽椭圆形，长1-3.5厘米，有多数卵形条裂状锯齿，或杂有重锯齿，齿端尖锐，上面绿色，被稀疏长柔毛；匍匐枝叶与基生叶相似，花茎叶1-2，小叶倒卵状椭圆形，先端有34齿；基生叶托叶膜质，褐色，外面被稀疏长柔毛，匍匐枝托叶薄膜质，

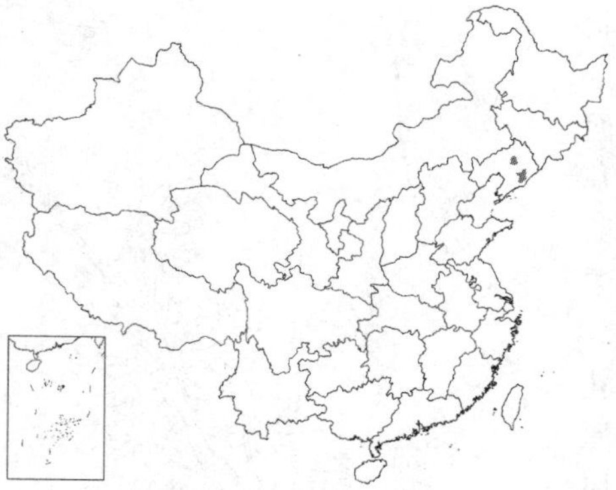

淡褐色，披针形，全缘，花茎托叶草质，卵形，全缘，极稀先端有齿，外被稀疏长柔毛。伞房花序顶生，6-8花，疏散。花径1.5-2厘米；萼片卵状披针形，副萼片披针形，与萼片近等长；花瓣黄色，倒卵状长圆形，先端微凹，比萼片长半倍；花柱近顶生，基部细，柱头头状。花期5月。

产辽宁，生于山坡灌丛间及山地林缘。日本及朝鲜半岛北部有分布。

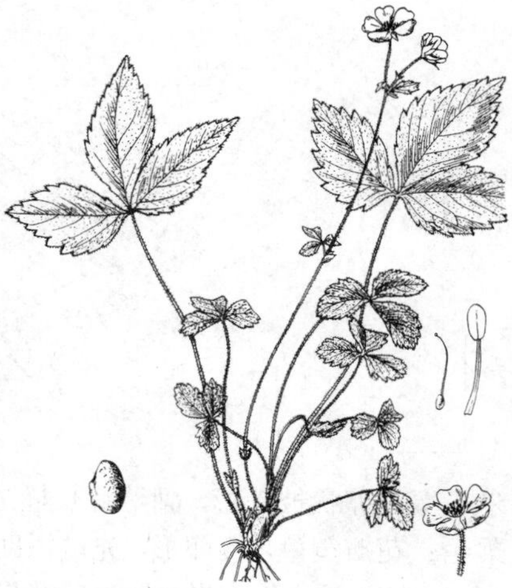

图 1136 曲枝委陵菜 （孙英宝绘）

57. 匍匐委陵菜 图 1137

Potentilla reptans Linn. Sp. P1. 499. 1753.

多年生匍匐草本。匍匐枝长达1米，节生不定根，被稀疏柔毛或几无毛。基生叶为足状5出复叶，连叶柄长长7-12厘米，叶柄被疏柔毛或几无毛，小叶有短柄或几无柄，小叶倒卵形或倒卵圆形，有急尖或圆钝锯齿，两面绿色，上面几无毛，下面被疏柔毛；纤匍枝叶与基生叶相似；基生叶托叶膜质，褐色，外面几无毛，匍匐枝托叶草质，绿色，卵状长圆形或卵状披针形，全缘，稀有1-2齿。单花自叶腋生或与叶对生。花梗长6-9厘米，被稀柔毛；花径1.5-2.2厘米；萼片卵状披针形，副萼片长椭圆形或椭圆状披针形，与萼片近等长，外面被疏柔毛，果时增大；花瓣黄色，宽倒卵形，先端下凹，比萼片稍长；花柱近顶生，基部细，柱头扩大。瘦果卵圆形，熟时黄褐色被点纹。花果期6-8月。

产宁夏南部、甘肃东部及新疆，生于海拔500-600米田边潮湿处。广布欧洲至俄罗斯西伯利亚和中亚地区，非洲北部有分布。

［附］**绢毛匍匐委陵菜 Potentilla reptans** var. **sericophylla** Franch. Pl. David. 1: 113. 1884. 本变种与模式变种的区别：叶为三出掌状复叶，2侧生小叶浅裂至深裂，有时不裂，小叶下面及叶柄伏生绢状柔毛，稀脱落被稀疏柔毛。花果期4-9月。产内蒙古、河北、山西、陕西、甘肃、河南、山东、江苏、浙江、四川及云南，生于海拔300-3500米山坡草地、渠旁、溪边灌丛中或林缘。块根供药用，能收敛解毒、生津止渴，也作利尿剂；全草入药，有发表、止咳作用；鲜品捣烂外敷，可治疮疖。

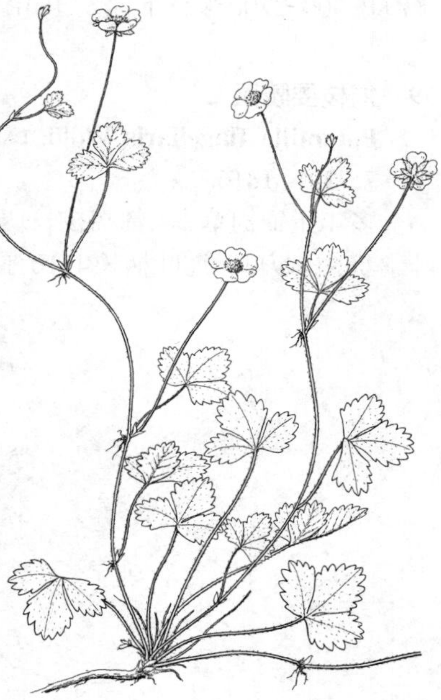

图 1137 匍匐委陵菜 （吴彰桦绘）

58. 等齿委陵菜 图 1138

Potentilla simulatrix Wolf in Bibl. Bot. 71: 663. 1908.

多年生草本。匍匐枝纤细，长达30厘米，节处生根，被短柔毛及长柔毛。基生叶为三出掌状复叶，连叶柄长30-10厘米，叶柄被短柔毛及长柔毛，小叶无柄，倒卵形、椭圆形或近菱形，长1-3厘米，先端圆钝，基部楔形至宽楔形，侧生小叶基部歪楔

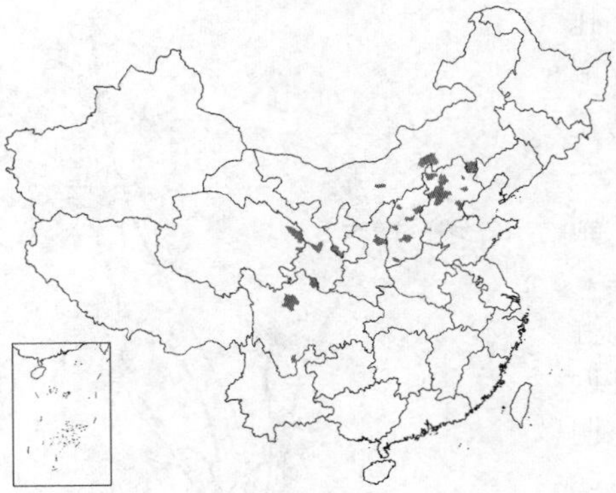

形，有粗齿伏牙齿或缺刻状牙齿，近基部1/3全缘，上面疏被贴生绢状柔毛，下面被绢状柔毛，沿脉较密，基生叶托叶近膜质，褐色，卵状披针形或披针形，被长柔毛；茎生叶与基生叶相似，稍小，托叶小，披针形。花单生叶腋。花梗细，长2-5厘米，被短柔毛；花径0.7-1厘米；萼片卵状披针形，副萼片长椭圆形，几与萼片等长，稀略长，外被疏柔毛；花瓣黄色，倒卵形，先端微凹或圆钝，比萼片长；花柱近顶生，基部细，柱头扩大。瘦果有脉纹。花果期4-10月。

产内蒙古、河北、山西、陕西、宁夏南部、甘肃、青海东部及四川，生于海拔300-2200米林下、溪边阴湿处、沟谷及草甸中。

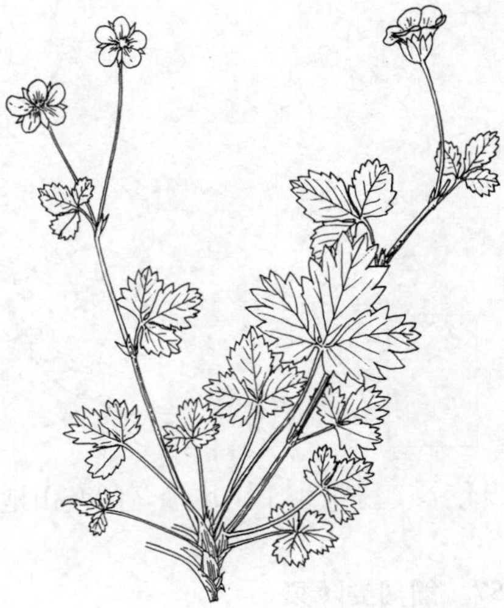

图 1138 等齿委陵菜 （孙英宝绘）

59. 匍枝委陵菜 图 1139

Potentilla flagellaris Willd. ex Schlecht in Mag. Ges. Naturf. Fr. Berl. 7: 291. 1816.

多年生匍匐草本。匍匐枝长达60厘米，被伏生短柔毛或疏柔毛。基生叶掌状5出复叶，连叶柄长4-10厘米，叶柄被伏生柔毛或疏柔毛，小叶无柄，小叶披针形、卵状披针形或长椭圆形，长1.5-3厘米，基部楔形，有3-6缺刻状急尖锯齿，下部两个小叶有时2裂，两面绿色，伏生稀疏短毛，后脱落或在下面沿脉伏生疏柔毛；匍匐枝叶与基生叶相似；基生叶托叶膜质，褐色，外面被稀疏长硬毛，匍匐枝托叶草质，绿色，卵状披针形，常深裂。单花与叶对生。花梗长1.5-4厘米，被短柔毛；花径1-1.5厘米；萼片卵状长圆形，与萼片近等长稀稍短，外面被短柔毛及疏柔毛；花瓣黄色，先端微凹或圆钝，比萼片稍长；花柱近顶生，基部细，柱头稍微扩大。瘦果长圆状卵圆形，表面呈泡状突起。花果期5-9月。

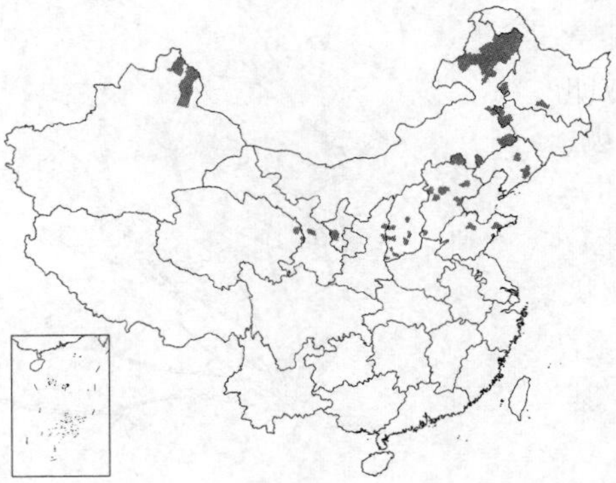

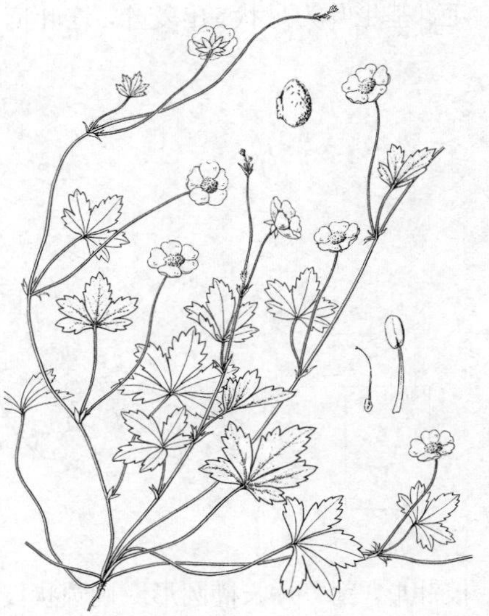

图 1139 匍枝委陵菜 （吴彰桦绘）

产黑龙江、吉林、辽宁、内蒙古、河北、山东、山西、陕西、宁夏、甘肃、青海及新疆东部，生于海拔300-2100米阴湿草地、水泉旁边或疏林下。俄罗斯、蒙古及朝鲜半岛有分布。嫩苗可食，也可做饲料。

36. 沼委陵菜属 Comarum Linn.

（谷粹芝）

多年生草本或亚灌木；根状茎匍匐。茎直立。羽状复叶，互生；有叶柄和托叶，花两性，中等大小，数朵成聚伞花序；花萼盘状；萼片5，副萼片5，宿存；花托平或微碟状，在果期稍隆起呈半球形，如海绵质，花瓣5，红色、紫色或白色；雄蕊15-25，花丝丝状，宿存，花药扁球形，侧面裂开；心皮多数，花柱侧生，丝状。瘦果无毛或有毛。染色体基数x=7。

约5种，产北半球温带。我国2种。

1. 小叶5-7；花瓣深紫色，卵状披针形，比萼片短，先端渐尖；瘦果无毛；多年生草本 ………………………………………………………………………………………………… 1. **沼委陵菜 C. palustre**

1. 小叶7-11；花瓣白色或红色，约与萼片等长，先端圆钝；瘦果具长柔毛；亚灌木 ………………………………………………………………………………………………… 2. **西北沼委陵菜 C. salesovianum**

1. 沼委陵菜 图 1140

Comarum palustre Linn. Sp. Pl. 502. 1753.

多年生草本，高达30厘米。下部无毛，上部密生柔毛及腺毛。奇数羽状复叶，连叶柄长6-16厘米，叶柄长2.5-12厘米；小叶5-7，有时似掌状，椭圆形或长圆形，长4-7厘米，有锐锯齿，下部全缘，上面无毛或有少量伏生柔毛，下面灰绿色，有柔毛；小叶柄短或无；托叶叶状，卵形，基生托叶大部和叶柄合生，膜质，茎生叶托叶先端常有数齿，基部耳状抱茎；上部叶具3小叶。聚伞花序顶生或腋生，有1至数花；花序梗及花梗具柔毛和腺毛。花梗长1-1.5厘米；苞片锥形，长3-5毫米；花径1-1.5厘米；花萼盘形，外面有柔毛，萼片深紫色，三角状卵形，长0.7-1.8厘米，开展，先端渐尖，外面及内面均有柔毛，副萼片披针形或线形，长4-9毫米，外面有柔毛；花瓣卵状披针形，长3-8毫米，深紫色；雄蕊15-25，花丝及花药均深紫色，短于花瓣；子房深紫色，花柱线形。瘦果多数，卵圆形，长1毫米，熟时黄褐色，扁平，无毛，着生半球形花托上。花期5-8月，果期7-10月。

图 1140 沼委陵菜 （吴彰桦绘）

产黑龙江、吉林、辽宁、内蒙古东部、河北北部及新疆北部，生于沼泽或泥炭沼泽。朝鲜半岛、蒙古、俄罗斯、日本、欧洲及北美洲有分布。

2. 西北沼委陵菜 图 1141

Comarum salesovianum (Steph.) Asch. Et Gr. Syn. 6: 663. 1904.

Potentilla salesoviana Steph. in Mem. Soc. Nat. Mosc. 2: 6. p1. 3. 1808.

亚灌木，高达1米。茎幼时有粉质蜡层，具长柔毛，红褐色。奇数羽状复叶，连叶柄长4.5-9.5厘米，叶柄长1-1.5厘米，小叶7-11，纸质，互生或近对生，长圆状披针形或卵状披针形，稀倒卵状披针形，长1.5-3.5厘米，有尖锐锯齿，上面无毛，下面有粉质蜡层及贴生柔毛；叶轴有长柔毛；小叶柄极短或无；托叶膜质，先端长尾尖，大部与叶柄合生，有粉质蜡层及柔毛，上部叶具3小叶或单叶。聚伞花序顶生或腋生，有数朵疏生花；花序梗及花梗有粉质蜡层及密生长柔毛。花梗长1.5-3厘米；花萼倒圆锥形，肥厚，外面被短柔毛及粉质

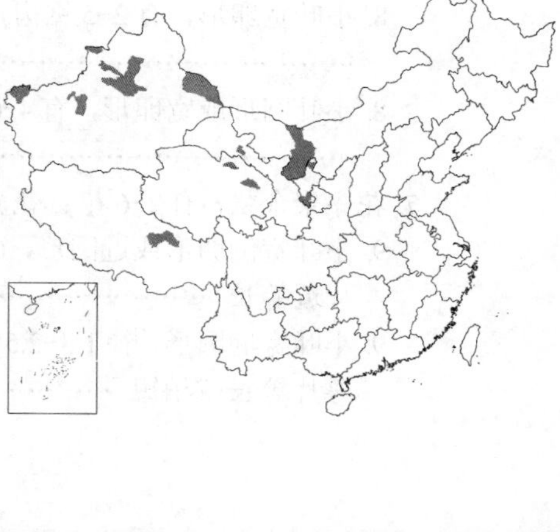

蜡层，萼片三角状卵形，长约1.5厘米，带红紫色，外面有短柔毛及粉质蜡层，内面贴生短柔毛，副萼片线状披针形，长0.7-1厘米，紫色，外被柔毛；花瓣倒卵形，长1-1.5厘米，约和萼片等长，白色或红色，无毛；花丝长5-6毫米；花托肥厚，半球形，密生长柔毛；子房有长柔毛。瘦果多数，长卵圆形，长约2毫米，有长柔毛，埋藏在花托长柔毛内，被宿存副萼片及萼片包裹。花期6.8月，果期8-10月。

产内蒙古、宁夏、甘肃、青海、新疆及西藏，生于海拔3600-4000米山坡、沟谷或河岸。俄罗斯、蒙古及喜马拉雅山区有分布。

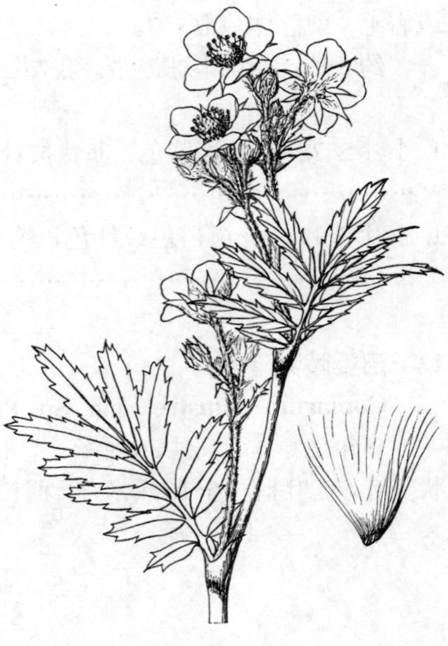

图 1141 西北沼委陵菜 （引自《图鉴》）

37. 山莓草属 Sibbaldia Linn.

（谷粹芝）

多年生草本。根状茎木质化。羽状或掌状复叶；有叶柄和托叶；小叶边缘或先端有齿，稀全缘。花常两性；聚伞花序或单花；花萼碟形或半球形，萼片（4）5，副萼片（4）5，与萼片互生；花瓣黄、紫或白色；花盘宽阔，稀不明显；雄蕊(4)5(-10)，花药2室，花丝或长或短；雌蕊4-20，离生，花柱倒生、近基生或顶生；每心皮1胚珠，常上升。瘦果少数着生于干燥凸起花托上，有宿存萼片。种子1颗。染色体基数x=7。

约20余种，分布于北半球北极及高山地区。我国约15种。

1. 基生叶为掌状复叶，有小叶3-5。
 2. 小叶3片。
  3. 小叶先端有(2)3-5锯齿，其余部分全缘。
   4. 花瓣5，短于萼片，黄色；小叶倒卵状长圆形，基部楔形；聚伞花序有8-12花。
    5. 植株高达20厘米，伏生长柔毛，茎生叶1；副萼片比萼片短一半以上；花瓣比萼片短1倍 …………………… 1. **山莓草 S. procumbens**
    5. 植株高达40厘米，被糙伏毛；茎生叶1-2；副萼片与萼片近等长或稍短，但不超过一半；花瓣比萼片短1-4倍 …………………… 1(附). **隐瓣山莓草 S. procumbens** var. **aphanopetala**
   4. 花瓣4-5与萼片近等长或稍长。
    6. 小叶宽倒卵形，基部圆或宽楔形；聚伞花序有多花；花瓣5，与萼片等长 …………………… 2. **楔叶山莓草 S. cuneata**
    6. 小叶倒卵状长圆形，基部楔形；花单生，稀2-3朵；花瓣4，长于萼片 …………………… 2(附). **四蕊山莓草 S. tetrandra**
  3. 小叶边缘全部有锯齿或裂片。
   7. 花单生；花瓣长于萼片。
    8. 小叶宽卵形，有2-5锯齿，基部楔形，径1-3毫米，几无毛；花瓣5，白色 …………………… 3. **短蕊山莓草 S. perpusilloides**
    8. 小叶圆形或宽卵形，有4-6裂片，基部平截，下面伏生疏柔毛；花瓣5，黄色 …………………… 4. **垫状山莓草 S. pulvinata**
   7. 花序聚伞状，有2-6花；花瓣短于萼片或近等长。
    9. 小叶宽倒卵形或近圆形，径0.3-1.5厘米，有缺刻状锯齿，上下两面被伏生疏柔毛；花瓣5，红色，与萼片近等长 …………………… 5. **纤细山莓草 S. tenuis**
    9. 小叶宽椭圆形，径1.3-2.5厘米，有5-7缺刻状锯齿，下面及叶柄密被黄色硬毛；花瓣5(6)，紫色，与萼片等长或稍短 …………………… 6. **黄毛山莓草 S. melinotricha**

2. 小叶5片。
10. 小叶两面伏生疏柔毛。
11. 小叶倒卵状长圆形或长圆形，先端有2-6锯齿；花瓣5，紫色，长于萼片。
12. 花1朵，腋生 …… 7. **紫花山莓草 S. purpurea**
12. 花数朵呈伞房状花序，高于基生叶，稀有少数丛生的花茎为单花 …… 7(附). **大瓣紫花山莓草 S. purpurea** var. **macropetala**
11. 小叶倒卵形，先端(2)3齿，侧面3小叶小于中间3小叶；花瓣4(5)，黄白色，与萼片近等长 …… 8. **五叶山莓草 S. pentaphylla**
10. 小叶两面密被白色绢毛，倒卵状长圆形，边缘有1-4锯齿；花瓣5，白色，长于萼片 …… 9. **峨眉山莓草 S. omeiensis**
1. 基生叶为羽状复叶，小叶3-11片。
13. 小叶下面被绢毛、糙伏毛或几无毛。
14. 花5出；花瓣黄或白色，长于萼片；小叶上面近无毛，下面被糙伏毛，顶生小叶先端有(2)3齿 …… 10. **伏毛山莓草 S. adpressa**
14. 花4出或5出；花瓣白色，与萼片近等长或稍长；小叶上下两面伏生绢毛，小叶全缘 …… 11. **绢毛山莓草 S. sericea**
13. 小叶下面密被白色绒毛；花瓣淡黄色，等长于或短于萼片。
15. 花茎及叶柄被黄色疏柔毛及白色绒毛；小叶下面中脉和侧脉明显 …… 12. **显脉山莓草 S. phanerophlebia**
15. 花茎及叶柄密被白色绒毛；小叶下面中脉和侧脉不明显，为密集白色绒毛所覆盖 …… 12(附). **白叶山莓草 S. mocropetala**

1. 山莓草 图 1142

Sibbaldia procumbens Linn. Sp. Pl. 307. 1753.

多年生草本。根状茎匍匐。花茎直立或上升，高达20厘米，被贴生疏柔毛。基生叶为三出复叶，连叶长3-12厘米，叶柄被疏柔毛，小叶倒卵状长圆形，长1-3厘米，先端截形，有3-5三角形稀卵形急尖锯齿，基部全缘，楔形，上面疏被柔毛或脱落无毛，下面被贴生疏柔毛，叶柄短或几无柄；茎生叶1，与基生叶相似；基生叶托叶膜质，褐色，茎生叶托叶披针形或卵形，基生叶托叶外面均被疏柔毛。花8-12密集成顶生伞房花序。花梗长3-6毫米，疏被柔毛；花径4-6毫米；萼片5，卵形或三角状卵形，先端尖，副萼片细小，披针形，比萼片短1/2以上；花瓣5，黄色，倒卵状长圆形，先端圆钝，比萼片短约1倍；雄蕊5；花柱侧生。瘦果光滑。花果期7-8月。

产吉林东南部、新疆北部及台湾，生于海拔2400-2600米湖畔草原或干旱山坡。广布北温带至北极圈附近。全草药用，止咳、调经、祛痰、消肿。

图 1142 山莓草 （李志民绘）

［附］ **隐瓣山莓草 Sibbaldia procumbens** var. **apanopetala** (Hand.-Mazz.) Yu et C. L. Li, Fl.

Reipubl.Popul. Sin. 37: 337. 1985. —— *Sibbaldia aphanopetala* Hand.-Mazz. in Acta Hort. Gothob. 13: 327.1939. 本变种与模式变种的区别：植株高达30厘米，全株被糙伏毛；茎生叶1-2；副萼片窄长，披针形，与萼片近等长或稍短，但不短于一半；花瓣比萼片短1-4倍。花果期7-8月，产陕西、甘肃、青海、西藏、四川及云南，生于海拔2500-4000米山坡草地、岩缝或林下。全草入药，止咳、调经、祛瘀消肿。

2. 楔叶山莓草 图 1143

Sibbaldia cuneata Hornem. ex Kuntze in Linnaea 20: 59. 1874.

多年生草本。根状茎粗壮，匍匐。花茎直立或上升，高达14厘米，被贴生或斜展疏柔毛。基生叶为三出复叶，连叶柄长1.5-20厘米，叶柄被贴生疏柔毛，小叶宽倒卵形至宽椭圆形，长0.8-2.5厘米，先端截形，常有3-5卵形急尖或圆钝锯齿，基部宽楔形，两面散生疏柔毛，叶柄短或几无，托叶膜质，褐色，被糙伏毛；茎生叶1-2，与基生叶相似，小叶较小，托叶草质，绿色，披针形，先端渐尖。伞房状花序密集顶生。花径5-7毫米；萼片卵形或长圆形，先端尖，副萼片披针形，与萼片近等长，外面被疏柔毛；花瓣5，黄色，倒卵形，先端圆钝，与萼片近等长或稍长；雄蕊5；花柱侧生。瘦果光滑。花果期5-10月。

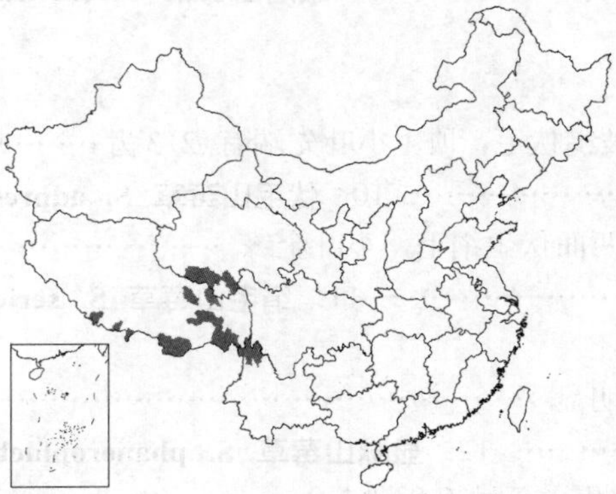

产青海南部、西藏及云南西北部，生于海拔3400-4500米高山草地或岩缝中。俄罗斯、阿富汗及尼泊尔有分布。

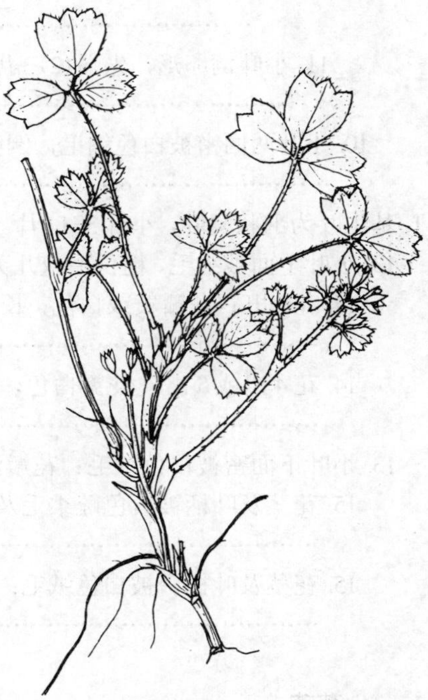

图 1143 楔叶山莓草 （孙英宝绘）

［附］**四蕊山莓草 Sibbaldia tetrandra** Bunge, Verzeichn. Alt. Geb. Pflanz. Sep. 25. 1856. 本种与楔叶山莓草的区别：小叶倒卵状长圆形，基部楔形；花单生，稀2-3朵，花瓣4，长于萼片。花果期5-8月。产青海、新疆及西藏，生于海拔3000-5400米山坡草地、林下或岩缝中。俄罗斯、中亚地区及锡金有分布。

3. 短蕊山莓草 图 1144

Sibbaldia perpusilloides (W. W. Smith) Hand.-Mazz. Symb. Sin. 7: 520. 1933.

Potentilla perpusilloides W. W. Smith in Rec. Bot. Surv. Ind. 4: 188. 1911.

多年生小草本，高达1.5厘米，根细长，稍木质化，分生细根。基生叶三出复叶，连叶柄长0.7-1.5厘米，叶柄被疏柔毛或近无毛，小叶宽倒卵形，长2-3.5毫米，有2-5锯齿，锯齿卵形或急尖，稀圆钝，基部楔形，两面近无毛；茎生叶无；托叶膜质，

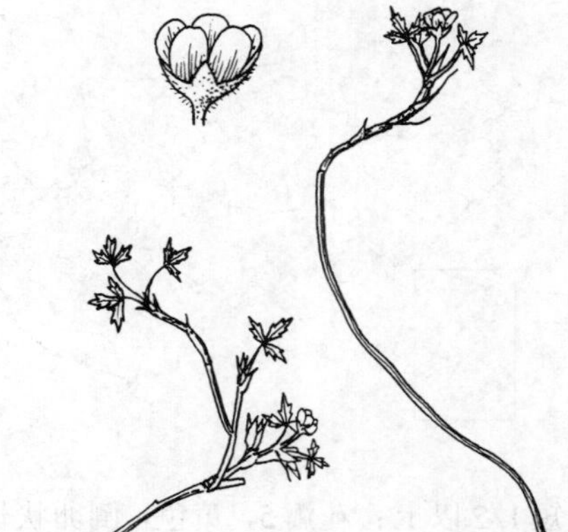

图 1144 短蕊山莓草 （孙英宝绘）

褐色，被疏柔毛或近无毛。单花顶生；花梗被疏柔毛；花径约6毫米；萼片宽卵形，先端急尖，副萼片椭圆披针形，与萼片近等长或稍短，外面被疏柔毛或近无毛，边缘有睫毛；花瓣5，白色，倒卵形，先端圆钝，比萼片长约1倍；雄蕊10或较少，花丝短。瘦果光滑。花果期7-8月。

产云南西北部及西藏东南部，生于海拔3800-4300米高山草原或岩缝中。缅甸北部有分布。

4. 垫状山莓草 图 1145

Sibbaldia pulvinata Yu et C. L. Li in Acta Phytotax. Sin. 19(4): 515. 1981.

多年生草本，矮小呈垫状，高达5厘米。基生叶三出复叶，圆形或卵形，长5-7毫米，叶柄长约2毫米，几无毛或疏被短柔毛，小叶深裂，裂片窄带形或带状披针形，先端尖锐，上面绿色，几无毛，下面疏生柔毛或沿脉被伏生柔毛；托叶膜质，褐色，几无毛，窄带形，先端渐尖。单花顶生；花梗长1-1.5厘米，伏生柔毛；花径约6毫米；萼片三角状卵形，先端渐尖，副萼片椭圆状披针形，先端渐尖，比萼片长或近等长，几无毛；花瓣黄色，先端微凹，比萼片稍长；花盘扁平，无毛，5裂，雄蕊5-7；花柱近顶生，基部膨大不明显，向上渐窄，柱头微扩大。瘦果光滑或有不明显皱纹。花果期8-11月。

图 1145 垫状山莓草 （孙英宝绘）

产云南西北部及西藏东南部，生于海拔3400-4500米高山草地或岩石上。

5. 纤细山莓草 图 1146

Sibbaldia tenuis Hand.-Mazz. in Acta Hort. Gothob. 13: 330. 1939.

多年生小草本。根纤细，多分枝，有时地下横走萌发新植物。花茎高达6厘米，密被短柔毛。基生叶三出复叶，连叶柄长1-8.5厘米，叶柄被贴生疏柔毛，小叶无柄，椭圆形或倒卵形，长0.3-1.5厘米，先端圆钝，稀近截形，基部近圆或宽楔形，边缘有缺刻状锯齿，锯齿急尖，两面被贴生疏柔毛；茎生叶无；托叶膜质，褐色，外面被贴生疏柔毛或近无毛。伞房状聚伞花序有2-6花。花径约5毫米；萼片卵状三角形，先端渐尖，副萼片披针形，先端渐尖于急尖，稍短于萼片，外面被贴生疏柔毛；花瓣粉红色，长圆形，先端圆钝，与萼片近等长；雄蕊5(6)，插生花盘外面，花盘5-6裂；花柱近顶生。花期6月。

图 1146 纤细山莓草 （孙英宝绘）

产甘肃南部、青海东部及四川西北部，生于海拔2500-3600米沟谷或云杉林火烧迹地。

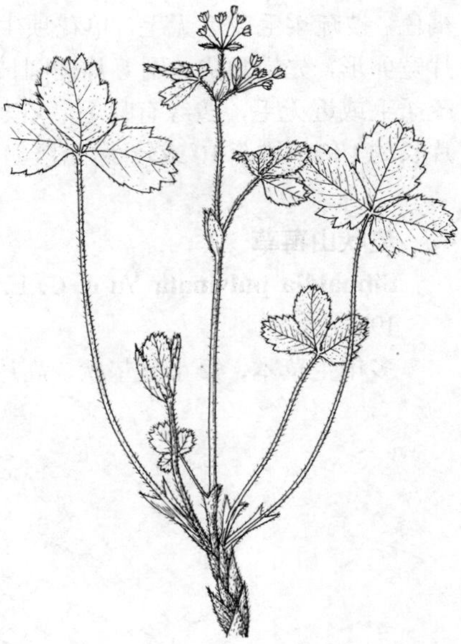

图 1147 黄毛山莓草 （孙英宝绘）

6. 黄毛山莓草 图 1147

Sibbaldia melinotricha Hand.-Mazz. Symb. Sin. 7: 521. f. 18. 1933.

多年生草本。茎直立或上升，高达30厘米，被黄色长硬毛，老时脱落。基生叶三出复叶连叶柄长4-28厘米，叶柄被黄色长硬毛，小叶有短柄或几无柄，宽椭圆形或倒卵形，长1.5-4厘米，先端圆钝，基部几圆或宽楔形，有缺刻状粗大锯齿，上面暗绿色，下面绿色，两面被黄色疏柔毛；茎生叶1-2，与基生叶相似，叶柄短，小叶较小；基生叶托叶膜质，深褐色，外被黄色长柔毛，茎生叶托叶草质，绿或绿褐色，卵形，外被黄色疏柔毛。花序集生花葶顶端，呈假伞形。花梗长1寸5厘米，被疏柔毛；花径5-6毫米；萼片三角状卵形，副萼片长圆状披针形，几与萼片等长或稍短，外面被黄色疏柔毛；花瓣5(6)，暗紫或紫红色，倒卵形，几与萼片等长或稍短；雄蕊5(6)，花丝短；花柱近顶生。瘦果卵圆形，熟时紫褐色，无毛。花果期6-7月。

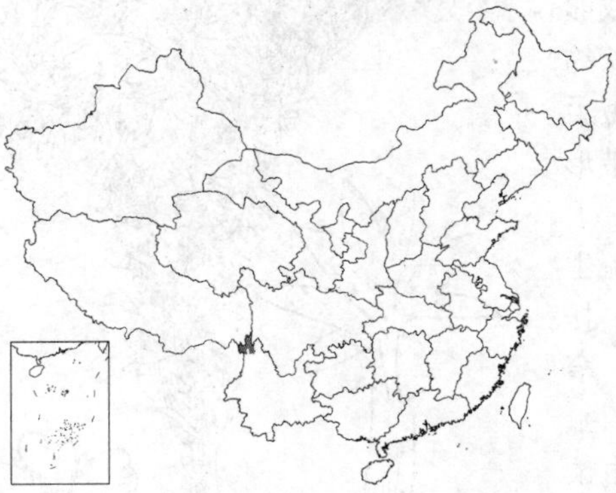

产云南西北部，生于海拔3500-4100米高山草地。尼泊尔、锡金及缅甸北部有分布。

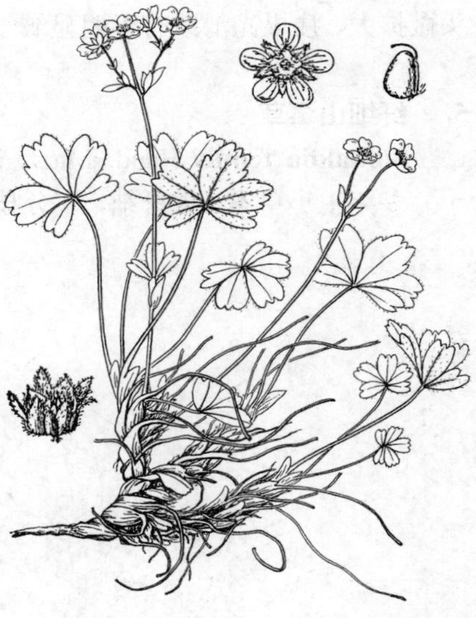

图 1148 大瓣紫花山莓草 （吴彰桦绘）

7. 紫花山莓草

Sibbaldia purpurea Royle, Ill. Bot. Himal. 208. p1. 40. f. 3. 1835.

多年生草本。花茎上升，高达10厘米，伏生疏柔毛。基生叶掌状五出复叶，连叶柄长1.5-4厘米，叶柄伏生疏柔毛，小叶无柄或几无柄，倒卵形或倒卵状长圆形，长0.5-1厘米，先端圆钝，有2-3齿，基部楔形或宽楔形，两面伏生白色柔毛或绢状长柔毛；叶托叶膜质，深棕褐色，外面疏生绢状柔毛或近无毛。单花腋生。花径4-6毫米；萼片三角状卵形，副萼片披针形，稍短于萼片，外面疏生白毛；花瓣5，紫色，倒卵状长圆形，先端微；花盘显著，紫色，雄蕊5；花柱侧生。瘦果卵圆形，熟时紫褐色，光滑。花果期6-7月。

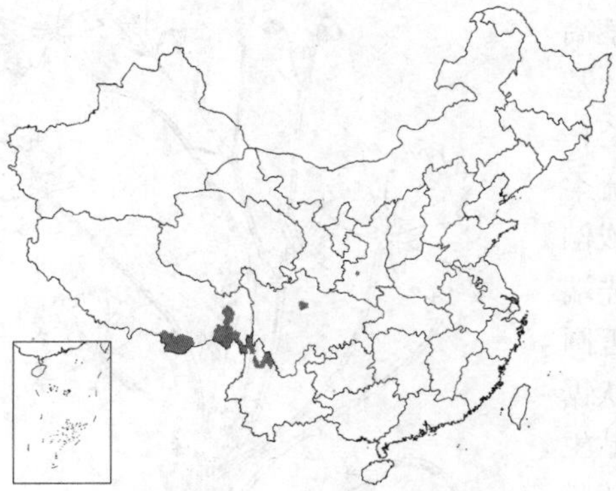

产陕西南部、四川、云南西北部、西藏东部及南部，生于海拔4000-4700米山坡石缝中。尼泊尔有分布。

［附］**大瓣紫花山莓草** 紫花五蕊梅 图 1148 **Sibbaldia purpurea** var. **macropetala** (Muraj.) Yu et C. L. Li , Fl. Reipubl. Popul. Sin. 37: 340. 1985. —— *Sibbaldia macropetala* Muraj. in Acta Inst. Bot. Acad. Sci. URSS ser. 1, 2: 235. 5. 6. 1931.；中国高等植物图鉴2：302.

1972. 本变种与模式变种的区别：花数朵呈伞房状花序，高出基生叶，稀有丛生的少数花茎为单花。产陕西、四川、云南及西藏，生于海拔3600-4700米高山草地、林缘、雪线附近石砾间或岩石缝中。

8. 五叶山莓草 图 1149

Sibbaldia pentaphylla J. Krause in Fedde, Repert. Sp. Nov. Beih. 7: 410. 1922.

多年生草本。根茎粗壮，匍匐。花茎丛生，高达5厘米。叶为掌状五出复叶，边缘两小叶较中间3小叶小，连叶柄长1-1.5厘米，叶柄被绢状长柔毛，小叶倒卵形或倒卵状长圆形，长3-8毫米，先端平截或圆钝，有2-3齿，基部楔形，两面绿色，密被白色疏柔毛或绢状柔毛，托叶膜质，褐色，外被稀疏柔毛或几无毛。花顶生，1-3朵；花径约4毫米；萼片4或5，三角状卵形，副萼片披针形，与萼片近等长或稍短，外被疏柔毛；花瓣乳黄色，倒卵状长圆形，先端圆钝；雄蕊4或5，插生于花盘外面，花盘宽大，4或5裂；花柱侧生。瘦果光滑。花果期6-8月。

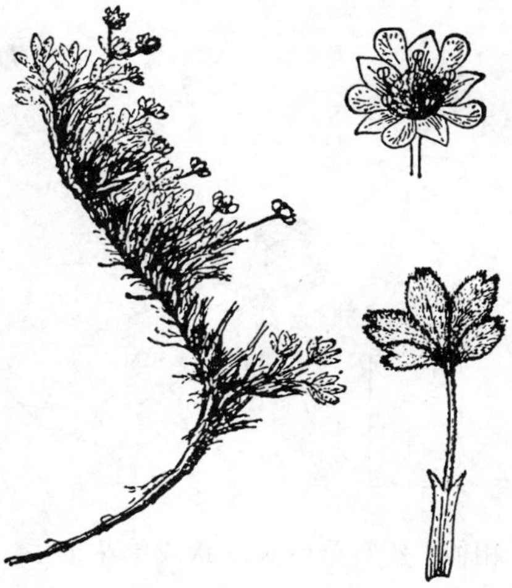

图 1149 五叶山莓草 （吴彰桦绘）

产青海东南部、四川、云南西北部及西藏东北部，生于海拔3700-4500米高山草地或岩缝中。

9. 峨眉山莓草 图 1150

Sibbaldia omeiensis Yu et C. L. Li in Acta Phytotax. Sin. 19(4): 516. 1981.

多年生草本。根粗壮，圆柱形，分生多数侧根。花茎直立，高12-15厘米，密被伏生白色绢毛。基生叶为5出掌状复叶，连叶柄长3-7厘米，叶柄伏生白色绢毛，小叶无柄，边缘两个小叶较小，披针形，全缘或有1-3齿，中间3个小叶长圆披针形，先端圆钝或急尖，基部楔形，上半部每边有1-4个不规则锯齿，两面密被白色绢毛，有光泽；茎生叶1，退化成苞片状；基生叶托叶膜质，褐色，外被白色绢毛或落落几无毛，茎生叶托叶草质，卵状披针形，外面密被白色绢毛。花2-3顶生；花径1.5厘米；萼片三角卵圆形，先端渐尖，副萼片披针形，与萼片近等长，外面密被白色绢毛；花瓣白色，倒心形；雄蕊5；花柱近顶生，柱头不扩大。花期7月。

产四川峨眉山，生于海拔约3000米岩石缝中。

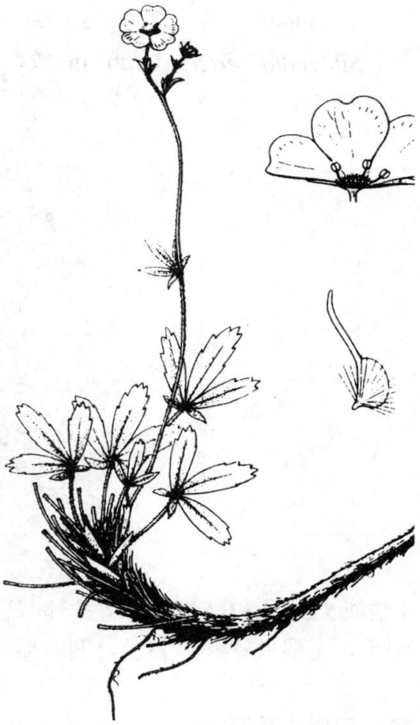

图 1150 峨眉山莓草 （吴彰桦绘）

10. 伏毛山莓草 图 1151

Sibbaldia adpressa Bunge in Ledeb. Fl. Alt. 1: 428. 1829.

多年生草本。花茎矮小，丛生，高达12厘米，被绢状糙伏毛。基生叶为羽状复叶，有小叶2对，上面1对小叶基部下延与叶轴汇合，有时兼有3小叶，连叶柄长1.5-7厘米，叶柄被绢状糙伏毛，顶生小叶倒披针形或倒卵状长圆形，先端平截，有(2)3齿，极稀全缘，基部楔形，稀宽楔形，侧生小叶全缘，披针形或长圆状披针形，长0.5-2厘米，先端急尖，基部楔形，上面被贴生稀疏柔毛，或脱落近无毛，下面被绢状糙伏毛；茎生叶1-2，与基生叶相似。药数朵或聚伞状或单花顶生。花5数，径0.6-1厘米；萼片三角状卵形，副萼片长椭圆形，比萼片稍长或稍短，外面被绢状糙伏毛；花瓣黄或白色，倒卵状长圆形；雄蕊10，与萼片等长或稍短；花柱近基生。瘦果有明显皱纹。花果期5-8月。

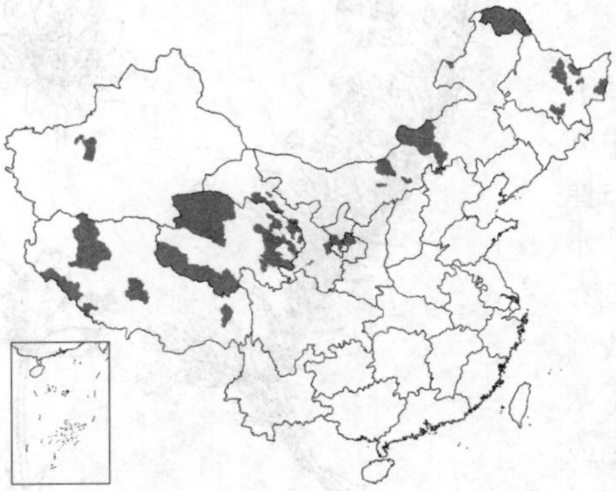

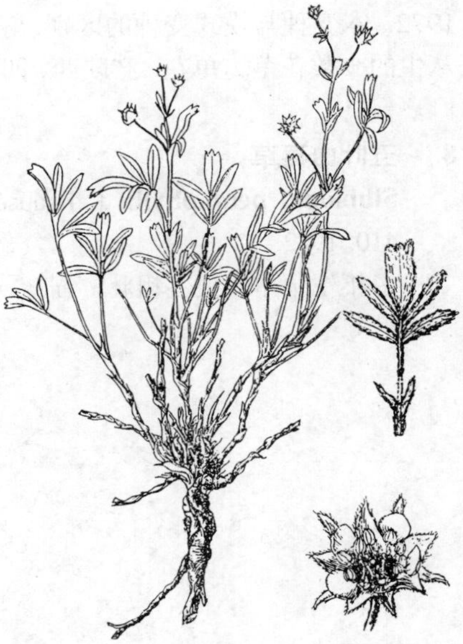

图 1151 伏毛山莓草
（引自《内蒙古植物志》）

产黑龙江、内蒙古、河北北部、甘肃、宁夏、青海、新疆及西藏，生于海拔600-4200米田边、山坡草地、砾石地或河滩地。俄罗斯及蒙古有分布。

11. 绢毛山莓草 图 1152

Sibbaldia sericea (Grub.) Sojak. in Folia Geobot. Phytot. (Praha) 4: 79. 1969.

Sibbaldia sericea Grub. in Not. Syst. Herb. Inst. Bot. URSS. 17: 16. 1955.

多年生草本。花茎丛生，高1-4厘米，伏生绢毛。基生叶羽状五出或三出，连叶柄长1-4厘米，叶柄伏生绢毛；小叶对生，全缘，倒卵状披针形或窄披针形，长0.5-1.5厘米，先端渐尖或急尖，基部长楔形，两面伏生绢毛，茎生叶3小叶，较小；基生叶托叶膜质，褐色，先端渐尖，疏被绢毛，茎生叶托叶绿色，被绢毛。花1-2朵，4数或5数，径3-5毫米。萼片卵状三角形，被绢毛，副萼片披针形，外被绢毛，先端尖；花瓣白色，倒卵形，与萼片等长或稍长；花柱侧生。

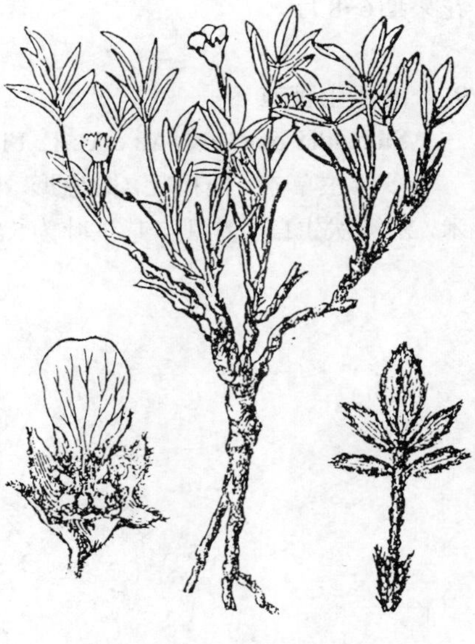

图 1152 绢毛山莓草
（引自《内蒙古植物志》）

产内蒙古，生于海拔600-1200米山坡或荒漠草原。蒙古有分布。

12. 显脉山莓草 图 1153

Sibbaldia phanerophlebia Yu et C. L. Li in Acta Phytotax. Sin. 19 (4): 517. 1981.

多年生草本。花茎铺散，长达10

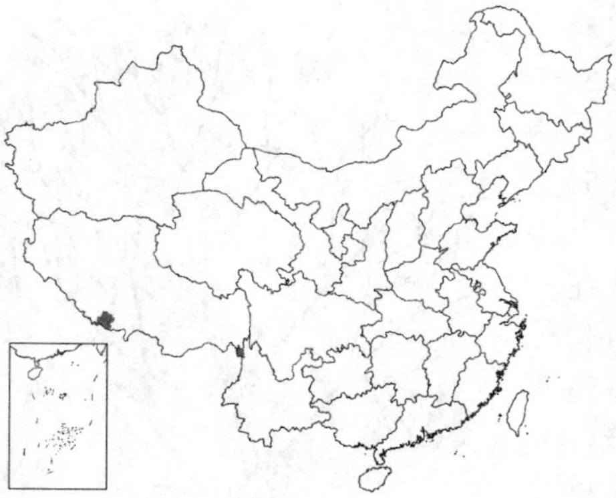

厘米，被淡黄色疏柔毛及白色绒毛。基生叶为羽状复叶，有2-4对小叶，连叶柄长2-5厘米，叶柄被黄色疏柔毛，小叶椭圆形或倒卵形，长0.4-1厘米，先端圆钝，基部宽楔形或近圆，边缘有缺刻状急尖锯齿，上面被疏柔毛，下面密被白色绒毛，沿脉散生黄色柔毛；茎生叶与基生叶相似，上部茎生叶三出复叶。花单生叶腋，在茎的顶部常数朵集生。花径5-6毫米；萼片三角形，先端尖，副萼片披针形，先端渐尖，与萼片近等长，外面被淡黄色柔毛及白色绒毛；花瓣淡黄色，长椭圆形，先端圆钝，与萼片近等长；雄蕊5；花柱侧生，花期6月。

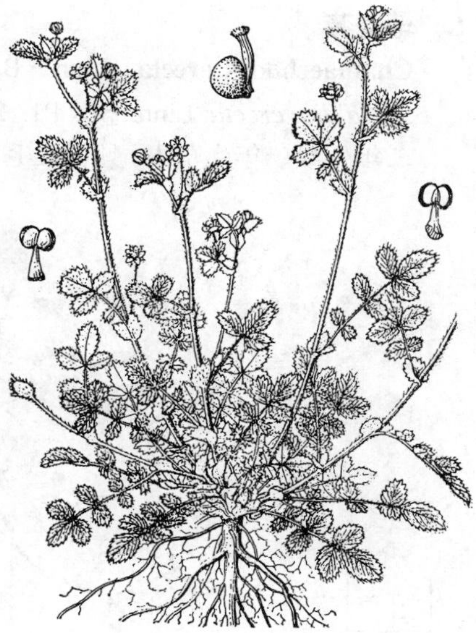

图 1153 显脉山莓草 （冀朝桢绘）

产云南西北部及西藏南部，生于海拔3500-3800米山坡草地或岩石缝中。

［附］**白叶山莓草 Sibbaldia micropetala**（D. Don）Hand.-Mazz. in Karst. & Schenk, Vegetationsbild. 22. Helf. 8: 6. 1932. —— *Potentilla micropetala* D. Don, Prodr. Fl. Nepal. 231. 1825. 本种与显脉山莓草的区别：花茎上升，与叶柄密被白色绒毛；小叶下面中脉和侧脉不明显，为密集白色绒毛所覆盖。花果期6-8月。产贵州西部、四川、云南及西藏，生于海拔2700-4300米山坡草地或河滩地。克什米尔地区、不丹及锡金有分布。

38. 地蔷薇属 Chamaerhodes Bunge

（谷粹芝）

草本或亚灌木，具腺毛及柔毛。叶互生，3裂至二至三回全裂，裂片条形；托叶膜质，贴生叶柄。花茎直立，纤细；花小，成聚伞、伞房或圆锥花序，稀单生。花萼宿存，钟形、筒形或倒圆锥形，萼片5，直立；花瓣5，白或紫色；雄蕊5，和花瓣对生；花盘围绕萼筒基部，边缘肥厚，具长刚毛；心皮4-10或更多，花柱基生，脱落，柱头头状，胚珠1个，着生子室顶部。瘦果卵圆形，无毛，包在宿存花萼内。种子直立。

约8种，分布于亚洲和北美。我国5种。

1. 茎常单一，高20-50厘米；花瓣和萼片等长或稍长；心皮10-15；二年生草本 …………… 1. **地蔷薇 C. erecta**
1. 茎多数，丛生，高5-30厘米；药瓣比萼片短或长；心皮4-8；多年生草本或亚灌木。
   2. 基生叶二至三回羽状3裂。
      3. 茎高10-30厘米，有疏生具腺短柔毛及长柔毛；基生叶小裂片条形，先端圆钝或锐尖，有茎生叶；萼筒宽钟形，花瓣倒卵形，先端微缺，比萼片长，心皮4-6 ………………………… 2. **灰毛地蔷薇 C. canescens**
      3. 茎高6-10厘米，有短腺毛及长柔毛；基生叶小裂片长圆状匙形，先端圆钝，有或无茎生叶；萼筒钟形或倒圆锥形，花瓣披针状匙形或楔形，先端圆钝，比萼片短或稍长，心皮6-8 … 3. **砂生地蔷薇 C. sabulosa**
   2. 基生叶一回羽状3裂。
      4. 亚灌木，常成垫状；茎高5-6。厘米，有长柔毛及短腺毛；基生叶3深裂，裂片条形；花单生或3-5朵成聚伞花序 ………………………………………………………………………… 4. **阿尔泰地蔷薇 C. altaica**
      4. 多年生草本，不成垫状；茎高5-18厘米，有柔毛或无毛；基生叶3全裂，裂片窄条形；花多数成二歧聚伞花序，组成圆锥花序 ………………………………………………………………… 5. **三裂地蔷薇 C. trifida**

1. 地蔷薇 图 1154

Chamaerhodes erecta (Linn.) Bunge in Ledeb. F1. Alt. 1: 430. 1829.

Sibbaldia erecta Linn. Sp. P1. 284. 1753.

二年生或一年生草本。具长柔毛和腺毛。茎直立或弧曲上升，高20-50厘米，单一，稀多茎丛生，上部常分歧。基生叶密集，莲座状，三回三出羽状全裂，长1-2.5厘米，小裂片线形，长1-3毫米，先端圆钝，全缘，两面绿色，被散生柔毛，果时枯萎；叶柄长1-2厘米，托叶3至多裂，与叶柄合生；茎生叶与基生叶相似，近无柄。花多数，呈圆锥状聚伞花序，苞片及小苞片2-3裂。花梗长3-6毫米，密被短柔毛和腺毛；花径2-3毫米；萼片卵状披针形，外面被柔毛和腺毛；花瓣粉红或白色，倒卵状匙形；花丝短于花瓣；心皮10-15，离生，花柱侧生，子房卵圆形或长圆形。瘦果卵圆形或长圆形，长1-1.5毫米，无毛。花果期6-8月。

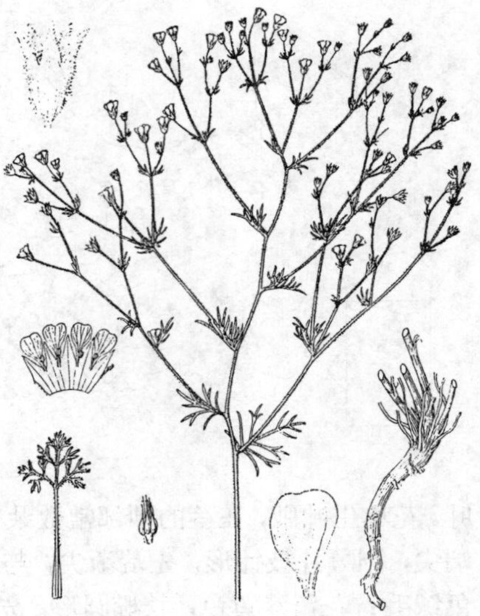

图 1154 地蔷薇 （王金凤绘）

产黑龙江、吉林、辽宁、内蒙古、河北、河南、山西、陕西北部、甘肃、宁夏、青海及新疆北部，生于海拔2500米山坡、丘陵或干旱河滩。朝鲜半岛、蒙古及俄罗斯有分布。全草药用，主治风湿性关节炎。

2. 灰毛地蔷薇 图 1155

Chamaerhodes canescens Krause in Fedde, Repert. Sp. Nov. Beih. 12: 411. 1922.

多年生草本。茎多数，丛生，直立或上升，高10-30厘米，上部分枝，基部密被腺毛及疏生长柔毛。基生叶密集，二回三出羽状全裂，长1.5-4厘米，顶生裂片3-7裂，侧生裂片常3裂，小裂片线形，先端稍尖或稍钝，全缘，两面绿色，被长柔毛，果期枯萎；茎生叶互生，与基生叶相似，较短，裂片较少。花多数组成顶生圆锥状聚伞花序；苞片及小苞片2-3裂。花梗长3-6毫米，密被腺毛与长柔毛；花径2-3毫米，外面被腺毛和长柔毛；萼片卵状披针形；花瓣粉红或白色，倒卵形，先端微凹，比萼片长；花丝长1.5-2毫米；心皮4-6，离生，子房无毛。瘦果长圆状卵圆形，长约2毫米，熟时黑褐色，无毛。花期6-8月，果期8-10月。

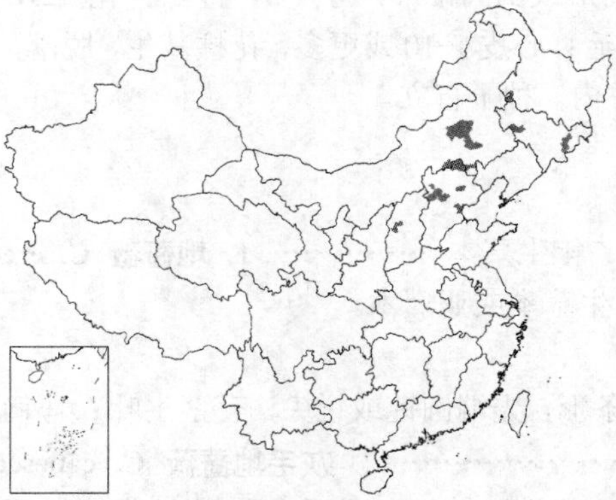

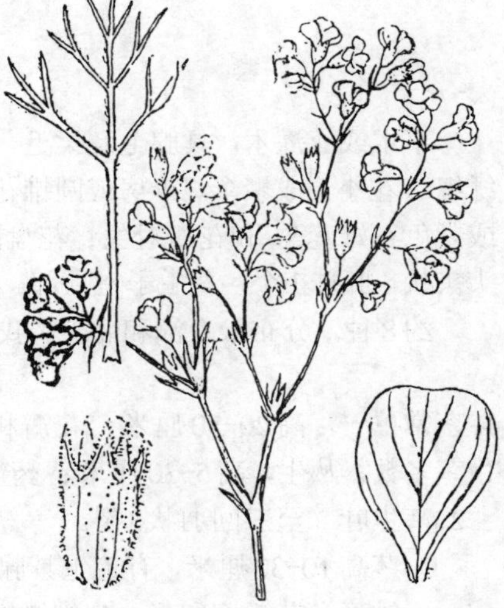

图 1155 灰毛地蔷薇 （马 平绘）

产黑龙江西南部、吉林、辽宁南部、内蒙古东部、河北及山西，生于山坡岩缝中、草原或沙地。

3. 砂生地蔷薇 图 1156

Chamaerhodes sabulosa Bunge in Ledeb. Fl. Alt. 1: 432. 1829.

多年生草本。茎多数，丛生，平铺或上升，高6-10厘米，稀达18厘

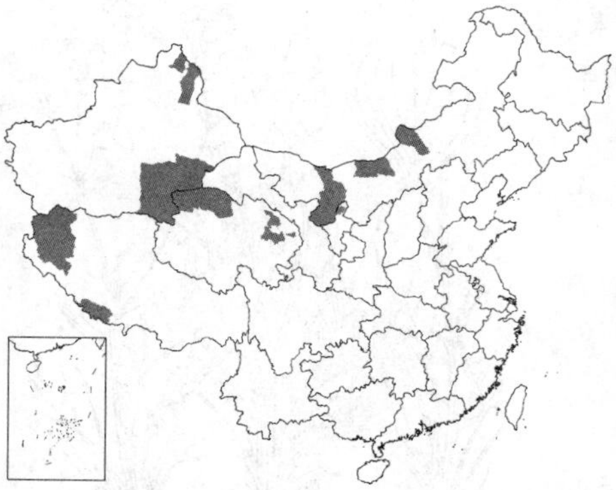

米，茎叶及叶柄均有短腺毛及长柔毛。基生叶莲座状，长1-3厘米，三回3深裂，一回裂片3全裂，二回裂片二至三回浅裂或不裂，小裂片长圆状匙形，长1-2毫米，叶柄长1.5-2.5厘米，托叶不裂；茎生叶少数或无，似基生叶，3深裂，裂片2-3全裂或不裂。圆锥状聚伞花序顶生，多花；苞片及小苞片条形，长1-2毫米，不裂。花径3-5毫米；萼筒钟形或倒圆锥形，长2-4.5毫米，有柔毛，萼片三角状卵形，直立，与萼筒等长或稍长；花瓣披针状匙形或楔形，长2-3毫米，比萼片短或等长，白或粉红色，先端圆钝；花丝无毛，比花瓣短；心皮6-8，离生。瘦果卵圆形，长1毫米，熟时褐色，有光泽。花期6-7月，果期8-9月。

产内蒙古、宁夏、青海、新疆及西藏，生于河边砂地或砾地。蒙古及俄罗斯有分布。

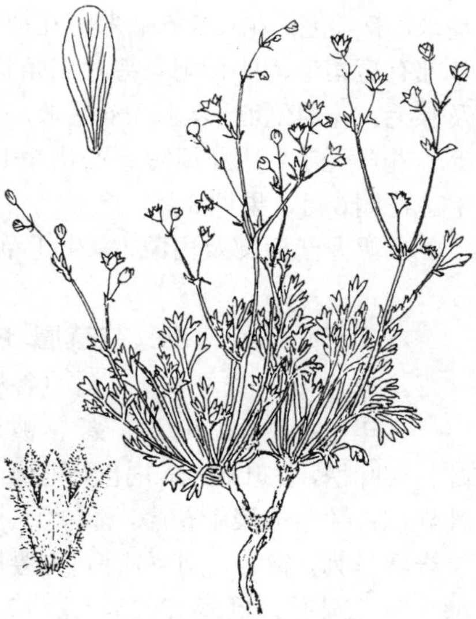

图 1156 砂生地蔷薇 （马 平绘）

4. 阿尔泰地蔷薇 图 1157

Chamaerhodes altaica (Laxm.) Bunge in Ledeb. Fl. Alt. 1: 429. 1829.

Sibbaldia altaica Laxm. in Nov. Comm. Acad. Sci. Petrop. 18: 527. 1774.

亚灌木，高5-6厘米。茎多数，平铺成垫状灌丛，全株有长柔毛及短腺毛。基生叶多数，条形，长1.5-2.5厘米，3深裂，裂片全缘或2-3深裂；叶柄长0.5-1.2厘米。花单生或3-5朵成聚伞花序。花梗长3-5毫米；苞片及小苞片条形，长1-2毫米；花径4-5毫米；萼筒筒状，长3-4毫米，绿或红紫色，萼片卵状披针形，与萼筒等长或较短，外有长柔毛及短腺毛；花瓣倒卵形或宽卵形，长4-5毫米，紫或红紫色，无毛；雄蕊比花瓣短；心皮6-10，离生。瘦果长圆形，长2毫米，熟时褐色，无毛。花期夏季，果期秋季。

产内蒙古，生于山坡。蒙古及俄罗斯有分布。

图 1157 阿尔泰地蔷薇 （马 平绘）

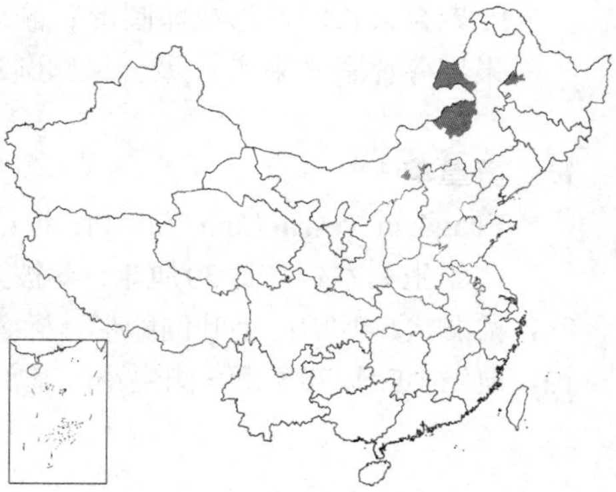

5. 三裂地蔷薇 图 1158

Chamaerhodes trifida Ledeb. F1. Ross. 2: 34. 1843.

多年生草本。茎数个，丛生，直立或上升，高5-18厘米，不分枝，有柔毛或无毛。基生叶长1.5-4厘米，3全裂，裂片窄长形，全缘或2-3深裂，叶及叶柄均有长柔毛及腺毛；叶柄长1.5-2厘米，托叶条形，长4-5毫米，不裂；茎生叶3-5裂，下部者具短柄，上部者无柄。聚伞花序二歧，形成圆锥花序，有多花；花序梗和花梗稍具短腺毛；苞片及小苞片条形，长2-4

毫米，有柔毛。花径5-6毫米；花梗长3-5毫米；萼筒筒状，长3-4毫米，基部有短柔毛，具10脉，萼片三角状卵形，长2毫米，先端渐尖，有柔毛及腺毛；花瓣倒卵形，长4-6毫米，粉红色，先端近圆，基部渐窄成爪，无毛；花丝无毛，比花瓣短；心皮6-10，离生。瘦果长圆形，长2毫米，无毛。花期6月，果期8月。

产黑龙江西部及内蒙古，生于草原或山坡。蒙古及俄罗斯有分布。

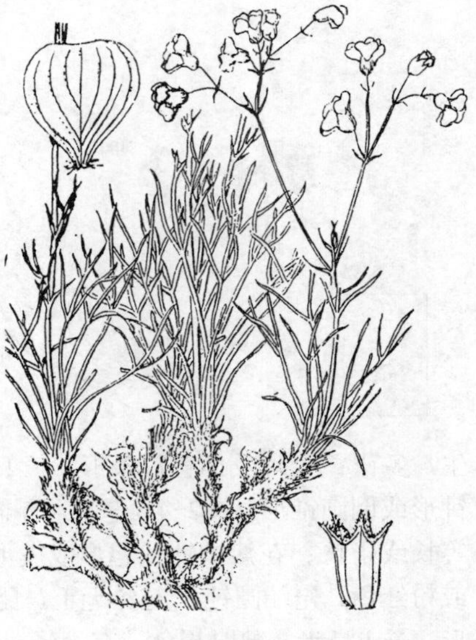

图 1158 三裂地蔷薇 （马 平绘）

39. 草莓属 **Fragaria** Linn.

（谷粹芝）

多年生草本。常具纤匍枝，常被开展或紧贴柔毛。叶为三出或羽状5小叶；有叶柄，托叶膜质，褐色，鞘状，基部与叶柄合生。花两性或单性，杂性异株；数朵成聚伞花序，稀单生。花萼倒卵状圆锥形或陀螺形，裂片5，镊合状排列，宿存，副萼片5，与萼片互生；花瓣5，白色，稀淡黄色，倒卵形或近圆形；雄蕊18-25，花药2室；雌蕊多数，离生，着生在凸出的花托上；花柱侧生，宿存，每心皮1胚珠。瘦果小，聚生于花托上而形成聚合果，花托球形或椭圆形，熟时肥厚肉质，紫红色。种子1，种皮膜质，子叶乎凸。染色体基数x=7。

约20余种，分布于北半球温带至亚热带，欧亚两洲习见，个别种达拉丁美洲。我国约7种，引入栽培1种。

1. 茎和叶柄被开展毛。
  2. 花梗被紧贴毛；萼片果期水平展开，小叶3或5，上面疏被柔毛，下面叶脉毛较密 ……… 1. **野草莓 F. vesca**
  2. 花梗密被展开毛。
    3. 萼片果期反折或水平展开。
      4. 小叶3，质较薄，两面有毛，下面脉上较密；萼片果期水平展开 ……………… 2. **东方草莓 F. orientalis**
      4. 小叶5，质较厚，两面无毛，下面被疏柔毛；萼片果期反折 ……………… 5. **五叶草莓 F. pentaphylla**
    3. 萼片果期紧贴果实。
      5. 小叶3，质较厚；植株被棕黄色毛。
        6. 果径1-1.5厘米，野生。
          7. 叶下面无腊质乳头 ……………… 4. **黄毛草莓 F. nilgerrensis**
          7. 叶下面具苍白色腊质乳头 ……………… 4(附). **粉叶黄毛草莓 F. nilgerrensis** var. **mairei**
        6. 果径达3厘米 ……………… 5. **草莓 F. X ananassa**
      5. 小叶5，稀3，质较薄；植株被银白色毛 ……………… 6. **西南草莓 F. moupinensis**
1. 茎和叶柄被紧贴毛，小叶3，稀5。
  8. 果期萼片反折。
    9. 聚合果球形或椭圆形；副萼片线形，全缘 ……………… 7. **纤细草莓 F. gracilis**
    9. 聚合果长圆锥形或卵圆形；副萼片长圆形，先端2-3裂 ……………… 7(附). **裂萼草莓 F. deltoniana**
  8. 果期萼片紧贴果实；聚合果卵圆形；副萼片披针形，全缘，稀有齿 ……………… 7(附). **西藏草莓 F. nubicola**

1. 野草莓　　图 1159：1-2

Fragaria vesca Linn. Sp. Pl. 494. 1753.

多年生草本；高达30厘米。茎被开展柔毛，稀脱落近无毛。叶为3小叶，稀羽状5小叶；小叶倒卵形、椭圆形或宽卵形，长1-5厘米，先端圆钝，顶生小叶基部楔形，侧生小叶基部楔形，具缺刻状锯齿，上面疏被短柔毛，下面被短柔毛，沿中脉较密，或有时脱落近无毛；总叶柄长3-20厘米，疏被开展柔毛，稀脱落。聚伞状花序，有2-4(5)花，基部具有

柄小叶或为淡绿色钻形苞片，花梗长1-3厘米，被紧贴柔毛；萼片卵状披针形，果期水平开展；副萼片窄披针形或钻形；花瓣白色，倒卵形；雄蕊20，花丝不等长；雌蕊多数。聚合果卵圆形，熟时红色；瘦果卵圆形，脉纹不显著；宿萼水平开展。染色体基数x=14。花期4-6月，果期6-9月。

产吉林东南部、陕西南部、甘肃南部、青海东部、新疆北部、四川、云南西北部及贵州北部，生于山坡、草地或林下。广布北温带、欧洲及北美均有分布。

图 1159：1-2. 野草莓 3-5. 西南草莓 6-7. 纤细草莓 （路桂兰绘）

2. 东方草莓 图 1160 彩片 146

Fragaria orientalis Lozinsk. in Bull. Jard. Bot. Princ. URSS 25: 70. f. 5. 1926.

多年生草本，高达30厘米。茎被开展柔毛。叶为3小叶复叶；小叶质较薄，近无柄，倒卵形或菱状卵形，长1-5厘米，先端圆钝或急尖，顶生小叶基部楔形，侧生小叶基部偏斜，有缺刻状锯齿，上面散生疏柔毛，下面被疏柔毛，沿脉较密；叶柄被开展柔毛。花序聚伞状，有(1)2-5(6)花，基部苞片淡绿色或成小叶状。花两性，稀单性，径1-1.5厘米；花梗长0.5-1.5厘米，被开展柔毛；萼片卵状披针形，先端尾尖，副萼片线状披针形，稀2裂；花瓣白色，近圆形；雄蕊18-22；雌蕊多数。聚合果半圆形，成熟后紫红色；宿萼开展或微反折；瘦果卵圆形，径约0.5毫米。染色体2n=28。花期5-7月，果期7-9月。

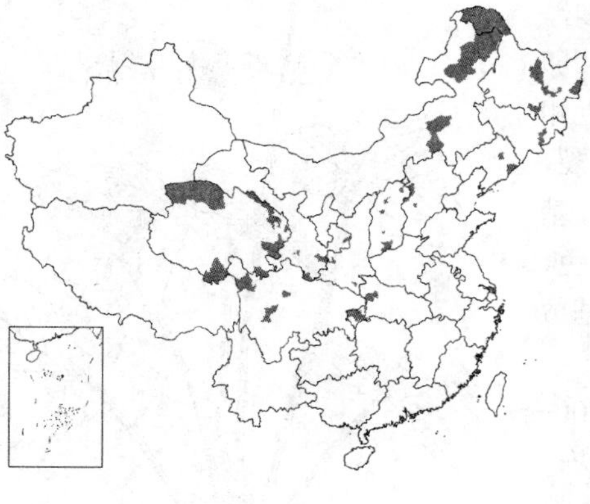

产黑龙江、吉林、辽宁、内蒙古、河北、山西、陕西、甘肃、青海、四川及湖北，生于海拔600-4000米山坡草地或林下。朝鲜半岛、蒙古及俄罗斯远东地区有分布。果肉多汁，微酸甜，有浓香，可生食，制果酒、果酱。

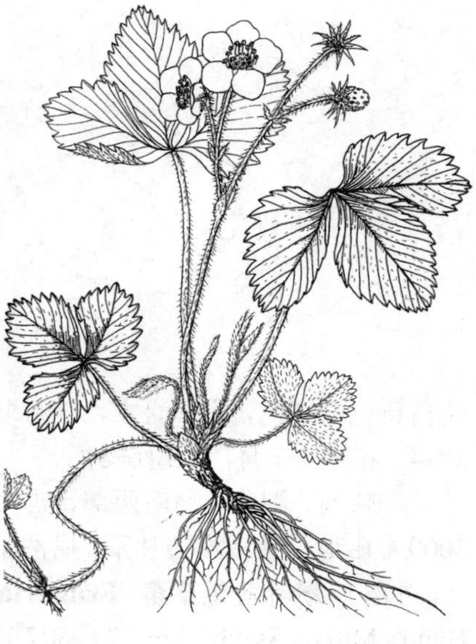

图 1160 东方草莓 （引自《图鉴》）

3. 五叶草莓 图 1161

Fragaria pentaphylla Lozinsk. in Bull. Jard. Bot. Princ. URSS 25: 69. f. 4. 1926.

多年生草本，高达15厘米。茎高出于叶，密被开展柔毛。叶为羽状5小叶；小叶质较厚，倒卵形或椭圆形，长1-4厘米，先端圆钝，顶生小叶基部楔形，侧生小叶基部偏斜，具缺刻状锯齿，上面无毛，下面疏被柔毛，下面1对小叶远比上面1对小叶小；总叶柄长2-8厘米，密被开展柔毛。花序聚伞状，有(1)2-3(4)花，基部苞片淡褐色或呈有柄小叶状。花梗长1.5-2厘米，被开展柔毛；萼片5，卵

状披针形，外面被柔毛，比副萼片宽，副萼片披针形，与萼片近等长，稀先端2裂；花瓣白色，近圆形；雄蕊20；雌蕊多数。聚合果卵圆形，熟时红色，宿萼反折；瘦果卵圆形，基部具少数脉纹。花期4-5月，果期5-6月。

产陕西、甘肃、四川及青海，生于海拔1000-2300米山坡草地。

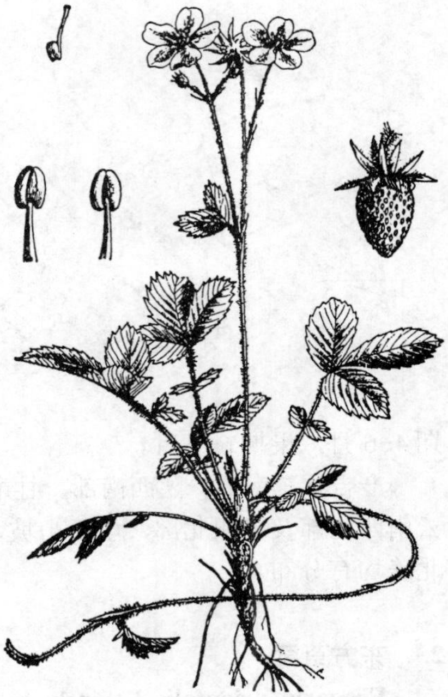

图 1161 五叶草莓 （引自《秦岭植物志》）

4. 黄毛草莓 图 1162 彩片 147

Fragaria nilgerrensis Schlecht. ex Gay in Ann. Sci. Nat. Bot. sér. 4, 8: 206. 1857.

多年生草本，密集成丛，高5-25厘米。茎密被黄棕色绢状柔毛。叶三出，小叶具短柄，质较厚；小叶倒卵形或椭圆形，长1-4.5厘米，顶生小叶基部楔形，侧生小叶基部偏斜，具缺刻状锯齿，上面被疏柔毛，下面淡绿色，被黄棕色绢状柔毛，沿叶脉毛长而密；叶柄长4-18厘米，密被黄棕色绢状柔毛。聚伞花序具(1)2-5(6)花，花序下部具一或三出有柄小叶。花两性，径1-2厘米；萼片卵状披针形，比副萼片宽或近相等，副萼片披针形，全缘或2裂，果时增大；花瓣白色，圆形，基部有短爪。聚合果圆形，白色、淡白黄色或红色，宿萼直立，紧贴果实；瘦果卵圆形，光滑。染色体基数x=14。花期4-7月，果期6-8月。

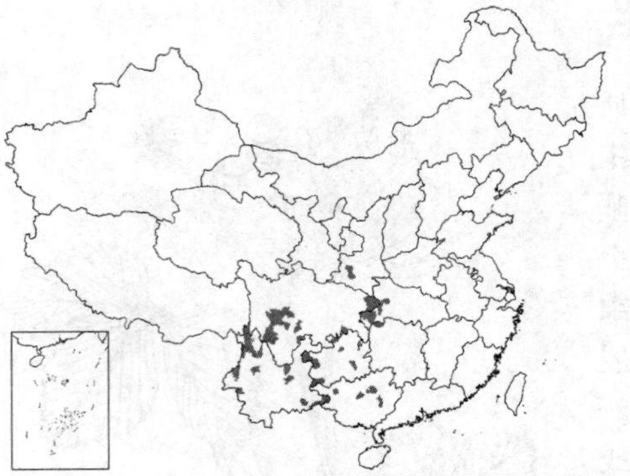

产陕西、湖北、湖南西部、四川、云南、贵州及广西，生于海拔700-3000米山坡草地或沟边林下。尼泊尔、锡金、印度东部、越南北部有分布。

［附］ **粉叶黄毛草莓 Fragaria nilgerrensis** var. **mairei** (Lévl.) Hand.-Mazz. Symb. Sin. 7: 507.1933. —— *Fragaria mairei* Lévl. in Fedde, Repert. Sp. Nov. 11: 300. 1912. 本变种与模式变种的区别：叶下面具苍白色腊质乳头。产陕西、湖北、湖南，四川、云南、贵州，生于海拔800-2700米山坡草地、沟谷、灌丛或林缘。

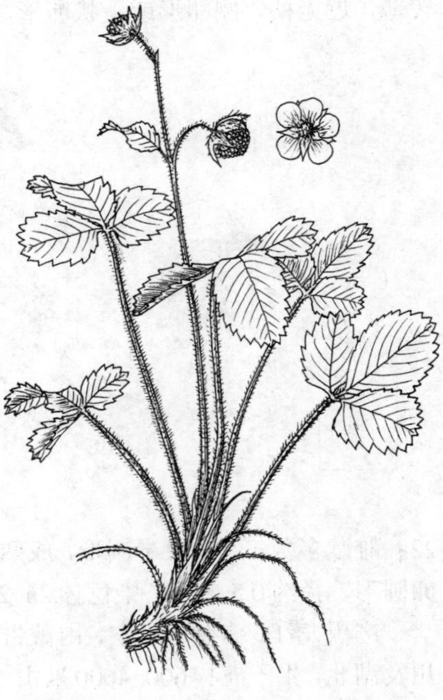

图 1162 黄毛草莓 （孙英宝绘）

5. 草莓 图 1163

Fragaria X ananassa Duch. Hist. Nat. des Fraisiers 190. 1766.

多年生草本，高10-40厘米。茎低于叶或近相等。密被黄色柔毛。叶三出，小叶具短柄，质较厚，倒卵形或菱形，稀几圆形，长3-7厘米，先端圆钝，基部宽楔形，侧生小叶基部偏斜，具缺刻状锯齿，上面几无毛，下面淡白绿色，疏生毛，沿脉较密；叶柄长2-10厘米，密被黄色柔毛。聚伞花序，有5-15花，花序下面具一短柄的小叶。花两性，径1.5-2厘米；萼片卵形，比副萼片稍长，副萼片椭圆状披针形，全缘，稀2深裂；花瓣白色，近圆形或倒卵状椭圆形，基部爪不明显；雌蕊极多。聚合果径达3厘米，熟时鲜红色，宿萼直立，紧贴果实；瘦果尖卵圆形，光滑。花期4-5月，果期6-7月。

原产南美。我国各地栽培。果食用，也作果酱或罐头。

图 1163 草莓 （引自《图鉴》）

6. 西南草莓 图 1159：3-5

Fragaria moupinensis（Franch.）Card. in Lecomte, Not. Syst. 3: 329. 1914.

Potentilla moupinensis Franch. in Nouv. Arch. Mus. Hist. Nat. Paris sér. 2, 7: 222. 1886.

多年生草本，高达15厘米。茎被开展白色绢状柔毛。叶为羽状5小叶，或3小叶；小叶质较薄，椭圆形或倒卵形，长0.7-4厘米，先端圆钝，顶生小叶基部楔形，侧生小叶基部偏斜，有缺刻状锯齿，上面疏被柔毛，下面被白色绢毛状柔毛，沿脉较密；叶柄长2-8厘米，被开展白色绢状柔毛。花序呈聚伞状，有1-4花，基部苞片绿色，呈小叶状。花梗被白色开展柔毛，稀贴生；花两性，径1-2厘米；萼片卵状披针形，副萼片披针形或线状披针形；花瓣白色，倒卵形或近圆形；雄蕊20-34。聚合果椭圆形或卵圆形；宿萼直立，紧贴于果实；瘦果卵圆形，有不明显脉纹。花期5-6(8)月，果期6-7月。

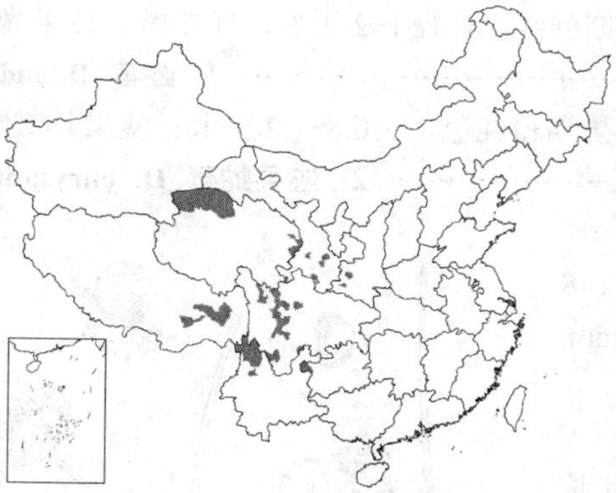

产陕西、甘肃、青海、四川、贵州西部、云南及西藏，生于海拔1400-4000米山坡、草地或林下。

7. 纤细草莓 图 1159：6-7

Fragaria gracilis Lozinsk. in Bull. Jard. Bot. Princ. URSS 25: 63. 1926.

多年生细弱草本，高达20厘米。茎被紧贴的毛。叶为3小叶或羽状5小叶；小叶椭圆形、长椭圆形或倒卵状椭圆形，长1.5-5厘米，先端圆钝或急尖，顶生小叶基部楔形或宽楔形，侧生小叶基部偏斜，具缺刻状锯齿，上面疏被柔毛，下面被紧贴短柔毛，沿脉较密而长；叶柄细，长3-15厘米被紧贴柔毛，稀脱落。花序聚伞状，有1-3（4）花。花梗被紧贴短柔毛；花径1-2厘米；萼片卵状披针形，副萼片线状披针形或线形，与萼片近等长，全缘或分裂；花瓣近圆形；雄蕊20。聚合果球形或椭圆形，宿萼极反折；瘦果卵圆形，光滑，基部具不明显脉纹。花期4-7月，果期6-8月。

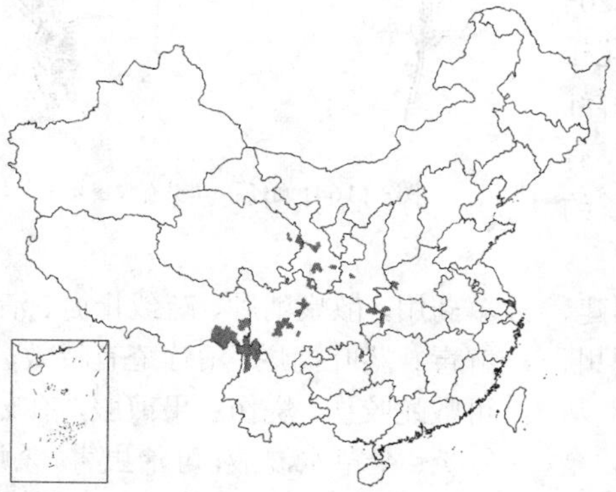

产河南西部、湖北西部、陕西南部、甘肃、青海东部、四川、贵州东北部、云南西北部及西藏东南部，生于海拔1600-3900米山坡草地、沟边或林下。

［附］**裂萼草莓 Fragaria daltoniana** Gay in Ann. Sci. Nat. Bot. ser. 4, 8: 204. 1857. 本种与纤细草莓的区别：聚合果长圆锥形或卵圆形；副萼片长圆形，先端2-3裂。产西藏，生于海拔3360-5000米山顶草甸、灌丛下。锡金有分布。

［附］**西藏草莓 Fragaria nubicola**（Hook. f.）Lindl. ex Lacaita in Journ. Linn. Soc. Bot. 43: 476. 1916. —— *Fragaria vesca* Linn. var. *nubicola* Hook. f. Fl. Brit. Ind. 2: 344. 1878. 本种与纤细草莓的区别：

果期萼片不反折，紧贴果实；副萼片披针形，全缘，稀有齿。

产西藏，生于海拔2500-3900米沟边林下、林缘或山坡草地。锡金、克什米尔地区、巴基斯坦及阿富汗有分布。

40. 蛇莓属 Duchesnea J. E. Smith

（谷粹芝）

多年生草本，具短根状茎。匍匐枝细长，节上生不定根。基生叶数个，茎生叶互生，三出复叶，有长叶柄；小叶有锯齿；托叶宿存，贴生叶柄。花多单生叶腋，无苞片。副萼片、萼片及花瓣各5个；副萼片大形，和萼片互生，宿存，先端有3-5锯齿；萼片宿存；花瓣黄色；雄蕊20-30；心皮多数，离生；花托半球形或陀螺形，果期增大，海绵质，红色；花柱侧生或近顶生。瘦果微小，扁卵圆形。种子1个，肾形，光滑。染色体基数x=7。

约5-6种，分布于亚洲南部、欧洲及北美洲。我国2种。

1. 叶、花和果较大；小叶倒卵形或菱状长圆形，长2-5厘米；花托果期鲜红色，径1-2厘米，有光泽；瘦果光滑或具不显明突起，鲜时有光泽 ………………………………………………………………… 1. **蛇莓 D. indica**
1. 叶、花和果较小；小叶菱形、倒卵形或卵形，长1.5-2.5厘米；花托果期粉红色，径0.8-1.2厘米；瘦果具皱纹，无光泽 ……………………………………………………………………………… 2. **皱果蛇莓 D. chrysantha**

1. 蛇莓 图 1164 彩片 148

Duchesnea indica (Andr.) Focke in Engl u. Prantl, Nat. Pflanzenfam. 3(3): 33. 1888.

Fragaria indica Andr. in Bot. Reptos. 7: pl. 479. 1807.

多年生草本。匍匐茎多数，长达1米，被柔毛。小叶倒卵形或菱状长圆形，长2-3.5（5-）厘米，先端圆钝，有钝锯齿，两面被柔毛，或上面无毛；小叶柄长1-5厘米，被柔毛，托叶窄卵. 形或宽披针形。花单生叶腋，径1.5-2.5厘米；花梗长3-6厘米，被柔毛；萼片卵形，副萼片倒卵形，比萼片长，先端有3-5锯齿，外面有散生柔毛；花瓣倒卵形，黄色；雄蕊20-30；心皮多数，离生，花托在果期膨大，海绵质，鲜红色，有光泽，径1-2厘米，有长柔毛。瘦果卵圆形，长约1.5毫米，光滑或具不明显突起。花期6-8月，果期8-10月。

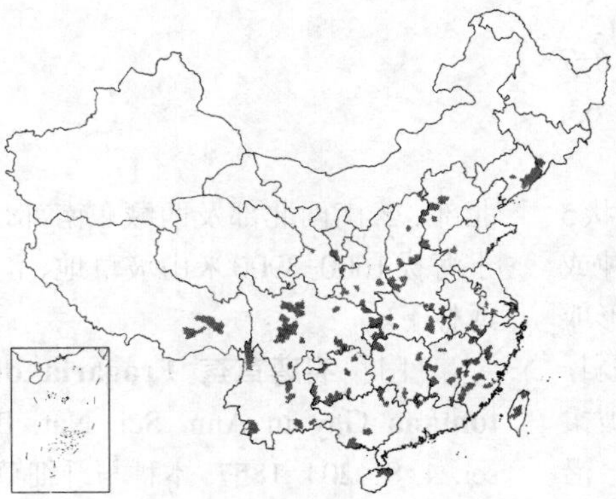

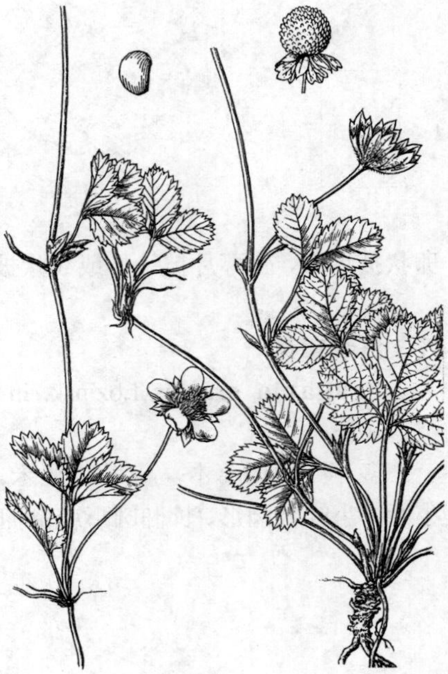

图 1164 蛇莓 （引自《图鉴》）

产吉林、辽宁、河北、山西、河南、山东、江苏、安徽、浙江、福建、台湾、江西、湖北、湖南、广东、海南、广西、贵州、云南、西藏、四川、陕西、甘肃及宁夏，生于海拔1800米以下山坡、河岸、草地或潮湿地方。从阿富汗东达日本，南达印度、印度尼西亚，至欧洲及北美洲均有分布。全草药用，散瘀消肿、疏敛止血、清热解毒；茎叶捣烂，治疗疮有特效，也可敷蛇咬伤、烧伤；果煎服，治支气管炎；全草水浸液，可治虫害，杀蛆。

2. 皱果蛇莓 图 1165

Duchesnea chrysantha (Zoll. et Mor.) Miq. Fl. Ind. Bot. 1: 372. 1855.

Fragaria chrysantha Zoll. et Mor. Syst. Verz. 7. 1846.

多年生草本。匍匐茎长30-50厘米，有柔毛。小叶菱形、倒卵形或卵形，长1.5-2.5厘米，先端圆钝，有时具凸尖，基部楔形，有钝或锐锯齿，近基部全缘，上面近无毛，下面疏生长柔毛，中间小叶有时2-3深裂，有短柄；叶柄长1.5-3厘米，有柔毛，托叶披针形，长2-3毫米，有柔毛。花径0.5-1.5厘米；花梗长2-3厘米，疏生长柔毛；萼片卵形或卵状披针形，长3-5毫米，先端渐尖，外面有长柔毛，具缘毛；副萼片三角状倒卵形，长3-7毫米，外面疏生长柔毛，先端有3-5锯齿；花瓣倒卵形，长2.5-5毫米，黄色，先端微凹或圆钝，无毛；花托果期粉红色，无光泽，径0.8-1.2厘米。瘦果卵圆形，长4-6毫米，熟时红色，具多数皱纹，无光泽。花期5-7月，果期6-9月。

产浙江、福建、台湾、江西、广东、海南、广西东北部、贵州、云南、西藏东部、四川及陕西东南部，生于草地。日本、朝鲜半岛、印度、印度尼西亚有分布。茎叶药用，捣烂治蛇咬、烫伤、疔疮。

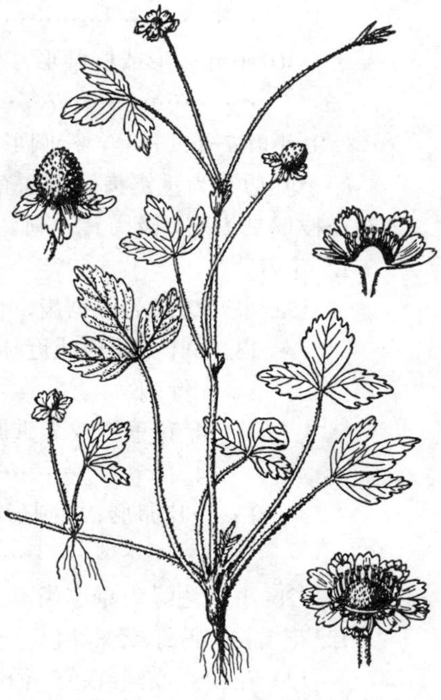

图 1165 皱果蛇莓 （引自《海南植物志》）

41. 蔷薇属 Rosa Linn.

（谷粹芝）

直立，蔓延或攀援灌木，多数被皮刺。针刺或刺毛，稀无刺。叶互生，奇数羽状复叶，稀单叶；有锯齿；托叶贴生或着生叶柄，稀无托叶。花单生或成伞房状，稀复伞房状或圆锥状花序。萼筒球形、坛形或杯形，颈部缢缩，萼片(4)5，开展，覆瓦状排列，有时羽状分裂；花瓣(4)5，开展，覆瓦状排列，白、黄、粉红或红色；花盘围绕萼筒口部；雄蕊多数，分离，着生花盘周围；心皮多数，稀少数，着生萼筒内部，无柄极稀有柄，离生；花柱顶生或侧生，外伸，离生或上部合生；胚珠单生，下垂。蔷薇果，由多数或少数瘦果着生萼筒内；瘦果木质化。种子下垂。染色体基数x=7。

约200余种，广布亚，欧、北非、北美各洲寒温带。我国90余种。

1. 单叶，无托叶；花单生，黄色 ………………………………………… 1. **小蘖叶蔷薇 R. berberifolia**
1. 羽状复叶，有托叶；花多组成花序或单生
  2. 萼筒坛状；瘦果着生萼筒边周及基部。
    3. 托叶大部贴生叶柄，宿存。
      4. 花柱离生，不外伸或稍伸出萼筒口部，比雄蕊短。
        5. 花单生，无苞片，稀数花簇生，无苞片。
          6. 萼片和花瓣均5数。
            7. 花枝密被针刺和皮刺，稀无刺；花瓣白色。
              8. 小叶边缘为单锯齿或在同一株上有单锯齿或重锯齿，下面无腺点。
                9. 小叶7-9，稀5或11。
                  10. 小叶长圆形、长圆状卵形或近圆形，长1-2.2厘米；花径2-5厘米； 果近球形，熟时黑或暗褐色。
                    11. 花径2-4厘米；花梗微被柔毛；枝条刚毛较密 ………… 2. **密刺蔷薇 R. spinosissima**
                    11. 花径4-6厘米；花梗无毛；枝条刚毛疏 ………………………………

…………………………………………………… 2(附). **大花密刺蔷薇 R. spinosissima** var. **altaica**

10. 小叶卵形或椭圆形，长0.5-1.8厘米；花径1.5-2厘米；果椭圆形或卵状长圆形，熟时鲜红色 ……………………………………………………………………… 3. **刺毛蔷薇 R. farreri**

9. 小叶7-11(-13)，椭圆形、倒卵状椭圆形或长圆状椭圆形 …………………… 4. **长白蔷薇 R. koreana**

8. 小叶边缘为重锯齿，下面有腺 …………………………………………… 5. **腺叶蔷薇 R. kokanica**

7. 花枝仅具皮刺，极稀具针刺。

12. 花瓣黄色。

12a. 小叶边缘为单锯齿，下面无腺。

13. 小叶宽卵形或近圆形，稀椭圆形，下面被柔毛，边缘为圆钝锯齿；花径3-4(5)厘米；枝条基部无针刺。

14. 花重瓣或半重瓣 ……………………………………………………… 6. **黄刺玫 R. xanthina**

14. 花单瓣 ………………………………………… 6(附). **单瓣黄刺玫 R. xanthina** f. **normalis**

13. 小叶卵形、椭圆形或倒卵形；无毛，边缘有尖锐锯齿；花径4-5.5厘米；枝条基部有时具针刺 ……………………………………………………………………… 7. **黄蔷薇 R. hugonis**

12b. 小叶边缘为重锯齿，下面有腺点 …………………………………… 8. **樱草蔷薇 R. primula**

12. 花瓣白、粉红或深红色。

12c. 花粉红或淡红色，径3-4厘米；花梗长1.5-3厘米，有腺毛 ………… 9. **细梗蔷薇 R. graciliflora**

12d. 花白色，径2.5-3厘米；花梗长1.5-2厘米，无毛；小叶11-13 …… 10. **秦岭蔷薇 R. tsinglingensis**

6. 萼片和花瓣均4数。

15. 小叶边缘为单锯，下面无腺。

16. 果熟时果柄肥大；小叶长圆形或椭圆状长圆形，仅先端有锯齿，下面无毛，常有短刺。

17. 小叶9-13(-17)，下面被柔毛或无毛或有腺毛。

18. 小叶下面被柔毛或无毛，无腺毛。

19. 小枝具小皮刺，基部稍膨大，非翼状 …………………………… 11. **峨眉蔷薇 R. omeiensis**

19. 小枝密被针刺和宽、扁、紫色翼状皮刺 ……………………………………………………… 11(附). **扁刺峨眉蔷薇 R. omeiensis** f. **pteracantha**

18. 小叶下面密被腺毛 ………………………… 11(附). **腺叶峨眉蔷薇 R. omeiensis** f. **glandulosa**

17. 小叶5-9，两面无毛，上半部有锯齿，基部全缘 ……………………………………………………… 11(附). **少对峨眉蔷薇 R. omeiens** f. **paucijuga**

16. 果熟时果柄不肥大，下面或两面被柔毛。

20. 小叶7-11(-13)，卵形、倒卵形或倒卵状长圆形，仅上半部有锯齿，上面无毛，下面被丝状柔毛；果球形或倒卵圆形，径0.8-1.5厘米 ………………………………… 12. **绢毛蔷薇 R. sericea**

20. 小叶5-9(-11)，长圆状倒卵形，两面密被柔毛；果倒卵圆形，径约1厘米 ……………………………………………………………………… 13. **毛叶蔷薇 R. mairei**

15. 小叶边缘为重锯齿，下面及重锯齿顶端均有腺 …………………… 14. **川西蔷薇 R. sikangensis**

5. 花多数成伞房花序或单生，均有苞片。

24. 萼筒上部在果熟后与萼片、花盘、花柱均脱落。

25. 皮刺镰状弯曲；伞房花序或圆锥花序；果球形。

26. 小叶上面无毛，下面散生柔毛或无毛；花梗和萼筒无毛 ………………… 15. **弯刺蔷薇 R. beggeriana**

26. 小叶两面密被柔毛；花梗和萼筒均密被柔毛 ……… 15(附). **毛叶弯刺蔷薇 R. beggeriana** var. **liouii**

25. 皮刺直立，花单生或2-3朵；果近球形、梨形或椭圆形。

27. 小枝通常有皮刺和刺毛；小叶边缘有重锯齿或混有单锯齿，下面有柔毛；花白色 ……………………………………………………………………… 16. **腺毛蔷薇 R. albertii**

27. 小枝通常具皮刺，稀有刺毛；花紫红或粉红色。
28. 小叶 7-15，长圆形或椭圆形，通常为单锯齿，叶轴和小叶下面沿脉被柔毛；果卵圆形或椭圆形 …………………………………………………………………………………… 17. **铁杆蔷薇 R. prattii**
28. 小叶 7-9，椭圆形、倒卵形或近圆形，通常单锯齿或上半部为重锯齿，下面无毛；果近球形。
29. 小叶边缘为单锯齿，中部以上具重锯齿；近基部全缘，下面无腺体 … 18. **小叶蔷薇 R. willmottiae**
29. 小叶边缘为重锯齿，齿尖有腺体，下面有腺体 …………………………………………………… 18(附). **多腺小叶蔷薇 R. willmottiae** var. **glandulifera**
24. 萼筒上部和萼片、花盘、花柱果熟时不脱落。
30. 小叶长 1.5-7 厘米，大多先端急尖；伞房花序多花，稀少花或单生。
31. 伞房花序多花。
32. 萼片羽裂；小叶边缘常为重锯齿，齿尖常带腺；小叶 7-9，下面常有腺，无毛或脉上有柔毛；花径 3-5 厘米；果长圆状卵圆形，有颈，长 2.5 毫米 ………………………………… 19. **刺梗蔷薇 R. setipoda**
32. 萼片全缘。
33. 小叶 3-5，稀 7，下面有毛或无毛，重锯齿或单锯齿兼有部分重锯齿；近伞形伞房花序；果近球形或卵圆形 ……………………………………………………………… 20. **伞房蔷薇 R. corymbulosa**
33. 小叶 7-11。
34. 小叶下面无毛或近无毛，单锯齿；花红色，伞房花序。
35. 小叶长 3-7 厘米，有锯齿；花梗长 1.5-4 厘米，密被腺毛，稀无毛；花径 3.5-5 厘米 ………………………………………………………………………… 21. **尾萼蔷薇 R. caudata**
35. 小叶长 1-2.5 厘米，中部以下近全缘；花梗长 1.5-3 厘米，无毛或有疏腺毛；花径 2-3.5 厘米 ……………………………………………………………………… 22. **钝叶蔷薇 R. sertata**
34. 小叶下面密被柔毛或至少沿脉有柔毛。
36. 花柱伸出，几与雄蕊等长或稍短；花径 3.5-5 厘米，粉红色，花梗及花托被腺毛，有时有短柔毛 ……………………………………………………………………… 23. **西北蔷薇 R. davidii**
36. 花柱不伸出；花径 2-3 厘米，粉红色，花梗细长，花托光滑，稀有腺毛，或有短柔毛 ……………………………………………………………………… 24. **拟木香 R. banksiopsis**
31. 单花或少花。
37. 托叶下面无皮刺。
38. 小枝和皮刺被绒毛；小叶质较厚，上面有皱褶，下面密被绒毛和腺毛 ……… 25. **玫瑰 R. rugosa**
38. 小枝和皮刺无毛，稀幼时小枝被稀疏柔毛；小叶质较薄，上面无褶皱。
39. 小叶下面有白霜并有腺点；皮刺直立；萼筒扁球形。
40. 小叶长 1.5-3.5 厘米，下面有腺点和稀疏短柔毛 ……………………… 26. **山刺梅 R. davurica**
40. 小叶长达 4 厘米，下面无腺，通常无毛或仅沿脉被短柔毛 ……………………………………………………… 26(附). **光叶山刺梅 R. davurica** var. **glabra**
39. 小叶下面无白霜，无腺点；皮刺直，细弱，有时无刺；萼筒长椭圆形或长圆形。
41. 叶边为单锯齿，下面有短柔毛；花梗长 2-3.5 厘米，无毛或有腺毛 ……………………………………………………………………… 27. **刺蔷薇 R. acicularis**
41. 叶边部分为重锯齿，下面无毛；花梗长 1.2-2 厘米，密被腺毛，稀无毛 ……………………………………………………………… 27(附). **尖刺蔷薇 R. oxyacantha**
37. 托叶下面有皮刺。
42. 皮刺镰状弯曲；小叶 7-9，下面无毛或疏被短柔毛；花数朵，白色，花梗有腺；果卵圆形，径 1-1.8 厘米 ……………………………………………………………… 28. **疏花蔷薇 R. laxa**
42. 皮刺直立。

43. 小叶下面无毛或近无毛。
44. 小叶7，卵形或卵状披针形，长2.5-6.5厘米，宽1.5-4厘米；花单生，暗红色；花梗长1.5-3厘米，通常无毛。
45. 小叶边缘为单锯齿，下面无腺点 ………………………………………………… 29. **大红蔷薇 R. saturata**
45. 小叶边缘部分为重锯齿，下面密被腺点 ……… 29(附). **腺叶大红蔷薇 R. saturata** var. **glandulosa**
44. 小叶7-9，稀5，椭圆形、卵形或长圆形，长1-3厘米，宽0.6-2厘米。
46. 花较大，萼筒和花梗被腺 …………………………………………………………………… 30. **美蔷薇 R. bella**
46. 花较小，萼筒和花梗无腺 ……………………………… 30(附). **光叶美蔷薇 R. bella** var. **nuda**
43. 小叶下面被柔毛或至少沿脉被柔毛。
47. 萼片羽状分裂，常有腺毛。
48. 枝被扁平皮刺和刺毛；小叶7-9，具重锯齿，稀兼有单锯齿，长2-5厘米；花1-3朵，粉红色，径3-5厘米。
49. 小叶下面无腺毛；花梗长1.5-2厘米，近无毛；萼片先端通常不明显延伸 …………………………………………………………………………………… 31. **扁刺蔷薇 R. sweginzowii**
49. 小叶下面密被有柄腺毛；花梗长2-3厘米，密被柔毛，萼片先端常延 ………………………………………………………… 31(附). **腺叶扁刺蔷薇 R. swiginzowii** var. **glandulosa**
48. 枝具皮刺；小叶7-13，通常具单锯齿，长1-4厘米；花1-2朵，深红色，径4-6厘米。
50. 小叶下面沿脉被柔毛 …………………………………………………………… 32. **华西蔷薇 R. moyesii**
50. 小叶下面密被柔毛 ………………………… 32(附). **毛叶华西蔷薇 R. moyesii** var. **pubescens**
47. 萼片全缘。
51. 花瓣深红色；小枝通常具少数皮刺和无刺；小叶9-11，长圆形或椭圆状卵形，长2.5-6厘米，边具单锯齿，下面密被短柔毛；花径3.5-5厘米；花梗和萼筒外面密被腺毛 …………………………………………………………………………………… 33. **大叶蔷薇 R. macrophylla**
51. 花白或淡粉色；小枝被皮刺和针刺；小叶9-15，椭圆形或长圆形，长1-4.5厘米，边有单锯齿，下面沿脉被柔毛；花径2-3厘米；花梗和萼筒外面无毛或有稀疏柔毛和疏腺毛 …………………………………………………………………………………… 34. **西南蔷薇 R. murielae**
30. 小叶长约1.5(-2.5)厘米；花单生或少花。
52. 苞片3-5或8-10，常2层，外层卵形，内层披针形；花2-3层或数朵呈伞房状，稀单生；小叶7-9，卵形、倒卵形或近圆形 ……………………………………………………………… 35. **多苞蔷薇 R. multibracteata**
52. 苞片1-2；花单生或2-3朵簇生；小叶7，近圆形、倒卵形、卵形或椭圆形。
53. 小叶上面无毛，下面散生柔毛或仅沿脉被柔毛 ……………………………… 36. **陕西蔷薇 R. giraldii**
53. 小叶上面散生柔毛，下面密被柔毛 ……………… 36(附). **毛叶陕西蔷薇 R. giraldii** var. **venulosa**
4. 花柱离生或合生成束，伸出萼筒口外，约与雄蕊等长。
54. 花柱离生。
55. 常绿或落叶灌木；小叶3或5，托叶边缘有腺毛；花通常4-5朵，稀单生，微香或无香味；萼片常羽裂或全缘；果卵圆形或梨形。
56. 花重瓣或半重瓣 …………………………………………………………… 37. **月季花 R. chinensis**
56. 花单瓣 ………………………………………… 37(附). **单瓣月季花 R. chinensis** var. **spontanea**
55. 常绿或半常绿藤本；托叶边缘无腺毛或在分离部分有腺。
57. 小枝有稀疏钩状皮刺；小叶5-7；花单生或2-3朵，粉红、黄或白色，径5-10厘米，芳香，萼片大部全缘，稀羽裂 …………………………………………………………………… 38. **香水月季 R. odorata**
57. 小枝具皮刺，有时密被刺毛；小叶3(-5)；花单生，紫红色，径3-3.5厘米；萼片全缘，稀有缺刻；果梨形或倒卵状圆形 ……………………………………………………………… 39. **亮叶月季 R. lucidissima**

54. 花柱结合成束。
58. 托叶篦齿状或有不规则锯齿。
59. 托叶篦齿状，花柱无毛。
60. 花重瓣。
61. 花白色 ………………………………………………………………………… 40. **野蔷薇 R. multiflora**
61. 花粉红色 ………………………………………………… 40(附). **七姊妹 R. multiflora** var. **carnea**
60. 花单瓣，粉红色 ……………………………………… 40(附). **粉团蔷薇 R. multiflora** var. **cathayensis**
59. 托叶为不规则齿状；花柱有毛或无毛。
62. 小叶下面密被长柔毛，沿叶脉更密；花柱有毛。
63. 花梗和总花梗以及萼片外面被柔毛和腺毛；花单瓣 …………… 41. **广东蔷薇 R. kwangtungensis**
63. 花梗和总花梗以及萼片外面被绒毛状柔毛；花重瓣 ………………………………………………………………… 41(附). **毛叶广东蔷薇 R. kwangtungensis** var. **mollis**
62. 小叶下面无毛或近无毛。
64. 花柱被毛；小叶5-9，长1-3厘米，先端圆钝或急尖；花径2-3厘米 ………………………………………………………………………………………… 42. **光叶蔷薇 R. wichuraiana**
64. 花柱无毛；小叶(5-)7-9厘米，长1.5-3(-6)厘米，先端急尖或渐尖；花径3-3.5厘米 …………………………………………………………………………… 43. **伞花蔷薇 R. maximowicziana**
58. 托叶全缘，常有腺毛。
65. 小叶两面被毛或仅下面被毛。
66. 小叶长圆形或长圆状披针形，两面被柔毛，下面较密；小枝密被柔毛；复伞房花序；花径3-5厘米 ………………………………………………………………………… 44. **复伞房蔷薇 R. brunonii**
66. 小叶卵状椭圆形、长圆形或长圆状倒卵形，仅下面被柔毛；小枝的毛或无毛；伞房状或伞形伞房状花序；花径1.5-4厘米。
67. 小叶下面叶脉突起，密被灰白色柔毛，叶质较厚；上面有褶皱 …… 45. **绣球蔷薇 R. glomerata**
67. 小叶下面有稀疏柔毛或沿脉较密，叶质较薄，上面无褶皱。
68. 小叶5，稀7，卵状椭圆形或倒卵形，长3-6厘米，先端尾尖；萼片披针形，通常全缘 ……………………………………………………………………………… 46. **悬钩子蔷薇 R. rubus**
68. 小叶7-9，长圆状卵形或卵状披针形，长2.5-4厘米，先端短渐尖或急尖；萼片卵状披针形，边缘常有羽裂片 ………………………………………………………… 47. **卵果蔷薇 R. helenae**
65. 小叶两面无毛或下面沿脉微被柔毛。
69. 小叶革质，有光泽，下面叶脉明显，无毛或稍有柔毛；花瓣外面有绢毛。
70. 小叶7-9，长3-7厘米；萼片长0.8-1.2厘米，两面有稀疏柔毛；伞房状花序。
71. 小叶7-9，有光泽，两面无毛；花多数，伞房状 ……………… 48. **长尖叶蔷薇 R. longicuspis**
71. 小叶5(-7)，上面微皱，无光泽，下面无毛或微有短柔毛；花多达30余朵，复伞房状 ……………………………………………… 48(附). **多花长尖叶蔷薇 R. longicuspis** var. **sinowilsonii**
70. 小叶3-5，长7-12厘米，萼片长1.5-2厘米，两面密被柔毛；伞房状花序 …………………………………………………………………… 48(附). **毛萼蔷薇 R. lasiosepala**
69. 小叶非革质，无光泽；花瓣外面无毛。
72. 小叶5-7，通常7。
73. 小叶长4-7厘米，下面有腺；复伞房状或圆锥状花序，花梗细，长2-3厘米 ……………………………………………………………………………… 49. **腺梗蔷薇 R. filipes**
73. 小叶长1-3厘米，下面无腺；伞房花序，稀单生，花梗长不及1厘米。
74. 伞房花序；花柱被毛。

75. 小叶长1–3厘米，花序伞房状。

76. 小叶下面和叶轴无毛或近无毛；花梗无毛，偶有腺 ………………… 50. 川滇蔷薇 **R. soulieana**

76. 小叶下面和叶轴被柔毛；花梗被柔毛和腺毛 ……………………………………………… 50(附). 毛叶川滇蔷薇 **R. soulieana** var. **yunnanensis**

75. 小叶长约3.5厘米；伞房状圆锥花序 ……… 50(附). 大叶川滇蔷薇 **R. soulieana** var. **sungpanensis**

74. 花单生；花柱无毛或近无毛；小叶长不及8毫米 ……………………………………………… 50(附). 小叶川滇蔷薇 **R. soulieana** var. **microphylla**

72. 小叶3–5，长3.5–9厘米，下面无腺；花5–15朵，成伞房状伞形花序；花梗长1.5–2厘米 ……………………………………………… 51. 软条七蔷薇 **R. henryi**

3. 托叶离生或近离生，早落。

77. 小叶3–5(–7)；苞片小或无。

78. 小叶3(–5)，椭圆状卵形或倒卵形，两面无毛；花单生，径5–7厘米，白色，花梗和萼筒外面密被刺毛 ……………………………………………… 52. 金樱子 **R. laevigata**

78. 小叶3–5(–7)，椭圆状卵形或长圆状披针形；花径1.5–2厘米，黄或白色；花梗及萼筒无刺毛。

79. 伞房花序；萼片全缘。

80. 花重瓣至半重瓣 ……………………………………………… 53. 木香花 **R. banksiae**

80. 花单瓣 ……………………………………………… 53(附). 单瓣白木香 **R. banksiae** var. **normalis**

79. 复伞房花序，萼片羽状分裂。

81. 小枝、皮刺、叶轴、叶柄及叶两面均无毛 ……………………………………………… 54. 小果蔷薇 **R. cymosa**

81. 小枝、皮刺、叶轴、叶柄及叶1两面均密被短柔毛 ……………………………………………… 54(附). 毛叶山木香 **R. cymosa** var. **puberula**

77. 小叶5–9，椭圆形或倒卵形，托叶篦齿状分裂；花单生，径4.5–7厘米，白色；苞片大型，条裂，外面密被绒毛。

82. 小枝密被黄褐色柔毛，混生针刺和腺毛 ……………………………………………… 55. 硕苞蔷薇 **R. bracteata**

82. 小枝密被针刺和腺毛 ……………………… 55(附). 密刺硕苞蔷薇 **R. bracteata** var. **scabriacaulis**

2. 萼筒杯状；瘦果着生萼筒突起基部；花柱离生，不外伸。

83. 花重瓣至半重瓣，淡红或粉红色，径5–6厘米 ……………………………………………… 56. 缫丝花 **R. roxburghii**

83. 花单瓣，粉红色，径4–6厘米 ……………………………… 56(附). 单瓣缫丝花 **R. roxburghii** f. **normalis**

1. 小蘖叶蔷薇 图 1166

Rosa berberifolia Pall. in Nov. Acta Acad. Sci. Pétrop. 10: 379. t. 10(5). 1797.

低矮铺散灌木，高达50厘米。小枝光滑。皮刺黄色，散生或成对生于叶基部，弯曲或直立，有时混有腺毛。单叶，椭圆形、长圆形，稀卵形，长1–2厘米，基部近圆，稀宽楔形，有锯齿，近基部全缘，两面无毛或下面幼时有稀疏短柔毛；无柄或近无柄，无托叶，花单生，径2–2.5厘米；花梗长1–1.5厘米，无毛或有针形；花萼外被长针刺，萼片

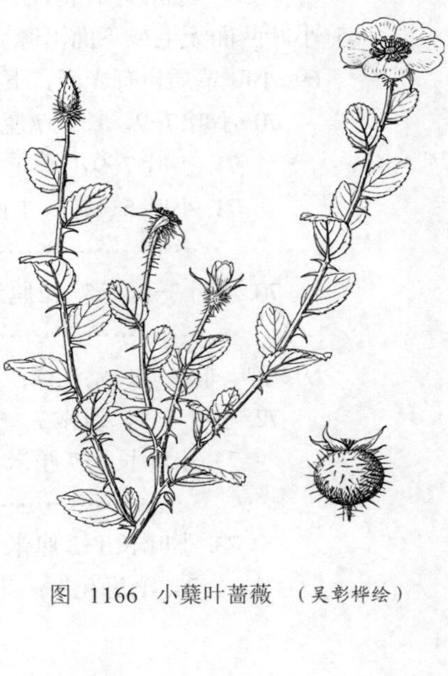

图 1166 小蘖叶蔷薇 （吴彰桦绘）

披针形，先端尾尖或长渐尖，外面有短柔毛和稀疏针刺，内面有灰白色绒毛；花瓣黄色，基部有紫红色斑点，倒卵形，比萼片稍长；雄蕊紫色，着生坛状萼筒口部周围；心皮多数，花柱离生，密被长柔毛，比雄蕊短。蔷薇果近球形，径约1厘米，熟时紫褐色，无毛，密被针刺；萼片宿存。花期5-6月，果期7-9月。

产新疆北部，生于海拔120-550米山坡、荒地或路旁干旱地。俄罗斯有分布。

2. 密刺蔷薇 图 1167

Rosa spinosissima Linn. Sp. Pl. 491. 1755. pro parte

矮小灌木。枝无毛；小枝有直立皮刺并密被针刺。小叶5-11，通常7-9，连叶柄长4-8厘米；小叶长圆形、长圆状卵形或近圆形，长1-2.2厘米，先端圆钝或急尖，基部近圆或宽楔形，有单锯齿或部分重锯齿，幼时齿尖带腺，下面淡绿色，两面无毛；叶轴和叶柄有少数针刺和腺毛；托叶大部贴生叶柄，离生部分全缘或有齿，齿尖常有腺。花单生叶腋或有时2-3朵集生，径2-5厘米，无苞片；花梗长1.5-3.5厘米，幼时微被毛，后脱落；萼片披针形，先端渐尖或尾尖，全缘，外面无毛；花瓣白、粉红或淡黄色，宽倒卵形，先端微凹；花柱离生，被白色柔毛，比雄蕊短。蔷微果近球形，径1-1.6厘米，熟时黑或暗褐色，无毛或有光泽；萼片宿存；果柄长达4厘米，常有腺。花期5-6月，果期8-9月。

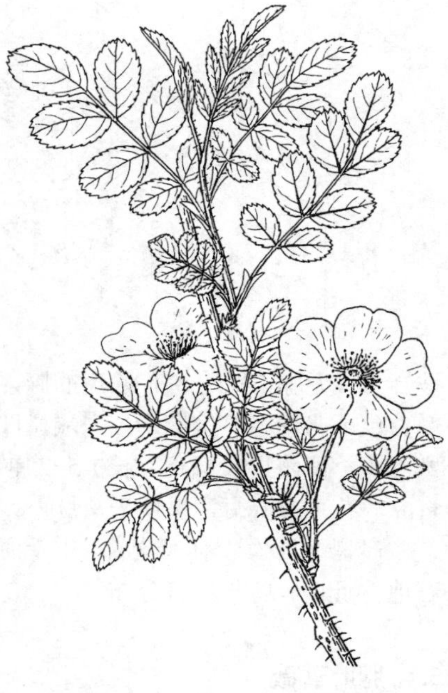

图 1167 密刺蔷薇 （吴彰桦绘）

产新疆，生于海拔1100-2300米山坡、草地、林间灌丛中或河滩。俄罗斯中亚地区有分布。

［附］**大花密刺蔷薇 Rosa spinosissima** var. **altaica**（Willd.）Rehd. in Bailey, Cycl. Am. Hort. 4:1557. 1902. —— *Rosa altaica* Willd. Enum. P1. Hort. Berol. 543. 1809. 本变种与模式变种的区别：小枝刚毛较少；花白色，径4-6厘米；花梗无毛。产新疆阿勒泰地区，生于海拔1100-2300米山地、草坡、林间灌丛中及河滩。俄罗斯西伯利亚有分布。

3. 刺毛蔷薇 图 1168

Rosa farreri Stapf ex Cox. P1. Introd. Reg. Farrer 49. 1930.

小灌木，高1-2米。小枝密生针刺和散生皮刺。小叶7-9，连叶柄长3-5厘米；小叶卵形或椭圆形，长0.5-1.8厘米，基部楔形或近圆，有尖锐锯齿，近基部常全缘，两面无毛或下面中脉稍有柔毛；小叶柄和叶轴被腺毛和散生小皮刺，托叶大部贴生叶柄，离生部分披针形，无毛，边缘有腺。花单生，花径1.5-2厘米，通常无苞片，偶在花梗基部有卵形小苞片；花梗细，长1-2.6厘米，无毛；花萼长圆形，外面无毛，萼片卵状披针形，全缘，先端渐窄成带状，内面密被白色绒毛，比花瓣稍长或近等长；花瓣粉红色，倒卵形或长圆形，先端微凹；花柱不伸出，比雄蕊短，密被柔毛。蔷薇果椭圆形或长圆形，长0.8-1.2厘米，熟时朱红色，顶端有短颈；萼片宿存。花期5-6月，果期6-9月。

产甘肃南部及四川，生于海拔1460-2800米灌丛中。

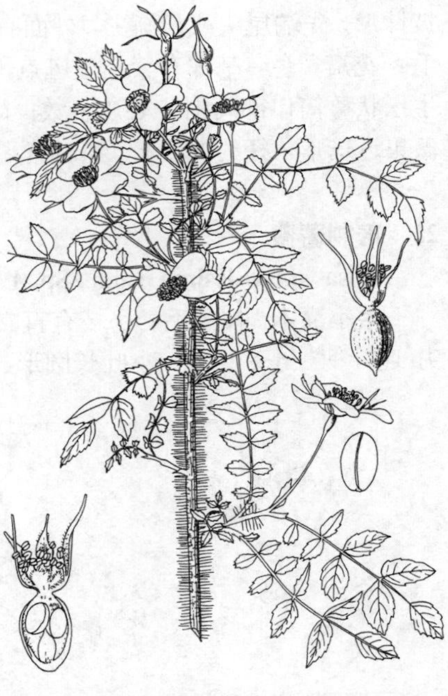

图 1168 刺毛蔷薇 （孙英宝仿绘）

4. 长白蔷薇 图 1169

Rosa koreana Kom. in Acta Hort. Petrop. 18：434. 1901.

小灌木，丛生。枝条密集，密被针刺，针刺基部圆形，当年生小枝针刺较稀疏。小叶7-11(-15)，连叶柄长4-7厘米，小叶椭圆形，倒卵状椭圆形或长圆状椭圆形，长0.6-1.5厘米，先端圆钝，有带腺尖锐锯齿，少部分为重锯齿，上面无毛，下面近无毛或沿脉微有柔毛，稀有少数腺体，叶轴有稀疏皮刺和腺；托叶倒卵状披针形，大部贴生叶柄，边缘有腺齿，无毛。花单生叶腋，无苞片；径2-3厘米，花梗长1.2-2厘米，有腺毛；花萼外面无毛，萼片披针形，无腺，稀边缘有稀疏的腺，内面有稀疏白色柔毛，边缘较密；花瓣白色或带粉色，倒卵形，先端微凹；花柱离生，稍伸出坛状萼筒口，比雄蕊短。蔷薇果长圆形，长1.5-2厘米，熟时桔红色，有光泽，萼片宿存，直立。花期5-6月，果期7-9月。

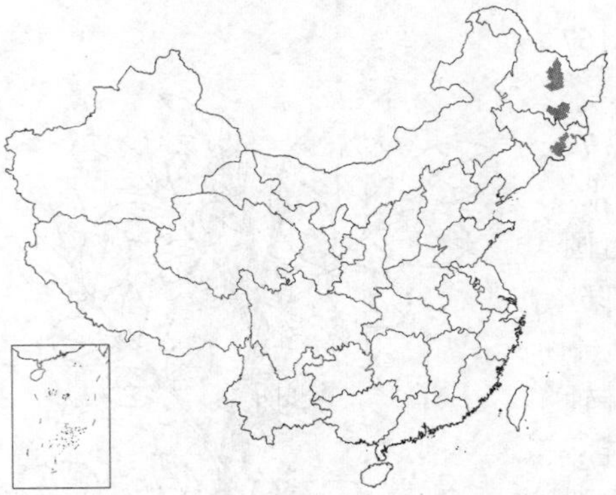

产黑龙江及吉林东南部，生于海拔600-1200米林缘、灌丛中或山坡多石地。朝鲜半岛北部有分布。

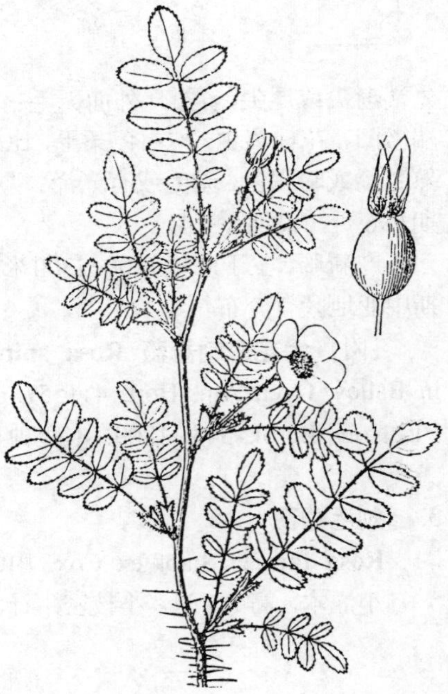

图 1169 长白蔷薇 （马建生绘）

5. 腺叶蔷薇 图 1170

Rosa kokanica Regel ex Juzep. in Fl. URSS 10：476. 1941.

小灌木，高1.5-2米。枝密被直立针刺，针刺基部圆盘状，幼时混有腺毛。小叶5-7(-9)，连叶柄长4.5-8厘米；小叶卵形、椭圆形或倒卵形，长1-2.2厘米，有尖锐重锯齿，齿尖常带腺，上面无毛或近无毛，下面有腺或有极稀疏柔毛，叶轴和叶柄有腺和短针刺；托叶大部贴生叶柄，离生部分卵形，边缘有齿和腺。花单生叶腋，径2-4(-6)厘米，无苞片，花梗长1.5-3厘米，无毛；萼片披针形，有不规则2-3羽裂片，内面有稀疏短柔毛；花瓣乳白或黄色，宽倒卵形，先端微凹；花柱离生，密被柔毛，稍伸出萼筒口，比雄蕊短。蔷薇果球形，径约1厘米，熟时暗紫或近褐色，有宿存、开展或直立萼片。花期5-7月，果期8-11月。

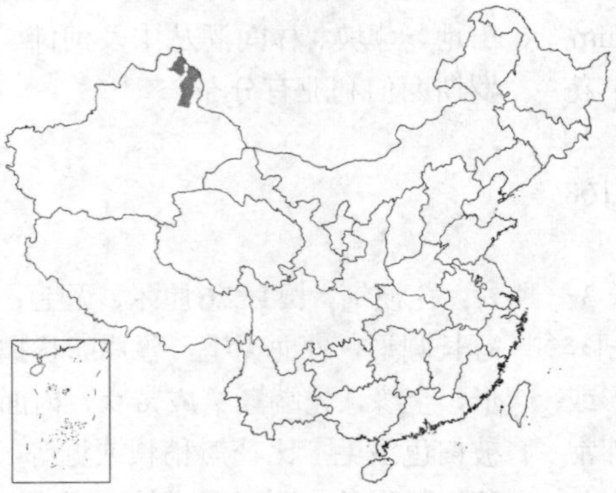

产新疆北部，生于海拔1500-2500米山坡或林缘。俄罗斯、中亚地区、伊朗及阿富汗有分布。

6. 黄刺玫 图 1171 彩片 149

Rosa xanthina Lindl. Rosa Monogr. 132. 1820.

灌木，高2-3米。枝密集，披散；小枝无毛，有散生皮刺，无针刺。小叶7-13，连叶柄长3-5厘米；小叶宽卵形或近圆形，稀椭圆形，长0.8-2厘米，先端圆钝，基部宽楔形或近圆，有圆钝锯齿，上面无毛，下面幼时被稀疏柔毛，渐脱落；叶轴和叶柄有稀疏柔毛和小皮刺；托叶带状披针形，大部贴生叶柄，离生部分耳状，边缘有锯齿的腺。花单生叶腋，重瓣或半重瓣，黄色，径3-4（5）厘米，无苞片；花梗长1-1.5厘米；花萼外面无毛；萼片披针形，全缘，内面有稀疏柔毛；花瓣宽倒卵形，先端微凹；花柱离生，被长柔毛，微伸出萼筒。比雄蕊短。蔷薇果近球形或倒卵圆形，熟时紫褐或黑褐色，径0.8-1厘米，无毛；萼片反折。花期4-6月，果期7-8月。

东北、华北各地庭园栽培，早春繁花满枝，供观赏。

［附］**单瓣黄刺玫 Rosa xanthina** Lindl. f. **normalis** Rehd. et Wills. in Sarg. Pl. Wilson. 2: 342.1915. quoad. syn. 本变型和模式变型的区别：花黄色，单瓣。为栽培黄刺玫的原始种。产黑龙江、吉林、辽宁、内蒙古、河北、山东、山西、陕西及甘肃，生于海拔600-2000米阳坡或灌丛中。

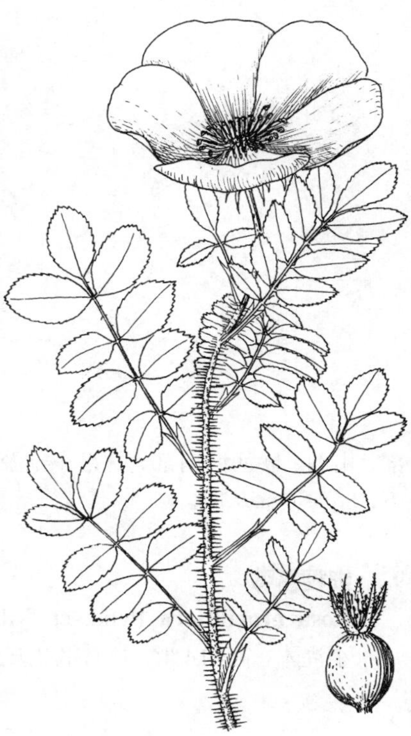

图 1170 腺叶蔷薇 （孙英宝绘）

7. 黄蔷薇 图 1172

Rosa hugonia Hemsl. in Curtis's Bot. Mag. 131: t. 8004. 1905.

矮小灌木，枝粗壮；常呈弓形；小枝无毛，皮刺扁平，常混生细密针刺。小叶5-13，连叶柄长4-8厘米；小叶卵形、椭圆形或倒卵形，长0.8-2厘米，先端圆钝或急尖，有锐锯齿，两面无毛，上面中脉下陷；托叶窄长，大部贴生叶柄，离生部分呈耳状，无毛，边缘有稀疏腺毛，花单生叶腋，径-5.5厘米，无苞片；花梗长1-2厘米，无毛；花萼外面无毛，萼片披针形，全缘，有中脉，内面有稀疏柔毛；花瓣黄色，宽倒卵形，先端微凹，基部宽楔形；雄蕊多数，着生在坛状萼筒口周围；花柱离生，被白色长柔毛，稍伸出萼筒口，比雄蕊短。蔷薇果扁球形，径1.2-1.5厘米，熟后紫红或黑褐色，无毛，有光泽；宿萼反折。花期5-6月，果期7-8月。

产山西、陕西、甘肃、青海及四川北部，生于海拔600-2300米阳坡或林缘灌丛中。

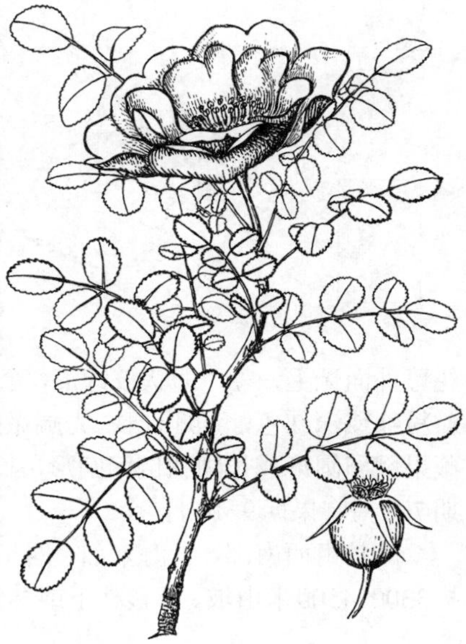

图 1171 黄刺玫 （引自《图鉴》）

8. 樱草蔷薇 图 1173

Rosa primula Bouleng. in Bull. Jard. Bot. Bruxell. 14: 121. 1936.

直立小灌木，高1-2米。小枝无毛；散生直立稍扁而基部膨大的皮刺。小叶9-15，稀7，连叶柄长3-7厘米；小叶椭圆形，椭圆状倒卵形或长椭圆形，长0.6-1.5厘米，有重锯齿，两面均无毛，下面密被腺点；叶轴、叶柄有稀疏腺，托叶卵状披针形，大部贴生叶柄，有不明显锯齿和腺，无毛。花单生叶腋，径2.5-4厘米；无苞片；花梗长0.8-1厘米，无毛；花萼外面

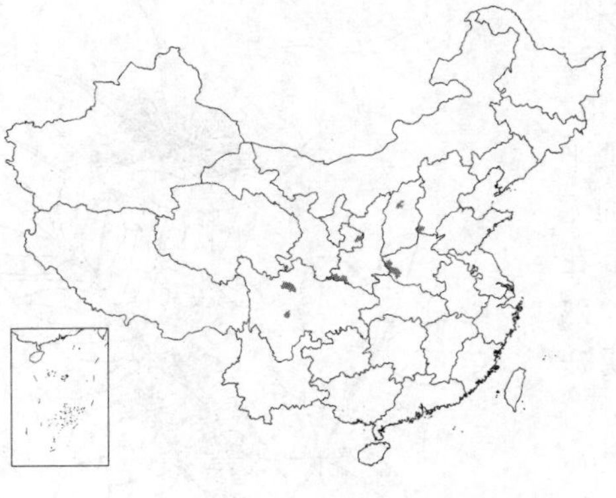

无毛，萼片披针形，全缘，内面有稀疏长柔毛；花瓣淡黄或黄白色，倒卵形，先端微凹，基部宽楔形；花柱离生，被长柔毛，比雄蕊短。蔷薇果卵圆形或近球形，径约1厘米，熟时红或黑褐色，无毛；宿萼反折；果柄长达1.5厘米。花期5-7月，果期7-11月。

产河北南部、河南西南部、山西、陕西西南部、甘肃东部及四川，生于海拔400-3450米山坡、林下，路旁或灌丛中。

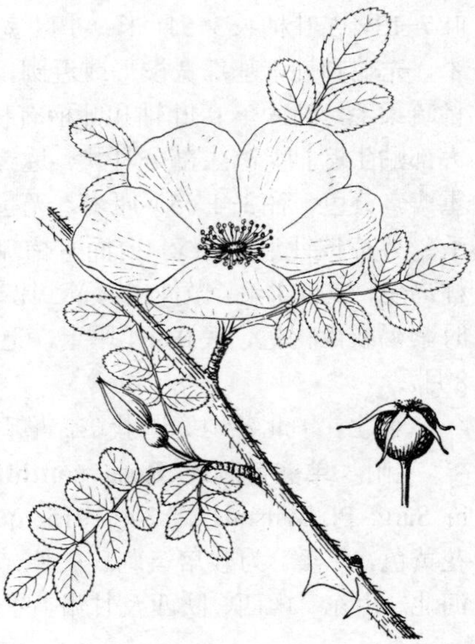

图 1172 黄蔷薇 （吴彰桦绘）

9. 细梗蔷薇 图 1174

Rosa graciliflora Rehd. et Wils. in Sarg. Pl. Wilson. 2: 330. 1915.

小灌木，高约4米。枝有散生皮刺，小枝无毛或近无毛，有时有腺毛。小叶9-11，稀7，连叶柄长5-8厘米；小叶卵形或椭圆形，长0.8-2厘米，有重锯齿或部分为单锯齿，齿尖有时有腺，上面无毛，下面无毛或有稀疏柔毛，常有腺；叶轴和叶柄散生稀疏皮刺和腺毛，托叶大部贴生叶柄，生部分耳状，有腺齿，无毛。花单生叶腋，径2.5-3.5厘米，无苞片；花梗长1.5-2.5厘米，无毛，有时有稀疏腺毛；花萼外面无毛，萼片卵状披针形，全缘或有时有齿，内面有白色绒毛；花瓣粉红或深红色，倒卵圆形，先端微凹；花柱离生，稍伸出，密被柔毛。蔷薇果倒卵圆形或长圆状倒卵圆形，长2-3厘米，熟时红色；宿萼直立。花期7-8月，果期9-10月。

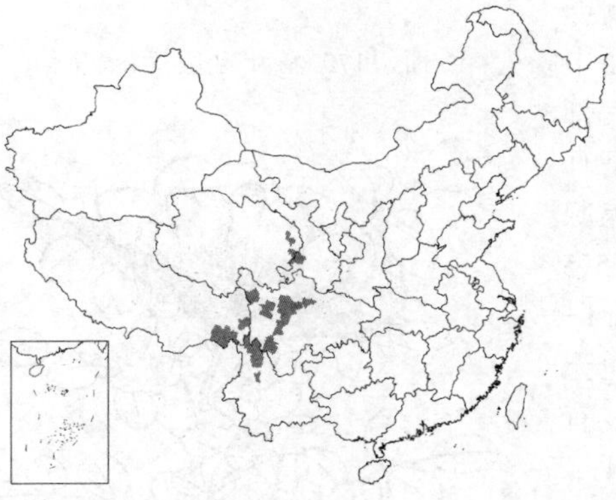

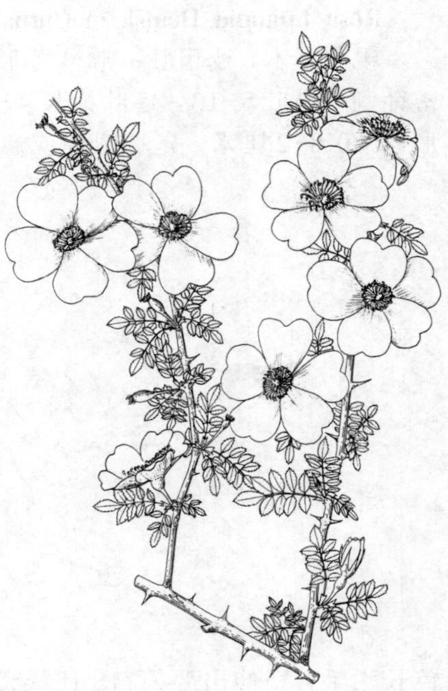

图 1173 樱草蔷薇 （孙英宝绘）

产甘肃西南部、青海东部、四川、云南西北部及西藏东南部，生于海拔3300-4500米山坡、云杉林下或林缘灌丛中。

10. 秦岭蔷薇 图 1175

Rosa tsinglingensis Pax. et Hoffm. in Fedde, Repert. Nov. Sp. Beih. 12: 44. 1922.

小灌木，高2-3米。小枝无毛，散生浅色皮刺，有时偶有针刺及腺毛。小叶11-13，稀9，连叶柄长5-11厘米，小叶椭圆形或长圆形，长1-2厘米，有重锯齿或单锯齿，幼时齿尖带腺，上面无毛，叶脉下陷，下面无毛或近无毛，常沿中脉有腺毛；叶轴、叶柄有散生皮刺和腺毛，托叶大部贴生叶

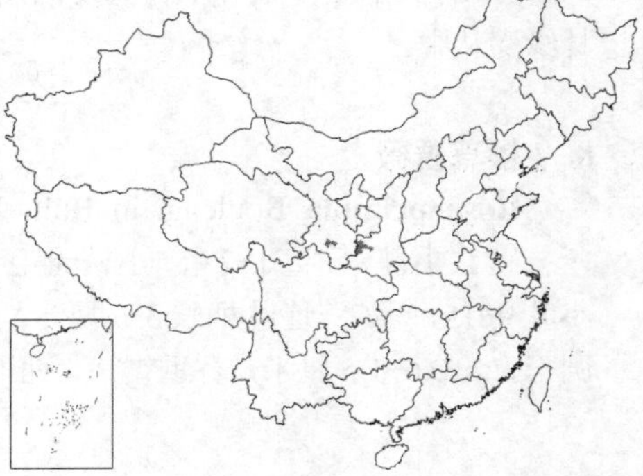

柄，顶端离生部分耳状，无毛，边缘具腺齿。花单生叶腋，径2.5-3厘米，无苞片；花梗长1.5-2厘米，无毛，有散生腺毛；花萼外面无毛，萼片三角状披针形，全缘或有锯齿，内面密被柔毛；花瓣白色，倒卵形；花柱离生，稍伸出，密被柔毛。蔷薇果倒卵圆形或长圆状倒卵圆形，长2-3厘米，红褐色，宿萼直立。花期7-8月，果期9月。

产陕西西南部及甘肃南部，生于海拔2800-3700米桦木林下或灌丛中。

图 1174 细梗蔷薇 （孙英宝绘）

11. 峨眉蔷薇 图 1176 彩片 150

Rosa omeiensis Rolfe in Curtis's Bot. Mag. 138: t. 8471. 1912.

直立灌木，高3-4米。小枝无刺或有扁而基部膨大皮刺，幼时常密生针刺或无针刺。小叶9-13(-17)，连叶柄长3-6厘米，小叶长圆形或椭圆状长圆形，长0.8-3厘米，有锐锯齿，上面无毛，中脉下陷，下面无毛或在中脉有疏柔毛，叶轴和叶柄有散生小皮刺，托叶大部贴生叶柄，离生部分三角状卵形，边缘有齿或全缘，有时有腺。花单生叶腋，径2.5-3.5厘米，无苞片；花梗长0.6-2厘米，无毛；萼片4，披针形，全缘，外面近无毛，内面有稀疏柔毛；花瓣4，白色，倒三角状卵形，先端微凹；花柱离生，被长柔毛，比雄蕊短。蔷薇果倒卵圆形或梨形，径0.8-1.5厘米，熟时亮红色，果柄肥大，宿萼直立。花期5-6月，果期7-9月。

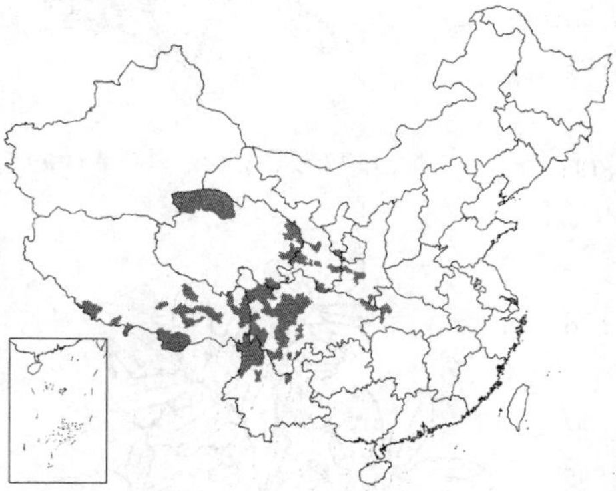

产湖北西部、陕西南部、宁夏南部、甘肃、青海、西藏、云南及四川，生于海拔750-4000米山坡、山麓或灌丛中。

图 1175 秦岭蔷薇 （引自《秦岭植物志》）

［附］**扁刺峨眉蔷薇** 彩片 151 **Rosa omeiensis** f. **pteracantha** Rehd. et Wils. in Sarg. Pl. Wilson. 2: 332.1915. 本变型与模式变型的区别：幼枝密被针刺及宽扁紫色皮刺，小叶上面叶脉明显，下面被柔毛。产云南、贵州、甘肃、四川、青海及西藏。

［附］**腺叶峨眉蔷薇 Rosa omeiensis** f. **glandulosa** Yu et Ku in Bull. Bot. Res. (Harbin) 1(4): 7.1981. 本变型与模式变型的区别：叶柄及叶下面有腺毛，叶缘为单锯齿或兼有重锯齿。产云南、四川及甘肃.

［附］**少对峨眉蔷薇 Rosa omeiensis** f. **paucijuga** Yu et Ku in Acta Phytotax. Sin. 18(4): 502.1980. 本变型与模式变型的区别：小叶5-9，长圆形或倒卵状长圆形，锯齿在前半部，基部全缘，两面无毛；蔷薇果梨形，果柄较短，稍膨大，红色。产云南及西藏。生于海拔2800-3600米高山灌丛向阳山坡。

图 1176 峨眉蔷薇 （吴彰桦绘）

12. 绢毛蔷薇 图 1177 彩片 152

Rosa sericea Lindl. Ros. Monogr. 105. t. 120. 1820.

直立灌木。枝弓形，皮刺散生或对生，基部稍膨大，有时密生针刺。小

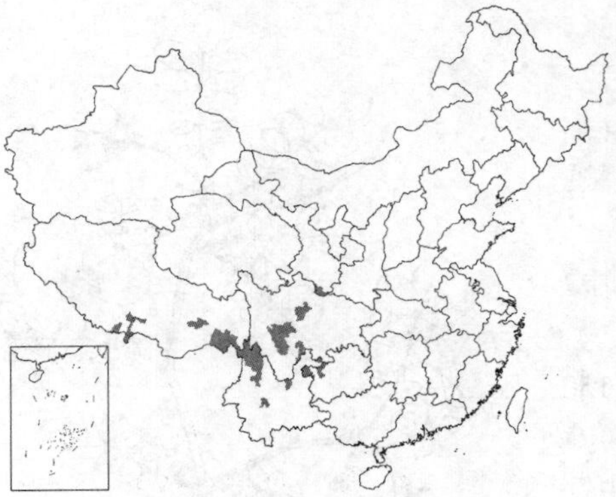

叶(5-)7-11，连叶柄长3.5-8厘米；小叶卵形或倒卵形，稀倒卵状长圆形，长0.8-2厘米，上半部有锯齿，基部全缘，上面无毛，有褶皱，下面被丝状长柔毛；叶轴、叶柄有极稀疏皮刺和腺毛，托叶大部贴生叶柄，顶端离生部分耳状，边缘有腺。花单生叶腋，径2.5-5厘米；无苞片，花梗长1-2厘米，无毛；萼片卵状披针形，全缘，外面有稀疏柔毛或近无毛，内面有长柔毛；花瓣白色，宽倒卵形，先端微凹；花柱离生，被长柔毛，稍伸出萼筒口，比雄蕊短。蔷薇果卵圆形或球形，径0.8-1.5厘米，红或紫红色，无毛，宿萼直立。花期5-6月，果期7-8月。

产贵州西北部、云南、四川、西藏东南部及南部，生于海拔2000-3800米山顶、山谷斜坡或向阳旱地。印度、缅甸及不丹有分布。

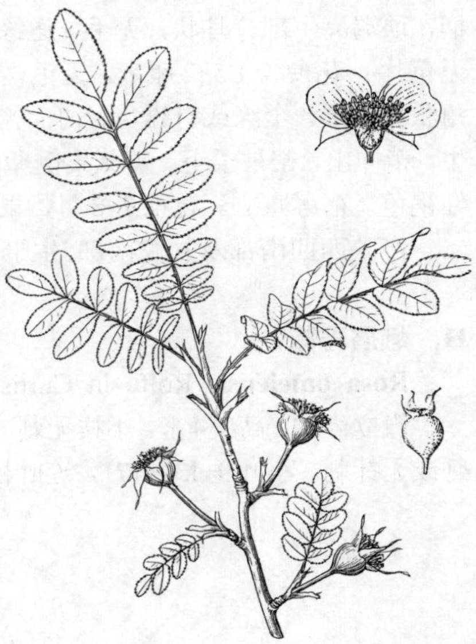

图 1177 绢毛蔷薇 （张泰利绘）

13. 毛叶蔷薇 图 1178

Rosa mairei Lévl. in Fedde, Repert. Sp. Nov. 11: 299. 1912.

矮小灌木。枝常弓形弯曲，幼时被长柔毛，渐脱落，老时无毛，散生扁平、翼状皮刺，有时密被针刺。小叶5-9(-11)，连叶柄长2-7厘米，小叶长圆状倒卵形或倒卵形，极稀长圆形，长0.6-2厘米，先端圆钝或平截，上部2/3或1/3部分有锯齿，两面被丝状柔毛，下面更密，沿叶脉较密，托叶大部贴生叶柄，离生部分卵形，边缘有齿或全缘，有毛。花单生叶腋，径2-3厘米；无苞片；花梗长0.8-1.5厘米，萼片卵形或披针形，全缘，外面有稀疏柔毛，内面密被柔毛；花瓣白色，宽倒卵形，先端凹凸不平；花柱离生，有毛，稍伸出花萼，短于雄蕊。蔷薇果倒卵圆形，径约1厘米，熟时红或褐色，无毛。花期5-7月，果期7-10月。

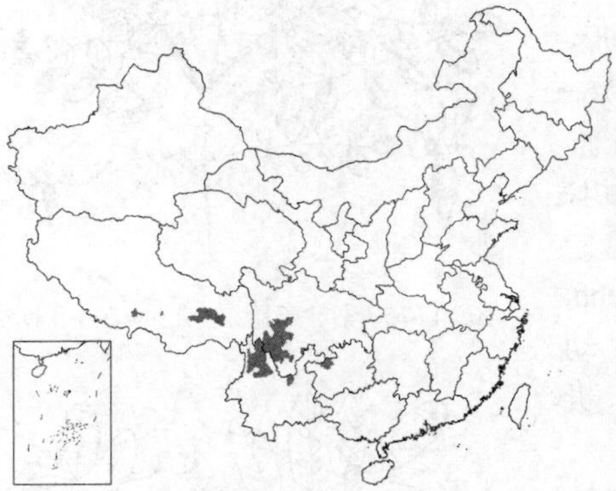

产贵州西北部、云南、四川西南部及西藏，生于海拔2300-4180米阳坡或沟边林中。

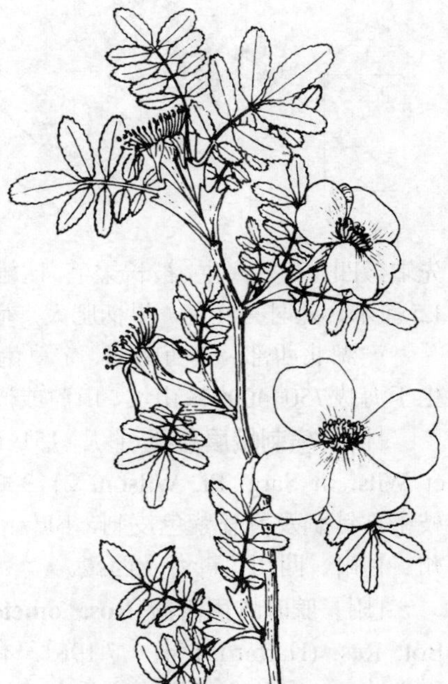

图 1178 毛叶蔷薇 （孙英宝绘）

14. 川西蔷薇 图 1179

Rosa sikangensis Yu et Ku in Acta Phytotax. Sin. 18(4): 501. 1980.

小灌木。小枝近无毛，有成对或散生皮刺，常混生细密针刺，针刺幼时顶端有腺。小叶7-9(-13)，连叶柄长3-5厘米；小叶长圆形或倒卵形，长0.6-1厘米，先端圆钝或平截，有细密重锯齿，下面无毛有腺；小叶柄和叶轴有柔毛和腺，托叶宽，大部贴

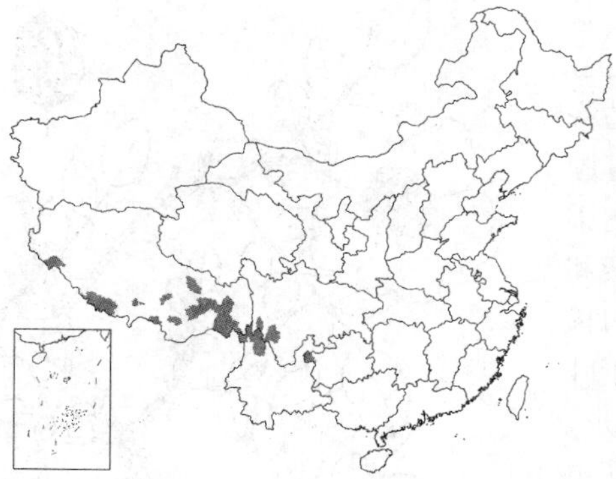

生叶柄，离生部分卵形或镰刀状，边缘有腺，有毛或无毛。花单生，径约2.5厘米；无苞片；花萼卵圆形，无毛，萼片4，卵状披针形，全缘，内面密被柔毛，外面毛较少，有腺；花瓣4，白色，倒卵形，先端凹；花柱离生，被长柔毛，比雄蕊短。蔷薇果球形，径约1厘米，熟时红色，外面有腺毛；果梗长0.8-1.2 厘米，有腺。花期5-6月，果期8-9月。

产云南、四川西南部及西藏，生于海拔2900-4150米河边、路旁或灌丛中。

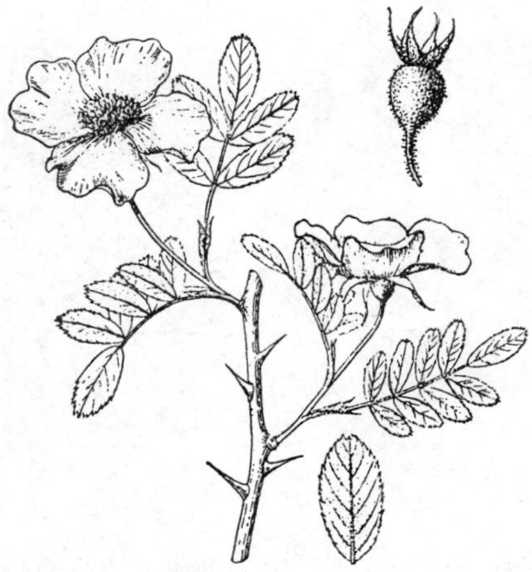

图 1179 川西蔷薇 （张泰利绘）

15. 弯刺蔷薇 图 1180

Rosa beggeriana Schrenk, Enum. P1. Nov. 73. 1841.

灌木，高1.5-3米；分枝较多；小枝圆柱形，稍弯曲，紫褐色，无毛；皮刺成对或散生，镰刀状，基部膨大，淡黄色。小叶5-9，连叶柄长3-9厘米；小叶宽椭圆形或椭圆状披针形，长0.8-2.5厘米，先端急尖或圆钝，基部近圆形或宽楔形，边缘有单锯齿而近基部全缘，上面深绿色，有时在红晕，无毛，中脉下陷，下面灰绿色，被柔毛或无毛，中脉突起；叶柄和叶轴有稀疏柔毛和针刺；托叶大部贴生于叶柄，离生部分卵形，先端渐尖，边缘有带腺锯齿。花数朵或多朵排成伞房状或圆锥状花序，极稀单生；花径2-3厘米；苞片1-3（-4），卵形，先端渐尖，边缘有带腺锯齿；花梗长1-2厘米，无毛或偶有稀疏腺毛；花萼近球形，无毛，萼片披针形，外面被腺毛；花瓣白色，稀粉红色，宽倒卵形，先端微凹，基部宽楔形；花柱离生，有长柔毛，比雄蕊短很多。蔷薇果近球形，稀卵圆形，径0.6-1厘米，熟后红或黑紫色，脱落。花期5-7月，果期7-10月。

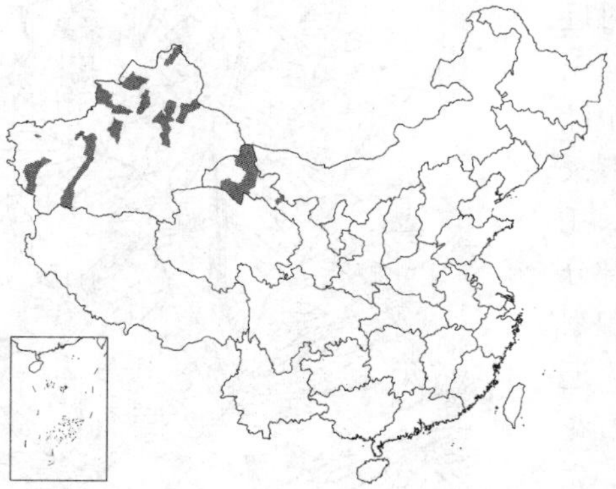

产新疆及甘肃西北部，生于海拔880-2000米山坡、山谷、河边或路旁等处。中亚、伊朗及阿富汗有分布。

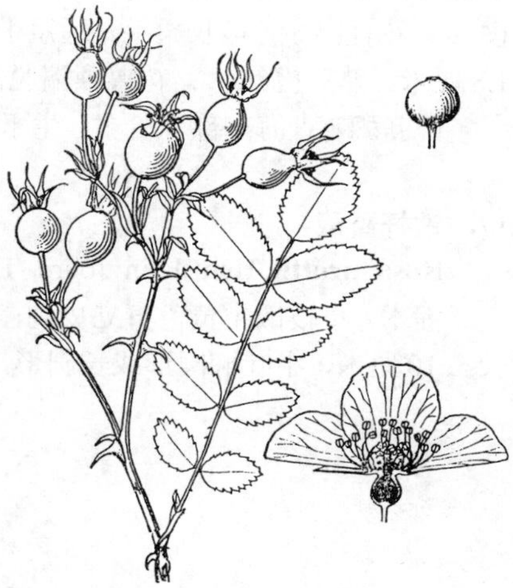

图 1180 弯刺蔷薇 （张春方绘）

［附］ **毛叶弯刺蔷薇 Rosa beggeriana** Schrenk var. **liouii** （Yu et Tsai） Yu et Ku in Bull. Bot. Res. (Harbin) 1(4): 8. 1981. —— *Rosa liouii* Yu et Tsai in Bull. Fam. Mem. Inst. Boil. Bot. ser. 7: 115. 1936. 本种与模式变种的区别：小叶两面密被柔毛；花梗和萼筒亦密被柔毛。产新疆，生于海拔800-2000米山坡、山谷、河边或路边等处。

16. 腺齿蔷薇 图 1181

Rosa albertii Regel in Acta Hort. Petrop. 8: 278. 1883.

灌木，高1-2米；小枝灰褐色或紫褐色，无毛，有散生直细皮刺，通常密生针刺，针刺基部圆盘。小叶5-7，连叶柄长3-8厘米，小叶卵形、椭

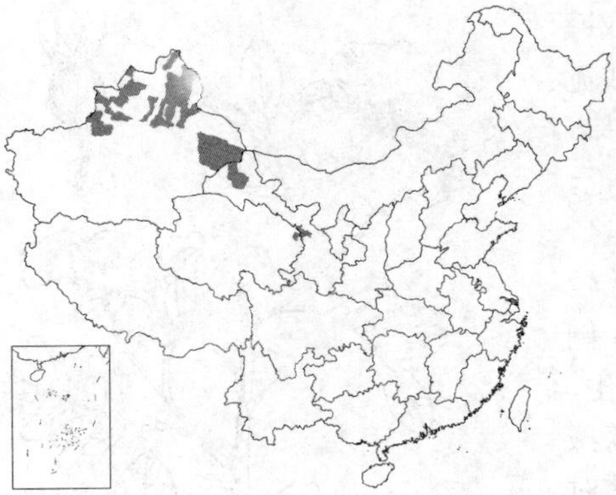

圆形、倒卵形或近圆形，长0.8-3厘米，先圆钝或急尖，基部近圆形或宽楔形，边缘有重锯齿，有时齿尖有腺体，上面无毛，下面有短柔短柔毛，沿脉较密；叶柄和叶轴被短柔毛、腺毛和稀疏针刺；托叶大部贴生于叶柄，离生部分卵状披针形，先端渐尖，边缘有腺。花单生或2-3朵簇生，径3-4厘米；苞片卵形，先端渐尖，边缘有腺毛，两面无毛或有时下面有腺毛；花梗长1.5-厘米，无毛，有腺毛或无；萼片卵状披针形，先端尾尖，外面无毛或有腺毛，内面密被柔毛；花瓣白色，宽倒卵形，先端微凹，基部宽楔形；花柱离生，被长柔毛，远短于雄蕊。蔷薇果梨形或椭圆形，径0.8-1.8厘米，熟后橙红色；花萼顶端脱落。花期6-8月，果期8-10月。

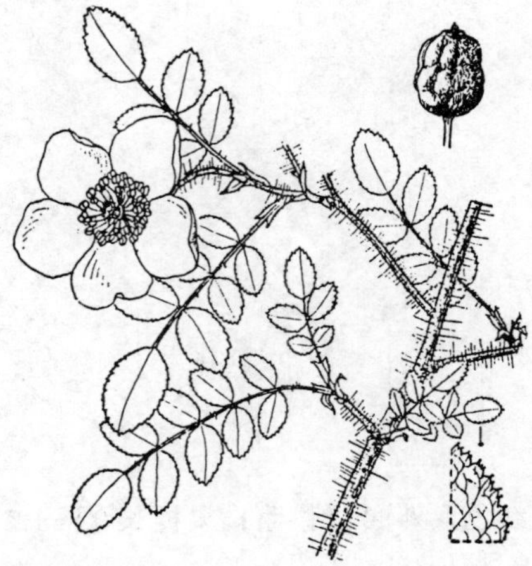

图 1181 腺齿蔷薇 （张春方绘）

产新疆、青海东部及甘肃，生于海拔1200-2000米山坡、云杉落叶松林下或林缘等处。俄罗斯西伯利亚有分布。

17. 铁杆蔷薇 图 1182

Rosa prottii Hemsl. in Journ. Linn. Soc. Bot. 29: 307. f. 30. 1892.

灌木。小枝散生黄色直立皮刺，常混生细密针刺。小叶7-15，连叶柄长5-10厘米，小叶椭圆形或长圆形，长0.6-2厘米，有浅细锯齿，有时近基部全缘，微反卷，上面无毛，中脉下陷，下面沿中脉有短柔毛；叶柄和叶轴有柔毛和腺毛，或偶有针刺，托叶大部贴生叶柄，离生部分卵形，先端渐尖，有带腺锯齿。花常2-7朵，簇生，近伞形伞房状花序，稀单生，花径约2厘米；苞片卵形，先端渐尖或尾尖，边缘有带腺锯齿。花梗长0.8-3厘米，有腺毛，幼时有稀疏柔毛；花萼纺锤状，无毛或有腺毛，萼片卵状披针形，先端尾状，全缘，外面有稀疏柔毛和腺毛，内面密被柔毛；花瓣粉红色，宽倒卵形，先端微凹；花柱离生，密被长柔毛，比雄蕊短。蔷薇果球形或椭圆形，有短颈，径5-8毫米，熟时猩红色，宿存萼片直立，熟后花萼顶端一起脱落。花期5-7月，果期8-10月。

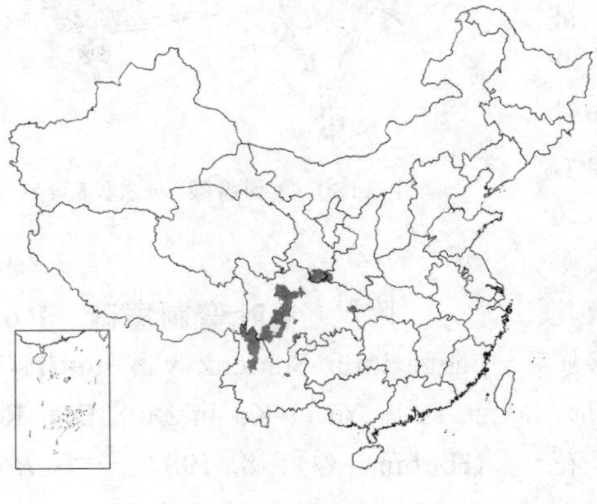

图 1182 铁杆蔷薇
（引自《Journ. Linn. Soc. Bot》）

产甘肃南部、陕西西南部、四川及云南，生于海拔1900-3000米山坡阳处灌丛中或林中。

18. 小叶蔷薇 图 1183

Rosa willmottiae Hemsl. in Kew Bull. 1907: 317. 1907.

灌木，高1-3米。小枝无毛，有成对或散生皮刺，极稀老枝有刺毛。小叶7-9，连叶柄长2-4厘米，小叶椭圆形、倒卵形或近圆形，长0.6-0.7厘

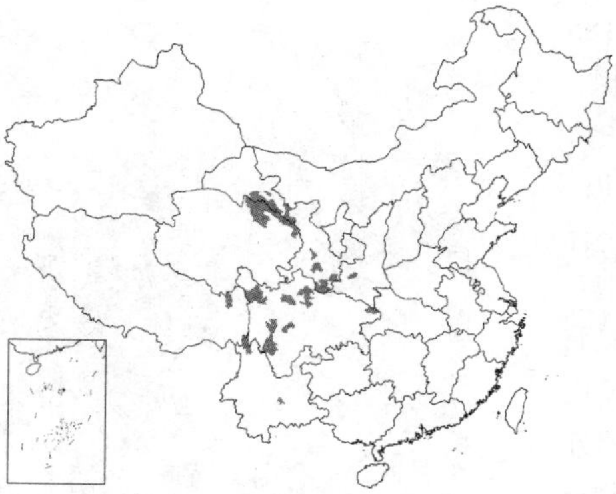

米，先端圆钝，基部近圆，稀宽楔形，有单锯齿，中部以上具重锯齿，近基部全缘，两面无毛，或下面沿中脉有短柔毛；小叶柄和叶轴无毛或有稀疏短柔毛、腺毛和小皮刺，托叶大部贴生叶柄，离生部分卵状披针形，有带腺锯齿或全缘。花单生，径约3厘米；苞片卵状披针形，先端尾尖，有带腺锯齿，外面中脉明显；花梗长1-1.5厘米，无毛，带有腺毛；萼片三角状披针形，全缘，外面无毛，内面密被柔毛；花瓣粉红色，倒卵形，先端微凹；花柱离生，密被柔毛，短于雄蕊。蔷薇果长圆形或近球形，径约1厘米，熟时桔红色，有光泽；花萼脱落。花期5-6月，果期7-9月。

产陕西、甘肃、青海东北部、四川、云南及西藏，生于海拔1300-3150米灌丛中、山坡路旁或沟边。

［附］多腺小叶蔷薇 **Rosa willmottiae** var. **glandulifera** Yu et Ku in Acta Phytotax. Sin. 18(4): 503.1980. 本变种与模式变种的区别：小叶边缘为重锯齿，齿尖有腺体，下面有疏密不均腺体。产甘肃、四川、云南及西藏，生于海拔2500-3800米阳坡灌丛中。

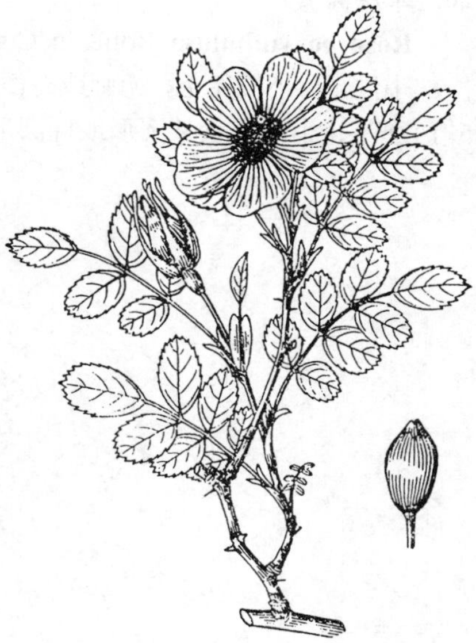

图 1183 小叶蔷薇 （王金凤绘）

19. 刺梗蔷薇 图 1184

Rosa setipoda Hemsl. et Wils. in Kew Bull. 1906: 158. 1906.

灌木，高达3米。小枝无毛，散生宽扁皮刺，稀无刺。小叶5-9，连叶柄长8-19厘米，小叶卵形、椭圆形或宽椭圆形，长2.5-5.2厘米，有重锯齿，齿尖常带腺体，上面无毛，下面中脉和侧脉均突起，有柔毛和腺体；小叶柄和叶轴密被腺毛或有稀疏小皮刺，托叶大部贴生叶柄，离生部分耳状，三角状披针形，边缘及下面有腺体。稀疏伞房花序，花序基部苞片2-3，苞片卵形，边缘有不规则的齿和腺体，下面有明显网脉、柔毛和腺体。花梗长1.3-2.4厘米，被腺毛；花径3.5-5厘米；萼片卵形，先端叶状，边缘具羽状裂片或有锯齿，齿尖带腺体，外面有腺毛，内面密被绒毛；花瓣粉红或玫瑰紫色，宽倒卵形，外面微被柔毛；花柱离生，被柔毛，短于雄蕊。蔷薇果长圆状卵圆形，顶端有短颈，径1-2厘米，熟时深红色，有腺毛或无腺毛，宿萼直立。花期5-7月，果期7-10月。

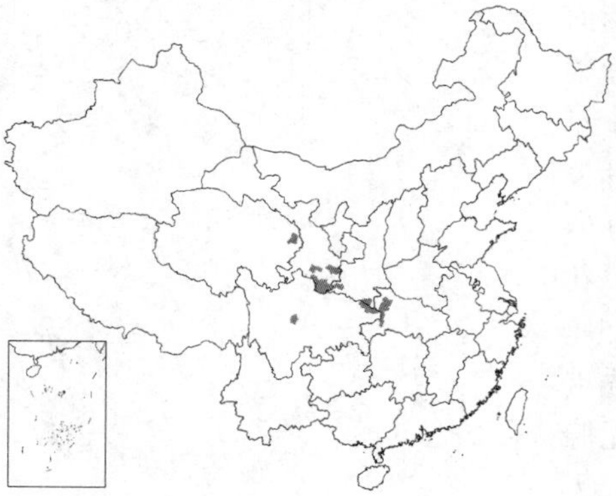

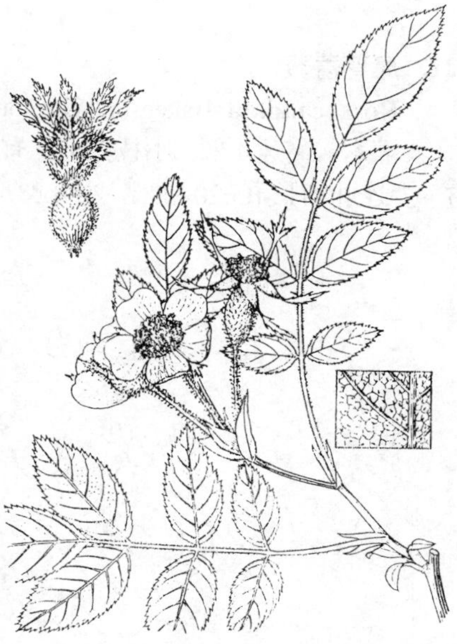

图 1184 刺梗蔷薇 （王金凤绘）

产湖北西部、四川、陕西南部、甘肃南部及青海东部，生于海拔1800-2600米山坡或灌丛中。

20. 伞房蔷薇　　图 1185

Rosa corymbulosa Rolfe in Curtis's Bot. Mag. 140: t. 8566. 1914.

小灌木。小枝无毛，无刺或有散生小皮刺。小叶3-5，稀7，连叶柄长5-13厘米；小叶卵状长圆形或椭圆形，长2.5-6厘米，有重锯齿或单锯齿，上面无毛，下面灰白色，有柔毛，沿中脉和侧脉较密；小叶柄和叶轴有稀疏短柔毛和腺毛，有散生小皮刺，托叶大部贴生叶柄，离生部分卵形，边缘有腺毛。伞形伞房花序，稀花单生；花径2-2.5厘米；苞片卵形或卵状披针形，边缘有腺毛。花梗长2-4厘米，有柔毛和腺毛；萼片卵状披针形，先端叶状，全缘或有不明显锯齿和腺毛，内外两面均有柔毛，内面较密；花瓣红色，基部白色，宽倒心形，先端有凹缺，短于萼片；花柱密被黄白色长柔毛，与雄蕊近等长或稍短。蔷薇果近球形或卵圆形，径约8毫米，熟时猩红或暗红色；宿萼直立。花期6-7月，果期8-10月。

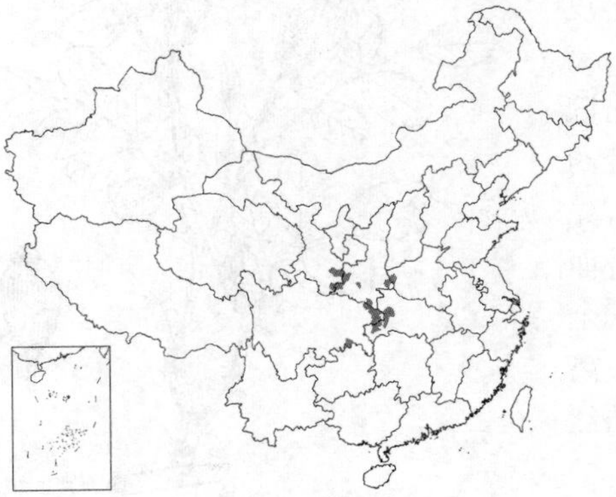

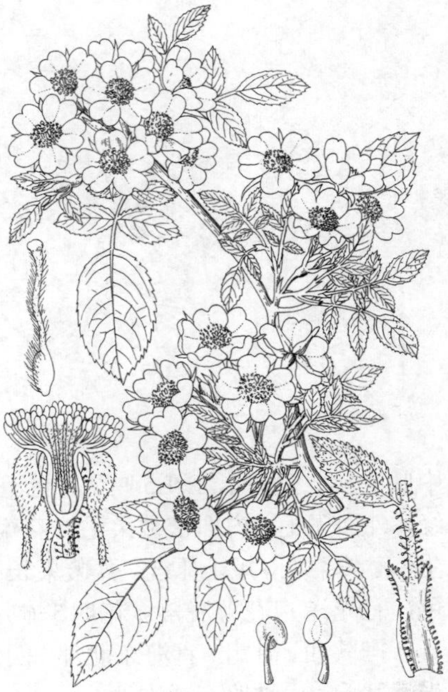

图 1185 伞房蔷薇 （孙英宝仿绘）

产河南西部、湖北西部、四川东部及东南部、陕西南部及甘肃东南部，生于海拔1600-2000米灌丛中、山坡、林下或河边。

21. 尾萼蔷薇　　图 1186

Rosa caudata Baker in Willmott, Gen. Ros. 2: 495. 1914.

灌木，高达4米。小枝无毛，有散生、直立、肥厚三角形皮刺。小叶7-9，连叶柄长10-20厘米，小叶卵形、长圆状卵形或椭圆状卵形，长3-7厘米，有单锯齿，上下两面无毛或下面沿脉有稀疏短柔毛；小叶柄和叶轴无毛，有散生腺毛和小皮刺，托叶大部贴生叶柄，离生部分卵形，全缘，有或无腺毛。花多朵成伞房状，花径3.5-5厘米；苞片数枚，卵形，先端尾尖，边缘有腺体或无腺体；花梗长1.5-4厘米，无毛，密被腺毛或无腺；花萼长圆形，密被腺毛或近光滑，萼片长达3厘米，三角状卵形，全缘，外面无毛，内面密被短柔毛；花瓣红色，宽倒卵形，先端微凹；花柱离生，被柔毛。蔷薇果长圆形，长2-2.5厘米，熟时桔红色；宿萼直立。花期6-7月，果期7-11月。

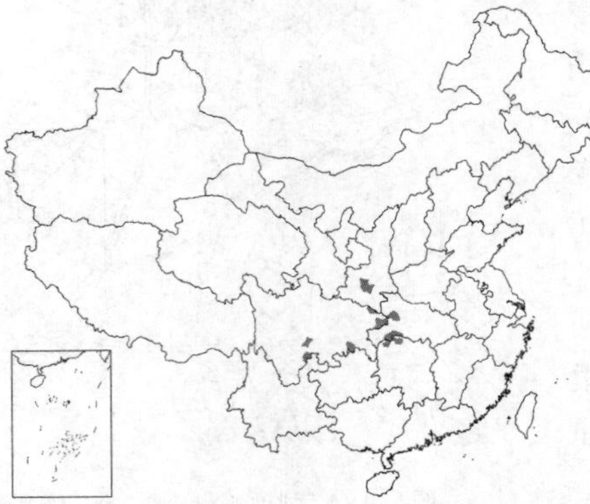

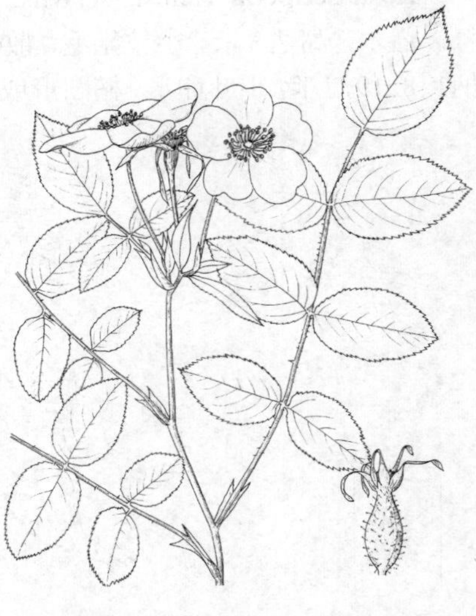

图 1186 尾萼蔷薇 （孙英宝绘）

产陕西南部、四川、湖北西部及西南部、湖南西北部，生于海拔1650-2000米山坡或灌丛中。

22. 钝叶蔷薇 图 1187

Rosa sertata Rolfe in Curtis's Bot. Mag. 138: t. 8473. 1919.

灌木。小枝无毛，散生直立皮刺或无刺。小叶7-10，连叶柄长5-8厘米；小叶椭圆形或卵状椭圆形，长1-2.5厘米，有尖锐锯齿，近基部全缘，两面无毛，或下面沿中脉有稀疏柔毛；小叶柄和叶轴有稀疏柔毛、腺毛或小皮刺，托叶大部贴生叶柄，离生部分耳状，卵形，无毛，边缘有腺毛。花单生或3-5朵排成伞房状，花径2-3.5厘米；苞片1-3，卵形，边缘有腺毛，无毛；花梗长1.5-3厘米，花梗和萼筒无毛，或有稀疏腺毛；萼片卵状披针形，先端叶状，全缘，外面无毛，内面密被黄白色柔毛，边缘较密；花瓣粉红或玫瑰色，宽倒卵形，先端微凹，短于萼片；花柱离生，被柔毛，比雄蕊短。蔷薇果卵圆形，顶端有短颈，长1.2-2厘米，熟时深红色，宿萼直立。花期6月，果期8-10月。

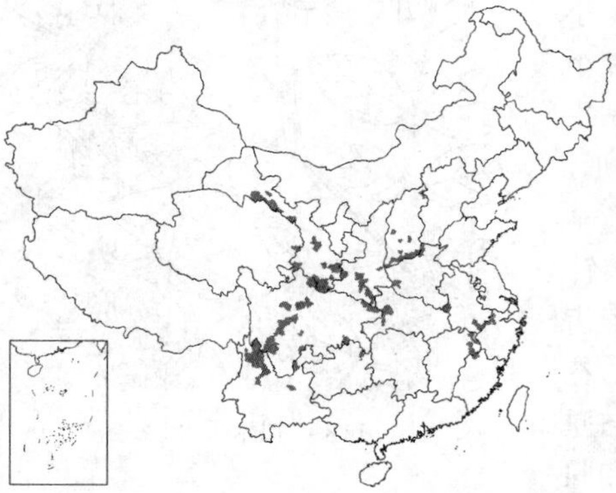

产青海东部、甘肃、陕西、山西、河南、安徽、江苏西南部、浙江西北部、福建西北部、江西东北部、湖北西部、四川、贵州东北部及云南，生于海拔1390-2200米山坡、路旁、沟边或疏林中。根药用，调经、消肿，治痛风。

图 1187 钝叶蔷薇 （引自《图鉴》）

23. 西北蔷薇 图 1188

Rosa davidii Grép. in Bull. Soc. Bot. Belg. 13: 253. 1874.

灌木。小枝无毛，刺直立或弯曲，通常扁而基部膨大。小叶7-9，稀11或5，连叶柄长7-14厘米；小叶卵状长圆形或椭圆形，长2.5-4(-6)厘米，有尖锐单锯齿，近基部全缘，上面无毛，下面灰白色。密被短柔毛或散生柔毛，小叶柄和叶轴有短柔毛、腺毛和稀疏小皮刺，托叶大部贴生叶柄，离生部分卵形，边缘有腺体。伞房状花序；有大形苞片，苞片卵形或披针形，两面有短柔毛。花径2-3厘米；花梗长1.5-2.5厘米，有柔毛和腺毛；萼片卵形，先端叶状，全缘，两面均有短柔毛，内面较密，外面有腺毛；花瓣深粉色，宽倒卵形，先端微凹；花柱离生，密被柔毛，外伸，比雄蕊短或近等长。蔷薇果长椭圆形或长倒卵圆形，顶端有长颈，径1-2厘米，熟时深红或桔红色，有腺毛或无腺毛；宿萼直立；果柄密被柔毛和腺毛。花期6-7月，果期9月。

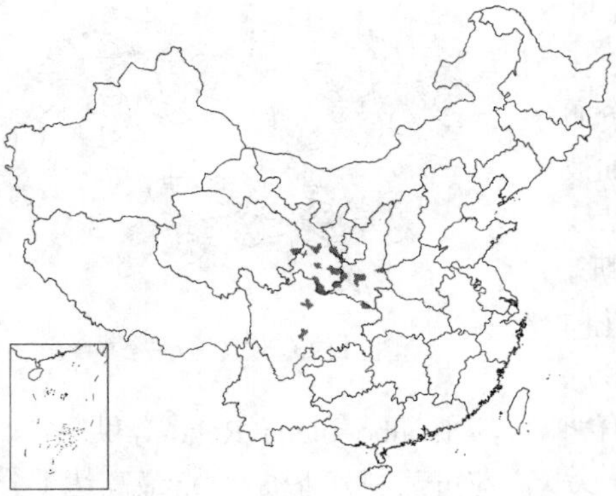

图 1188 西北蔷薇 （孙英宝仿绘）

产四川、陕西南部、甘肃南部、宁夏南部及青海东部，生于海拔1500-2600米山坡灌丛中或林缘。

24. 拟木香 图 1189

Rosa banksiopsis Baker in Willmott, Gen. Ros. 2: 503. 1914.

小灌木，小枝有稀疏散生皮刺或无刺。小叶7–9，连叶柄长5–13厘米小叶卵形或长圆形，稀长椭圆形，长2–4.3厘米，有尖锐单锯齿，上面无毛，中脉和侧脉下陷，下面黄绿色，无毛或有稀疏柔毛；小叶柄和叶轴无毛或被稀疏小皮刺和腺毛，托叶大部贴生叶柄，离生部分耳状，卵形，边缘有腺齿或全缘，无毛。伞房花序；苞片卵形或披针形，先端尾尖，边缘有腺齿或全缘，有稀疏短柔毛。花径2–3厘米；花梗长1–2.5厘米，无毛或有稀疏柔毛和腺毛；萼片卵状披针形，先端叶状，外面无毛或有稀疏柔毛，有腺毛，内面密被柔毛，边缘较密；花瓣粉红或玫瑰红色，倒卵形，先端微凹；花柱离生，稍伸出，密被长柔毛，比雄蕊短。蔷薇果卵圆形，径约8毫米，顶端有短颈，熟时桔红色，光滑，宿萼直立。花期6–7月，果期7–9月。

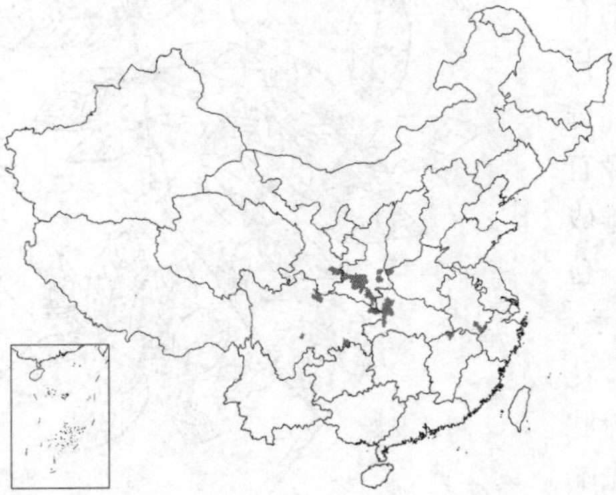

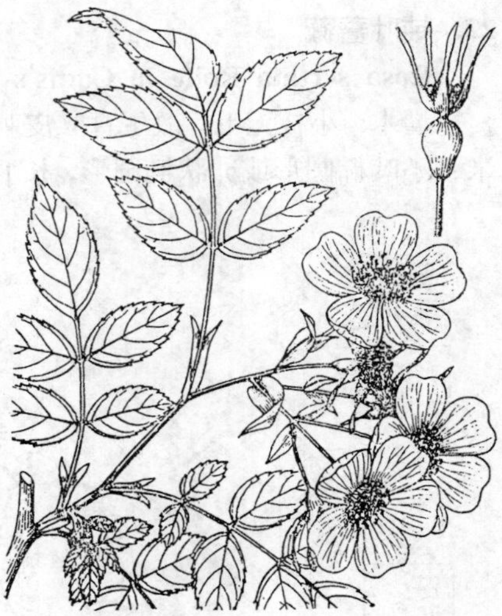

图 1189 拟木香 （王金凤绘）

产安徽东南部、江西北部、湖北西部、河南西部、陕西南部、甘肃东南部及四川，生于山坡林下或灌丛中。

25. 玫瑰 图 1190

Rosa rugosa Thunb. Fl. Jap. 213. 1784.

灌木，高达2米。茎粗壮，丛生；小枝密生绒毛，并有针刺和腺毛，有皮刺，皮刺直立或弯曲，淡黄色，被绒毛。小叶5–9，连叶柄长5–13厘米；小叶椭圆形或椭圆状倒卵形，长1.5–4.5厘米，有尖锐锯齿，上面无毛，叶脉下陷，有褶皱，下面灰绿色，密被绒毛和腺毛；叶柄和叶轴密被绒毛和腺毛，托叶大部贴生叶柄，离生部分卵形，边缘有带腺锯齿，下面被绒毛。花单生叶腋或数朵簇生，径4–5.5厘米；苞片卵形，边缘有腺毛，外被绒毛；花梗长0.5–2.5厘米，密被绒毛和腺毛；萼片卵状披针形，常有羽状裂片成叶状，上面有稀疏柔毛，下面密被柔毛和腺毛；花瓣紫红或白色，芳香，半重瓣至重瓣，倒卵形；花柱离生，被毛，稍伸出花萼，短于雄蕊。蔷薇果扁球形，径2–2.5厘米，熟时砖红色，肉质，平滑，萼片宿存。花期5–6月，果期8–9月。

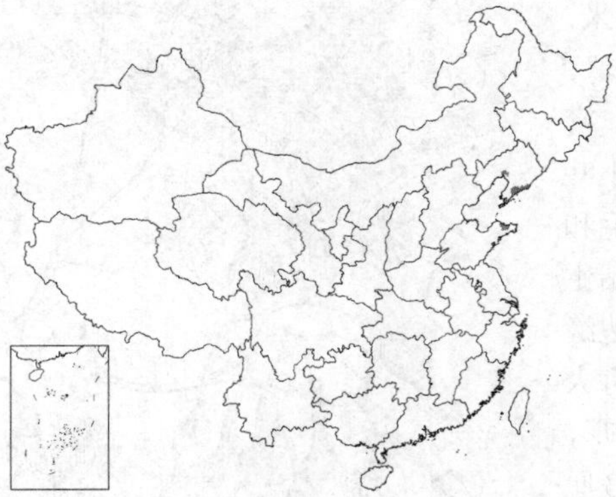

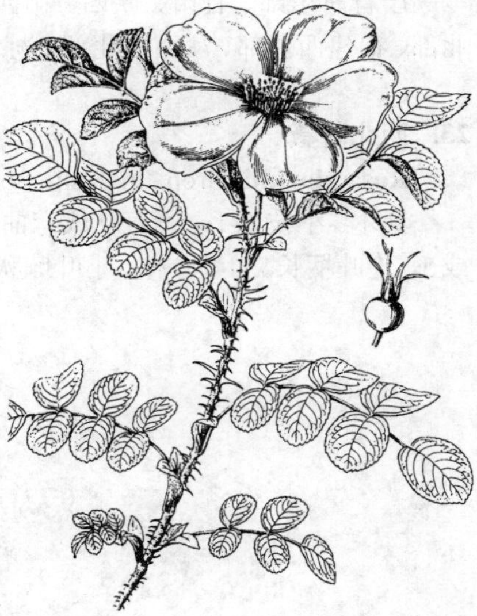

图 1190 玫瑰 （冯金环绘）

产辽宁南部和山东东部沿海地区。日本及朝鲜半岛北部有分布。各地均有栽培。园艺品种很多，有粉红单瓣R. rugosa f. rosea Rehd.、白花单瓣 f. alba (Ware) Rehd.、紫花重瓣 f. plena (Regel) Byhouwer、白花重瓣 f. albo-plena Rehd.等供观赏。鲜花可蒸制芳香油，含量最高达千分之六，供食用及化妆晶用，花瓣可制饼馅、玫瑰酒、玫瑰糖浆，干制后可泡茶，花蕾入药治肝、胃气痛、胸腹胀满和月经不调。果富含维生素C、葡萄糖、果糖、蔗糖、枸橼酸、苹果酸及胡萝卜素等。种子含油约14%。

26. 山刺玫 图 1191

Rosa davurica Pall. Fl. Ross. 1, 2: 61. 1788.

直立灌木。小枝无毛，有带黄色皮刺，皮刺基部膨大，稍弯曲，常成对生于小叶或叶柄基部。小叶7-9，连叶柄长4-10厘米；小叶长圆形或宽披针形，长1.5-3.5厘米，有单锯齿或重锯齿，上面无毛，中脉和侧脉下陷，下面灰绿色，有腺点和稀疏短毛；叶柄和叶轴有柔毛、腺毛和稀疏皮刺，托叶大部贴生叶柄，离生部分卵形，边缘有带腺锯齿，下面被柔毛。花单生叶腋，或2-3朵簇生，径3-4厘米；苞片卵形，有腺齿，下面有柔毛和腺点；花梗长5-8厘米，无毛或有腺毛；花萼近圆形，无毛，萼片披针形，先端叶状，有不整齐锯齿和腺毛，下面有稀疏柔毛和腺毛，下面被柔毛，边缘较密；花瓣粉红色，倒卵形，先端不平整；花柱离生，被毛，短于雄蕊。蔷薇果近球形或卵圆形，径1-1.5厘米，熟时红色，平滑，宿萼直立。花期6-7月，果期8-9月。

产黑龙江、吉林、辽宁、内蒙古、河北、山西、陕西南部、甘肃南部、四川及湖北西部，生于海拔430-2500米阳坡、林缘或丘陵草地。朝鲜半岛北部、俄罗斯西伯利亚东部及蒙古南部有分布。果含多种维生素、果胶、糖分及鞣质等，入药健脾胃，助消化。根主要含儿茶类鞣质，止咳祛痰，止痢，止血。

［附］**光叶山刺玫 Rosa davurica** var. **glabra** Liou, Ill. Fl. Lign. Pl. Northenst. China 314. 1995. 本变种与模式变种的区别：小叶长达4厘米，下面无粒状腺体，通常无毛，仅沿脉有短柔毛。产黑龙江、吉林及辽宁。朝鲜半岛北部有分布。

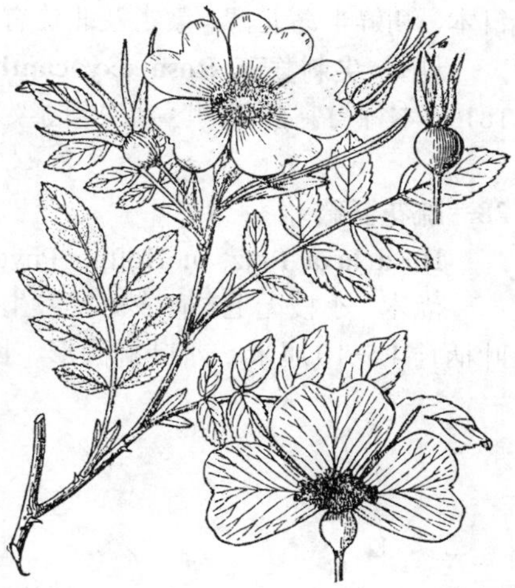

图 1191 山刺玫 （路桂兰绘）

27. 刺蔷薇 图 1192

Rosa acicularis Lindl. Ros. Monogr. 44. 1820.

灌木。小枝无毛；有皮刺，常密生针刺，稀无刺。小叶3-7，连叶柄长7-14厘米；小叶宽椭圆形或长圆形，长1.5-5厘米，有单锯齿或不明显重锯齿，上面无毛，中脉和侧脉微下陷，下面淡绿色，被柔毛，沿中脉较密；叶柄和叶轴有柔毛、腺毛和稀疏皮刺，托叶大部贴生叶柄，离生部分宽卵形，边缘有腺齿，下面被柔毛。花单生或2-3集生，径3.5-5厘米；苞片卵形或卵状披针形，有腺齿或缺刻；花梗长2-3.5厘米，无毛，密被腺毛；花萼长椭圆形，无毛或有腺毛，萼片披针形，外面有腺毛或稀疏针刺，内面密被柔毛；花瓣粉红色，芳香，倒卵形，先端微凹；花柱离生，被毛，短于雄蕊。蔷薇果梨形，长椭圆形或倒卵圆形，径1-1.5厘米，有颈，熟时红色。花期6-7月，果期7-9月。

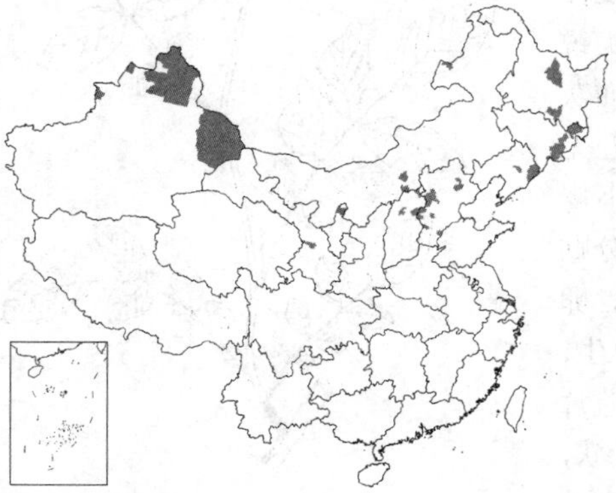

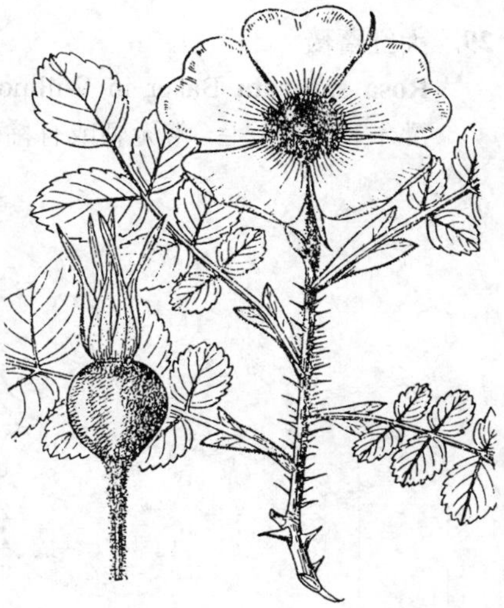

图 1192 刺蔷薇 （路桂兰绘）

产黑龙江、吉林、辽宁、内蒙古、河北、山西、陕西、甘肃及新疆，生于海拔450-1820米山坡阳处、灌丛中或桦木林下及采伐迹地。北欧、北亚，日本、朝鲜半岛北部、蒙古及北美有分布。

［附］**尖刺蔷薇 Rosa oxyacantha** M. Bieb. F1. Taur.-Cauc. 3：338. 1819. 本种与刺蔷薇的区别：叶边缘为重锯齿或不明显重锯齿，下面无毛；花梗长1.5-2厘米，密被腺毛，稀无毛。产新疆北部，生于海拔1100-1400米灌木丛中。俄罗斯西伯利亚及蒙古有分布。

28. 疏花蔷薇 图 1193

Rosa laxa Retz. in Hoffm. Phytogr. B1. 39. 1803.

灌木。小枝无毛，有成对或散生、镰刀状、浅黄色皮刺。小叶7-9，连叶柄长4.5-10厘米；小叶椭圆形、长圆形或卵形，稀倒卵形，长1.5-4厘米，有单锯齿，稀有重锯齿，两面无毛或下面有柔毛；叶轴上面有散生皮刺、腺毛和短柔毛，托叶大部贴生叶柄，离生部分耳状，卵形，边缘有腺齿，无毛。花常3-6朵组成伞房状，有时单生，花径约3厘米；苞片卵形、先端渐尖，有柔毛和腺毛；花梗长1-1.8（-3）厘米；花萼无毛或有腺毛，萼片卵状披针形，全缘，外面有稀疏柔毛和腺毛，内面密被柔毛；花瓣白色，倒卵形，先端凹凸不平；花柱离生，密被长柔毛，短于雄蕊。蔷薇时长圆形或卵圆形，径1-1.8厘米，顶端有短颈，熟时红色，常有光泽；宿萼直立。花期6-8月，果期8-9月。

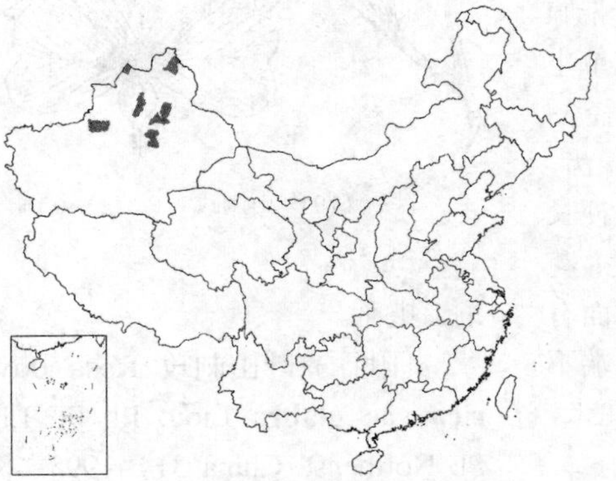

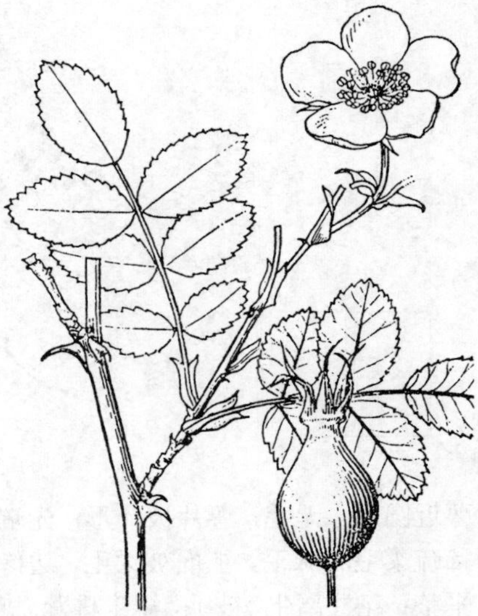

图 1193 疏花蔷薇 （张春方绘）

产新疆，生于海拔500-1500米灌丛中、干沟边或河谷。阿尔泰山区及西伯利亚中部有分布。

29. 大红蔷薇 图 1194

Rosa saturata Baker in Willmott, Gon. Ros. 2：503. 1914.

灌木。小枝无毛，常无刺或有稀疏小皮刺。小叶通常7（-9），近花序常为5小叶，连叶柄长7-16厘米；小叶卵形或卵状披针形，长2.5-6.5厘米，有尖锐单锯齿，上面无毛，下面灰绿色，沿脉有柔毛或近无毛；叶轴被毛和稀疏小皮刺，托叶宽，约2/3部分贴生叶柄，离生部分耳状，卵形，全缘，近无毛。花单生，稀2朵，径3.5-5厘米；苞片1-2，卵状披针形，先端叶状，长于花瓣1/3或1/2，全缘或有时先端有稀疏锯齿，外面近无毛，内面密被柔毛，边缘较密；花瓣红色，倒卵形；花柱离生，密被柔毛，短于雄蕊。蔷薇果球形，径1.5-2厘米，熟时朱红色，宿萼斜伸。花期6月，果期7-10月。

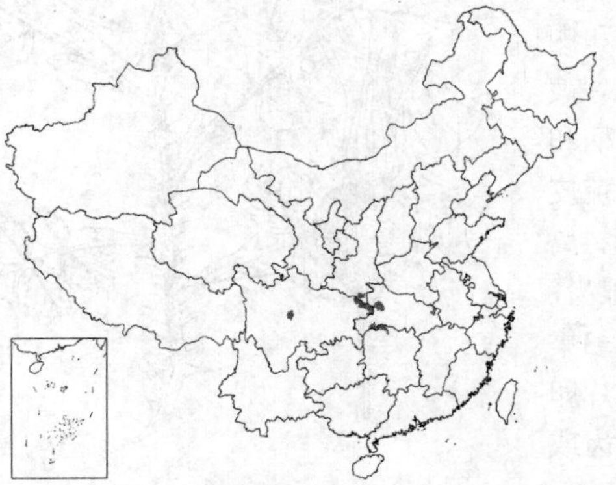

产四川中部及东部、湖北西部及西南部、湖南北部及浙江西北部，生于海拔2200-2400米山坡、灌丛中或沟旁。

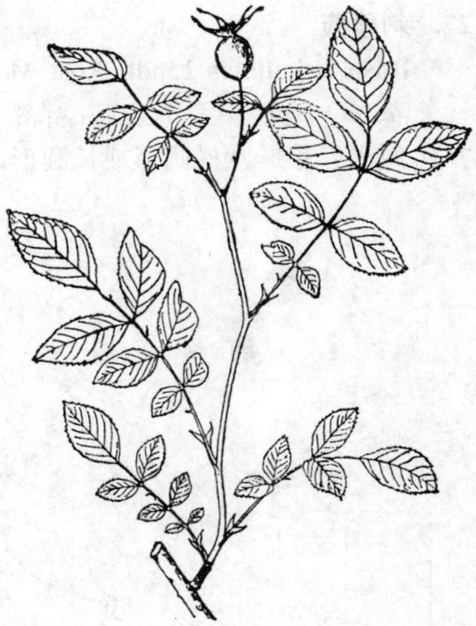

图 1194 大红蔷薇 （引自《湖北植物志》）

30. 美蔷薇 图 1195

Rosa bella Rehd. et Wils. in Sarg. P1. Wilson. 2: 341. 1915.

灌木。小枝散生直立基部稍膨大皮刺，老枝常密被针刺。小叶7-9，稀5，连叶柄长4-11厘米；小叶椭圆形、卵形或长圆形，长1-3厘米，有单锯齿，两面无毛或下面沿脉有散生柔毛和腺毛；小叶柄和叶轴无毛或有稀疏柔毛，有散生腺毛和小皮刺，托叶大部贴生于叶柄，离生部分卵形，边缘有腺齿，无毛。花单生或2-3集生，径4-5厘米；苞片卵状披针形，边缘有腺齿，无毛；花梗长0.5-1厘米，与花萼均被腺毛；萼片卵状披针形，全缘，外面有腺毛，短于雄蕊。蔷薇果椭圆状卵圆形，径1-1.5厘米，顶端有短颈，熟时猩红色，有腺毛，宿萼直立；果柄长达1.8厘米。花期5-7月，果期8-10月。

产吉林西南部、内蒙古、河北、山西、陕西及河南，生于海拔1700米以下灌丛中、山麓或沟旁。果可酿酒；花制玫瑰酱及提取芳香油。

［附］ **光叶美蔷薇 Rosa bella** var. **nuda** Yu et Tsai in Bull. Fam. Mem. Inst. Bio1. Bot. ser. 7: 114. 1936. 本变种与模式变种的区别：花较小，萼筒和花梗平滑，无腺刺。产陕西（终南山）、河南（嵩山）。

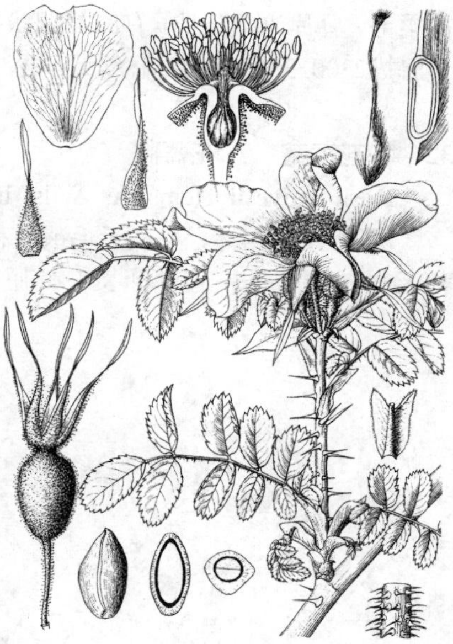

图 1195 美蔷薇 （引自《图鉴》）

31. 扁刺蔷薇 图 1196 彩片 153

Rosa sweginzowii Koehne in Fedde, Repert. Sp. Nov. 8: 22. 1910.

灌木，高达5米。小枝无毛或有稀疏短柔毛，有基部膨大扁平皮刺，有时老枝常混有针刺。小叶7-11，连叶柄长6-11厘米；小叶椭圆形或卵状长圆形，长2-5厘米，有重锯齿，上面无毛，下面有柔毛或仅沿脉有柔毛；小叶柄和叶轴有柔毛，腺毛和散生小皮刺，托叶大部贴生叶柄，离生部分卵状披针形，边缘有腺齿。花单生或2-3簇生；花梗长1.5-2厘米；苞片1-2，卵状披针形，下面中脉明显，有带腺锯齿，有时有羽状裂片，外面近无毛，内面有短柔毛，边缘较密；花瓣粉红色，宽倒卵形，先端微凹；花柱离生，密被柔毛，短于雄蕊。蔷薇果长圆形或倒卵状长圆形，顶端有短颈，长1.5-2.5厘米，熟时紫红色，外面常有腺毛；宿萼直立。花期6-7月，果期8-11月。

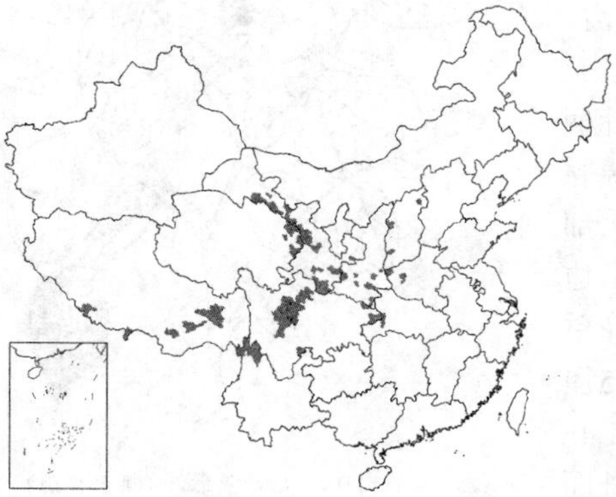

产山西、河南西部、湖北西部、陕西南部、甘肃、青海东部、西藏东部及南部、四川及云南西北部，生于海拔2300-3850米山坡路旁或灌丛中。

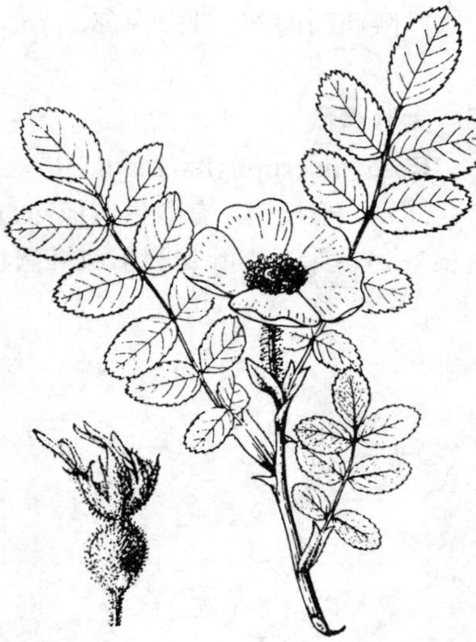

图 1196 扁刺蔷薇 （吴彰桦绘）

［附］ **腺叶扁刺蔷薇 Rosa sweginzowii** var. **glandulosa** Card. in Leeomte, Not. Syst. 3: 269. 1914.本变种与模式变种的区别：小叶下面密被有柄腺体，花梗长2-3厘米，密

被柔毛，萼片先端延伸，有时具羽状裂片。产甘肃、四川、云南及西藏，生于海拔2300-3800米松林林缘或灌丛中。

32. 华西蔷薇 红花蔷薇 图 1197

Rosa moyesii Hemsl. et Wils. in Kew Bull. 1906: 159. 1906.

灌木，高达4米。小枝无毛或有稀疏短柔毛，有扁平基部稍膨大皮刺，稀无刺。小叶7-13，连叶柄长7-13厘米；小叶卵形、椭圆形或长圆状卵形，长1-5厘米，有尖锐单锯齿，上面无毛，下面沿陆有柔毛；小叶柄和叶轴有短柔毛、腺毛和散生小皮刺，托叶大部贴生于叶柄，离生部分长卵形，无毛，边缘有腺齿。花单生或2-3簇生，花径4-6厘米；苞片1或2，长圆状卵形，长达2厘米，边缘有腺齿；花梗长1-3厘米，与花萼通常有腺毛，稀光滑；萼片卵形，先端叶状而有羽状浅裂，外面有腺毛，内面被柔毛；花瓣深红色，宽倒卵形，先端微凹；花柱离生，被柔毛，短于雄蕊。蔷薇果长圆状卵圆形或卵圆形，径1-2厘米，顶端有短颈，熟时紫红色，外面有腺毛，宿萼直立。花期6-7月，果期8-10月。

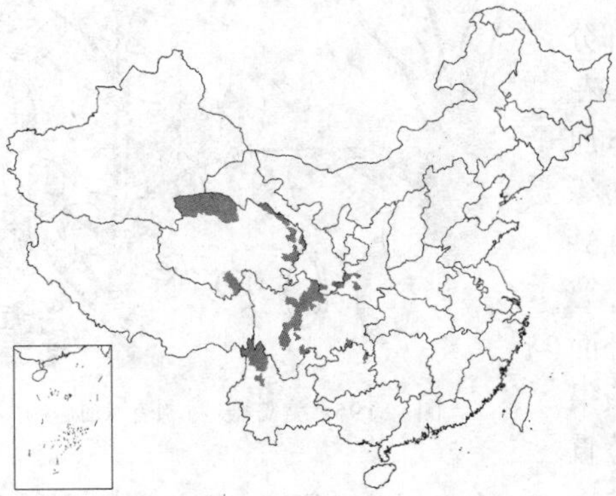

产陕西西南部、甘肃南部、青海、四川、云南西北部及贵州东北部，生于海拔2700-3800米山坡或灌丛中。

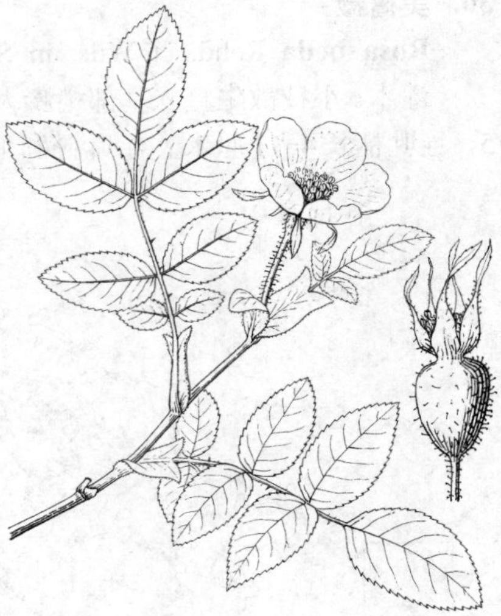

图 1197 华西蔷薇 （吴彰桦绘）

［附］ **毛叶华西蔷薇 Rosa moyesii** var. **pubeseens** Yu et Tsai in Bull. Fam. Mere. Inst. Bio1. Bot.ser. 7: 116. 1936. 本变种与模式变种的区别：小叶下面和叶轴密被柔毛。产四川。

33. 大叶蔷薇 图 1198 彩片 154

Rosa macrophylla Lindl. Ros. Monogr. 35. t. 6. 1820.

灌木。小枝粗，有散生或成对直立皮刺或无刺。小叶(7-)9-11，连叶柄长7-15厘米；小叶长圆形或椭圆状卵形，长2.5-6厘米，有尖锐单锯齿，稀重锯齿，上面叶脉下陷，无毛，下面有长柔毛，小叶柄和叶轴有长柔毛，稀有疏腺毛和散生小皮刺，托叶大部贴生叶柄，离生部分卵形，边缘有腺齿，通常无毛。花单生或2-3簇生，花径3.5-5厘米，苞片1-2，长卵形，长1.4-2.5厘米，边缘有腺毛，外面沿中脉有短柔毛或无毛，中脉和侧脉明显突起；花梗长1.5-2.5厘米，与花萼均密被腺毛；萼片卵状披针形，长2-3.5（-5）厘米，伸出花瓣，先端叶状，全缘，外面有腺毛和稀疏柔毛或无毛，内面密被柔毛；花瓣深红色，倒三角状卵形，先端微凹；花柱离生，被柔毛，短于雄蕊。蔷薇果长圆状卵圆形或长倒卵圆形，长1.5-3厘米，顶端有短颈，熟时紫红色，有光泽，宿萼直立。

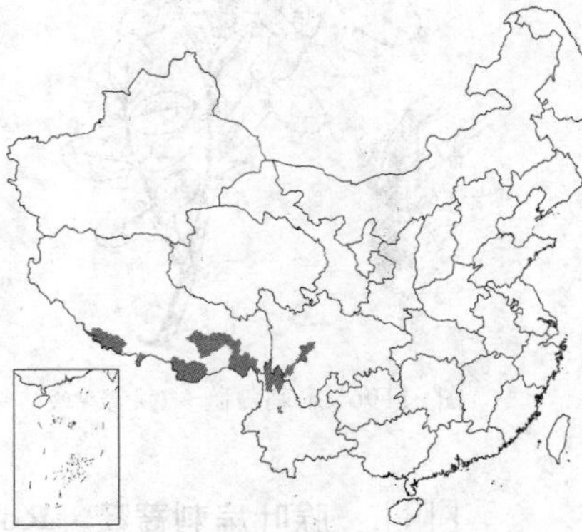

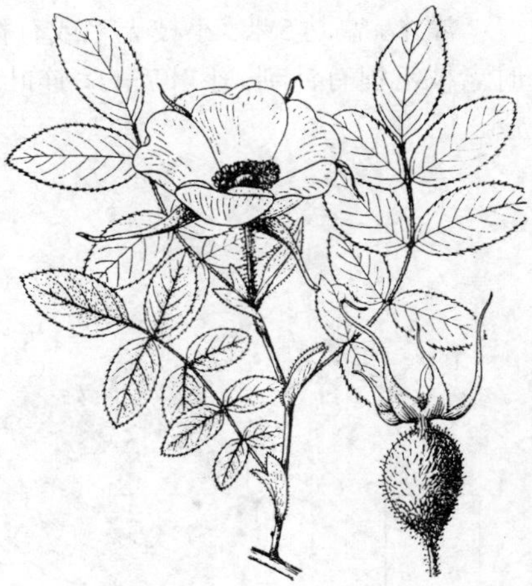

图 1198 大叶蔷薇 （吴彰桦绘）

产西藏东南部及南部、云南西北部及四川西南部，生于海拔3000-3700米山坡或灌丛中。印度、锡金、克什米尔地区有分布。果可代金樱子入药，有活血、散瘀、利尿、补肾、止咳等功效。

34. 西南蔷薇 图 1199

Rosa murielae Rehd. et Wils. in Sarg. Pl. Wilson. 2：326. 1915.

灌木。小枝无毛，有散生直立皮刺或密生细刺，稀无刺。小叶9-15，连叶柄长9-14厘米；小叶椭圆形或长圆形，稀卵形或宽椭圆形，长1-4.5厘米，有尖锐单锯齿，齿尖内弯，先端有腺，有时边缘稍下卷，上面无毛，下面淡绿色，沿脉有柔毛；小叶柄和叶轴有稀疏柔毛和散生小皮刺，有时有腺毛，托叶大部贴生叶柄，离生部分耳状卵形，先端渐尖，边缘有腺齿。花2-5（-7）集生，呈伞房状，有时单生，花序梗短，苞片和小苞片卵状披针形，有腺齿。花径2-3厘米，花梗长2-4厘米，近无毛或有稀疏柔毛和腺毛；萼片三角状卵形，全缘，长于花瓣，外面近无毛，内面有短柔毛，边缘较密；花瓣白或粉红色，基部白色，倒卵形，先端微凹；花柱离生，密被柔毛，短于雄蕊。蔷薇果椭圆形或梨形，顶端有短颈，径约1厘米，熟时桔红色。宿萼直立。

产四川及云南，生于海拔2300-3800米灌丛中。

图 1199 西南蔷薇 （吴彰桦绘）

35. 多苞蔷薇 图 1200

Rosa multibracteata Hemsl. et Wils. in Kew Bull. 1906：157. 1906.

灌木。小枝无毛，有散生或成对皮刺。小叶(5-) 7-9，连叶柄长5-9厘米；小叶卵形、倒卵形或近圆形，长0.8-1.5厘米，有尖锐单锯齿，近基部全缘，上面无毛，下面无毛或沿脉有稀疏短柔毛；小叶柄和叶轴无毛或有稀疏腺毛和短柔毛，托叶大部贴生叶柄，离生部分卵形，无毛，边缘有腺齿。花2-3朵，或数朵成伞房花序，稀单生，花序基部有3-5，或8-10苞片，常2层排列，外层卵形，内层披针形，边缘有细腺齿，无毛。花径（2）3-5厘米；花梗长0.5-3厘米，与花萼外面有腺毛；萼片三角状卵形，长1.1-1.5厘米，全缘，外面无毛或有稀疏腺毛，内面密被柔毛；花瓣淡粉色，先端微凹，稍短于萼片；花柱离生，被长柔毛，稍外伸，与雄蕊近等长。蔷薇果近球形，径0.6-1厘米，熟时红色，有腺毛；宿萼直立。花期5-7月，果期7-10月。

产四川及云南西北部，生于海拔2100-2500米林缘旷地。

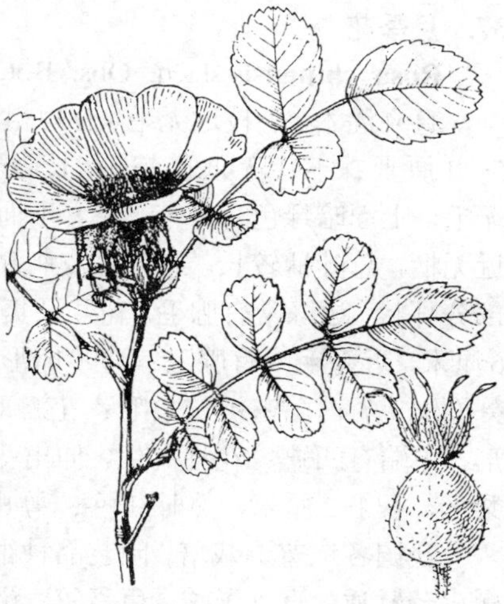

图 1200 多苞蔷薇 （冯晋庸绘）

36. 陕西蔷薇 图 1201

Rosa giraldii Crep. in Bull. Soc. Bot. Ital. 1897: 232. 1897.

灌木。小枝有疏生直立皮刺。小叶7-9，连叶柄长4-8厘米；小叶近圆形、倒卵形、卵形或椭圆形，长1-2.5厘米，有锐单锯齿，基部近全缘，上面无毛，下面有短柔毛或中脉有短柔毛；小叶柄和叶轴有散生柔毛、腺毛和小皮刺，托叶大部贴生叶柄，离生部分卵形，边缘有腺齿。花单生或2-3朵簇生，花径2-3厘米；苞片1-2，卵形，边缘有腺齿，无毛，花梗长不及1厘米，与花萼均有腺毛；萼片卵状披针形，全缘或有1-2裂片，外面有腺毛，内面被短柔毛；花瓣粉红色，宽倒卵形，先端微凹；花柱离生，密被黄色柔毛，短于雄蕊。蔷薇果卵圆形，径约1厘米，顶端有短颈，熟时暗红色；宿萼直立。花期5-7月，果期7-10月。

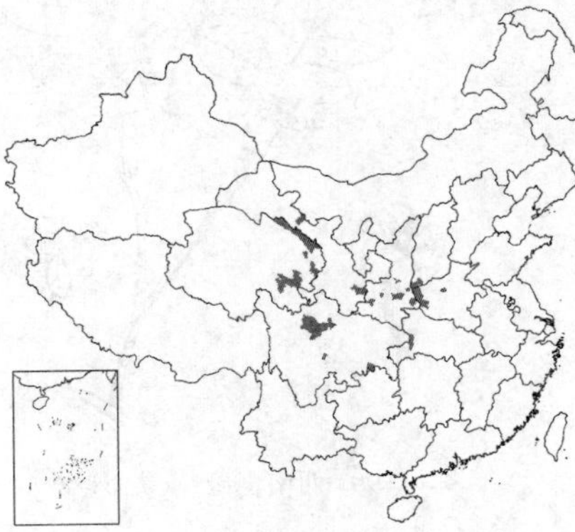

产山西南部、河南、陕西南部、甘肃、青海东北部及东南部、四川及湖北西部，生于海拔700-2000米山坡或灌丛中。

［附］**毛叶陕西蔷薇 Rosa giraldii** var. **venulosa** Rehd. et Wils. in Sarg. Pl. Wilson. 2: 328. 1915. 本变种与模式变种的区别：叶下面网脉明显，密被柔毛，上面多被毛。产湖北、四川及陕西，生于海拔980-1600米灌丛中。

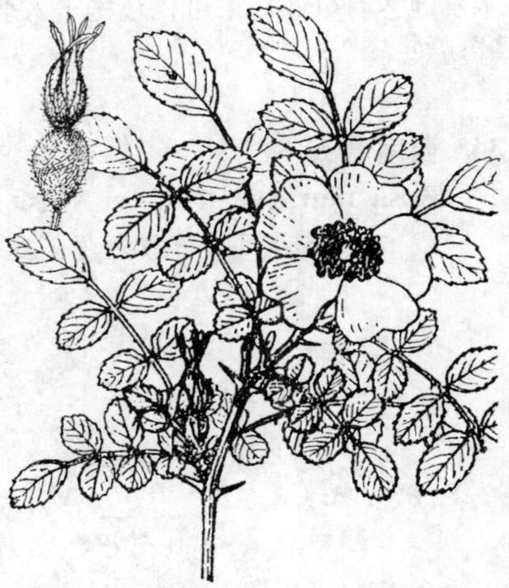

图 1201 陕西蔷薇 （冯晋庸绘）

37. 月季花 图 1202

Rosa chinensis Jacq. Obs. Bot. 3: 7. t. 55. 1768.

直立灌木。小枝近无毛，有短粗钩状皮刺或无刺。小叶3-5，连叶柄长5-11厘米；小叶宽卵形或卵状长圆形，长2.5-6厘米，有锐锯齿，两面近无毛，上面暗绿色，常带光泽，下面颜色较浅，顶生小叶有柄，侧生小叶近无柄，总叶柄较长，有散生皮刺和腺毛，托叶大部贴生叶柄，顶端分离部分耳状，边缘常有腺毛。花几朵集生，稀单生，径4-5厘米；花梗长2.5-6厘米，近无毛或有腺毛；萼片卵形，先端尾尖，常有羽状裂片，稀全缘，外面无毛，内面密被长柔毛；花瓣重瓣至半重瓣，红、粉红或白色，倒卵形，先端有凹缺；花柱离生，伸出花萼，约与雄蕊等长。蔷薇果卵圆形或梨形，长1-2厘米，熟时红色；萼片脱落。花期4-9月，果期6-11月。

我国各地普遍栽培。园艺品种很多。花，根、叶均入药。花含挥发油、槲皮苷鞣质、没食子酸、色素等，治月经不调、痛经、痈疖肿毒。叶治跌打损伤。鲜花或叶外用，捣烂敷患处。

［附］**单瓣月季花 Rosa chinensis** var. **spontanea** (Rehd. et Wils.) Yu et Ku, Fl. Reipub. Popul. Sin. 37: 423. —— *Rosa chinensis* Jacq. f. *spontanea* Rehd. et Wils. in Sarg. P1. Wilson. 2: 320. 1915. 本变种与模式变种的区别：枝条圆柱状，有宽扁皮刺，小叶3-5；花瓣红色，单瓣；萼片常全缘，稀具少数裂片。产湖北、四川及贵州。为月季花原始种。

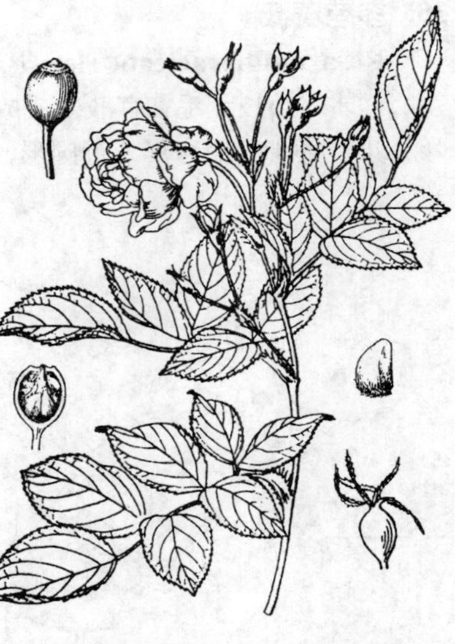

图 1202 月季花 （引自《图鉴》）

38. 香水月季 芳香月季 图 1203

Rosa odorata (Andr.) Sweet, Hort. Suburb. Lond. 119. 1818. *Rosa indica odorata* Andr. Roses. 2: t. 77. 1810.

常绿或半常绿攀援灌木，有长匍匐枝，无毛，有散生而粗短钩状皮刺。小叶5-9，连叶柄长5-10厘米；小叶革质，椭圆形、卵形或长圆状卵形，长2-7厘米，先端急尖或渐尖，稀尾尖，有紧密锐锯齿，两面无毛；托叶大部贴生叶柄，离生部分耳状，无毛，边缘或基部有腺；顶端小叶有长柄，总叶柄和小叶柄有稀疏小皮刺和腺毛。花芳香，单生或2-3朵，径5-8厘米；花梗长2-3厘米，无毛或有腺毛；萼片全缘，稀有少数羽状裂片，披针形，外面无毛，内面密被长柔毛；花瓣白色或带粉红色，倒卵形；心皮多数，被毛，花柱离生，伸出花萼，约与雄蕊等长。蔷薇果扁球形，稀梨形，无毛，宿萼反曲；果柄短。花期6-9月，果期6-11月。

产云南，现华北、华东、华中及西南各省区均有栽培。花可提取芳香油。

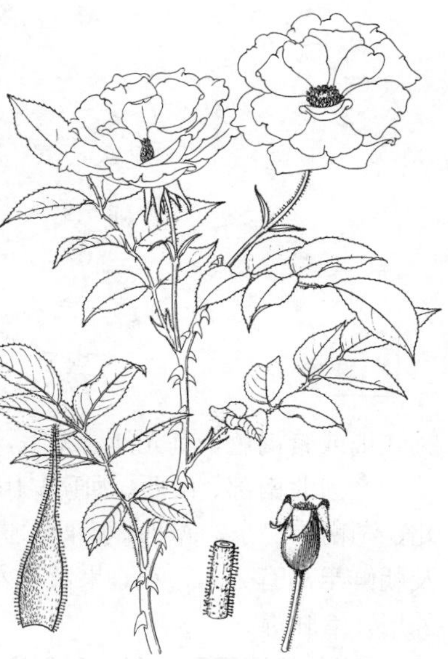

图 1203 香水月季 （李锡畴绘）

39. 亮叶月季 图 1204

Rosa lucidissima Lévl. in Fedde, Repert. Sp. Nov. 9: 444. 1911.

常绿或半常绿攀援灌木。老枝无毛，有基部扁的弯曲皮刺，有时密被刺毛。小叶3，极稀5；连叶柄长6-11厘米；小叶长圆状卵形或长椭圆形，长4-8厘米，先端尾状渐尖或急尖，有尖锐或紧贴锯齿，两面无毛，上面深绿，有光泽，下面苍白色；顶生小叶柄较长，侧生小叶柄短，总叶柄有小皮刺和稀疏腺毛，托叶大部贴生，顶端分离，部分披针形，边缘有腺。花单生，径3-3.5厘米；花梗长0.6-1.2厘米，与花萼无毛或幼时微有短柔毛，稀有腺毛；萼片与花瓣近等长，长圆状披针形，先端尾尖，全缘或稍有缺刻，外面近无毛，有时有腺，内面密被柔毛，花后反折；花瓣紫红色，宽倒卵形，先端微凹；心皮多数，被毛，花柱紫红色，离生，稍短于雄蕊。蔷薇果梨形或倒卵圆形，熟时常黑紫色，平滑，宿萼直立；果柄长0.5-1厘米。花期4-6月，果期5-8月。

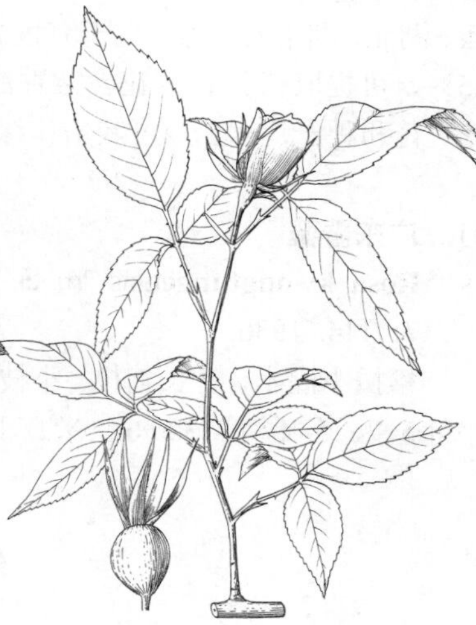

图 1204 亮叶月季 （孙英宝绘）

产湖北西部、四川、云南东北部、贵州及广东西部，生于海拔400-1400米山坡林中或灌丛中。

40. 野蔷薇 多花蔷薇 图 1205

Rosa multiflora Thunb. Fl. Jap. 214. 1784.

攀援灌木。小枝无毛，有粗短稍弯曲皮刺。小叶5-9，近花序小叶有时3，连叶柄长5-10厘米，小叶倒卵形、长圆形或卵形，长1.5-5厘米，有尖锐单锯齿，稀混有重锯齿，上面无毛，下面有柔毛；小叶柄和叶轴有柔毛或无毛，有散生腺毛，托叶篦齿状，大

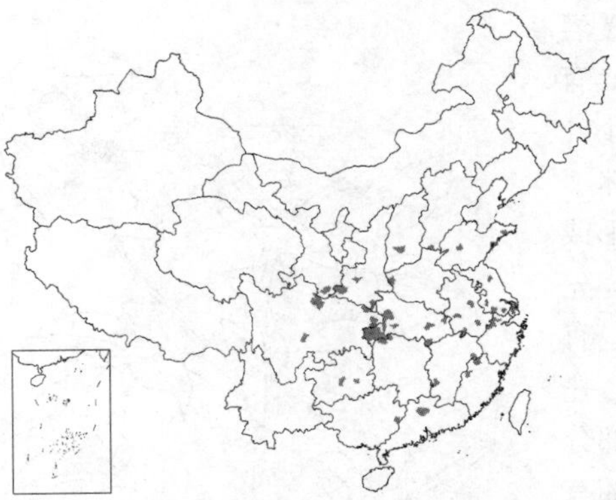

部贴生叶柄。圆锥花序。花梗长1.5–2.5厘米，无毛或有腺毛，有时基部有篦齿状小苞片；花径1.5–2厘米；萼片披针形，有时中部具2个线形裂片，外面无毛，内面有柔毛；花瓣白色，宽倒卵形，先端微凹；花柱结合成束，无毛，稍长于雄蕊。蔷薇果近球形，径6–8毫米，熟时红褐或紫褐色，有光泽，无毛，萼片脱落。

产河北南部、山西、河南、山东、江苏、安徽、浙江、福建、江西、湖北、湖南、广东、香港、广西、贵州、四川、陕西南部及甘肃南部。日本及朝鲜半岛有分布。花、果及根入药，作泻下剂和利尿剂，又能活血，叶外用，治肿毒。

［附］**粉团蔷薇** 彩片 155 **Rosa multiflora** var. **cathayensis** Rehd. et Wils. in Sarg. P1. Wilson. 2: 304. 1915. 本变种与模式变种的区别：花单瓣，粉红色。产甘肃、陕西、河北、河南、山东、安徽、浙江、福建、江西、湖北，湖南及广东，生于海拔1300米山坡、灌丛或河边，根含鞣质23–25%，可提取栲胶；鲜花含芳香油，可提取香精，用于化妆品工业；根、叶、花和种子均入药。可栽培作绿篱、护坡及绿化。用种子或扦插繁殖。

41. 广东蔷薇 图 1206

Rosa kwangtungensis Yu et Tsai in Bull. Fam. Mém. Inst. Bio1. ser 7: 114. 1936.

攀援小灌木，有长匍枝。小枝有短柔毛，皮刺小，基部膨大，稍下弯。小叶5–7，连叶柄长3.5–6厘米；小叶椭圆形、长椭圆形或椭圆状卵形，长1.5–3厘米，有细锐锯齿，上面沿中脉有柔毛，下面淡绿色，被柔毛，沿中脉和侧脉较密，中脉密被柔毛，有散生小皮刺和腺毛，托叶大部贴生叶柄，离生部分披针形，边缘有不规则细锯齿，被柔毛。顶生伞房花序，径5–7厘米，有4–15花。花序梗和花梗密被柔毛和腺毛。花径1.5–2厘米，花梗长1–1.5厘米；花萼卵圆形，外被短柔毛和腺毛，后渐脱落，萼片卵状披针形，全缘，两面有毛，边缘较密，外面混生腺毛；花瓣白色，倒卵形，稍短于萼片；花柱结合成柱，伸出，有白色柔毛，稍长于雄蕊。蔷薇果球形，径0.7–1厘米，熟时紫褐色，有光泽；萼片脱落。花期3–5月，果期6–7月。

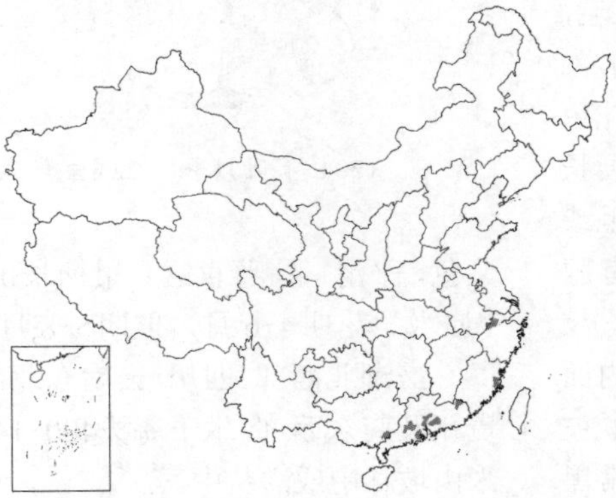

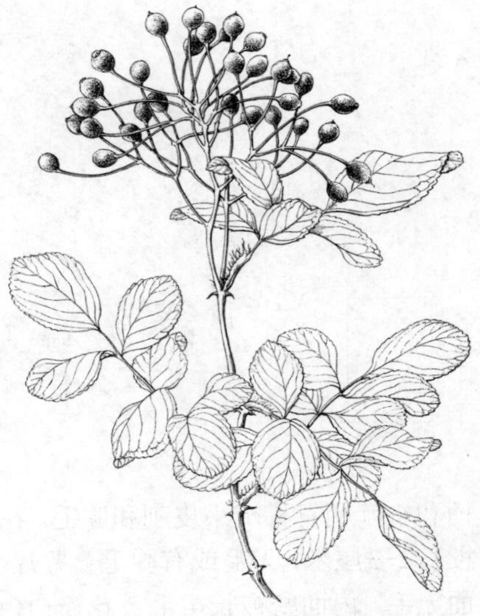

图 1205 野蔷薇 （引自《图鉴》）

［附］**七姊妹 Rosa multiflora** var. **carnea** Thory in Redout, Roses 2: 67. t. 1821. 本变种与模式变种的区别：花重瓣，粉红色。各地栽培供观赏。

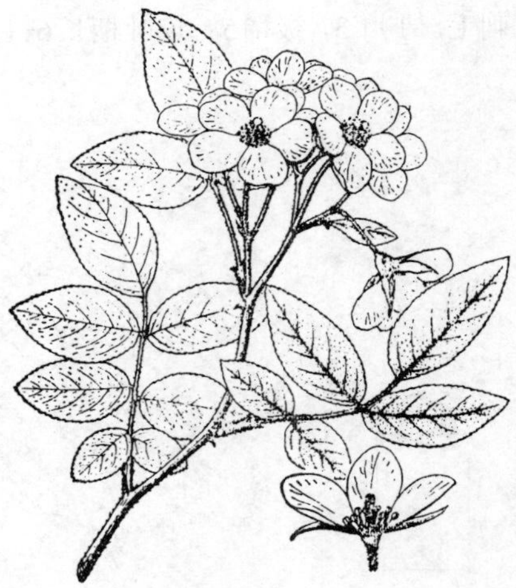

图 1206 广东蔷薇 （吴彰桦绘）

产福建、浙江、广东、海南及广西东南部，生于海拔100–500米山坡、路旁、河边或灌丛中。

［附］**毛叶广东蔷薇 Rosa kwangtungensis** var. **mollis** Metcalf in Journ. Arn. Arb. 21: 111. 1940. 本变种 与模式变种的区别：花梗和

萼片密被绒毛状柔毛，小叶和叶轴密被长柔毛；花重瓣。产福建(厦门)、广东及广西。

42. 光叶蔷薇 图 1207

Rosa wichuraiana Crép. in Bull. Soc. Bot. Belg. 25: 189. 1886.

攀援灌木，高达5米。幼枝有柔毛，旋脱落；皮刺小，常带紫红色，稍弯曲。小叶5-7，稀9，连叶柄长5-10厘米；小叶椭圆形、卵形或倒卵形，长1-3厘米，有疏锯齿，上面有光泽，下面淡绿色，两面无毛；顶生小叶柄长，侧生小叶柄短，总叶柄有小皮刺和稀疏腺毛，托叶大部贴生叶柄，离生部分披针形，有不规则裂齿和腺毛。伞房花序、花序梗和花梗幼时有稀疏柔毛，旋脱落近无毛或散生腺毛。花径2-3厘米，芳香；花梗长0.6-2厘米，苞片卵形，旋脱落；萼片披针形或卵状披针形，全缘，外面近无毛，内面密被柔毛，边缘较密；花瓣白色，倒卵形；花柱合生成束，伸出，外被柔毛，稍长于雄蕊。蔷薇果球形或近球形，径0.8-1.8厘米，熟后紫黑褐色，有光泽，有稀疏腺毛；萼片脱落；果柄有较密腺毛。花期4-7月，果期10-11月。

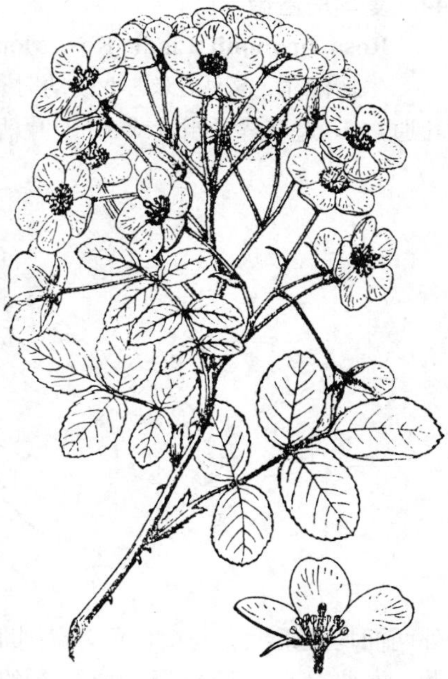

图 1207 光叶蔷薇 （吴彰桦绘）

产浙江南部、福建、江西北部、广东、香港及广西东南部，生于海拔150-500米。日本（琉球）及朝鲜半岛有分布。

43. 伞房蔷薇 图 1208

Rosa maximowicziana Regel in Acta Hort. Petrop. 5: 378. 1878.

小灌木，具长匍匐枝，散生短小弯曲皮刺，有时被刺毛。小叶7-9，稀5，连叶柄长4-11厘米，小叶卵形、椭圆形或长圆形，稀倒卵形，长1.5-3(-6)厘米，有锐锯齿，上面无毛，下面色淡，无毛或中脉有稀疏柔毛，或有小皮刺和腺毛；托叶大部贴生叶柄，离生部分披针形，边缘有不规则锯齿和腺毛。花数朵成伞房状排列；苞片长卵形，边缘有腺毛。花萼片三角状卵形，先端长渐尖，全缘，有时有1-2裂片，内外两面均有柔毛，内面较深，花径3-3.5厘米；花梗长1-2.5厘米，有腺毛；花萼外面有腺毛，花瓣白色或带粉红色，倒卵形；花柱结合成束，伸出，无毛，约与雄蕊等长。蔷薇果卵圆形，径0.8-1厘米，熟后黑褐色，有光泽；萼片脱落。花期6-7月，果期9月。

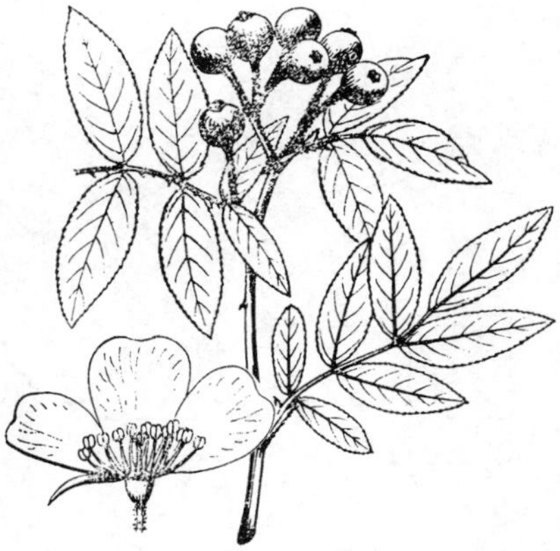

图 1208 伞房蔷薇 （吴彰桦绘）

产吉林西部、辽宁及山东东部，生于路旁、沟边、阳坡或灌丛中。朝鲜半岛及俄罗斯远东地区有分布。

44. 复伞房蔷薇 图 1209

Rosa brunonii Lindl. Ros. Monogr. 120. t. 14. 1820.

攀援灌木，高达6米。小枝幼时有柔毛，后脱落并有短而弯曲皮刺。小叶通常7，近花序小叶5或3，连叶柄长6-9厘米；小叶长圆形或长圆状披针形，长3-5厘米，有锯齿，上面微被柔毛，稀无毛，下面密被柔毛。小叶柄和叶轴密被柔毛和散生小皮刺，托叶大部贴生叶柄，离生部分披针形，边缘有腺，两面被毛，复伞房状花序。花径3-5厘米；花梗长2.8-3.5厘米，被柔毛和稀疏腺毛；花萼倒卵圆形，外被柔毛，萼片披针形，常有1-2对裂片，内外两面均被柔毛；花瓣白色，宽倒卵形；花柱结合成柱，伸出，稍长于雄蕊，外被柔毛。蔷薇果卵圆形，径约1厘米，熟后紫褐色，有光泽，无毛，萼片脱落。花期6月，果期7-11月。

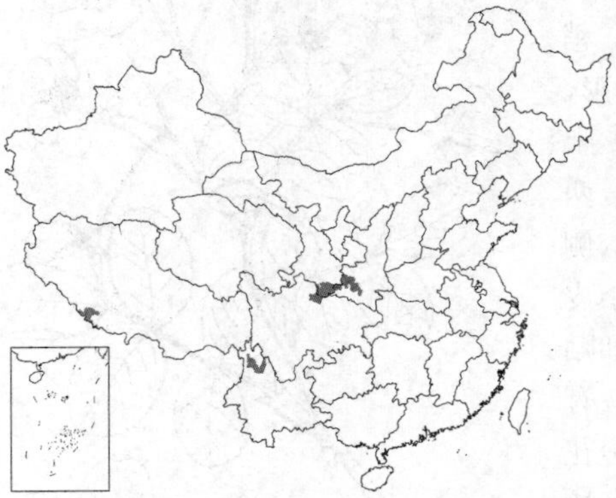

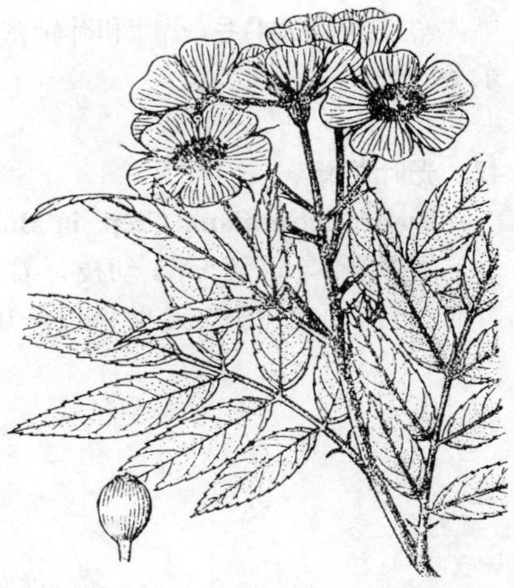

图 1209 复伞房蔷薇 （王金凤绘）

产陕西南部、甘肃南部、四川北部、云南西北部及西藏南部，生于海拔2600-2750米林下、河谷林缘灌丛中。

45. 绣球蔷薇 图 1210

Rosa glomerata Rehd. et Wils. in Sarg. Pl. Wilson. 2: 309. 1915.

铺散灌木，有长匍匐枝，无毛。小枝有时有柔毛；皮刺散生基部大下弯。小叶5-7，稀3或9，连叶柄长10-15厘米；小叶长圆形或长圆状倒卵形，长4-7厘米，先端渐尖或短渐尖，基部圆，稀近心形，稍偏斜，有细锐锯齿，上面有褶皱，下面淡绿至绿灰色，密被长柔毛；叶柄有小钩状皮刺和密生柔毛，托叶长2-3厘米，膜质，大部贴生叶柄，离生部分耳状，全缘，有腺毛。伞房花序，密集多花，径4-10厘米；花序梗长2-4厘米。花序梗、花梗和花萼密被灰色柔毛和稀疏腺毛。花径1.5-2厘米；花梗长1-1.5厘米；萼片卵状披针形，全缘，内面密被柔毛，外面有柔毛和稀疏腺毛；花瓣宽倒卵形，先端微凹，外被绢毛；花柱结合成柱，伸出，稍长于雄蕊，密被柔毛。蔷薇果近球形，径0.8-1厘米，熟后桔红色，有光泽，幼时有稀疏柔毛和腺毛，后脱落；果柄有稀疏柔毛和腺毛；萼片脱落。花期7月，果期8-10月。

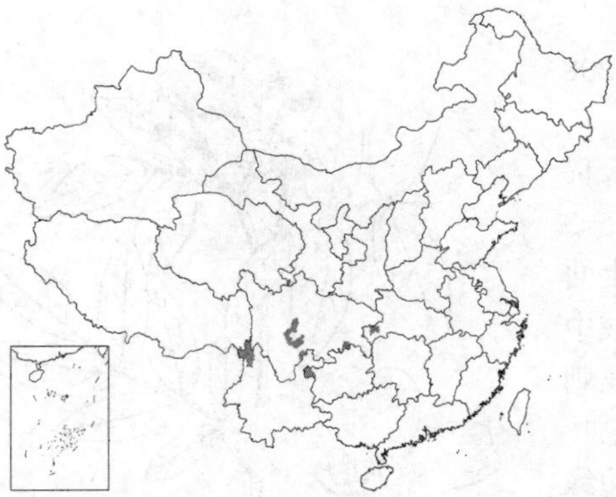

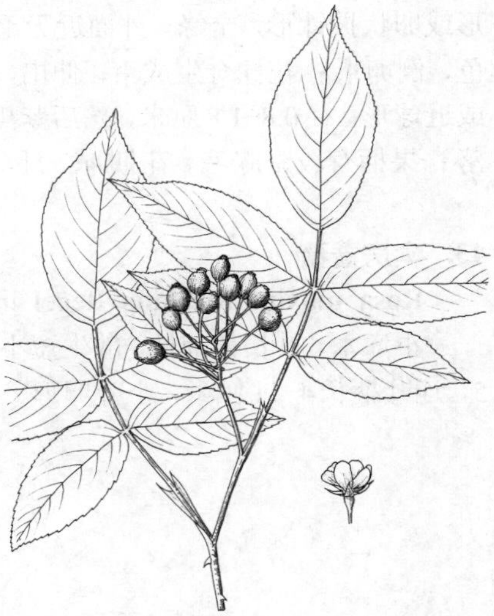

图 1210 绣球蔷薇 （孙英宝绘）

产湖北西南部、四川、云南及贵州西北部，生于海拔1300-3000米山坡林缘或灌丛中。

46. 悬钩子蔷薇 图 1211 彩片 156

Rosa rubus Lévl. et Vant. in Bull. Soc. Bot. France. 55: 55. 1908.

匍匐灌木，高达6米。小枝被柔毛，幼时较密，老时脱落；皮刺粗短，弯曲。小叶通常5，近花序小叶常为3，连叶柄长8-15厘米；小叶卵状椭

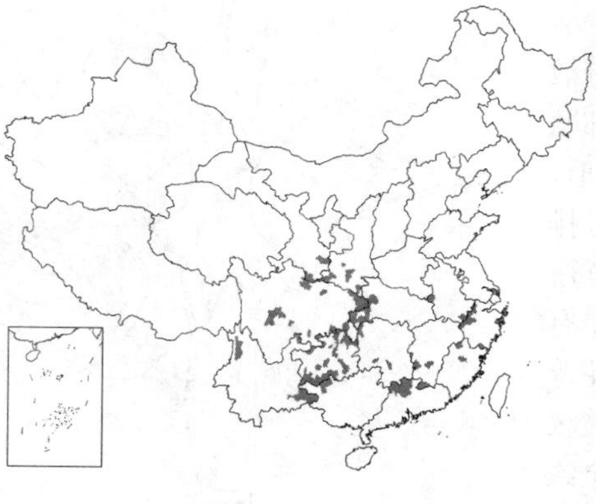

圆形、倒卵形或椭圆形，长3-6(-9)厘米，先端尾尖、急尖或渐尖，边缘有尖锐锯齿，向基部浅而稀，上面无毛，稀有柔毛，下面密被柔毛或有稀疏柔毛；小叶柄的叶轴有柔毛或散生沟状小皮刺，托叶大部贴生叶柄，离生部分披针形，全缘常带腺齿，有毛。花10-25朵，排成圆锥状伞房花序。花序梗和花梗均被柔毛和稀疏腺毛。花径2.5-3厘米；花梗长1.5-2厘米；花萼球形或倒卵圆形，外面被柔毛和腺毛，萼片披针形，全缘，两面密被柔毛；花瓣白色，倒卵形，先端微凹；花柱结合成柱，稍长于雄蕊，被柔毛。蔷薇果近球形，径0.8-1毫米，熟后猩红或紫褐色，有光泽，萼片脱落。花期4-6月，果期7-9月。

图 1211 悬钩子蔷薇 （吴彰桦绘）

产安徽、浙江、福建、江西、湖北、湖南、广东北部、广西、贵州、云南、四川、陕西南部及甘肃东南部，生于海拔500-1300米山坡，路旁、草地或灌丛中。

47. 卵果蔷薇 图 1212

Rosa helenae Rehd. et Wils. in Sarg. P1. Wilson. 2: 310. 1915.

铺散灌木，有长匍匐枝。小枝无毛；皮刺短粗，基部膨大，稍弯曲，带黄色。小叶(5-)7-9，连叶柄长9-17厘米；小叶长圆状卵形或卵状披针形，长2.5-4.5厘米，有紧贴尖锐锯齿，上面无毛，下面有毛，沿叶脉较密，淡绿色；叶轴和小叶柄有柔毛和小皮刺，托叶长1.5-2.5厘米，大部贴生叶柄，顶端离生，部分耳状，边缘有腺毛。顶生伞房花序，密集近伞形，径6-15厘米，花序梗和花梗均密被柔毛和腺毛；苞片膜质，窄披针形，早落。花有香味；花梗长1.5-2厘米；花萼卵圆形、椭圆形或倒卵圆形，外被柔毛和腺毛，萼片卵状披针形，常有浅裂，外面有长柔毛和腺毛，内面密被长柔毛；花瓣白色，倒卵形，长约1.5厘米，先端微凹；花柱结合成束，伸出，密被长柔毛，约与雄蕊等长。蔷薇果卵圆形、椭圆形或倒卵圆形，长1-1.5厘米，熟后深红色，有光泽；果柄长约2厘米，近无毛，密被腺毛。花期5-7月，果期9-10月。

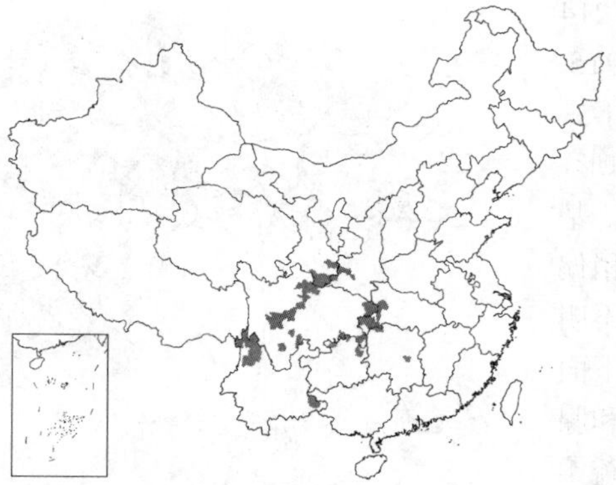

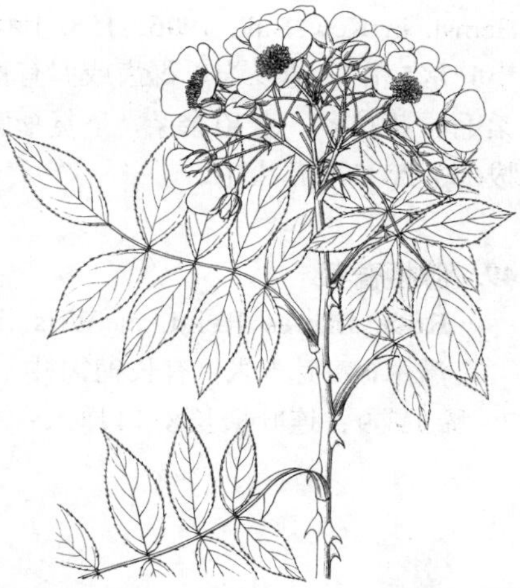

图 1212 卵果蔷薇 （引自《图鉴》）

产甘肃东南部、陕西南部、湖北西南部、湖南、贵州、四川及云南，生于海拔1000-1160米山坡、沟边或灌丛中。

48. 长尖叶蔷薇 图 1213

Rosa longicuspis Bertol. in Mem. Acad. Sci. Bologn. 11: 101. t. 13. 1861.

攀援灌木。枝弓曲，常有粗短钩状皮刺。小叶革质，7-9，近花序小叶常为5，连叶柄长7-14厘米；小叶卵形、椭圆形或卵状长圆形，稀倒卵状长圆形，长3-7(-11)厘米，有尖锐锯

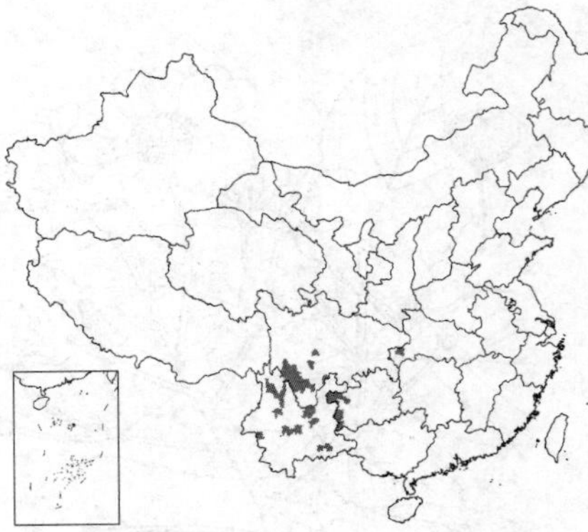

齿，两面无毛，上面有光泽；小叶柄和叶轴均无毛，有散生钩状小皮刺，托叶大部贴生叶柄，离生部分披针形，无毛，常有腺毛。花多数，排成伞房状。花径3-4（-5）厘米；花梗长1.5-3.5厘米，有稀疏柔毛和较密腺毛；花萼卵圆形或倒卵圆形，外被稀疏柔毛，萼片披针形，全缘或有羽裂片，内外两面均被柔毛，外面兼有腺毛；花瓣白色，宽倒卵形，先端凹凸不平，外面有平铺绢毛；花柱结合成柱，有毛，稍长于雄蕊。蔷薇果倒卵圆形，径1-1.2厘米，熟后暗红色，萼片反折，脱落，花柱宿存。花期5-7月，果期7-11月。

产湖北西南部、四川、云南及贵州，生于海拔600-2100米林中。印度北部有分布。

［附］ **多花长尖叶蔷薇 Rosa longicuspis** var. **sinowilsonii** (Hemsl.) Yu et Ku in Bull. Bot. Res. (Harbin) 1(4): 15. 1981. —— *Rosa sinowilsonii* Hemsl. in Kew Bull. 1906: 158. 1906. 本变种与模式变种的区别：叶较大，小叶常5稀7，边缘为单锯齿或偶有重锯齿，上面微皱，下面无毛或微有短柔毛；花较多，达30余朵，呈复伞房花序。产四川、贵州及云南，生于海拔600-2000米灌丛中。

图 1213 长尖叶蔷薇 （孙英宝绘）

［附］ **毛萼蔷薇 Rosa lasiosepala** Metc. in Journ. Arn. Arb. 21: 274. 1940. 本种与长尖叶蔷薇的区别：小叶3-5，长7-12厘米；萼片长1.5-2厘米，两面密被柔毛；花序伞房状。产湖南西南部、广东西北部、广西及贵州东南部，生于海拔900-1800米山谷、山坡林中、路旁或水边。

49. 腺梗蔷薇 图 1214

Rosa filipes Rehd. et Wils. in Sarg. P1. Wilson. 2: 311. 1915.

灌木，高达5米，有长匍匐枝。小枝无毛，有粗短弯曲皮刺。小叶5-7，稀3或9；连叶柄长8-14厘米；小叶长圆状卵形或披针形，稀倒卵形，长4-7厘米，先端渐尖，基部近圆或宽楔形，有时稍偏斜，边缘单锯齿，稀为不明显重锯齿，上面无毛，下面近无毛或沿脉有短柔毛和腺毛；小叶柄和叶轴有稀疏柔毛和腺毛，散生钩状小皮刺，托叶大部贴生叶柄，离生部分披针形，全缘，有极疏腺毛。花25-35，排成复伞房状或圆锥状花序，径达15厘米。花序梗和花梗无毛，有稀疏腺毛；花径2-2.5厘米；花梗细，长2-3厘米，花萼卵圆形，无毛而有腺毛，萼片卵状披针形，全缘，外面有疏柔毛和腺毛，内面密被柔毛；花瓣白色，倒卵形；花柱结合成柱，伸出，被柔毛。蔷薇果近球形，径约8毫米，熟后猩红色，萼片反折，脱落，常有部分宿存花柱。花期6-7，果期7-11月。

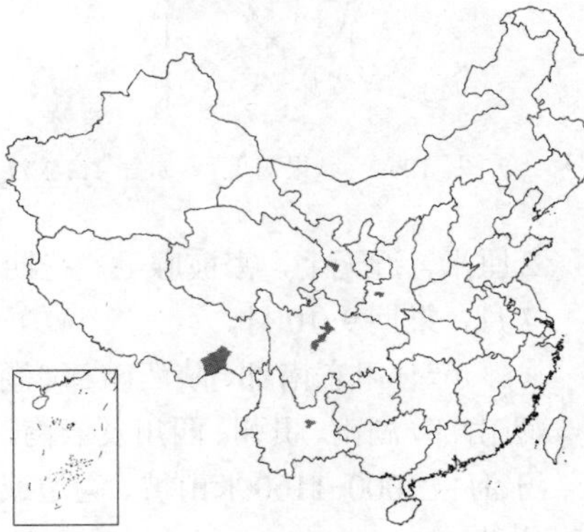

图 1214 腺梗蔷薇 （孙英宝仿绘）

产甘肃、陕西、四川、云南及西藏，生于海拔1300-2300米山坡或路边。

50. 川滇蔷薇 图 1215 彩片 157

Rosa soulieana Crép. in Bull. Soc. Bot. Belg. 35: 21. 1896.

直立开展灌木。枝条常弓形弯曲，无毛；小枝常带苍白绿色；皮刺基部膨大，直立或稍弯。小叶5-9，常7，连叶柄长3-8厘米，小叶椭圆形或倒卵形，长1-3厘米，先端圆钝，急尖或平截，基部近圆或宽楔形，有紧贴锯齿，近基部常全缘，上面中脉下陷，无毛，下面无毛或沿中脉有短柔毛；叶柄有稀疏小皮刺，无毛或有稀疏柔毛，托叶大部贴生叶柄，离生部分三角形，全缘，有时具腺。花成多花伞房花序，稀单花顶生。花径3-3.5厘米；花梗长不及1厘米，有小苞片，无毛，有时具腺毛；花萼无毛，萼片卵形，先端渐尖，全缘，基部有1-2裂片，外面有稀疏短柔毛，内面密被短柔毛；花瓣黄白色，倒卵形，先端微凹；心皮多数，密被柔毛，花柱结合成柱，伸出，被毛，稍长于雄蕊。蔷薇果近球形或卵圆形，径约1厘米，熟时桔红色，老时黑紫色，有光泽，花柱宿存，萼片脱落；果柄长达1.5厘米。花期5-7月，果期8-9月。

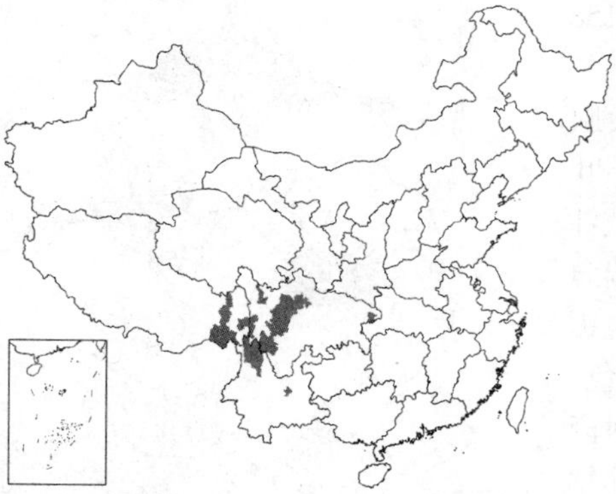

产四川、西藏东部及云南，生于海拔2500-3000米山坡、沟边或灌丛中。

［附］**毛叶川滇蔷薇 Rosa soulieana** var. **yunnanensis** Schneid. in Bot. Gaz. 66: 77. 1917. 本变种与模式变种的区别：小叶下面和叶轴被柔毛；花梗被柔毛和腺毛。产四川及云南西北部，生于海拔2000-3000米山坡或灌丛中。

图 1215 川滇蔷薇 （孙英宝仿绘）

［附］**小叶川滇蔷薇 Rosa soulieana** var. **microphylla** Yu et Ku in Acta Phytotax. Sin. 18(4): 502.1980. 本变种与模式变种的区别：小叶长不及8毫米；花单生；花柱无毛或近无毛。产西藏及云南，生于海拔3200-3700米山坡田埂或灌丛中。

51. 软条七蔷薇 图 1216

Rosa henryi Bouleng. in Ann. Soc. Sci. Bruxell. ser. B, 53: 143. 1933.

灌木，高达5米，有长匍匐枝。小枝有短扁、弯曲皮刺或无刺。小叶通常5，近花序小叶片常3，连叶柄长9-14厘米；小叶长圆形、卵形、椭圆形或椭圆状卵形，长3.5-9厘米，先端长渐尖或尾尖，基部近圆或宽楔形，有锐锯齿，两面无毛；小叶柄和叶轴无毛，有散生小皮刺，托叶大部贴生叶柄，离生部分披针形，全缘，无毛，或有稀疏腺毛。花5-15朵，成伞形伞房状花序。花径3-4厘米；花梗和萼筒无毛，有时具腺毛；萼片披针形，全缘，

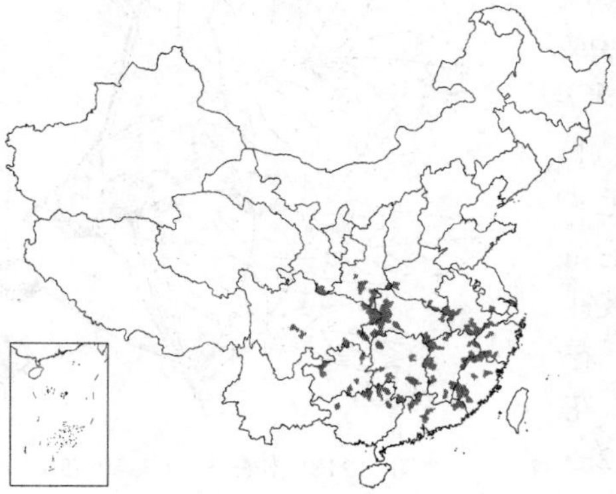

图 1216 软条七蔷薇 （吴彰桦绘）

有少数裂片，外面近无毛而有稀疏腺点，内面有长柔毛；花瓣白色，宽倒卵圆形，先端微凹；花柱结合成柱，被柔毛，比雄蕊稍长。蔷薇果近球形，径0.8-1厘米，熟后褐红色，有光泽；果柄有稀疏腺点；萼片脱落。

产河南、安徽、江苏南部、浙江、福建、江西、湖北、湖南、广东、广西、贵州、云南、四川、陕西南部及甘肃南部，生于海拔1700-2000米山谷，林边，田边或灌丛中。

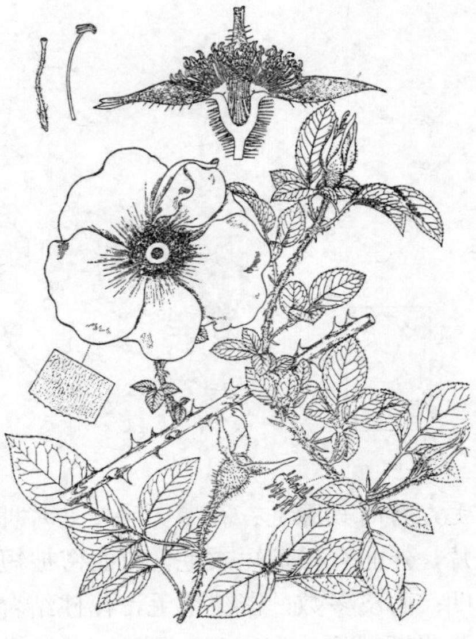

图 1217 金樱子
（引自《中国药用植物志》）

52. 金樱子

图 1217 彩片 158

Rosa laevigata Michx. Fl. Bor. Am. 1: 295. 1803.

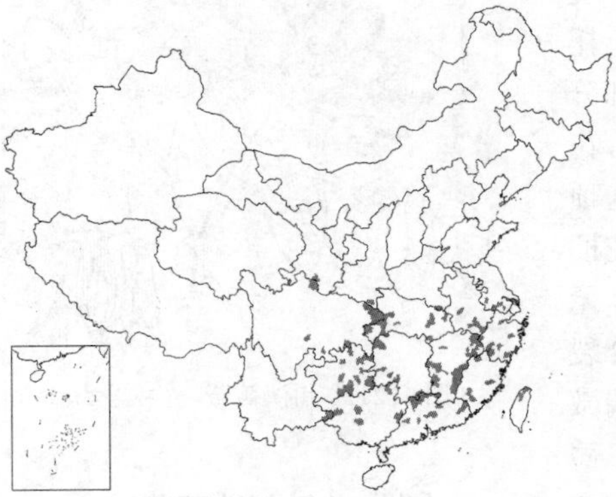

常绿攀援灌木，高达5米。小枝散生扁平弯皮刺，无毛，幼时被腺毛，老时渐脱落。小叶革质，通常3，稀5，连叶柄长5，10厘米；小叶椭圆状卵形、倒卵形或披针卵形，长2-6厘米，先端急尖或圆钝，稀尾尖，有锐锯齿，上面无毛，下面黄绿色，幼时沿中肋有腺毛，老时渐脱落无毛；小叶柄和叶轴有皮刺和腺毛，托叶离生或基部与叶柄合生，披针形，边缘有细齿，齿尖有腺体，早落。花单生叶腋，径5-7厘米。花梗长1.8-2.5(-3)厘米，花梗和萼筒密被腺毛；萼片卵状披针形，先端叶状，边缘羽状浅裂或全缘，常有刺毛和腺毛，内面密被柔毛，比花瓣稍短；花瓣白色，宽倒卵形，先端微凹；心皮多数，花柱离生，有毛，比雄蕊短。蔷薇果梨形或倒卵圆形，稀近球形，熟后紫褐色，密被刺毛，果柄长约3厘米，萼片宿存。花期4-6月，果期7-11月。

产河南东南部、安徽、江苏南部、浙江、福建、台湾、江西、湖北、湖南、广东、广西、贵州、云南、四川、陕西南部及甘肃南部，生于海拔200-1600米向阳山野、田边或溪畔灌丛中。根皮含鞣质可制栲胶，果可熬糖及酿酒；根、叶、果均入药，根有活血散瘀、祛风除湿、解毒收敛及杀虫等功效；叶外用治疮疖、烧烫伤；果能止腹泻并对流感病毒有抑制作用。

53. 木香花

图 1218

Rosa banksiae Alt. Hort. Kew ed. 2, 3: 258. 1811.

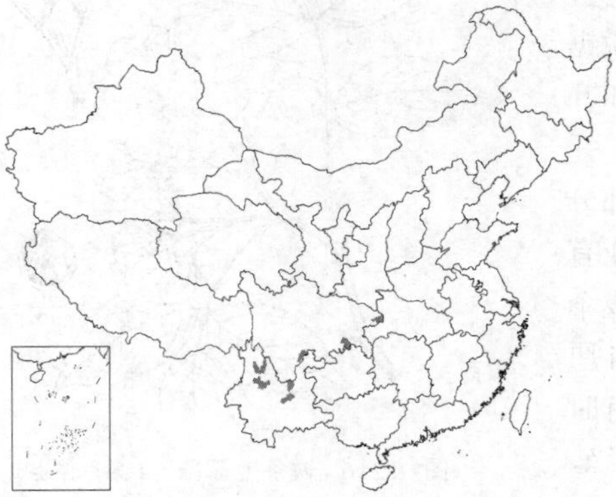

攀援小灌木，高达6米。小枝无毛，有短小皮刺；老枝皮刺较大，坚硬，经栽培后有时枝条无刺。小叶3-5，稀7，连叶柄长4-6厘米；小叶椭圆状卵形或长圆状披针形，长2-5厘米，有紧贴细锯齿，上面无毛，下面淡绿色，沿中脉有柔毛；小叶柄和叶轴有稀疏柔毛和散生小皮刺，托叶线状披针形，膜质，离生，早落。花小形，多朵成伞形花序。花径1.5-2.5厘米；花梗长2-3

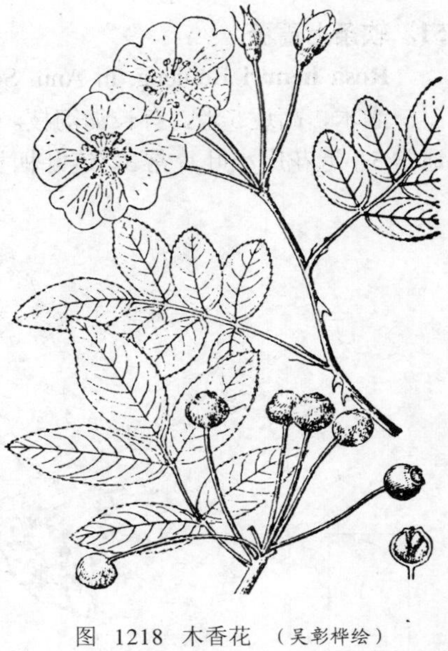

图 1218 木香花 （吴彰桦绘）

厘米，无毛；萼片卵形，先端长渐尖，全缘，萼筒和萼片外面均无毛，内面被白色柔毛；花瓣重瓣至半重瓣，白色，倒卵形，先端圆；心皮多数，花柱离生，密被柔毛，比雄蕊短。花期4-5月。

产四川东部及南部、云南北部及西北部，生于海拔500-1300米溪边、路旁或山坡灌丛中。各地均有栽培。花含芳香油，可供配制香精化妆品用。著名观赏植物，常栽培供攀援棚架。不耐寒，在华北、东北作盆栽，冬季移入室内。

［附］**单瓣白木香 Rosa banksiae** var. **normalis** Regel in Acta Hort. Petrop. 5: 376. 1878. 本变种与模式变种的区别：花白色，单瓣，芳香；蔷薇果球形或卵圆形，径5-7毫米，熟后红黄至黑褐色；萼片脱落。为木香花野生原始类型。花期4-5月。产甘肃、陕西、河南、湖北、四川、云南及贵州，生于海拔500-1500米沟谷。根皮含鞣质，可提取栲胶；根皮供药用，称红根，可活血、调经、消肿。

54. 小果蔷薇 图 1219 彩片 159

Rosa cymosa Tratt. Ros. Monogr. 1: 87. 1823.

攀援灌木，高达5米。小枝无毛或稍有柔毛，有钩状皮刺。小叶3-5，稀7，连叶柄长5-10厘米；小叶卵状披针形或椭圆形，稀长圆状披针形，长2.5-6厘米，先端渐尖，基部近圆，有紧贴或尖锐细锯齿，两面无毛，下面色淡，沿中脉有稀疏长柔毛；小叶柄和叶轴无毛或有柔毛，有稀疏皮刺和腺毛，托叶膜质，离生，线形，早落。花多朵或复伞房花序。花径2-2.5厘米；花梗长约1.5厘米，幼时密被长柔毛，老时近无毛；萼片卵形，先端渐尖，常羽状分裂，外面近无毛，稀有刺毛，内面被稀疏白色绒毛，沿边缘较密；花瓣白色，倒卵形，先端凹；花柱离生，稍伸出萼筒口，与雄蕊近等长，密被白色柔毛。蔷薇果球形，径4-7毫米，熟后红至黑褐色，萼片脱落。花期5-6月，果期7-11月。

产江苏南部、浙江、安徽、福建、台湾、江西、湖北、湖南、广东、广西，贵州、云南、四川、陕西南部及甘肃南部，生于海拔250-1300米阳坡、路旁、溪边或丘陵地。

图 1219 小果蔷薇
（引自《江苏南部种子植物手册》）

［附］**毛叶山木香 Rosa cymosa** var. **puberula** Yu et Ku in Bull. Bot. Res. (Harbin) 1(4): 17. 1981. 本变种与模式变种的区别：小枝、皮刺、叶轴、叶柄及叶两面均密被短柔毛。产陕西（蓝田）、江苏（江浦）、湖北（武昌）、安徽（黄山）。

55. 硕苞蔷薇 图 1220

Rosa bracteata Wendl. Obs. Bot. 50. 1798.

铺散常绿灌木，高达5米，有长匍匐枝。小枝密被黄褐色柔毛，混生针刺和腺毛；皮刺扁而弯，常成对着生托叶下方。小叶5-9，连叶柄长4-9厘米；小叶革质，椭圆形或倒卵形，长1-2.5厘米，先端平截、圆钝或稍急尖，基部宽楔形或近圆，有紧贴圆钝锯齿，上面无毛，下面色较淡，沿脉有柔毛或无毛；小叶柄和叶轴有稀疏柔毛、腺毛和小皮刺，托叶大部离生而呈篦齿状深裂，密被柔毛，边缘有腺毛。花单生或2-3朵集生，径4.5-7厘米。花梗长不及1厘米，密被长柔毛和稀疏腺毛；有数枚宽卵形苞片，边缘有不规则缺刻状锯齿，外面密被柔毛，内面近

无毛；萼片宽卵形，先端尾尖，和萼筒外面均密被黄褐色柔毛和腺毛，内面有稀疏柔毛，花后反折；花瓣白色，倒卵形，先端微凹，心皮多数；花柱离生，密被柔毛，比雄蕊短。蔷薇果球形，密被黄褐色柔毛，果柄短，密被柔毛。花期5-7月，果期8-11月。

产江苏南部、安徽南部、浙江、福建、台湾、江西、湖南西南部、贵州东北部及云南西部，生于海拔100-300米溪边、路旁或灌丛中。日本琉球有分布。果实和根入药，可收敛、补脾、益肾，花可止咳，叶外敷治疗毒。

［附］**密刺硕苞蔷薇 Rosa bracteata** var. **scabriacaulis** Lindl. ex Koidz. in Journ. Coll. Sci. Univ. Tokyo 24(2): 227. 1913. 本变种与模式变种的区别：小枝密被针刺和腺毛。产浙江、福建、台湾，生于溪边或林中。

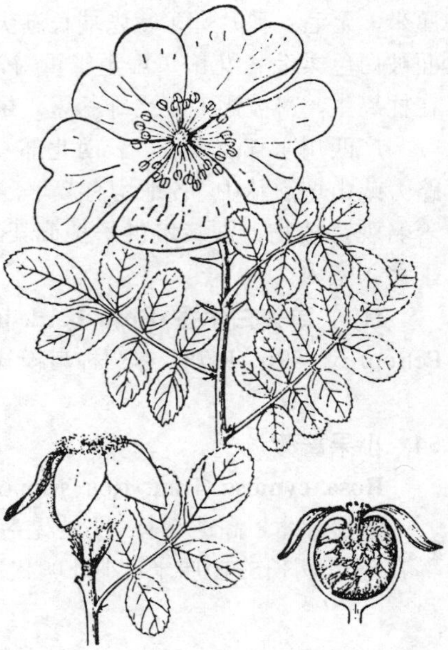

图 1220 硕苞蔷薇 （吴彰桦绘）

56. 缫丝花 彩片 160

Rosa roxburghii Tratt. Ros. Monogr. 2: 233. 1823.

灌木。小枝有基部稍扁而成对皮刺。小叶9-15，连叶柄长5-11厘米，小叶椭圆形或长圆形，稀倒卵形，长1-2厘米，有细锐锯齿，两面无毛，下面网脉明显；叶轴和叶柄有散生小皮刺，托叶大部贴生叶柄，离生部分钻形，边缘有腺毛。花单生或2-3朵生于短枝顶端。花径5-6厘米；花梗短；小苞片2-3，卵形，边缘有腺毛；萼片宽卵形，有羽状裂片，内面密被绒毛，外面密被针刺；花瓣重瓣至半重瓣，淡红或粉红色，微香，倒卵形，外轮花瓣大，内轮较小；花序离生，被毛，不外伸，短于雄蕊。蔷薇果扁球形，径3-4厘米，熟后绿红色，外面密生针刺；宿萼直立。花期5-7月，果期8-10月。

产安徽、浙江、福建、江西、湖北、湖南、广西、贵州、云南、西藏东部、四川、陕西南部及甘肃南部，野生或栽培。果味酸甜，富含维生素，供食用及药用，又可作熬糖酿酒原料；根煮水治痢疾。花美丽，供观赏。枝干多刺，可作绿篱。

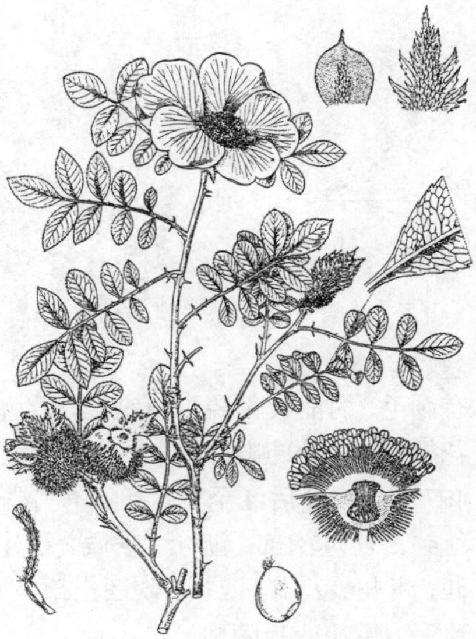

图 1221 单瓣缫丝花
（引自《中国药用植物志》）

［附］**单瓣缫丝花** 图 1221 **Rosa roxburghii** var. **normalis** Rehd. ex Wils. in Sarg. Pl. Wilson. 2: 319. 1915.本型与模式变型的区别：花单瓣，粉红色，径4-6厘米。为本种的野生原始类型。产甘肃、陕西、湖北、贵州、四川、云南、广西、广东、江西、福建及浙江，生于海拔500-2500米阳坡、沟谷、路边或灌丛中。

42. 绵刺属 Potaninia Maxim.

（谷粹芝）

小灌木，高达40厘米，各部有长绢毛；树皮撕裂状；地下茎粗壮。茎密生分枝，老枝具宿存刺状叶柄。复叶具3或5小叶，稀1小叶；小叶披针状椭圆形，长约2毫米，宽0.5毫米，先端尖，基部窄，中脉及侧脉不显，有长绢毛；叶柄坚硬，长1-1.5毫米，成刺状宿存，托叶卵形，长1.5-2毫米，透明，贴生叶柄。花单生叶腋，径约3

毫米，各部疏生长绢毛；花梗长3-5毫米；苞片卵形，长1毫米，宿存；萼筒漏斗状，萼片三角形，长约1.5毫米；花瓣3，卵形，宽约1.5毫米，白或淡粉红色；雄蕊3，与花瓣对生，花丝短于花瓣，花药背着；花盘内面密生绢毛；心皮1，子房上位，密生绢毛，1室1胚珠，花柱基生，宿存，柱头头状。瘦果长圆形，长2毫米，熟时淡黄色，有毛，萼筒宿存。种子1，长圆形。

单种属。

绵刺 图 1222

Potaninia mongolica Maxim. in Bull. Acad. Sci. St. Pétersb. 27: 466. 1881.

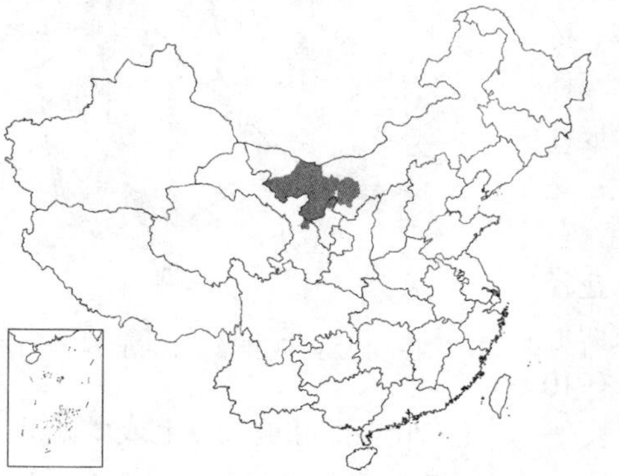

形态特征同属。花期6-9月，果期8-10月。

产内蒙古西部、宁夏北部及甘肃中部，生于砂质荒漠、戈壁或沙石平原，常形成大面积荒漠群落。强度耐寒，极耐盐碱。蒙古有分布。鲜绿植株骆驼最喜食，羊、马、驴也喜食，枯黄后牲畜不食。

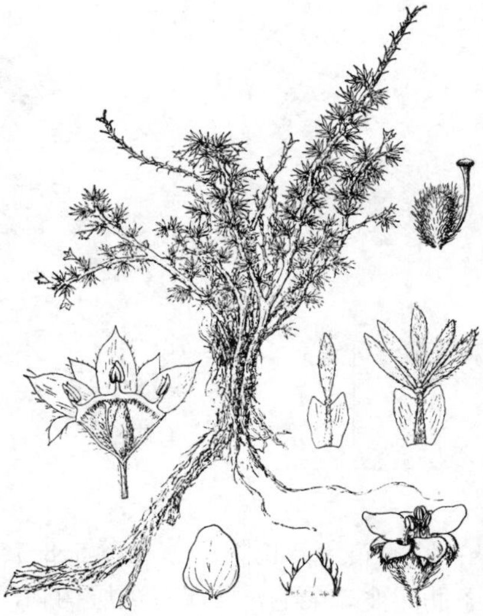

图 1222 绵刺 （马建生绘）

43. 龙芽草属 Agrimonia Linn.

（谷粹芝）

多年生草本。根状茎倾斜，常有地下芽。奇数羽状复叶；有托叶。花小，两性；成顶生穗状总状花序。萼筒陀螺状，有棱，顶端有数层钩刺，花后靠合，开展或反折；萼片5，覆瓦状排列；花瓣5，黄色；花盘边缘增厚，环萼筒口部；雄蕊5-15或更多，着生花盘外缘；雌蕊常2枚，包在萼筒内，花柱顶生，丝状，外伸，柱头微扩大，胚珠1，下垂。瘦果1-2，包在具钩刺的萼筒内，有1种子。染色体基数x=7。

约10余种，分布于北温带和热带高山及拉丁美洲。我国4种。

1. 花径0.4-1厘米；瘦果连钩刺长5-8毫米，径2-4毫米，钩刺开展，直立或向内靠合。
  2. 托叶镰形或半圆形，锯齿急尖；雄蕊5-15。
    3. 花径6-9毫米；果钩刺幼时直立，老时向内靠合，连钩刺长7-8毫米，径3-4毫米；小叶倒卵形或倒卵状披针形，下面脉上被伏生柔毛。
      4. 茎被疏柔毛及短柔毛；叶上面被疏柔毛或脱落几无毛 ………………………… 1. **龙芽草 A. pilosa**
      4. 茎下部密被粗硬毛；叶上面脉被长硬毛或微硬毛，脉间密被柔毛或绒毛状柔毛 ……………………………………………………………………………… 1(附). **黄龙尾 A. pilosa** var. **nepalensis**
    3. 花茎4-5毫米，疏离；花序轴纤细；果钩刺开展，连钩刺长4-5毫米，径2-2.5毫米；小叶菱状椭圆形或椭圆形，下面脉疏被开展长硬毛 ……………………… 2. **小花龙芽草 A. nipponica** var. **occidentalis**
  2. 托叶扇形或宽卵形，有圆钝牙齿，叶下面脉被开展疏柔毛，脉间被浅灰色短柔毛；花极疏离，间距1.5-4厘米；雄蕊17-24；果钩刺向外开展，连钩刺长0.8-1厘米 ………………………… 3. **托叶龙芽草 A. coreana**
1. 花径1.2-1.3厘米；瘦果连钩刺长0.8-1厘米，径达5毫米，钩刺外层反折，内层开展；小叶下面被浅灰色柔毛 ……………………………………………………………… 4. **大花龙芽草 A. eupatoria** subsp. **asiatica**

1. 龙芽草 图 1223 彩片 161

Agrimonia pilosa Ledeb. in Ind. Sem. Hort. Dorpat. Suppl. 1. 1823.

多年生草本。根状茎短，基部常有1至数个地下芽。茎高达1.2米，被疏柔毛及短柔毛，稀下部被长硬毛。叶为间断奇数羽状复叶，常有3-4对小叶；小叶倒卵形、倒卵状椭圆形或倒卵状披针形，长1.5-5厘米，上面被柔毛，稀脱落近无毛，下面脉上常伏生疏柔毛，稀脱落近无毛，有腺点；托叶草质，镰形，稀卵形，有尖锐锯齿或裂片，稀全缘；茎生叶托叶卵状披针形，全缘。穗状总状花序。花梗长1-5毫米，被柔毛，苞片3裂，小苞片对生。花径6-9毫米；萼片三角状卵形s；花瓣黄色，长圆形；雄蕊5-8-15；花柱2。瘦果倒卵状圆锥形，有10条肋，被疏柔毛，顶端有数层钩刺，幼时直立，成熟后靠合，连钩刺长7-8毫米，最宽径3-4毫米。花果期5-12月。

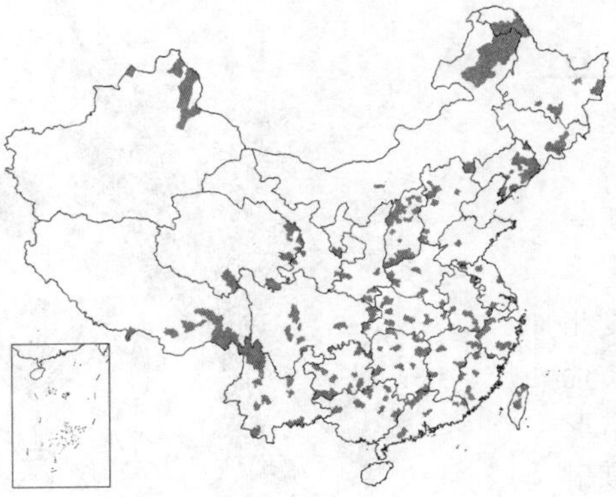

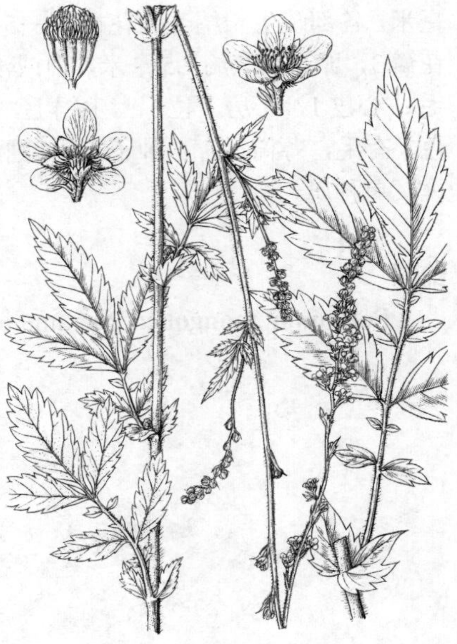

图 1223 龙芽草 （引自《图鉴》）

除海南及香港外，全国各省区均有分布。生于海拔100-3800米溪边、路旁、草地、灌丛、林缘或疏林下。欧洲中部、俄罗斯、蒙古、朝鲜半岛、日本和越南北部有分布。全草药用，收敛止血，强心，可提取止血剂仙鹤草素；秋末春初的根茎芽含鹤草酚，为驱绦虫特效药；全株富含鞣质，可提取栲胶。

［附］黄龙尾 **Agrimonia pilosa** var. **nepalensis** (D. Don) Nakai in Bot. Mag. Tokyo 47: 247. 1933.—— *Agrimonia nepalensis* D. Don, Prodr Fl. Nepal. 229. 1825. 本变种与模式变种的区别：茎下部密被粗硬毛；叶上面脉被长硬毛或微硬毛，脉间密被柔毛或绒毛状柔毛。产甘肃、陕西、山西、河北、河南、山东、江苏、安徽、浙江、江西、湖北、湖南、广东、广西、贵州、四川、云南及西藏，生于海拔100-3500米溪边、山坡草地或疏林中。印度北部、尼泊尔、锡金、缅甸、泰国北部、老挝北部及越南北部有分布。

2. 小花龙芽草 图 1224：6

Agrimonia nipponica Koidz. var. **occidentalis** Skalicky in Fl. Camb. Laos Vietn. 6: 133. 1968.

多年生草本。茎高达90厘米，上部密被柔毛，下部密被黄色长硬毛。叶为间断奇数羽状复叶，下部叶有小叶3对，稀2对，中部叶具小叶2对，最上部1-2对，稀3出；叶柄被疏柔毛及短柔毛，小叶无柄或有短柄，棱状椭圆形或椭圆形，长1.5-4厘米，先端急尖或圆钝，基部宽楔形，有圆齿，上面伏生疏柔毛，下面沿脉横生稀疏长硬毛，被稀疏腺体或不明显；托叶镰形或半圆

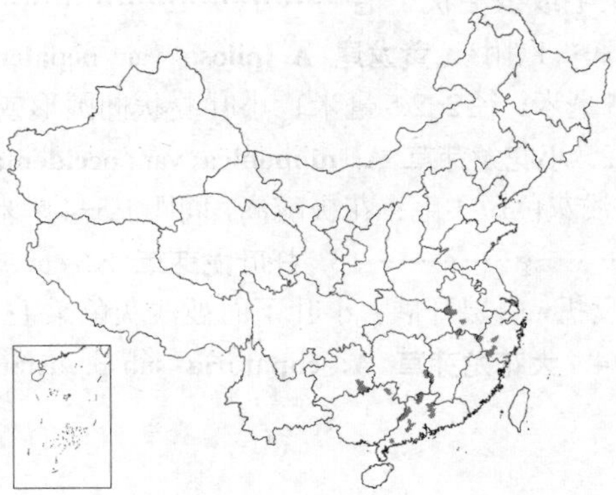

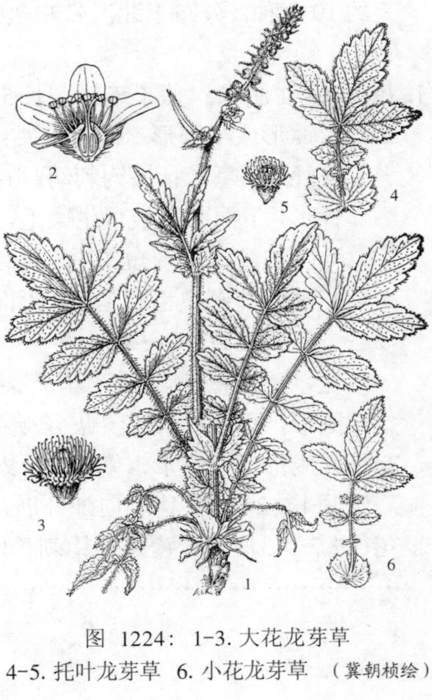

图 1224：1-3. 大花龙芽草 4-5. 托叶龙芽草 6. 小花龙芽草 （冀朝桢绘）

形，稀长圆形，边缘有急尖锯齿，茎下部托叶常全缘。花序分枝，纤细。花梗长1-3毫米；苞片小，3深裂，小苞片1对，卵形，不裂；花径4-5毫米；雄蕊5，稀10；心皮2，常1枚发育，花柱2，柱头头状。瘦果小，萼筒钟状，半球形，有10肋，被疏柔毛，顶端具数层钩刺，开展，连钩刺长4-5毫米，径2-2.5毫米。花果期8-11月。

产安徽、浙江、江西、广东、广西东北部及贵州东南部，生于海拔200-1500米山坡草地、山谷溪边、灌丛、林缘或疏林下。老挝北部有分布。

3. 托叶龙芽草 图 1224：4-5

Agrimonia coreana Nakai, Rep. Veget. Diam. Mt. 71. 1918.

根状茎粗短，木质化，常有地下芽。茎高达1米，被疏柔毛及短柔毛。叶为间断奇数羽状复叶，小叶3-4对，上部1-2对，叶柄被疏柔毛及短柔毛，小叶无柄，菱状椭圆形或倒卵状椭圆形，长2-6厘米，基部楔形，有粗大圆钝锯齿，上面伏生疏柔毛或几无毛，下面脉横生疏柔毛，脉间密被短柔毛；托叶扇形或宽卵圆形，具粗大圆钝锯齿或浅裂片。花序疏散，花间距1.5-4厘米，花序轴纤细，被短柔毛及疏柔毛。花梗长1-3毫米；苞片3深裂，裂片带形，小苞片1对，卵形，有齿或全缘；花径7-9毫米；萼片5，三角状长卵形；花瓣黄色，倒卵状长圆形，雄蕊17-24；花柱2，柱头头状。瘦果圆锥状半球形，有10肋，被疏柔毛，顶端有数层钩刺，外展，连钩刺长约5毫米，径约4毫米。花果期7-8月。

产吉林、辽宁、山东东部及浙江西北部，生于海拔500-800米林缘或山坡灌丛旁。俄罗斯、朝鲜半岛及日本有分布。

4. 大花龙芽草 图 1224：1-3

Agrimonia eupatoria L. subsp. **asiatica** (Juzep.) Skalicky in Fedde, Repert. Sp. Nov. 79: 35. 1968.

Agrimonia asiatica Juzep. in Weeds URSS 3: 138. 1934.

多年生草本。茎高达1.2米，密被长硬毛。叶为间断奇数羽状复叶，小叶3-5对，最上部小叶1-2对；小叶无柄或稀有短柄，椭圆形，长圆形或倒卵状椭圆形，长2-7厘米，有粗大圆钝锯齿，上面伏生疏柔毛，下面被短柔毛及疏柔毛；托叶草质，半圆形，有粗大急尖锯齿或浅裂片。花序不分枝，花序轴较粗，被短柔毛及长柔毛。花梗长约1毫米；苞片3-4深裂，裂片带形，中裂片长，小苞片1对，卵形，3齿裂；花径1.2-1.3厘米；萼片5，三角状卵形；花瓣黄色，倒卵状椭圆形；雄蕊11-12；花柱2，柱头扩大。瘦果钟形，萼筒托有10肋，被疏柔毛、、顶端有数层钩刺，外层反折，内层开展，连刚毛长0.8-1厘米，径5毫米。花期6月，果期7月。

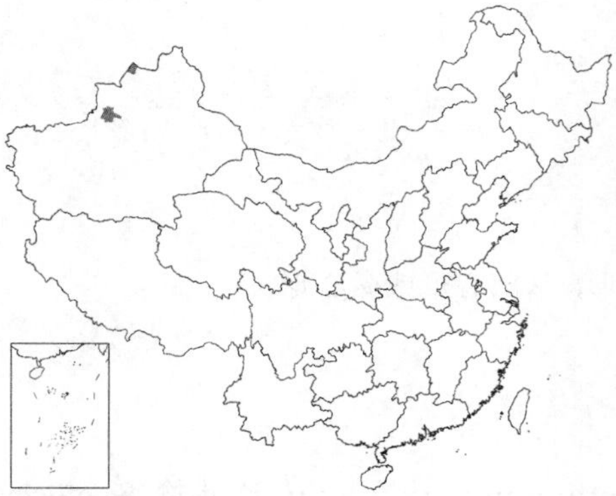

产新疆西北部，生于海拔500-1300米山麓或水边。亚洲中部及西南部有分布。

44. 马蹄黄属 Spenceria Trimen

(谷粹芝)

多年生草本，高达32厘米，全株密被白色长柔毛。根状茎木质。茎直立，带红褐色，疏被白色长柔毛或绢状柔毛。基生叶为奇数羽状复叶，连叶柄长4.5-13厘米，叶柄长1-6厘米；小叶13(-21)，对生，稀互生，宽椭圆形或倒卵状长圆形，长1-2.5厘米，先端2-3浅裂，基部圆，全缘，两面被绢状柔毛；托叶草质，贴生总叶柄上；茎生叶的小叶少或为单叶。总状花序顶生，具12-15花，排列稀疏；苞片3，浅裂或深裂，小苞片2，对生，合成总苞状，有腺柔毛。花梗长1.5-4厘米；花径约2厘米；副萼片5，合生成漏斗状，顶端有4-5齿；萼筒倒圆锥形，萼片4-5，披针形，镊合状；花瓣5，黄色，倒卵形，基部有短爪；雄蕊35-40，共丝宿存；心皮2(1)，花柱2，离生，伸出花外，每心皮1胚珠，垂生。瘦果近球形，径3-4毫米，熟时黄褐色，包在萼筒内。种子无胚乳，子叶近方形。

我国特有单种属。

马蹄黄 图 1225 彩片 162

Spenceria ramalana Trimen in Journ. Bot. 17: 97. t. 201. 1879.

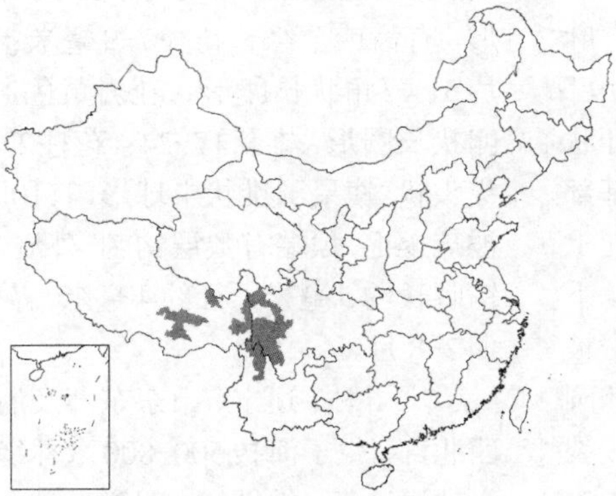

形态特征同属。花期7-8月，果期9-10月。

产四川、云南西北部及西藏，生于海拔3000-5000米石灰岩山地或高山草原。根药用，解毒、消炎、收敛止血、止泻、止痢。

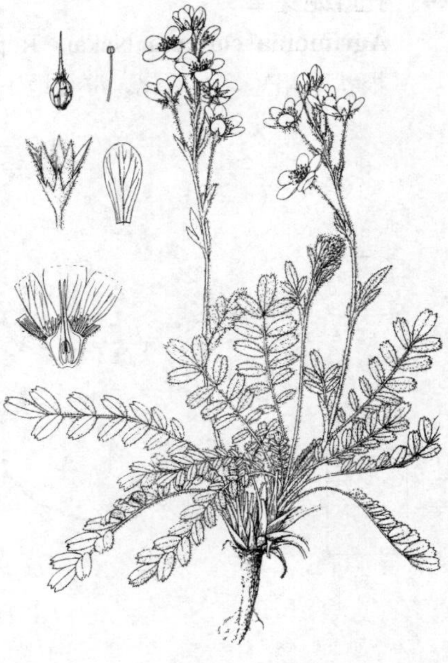

图 1225 马蹄黄 （蔡淑琴绘）

45. 地榆属 Sanguisorba Linn.

（谷粹芝）

多年生草本，根粗壮，具纺锤形、圆柱形或细长条形根。奇数羽状复叶。花两性，稀单性；密集成穗状或头状花序；萼筒喉部缢缩，有4(-7)萼片，覆瓦状排列，紫、红或白色，稀带绿色，花瓣状；花瓣无；雄蕊4，稀更多，花丝分离，稀下部联合，插生花盘外面，花盘贴生萼筒喉部；心皮1，稀2枚，包在萼筒内，花柱顶生，柱头画笔状；胚珠1，下垂。瘦果小，包藏宿存萼筒内。种子1，子叶平凸。染色体基数x=7。

约30余种，分布于欧洲、亚洲及北美洲。我国7种。

1. 穗状花序自顶端向下开放。
  2. 花序椭圆形、圆柱形或长圆柱形；花紫红、红、粉红或白色。
    3. 花丝丝状与萼片近等长，稀稍长；基生叶小叶卵形或长圆状卵形，基部心形或微心形。
      4. 花丝丝状，与萼片近等长。
        5. 基生叶小叶卵形或长圆状卵形，基部心形或微心形。
          6. 花紫红、红或淡紫色。
            7. 小叶两面无毛，有时叶柄基部或茎基部有稀疏腺毛 …………………… 1. **地榆 S. officinalis**
            7. 小叶下面被疏柔毛，叶柄基部或茎基部有稀疏腺毛 …………………… 1(附). **腺地榆 S. officinalis** var. **glandulosa**
          6. 花粉色或白色 …………………… 1(附). **粉花地榆 S. officinalis** var. **carnea**
        5. 基生小叶带状长圆形或带状披针形，基部微心形、圆或宽楔形 …………………… 1(附). **长叶地榆 S. officinalis** var. **longifolia**
      4. 花丝伸出萼片，比萼片长0.5-1倍；基生叶小叶带状长圆形或带状披针形 ……………………

…………………………………………………………………………………… 1(附). **长蕊地榆 S. officinalis** var. **longifila**

3. 花丝扁平，比萼片长0.5-2倍。
   8. 基生叶小叶带状披针形，基部圆、微心形或斜宽楔形，有缺刻状急尖锯齿。
      9. 花粉红色，花丝比萼片长0.5-1倍 …………………………………………… 2. **细叶地榆 S. tenuifolia**
      9. 花白色，花丝比萼片长1-2倍 ………………………………… 2(附). **小白花地榆 S. tenuifolia** var. **alba**
   8. 基生叶小叶卵形、椭圆形或长圆形，基部心形，粗大圆钝锯齿 ………………… 3. **宽蕊地榆 S. applanata**
2. 花序头状，白色。
   10. 植株高35厘米以下；基生叶小叶宽卵形或近圆形；花单性，周围为雄花，中央为雌花，花柱比萼片长1/2-1倍，柱头乳头状扩大；瘦果有4棱 ………………………………………………… 4. **矮地榆 S. filiformis**
   10. 植株高约85厘米；基生叶小叶卵圆形、椭圆形或长椭圆形；花两性，花柱与萼片近等长，柱头扩大有分枝；瘦果有4翅 ……………………………………………………………………………… 5. **疏花地榆 S. diandra**
1. 穗状花序自基部向上开放。
   11. 基生叶小叶基部平截形或微心形；花序粗大而下垂，白或带粉红色；苞片花蕾时比萼筒长，被毛较多；花丝比花药窄或花丝扩大不明显 ………………………………………………………… 6. **高山地榆 S. alpina**
   11. 基生叶小叶基部显著心形或深心形，花序较细长，直立，白色；苞片花蕾时与萼筒近等长，边有睫毛，背面被毛稀疏或几无毛；花丝几与花药等宽 ……………………………………… 7. **大白花地榆 S. sitchensis**

1. 地榆 图 1226

Sanguisorba officinalis Linn. Sp. P1. 116. 1753.

多年生草本，高达1.2米。茎有棱，无毛或基部有稀疏腺毛。基生叶为羽状复叶，小叶4-6对，叶柄无毛或基部有稀疏腺毛；小叶有短柄，卵形或长圆状卵形，长1-7厘米，先端圆钝稀急尖，基部心形或浅心形，有粗大圆钝稀急尖锯齿，两面绿色，无毛；茎生叶较少，小叶有短柄或几无柄，长圆形或长圆状披针形，基部微心形或圆，先端急尖；基生叶托叶膜质，褐色，外面无毛或被稀疏腺毛，茎生叶托叶草质，半卵形，有尖锐锯齿。穗状花序椭圆形、圆柱形或卵圆形，直立，长1-3(4)厘米，从花序顶端向下开放，花序梗光滑或偶有稀疏腺毛。苞片膜质，披针形，比萼片短或近等长，背面及边缘有柔毛；萼片4，紫红色，椭圆形或宽卵形，背面被疏柔毛，雄蕊4，花丝丝状，与萼片近等长或稍短；子房无毛或基部微被毛，柱头盘形，具流苏状乳头。瘦果包藏宿存萼筒内，有4棱。花果期7-10月。

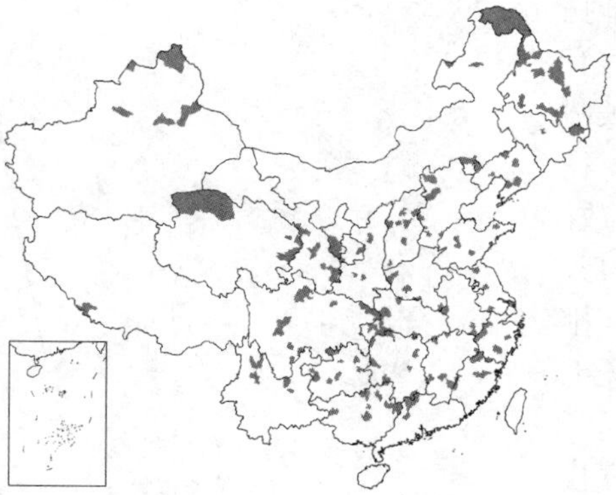

除台湾、海南及香港外，全国各省区均有分布，生于海拔30-3000米草原、草甸、山坡草地、灌丛中或疏林下。广布欧洲、亚洲北温带。根为止血要药，治疗烧伤、烫伤；又可提取栲胶；嫩叶可食，又可代茶。

[附] **腺地榆 Sanguisorba officinalis** var. **glandulosa** (Kom.) Worosch 265. 1966. —— *Sanguisorba glandulosa* Kom. in Not. Syst. Herb. URSS. 6: 10. 1926. 本变种与模式变种的区别：茎、叶柄及花序梗多少有柔毛和腺毛；叶下面散生短柔毛。花果期7-9月。产黑龙江、陕西及甘肃，生于海拔630-1820米山谷阴湿处林缘。俄罗斯远东地区有分布。

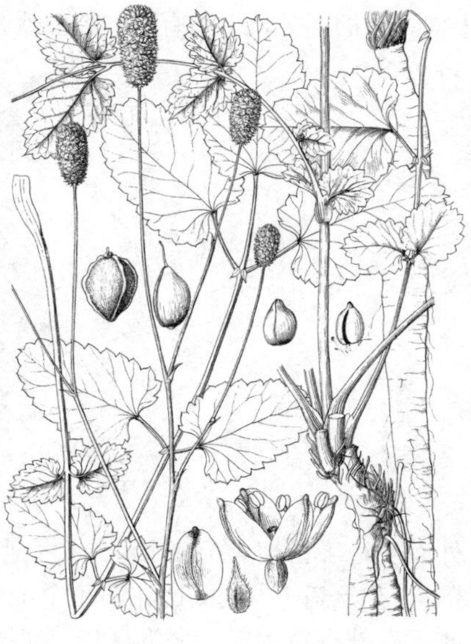

图 1226 地榆 （引自《图鉴》）

[附] **粉花地榆** 彩片 163 **Sanguisorba officinalis** var. **carnea** (Fisch. ex Link) Regel ex Maxim. in

Mem. Biol. 9:153. 1873. —— *Sanguisorba carnea* Fisch. ex Link, Enum. Hort. Berl. 1: 144. 1809. exc1. syn. 本变种与模式变种的区别：花粉红色。产黑龙江及吉林，朝鲜半岛有分布。

［附］**长叶地榆 Sanguisorba officinalis** var. **longifolia**（Bertol.）Yu et C. L. Li in Acta Phytotax. Sin. 17(1): 9. p1. 1: 1. 1979. —— *Sanguisorba longifolia* Bertol. in Mém. Acad. Sci. Bologn. 12. 234. 1861. 本变种与模式变种的区别：基生叶小叶带状长圆形或带状披针形，基部微心形、圆或宽楔形，茎生叶较多，与基生叶相似，更窄；花穗长圆柱形，长2-6厘米，径0.5-1厘米；雄蕊与萼片近等长。花果期8-11月。产黑龙江、辽宁、河北、山西、河南、山东，安徽、江苏、浙江、台湾、江西、湖北、湖南、广东、广西、贵州、云南、四川及甘肃，生于海拔100-3000米山坡草地、溪边、灌丛、湿草地或疏林中。俄罗斯西伯利亚，蒙古，朝鲜半岛及印度有分布。

［附］**长蕊地榆 Sanguisorba officinalis** var. **longifila**（Kitag.）Yu et C. L. Li in Acta Phytotax. Sin. 17(1): 10. 1979. —— *Sanguisorba rectispicata* var. *longifila* Kitag. in Bot. Mag. Tokyo 50:136. f. 6. 1936. 本变种与模式变种的区别：花丝长4-5毫米，比萼片长0.5-1倍。花果期5-9月。产黑龙江及内蒙古，生于海拔100-1300米沟边或草原湿地。

2. 细叶地榆 图 1227

Sanguisorba tenuifolia Fisch. ex Link, Enum. Hort. Berol. 1: 144. 1809.

多年生草本，高达1.5米。茎有棱，光滑。基生叶为羽状复叶，小叶7-9对，叶柄无毛，小叶有柄，带形或带状披针形，长5-7厘米，基部圆、微心形或斜宽楔形，先端急尖或圆，有缺刻状急尖锯齿，两面绿色，无毛，茎生叶与基生叶相似，向上小叶对数渐少，较窄；基生叶托叶膜质，褐色，外面光滑，茎生叶托叶草质，绿色，半月形，有缺刻状锯齿。穗状花序长圆柱形，下垂，长2-7厘米，径5-8厘米，从顶端向下开放，花序梗几无毛。苞片披针形，外面及边缘密被柔毛，比萼片短；萼片长椭圆形，粉红色，外面无毛；雄蕊4，花丝扁平，顶端比花药稍窄或近等宽，比萼片长0.5-1倍；子房无毛或近基部有短柔毛，柱头盘状。瘦果有4棱，无毛。花果期8-9月。

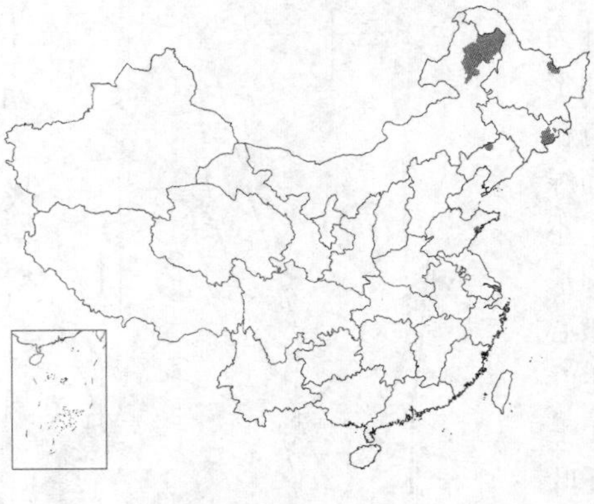

产黑龙江、吉林东南部、辽宁北部、内蒙古及山东东南部，生于海拔300-1500米山坡草地、草甸或林缘。俄罗斯、朝鲜半岛及日本有分布。

［附］**小白花地榆 Sanguisorba tenuifolia** var. **alba** Trautv. et Mey. Fl. Ochot. 35. 1856. 本变种与模式变种的区别：花白色，花丝比萼片长1-2倍。花果期7-9月。产黑龙江、吉林及辽宁，生于海拔200-1700米湿地、草甸、林缘或林下。俄罗斯、蒙古、朝鲜半岛及日本有分布。

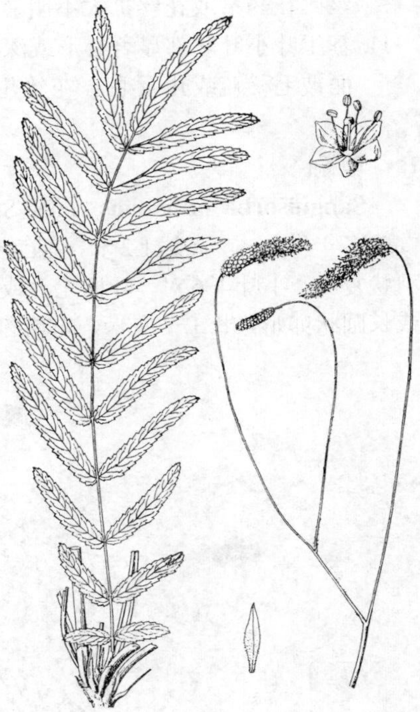

图 1227 细叶地榆
（引自《东北草本植物志》）

3. 宽蕊地榆 图 1228：1-2

Sanguisorba applanata Yu et C. L. Li in Acta Phytotax. Sin. 17(1): 11. 1979.

多年生草本，茎高达1.2米，几无毛，茎下部叶为羽状复叶，小叶3-5对，叶柄疏被柔毛，小叶柄长0.5-2.5厘米，小叶卵形、椭圆形或长圆形，长1.5-5厘米，先端圆钝，稀平截，基部心形，有粗大圆钝锯齿，上面无毛，下面色较浅，无毛；茎上部叶小叶较窄，长圆形，基部平截或宽楔形，托叶半

圆形，有缺刻状锯齿。穗状花序窄长圆柱形，自顶端向下开放，花时长4-7.5厘米，径0.6-1厘米；苞片椭圆状卵形，外被短柔毛。萼片淡粉或白色，椭圆形；雄蕊4，花丝扁平，上部与花药等宽，比萼片长2倍以上；子房1，花柱丝状，柱头盘状，有乳头状突起。花果期7-10月。

产河北、山东东部及江苏北部，生于海拔100-500米山沟阴湿处、溪边或疏林下。

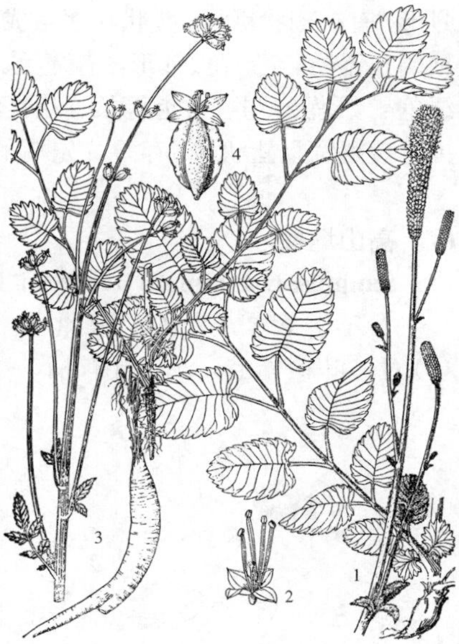

图 1228：1-2. 宽蕊地榆 3-4. 疏花地榆
（路桂兰绘）

4. 矮地榆 图 1229

Sanguisorba filiformis (Hook.f) Hand.-Mazz. Symb. Sin. 7: 524. 1933.

Poterium filiforme Hook. f. Fl. Brit. Ind. 2: 362. 1878.

多年生草本，高达35厘米，无毛。基生叶为羽状复叶，小叶3-5对，叶柄光滑，小叶有短柄，稀几无柄，宽卵形或近圆形，长0.4-1.5厘米，长宽几相等，先端圆钝，稀近平截，基部圆或微心形，有圆钝锯齿，上面暗绿色，下面绿色，两面无毛；茎生叶1-3，与基生叶相似，向上小叶对数渐少；基生叶托叶褐色，膜质，茎生叶托叶草质，绿色，全缘或有齿。花单性，雌雄同株，花序头状，几球形，径3-7毫米，周围为雄花，中央为雌花；苞片细小，卵形、边缘有稀疏睫毛。萼片4，白色，长倒卵形，外面无毛；雄蕊7-8，花丝丝状，比萼片长约1倍；花柱丝状，比萼片长1/2-1倍，柱头乳头状。瘦果有4棱，熟时萼片脱落。花果期6-9月。

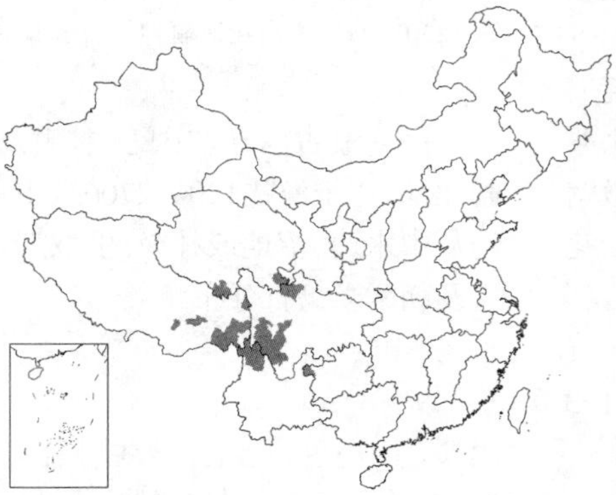

产青海南部、西藏、四川、云南及贵州西部，生于海拔1200-4000米山坡草地或沼泽。锡金有分布。根入药，治痛经。

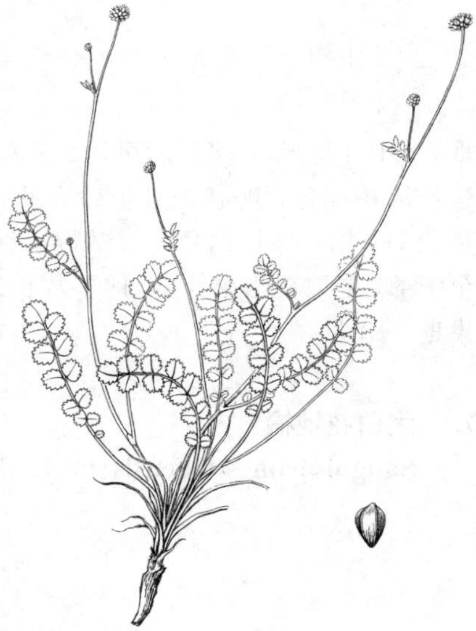

图 1229 短地榆 （吴彰桦绘）

5. 疏花地榆 图 1228：3-4

Sanguisorba diandra Wall. ex Hoedb. in Opera B. (Lund) 11(2): 60. 1966.

多年生草本。茎高达85厘米，被腺毛或几无毛。羽状复叶，小叶5-8对，叶柄被腺毛或几无毛；小叶互生或近对生，小叶柄长0.5-2厘米，小叶卵形、椭圆形或长椭圆形，长1-3厘米，先端圆钝，基部心形或平截，有缺刻状锯齿。上面无毛，下面较淡，被稀疏柔毛，茎中部叶托叶镰形或半

月形，有缺刻状锯齿。头状花序组成圆锥花序，花后散生，下部有长梗，至顶端几无梗；苞片披针形，有睫毛。萼筒外面疏被柔毛，有4棱，萼片淡绿色；雄蕊2. 与萼片近等长，花丝丝状；子房1，花柱细，柱头多分枝。果时棱翅宽呈翅状，宿存萼片先端呈小头状加厚，有3条脉，花柱脱落。花果期6-8月。

产西藏南部，生于海拔3200-3900米山坡草地、林缘或灌丛中。不丹有分布。

6. 高山地榆 图 1230：4-5

Sanguisorba alpina Bunge in Ledeb. Fl. Alt. 1: 142. 1829.

多年生草本。茎高达80厘米，无毛或几无毛。羽状复叶，小叶4-7(9)对，叶柄无毛，小1叶有柄，小叶椭圆形或长椭圆形，稀卵形，长1.5-7厘米，基部平截或微心形，先端圆钝或几圆，有缺刻状尖锐锯齿，两面绿色，无毛；茎生叶与基生叶相似，向上小叶对数渐少，小叶基部常圆或宽楔形；基生叶托叶膜质，黄褐色，无毛，茎生叶托叶革质，绿色，卵形或弯弓呈半圆形，有缺刻状尖锐锯齿。穗状花序圆柱形，稀椭圆形，从基部向上开放，花后伸长下垂。长1-4厘米，伸长后可达5厘米，花序梗初被疏柔毛，后脱落无毛；苞片淡黄褐色，卵状披针形或匙状披针形，边缘及外面密被柔毛，比萼片长1-2倍。萼片白色，或微带淡红色，卵形；雄蕊4，花丝从下部微宽至中部，至顶端比花药窄，比萼片长2-3倍。瘦果被疏柔毛；萼片宿存。花果期7-8月。

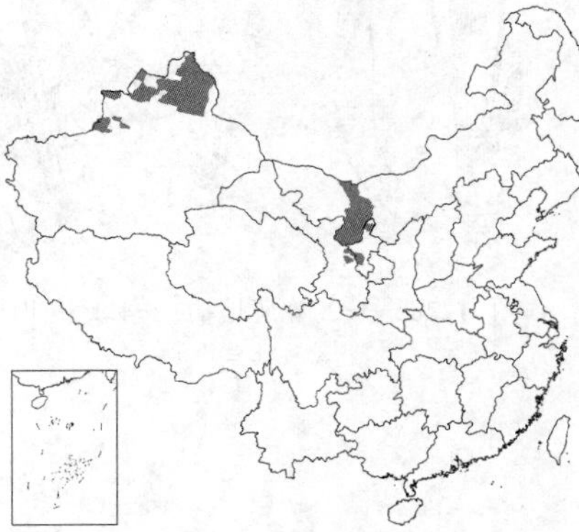

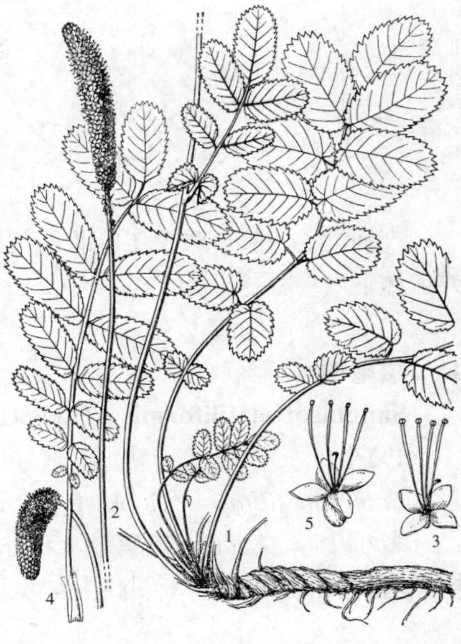

图 1230：1-3. 大白花地榆 4-5. 高山地榆
（吴彰桦绘）

产内蒙古西部、宁夏、甘肃及新疆北部，生于海拔1200-2700米山坡、沟从中水边、沼地或林缘。俄罗斯、蒙古及朝鲜半岛有分布。

7. 大白花地榆 图 1230：1-3

Sanguisorba sitchensis C. A. Mey in Trautv. et C. A. Mey. Fl. Uchot. 34. 1856.

多年生草本。茎高达80厘米，光滑。羽状复叶，小叶4-6对，叶柄有棱，无毛，小叶有柄， 椭圆形或卵状椭圆形，先端圆，基部心形或深心形，稀微心形，有粗大缺刻状急尖锯齿，上面暗绿，无毛，茎生叶2-4，与基生叶相似，向上小叶对数渐少；基生叶托叶膜质，黄褐色，无毛，茎生叶托叶草质，绿色，卵形，有缺刻状锯齿。穗状花序直立，从基部向上开放，花序梗无毛，苞片窄带形，无毛或外被疏柔毛，与萼片近等长；萼片4，椭圆状卵形，无毛；雄蕊4，花丝从中部以上宽， 比萼片长2-3倍。瘦果被疏柔毛；萼片宿存。花果期7-9月。

产黑龙江南部、吉林及辽宁东部，生于海拔1400-2300米山地、山谷、湿地、疏林下或林缘。俄罗斯、朝鲜半岛、日本及北美有分布。

46. 羽衣草属 Alchemilla Linn.

（谷粹芝）

多年生草本，稀一年生。单叶互生，掌状浅裂或深裂，极稀掌状复叶，有长叶柄和托叶，基生和茎生；托叶与叶柄连生。花小形，两性；伞房花序或聚伞花序。萼筒壶形，宿存，喉部缢缩，萼片2轮，均4-5片，萼片在芽中镊合状排列；花瓣缺；雄蕊4-(1)着生在萼筒喉部，花丝短，离生；花盘边厚围绕在萼筒上方；心皮1(-4)着生在萼筒基部，有短柄或无柄，花柱基生或腹生，线形，无毛，柱头头状；胚珠1，着生子房基部。瘦果1(-4)，全部或部分包在膜质萼筒内。种子基生，种皮膜质，子叶长倒卵形。染色体基数x=8。

产亚、欧、美、非四洲寒带、温带和热带高山草原，至北极地区。我国3种。多为高山牧草；全草入药，有收敛消炎作用。

1. 茎和叶柄被直立开展或反折柔毛。
   2. 萼筒外面多少密被柔毛，花梗无毛或近无毛；叶基部湾缺较小，有时2裂片相接 ………………………………………………………… 1. **羽衣草 A. japonica**
   2. 萼筒和花梗无毛；叶基部湾缺广开，有时最下2裂片成截形 ……………… 2. **纤细羽衣草 A. gracilis**
1. 茎和叶柄无毛或茎基部有少数柔毛；萼筒和花梗无毛 ……………………… 3. **无毛羽衣草 A. glabra**

1. 羽衣草 图 1231：1-4

Alchemilla japonica Nakai et Hara in Journ. Jap. Bot. 13：177. 1937.

多年生草本，高达13厘米，具肥厚木质根状茎。茎单生或丛生，直立或斜展，密被白色长柔毛。叶心状圆形，长2-3厘米，基部深心形，边缘有细锯齿并7-9浅裂，两面疏被柔毛，沿脉较密；叶柄长3-10厘米，密被开展长柔毛，托叶膜质，棕褐色，外面被长柔毛；茎生叶小，叶柄短或近无柄，托叶外被长柔毛。伞房状聚伞花序较紧密；花序梗和花梗无毛或近无毛。花梗长2-3厘米；花径3-4毫米；副萼片长圆状披针形，外面疏被柔毛，萼片三角状卵形，比副萼片稍长而宽，外面被疏柔毛；雄蕊长约萼片1/2；花柱线形，稍长于雄蕊。瘦果卵圆形，长约1.5毫长，无毛，全包在膜质萼筒内。

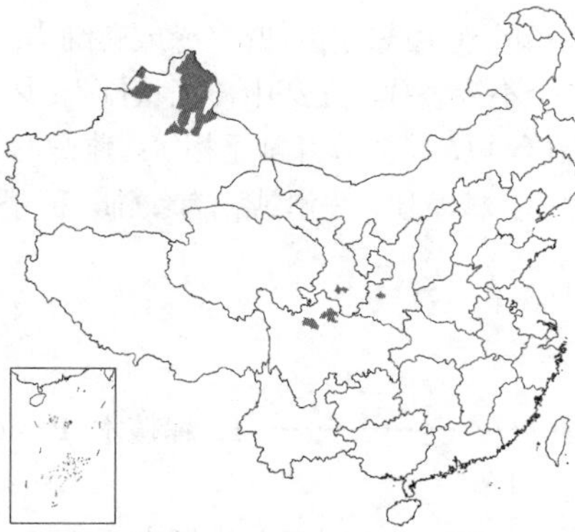

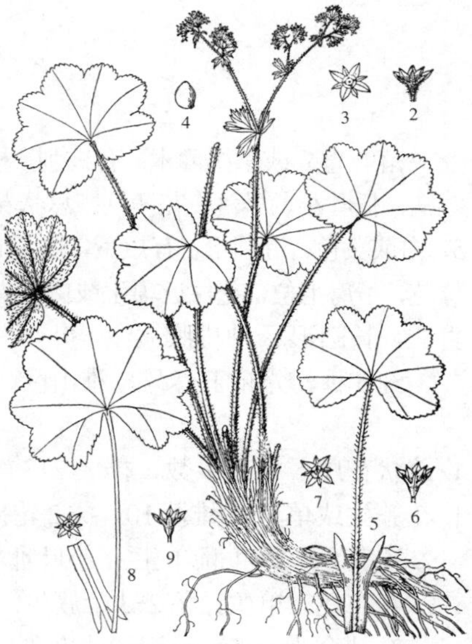

图 1231：1-4. 羽衣草 5-7. 纤细羽衣草 8-10. 无毛羽衣草 （王金凤绘）

产内蒙古、甘肃、新疆、青海、四川及陕西，生于海拔2500-3500米高山草原。日本有分布。

2. 纤细羽衣草 图 1231：5-7

Alchemilla gracilis Opiz in Berchtold & Opiz, Okon-Techn. Fl. Bohm. 2(1)：14. 1839.

多年生草本，高达30厘米。基生叶肾状圆形，长2-4厘米，基部广开平截或微心形，有7-9波状浅裂片和细锐锯齿，两面均被稀疏长柔毛，下面沿叶脉较密；叶柄长5-14厘米，密被开展长柔毛，托叶膜质，黄褐色；外被稀疏柔毛；基生叶2-5，向上渐小，叶柄短或近无柄，托叶有锯齿，基

部合生。伞房状聚伞花序较稀疏。花梗长3-4毫米，无毛；萼筒基部稍下延无毛；副萼片比萼片短一半以上，外面均无毛。瘦果卵圆形；长1-2毫米，顶端稍钝，无毛。

产山西北部、陕西南部、甘肃、新疆、四川北部及云南西北部，生于海拔1700-3500米高山草原或林下。广布北欧及中欧。

3. 无毛羽衣草 图 1231：8-10

Alchemilla glabra Neygenf. Enchirid Bot. Siles 67. 1821.

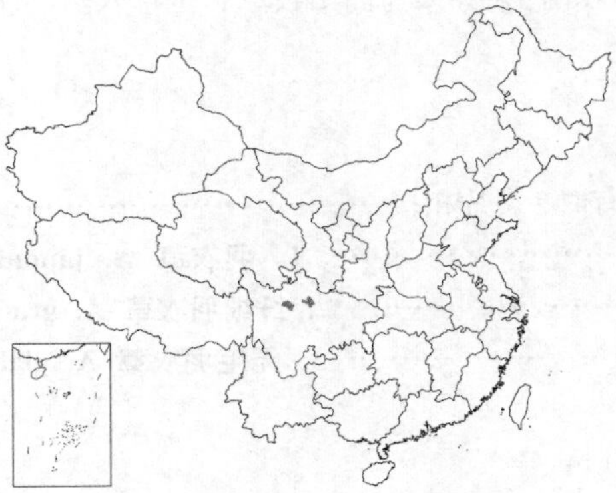

多年生草本，高达60厘米，有粗壮根状茎。茎丛生，直立，高于叶片，无毛或基部1-2节有少数柔毛。基生叶多数，具长叶柄，叶心状圆形，长3-5厘米，基部心形，有7-9波状浅裂片和细锐锯齿，两面无毛，稀边缘有少数柔毛和缘毛；叶柄长10-18厘米，无毛，托叶膜质，棕褐1色，无毛；茎生叶2-5，小形，有3-5浅裂片，叶柄短或近无柄，托叶有锯齿，基部合生，无毛。伞房状聚伞花序较稀疏。花径约3毫米，黄绿色；花梗长1-2毫米，无毛；萼筒基部稍下延，无毛；副萼片长圆状披针形，萼片三角状卵形，副萼片比萼片短约一半，均无毛。

产四川，生于海拔4000米以上高山草原。北欧及中欧有分布。

47. 扁核木属 Prinsepia Royle

（谷粹芝）

落叶直立或攀援灌木；有枝刺，枝具片状髓部。冬芽小，有少数被毛鳞片。单叶互生或簇生；叶全缘或有细齿；具短柄，托叶小，早落。花两性；总状花序或簇生和单生。萼筒杯状，宿存，具5个不等裂片，在芽中覆瓦状排列；花瓣5，白或黄色，近圆形，有短爪，雄蕊10或多数成数轮着生萼筒口部花盘边缘，花丝短，花药分开常不相等；雌蕊1，周位花，子房上位，花柱近项生或侧生，柱头头状，胚珠2，并生、下垂。核果，肉质，核革质，平滑或稍有纹饰。种子1，直立，长圆形；种皮膜质，子叶平凹，含油质。染色体基数x=8。

约5种，分布于喜马拉雅山区、不丹、锡金。我国4种。

1. 总状花序；雄蕊多数，排成2-3轮；枝刺有叶 ………………………… 1. **扁核木 P. utilis**
1. 花簇生或单生；雄蕊10，成2轮排列；枝刺无叶。
    2. 花黄色，簇生稀单生；小叶卵状披针形或披针形；花梗长1-1.8厘米 …………… 2. **东北扁核木 P. sinensis**
    2. 花白色，单生，稀2-3朵簇生。
        3. 叶全缘，有时呈波状或有不明显锯齿，长圆状披针形或窄长圆形，先端圆钝或急尖；花梗长3-5毫米 …………………………………… 3. **蕤核 P. uniflora**
        3. 叶有锯齿，不育枝叶卵状披针形或卵状长圆形，先端急尖或短渐尖；花枝叶长圆形或窄椭圆形；花梗长0.5-1.5厘米 ……………………… 3(附). **齿叶扁核木 P. uniflora** var. **serrata**

1. 扁核木 图 1232 彩片 164

Prinsepia utilis Royle, Ill. Bot. Himal. 206. t. 38. f. 1. 1835.

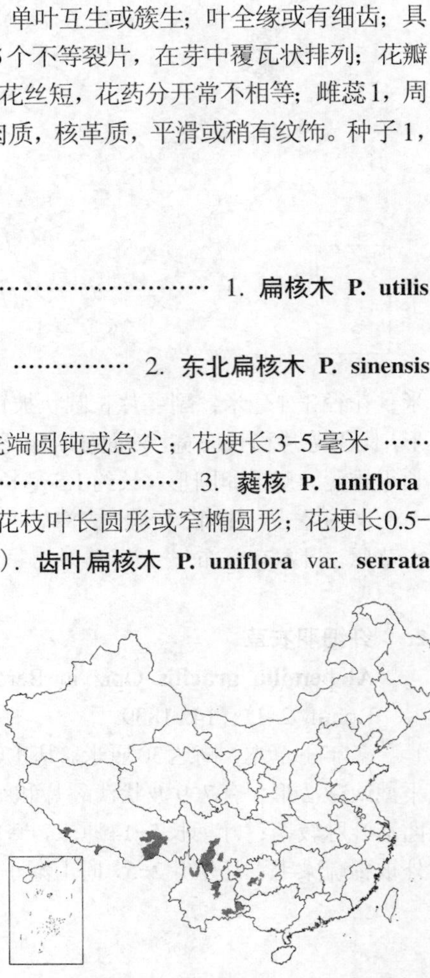

灌木，高达5米。小枝被褐色短柔毛或近无毛，具枝刺，刺长达3.5厘米并有叶。冬芽近无毛。叶长圆形或卵状披针形，长3.5-9厘米，先端急尖或渐尖，基部宽楔形或近圆，全缘或有浅锯齿，两面无毛；叶柄长约5毫米，无毛，托叶早落。总状花序长3-6厘米，生于叶腋或枝刺顶端。花梗长4-8毫米，花序梗和花梗有褐色短柔毛，渐脱落；小苞片披针形；花径约1厘米；萼筒杯状，外被褐色短柔毛，萼片半圆形或宽卵形，幼时两面被褐色柔毛；花瓣白色，宽倒卵形；雄蕊多数，2-3轮着生花盘；雌蕊1，花柱短，侧生。核果长圆形或倒卵状长圆形，熟后紫或黑色，无毛，被白粉；果柄长0.8-1厘米；萼片宿存。花期5-6月，果期8-9月。

产云南、贵州、四川及西藏，生于海拔1000-2560米山坡荒地、山谷或路边。巴基斯坦、尼泊尔、不丹及印度北部有分布。种子富含油脂，出油率约30%，油供食用、制皂。嫩芽可作蔬菜食用，俗名青刺尖。茎、叶、果、根药用，可治痈疽毒疮、风火牙痛、蛇咬伤、骨折。

图 1232 扁核木 （王金凤绘）

2. 东北扁核木 图 1233 彩片 165

Prinsepia sinensis (Oliv.) Oliv. ex Bean in Kew Bull. 1909: 354. 1909.

Plagiospermum sinense Oliv. in Hook. lcon. Pl. 16: t. 1526. 1886.

小灌木，干皮片状剥落。小枝无毛；枝刺直立或弯曲，长o.5-1厘米，无叶。冬芽有毛。叶互生或丛生，叶卵状披针形或披针形，稀带形，长3-6.5厘米，先端急尖、渐尖或尾尖，基部近圆或宽楔形，全缘或有稀疏锯齿，两面无毛或有少数睫毛；叶柄长0.5-1厘米，无毛；托叶披针形。花1-4朵，簇生叶腋。花梗长1-1.8厘米，无毛；花径约1.5厘米；萼筒钟状；萼片三角状卵形，全缘，外面无毛，边有睫毛；花瓣黄色，倒卵形；雄蕊10，成2轮着生花盘近边缘；雌蕊1，无毛，花柱侧生。核果近球形或长圆形，径1-1.5厘米，熟后紫红或紫褐色，无毛；萼片宿存。花期3-4月，果期8月。

产黑龙江、吉林、辽宁及内蒙古，生于林中、阴坡林间、山坡开阔处或河边。果肉质，有香味，可食。

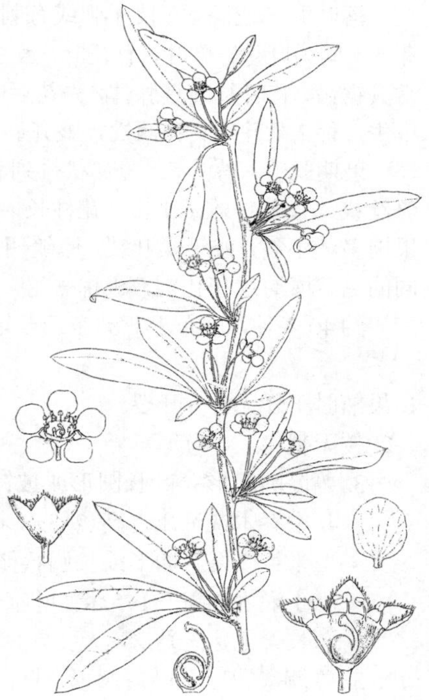

图 1233 东北扁核木
（引自《Hook. Icon. Pl.》）

3. 蕤核 图 1233：1-2

Prinsepia uniflora Batal. in Acta Hort. Petrop. 12: 167. 1892.

灌木。小枝无毛或有极短柔毛；枝刺钻形，长0.5-1厘米，无毛，刺无叶。叶互生或丛生，近无柄；叶长圆披针形或窄长圆形，长2-5.5厘米，先端圆钝或急尖，基部楔形或宽楔形，全缘，有时浅波状或有不明显锯齿，下面淡绿色，两面无毛。花单生或2-3簇生叶丛内。花梗长3-5毫米，无毛；花径0.8-1厘米；萼筒陀螺状；萼片短三角状卵形或半圆形，先端圆钝，全缘，萼片外面无毛；花瓣白色，有紫色脉纹，倒卵形，长5-6毫米，先端啮蚀状，有短爪，着生在萼筒口花盘边缘；雄蕊10，花丝扁而短，比花药稍长，着生花盘；心皮1，无毛，花柱侧生，柱头头状。核果球形，熟后红褐或黑褐色，径0.8-1.2厘米，无毛，有光泽；萼片宿存，反折；核两侧扁卵圆形，长约7毫米，有沟纹。花期4-5月，果期8-9月。2n=32。

产内蒙古西南部、宁夏、青海东部、甘肃南部、陕西北部、山西西南部、河南西部及四川东南部，生于海拔900-1100米阳坡或山麓下。果可酿酒、制醋或食用；种仁含油约32%，可入药。

［附］**齿叶扁核木** 图1234：3 **Prinsepia uniflora** var. **serrata** Rehd. in Journ. Arn. Arb. 22: 575. 1941. 本变种与模式变种的区别：叶缘有锯齿，不育枝叶卵状披针形或卵状长圆形，先端急尖或短渐尖；花枝叶长圆形或窄椭圆形；花梗长0.5-1.5厘米。产山西、陕西、甘肃、青海及四川，生于海拔800-2000米山坡、山谷或沟边。

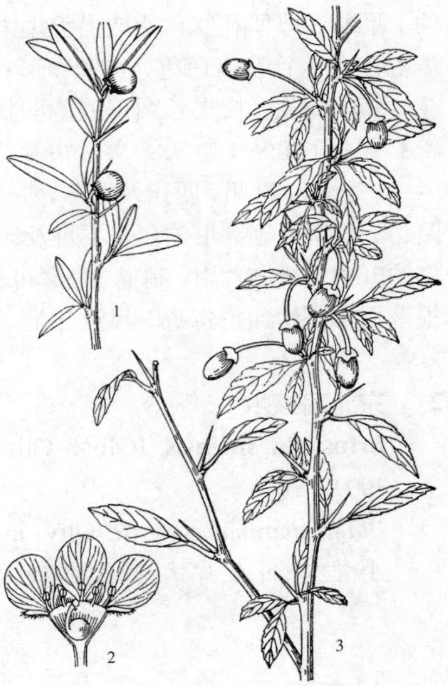

图 1234: 1-2. 蕤核 3. 齿叶扁核木
（王金凤绘）

48. 桃属 Amygdalus Linn.

（陆玲娣）

落叶乔木或灌木。枝无刺或有刺。腋芽常3枚，稀2枚并生，两侧为花芽，中间为叶芽。单叶，有托叶，互生，有时簇生短枝，幼时在芽中对折，常具锯齿，有时基部具腺体，先花后叶，稀花叶同放；叶柄常具2腺体。花单生，稀2朵并生。花两性，整齐；花梗短或几无梗，稀梗较长；花萼5裂，果期脱落，萼片5，覆瓦状排列；花瓣5，粉红或白色，着生于萼筒口部，覆瓦状排列；雄蕊多数，周位，花丝丝状，分离；雌蕊1枚，花柱长；子房上位，具乞求，1室，胚珠2，并生，下垂。核果，被毛，稀无毛，熟时果肉多汁不裂，或干燥开裂，腹缝明显，果洼较大；核坚硬，扁圆、圆形或椭圆形，与果肉粘连或分离，具深浅不同的纵、横沟纹和孔穴，极稀平滑，2瓣裂，具1枚种子。种子下垂，种皮厚；种仁味苦或甜。

约40多种，分布于亚洲东部至地中海地区寒温带、暖温带至亚热带地区，多栽培品种。我国11种。

1. 果熟时干燥无汁，开裂。
  2. 枝无刺。
    3. 萼筒圆筒形；叶长圆形或披针形，无毛或幼时疏生柔毛；花梗长2-4毫米。
      4. 中乔木或灌木，高(2)3-8米；叶披针形或椭圆状披针形，幼时疏被柔毛，老时无毛，叶柄长1-2(-3)厘米；核果斜卵形或长圆状卵形，密被柔毛；核多少平滑，具蜂窝状孔穴 ………… 1. **扁桃 A. communis**
      4. 小灌木，高1-1 5米；叶窄长圆形、长圆状披针形或披针形，无毛，叶柄长4-7毫米；核果卵圆形，密被长柔毛，核光滑，无孔穴，具不明显网状浅沟纹 ………… 2. **矮扁桃 A. nana**
    3. 萼筒宽钟形；叶近圆形、椭圆形或倒卵形，被柔毛；花梗长4-8毫米。
      5. 灌木，稀小乔木，高2-3米；叶先端常3裂，具粗锯齿或重锯齿；核近球形，两端钝圆，具网纹 ………… 3. **榆叶梅 A. triloba**
      5. 小灌木，高1-2米；叶先端不裂，具不整齐粗锯齿；核宽卵圆形，顶端具小突尖头，平滑或稍有皱纹 ………… 4. **长梗扁桃 A. pedunculata**
  2. 枝具刺。
    6. 小枝被柔毛；叶宽椭圆形、近圆形或倒卵形，长0.8-1.5厘米，侧脉常4对；核果宽卵圆形，径约1厘米 ………… 5. **蒙古扁桃 A. mongolica**
    6. 小枝无毛；叶长椭圆形、长圆形或倒卵状披针形，长1.5-4厘米，侧脉5-8对；核果近球形或卵圆形，径1.5-2厘米 ………… 5(附). **西康扁桃 A. tangutica**
1. 核果熟时肉质多汁，不裂，稀果肉干燥。

7. 核有深沟纹和孔穴。
8. 叶下面脉腋有少数柔毛，稀无毛；花萼被柔毛；果肉厚而多汁；核两侧扁平，顶端渐尖。
9. 核具纵、横不规则沟纹和孔穴；叶侧脉在叶缘结合成网状 ······ 6. **桃 A. persica**
9. 核具纵向平行沟纹和极稀疏小孔穴；叶侧脉直达叶缘，结成网状 ······ 7. **新疆桃 A. ferganensis**
8. 叶下面和花萼无毛；果肉薄而干燥；核两侧常不扁，顶端钝圆。
10. 叶基部楔形，具细锐锯齿；核果及核近球形 ······ 8. **山桃 A. davidiana**
10. 叶基部圆或宽楔形，具细钝锯齿；核果及核椭圆形或长圆形 ······ 8(附). **陕甘山桃 A. davidiana** var. **potanini**
7. 核光滑，具浅沟纹，无孔穴。
11. 花萼有柔毛；核近球形，顶端钝圆，具纵、横向浅沟纹 ······ 9. **甘肃桃 A. kansuensis**
11. 花萼无毛；核扁卵圆形，顶端尖，光滑，具少数不明显纵向浅沟纹 ······ 9(附). **光核桃 A. mira**

1. 扁桃

图 1235

Amygdalus communis Linn. Sp. P1. 473. 1753.

乔木或灌木，高(2)3-6(8)米。幼枝无毛。一年生枝叶互生，短枝叶常簇生。叶披针形或椭圆状披针形，长3-6(9)厘米，先端急尖或短渐尖，基部宽楔形或圆，幼时微被疏柔毛，老时无毛，具浅钝锯齿；叶柄长1-2(3)厘米，无毛，叶基部及叶柄常具2-4腺体。花单生，先叶开放，着生短枝或一年生枝。花梗长3-4毫米；萼筒圆筒形，无毛，萼片宽长圆形或宽披针形，边缘具柔毛；花瓣长圆形，长1.5-2厘米，白或粉红色；子房密被绒毛状毛。核果斜卵形或长圆状卵圆形，扁平，长3-4.3厘米，顶端尖或稍钝，基部多近平截，密被柔毛；果柄长0.4-1厘米；果肉薄，熟时开裂；核黄白或褐色，长2.5-3(4)厘米，顶端尖，基部斜截或圆截，背缝较直，腹缝较弯，具多少尖锐的龙骨状突起，多少光滑，具蜂窝状孔穴。种仁味甜或苦。花期3-4月，果期7-8月。

原产亚洲西部，生于低至中海拔山区，生于多石砾干旱坡地。新疆、陕西、甘肃等地区有栽培。抗旱性强，可作桃和杏的砧木。木材坚硬，可制作小家具和旋工用具。扁桃十二入药并可作化妆品工业原料。

图 1235 扁桃
（引自《中国果树分类学》）

2. 矮扁桃

图 1236

Amygdalus nana Linn. Sp. P1. 473. 1753.

灌木，高1-1.5米。短枝叶多簇生，长枝叶互生；叶窄长圆形、长圆状披针形或披针形，长2.5-6厘米，先端急尖或稍钝，基部窄楔形，两面无毛，具小锯齿，齿端有腺体；叶柄长4-7毫米，无毛。花单生，与叶同放，径约2厘米。花梗长4-6(-8)毫米，被浅黄色柔毛；花萼无毛，紫褐色，萼筒圆筒形，长5-8毫米，萼片卵形或卵状披针形，长3-4毫米，具小锯齿；花瓣不整齐倒卵形或长圆形，长1-1.7厘米，粉红色；子

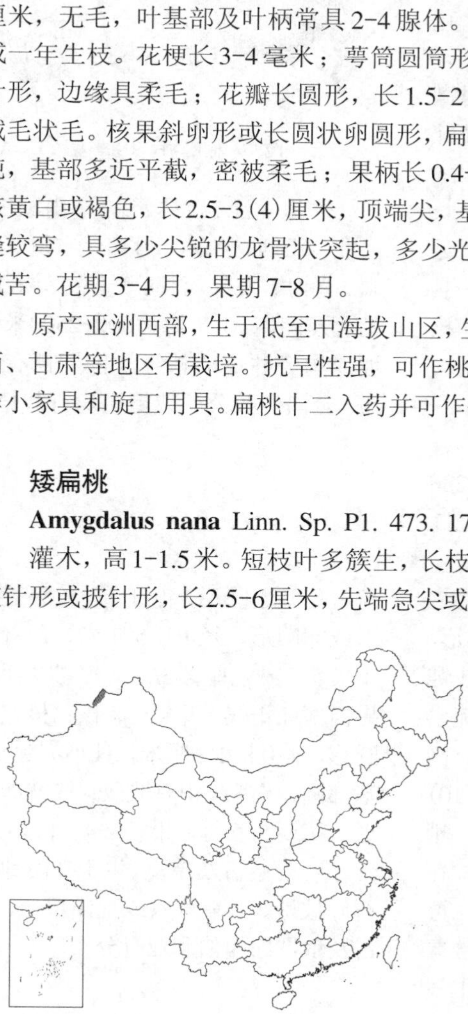

图 1236 矮扁桃
（引自《中国果树分类学》）

房密被长柔毛。瘦果卵圆形，径1-2(2.5)厘米，密被浅黄色长柔毛；果柄长7-9毫米；果肉干燥，熟时开裂；核卵圆形或长卵圆形，长1-2.2厘米，两侧扁平，腹缝肥厚而较弯，背缝龙骨状，顶端钝圆，有小突尖头，基部稍偏斜，近光滑，有不明显网纹。花期4-5月，果期6-7月。

产新疆(塔城)，生于海拔达1200米干旱坡地、草原、洼地或谷地。东南欧、中欧、西亚和俄罗斯中亚及西伯利亚有分布。抗寒耐旱，可作培育耐寒品种的优良砧木，也是早春的观赏灌木；核仁药用。

3. 榆叶梅 图 1237

Amygdalus triloba (Lindl.) Ricker in Proc. Bio1. Soc. Wash. 30: 18. 1917.

Prunus triloba Lindl. in Gard. Chron. 1857: 268. 1857; 中国高等植物图鉴 2: 305. 1972.

灌木稀小乔木，高2-3米。小枝无毛或幼时微被柔毛。短枝叶常簇生，一年生枝叶互生；叶宽椭圆形或倒卵形，长2-6厘米，先端短渐尖，常3裂，基部宽楔形，上面具疏柔毛或无毛，下面被柔毛，具粗锯齿或重锯齿；叶柄长0.5-1厘米，被柔毛。花1-2朵，先叶开放，径2-3厘米。花梗长4-8毫米；萼筒宽钟形，长3-5毫米，无毛或幼时微具毛，萼片卵形或卵状披针形，无毛，近先端疏生小齿；花瓣近圆形或宽倒卵形，长0.6-1厘米，粉红色。核果近球形，径1-1.8厘米，顶端具小尖头，熟时红色，被柔毛；果柄长0.5-1厘米；果肉薄，熟时开裂；核近球形，具厚硬壳，径1-1.6厘米，两侧几不扁，顶端钝圆，具不整齐网纹。花期4-5月，果期5-7月。

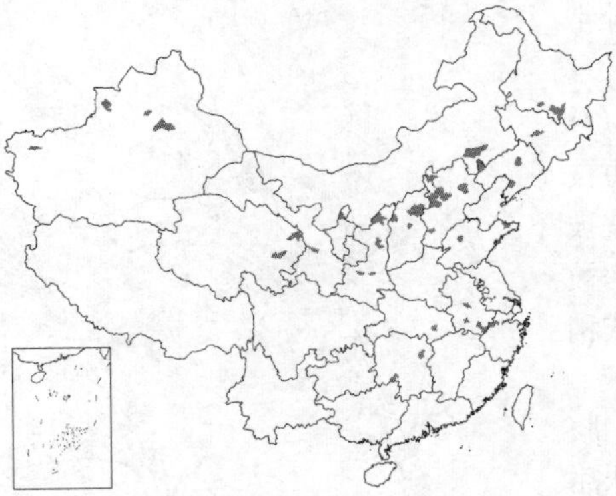

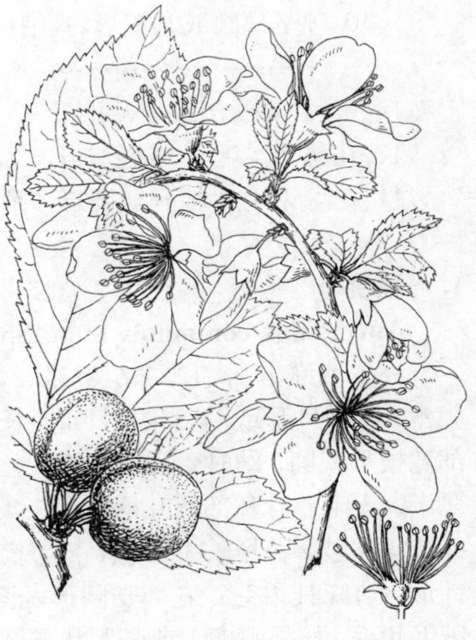

图 1237 榆叶梅 （吴彰桦绘）

产黑龙江、吉林、辽宁、内蒙古、河北、山西、陕西、甘肃、宁夏、新疆、青海、山东、江苏、安徽、浙江、湖北及湖南，生于海拔600-2500米山坡或沟旁林下或林缘。俄罗斯有分布。全国多数公园或街道均有栽植。

4. 长梗扁桃 图 1238

Amygdalus pedunculata Pall. in Nov. Acta Acad. Sci. Petrop. 7: 353. 1789.

灌木，高1-2米。幼枝被柔毛。短枝叶密集簇生，一年生枝叶互生；叶椭圆形、近圆形或倒卵形，长1-4厘米，先端急尖或钝圆，基部宽楔形，两面疏生柔毛，具不整齐粗锯齿，侧脉4-6对；叶柄长2-5(10)毫米，被柔毛。花单生，稍先叶开放，径1-1.5厘米。花梗长4-8毫米，具柔毛；萼筒宽钟形，无毛或微具毛，萼片三角状卵形，边缘疏生浅齿；花瓣近圆形，粉红色。核果近球形或卵圆形，径1-1.5厘米，顶端具小尖头，熟后暗紫红色，密被柔毛；果肉薄而干燥，开裂，离核；核宽卵圆形，径0.8-1.2厘米，具小突尖头，基部圆，平滑或稍有皱纹；核宽卵圆形。花期5-6月，果期7-8月。

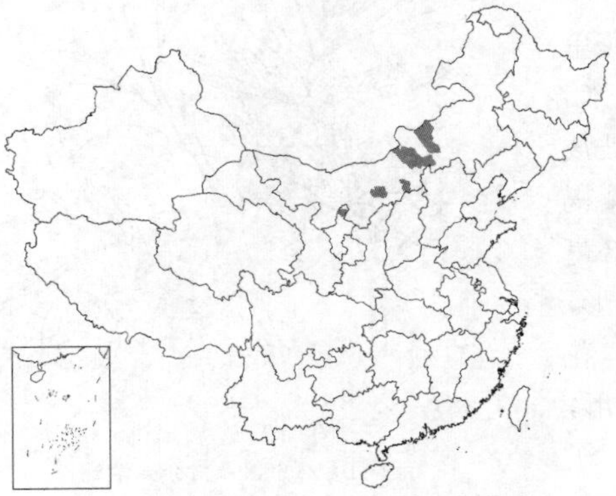

产内蒙古及宁夏，生于丘陵地区石砾坡地、干旱草原或荒漠草原。蒙古及俄罗斯西伯利亚有分布。

5. 蒙古扁桃 图 1239：1-4

Amygdalus mongolica（Maxim.）Richer in Proc. Biol. Soc. Wash. 30: 17. 1917.

Prunus mongolica Maxim. in Bull. Soc. Nat. Mosc. 45: 16. 1879.

灌木，高达2米。小枝顶端成枝刺；嫩枝被短柔毛。短枝叶多簇生，长枝叶互生；叶宽椭圆形、近圆形或倒卵形，长0.8-1.5厘米，先端钝圆，有时具小尖头，基部楔形，两面无毛，有浅钝锯齿，侧脉约4对；叶柄长2-5毫米，无毛。花单生稀数朵簇生短枝上。花梗极短；萼筒钟形，长3-4毫米，无毛，萼片长圆形，与萼筒近等长，顶端有小尖头，无毛；花瓣倒卵形，长5-7毫米，粉红色；子房被柔毛，花柱细长，几与雄蕊等长，具柔毛。核果宽卵圆形，长1.2-1.5厘米，径约1厘米，顶端具尖头，外面密被柔毛；果柄短；果肉薄，熟时开裂，离核；核卵圆形，长0.8-1.3厘米，顶端具小尖头，基部两侧不对称，腹缝扁，背缝不扁，光滑，具浅沟纹，无孔穴。种仁扁宽卵圆形，浅棕褐色。花期5月，果期8月。

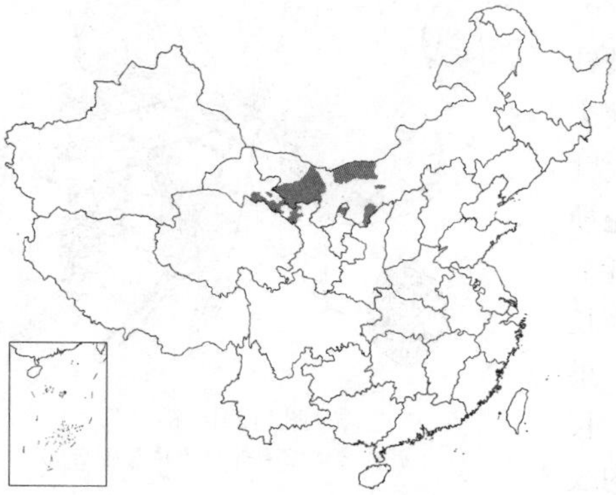

产内蒙古、甘肃及宁夏，生于海拔1000-2400米荒漠或荒漠草原低山丘陵坡麓、石质坡地及干旱河床。蒙古有分布。种仁榨油供药用。

［附］**西康扁桃** 图 1239：5-6 **Amygdalus tangutica**（Batal.）Korsh. in Bull. Acad. Sci. St. Pétersb. ser. 5, 14: 94. 1901. —— *Anygdalus communis* Linn. var. *tangutica* Batal. in Acta Hort. Petrop. 12: 163. 1892. 本种与蒙古扁桃的区别：小枝无毛。叶长椭圆形、长圆形或倒卵状披针形，长1.5-4厘米，侧脉5-8对；核果径1.5-2厘米。产甘肃南部及四川西部，生于海拔1500-2600米阳坡或山谷溪边。

图 1238 长梗扁桃
（引自《中国果树分类学》）

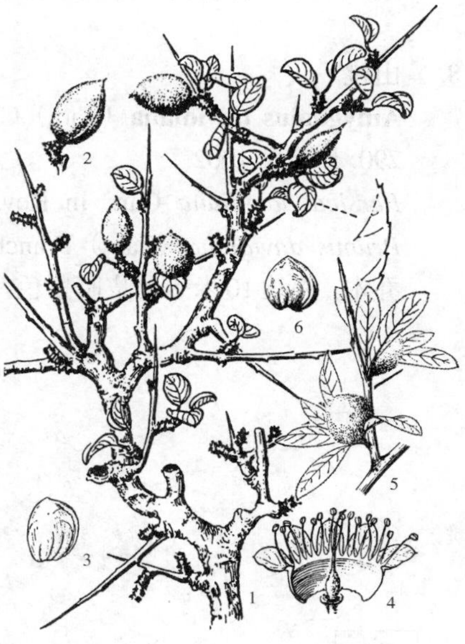

图 1239：1-4. 蒙古扁桃 5-6. 西康扁桃
（马 平绘）

6. 桃 图 1240

Amygdalus persica Linn. Sp. Pl. 677. 1753.

Prunus persica（Linn.）Batsch；中国高等植物图鉴 2: 304. 1972.

乔木，高达8米。小枝无毛。冬芽被柔毛。2-3个簇生，中间为叶芽，两侧为花芽。叶长圆状披针形、椭圆状披针形或倒卵状披针形，长7-15厘米，先端渐尖，基部宽楔形，上面无毛，下面有脉腋具少数短柔毛或无毛，具细锯齿或粗锯齿，侧脉在叶缘结合成网状；叶柄粗，长1-2厘米，常具1至数枚腺体，有时无腺体。花单生，先叶开放，径2.5-3.5厘米。花梗极短或几无梗；萼筒钟形，被柔毛，稀几无毛，萼片卵形或长圆形，被柔毛；花瓣长圆状椭圆形或宽倒卵形，粉红色，稀白色；花药绯红色。核果卵圆形、宽椭圆形或扁圆形，径(3-)5-7(-12)厘米，成熟时淡绿白至橙黄色，向阳面具红晕，密被柔毛，稀无毛，腹缝明显；果柄短而深入果洼；果肉白、浅绿、黄、橙黄或红色，多汁有香味，甜或酸甜；核椭圆形或近圆形，离核或粘核，两侧扁平，顶端渐尖，具纵、横沟纹和孔穴。种仁味苦，稀味甜。花期3-4月，果成熟期因品种而异，常8-9月。

原产我国，各省区广泛栽培。世界许多地区均有栽植。有许多品种，食用桃有粘核和离核之分。果供生食或加工。桃仁为活血药，花利尿；树于分泌桃胶可作粘接剂。

图 1240 桃
（引自《江苏南部种子植物手册》）

7. 新疆桃 图 1241

Amygdalus ferganensis（Kost. et Rjab.）Yu et Lu, Fl. Reipubl. Popul. Sin. 38：20. 1986.

Prunus persica（Linn.）Batsch subsp. *ferganensis* Kost. et Rjab. in Bull. App. Bot. Genet. ser. 8, 1：318. 1932.

乔木，高达8米。枝条无毛。冬芽2-3个簇生叶腋，被短柔毛。叶披针形，长7-15厘米先端渐尖，基部宽楔形或圆，上面无毛，下面脉腋具疏柔毛，叶缘锯齿顶端有小腺体，侧脉12-14对，直达叶缘，不结合成网状；叶柄粗，长0.5-2厘米，具2-8腺体。花单生，径3-4厘米，先叶开放。花梗很短；萼筒钟形，绿色，具浅红色斑点，萼片卵形或卵状长圆形，被柔毛；花瓣近圆形或长圆形，径1.5-1.7厘米，粉红色。核果扁圆形或近圆形，长3.5-6厘米，被柔毛，极稀无毛，绿白色，稀金黄色，有时具浅红色晕；果肉多汁，酸甜，有香味，离核，熟时不裂；核球形、扁球形或宽椭圆形，长1.7-3.5厘米，两侧扁平，顶端具长渐尖头，基部近平截，具纵向平行沟纹和极稀疏小孔穴。种仁味苦或微甜。花期3-4月，果期8月。

原产中亚。新疆栽培。果可食，不耐运输；种仁药用。

图 1241 新疆桃
（引自《中国果树分类学》）

8. 山桃 图 1242：1-3

Amygdalus davidiana（Carr.）C. de Vos ex Henry in Rev. Hort 1902：290. f. 120. 1902.

Persica davidiana Carr. in Rev. Hort. 1872：74. f. 10. 1872.

Prunus davidiana（Carr.）Franch.；中国高等植物图鉴 2：304. 1972.

乔木，高达10米；树皮暗紫色，光滑。小枝细长，幼时无毛。叶卵状披针形，长5-13厘米，先端渐尖，基部楔形，两面无毛，具细锐锯齿；叶柄长1-2厘米，无毛，常具腺体。花单生，先叶开放，径2-3厘米。花梗极短或几无梗；花萼无毛，萼筒钟形，萼片卵形或卵状长圆形，紫色；花瓣倒卵形或近圆形，长1-1.5厘米，粉红色，先端钝圆，稀微凹。核果近球形，径2.5-3.5厘米，熟时淡黄色，密被柔毛，果柄短而深入果洼；果肉薄而干，不可食，成熟时不裂；核球形或近球形，两侧扁，顶端钝圆，基部平截，具纵、横沟纹和孔穴，与果肉分离。花期3-4月，果期7-8月。

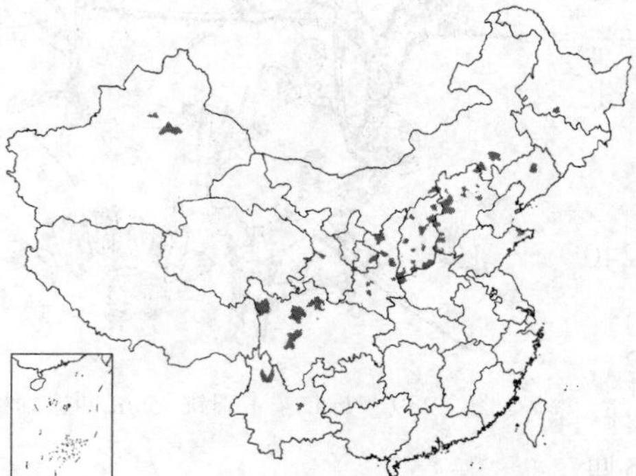

产黑龙江南部、辽宁、内蒙古、河北、山东东部、河南、山西、陕西、甘肃、新疆、青海东部、四川及云南，多野生，有栽培供观赏，生于海拔800-3200米山坡、山谷、沟底、林内及灌丛中。抗旱耐寒，耐盐碱土壤。可作砧木及观赏。

［附］**陕甘山桃** 图 1242：4-5 **Amygdalus davidiana** var. **potanini**（Batal.）Yu et Lu, Fl. Reipubl. Popul. Sin. 38：22. 1986. —— *Prunus persica*（Linn.）Batsch var. *potanini* Batal. in Acta Hort. Petrop. 12：164. 1892. 本变种与模式变种的区别：叶基部圆或宽楔形，具细钝锯齿；核果和核均椭圆形或长圆形。产山西、湖北、陕西、甘肃及新疆，生于海拔900-

2000米山坡灌丛中或疏林下。

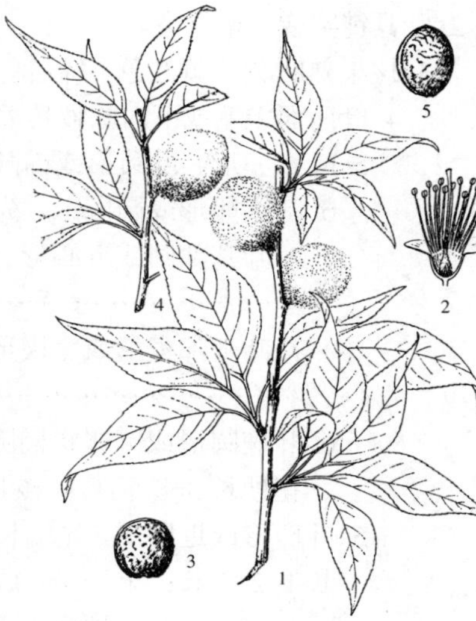

图 1242：1-3. 山桃 4-5. 陕甘山桃
（吴彰桦绘）

9.　甘肃桃　　图 1243：1-4

Amygdalus kansuensis（Rehd.）Skeels in Proc. Biol. Soc. Wash. 38: 87. 1925.

Prunus kansuensis Rehd. in Journ. Arn. Arb. 3: 21. 1921.

乔木或灌木，高达7米。小枝无毛。冬芽无毛。叶卵状披针形或披针形，长5-12厘米，中部以下最宽，先端渐尖，基部宽楔形，上面无毛，下面近基部沿中脉具柔毛或无毛，疏生细锯齿；叶柄长0.5-1厘米，无毛，常无腺体。花单生，先叶开放，径2-3厘米。花梗极短或几无梗；萼筒钟形，被柔毛，稀几无毛，萼片卵形或卵状长圆形，先端钝圆，被柔毛；花瓣近圆形或宽倒卵形，白或浅粉红色，边缘有时波状或浅缺刻状。核果卵圆形或近球形，径约2厘米，熟时淡黄色，密被柔毛，肉质，不裂；果柄长4-5毫米；核近球形，两侧明显，扁平，顶端钝圆，基部近平截，两侧对称，具纵、横浅沟纹，无孔穴。花期3-4月，果期8-9月。

产甘肃南部、陕西南部、青海东部、四川及湖北西部，生于海拔1000-3300米山地。

［附］**光核桃** 图 1243：5-8 **Amygdalus mira**（Koehne）Yu et Lu, Fl. Reipubl. Popul. Sin. 38: 23. 1986.—— *Prunus mira* Koehne in Sarg. P1. Wilson. 1: 272. 1912. 与甘肃桃的区别：花萼无毛；核扁卵圆形，顶端尖，光滑，具少数不明显纵向浅沟纹。产云南西北部、四川西部及西藏，生于海拔2000-3400米山坡林内或山谷沟边，野生或栽培。耐寒，是培育抗寒桃的优良原始材料；果含糖量高，供食用。

图 1243：1-4. 甘肃桃 5-8. 光核桃
（引自《中国果树分类学》）

49. 杏属 Armeniaca Mill.

（陆玲娣）

落叶乔木，极稀灌木。枝无刺，稀有刺。叶芽和花芽并生，2-3个簇生叶腋，每花芽具1花，稀2-3朵。单叶，互生，幼时在芽中席卷，具单锯齿或重锯齿；叶柄常具2腺体，有托叶。花两性，整齐；单生，稀2-3朵簇生，先叶开放。花梗短或近无梗，稀梗较长；花萼5裂，果期脱落，萼片5，覆瓦状排列；花瓣5，白或粉红色，着生萼筒口部，覆瓦状排列；雄蕊15-45，周位，花丝丝状，分离；心皮1，花柱长，子房上位，被毛，1室；胚珠2，并生，下垂。核果，两侧多少扁平，有纵沟，具毛，稀无毛；果肉肉质，具汁液，熟时不裂，稀干燥而开裂，离核或粘核；核坚硬，两侧扁平，光滑、粗糙或呈网状，稀具蜂窝状孔穴，2瓣裂。种仁味苦或甜；子叶扁平。

约11种，分布于亚洲。我国10种。

1. 一年生枝灰褐或红褐色；核常无蜂窝状孔穴。

2. 叶具钝圆或锐单锯齿。
3. 核果熟时黄或黄红色，稀白色，具红晕或无。
4. 叶两面无毛或下面脉腋具柔毛。
5. 叶宽卵形、近圆形或椭圆形；核果肉质，具汁液，成熟时不裂；核基部常对称，稀不对称。
6. 叶宽卵形或圆卵形，先端尖或短渐尖；花单生或2朵，径2-3厘米；花梗长1-3毫米。
7. 叶基部圆或近心形；花常单生，白色或带红晕；核粗糙或平滑，腹棱较钝圆 …………………………………………………………………………………………………… 1. 杏 **A. vulgaris**
7. 叶基部楔形或宽楔形；花常2朵，粉红色；核粗糙有网纹，腹棱常尖锐 …………………………………………………………………………………………… 1(附). 野杏 **A. vulgaris** var. **ansu**
6. 叶椭圆形或倒卵状椭圆形，先端渐尖或尾尖，基部楔形；花2-3朵，稀单生，白色，径1.5-2.5厘米；花梗长3-8毫米；核具浅网纹，腹棱钝圆 ………………………………… 2. 李梅杏 **A. limeixing**
5. 叶卵形或近圆形，先端长渐尖或尾尖，基部圆或近心形；花常单生，白或粉红色，径1.5-2厘米；花梗长1-2毫米；果干燥，成熟时开裂；核基部常不对称。
8. 叶柄、叶和花梗常无毛 ……………………………………………………………………… 3. 山杏 **A. sibirica**
8. 叶柄、叶和花梗具柔毛 …………………………………………… 3(附). 毛杏 **A. sibirica** var. **pubescens**
4. 叶两面被柔毛或老时毛较稀疏，卵形或椭圆状卵形，先端渐尖，基部圆或浅心形；核果稍肉质，成熟时不裂，果柄长4-7毫米；核基部近对称或稍不对称，具皱纹，腹棱微钝 …………… 4. 藏杏 **A. holosericea**
3. 核果熟时暗紫红色，不裂；叶下面沿叶脉或脉腋具柔毛，卵形或椭圆状卵形，先端短渐尖，基部楔形或近圆；花常单生，稀2朵，径约2厘米；花梗长4-7毫米；核稍粗糙或微具蜂窝状小孔穴，基部近对称 …………………………………………………………………………………………………… 5. 紫杏 **A. dasycarpa**
2. 叶具不整齐细长尖锐重锯齿，宽卵形或宽椭圆形，先端渐尖或尾尖；核果熟时黄色或向阳处有红晕；花单生，粉红或白色，径2-3毫米；花梗长0.7-1厘米。
9. 叶幼时两面具柔毛，渐脱落，老时下面脉腋具柔毛 ……………………………… 6. 东北杏 **A. mandshurica**
9. 叶两面无毛 ……………………………………………………… 6(附). 光叶东北杏 **A. mandshurica** var. **glabra**
1. 一年生枝绿色；叶具细小锐锯齿，卵形或椭圆形，先端尾尖，幼时两面具柔毛，老时下面脉腋有柔毛；花单生或2朵，白或粉红色，径2-2.5厘米；核果熟时黄或绿白色；核具蜂窝状孔穴 ………………… 7. 梅 **A. mume**

1. 杏 杏树 杏花　　图 1244 彩片 166

Armeniaca vulgaris Lam. Encycl. Méth. Bot. 1: 2. 1783.

Prunus armeniaca Linn.; 中国高等植物图鉴 2: 307. 1972.

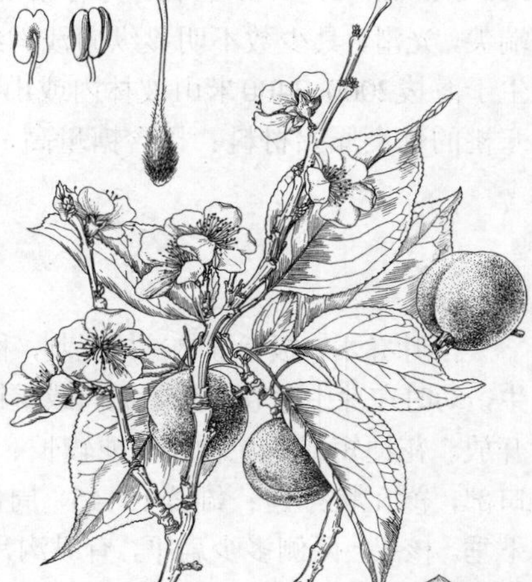

图 1244 杏

（引自《江苏南部种子植物手册》）

乔木，高达8(-12)米。小枝无毛。叶宽卵形或圆卵形，长5-9厘米，先端尖或短渐尖，基部圆或近心形，有钝圆锯齿，两面无毛或下面脉腋具柔毛；叶柄长2-3.5厘米，无毛，基部常具1-6腺体。花单生，径2-3厘米，先叶开放。花梗长1-3毫米，被柔毛；花萼紫绿色，萼筒圆筒形，基部被柔毛，萼片卵形或卵状长圆形，花后反折；花瓣圆形或倒卵形，白色带红晕；花柱下部具柔毛。核果球形，稀倒卵圆形，径约2.5厘米以上，熟时白、黄或黄红色，常具红晕，微被柔毛；果肉多汁，熟时不裂；核卵圆形或椭圆形，两侧扁平，顶端钝圆，基部对称，稀不对称，稍粗糙或平滑，腹棱较钝圆，背棱较直，腹面具龙骨状棱。种仁味苦或甜。花期3-4月，果期6-7月。

产新疆天山东部和西部，生于海拔600-1200米地带，在伊犁成纯林或与新疆野苹果混生，海拔可达3000米。黑龙江、吉林、辽宁、河北、河南、山西、陕西、甘肃、宁夏、新疆、青海、山东、江苏、安徽、浙江、湖北、湖南、云南、贵州、四川、西藏等省区均有栽植，少数地区已野化，世界各地多有栽培。果供生食或加工；种仁供食用或入药，可止咳、祛痰、平喘、润肠。

［附］**野杏 Armeniaca vulgaris** var. **ansu**（Maxim.）Yu et C.L. Li, Fl. Reipubl. Popul. Sin. 38：26. 1986.——*Prunus armeniaca* Linn. var. *ansu* Maxim. in Bull. Acad. Sci. St. Pétersb. 29：87. 1883. 本变种与模式变种的区别：叶基部楔形或宽楔形；花常2朵；果近球形，红色；核卵圆形，离肉，粗糙，具网纹，腹棱常尖锐。栽培或野生，在河北、山西、山东等省海拔1000-1500米山坡或山沟，多野生。日本和朝鲜半岛北部有分布。

2. 李梅杏 酸梅 杏梅 图 1245

Armeniaca limeixing J. Y. Zhang et Z. M. Wang in Acta Phytotax. Sin. 37(1)：107. f. 2. 1999.

小乔木，高3-7米。小枝无毛，叶椭圆形或倒卵状椭圆形，长6-7.2厘米，先端渐尖或尾尖，基部楔形，具浅钝锯齿，两面无毛或下面脉腋具柔毛；叶柄长1.8-2.1厘米，有2-4腺体。花2-3朵簇生，稀单生，花叶同放或先花后叶。花梗长3-8毫米，常无毛，稀具柔毛；花径1.5-2.5厘米，花萼无毛，萼筒钟形，黄绿或红褐色，萼片舌形或宽舌形，常绿色，稀褐色，花后不反折；花瓣5(-8)，近圆形或椭圆形，白色；雌蕊1(2)，自花不结实；子房与花柱基部具柔毛。核果近球形或卵圆形，熟时黄白、桔黄或黄红色，具柔毛，无霜粉；果肉多汁，酸甜，浓香，粘核；核扁圆形，具浅网纹，腹棱钝圆，背棱稍锐；核仁苦。花期3-4月，果期6-7月。

黑龙江、吉林、辽宁、河北、河南、陕西、山东等地有栽培，偶见野生。果耐储运，可鲜食及加工成罐头。

图 1245 李梅杏 （引自《植物分类学报》）

3. 山杏 西伯利亚杏 图 1246 彩片 167

Armeniaca sibirica（Linn.）Lam. Encycl. Méth. Bot. 1：3. 1783.

Prunus sibirica Linn. Sp. Pl. 474. 1753；中国高等植物图鉴 2：306. 1972.

灌木或小乔木，高2-5米。小枝无毛，稀幼时疏生柔毛。叶卵形或近圆形，长(3)5-10厘米，先端长渐尖或尾尖，基部圆或近心形，有细钝锯齿，两面无毛，稀下面脉腋具柔毛；叶柄长2-3.5厘米，无毛。花单生，径1.5-2厘米，先叶开放。花梗长1-2毫米；花萼紫红色，萼筒钟形，基部微被柔毛或无毛，萼片长圆状椭圆形，先端尖，花后反折；花瓣近圆形或倒卵形，白或粉红色；雄蕊几与花瓣近等长。核果扁球形，径1.5-2.5厘米，熟时黄或桔红

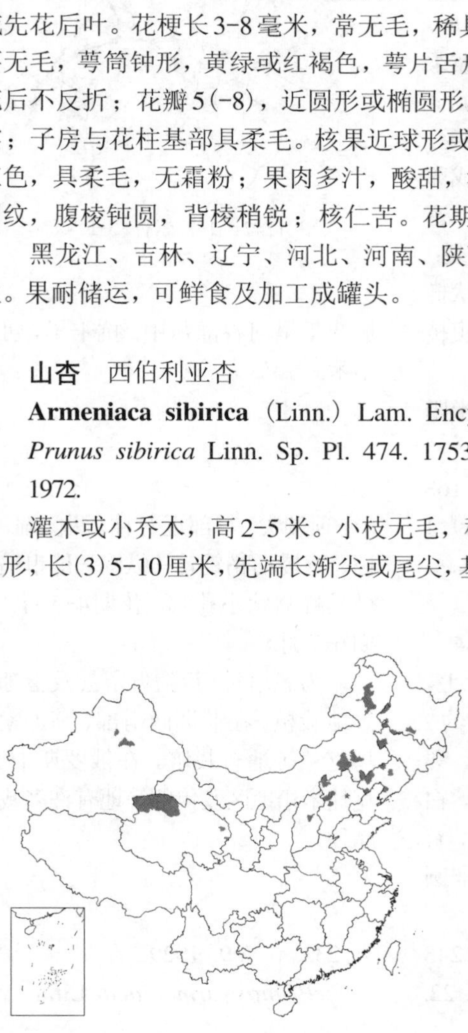

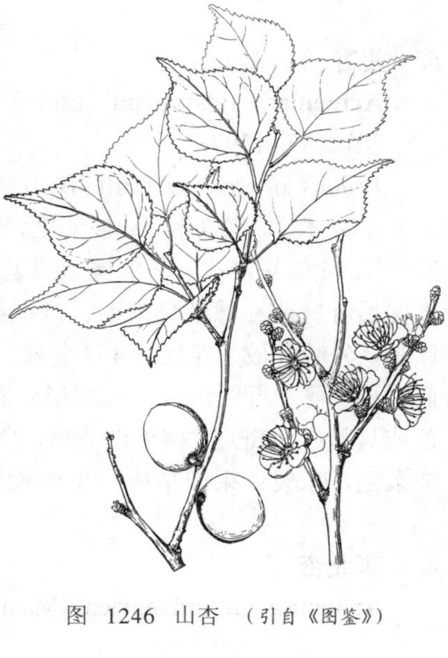

图 1246 山杏 （引自《图鉴》）

色，有时具红晕，被柔毛；果肉较薄而干燥，熟时沿腹缝开裂，味酸涩不可食；核扁球形，易与果肉分离，两侧扁，顶端圆，基部一侧偏斜，不对称，较平滑，腹面宽而锐利。种仁味苦。花期3-4月，果期6-7月。

产黑龙江、吉林、辽宁、内蒙古、河北、山西、新疆及青海，生于海拔400-2000米干旱阳坡、山沟石崖、丘陵草原、林下或灌丛中。蒙古东部及东南部、俄罗斯远东及西伯利亚有分布。耐寒性强(可达-50℃)，抗旱，为选育耐寒杏品种的优良原始材料，又可作山地造林树种和观赏树木。杏仁供药用和榨油。

［附］**毛杏 Armeniaca sibirica** var. **pubescens** Kost. in Kom. Fl. URSS 10: 594. 1941. 本变种与模式变种的区别：小枝、叶下面和花梗均被柔毛，老时叶下面毛渐脱落，仅脉腋或沿脉稍具毛。产内蒙古、河北、山西、陕西及甘肃，生于海拔1200-1500米阳坡林内，灌丛中、沟谷或草原。

4. 藏杏 图 1247：3-5

Armeniaca holosericea (Batal.) Kost. in Kom. Fl. URSS 10: 584. 1941.

Prunus armeniaca Linn. var. *holosericea* Batal. in Acta Hort. Petrop. 14: 167. 1895.

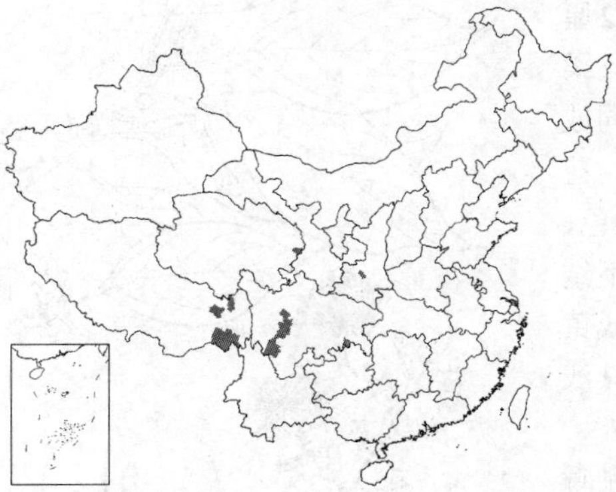

乔木，高达5米。幼枝被柔毛，后渐脱落。叶卵形或椭圆状卵形，长4-6厘米，先端渐尖，基部圆或浅心形，具细小锯齿，幼时两面被柔毛，渐脱落，老时毛较稀疏；叶柄长1.5-2厘米，具柔毛，常有腺体。核果卵圆形或卵状椭圆形，径2-3厘米，密被柔毛，稍肉质，熟时不裂；果柄长4-7毫米；核卵状椭圆形或椭圆形，两侧扁，顶端尖，基部近对称或稍不对称，具皱纹，腹棱微钝。果期6-7月。

产西藏东部、四川、青海东部及陕西中南部，生于海拔700-3300米阳坡或干旱河谷灌丛中。抗干旱，可作砧木。

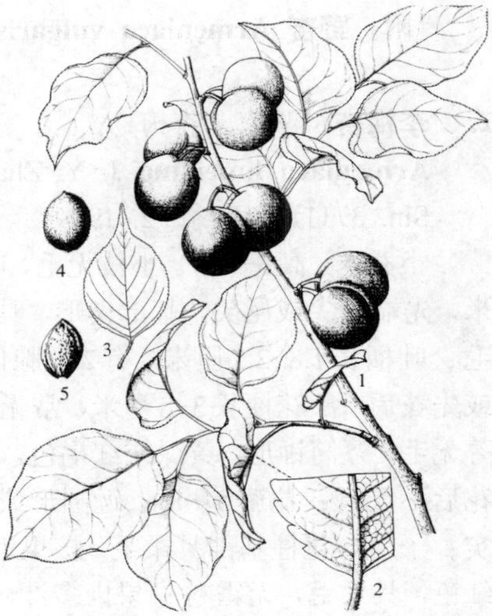

图 1247：1-2. 紫杏 3-5. 藏杏
（谭黎霞绘）

5. 紫杏 图 1247：1-2 彩片 168

Armeniaca dasycarpa (Ehrh.) Borkh. in Archiv fur Bot. (Romer) 1 (2): 37. 1797.

Prunus dasycarpa Ehrh. Beitr. Naturk. 5: 91. 1790.

小乔木，高达7米。幼枝无毛，紫红色。叶卵形或椭圆状卵形，长4—7厘米，先端短渐尖，基部楔形或近圆，密生不整齐小钝锯齿，上面无毛，下面沿叶脉或在脉腋具柔毛；叶柄细，有或无小腺体。花常单生，径约2厘米，先叶开放。花梗长4-7毫米，被细柔毛；花萼红褐色，几无毛，萼筒钟形，萼片近圆形或短长圆形；花瓣宽倒卵形或匙形，长达1厘米，白色或具粉红色斑点。核果近球形，径约3厘米，熟时暗紫红色，具粉霜，有细柔毛，味酸；果肉粘核；果柄长0.7-1.2厘米；核卵圆形或椭圆状卵圆形，顶端尖，基部近对称，两侧扁，腹棱、背棱均稍钝，具纵沟，稍粗糙或微具蜂窝状小孔穴。花期4-5月，果期6-7月。

为栽培种，新疆巩留县及善鄯县等地栽植。在亚洲西南部、高加索及乌克兰等地有栽培。在俄罗斯中亚、克什米乐地区及伊朗等地有许多栽培品种。

6. 东北杏 图 1248

Armeniaca mandshurica (Maxim.) Skv. in Bull. App. Bot. Genet. 22. 3: 233. f. 7-9. 1929.

Prunus armeniaca Linn. var.

mandshurica Maxim. in Bull. Acad. Sci. St. Petersb. 29: 84. 1883.

Prunus mandshurica（Maxim.）Koehne；中国高等植物图鉴 2：305. 1972.

乔木，高达15米；树皮木栓质发达，深裂。嫩枝无毛。叶宽卵形或宽椭圆形，长5-12(15)厘米，先端渐尖或尾尖，基部宽楔形或圆，有时心形，具不整齐细长尖锐重锯齿，幼时两面具毛，渐脱落，老时下面脉腋具柔毛；叶柄长1.5-3厘米，常有2腺体。花单生，径2-3厘米，先叶开放。花梗长0.7-1厘米，无毛或幼时疏生柔毛；花萼带红褐色，常无毛，萼筒钟形，萼片长圆形或椭圆状长圆形，常具不明显细小锯齿；花瓣宽倒卵形或近圆形，粉红或白色。核果近球形，径1.5-2.6厘米，熟时黄色，有时向阳处具红晕或红点，被柔毛；果肉稍肉质或干燥，味酸或稍苦涩，大果类型可食，有香味；核近球形或宽椭圆形，长1.3-1.8厘米，两侧扁，顶端钝圆或微尖，基部近对称，微具皱纹，腹棱钝，侧棱不发达，具浅纵沟，背棱近圆。种仁味苦，稀甜。花期4月，果期5-7月。

产黑龙江南部 吉林及辽宁，生于海拔200-1000米山坡灌丛下 山地林中或荒野。俄罗斯远东地区及朝鲜半岛北部有分部。耐寒性强，可作培育抗旱杏的优良砧木。木材坚韧，纹理美观，可制作家具。花供观赏。种仁供药用和食品工业用。

［附］**光叶东北杏 Armeniaca mandshurica** var. **glabra**（Nakai）Yu et Lu, Fl. Reipubl. Popul. Sin. 36: 31. 1986. —— *Prunus mandshurica*（Maxim.）Koehne var. *glabra* Nakai in Journ. Jap. Bot. 15:679. 1939. 本种与模式变种的区别：叶两面无毛。产黑龙江西南部、吉林西部及辽宁东南部，生于低海拔山地。朝鲜半岛有分布。

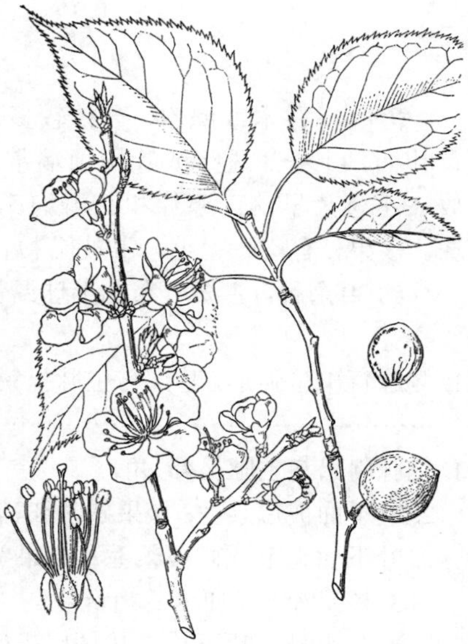

图 1248 东北杏
（引自《中国果树分类学》）

7. 梅 图 1249

Armeniaca mume Sieb. in Verh. Batav. Genoot. Kunst. Wetensch. 12 (1): 69. 1830.

Prunus mume Sieb. et Zucc；中国高等植物图鉴 2：306. 1972.

小乔木，稀灌木，高达10米。小枝绿色，无毛。叶卵形或椭圆形，长4-8厘米，先端尾尖，基部宽楔形或圆，具细小锐锯齿，幼时两面被柔毛，老时下面脉腋具柔毛；叶柄长1-2厘米，幼时具毛，常有腺体。花单生或2朵生于1芽内，径2-2.5厘米，香味浓，先叶开放。花梗长1-3毫米，常无毛；花萼常红褐色，有些品种花萼为绿或绿紫色，萼筒宽钟形，无毛或被柔毛，萼片卵形或近圆形；花瓣倒卵形，白或粉红色。果近球形，径2-3厘米，熟时黄或绿白色，被柔毛，味酸；果肉粘核；核椭圆形，顶端圆，有小突尖头，基部窄楔形，腹面和背棱均有纵沟，具蜂窝状孔穴。花期冬春，果期5-6月(华北7-8月)。

有三千多年栽培历史，长江流域以南各地最多。日本及朝鲜半岛有分布。供观赏或果树，有许多优良品种，有些品种可盆栽作梅桩。鲜花可提取香精。果可食、盐渍或干制，或制成乌梅入药，种仁也可入药，止咳，止泻。

图 1249 梅 （引自《图鉴》）

50. 李属 Prunus Linn.

（谷粹芝）

落叶小乔木或灌木。分枝较多，无顶芽，腋芽单生，有数枚覆瓦状鳞片。单叶互生，在芽中席卷或对折；有叶柄，叶基部边缘或叶柄顶端常有2小腺体；托叶早落。花单生或2-3朵簇生，具短梗，先叶开放或与叶同放；小苞片早落。萼片和花瓣均5，覆瓦状排列；雄蕊20-30；雌蕊1，周位花，子房上位，无毛，1室2胚珠。核果，有沟，无毛，常被腊粉；核两侧扁平，平滑，稀有沟或皱纹，种子1，子叶肥厚。染色体基数x=8。

约30余种，主要分布北半球温带，现广泛栽培。我国原产及习见栽培者7种。

1. 侧脉直出呈弧形，基部与主脉呈锐角，在叶基部明显；核果为顶端扁的圆形，果柄很短，核常具纵沟 ………………………………………………………………………………………… 1. **杏李 P. simonii**
1. 侧脉斜出与主脉呈45°角，
  2. 叶下面被短柔毛；核果熟时红、紫、黄或绿色，被蓝黑色果粉，通常有纵沟 ……………… 2. **欧洲李 P. domestica**
  2. 叶下面无毛或微被柔毛；核果熟时黄或红色，无蓝黑色果粉。
    3. 核果径5-7厘米；叶无毛。
      4. 小枝、叶下面、叶柄、花梗和萼筒基部均无毛 …………………………………………… 3. **李 P. salicina**
      4. 小枝、叶下面、叶柄、花梗和萼筒基部均密被短柔毛 ………… 3(附). **毛梗李 P. salicina** var. **pubipes**
    3. 核果径1.5-2.5厘米，果柄粗短；叶下面多少被柔毛 ………………………………………… 4. **东北李 P. ussuriensis**

1. 杏李　　图 1250：1-2

Prunus simonii Carr. in Rev. Hort. 1872：111，t. 1872.

乔木，高达8米。小枝无毛。冬芽卵圆形，无毛，稀鳞片边缘有睫毛。叶长圆状倒卵形或长圆状披针形，稀长椭圆形，长7-10厘米，先端渐尖或急尖，基部楔形或宽楔形，有细密圆钝锯齿，稀有不明显重锯齿，幼时齿尖带腺，上面叶脉下陷，侧脉直出弧形，与主脉呈锐角，两面无毛；叶柄长1-1.3厘米，无毛，顶端两侧有1-2腺体，托叶早落。花(1)2-3朵，簇生花梗长2-5毫米，无毛；花径1.5-2厘米；萼筒钟状，萼片长圆形，边缘有腺齿，外面无毛；花瓣白色，长圆形；雄蕊多数，不等长，成2轮；雌蕊1，子房无毛，柱头盘状。核果顶端扁的球形，径3-5(6)厘米，熟时红色；果肉淡黄色。花果期6-7月。

产华北地区，为广泛栽培果树。

图 1250：1-2. 杏李 3. 欧洲李 4-5. 李
（王金凤绘）

2. 欧洲李　　图 1250：3

Prunus domestica Linn. Sp. P1. 475. 1753.

落叶乔木，高达15米。小枝幼时微被短柔毛，后脱落无毛。冬芽无毛。叶椭圆形或倒卵形，长4-10厘米，先端急尖或圆钝，稀短渐尖，基部楔形，有稀疏圆钝锯齿，上面无毛或脉上散生柔毛，下面被柔毛，边有睫毛，侧脉5-9对；叶柄长1-2厘米，叶基部两侧边缘各具1腺体。花1-3簇生短枝顶端。花梗长1-1.2厘米，无毛或被短柔毛；花径1-1.5厘米；萼筒钟状；萼片卵形，两面被柔毛；花瓣白色，有时带绿色。核果卵圆形或长圆形，稀近球形，径1-2.5厘米，有沟，熟时红、紫、绿或白色，常被蓝黑色果粉；果柄长1.2厘米，无毛；核宽椭圆形。花期5月，果期9月。2n=48。

原产西亚和欧洲。各地引种栽培；有绿李、黄李、紫李及蓝李等品种。可鲜食，也可制蜜饯、果酱、果酒、李干。

3. 李 图 1250：4-5 图 1251 彩片 169

Prunus salicina Lindl. in Trans. Hort. Soc. Lond. 7：239. 1828.

落叶乔木，高达12米。小枝无毛。冬芽无毛。叶长圆状倒卵形、长椭圆形，稀长圆状卵形，长6-8(-12)厘米，先端渐尖、急尖或短尾尖，基部楔形，有圆钝重锯齿，常兼有单锯齿，幼时齿尖带腺，侧脉6-10对，两面无毛或下面沿中脉有疏柔毛或脉腋有髯毛；叶柄长1-2厘米，无毛，顶端有2腺体或无，有时叶基部边缘有腺体。花通常3朵簇生。花梗长1-2厘米，无毛；花径1.5-2.2厘米；萼筒钟状，萼片长圆状卵形，长约5毫米和萼筒外面均无毛；花瓣白色，长圆状倒卵形，先端啮蚀状。核果球形、卵圆形或近圆锥形，径3.5-5厘米，栽培品种可达7厘米，熟时黄或红色，有时为绿或紫色，柄凹陷入，顶端微尖，被腊粉；核卵圆形或长圆形。花期4月，果期7-8月。染色体2n=16。

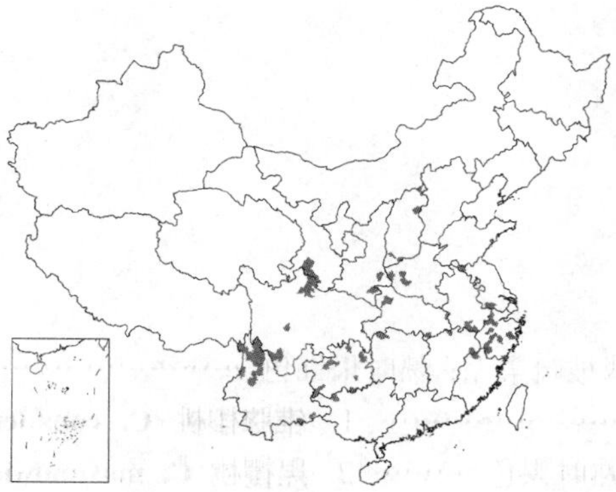

产山西、陕西、甘肃、四川、云南、贵州、广西、湖南、湖北、河南、安徽、江苏、浙江、福建及江西，生于海拔400-2000米山坡灌丛、山谷疏林中、水边或沟底。我国及世界各地均有栽培，为重要温带果树之一。

［附］**毛梗李 Prunus salicina** var. **pubipes** (Koehne) Bailey in Rhodora 18：155. 1916. ——*Prunus triflora* Roxb. var. *pubipes* Koehne in Sarg. Pl. Wilson. 1：280. 1912. 本变种与模式变种的区别：小枝、叶下面、叶柄、花梗和萼筒基部均密被柔毛。产甘肃、四川、云南及生于海拔1400-1800米灌丛中或林缘。

4. 东北李

Prunus ussuriensis Kov. et Kost. in Bull. Appl. Bot. Genet Pl. Breed. ser. 8, 4：75. 1935.

乔木，多分枝呈灌木状。小枝无毛。冬芽无毛，叶长圆形、倒卵状长圆形，稀椭圆形，长4-7(-9)厘米，先端尾尖、渐尖或急尖，基部楔形，有单锯齿或重锯齿，齿尖带腺，上面无毛，下面淡绿色，下半部微带柔毛，中脉和侧脉突起；叶柄长不及1厘米，被柔毛，叶基部边缘每侧各有1腺体，托叶披针形，早落。花2-3朵簇生，有时单生。花梗长0.7-1.3厘米，无毛；花径1-1.2厘米；萼筒钟状，萼片长圆形，外面无毛；花瓣白色，长圆形；雄蕊多数，排成紧密2轮；心皮无毛。核果卵圆形、近球形或长圆形，径1.5-2.5厘米，熟时紫红色；果柄粗短；核长圆形，有不明显蜂窝状突起。花期4-5月，果期6-9月。

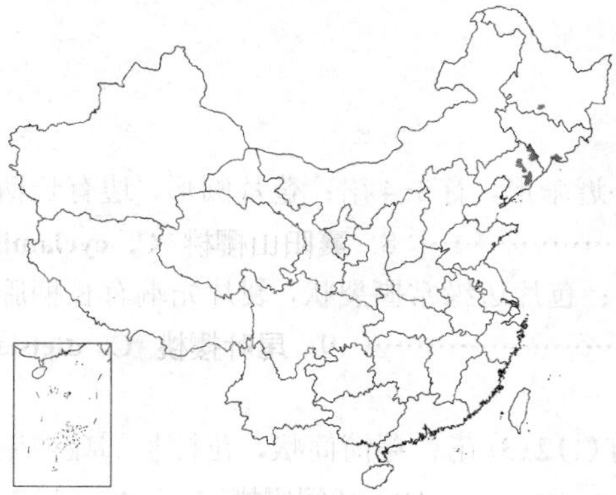

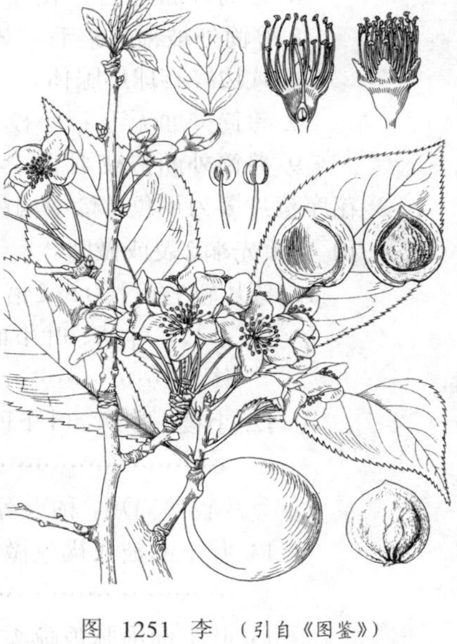

图 1251 李 （引自《图鉴》）

产黑龙江南部、吉林南部及辽宁，生于海拔450-780米林缘或溪边。俄罗斯远东沿海地区、西伯利亚东部有分布。为培育高寒地区果树的优良原始材料。

51. 樱属 Cerasus Mill.

（谷粹芝）

落叶乔木或灌木。腋芽单生或3个并生，中间为叶芽，两侧为花芽.幼叶在芽中对折。先叶开花或花叶同放。单叶互生，有叶柄，托叶脱落；叶缘有锯齿或缺刻状锯齿，叶柄、托叶和锯齿常有腺体。花常数朵，组成伞形、伞房状或短总状花序，或1-2花生于叶腋，花有梗，花序基部有宿存芽鳞或苞片，苞片大，绿色，宿存或小，褐色而脱落。萼筒钟状、管状或管形钟状，萼片5，反折、直立或开张；花瓣5，白或粉红色，先端圆钝、微缺或深裂；雄蕊15-50，离生；雌蕊1，花柱和子房有毛或无毛。核果肉质多汁，不裂；核球形或卵圆形，核面平滑或稍有皱纹。

约100余种，分布北半球温和地带，亚洲、欧洲至北美洲均有记录，主要种类分布我国西部和西南部及日本和朝鲜。我国40余种。

1. 腋芽单生；伞形花序或伞房总状花序，稀花单生；叶柄较长。
  2. 萼片反折。
    3. 花序有大型绿色苞片，果宿存，伞形花序基部有叶。
      4. 花序伞房总状，有花序梗。
        5. 叶具重锯齿；苞片长0.5-2厘米。
          6. 叶缘、苞片和萼片锯齿先端有圆锥形腺体；叶下面无毛或被疏柔毛；熟时果红色 ……………………………… 1. **锥腺樱桃 C. conadenia**
          6. 叶缘、苞片和萼片锯齿无腺体或有细小头状腺体；核果熟时黑色 ……… 2. **黑樱桃 C. maximowiczii**
        5. 叶具浅钝单锯齿；苞片长2-4(-8)毫米，叶缘及苞片有小圆锥状腺体，叶下面无毛；核果熟时红色至黑色 ……………………………… 3. **雕核樱桃 C. pleiocerasus**
      4. 花序伞形，有花序梗，稀无梗。
        7. 苞片边缘有盘状腺体。
          8. 萼筒外面无毛；花叶同放；花瓣先端圆 ……………………… 4. **康定樱桃 C. tatsienensis**
          8.萼筒外被稀疏柔毛；先叶开花，稀花叶同放；花瓣先端2裂 ……………… 5. **迎春樱桃 C. discoidea**
        7. 苞片边缘有球形腺体。
          9. 萼筒外面无毛；小枝、叶柄及叶下面沿脉被疏柔毛或无毛 ……………… 6. **微毛樱桃 C. clarofolia**
          9. 萼筒外面密被柔毛；小枝、叶柄及叶下面密被开展长柔毛 ……………… 7. **多毛樱桃 C. polytricha**
    3. 花序苞片多为褐色，稀绿褐色，果期脱落，稀形小，宿存。
      10. 花瓣先端2裂或微凹。
        11. 萼片较萼筒长0.5-2倍。
          12. 小枝、叶柄、叶下面及花梗均无毛；花叶同放；花序近伞形，有3-4花；苞片圆形，边有长柄腺体 ……………………………… 8. **襄阳山樱桃 C. cyclamina**
          12. 小枝、叶柄、叶下面及花梗被柔毛；先叶开花或同放；苞片边缘常撕裂状，裂片先端有长柄腺体 ……………………………… 9. **尾叶樱桃 C. dielsiana**
        11. 萼片较萼筒短，稀近等长。
          13. 叶下面被灰褐色微硬毛，脉上较密；花序伞形，常有(1)2(3)花；萼筒筒状，花柱基部疏被硬毛 ……………………………… 10. **浙闽樱桃 C. schneideriana**
          13. 叶下面沿脉被疏柔毛；花序伞房状或伞形，有3-6花；萼筒钟状，花柱无毛 ……………………………… 11. **樱桃 C. pseudocerasus**
      10. 花瓣先端圆。
        14. 花序各部密被硬毛；叶有尖锐单或重锯齿，上面被疏柔毛，后几无毛，下面微被硬毛，后脱落；花柱基部被疏柔毛 ……………………………… 12. **云南樱桃 C. yunnanensis**
        14. 花序各部无毛；叶上面无毛，下面无毛或脉腋有簇毛；花柱基部有疏柔毛 … 13. **蒙自樱桃 C. henryi**
  2. 萼片直立或开展。
    15. 叶具圆钝缺刻状重锯齿或浅裂片，稀尖锐重锯齿，稀兼有单锯齿。
      16. 花梗及萼筒被毛；花序伞形，有2-3花，基部有2-3叶状苞片，苞片长0.5-2厘米；萼筒外被糙毛，花柱

下部有柔毛 …………………………………………………………………………… 14. **刺毛樱桃 C. setulosa**

16. 花梗及萼筒无毛。

17. 托叶卵形，边有深锯齿；花序伞形，有2-3花；萼筒管状钟形；花序基部有稀疏柔毛 ………………………………………………………………………………………… 15. **托叶樱桃 C. stipulacea**

17. 托叶线形；花单生或2朵簇生，无花序梗；萼筒管状，花柱无毛 ………………………………………………………………………………… 16. **山楂叶樱桃 C. crataegifolius**

15. 叶多有尖锐重锯齿，稀单锯齿。

18. 叶有芒状尖锐锯齿；花序近伞形或伞房总状，有2-3花，花叶同放；萼筒钟状，萼片全缘，花柱无毛；核果熟时黑色。

19. 叶缘之齿具长芒；花无香味。

20. 叶柄、叶下面和花梗均无毛或花梗被极疏柔毛 ……………………………… 17. **山樱花 C. serrulata**

20. 叶柄、叶下面和花梗均被短柔毛 ………………………… 17(附). **毛叶山樱花 C. serrulata** var. **pubescens**

19. 叶缘有渐尖重锯齿，齿端有长芒；花有香味 ……………… 17(附). **日本晚樱 C. serrulata** var. **lanestiana**

18. 叶有尖锐锯齿，非芒状。

21. 萼筒钟状。

22. 花序伞形，有2-4花，花粉红色，先叶开花；叶卵形、卵状椭圆形或倒卵状椭圆形；核略有皱纹 ………………………………………………………………………………………… 18. **钟花樱桃 C. campanulata**

22. 花序近伞形，有1-3花，花淡粉至白色，花叶同放；叶卵状披针形或长圆状披针形；核有棱纹 ………………………………………………………………………………………… 19. **高盆樱桃 C. cerasoides**

21. 萼筒管形钟状。

23. 花单生或1-2朵，花叶同放；叶披针形或卵状披针形；核果熟时紫红色，核有棱纹 ………………………………………………………………………………………… 20. **细齿樱桃 C. serrula**

23. 伞形花序，有3-5花，花先叶开放；叶倒卵形、长椭圆形或倒卵状长椭圆形；核果熟时红色，核棱纹不明显 ……………………………………………………………………… 21. **华中樱桃 C. conradinae**

1. 腋芽3个并出，中部为叶芽，两侧为花芽。

24. 萼片反折，萼筒钟状或陀螺状，长宽几相等；花1-4，呈伞形花序；花梗长0.5-1.5厘米。

25. 叶上部以上最宽，基部楔形或宽楔形。

26. 叶下面被微硬毛或仅脉上被疏柔毛，倒卵状椭圆形。

27. 叶下面密被褐色微硬毛，先端圆钝或急尖，基部楔形；花柱基部无毛 ………………………………………………………………………………………… 22. **毛叶欧李 C. dictyoneura**

27. 叶下面被稀疏柔毛或仅脉上微被柔毛，先端短渐尖或圆钝，基部宽楔形；花柱基部被疏柔毛 ………………………………………………………………………………………… 23. **毛柱郁李 C. pogonostyla**

26. 叶下面无毛或被稀疏短柔毛。

28. 叶上部以上最宽，倒卵状长椭圆形或倒卵状披针形，先端急尖或短渐尖，花柱无毛 ………………………………………………………………………………………… 24. **欧李 C. humilis**

28. 叶中部或近中部最宽，长圆状披针形或椭圆状披针形，先端渐；花柱基部无毛或有疏柔毛 ………………………………………………………………………………………… 25. **麦李 C. glandulosa**

25. 叶中部以下最宽，卵形或卵状披针形，先端渐尖，基部圆；花柱无毛 ……………… 26. **郁李 C. japonica**

24. 萼片直立或开展，萼筒管状，长大于宽；花单生或2朵簇生；花梗长1-2.5毫米，花柱大部或基部被毛。

29. 叶卵状椭圆形或倒卵状椭圆形，先端急尖或渐尖，长2-7厘米，上面被疏柔毛，下面密被绒毛，后渐稀疏 ………………………………………………………………………………………… 27. **毛樱桃 C. tomentosa**

29. 叶倒卵状披针形，先端急尖或圆钝，长0.8-1.6厘米，两面无毛 ……… 28. **天山樱桃 C. tianshanica**

1. 锥腺樱桃 图 1252

Cerasus conadenia (Koehne) Yu et C. L. Li, Fl. Reipubl. Popul. Sin. 38: 50. pl. 6: 6-9. 1986.

Pranus conadenia Koehne in Sarg. Pl. Wilson. 1: 197. 1912.

乔木或灌木，高达8米。小枝无毛或被疏柔毛。叶卵形或卵状椭圆形，长3-8厘米，先端渐尖或骤尖，基部宽楔形或圆，有重锯齿，齿端有圆锥状腺体，上面有稀疏短毛或无毛，下面淡绿色，无毛或被稀疏柔毛，侧脉6-9对；叶柄长0.6-2厘米，无毛或被稀疏柔毛，顶端或叶基部有1-3腺体，托叶卵形，绿色，有锯齿或分裂，齿端有圆锥状腺体。花序近伞房总状，长6-7厘米，有(3)4-8花，花叶同放，下部常有1，3绿色苞片；总苞片褐色，倒卵状长圆形，长约1毫米，无毛或外面被稀疏柔毛；花序轴无毛或被疏柔毛；苞片绿色，卵形、圆形或长卵形，长0.5-2.5厘米，两面无毛或被疏柔毛，有锯齿，先端有圆锥状腺体。花梗长1-2厘米，无毛或被疏柔毛；萼筒钟状，长2-3毫米，上部最宽处2-3毫米，外面无毛或几无毛，萼片长圆状三角形，与萼筒近等长，先端渐尖，边有圆锥状腺体；花瓣白色，宽卵形，先端啮蚀状；花柱与雄蕊近等长，柱头头状。核果熟时红色，卵圆形，长约1厘米；核有棱纹。花期5月，果期7月。

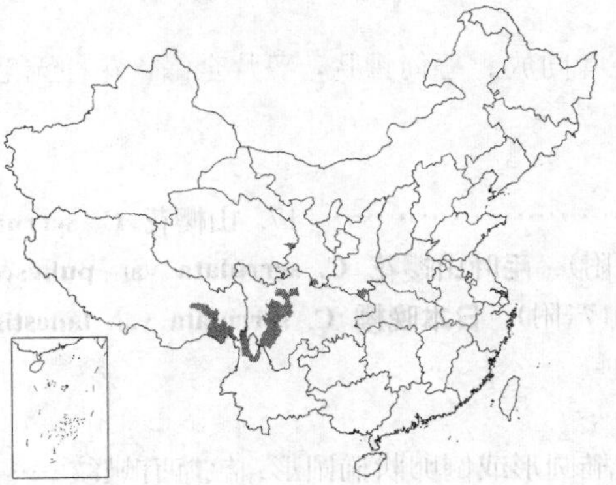

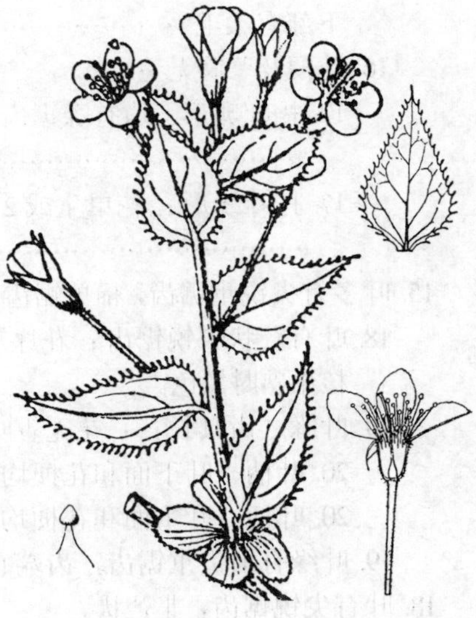

图 1252 锥腺樱桃 （引自《中国植物志》）

产陕西西南部、甘肃南部、青海东部、四川、云南西北部及西藏东南部，生于海拔2100-3600米山坡林中。

2. 黑樱桃 图 1253

Cerasus maximowiczii (Rupr.) Kom. in Kom. et Klob.-Alis. Key Pl. Far. East. Reg. URSS 2: 567. 1932.

Prunus maximowiczii Rupr. in Bull. Acad. Sci. St. Pétersb. 15: 131. 1857; 中国高等植物图鉴 2: 311. 1972.

乔木，高达7米。嫩枝密被长柔毛。冬芽伏生短柔毛。叶倒卵形或倒卵状椭圆形，长3-9厘米，先端骤尖或短尾尖，基部楔形或圆，有重锯齿，上面仅中脉伏生疏柔毛，下面淡绿色，仅中脉和侧脉伏生疏柔毛，侧脉6-9对；叶柄长0.5-1.5厘米，密生柔毛，托叶线形，边有稀疏深紫色腺体。伞房花序，有5-10花，基部具绿色叶状苞片，花叶同放；总苞片匙状长圆形，长1-1.5厘米，外面被稀疏柔毛，边有稀疏暗红色小腺体，花后脱落；花序轴密被伏生柔毛；苞片绿色，卵形，长5-7毫米，边有尖锐锯齿，无腺体或腺体不明显。花梗长0.5-1.5厘米，密被伏生柔毛；花径约1.5厘米；萼筒倒圆锥状，长3-4毫

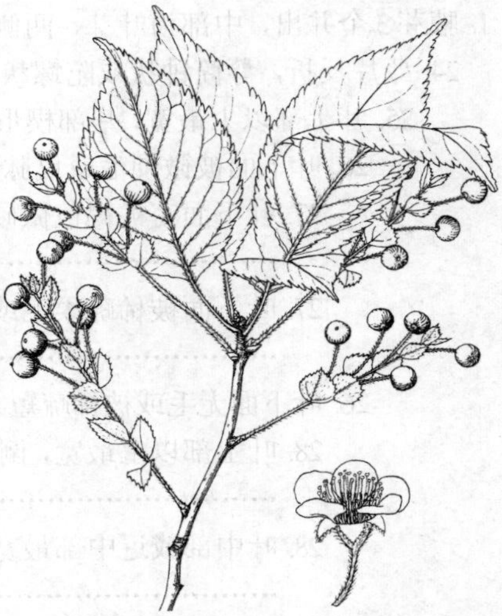

图 1253 黑樱桃 （引自《图鉴》）

米，顶端径2.5-3毫米，外面伏生短柔毛，萼片椭圆状三角形，边有疏齿；花瓣白色，椭圆形，长6-7毫米；花柱与雄蕊近等长，柱头头状。核果卵圆形，成熟后黑色，长7-8毫米；核有数条棱纹。花期6月，果期9月。

产黑龙江东南部、吉林东部及南部、辽宁，生于阳坡林中、有腐殖质土石坡、山地灌丛或草丛中。俄罗斯远东地区、朝鲜半岛及日本有分布。

3. 雕核樱桃 图 1254

Cerasus pleiocerasus (Koehne) Yu et C. L. Li, Fl. Reipubl. Popul. Sin. 38: 51. 1986.

Prunus pleiocerasus Koehne in Sarg. P1. Wilson. 1: 198. 1912.

乔木。小枝无毛，冬芽无毛。叶卵状长圆形或倒卵状长圆形，长4-8.5厘米，先端渐尖，基部宽楔形或圆，有浅钝细锯齿，齿端腺体小圆锥状，上面无毛，下面淡绿色，无毛或脉腋有簇毛，侧脉9-12对；叶柄长0.8-2厘米，无毛，顶端1-3腺体，托叶卵形或卵状椭圆形，有锯齿，齿端有圆锥状腺体。花序近伞房总状，长4-6厘米，有2-9花，下部常有数枚苞片或无；总苞片褐色，倒卵状椭圆形，长4-8毫米，边有圆锥状腺体。花梗长1-1.5厘米，无毛，萼筒钟状，长3-4毫米，径3-4毫米，外面无毛，萼片三角形或三角状披针形，边有圆锥状腺体；花瓣白色，近圆形；柱头小盘状。核果熟时红或黑色，球形，长7-8毫米；核有棱纹。花期6-7月，果期8-9月。

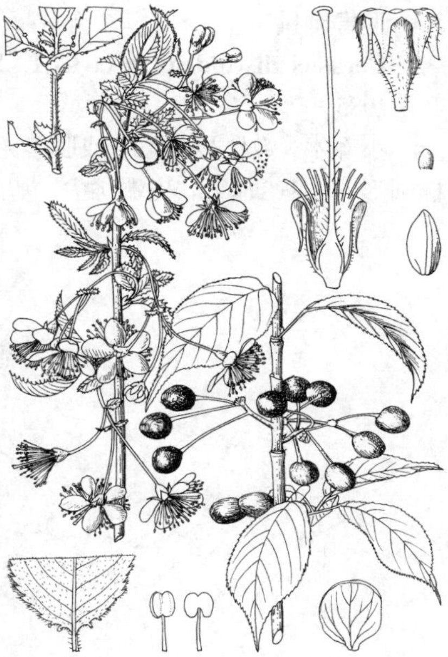

图 1254 雕核樱桃 （孙英宝仿绘）

产云南、四川、甘肃南部及陕西南部，生于海拔2000-3400米山坡林中。

4. 康定樱桃 图 1255

Cerasus tatsienensis (Batal.) Yu et C. L. Li, Fl. Reipubl. Popul. Sin. 38: 52. p1. 7. f. 6-7. 1986.

Prunus tatsienensis Batal. in Acta Hort. Petrop. 14: 322. 1895.

灌木或小乔木。嫩枝被疏柔毛或无毛。冬芽无毛。叶卵形或卵状椭圆形，长1-4.5厘米，先端渐尖，基部圆，有重锯齿，齿端有小腺体，上面几无毛，下面淡绿色，无毛或脉腋有簇毛，侧脉6-9对；叶柄长0.8-1厘米，无毛或被疏柔毛，顶端有腺或无腺体，托叶椭圆状披针形或卵状披针形，边有锯齿，齿端有盘状腺体。花序伞形或近伞形，有2-4花，花叶同放；总苞片紫褐色，匙形，长约8毫米，外面无毛或被稀长

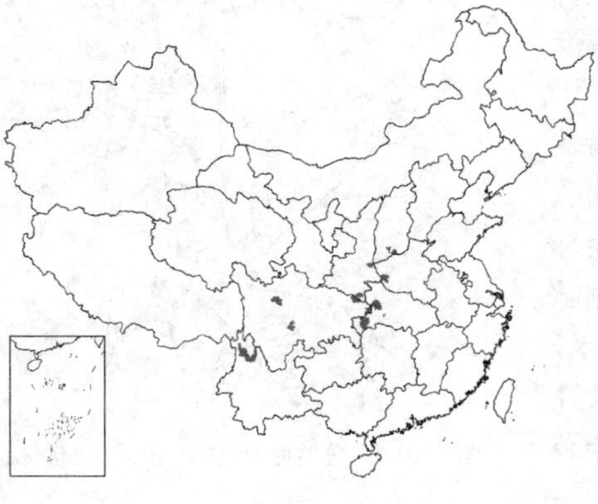

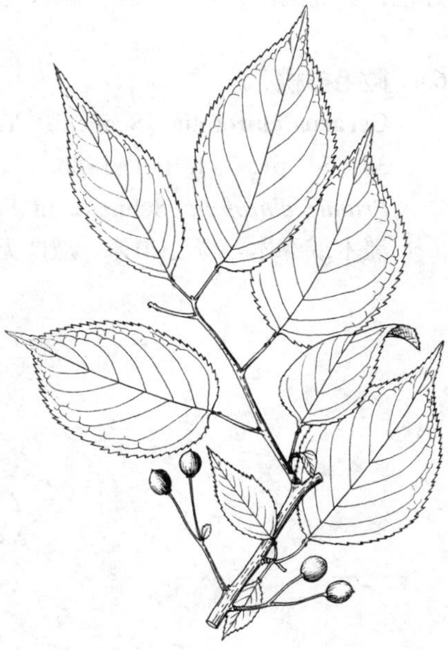

图 1255 康定樱桃 （孙英宝绘）

毛，花序轴长0.5-1.2厘米，无毛或被疏柔毛；苞片绿色，果期宿存，椭圆形或近圆形，径3-5毫米，边缘齿端有盘状腺体；花径约1.5厘米；萼筒钟状，长3-4毫米，无毛，萼片卵状三角形，全缘或有疏齿；花瓣白或粉红色，卵形，花柱与雄蕊近等长，柱头头状。花期4-6月。

产山西南部、陕西、河南西南部、湖北西部及西南部、四川及云南西北部，生于海拔900-2600米林中。

5. 迎春樱桃 图 1256

Cerasus discoidea Yu et C. L. Li in Acta Phytotax. Sin. 23(3): 211. 1985.

小乔木。嫩枝被疏柔毛或脱落无毛。冬芽无毛。叶倒卵状长圆形或长椭圆形，长4-8厘米，先端尾尖，基部楔形，稀近圆，有缺刻状急尖锯齿，齿端有小盘状腺体，上面伏生疏柔毛，下面淡绿色，被疏柔毛，嫩时较密，侧脉8-10对；叶柄长5-7毫米，幼时被稀疏柔毛，后脱落几无毛，顶端有1-3，腺体，托叶窄带形，长5-8毫米，边缘有小盘状腺体。先叶开花，稀花叶同放，伞形花序有2花，稀1或3朵，基部常有褐色革质鳞片；总苞片褐色，倒卵状椭圆形，长3-4毫米，外面无毛，内面伏生疏柔毛，先端有齿裂，边缘有小头状腺体；花序梗长0.3-1毫米，被稀疏柔毛或无毛；苞片革质，绿色，近圆形，径2-4毫米，边有小盘状腺体，几无毛。花梗长1-1.5厘米，被稀疏柔毛；萼筒管形钟状，长4-5毫米，外面被稀疏柔毛，萼片长圆形，长2-3毫米；花瓣粉红色，长椭圆形，先端2裂；花柱无毛。核果熟时红色，径约1厘米；核微有棱纹。花期3月，果期5月。

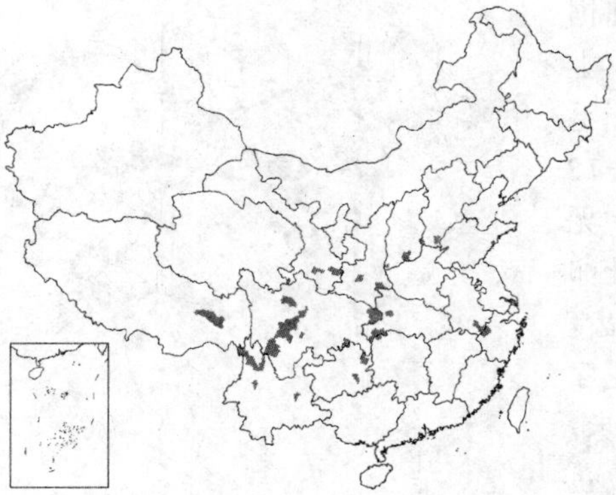

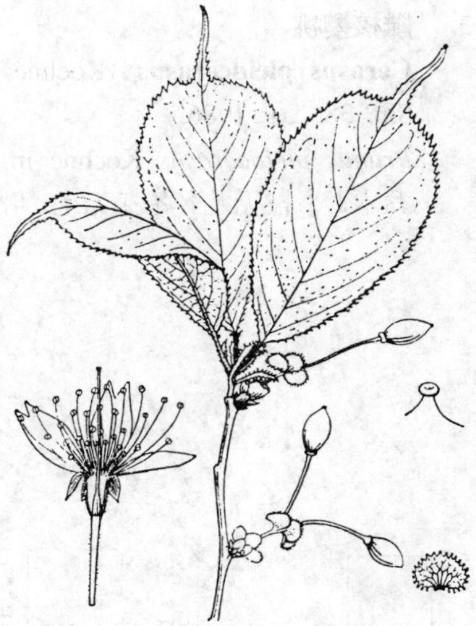

图 1256 迎春樱桃 （引自《中国植物志》）

产河南西部、安徽南部、浙江、江西、湖北、陕西南部、四川东部及南部，生于海拔200-1100米山谷林中或溪边灌丛中。

6. 微毛樱桃 图 1257

Cerasus clarofolia (Schneid.) Yu et C. L. Li, Fl. Reipubl. Popul. Sin. 38: 54. pl. 7. f. 1-4. 1986.

Prunus clarofolia Schneid. in Fedde, Repert. Nov. Sp. 1: 67. 1905.

灌木或乔木，高达20米。嫩枝无毛或多少被疏柔毛。冬芽无毛。叶卵形、卵状椭圆形或倒卵状椭圆形，长3-6厘米，先端渐尖或骤尖，基部圆，有单锯齿或重锯齿，齿渐尖，齿端有小腺体或不明显，上面疏被短柔毛或无毛，下面淡绿色，无毛或被疏柔毛，侧脉7-12对；叶柄长0.8-1厘米，无毛或被疏柔毛，托叶披针形，边有腺齿或有羽状分裂

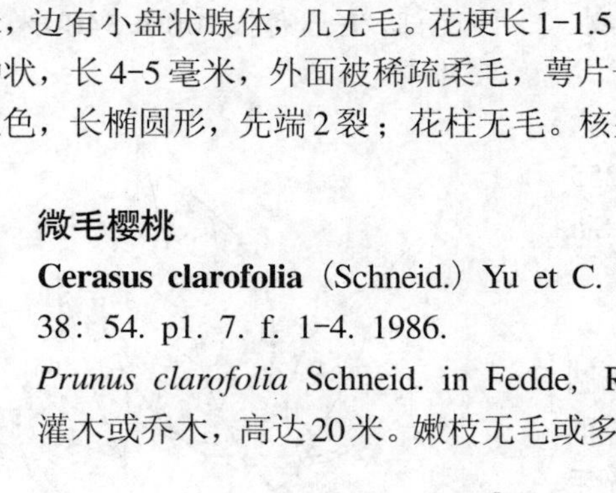

图 1257 微毛樱桃 （引自《中国植物志》）

腺齿。花序伞形或近伞形，有2-4花，花叶同放；总苞片褐色，匙形，外面有毛，内面被疏柔毛；花序梗长0.4-1厘米，无毛或被疏柔毛，苞片绿色，果时宿存，近卵形、卵状长圆形或近圆形，径2-5毫米，有锯齿，齿端有锥状或头状腺体。花梗长1-2厘米，无毛或被稀疏柔毛；萼筒钟状，无毛或几无毛，萼片卵状三角形或披针状三角形；花瓣白或粉红色，倒卵形或近圆形；花柱基部有疏柔毛，柱头头状。核果熟时红色，长椭圆形，长7-8毫米；核微具棱纹。花期4-6月，果期6-7月。

产河北南部、山西、陕西、甘肃、四川、西藏东部、云南、贵州、湖南西南部、湖北、安徽东南部及浙江西部，生于海拔800-3600米山坡林中或灌丛中。

7. 多毛樱桃 图 1258

Cerasus polytricha (Koehne) Yu et C. L. Li, Fl. Reipubl. Popul. Sin. 38: 56. p1. 7. f. 5. 1986.

Prunus polytricha Koehne in Sarg. Pl. Wilson. 1: 204. 1912.

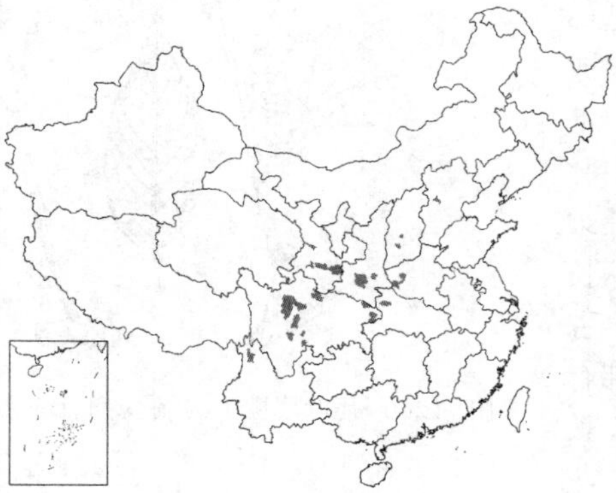

乔木或灌木。小枝密被长柔毛。冬芽鳞片被疏柔毛。叶倒卵形或倒卵状长圆形，长4-8厘米先端渐尖，基部近圆，有单锯齿或重锯齿，齿端有小腺体，上面疏被柔毛，下面淡绿色，密被横展长柔毛，脉间较疏，伏生短柔毛，侧脉7-11对；叶柄长0.8-1厘米，密被开展长柔毛，顶端常有1-3个腺体，托叶长圆状披针形，边有羽状腺齿，疏被长柔毛。花序伞形或近伞形，有2-4花；总苞片倒卵状椭圆形，长6-8毫米，外面几无毛，内面疏被长柔毛；花序梗长0.2-1厘米，被开展疏柔毛；苞片绿色，果期宿存，卵形或近圆形，长4-8毫米，边有腺齿，腺体球形；宿存。花梗长1-2厘米，密被柔毛；萼筒钟状，长宽约4-5毫米，密被柔毛，萼片卵状三角形，边有腺齿；花瓣白或粉色，卵形；花柱下部被疏柔毛，柱头头状。核果熟时红色，卵圆形，长约8毫米；核有棱纹。花期4-5月，果期6-7月。

图 1258 多毛樱桃 （孙英宝绘）

产河北、山西、河南、湖北西部、陕西南部、甘肃、四川及云南西北部，生于海拔1100-3300米山坡林中或溪边林缘。

8. 襄阳樱桃 图 1259

Cerasus cyclamina (Koehne) Yu et C. L. Li, Fl. Reipubl. Popul. Sin. 38: 58. 1986.

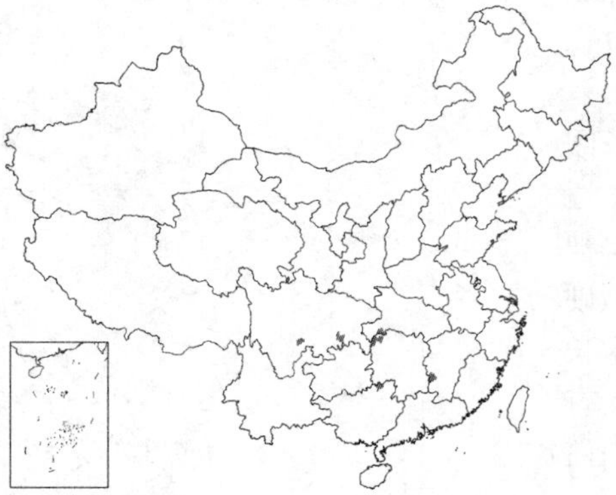

Prunus cyclamina Koehne in Sarg. Pl. Wilson. 1: 207. 1912.

乔木。小枝无毛，稀被稀疏柔毛。冬芽无毛。叶倒卵状长圆形，长4.5，12厘米，先端骤渐尖，基部圆或宽楔形，有单锯齿或尖锐重锯齿，齿端有圆钝腺体，上面无毛，

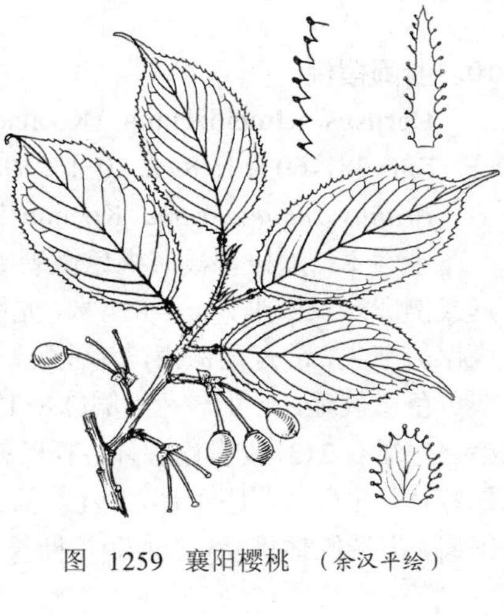

图 1259 襄阳樱桃 （余汉平绘）

下面色淡，初沿脉有疏柔毛，后无毛，侧脉9-11对；叶柄长0.8-1.2厘米，无毛，稀被疏柔毛，托叶线形，有腺齿。花序近伞形，有3-4花；花叶同放；总苞片倒卵形，径0.8-1.3厘米，外面几无毛；花序梗长0.8-2厘米，无毛或散生疏柔毛；苞片圆形，径3-5毫米，边有长柄腺毛。花梗长1.5-2.6厘米，无毛或被稀疏柔毛；萼筒钟状，长约4毫米，无毛，萼片反折，披针形，先端圆钝，比萼筒长近1.5-2倍；花瓣粉红色，长圆形，先端2裂；雄蕊稍短于花瓣；花柱比雄蕊稍长，无毛。核果熟时红色，近球形，径7.5-8.3毫米；核稍具棱纹。花期4月，果期5-6月。

产江西西部、广西西北、湖南西北部、湖北西南部及四川南部，生于海拔1000-1300米山地疏林中。

9. 尾叶樱桃 图 1260

Cerasus dielsiana（Schneid.）Yu et C. L. Li, Fl. Reipubl. Popul. Sin. 38：59. p1. 8. f. 5-9. 1986.

Prunus dielsiana Schneid. in Fedde, Repert. Sp. Nov. 1：68. 1905；中国高等植物图鉴 2：309. 1972.

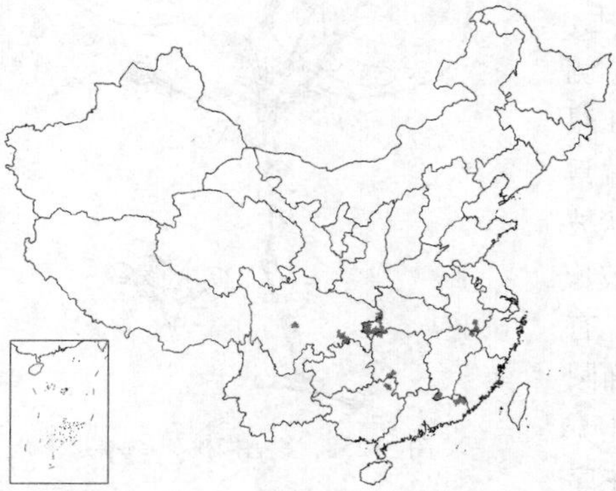

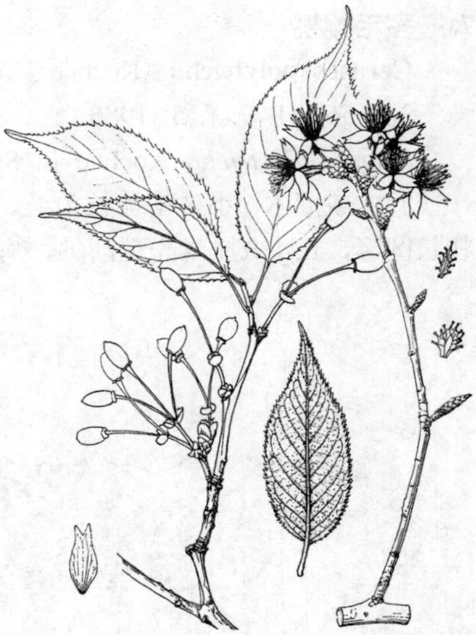

图 1260 尾叶樱桃 （引自《中国植物志》）

乔木或灌木。个枝无毛，嫩枝无毛或密被褐色柔毛。冬芽无毛。叶长椭圆形或倒卵状长椭圆形，长6-14厘米，先端尾尖，基部圆或宽楔形，有尖锐单齿或重锯齿，齿端有圆钝腺体，上面无毛，下面淡绿色，中脉和侧脉密被柔毛，余被疏柔毛，侧脉10-13对；叶柄长0.8-1.7厘米，密被开展柔毛，后脱落变疏，先端或上部有1-3枚腺体，托叶窄带形，长0.8-1.5厘米，边有腺齿。花序伞形或近伞形，有3-6花，先叶开放或近先叶开花；总苞褐色，长椭圆形，内面密被伏生柔毛；花序梗长0.6-2厘米，被黄色柔毛；苞片卵形，径3-6毫米，边缘撕裂状，有长柄腺体。花梗长1-3.5厘米，被褐色柔毛；萼筒钟形，长3.5-5毫米，被疏柔毛，萼片长椭圆形或椭圆状披针形，约为萼筒2倍，边有缘毛；花瓣白或粉红色，卵形，先端2裂；雄蕊与花瓣近等长，花柱无毛。核果红色，近球形，径8-9毫米；核卵圆形，较光滑。花期3-4月。

产安徽南部、江西、湖北西南部、四川、湖南、广西东北部及广西东北部，生于海拔500-900米山谷、溪边、林中。

10. 浙闽樱桃 图 1261

Cerasus schneideriana（Koehne）Yu et C. L. Li, Fl. Reipubl. Popul. Sin. 38：60. p1. 8. f. 10-13. 1986.

Prunus schneideriana Koehne in Sarg. Pl. Wilson. 1：242. 1912.

小乔木。嫩枝密被灰褐色微硬毛。冬芽无毛。叶长椭圆形、卵状长圆形或倒卵状长圆形，长4-8厘米，先端渐尖或骤尾尖，基部圆或宽楔形，边缘锯齿渐尖，常有重锯齿，齿端有头状腺体，上面近无毛，下面灰绿色，被灰黄色微硬毛，脉上较密，侧脉8-11对；叶柄长5-8毫米，密被褐色微硬毛，先端有2(3)枚黑色腺体，托叶褐色，膜质，长4-7毫米，边缘疏生长柄腺体，早落。花序伞形，2花，稀1或3；总苞长圆形；苞片绿褐色，有锯齿，齿端腺体锥状，有柄。花梗长1-1.4厘米，密被褐色微硬毛；萼筒筒

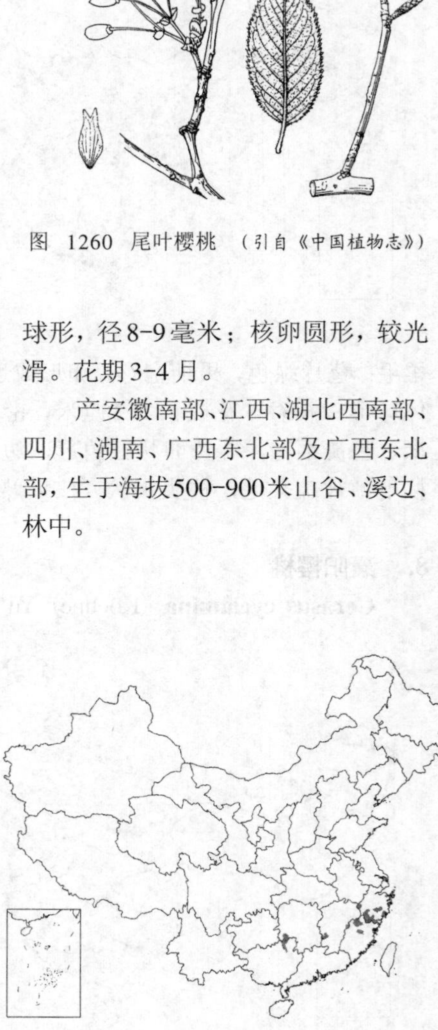

状，长3-4毫米，贴生褐色柔毛，萼片反折，带状披针形，与萼筒近等长，先端圆钝；花瓣卵形，先端2裂；雄蕊短于花瓣；花柱比雄蕊短，基部及子房疏生微硬毛。核果熟时紫红色，长椭圆形，长约8毫米，径约5毫米；核有棱纹。花期3月，果期5月。

产浙江、福建、江西、湖南西南部及广西东北部，生于海拔600-1300米林中。

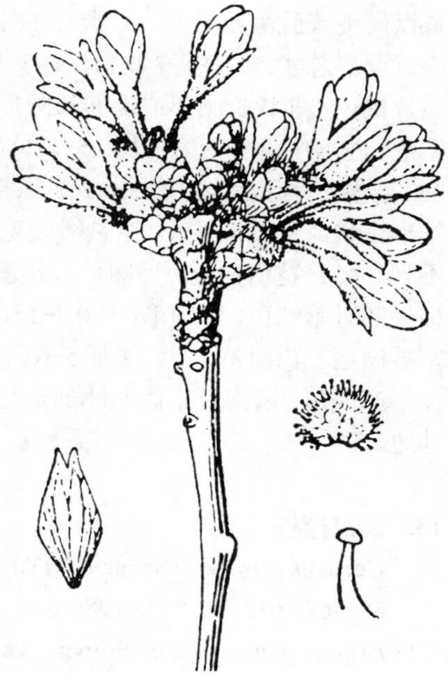

图 1261 浙闽樱桃 （引自《中国植物志》）

11. 樱桃 图 1262

Cerasus pseudocerasus (Lindl.) G. Don in London, Hort. Brit. 200. 1830.

Prunus pseudocerasus Lindl. in Trans. Hort. Soc. Lond. 6: 90. 1852; 中国高等植物图鉴 2: 312. 1972.

乔木。嫩枝无毛或被疏柔毛。冬芽无毛。叶卵形或长圆状倒卵形，长5-12厘米，先端渐尖或尾尖，基部圆，有尖锐重锯齿，齿端有小腺体，上面近无毛，下面淡绿色，沿脉或脉间有稀疏柔毛，侧脉9-11对；叶柄长0.7-1.5厘米，被疏柔毛，先端有1或2个大腺体，托叶早落，披针形，有羽裂腺齿。花序伞房状或近伞形，有3-6花，先叶开花；总苞倒卵状椭圆形，褐色，长约5毫米，边有腺齿。花梗长0.8-1.9厘米，被疏柔毛；萼筒钟状，长3-6毫米，外面被疏柔毛，萼片三角状卵形或卵状长圆形，全缘，长为萼筒一半或近半；花瓣白色，卵形，先端下凹或2裂；花柱与雄蕊近等长，无毛。核果近球形，熟时红色，径0.9-1.3厘米。花期3-4月，果期5-6月。

产辽宁西部、河北、山东东部、河南、安徽、江苏、浙江、江西、湖北、广西东北部、贵州北部、四川、甘肃南部及陕西南部，生于海拔300-600米山坡阳处或沟边。久经栽培，品种颇多，供食用，也可酿酒。种仁药用，可透发麻疹，润肠利尿，树皮可收敛镇咳，根、叶可杀虫，治蛇伤。

图 1262 樱桃 （引自《中国果树分类学》）

12. 云南樱桃 图 1263

Cerasus yunnanensis (Franch.) Yu et C. L. Li, Fl. Reipubl. Popul. Sin. 38: 64. p1. 10. f. 1-2. 1986.

Prunus yunnanensis Franch. Pl. Delav. 195. 1889.

乔木。小枝无毛，嫩枝被微硬毛。冬芽无毛。叶长圆形、倒卵状长圆形或卵状长圆形，长4-6厘米，先端渐尖，基部圆，有尖锐锯齿间有少数重锯齿，齿端有头状小腺体，上面疏被柔毛或脱落几无毛，下面淡绿色，幼时被微硬毛，脉上较密，后脱落稀疏，侧脉9-14对；叶柄长0.6-1.2厘米，

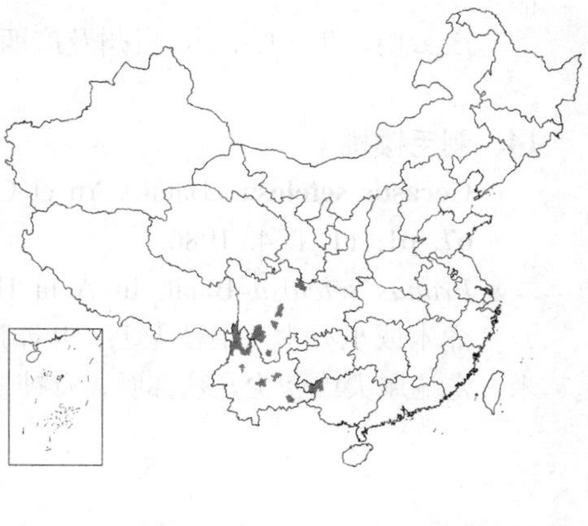

被微硬毛或脱落几无毛，先羰有2圆形腺体，托叶窄带形，边有腺齿。花序近伞房总状，长3.5–7厘米，有3–5(7)花，花叶同放或近先叶开花；总苞片褐色，匙状长圆形或倒卵长圆形，长0.7–1.2厘米，有腺齿，两边被疏柔毛，花后脱落；花序梗长0.5–1厘米，密被硬毛；苞片卵形或倒卵形，径2–3毫米，有腺齿。花梗长0.5–2厘米，微被硬毛；花径约1.5厘米；萼筒管形钟状，长3–5毫米，密被微硬毛，萼片反折，卵形，约为长的一半或不到一半；花瓣白色，近圆形；雄蕊与花瓣近等长；花柱基部被疏柔毛。核果熟时紫红色，卵圆形，长0.7–1厘米；核微有棱纹；果柄长1–1.5厘米，密被硬毛。花期3–5月，果期5–6月。

产四川、云南及广西西北部，生于海拔2300–2600米山谷林中或山坡地边。

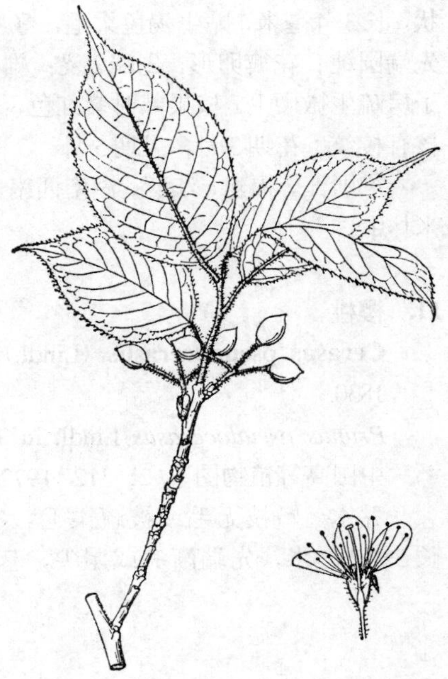

图 1263 云南樱桃 （引自《中国植物志》）

13. 蒙自樱桃 图 1264

Cerasus heyryi (Schneid.) Yu et C. L. Li, Fl. Reipubl. Popul. Sin. 38: 64. p1. 10. f. 3. 1986.

Prunus yunnanensis Franch. var. *henryi* Schneid. in Fedde, Repert. Sp. Nov. 1: 66. 1905. pro parte

乔木。小枝无毛。冬芽无毛。叶长圆形或卵状长圆形，长约4厘米，先端渐尖，基部楔形或圆，有尖锐单锯齿或重锯齿，齿端有小圆腺体，上面无毛，下面淡绿色，无毛或脉腋有簇毛，侧脉7–10对；叶柄长0.5–1.3厘米，无毛，先端有1–2腺，托叶窄带形，短于叶柄或与叶柄近等长，边有腺齿。花序近伞房总状，长2.5–4厘米，有3–7花；总苞片倒卵形，长4–5毫米，外面无毛，内面密被柔毛，边有腺齿，早落，苞片倒卵形，长2–3毫米，无毛或被疏柔毛，有腺齿。花梗长0.6–1.5厘米，无毛；花径约1.5厘米，萼筒管形钟状，长3–4毫米，无毛，萼片长圆状三角形，长约为萼筒的一半，花后反折；花瓣白色，卵形，长约1厘米，先端圆钝或微波状；雄蕊与花瓣近等长；花柱基部有稀疏长毛。花期3月。

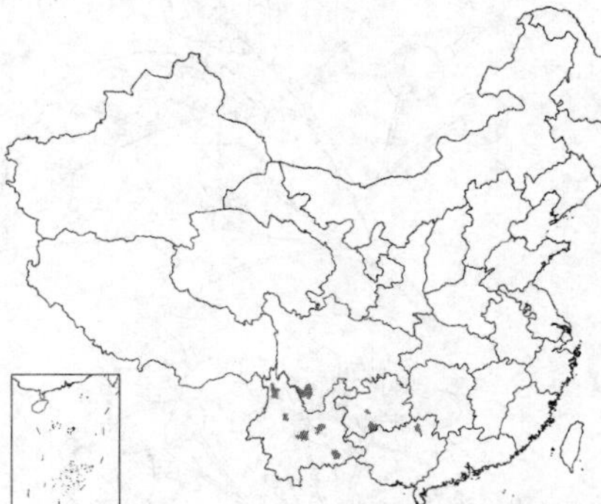

产云南、四川西南部、贵州及广西东北部，生于海拔1800米山坡林中。

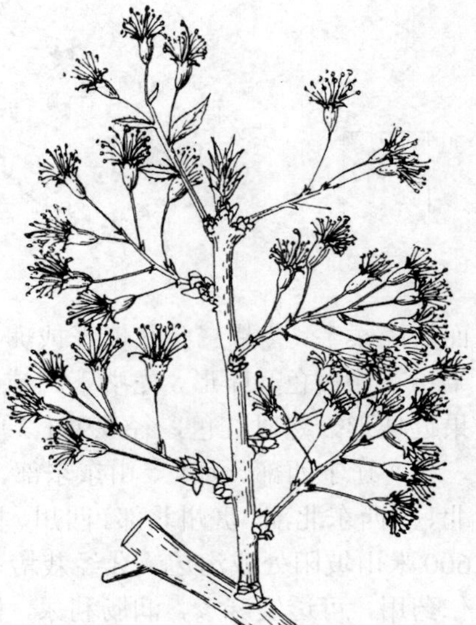

图 1264 蒙自樱桃 （孙英宝绘）

14. 刺毛樱桃 图 1265

Cerasus setelosa (Batal.) Yu et C. L. Li, Fl. Reipubl. Popul. Sin. 38: 67. p1. 11. f. 4. 1986.

Prunus setelosa Batal. in Acta Hort. Petrop. 12: 165. 1892.

灌木或小乔木。小枝无毛。叶卵形、倒卵状或卵状椭圆形，长2–5厘米，先端尾尖或骤尖，基部圆，有钝重锯齿，齿尖有小腺体，上面贴生小糙毛，下面沿脉被稀疏柔毛，脉腋有簇毛，侧脉6–8对；叶柄长4–8毫米，无毛，托叶卵状长圆形或倒卵状披针形，长4–8毫米，边有腺齿。花序伞形，有2–3花，花叶同放；总苞褐色，

匙形，长约5毫米，边有腺体，内面被毛，早落；花序梗长5-7毫米，无毛；苞片2-3片，绿色，卵形，长0.5-2厘米，有锯齿，齿端有腺体，两面疏被糙毛。花梗长0.8-1.2厘米，被疏柔毛或无毛；花径6-8毫米；萼筒管状，长5-6毫米，径3-4毫米，外面疏被糙毛，萼片开展，三角状长卵形，长2-3毫米，两面均被疏柔毛，有疏齿；花瓣倒卵形或近圆形，粉红色；雄蕊与萼片近等长或短于萼片；花柱中部以下被疏柔毛。核果熟时红色，卵状椭圆形，长约8毫米；核稍有棱纹。花期4-6月，果期6-8月。

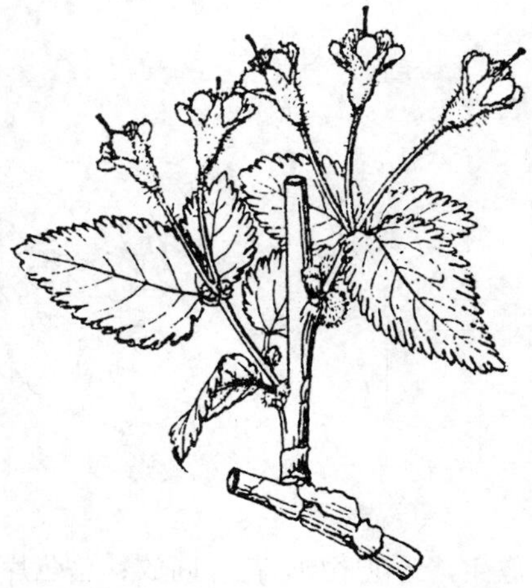

图 1265 刺毛樱桃 （引自《中国植物志》）

产河南西部、陕西南部、宁夏、甘肃、四川及贵州北部，生于海拔1300-2600米山坡、山谷林中或灌丛中。

15. 托叶樱桃 图 1266

Cerasus stipulacea (Maxim.) Yu et C. L. Li, Fl. Reipubl. Popul. Sin. 38: 68. pl. 11. f. 3. 1986.

Prunus stipulacea Maxim. in Bull. Acad. Sci. St. Pétersb. 29: 97. 1883.

灌木或小乔木。嫩枝无毛或被硬毛。冬芽无毛。叶卵形、卵状椭圆形或倒卵状椭圆形，长3-6.5厘米，先端渐尖或骤尾尖，基部圆，有缺刻状尖锐重锯齿，重锯齿由2-3齿组成，上面被稀疏短毛，下面无毛或脉腋有簇毛，侧脉6-10对；叶柄长1-1.3厘米，无毛，托叶在营养枝上卵形，长0.5-1厘米，有羽裂状锯齿，在花枝上卵状披针形，长4-6毫米，有尖锐锯齿。伞形花序，有2花，稀3朵，先叶开花或近先叶开花；总苞片椭圆形，褐色，长5-7毫米，边缘有腺体，外面无毛，内面伏生长柔毛；花序梗无或极短；苞片长椭圆形，长5-6毫米，有腺齿，花后脱落。花梗长0.7-1.3厘米，无毛；花径1.2-1.3厘米；萼筒管形钟状，长5-7毫米，无毛，萼片三角形，长3-4毫米，全缘，短于萼筒，花瓣淡红或白色，宽倒卵形，雄蕊比花瓣稍短；花柱伸出，长于雄蕊，基部有稀疏柔毛。核果椭圆形，熟时红色，长1-1.2厘米，径0.8-1厘米；核梢有棱纹；果柄长1-1.5厘米，先端肥厚，无毛。花期5-6月，果期7-8月。

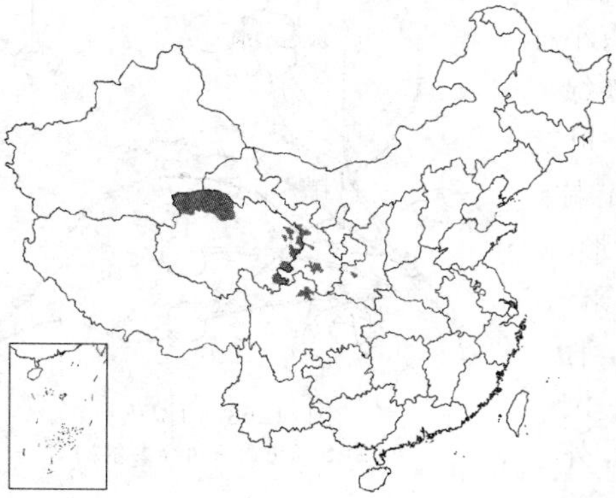

图 1266 托叶樱桃 （引自《秦岭植物志》）

产陕西、甘肃、青海及四川北部，生于海拔1800-3900米山坡、山谷林下或山坡灌丛中。

16. 山楂叶樱桃 图 1267

Cerasus crataegifolius (Hand.-Mazz.) Yu et C. L. Li, Fl. Reipubl. Popul. Sin. 38: 71. pl. 12. f. 1-2.1986.

Prunus crataegifolius Hand.-Mazz. in Sitz. Akad. Wiss. Wien,

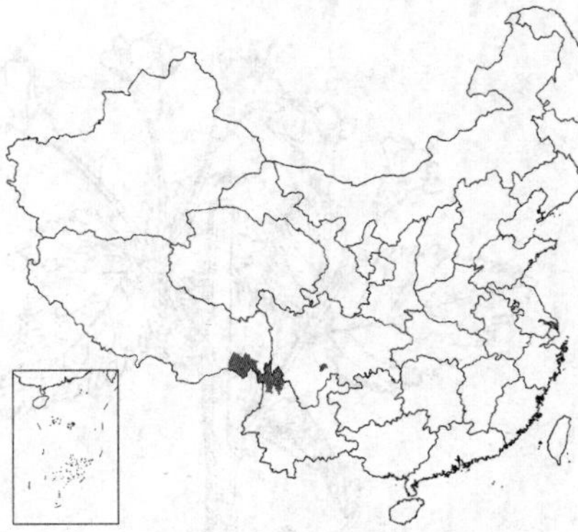

Math. - Nat. 60: 153. 1923.

灌木，匍伏或上升，高达2米。嫩枝密被伏生柔毛。冬芽无毛。叶椭圆状卵形或椭圆状披针形，长1.5-4厘米，有尖锐重锯齿，并裂成小片，上面暗绿色，稀生短毛，下面淡绿色，无毛或幼时沿中脉伏生短；叶柄长3-5毫米，被疏柔毛，托叶褐色，线形，长0.5-1厘米。花单生或2朵簇生，无花序梗，花叶同放；总苞片早落。花梗长1.5-2.5厘米，无毛；花径1.2-1.5厘米；萼筒管状，长6-8毫米，无毛，萼片三角形，长2-3毫米，有腺齿；花瓣粉红或白色，近圆形，先端啮蚀状；花后花柱长于雄蕊，无毛。核果卵圆形，熟时红色，长0.8-1厘米；核有棱纹。花期6-7月，果期8-9月。

产云南西北部、西藏东南部及四川，生于海拔3400-4000米高山林下或岩坡灌丛中。

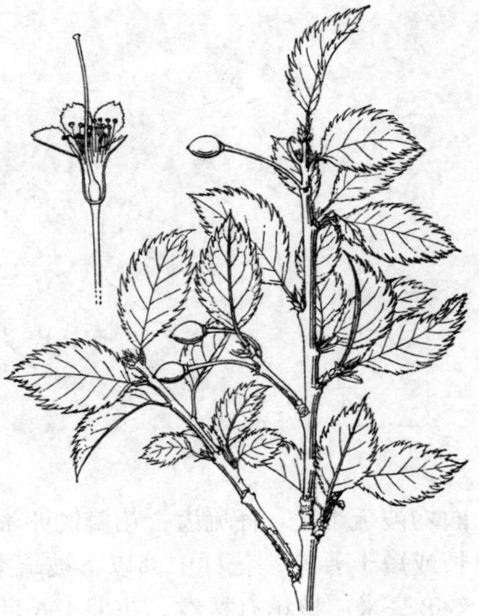

图 1267 山楂叶樱桃
（引自《中国植物志》）

17. 山樱花 樱花 图 1268

Cerasus serrulata (Lindl.) G. Don ex London Hort. Brit. 480. 1830. *Prunus serrulata* Lindl. in Trans. Hort. Soc. Lond. 7: 238. 1828；中国高等植物图鉴 2: 312. 1972.

乔木，高达3米。小枝无毛。冬芽无毛。叶卵状椭圆形或倒卵状椭圆形，长5-9厘米，先端渐尖，基部圆，有渐尖单锯齿及重锯齿，齿尖有小腺体，上面无毛，下面淡绿色，无毛，侧脉6-8对；叶柄长1-1.5厘米，无毛，先端有1-3圆形腺体，托叶线形，长5-8毫米，有腺齿，早落。花序伞房总状或近伞形，有2-3花；总苞片褐红色，倒卵状长圆形，长约8毫米，外面无毛，内面被长柔毛；花序梗长0.5-1厘米，无毛；苞片长5-8毫米，有腺齿。花梗长1.5-2.5厘米，无毛或被极稀疏柔毛；萼筒管状，长5-6毫米，萼片三角状披针形，长约5毫米，全缘；花瓣白色，稀粉红色，倒卵形，先端下凹；花柱无毛。核果球形或卵圆形，熟后紫黑色，径0.8-1厘米。花期4-5月，果期6-7月。

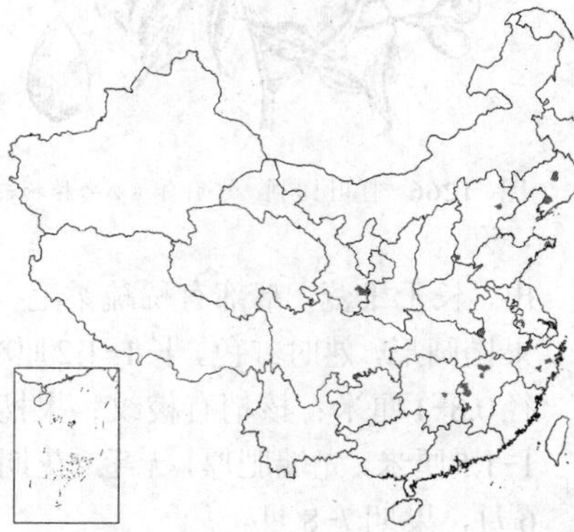

产黑龙江、辽宁、河北、山东、江苏、安徽、浙江、江西、湖南、贵州及甘肃东南部，生于海拔500-1500米山谷林中或栽培。日本及朝鲜半岛有分布。

图 1268 山樱花
（引自《中国果树分类学》）

［附］**毛叶山樱花 Cerasus serrulata** var. **pubescens** (Makino) Yu et C. L. Li, Fl. Reipubl. Popul. Sin. 38: 75. 1986. —— *Prunus serrulata* Lindl. var. *pubescens* (Makino) Wils. Cherries Japon 31. 1916. 本变种与模式变种的区别：叶柄、叶下面及花梗均被短柔毛。花期4-5月，果期7月。产黑龙江、辽宁、

山西、陕西、河北、山东及浙江，生于海拔400-800米山坡林中或栽培。

［附］**日本晚樱 Cerasus serrulata** var. **1annesiana**（Carr.）Makiao in Journ. Jap. Bot. 5：13. 45.1928. —— *Cerasus lannesiana* Carr. in Rev. Hort. 1872：198. 1873：351. t. 1873. 本变种与模式变种的区别：叶缘有渐尖重锯齿，齿端有长芒，花有香气。花期3-5月。原产日本。各地庭院栽培。

18. 钟花樱桃 福建山樱桃 图 1269

Cerasus campanulata（Maxim.）Yu et C. L. Li, Fl. Reipubl. Popul. Sin. 38：78. pl. 13. f. 3-4. 1986.

Prunus campanulata Maxim. in Bull. Acad. Sci. St. Pétersb. 29：103. 1883；中国高等植物图鉴 2：307. 1972.

乔木或灌木。嫩枝无毛。冬芽无毛。叶卵形、卵状椭圆形或倒卵状椭圆形，长4-7厘米，先端渐尖，基部圆，有急尖锯齿，常稍不整齐，上面无毛，下面淡绿色，无毛或脉腋有簇毛，侧脉8-12对；叶柄长0.8-1.3厘米，无毛，顶端常有2腺体。伞形花序，有2-4(-5)花，先叶开花，花径1.5-2厘米；总苞片长椭圆形，长约5毫米，两面伏生长柔毛，花序梗长2-4毫米；苞片长1.5-2毫米，有腺齿。花梗长1-1.3厘米，无毛或稀被极短柔毛；萼筒钟状，长约6毫米，无毛或被极稀疏柔毛，萼片长圆形，长约2.5毫米，全缘；花瓣倒卵状长圆形，粉红色，先端下凹，稀全缘；无毛。核果卵圆形，长约1厘米，顶端尖；核微具棱纹；

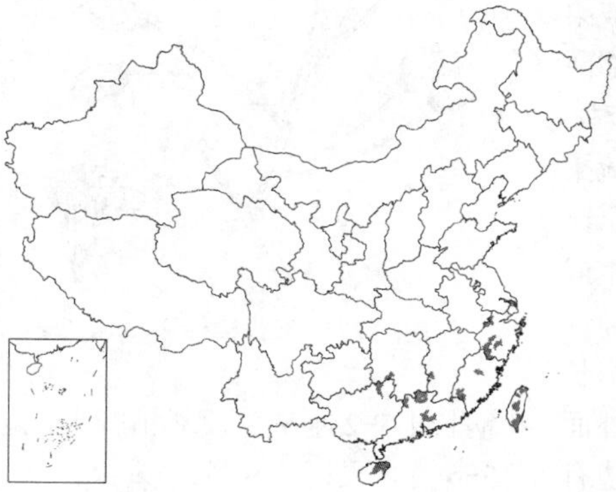

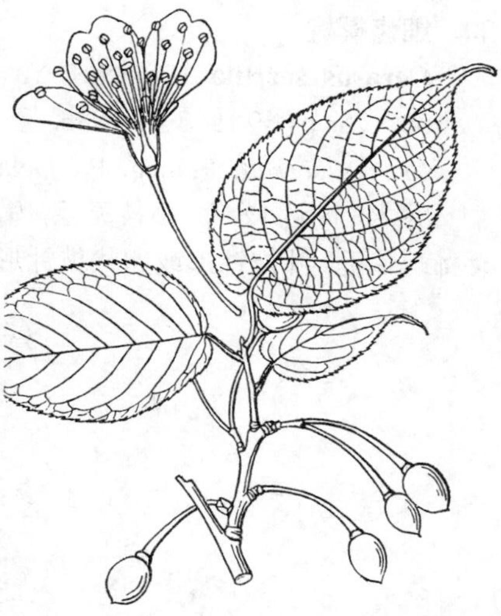

图 1269 钟花樱桃 （引自《中国植物志》）

果柄长1.5-2.5厘米，先端稍膨大并有萼片宿存。花期2-3月，果期4-5月。

产浙江、福建、江西、湖南、台湾、广东、海南及广西东北部，生于海拔100-600米山谷林中或林缘。日本及越南有分布。可栽培供观赏。

19. 高盆樱桃 云南欧李 图 1270

Cerasus cerasoides（D. Don）Sok. Gep. Kyct. 3：736.

Prunus cerasoides D. Don, Prodr. Fl. Nepal 239. 1825；中国高等植物图鉴 2：308. 1972.

乔木，高达10米。幼枝被短柔毛，旋脱落。叶卵状披针形或长圆状披针形，长(4)-8-12厘米，先端长渐尖，基部圆钝，有细锐重锯齿或单锯齿，齿端有小头状腺，侧脉10-15对，上面深绿色，两面无毛。叶柄长1.2-2厘米，先端有2-4腺，托叶线形，基部羽裂，有腺齿。总苞片大，先端深裂，花后凋落，长1-1.2厘米；花序梗长1-1.5厘米，无毛；花1-3，伞形排列，与叶同放；苞片近圆形，边有腺齿，革质。花梗长1-2厘米，果

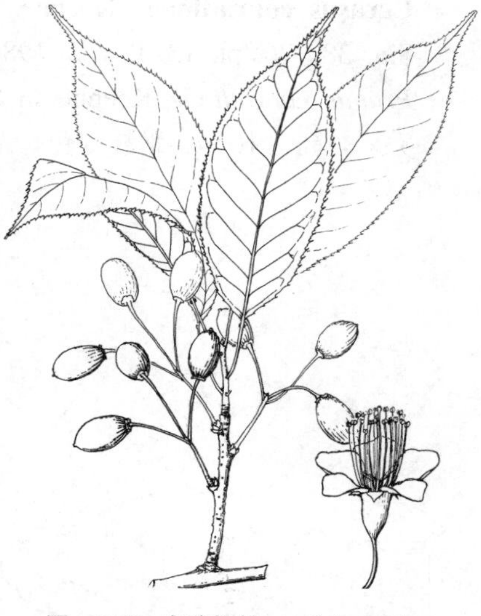

图 1270 高盆樱桃 （引自《图鉴》）

期长达3厘米，先端肥厚；萼筒钟状，常红色；萼片三角形，长4-5.5毫米，全缘，常带红色；花瓣卵形，先端圆钝或微凹，淡粉或白色；雄蕊短于花瓣；花柱无毛，柱头盘状。核果卵圆形，长1.2-1.5厘米，熟时紫黑色；核卵圆形，顶端圆钝，边有深沟和孔穴。花期10月至12月。染色体2n=16。

产云南及西藏，生于海拔1300-2200米沟谷密林中。克什米尔地区、尼泊尔、锡金、不丹、缅甸北部有分布。果可食；可作郁李仁代用品。

20. 细齿樱桃 图 1271

Cerasus serrula (Franch.) Yu et C. L. Li, Fl. Reipubl. Popul. Sin. 38: 75. p1. 9. f. 3-4. 1986.

Prunus serrula Franch. Pl. Delav. 196. 1890.

乔木，高达12米。小枝无毛，嫩枝伏生疏柔毛。冬芽鳞片外面无毛或有稀疏伏毛。叶披针形或卵状披针形，长3.5-7厘米，有尖锐单锯齿或重锯齿，齿端有小腺体，叶基部有3-5大腺体，上面疏被柔毛，下面无毛或中脉下部两侧被疏柔毛，侧脉11-16对；叶柄长5-8毫米，被稀疏柔毛或几无毛，托叶线形，比叶柄短或近等长。花单生或有2朵，花叶同放，花径约1厘米；总苞片褐色，窄长椭圆形，长约6毫米，外面无毛，内面被疏柔毛，边有腺齿；花序梗短或无；苞片褐色，卵状窄长圆形，长2-2.5毫米，有腺齿。花梗长0.6-1.2厘米，被稀疏柔毛；萼筒管形钟状，长5-6毫米，基部被稀疏柔毛，萼片卵状三角形，长3毫米；花瓣白色，倒卵状椭圆形；花柱无毛。核果熟时紫红色，卵圆形，长约1厘米；径6-7毫米；核有棱纹；果柄长1.5-2厘米，顶端稍膨大。花期5-6月，果期7-9月。

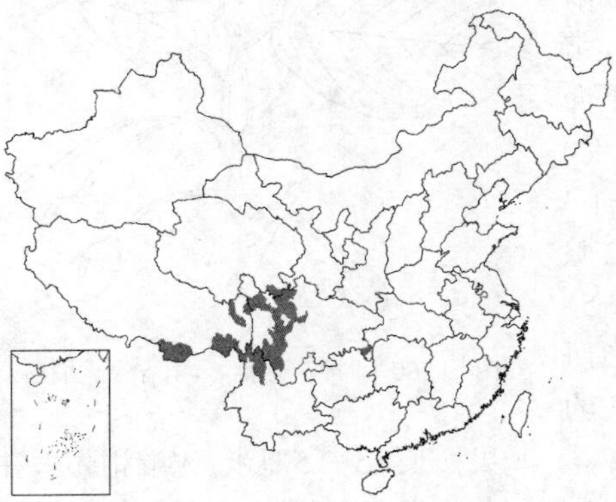

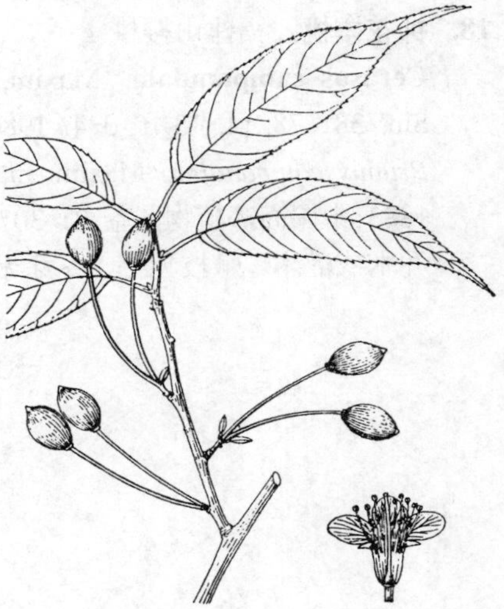

图 1271 细齿樱桃 （王金凤绘）

产四川、云南西北部、西藏及青海东南部，生于海拔2600-3900米山坡、山谷林中、林缘或山坡草地。可作砧木嫁接樱桃。

21. 华中樱桃 图 1272

Cerasus conradinae (Koehne) Yu et C. L. Li, Fl. Reibubl. Popul. Sin. 38: 76. pl. 13. f. 1-2. 1986.

Prunus conradinae Koehne in Sarg. P1. Wilson. 1: 211. 1912.

乔木，高达10米。嫩枝绿色，无毛。冬芽无毛。叶倒卵形、长椭圆形或倒卵状长椭圆形，长5-9厘米，先端骤渐尖，基部圆，有前伸锯齿，齿端有小腺体，两面无毛，侧脉7-9对；叶柄长6-8毫米，无毛，有2腺，托叶线形，长约6毫米，有腺齿，花后脱落。伞形花序。有3-5花，先叶开放，径约1.5厘米；总苞片褐色，倒卵状椭圆形，长约8毫米，外面无毛，内面密被疏柔毛；

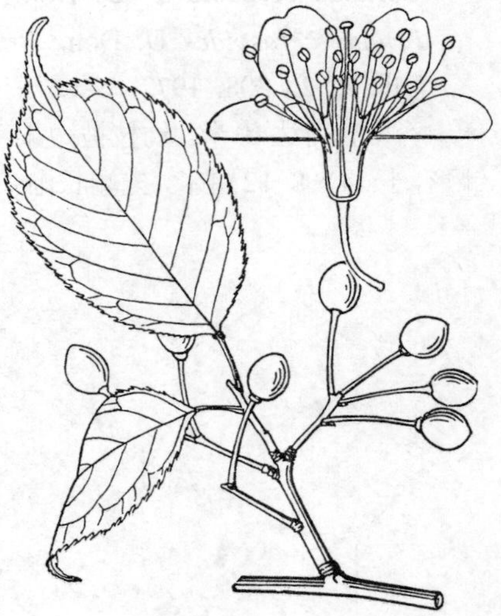

图 1272 华中樱桃 （引自《中国植物志》）

花序梗长0.4-1.5厘米，稀不明显，无毛；苞片褐色，宽扇形，长约1.3毫米，有腺齿，果时脱落。花梗长1-1.5厘米，无毛；萼筒管形钟状，长约4毫米，无毛，萼片三角状卵形，长约2毫米；花瓣白或粉红色，卵形或倒卵形，先端2裂；花柱无毛。核果卵圆形，熟时红色，长0.8-1.1厘米；核棱纹不显著。花期3月，果期4-5月。

产浙江、福建、江西、河南东南部、湖北、湖南、广西东北部、贵州、云南、四川及陕西南部，生于海拔500-2100米沟边林中。

22. 毛叶欧李 图 1273：10

Cerasus dictyoneura（Diels）Yu, 中国果树分类学 76. 1979.

Prunus dirtyoneura Diels in Engl. Bot. Jahrb. 36: 82. 1905; 中国高等植物图鉴 2: 308. 1972.

灌木。嫩枝密被短柔毛。冬芽密被短茸毛。叶倒卵状椭圆形，长2-4厘米，有单锯齿或重锯齿，上面深绿色，无毛或被柔毛，常有皱纹，下面淡绿色，密被褐色微硬毛，网脉突出，侧脉5-8对；叶柄长2-3毫米，密被柔毛，托叶线形，长3-4毫米，有腺齿。花单生或2-3朵簇生，先叶开放；花序梗长4-8毫米，密被柔毛；萼筒钟状，长宽近相等，约3毫米，外被柔毛，萼片卵形，长约3毫米；花瓣粉红或白色，倒卵形；花柱无毛。核果球形，熟时红色，径1-1.5厘米；核除棱背两侧外，无棱纹。花期4-5月，果期7-9月。

产河北、山东、山西、河南、陕西、甘肃及宁夏，生于海拔400-1600米阳坡灌丛中或荒草地，常栽培。种仁及根皮供药用，宁夏地区常作郁李仁用。

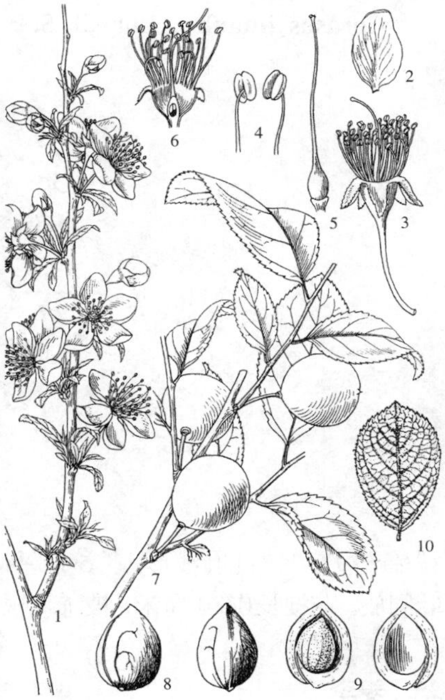

图 1273：1-9. 欧李 10. 毛叶欧李
（引自《中国植物志》《图鉴》）

23. 毛柱郁李 图 1274

Cerasus pogonostyla（Maxim.）Yu et C. L. Li, Fl. Reipubl. Popul. Sin. 38: 81. 1986.

Prunus pogonostyla Maxim. in Bull. Soc. Nat. Mosc. 54: 11. 1879.

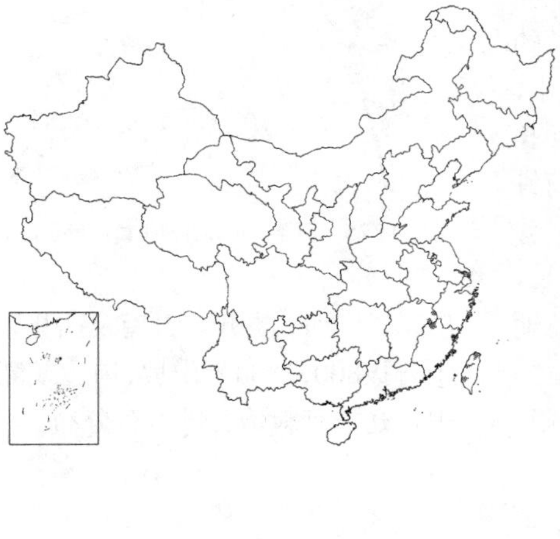

灌木或小乔木。嫩枝绿色，无毛或微被柔毛。冬芽无毛或疏被短柔毛。叶倒卵形椭圆形，长2.5-4.5厘米，有圆钝稀急尖重锯齿，齿端有小腺体，几无毛，下面淡绿色，被稀疏柔毛或脉上微被柔毛；叶柄长2-4毫米，被稀疏柔毛，托叶线形，长5-6毫米，有腺齿，单生或2朵，

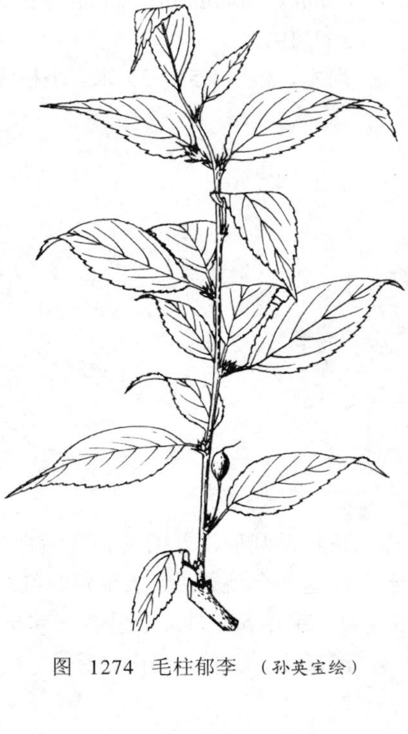

图 1274 毛柱郁李 （孙英宝绘）

花叶同放。花梗长0.8-1厘米。被稀疏短柔毛；萼筒陀螺状，长宽均2.5-3毫米，几无毛或基部有短柔毛，萼片长卵形或三角状卵形，长4-5毫米，稍长于萼筒，有腺齿；花瓣粉红色，倒卵形或椭圆形；花柱基部有稀疏柔毛。核果椭圆形或近球形，长8毫米；核光滑。花期3月，果期5月。

产浙江、江西东北部、福建西北部及台湾，生于海拔200-500米山坡林下。

24. 欧李 图 1273：1-9

Cerasus humilis（Bunge）Sok. Gep. Kyct. CCCP 3：751. 1954.

Prunus humilis Bunge in Mém. Acad. Sci. St. Pétersb. Sav. Etrang.；中国高等植物图鉴 2：310. 1972.

灌木，高达1.5米。小枝被短柔毛。冬芽疏被短柔毛或几无毛。叶倒卵状长圆形或倒卵状披针形，长2.5-5厘米，有单锯齿或重锯齿，上面无毛，下面浅绿色，无毛或被稀疏短柔毛，侧脉6-8对；叶柄长2-4毫米，无毛或被稀疏短柔毛，托叶线形，长5-6毫米，边有腺体，花单生或2-3朵簇生，花叶同放。花梗长0.5-1厘米，被稀疏短柔毛；萼筒长宽均约3毫米，外面被稀疏柔毛，萼片三角状卵形；花瓣白或粉红色，长圆形或倒卵形；花柱与雄蕊近等长，无毛。核果近球形，熟时红或紫红色，径1.5-1.8厘米；核除背部两侧外无棱纹。花期4-5月，果期6-10月。

产黑龙江、吉林、辽宁、内蒙古、河北、山西、河南、山东及江苏，生于海拔100-1800米阳坡砂地或山地灌丛中，庭院有栽培。欧洲及俄罗斯有分布。种仁入药，作郁李仁用，有利尿、缓下作用，治大便燥结、小便不利。果味酸可食。

25. 麦李 图 1275

Cerasus glandulosa（Thunb.）Lois. in Duham. Trait. Arb. Arbust. ed. augm. 5：33. 1812.

Prunus glandulosa Thunb. Fl. Jap. 202. 1784；中国高等植物图鉴 2：300. 1972.

灌木，高达1.5（-2）米。小枝无毛，嫩枝被柔毛。冬芽无毛或被短柔毛。叶长圆状倒卵形或椭圆状披针形，长2.5-6厘米，有细钝重锯齿，上面绿色，下面淡绿色，两面无毛或中脉有疏柔毛，侧脉4-5对；叶柄长1.5-3毫米，无毛或上面被疏柔毛，托叶线形，长约5毫米。花单生或2朵簇生，花叶同放或近同放。花梗长6-8毫米，几无毛；萼筒钟状，长宽近相等，无毛，萼片三角状椭圆形，有锯齿；花瓣白或粉红色，倒卵形；花柱稍比雄蕊长，无毛或基部有疏柔毛。核果熟时红或紫红色，近球形，径1-1.3厘米。花期3-4月，果期5-8月。染色体2n=16。

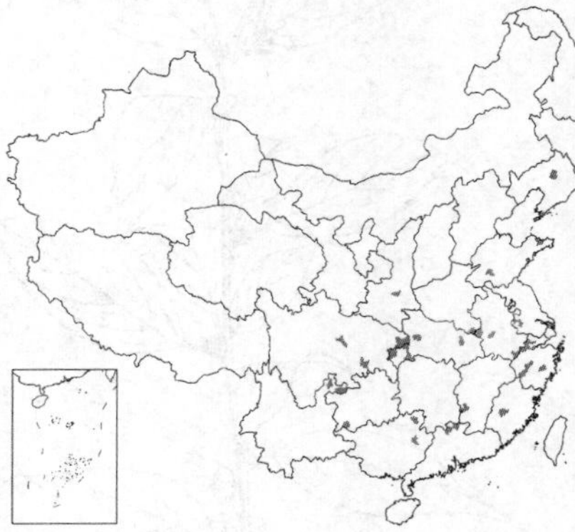

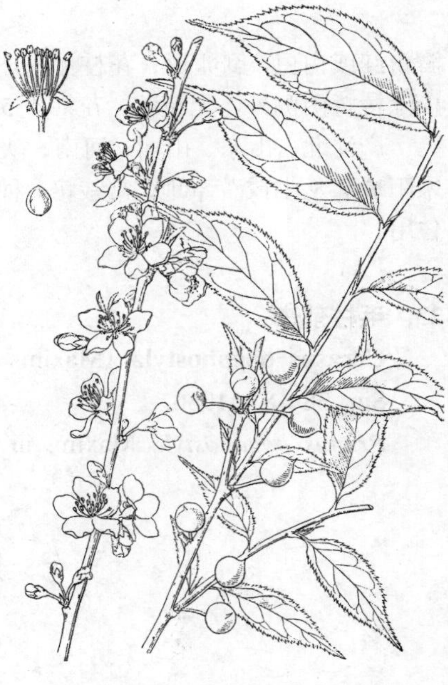

图 1275 麦李 （引自《中国果树分类学》）

产辽宁、山东、河南、安徽、江苏、浙江、福建、江西、湖北、湖南、广东、广西、贵州、云南及四川，生于海拔800-2300米山坡、沟边或灌丛中，庭院有栽培。日本有分布。

26. 郁李 图 1276

Cerasus japonica（Thunb.）Lois. in Duham. Trait. Arb. Arbust. ed. augm. 5：33. 1812.

Prunus japonica Thunb. Fl. Jap. 201. 1784；中国高等植物图鉴 2：310. 1972.

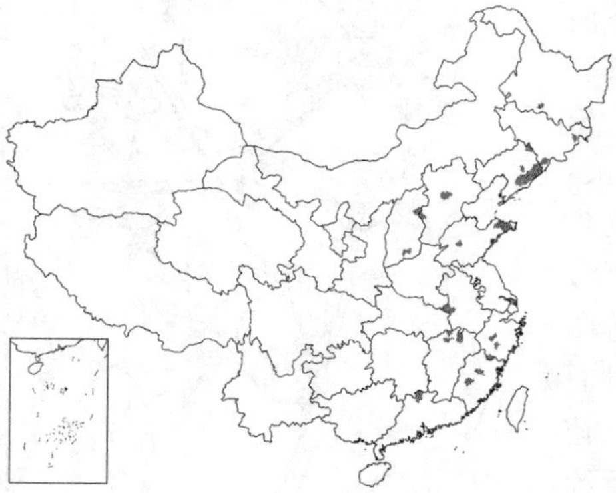

灌木，高达1.5米。无毛。冬芽无。叶卵形或卵状披针形，长3-7厘米，有缺刻状尖锐重锯齿，上面无毛，下面淡绿色，无毛或脉有稀疏柔毛，侧脉5-8对；叶柄长2-3毫米，无毛或被稀疏柔毛，托叶线形，长4-6毫米，有腺齿。花1-3朵，簇生，花叶同放或先叶开放。花梗长0.5-1厘米，无毛或被疏柔毛；萼筒陀螺形，长宽均2.5-3毫米，无毛；萼片椭圆形，比萼筒稍长，有细齿；花瓣白或粉红色，倒卵状椭圆形；花柱与雄蕊近等长，无毛。核果近球形，熟时深红色，径约1厘米；核光滑。花期5月，果期7-8月。染色体2n=16。

图 1276 郁李
（引自《江苏南部种子植物手册》）

产黑龙江、吉林、辽宁、河北、山西、山东、江苏、安徽、浙江、福建、江西及广东北部，生于海拔100-200米山坡林下、灌丛中或栽培。日本及朝鲜半岛有分布。种仁入药，名郁李仁，健胃润肠，利尿消肿。郁李、郁李仁酊剂有降压作用。

27. 毛樱桃 图 1277 彩片 170

Cerasus tomentosa（Thunb.）Wall. ex Hook. f. Fl. Brit. Ind. 2:314.1878

Prunus tomentosa Thunb. Gl. Jap. 203. 1784；中国高等植物图鉴 2：313. 1972.

灌木，稀小乔木状。嫩枝密被绒毛至无毛。冬芽疏被柔毛或无毛。叶卵状椭圆形或倒卵状椭圆形，长2-7厘米，有急尖或粗锐锯齿，上面被疏柔毛，下面灰绿色，密被灰色绒毛至稀疏，侧脉4-7对；叶柄长2-8毫米，被绒毛至稀疏，托叶线形，长3-6毫米，被长柔毛。花单生或2朵簇生，花叶同放，近先叶开放或先叶开放。花梗长达2.5毫米或近无梗；萼筒管状或杯状，长4-5毫米，外被柔毛或无毛，萼片三角状卵形，长2-3毫米，内外被柔毛或无毛；花瓣白或粉红色，倒卵形；雄蕊短于花瓣；花柱伸出与雄蕊近等长或稍长；子房被毛或仅顶端或基部被毛。核果近球形，熟时红色，径0.5-1.2厘米；核棱脊两侧有纵沟。

图 1277 毛樱桃 （引自《图鉴》）

花期4-5月，果期6-9月。染色体2n=16。

产黑龙江、吉林、辽宁、内蒙古、河北、山西、河南、山东、江苏、安徽、浙江、福建、江西、湖北、贵州、云南、西藏、四川、陕西、甘肃、宁夏、青海及新疆，生于海拔100-3200米山坡林中、林缘、灌丛中或草地。果微酸甜，可食及酿酒；种仁含油率达43%，可制肥皂及润滑油。种仁入药，名大李仁，有润肠利尿之效。河北、新疆、江苏等地庭院常栽培，供观赏。

28. 天山樱桃 图 1278

Cerasus tianshanica Pojark. in Journ. Bot. 24(3): 242. 1939.

灌木，高达1.5米。嫩枝被灰白色绒毛。冬芽鳞片疏被白色绒毛。叶簇生短枝，倒卵状披针形，长0.8-1.6厘米，叶边锯齿尖锐，上面绿色，下面淡绿色，两面无毛，侧脉4-5对；叶柄长1-2毫米，无毛，托叶线形，长约2毫米。花单生，花叶同放。花梗长约1.5毫米，无毛，萼筒管状，长2-8毫米，无毛，萼片卵状三角形，先端急尖，外面无毛，内面有白色绒毛；花瓣淡红色，倒卵形；雄蕊约22枚，着生在管内壁不伸出花冠；花柱与雄蕊近等长，基部有稀疏长柔毛。核果熟时紫红色，近球形，顶端有稀疏长柔毛，径6-7毫米；核平滑。花期4-5月，果期6-7月。

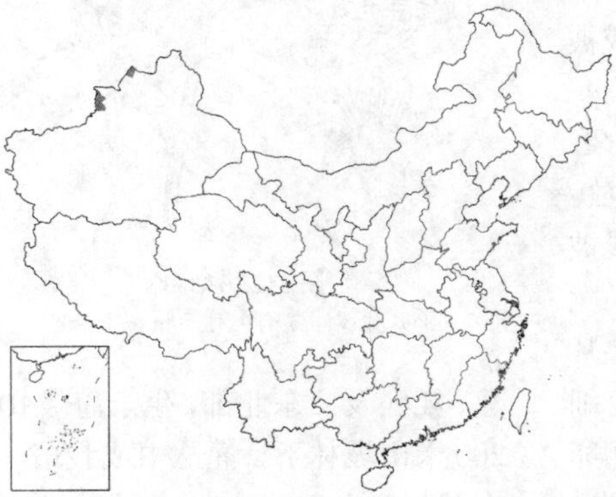

产新疆西北部，生于海拔700-1600米山坡草地或林下。俄罗斯及中亚地区有分布。

图 1278 天山樱桃 （张荣生绘）

52. 稠李属 Padus Mill.

（谷粹芝）

落叶小乔木或灌木；分枝较多。冬芽’卵圆形，具有数枚覆瓦状排列鳞片。单叶互生，幼叶在芽内对折，具齿，稀全缘；叶柄通常在顶端有2腺体或叶基部边缘具2腺体，托叶早落。花多数成总状花序，项生，基部有叶或无叶；苞片早落。萼筒钟状，萼片5；花瓣5，白色，先端通常啮蚀状；雄蕊10至多数；雌蕊1，周位花，子房上位，心皮1，2胚珠，柱头平。核果无纵沟，中果皮骨质。种子1，子叶肥厚。

约20余种，主要分布北温带。我国14种。

1. 雄蕊10，萼片果期宿存；花序基部无叶。
  2. 小枝和叶下面无毛 ………… 1. **橉木 P. buergeriana**
  2. 小枝密被绒毛；叶下面或仅沿脉或脉腋被棕色星状毛 ………… 2. **星毛稠李 P. stellipila**
1. 雄蕊20-25，萼片果期脱落；花序基部有叶或无叶。
  3. 叶下面有腺体；花序基部无叶，有时下部有1-2小叶；总状花序长4.5-7厘米 …… 3. **斑叶稠李 P. maackii**
  3. 叶下面无腺；花序基部有叶，总状花序长7厘米以上。
    4. 花梗和花序梗果期不增粗，无增大的浅色皮孔；叶缘锯齿较密。
      5. 花柱长，伸出花瓣和雄蕊；叶常带黄绿色，边缘锯齿尖锐，叶柄顶端无腺体 … 4. **灰叶稠李 P. grayana**
      5. 花柱短，不伸出或长为雄蕊1/2；叶柄顶端两侧各具1腺体。
        6. 花柱长为雄蕊1/2，花梗长1-1.5厘米，稀达2.4厘米 ………… 5. **稠李 P. avium**
        6. 花柱与雄蕊近等长，花梗长不及1厘米。

7. 叶有带短芒锯齿，叶长圆形，稀椭圆形，基部圆或微心形 ………………………………… 6. **短梗蔷薇 P. brachypoda**

7. 叶锯齿无短芒，基部圆或宽楔形。

8. 叶下面无毛；小枝、花序梗和花梗无毛或微被柔毛 …………………………………… 7. **细齿稠李 P. obtusata**

8. 叶下面、小枝、花序梗和花梗均密被绒毛 ……………………………………………… 8. **毡毛稠李 P. velutina**

4. 花梗和花序梗果期增粗，并增大浅色皮孔；叶有较疏锯齿。

9. 叶下面和小枝均无毛；花梗和花序梗有稀疏柔毛或近无毛 ………………………… 9. **粗梗稠李 P. napaulensis**

9. 小枝被短柔毛；叶下面密被白或棕褐色绢状柔毛；花序梗和花梗被白色至深色毛 …………………………………………………………………………………………………… 10. **绢毛稠李 P. wilsonii**

1. 橉木 图 1279

Padus buergeriana（Miq.）Yu et Ku, Reipubl. Popul. Sin. 38：91. 1986.

Prunus buergeriana Miq. in Ann. Mus. Bot. Lugd.-Bat. 2：92. 1865.

落叶乔木，高达12(-25)米。小枝无毛。冬芽无毛，稀鳞片边缘有睫毛。叶椭圆形或长圆状椭圆形，稀倒卵状椭圆形，长4-10厘米，先端尾尖或短渐尖，基部圆、宽楔形，稀楔形，有贴生锐锯齿，两面无毛；叶柄长1-1.5厘米，无毛，无腺体，有时叶基部边缘两侧各有1腺体，托叶膜质，线形。花20-30朵，成总状花序，基部无叶；花梗和花梗近无毛或疏被柔毛。花梗长约2毫米；花径5-7毫米；萼筒钟状，萼片三角状卵形，有不规则细锯齿，齿尖幼时带腺体；花瓣白色，宽倒卵形，先端啮蚀状；雄蕊10，着生花盘边缘。核果近球形或卵圆形，径约5毫米，熟时黑褐色，无毛；果柄无毛；萼片宿存。花期4-5月，果期5-10月。

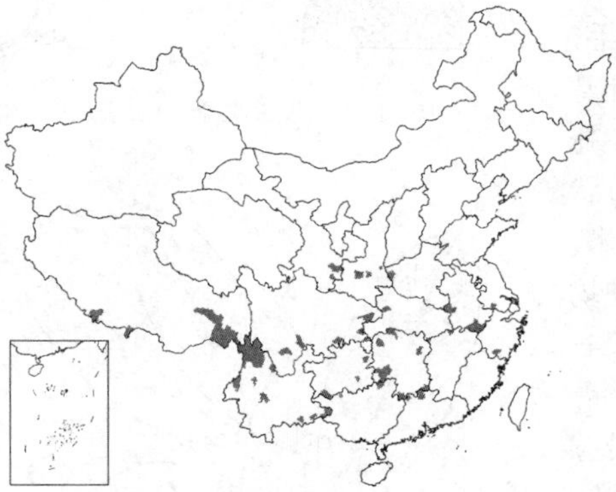

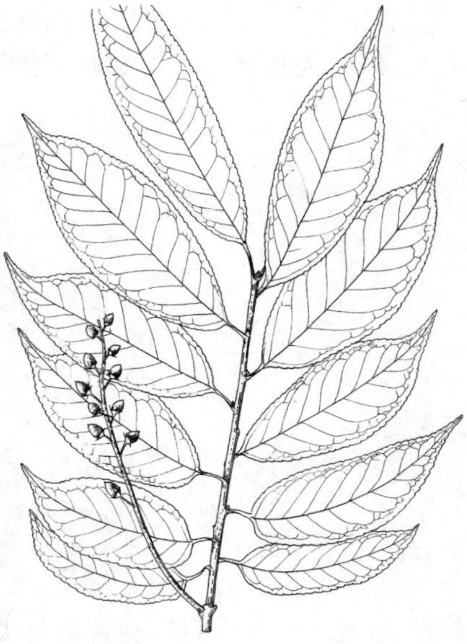

图 1279 橉木 （孙英宝绘）

产甘肃、陕西、河南，安徽、江苏、浙江、台湾、江西、湖北、湖南、广东北部、广西、贵州、云南、四川及西藏，生于海拔1000-2800米林中、山谷或旷地。日本及朝鲜半岛有分布。

2. 星毛稠李 图 1280

Padus stellipila（Koehne）Yu et Ku, Reipubl. Popul. Sin. 38：92. 1986.

Prunus stellipila Koehne in Sarg. P1. Wilson 1：61. 1911.

落叶乔木，小枝密被绒毛。冬芽无毛或鳞片边缘有柔毛。叶椭圆形、窄长圆形、稀倒卵状长圆形，长5-10(-13)厘米，先端尾尖、长渐尖，稀急尖，基部圆或宽楔形，有开展不整齐锐锯齿，上面无毛或沿脉有柔毛，下面沿脉被棕色星状毛；叶柄长5-8毫米，被柔毛，无腺体，有时叶基部两侧各有1腺体，托叶线状披针形，早落。总状花序长5-8厘米，基部无叶；花序梗和花梗被绒毛；花梗长2-4厘米，花径5-7毫米；萼筒钟状；萼片三角状卵形；花瓣白色，宽倒卵形；雄蕊10；子房无毛。核果近球形，顶端有尖头，径5-6毫米，熟时黑色；果柄长2.5-4.5厘米，无毛；萼片宿存。

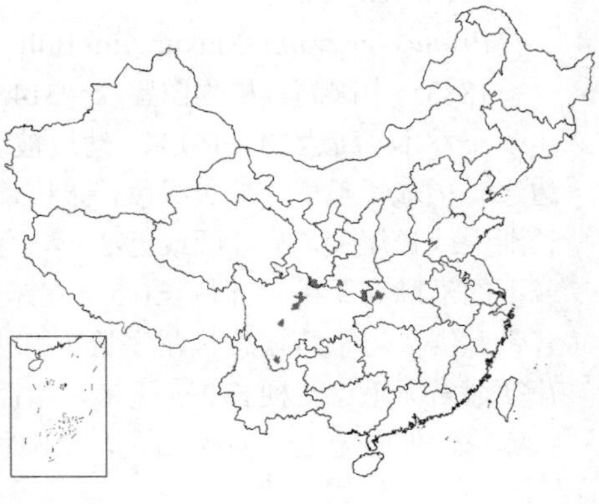

花期4-5月，果期5-10月。

产四川、甘肃、陕西及湖北，生于海拔1000-1800米山坡、路旁或灌丛中。

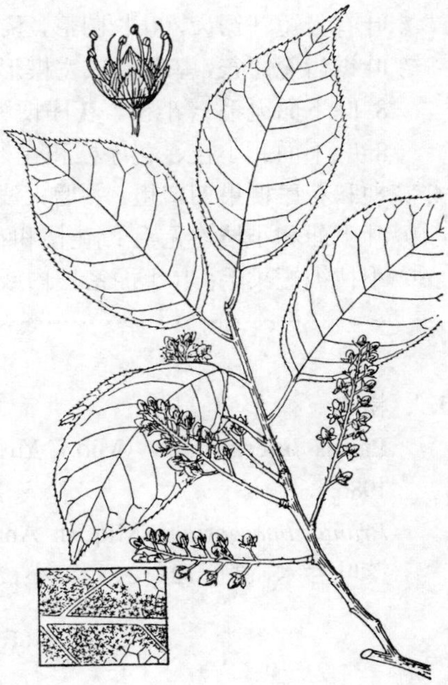

图 1280 星毛稠李 （王金凤绘）

3. 斑叶稠李 山桃稠李 图 1281

Padus maackii (Rupr.) Kom. in Kom. et Klobukova-Alison, Key Pl. Far. East. Reg. URSS 2: 657.1932.

Prunus maackii Rupr. in Bull. Acad. Sci. St. Pétersb. 15: 361. 1857; 中国高等植物图鉴 2: 315. 1972.

落叶小乔木。幼枝被柔毛，脱落近无毛。冬芽无毛或鳞片边缘被柔毛。叶椭圆形、菱状卵形，稀长圆状倒卵形，长4-8厘米，先端尾尖或短渐尖，基部圆或宽楔形，有不规则带腺锐锯齿，上面沿叶脉被柔毛，下面沿中脉被柔毛，被紫褐色腺体；叶柄长1-1.5厘米，被柔毛，稀近无毛，先端有时有2腺体，或叶基部边缘两侧各有1腺体，托叶膜质，线形，早落。总状花序多花密集，长5-7厘米，基部无叶；花序梗和花梗均密被稀疏短柔毛。花梗长4-6毫米，花径0.8-1厘米；萼筒钟状，比萼片长近1倍，萼片三角状披针形或卵状披针形，有不规则带腺细齿，内外均被疏柔毛；花瓣白色，长圆状倒卵形，先端1/3部分啮蚀状，基部有短爪；雄蕊25-30；花柱基部有疏长柔毛。核果近球形，径5-7毫米，熟时紫褐色，无毛；果柄无毛；萼片脱落；核有皱纹。花期4-5月，果期6-10月。

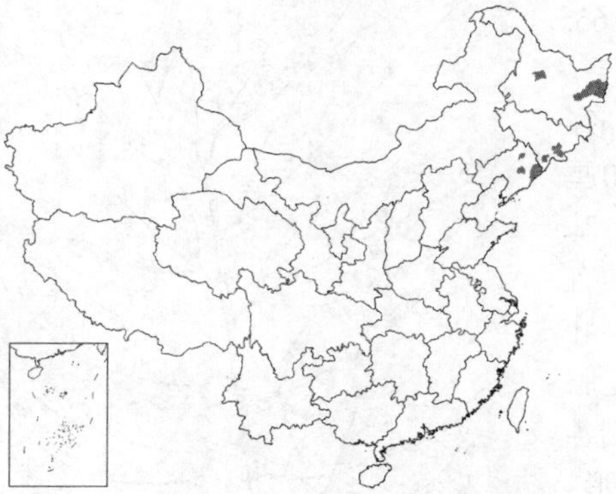

产黑龙江、吉林及辽宁，生于海拔950-2000米阳坡疏林中、林缘、阳坡潮湿地、松林下或溪边。俄罗斯及朝鲜半岛北部有分布。

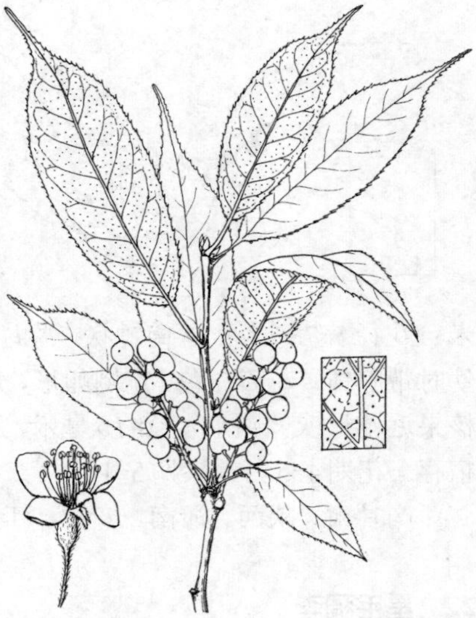

图 1281 斑叶稠李 （引自《图鉴》）

4. 灰叶稠李 图 1282

Padus grayana (Maxim.) Schneid. Ill. Handb. Laubh. 1: 640. 5. 351m-n2. 352b. 1906.

Prunus grayana Maxim. in Bull. Acad. Sci. St. Pétersb. 29: 107. 1883; 中国高等植物图鉴 2: 314. 1972.

小乔木，高达10(-16)米。幼枝被绒毛，后脱落无毛。冬芽无毛或鳞片边缘有稀疏柔毛。叶带灰绿色，卵状长圆形或长圆形，长4-10厘米，先端长渐尖或长尾尖，基部圆或近心形，有尖锐锯齿或缺刻状锯齿，两面无毛或下面沿脉有柔毛；叶柄长0.5-1厘米，通常无毛，无腺体；托叶线形，边有带腺锯齿，早落。总状花序长8-10厘米，基部有2-4(5)叶；花序梗和花梗通常无毛。花梗长2-4毫米，花径7-8毫米；萼筒钟状，萼片长三角状卵形，外面无毛；花瓣白色，长圆状倒卵形；雄蕊20-32，成2轮；花

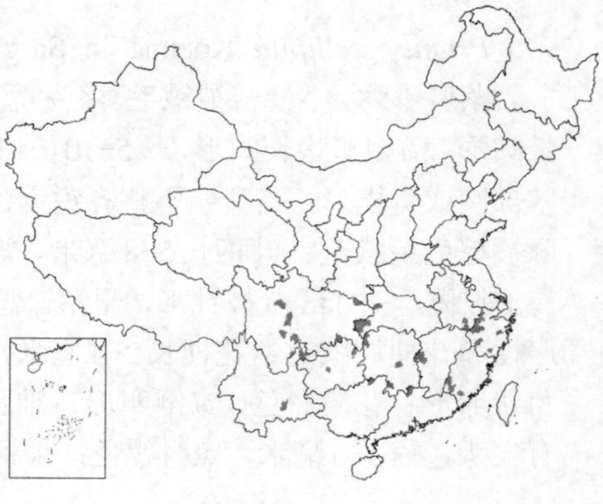

柱伸出雄蕊和花瓣，稀与雄蕊近等长。核果卵圆形，顶端短尖，径5-6毫米，熟时黑褐色；果柄长6-9毫米，无毛；萼片脱落；核光滑。花期4-5月，果期6-10月。

产安徽南部、浙江、福建、江西、湖北、湖南、广东北部、广西东北部、贵州、云南及四川，生于海拔1000-3725米山谷林中或山坡半阴处。日本有分布。

图 1282 灰叶稠李 （引自《图鉴》）

5. 稠李 图 1283

Padus avium Mill. Gard. Dict. ed. 8, Padus no. 1. 1778.

Padus racemosa（Lam.）Gilib；中国植物志 38：96. 1986.

Prunus padus Linn.；中国高等植物图鉴 2：315. 1972.

乔木，高达15米。幼枝被绒毛，后脱落无毛。冬芽无毛或鳞片边缘有睫毛。叶椭圆形、长圆形或长圆状倒卵形，长4-10厘米，先端尾尖，基部圆或宽楔形，有不规则锐锯齿，有时兼有重锯齿，两面无毛；叶柄长1-1.5厘米，幼时被绒毛，后脱落无毛，顶端两侧各具1腺体。总状花序长7-10厘米，基部有2-3叶；花序梗和花梗无毛。花梗长1.5寸(2.4)厘米，花径1-1.6厘米；萼筒钟状；萼片三角状卵形，有带腺细锯齿；花瓣白色，长圆形；雄蕊多数。核果卵圆形，径0.8-1厘米；果柄无毛；萼片脱落。花期4-5月，果期5-10月。

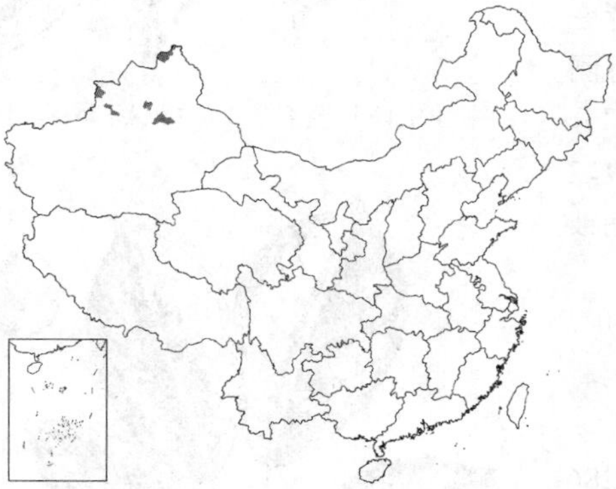

产新疆，黑龙江、吉林、辽宁、内蒙古、河北，山西、河南、山东等地有栽培，生于海拔880-2500米山坡、山谷或林中。欧洲及西亚有分布。

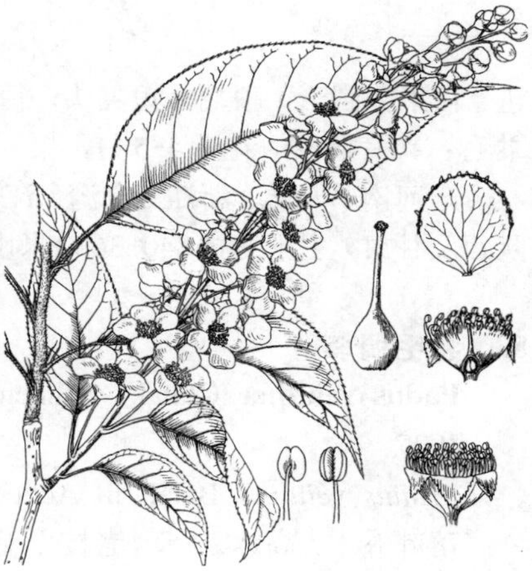

图 1283 稠李 （引自《图鉴》）

6. 短梗稠李 图 1284

Padus brachypoda（Batal.）Schneid. in Fedde, Repert. Nov. Sp. 1: 69. 1905.

Prunus brachypoda Batal. in Acta Hort. Petrop. 12：166. 1892.

乔木，高达10米。小枝被绒毛或近无毛。冬芽无毛。叶长圆形，稀椭圆形，长8-16厘米先端急尖或渐尖，稀短尾尖，基部圆或微心形，平截，有贴生或开展锐锯齿，齿尖带短芒，两面无毛或下面脉腋有髯毛；叶柄长1.5-2.3厘米，无毛，顶端两侧各有1腺体。总状花序长16-30厘米，基部有1-3叶；花序梗和花梗均被柔毛。花梗长5-7毫米；花径5-7毫米；萼筒钟状，萼片三角状卵形，有带腺细锯齿；花瓣白色，倒卵形；雄蕊25-27。核果球形，径5-7毫米，幼时紫红色，老时黑褐色，无毛；果柄被柔毛；萼片脱落；核光滑。花期4-5月，果期5-10月。

产浙江、安徽、河南、湖北、陕西、甘肃、四川、云南东北部、贵州及湖南西北部，生于海拔1500–2500米山坡灌丛中、山谷或山沟林中。

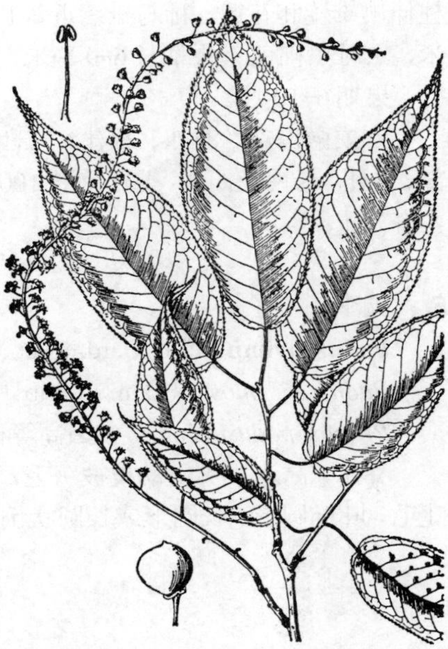

图 1284 短梗稠李 （引自《秦岭植物志》）

7. **细齿稠李** 图 1285

Padus obtusata（Koehne）Yu et Ku, Fl. Reipubl. Popul. Sin. 36：101. 1986.

Prunus obtusata Koehne in Sarg. Pl. Wilson 1：66. 1911.

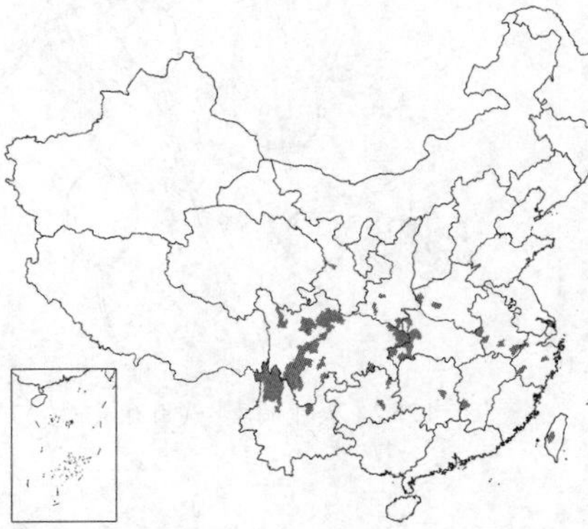

乔木，高达20米。小枝幼时被柔毛或无毛。冬芽无毛。叶窄长圆形、椭圆形或倒卵形，长4.5–11厘米，有细密锯齿，两面无毛；叶柄长1–2.2厘米，被柔毛或近无毛，顶端两侧各具1腺体。总状花序长10–15厘米，基部有2–4叶；花梗长3–7毫米，花梗和花序梗被柔毛。萼筒钟状，萼片三角状卵形；花瓣白色，近圆形或长圆形，先端2/3部分啮蚀状或波状；雄蕊多数，2轮。核果卵圆形，顶端有短尖头，径6–8毫米，熟时黑色，无毛；果柄被柔毛；萼片脱落。花期4–5月，果期6–10月。

产河南、安徽、浙江、台湾、江西、湖北、湖南、贵州、云南、四川、陕西及甘肃，生于海拔840–3600米山坡林中、山谷、沟底或溪边。

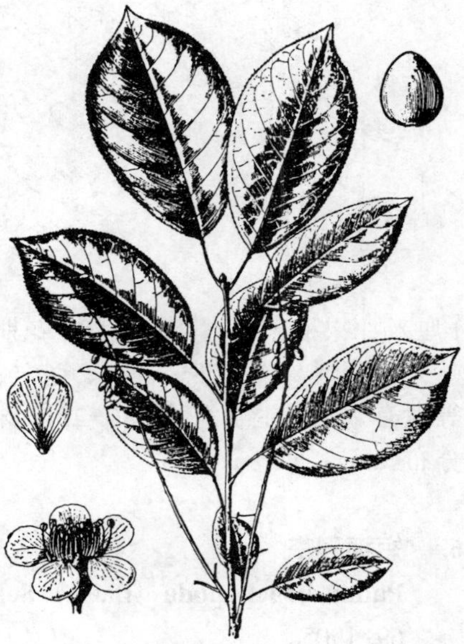

图 1285 细齿稠李 （引自《秦岭植物志》）

8. **毡毛稠李** 图 1286

Padus velutina（Batal.）Schneid. in Fedde, Repert. Sp. Nov. 1：69. 1905.

Prunus velutina Batal. in Acta Hort. Petrop. 14：168. 1895.

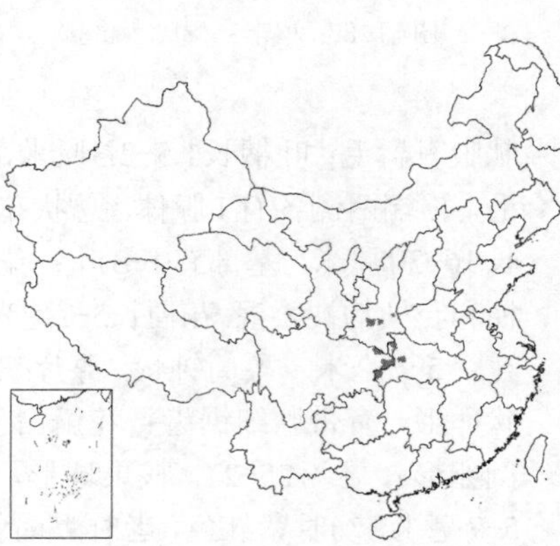

落叶乔木，高达20米。老枝无毛，小枝被绒毛或近无毛。叶卵形或椭圆形，稀倒卵形，长6–10厘米，有细密贴生锯齿，上面无毛，中脉和侧脉均下陷，下面淡绿色或带棕褐色，被绒毛，沿中脉较密；叶柄长1.5–2.5厘米，密被带棕色绒毛，顶端两侧各有1腺体，托叶膜质，线形，早落。总状花序长10–15厘米，基部具2–4叶；花序梗和花梗密被绒毛。花梗长约5毫米；萼筒杯状，比萼片长2–3倍，萼片三角状或半圆形，有带腺细齿，外面无毛；花瓣白色，开展，长圆形，有短爪；雄蕊22–28，2轮，外轮花丝长，内轮则短，长雄蕊和花瓣近等长。核果球形，顶端骤尖，径5–7毫米，熟时红褐色，无毛；果柄近无毛，总柄密被棕色绒毛；萼片脱落；核平滑。花期4–5月，果期6–10月。

产陕西西南部、湖北西部及四川东部，生于海拔1300–1600米灌丛中、山谷或沟旁。

图 1286 毡毛稠李 （孙英宝绘）

9. 粗梗稠李 图 1287

Padus napaulensis (Ser.) Schneid. in Fedde, Repert. Sp. Nov. 1: 68. 1905.

Cerasus napaulensis Ser. in DC. Prodr. 2: 540. 1825.

落叶乔木，高达27米，小枝无毛。冬芽无毛。叶长椭圆形、卵状椭圆形或椭圆状披针形，长6-14厘米，有粗锯齿，有时波状，两面无毛，极稀幼时有散生柔毛，中脉和侧脉均突起；叶柄长0.8-1.5厘米，无腺体，无毛。总状花序长7-15厘米，基部有2-3叶；花序梗和花梗均被柔毛或近无毛。花梗长4-6毫米；花径约1厘米；萼筒杯状；萼片三角状卵形，有细齿，两面被柔毛；花瓣白色，倒卵状长圆形。核果卵圆形，顶端骤尖，径1-1.3厘米，无毛；果柄增粗，有淡色皮孔，无毛或近无毛；萼片脱落。花期4月，果期7月。

产安徽、江西、湖南西南部、贵州、云南北部、西藏东部、四川及陕西南部，生于海拔1200-2500米山坡常绿、落叶阔叶混交林中或蔽阴地沟边。印度北部、尼泊尔、锡金、不丹及缅甸北部有分布。

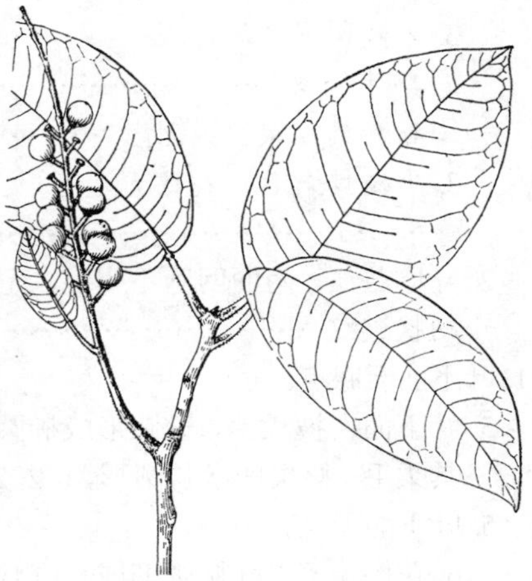

图 1287 粗梗稠李 （王金凤绘）

10. 绢毛稠李 图 1288

Padus wilsonii Schneid. in Fedde, Repert. Sp. Nov. 1: 69. 1905.

乔木，高达30米。幼枝被柔毛。冬芽无毛或鳞片边缘有柔毛。叶椭圆形、长圆形或长圆状倒卵形，长6-14(-17)厘米，先端短渐尖或短尾尖，疏生圆钝锯齿，稀带尖头，上面中脉和侧脉均下陷，下面淡绿色，幼时密被白色绢状柔毛；叶柄长7-8毫米，无毛或被柔毛，顶端两侧各有1个腺体或叶基部边缘各有1个腺体，托叶腺形。总状花序长7-14厘米，基部有3-4叶；花序梗和花梗被毛。花梗长5-8毫米；花径6-8毫米；萼筒钟状或杯状；萼片三角状卵形，有细齿，外面被绢状柔毛，边缘较密；花瓣白色，倒卵状长圆形。核果幼时红色，老时黑紫色；果柄增粗，被柔毛；皮孔色淡，长圆形；萼片脱落；核平滑。花期4-5月，果期6-10月。

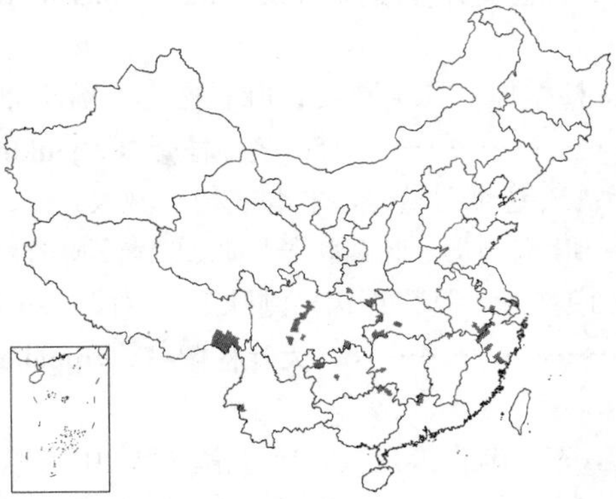

产江苏南部、安徽南部、浙江、江西北部、湖北、湖南、广东北部、广西东北部、贵州、云南、西藏东南部、四川及陕西南部，生于海拔950-250米山坡、山谷或沟底。

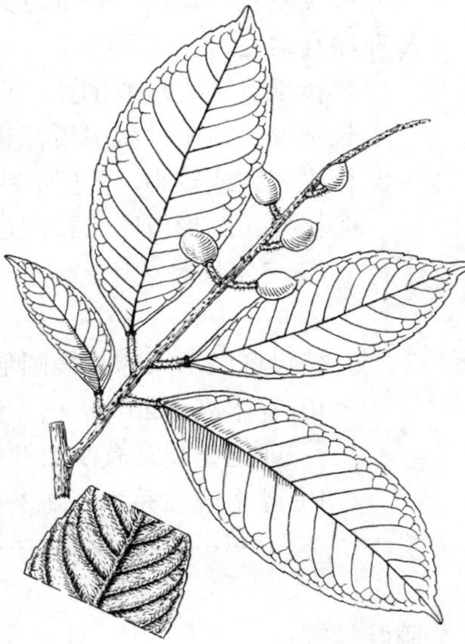

图 1288 绢毛稠李 （余汉平绘）

53. 桂樱属 Laurocerasus Tourn. ex Duh.

（陆玲娣）

常绿乔木或灌木，极稀落叶。枝无刺，常具皮孔。单叶，互生，幼时在芽中对折，全缘或具锯齿，下面近基部叶缘或叶柄常具2枚稀数枚腺体，托叶小，分离或有时稍与叶柄连合，早落。花两性，整齐，有时雌蕊退化而成雄花；总状花序，极稀为复总状花序，常具花10朵以上；总状花序无叶，常单生，稀簇生，生于叶腋或二年生枝叶痕的腋间；苞片小，早落，位于花序下部的苞片常无花，先端3裂或具3齿；小苞片常无，花萼5裂，萼筒杯形或钟形，萼片5，内折；花瓣白色，长于萼片；雄蕊10-50，2轮，内轮稍短；心皮1，子房上倾，花柱项生，柱头盘状；胚珠2，并生。核果，干燥，常无沟，无蜡被；核骨质或木质，核壁较薄或稍厚而坚硬，平滑或具皱纹，常不裂，种子1枚下垂。

约80种，主产热带亚洲和热带美洲，约2种产热带非洲，少数种达亚热带和寒温带。我国13种。

1. 叶下面密被黑色小腺点。
  2. 叶草质或近革质，两面网脉明显，先端长尾尖；核果近球形或横椭圆形，径0.8-1厘米或宽稍大于长；核平滑。
    3. 小枝和花序无毛。
      4. 叶全缘 …………………………………………………………………………… 1. **腺叶桂樱 L. phaeosticta**
      4. 叶具针状尖锐锯齿 ……………………………………………… 1(附). **锐齿桂樱 L. phaeosticta f. ciliospinosa**
    3. 小枝具柔毛；花序无毛；叶上半部疏生不明显锯齿，稀全缘 …… 1(附). **微齿锯齿桂樱 L. phaeosticta f. lasioclada**
  2. 叶厚革质，两面网脉不明显，先端尖或短渐尖；果长卵圆形或椭圆形，长0.9-1.4厘米，径6-8毫米；核稍具网状皱纹 ……………………………………………………………………………… 2. **华南桂樱 L. fordiana**
1. 叶下面无腺点。
  5. 叶下面密被柔毛，椭圆形或椭圆状长圆形，具较密粗锯齿，叶柄长0.6-1厘米，具柔毛，常具1对腺体；花序具柔毛；核果卵状长圆形，长2-2.5厘米 ……………………………………………………… 3. **毛背桂樱 L. hypotricha**
  5. 叶下面无毛。
    6. 花序无毛；叶椭圆形或长圆状椭圆形，全缘，稀中部以上有少数锯齿；核果卵圆形或椭圆形，长1-1.6厘米。
      7. 叶全缘，稀中部以上有少数锯齿，基部宽楔形或近圆 ………………………… 4. **尖叶桂樱 L. undulata**
      7. 叶疏生浅钝锯齿，基部近圆 ……………………… 4(附). **钝齿尖叶桂樱 L. undulata f. microbotrys**
    6. 花序具柔毛。
      8. 核核果宽椭圆形或倒卵圆形，长1.7-2厘米，径1.4-1.6厘米；核壁厚，具粗网纹；叶长圆形，稀倒卵状长圆形，疏生针状尖锐浅锯齿 …………………………………………………………… 5. **坚核桂樱 L. jenkinsii**
      8. 核果较大或较小，多种形状，长0.8-2.4厘米，径0.6-1.1厘米；核壁薄而易碎，平滑或稍有网纹。
        9. 核果长圆形或卵状长圆形，长1.8-2.4厘米，径0.8-1.1厘米；叶宽卵形、椭圆状长圆形或宽长圆形，长1.8-2.4厘米；叶宽卵形、椭圆状长圆形或宽长圆形，长10-19厘米，具粗锯齿，侧脉7-13对 …………………………………………………………………………………………… 6. **大叶桂樱 L. zippeliana**
        9. 核果椭圆形或卵状椭圆形，长0.8-1.1厘米，径6-8毫米。
          10. 乔木高达20米，稀大灌木状；叶长圆形或倒卵状长圆形，先端渐尖或尾尖，叶缘常波状，中部以上或近先端常有少数针状锐锯齿，侧脉8-14对 ……………………………… 7. **刺叶桂樱 L. spinulosa**
          10. 灌木或小乔木，高3-4米；叶椭圆形，先端尖或短渐尖，具小钝锯齿，侧脉5-7对 ……………………………………………………………………………………………… 8. **南方桂樱 L. australis**

1. 腺叶桂樱 图 1289

Laurocerasus phaeosticta (Hance) Schneid. Ill. Handb. Laubh. 1: 649. f. 355. 1906. — *Pygeum phaeosticta* Hance in Journ. Bot. 8: 72. 1870.

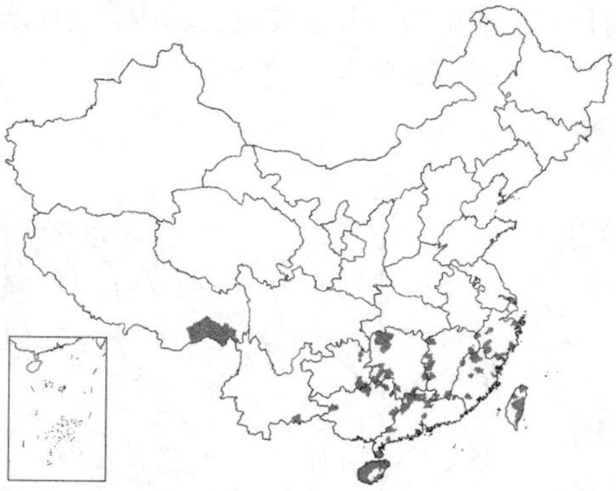

Prunus phaeosticta (Hance) Maxim.; 中国高等植物图鉴 2: 314. 1972.

常绿灌木或小乔木，高达12米。小枝无毛。叶窄椭圆形、长圆形或长圆状披针形，稀倒卵状长圆形，长6-12厘米，先端长尾尖，基部楔形，全缘，两面无毛，下面密被黑色小腺点，基部近叶缘有2枚基腺，侧脉6-10对；叶柄长4-8毫米，无腺体，无毛，托叶无毛，早落。总状花序单生叶腋，长4-6厘米，无毛。花梗长3-6毫米；苞片无毛，花径4-6毫米；花萼无毛，萼筒杯形，萼片卵状三角形，长1-2毫米，有缘毛或具小齿；花瓣近圆形，白色，径2-3毫米，无毛。核果近球形或横椭圆形，径0.8-1厘米，熟时紫黑色，无毛；核壁薄而平滑。花期4-5月，果期7-10月。

产浙江、福建、台湾、江西、湖南、广东、香港、海南、广西、贵州、云南及西藏东南部，生于海拔300-2000米林内、山谷、溪旁或路边。印度、缅甸北部、孟加拉、泰国北部及越南北部有分布。

［附］**锐齿桂樱 Laurocerasus phaeosticta** f. **ciliospinosa** Chun ex Yu et Lu in Bull. Bot. Res.(Harbin) 4(4): 42. 1984. 与模式变型的区别：叶缘具针状尖锐锯齿。产湖南(宜章)、广东、海南(白沙)、广西，生于海拔1000-1850米山谷溪边林下或山坡路边。

［附］**微齿桂樱 Laurocerasus phaeosticta** (Hance) Schneid. f. **lasioclada** (Rehd.) Yu et Lu in Bull. Bot. Res. (Harbin) 4(4): 42. 1984. —— *Prunus phaeosticta* (Hance) Maxim. f. *lasioclada* Rehd. in Journ. Arn. Arb. 1(3): 163. 1930. 与模式变型的区别：小枝具浅黄色柔毛。叶无皱纹，上半部具不明显稀疏锯齿或全缘。产湖南、广东北部、海南、广西东部、云南、贵州，生于海拔900-2000米山谷或山沟林下。

图 1289 腺叶桂樱 （吴彰桦绘）

2. 华南桂樱 图 1290

Laurocerasus fordiana (Dunn) Yu et Lu in Bull. Bot. Res. (Harbin) 4(4): 44. 1984.

Prunus fordiana Dunn in Journ. Bot. 45: 402. 1907.

常绿灌木或小乔木，高达15米。幼枝具柔毛，老时脱落无毛。叶厚革质，椭圆形或长圆形，长5-12厘米，先端急尖或短渐尖，基部楔形，全缘，极稀具少数锯齿，两面无毛，下面散生紫黑色小腺点，近基部常有2-4腺体，侧脉7-11对，两面网脉不明显；叶柄长2-8毫米，无毛，无腺体，托叶小，无毛，早落。总状花序单生叶腋，具10余花，长3-7厘米，无毛。花梗长3-8毫米，无毛；苞片小，早落。花径约5毫米；萼筒钟形，无毛，萼片卵状三角形，长1-2毫米；花瓣近圆形，径1-2毫米，白色，无毛。核果长卵圆形或椭

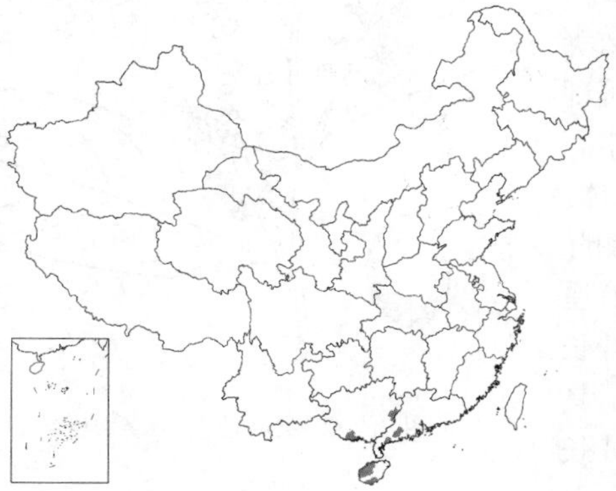

图 1290 华南桂樱 （吴彰桦绘）

圆形，长0.9-1.4厘米，径6-8毫米，熟时黑褐色，无毛；核壁薄，稍有网纹。花期3-4月，果期5-8月。

产广东西南部、海南、广西东南部及南部，生于海拔600-1400(1800)米山坡、山麓或河旁林中。柬埔寨及越南有分布。

3. 毛背桂樱 图 1291

Laurocerasus hypotricha (Rehd.) Yu et Lu in Bull. Bot. Res. (Harbin) 4(4): 44. 1984.

Prunus hypotricha Rehd. in Sarg. Pl. Wilson 3: 425. 1917.

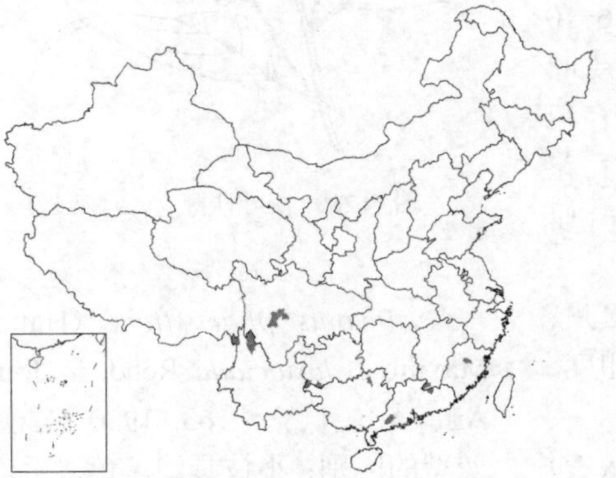

常绿乔木，高达15米。小枝被黄灰色柔毛。叶革质，椭圆形或椭圆状长圆形，长10-18厘米，先端短渐尖，基部圆或宽楔形，有较密粗锯齿，齿顶有暗褐色腺体，上面无毛，下面密被灰白色柔毛，侧脉明显，10-12对；叶柄长0.6-1厘米，中部以上具1对扁平腺体，初被柔毛，托叶早落。总状花序单生，有时2-3个簇生，长2-5厘米，被柔毛。花梗长0.4-1厘米；苞片卵状披针形，长5-6毫米，具柔毛，早落。花径5-6毫米；萼筒被柔毛，萼筒钟形或杯形，萼片卵状三角形，先端圆钝；花瓣近圆形或宽倒卵形，径4-5毫米；子房具柔毛，花柱稍长于雄蕊。核果卵状长圆形，长2-2.5厘米，顶端尖，熟时暗褐色，无毛；核壁较薄。花期9-10月，果期11-12月。

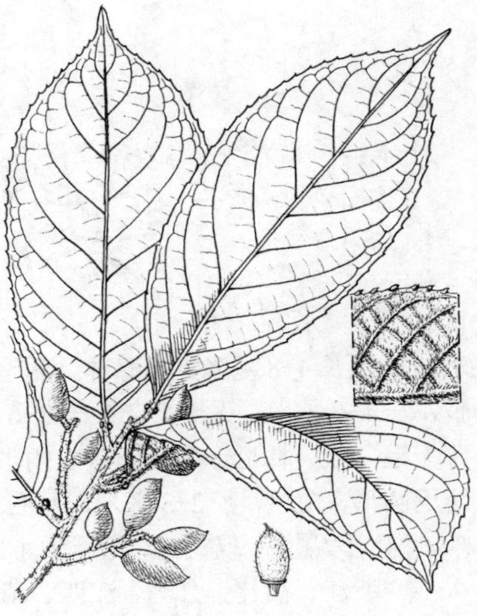

图 1291 毛背桂樱 （余汉平绘）

产福建中北部、江西南部、广东、广西东北部、贵州西南部、云南西北部及四川，生于海拔200-2600米山坡、山谷或溪边林内。

4. 尖叶桂樱 图 1292

Laurocerasus undulata (Buch.-Ham. ex D. Don) Roem. Syn. Monogr. 3: 92. 1847.

Prunus undulata Buch.-Ham. ex D. Don, Prodr. Fl. Nepal 239. 1825.

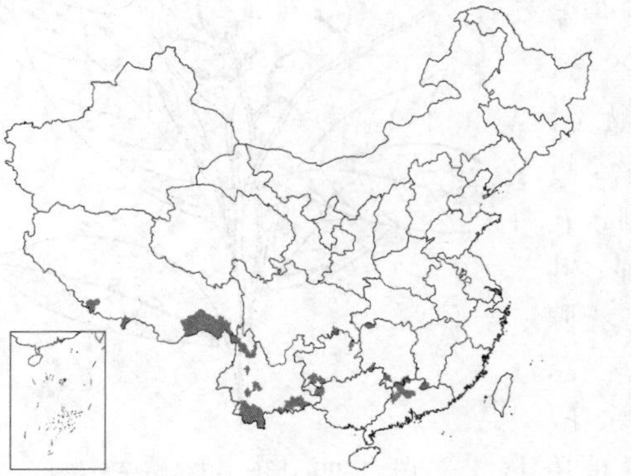

常绿灌木或小乔木，高达16米。小枝无毛。叶草质或薄革质，椭圆形或长圆状披针形，长6-15厘米，先端渐尖，基部宽楔形或近圆，全缘，稀中部以上有少数锯齿，两面无毛，下面近基部常有1对腺体，沿中脉常有多数几与中脉平行小腺体，在叶片下半部更明显，侧脉6-9对；叶柄长0.5-1(1.2)厘米，无毛，无腺体，托叶长4-6毫米，无毛，早落。总状花序单生或2-4个簇生叶腋，长5-10厘米，具10-30余花，无毛，在同一花序有雄花和两性花。花梗长2-5毫米；苞片长

图 1292 尖叶桂樱 （吴彰桦绘）

1-2毫米，早落；花萼无毛，萼片卵状三角形，先端圆钝；花瓣椭圆形或倒卵形，长2-4毫米，浅黄白色；子房具柔毛，花柱短于雄蕊。核果卵圆形或椭圆形，长1-1.6厘米，径0.7-1.1厘米，顶端尖或稍钝，熟时紫黑色，无毛；核壁较薄，光滑。花期8-10月，果期冬季至翌年春季。

产江西南部、湖南、广东西北部、广西、贵州、云南、四川、西藏东南部及南部，生于海拔500-3600米山坡或溪边林内。印度东部、孟加拉、尼泊尔、锡金、缅甸北部、泰国、老挝北部、越南北部及南部、印度尼西亚有分布。

［附］**钝齿尖叶桂樱 Laurocerasus undulata** f. **microbotrys**（Koehne）Yu et Lu in Bull. Bot. Res.(Harbin) 4(4): 47. 1984.——*Prunus microbotrys* Koehne in Sarg. Pl. Wilson 1: 62. 1911. 本变型与模式变型的区别：叶疏生浅钝锯齿，基部近圆；花序无毛。产江西南部、湖南西南部、广东、广西、云南西北部、贵州及四川，生于海拔400-1500米山地、山谷林中或河岸。

5. 坚核桂樱 图 1293

Laurocerasus jenkinsii（Hook. f.）Yu et Lu in Bull. Bot. Res.（Harbin）4(4)：48. 1984.

Prunus jenkinsii Hook. f. Fl. Brit. Ind. 2：317. 1878.

常绿乔木，高达20米。小枝无毛。叶草质或薄革质，长圆形，稀倒卵状长圆形，长(6-)8-16厘米，宽2.5-5厘米，先端短渐尖或尾尖，基部宽楔形，中部或基部以上疏生针状浅锯齿，两面无毛，基部常具1对腺体，侧脉10-14对；叶柄长0.5-1厘米，托叶早落。总状花序单生叶腋，长5-9厘米，具柔毛。花梗长2-3毫米；苞片早落，位于花序基部苞片内常无花。花萼微具柔毛，萼片卵状三角形，有睫毛；花瓣近圆形，白色，无毛；子房无毛。核果宽椭圆形或倒卵状球形，长1.7-2厘米，径1.4-1.6厘米，熟时暗褐色，无毛；核壁厚而坚硬，具粗网纹。花期秋季，果期冬季至翌年春季。

产云南，生于海拔1000-1800米山坡、沟底或山谷林中。印度东北部、孟加拉及缅甸北部有分布。

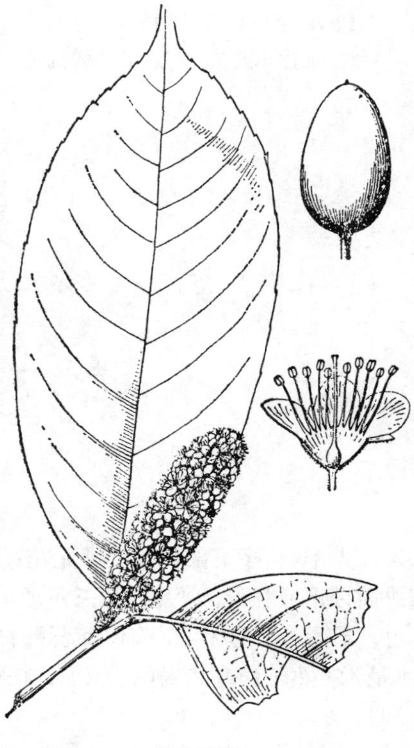

图 1293 坚核桂樱 （吴彰桦绘）

6. 大叶桂樱 图 1294

Laurocerasus zippeliana（Miq.）Yu et Lu in Bull. Bot. Res.(Harbin) 4(4)：49. 1984.

Prunus zippeliana Miq. Fl. Ind. Bat. 1：367. 1855.

常绿乔木，高达25米。小枝无毛。叶革质，宽卵形、椭圆状长圆形或宽长圆形，长10-19厘米，先端急尖或短渐尖，基部宽楔形或近圆，具粗锯齿，两面无毛，侧脉7-13对；叶柄粗，长1-2厘米，无毛，有1对扁平腺体；托叶线形，早落。 总状花序单生或 2-4个簇生叶腋，长2-6厘米，被短柔毛。花梗长1-3毫米；苞片长2-3毫米，位于花序最下面者常先端3裂而无花。花径5-9毫米；花萼被柔毛，萼筒钟形，萼片卵状三角形，先端圆钝；花瓣近圆形，长约为萼片2倍，白色；子房无毛。核果长圆形或卵

状长圆形，长1.8-2.4厘米，径0.8-1.1厘米，顶端尖并具短尖头，熟时黑褐色，无毛；核壁稍具网纹。花期7-10月，果期冬季。

产浙江、福建、台湾、江西、湖北、湖南、广东、海南、广西、云南、贵州、四川、陕西南部及甘肃南部，生于海拔600-2400米石灰岩山地阳坡林下。日本及越南北部有分布。

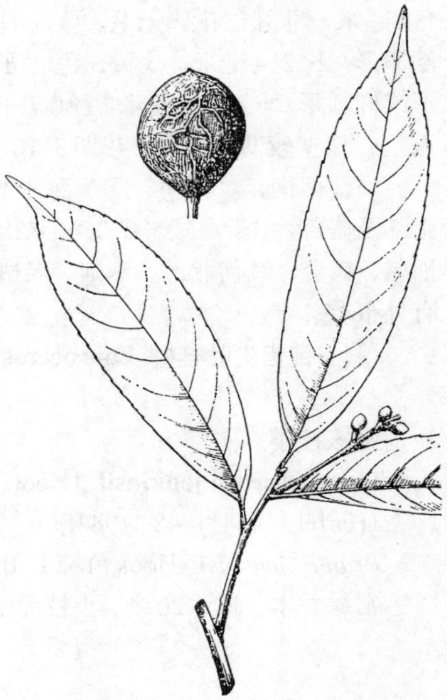

图 1294 大叶桂樱 （吴彰桦绘）

7. 刺叶桂樱 图 1295 彩片 171

Laurocerasus spinulosa (Sieb. et Zucc.) Schneid. Ill. Handb. Laubh. 1: 649. f. 354o-p. 1906.

Prunus spinulosa Sieb. et Zucc. in Abh. Akad. Wiss. Wien, Math.-Phys. 4: 122. 1845.

常绿乔木，高达20米，稀灌木。小枝无毛或幼时微被柔毛。叶草质或薄革质，长圆形或倒卵状长圆形，长5-10厘米，先端渐尖或尾尖，基部宽楔形或近圆，边缘常波状，中部以上或近顶端常具少数针状锐锯齿，两面无毛，近基部具1或2对腺体，侧脉8-14对；叶柄长0.5-1(1.5)厘米，无毛，托叶早落。总状花序生于叶腋，单生，具10至20余花，长5-10厘米，被柔毛。花梗长1-4毫米；苞片长2-3毫米，早落，花序下部的苞片常无花；花径3-5毫米；花萼无毛或微被柔毛，萼筒钟形或杯形，萼片卵状三角形，先端圆钝；花瓣圆形，径2-3毫米，白色，无毛；子房无毛，有时雌蕊败育。核果椭圆形，长0.8-1.1厘米，径6-8毫米，熟时褐或黑褐色，无毛；核壁较薄，光滑。花期9-10月，果期11-3月。

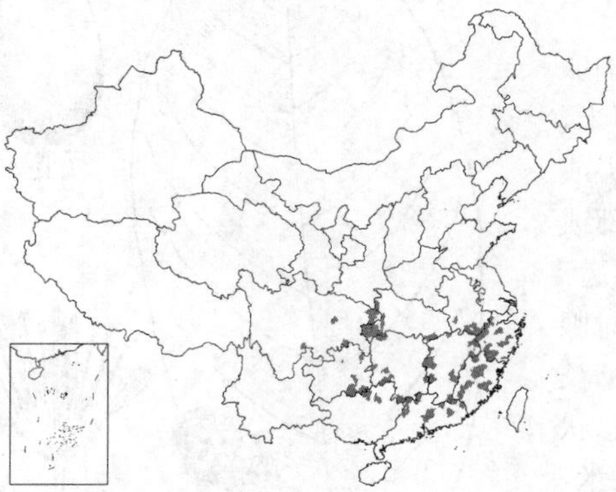

产江苏、安徽、浙江、福建、江西、湖北、湖南、广东、广西、贵州及四川，生于海拔400-1500米阳坡、山谷，沟边林内或林缘。日本及菲律宾有分布。

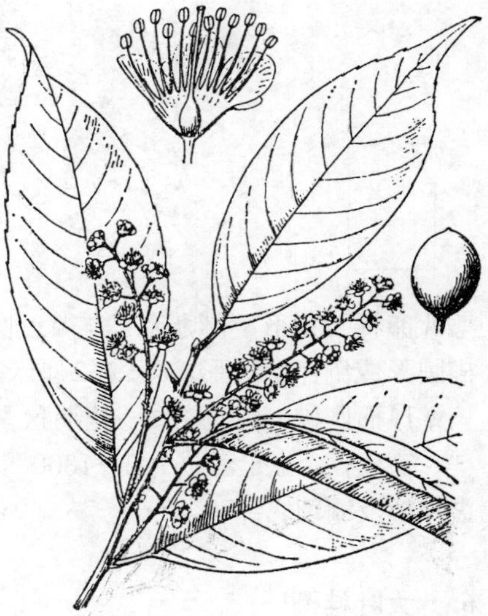

图 1295 刺叶桂樱 （吴彰桦绘）

8. 南方桂樱 图 1296

Laurocerasus australis Yu et Lu in Bull. Bot. Res. (Harbin) 4(4): 51.1984.

常绿灌木至小乔木，高达4米。小枝无毛。叶革质，椭圆形，长4.5-9厘米，先端尖或短渐尖，基部楔形，具较密小钝锯齿，两面无毛，侧脉5-7对；叶柄细，长5-7毫米，无毛，常无腺体，稀于中部以上具1对小腺体，托叶早落。总状花序常单生叶腋，长4-5厘米，具10余花，被柔毛。花梗长4-6毫米；苞片早落；花径5-6毫米；花萼微被柔毛，萼筒钟形，萼片卵状三角形；花瓣倒卵形或近圆形，长于萼片，白色；雄蕊子房无毛。核果椭圆形或卵状椭圆形，长约1厘米，顶端尖，熟时黑褐色，无毛；核壁

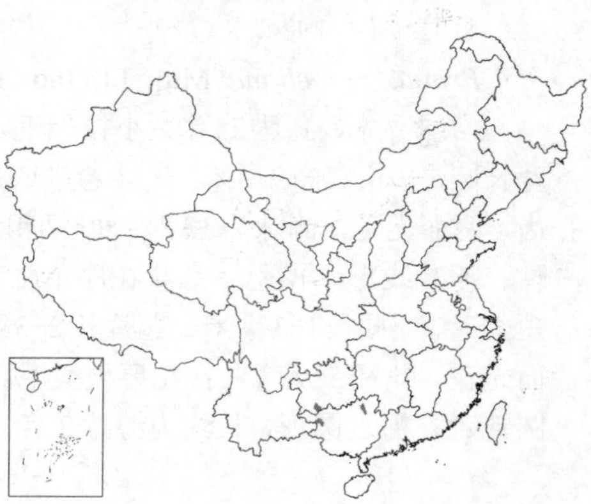

较薄。花期夏秋，果期冬季至翌年春季。

产广西西部及东北部、贵州西南部，生于海拔约750米阳坡或山顶林中。

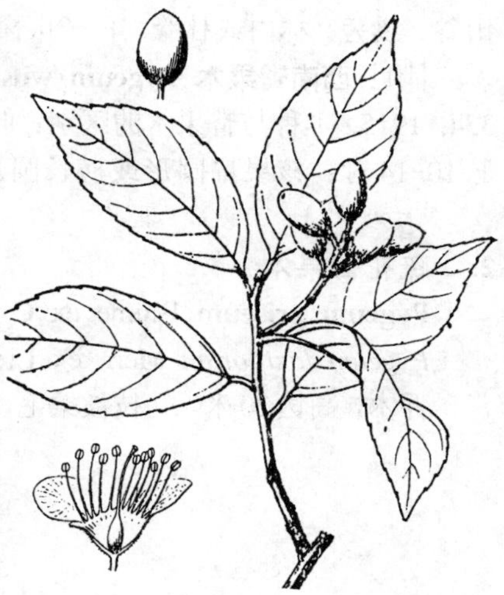

图 1296 南方桂樱 （吴彰桦绘）

54. 臀果木属 **Pygeum** Gaertn.

（陆玲娣）

常绿乔木或灌木。枝无刺，具皮孔。单叶，互生，全缘，稀具细齿，叶下面近基部，稀近叶缘常有1对扁平或凹陷腺体；托叶小，分离，早落，稀宿存。花两性或单性，有时杂性异株；总状花序腋生，单一或分枝或数个簇生；苞片小，早落，极稀宿存。萼筒倒圆锥形、钟形或杯形，果期脱落，环形基部宿存；花被片5-10(-14)，形小；花瓣白色，与萼片同数或缺，着生于萼筒口部，多数种类的花瓣与萼片不易区分，少数种类的花瓣与萼片可区别，花瓣比萼片长；雄蕊10-30(-85)，1轮或多轮，花丝丝状，花药双生；心皮1；子房上位，花柱顶生，柱头头状，胚珠2，并生，下垂。核果，干燥，革质。种子1，种皮光滑或具毛；子叶肥厚，半圆形。

约40种，主产热带，自南非、南亚、东南亚至巴布亚新几内亚、所罗门群岛至大洋洲北部。我国6种。有些种类材质优良，可制家具和器具；种子可榨油。

1. 老叶下面具褐色柔毛。
   2. 核果肾形，顶端凹下；叶卵状椭圆形或椭圆形，先端渐钝尖，侧脉5-8对 ……………… 1. **臀果木 Py. topengii**
   2. 核果扁球形或横长圆形，顶端常突尖；叶长圆形或卵状长圆形，先端渐尖，侧脉10-14对 ……………………………………………………………………………………………… 1(附). **西南臀果木 Py. wilsonii**
1. 老叶下面无毛；核果扁球形或横长圆形；叶卵状披针形或披针形，先端渐尖或尾尖，侧脉5-8对 ………………………………………………………………………………………………… 2. **疏花臀果木 Py. griseum**

1. 臀果木 臀形果 图 1297

Pygeum topengii Merr. in Philipp. Journ. Sci. Bot. 15: 237. 1919.

乔木，高达25米。幼枝被褐色柔毛，老时无毛。叶革质，卵状椭圆形或椭圆形，长6-12厘米，先端短渐钝尖，基部宽楔形，全缘，上面无毛，下面被平伏褐色柔毛，老时疏被毛，沿中脉及侧脉毛较密，近基部有2枚黑色腺体，侧脉5-8对；叶柄长5-8毫米，被褐色柔毛，托叶小，早落。总状花序有10余花，单生或2至数个簇生叶腋，花序梗、花梗和花萼均密被褐色柔毛。花梗长1-3毫米；苞片小，卵状披针形或披针形，具毛，早落；花径2-3毫米；萼筒倒圆锥形；花被片10-12，长1-2毫米，萼片与花瓣均5-6，萼片三角状卵形，先端尖；花瓣长圆形，先端稍钝，被褐色柔毛，与萼片不易区分；子房无毛。核果肾形，长0.8-1厘米，径1-1.6厘米，顶端凹下，无毛，熟时深褐色。种子被柔毛。花期6-9月，果期冬季。

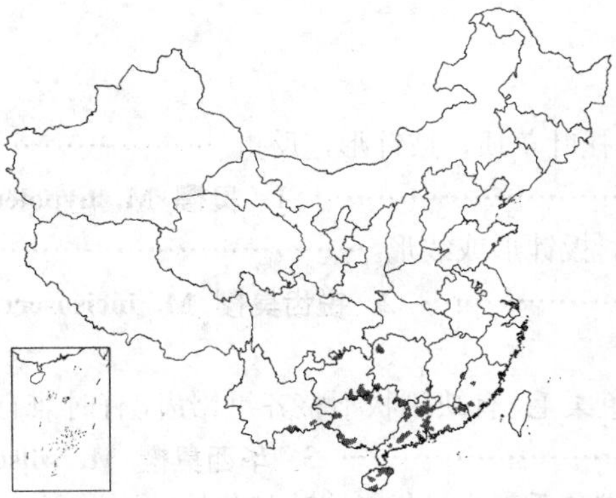

图 1297 臀果木 （引自《图鉴》）

产福建、广东、海南、广西、云南、贵州及湖南，生海拔100-1600米山谷、溪旁、林内或林缘。种子可榨油。

［附］**西南臀果木 Pygeum wilsonii** Koehne in Engl. Bot. Jahrb. 52: 334. 1915. 本种与臀果木的区别：叶长圆形或卵状长圆形，先端渐尖，侧脉10-14对；核果扁圆形或横长圆形，顶端常突尖。产云南东南部、四川中南部及西藏东南部，生于海拔900-1200米山麓林内、山坡林缘或河边。

2. 疏花臀果木

Pygeum griseum Blume ex C. Muell. in Walp. Ann. 4: 642. 1857.

Pygeum laxiflorum Merr. ex Li；中国植物志 38: 127. 1986.

乔木，高达20米。幼枝被柔毛，旋脱落无毛。叶纸质或近革质，卵状披针形或披针形，长7-10厘米，宽2-3.5厘米，先端渐尖或尾尖，基部楔形，全缘，上面无毛，下面幼时无毛或具柔毛，老时无毛，近基部无或有2枚扁平腺体，侧脉5-8对；叶柄长0.6-1厘米，无毛或具疏柔毛，托叶早落。总状花序单生或2-3个簇生叶腋，长1.5-3.5厘米，具褐色柔毛，老时脱落或宿存。花梗长1-3毫米，被柔毛；苞片小，早落；花径1-3毫米；花萼具褐色柔毛，萼筒钟形或倒圆锥形，萼片5，三角状卵形，长0.5-1毫米；花瓣5，长圆形，有时与萼片不易区分；雄蕊15-25，无毛；子房无毛。核果扁卵圆形或横长圆形，长0.7-1厘米，径0.9-1.2厘米，熟时暗紫褐色。无毛。花期8-10月，果期11-12月。

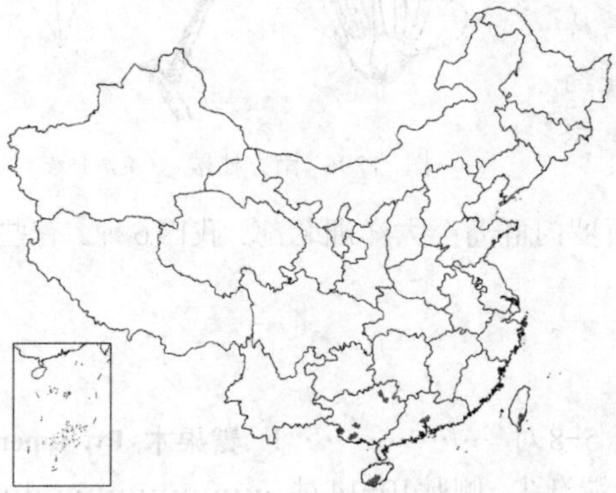

产台湾东南部、广东、海南及广西，生于海拔150-700米山麓或溪边林中。越南、泰国、缅甸、马来西亚及菲律宾有分布。

55. 臭樱属 Maddenia Hook. f. et Thoms.

（谷粹芝）

落叶小乔木或灌木。冬芽卵圆形，具有多数鳞片。单叶互生，有单锯齿、重锯齿或缺刻状锯齿，齿尖有腺体；托叶大，有腺齿。花杂性异株，多数，成总状花序，稀伞房花序，顶生；苞片早落。花梗短；萼筒钟状，萼片小，10-12裂，有时延长呈花瓣状；花瓣无；雄蕊20-40，着生萼筒口部，排成紧密不规则2轮，雄花具1心皮，花柱短，柱头头状，两性花具2心皮，稀1，花柱细长，几与雄蕊等长或稍长，柱头盘状，胚珠2，并生，下垂。核果2，肉质；核骨质，卵圆形，急尖，有3棱。种子1，种皮膜质；子叶平凸。

约7种，分布于喜马拉雅山区、尼泊尔、不丹和锡金。我国6种。

1. 叶下面无毛；小枝无毛或被柔毛。
  2. 小枝无毛；叶下面白色，带白霜，有不整齐锯齿或兼有重锯齿，托叶草质，披针形，反折 …………………… 1. **臭樱 M. hypoleuca**
  2. 小枝有毛；叶下面淡绿色，无白霜，有缺刻状重锯齿，托叶膜质，扳针形或线形 …………………… 2. **锐齿臭樱 M. incisoserrata**
1. 叶下面被毛，沿脉更密。
  3. 花梗和花序梗密被绒毛状柔毛，有时带棕色；叶下面被赭黄或白色柔毛，有缺刻状不整齐重锯齿，有时兼有单锯齿，锯具有长尖头，无芒；营养枝叶和花枝叶通常同形 …………………… 3. **华西臭樱 M. wilsonii**
  3. 花梗和花序梗密被棕褐色长柔毛；叶下面密被棕褐色长柔毛，有带芒重锯齿；营养枝叶和花枝叶不同形 …………………… 4. **喜马拉雅臭樱 M. himalaica**

1. 臭樱 假稠李 图 1298

Maddenia hypoleuca Koehne in Sarg. P1. Wilson. 1: 56. 1911.

小乔木或灌木，高达7米。叶卵状长圆形、长圆形或椭圆形，长4-

9(-15)厘米，先端长渐尖或长尾尖，基部近心形或圆，稀宽楔形，有不整齐单锯齿，有时兼有重锯齿，稀基部常有数个带腺锯齿，两面无毛，下面苍白色并有白霜，侧脉14-18对；叶柄长2-4毫米，无毛或幼时上部有柔毛，托叶草质，披针形，长达1.5厘米，宿存或迟落。总状花序密集多花，长3-5厘米，生于侧枝顶端；花梗长2-4毫米，花梗和花序梗均无毛；苞片三角状披针形。萼片小，10裂，三角状卵形，长约3毫米，全缘；花两性；雄蕊20-30；雌蕊1，子房无毛。核果卵圆形，径约8毫米，顶端急尖，熟时黑色，光滑；果柄粗短，无毛；萼片脱落，基部宿存。花期4-6月，果期6月。

产甘肃南部、宁夏南部、陕西南部、四川东部、湖北西部及湖南西北部，生于海拔1200-1800米山坡疏林中。

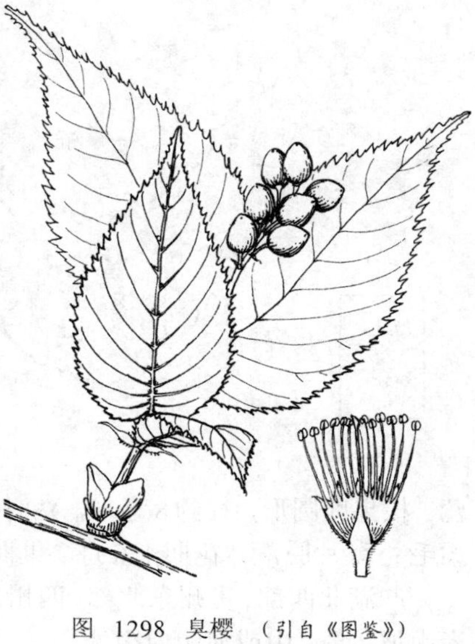

图 1298 臭樱 （引自《图鉴》）

2. 锐齿臭樱 图 1299：1-2

Maddenia incisoserrata Yu et Ku in Acta Phytotax. Sin. 23(3): 214. p1. 2. f. 3. 1985.

灌木。小枝密被棕褐色柔毛；冬芽鳞片边缘有柔毛。叶卵状长圆形或椭圆形，长5-10(-15)厘米，先端急尖或尾尖，基部近圆或宽楔形，有缺刻状重锯齿，上面无毛或贴生稀疏柔毛，下面无毛，侧脉10-15(-17)对；叶柄长2-3毫米，被棕褐色长柔毛；托叶膜质，披针形或线形，长达1.5厘米。总状花序，长3-5厘米，花密集，花梗长约2毫米，花梗和花序梗密被棕褐色柔毛；苞片膜质，披针形或线形。萼片长圆形，先端急尖；花两性，雄蕊30-35；雌蕊1，子房无毛。核果卵圆形，熟时紫黑色，径约8毫米，花柱基部无毛，宿存；果柄长3-4毫米，密被棕色长柔毛；萼片宿存。花期4-6月，果期6月。

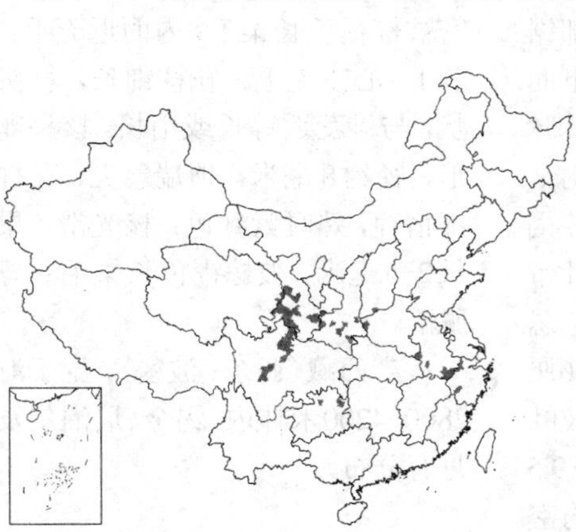

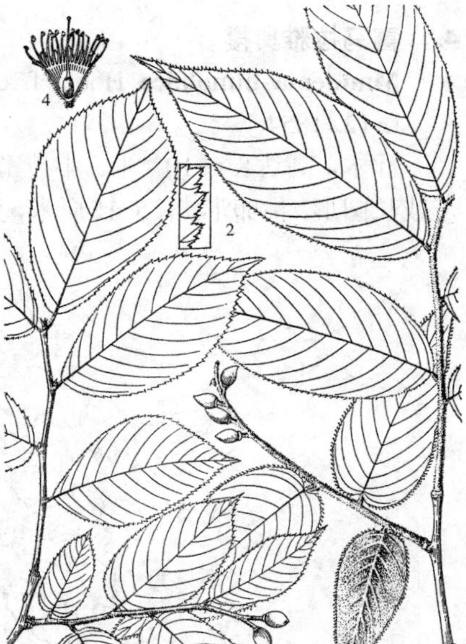

图 1299：1-2. 锐齿臭樱 3-4. 喜马拉雅臭樱 （王金凤绘）

产浙江、安徽、河南、山西南部、陕西南部、青海东部、四川及贵州，生于海拔1800-2900米山坡、灌丛中、山坡密林下或沟边。

3. 华西臭樱 图 1300

Maddenia wilsonii Koehne in Sarg. P1. Wilson. 1: 58. 1911.

小乔木或灌木。当年生小枝密被赭黄色微硬绒毛状柔毛，渐脱落。叶长圆形或长圆状倒披针形，长3.5-12厘米，先端急尖或长渐尖，基部近心形、圆或宽楔形，有缺刻状不整齐重锯齿，有时兼有单锯齿，下面密被赭黄色长柔毛或白色柔毛，脉上毛密色

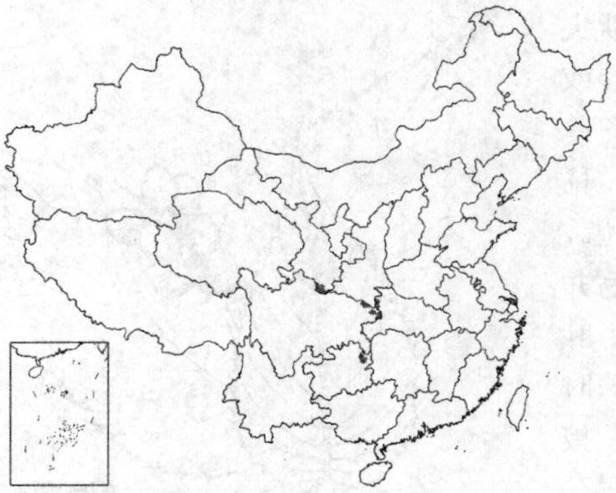

深，侧脉15-20对；叶柄长2-7毫米，被赭黄色长柔毛，托叶膜质，带状披针形。总状花序长3-4.5厘米；花梗长约2毫米，花梗和花序梗密被绒毛状柔毛，有时带棕色柔毛；苞片膜质，长圆形。萼片10裂，三角状卵形，长约3毫米，外被柔毛；花两性，雄蕊30-40；雌蕊1，子房无毛，花柱细长，伸出雄蕊。核果卵圆形，径约8毫米，熟时黑色；花柱基部宿存；果柄粗短，被柔毛；萼片脱落。花期4-6月，果期6月。

产湖北西部、贵州东北部、四川东部及甘肃南部，生于海拔1500-3500米山坡、灌丛中或河边向阳处。

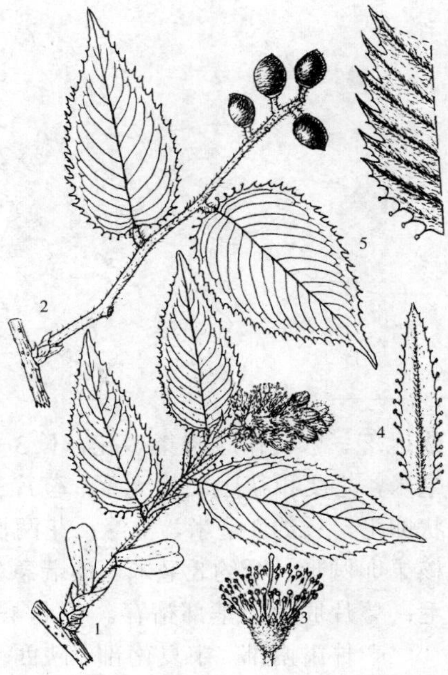

图 1300 华西臭樱（余汉平绘）

4. 喜马拉雅臭樱 图 1299：3-4

Maddenia himalaica Hook. f. et Thoms. in Kew Journ. Bot. 6: 381. t. 12. 1854.

乔木，高达8（-10）米。小枝密被棕褐色长柔毛，渐脱落。叶长椭圆形或长圆形，稀卵形，长5-15厘米，先端长渐尖或尾尖，基部近圆或心形，有带芒重锯齿，齿尖常带腺体，渐脱落，老时仅基部锯齿带腺体，上面无毛，下面密被棕褐色长柔毛，沿叶脉密而色深，侧脉15-20对；叶柄长2-5毫米，密被棕褐色长柔毛，无腺体，托叶带状披针形，有带腺锯齿。总状花序多花密集，长3.5-6厘米，生于侧枝顶端（花枝叶卵形或卵状披针形，长5-9.5厘米）；花序梗和花梗均密被棕褐色长柔毛。花梗长约2毫米；苞片长圆状披针形，有带腺锯齿；两性花；萼片10裂，卵形，全缘，外面密被棕褐色长柔毛，内面近无毛；雌蕊1，心皮无毛，花柱细长，柱头盘状，与雄蕊近等长或稍长。核果卵圆形，径约8毫米，顶端急尖，花柱基部宿存，熟时紫红色；核光滑；果柄长2-5毫米，被棕褐色长柔毛；萼片脱落。

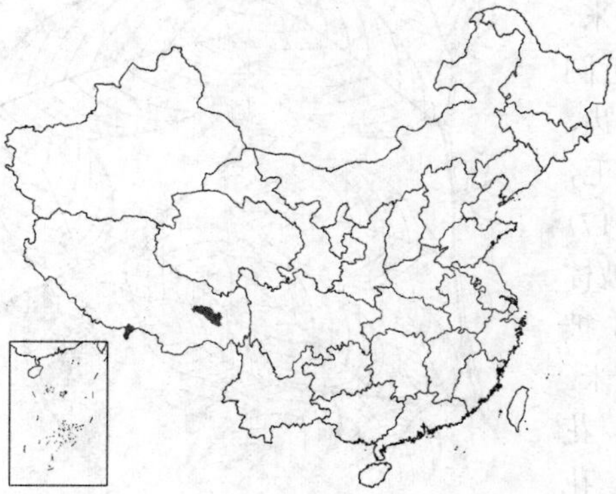

产西藏（亚东、波密），生于海拔2800-4200米林内。锡金、尼泊尔及不丹有分布。

本卷审校、图编、绘图、摄影及工作人员

审　校　傅立国　洪　涛

图　编　傅立国（形态图）郎楷永（彩片）林　祁　张明理（分布图）

绘　图　（按绘图量排列）孙英宝　余汉平　吴彰桦　邓盈丰　余　峰　邓晶发　潘锦堂　王金凤　钱存源　冯晋庸　蔡淑琴　冀朝祯　刘进军　黄少容　祁世章　刘宗汉　郭木森　王　颖　李锡畴　张桂芝　张泰利　马　平　张荣生　王玢莹　刘敬勉　陶新钧　赵宝恒　陈莳香　李志民　宁汝莲　敖纫兰　刘霁菁　路桂兰　谭黎霞　张春方　何顺清　廖沃根　刘林翰　孟　玲　肖　溶　马建生　王利生　吴锡麟　张海燕　傅桂珍　闫翠兰　张士琦　仲世奇

摄　影　（按彩片数量排列）郎楷永　武全安　李泽贤　林余霖　吴光弟　邬家林　刘玉琇　熊济华　刘尚武　李延辉　李渤生　陈家瑞　卢思聪　陈虎彪　郭　柯　喻勋林　刘伦辉　朱格麟　李光照

工作人员　李　燕　孙英宝　赵　然　童怀燕　陈惠颖

Contributors

(Names are listed in alphabetical order)

Revisers Fu Likuo and Hong Tao

Graphic Editors Fu Likuo, Lang Kaiyung, Lin Qi and Zhang Mingli

Illustrations Graphic editors Fu Likuo, Lang Kaiyung, Lin Qi and Zhang Mingli
Illustrations Ao Renlan, Cai Shuqin, Chen Shixiang, Deng Jingfa, Deng Yingfeng, Feng Jinyong, Guo Musen, He Shunqing, Huang Shaorong, Jin Chaozhen, Li Xichuo, Li Zhimin, Liao Wugen, Liu Jijing, Liu Jingmian, Liu Jinjun, Liu Linhan, Liu Zonghan, Lu Guilan, Ma Jiansheng, Ma Ping, Meng Ling, Ning Rulian, Pan Jintang, Qi Shizhang, Qian Cunyuan, Sun Yingbao, Tan Lixia, Tao Xinjun, Wang Fenying, Wang Jinfeng, Wang Lisheng, Wang Ying, Wu Guizhen, Wu Xilin, Wu Zhanghua, Xiao Rong, Yan Cuilan, Yu Feng, Yu Hanping, Zhang Chunfang, Zhang Guizhi, Zhang Haiyan, Zhang Rongsheng, Zhang Shiqi, Zhang Taili, Zhao Baoheng and Zhong Shiqi

Photographs Chen Hubiao, Chen Jiarui, Guo Ke, Lang Kaiyung, Li Bosheng, Li Guangzhao, Li Yanhui, Li Zexian, Lin Yulin, Liu Lunhui, Liu Shangwu, Liu Yuxiu, Lu Sicong, Wu Guangdi, Wu Jialin, Wu Quanan, Xiong Jihua, Yu Xunlin and Zhu Gelin

Clerical Assistance Chen Huiying, Li Yan, Sun Yingbao, Tong Huaiyan and Zhao Ran

彩片 1　人心果 *Manilkara zapota*（林余霖）

彩片 2　海南紫荆木 *Madhuca hainanensis*（李泽贤）

彩片 3　锈毛梭子果 *Eberhardtia aurata*（武全安）

彩片 4　蛋黄果 *Lucuma nervosa*（李延辉）

彩片 5　岩柿 *Diospyros dumetorum*（武全安）

彩片 6　罗浮柿 *Diospyros morrisiana*（李泽贤）

彩片 7　乌材 *Diospyros eriantha*（李泽贤）

彩片 8　野茉莉 *Styrax japonicus*（熊济华）

彩片 9　栓叶安息香 *Styrax suberifolius*（李泽贤）

彩片 10　白花龙 *Styrax faberi*（李泽贤）

彩片 11　陀螺果 *Melliodendron xylocarpum*（喻勋林）

彩片 12　秤锤树 *Sinojackia xylocarpa*（武全安）

彩片 15　四川山矾 *Symplocos setchuanensis*（吴光第）

彩片 13　狭果秤锤树 *Changiostyrax rehderiana*（武全安）

彩片 14　长果秤锤树 *Changiostyrax dolichocarpus*（喻勋林）

彩片 16　厚皮灰木 *Symplocos crassifolia*（李泽贤）

彩片 17　山矾 *Symplocos sumuntia*（郎楷永）

彩片 18　密花山矾 *Symplocos congesta*（李泽贤）

彩片 19　华山矾 *Symplocos chinensis*（郎楷永）

彩片 20　白檀 *Symplocos paniculata*（吴光第）

彩片 21　蜡烛果 *Aegiceras corniculatum*（李光照）

彩片 22　散花紫金牛 *Ardisia conspersa*（武全安）

彩片 23　硃砂根 *Ardisia crenata*（李泽贤）

彩片 24　九管血 *Ardisia brevicaulis*（邬家林）

彩片 25　虎舌红 *Ardisia mamillata*（李泽贤）

彩片 26　莲座紫金牛 *Ardisia primulaefolia*（李泽贤）

彩片 27　月月红 *Ardisia faberi*（吴光第）

彩片 28　紫金牛 *Ardisia japonica*（吴光第）

彩片 29　厚叶白花酸藤子 *Embelia ribes* var. *pachyphylla*（李泽贤）

彩片 30　铁仔 *Myrsine africana*（吴光第）

彩片 31　狭叶珍珠菜 *Lysimachia pentapetala*（郎楷永）

彩片 32　矮星宿菜 *Lysimachia pumila*（武全安）

彩片 33　川香草 *Lysimachia wilsonii*（吴光第）

彩片 34　细梗香草 *Lysimachia capillipes*（邬家林）

彩片 35　黄连花 *Lysimachia davurica*（林余霖）

彩片 36　香港过路黄 *Lysimachia alpestris*（李泽贤）

彩片 37　峨眉过路黄 *Lysimachia omeiensis*（吴光第）

彩片 38　广西过路黄 *Lysimachia alfredii*（李泽贤）

彩片 39　聚花过路黄 *Lysimachia congestiflora*（郎楷永）

彩片 40　叶头过路黄 *Lysimachia phyllocephala*（武全安）

彩片 41　河北假报春 *Cortusa mattioli* subsp. *pekinensis*（郎楷永）

彩片 42　点地梅 *Ardrosace umbellata*（吴光第）

彩片 43　刺叶点地梅 *Ardrosace spinulifera*（武全安）

彩片 44　硬枝点地梅　*Ardrosace rigida*　(武全安)

彩片 45　粗毛点地梅　*Ardrosace wardii*　(郎楷永)

彩片 46　垫状点地梅　*Ardrosace tapete*　(郎楷永)

彩片 47　雪球点地梅　*Ardrosace robusta*　(郎楷永)

彩片 48　滇西北点地梅　*Ardrosace delavayi*　(武全安)

彩片 49　多脉报春　*Primula polyneura*　(郎楷永)

彩片 50　掌叶报春 *Primula palmata*（郎楷永）

彩片 51　葵叶报春 *Primula malvacea*（郎楷永）

彩片 52　暗紫脆蒴报春 *Primula calderiana*（郎楷永）

彩片 53　偏花报春 *Primula secundiflora*（武全安）

彩片 54　海仙报春 *Primula poissonii* （陈家瑞）

彩片 55　中甸灯台报春 *Primula chungensis* （郎楷永）

彩片 56　钟花报春 *Primula sikkimensis* （郎楷永）

彩片 57　巨伞钟报春 *Primula florindae* （郎楷永）

彩片 58　紫花雪山报春 *Primula chionantha*（武全安）

彩片 59　胭脂花 *Primula maximowiczii*（刘玉琇）

彩片 60　甘青报春 *Primula tangutica*（郎楷永）

彩片 61　狭萼报春 *Primula stenocalyx*（邬家林）

彩片 62　丽花报春 *Primula pulchella*（陈家瑞）

彩片 63　束花粉报春 *Primula fasciculata*（郎楷永）

彩片 64　雅江报春 *Primula munroi* subsp. *yaryongensis*（郎楷永）

彩片 65　石岩报春 *Primula dryadifolia*（邬家林）

彩片 66　球花报春 *Primula denticulata*（郎楷永）

彩片 67　高穗花报春 *Primula vialii*（郎楷永）

彩片 68　羽叶穗花报春 *Primula pinnatifida*（武全安）

彩片 69　垂花报春 *Primula flaccida*（武全安）

彩片 70　独花报春 *Omphalogramma vincaeflora*（郎楷永）

彩片 71　羽叶点地梅 *Pomatosace filicula*（刘尚武）

彩片 72　小叶红叶藤 *Rourea microphylla*（李泽贤）

彩片 73　云南牛栓藤 *Connarus yunnanensis*（李延辉）

彩片 74　单叶豆 *Ellipanthus glabrifolius*（李泽贤）

彩片 75　海桐 *Pittosporum tobira*（刘伦辉）

彩片 76　峨眉海桐 *Pittosporum omeiense*（吴光第）

彩片 77　台琼海桐 *Pittosporum pentandrun* var. *hainanense*（李泽贤）

彩片 78　大花溲疏 *Deutzia grandiflora*（郎楷永）

彩片 79　大萼溲疏 *Deutzia calycosa*（武全安）

彩片 80　常山 *Dichroa febrifuga* （李延辉）

彩片 81　中国绣球 *Hydrangea chinensis* （陈家瑞）

彩片 82　东陵绣球 *Hydrangea bretschneideri* （郎楷永）

彩片 83　刺果茶藨子 *Ribes bureiense* （郎楷永）

彩片 84　伽蓝菜 *Kalanchoe laciniata* （李泽贤）

彩片 85　瓦松 *Orostachys fimbriatus* （郎楷永）

彩片 86　长药八宝 *Hylotelephium spectabile* （林余霖）

彩片 87　山飘风 *Sedum major* （邬家林）

彩片 88　垂盆草 *Sedum sarmentosum* （邬家林）

彩片 89　凹叶景天 *Sedum emarginatum* （吴光第）

彩片 90　小丛红景天 *Rhodiola dumulosa* （郎楷永）

彩片 91　四裂红景天 *Rhodiola quadrifida* （郎楷永）

彩片 92　长鞭红景天 *Rhodiola fastigiata* （郎楷永）

彩片 93　喜马红景天 *Rhodiola himalensis* （郎楷永）

彩片 94　大花红景天 *Rhodiola crenulata* （郎楷永）

彩片 95　狭叶红景天 *Rhodiola kirilowii* （郎楷永）

彩片 96　七叶鬼灯檠 *Rodgersia aesculifolia* （陈虎彪）

彩片 97　落新妇 *Aastilbe chinensis* （邬家林）

彩片 98　岩白菜 *Bergenia purpurascens*（李渤生）

彩片 99　红毛虎耳草 *Saxifraga rufescens*（武全安）

彩片 100　虎耳草 *Saxifraga stolonifera*（刘玉琇）

彩片 101　零余虎耳草 *Saxifraga cernua*（郭　柯）

彩片 102　黑蕊虎耳草 *Saxifraga melanocentra*（郎楷永）

彩片 103　山羊臭虎耳草 *Saxifraga hirculus*（郎楷永）

彩片 104　爪瓣虎耳草　*Saxifraga unguiculata*（刘尚武）

彩片 105　金星虎耳草　*Saxifraga stella-aurea*（李渤生）

彩片 106　唐古特虎耳草　*Saxifraga tangutica*（刘尚武）

彩片 107　西藏虎耳草　*Saxifraga tibetica*（郭　柯）

彩片 108　峨屏草　*Tanakaea omeiensis*（吴光第）

彩片 109　贡山金腰　*Chrysosplenium forrestii*（郎楷永）

彩片 110　肾叶金腰 *Chrysosplenium griffithii* （邬家林）

彩片 111　锈毛金腰 *Chrysosplenium davidianum* （邬家林）

彩片 112　中华金腰 *Chrysosplenum sinicum* （郎楷永）

彩片 113　光叶粉花绣线菊 *Spiraea japonica* var. *fortunei* （邬家林）

彩片 114　无毛川滇绣线菊 *Spiraea schneideriana* var. *amphidoxa* （郎楷永）

彩片 115　高山绣线菊 *Spiraea alpina* （郎楷永）

彩片 116　假升麻 *Aruncus sylvester*（郎楷永）

彩片 117　华北珍珠梅 *Sorbaria kirilowii*（刘玉秀）

彩片 118　高丛珍珠梅 *Sorbaria arborea*（武全安）

彩片 119　牛筋条 *Dichotomanthes tristaniaecarpa*（武全安）

彩片 120　全缘栒子 *Cotoneaster integerrimus*（郎楷永）

彩片 121　火棘 *Pyracantha fortuneana*（卢思聪）

彩片 122　细圆齿火棘 *Pyracantha crenulata*（李泽贤）

彩片 123　山楂 *Crataegus pinnatifida*（刘玉琇）

彩片 124　山里红 *Crataegus pinnatifida* var. *major*（郎楷永）

彩片 125　阿尔泰山楂 *Crataegus altaica*（郎楷永）

彩片 126　枇杷 *Eriobotrya japonica*（林余霖）

彩片 127　湖北花楸 *Sorbus hupehensis*（郎楷永）

彩片 128　西康花楸 *Sorbus prattii*（武全安）

彩片 129　红毛花楸 *Sorbus rufopilosa*（武全安）

彩片 130　康藏花楸 *Sorbus thibetica*（武全安）

彩片 131　冠萼花楸 *Sorbus coronata*（武全安）

彩片 132　水榆花楸 *Sorbus alnifoila*（朱格麟）

彩片 133　木瓜 *Chaenomeles sinensis*（武全安）

彩片 134　皱皮木瓜 *Chaenomeles speciosa*（郎楷永）

彩片 135　山荆子 *Malus baccata*（陈虎彪）

彩片 136　丽江山荆子 *Malus rockii*（武全安）

彩片 137　棣棠花 *Kerria japonica*（郎楷永）

彩片 138　重瓣棣棠花 *Kerria japonica* f. *pleniflora*（郎楷永）

彩片 139　鸡麻 *Rhodotypos scandens*（林余霖）

彩片 140　大红泡 *Rubus eustephanus*（邬家林）

彩片 141　山莓 *Rubus corchorifolius*（林余霖）

彩片 142　川莓 *Rubus setchuenensis*（郎楷永）

彩片 143　路边青 *Geum aleppicum*（林余霖）

彩片 144　金露梅 *Potentilla fruticosa*（郎楷永）

彩片 145　西南委陵菜 *Potentilla fulgens*（李渤生）

彩片 146　东方草莓 *Fragaria orientalis*（熊济华）

彩片 147　黄毛草莓 *Fragaria nilgerrensis*（林余霖）

彩片 148　蛇莓 *Duchesnea indica*（林余霖）

彩片 149　黄刺玫 *Rosa xanthina*（卢思聪）

彩片 150　峨眉蔷薇 *Rosa omeiensis*（熊济华）

彩片 151　扁刺峨眉蔷薇 *Rosa omeiensis* f. *pteracantha*（武全安）

彩片 152　绢毛蔷薇 *Rosa sericea*（武全安）

彩片 153　扁刺蔷薇 *Rosa sweginzowii*（郎楷永）

彩片 154　大叶蔷薇 *Rosa macrophylla*（郎楷永）

彩片 155　粉团蔷薇 *Rosa multiflora* var. *cathayensis*（熊济华）

彩片 156　悬钩子蔷薇 *Rosa rubus*（郎楷永）

彩片 157　川滇蔷薇 *Rosa soulieana*（郎楷永）

彩片 158　金樱子 *Rosa laevigata*（李泽贤）

彩片 159　小果蔷薇 *Rosa cymosa*（李泽贤）

彩片 160　缫丝花 *Rosa roxburghii*（林余霖）

彩片 161　龙芽草 *Agrimonia pilosa*（郎楷永）

彩片 162　马蹄黄 *Spenceria ramalana* （郎楷永）

彩片 163　粉花地榆 *Sanguisorba officinalis* var. *carnea* （郎楷永）

彩片 164　扁核木 *Prinsepia utilis* （郎楷永）

彩片 165　东北扁核木 *Prinsepia sinensis* （刘玉琇）

彩片 166　杏 *Armeniaca vulgaris*
（林余霖）

彩片 167　山杏 *Armeniaca sibirica*（林余霖）

彩片 168　紫杏 *Armeniaca dasycarpa*（郎楷永）

彩片 169　李 *Prunus salicina*（李泽贤）

彩片 170　毛樱桃 *Cerasus tomentosa*（林余霖）

彩片 171　刺叶桂樱 *Laurocerasus spinulosa*（武全安）